U0211214

"十三五"国家重点出版物
出版规划项目

石油化工
自动控制设计手册

第四版

黄步余　主编

范宗海　马　睿　副主编

化学工业出版社

·北　京·

内 容 简 介

本书全面介绍了石油化工、炼油、化工等流程工业工程设计所涉及的自动控制标准、自动化仪表、自动控制系统、数字控制系统和工程设计导则，突出自动化和信息化集成系统及工程实施。本次修订对第三版的内容进行了较大幅度的增订和更新，增加了安全仪表系统等新的设计规范，现场总线控制系统、无线仪表系统等计算机控制系统，以及储运自动化系统设计、液化天然气自动化系统设计、海上油气生产自动化系统设计、油气长输管线自动化系统设计等，对提高生产产品的质量与产量、保障人身安全、提高劳动生产率、节约原材料消耗等具有重要的指导意义。

本书是石油化工、炼油、化工、轻工、冶金、纺织、电力等工业部门从事仪表及自动控制的工程技术人员必备的参考书。

图书在版编目（CIP）数据

石油化工自动控制设计手册/黄步余主编. —4 版.
—北京：化学工业出版社，2020.12（2023.1重印）
ISBN 978-7-122-37941-2

Ⅰ.①石… Ⅱ.①黄… Ⅲ.①石油化工-化工生产-自动控制系统-控制系统设计-手册 Ⅳ.①TE9-62

中国版本图书馆 CIP 数据核字（2020）第 209639 号

责任编辑：刘 哲 张绪瑞 葛瑞祎　　　　文字编辑：袁 宁 陈小滔
责任校对：宋 玮　　　　　　　　　　　　装帧设计：尹琳琳

出版发行：化学工业出版社（北京市东城区青年湖南街 13 号　邮政编码 100011）
印　　装：三河市航远印刷有限公司
787mm×1092mm　1/16　印张 101　字数 3625 千字　2023 年 1 月北京第 4 版第 4 次印刷

购书咨询：010-64518888　　　　　　　　售后服务：010-64518899
网　　址：http://www.cip.com.cn
凡购买本书，如有缺损质量问题，本社销售中心负责调换。

定　　价：398.00 元　　　　　　　　　　　　　　版权所有　违者必究
京化广临字 2020——12

《石油化工自动控制设计手册》（第四版）
编委会

主 任 委 员　黄步余　李　磊

副主任委员　叶向东　吴　朋　林　融　徐建平　宋志远

委　　　员　（按姓氏汉语拼音排序）

陈　鹏　程　立　董伟平　范铁华　范宗海

方　垒　高生军　顾　峥　胡　建　黄步余

黄文君　季　瞻　贾铁虎　姜荣怀　李大荣

李　磊　李永康　李玉明　林　融　刘瀚孺

刘哲鸣　马　睿　马玉山　孟雅辉　聂中文

裴炳安　邱云峰　任　弢　任智勇　宋志远

孙　磊　陶兴文　涂慧筠　王　东　王同尧

王雪峰　王振雷　文　涛　翁　涛　吴　朋

吴朝晖　邢德立　熊彬烽　徐建平　杨卫强

叶向东　于宝全　曾逢春　张华莎　张同科

张文富　赵青松　赵　霄　邹明伟

《石油化工自动控制设计手册》（第四版）
组委会

主任委员　　黄步余　刘哲鸣

副主任委员　姚　峻　刘长明　周政强　刘洪亮　马景欣

委　　员　（按姓氏汉语拼音排序）

敖小强	包东方	包萨日娜	董　健	冯地斌
黄步余	季　俊	李劲松	李训干	刘长明
刘德成	刘瀚孺	刘洪亮	刘哲鸣	马景欣
闵　奇	庞邢健	任　军	任卫东	石　磊
石　智	唐贤昭	王月声	吴俊杰	奚烨锋
徐一滨	杨昌再	杨　净	杨显明	姚　峻
张海波	张　强	张亦弛	张永亮	张忠敏
赵荔莎	郑碚钢	钟斯明	周政强	朱荣挺
朱　唯				

《石油化工自动控制设计手册》（第四版）统稿人

第一篇统稿人　黄步余　　　　　　　第五篇统稿人　李　磊
第二篇统稿人　马　睿　赵青松　　　第六篇统稿人　范宗海
第三篇统稿人　林　融　　　　　　　全书统稿人　黄步余
第四篇统稿人　贾铁虎

《石油化工自动控制设计手册》（第四版）撰稿人

第一篇　设计标准
　　　第一章　林　融　陈　鹏　邱嘉嘉　张同科
　　　第二章　林　融　黄步余　裴炳安　邱嘉嘉
　　　第三章　裴炳安　陈　鹏　林　融

第二篇　工业自动化仪表及选用
　　　第一章　马　睿　黄步余
　　　第二章　王　颖　赵青松　蔡松郁　黄国鹏　江　银
　　　　　　　刘瀚孺　沈世昭　宋志远　吴方亮　吴　磊
　　　　　　　杨忠林　张　宓　赵丹宁　周　轶
　　　第三章　马　睿　赵青松　蔡　宏　曹　杰　方　良
　　　　　　　方　珉　冯　乐　付振铎　季　明　康一波
　　　　　　　李　勇　刘振福　慕长莉　邱嘉嘉　沈小强
　　　　　　　申　毅　石海林　孙淮清　唐贤昭　王　波
　　　　　　　王　东　王建国　王志勇　许　宁　余　园
　　　　　　　邹明伟
　　　第四章　马　睿　赵青松　崔明思　邓劲松　冯　乐
　　　　　　　贺亚妮　黄连勋　林祖汉　石　智　孙志鹏
　　　　　　　屠国华　王　鹏　余　周　赵俊杰
　　　第五章　王　旭　董　威　沈世昭　王小平　余　周
　　　　　　　朱春香
　　　第六章　孙　磊　张文富　敖小强　陈　暾　程　立
　　　　　　　范火平　关惠玉　郭开云　郭　磊　何滕伟
　　　　　　　李曹东　李长云　李吉洋　罗中昌　马云鹏
　　　　　　　牟　锐　彭永强　沙蓓裔　申建美　沈　毅

苏明扬　佟丽焱　涂慧筠　王马文　王　珉
王　森　王　文　王选民　邢德立　熊彬烽
杨　飞　杨旭辉　杨永健　曾贤臣　张洪威
赵俊秀　赵延广　周　权　周　瑜　朱思维
朱仲文

第七章　王　旭　顾建华　李大荣　李　黎　卿厚晏
　　　　任　弢　周丽丽

第八章　周　宏　赵青松　白凤英　常占东　范宏杰
　　　　冯小平　高　淳　谷　剑　顾星成　郝洪岩
　　　　赫　伟　胡　建　胡　元　黄　柯　黄　蕾
　　　　金　阳　李虎生　李　巧　林　晨　刘　峰
　　　　刘家军　刘艳玲　卢　杨　马　领　马　武
　　　　马玉山　苗同立　缪栖涯　沈　惟　施　达
　　　　施建峤　石　磊　石月娟　宋　洁　孙志民
　　　　王　彬　王　旭　王学朋　王旻辉　熊雷雷
　　　　许建平　许　军　徐宇平　杨　帆　杨尊平
　　　　余少华　岳　玲　曾卫东　赵　宝　赵国良
　　　　张　璞　钟盛辉　周其用　朱荣挺　朱　涛

第九章　蔡尔辅　杨庆朝

第十章　马　睿　陈　刚　马天庚　齐凤慧　张瑾桐
　　　　朱溪豫

第十一章　王　旭　黄　勇　李茂辉　马　睿

第十二章　王　旭　何循海　马　睿

第三篇　自动控制系统的设计
　　　第一章　沈加明　陶兴文
　　　第二章　沈加明
　　　第三章　周庆海
　　　第四章　王振雷　陶兴文

第四篇　数字控制系统
　　　第一章　贾铁虎　黄步余
　　　第二章　贾铁虎　曹　鹏　范铁华　邱云峰　时　健
　　　　　　　王传芳　王　瑜　翁　涛　吴　晶　徐　英
　　　　　　　杨卫强　曾逢春　张旭东　周利朝　周新辉
　　　　　　　邹　伟
　　　第三章　贾铁虎　安尚平　曹　鹏　高生军　顾　峰
　　　　　　　姜荣怀　孟利峰　唐　蓉　王欣亚　王　瑜

　　　　　　杨卫强　　曾逢春　　张广贺
　　第四章　曾逢春　　高　旸　　何　华　　何　瑜　　刘国安
　　　　　　刘利康　　施一明　　王天林　　吴云峰　　杨　永
　　　　　　周　扬
　　第五章　高生军　　董伟平　　顾　珏　　季　瞻　　贾铁虎
　　　　　　姜荣怀　　秦悦明　　孙　磊　　王　敏　　杨　盛
　　第六章　贾铁虎　　范铁华　　高生军　　顾　珏　　王　婷
　　　　　　赵廷友　　赵　霄
　　第七章　曾逢春

第五篇　工程设计导则
　　第一章　王同尧　　邱嘉嘉
　　第二章　徐建平　　李骁俊　　俞　磊　赵　宏
　　第三章　孙　磊　　胡同印
　　第四章　叶向东
　　第五章　周　宏　　蔡松郁　　韩秀君　　刘建吉　　姚飞龙
　　第六章　叶向东
　　第七章　孙淮清
　　第八章　李广源　　张友兵
　　第九章　宋志远　　马　辉　李永康　　马东宁　　孟　岩
　　　　　　王晓峰　　于成华　　张　宓
　　第十章　张华莎
　　第十一章　文　涛　　邱嘉嘉
　　第十二章　吴朝晖　　邓　锐　　李　红　　李　季　　李　俊
　　　　　　　李小鹏　　刘鸿雁　　刘　健　　刘俭飞　　齐树毅
　　　　　　　王爱军　　王　飞　　杨洪庆　　叶青松　　赵国敏
　　　　　　　张伟娜　　朱万林
　　第十三章　聂中文　　高　原　　刘芳芳

第六篇　自动化和信息化集成系统及工程实施
　　第一章　范宗海　　黄步余
　　第二章　翁　涛　　范宗海　　马　睿　　张学兵
　　第三章　范宗海　　黄步余　　马　睿
　　第四章　黄步余　　刘　键　　孟雅辉　　邱云峰　　王　斌
　　　　　　张学兵
　　第五章　赵　霄　　孟利峰　　曾逢春
　　第六章　杨　茹　　陈　鹏　　黄步余　　邱云峰　　王　斌
　　　　　　王　宏

第七章　范宗海　陈　昀　高生军　姜荣怀　李玉明
　　　　曾逢春　张建国　周新辉
第八章　盛剑平　陈　鹏　范宗海
第九章　于宝全　陈　鹏　范铁华　范宗海　马　睿
第十章　范宗海　范铁华　黄步余　马　睿　陶兴文
第十一章　顾雪飞　范宗海　郭建勋
第十二章　王利君　陈　鹏　刘　喆　吴跃年　张学兵
　　　　　赵丹宁
第十三章　黄步余　范宗海　陈海涛　范铁华　高生军
　　　　　顾　峥　卢　刚　任云志　王　瑜　魏　传
　　　　　吴冲山　杨卫强　张海波
第十四章　桂　宁　范宗海
第十五章　李　磊　黄步余

附　　录　陆德民　黄步余　范宗海　马　睿

前　　言

《石油化工自动控制设计手册》(第四版)(以下简称《手册》)是第三版的修订版。第三版自 2000 年 1 月出版发行以来，深受读者欢迎，已经多次印刷。

随着科学技术的发展，特别是与仪表及自动控制密切相关的微电子技术、计算机技术、通信技术、工控网络技术等迅速发展，国内外各种标准规范也不断发展更新，《手册》内容需不断更新充实，才能满足读者需要。在中国仪器仪表学会、中国石化工程建设有限公司、化学工业出版社等的支持和推动下，重新组织编写了《手册》第四版。

《手册》第四版共六篇，各篇、章的内容较《手册》第三版有大幅度的增加和修改，大部分内容是重新编写的。第一篇设计标准，包括中国国家标准和石化行业标准、国外相关标准等，以及自控专业工艺包、总体设计、基础工程设计、详细工程设计内容。第二篇工业自动化仪表及选用，基本保留了仪表测量原理，更新和完善了仪表的主要特点、技术性能指标及选用注意事项，增加了特殊控制阀、新的在线分析仪和环保分析仪。第三篇自动控制系统的设计，基本保留第三版内容，增加了第四章先进过程控制。第四篇数字控制系统全部是新编写的，包括 DCS、FCS、SIS、PLC、CCS 等各制造厂最新的技术及应用实例。第五篇工程设计导则，基本保留了调节阀计算、节流装置及流量仪表计算，控制室的设计、环境适应性技术、仪表工程设计软件等大部分内容是新编写的，新增了储运、液化天然气设施、海上油气生产设施、油气长输管线等自动化系统设计。第六篇自动化和信息化集成系统及工程实施，是《手册》第四版新增的一篇，包括工业控制系统网络基础知识、集成系统设计原则、集成系统网络安全，DCS、FCS、SIS 设计与集成，智能设备、操作数据、先进报警管理系统，操作员培训仿真系统，无线仪表系统，集成系统工程实施及应用案例，企业管理信息系统，数字化工厂和智能工厂等。

《手册》各篇都邀请长期从事仪表及自动控制设计、制造、集成和运行维护的教授级高级工程师、高级工程师、技术专家、教授等执笔或参与编写工作。《手册》反映了仪表自动化、信息化应用技术的现状和发展，有助于石油化工自动控制工程设计人员拓宽视野。

我们对《手册》第三版陆德民先生、张振基先生等编委会委员及全体撰稿人表示深深的敬意，对《手册》第四版所有撰稿人所付出的辛勤劳动和贡献表示由衷的感谢，对中国仪器仪表学会、中国石化工程建设有限公司、西门子（中国）有限公司、重庆川仪自动化股份有限公司等国内外著名仪表及控制系统制造（集成）公司为《手册》出版给予的支持和帮助表示感谢。

由于技术快速发展，书中难免有不妥之处，恳请读者不吝赐教。

编者
2020 年 6 月

目　　录

第一篇　设　计　标　准

第一章　国内标准 …………………………… 1
　第一节　概述 …………………………………… 1
　第二节　自动控制工程设计技术标准体系 …… 2
　第三节　自动控制工程设计常用中国国家
　　　　　标准明细表 ………………………… 3
　第四节　自动控制工程设计常用中国行业
　　　　　标准明细表 ………………………… 13
第二章　国外标准 …………………………… 17

　第一节　自动控制工程设计常用国际国外
　　　　　标准化组织名称 …………………… 17
　第二节　常用国外自动控制工程标准明细表 … 17
第三章　自动控制专业设计内容 …………… 32
　第一节　工艺包设计 ………………………… 32
　第二节　总体设计 …………………………… 32
　第三节　基础工程设计 ……………………… 32
　第四节　详细工程设计 ……………………… 35

第二篇　工业自动化仪表及选用

第一章　工业自动化仪表概述 ……………… 37
第二章　温度测量仪表及选用 ……………… 39
　第一节　温度测量仪表概述 ………………… 39
　第二节　压力式温度计 ……………………… 41
　第三节　双金属温度计 ……………………… 42
　第四节　热电阻 ……………………………… 45
　第五节　热电偶 ……………………………… 50
　第六节　温度计套管强度计算及选择 ……… 58
　第七节　现场温度变送器 …………………… 70
　第八节　温度测量仪表选用 ………………… 71
第三章　流量测量仪表及选用 ……………… 73
　第一节　流量测量仪表概述 ………………… 73
　第二节　差压流量计 ………………………… 74
　第三节　涡街流量计 ………………………… 81
　第四节　电磁流量计 ………………………… 84
　第五节　超声流量计 ………………………… 86
　第六节　质量流量计 ………………………… 89
　第七节　转子流量计 ………………………… 94
　第八节　容积式流量计 ……………………… 96
　第九节　涡轮流量计 ………………………… 100
　第十节　其他流量仪表 ……………………… 102
　第十一节　流量仪表的选用 ………………… 108
第四章　物位测量仪表及选用 ……………… 114
　第一节　物位测量仪表概述 ………………… 114
　第二节　直读式液位计 ……………………… 115
　第三节　差压式液位计 ……………………… 117
　第四节　雷达物位计 ………………………… 119
　第五节　浮力式液位计 ……………………… 125
　第六节　电气式物位计 ……………………… 130
　第七节　放射性物位计 ……………………… 136

　第八节　超声波物位计 ……………………… 140
　第九节　物位仪表的选用 …………………… 143
第五章　压力测量仪表及选用 ……………… 145
　第一节　压力测量仪表概述 ………………… 145
　第二节　压力表 ……………………………… 146
　第三节　特殊压力测量仪表 ………………… 150
　第四节　压力仪表的选用 …………………… 159
第六章　在线分析仪表及选用 ……………… 161
　第一节　在线分析仪表概述 ………………… 161
　第二节　样品处理系统 ……………………… 162
　第三节　光谱分析仪 ………………………… 166
　第四节　气相色谱分析仪 …………………… 176
　第五节　质谱分析仪 ………………………… 180
　第六节　氧分析仪 …………………………… 184
　第七节　微量水和露点分析仪 ……………… 188
　第八节　水质分析仪 ………………………… 195
　第九节　油品分析仪 ………………………… 204
　第十节　可燃和有毒气体检测器 …………… 209
　第十一节　烟气排放连续监测系统 ………… 214
　第十二节　挥发性有机物监测系统 ………… 216
　第十三节　在线分析仪系统集成 …………… 218
第七章　变送器 ……………………………… 223
　第一节　变送器的测量原理 ………………… 223
　第二节　变送器的分类和性能指标 ………… 226
　第三节　变送器的特点及应用 ……………… 229
　第四节　变送器的选用 ……………………… 231
第八章　控制阀及选用 ……………………… 234
　第一节　控制阀的工作原理 ………………… 234
　第二节　控制阀的分类 ……………………… 234
　第三节　控制阀材料及选用 ………………… 255

第四节　控制阀泄漏量的等级分类·············· 260
第五节　执行机构······················· 265
第六节　控制阀附件····················· 273
第七节　控制阀的性能测试和诊断············ 285
第八节　控制阀选型原则·················· 292
第九章　泄压设施的选择与应用·············· 296
第一节　泄压设施基础知识·················· 296
第二节　设置泄压设施的场合················ 297
第三节　安全阀的结构形式及分类············ 298
第四节　安全阀的选择···················· 300
第五节　安全阀的定压、积聚压力和背压的
　　　　确定····························· 304
第六节　安全阀的安装···················· 308
第七节　爆破片························· 313
第十章　其他仪表······················· 322
第一节　速度测量仪表··················· 322

第二节　位移检测仪表··················· 326
第三节　振动测量仪表··················· 330
第四节　过程控制流变仪（在线熔融指
　　　　数仪）·························· 335
第十一章　机柜（盘）、操作台、箱········· 340
第一节　机柜（盘）通用要求·············· 340
第二节　机柜技术要求···················· 342
第三节　操作台通用要求·················· 351
第四节　接线箱、保温（护）箱通用要求······ 352
第十二章　校验仪表····················· 356
第一节　温度校验仪表··················· 356
第二节　压力校验仪表··················· 359
第三节　现场过程校验仪表················ 361
第四节　实验室校验仪表·················· 362
第五节　其他校验仪表··················· 363

第三篇　自动控制系统的设计

第一章　简单控制系统···················· 365
第一节　对象特性及 PID 参数整定指标······· 365
第二节　被控变量及操纵变量的选择·········· 367
第三节　滞后对控制系统的影响············· 368
第四节　控制器特性及它对调节过程品质的
　　　　影响····························· 368
第五节　调节阀流量特性及开关方式、定位
　　　　器的选用························· 371
第六节　控制器正反作用的选择············· 379
第七节　一些常见控制系统的分析··········· 380
第二章　复杂控制系统···················· 383
第一节　串级控制系统··················· 384
第二节　比值控制系统··················· 387
第三节　均匀控制系统··················· 393
第四节　分程控制系统··················· 395
第五节　采用计算单元的控制系统··········· 399
第六节　自动选择性控制系统·············· 411
第七节　前馈控制系统··················· 417
第八节　非线性控制系统·················· 422

第九节　采样控制系统··················· 426
第十节　模糊控制系统··················· 429
第十一节　控制系统的相关及解耦·········· 432
第三章　典型生产单元的控制方案·········· 444
第一节　流体输送设备的控制·············· 444
第二节　传热设备的控制·················· 460
第三节　锅炉设备的控制·················· 484
第四节　化学反应器的控制················ 502
第五节　精馏塔的控制···················· 527
第四章　先进过程控制··················· 555
第一节　软测量技术····················· 555
第二节　推断控制······················· 559
第三节　预测控制······················· 561
第四节　自适应控制····················· 564
第五节　模糊控制······················· 566
第六节　解耦控制······················· 568
第七节　先进过程控制应用实施············· 570
第八节　先进过程控制应用举例············· 574

第四篇　数字控制系统

第一章　概述·························· 583
第二章　分散控制系统··················· 586
第一节　ABB Ability System 800xA 系统··· 586
第二节　Emerson Delta V 系统············ 593
第三节　Foxboro Evo（I/A）系统········· 600
第四节　HollySys MACS 系统············· 609
第五节　Honeywell Experion PKS 系统···· 618
第六节　Rockwell PlantPAx® 系统········· 625

第七节　Siemens SIMATIC PCS 7 系统····· 633
第八节　SUPCON ECS-700 系统··········· 641
第九节　Yokogawa CENTUM VP 系统······· 648
第三章　安全仪表系统··················· 656
第一节　ABB 800xA Safety 系统·········· 656
第二节　Emerson DeltaV SIS 系统········· 661
第三节　HIMA 安全仪表系统·············· 670
第四节　HollySys HiaGuard 系统········· 679

第五节　Honeywell SM 系统 ·········· 684
第六节　Rockwell Trusted 系统 ········· 690
第七节　Siemens SIMATIC S7 F/FH 过程
　　　　安全系统 ·············· 699
第八节　SUPCON TCS-900 系统 ········ 708
第九节　TRICONEX 安全控制系统 ······ 715
第十节　Yokogawa Prosafe-RS 系统 ····· 726
第四章　可编程序控制器 ············· 734
第一节　HollySys LK PLC ········· 734
第二节　Rockwell ControlLogix PLC ···· 739
第三节　Siemens SIMATIC PLC ······· 743
第四节　SUPCON G3&G5 PLC ······· 749
第五节　ZC 系列 PLC ············ 755
第五章　压缩机控制系统 ············· 763

第一节　HollySys ITCC-T880 系统 ······ 763
第二节　Rockwell Trusted 系统 ········ 766
第三节　康吉森 TSx Plus 系统 ······· 772
第四节　CCS 系统技术要求 ········· 778
第五节　机组状态监测系统 ········· 780
第六章　气体检测报警系统 ··········· 787
第一节　火灾及气体检测系统 ······· 787
第二节　气体检测报警系统 ········· 791
第三节　气体报警控制器 ·········· 795
第四节　气体检测系统设计 ········· 797
第七章　数据采集与监控系统 ········· 802
第一节　概述 ················ 802
第二节　技术要求 ············· 805
第三节　网络架构 ············· 809

第五篇　工程设计导则

第一章　控制室的设计 ············· 814
第一节　概　述 ··············· 814
第二节　设置模式 ············· 815
第三节　总图位置 ············· 815
第四节　布置和面积 ············ 816
第五节　建筑和结构 ············ 821
第六节　采光和照明 ············ 826
第七节　暖通和空调 ············ 827
第八节　健康安全环保 ··········· 828
第九节　现场机柜室 ············ 828
第十节　进线和密封方式 ········· 831
第二章　环境适应性技术 ············ 834
第一节　环境试验和环境适应性技术概论 · 834
第二节　控制工程防爆安全技术 ······ 835
第三节　工业自动化仪表和系统电磁兼容
　　　　适应性 ·············· 842
第四节　工业自动化仪表防尘和防水 ··· 845
第五节　工业自动化仪表防腐蚀和防侵蚀 · 849
第六节　工业自动化仪表系统防雷 ···· 854
第三章　仪表供电供气设计 ··········· 857
第一节　供电设计 ············· 857
第二节　供气设计 ············· 860
第四章　仪表及控制系统防雷设计 ······· 865
第一节　概述 ················ 865
第二节　仪表防雷工程接地系统 ······ 867
第三节　控制室仪表系统防雷 ······· 869
第四节　电涌防护器的类型和参数 ···· 869
第五节　现场仪表防雷 ··········· 871
第六节　电缆的屏蔽与接地 ········· 872
第七节　本质安全系统防雷 ········· 873
第八节　现场总线系统防雷 ········· 874

第九节　控制室建筑物防雷设计 ······ 876
第五章　调节阀计算 ··············· 877
第一节　调节阀流量系数计算 ······· 877
第二节　调节阀噪声及其估算 ······· 932
第三节　调节阀不平衡力（力矩）与允许
　　　　压差计算 ············· 972
第六章　仪表及控制系统接地设计 ······· 977
第一节　概述 ················ 977
第二节　仪表及控制系统接地的抗干扰
　　　　作用 ················ 979
第三节　接地系统的设计 ·········· 979
第七章　节流装置及流量仪表计算 ······· 985
第一节　通用表 ·············· 985
第二节　流体物性参数计算式 ······· 988
第三节　差压式流量计 ··········· 992
第四节　转子流量计 ············ 1014
第五节　容积式流量计 ··········· 1016
第六节　涡轮流量计 ············ 1018
第七节　电磁流量计 ············ 1019
第八节　涡街流量计 ············ 1023
第九节　插入式流量计 ··········· 1025
第八章　仪表配管配线设计 ··········· 1029
第一节　概述 ················ 1029
第二节　测量管线的选用及配管要求 ··· 1029
第三节　电线电缆的选用及配线要求 ··· 1031
第四节　气动信号管线的选用及配管要求 ··· 1037
第五节　电缆电线的敷设方式 ······· 1038
第六节　光缆的选用及敷设 ········· 1041
第七节　仪表及管线保温设计 ······· 1042
第九章　自控工程设计软件简介 ········ 1053
第一节　SPI 软件 ············· 1053

第二节　世宏软件（SHS）……………… 1077
第十章　储运自动化系统设计 ………… 1098
　第一节　储罐计量与测量仪表方案 …… 1098
　第二节　罐区自动化仪表 ……………… 1106
　第三节　罐区自控工程设计 …………… 1111
　第四节　罐区安全防护 ………………… 1113
　第五节　罐区自动控制系统 …………… 1113
　第六节　罐区库存统计和信息管理 …… 1117
　第七节　罐区生产管理系统 …………… 1118
　第八节　液化烃装车发运系统 ………… 1120
第十一章　液化天然气设施自动化系统设计 … 1129
　第一节　液化天然气设施 ……………… 1129
　第二节　LNG 接收站工艺简介 ………… 1130
　第三节　接收站工艺过程控制 ………… 1132
　第四节　接收站工艺过程联锁保护 …… 1137
　第五节　LNG 液化站自动化系统设计 … 1140
　第六节　自动控制系统 ………………… 1144
第十二章　海上油气生产设施自动化系统
　　　　　设计 ………………………… 1153

第一节　海上油气生产设施自动化系统 …… 1153
第二节　油气生产控制系统 …………… 1154
第三节　平台安全保护系统 …………… 1163
第四节　储油及外输计量系统 ………… 1170
第五节　平台辅助系统 ………………… 1173
第六节　平台自动化系统设计应用 …… 1179
第十三章　油气长输管线自动化系统设计 … 1185
　第一节　SCADA 系统 ………………… 1185
　第二节　输油管道站场控制方案 …… 1185
　第三节　输气管道站场控制方案 …… 1192
　第四节　SCADA 系统设计 …………… 1197
　第五节　站控系统设计 ……………… 1199
　第六节　安全仪表系统设计 ………… 1200
　第七节　计量系统 …………………… 1201
　第八节　火气系统设计 ……………… 1205
　第九节　泄漏检测系统 ……………… 1206
　第十节　油气长输管线自动化展望 … 1207

第六篇　自动化和信息化集成系统及工程实施

第一章　集成系统概述 ………………… 1208
第二章　工业控制系统网络基础知识 … 1213
　第一节　工业网络技术概述 …………… 1213
　第二节　网络拓扑结构及网络通信协议 … 1219
　第三节　网络硬件及选用 ……………… 1223
　第四节　网络互联与网络管理 ………… 1230
第三章　集成系统设计原则 …………… 1232
　第一节　集成系统设计概述 …………… 1232
　第二节　集成系统的总体架构 ………… 1232
　第三节　基础控制层与监视控制层 …… 1235
　第四节　操作管理层 …………………… 1251
　第五节　工厂信息层与数据缓冲区 …… 1258
　第六节　一体化工程实施与企业精益管理 … 1262
第四章　集成系统网络安全 …………… 1266
　第一节　集成系统网络安全概述 ……… 1266
　第二节　网络安全生命周期管理 ……… 1267
　第三节　集成系统网络架构 …………… 1269
　第四节　网络隔离及边界防护 ………… 1270
　第五节　工程实施与应用 ……………… 1276
第五章　分散控制系统设计与集成 …… 1287
　第一节　分散控制系统概述 …………… 1287
　第二节　分散控制系统集成网络架构 … 1288
　第三节　分散控制系统的设计 ………… 1291
　第四节　分散控制系统集成化设计 …… 1305
　第五节　分散控制系统工程实施与应用 … 1317
第六章　现场总线系统设计 …………… 1324

第一节　现场总线概述 ………………… 1324
第二节　FF 现场总线系统的技术要求 …… 1325
第三节　FF 现场总线系统的工程设计 …… 1327
第四节　FF 现场总线系统的工程实施与
　　　　应用 …………………………… 1342
第七章　安全仪表系统设计与集成 …… 1345
　第一节　安全生命周期与安全完整性等级 … 1345
　第二节　安全仪表系统的设计 ………… 1350
　第三节　安全仪表系统的验证 ………… 1363
　第四节　安全仪表系统网络架构及系统
　　　　　集成 ………………………… 1375
　第五节　安全仪表系统的工程实施 …… 1381
第八章　智能设备管理系统 …………… 1385
　第一节　IDM 概述 …………………… 1385
　第二节　智能设备集成技术 …………… 1385
　第三节　智能设备管理系统的构成及功能 … 1387
　第四节　智能设备管理系统的工程应用 …… 1396
第九章　操作数据管理系统 …………… 1402
　第一节　ODS 概述 …………………… 1402
　第二节　操作数据管理系统的功能 …… 1402
　第三节　操作数据管理系统的构成 …… 1409
　第四节　操作数据管理系统的应用实例 … 1410
第十章　先进报警管理系统 …………… 1419
　第一节　报警生命周期管理 …………… 1419
　第二节　先进报警管理系统的构成 …… 1422
　第三节　先进报警管理系统的工程设计 …… 1424

第四节　报警归档与合理化分析 ·············· 1440
第五节　工程实施与应用 ·············· 1443
第十一章　操作员培训仿真系统 ·············· 1451
第一节　培训仿真系统概述 ·············· 1451
第二节　操作员培训仿真系统的构成 ·············· 1452
第三节　工艺模型仿真 ·············· 1456
第四节　控制模型仿真 ·············· 1460
第五节　工程实施与应用 ·············· 1462
第十二章　无线仪表系统 ·············· 1471
第一节　工业无线系统概述 ·············· 1471
第二节　WirelessHART 无线仪表系统 ····· 1473
第三节　ISA 100 无线仪表系统 ·············· 1479
第四节　无线仪表系统的工程应用 ·············· 1489
第十三章　集成系统工程实施与应用案例 ····· 1493
第一节　集成系统的工程实施 ·············· 1493
第二节　集成系统的应用案例 ·············· 1498
第十四章　企业管理信息系统 ·············· 1532
第一节　企业管理信息系统总体架构 ········ 1532
第二节　生产执行层设计 ·············· 1534

第三节　经营管理层设计 ·············· 1537
第四节　信息技术基础设施设计 ·············· 1539
第十五章　数字化工厂和智能工厂 ·············· 1541
第一节　石油化工行业数字化与智能化
概念 ·············· 1541
第二节　数字化设计转型与智慧工程 ······· 1543
第三节　新信息技术推动石油化工智能
工厂建设 ·············· 1548
第四节　人工智能在石油化工行业的发展
前景 ·············· 1551
附录 ·············· 1553
附录一　常用计量单位换算 ·············· 1553
附录二　物性数据表 ·············· 1557
附录三　工程数据 ·············· 1561
附录四　仪表自控常用缩略语 ·············· 1568
附录五　仪表及自动化系统制造厂 ·············· 1572
参考文献 ·············· 1579
索引 ·············· 1581

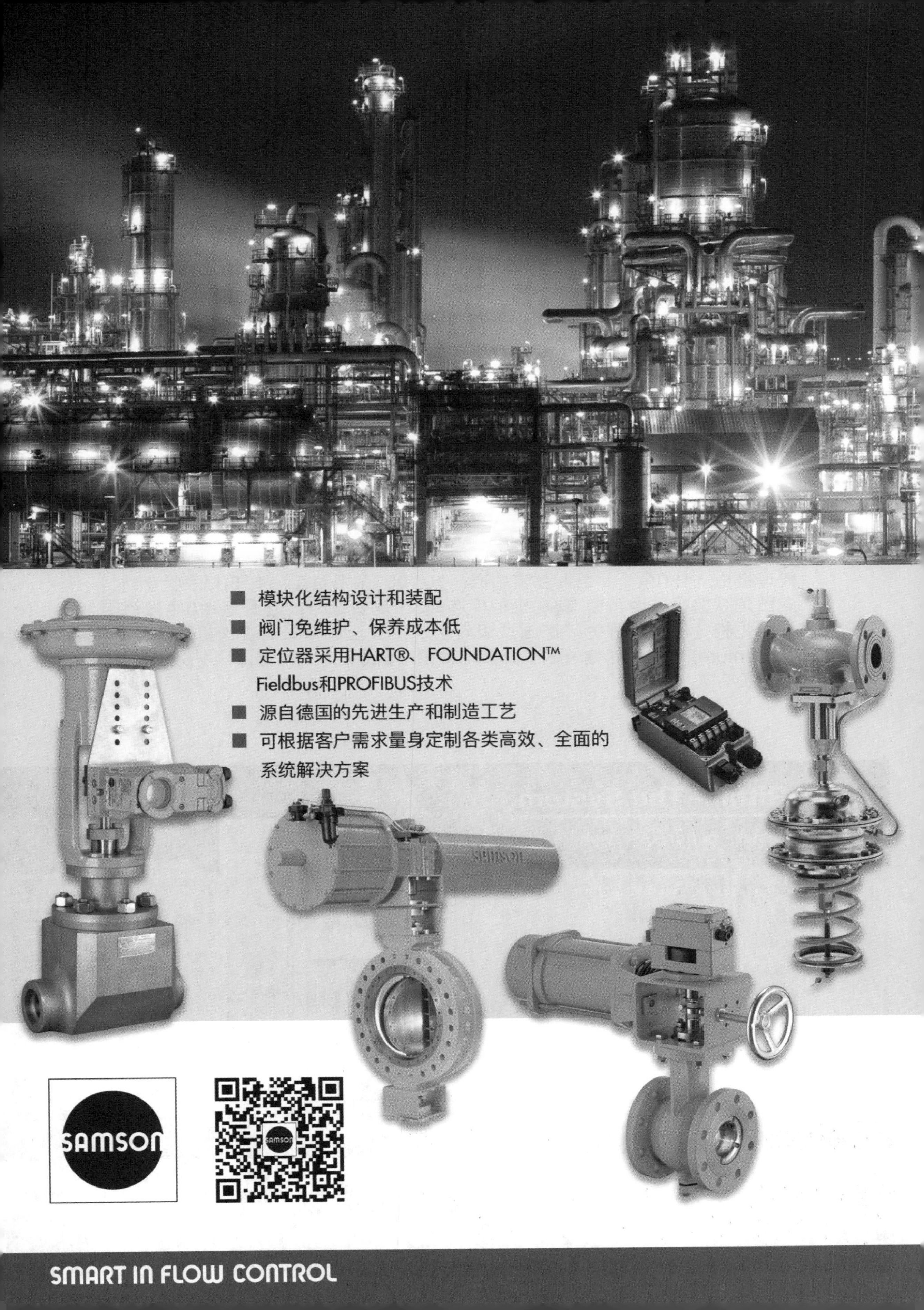

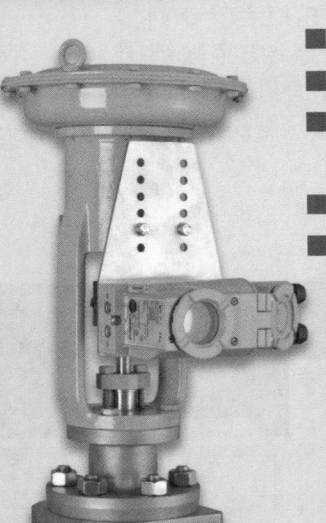

■ 模块化结构设计和装配

■ 阀门免维护、保养成本低

■ 定位器采用HART®、FOUNDATION™ Fieldbus和PROFIBUS技术

■ 源自德国的先进生产和制造工艺

■ 可根据客户需求量身定制各类高效、全面的系统解决方案

SMART IN FLOW CONTROL

威图德国——力量和远见！

德国威图（Rittal）自1961年成立以来，经过不断发展，成为全球先进的箱体技术和系统供应商，威图产品包括机箱机柜系统、配电组件系统、温控系统、IT基础设施和软件与服务。

威图在全球拥有19家高技术生产工厂、60余家国际性子公司、70余家代理机构、150余个销售和物流中心、10,000余名员工、1,500余项专利。威图是欧盟标准委员会 制定机柜标准的5个成员之一；并且连续5年被德国权威机构（CRF）评为"德国顶级雇主"；被全球知名的咨询机构 埃森哲(Accenture) 评为全球增长速度最快的2000家企业之一，而德国只有6家公司在这个名单中。

威图中国

1996年，威图进入中国市场，目前在中国设有5个物流中心、1个中央仓库、13个销售办事处，拥有员工超过1,000名。威图产品受到了中国客户的广泛认可，并先后多次参与国家重大项目的建设，同时也被众多知名企业列为指定供应商。威图拥有受中国政府保护的专利项目1500余项，2011年威图更凭借其领先的创新技术通过了国家高新技术企业认证。

威图产品涉及机柜、温控、配电和IT基础设施等领域，其产品的丰富性和系统性，广泛地应用于各工业领域，如机床制造、汽车、化工、电力、IT以及电信等。

威图的用户遍及全球，国际知名的ABB、西门子、霍尼韦尔、IBM和国内的龙头企业上海电气、国家电网、沈阳机床、联想等，都是威图的重要合作伙伴。近年来，威图产品参与了全国各重大项目的建设，如贵阳大数据园区、奥运场馆、各城市轨道交通建设等，为中国经济发展做出了长足的贡献，傲人成果有目共睹。随着中国工业高速发展，威图在中国的市场份额不断增加。

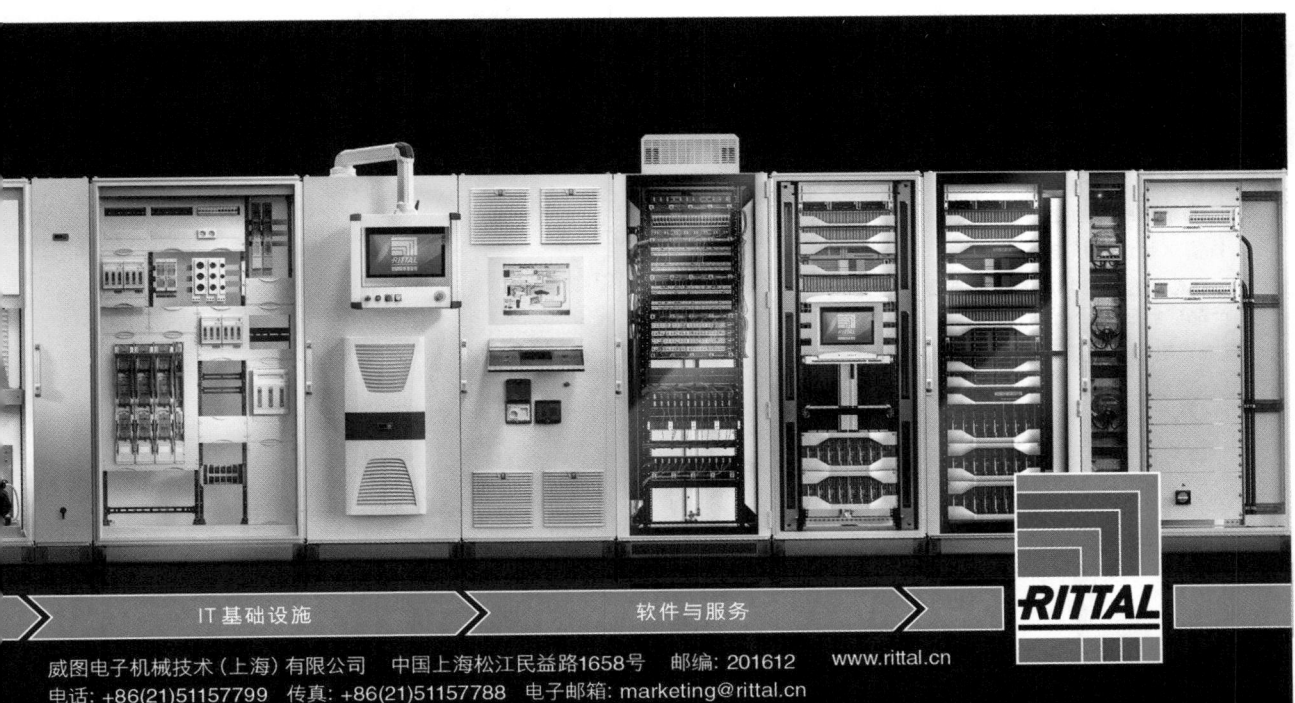

IT 基础设施　　　　　　软件与服务　　　　RITTAL

威图电子机械技术（上海）有限公司　中国上海松江民益路1658号　邮编：201612　www.rittal.cn
电话：+86(21)51157799　传真：+86(21)51157788　电子邮箱：marketing@rittal.cn

FOXC® 上海星申仪表有限公司

欢迎访问公司官网：
www.c10.cn

公司地址：上海市浦东新区宣中路8号　总机：021-58308800　传真：021-58309955　邮箱：foxc@c10.cn　企业微信公

提供高品质流量仪表

金属管浮子流量计 HF25

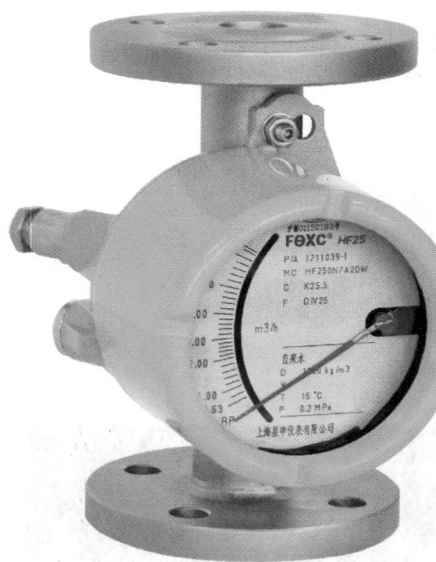

核级金属管浮子流量计 HF25

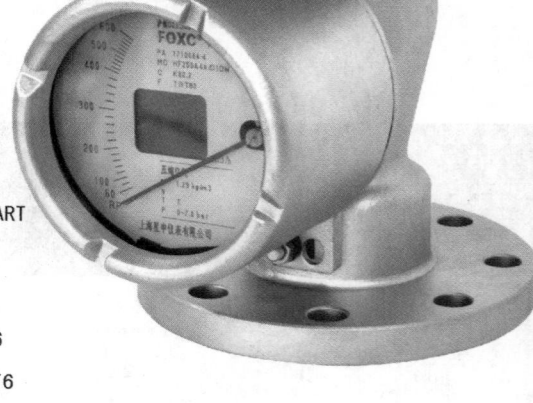

- 仪表口径：DN15～DN250
- 过程压力：Class 150LB 300LB 600LB ANSI
- 连接方式：法兰式、螺纹式、夹持式
- 准确度：±1.5% FS
- 测量范围：
  水：2.5～100000L/h（20℃）
  气体：0.7～1800Nm³/h（0.1013MPa，20℃）
- 介质温度：−50～300℃
- 接液材质：304、316L、
  304内衬PTFE、321、
  衬PP、哈氏合金C、
  锆材、钛材
- 输出信号：4～20mA、带HART
  带开关信号报警
- 防爆等级：
  隔离爆炸型：ExdIICT2～T6
  本质安全型：ExiaIICT2～T6
- 防护等级：IP67

■ 产品具有极高的稳定性和可靠性
■ 产品核辐照试验达到红区要求，
  抗震试验达到核电站1E级要求，
  EMC试验达到IEC61000-4标准要求
■ 产品广泛应用于石油、化工、
  核电、冶金、医药、食品行业

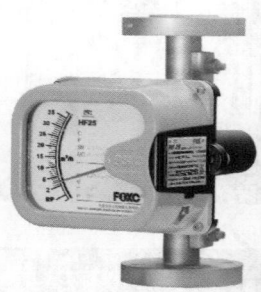

LUGB系列
涡街流量计

FT系列
靶式流量计

XSW微小型
金属管浮子流量计

XSD系列
电磁流量计

HF25系列金属管
浮子流量计

承德菲时博特自动化设备有限公司
Fischer&Porter Limited, Chengde

多孔平衡流量计

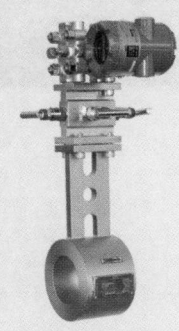

多孔平衡流量计

高精度(±0.5%)"贸易结算"解决方案

- ☐ 拥有全球"四孔结构"专利技术（专利号：ZL 2011 2 0472412.7）
- ☐ 介质范围：主要用于测量液体、气体、饱和蒸气、过热蒸气等介质
- ☐ 准 确 度：±0.5%
- ☐ 量 程 比：10:1 (最大20:1)
- ☐ 直 管 段：前3D/后1D
- ☐ 介质方向：可双向流检测
- ☐ 介质温度：600℃
- ☐ 介质压力：42MPa
- ☐ 口　　径：DN15~DN3000
- ☐ 材　　质：CS/304/316/316L/Hc等

- ☐ 可解决"高温蒸汽"的贸易计量
- ☐ 可解决"氯气"的贸易计量
- ☐ 可解决"氯化氢气体"的贸易计量
- ☐ 可解决"氢气"的贸易计量
- ☐ 可解决"高压氧气"的贸易计量
- ☐ 可解决"大口径气体"的贸易计量
- ☐ 可解决"双向流介质"的贸易计量
- ☐ 可解决"脱盐水"的贸易计量

楔形流量计

楔形流量计

"黑水灰水"流量测量解决方案

- ☐ 拥有"黑水、灰水"传感器堆焊斯泰莱或喷涂碳化钨硬化专利技术（专利号：ZL 2016 2 0340440.6）
- ☐ 特殊结构设计，设计使用寿命长达15年
- ☐ 介质范围：主要用于测量脏污介质,如黑水、灰水、高温原油、渣油、焦油、浆液、脏污气体等介质
- ☐ 准 确 度：±0.5%
- ☐ 介质温度：600℃
- ☐ 介质压力：42MPa
- ☐ 口　　径：DN15~DN600
- ☐ 材　　质：304/316/316L/硬质合金等

- ☐ 可解决煤化工装置"黑水、灰水"的计量
- ☐ 可解决油田采油厂"原油"的计量
- ☐ 可解决炼油厂常减压装置"高温原油"的计量
- ☐ 可解决催化重整装置"渣油"的计量
- ☐ 可解决焦化厂"煤焦油"的计量
- ☐ 可解决造纸厂"纸浆、黑液、白液"的计量
- ☐ 可解决化工行业 "脏污气体"的计量

阿牛巴流量计

阿牛巴流量计

气体测量的"准确"解决方案

- ☐ 每台流量计出厂前均进行"实际校验"，准确度高达±1.0%
- ☐ 可测量各种液体、气体、蒸汽等介质
- ☐ 量程比大　10：1
- ☐ 压力损失小
- ☐ 可带球阀、密封装置，实现在线安装、在线维修
- ☐ 可实现温压补偿一体化功能
- ☐ 可实现高温、高压、大口径测量
- ☐ 带HART协议、现场总线等功能

- ☐ 可解决电厂"一次风、二次风"的可靠测量
- ☐ 可解决钢厂"高炉煤气"的可靠测量
- ☐ 可解决煤化工行业"煤气"的可靠测量
- ☐ 可解决工厂排风系统"风量"的可靠测量
- ☐ 可解决工厂烟道系统"烟气"的可靠测量
- ☐ 可解决工厂大口径管道"水"的可靠测量
- ☐ 可解决城市供水大口径管道"水"的可靠测量

生产基地
地　　址：河北省承德市上板城电子工业园区
邮　　编：067411
电　　话：+86 314 5935292/3/4
传　　真：+86 314 5935291
网　　址：www.fischer-porter.cn

研发中心
地　　址：北京市海淀区中关村永丰产业基地丰慧中路7号新材料创业大厦6层
邮　　编：100094
电　　话：+86 10 58711972/3
传　　真：+86 10 58711975

基于业务的精细工业防护架构

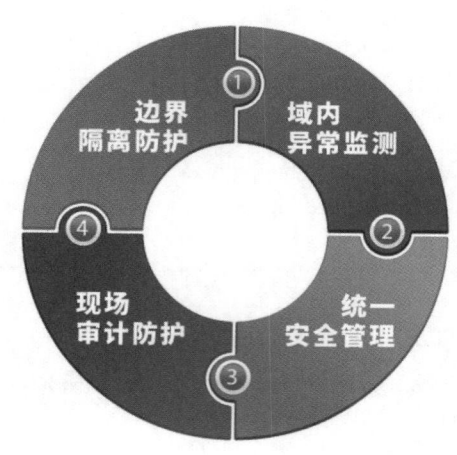

① 边界隔离防护
② 域内异常监测
③ 统一安全管理
④ 现场审计防护

工业防火墙结合工控异常检测系统、工控运维审计系统、工业网闸、漏洞扫描系统、安全管理系统等产品共同打造动态赋能的工控安全新体系。

防护设备为业务安全赋能

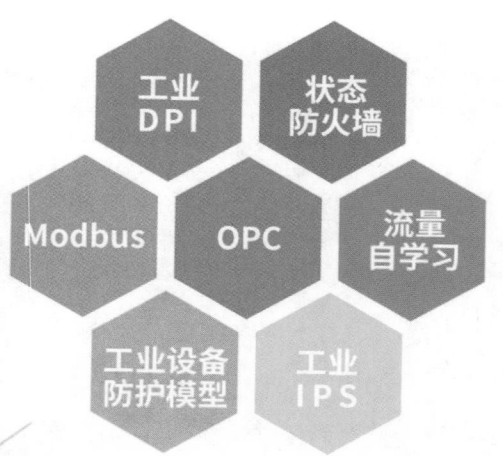

工业DPI　状态防火墙　Modbus　OPC　流量自学习　工业设备防护模型　工业IPS

- 工业防火墙深入工业指令的学习，可以让管理员轻松掌握工控网络网络流量情况。

- 多维弹性引擎解决工业现场设备种类及协议繁多，且设备生命周期较长，不易进行升级的问题。

- 工业防火墙具有流量自学习技术，自动构建工业白名单基线，智能量身定制工控防护规则。

- 充分融入业务安全，工业防火墙作为防护端点可以同其它安全设备实现紧密的协同联动，通过体系化的安全来减少工控系统的攻击平面。

启明星辰信息技术集团股份有限公司　北京市海淀区东北旺西路8号中关村软件园21号启明星辰大厦
邮编：100193　电话：010-82779088　传真：010-82779000　网址：www.venustech.com.cn

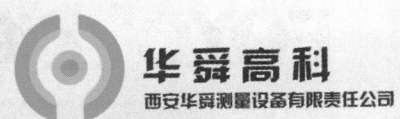

质量高于一切
创新成就未来

HS-ULC外置式超声波液位控制器
HS-2000智能型外置式超声波液位计
HS-MLI便携式液位指示器

全国统一服务热线：400-029-3866　地址：西安市高新区丈八一路绿地SOHO同盟A座703

FOXC® 上海星申仪表有限公司

欢迎访问公司官网：www.c10.cn

公司地址：上海市浦东新区宜中路8号　　总机：021-58308800　　传真：021-58309955　　邮箱：foxc@c10.cn

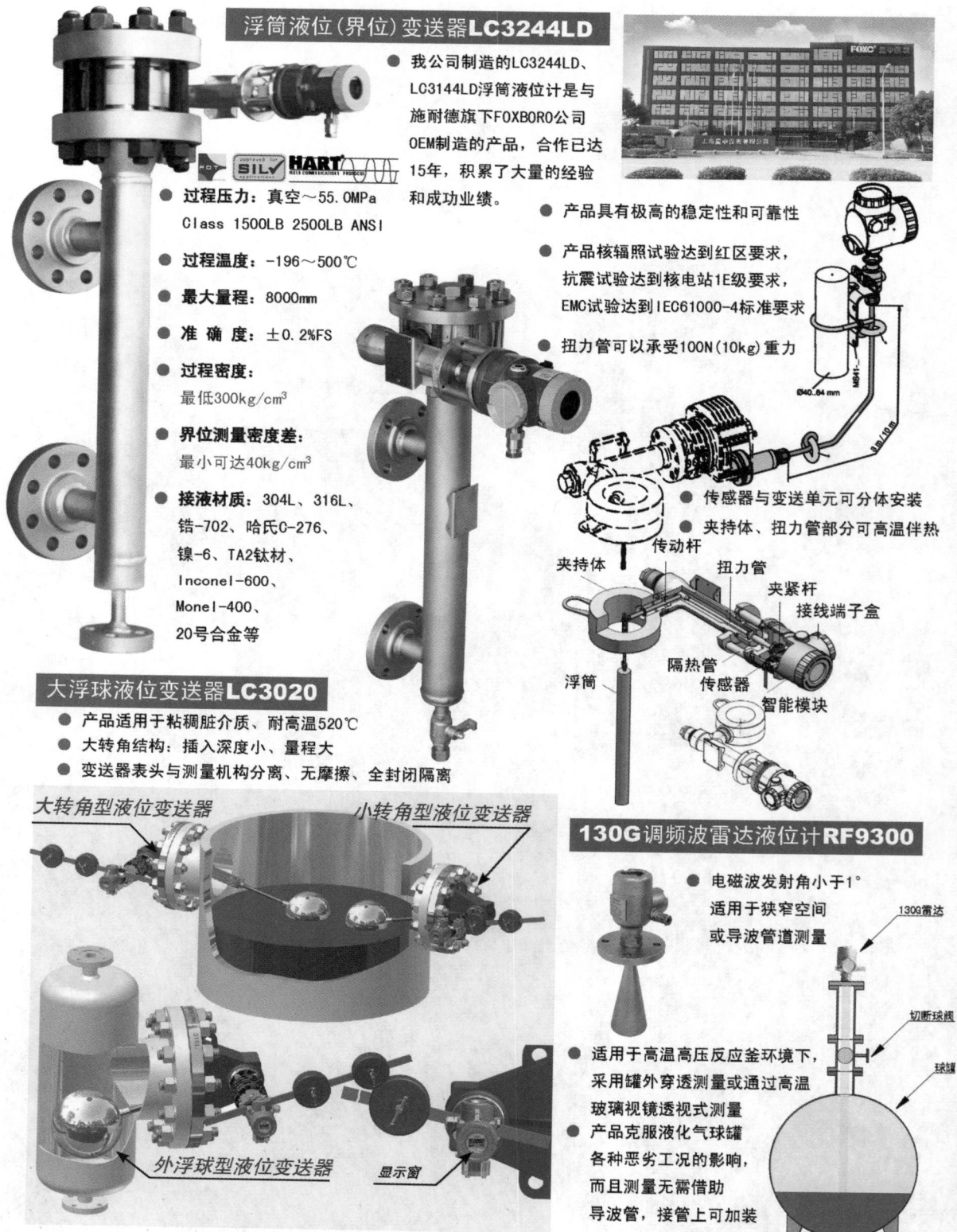

浮筒液位(界位)变送器LC3244LD

- 我公司制造的LC3244LD、LC3144LD浮筒液位计是与施耐德旗下FOXBORO公司OEM制造的产品，合作已达15年，积累了大量的经验和成功业绩。

- **过程压力：** 真空～55.0MPa Class 1500LB 2500LB ANSI
- **过程温度：** -196～500℃
- **最大量程：** 8000mm
- **准确度：** ±0.2%FS
- **过程密度：** 最低300kg/cm³
- **界位测量密度差：** 最小可达40kg/cm³
- **接液材质：** 304L、316L、锆-702、哈氏C-276、镍-6、TA2钛材、Inconel-600、Monel-400、20号合金等

- 产品具有极高的稳定性和可靠性
- 产品核辐照试验达到红区要求，抗震试验达到核电站1E级要求，EMC试验达到IEC61000-4标准要求
- 扭力管可以承受100N(10kg)重力
- 传感器与变送单元可分体安装
- 夹持体、扭力管部分可高温伴热

夹持体　扭力管　夹紧杆　接线端子盒　传动杆　隔热管　传感器　浮筒　智能模块

Ø40~84 mm　M641~

大浮球液位变送器LC3020

- 产品适用于粘稠脏介质、耐高温520℃
- 大转角结构：插入深度小、量程大
- 变送器表头与测量机构分离、无摩擦、全封闭隔离

大转角型液位变送器　　小转角型液位变送器

外浮球型液位变送器　　显示窗

130G调频波雷达液位计RF9300

- 电磁波发射角小于1° 适用于狭窄空间或导波管道测量

130G雷达　切断球阀　球罐

- 适用于高温高压反应釜环境下，采用罐外穿透测量或通过高温玻璃视镜透视式测量
- 产品克服液化气球罐各种恶劣工况的影响，而且测量无需借助导波管，接管上可加装球阀，降低了维护成本

中国石化集采入围合格供应商　中国石油集采入围合格供应商　中核集团合格供应商　中国能源一号网成员

上海市高新技术企业　中国仪器仪表行业协会物位仪表分会副理事长单位　中国神华煤化工优秀供应商

ISO9001 ISO14001 OHASA18001质量 环境 安全三合一认证　德国劳氏(GL)认证　中国船级社认证

企业微信公众号

磁翻板液位计UHZ-517

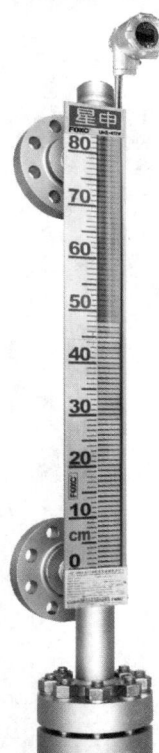

- 过程压力：真空～42.0MPa
  Class 1500LB 2500LB ANSI

- 过程温度：-196～420℃

- 过程密度：
  最低300kg/cm³

- 接液材质：304、316L、
  321、304内衬PTFE、
  锆-702、哈氏C-276、
  镍-6、TA2钛材、
  Monel-400、
  Inconel-600、
  20号合金等

- 界位测量密度差：
  最低100kg/cm³

- 测量范围：0.3～15m

- 测量准确度：±5mm

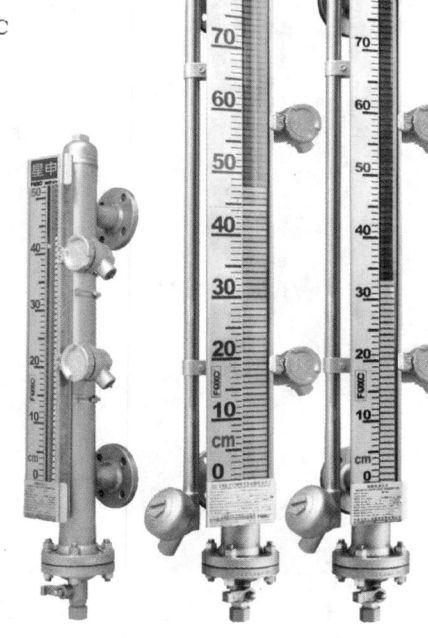

产品特点：

- 显示组件整体采用
  不锈钢304或316L选配。
  磁翻板密封在玻璃管内，
  并真空处理后透明腔内
  充高纯度惰性气体，
  显示腔内不会结露。

- 显示组件有通用型和
  超宽显示型供用户选择。

- 配套远传变送器，采用
  磁阻技术彻底取消了
  干簧管，提高了测量的
  可靠性。

- 配套BK-1液位开关。
  采用"三磁"开关、磁浮
  原理，无摩擦，没有弹簧，
  开关可调，干接点220VAC
  10A SPDT输出

磁致伸缩液位/界位变送器AT100

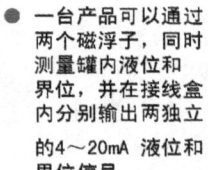

- 测量范围：0～16000m
- 准确度：±0.01%FS
- 输出信号：输出二线制4～20mA，
  带HART通过协议
- 过程压力：真空～42.0MPa
  Class 1500LB 2500LB ANSI

- 一台产品可以通过
  两个磁浮子，同时
  测量罐内液位和
  界位，并在接线盒
  内分别输出两独立
  的4～20mA 液位和
  界位信号

高温高压浮球、浮筒液位开关UQK-6000

- 液位控制精度：±4mm
- 过程温度：最高538℃
- 过程压力：
  真空～42.0MPa
  Class 900LB
  1500LB 2500LB
  ANSI
- 防护等级：IP67

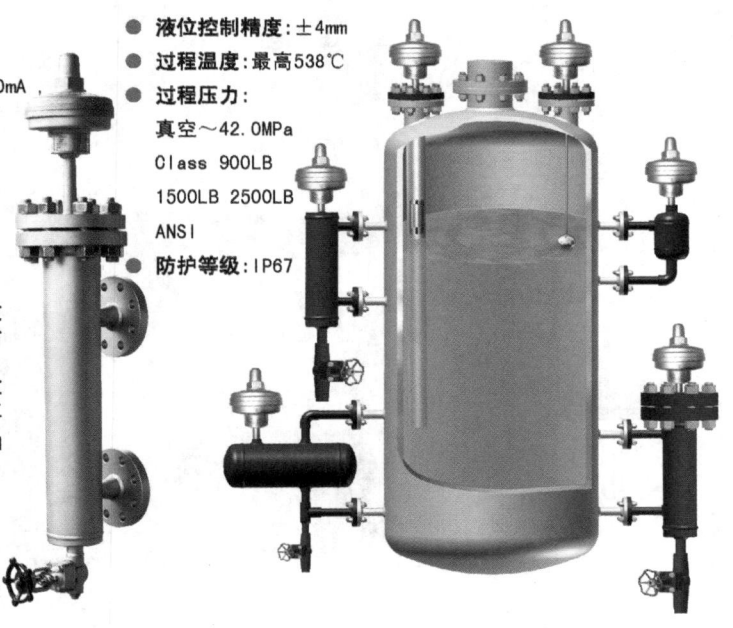

SENSCIENT ELDS™
对射式激光气体检测仪

MSA
梅思安·安全设备

Senscient ELDS™专为满足您的需求而设计。
100 多年来，MSA 坚持聆听客户需求，
不断推出满足甚至超出客户期望的技术，
赢得了广大客户的信赖。

浓雾、暴雨及大雪
天气中依然能准确无误地检测有毒气体

采用 1 类眼睛安全激光，相比其他红外线检测仪，其在浓雾、暴雨及大雪天气中的穿透力更强。

激光束会被密封性极佳的内置气室完全锁定在特定波长上。

关注梅思安官方微信
更多信息等着您

客户服务热线：**4006-090-888**
拨打热线，即可联通MSA各办事处的客服人员。

www.MSAsafety.com

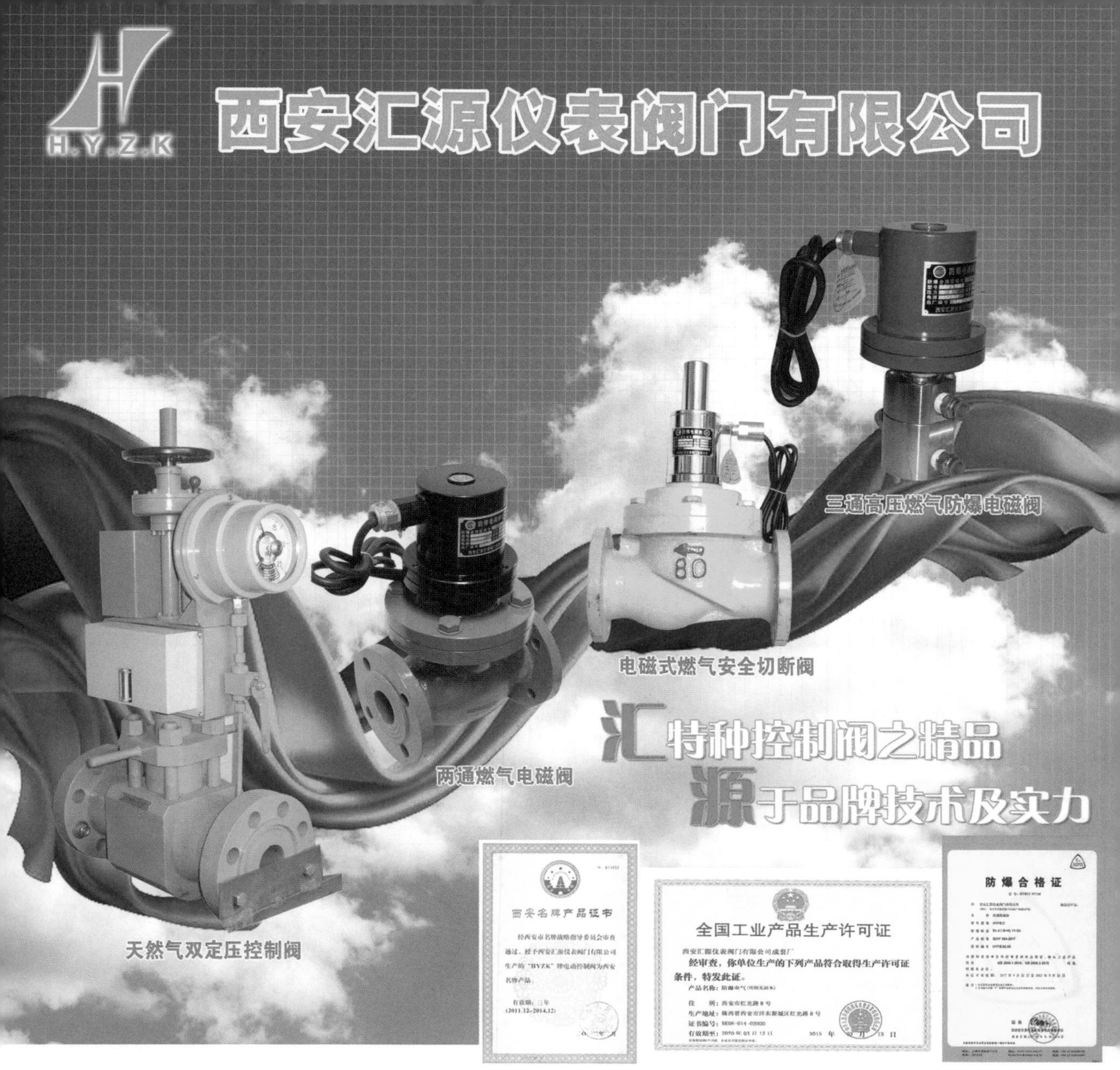

西安汇源仪表阀门有限公司

三通高压燃气防爆电磁阀

电磁式燃气安全切断阀

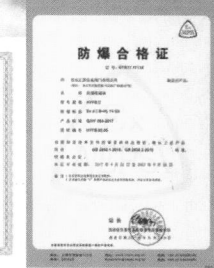

两通燃气电磁阀

汇 特种控制阀之精品
源 于品牌技术及实力

天然气双定压控制阀

西安汇源仪表阀门有限公司隶属于西安高新技术产业开发区管委会领导，是一家集科技开发、生产、技术服务及进口代理为一体的股份制企业。公司成立于一九九四年初，主要生产各种流体控制阀、阀用配套仪表、小型自控系统三大系列产品。公司以"创新、质量、服务"为企业经营宗旨，以"建立、健全、规范、持续改进的质量管理体系，研制生产一流的产品，并提供高效优质的服务"为企业质量方针。以"高起点、多品种、点面结合、持续稳健"为企业发展方向。

自公司成立以来被上级政府机关评为"优秀科技开发企业""西安市九五科技创业明星"，并被市科委连续复查认定为"高新技术企业"，被工商部门评选为"守合同重信用"单位。并率先在本地区同行业中通过ISO9001：2000质量管理体系认证及CE欧盟质量体系认证。其中公司生产的电动控制阀连续被政府部门评定为"质量先进产品"及"西安市名牌产品"。

公司下属有"汇源控制阀厂""汇源仪表厂"生产实体及"自控系统成套部""西安英宝特机电产品有限公司（原进口机电产品销售中心）"等经营实体，并逐步形成以控制阀为主体，以配套、成套、代理为补充形式的专业性企业集团

销售地址：西安市高新四路 1 号高科广场 A 座 607 室　　邮编：710075　　　　　　　　技术咨询：029-88629065
销售热线：029-88617844 88629065 88648375　　　　生产基地：西安市红光路 8 号　　图文传真：029-88647516
网址：http://www.xian-huiyuan.com　　　　　　　　　E-mail:xian-huiyuan@126.com

高温高压球阀

HIGH TEMPERATURE AND HIGH PRESSURE BALL VALVE

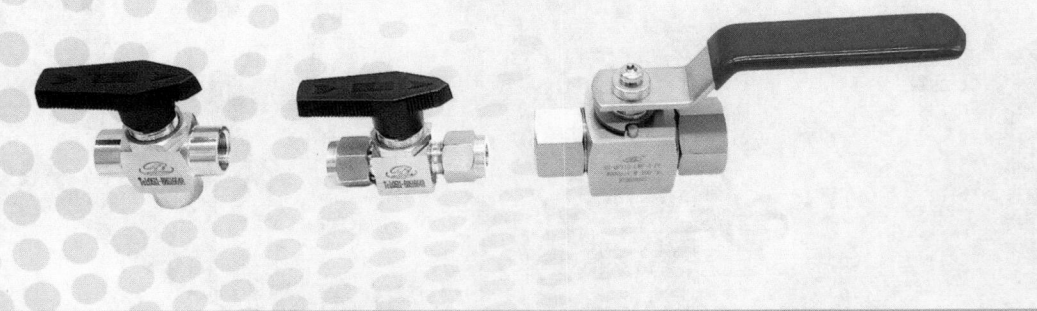

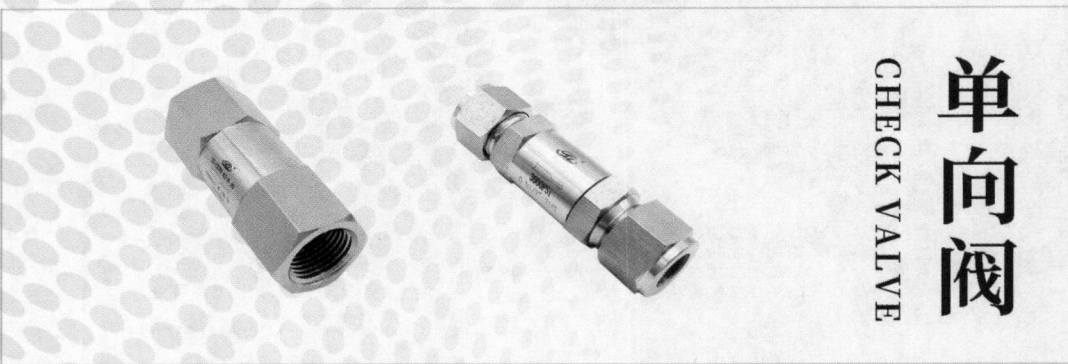

CHECK VALVE

单向阀

真心对客户　匠心造产品

江苏华太电力仪表有限公司始创于1994年，是一家集研发、生产、销售仪表管件、阀门、桥架、防爆电器等系列产品为一体的综合性高新技术企业。公司管理严谨、生产、检测设备齐全且先进，技术力量雄厚，是中石化、中石油、中海油的入网合格供应商。公司被授予："江苏省名牌产品"、"江苏省著名商标"、"重合同守信用"等荣誉。

商务：17705288319
技术：13805291016
Web: www.js-huatai.com
E-mail: huatai@js-huatai.com
地址:江苏省扬中市238省道华太西路

高温高压针阀
HIGH TEMPERATURE AND HIGH PRESSURE NEEDLE VALVE

PROPORTIONAL RELIEF VALVE

安全阀

阀组 VALVE MANIFOLDS

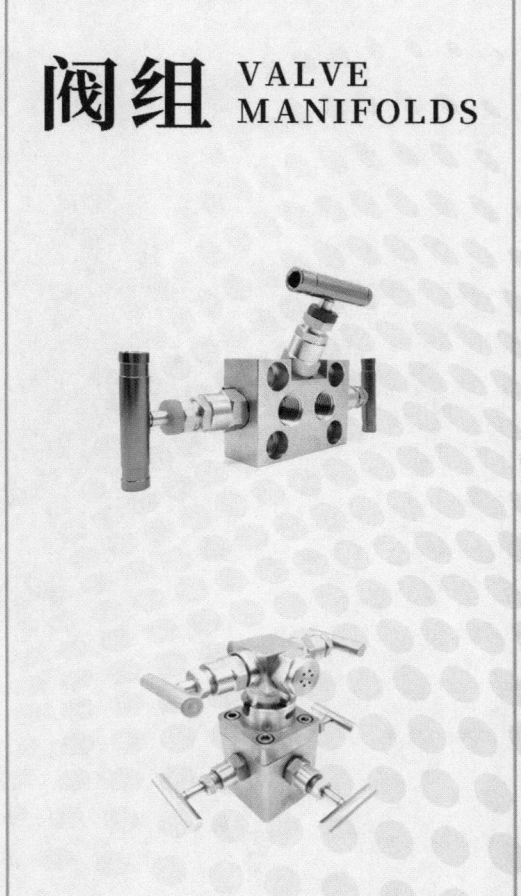

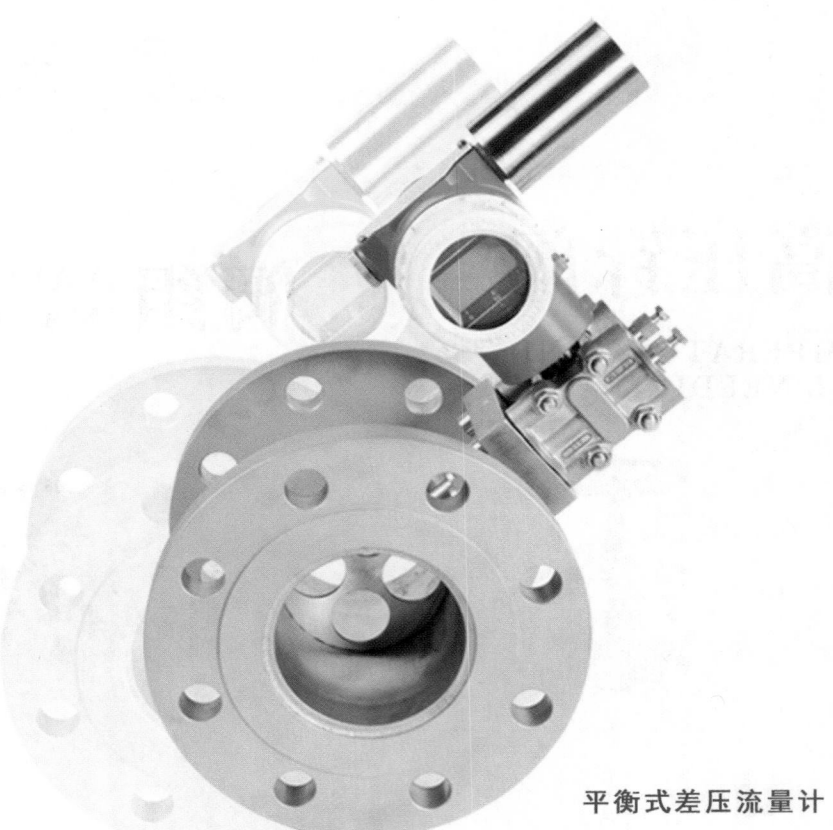

平衡式差压流量计

旋进旋涡流量计

电磁流量计

涡街流量计

菲吕波特

BEIJING FISHERMETER INSTRUMENT CO.,LTD

FWE楔式流量计

100余台

FWE楔式流量计成功应用于最大煤化工项目
——中天合创鄂尔多斯煤炭深加工示范项目

军工标准更可靠

北京菲舍波特科技发展有限公司
销售热线：400 898 6282
邮箱：fsbt@fishermeter.com
www.fishermeter.com

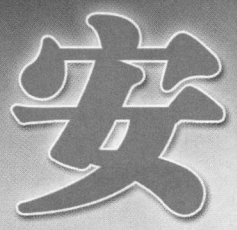

博瑞特股份

安全

[磁致液位 "颠覆性" 优势]

领航：量程突破30米，适用所有大型储罐

主要应用：

中国用户总量约 **8100** 户，累计安装液位仪约 **38800** 套，
广泛应用于各行业的各类型储罐上。

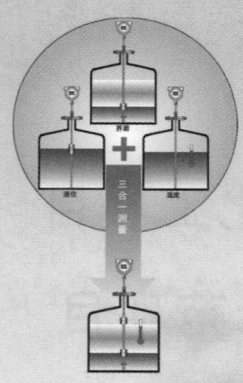

安全上电：24VDC
专利技术：浮盘密封
三合一测量，减少开孔数量

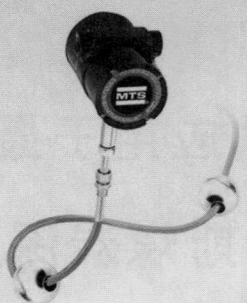

磁致伸缩多功能液位仪

为您解决 "5大困扰"

困扰一：强电上罐带来的安全隐患
困扰二：油气挥发带来的安全隐患
困扰三：导向管带来消防安全隐患
困扰四：油气挥发带来的存量损耗
困扰五：油气挥发带来的环保问题

"7大优势"多、免、高、低、长、短、稳

多：多功能一体化
免：基本免维护
高：高精度 ±0.794mm
低：综合成本低
长：量程突破30米
短：安装、维修时间短
稳：运行稳定可靠，无温漂、时漂

博瑞特股份

地址：北京市昌平区科技园区白浮泉路10号兴业大厦四层A区
电话：010-80118907   售后服务热线：400-606-6919
传真：010-80116615   邮箱：bic@brightbeijing.com
网址：www.brightbeijing.com(官网) www.brtyw.com(营销网站)

更多精彩，敬请关注微信公众号！

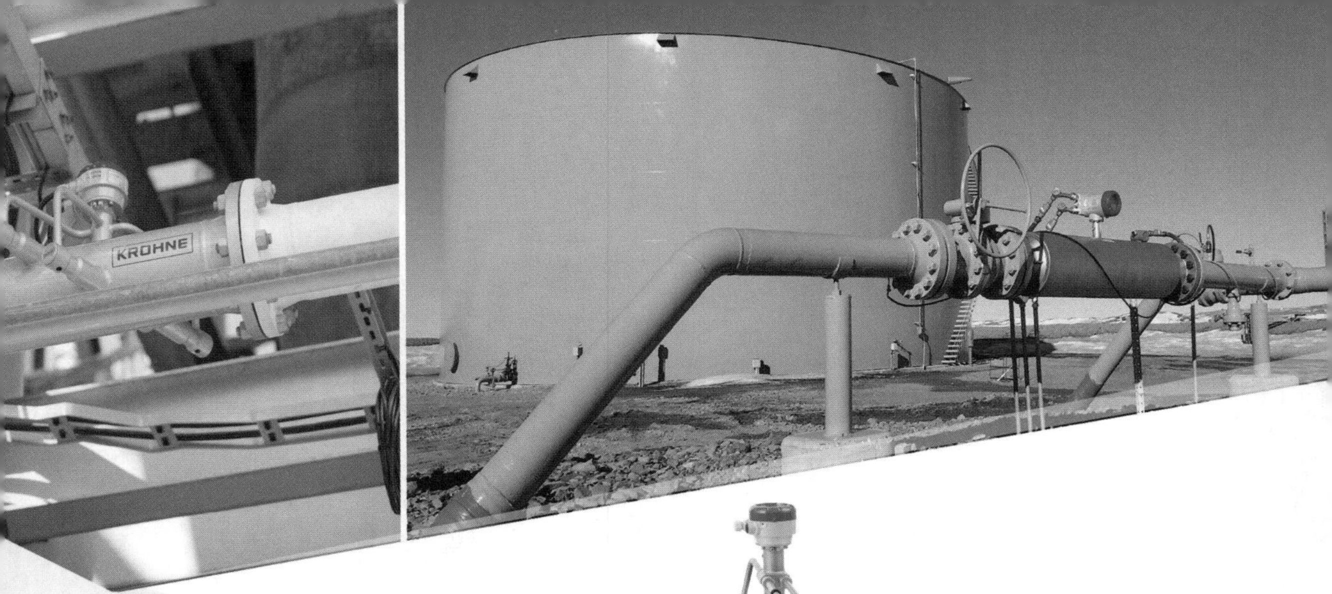

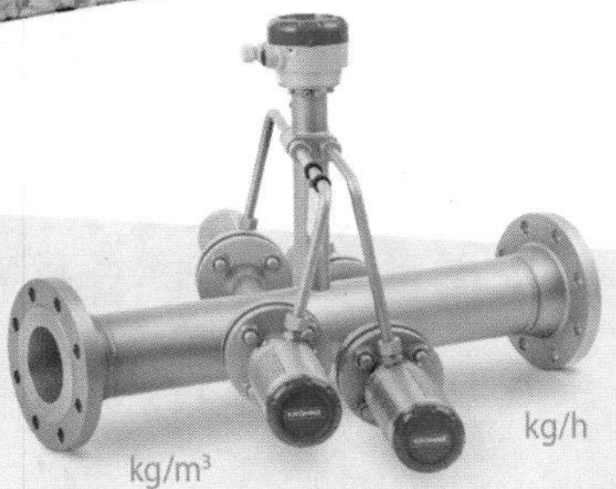

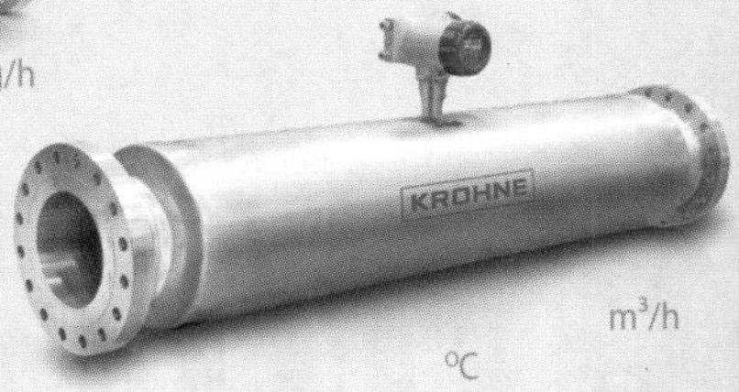

fact

整体管道式超声波流量计 OPTISONIC 4400

流量计中的“特种部队”

- 高温可达 +600℃，高压可达到 49MPa（2500lb），为客户的疑难特殊工况提供解决方案
- 集成多种专利技术，双声道测量保证极端工况下的性能及可靠性
- 具备全系列认证证书

科里奥利质量流量计 OPTIMASS 2400

小身材，大流量

市面上大规格及流通能力的科里奥利质量流量计，额定流量达到 2400t/h，并可对全量程进行 0.05% 精度溯源标定

- 一体化刚性补偿专利对测量管所受压力和应力影响进行实时补偿
- 直管设计所带来的优化安装空间使其适合不同应用场合，并具备较全面的贸易交接认证

EGM™ 含气管理系统

KROHNE

measure the facts

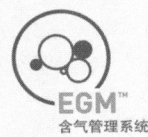

▶ products ▶ solutions ▶ services

更多信息，请浏览：www.krohnechina.com

开封仪表有限公司
KAIFENG INSTRUMENT CO., LTD.

开封仪表有限公司（原开封仪表厂）是国家生产流量仪表的大型骨干企业。国家水大流量计量站、机械工业第十三计量测试中心站、机械工业流量仪表产品质量检测中心设于我公司。

水小流量试验室

水大流量试验室

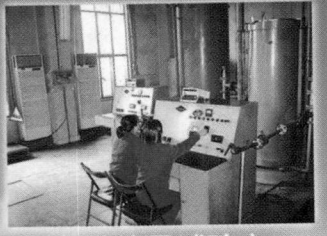
气体流量试验室

油流量试验室

主要产品

电磁流量计
浮子流量计
涡轮流量计
节流装置
腰轮流量计
刮板流量计
双转子流量计
体积管式流量计量检定装置

地址：开封市汴京路38号　　　　邮编：475002
销售电话：（0371）22950811　　传真：（0371）22921101
市场开发部电话：（0371）22950881　　网址：http://www.kfybc.com

官方微信

手机网站

防爆型产品系列

伯纳德电动执行机构，从核电行业严苛的工况开始进入市场，不断推陈出新，领导市场的发展，在电动执行机构市场占据重要地位。防爆型电动机构作为伯纳德产品线中的重要部分，通过不断创新和升级，给用户带来越来越便利的体验，伯纳德电动执行机构努力践行着"信赖无处不在"的企业理念。

伯纳德电动执行机构具有结构紧凑、机械效率高、电机功率小却启动扭矩大的优点，非常适合用于阀门驱动这样的短时工作制应用。

产品主要技术参数与选型：

电动执行机构的选型包括基本参数的定义和具体型号选择两部分，基本参数定义了执行机构的类别；主要参数决定了具体型号。

基本参数：
·防爆及防护等级，区域及气体组别
·环境温度、湿度
·电源类型

主要参数：
·最大扭矩及安全余量
·行程时间或速度
·动作频率及定位精度

附加功能：
·辅助信号
·总线类型
·模拟量反馈信号

伯纳德电动执行机构属于免维护产品，在全寿命周期，无需维护或更换润滑油及密封圈。建议加热器长期有电以便防潮。

直接角行程系列：
SQX18、SQX25、SQX50、SQX80
多回转系列：
STX-6、STX10、STX20、STX40、STX61、STX100、STX140、ST175、ST220
齿轮箱：
角行程齿轮箱SBWG系列；多回转SB系列；直行程VE系列。

产品应用业绩

伯纳德电动执行机构在全球有着诸多的应用案例，用户包括了众多的主要油气企业：

阿布扎比国家石油公司ADNOC,阿美石油公司ARAMCO,英国石油公司BP,比利时ELECTRABEL能源公司,意大利埃尼集团ENI,西班牙EUROENERGO公司,美国埃克森EXXON,法国燃气公司GAZ DE FRANCE,希腊HELLENIC PETROLEUM,美国KINDER MORGAN,科威特国家石油公司KNPC,科威特石油公司KOC,匈牙利MOL石油公司,NATO,伊朗国家石油公司NIOC,奥地利石油天然气集团OMV,墨西哥国家石油公司PEMEX,印

尼国家石油公司PERTAMINA,巴西石油公司PETROBRAS,中石油PETROCHINA,马来西亚石油公司PETRONAS,伊朗帕尔斯石油天然气公司POGC,泰国国家石油公司PTT,卡塔尔石油公司QATARPETROLEUM,科威特石油国际Q8,俄罗斯联邦能源署ROSENERGO,俄罗斯石油公司ROSNEFT,沙特基础工业公司SABIC,壳牌SHELL,中石化SINOPEC,阿尔及利亚石油公司SONATRACH,道达尔TOTAL…

伯纳德控制设备（北京）有限公司

电话：+86 10 6789 2861
传真：+86 10 6789 2961
邮箱：inquiry.china@bernardcontrols.com
网址：www.bernardcontrols.com

/////////// Invest in Confidence ///////////

逸辈殊伦 伦特 铸造独特

企业介绍
Brief introduction

- 创办于1983年
- 注册资金6180万
- 高新技术企业
- 院士专家工作站
- 专业研发和制造温度仪表、核测仪表
- 承接多项国家科技重大专项研发任务
- 核电仪表联合研发（试验）中心
- 参与起草15份GB/T国家标准和5份JB/T机械行业标准
- 通过ISO90001、ISO14001、OHSAS18001认证
- 通过INERIS欧盟防爆体系认证
- 建立CNAS认可实验室
- 军工保密三级资质
- 建立HAF003质保体系
- 拥有60余项专利，其中10项为发明专利
- 连任第五、第六届全国温度仪表专业协会理事长单位
- 国际知名自动化企业（世界500强）长期合作伙伴
- 中石化、中石油、中海油、中核合格供应商

国内市场
Domestic Market

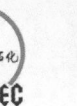      

中石化　　中石油　　中海油　　中化　　神华　　五矿　　宝钢

      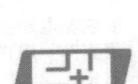

中冶　　阳煤　　万华　　中煤　　中核　　艾默生　　Endress+Hauser

国际市场
International Market

哈萨克斯坦　　缅甸　　越南　　印度尼西亚　　印度　　沙特　　伊拉克

土耳其　　巴西　　阿尔及利亚　　南非　　尼日尔　　坦桑尼亚　　乍得

扫一扫，手机看样本

地址：浙江省乐清市虹桥镇科技园区城东路
电话：0577-6237 8177　6135 9888　6237 8198
传真：0577-6237 8199　免费服务热线：400 7288 988
E-mail:lunte@lunte.com.cn　http://www.lunte.com.cn

浙江伦特机电有限公司
ZHEJIANG LUNTE ELECTROMECHANICAL CO., LTD.

测温专家

线性测温电缆

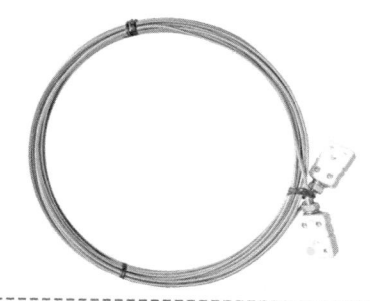

线性测温电缆又称热敏电缆,用于各种汽化炉(转化炉)反应器和锅炉表面温度的监测,各项指标已达到国外同类产品的水准,而且优于进口产品使用前需要活化处理的缺陷。

气化炉高压热电偶

适用于GE德士古气化炉炉膛测量,法兰连接处带有防内漏密封件,密封件采用进口特种密封组件。保护管插入深度可根据炉壁实际厚度进行调节,保护管测量端选用特种金属材质,适用于高温高压工况,最高使用温度1700℃。

壳牌气化炉多点热电偶

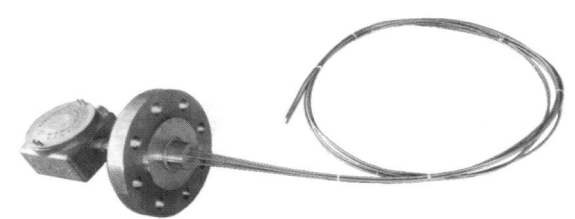

专门为壳牌气化炉设计的高压多点热电偶,通过多重密封,并在腔体上设有泄漏监控装置,监控产品是否有泄漏,从而保障了现场的使用安全。

COT专用热电偶

用于测量乙烯裂解炉出口温度,我公司自1998年开始就一直致力于COT热电偶的研究,根据不同炉子和用户的不同要求,我们设计了多种不同结构的COT热电偶,并代替进口产品广泛用于全国各大乙烯项目,特殊的耐磨头结构,增加了使用寿命,提高热响应速度,测量误差小(温度一致性±3℃),使用寿命长(4年),广受用户欢迎,成为国内最大的COT热电偶生产商。

吹气热电偶

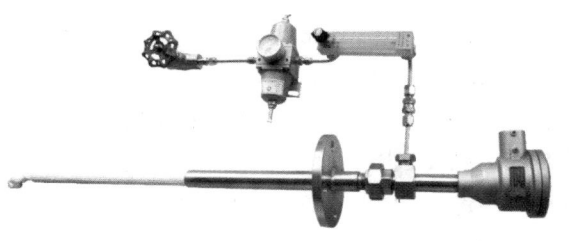

适用于硫磺回收的炉子测温,测量温度1300℃,是通过吹进氮气或仪表空气,将保护套管内的腐蚀性气体吹出,或使保护套管内压力大于炉膛压力不会使有害介质进入,从而提高使用寿命,使用寿命约12～24个月。

大连精工自控仪表成套技术开发公司

大连精工自控仪表成套技术开发公司是经国家技术监督局和辽宁省技术监督局及大连市技术监督局批准的流量测量装置、风量测量装置、高低压反应釜、减温减压装置、化工泵的专门生产企业，也是各大电力、化工、冶金设计院可选的流量测量装置，"大连精工"是辽宁省"著名商标"的品牌产品，是中国进出口总公司、东方电气、东方锅炉、哈尔滨电气国际、哈尔滨锅炉厂、上海电气、上海锅炉厂、武汉锅炉厂、杭州锅炉厂、中石油、中石化、中国核电的合格供应商。

多年来我们公司的产品广泛用于国内外石油、化工、电力、核电、冶金、低碳环保行业，国外的用户有：伊朗、马来西亚、巴基斯坦、印度、老挝、菲律宾、哈萨克斯坦、越南、哥伦比亚、缅甸、泰国、印度尼西亚、土耳其、白俄罗斯、乌兹别克斯坦、摩洛哥、迪拜、孟加拉、吉尔吉斯斯坦等国家及地区，产品质量得到了国内外广大用户的认可和高度评价！

我公司的产品有：
1）ASME-PTC6喉部取压性能试验喷嘴、ASME-PTC19.5文丘里喷嘴、ISO 5167长径组合喷嘴、ISO 5167标准喷嘴、ISO 5167文丘里管、ISO标准孔板、ASME多级减压孔板、ASME-AGA限流孔板；
2）小流量内藏孔板、高压透镜孔板、圆缺孔板、八槽孔板、环形孔板、专利结构钢圈组合孔板、双重孔板、多级限流孔板、调整型孔板、楔形流量计、内锥式流量计、喷雾喷嘴等系列产品；
3）机翼耐磨防堵"专利"测风装置、截面整流式测风装置、截面多层插入组合测风装置、内置式文丘里测风装置、插入式文丘里测风装置、多点阵列防堵耐磨测风装置、插入式内锥风量测量装置、

耦合式风量"专利"测量装置、威力巴测风装置等产品；
4）高低压反应釜、文丘里减温器、减温减压装置等各种附件：高温高压仪表阀、三阀组、五阀组、冷凝器、隔离容器、集气器、平衡容器、网笼探头、仪表关键等；
5）成套设备：仪表盘、仪表柜、保温箱、高低压开关柜、温度开关、热电阻、热电偶等；
6）进口设备：美国VALTEK电动调节阀门、美国Omega容积流量计、美国核电柱塞限流孔板A100、A300系列，美国Magnetrol导波雷达、美国AMETEK氧化锆、英国ROTORK执行器和ALCO高压仪表阀门、美国Swagelok（世伟洛克）仪表阀、德国ASD800变送器、美国Shortridge便携式风速仪、美国罗斯蒙特（Rosemount）差压变送器、压力变送器、美国霍尼韦尔差压变送器、压力变送器、SOR压力开关、SOR流量开关、SOR差压开关。

我们公司的质量方针："永远的创新、永远的完善、永远的发展、永远向顾客提供一流的产品和服务！"

我公司已被国家技术监督局和辽宁省技术监督局评为"质量信誉保证单位"，被中国商务部研究院评为"信用AAA级企业"，被辽宁省工商局评为"守合同重信誉单位"，是辽宁省"著名商标"企业，2000年就已陆续取得ISO9001质量体系认证，压力管道认证、减温减压装置认证、产品环保认证、企业安全认证，被中国企业信用管理协会评为AAA级信用单位，公司的官方网站也被国家工业和信息化部评为可信网站。

我公司拥有雄厚的技术力量、先进的加工设备及检测设备；精心设计、完善工艺，提供给客户优质的产品，永远为客户提供满意的服务。

热忱欢迎广大客户到我公司参观、考察、洽谈订货。

联系人：肖兰（总经理）　　电话：0411-84803344
传真：0411-84801863　　手机：13904118205
邮箱：xl@sc-china.com　 jg@sc-china.com.cn
QQ：1255108155
公司网站：www.sc-china.com
手机网站：m.sc-china.com　　微信公众号：dljgyb

好用，放心用！

角行程角阀

（发明专利产品，立足行业制高点）

—————一种特殊耐冲刷、防结垢
的专利阀门，用角行程结构解决
传统直行程黑水角阀存在的问题。

- ☑ 冲刷汽蚀严重；

- ☑ 结垢引起阀门抱死或外漏；

- ☑ 高频导致阀杆断裂或脱落；

- ☑ 易卡和堵塞；

- ☑ 安装和维护受限制。

武汉汉德阀门股份有限公司
WUHAN HANDE VALVE CO., LTD

地　址：湖北省武汉市汉施大道39号　　传　真：027-86837079
24小时客服：400-837-1718　　　　　　网　站：www.china-acg.com
邮　箱：acg4008371718@163.com　　　邮　编：430345

ELL外测液位仪表

ELL声纳式外测液位计

测量精度：0.5%F.S.，0.2%F.S.，0.1%F.S.，±1mm

测量范围：（0.2～30）m

温度范围：（-60～220）℃

防爆、防护等级：Exd II CT6，IP67

输出：隔离（4～20）mA/HART/Modbus现场总线/TCP工业以太网

供电方式：DC24V，AC220V

ELL超声波外测液位开关

精度：±1mm、±2mm、±5mm

迟滞：1S、2S、7S

传感器安装方式：罐壁外磁吸

触点型式：SPST单刀单掷

触点容量：5A DC30V或5A AC250V

防护、防爆等级：IP67，Exd II CT6Gb

输出：继电器，RS485

供电方式：DC24V，AC220V

产品特点

安全

不接触罐内液体和气体。即使在仪表损坏或维修状态下，也无泄漏、毒害、爆炸的可能。

便捷

安装维修时不动火、不清罐、不影响生产。

适用广泛

不受罐内被测介质的压力、温度、密度、介电常数、黏度及腐蚀性限制。

可靠耐用

液位探头和仪表中无机械运动部件，并严格密封，与外界隔离，不会磨损或腐蚀。

储罐液位测量方式优选 技改更换优先解决方案

西安定华电子股份有限公司
Xi'an Dinghua Electronics co., LTD

地址：西安市高新区光德路二号F-2B楼五层
电话：029-8831-7762
网址：www.dhechina.com

DHE 定华
Sensor · Software · Solution · Service

股票简称：定华电子 股票代码：837793

（选型手册在线浏览）

WUXI YADI FLUID CONTROL TECHNOLOGY CO.,LTD

无锡市亚迪流体控制技术有限公司

—————

无锡市亚迪流体控制技术有限公司是工业过程控制领域中专业从事控制阀研发、制造、销售、服务于一体的高新技术企业。公司成立于2003年，核心工程人员具有20多年行业经验，我们一直致力于产品创新、产品品质和服务质量提升。因此，我们的员工和产品始终处于高端控制阀的前沿；满足于各种工况及高端客户对生产效率、安全以及环境不断提高的要求。产品广泛应用于石化、冶金、电力、煤化工、环保、新能源、核电等行业。

YD116V
先导式迷宫控速阀

YD710H
减温减压器

YADi
FLUID CONTROL

xi`an hang-lian measurement-control equipment co.,ltd

西安航联测控 设备有限公司

流量测量节流装置专业生产厂家

西安航联测控设备有限公司是由中航第一飞机设计研究院、中国飞行试验研究院、西安飞机制造公司等单位科技人员联合组建的股份制高新技术企业。运用航空航天技术研制生产BYW系列节流装置及配套仪表。

产品目录

1 BYW-F 内藏式双文丘里管（公司专利产品）
2 BYW-FX 亚音速复式文丘里管（公司专利产品）
3 BYW-C 插入式双文丘里管
4 BYW-CX 插入式复合型文丘里管（公司专利产品）
5 BYW-CD 插入式多喉径流量测量装置
6 BYW-W(T、J) 标准文丘里管
7 BYW-DW(T、J) 短式文丘里管
8 LJY-F\Y 机翼型测风装置
9 BYW-Y/K 标准孔板
10 BYW-H 环形孔板
11 BYM-I 偏心孔板及BYW-RQ 圆缺孔板
12 BYW-Q 1/4圆孔板和BYW-R1/4圆喷嘴
13 BYW-YT 一体化孔板
14 BYW-HB 环靶式孔板（公司专利产品）
15 BYW-X 小孔板节流装置
16 BYW-NT 内陀螺式节流装置（公司专利产品）
17 BYW-CP 楔型孔板
18 BYW-V 微小流量测量装置
19 BYW-ZJ 系列亚音速-音速喷嘴（公司专利产品）
20 BYW-L 文丘里喷嘴
21 BYW-CF 临界流文丘里喷嘴
22 BYW-P 标准喷嘴
23 BYW-S 长径喷嘴
24 HL168 轻型喷嘴（公司专利产品）
25 LG-ZY 系列均速管流量传感器

26 威力巴流量计
27 BYW-TB 托巴式均速管流量传感器（公司专利产品）
28 LG-Z 系列皮托管流量传感器
29 LG-A 弯管流量计
30 横截面流量计
31 V型锥流量计
32 压力、温度、差压及液位变送器
33 BYW-LJ 流量计量标准装置
34 BYW-TJ 体积管流量检定装置
35 BYW-BZ 标准金属量器

公司生产基地

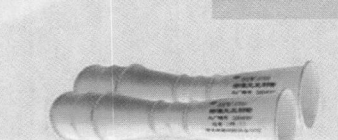

标准文丘里管

临界流文丘里喷嘴

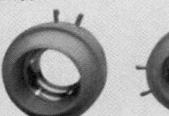

标准喷嘴

亚音速文丘里喷嘴

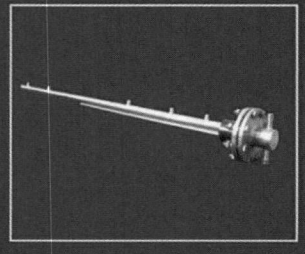

威力巴流量计

内陀螺式节流装置

内藏式双文丘里管

机翼型测风装置

公司地址：西安市新科路1号东兴科技大厦13层
电　话：（029）82259000（总机）
　　　　　82229229　82229211
传　真：（029）82227103　82241595
邮　编：710043

生产基地：西安市阎良区66号信箱
电　话：（029）86859696（总机）
　　　　　86859698　86850898
传　真：（029）86850898
邮　编：710089

董事长：刘毅
联系电话：13609209103

Http://www.xahl.com
E-mail:xahl@xahl.com

爱尔兰AGC仪器有限公司(中国)

——用可靠优秀产品，服务民族气体行业

高纯气体、电子气体、工业气体、腐蚀气体分析

NovaCHROM系列气相色谱仪

- 紧凑19″机架式设计；
- 超大彩色6.5″LCD触摸屏，搭载先进的人机智能交互平台；
- 可搭载不同检测器 (DID、HFADD、FID、TCD)
- 每一支色谱柱都有一个独立的柱箱温度控制系统
- 电子压力控制系统(EPC)
- 增加RS-232、RS-485及 Field BUS通讯连接端口

源于成功的AGC 100系列色谱仪，是100系列气相色谱仪全面升级的产品。

AGC NovaPRO在线型过程气相色谱仪

- 用于防爆1区和2区，使用Exp-system，符合EN60079(BVS 06 ATEX E 088)欧盟标准
- 易于使用的超大电容触摸屏，EPC和EFC控制，独立温控柱箱与大柱箱联用
- 先进的嵌入式工业计算机和操作系统：TrendVision PRO工作站软件
- 自动生成的PGC分析结果可以DPM/Trend-Lines/Chromatogram三种方式显示
- 输出方式有4-20mA、Profibus、Modbus、RS232、RS485及以太网

在线型NovaPRO系列过程气相色谱仪可以为石油、石化、天然气等对检测环境要求苛刻的行业定制功能强大、安全耐用的解决方案。

AGC 100系列多种高纯气/特种气体分析色谱仪

- 19″机架式安装，可定制匹配的预处理机柜分析系统，实现24小时气体的在线连续分析，并信号传输数据
- 可搭载不同检测器 (DID、HFADD、FID、TCD)
- 独立温控柱箱，每一支色谱柱都有一个独立的柱箱温度控制系统
- 由于仪器自身模块化结构的特点，使得仪器在进行扩展应用时非常容易
- 根据需要可以使用防腐蚀材料制造，以实现对腐蚀性气体的分析

该系列产品为在线、离线两用型，既可以24小时连续检测，也可以实现实验室的离线分析。

AGC 600系列气相色谱仪

- 可搭载不同检测器 (DID、HFADD、FID、TCD、FPD、NPD)
- 根据需要最多可以搭载两个完全独立的检测器
- 该系列仪器备有几十种不同的气路系统，每种气路系统均配置专业阀门以实现对不同杂质的应用
- 独立温控柱箱，包含一个大柱箱以及最多四个独立小柱箱
- 根据需要可以使用防腐蚀材料制造，以实现对腐蚀性气体的分析

该系列产品为实验室专用型，适用于化验室分析使用

AGC 23 Series总烃（总碳）分析仪

- 内置电磁阀可以实现量程和零点的自动校准
- 电子质量流量计使样气流量更加平稳
- 甲烷转化炉可实现CO 、CO_2的浓度检测
- 非甲烷总烃

实现对液氧、液空中总烃（总碳）的分析仪器

AGC 100SED微量氮分析仪

- 一款真正意义上的全时微量氮检测仪器
- N_2检测器源于AGC成功的HFADD
- 检测器无放射性，安全可靠，
- 量程可达0-100ppm，灵敏度可达10ppb

Dumat MA2000微量水分析仪

- 腐蚀性气体（HCl/Cl_2/SO_2）中微量水测量
- 金属铑电极的专利技术
- 可连续自动测量气态样品中水含量

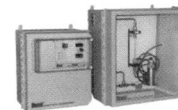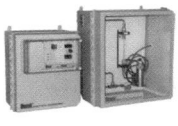

爱尔兰AGC分析仪器有限公司北京代表处
地址：北京市 大兴区 西红门镇九龙山庄2区6号院
电话：010-6022 0668 传真：010-6022 0668
邮箱：sales@agc-instruments.cn 网址：www.agc-instruments.net
服务热线：400-007-1965

液体危化品智能储运系统
解决方案专家及核心产品供应商

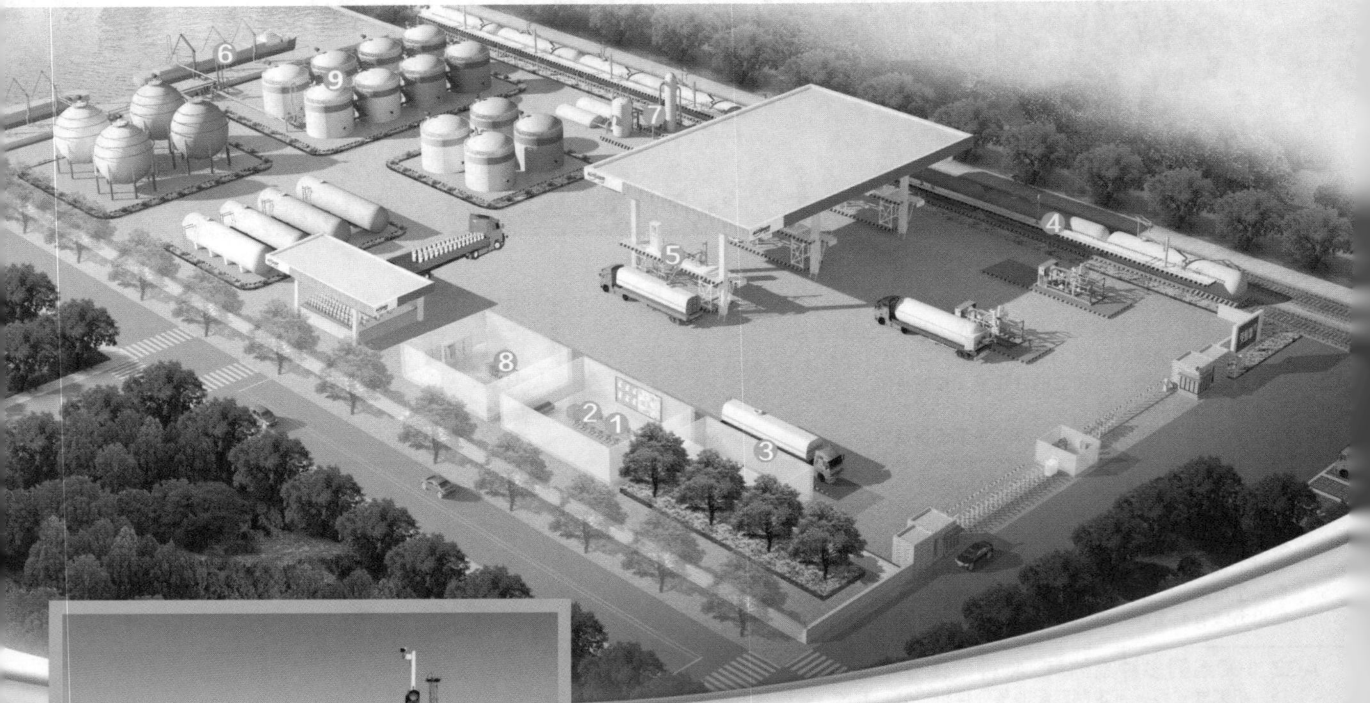

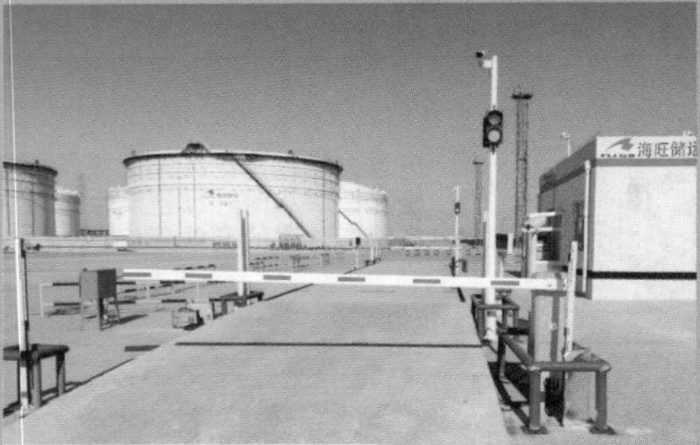

一卡通管理系统▲

库区整体解决方案

1 储运信息管理平台
（ERP、MIS等）

2 SCADA监控系统
信息集成管理系统（自产）
装卸车管理系统　（自产）
罐区计量管理系统（集成）
库区SCADA系统　（集成）
SIS仪表安全系统　（集成）

3 地衡无人值守系统(自产)

4 火车定量装车系统
AWZ定量装车控制仪（自产）
火车装卸鹤管（自产）
可拼装式栈桥（自产）
流量计、阀门（集成）
活动梯（自产）
油泵　　（集成）

5 汽车定量装车系统
橇装汽车发料台（自产）
AWZ定量装车控制仪（自产）
汽车装车鹤管（自产）
地衡比对系统（自产）
流量计、阀门（集成）
LNG装车橇　（自产）

6 船舶装卸系统
AWZ定量装车控制仪（自产）
船用输油臂（自产）
流量计（集成）
控制阀（集成）

7 油气回收系统(自产)
组合工艺处理各种VOCs

8 安防监控系统
IC卡门禁道闸系统（自产）
排队叫号系统（自产）
周界防护系统（集成）
视频监控系统（集成）

9 储运区计量单元及设备

地址：深圳市龙华新区和平东路港之龙园区A栋10楼B区
工厂：湖北弘仪电子科技股份有限公司（宜昌）
网址：http://www.aotuwer.com
电话：0755-83653481　　0755-83484411

官网二维码

微信二维码

物位仪表　时代精品
古大人　不懈地追求......

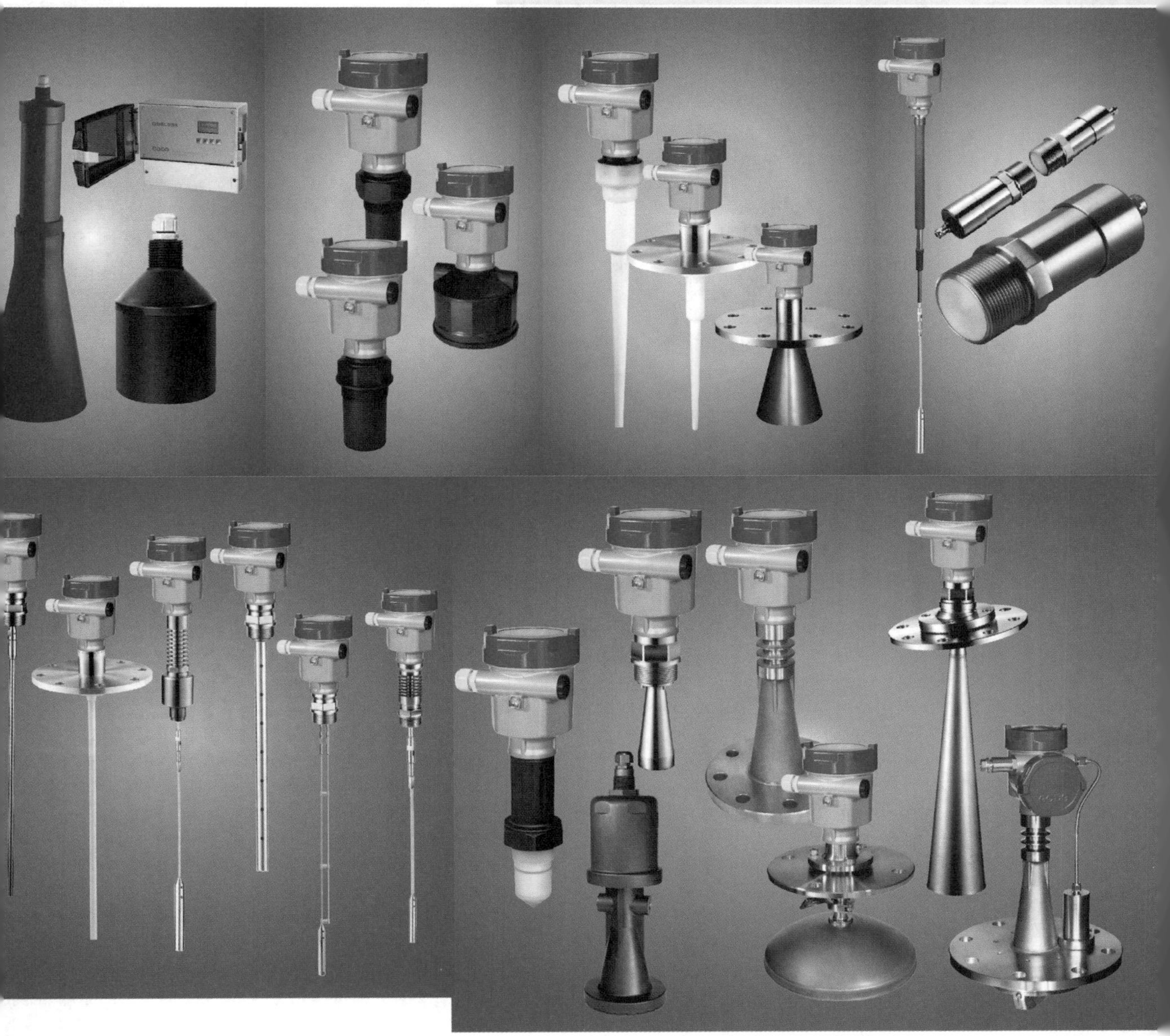

北京古大仪表有限公司
Beijing GODA Instruments Co., Ltd.

地址：北京市朝阳区东四环中路62号远洋国际中心D座1303室
电话：010-5964 8788
传真：010-5964 8789
网址：www.godacn.com

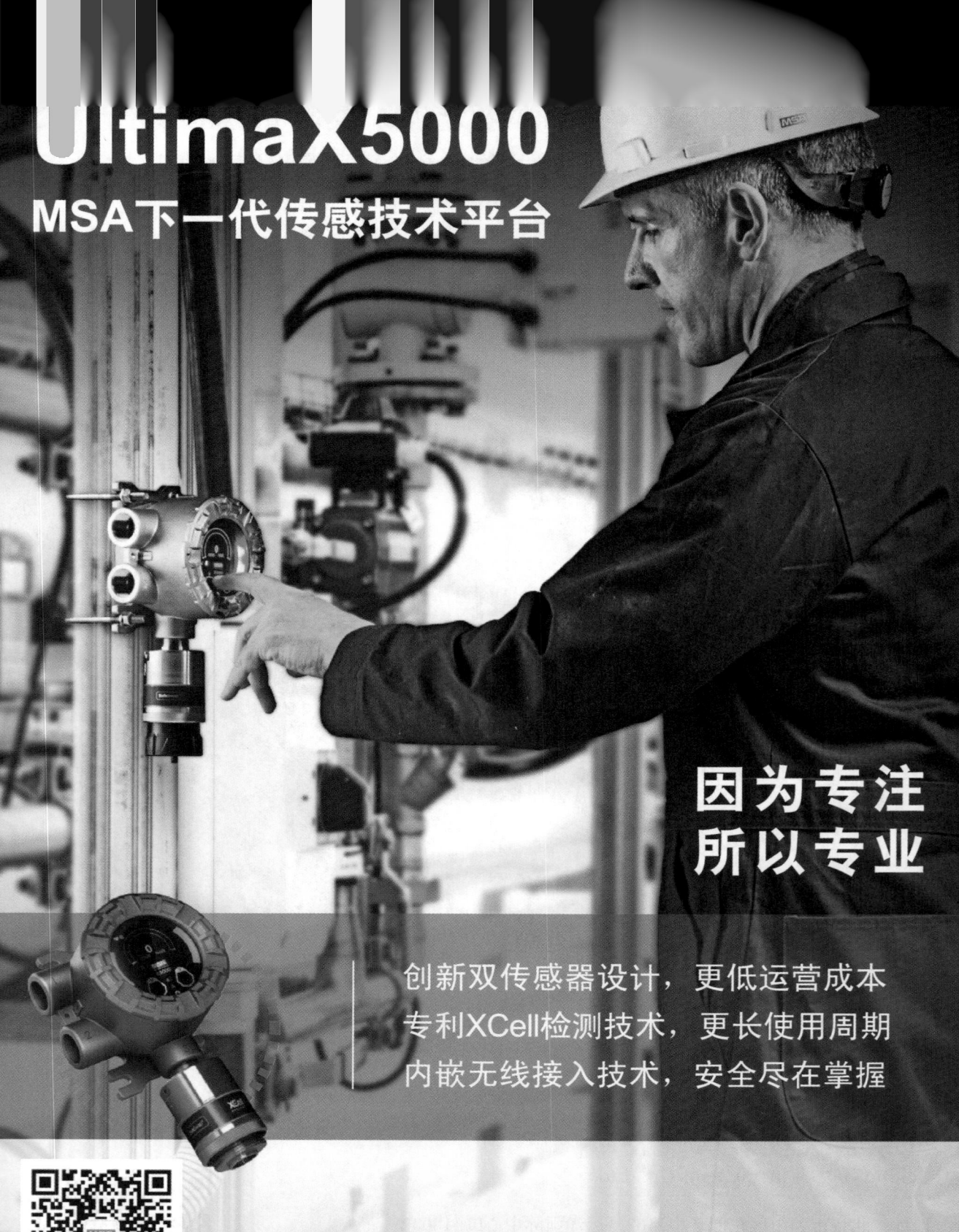

UltimaX5000

MSA下一代传感技术平台

因为专注
所以专业

创新双传感器设计，更低运营成本
专利XCell检测技术，更长使用周期
内嵌无线接入技术，安全尽在掌握

关注梅思安官方微信
更多信息等着您

客户服务热线：**4006-090-888**
拨打热线，即可联通MSA各办事处的客服人员。

www.MSAsafety.com

Mega-tek

MEMS超高纯度单晶硅传感器

—— 传感器
方案解决专家

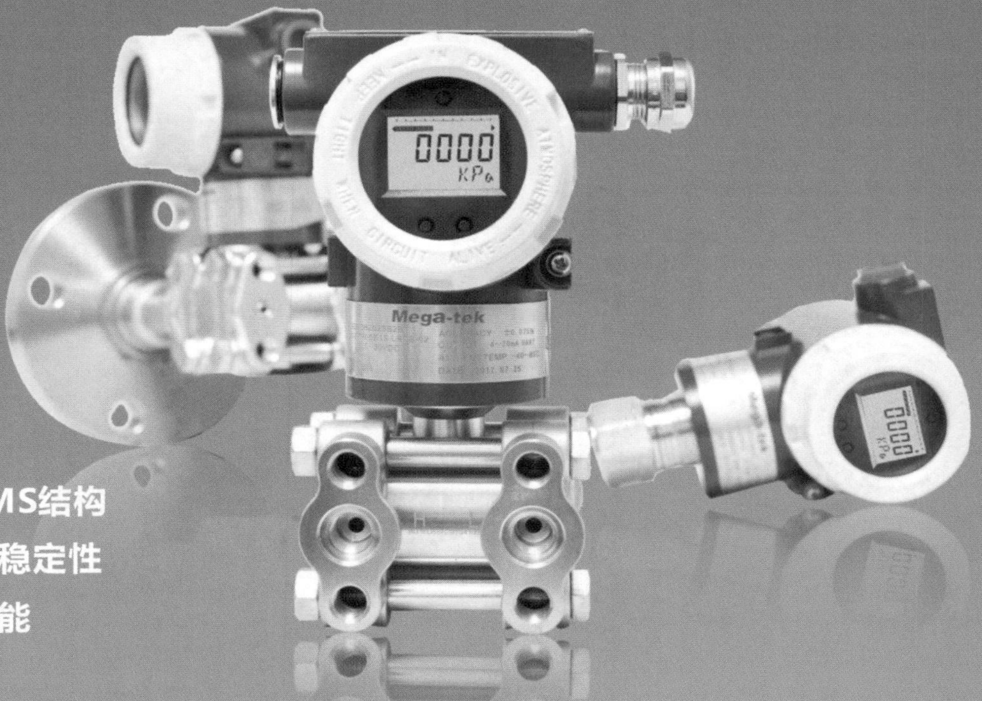

- 微电子封装
- 双梁悬浮式MEMS结构
- 超高过压、超高稳定性
- 正负压腔过压性能
- 梅花镜像布局
- 单晶硅芯片层厚度达2.5mm
- 超宽温区

——您可关注我们的网站，
了解更多详情！

Mega-tek

联系我们

迈格仪表（成都）有限公司

地址：成都市温江区科林路西段618号
　　　华银工业港2区102号

电话：+86(0)28 82610109-8899 8686 8585

传真：+86(0) 28 82706909 -8800

中文网址：http：//www.mega-tek.cn

ASHCROFT
Trust the shield.

客户至上
永不止步
挑战现状
互相尊重
思想无边界

美国雅斯科仪器仪表

800-8282-944 sales@ashcroft.com.cn www.ashcroft.com.cn

天通力 | www.tonglitech.com
油在线分析仪器的开拓者

详情请访问：
www.tonglitech.com

华天通力油品质量在线分析
——国产民族品牌的骄傲！

武汉华天通力科技有限公司是专业从事在线分析仪器和工业过程控制系统的研发、生产和销售的高科技公司。产品广泛应用于石油化工、环保及各类流程工业过程。公司拥有一批长期从事在线分析仪器和控制系统研究与应用的中高级工程技术人员，并具有一支经验丰富、技术过硬的生产和售后服务队伍。是一个具备独立科技开发能力，集科研设计和生产于一体的高新技术企业。

公司自创立以来，相继研制开发出一系列性能优异的国产化的在线分析仪产品，其中智能全馏程在线分析仪、凝固点倾点在线分析仪、饱和蒸气压在线分析仪、粘度和闪点等在线分析仪，先后在兰州石化、华北石化、洛阳石化、长岭石化、沧州石化、西安石化、清江石化、独山子石化、九江石化、石家庄石化、武汉石化等大型炼油企业得到了很好的应用。实际应用达到了国际先进水平。为炼油企业生产过程保证和提高产品质量，实现卡边操作，提高轻质油收率，降低人工采样分析频次或取代人工分析，扩大企业经济效益，创造了有力的条件。

在线分析集成小屋应用现场

武汉华天通力科技有限公司

主要产品

1.智能全馏程在线分析仪　　HTLC-1000　　2.智能倾点凝固点在线分析仪　　HTQD-1100
3.智能粘度在线分析仪　　　HTND-1500　　4.智能饱和蒸气压在线分析仪　　HTZQY-1400
5.智能闪点在线分析仪　　　HTSD-1200　　6.自动样品回收系统　　　　　　HTHS-2000
7.在线分析仪无线远程监控系统　HTJK-2200　8.烟气、色谱、总硫、水质等在线分析仪预处理及系统集成
9.在线分析仪系统集成小屋　　　　　　　10.炼油化工厂全厂在线分析仪委托维护保养

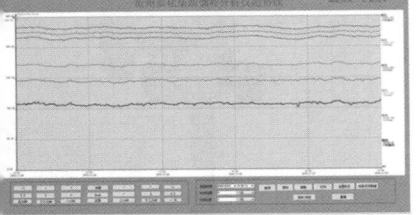

全馏程在线分析仪无线远程监测数据趋势图

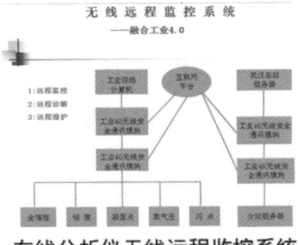

在线分析仪无线远程监控系统

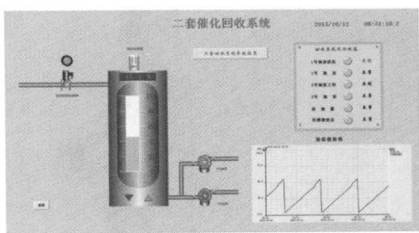

在线分析仪无线远程监控状态参数

地址：武汉市武昌大学园路湛魏新村19号楼
（位于国家级光谷开发区）
邮编：430223
电话：027-81739779　81739836　传真：027-81739836
网址：www.tonglitech.com　E-mail:tonglitech@163.com

南京自控仪表有限公司
http://www.nzky.com.cn
TEL：025-58395373/58395343

高压三偏心蝶阀

S-Zorb汽油脱硫
装置程控球阀

煤化工汽化炉
锁渣球阀

煤化工装置黑水角阀

PX泵送压送环流程控阀

高温高压调节阀

一体式高温高压
减温减压器

2-14寸耐冲蚀油浆阀

1-3寸 2500LB插入式
减温器

石化行业工控系统
安全新理念

工控网络安全

网络安全
- Guard工业防火墙

主机安全
- InTrust可信芯片
  工控安全平台

智能监控
- 工控网络安全管理平台
- 工控安全审计与异常监测

安全服务
- 工控网络安全评估与咨询
- 工控网络安全培训
- 工业网络安全实验室

功能安全

- HAZOP分析
- 功能安全技术咨询及服务
- 功能安全产品认证
- 报警管理
- 功能安全工程师培训

CERTIFICATE OF APPOINTMENT

exida Asia Pacific Pte. Ltd.
hereby appoints

Qingdao Moses Automation Control System Technology Co., LTD

as an authorized

SALES REPRESENTATIVE

to sell and promote IEC 61511 & IEC 61508 Safety Lifecycle Tools, Safety Lifecycle
Services and Safety Lifecycle Training provided by EXIDA in the Process Industry of
People's Republic of China (PRC):

exida授权证书

工控网络安全+功能安全

微信扫一扫，
获取更多工控资讯

青岛海天炜业过程控制技术股份有限公司
Qingdao Moses Process Control Technology Co., LTD

www.mosesceo.com
服务电话：4006-556-776

精微仪表

WWW.JWYB.COM

浅插深热电偶一体化温度变送器
（专利号：ZL201310655974.9）

特点：

在管径小，压力大，温度高，插深小的场合，由于保护管壁向外散热，在实验室模拟实际工况测试时误差太大，无法有效计量验收。

在这种情况下我们根据热电偶中间导体定律发明了一种小插深测温传感器，具有隔离本安防爆功能，安全可靠。有需求更大量程的协议解决。

$\phi 12 \times 2$，插深 L1=（mm）	-50 ℃	0 ℃	100 ℃	200 ℃	300 ℃
L1=50 相对插深 300mm 误差℃	±0.3	±0.3	±0.3	±0.5	±1.0
L1=70 相对插深 300mm 误差℃	±0.3	±0.3	±0.3	±0.5	±1.0
L1=100 相对插深 300mm 误差℃	±0.3	±0.3	±0.3	±0.5	±1.0
L1=300 相对插深 300mm 误差℃	±0.3	±0.3	±0.3	±0.5	±1.0

注：插深＜40mm 误差也会变大。

锦州精微仪表有限公司 **地址：**辽宁省锦州市太和区锦义街212号
联系人： 杨忠林 13898387988　 jzjwybc@126.com
联系电话： 0416-2327769　 0416-2833303　 传真： 0416-2362201

功能：

"零温漂" 智能温度变送器
JTR-2002

● 该变送器可实时测量自身体温并修正自身的温度漂移，实现环境温度大范围变化时，数据采集和输出值保持不变。

● 可与传感器进行精密匹配实现超高精度测量。

● 万能输入

● 4~20mA/HART电流环输出

● 输入-输出电气隔离1000VDC

● 12~42VDC供电

精度（AT 25℃ 最大值）

输入型号	量程（℃）	模/数转换精度	数/模转换精度	环境每变化1℃的影响（温漂）	
				N 系列	Z 系列（零温漂）
PT100	−200~500	±0.05℃	±0.02%量程	0.003℃	0.0005℃
B 型热电偶	300~1820	±1.20℃	±0.02%量程	0.036℃	0.0050℃
S 型热电偶	0~1768	±0.60℃	±0.02%量程	0.029℃	0.0050℃
N 型热电偶	−200~1300	±0.32℃	±0.02%量程	0.025℃	0.0018℃
K 型热电偶	−180~1372	±0.22℃	±0.02%量程	0.008℃	0.0010℃
J 型热电偶	−180~760	±0.18℃	±0.02%量程	0.008℃	0.0010℃
T 型热电偶	−200~400	±0.18℃	±0.02%量程	0.011℃	0.0009℃
E 型热电偶	−50~1000	±0.15℃	±0.02%量程	0.007℃	0.0008℃
数/模转换				0.0019%量程	0.00025%量程

（1）此精度适用于传感器整个量程。模/数转换精度为数字信号的精度。
（2）数/模转换精度为 4~20mA 信号的输出精度。整体精度是数/模转换精度与模/数转换精度的和。
（3）热电偶的精度要叠加冷端补偿精度 0.2℃

使用传感器匹配功能后的整体精度（变送器+传感器）（AT 25℃ 最大值）

输入型号	量程（℃）	模/数转换精度（℃）
PT100	−50~200	±0.05
	−80~300	±0.10
S 型热电偶	0~650	±0.70
	650~1100	±1.50
N 型热电偶	0~650	±0.40
	650~1100	±1.90
T 型热电偶	−200~−70	±0.40
	−70~300	±0.15

注1：表中所列传感器是各温度范围最常用、最稳定、也最具代表性的传感器。
注2：热电偶匹配功能为专利型技术，需在出厂前完成。
注3：表中热电偶的精度已包含冷端补偿精度，无需另行叠加。
注4：任何不正确和不适当的标定操作都有可能在一定程度上破坏此表中所列精度。

锦州精微仪表有限公司　　地址：辽宁省锦州市太和区锦义街212号
联系人：杨忠林 13898387988　jzjwybc@126.com
联系电话：0416-2327769　　0416-2833303　　传真：0416-2362201

油气回收流量计说明书

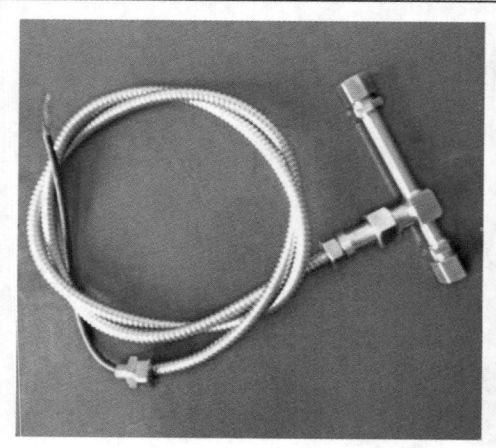

油气流量传感器（YQHS-1-1）规格说明

温度范围：-35℃~55℃
介质温度：-20~60℃
量程范围：5~100L/min
重复性：0.5%满量程
环境湿度：0~85%；满足国内加油站所有工况
电学测量：连接——安全栅——连接（YQHS-1-2型）油气流变送器
响应时间：<1秒
温度系数：0.05%/℃
适用压力：-0.1 0.8MPa
防爆等级：本安，Ex ia IIC T6 Ga
防护等级：IP 65
使用介质：油气挥发物（30%饱和汽油挥发物），无冷凝液体气体
传感器材料：全部304不锈钢
压力损失：很小，忽略不计
连接方式：Φ12铜管插入拧紧螺帽即锁紧连接且密封

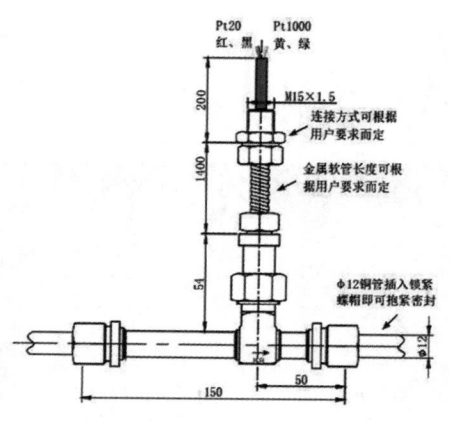

气体流量变送器 （YQHS-1-2）规格说明

环境温度：-20℃~60℃
供电电源：24VDC
安全栅供电：24VDC
模拟输入：4~20mADC （接隔离安全栅）
输出信号：同时支持脉冲、RS485、4~20mADC
通讯接口：RS485 MODBUS RTU
防爆等级：本安，Ex ia IIC T6 Ga （隔离安全栅）
外形尺寸：普通型、导轨卡口式可选

数据采集器 （YQHS-1-3)规格说明

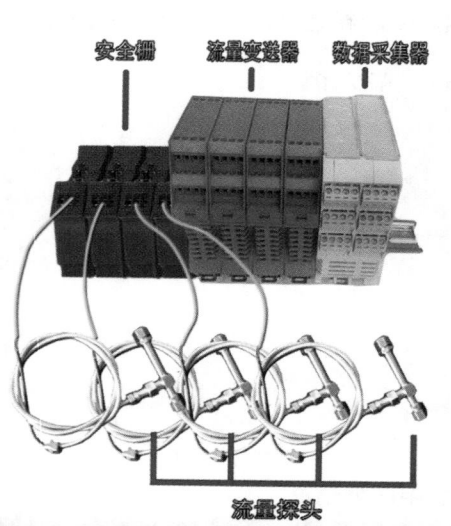

环境温度：-20℃~60℃
供电电源：24VDC
输入信号：支持4路脉冲、RS485、4~20mADC输入
输出信号：RS485、4路继电器脉冲开关量
通讯接口：RS485 MODBUS RTU
外形尺寸：普通型、导轨卡口式可选
　　　　　1拖4;1拖2可选

锦州精微仪表有限公司 地址:辽宁省锦州市太和区锦义街212号
联系人： 杨忠林 13898387988 邮箱iziwybc@126.com

精微仪表

WWW.JWYB.COM

浅插深热电偶一体化温度变送器
（专利号：ZL201310655974.9）

特点：

在管径小，压力大，温度高，插深小的场合，由于保护管壁向外散热，在实验室模拟实际工况测试时误差太大，无法有效计量验收。

在这种情况下我们根据热电偶中间导体定律发明了一种小插深测温传感器，具有隔离、本安防爆功能，安全可靠。有需求更大量程的协议解决。

φ12×2，插深 L1=（mm）	-50℃	0℃	100℃	200℃	300℃
L1=50 相对插深 300mm 误差℃	±0.3	±0.3	±0.3	±0.5	±1.0
L1=70 相对插深 300mm 误差℃	±0.3	±0.3	±0.3	±0.5	±1.0
L1=100 相对插深 300mm 误差℃	±0.3	±0.3	±0.3	±0.5	±1.0
L1=300 相对插深 300mm 误差℃	±0.3	±0.3	±0.3	±0.5	±1.0

注：插深<40mm 误差也会变大。

锦州精微仪表有限公司　　地址：辽宁省锦州市太和区锦义街212号
联系人：杨忠林 13898387988　jzjwybc@126.com
联系电话：0416-2327769　0416-2833303　传真：0416-2362201

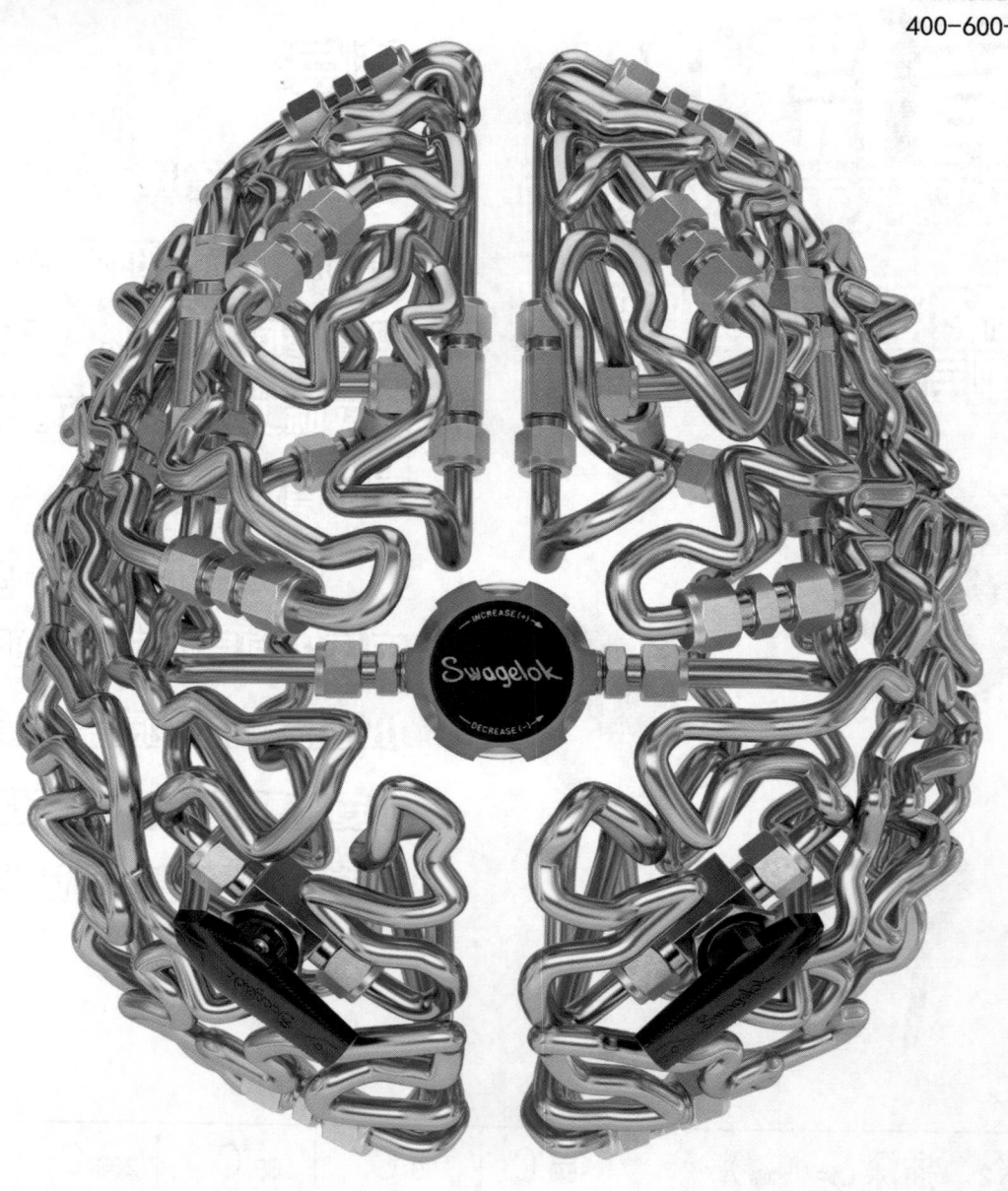

世伟洛克以70年的流体系统应用经验和智慧，保障石油化工工艺流程的安全运行。拥有覆盖全球的技术服务网络和几十年如一的卓越产品品质，世伟洛克更为您提供模块化的系统组装，及时的现场服务与大师级的培训课程。

Swagelok
世伟洛克

2018 世伟洛克 版权所有

中国可靠的仪表管阀件制造商
江苏科维仪表控制工程有限公司
www.chnv.com.cn，tel:0515-83306000，fax:0515-88187768

公司及产品证书

TS国家压力管道元件论证　　ISO15848低泄漏论证　　API607防火论证

ISO9001质量体系论证　　ISO14001环境体系论证　　ISO18001职业健康与安全体系论证

代表性化工项目业绩

◆ 烟台万华60万吨／年MDI、30万吨／年TDI一体化项目

◆ 神华宁煤400万吨煤制油及副产品深加工综合利用项目

◆ 中海炼化惠州炼油二期2200万吨/年炼油改扩建及100万吨/年乙烯工程

◆ 中国石化长城能源化工（宁夏）有限公司年产20万吨1，4-丁二醇项目

◆ 大唐国际克什克腾煤制天然气有限责任公司40亿方/年煤制气项目

◆ 江苏斯尔邦石化有限公司30万吨/年EVA、20万吨/年LDPE醇基多联产项目

◆ 中国石油集团工程设计有限责任公司湖北500万方/天LNG工厂国产化示范工程项目

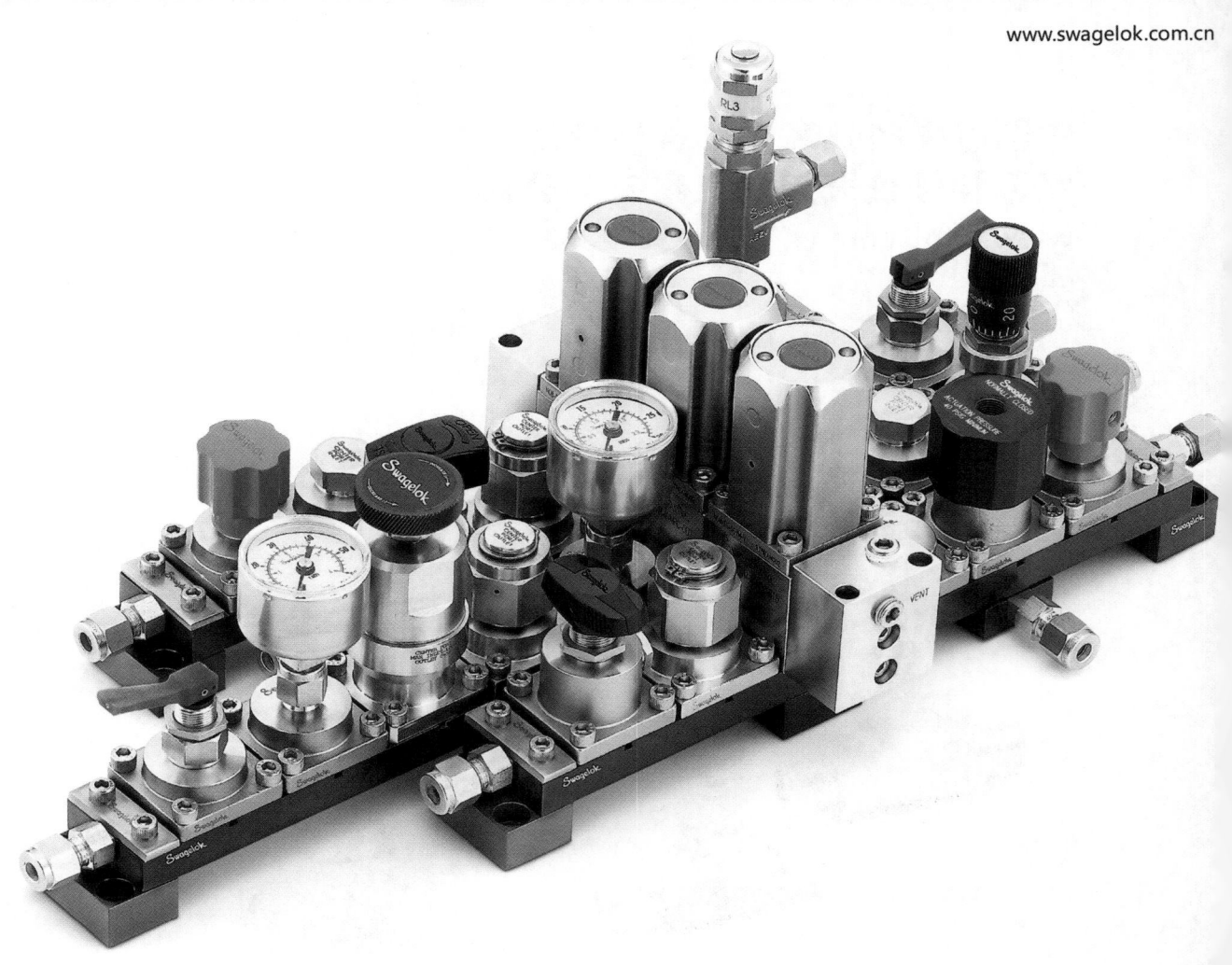

70年流体系统经验，打造一站式解决方案

世伟洛克不仅仅提供流体系统中的管阀件，更可为您提供流体系统模块化的组装服务。在组装服务中，为了保证产品选型、安装、系统测试所有环节的正确与可靠，设计人员和场地都来自世伟洛克原厂。70年来，世伟洛克以严苛的质量体系管控生产工艺，致力于为客户提供"零"缺陷的产品。现在我们用同样的体系标准考核组装服务的合作供应商，确保为客户提供的组装服务同样安全可靠。

了解更多世伟洛克组装服务，请致电世伟洛克销售与服务热线：400-600-6210

Swagelok®
世伟洛克®

2018 世伟洛克 版权所有

中国可靠的仪表管阀件制造商
江苏科维仪表控制工程有限公司
www.chnv.com.cn，tel:0515-83306000，fax:0515-88187768

公司及产品证书

TS国家压力管道元件论证　　ISO15848低泄漏论证　　API607防火论证
ISO9001质量体系论证　　ISO14001环境体系论证　　ISO18001职业健康与安全体系论证

代表性化工项目业绩

◆ 烟台万华60万吨／年MDI、30万吨／年TDI一体化项目

◆ 神华宁煤400万吨煤制油及副产品深加工综合利用项目

◆ 中海炼化惠州炼油二期2200万吨/年炼油改扩建及100万吨/年乙烯工程

◆ 中国石化长城能源化工（宁夏）有限公司年产20万吨1，4-丁二醇项目

◆ 大唐国际克什克腾煤制天然气有限责任公司40亿方/年煤制气项目

◆ 江苏斯尔邦石化有限公司30万吨/年EVA、20万吨/年LDPE醇基多联产项目

◆ 中国石油集团工程设计有限责任公司湖北500万方/天LNG工厂国产化示范工程项目

培训与教育 - 您身边的高效资源库

世伟洛克为您提供各种有价值的实用工具，以满足日常挑战并与当下的流体系统技术同步。通过由专家讲师讲解的一系列深入课程、培训视频等，使您的团队更安全，更高效地工作。相关培训课程包括过程分析仪取样系统培训、世伟洛克卡套接头安装培训、自动轨道焊机培训、弯管培训等课程。

了解更多世伟洛克本地培训课程及详情，可致电世伟洛克销售与服务热线：400-600-6210

Swagelok
世伟洛克®

2018 世伟洛克 版权所有

专注于水的分析

Focus on the water analysis

同一台通用型控制器可连接所有的数字式传感器，
多达 18 个参数。

无论是测量气体，还是固体，或是液体；
无论是百万分之一微量级，还是百分比级；
无论测量介质具有多强的腐蚀性，还是环境
多么恶劣，或是防爆区域；

我们都可以为您量身定制最适合的测量方案！

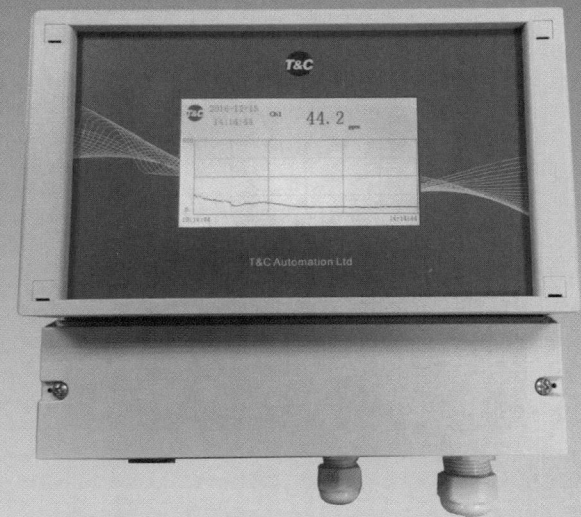

SMART 系列通用型多参数控制器

扫一扫关注德嘉斯

气体微量水

固体水分

油中水

水垢膜/生物菌膜

水质分析

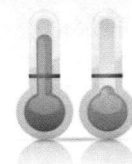

露点仪

电话： +86 25 52768188

英国德嘉斯中国销售中心
T&C AUTOMATION Ltd China
www.trust-control.com.cn

SICK
Sensor Intelligence.

西克麦哈克（北京）仪器有限公司
SICK MAIHAK （Beijing） Co.,Ltd.

一站式气体分析专家

石油化工

天然气

水泥

船舶

地址：北京市海淀区北清路160号75幢西侧　　邮编：100095

电话：010-62406092　传真：010-62406090

SICK AG 公司是享誉业界的传感器和分析仪器系统制造商，是工业自动化领域的技术和市场领导者之一。

为顺应中国市场的迅速发展和全球经济一体化的趋势，2002年，SICK在北京成立西克麦哈克（北京）仪器有限公司。历经十余年的发展，公司业务快速增长，目前为中国内地、中国港澳地区以及诸多海外国家和地区提供高品质的产品、解决方案及相关技术支持与服务。

西克麦哈克（北京）仪器有限公司的目标是提供"一站式分析测量解决方案"，即对于气体分析，粉尘测量，流速测量，物位测量以及广泛的其它领域任务能够提供全部解决方案。涉及石化、环保、水泥、电力、垃圾焚烧、冶金等诸多领域。

冶金

电力

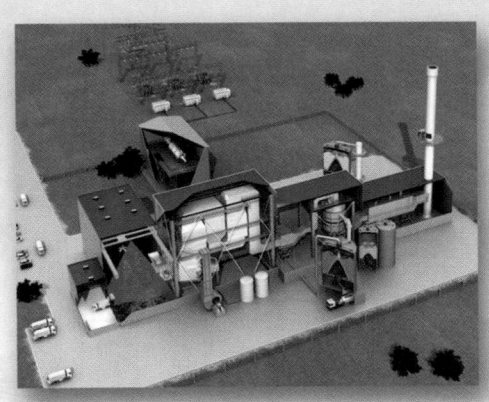

垃圾焚烧

环保

邮箱：marketing@sickmaihak.com.cn

网址：www.sick.com.cn

CHENZHU 辰竹

科技保障企业安全

相信你的 BELIEVE IN YOUR PROFESSIONAL CHOICE
专业选择

GS8500-EX系列
功能安全型 隔离式安全栅

安全继电器

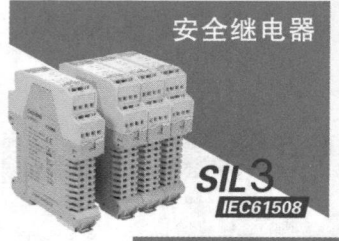

SIL3
IEC61508

温度变送器

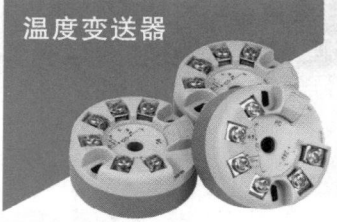

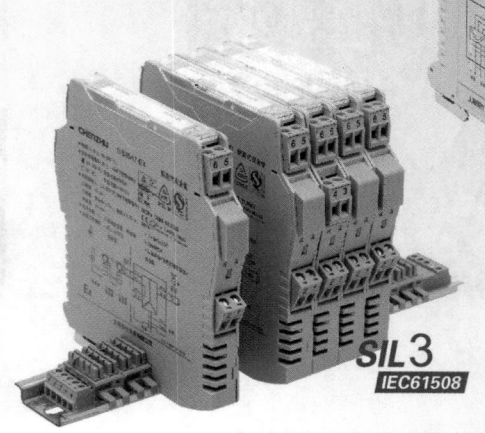

SIL3
IEC61508

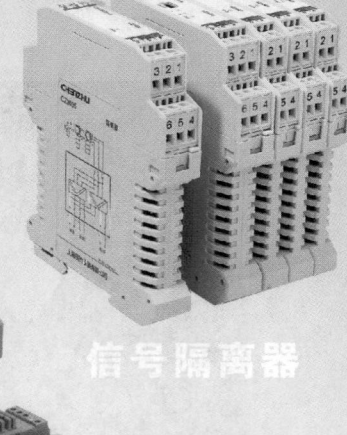

信号隔离器

电涌保护器

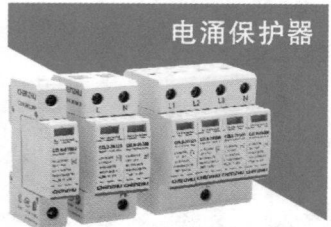

智能控制器

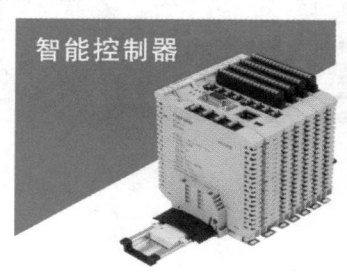

IECEx

Ex

Ex NEPSI

TIIS

TÜVRheinland
CERTIFIED
Functional
Safety
Type
Approved
www.tuv.com
ID 0600000000

CCS

CE

上海辰竹仪表有限公司
SHANGHAI CHENZHU INSTRUMENT CO.,LTD.

地　　址：上海市民益路201号漕河泾开发区松江新
兴产业园区6号楼　　邮　编：201612
公司总机：021-64513350 销售服务：021-64360668
技术支持：400 881 0780　传　真：021-64846984
邮　　箱：chenzhu@chenzhu-inst.com
网　　址：www.chenzhu-inst.com

加微信，享资讯

氧气分析 尽在掌控

仕富梅 (SERVOMEX) 是气体分析领域的专家。
我们为全球范围内的石油化工企业提供各种功能强大的专家级解决方案，从而提高其过程控制的安全性。

我们的SERVO TOUGH过程氧气分析仪

OXY 1900

Oxy系列分析仪采用顺磁传感技术，即使在危险区域亦可提供极其可靠、精确和稳定的O_2测量。

OXYEXACT 2200

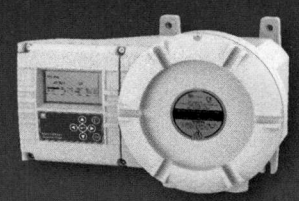

OxyExact系列分析仪采用最高端的顺磁传感技术，一个控制单元可控制六个传感器单元，其传感器可加热到100°C，用于极端苛刻的危险区域中O_2控制。

DF-320E

DF-320E系列分析仪专门针对危险区域应用而设计，其采用库仑电量法传感技术（非消耗型电化学），能可靠、精确测量ppm级和百分级O_2含量。

Laser 3 Plus过程氧气分析仪

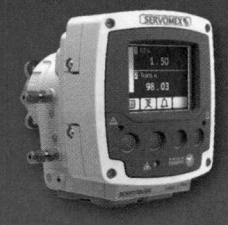

Laser 3 Plus激光 (TDL)氧气分析仪直装，无需预处理，其采用的锁峰技术，可实现最佳性能，从而达到过程中的安全控制。

燃烧效率控制

FluegasExact 2700

FluegasExact 2700是领先的抽取式燃烧控制分析仪，可在炼油、裂解等高温工况下同时测量O_2和CO_e，优化燃烧，从而大大节约了燃料成本。

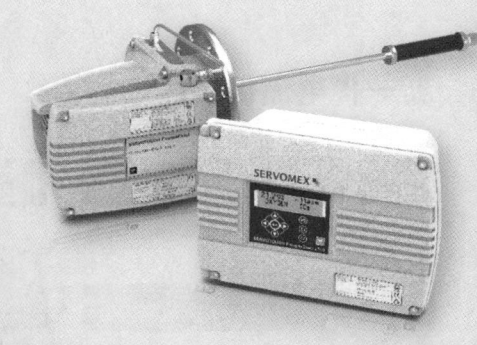

亚太区联系方式

+86 (0)21 6489 7570

或发送邮件至官方邮箱：
asia_sales@servomex.com

      SERVOMEX.COM

SERVOMEX
A MEASURABLE ADVANTAGE

NEWPWR® 优倍® 电气

扫一扫加关注
获取更多信息

功能安全型 隔离式安全栅

 可编程智能输入
可对温度输入种类、输出量程在线编程

 产权专用信号磁性材料
宽温范围内磁导特性稳定

 专利电源电压挡墙技术
实现电源输入、输出高隔离

 **专利温度冷端补偿端子**
高精度、快响应冷端温度测量

 产权专用 EMC 器件
实现信号输入、输出高抗干扰

 产权专用安全保险丝
高速熔断、低内阻、低温升

新一代电涌保护器

 专利插拔不断线技术
双接触保证插拔过程中信号的连续性

 专利可靠性接地技术
全包围式紧固型导轨接触面

 德国 EPCOS 等进口元器件
泄放大雷电流能力强、残压低

 色标识别模式（指示）
信号类型快速识别

底板供电、集中接线型产品

 总部：中国南京江宁区天元中路
126 号新城发展中心 1 号楼 6 层

 +86 (25) 84459303
+86 (25) 84459429

 master@anpe.cn

 www.anpe.cn

高性能调节阀系列产品吸收日本先进的控制阀技术，取其精华，经过技术提升，优化组合后，可根据不同工况条件的要求，选择不同形式的调节阀，达到流体控制的最佳效果。并能实现大cv值与更广的可调比，体积小型化，重量轻型化，高精度的流体特性曲线，可实现柔性控制，有效的避免了空化与闪蒸现象，使调节阀的噪音将至最低。并且还能为食品级用户提供卫生级调节阀。

自力式调节阀系列产品吸收德国先进的控制阀技术，无需外加任何驱动能源，具有压力平衡功能，灵敏度高，免于维护，性能可靠，噪音低，运行平稳，采用标准模块化设计，三化（标准化、系列化、通用化）通过组合件可组合成多种自力式调节阀以及氮封装置专用微压自力式氮封阀。广泛应用于：石化、纺织、城市集中供热、供气、供水工程等诸多领域的过程控制系统中。

高性能切断阀系列采用国际通用标准设计，选用可靠性高的气动执行机构、电动执行机构、整机可靠性高。其结构紧凑、重量轻、体积小、拆装维护方便，用于各类的介质的切断控制

工业过程控制阀专业制造商

上海科力达自控阀门有限公司
地址：上海市奉贤区浦卫公路6301号
电话：021-64844515　传真：021-57453083
邮箱：sales@sh-kld.com

如需了解更多产品，请浏览：*www.sh-kld.com*

FF 现场总线电缆

本产品适用于工厂基础控制现场环境中的过程自动化控制及测量仪表间的连接线，用以构建一种开放、分散的数字化现场总线式通信系统。适合在室内、室外、潮湿或干燥的环境中安装在电缆桥（托）架，管道内使用。

RS485 通讯电缆
（MODBUS 协议专用）

本产品是严格按RS-485通讯协议规定设计生产的产品。产品性能卓越，广泛应用于复杂的工业自动化控制网络及楼宇自控网络通讯。

PROFIBUS
现场总线电缆

Profibus总线电缆主要适用于Profibus-DP、Profibus-PA、Profibus-FMS等Profibus系列总线系统的信号传输。

安徽省众和电仪科技有限公司

中国安徽天长市经济开发区经八路

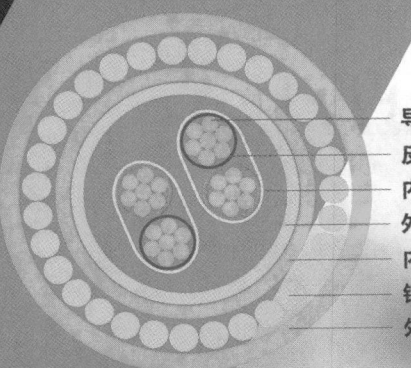

导体
皮-泡-皮绝缘
内屏蔽
外屏蔽
内护套
铠装层
外护套

· FF 现场总线电缆

生产工艺：皮-泡-皮三层共挤物理发泡FPE绝缘(高密度发泡)，双层屏蔽+镀锡TC导体，双层阻燃护套加钢丝编织铠装，双绞式A型总线电缆。

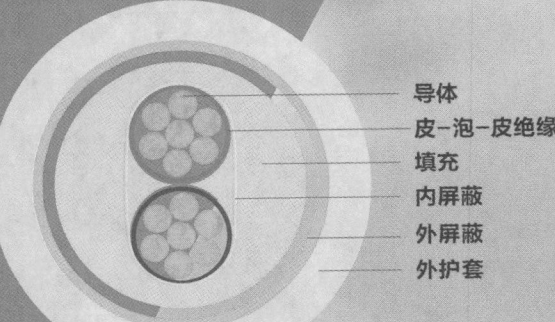

导体
皮-泡-皮绝缘
填充
内屏蔽
外屏蔽
外护套

· RS485 通讯电缆

生产工艺：皮-泡-皮三层共挤物理发泡FPE绝缘(低密度物理发泡)，双层屏蔽+镀锡TC导体，阻燃灰色外护套，双绞式MODBUS专用RS485总线电缆。

导体
皮-泡-皮绝缘
挤压式内护
屏蔽层
外护套

· PROFIBUS 现场总线电缆

生产工艺：皮-泡-皮三层共挤物理发泡FPE绝缘（高低密度混合性发泡），双层屏蔽+挤压式内护，阻燃紫色防紫外线外护套，PROFIBUS系统专用总线电缆。

THINK TANK

当您还在为某些液位测量问题
烦恼的时候，
奇迹发生了。

Magnetrol® 隆重推出Pulsar R86雷达产品

Magnetrol始终致力于液位测量，因为我们知道它对于您的运营和成本控制
有多么重要。为此，我们研制出了这一款更智能化的非接触式雷达变送器。
这款全新的Pulsar® R86脉冲频率26GHz，其特点包括：更小的过程连接，更
高的分辨率，更高的温度范围，同时可提供4"至72"的天线延长段。

与其他非接触式雷达液位变送器相比，提供了更加先进的诊断功能：
* 自动捕捉波形并带有直观的"帮助文字"
* 组态设置向导和回波切除向导
* "获悉容器属性"的储罐轮廓功能

现在您可以用Pulsar® R86非接触雷达和行业领先的Eclipse® 706导波雷达来为各种液位测量提供雷达解决方案。

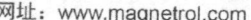

地址：中国上海市闵行区华锦路191号6栋
电话：86-21-62491350
E-mail：shanghai@magnetrol.com
网址：www.magnetrol.com

成为您在全球范围内提供流量和液位
控制方案的青睐的合作伙伴。

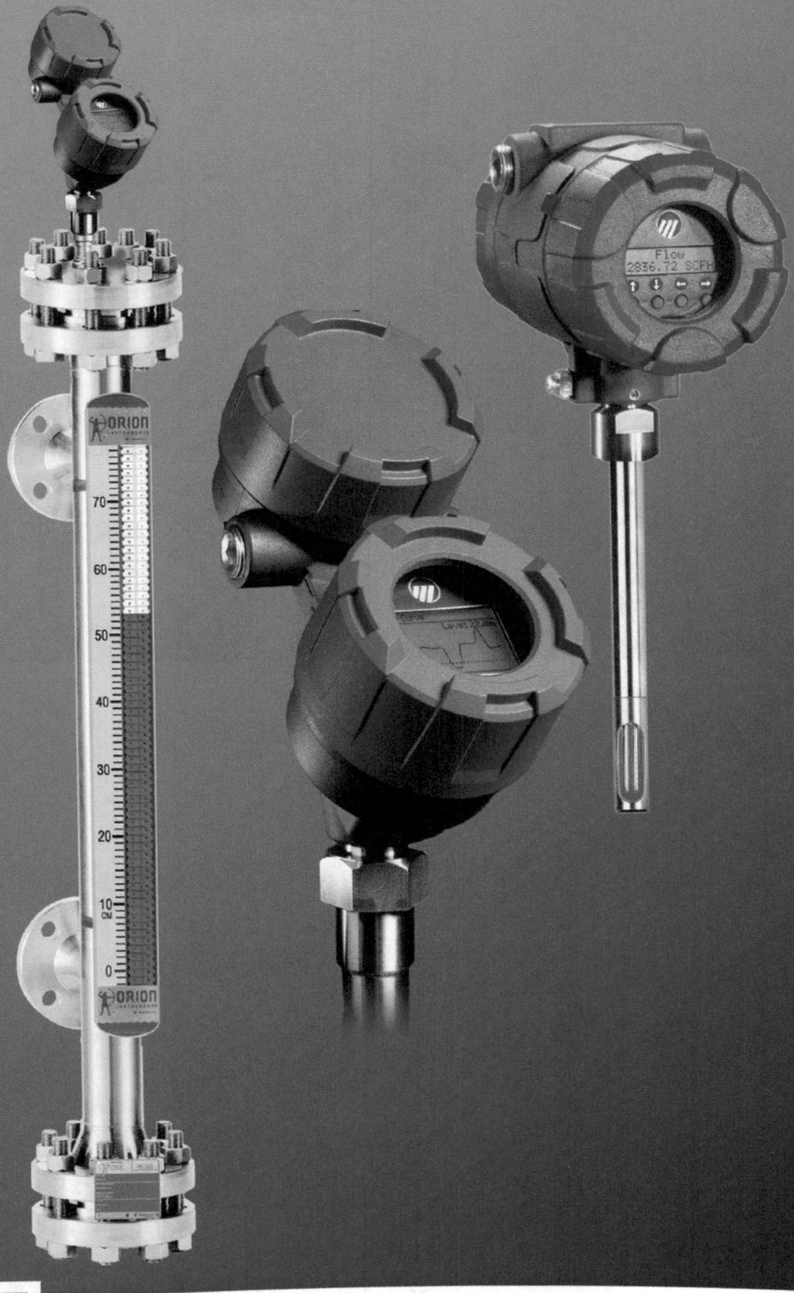

地址：中国上海市闵行区华锦路 191 号 6 栋
电话：86-21-62491350
E-mail：shanghai@magnetrol.com
网址：www.magnetrol.com

广告

SIMATIC ET 200SP HA
分布式 I/O 系统

- SIMATIC PCS 7 及 SIMATIC PCS neo 过程控制系统的分布式 I/O 系统

- 紧凑型设计，连接方式更加简单灵活，冗余 PROFINET 接口，可用性更高

- 安装于现场控制柜内或危险区域中，工作温度范围广泛 (-40~+70 ℃)

- 满足当前过程工业以及未来数字化工厂的各种需求

siemens.com.cn/sinumerik

HollySys

智能工厂一体化解决方案服务商

和利时（HollySys）始创于 1993 年，于 2008 年 8 月 8 日在美国纳斯达克上市，是中国可靠的自动化与信息技术解决方案提供商。

业务领域：自动控制系统产品的研发、制造和服务，核心业务聚焦在工业自动化、轨道交通自动化和医疗自动化三大领域。在石化领域可为用户提供石油天然气开采、管输、LNG 和大型炼化、煤化工、盐化工、新材料等装置的智能工厂一体化解决方案。

产品类型：涵盖 DCS、DEH、SIS、CCS、PLC、SCADA、MES、EMS、Batch、AMS、APC、OTS、RMIS、OPC 通讯软件等自主产权的软硬件产品。产品广泛应用在石油化工、煤化工、电力、核电等行业。其中 SIS（过程安全仪表系统）及 CCS（透平压缩机控制系统）获得国家有关部门《推广先进与淘汰落后安全技术装备目录（2017 年）》推荐的系统安全领域产品。

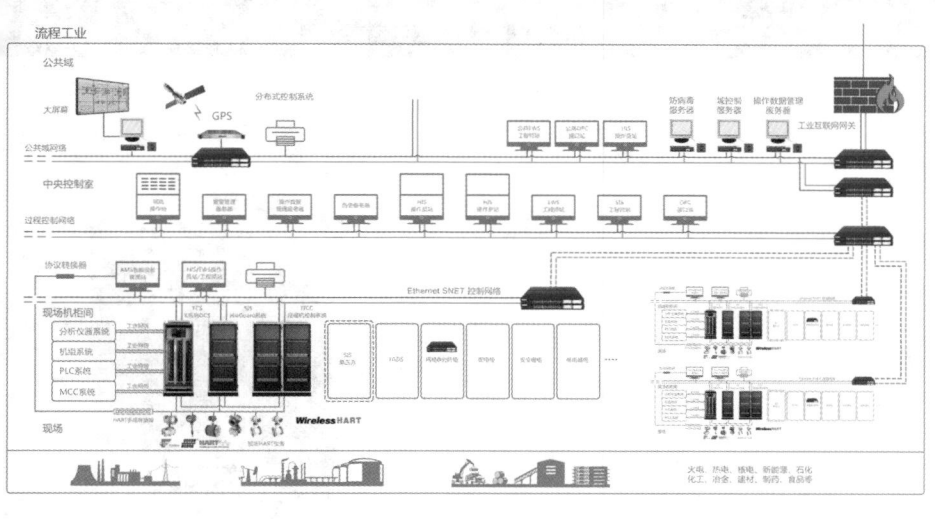

北京和利时科技集团
地址：北京经济技术开发区地盛中路 2 号院
邮编： 100176
电话： 010-58981000、58981408
传真： 010-58981100
网址： www.hollysys.com

杭州和利时自动化有限公司
地址： 杭州下沙经济技术开发区 19 号路北 1 号
邮编： 310018
电话： 0571-81633600
传真： 0571-81633700
网址： www.hollysys.com

thermoscientific

Thermo Scientific Prima Pro 在线质谱

- 多组分多流路气体分析
- 高速，高精度，高稳定性
- 维护简单，1年只需2小时
- 易于安装，降低了对分析小屋的要求
- 用于乙烯裂解炉，煤化工气化炉，EO/EG反应器等应用

赛默飞
官方微信

热线 800 810 5118
电话 400 650 5118
www.thermofisher.com

ThermoFisher
SCIENTIFIC

© 2017 Thermo Fisher Scientific Inc. All rights reserved. All trademarks are the property of Thermo Fisher Scientific and its subsidiaries unless otherwise specified. **EPM_DS_0117**

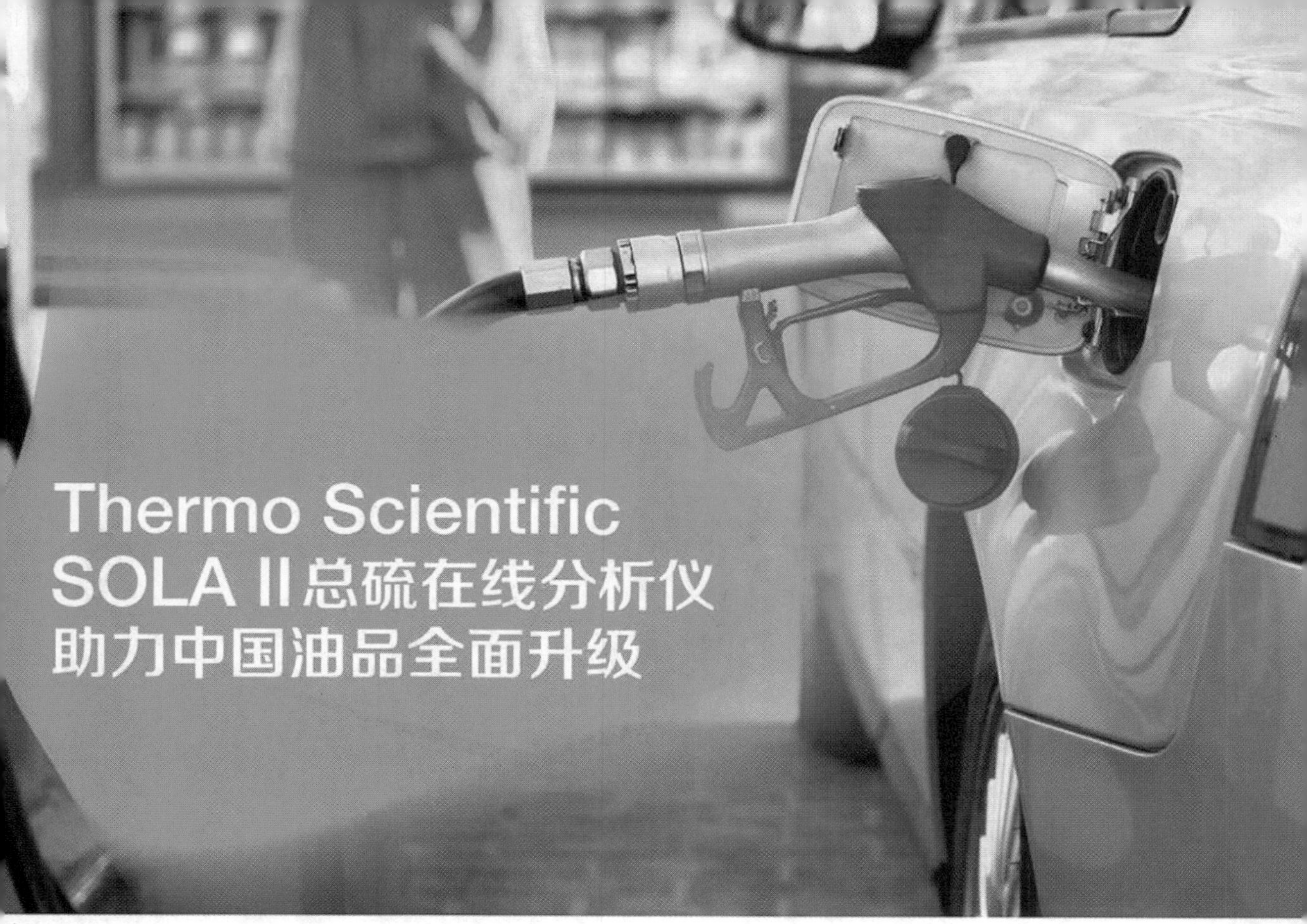

Thermo Scientific
SOLA II 总硫在线分析仪
助力中国油品全面升级

满足国标法定仲裁方法的 "SH/T 0689" 的脉冲紫外荧光 (PUVF) 技术

ASTM D5453和ISO 20846标准在线应用测量范围从 0-1ppm到0-100%，满足国IV和国V汽柴油含硫分析

应用领域涵盖气体和液体，包括汽油柴油脱硫、成品油调和、催化剂保护、煤气化、火炬气硫含量检测等等

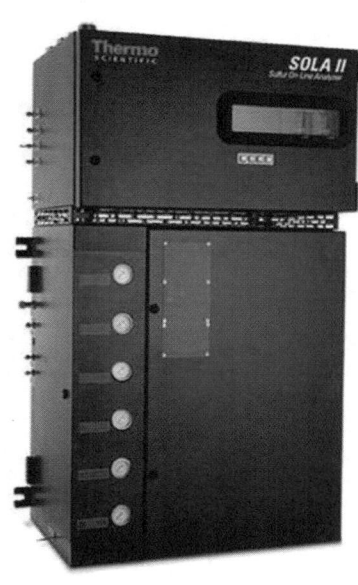

赛默飞
官方微信

热线 800 810 5118
电话 400 650 5118
www.thermofisher.com

ThermoFisher
SCIENTIFIC

e world leader in serving science

thermoscientific

Thermo Scientific
Prima BT在线质谱仪

- 应用于实验室过程装置或小型过程在线监测

- 精确测量10ppb–100%范围内的气体

- 微通道板倍增器可用于检测低至ppb级气体浓度

- 标注服务组件使维护更加简单快捷，只需几分钟完成

赛默飞
官方微信

热线 800 810 5118
电话 400 650 5118
www.thermofisher.com

Thermo Fisher
SCIENTIFIC

© 2017 Thermo Fisher Scientific Inc. All rights reserved. All trademarks are the property of Thermo Fisher Scientific
and its subsidiaries unless otherwise specified. **EPM_DS_0117**

KENZO®

The Expert in Flow Control

肯佐执行器

多回转

直线行程

部分回转

Professional manufacturer of Multi-turn, Quarter-turn, and Linear electric actuators.
专业的多回转、角行程、直行程电动执行机构生产商

肯佐控制设备(上海)有限公司
Kenzo Control Equipment (Shanghai) Co., Ltd.

地址： 上海市青浦区练塘工业园区云湖路68号
邮箱： sales@kenzochina.com
电话： +86 21 5981 5620
传真： +86 21 5981 5709
官网： www.kenzochina.com

中国·上海

更多资讯，请关注
肯佐微信公众号

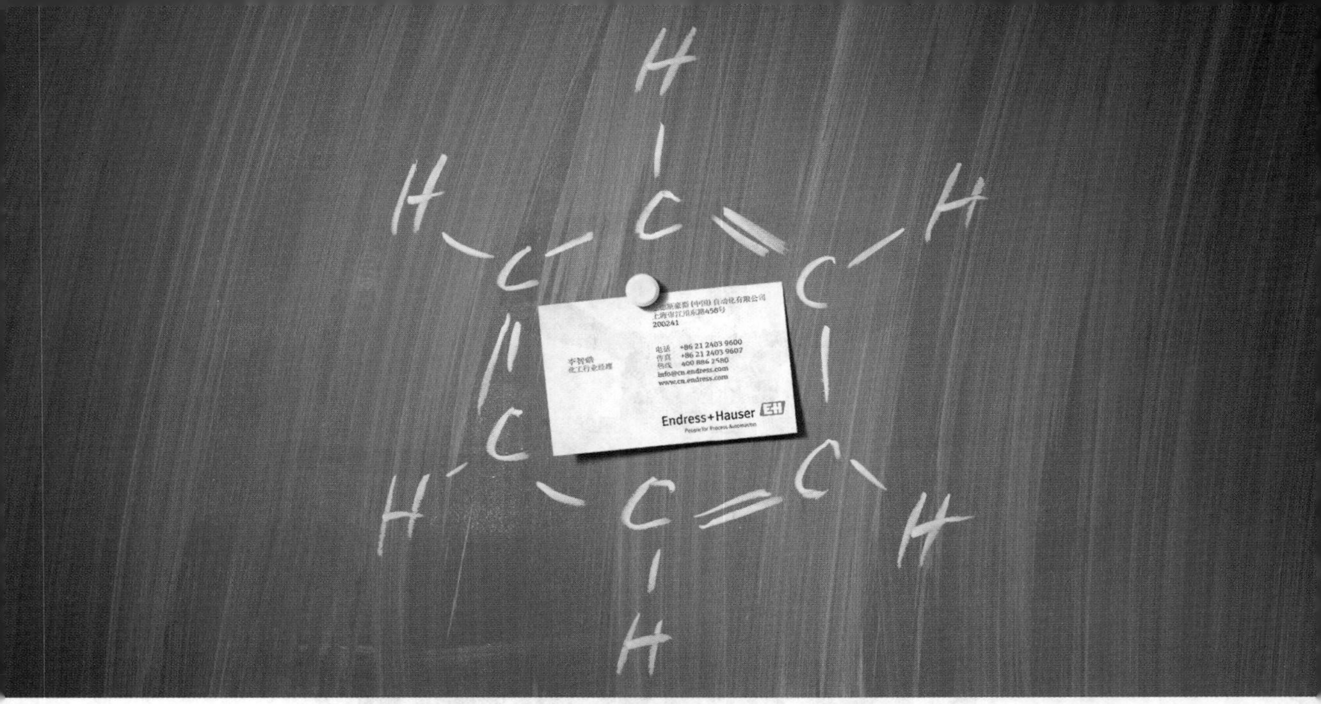

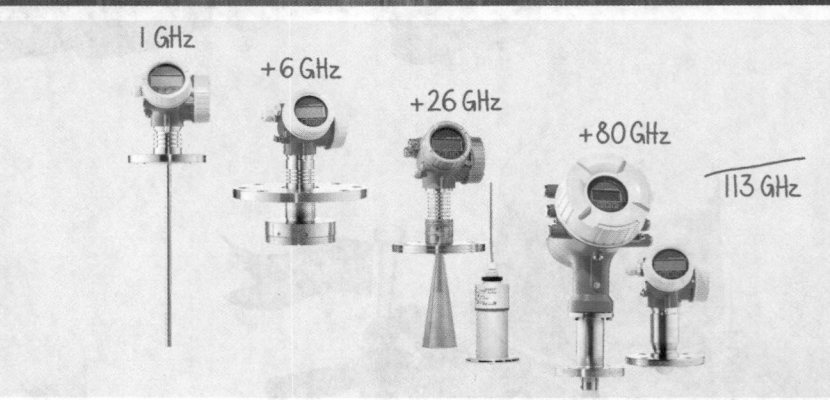

1 GHz

+6 GHz

+26 GHz

+80 GHz

113 GHz

为您的测量需求提供理想的解决方案

113 GHz 雷达产品线为您的工况提供适用的选择。

1 GHz 优势应用
导波雷达适合在泡沫工况以及低介电常数介质的液位测量,同时也适合界面测量以及在旁通管中需要气相补偿的应用。

6 GHz 优势应用
低频雷达适合有冷凝和介质表面剧烈波动的工况,同时适合在导波管中使用。

26 GHz 优势应用
高频雷达适合 90% 的应用工况。

80 GHz 优势应用
超高频雷达最小波束角可达 3°,最大量程可达 125 米,最高精度可达 0.5 mm。

Endress+Hauser
官方微信平台

www.cn.endress.com
服务热线:400 886 2580

Endress+Hauser 中国
地址:上海市江川东路458号
邮编:200241
服务热线:400 886 2580

电话:+86 21 2403 9600
传真:+86 21 2403 9607
info@cn.endress.com
www.cn.endress.com

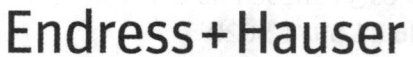

Endress+Hauser

People for Process Automation

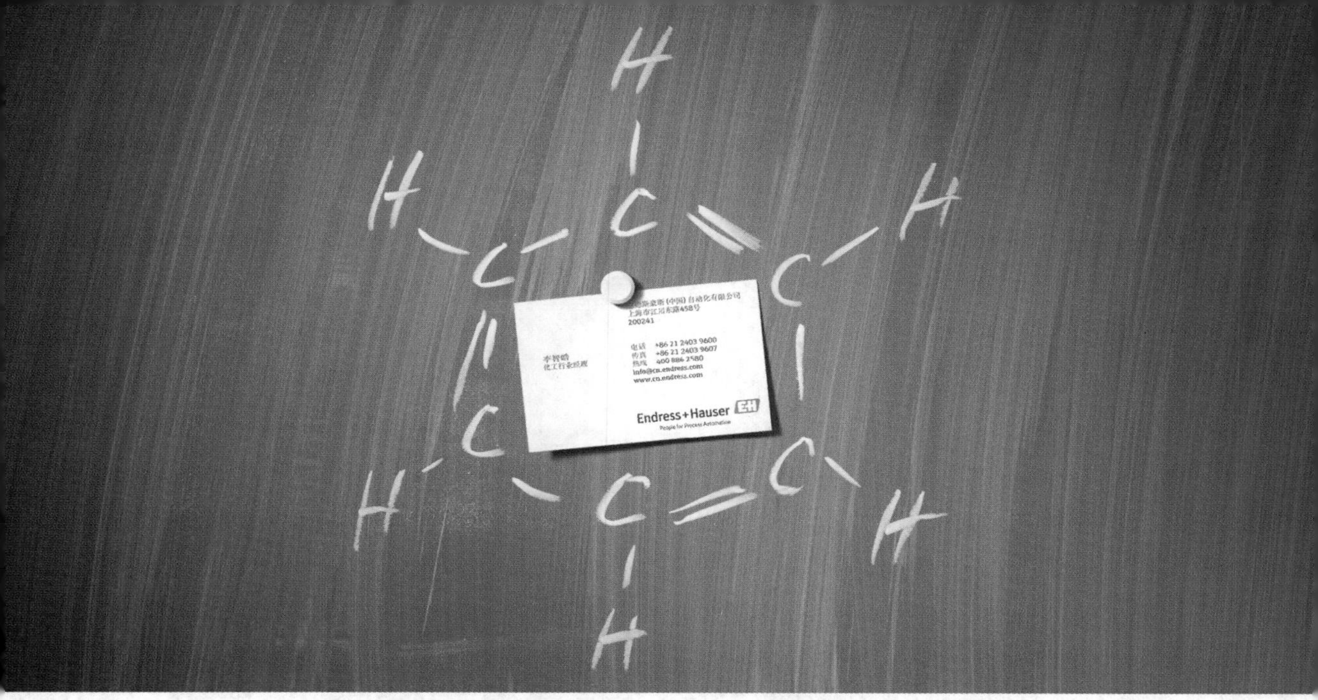

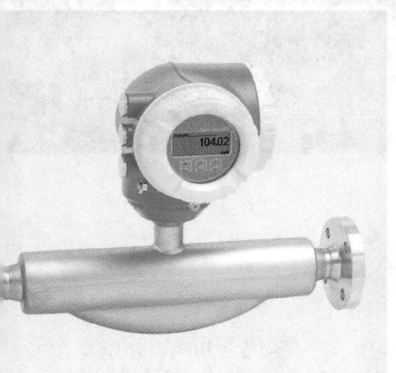

Endress+Hauser 致力于为客户打造安全高效的工艺流程

- Proline 300/500 全新一代流量产品平台, 涵盖科氏力, 电磁等多种流量产品
- 统一的变送器和人机界面平台, 操作简便, 减少备件库存, 节省用户开销
- 遵循 IEC 61508 安全设计标准, 实现最可靠的SIL功能安全保障
- Heartbeat Technology™ 心跳技术实现智能自诊断, 自监测, 自校验, 为仪表准确测量保驾护航
- 有线/无线以太网调试, 无需专用硬件/软件支持, 方便快捷
- HistoROM 数据存储功能, 实现设置、过程和事件数据的全面记录
- 齐全的通讯方式, 可配置多达 4 路 I/O
- 数字量分体式变送器或分体显示单元, 最远距离可达 300 m

Endress+Hauser
官方微信平台

www.cn.endress.com
服务热线 : 400 886 2580

Endress+Hauser 中国
地址 : 上海市江川东路458号
邮编 : 200241
服务热线 : 400 886 2580

电话 : +86 21 2403 9600
传真 : +86 21 2403 9607
info@cn.endress.com
www.cn.endress.com

 Endress+Hauser

People for Process Automation

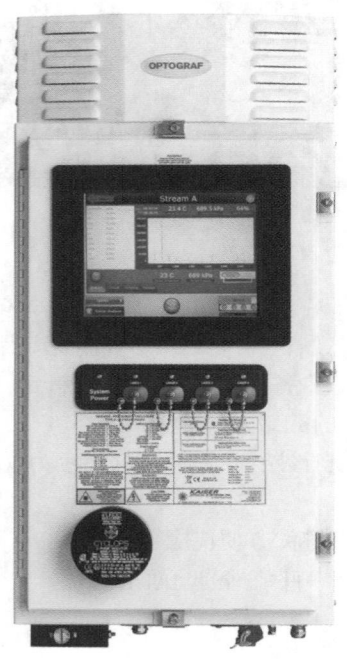

Optograf™光学色谱仪
——革命性的合成气分析测量方案

Endress+Hauser 集团成员 SpectraSensors 是一家优秀可靠的在线激光气体分析仪供应商。其源自美国宇航局 (NASA) 喷气推进实验室 (JPL)，致力于流程工业的过程控制和检测应用。已有近万台气体分析仪器在全球投入使用。

Optograf™光学色谱仪主要应用于煤化工，石化和气体处理行业，特别是合成气 (syngas) 相关的过程气体分析测量 (煤制氢, HYCO, 合成氨, 煤制甲醇, 煤制乙二醇, SNG 等装置) 。

优势:

- 原位采样测量;
- 响应时间 60 s;
- 测量不受水的影响;
- 在线四流路同时测量;
- 无需耗材, 安全可靠;
- 免维护。

www.cn.endress.com
服务热线: 400 886 2580

Endress+Hauser
官方微信平台

Endress+Hauser 中国
地址: 上海市江川东路458号
邮编: 200241
服务热线: 400 886 2580

电话: +86 21 2403 9681
传真: +86 21 2403 9520
businessdevelopment@cn.endress.com
www.spectrasensors.com

SpectraSensors®
An Endress+Hauser Company

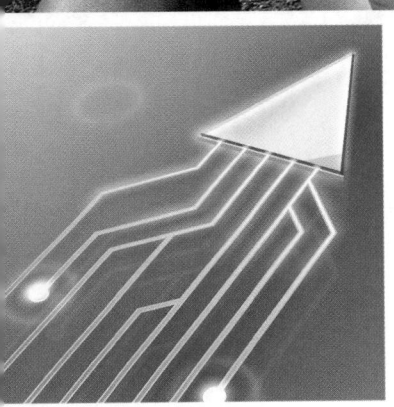

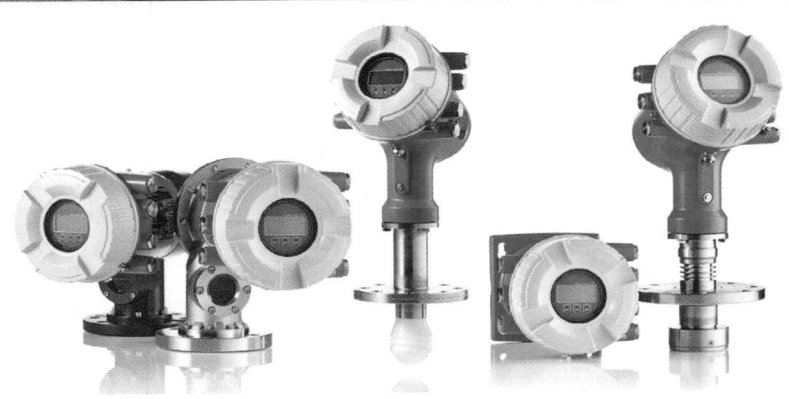

全新一代罐区计量平台!

新一代的罐区计量仪表在测量储罐的产品物位时,具有最高的精度和可靠性,以及最合适的技术。新平台仪表包括:高精度雷达 NMR81/NMR84、伺服 NMS80/NMS81/NMS83 和罐旁指示仪 NRF81。

- 突破性的 80 GHZ 计量级液体雷达 (FMCW)
- 40 m 全量程认证的计量级伺服
- 全新的伺服+雷达平台,且遵循安全标准 IEC61508 和 SIL2/SIL3
- 创新型连续液位计,带双路开放协议输出
- 最高的精度:±0.4 mm, 标定装置经 NMI & PTB 认证
- 无缝系统集成,通用理念的备件、HMI 和诊断

为您的罐区或库区体验我们的解决方案: www.cn.endress.com\ims

www.cn.endress.com
服务热线 : 400 886 2580

Endress+Hauser
官方微信平台

Endress+Hauser 中国
地址:上海市江川东路458号
邮编:200241
服务热线:400 886 2580

电话:+86 21 2403 9600
传真:+86 21 2403 9607
info@cn.endress.com
www.cn.endress.com

Endress+Hauser

People for Process Automation

浙江澳翔自控科技有限公司
ZHEJIANG AOXIANG AUTO-CONTROL TECHNOLOGY CO.,LTD

公司简介

　　浙江澳翔自控科技有限公司（原公司名为瑞安长宏自动化仪表有限公司）始建于1997年4月7日，后因合并申请注册资本变更为浙江澳翔自控科技有限公司。公司坐落于瑞安市经济开发区开发大道2608号，距温州机场和温州火车站只有二十多公里，交通便捷，环境优美。公司注册资本为3800万元人民币。公司年生产力超过6万多台，是一家集设计、研发、生产、销售、售后服务及培训等过程工作为一体的专业生产电动执行器24年的高新技术企业；并成为中石油一级供应商，中石化框架供应商，中核集团一级供应商；产品广泛应用于石油、化工、环保、船舶、电站、军工等领域。

主要产品　　　　　　　　　　　　　　　　　　　　　　　　　　　　　**应用领域**

地址：浙江省瑞安市经济开发区开发区大道 2608 号
电话：+86-577-66872333/66872666
邮箱：zjaox@126.com
网址：www.zjaox.com

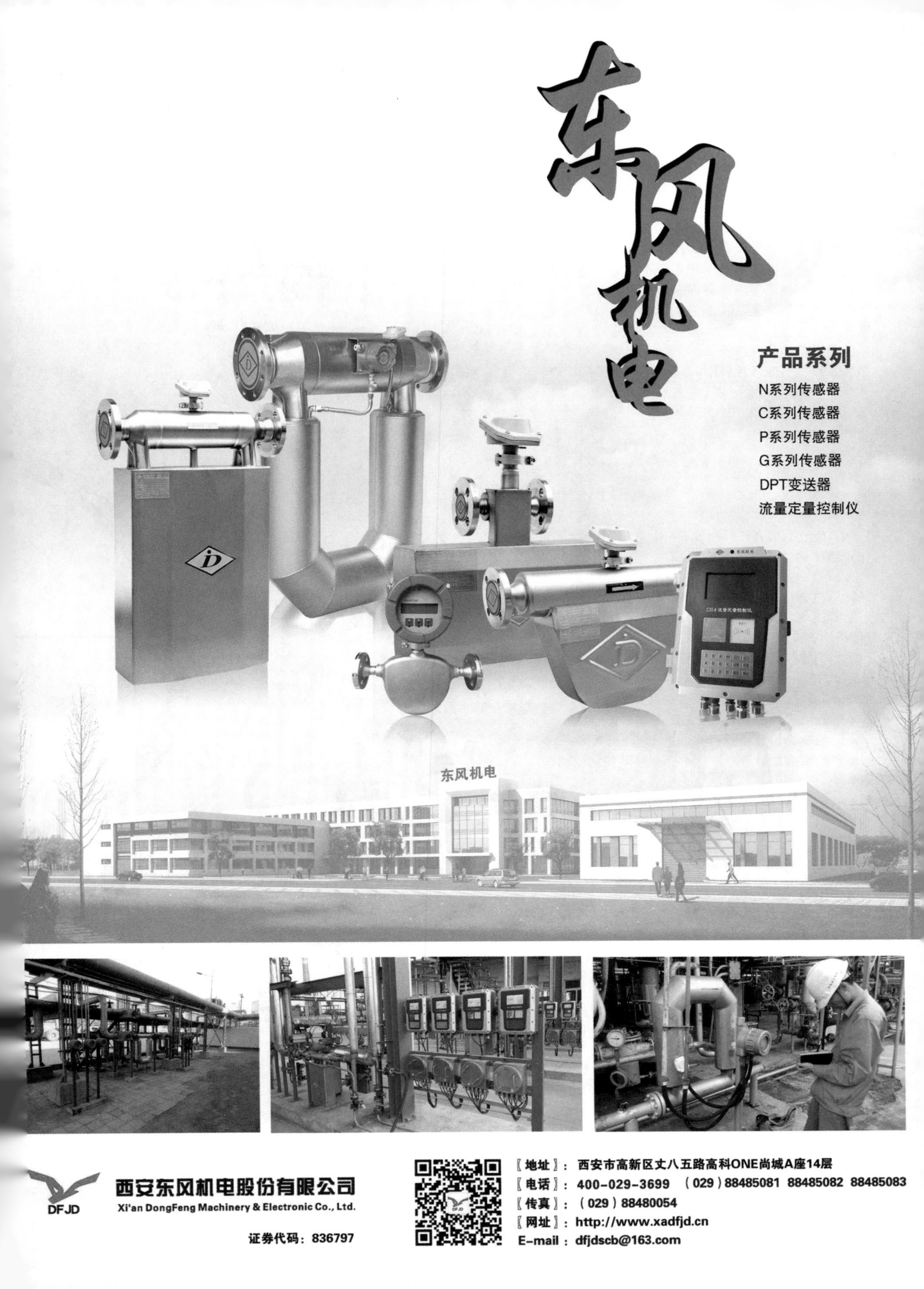

东风机电

产品系列

- N系列传感器
- C系列传感器
- P系列传感器
- G系列传感器
- DPT变送器
- 流量定量控制仪

东风机电

西安东风机电股份有限公司
Xi'an DongFeng Machinery & Electronic Co., Ltd.

证券代码：836797

【地址】： 西安市高新区丈八五路高科ONE尚城A座14层
【电话】： 400-029-3699 （029）88485081 88485082 88485083
【传真】： （029）88480054
【网址】： http://www.xadfjd.cn
E-mail： dfjdscb@163.com

汉威科技集团
股票代码：300007

UBIR系列产品是满足SIL2的气体探测器，采用双光源双光路技术，对空气中存在的碳氢类可燃气体进行检测，具有选择性好、抗水汽、无氧气依赖性、不中毒、抗光探测器接收灵敏度衰减、抗高浓度气体淹没、维护简单、寿命长等特点，可广泛应用于石油炼化、化工冶金、燃气泄漏检测等领域。

应用场景：
精炼厂、石油炼化、LNG\LPG瓶装工厂、燃气轮机发电站、煤制气工厂、海上油气平台等

PIDScan系列产品是满足SIL2的固定式光离子毒性有机挥发物探测器，用于检测环境空气中毒性有机挥发物（VOC）及其蒸气的浓度，可与二次仪表或工控系统配套使用，对气体浓度状况进行检测、报警及控制处理。适用于石油、化工、冶金、环保、市政等存在毒性有机挥发物（VOC）及其蒸汽的场所。

★陶瓷电极PID灯泡　　★使用寿命长
★自动校准零点　　　　★内置智能处理器
★自动清洗功能　　　　★具有温湿度补偿功能

★新加坡原装进口★
Made in Singapore

UB PRO系列产品是满足SIL2的气体探测器，采用模组化技术，通过更换不同的模组可以实现不同气体的检测，具有监测气体种类多、测量量程丰富、维护简单、寿命长等特点，可广泛应用于石油、化工、燃气、餐饮、养殖等有危险气体泄露风险的场合。

应用领域：
精炼厂、石油炼化、海上油气平台、LNG\LPG瓶装工厂、燃气轮机发电站、煤制气工厂、危险物质存储、化工厂、农业、养殖场、餐饮企业等

公司名称：汉威科技集团股份有限公司
地址：郑州高新技术产业开发区雪松路169号

热线电话 0371- 67169010
www.hanwei.cn

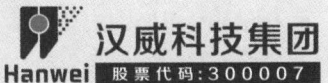

ML系列产品是满足利用气体的近红外光谱吸收特征的满足SIL2的线型气体探测器。基于先进的开放式的可调谐半导体激光吸收光谱技术（TDLAS），通过气体对特定波长光的吸收程度来实现对开放性的空间区域内气体累积浓度的检测，其探测距离可达120米。

优 势：
★ 响应速度快，覆盖范围广
★ 探测空间范围内的气体泄漏
★ 精度高，能实时检测气体的泄漏，没有盲区
★ 寿命长，零维护费用
★ 抗水汽、抗震动
★ 选择性高，不会中毒，不受其它气体干扰
★ 恶劣天气环境下，有效检测可燃气体的泄漏

应用领域：
石油炼化、LNG/LPG瓶装工厂、海上平台等领域。

汉威科技集团股份有限公司（股票代码：300007）是一家值得信赖的创新型科技公司，国内知名的气体传感器及仪表制造商、物联网解决方案提供商，创业板上市公司，致力于创造安全、环保、健康、智慧的工作和生活环境。汉威围绕物联网产业，将感知传感器、智能终端、通讯技术、地理信息和云计算、大数据等技术紧密结合，打造汉威云，建立完整的物联网产业链，结合环保治理、节能技术，以客户价值为导向，为智慧城市、安全生产、环境保护、民生健康提供完善的解决方案。

公司名称：汉威科技集团股份有限公司
地址：郑州高新技术产业开发区雪松路169号

 热线电话 0371- 67169010
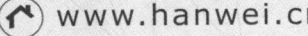 www.hanwei.cn

JACK INSTRUMENT 做自动化仪表行业的技术先导者

江苏杰克仪表有限公司

国家高新技术企业·江苏省高新产品·淮安市名牌产品·国家标准起草单位

精"芯"设计
稳固核"芯"

JDM高精度差压变送器
JPM高精度压力变送器

德国进口单晶硅传感器
现场按键组态（无需借助其他工具）
高精度：±0.05%FS
温度补偿误差：-20~60℃±0.2%
静压误差：±0.1%/16Mpa
大量程比：100:1
稳定性：±0.2%/5年

高新技术企业证书　　计量器具型批准证书　　制造计量器具许可

　杰克仪表

地址：江苏金湖工业园区环城西路88号　电话：400 000 6712　网址：www.jsjk88.c

BMC 油库自动化管理/控制系统
Oil Tank Automatic Measuring and Managing System

BMC 油库自动化管理/控制系统采用标准工业以太网和基于现场总线技术，并结合 PLC 技术，将油库作业网、办公网和公司总部信息网通过防火墙实现无缝链接，构成一个相互独立的、数据信息共享的先进的控制管理系统。整个系统由"油库自动控制与精细管理系统"和"油库安全监控与安全联锁系统"两大独立系统组成。

 油库自动化系统集成平台

自动控制与精细管理子系统构成：

油库进销存综合业务管理系统

储罐自动计量系统

微机自动发油系统

成品油自动输转控制系统

安全监控与安全联锁子系统构成：

现场火灾报警系统

可燃气体检测系统

视频监控系统　　周界报警系统

门禁系统　　　　智能巡更系统

程控交换机管理系统

监控与作业安全联锁系统

系统特点：

可通过 Internet、Intranet 等手段实现远程监控、管理操作及数据库访问。通过防火墙和网络等级操作权限设置，实现网络数据的安全性。各子系统独立运行数据共享。

系统具有冗余、容错、诊断、纠错技术。网络化 B/S 信息浏览方式。

设备运行监控及安全生产监控。储罐高低液位报警及阀门联锁控制。火灾报警、可燃气报警、周界报警与视频监控联锁联动。

工艺流程及参数设定。作业过程跟踪。作业流程优化。油罐液位监控。发油货位监控。

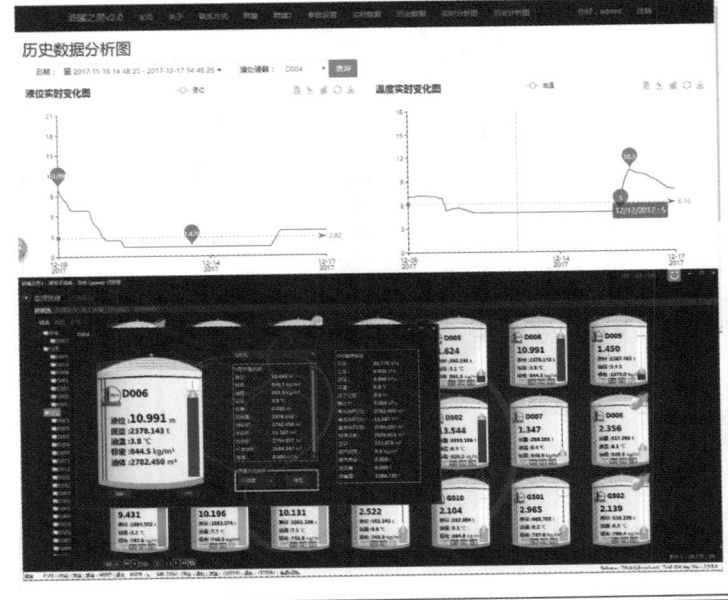

北京瑞赛长城航空测控技术有限公司　　地址：北京市经济技术开发区隆庆街甲 10 号　　电话：010-67865008　　http://c-bmc.com.cn/

SF 三方控制阀
SANFANG CONTROL VALVE

**品质成就价值
创新引领未来**

三十五年品质传承 提供完整调节阀解决方案

笼式单座调节阀

双偏心蝶阀

四通换向球阀

浙江三方控制阀股份有限公司
ZHEJIANG SANFANG CONTROL VALVE CO.,LTD.

地址：浙江省杭州富阳富春街道金秋大道41号　邮编：311400
电话：0571-63368255/63367411　传真：0571-63369856
E-mail:service@zjsanfang.com　http://www.zjsanfang.com

bFS

上海光辉仪器仪表有限公司
SHANGHAI GUANGHUI INSTRUMENT CO.,LTD.

优化流体控制方案
BEST FLOW SOLUTION

FS调节阀技术特点：

◆ 泄漏等级高： 线密封结构，套筒阀与单座阀无需研磨均可达到硬密封 V 级泄漏。
◆ 密封性能好： 填料函与阀杆挤压处理，双向复合密封填料，杜绝跑冒滴漏。
◆ 调节品质优： 阀芯阀杆两点导向，平衡密封环弹性配合，避免摆动或卡滞。
◆ 安全可靠： 导向式开缝螺母，防止阀芯旋转脱落或阀杆折断。
◆ 选型便利： 同一阀体可配单座或套筒阀内件，另有多级降压、迷宫型等不同组合。
◆ 可调比大： 30:1~800:1可供选择，能适应大范围负荷变动。
◆ 检修方便： 快拆式阀内件，垫片可重复使用，在线更换无需专用工具。
◆ 执行机构： 标准气源压力0.36MPa，输出力大；
　　　　　　　深筒型硬芯盘，避免膜片受损漏气；
　　　　　　　弹簧规格少、行程长，可调范围宽。

FS调节阀适用工况：

◆ 高温高压、高压差场合：
炼油厂加氢、制氢装置氢气系统；
电厂给水、蒸汽系统；
减温减压装置；
化肥厂合成氨、尿素装置；
油井注汽高压调节切断阀……
◆ 闪蒸和气蚀、水锤工况：
凝结水罐液位控制阀；
炼油厂焦化加热炉进料阀；
化工厂夹套反应釜蒸汽及冷却水控制
◆ 大可调比工况：
锅炉给水及再循环控制阀；
离子膜烧碱装置氯氢压缩机回流控制
◆ 要求兼顾严密切断和调节性能的场合：
蒸汽超压放空；
汽包连续排污；
压缩机防喘振；
汽轮机旁路阀……

上海光辉仪器仪表有限公司
SHANGHAI GUANGHUI INSTRUMENT CO.,LTD.

地　　址：上海市崇明城内人民路600号
邮政编码：202150
电　　话：(021)5962 3485　5961 5472
传　　真：(021)5962 3487
技术咨询：(021)5961 5472　13370683388 (刘先生)
网　　址：www.sh-gy.com

重庆川仪自动化股份有限公司

中国可靠的自动化仪表公司

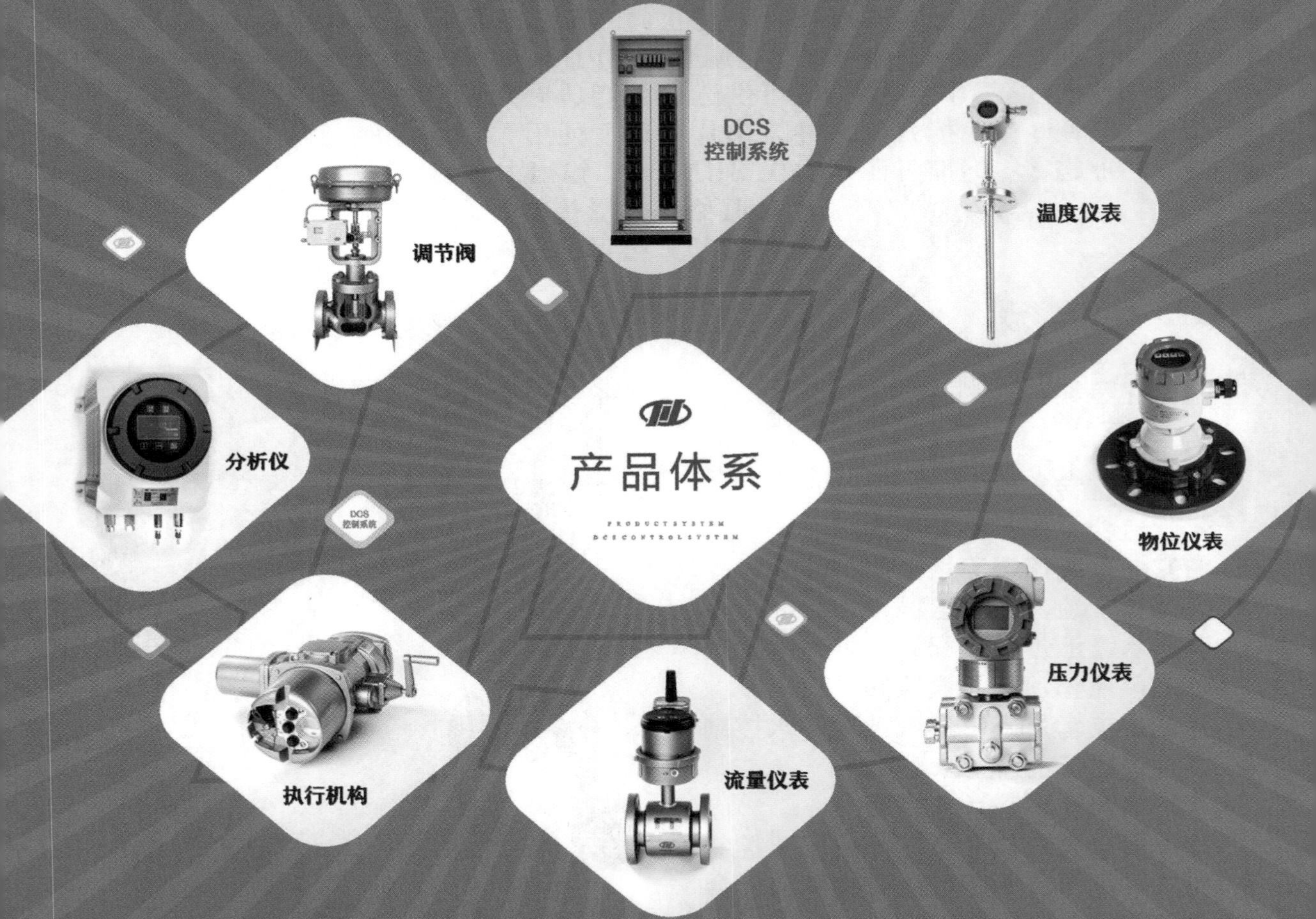

DCS
控制系统

调节阀

温度仪表

分析仪

产品体系

PRODUCT SYSTEM
DCS CONTROL SYSTEM

物位仪表

执行机构

流量仪表

压力仪表

为 您 提 供 完 整 的
自 动 化 解 决 方 案

川 仪 在 用 户 身 边 / 用 户 在 川 仪 心 中

服务领域

轻工
建材

冶金

化工

市政
环保

电力

煤化工

核工业

石油
天然气

敬请扫描重庆川仪二维码
SCAN OUR QR CODE

◎地址：中国重庆　　　　　◎Add：chongqing.PRC

◎服务热线：023-67032088　023-67032188

◎网址：www.cqcy.com　　◎电子邮件：cyinfo@cqcy.com

ELECTRIC ACTUATOR
ELECTRO-HYDRAULIC ACTUATOR

电动 / 电液执行机构

新一代工业管道安全解决方案
智能电动执行机构

- 柔性定位
- 控制组态灵活
- 完备的自诊断与可控式安全参数运行
- 机械与电气双模块化设计

智能电液执行机构

- 失电安全与失电动作
- 分段调速功能
- 火灾识别保护功能
- 可达0.5秒快速开关功能
- 0.2%控制精度、3Hz频率响应

智能制造　品质保证

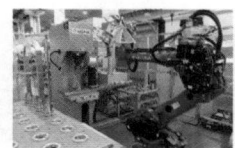

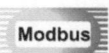

重庆川仪自动化股份有限公司

地址: 中国 重庆 Add: Chongqing, PRC
电话: +86 23 67032088 传真: +86 23 67032090 服务热线: 800-807-9588
电子邮件: cyinfo@cqcy.com 网址: www.cqcy.com

重庆川仪
CHONGQING CHUANY

专注气体、
VOCs检测30年

国际可靠的光致电离（PID）检测技术

诺安环境以保护大众生命财产安全为己任，
以为客户创造健康、安全、和谐的环境为目标，
为用户提供气体检测设备和气体监测系统解决方案。

咨询电话
0755-26826466

深圳市诺安环境安全股份有限公司
地址： 深圳市光明新区光明街道观光路3009号
　　　 招商局光明科技园A2栋12楼
邮编： 518055　　邮箱： nuoan@nuoan.com

北京凯隆分析仪器有限公司
Beijing Kaloon Analytical Instruments Co.,Ltd.

提供过程控制领域整体解决方案

北京凯隆分析仪器有限公司，是在线分析行业在过程分析领域先进的整体解决方案的提供者。与国际国内**优质的**工艺包厂商：TECHNIP(SW)、SHELL、UOP、DOW、BASELL、BP-AMOCO、KBR、UNIPOL、Linde、SEI，LPEC，DMTO，WISON等合作，提供了从天然气/LNG，石油炼制，催化，重整，烯烃到聚合物的石化全过程完整的技术解决方案。包含的装置涵盖了如：彩汽油加氢，重整芳烃抽提，烷基化，异构化，C4分离，OCU，乙烯，MTBE/丁烯—1，PE，PP，LLDPE，HDPE，EO/EG，PO/SN己二酸，PX，PTA等；合成氨及煤化工的气化，净化，甲醇合成，MTO，醋酸装置等；气体行业的深冷空分，PSA装置；环保行业的CEMS，VOC装置等。

--过程分析系统的设计：包括分析仪表的应用、取样及预处理系统的设计、安装与调试

--分析小屋的设计与制作；仪表系统的安装、配管与布线

--现场安装指导；分析系统的现场调试与投运

--用户技术培训；售后技术支持和智能维保服务

运用我们的智慧，提供可靠的服务。从技术咨询到项目策划、系统安装到售后服务，我们将始终伴您左右。

KALOON

北京凯隆分析仪器有限公司Beijing Kaloon Analytical Instruments Co., Ltd.

北京市通州区马驹桥镇景盛中街21号.: No. 21 Middle Jingsheng Street, Majuqiao Town,Tongzhou District, Beijing-101102 Tel/Fax : +86 010 6590 0635/6674 Web: www.kaloon.com

气体分析解决方案

AGC 简介

　　AGC是工业过程分析仪器的制造商，专注于为全球气体工业生产应用提供连续在线气相色谱仪和各种分析仪器。公司成立于1965年，自1988年研发的氢离子检测器（DID）问世以来，AGC一直是各个色谱和分析仪表制造商的传感器提供者。AGC拥有50多年的工业气体分析历史，成为工业气体和高纯气体行业的佼佼者。以分析精度、可靠性和优越的性能，测量范围广（ppb-ppm-%）著称，产品广泛应用于工业气体、特种气体、石油化工、冶金、天然气、半导体、医疗食品、航空航天、核能、环保等领域。通过我们的全球网络，AGC可提供完整的气体分析解决方案。

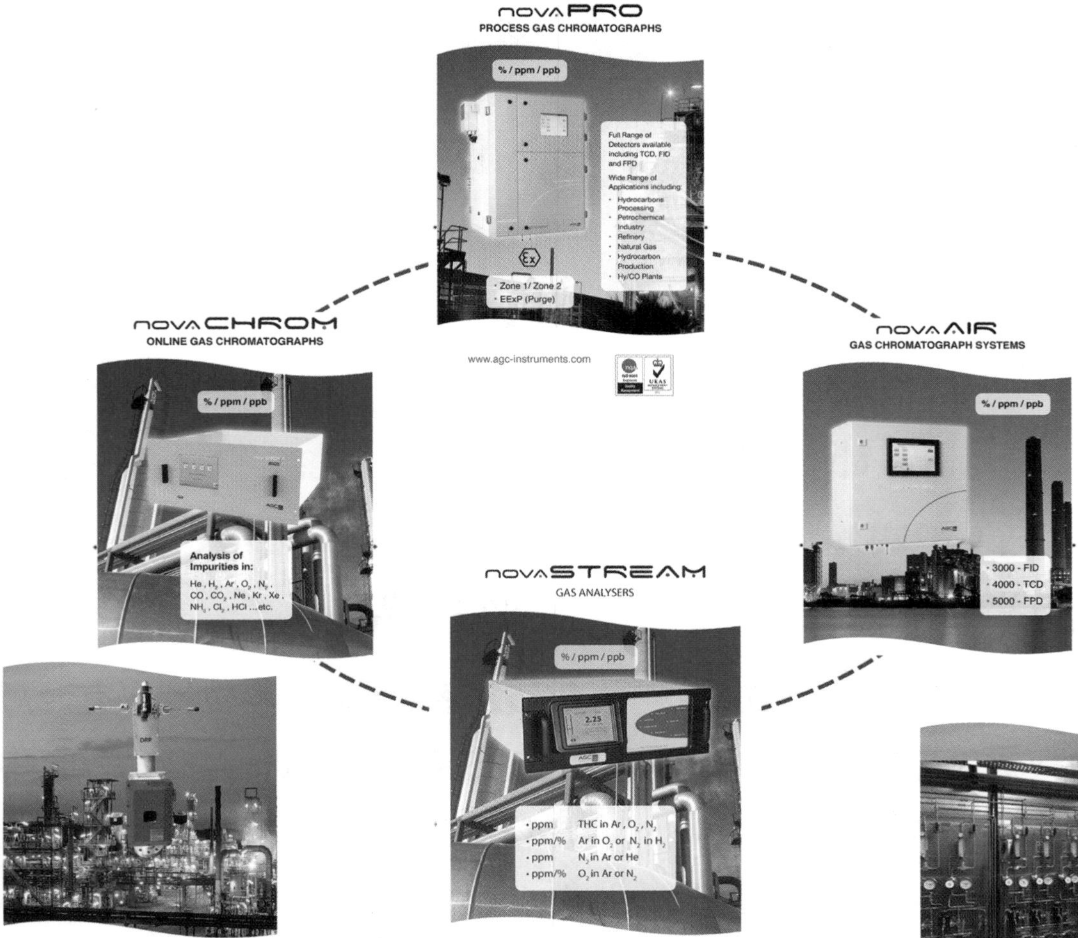

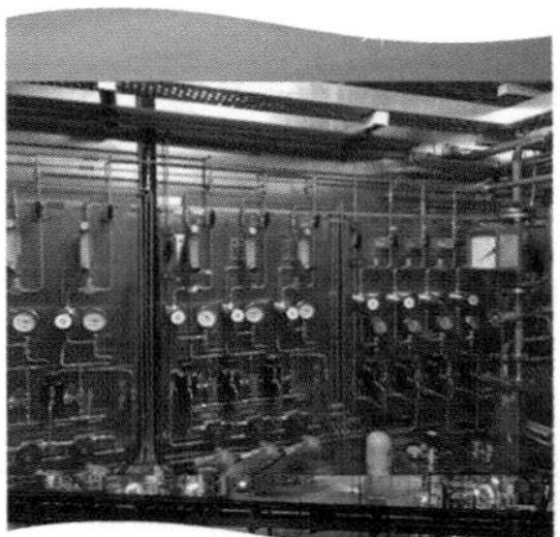

爱尔兰AGC仪器有限公司AGC INSTRUMENTS LTD

Add: Unit 2,Shannon Free Zone West,

Shannon,Co.Clare,Ireland.

Tel：+353 6147 1632

Fax：+353 6147 1042

E-mail：marcus.creaven@agc-instruments.com

预处理系统

Sample Conditioning System

武汉波光源科技有限公司

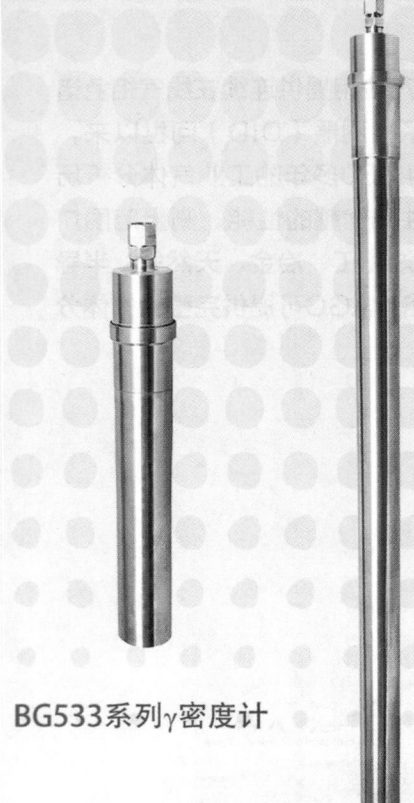

BG533系列γ密度计

BG525系列γ料位计

煤粉流速计

防爆转换器

企业荣誉：

中石化资源市场成员单位

中石油一级供应商网络

中海油入网供应商

中国疏浚协会会员

中国核协会会员单位

主要产品：

BG525系列γ射线料位计（有源/无源

BG533系列密度计（射线式/常规式）

煤粉流速计

灰分仪（射线式/微波式）

水分仪

销售热线：027-88188872；027-88188871

地址：武汉市东湖新技术开发区华工 科技园2幢

邮箱：13807150700@163.com　　网址：www.bgykj.com

第一篇 设计标准

第一章 国内标准

第一节 概　　述

一、标准名词术语

（1）标准体系　一定范围内的标准按其内在联系形成的科学的有机整体。

（2）标准体系表　把标准体系内的标准按照系统原则和结构层次以一定形式排列起来的图表。

（3）层次　一定范围内一定数量的共性（即通用）标准的集合。

（4）门类（大门类）　在不同的层次，根据个性标准的属性给予的分类集合。

（5）门类分部（小门类）　对同一门类的标准，根据其个性标准的属性加以进一步分解集合。

（6）法规　体系框图中的法规指国家机关制定的规范性文件，是法令、条例、规则和章程等法定文件的总称。如国务院制定和颁布的行政法规；省、自治区、直辖市人大及其常委会制定和公布的地方性法规；设区的市、自治州（2015年《中华人民共和国立法法》最新修订）制定的地方性法规，报省、自治区人大及其常委会批准后施行。法规也具有法律效力，它是法律效力低于宪法和法律的一种法的形式。

（7）基础标准　在一定范围内作为其他标准的基础并普遍使用，具有广泛指导意义的标准。

（8）通用标准　由其他专业编制（或主编），但本专业需要采用的标准。

（9）专用标准　本专业中心站或本专业编制（或主编）的各种技术标准。

（10）相关基础标准　属于其他体系（行业、专业）而受本体系直接采用并关系密切的基础标准。

（11）相关通用标准　专业设计中将会涉及的产品标准。

（12）相关专用标准　在编制专业的标准体系时，原属于其他体系（行业、专业）而受本体系直接采用并关系密切的专业标准。

二、国家标准代号

序号	标准代号	标准含义	备注
1	GB	国家强制性标准	
2	GB/T	国家推荐性标准	
3	GB 50×××	工程建设国家标准（强制性）	1991年开始发布
4	GB/T 50×××	工程建设国家标准（推荐性）	

三、行业标准代号

序号	行业标准名称	行业标准代号	备注
1	化工行业	HG	
		HG/T	推荐性标准
2	石油化工行业	SH	
		SH/T	推荐性标准

四、国家标准与国际标准的一致性程度

① 国家标准与相应的国际标准的一致性程度分为等同采用、修改采用和非等效采用。

② 国际标准是指国际标准化组织（ISO）、国际电工委员会（IEC）和国际电信联盟（ITU）制定的标准，以及国际标准化组织确认并公布的其他国际组织制定的标准。

③ 等同采用（identical），代号为 IDT 或用符号"≡"表示。国家标准与相应国际标准的一致性程度是"等同采用"时，应符合以下条件：国家标准与国际标准在技术内容和文本结构方面完全相同，或者国家标准与国际标准在技术内容上相同，但可以包含小的编辑性修改。

④ 修改采用（modified），代号为 MOD。国家标准与相应国际标准的一致性程度是"修改采用"时，应符合下列条件：

a. 国家标准与国际标准之间允许存在技术性差异，这些差异应清楚地标明并给出解释；

b. 国家标准在结构上与国际标准对应；

c. 只有在不影响对国家标准和国际标准的内容及结构进行比较的情况下，才允许对文本结构进行修改。

⑤ 等效采用（equivalent），代号为 EQV 或用符号"="表示，指国家标准在技术内容上基本与国际标准相同，仅有小的差异，在编写上则不完全相同于国际标准的方法。根据我国法规《采用国际标准管理办法》，等效采用不适用于我国。

⑥ 非等效采用（no equivalent），代号为 NEQ 或用符号"≠"表示，指国家标准与相应国际标准在技术内容和文本结构上不同，同时它们之间的差异也没有被清楚地指明。非等效采用还包括在国家标准中只保留了少量或不重要的国际标准条款的情况。

"非等效采用"与"修改采用"最重要的区分标志就是技术性差异或结构的变化是否被清楚地指明。即使国家标准与国际标准仅有一点技术性差异，但若不指明也只能属于"非等效采用"。当然如果国家标准与国际标准的技术性差异太大，以至于国家标准仅保留了国际标准中少量或不重要的条款，那么无论技术性差异或结构的变化是否被清楚地指明，都只能属于"非等效采用"。

五、标准的分类和执行顺序

① 标准分为国家标准、行业标准、地方标准、团体标准和企业标准。

② 标准按其性质分为强制性标准和推荐性标准。

③ 石油化工工程标准执行顺序（从上至下：由强及弱）如下：

a. 国家法律、法规、监管与主管部门规章；

b. 强制性国家标准与强制性行业标准；

c. 强制性地方（项目所在地）标准与法规；

d. 强制性企业标准（当业主为国外公司时，执行国外业主公司标准）；

e. 工程项目执行标准（专利商的强制性标准规范应遵照执行）；

f. 非强制性国家标准、行业标准和地方（项目所在地）标准；

g. 国外参考标准规范；

h. 国外工程公司、团体参考标准。

第二节　自动控制工程设计技术标准体系

一、国内外技术标准现状

我国石油化工自动控制工程设计采用的标准有中国国家标准、行业标准、地方标准、团体标准、企业标准及国外标准，这些标准基本能满足国内石油化工自动控制工程设计要求。随着石油化工自动控制设计技术不断发展和进步，需要对现有的标准规范不断修订和完善提高，制定新的石油化工自动控制工程设计标准。

国外标准主要包括国际标准、国家标准、协会标准和企业标准，这些技术标准均是推荐性的，用户可选择采用。当标准中涉及人身安全、卫生和健康、环境保护、产品质量等方面条款被法规、政令等引用后，才具有强制执行的属性。自动控制国外标准涵盖了自动控制工程的各个部分，内容比较齐全，体系构成比较完善，这些标准能够不断进行版本的更新。

二、工程技术标准体系

工程技术标准体系分为基础标准、通用标准、专用标准（图 1-1-1）。

1. 基础标准

《石油化工自控工程常用名词术语》（待制定）、《石油化工仪表管线平面布置图图形符号及文字代号》、《石油化工仪表功能标识及图形图例符号》（待制定）、《石油化工仪表逻辑图规范》（待制定）、《石油化工仪表回路图规范》（待制定）、《石油化工自控工程编号规范》（待制定）等。

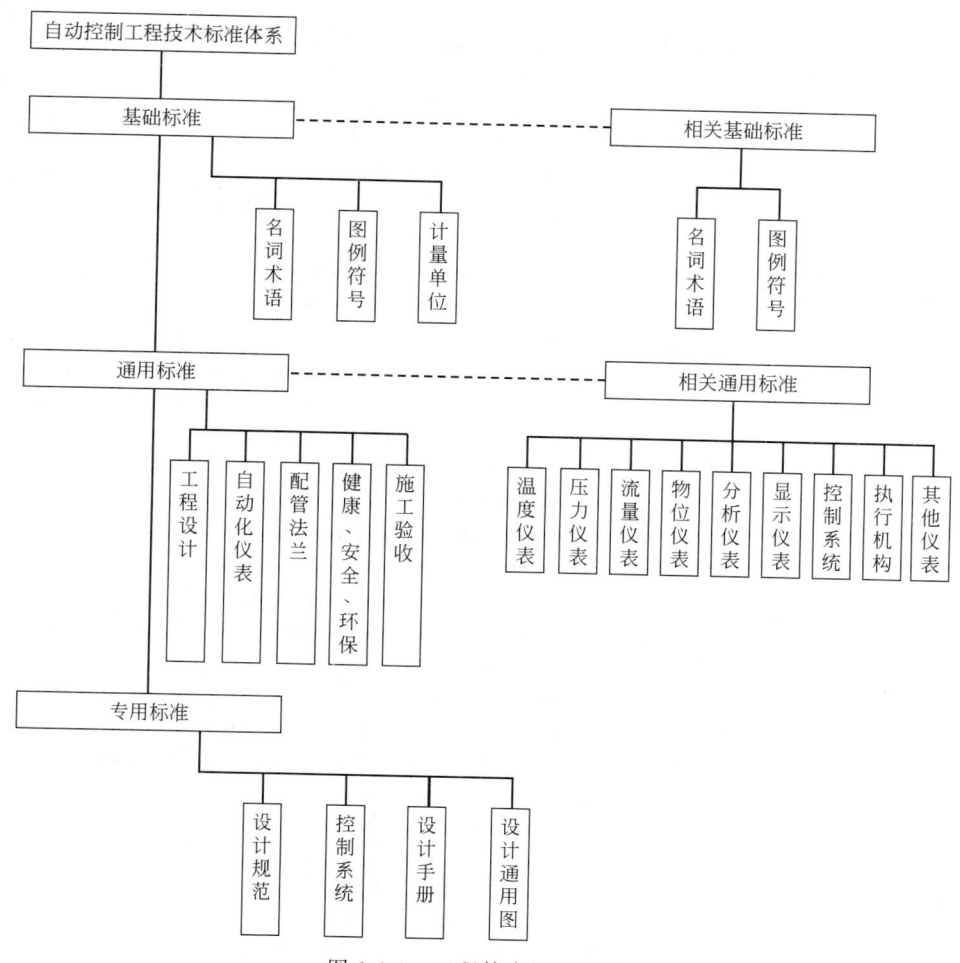

图 1-1-1　工程技术标准体系

2. 通用标准

《石油化工自动化仪表选型设计规范》《石油化工分散控制系统设计规范》《石油化工安全仪表系统设计规范》《石油化工控制室设计规范》《石油化工在线分析仪系统设计规范》《石油化工 PROFIBUS 控制系统工程设计规范》《石油化工仪表远程监控及数据采集系统设计规范》等。

3. 专用标准

《石油化工仪表系统防雷设计规范》《石油化工仪表供气设计规范》《石油化工仪表管道线路设计规范》《石油化工仪表接地设计规范》《石油化工仪表供电设计规范》《石油化工仪表及管道伴热和绝热设计规范》《石油化工仪表及管道隔离和吹洗设计规范》《石油化工仪表安装设计规范》《石油化工压缩机控制系统设计规范》《石油化工罐区自动化系统设计规范》《石油化工动力中心自动化系统设计规范》《石油化工空分装置自动化系统设计规范》《石油化工仪表工程施工技术规程》等。

第三节　自动控制工程设计常用中国国家标准明细表

（本表所收录标准的截止日期为 2019 年 12 月）

序号	标准编号	标准名称	有效版本
1	GB/T 778.1 (ISO 4064-1:2014,IDT)	饮用冷水水表和热水水表　第 1 部分:计量要求和技术要求 Meters for cold potable water and hot water Part 1:Metrological requirements and technical requirements	2018

序号	标准编号	标准名称	有效版本
2	GB/T 778.5 (ISO 4064-5:2014,IDT)	饮用冷水水表和热水水表 第5部分:安装要求 Meters for cold potable water and hot water Part 5:Installation requirements	2018
3	GB/T 2624.1 (ISO 5167-1:2003,IDT)	用安装在圆形截面管道中的差压装置测量满管流体流量 第1部分:一般原理和要求 Measurement of fluid flow by means of pressure differential devices inserted in circular cross-section conduits running full Part 1:General principles and requirements	2006
4	GB/T 2624.2 (ISO 5167-2:2003,IDT)	用安装在圆形截面管道中的差压装置测量满管流体流量 第2部分:孔板 Measurement of fluid flow by means of pressure differential devices inserted in circular cross-section conduits running full Part 2:Orifice plates	2006
5	GB/T 2624.3 (ISO 5167-3:2003,IDT)	用安装在圆形截面管道中的差压装置测量满管流体流量 第3部分:喷嘴和文丘里喷嘴 Measurement of fluid flow by means of pressure differential devices inserted in circular cross-section conduits running full Part 3:Nozzles and Venturi nozzles	2006
6	GB/T 2624.4 (ISO 5167-4:2003,IDT)	用安装在圆形截面管道中的差压装置测量满管流体流量 第4部分:文丘里管 Measurement of fluid flow by means of pressure differential devices inserted in circular cross-section conduits running full Part 4:Venturi tubes	2006
7	GB/T 2625	过程检测和控制流程图用图形符号和文字代号 Process detection and control flow chart:Symbols and letter codes	1981
8	GB 3100	国际单位制及其应用 SI units and recommendations for the use of their multiples and of certain other units	1993
9	GB/T 3101	有关量、单位和符号的一般原则 General principles concerning quantities,units and symbols	1993
10	GB/T 3102.3	力学的量和单位 Quantities and units of mechanics	1993
11	GB 3836.1 (IEC 60079-0:2007,MOD)	爆炸性环境 第1部分:设备 通用要求 Explosive atmospheres Part 1:Equipment—General requirements	2010
12	GB 3836.2 (IEC 60079-1:2007,MOD)	爆炸性环境 第2部分:由隔爆外壳"d"保护的设备 Explosive atmospheres Part 2:Equipment protection by flameproof enclosures"d"	2010
13	GB 3836.3 (IEC 60079-7:2006,IDT)	爆炸性环境 第3部分:由增安型"e"保护的设备 Explosive atmospheres Part 3:Equipment protection by increased safety"e"	2010
14	GB 3836.4 (IEC 60079-11:2006,MOD)	爆炸性环境 第4部分:由本质安全型"i"保护的设备 Explosive atmospheres Part 4:Equipment protection by intrinsic safety "i"	2010

序号	标准编号	标准名称	有效版本
15	GB/T 3836.5 (IEC 60079-2:2007,MOD)	爆炸性环境　第5部分:由正压外壳"p"保护的设备 Explosive atmospheres Part 5:Equipment protection by pressurized enclosure"p"	2017
16	GB 3836.8 (IEC 60079-15:2010,MOD)	爆炸性环境　第8部分:由"n"型保护的设备 Explosive atmospheres Part 8:Equipment protection by type of protection "n"	2014
17	GB 3836.9 (IEC 60079-18:2009,MOD)	爆炸性环境　第9部分:由浇封型"m"保护的设备 Explosive atmospheres Part 9:Equipment protection by type of protection "m"	2014
18	GB 3836.14 (IEC 60079-10-1:2008,IDT)	爆炸性环境　第14部分:场所分类　爆炸性气体环境 Explosive atmospheres Part 14:Classification of areas—Explosive gas atmosphere	2014
19	GB/T 3836.15 (IEC 60079-14:2007,MOD)	爆炸性环境　第15部分:电气装置的设计、选型和安装 Explosive atmospheres Part 15:Electrical installations design,selection and erection	2017
20	GB/T 3836.16 (IEC 60079-17:2007,IDT)	爆炸性环境　第16部分:电气装置的检查与维护 Explosive atmospheres Part 16:Electrical installations inspection and maintenance	2017
21	GB/T 3836.17 (IEC 60079-13:2017,MOD)	爆炸性环境　第17部分:由正压房间"p"和人工通风房间"v"保护的设备 Explosive atmospheres Part 17:Equipment protection by pressurized room"p"and artificially ventilated room"v"	2019
22	GB/T 3836.18 (IEC 60079-25:2010,MOD)	爆炸性环境　第18部分:本质安全电气系统 Explosive atmospheres Part 18:Intrinsically safe electrical systems	2017
23	GB 3836.19 (IEC 60079-27:2008,IDT)	爆炸性环境　第19部分:现场总线本质安全概念(FISCO) Explosive atmospheres Part 19:Fieldbus intrinsically safe concept(FISCO)	2010
24	GB 4075 (ISO 2919:1999,MOD)	密封放射源　一般要求和分级 Sealed radioactive sources—General requirements and classification	2009
25	GB/T 4208 (IEC 60529:2013,IDT)	外壳防护等级(IP代码) Degrees of protection provided by enclosure(IP code)	2017
26	GB/T 4213	气动调节阀 Pneumatic industrial process control valves	2008
27	GB/T 4830	工业自动化仪表　气源压力范围和质量 Industrial process measurement and control instruments—Pressure range and quality of air supply	2015
28	GB 10252	γ辐照装置的辐射防护与安全规范 Regulations for radiation protection and safety of gamma irradiation facilities	2009
29	GB 11806	放射性物品安全运输规程 Regulations for the safe transport of radioactive material	2019

序号	标准编号	标准名称	有效版本
30	GB 12476.1 (IEC 61241-0:2004,MOD)	可燃性粉尘环境用电气设备 第1部分:通用要求 Electrical apparatus for use in the presence of combustible dust Part 1:General requirements	2013
31	GB/T 12476.3 (IEC 60079-10-2:2009,MOD)	可燃性粉尘环境用电气设备 第3部分:存在或可能存在可燃性粉尘的场所分类 Electrical apparatus for use in the presence of combustible dust Part 3:Classification of areas where combustible dusts are or may be present	2017
32	GB 12476.4 (IEC 61241-11:2005,IDT)	可燃性粉尘环境用电气设备 第4部分:本质安全型"iD" Electrical apparatus for use in the presence of combustible dust Part 4:Protection by intrinsic safety"iD"	2010
33	GB 12476.5 (IEC 61241-1:2004,IDT)	可燃性粉尘环境用电气设备 第5部分:外壳保护型"tD" Electrical apparatus for use in the presence of combustible dust Part 5:Protection by enclosures"tD"	2013
34	GB 12476.7 (IEC 61241-4:2001,IDT)	可燃性粉尘环境用电气设备 第7部分:正压保护型"pD" Electrical apparatus for use in the presence of combustible dust Part 7:Type of protection"pD"	2010
35	GB/T 12519	分析仪器通用技术条件 General specification of analytical instruments	2010
36	GB/T 13283	工业过程测量和控制用检测仪表和显示仪表精确度等级 Accuracy class of measuring instruments and display instruments for industrial process measurement and control	2008
37	GB/T 13927	工业阀门 压力试验 Industrial valves—Pressure testing	2008
38	GB/T 13965	仪表元器件 术语 Instrument components—Vocabulary	2010
39	GB/T 13966	分析仪器术语 Terminology for analytical instruments	2013
40	GB 14050	系统接地的型式及安全技术要求 Types and safety technical requirements of system earthing	2008
41	GB 14052	安装在设备上的同位素仪表的辐射安全性能要求 Radionuclide gauges—Gauges designed for permanent installation	1993
42	GB 15577	粉尘防爆安全规程 Safety regulations for dust explosion prevention and protection	2018
43	GB/T 15969.1 (IEC 61131-1:2003,IDT)	可编程序控制器 第1部分:通用信息 Programmable controllers Part 1:General information	2007
44	GB/T 15969.2 (IEC 61131-2:2007,IDT)	可编程序控制器 第2部分:设备要求和测试 Programmable controllers Part 2:Equipment requirements and tests	2008
45	GB/T 15969.3 (IEC 61131-3:2013,IDT)	可编程序控制器 第3部分:编程语言 Programmable controllers Part 3:Programming languages	2017
46	GB/T 15969.4 (IEC 61131-4:2004,IDT)	可编程序控制器 第4部分:用户导则 Programmable controllers Part 4:User guidelines	2007

续表

序号	标准编号	标准名称	有效版本
47	GB/T 15969.5 (IEC 61131-5:2000,IDT)	可编程序控制器　第5部分:通信 Programmable controllers Part 5:Communications	2002
48	GB/T 15969.6 (IEC 61131-6:2012,IDT)	可编程序控制器　第6部分:功能安全 Programmable controllers Part 6:Functional safety	2015
49	GB/T 15969.7 (IEC 61131-7:2000,IDT)	可编程序控制器　第7部分:模糊控制编程 Programmable controllers Part 7:Fuzzy control programming	2008
50	GB/T 15969.8 (IEC/TR 61131-8:2003,IDT)	可编程序控制器　第8部分:编程语言的应用和实现导则 Programmable controllers Part 8:Guidelines for the application and implementation of programming languages	2007
51	GB/T 16657.2 (IEC 61158-2:2007,IDT)	工业通信网络　现场总线规范　第2部分:物理层规范和服务定义 Industrial communication networks—Fieldbus specifications Part2:Physical layer specification and service definition	2008
52	GB/T 16839.1 (IEC 60584-1:2013,IDT)	热电偶　第1部分:电动势规范和允差 Thermocouples Part 1:EMF specifications and tolerances	2018
53	GB 17167	用能单位能源计量器具配备和管理通则 General principle for equipping and managing of the measuring instrument of energy in organization of energy using	2006
54	GB/T 17212 (IEC 902:1987,IDT)	工业过程测量和控制　术语和定义 Industrial-process measurement and control—Terms and definitions	1998
55	GB/T 17213.1 (IEC 60534-1:2005,IDT)	工业过程控制阀　第1部分:控制阀术语和总则 Industrial-process control valves Part 1:Control valve terminology and general considerations	2015
56	GB/T 17213.2 (IEC 60534-2-1:2011,IDT)	工业过程控制阀　第2-1部分:流通能力　安装条件下流体流量的计算公式 Industrial-process control valves Part 2-1:Flow capacity—Sizing equations for fluid flow under installed conditions	2017
57	GB/T 17213.3 (IEC 60534-3-1:2000,IDT)	工业过程控制阀　第3-1部分:尺寸　两通球形直通控制阀法兰端面距和两通球形角形控制阀法兰中心至法兰端面的间距 Industrial-process control valves Part 3-1:Dimensions—Face-to-face dimensions for flanged, two-way, globe-type, straight pattern and center-to-face dimensions for flanged, two-way, globe-type, angle pattern control valves	2005
58	GB/T 17213.4 (IEC 60534-4:2006,IDT)	工业过程控制阀　第4部分:检验和例行试验 Industrial-process control valves Part 4:Inspection and routine testing	2015

序号	标准编号	标准名称	有效版本
59	GB/T 17213.5 (IEC 60534-5:2004,MOD)	工业过程控制阀　第5部分:标志 Industrial-process control valvesr Part 5:Marking	2008
60	GB/T 17213.7 (IEC 60534-7:2010,IDT)	工业过程控制阀　第7部分:控制阀数据单 Industrial-process control valves Part 7:Control valve data sheet	2017
61	GB/T 17213.10 (IEC 60534-2-4:2009,IDT)	工业过程控制阀　第2-4部分:流通能力　固有流量特性和可调比 Industrial-process control valves Part 2-4:Flow capacity—Inherent flow characteristics and range-ability	2015
62	GB/T 17213.11 (IEC 60534-3-2:2001,IDT)	工业过程控制阀　第3-2部分:尺寸 角行程控制阀(蝶阀除外)的端面距 Industrial-process control valves Part 3-2:Dimensions—Face-to-face dimensions for rotary control valves except butterfly valves	2005
63	GB/T 17213.12 (IEC 60534-3-3:1998,IDT)	工业过程控制阀　第3-3部分:尺寸 对焊式两通球形直通控制阀的端距 Industrial-process control valves Part 3-3:Dimensions—End-to-end dimensions for buttweld, two-way, globe-type, straight pattern control valves	2005
64	GB/T 17213.17 (IEC 60534-2-5:2003,IDT)	工业过程控制阀　第2-5部分:流通能力　流体流经级间恢复多级控制阀的计算公式 Industrial-process control valves Part 2-5:Flow capacity—Sizing equations for fluid flow through multistage control valves with interstage recovery	2010
65	GB/T 17213.18 (IEC 60534-9:2007,IDT)	工业过程控制阀　第9部分:阶跃输入响应测量的试验程序 Industrial-process control valves Part 9:Test procedure for response measurements from step inputs	2015
66	GB/T 17614.1 (IEC 60770-1:2010,IDT)	工业过程控制系统用变送器　第1部分:性能评定方法 Transmitters for use in industrial-process control systems Part 1:Methods for performance evaluation	2015
67	GB/T 17614.2 (IEC 60770-2:2010,IDT)	工业过程控制系统用变送器　第2部分:检查和例行试验方法 Transmitters for use in industrial-process control systems Part 2:Methods for inspection and roution testing	2015
68	GB/T 17614.3 (IEC 60770-3:2014,IDT)	工业过程控制系统用变送器　第3部分:智能变送器性能评定方法 Transmitters for use in industrial-process control systems Part 3:Methods for performance evaluation of intelligent transmitters	2018
69	GB/T 17626.1 (IEC 61000-4-1:2000,IDT)	电磁兼容　试验和测量技术　抗扰度试验总论 Electromagnetic compatibility—Testing and measurement techniques—Overview of immunity tests	2006
70	GB/T 17626.2 (IEC 61000-4-2:2008,IDT)	电磁兼容　试验和测量技术　静电放电抗扰度试验 Electromagnetic compatibility—Testing and measurement techniques—Electrostatic discharge immunity test	2018

序号	标准编号	标准名称	有效版本
71	GB/T 17626.3 (IEC 61000-4-3:2010,IDT)	电磁兼容 试验和测量技术 射频电磁场辐射抗扰度试验 Electromagnetic compatibility—Testing and measurement techniques—Radiated,radio-frequency,electromagnetic field immunity test	2016
72	GB/T 17626.4 (IEC 61000-4-4:2012,IDT)	电磁兼容 试验和测量技术 电快速瞬变脉冲群抗扰度试验 Electromagnetic compatibility—Testing and measurement techniques—Electrical fast transient/burst immunity test	2018
73	GB/T 17626.5 (IEC 61000-4-5:2014,IDT)	电磁兼容 试验和测量技术 浪涌(冲击)抗扰度试验 Electromagnetic compatibility—Testing and measurement techniques—Surge immunity test	2019
74	GB/T 17626.8 (IEC 61000-4-8:2001,IDT)	电磁兼容 试验和测量技术 工频磁场抗扰度试验 Electromagnetic compatibility—Testing and measurement techniques—Power frequency magnetic field immunity test	2006
75	GB/T 17626.9 (IEC 61000-4-9:2001,IDT)	电磁兼容 试验和测量技术 脉冲磁场抗扰度试验 Electromagnetic compatibility—Testing and measurement techniques—Pulse magnetic field immunity test	2011
76	GB/T 17626.16 (IEC 61000-4-16:2002,IDT)	电磁兼容 试验和测量技术 0Hz~150kHz 共模传导骚扰抗扰度试验 Electromagnetic compatibility—Testing and measurement techniques—Test for immunity to conducted,common mode disturbances in the frequency range 0Hz to 150kHz	2007
77	GB/T 18404 (IDT IEC 61515:1995)	铠装热电偶电缆及铠装热电偶 Mineral insulated thermocouple cables and thermocouples	2001
78	GB/T 18603	天然气计量系统技术要求 Technical requirements of measuring systems for natural gas	2014
79	GB 18871	电离辐射防护与辐射源安全基本标准 Basic standards for protection against ionizing radiation and for the safety of radiation sources	2002
80	GB/T 19666	阻燃和耐火电线电缆或光缆通则 General rules for flame retardant and fire resistant electric wires and cables or opticalfiber cables	2019
81	GB/T 20438.1 (IEC 61508-1:2010,IDT)	电气/电子/可编程电子安全相关系统的功能安全 第1部分:一般要求 Functional safety of electrical/electronic/programmable electronic safety-related systems Part 1:General requirements	2017
82	GB/T 20438.2 (IEC 61508-2:2010,IDT)	电气/电子/可编程电子安全相关系统的功能安全 第2部分:电气/电子/可编程电子安全相关系统的要求 Functional safety of electrical/electronic/programmable electronic safety-related systems Part 2:Requirements for electrical/electronic/programmable electronic safety-related systems	2017
83	GB/T 20438.3 (IEC 61508-3:2010,IDT)	电气/电子/可编程电子安全相关系统的功能安全 第3部分:软件要求 Functional safety of electrical/electronic/programmable electronic safety-related systems Part 3:Software requirements	2017

序号	标准编号	标准名称	有效版本
84	GB/T 20438.4 (IEC 61508-4:2010,IDT)	电气/电子/可编程电子安全相关系统的功能安全 第4部分:定义和缩略语 Functional safety of electrical/electronic/programmable electronic safety-related systems Part 4:Definitions and abbreviations	2017
85	GB/T 20438.5 (IEC 61508-5:2010,IDT)	电气/电子/可编程电子安全相关系统的功能安全 第5部分:确定安全完整性等级的方法示例 Functional safety of electrical/electronic/programmable electronic safety-related systems Part 5:Examples of methods for the determination of safety integrity levels	2017
86	GB/T 20438.6 (IEC 61508-6:2010,IDT)	电气/电子/可编程电子安全相关系统的功能安全 第6部分:GB/T 20438.2 和 GB/T 20438.3 的应用指南 Functional safety of electrical/electronic/programmable electronic safety-related systems Part 6:Guidelines on the application of GB/T 20438.2 and GB/T 20438.3	2017
87	GB/T 20438.7 (IEC 61508-7:2010,IDT)	电气/电子/可编程电子安全相关系统的功能安全 第7部分:技术和措施概述 Functional safety of electrical/electronic/programmable electronic safety-related systems Part 7:Overview of techniques and measures	2017
88	GB/T 20719.1 (ISO 18629-1:2004,IDT)	工业自动化系统与集成 过程规范语言 第1部分:概述与基本原理 Industrial automation system and integration—Process specification language Part 1:Overview and basic principles	2006
89	GB/T 20727 (ISO 14511:2001,IDT)	封闭管道中流体流量的测量 热式质量流量计 Measurement of fluid flow in closed conduits—Thermal mass flowmeters	2006
90	GB/T 20728 (ISO 10790:1999,IDT)	封闭管道中流体流量的测量 科里奥利流量计的选型、安装和使用指南 Measurement of fluid flow in closed conduits—Guidance to the selection, installation and use of Coriolis meters	2006
91	GB/T 21109.1 (IEC 61511-1:2003,IDT)	过程工业领域安全仪表系统的功能安全 第1部分:框架、定义、系统、硬件和软件要求 Functional safety—Safety instrumented systems for the process industry sector Part 1:Framework, definitions, system, hardware and software requirements	2007
92	GB/T 21109.2 (IEC 61511-2:2003,IDT)	过程工业领域安全仪表系统的功能安全 第2部分:GB/T 21109.1 的应用指南 Functional safety—Safety instrumented systems for the process industry sector Part 2:Guidelines for the application of GB/T 21109.1	2007

序号	标准编号	标准名称	有效版本
93	GB/T 21109.3 (IEC 61511-3:2003,IDT)	过程工业领域安全仪表系统的功能安全 第3部分:确定要求的安全完整性等级的指南 Functional safety—Safety instrumented systems for the process industry sector Part 3:Guidance for the determination of the required safety integrity levels	2007
94	GB/T 21188 (ISO 9300:2005,IDT)	用临界流文丘里喷嘴测量气体流量 Measurement of gas flow by means of critical flow Venturi nozzles	2007
95	GB/T 21385	金属密封球阀 Metal-sealed ball valve	2008
96	GB/T 24918	低温介质用紧急切断阀 Cryogenic emergency shutoff valve	2010
97	GB/T 24919	工业阀门 安装使用维护 一般要求 Installation,operation,maintenance of industrial valves—General requirements	2010
98	GB/T 24925	低温阀门 技术条件 Low temperature valve—Technical specifications	2019
99	GB/T 25475	工业自动化仪表 术语 温度仪表 Industrial-process measurement and control instruments—Terminology—Temperature measuring instruments	2010
100	GB/T 26155.1	工业过程测量和控制系统用智能电动执行机构 第1部分:通用技术条件 Intelligent electrical actuators for industrial-process measurement and control systems Part 1:General specification	2010
101	GB/T 26155.2	工业过程测量和控制系统用智能电动执行机构 第2部分:性能评定方法 Intelligent electrical actuators for industrial-process measurement and control systems Part 2:Methods of evaluating the performance	2012
102	GB/T 26479 (API 607:2005/ISO 10497:2010,MOD)	弹性密封部分回转阀门 耐火试验 Fire test for soft-sealed quarter-turn valves	2011
103	GB/T 26480 (API 598:2009,MOD)	阀门的检验和试验 Valve inspection and testing	2011
104	GB/T 26801 (ISO 2186:2007,IDT)	封闭管道中流体流量的测量 一次装置和二次装置之间压力信号传送的连接法 Fluid flow in closed conduits—Connections for pressure signal transmissions between primary and secondary elements	2011
105	GB/T 26815	工业自动化仪表术语 执行器术语 Terminologies for industrial-process measurement and control instruments—Terms of final controlling elements	2011
106	GB 29812—2013 (IEC 61285:2004,IDT)	工业过程控制 分析小屋的安全 Industrial-process control—safety of analyser houses	2013

序号	标准编号	标准名称	有效版本
107	GB/T 30121 (IEC 60751:2008,IDT)	工业铂热电阻及铂感温元件 Industrial platinum resistance thermometers and platinum temperature sensors	2013
108	GB/T 30243	封闭管道中流体流量的测量 V 形内锥流量测量节流装置 Measurement of fluid flow in closed conduits—Specifications for V-cone pressure differential flow measuring device	2013
109	GB/T 30429	工业热电偶 Industrial thermocouple assemblies	2013
110	GB/T 31130	科里奥利质量流量计 Coriolis mass flow meter	2014
111	GB/T 34042	在线分析仪器系统通用规范 General specification for on-line analyzer systems	2017
112	GB/T 35138 (ISO 12242:2012,IDT)	封闭管道中流体流量的测量 渡越时间法液体超声流量计 Measurement of fluid flow in closed conduits—Ultrasonic transit-time meters for liquid	2017
113	GB 50016	建筑设计防火规范(2018 年版) Code for fire protection design of buildings	2014
114	GB 50030	氧气站设计规范 Code for design of oxygen station	2013
115	GB 50054	低压配电设计规范 Code for design of low voltage electrical installations	2011
116	GB 50057	建筑物防雷设计规范 Design code for protection of structures against lightning	2010
117	GB 50058	爆炸危险环境电力装置设计规范 Code for design of electrical installations in explosive atmospheres	2014
118	GB/T 50065	交流电气装置的接地设计规范 Code for design of ac electrical installations earthing	2011
119	GB 50074	石油库设计规范 Code for design of oil depot	2014
120	GB/T 50087	工业企业噪声控制设计规范 Code for design of noise control of industrial enterprises	2013
121	GB 50093	自动化仪表工程施工及质量验收规范 Code for construction and quality acceptance of automation instrumentation engineering	2013
122	GB 50116	火灾自动报警系统设计规范 Code for design of automatic fire alarm system	2013
123	GB 50160	石油化工企业设计防火标准(2018 年版) Standard for fire prevention design of petrochemical enterprises	2008
124	GB 50166	火灾自动报警系统施工及验收标准 Standard for installation and acceptance of fire alarm system	2019
125	GB 50229	火力发电厂与变电站设计防火标准 Standard for design of fire protection for fossil fuel power plants and substations	2019

序号	标准编号	标准名称	有效版本
126	GB/T 50493	石油化工可燃气体和有毒气体检测报警设计标准 Standard for design of combustible gas and toxic gas detection and alarm for petrochemical industry	2019
127	GB/T 50609	石油化工工厂信息系统设计规范 Code for design of plant information system in petrochemical engineering	2010
128	GB 50650	石油化工装置防雷设计规范 Code for design protection of petrochemical plant against lightning	2011
129	GB/T 50770	石油化工安全仪表系统设计规范 Code for design of safety instrumented system in petrochemical engineering	2013
130	GB 50779	石油化工控制室抗爆设计规范 Code for design of blast resistant control building in petrochemical industry	2012
131	GB/T 51296	石油化工工程数字化交付标准 Standard of digital delivery for oil refining and petrochemical project	2018
132	GBZ 1	工业企业设计卫生标准 Hygienic standards for the design of industrial enterprises	2010
133	GBZ 114	密封放射源及密封γ放射源 容器的放射卫生防护标准 Radiological protection standards for sealed radioactive sources and container of sealed γ radiation sources	2006
134	GBZ 125	含密封源仪表的放射卫生防护要求 Radiological protection requirements for gauges containing sealed radioactive source	2009
135	TSG 21	固定式压力容器安全技术监察规程 Supervision Regulation on Safety Technology for Stationary Pressure Vessel	2016

第四节　自动控制工程设计常用中国行业标准明细表

（本表所收录标准的截止日期为 2019 年 12 月）

序号	标准编号	标准名称	有效版本
A	石化行业标准(SH、SH/T)		
1	SH/T 3005	石油化工自动化仪表选型设计规范 Design specification for instrumentation selection in petrochemical industry	2016
2	SH/T 3006	石油化工控制室设计规范 Specification for design of control room in petrochemical industry	2012
3	SH/T 3007	石油化工储运系统罐区设计规范 Design specification for tank farms of storage and transportation system in petrochemical industry	2014

序号	标准编号	标准名称	有效版本
A	石化行业标准(SH、SH/T)		
4	SH/T 3019	石油化工仪表管道线路设计规范 Design specification for instrument tubing and wiring in petrochemical industry	2016
5	SH/T 3020	石油化工仪表供气设计规范 Design specification for instrument air supply system in petrochemical industry	2013
6	SH/T 3021	石油化工仪表及管道隔离和吹洗设计规范 Design specification for sealing and purging of instrument and tubing in petrochemical industry	2013
7	SH/T 3038	石油化工装置电力设计规范 Specification for electric power design in petrochemical plants	2017
8	SH/T 3081	石油化工仪表接地设计规范 Design specification for instrumentation earthing in petrochemical industry	2019
9	SH/T 3082	石油化工仪表供电设计规范 Design specification for instrumentation power supply in petrochemical industry	2019
10	SH/T 3092	石油化工分散控制系统设计规范 Specification of design for distributed control system in petrochemical industry	2013
11	SH/T 3097	石油化工静电接地设计规范 Specification for design of static electricity earthing in petrochemical industry	2017
12	SH/T 3101	石油化工流程图图例 PFD/P&ID legends in petrochemical industry	2017
13	SH/T 3104	石油化工仪表安装设计规范 Specification for design of instrument installation in petrochemical industry	2013
14	SH/T 3105	石油化工仪表管线平面布置图图形符号及文字代号 Instrument layout drawing symbols and identification for petrochemical industry	2018
15	SH/T 3126	石油化工仪表及管道伴热和绝热设计规范 Design specification for tracing and insulation of instrument and piping in petrochemical industry	2013
16	SH 3136	液化烃球形储罐安全设计规范 Design specification for safety of liquefied hydrocarbon spherical tanks	2003
17	SH/T 3146	石油化工噪声控制设计规范 Design specification for noise control in petrochemical industry	2004
18	SH/T 3164	石油化工仪表系统防雷设计规范 Specification for design of instrument system lightning surge protection in petrochemical industry	2012
19	SH/T 3174	石油化工在线分析仪系统设计规范 Design specification for on-line analyzer systems in petrochemical industry	2013

序号	标准编号	标准名称	有效版本
A	**石化行业标准(SH、SH/T)**		
20	SH/T 3181	石油化工仪表远程监控及数据采集系统设计规范 Design specification for instrument remote supervisory control and data acquisition system in petrochemical industry	2016
21	SH/T 3183	石油化工动力中心自动化系统设计规范 Specification for design of power center automation systems in petrochemical industry	2017
22	SH/T 3184	石油化工罐区自动化系统设计规范 Design specification for automation system of tank farm in petrochemical industry	2017
23	SH/T 3188	石油化工 PROFIBUS 控制系统工程设计规范 Design specification for PROFIBUS control system engineering in petrochemical industry	2017
24	SH/T 3198	石油化工空分装置自动化系统设计规范 Design specification for automation system of air separation in petrochemical industry	2018
25	SH/T 3199	石油化工压缩机控制系统设计规范 Design specification for compressor control system in petrochemical industry	2018
26	SH/T 3405	石油化工钢管尺寸系列 Series of steel pipe size in petrochemical industry	2017
27	SH/T 3406	石油化工钢制管法兰 Steel pipe flanges in petrochemical industry	2013
28	SH/T 3521	石油化工仪表工程施工技术规程 Technical specification for construction of instrumentation engineering in petrochemical industry	2013
29	SH/T 3551	石油化工仪表工程施工质量验收规范 Specification for quality inspection and acceptance of instrumentation engineering in petrochemical industry	2013
30	SH/T 3904	石油化工建设工程项目竣工验收规定 Regulation for acceptance of completed construction projects in petrochemical industry	2014
31	SHB Z05 (ISA-S5.4-1976(R1989), IDT)	仪表回路图 Instrument loop diagram	1995
B	**化工行业标准(HG、HG/T)**		
1	HG/T 20505	过程测量与控制仪表的功能标志及图形符号 Functional identification and symbols for process measuring and controlling instrumentation	2014
2	HG/T 20507	自动化仪表选型设计规范 Design code for instrument selection	2014
3	HG/T 20508	控制室设计规范 Design code for control room	2014

序号	标准编号	标准名称	有效版本
B	**化工行业标准(HG、HG/T)**		
4	HG/T 20509	仪表供电设计规范 Design code for instrument power supply system	2014
5	HG/T 20510	仪表供气设计规范 Design code for instrument air engineering	2014
6	HG/T 20511	信号报警及联锁系统设计规范 Design code for signal alarm and interlock system engineering	2014
7	HG/T 20512	仪表配管配线设计规范 Design code for instrument piping and wiring	2014
8	HG/T 20513	仪表系统接地设计规范 Design code of instrument grounding	2014
9	HG/T 20514	仪表及管线伴热和绝热保温设计规范 Design code for tracing and insulation of instrument and impulse line	2014
10	HG/T 20515	仪表隔离和吹洗设计规范 Design code for instrument seal and purge	2014
11	HG/T 20516	自动分析器室设计规范 Design code for analyzer room	2014
12	HG/T 20573	分散型控制系统工程设计规范 Code for distributed control system engineering design	2012
13	HG/T 20675	化工企业静电接地设计规程 Design code for static electricity earthing in chemical industry	1990
14	HG/T 20699	自控设计常用名词术语 Common terms and definition of measurement and control system	2014
15	HG/T 20700	可编程序控制器系统工程设计规范 Engineering design code for programmable logic controller	2014
16	HG/T 21581	自控安装图册(上册、下册) Instrument Hook-ups (First Volume, Second Volume)	2012
C	**机械行业标准(JB、JB/T)**		
1	JB/T 6844	金属管浮子流量计 Metal tube float flowmeter	2015
2	JB/T 8803	双金属温度计 Bimetallic thermometers	2015
3	JB/T 9242	液体容积式流量计 通用技术条件 Positive displacement flowmeters for liquids—General technical requirements	2015
4	JB/T 9248	电磁流量计 Electromagnetic flowmeter	2015

第二章　国外标准

第一节　自动控制工程设计常用国际国外标准化组织名称

代号	原文名称	中文名称
ISO	International Organization for Standardization	国际标准化组织
IEC	International Electrotechnical Commission	国际电工委员会
ITU	International Telecommunication Union	国际电信联盟
ISA	International Society of Automation	国际自动化学会
ANSI	American National Standards Institute	美国国家标准学会
API	American Petroleum Institute	美国石油协会
ASTM	American Society for Testing and Material	美国材料试验协会
ASME	American Society of Mechanical Engineers	美国机械工程师协会
IEEE	Institute of Electrical and Electronic Engineers	美国电气和电子工程师学会
FCI	Fluid Controls Institute	美国流体控制学会
NEC	National Electrical Code	美国国家电气规程
NEMA	National Electrical Manufactures Association	美国电气制造商协会
NFPA	National Fire Protection Association	美国消防协会
BS	British Standards	英国标准
CSA	Canadian Standards Association	加拿大标准协会
DIN	Deutsche Industric Norm	德国工业标准
JIS	Japanese Industrial Standards	日本工业标准
EN	Europe Norm	欧洲标准
TÜV	Verband der Technischen Überwachungs-Vereine	德国技术监督协会

第二节　常用国外自动控制工程标准明细表

（本表所收录标准的截止日期为 2019 年 12 月）

序号	标准编号	标准名称	当前版本
A	**ISO 标准**		
1	ISO 4064-1	Water meters for cold potable water and hot water Part 1：Metrological and technical requirements 饮用冷水水表和热水水表　第 1 部分：计量要求和技术要求	2014
2	ISO 4064-5	Water meters for cold potable water and hot water Part 5：Installation requirements 饮用冷水水表和热水水表　第 5 部分：安装要求	2014

序号	标准编号	标准名称	当前版本
A	**ISO 标准**		
3	ISO 5167-1	Measurement of fluid flow by means of pressure differential devices inserted in circular cross-section conduits running full Part 1:General principles and requirements 用安装在圆形截面管道中的差压装置测量满管流体流量　第1部分：一般原理和要求	2003
4	ISO 5167-2	Measurement of fluid flow by means of pressure differential devices inserted in circular cross-section conduits running full Part 2:Orifice plates 用安装在圆形截面管道中的差压装置测量满管流体流量　第2部分：孔板	2003
5	ISO 5167-3	Measurement of fluid flow by means of pressure differential devices inserted in circular cross-section conduits running full Part 3:Nozzles and Venturi Nozzles 用安装在圆形截面管道中的差压装置测量满管流体流量　第3部分：喷嘴和文丘里喷嘴	2003
6	ISO 5167-4	Measurement of fluid flow by means of pressure differential devices inserted in circular cross-section conduits running full Part 4:Venturi tubes 用安装在圆形截面管道中的差压装置测量满管流体流量　第4部分：文丘里管	2003
7	ISO 5208	Industrial valves—Pressure testing of metallic valves 工业阀门　金属阀门的压力测试	2015
8	ISO 10497	Testing of valves—Fire type-testing requirements 阀门试验　耐火试验要求	2010
9	ISO 12242	Measurement of fluid flow in closed conduits—Ultrasonic transit-time meters for liquid 封闭管道中流体流量的测量　渡越时间法液体超声流量计	2012
10	ISO 15848-1	Industrial valves—Measurement，test and qualification procedures for fugitive emissions Part 1:Classification system and qualification procedures for type testing of valves 工业阀门　无组织排放的测量、试验和鉴定程序　第1部分：阀门型式试验的分类体系和鉴定程序	2015
11	ISO 15848-2	Industrial valves—Measurement，test and qualification procedures for fugitive emissions Part 2:Production acceptance test of valves 工业阀门　无组织排放的测量、试验和鉴定程序　第2部分：阀门产品验收试验	2015
12	ISO 15156 NACE MR0175	Petroleum and natural gas industries—Materials for use in H_2S-containing environments in oil and gas production 石油和天然气工业　油气开采中用于含 H_2S 环境的材料	2015
13	ISO 17495 ANSI/NACE MR0103	Petroleum，petrochemical and natural gas industries-Metallic materials resistant to sulfide stress cracking in corrosive petroleum refining environments 石油、石化和天然气工业　腐蚀性石油炼制环境中抗硫化物应力开裂金属材料	2015

续表

序号	标准编号	标准名称	当前版本
B	IEC 标准		
1	IEC 60079-0	Explosive atmospheres Part 0：Equipment—General requirements 爆炸性环境　第0部分：设备　通用要求	2017
2	IEC 60079-1	Explosive atmospheres Part 1：Equipment protection by flameproof enclosures"d" 爆炸性环境　第1部分：由隔爆外壳"d"保护的设备	2014
3	IEC 60079-2	Explosive atmospheres Part 2：Equipment protection by pressurized enclosure"p" 爆炸性环境　第2部分：由正压外壳"p"保护的设备	2014
4	IEC 60079-7	Explosive atmospheres Part 7：Equipment protection by increased safety"e" 爆炸性环境　第7部分：由增安型"e"保护的设备	2015 ＋AMD1：2017
5	IEC 60079-10-1	Explosive atmospheres Part 10-1：Classification of areas—Explosive gas atmospheres 爆炸性环境　第10-1部分：区域分类　爆炸性气体环境	2015
6	IEC 60079-10-2	Explosive atmospheres Part 10-2：Classification of areas—Combustible dust atmospheres 爆炸性环境　第10-2部分：区域分类　可燃性粉尘环境	2015
7	IEC 60079-11	Explosive atmospheres Part 11：Equipment protection by intrinsic safety"i" 爆炸性环境　第11部分：由本质安全型"i"保护的设备	2011
8	IEC 60079-13	Explosive atmospheres Part 13：Equipment protection by pressurized room "p"and artificially ventilated room"v" 爆炸性环境　第13部分：由正压房间"p"和人工通风室"v"保护的设备	2017
9	IEC 60079-14	Explosive atmospheres Part 14：Electrical installations design，selection and erection 爆炸性环境　第14部分：电气装置的设计、选型和安装	2013
10	IEC 60079-15	Explosive atmospheres Part 15：Equipment protection by type of protection"n" 爆炸性环境　第15部分：由"n"型保护的设备	2017
11	IEC TR 60079-16	Electrical apparatus for explosive gas atmospheres Part 16：Artificial ventilation for the protection of analyser(s) houses 爆炸性气体环境用电气设备　第16部分：分析小屋的人工通风保护	1990
12	ISO/IEC 80079-20-1	Explosive atmospheres Part 20-1：Material characteristics for gas and vapour classification-Test methods and data 爆炸性环境　第20-1部分：气体和蒸汽分级用材料特性 试验方法和数据	2017
13	IEC 60079-25	Explosive atmospheres Part 25：Intrinsically safe electrical systems 爆炸性环境　第25部分：本质安全电气系统	2010

序号	标准编号	标准名称	当前版本
B	**IEC 标准**		
14	IEC 60079-29-1	Explosive atmospheres Part 29-1：Gas detectors—Performance requirements of detectors for flammable gases 爆炸性环境　第29-1部分：气体检测器　可燃气体检测器的性能要求	201
15	IEC 60079-29-2	Explosive atmospheres Part 29-2：Gas detectors-Selection，installation，use and maintenance of detectors for flammable gases and oxygen 爆炸性环境　第29-2部分：气体检测器　可燃气体和氧气用检测器的选择、安装、使用和维护	2015
16	IEC 60079-29-4	Explosive atmospheres Part 29-4：Gas detectors—Performance requirements of open path detectors for flammable gases 爆炸性环境　第29-4部分：气体检测器　开路式可燃气体检测器的性能要求	2009
17	IEC 60079-31	Explosive atmospheres Part 31：Equipment dust ignition protection by enclosure"t" 爆炸性环境　第31部分：由"t"型外壳保护的防尘燃设备	2013
18	IEC 60304	Standard colours for insulation for low-frequency cables and wires 低频电缆和电线用绝缘的标准颜色	1982
19	IEC 60529	Degrees of protection provided by enclosures(IP Code) 外壳防护等级（IP 代码）	2013
20	IEC 60534-1	Industrial-process control valves Part 1：Control valve terminology and general considerations 工业过程控制阀　第1部分：控制阀术语和总则	2005
21	IEC 60534-2-1	Industrial-process control valves Part 2-1：Flow capacity—Sizing equations for fluid flow under installed conditions 工业过程控制阀　第2-1部分：流通能力　安装条件下流体流量的计算公式	2011
22	IEC 60534-2-3	Industrial-process control valves Part 2-3：Flow capacity—Test procedures 工业过程控制阀　第2-3部分：流通能力　试验程序	2015
23	IEC 60534-2-4	Industrial-process control valves Part 2-4：Flow capacity—Inherent flow characteristics and rangeability 工业过程控制阀　第2-4部分：流通能力　固有流量特性和可调比	2009
24	IEC 60534-3-1	Industrial-process control valves Part 3-1：Dimensions-Face-to-face dimensions for flanged，two-way，globe-type，straight pattern and centre-to-face dimensions for flanged，two-way，globe-type，angle pattern control valves 工业过程控制阀　第3-1部分：尺寸　两通球形直通控制阀法兰端面距和两通球形角形控制阀法兰中心至法兰端面的间距	2019

序号	标准编号	标准名称	当前版本
B	**IEC 标准**		
25	IEC 60534-3-2	Industrial-process control valves Part 3-2:Dimensions—Face-to-face dimensions for rotary control valves except butterfly valves 工业过程控制阀　第 3-2 部分:尺寸　角行程控制阀(蝶阀除外)的端面距	2001
26	IEC 60534-3-3	Industrial-process control valves Part 3-3:Dimensions—End-to-end dimensions for buttweld, two-way, globe-type, straight pattern control valves 工业过程控制阀　第 3-3 部分:尺寸 对焊式两通球形直通控制阀的端距	1998
27	IEC 60534-4	Industrial-process control valves Part 4:Inspection and routine testing 工业过程控制阀　第 4 部分:检验和例行试验	2006
28	IEC 60534-5	Industrial-process control valves Part 5:Marking 工业过程控制阀　第 5 部分:标志	2004
29	IEC 60534-6-1	Industrial-process control valves Part 6:Mounting details for attachment of positioners to control valves—Section 1:Positioner mounting on linear actuators 工业过程控制阀　第 6 部分:定位器与控制阀执行机构连接的安装细节　第 1 节:安装在直行程执行机构上的定位器	1997
30	IEC 60534-6-2	Industrial-process control valves Part 6-2:Mounting details for attachment of positioners to control valves-Positioner mounting on rotary actuators 工业过程控制阀　第 6-2 部分:定位器与控制阀执行机构连接的安装细节　安装在角行程执行机构上的定位器	2000
31	IEC 60534-7	Industrial-process control valves Part 7:Control valve data sheet 工业过程控制阀　第 7 部分:控制阀数据表	2010
32	IEC 60534-9	Industrial-process control valves Part 9:Test procedure for response measurements from step inputs 工业过程控制阀　第 9 部分:阶跃输入响应测量的试验程序	2007
33	IEC 60584-1	Thermocouples Part 1:EMF specifications and tolerances 热电偶　第 1 部分:电动势规范和允差	2013
34	IEC 60584-3	Thermocouples Part 3:Extension and compensating cables-Tolerances and identification system 热电偶　第 3 部分:延伸和补偿电缆　允差和标识系统	2007
35	IEC 60654-1	Industrial-process measurement and control equipment—Operating conditions Part 1:Climatic conditions 工业过程测量与控制设备的工作条件　第 1 部分:气候条件	1993

序号	标准编号	标准名称	当前版本
B	**IEC 标准**		
36	IEC 60654-2	Operating conditions for industrial-process measurement and control equipment Part 2：Power 工业过程测量与控制设备的工作条件 第2部分：动力	1979 ＋AMD1：1992
37	IEC 60654-3	Operating conditions for industrial-process measurement and control equipment Part 3：Mechanical influences 工业过程测量与控制设备的工作条件 第3部分：机械影响因素	1983
38	IEC 60654-4	Operating conditions for industrial-process measurement and control equipment Part 4：Corrosive and erosive influences 工业过程测量与控制设备的工作条件 第4部分：腐蚀和磨蚀影响	1987
39	IEC 60751	Industrial platinum resistance thermometers and platinum temperature sensors 工业铂热电阻及铂感温元件	2008
40	IEC 61000-4-2	Electromagnetic compatibility(EMC) Part 4-2：Testing and measurement techniques—Electrostatic discharge immunity test 电磁兼容 试验和测量技术 静电放电抗扰度试验	2008
41	IEC 61000-4-3	Electromagnetic compatibility(EMC) Part 4-3：Testing and measurement techniques—Radiated，radio-frequency，electromagnetic field immunity test 电磁兼容 试验和测量技术 射频电磁场辐射抗扰度试验	2006 ＋AMD1：2007 ＋AMD2：2010
42	IEC 61000-4-4	Electromagnetic compatibility(EMC) Part 4-4：Testing and measurement techniques—Electrical fast transient/burst immunity test 电磁兼容 试验和测量技术 电快速瞬变脉冲群抗扰度试验	2012
43	IEC 61000-4-5	Electromagnetic compatibility(EMC) Part 4-5：Testing and measurement techniques—Surge immunity test 电磁兼容 试验和测量技术 浪涌(冲击)抗扰度试验	2014 ＋AMD1：2017
44	IEC 61000-4-8	Electromagnetic compatibility(EMC) Part 4-8：Testing and measurement techniques—Power frequency magnetic field immunity test 电磁兼容 试验和测量技术 工频磁场抗扰度试验	2009
45	IEC 61000-4-16	Electromagnetic compatibility(EMC) Part 4-16：Testing and measurement techniques—Test for immunity to conducted，common mode disturbances in the frequency range 0Hz to 150kHz 电磁兼容 试验和测量技术 0Hz～150kHz共模传导骚扰抗扰度试验	2015
46	IEC 61131-1	Programmable controllers Part 1：General information 可编程序控制器 第1部分：通用信息	2003

序号	标准编号	标准名称	当前版本
B	**IEC 标准**		
47	IEC 61131-2	Programmable controllers Part 2:Equipment requirements and tests 可编程序控制器　第2部分:设备要求和测试	2017
48	IEC 61131-3	Programmable controllers Part 3:Programming languages 可编程序控制器　第3部分:编程语言	2013
49	IEC TR 61131-4	Programmable controllers Part 4:User guidelines 可编程序控制器　第4部分:用户导则	2004
50	IEC 61131-5	Programmable controllers Part 5:Communications 可编程序控制器　第5部分:通信	2000
51	IEC 61131-7	Programmable controllers Part 7:Fuzzy control programming 可编程序控制器　第7部分:模糊控制编程	2000
52	IEC TR 61131-8	Programmable controllers Part 8:Guidelines for the application and implementation of programming languages 可编程序控制器　第8部分:编程语言的应用和实现导则	2017
53	IEC 61158-1	Industrial communication networks—Fieldbus specifications Part 1:Overview and guidance for the IEC 61158 and IEC 61784 series 工业通信网络　现场总线规范　第1部分:IEC 61158 和 IEC 61784 系列的总则和导则	2019
54	IEC 61158-2	Industrial communication networks—Fieldbus specifications Part 2:Physical layer specification and service definition 工业通信网络　现场总线规范　第2部分:物理层规范和服务定义	2014
55	IEC 61285	Industrial-process control—Safety of analyser houses 工业过程控制　分析小屋的安全	2015
56	IEC TR 61508-0	Functional safety of electrical/electronic/programmable electronic safety-related systems Part 0:Functional safety and IEC 61508 电气/电子/可编程电子安全相关系统的功能安全　第0部分:功能安全和 IEC 61508	2005
57	IEC 61508-1	Functional safety of electrical/electronic/programmable electronic safety-related systems Part 1:General requirements 电气/电子/可编程电子安全相关系统的功能安全　第1部分:一般要求	2010
58	IEC 61508-2	Functional safety of electrical/electronic/programmable electronic safety-related systems Part 2:Requirements for electrical/electronic/programmable electronic safety-related systems 电气/电子/可编程电子安全相关系统的功能安全　第2部分:电气/电子/可编程电子安全相关系统的要求	2010

续表

序号	标准编号	标准名称	当前版本
B	**IEC 标准**		
59	IEC 61508-3	Functional safety of electrical/electronic/programmable electronic safety-related systems Part 3：Software requirements 电气/电子/可编程电子安全相关系统的功能安全　第3部分：软件要求	2010
60	IEC 61508-4	Functional safety of electrical/electronic/programmable electronic safety-related systems Part 4：Definitions and abbreviations 电气/电子/可编程电子安全相关系统的功能安全　第4部分：定义和缩略语	2010
61	IEC 61508-5	Functional safety of electrical/electronic/programmable electronic safety-related systems Part 5：Examples of methods for the determination of safety integrity levels 电气/电子/可编程电子安全相关系统的功能安全　第5部分：确定安全完整性等级的方法示例	2010
62	IEC 61508-6	Functional safety of electrical/electronic/programmable electronic safety-related systems Part 6：Guidelines on the application of IEC 61508-2 and IEC 61508-3 电气/电子/可编程电子安全相关系统的功能安全　第6部分：IEC 61508-2 和 IEC 61508-3 的应用指南	2010
63	IEC 61508-7	Functional safety of electrical/electronic/programmable electronic safety-related systems Part 7：Overview of techniques and measures 电气/电子/可编程电子安全相关系统的功能安全　第7部分：技术和措施概述	2010
64	IEC 61511-1	Functional safety—Safety instrumented systems for the process industry sector Part 1：Framework, definitions, system, hardware and application programming requirements 过程工业领域安全仪表系统的功能安全　第1部分：框架、定义、系统、硬件和应用程序编程要求	2016 +AMD1：2017
65	IEC 61511-2	Functional safety—Safety instrumented systems for the process industry sector Part 2：Guidelines for the application of IEC 61511-1：2016 过程工业领域安全仪表系统的功能安全　第2部分：IEC 61511-1：2016 的应用指南	2016
66	IEC 61511-3	Functional safety—Safety instrumented systems for the process industry sector Part 3：Guidance for the determination of the required safety integrity levels 过程工业领域安全仪表系统的功能安全　第3部分：确定要求的安全完整性等级的指南	2016

序号	标准编号	标准名称	当前版本
C	**美国标准**		
1	ANSI/ISA-5.1	Instrumentation Symbols and Identification 仪表符号和标志	2009
2	ISA-5.2	Binary Logic Diagrams for Process Operations 过程操作用二进制逻辑图	1976 （R1992）
3	ISA-5.3	Graphic Symbols for Distributed Control/Shared Display Instrumentation，Logic and Computer Systems 分散控制/集中显示仪表、逻辑控制及计算机系统用流程图符号	1983
4	ISA-5.4	Instrument Loop Diagrams 仪表回路图	1991
5	ISA-5.5	Graphic Symbols for Process Displays 过程显示图形符号	1985
6	ISA-7.0.01	Quality Standard for Instrument Air 仪表空气质量标准	1996
7	ANSI/ISA-12.01.01	Definitions and Information Pertaining to Electrical Equipment in Hazardous (Classified) Locations 关于危险(分级)区域中电气设备的定义和说明	2013
8	ISA-12.10	Area Classification in Hazardous (Classified) Dust Locations 危险(分级)区域分类　粉尘场所	1988
9	ANSI/ISA-12.12.01	Nonincendive Electrical Equipment for Use in Class Ⅰ and Ⅱ，Division 2 and Class Ⅲ，Divisions 1 and 2 Hazardous (Classified) Locations Ⅰ和Ⅱ级，2区及Ⅲ级，1和2区危险(分级)场所用不易燃电气设备	2015
10	ANSI/ISA-TR12.13.01	Flammability Characteristics of Combustible Gases and Vapors 可燃气体和蒸汽的可燃特性	1999 （R2013）
11	ISA-18.1	Annunciator Sequences and Specifications 报警顺序和规范	1979 （R2004）
12	ISA-20.00.03	Specification Forms for Process Measurement and Control Instruments Part 3：Form Requirements and Development Guidelines 过程测量和控制仪表规格表　第3部分：表格需求和开发指南	2001
13	ISA-51.1	Process Instrumentation Terminology 过程仪表术语	1979 （R1993）
14	ANSI/ISA-75.01.01 （IEC 60534-2-1 MOD）	Flow Capacity—Sizing equations for fluid flow under installed conditions 流通能力　安装条件下流体流量的计算公式	2012
15	ANSI/ISA-75.02.01 （IEC 60534-2-3 MOD）	Control Valve Capacity Test Procedures 控制阀流通能力测试程序	2008
16	ANSI/ISA-75.05.01	Control Valve Terminology 控制阀术语	2019
17	ISA-75.07	Laboratory Measurement of Aerodynamic Noise Generated by Control Valves 实验室测量控制阀产生的空气动力学噪声	1997
18	ANSI/ISA-75.08.01	Face-to-Face Dimensions for Integral Flanged Globe-Style Control Valve Bodies (Classes 125，150，250，300，and 600) 整体型法兰连接球形控制阀(等级 125、150、250、300 和 600)的法兰面到面尺寸	2016

续表

序号	标准编号	标准名称	当前版本
C	**美国标准**		
19	ANSI/ISA-75.08.02	Face-to-Face Dimensions for Flanged and Flangeless Rotary Control Valves (Classes 150, 300, and 600, and PN 10, PN 16, PN 25, PN 40, PN 63 and PN 100) 法兰连接和无法兰连接旋转型控制阀(等级 150、300 和 600,和 PN 10、PN 16、PN 25、PN 40、PN 63 和 PN 100)的面到面尺寸	2003 (R2017)
20	ANSI/ISA-75.08.03	Face-to-Face Dimensions for Socket Weld-End and Screwed-End Globe-Style Control Valves (Classes 150, 300, 600, 900, 1500, and 2500) 承插焊连接和螺纹连接球形控制阀(等级 150、300、600、900、1500 和 2500)的面到面尺寸	2001 (R2013)
21	ANSI/ISA-75.08.04	Face-To-Face Dimensions for Buttweld-End Globe-Style Control Valves (Class 4500) 对焊连接和螺纹连接的球形控制阀(等级 4500)的面到面尺寸	2001 (R2013)
22	ANSI/ISA-75.08.05	Face-to-Face Dimensions for Buttweld-End Globe-Style Control Valves (Class 150, 300, 600, 900, 1500, and 2500) 对焊连接球形控制阀(等级 150、300、600、900、1500 和 2500)的面到面尺寸	2016
23	ANSI/ISA-75.08.06	Face-to-Face Dimensions for Flanged Globe-Style Control Valve Bodies (Classes 900, 1500, and 2500) 法兰连接球形控制阀体(等级 900、1500 和 2500)面到面尺寸	2002 (R2013)
24	ANSI/ISA-75.08.07	Face-to-Face Dimensions for Separable Flanged Globe-Style Control Valves (Classes 150, 300, and 600) 可分离式法兰连接球形控制阀(等级 150、300 和 600)的面到面尺寸	2001 (R2013)
25	ANSI/ISA-75.08.08	Face-to-Centerline Dimensions for Flanged Globe-Style Angle Control Valve Bodies (Classes 150, 300, and 600) 法兰连接球形角型控制阀体(等级 150、300 和 600)法兰面至中心线尺寸	2015
26	ANSI/ISA-75.08.09	Face-to-Face Dimensions for Sliding Stem Flangeless Control Valves (Classes 150, 300, and 600) 无法兰连接滑杆控制阀体(等级 150、300 和 600)面到面尺寸	2016
27	ANSI/ISA-75.11.01	Inherent Flow Characteristic and Rangeability of Control Valves 控制阀固有流量特性和可调比	2013
28	ANSI/ISA-75.13.01	Method of Evaluating the Performance of Positioners with Analog Input Signals and Pneumatic Output 具有模拟量输入信号和气动输出的阀门定位器性能的评估方法	2013
29	ANSI/ISA-75.17	Control Valve Aerodynamic Noise Prediction 控制阀空气动力流噪声预估	1989
30	ANSI/ISA-75.19.01	Hydrostatic Testing of Control Valves 控制阀的静压试验	2013
31	ISA-RP75.23	Considerations for Evaluating Control Valve Cavitation 控制阀汽蚀评估的考虑	1995
32	ANSI/ISA-75.25.01	Test Procedure for Control Valve Response Measurement from Step Inputs 控制阀阶跃输入响应测量的试验程序	2000 (R2010)

序号	标准编号	标准名称	当前版本
C	**美国标准**		
33	ANSI/ISA-75.26.01	Control Valve Diagnostic Data Acquisition and Reporting 控制阀诊断数据的采集和报告	2006
34	ISA-TR96.05.01	Partial Stroke Testing of Automated Valves 自动阀的部分行程测试	2017
35	ASME B1.20.1	Pipe Threads, General Purpose(Inch) 通用管螺纹(英制)	2013
36	ASME B1.13M	Metric Screw Threads:M Profile 公制螺纹:M 形	2005 (R2015)
37	ASME B16.5	Pipe Flanges and Flanged Fittings:NPS 1/2 through NPS 24 Metric/Inch Standard 管道法兰和法兰管件(NPS 1/2 至 NPS 24)公制/英制标准	2017
38	ASME B16.10	Face-to-Face and End-to-End Dimensions of Valves 阀门的面到面和端到端尺寸	2017
39	ASME B16.11	Forged Fittings, Socket-Welding and Threaded 承插焊式和螺纹式锻造管件	2016
40	ASME B16.20	Metallic Gaskets for Pipe Flanges 管道法兰用金属垫片	2017
41	ASME B16.25	Buttwelding Ends 对焊端面	2017
42	ASME B16.34	Valves—Flanged, Threaded,and Welding End 阀门 法兰、螺纹与焊接端面	2017
43	ASME B16.36	Orifice Flanges 孔板法兰	2015
44	ASME B16.47	Large Diameter Steel Flanges:NPS 26 through NPS 60 Metric/Inch Standard 大直径管钢制法兰(NPS 26 到 NPS 60)公制/英制标准	2017
45	ASME BPVC-VIII-1	Rules for Construction of Pressure Vessels—Division 1 压力容器建造规则 第一册	2019
46	ASME MFC-3M	Measurement of Fluid Flow in Pipes Using Orifice, Nozzle, and Venturi 用孔板、喷嘴和文丘里流量计测量管道中流体流量	2004
47	ASME MFC-4M	Measurement of Gas Flow by Turbine Meters 用涡轮流量计测量气体流量	1986 (R2016)
48	ASME MFC-5.1	Measurement of Liquid Flow in Closed Conduits Using Transit-Time Ultrasonic Flowmeters 用时差法超声波流量计测量封闭管道中液体流量	2011
49	ASME MFC-6	Measurement of Fluid Flow in Pipes Using Vortex Flowmeters 用涡街流量计测量管道中流体流量	2013
50	ASME MFC-7	Measurement of Gas Flow by Means of Critical Flow Venturis and Critical Flow Nozzles 用临界流文丘里和临界流喷嘴测量气体流量	2016

续表

序号	标准编号	标准名称	当前版本
C	**美国标准**		
51	ASME MFC-8M	Fluid Flow in Closed Conduits; Connections for Pressure Signal Transmissions between Primary and Secondary Devices 封闭管道中流体流量：一次元件和二次元件间压力信号传送连接	2001 （R2016）
52	ASME MFC-10M	Method for Establishing Installation Effects on Flowmeters 确定对流量计安装影响的方法	2000 （R2011）
53	ASME MFC-11	Measurement of Fluid Flow by Means of Coriolis Mass Flowmeters 用科里奥利质量流量计测量流体流量	2006 （R2014）
54	ASME MFC-12M	Measurement of Fluid Flow in Closed Conduits Using Multiport Averaging Pitot Primary Elements 用多点平均皮托管一次元件测量封闭管道中的流体流量	2006 （R2014）
55	ASME MFC-13M	Measurement of Fluid Flow in Closed Conduits; Tracer Methods 封闭管道中流体流量的测量：示踪法	2006 （R2014）
56	ASME MFC-14M	Measurement of Fluid Flow Using Small Bore Precision Orifice Meters 用小孔精密孔板测量流体流量	2003 （R2008）
57	ASME MFC-16	Measurement of Liquid Flow in Closed Conduits with Electromagnetic Flowmeters 用电磁流量计测量封闭管道中的液体流量	2014
58	ASME MFC-18M	Measurement of Fluid Flow Using Variable Area Meters 用可变面积流量计测量流体流量	2001 （R2016）
59	ASME MFC-19G	Wet Gas Flowmetering Guideline 湿气体流量计量指南	2008
60	ASME MFC-22	Measurement of Liquid by Turbine Flowmeters 用涡轮流量计测量液体流量	2007 （R2014）
61	API RP500	Recommended Practice for Classification of Locations for Electrical Installations at Petroleum Facilities Classified as Class Ⅰ, Division 1 and Division 2 安装在等级Ⅰ类1区和2区石油装置上电气设备的场所分类推荐实施规程	2012
62	API RP505	Recommended Practice for Classification of Locations for Electrical Installations at Petroleum Facilities Classified as Class Ⅰ, Zone 0, Zone 1, and Zone 2 安装在等级Ⅰ类、0、1、2区石油装置上电气设备的场所分类推荐实施规程	2018
63	API STD520 PT Ⅰ	Sizing, Selection, and Installation of Pressure-relieving Devices Part Ⅰ—Sizing and Selection 泄压装置的计算、选型和安装　第一部分　计算和选型	2014
64	API RP520 PT Ⅱ	Sizing, Selection, and Installation of Pressure-relieving Devices Part Ⅱ—Installation 泄压装置的计算、选型和安装　第二部分　安装	2015
65	ANSI/API STD521	Pressure-relieving and Depressuring Systems 压力泄放和减压系统	2014

序号	标准编号	标准名称	当前版本
C	**美国标准**		
66	API STD526	Flanged Steel Pressure-relief Valves 法兰连接钢制安全阀	2017
67	API RP551	Process Measurement 过程测量	2016
68	API RP552	Transmission Systems 传输系统	1994 (R2015)
69	API RP553	Refinery Valves and Accessories for Control and Safety Instrumented Systems 炼油厂控制和安全仪表系统用阀门和附件	2012
70	API RP554 PART 1	Process Control Systems Part 1—Process Control Systems Functions and Functional Specification Development 过程控制系统　第1部分:过程控制系统　功能和功能规格书开发	2007 (R2016)
71	API RP554 PART 2	Process Control Systems— Process Control System Design 过程控制系统　过程控制系统设计	2008 (R2016)
72	API RP554 PART 3	Process Control Systems— Project Execution and Process Control System Ownership 过程控制系统　项目实施和过程控制系统的所有权	2008 (R2016)
73	ANSI/API RP555	Process Analyzers 过程分析仪	2013
74	API RP556	Instrumentation,Control,and Protective Systems for Gas Fired Heaters 燃气加热炉的仪表、控制及保护系统	2011
75	API RP557	Guide to Advanced Control Systems 先进控制系统指南	2013
76	API STD598	Valve Inspection and Testing 阀门检验和试验	2016
77	API STD599	Metal Plug Valves—Flanged, Threaded, and Welding Ends 金属旋塞阀　法兰、螺纹和焊接端面	2013
78	API STD600	Steel Gate Valves-Flanged and Butt-welding Ends, Bolted Bonnets 钢制闸阀　法兰端面和对焊端面、螺栓连接阀盖	2015
79	API STD607 (ISO 10497-5:2004)	Fire Test for Quarter-turn Valves and Valves Equipped with Nonmetallic Seats 非金属阀座角行程阀门的防火试验	2016
80	API STD608	Metal Ball Valves—Flanged, Threaded, and Welding Ends 法兰、螺纹和焊接连接的金属球阀	2012
81	API STD609	Butterfly Valves:Double-flanged, Lug- and Wafer-type 双法兰式、凸耳式和对夹式蝶阀	2016
82	API STD6FA	Standard for Fire Test for Valves 阀门耐火试验规范	2018

续表

序号	标准编号	标准名称	当前版本
C	美国标准		
83	API STD670	Machinery Protection Systems 机械保护系统	2014
84	API RP2218	Fireproofing Practices in Petroleum and Petrochemical Processing Plants 石油和石化工厂过程防火应用措施	2013
85	API MPMS14.1	Natural Gas Fluids Measurement Section 1—Collecting and Handling of Natural Gas Samples for Custody Transfer 天然气流量测量 第1部分 密闭传输天然气样品的采集处理	2016
86	API MPMS14.3.1	Orifice Metering of Natural Gas and Other Related Hydrocarbon Fluids—Concentric, Square-edged Orifice Meters Part 1：General Equations and Uncertainty Guidelines 测量天然气和其他相关烃类流体流量的孔板 同心锐边和直角铣孔孔板 第1部分：通用公式和不确定指导	2012
87	API MPMS14.3.2	Orifice Metering of Natural Gas and Other Related Hydrocarbon Fluids—Concentric, Square-edged Orifice Meters Part 2：Specification and Installation Requirements 测量天然气和其他相关烃类流体流量的孔板 同心锐边和直角铣孔孔板 第2部分：规格书和安装要求	2016
88	API MPMS14.3.3	Orifice Metering of Natural Gas and Other Related Hydrocarbon Fluids—Concentric, Square-edged Orifice Meters Part 3：Natural Gas Applications 测量天然气和其他相关烃类流体流量的孔板 同心锐边和直角铣孔孔板 第3部分：天然气应用	2013
89	API MPMS14.3.4	Orifice Metering of Natural Gas and Other Related Hydrocarbon Fluids—Concentric, Square-edged Orifice Meters Part 4—Background, Development, Implementation Procedure, and Example Calculations Documentation 测量天然气和其他相关烃类流体流量的孔板 同心锐边和直角铣孔孔板 第4部分：背景、开发、实现过程和示例计算	2019
90	API MPMS14.4	Natural Gas Fluids Measurement Section 4—Converting Mass of Natural Gas Liquids and Vapors to Equivalent Liquid Volumes 天然气流量测量 第4章 转换天然气液体和蒸汽质量流量为等效的液体体积流量	2017
91	API MPMS14.5	Calculation of Gross Heating Value, Relative Density, Compressibility and Theoretical Hydrocarbon Liquid Content for Natural Gas Mixtures for Custody Transfer 计算密闭传输天然气的总热值、相对密度、可压缩性和假设烃类液体介质	2009 (R2014)
92	API MPMS14.6	Natural Gas Fluids Measurement Section 6—Continuous Density Measurement 天然气流体测量 第6章 连续密度测量	1991

序号	标准编号	标准名称	当前版本
C	**美国标准**		
93	API MPMS14.7	Natural Gas Fluids Measurement Section 7—Mass Measurement of Natural Gas Liquids and Other Hydrocarbons 天然气流体测量　第 7 章　天然气液体和其他烃类质量流量测量	2018
94	API MPMS14.8	Natural Gas Fluids Measurement Section 8—Liquefied Petroleum Gas Measurement 天然气流体测量　第 8 章　液化石油气测量	1997
95	ANSI/FCI 70-2 (ASME B16.104)	Control Valve Seat Leakage 控制阀阀座泄漏率	2013
96	NEMA ICS1	Industrial Control and Systems General Requirements 工业控制和系统一般要求	2000 (R2015)
97	NEMA 250	Enclosures for Electrical Equipment (1000 Volts Maximum) 电气设备外壳(最大 1000V)	2018
98	NFPA 72	National Fire Alarm and Signaling Code 国家火灾报警及信号传递规范	2019
99	MSS SP-61	Pressure Testing of Steel Valves 钢制阀门的压力试验	2013
D	**英国标准**		
1	BS 6121-1	Mechanical cable glands Part 1:Armour glands—Requirements and test methods 机械电缆密封接头　第 1 部分　铠装密封接头　要求和试验方法	2005 (R2016)
2	BS EN837-1	Pressure Gauges Part 1:Bourdon Tube Pressure Gauges-Dimensions, Metrology, Requirements and Testing 压力表　第 1 部分:弹簧管压力表　尺寸、计量、要求和测试	1998
3	BS EN837-2	Pressure Gauges Part 2:Selection and Installation Recommendations for Pressure Gauges 压力表　第 2 部分:压力表的选型和安装建议	1998
4	BS EN837-3	Pressure Gauges Part 3:Diaphragm and Capsule Pressure Gauges-Dimensions, Metrology, Requirements and Testing 压力表　第 3 部分:膜片和毛细管压力表　尺寸、计量、要求和测试	1998
5	BS 6364	Specification for valves for cryogenic service 低温阀门	1984
6	BS EN 50288-7	Multi-element metallic cables used in analogue and digital communication and control Part 7:Sectional specification for instrumentation and control cables 用于模拟量和数字量通信和控制的多元件金属电缆　第 7 部分:用于仪表和控制电缆的横截面规范	2005

第三章　自动控制专业设计内容

第一节　工艺包设计

石油化工装置工艺设计包（成套技术工艺包）的自动控制专业设计包括下列内容。

1. 仪表索引表

列出 PID 中的控制回路的编号、名称。

2. 主要仪表数据表

列出 PID 中的控制仪表的名称、编号、工艺参数、形式或主要规格等。

3. 联锁说明

说明主要的联锁逻辑关系。

第二节　总体设计

石油化工大型建设项目总体设计的自动控制专业设计包括下列内容。

1. 生产自动化水平

简述本装置工艺物料的特点、采用的控制系统类型、配置方案。控制室和/或现场机柜室的布置方案。本装置的估计控制回路数和监测点数、数字量输入/输出（DI/DO）点数和工艺对自控的特殊要求。

2. 主要仪表选型原则

说明主要现场仪表的选型原则，包括流量、物位、压力、温度、执行机构、在线分析仪表等，简述需从国外进口的仪表范围。

3. 仪表气源、电源和仪表伴热介质等动力供应

简述仪表气源、电源和仪表伴热介质等动力供应要求。

4. 全厂过程控制系统

简述全厂过程控制系统的架构和网络结构，主要控制系统及安全联锁系统的类型、配置方案，各子仪表控制系统与主控制系统的通信协议和接口类型。

5. 中心控制室

说明中心控制室的总图位置、建筑面积、建筑/结构形式、抗爆要求、暖通要求、配电照明要求、给排水要求及简要布置方案。

第三节　基础工程设计

一、石油化工工厂基础工程设计

石油化工工厂基础工程设计的自动控制专业设计包括下列内容。

1. 概述

概述是对全厂过程控制系统及仪表和中心控制室基础工程设计作概括的说明，其内容应包括项目概况，工厂组成和设计范围，全厂过程控制系统和中心控制室负责的各装置（主项）的控制分区，全厂过程控制系统及仪表和中心控制室的设计方案与原则、设计分工和界面等。

（1）项目概况　在项目概况中应说明项目的建设规模、建设性质、建设依据、设计依据、依托条件等内容。

（2）设计范围　说明工厂的组成和设计范围、全厂过程控制系统及仪表和中心控制室的控制分区。

（3）设计方案与原则、设计分工和界面　说明全厂过程控制系统和中心控制室的设计方案与原则、设计分工和界面。

2. 全厂过程控制系统和中心控制室

全厂过程控制系统和中心控制室仪表部分的基础工程设计文件应包括仪表设计说明、仪表设计规定、仪表盘（柜）规格书、全厂过程控制系统（PCS）网络结构图、仪表及主要材料汇总表（仅包括公共网络设施和公用设备部分）、中心控制室平面布置图。当采用分散控制系统（DCS）、安全仪表系统（SIS）、可编程序控制器（PLC）、监控及数据采集系统（SCADA）和可燃及有毒气体检测系统（GDS）等控制系统时，应有相应的系统技术规格书：

① 设计说明；

② 中心控制室平面布置图；

③ 全厂过程控制系统（PCS）网络结构图；

④ 设计规定、规格书和材料表。

二、石油化工装置基础工程设计

石油化工装置基础工程设计的自动控制专业设计包括下列内容。

1. 概述

仪表的基础工程设计文件应包括仪表设计说明、仪表设计规定、仪表索引表、仪表规格书、仪表盘（柜）规格书、在线分析仪系统及分析小屋规格书、仪表及主要材料汇总表、控制室平面布置图、气体检测器平面布置图、仪表电缆主槽板敷设图或走向图、安全仪表系统逻辑框图或文字说明、顺序控制系统逻辑框图或顺序控制系统时序框图、复杂控制回路图或文字说明。

采用分散控制系统（DCS）、安全仪表系统（SIS）、可编程序控制器（PLC）、监控及数据采集系统（SCADA）、可燃及有毒气体检测系统（GDS）时，应有相应的系统规格书。

2. 仪表设计说明

仪表设计说明应包括下列内容：

① 生产装置对仪表和控制系统的要求，生产过程自动化水平，原料、中间产品、最终产品计量仪表的设置和精度要求；

② 检测和控制方案，包括特殊测量仪表、复杂控制、顺序控制、过程控制等的简要说明；

③ 操作站、打印机、辅助操作台、仪表盘、各种机柜的规格及数量等；

④ 根据装置情况设置的安全技术措施，安全仪表系统的简要说明，在爆炸危险区内安装的电气仪表应符合的防爆要求，在可燃或有毒气体泄漏的地方设置的可燃气体或有毒气体检测报警器说明；

⑤ 仪表的防爆、防火、防护、保温、保冷、隔热、防堵、防腐蚀、接地、防电磁干扰、防静电、防雷、防辐射等的技术措施；

⑥ 仪表电源、气源和仪表伴热介质的来源和消耗量；

⑦ 随设备成套供应的仪表及控制系统范围。

3. 仪表设计规定

仪表设计规定应对适用范围、仪表和控制系统的选用原则、环境和动力要求、选用的标准规范、控制室和现场仪表的安装及安装材料等设计原则作出规定，应包括如下内容：

① 设计选用的标准规范、信号传输标准、测量单位。

② 仪表和控制系统的选用原则应包括：

a. 控制系统包括分散控制系统（DCS）、可编程序控制器（PLC）等；

b. 安全仪表系统（SIS）；

c. 可燃及有毒气体检测系统（GDS）；

d. 现场仪表的选用原则，包括流量、物位、压力、温度仪表，控制阀，计量仪表，分析仪表和其他仪表。

③ 现场仪表防护、防爆、防电磁干扰、接地系统、防雷等要求。

④ 仪表电源、气源和仪表伴热介质的要求：

a. 仪表电源种类、电压、频率，各种电源容量、备用容量及时间，UPS 电源要求等；

b. 仪表气源进出装置界区压力、气源质量、露点温度、耗气量、备用容量等；

c. 仪表伴热介质的种类、温度、压力。

⑤ 控制室组成、面积、建筑、结构、空调、照明等要求，包括操作室、工程师站室、机柜及现场机柜室、UPS 电源室、空调机室、过程计算机室、交接班室、更衣室、洗手间等。

⑥ 安装材料选用原则，包括电缆、导线、导压配管、空气配管、阀门、管件、伴热及绝热等。

4. 仪表索引表

仪表索引表应按工艺流程顺序列出每个检测与控制系统回路的仪表和辅助仪表（从检测元件至执行器），并填写必要的数据，包括位号、用途、仪表名称、信号类型、数量、安装位置（设备或管道号）、所在管道仪表流程图的图号等数据。

5. 仪表规格书

仪表规格书应按仪表的种类填写所有仪表的规格和数据，包括位号、名称、用途，所在管道及仪表流程图图号、管道号或设备号、工艺操作条件、管道等级、数量、形式、防护防爆等级、类型或型号、测量范围、信号种类，工艺、电气连接尺寸和附件等。

在线分析仪表规格书应列出在线分析仪表的被测组分、背景气组分、操作条件、所属附件、技术规格要求等，对分析小屋和/或分析仪表柜作出必要的说明。

6. 仪表盘（柜）规格书

仪表盘（柜）规格书应表示出仪表盘（柜）及其附件的规格与数量，提出对仪表盘（柜）的技术要求。

7. 在线分析仪系统及分析小屋规格书

在线分析仪系统及分析小屋规格书应列出在线分析小屋内安装的各类分析仪和应成套供应的取样预处理系统，排放、回收系统，公用设施、电气配线等的数量和技术规格要求。

8. 仪表及主要材料汇总表

仪表及主要材料汇总表应分类列出各种仪表及控制系统名称和数量，以及仪表安装所需要的主要材料，包括电缆、导线、导压配管、阀门、电信号配管材料、气信号配管材料、伴热保温材料、接线箱、保护（温）箱、接管箱、仪表电缆槽板、钢材等材料的名称、规格和估计数量。

9. 控制室平面布置图

控制室平面布置图应按比例绘制，表示出控制室的组成、面积、标高和有关尺寸，给出室内（包括机柜室和辅助间）机柜、操作站、控制台、打印机、辅助盘等的布置。

10. 气体检测器平面布置图

气体检测器平面布置图应表示出检测器的位号、位置和安装高度。

11. 仪表电缆主槽板敷设图

仪表电缆主槽板敷设图或走向图应表示控制室与各工序（单元）的相对位置，表示电缆主槽板的走向、标高和尺寸。

12. 安全仪表系统逻辑框图

安全仪表系统逻辑框图或文字说明应采用逻辑符号、因果表、流程框图或文字说明表示安全仪表系统输入与输出间的逻辑关系。

13. 顺序控制系统逻辑框图

顺序控制系统逻辑框图应采用逻辑符号或流程框图表示顺序控制中相关设备的操作状态及其逻辑和/或时序关系。

14. 复杂控制回路图

复杂控制回路图应采用单线图和仪表符号或文字说明表示复杂回路的控制关系及组成。

15. 分散控制系统（DCS）规格书

DCS规格书应说明系统总体要求、硬件组成，包括控制器单元、操作站、打印机、通信系统、I/O点的类型和数量，并提出技术规格要求；系统冗余和后备；应用软件的说明，主要包括流程图画面、报表、编程等组态软件；先进过程控制；工程技术服务、工厂测试与验收、系统培训、组态调试、现场验收、开车和工程文件资料等要求，并附初步的 DCS 配置图。

16. 安全仪表系统（SIS）规格书

SIS规格书应说明系统的总体方案，对系统硬件及软件的基本要求，系统冗余及后备，对控制器、组态及编程终端、事件记录单元、操作台等配置的要求，与其他系统的通信接口等技术规格。提出对供货方的要求，如文件交付、技术服务与培训、联调与试运行、测试与验收、质量保证、备品备件等，并附 I/O 清单及初步的 SIS 系统配置图。

17. 可编程序控制器（PLC）规格书

PLC 规格书应说明系统总体要求、硬件组成，包括中央处理单元、输入/输出数量、编程终端、通信接口、编程软件、工程技术服务、编程、培训、下装调试、开车和工程文件资料等要求，并附 I/O 清单及初步的 PLC 系统配置图。

18. 监控及数据采集系统（SCADA）规格书

SCADA 规格书应说明系统的总体要求、硬件/软件组成，包括中央处理单元、输入/输出数量、编程终端、通信接口、编程软件、工程技术服务、编程、培训、下装调试、开车和工程文件资料等要求，并附 I/O 清单及初步的 SCADA 系统配置图。

19. 可燃及有毒气体检测系统（GDS）规格书

GDS 规格书应说明系统的总体方案，对系统硬件及软件的基本要求，系统冗余及后备，对控制器、组态及编程终端、事件记录单元、操作台等配置的要求，与其他系统的通信接口等技术规格。提出对供货方的要求，如文件交付、技术服务与培训、联调与试运行、测试与验收、质量保证、备品备件等，并附 I/O 清单及初步的 GDS 系统配置图。

第四节　详细工程设计

一、详细工程设计文件组成

1. 文表类

包括文件目录、说明书、仪表索引表、I/O 索引表、仪表规格书、在线分析仪系统及分析小屋规格书、仪表盘（柜）规格书、各类控制系统（DCS、SIS、GDS、CCS、PLC、SCADA 等）规格书、报警和联锁保护设定值一览表、电缆连接表、材料表。

2. 图纸类

包括控制室平面布置图，机柜室平面布置图，可燃及有毒气体检测器平面布置图，仪表电缆桥架（槽盒）敷设走向图，仪表管线平面布置图，仪表供气管道平面布置图，仪表伴热、冲洗及隔离管道平面布置图，仪表测量管路连接图，仪表保温（冷）、伴（绝）热管路连接图，安全仪表系统逻辑框图（或因果图）。

二、详细工程设计文件内容

① 文件目录应列出全部详细工程设计成品文件（包括新编制和复用的文表和图纸）。

② 说明书包括设计依据、基础工程设计审查意见执行情况、设计范围、自动控制方案、控制室及现场机柜室、仪表选型、工艺联锁要求及说明、现场仪表安装及防护、消耗指标、施工注意事项等。

③ 仪表索引表，应按工艺流程顺序以及被测变量英文字母代号顺序或其他顺序，详细列出每个检测回路及控制系统回路的所有仪表，并填写必要的数据，包括所在管道及仪表流程图图号、仪表测量管路连接图号、保温（保冷）伴热及隔热要求等。

④ I/O 索引表，应按工艺流程顺序以及被测变量英文字母代号顺序或其他顺序，详细列出 DCS、SCADA、CCS、SIS、GDS 等系统 I/O 卡件的所有输入及输出仪表，并填写必要的数据，包括位号、仪表名称、用途、信号类型、测量范围、报警及联锁设定值、调节回路正反作用等，必要时还应表示出 I/O 卡件的通道地址及 I/O 卡件在机柜中的坐标位置。

⑤ 仪表规格书，应按仪表种类列出所有仪表的规格和数据。

⑥ 在线分析仪表系统及分析小屋规格书，应列出各类在线分析仪的被测组分、背景气组分、操作条件、公用工程条件；以及成套供货分析小屋内安装的各类在线分析仪，取样预处理系统，放空系统，样品回收系统，公用设施、电气配线技术规格要求及数量等，并说明分析小屋及配套附件的规格及技术要求等。

⑦ 仪表盘（柜）规格书，应列出仪表盘（柜）及其附件的规格以及对仪表盘（柜）的技术要求。

⑧ 各类系统规格书，应说明对系统的总体要求、硬件组成、软件基本要求等。对供货商的要求，包括工程技术服务、系统培训、组态调试、测试与验收、开车服务、质量保证、工程交付资料（如系统配置图、系统供电及接地图、机柜布置图、系统接线图等）等。

⑨ 报警和联锁保护设定值一览表，应列出仪表位号、报警联锁信号用途、工艺操作报警值及联锁值等。

⑩ 电缆连接表，应列出所有仪表电缆及电线的编号、规格、长度、起点与终点、端子号等。

⑪ 材料表，应分类列出仪表安装所需要的主要材料。

⑫ 控制室平面布置图，应表示出控制室的组成、尺寸、地面标高和室内所有仪表设备（如机柜、端子柜、电源柜、操作台、辅助操作台、打印机等）的安装位置。

⑬ 现场机柜室平面布置图，应表示出现场机柜室的组成、尺寸、地面标高和室内所有仪表设备（如机柜、安全栅柜、端子柜、电源柜等）的安装位置。

⑭ 控制室及现场机柜室仪表电缆敷设图，应表示出进出控制室及现场机柜室仪表电缆及电缆桥架的位置、标高、尺寸、密封方式、安装要求，以及控制室内仪表电缆及电缆槽盒的平面位置、尺寸等，并列出所有电缆桥架的槽板及配件名称、规格、数量，必要时还应绘制接点详图。

⑮ 中心控制室至现场机柜室光纤敷设走向图，应表示出中心控制室至现场机柜室通信光纤的敷设方式、走向和起始点位置等。

⑯ 可燃及有毒气体检测器平面布置图，应表示出所有可燃及有毒气体检测器和现场报警器的位号、位置及安装高度等。

⑰ 仪表电缆桥架（槽盒）敷设走向图，应表示出所有电缆桥架的平面布置、走向、标高及有关尺寸等，并列出所有电缆桥架的槽板及配件名称、规格、数量，必要时还应绘制接点详图。

⑱ 仪表管线平面布置图，应表示出现场仪表的安装位置、标高及有关尺寸；表示出电缆桥架至现场仪表接线箱（或供电箱），或电缆桥架至现场仪表（采用点对点电缆敷设方式时）的仪表配管配线位置、走向、标高及有关尺寸等；并按规定的图例和文字代号标注电缆（线）的编号和规格，以及仪表电缆桥架或穿线保护管的规格等。

⑲ 仪表供气管道平面布置图，应按规定的图例和文字代号，表示出仪表供气总管、气源分配器及供气仪表间的仪表供气管道位置、标高及规格等。

⑳ 仪表伴热、回水、冲洗及隔离管线平面布置图，应按规定的图例和文字代号，表示出仪表伴热、回水、冲洗、隔离等管道取源点的平面位置、标高和规格，以及仪表伴热分配器、伴热回水站、各伴热或冲洗仪表的编号（位号）、标高和位置等。

㉑ 仪表测量管路连接图，应表示出仪表测量管路的连接方式，管道及管阀件的规格、材质、长度或数量等。

㉒ 仪表保温（冷）、伴（绝）热管路连接图，应表示出仪表保温（冷）、伴（绝）热管路所需的保温、保冷、绝热材料，仪表伴热管路的管阀件规格、材质、长度或数量等。

㉓ 安全仪表系统逻辑框图（或因果图），应采用逻辑符号或因果关系表示出安全仪表系统的输入与输出间的逻辑关系，包括输入、逻辑功能、输出三部分及简要的文字说明等。

㉔ 顺序控制系统逻辑框图（或时序图），应表示出顺序控制系统的工艺操作、执行时间（或条件）的程序动作及逻辑关系等。

㉕ 复杂控制回路图或文字说明，应采用图纸或文表形式，对设计中采用的串级、比值、选择、分程、超驰、前馈等复杂控制回路的构成、运算模块及函数关系、控制模块功能等，进行详细描述和说明。采用文表形式时应附图示加以说明。

㉖ 系统配置图（或网络结构图），应表示出 DCS、SCADA、CCS、SIS 等的硬件配置及网络结构，包括控制器、操作站、辅助操作台、工程师站、服务器、交换机、打印机等。

㉗ 仪表供电系统图，应表示出控制室、机柜室内所有供电设备与用电设备间的连接关系，标注出各供电设备的输入/输出电源种类、电压等级和容量，各用电设备或仪表的编号（位号）、用电容量或保护电器的额定容量，以及电源线规格及要求等。

㉘ 仪表接地系统图，应表示出控制室、机柜室所有仪表设备的接地连接关系，包括接地干线的线路连接、汇集方式，接地电缆的敷设及规格，接地连接要求等。

㉙ 仪表盘（柜）布置图，应表示出盘上（柜内）仪表设备（端子及汇线槽）的布置情况，标注出仪表设备的位号或型号、数量、中心线、坐标尺寸、盘（柜）外形尺寸、颜色等，并列出盘上（柜内）仪表设备的汇总表。

㉚ 仪表盘（柜）接线图，应表示出仪表盘（柜）内所有输入及输出端子的配线，每个端子及接线都应采用编号或仪表位号进行接线呼应。简单仪表接线也可采用直接连接法表示，但图示和说明不应简化。

第二篇　工业自动化仪表及选用

第一章　工业自动化仪表概述

工业自动化仪表及控制系统领域，无论是检测仪表、传感器、控制显示仪表乃至执行器，还是常规模拟仪表控制系统、分散控制系统、现场总线控制系统、安全仪表系统等集成技术的应用，以及新材料、新器件、新工艺的应用，近70年的发展与变迁，凝聚了几代人为之奋斗的心血，使工业自动化仪表及控制系统以崭新的面貌立足于高科技领域。

目前，我国工业自动化仪表行业生产自动化仪表有13大类、800多系列品种。对千万吨/年炼油项目、百万吨/年乙烯项目，超大型煤制油、煤制烯烃项目，油气开采及管输项目等工程设施，国内外自动化仪表及控制系统集成技术成功应用并取得显著成效。

实现石油化工企业自动化、数字化、网络化、集成化、信息化、智能化，在设计过程中不仅要选择合理控制和安全策略及实施方案，还要选择正确的测量方法，根据过程工况条件、工艺数据、环境条件、全生命周期成本，正确地选择自动化仪表。与此同时，在设计过程中必须遵循国内外各类标准规范、国家法律法规的要求。

本篇主要介绍国内外工业化生产的、石油化工常用的各类仪表的基本测量原理、主要特性及性能指标，应用场合及选用注意事项。

一、自动化仪表分类

自动化仪表通常分为现场测量仪表、显示仪表、控制仪表、执行器（控制阀）四类。

1. 现场测量仪表

（1）温度测量仪表　压力式温度计，双金属温度计，热电阻，热电偶，现场温度变送器，非接触式温度仪表（光学高温计、辐射高温计）等。

（2）流量测量仪表　差压流量计、涡街流量计、电磁流量计、超声流量计、质量流量计、转子流量计、容积式流量计、涡轮流量计、其他流量仪表等。

（3）物位测量仪表　直读式液位计、差压式液位计、雷达物位计、浮力式液位计、电气式液位计、放射性物位计、超声波物位计、其他物位仪表等。

（4）压力测量仪表　压力表、特殊压力仪表等。

（5）在线分析仪表　样品处理系统、光谱分析仪、气相色谱分析仪、质谱分析仪、氧分析仪、微量水和露点分析仪、水质分析仪、油品分析仪、可燃和有毒气体检测器、烟气排放连续监测系统、挥发性有机物监测系统、在线分析仪系统集成等。

（6）智能变送器　电容式变送器、电感式变送器、压阻式变送器、压电式变送器、电位式变送器、谐振式变送器等。

（7）特殊测量仪表　速度、位移、振动测量仪表，过程控制流变仪，校验仪表等。

2. 显示仪表

无纸记录仪、模拟显示仪表、数字显示仪表、HMI显示终端、闪光信号报警器等。

3. 控制仪表

气动单元组合仪表、电动单元组合仪表、分散控制系统（DCS）、安全仪表系统（SIS）、可燃和有毒气体检测系统（GDS）、可编程序控制器（PLC）、数据采集与监控系统（SCADA）等。

4. 执行器（控制阀）

（1）直行程控制阀　直通控制阀、角形控制阀、三通控制阀等。

（2）角行程控制阀　球形控制阀、蝶形控制阀、偏心旋转控制阀、旋塞控制阀等。

（3）特殊控制阀　降噪控制阀、抗气蚀控制阀、高温控制阀、深冷控制阀、微小流量控制阀、波纹管密封控制阀、盘形控制阀、防喘振控制阀、衬里控制阀、闸板控制阀、滑板控制阀、罐底控制阀、轴流控制阀、减温减压器、自力式调节阀、其他特殊控制阀等。

二、自动化仪表的发展

1. 模拟控制仪表

在自动化仪表的发展过程中，模拟控制仪表从 20 世纪 50 年代末到 80 年代末在石油化工行业普遍采用，包括基地式仪表、气动/电动单元组合仪表和组装式仪表。

20 世纪 60～70 年代，先后研发并生产采用电子管作放大元件的 DDZ-Ⅰ型电动单元组合仪表，采用晶体管作放大元件的 DDZ-Ⅱ型电动单元组合仪表，采用线性集成电路（IC）作放大元件的 DDZ-Ⅲ型电动单元组合仪表。

20 世纪 70 年代中期，石油化工行业从国外引进成套设备，随着成套设备进口，横河Ⅰ系列电动单元组合仪表，PCI 气动单元组合仪表，福克斯波罗 SPEC200 系列、北辰 EK 系列、HIMA 公司固态逻辑联锁系统、AB、西门子等公司可编程序控制器等仪表控制系统，采用国际电工委员会（IEC）规定的 4～20mA、24V DC 国际标准模拟信号，具有本质安全防爆功能，信号和供电传输采用两线制方式。

我国自主研发的电动单元组合仪表与国外引进的同类产品相比，其基本原理及结构相似，在石油化工生产装置上有大量应用。

2. 数字控制仪表

1975 年 11 月，国际上出现了基于 4C（Computer、Control、Communication 以及 CRT）技术的分散控制系统（Distributed Control System，DCS），实现分散控制，信息集中管理自动化，在石油化工自动化领域发挥作用，逐步取代模拟控制系统。

1993 年，国内和利时、浙江中控等研发的具有自主知识产权的 DCS 系统成功投入运行。2000 年至今，国产化 DCS 系统、SIS 系统总体架构和软硬件水平不断完善提高，在石化工业的中、大型装置及全厂工业化运行，达到国际同类产品的先进水平。

20 世纪 90 年代，现场总线仪表、工业无线仪表将现场仪表与控制室仪表连接起来，数字信号传输逐步进入 DCS 现场层，全数字化、双向、多站的通信网络，提高了 DCS/FCS 系统的可靠性、安全性和可用性，为实现数字化、网络化、标准化、智能化奠定了良好基础。

3. 过程安全仪表

随着石油化工企业集约化、生产装置大型化、工艺技术复杂化、生产操作精细化，对生产过程安全控制要求更高、更严，防止和降低石油化工厂或装置的过程风险，保证人身安全和财产安全，保护环境，实现全生命周期安全。

基于安全生命周期的理念包括：工程方案设计，过程危险分析与风险评估，保护层的安全功能分配，确定安全仪表功能（SIF）及安全完整性等级（SIL），过程安全状态，SRS 技术要求，SIS 工程设计，SIS 集成、调试与验收测试、操作维护与变更，SIS 功能验证。

SIS 独立于基本过程控制系统（BPCS），是实现一个或多个安全仪表功能的仪表系统。石油化工厂或装置的安全完整性等级不高于 SIL3 级。SIS 由测量仪表、逻辑控制器、最终元件及相关软件等组成。

SIS 工程设计应符合 GB/T 20438（IEC 61508）、GB/T 21109（IEC 61511）、GB/T 50770 等国家现行有关标准的规定。

SIS 应设计成故障安全型。当 SIS 内部产生故障时，SIS 应能按设计预定方式，将过程转入安全状态。正常工况带电（励磁）逻辑为"1"，非正常工况失电（非励磁）逻辑为"0"。

SIS 采用防爆型模拟测量仪表，4～20mA DC/HART 传输信号，测量仪表及取源点独立设置，测量仪表不采用现场总线仪表。

SIS 最终元件气动开关阀首选弹簧复位单作用气动执行机构，采用双气缸执行机构时配备空气储罐。开关阀选用球形阀、三偏心蝶阀，阀芯、阀座选用硬密封，泄漏等级为Ⅴ、Ⅵ级，选用防火型开关阀。

开关阀、调节阀的电磁阀选用耐高温（H 级）绝缘线圈，长期带电，隔爆型，低功率（<4W、24V DC），当要求高安全性时，采用两台电磁阀串联连接；当要求高可用性时，采用两台电磁阀并联连接。

根据 SIF 和 SIL 等级要求，可选用符合 IEC 61508、经国家权威机构认证的现场测量仪表、逻辑控制器、最终元件、继电器、电磁阀等。

第二章　温度测量仪表及选用

第一节　温度测量仪表概述

一、温标

温度是表示被测物体冷热程度的物理量。温标是温度数值化的标尺。目前使用较多的有热力学温标和国际实用温标两种。

1. 热力学温标

热力学温标又称绝对温标，它基于热力学基础，表现的是一种温度仅与热量有关而与工况无关的理想温标。热力学温标单位是开尔文（K），其定义为水的三相点的热力学温度的 1/273.15。

在过去的温标定义中，常用它与水的冰点 273.15K 的差值作为温度示值，采用这种方法表示的热力学温度又称为摄氏温标，单位是摄氏度（℃）。

摄氏温标和华氏温标一样，都属于经验温标，现在已不再使用。目前仍继续使用的摄氏温度（℃）和华氏温度（℉）均是按热力学定义重新予以定义的。

华氏温度与摄氏温度之间的转换关系为

$$t_F = 32 + 1.8 t_C$$

式中　t_F——华氏温度，℉；

t_C——摄氏温度，℃。

热力学温标与摄氏温标之间关系为

$$t = T - 273.15$$

式中　t——摄氏温标，℃；

T——热力学温标，K。

2. 国际实用温标

国际实用温标是一种国际间协议性温标。国际实用温标的制定目的在于克服热力学温标作为一种理想温标而带来的要求严格、结构复杂、使用不便等困难，提出一种既能精确复现又尽可能接近热力学温标的实用温标。

我国从 1994 年 1 月 1 日使用的国际实用温标是 1989 年 7 月第 77 届国际计量委员会（CIPM）批准的国际温度咨询委员会（CCT）制定的 ITS-90 国际温标。

按 ITS-90 定义的国际热力学温度（T_{90}）与国际摄氏温度（t_{90}）之间关系可表示为

$$t_{90} = T_{90} - 273.15$$

式中　t_{90}——按 ITS-90 定义的国际摄氏温度，℃；

T_{90}——按 ITS-90 定义的国际热力学温度，K。

通过实验，并经过一定的数学处理来确定温度仪表输出与温度间的关系，称为温度仪表的分度。

二、温度仪表的分类

温度仪表按测量方式通常可分为接触式和非接触式两大类。

一般说来，接触式温度计结构比较简单、可靠，测温精度高。由于温度检测元件与被测物体必须经过充分的热交换且达到平衡后才能测量，所以接触式温度计容易破坏被测物体的温度场，同时带来测温过程延迟的现象。

非接触式测温由于测温元件不与被测物体接触，因而测温响应较快、测温范围宽，但是易受外界因素影响，造成测量误差较大。

接触式和非接触式温度仪表的具体分类如下。

$$
接触式
\begin{cases}
热膨胀
\begin{cases}
固体的膨胀：双金属温度计\\
液体的膨胀：玻璃温度计\\
气体的膨胀：压力式温度计
\end{cases}\\
热电阻
\begin{cases}
金属热电阻：铜热电阻、铂热电阻、镍热电阻等\\
半导体热敏电阻：锗电阻、碳电阻、热敏电阻（氧化物）等
\end{cases}\\
热电偶
\begin{cases}
廉金属热电偶：铜-康铜热电偶、镍铬-镍硅热电偶、镍铬-康铜热电偶等\\
贵金属热电偶：铂铑30-铂铑6热电偶、铂铑10-铂热电偶、铂铑13-铂热电偶等\\
难熔金属热电偶：钨铼系热电偶、钨钼系热电偶等\\
非金属热电偶：石墨系热电偶、硅化物系热电偶、碳化物-硼化物系热电偶等
\end{cases}
\end{cases}
$$

$$
非接触式\quad 热辐射
\begin{cases}
辐射温度计\\
光学高温计\\
比色温度计
\end{cases}
$$

表 2-2-1 列出了接触式、非接触式两类测温方式的优缺点。

表 2-2-1　接触式与非接触式测温方式的优缺点

测温方式	优点	缺点
接触式	简单、可靠，测量精确度较高，一般能够测得真实温度	由于检出元件热惯性的影响，响应时间较长，对热容量小的物体，难以实现精确测量。不适宜直接对腐蚀性介质测温，不能用于极高温测量，难以测量运动物体的温度
非接触式	测温范围可以从超低温到极高温，不破坏被测温场，可测量热容量小的运动温度，可测量区域的温度分布，响应速度较快	测量误差较大，仪表示值一般代表表面温度。在辐射通道上介质吸收及反射光干扰将影响仪表示值，被测对象表面发射率变化影响仪表示值。结构较复杂

各类测温仪表由于结构原理不同，有不同的测温应用场合。主要测温仪表的测量范围见表 2-2-2。

表 2-2-2　主要测温仪表的测量范围

序号	测温仪表名称	分度号	测温范围/℃	备注
1	双金属温度计	—	$-80\sim500$	—
2	压力式温度计	—	$-100\sim500$	—
3	铂热电阻	Pt100	$-200\sim650$	IEC 60751
4	铜热电阻	Cu50	$-50\sim150$	GB/T 30121
5	镍铬-镍硅热电偶	K	$0\sim1200$	
6	镍铬硅-镍硅热电偶	N	$0\sim1200$	
7	镍铬-铜镍（康铜）热电偶	E	$0\sim750$	
8	铁-铜镍（康铜）热电偶	J	$0\sim600$	IEC 60584
9	铜-铜镍（康铜）热电偶	T	$-200\sim350$	GB/T 30429
10	铂铑10-铂热电偶	S	$0\sim1300$	
11	铂铑13-铂热电偶	R	$0\sim1300$	
12	铂铑30-铂铑6热电偶	B	$0\sim1600$	
13	光学高温计	—	$700\sim3000$	—
14	辐射温度计	—	$100\sim3000$	—
15	比色温度计	—	$180\sim3500$	—

第二节 压力式温度计

一、原理及结构

压力式温度计是利用封闭容器内的液体、气体或饱和蒸气受热后产生体积膨胀或压力变化的特性制成的。它的基本结构由温包、毛细管和指示表三部分组成。压力式温度计的基本结构如图 2-2-1 所示。

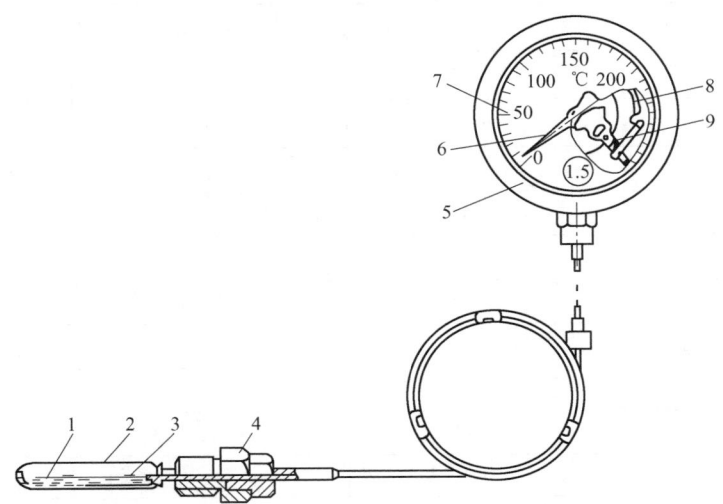

图 2-2-1 压力式温度计的基本结构

1—毛细管；2—温包；3—工作物质；4—活动螺母；5—表壳；6—指针；

7—刻度盘；8—弹簧管；9—传动机构

二、分类

压力式温度计按充填工作介质的不同可分类如下。

(1) 液体式 利用液体受热后体积膨胀带动指针偏转显示温度。

(2) 气体式 利用高温下的气体压力与温度的关系显示温度。

(3) 蒸气式 利用低沸点液体的饱和蒸气压随温度变化的特性来测量温度。

一般常用来作为压力式温度计充填工作介质的有氮气、氯甲烷、二甲苯等。充填工作介质的性质见表 2-2-3。

表 2-2-3 充填工作介质的性质

序号	名称		温度测量范围/℃	性能
1	气体	氮气	−100~500	①气体压力与温度的关系在 183℃ 以上呈线性,刻度为均匀等分 ②大气压力对仪表指示的影响较小 ③环境温度对仪表指示有影响 ④时间常数较大
2	低沸点液体	丙酮	50~200	①饱和蒸气压力与温度关系为非线性,刻度为非均匀等分 ②大气压力对仪表指示的影响较气体大 ③环境温度对仪表指示无影响 ④时间常数较气体小
		氯甲烷	−20~125	
		氯乙烷	20~120	
3	液体	二甲苯	−40~200	①液体体积膨胀使弹簧管位移与温度关系呈线性,刻度为均匀等分 ②大气压力对仪表指示的影响较气体小 ③环境温度对仪表指示的影响较气体小 ④温包安装位置高低对仪表指示有影响 ⑤时间常数较气体小
		甲醇	−40~175	
		甘油	20~175	

三、基本参数

压力式温度计基本参数见表 2-2-4。

表 2-2-4　压力式温度计基本参数

参数和特性		气体压力式温度计	液体压力式温度计	低沸点液体压力式温度计
感温物质		氮气	二甲苯,甲醇,甘油	氯乙烷,氯甲烷,乙醚,丙酮
测量范围/℃		$-100\sim500$	$-40\sim200$	$-20\sim300$
精确度等级		1.0,1.5	1.0,1.5	1.5,2.5
时间常数/s		80	40	40
温包部分	长度/mm	150,200,300	100,150,200	
	插入长度/mm	200,250,300,400,500	150,200,250,300,400	
	安装固定螺纹	M33×2	M27×2	
	材料	不锈钢 316SS		
	耐公称压力/($\times10^5$Pa)	16,63		
毛细管部分	内径/mm	$\phi0.4\pm0.005$		
	外径/mm	$\phi1.2\pm0.02$		
	长度/m	1,2.5,5,10,20	1,2.5,5,10,20	1,2.5,5,10,20
	材料	不锈钢 316SS		
	外保护材料	不锈钢 316SS		
指示仪表部分	表壳直径/mm	100,150,200		
	材料	铝合金,不锈钢		
	安装方式	凸装,嵌装,墙装		
	标度盘形式	白底黑字,黑底白字		
工作环境条件		温度为 5~60℃,相对湿度不大于 80%		

除上述指示型压力式温度计外,还有当工作温度达到设定值时可发出报警信号的电接点压力式温度计。电接点压力式温度计基本参数如下。

① 表面直径/mm：$\phi100$，$\phi150$。
② 温包直径/mm：$\phi15$，$\phi22$。
③ 精确度等级：1.5，2.5。
④ 测量范围/℃：$-80\sim400$。
⑤ 毛细管长度/m：1~20。
⑥ 毛细管材质：不锈钢 316SS。
⑦ 安装螺纹：M27×2，M33×2。
⑧ 防爆等级：Ex ia ⅡC T6，Ex d ⅡC T6。
⑨ 防护等级：IP65。

第三节　双金属温度计

一、原理及结构

双金属温度计是利用固体受热产生几何位移作为测温信号的一种固体膨胀式温度计。

双金属温度计的工作原理如图 2-2-2 所示。

双金属温度计的感温元件通常是由两种热胀系数不同，彼此又牢固结合的金属制作成平螺旋型或直螺旋型的结构。双金属温度计的感温元件如图 2-2-3 所示。

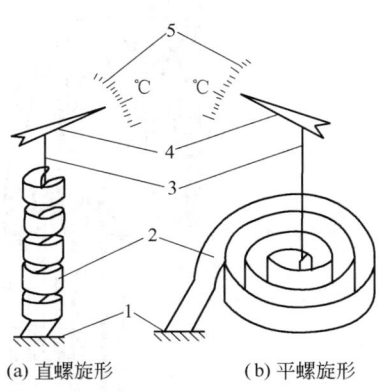

(a) 直螺旋形　　(b) 平螺旋形

图 2-2-2　双金属温度计的工作原理

1—固定端；2—感温元件；3—指针轴；

4—指针；5—标度盘

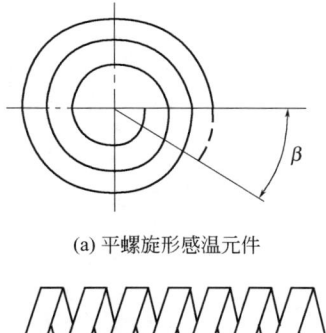

(a) 平螺旋形感温元件

(b) 直螺旋形感温元件

图 2-2-3　双金属温度计的感温元件

绕成螺旋形的双金属感温元件一端固定，另一端连接指针轴。当被测物体温度变化时，两种金属由于热胀系数不同，使螺旋管曲率发生变化，通过指针轴带动指针偏转，直接显示温度示值。工业双金属温度计的结构如图 2-2-4 所示。在双金属温度计实际使用中，为了方便更换感温元件，它的结构也可设计成可抽芯拆卸式，如图 2-2-5 所示。

常用的双金属材料见表 2-2-5。

表 2-2-5　不同双金属材料温度计特性

项目	Mn75Ni15Cu10-Ni36[1]	Cu62Zn38-Ni36[1]	Ni20Mn7-Ni34[1]	Cu90Zn10-Ni36[1]	Ni19Cr11-Ni42[1]
热胀系数 $K/\times10^{-6}℃^{-1}$	18～22	13.4～15.2	13～15	12～15	9.5～11.7
电阻率/(Ω·mm²/m)	1.08～1.18	0.14～0.19	0.76～0.84	0.09～0.14	0.67～0.73
当量弹性模量 E/MPa	1.3×10^5	1.2×10^5	1.6×10^5	1.2×10^5	1.7×10^5
线性温度范围/℃	−20～180	−20～180	−50～100	−20～180	0～360
允许使用温度范围/℃	−70～200	−70～200	−80～375	−70～200	−70～450
允许应力/MPa	15	10	20	10	20
最大允许应力/MPa	30	30	40	30	40

[1] 主动层材料-被动层材料。

二、分类

双金属温度计是一种适合测量中、低温的现场指示型测量仪表。

按双金属温度计指针盘与保护管的连接方向，一般可分类如下。

① 轴向型——指针盘与保护管成垂直方向连接，如图 2-2-6(a) 所示。

② 径向型——指针盘与保护管成平行方向连接，如图 2-2-6(b) 所示。

③ 万向型——指针盘与保护管连接方向可任意调节，如图 2-2-6(c) 所示。

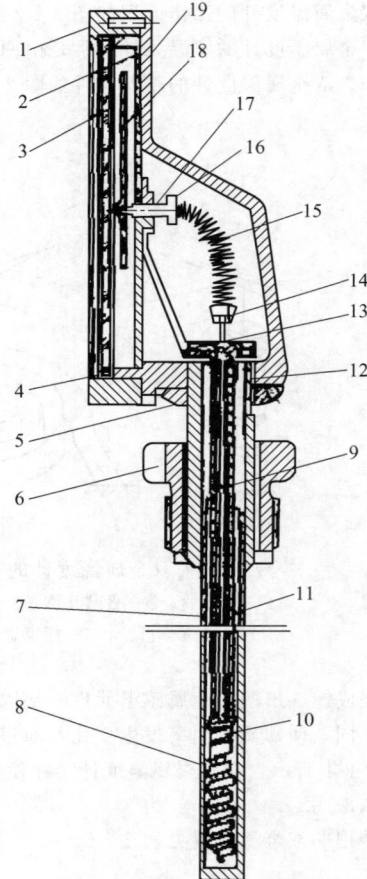

图 2-2-5 抽芯式防护型双金属温度计结构
1—表盖；2—外壳；3—玻璃面板；4—密封圈；
5—圆螺母；6—外螺纹接头；7—外保护管；
8—双金属感温元件；9—转轴；10—下固定件；
11—内保护管；12—上固定件；13—支架；
14—转角弹簧下固定块；15—转角弹簧；
16—转角弹簧上固定块；17—芯轴；
18—指针；19—表盘

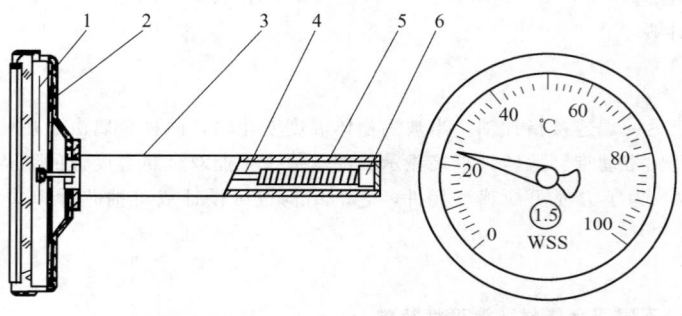

图 2-2-4 工业双金属温度计的结构
1—指针；2—标度盘；3—保护管；4—指针轴；
5—感温元件；6—固定端

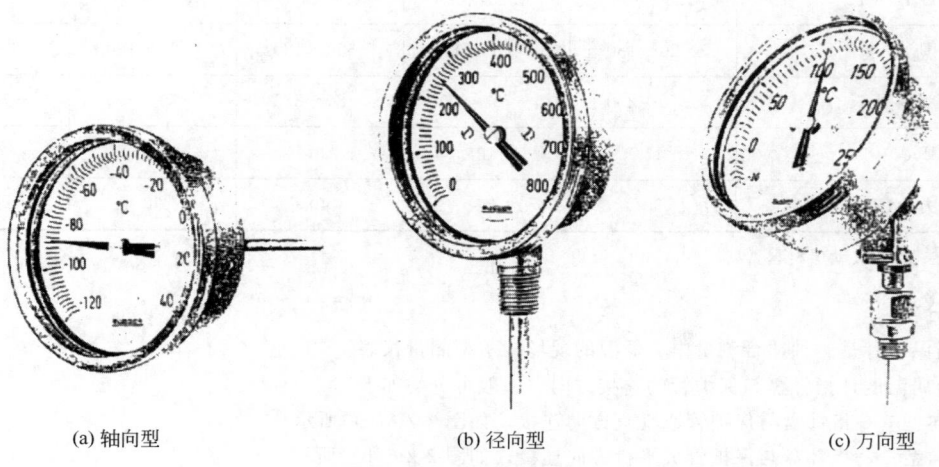

(a) 轴向型   (b) 径向型   (c) 万向型

图 2-2-6 双金属温度计

双金属温度计按用途可分为普通型、防爆型、电接点型和防护型等。

三、基本参数

① 精确度等级：1.0，1.5。

② 测量范围/℃：−80～500。

③ 表盘直径/mm：ϕ60、ϕ100、ϕ150、ϕ160。

④ 保护管直径/mm：ϕ6、ϕ10。

⑤ 插入长度/mm：75、100、150、200、250、300、400、500 或 500 以上。

⑥ 保护管材质：304SS、304LSS、316SS、316LSS。

⑦ 连接方式：螺纹连接，M27×2、1/2″ NPT、3/4″ NPT；法兰连接（DN）/mm，25、40。

⑧ 公称压力/MPa：4.0、6.4。

⑨ 时间常数/s：＜40。

⑩ 防护等级：IP55。

⑪ 使用环境温度/℃：−40～80。

⑫ 电接点双金属温度计：

a. 接点：上、下限，上限和上上限，下限和下下限。

b. 接点容量：220V 1A，24V 3A。

c. 在振动场合不宜使用。

d. 防爆等级：Ex ia ⅡC T6，Ex d ⅡC T6。

e. 防护等级：IP65。

第四节 热 电 阻

一、原理与结构

热电阻是利用电阻与温度呈一定函数关系的金属导体或半导体材料制成的感温元件。图 2-2-7 所示为由热电阻丝、骨架、引线组成的热电阻测温元件。

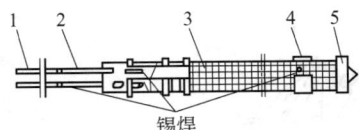 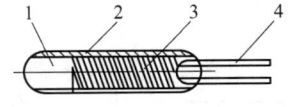 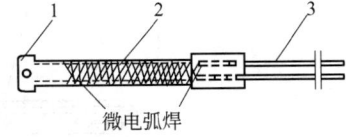

(a) 热电阻感温元件　　　　　(b) 玻璃骨架感温元件　　　　　(c) 云母骨架感温元件
1—外引线；2—内引线；3—漆包线；　　1—玻璃骨架；2—玻璃套管；　　1—云母骨架；2—铂丝；3—引出线
4—绝缘漆包绸；5—骨架　　　　3—铂丝；4—内引线（铂丝）

图 2-2-7　热电阻测温元件

作为测温敏感元件的电阻材料，要求电阻温度系数大，电阻率大，热容量小。在整个测温范围内应具有稳定的物理、化学性能，电阻和温度之间的特性复现性要好。

常用热电阻的材料主要有铂、铜和镍，其物理、化学性能见表 2-2-6。

表 2-2-6　常用热电阻材料的性能及特点

性能及特点	铂	铜	镍
熔点/℃	1769	1084.88	1455
密度/(g/cm³)	1.5	8.9	8.75
电阻率/(Ω·mm²/m)	0.105	0.0175	0.070
电阻温度系数/×10³℃⁻¹	3.80～3.92	4.25～4.30	5.80～6.17
电阻比 W_{100}	1.385～1.391	1.425～1.480	1.580～1.617

续表

性能及特点	铂	铜	镍
热导率/[cal①/(cm·s·℃)]	0.171	0.9	0.046
热胀系数/×10⁻⁶℃⁻¹	0.9	16.6	13.8
测量范围/℃	−200～650	−50～150	−30～160
特点	a. 抗氧化性能好,在高温时物理、化学性能稳定 b. 电阻率大,线径可以做得很小 c. 电阻与温度关系复现性好 d. 抗还原性能较差	a. 在−50～150℃温度范围内抗氧化性能较好,性能稳定 b. 有较大的电阻温度系数 c. 在−50～150℃温度范围内电阻与温度关系基本呈线性 d. 电阻率较小,抗还原性能较差	a. 在−30～160℃温度范围内抗氧化性能较好 b. 有很高的电阻率和电阻温度系数 c. 不易加工,电阻与温度关系复现性差

① 1cal＝4.18J。

二、分类

热电阻按感温元件材料可分为两类:

① 金属导体——铂、铜、镍等;

② 半导体——锗、热敏电阻等。

金属导体材料的热电阻在工业生产过程中大量采用。特别是铂热电阻（Pt100）,由于它的物理、化学性能稳定且复现性好,能测量较高的温度,已被广泛应用。铜热电阻与铂热电阻相比,铜电阻温度系数大,线性好,但测温范围较小,只适用于−50～150℃。

半导体材料的锗等,因其性能不稳定,互换性较差,其应用受到限制。

图 2-2-8 所示为工业热电阻基型结构。

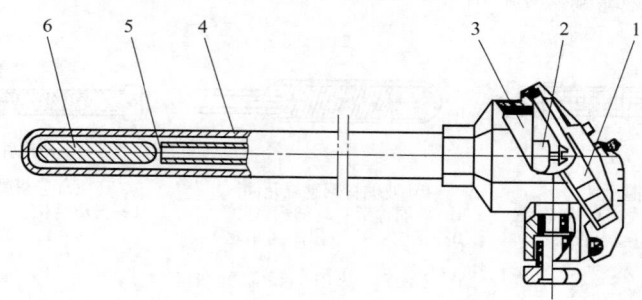

图 2-2-8　工业热电阻基型结构
1—接线盒；2—接线柱；3—接线座；4—套管；5—引出线；6—感温元件

常用的接线盒形式有防溅式、防水式和防爆式,如图 2-2-9 所示。防爆式接线盒通常采用 Ex d 隔爆型、防护等级 IP65。

常见安装固定形式有螺纹安装、法兰安装和焊接安装,如图 2-2-10 所示。

温度计套管结构形式可分为直形套管、锥形套管和梯形套管,如图 2-2-11 所示。

按热电阻的结构和制造工艺,可分为装配式和铠装式两大类。

① 装配式热电阻由接线盒、套管、感温元件组成。

② 铠装式热电阻是将感温元件封焊在金属套管中,填充绝缘材料,由金属导线引出至接线盒。

薄膜铂热电阻以硅片为基体,实现热电阻薄膜化、超小型化及全固态化。薄膜热电阻具有良好的性能,响应快,可靠性高。

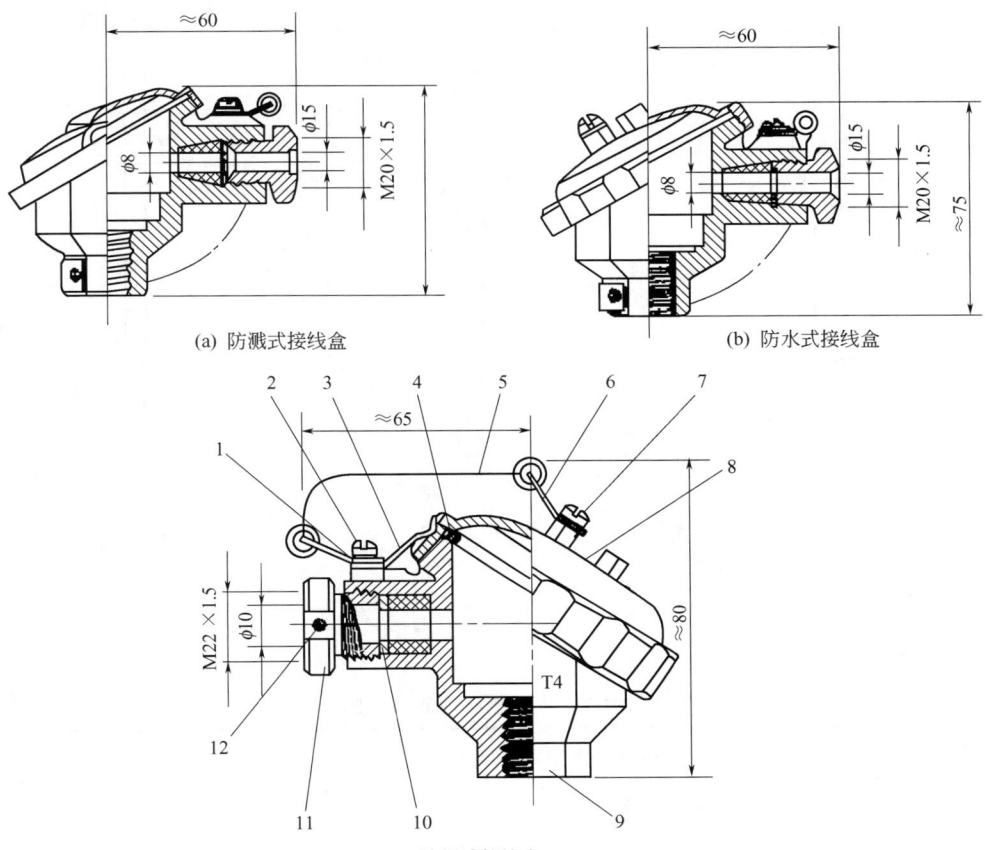

(a) 防溅式接线盒   (b) 防水式接线盒

(c) 防爆式接线盒

1—弹簧垫圈；2,7—螺钉；3—锁紧板；4—密封圈；5—链条；6—链条托环；
8—盖子；9—接线盒；10—垫圈；11—穿线螺栓；12—锁定螺钉

图 2-2-9　工业热电阻的接线盒形式

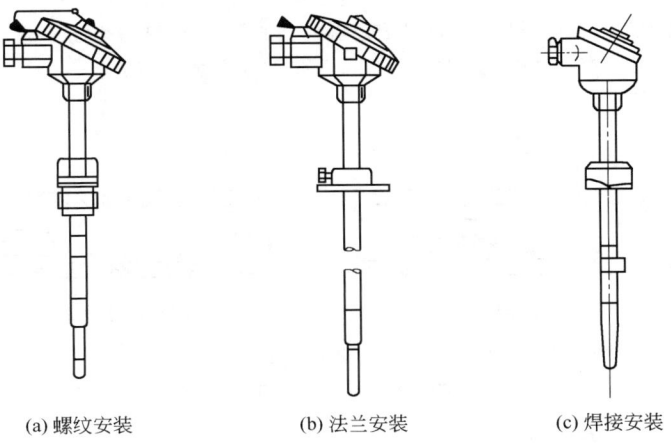

(a) 螺纹安装   (b) 法兰安装   (c) 焊接安装

图 2-2-10　工业热电阻的安装固定形式

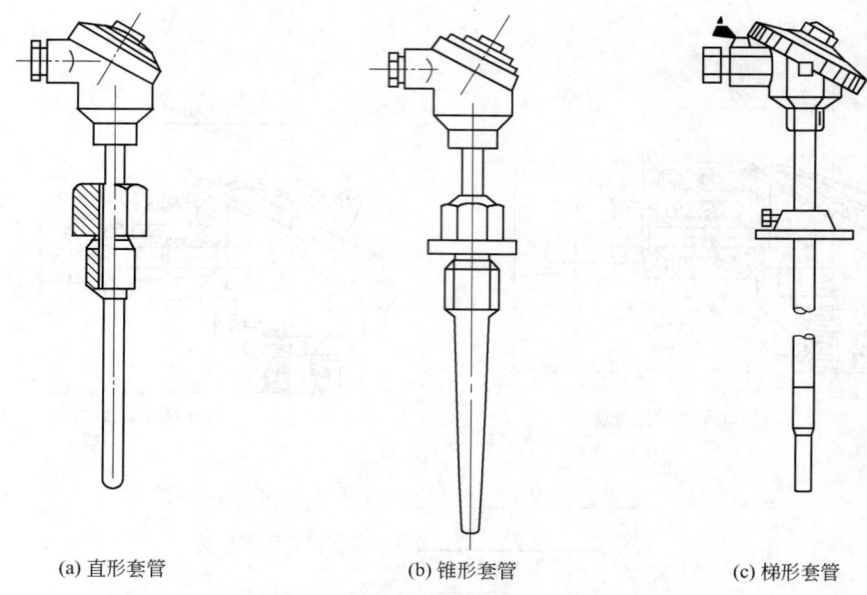

(a) 直形套管　　　　　　　(b) 锥形套管　　　　　　　(c) 梯形套管

图 2-2-11　温度计保护管的结构形式

三、基本参数

1. 工业热电阻

工业热电阻测温范围见表 2-2-7。

表 2-2-7　工业热电阻测温范围

热电阻类别	测温范围/℃	分度号	允差等级	允差值/℃
铂电阻	−200～650	Pt100	A 级	$-100\sim450\pm(0.25+0.002|t|)$
			B 级	$-196\sim660\pm(0.3+0.005|t|)$
铜电阻	−50～150	Cu50	—	$-50\sim100\pm(0.3+0.006|t|)$

注："$|t|$"为感温元件实测温度绝对值。

2. 铠装热电阻

铠装热电阻直径小、易弯曲、抗振性能好。将热电阻感温元件装入经压制、密实的氧化镁内（有内引线的金属套管内），焊接感温元件与内引线后，再将装有感温元件的金属套管端头填充、焊封成坚实整体的热电阻。铠装热电阻被广泛采用。它具有良好的机械强度，更适合在恶劣环境中使用。

铠装热电阻的结构见图 2-2-12。

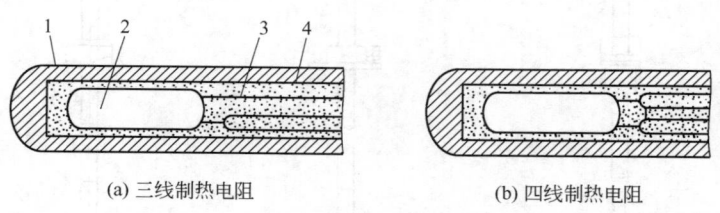

(a) 三线制热电阻　　　　　　　　　(b) 四线制热电阻

图 2-2-12　铠装热电阻的结构

1—不锈钢管；2—感温元件；3—铂电阻引线；4—氧化镁绝缘

铠装铂热电阻技术性能见表 2-2-8。

铠装热电阻的外径尺寸、响应时间、金属套管壁厚、内引线直径及电阻值见表 2-2-9。

表 2-2-8　铠装铂热电阻技术性能

热电阻类别	分度号	测温范围/℃	允差等级	允差值/℃
铠装铂热电阻	Pt100	−200～650	A 级	−100～450±(0.25+0.002|t|)
			B 级	−196～660±(0.30+0.005|t|)

注："\|t\|"为感温元件实测温度绝对值。

表 2-2-9　铠装热电阻规格

外径/mm	响应时间/s	金属套管壁厚/mm	内引线直径/mm	内引线电阻值/Ω
ϕ3	2	0.45	ϕ0.4	0.75
ϕ4	2.5	0.60	ϕ0.4	0.75
ϕ5	3	0.75	ϕ0.4	0.75
ϕ6	5	0.90	ϕ0.5	0.50
ϕ7	10	1.00	ϕ0.5	0.50

一般情况下，优先选用铠装热电阻温度元件。控制、安全联锁等场合可选用双支铠装热电阻温度元件。

3. 防爆热电阻

防爆热电阻与工业热电阻的结构、原理及主要技术性能基本相同。防爆热电阻接线盒采用隔爆型、本安型，防护等级为 IP65。它适用于爆炸危险场所的温度测量。

4. 专用热电阻

（1）端面热电阻　端面热电阻由特殊处理线材绕制而成。它与一般热电阻相比，能更紧贴于被测物体表面，准确地测量温度。

端面热电阻主要技术性能见表 2-2-10。

表 2-2-10　端面热电阻主要技术性能

热电阻名称	分度号	测温范围/℃	允差值/℃
端面铂电阻	Pt100	−100～150	±(0.30+0.005|t|)
端面铜电阻	Cu50	−50～100	±(0.30+0.006|t|)

注："\|t\|"为感温元件实测温度绝对值。

（2）轴承热电阻　轴承热电阻用于测量转动设备上的轴承温度。温度计带有防振结构，能紧密贴在被测轴承表面，如图 2-2-13 所示。轴承热电阻的主要技术性能见表 2-2-11。

表 2-2-11　轴承热电阻主要技术性能

名称	分度号	测温范围	热响应时间	精度等级
轴承铂电阻	Pt100	0～100℃	$\tau_{0.5}$≤20s	B 级

（3）锅炉炉壁热电阻　锅炉炉壁热电阻采用铠装热电阻，紧贴在锅炉外壁进行表面温度测量，见图 2-2-14。

（4）电机绕组热电阻　电机绕组热电阻主要用于测量电机绕组、定子的温度。它除具有一般热电阻性能外，还具有抗振、耐压等特点。

（5）抗振热电阻　在铂热电阻和铠装管连接处的焊接点位置采用特殊的陶瓷封装技术，确保铂热电阻在振动工况条件下能正常工作，保持高稳定性。

5. 热电阻的电路连接

热电阻一般采用三线制连接。热电阻的电路连接如图 2-2-15 所示。

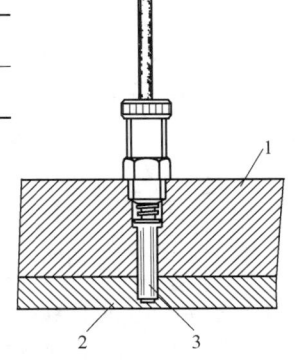

图 2-2-13　轴承热电阻
1—轴衬；2—轴瓦；3—热电阻

50

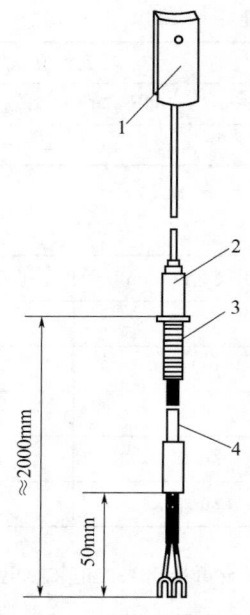

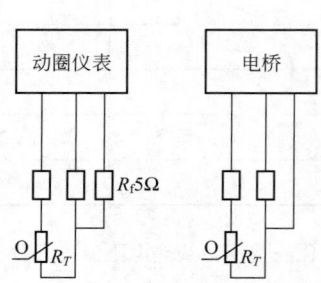

图 2-2-14　锅炉炉壁热电阻

1—导热板；2—接头；3—导线保护弹簧；4—导线

图 2-2-15　热电阻的电路连接

测量时应尽量减少环境温度变化或连接导线的长度变化而引起的电阻值误差。在连接动圈仪表测量时，应在三根外接导线上均设置调整电阻，使每个外线路电阻保持5Ω。当连接电桥测量时，在两根连接导线上设置调整电阻且保持2～5Ω。

第五节　热　电　偶

一、原理与结构

热电偶是使用最广泛的测温元件。热电偶的测温原理是两种不同导体 A 和 B 串接成一个闭合回路，若结合点 1 和 2 出现温差，则回路中就会有电流产生。这种因温差而产生热电的现象称为"热电效应"（图 2-2-16）。这种不同导体的组合称为热电偶。

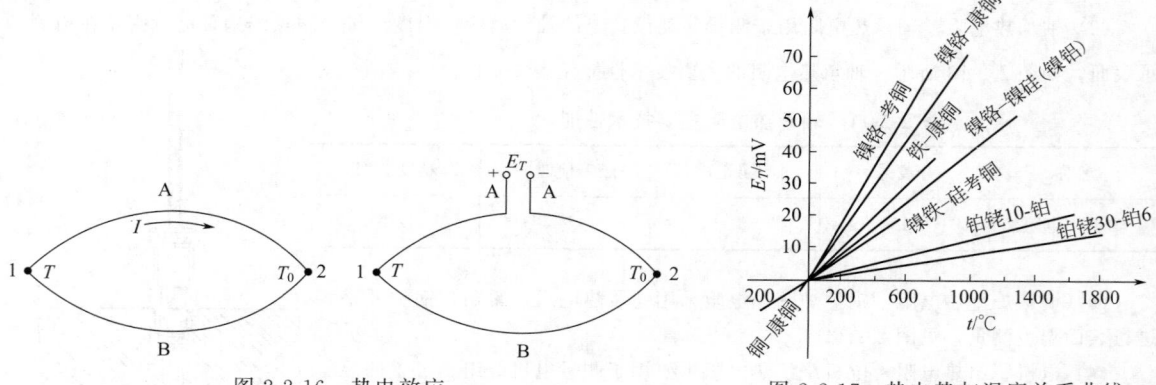

图 2-2-16　热电效应

图 2-2-17　热电势与温度关系曲线

热电势 E_T 在热电极材料一定的情况下，仅取决于冷热两端温度差（$T-T_0$），因此热电偶作为测温敏感元件，可用热电势 E_T 作为测温信号。

各种热电偶的线径和推荐使用的最高温度见表 2-2-12。

作为热电偶的材料，具有单值的热电势与温度之间的对应关系见图 2-2-17，并有标准数据可查。

表 2-2-12　各种热电偶的线径和推荐使用的最高温度

热电偶名称	分度号	电极材料和颜色	100℃时热电势/mV	线径/mm	使用温度/℃	
					长期	短期
铂铑 10-铂	S	＋铂铑 10(白) －纯铂(白)	0.646	0.5±0.020	1300	1600
铂铑 13-铂	R	＋铂铑 13(白) －纯铂(白)	0.647	0.5±0.020	1300	1600
铂铑 30-铂 6	B	＋铂铑 30(白) －纯铂 6(白)	0.033	0.5±0.015	1600	1800
镍铬-镍硅	K	＋镍铬 10(黑褐) －镍硅(绿黑)	4.096	0.3	700	800
				0.5	800	900
				0.8,1.0	900	1000
				1.2,1.6	1000	1100
				2.0,2.5	1100	1200
				3.2	1200	1300
镍铬硅-镍硅	N	＋镍铬硅 10(黑褐) －镍硅镁(绿黑)	2.774	与 K 型热电偶相同		
镍铬-铜镍(康铜)	E	＋镍铬 10(黑褐) －铜硅(稍白)	6.319	0.3,0.5	350	450
				0.8,1.0,1.2	450	550
				1.6,2.0	550	650
				2.5	650	750
				3.2	750	900
铁-铜镍(康铜)	J	＋纯铁(褐) －铜镍(稍白)	5.239	0.3,0.5	300	400
				0.8,1.0,1.2	400	500
				1.6,2.0	500	600
				2.5,3.2	600	750
铜-铜镍(康铜)	T	＋纯铜(红褐) －铜镍(稍白)	4.279	0.2	150	200
				0.3,0.5	200	250
				1.0	250	300
				1.6	350	400

实际上,热电偶的标准数据是在冷接点 T_0 为 0℃情况下测得的。热电偶在实际工业测量中,冷接点温度不可能恒定在 0℃。在热电偶测量中,需要保持冷接点温度恒定,则要对冷接点温度相对于 0℃时的热电势进行补偿,将测得的热电势折算到冷接点温度为 0℃时的标准状态。为了保持冷接点温度恒定,需要将冷接点用导线延伸到温度恒定的场所(现场机柜室、控制室)。这种用来延伸热电偶冷接点的导线称为补偿导线。

二、分类

热电偶的分类及允差值见表 2-2-13。

表 2-2-13　热电偶的分类及允差值

测温元件名称	分度号	标准	测温范围(常用)/℃	允差值(参考温度为0℃)		
				允差级别	温度范围/℃	允差值/℃
镍铬-镍硅热电偶	K	IEC 60584-1 IEC 60584-2	0~1200	1 级	−40~375 375~750	±1.5 ±0.004|t|
				2 级	−40~333 333~1200	±2.5 ±0.0075|t|
镍铬硅-镍硅热电偶	N			3 级	−167~40 −200~−167	±2.5 ±0.015|t|
镍铬-铜镍(康铜)热电偶	E		0~750	1 级	−40~375 375~800	±1.5 ±0.004|t|
				2 级	−40~333 333~900	±2.5 ±0.0075|t|
				3 级	−167~40 −200~−167	±2.5 ±0.015|t|
铁-铜镍(康铜)热电偶	J		0~600	1 级	−40~375 375~750	±1.5 ±0.004|t|
				2 级	−40~333 333~750	±2.5 ±0.0075|t|
铜-铜镍(康铜)热电偶	T		−200~350	1 级	−40~125 125~350	±0.5 ±0.004|t|
				2 级	−40~133 133~350	±1 ±0.0075|t|
				3 级	−67~40 −200~−67	±1 ±0.015|t|
铂铑 10-铂热电偶	S		0~1300	1 级	0~1100 1100~1600	±1 ±[1+0.003(t−1100)]
铂铑 13-铂热电偶	R			2 级	0~600 600~1600	±1.5 ±0.0025|t|
铂铑 30-铂铑 6 热电偶	B		0~1600	2 级	600~1700	±0.0025|t|
				3 级	600~800 800~1700	±4 ±0.005|t|

注：t 为被测温度，\|t\| 为 t 的绝对值。

热电偶基型结构见图 2-2-18。

热电偶的接线盒主要有普通式、防溅式、防水式和防爆式等，与热电阻的接线盒相同，这里不再重复。防爆式接线盒通常采用隔爆型，防护等级 IP65。

热电偶的安装形式有螺纹、法兰、焊接等。图 2-2-19 所示为热电偶的安装方式。

热电偶套管结构形式主要有直形、锥形和梯形三种。表 2-2-14 为各种形式套管结构特点及用途。

热电偶结构与热电阻一样，也可分为装配式和铠装式两类。

1. 铠装热电偶

铠装热电偶测量端形式与热电偶一样，可分为露端型、接壳型和绝缘型三种，见图 2-2-20。

露端型：结构简单，时间常数小，响应速度快，测温低。

接壳型：时间常数较露端型大，测温较高。

绝缘型：时间常数较大，由于偶丝受到保护，寿命较长，测温高。

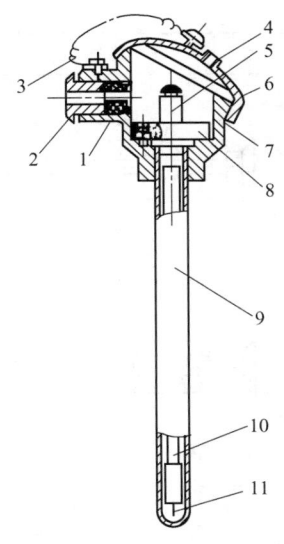

图 2-2-18　热电偶基型结构

1—出线孔密封圈；2—出线孔螺母；3—链条；4—盖；
5—接线柱；6—盖的密封圈；7—接线盒；8—接线座；
9—保护管；10—绝缘管；11—感温元件

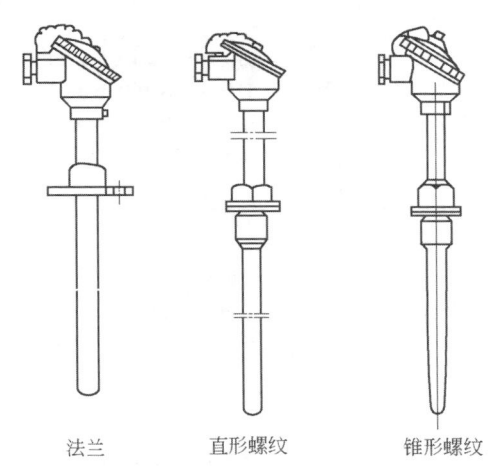

法兰　　　　直形螺纹　　　锥形螺纹

图 2-2-19　热电偶安装方式

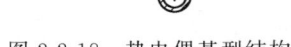

表 2-2-14　各种形式套管结构特点及用途

套管形式	固定装置形式	结构特点及用途	示意图
直形	活动法兰	套管为金属材料,带活动法兰 适用于常压及插入深度经常需要变化的设备	
	固定法兰	套管为金属材料,带固定法兰 适用于压力为 10MPa 以下的设备	
	活动内螺纹	套管为金属材料,带活动内螺纹 适用于压力为 6.4MPa 以下,要求接线盒的出线孔可以在任意方向的设备	
	活动外螺纹	套管为金属材料,带活动外螺纹 适用于常压,温度检测点经常移动,或临时需要测温的设备	

套管形式	固定装置形式	结构特点及用途	示意图
直形	带加固管的活动法兰装置	保护套管活动法兰是固定在外露部分的金属加固管上 适用于常压及插入深度经常需要变化的设备	
	固定螺纹	套管为金属材料,带固定螺纹 适用于压力为 16MPa 以下的设备	
锥形	固定螺纹	套管为金属材料,带固定螺纹的锥形高强度结构 适用于压力为 20MPa 以下的液体、气体或蒸汽流速 80m/s 以下的设备	
	焊接	套管为金属材料,用附加套管将热电偶焊接在设备上 适用于压力为 30MPa 以下的液体、气体或蒸汽流速 80m/s 以下的设备	

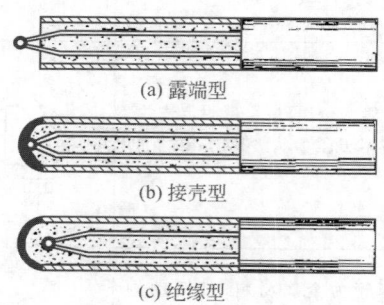

(a) 露端型

(b) 接壳型

(c) 绝缘型

图 2-2-20　铠装热电偶的测量端形式

铠装热电偶时间常数除了取决于测量端形式外,还与热电偶丝直径有关,见表 2-2-15。

表 2-2-15　铠装热电偶时间常数

铠装热电偶热电偶丝直径/mm			1.0	1.5	2.0	3.0	4.0	5.0	6.0
测量端形式	露端型	时间常数/s	0.01	0.02	0.03	0.05	0.07	0.08	0.1
	接壳型		0.1	0.2	0.3	0.5	1.0	2.0	2.5
	绝缘型		0.2	0.3	0.5	1.5	3.0	5.0	8.0

2. 隔爆型热电偶

在爆炸危险的区域，必须使用隔爆型热电偶。隔爆型热电偶基本参数与工业热电偶一样，区别仅仅在于采用了防爆结构的接线盒，见图 2-2-21。

3. 热套式热电偶

电厂主蒸汽及锅炉温度测量中采用热套式热电偶。热电偶结构采用热套管，如图 2-2-22 所示。将热套焊接在被测设备上，再装上热电偶即可测量温度。

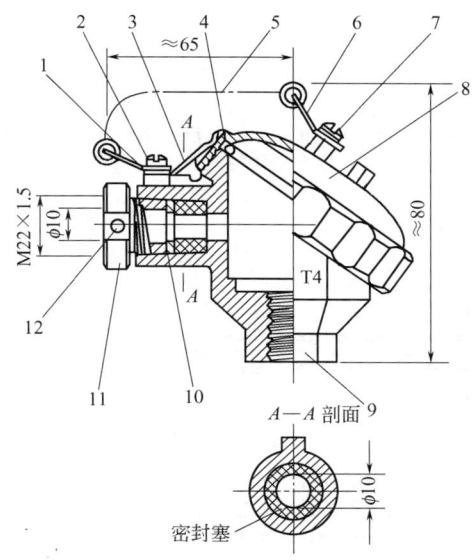

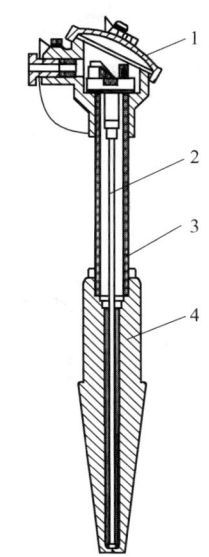

图 2-2-21　隔爆型热电偶接线盒

1—弹簧垫圈；2,7—螺钉；3—锁紧板；4—密封圈；5—链条；
6—链条托环；8—盖子；9—接线盒；10—垫圈；
11—穿线螺栓；12—紧定螺钉

图 2-2-22　热套式热电偶

1—接线盒；2—感温元件；
3—热电偶；4—套管

4. 多点热电偶

多点热电偶（热电阻）常用于石油化工、化工、煤化工等反应器、气化炉、大型油罐、液化天然气（LNG）储罐、乙烯/乙烷低温储罐等内部或外部不同高度或同一平面不同点的温度测量。高温、低温、高压、强冲击、腐蚀、温度和压力骤变等复杂的工况条件，对多点热电偶测温元件设计制造、材料选择、密封安全等提出更高的要求。

多点铠装热电偶（热电阻）分为多点刚性和多点柔性、径向安装和轴向安装。

（1）多点刚性热电偶　多点刚性热电偶带保护套管，用于反应器和储罐内部介质温度测量。铠装热电偶元件不与介质直接接触，固定在套管不同位置。多点刚性热电偶由铠装热电偶元件、带法兰的保护套管、密封腔室及防破裂封堵装置、防爆型接线盒等组成。

（2）多点柔性热电偶　多点柔性热电偶不带保护套管，采用铠装热电偶直接测量反应器和储罐内部或外表面温度，通常按规定位置布置到各测量点。

多点柔性热电偶分为多根铠管单点式和单根铠管多点式两种。多根铠管单点式不带保护套管，每根铠管内装单支或双支热电偶元件，温度元件布置时应考虑热膨胀因素，留一定余量，必要时配备密封安全腔室。单根铠管多点式热电偶元件，用于测量反应器内催化剂床层温度。过程连接、密封腔及防爆接线盒等与多点刚性热电偶相类似，这里不再重复。

5. 气化炉温度测量热电偶

气化炉工况复杂，高温（炉膛操作温度达 1500℃）、高压（操作压力达 11MPa）、氧化/还原变换、腐蚀、温度与压力骤变、冲刷强烈。测温热电偶如图 2-2-23 所示。可选用 B 型热电偶（铠管材质选用碳化硅）或 K 型热电偶（铠管材质选用 Inconel 600，660，800）等，均设有多级阻漏密封腔结构。

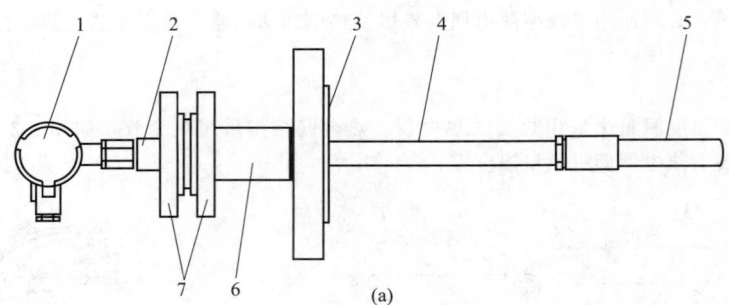

1—防爆接线盒；2—多级阻漏密封结构；3—安装法兰；4—拉伸调节杆；
5—耐冲刷套管；6—减振装置；7—转换法兰

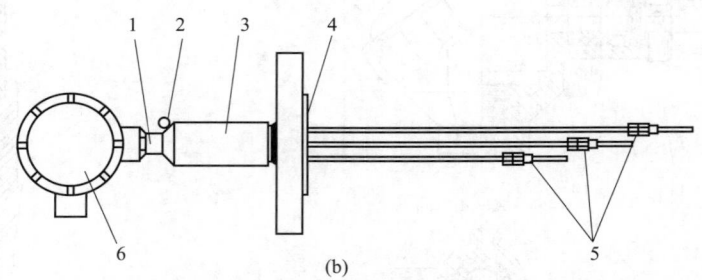

1—内置密封装置；2—检压阀(检测是否漏气)；3—密封腔(内置阻漏密封结构)；
4—安装法兰；5—固定元件卡套螺栓；6—不锈钢接线盒

图 2-2-23 气化炉温度测量热电偶结构示意

6. 裂解炉温度测量热电偶

裂解炉（COT）出口温度测量选用 K 型热电偶，套管材料具有耐冲刷、抗腐蚀、耐磨、耐高温、抗结焦等特性，套管结构如图 2-2-24 所示。套管材料选用 Inconel/Incoloy 600，800，800H，XH45 等。

7. 反应器温度测量热电偶

反应器温度测量选用单支多点 K 型热电偶，测量热电偶结构如图 2-2-25 所示。铠管材料选用 Inconel 600，347SS 等，管壁厚度≥1.8mm，热电偶丝直径≥0.8mm，一般选用双支（最多 18 点），带密封腔和隔漏装置。

8. 热电偶型测温电缆

热电偶型测温电缆是利用热敏材料因温差产生的"热电效应"——热电势作为温度信号的线型感温传感器。该种测温电缆一般用于较大面积或者长距离区域的温度监控。

热电偶型测温电缆由 3 个部分组成，见图 2-2-26。

① 热敏线芯：由一对（或多对）热电偶导线中间采用热敏材料隔离组成。

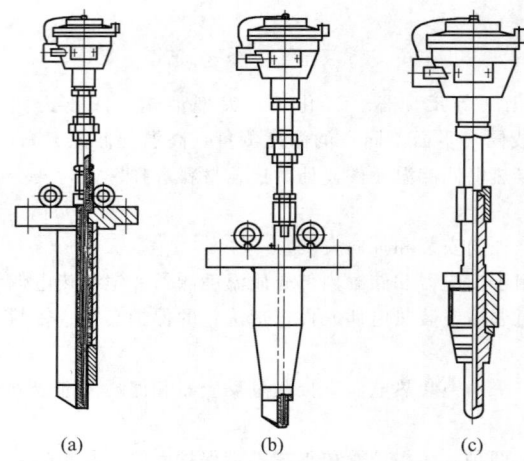

图 2-2-24 裂解炉温度测量热电偶结构示意

② 屏蔽层：由铝箔与金属地线组成。

③ 护套：由耐高温聚四氟乙烯制成，铠装型热电偶型测温电缆，其屏蔽层和护套为同一结构。

热电偶型测温电缆可用于球罐、浮顶罐、储罐、油浸变压器、干式变压器、高温油泵、油管道、油装置、气化炉、管道、反应器、流化床、储煤筒仓、圆形储煤库、储煤棚、开关柜、电控柜、配电柜、电缆槽、电缆桥架等。

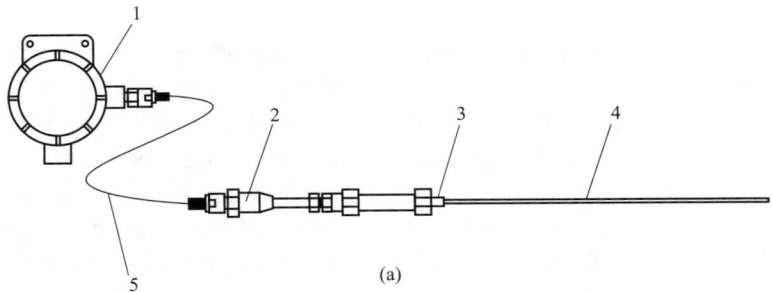

(a)

1—不锈钢接线盒；2—密封装置；3—螺纹套筒；4—单支多点测量元件；5—屏蔽电缆

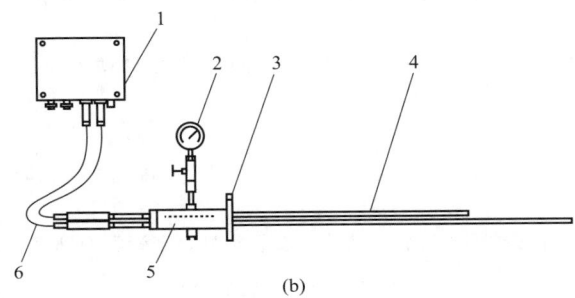

(b)

1—分体式接线箱；2—检测压力表；3—固定法兰；
4—2支ϕ9.5mm K分度实体柔性热电偶元件(每支内4点)；
5—密封腔体；6—连接引线

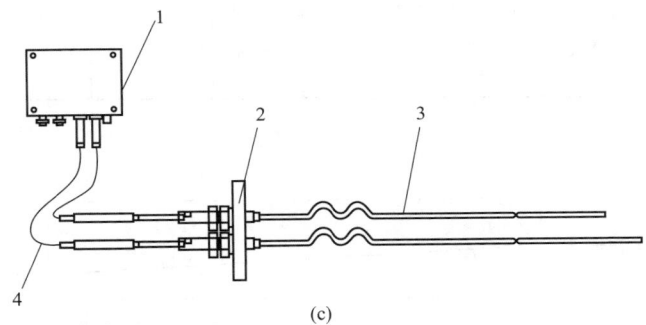

(c)

1—分体式接线箱；2—固定法兰；
3—2支ϕ12.7mm K分度实体柔性元件(每支内9点)；
4—连接引线

图 2-2-25　反应器温度测量热电偶结构示意

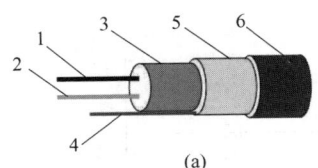
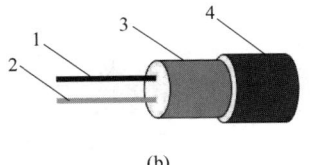

(a)　　　　　　　　　　　　　　　　　　　(b)

1—热敏线芯正极；2—热敏线芯负极；3—热敏材料；　　　1—热敏线芯正极；2—热敏线芯负极；
4—屏蔽地线；5—屏蔽层；6—外层护套　　　　　　　　3—热敏材料；4—外层护套

图 2-2-26　热电偶型测温电缆结构示意

第六节　温度计套管强度计算及选择

流程工业中常采用带有保护套管的热电偶、热电阻和双金属温度计等测量介质温度。测温点的工况决定套管的类型、材质和连接形式。套管有直形、锥形和阶梯形。一般中低压的场合，可选用直形套管；对于被测介质流速较高、要求套管高强度的场合，可选用锥形套管；对于要求阻力小、响应时间短的场合，可选用阶梯形套管。温度计套管连接有法兰、螺纹和焊接三种形式。套管材质通常选用 316SS 不锈钢或其他材料。

当套管插入有流动介质的管道或设备时，如果产生共振，则套管会由于剧烈振动而损坏。判断共振现象发生的依据是套管自然频率（f_{nc}）与介质涡旋脱落频率（f_s）的频率比（r）。套管插入流体时对流体流动产生阻碍，导致在套管两侧交替产生漩涡，称为卡门涡街。涡旋脱落在套管上产生两种力，分别是横向振动升力和纵向振动阻力。两者频率分别为 f_s 和 $2f_s$。当 f_s 或者 $2f_s$ 与 f_{nc} 接近时，共振现象发生，即：在 $f_s = 0.5f_{nc}$ 时，纵向共振发生；在 $f_s = f_{nc}$ 时，横向共振发生。纵向共振发生时的流速为横向共振发生时流速的 50%，纵向共振更容易发生。

本节着重介绍 ASME PTC 19.3 TW-2016 中套管频率计算、强度计算及选用。

一、套管强度计算

1. 适用套管类型

ASME PTC 19.3TW-2016 中给出的套管强度计算方法，适用范围主要包括套管类型、套管外形尺寸和套管加工精度要求。

（1）套管类型　由套管的连接类型和套管形式确定套管类型。套管类型见表 2-2-16。

表 2-2-16　套管类型

套管形式	连接类型				
	螺纹	承插焊	法兰	活套法兰	平焊
直形	直形-螺纹	直形-承插焊	直形-法兰	直形-活套法兰	—
阶梯形	阶梯形-螺纹	阶梯形-承插焊	阶梯形-法兰	—	—
锥形	锥形-螺纹	锥形-承插焊	锥形-法兰	—	锥形-平焊

① 锥形套管截面如图 2-2-27 所示。

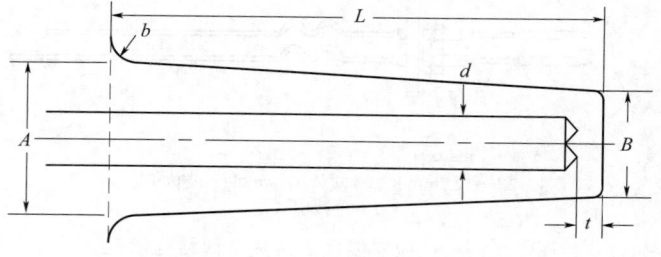

图 2-2-27　锥形套管截面

② 阶梯形套管截面如图 2-2-28 所示。

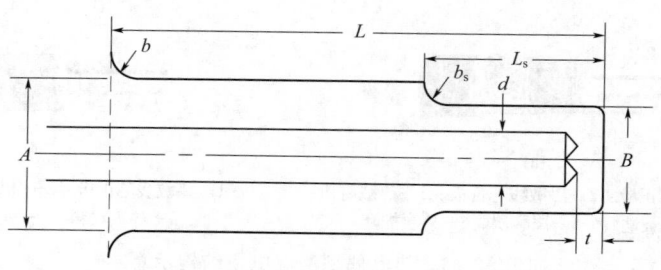

图 2-2-28　阶梯形套管截面

（2）套管外形尺寸　直形套管和锥形套管的尺寸见表 2-2-17。

表 2-2-17　直形套管和锥形套管尺寸

说明	符号	最小值/mm(in)	最大值/mm(in)
插入深度	L	63.5(2.5)	609.6(24)
孔径	d	3.175(0.125)	20.955(0.825)
端部直径	B	9.2(0.36)	46.5(1.83)
锥度	B/A	0.58	1
孔径比	d/B	0.16	0.71
纵横比	L/B	2	—
最小壁厚	$(B-d)/2$	3.0(0.12)	—
端部厚度	t	3.0(0.12)	—

注：插入深度大于最大值时本计算方法仍然有效，仅适用于整体棒料钻孔的套管。

阶梯形套管的尺寸见表 2-2-18。

表 2-2-18　阶梯形套管尺寸

说明	符号	最小值/mm(in)	最大值/mm(in)
插入深度	L	127.0(5)	609.6(24)
孔径	d	6.1(0.24)	6.7(0.265)
阶梯直径比 $B=12.70\text{mm}(0.5\text{in})$	B/A	0.5	0.8
阶梯直径比 $B=22.23\text{mm}(0.875\text{in})$	B/A	0.583	0.875
长度比	L_s/L	0	0.6
最小壁厚	$(B-d)/2$	3.0(0.12)	—
端部厚度	t	3.0(0.12)	—

注：端部直径 B 仅为 12.70mm（0.5in）和 22.23mm（0.875in）两个数值。

（3）套管加工精度要求　套管加工误差见表 2-2-19。

表 2-2-19　套管加工误差

说明	符号	加工误差
插入深度,阶梯形套管头部长度	L,L_s	±1%
根部直径,头部直径,孔径	A,B,d	±3%
头部壁厚	t	0
套管表面光洁度	k_a	0.81μm

如果加工精度不能满足表 2-2-19 要求，应进行误差修正。

2. 套管强度判据准则

（1）低流速状态判断　如果套管处于低流速状态，发生损坏的风险较小。满足下述低流速判断条件时可不进行自然频率、相应频率比、稳态应力和动态应力的计算，但要进行最大操作压力及外部压力限值计算。

① 工艺介质最大流速小于 0.64m/s。

② 套管外形尺寸：$A-d\geqslant9.55\text{mm}$、$L\leqslant610\text{mm}$、$A\geqslant B\geqslant12.7\text{mm}$。

③ 套管材料：最大允许工作压力 $S\geqslant69\text{MPa}$，且动态应力限值 $S_f\geqslant21\text{MPa}$（316SS）。

④ 套管材料不受应力腐蚀或脆变影响。

60

（2）频率限制条件 计算套管自然频率 f_{nc} 和涡旋脱落频率 f_s。

频率限制的合格判据：

$$f_s < 0.4 f_{nc}, f_s < 0.8 f_{nc} \qquad 或 \qquad 0.6 f_{nc} < f_s < 0.8 f_{nc}$$

3. 套管自然频率计算

① 计算平均套管外径

a. 直形套管： $D_a = A$

b. 锥形套管： $D_a = (A + B)/2$

c. 阶梯形套管： $D_a = A$

② 计算套管初始自然频率 f_a

$$f_a = \frac{1.875^2}{2\pi} \sqrt{\frac{EI}{m}} \frac{1}{L^2}$$

式中 I——转动惯量，$I = \dfrac{\pi (D_a^4 - d^4)}{64}$；

m——套管单位长度的质量，$m = \dfrac{\rho_m \pi (D_a^2 - d^2)}{4}$。

使用温度下套管的弹性模量 E 可查相关物性参数表。

③ 计算修正系数 H_f

a. 直形和锥形套管

$$H_f = \frac{0.99 \left[1 + \left(1 - \frac{B}{A} \right) + \left(1 - \frac{B}{A} \right)^2 \right]}{1 + 1.1 \left(\frac{D_a}{L} \right)^{3 \left(1 - 0.8 \times \frac{d}{D_a} \right)}}$$

b. 阶梯形套管

$$H_f = (y_1^{-\beta} + y_2^{-\beta})^{-\frac{1}{\beta}}$$

式中

$$y_1 = \left(c_1 \times \frac{A}{B} + c_2 \right) \left(\frac{L_s}{L} \right) + \left(c_3 \times \frac{A}{B} + c_4 \right)$$

$$y_2 = \left(c_5 \times \frac{A}{B} + c_6 \right) \left(\frac{L_s}{L} \right) + \left(c_7 \times \frac{A}{B} + c_8 \right)$$

$$\beta = c_9 \times \frac{A}{B} + c_{10}$$

式中，c_i 参数见表 2-2-20。

表 2-2-20 c_i 参数

参数	$B = 22.2$mm(0.875in)	$B = 12.7$mm(0.5in)
c_1	1.410	1.407
c_2	−0.949	−0.839
c_3	−0.091	−0.022
c_4	1.132	1.022
c_5	−1.714	−2.228
c_6	0.865	1.594
c_7	0.861	1.313
c_8	1.000	0.362
c_9	9.275	8.299
c_{10}	−7.466	−5.376

注：本表仅适用于 $B = 22.2$mm 和 $B = 12.7$mm 两种尺寸。

④ 计算流体附加质量修正系数 H_{af}

$$H_{af} = 1 - \frac{\rho}{2\rho_m}$$

式中，ρ 为介质密度，kg/m^3。

蒸汽或低密度气体介质时，$H_{af} = 1.0$；水介质时 $H_{af} = 0.94$；密度较大介质时，H_{af} 会减小。

⑤ 计算测温元件质量修正系数 H_{as}

$$H_{as} = 1 - \frac{\rho_s}{\rho_m}\left[\frac{1}{(D_a/d)^2 - 1}\right]$$

式中，ρ_s 为测温元件的密度。热电阻或热电偶 $\rho_s = 2700kg/m^3$。

6.35mm（0.25in）直径测温元件，可设定 $H_{as} = 0.96$；9.53mm（0.375in）直径测温元件，可设定 $H_{as} = 0.93$。

⑥ 计算理想支撑套管的自然频率 f_n

$$f_n = H_f H_{af} H_{as} f_a$$

⑦ 计算安装后套管的自然频率 f_{nc}

$$f_{nc} = H_c f_n$$

式中，H_c 为温度计的安装弹性系数。

a. 当套管与管道连接方式为法兰或焊接时：

$$H_c = 1 - 0.61\frac{A/L}{[1 + 1.5(b/a)]^2}$$

一般设定 b 为 0。

b. 当套管与管道连接方式为螺纹连接时：

$$H_c = 1 - 0.9(A/L)$$

综上所述，安装后套管自然频率 f_{nc} 随流体介质 ρ 增大而减小，与使用温度下套管的材料弹性模量 E 成正比。介质密度从低到高，使用温度从常温到大于 600℃，安装后的套管自然频率 f_{nc} 在 200Hz 左右。

4. 涡旋脱落频率 f_s 计算

涡旋脱落频率与介质流速有关，即

$$f_s = N_s \frac{V}{B}$$

式中　N_s——斯特罗哈数；

　　　V——流速，m/s；

　　　B——套管头部直径，m(in)。

N_s 的计算用工况流速，不是共振时流速。N_s 与介质雷诺数 Re 有关，约为 0.22。

① $22 \leqslant Re \leqslant 1300$ 时

$$N_s = 0.22\left(1 - \frac{22}{Re}\right)$$

② $1300 \leqslant Re \leqslant 5 \times 10^5$ 时

$$N_s = 0.213 - 0.248\left(\lg\frac{Re}{1300}\right)^2 + 0.0095\left(\lg\frac{Re}{1300}\right)^3$$

③ $5 \times 10^5 \leqslant Re \leqslant 5 \times 10^7$ 时

$$N_s = 0.22$$

雷诺数 Re

$$Re = \frac{VB\rho}{\mu}$$

在简单估算或介质黏度难以确定时，$N_s = 0.22$。

5. 套管应力计算

（1）在设计流速条件下的稳态应力计算

① 计算套管上应力

a. 径向压力应力 S_r

$$S_r = P$$

b. 圆周压力应力 S_t

$$S_t = P \frac{1 + \left(\dfrac{d}{A}\right)^2}{1 - \left(\dfrac{d}{A}\right)^2}$$

c. 轴向压力应力 S_a

$$S_a = \frac{P}{1 - \left(\dfrac{d}{A}\right)^2}$$

式中　P——操作压力，Pa；

d——套管孔径，m；

A——套管根部外径，m。

② 在套管支撑面下游侧稳态应力计算

$$S_D = \frac{G_\beta C_D \rho V^2}{2}$$

式中　S_D——稳态应力，Pa；

C_D——稳态压力阻力系数（$C_D = 1.4$）；

G_β——计算参数 G_{sp} 或 G_{RD}。

（2）在设计流速条件下的动态应力计算

① 在非纵向共振条件下横向共振放大系数计算

$$F_M = \frac{1}{1 - r^2}$$

式中　F_M——横向共振放大系数；

r——涡旋脱落频率与自然频率比（横向共振），$r = \dfrac{f_s}{f_{nc}}$（f_s 为涡旋脱落频率，Hz；f_{nc} 为安装后套管自然频率，Hz）。

② 在非纵向共振条件下纵向共振放大系数计算

$$F'_M = \frac{1}{1 - (r')^2}$$

式中　F'_M——纵向共振放大系数；

r'——涡旋脱落频率与自然频率比（纵向共振），$r' = \dfrac{2f_s}{f_{nc}}$。

③ 计算横向振动应力 S_L

$$S_L = \frac{G_\beta C_L F_M \rho V^2}{2}$$

$$C_L = 1.0$$

④ 计算纵向振动应力 S_d

$$S_d = \frac{G_\beta C_d F'_M \rho V^2}{2}$$

$$C_d = 0.1$$

⑤ 计算最大应力 S_{max}

$$S_{max} = S_D + S_a$$

（3）在纵向共振条件下的动态应力计算

① 在纵向共振条件下的流速（V_{IR}）计算

a. $22 \leqslant Re \leqslant 1300$ 时

$$V_{IR} = \frac{Bf_{nc}}{2N_s}\left(1 - \frac{22\mu}{BPV}\right) + \frac{22\mu}{BP}$$

b. $1300 \leqslant Re \leqslant 5 \times 10^5$ 时

$$V_{IR} = \frac{Bf_{nc}}{2N_s}\left[1 - \frac{a(R)}{N_s}\lg\frac{Bf_{nc}}{2N_sV}\right]$$

c. $5 \times 10^5 \leqslant Re \leqslant 5 \times 10^7$ 时

$$V_{IR} = \frac{B f_{nc}}{2N_s}$$

其中，计算 V_{IR} 时的多项式函数　　$a(R) = 0.0285R^2 - 0.0496R$

$$R = \lg(Re/Re_0)$$

$$Re_0 = 1300$$

在工程实际计算中，$N_s = 0.22$，计算纵向共振流速：

$$V_{IR} = \frac{B f_{nc}}{2N_s}$$

② 在套管支撑面下游侧应力计算

a. 稳态应力 S_D 计算

$$S_D = \frac{G_\beta C_D \rho V^2}{2}$$

$$C_D = 1.4$$

b. 横向振动应力 S_L 忽略不计。

c. 纵向振动应力 S_d 计算

$$S_d = \frac{G_\beta C_d F'_M \rho V^2}{2}$$

$$V = V_{IR}$$

$$F'_M = 1000$$

③ 应力集中系数 K_t 的确定

a. 一般 K_t 取 2.2。

b. 螺纹连接时 K_t 取 2.3。

c. 已知 b 和 A：

$\dfrac{A}{b} \leqslant 33$，$K_t = 1.1 + 0.033 \dfrac{A}{b}$；

$\dfrac{A}{b} \geqslant 33$，$K_t = 2.2$。

A：套管根部直径。

b：套管根部圆角半径。

④ 动态应力 F_T、F_E、S_f 的确定。

a. F_E 为环境因数，$F_E \leqslant 1$。

b. F_T 为温度校正因数，$F_T = E(T)/E_{ref}$。

$E(T)$ 为操作温度下的弹性模量，E_{ref} 为弹性模量参考值。

A 级材料，$E_{ref} = 202GPa$，低铬合金，$E_{ref} = 213GPa$；B 级材料，$E_{ref} = 195GPa$，镍铜合金，$E_{ref} = 179GPa$。

(4) G_β 参数计算　　G_β 参数是指 G_{SP} 和 G_{RD} 两个参数。

① 对于锥形、直形无遮蔽长度的套管：

$$G_{SP} = \frac{16L^2}{3\pi A^2 \left[1 - \left(\dfrac{d}{A}\right)^4\right]} \left[1 + 2\left(\frac{B}{A}\right)\right]$$

② 对于锥形、直形有遮蔽长度的套管：

$$G_{SP} = \frac{16L^2}{3\pi A^2 \left[1 - \left(\dfrac{d}{A}\right)^4\right]} \left[3\left(1 - \left(\frac{L_0}{L}\right)^2\right) + 2\left(\frac{B}{A} - 1\right)\left(1 - \left(\frac{L_0}{L}\right)^3\right)\right]$$

套管在生命周期里可能达到 1×10^{11} 次振动，属于高循环限制条件下的振动，其 S_f 值可依据表 2-2-21 选取。

二、温度计套管强度计算举例

根据 ASME PTC 19.3 规定的结构和尺寸对套管进行强度计算，判断套管的强度能否满足工况要求，并根据计算结果给出插入深度和改进建议。

表 2-2-21 S_f 参数

套管材料等级	在最大应力位置的金属状态	S_f 值/MPa
A	焊接或螺纹连接	20.7
A	焊接,然后机加工	32.4
A	无焊接	48.3
B	焊接或螺纹连接	37.2
B	焊接,然后机加工	62.8
B	无焊接	93.8

三种不同类型的温度计套管:图 2-2-29 为直形套管,图 2-2-30 为锥形套管,图 2-2-31 为阶梯形套管。表 2-2-22 为温度计套管的规格数据。

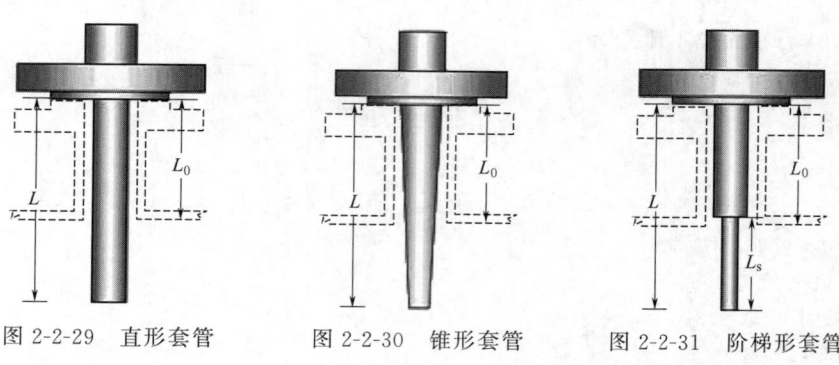

图 2-2-29　直形套管　　　图 2-2-30　锥形套管　　　图 2-2-31　阶梯形套管

表 2-2-22　温度计套管的规格数据

套管类型	直形	锥形	阶梯形
过程连接形式	法兰连接	法兰连接	法兰连接
法兰压力等级	ANSI 300 LB	ANSI 300 LB	ANSI 300 LB
套管材质	316SS	316SS	316SS
插入深度 L/mm	275	275	400
管嘴高度/mm	150	150	150
小直径部分的长度 L_s/mm	—	—	64
孔径 d/mm	9	9	6.6
根部直径 A/mm	22	23	33
端部直径 B/mm	22	17	22.23(PTC 19.3 标准阶梯形只有 12.7mm 和 22.23mm 两种)
端部厚度 t/mm	5	5	6
根部圆角半径 b/mm	0	3	5
阶梯处圆角半径 b_s/mm	0	0	3
套管材质密度 ρ/(kg/m³)	8000	8000	8000
弹性模量 E/GPa	193.86	177.09	193.61
温度系数 F_T	1	0.91	2
最大允许工作应力 S/MPa	137.9	89.97	136.83

套管类型	直形	锥形	阶梯形
疲劳应力限值 S_f/MPa	62.8	62.8	62.8
环境因数	1	1	1
管道材质	20#	20#	20#
管道外/内径/mm	273/254	273/243	630/600
介质名称	乙烯	蒸汽	水
介质状态	气体	蒸汽	液体
最大流速/(m/s)	6.7	37.7	3.6
设计压力/MPa	3.9	1.6	1.0
操作压力/MPa	2.5	1.2	0.449
操作温度/℃	25	280	41
操作密度/(kg/m³)	49.1	6.588	994
动力黏度/mPa·s	0.01	0.0192	1.0

以表 2-2-22 中三种套管为例,表 2-2-23 给出了温度计套管强度计算过程。

表 2-2-23　三种温度计套管强度计算举例

套管类型	直形套管	锥形套管	阶梯形套管
频率计算	—	—	—
(1)套管自然频率计算	—	—	—
①平均套管外径 $D_a=A$ 锥形 =(根部直径+端部直径)/2	0.022m	0.02m	0.033m
②套管初始自然频率 f_a: $f_a=\dfrac{1.875^2}{2\pi}\sqrt{\dfrac{EI}{m}}\times\dfrac{1}{L^2}$	216.4315	190.8634	144.7430
③计算频率修正系数 H_f: $H_f=\dfrac{0.99\left[1+\left(1-\dfrac{B}{A}\right)+\left(1-\dfrac{B}{A}\right)^2\right]}{1+1.1\left(\dfrac{D_a}{L}\right)^3\left[1-0.8\left(\dfrac{d}{D_a}\right)\right]}$ 用于直形和锥形套管	0.9833	1.3062	1.1735
④计算流体附加质量修正系数 H_{af}: $H_{af}=1-\dfrac{\rho}{2\rho_m}$	1	0.94	0.94
⑤计算传感器附加质量修正系数 H_{aS}: $H_{aS}=1-\dfrac{\rho_s}{2\rho_m}\times\dfrac{1}{\left(\dfrac{D_a}{d}\right)^2-1}$	0.9660	0.9571	0.9929
⑥理想支撑的套管自然频率 f_n: $f_n=H_f H_{af} H_{aS} f_a$	205.6172	238.6344	158.5508
⑦安装后的套管自然频率 f_{nc}: $f_{nc}=H_c f_n$	195.5831	230.1181	153.2533

66

套管类型	直形套管	锥形套管	阶梯形套管
(2)涡旋脱落频率 f_s: $f_s = \dfrac{\omega_s}{2\pi} = N_s \dfrac{V}{B}$	67	427.3432	30.4479
套管稳态和动态应力计算	—	—	—
(1)在设计流速条件下的稳态应力计算	—	—	—
①计算套管上的应力	—	—	—
径向压力应力 S_r: $S_r = P$	3.9MPa	1.6MPa	1.0MPa
圆周压力应力 S_t: $S_t = P\dfrac{1+\left(\dfrac{d}{A}\right)^2}{1-\left(\dfrac{d}{A}\right)^2}$	5.4677MPa	2.1785MPa	1.19310MPa
轴向压力应力 S_a:　$S_a = \dfrac{P}{1-\left(\dfrac{d}{A}\right)^2}$	4.6838MPa	1.8892MPa	1.1472MPa
②套管支撑面下游侧稳态应力 S_D: $S_D = \dfrac{G_\beta C_D \rho V^2}{2}$	0.82750MPa	2.1145MPa	5.0073MPa
(2)在设计流速条件下的动态应力计算	—	—	—
①在非纵向共振条件下横向共振放大系数 F_M: $F_M = \dfrac{1}{1-r^2}$ 在非纵向共振条件下纵向共振放大系数 F'_M: $F'_M = \dfrac{1}{1-(r')^2}$	1.1329 1.8846	— —	1.0410 1.1874
②横向振动应力为 S_L: $S_L = \dfrac{G_\beta C_L F_M \rho V^2}{2}$	0.6696MPa	—	3.7236MPa
③纵向振动应力为 S_d: $S_d = \dfrac{G_\beta C_d F'_M \rho V^2}{2}$	0.1113MPa	—	0.42473MPa
④最大应力点 S_{max}: $S_{max} = S_D + S_a$	5.5113MPa	4.0037MPa	6.1545MPa
(3)在纵向共振条件下的动态应力计算	—	—	—
①纵向共振条件下的流速 V_{IR} 计算: $V_{IR} = \begin{cases} \dfrac{Bf_{nc}}{2N_s}\left(1-\dfrac{22\mu}{B\rho V}\right) + \dfrac{22\mu}{B\rho} & 22 \leqslant Re \leqslant 1300 \\ \dfrac{Bf_{nc}}{2N_s}\left(1-\dfrac{a(R)}{N_s}\lg\left(\dfrac{Bf_{nc}}{2N_s V}\right)\right) & 1300 \leqslant Re \leqslant 5\times10^5 \\ \dfrac{Bf_{nc}}{2N_s} & 5\times10^5 \leqslant Re \leqslant 5\times10^7 \end{cases}$	满足 $F_s < 0.4f_{nc}$	10.8973m/s	满足 $F_s < 0.4f_{nc}$

套管类型	直形套管	锥形套管	阶梯形套管
②在套管支撑面下游侧应力 S_d 计算: 纵向振动应力 $S_d = \dfrac{G_\beta C_d F'_M \rho V_{IR}^2}{2}$ 其中:$F'_M = 1000$ 或 $1/(2\zeta)$	—	12.619MPa	—
③应力集中系数 K_t 的确定	2.2	1.353	1.3178
④动态应力判别条件中 F_T、F_E、S_f 的确定	$F_T = 1$ $F_E = 1$ $S_f = 62.8$MPa	$F_T = 0.9134$ $F_E = 1$ $S_f = 62.8$MPa	$F_T = 0.9987$ $F_E = 1$ $S_f = 62.8$MPa
(4)G_β 参数计算	—	—	—
①对于锥形、直形且有遮蔽长度的套管: $G_{SP} = \dfrac{16L^2}{3\pi A^2 \left[1 - \left(\dfrac{d}{A}\right)^4\right]} \left[3\left(1 - \left(\dfrac{L_0}{L}\right)^2\right) + 2\left(\dfrac{B}{A} - 1\right)\left(1 - \left(\dfrac{L_0}{L}\right)^3\right)\right]$	536.3423	385.0247	—
②对于阶梯形有遮蔽长度的套管: a. 支撑面处,如果 $L_0 < L - L_s$: $G_{SP} = \dfrac{16L^2}{\pi A^2 \left[1 - \left(\dfrac{d}{A}\right)^4\right]} \left[\left(\dfrac{B}{A}\right) + \left(1 - \left(\dfrac{B}{A}\right)\right)\left(1 - \left(\dfrac{L_s}{L}\right)\right)^2 - \left(\dfrac{L_0}{L}\right)^2\right]$ 支撑面处,如果 $L_0 \geqslant L - L_s$: $G_{SP} = \dfrac{16BL^2}{\pi A^3 \left[1 - \left(\dfrac{d}{A}\right)^4\right]} \left[1 - \left(\dfrac{L_0}{L}\right)^2\right]$ b. 阶梯处,如果 $L_0 < L - L_s$: $G_{RD} = \dfrac{16L_s^2}{\pi B^2 \left[1 - \left(\dfrac{d}{B}\right)^4\right]}$ 阶梯处,如果 $L_0 \geqslant L - L_s$: $G_{RD} = \dfrac{16L^2}{\pi B^2 \left[1 - \left(\dfrac{d}{B}\right)^4\right]} \left[1 - \left(\dfrac{L_0}{L}\right)\right]\left(2\left(\dfrac{L_s}{L}\right) - 1 + \left(\dfrac{L_0}{L}\right)\right)$	—	—	$G_{SP} =$ 555.2900 $G_{RD} =$ 42.5440
套管压力限制计算	—	—	—
(1)压力小于 103MPa,套管杆部设计静态压力 P_c 计算: $P_c = 0.66S \left[\dfrac{2.167}{(B-d)} - 0.083\right]$	50.690MPa	25.3294MPa	61.2742MPa
(2)套管端部的设计压力 P_t 计算 $P_t = \dfrac{S}{0.13}\left(\dfrac{t}{d}\right)^2$	327.3979MPa	213.595MPa	869.8559MPa
(3)套管法兰设计压力 P_f	4.96MPa	3.232MPa	4.9225MPa
(4)套管的外部压力 P_r 对于法兰型套管,P_r 是 P_c、P_t、P_f 的最小值	4.96MPa	3.232MPa	4.9225MPa
套管强度合格判据	—	—	—
(1)频率限制条件 $r < r_{max}$	通过	未通过	通过

套管类型	直形套管	锥形套管	阶梯形套管
计算套管的斯克拉顿数(Scruton)N_{sc}: $N_{sc}=\pi^2\zeta\left(\dfrac{\rho_m}{\rho}\right)\left[1-\left(\dfrac{d}{B}\right)^2\right]$	0.6694	5.1473	0.0362
雷诺数 $Re=\dfrac{VB\rho}{\mu}$	7.2373×10^5	2.1583×10^5	0.7955×10^5
频率比 $r=\dfrac{f_s}{f_{nc}}$	0.3426	1.8571	0.1987
频率比限值 r_{max}	0.4	0.8	0.4
(2)稳态应力限制条件:$L_{HS}\leqslant R_{HS}$	通过	通过	通过
$L_{HS}=\sqrt{\dfrac{(S_{max}-S_r)^2+(S_{max}-S_t)^2+(S_t-S_r)^2}{2}}$	1.5956MPa	2.1222MPa	4.9596MPa
$R_{HS}=1.5S$	206.85MPa	134.95MPa	205.24MPa
(3)动态应力限制条件:$S_{omax}<F_TF_ES_f$	通过	通过	通过
$S_{omax}=K_t\sqrt{S_d^2+S_L^2}$	1.4934MPa	0.8346MPa	4.9388MPa
$S_{omax}=K_tS_d$(纵向共振条件下)	—	17.0735MPa	—
$F_TF_ES_f$	62.8MPa	57.37MPa	62.72MPa
(4)压力限制条件:$P_r>P$	通过	通过	通过
P_r 套管外部压力	4.96MPa	3.232MPa	4.92MPa
P 操作压力	3.9MPa	1.6MPa	1MPa
结论:	通过	不通过	通过

对于锥形套管,在频率比为 0.4~0.6 之间会产生纵向共振,但在纵向共振流速 V_{IR} 下的动态应力仍能满足动态应力限值要求,即:

$$S_{omax}=K_tS_d=1.353\times12.619\text{MPa}=17.0735\text{MPa}<F_TF_ES_f=57.37\text{MPa}$$

由于介质流速较大,频率比超过 0.8,无法保证套管强度满足实际要求。

现将套管尺寸增加,$A=38$mm,$B=32$mm,$t=12$mm,重新计算后的结果:

频率比 $r=0.7230$,纵向共振条件下的动态应力 $S_{omax}=57.60$MPa>57.37MPa,建议套管插入深度为 200mm。

以上计算结果满足频率比小于 0.8 的要求,但在频率比为 0.4~0.6 的纵向共振区域,其动态应力的最大值大于动态应力限制条件。所以,计算后建议该套管在频率比为 0.4~0.6 之间(对应流速大约在 22~32m/s 范围内)不能长期使用。在纵向共振区域长期使用,可能导致套管疲劳损坏或导致套管内温度传感器损坏。

三、温度计套管的选用

1. 材料的选择原则

为使测量端不直接与被测介质接触,通常采用套管。它不仅可以延长热电偶或热电阻的使用寿命,还可以起到支撑和固定测量端、增加其强度的作用。

套管材料选择原则如下:

① 能够承受被测对象的温度与压力;

② 高温下物理与化学性能稳定;

③ 机械强度高,能够承受振动、冲击等机械作用;

④ 耐热冲击性能良好;

⑤ 足够的气密性;

⑥ 不产生对热电偶或热电阻有害的气体;

⑦ 导热性能良好。

2. 套管材料的分类

(1) 金属套管　金属套管机械强度高,韧性好,耐腐蚀及抗氧化性强。金属套管的种类见表 2-2-24。

表 2-2-24　温度计套管种类

材质		特性
奥氏体不锈钢	304SS	18Cr-8Ni 不锈钢。耐热耐蚀性能优良,在氧化气氛下,可用到 900℃。由于渗碳作用,致使其抗蚀能力降低,使用温度降为 430～540℃。在 −185～790℃ 范围内,有良好的机械强度,抗硫、还原性能差
	310SS	25Cr-20Ni 不锈钢。含镍、铬高,耐热性能优良,抗硫能力低,在氧化气氛下,可用至 1150℃
	316SS	18Cr-12Ni-Mo 不锈钢。因含钼,在氧化气氛下可用到 930℃。耐热、耐酸、碱侵蚀性能优良
	347SS	18Cr-9Ni-Nb-Fe 不锈钢。因加 Nb,抗晶间腐蚀性强
铁素体耐热钢	446SS	在氧化气氛下使用温度为 1090℃,具有优良的耐高温腐蚀及抗氧化能力。不适用于含碳气氛
镍基合金	GH3030	19%～22%Cr,0.15%～0.35%Ti,余 Ni。具有优良的抗腐蚀及抗氧化性能,良好的工艺性能与满意的焊接性能,常用温度为 1150℃
	GH3039	18%～22%Cr,1.8%～2.3%Mo,0.9%～1.3%Nb,0.3%Fe,余 Ni。加入 Mo、Nb 等元素进行固溶强化,在 800℃ 以下具有足够的持久强度和冷热疲劳性能。常用温度为 1150℃
镍铬铁合金 Inconel 合金	600	在氧化气氛下可用至 1150℃,在还原气氛下最高使用温度降至 1040℃。在含硫气氛下,使用温度不能超过 540℃
	601	用途与 600 型相同,但高温下抗氧化、抗硫腐蚀能力强,使用温度可达 1260℃
	800	在氧化气氛下,可用至 1090℃。与 600 型相似,但不适用于氮化炉、氢氧化物熔体。抗硫腐蚀能力超过 600 型
哈氏合金	哈氏 B 合金	适用于各种浓度及温度的盐酸,对硫酸、磷酸也有耐蚀性。在空气中使用温度为 760℃
	哈氏 C 合金	可用于氧化、还原气氛,抗氯化铁、氯化铜性能优良。在空气中使用温度为 1000℃

不锈钢可用到 850℃;铁基(Fe-Cr、Fe-Cr-Al、Fe-Cr-Ni、Fe-Si-Ni-Si)、镍基(Ni-Cr)、钴基(Co-Cr-Fe)等高温合金用在 1100～1300℃ 的场合。

金属套管在高温下易与碳及熔融金属起反应,不能用来测量金属熔体的温度。

(2) 非金属套管　非金属套管主要有:高熔点氧化物及复合氧化物 Al_2O_3、SiO_2、MgO、ZrO_2 等;氮化物 Si_3N_4、Si_3N_4 结合 SiC;碳化物 SiC 等。主要的非金属套管特性见表 2-2-25。

表 2-2-25　非金属套管特性

材质	特性
石英	使用温度可达 1090℃,热胀系数小,耐热冲击性能强,响应速度快,耐酸性能好,耐碱性能差,可透过氢及还原性气体
莫来石($3Al_2O_3 \cdot 2SiO_2$)	使用温度可达 1510℃,机械强度低,耐热冲击性较强,在 $BaCl_2$ 熔盐中可用到 1290℃,耐熔金属及可燃性气体腐蚀,耐金属氧化物及碱腐蚀性能差,应垂直安装。水平安放时,要有支撑
氧化铝	使用温度可达 1760℃,机械强度、耐热冲击性中等

续表

材质	特性
刚玉	在有支撑的条件下,使用温度可达 1870℃。耐熔融金属腐蚀,气密性好,耐热冲击性能较差
碳化硅	耐化学腐蚀性能好,热导率大,在高温下变成导体。因气密性不好,使用时要加不透气的内套管构成复合管。高温氧化是影响其寿命的主要问题
氮化硅	使用温度为 1000℃,耐酸式盐腐蚀,耐热冲击性能优异,机械强度低,耐有色金属腐蚀
氧化锆	使用温度为 1900℃,在高温下成为导体。耐碱、碱性渣及特殊的玻璃熔体腐蚀
二硅化钼	使用温度为 1600℃,抗氧化,耐高温,耐热冲击,气密性好。在还原气氛及腐蚀介质中,亦具有较高的化学稳定性
石墨	常用温度为 1500℃,最高可达 2300℃,耐高温、耐热冲击性能良好,易氧化。在碱性腐蚀介质中,亦有良好的稳定性

第七节　现场温度变送器

一、概述

现场温度变送器整体精度高、测量稳定、受环境温度影响小,可现场调试操作,现场指示温度,安全性高,具有智能诊断功能,可实现预测维护和远程维护。

现场温度变送器分为两种 (图 2-2-32):

① 温度变送器带温度测量元件,称为一体型温度变送器;

② 温度变送器与温度测量元件分开,称为分体型温度变送器。

现场温度变送器包括单 (双) 点温度变送器、多路温度采集器、多路温度变送器等,广泛应用于石油、石油化工、化工、纺织、电力、航空等行业。

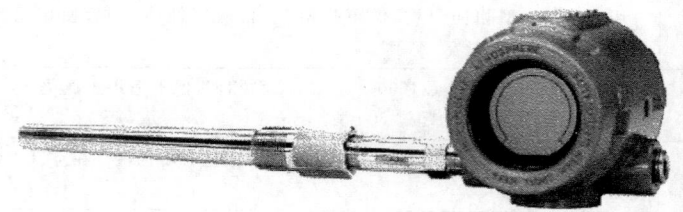

(a) 一体型温度变送器　　　　　　　　　　　　　　(b) 分体型温度变送器

图 2-2-32　现场温度变送器示意图

二、工作原理

现场温度变送器接收热电阻、热电偶测量信号,对这些信号进行处理并提供稳定的输出信号。

变送器电路模块由放大单元、线性化单元、电压/电流转换、自校正电路、电压调整单元和反向保护电路等组成,配热电偶测温元件的变送器还包括冷端补偿单元,配热电阻为测温元件的变送器还包括 R/V 变换单元。

三、主要技术指标

(1) 输入:热电阻 (单、双支),热电偶 (单、双支)。

(2) 输出:4~20mA/HART 二线制,FF,PROFIBUS,无线数字信号。

(3) 供电电源:12~42V DC。

(4) 稳定性:输出读数的±0.15% 或 0.15℃ (24 个月内)。

(5) 更新时间:单输入,0.5s;双输入,1.0s。

(6) 环境温度:-40~60℃。

(7) 相对湿度:5%~90%。

（8）防爆等级：本安 Ex ia ⅡC T6；隔爆 Ex d ⅡC T6。

（9）防护等级：IP65。

（10）外壳材质：铝、不锈钢。

（11）安全认证：SIL2、SIL3。

（12）电气接口：M20×1.5、1/2″NPT。

（13）过程连接：螺纹、法兰。

（14）选择项：LCD 显示屏、自诊断软件、高低报警、防浪涌模块（内置）、双输入配置等。

四、现场多路温度采集器（变送器）

现场多路温度采集器（变送器）是一种高性能的数据采集仪，可以同时监视 8～16 通道的温度变化，适于现场多点温度采集。现场多路温度采集器（变送器）通过 Modbus 或采用 FF 总线形式，通过信号通信送到现场机柜间或控制室的控制系统。

防爆等级：本安 Ex ia ⅡC T6，隔爆 Ex d ⅡC T6。

防护等级：IP65。

供电形式：回路供电。

第八节　温度测量仪表选用

一、总则

在现场安装的温度仪表，应根据危险区域的等级划分，选择满足危险区域的相应仪表，防爆设计应符合《爆炸性气体环境用电气设备》（GB 3836 或 IEC 60079）标准的要求，所选择的防爆产品应具有国家权威机构颁发的防爆合格证。

仪表的防护等级应符合现行国家标准《外壳防护等级》（GB 4208）的有关规定，现场安装的电子式仪表不低于 IP65 的防护等级。

在管道或设备上安装的温度测量仪表，过程连接的压力等级应符合管道材料等级规定。

二、温度仪表测量单位及量程

① 温度仪表测量单位采用摄氏温度（℃）。

② 温度仪表量程采用直读式或数显式。

③ 温度仪表正常使用温度，就地温度计为量程的 30%～70%，温度变送器为量程的 20%～90%。

三、就地温度仪表

① 就地温度仪表选用万向型双金属温度计，温度测量范围为 −80～500℃，精确度 ±1.5%。

② 压力式温度计温度测量范围为 −100～500℃，精确度 ±1.5%，毛细管带不锈钢铠装保护层，长度不超过 6m。

四、远传测量温度仪表

① 在温度测量精确度要求较高、反应速度较快、无振动的场合，选用铠装热电阻（RTD），采用 Pt100，三线制，符合 IEC 60751 标准。

② 在温度测量范围大、有振动的场合，选用铠装热电偶。采用 K、E、J、T、S、R、B 分度号，符合 IEC 60584 标准。

③ 除三取二配置的测温元件外，用于 SIS 的测温元件与其他测温元件分开设置，安装在不同的温度计套管中；用于 SIS 或关键控制的测温元件采用双支，且温度变送器选用双通道型或冗余配置。

④ 要求 mV 温度信号传输时，选用热电偶配补偿导线接入 mV 温度转换器，带 TC 转换安全栅或控制系统的 mV 信号输入卡。

⑤ 要求电阻温度信号传输时，选用热电阻接入 RTD 温度转换器、带 RTD 转换安全栅或控制系统的 RTD 信号输入卡。

⑥ 多路温度采集器及多路温度变送器不得用于 SIS。

⑦ 测量加热炉、裂解炉、焚烧炉等炉膛或蒸汽锅炉内的温度时，选用 K 型热电偶；热电偶应配固定卡，并带有膨胀圈；测温元件的接线盒距离炉外壁大于 200mm。

⑧ 测温元件铠装护套的材质最低选用 316SS；当介质温度为 800~1000℃时选用 Inconel 600、800 合金，为 1000~1500℃时选用铂，高于 1500℃时选用钽或钼。

⑨ 测量管道或设备的外壁温度选择表面热电偶。

⑩ 温度计套管采用整体钻孔锥形套管，并应进行强度计算。

五、温度变送器的选型

① 温度变送器输出信号优先选用 4~20mA DC 带 HART 协议，也可选用 FF、Profibus 等数字信号。

② 温度变送器可选单通道、双通道或多通道。

③ 爆炸危险区内安装的温度变送器选用隔爆型（Exd）、本安型（Exia），防护等级 IP66。

④ 温度变送器具有输入/输出隔离、热电偶冷端补偿和输出信号线性化功能。

⑤ 温度变送器具有温度元件断线自动检测功能。

第三章 流量测量仪表及选用

第一节 流量测量仪表概述

一、流量测量的意义

流体流过一定截面的量称为流量。流量的表达式为：

$$q_v = \frac{dV}{dt} = vA \tag{2-3-1}$$

$$q_m = \frac{dm}{dt} = \rho vA \tag{2-3-2}$$

式中 q_v——体积流量，m^3/s；

$\quad\ \ q_m$——质量流量，kg/s；

$\quad\ \ V$——流体体积，m^3；

$\quad\ \ m$——流体质量，kg；

$\quad\ \ t$——时间，s；

$\quad\ \ \rho$——流体密度，kg/m^3；

$\quad\ \ v$——管道内平均流速，m/s；

$\quad\ \ A$——管道内横截面积，m^2。

在一段时间内流体流过一定截面的量称为累积流量，又称总量，其表达式为：

$$V = \int_{t_1}^{t_2} q_v \, dt \tag{2-3-3}$$

$$m = \int_{t_1}^{t_2} q_m \, dt \tag{2-3-4}$$

在过程仪表与装置中，流量仪表主要有两大功用，即作为过程自动控制的检测仪表和作为测量物料数量的总量表。

二、流量仪表的分类

流量测量与仪表可按不同原则分类。

1. 按测量对象分类

按测量对象，流量测量仪表可分为封闭管道满管流量计和明渠流量计两大类。封闭管道的流体靠压力输送，而明渠是通过高位差自由输送。明渠流动为不满管状态，所以此两类流量计有不同的特征。本书主要介绍封闭管道满管流量计。明渠流量计所依据的物理原理与封闭管道满管流量计有共同之处，随着环保及农业工程的发展，明渠流量计的种类亦迅速增加。

2. 按测量目的分类

按测量目的，流量测量可分为计量测量和流量测量，其仪表分别称为计量表和流量计。计量表用于测量一段时间内流过管道的流体总量，在能源计量中采用具有累计功能的计量表。流量计用于测量流过管道的流体流量，在实际应用中需要检测与控制管道中的流体流量。

3. 按测量原理分类

各种物理原理是流量测量的理论基础，流量测量原理可按物理学科分类。

（1）力学原理 应用伯努利定理的差压式、浮子式；应用动量定理的可动管式、冲量式；应用牛顿第二定律的直接质量式；应用流体阻力原理的靶式；应用动量守恒原理的叶轮式；应用流体振动原理的涡街式、旋进式；应用动压原理的皮托管式、均速管式；应用分割流体体积原理的容积式等。

（2）热学原理 应用热学原理的热分布式、热散效应式等。

（3）声学原理 应用声学原理的超声式、声式（冲击波式）等。

（4）电学原理　应用电学原理的电磁式、电容式、电感式和电阻式等。

（5）光学原理　应用光学原理的激光式和光电式等。

（6）原子物理原理　应用原子物理原理的核磁共振式和核辐射式等。

（7）其他　标记法等。

4. 按测量体积流量和质量流量分类

按流量计检测信号反映的是体积流量或质量流量，可分为体积流量计和质量流量计。

（1）体积流量计　流量计检测器的输出信号反映体积流量，有以下几类：电磁流量计、涡轮流量计、涡街（旋进）流量计、超声流量计、容积式流量计等。流量计的输出信号与管道中流体的平均流速或体积流量成一定关系，反映真实的体积流量。用这些流量计测量流体的质量流量，应配备密度变送器（通常为压力、温度变送器）用于补偿，换算成质量流量。

（2）质量流量计　质量流量计可分为直接式质量流量计和间接式质量流量计。

① 直接式质量流量计。流量计检测器的输出信号直接显示流体的质量流量，常用的有科里奥利质量流量计和热式质量流量计。

a. 科里奥利质量流量计。流体在振动管中流动时，依据科里奥利力原理，产生与质量流量成正比的质量流量信号。

b. 热式质量流量计。利用流体与热源（流体中外加热的物体或仪表测量管管壁外加热的物体）之间热量交换的关系测量流体的质量流量。

② 间接式质量流量计。间接式质量流量计的检测器输出信号并不直接反映质量流量，而是通过检测器经密度换算成质量流量，常用的有两种：

a. 动能检测器和密度计的组合方式，差压式流量计的检测器是动能检测器，与密度计组合求得质量流量。

b. 体积流量计和密度计的组合方式，通过计算求得质量流量。通过压力、温度补偿也是常用的方法。压力温度补偿式是此类流量计用得广泛的一种类型，其计算式为 $q_m = \rho q_V$。

第二节　差压流量计

差压式流量计是石油、石油化工、煤化工、电力行业用量居首位的流量计，其中标准节流装置是优先选用的仪表。

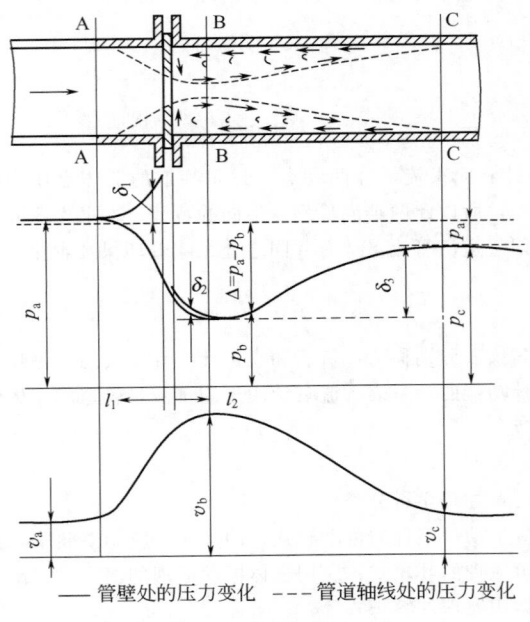

—— 管壁处的压力变化　--- 管道轴线处的压力变化

图 2-3-1　流经节流件（孔板）的
压力和流速的变化

一、工作原理

节流式差压流量计由三部分组成，即节流装置、差压变送器和流量显示仪表。这里仅介绍节流装置部分。节流式差压流量计的工作原理如下。

充满管道的流体，当它流经管道内的节流件时，如图 2-3-1 所示，流束在节流件处形成局部收缩，此时流速增大，静压降低，在节流件前后产生差压，流量越大，差压越大，因而可依据差压来衡量流量的大小。这种测量方法是以流动连续性方程（质量守恒律）和伯努利方程（能量守恒律）为基础的。差压的大小不仅与流量有关，还与其他许多因素有关，如节流装置形式、管道内流体的物理性质（密度、黏度）及流动状况等。

节流式差压流量计的流量计算式为

$$q_m = \frac{C}{\sqrt{1-\beta(D)^4}} \varepsilon \frac{\pi}{4} d^2 \sqrt{2\Delta p \rho_1} \quad (2\text{-}3\text{-}5)$$

$$q_V = q_m / \rho_1 \quad (2\text{-}3\text{-}6)$$

式中　q_m——质量流量，kg/s；

　　　q_V——体积流量，m³/s；

　　　C——流出系数；

ε——可膨胀性系数；

$\beta(D)$——直径比，$\beta=d/D$；

d——工作条件下节流件的孔径，m；

D——工作条件下上游管道内径，m；

Δp——差压，Pa；

ρ_1——上游流体密度，kg/m^3。

由式（2-3-5）可见，流量为 C、ε、d、ρ、Δp、$\beta(D)$ 6个参数的函数，此6个参数可分为实测量 $[d、\rho、\Delta p、\beta(D)]$ 和统计量 (C,ε) 两类。实测量有的在制造安装前确定，如 d 和 $\beta(D)$；有的在仪表运行时测定，如 Δp。统计量则是无法实测的量（指按标准文件制造安装，不经校准使用），在现场使用时由标准文件确定的 C 及 ε 值与实际值是否符合，是由设计、制造、安装及使用一系列因素决定的，遵循标准文件（如 GB/T 2624）的规定，其实际值才会与标准值符合，但是一般现场是难以做到的。检查偏离标准就成为现场使用的必要工作。

应该指出，与标准条件的偏离，有的可定量估算（可进行修正），有的只能定性估计（估计不确定度）。

二、分类与结构

差压式流量计分类如表2-3-1所示。

表 2-3-1　差压式流量计分类表

分类原则	分类类型
按产生差压的作用原理分	①节流式；②水力阻力式；③离心式；④动压头式；⑤动压增益式；⑥射流式
按结构形式分	①标准孔板；②标准喷嘴；③经典文丘里管；④文丘里喷嘴；⑤¼圆孔板；⑥锥形入口孔板；⑦圆缺孔板；⑧偏心孔板；⑨楔形流量计；⑩道尔管；⑪罗洛斯管；⑫线性孔板；⑬小管径孔板（内藏孔板）；⑭弯管，环形管；⑮可换孔板
按用途分	①标准节流装置；②低雷诺数节流装置；③脏污流体用节流装置；④低压损节流装置；⑤小管径节流装置；⑥宽范围度节流装置；⑦临界流装置

1. 按产生差压原理分类

（1）节流式　依据流体通过节流件使部分压力能转变为动能以产生差压的原理工作，如孔板、文丘里管等。

（2）动压头式　依据动压转变成静压的原理工作，如皮托管流量计、均速管等。

（3）水力阻力式　依据流体阻力产生差压的原理工作，如层流流量计等。

（4）离心式　依据弯曲管或环形管产生离心力形成差压的原理工作，如弯管流量计、环形管流量计等。

（5）动压增益式　依据动压放大的原理工作，如皮托-文丘里管流量计等。

（6）射流式　依据流体射流撞击产生差压的原理工作，如射流式差压流量计等。

2. 按结构形式分类

（1）标准孔板　又称同心直角孔板，其轴向截面如图2-3-2所示，孔板是一块加工成圆形同心的具有锐利直角边缘开孔的薄板。标准孔板有三种取压方式，即法兰、角接和径距取压。

（2）标准喷嘴　标准喷嘴有两种：ISA1932喷嘴和长径喷嘴，其结构如图2-3-3所示。ISA1932喷嘴由两段圆弧形收缩段和圆筒形段组成，它仅有角接取压一种取压方式。长径喷嘴有两种形式：高比值喷嘴（$0.25\leqslant\beta\leqslant0.80$）和低比值喷嘴（$0.20\leqslant\beta\leqslant0.50$），当 β 值介于0.25与0.5之间时，可采用任意一种结构的喷嘴。长

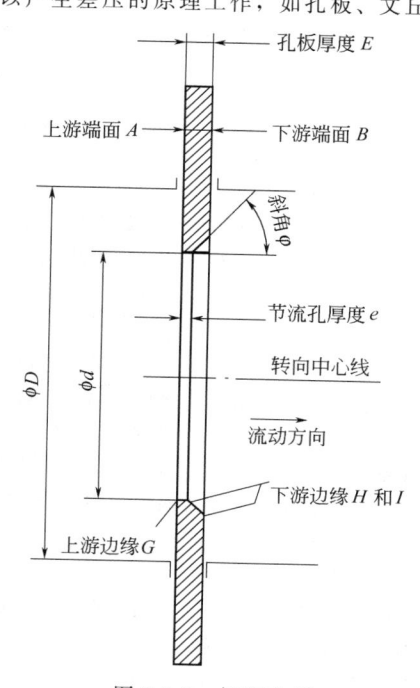

图 2-3-2　标准孔板

76

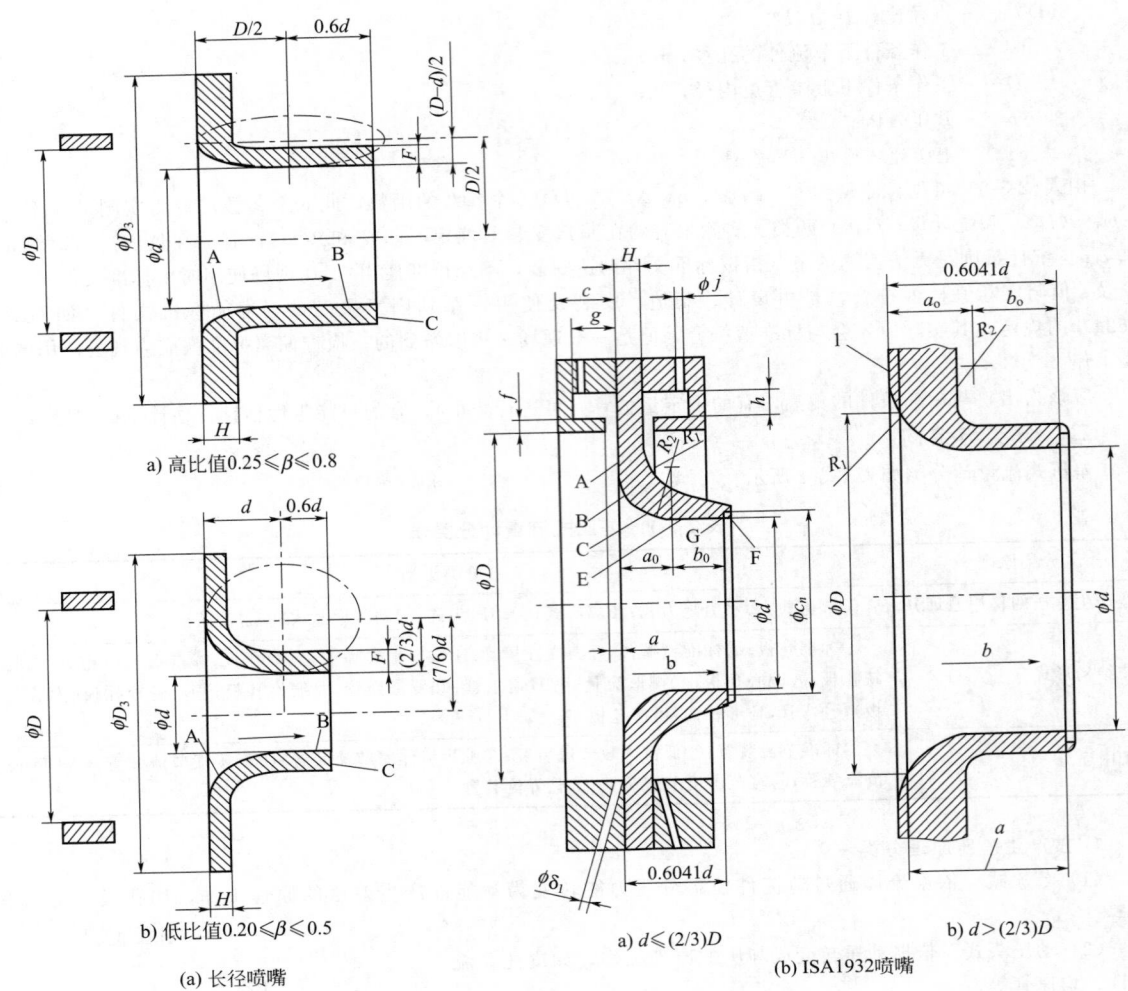

a) 高比值 0.25≤β≤0.8

b) 低比值 0.20≤β≤0.5

(a) 长径喷嘴

a) d≤(2/3)D

b) d>(2/3)D

(b) ISA1932喷嘴

图 2-3-3　标准喷嘴

径喷嘴由椭圆廓形收缩段与圆筒形段组成，其取压方式为径距取压。

（3）经典文丘里管　经典文丘里管由入口圆筒段、圆锥收缩段、圆筒形喉部和圆锥扩散段组成，如图 2-3-4 所示。经典文丘里管有三种结构形式：具有粗铸收缩段的文丘里管，具有机械加工收缩段的文丘里管，具有粗焊钢板收缩段的文丘里管。其取压方式为上游取压口在收缩段前 0.5D 处，下游取压口在圆筒形喉部的中心（距收缩段 0.5d）。

（4）文丘里喷嘴　文丘里喷嘴由进口喷嘴（ISA1932 喷嘴）、喉部和扩散段组成，如图 2-3-5 所示。扩散段类似文丘里管的扩散段。文丘里喷嘴上游取压口与 ISA1932 喷嘴相同，下游取压口在喉部中央。

（5）1/4 圆孔板　1/4 圆孔板的形状与标准孔板的差别只在孔口形状的不同，它的外形轮廓由一个与对称轴线垂直的端面 A、半径为 r 的 1/4 圆构成的入口截面以及喷嘴出口等组成，如图 2-3-6 所示。其取压方式有角接取压法和法兰取压法两种，当 D 小于 40mm 时只能采用角接取压法。

（6）锥形入口孔板　锥形入口孔板与标准孔板的形状类似，相当于一块倒装的标准孔板，其结构如图 2-3-7 所示。采用角接取压法。

（7）圆缺孔板　圆缺孔板开孔为一个圆的一部分（圆缺部分），这个圆的直径是管道直径的 98%，开孔的圆弧部分的圆心应精确定位，使其与管道同心，这样可保证开孔不会被连接的管道或两端的垫片所遮盖。其结构如图 2-3-8 所示。采用法兰取压和缩流取压。

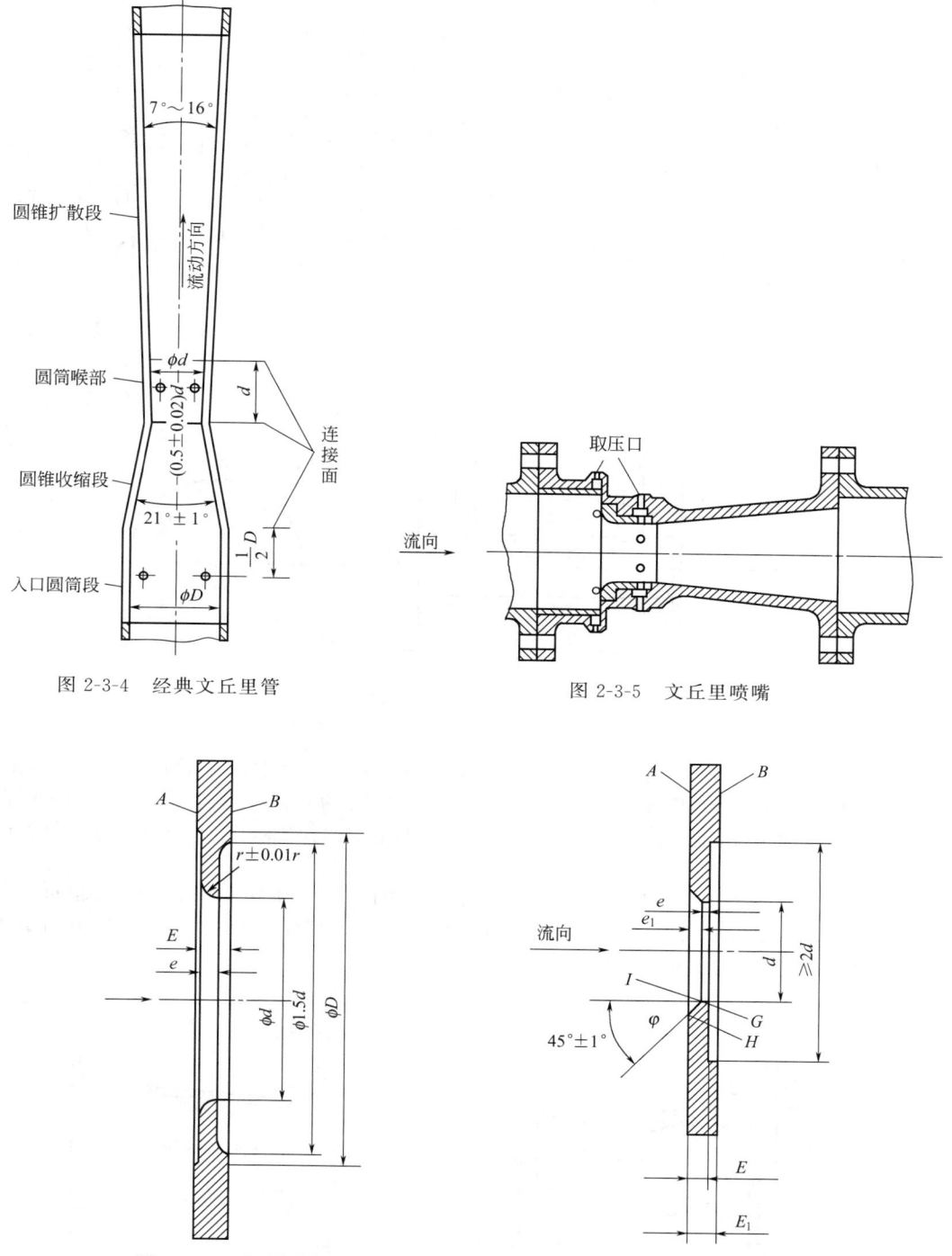

图 2-3-4 经典文丘里管

图 2-3-5 文丘里喷嘴

图 2-3-6 1/4 圆孔板

图 2-3-7 锥形入口孔板

（8）偏心孔板 这种孔板的孔是偏心的，它与管道同心的圆相切，这个圆的直径等于管道直径的 98%。安装这种孔板必须保证其孔不会被法兰或垫片遮盖住。其结构如图 2-3-9 所示。采用角接、法兰和缩流取压。

（9）楔形流量计 楔形流量计结构如图 2-3-10 所示。其检测件为 V 形。设计合适时，节流件下游处无滞流区，不会使管道堵塞。V 形检测件顶端为圆弧形，有较好的耐磨性。

78

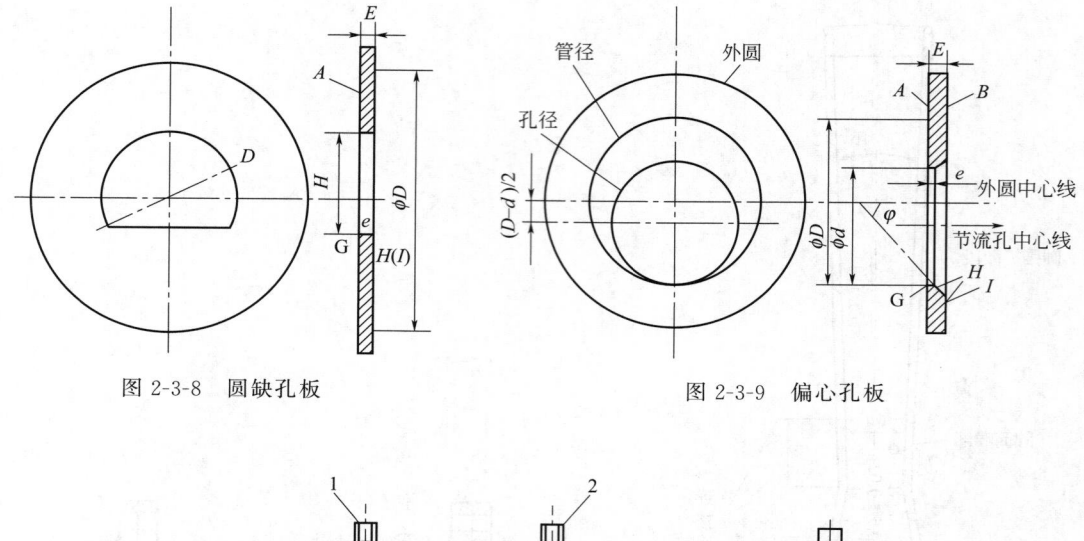

图 2-3-8　圆缺孔板　　　　　　　　　　　　图 2-3-9　偏心孔板

图 2-3-10　楔形流量计
1—正压取压口；2—负压取压口；3—法兰；4—楔；5—测量管

（10）道尔管　道尔管的结构如图 2-3-11 所示。它由 40°入口锥角和 15°扩散管组成，流体先碰撞到 a 上，再流经短而陡的锥体，到达喉部槽两边的两个圆筒部分，流体再经锐边 d 和 e，通过一段短的锥体后，在 f 处突然扩大到管道中，整个长度仅为管径的 1.5～2 倍，是文丘里管长度的 17%，而且其廓形与文丘里管和喷嘴一样具有光滑的曲线部分。

（11）罗洛斯管　罗洛斯管结构如图 2-3-12 所示。它由入口段、入口锥管、喉部锥管、喉部和扩散管组成，入口锥管的锥角为 40°，喉部锥角为 7°，扩散管锥角为 5°。上游取压口采用角接取压，其取压口紧靠入口锥角处，下游取压口在喉部长度的一半处，即 $d/4$ 处。

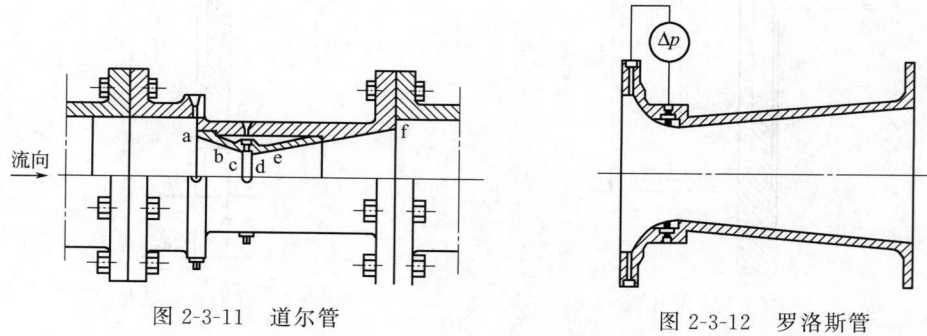

图 2-3-11　道尔管　　　　　　　　　　图 2-3-12　罗洛斯管

（12）线性孔板　线性孔板又称变压头变面积孔板，如图 2-3-13 所示。线性孔板是一种孔隙面积随流量大小自动变化的节流件。曲面圆锥形塞子在流体形成的差压和弹簧的作用下来回移动，造成孔板孔隙变动，使输出差压与流量成线性关系，并提高范围度。

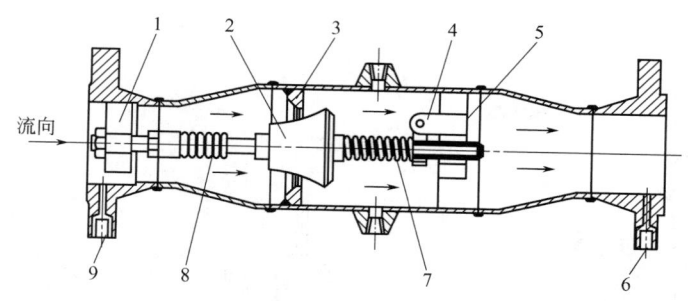

图 2-3-13　线性孔板

1—浮动支架；2—柱塞；3—固定孔板；4—调零；5—支架；6—负压取压口；
7—负载弹簧；8—逆流弹簧；9—正压取压口

（13）小管径孔板（内藏孔板）　管径小于 50mm 的孔板可以有多种结构形式，图 2-3-14 所示为内藏孔板形式。当管径较小时，孔板入口边缘尖锐度及管道粗糙度等对流出系数有较显著的影响，因此按结构几何形状及尺寸难以确定流出系数。小管径孔板一般需个别校准才能准确确定流出系数。

（14）弯管、环形管　弯管结构如图 2-3-15 所示，利用管道系统弯头作为检测件，无附加压损及专门安装节流件，弯头取压口开在 45°或 22.5°处，取压口结构与标准孔板相同，两个平面内的两个取压口对准，使其能处于同一条直线上，弯头内壁应保持光滑。

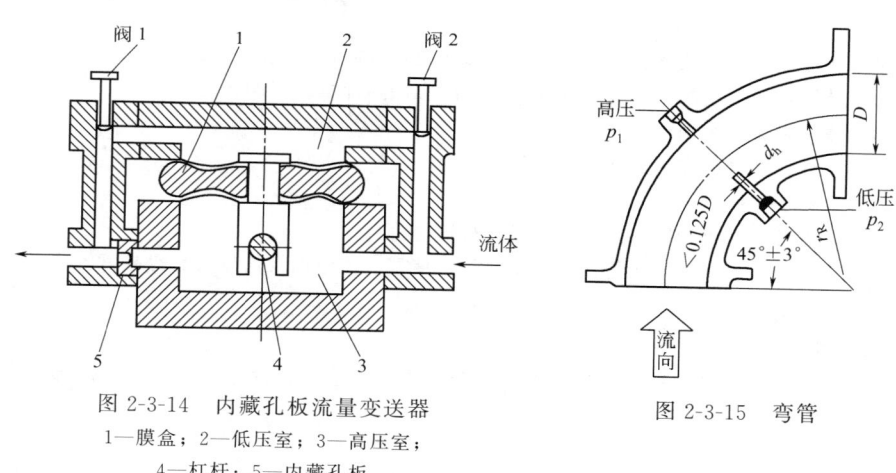

图 2-3-14　内藏孔板流量变送器

1—膜盒；2—低压室；3—高压室；
4—杠杆；5—内藏孔板

图 2-3-15　弯管

（15）可换孔板节流装置　图 2-3-16 所示为不断流机械升降式，该装置设有上、下两个腔体，可在不切断流体的情况下轻便地操作机械摇臂，将孔板升到上腔体内加以密封，实现在线检修或更换孔板。

（16）多孔平衡孔板　多孔平衡孔板如图 2-3-17 所示，在经典节流装置上进行了改进，将节流原理由边缘节流改为多孔平衡节流。多孔平衡孔板流量计具有测量准确度高、直管段要求短、量程比宽、永久压力损失低、信噪比低、耗能低等优点，已被广泛采用。

3. 按用途分类

（1）标准节流装置　如孔板、喷嘴、文丘里管和文丘里喷嘴等。
（2）低雷诺数节流装置　如 1/4 圆孔板、锥形入口孔板等。
（3）脏污流体用节流装置　如圆缺孔板、偏心孔板及楔形流量计等。
（4）低压损节流装置　如道尔管、罗洛斯管、文丘里管、弯管、环形管等。
（5）小管径节流装置　如内藏孔板和一体化流量变送器等。
（6）宽范围度节流装置　如线性孔板、多孔平衡孔板等。

三、主要特点

（1）孔板流量计结构简单牢固，性能稳定可靠，使用期限长。

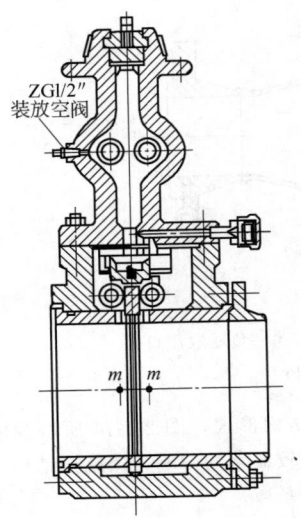

图 2-3-16　可换孔板节流装置

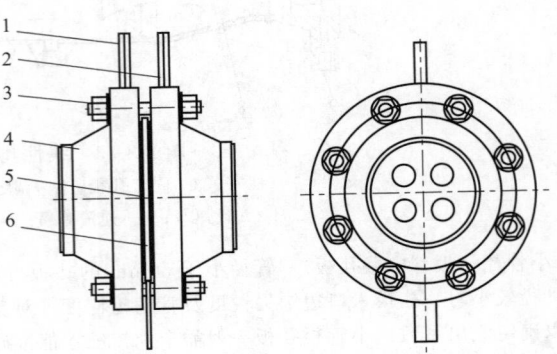

图 2-3-17　多孔平衡孔板

1—高压侧取压口；2—低压侧取压口；3—紧固件；4—法兰；
5—密封垫片；6—多孔平衡节流件

（2）可测量单相流体，包括液体、气体、蒸汽，部分混相流体，如气固、气液、液固等。

（3）检测件，特别是标准型的，得到国际标准化组织和国际计量组织的认可。

（4）标准型节流装置无需个别校准即可投用。

（5）测量的重复性、准确度在流量计中属中等水平。

（6）范围度为 3∶1～4∶1。

（7）压损较大，需较长的直管段长度（指孔板、喷嘴等）。

（8）检测件与差压变送器中间引压管线易产生泄漏、堵塞、冻结以及信号失真等故障。

四、选用注意事项

1. 标准节流装置

标准节流装置包括孔板、喷嘴和文丘里喷嘴、文丘里管，其选型、设计、制造均应符合 GB/T 2624.1～2624.4 系列标准。

① 标准孔板。

a. 一般流体的流量测量，选用带手柄的同心、方边（直角）加斜边（$45°\pm15°$ 角）孔板；当测量双向流体时，选用全方边（直角）孔板。

b. 选用法兰取压方式时，应同时符合下列条件：

$d \geqslant 12.5mm$；$50mm \leqslant D \leqslant 1000mm$；$0.1 \leqslant \beta \leqslant 0.75$；$Re_D \geqslant 5000$ 且 $Re_D \geqslant 170\beta^2 D$。

c. 选用角接取压或 D 和 $D/2$ 取压方式时，应同时符合下列条件：

$d \geqslant 12.5mm$；$50mm \leqslant D \leqslant 1000mm$；$0.1 \leqslant \beta \leqslant 0.75$；当 $0.1 \leqslant \beta \leqslant 0.56$ 时，$Re_D > 5000$；当 $\beta > 0.56$ 时，$Re_D > 16000\beta^2$。

d. 孔板的材质最低为 316SS。

e. 孔板法兰的压力等级 $\leqslant CL600$ 时，取压口尺寸选 $DN15$；孔板法兰的压力等级 $\geqslant CL900$ 时，取压口尺寸选 $DN20$，取压阀采用双阀。

② 喷嘴和文丘里喷嘴。

a. 当被测介质为干净的流体、测量精度要求不高且要求永久压力损失低时，选用喷嘴或文丘里喷嘴。

b. 选用喷嘴时，应同时符合下列条件：

$50mm \leqslant D \leqslant 500mm$；$0.3 \leqslant \beta \leqslant 0.8$；当 $0.3 \leqslant \beta < 0.44$ 时，$7\times10^4 \leqslant Re_D \leqslant 10^7$；当 $0.44 \leqslant \beta \leqslant 0.8$ 时，$2\times10^4 \leqslant Re_D \leqslant 10^7$。

c. 选用长径喷嘴时，应同时符合下列条件：

$50mm \leqslant D \leqslant 630mm$；$0.2 \leqslant \beta \leqslant 0.8$；$10^4 \leqslant Re_D \leqslant 10^7$；$Re_D/D \geqslant 3.2 \times 10^{-4}$ （在上游管道中）。

d. 选用文丘里喷嘴时，应同时符合下列条件：

$65mm \leqslant D \leqslant 500mm$；$d \geqslant 50mm$；$0.316 \leqslant \beta \leqslant 0.775$；$1.5 \times 10^5 \leqslant Re_D \leqslant 2 \times 10^6$。

③ 文丘里管。

a. 当被测介质为干净的流体、测量精确度要求较高且要求永久压力损失低时，选用文丘里管。

b. 选用铸造收缩段经典文丘里管时，应同时符合下列条件：

$100mm \leqslant D \leqslant 800mm$；$0.3 \leqslant \beta \leqslant 0.75$；$2 \times 10^5 \leqslant Re_D \leqslant 2 \times 10^6$；流出系数 $C = 0.984$。

c. 选用机械加工收缩段经典文丘里管时，应同时符合下列条件：

$50mm \leqslant D \leqslant 250mm$；$0.4 \leqslant \beta \leqslant 0.75$；$2 \times 10^5 \leqslant Re_D \leqslant 1 \times 10^6$；流出系数 $C = 0.995$。

d. 选用焊接钢板收缩段经典文丘里管时，应同时符合下列条件：

$200mm \leqslant D \leqslant 1200mm$；$0.4 \leqslant \beta \leqslant 0.7$；$2 \times 10^5 \leqslant Re_D \leqslant 1 \times 10^6$；流出系数 $C = 0.985$。

2. 非标准节流装置

非标准节流装置包括偏心孔板、圆缺孔板、多孔平衡孔板、内藏孔板、楔形流量计、均速管流量计等，其选型应符合下列规定。

① 被测介质黏度低、含有固体微粒、在孔板前后可能积存沉淀物时，选用偏心孔板。

② 被测介质为低黏度液体含有气体、气体中含有凝液、液体中含有固体颗粒时，选用圆缺孔板。

③ 被测介质为干净的气体、液体或蒸汽，要求测量准确度较高、范围度较大、直管段长度低时，选用多孔平衡孔板。

④ 测量无悬浮物的洁净气体、液体的微小流量，对测量准确度要求不高、范围度要求不大、管道通径 $DN \leqslant 40mm$ 时，选用内藏孔板差压变送器带直管段。

⑤ 测量高黏度、低雷诺数、气固混合物、液固混合物等的流体流量以及双向流体流量时，选用楔形流量计。

⑥ 测量洁净的气体、液体的流量，管道通径在 $DN100 \sim 2000$ 范围内，要求测量准确度不高时，选用均速管流量计。

3. 与节流装置配套的差压变送器

① 差压变送器的量程从 6kPa、10kPa、16kPa、25kPa、40kPa、50kPa 系列值中选取。液体介质测量首选 25kPa。

② 当 1 套节流装置需要配多套差压变送器时，在节流装置上开多对取压孔，最多不超过 3 对取压孔。

③ 当 DCS 和 SIS 共用 1 套节流装置时，在节流装置上开多对取压孔，分别与 DCS、SIS 变送器连接。

第三节　涡街流量计

涡街流量计是根据卡门涡街（Karman vortex street）理论研究制造，主要用于气体、液体、蒸气等多种洁净流体的流量测量。涡街流量计压力损失小，量程范围大，测量准确度较高，测量流体的体积流量时几乎不受流体密度、压力、温度、黏度等参数变化的影响。无可动机械零件，可靠性高，维护量小。

涡街流量计是一种速度式流量仪表，已成为通用流量仪表之一，广泛用于石油、化工、冶金、市政和环保等。

一、工作原理

1. 涡街流量计的工作原理

在流体中设置漩涡发生体，从漩涡发生体两侧交替产生有规律的漩涡，这种漩涡称为卡门涡街。涡街流量计的工作原理如图 2-3-18 所示。

漩涡频率与发生体两侧平均流速成正比，与漩涡发生体迎流面的宽度成反比，可以用式（2-3-7）表示：

$$f = St \times v_1 / d \qquad (2-3-7)$$

图 2-3-18　涡街流量计工作原理

式中　f——漩涡频率；

St——斯特劳哈尔数；

v_1——漩涡发生体两侧的平均流速，m/s；

d——漩涡发生体的迎流面宽度，m。

斯特劳哈尔数为无量纲常数，与漩涡发生体形状、尺寸及雷诺数有关。斯特劳哈尔数与雷诺数的关系见图 2-3-19。由此可见，在 $Re_D=2\times10^4\sim7\times10^6$ 范围内，St 可视为常数，这是仪表正常工作范围。

当测量液体流量时，涡街流量计的流量计算式为：

$$q_v=f/K \quad K=[(\pi D^2/4St)md]^{-1} \qquad (2\text{-}3\text{-}8)$$

式中　q_v——液体体积流量，m³/s；

D——测量管内径，m；

m——管内漩涡发生体两侧流通面积与测量管横截面积之比。

当测量气体流量时，涡街流量计在标准状态下的体积流量计算式为：

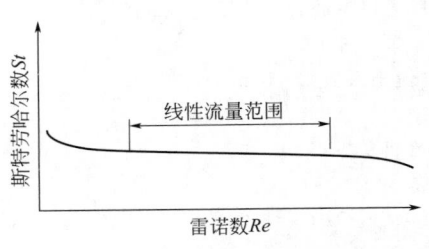

图 2-3-19　斯特劳哈尔数与雷诺数的关系

$$q_{vn}=f/K\times\frac{pT_nZ_n}{p_nTZ} \qquad (2\text{-}3\text{-}9)$$

式中　q_{vn}——标准状态下气体体积流量；

p_n，T_n——标准状态下压力和温度；

Z，Z_n——工作状态下和标准状态下的气体压缩系数；

p，T——工作压力和温度；

K——流量计的仪表系数，脉冲/m³。

仪表系数是涡街流量计的重要参数，它与流量计的漩涡发生体形状和尺寸及雷诺数有关。K 与 St 一样，在很宽雷诺数范围内视为常数。

2. 旋进流量计的工作原理

当流体通过起旋器时，被强制沿着轴向发生旋转，产生的漩涡经收缩段的节流作用后加速。当漩涡到达扩散段时减速，导致压力上升，产生回流，促使漩涡中心形成涡街锥，漩涡旋转频率与流量大小成正比。漩涡频率由压电传感器检测，其检测信号经放大器放大整形后输入转换器就得到流体流量。旋进流量计的工作原理如图 2-3-20 所示。

旋进流量计测量液体流量计算式、测量气体标准状态下体积流量计算式与涡街流量计相同。

二、结构组成

涡街流量计可分为一体型和分体型两种。

涡街流量计主要有仪表壳体、漩涡发生体、漩涡检出器、转换器等组成，如图 2-3-21 所示。

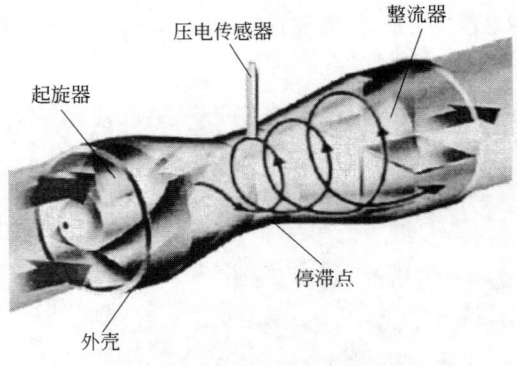

图 2-3-20　旋进流量计工作原理

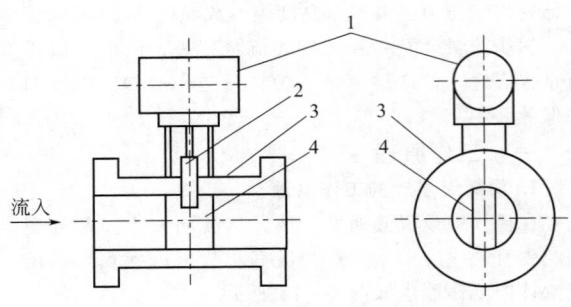

图 2-3-21　涡街流量计传感器

1—转换器；2—漩涡检出器；3—仪表壳体；4—漩涡发生体

1. 仪表壳体

仪表壳体是流量计主体，仪表壳体中心是测量管，为流体流动通道。仪表壳体内安装漩涡发生体和漩涡检出器，产生卡门涡街和检测涡街信号，两端配连接法兰，用于流量计与管道连接。

2. 漩涡发生体

漩涡发生体是涡街流量计的核心部件，漩涡发生体的形状和尺寸决定涡街流量计的流量特性（仪表系数、线性度、重复性、范围度）和阻力特性。

漩涡发生体有单漩涡发生体和多漩涡发生体两类，如图 2-3-22 所示。

单漩涡发生体常用的结构有圆形、矩形、三角柱形、梯形、T形柱等，其中三角柱形发生体是应用最广泛的结构。

双（多）漩涡发生体由单漩涡发生体组合而成，提高了涡街信号强度、稳定性，降低了雷诺数下限和阻力系数。

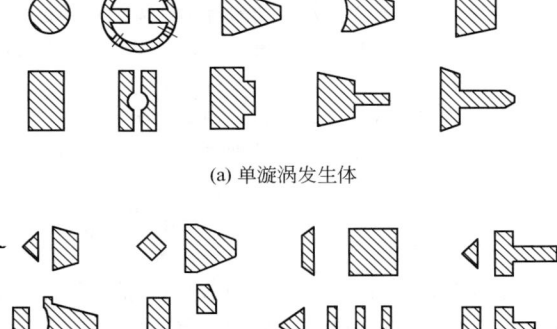

(a) 单漩涡发生体

(b) 多漩涡发生体

图 2-3-22　漩涡发生体

3. 漩涡检出器

检测漩涡的方式有 5 种：

① 用设置在漩涡发生体内的检测元件直接检测发生体两侧的差压；

② 在漩涡发生体上开设导压孔，在导压孔中装检测元件，检测发生体两侧的差压；

③ 检测漩涡发生体周围的交变环境；

④ 检测漩涡发生体背面交变的差压；

⑤ 检测尾流中的漩涡列。

采用热敏、应力、应变、电容、电磁、超声、光电、光纤等检测技术，可构成众多类型的涡街流量计。

4. 转换器

转换器将涡街信号转换成电信号，经放大、滤波、整形等处理，得到与流量成比例的脉冲信号、4～20mA，HART、PROFIBUS 或 FF 总线信号。

三、主要特点

① 测量单相、洁净、无脉动及无振动，且雷诺数为 $2\times10^4\sim7\times10^6$、黏度小于 20mPa·s 的液体、气体、蒸气等流体的体积流量，选用涡街流量计；测量天然气、煤气等流体的体积流量，选用旋进流量计。

② 结构简单牢固，无可移动部件，安装维护方便。

③ 具有多种诊断功能。

④ 范围度为 10∶1～25∶1。

⑤ 压力损失小。

四、主要性能指标

① 口径 DN15～300mm。

② 准确度：

液体±0.75%（读数值），$Re_D>2\times10^4$；

气体/蒸气±1%（读数值），$Re_D>2\times10^4$ 且流速小于 75m/s。

③ 环境温度 −40～60℃，相对湿度 5%～90%。

④ 前直管段长度>15D，后直管段长度>5D。

⑤ 重复性±0.3%（读数值）。

⑥ 输出信号 4～20mA/HART、PROFIBUS、FF。

⑦ 供电电压 24V DC。

⑧ 防护等级 IP67。

⑨ 防爆等级 Ex ia ⅡC T4、Ex d ⅡC T6。

⑩ 介质温度 −40～260℃（标准），−200～400℃（高温/低温）。

⑪ 压力等级 $PN10\sim260MPa$。

⑫ 可选项：双头传感器、多头传感器，小流量切除，自诊断功能等。

五、选用注意事项

① 大管径的流量测量，选用插入式涡街流量计。

② 带温度、压力测量的后直管段长度，压力测量点（3～5）D，温度测量点（4～8）D。

③ 选用时应计算雷诺数（最大/最小）、流速（最大/最小）、压力损失、背压。

④ 分体型涡街流量计信号线、电源线应采用屏蔽电缆，屏蔽层在检测器一侧接地，电缆长度小于10m。

⑤ 测量饱和蒸气流量时，流量计不能安装在管道最低处，下游侧最低处安装疏水阀。

⑥ 不适用于测量低静压、脏污流体流量，不适用于测量低雷诺数（$Re_D\leqslant2\times10^4$）、高黏度、脉动流、低流速流体流量。

⑦ 有振动的场合，应选用抗振型涡街流量计。

⑧ 当配管不能满足直管段长度要求时，可选用旋进流量计。

第四节　电磁流量计

电磁流量计基于法拉第电磁感应定律，是一种测量导电液体的速度式流量仪表，广泛应用在冶金、石化、食品、给排水、污水处理、市政工程等行业。

一、工作原理

根据法拉第电磁感应定律，导体在磁场中运动时切割磁力线，在导体两端产生感应电动势，见图2-3-23。

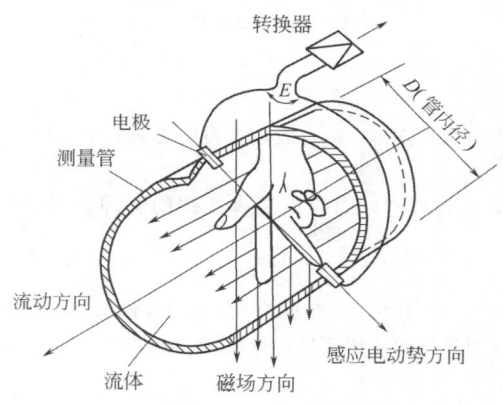

图 2-3-23　电磁流量计工作原理

流过传感器工作磁场的导电流体的流动方向、磁场方向和感应电动势方向三者互相垂直。感应电动势的方向按电磁学中的右手定则确定，其大小与磁感应强度、流速成比例。

感应电动势的计算式如下：

$$E=kBDv \tag{2-3-10}$$

式中　E——感应电动势，V；

　　　k——常数，无量纲；

　　　B——磁感应强度，T；

　　　D——测量管的内径，m；

　　　v——液体平均流速，m/s。

从式（2-3-10）中可以看出，当磁感应强度和测量管的内径一定时，感应电动势与流体的流速成正比。

液体体积流量为

$$q_v=\pi/4\times D^2v \tag{2-3-11}$$

代入式（2-3-10）得

$$q_v=KE/B \tag{2-3-12}$$

式中，K 为仪表系数，$K=\pi D/4k$。

从式（2-3-12）可见，液体体积流量（q_v）与感应电动势（E）和磁感应强度（B）的比值成正比。

二、结构组成

电磁流量计由传感器和转换器组成，可分为分体型和一体型两种。分体型是传感器和转换器各自独立设置，中间用特殊电缆连接；一体型是传感器和转换器作为整体设置。

传感器将导电流体的流量转化成感应电动势信号，转换器将该信号放大、处理，并转换为标准的电流、电压、频率及数字通信等信号。

1. 传感器

传感器主要由测量管、励磁系统、电极、防护外壳等组成，如图2-3-24所示。

（1）测量管　测量管是用高电阻率的非磁性材料制成的带法兰的直管。

在测量管内侧应敷设绝缘内衬，绝缘内衬具有耐磨损、耐腐蚀、耐高温等性能。

绝缘内衬的材质有橡胶、塑料、陶瓷等。

（2）励磁系统　励磁系统包括励磁线圈和铁芯，在测量管内形成传感器励磁电流正比于磁感应强度的工作磁场。它所产生的磁场方向与被测流体的流向垂直。

（3）电极　电极安装在与磁场垂直的测量管的两侧管壁上，引出被测介质切割磁力线产生的感应电动势信号。电极的接液表面应抛光处理。

电极必须采用非磁性导电材料。电极材料需要耐流体的磨损和腐蚀，通常采用 316SS、316LSS、蒙乃尔合金、哈氏合金、钛、钽等。

（4）防护外壳　防护外壳可以保护传感器内部的磁系统、电极等部件不受机械性损伤和周围环境影响，屏蔽流量计周围的杂散磁场的干扰。防护外壳一般采用铸钢、不锈钢等材料。

（5）接地环　电磁流量计的测量要求可靠地接地，减小共模干扰的影响。接地环能使导电流体与传感器同电位。安装在金属管道中的电磁流量计，在传感器法兰和用户法兰之间采用金属导线连通，作为接地的安装方式。

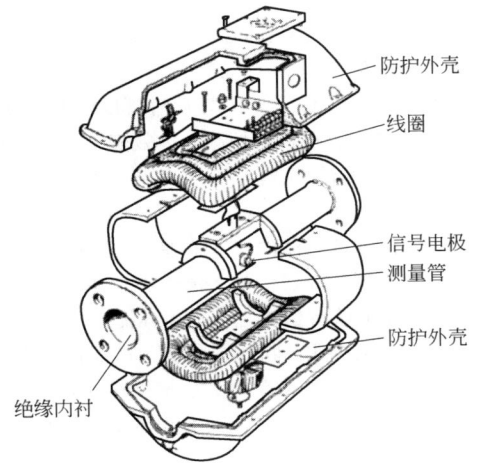

图 2-3-24　电磁流量计传感器

接地环安装于流量计的法兰面上，其内孔与导电液体接触，环的外缘用导电材质接出并与转换器信号连通。接地环材料要能耐流体的磨损和腐蚀，与电极材质相同。

2. 转换器

传感器输出的感应电动势微伏信号，在消除各种干扰、电源电压和频率变化、磁场变化等产生的影响之后，经转换器进行放大、处理，转换成与被测介质体积流量成正比的标准信号。

转换器电路构成：励磁电路，放大电路，采样保持电路，A/D 电路，模拟、数字及流量积算变换输出电路，CPU 及通信电路，显示电路，电源电路等。

电磁流量计的工作磁场由励磁系统提供。主要的励磁方式有直流励磁、正弦波交流励磁、低频矩形波励磁以及双频矩形波励磁等。

直流励磁主要用于液态金属流量的测量，如高温下的液态钠、钾等。

正弦波交流励磁主要用于测量浆液型两相流和脉动流场合。

低频矩形波励磁是目前电磁流量计的主要励磁方式。励磁功耗小，零点稳定性好，抗工频干扰。

双频矩形波励磁采用低频矩形波叠加高频矩形波的方式，是电磁流量计的发展方向。

三、主要特点

① 测量电导率不低于 $5\mu S/cm$ 的导电介质，包括碱液、盐液、氨水、纸浆、渣液、矿浆、水煤浆等，以及除脱盐水和凝液之外的水和其他水溶液等的流量。

② 可测量腐蚀、脏污、黏稠、含气体的液体，也可测量双向流量。

③ 测量体积流量，不受流体密度、黏度、温度、压力、雷诺数的变化影响。

④ 传感器无活动部件，无压力损失。

⑤ 传感器便于清洗、消毒，可用于食品、生物制药等特殊介质流量测量。

⑥ 测量范围度为 20∶1～40∶1。

⑦ 不能测量气体、蒸汽和含有气泡的液体的流量。

⑧ 不能测量低电导率的液体流量，如石油制品和有机溶剂等。

⑨ 由于内衬材料、电绝缘材料的温度限制，不能用于高温、低温介质测量。

四、主要性能指标

① 口径 $DN10\sim3000\mathrm{mm}$。

② 测量准确度 ±0.5%（读数值）。

③ 重复性 ±0.1%（读数值）。

④ 输出信号 4～20mA/HART、PROFIBUS、FF。

⑤ 供电电压 24V DC、220V AC。

⑥ 防护等级 IP67、IP68。

⑦ 防爆等级 Exia ⅡC T4、Exd ⅡC T4。

⑧ 环境温度 −40~60℃，相对湿度 5%~90%。

⑨ 前直管段长度>5D，后直管段长度>2D。

⑩ 可选项：小流量切除，失效安全模式，自诊断功能等。

五、选用注意事项

① 流速范围：

a. 无磨蚀性介质的流速范围为 0.5~10m/s；

b. 有磨蚀性介质的最大流速小于 3.5m/s；

c. 测量矿浆等磨蚀性强的流体流速为<2m/s；

d. 测量易黏附、沉积、结垢等的流体流速为≥4m/s；

e. 测量工业输水的流速为 1.5~3m/s。

② 测量液体流量时，应使液体充满管道，保证电极浸入流体。

③ 流量计应安装在阀门上游，流量计处于低位，保证介质满管，利于排气。

④ 为防止电磁场干扰，应避免流量计附近有大功率电机、大变压器等。

⑤ 避免测量管内产生负压，选择振动小的场所。

⑥ 测量浆液型介质时，采用垂直安装、自下而上的流动方向。

⑦ 应考虑测量系统的电势平衡，两法兰通过接地电缆（6mm²）与变送器、管道法兰连接。

⑧ 测量沉淀、黏稠的流体时，应选用电极带自动清洗功能的设备。

⑨ 电磁流量计安装在带衬里的工艺管上需配接地环。

⑩ DN600 或以上电磁流量计选用橡胶衬里。

第五节　超声流量计

超声流量计是利用超声波在流体中传播时所载流体的流速信息来测量流体流量的仪表，在石油和天然气领域得到广泛应用，特别是时差法超声流量计已成为天然气测量、液态烃测量、贸易计量交接、商务结算的首选仪表。

一、工作原理

1. 传播速度差法

传播速度差法有时间差法、频率差法和相位差法等三种方法。目前时间差法是应用较多的方法。

时间差法是测量超声波在流体中顺流和逆流传播的时间差的方法，其工作原理如图 2-3-25 所示。

流速方程为：

$$v = \frac{L \Delta t}{2 t_1 (t_1 + \Delta t) \cos\theta} \tag{2-3-13}$$

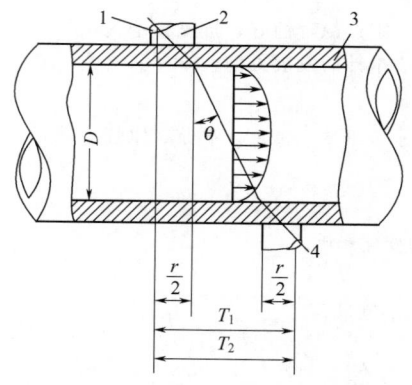

图 2-3-25　超声流量计工作原理图

1—换能器1；2—声楔；

3—测量管道；4—换能器2

式中　v——线平均流速；

L——超声波在液体中的传播路径长度（声道长度）；

t_1——超声波从换能器1到换能器2的顺流传播时间；

Δt——超声波在流体中顺、逆流传播的时间差；

θ——超声波传播方向与流体流动方向之间的夹角（声道角）。

超声流量计测量的流速是一个直径方向的平均流速，即线平均流速，而计算流量所需的平均流速为流动横截面上的面平均流速，两者之间的关系取决于流速分布形式。因此，流量计算式为

$$q_v = \frac{v}{K} \times \frac{\pi D^2}{4} \tag{2-3-14}$$

$$K = v/u$$

式中　q_v——体积流量；

K——平均流速修正系数，$K = v/u$；

u——面平均流速；

v——线平均流速；

D——管道内径。

在湍流状态下：

$$K = 1.119 - 0.011 \lg Re_D \tag{2-3-15}$$

式中，$Re_D = uD/v$。

由此可见，v 受 θ 角变化的影响，而 θ 角又随流体声速 c 变化，c 又是流体温度的函数，因此，必须对 θ 角进行自动补偿。

单声道夹装式仪表的流量方程为

$$q_v = AF(t)^E \tag{2-3-16}$$

式中　q_v——体积流量；

A——标定系数；

$F(t)^E$——含有对雷诺数和声速变化修正的函数式，E 为与雷诺数修正有关的专用系数。

2. 多普勒法

多普勒法是以物理学中的多普勒效应为理论基础的。当声源与观察者之间有相对运动时，观察者感受到的声音频率将不同于声源发出的频率。这个因相对运动而产生的频率变化与两物体的相对速度成正比。多普勒法的工作原理如图 2-3-26 所示。

发射器向流体发出频率为 f_0 的连续超声波，受到悬浮在流体中随流体移动的粒子或气泡散射时，使接收器收到的信号产生多普勒频移 Δf，设接收到的超声波频率为 f_1，可得：

$$\Delta f = |f_0 - f_1| = \frac{2v\cos\theta}{c} f_0 \tag{2-3-17}$$

$$v = \frac{c}{2f_0\cos\theta} \Delta f \tag{2-3-18}$$

$$q_v = \frac{Ac}{2f_0\cos\theta} \Delta f \tag{2-3-19}$$

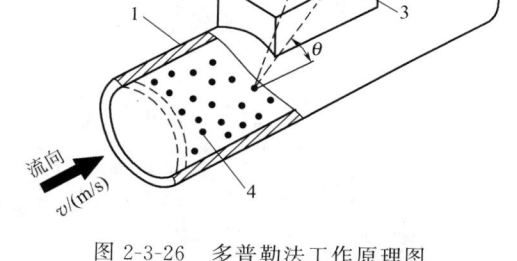

图 2-3-26　多普勒法工作原理图

1—测量管道；2—发射器；3—接收器；4—气泡或固体物

式中　q_v——体积流量；

v——散射体随流体运动的速度；

θ——超声波传播方向与流体流向的夹角；

c——流体的声速；

A——管道内横截面积；

Δf——多普勒频移。

声速 c 是温度的函数，当流体温度发生变化时会引起测量误差。为了减少 c 的影响，采取代入声楔速 c_0，如图 2-3-27 所示。

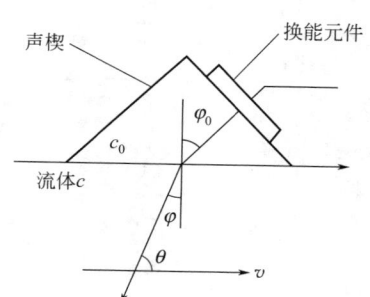

图 2-3-27　声楔的射角

$$\frac{c}{\sin\varphi} = \frac{c}{\cos\theta} = \frac{c_0}{\sin\varphi_0} \tag{2-3-20}$$

故：

$$q_v = \frac{Ac_0}{2\sin\varphi_0 f_0 K} \Delta f \tag{2-3-21}$$

式中，K 为流速分布修正系数，其余符号同上。

由式(2-3-21)可见，q_v 与 c_0 有关，但 c_0 随温度变化不明显，比 c 少一个数量级。

二、分类与结构

1. 按测量原理分类

① 传播速度差法包括时间差法、频率差法和相位差法，通常称为超声流量计。

② 多普勒法，通常称为多普勒超声流量计。

2. 按测量介质分类

① 液体超声流量计，液体用的超声波换能器频率较高，一般为 $1\sim5MHz$。

② 气体超声流量计，气体用的超声波换能器频率较低，一般为 $100\sim300kHz$。

3. 按声道数量分类

流量计可分为单声道、双声道、四声道、八声道。多声道主要用于大口径管道中的流量测量，可提高测量准确度。超声流量计声道布置方式如图 2-3-28 所示。

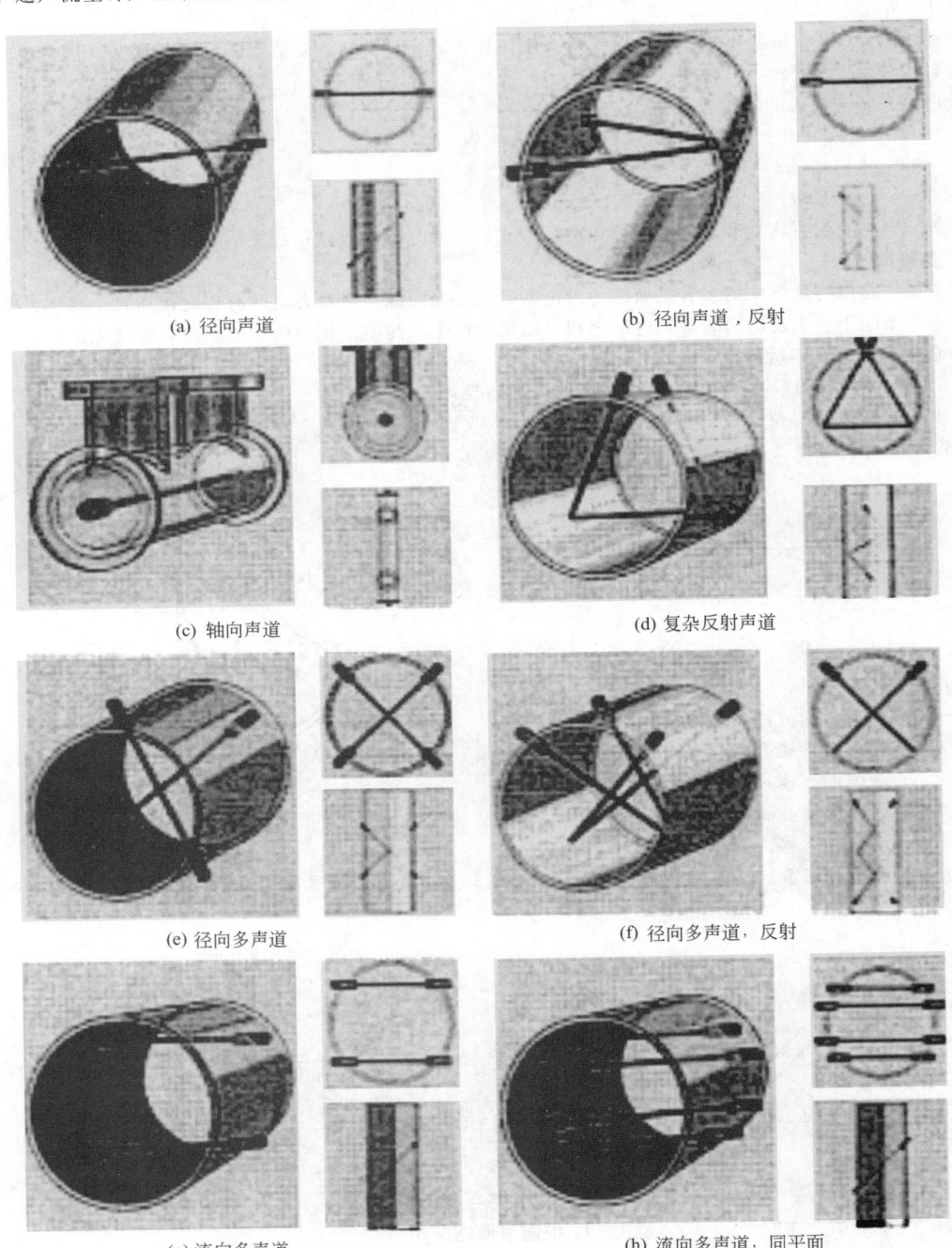

(a) 径向声道　　　　　　　　　　(b) 径向声道，反射

(c) 轴向声道　　　　　　　　　　(d) 复杂反射声道

(e) 径向多声道　　　　　　　　　(f) 径向多声道，反射

(g) 流向多声道　　　　　　　　　(h) 流向多声道，同平面

图 2-3-28　声道布置图

4. 按换能器结构分类

流量计可分为夹装式、插入式、管道式。

三、主要特点

① 适用于各种管径的流量测量，特别适合于大口径管道、大流量测量，可用于煤气、天然气等气体介质计量，可测量高黏度的介质流量。

② 测量范围宽。

③ 无机械传动部件，压力损失小。

④ 可实现双向流量测量。

⑤ 可测量导电、非导电、有毒、腐蚀性、放射性等的介质流量。

⑥ 换能器可安装在管道外部，不与介质接触，不需要开孔，维修方便。

四、主要性能指标

① 口径 DN 15～6000mm。

② 准确度：单声道±1.0%～2.0%（读数值），双声道±1.0%（读数值）。

③ 测量范围：200∶1～400∶1。

④ 流速范围：0.01～25m/s（可测双向流）。

⑤ 重复性：±0.1%～0.3%（读数值）。

⑥ 介质温度：—40～200℃。

⑦ 压力等级：PN 10～200MPa。

⑧ 输出信号：4～20mA/HART、脉冲、频率。

⑨ 供电电压：24V DC、220V AC。

⑩ 防护等级：IP66、IP67、IP68。

⑪ 防爆等级：Exd Ⅱ C T6。

⑫ 环境温度—40～60℃；相对湿度5%～90%。

五、选用注意事项

① 测量洁净流体，采用时差法超声流量计；测量含颗粒或气泡的流体，采用多普勒超声流量计。

② 测量贸易计量、大范围度及低雷诺数流体，采用多声道时差法超声流量计。

③ 测量低精确度、非关键性流体，采用管道夹持式超声流量计。

第六节　质量流量计

质量流量测量有两种方法：间接测量质量流量和直接测量质量流量。间接测量质量流量是在体积流量的基础上，通过密度、温度、压力等补偿流量计，换算和修正到质量流量。直接测量质量流量有两类：科里奥利质量流量计（Coriolis Mass Flowmeter，简称CMF）和热式质量流量计（Thermal Mass Flowmeter，简称TMF）。

一、间接式质量流量计

1. 压力温度补偿式差压流量计

压力温度补偿式差压流量计的流量方程为

$$q_{vn}=\frac{C\varepsilon}{\sqrt{1-\beta^4}}\times\frac{\pi}{4}d^2\sqrt{\frac{2\Delta p}{\rho_n}\times\frac{pT_nZ_n}{p_nTZ}}$$

(2-3-22)

式中　q_{vn}——体积流量，m³/s（20℃，101.325kPa）；

C——流出系数；

ε——可膨胀性系数；

β——直径比，$\beta=d/D$；

d——节流件孔径，m；

D——管道内径，m；

Δp——差压，Pa；

ρ_n——流体密度，kg/m³（20℃，101.325kPa）；

p，p_n——分别为工作状态及标准状态（20℃，101.325kPa）下的压强，Pa；

T，T_n——分别为工作状态及标准状态（20℃，101.325kPa）下的温度，K；

Z，Z_n——分别为工作状态及标准状态（20℃，101.325kPa）下的气体压缩系数，Z，$Z_n = f(p, T)$。

2. 压力温度补偿式体积流量计

压力温度补偿式体积流量计（如涡轮、涡街、超声波等）的流量方程为

$$q_{vn} = q_v \frac{pT_n Z_n}{p_n TZ} \qquad (2\text{-}3\text{-}23)$$

式中　q_v——工作状态下的体积流量，$\mathrm{m^3/s}$。

其余符号同上。

由以上两式可见，要求得流量值需测得差压、压强、温度以及体积流量，并且需有确定的 ρ_n 值。在以下情况不能采用压力温度补偿法：

① 被测介质组分的测量过程是变化的（ρ_n 为变化值）；

② 被测介质密度与压力温度关系式未知或准确度不足（如气体混合物）；

③ Z，$Z_n = f(p, T)$ 的关系式未知或准确度不足（如气体混合物）。

二、科里奥利质量流量计

科里奥利质量流量计是直接测量质量流量的流量仪表，还可直接测量流体的密度和温度等多个参数，因而也被称为科里奥利流量密度仪表。其广泛应用于油气、炼油、化工、食品饮料、医药等行业。

1. 工作原理

科里奥利质量流量计的工作原理是测量在流量管内流体所产生的科里奥利力，从而测得流体的质量流量。

在一个旋转系内的质点做朝向或离开旋转中心的运动将产生惯性力，如图 2-3-29 所示。当质量为 δ_m 的质点以匀速 v（围绕旋转轴 P 以角速度 ω 旋转）在管道内轴向移动时，这个质点将获得两个加速度分量：

① 法向加速度 a_r（向心加速度），其值等于 $\omega^2 r$，方向朝向 P 轴；

② 切向加速度 a_t（科里奥利加速度），其值等于 $2\omega v$，方向与 a_r 垂直。

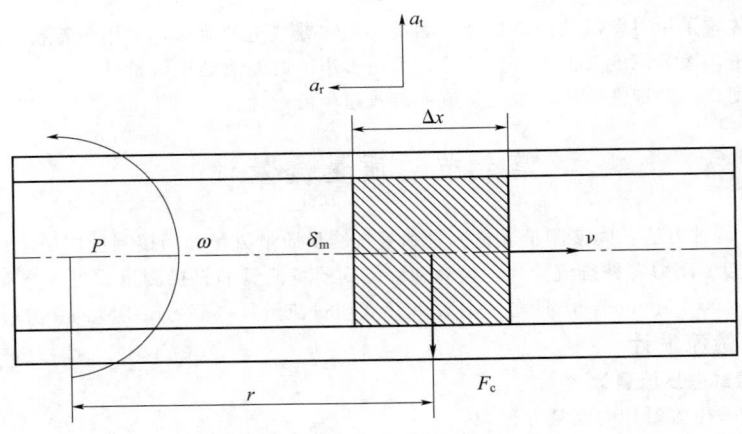

图 2-3-29　科里奥利力

在 a_t 的方向上加一个大小等于 $2\omega v \delta_m$ 的力，这个力来自管道壁。反作用于管道壁上的力是流体加在管道上的科里奥利力 F_c，$F_c = 2\omega v \delta_m$。当密度为 ρ 的流体以恒定流速 v 在旋转管内流动时，任意一段长度为 Δx 的管道将受到一个大小为 ΔF_c 的切向科里奥利力：

$$\Delta F_c = 2\omega v \rho A \Delta x$$

式中，A 为管道内横截面积。

设质量流量为 q_m，则

$$q_m = \rho v A，\quad \Delta F_c = 2\omega q_m \Delta x$$

科里奥利质量流量计流量管如图 2-3-30 所示。图中，流体从左边进入流量管，从右边流出，其通过的速

度矢量为 v。流量管在其谐振频率下振动，流量管向上移动。在入口侧质量抵抗流量管运动并对流量管施加向下的作用力，在出口侧情况刚好相反。这两个作用力大小相等，方向相反，这就是在流量管上产生的科里奥利力。流体介质的质量流速越大，产生的科里奥利力越大。在振动的流量管上，由于流体流动产生的科里奥利力引起流量管两侧产生"扭曲"，这个扭曲量与科里奥利力（与质量流量）以及流量管的刚度 K 成比例，从而求得质量流量。

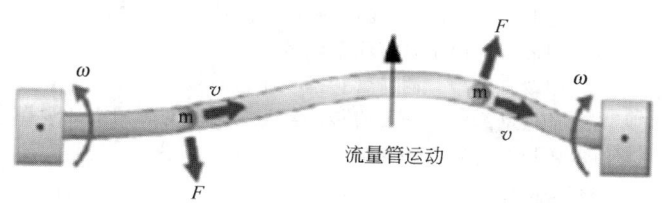

图 2-3-30　科里奥利质量流量计流量管

2. 结构组成

科里奥利质量流量计由传感器和变送器两部分组成。传感器用于直接测量质量流量和密度等参数，变送器用于处理并转换为标准信号 4～20mA/HART、PROFIBUS、FF 等。

传感器由过程连接和流量管组成，流量管和过程连接（如法兰）之间由分流器或连接器连接。如果流量管为双管，连接部分称为分流器，其主要作用是均匀分流，合理疏导流体，减少气穴产生，并良好地抵御管道振动。

在流量管上有三组电磁线圈，位于流量管中心部分的一组为驱动线圈，用于给流量管提供振动能量，确保流量管在谐振频率下工作。另外两组线圈分别为左右检测线圈，用于测量流量管两侧"扭曲"后产生的两组正弦信号的相位时间差。其中一组检测线圈产生的正弦信号对应的谐振频率，可以反映在线介质的实时密度。

传感器内部有一个或多个热电阻，可测量流体的实时温度。

传感器内部无可移动更换部件，保证流量计仪表系数长期稳定，便于维护；传感器外壳用于保护内部结构免受管线振动和安装应力，也可作为二次承压容器。

变送器是仪表的电子部件，收集、存储传感器采集的原始信号，通过滤噪、放大等信号处理后，转换为标准信号输出。变送器支持多路信号输出，如 4～20mA 输出、频率/脉冲输出、HART、PROFIBUS、FF、Modbus RTU、以太网（Ethernet）等。

科里奥利质量流量计可根据用途分为过程控制和贸易交接；也可以根据流量管形状分为 U 形管、微弯管和直管等；还可根据传感器和变送器之间的安装方式分为一体式、分体式等。

3. 主要特点

① 测量精度高，稳定性好，不受被测介质物理参数的影响。

② 直接测量多参数变量，可测量质量流量、密度、温度等参数。

③ 可测量液体、气体、浆液及多相流体，无前后直管段要求，可测量双向流量。

④ 测量范围为 10∶1～50∶1。

⑤ 流量计内部无可动或可更换部件，无阻碍流体流动的部件，便于维护，使用寿命长。

⑥ 压力损失较大，不能用于大管径（$DN400$ 以上）和低密度气体测量。

4. 主要性能指标

① 口径：DN 2.5～300mm。

② 基本误差：液体 ±(0.15%～0.5%)（读数值）；气体/蒸汽 ±(0.25%～1.0%)（读数值）。

③ 重复性误差：一般为基本误差的 25%～67%。

④ 零点不确定性：一般为 ±(0.01%～0.04%)FS。

⑤ 介质温度：−200～350℃。

⑥ 输出信号：4～20mA/HART、PROFIBUS PA、FF。

⑦ 供电电压：24V DC、220V AC。

⑧ 防护等级：IP65、IP66、IP67。

⑨ 防爆等级：Ex ib ⅡC T6、Ex d ⅡC T6。

⑩ 环境温度：−40～60℃；相对湿度：5%～90%。

⑪ 可选项：小流量切除，失效安全模式，自诊断功能，SIL2 认证等。

5. 选用注意事项

① 质量流量计的基本误差通常用量程误差加零点不确定性表征。零点不确定性与范围度有关。在低流量或下限流量时，误差较大，选用时应予以注意。

② 同一仪表，测量气体时性能低于测量液体，特别是用于测量低压气体时。

③ 测量含有固体较多的流体，最好选用单管型质量流量计。

④ 测量强磨蚀性浆液时，采用单直管型、测量管管壁较厚的质量流量计。

⑤ 流量传感器安装应隔离管道振动影响，必要时传感器与管道之间采用柔性管连接。

⑥ 多台传感器串联安装时，应拉开传感器的距离，独立设置支撑架。

⑦ 流量传感器安装位置必须使测量管内充满液体。

⑧ 控制阀安装在流量计的下游。

⑨ 测量混相流体流量时，气体混合物中气泡应小且均匀，液固混合物中应含少量固体杂质，液体中含有气体时应将游离气体排出。

三、热质量流量计

1. 工作原理

(1) 毛细管式热质量流量计　毛细管式热质量流量计的工作原理如图 2-3-31 所示。两组作为加热及测温的线圈绕组对称地绕在测量管外壁，通过管壁给流体传递热量。当流量为零时，测量管温度按中心线对称地分布，如图 2-3-31(b) 中 1 所示，测量电桥处于平衡状态。当气体流动时，气体将上游的部分热量带给下游，因此上游段温度下降，而下游段温度上升，最高温度点从中心线移向下游，如图 2-3-31(b) 中 2 所示，电桥测得两组线圈的平均温差为 ΔT，可按式(2-3-24)求得质量流量 q_m：

$$\Delta T = K c_p q_m \tag{2-3-24}$$

式中　q_m——质量流量；

　　　ΔT——线圈温差；

　　　c_p——气体的定压比热容；

　　　K——与检测件形状有关的常数。

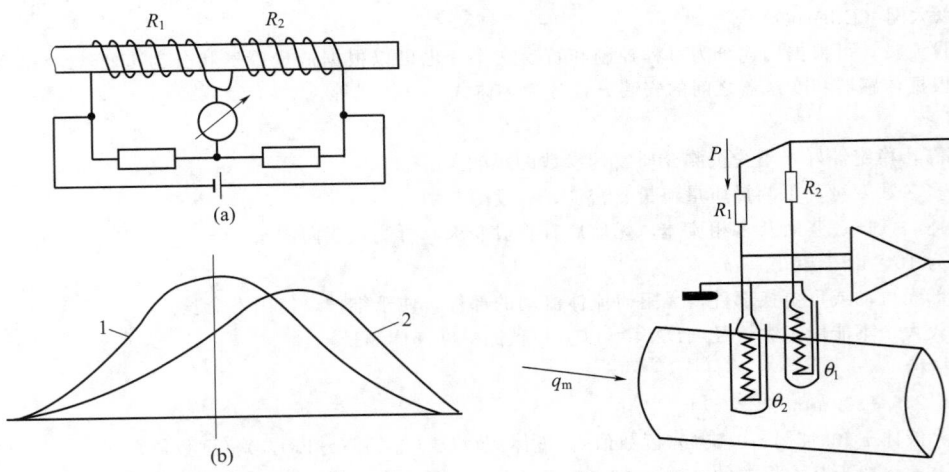

图 2-3-31　毛细管式热质量流量计工作原理图　　图 2-3-32　金氏律热式质量流量计工作原理图

(2) 金氏律热式质量流量计　金氏律热式质量流量计的工作原理如图 2-3-32 所示。流量传感器由两根温度检测件组成，一根用于测量气体温度 T_1，另一根由加热功率 P 加热至温度 T_2。当气体流过检测件时，该温度将随气流流速而变，这时加热功率 P、温差 $\Delta T = T_1 - T_2$ 及气体质量流量有以下关系：

$$\frac{P}{\Delta T} = K_1 + K_2 (q_m)^{K_3} \tag{2-3-25}$$

式中　　　q_m——质量流量；

　　　　　P——检测件加热功率；

　　　　　ΔT——两检测件的温差；

K_1，K_2，K_3——常数。

　　根据式(2-3-25)，金氏律热式质量流量计可以分为两种不同原理。

　　① 恒功率测量原理：保持恒定的加热器电流，即加热功率 P 保持不变，使 RTD 间的温差随流量变化而改变。

　　② 恒温差测量原理：不断调整加热器电流以保持 RTD 间恒定的温差 ΔT，测量保持传感器温度差恒定的电流变化量。

2. 结构组成

　　(1) 毛细管式热质量流量计　图 2-3-33 所示为毛细管式热质量流量计结构图，它用于测量 6～12L/h 气体流量。导管 1 为镍管，管径 2mm，壁厚 0.1mm；加热器 4 电阻约为 15Ω，两组铂电阻温度检测件 5 阻值为 100Ω。加热器与铂电阻温度检测件的绕组绕在导管 1 上，铂电阻接于电桥两臂。

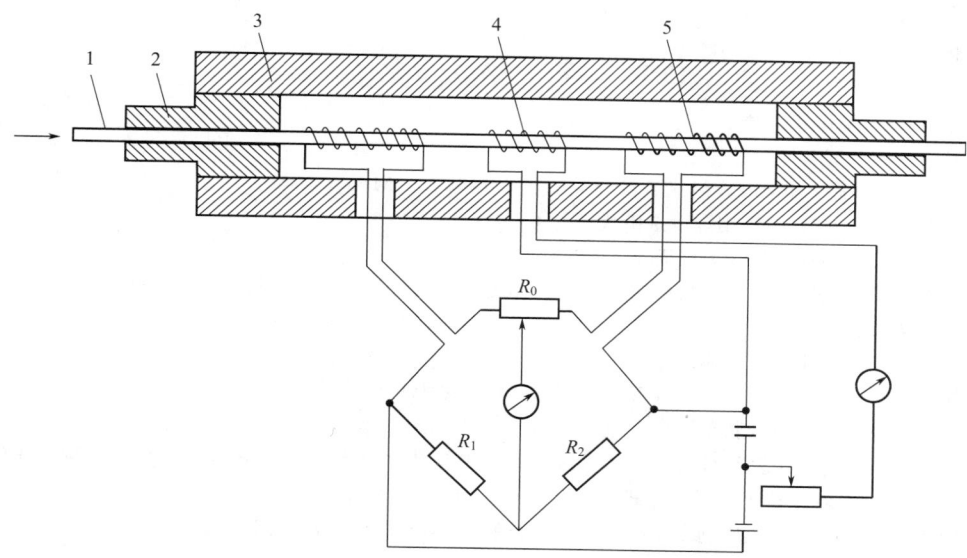

图 2-3-33　毛细管式热质量流量计结构

1—导管；2—黄铜套；3—铜盖；4—加热器；5—感温元件

　　(2) 金氏律热式质量流量计　金氏律热式质量流量计传感器的检测件结构如图 2-3-34 所示。流量计由传感器和流量显示仪两部分组成。流量显示仪接收传感器的标准信号。传感器由检测件和转换器两部分组成。检测件由两根温度测量元件构成，转换器将检测信号转换为标准信号。

3. 主要特点

　　① 毛细管式热质量流量计。

　　a. 直接测量质量流量，无需温压补偿。

　　b. 非接触式，无可动部件，可靠性高。

　　c. 主要测微小气体流量，可测的下限流量较低（标准状态下，最低 5mL/min）。

　　d. 要求气体介质干燥，洁净，不含水分、油质等杂质。

　　e. 动态响应较慢（时间常数 3～6s）。

　　② 金氏律热式质量流量计。

　　a. 直接测量质量流量，无需温压补偿。

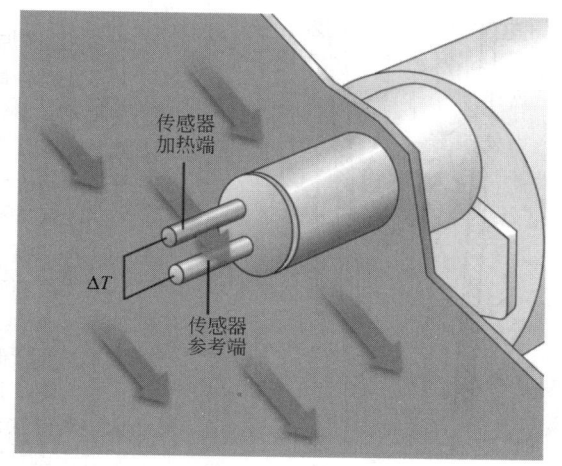

图 2-3-34　金氏律热式质量流量计传感器检测件

b. 无可动部件，可靠性高。

c. 量程比宽，通常为 100∶1，最大可到 1000∶1。

d. 适合测量低压低流速气体。

e. 检测件为带不锈钢外壳的铂电阻温度传感器，对于气体中的粉尘、颗粒、油分、水分不敏感，常应用于测量脏污流体。

f. 适用于大口径、非圆截面管道及现场空间狭窄处测量。

4. 主要性能指标

① 口径：DN 3～5000mm。

② 测量范围：0.07～305m^3/s（标准状况下，空气）。

③ 测量精度：0.75%（读数值）。

④ 重复性：0.5%（读数值）。

⑤ 介质温度：−40～450℃。

⑥ 输出信号：4～20mA/HART、Modbus RTU、PROFIBUS PA、FF、NAMUR NE43。

⑦ 供电电压：24V DC、220V AC。

⑧ 防护等级：IP67。

⑨ 防爆等级：Ex d ⅡC T6。

⑩ 环境温度：−40～60℃。

⑪ 工作压力：最高 6.9MPa，热式流量开关工作压力为 24.1MPa。

⑫ 传感器材质：316L 不锈钢，可选哈氏合金 C276。

⑬ 认证：SIL1，热式流量开关可满足 SIL2 认证要求。

⑭ 可选项：多点式传感器、在线插拔、多组别标定、在线检定、小流量切除、自诊断功能。

5. 选用注意事项

① 用于测量单相流体——气体流量。

② 气体最好为干燥气体。如含有湿气，建议选择恒功率原理热式质量流量计。

③ 响应时间较长，不适合脉动流量测量。

④ 测量介质组分特别是多组分混合气体，应明确各组分摩尔分数或各组分质量分数。测量介质温度高于 160℃ 的场合宜选用传感器和变送器分体式结构。

⑤ 测量火炬气实际组分的比例变化时，应提供给制造厂予以修正流量方程系数。

第七节 转子流量计

转子流量计又称为浮子流量计或面积流量计，主要用于中、小流量的测量，适用于液体、气体及蒸汽等介质。

一、工作原理

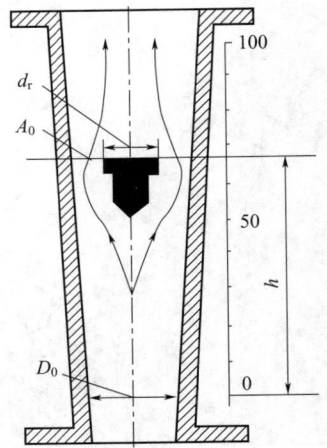

图 2-3-35 转子流量计工作原理图

转子流量计的检测件由一个从下向上扩大的锥形管和一个随流体流量变化沿着锥形管内上下自由移动的转子（浮子）构成，如图 2-3-35 所示。转子流量计本体用两端法兰、螺纹或软管与测量管道连接，垂直安装在测量管道上。当流体自下而上流入锥管时，被转子截流，在转子上、下游之间产生压力差，转子在压力差的作用下上下浮动，这时作用在转子上的力有三个：流体对转子的动压力（向上）、转子在流体中的浮力（向上）和转子自身的重力（向下）。

流量计垂直安装时，转子重心与锥管管轴相重合，作用在转子上的三个力平行于管轴。当这三个力达到平衡时，转子就平稳地浮在锥管内某一位置上。此时，重力＝动压力＋浮力。对于给定的转子流量计，转子大小和形状已经确定，它在流体中的浮力和自身重力是已知的常量，唯有流体对浮子的动压力是随流体流速的大小而变化的。流体流速变大或变小时，转子将向上或向下移动，相应位置的流动截面积也发生变化，直到流速变成平衡时对应的速度，转子就稳定在新的位置上。对于一台给定的转子流量计，转子在锥管中的不同位置代表不同流量的大小。

转子流量计的流量方程为

$$q_v = \alpha\varepsilon A_0 \sqrt{\dfrac{2V(\rho_t - \rho_f)g}{\rho_f A}}$$
(2-3-26)

式中　　q_v——体积流量，m^3/s；

　　　　α——流量系数；

　　　　ε——可膨胀性系数；

　　　　A_0——流通环隙面积，m^2；

　　　　g——重力加速度，m/s^2；

　　　　V——转子体积，m^3；

　　　　ρ_t——转子材料密度，kg/m^3；

　　　　ρ_f——流体密度，kg/m^3；

　　　　A——转子工作直径处的横截面积，m^2。

其中，A_0 对应于转子高度 h，近似有 $A_0 = ch$，系数 c 与转子和锥管的几何形状及尺寸有关。令 $\phi = \alpha\varepsilon c$，流量方程式可写成：

$$q_v = \alpha\varepsilon ch \sqrt{\dfrac{2V(\rho_t - \rho_f)g}{\rho_f A}} = \phi h \sqrt{\dfrac{2V(\rho_t - \rho_f)g}{\rho_f A}}$$
(2-3-27)

由式(2-3-27)可知，转子的停留高度 h 与流量 q_v 成对应关系。

转子流量计还包括吹扫转子流量计，用于仪表设备恒定流量的吹扫，差压吹气法液位测量等。吹扫转子流量计由转子流量计和恒流阀构成，可实现流量测量并确保流量恒定输出。吹扫转子流量计可分为入口压力变化型和出口压力变化型。吹扫转子流量计入口或出口压力变化时，能够使流量恒定输出。

吹扫转子流量计工作原理如图 2-3-36 所示，以入口压力变化出口压力恒定为例。

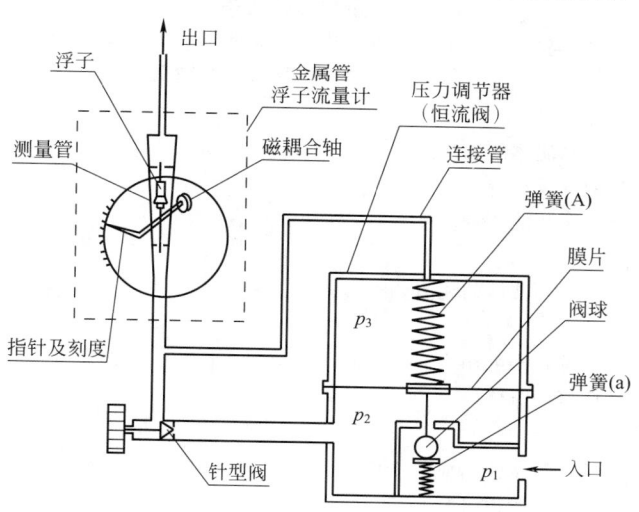

图 2-3-36　吹扫转子流量计工作原理

膜片受到向上的作用力为

$$p_2 A + p_1 a$$

膜片受到向下的作用力为

$$p_3 A + p_2 a + F$$

在压力平衡状态时，

$$p_2 A + p_1 a = p_3 A + p_2 a + F$$

可以得到等式：

$$p_2 - p_3 = F/A - a(p_1 - p_2)/A$$

由于 $a \ll A$，所以 $a(p_1 - p_2)/A$ 可以忽略不计，由于 F 和 A 都是恒定值，所以

$$p_2 - p_3 = C \text{(恒定值)}$$

式中　　p_1——流量计入口压强；

　　　　p_2——针型阀上游压强；

　　　　p_3——针型阀下游压强；

　　　　F——两个弹簧对弹性膜片的作用合力；

　　　　a——压力调节器入口弹簧截面积；

　　　　A——压力调节器出口弹簧截面积。

当测量介质是不可以压缩的液体时，压力调节器可以适用于出口压力变化。对于 $p_2 - p_3 = F/A - a(p_1 -$ $p_2)/A$，由于 p_1 是恒定的，p_3 是变化的，因此，p_3 变为 $p_3 + \Delta p$，p_2 变为 $p_2 + \Delta p$，所以

$$C \text{(恒定值)} = p_2 - p_3$$

$p_2 - p_3$ 是针型阀前后压差，当针型阀的流通面积不再变化时，在差压和流通面积都不变的情况下，确保了流量恒定输出。

二、结构组成

转子流量计有玻璃转子流量计和金属转子流量计两类。

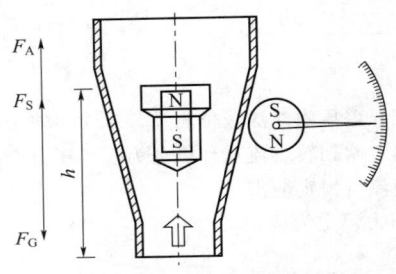

图 2-3-37　金属转子原理图

玻璃转子流量计的锥管是用透明的玻璃制成的，玻璃锥管上刻有流量刻度。透过锥管可以看到透明介质中的转子位置及所对应的流量刻度值（示值）。其结构简单、读数直观、使用方便。玻璃转子流量计只能测量透明液体、气体等介质，用于压力、温度较低的场合，一般用于就地显示。

金属转子流量计的锥管是用金属材料制成的。锥管中的转子位置，通过磁钢耦合等非接触传递方式，传递到锥管外，如图 2-3-37 所示，并由指示机构指示。金属转子流量计可以测量不透明介质，用于温度、压力较高的场合。金属转子流量计有就地指示型、电远传型、夹套保温型及耐腐蚀型等。

三、主要特点

① 测量液体、气体、蒸汽等流体的流量。

② 结构简单，适于流量的现场指示。

③ 测量中、小流量及低雷诺数的流量。

④ 测量范围为 10：1。

⑤ 适于测量含腐蚀性的气体、液体的流量。

⑥ 压力损失较小。

⑦ 玻璃转子流量计耐压力低，不能用于高温、高压场所。

⑧ 不能测量有杂质、易堵塞的流体。

四、选用注意事项

① 转子流量计应垂直安装，流量流向应自下而上。

② 转子流量计安装前应对工艺管道进行吹扫。

③ 金属转子流量计周围 10m 内不应有铁磁性物质存在。

④ 转子流量计上游直管道长度大于 5D，下游直管段长度大于 3D。

第八节　容积式流量计

容积式流量计又称正位移流量计（Positive Displacement Flowmeter，简称 PD 流量计）。容积式流量计是对流体总量进行高精确度计量的主要流量计之一。容积式流量计可作为贸易交接、性能考核、经济核算的计量仪表。

一、工作原理

容积式流量计的工作原理如图 2-3-38 所示，两个通过相互滚动进行接触（或不接触）旋转的特殊形状测量元件（图为椭圆齿轮，亦可为其他元件），在入口与出口压差的作用下，下面转子产生逆时针方向旋转，它为主动轮，而上面转子因两侧压力相等，不产生旋转力矩，是从动轮，它在下面转子带动下沿顺时针方向旋转。由（b）至（c）位置时，上面齿轮变为主动轮，而下面齿轮为从动轮，仍按箭头方向旋转。在一次循环动作过程中，流量计排出四个由转子与壳壁围成的初月形空腔的流体体积，该体积称为流量计的"循环体积"。设"循环体积"为 v，一定时间内转子转动次数为 N，则在该时间内流过流量计的流体体积 V 为

$$V = Nv \qquad (2\text{-}3\text{-}28)$$

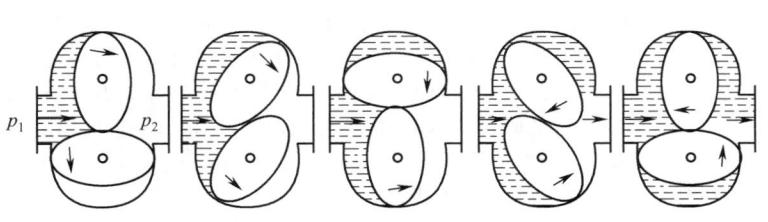

(a)　　　　(b)　　　　(c)　　　　(d)　　　　(e)

图 2-3-38　椭圆齿轮流量计工作示意图

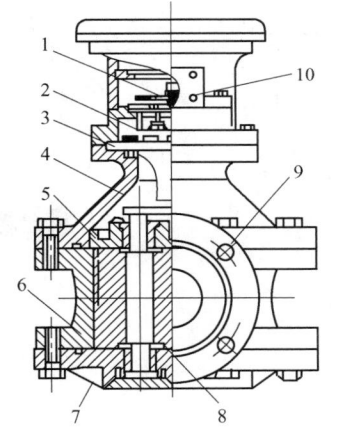

(a) 椭圆齿轮式

1—计数机构；2—调节机构；3—轴向密封联轴器；
4—上盖；5—盖板；6—壳体；7—下盖；
8—椭圆齿轮；9—法兰；10—发信器接口

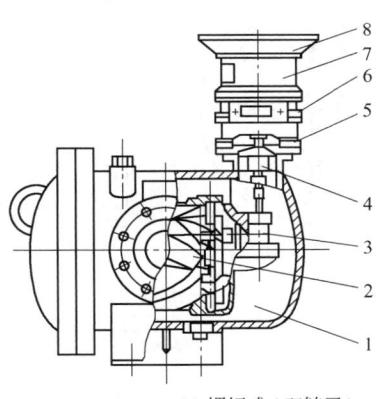

(c) 螺杆式（双转子）

1—大壳体；2—计量箱；3—变速换向组件；
4—联轴器；5—调速器；6—外部调节器；
7—发信器；8—E 型计数器

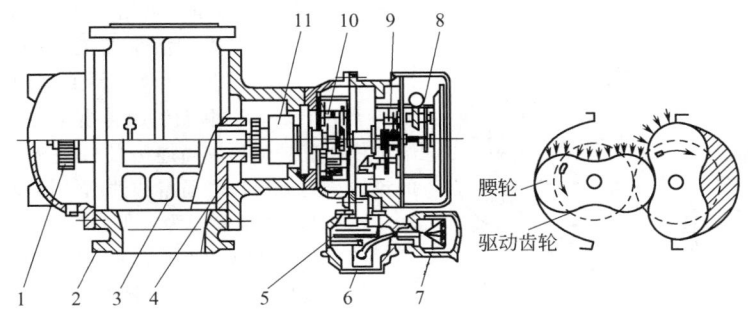

腰轮

驱动齿轮

(b) 腰轮式

1—驱动齿轮；2—壳体；3—计量室；4—腰轮对；5—变速器（1）；6—脉冲信号发生器；
7—接线板；8—积算器；9—变速器（3）；10—变速器（2）；11—磁性联轴器

图 2-3-39　转子式容积流量计

测量元件的转动通过磁性密封联轴器及传动齿轮减速机构传递给计数器，直接指示出流经流量计的流体总量，附加发信装置，配以显示仪表，实现远传指示瞬时流量和/或累积流量（总量）。

二、分类与结构

（1）转子式　椭圆齿轮式、腰轮式、螺杆式（双转子）等，如图 2-3-39 所示。用于液体和气体各种介质的测量。普通准确度为 $\pm0.5\%\ R$（读数值），高准确度的可达 $\pm0.2\%\ R$ 或更高。口径 DN6～500mm，流量 $0.2L/h～3000m^3/h$，黏度从 $0.3～2000mPa\cdot s$。

（2）刮板式　流体推动刮板和转子旋转，刮板沿着一种特殊的轨迹成放射状地伸出或缩回。每两个相对刮板端面之间的距离为定值，刮板连续转动时，两个相邻的刮板、转子、壳体内腔及上下盖板之间形成一个固定的计量室（容积），转子每转一圈，排出四个（或六个）计量室容积，即循环体积。测量液体时，按结构形式可分为凸轮式和凹线式，如图 2-3-40 所示。刮板式还可分为刚性刮板和弹性刮板。流量计口径 DN50～300mm，测量准确度为（$\pm0.2\%～\pm0.5\%$）R。刮板式的工作振动及噪声小，可用于含微细颗粒杂质的液体，尤其是弹性刮板，适合测量含颗粒杂质的脏污流体，用于油田的井口计量。测量气体的有旋叶式气体流量计（亦称 CYM），结构如图 2-3-41 所示。目前国内产品口径 DN50～86mm，测量准确度为 $\pm1.5\%\ R$。与气体腰轮流量计相比，这种流量计的优点是运行无脉动及噪声。

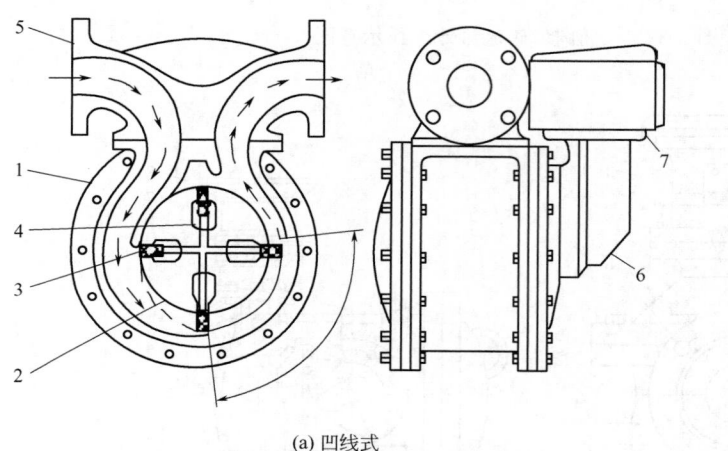 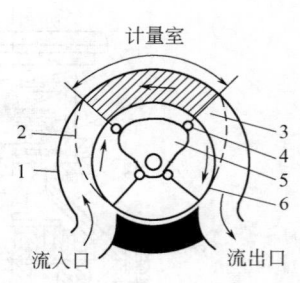

(a) 凹线式
1—壳体；2—转子；3—刮板；4—刮板连杆；
5—入口管；6—调整机构；7—计数器

(b) 凸轮式
1—壳体；2—轨迹刮板；3—刮板；
4—滚轮；5—凸轮；6—转子

图 2-3-40　刮板式流量计

（3）旋转活塞式　亦称环形活塞式和摆动活塞式流量计，如图 2-3-42 所示。将环形活塞插入两层圆筒形气缸的壳体中，构成随液体的流动环形活塞在壳体内旋转的形式。流量计口径为 DN20～100mm，测量准确度为 $\pm0.5\%\ R$。该流量计可用于油品及食品的测量。

（4）往复活塞式　活塞在流体推动下，在气缸中做往复运动，图 2-3-43(b) 所示为四个活塞联动方式的原理图。这些活塞以 O 点进行联动，联动引起各换向阀依次改变方向，流体在各气缸中依次流进流出，当连接点 O 旋转一周时，就有四个气缸体积的流体流到流出口。通常加油站的加油机就是此种类型，流速为 60L/min，测量准确度为（$\pm0.15\%～\pm0.3\%$）R。

（5）转筒式（图 2-3-44）　亦称湿式气量计，是用于测量气体总量的流量计。流量计壳体内盛有约一半封液（水或油），转筒一半没入封液中，气体流入使其转动，其密封形式为无泄漏，所以误差特性与其他容积式流量计有显著差别，它近似为理论误差特性，在精心制作下可获得很高的准确度，为（$\pm0.1\%～\pm0.2\%$）R，因此常用它作为气体流量标准表。

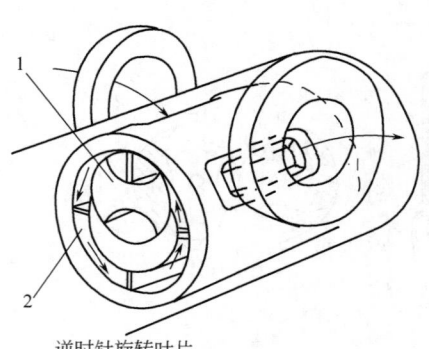

逆时针旋转叶片

图 2-3-41　旋叶式气体流量计
1—旋转活门；2—环形计量室

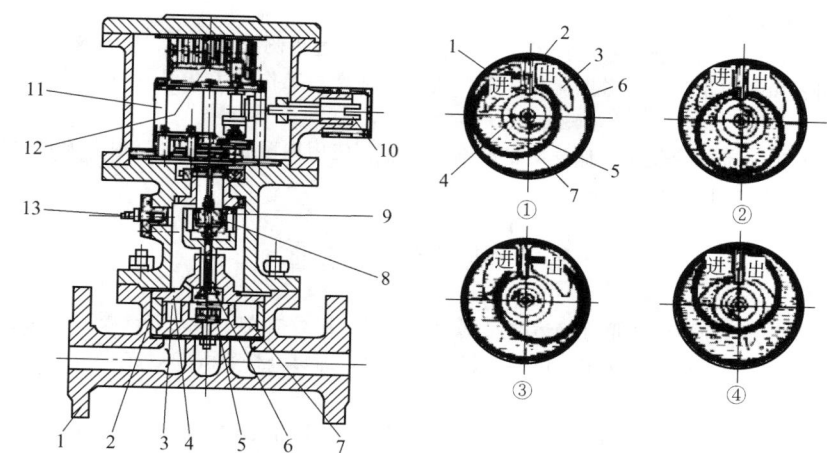

(a) 结构图

1—壳体；2—计量室；3—旋转活塞；4—计量室盖；
5—偏心轮；6—拨叉；7—隔板；8,9—连接磁钢；
10—转数输出轴；11—齿轮机构；
12—计数机构；13—排气螺塞

(b) 原理示意图

1—液体入口；2—隔板；3—液体出口；
4—旋转活塞轴；5—计量室内壁；
6—计量室外壁；7—旋转活塞

图 2-3-42　旋转活塞式流量计

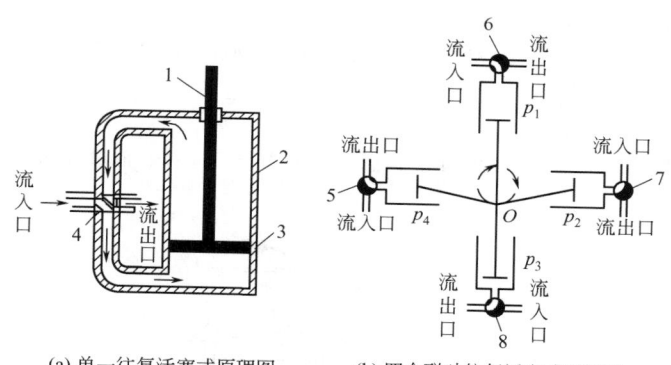

(a) 单一往复活塞式原理图　　　(b) 四个联动往复活塞式原理图

图 2-3-43　往复活塞式容积流量计的原理

1—换向信号发生器；2—气缸；3—活塞；4～8—换向阀

三、主要特点

① 准确度高，一般为 $\pm 0.5\% R$，可达 $\pm 0.2\% R$ 或更高。通常用于原料、产品流体的精确计量。

② 安装直管段长度对容积式流量计精确度没有影响或影响不大。

③ 可用于高黏度流体的测量。

④ 直读式仪表无需外部能源，可直接获得流体总量，操作简便。

⑤ 范围度为 5：1～10：1 或更大。

⑥ 结构复杂，体积大，适用于中、小口径。

⑦ 不适用于高、低温场合，使用温度范围 $-30～160℃$，压力范围最高 10MPa。

⑧ 适用于洁净介质，含有颗粒、脏污物时上游侧需装设过滤器。对于含有气体的液体需装设消气器。

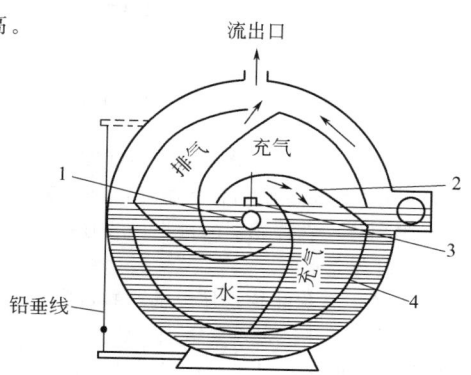

图 2-3-44　转筒式气体流量计原理示意图

1—转筒轴；2—进口室；3—进口；4—转筒

四、选用注意事项

① 适用于油品和高黏度介质的总量计量、民用燃气计量、过程测量和控制、原料及成品总量计量等。

② 确定选用容积式流量计，应考虑流量范围、流体腐蚀性、工作压力和温度、测量准确度、性能价格比等因素。

③ 流量计在其流量范围内使用可保证测量准确、可靠、使用期限长，因此应根据流量范围选取合适的流量计。在爆炸危险场所应采用防爆型。

第九节 涡轮流量计

涡轮流量计具有结构简单、测量准确度高、测量范围广、压力损失小、无零点漂移、抗干扰能力强、温度范围广等特点，广泛应用于石油、化工、电力、轻工、农业、国防、科研等领域。

一、工作原理

当被测流体流过涡轮叶片时，在流体的作用下，涡轮叶片受力旋转，旋转的速度随流量的变化而变化，经磁电转换装置将涡轮的转速转换为电脉冲信号，经放大电路放大处理后，送入显示模块进行显示。在一定的流量范围内，涡轮叶片的转速与流体的平均流速成正比，通过得到的电脉冲信号的个数，可以计算出流量。

涡轮流量传感器的流量计算方程为

$$q_v = f/K \tag{2-3-29}$$

式中　q_v——体积流量，m^3/s；

　　　f——传感器输出信号频率，Hz；

　　　K——传感器仪表系数，$1/m^3$ 或 $1/L$，仪表系数通常由实验测得。

二、分类与结构

1. 结构

涡轮流量计的传感器结构如图 2-3-45 所示。传感器主要由仪表壳体、前后导向架、支撑转轴、叶轮和信号检测放大器组成。

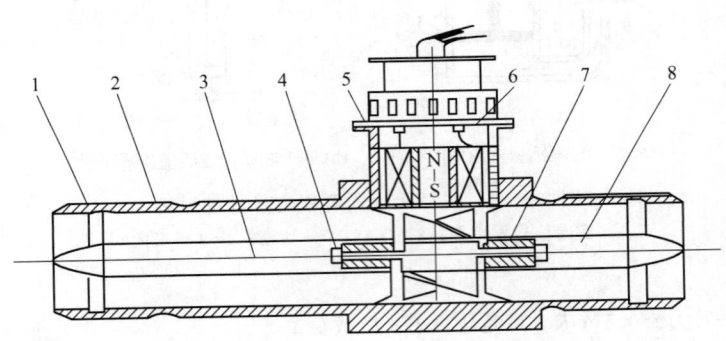

图 2-3-45　涡轮流量计结构图

1—紧固件；2—壳体；3—前导向体；4—止推片；5—叶轮；6—信号检测体；7—支撑转轴；8—后导向体

① 壳体　壳体是传感器的主体部件，起到承受被测流体的压力、固定检测部件、连接管道的作用。壳体采用不导磁不锈钢或硬铝合金制造，壳体外壁装有信号检出器。

② 导向体　在传感器的进出口装有导向体，它对流体起导向整流以及支撑叶轮的作用，通常用不导磁不锈钢或硬铝合金制成。

③ 涡轮　亦称叶轮，是传感器的测量部件，由高导磁性材料制成。叶轮有直板叶片、螺旋叶片和丁字形叶片等，可用多孔护罩环来增加一定数量叶片的频率。叶轮由轴承支撑，与壳体同轴，其叶片数视口径大小而定。叶片几何形状及尺寸对传感器性能有很大的影响，要根据流体性质、流量范围、使用要求等设计。叶轮的动平衡很重要，直接影响仪表的性能和寿命。

④ 轴与轴承　它支撑和传递叶轮旋转，应选择有足够的刚度、强度、硬度、耐磨性和耐腐性等的材料制

作，它决定着传感器的可靠性与使用期限。传感器失效通常是由轴与轴承引起的，因此其结构及材料的选用及维护是关键问题。

⑤ 信号检出器　常用变磁阻式，由永久磁钢、导磁棒（铁芯）及线圈等组成。永久磁钢对叶片有吸引力，产生磁阻力矩，小口径传感器在流量下限时磁阻力矩在诸阻力矩中成为主要项，为此将永久磁钢分为大小两种规格，小口径配小规格以降低磁阻力矩。一般由线圈感应得到的信号幅值较小，应采用前置放大器进行放大、整形，输出幅值较大的电脉冲信号。输出信号有效值大于 10mV 时，可不用前置放大器放大，将线圈感应的信号整形即可。

2. 分类

① 按传感器结构分类

a. 轴向型（普通型）：叶轮轴中心与管道轴线重合。

b. 切向型：叶轮轴与管道轴线垂直，适用于小口径微流量测量。

c. 机械型：叶轮的转动直接或经磁耦合带动机械计数机构，指示积算总量。

d. 井下专用型：适用于石油开采井下作业，测量介质有泥浆及油气流等。

e. 自校正双涡轮型：传感器由主、辅双叶轮组成，可用于天然气等气体流量测量。

f. 高黏度型：适用于高黏度液体。

② 按被测介质分类

a. 液体涡轮流量计

● 普通型：适用于测量低黏度（≤5mPa·s）液体体积流量，公称通径为 $DN10 \sim 600mm$，准确度为 $\pm 0.25\% \sim 0.5\% R$（高精度型为 $\pm 0.15\% R$，使用介质温度为 $-20 \sim 120℃$，压力为 6.3MPa）。

● 耐腐型：适用于测量腐蚀性流体，如稀硫酸、稀盐酸、稀硝酸等，公称通径 $DN20 \sim 50mm$。

● 高温型：适用于测量温度在 300℃ 以下的液体，被测液体温度受检测线圈耐温性能的限制。

● 低温型：适用于测量温度低至 $-250℃$ 的流体，可应用于液态氧、液态氮等流体的测量。

● 高黏度型：适用于测量黏度为 $70 \sim 400mPa·s$ 的液体，通常口径愈大，黏度可愈高。同一台传感器，当流体黏度增大时，会使线性流量的下限值提高，范围度缩小。

b. 气体涡轮流量计

● 普通型：适用于测量洁净气体的流量，公称通径为 $DN15 \sim 350mm$，流体温度为 $-20 \sim 120℃$，压力为 $2.5 \sim 10MPa$，准确度为 $\pm 1\% R$（读数值）。

● 燃气型：适用于测量石油气、人工燃气、天然气及液化石油气等，可采取自动注油器润滑以保护轴承，避免杂质进入运动部件，提高使用期限。结构大部分采用机械式就地显示装置，亦可用光导纤维技术输出高分辨率的脉冲信号，公称通径为 $DN25 \sim 600mm$，工作压力≤10MPa，准确度为 $\pm 1\% R$（或 $\pm 0.5\% R$）。

③ 按信号检测方式分类：感应式、变磁阻式、笛簧管（干簧管）式、光电式。

④ 按流动方向分类：单向型、双向型。

⑤ 按传感器与管道连接方式分类：法兰连接型、螺纹连接型、夹装型。

三、主要特点

① 准确度高，液体一般为 $\pm 0.25\% \sim 0.5\% R$，精密型可达 $\pm 0.15\% R$；气体一般为 $\pm 1\% \sim 1.5\% R$。

② 测量范围宽，大口径为 10:1，小口径为 6:1。

③ 重复性好，短期重复性可达 $0.05\% \sim 0.2\%$。

④ 压力损失小，最大流量时压力损失为 $0.01 \sim 0.1MPa$。

⑤ 耐高压、耐腐蚀，适用于高压、腐蚀性流体测量。

⑥ 结构紧凑轻巧，安装维护方便。

⑦ 一般液体涡轮流量计不适用于测量较高黏度介质，高黏度型除外。

⑧ 小口径仪表的流量特性受流体黏度、密度等因素影响较严重，需采取补偿措施。

四、选用注意事项

① 涡轮流量计准确度：液体，国际为 $\pm 0.15\% R$、$\pm 0.2\% R$、$\pm 0.5\% R$ 和 $\pm 1\% R$，国内为 $\pm 0.5\% R$ 和 $\pm 1\% R$；气体，国际为 $\pm 0.5\% R$ 和 $\pm 1\% R$，国内为 $\pm 1\% R$ 和 $\pm 1.5\% R$。以上准确度的范围度均为 10:1。

② 保持涡轮流量计的准确度需采取下述措施。

a. 要求高准确度时，必须经常校验。

b. 缩小范围度可提高准确度。

c. 采取各种补偿措施，如压力、温度补偿，黏度补偿，非线性度补偿等。

③ 推荐选用的流体特性：洁净（或基本洁净），单相，黏度不高。

④ 不推荐选用的场合：含杂质多的流体，流速较高有可能产生气穴的场所，存在严重电磁干扰的场所，上下游直管段很短的场合等。

⑤ 流量范围的选择最好使叶轮工作于较低流速，延长流量计的寿命。

⑥ 涡轮流量计本体选用 316 不锈钢材料，轴承通常选用碳化钨、聚四氟乙烯、碳石墨等材料。在爆炸危险区域选用防爆结构。

第十节　其他流量仪表

一、明渠流量测量

明渠是指非满管的自由流动，它与封闭管道（有压头流动）是两个独立应用的领域，在测量理论与技术方面皆以物理学、流体力学（水力学）为基础，虽然有许多共通之处，但在名词术语、仪表结构、计算公式等各方面都不一样。明渠流量测量在工业的上下水道、工厂的排水管、河流、农业灌溉等方面的发展历史悠久。

明渠的测量方法如下。

1. 堰、槽的测量方法

堰和槽测量流量的基本原理如图 2-3-46 与图 2-3-47 所示。

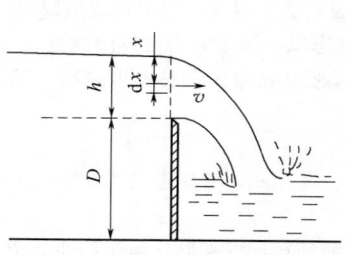

图 2-3-46　堰测量流量的原理图

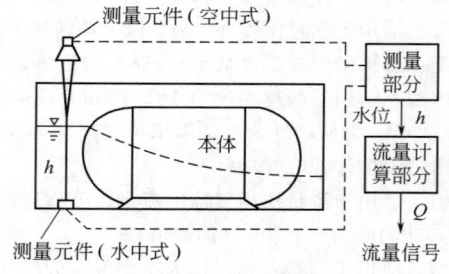

图 2-3-47　槽测量流量原理图

（1）堰　在流道中设置上部有缺口的板壁，流体被堰挡住，水位有一定的升高，然后通过缺口向下游侧流去。这时板壁上游侧水位与流量有一定关系，通过测量水位就可计算出流量值。表 2-3-2 所示为堰及其流量计算式。

表 2-3-2　堰及其流量计算式

名称		JIS 标准	
		流量公式	适用范围
60°三角堰	30° 30° D $B/2$ $B/2$	$Q = 0.577 K h^{5/2}$ $K = 83 + \dfrac{1.978}{BR^{1/2}}$ $R = 1000 h \sqrt{h}/\nu$	$B = 0.44 \sim 1.0\text{m}$ $h = 0.04 \sim 0.12\text{m}$ $D = 0.1 \sim 0.13\text{m}$
90°三角堰	45° 45° D $B/2$ $B/2$	$Q = K h^{5/2}$ $K = 81.2 + \dfrac{0.24}{h} + \left(8.4 + \dfrac{12}{\sqrt{D}}\right)\left(\dfrac{h}{B} - 0.09\right)^2$	$B = 0.5 \sim 1.2\text{m}$ $h = 0.07 \sim 0.26\text{m} < B/3$ $D = 0.1 \sim 0.75\text{m}$

名称	JIS 标准		
	流量公式		适用范围
矩形堰	 $Q=Kbh^{3/2}$ $K=107.1-\dfrac{0.177}{h}-14.2\ \dfrac{h}{D}-25.7\times$ $\sqrt{\dfrac{(B-b)h}{DB}}+2.04\sqrt{B/D}$		$B=0.5\sim6.3$m $b=0.15\sim5.0$m $D=0.15\sim3.5$m $\dfrac{bD}{B^2}\geqslant0.06$ $h=0.03\sim0.45\sqrt{b}$ m
全宽堰	 $Q=Kbh^{3/2}$ $K=107.1+\left(\dfrac{0.177}{h}+14.2\ \dfrac{h}{D}\right)(1+\varepsilon)$ D 为1m 以下时,$\varepsilon=0$ D 为1m 以上时,$\varepsilon=0.55(D-1)$		$B\geqslant0.5$m $D=0.3\sim2.5$m $h=0.03-D$m (但,h 为 0.8m 以下,且为 $B/4$ 以下)
备注	Q—流量,m^3/min;K—流量系数;h—堰的水头,m;B—水渠宽度,m;b—缺口宽度,m; v—运动粘度系数$=0.01\text{cm}^2/\text{s}$;$D$—从水渠的底面到缺口下缘的高度,m		

(2) 槽 敞开流道的一部分节流时,该处的流速增大,同时该部分的水位下降。通过测量水位的下降来求流量的装置叫做槽。常用的槽有巴歇尔槽（Parshall flume）和帕尔默·玻鲁斯槽（Palmer-Bowlus flume）（亦称为 P-B 槽）。

巴歇尔槽和帕尔默-玻鲁斯槽的结构如图 2-3-48 与图 2-3-49 所示。巴歇尔槽和帕尔默·玻鲁斯槽的结构尺寸如表 2-3-3 与表 2-3-4 所示。

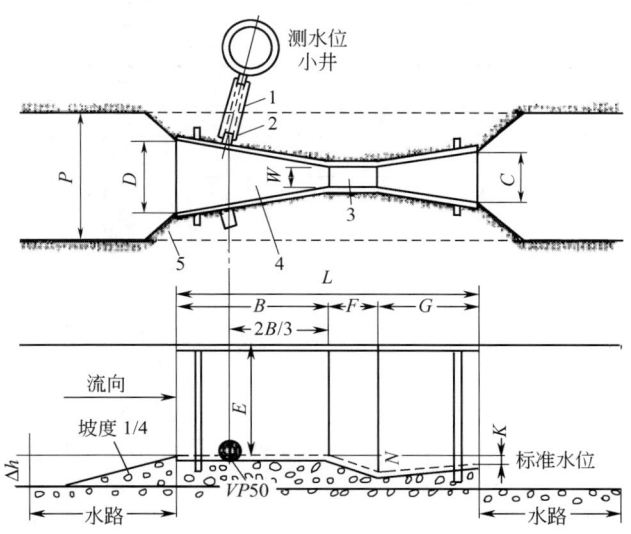

图 2-3-48　巴歇尔槽

1—聚氯乙烯或橡胶管；2—导压口 VP50；3—喉管部；4—堰口部；5—45°侧壁

104

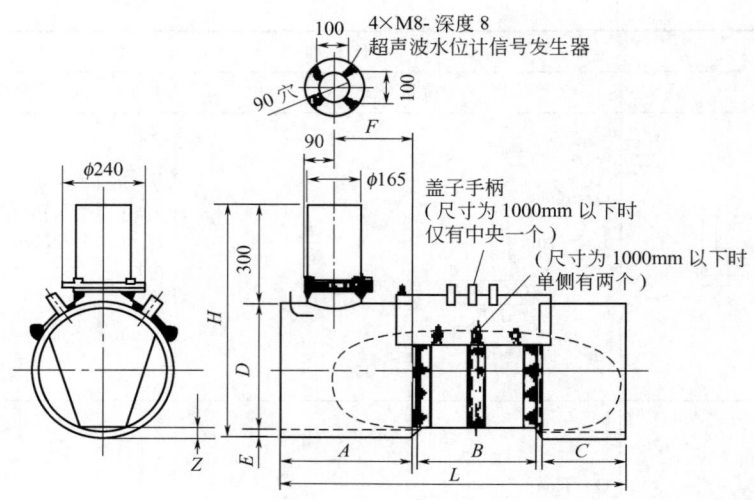

图 2-3-49　帕尔默-玻鲁斯槽

表 2-3-3　巴歇尔槽尺寸表　单位：mm

尺寸	W	P	D	C	L	B	F	G	E	N	K
2	51	724	214	135	774	406	114	254	356	43	22
3	76	768	259	178	914	457	152	305	610	57	25
6	152	902	397	394	1525	610	305	610	610	114	76
9	229	1080	575	381	1626	864	305	457	762	114	76
12	305	1492	845	610	2867	1343	610	914	914	229	76
18	457	1676	1026	762	2943	1419	610	914	914	229	76
24	610	1854	1207	914	3019	1495	610	914	914	229	76
36	914	2223	1572	1219	3169	1645	610	914	914	229	76
48	1219	2711	1937	1524	3318	1795	610	914	914	229	76
60	1524	3080	2302	1829	3467	1943	610	914	914	229	76

表 2-3-4　帕尔默·玻鲁斯槽尺寸表　单位：mm

尺寸	L	A	B	C	H	D	Z	E	F
300	970	390	290	285	591.5	290	15	2	178
350	980	405	340	230	641.5	340	17	2	211
400	1080	435	390	250	691.5	390	20	2	242
450	1080	380	440	255	741.5	440	22	2	182
500	1110	395	480	230	781.5	480	24	2	199
600	1110	460	350	290	882	580	29	2	241
700	1300	510	410	370	982	680	34	2	283
800	1370	550	470	340	1082.5	780	39	2.5	324
900	1520	600	530	380	1183	880	44	3	366
1000	1670	650	580	430	1274	970	49	4	404
1100	1830	700	640	475	1374	1070	54	4	444
1200	1980	750	700	515	1464	1160	58	4	482

2. 流速水位法

流速水位法实际上是流速面积法的一种。当流道的截面形状已确定，则测量水位就可求得流道的流通截面积。把一台或数台流速计安装在流道中测出流速值，进而推算出平均流速。这样，把平均流速和流道截面积相乘就获得总流量。一种实用的流速水位流量计原理图如图 2-3-50 所示。

流速水位流量计计算式为

$$q_v = AK_L v_L \qquad (2\text{-}3\text{-}30)$$

式中　q_v——体积流量；

　　　A——流道流通截面积，$A = f(h)$；

　　　K_L——流速修正系数；

　　　v_L——线流速。

一般流速计采用超声流量计。

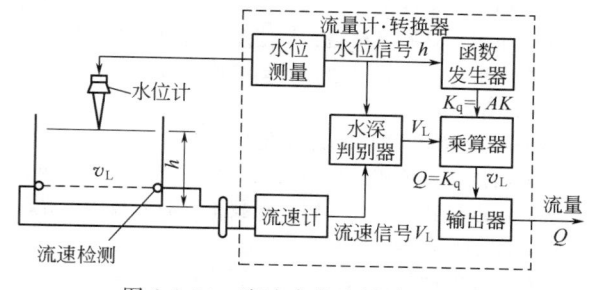

图 2-3-50　流速水位流量计原理图

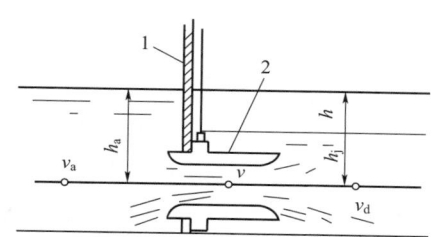

图 2-3-51　潜水型电磁流量计

1—隔壁；2—潜水型流量计

h—上下游水位差；h_a—上游水位；h_j—下游水位；

v—流量计流速；v_a—接近流速；v_d—远离流速

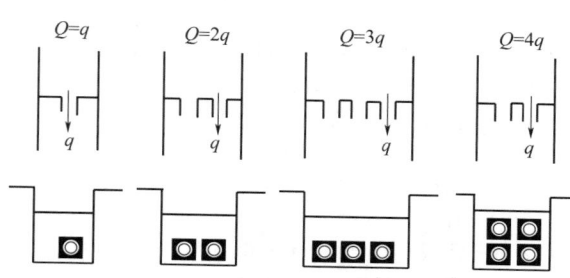

图 2-3-52　组合式潜水型电磁流量计

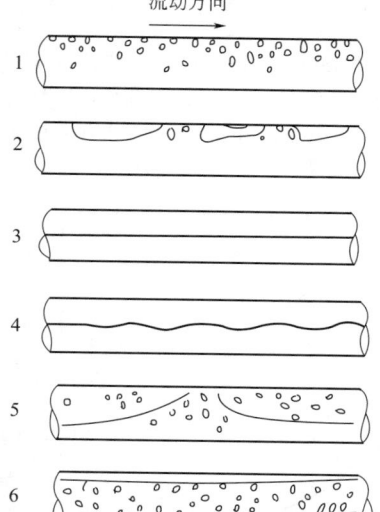

图 2-3-53　水平管中的气液两相流流型

1—细泡状流型；2—柱塞状流型；

3—分层状流型；4—波状分层流型；

5—弹状流型；6—环状流型

3. 潜水型电磁流量计

潜水型电磁流量计安装简图如图 2-3-51 所示。流量计为水密封式结构，它通过与外壳相连的法兰安装在平板的测量孔上。此平板拦断流道的水流，迫使水流只能从潜水型电磁流量计中流过。整个传感器浸在水中，当流道流量较大时，可以采用一台传感器与量程扩展器组合方案测量，如图 2-3-52 所示。

二、混相流流量测量

混相流——两相（气液、气固和液固）或多相（气液固）流流量测量和控制在工业各部门普遍存在。

① 气液两相流：天然气、石油开采和输送，锅炉、热交换器中管道内的流动。

② 固气两相流：各种粉状物（聚合物、水泥、肥料、谷物等）的输送。

③ 固液两相流：矿石煤浆液输送，土法制硫酸输送，污水、泥浆输送。

混相流有以下特点：

① 流动结构（流型）复杂，流动形态多样且不均匀，使流体流动呈现极为复杂的情况，如图 2-3-53 所示；

② 流动中常伴随着传热介质的相变，而相变的临界点又与温度、压力等密切相关，所以混相流中温度与压力的稳定很重要；

③ 混相流的密度不易确定或者是易变的，各相流体之间的流速不一样，产生"速度滑移"；

④ 混相流常具有易粘结、易堵塞、腐蚀仪表的特点，对仪表检测件提出了苛刻的要求；

⑤ 在水平与垂直管道中，流动结构（流型）、形态及其描述的数学模型都不相同，故采样点的选择及检测件的安装皆有严格的要求。

混相流流量的检测技术大致有以下几种方法：

① 采用传统的单相流检测仪表和混相流测试模型组合的测量方法；

② 应用近代新技术，如辐射线技术、激光技术、光纤技术、核磁共振技术、超声波技术、微波技术、新型示踪技术、过程层析成像技术等；

③ 在成熟的硬件基础上，以计算机技术为支持平台，应用基于软测量技术的方法，如状态估计、过程参数辨识、人工神经网络、模式识别等。

1. 孔板流量计

孔板流量计应用于气液两相流的流量及干度的测量，有各种计算式（穆道克、奇斯霍姆、詹姆斯、史密斯、克列姆列夫斯基等计算式），现举林宗虎计算式如下：

$$W_{TP} = \frac{\Psi C A \sqrt{2 \Delta p_{TP} \rho_L}}{\sqrt{1 \times \beta^4} \left[(1-X) \theta_v + X \sqrt{\rho_L / \rho_G} \right]} \tag{2-3-31}$$

式中　W_{TP}——气液两相流体的质量流量，kg/s；

　　　　Ψ——孔板热膨胀系数；

　　　　C——孔板流出系数；

　　　　A——孔板的孔口截面积，m^2；

　　　Δp_{TP}——两相流产生的差压，Pa；

　　　　β——直径比，$\beta = d/D$；

　　　　d——孔板开孔直径，m；

　　　　D——管道内径，m；

　　　　ρ_L——液相密度，kg/m^3；

　　　　ρ_G——气相密度，kg/m^3；

　　　　X——两相流干度（质量含气率）；

　　　　θ_v——孔板修正系数（图 2-3-54）。

$\theta_v = 1.48625 - 9.26541(\rho_G/\rho_L) + 44.695(\rho_G/\rho_L)^2 - 60.6150(\rho_G/\rho_L)^3 - 5.12966(\rho_G/\rho_L)^4 - 26.5743 (\rho_G/\rho_L)^5$。

孔板流量计检测件采用标准孔板，结构与安装按照标准 GB/T 2624 或 ISO 5167 进行。适用范围：ρ_G/ρ_L 为 $0.00455 \sim 0.328$，压力 p 为 $0.8 \sim 19.8$MPa，干度 X 为 $0.02 \sim 1$，孔板 β 为 $0.25 \sim 0.75$。在此范围，综合的均方根误差小于 $\pm 12\%$，当干度范围缩小时，误差可小于 $\pm 5\%$。式(2-3-31)可用于由干度 X 直接计算两相流流量，或由两相流质量流量计算干度 X。

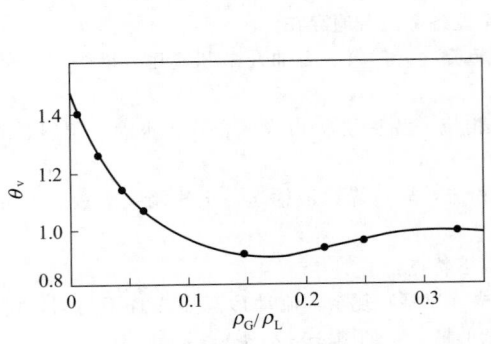

图 2-3-54　孔板修正系数 θ_v 和
ρ_G/ρ_L 的关系曲线

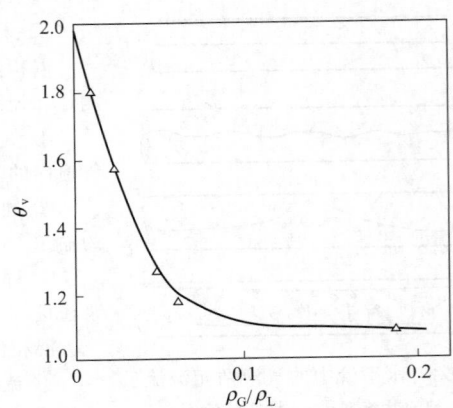

图 2-3-55　文丘里管修正系数 θ_v 和
ρ_G/ρ_L 的关系曲线

2. 文丘里管流量计

文丘里管用于气液两相流的林宗虎计算式如下：

$$W_{TP}=\frac{\Psi CA\sqrt{2\Delta p_{TP}\rho_L}}{\sqrt{1-\beta^4}\left[(1-x)\theta_v+x\sqrt{\rho_L/\rho_G}\right]}$$

(2-3-32)

式中　θ_v——文丘里管修正系数（图 2-3-55）；

其余符号同上。

适用范围：ρ_G/ρ_L 为 0.00178～0.18632，X 为 0～1，管道直径 D 为 10～70mm，β 为 0.4～0.6，计算误差≤±9%。

文丘里管同孔板一样为标准节流装置，其优点为压力损失小，不易堵塞，但结构较复杂。

3. 相关流量计

相关流量计是近几年发展起来的混相流流量计，它在解决混相流流量测量方面具有相当的潜力。其特点为：

① 可直接利用被测流体内部存在的流动噪声现象对传感器中光学、电学或声学的信号产生随机调制作用，提取出所需要的流动噪声信号，无需在流体中投入示踪物；

② 对于不同的测量对象，只需根据被测流体的物理、化学特性，选择合适的传感器，而相关测量系统的主体部分保持不变，即可实现气液、气固或液固两相流体流动参数的测量，因此它有较强的适应性；

③ 传感器部分可做成夹钳式结构，没有可动部件，对被测流体无阻碍作用；

④ 测量结果与被测流体的工作参数（压力、温度）的变化基本无关；

⑤ 与浓度或密度传感器相配合，可分别测量两相（或多相）流体中各相流体的体积流量或质量流量。

流量计测量的基本原理为测量流体标记沿流体流动方向两点间固定距离 L 的渡越时间 Δt，则流速 v 和体积流量 q_v 分别为 $v=L/\Delta t$ 和 $q_v=LA/\Delta t$，A 为管道内横截面积。

相关流量测量系统的构成框图如图 2-3-56 所示。测量系统由流动噪声信号检测系统、相关测量系统和流动参数模型三部分组成。

① 流动噪声信号检测系统（传感器）　由测量管段、传感器和信号放大、解调、滤波等环节构成。上下游传感器的敏感元件检测到随机噪声信号 $S_x(t)$ 和 $S_y(t)$，分别通过放大、调解和滤波等环节后，包含在其中的随机流动噪声信号 $x(t)$ 和 $y(t)$ 被提取出来，并馈入相关测量系统。

② 相关测量系统　通过比较上下游流动噪声信号 $x(t)$ 和 $y(t)$ 的相似值，确定流动噪声信号在上下游传感器所在横截面之间的平均传递时间。

③ 流动参数模型　描述了参考模型的参数与被测流体的体积平均流速 v_{CP} 或体积流量 q_v 之间的关系。为了确定管道中各相流体的体积流量或质量

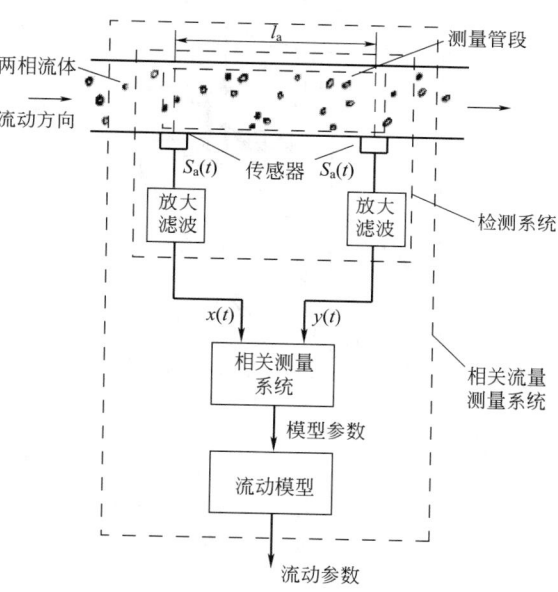

图 2-3-56　相关流量测量系统的构成框图

流量，在测量出各相流体的速度或流体混合物的速度的同时，还必须求得混合物中离散相的体积浓度信息。

流体混合物中各相流体的体积流量 q_{vi} 或质量流量 q_{mi} 可分别表示为

$$q_{vi}=u_iAn_i$$ (2-3-33)
$$q_{mi}=\rho_iu_iAn_i$$ (2-3-34)

式中　q_{vi}——流体混合物中 i 相体积流量；

q_{mi}——流体混合物中 i 相质量流量；

u_i——流体混合物中 i 相截面平均流速；

ρ_i——流体混合物中 i 相密度；

n_i——流体混合物中 i 相平均体积占空系数，%。

三、固体流量测量

在石油、化工、水泥、食品、烟草、有色金属等工业部门，随着工艺过程自动化程度的提高，固体物料（如煤粉、水泥、谷物、面粉、烟丝、饲料，肥料等）输送过程的流量测量和控制日益普遍，固体物料的测量一般有以下几种方法。

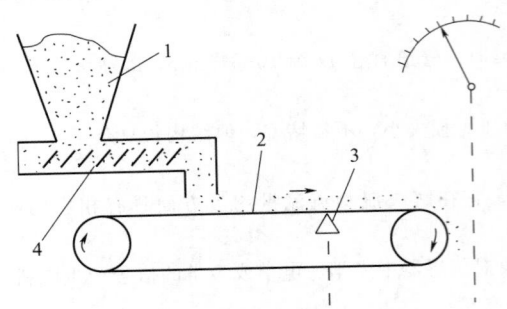

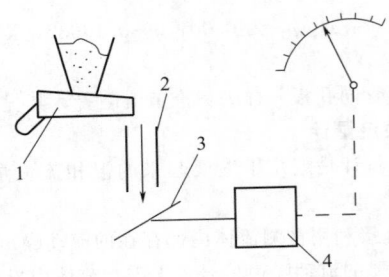

图 2-3-57　皮带秤示意图

1—料斗；2—皮带秤；3—检出器；4—螺旋送料器

图 2-3-58　冲量式流量计示意图

1—送料器；2—整流装置；3—检出板；4—传感器

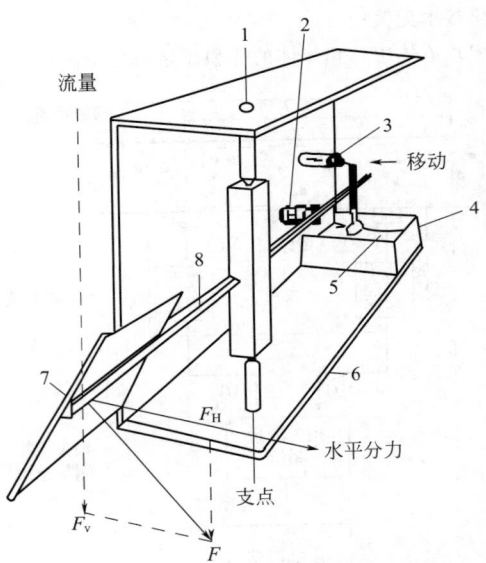

图 2-3-59　比例位移式检测头基本结构

1—支点；2—调距弹簧；3—差动变压器；
4—阻尼器；5—阻尼液；6—固定框架；
7—检出板；8—主梁

1. 称量法

利用皮带秤测量固体物料的流量，其原理如图 2-3-57 所示。检出器称出单位长度上固体物料的质量，再乘以皮带的移动速度，就可求得固体物料的流量。

此种方法适用于颗粒状、块状固体物料，不适用于附着性强的粉末状介质。准确度为 $\pm 0.5\% \sim \pm 2\%$。

2. 力学法

力学法中以冲量式流量计应用最为普遍，其原理如图 2-3-58 所示。冲量式流量计是基于动量原理测量自由下落的粒状固体介质的流量计。当被测介质距检出板一定高度自由下落时，有一个作用在检出板上的冲力，其水平分力的合力与被测介质的质量流量成正比。测量该水平分力的合力并转换成相应的电信号，即可实现流量的显示和计量。

冲量式流量计由检测器及流量显示仪两大部分组成。检测器由检出板、位移电量转换装置组成，如图 2-3-59 所示。检出板是流量计的感测元件，其尺寸及位置根据测量范围而定，检出板接受的冲力经位移电量转换装置（差动变压器）转换成标准信号（4~20mA），采用带微处理器的控制装置实现流量显示、积算及自动控制。

3. 混相流测量法

上面介绍的相关流量计可用于固体粉料或颗粒在气力或液力输送下的气固液或液固等混相流流量的测量。

第十一节　流量仪表的选用

一、选型步骤

流量仪表有各自的特点，选型的目的是在众多品种中选择性价比适宜的仪表。要正确地选择流量测量方法和仪表，必须熟悉流量仪表类型、特点和被测对象。

根据工艺条件，按照流体特性及应用范围初选流量测量方法和仪表，如表 2-3-5 所示，主要按仪表性能、流体特性、安装条件、环境条件和生命周期成本因素等选型。

表 2-3-5　流量测量方法和仪表初选

符号说明：
√ 最适用
△ 通常适用
? 在一定条件下适用
× 不适用
输出特性：SR 平方根　L 线性

测量方法	流体特性（液体）清洁	含颗粒脏污	腐蚀性	黏性	纤维浆	非牛顿液体	液气混合流体	工艺过程条件 高温	低温	小流量	大流量	一般脉动流	气体 小流量	大流量	腐蚀性	高温	蒸汽	精度	最低雷诺数	范围度	压力损失	输出特性	高精度	公称通径/mm	传感器安装方位和流动方向	上游直管段长度要求
差压式 孔板	√	×	△	△	×	?	?	√	√	△	△	?	△	△	△	√	√	中	2×10^4	小	中~大	SR	?	50~1000	任意	短~长
差压式 喷嘴	√	?	△	√	×	?	?	√	√	√	?	?	√	△	△	√	√	中	1×10^4	小	小~中	SR	?	50~500	任意	短~长
差压式 文丘里管	√	△	?	√	√	?	?	√	√	?	√	?	√	△	?	√	√	低	7.5×10^4	小	小	SR	?	50~1200	任意	短
差压式 楔形	√	√	√	√	?	?	?	√	√	?	√	?	×	×	×	×	×	低	5×10^2	小~中	中	SR	×	50~1000	任意	短~中
差压式 均速管	√	×	△	?	×	?	?	√	√	×	√	?	×	△	△	√	√	低	1×10^4	小	小	SR	×	100~2000	任意	长
差压式 多孔平衡	√	×	△	?	×	?	?	√	√	?	√	?	?	√	△	√	√	中	5×10^3	小~中	小	SR	?	15~3000	任意	短
转子式 玻璃锥管	√	×	√	√	×	?	×	×	×	√	×	×	√	×	√	×	×	低~中	1×10^4	中	中	L	√	15~100	垂直从下向上	无
转子式 金属锥管	√	△	√	√	△	?	?	√	?	√	×	×	√	×	√	△	?	中	1×10^4	中	大	L	?	15~150	垂直从下向上	无
容积式 椭圆齿轮	√	×	?	√	△	√	△	?	?	√	√	?	×	×	?	?	×	中~高	1×10^2	中	大	L	√	6~250	任意	无
容积式 腰轮	√	×	?	√	?	√	√	?	?	√	√	?	√	√	?	?	?	中~高	1×10^2	中	大	L	√	15~500	任意	无
容积式 刮板	√	×	?	√	?	√	△	?	?	√	△	?	×	×	?	?	×	中~高	1×10^3	中	大	L	√	25~250	任意	无
涡轮式	√	×	?	?	×	×	×	√	√	√	√	?	√	√	?	√	?	中~高	1×10^2	中	中	L	√	15~500	任意	短~中
电磁式	√	√	√	△	√	√	×	√	?	√	√	√	×	×	×	×	×	中~高	无限制	中~大	无	L	√	2~3000	任意	短
旋涡式 涡街	√	△	√	×	×	?	×	√	?	√	√	×	√	√	√	√	√	中	2×10^4	中~大	小~中	L	?	15~300	任意	短~中
旋涡式 旋进	√	?	√	×	×	?	×	√	?	√	√	×	√	√	√	√	?	中	1×10^4	中~大	中~大	L	?	50~400	任意	短
超声式 时差法	√	?	√	?	?	?	×	√	√	?	√	?	?	√	?	?	?	中	5×10^3	中~大	无	L	?	15~6000	任意	短~中
超声式 多普勒法	×	√	√	?	?	?	△	√	√	?	√	?	×	×	×	×	×	低~中	5×10^3	小~中	无	L	低~中	15~6000	任意	短~中
靶式	√	√	?	√	?	?	?	√	?	√	△	√	√	√	?	?	?	中	1×10^2	小	小	SR	?	15~200	任意	短~中
热式质量	?	×	?	×	×	?	?	√	√	√	√	√	√	√	?	√	?	中	2×10^3	中~大	无	L	?	3~5000	任意	无
科里奥利质量	√	△	√	√	?	√	?	√	√	√	√	√	√	√	√	?	?	高	无限制	中~大	中~大	L	√	2.5~300	任意	无

选型步骤如下：

① 依据流体特性、工艺对流量仪表功能要求初选仪表类型；

② 依据用户要求确定仪表选型原则；

③ 依据仪表性价比确定仪表类型。

二、仪表性能

不同测量对象有各自的测量要求，仪表性能选择有不同的侧重点，例如商贸结算对准确度要求较高，而过程控制、安全联锁要求高可靠性及安全性。

根据测量准确度要求选择合适的流量仪表，通常首选标准节流装置或涡街流量计，同时考虑流量仪表的维护和更换。

重复性是由仪表本身工作原理及产品质量决定的，它与仪表校验无关。选用时要求重复性好。

范围度是选型的一个重要指标，速度式流量计（涡轮、涡街、电磁、超声）的测量范围度比差压式流量计宽得多。目前，采用智能宽量程差压变送器或采用几台差压变送器切换来扩大范围度。速度式流量计通常无法在线更换，需增设工艺旁路解决；节流装置通常无需更换，不需设置工艺旁路。

压力损失关系到能量消耗，允许压力损失由工艺系统计算确定，也是选型考虑重要因素之一。常用流量仪表性能参考数据如表 2-3-6 所示。

表 2-3-6 常用流量仪表性能参考数据

名称		准确度（基本误差）（%R 或 %FS）[①]	重复性误差	范围度	测量参量[③]	响应时间
差压式	孔板	$\pm(1.0\sim2.5)$FS	②	3：1	Q	②
	喷嘴	$\pm(1.0\sim2.5)$FS	②	3：1	Q	②
	文丘里管	$\pm(1.0\sim2.5)$FS	②	5：1	Q	②
	楔形	$\pm(1.5\sim2.5)$FS	②	3：1	Q	②
	均速管	$\pm(1.5\sim2.5)$FS	②	10：1	V_m	②
	多孔平衡	$\pm(0.5\sim1.5)$FS	②	10：1	Q	②
转子式	玻璃锥管	$\pm(1.5\sim2.5)$FS	$\pm(0.5\sim1)$FS	$(5\sim10)$：1	Q	无数据
	金属锥管	$\pm(1.5\sim2.5)$FS	$\pm(0.5\sim1)$FS	$(5\sim10)$：1	Q	无数据
容积式	椭圆齿轮	$\pm(0.2\sim0.5)$R	$\pm(0.05\sim0.2)$FS	10：1	T	<0.5s
	腰轮	$\pm(0.2\sim0.5)$R	$\pm(0.05\sim0.2)$FS	10：1	T	<0.5s
	刮板	$\pm(0.2\sim0.5)$R	$\pm(0.01\sim0.05)$FS	$(10\sim20)$：1	T	<0.5s
涡轮式		L：$\pm(0.2\sim0.5)$R G：$\pm(1.0\sim1.5)$R	$\pm(0.05\sim0.5)$R	$(5\sim10)$：1	Q	$5\sim25$ms
电磁式		$\pm(0.2\sim1.5)$R	±0.1R	$(10\sim100)$：1	Q	>0.2s
旋涡式	涡街	L：±0.75R G：±1.0R	±0.3R	$(5\sim40)$：1	Q	>0.5s
	旋进	±0.5R	$\pm(0.25\sim0.5)$R	$(10\sim30)$：1	Q	无数据
超声式	时差法	$\pm(1.0\sim2.0)$R	$\pm(0.1\sim0.3)$FS	$(200\sim400)$：1	Q	$0.02\sim120$s
	多普勒法	±5.0R	±1R	$(5\sim15)$：1	Q	无数据
靶式		$\pm(1.0\sim2.5)$FS	无数据	3：1	Q	无数据
热式质量		$\pm(1.5\sim2.5)$R	$\pm(0.2\sim0.5)$FS	100：1	Q	$3\sim6$s
科里奥利质量		L：$\pm(0.15\sim0.5)$R G：$\pm(0.25\sim1.0)$R	基本误差的 $25\%\sim67\%$	$(10\sim100)$：1	Q	$0.1\sim3600$s

① R—测量值，FS—流量上限值。

② 取决于差压变送器。

③ Q—流量，T—流过体积，V_m—平均流速。

三、流体特性

仪表类型是按照流体种类选定的，流体物性参数与流体流动特性、流体化学特性、脏污结垢等对仪表测量精确度、可靠性、可用性等均有影响。目前常用的差压、转子、容积、涡轮、涡街、电磁、超声、热式等流量计，影响流量计特性的主要物性参数为密度（包括气体压缩系数及湿度）、黏度、等熵指数、电导率、声速、比热容和热导率等，其中密度和黏度的影响最重要。

密度是影响流量计特性最主要的参数，其数据准确度直接影响测量精确度。如速度式流量计测量的是体积流量，物料平衡或能源计量皆需用质量流量计算，这些流量计除检测体积流量外，需检测流体的密度，只在密度为常数或变动不影响测量精度时可不检测。涡街流量计的检测信号不受物性的影响，在使用时如果密度是变动的，同样影响其测量质量流量精确度。差压式流量计在流量方程中差压和密度两个参数处于同等地位，同样影响测量精确度。科里奥利质量流量计或热式质量流量计，输出信号直接测量质量。

黏度对流量计特性影响有两种情况。其一为直接影响。涡轮流量计和容积式流量计的流量特性受黏度的影响，需要在线黏度补偿。涡轮流量计适用于测量低黏度介质，容积式流量计适用于测量高黏度介质。其二为间接影响。黏度是判别流体性质的重要参数，牛顿流体或非牛顿流体视其黏度关系式不同而定。目前国内外颁布的流量测量标准及规程只适用于牛顿流体，这是一个重要的使用条件。黏度影响管道内流速分布，流速分布对流量计特性的影响在流量计使用时应予以关注。

各种流量计采用不同的测量原理，需要考虑超声流量计的声速，电磁流量计的电导率，热式流量计的比热容、热导率等物理参数。

由于流体物性为压力、温度及介质组分的函数，使用时压力、温度的变化使密度发生改变，需进行压力、温度补偿。在某些场合，当流体组分发生变化时，不能采用压力、温度补偿，应采用密度补偿。

流体的化学性质，如腐蚀、磨蚀、结晶等，是仪表选型关注的一个重要因素。流量计的检测件优先选取无阻碍件。

四、安装条件

各种流量计对安装要求差异较大。差压式流量计、涡街流量计需要较长的上下游直管段，以保证检测元件入口流体处于层流状态；容积式流量计、转子式流量计则无此要求或要求很低。

安装条件考虑的因素有仪表的安装位置、流体流向、上下游管道阻力件、脉动流、振动、电气干扰和维护空间等。常用流量计的安装要求如表 2-3-7 所示。

表 2-3-7　常用流量计的安装要求

符号说明： √可用 ×不可用 ? 有条件下可用		传感器安装方位和流动方向				测双向流	上游直管段要求	下直管段要求	过滤器		
		水平	垂直由下向上	垂直由上向下	倾斜任意		(D, 公称直径)/mm		推荐安装	不需要	可能需要
差压式	孔板	√	√	√	√	√①	5～80	2～8		√	
	喷嘴	√	√	√	×	×	5～80	4		√	
	文丘里管	√	√	√	×	×	5～30	4		√	
	楔形	√	√	√	×	×	5～30	4		√	
	均速管	√	√	√	√	×	2～25	2～4			√
	多孔平衡	√	√	√	√	√	1～3	0.5～1			
转子式	玻璃锥管	×	√	×	×	×	0	0			√
	金属锥管	×	√	×	×	×	0	0			√
容积式	椭圆齿轮	√	×	×	×	×	0	0	√		
	腰轮	√	×	×	×	×	0	0	√		
	刮板	√	×	×	×	×	0	0	√		
涡轮式		√	×	×	×	√	5～20	3～10			√

续表

符号说明： √可用 ×不可用 ? 有条件下可用		传感器安装方位和流动方向				测双向流	上游直管段要求	下直管段要求	过滤器		
		水平	垂直由下向上	垂直由上向下	倾斜任意		(D,公称直径)/mm		推荐安装	不需要	可能需要
电磁式		√	√	√	√	√	0～10	0～5		√	
旋涡式	涡街	√	√	√	√	×	15～40	5		√	
	旋进	√	√	√	√	×	3～5	1～3		√	
超声式	时差法	√	√	√	√	√	10～50	2～5			
	多普勒法	√	√	√	√	√	10	5			
靶式		√	√	√	√	×	6～20	3～5			
热式质量		√	√	√	√	×	10～40	5～10	√		
科里奥利质量		√	√	√	√	√	0	0		√	

① 双向孔板可用。

上下游直管段长度的要求是保证测量准确度的重要条件之一。目前许多流量计要求的确切长度尚无可靠依据，在仪表选用时可根据国际、中国权威性标准或向制造厂咨询决定。

目前全部流量计标准皆要求在稳定流中测量，因为核准流量计实验室的工作条件是稳定流。在安装流量计时最好选择在远离脉动源管流较稳定处。

管道振动对流量计的影响亦是不可忽视的因素，大部分流量计要求在无振动场所使用。必要时应采取措施，如管道加固支撑，加装减振器等。

五、环境条件

环境条件包括环境温度、相对湿度、大气压、爆炸危险场所、雷暴、台风、盐雾、电磁干扰等。常用流量计环境条件的适应性如表 2-3-8 所示。

表 2-3-8　常用流量计环境条件适应性

符号说明： √可用 ×不可用		温度影响	电磁干扰射频干扰影响	本质安全防爆适用	隔爆型适用	防护型适用
差压式	孔板	中	最小～小	①	①	①
	喷嘴	中	最小～小	①	①	①
	文丘里管	中	最小～小	①	①	①
	楔形	中	最小～小	①	①	①
	均速管	中	最小～小	①	①	①
	多孔平衡	中	最小～小	①	①	①
转子式	玻璃锥管	中	最小	√	√	√
	金属锥管	中	小～中	√	√	√
容积式	椭圆齿轮	大	最小～中	√	√	√
	腰轮	大	最小～中	√	√	√
	刮板	大	最小～中	√	√	√
涡轮式		中	中	√	√	√
电磁式		最小	中	√	√	√

续表

符号说明： √可用 ×不可用		温度影响	电磁干扰射频 干扰影响	本质安全 防爆适用	隔爆型适用	防护型适用
旋涡式	涡街	小	大	√	√	√
	旋进	小	大	√	√	√
超声式	时差法	中～大	大	×	√	√
	多普勒法	中～大	大	√	√	√
靶式		中	中	×	√	√
热式质量		大	小	×	√	√
科里奥利质量		最小	大	√	√	√

① 取决于差压变送器。

在爆炸性危险场所安装的电子式仪表必须选用防爆型仪表（本安、隔爆）。现场安装的电子式仪表防护等级 IP65、66、67、68，现场安装的其他仪表 IP55。

六、生命周期成本

生命周期成本是仪表选型着重考虑的因素之一。一般选表时考虑各种费用包括购置费、安装费、运行费、维护费和备件费等。

第四章　物位测量仪表及选用

第一节　物位测量仪表概述

一、物位测量仪表分类

物位测量仪表可测量各种状态的物料位置（液态、浆液、灰状、粉尘、颗粒、块状等），广泛应用于石油、化工、冶金、电力、轻工、环保等行业。

现场物位测量的目的：要求测量准确，用来计量被测量介质（原料、辅料、半成品或成品）的质量或体积；能准确对物料位置进行监控，控制介质保持在某一特定位置，满足连续控制、生产的要求；物位测量与安全生产密不可分。

根据测量的介质不同，可分为液位计（气-液）、料位计（气-固）和界面计（液-液、固-液）；根据测量的目的，可分为开关量测量（高低限位测量）和连续量测量（实时监控）；根据测量的方式，可分为接触式测量和非接触式测量。

（1）直读式液位计　玻璃管液位计、玻璃板液位计。

液位计又分反射式液位计和透射式液位计。

（2）差压式液位计　压力式液位计、吹气法压力式液位计、差压式液位（或界面）计。

（3）浮力式液位计　钢带液位计、伺服液位计、浮筒液（界）位计、磁浮子液（界）位计。

（4）电气式物位计　电接点液位计、磁致伸缩液位计、电容物位计、射频导纳物位计、音叉物位开关、阻旋物位开关。

（5）雷达物位计　导波雷达物位计、脉冲雷达物位计、调频连续波雷达物位计。

（6）超声波物位计

（7）放射性物位计

二、物位测量仪表特性

1. 直读式液位计

直接测量，现场直观显示，多用于就地指示液位，用来校准远传液位仪表的零点和量程。直读式液位仪表是接触式液位测量，材质能适应被测介质要求，能承受操作的温度、压力，测量距离不宜过长。

2. 差压式液位计

① 吹气法测量液位，需要气源和吹气稳压装置，适用于常压和开口容器，可测量腐蚀性、流态状粉末或颗粒介质，测量范围有限，精确度取决于差压变送器和稳压装置的性能。

② 差压变送器测量液位（界面），是在石化行业广泛应用的方法。对腐蚀、结晶、自聚和黏稠液体，采用带毛细管法兰式差压变送器测量。

由于介质密度变化直接影响差压式液位测量结果，所以差压变送器仅适用于密度比较稳定的液位测量。

3. 浮力式液位计

（1）钢带液位计　浮球随液面变化，可将浮球上下位移转换为模拟或数字信号。

（2）伺服液位计　可进行多参数测量，如界面（油水界面）；与多点温度元件相连接，可测量多点温度或平均温度；如选用多点密度浮标，可测多到10点的密度。适用于精确（计量）液位测量。不适合黏稠、易挂料类介质液位测量。

（3）浮筒液（界）位计　测量范围一般为300～2000mm，适用于液面波动较小，密度稳定，真空、负压、易汽化及洁净介质的液面和界面测量。对高温、黏稠、密度变化较大介质液位测量不宜采用。

（4）磁浮子液（界）位计　适用于高温、低温、高压、有腐蚀、有毒介质的液位（界面）就地指示，测量范围一般不大于4500mm，维护工作量较少。

4. 电气式物位计

（1）电接点液位计　结构简单，可用于高温、高压、锅炉汽包及除氧器的液位测量。

（2）磁致伸缩液位计　利用电流磁场与浮子磁场相互作用产生脉冲信号来进行测量，精度高，分辨率高，适用于洁净介质液位的精确测量。从结构上分两种，一种是杆式，浮球顺着杆上下移动，测量范围为 0～4m；测量范围为 4～20m 时，采用缆式结构，运输安装方便。

（3）电容物位计　利用物位变化引起电极电容变化的原理进行测量。适用于有腐蚀、有毒、导电或非导电介质的物位测量，对黏稠及易结垢的介质，可选用带保护极的测量电极和带有主动补偿放大电路的射频导纳物位计测量。

探头对介质的介电常数非常敏感，操作温度、压力变化对介电常数干扰较大的介质不宜采用。

5. 超声波物位计

用声波反射来测量物位，是一种无接触式测量，可测量液位、料位。因声波必须在空气中传播，所以真空设备物位测量不能采用。在测量中要求声速稳定，液面反射良好，如液面上有较多的泡沫、声阻大、反射弱，容器内支架、入口物料反射回来的波等假信号，不宜采用。采用杂波抑制、自动功率调整、增益控制、温度补偿等技术保证仪表正常工作。

6. 雷达物位计

利用微波反射原理进行物位测量。适用于真空设备的物位测量，在恶劣的操作条件下，几乎不受介质蒸汽和粉尘的影响。在有杂散反射波的情况下，可采用杂波分析处理系统来识别和处理杂散、虚假反射波，以获得正确的测量信息，可用于液位、料位的测量。雷达物位计可分为接触式雷达物位计（导波雷达物位计）和非接触式雷达物位计，非接触式雷达物位计又有脉冲法（PULS）和连续调频法（FMCW）两种。高频雷达技术适合固体、粉料的物位测量。

7. 放射性物位计

利用放射源产生的 γ 射线，穿过被测容器及容器中的介质，γ 射线被不同高度介质所吸收，测得被吸收而衰减的射线强度，得到相应的物位。适用于各种高温、高压、腐蚀及黏度较高的介质物位测量。选用的关键是确定操作工况、介质、设备材质、壁厚及射线穿过的部件，绘出设备的剖面图供制造厂进行计算。使用可靠，维护量小，在其他物位仪表测量比较困难时，可选用它来测量。特别注意人身健康安全，必须对生产管理和操作维护人员进行专门培训。安装、调试、运行维护必须由专业人员完成，保证操作和运行安全。

第二节　直读式液位计

一、测量的基本原理

利用仪表与被测容器气相、液相的直接连接读取容器中的液位高度。直读式液位测量原理见图 2-4-1。

利用液相压力平衡原理：

$$H_1 \rho_1 g = H_2 \rho_2 g \qquad (2\text{-}4\text{-}1)$$

当 $\rho_2 = \rho_1$ 时

$$H_2 = H_1$$

这种液位计适用于就地液位的测量。当介质温度高时，ρ_2 不等于 ρ_1，容易出现误差。简单实用，应用广泛。可用于校准远传液位仪表的零位和量程。

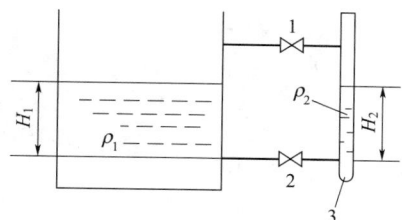

图 2-4-1　直读式液位测量原理
1—气相切断阀；2—液相切断阀；
3—直读式液位计

二、玻璃管液位计

玻璃管液位计由于玻璃管易碎，长度有限等，只用于开口常压容器液位指示。

由于玻璃管材质采用石英玻璃，外加保护的金属管，克服了易碎的缺点。石英玻璃管液位计适用于高温工况的液位指示。

玻璃管液位计利用光线在液体与气体中折射率的不同，做成双色玻璃管液位计，气相为红色，液相为绿色。

石油化工生产装置中，玻璃管液位计很少采用。

三、玻璃板液位计

玻璃板液位计分为透光式和反射式。

透光式玻璃板液位计适用于界面指示、高黏度、150℃以上的液体、含固体颗粒、脏污、酸、碱等液位指示。需要时可带伴热、带照明。

反射式玻璃板液位计适用于洁净、透明、低黏度和无沉淀物等介质的液位指示。

根据连通管原理，玻璃板液位计液位高度应与容器中液位高度一致，通过透明玻璃板读出液位的实际高度。液位计上下阀内装有安全钢珠，当玻璃板意外破损时，钢珠在容器内压力作用下，自动关闭液体流动通道。

玻璃板液位计外形如图2-4-2所示。

玻璃板液位计结构如图2-4-3所示。

玻璃板液位计外形尺寸如图2-4-4所示。

主要技术参数如下。

① 测量范围（L）：500mm、800mm、1100mm、1400mm、1700mm或按用户要求。

② 可视范围（H）：240mm、540mm、840mm、1140mm、1440mm或按用户要求。

③ 工作压力：2.0～11.0MPa（最大40MPa）。

④ 工作温度：−20～350℃，−196～0℃（防霜式）。

⑤ 接液材料：CS，304SS，316SS，Monel，或按用户要求。

⑥ 本体材料：CS，304SS，316SS。

⑦ 玻璃板材料：≤300℃采用硼硅酸盐，300～400℃采用水合铝酸硅，＞400℃采用石英。

图 2-4-2　玻璃板液位计外形

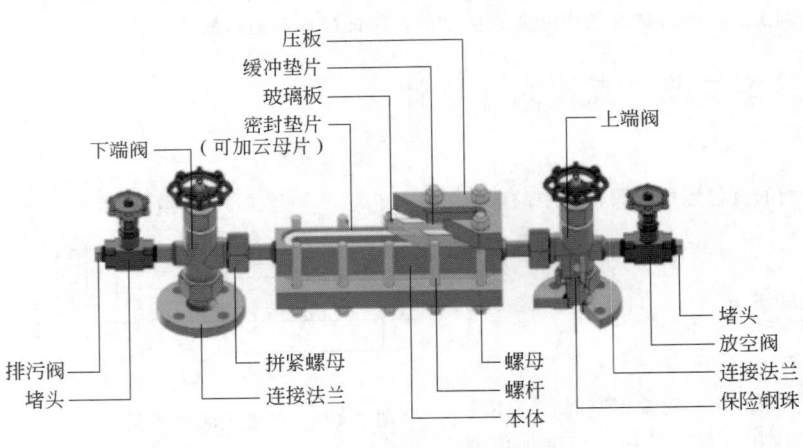

图 2-4-3　玻璃板液位计结构

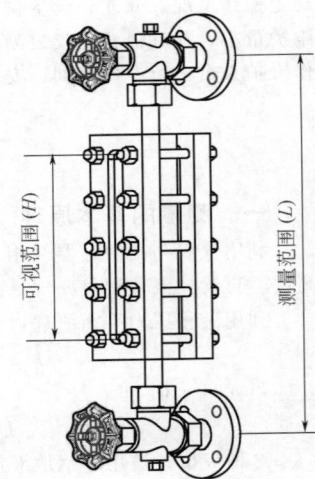

图 2-4-4　玻璃板液位计
外形尺寸

⑧ 连接法兰规格：DN20、DN25、DN40、DN50，RF或RJ。

⑨ 钢球自动关闭压力：≥0.3MPa。

⑩ 蒸汽伴热接口尺寸：1/2^{in} NPT。

⑪ 伴热蒸汽压力：≤0.6MPa。

四、其他玻璃板液位计

① 双色玻璃板液位计，分为双色透光式、双色反射式。

② 高温高压玻璃板液位计，最高工作压力≤40MPa，最高工作温度≤450℃。

③ 高温玻璃板液位计，最高工作温度≤450℃，最高工作压力≤4MPa。

④ 无盲区玻璃板液位计，测量范围（H）＞可视范围（L）。

⑤ 防霜式玻璃板液位计，工作压力≤4MPa，工作温度−160℃。

⑥ 其他玻璃板液位计。

第三节 差压式液位计

一、压力式液位测量

基本测量原理（图 2-4-5）：

$$H = p/\rho g \qquad (2\text{-}4\text{-}2)$$

式中 p——指示压力；

ρ——介质密度；

H——液位高度。

这种方法简单实用，只适用于常压容器、干净介质，用压力表或压力变送器测量。

二、吹气法压力式液位测量

吹气法液位测量原理见图 2-4-6。

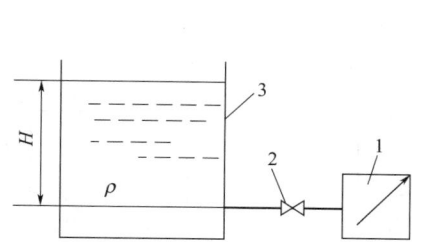

图 2-4-5 基本测量原理

1—指示仪表；2—引压阀；3—被测介质

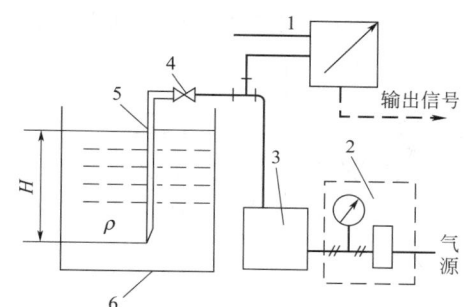

图 2-4-6 吹气法液位测量原理

1—压力变送器；2—过滤器减压阀；3—吹扫转子流量计；

4—切断阀；5—吹气管；6—被测介质

过滤、减压后仪表空气经带针型阀的转子流量计、经三通进入压力变送器和设备的测量点，转子流量计流量恒定，空气压力稍微高于被测液柱的压力，均匀地冒出气泡，测得的压力接近液位的压力。

该方法适用于开口容器中黏稠或腐蚀介质的液位测量，简便可靠。

三、差压法液位测量

1. 差压法液位测量原理

差压法液位测量原理见图 2-4-7。

测得差压 $\Delta p = p_2 - p_1 = H\rho g$

$$H = \frac{\Delta p}{\rho g} \qquad (2\text{-}4\text{-}3)$$

式中 Δp——测得差压；

p_0——操作压力；

ρ——介质密度；

H——液位高度。

要确保气相管内无冷凝液，$p_1 = p_0$，在密度稳定时，测得的差压代表液位的高度 H。差压变送器的输出特性曲线如图 2-4-8 所示。

2. 带有正负迁移的差压法液位测量原理

这种方法适用于气相易于冷凝的场合，见图 2-4-9。图

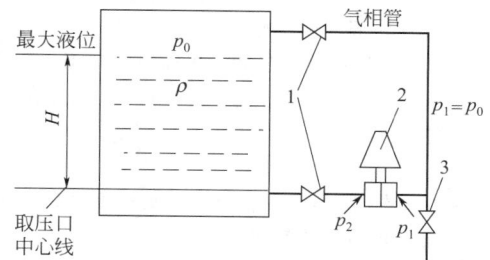

图 2-4-7 差压法液位测量原理

1—切断阀；2—差压变送器；3—排液阀

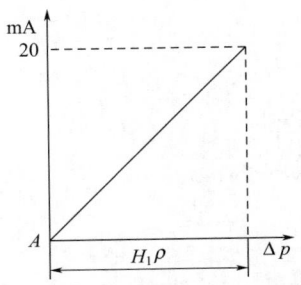

图 2-4-8 差压变送器输出特性曲线

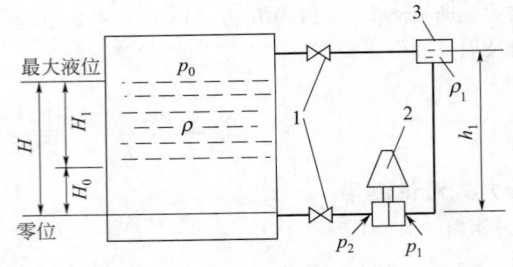

图 2-4-9 带有正负迁移的差压法液位测量原理

1—切断阀；2—差压变送器；3—平衡容器

中，ρ_1 为气相冷凝液的密度，h_1 为冷凝液的高度。当气相不断冷凝时，冷凝液自动会从气相口溢出，回流到被测容器而保持 h_1 高度不变。当液位在零位时，差压变送器负测量端压力为 $\rho g h_1$，这个压力应加以抵消，称为负迁移。

负迁移量
$$SR_1 = h_1 \rho_1 g \tag{2-4-4}$$

带有正负迁移的差压变送器输出特性曲线见图 2-4-10。

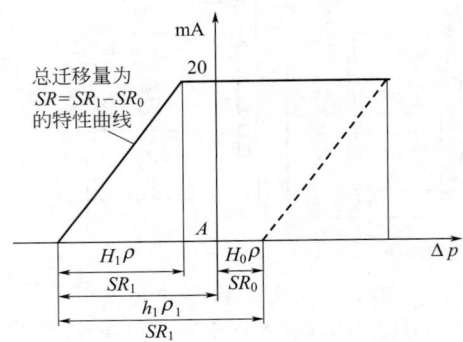

图 2-4-10 带有正负迁移的差压变送器特性曲线

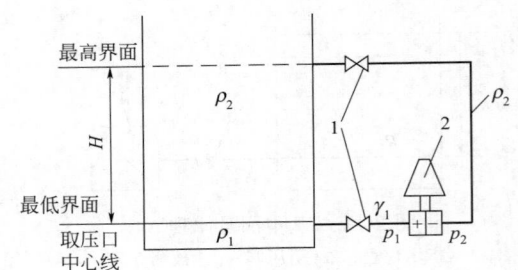

图 2-4-11 界面测量原理

1—切断阀；2—差压变送器

当测量液位的起始点从 H_0 开始，差压变送器的正端有 $H_0 \rho g$ 压力应加以抵消，称为正迁移。

正迁移量
$$SR_0 = H_0 \rho g \tag{2-4-5}$$

这时差压变送器总迁移量为
$$SR = SR_1 - SR_0 = h_1 \rho_1 g - H_0 \rho g \tag{2-4-6}$$

在有正负迁移的情况下差压变送器的量程为

$$\Delta p = H_1 \rho g \tag{2-4-7}$$

当被测介质为有腐蚀、易结晶时，可选用双法兰式差压变送器。差压变送器迁移量及量程的计算可用上面的公式计算，式中 ρ_1 为毛细管中所充的硅油密度，h_1 为两法兰中心高度之差。

3. 差压法界面测量原理

当测量容器中两种液体的界面时，可用差压变送器测量。

差压法界面测量原理如图 2-4-11 所示。最高界面不高于上取压口，最低界面不低于下取压口。其中 $\rho_1 > \rho_2$。测得差压

$$\Delta p = p_1 - p_2 = H(\rho_1 g - \rho_2 g) \tag{2-4-8}$$

从上式看出 $\rho_1 g - \rho_2 g$ 越大，灵敏度越高。

4. 差压法液位测量方式

差压法液位（界面）测量方式有引压管方式和毛细管连接方式。

（1）引压管方式

① 高低压两侧采用导压管方式。

② 高压侧采用法兰连接，低压侧采用引压管方式。

（2）毛细管连接方式　连接方式如图 2-4-12 所示。

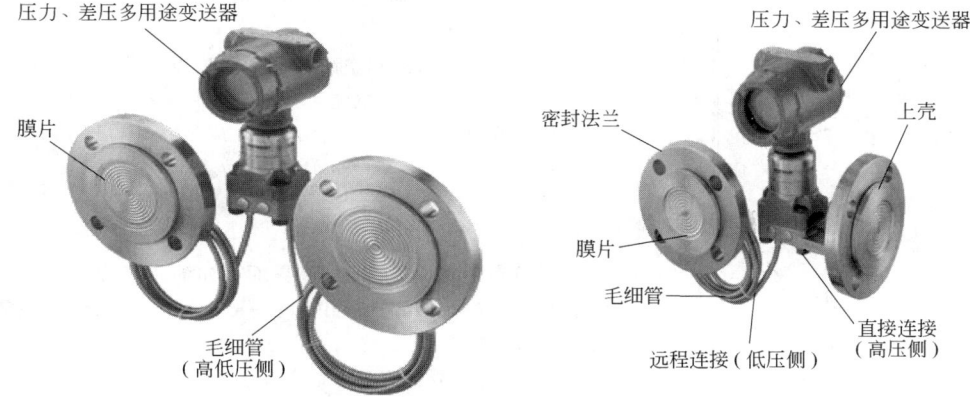

图 2-4-12　差压法液位测量毛细管连接方式

① 高低压两侧均采用法兰连接方式，毛细管长度相同。

② 高压侧采用法兰连接方式，低压侧采用毛细管连接方式。

目前高低压两侧均采用法兰连接方式带相同长度毛细管的方式较为普遍。

（3）电子远传式　电子远传系统（Electronic Remote Sensor System）是一种灵活的两线制 4～20mA HART 架构，通过两个压力传感器以电子方式计算差压，两个压力传感器通过一根非专用电线连在一起。如图 2-4-13 所示。

5. 选用注意事项

（1）膜片材质的选择　基于过程介质的特性不同，选用不同的膜片材质。通常选用 316LSS、304LSS 膜片；氢渗性介质推荐镀金膜片；磨损性介质推荐加厚膜片或者金刚膜片；含硫的腐蚀性介质推荐 ALLOY C-276 膜片；含氯的腐蚀介质推荐钽膜片；碱性腐蚀介质推荐 Monel 膜片；既磨损又氢渗的工况下，金刚膜片则是最佳的方案。

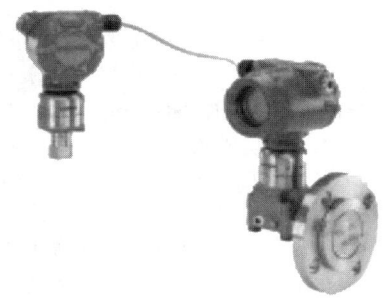

图 2-4-13　差压法液位测量电子远传式

（2）毛细管的选择　通常选择 316SST 铠装套管。

（3）充油的选用　充油的选择既要考虑环境温度，又要考虑介质温度。通常环境温度在 -40～70℃。硅油 200：-45～205℃；硅油 704：0～315℃；硅油 705：20～370℃。

（4）特殊工况　法兰间距大和昼夜温差大，采用电子远传系统测量液位。毛细管应采用绝热措施。

过程温度高和环境温度低，采用宽温变送器，双膜片设计采用两种不同类型的充油。

锅炉汽包差压法液位测量时应带压力补偿。

第四节　雷达物位计

一、测量原理及分类

雷达物位计根据测量原理分为导波雷达、脉冲雷达、调频连续波雷达三种；按测量介质分为固体、液体测量；按传感器分为杆式、缆式、同轴、喇叭口/平面/抛物面、卫生型；按电磁波的频率分低频、中频、高频；按工况分高温、防腐等。

1. 导波雷达物位计

导波雷达物位计是接触式物位测量，采用时域反射技术（TDR），电子单元发射微波脉冲沿着导波杆（缆）传输，当接触被测介质时，产生反射信号由电子部件接收，计算发射到接收的间隔时间，转换为被测介质的距离。导波雷达物位计测量原理如图 2-4-14 所示。

通过测量发射脉冲与反射脉冲的时间差，并通过以下公式即可计算出被测物质到仪表法兰的距离：

120

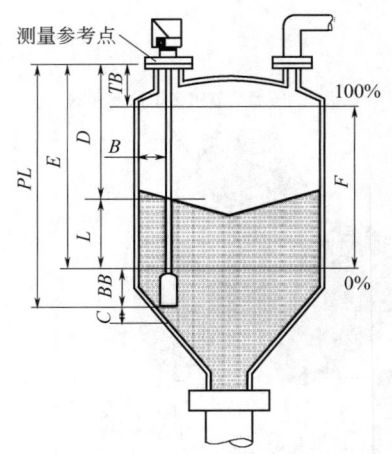

图 2-4-14　导波雷达物位计测量原理

B—探头至容器壁的最小距离；C—探头末端到容器壁的最小距离；D—实测空间距离；TB—顶部盲区距离；BB—底部盲区距离；E—量程；F—有效测量距离；L—实测物料高度；PL—探头长度

$$2D=Ct \qquad (2\text{-}4\text{-}9)$$

式中　C——光速；

　　　t——发射脉冲与反射脉冲时间差；

　　　D——空间距离。

根据设定的满灌和空罐位置，通过以下公式即可计算出物料高度并输出 $4\sim20\text{mA}$ 电流：

物料高度：　　　　　$L=E-D$

输出电流：　　　$I_\circ=4+L\times16/E$

式中　L——物料高度；

　　　E——量程。

导波雷达适合测量液/液界面，如油水界面，油与水、油与酸、低介电的有机溶剂（甲苯、苯、环己烷、己烷、松节油和二甲苯）和水或酸。

测量液/液界面应注意以下几点：

① 介电常数较低的介质位于上部。

② 两种液体的介电差异不低于 10。

③ 上层介质的介电常数是已知的，该参数可在现场确定。

④ 上层介质的最大厚度取决于其介电常数。

⑤ 上层介电常数下限<3，下层介电常数上限>20。

⑥ 可同时进行液位测量和界面测量。

　　导波雷达物位计可用在几何尺寸小的容器，也可用在旁通管和各种尺寸的储罐，适用于测量多种粉末和谷物等。

　　导波雷达物位计测量特性：

① 无可活动机械部件，维护成本低；

② 安装方便，支持罐顶安装或旁路管顶部安装；

③ 适用于液面、界面和粉末状或小颗粒状固料的物位测量；

④ 不受介质密度和 pH 值等物理参数变化的影响且无需进行补偿；

⑤ 适用于高温、低温、蒸汽和高压场合。

　　导波雷达在使用过程中微波会沿导波管向下传导，尽量避免导波杆周围出现金属干扰或物料堆积的情况发生。导波雷达有先进的诊断功能，具有检测导波杆聚积物的能力。

2. 非接触式雷达物位计

　　非接触式雷达物位计包括脉冲雷达物位计和调频连续波雷达（FMCW）物位计。

　　（1）脉冲雷达物位计　脉冲雷达物位计利用电子单元通过天线系统发射极窄的微波脉冲，脉冲以光速在空间内传播，当遇到被测量介质阻碍时，部分能量产生反射波形，被天线系统接收。将发射与接收脉冲之间时间间隔转换为天线系统到被测介质的距离。这种测量方式由于测量的时间间隔非常小，需采用时间拓展技术，测量精度在 $5\sim10\text{mm}$。测量原理如图 2-4-15 所示。

　　发射脉冲与接收脉冲的时间间隔与雷达天线到被测介质表面的距离成正比。通过测量发射脉冲与反射脉冲的时间差，并由式(2-4-10) 即可计算出被测物质到仪表法兰的距离。

$$D=1/2\times ct \qquad (2\text{-}4\text{-}10)$$

　　式中，D 为测量参考面到被测介质的距离；c 为光（电磁波）在真空的传播速度；t 为发射脉冲与反射脉冲的时间差。

　　然后根据用户设定的空料位位置，由式(2-4-11) 即可计算出物料高度。

$$L=E-D \qquad (2\text{-}4\text{-}11)$$

　　式中，E 为测量参考面到用户设定的空料位位置；D 为测量参考面到被测介质的距离；L 为物料高度。

　　（2）调频连续波雷达物位计　调频连续波雷达物位计利用电子单元产生经频率调制的电磁波信号从天线系统发射，当遇到被测量介质阻碍时，部分能量产生反射波形，被天线系统接收。将接收的反射信号和发射的瞬时频率信号比较，频率差转换为天线系统到被测介质的距离。这种测量方式测量精度可达 1mm。测量原理如

图 2-4-16 所示。

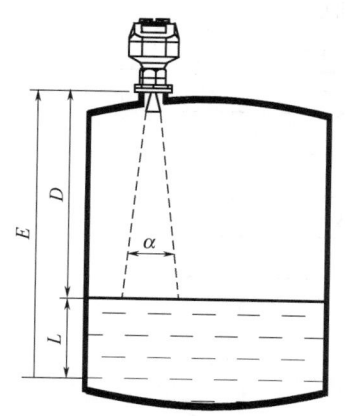 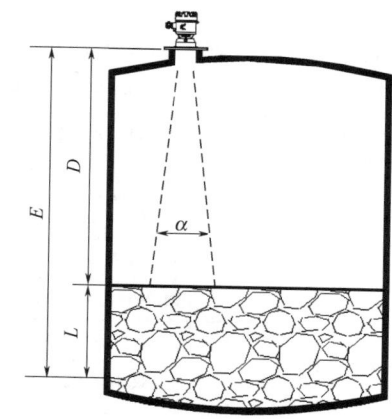

图 2-4-15　脉冲雷达物位计测量原理　　　图 2-4-16　调频连续波雷达物位计测量原理

接收信号的频率与发射信号的频率的差值与雷达天线到被测介质表面的距离成正比，越大的频率差值代表着越远的物料距离。由式(2-4-12)即可计算出被测物质到仪表法兰的距离。

$$D=1/2\times c\times(\Delta F/R)$$

(2-4-12)

式中，D 为测量参考面到被测介质的距离；c 为光（电磁波）的传播速度；ΔF 为接收信号与发射信号的频率差；R 为发射信号频率随时间的变化率。

根据设定的空料位位置，由式(2-4-11)即可计算出物料高度。

以喇叭天线为例，微波的频率越高，波束的聚焦性能越好，测量距离越远；波束角小，其喇叭尺寸可越小，不易产生较多的虚假回波，更易于现场的安装使用。

非接触式雷达物位计不易被腐蚀，是黏性、黏稠和腐蚀性液体工况的理想选择。常用在带有搅拌器的容器中。非接触式雷达液位计量程范围可达 30～40m。

非接触式雷达的频率可影响其性能。较低的频率降低对蒸汽、泡沫和天线污染物的灵敏度，而较高的频率可将管嘴、罐壁和干扰物的影响降至最低，始终保持狭窄的雷达波束。波束宽度与天线尺寸成反比。给定频率的波束宽度将随着天线尺寸的增加而减小。

非接触式雷达物位计测量特性：

① 无可活动机械部件，维护成本低；

② 安装方便，支持罐顶安装；

③ 适用于液体、固体、黏稠、腐蚀性介质物位测量；

④ 适用于高温、低温、蒸汽和高压场合；

⑤ 可使用聚四氟乙烯密封件与过程相隔离；

⑥ 调频连续波物位计提供更强的微波信号，适用于高精度的物位测量；

⑦ 储罐内的障碍物如管、加强杆和搅拌器导致虚假回波，大多数变送器均具有精密的软件算法，可屏蔽或忽略这类虚假回波。

二、结构及性能指标

1. 导波雷达物位计

(1) 结构　导波雷达物位计由三个部分组成，即雷达变送器、过程密封件和导波杆，如图 2-4-17 所示。

过程密封件和导波杆使得低能脉冲微波以光速沿其向下发送，并在导波杆与物位（气/物、气/液或液/液界面）的交点通过导波杆被反射回雷达变送器。雷达变送器接收导波杆的测量信号，然后对这些信号进行处理并提供稳定的输出信号。

(2) 性能指标　导波雷达物位计的主要性能指标参数见表 2-4-1。

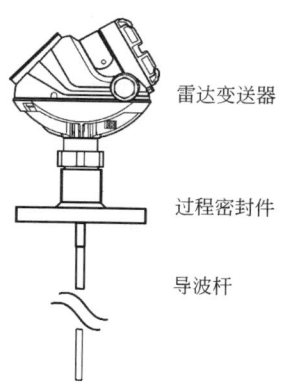

雷达变送器

过程密封件

导波杆

图 2-4-17　导波雷达结构

表 2-4-1　导波雷达物位计性能指标参数

认证	防爆等级 Ex ia ⅡC T6、Ex d ⅡC T6
	防护等级 IP66～68
	功能安全认证 SIL3
供电电压	24V DC、220V AC 50Hz
输出信号	4～20mA 带 HART
	FF、PROFIBUS
	Modbus
	WirelessHART
导波杆材料	316LSS 或 PTFE 涂层
	双相钢 2205，合金 C-276，合金 400
工作温度	−196～400℃
工作压力	−0.1～40MPa
最大测量范围	50m(缆式)
最小介电常数	1.2～1.4
精确度	±(2～6)mm
外壳材质	铸铝合金，316LSS
过程连接	40、50、80、100、150、200、250mm

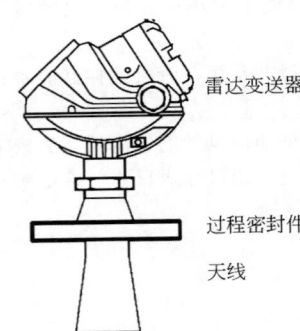

图 2-4-18　非接触式雷达
物位计结构

雷达变送器

过程密封件

天线

2. 非接触式雷达物位计

（1）结构　非接触式雷达物位计由三个部分组成，即雷达变送器、过程密封件和天线，如图 2-4-18 所示。

过程密封件和天线是引导电磁波按预定方向传导的装置，避免能量的球面传播。雷达变送器接收导波杆的测量信号，然后对这些信号进行处理并提供稳定的输出信号。

（2）性能指标

过程级雷达的主要性能指标参数见表 2-4-2。

储罐计量级雷达的主要性能指标参数见表 2-4-3。

三、主要应用

1. 导波雷达物位计

导波雷达物位计有五种不同类型的导波杆，即单杆、单缆、同轴、双杆、双缆，如图 2-4-19 所示。优先选择单杆导波杆。

表 2-4-2　过程级雷达的主要性能指标参数

认证	防爆等级 Ex ia ⅡC T6、Ex d ⅡC T6
	防护等级 IP66～68
	功能安全认证 SIL3
供电电压	24V DC、220V AC 50Hz
输出信号	4～20mA 带 HART
	FF、PROFIBUS
	Modbus
	WirelessHART

续表

天线材料	不锈钢、合金 C-276、合金 400 或 PTFE 涂层
工作温度	-40~400℃
工作压力	-0.1~4MPa(G)
最大测量范围	35~80m
最小介电常数	1.2
精确度	±(3~5)mm
外壳材质	铸铝合金,316LSS
过程连接	40、50、80、100、150、200、250mm

表 2-4-3 储罐计量级雷达的主要性能指标参数

认证	防爆等级 Ex ia ⅡC T6,Ex d ⅡC T6
	防护等级 IP66~68
	功能安全认证 SIL2 SIL3
供电电压	24V DC,220V AC 50Hz
输出信号	4~20mA 带 HART
	FF,PROFIBUS
天线材料	316L 不锈钢
工作温度	-40~230℃
工作压力	-0.1~2.5MPa(G)
精确度	±(0.5~1)mm
可重复性	0.2mm
更新时间	每 0.3s 重新测量一次
最高液位变化率	最高 200mm/s

单杆　　　　单缆　　　　同轴　　　　双杆　　　　双缆

图 2-4-19 导波雷达物位计导波杆选择

2. 非接触式雷达物位计

（1）频率的选择　非接触式雷达物位计根据不同的应用分为三种频段：低频雷达（6~11GHz）、中频雷达（24~29GHz）、高频雷达（75~85GHz）。

（2）天线的选择　过程级雷达物位计有五种不同类型的天线，中频雷达物位计有锥形、抛物面、过程密封，低频雷达物位计有锥形、杆形，如图 2-4-20 所示。

储罐计量级雷达物位计有四种不同类型的天线，即喇叭形、抛物面、导波管阵列、LPG/LNG，如图 2-4-21 所示。

（3）安装要求

① 雷达的安装必须水平，天线尽可能选择更大的尺寸以实现最可靠的测量。

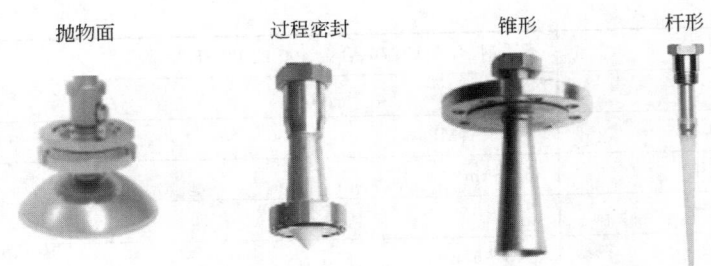

图 2-4-20　过程级雷达物位计导波天线选择

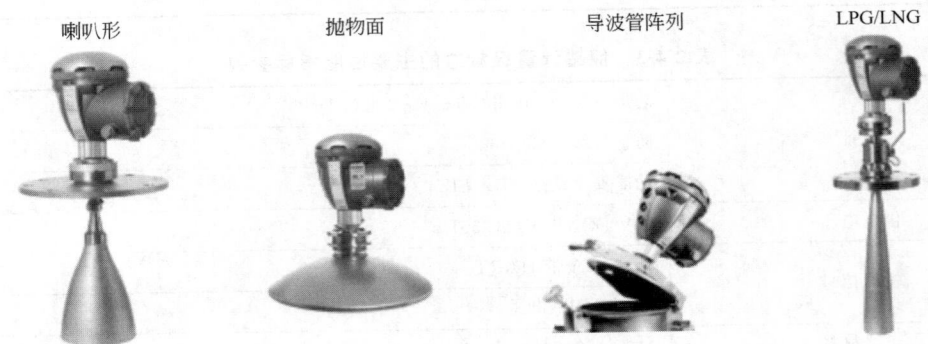

图 2-4-21　储罐计量雷达物位计导波杆选择

② 拱顶罐用的雷达物位计不能安装在罐顶的正中或加料口上方,一般距离罐壁 1.5m 左右。

③ 浮顶罐(拱顶罐)精确液位测量采用导波管安装雷达物位计。

④ 压力罐内介质可能存在液面沸腾翻滚等工况,应安装 4in 导波管。

⑤ 雷达物位计仪表一侧应配切断球阀,方便在线维护和更换。导波管安装示意如图 2-4-22 所示。

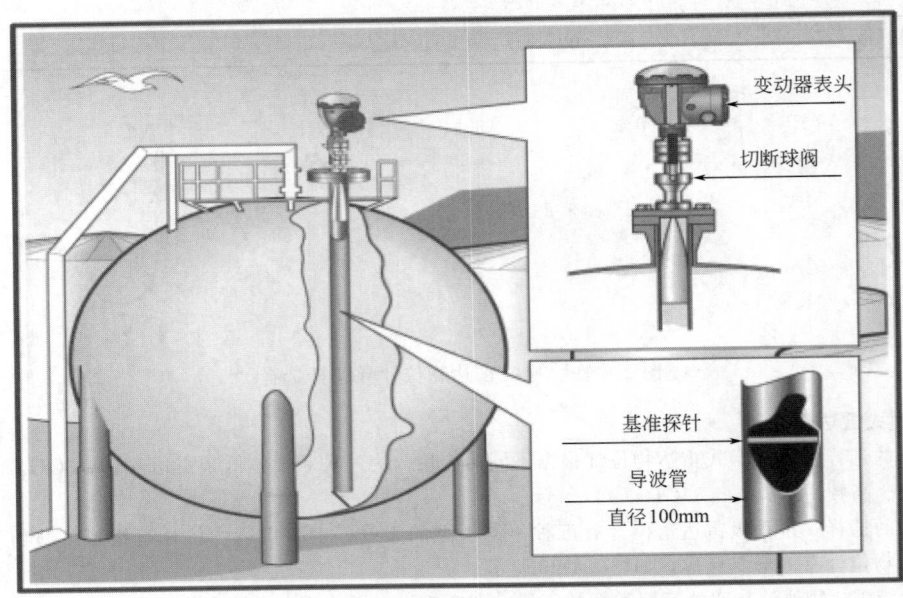

图 2-4-22　导波管安装示意

⑥ 在安全等级要求高时,应配置 SIL2/SIL3 等级仪表。

⑦ 建议使用二合一解决方案,将自动防溢出保护与自动储罐计量结合在一起,如图 2-4-23 所示。

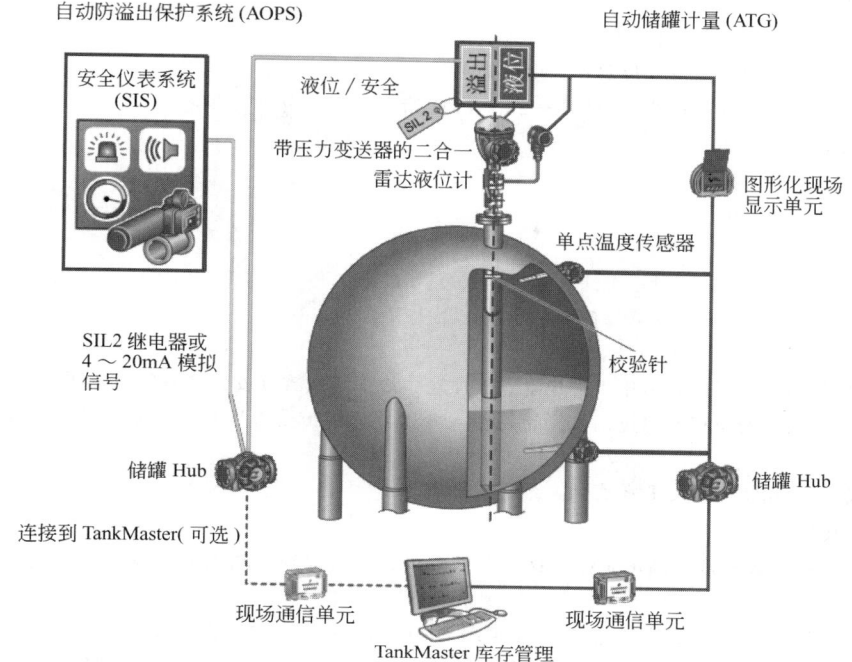

图 2-4-23 球罐 AOPS 和 ATG 二合一方案

⑧ 在信号波束范围内避免安装任何装置、仪表、支撑。

⑨ 导波管内壁光滑，表面光洁度 $Rz \leqslant 6.3\mu m$，导波管带导波槽。

第五节 浮力式液位计

浮力式液位计利用物体在液体中浮力的原理来实现液位测量。浮力式液位计分为钢带液位计、伺服液位计、浮筒液位计、磁浮子液位计。

一、钢带液位计

1. 测量原理

钢带液位计测量原理如图 2-4-24 所示。

浸在被测液体中的浮子 1 收到重力 W、浮力 F 和由平衡弹簧 5 产生的恒定拉力 P 的作用，当三个力的矢量和等于零时，浮子处于平衡静止状态，液体浸没浮子的高度 h 为恒定值。当液位发生变化时浮子将随之产生位移，与浮子连接的高精度冲孔传动钢带 2 就带动链轮 4 转动，把液位变化为角位移信号，由传动销 7 输出和变送器耦合，由与链轮同轴的计数器 3 显示液位数值。

钢带液位计主要由液位检测装置（浮子）、高精度位移传动系统（传动钢带及链轮）、恒力装置（平衡弹簧组件）、显示器（计数器）、导管支架、弯头、钢丝拉紧器、底部固定器等安装附件组成。表头上传动销用于与变送器耦合。

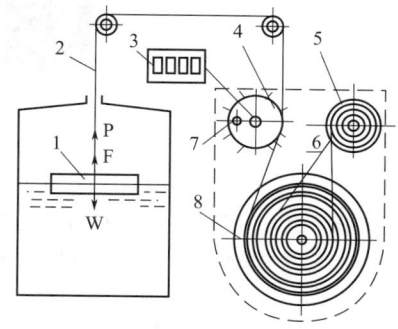

图 2-4-24 钢带液位计测量原理

1—浮子；2—钢带；3—计数器；4—链轮；

5—平衡弹簧；6—弹簧轮；

7—传动销；8—钢带储轮

2. 主要技术指标

① 测量范围：0～20m。

② 测量误差：±4.5mm。

③ 灵敏度：1.5mm。

④ 工作温度：−40～200℃。

⑤ 工作压力：0～17.5kPa。

⑥ 接触介质材质：304SS，316SS。

⑦ 显示方式：五位数，四位计数器和刻度盘显示。

⑧ 配液位变送器、温度变送器，输出 4～20mA DC 带 RS-232C 接口，供电 24V DC。

⑨ 防爆等级：Ex d IIB T4。

⑩ 环境温度：－40～85℃。

⑪ 相对湿度：5％～100％。

3. 安装方式

钢带液位计通常在设备顶部设三个法兰接管，尺寸为 DN40，一个为钢带引出口在中间，两边为浮标的固定导向钢丝。其变送器通常安装在罐外侧壁的金属支架上。

4. 适用范围

① 钢带液位计结构较复杂，适用于拱顶罐、浮顶罐、地下罐或罐顶安装储罐等液位测量。

② 由于浮子随液位的位移要通过钢带经导轮传入变送器，钢带受温度膨胀影响，精度不高，用于普通液位测量。

③ 钢带导轮、变送机构易受介质腐蚀，维护较困难。

二、伺服液位计

伺服液位计是一种高精度、高可靠性、移动部件较少，集多种测量功能为一体的计量交接级自动储罐液位计。

按照美国石油协会（API）和国际法制计量组织（OIML）的标准进行设计和生产制造，取得了包括中国在内的世界主要国家的贸易交接计量认证和安全防爆认证，已经成为世界范围内各类液体石化产品的贸易计量交接和库存管理应用的最佳选择。

1. 测量原理

伺服液位计测量原理如图 2-4-25 所示。

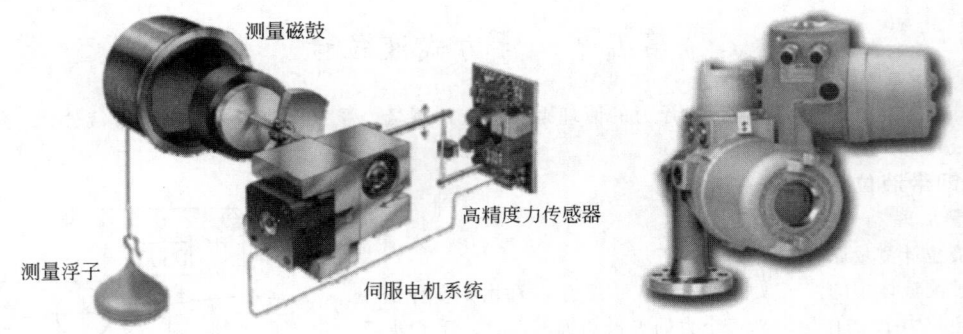

图 2-4-25　伺服液位计测量原理

伺服液位计由浮子、钢丝和伺服变送器组成。

伺服变送器包括线轴、磁联合器、变速器、伺服马达、控制器、力矩传感器、转角（信号）变换器、处理器和显示器，它们和接线端子等密封在一个机盒内。

浮子在介质中的位置由伺服机构的平衡来确定，伺服机构在微处理器控制下进行测量。力矩传感器判断浮子的浮力信号（浮子重量和浮力综合信号）和微处理器预置的测量要求，发出信号到控制器，决定伺服马达的方向和转角，平衡后浮子位移（线轴转角）由转角变换器变成脉冲信号送入处理器，处理器输出至显示器进行显示。

2. 主要技术指标

① 测量范围：0～50m。

② 精确度：控制级±5mm，计量级±1mm、±3mm。

③ 重复性：±0.1mm。

④ 输出信号：4～20mA/HART，串行通信协议 Modbus RTU RS-485。

⑤ 法兰规格：设备（隔离球阀）端 DN80、150、200，变送器端 DN50、80、150，液位计端 DN50、80、150。

⑥ 环境温度：$-40\sim85℃$。

⑦ 操作压力：4MPa（max）。

⑧ 材质：测量磁鼓 316SS、440SS、哈氏合金 C-276，壳体 铸铝、316SS。

⑨ 防爆等级：Ex d ⅡB T6，Ex ia ⅡB T6。

⑩ 防护等级：IP65、IP67。

⑪ 电源：220V AC，50Hz。

⑫ 报警输出：继电器，2 个 SPDT，3A，220V AC。

3. 安装方式

采用法兰连接，在设备顶上安装。伺服液位计安装示意如图 2-4-26 所示。

如果被测罐是受压设备，在设备上安装隔离球阀。当需要维护时，可将浮子提起，关闭球阀，卸压后进行维护。

对伺服液位计还有一个可选用的是校准组件，它可在伺服机构将浮子上提到校准的高度，校准仪表基准读数。

浮子导向管是保证浮子在罐中不受进出料液体波动或其他附属设备操作的影响。

4. 适用范围

① 适用于大型固定顶罐、浮顶罐、球形罐中原油、成品油、液化烃、液化石油气、液化天然气等液位连续测量和计量。

② 选用 220V AC 外供电型，带导向管的伺服液位计。

③ 计量级精确度±1mm、±3mm，控制级精确度±5mm。

④ 可多参数测量，除液位、界位外，还可测量温度、压力、密度等参数。温度和压力测量要另选配变送器。对 LPG 选用测密度型的浮子，可测多点不同高度的密度。

⑤ 由于采用磁耦合传动，机械部分与介质相隔离，适用于洁净介质、轻质成品油的精确测量。

⑥ 黏度高的介质液位，不应选用伺服液位计。

⑦ 压力储罐上安装伺服液位计，在缩径腔和一次仪表间设维护切断阀。

三、浮筒液（界）位计

1. 测量原理

浮筒液（界）位计是基于浮力原理工作的，测量原理图如图 2-4-27 所示。

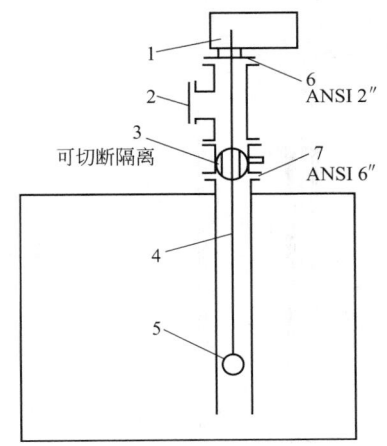

图 2-4-26　伺服液位计安装示意

1—伺服变送器；2—标准组件；3—球阀；

4—钢丝；5—浮标；6,7—法兰

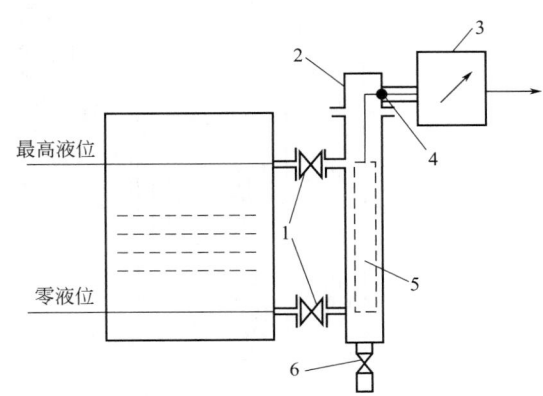

图 2-4-27　浮筒液（界）位计测量原理

1—截止阀；2—浮筒体；3—指示表（或变送器）；

4—扭力管组件；5—浮筒；6—排放阀

当液位在零位时，扭力管受到浮筒重量所产生的扭力矩（这时扭力矩大），扭力管转角处于"零"度。当液位逐渐上升到最高时，扭力管受到最大的浮力所产生的扭力矩的作用（这时扭力矩最小），转过一个角度 ϕ，变送器将这转角 ϕ 转换成 4～20mA 直流信号，这个信号正比于被测量液位。

2. 主要技术指标

① 测量范围：0～300mm（min），0～3000mm（max）。

② 精确度：±0.5%FS，±1.0%FS。

③ 重复性：<±0.1%FS。

④ 线性度：±0.5%FS。

⑤ 迟滞误差：<0.2%FS。

⑥ 输出信号：4～20mA/HART，FF，PROFIBUS，Modbus；一体式输出，分体式输出（带连接电缆）。

⑦ 电源：24V DC。

⑧ 介质密度：液面测量 0.5～1.5g/cm³，界面测量>0.2g/cm³。

⑨ 工作温度：CS −129～427℃，316SS −198～427℃，Monel −198～371℃。

⑩ 工作压力：2～40MPa。

⑪ 材质：扭力管，316LSS、Inconel 600、HC276、Monel；本体，CS、304SS、316SS、316LSS、HC276、浮筒，304SS、316SS、316LSS、HC276、Monel。

⑫ 防爆等级：Ex d ⅡC T6，Ex ia ⅡC T6。

⑬ 防护等级：IP65、66、67、68。

⑭ 安全认证：SIL2。

⑮ 环境温度：−40～70℃。

⑯ 相对湿度：≤95%。

⑰ 工作条件影响：工作温度−40～80℃时，输出变化≤±0.03%FS/℃。

⑱ 附件：LCD表头，放净、放空阀，蒸汽夹套，抗硫化处理（NACE），分体式连接电缆。

3. 安装方式

按浮筒装在设备上的位置来分，装在设备内的称内浮筒，装在设备外的称外浮筒。优先采用侧-侧法兰安装外浮筒液（界）位计。

（1）内浮筒液（界）位计　内浮筒液（界）位计安装如图 2-4-28 所示。

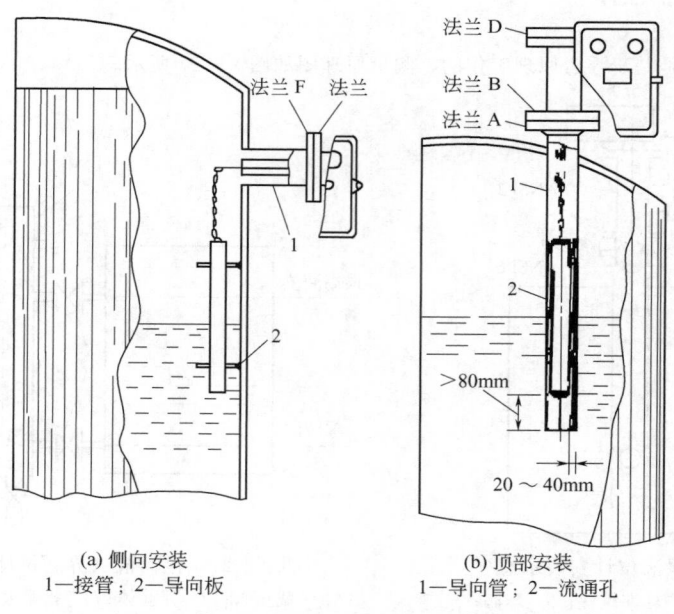

图 2-4-28　内浮筒液（界）位计安装

内浮筒液（界）位计分侧向安装和顶部安装。接口采用 $DN80$ 或 $DN100$ 法兰连接。

（2）外浮筒液（界）位计　外浮筒液（界）位计都在设备或连通管的侧壁安装，安装如图 2-4-29 所示。

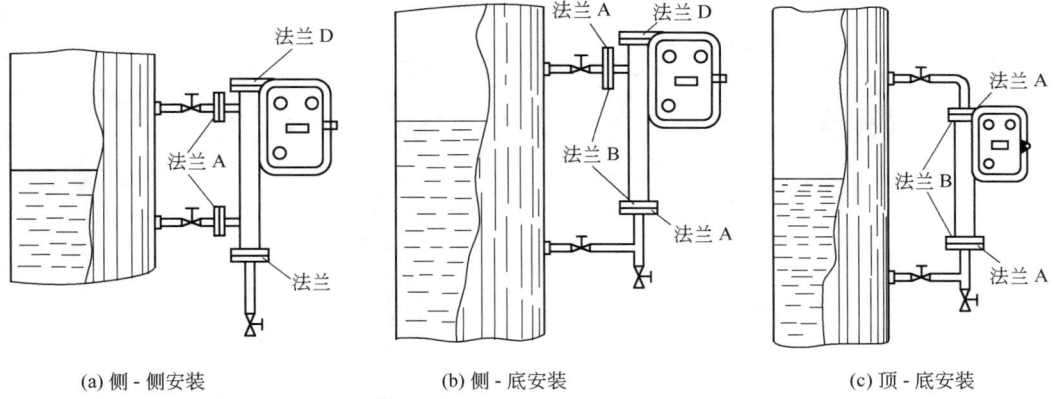

(a) 侧 - 侧安装　　　　　(b) 侧 - 底安装　　　　　(c) 顶 - 底安装

图 2-4-29　外浮筒液（界）位计安装

采用法兰连接，通常在外壁同一条垂线上设上下两法兰。根据浮筒筒体法兰的方位，安装形式分为：侧-侧法兰安装；侧-底法兰安装；顶-底法兰安装。

4. 选用注意事项

① 测量范围≤2000mm、比密度为 0.5～1.5 液位测量、比密度≥0.2 界位测量，选用浮筒液（界）位计。

② 对于真空、负压或液体易汽化的液（界）位测量，选用浮筒液（界）位计。

③ 对于清洁液体，选用侧-侧法兰安装外浮筒液（界）位计。

④ 对于易凝结、易结晶、腐蚀、有毒介质等，选用内浮筒液（界）位计。

四、磁浮子液（界）位计

1. 测量原理

在磁浮子液（界）位非磁性测量管内，装有一个内置 360°环磁的浮子，该浮子浮在被测介质表面，伴随着液面的上下变化而同步改变。在测量管外的指示器内装有磁翻片（或翻柱）组件，各个磁翻片（或翻柱）均带磁性，当浮子在测量管内向上或向下移动时，磁翻片（或翻柱）与浮子的磁钢相耦合，改变颜色的磁翻片（或翻柱）位置反映出实际液位，液位值通过标尺上相应的刻度指示出来。磁浮子液（界）位计结构示意如图 2-4-30 所示。

2. 主要技术指标

① 测量范围：300～20000mm。

② 精确度：±10mm。

③ 工作温度：－196～400℃。

④ 工作压力：真空～40MPa。

⑤ 介质密度：液面测量≥0.4g/cm³，界面测量时最小密度差＞0.15g/cm³。

⑥ 材质：与介质接触的浮子室、接管法兰、排污阀为 304SS/304LSS、316SS/316LSS、317SS、321SS、347SS、HC276、钛合金、316SS+PTFE 等，浮子为 316LSS、317LSS、316SS+PTFE、HC276、钛合金。

磁浮子液（界）位计除了配上指示标尺作就地指示外，还可以配备报警开关和信号远传装置，前者作高低报警用，后者可将液位转换成 4～20mA/HART 送到 DCS。防爆等级：Ex d ⅡC T6、Ex ia ⅡC T6。防护等级：IP66、67、68。

3. 过程连接

① 侧-侧法兰安装：DN15～80，安装示意如图 2-4-31(a) 所示。

② 顶部法兰安装：DN80～250，安装示意如图 2-4-31（b）所示。

4. 可选配件

① 报警开关。

② 智能变送器。

130

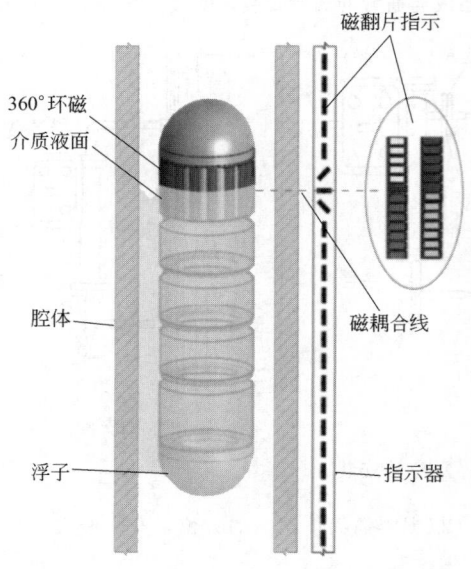

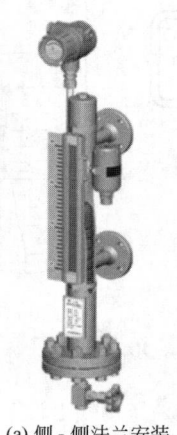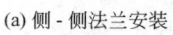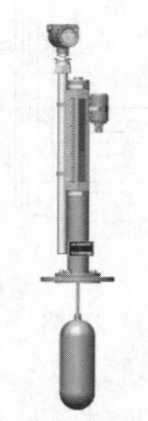

图 2-4-30 磁浮子液（界）位计结构示意　　图 2-4-31 磁浮子液（界）位计安装示意

(a) 侧-侧法兰安装　　(b) 顶部法兰安装

③ 显示表。

④ 放空阀、放净阀、堵头。

第六节　电气式物位计

一、电接点液位计

1. 基本原理

电接点液位计由测量电极室与控制箱组成，其原理见图 2-4-32。液位到达电极 1 位置时，指示电路使 LED(A) 通电，当液位达到电极 2 时，指示输出电路使 LED（B）通电，控制箱输出 4～20mA 和报警或联锁信号，也可在远程显示单元显示。

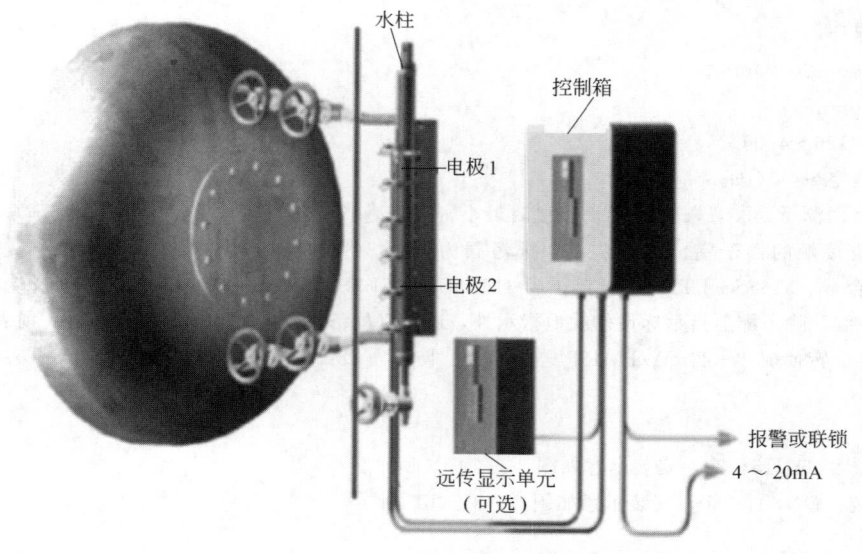

图 2-4-32 电接点液位计原理

2. 主要技术参数

① 电极数：8～32。

② 电极室工作温度：≤350℃（最高400℃）。

③ 电极室工作压力：≤16MPa（最高30MPa）。

④ 水/蒸汽阈值：清水 0.6μS/cm。

⑤ 水电导率：104μS/cm。

⑥ 供电电压：24V DC，220V AC。

⑦ 防爆等级：Ex d Ⅱ C T5。

⑧ 防护等级：IP66。

⑨ LED 数量：8～32。

⑩ 输出信号：4～20mA，四个继电器输出。

⑪ 工作温度：－20～70℃。

⑫ 环境温度：0～45℃。

⑬ 相对湿度：≤85％。

3. 安装方式

电极室的安装示意见图 2-4-33。

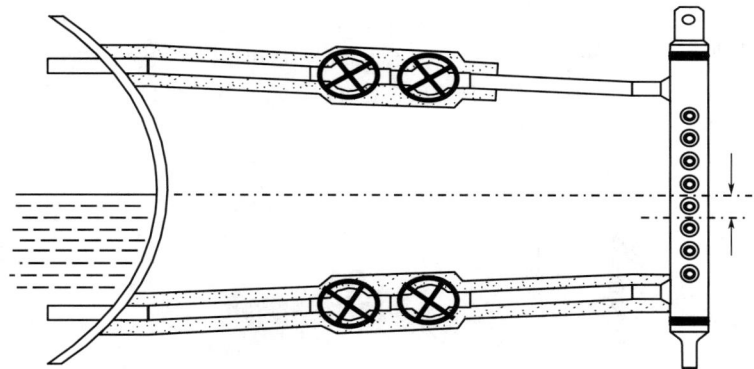

图 2-4-33　电极室安装示意

在与管道进行连接时必须保持倾斜；蒸汽段最后部分的保温层应拆除；必须安装双切断阀。

电极室的汽液两相分别与汽包的汽液两相连接。

通常采用承插焊，经切断阀与汽包相连，电极室下端接排污阀。

4. 适用范围

电接点液位计适用汽包、除氧器及热水罐等装置。

二、磁致伸缩液位计

1. 基本原理

磁致伸缩液位计基本原理如图 2-4-34 所示。在非磁性探杆管内装有磁致伸缩波导丝，波导丝顶端连接传感器，电子单元发出电流脉冲并开始计时，该电流脉冲磁场与磁性浮子的磁场产生相互作用，在波导丝上产生扭应力波，该扭应力波在波导丝内以已知恒定的速度从浮子磁场的位置沿向两端传送，直到顶端传感器收到信号为止，计数器计算出起始脉冲与返回扭应力波的时间间隔。浮子浮在液（界）面位置，且浮子位置随液（界）面的变化而变化，通过时间间隔准确计算出液（界）面的位置，然后通过电子单元将有效信号转换成电流或数字通信信号输出。

2. 主要技术参数

① 测量范围：硬杆，150～4500mm（max 9000mm）；软缆，300～22000mm。

② 精度：0.01％FS 或±0.38mm。

③ 重复性：0.01％FS，0.001％FS。

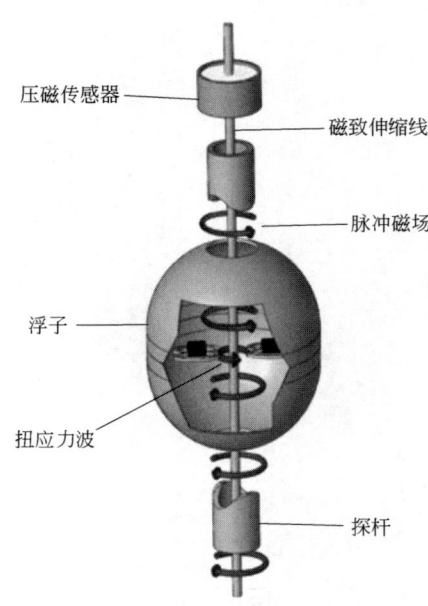

图 2-4-34　磁致伸缩液位计原理

④ 非线性：0.02％FS 或±0.79mm。

⑤ 输出信号：4～20mA DC/HART，FF，PROFIBUS，Modbus。

⑥ 负载电阻：600Ω（24V DC）。

⑦ 防爆等级：Ex ia ⅡC T4，Ex d ⅡC T6。

⑧ 防护等级：IP65～IP68；

⑨ 过程连接：3/4in NPT，1in NPT，法兰连接。

⑩ 电气连接：1/2in NPT，3/4in NPT，M20×1.5。

⑪ 探杆外径：硬杆，16mm；低温深冷硬杆，16mm；软缆，20mm。

⑫ 探杆材质：316LSS，317LSS，HC-276 等。

⑬ 供电电压：24V DC，带反向极性保护。

⑭ 过程温度：−40～120℃（硬杆−196～400℃）。

⑮ 过程压力：硬杆，−1～26MPa；软缆，−1～2MPa（max 4MPa）。

⑯ 环境温度：−40～70℃。

3. 安装方式

磁致伸缩液位计安装示意见图 2-4-35。

图 2-4-35（a）适用于锅炉汽包、高压加氢等场所，浮子和探杆选用合金材料；或乙烯、煤化工、硅化工、精细化工等低温场所，浮子选用合金材料。

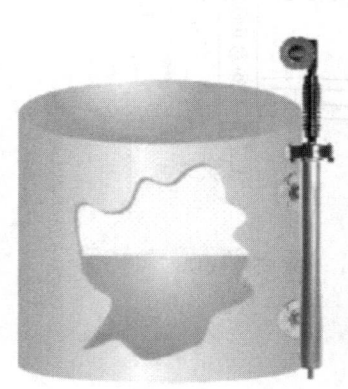 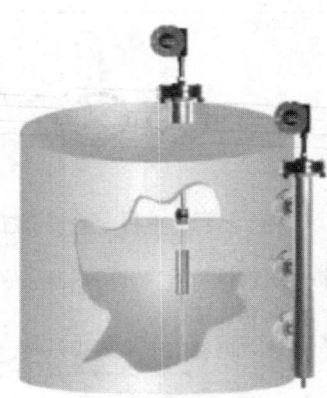 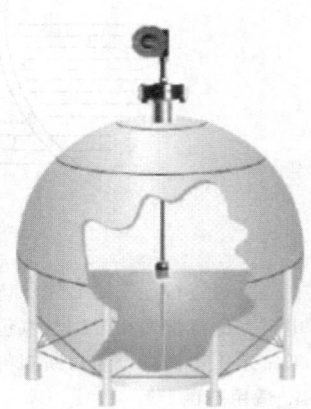

(a) 高温高压、低温／深冷液位　　(b) 液（界）位　　(c) 球罐液位

图 2-4-35　磁致伸缩液位计安装示意

4. 适用范围

① 适用于拱顶罐、内浮盘罐、球罐、卧罐、地下罐、洞库储罐、各种液态储罐、池及槽等；适用于测量汽柴油、原油、乙醇、液化气、酸碱液、化工液体、水等液态介质液位、界位、温度、密度测量。

② 大于 4m 时选用软缆或探杆，小于 4m 时选用硬管式探杆。

③ 罐顶安装，距罐壁 900～1200mm，尽量靠近计量口（600mm 内），液位计安装孔径 200mm，安装法兰保持水平。

④ 液位仪表应选择在油罐纵向中轴线上，减小测量死区；应远离卸油管、潜油泵或自吸泵管路，防止流体直接冲击。

⑤ 根据测量介质密度，选用密度相当的浮子：液体浮子密度＜介质最小密度−0.05；上层介质最大密度＋0.05＜界位浮子密度＜下层介质最小密度−0.05。

三、电容物位计

1. 基本原理

电容式物位测量原理基于物位变化导致电容器的电容值变化进行测量。传感器和容器壁（导电性材料）构成电容器。传感器在空气中时①，测量得到小数值的初始电容值。容器内注入介质时，传感器被覆盖②、③，电容值随传感器被覆盖区域的增加而增大。

电导率为 $100\mu S/cm$ 时，测量与液体的介电常数（DK）值无关。因此，DK 的波动不会影响测量值显示。此外，系统还可以防止介质黏附或带屏蔽段长度的传感器在过程连接处冷凝对测量的影响。

电容物位计原理如图 2-4-36 所示。

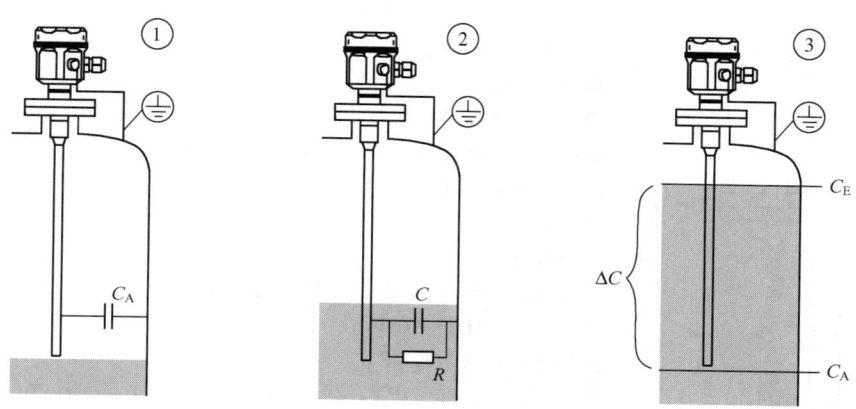

图 2-4-36　电容物位计原理

R—液体的电导率；C—液体的电容值；C_A—初始电容值（传感器未被覆盖）；
C_E—最终电容值（传感器被覆盖）；ΔC—电容值变化量

2. 主要技术参数

① 测量范围：杆式，$200 \sim 4000mm$；缆式，$500 \sim 20000mm$。

② 量程：$5 \sim 4000pF$。

③ 重复性：$\pm 0.1\%$。

④ 输出信号：$4 \sim 20mA$ DC/HART，FF，PROFIBUS，继电器接点 DPDT。

⑤ 电源：24V DC，220V AC。

⑥ 传感器：一体型，分体型（传感器与外壳间连接长度<4m）。

⑦ 环境温度：$-40 \sim 70℃$。

⑧ 过程温度：$-80 \sim 200℃$。

⑨ 过程压力：$-0.1 \sim 10MPa$。

⑩ 介质电导率：$\geqslant 100\mu S/cm$。

⑪ 防爆等级：Ex ia ⅡC T6，Ex d ⅡC T6。

⑫ 防护等级：IP66 $\sim$ IP68。

⑬ 材质：外壳，铸铝，316LSS，聚酯；传感器，316LSS，CS。

⑭ 电气连接：1/2in NPT，3/4in NPT，M20×1.5，G1/2in。

⑮ 过程连接：法兰、螺纹。

⑯ 安全认证：SIL2，SIL3。

3. 适用范围

电容物位计适用于液（界）位、物位连续测量、高低报警。

测量导电性液体时，电导率$\geqslant 100\mu S/cm$；测量非导电性液体时，电导率<$1\mu S/cm$。

传感器与罐壁间的最小距离 250mm。

传感器不应安装在进料区。

在同一料仓上安装多个传感器时，传感器间的最小距离为 500mm。

在塑料料仓中安装传感器，必须将金属钢板安装在料仓外部。

四、射频导纳物位计

1. 基本原理

射频导纳物位计由测量极、屏蔽极和接地极构成，当测量极被物料覆盖时导纳值变大，输出开关信号或报警电流信号。屏蔽极位于测量极和接地极之间，其信号波形和测量极完全相同，两者完全隔离，当前端探头本身发生物料附着时，可以抑制测量极与接地极产生的导纳变化，只能感应到测量极与罐壁之间的导纳变化，可消除物料附着产生的错误信号。如图 2-4-37 所示。

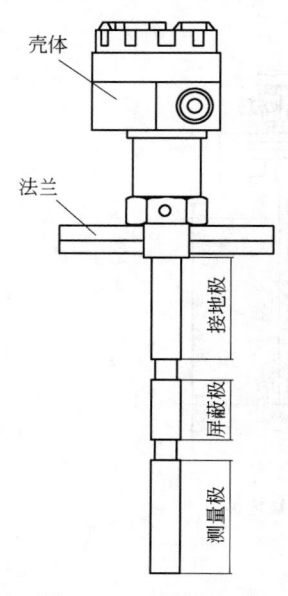

壳体

法兰

接地极

屏蔽极

测量极

图 2-4-37　射频导纳
物位计示意

2. 主要技术性能

① 测量范围：0.2pF～100nF。

② 分辨率：0.01pF。

③ 精度：±0.5%。

④ 稳定性：±0.01%/℃。

⑤ 输出信号：4～20mA DC/HART，继电器接点 DPDT，NAMUR。

⑥ 过程压力：2MPa。

⑦ 过程温度：－40～400℃。

⑧ 环境温度：－40～70℃。

⑨ 防爆等级：Ex ia ⅡC T6，Ex d ⅡC T6。

⑩ 防护等级：IP66～IP68。

⑪ 过程连接：法兰，NPT。

⑫ 电气连接：1/2in NPT，3/4in NPT，M20×1.5，G1/2in。

⑬ 安全认证：SIL2，SIL3。

3. 安装方式

① 测量连续物位，电极通常垂直液面方向安装。

② 物位高低报警，电极平行于液面安装。

4. 适用范围

① 适用于飞灰、颗粒、粉体、液体、黏稠、导电、不导电的物料液位或料位测量；可满足于不同温度、压力、介质的测量，并可应用于腐蚀、冲击等恶劣场所。

② 对黏稠、易在电极上挂料的介质，通常选用带有保护极套的电极及带有主动补偿驱动电路的测量放大器的电容物位计或液位开关，以克服电极上挂料对测量的影响。

五、音叉物位开关

1. 基本原理

音叉物位开关是一种通用型的物位限位开关。音叉由压电晶体激励产生振动，当音叉被液体或固体浸没时振动频率发生变化，这个频率变化通过电子单元检测、处理后转换为开关信号输出，以达到指示或控制的目的。音叉物位开关结构如图 2-4-38 所示。

音叉物位开关分为液体音叉开关和固体音叉开关。

2. 主要技术参数

① 测量范围：液体，300～3000mm；固体，300～4000mm（带延伸管长度），750～20000mm（带缆绳长度）。

② 叉体长度：标准叉体，155mm（介质密度≥10g/L）；短叉体，100mm（介质密度≥50g/L）。

③ 工作频率：标准叉体，约140Hz；短叉体，约350Hz。

④ 过程温度：－50～150℃（max 280℃）。

⑤ 环境温度：－40～70℃。

⑥ 过程压力：液体，≤10MPa（max）；固体，－0.1～2.5MPa。

⑦ 介质黏度：≤10000mPa·s（max）。

⑧ 介质密度：≥0.4g/cm³（max）。

⑨ 供电电压：24V DC，220V AC。

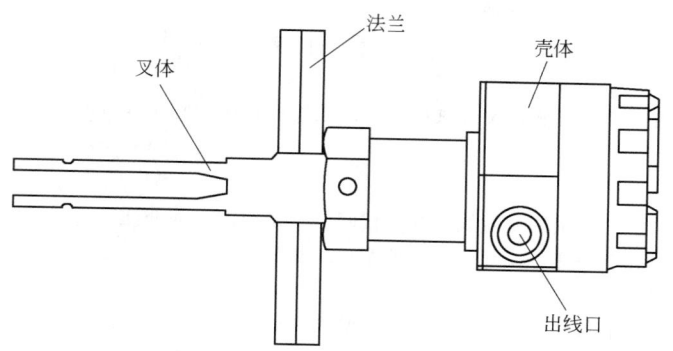

图 2-4-38　音叉物位开关结构

⑩ 输出信号：NAMUR，继电器（DPDT），触点容量 2A 220V AC。

⑪ 防爆等级：Ex ia ⅡC T6/Ga/Gb，Ex d ⅡC T6/Ga/Gb。

⑫ 防护等级：IP66，IP67，IP68。

⑬ 材质：壳体，铝，316SS，聚酯；叉体，316LSS，318LSS，Alloy C22，PTFE，ETFE。

⑭ 过程连接：NPT 3/4in、1in；DN25～100；PN10～63。

⑮ 安全认证：SIL3。

3. 适用范围

① 被测物料不同的电参数、密度，结垢、搅动、湍流、气泡、振动、中等黏度、高温、高压等恶劣条件对检测无影响。

② 检测过程由电子电路完成，无机械可移动部件，无磨损，寿命长，安装投运不需要维护。

③ 检测不受被测介质电参数及密度的影响，不需现场调校。

④ 固体音叉开关用于测量料仓中颗粒状固体、细料、松散的低密度固体粉料的料位。

六、阻旋物位开关

1. 基本原理

阻旋物位开关是一种用于固态物料（包括粉状、粒状、块状、胶状等）测量的物位控制器，具有密封性好、过载能力强、轻便易装、输出触点容量大等特点。不同密度的物料可通过调整弹簧的拉力来实现，其接触物料部分全为不锈钢材料，阻旋物位控制器在化工、塑料、水泥、制药、食品等行业得到了广泛的应用。阻旋物位开关结构如图 2-4-39 所示。

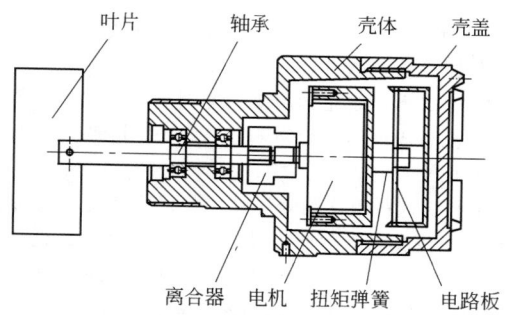

图 2-4-39　阻旋物位开关结构

2. 主要技术参数

① 输出信号：继电器（DPDT）。

② 额定功耗：4W。

③ 防爆等级：Ex d ⅡC T4。

④ 防护等极：IP66。

⑤ 叶片材质：304SS。

⑥ 供电电压：24V DC，220V AC。

⑦ 过程温度：−40～80℃。

⑧ 环境温度：−20～60℃。

⑨ 过程压力：≤0.15MPa。

⑩ 固料密度：≥80g/L。

⑪ 颗粒尺寸：≤50mm。

⑫ 过程连接：NPT 1½in、G1½in。

⑬ 测量缆长度：2000mm（max）。

第七节　放射性物位计

放射性物位计分为连续物位计和物位开关两种，连续物位计用于物位连续测量；物位开关用于物位的上下限报警。

一、基本原理

放射性物位计利用放射源产生的 γ 射线，穿过被测容器及容器中的介质，射线被不同高度物质所吸收，探测器测量到的信号强弱因此不一样，按照一定的模型计算物位。

1. 放射性物位计构成

放射性物位计一般由以下部件组成：放射源，探测器和处理器。

（1）放射源　放射源一般采用铯-137（Cs-137），半衰期约为 30 年。钴-60（Co-60），半衰期约为 5.3 年。放射源根据测量要求可做成点源、多点源或棒源，均配备防护容器。

（2）检测器　检测器通常有电离室型、盖革计数管型、闪烁晶体加光电倍增管型以及光纤传感器。闪烁晶体分为碘化钠闪烁晶体和塑料闪烁晶体两种。

① 电离室相对较重、寿命短、检测效率 1% 左右，用得比较少；盖革计数管 γ 射线的检测效率也只有 1% 左右；闪烁晶体的检测效率在 6%～50%，效率较高。

② 闪烁检测器通常由闪烁体、光电倍增管、前置放大电路、高压发生器组成。闪烁体和光电倍增管要求放在避光的金属密封暗盒中，只有 γ 射线能射到闪烁体上。碘化钠闪烁探测器的结构如图 2-4-40 所示。

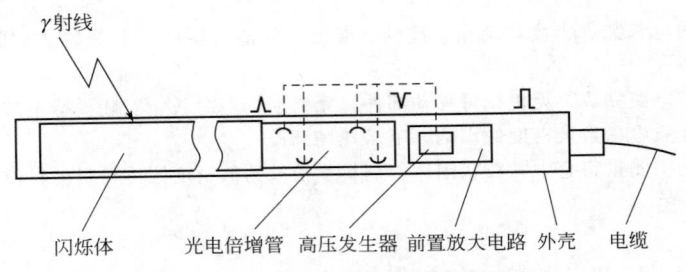

图 2-4-40　碘化钠闪烁探测器的结构

③ 光纤传感器可做到大量程、重量轻、安装方便，但在光纤束和光电耦合管结构上要特别注意温度变化，导致热胀冷缩，两者之间耦合不好，影响测量。

相比之下，碘化钠闪烁检测器更稳定和更有效率。

直流高压电压一般在 600～1500V 可调，供给光电倍增管的打拿极和阳极上的加速电压。采用负高压供电，安全性较好。

γ 射线打在碘化钠闪烁晶体上，使其发出微弱的光线，光线强度正比于 γ 射线的剂量，光电倍增管将光信号放大并转换成电脉冲信号送到前置放大电路处。

（3）处理器　处理器采用新型单片机系统处理信号，它将来自探测器的脉冲信号转换为物位显示并输出 4～20mA 信号，同时能进行参数标定和功能设置。

2. 测量原理

基于 γ 射线穿过物料时强度减弱的物理规律实现物位测量。一束 γ 射线穿过物料，其减弱规律为：

$$I = I_0 e^{-\mu d} \tag{2-4-13}$$

对于一定的几何位置，其路径 d 与料位 h 成正比：

$$d = kh \tag{2-4-14}$$

计算公式如下：

$$h = \ln(I_0/I)/(\mu k) \tag{2-4-15}$$

式中　h——被测物料的物位；

$\quad\quad I$——穿过物料后的射线强度；

$\quad\quad I_0$——物料之前的射线强度；

μ——线性吸收系数；

d——射线通过的物料路径；

k——比率系数。

源形式可以是点源、多点源、棒源，根据测量范围、设备尺寸、形状，由制造厂计算所需要源的剂量，选用所需形状的射源及防护容器。

二、主要性能指标

1. 连续物位计

① 测量范围：0.2～6.0m（最大 24m）。

② 测量精度：±1.0%。

③ 稳定性：≤1.0%。

④ 放射源：Cs-137（或 Co-60），5～800mCi，视量程和设备而定。

⑤ 放射防护性能：照射量率≤2.5μSV/h，1m 处，用户有特殊要求除外。

⑥ 防护等级：IP65～IP67。

⑦ 防爆等级：Ex d Ⅱ CT6。

⑧ 工作环境：温度，探测器－30～50℃，处理器－20～50℃；相对湿度，探测器≤95%，处理器≤85%。

⑨ 供电电压：220V AC，24V DC（带极性反接保护）。

⑩ 时间常数：1～600s。

⑪ 输出信号：4～20mA DC/HART。

⑫ 认证：SIL2。

⑬ 外壳材质：铝合金、316LSS。

2. 物位开关

① 测量路径：10m。

② 测量精度：10mm。

③ 放射源：Cs-137（或 Co-60），5～800mCi，视量程和设备而定。

④ 放射防护性能：照射量率≤2.5μSV/h，1m 处，用户有特殊要求除外。

⑤ 防护等级：IP65～IP67。

⑥ 防爆等级：Ex d Ⅱ CT6、Ex ib Ⅱ CT6。

⑦ 工作环境：温度探测器－30～50℃，处理器－20～50℃；相对湿度，探测器≤95%，处理器≤85%。

⑧ 供电电压：220V AC，24V DC（带极性反接保护）。

⑨ 时间常数：1～600s。

⑩ 输出信号：继电器触点容量 250V AC，1.0A。

⑪ 认证：SIL2。

⑫ 外壳材质：铝合金、316LSS。

三、安装方式

放射性物位计安装方式如图 2-4-41 所示。

1. 点式物位计

点放射源（s）和点探测器（d）分别安装在设备两侧，探测器采用碘化钠闪烁探测器，适用于内径 1000mm 以内、壁厚 30mm 以内的料仓。

2. 物位开关

物位开关由点放射源（s）和棒探测器（d）安装在设备上部或下部两侧，探测器一般采用碘化钠闪烁探测器；特殊情况下，用长棒式塑料闪烁探测器横装测量。

3. 棒式物位计

点放射源（s）和棒探测器（d）分别放置在被测物质相对的两侧，探测器采用塑料闪烁探测器。一般单根探测器量程 2m 以内。

4. 测量范围较大的物位计

对设备内的物料液位高度大范围测量时，采用叠加的方式进行测量。

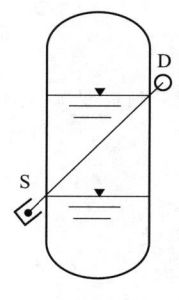 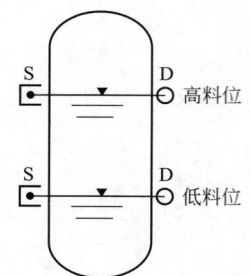 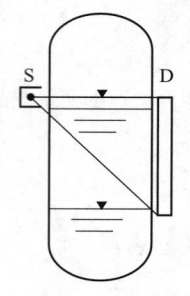 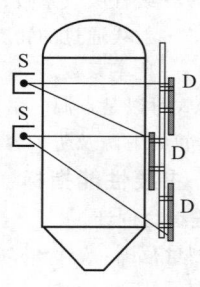

(a) 点式物位计安装
S—点放射源；
D—γ射线点式探测器

(b) 物位开关安装
S—点放射源；
D—γ射线棒式探测器

(c) 连续物位计安装
S—点放射源；
D—γ射线棒式探测器

(d) 大量程物位计安装
S—点放射源；
D—γ射线棒式探测器

图 2-4-41　放射性物位计安装方式

四、适用范围

① 放射性物位计属于非接触式测量，在一般测量方法不能满足要求时，考虑用它测量。

② 适用于操作条件苛刻的场合，如高温、高压、强腐蚀、易结晶等工艺过程。注意气相密度在开停车过程中与正常操作条件下的差异，要求制造商精确计算。

③ 粉状、粒状、块状等物料储仓、储斗物位的测量。

④ 高黏反应釜、反应器、高温熔融的物料测量。

⑤ 沸腾床、流化床的物料等测量。

五、设计选型

① 放射性物位仪表选型应把设备及物料的参数提供完整。仪表规格书上应提供设备参数、工艺参数、保温层数据等。

设备参数：测量段设备壁材质及厚度、内径。如果是物位计，需要提供量程。如果在量程范围内，内径、壁厚发生变化，需画图注明。如果有内衬件、搅拌器等，应该说明。射线仪表安装时能避开最好，提供尺寸、材质、密度、搅拌周期等。

工艺参数：介质成分，等效密度。如果是高压设备，气态的等效密度也要提供。测量参数的变化范围。

保温层：材质、等效密度。

② 优先选用 Cs-137 放射源，采用外置式安装。

③ 空高大于 2m 的物位计，应设置平台或人行爬梯，便于维护。

④ 放射源数量超过 30 枚，建议设置放射源暂存库，配备射线监测和防盗措施：铁门、铁窗、视频监控等。

⑤ 设备上预留放射源、探测器支撑点，不应阻挡射线通过。

⑥ 预留足够的办理环评、放射源转让、运输的时间，一般应留 180 天。

⑦ 在爆炸危险场合，仪表必须在传感器端接地。

⑧ 放射防护。

根据放射性仪表的使用场所不同，有相应的泄漏射线控制量，见表 2-4-4。

表 2-4-4　放射性仪表的使用场所和相应的泄漏射线控制量

射性仪表的使用场所	距离边界外下列距离处的剂量当量率 H 控制值/$(\mu Sv/h)$	
	5cm	10cm
对人员的活动范围不限制	$H<2.5$	$H<0.25$
在距离容器的 1m 区域内很少有人停留	$2.5 \leqslant H<25$	$0.25 \leqslant H<2.5$
在距离容器外表面 3m 的区域内不可能有人进入，或放射工作场所划出了监督权和非限制区	$25 \leqslant H<250$	$2.5 \leqslant H<25$

续表

射性仪表的使用场所	距离边界外下列距离处的剂量 当量率 H 控制值/(μSv/h)	
	5cm	10cm
只能在特定的放射工作场所使用,并按控制区、监督区、非限制区 分区管	$250 \leqslant H < 1000$	$25 \leqslant H < 100$

注:探测器后面应加屏蔽或设置警戒区域,保证人的活动区域符合安全要求。

六、防护

1. 仪表常用放射性活度

① 钴-60：1mCi（11mCi＝37MBq），1300keV，穿透力很强，半衰期为5.3年。

② 铯-137：10mCi，660keV，穿透力较强，半衰期为30年。

2. 放射防护

三要素为屏蔽、时间和距离。原则上讲，屏蔽越厚越好，时间尽可能地短，人体与源保持的距离要远，对

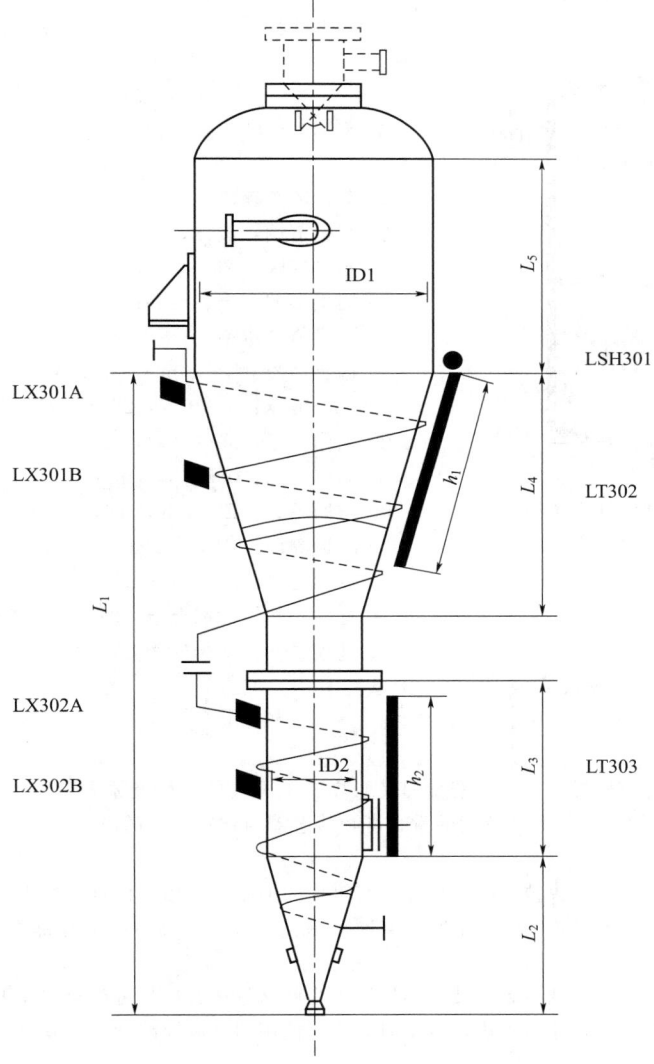

图 2-4-42　某装置袋滤器放射性物位计

人的照射强度与人、源之间距离平方的倒数成正比。

半衰减层，即将辐射强度减到一半所需的物质层的厚度。

钴-60：用铅半衰减层的厚度为 13mm，用钢为 15mm。

铯-137：用铅半衰减层的厚度为 9mm，用钢为 12mm。

七、应用举例

某装置袋滤器的物位测量采用放射性物位计，如图 2-4-42 所示。其中：LSH301，点放射源、点探测器，用于物位高报警；LT302，两个点放射源、一个棒探测器，用于测量连续物位 h_1；LT303，两个点放射源、一个棒探测器，用于测量连续物位 h_2。

第八节　超声波物位计

一、超声波物位计

1. 基本原理

传感器直接向物料表面发射超声波脉冲信号，脉冲信号在物料表面产生反射，反射信号被传感器接收，如图 2-4-43 所示。测量并计算发射和接受脉冲信号的时间差 t。

基于时间差 t 和声速 c 计算传感器膜片和物料表面间的距离 D：

$$D = Ct/2 \tag{2-4-16}$$

空罐高度 E 已知时，物位 L 的计算公式如下：

$$L = E - D \tag{2-4-17}$$

2. 主要技术参数

① 测量范围：液体，0.5～20m（盲区 0.25～0.5m）；固体，0.5～10m（盲区 0.25～0.5m）。

② 测量误差：±(2～4)mm。

③ 测量值分辨率：1～2mm。

④ 输出信号：4～20mA DC/HART，FF，PROFIBUS PA。

⑤ 供电电压：24V DC，220V AC，带过电压保护单元。

⑥ 工作频率：30～70kHz。

⑦ 响应时间：0.5～3s（min）。

⑧ 防爆等级：Ex ia ⅡC T6，Ex d ⅡC T6。

⑨ 防护等级：IP65，IP66，IP67。

⑩ 过程连接：法兰、螺纹。

⑪ 材质：壳体，铝合金，316LSS；膜片，316LSS。

⑫ 过程温度：-40～80℃，内置温度传感器补偿。

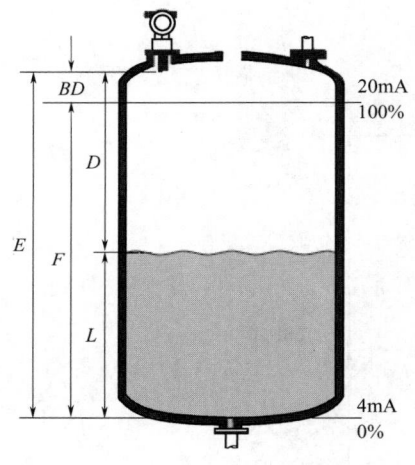

图 2-4-43　超声波物位计基本原理
E—空罐高度；F—满罐高度；
D—传感器膜片至物料表面间的距离；
L—物位；BD—盲区距离

⑬ 过程压力：0.07～0.4MPa。

⑭ 环境温度：-40～80℃。

3. 选用注意事项

① 测量范围取决于传感器量程，传感器量程又取决于工况条件，如液体表面波纹或强扰动，固体表面坚硬、粗糙或柔软，粉尘，加料区与测量范围的重合度，传感器与物料表面的温度差等。不同工况条件对应的衰减值查阅制造厂样本。

② 传感器不应安装在罐体中央位置处，传感器与罐壁间的距离约为罐体直径的 1/6。

③ 在信号波束范围内（发射角 α）禁止安装类同于限位开关、温度传感器等部件，特别是加热线圈、挡板等。

④ 在同一个罐体上禁止安装两台超声波传感器，因为两路超声波信号可能会相互干扰。

⑤ 在存在强干扰回波的狭长通道中进行测量时，建议使用超声波导波管，导波管的最小管径为 100 mm。

二、声呐式外测液位计

声呐回波测距技术（Sound Navigation And Ranging，英文缩写 "SONAR"）是利用水中声波对水下目标进行探测的一种技术。

1. 测量原理

声呐式外测液位计是基于声呐回波测距原理进行罐内液位罐外测量，实现"完全非接触式"测量的仪表。

由安装在储罐外壁底部的测量探头发射超声波在罐内液体中传播，到达液面后反射形成回波信号，由同一个探头接收，智能液位变送器检测行程时间（t），结合超声波在液体介质内的传播速度（v），计算得出储罐内液体的液位高度（h）。如图 2-4-44 所示。

2. 液位计组成

液位计由智能液位变送器、测量探头、校准探头和专用电缆等组成。

测量探头和校准探头均采用压电陶瓷传感元件、前衬膜片、磁环和聚酯外壳等组成。

3. 技术特点

采用"微振动分析技术"和智能回波识别算法，识别和排除储罐壁余振、多重回波、虚假回波等干扰信号，有效跟踪、准确检测储罐液位。

采用"自校准精度技术"，克服液体的温度、组分、密度变化时对声呐信号传播速度的影响，对测量结果进行实时补偿，保证仪表液位测量精度。

图 2-4-44　声呐式外测液位计原理示意

安装声呐式外测液位计时不开孔、不清罐、不动火，完全非接触测量，不受罐内液体的介电常数、波动、压力、温度、密度等变化的影响。

探头无机械运动部件，不会磨损和腐蚀，可靠耐用。

安装调试方便，全生命周期成本低。

4. 主要技术参数

① 测量范围：0.2～30m。

② 测量精确度：（0.1％～0.5％）FS、±1mm（计量级）。

③ 显示分辨率：1mm。

④ 显示：LCD。

⑤ 供电电源：24V DC、220V AC。

⑥ 输出信号：4～20mA、Hart、Modbus、TCP 工业以太网。

⑦ 探头工作温度：－40～220℃。

⑧ 变送器工作温度：－40～60℃。

⑨ 相对湿度：0～95％。

⑩ 防爆、防腐、防护等级：隔爆型，Exd Ⅱ CT6 Gb，WF1，IP67；本安型，Exia Ⅱ BT6 Ga，WF1，IP65。

⑪ 外部引线：四线制、两线制。

⑫ 专用电缆：15m（成套）。

⑬ 输出误差：≤±0.1％示值。

⑭ 电气接口：G1/2in（F）。

⑮ 罐壁厚度：≤100mm。

⑯ 变送器材质：压铸铝合金。

⑰ 探头材质：PBT（聚对苯二甲酸丁二醇酯）。

⑱ 防雷浪涌：内置电涌保护器。

⑲ 安全认证：SIL3。

5. 安装方式

（1）探头安装　测量探头吸附或粘接于储罐底部外壁，校准探头安装在储罐侧壁，探头应避开焊缝安装。

（2）变送器安装　安装在储罐旁 2in 金属立管上，便于观察，避免阳光直射。

6. 选用注意事项

① 适用于测量球罐、卧罐、立罐和槽车的液位，介质为动力黏度小于 30mPa·s 的纯净液体，与压力、腐

蚀性、汽化、介电常数等无关。

② 不适用于测量介质中含有气泡和结晶的液位，以及有隔板、搅拌、盘管等隔挡物或者带夹套的储罐液位。

③ 必要时可选校准器、载波模块、探头安装座、转向器等。

三、变频超声波外测液位开关

1. 测量原理

利用超声波衰减原理，在罐体检测位置上外贴两个探头，其中一个发射超声波，另一个接收经罐壁内衰减后的超声波，智能变送器根据接收信号的变化来判断液位是否到达该位置。如图 2-4-45 所示。

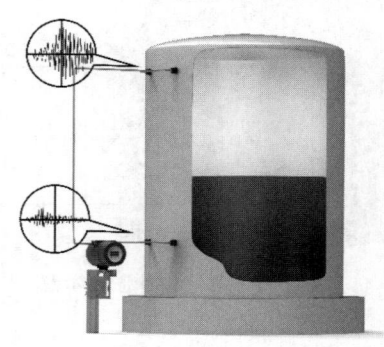

图 2-4-45 外测液位开关原理

2. 液位开关的组成

液位开关由智能变送器、测量探头和专用电缆等组成。探头由压电陶瓷传感元件、前衬膜片、磁环和聚酯外壳等组成。

3. 技术特点

采用"变频超声波技术"自适应调节频率和振幅，消除雨雪、喷淋、挂料等罐壁附着物的干扰，克服温度、时间漂移，保证仪表在不同罐体材质、厚度及介质的工况下应用，准确可靠。

采用"微振动分析技术"，识别和排除储罐壁余振、回波的干扰信号，有效跟踪信号变化，实现开关稳定可靠地工作。

探头采用密封加固设计，被强力磁环（80kg 吸力）吸附于罐壁，专用密封圈、密封胶保证密封效果，确保探头不脱落，可长期应用工业现场。

4. 主要技术参数

① 精度：±(1～5)mm。

② 迟滞：1s（单点），2～7s（双点）。

③ 触点容量：5A，30V DC；5A，220V AC。

④ 供电电源：24V DC、220V AC。

⑤ 额定功率：3W。

⑥ 防爆、防腐、防护等级：隔爆型，Exd Ⅱ CT6 Gb，WF1，IP67；本安型，Exia Ⅱ CT6 Ga，WF1，IP65。

⑦ 探头工作温度：−40～220℃。

⑧ 变送器工作温度：−40～60℃。

⑨ 外部引线：四线制、两线制、六线制。

⑩ 探头尺寸：ϕ80×102mm。

⑪ 罐壁厚度：≤70mm。

⑫ 电气接口：G1/2in（F）。

⑬ 专用电缆：25m（成套）。

⑭ 输出：隔爆型，继电器、RS-485 Modbus；本安型，4～20mA。

⑮ 触点形式：SPST、SPDT、DPDT。

⑯ 显示：LCD。

⑰ 变送器材质：压铸铝合金。

⑱ 探头材质：PBT（聚对苯二甲酸丁二醇酯）。

⑲ 防雷浪涌：内置电涌保护器。

⑳ 安全认证：SIL3。

5. 安装方式

（1）探头安装　两个探头吸附或粘接在同一水平线上间距 800～1500mm 的储罐外壁，不可跨越焊缝，探头距垂直焊缝不小于 30mm，距水平焊缝不小于 10mm。

（2）变送器安装　安装在储罐旁 2in 金属立管上，便于观察，避免阳光直射。

6. 选用注意事项

① 适用于测量金属、有机玻璃等硬质罐体的液体储罐。

② 不适用于分层、气泡材质或非硬质罐体的液体储罐。

③ 必要时可选探头安装座、载波模块等。

第九节　物位仪表的选用

一、就地物位仪表

1. 玻璃板液位计

洁净、透明、低黏度和无沉积物介质的液位指示选用反射式；高黏度、150℃以上的液体、含固体颗粒、脏污、酸、碱等介质的液位指示选用透光式；当介质较黏稠、脏污或安装场合光线不足时，选用透光式带照明。

玻璃材料：350℃及以下选用硼硅酸盐；315～400℃选用水合硅酸铝；400℃以上选用石英。

2. 磁浮子液（界）位计

测量液位介质密度大于 400kg/m³、测量界面介质密度差大于 150kg/m³、高压、低温或有毒性介质的场合，选用磁浮子液位计。

测量介质黏度高于 600mPa·s、温度高于 350℃的场合，不宜选用磁浮子液位计。

二、远传测量物位仪表

1. 差压液位变送器

差压小于 5kPa、密度变化大于±5％时，不宜选用差压液位变送器。

含易燃易爆、有毒性、气相易冷凝等介质，选用双法兰差压液位变送器，两根毛细管长度相同。

易结晶、易沉淀、高黏度、易结焦、易聚合等介质，选用插入式法兰差压液位变送器。

2. 浮筒液（界）位计

测量范围小于 2000mm，比密度为 0.5～1.5 的液位测量；比密度差大于 0.2 的界面测量，选用浮筒液位计。

真空、负压或液体易汽化的液位或界面测量，选用浮筒液位计。

清洁液体液位测量，选用外浮筒式液位计，"侧—侧"法兰连接型。

易凝结、易结晶、腐蚀性、有毒性的介质液位测量，选用内浮筒式液位计。

3. 电容物位计

腐蚀性液体、沉淀性流体、粒料、粉料等介质的物位测量，选用电容物位计。

电容物位计带汽液相介质介电常数及温度自动补偿，可用于汽包液位测量。

测量易黏附电极的导电液体的物位，不宜采用电容物位计。

4. 射频导纳物位计

腐蚀性、沉淀、干或湿的固体粉料等的物位测量，选用射频导纳液位计。

非导电性液体，采用裸极探头；导电性液体，采用绝缘管式或绝缘护套式探头。

5. 超声波物位计

腐蚀、高黏、易燃及有毒等介质的液位、界面测量，选用超声波物位计。

超声波物位计不能用于含蒸汽、气泡、悬浮物的液体和含固体颗粒物的液体，含粉尘的固体粉料和颗粒度大于 5mm 的粒料等。

6. 雷达物位计

大型固定顶罐、浮顶罐、球形罐中储存原油、成品油、液化烃、液化石油气、液化天然气等介质的液位测量或计量，选用非接触式雷达物位计。

储罐或设备内具有泡沫、水蒸气、沸腾、喷溅、湍流、低介电常数（1.4～2.5）、带有搅拌器或有旋流介质的液位或界面的测量或计量，选用导波式雷达物位计。

储罐内部有影响微波传播的障碍物或介电常数低于 1.4 的介质物位测量，不应选用雷达物位计。

7. 伺服液位计

大型固定顶罐、浮顶罐、球形罐中储存原油、成品油、液化烃、液化石油气、液化天然气等介质的液位测量或计量，选用带导向管的伺服液位计。

黏度高的介质液位测量，不选用伺服液位计。

8. 磁致伸缩液位计

磁致伸缩液位计用于介质比密度≥0.7、干净的非结晶介质等液位或界面测量。

磁致伸缩液位计不适用于介质黏度高于 600mPa·s、温度高于 350℃的场合。

9. 放射性物位计

现场的射线剂量当量应符合 GBZ 125 标准规定的 1 级防护要求，放射源类型选用 Cs137，也可选用 Co60。

放射源应装在专用容器内，专用容器外壳材质为 316SS。放射源有隔离射线装置。

放射源带有遥控气动或电动源闸，当气源、电源或遥控线路故障时，源闸能自动关闭。

三、物位开关

1. 浮球开关

储存清洁液体的储罐及容器的液位、界面报警及联锁，选用浮球开关。

2. 音叉开关

无振动或振动小的料仓、料斗内的粒状、粉状物料的料位报警及联锁，选用音叉开关。

储罐内物料对音叉无粘连的液位报警及联锁，选用音叉开关。

在料仓侧面安装音叉开关，宜在叉体上方加装保护挡板，防止物料直接冲击叉体。

3. 阻旋开关

承压小、无脉动压力的料仓、料斗，比密度大于 0.2 的颗粒状、粉粒状以及片状物料料位的报警及联锁，选用阻旋开关。

在料仓侧面安装阻旋开关，宜在轴杆及叶片上方加装保护挡板，防止物料直接冲击。

4. 超声波开关

碳钢储罐及容器的液位测量，选用外贴-非接触式超声波开关。

不锈钢、合金钢及碳钢带内衬的储罐及容器的液位测量，选用接触式超声波开关。

第五章 压力测量仪表及选用

第一节 压力测量仪表概述

一、压力测量基础

工业过程测量和控制领域中的压力，为物理学中的压强，即单位受力面积上所承受的压力。

一般压力表以大气压力（表压零位）为测量基准，用于测量表压，即绝对压力与大气压力的差值。

$$p_表 = p_绝 - 大气压$$

压力表（正压表）测量高于大气压力的压力值。

负压表（真空表）测量低于大气压力的负压值，即真空度。

连程表（压力真空表）测量高于或低于大气压力的压力值。

绝压表以绝对压力零位为基准，测量绝对压力值。

差压表直接指示两个相关压力间的差值。

二、压力仪表的分类

常用压力测量仪表，按测量原理分为三种形式。

（1）弹性元件式　以弹性敏感元件为测量元件，在被测压力作用下弹性形变量转变而产生的弹性力大小。如弹簧管压力表、波纹管压力表、膜盒压力表、膜片压力表等。

（2）静力平衡式　按重力与被测压力平衡的方法，测量被测压力值。如（液体、气体）活塞式压力计、（U 形、杯形）液体压力计、补偿式微压计等。

（3）传感器式　利用某些物质与压力有关的电学特性，如在压力作用下的电阻、电容、电压变化，将被测压力值转换为与之相关的电信号输出。比如电容式压力传感器、压阻式压力传感器、扩散硅式压力传感器等。

三、压力量值传递

压力的单位采用国际单位制。实际使用中，量程低于 1000Pa 时，通常以 Pa 为压力单位；量程为 1～60kPa 时，通常以 kPa 为压力单位；量程为 0.1MPa 及以上时，通常以 MPa 为单位。

我国现行压力量值传递系统由四类压力计量器具检定系统表构成，如表 2-5-1 所示。

表 2-5-1　压力计量器具检定系统表

国家计量检定系统表	进行压力量值传递的计量器具
真空计量器具	压结合式真空计、压缩式真空计、液体压力计、流导法真空装置、膨胀法真空装置、热阴极电离真空计、磁悬浮转子真空计、电容薄膜真空计等
压力计量器具	活塞式压力计、活塞式压力真空计、浮球式压力计、液体压力计、压力传感器、压力变送器、压力发生器、数字压力计、弹性元件式精密压力表等
150～2500MPa 压力计量器具	可控间隙式活塞式压力计、活塞式压力计、锰铜电阻压力计、弹簧管式精密压力表、压力传感器、压力变送器等
−2.5～2.5kPa 压力计量器具	2.5kPa 压力基准装置、补偿式微压计、液体压力计、微压气体活塞式压力计、数字压力计、倾斜式微压计、压力传感器、压力变送器等

以压力计量器具为例，按国家基准（不确定度 $\pm 2.1 \times 10^{-5}$）、副基准（不确定度 $\pm 2.5 \times 10^{-5}$）、工作基准（不确定度 $\pm 5 \times 10^{-5}$）、一等标准（不确定度 $\pm 2 \times 10^{-4}$）、二等标准（不确定度 $\pm 5 \times 10^{-4}$）、三等标准〔不确定度 $\pm$（0.16%～0.6%）〕、压力表（精度等级 1.0～4.0 级）的顺序向下传递。

在压力量值传递过程中，上一等级器具的不确定度应不大于下一等级器具不确定度的 1/2。对一般压力表及精密压力表进行检定时，标准器的最大允许误差的绝对值应不大于被检压力表最大允许误差绝对值的 1/4。

第二节　压　力　表

一、弹性元件式压力表

弹性元件式压力表历史悠久，其结构简单、制造安装方便、易于读数、准确稳定、牢固耐用、成本低廉、对各种特殊恶劣工况（如高温、振动、腐蚀、爆炸等）适应能力强，在各主要工业领域得到广泛的应用。

弹性元件在介质压力作用下产生的弹性变形，通过齿轮传动机构（机芯）放大，从而由指针在度盘上指示出相应的压力值。为方便观测，压力表的刻度范围通常为270°。

弹性元件式压力表按其使用的弹性元件类型，分为弹簧管压力表、膜盒压力表、膜片压力表、叉簧压力表、波纹管压力表、差压表等。

弹性元件式压力表按其精度等级，分为一般压力表（1.0/1.6/2.5/4.0 级）、精密压力表（0.1/0.16/0.25/0.4 级）。压力管道及容器上的现场压力测量仪表通常使用一般压力表。

各类常用弹性元件式压力表的主要技术规格见表 2-5-2。

表 2-5-2　各类弹性元件式压力表的主要技术规格

仪表类别	公称直径/mm	精度等级	测量范围/MPa
弹簧管式 一般压力表	$\phi40$	2.5 级	$0\sim0.1, 0\sim0.16, 0\sim0.25, 0\sim0.4, 0\sim0.6, 0\sim1.0, 0\sim1.6, 0\sim2.5, 0\sim4, 0\sim6, 0\sim10, 0\sim16, 0\sim25, 0\sim40$ $-0.1\sim0, -0.1\sim0.06, -0.1\sim0.15, -0.1\sim0.3, -0.1\sim0.5, -0.1\sim0.9, -0.1\sim1.5, -0.1\sim2.4$
	$\phi60$	2.5 级	$0\sim0.1, 0\sim0.16, 0\sim0.25, 0\sim0.4, 0\sim0.6, 0\sim1.0, 0\sim1.6, 0\sim2.5, 0\sim4, 0\sim6, 0\sim10, 0\sim16, 0\sim25, 0\sim40, 0\sim60$ $-0.1\sim0, -0.1\sim0.06, -0.1\sim0.15, -0.1\sim0.3, -0.1\sim0.5, -0.1\sim0.9, -0.1\sim1.5, -0.1\sim2.4$
	$\phi100$ $\phi150$ $\phi200$ $\phi250$	1.0 级 1.6 级	$0\sim0.1, 0\sim0.16, 0\sim0.25, 0\sim0.4, 0\sim0.6, 0\sim1.0, 0\sim1.6, 0\sim2.5, 0\sim4, 0\sim6, 0\sim10, 0\sim16, 0\sim25, 0\sim40, 0\sim60, 0\sim100, 0\sim160, 0\sim250, 0\sim400$ $-0.1\sim0, -0.1\sim0.06, -0.1\sim0.15, -0.1\sim0.3, -0.1\sim0.5, -0.1\sim0.9, -0.1\sim1.5, -0.1\sim2.4$
弹簧管式 精密压力表	$\phi150$ $\phi200$ $\phi250$	0.25 级 0.4 级	$0\sim0.1, 0\sim0.16, 0\sim0.25, 0\sim0.4, 0\sim0.6, 0\sim1.0, 0\sim1.6, 0\sim2.5, 0\sim4, 0\sim6, 0\sim10, 0\sim16, 0\sim25, 0\sim40, 0\sim60, 0\sim100, 0\sim160, 0\sim250$（精度 0.4 级） $-0.1\sim0, -0.1\sim0.06, -0.1\sim0.15, -0.1\sim0.3, -0.1\sim0.5, -0.1\sim0.9, -0.1\sim1.5, -0.1\sim2.4$
膜盒压力表	$\phi60$	2.5 级 4.0 级	$0\sim4, 0\sim6, 0\sim10, 0\sim16, 0\sim25, 0\sim40, 0\sim60$ $-4\sim0, -6\sim0, -10\sim0, -16\sim0, -25\sim0, -40\sim0, -60\sim0$ $-2\sim2, -3\sim3, -5\sim5, -8\sim8, -12\sim12, -20\sim20, -30\sim30$
	$\phi100$ $\phi150$	1.6 级 2.5 级	$0\sim1, 0\sim1.6, 0\sim2.5, 0\sim4, 0\sim6, 0\sim10, 0\sim16, 0\sim25, 0\sim40, 0\sim60\text{kPa}$ $-1\sim0, -1.6\sim0, -2.5\sim0, -4\sim0, -6\sim0, -10\sim0, -16\sim0, -25\sim0, -40\sim0, -60\sim0\text{kPa}$ $-0.5\sim0.5, -0.8\sim0.8, -1.2\sim1.2, -2\sim2, -3\sim3, -5\sim5, -8\sim8, -12\sim12, -20\sim20, -30\sim30\text{kPa}$
	$\phi160$	2.5 级	$0\sim250, 0\sim400, 0\sim600\text{Pa}$ $-250\sim0, -400\sim0, -600\sim0\text{Pa}$ $-120\sim120, -200\sim200, -300\sim300\text{Pa}$

仪表类别	公称直径/mm	精度等级	测量范围/MPa
膜片压力表	$\phi100$ $\phi150$	1.6 级 2.5 级	$0\sim1.0\sim1.6,0\sim2.5,0\sim4,0\sim6,0\sim10,0\sim16,0\sim25,0\sim40,0\sim60\text{kPa}$ $0\sim0.1,0\sim0.16,0\sim0.25,0\sim0.4,0\sim0.6,0\sim1.0,0\sim1.6,0\sim2.5$ $-1\sim0,-1.6\sim0,-2.5\sim0,-4\sim0,-6\sim0,-10\sim0,-16\sim0,-25\sim0,$ $-40\sim0,-60\sim0\text{kPa}$ $-0.1\sim0,-0.1\sim0.06,-0.1\sim0.15,-0.1\sim0.3,-0.1\sim0.5,-0.1\sim$ $0.9,-0.1\sim1.5,-0.1\sim2.4$ $-0.5\sim0.5,-0.8\sim0.8,-1.2\sim1.2,-2\sim2,-3\sim3,-5\sim5,-8\sim8,$ $12\sim12,-20\sim20,-30\sim30\text{kPa}$
绝压表	$\phi100$ $\phi150$	1.6 级 2.5 级	$0\sim6,0\sim10,0\sim16,0\sim25,0\sim40,0\sim60\text{kPa(a)}$ $0\sim0.1,0\sim0.16,0\sim0.25$
叉簧压力表 (泥浆抗振表)	$\phi100$ $\phi150$	2.5 级	$0\sim6,0\sim10,0\sim16,0\sim25$
		1.6 级	$0\sim40,0\sim60,0\sim80,0\sim100,0\sim120,0\sim160$

使用温度

仪表正常工作环境温度(含介质温度):$-40\sim70℃$

当使用环境温度偏离 20℃±5℃时,仪表的示值误差不超过下列公式规定的范围:

$$\Delta=\pm(\delta+K\Delta t)$$

式中　δ——基本误差限绝对值,%;

　　　Δt——$|t_2-t_1|$,℃;

　　　t_2——环境温度范围内的任意值,℃;

　　　t_1——当 t_2 高于 25℃时,为 25℃,当低于 15℃时,为 15℃;

　　　K——温度影响系数,其值为 0.04%/℃;

　　　Δ——环境温度偏离 20℃±5℃时的示值误差允许值,表示方法与基本误差相同,%。

注:针对仪表外壳防护等级为 IP65 或 NEMA4X 的且量程小于 0.4MPa 的仪表,环境温度变化,可能会使仪表的示值误差超过公式规定的范围,需要降低防护等级要求或增加温度补偿装置

1. 弹簧管压力表

弹簧管压力表以弹簧管 (波登管) 为测量元件。弹簧管分为 C 型管和螺旋管,螺旋管通常用于测量≥10MPa 的压力。图 2-5-1 为典型的 C 型弹簧管压力表结构示意。

① 弹簧管压力表的测量元件及接液元件材质为 316LSS 不锈钢或铜合金,适用于测量不结晶、不凝固,对元件材质无腐蚀作用的各类介质的压力。

② 精密压力表通常是实验室仪表,作为标准器用来校验一般压力表,也可以作为现场精密测量仪表使用。

③ 专用压力表用于一些有特定材质或工艺特殊要求的压力测量:

a. 氧压力表用于氧气类有严格脱脂禁油要求的场合;

b. 乙炔压力表接液元件的含铜量不得超过 70%;

c. 氨压力表的接液元件严禁用铜及铜合金;

d. 抗硫压力表用于测量含有硫化氢的介质压力;

e. 隔膜或膜片压力表用于测量黏稠、易结晶、含有固体颗粒或强腐蚀性等介质压力,隔膜或膜片材质根据测量介质的特性选择;

f. 耐振压力表用于振动场所或振动部位压力测量,耐振方法可以采用表盘内充填充液和/或加阻尼器。

④ 在弹簧管压力表的基础上附加一些特定装置,可以

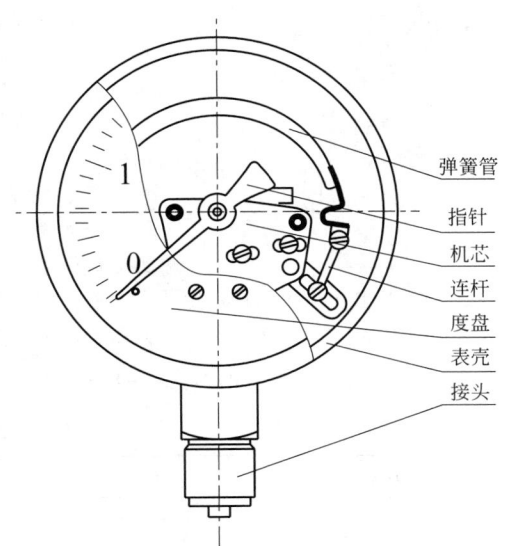

弹簧管
指针
机芯
连杆
度盘
表壳
接头

图 2-5-1　C 型弹簧管压力表结构示意

制成隔膜压力表、电接点压力表、远传压力表等。

2. 膜盒压力表

膜盒压力表的测量元件为圆形膜盒，用来测量不结晶、不凝固，对测量元件材质无腐蚀作用的气体介质的微压。图 2-5-2 为膜盒压力表结构示意。

膜盒是由两块波纹膜片对扣在一起而形成的测量腔室，感压面积较大，可以测量很小的压力。

膜盒压力表通常适用于气体介质。

3. 膜片压力表

膜片压力表以波纹膜片为弹性元件，膜片同时可隔离介质，主要测量液体、气体等各类介质的微压或低压。图 2-5-3 为膜片压力表结构示意。

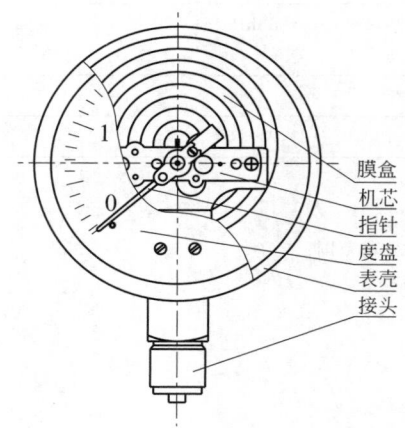

图 2-5-2　膜盒压力表结构示意

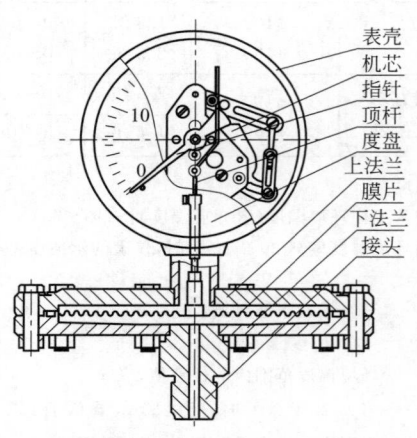

图 2-5-3　膜片压力表结构示意

膜片被夹持在两片法兰之间，依靠较大的感压面积来感应膜片下腔很小的压力。

因测量腔室较大，膜片压力表可以制成法兰连接形式，以适应黏稠、含颗粒或易结晶介质。

4. 叉簧压力表

叉簧压力表又称泥浆抗振压力表，以叉簧为弹性元件，主要用在石油生产中的钻井、压裂、固井等类似设备上，测量泥浆类高黏度、高粒度、易凝固介质的脉动压力。图 2-5-4 为叉簧压力表结构示意。

被测压力经阻尼机构缓冲后，推动膜片和顶杆，使叉簧产生弹性变形，进而由机芯转变为指针在度盘上的转动，或刻度转盘的直接转动。因叉簧的强度较高，通常适合测量较高的压力。

由于介质具有堵塞倾向，叉簧压力表的工艺接口通常采用 1.5in 或 2in 的螺纹连接，或法兰连接。

二、液柱式压力计

液柱式压力计工作原理基于静压平衡，利用平衡时液柱高度差作为压力测量信号。

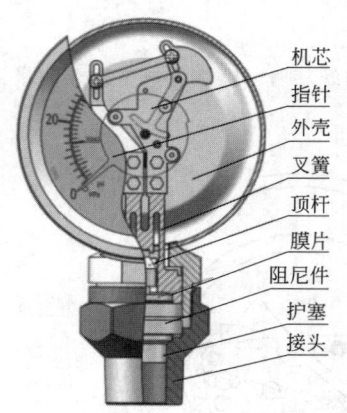

图 2-5-4　叉簧压力表结构示意

液柱式压力计结构简单、价格低廉、精度及灵敏度较高，常用于测量微压、负压或差压，例如烟道、风道压力。

表 2-5-3 列出了几种常用液柱式压力计的形式、特点及主要用途。

表 2-5-3　液柱式压力计

形式	结构特点	主要用途
U 形液体压力计 （U 形管压力计）	①分为墙挂式和台式 ②需分别读取两管高度并计算，读数误差比较大 ③精密型带有放大读数装置	测量微压、负压或差压

形式	结构特点	主要用途
单管压力计 （杯形液体压力计）	①台式，一次读数，直观方便 ②测量管刻度通常已考虑了对杯、管截面比值的修正 ③精密型带有放大读数装置	测量微压、负压或差压
倾斜式微压计 （斜管压力计）	①分为墙挂式和台式 ②倾斜角度通常有数挡可调，读数后应计入倾斜常数 ③精密型带有放大读数装置	测量微压
补偿式微压计	①台式 ②带有反光镜、水准观测装置和精密微调装置，精度可达 0.02% ③必须调整容器高度后才能读数	测量微压，通常仅作为微压标准仪器使用

（1）U 形管压力计　图 2-5-5 表示 U 形管压力计的工作原理。被测压力 p 使 U 形管左管内液位上升，右管内液位下降，最终被测压力 p 被 U 形管两端液柱差造成的静压力所平衡。当 U 形管中工作液确定后，液柱高度 h 常被用来表示压力值：

$$p = h\rho g$$

式中，ρ 为工作液密度。

（2）单管压力计　U 形管压力计一侧管径扩大到远大于另一侧管径时，则成为图 2-5-6 所示的单管压力计。由图 2-5-6 可知，当被测压力 p 使容器内液位下降时，测量管液位上升 $h_1 = h - h_2$。当容器截面积 $D \geqslant$ 测量管截面时，容器液位下降 h_2 常常可不计，h 可作为压力的示值。

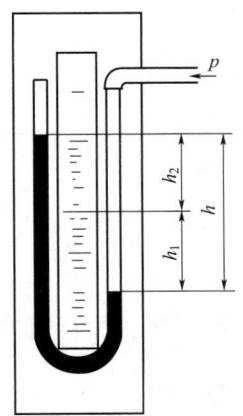

图 2-5-5　U 形管压力计

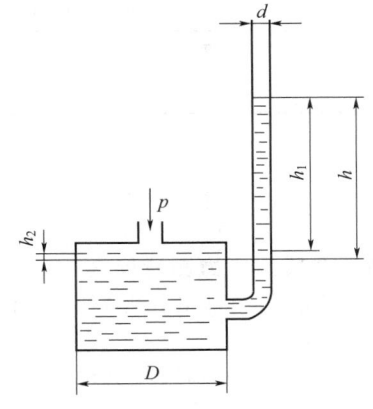

图 2-5-6　单管压力计

（3）斜管压力计　当单管压力计测量管倾斜成 α 角时，便成了图 2-5-7 所示斜管压力计。斜管压力计测量原理与单管压力计相似：

$$p = h\gamma = l\gamma\sin\alpha$$

α 越小，测量范围也越小，但灵敏度却越高。

（4）补偿式微压计　图 2-5-8 所示为补偿式微压计工作原理。大容器 1 和小容器 5 在无压力 p 作用时，两容器内液位相等。通过反射镜 7 中指针 8 的实像与虚像类端恰好接触。但当容器中受到压力 p 作用时，容器与液位下降，大容器 1 液位上升以达到与压力 p 平衡。大容器 1 液位变化可由标尺 3、4 上读出。

液柱式压力计工作液选择，一般要求黏度小，热膨胀系数小，稳定性好。

表 2-5-4 列出了几种常用工作液体的主要物理性质。

150

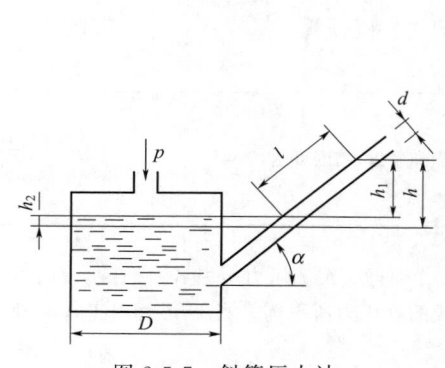

图 2-5-7　斜管压力计

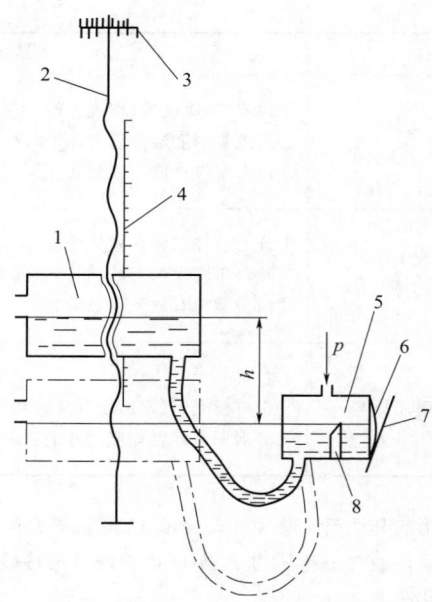

图 2-5-8　补偿式微压计
1—大容器；2—丝杆；3,4—标尺；5—小容器；
6—透镜；7—反射镜；8—指针

表 2-5-4　常用工作液体物理性质（20℃）

工作液体	蒸馏水	乙醇	四氯化碳	甘油	煤油
分子式	H_2O	C_2H_6O	CCl_4	$C_3H_8O_3$	—
密度 $\rho/(g/cm^3)$	0.998	0.79	1.595	1.26	0.80
体胀系数 $\beta/℃^{-1}$	1.8×10^{-4}	11×10^{-4}	12.2×10^{-4}	4.9×10^{-4}	9.6×10^{-4}

第三节　特殊压力测量仪表

一、腐蚀、黏稠介质用压力测量仪表

对具有一定腐蚀性的介质，根据其腐蚀特性，选用弹簧管式不锈钢压力表、不锈钢膜盒压力表、不锈钢膜片压力表、不锈钢隔膜压力表等。

对高黏度、易结晶、易凝固、含颗粒、含粉尘等介质，可选用不锈钢隔膜压力表、不锈钢膜片压力表等。

1. 不锈钢压力表

不锈钢压力表包括弹簧管式不锈钢压力表、不锈钢膜盒压力表等类型，以适应不同压力测量范围及工况。不锈钢压力表的主要元件材质见表2-5-5。

表 2-5-5　不锈钢压力表的主要元件材质

测量元件	316LSS	适用于对316L不锈钢无腐蚀或轻微腐蚀的介质
螺纹接头	304SS、316SS、321SS	接液部位，根据介质腐蚀性合理选择
表壳	304SS、316SS	根据仪表所处大气环境腐蚀情况合理选择
传动机构（机芯）	316SS	不接液且被表壳保护，适应大多数环境腐蚀
玻璃	安全玻璃（双层夹胶、钢化、PC）	降低极端情况下的伤害可能性

2. 隔膜压力表

隔膜压力表是以弹簧管压力表为基础,附加隔膜化学密封而组成。隔膜上腔与弹簧管所形成的密封腔室内充满隔膜传导液,将被测压力传递至弹簧管。由于隔膜将介质与测量元件隔离,因而适用于强腐蚀、高黏度、易结晶、易凝固等介质。隔膜压力表原理见图2-5-9。

(1) 隔离器的形式 隔离器形式分为以下几种。

① 螺纹式隔离器用于强腐蚀或黏稠性相对不高的介质。螺纹本体接液。

② 法兰式隔离器是常用的隔离器形式,用于强腐蚀、含颗粒(粉尘)、有结晶或凝固等介质。部分形式法兰本体不接液。

③ 工字法兰式隔离器用于高温工况。工字法兰本体接液。

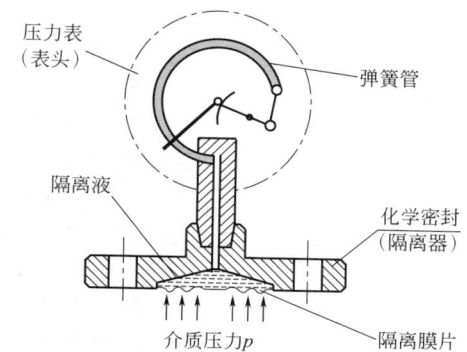

图 2-5-9 隔膜压力表原理

④ 插入式法兰隔离器,将隔离膜片伸入设备或管道,适用于高黏稠或高流速介质。插入体直径为 $\phi40/\phi50/\phi80/\phi100$,被测压力越低,插入体直径越大。插入深度为 50/100/150mm,插入体接液。

⑤ 管道型和马鞍型均为在线安装式,隔离器本身构成管道的一部分,适用于易结晶、易凝固、高流速介质。管道型隔离器采用与管道通径相适应的圆筒形膜片,马鞍型在平膜片隔离器基础上附加与管道相适应的马鞍座。在线管道型和在线马鞍型隔离器可带伴热。

⑥ 卡箍式卫生型和螺母式卫生型隔离器能快速拆装和清洗,适用于对卫生要求较高的场合。

各主要型式隔离器图片见图2-5-10。

(a) 螺纹式   (b) 法兰式   (c) 工字法兰式   (d) 插入式法兰   (e) 插入式螺纹

(f) 在线式管道型   (g) 在线式马鞍型   (h) 卡箍式卫生型   (i) 螺母式卫生型

图 2-5-10 隔离器形式

(2) 隔膜压力表的耐腐蚀性 选择与被测介质腐蚀特性相适应的膜片材质、膜片形式及接液材质,可提高隔膜压力表的寿命。

① 隔离膜片厚度很小,其材质耐腐蚀的能力是决定隔离器耐腐蚀性能的关键因素。常用隔膜材质的耐腐蚀性能见表2-5-6。

表 2-5-6 常用隔膜材质的耐腐蚀性能

隔膜材质	耐腐蚀性能
钽	具有优良的耐腐蚀性能。除氢氟酸、苛性碱外,在其他腐蚀介质中具有优良的耐腐蚀性能,特别能耐盐酸和王水的腐蚀

续表

隔膜材质	耐腐蚀性能
哈氏 C-276	在氧化-还原性介质中耐腐蚀性能良好。适用于干氯气、硝酸(<50℃)、磷酸、醋酸、多种氯化物、苛性钠、海水及多种有机酸,也能有条件地用于盐酸和硫酸
蒙乃尔 K400	能耐多种还原性介质腐蚀,特别是在氢氟酸和碱中性能稳定。适用于氢氟酸、氯化物、干燥氯气、碱及有机酸等。不耐盐酸及潮湿的硫化氢蒸汽腐蚀
钛	能耐海水、各种氯酸化物和次氯酸盐、湿氯、硝酸等氧化性酸、王水、有机酸、碱等介质的腐蚀。不耐较纯的还原性酸(盐酸、硫酸)、干氯气、四氯化钛等腐蚀
316LSS	适用于水蒸气、热碱溶液、沸腾的磷酸、氢硫酸、醋酸、甲酸、亚硫酸等介质。尤其能耐各种温度、浓度的硝酸腐蚀。耐硫酸、湿氯气及某些氯化物介质腐蚀能力较差
316LSS 衬 PTFE	除受三氟化氯、高温三氟化氧、高流速的液氟及高温氟气浸蚀外,在几乎所有介质中具有优良的耐腐蚀性能

② 突面法兰式隔离器,采用将隔离膜片直接焊接在法兰密封面上的平焊膜片形式,能保证法兰不参与接液,降低法兰耐腐蚀材料成本。必须使用厂家配套的专用法兰垫片,以免标准垫片内缘挤压膜片波纹造成损坏。

内置膜片式隔离器具有更好的安装适应性;活套型法兰隔离器安装时能方便地旋转表头朝向。

图 2-5-11 列出了法兰隔离器的三种常见膜片形式。

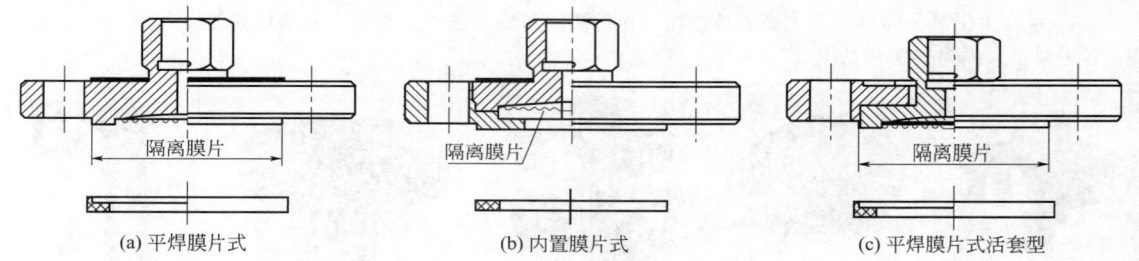

(a) 平焊膜片式　　　　(b) 内置膜片式　　　　(c) 平焊膜片式活套型

图 2-5-11　法兰隔离器的常见膜片型式

(3) 传导液的选择　根据隔膜压力表的使用场合及工艺条件选择合适的传导液。选用传导液(填充液)要考虑其不与工艺介质发生反应,也不会造成催化剂中毒。典型的传导液见表 2-5-7。

表 2-5-7　典型隔膜传导液(填充液)的工作温度范围及用途

填充液	工作温度范围/℃	主要用途
低温硅油	−45～180	低温用途隔膜传导液,低温用途表壳填充液
低黏度硅油	−35～200	一般用途隔膜传导液,低温用途表壳填充液
	−30～240	一般用途表壳填充液
甘油水溶液	−5～100	医药、食品卫生行业用隔膜传导液,表壳填充液
高温硅油	−5～340	高温用途隔膜传导液
氟油	−30～160	特殊用途隔膜传导液

(4) 连接器　隔膜压力表的表头与隔离器之间可附加过压保护器、阻尼器、散热器、角形连接器、毛细软管、硬管等连接器,以实现不同的功能选项。连接器的介绍参见本节"功能选项及附件"。

连接器会增加隔膜密封腔的容积,加大温度影响误差,降低仪表灵敏性。

3. 不锈钢膜片压力表

在测量液体、高黏度、易结晶、易凝固、含颗粒、含粉尘等介质的微压时,选用不锈钢膜片压力表。

微压膜片压力表所采用的膜片既是隔离元件又是弹性敏感元件。通常的膜片元件材质有 316LSS、316LSS

衬 PTFE、哈氏 C-276 材质等。

膜片下腔室接液部位（法兰或螺纹）材质通常为 304LSS、316LSS、304LSS 衬 PTFE、316LSS 衬 PTFE。

二、高压用压力测量仪表

1. 高压扣压力表

高压扣压力表采用弹簧管测量元件和正反扣锥面硬密封接口，接头由活螺套、反丝细牙螺母及圆锥形密封面组成，如图 2-5-12 所示。主要用于在石油钻采部门设备上测量介质高压。

2. 安全型压力表

安全型压力表外壳是带有前部坚固的隔爆板及安全卸压后盖的弹簧管压力表，用于对人员或设备安全防护要求较高的场合。其壳体结构见图 2-5-13。

塑壳安全型压力表采用聚丙烯或酚醛树脂外壳，主要用于海洋大气类环境，其外壳通常为 4.5in，见图 2-5-14。

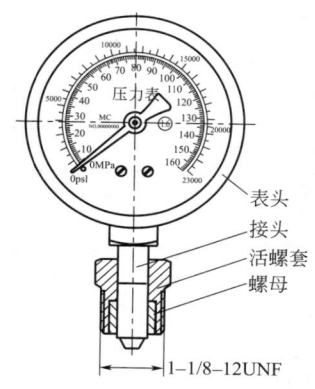

图 2-5-12 高压扣压力表

图 2-5-13 安全型压力表壳体

图 2-5-14 塑壳安全型压力表

三、真空、绝压用压力测量仪表

1. 真空表和压力真空表

测量真空（负压）使用真空表，同时测量正压和真空使用压力真空表（连程表），包括弹簧管压力表、膜盒压力表、膜片压力表、隔膜压力表等。各形式真空表及压力真空表的测量范围等技术规格参见表 2-5-2。

2. 绝压表

绝压表是在膜片压力表的结构基础上，将膜片上腔可靠密闭并抽尽空气，实现以绝压零位为测量基准、指示绝对压力值的功能，通常用于真空设备。绝压表的主要技术规格见表 2-5-2。

四、差压表

差压表用于直接指示两个相关被测压力间的差值。几种典型测量元件形式的差压表如图 2-5-15 所示。

常用差压表的主要技术规格见表 2-5-8。

① 双膜片差压表：在高、低压腔室各设置一张膜片，其中低压侧为隔离膜片。两膜片间填充传导液，以将低压传递至高压膜片内侧。高压膜片为弹性敏感元件，感应分别位于其两侧的高低压间的差压。

② 单膜片差压表：膜片敏感元件夹持在两片法兰之间，膜片两侧各串列一只波纹管，分别形成容积可变的高、低压腔室。由膜片直接感应其两侧的高低压腔室之间的差压。

③ 双波纹管差压表：采用两只波纹管分别作为高、低压的弹性敏感元件，并以差动方式将两只波纹管变形量间的差值传递至机芯。因两只波纹管间存在弹性特性差异，差压示值准确性可能受到静压影响。

④ 膜盒式差压表：表壳制成密闭结构，将高压引入膜盒内，低压引入表壳与膜盒之间，从而由膜盒感应高、低压之间的差压。因表壳内充满低压侧介质，膜盒式差压表仅适用于低腐蚀性、无色干燥纯净的气体。

⑤ 磁活塞差压表：依靠弹簧支撑的活塞在差压作用下产生位移，指针随活塞上的磁铁转动而指示差压。

⑥ 双针双管压力表：将两组独立的 C 型弹簧管测量指示系统集成到一个表壳内，同时指示两个压力，并人工计算两个指针的压力示值之差；其中一个指针带有差压小度盘，可直接在其上读取另一指针所指示的差压值。当差压占测量范围的比例较小时，双针双管压力表的差压示值对应的刻度范围很小。

(a) 双膜片差压表   (b) 单膜片差压表   (c) 双波纹管差压表

(d) 膜盒式差压表   (e) 磁活塞差压表   (f) 双针双管压力表

图 2-5-15 差压表

表 2-5-8 常用差压表的技术规格

形式	公称直径/mm	精度等级	差压量程	最大静压
双膜片差压表	ϕ100 ϕ150	1.6 级 2.5 级	10kPa~2.5MPa	4MPa/10MPa/40MPa
单膜片差压表	ϕ100 ϕ150	1.6 级 2.5 级	16kPa~2.5MPa	4MPa
	ϕ150	2.5 级	0.6~10kPa	
双波纹管差压表	ϕ100 ϕ150	2.5 级	16kPa~2.5MPa	不大于差压量程的 6~10 倍,且不大于 6MPa
膜盒式差压表	ϕ100	1.6 级 2.5 级	1~60kPa	0.2MPa
	ϕ150	2.5 级	250Pa~60kPa	
磁活塞差压表	ϕ80	3%,5%(F.S.)	16kPa~1MPa	10MPa/25MPa/40MPa
双针双管压力表	ϕ100 ϕ150	1.6 级 2.5 级	0.1~10MPa	0.1~10MPa, 且与差压量程等值

注:当操作静压大于差压测量上限时,差压表必须配套带有平衡阀的三(五)阀组安装。

五、带开关信号输出的压力测量仪表

1. 电接点压力表

电接点压力表带现场指示,并输出与设定值(通常为两个可调节的设定指针)相关的开关信号。通常与继电器(接触器)、控制系统配套使用,实现发信报警或位式控制功能。见图 2-5-16。

磁助式电接点压力表采用无源接点,工作电压 AC 220V,最大功率 30V·A,最大电流 1A。

磁簧式电接点压力表采用无源接点,工作电压 DC 24V,最大功率 1W,最大电流 0.5A。

隔爆型电接点压力表的防爆等级通常为 ExdIIBT4,工作电压 AC 220V,最大功率 10V·A,最大电流 0.7A。

感应式(本安防爆)电接点压力表的接点机构采用接近开关元件(有源接点),防爆等级通常为 ExiaIICT6。用于爆炸性危险区域,必须由安全栅供电并转换信号。

感应式电接点压力表可靠性高,也用于非爆炸性危险区域中频繁切换

图 2-5-16 电接点压力表

的场合。

2. 压力开关

压力开关又称压力控制器，在被测压力达到设定值时，开关接点产生动作，输出报警或控制信号。

压力开关的接点信号类型分为常开式和常闭式，接点数量通常为一组或两组。机械式开关元件一般采用微动开关、磁性开关等。压力开关的主要类型及特点见表2-5-9。

表 2-5-9　压力开关的主要类型及特点

类型	工作原理	测量元件	结构特点及技术参数
机械式	位移式	弹簧管、波纹管、膜片、膜盒等	①利用弹性元件位移来驱动开关,部分可带压力刻度指示 ②量程 25kPa～10MPa,精度 1.6%或 2.5% ③无源开关信号
	力平衡式	隔膜、活塞、波纹管等＋弹簧	①依靠弹簧力与被测压力平衡来控制开关动作 ②量程 10kPa～4MPa,精度 1.6%或 2.5% ③无源开关信号
电子式	压力传感器＋采集控制电路	压力传感器	①传感器测量压力,可带数字显示 ②量程 0.1～200MPa,精度 0.5%或 1.0% ③由内置继电器输出有源开关信号(需要供电)

图 2-5-17 为机械式压力开关的工作原理。

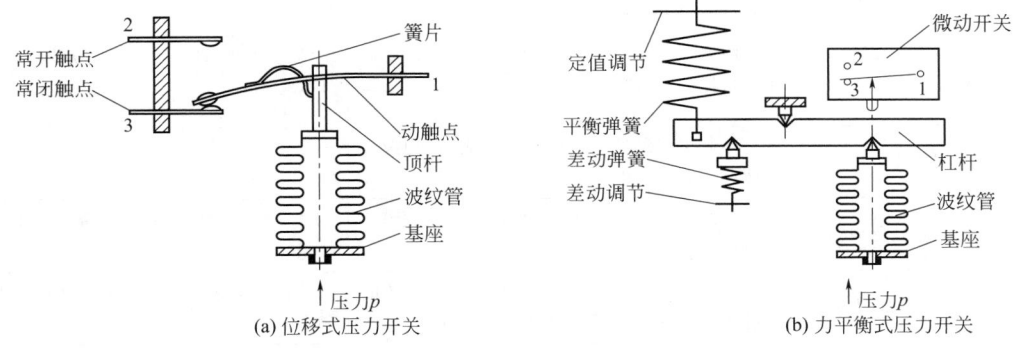

(a) 位移式压力开关　　　　　　(b) 力平衡式压力开关

图 2-5-17　机械式压力开关的工作原理

六、带远传信号输出的压力测量仪表

1. 远传压力表

远传压力表带有与被测压力值对应的标准电信号输出，信号可传输至控制系统或二次仪表，达到集中检测和远程控制的目的。远传压力表外壳公称直径通常为 $\phi150$，其主要技术规格见表2-5-10。

表 2-5-10　远传压力表

仪表名称	远传信号传感器	信号类型	工作电压	精度等级	特点与应用
电位器式远传压力表	滑线电阻信号器	电阻: 3～20Ω～ 340～400Ω	≤DC 6V	指针 1.6/2.5 级 信号 1.6/2.5 级	通常配套连接变频器
差动远传压力表	差动变压器	四线制: 0～10mA DC	AC 220V		信号可靠性低
		两线制: 4～20mA	DC 24V		

续表

仪表名称	远传信号传感器	信号类型	工作电压	精度等级	特点与应用
变送式压力表	陶瓷传感器或扩散硅传感器	两线制： 4～20mA	DC 24 V	指针 1.6/2.5 级 信号 0.5 级	信号可靠性高，本安型或隔爆型
		三线制： 0～10V DC			
		三线制： 1～5V DC			

2. 压力传感器

压力传感器的原理是利用某些物质与压力相关的电学特性，将被测压力转变为电信号。

利用压力传感器的电信号可以制成压力变送器、数字压力计、电子式压力开关等输出标准信号的仪表，实现监测、显示、报警或控制等功能。

压力传感器的种类繁多、形式复杂且分类方式缺乏统一规范，选用时应重点关注信号类型、感应和传输方式、量程、精度、温度特性、化学特性等因素。

表 2-5-11 列出了常用压力传感器的主要类型、工作原理及特点。

表 2-5-11　常用压力传感器的主要类型、工作原理及特点

类型		工作原理	特点
电阻式	电位器式压力传感器	将机械位移通过电位器转换为与压力对应的电阻信号	结构简单，尺寸小，电刷与电位器间易磨损
	电阻应变式压力传感器	附着在弹性基体材料上的金属电阻应变片随机械变形而产生电阻变化	结构简单，响应特性好，信号较弱，非线性大
压阻式	陶瓷压力传感器	印刷在陶瓷膜片上的平衡电桥随压力应变而产生电压变化	耐腐蚀，抗磨损和冲击
	扩散硅压力传感器	扩散在半导体材料上的集成电路随硅膜片应变而产生电压变化	耐腐蚀，精度高，适合小量程，对温度较敏感
	蓝宝石压力传感器	以焊接在测量膜片上的印刷有灵敏电桥的硅-蓝宝石薄片作为半导体敏感元件	精度高，耐高温，机械强度高，温度误差小
电感式	自感式压力传感器	压力推动衔铁产生位移，引起电感值变化，输出与压力对应的电压	结构简单，工作可靠，抗振性好，非线性大
	差动变压器式压力传感器	弹性元件带动铁芯在差动变压器内轴向移动，输出与压力对应的电压	结构简单，工作可靠，抗振性差
电容式压力传感器		由圆形薄膜与固定电极构成，薄膜在压力的作用下变形，引起电容量变化	高过压能力，高动态响应，环境适应性好
压电式压力传感器		利用某些晶体材料所具有的受力后因压电效应而产生的表面电荷变化	通常用于测量动态压力
谐振式（振频式）	振弦式压力传感器	利用谐振元件在压力作用下固有振动频率发生改变的特性，将压力信号转变为频率信号	体积小，分辨率高，精度高
	振筒式压力传感器		
	振膜式压力传感器		
	石英谐振压力传感器		
霍尔压力传感器		弹性元件带动霍尔元件在磁场中运动，产生与压力相关的霍尔电势	量程范围广，价格适中

七、实验室用压力测量仪表

1. 活塞式压力计

活塞式压力计是基于流体静力平衡原理制成的一种高准确度、高复现性、高可信度的压力计量仪器。直接或通过承重装置，将砝码重量施加在活塞上，从而通过工作液体（或气体）产生与砝码重量对应的压力值。

图 2-5-18 为活塞式压力计的工作原理示意。

气体活塞式压力计在较低压力下的灵敏度和准确性比液体活塞式压力计更高。

活塞式压力真空计可以翻转活塞系统以改变重力作用方向，从而产生与砝码重量对应的负压。

浮球式压力计的工作原理与活塞式压力计相似，其采用浮球代替活塞，并以压缩气体作为压力源和工作气体，可以产生比活塞式压力计更低的压力。

表 2-5-12 为常用活塞式压力计的技术规格。

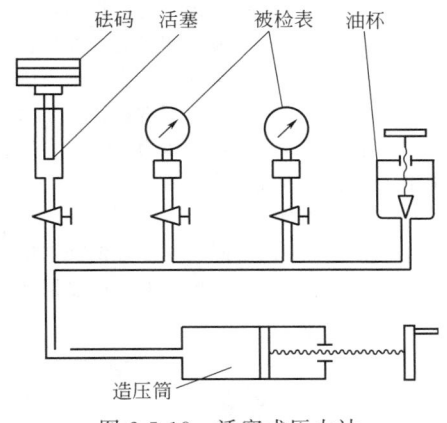

图 2-5-18 活塞式压力计

表 2-5-12 常用活塞式压力计的技术规格

形式	精确度等级	测量范围/MPa
液体活塞式压力计	0.02 级 0.05 级	0.04～0.6,0.1～6 ,0.5～25,1～60,1～100,2～160,5～250
气体活塞式压力计	0.02 级 0.05 级	−0.1～0.16,−0.1～0.25,−0.1～ 0.4,−0.1～0.6, −0.1～1,−0.1～2.5,−0.1～6,−0.1～10
活塞式压力真空计	0.02 级 0.05 级	−0.1～0.25,−0.1～0.6
浮球式压力计	0.02 级 0.05 级	0.001～0.25,0.005～0.4,0.05～2.5,0.05～6

2. 精密液体压力计

精密液体压力计作为微压量程传递用计量标准器，包括补偿式微压计、精密 U 形（杯形）液体压力计、精密倾斜式微压计等。

3. 精密压力表

弹簧管式精密压力表和数字精密压力表是使用较为广泛的实验室仪表，读数直观、使用方便。

以压力传感器为核心、带有数字显示及信号输出的数字精密压力表，逐渐成为企业和检定机构建立压力实验室（计量室）的首选标准器。

将数字精密压力表与电脑连接，其输出信号可以传输至压力检定软件，对检定数据进行自动记录和处理。

八、功能选项及附件

1. 压力表的功能选项

（1）充油耐振 耐振压力表的表壳内填充阻尼液，通常用于机泵出口压力测量，对工作环境振动或介质压力脉动具有一定的抑制作用。

阻尼液的类型应根据仪表工作环境温度等条件选用，具体参考表 2-5-7 所列出的温度参数，建议寒冷地区采用低黏度硅油，极寒地区采用低温硅油。

低量程压力表（特别是微压≤10kPa 时）填充阻尼液，可能会对仪表示值精度造成一定影响。

干式耐振压力表适用于对阻尼液泄漏比较敏感的场合，其采用专用机芯，在壳内不充液的情况下，能达到与充油耐振压力表相近的减振效果。

（2）三针定位装置 在压力表玻璃上附加外部可调的定位设定指针，具备预设定压力上（下）限参照值的功能，起到参照或警示作用。

（3）记忆指针装置 在压力表玻璃上附加记忆指针，具备自动记忆最大压力值的功能。

（4）调零指针　用于表壳易于现场拆开的仪表，对指针示值准确性进行调整，一般用于实验室仪表。

（5）安全卸压孔　能在测量元件异常损坏时，实现爆裂保护，释放壳内压力以减小伤害。需要注意的是，对充油耐振压力表，安全卸压孔会增加壳内阻尼液泄漏的可能性。

（6）超量程限止装置　通常设置在压力表机芯上，防止压力超量程时可能出现的脱齿"打翻"现象。

（7）阻尼螺钉　固定在压力表接头导压孔口处，以缩小过流通径的方式来降低压力脉冲对仪表的影响。仅适用于纯净的气体或液体介质。

2. 压力表附件

（1）散热器和冷凝圈　用于降低进入压力表测量元件的介质温度，提高压力表对高温工况的适应性，并降低因温度影响所导致的示值误差。散热器和冷凝圈的主要形式见图 2-5-19。

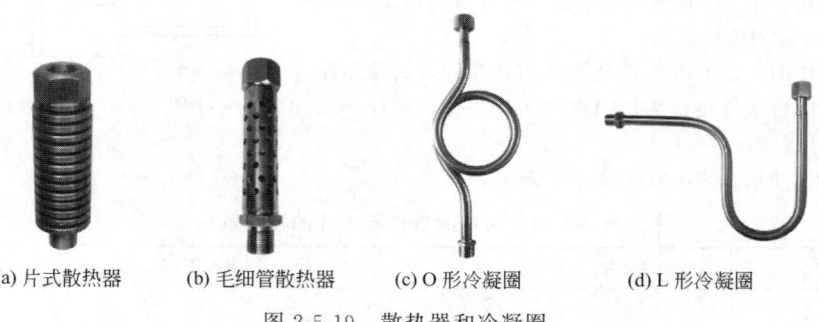

(a) 片式散热器　　(b) 毛细管散热器　　(c) O 形冷凝圈　　(d) L 形冷凝圈

图 2-5-19　散热器和冷凝圈

（2）毛细软管和角形连接器　毛细软管通常用于挂装仪表与取压点间的连接，延长引压距离，并兼具较好的散热作用。毛细管的长度通常为 1m、2m、3m、5m、6m、10m。带毛细软管的压力表通常为径向后边安装方式，以便于挂装。见图 2-5-20。

角形连接器通常用在隔膜压力表上，转换表头与隔离器的方向，适应垂直管道安装。见图 2-5-21。

（3）过压保护器　带有一个由可调弹簧支撑的切断阀芯，能在压力超过设定值时自动切断，并在压力回复后自动导通，具有避免压力表过压损坏的功能。过压保护器用于操作压力可能频繁过量程、或偶尔大幅超过压力表测量上限的场合。见图 2-5-22。

图 2-5-20　毛细软管　　　图 2-5-21　角形连接器　　　图 2-5-22　过压保护器

图 2-5-23　阻尼器　　　　　图 2-5-24　冲洗环

（4）阻尼器　安装在压力表前，具有对压力脉冲的阻尼缓冲功能，降低压力脉冲对仪表的影响。通常采用阻尼阀门结构，阻尼系数可通过位于阀体上的小螺杆来进行调整。见图 2-5-23。

（5）冲洗环　通常安装在法兰式隔膜压力表（或膜片压力表）与工艺侧法兰之间，以便用压缩空气吹除膜片下腔的堆积物，避免堵塞。适用于高粉尘、易出现堆积的介质工况。见图 2-5-24。

必要时，冲洗口上可安装球阀，方便频繁的冲洗操作。

第四节　压力仪表的选用

一、压力测量单位和量程选择

① 压力仪表应采用法定计量单位：帕（Pa）、千帕（kPa）和兆帕（MPa）。

② 测量稳定压力时，正常操作压力应为量程的 $1/3 \sim 2/3$。

③ 测量脉冲压力时，正常操作压力应为量程的 $1/3 \sim 1/2$。

④ 使用压力变送器测量压力时，操作压力宜为仪表校准量程的 $60\% \sim 80\%$。

二、压力仪表形式的选择

1. 一般介质的压力表选择

① 操作压力 $\geqslant 40\text{kPa}$ 时，选用弹簧管压力表。

② 操作压力 $< 40\text{kPa}$ 时，气体介质可选用膜盒压力表，液体介质选用膜片压力表。

③ 操作压力在 $-0.1 \sim 0\text{MPa}$ 时，选用弹簧管真空压力表。

④ 操作压力在 $-500 \sim 500\text{Pa}$ 时，选用膜盒微压表或微差压表。

⑤ 一般测量用的弹簧管压力表、膜盒压力表、膜片压力表及真空压力表的精确度为 1.6 级；精密测量和校验用压力表的精确度为 0.25 级。

2. 特殊介质及特殊工况压力表选择

① 测量黏稠、易结晶、易凝固、含颗粒、含粉尘等介质，选用隔膜压力表或膜片压力表。

② 测量强腐蚀性的介质，选用隔膜压力表，采用与介质特性相适应的隔膜材质和接液材质。

③ 测量高温介质选用不锈钢压力表，带冷凝圈或冷凝弯。

④ 测量特殊介质压力，选择相应的专用压力表，如氧压力表、乙炔压力表、氨压力表等。其中氧压力表应脱脂禁油。对工艺要求较高的介质，还应禁油禁水。

⑤ 测量硫化氢和含硫介质的压力，选用抗硫压力表。

⑥ 测量振动场所或振动部位的介质压力，选用耐振压力表。耐振方法有充填充液和/或加阻尼器。

三、压力表规格的选择

① 在管道和设备上安装的压力表，选用径向无边、$\phi100\text{mm}$ 表盘；照明条件较差、安装位置较高及观察距离较远的场合，选用 $\phi150\text{mm}$ 表盘。

② 就地盘装压力表选用轴向带边、表盘直径为 $\phi100\text{mm}$ 或 $\phi150\text{mm}$。

③ 对于空气过滤减压阀和电气阀门定位器，选用表盘直径为 $\phi50\text{mm}$。

④ 压力表感压元件采用弹簧管、膜盒或膜片。元件材质最低选用 316SS。海水工况下使用蒙乃尔（Monel）合金。

⑤ 压力表表壳材质为低铜铝合金、不锈钢或增强型聚酯。带防爆玻璃、排放孔或排放膜。

⑥ 选用带填充液的压力表填充液不得与工艺介质发生反应，不得造成催化剂中毒。工艺介质中有氯、硝酸、过氧化氢等强氧化剂的场合，不应使用甘油、硅树脂作填充液。

⑦ 量程（刻度）超过 6.9MPa(G) 的压力表，应有泄压安全装置。

四、远传测量压力仪表选择

① 压力变送器和差压变送器选用两线制 $4 \sim 20\text{mA DC}$ 带 HART、FF、PROFIBUS-PA 等现场总线仪表和工业无线仪表。

② 在爆炸危险区域内，选用隔爆型或本安型变送器。

③ 对于测量微小压力、微小负压场合，选用差压变送器。

④ 对黏稠、易结晶、含有固体颗粒或腐蚀性等介质，选用膜片密封式压力（差压）变送器，必要时设置

吹气、冲洗装置。

⑤ 压力开关的接点为密封型。在爆炸危险区内安装时，选用本安或防爆型。

⑥ 当选用膜片密封带毛细管远传式压力（差压）变送器时，毛细管选用 316SS 不锈钢，铠装层选用 300 系列不锈钢，密封膜片的最低材质为 316LSS。

⑦ 膜片密封差压变送器两端的毛细管具有同样的长度。

⑧ 仪表外壳防护等级通常不低于 IP65 级（远传仪表）或 IP55 级（就地仪表）。

⑨ 压力表工艺连接选用 M20×1.5、G1/2 或 1/2″ NPT。

五、功能选项及附件的选择

① 泵出口类工况应选用充油耐振型压力表，阻尼液的类型应考虑工作环境温度、工艺环境特征等条件。一般脉动压力工况选择带阻尼螺钉；压力脉动特别大的工况，在表前加外置阻尼器。当采用阻尼器或阻尼螺钉时，考虑介质堵塞的可能性。

② 介质温度超过 60℃的高温工况，应加装散热器或冷凝圈；高温工况的隔膜压力表选用工字法兰并带散热器。

③ 仪表通常采用安全玻璃。压力仪表配有超量程保护装置，用于真空测量的压力仪表配有低量程保护。测量气压≥2.5MPa、液压≥6MPa 的仪表，表壳带有安全卸压孔。当量程≥10MPa 时，选择安全防护能力更高的安全型压力表。

④ 三针定位型压力表在石化行业中应用广泛，其参照警示值现场可调，以适应不同工位的参照值差异。

⑤ 介质粉尘含量高，易造成积聚、堵塞仪表时，选用法兰式隔膜压力表并配冲洗环，或直接使用带冲洗舱的隔膜压力表。必要时在表前设置除尘器。

⑥ 差压表通常应配套带有平衡阀的三（五）阀组安装，并带现场挂装附件（通常为 2in 管安装支架）。阀组及安装支架等通常由仪表制造商配套。

第六章　在线分析仪表及选用

第一节　在线分析仪表概述

一、在线分析仪表分类

1. 在线分析仪表的定义

在线分析仪表（on-line analyzers）是指直接从工艺管道或设备上采样，对被测介质的组成成分或物性参数进行自动连续或间断分析的仪表。

2. 在线分析仪表的分类

（1）按使用目的分类

① 生产过程监控　用于测量设备或管道内的物料组分，保证工艺设备的正常运行，提高产品质量和产量。

② 人身和装置安全　用于探测易燃易爆、可燃或有毒气体的泄漏，确保人身和装置的安全。

③ 环境检测　用于测量环境中气体、液体中的污染物。

（2）按分析对象分类

① 气体分析仪　包括气相色谱分析仪、红外分析仪、氧分析仪、热导分析仪、质谱分析仪、激光分析仪等。

② 液体分析仪　包括 pH 计、电导率分析仪、密度计、黏度计、近红外分析仪、水质分析仪、油品分析仪等。

二、在线分析仪系统组成

在线分析仪系统的组成见图 2-6-1。

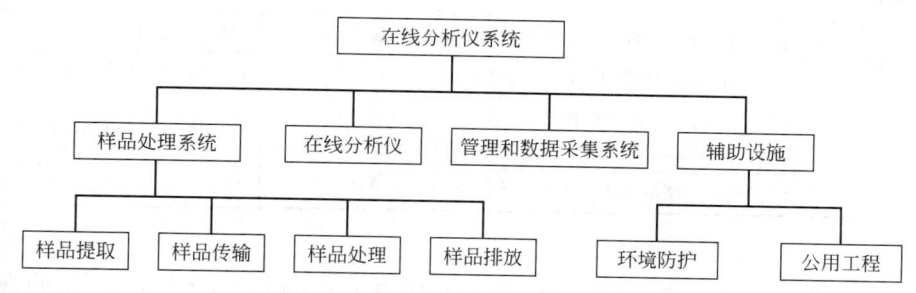

图 2-6-1　在线分析仪系统组成框图

1. 样品处理系统

① 样品提取　从流体中提取少量所需的样品，简称采样或取样。

② 样品传输　将样品从取样点输送到在线分析仪入口端。

③ 样品处理　将样品进行过滤、减压、增压、气化、分离等处理，使处理后的样品满足分析仪的工作要求。

④ 样品排放　样品排放包括分析后样品的排放和旁通样品的排放，易燃、有毒或腐蚀性样品应返回装置或排放至火炬。

2. 在线分析仪

根据工艺要求，选用适当的在线分析仪。

3. 管理和数据采集系统

在线分析仪管理和数据采集系统用于数据采集和处理，对在线分析仪、样品处理系统、辅助设施的性能和运行情况进行监测、分析、维护和管理。

4. 辅助设施

① 环境防护　常用的环境防护措施有分析小屋、分析仪机柜、分析仪防护棚。

② 公用工程　UPS 电源、IPS 电源、24V 直流电源、空调、排风扇、仪表空气、给排水、蒸汽等。

第二节　样品处理系统

一、样品处理系统的功能

在线分析仪能否长期可靠运行，不仅取决于分析仪表本身，在很大程度上是由样品处理系统决定的。在线分析仪与其他测量仪表的差别在于在线分析仪一般都需要稳流、稳压、干净且干燥的样品，因此需要一套完整的样品处理系统。

样品处理系统主要功能：

① 采出可代表工艺物料的样品；

② 样品传输需保持样品的相态，且传输时间尽量短；

③ 调整样品的温度、压力、流量和洁净程度等，满足分析仪所需的工作条件；

④ 系统构成简单，易于操作和维护；

⑤ 长期连续可靠运行。

二、样品处理系统的组成

样品处理系统由采样、样品传输、样品处理、样品回收和排放等组成。

1. 采样

(1) 采样点的选取　采样点必须符合工艺要求，取出的样品要具有代表性。采样点应选在响应快、清洁、干燥、温度和压力合适、安全、易维护的场合。

(2) 采样探头　采样探头是将样品连续地提取，并送入处理系统和分析仪。采样探头的材料和结构要能耐采样处的压力、温度、流速冲击和腐蚀，而不改变样品的特性。采样探头有固定直通式、在线可插拔式、过滤式、气液分馏式等。采样探头分类见表 2-6-1。

表 2-6-1　采样探头分类

采样探头种类	应用场合	安装方式
固定直通式	含尘量<10mg/m³ 的气体样品和洁净的液体样品	开口背向流体流动方向,法兰安装
在线插拔式	含有少量颗粒物、黏稠物等,容易堵塞采样探头的样品	开口背向流体流动方向,法兰安装
过滤式	含尘量>10mg/m³ 的气体样品; 含尘量>200mg/m³ 的气体样品,加反吹扫装置	开口背向流体流动方向,法兰安装
气液分馏式	分析气相成分:高温气相介质在温度降低后凝出液体	垂直顶部法兰安装,预留空间>1.2m

2. 样品传输

样品输送系统不能泄漏，传输管线尽可能短，输送时间尽量短，流速应为 1.5~5m/s。样品传输管线的类别及应用范围见表 2-6-2，样品传输的方式见表 2-6-3。

表 2-6-2　样品传输管线的类别及应用范围

传输管线类别	技术描述	应用范围
聚四氟乙烯及氟塑料管	耐高温,耐所有强酸、强碱、强氧化剂,与各种有机溶剂不发生作用	有腐蚀性,含有机溶剂的样品
316SS 及特殊合金无缝管	机械强度高,耐压等级高,韧性好,耐腐	大多数不含氯离子的样品
低吸附和低硫吸附管	低吸附和低硫吸附管内壁处理	含微量硫、微量极性等样品
内壁电抛光管	内壁电抛光,平均粗糙度优于 0.3μm	含微量易吸附样品
电伴热保温管缆	利用电伴热带对样品管线加热	易凝析,易结晶,易相变的样品
蒸汽伴热保温管缆	利用蒸汽对样品管线加热	易凝析,易结晶,易相变的样品

表 2-6-3 样品传输的方式

传输方式	适用范围
增压传输	采样点的压力低,不足以将样品传送到分析仪,需要设置采样泵
减压传输	采样点压力高,需要减压到分析仪适用的压力
汽化传输	将液体样品汽化后传输,适用 C4 以上的烃类

3. 样品处理

从工艺过程中采到的样品,要进行干净、干燥、稳压、稳流、去除干扰组分等处理,满足在线分析仪的工作条件。样品处理方式及功能见表 2-6-4。

表 2-6-4 样品处理方式及功能

处理方式	功能
干净	去除颗粒物、有害物及干扰组分等
干燥	升温、降温或保温,维持样品相态和干燥等
稳压	升压、降压、抽吸和稳压
稳流	快速回路和分析回路的流量调节,满足测量响应时间

样品处理的部件不能有泄漏,不能因吸附、扩散或化学反应而改变样品的特性。

常用的样品处理部件见表 2-6-5～表 2-6-13。

表 2-6-5 过滤器种类

过滤器种类	应用场合
普通式过滤器	过滤负荷小
旋涡自清扫过滤器	过滤负荷大,介质流速高
旋风分离过滤器	过滤负荷大,介质流速高,介质温度高,大颗粒去除率高,微小颗粒去除率低
喷淋水洗过滤器	主要介质不溶于水或不影响测量,极性颗粒及含焦油类介质
Motto 管式自清扫过滤器	过滤负荷大,介质流速高,介质温度高,颗粒去除率高

表 2-6-6 过滤元件

过滤元件名称	应用场合
陶瓷过滤芯	高温场合,可反吹再生
金属复合丝网	高温场合,可反吹再生,除雾及液体过滤
金属粉末烧结	气体及液体过滤,小负荷高精度过滤,不易再生
纤维过滤器	气体过滤,不易再生
聚结过滤器	气液分离或固体颗粒的去除
膜过滤器	气液分离

表 2-6-7 除湿器种类

除湿器种类	应用场合
分子筛硅胶干燥	样品除水,被测组分及背景组份不被吸附
半导体/电制冷	样品除水,除易凝的介质,将介质露点降至恒定温度
旋风制冷	样品除水,除易凝的介质,将介质露点降至恒定温度,防爆场合
膜分离	样品除水,被测介质中不含对膜损伤的成分

表 2-6-8　调压阀

调压阀种类	应用场合
减压阀（稳压）	降低和稳定样品的压力
电伴热汽化减压阀	在减压过程中样品保持气相,减压、汽化、稳压
蒸汽伴热汽化减压阀	在减压过程中样品保持气相,减压、汽化、稳压
安全阀	设定释放压力,超压释放,保护管路系统安全
背压调压阀	保持调压阀前端压力稳定
微小流量调压阀	微小流量,减压稳压

表 2-6-9　温度测量种类

测量种类	应用场合
热电阻（Pt100）	$-100 \sim 200℃$,温度监视,温度补偿
热电偶（K）	$0 \sim 700℃$,温度监视
温度开关	$-50 \sim 200℃$,温度控制,报警

表 2-6-10　压力测量种类

测量种类	应用场合
压力变送器	压力补偿,压力监视
压力开关	压力控制,报警

表 2-6-11　流量测量种类

测量类别	应用场合
金属转子流量计	高压样品的流量监视
玻璃转子流量计	低压样品的流量监视
流量开关	流量报警

表 2-6-12　阀门种类

阀门种类	应用场合
根部阀	采样探头根部切断
后级关断阀	高压、有毒、腐蚀性样品的系统隔离
流量调节阀	调节样品流量,满足分析仪要求
流路切换阀	多流路样品切换(手动、气动、电动)
单向阀	样品单向流动控制
电磁阀	电驱动二通、三通或五通阀
限流阀	超过设定流量自动限流
浮球式自动排液阀	自动排放液体
浮球式自动排气阀	自动排放气体

表 2-6-13　泵种类

泵种类	应用场合
隔膜抽气泵	采样处常压或微负压,升压供处理系统和分析仪表使用,或分析尾气升压排放
喷射抽气泵	低压或负压气体升压,分析系统排放
蠕动排液泵	小流量负压排液,冷凝液排放
液体输送泵	液体样品增压(隔膜泵、离心泵、柱塞泵)

4. 样品回收和排放

（1）样品回收　从工艺管道、设备采出的样品,分析后宜返回工艺管道。

（2）气体样品排放　没有危险性的气体和对环境无污染的气体样品可直接排放,排放管要有一定的高度,易于自然扩散。易燃、有毒、腐蚀性的气体样品应返回装置或火炬。对于无法返回的,放空应符合国家相关规定。

（3）液体样品排放　不含易燃、有毒、腐蚀性物质的液体可排入污水管道,含易燃、有毒、腐蚀性物质的液体必须收集返回装置。

三、特殊采样器举例

在石油化工的催化裂化、乙烯裂解等装置中样品气高温、高含水、含颗粒、含油,需要特殊采样器才能确保可靠连续取样。特殊采样器举例见图 2-6-2。

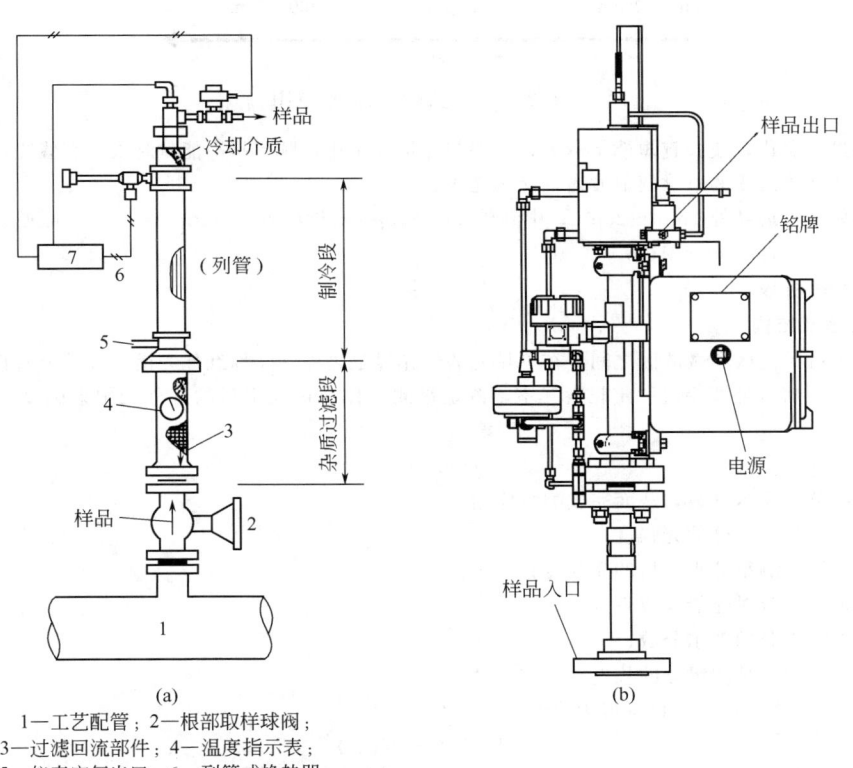

(a)　　　　　　　　　　　(b)

1—工艺配管；2—根部取样球阀；
3—过滤回流部件；4—温度指示表；
5—仪表空气出口；6—列管式换热器；
7—温度控制器

图 2-6-2　特殊采样器举例示意图

采样器由过滤回流部件、列管式换热器、涡旋制冷管和温度控制器等四个部分组成。

① 过滤回流部件　除水、除油、除颗粒。

② 列管式换热器　样品气与外界冷媒换热、冷却样品,使绝大部分水分和重烃冷凝为液体,顺列管回流到工艺管道。

③ 涡旋制冷管　产生 $-30\sim0℃$ 制冷气源。

④ 温度控制器　冷却后的样品气温度由测温元件（温包和毛细管）测量，温度控制器控制出口样品的温度为 4～10℃，并控制压缩空气进口阀和样品气出口阀。

⑤ 根部阀　通常采用气动球阀，由 DCS 或 SIS 控制。工艺正常运行时气动球阀打开，开停车或清焦时气动球阀关闭。

第三节　光谱分析仪

一、光谱

电磁辐射波谱包括无线电波、微波、红外线、可见光、紫外线、X 射线等，电磁波频谱如图 2-6-3 所示。

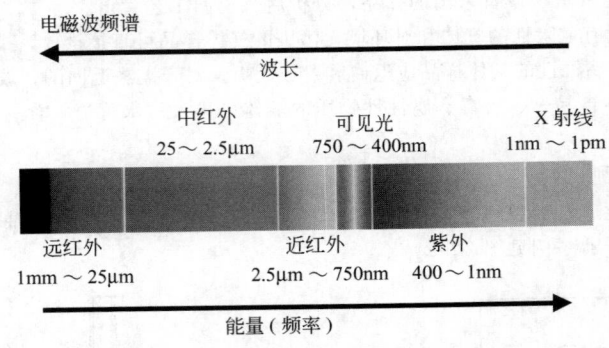

图 2-6-3　电磁波频谱示意图

波长与能量成反比，波长越短能量越大；频率与能量成正比，频率越高能量越大。在线光谱分析仪常用红外、可见光、紫外等波段的电磁辐射波谱，又称光谱。

波长范围如下：远红外 1mm～25μm；中红外 25～2.5μm；近红外 2.5μm～750nm；可见光 750～400nm；紫外 400～1nm；X 射线 1nm～1pm。

二、红外分析仪

1. 工作原理及结构

红外线介于可见光区和微波区之间，在可见光的红光界限之外，又称红外光谱。红外分析仪使用的波长范围在 2.5～15μm。将红外线穿过一定长度气室，测定被测气体通过气室后的红外线辐射强度 I。根据朗伯-比尔定律

$$I = I_0 e^{-KCL}$$

可以得到被测组分的摩尔分数，从而完成测量应用。

式中　　I_0——射入被测组分的光强度；

　　　　I——经过被测组分吸收后的光强度；

　　　　K——被测组分对光能吸收系数；

　　　　C——被测组分的摩尔分数；

　　　　L——光线通过被测组分的长度（气室长度）。

当 KCL 远小于 1 时，上式可近似为线性关系，即：

$$I = I_0(1 - KCL)$$

一般红外分析仪为保证仪表读数呈线性关系，KCL 应尽可能小。被测组分浓度高，采用短气室；被测组分浓度低，采用长气室。

红外分析仪的基本结构由光源、气室和检测器组成。

红外分析仪的光源分为不分光型和分光型。分光型光源是采用一套分光系统，使通过气室的辐射光谱与被测组分吸收光谱吻合。不分光型红外分析仪灵敏度高，稳定性好，缺点是被测组分和样品某个背景组分有重叠的吸收峰时，会干扰测量结果。分光型红外分析仪选择性好，灵敏度高，不受背景组分干扰，缺点是不稳定，对工作环境要求高，任一元件的微小位移都会影响分光质量。

红外分析仪按照光学系统不同，分为双光路和单光路红外气体分析仪。

双光路［图 2-6-4(a)］是从两个相同的光源或从精确分配的一个光源发出两路彼此平行的红外光束，分别通过几何光路相同的分析气室、参比气室后进入检测器。

单光路［图 2-6-4(b)］是从光源发出单束红外光，通过滤光轮调制成两束不同波长的光（测量光和参比光），通过一个几何光路后进入检测器，只是到达的时间不一样，实现时间上的双光路。

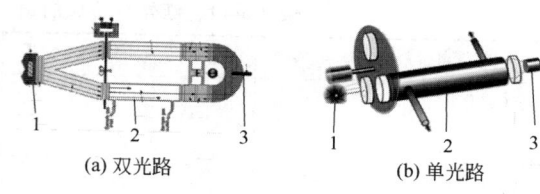

(a) 双光路　　　　　(b) 单光路

图 2-6-4　单双光路

1—光源；2—气室；3—检测器

红外分析仪的检测器分为固体型检测器（半导体检测器、热释电检测器）和气动型检测器（薄膜电容检测器、微流量检测器）。气动型检测器只对被测组分吸收光谱有灵敏度，不需要分光就能得到很好的选择性。固体型检测器对光谱没有选择性，适合滤光轮调制的光源。

2. 主要特性及性能指标

（1）主要特性

① 测量范围宽，分析气体的浓度上限达 100%，下限至微量级的 ppm[❶] 浓度。

② 分析介质范围广，如 CO、CO_2、SO_2、NO、NO_2、NH_3、CH_4、C_2H_4 等多种无机和有机多原子分子气体和无极性的双原子气体（O_2、H_2、N_2、Cl_2 等除外）。

③ 精确度高，±1% FS。

④ 灵敏度高。

⑤ 反应快，响应时间 T_{90}<10s。

⑥ 可连续测量，选择性好。

⑦ 可测单组分或多组分。

⑧ 操作简单，维修方便。

（2）性能指标

① 测量范围　红外气体分析仪的适用组分和最小测量范围见表 2-6-14。

② 精度：<1% FS。

③ 重复性：<0.5% FS。

④ 零点漂移：<±1% FS/周。

⑤ 线性误差：<±1% FS。

⑥ 输出信号：4~20mA。

⑦ 环境温度：0~55℃。

⑧ 电源：220V AC±10%，50Hz。

⑨ 防护等级：IP65。

⑩ 防爆等级：Class 1 Division 1，Group B，C，T4。

3. 主要应用场合

① 烟气排放连续检测。

② 焚化装置排放监测。

③ 化工气体浓度测量。

④ 高纯气体的质量检验。

4. 选用注意事项

① 根据环境和危险划分等级，选择分析仪的防护和防爆等级。

② 样品气中如有干扰组分、腐蚀性组分、水分时，应在预处理器中除去。

③ 不适用于分析单原子的惰性气体 Ne、He、Ar 等和对称的双原子气体 O_2、H_2、N_2、Cl_2 等。

④ 高温、高压的气体样品应经过预处理系统调整到满足分析仪工作条件的要求。

---

❶ $1ppm=10^{-6}$。

表 2-6-14 红外分析仪的适用组分和最小测量范围（参考）

测量气体	最小测量范围/($\times 10^{-6}$)	测量气体	最小测量范围/($\times 10^{-6}$)
乙炔(C_2H_2)	0～300	氟利昂-22($CHClF_2$)	0～500
氨(NH_3)	0～300	氟利昂-113($C_2Cl_3F_3$)	0～300
丁二烯(C_4H_6)	0～300	氟利昂-114($C_2Cl_2F_4$)	0～300
丁烷(C_4H_{10})	0～100	氟利昂-134a($C_2H_2F_4$)	0～100
正丁醇($C_4H_{10}O$)	0～1000	正庚烷(C_7H_{16})	0～500
丁酮(C_4H_8O)	0～1000	正己烷(C_6H_{14})	0～300
正丁烯(C_4H_8)	0～500	甲烷(CH_4)	0～100
反式丁烯(C_4H_8)	0～500	甲醇(CH_3OH)	0～500
二氧化碳(CO_2)	0～10	甲缩醛($C_3H_8O_2$)	0～1000
二硫化碳(CS_2)	0～500	氯甲烷(CH_3Cl)	0～500
一氧化碳(CO)	0～20	一氧化氮(NO)	0～75
三氯甲烷($CHCl_3$)	0～3000	一氧化二氮(N_2O)	0～50
环己烷(C_6H_{12})	0～300	正戊烷(C_5H_{12})	0～300
环己酮($C_6H_{10}O$)	0～500	丙二烯(C_3H_4)	0～500
二氯乙烷($C_2H_4Cl_2$)	0～500	丙烷(C_3H_8)	0～100
二氯乙烯($C_2H_2Cl_2$)	0～500	正丙醇(C_3H_7OH)	0～1000
二氯甲烷(CH_2Cl_2)	0～200	丙烯(C_3H_6)	0～300
二甲基乙醚[($CH_3)_2O$]	0～1000	二氧化硫(SO_2)	0～40
乙烷(C_2H_6)	0～100	六氟化硫(SF_6)	0～50
乙醇(C_2H_5OH)	0～1000	四氯乙烯(C_2Cl_4)	0～500
乙烯(C_2H_4)	0～300	甲苯(C_7H_8)	0～500
甲醛(CH_2O)	0～1000	三氯乙烷($C_2H_3Cl_3$)	0～1000
氟利昂-11(CCl_3F)	0～100	三氯乙烯(C_2HCl_3)	0～1000
氟利昂-12(CCl_2F_2)	0～100	水蒸气(H_2O)	0～1000
氟利昂-13($CClF_3$)	0～100	邻二甲苯(C_8H_{10})	0～500
氟利昂-13B1($CBrF_3$)	0～300		

三、近红外分析仪

1. 工作原理及结构

近红外线介于红外和可见光之间，波长范围为 0.8～2.5μm。近红外光谱是由于分子振动的非谐振性使分子振动从基态向高能级跃迁时产生的，是不同分子中氢原子的化学光谱，能同时获得 O-H、C-H 和 N-H 的特征光谱。近红外光谱分析是光谱测量技术、计算机技术、化学计量学技术与基础测试技术的有机结合。近红外分析仪采用间接分析技术，通过建立校正模型来实现对未知样品的定性或定量分析。首先建立有代表性的已知样品光谱图和其对应样品信息的基础数据库，然后用化学计量学方法建立校正模型，最后用未知样品的光谱与校正模型进行比对获得样品组分或性质。近红外分析仪工作流程如图 2-6-5 所示。

近红外分析仪的基本结构为光源、分光系统、样品池、检测器和计算机系统。

（1）光源　光源的作用是发射近红外光区内的光辐射，需要良好的稳定性。光源的稳定性主要通过电路系统和光源能量监控来实现。常见的光源为溴钨灯。

（2）分光系统　分光系统的作用是将多色光转化为单色光，是近红外光谱仪器的核心部。分光器件主要有滤光片、光栅、干涉仪、声光调制滤光器四种类型。

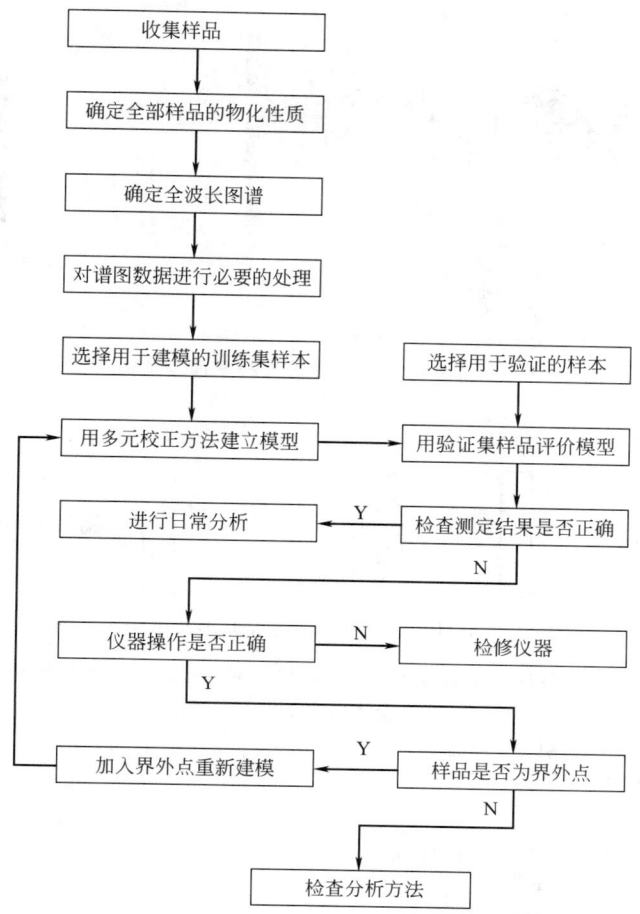

图 2-6-5　近红外分析仪定量分析的工作流程

（3）样品池　样品池是指承载样品进出的流通池。样品池根据选定的光谱区域采用不同尺寸的玻璃或石英制成。

（4）检测器　检测器由光敏元件构成，其作用是检测近红外光与样品作用后携带样品信息的光信号，将光信号转变为电信号，并通过模数转换器以数字信号形式输出。

（5）计算机系统　计算机系统的作用是实现控制及数据处理分析。配有控制和光谱处理分析两个软件系统。控制软件用来控制仪器各部分的工作状态，设定光谱采集的有关参数（如光谱测量方式、扫描次数、设定光谱的扫描范围等），设定检测器的工作状态并接受检测器检测的光谱信号。光谱处理分析软件主要对检测器所采集的光谱进行处理，实现定性或定量分析。

近红外分析仪的类型根据分光方式不同分为扫描光栅近红外分析仪、声光可调谐滤波（AOTF）近红外分析仪、变频扫描法布里-波特（Fabry-Perot）近红外分析仪、滤光片近红外分析仪、傅里叶变换近红外分析仪和微电机（MEMS）光栅转动近红外分析仪等。

（1）扫描光栅近红外分析仪　扫描光栅近红外分析仪如图 2-6-6 所示，扫描光栅通常使用 2800K 卤钨光源发射红外光，依次通过全息凹面光栅、狭缝和样品池到达检测器，由电机驱动控制用光学编码器精确定位获得全谱信息。

（2）声光可调谐滤波（AOTF）近红外分析仪　声光可调谐滤波近红外分析仪是一种高通量全谱分析仪。声光可调谐滤波原理及结构如图 2-6-7 所示。

AOTF 是根据声光衍射原理制成的分光器，由双折射晶体和射频（RF）驱动的压电换能器构成。压电换能器将高频的 RF 驱动电信号（几十兆赫至 200MHz）转换为在晶体内的超声波振动，超声波产生周期性的调

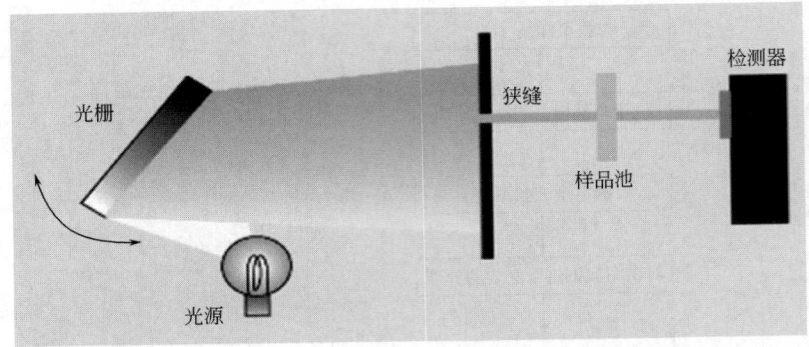

图 2-6-6　扫描光栅近红外分析仪的原理及结构示意图

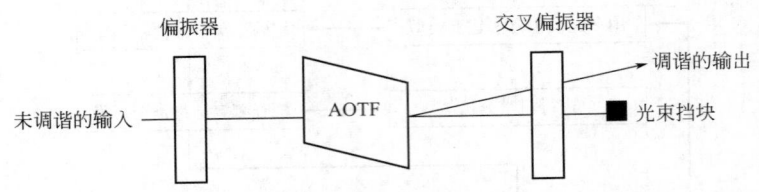

图 2-6-7　AOTF 声光可调谐滤波原理及结构示意图

制，形成衍射光栅。当入射光照射到此光栅后将产生布拉格衍射，衍射光的波长与 RF 驱动电信号的频率有对应关系。只要改变 RF 驱动信号的频率，即可改变衍射光的波长，进而达到分光目的。样品分析所需要的特定窄波段经过交叉振荡器被分出后引导至样品。

2. 主要特性及性能指标

（1）主要特性

① 光谱图含有丰富的化合物组分及结构信息。

② 光谱图重现性好，分析精度高。

③ 不同组分及结构光谱信息相互干扰小。

④ 样品前处理简单，样品用量少，无损检测。

⑤ 支持单光纤单流路和多单光纤多流路测量。

（2）性能指标　近红外分析仪主要性能指标见表 2-6-15。

表 2-6-15　近红外分析仪主要性能指标

技术性能	扫描光栅	微电子机械光栅	MEMS 光栅	声光可调谐滤波器	可调法布里-波特	傅里叶变换
光谱范围	900~2100nm	900~2400nm	900~4500nm	800~2300nm	800~2100nm	700~20000nm
分辨率	20~50nm	10~20nm	10~20nm	20~50nm	5nm	1~32cm^{-1}
重复性	优秀	优秀	好	优秀	好	优秀
稳定性	好	好	好	有限	有限	优秀
测量速度	50 次/s	1 次/s	100 次/s	100 次/s	10 次/s	5 次/s
抗振性	很好	很好	很好	好	好	中等
受温度影响	小	小	小	敏感	小	敏感

3. 主要应用场合

近红外分析仪主要用于原油调和、装置进料分析及成品油调和。近红外分析仪可测量烃类物料的组分、密度、黏度、燃烧性能指数（如辛烷值、马达法辛烷值、抗爆指数、柴油十六烷值）、蒸发性能（如馏程、闪点、雷氏蒸气压）及低温性能（如汽油雾化点、柴油凝点）等。

4. 选用注意事项

① 仅适用 X-H 机构化合物。

② 光源和分光系统稳定。

③ 化学计量学软件功能齐全。

④ 制造商有准确且范围足够宽的标准模型库。

⑤ 制造厂能提供长期有效的技术支持。

四、傅里叶变换红外分析仪

1. 工作原理与结构

傅里叶变换红外分析仪（Fourier transform infrared spectrometer，FTIR）是根据光的相干性原理设计的，由光源、迈克尔逊（Michelson）干涉仪、检测器、气路系统、电子电路、计算机数据处理系统、显示系统及接口等组成。

迈克尔逊干涉仪光源发出的光被分光器分为两束，一束经透射到达移动反光镜，另一束经反射到达固定反光镜。两束光分别经固定反光镜和移动反光镜反射再回到分光器，移动反光镜以一恒定速度做直线运动，经分光器分光后的两束光形成光程差，产生干涉。干涉光在分光器会合后经样品池到达检测器，如图 2-6-8（a）所示。检测器测量的原始光谱图是光的干涉图，通过计算机对干涉图进行傅里叶变换处理，最终得到透过率或光强度随波数或波长变化的红外吸收光谱图，如图 2-6-8（b）所示。

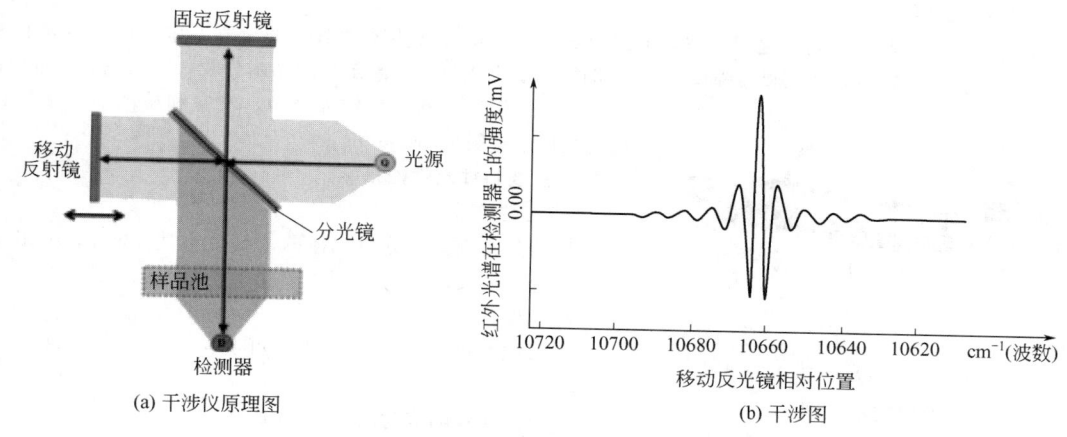

(a) 干涉仪原理图   (b) 干涉图

图 2-6-8 迈克尔逊干涉仪原理及光谱图

2. 主要特性及性能指标

（1）主要特性

① 测量范围宽，分析气体的浓度上限达 100%，下限至微量级的 ppm 浓度。

② 测量介质范围广，如 SO_2、NO、NO_2、N_2O、CO、CO_2、NH_3、HCl、HF、H_2O、CH_4、H_2CO 等，还能测量 HCl、HF 和 NH_3 等易溶于水的气体。

③ 能同时分析多组分气体或液体。

④ 响应时间短。

⑤ 重复性好。

⑥ 稳定性好。

（2）性能指标

① 波长范围：1% 波幅，$480 \sim 8500 cm^{-1}$。

② 线扫描速度：5 步/s（$0.2 \sim 2 cm$）。

③ 最佳分辨率：$0.5 cm^{-1}$。

④ 短期稳定性：$< 0.1\%$。

⑤ 温度稳定性：$< 1\%/℃$。

⑥ 频率重复性：$<0.001\text{cm}^{-1}$。

⑦ 频率准确性：$<0.04\text{cm}^{-1}$。

⑧ 电源：220V AC，50Hz。

⑨ 工作温度：10～40℃。

⑩ 相对湿度：0～90%（无凝结）。

⑪ 认证：TUV、CE、IECEE 等。

（3）选用注意事项

① 根据环境和样品气的危险程度，选择分析仪的防护和防爆措施。

② 样品气组分中如有与被测组分发生反应时，应在预处理器中除去。

③ 高温、高压、腐蚀性的样品气体，应在预处理系统中调整到满足分析仪的要求为止。

④ 依据现场实际样品，建立分析模型。

⑤ 做好保护性接地。

（4）主要应用场合

① 原油及成品油调和。

② 石脑油、润滑油、油品的成分分析。

③ 炼油及化工过程分析。

五、紫外分析仪

1. 工作原理及结构

紫外线介于可见光和 X 射线之间，波长范围为 200～400nm。利用紫外线通过装在一定长度气室内的被测气体，测定通过气体后的紫外线辐射强度，根据朗伯-比尔定律得到被测组分的摩尔分数，从而完成测量应用。

紫外分析仪的基本结构为光源、气室和检测器。紫外分析仪的结构示意图见图 2-6-9。

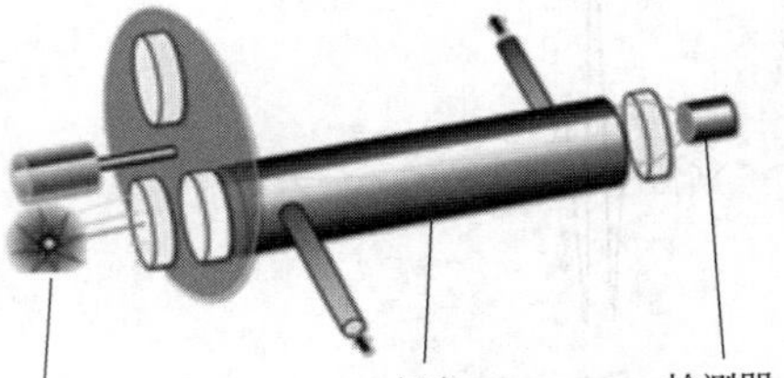

图 2-6-9 单光路紫外分析仪
的结构示意图

光源　　　气室　　　检测器

2. 主要特性及性能指标

（1）主要特性

① 测量范围宽，分析气体的浓度上限达 100%，下限至微量级的 ppm 浓度。

② 精度高。

③ 灵敏度高，水汽干扰小，可测量微量 SO_2、H_2S 等污染物。

④ 反应快，响应时间 $T_{90}<10s$。

⑤ 操作简单，维修方便。

（2）性能指标

① 测量范围：无机离子和有机物均可采用紫外吸收光谱法进行分析测量。紫外分析仪适用的测量组分和最小、最大测量范围见表 2-6-16。

表 2-6-16　紫外分析仪适用的测量组分和最小、最大测量范围

序号	名称	分子式	最小测量范围/ppm	最大测量范围（体积分数）/%
1	氯气	Cl_2	0～125	0～100
2	一氧化氮	NO	0～10	0～100
3	二氧化氮	NO_2	0～10	0～100
4	二氧化硫	SO_2	0～10	0～100
5	氨气	NH_3	0～50	0～100
6	二硫化碳	CS_2	0～50	0～30
7	硫化羰（羰基硫）	COS	0～250	0～100
8	硫化氢	H_2S	0～25	0～100

② 精度：＜1% FS。

③ 重复性：＜0.5% FS。

④ 零点漂移：＜±1% FS/周。

⑤ 线性：＜±1% FS。

⑥ 输出：4～20mA。

⑦ 环境温度：0～55℃。

⑧ 电源：220V AC，50Hz。

⑨ 防护等级：IP65。

⑩ 防爆等级：Class 1 Division 2，Group B，C，T4。

3. 选用注意事项

① 根据环境和样品气的危险程度，选择分析仪的防护和防爆等级。

② 样品气中如有与被测组分发生反应的组分、腐蚀性组分，应在预处理器中除去。

③ 高温、高压的气体样品，应经过预处理系统调整到满足分析仪工作条件的要求。

④ 不适用于 C1～C4 烃类气体分析。

4. 主要应用场合

① 石化工业过程气体测量。

② 烟气排放连续检测（NO_x，SO_2 等）。

六、激光气体分析仪

1. 工作原理及结构

激光分析仪采用可调谐半导体激光光谱吸收技术（Tunable Diode Laser Absorption Spectroscopy，TDLAS）。与红外光谱技术相同，本质上是一种吸收光谱技术，其遵循朗伯-比尔定律。

激光分析仪由激光发射器、光电检测器和分析控制单元等组成。半导体激光发射器发射探测光，穿过被测气体样品，光电检测器接收，由分析控制单元进行数据处理和光谱计算，从而得到被测气体样品浓度。激光气体分析仪测量示意图如图 2-6-10 所示。

图 2-6-10　激光气体分析仪测量示意图

2. 主要特性及性能指标

（1）主要特性

① 选择性好、抗干扰强。激光器发出的激光谱线窄（0.0001～0.001nm），又称为"单线光谱"。红外分析仪光源发出的光通过带通滤光片之后，谱线宽度通常是 2nm 左右。光源采用了波长调制技术，将激光波长调制成被测气体样品吸收的特定波长范围，其他气体分子对激光束不再吸收，解决了背景气体的交叉干扰问题。图 2-6-11 所示为"单线光谱"测量技术原理示意图。

② 无需采样处理。

③ 测量精度高。

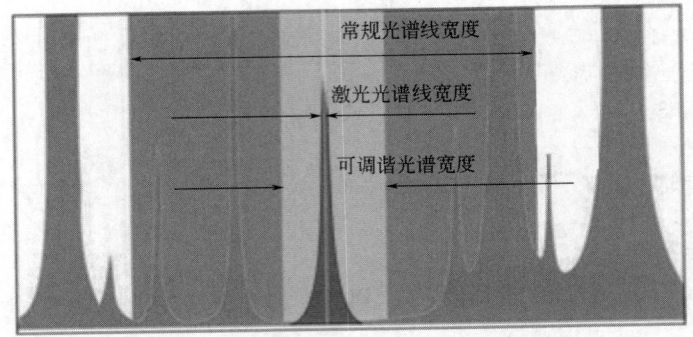

图 2-6-11 "单线光谱"测量技术原理示意图

④ 响应速度快。

⑤ 准确性高,带温度压力补偿。

(2) 性能指标

① 最小测量范围。激光气体分析仪适用的最小测量范围和下限见表 2-6-17。

表 2-6-17　激光气体分析仪适用的最小测量范围和下限

序号	名称	分子式	最小测量范围/ppm	最小检测下限/ppm
1	氧气	O_2	10000	200
2	氨	NH_3	10	0.3
3	氯化氢	HCl	10	0.2
4	氟化氢	HF	5	0.1
5	硫化氢	H_2S	300	3
6	一氧化碳	CO	3000	30
7	二氧化碳	CO_2	3000	30
8	水(常量)	$H_2O(\%)$	5000	50
9	水(微量)	$H_2O(ppm)$	10	0.1
10	甲烷	CH_4	20	0.2
11	乙炔	C_2H_2	10	0.1

对于激光分析仪,最小量程及检测下限是基于特定的工艺温度、压力和分析仪光程来确认的,以上数据仅供参考。特殊测量组分和特殊测量范围可定制。

② 光程:0.3~40m。

③ 响应时间:1~3s。

④ 线性误差:<1% FS。

⑤ 标定周期:≤2 次/年。

⑥ 模拟量输出:4~20mA,隔离。

⑦ 环境温度:-20~55℃。

⑧ 电源:220V AC,50Hz 或 24V DC。

⑨ 防护等级:IP65。

⑩ 防爆等级:Class 1 Division 1,Group B,C,D,T4。

3. 主要应用

① 脱硫脱硝:NH_3 的测量。

② 燃烧控制:O_2 测量。

③ 火炬气排放:O_2 测量。

④ CO、CO_2 和 O_2 测量。

4. 选用注意事项

① 依据操作环境和样品气体的危险程度，选择分析仪的防护及防爆等级。

② 工艺管道开孔须确保同轴度，小于 2°。

③ 在高粉尘环境下避免采用对射式安装。

七、拉曼光谱分析仪

1. 工作原理及结构

拉曼光谱是分子与光相互作用的散射光谱。由于不同物质散射光频率不同，当一定频率的激光照射到气体样品时，除有与入射光频率相同的透射光和散射光（瑞利散射）外，还会产生较低频率的散射光（斯托克斯散射）。

光通过样品散射之后，散射光频率会有微小的偏移，见图 2-6-12。这个频率的偏移量和样品结构有关，和入射光频率无关。根据这个频率的偏移量可以定性地鉴别样品组成。组分浓度越高，散射光信号越强。通过测量计算散射光信号的峰面积，可得到组分浓度散射光谱图，见图 2-6-13。

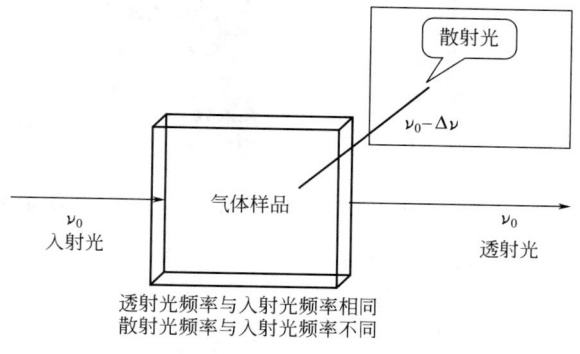

图 2-6-12　散射光频率变化

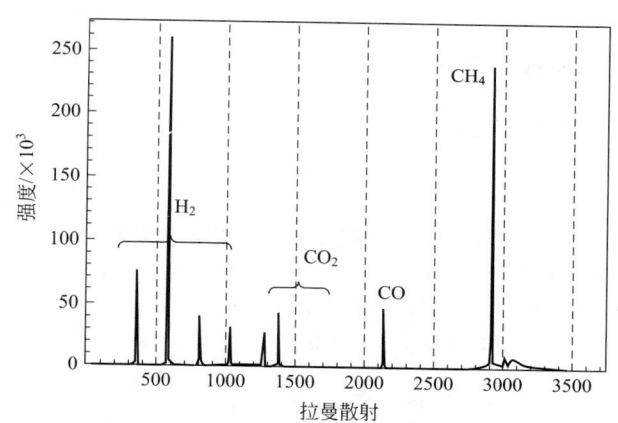

图 2-6-13　散射光谱图

拉曼光谱分析仪的光源是单频激光器发射单色光，通过光纤传输至光学测量探头。光与通过测量探头腔室的气体样品相互作用（散射），光谱发生变化，散射后的光通过光纤回传至分析仪的光学测量系统。经过光栅、CCD 检测器等，光谱信号转化为电信号，由计算机通过对被测样品光谱定量分析、模型分析计算，得到光谱图和气体样品各组分含量。

拉曼光谱分析仪示意图如图 2-6-14 所示。

2. 主要特性及性能指标

（1）主要特性

① 原位测量，无需处理系统，配置简单。

② 同时测量多组分、多流路，无需切换。

③ 测量不受水汽影响。

④ 无需载气。

⑤ 响应快。

⑥ 操作简单，维护方便。

（2）性能指标

① 测量 H_2、N_2、CO_2、CH_4、CO、H_2S、NH_3 等气体。

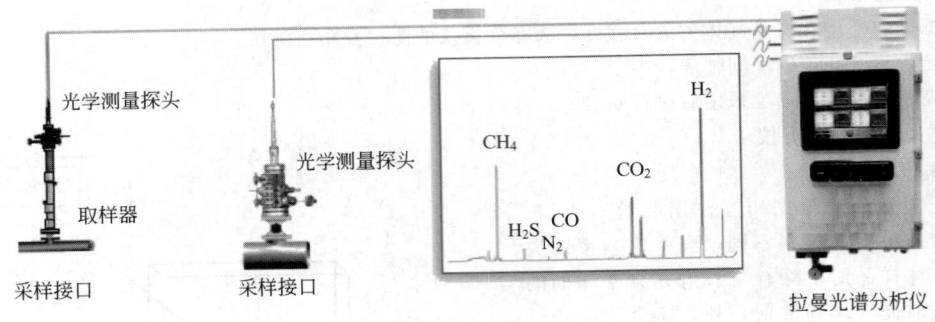

图 2-6-14 拉曼光谱分析仪示意图

② 测量范围：$0 \sim 1000 \times 10^{-6}$，$0 \sim 100\%$。

③ 重复性：1%FS。

④ 测量时间：小于60s。

⑤ 输出：$4 \sim 20$mA。

⑥ 环境温度：$0 \sim 55 \, ℃$。

⑦ 电源：220V AC，50Hz。

⑧ 防护等级：IP65。

⑨ 防爆等级：Class 1 Division 1，Group B，C，T4。

3. 主要应用

① 石油化工、煤化工过程气体的全组分快速测量。

② 天然气的全组分测量。

4. 选用注意事项

① 注意样品温度，避免流通池或管道中样品温度过高，损坏拉曼探头。

② 定期对探头的光学镜片进行清洁处理。

③ 分析仪到取样器距离较远时，采用铠装单模光纤。

④ 被测原料组成变化大时，需对光谱模型进行修正。

第四节 气相色谱分析仪

一、工作原理及结构

气相色谱分析仪（process gas chromatograph），又称为过程气相色谱仪或工业气相色谱仪。

由于各种物质的蒸气压、分子大小、化学结构不同，所以在色谱柱上的吸附能力、溶解度和分配系数不相同。当样品（流动相）连续通过色谱柱（固定相）时，流动相中的各种物质与固定相进行多次吸附、脱吸、溶解、解析，样品中的各种组分被分离开来，按分离顺序从色谱柱末端流出，进入检测器。检测器将分离后的各个组分浓度转换成电信号，经数据处理得出样品的组分和浓度。色谱柱分离示意图见图 2-6-15。

气相色谱分析仪系统通常由样品处理系统、柱箱、检测器、处理控制器、辅助系统等组成，见图 2-6-16。

① 样品处理系统　包括取样探头、预处理器、样品调压、过滤、温度或流量调节、样品传输、流路切换、标定等。

② 柱箱　包括各类阀、色谱柱、加热器等部件，主要功能是进样、分离、控制温度。

色谱柱将样品分离成单一组分，常用的色谱柱有填充/微填充柱（内径 $1 \sim 4$mm）和毛细管柱（内径 $0.15 \sim 0.53$mm）。

进样阀和柱切阀是气相色谱分析仪的核心部件之一，也是各生产厂商的技术核心。进样阀和柱切阀需要长期连续运转，具有体积小、快速切换、无磨损等特性。进样阀和柱切阀主要有膜片阀、滑阀、转阀、液体进样阀等。

膜片阀通常采用10通阀，一个阀即可实现进样和反吹的功能。膜片阀示意图见图 2-6-17。

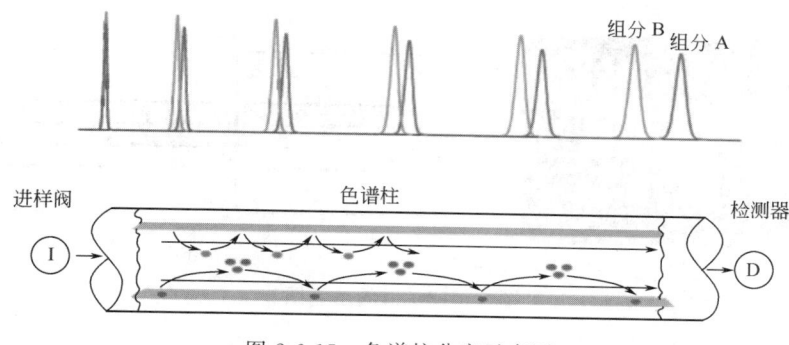

图 2-6-15　色谱柱分离示意图

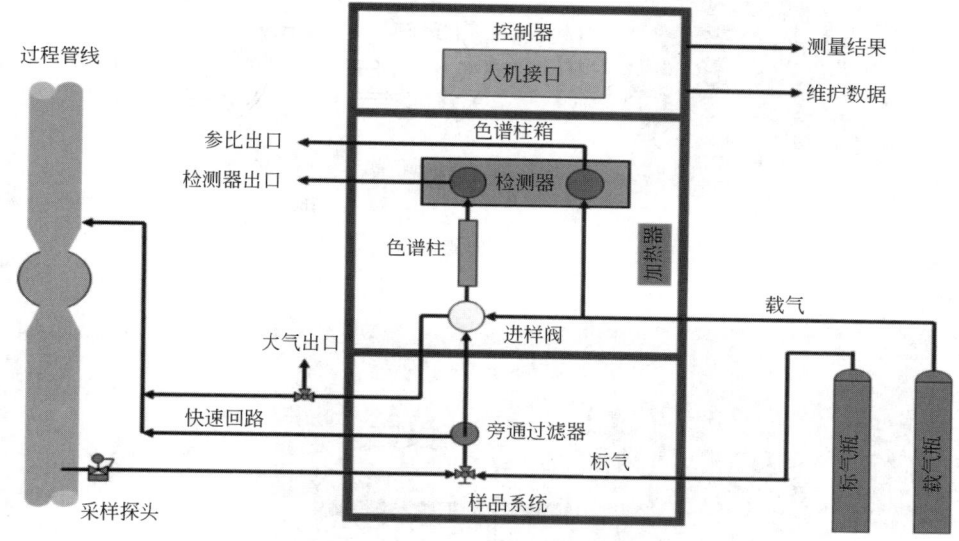

图 2-6-16　气相色谱分析仪系统图

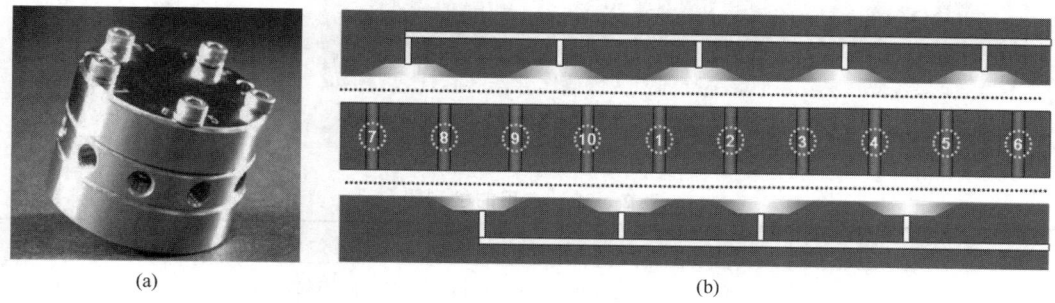

(a)　　　　　　　　　　　　(b)

图 2-6-17　膜片阀示意图

　　滑阀通常采用 10 通阀，由气缸推动滑块在上下两个固定块中间滑动而实现进样或柱切功能。滑阀示意图见图 2-6-18。

　　转阀通常采用四通或六通阀，由气缸推动齿轮带动阀芯转动，实现进样或柱切功能。转阀示意图见图 2-6-19。

　　液体进样阀由气缸推动阀杆，把精确定量的少量液体样品从色谱柱箱外送入汽化室，使液体样品在加热器和载气稀释的双重作用下完全汽化。液体进样阀示意图见图 2-6-20。

　　③ 检测器　常用的检测器见表 2-6-18。

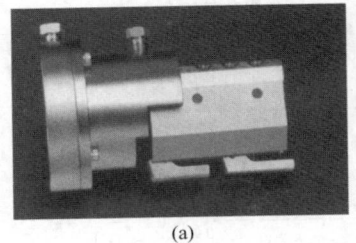
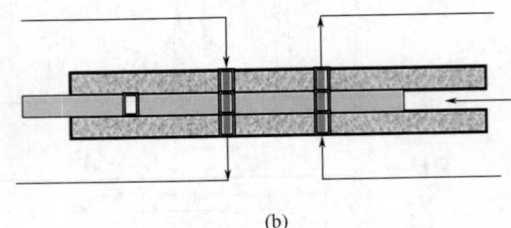

图 2-6-18　滑阀示意图

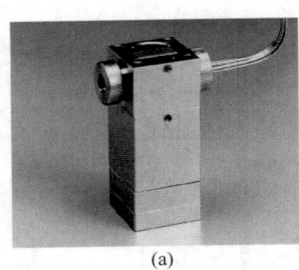
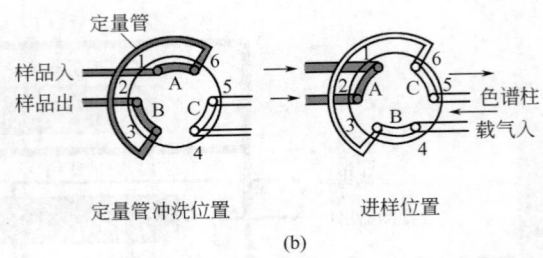

图 2-6-19　转阀示意图

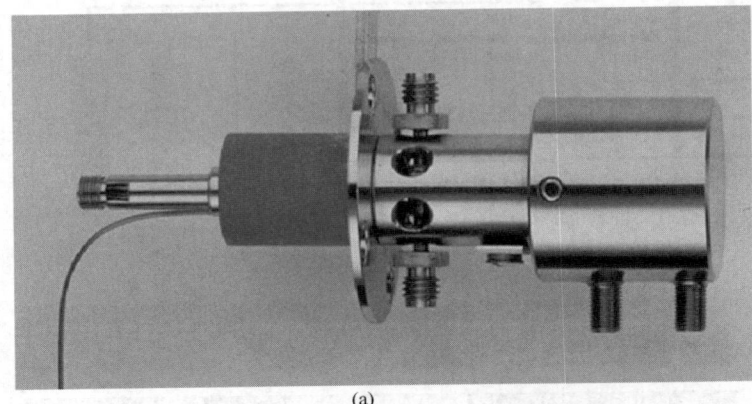
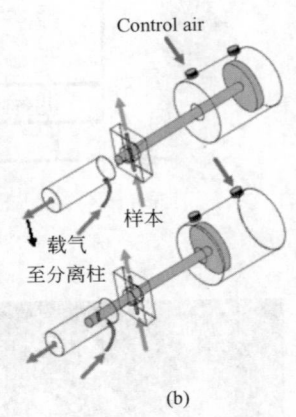

图 2-6-20　液体进样阀示意图

表 2-6-18　常用的检测器

检测器	原理
热导式检测器（TCD）	基于样品组分的导热性不同，任何热导率不同于载气的成分都可以被 TCD 检测出来。TCD 由测量池和参比池的热敏电阻构成惠斯通电桥。当只有载气通过时，惠斯通电桥是平衡的；当样品组分通过测量池时，惠斯通电桥输出与被测样品浓度成正比的信号。TCD 是最常用的检测器
火焰离子检测器（FID）	含碳氢有机化合物的被测样品组分在氢火焰中燃烧、电离，电极会捕捉到离子，在火焰的喷嘴和位于喷嘴之上的离子收集器之间形成电动势，经过放大产生测量信号。该信号与被测样品组分的浓度成比例
火焰光度检测器（FPD）	测量含有硫和磷的微量化合物。被测物质在氢的火焰中燃烧时所发射的特定波长的光会被 FPD 测得

检测器	原理
氦离子化检测器(PDHID)	在电离率 0.01%～0.1%下工作,线性化好,灵敏度高,检测范围可低至 ppb❶级。普遍用于除氦和氖之外的有机和无机成分的检测
电子捕获检测器(PDECD)	检测具有高电子亲和势的样品(如卤代烃),灵敏度高
光电离子检测器(PDPID)	紫外光能激发解离电位较低(<10.2eV)的化合物,常用于脂族和芳香族化合物的检测

④ 处理控制器　处理控制器由电路板、温度控制回路、阀控制系统、压力控制系统、面板等部件组成,主要功能包括系统程序控制、信号处理、显示、操作和通信等。

⑤ 辅助系统　包括仪表空气、氮气、燃料气、载气、标气、蒸汽等,用于色谱分析仪正常工作的配套系统。

二、主要特性及性能指标

1. 主要特性

① 应用范围广,可用于石油化工装置中测定 H_2、N_2、O_2、CO、CO_2、$C1～C4$ 等组分;醋酸乙烯装置中测定醋酸、丁烯醛、乙醛、醋酸乙烯等组分;硫黄回收装置中测定 H_2S、SO_2、CO_2、COS 等;合成氨装置中测定 H_2、CO_2、N_2、Ar、CO_2、COS、H_2S、CH_4、CH_3OH 等;空分装置中测定总碳烃等。

② 灵敏度高。

③ 重复性、稳定性好。

④ 测量范围宽。

⑤ 样品用量少。

⑥ 分析速度快。

⑦ 防爆等级：Class 1，Division 1，Groups B，C，D，T4。

⑧ 防护等级：IP65。

2. 性能指标

气相色谱分析仪主要性能指标见表 2-6-19。

表 2-6-19　气相色谱分析仪主要性能指标

厂家	MAKE	SIEMENS	YOKOGAWA	ABB
型号	MGC 5000	Maxum Ⅱ	GC8000	PGC5000
产地	中国	德国	日本	美国
重复性	$0～100\%±1\%$ FS $0～100×10^{-6}±2\%$ FS $0～1×10^{-6}±$ $(3\%～5\%)$FS	$±0.5\%$ FS $2\%～100\%$; $±1\%$ FS $0.05\%～2\%$; $±2\%$ FS $(50～500)×10^{-6}$; $±3\%$ FS $(5～50)×10^{-6}$; $±5\%$ FS $(0.5～5)×10^{-6}$	$±1\%$ FS	$±1\%$ FS
可分析介质	气体或者可汽化液体 (沸点低于 350℃)	气体或者可汽化液体 (沸点低于 400℃)	气体或者可汽化液体 (沸点低于 400℃)	气体或者可汽化液体 (沸点低于 450℃)
检测器及测量范围	TCD:$100×10^{-6}～100\%$ FID:$(1～10000)×10^{-6}$ FPD:$(0.1～100)×10^{-6}$	TCD:$(0～500)×10^{-6}$ FID:$(0～1)×10^{-6}$ FPD:$(0～1)×10^{-6}$	TCD:$1×10^{-6}～100\%$ FID:$1×10^{-6}～100\%$ FPD:$1×10^{-6}～0.1\%$	TCD:$10×10^{-6}～100\%$ FID:$(1～100)×10^{-6}$ FPD:$(0.1～100)×10^{-6}$
可扩展性	一个 MR01 上位机可带多个主机运行,多个主机可独立运行	不支持	一个上位机可带多个主机运行	一个上位机可带多个主机运行

---

❶ 1ppb=10^{-9}。

续表

载气控制	电子压力控制(标配)	电子压力控制(标配)	电子压力控制(选配)	电子压力控制(标配)
取样阀	滑阀/膜阀	膜片阀	转阀	滑阀/膜阀
柱箱加热方式	空气浴	空气浴/电加热	空气浴	空气浴
恒温炉控制精度	±0.1℃	±0.02℃	±0.03℃	±0.1℃
语言	支持中英文	支持中文界面,含多种语言	支持中文界面,含多种语言	支持中文界面,含多种语言
远程操控	支持局域网内操作;支持 Internet 移动智能终端操作,包括电脑、手机	可通过局域网内上位软件操作	可通过局域网内上位软件操作	可通过局域网内上位软件操作
输出信号	模拟:最大 24 路 4～20mA;数字通信:支持 RS-485、RJ45	模拟:最大 18 路 4～20mA;数字通信:支持 RS-485、RJ45	模拟:最大 32 路 4～20mA;数字通信:支持 RS-485、RJ45	模拟:最大 32 路 4～20mA;数字通信:支持 RS-485、RJ45
安装方式	壁挂式	壁挂式	壁挂式	壁挂式
环境温度	0～45℃	−18～50℃	−10～50℃	0～50℃
电源	220V AC±10%,(50±5)Hz	195～260V AC,47～63Hz	100/110/115/120/200/220/230/240V AC±10%,50/60Hz±5%	100～240V AC 50/60Hz

3. 选用注意事项

① 气相色谱仪尽量安装在分析小屋内。

② 氢火焰离子化检测器（FID）只能检测在氢火焰中电离的碳氢化合物,不能检测 SO_2、H_2S、COS、CS_2、NH_3、NO、NO_2、N_2O 等。用 FID 时需要氢气作燃料气,空气作助燃气和点火装置。

③ 需要测量氢组分时,不能用氢气作载气,可以用氩气、氮气等惰性气体作载气。

④ 载气的纯度应大于 99.99%。

⑤ 在爆炸危险区域内安装的气相色谱仪应选用防爆型,防爆等级应满足危险区域划分等级。

第五节　质谱分析仪

一、工作原理及结构

按分子（原子）质量顺序排列的图谱称为质谱。样品气进入减压单元,在真空状态下离子源将样品气分子（原子）转变成带电离子,带电离子由于质量不同,在磁场或电场作用下被分离,检测器对分离后的不同质量的离子进行检测。以该原理制成的分析仪,称为质谱分析仪。质谱分析仪主要用于气体样品的分析。

质谱分析仪主要由五个部分组成:样品导入（流路选择）单元、减压单元、离子源、质量分离器、检测器等,如图 2-6-21 所示。

质谱分析仪的种类有磁质谱分析仪、四极杆质谱分析仪和飞行时间质谱分析仪。磁质谱分析仪又分为扫描磁扇质谱分析仪和固定磁扇质谱分析仪。

（1）样品导入（流路选择）单元　样品导入（流路选择）单元的主要功能是为导入样品进行多流路切换。常用的样品导入单元配置16、32 或 64 流路的多路切换阀,为了防止气体分子的冷凝和吸附,通常加热到80～120℃。样品导入单元多路切换阀如图 2-6-22 所示。

质谱分析仪常用分子渗漏毛细管＋旁路管,内置微孔板流量计测量流量（进入离子源的样品极其微小）。毛细管或微毛细管通常使用带内涂层的玻璃管。加热能够有效防止样品中极性组分（水、甲醇等）在管路被吸附。质谱分析仪渗漏毛细管进样模式如图 2-6-23 所示。

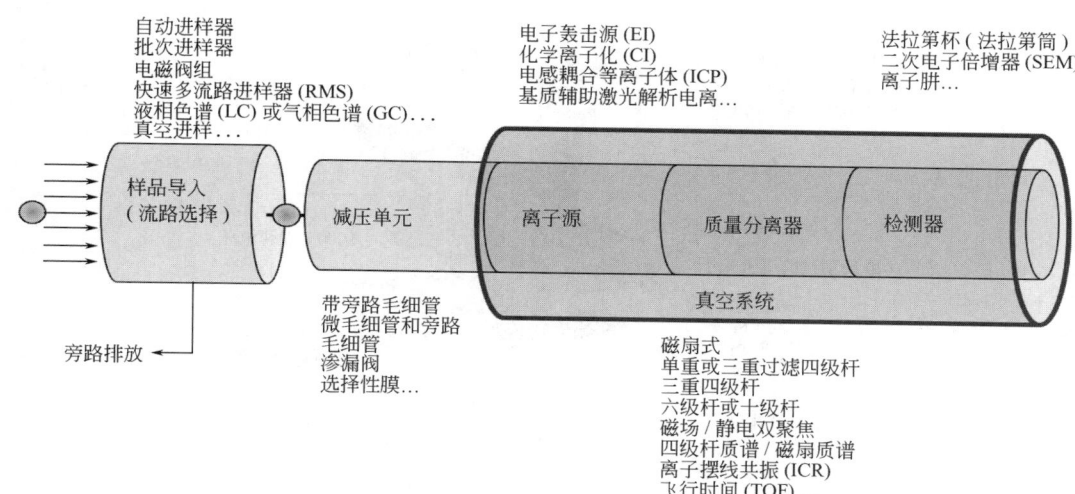

图 2-6-21　质谱分析仪原理结构图

(a)　　　　　　　　　　(b)

图 2-6-22　样品导入单元多路切换阀

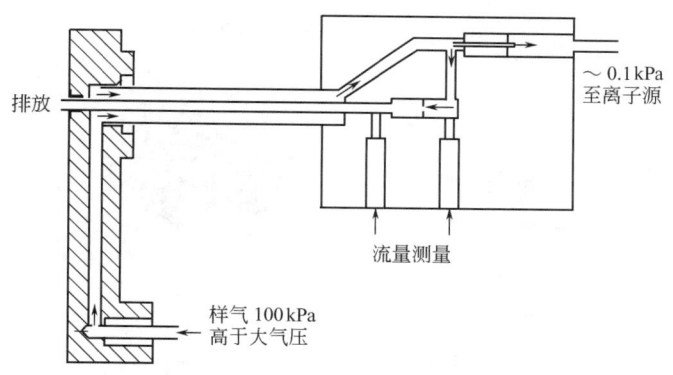

图 2-6-23　质谱分析仪渗漏毛细管进样模式

（2）减压单元　质谱分析仪的关键部件离子源、质量分离器和检测器均工作在真空条件下，为了减小样品气压力对离子源的干扰，提高响应时间和降低经过离子化生成的离子再次碰撞概率，应对样品气进行减压。

减压单元为 100kPa(A)，离子源约 0.1Pa(A)。

（3）离子源　离子源的种类很多，通常选用电子轰击源。其结构相对简单，使用广泛，谱库完整，电离效率高，操作方便。离子源结构图见图 2-6-24。

电子轰击源由离子腔、灯丝、栅极、狭缝、电子捕集器、推斥电极、一对永久磁铁、电加热器、热电偶及一套离子聚焦"光学系统"等组成。

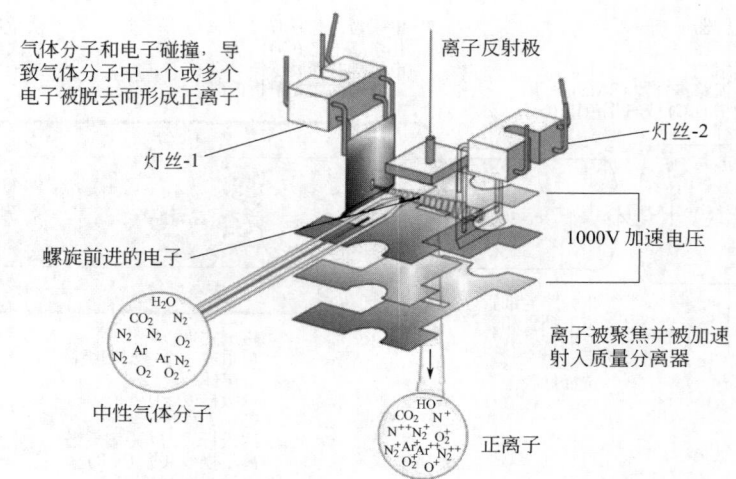

气体分子和电子碰撞，导致气体分子中一个或多个电子被脱去而形成正离子

离子反射极

灯丝-1

灯丝-2

螺旋前进的电子

1000V 加速电压

H₂O
CO₂ N₂
N₂ N₂ O₂
N₂ Ar Ar
O₂ O₂

中性气体分子

离子被聚焦并被加速射入质量分离器

HO⁻
CO₂ N⁺
N⁺ N₂⁺ O₂⁺
N₂⁺ Ar⁺Ar⁺ N₂⁺
O₂⁺   O⁺

正离子

图 2-6-24　离子源结构图

在真空条件下，灯丝发射的热电子经过电场加速后，与样品气分子发生碰撞；中性的气体分子失去一个或多个电子变成带电荷的离子。离子在电场（四级杆通常为 $5\sim15eV$、扫描磁扇通常为 $750\sim1000eV$）中被反射（推斥）离开离子腔，经过多级电子透镜的反复聚焦和加速，将运动方向和速度不同的离子束调整为方向、速度一致的"质点"，进入质量分离器。

（4）质量分离器　质量分离器将离子源生成的离子进行分离，进入检测器进行定量分析。

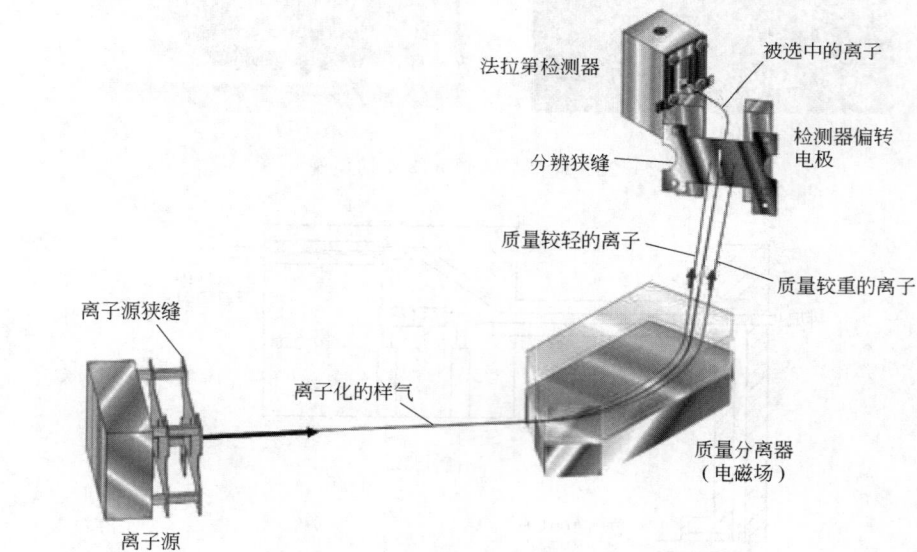

法拉第检测器

被选中的离子

检测器偏转电极

分辨狭缝

质量较轻的离子

质量较重的离子

离子源狭缝

离子化的样气

质量分离器
（电磁场）

离子源

图 2-6-25　扫描磁扇质谱仪质量分离器示意图

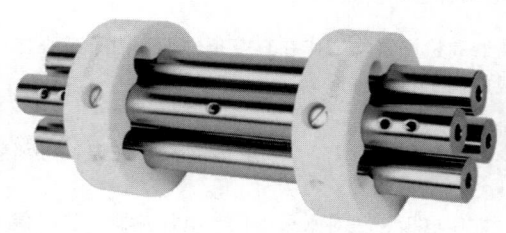

图 2-6-26　四级杆质谱仪质量分离器

① 磁扇质谱分析仪分为磁场不变化、检测器数量变化的固定磁扇质谱分析仪和采用层叠式电磁铁改变离子束运动轨迹的单检测器的扫描磁扇质谱分析仪。扫描磁扇质谱分析仪质量分离器见图 2-6-25。

② 四级杆质谱分析仪质量分离器见图 2-6-26。采用空间对称的两对金属杆，一对杆加直流电压，另一对杆加射频电压，四根杆组成的空间中产生交变电场。当带电离子进入交变电场，在其作用下，运行轨迹由直线运动变为圆

周运动。由于质荷比不同，不同离子的偏转半径不同，其运行速度亦不同，离子按顺序离开质量分离器，进入检测器。

（5）检测器　质谱分析仪的检测器有两种：法拉第杯（桶）和微通道电子倍增器（或称二次电子倍增器）。分别适用于 ppm 级百分比浓度的样品和 ppb～ppm 级微量浓度样品的检测。法拉第杯检测器是标配，见图 2-6-27；微通道电子倍增器根据实际应用选配，见图 2-6-28。

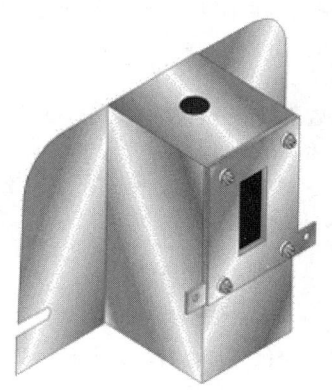

图 2-6-27　法拉第杯检测器

图 2-6-28　微通道电子倍增器检测器

（6）真空系统　质谱分析仪的核心部件均在真空条件下工作，真空系统由两级真空泵组成，外置机械泵，内置高级涡轮分子泵和真空计，如图 2-6-29 所示。

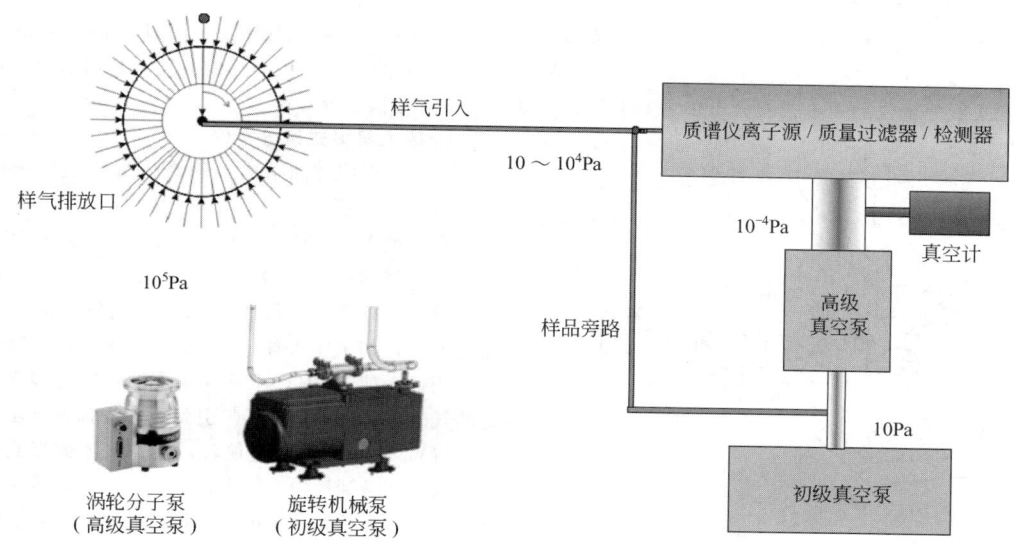

图 2-6-29　质谱仪真空系统

压力大约 100kPa（A）的样气，在初级真空泵（外置机械泵）作用下，经过减压单元压力调整为 10～1000Pa（A）。涡轮分子泵将压力抽为 10^{-4}～10^{-6}Pa（A）时，离子源进入工作状态。

二、主要特性及性能指标

1. 主要特性

① 高精度、快速、实时、高可靠性。

② 多流路进样器（RMS）标配 32 流路。

③ 进样流量的精确测量。

④ 标定间隔大于 6 个月。

⑤ 维护周期长，维护简单。

⑥ 采用微毛细管技术，可消除分馏现象。

⑦ 线性好，对黏性分子快速响应。

⑧ 微毛细管的温度控制稳定、精确。

⑨ 消耗低，无需载气。

2. 性能指标

① 质量范围：四级杆质谱分析仪为 2～300u；扫描磁扇质谱分析仪为 1～200u 可调。

② 重复性：<0.01%FS。

③ 线性：+1%。

④ 精确度：四级杆质谱分析仪<0.5%（典型值）；扫描磁扇质谱分析仪<0.1%（典型值）。

⑤ 测量范围：10ppb～100%（理论值）。

⑥ 分析时间：0.3～0.4s/组分（典型值）。

⑦ 分析的流路数量：16、32、64 可选。

⑧ 环境温度：10～40℃。

⑨ 防爆等级：Class1 Division1（2）Group B，C。

3. 选用的注意事项

① 样品处理系统需配置加热保温措施，防止液态样品进入质谱分析仪污染离子源、损坏灯丝。

② 适用于石油化工快速多变的生产过程，如乙烯裂解炉、环氧乙烷反应器等。

第六节　氧分析仪

一、顺磁氧分析仪

氧气在磁场中具有很高的顺磁性，如果氧的相对磁化率为 100%，常见气体中一氧化氮的相对磁化率为 43%，氢气、氮气、二氧化碳、氩气、氨、甲烷等都是负的，与氧的相对磁化率相差甚远。利用这个原理，可制造顺磁式氧分析仪。顺磁式氧分析仪主要有磁力机械式、热磁式和磁压力式。

1. 磁力机械式氧分析仪

（1）工作原理和结构　磁力机械式氧分析仪的原理如图 2-6-30 所示。

充满纯 N_2 气的哑铃球通过悬丝挂在非均匀磁场中磁力最强的位置，哑铃球外绕有反馈线圈，并与悬丝和反射镜相连。光源发出的光射到反射镜后反射到光电池上，如果哑铃球体有旋转，光电池就能捕捉到。

当通入纯 N_2 时，哑铃球平衡的位置为零点。通入样品气时，氧分子被磁场吸引到磁力最强处（哑铃球平衡位置），使哑铃球产生偏转，被光电池捕捉到，通过电流放大器送到反馈线圈中，产生一个反向推力，使哑铃球回到零点位置，氧浓度和反馈电流大小成正比。

（2）主要特性及性能指标

① 不受背景气体的热导率、黏度及热容等影响，精度较高，线性度好。

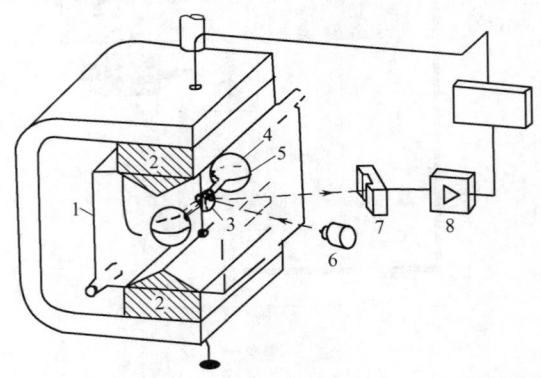

图 2-6-30　磁力机械式氧分析仪测量原理示意图

1—测量室；2—磁极；3—反射镜；4—玻璃哑铃球；
5—反馈线圈；6—光源；7—光电池；8—测量放大器

② 结构比较复杂。

③ 测量范围：最小 0～1% O_2，最大 0～100% O_2。

④ 基本误差：≤1%FS（小量程），≤0.5%FS（大量程）。

⑤ 零点漂移：≤1%FS/周。

⑥ 量程漂移：≤1%FS/周。

⑦ 线线性误：≤1%FS。

⑧ 重复性误差：≤1%。

⑨ 响应时间：≤7s。

⑩ 输出信号：4～20mA DC。

⑪ 供电电压：220V AC，50Hz。

（3）选用注意事项

① 避免安装在振动场所。

② 样品气保持干净干燥，避免灰尘、水分等。

③ 除去样品中酸性、碱性气体。

④ 传感器保持恒温恒压，工作温度应高于样品气露点（10℃），保证样品气在传感器中不冷凝。

⑤ 适用于石油化工、空分等混合气体中氧的测量。

2. 热磁式氧分析仪

（1）工作原理和结构　顺磁性气体在具有均匀磁场与温度梯度的空间里产生的对流称为"热磁对流"，磁化率与温度平方成反比。

如图 2-6-31 所示，N-S 为永久磁铁的两极，在其间产生一个稳定的强力非均匀磁场构成惠斯通电桥，被测气体通过中间的环形气室，由于磁场作用，高磁化率的氧气被吸入水平通道，经过加热铂丝 r_1，气温升高，磁化率降低，水平通道入口处冷氧气的磁化率高，磁场对它的吸力大，产生一个推力，不断把气体推向右侧，形成磁风，气体中氧气含量越高，磁风越大。磁风的大小会使加热铂丝 r_1、r_2 的温度变化，引起电阻变化，在电桥上就产生不平衡电压。这个不平衡电压反映了气体中的氧含量。

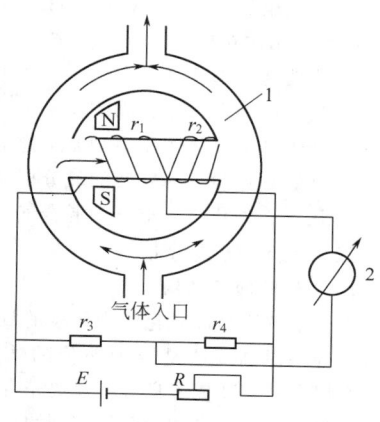

图 2-6-31　热磁式氧分析仪原理图
1—测量环室；2—氧含量指示表

（2）主要特性及性能指标

① 内部没有可动部件，结构简单，操作维护方便，而且铂电阻丝上有防腐涂层耐腐蚀，防尘性能好。

② 测量范围：最小 0～1% O_2，最大 0～100% O_2。

③ 基本误差：≤2%FS（小量程），≤1%FS（大量程）。

④ 零点漂移：≤1%FS/周，量程漂移：≤1%FS/周。

⑤ 线线性误：≤1%FS。

⑥ 响应时间：≤25s。

⑦ 输出信号：4～20mA DC。

⑧ 供电电压：220V AC，50Hz。

（3）选用注意事项

① 采用铂丝温度变化测量电阻的方法，气体的热导率对铂丝的散热有影响，不适用于样品气中含高热导率的气体，如氢气。

② 样品气的温度直接影响铂丝的温度，也影响氧含量的测量，要求样品气温度稳定。

③ 要求样品气体的压力和流量稳定，以保证仪表的精度。

④ 在爆炸危险场合安装的氧分析仪应选用相应防爆等级。

⑤ 用于石油化工、空分等混合气体中氧的测量。

3. 磁压力式氧分析仪

（1）工作原理及结构　磁压力式氧分析仪的原理如图 2-6-32 所示，参比气体通过阻力相等的气阻 1 和 2，从 4、5 口流入分析室，与被分析气体一起排出。当被分析样品气没有氧时，4、5 口的阻力一样，薄膜电容两边的压力 P_1、P_2 相等，电容器的电容量为 C。当样品气中有氧时，氧在磁场 2 中聚集，使 4 口的阻力升高，$P_2 > P_1$ 电容薄膜移动，电容为 $C + \Delta C$。电容变化量与氧含量成正比。

（2）主要特性及性能指标

① 内部没有可动部件，结构简单，背景气的黏度、热容及热导率对测量没有影响。

② 测量范围：最小 0～1% O_2，最大 0～100% O_2。

③ 基本误差：≤2%FS（小量程），≤1%FS（大量程）。

④ 零点漂移：≤1%FS/周，量程漂移：≤1%FS/周。

⑤ 线性误差：≤1%FS。

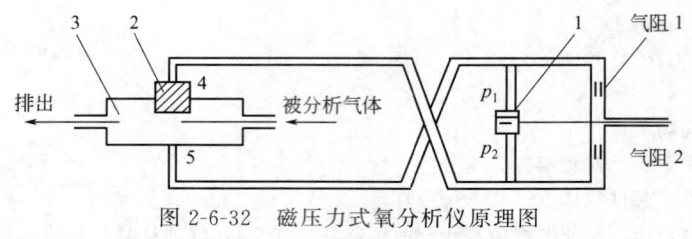

图 2-6-32　磁压力式氧分析仪原理图

1—薄膜电容；2—磁场；3—分析室；4,5—接口

⑥ 重复性误差：≤1%。

⑦ 响应时间：≤10s。

⑧ 信号输出：4～20mA DC。

⑨ 供电电压：220V AC，50Hz。

（3）选用注意事项

① 需要通入参比气。

② 气样中不含灰尘、固体粒子。

③ 要求样品气体的压力和流量稳定，以保证仪表的精度。

④ 在爆炸危险场合安装的氧分析仪应选用相应防爆等级

⑤ 用于石油化工、空分等混合气体中氧的测量。

二、氧化锆氧分析仪

1. 工作原理及结构

固体电解质是以氧化锆为代表的氧离子导体。氧化锆经氧化钙或氧化钇及稀土金属氧化物掺杂后，结构稳定，电导率提高。这是因为四价的锆原子被二价的钙或三价的钇原子所置换，形成氧离子空穴，高温时（700℃以上）就变成了良好的氧离子导体。当氧化锆管的内外两侧气体中氧分压不同时，就构成了氧浓差电池。氧离子从浓度高的一侧迁移到浓度低的一侧，在氧化锆管的内外就产生了电势。此电势的大小与氧化锆管两侧的氧分压和工作温度函数关系，符合能斯特（Nernst）公式：

$$E=\frac{RT}{nF}\ln\frac{p_1}{p_2}$$

式中　E——氧浓差电池电势，mV；

　　　R——理想气体常数；

　　　T——绝对温度，K；

　　　n——原子价；

　　　F——法拉第常数；

　　　p_1——参比气体氧分压；

　　　p_2——被测气体氧分压。

氧浓差电池的电势 E 由焙烧在氧化锆管内外侧的铂电极取出并引至电子部件。当氧化锆管温度一定，参比气氧分压 p_1（一般为空气）已知时，由测得的 E 就可计算被测气体的氧分压即含氧量。氧化锆氧分析仪工作原理见图 2-6-33。

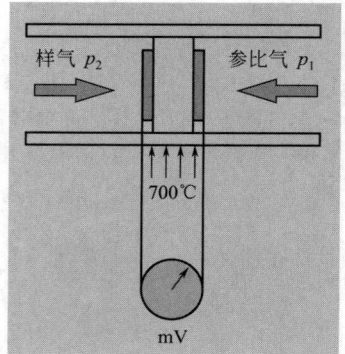

图 2-6-33　氧化锆氧分析仪工作原理

2. 主要特性及性能指标

① 探头有直接插入式、抽气式等，可带过滤器、加热器及测温热电偶，以满足不同场合的需要。

② 结构简单，维护方便。

③ 响应速度快，$T_{90}<10s$。

④ 量程：常量 0～21% O_2，微量 0～5×10^{-6} O_2。

⑤ 基本误差：常量 2%FS O_2，微量 5%FS O_2。

3. 选用注意事项

① 测量元件是氧化锆陶瓷，质地脆弱，选择振动小、压力低的场

合安装。

② 在 CH_4、H_2、CO 等可燃气体浓度超过气体爆炸下限浓度（LEL）的场合不宜使用。

③ 在测量微量氧时，注意去除背景气中的油雾，防止电极损坏。

④ 600～900℃样品选用直插式带温度补偿探头，大于 900℃样品选用抽取式带冷却控制的探头。

⑤ 被测气体及参比气体的参数要符合探头的使用条件。

4. 应用场所

氧化锆的应用场合广，测量范围宽，从 ppm 到百分级含量，特别适合于烟道气氧含量测量。

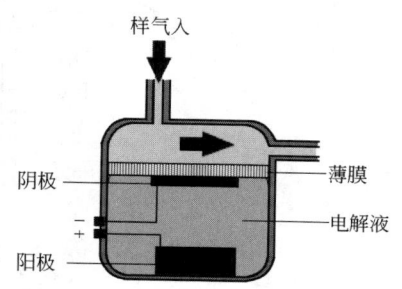

图 2-6-34　燃料池氧（消耗型）
传感器结构示意图

三、电化学氧分析仪

电化学氧分析仪包括消耗型电化学氧分析仪和非消耗型电化学氧分析仪等。

1. 消耗型电化学氧分析仪

采用完全密封的燃料池氧传感器是当前常用测氧方法之一。燃料池氧（消耗型）传感器如图 2-6-34 所示，由高活性的氧电极（阴极）和铅（镉）电极（阳极）构成，浸没在氢氧化钾（KOH）的凝胶中。

阴极反应：$O_2 + 2H_2O + 4e^- \longrightarrow 4OH^-$。

阳极反应：$4OH^- + 2Pb \Longrightarrow 2PbO + 2H_2O + 4e^-$ 或 $4OH^- + 2Cd \Longrightarrow 2Cd(OH)_2 + 4e^-$。

在阴极氧被还原成氢氧根离子，在阳极铅被氧化。溶液与外界有一层高分子薄膜隔开，样品气中只有氧气能进入传感器，溶液与电极需定期清洗或更换。样品气中的氧分子通过高分子薄膜扩散到氧电极中进行电化学反应，产生的电流决定于扩散到氧电极的氧分子数，氧的扩散速率正比于样品气中的氧含量，传感器输出信号只与样品气中的氧含量有关。

（1）主要技术指标

① 测量范围：0～10ppm（最小）。

② 精度：1% FS。

③ 灵敏度性：≤ 0.5%FS。

④ 响应时间：＜60s（0～10ppmO_2）。

⑤ 模拟量输出：4～20mA。

⑥ 供电电压：220V AC，50Hz。

（2）主要特点

① 制造简单，成本低。

② 测量范围从 ppm 到%。

③ 需定期标定以确保准确测量。

④ 传感器寿命短，需定期更换。

2. 非消耗型电化学氧分析仪

对样品溶液进行电解，通过测量电解过程中所消耗的电量，由法拉第电解定律计算出分析结果：

$$M = FIt$$

式中　M——析出物质量；

　　　F——常数；

　　　I——电流；

　　　t——时间。

测量是由外加在电极上的电压驱动的，电极上无化学反应，也不损耗电解液，故此测量方式是非消耗型的电化学。测量电流的大小就能得出氧浓度。

阴极反应：　　　　　　　　　$O_2 + 2H_2O + 4e^- \longrightarrow 4OH^-$

阳极反应：　　　　　　　　　$4OH^- \longrightarrow 4e^- + 2H_2O + O_2$

如图 2-6-35 所示，样气中的 O_2 与阴极进行还原反应而减少，并转换为 OH^- 离子，1.3V 的外加电压给阳

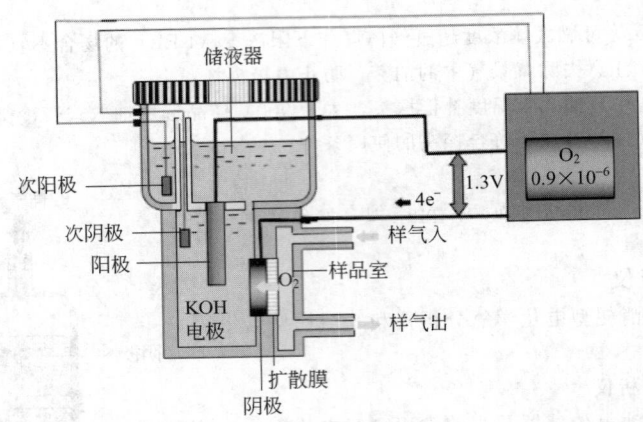

图 2-6-35　非消耗型电化学氧分析仪结构

极以驱动氧化反应，每一个 O_2 分子产生 $4e^-$，$1C=1A \cdot s$，等于 6.24×10^{18} 个电子所带的电荷量。

电流大小和样气中的氧浓度成正比，通过测量电流的大小可以到氧浓度。

（1）主要技术指标

① 最小测量范围：$0 \sim 0.5 \times 10^{-6}$ O_2。

② 精度：3％读数或 25×10^{-9}，以较大者为准。

③ 最低检测极限（LDL）：25ppb，75ppt[注①]（半导体 UHP 应用）。

④ 灵敏度：$\leqslant 0.5\%$ FS。

⑤ 响应时间：$<10s$。

⑥ 无零点/量程漂移。

⑦ 模拟量输出：$4 \sim 20mA$。

⑧ 供电电压：220V AC，50Hz。

（2）主要特点

① 测量范围广，从 ppb 到％级别。

② 无消耗型电化学技术，传感器寿命长，维护成本低。

③ 测量低浓度时，灵敏、准确。

④ 样品不和电解液接触。

⑤ 标定周期长，基本免维护。

3. 选用注意事项

① 电化学方式可以测量 ppm 到％级别的氧浓度，但测量％级别浓度的氧，传感器消耗过快，无法准确测量。

② 需要去除样品气体中酸性或腐蚀性组分。

③ 停运时需要惰性气体吹扫，以防止氧电池接触空气造成中毒。

④ 背压要稳定，背压对其测量有影响。

⑤ 根据操作环境，选择分析仪的防护及防爆等级。

⑥ 样品的温度、压力及流量满足分析仪的工作要求。

第七节　微量水和露点分析仪

微量水及露点分析仪是用来测量气态或液态介质中微量水分子的含量，分可为电容法、冷镜法、激光法（TDLAS）、石英晶体振荡法、五氧化二磷电解法和光纤法（近红外漫反射法）等。

---

❶ $1ppt = 10^{-12}$。

一、电容法

1. 工作原理及结构

电容法微量水及露点分析仪的原理是利用极性水分子具有弱导电的特性。如图 2-6-36 所示，传感器主要由多孔导电金箔、毛细微孔、吸湿层、导电基座四部分构成，形成等效电容。多孔导电金箔和导电基座是电容的两个电极，毛细微孔和吸湿层是电容的电介质。当介质通过传感器时，介质中的水分子通过多孔导电金箔进入吸湿层中的毛细微孔，由于水分子是导电的，进入毛细微孔和吸湿层后会改变电容的介电常数。根据电容计算式：

$$C=\varepsilon S/d$$

式中，ε 为电容极板间介质的介电常数；S 为极板面积；d 为极板间的距离。

介电常数改变会引起电容值发生变化，电容值的变化和水分子含量或露点值直接相关，只要测出此时电容值就可以知道水分含量或露点值。电容传感等效电路图如图 2-6-37 所示。

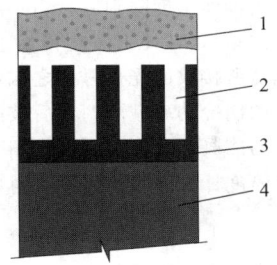

图 2-6-36　电容传感器剖面示意图
1—多孔导电金箔；2—毛细微孔；3—吸湿层；4—导电基座

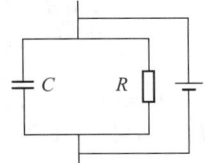

图 2-6-37　电容传感等效电路图

2. 主要技术指标

① 量程：-100～20℃露点（在大气压下体积比相当于 0.001ppm 到 2.4%）。

② 基本误差：±2℃（从+20℃露点到-65℃露点）；±3℃（从-66℃露点到-110℃露点）。

③ 工作温度：-40～60℃。

④ 工作压力：最大 34.5MPa。

⑤ 流速范围：气态介质，从静态到 10m/s（在大气压下）；液态介质，从静态至 0.1m/s（在 1g/mL 密度下）。

⑥ 响应速度：T_{95} 小于 5min（不同厂家有所不同）。

3. 选型注意事项

① 在测量液相介质中的微量水含量时，计算 ppmW 需要介质在不同温度时水分的 C_s 值（饱和浓度值），在测量液相介质时，应选用温度传感器进行实时温度补偿。

② 在测量气相介质选用 ppmV 单位时，应选用压力传感器进行实时压力补偿。

③ 介质是导电的或含有其他导电组分如甲醇、乙醇、乙醚等时，电容法传感器分辨不出是水分子还是其导电组分带来的电容值变化，不建议选用。

④ 介质含有 Cl_2、F、HCl、HF 等腐蚀性组分时，会影响传感器的使用寿命，甚至损坏传感器，不建议选用。

⑤ 每年需要标定一次。

⑥ 爆炸危险区域选用相应防爆等级的仪表。

4. 适用范围

电容法可以测量气相介质、液相介质。对被测介质背景组分适用性强，可以测碳氢组分或惰性组分中的微量水。适用于石油化工行业中微量水及露点的过程控制，如聚乙烯（PE）、聚丙烯（PP）装置。

二、冷镜法

1. 工作原理及结构

冷镜法微量水及露点分析仪准确度高、重复性和稳定性好，易于操作。一般用于计量部门作为计量标准。

工作原理是被测气体通过一镜面时，对镜面进行制冷，当被测气体中的水蒸气在镜面上冷凝成水并达到相平衡时，测量此时镜面的温度即得被测气体的露点温度。

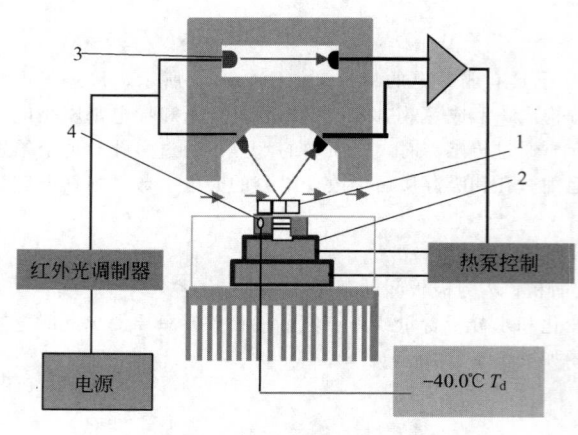

图 2-6-38　在线冷镜露点仪结构原理图

1—镜面；2—帕耳贴制冷器；
3—砷化镓红外光源；4—温度传感器

制冷的方法有两种：一种是自动的半导体制冷器（帕耳贴制冷），一般用于在线露点仪；另一种是手动的用液氮或液态二氧化碳制冷，一般用于便携露点仪。

典型的冷镜法在线露点分析仪结构原理如图 2-6-38 所示，镜面由铑或铂（或镀铑、镀铂）金属磨光而成，在镜面下是帕耳贴半导体制冷器。当镜面没有结露（或霜）时，镜面呈干燥状态，砷化镓发光管发出的红外光照在镜面上，此时光呈全反射，被光电传感器吸收并输出相应的电信号，经控制电路比较、放大，驱动制冷器工作，对镜面进行制冷。当镜面温度降到露（霜）点时，镜面上开始结露（或霜），红外光照在镜面上呈现漫反射，光电传感器所接收的光信号随之减弱，经电路调节使制冷器的制冷功率减弱，最后被测气中的水蒸气在镜面上的冷凝和蒸发达到动态相平衡，镜面温度维

持在一个恒定值，这个温度即是露（或霜）点温度。精密的铂电阻温度计镶嵌在镜面下，测量镜面的温度。露（霜）点的测量准确度可达到 $\pm0.15℃$，甚至可达到 $\pm0.1℃$。

2. 主要技术指标

① 量程：$-80\sim75℃$ 露点（量程不同，需要选择不同的传感器）。

② 精确度：$\pm0.2℃$ 或 $\pm0.15℃$。

③ 操作压力：$0\sim1.1MPa$（不同类型传感器操作压力不同）。

④ 流量：$0.25\sim2.5L/min$。

⑤ 重复性和长期稳定性好，零点漂移小。

3. 选型注意事项

① 镜面容易被污染，被测介质要求干净。

② 测 ppmV 要加压力传感器，测相对湿度 RH％ 要加温度传感器。

③ 仅适合测量气相介质中微量水，如介质中含有液体或液雾，不宜采用。

④ 测量液化（冷凝）温度比较高的介质，特别是液化温度比露点温度高，不宜采用。

⑤ 选型要注意量程范围，最低露点大于 $-80℃$ 露点（在 1 个大气压力下）。

4. 适用范围

冷镜法微量水及露点分析仪通常作为湿度标准仪表，用来检定和标定其他类型的微量水及露点分析仪。

三、激光法（TDLAS）

1. 工作原理及结构

激光法微量水及露点分析仪工作原理及结构如图 2-6-39 所示。激光光源发射一束激光，而这束激光的波长只有水分子吸收它的能量，当这束激光通过有介质通过的吸收池时，激光的能量会被介质中的水分子所吸收，当检测出发射光强度和反射光的强度，就可知道有多少能量被水分子吸收。

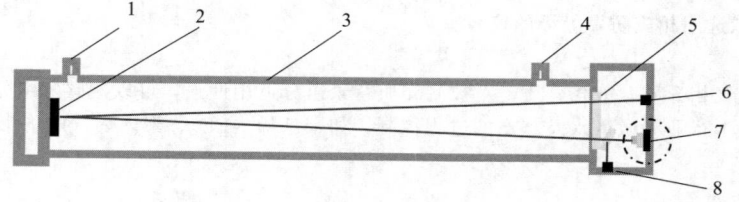

图 6-2-39　激光法露点仪原理及结构

1—被测介质入口；2—反射镜；3—吸收池；4—被测介质出口；5—光学窗口；6—反射光光电二极管；
7—激光光源；8—发射光光电二极管

根据朗伯-比尔（Lambert-Beer）定律，可以算出水分浓度：

$$A = \ln(I/I_0) = SLN$$

式中　A——吸收率；

　　I_0——入射光强度；

　　I——通过介质传输后的光强度；

　　S——吸收系数（给定温度和压力下，为常数）；

　　L——吸收光程长度（常数）；

　　N——水汽浓度（与水的分压和总压力之比直接相关）。

2. 主要技术指标

① 量程：5～6000ppmV（一次反射），0.1～2000ppmV（多次反射）。

② 精度：±2%读数或±4ppmV。

③ 操作压力：70～170kPa(A)（吸收池）。

④ 响应时间：<2s。

⑤ 流量：0.3～1L/min。

⑥ 稳定性好。

⑦ 维护成本低，只需更换过滤器滤芯或清洗反射镜镜面。

3. 选型注意事项

① 选型时要注意背景组分对测量的影响。

② 吸收池的工作压力很低（接近大气压），被测介质要经过减压才能进入吸收池。

③ 适用于测量气相介质。

④ 直接测量 ppmV。当测量露点温度时，需输入操作压力值进行换算，得到露点温度。

4. 适用范围

① 测天然气。

② EOR（原油强化回收）测量二氧化碳中水分的含量，控制在−40℃或130ppmV以下。

③ 工业气体中，对响应速度要求比较高。

④ 可测量腐蚀性组分如 Cl_2、HCl、HF、NH_3，导电组分如甲醇、乙醇、乙二醇、甘三醇、乙醚、甲醚等。

四、石英晶体振荡法

1. 工作原理及结构

石英晶体振荡法是利用石英晶体微平衡原理。在石英晶体表面镀一层敏感的吸湿材料（图2-6-40）并安装在检测池内（图2-6-41），当被测介质通过石英晶体时，镀在石英晶体表面的吸湿层会吸附被测介质中的水分。石英晶体表面吸附介质中的水分后，晶体表面的质量发生改变，而晶体表面质量的变化会使石英晶体振荡频率发生变化。水分含量可以通过测量晶体振荡频率的变化来计算出。

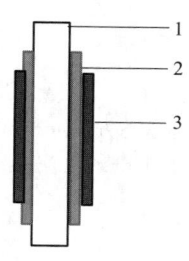

图 2-6-40　石英晶体结构（侧面）

1—石英晶体；2—电极；3—吸湿层

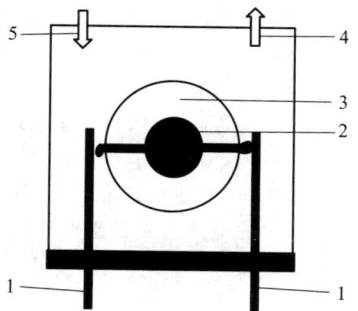

图 2-6-41　石英晶体结构（正面）

1—电极；2—吸湿层；3—石英晶体；

4—被测介质入口；5—被测介质出口

质量与频率变化关系：

$$\Delta F = F^2 \Delta M (-2.3 \times 10^6)$$

式中　ΔF——振荡频率变化；

　　　F——基准频率；

　　　ΔM——质量变化。

2. 主要技术指标

① 量程：$0.1 \sim 2500$ppmV。

② 精度：$0 \sim 20$ppmV± 1ppmV，>20ppmV$\pm 10\%$。

③ 响应时间：$T_{63} < 2$min 或 $T_{90} < 5$min。

④ 操作温度：$0 \sim 100$℃。

⑤ 操作压力：$0 \sim 0.1$MPa(G)。

⑥ 流量：$0.1 \sim 1$L/min。

⑦ 稳定可靠，灵敏度高，可达 0.1ppmV。

⑧ 重复性误差：5%。

3. 选型注意事项

① 适用于测量气相介质中的水分含量，不能测量液相介质。

② 对介质中的颗粒、液相、液雾等杂质比较敏感，在采样处理系统中要配置过滤、除液、除雾装置。

③ 对零点比较敏感，须配置在线标定系统，周期性地对检测器进行标定。石英晶体振荡法对水分的测量不是连续的，一般设定为30s通样品气进行测量，30s通干燥气进行标定。在检测器保护模式下，设定为30s通样品气，3min通干燥气。

④ 安装位置选在无振动的场合，以免外界的振动对测量产生影响。

⑤ 当样品气中含有乙二醇、压缩机油、高沸点烃等污染物时，检测器采用通样品气 30s，通干燥气 3min 的交替模式，降低污染，保护检测器，减少"死机"。

4. 适用范围

① 天然气脱水处理或管输过程中，测量天然气中水分含量或露点值。

② 在液化天然气（LNG）或石油气（LPG）中，测量干燥后天然气或石油气中水分含量。

③ 在石油化工生产过程中，测量碳氢气体中水分的含量。

④ 可测量工业气体如氮、氢、氧、一氧化碳、氩等气体中水分含量。

五、五氧化二磷电解法

1. 工作原理及结构

五氧化二磷电解法又叫库仑法，它是建立在法拉第电解定律基础上的。这种技术方案可测量很低的水分含量，可达 ppb 级。

主要部分电解池如图 2-6-42 所示，电解池壁上绕有两根并行的螺旋形状的铂丝，作为电解电极。铂丝之间涂有一层水化五氧化二磷（P_2O_5）薄膜。P_2O_5 具有很强的吸水性，当被测气体经过电解池时，其中的水分被完全吸收，产生偏磷酸溶液，并被两根铂丝之间通过的直流电压电解，生成的 H_2 和 O_2 随样品气一起排出，同时使 P_2O_5 还原。

电解反应过程如下。

吸湿：　　　　　　　　　　$P_2O_5 + H_2O \longrightarrow 2HPO_3$

电解：　　　　　　　　　　$4HPO_3 \longrightarrow 2H_2 + O_2 + 2P_2O_5$

在电解过程中，产生电解电流。根据法拉第第一和第二电解定律和气体状态方程可导出如下反应式，在一定温度、压力和流量条件下，产生的电解电流正比于气体中的水分含量。测出电解电流的大小，即可测得水分含量。

法拉第电解定律：

$$m = M/(nf)It$$

式中　m——被电解的水的质量；

　　　M——H_2O 的摩尔质量；

　　　n——电解反应中电子变化数；

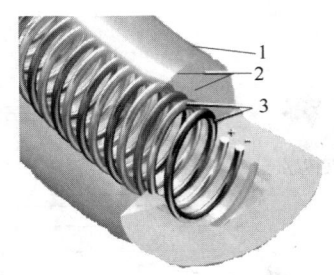

图 2-6-42　电解池结构
1—电解池；2—铂丝；3—水化五氧化二磷涂层

f——法拉第常数；

I——电解电流；

t——电解时间。

2. 主要技术指标

① 量程：0.1～1000ppmV。

② 精度：±5%（读数）。

③ 响应时间：T_{63}<5min。

④ 操作温度：0～100℃。

⑤ 操作压力：常压（传感器需在常压下工作）。

⑥ 流量：<600mL/min。

⑦ 线性好，出厂标定后不需现场标定。

⑧ 结构简单，使用寿命长，可反复再生使用。

3. 选型注意事项

① 不饱和烃（芳烃除外）在电解池内发生聚合反应，缩短电解池使用寿命。

② 不能测量液相介质中的水分含量。

③ 乙醇会被 P_2O_5 分解产生 H_2O 分子，读数偏高。

④ 不能测量含碱性组分的介质。

⑤ 对介质的流量及压力很敏感，要确保样品气压力和流量的稳定。

4. 适用范围

① 测量空气、氮、氢、氧、一氧化碳、二氧化碳、天然气、惰性气体、烷烃、芳烃及其混合气体中的水分含量。

② 测量一些腐蚀性介质中的水分含量，如氯气、氯化氢、氟、氟化氢等，选用耐腐蚀材料。

六、光纤法微量水及露点分析仪（近红外漫反射法）

1. 工作原理及结构

　　如图 2-6-43 所示，湿度传感器由与两根光纤连接的具有不同反射系数的氧化硅和氧化锆薄层构成，通过特殊的热固化技术，形成 0.3nm 的小孔。这样分子直径为 0.28nm 的水分子可以渗入传感器内部。当介质通过传感器时，介质中的水分子不断进入到传感器的小孔中，从而改变了光束的反射系数（空气 1.00，水 1.33）。仪器工作时控制器发射出一束 790～820nm 的近红外光，通过光纤传送给传感器，进入到传感器内部的水分子浓度不同，对不同波长的光反射系数就不一样，产生一个与样品气中水分浓度成比例的波长的变化，通过 CCD（Charge-Couple Device，电荷耦合器件）检测器检测到的特征波长的变化就可测出水分含量。

2. 主要技术指标

① 量程：−80～20℃（露点温度）。

② 精度：±1℃（露点温度）。

③ 操作温度：−30～95℃（传感器工作温度）。

④ 操作压力：0～25MPa(G)。

⑤ 可直接安装在工艺管道上，对流量不敏感。

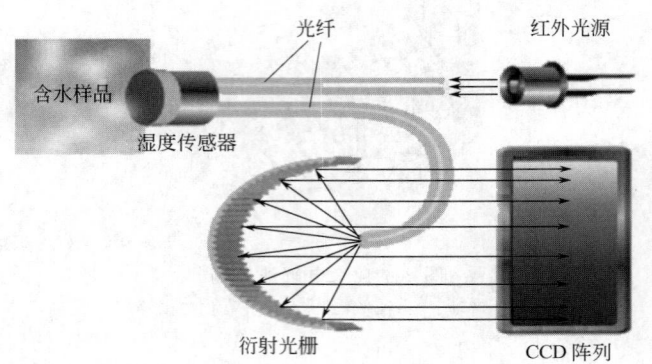

图 2-6-43　光纤法湿度传感器结构示意图

⑥ 采用光纤信号，干扰少，重复性高。

3. 选型注意事项

① 光纤法直接测量的是露点温度，其他单位是通过露点温度换算而来。

② 量程是−80~20℃露点，在大气压力下−80℃露点温度对应 0.54ppmV，选型时要注意量程下限。

③ 传感器与主机之间通过光纤连接。光纤最长可达 800m。

④ 传感器表面为 0.3nm 的微孔，一些重组分如油污等会凝聚在传感器表面，堵塞微孔，对比较脏的介质需要处理干净，防止传感器被污染堵塞。

4. 适用范围

① 用于乙二醇或三甘醇（TEG）脱水的天然气生产装置。

② 测量工业气体如氮、氢、氧、氩、一氧化碳中的微量水含量。

③ 测量石油化工中气态或液态碳氢介质的微量水含量。

七、微量水及露点分析仪样品处理系统

由于水分子有极性，容易吸附在管壁上，管壁表面越粗糙越容易吸附且吸收的越多，管径越大吸附的越多。水分子吸附在管壁表面的多少又与温度有关。环境温度低于露点温度时水分会结露（霜）。

基于水分子的特性，选用样品处理系统时，应注意以下几点。

① 采样管线采用 6mm 的 316SS 无缝 Tube 管。对于水分含量低于 10ppmV（−60℃露点）的样品，采用内壁电抛光的 316SS 无缝 Tube 管。

② 样品处理系统靠近采样点安装，取样管不宜超过 5m。

③ 确保样品温度比露点温度高 10℃以上。

④ 水分子的吸附和温度有关系，取样管线在温度低时吸附水分，露点温度降低，而温度升高时，取样管线被加热又释放出水分，露点温度升高，水分子的"管壁效应"如图 2-6-44 所示。温差越大，管壁效应就越明显。为保证测量精准，整个样品处理系统采用电伴热，减少管壁效应的影响。

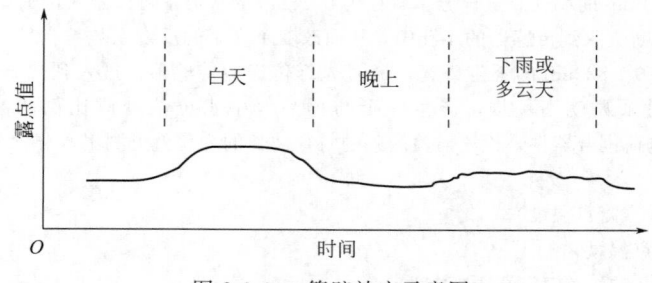

图 2-6-44　管壁效应示意图

第八节　水质分析仪

水质分析仪主要有 pH 分析仪、电导率分析仪、浊度仪、溶解氧分析仪、总有机碳（TOC）分析仪、化学需氧量（COD）分析仪及其他〔余氯、碱度、硬度、二氧化硅（SiO₂）、钠离子、水中油、总磷/总氮、水面油、氨氮以及重金属〕分析仪等。

一、pH 分析仪

1. 工作原理及结构

pH 是氢离子浓度的测量值，其定义是水溶液中氢离子摩尔浓度 〔H⁺〕的负对数。

$$pH = -\lg [H^+]$$

pH 的测量主要依据能斯特方程，方程的计算式表达为

$$E = E_0 + 2.3 \frac{RT}{nF} \lg(a_i)$$

式中　E——电动势，mV（在测量条件下两个电极之间的电位差）；

　　　E_0——标准电动势，mV（电极电位）；

　　　R——通用气体常数，J/(mol·K)；

　　　T——绝对温度，K（开尔文）；

　　　n——离子价态数（氢离子＝1）；

　　　F——法拉第常数，C/mol；

　　　a_i——离子活度。

在一般水溶液中，氢离子浓度非常小，其离子活度基本与浓度相等。

典型 pH 分析仪由测量电极（pH 电极）、参比电极、温度电极和电流计组成。电流计测量出测量电极和参比电极间的电位差，在一定温度下得到被测溶液的 pH 值。

pH 分析仪工作原理见图 2-6-45。

2. pH 电极的分类

工业用 pH 电极可分为测量电极和参比电极。根据材质不同，测量电极常用锑电极和玻璃电极。实际应用中，通常将测量电极和参比电极集成在一起组成复合电极。复合电极示意图见图 2-6-46。

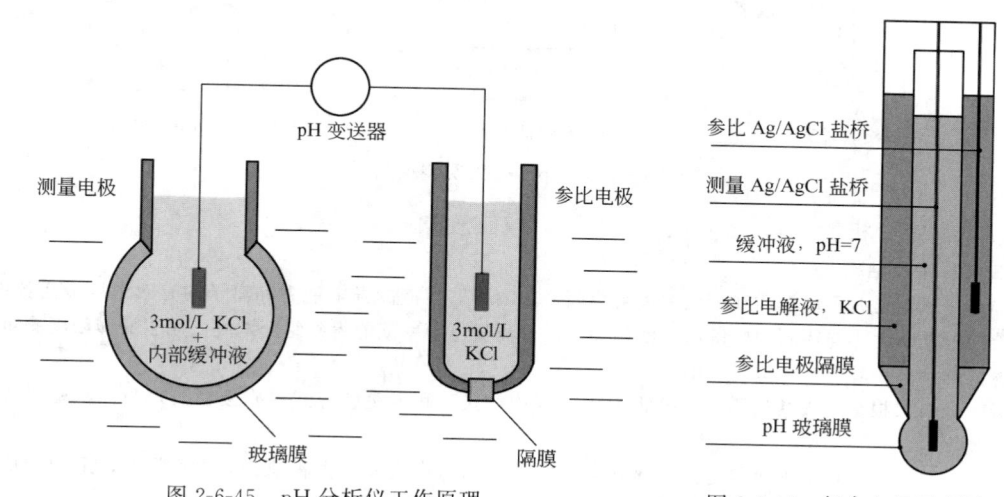

图 2-6-45　pH 分析仪工作原理　　　　　图 2-6-46　复合电极示意图

（1）玻璃电极　玻璃电极是常用的测量电极。玻璃电极在使用时受温度影响较大，使用时常配备热电阻测量样品温度，补偿温度对 pH 测量的影响。

（2）锑电极　锑电极是金属电极，常用于测量胶体物及水油混合物中的 pH 值。锑电极结构简单，响应快，可用于含氟化氢样品。不适用于测量含草酸盐、偏磷酸盐样品。

（3）参比电极　参比电极通常用银-氯化银电极（Ag-AgCl）和甘汞电极。

3. 选型注意事项

① 测量敞口容器中样品时选用沉入式。若被测样品易黏附或结垢，宜选配自清洗装置。当管道中样品的压力高、流速快（大于 2m/s）时，宜采用旁路流通式，以免磨损玻璃膜，影响测量。样品温度变化大时，宜带温度补偿。

② 探头自清洗有超声波清洗、机械刷清洗、溶液喷射清洗和空气喷射清洗等方法。根据不同样品采用不同的清洗方法，有时几种方法结合起来使用，清洗后应重新标定。

③ 注意样品的温度，玻璃电极宜在小于 100℃ 下使用；或按照厂家提供的探头工作的温度范围选用。当样品温度超过 100℃、精度要求不高时，可选用锑电极。

④ pH 分析仪安装在爆炸危险区时，应选用相应防爆等级的防爆型仪表。

⑤ pH 分析仪适用于电导率大于 $50\mu S/cm$ 的样品测量。当样品（如脱盐水等）电导率低于 $0.5\mu S/cm$ 时，采用低内阻特殊电极。

⑥ pH 分析仪必须与工艺管道或设备一起接地。

⑦ 脱盐水和缓冲能力低的溶液，易受空气中 CO_2 的影响，采用特殊的流通池安装，隔离空气；保持样品流动，不受玻璃膜中溶出的碱离子影响。

⑧ 样品中固体颗粒多、流速高时，不宜采用流通式。

⑨ 数字化探头，将芯片和微处理器嵌入电极，pH、温度等电信号直接转化为数字信号传输。信号稳定，不受电磁波干扰，无传输信号衰减，安装非常方便，即插即用。

典型的 pH 探头安装示意图见图 2-6-47。

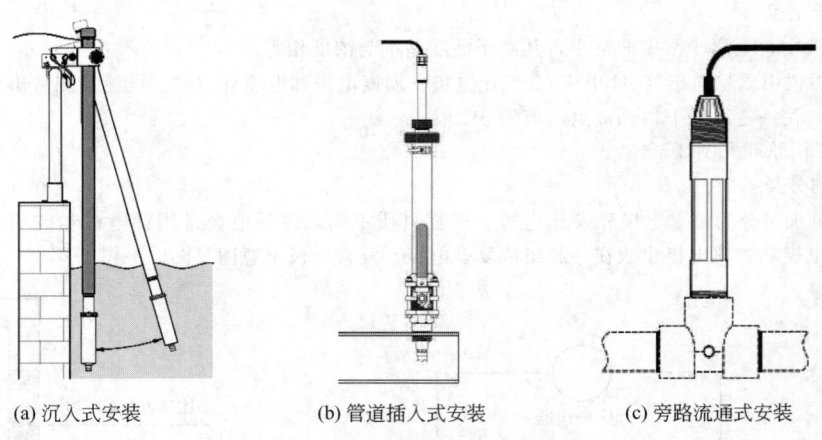

（a）沉入式安装　　　　　（b）管道插入式安装　　　　　（c）旁路流通式安装

图 2-6-47　pH 探头安装示意图

二、电导率分析仪

1. 工作原理及结构

电导率分析仪是基于电解质在溶液中离解为阴、阳离子，溶液的导电能力和离子的有效浓度成正比的原理。由于溶液的电导率大小与待测的电解质浓度相关，通过测量电导率就能得到组分浓度。用于酸碱浓度测量时，又称为酸碱浓度计。

电导率分析仪根据电极结构不同，分为电极式（接触式）和电磁感应式（非接触式）两种，见图 2-6-48 和图 2-6-49 所示。

接触式电导率分析仪的电极与溶液直接接触，容易受到污染或者发生腐蚀、极化等问题，适用于低电导率（小于 10mS/cm）的样品，如锅炉水、蒸汽、除盐水等。

非接触式电导率分析仪的电磁感应部分采用耐腐蚀材料（如聚四氟乙烯等）与溶液隔离，没有极化的问题；不会受到污染和腐蚀。适用于电导率较高（大于 10mS/cm）的样品，如酸、碱、盐溶液或者污水等。

电极式电导率分析仪由电导池和变送器组成，电导池通常由测量电极、温度补偿电极、电极保护套等组成。根据安装方式不同，电导池有浸入式、插入式、流通式等几种形式。

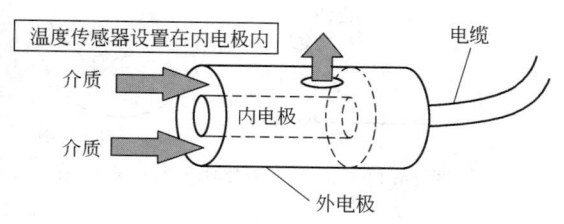

图 2-6-48　电极式（接触式）

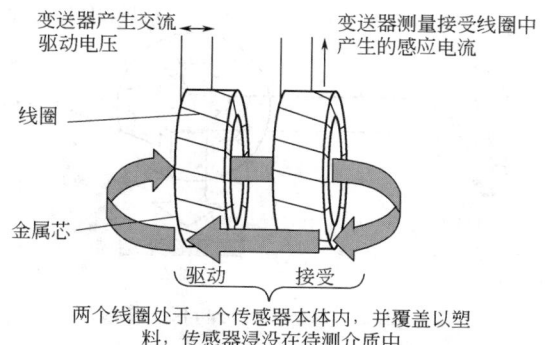

两个线圈处于一个传感器本体内，并覆盖以塑料，传感器浸没在待测介质中

图 2-6-49　电磁感应式（非接触式）

电磁感应式电导率分析仪又称电磁浓度计，由两个外部包有耐腐蚀绝缘材料的环形感应线圈组成。测量时，传感器浸入待测溶液中。给主线圈通入交流电流，则产生相应的交变磁场，根据电磁感应原理，此交变磁场使溶液中产生感应电流，在传感器中形成一个电流环，电流环的电流值与溶液电导率成比率；电流环又使副线圈中生成交变磁场，与溶液电流成比率的电压在副线圈形成。副线圈的电压和溶液电流相关，电流和溶液电导率相关，亦即电压与溶液电导率成一定比率，因此溶液的电导率可通过测量电压而得到。

2. 应用场合

主要应用于测量锅炉给水、蒸汽和其他较纯净的工业用水的水质等；监测热交换器、冷凝器等设备运行中是否有渗漏。

在蒸汽发电中，氢电导仪是指专用于测量水中氢离子电导率的电导仪。氢电导率的测量方法是将除盐水、凝结水等通过氢型离子交换树脂后，测量其电导率值（简称氢导），常用于测量水中微量强酸根盐类的含量，监测凝汽器泄漏、混床失效等状况。

3. 选型注意事项

测量溶液是强酸、强碱时，应选择聚四氟乙烯材质的传感器。

由图 2-6-50 的浓度电导率相关曲线可知，随着浓度的增大，曲线出现拐点，即同一个电导率值对应两个浓度值。采用的办法是根据不同测量范围，通过软件分段设置，避开拐点。选型时参考生产商提供的技术规格。

三、浊度仪

1. 工作原理及结构

浊度又称浑浊度，是反映水中悬浮物和胶体，如泥沙、黏土、藻类、有机物质以及其他微生物有机体含量的一个水质参数。

浊度一般采用光学原理进行测量，主要有透射光和散射光两种形式。随着浊度测量技术的发展，散射光测量原理的浊度仪可靠性高，适用范围广，已经成为浊度分析仪的主流。浊度分析仪工作原理见图 2-6-51。浊度分析仪的典型结构见图 2-6-52。

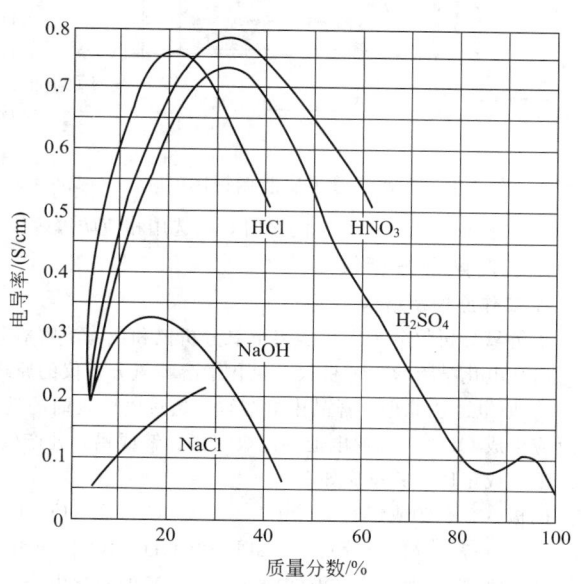

图 2-6-50　浓度电导率相关曲线

浊度是一个光学测量参数，其常用单位是 NTU（Nephelometric Turbidity Units，散射浊度单位）或者 FTU（Formazine Turbidity Units，福马肼浊度单位），1NTU=1FTU。另一种单位是 mg/L。通过实验室称重方法获得的悬浮物浓度和仪器的 NTU 进行比对校正，获得相对准确的悬浮物 mg/L。

浊度单位为 NTU，浓度单位为 mg/L，前者是光学单位，后者是质量含量单位。

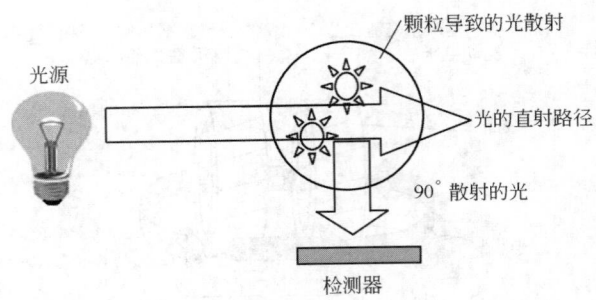

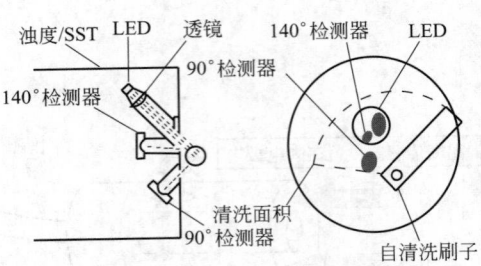

图 2-6-51　浊度分析仪工作原理　　　　　图 2-6-52　浊度分析仪典型结构示意图

根据测量对象，选用不同的光源以保证灵敏度。光源有红外及可见光等。

2. 浊度仪的结构和安装方式

（1）结构　有流通池式和沉入式。

（2）安装方式

① 取样点应避免水样有大量气泡。使用时应注意消除气泡，避免干扰。

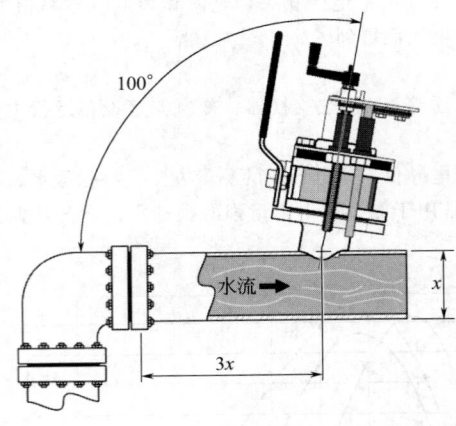

图 2-6-53　水平管道安装俯视图

② 沉入式安装，采用支架安装探头，探头浸入水中至少 30cm 的深度；距离池壁或者管壁至少 10cm，避免池壁对测量光的干扰。

③ 插入式安装，应安装于管道侧面，见图 2-6-53，测量面背对液体流向。水平管道安装时应安装于管道中段，垂直管道安装时应选择水流自下而上的位置。

3. 选型注意事项

① 样品浊度小于 20NTU 时，采用低量程浊度仪。

② 样品浊度高或者浊度值变化大时，选择探头式浊度仪。

③ 样品透明度差、带有颜色（包括白色）时，选用红外光源的浊度分析仪。

④ 样品如会发生沉淀，尽量原位安装。

⑤ 样品中的颗粒物附着在探头表面时，采用带自动清洗功能的浊度仪。

⑥ 分析仪安装在爆炸危险区时，应选用相应防爆等级的防爆型仪表。

四、溶解氧分析仪

1. 工作原理及结构

溶解氧分析仪分为电化学溶解氧分析仪和荧光溶解氧分析仪。

（1）电化学溶解氧分析仪　电化学溶解氧分析仪的原理分为原电池法和隔膜法。

① 原电池法原理　样品中的溶解氧透过电极表面的选择性半透膜以后，在原电池阴极（金、铂或银）处与水反应生成 OH^-，在原电池的阳极（镉、锌或铅）处产生镉、锌或铅离子，由此产生的极化电流和样品中溶解氧的浓度成正比，其反应如下。

阴极（金、铂或银）：　　　　$O_2 + 2H_2O + 4e \longrightarrow 4OH^-$

阳极（镉、锌或铅等）：　　　$2Pb + 2KOH + 4OH^- - 4e \longrightarrow 2KHPbO_2 + 2H_2O$

② 隔膜法原理　给电极外加 0.6~0.8V 的极化电压，待测样品中透过半透膜的氧，进入电解液（氯化钾溶液），其反应如下。

阴极（金、铂）还原反应：　　$O_2 + 2H_2O + 4e \longrightarrow 4OH^-$

阳极（镉、银）氧化反应：　　$4Ag + 4Cl^- - 4e \longrightarrow 4AgCl$

样品中的溶解氧通过透氧膜进入氧测量室的电解液，在金、银电极上产生去极化电流。透氧膜的作用是只让样品中的溶解氧通过，而其他氧化还原离子不能穿过，防止干扰反应。膜式溶解氧分析仪示意图见图 2-6-54。

（2）荧光溶解氧分析仪　荧光溶解氧是利用氧分子对特定的荧光物质有荧光猝灭作用。荧光溶解氧检测器

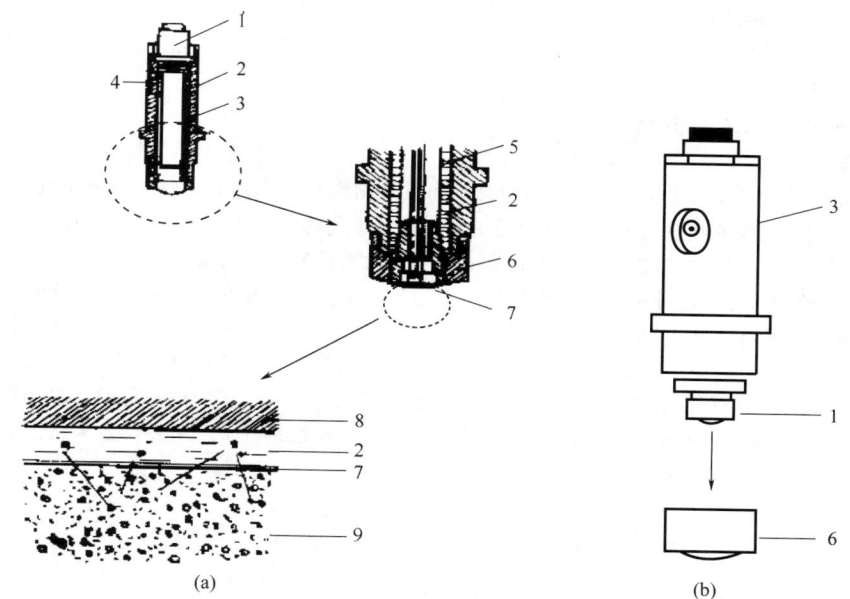

图 2-6-54　膜式溶解氧分析仪示意图

1—氧测量室；2—电解液；3—测量室壳体；4—补充电解液孔；5—银阳极；
6—膜盖；7—透氧膜；8—金阴极；9—样水

工作原理是光源发出脉冲蓝光，荧光物质受激发发出红色荧光，其间溶解氧含量不同，红色荧光猝灭时间也不同，荧光猝灭时间与溶解氧浓度相关。

荧光猝灭过程的 Stern-Volmer 方程式：

$$I_0/I = \tau_0/\tau = 1 + K_{SV}[O_2]$$

式中　I_0 和 I——分别为无氧和有氧时的荧光强度；

τ_0 和 τ——无氧和有氧时的荧光猝灭时间；

K_{SV}——猝灭常数；

$[O_2]$——溶解氧浓度。

由方程式可知，通过测量荧光强度或者荧光猝灭时间，就可以计算出溶解氧的浓度。荧光溶解氧分析仪探头原理示意图见图 2-6-55。

2. 选型注意事项

根据检测范围的不同，溶解氧分析仪分为微量溶解氧分析仪（ppb 级）和常量溶解氧分析仪（ppm 级）。

常量溶解氧分析仪主要用于废水处理工艺、地表水监测等场合；对于高含油、高盐度、有机杂质多的石油化工废水，建议选择荧光化学法溶解氧分析仪。

① 荧光溶解氧电极不宜使用在含有有机溶剂的场合，如丙酮、氯仿及二氯乙烷等。这些介质会导致荧光膜的损坏。有些成分与溶解氧会产生交叉干扰，如酒精、双氧水、次氯酸钠、二氧化硫、氯水等。

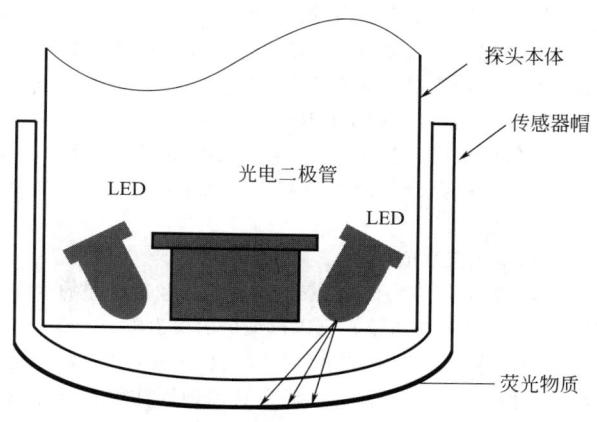

图 2-6-55　荧光溶解氧分析仪探头原理示意图

② 原电池溶解氧分析仪用于清洁水。由于电极本身工作时消耗氧气，样品必须保持流动，流速不低于 0.3m/s。

极谱法微量溶解氧分析仪用于锅炉给水、蒸汽等要求严格控制溶解氧含量以减轻设备腐蚀的场合（量程 0～1000ppb）。

3. 溶解氧分析仪使用注意事项

用于炼油废水时，选配探头自动清洗装置，以减少维护量；当样品中含藻类、硫化物、碳酸盐、矿物油和油脂等物质时，宜选用荧光法。

五、总有机碳（TOC）分析仪

1. 测量原理

TOC 的测量主要是通过氧化作用，将水中的有机物质氧化为 CO_2，然后再通过检测氧化 CO_2 的量来换算成 TOC 的浓度。目前测定有机物的氧化方法主要有高温燃烧、高温催化氧化、紫外光氧化、紫外光-过硫酸盐双重氧化、超临界氧化、臭氧羟基二级氧化等；生成的二氧化碳检测方法主要有电导率检测和非分散红外检测（NDIR）两种；紫外光氧化和电导率检测原理的仪器适用于电子、蒸汽发电或者制药行业所用的纯净水或者高纯水中 TOC 的测量；由于石油化工行业涉及的水中有机物成分复杂，难降解有机物含量高，主要采用紫外光氧化以及高温燃烧或者高温催化氧化，水样条件特别复杂的采用臭氧羟基氧化-非分散红外检测。

臭氧羟基二级氧化是新的氧化技术，可提高氧化效率，增强对复杂水样的适用范围。水样在较高 pH 值条件下添加一定浓度的臭氧 O_3（标准电极电势是 2.07V），臭氧在碱性条件下会激发产生氧化性更强的羟基自由基 OH^-（电极电势是 2.80V），其原理如下：

$$HO^- + O_3 \qquad HO_2^- + O_2$$
$$HO_2^- + H_2O \qquad H_2O_2 + HO^-$$
$$\overline{O_3 + H_2O \xrightarrow{HO^- Cat} H_2O_2 + O_2}$$

2. 典型应用场合

（1）循环冷却用水监测控制　在石油化工厂、炼油厂、精细化工厂使用大量的冷却换热装置，通过循环水进行冷却降温。在实际运行中，通过 TOC 分析仪实时监测循环冷却水中冷却介质的泄漏状况，有利于提高循环冷却水的使用频率和效率，减少用水量，以及提高热交换的效率。

（2）凝结水回用　在石油化工厂实际的生产过程中，蒸汽流程中由于热交换过程，有机物可能因为种种原因引起渗漏或泄漏而进入蒸汽及凝结水中，有机物一旦进入蒸汽系统，其造成的危害是严重的，因此需要尽快了解蒸汽凝结水中是否含有有机物，以决定凝结水是否可以经离子交换树脂简单处理就进入锅炉中回用或排放掉。另外，通过监测蒸汽中的微量有机物含量，如发现蒸汽中 TOC 超标，可能是热交换器存在泄漏的预警。

（3）废水排放监测　在线 TOC 分析仪还用于各分厂污水处理费用的内部结算。各分厂之间包括污水处理费用进行独立成本核算。各分厂把污水排入总管进入污水处理厂进行处理。为了能准确地收取各个分厂的污水处理费，在监测总排污管 TOC 时，还需要在各分厂的排水口监测 TOC，以核算污水处理费用。

（4）雨水监测　在降雨过程中排放出来的水可能含有有机污染物。当排放水所含的污染物超过相关标准时，便需要把这些超标的雨水排进应急储水池中，经过污水处理厂处理后才能排进河流或湖泊中。降雨期间必须监测石化工厂排出雨水的 TOC 值，当 TOC 超标时，由 TOC 分析仪给出控制信号，把超标的水排进储水池中；当 TOC 达标时，雨水直接排放，以节约污水厂的运行成本。

（5）特殊生产工艺的应用　随着绿色生产和循环经济理念的推动，一些工艺的生产废液成为下游工艺的原料，为了保证下游产品的质量和工艺安全，需要对上游废液的有机物浓度进行实时监测，这时就需要在线 TOC 分析仪。

3. 选型注意事项

① 常规给水、循环水、蒸汽凝结水等较为洁净的水样，宜选用进样量大、采用紫外光-过硫酸盐双重氧化原理的在线 TOC 分析仪，可以保证低的检出限。

② 成分复杂、含悬浮物的水样，不论是工艺用水还是排放废水中，可能有盐、悬浮物和容易形成沉积物的组分，如氯离子、乳浊的油滴、悬浮的固体颗粒、无机盐类等，宜选用臭氧羟基二级氧化原理的 TOC 分析仪。

③ 悬浮物低、盐含量低的水样，可选用高温燃烧催化氧化原理的 TOC 分析仪。

④ 由于初期雨水往往悬浮物含量高，有机物成分复杂、浓度高，建议选用臭氧羟基二级氧化原理的 TOC 分析仪。

⑤ 监测工艺用水，如凝结水回用、循环水外排以及下游产品原料时，宜采用连续进样、响应时间快的 TOC 分析仪。

⑥ 在危险区域应选择相应防爆等级的仪器。如果仪器防爆等级达不到环境要求，需要安装于防爆小屋或者机柜中。在线 TOC 分析仪防爆区域安装示意图如图 2-6-56 所示。

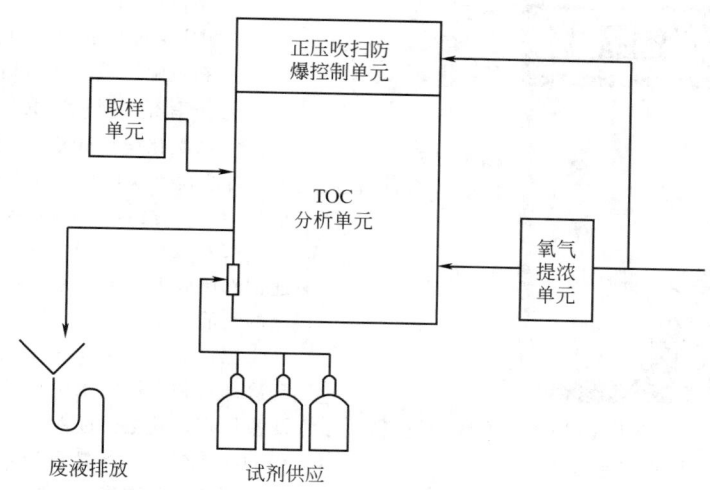

图 2-6-56　在线 TOC 分析仪防爆区域安装示意图

六、化学需氧量（COD）在线分析仪

1. COD 定义及测量方法

化学需氧量（简称 COD）又称化学耗氧量，指在一定条件下，使用氧化剂氧化水中的还原性物质（主要是有机物）所消耗的氧的量，以 mg/L 表示。COD 是衡量水体有机污染的一项重要指标，化学需氧量大，表示水体受有机物的污染严重。

COD 的测量方法根据氧化剂的种类不同，分为重铬酸钾法和高锰酸钾法。以重铬酸钾为氧化剂测得的 COD 称为 COD_{Cr}，工业废水和市政污水的排放标准，以及再生水用作工业循环水时，都要求测量 COD_{Cr}。以高锰酸钾为氧化剂测得的 COD 称为高锰酸指数（地表水、地下水）或者耗氧量（生活饮用水），以 COD_{Mn} 表示。

2. 在线 COD 分析仪测量原理

在线 COD 分析仪有多种测量原理，大致可以分为直接测量法和间接测量法。

间接测量法是通过氧化法测量有机物浓度（常用的氧化法有高温燃烧和羟基氧化）或者和有机物浓度相关的参数（如 254nm 吸光度值）再换算为 COD 值。间接测量法的特点是响应时间快，基本没有废水的二次污染；不足之处是不同的水样需要找到不同的换算因子，如果安装在企业废水排放口，在通过与环保部门实验室方法的数据比对验收时会遇到困难。

直接测量法就是采用和实验室标准方法相同的分析原理，用重铬酸钾作氧化剂，硫酸银作催化剂，在强酸条件下加热氧化，最后用滴定法或者比色法测量 COD 值，样品中加入硫酸汞作为氯离子掩蔽剂。采用直接测量法主要是为了满足环保部门对 COD 数据准确度的要求，保证通过和实验室方法的数据比对测试。在实际应用中的不足之处是分析废液中含有大量的重金属铬和汞，会带来二次污染。另外，由于在线 COD_{Cr} 的测量方法在氧化剂的种类和浓度、反应温度及反应时间等条件和实验室方法有时候不尽一致，会出现数据比对的偏差。

3. 在线 COD 分析仪的结构

目前 COD 在线分析仪普遍采用比色法原理，主要由两部分组成：电气单元、分析单元。电气单元与分析单元完全分开，防止分析单元的药剂等物质腐蚀电气单元的元件。分析单元内有强酸和剧毒液体，并且在测量过程中会产生高温、高压环境，可能会危及对人身安全，需要安全防护，见图 2-6-57。

4. 选型注意事项

① 用于企业废水排放口 COD 监测，数据需要实时上传到环保部门，选用重铬酸钾氧化法原理的 COD 分析仪。

② 选用重铬酸钾法 COD 分析仪，其监测废水的氯离子含量最大不能超过 4000mg/L，最好低于 1000mg/L，

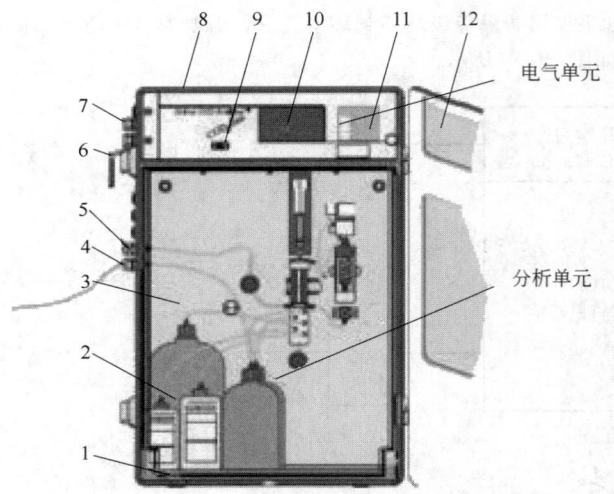

图 2-6-57 比色法原理在线 COD 在线分析仪

1—托盘；2—试剂；3—安全面板；4—废液
排放管；5—进样管；6—电源线；7—屏蔽
电缆口；8—仪器外壳；9—RS232 接口；
10—显示屏；11—键盘；12—仪器门

否则需要选配自动稀释装置，或改用 TOC 分析仪。

③ 企业内部生产过程或水处理工艺控制，可选用响应速度快的间接测量原理的仪器。

④ 在危险区域应选用相应防爆等级的仪器。

七、其他在线水质分析仪器

1. 二氧化硅（SiO₂）分析仪（俗称硅表）

硅酸盐是锅炉给水以及蒸汽品质重要的水质指标之一，根据锅炉给水的水质标准，要求 $SiO_2 < 20 \mu g/L$。同时，在工业纯水制备过程中，通常都用硅来作指示参数监测阴离子交换器和混床的性能变化。

测量原理参照 GB/T 12149—2017《工业循环冷却水和锅炉用水中硅的测定》，采用比色测量原理，其主要过程是：在酸性环境下，水样中的硅酸根和钼酸盐反应，生成黄色的硅钼黄，然后用硫酸亚铁将其还原成蓝色的硅钼蓝。测量溶液吸光度，利用朗贝-比尔定律，通过计算得到样品的硅酸盐含量（通常以二氧化硅表示）。

2. 钠离子分析仪（俗称钠表）

钠离子（Na⁺）是评估蒸汽品质有效的参数，也是监测阳离子交换树脂（简称）阳床是否失效的最要参数。在线钠离子分析仪在蒸汽质量评估、锅炉给水（$\leqslant 5 \mu g/L$）、蒸汽凝结水以及阳床出水监测都有广泛的应用。由于钠离子分析仪的灵敏度高，用来监测凝汽器泄漏，可以及时发现微量泄漏，以减轻凝汽器泄漏带来的危害。

（1）测量原理　和 pH 分析仪类似，钠离子分析仪采用电化学分析原理，通过测量电极（钠离子选择电极）与参比电极在被测溶液间的电位差，按照能斯特方程计算出溶液中钠离子浓度。

由于钠离子选择性电极对 H⁺ 选择性比对 Na⁺ 更灵敏，H⁺ 是钠离子的主要干扰物。钠离子分析仪配置有碱化剂（一般是氨水或二乙丙胺）及加碱装置，自动调节待测水样的 pH 值，以抑制 H⁺ 的干扰。pH 值在 10.5 时是最佳测量状态。

（2）选型注意事项　由于阳床出水氢离子（H⁺）浓度高（pH 值大约 2），相对蒸汽凝结水和锅炉给水，需要额外加入更多碱化剂才能调整待测水样 pH 值达到 10.5 左右。用于阳床出水监测时，需要选择额外配置有加药泵的阳床型钠离子分析仪。

仪器适宜的样品温度为 5~45℃，测量蒸汽时需配置降温减压装置。

3. 氨氮分析仪

（1）测量原理　氨氮分析有比色法、离子选择电极法以及气敏电极法等。比色法主要用到纳氏试剂法和水杨酸法两种测量方法，这两种方法参照的实验室标准方法分别是 HJ 535—2009《水质　铵的测定　纳氏试剂比色法》和 HJ 536—2009《水质　铵的测定　水杨酸分光光度法》。过去几年中，工业废水和市政污水排放的在线监测还常常用到一种氨气逐出比色原理的氨氮分析仪。

气敏电极法的原理：水中的铵根离子在 pH 达到 12 左右时会转化为氨气逸出，在氨气敏电极上的选择性渗透膜，只允许氨分子通过进入电极，氨分子穿过选择性渗透膜后与充填在电极内部的氯化铵溶液发生反应，引起溶液的 pH 值发生变化，通过气敏电极内部的 pH 电极测量出 pH 的变化值，即可计算出氨氮的浓度，见图 2-6-58。

（2）选型注意事项

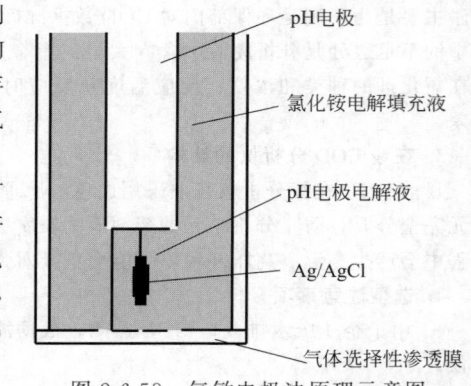

图 2-6-58　气敏电极法原理示意图

① 生活污水的排放监测，选用比色法和电极法均可。

② 纳氏试剂法会用到剧毒化学品氯化汞和碘化汞，分析废液会带来较严重的二次污染。如果需要选比色法原理的仪器，建议优先选择水杨酸法原理。

③ pH值极低的废水（小于2），建议优先选择比色法原理的仪器。

④ 离子选择电极原理的氨氮分析仪，具有成本较低、响应时间快的优点，同时也有容易受水中钾离子干扰的局限性，一般用于生活污水脱氮工艺的自动控制。

4. 总磷/总氮分析仪

总磷、总氮是引起水体富营养化的主要污染物，需要对企业排放水中的总磷总氮进行自动监测。总磷分析仪除用于废水排放监测，还可在工业循环水处理工艺中参与有机磷缓蚀阻垢剂添加的自动监测与控制。

目前有两种形式的总磷/总氮分析仪：一种是各自独立的总磷分析仪和总氮分析仪，一种是一体化总磷/总氮分析仪，可以节省仪器购买成本和后续运行维护费用。

测量原理：根据实验室标准方法，水样中加入强氧化剂过硫酸钾消解，将水中磷全部转化为正磷酸盐；氮转变为硝酸根。在酸性介质中，正磷酸盐与钼酸铵反应，在锑盐存在下生成磷钼杂多酸，并立即被抗坏血酸（$C_6H_8O_6$）还原，生成蓝色的络合物。将反应后的水样通过分光光度计测得其吸光度，并计算出总磷的含量；总氮则是通过在220nm波长下，测得硝酸根产生的吸光值，计算出总氮浓度。

5. 水中油分析仪

（1）测量原理　水中油的标准分析方法是 HJ 637—2018《水质　石油类和动植物油类的测定　红外分光光度法》，原理是利用油中含有的甲基和亚甲基在红外波段有特征吸收波长，通过测定吸光度得到水中油的含量。这种方法需要对水样进行萃取浓缩处理，分析时间较长，主要用于实验室测量，很难实现在线分析。

目前应用较多的水中油在线分析方法是紫外荧光法。其原理是水中的芳香族碳氢化合物在紫外光作用下会发出荧光，每种化合物的荧光波长范围是特定的。通过测量这种波长下荧光的强度，可以确定碳氢化合物的浓度。仪器的基本光学结构图见图2-6-59。

（2）选型安装注意事项

① 紫外荧光法水中油分析仪只能用于测量水中的矿物油（含有芳香族化合物）浓度。

② 可以选择浸入式和流通式安装。

③ 安装于危险区域时，需要选择相应的防爆等级。

6. 水面油分析仪

石油储运、炼油、石油化工、煤化工等企业污水排放口

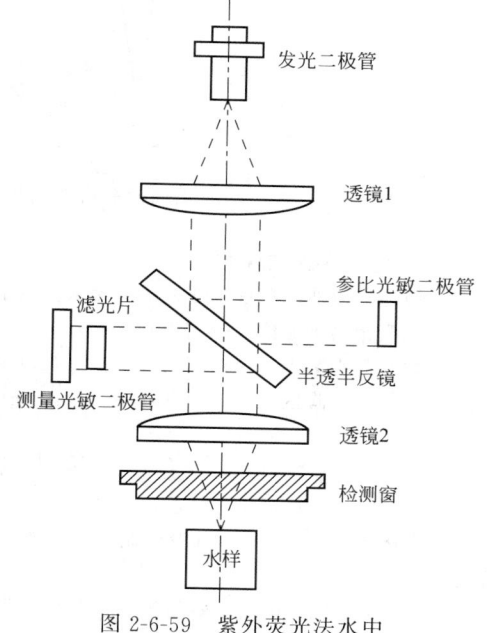

图 2-6-59　紫外荧光法水中油分析仪的基本光学结构

以及储油装置、大型油轮停靠码头等附近水面，可能由于污水排放或者油品泄漏，使得部分石油类或者矿物油类物质进入到水体，由于大部分油类物质不溶于水或溶解度很低，比水轻，在水面上形成油膜。这类油膜用常规的水中油分析仪不易检出，应采用水面油分析仪。

（1）测量原理　根据菲涅耳公式，光线在两种折射率不同的介质界面上的反射率 r 可用下面公式来表达：

$$r = \left(\frac{n_2 - n_1}{n_2 + n_1}\right)^2$$

其中，$n_2 > n_1$，n_1 为空气的折射率；n_2 为水、油等的折射率。

不同物质对光的反射率不同（油类物质的反射率比水大），可根据反射回来的光强度来检测水面油膜。仪器采用高能量激光作为测量光源，提高监测可靠性，见图2-6-60。

仪器由半导体激光光源、激光扫描仪、抛物镜面和光二极管检测器构成的光学系统和电路部分组成。检测时，光源发出激光，扫描仪周期性地在 x-y 轴方向进行扫描，使光束能垂直照射到水面上。光束遇水面后反射

至抛物镜面，再由镜面将放射光聚焦至光检测器。

典型激光水面油分析仪见图 2-6-61。

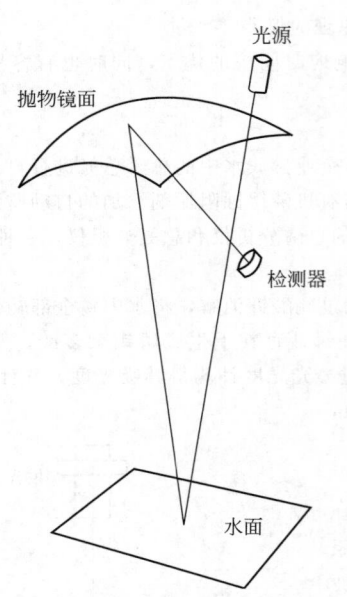

图 2-6-60　激光水面油分析仪结构示意图　　图 2-6-61　典型激光水面油分析仪

（2）选型安装注意事项

① 激光水面油分析仪是非接触式测量，测量系统不需要与水接触。

② 探头距离水面位置范围为 0.3～10m。

③ 如水面水雾大，应选配空气吹扫系统以消除雾气干扰。

④ 安装于危险区域时，应选择本安型。

第九节　油品分析仪

油品分析仪主要用于石油及煤制油产品加工过程和油品质量控制，可以分为化学指标分析仪和物理指标分析仪。

油品化学指标分析仪主要测量油品中所含杂质，如硫、氮、氯、硅、重金属、酸值等。其中总硫分析仪用于实时监测原油及炼油工艺过程以及成品油中硫含量，是目前应用较为普遍的在线油品分析仪。

油品物理指标分析仪主要测量馏程、倾点、蒸气压、辛烷值、闪点、色度等。其中色度分析仪用于石油化工生产、输配、装卸过程中的油品识别管理以及生产过程物料污染监测。

按照测量方式可以分为直接法和间接法两种。直接法是采用或参照国家标准（GB）、国际标准化组织（ISO）、美国材料与试验协会（ASTM）等实验室标准分析方法。间接法是采用模拟、计算等方式获得油品物理性能参数的方法。

在线油品分析仪采用和实验室分析方法基本一致的测试流程，直接得到相应的测量结果，实现连续分析，分析结果用于油品生产过程和质量控制及产品质量数据报告。

间接法常用气相色谱、近红外光谱、核磁共振等测量技术，通过化学计量学等方法进行数据处理，计算得出馏程、闪点、冰点、蒸气压等物理参数，还可以预测转化率、产率和产量等生产参数。

本节主要介绍总硫分析仪和采用直接法测量物理性能的油品分析仪。

一、总硫分析仪

目前主要有紫外荧光法、X-射线荧光光谱法、气相色谱法，其中紫外荧光法和 X-射线荧光光谱法较为普遍。

1. 紫外荧光法总硫分析仪

（1）测量原理　依据 SH/T 0689《轻质烃及发动机燃料和其他油品的总硫含量测定法（紫外荧光法）》，以及 ASTM D5453《采用紫外荧光法测定轻烃，火花点火发动机燃料，柴油发动机燃料和发动机油总硫含量的标准试验方法》，样品中的硫在富氧环境下被氧化成 SO_2，在紫外光照射下生成不稳定的激发态 SO_2^*，SO_2^* 很快衰变回基态，这个过程中产生光子辐射，并发出 240～420nm 范围内特征波长的荧光。在紫外光光强不变时，荧光强度与样品中总硫含量成正比，通过仪器内置光电检测器检测荧光强度即可计算出样品中总硫含量，见图 2-6-62。

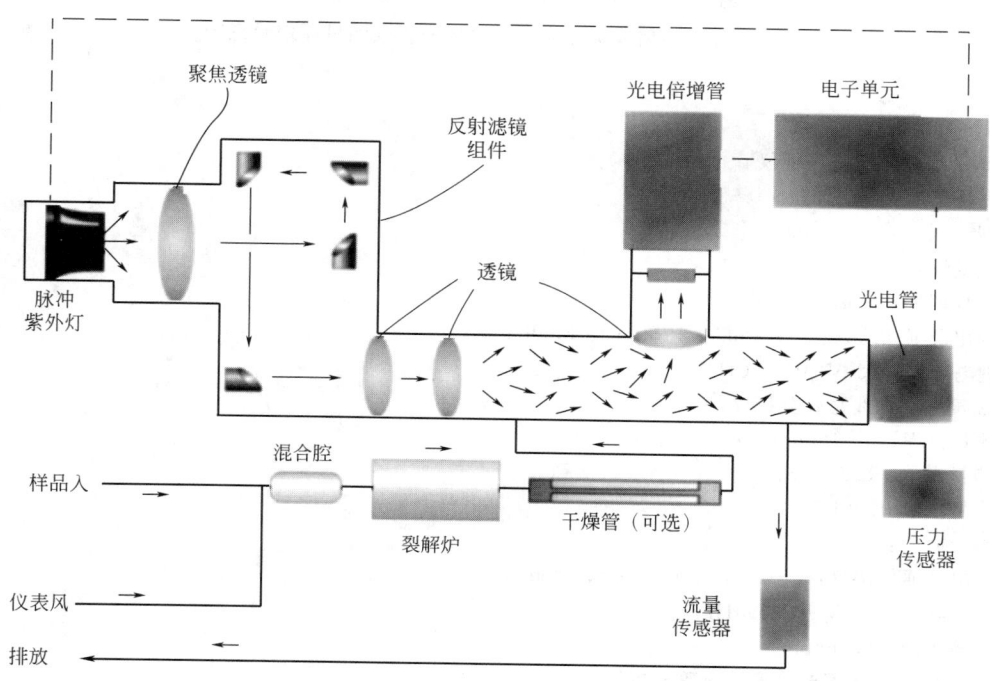

图 2-6-62　紫外荧光法总硫分析仪示意图

（2）主要性能指标

① 测量范围：0～2ppm；0～5ppm。

② 测量误差：±2%FS。

③ 重复性：±1%FS。

④ 响应时间：不超过 5min。

⑤ 输出及通信协议：4～20mA、Profibus、Modbus。

⑥ 供电电压：220V AC，50Hz。

⑦ 检测下限：0.025ppm。

2. 能量色散 X-射线荧光光谱法总硫分析仪

（1）测量原理　依据 GB/T 17040《石油和石油产品硫含量的测定　能量色散 X 射线荧光光谱》、SH/T 0742《汽油中硫含量测定法（能量色散 X 射线荧光光谱法）》、ASTM D4294《能量散射 X 射线荧光光谱法测定石油和石油产品中的硫含量的标准试验方法》，样品中的特定元素（如硫）在 X 射线照射下，原子内层轨道上的电子与 X 射线发生碰撞脱离轨道，出现电子空位，这时能量较高的外层轨道电子会跃迁至空位，从而发出 X 射线荧光，每种元素的 X-射线荧光都具有特征光谱谱线和固有能量，检测能量或者波长就可以实现相应的元素分析，见图 2-6-63；同时，X-射线荧光的光子数量与样品中待测元素的原子数量成比例，通过对光子的计数就能够得到试样中目标元素的质量浓度。石油产品的总硫分析采用能量色散原理的方法较普遍。

为了适应不同油品的总硫浓度跨度大［从百分比（%）到小于 10ppm］要求，有两种能量色散 X-射线荧光光谱法总硫分析仪：一种用于原油等硫含量较高或者杂质较多油品的高量程总硫分析仪，采用半导体光电检测器对总硫进行检测；另外一种是高灵敏度总硫分析仪，采用高灵敏度比例计数管光子检测器，并通过氦气净

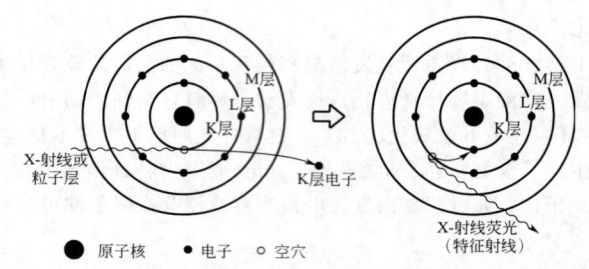

图 2-6-63　X-射线荧光光谱法总硫分析仪测量原理示意图

化，去除背景干扰。

（2）主要性能指标

① 高量程在线总硫分析仪

a. 测量范围：0～0.1%；0～5%。

b. 线性误差：±10ppm。

c. 重复性：±15ppm。

d. 响应时间：60s。

e. 输出及通信协议：4～20mA、Profibus、Modbus。

f. 供电电压：220V AC，50Hz。

② 高灵敏度在线总硫分析仪

a. 测量范围：0～10ppm；0～500ppm。

b. 测量误差：±2%FS。

c. 重复性：±2%FS。

d. 响应时间：60s。

e. 输出及通信协议：4～20mA、Profibus、Modbus。

f. 供电电压：220V AC，50Hz。

g. 检测下限：0.75ppm。

3. 单波长 X-射线荧光光谱法总硫分析仪

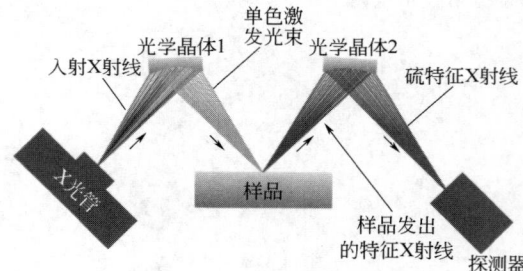

图 2-6-64　单波长色散 X 射线荧光
光谱法总硫分析仪结构示意图

（1）测量原理　依据 NB/SH/T 0842《轻质液体燃料中硫含量的测定　单波长色散 X 射线荧光光谱法》和 ASTM D7039《用单色波长色散 X 射线荧光光谱法测定汽油和柴油燃料中硫含量的标准试验方法》，仪器通过采用两个特殊的聚焦光学晶体，消除来自光源的辐射散射，改善信噪比，见图 2-6-64。

（2）主要性能指标

① 测量范围：0～500ppm。

② 测量误差：±2%FS。

③ 重复性：最小 0.1ppm。

④ 响应时间：10～300s。

⑤ 输出及通信协议：4～20mA、Profibus、Modbus。

⑥ 供电电压：220V AC，50Hz。

⑦ 检测下限：0.6ppm。

4. 选型注意事项

① 总硫含量较低的场合，如汽、柴油加氢，轻油、成品油调和等，选择检测下限较低的紫外荧光、单波长 X 射线荧光、高灵敏度能量散射 X 射线荧光光谱法的总硫分析仪。

② 总硫浓度高的原油、燃料油等，选结构简单、测试速度快的高量程能量散射 X 射线荧光光谱法总硫分析仪。

③ 成分较为复杂的油品或柴油等长碳链油品，选用 X 射线荧光光谱法总硫分析仪。

二、馏程分析仪

1. 馏程的定义和测量方法

馏程是指在规定的测试条件下所测油品试样的蒸馏温度与馏出量之间的关系。在标准测试条件下，一般用蒸馏油品得到的冷凝液体的体积分数来表示，或用回收的冷凝液体达到一定体积分数（如 10％、50％或 90％）时的蒸馏温度来表示。

测量方法：根据 GB/T 6536《石油产品常压蒸馏特性测定法》，等效采用 ASTM D86，一定量油品试样按照规定速度蒸馏，蒸汽经冷凝回收，确定其蒸馏温度与馏出液体积分数的关系。

2. 馏程分析仪结构和测量流程

馏程分析仪的结构如图 2-6-65 所示。

图 2-6-65 中，CCD 为电荷耦合器件；LED 为发光二极管。

测量流程：试样自动计量→注入烧瓶中→蒸馏→测定蒸馏温度、蒸馏量→自动报告结果。

3. 主要性能指标

① 符合 GB/T 6536 和 ASTM D86 标准《石油产品常压蒸馏特性测定法》的要求，进行常压蒸馏分析；或选配减压蒸馏附件，进行符合 ASTM D1160 的减压蒸馏分析。

② 具有高精度液面监测，最小检测液面变化范围 0.15mm 或更小。

③ 防爆等级为 Ex pd ⅡB T4。

④ 可实时显示蒸馏过程、测量结果、参数设定、维护清洗等过程。

⑤ 可设定从初馏点到终馏点间的蒸馏温度和馏出量，可调节加热器功率控制蒸馏速率。

三、蒸气压分析仪

1. 蒸气压的定义和测量方法

在一定温度下，气相与液相处于平衡状态时的蒸气压力称为饱和蒸气压，简称蒸气压。蒸气压的高低表明了液体中分子逃离液体、汽化或蒸发的能力，蒸气压越高表明液体越易汽化。在油品的规格标准中，蒸气压越高，说明含低分子量烃类越多，越容易汽化；同时要求蒸气压不能大于额定值，防止油品过轻产生气阻现象。

测量方法：根据 GB/T 8017《石油产品蒸气压的测定 雷德法》（参照 ASTM D323），在一定温度下，被测油品经过文丘里喷嘴，随着流速增加，油样汽化的压力发生变化，喷嘴出口的压力是 Kinetic 蒸气压（KVP），可以转换成 GB/T 8017 标准要求的 Reid（雷德）蒸气压（RVP），压力由压力变送器检测并连续输出数据。

2. 仪器结构

仪器采用喷射器动作原理，其喷管部位示意图如图 2-6-66 所示。

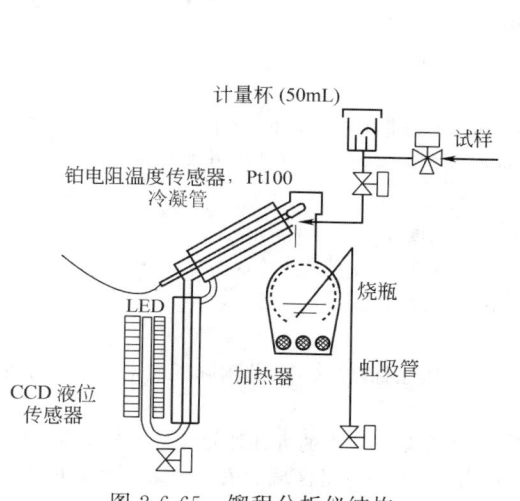

图 2-6-65 馏程分析仪结构

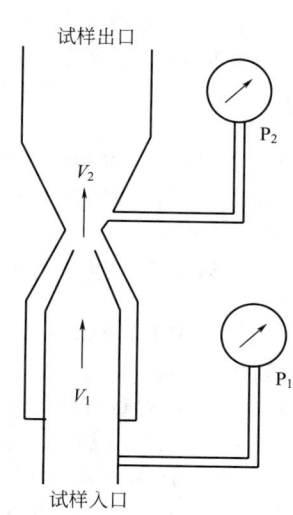

图 2-6-66 喷管部位示意图

3. 主要性能指标

① 主要性能指标符合 GB/T 8017 或 ASTM D323 标准《石油产品蒸气压的测定》的要求，对进行易挥发性原油及汽油等易挥发性石油产品自动测定。

② 防爆等级为 Exd IIB T4。

③ 测量范围：0~150kPa。

④ 重复性：小于 1kPa。

四、闪点分析仪

1. 闪点的定义和测量方法

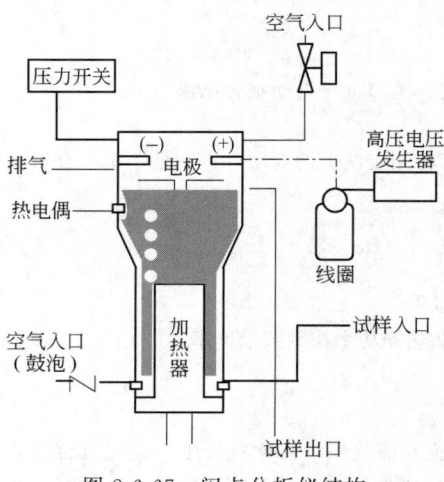

图 2-6-67 闪点分析仪结构

在规定的试验条件下，油品被加热到其蒸气与空气的混合气接触火焰时，发生瞬间闪火的最低温度，称为闪点。

测量方法：闪点的测量方法有开口杯法和闭口杯法两种。目前在线油品闪点分析仪基本采用闭口杯法测定。依据 GB/T 261《闪点的测定　宾斯基-马丁闭口杯法》（参照采用 ISO 2719），仪器在测试时保持匀速升温，当试样温度达到预期闪点的 -10℃时进行点火试验，按照每次升温 1℃重复点火，直到出现闪火，闪爆检测器检测到信号并输出。

2. 仪器结构和测量流程

闪点分析仪的结构如图 2-6-67 所示。

测量流程：试样导入→计量（溢流方式）→加热（升温速度控制）→点火（每 1℃）→引火点检测→排气→试样排出（同时导入下一次的试样）。

3. 主要性能指标

① 符合 GB/T 261《闪点的测定　宾斯基-马丁闭口杯法》或 ISO 2719 标准的要求。

② 防爆等级为 Exd IIB T4。

③ 测量时间：2~10min。

五、色度分析仪

1. 测量方法

依据 GB/T 6540《石油产品颜色测定法》（等效采用 ASTM D1500）以及 GB/T 3555《石油产品赛波特颜色测定法（赛波特比色计法）》（等效采用 ASTM D156）等。

2. 仪器结构

在线色度分析仪基于比色原理，采用分光光度法对油品进行检测。仪器主要由光源、分光系统（棱镜）、检测器以及数据处理器等组成。色度分析仪结构如图 2-6-68 所示。

仪器的检测单元由光源、流通池、分光光度计等组成。

3. 主要性能指标

① 符合 GB/T 6540《石油产品颜色测定法》或 ASTM D1500 标准，GB/T 3555《石油产品赛波特颜色测定法（赛波特比色计法）》或 ASTM D156 标准的要求，测量油品色度或者赛波特色度。

② 防爆等级为 Ex d ⅡB T4。

③ 测量范围：赛波特色度为 -16~30 或 ASTM 色度 0~8。

④ 重复性：2%。

⑤ 样品条件：压力范围小于 2MPa；温度范围 0~120℃。

六、选型注意事项

① 参与质量控制时，测试原理和分析方法应满足国家标准（GB）或国际标准，如国际标准化组织（ISO）或者美国材料与试验协会（ASTM 标准）的要求。

② 参与生产过程控制时，应选用响应速度快、参数信息量大的近红外光谱分析等在线油品分析仪。

③ 在防爆危险区安装的在线油品分析仪，必须满足现场防爆区域的安全要求。当分析仪不能满足防爆要求时，应将分析仪安置在正压通风防爆分析小屋内。

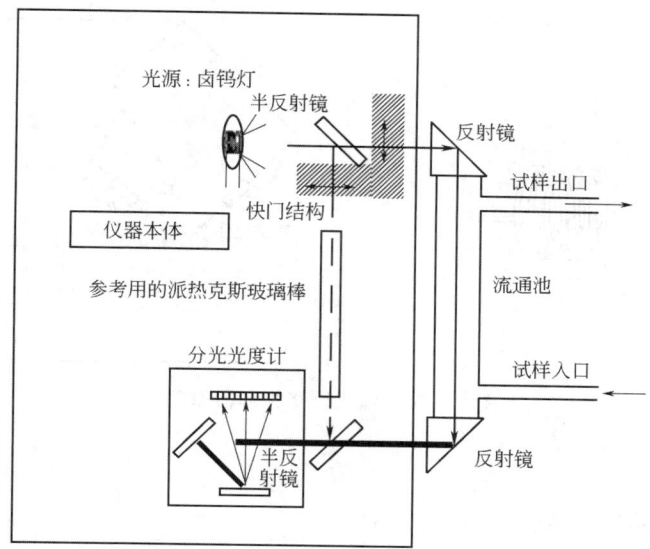

图 2-6-68　色度分析仪结构

④ 在线油品分析仪系统包括样品抽取装置、前置处理装置、传输装置、处理装置、校准装置、回收装置，如图 2-6-69 所示。

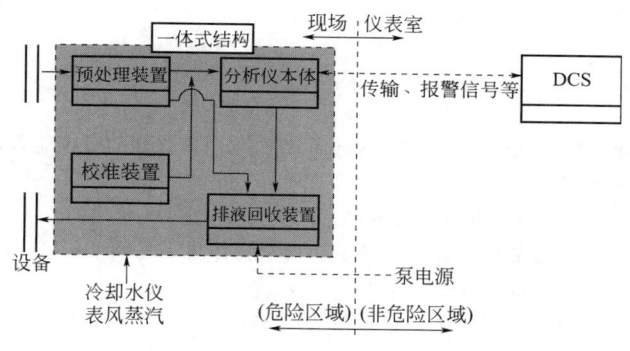

图 2-6-69　在线油品分析系统示意图

第十节　可燃和有毒气体检测器

一、可燃气体检测器

可燃气体检测器可分为催化燃烧、红外、半导体、超声波等，催化燃烧和红外可燃气体检测器应用较广。

1. 催化燃烧检测器

(1) 测量原理　一般用 0.3～0.5mm 铂丝（Pt）制成一个检测元件（在铂丝上涂催化剂钯）和一个补偿电阻元件（在铂丝上涂金），并将检测元件和补偿元件组合在一个透气的隔爆壳体中，与两个固定电阻组成惠斯通电桥，如图 2-6-70 所示。

可燃性气体经过检测元件时，涂有催化剂的铂丝产生无焰燃烧，温度升高引起检测元件的阻值升高；补偿元件表面涂有金，不会产生无焰燃烧，阻值不变。惠斯通电桥不平衡，输出的 ΔU 与可燃气体浓度成正比。

(2) 主要性能指标

① 测量范围：0～100%LEL。

② 精确度：≤±5%FS。

③ 响应时间：$T_{90} \leqslant 30s$。

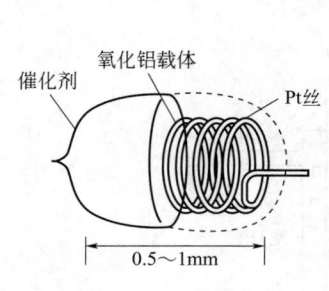
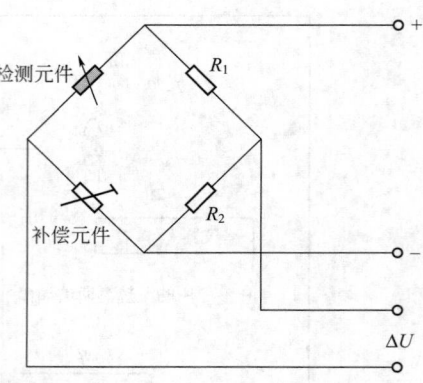

图 2-6-70　催化燃烧检测器原理

④ 防爆等级：Exd/Exi ⅡC T4。

⑤ 检测器寿命：2 年。

⑥ 输出信号：4～20mA/HART、Modbus RTU。

⑦ 安全认证：SIL2。

（3）选型注意事项

① 检测元件涂有催化剂，不适用于检测含有硅、卤族元素的气体，避免催化剂中毒。在含硫化氢的环境，应选用抗硫化氢中毒的催化传感器。

② 缺氧环境中不能使用。

③ 被测气体不能含水。

④ 3～6 个月标定一次。

2. 红外检测器

（1）测量原理　碳氢化合物可燃性气体对特定波长的红外辐射有强烈的吸收能力，通过测量红外能量的变化，可检测出可燃性气体的浓度。

检测器按光学结构分有直射方式和反射方式两种。

① 直射方式　将光源与红外光能检测元件分别装在两个壳体里，见图 2-6-71，两者用玻璃隔开。其光路较长（＞50mm），光源与红外光能检测元件为直射方式，防爆玻璃表面可擦洗，灵敏度高、稳定、零点漂移小。

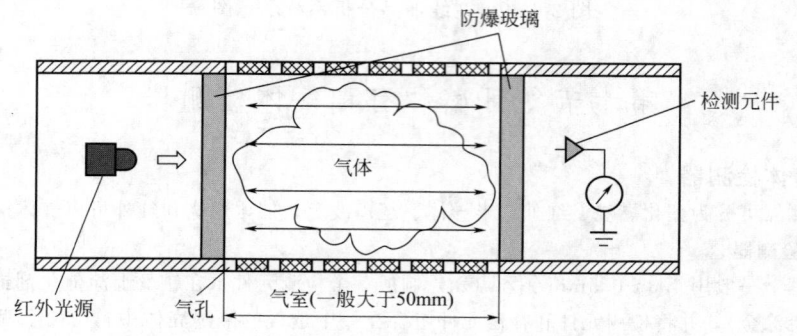

图 2-6-71　直射式红外可燃气体检测传感器

② 反射方式　将光源与红外光能检测器装一个壳体里，为了增加光路长度（光路越长灵敏度越高），在一个用隔爆片固封的腔体里采用镜面多次反射光的原理来达到，见图 2-6-72。

因腔体内反射镜面与被测气体直接接触，镜面易被污染，无法清洗镜面。随时间的增加，其灵敏度会降低，零点会漂移。一般在干净和非重要场所使用。

红外探测器也可以采用双（多）光源和双（多）光路设计，能检测多种碳氢类可燃气体、二氧化碳，使用寿命长、可靠性高、稳定性好。

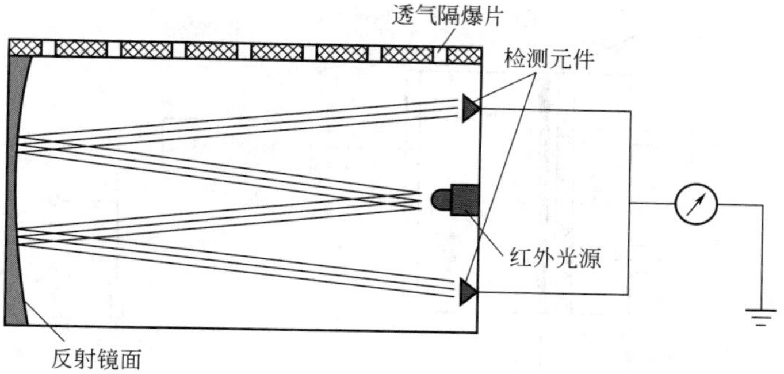

图 2-6-72　反射式红外可燃气体检测传感器

（2）主要技术指标

① 测量范围：0～100％LEL。

② 精确度：≤±3％ FS。

③ 响应时间：$T_{90} \leqslant 30s$。

④ 传感寿命：5～10 年。

⑤ 防爆等级：Exd/Exi ⅡC T4。

⑥ 输出信号：4～20mA/HART、Modbus RTU。

⑦ 安全认证：SIL2。

（3）选用注意事项

① 可用于无氧环境。

② 标定周期长。

③ 无中毒现象。

④ 不适用于高尘环境。

二、有毒有害气体检测器

根据检测原理可分成电化学、半导体激光和光致电离型检测器（PID）等。电化学检测器应用较广泛。

1. 电化学检测器

（1）测量原理　被测气体进入电化学检测器后，在工作电极和参比电极上产生氧化或还原反应，检测在氧化还原反应中的电子流，即可检测气体浓度的值。

对电解液中的工作电极和参比电极施加一定的电位，对特定气体，设定电位由其固有的氧化还原反应决定，又随电极的材质、电解质的种类不同而变化。电解电流和气体浓度之间的关系如下：

$$I = (nFADC)/\delta$$

式中，I 为电解电流；n 为每摩尔气体产生的电子数；F 为法拉第常数；A 为气体扩散面积；D 为扩散系数；C 为电解质溶液中电解的气体浓度；δ 为扩散层的厚度。

在同一检测器中，n、F、A、D 及 δ 是一定的，电解电流与气体浓度成正比。

如果毒性气体是 CO，气体检测器结构如图 2-6-73 所示。

工作电极、参比电极和电解质溶液构成一个密封结构，在工作电极和参比电极之间加恒压电源而构成恒压电路。CO 气体透过隔膜（多孔聚四氟乙烯膜），在工作电极上被氧化，CO 被氧化而形成 CO_2，在参比电极上 O_2 被还原。工作电极和参比电极之间的电流 I 与 CO 气体浓度成正比，其氧化和还原反应方程式如下：

$$CO + H_2O \longrightarrow CO_2 + 2H^+ + 2e^-$$

$$O_2 + 4H^+ + 4e^- \longrightarrow 2H_2O$$

$$CO + \frac{1}{2}O_2 \longrightarrow CO_2$$

如毒性气体是 H_2S，其氧化和还原反应方程式如下：

$$H_2S + 4H_2O \longrightarrow H_2SO_4 + 8H^+ + 8e^-$$

$$2O_2 + 8H^+ + 8e^- \longrightarrow 4H_2O$$

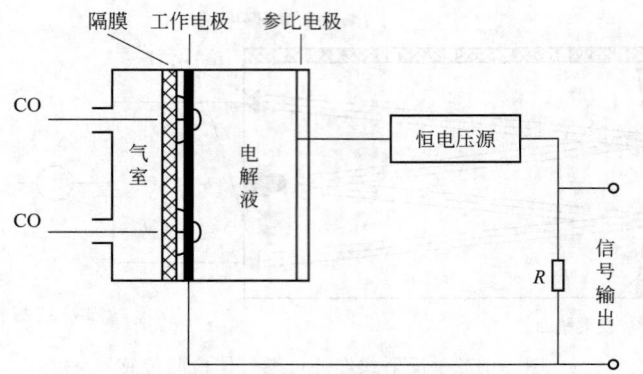

图 2-6-73　CO 气体检测器结构示意图

$$H_2S + 2O_2 \longrightarrow H_2SO_4$$

该类电化学检测器适用于检测 CO、H_2S、NO、NO_2、SO_2、HCl、Cl_2、PH_3 等有毒气体。

（2）主要性能指标

① 传感器寿命：1～3 年。

② 测量范围：0～300% OEL；有毒气体的测量范围可为 0～30% IDLH；氧气的测量范围：0～25% VOL。

③ 精确度：≤±5% FS。

④ 重复性：≤±2% FS。

⑤ 响应时间：$T_{50} < 30s$。

⑥ 环境温度：−40～50℃。

⑦ 防爆等级：Exd/Exi ⅡC T4。

⑧ 输出信号：4～20mA/HART、Modbus RTU。

⑨ 安全认证：SIL2。

注：OEL-Occupational Exposure Limit 职业接触限值；IDLH-Immediately Dangerous to Life or Health concentration 直接致害浓度。

（3）选用注意事项

① 不同毒性气体，应选用不同毒性气体传感器。

② 传感器应安装在毒气源的下风处。毒性气体密度比空气密度轻时，传感器应安装在高处（0.6～1.5m）；毒性气体密度比空气密度重时，传感器应安装在低处（0.3～0.6m）。

③ 由于电化学传感器内部封装有电解液，应避免太阳直射，宜配置遮阳板附件。

④ 为便于传感器的校验和维护，应保持扩散口畅通。

2. 光致电离型检测器

（1）测量原理　光致电离型检测器是利用在紫外光灯（能量为 9.8eV、10.6eV、11.7eV）照射下有机化合物蒸汽或气体被电离的原理，在电场的作用下，通过检测气体被电离的电流（离子流）大小，从而测得被测气体的浓度。光致电离型检测器示意图见图 2-6-74。

（2）主要性能指标

① 传感器寿命：9 个月（玻璃电极灯泡）、3 年（陶瓷电极灯泡）。

② 测量范围：0～10ppm，0～100ppm，0～1000ppm。

③ 精确度：≤±2% FS(±5% FS，0～1000ppm)。

④ 响应时间：≤20s。

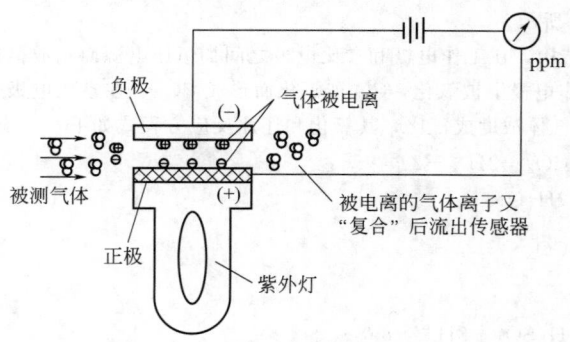

图 2-6-74　光致电离型检测器示意图

⑤ 环境温度：—40～50℃。

⑥ 防爆等级：Exd/Exi ⅡC T4。

⑦ 输出信号：4～20mA/HART、Modbus RTU。

⑧ 安全认证：SIL2。

（3）选用注意事项

① 通常选用内置抽气泵式检测器。

② 水气对光致电离型传感器有响应，应对样气的干燥处理。

3. 半导体激光气体检测器

（1）测量原理 半导体激光气体检测器是采用可调谐半导体激光吸收光谱（TDLAS）技术，通过测量吸收光谱的变化，可检测出可燃性气体或者毒性气体的浓度。

依据应用场合及安装方式不同，激光气体检测器可以分为激光对射式、光纤传感式等。激光对射式检测器如图 2-6-75 所示。

将激光器和探测器分别装在发射端和接收端，发射端和接收端组成对射式气体探测器，检测发射端和接收端之间的气体泄漏情况。发射端和接收端的最远距离可达 120m。

（2）主要性能指标

① 测量气体：甲烷、硫化氢等。

② 测量范围：0～1000ppm · m/0～2000ppm · m。

③ 工作距离：＜120m。

④ 环境湿度：0～95％ RH。

⑤ 环境温度：—40～65℃。

⑥ 防护等级：IP66。

⑦ 输出信号：4～20mA。

⑧ 安全认证：SIL2。

⑨ 防爆等级：Exd/Exi ⅡC T4。

（3）选用注意事项

① 温度≥65℃时，不宜采用激光气体检测器。

② 在有积雪、凝雾和结冰的场合，应保持镜片和光路的清洁。

三、气体报警控制器

1. 工作原理与结构

气体报警控制器由控制、输入、输出、电源、报警显示、通信等模块组成，如图 2-6-76 所示，与各种气体检测器相连接组成气体报警控制系统。可根据现场工况及需求进行声光报警设定，提示操作管理人员及时处理。

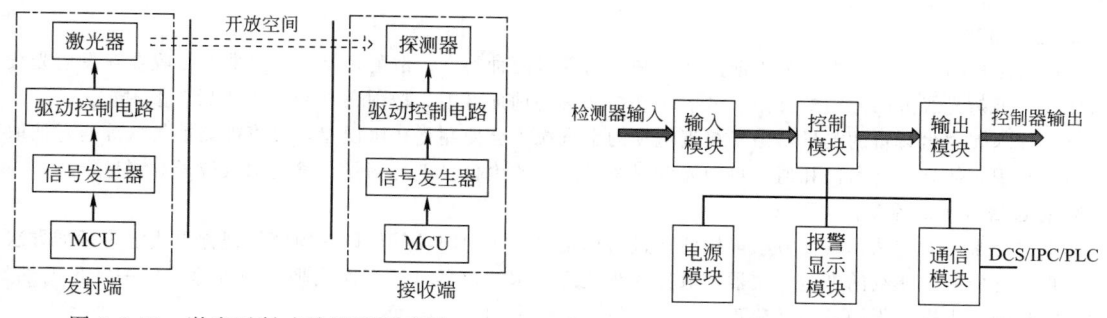

图 2-6-75　激光对射式检测器示意图　　　　图 2-6-76　气体报警控制器示意图

气体报警控制器采用独立式插卡设计，1～8 路气体检测回路宜采用壁挂式气体报警控制器，多于 8 路气体检测回路宜采用机柜式气体报警控制器。

控制器每个插卡有两个继电器输出，当气体探测器监测的气体浓度达到设定的高、低限报警值时，控制器发出声光报警信号，并触发对应的报警继电器触点信号。在检测器与控制器之间线路短路、断路、供电故障时，触发对应的故障继电器触点信号。

2. 主要性能指标

① 气体报警控制器采用 LCD 或 LED 数字显示。

② 输入信号：4～20mA、干触点，或 RS-485 Modbus RTU。

③ 至少提供两个报警信号输出，用于低浓度或高浓度报警。输出信号应为无源触点信号，触点类型为 SP-DT 24V DC 3A。

④ 显示各通道工作状态，并能与 DCS 通信（Modbus RTU 或 TCP/IP）。

⑤ 可选配 CPU 冗余或卡件冗余。

⑥ 具有报警消音和报警复位功能。

⑦ 具有故障自诊断和存储故障信息、报警信息及其他事件信息。

⑧ 操作维护密码保护。

⑨ 供电电压 220V AC，具有掉电保护功能，内部应有备用电池。

⑩ 气体报警控制器应独立设置，与 DCS 和 SIS 系统分开设置。

⑪ 气体报警控制器应取得国家指定机构或其授权检验单位的消防 CCCF 认证及计量器具许可证。

第十一节　烟气排放连续监测系统

一、系统功能及构成

烟气排放连续监测系统（Continuous Emission Monitoring System，CEMS）是指对固定污染源排放的颗粒物、气态污染物的浓度和排放量进行连续、实时跟踪测定的系统，并将监测数据存储和上传至相关监管部门。

CEMS 系统由颗粒物监测单元、气态污染物监测单元、烟气参数监测单元、数据采集与处理单元等组成，如图 2-6-77 所示。

通过采样和非采样方式，测定烟气中颗粒物浓度，气态污染物浓度，烟气温度、压力、流速或流量、含湿量（或输入烟气含湿量），烟气氧或二氧化碳含量等参数；计算烟气中污染物浓度和排放量，显示和打印各种参数并传输至固定污染源监控管理系统。

二、颗粒物测量单元

颗粒物测量是对烟气中的颗粒物浓度和排放量进行监测。常用方法有激光透射法、光散射法、称重法、电荷法和 β 射线法等。

1. 激光透射法

激光透射法将光源与探测器分别安装在烟道两侧，光源发出的光被烟尘颗粒吸收、散射后光强衰减，探测器接收的是颗粒的透射光。根据郎伯-比尔（Lambert-Beer）定律，透射光强与颗粒的大小和浓度相关，通过相关计算可得到烟尘的质量浓度。

2. 光散射法

光散射法根据散射角的大小分为前向散射和后向散射两种类型。散射角是光发射器与接收器在发射光线方向与接收的折射光线方向之间的夹角。散射角 $\theta<90°$ 称为前向散射，散射角 $\theta>90°$ 称为后向散射。

对高湿烟气中尘含量的测量，由于接近饱和的水汽粒子会使测量产生误差，可将被测烟气（等速）抽取到高温加热腔中，使烟气远离饱和值，再用光散射法对烟气的尘含量进行测量，避免水汽粒子对测量干扰。

3. 称重法（手工检测）

称重法是常用的方法，其他方法多用此法进行标定比对。中国及其他许多国家均把称重法定为标准方法。

称重法是使用带滤纸的烟尘收集器、取样探头及冷凝水分离器，从烟囱或烟道中等速抽取一定量的烟气，将滤纸收集的烟尘进行干燥处理并称重，定量分析得出烟尘的排放浓度。

除上述方法外还有 β 射线吸收法和电荷法等。

三、气态污染物测量单元

气态污染物测量单元主要检测 SO_2、NO_x、NH_3 等，可分为直接测量法、稀释抽取法和完全抽取法。

1. 直接测量法

用气体分析仪（常用激光分析仪）直接测量烟道中的 SO_2、NO、NO_2、NH_3 等气体组分，响应快、无需

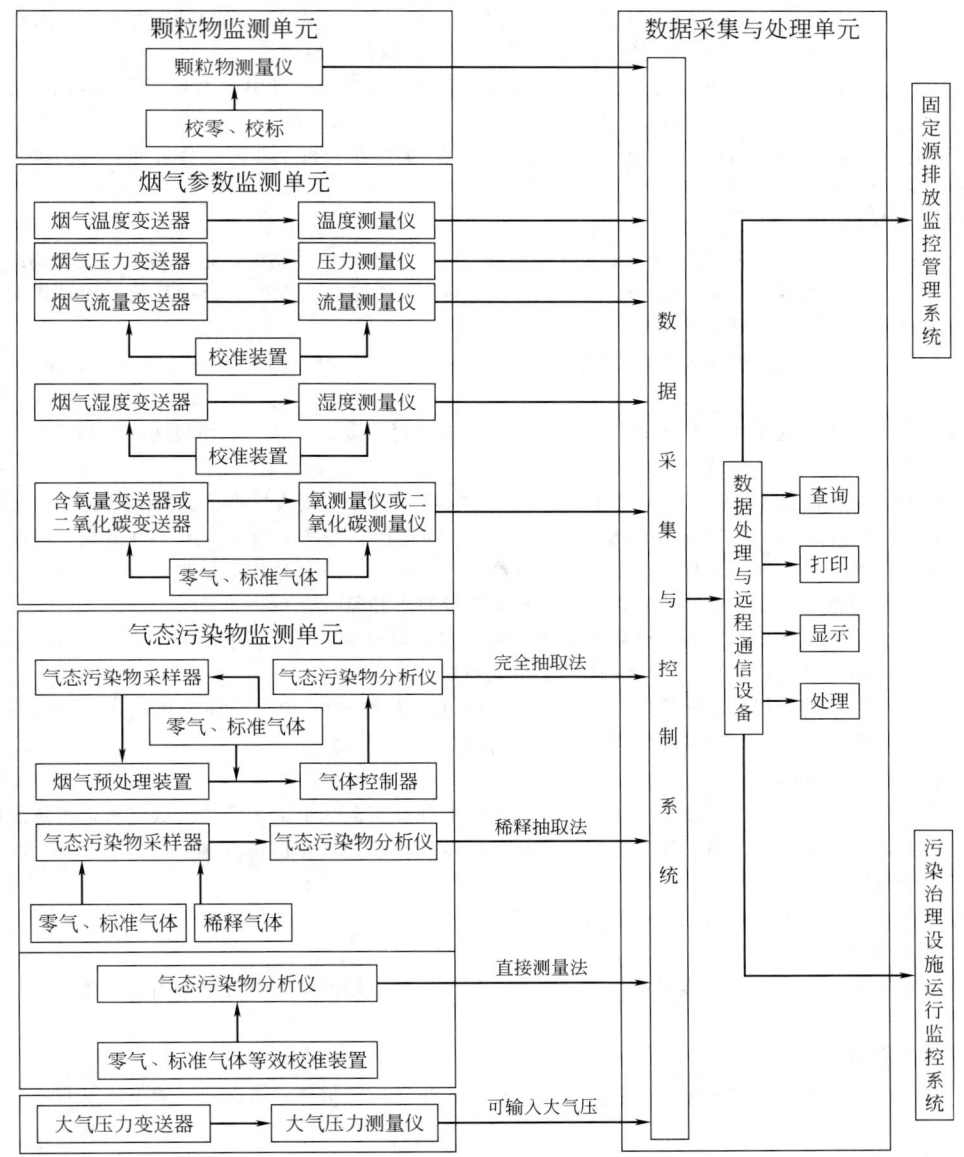

图 2-6-77　烟气排放连续监测系统

气体取样及传输。

2. 稀释抽取法

用干燥的仪表空气在采样探头内部进行稀释，等比例稀释的精密度在1％之内，样品气经稀释后降低了露点温度，避免样品气在环境温度下产生结露现象。

3. 完全抽取法

完全抽取法是从烟道中抽取样品气，过滤出颗粒物后传送至在线分析仪。

完全抽取法又可分为热/湿法和冷/干法。被测烟气经过除尘后未经冷凝降温处理，保持原有的热湿状态下进行分析的，被称为热/湿法，属于"湿基"测量；完全抽取法中被测烟气经过除尘、除湿后，成为洁净、干燥的烟气，并在干烟气状态下进行分析，称为冷凝/干燥法（冷/干法），属于"干基"测量。

（1）热/湿法　热/湿法是通过高温的取样探头、均匀加热的样品管线将烟气传送到分析仪，分析仪的样品室应加热。在烟气从探头取出到分析后排放的全程，必须将其温度保持在大于等于 120℃ 且大于露点温度 10℃ 以上。如果加热系统出现故障，湿气很容易冷凝析出，导致系统的腐蚀、堵塞，甚至损害分析仪。

热/湿法适合测量溶于水或易溶于水的气体，如 HCl、HF、NH$_3$、NO$_2$、SO$_2$ 以及某些挥发性有机化合物。热/湿法通常与紫外分析仪、红外分析仪、傅里叶红外分析仪配套使用。

（2）冷/干法　冷/干法是在烟气进入分析仪之前将其温度降低并除去其中的水分（冷凝器的设置和实际控制温度应保持在 2～6℃），经过处理后的烟气是冷和干的。

冷/干法适合测量不溶于水的气体，如 O$_2$、CO$_2$ 等。冷/干法在分析仪器的选择方面有较大的灵活性，适用于排放浓度按"干基"计算的场合。

4. 取样处理系统

（1）取样探头　取样探头采用高温加热且带过滤器，具有反吹和校准功能，过滤器采用金属烧结或多孔陶瓷材料制成。一般过滤粒径为 5～10μm，也可以为 1～2μm，过滤粒径的选择是根据系统的设计需要而定，粒径越小，形成的阻力越大，会增加泵的负担。

（2）取样管线　取样管线的材质应耐腐蚀、耐磨损、不吸附（一般采用 Teflon 或 316 不锈钢），电伴热温度高于烟气的露点 10℃以上。

（3）除湿器　除湿器的作用是除去样品气中的水分，以获得干燥的样品气，使被测组分测量时避免水分的干扰，通常采用冷凝器和 Nafion 管干燥器。

① 冷凝器除湿器　冷凝器除湿器可分为压缩机式冷凝器和半导体式冷凝器两种，可根据系统设计的需要选择。

② Nafion 干燥管除湿器　Nafion 干燥管是通过 Nafion 膜选择气态除湿的方式来干燥烟气，同时保留烟气中低浓度的 SO$_2$、NO$_x$ 和 O$_2$，确保分析的真实性和准确性。Nafion 管不适用于烟气中有大量颗粒污染物或油类等场合。Nafion 管前的过滤粒径＜1μm，烟气中不能有液态水和氨气存在。

（4）取样泵　取样泵从烟道中抽取烟气并传送给分析仪。取样泵应满足分析仪所需的流量和响应时间，有良好的密封性、防腐性、稳定性。一般采用隔膜泵或喷射泵。

（5）过滤器　粗过滤器用于滤除样气中较大的颗粒物（大于 5μm）。由于气体分析仪要求颗粒物粒径小于 0.5μm，通常在分析仪入口装有精细过滤器（小于 0.5μm）。

四、烟气参数检测单元

烟气的温度、压力、流量、湿度、含氧量等参数是数据处理所需的辅助参数。将烟气流量折算成标准状态下的干烟气流量，通过氧含量参数计算出基准氧含量排放浓度，最终计算出排放量。

1. 烟气温度测量

烟气温度测量通常选用铠装热电阻或铠装热电偶。

2. 烟气压力测量

烟气压力采用差压或绝压变送器测量。大气压力采用差压变送器测量，也可采用当地气象部门给定的压力值，手工输入。

3. 烟气流量测量

烟气流量测量可采用皮托管流量计、热式质量流量计、超声波流量计。用皮托管测量流量时，烟气流速应不小于 5m/s。

4. 烟气湿度测量

烟气湿度测量可采用干湿氧法、湿度传感器法、红外线吸收法、冷凝法、重量法和干湿球法。

5. 烟气含氧量测量

烟气含氧量测量采用氧化锆、电化学、磁氧等方法。

五、数据采集与处理单元

数据采集与处理单元收集、存储检测仪器传来的数据，并进行分析处理；实现操作控制、故障报警、图表统计、报表打印等功能。通过网络向监管部门发送排放数据报告，监管部门可以远程数据查询。

数据采集与处理单元主要由计算机（服务器）及其外部设备（数据采集传输仪）、系统软件和应用软件等组成。

第十二节　挥发性有机物监测系统

一、挥发性有机物的定义

挥发性有机物（Volatile Organic Compounds，VOCs），通常指在常温下饱和蒸气压大于 70Pa、常压下沸点在 260℃以内的有机化合物。从环境监测角度来讲，是指以分析仪器测出的非甲烷烃类检出物（NMHC）的总称，包括烃类、氧烃类、含卤烃类、含氮烃及含硫烃类化合物。

在石油、石油化工、煤化工等行业，对生产装置及辅助设施排放含 VOCs 气体，优先回收利用，不能（或不能完全）回收利用的经处理后达标排放；应急情况下的泄放气，可排入火炬充分燃烧后排放；废水收集和处理过程产生的含 VOCs 废气，也需要经收集处理后达标排放。

二、VOCs 分析仪测量原理

目前常用的 VOCs 分析仪测量方法有火焰离子化检测法（FID）、气相色谱-火焰离子化检测法（GC-FID）、傅里叶红外法（FTIR）、光离子化检测法（PID）、催化氧化-非分散红外监测法（NDIR）等。

本节介绍环保行业标准要求的气相色谱-火焰离子化检测法（GC-FID）VOCs 分析仪和 ISO 标准要求的催化氧化-非分散红外检测法（NDIR）仪器。

1. 气相色谱-火焰离子化检测法（GC-FID）VOCs 分析仪

根据中国的环保法规要求测量非甲烷总烃，测量方式是采用气相色谱-火焰离子化检测器（FID）检测。具体做法：先将甲烷分离、测量；再测量余下的非甲烷总烃（NMHC）。仪器内部结构示意图见图 2-6-78。

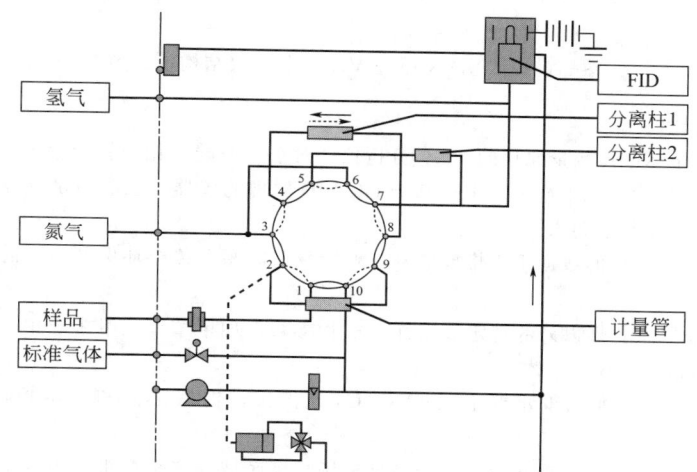

图 2-6-78　GC-FID 原理的 VOCs 分析仪结构示意图

具体测量流程：

① 试样气体通过计量管计量一定的量，导入分离管柱内；

② 分离管柱通过色谱对 O_2、CH_4、NMHC 进行分离，O_2 与 CH_4 最先流出；

③ 通过 FID 测量流出的 CH_4，算出 CH_4 的浓度；

④ 将载气流路切换为反吹流路，将滞留于分离管柱内的 NMHC 吹出；

⑤ 通过 FID 测量吹出的 NMHC，计算出 NMHC 的浓度。

2. 催化氧化-非分散红外检测法（NDIR）VOCs 分析仪

采用 NDIR 原理的 VOCs 分析仪，其测量方式是将待测气体中的 VOC，通过氧化全部转化为 CO_2，利用 NDIR 检测器测量并换算为 VOCs。

NDIR 原理 VOCs 分析仪结构示意图如图 2-6-79 所示。

具体测量流程：

① 首先直接测量气样中的本底 CO_2 浓度；

② 然后将气样通过燃烧炉，将气样中的 VOC 成分进行氧化，转化为 CO_2；

③ 利用 NDIR 检测器测量 CO_2 浓度；

④ 将第③步得到的 CO_2 浓度减去气样中的本底 CO_2 浓度，差值换算为 VOCs 浓度。

三、选用注意事项

由于 VOCs 是多种有机物的混合物，在线 VOCs 分析仪选型，首先需要考虑的因素是仪器对待测气体的响应系数（或响应因子）应能满足监测要求。按照环保行业标准 HJ 733—2014《泄漏和敞开液面排放的挥发性有机物检测技术导则》对响应系数的定义："指已知浓度的 VOCs 化合物的浓度值，与经相同浓度值的参考化

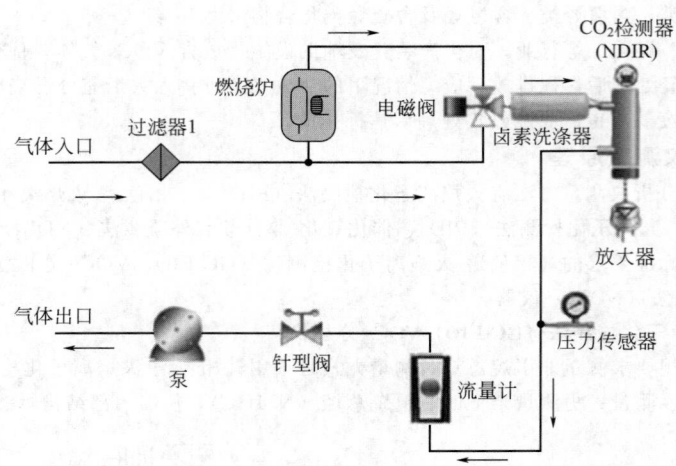

图 2-6-79　NDIR 原理 VOCs 分析仪结构示意图

合物校准的仪器读数的比值"。

现有数据表明，基于 NDIR 测量原理的 VOC 分析仪，对于一般碳氢化合物和含氧、含氯有机物的响应系数基本能达到较为理想的 0.9～1.1 这个范围；基于 GC-FID 原理的仪器，也能满足一般碳氢化合物和含氯以及大多数含氧有机物的响应系数要求。

① 如果在线 VOCs 分析仪的数据用于排放监测，测量数据需要上传至环保部门，需要选择满足当地环保部门要求的仪器。

② 如果要求监测非甲烷总烃以外的特定挥发性有机物参数，如甲苯、二甲苯等单一成分，应选择能分离检测该化合物的气相色谱分析仪。

③ 用于企业内部 VOCs 回收和处理工艺的 VOCs 分析仪，根据工艺和成本控制的要求选择需要的仪器。

④ 应用于危险区的在线 VOCs 分析仪，必须满足现场防爆区域的安全要求。当分析仪不能完全满足防爆要求时，应将分析仪安装在达到ⅡC级要求的正压通风的分析小屋里，保证安全运行。

⑤ 在线 VOCs 分析仪，为了实现安全、准确、长时间连续可靠运行，需要配置粉尘过滤装置、除水装置、温度调节装置等附属设备。

第十三节　在线分析仪系统集成

在线分析仪系统集成（图 2-6-1）包括样品处理系统（样品提取、样品传输、样品处理和样品排放和回收等）、在线分析仪、分析小屋（柜、棚）以及在线分析仪管理和数据采集系统。本节仅介绍分析小屋以及在线分析仪管理和数据采集系统。

一、分析小屋（柜、棚）

分析小屋（柜、棚）是为安装在现场的在线分析仪和样品处理系统等提供合适的运行环境，确保在线分析仪系统的性能稳定和正常运行，便于操作和维护。分析小屋宜安装在安全区域内，或者安装在 2 区危险区域内。小屋内按危险区划分按 1 区考虑。

分析小屋应遵循下列国家和行业相关标准：

① GB 29812 工业过程控制　分析小屋的安全；

② GB/T 25844 工业用现场分析小屋成套系统；

③ SH/T 3174 石油化工在线分析仪系统设计规范；

④ HG/T 20516 自动分析器室设计规范。

1. 分析小屋（柜、棚）形式

分析小屋（柜、棚）形式及描述见表 2-6-20。

表 2-6-20　分析小屋（柜、棚）形式及描述

形式	描述
背板/面板	壁挂或机柜内安装,维护方便
机箱	设备体积小,壁挂或支架安装,可提供一定的防护
室内机架	维护方便,通风好,多用于水质分析仪系统
室外机架	维护方便,通风好,配管配线方便;须配置遮雨遮阳设施;仪表设备应符合防爆、防护等级的要求
室内机柜	安装灵活,体积小,装运方便,适用于无可燃气体,无有毒有害气体的场所
室外机柜	安装灵活,体积小,装运方便,可靠近取样点安装;用于寒冷地区需保温,用于热带地区需空调;防爆区域可采用正压防爆机柜
分析小屋	为分析仪和设备提供防护,有利于维护人员和设备安全,可多台分析仪器集中安装,适用于安全区或危险2区。 分析小屋安装在危险2区时,小屋外安装的电气设备须符合危险2区要求,小屋内安装的分析仪及电气设备须符合危险1区要求。小屋内应配置可燃、有毒气体检测报警器和安全联锁装置。 根据现场实际需要,可以选正压通风小屋或正压防爆小屋

2. 分析小屋结构

分析小屋为型钢焊接框架式结构，防水、防尘、隔热。不宜采用活动天花板和活动地板。

屋顶应为"A"型结构，最小坡度为4%，满足设备维修、安装要求。

内外墙及屋顶由Ⅱ型钢板拼装铆接，外墙和屋顶采用1.5mm厚不锈钢拉丝覆膜板或镀锌钢板，内墙采用1.2mm厚不锈钢板或镀锌钢板。小屋底板采用4.5mm厚防滑花纹钢板或铝板，能承受压力1000kgf/m²● 不变形。小屋底座采用型钢焊接。

内外墙之间及屋顶填充隔热材料，保温材料选用阻燃有机泡沫或无机纤维，温差<40℃时，外墙保温材料厚度为50mm，屋顶保温材料厚度为60mm。温差<70℃时，外墙保温材料厚度为65mm，屋顶保温材料厚度为75mm。填充率>95%。

分析仪安装在分析小屋内侧，分析仪之间留有维修和操作通道。安装支架选用不锈钢或镀锌钢。样品处理系统安装在分析小屋外侧。

防火等级应为可燃气体426℃持续30min，可燃液体/蒸汽426℃持续90min。

3. 分析小屋尺寸

分析小屋的尺寸一般为宽2.5m，高2.8m（内部净高为2.5m），长度根据现场实际需求确定，一般不宜超过15m。若小屋宽大于2.5m或长大于15m时，宜采用拼装式。

分析小屋门尺寸一般为宽0.9m，高2.0m，分析小屋长度大于4m时宜设置两个门，门内侧为橘黄色，门上设有安全视窗、自动关闭设施、紧急开门设施、通体合页、通用门锁及钥匙。

4. 电气设备

分析小屋内的所有电气设备的选型应满足GB 3836危险1区用设备的要求。照明采用顶装防爆节能灯，灯具的数量和位置满足300lx照明亮度要求，应急照明应满足50lx照明亮度。灯具开关靠近小屋门和方便开关的位置。分析小屋内设有备用隔爆插座。

信号接线箱和电源接线箱安装在分析小屋外侧。

5. 采暖通风和空调系统

分析小屋设采暖通风和空调系统（HVAC）。小屋内温度保持为25~30℃，空气中无凝结水。连续通风满足EEMUA 138要求。在进风口设置遮雨篷、防虫网及可燃/有毒、有害气体检测器。当可燃气体浓度达到LEL或有毒、有害气体达到长期接触限值（TLV）时，发出报警。HVAC的控制和保护由分析小屋内安装的PLC实现。

HVAC外壳及其元件应适合现场的环境要求。

● 1kgf/m² = 10^5 Pa。

6. 辅助设备

分析小屋内设置可燃气体检测器、低氧检测器和有毒、有害气体检测器。检测器信号连接到可燃气体检测系统。分析小屋外设置旋转式红色闪光报警灯和报警喇叭，室内设置声光报警设备。

在分析小屋内可燃性浓度达到 50% LEL 时，发出联锁切断信号，切断小屋内电气设备电源。

7. 电力供应

分析小屋外设有总电源开关、分析仪及安全保护。PLC 的供电采用 UPS 电源，UPS 电源接线箱安装在分析小屋外侧。每个分析仪有独立的电源回路。断路器和开关放置在小屋外侧的电源分配箱内。电源分配箱内留有备用回路。

照明、空调和风机、电伴热、电加热等其他用电设备采用非 UPS 电源。电伴热及照明采用 220V AC 供电，采暖通风和空调系统等用电为 380V AC 供电。

8. 接线

分析小屋内外采用铝合金电缆槽板，220V AC 电缆与 24V DC 电缆分开敷设，本安电缆和非本安电缆分开敷设。

电缆进出仪表或接线箱信号使用防爆电缆密封接头。材料为不锈钢或黄铜镀镍。仪表电缆宜采用双绞屏蔽的钢丝铠装对屏总屏电缆。不同电平和类型的仪表信号不使用同一个接线箱。不同电压和/或不同类型（AC、DC、脉冲）不能使用一根电缆。

9. 接地

分析小屋外设电气总接地端，接地端与小屋底座连接，接地端材质为黄铜。分析小屋内设备的金属外壳需接到总接地端子，接地线采用黄绿相间的电线，截面积不低于 $4mm^2$。

10. 公用工程

分析小屋公用工程管线、阀门和管件等采用不锈钢。

载气、标准气钢瓶放置在分析小屋外侧的支架中，使用链条固定。钢瓶采用雨篷/遮阳篷遮罩。

二、在线分析仪管理和数据采集系统

1. 在线分析仪管理和数据采集系统（AMDAS）网络架构

在线分析仪管理和数据采集系统（AMDAS）网络架构如图 2-6-80 所示。

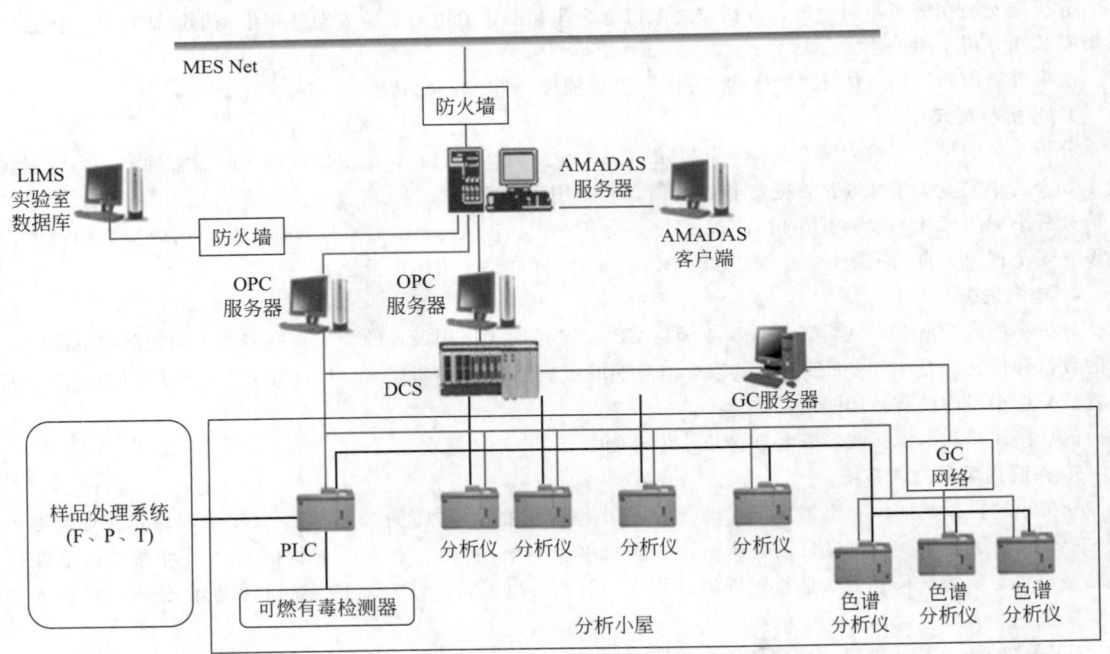

图 2-6-80　在线分析仪管理和数据采集系统网络架构

分析小屋内分析仪、报警器、样品处理系统的 4~20mA 信号和开关量信号与 DCS 连接采用硬接线方式，分析仪管理和数据采集（Analyzer Management and Data Acquisition System，AMADAS）采用通信方式。化验室数据管理系统（Laboratory Information Management System，LIMS）经防火墙与 AMADAS 连接采用通信方式。

2. 在线分析仪管理和数据采集系统主要功能

实时数据采集、数据存储维护日志、分析仪数据统计分析、分析仪测量值趋势、分析仪性能参数检测、分析仪校验和维护、分析仪报表生成、自动绩效计算（投运时间、维护标定时间、停用时间、重复性）、与实验室测量数据比对等。实现预防性维护，提高分析仪的可靠性，降低维护成本。

3. 工作站

工作站的目的是在正常生产中显示每个分析组分，监视分析仪工作状态，并对分析仪进行参数设定等维护。

（1）硬件要求

工作站应满足：至少 64 位字长的双核 CPU，至少 8GB 内存，2.8GHz 以上主频，500GB 的 SCSI 硬盘，DVDR/W，24in 显示器（LCD）。显示器（LCD）的分辨率应达到 1680×1200 以上，能支持多窗口显示，并且能接 Ethernet（TCP/IP 协议）局域网络。

（2）软件要求

工作站操作级别：操作员、工程师两级，并设置安全密码；也可以锁定整个网络，任何人都不能对分析进行远程操作和维护。

在工作站上可完成以下操作：

① 显示色谱图；

② 显示趋势画面；

③ 编辑分析仪控制参数；

④ 显示分析仪工作状态；

⑤ 报警显示；

⑥ 显示分析结果；

⑦ 储存分析结果；

⑧ 生成报表并打印。

4. 与 DCS 系统联合测试

过程分析仪系统应与 DCS 系统进行联合工厂测试（IFAT）。过程分析仪系统现场如图 2-6-81～图 2-6-84 所示。

图 2-6-81　现场过程分析仪系统测试图

图 2-6-82　分析小屋内部仪表布置图

图 2-6-83　预处理系统间图（一）

图 2-6-84　预处理系统间图（二）

第七章 变 送 器

变送器是流程工业实现自动控制和连续生产的重要组成部分，它将生产过程的物理量（如流量、压力、液位、温度、成分等）转换成一种标准的 4～20mA DC/HART、FF、PROFIBUS、无线等信号送给 DCS、SIS 或 PLC 系统，用于工业生产中的测量、指示、自动控制和安全联锁控制。

根据被测物理量的不同来分类，变送器主要有温度变送器、压力（差压）变送器、流量变送器、电流变送器、密度变送器、液位变送器、电压变送器等。在实际应用中，人们习惯于将智能压力变送器称为变送器。

按检测原理分，变送器有电感式变送器、电容式变送器、压阻式变送器、压电式变送器、电位式变送器、谐振式变送器等。实际应用最广的是压阻式、电容式和谐振式智能变送器。

第一节 变送器的测量原理

一、电容式变送器

电容式变送器是利用检测传感器电容的方法测量压力和差压的一种智能变送器，电容式传感器是电容式变送器的核心。

电容是由两个极板构成的，如图 2-7-1 所示。其电容量 $C = \dfrac{\varepsilon S}{d}$（$S$ 为电容极板面积；ε 为电容介电常数；d 为电容极板间距），改变电容的 ε、S、d 三个数中任何一个，都会使电容量 C 发生改变。

在实际应用中，变送器通常是保持 ε、S 不变，改变电容极板间距 d 或者改变两极间电介质制造电容式传感器。

电容式传感器分为单电容传感器和差动电容传感器。单电容传感器（图 2-7-2）有一个固定极板和一个动极板。施加压力，通过硅油推动极板移动，改变动极与定极的间距，从而改变电容量。由于单电容传感器产生的信号较小，灵敏度低，目前多用差动电容传感器（图 2-7-3）。

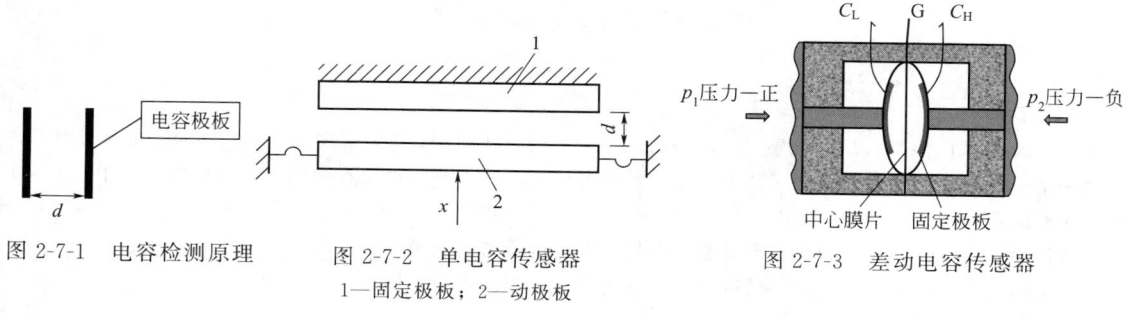

图 2-7-1 电容检测原理　　图 2-7-2 单电容传感器　　图 2-7-3 差动电容传感器
1—固定极板；2—动极板

在图 2-7-3 所示差动电容传感器中，中心膜片即为电容动极板，与两边的固定极板形成电容 C_H、C_L，静止状态下 $C_H = C_L$，电容量约为 150pF。差压 $\Delta p(\Delta p = p_1 - p_2)$ 通过硅油使中心膜片发生位移，中心膜片与一个固定极板的间距增加，则与另一个极板的间距必然减小，C_H、C_L 的电容量也随之增大或减小。在正弦交流信号激励下，传感器输出电流 I 也随电容量的变化而变化，且与差压 Δp 成正比关系。传感器输出电流 I 与电容的关系为

$$I = K \frac{C_H - C_L}{C_H + C_L} \propto \Delta p \tag{2-7-1}$$

式中，K 为常数；C_H、C_L 为差动电容量。

差动电容传感器结构简单、容易制作，采用对称设计，静压影响极小。中心金属膜片位移要求小于 0.1mm。在单向高压或过载时，中心膜片位移过大，易发生塑性变形，使变送器产生漂移。

二、电感式变送器

电感式变送器是利用电磁感应原理,当被测压力变化时,传感器感应线圈的电感量随之发生改变,从而使检测电路的输出电流同步变化,达到测量的目的。

电感式传感器可分为自感式、差动变压式和电涡流式(简称涡流式)三种类型,基本原理如图 2-7-4 和图 2-7-5 所示。电涡流式传感器是根据法拉第电感应原理,块状金属导体在变化的磁场中,导体内将产生涡旋状感应电流,这种原理主要用于电磁炉、探雷器。自感式传感器是利用衔铁的位移变化,使衔铁与铁芯的间隙 δ 发生变化,使回路线圈电感量 L 产生变化:

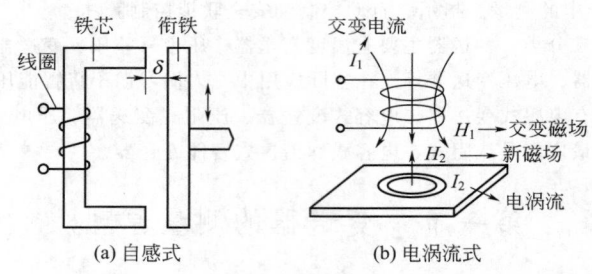

(a) 自感式　　　　　(b) 电涡流式

图 2-7-4　电感式传感器原理

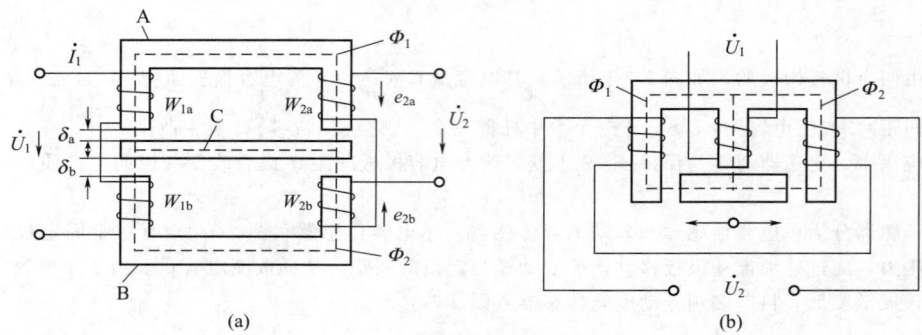

(a)　　　　　　　　　　　(b)

图 2-7-5　差动变压式传感器

$$L = \frac{N^2 S \mu_0}{2\delta} \tag{2-7-2}$$

式中,N 为线圈匝数;L 为电感量;S 为衔铁与铁芯的有效面积;δ 为衔铁与铁芯的间隙;μ_0 为磁导率。

这种单一自感式传感器的线性区范围较小,灵敏度较低,在工业中很少有应用。在变送器行业中,通常采用易于生产的差动变压式结构,如图 2-7-5(b) 所示。当衔铁移动时,与左右铁芯距离 δ 发生变化,两边线圈的感应电压会一个增大、一个减小,形成差动信号,提高传感器的灵敏度。

由于电感式变送器的体积较大,精度较低,安装不便,现已很少使用。

三、压阻式变送器

压阻式变送器通常称为扩散硅压力变送器。压阻式传感器采用集成电路工艺技术,在单晶硅或多晶硅片上制造出 4 个等值的薄膜电阻 (图 2-7-6) 并组成电桥电路 (图 2-7-7)。当不受力作用时,电桥处于平衡状态,4 个电阻的阻值相同,无电压输出;当受到外部压力作用时,薄膜发生变形,电桥将失去平衡,2 个对称的电阻值增大,另 2 个对称的电阻值减小,理论上变化量均为 ΔR,由式(2-7-3)计算出相应的输出电压,且输出的电压与压力成比例。

$$U = \frac{\Delta R}{2R} I \tag{2-7-3}$$

式中,U 为电桥输出电压;I 为电桥激励恒流;R 为 4 个电阻相同的初始值;ΔR 为电阻随压力的变化值。

为了提高测量精度、减少温度误差,要求 4 个桥臂电阻的初始值尽量做大,阻值、温度系数尽量相同,旋转的位置尽量对称;激励电流做到高精度、高稳定性。

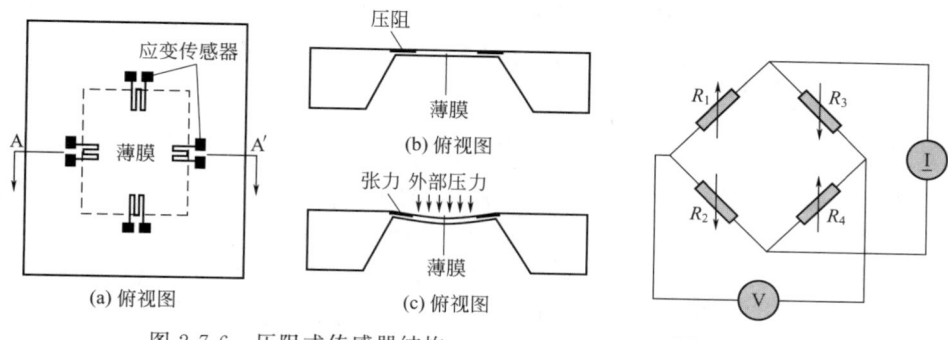

图 2-7-6 压阻式传感器结构　　　　　　图 2-7-7 检测电桥电路

压阻式传感器的灵敏度比金属应变式传感器的灵敏度要大 50～100 倍，在 0.5～1mA 激励电流下，最大可输出电压 300～500mV，输出不需要放大器也可直接进入控制系统，所以对压力的分辨率高。采用集成电路工艺加工，结构尺寸小，重量轻。扩散硅压力变送器因硅半导体材料对温度比较敏感，通常采用桥路温度补偿，保证测量精度。

随着微加工技术的发展，压阻式压力传感器从单电桥的扩散硅传感器发展到多传感器一体化的复合传感器，如图 2-7-8 所示。这是当今智能变送器行业应用最广的传感器。其优势在于：

① 传感器灵敏度高，响应速度快；

② 采用微加工技术，提高桥臂电阻的阻值、精度、一致性、对称性，以及受压变化的一致性，电阻值从传统的 5kΩ 提高到 10～30kΩ，功耗更小，原始精度从 0.25%～0.5% 提高到 0.1%，补偿后精度可达 0.02%；

③ 集成差压、静压、温度传感器于一体，在提高测量线性精度的基础上，解决了传感器的静压、温度影响。

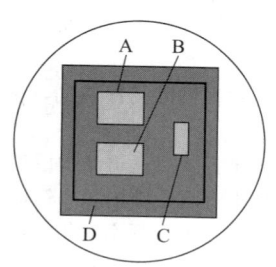

图 2-7-8 复合传感器
A—差压电桥；B—静压传感器；
C—温度传感器；D—硅片

四、压电式变送器

压电式变送器是基于一些介质材料的压电效应制作的有源压力传感器。当材料受力作用而变形时，其表面会有电荷产生，当作用力方向改变时，电荷极性也随之改变，由此根据电荷多少和方向实现压力的测量。如图 2-7-9 所示，当压缩材料时，正电荷在上面，当拉伸材料时，电荷反向。

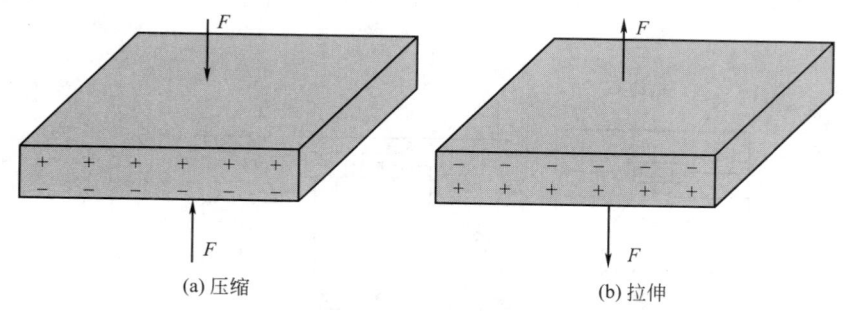

(a) 压缩　　　　　　(b) 拉伸

图 2-7-9 压电效应

压电材料分为两类：压电晶体和压电陶瓷。前者为单晶体，后者为极化处理的多晶体。

石英晶体、钛酸钡、锆钛酸铅等材料是性能优良的压电材料，具有较大的压电常数、力学性能良好、时间稳定性好、温度稳定性好等特性。

因大体积晶体的获取、加工以及陶瓷极化处理的成本相对较高，工业现场存在复杂的干扰工况，压电式传感器不宜做成现场变送器，更多地用于仪表内部电子零部件。

五、电位式变送器

电位式变送器的检测原理如图 2-7-10 所示，基于可调电位器的中间触点在电阻器上的位置不同，输出的电势不同，不同比率的电阻可产生不同的输出信号。

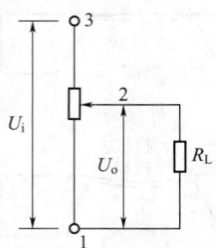

图 2-7-10　电位式变送器的检测原理

电位式传感器结构简单、尺寸小、重量轻、精度高、输出信号大、性能稳定并容易实现；但工作时功耗较大，要求输入能量大、电刷与电阻器件间易磨，用于压力测量时需要大位移，产品体积大、成本高，寿命短。实际应用中，电位式传感器不宜用于制作压力变送器。

六、谐振式变送器

谐振式变送器是根据谐波元件——圆筒、膜片钢弦等在外力作用下，改变其固有谐振频率。力与频率成一定比例关系。

根据谐波元件不同，变送器可分为振弦式、振筒式和振动膜片式，结构简单，工作可靠，精度高，寿命长。

谐振式变送器结构原理比较简单，检测部分为一级细的金属丝，被置于永久磁场内，弦的一端固定在敏感元件上，另一端固定在铰链上。在磁场内设有励磁绕组，是励磁、起振不可缺少的部件。由于振弦丝是将被检测的力转换成频率变化的，是关键部件，要求弦丝材料抗拉强度高、弹性模量高、磁性好、导电性好、线胀系数小。振弦可用钨丝、钽丝、铍青铜丝等材料制成，通用采用钨丝。

由于磁场中弦的振荡为阻尼振荡，需要外加能量以维持等幅振荡。如果在振弦内通入突变电流，根据左手定则，会使振弦在磁场内维持等幅振荡。维持等幅振荡的电流及频率与被测力成一定比例关系。

谐振式变送器接液部采用哈氏合金 C-276、钽、蒙乃尔、316LSS 不锈钢等材质，可以测有腐蚀性的介质。

谐振式检测元件是利用单晶硅提供一个三维半导体微机械技术，核心是两个 H 型振荡器，其固有振荡频率为 90kHz，构成两个电桥，如图 2-7-11 所示。当压力作用在检测元件时，中心电桥受到拉伸，外电桥受到压缩，使固有振荡频率发生改变，即一个增加，另一个减小，微处理器计算出频率变化，这个变化频率与输入压力呈线性关系。

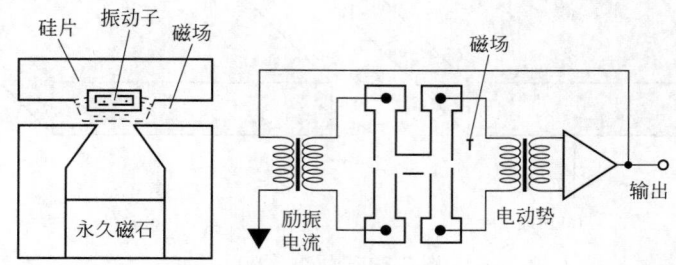

图 2-7-11　单晶硅振荡器原理

第二节　变送器的分类和性能指标

一、变送器的分类

① 按被测参数，可分为压力变送器、差压变送器。

② 按通信功能，可分为模拟变送器、智能变送器。智能变送器采用的通信协议有 HART、FF、Profibus-

PA、无线等。

③ 按产品结构，可分为标准型变送器、法兰型变送器。

④ 按防爆要求，可分为防爆变送器（包括本质安全型、隔爆型、粉尘防爆型）、非防爆变送器。

⑤ 按传感器原理，可分为电容式、压阻式、谐振式、电感式、压电式、电位式变送器。

⑥ 按信号载体，可分为有线传输变送器、无线传输变送器。无线变送器以 HART7.0、ISA100、WIA-PA 通信协议为主。

实际应用中，常将压力变送器、差压变送器与产品结构进行组合分类描述，见表 2-7-1。同时把防爆、通信、无线传输作为变送器的一个功能选项加以应用。

表 2-7-1 常用变送器分类

参数 \ 结构		标准型及示例	法兰型及示例
压力	压力变送器	压力型　造纸型	单法兰压力变送器
	绝对压力变送器		
	造纸型压力变送器		
	卫生型变送器		
差压	微差压变送器		单法兰液位变送器
	差压变送器		
	高静压变送器		双法兰差压变送器

常用的智能变送器以两线制有线传输为主，而无线变送器在油田、油气管道输送、石油化工、煤化工等行业逐步扩大使用。

变送器结构与被测参数组合可分为压力变送器（含绝对压力变送器）、单法兰压力变送器、差压变送器、双法兰差压变送器、单法兰液位变送器。

除上述类型外，还有根据行业特殊需求而制作的专用变送器，如造纸行业的造纸型压力变送器、食品医药行业的卫生型压力变送器、超高塔及储罐用的电子远传液位变送器等。

二、变送器的性能指标

由于 DCS、PLC 以及 FCS 的广泛应用，传感器技术、数字电子技术、软件技术和智能制造技术的进步，艾默生、横河、重庆川仪、霍尼韦尔等变送器主要制造商对产品进行了技术升级，为工业自动化控制水平的提升起到了很大的促进作用。选择智能变送器时可参考的基本性能指标如表 2-7-2 所示，每一个品牌的智能变送器具体可参考产品选型样本。国内外部分智能变送器的性能参数（供参考）见表 2-7-3。

表 2-7-2 常用智能变送器的基本性能指标

序号	项目	基本性能
1	测量范围	$-100\text{kPa} \sim 69\text{MPa}$
2	基本精确度	$\pm 0.025\% \sim \pm 0.075\%$
3	量程比	$\geqslant 100 : 1$
4	稳定性（长期漂移）	$\leqslant \pm 0.1\%\text{FS}/5$ 年
5	环境温度	$-40 \sim 85℃$

序号	项目	基本性能
6	差压过载极限	≥42MPa
7	防护等级	IP66、IP67、IP68
8	防爆等级	Exia ⅡC T4/T6、Exd ⅡC T6
9	输出信号	4～20mA/HART、FF、PROFIBUS PA、无线
10	供电电压	24V DC
11	功能安全认证	SIL2/SIL3
12	认证	CE、Ex、NEPSI

表 2-7-3　国内外部分智能变送器的性能参数（供参考）

项目 ＼ 厂商	ABB	Emerson	Honeywell	重庆川仪（SICC）	Siememns	Yokogawa
主流产品系列	266	3051C/S	ST800/700	PDS	7MF4/5	EJA-E、EJX
传感器工作原理	压阻式复合传感器	金属电容式传感器	压阻式复合传感器	单晶硅压阻式复合传感器	压阻式复合传感器	单晶硅谐振式传感器
测量范围	0—50Pa～60MPa	0—25Pa～68.9MPa	0—100Pa～69MPa	0—100Pa～70MPa	0—100Pa～70MPa	0—100Pa～50MPa
通用规格的量程比	100∶1	100∶1	100∶1	100∶1	100∶1	100∶1
标称精确度	0.04%～0.1%	0.025%～0.075%	0.025%～0.055%、0.065%	0.025%、0.04%	0.075%、0.1%、0.03%	0.055%、0.04%
微差压标称精确度	0.10%	0.10%	0.035%～0.065%	0.075%	0.075%	0.20%
长期稳定性	≤0.15%FS/10年	≤0.125%FS/5年 ≤0.2%FS/10年	≤0.01%FS/年 ≤0.025%FS/年	≤0.1%FS/10年	≤(0.125%～0.25%)FS/5年	≤0.1%/10年
环境温度范围	-40～85℃	-40～85℃	-40～85℃	-40～85℃	-40～85℃	-40～85℃
环境温度影响	≤(0.075%～0.2%)FS/20℃	≤0.024%FS/28℃ ≤0.075%FS/28℃	—	≤0.14%FS/120℃	≤(0.175%FS～0.25%FS)/28℃	≤(0.1%～0.26%)FS/28℃
过载极限（差压）	42MPa	31.5MPa	42MPa	42MPa		32MPa
静压影响	≤0.05%FS/7MPa ≤0.08%FS/7MPa	≤(0.025%～0.25%)FS/6.9MPa	—	≤0.03%FS/16MPa	≤(0.1%～0.2%)FS/7MPa0.03%FS/7MPa	≤0.028%FS/6.9MPa
防护等级	IP67	IP54/IP67/IP68	IP66/67	IP66/67	IP66	IP66/67
通信协议	HART/PROFIBUS/FF	HART/PROFIBUS/FF	HART/FF/DE	HART/PROFIBUS/FF	HART/PROFIBUS/FF	HART/PROFIBUS/FF/Brain
本地组态	—	—		支持	支持	

续表

项目 \ 厂商	ABB	Emerson	Honeywell	重庆川仪(SICC)	Siememns	Yokogawa
仿真功能	—	—	—	支持	支持	—
故障自诊断	支持	支持	支持	支持	支持	支持
法兰温度范围	−100~300℃	−50~350℃	−40~338℃	−90~400℃	−90~400℃	−50~315℃
最快响应时间	≤100ms	≤100ms	DE 协议≤90ms,FF 协议≤150ms	≤90ms	—	≤90ms
功能安全认证	SIL2/3	SIL2/3	SIL2/3	TUV-SIL2/3	TUV-SIL2/3	TUV-SIL2/3
本安防爆	Ex ia Ⅱ CT4-T6	Ex ia Ⅱ CT4	Ex ia Ⅱ CT4	Ex ia Ⅱ CT4/T6	Ex ia Ⅱ CT4/T6	Ex ia Ⅱ CT4
隔爆防爆	Ex d Ⅱ CT6	Ex d Ⅱ CT6	Ex d Ⅱ CT6	Ex d Ⅱ CT6	Ex d Ⅱ CT6	Ex d Ⅱ CT6
粉尘防爆	Ex tD A21 IP67 T85℃	Atex 标记:Ⅱ 1 D	Ex td ⅢC Db 95℃	Ex td A21 IP67 T85℃	Ex ta ⅢC T120℃ Db	—
制造商	ABB(中国)有限公司	艾默生(中国)电机有限公司	霍尼韦尔(中国)有限公司	重庆川仪自动化股份有限公司	西门子(中国)有限公司	重庆横河川仪有限公司

注: 1. 以上所列品牌为国内外部分供货商的主流系列产品。

2. 本表列出的数据是参照各品牌 2019 年前的样本，抄录的产品技术参数仅供参考。

第三节　变送器的特点及应用

一、智能变送器的基本特点

智能变送器是传感器和微处理器与软件技术的有机结合体，充分利用了微处理器的运算和存储能力，可以对检测的数据进行计算、存储和处理，也可以通过反馈对传感器进行调节，使检测运行达到最佳状态。现代化的智能变送器具备以下技术特点。

① 具有自动补偿能力，可通过软件对传感器的非线性、温漂、时漂等进行自动补偿。

② 具有自诊断功能，通电时可对传感器、主电路进行自检。可自动检查传感器、主电路板工作状态，可根据内部程序自动处理数据，准确显示或输出故障代码。

③ 具有双向通信功能，变送器可通过 HART、FF、PROFIBUS-PA 等通信协议，方便地与手持终端、计算机或现场总线连接，实现双向通信传输，实现远程调试、人机对话。读取变送器内部参数、实时检测数据，计算机或系统可通过通信对变送器内部的参数进行更改、自由设定等操作。

④ 具备精度高、稳定性好、可靠性高、测量范围宽、量程比大等特点。

二、智能变送器的通信与应用

智能变送器是指在 4～20mA 模拟电流的基础上叠加 HART 通信功能的变送器，具有 FF、PROFIBUS-PA 总线通信功能的变送器称为总线变送器。HART、PROFIBUS-PA、FF 通信功能都是以变送器增加人机交互、智能化数据处理与应用为主要目标，变送器制造商把三者统称为智能变送器，而 HART、PROFIBUS-PA、FF 协议只作为变送器的一个选项。

（1）应用操作方便　在 DCS 系统安装智能设备管理软件，管理系统可通过 HART、FF 或 PROFIBUS-PA 协议来远程实时管理现场仪表，实现双向通信传输，并实现远程调试、参数设定、数据读取等人机对话功能，如图 2-7-12 所示。智能变送器具有自动补偿能力，在远程更改量程后，只需远程发送一次校正零点命令，即可正常运行，不需拆装、校正、重新安装的复杂过程。现在 HART 协议的变送器用量最大，可以通过 HART 手操器进行现场或远程调试，如图 2-7-13 所示。

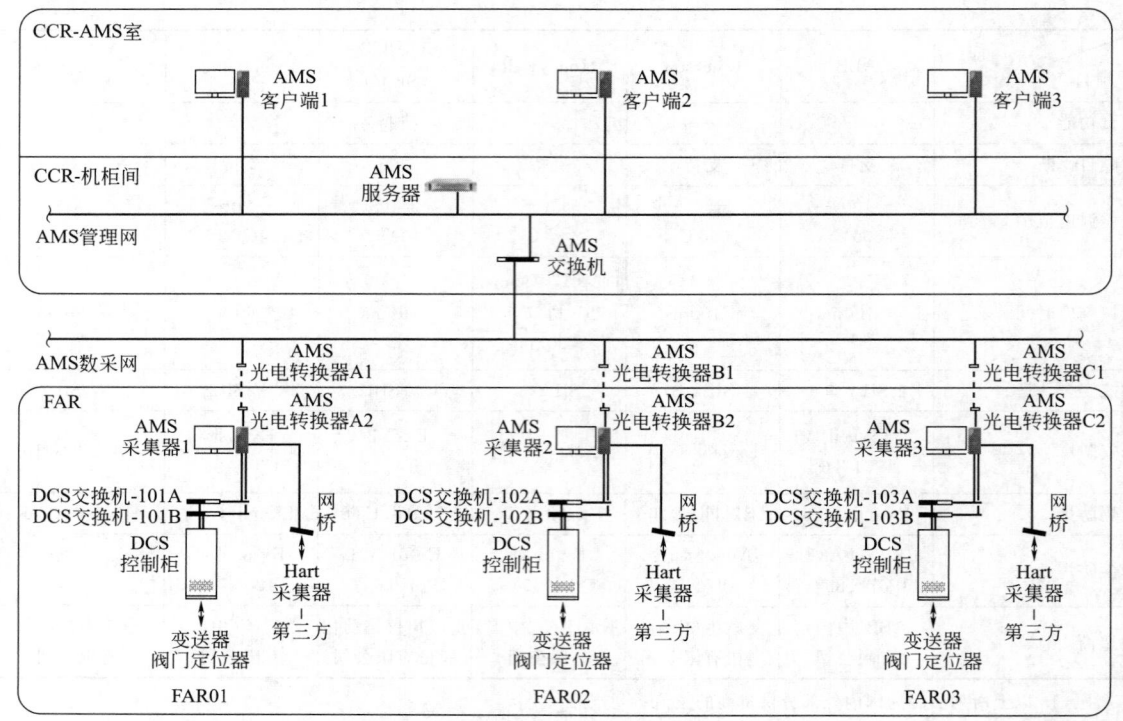

图 2-7-12　控制系统架构

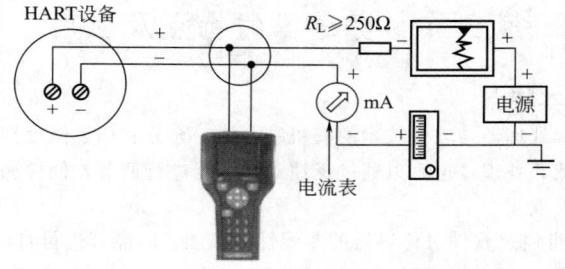

图 2-7-13　HART 手操器调试连接方案

（2）设备故障实现智能自诊断　手操器或智能设备管理软件，可对智能变送器进行生产测试、诊断及检验，可对智能变送器的运行进行组态、标定、诊断、维护、监视等，可随时读取智能变送器生产厂商信息、传感器相关参数及输出值。

（3）HART 协议与 FF、PROFIBUS-PA 总线系统的区别

① HART 智能变送器，输出控制信号为 4～20mA 模拟电流，HART 通信只是用于双向通信、故障诊断、分析管理。总线协议智能变送器，为双向通信全数字化智能变送器。

② 每台 HART 智能变送器需要独立 24V DC 供电，一对一 I/O 接口连接，如图 2-7-14 所示。总线仪表只需铺设一条总线，将具有总线功能的仪表挂接到总线上即可，总线 24V DC 供电，实现一对多的连接架构。增加测点时，不需要重新敷设通信线缆，如图 2-7-15 所示。

③ HART 智能变送器是以 4～20mA 电流连续存在的，噪声和信号畸变干扰无法避免。总线智能变送器的信号有效值只有数字 0 和 1，电平较高，抗干扰能力较强，传输可靠性高。

三、智能变送器的特殊应用

① 具有"本地组态""故障自诊断"和"仿真"功能。

② 超强的过载能力。智能差压变送器的单向、双向过载能力均可达到 42MPa，用于主蒸汽流量、循环水

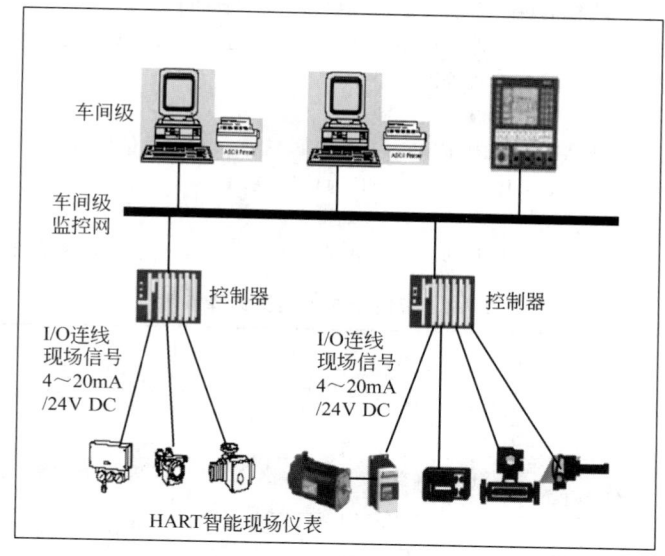

图 2-7-14　HART 仪表系统

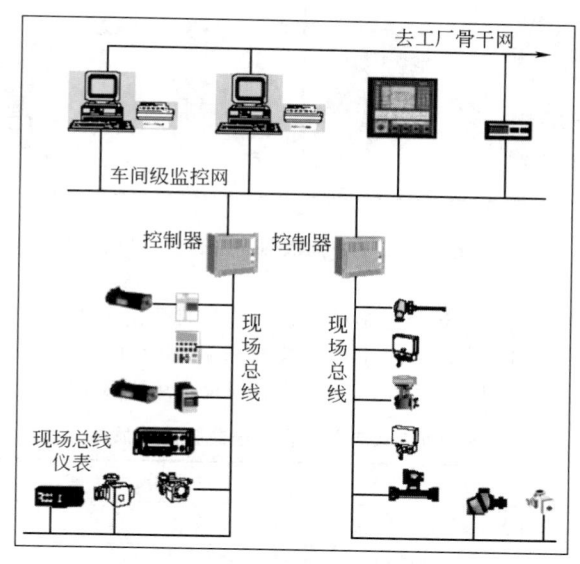

图 2-7-15　总线仪表系统

流量、采油钻井高压注流水流量，以及石油化工、煤化工中的高压力低差压的测量。智能微差压变送器的单向、双向工作压力达到 3.2MPa，用于高压力、低压差气体流量的测量。

③ 超宽的耐温能力。智能变送器可在−35℃的极寒环境中正常工作。法兰变送器可用于−90～400℃的超低温或超高温介质，法兰膜片有 316L 不锈钢、哈氏合金、蒙乃尔、钽、双向钢，法兰插入深度可达到 500mm。高温高压氢气介质提供加厚外镀金法兰膜片，解决现场氢渗难题。柴油加氢精制项目有液位测量点，量程 13～17kPa，操作压力高达 17～20MPa，操作温度也高达 350～365℃，法兰标准为 ANSI1500。该测量点采用外镀金高温高压智能法兰变送器，提高工厂生产运行的安全性和可靠性。

第四节　变送器的选用

在石油化工、煤化工等行业中，介质或环境往往存在高温、高压、真空、氢渗、强腐蚀、结晶、易燃、易爆等危险因素，对参与控制、联锁的现场智能变送器，要求有更高的可靠性、安全性。在智能变送器选型时，要充分考虑介质特性、安装条件、环境条件、性能指标、通信功能、产品类型、防腐膜片、连接形式、法兰标准、量程、防爆要求、安全认证、安装方式等因素。

1. 通信协议

智能变送器的通信协议有 HART、PROFIBUS-PA、FF 三种，无线通信协议有 WirelessHART、IAS100、WIA-PA 三种，有时还会用到 Modbus-RTU、ZIGBEE 通信协议。

2. 变送器类型

根据工艺介质条件、测量参数，选择相应结构形式的智能变送器类型。可参考表 2-7-4。

表 2-7-4　智能变送器类型选择参考

工艺条件	小于 120℃，清洁介质	120℃，易结晶、沉淀、含颗粒介质	150℃ 以内，易结晶颗粒沉淀、氢渗、腐蚀介质	−90~400℃，易结晶、颗粒易沉淀、氢渗、强腐蚀、高黏度介质	
测量参数	压力、真空度	压力、压差、流量、液位、密度	压力、真空度	压力、液位、密度	压力、真空度	压差、流量、液位、密度
类型	压力变送器	差压变送器	造纸型变送器	液位变送器	单法兰压力变送器	双法兰差压变送器
结构形式参考图						

介质温度低于 −90℃ 或高于 400℃ 的特殊工况，如液氮、液化气、汽化炉。

3. 膜片材质

不同的介质具有不同的腐蚀性，应选择合适的变送器膜片材质。变送器常用的金属膜片材质有 316L、316LUG \ 316LMOD、Hastelloy B-2、Hastelloy C-276、Tantalum、Monel、Titanium。在金属材料上镀金（gold-plating）或增加 PTFE、PFA 材质。表 2-7-5 列出常用智能变送器膜片材质。

表 2-7-5　常用智能变送器膜片材质

材质	主要用途
316L	用于中性介质或弱酸、弱碱性介质，用量最大
316LUG\MOD	用于尿素、合成氨介质
Hastelloy B-2	用于盐酸、硫酸、醋酸和磷酸及其他非氧化性腐蚀的介质
Hastelloy C-276	用于碱性介质、抗还原性介质和氧化性介质，含粒磨损工况
Tantalum	用于强酸性介质和大部分盐化物
Monel	用于氟化物（如氢氟酸）、氰化物、海水以及高压氧气
Titanium	主要用于有机酸、部分碱性介质（与 HC 相近）、大部分盐化物
Gold-plating	主要用于高温、高压的含有氢气的介质
PTFE\PFA	用于酸、碱、盐混合产生强腐蚀的混合介质

4. 防爆选择

在 0 区的工业仪表，通常选用本质安全型 ia。在 1 区的工业仪表，通常选择本质安全型（ia 或 ib）或隔爆型（d）。在 2 区常用隔爆型（d），也可选用本质安全型（ia，ib 或 ic）。

5. 法兰标准

美国标准 ASME 16.5，德国标准 DIN 2630～2637，中国石油化工法兰标准 SH 3406—2010，中国化工行业法兰标准 HG/T 20592～20635，中国国家法兰标准 GB/T 9112～9131。

国内法兰标准具体见表 2-7-6。

表 2-7-6　国内法兰标准

中国常用法兰标准	美洲体系部分	欧洲体系部分	备注
SH 3406—2010 石油化工法兰标准	PN20、50、68、110、150、260、420	—	
HG/T 20592～20635 化工行业法兰标准	Class150、300、600、900、1500、2500	PN2.5、6、10、16、25、40、63、100、160	
GB/T 9112～9131 国家法兰标准	Class150、300、600、900、1500、2500	PN2.5、6、10、16、25、40、63、100、160、250、320、400	

在密封面选择时，M 与 FM 配对、T 与 G 配对，在使用中必须成对出现，变送器法兰一般为 M、T 面，配对法兰则为 FM、G 面。实际应用最广的是 RF 密封面和高压用 RJ 密封面。密封面形式见图 2-7-16。

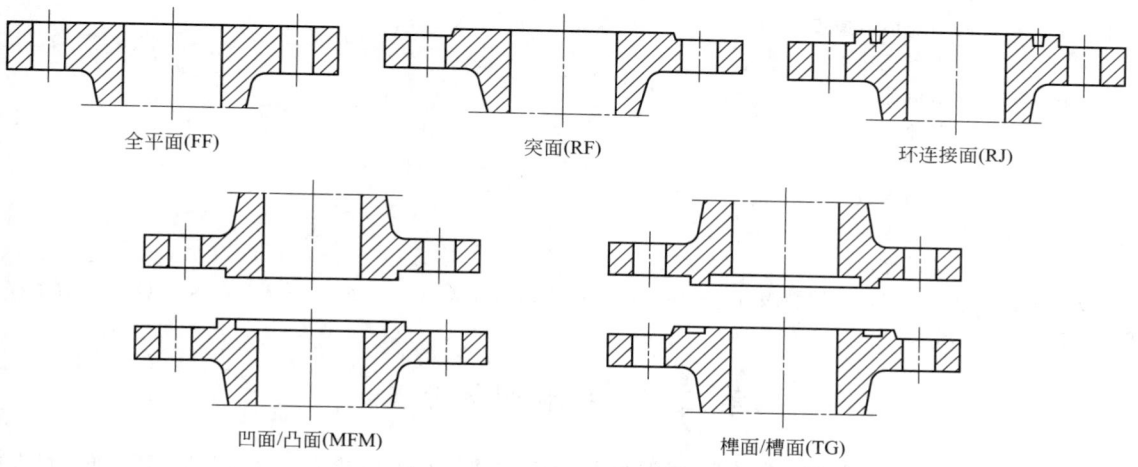

全平面(FF)　　　突面(RF)　　　环连接面(RJ)

凹面/凸面(MFM)　　　榫面/槽面(TG)

图 2-7-16　法兰密封面结构

第八章　控制阀及选用

第一节　控制阀的工作原理

控制阀是过程控制系统中由动力操纵，用以调节流体流量的装置。它是一个局部阻力元件，由阀芯的移动来改变节流面积，是一个可变的节流元件，如图 2-8-1 所示。

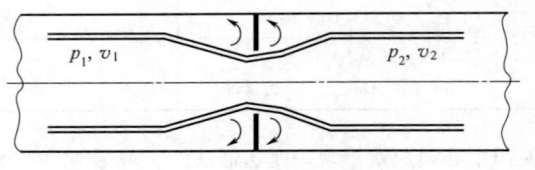

图 2-8-1　控制阀节流模拟

对不可压缩流体，根据伯努利方程，控制阀的流量方程式为

$$p_1/\rho g + v_1^2/2g = p_2/\rho g + v_2^2/2g$$

$$Q = \frac{A}{\sqrt{\xi}}\sqrt{\frac{2}{\rho}(p_1 - p_2)}$$

式中　v_1、v_2——节流前后速度；

　　　　v——平均流速；

　　　　p_1、p_2——节流前后压力；

　　　　A——节流面积；

　　　　Q——流量；

　　　　ξ——阻力系数；

　　　　g——重力加速度；

　　　　ρ——流体密度。

从上述公式可以看出，当控制阀口径一定，即控制阀两端压差（$p_1 - p_2$）不变时，流量 Q 随阻力系数 ξ 变化，ξ 减小，Q 增大。

第二节　控制阀的分类

控制阀由执行机构和阀门两部分组成。按照阀芯与阀座之间的运动方式控制阀可分为直行程和角行程两大类。按照执行机构动力源，可分为气动控制阀、电动控制阀、液动控制阀和混合型控制阀，其中气动控制阀可分为气动薄膜控制阀、气动活塞控制阀等。按照不同的应用条件，控制阀又可分出不同结构形式的特殊控制阀，控制阀分类见图 2-8-2。

一、直行程控制阀

直行程控制阀通过执行机构推动阀杆带动阀芯做直线运动，当阀芯压紧阀座时，控制阀关闭，当阀芯离开阀座时，控制阀打开，通过改变阀芯和阀座的间隙来调节流量。

直行程控制阀结构简单，可调范围宽，调节性能好，压力恢复系数高，阀内件结构形式多样。

根据阀体的结构，可分为直通控制阀、角形控制阀和三通控制阀，直通控制阀可分为单座控制阀和双座控制阀。

1. 直通控制阀

（1）直通单座控制阀　直通单座控制阀的结构如图 2-8-3 所示，阀体内只有一个阀芯和一个阀座。该控制阀具有结构简单、泄漏量低、易于维护、应用广泛等特点。

直通单座控制阀的阀芯分为非平衡式和平衡式两种。非平衡式阀芯一般应用于阀体尺寸较小或压力较低的场合，当不平衡力较大时，需要选用推力较大的执行机构。平衡式阀芯一般应用于高压差或阀体尺寸较大的场合，由于阀芯上下表面流体压力平衡，因此可选择推力较小的执行机构。

为避免节流引起阀芯振动，对阀芯要进行导向。阀芯的导向形式分为阀座导向、阀杆导向和套筒导向，如图 2-8-4 所示。

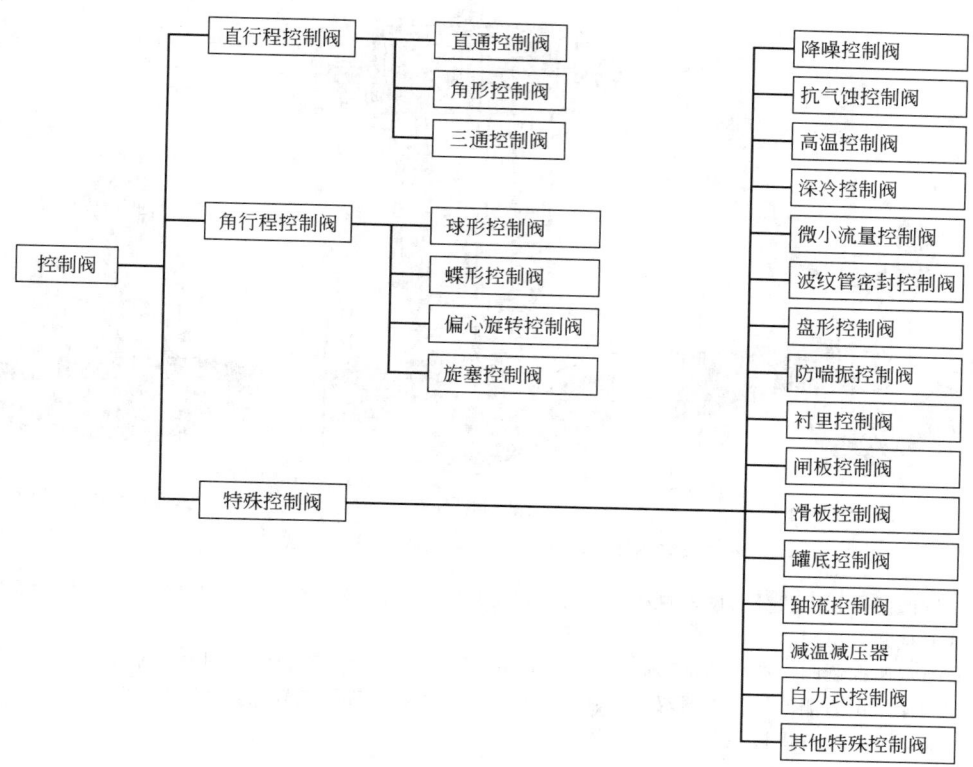

图 2-8-2　控制阀分类图

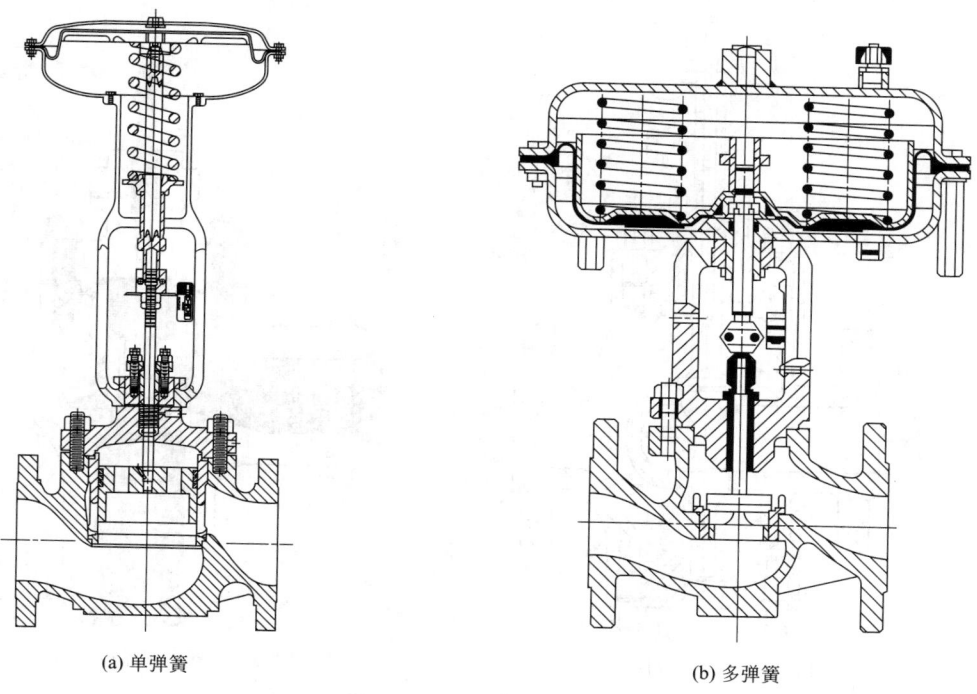

(a) 单弹簧　　　　　　　　　　(b) 多弹簧

图 2-8-3　直通单座控制阀

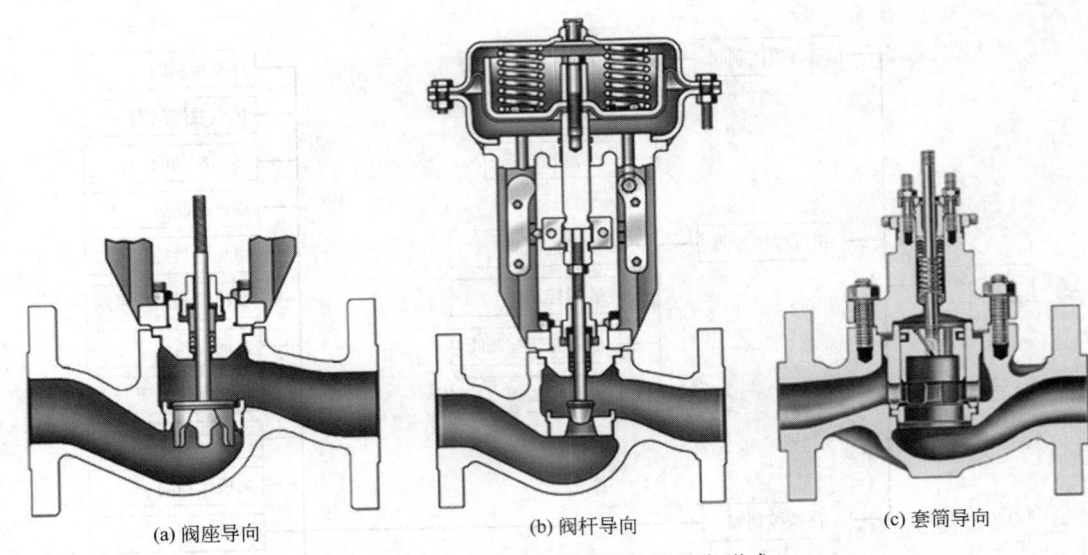

(a) 阀座导向　　　　　　　　　　(b) 阀杆导向　　　　　　　　　　(c) 套筒导向

图 2-8-4　直通单座控制阀阀芯导向形式

　　单座控制阀的密封方式分为硬密封和软密封，硬密封的阀座使用金属材料，软密封的阀座使用聚四氟乙烯（PTFE）或其他复合材料。

　　（2）直通双座控制阀　如图 2-8-5 所示，直通双座控制阀有两个阀芯和两个阀座，流体从左侧进入，经过上下阀芯和阀座，由右侧流出。直通双座控制阀不平衡力较小，允许压差较大，泄漏量大，流路复杂。双座控制阀的流通能力大，执行机构小。

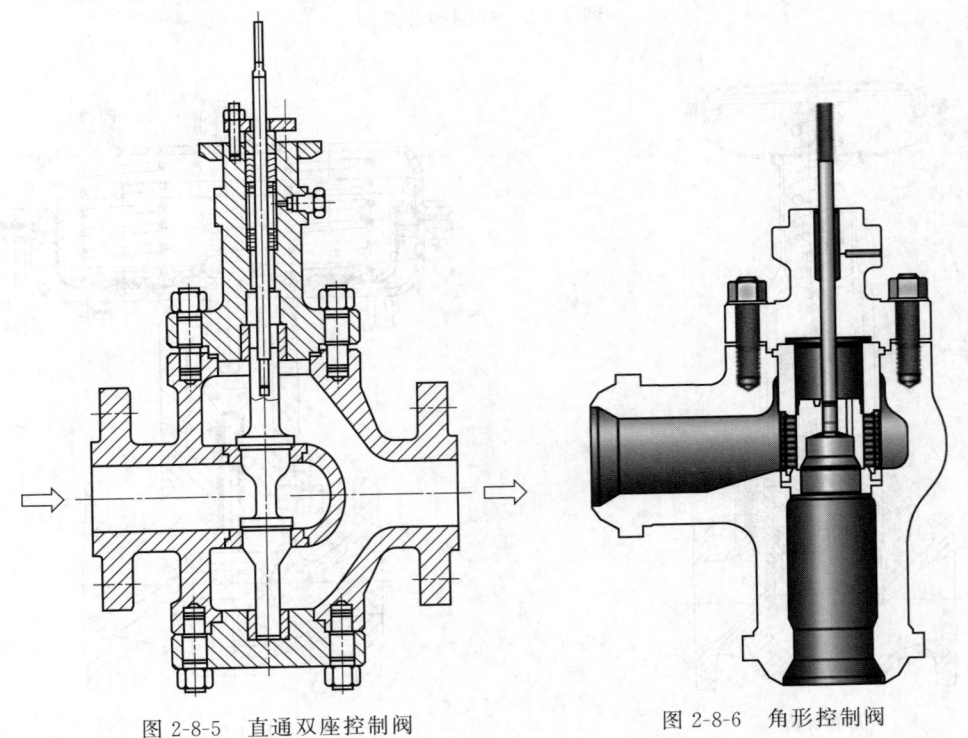

图 2-8-5　直通双座控制阀　　　　　　　　　图 2-8-6　角形控制阀

2. 角形控制阀

　　角形控制阀如图 2-8-6 所示，除阀体为角形之外，其他结构与直通单座阀相似。角形控制阀的阀芯为单导向结构。

角形控制阀的流路简单，阻力小，适用于高黏度、含有悬浮物和颗粒物流体的工况。

在一般工况或使用降噪阀笼时，角形控制阀采用流体底进侧出结构。在高压差、闪蒸或气蚀场合采用流体侧进底出结构。采用这种结构时避免用于小开度情形。

3. 三通控制阀

三通控制阀按作用方式可分为分流与合流两种。三通控制阀常用于换热器的旁通调节。一般情况下流过三通控制阀的流体温差应小于150℃。

（1）三通合流控制阀　三通合流控制阀如图2-8-7所示，A端口和C端口是流体入口，B端口为流体出口。当执行机构推动阀芯关闭底部端口时，流体从A端口流向B端口，此时三通控制阀相当于全开的直通单座阀；当提升阀芯至关闭顶部阀座时，流体从C端口流向B端口，此时三通控制阀相当于全开的角形阀（底进侧出）。

（2）三通分流控制阀　三通分流控制阀如图2-8-8所示，A端口为流体入口，B端口和C端口是流体出口。当执行机构推动阀芯关闭底部端口时，流体从A端口流向B端口，此时三通控制阀相当于全开的直通单座阀；当提升阀芯关闭顶部阀座时，介质从A端口流向C端口，此时三通控制阀相当于全开的角形阀（侧进底出）。

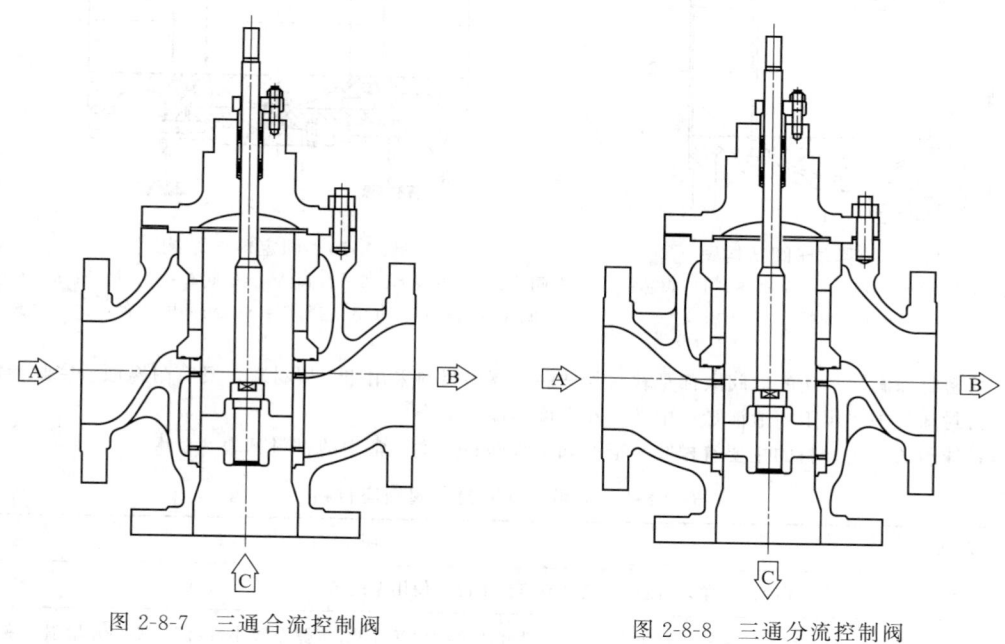

图 2-8-7　三通合流控制阀　　　　　图 2-8-8　三通分流控制阀

二、角行程控制阀

角行程控制阀通过阀芯转动实现开关和流量调节。角行程控制阀也称旋转控制阀。角行程控制阀包括球形控制阀、蝶形控制阀、偏心旋转控制阀和旋塞控制阀等。

1. 球形控制阀

球形控制阀是球形阀芯围绕阀杆旋转的阀门。球形控制阀广泛应用于气体、液体、浆料以及两相流等。

按照阀体的结构形式可分为上装和侧装两类，侧装又可分为整体式、两段式和三段式。按照阀芯的结构可分为浮动球阀和固定球阀；按照阀座材料可分为软密封球阀和硬密封球阀；按照球体的开孔形状可分为O形球阀和V形球阀。

球形控制阀具有流通能力大、流阻小、可调比宽、泄漏量低等特点。O形球阀通常作为开关阀使用，V形球阀可作为调节阀使用，适用于流体含有纤维、颗粒的场合。球形控制阀的阀芯经过特殊设计可实现降噪或抗气蚀的功能。

（1）浮动球阀　浮动球阀的结构如图2-8-9所示。浮动球阀的阀座被固定在阀体内，球形阀芯承受流体压力，与出口端的阀座紧密接触。在受到较大压力冲击时，球体可能发生偏移，因此这种结构一般用于中低压场合。浮动球阀的结构可实现双流向密封。浮动球阀的常规结构设计包括阀杆防吹出、防静电、火灾安全和防异常升压。

浮动球阀的缺点是随着公称口径和压力等级的提高，操作扭矩会成倍增加，因此浮动球阀的使用范围一般在公称通径 200mm 以下（PN20 和 PN50）。

（2）固定球阀　固定球阀的结构如图 2-8-10 所示。固定球阀的阀芯被上下两个支撑轴固定，两端的阀座是浮动的，阀座被流体压力推向球体产生密封。由于流体在球形阀芯上的作用力全部传递给支撑轴，阀座不会承受过大压力，所以在大口径和高压的条件下，固定球阀的扭矩比浮动球阀小。固定球阀适用于 PN420 以下，公称直径 50～1500mm。同浮动球阀一样，固定球阀也可以双流向密封。

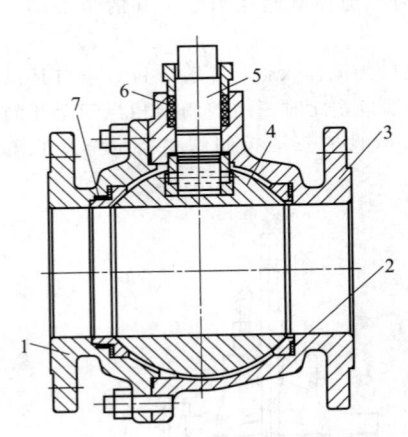

图 2-8-9　浮动球阀结构图
1—副阀体；2—阀座；3—主阀体；4—阀芯；
5—阀杆；6—弹簧；7—填料

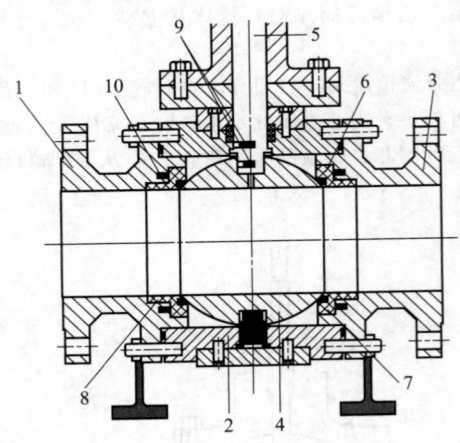

图 2-8-10　固定球阀结构
1—左阀体；2—中阀体；3—右阀体；4—阀芯；5—阀杆；6—阀座；
7—阀座密封环；8—O 形密封圈；9—防静电装置；10—弹簧

（3）软密封球阀　早期的球阀大都是软密封球阀，阀座材料采用非金属材料，具有耐腐蚀、密封性能好等特点。软密封球阀主要用于零泄漏量、中低压和温度不高的场合。

软密封球阀的阀座材料的主要有橡胶、尼龙和工程塑料三类。常用的材料见表 2-8-1。

表 2-8-1　常用的软密封球阀阀座材料

名称	说明
聚甲醛树脂	无冷流现象,不能用于氧气或蒸汽工况。使用温度范围是 −57～82℃
改性聚四氟乙烯	比聚四氟乙烯有更大强度、韧性和改善的力学性能,摩擦系数小,冷流形变小并增强形变恢复能力。使用温度范围是 −45～260℃
聚三氟氯乙烯	使用温度范围是 −240～260℃
尼龙	可用于高压力的气体介质,但不适用于强氧化剂。使用温度范围是 −34～93℃
聚醚醚酮	力学性能优异,不能用于浓硫酸工况。最高使用温度为 316℃,可以长期工作在 260℃
增强型聚四氟乙烯	在聚四氟乙烯里添加 15%纤维玻璃或碳制成,压力-温度额定值曲线优于聚四氟乙烯。最高使用温度为 204℃
不锈钢填充聚四氟乙烯	50%的 316 不锈钢粉末与 50%的聚四氟乙烯组合而成,压力-温度额定值曲线优于增强型聚四氟乙烯。使用温度范围是 −28～287℃
聚四氟乙烯	最常用的材料,耐腐蚀性能非常优异,有良好的自润滑性和低摩擦系数,有冷流现象。最高使用温度为 232℃

续表

名称	说明
超高分子量聚乙烯	耐磨损,不适用于蒸汽工况。使用温度范围是 $-56 \sim 93℃$
碳粉填充聚四氟乙烯	填充碳粉和石墨的聚四氟乙烯。最高使用温度为 $302℃$

（4）硬密封球阀　硬密封球阀使用金属制作阀座和密封材料，使用温度小于 $900℃$，流体可以带有固体颗粒，使用压力小于 $PN420$。

当硬密封球阀用在流体含有大量固体颗粒的工况时，必须在球形阀芯和阀座表面覆盖一层硬质合金，以增强耐磨损、耐冲刷和抗擦伤能力。通常采用电镀、堆焊、高速氧燃料喷涂（HVOF）、热喷涂和激光熔覆技术。常用的喷涂材料有铬、碳化铬、碳化钨、碳化钨钴、碳化钨钴铬、镍基合金等。

（5）特殊结构球阀

① 轨道球阀外形如图 2-8-11 所示。轨道球阀既可使用软密封，也可使用硬密封。轨道球阀的结构特征是阀杆上有一个螺旋形的轨道。阀门开闭时阀杆有旋转和升降两个运动，阀杆旋转实现流道启闭，阀杆升降推动阀杆端部的楔形块实现密封。

② 降噪球阀如图 2-8-12 所示。V 形球阀内置降噪器，可用于气体和液体工况，可降低噪声及减轻气蚀。

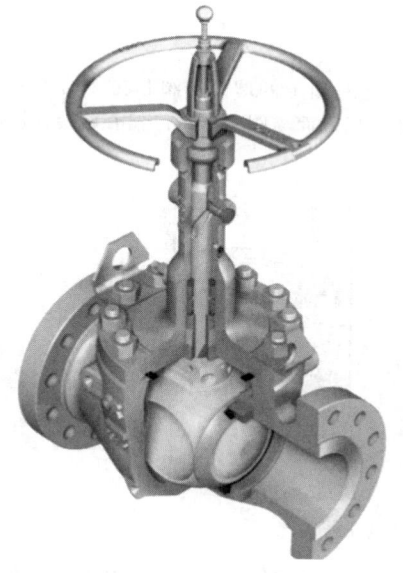

图 2-8-11　轨道球阀外形

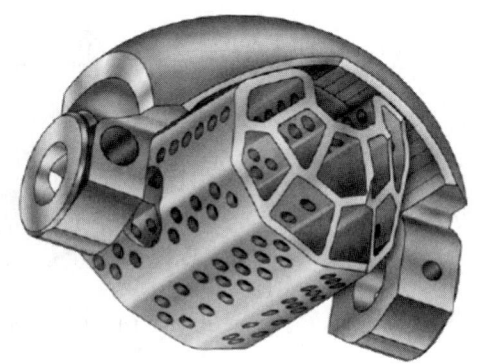

图 2-8-12　V 形降噪球阀

2. 蝶形控制阀

蝶形控制阀的阀芯是圆盘形的蝶板。蝶板在阀体内围绕阀杆旋转，旋转角度为 90°区间。弹性密封圈安装在蝶板上或阀体内。蝶形控制阀结构紧凑，安装维护简单，重量轻，广泛应用于空气、水、蒸汽、泥浆等流体，特别适用于大口径、大流量、低压差的场合。

蝶形控制阀按照结构，可分为中线蝶阀、单偏心蝶阀、双偏心蝶阀和三偏心蝶阀；按照密封材料，可分为软密封蝶阀和硬密封蝶阀；按照过程连接方式，可分为双法兰式蝶阀、凸耳式蝶阀和对夹式蝶阀。

三偏心蝶阀的结构如图 2-8-13 所示。三偏心蝶阀的三重偏心是指阀板偏心、蝶杆偏心和阀座偏心。阀板偏心是阀板密封面中心偏离阀杆中心；阀杆偏心是旋转中心（阀杆中心）偏离流道中心；阀座偏心是密封锥体中心线偏离阀门通道中心线。

三偏心蝶阀在开关时蝶板不刮擦阀座，可避免普通蝶阀打开时出现的跳跃现象，解决了低开度范围内调节不稳的问题。三偏心蝶阀的阀板阀座的密封面为椭圆密封结构，靠扭力使阀板压紧阀座，实现密封。

三偏心蝶阀通常用于流体含固体颗粒或高速流体冲刷磨损、高温、高压、深冷、紧急切断和严密关闭等工况。

蝶形控制阀的硬密封有两种形式，一种是纯金属密封环，另一种是金属与石墨的组合密封环。密封环可安装在阀板上，也可安装在阀体上。蝶阀密封环的安装位置如图 2-8-14 所示。

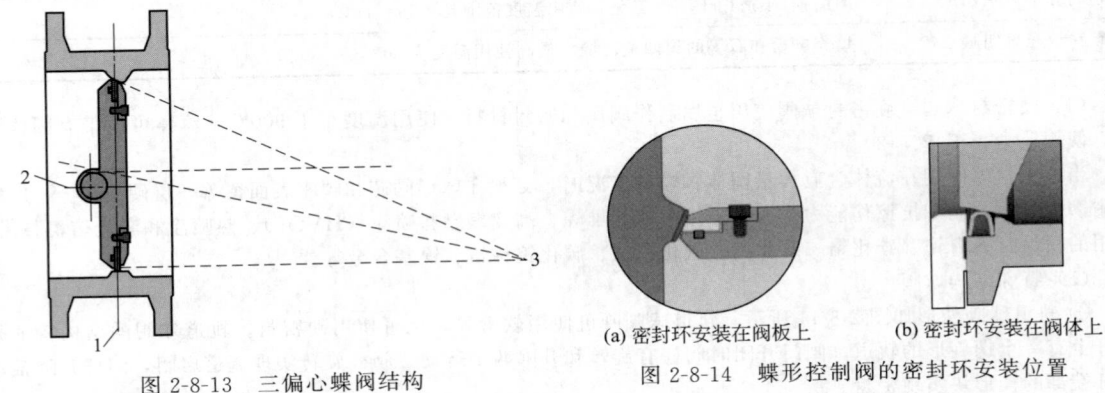

图 2-8-13　三偏心蝶阀结构
1—阀板偏心；2—阀杆偏心；3—阀座偏心

(a) 密封环安装在阀板上　(b) 密封环安装在阀体上
图 2-8-14　蝶形控制阀的密封环安装位置

蝶形控制阀较好的工作角度一般是 20°～70°。

3. 偏心旋转控制阀

偏心旋转控制阀也称为凸轮挠曲阀。如图 2-8-15 所示，阀芯是扇形的球面，阀芯在转轴的带动下做偏心旋转，阀芯的中心线与阀芯转动轴的中心线偏离，依靠阀芯的球形表面与阀座密封。偏心旋转控制阀同时具有旋转阀和直通阀的优势。

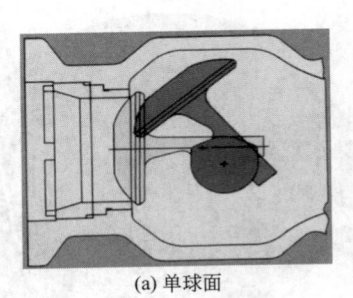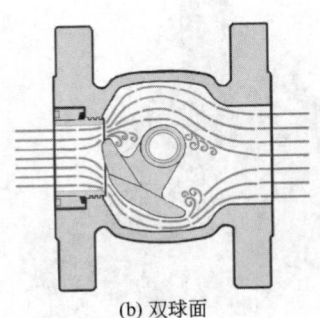

(a) 单球面　　　　　(b) 双球面
图 2-8-15　偏心旋转阀

偏心旋转控制阀具有密封性好、流通能力大、可调比高、结构简单、体积小、磨损小、耐磨耐冲刷等特点，适用于高黏度、易结晶、含有固体颗粒和双向流体的场合。

偏心旋转控制阀的阀芯有单球面、双球面和 V 形球面等几种形式。单球面阀芯从全关到全开的旋转角度为 50°～60°，双球面阀芯旋转角度为 90°。

对于有冲蚀或闪蒸的流体，应使用流关式的偏心旋转控制阀。

偏心旋转控制阀的阀芯是上下旋转，阀杆水平安装，以减少磨损，延长使用寿命。

4. 旋塞控制阀

旋塞控制阀采用圆柱形或圆锥形的阀芯，围绕阀杆 90°旋转，完成对流道的开启和关闭。旋塞控制阀密封面带有自清洁作用，适用于流体含有悬浮颗粒的场合。

旋塞控制阀按密封材料分成软密封和硬密封两类。为了提高密封性能、减少磨损及腐蚀，可在旋塞和阀体之间加装聚四氟乙烯衬套，磨损后直接更换衬套即可。

旋塞控制阀主要由阀体、阀芯和填料压盖等部件组成，如图 2-8-16 所示。

旋塞控制阀具有结构简单、体积小、重量轻、阻力小、开关迅速、密封性好等优点。旋塞控制阀的缺点是扭矩较大，要想降低扭矩，应使用润滑结构或者金属提升式旋塞控制阀。

三、特殊控制阀

1. 降噪控制阀

根据国家《工业企业噪声卫生标准》要求，工业企业生产装置（单元）和作业场所噪声标准规定：每个工作日接触噪声 8h，允许噪声为 85dB(A)；每个工作日接触噪声小于 1h，噪声最大不超过 115dB(A) 的要求。控制阀在运行过程中会产生噪声，高噪声会加速磨损，缩短控制阀使用寿命，因此必须对控制阀的噪声进行控制。

控制阀的噪声来源主要有机械噪声、空气动力学噪声、流体动力学噪声。

（1）机械噪声　机械噪声是阀内湍流流体冲击阀内件，与相邻表面碰撞而产生的噪声。降低机械噪声的方法包括阀芯采用合理的导向设计、减小导向的间隙、加大阀杆尺寸等。

（2）空气动力学噪声　空气动力学噪声是气体或蒸汽流经阀芯节流处的流速增加，达到或超过音速，部分流体的机械能转换成声能的结果。降低空气动力学噪声的方法包括合理的阀内件设

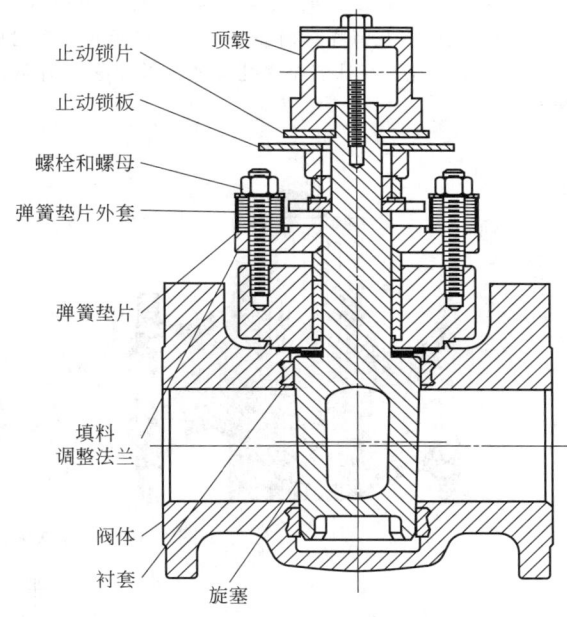

图 2-8-16　旋塞控制阀的结构

计、降低控制阀压降及流体流速、改变噪声的频率、给管道包覆隔音材料或者增加管壁厚度等。空气动力学噪声的计算应依据 IEC 60534-8-3 或 GB/T 17213.15。

（3）流体动力学噪声　流体动力学噪声包括流动噪声、气蚀噪声和闪蒸噪声。在这三种噪声中，气蚀噪声可导致阀或管路的损坏。解决的办法是用合理的阀门流路设计消除气蚀现象。流体动力学噪声的计算应依据 IEC 60534-8-4 或 GB/T 17213.16。

以下简要介绍几种典型的降噪控制阀内件。

① 多孔降噪套筒　如图 2-8-17 所示，套筒上设计有多个特定形状、大小和间距的小孔。多孔降噪阀套筒最多可降低 30dB(A) 的噪声。

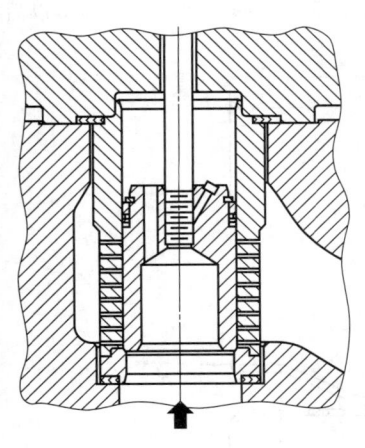
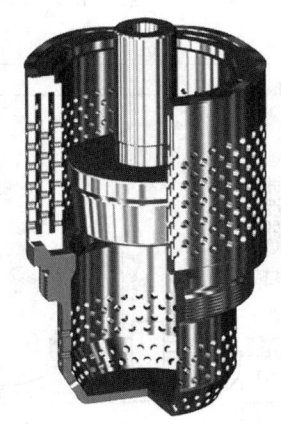
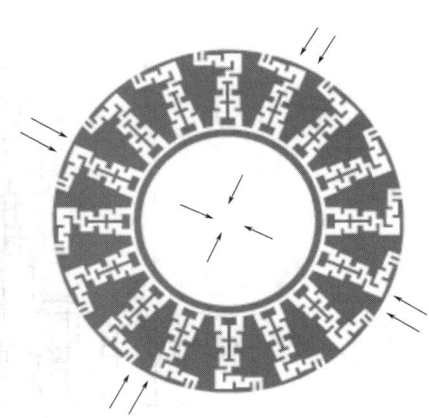

图 2-8-17　多孔降噪套筒　　　图 2-8-18　多级多孔降噪套筒　　　图 2-8-19　迷宫式套筒的流道

② 多级多孔降噪套筒　如图 2-8-18 所示，多级多孔降噪套筒是由多个阀芯串联而成的，流体逐级减压，降低流速，避免气蚀发生。

③ 迷宫式套筒　如图 2-8-19 所示，套筒由多个同心圆盘堆叠而成，每个圆盘上的流道根据需要设计多个

242

直角，逐级降低流体压力和流速，最多可降低 20dB（A）噪声。

④ 特殊流路多孔降噪套筒　如图 2-8-20 所示，套筒由多个带小孔的同心圆盘堆叠而成，每个圆盘可根据需要设计多个小孔，特殊流路多孔降噪套筒最多可降低 40dB（A），比一般的降噪阀内件多降低 5～10dB（A）的噪声。

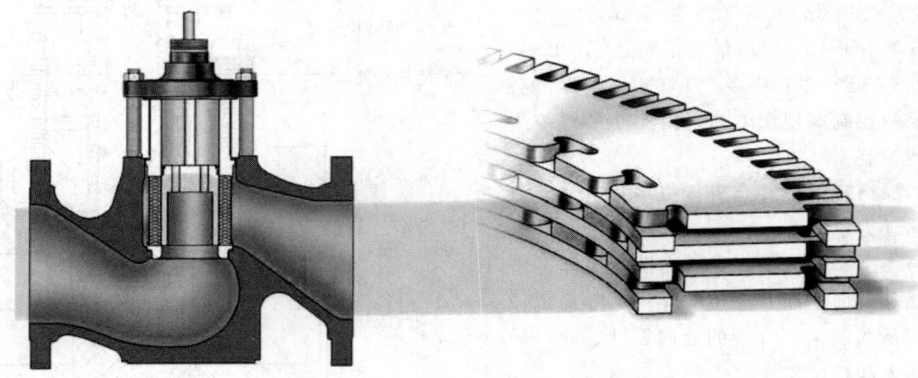

图 2-8-20　特殊流路多孔降噪套筒

图 2-8-21　带降噪板的阀芯

⑤ 带降噪板的阀芯　如图 2-8-21 所示，角行程控制阀的压力恢复水平较强且流路固定，可采用阀芯与降噪板组合的方式降低噪声。

用声路处理法控制噪声，通常有三种方式：在阀后安装带有小孔的扩散器，如图 2-8-22 所示；在阀后设置降噪孔板以降低控制阀上的压降；在阀后管道上覆盖隔音材料。

2. 抗气蚀控制阀

在控制阀内流动的液体可能出现闪蒸和空化两种现象。这两种现象不但会影响控制阀口径的选择和计算，而且会导致噪声和振动，降低控制阀的使用寿命。如图 2-8-23 所示，当压力为 p_1 的液体流经控制阀节流孔时，流速上升，压力下降；当节流孔后压力 p_2 小于或等于液体的饱和蒸汽压力 p_v 时，部分液体汽化成气体，形成气液两相共存现象，称为闪蒸。如果产生闪蒸以后，

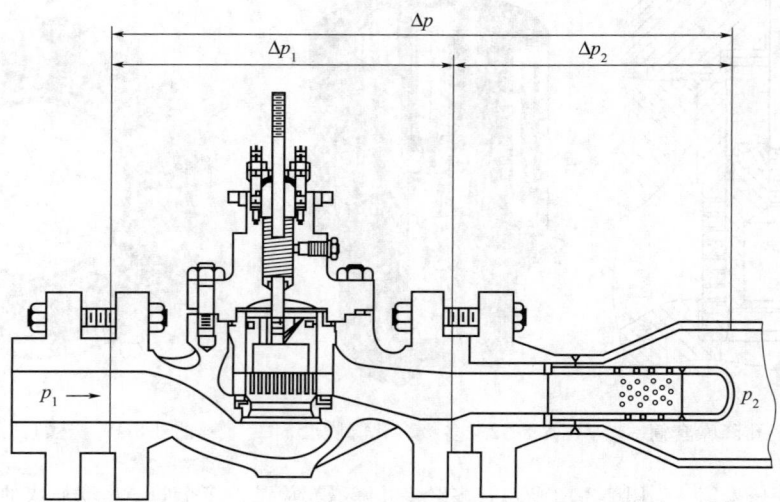

图 2-8-22　阀和扩散器的组件

在流体离开节流孔之后，流道截面增大，流速降低，p_2 又上升并高于液体的饱和蒸气压 p_v，这时气泡将产生破裂并转化为液体，这个过程称为空化。气泡破裂时产生的冲击力可损坏阀芯、阀座和阀体，这种破坏作用称为气蚀。

要避免气蚀，必须设计特殊结构的阀芯和阀座，如多孔节流、多级降压等。

（1）多孔节流　在套筒或阀芯上设计有许多特殊形状的孔，如图 2-8-24 和图 2-8-25 所示。液体从各个小孔进入套筒后相互碰撞，使气泡破裂，既消耗能量，又避免对阀内件的破坏。

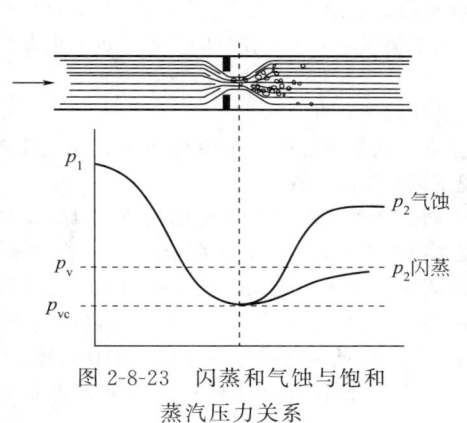

图 2-8-23　闪蒸和气蚀与饱和　　图 2-8-24　多孔节流的　图 2-8-25　用于小开度时有气蚀的
　　蒸汽压力关系　　　　　　　抗气蚀阀芯　　　　　　多孔节流阀芯

（2）多级降压　多级降压是通过阶梯状阀芯逐级减压的。高速液体经过每一级阀芯时的压力都高于该温度下的饱和蒸气压。多级降压结构包括均匀分布式和逐级减小式，如图 2-8-26 所示。

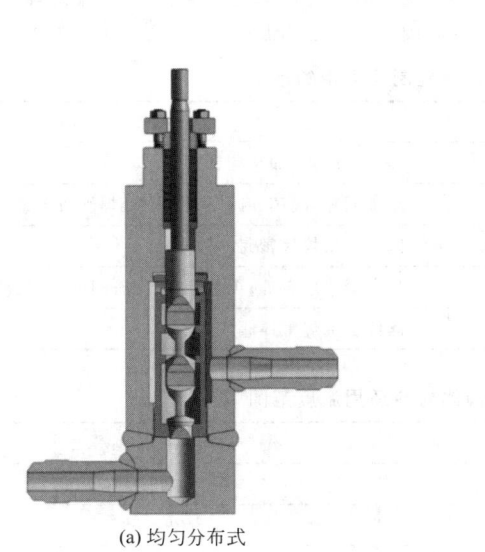

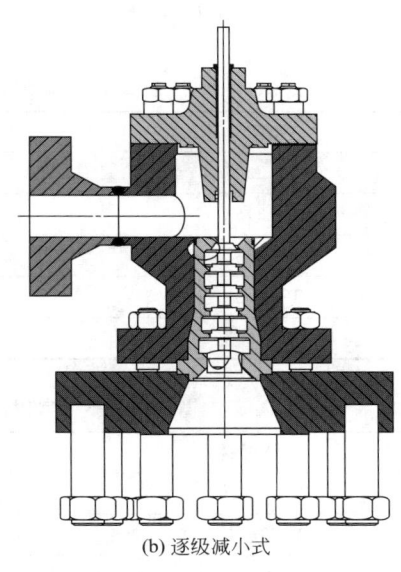

(a) 均匀分布式　　　　　　　　　　　(b) 逐级减小式

图 2-8-26　多级降压的抗气蚀控制阀结构

（3）迷宫式套筒　迷宫式套筒可降低噪声和克服气蚀。

3. 高温控制阀

目前对高温控制阀的等级划分尚无标准规范，国内外按实际应用大致分为中高温（232～427℃）、高温（427～593℃）和超高温（593℃以上）三类。

高温会使金属材料的屈服强度、抗拉强度和压缩强度降低，甚至产生蠕变和断裂。当控制阀的工作温度高于 232℃时，必须考虑阀门材料的选择，包括阀体材料、阀内件材料、阀杆材料、阀门密封材料和填料等。

① 在中高温场合，阀体和阀内件材料的选择较多，需要关注阀体、阀内件材料的匹配，选择耐用的弹性密封材料。

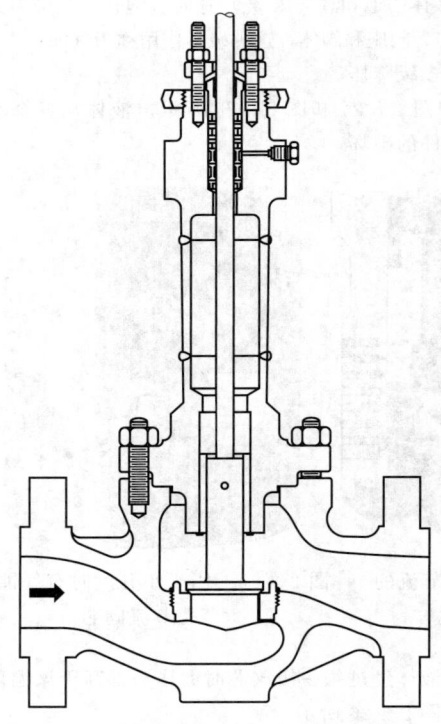

图 2-8-27 延长型上阀盖和加长阀杆

② 在高温场合，阀体常用的材料是低合金钢（铬钼钢），包括 WC6、WC9 和 C12A 等。在选择时应考虑阀体材料和阀内件材料的配合。阀内件材料通常采用硬度较高的 400 系列不锈钢，并在基材表面用钴基 6 号合金硬化处理。

③ 在超高温场合，阀体材料通常选用 321SS 和 347SS 等。F91 和 Inconel718 是理想的阀内件材料。

④ 在高温场合，阀门的密封材料通常选用石墨金属缠绕垫片和金属材料垫片。石墨类填料可用于较高的工作温度，但摩擦力较大。

高温控制阀还应关注以下几点。

① 阀内件在高温下的间隙要比标准的室温间隙大些，以避免阀内件在高温工况下因热膨胀导致卡涩。

② 采用延长型上阀盖和加长阀杆设计帮助散热，以保持填料工作在允许的温度范围之内，如图 2-8-27 所示。

③ 热循环会引起阀座与阀体间松动，必须采用螺纹及点焊方式固定阀座，以保证两者之间的密封。高温的大口径控制阀，应在阀体上堆焊阀座。为了降低因高温导致金属的擦伤可能性，配对使用的零件应采用硬质材料，两种材料的硬度差保证在 HRC5～HRC10。

④ 根据 ASME B16.34，当温度超过 540℃时，阀门的过程连接应使用对焊（BW）。

在高温场合时，控制阀通常采用的措施见表 2-8-2。常用阀体材料和阀内件材料适用温度范围见表 2-8-3 和表 2-8-4。

表 2-8-2 高温场合控制阀采用的措施

温度	措施
$T > 232℃$	延长上阀盖，加长阀杆
$T > 315℃$	增加间隙，阀芯和阀座密封面堆焊硬质合金
$T > 398℃$	阀座采用焊接密封
$T > 482℃$	导向套采用点焊；全部导向套和阀杆堆焊硬质合金
$T > 565℃$	阀体上堆焊整体阀座

表 2-8-3 常用阀体材料适用温度范围

阀体材料	适用温度范围/℃
WCB/A105	$-29～427$
WC6/F11	$-29～593$
WC9/F22	$-29～593$
C12A/F91	$-29～648$
304/316SS	$-254～815$

表 2-8-4 常用阀内件材料适用温度范围

阀内件材料	适用温度范围/℃
304/316/317SS	$-268～316$
Inconel	$-240～649$

阀内件材料	适用温度范围/℃
Monel	−198～427
Hastloy C276	−198～427
钛合金	−59～316
镍基合金	−198～316
ALLOY 20 号合金	−198～316
416/440SS	−29～427
Nitronic50	−198～593
17-4PH	−62～427
ALLOY 6 号合金	−198～816
镀镍合金	−198～427
CA6NM	−29～482

4. 深冷控制阀

根据 GB/T 24925《低温阀门 技术条件》中的规定，流体温度在−196～−29℃之间的阀门是低温阀门。按照 BS 6364 规定，深冷阀的流体温度在−196～−50℃之间。

在低温的条件下，金属材料的强度和硬度会提高，塑性和韧性会降低。为了防止材料在低温下应力脆断，阀门的承压部件（如阀体、阀盖等）应选用金相组织比较稳定的奥氏体不锈钢；填料采用柔性石墨，垫片和密封环采用柔性石墨或金属材料。当阀门为硬密封时，应在密封面上堆焊硬质合金。

深冷控制阀采用加长型上阀盖，如图 2-8-28 所示，使填料的工作温度在 0℃以上，避免填料在低温下失效。上阀盖的长度取决于应用场合的温度和隔热要求，温度越低，上阀盖越长。除冷箱用控制阀外，一般深冷控制阀的上阀盖的长度不小于 250mm。当深冷控制阀安装在不易拆卸的特殊场合（如冷箱）时，应设计成抽芯结构（图 2-8-29），从上阀盖处可拆除阀芯。

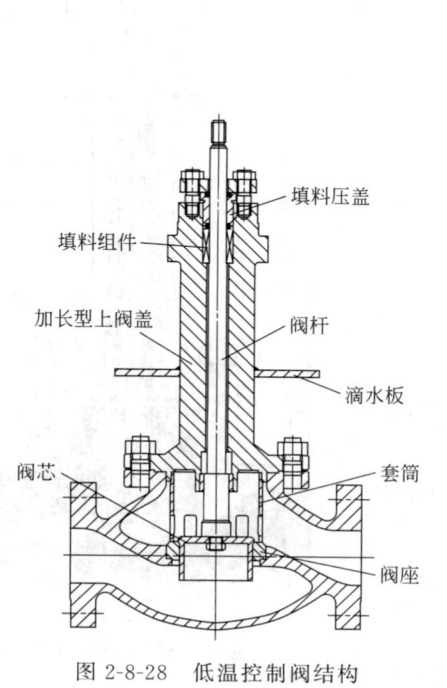

图 2-8-28 低温控制阀结构

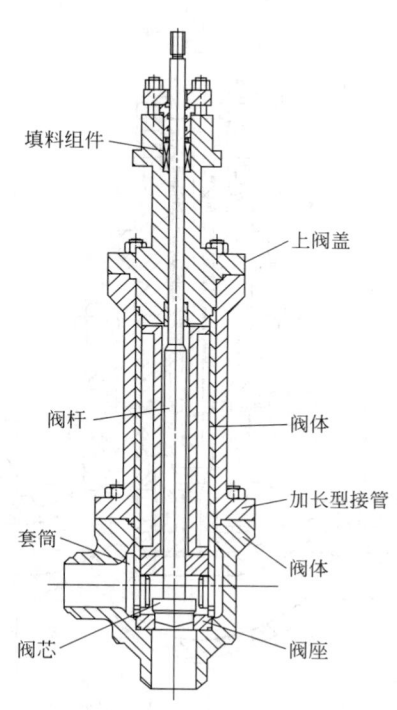

图 2-8-29 抽芯结构

深冷控制阀在应用中可能面临阀内异常升压的现象。阀门关闭后，阀内封闭腔体中的液体吸收热量，升温汽化导致体积膨胀，产生很高的压力，对阀体和阀内件产生破坏。为避免此现象发生，对于具有双流向密封要求的阀门，应采取中腔体泄压措施，使压力异常时能及时释放。

深冷控制阀的主要金属部件通常需要在低温液氮箱里进行深冷处理。

依据 GB T24925 和 BS 6364 的规定，深冷控制阀不仅要进行常温密封试验，还要进行低温密封试验，检测阀门在低温状态下的密封和操作性能。

5. 微小流量控制阀

微小流量控制阀主要应用于石油化工装置中，对微小流量的精确控制，根据实际工况对流通能力的要求选用合适的阀内件，等百分比特性阀芯 C_V 值可达到 0.05；线性特性阀芯 C_V 值可达 0.00008。C_V 值与流量特性见表 2-8-5。

表 2-8-5　微小流量控制阀 C_V 值与流量特性

流量特性	C_V 值
等百分比	0.05～6
线性	0.00008～0.03

微小流量控制阀的公称通径 DN 从 6mm 到 25mm，具有体积小、重量轻、调节精度高等特点。

微小流量控制阀的结构如图 2-8-30 所示。根据流量系数大小确定圆柱阀芯形状和 V 形槽。有的阀芯和阀座设计了密封套，特殊设计的阀芯和阀座可抗气蚀。

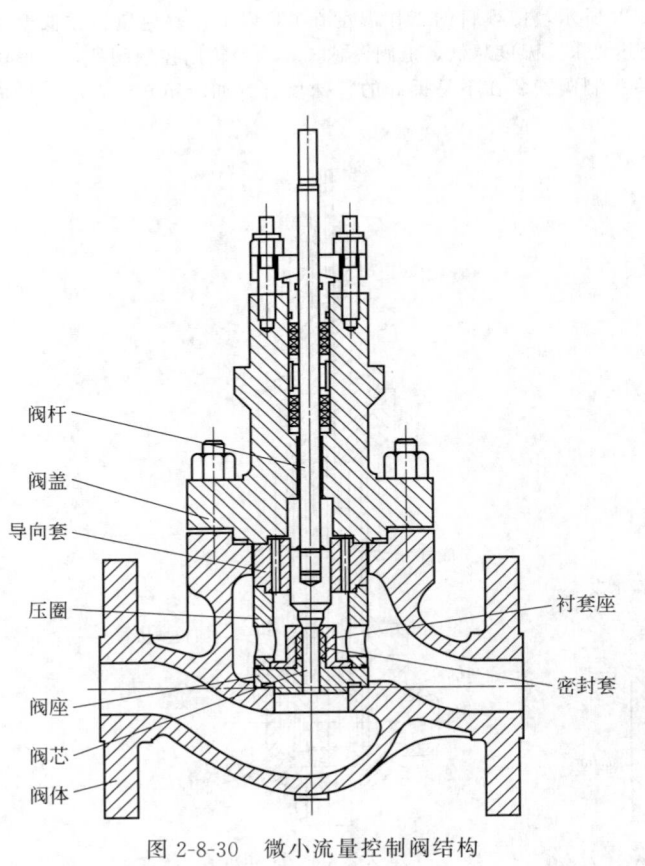

图 2-8-30　微小流量控制阀结构

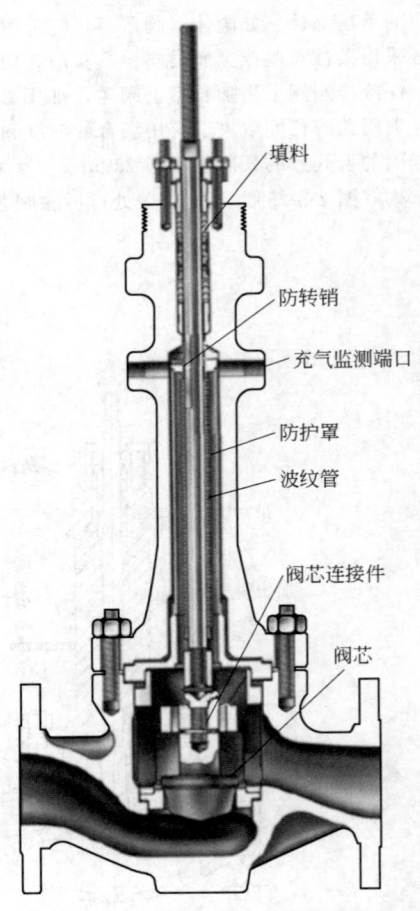

图 2-8-31　波纹管密封控制阀结构

6. 波纹管密封控制阀

波纹管密封控制阀用金属波纹管作为阀杆密封元件，通常用于工艺流体有毒、易挥发和贵重的工况，可避免工艺流体外漏引起环境污染和影响人身健康。波纹管密封控制阀也可用在真空或高温和高压的工况。

波纹管密封控制阀的结构如图 2-8-31 所示，其结构由阀杆、波纹管上座、波纹管、波纹管下座等组成。波纹管上端采用聚四氟乙烯或石墨填料密封。

金属波纹管从结构上可分为单层和多层，从制造工艺上可分为机械成型式或焊接片式。用于制造波纹管的材料有 300 系列不锈钢（304、304L、316、316L、316Ti、321）。镍基耐蚀合金（Inconel 和 Monel）、哈氏合金 C 等。镍基耐蚀合金和哈氏合金等可用在强腐蚀性或有 NACE（美国腐蚀工程师国际协会）要求的场合。

7. 盘控制阀

盘控制阀如图 2-8-32 所示。执行器带动连杆和驱动臂做 90°旋转，使阀盘与阀座密封面脱离或接触，从而完成流道的开启或关闭。

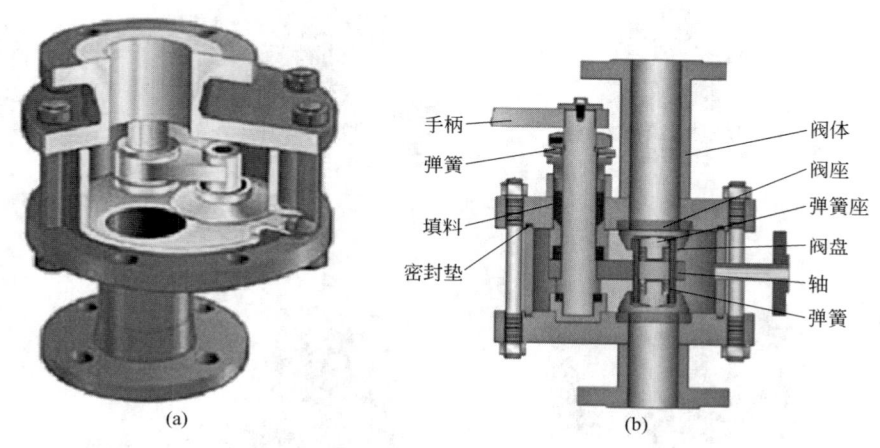

图 2-8-32　盘控制阀结构

盘控制阀具有内部空间大、启闭过程自动研磨流体中的颗粒、自动泄放内腔压力、金属硬密封和泄漏量低等特点，适用于带有高硬度固体颗粒、腐蚀性、结渣的流体并伴有高温高压、动作频繁的工况，例如煤粉传送系统、灰渣排放系统、纸浆输送系统、泥浆输送系统和催化剂输送系统等。盘控制阀最高温度可达 800℃，最高压力可达 100MPa。

盘控制阀可分为单盘阀、单座双盘阀和双座双盘阀三种，其中双座的双盘阀可实现双向密封。与浮动球阀类似，盘控制阀主要依靠流体压力和弹簧实现阀盘和阀座之间的密封。阀盘背面的弹簧可补偿热胀冷缩引起的零件形变和零件磨损，避免固体颗粒进入密封面。借助吹扫设计，可有效地克服介质在阀腔内的堆积。

8. 减温减压器

减温减压器是工业热力系统平衡的重要装置，主要用于调节蒸汽压力和温度，达到蒸汽管网平衡。减温减压器的另一个重要用途是汽轮机旁路，当锅炉和汽轮机的运行不匹配或者汽轮机降负荷、甩负荷时，锅炉蒸汽可经由减温减压器调节后送至用户。

减温减压器由减压阀、减温器和减温水阀三部分组成。减温减压器可分为一体式和分体式。减温减压器的结构形式如图 2-8-33 所示，一体式减温减压器是减温器和减压阀集成为一体，分体式减温减压器是减温器和减压阀分开设置。一体式减温减压器可改善减温水与蒸汽的混合程度，优化整体的减温效果，适用于高压差、高可调比的苛刻工况；分体式减温减压器具有结构相对简单、维修方便的特点，适用于常规工况。

当压降与入口压力的比值超过 0.45 时，减温减压器应选用多级降压，采用角形后出口尺寸变大，可降低流速和减少噪声。

减温器可分为机械喷嘴式、文丘里式和蒸汽雾化式。按照结构形式可分为固定喷嘴式、可调喷嘴式、环形喷嘴式、文丘里式和可变面积式等。减温器的结构形式如图 2-8-34 所示。

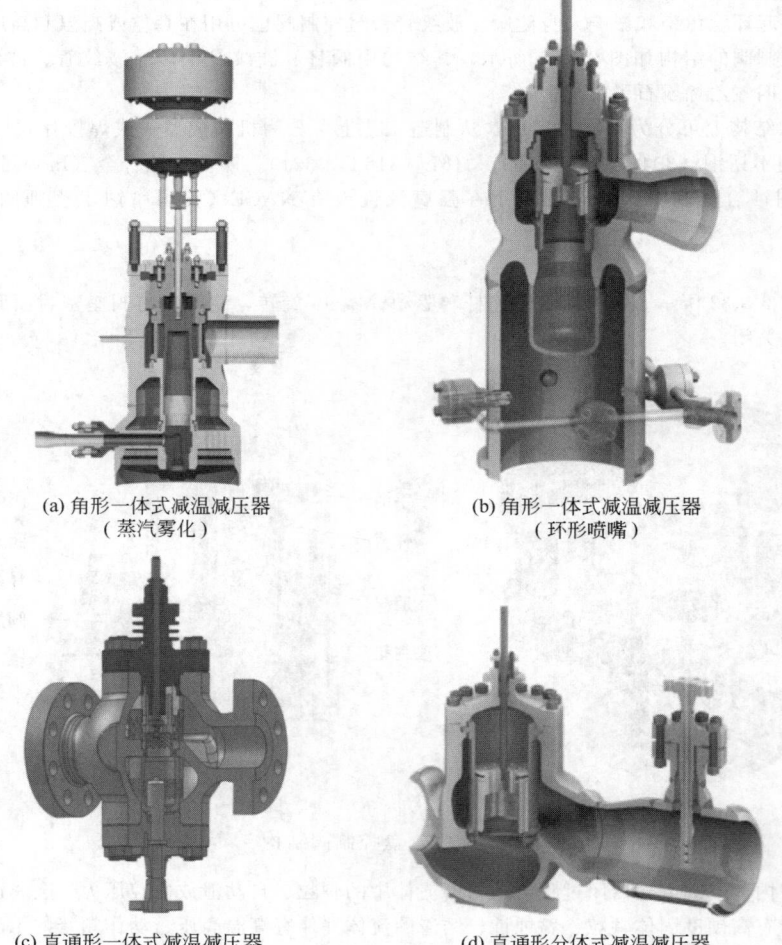

(a) 角形一体减温减压器
（蒸汽雾化）

(b) 角形一体式减温减压器
（环形喷嘴）

(c) 直通形一体式减温减压器

(d) 直通形分体式减温减压器

图 2-8-33　减温减压器的结构形式

机械喷嘴式采用一个或多个喷嘴，将减温水喷入蒸汽，其喷嘴数量取决于最大工况下减温水的流量系数。文丘里式利用流道面积缩小，产生低压区，蒸汽流速加快，改善雾化效果。蒸汽雾化式的原理与文丘里相似，流道面积变化环状，利用蒸汽功能提高雾化效果。

减温器使用条件：蒸汽流速不小于 10m/s、管径 DN80 以上、减温水阀下游压力应高于蒸汽压力 0.7MPa 以上、需上下游直管段。可变面积式减温器可调比达 100∶1，不需要前后直管段，垂直安装。

通常减温水阀压差较大，减温水阀在高压差下，易产生气蚀，在选择阀内件时应特别注意。

9. 衬里控制阀

衬里控制阀是指在流道处衬非金属材料，阀芯使用非金属材料，流体不与金属部件直接接触的控制阀。衬里控制阀适用于流体有强腐蚀性或有较多固体硬颗粒等金属材料不能满足要求的苛刻场合，衬里通常采用塑料衬里和陶瓷衬里，如图 2-8-35 所示。

塑料衬里通常采用聚四氟乙烯（PTFE）、可溶性聚四氟乙烯（PFA）和聚全氟乙丙烯（FEP）。塑料的耐腐蚀性能好，但受温度和压力限制，PTFE 和 PFA 不超过 250℃，FEP 不超过 200℃。

陶瓷衬里通常采用氧化铝（Al_2O_3）和氧化锆（ZrO_2）。陶瓷硬度高、耐磨耐冲刷、耐高温，但热冲击性差、制造成型工艺难度大。

10. 闸板控制阀

闸板控制阀主要由阀体、阀盖、闸板、阀杆和密封填料等组成。阀杆带动闸板沿阀座密封面做升降运动，

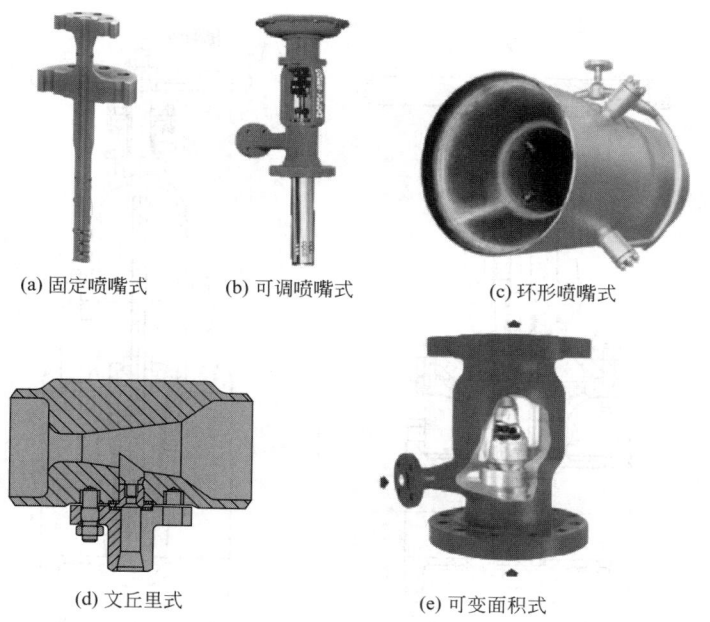

(a) 固定喷嘴式　　　(b) 可调喷嘴式　　　(c) 环形喷嘴式

(d) 文丘里式　　　(e) 可变面积式

图 2-8-34　减温器的形式

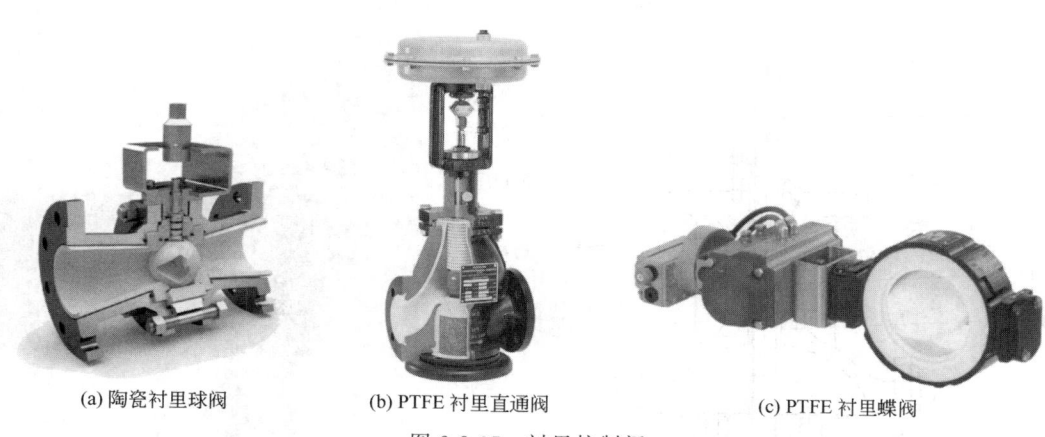

(a) 陶瓷衬里球阀　　　(b) PTFE 衬里直通阀　　　(c) PTFE 衬里蝶阀

图 2-8-35　衬里控制阀

实现阀门的开启和关闭。闸板控制阀通常作为开关阀使用。闸板控制阀具有结构长度较短、流体阻力小、密封性能好、行程较长等特点。

闸板控制阀按照闸板结构形式，可分为平行闸板阀和楔形闸板阀，如图 2-8-36 所示；按照阀杆结构形式，可分为明杆闸板阀和暗杆闸板阀；按照闸板密封面材料，可分为硬密封闸板阀和软密封闸板阀；按照闸板数量，可分为单闸板阀和双闸板阀。

平行双闸板阀在石油化工行业应用较广泛，如图 2-8-37 所示。两块闸板中间带有一个楔形块，把阀杆驱动的垂直方向推力转换为水平方向推力，通过压板传递至两边阀板，使两个阀板紧紧地压住阀座，达到严密切断。平行双闸板阀中腔泄压可采用在上游阀板上开孔（单向密封）或将阀体接口通过阀门与管道连通达到泄压。

11. 滑板控制阀

滑板控制阀是一种特殊形式的闸板阀。如图 2-8-38 所示，阀内装有两块与介质流向垂直的阀板，阀板上开有多个平行的节流槽。一块是上下运动的滑板，另一块是固定导向板。两者之间的相对运动可打开或关闭节流槽，从而改变阀门的流通能力。

滑板控制阀采用金属硬密封结构，两块滑板在介质压力下实现自密封，相互间滑动起到清洁节流槽的作用，泄漏等级可为 V 级。

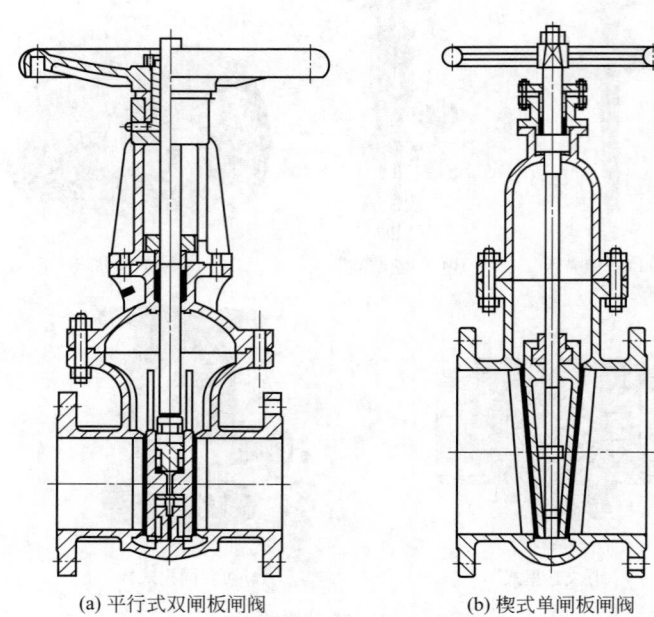

(a) 平行式双闸板闸阀　　　　(b) 楔式单闸板闸阀

图 2-8-36　平行闸阀和楔形闸阀结构

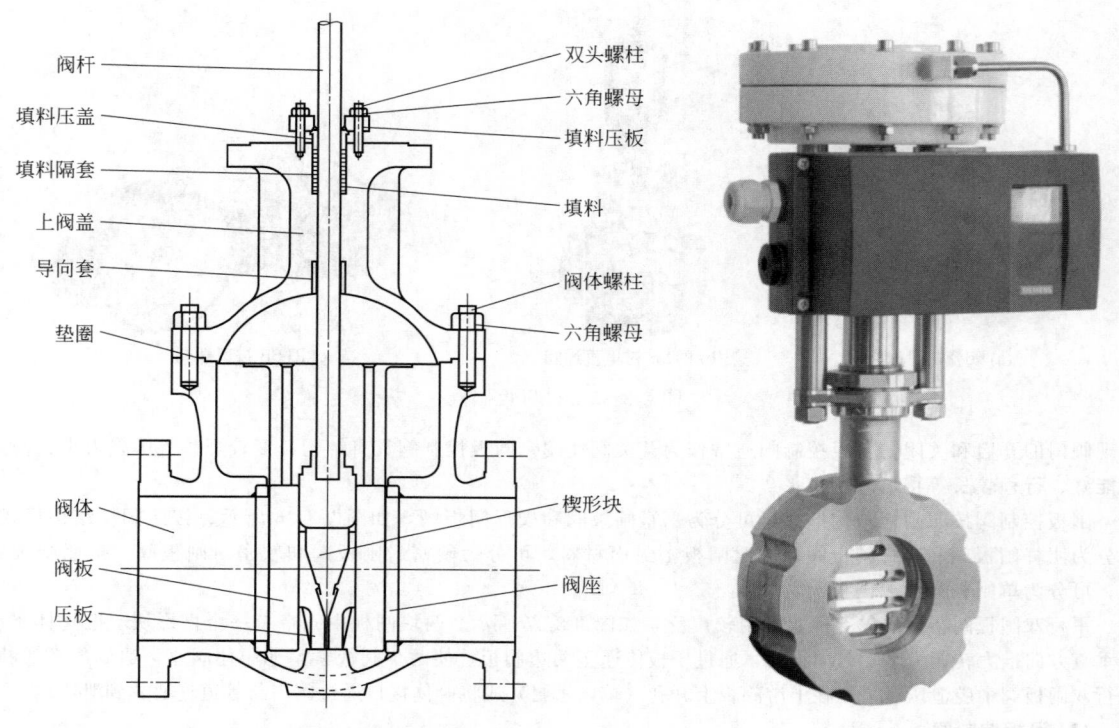

图 2-8-37　平行双闸板阀结构　　　　图 2-8-38　滑板控制阀外形

在气固两相工况中，滑板控制阀常使用两块固定板和一块滑动板的结构。上游的固定板由弹簧施加预紧力，避免固体颗粒进入腔体引起卡涩。滑板材料使用硬质合金，耐冲刷，抗腐蚀。阀体内衬硬质合金或是陶瓷，硬度可达 60HRC 以上。

滑板控制阀不平衡力小、行程短、响应速度快，适用于高频动作、高冲刷、含有颗粒和粉尘的介质。

12. 自力式控制阀

自力式控制阀是一种无需外来能源，依靠被调介质自身的压力、温度、流量变化进行自动调节的阀门。它具有结构简单、动作可靠等特点，适用于调节精度要求不高的场合。

自力式控制阀可分为压力、差压、液位、温度和流量控制阀，以压力控制为例介绍如下。

用于调节压力的自力式控制阀也称调压器，如图 2-8-39 所示。根据取压点的位置不同，可分为减压式（保持阀后压力稳定）和背压式（保持阀前压力稳定），背压式通常是用作低压的安全阀。与常规的控制阀不同，调压器的故障位置是不能选择的，减压式的故障位置是开，背压式的故障位置是关。

按照取压方式，调压器可分为内部取压式或外部取压式两种。外部取压点位置通常距调压器上游或下游 6 倍管径的地方，外部取压式的控制精度较高。外部取压式的特点是流通能力大、精度高、速度较慢。

按照动作方式，调压器可分为直接作用式和先导式两种。直接作用式的优点是结构简单和操作方便，缺点是弹簧负载有死区，取压点压力变

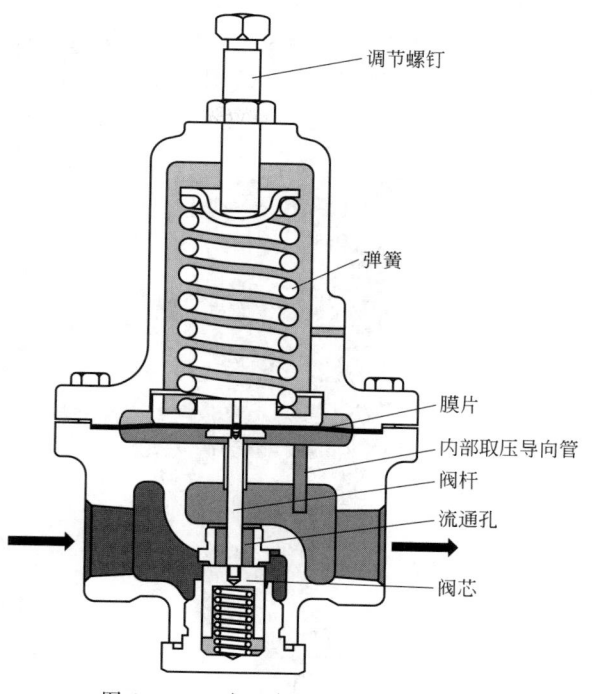

图 2-8-39　减压式调压器结构示意图

化不大时，阀门不动作。直接作用式适用于稳压精度为 10%～20% 的系统且整个控制系统容量不大的场合。先导式由一个先导阀和一个主控阀组成，先导阀先启动，然后带到主控阀启动。先导式的特点是流通能力大、反应灵敏、精度高，取压点压力微小变化阀门就可平稳动作，避免产生波动。先导式适用于出口压力变化范围小于设定压力 10% 且整个控制系统容量不大的场合，例如大型储罐的氮封阀。

调压器的膜片直接与工艺介质接触，当介质比较干净或温度不高时，调压器的膜片通常选择橡胶，如丁腈橡胶（NBR）、三元乙丙橡胶（EPDM）和氟橡胶（FKM）；当介质压力或温度较高时，可使用金属膜片。

调压器的弹簧可在一定范围内调整设定压力值。

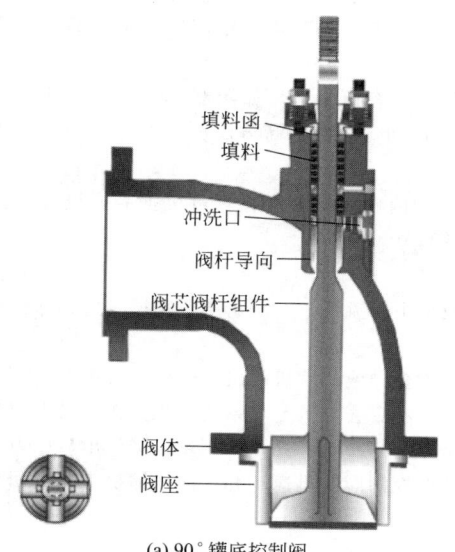

(a) 90°罐底控制阀

(b) 135°罐底控制阀

图 2-8-40　罐底控制阀结构

13. 罐底控制阀

罐底控制阀又称放料阀，如图 2-8-40 和图 2-8-41 所示，主要安装在反应器、储罐和其他容器的底部。罐底控制阀适用于介质有腐蚀性、含有固体颗粒、高温高压差、发生闪蒸的苛刻工况。

 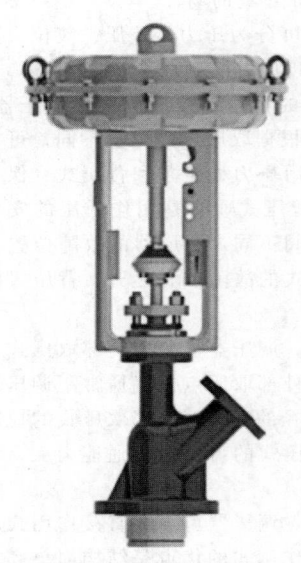

(a) 90°罐底控制阀外形　　　　　　　　(b) 135°罐底控制阀外形

图 2-8-41　罐底控制阀外形

罐底控制阀多为角阀结构，入口和出口成 90°或 135°夹角，执行机构垂直向下。阀门的上游侧与设备的凸缘法兰直接相连，阀座深入设备内部，阀芯伸向设备内部时阀门打开。罐底控制阀的结构可有效避免物料滞留和沉积在阀体内部。

罐底控制阀具有操作方便、开启自由、密封性好、排放物料无死角、无滞留等优点，广泛应用在石油化工、制药、生物、精细化工、食品等行业。

14. 轴流控制阀

轴流控制阀具有流线型且均匀对称的流道，阀内件安装在阀门的轴向中心，流体在通过轴流控制阀的过程中一直沿着流道轴向流动，不会产生大的流向改变，降低了流动阻力和噪声。轴流控制阀内部介质流向如图 2-8-42所示。

轴流控制阀由上阀盖、阀体、阀杆、推杆、导流罩、阀芯和套筒组成，如图 2-8-43 所示。流体沿着导流罩进入套筒，阀杆通过齿条传动带着推杆和阀芯在水平方向移动，改变套筒节流窗口的流通面积，实现流量控制。

轴流控制阀具有执行机构小、流通能力大、可调比高、阀内件设计多样化（可根据需要设计套筒）等特点，广泛应用在石油和天然气行业中长输管线的压力和流量调节场合。

15. 防喘振控制阀

防喘振控制阀通常安装在离心式压缩机出口的放空线或最小回流线上，对于避免喘振发生、保护离心式压缩机和实现性能控制起着重要的作用。

当压缩机的入口流量过低或下游管路压力突然升高时，均会导致压缩机的出口憋压，流体返回压缩机，直到压缩机内部压力升高重新向下游管路输送流体。喘振产生的噪声会导致整个系统产生共振，具有很强的破坏性。在压缩机正常运行过程中，可根据工况适当地打开防喘振控制阀，补充入口流量，降低出口压力，保证压缩机的平稳操作。当压缩机工作点接近喘振控制线时，防喘振控制阀要迅速打开，使压缩机工作点回到正常的区域。

防喘振控制阀的主要特点如下。

① 流通能力大，流量调节范围宽，调节精度高。

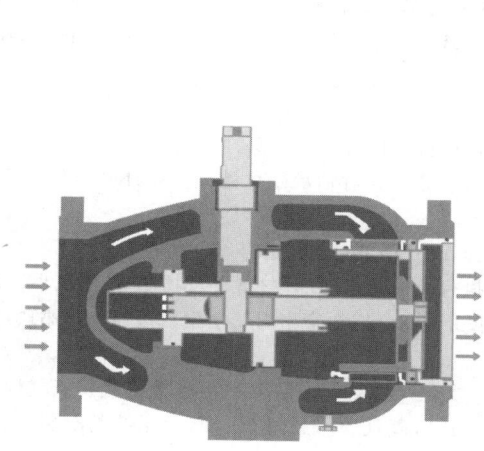

图 2-8-42　轴流控制阀内部介质流向

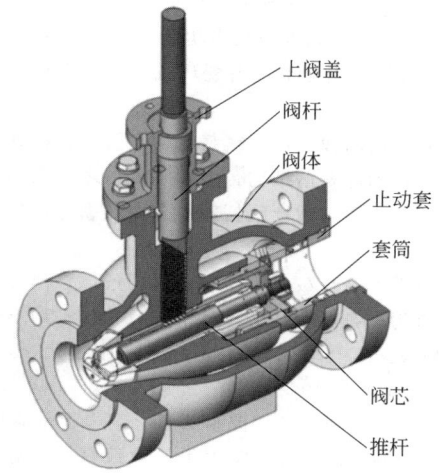

上阀盖

阀杆

阀体

止动套

套筒

阀芯

推杆

图 2-8-43　轴流控制阀内部结构

② 压差大，噪声高，使用降噪阀芯，流量特性为线性。

③ 泄漏等级为 V 级。正常工况下，防喘振阀是严密关闭的。

④ 电磁阀失电后，阀门从全关到全开不超过 2s，从全开到全关不超过 5s，全行程调节时间不超过 10s。

⑤ 通常选用直行程控制阀（单座阀或角阀）。当流量大且压差小时，可选择三偏心蝶阀。在长输管线上的防喘振控制阀，可选择轴流控制阀。

防喘振控制阀内部结构如图 2-8-44 所示。

16. 其他特殊控制阀

（1）PDS 程控球阀　在聚丙烯、聚乙烯装置的聚合反应器产品出料管线上，有粉料排放系统球阀，称为 PDS（Product Discharge System）球阀。依据不同工艺技术路线，两台反应器周边大约有 30 台球阀，口径为 15～300mm。PDS 程控球阀的结构如图 2-8-45 所示。

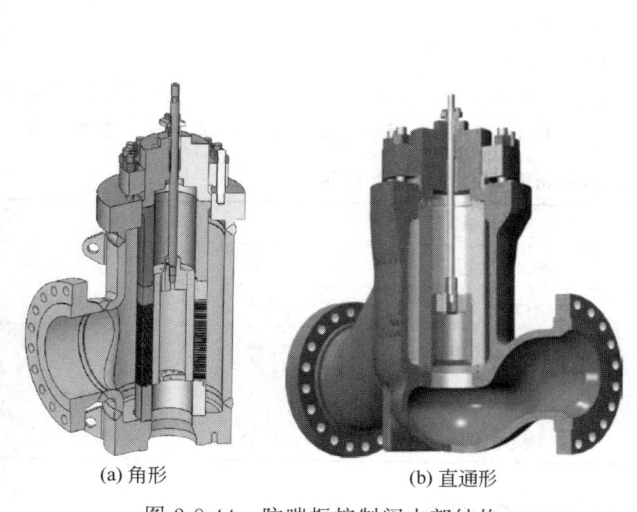

(a) 角形　　　　　(b) 直通形

图 2-8-44　防喘振控制阀内部结构

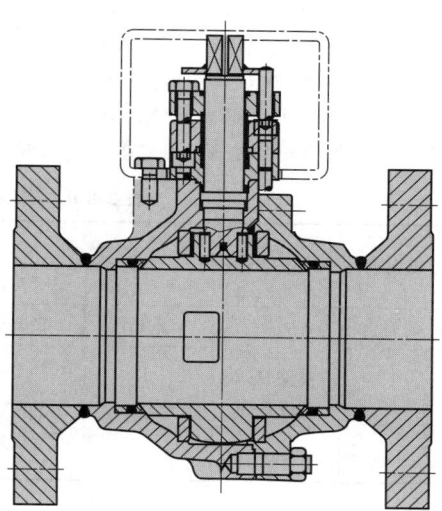

图 2-8-45　PDS 球阀结构

这些球阀操作工况苛刻，出料产品为粉料或粒料，容易自聚，高压差冲刷。工艺要求阀门开关迅速且频繁，阀门开关时间 2～5s，循环周期 2～5min，每年开关 100 万次～240 万次。一旦出料产品进入阀座后的弹簧腔，则导致弹簧卡塞增大预紧力，不仅加速阀芯和阀杆密封磨损引发泄漏，使得中腔和阀杆密封发生出料产品堆积，而且会导致执行机构拨叉与销轴作用力增加，加速了执行机构轴承的磨损，缩短了执行机构寿命。因此

PDS 程控球阀要求使用金属硬密封固定球阀,阀杆使用高硬度不锈钢或铬钼钢,阀座泄漏等级要求 V 级以上,具备防火、防静电、阀杆防吹出功能,阀座密封面设计成刮刀形状,在阀芯表面和阀座密封面喷涂硬质合金,阀座和阀球密封采用无油纯石墨环或 PTFE/LYTON 密封环,保证球圆度小于 0.01mm 等。PDS 程控球阀要求如下。

① 为阀座后面弹簧设计密封结构,防止粉料进入弹簧腔。

② 设计自动卸料槽结构,弹簧和流道之间全部贯通,粉料或粒料不会堆积。

③ 阀杆使用双轴承,阀杆轴承采用低摩擦系数的材料制作,并对轴承硬化处理。阀杆密封处设置 O 形密封环。

④ 使用带弹簧负载双重填料,阀门逸散性泄漏量符合 TA-luft 或 ISO 15848 的要求。

⑤ 选择为高频场合特殊设计的执行机构。扇形气动执行机构,移动部件少,结构简单,体积小,寿命 400 万次;高频拨叉式气动执行机构,通过加固执行机构轴承密封和气缸活塞密封,增设减振器,提高阀门扭矩安全系数至 2.0,寿命 100 万次。

(2) 氧气控制阀 氧气控制阀广泛应用于石油化工、煤化工、空分、冶金和钢铁等行业。氧气性质活泼,是强氧化剂和助燃剂,容易摩擦生热导致燃烧,对氧气管道(氧气含量超过 23.5%)系统的材料、流速、清洁度等有严格的要求。

氧气控制阀的选型特别注意以下几点。

① 阀门形式 阀门的流道简单通畅。开关型控制阀应选择球阀或旋塞阀,不建议选择蝶阀和闸阀。调节型控制阀选择直通单座柱塞阀或套筒阀,氧气在阀芯处的流向应为由上至下。氧气控制阀应避免振动,噪声控制在 90dB(A) 以下。

② 阀门材料 氧气工况下控制阀最主要的风险是燃烧,阀门的材料应选择具有高阻燃性的材料镍基合金(如 MONEL),不采用碳钢材料。氧气阀门材料还受到工作压力和流速的限制,如表 2-8-6 所示。根据 JBT 12955,当工作压力低于豁免压力时,选用豁免材料可不受流速限制,如表 2-8-7 所示。氧气控制阀宜选择金属密封面,当操作压差大于 1.5MPa 或阀门压力等级高于 600 磅级时应使用硬质合金(钴基合金或镍基合金)对密封面加硬,厚度不小于 2mm。填料使用 PTFE、金属丝编织石墨填料或碳纤维编织石墨填料。推荐选用的阀门材料和加硬材料如表 2-8-8 和表 2-8-9 所示。

③ 控制开关速度,保持慢速关闭。

④ 阀门的泄漏等级高于 ANSI CLASS IV 级。

⑤ 阀门出口流速不高于 0.3Mach。

⑥ 为了避免静电引发自燃,阀门的法兰端面设置接地螺栓。

⑦ 氧气控制阀流道表面应光滑流畅,零件无毛刺、锐角和棱边,阀体内不能堆积杂质。阀门装配前应清洗零件并做脱油脱脂处理。在进行压力测试和泄漏量测试时,应使用压缩氮气或清洁的压缩空气,严禁用水。

表 2-8-6 碳钢和奥氏体不锈钢管道的流速 v 限制

管道材质	工作压力 p/MPa					
	$p \leqslant 0.1$	$0.1 < p \leqslant 1$	$1 < p \leqslant 3$	$3 < p \leqslant 10$	$10 < p < 15$	$15 \leqslant p < 21$
碳钢	根据管道压降确定	<20m/s	<20m/s	不允许	不允许	不允许
奥氏体不锈钢		30m/s	25m/s	$pv \leqslant 45$MPa·(m/s)(撞击场合)$pv \leqslant 80$MPa·(m/s)(非撞击场合)	4.5m/s(撞击场合)8m/s(非撞击场合)	4.5m/s

表 2-8-7 豁免材料的豁免压力和最小厚度限制

豁免材料	最小厚度/mm	豁免压力/MPa
黄铜合金,锡青铜	不限制	20.68
钴基合金	不限制	3.44
铜合金,铜镍合金	不限制	20.68

续表

豁免材料	最小厚度/mm	豁免压力/MPa
Hastelloy C-276，Inconel 600	3.18	8.61
Inconel625，Inconel X-750	3.18	6.9
Monel400，Monel K-500	0.762	20.68
304/304L，316/316L，321，/347	3.18	1.38
304/304L，316/316L，321，/347	6.35	2.58
410/430	3.18	1.38
17-4PH	3.18	2.07

注：当氧气温度在−30～200℃，压力不超过21MPa时，可以按此表选择豁免材料。

表 2-8-8　推荐选用的阀门材料

类别	阀体材料	阀体材料
阀杆	316SST	Monel 400
阀芯	316SST	Monel K500
阀座	316SST	Monel K500
套筒	316SST	Monel 400
阀盖	A351 CF8M	Monel 400
填料	除油、防剥离处理的 PTFE、石墨	
密封圈	316SST＋石墨	Inconel 625 ＋石墨

表 2-8-9　密封面加硬材料

操作压差	材料
1.5MPa＜Δp＜3.4MPa	CoCrA，Alloy 6
Δp＞3.4MPa	NiCr-A，Colmonoy 4

第三节　控制阀材料及选用

控制阀的材料包括阀体材料、阀内件材料和各种非金属材料。

一、阀体材料

阀体材料性能应不低于管道材料。常用的阀体材料分为碳钢、低温碳钢、合金钢、不锈钢和镍基合金等。依据材料成型工艺又可分为铸件和锻件。

1. 碳钢

碳钢是一种应用广泛的金属材料，常用于气体、液体和蒸汽等非腐蚀性的介质。

在 ASTM A216/A216M 里有 WCA、WCB 和 WCC，其中 WCA 为较低强度，WCB 为中等强度，WCC 为较高强度。阀体材料通常选用 WCB，也可选用 WCC。当强度要求较高时，阀体材料应选用锻件 A105。碳钢适用温度是−29～425℃，若在425℃以上长期应用，其中的碳化物会有石墨化倾向。

2. 低温碳钢

低温碳钢适用的温度范围是−46～343℃。用作阀体材料时，多使用 ASTM A352/A352M 里的 LCB 和 LCC，低温碳钢的锻件标准是 ASTM A350/A350M。

3. 合金钢

合金钢又称为铬钼钢，材料中含有铬、钼等合金元素，具有耐高温、抗氧化、抗氢脆等性能，广泛地运用于电厂、炼油、化工行业等高温和含氢工况中。

最为常用铸件材料的是 ASTM A217/A217M 中 WC6、WC9、C5 和 C12A，其中 C5 具有良好的高温抗硫腐蚀性能。以上四个牌号对应的锻件是 ASTM A182/A182M 中的 F11、F22、F5A 和 F91。WC6 和 WC9 适用的温度范围是−29～593℃，C5 和 C12A 适用的温度范围是−29～649℃。在−29～475℃内，合金钢的承压能力比不锈钢好。

4. 不锈钢

不锈钢通常分为奥氏体不锈钢、马氏体不锈钢、铁素体不锈钢、双相不锈钢和沉淀硬化不锈钢。马氏体、铁素体和沉淀硬化不锈钢较少用作阀体材料。

奥氏体不锈钢具有韧性好、耐腐蚀、耐高温氧化和耐低温等特点，其中 ASTM A351 CF8/CF8M（304/316）以及 A351 CF3/CF3M（近似 304L/316L）是常用不锈钢阀体材料，温度范围−254～816℃。需要指出的是，A351 CF3/CF3M 承压性能与 304/316 相同，耐腐蚀性能与 304L/316L 相同。

双相不锈钢同时兼有奥氏体和铁素体不锈钢的优点，韧性好、强度高、耐腐蚀，通常用于氧气或氯离子含量高的工况（如海水）。常用的材料有 ASTM A995 CD3MN 和 A995 CD3MWCuN，前者的使用温度不能超过 315℃。

5. 镍基合金

镍基合金主要用在强氧化性、强腐蚀性、高温腐蚀等恶劣工况中。常用的镍基合金包括镍铜合金（Monel）、镍铬铁合金（Inconel、Alloy 20）、镍钼合金（哈氏合金 B 系列，Hastelloy B2）、镍铬钼合金（哈氏合金 C 系列，Hastlloy C-276）等。

① Monel　适用于纯氧气、强碱、盐溶液和氢氟酸等介质，不适用于强氧化性酸溶液。

② Inconel　高温抗氧化性能好，适用于氧化或还原环境的腐蚀性介质。

③ Alloy 20　用于各种温度和浓度的硫酸、磷酸和醋酸等介质。

④ Hastelloy B　适用盐酸溶液和硫酸溶液等介质。

⑤ Hastelloy C　适用于强氧化性或还原性介质。

二、阀内件材料

控制阀阀内件包括阀芯、阀座、阀杆、衬套、密封环和填料函等。阀内件材料应根据工况（温度、压力、压差、流速）、流体特性（腐蚀、磨蚀、磨损、冲刷）及闪蒸、空化和泄漏等级等因素综合选择。

1. 阀芯和阀座

阀芯和阀座常用金属材料包括合金钢、奥氏体不锈钢、马氏体不锈钢、沉淀硬化不锈钢和镍基合金等。

常用的马氏体不锈钢有 410 和 440C。其强度高，耐磨性好，硬度最高可达 HRC58。

常用的沉淀硬化不锈钢是 17-4PH，具有强度高、抗腐蚀好等特性，经热处理后硬度可达 40HRC，但使用温度不高于 427℃。

根据流体工况，阀芯和阀座要进行硬化处理。硬化处理有以下几种方法。

（1）热处理　经过热处理后，17-4PH、410、440C 等材料的硬度会有所提高。例如 17-4PH 热处理后的硬度可达 40HRC。

（2）堆焊硬化层（STELLITE 合金）　在 304 和 316 等不锈钢上堆焊 STELLITE 合金。一种是在阀芯和阀座的密封面上堆焊（称部分堆焊），另一种是在阀芯和阀座全部堆焊。

（3）表面硬化处理　表面硬化处理包括喷涂硬质合金和渗氮处理。将硬质合金喷涂到基体上，表面硬度可达 65HRC。渗氮处理后的表面硬度可达 60HRC。

常用的软阀座材料包括塑料和橡胶。塑料包括聚四氟乙烯（PTFE）、增强型聚四氟乙烯（RTFE）、聚全氟乙烯（F46）和聚醚醚酮（PEEK）等。橡胶包括氯丁橡胶（CR）、丁腈橡胶（NBR）、三元乙丙橡胶（EPDM）和氟橡胶（FKM）等。

2. 阀杆

在阀门开启和关闭过程中，阀杆承受拉、压和扭转作用力，并与介质直接接触，同时和填料之间还有相对的摩擦运动，阀杆材料在规定温度下有足够的强度、冲击韧性、耐腐蚀性和抗擦伤性。

阀杆常用的材料有 410、440C、17-4PH、Nitronic 50 与 Inconel 660 等。

3. 其他材料

其他材料主要是用于执行机构的膜片、密封填料、垫片、O 形环和衬里等。

填料是用来填充填料函的空间，防止介质由阀杆和填料函间隙泄漏。目前主要有 V 形聚四氟乙烯填料和石墨片（丝）填料两种。聚四氟乙烯摩擦系数小，密封性好，耐腐蚀性能优良。缺点是耐磨性差，温度不能过高。聚四氟乙烯填料的使用温度范围为－40～＋232℃。石墨的密封性好、化学惰性强、耐腐蚀，适用于大部分的难处理流体，多应用于高温场合，缺点是对阀杆的摩擦力较大。石墨填料使用温度范围为－198～649℃。

垫片、O形环主要用于提高阀门内件的密封性能，一般使用非金属材料如氟橡胶、石墨、碳纤维、聚四氟乙烯等。当因工况温度较高或介质原因不能使用橡胶或塑料时，可选择金属材料与非金属材料的组合。

三、常用材料表

典型的阀内件材料适用温度范围见表 2-8-10。

表 2-8-10　典型的阀内件材料适用温度范围

材料（英文）	材料（中文或其他名称）	温度范围/℃	应用
304SST	CF8	－268～316	无涂层阀芯,阀座
316SST	CF8M	－268～316	无涂层阀芯,阀座
317SST	CG8M	－268～316	无涂层阀芯,阀座
Monel	N05500,K-500	－198～427	无涂层阀芯,阀座
Monel	N04400,	－198～427	无涂层阀芯,阀座
Hastelloy B	B2,N10665,N7M	－198～427	无涂层阀芯,阀座
Hastelloy C	C276,C22,CW2M	－198～427	无涂层阀芯,阀座
Titanium	钛 C2,C3,C4	－59～316	无涂层阀芯,阀座
Nickel	镍 N02200	－198～316	无涂层阀芯,阀座
Alloy 20	N08020,CN7M	－198～316	无涂层阀芯,阀座
416SST	S41600	－29～427	阀芯,阀座,套筒
440SST	S44004	－29～427	阀芯,阀座,轴套
17-4PH	S17400,CB7Cu-1	－62～427	阀芯,阀座,套筒
Alloy 6	R3006,CoCr-A	－198～816	阀芯,阀座
HCr	镀硬铬	－198～316	阀内件涂层
Nickel plating	非电镀镍涂层	－198～400	阀内件涂层
Nitronic50	S20910,XM19	－198～593	阀杆,阀轴,销钉
NBR	丁腈橡胶	－29～93	阀座
FKM	氟橡胶	－18～204	阀座,O形密封环
PTFE	聚四氟乙烯	－268～232	阀座,填料
PA	尼龙	－51～93	阀座
HDPE	聚乙烯	－54～85	阀座
CR	氯丁橡胶	－40～82	阀座

常温下阀内件材料的硬度及耐腐蚀性比较见表 2-8-11。

表 2-8-11　常温下阀内件材料的硬度及耐腐蚀性比较

阀芯材料	硬度（HRC）	耐腐蚀性
304SST	8	好
316SST	8	好
416SST	40	好
Stellite 合金	44	好

258

续表

阀芯材料	硬度(HRC)	耐腐蚀性
440C SST	56	较好
17-4PH	40	好
表面渗碳硬化处理	55～65	较好
表面氮化硬化处理	65～72	好
表面碳化钨硬化处理	72	较好
表面镀硬铬硬化处理	64	好

环境温度下常用阀门材料腐蚀表见表 2-8-12。

表 2-8-12　环境温度下常用阀门材料腐蚀表

介质	碳钢	304 SST	316 SST	400 合金	B2 合金	C276 合金	钛	6 号 合金	416 440	17-4 PH	双相 钢	20 号 合金	254 SMO
乙醛	C	A	A	A	A	A	A	A	A	A	A	A	A
醋酸,不含空气	C	C	A	A	A	A	A	A	C	C	A	A	A
醋酸,充气的	C	B	A	C	A	A	A	A	C	B	A	A	A
丙酮	A	A	A	A	A	A	A	A	A	A	A	A	A
乙炔	A	A	A	A	A	A	A	A	A	A	A	A	A
乙醇	A	A	A	A	A	A	A	A	A	A	A	A	A
硫酸铝	C	A	A	B	A	A	A	A	C	B	A	A	A
氨	A	A	A	A	A	A	A	A	A	A	A	A	A
氯化氨	C	C	B	B	A	A	A	B	C	C	A	A	A
氢氧化氨(氨水)	A	A	A	C	A	A	A	A	A	A	A	A	A
硝酸氨	B	A	A	C	A	A	A	C	A	B	A	A	A
磷酸氨(单基)	C	A	A	B	A	A	A	A	B	B	A	A	A
硫酸氨	C	B	A	A	A	A	A	A	C	B	A	A	A
亚硫酸氨	C	A	A	C	A	A	A	A	C	A	A	A	A
苯胺	C	A	A	B	A	A	A	A	C	A	A	A	A
沥青	A	A	A	A	A	A	A	A	A	A	A	A	A
啤酒	B	A	A	A	A	A	A	B	A	B	A	A	A
苯(粗苯)	A	A	A	A	A	A	A	A	A	A	A	A	A
苯(甲)酸 A	A	A	A	A	A	A	A	A	A	A	A	A	A
硼酸	C	A	A	B	A	A	A	A	C	A	A	A	A
溴,干	C	B	B	A	A	A	C	C	C	B	A	A	A
溴,湿	C	C	C	A	A	A	C	C	C	C	C	A	C
丁烷	A	A	A	A	A	A	A	A	A	A	A	A	A
氯化钙	B	B	B	A	A	A	A	A	C	C	A	A	A
次氯酸钙	C	C	C	C	B	A	A	A	C	C	A	A	A
二氧化碳,干	A	A	A	A	A	A	A	A	A	A	A	A	A
二氧化碳,湿	C	A	A	A	A	A	A	A	C	A	A	A	A
硫化碳	A	A	A	B	A	A	A	A	B	A	A	A	A
碳酸	C	A	A	A	A	A	A	A	A	A	A	A	A
四氯化碳	B	A	A	A	A	A	A	A	B	A	A	A	A
氢氧化钾(次氢氧化钾)													
氢氧化钠(次氢氧化钠)													
氯,干	A	B	B	A	A	A	C	A	C	B	A	A	A
氯,湿	C	C	C	B	B	B	A	C	C	C	C	C	A
铬酸	C	C	C	C	B	A	A	C	C	C	B	C	A

介质	碳钢	304 SST	316 SST	400 合金	B2 合金	C276 合金	钛	6号 合金	416 440	17-4 PH	双相 钢	20号 合金	254 SMO
柠檬酸	C	B	A	A	A	A	A	A	C	B	A	A	A
焦炉酸	A	A	A	B	A	A	A	A	C	A	A	A	A
硫化铜	C	C	B	C	A	A	A	C	A	A	A	A	A
棉花籽油	A	A	A	A	A	A	A	C	C	C	A	A	A
杂酚油	A	A	A	A	A	A	A	A	A	A	A	A	A
联苯-联苯醚混合物	A	A	A	A	A	A	A	A	A	A	A	A	A
乙烷	A	A	A	A	A	A	A	A	A	A	A	A	A
乙醚	B	A	A	A	A	A	A	A	A	A	A	A	A
氯乙烷	C	B	B	A	A	A	A	A	C	B	A	A	A
乙烯	A	A	A	A	A	A	A	A	A	A	A	A	A
乙二醇	A	A	A	A	A	A	A	A	A	A	A	A	A
氯化铁	C	C	C	C	C	A	A	C	C	C	C	C	A
氟,干	A	B	B	A	A	A	C	A	C	C	A	A	C
氟,湿	C	C	C	B	B	B	C	C	C	C	C	C	A
甲醛	B	A	A	A	A	A	A	A	A	A	A	A	A
甲酸	C	C	B	C	B	A	C	B	C	C	A	A	A
氟利昂,湿	B	B	A	A	A	A	A	A	C	B	A	A	A
氟利昂,干	B	A	A	A	A	A	A	A	A	A	A	A	A
糠醛	A	A	A	A	A	A	A	A	B	A	A	A	A
精炼汽油	A	A	A	A	A	A	A	A	A	A	A	A	A
葡萄糖	A	A	A	A	A	A	A	A	A	C	A	A	A
盐酸(充气的)	C	C	C	C	A	B	C	C	C	C	C	C	C
盐酸(不含空气的)	C	C	C	C	A	B	C	C	C	C	C	C	C
氢氟酸(充气的)	C	C	C	B	B	B	C	C	C	C	C	C	C
氢氟酸(不含空气的)	C	C	C	A	B	B	C	C	C	C	C	C	C
氢	A	A	A	A	A	A	C	A	C	B	A	A	A
过氧化氢	C	A	A	C	A	A	A	A	B	A	A	A	A
硫化氢	C	A	A	A	A	A	A	A	B	A	A	A	A
碘	C	A	A	A	C	A	A	A	C	A	A	A	A
氢氧化镁	A	A	A	A	A	A	A	A	A	A	A	A	A
汞	A	A	A	B	A	A	C	A	A	A	A	A	A
甲醇	A	A	A	A	A	A	A	A	A	A	A	A	A
甲基乙基甲酮	A	A	A	A	A	A	A	A	A	A	A	A	A
牛奶	C	A	A	A	A	A	A	A	A	A	A	A	A
天然气	A	A	A	A	A	A	A	A	A	A	A	A	A
硝酸	C	A	A	C	C	B	A	C	C	A	A	A	A
油酸	C	B	A	A	A	A	A	A	B	B	A	A	A
草酸	C	B	B	B	A	A	C	B	C	C	A	A	A
氧	C	B	B	A	A	B	B	C	B	B	A	B	B
精炼石油	A	A	A	A	A	A	A	A	A	A	A	A	A
磷酸(充气的)	C	A	A	C	A	A	C	A	C	B	A	A	A
磷酸(不含空气的)	C	B	B	B	A	A	C	B	C	B	A	A	A
苦味酸	C	B	A	C	A	A	C	A	C	B	A	A	A
碳酸钾	B	A	A	A	A	A	A	A	A	B	A	A	A

续表

介质	碳钢	304 SST	316 SST	400 合金	B2 合金	C276 合金	钛	6号 合金	416 440	17-4 PH	双相 钢	20号 合金	254 SMO
氯化钾	B	B	B	A	A	A	A	A	C	C	A	A	A
氢氧化钾	B	A	A	A	A	A	A	A	B	A	A	A	A
丙烷	A	A	A	A	A	A	A	A	A	A	A	A	A
松香	B	A	A	A	A	A	A	A	A	A	A	A	A
硝酸银	C	A	A	C	A	A	A	A	C	B	A	A	A
苏打灰(见碳酸钠)													
醋酸钠	A	A	A	A	A	A	A	A	A	A	A	A	A
碳酸钠	A	A	A	A	A	A	A	A	B	A	A	A	A
氯化钠	C	B	B	A	A	A	A	A	C	B	A	A	A
铬酸钠	A	A	A	A	A	A	A	A	A	A	A	A	A
氢氧化钠	A	B	A	A	A	A	A	A	B	B	A	A	A
次氯酸钠	C	C	C	C	B	A	A	C	C	C	C	C	A
硫代硫酸钠	C	C	A	A	A	A	A	A	C	B	A	A	A
氯化亚锡	C	C	B	C	A	A	A	B	C	C	A	A	A
蒸汽	A	A	A	A	A	A	A	A	A	A	A	A	A
硬脂酸	B	A	A	A	A	A	A	A	B	B	A	A	A
硫酸盐溶液(黑色)	A	B	A	A	A	A	A	A	C	A	A	A	A
硫	A	A	A	A	A	A	A	A	A	A	A	A	A
二氧化硫,干	C	C	B	C	A	A	A	B	C	C	A	A	A
二氧化硫,湿	C	C	B	B	A	A	A	A	C	C	A	A	A
硫酸(含气的)	C	C	C	C	C	A	C	B	C	A	A	A	A
硫酸(不含空气的)	C	C	C	B	A	A	C	B	C	C	A	A	A
亚硫酸	C	B	B	C	A	A	A	B	C	C	A	A	A
焦油(柏油)	A	A	A	A	A	A	A	A	A	A	A	A	A
三氯乙烯	B	B	A	A	A	A	A	A	B	B	A	A	A
松节油	B	A	A	A	A	A	A	A	A	A	A	A	A
醋	C	A	A	A	A	A	A	A	C	A	A	A	A
锅炉给水,经胺处理	A	A	A	A	A	A	A	C	A	A	A	A	A
蒸馏水	C	A	A	A	A	A	A	A	C	A	A	A	A
海水	C	C	B	A	A	A	A	A	C	A	A	A	A
威士忌和酒	C	A	A	A	A	A	A	A	C	A	A	A	A
氯化锌	C	C	C	A	A	A	A	B	C	C	B	B	B
硫化锌	C	A	A	A	A	A	A	A	C	A	A	A	A

注：1. 该腐蚀表格的目的是提供各种材料在接触某些流体时会怎样反应的一般性提示。表格中的建议不是绝对的，因为浓度、温度、压力和其他条件也许会改变某一特定金属的适用性。经济性的考虑也是影响金属材料选择的因素。该表格仅作为一个指南。A＝通常是适合的；B＝微小至中等影响，使用时要小心；C＝不满意。

2. 本表是参照 Emerson Process Magagerment Fisher《控制阀手册》第四章控制阀选型的《环境温度下常用阀门材料耐腐蚀能力表》编制。

第四节　控制阀泄漏量的等级分类

控制阀的泄漏分内部泄漏和外部泄漏两种，内部泄漏指阀门关闭时，阀芯与阀座之间的泄漏，也称内漏；外部泄漏指介质从阀体内通过填料泄漏至阀体外，也称外漏。

一、控制阀内部泄漏

控制阀内部泄漏量是指在规定的温度、压力条件下，试验流体通过处于关闭状态的控制阀的流量。常规调节的控制阀的泄漏等级不低于Ⅳ级。要求严密关断（TSO）的控制阀，泄漏等级不低于Ⅴ级或Ⅵ级。

常用的控制阀泄漏量标准有 GB/T 17213.4、IEC 60534-4、ANSI/FCI 70-2、API598 等。调节型控制阀通常采用 ANSI/FCI 70-2，开关阀通常采用 API598。

1. GB/T 17213.4 和 IEC 60534-4

GB/T 17213.4 和 IEC 60534-4 是等效的，规定了工业控制阀的检验和试验要求，其中包括适用于各种特定结构控制阀的阀座泄漏量等级和实验程序标准。规范适用于压力等级不高于 $PN420$（CLASS 2500）的气动执行机构控制阀。阀座泄漏等级不适用于额定流量系数 $K_v < 0.086$ 或 $C_v < 0.1$ 的控制阀，Ⅵ级仅适用于弹性阀座控制阀（软阀座）。

试验介质可以是常温的液体或气体。液体温度为 $5 \sim 50℃$，水可含有水溶油或防锈剂。气体是 $5 \sim 50℃$ 的清洁空气或氮气。

试验程序有两个，程序1的试验压力是 $3 \sim 4$bar●，如果规定最大工作压差低于 3.5bar，则试验压力使用最大工作压差，偏差在 $\pm5\%$ 以内。程序2的试验压力是控制阀的最大工作压差，偏差在 $\pm5\%$ 以内。

GB/T 17213.4 和 IEC 60534-4 各等级允许的泄漏量见表 2-8-13 和表 2-8-14。

表 2-8-13 GB/T 17213.4 和 IEC 60534-4 泄漏等级

泄漏等级	试验介质	试验程序	阀座最大允许泄漏量
等级Ⅰ	依据买卖双方协议		
等级Ⅱ	液体或气体	1	$5\times10^{-3}\times$阀门额定容量①
等级Ⅲ	液体或气体	1	$10^{-3}\times$阀门额定容量①
等级Ⅳ	液体	1或2	$10^{-4}\times$阀门额定容量
	气体	1	$10^{-4}\times$阀门额定容量①
等级Ⅳ-S1	液体	1或2	$5\times10^{-6}\times$阀门额定容量
	气体	1	$5\times10^{-6}\times$阀门额定容量①
等级Ⅴ	液体	2	$1.8\times10^{-7}\times\Delta p\times D$，L/h
	气体	1	$10.8\times10^{-6}\times D$，m³/h，空气 $11.1\times10^{-6}\times D$，m³/h，氮气
等级Ⅵ	气体	1	$3\times10^{-3}\times\Delta p\times$泄漏率系数

① 对于可压缩流体，流量应采用标准状态体积。

注：Δp 单位为 kPa；D 为阀座直径，mm。

表 2-8-14 GB/T 17213.4 和 IEC 60534-4 中等级Ⅵ泄漏率系数

阀座公称直径		允许泄漏率系数	
mm	in	mL/min	气泡数/min
25	1	0.15	1
40	1.5	0.30	2
50	2	0.45	3
65	2.5	0.6	4
80	3	0.9	6
100	4	1.7	11
150	6	4	27
200	8	6.75	45

● 1bar＝10^5Pa。

续表

阀座公称直径		允许泄漏率系数	
mm	in	mL/min	气泡数/min
250	10	11.1	—
300	12	16	—
350	14	21.6	—
400	16	28.4	—

注：如果阀座直径与上表相差 2mm 以上时，可使用插值法计算最大允许泄漏量，假设阀座直径平方与泄漏量成正比。

2. ANSI/FCI 70-2

ANSI/FCI 70-2 是美国流体控制学会的控制阀泄漏量标准。ANSI/FCI 70-2 各等级允许的泄漏量见表 2-8-15 和表 2-8-16。

表 2-8-15　ANSI/FCI 70-2 泄漏等级表

泄漏等级	阀座最大泄漏量	试验方法	备注
等级Ⅰ	可不试验	无	无标准
等级Ⅱ	阀门额定容量 0.5%	A 型	介质为 10~52℃(50~125℉)水或空气,压力为 3~4×10⁵Pa(G) [45~60psi(G)]与最大工作压差较小者
等级Ⅲ	阀门额定容量 0.1%	A 型	
等级Ⅳ	阀门额定容量 0.01%	A 型	
等级Ⅴ	$5\times10^{-4}\Delta p\times D$,mL/min	B 型	介质为 10~52℃(50~125℉)水,压力为最大关闭压力 ±5%;Δp 为压差,psi,D 为阀座直径,in
	$5\times10^{-12}\Delta p\times D$,m³/s	B 型	介质同上,Δp 为压差,10⁵Pa,D 为阀座直径,mm
	4.7mL/(min·in)	B1 型	介质为 10~52℃(50~125℉)空气或氮气,压力为 3.5× 10⁵Pa(G)[50psi(G)]。in:孔径,流量为标况
	11.1×10⁻⁶m³/(h·mm)	B1 型	介质同上,mm:孔径,流量为标况
等级Ⅵ	见表 2-8-16	C 型	介质为 10~52℃空气或氮气,压力为 3.5bar(G)[50psi(G)] 与最大关闭压差较小者

注：1. 等级Ⅳ和Ⅴ通常用于金属密封阀座,等级Ⅵ可用于软阀座。

2. 1psi=6.894757kPa,1in=2.54cm。

表 2-8-16　ANSI/FCI 70-2 中等级Ⅵ泄漏量

阀座公称直径		最大允许泄漏量	
mm	in	mL/min	气泡数/min
≤25	≤1	0.15	1
38	1.5	0.30	2
51	2	0.45	3
64	2.5	0.6	4
76	3	0.9	6
102	4	1.7	11
152	6	4	27
203	8	6.75	45
250	10	11.1	—
300	12	16	—
350	14	21.6	—
400	16	28.4	—

注：如果阀座直径与上表相差 2mm 以上时，可使用插值法计算最大允许泄漏量，假设阀座直径平方与泄漏量成正比。

3. API 598

API 598 规定了闸阀、截止阀、旋塞阀、止回阀、球阀和蝶阀的压力试验要求和密封试验要求,其中密封试验规定了阀座的最大允许泄漏量。

API 598 包括壳体试验、上密封试验、低压密封试验、高压密封试验、双截断双排放高压密封试验、铸件的目视检验和高压气体壳体试验。

对于壳体试验、高压上密封试验、高压密封试验,试验介质应使用空气、惰性气体、煤油、水或者黏度不高于水的非腐蚀性液体,试验介质温度范围 5~38℃。对于低压密封试验和低压上密封试验,试验介质应使用空气或惰性气体。试验压力为 38℃时最大需用压力的 1.1 倍。

API 598 各等级允许的泄漏量见表 2-8-17。当口径大于表中规定数值时,允许泄漏量应按照规范中的公式进行计算。

表 2-8-17　API 598 密封试验的阀座最大允许泄漏量

阀门规格		所有的弹性阀座阀门	金属阀座阀门(不含止回阀)		金属阀座止回阀		
DN/mm	NPS/in		液体试验/(滴/min)	气体试验/(气泡数/min)	液体试验/(mL/min)	气体试验/(m³/h)	气体试验/(ft³/h)
≤50	≤2	0	0[B]	0[B]	6	0.08	3
65	2½	0	5	10	7.5	0.11	3.75
80	3	0	6	12	9	0.13	4.5
100	4	0	8	16	12	0.17	6
125	5	0	10	20	15	0.21	7.5
150	6	0	12	24	18	0.25	9
200	8	0	16	32	24	0.34	12
250	10	0	20	40	30	0.42	15
300	12	0	24	48	36	0.50	18
350	14	0	28	56	42	0.59	21
400	16	0	32	64	48	0.67	24
450	18	0	36	72	54	0.76	27
500	20	0	40	80	60	0.84	30
600	24	0	48	96	72	1.01	36
650	26	0	52	104	78	1.09	39
700	28	0	56	112	84	1.18	42
750	30	0	60	120	90	1.26	45
800	32	0	64	128	96	1.34	48
900	36	0	72	144	108	1.51	54
1000	40	0	80	160	120	1.68	60
1050	42	0	84	168	126	1.76	63
1200	48	0	96	192	144	2.02	72

注:1. 对液体试验,1mL 相当于 16 滴;对气体试验,1mL 相当于 100 气泡。

2. 对液体试验,0 滴表示无可见泄漏;对气体试验,0 气泡表示泄漏量少于 1 个气泡。

二、控制阀外部泄漏

控制阀的外部泄漏主要发生在阀杆填料和阀体阀盖密封处,这种泄漏称之为逸散性泄漏。

逸散性泄漏是典型的工业污染源。为了加强环境保护,国内外均制定了相关的阀门逸散性泄漏标准,主要有 ISO 15848、GB/T 26481、TA-Luft、EPA method 21 等。

1. ISO 15848

ISO 15848《工业阀门．漏气的测量、试验和鉴定程序》包括 ISO 15848-1《阀门的分类体系和型式试验鉴定程序》和 ISO 15848-2《阀门产品验收试验》。

ISO 15848-1 规定的试验介质是 97% 的氦气或甲烷，使用氦气质谱仪或是 VOC 检测仪作为检测仪器。阀门逸散性有密封等级、耐久等级以及温度等级三个指标。密封等级是根据阀杆密封处的泄漏量划分 A、B、C 三个等级（标准中明确规定了阀体密封处的泄漏量要求不大于 50ppm❶）。耐久等级是根据阀门经过的循环次数（机械循环和热循环），开关型控制阀分为 CO1～CO3 三个等级，调节型控制阀分为 CC1～CC3 三个等级。温度等级是划分了 t1～t5 共五个等级，用来表示试验温度。密封等级及允许泄漏量、耐久等级和温度等级见表 2-8-18～表 2-8-21。

表 2-8-18 ISO 15848-1 密封等级及允许泄漏量（介质为氦气）

等级	泄漏量/(mg·s^{-1}·mm^{-1})	备注
AH	≤3.14×10^{-8}	波纹管或同等阀杆密封的 90° 回转阀门级
BH	≤3.14×10^{-7}	PTFE 填料或弹性（橡胶）阀杆密封
CH	≤3.14×10^{-5}	以柔性石墨为填料的阀门可达到本等级

表 2-8-19 ISO 15848-1 密封等级及允许泄漏量（介质为甲烷）

等级	泄漏量
AM	≤50ppmV
BM	≤100ppmV
CM	≤500ppmV

表 2-8-20 ISO 15848-1 耐久等级

等级	机械循环（全行程）次数	热循环次数	说明
CO1	205	2	50 次室温/50 次测试温度/50 次室温/50 次测试温度/5 次室温
CO2	1500	3	在完成 CO1 等级基础上再做 795 次室温/500 次测试温度
CO3	2500	4	在完成 CO2 等级基础上再做 500 次室温/500 次测试温度
CC1	20000	2	5000 次室温/5000 次测试温度/5000 次室温/5000 次测试温度
CC2	60000	3	在完成 CC1 等级基础上再做 20000 次室温/20000 次测试温度
CC3	100000	4	在完成 CC2 等级基础上再做 20000 次室温/20000 次测试温度

表 2-8-21 ISO 15848-1 温度等级

$(t_{-196℃})$	$(t_{-46℃})$	$(t_{-29℃})$	(t_{RT})	$(t_{200℃})$	$(t_{400℃})$
−196℃～RT	−46℃～RT	−29℃～RT	−5～40℃	RT～200℃	RT～400℃

注：RT 是室温。

需要指出的是，规范中强调了用氦气检测的泄漏量和用甲烷检测的泄漏量没有对应关系。用氦气检测后确定的密封等级和用甲烷检测后确定的密封等级没有对应关系。

在 ISO 15848-2 里，给出了阀门产品验收试验时泄漏量和密封等级，试验介质为 97% 的氦气，阀杆密封等级及允许泄漏量见表 2-8-22，阀体密封泄漏量不高于 50ppmV。

---

❶ 1ppm=1mg/L。

表 2-8-22　ISO 15848-2 阀杆密封等级及允许泄漏量

等级	泄漏量	备注
A	≤50ppmV	典型结构为波纹管
B	≤100ppmV	典型结构为 PTFE
C	≤200ppmV	典型结构为柔性石墨

2. GB/T 26481

GB/T 26481 是以 ISO 15848-2 为基础，根据中国法律和工业特殊需要进行补充和修改而成的规范。

3. TA-luft

TA-luft 是德国的空气质量控制技术规范，里面规定了开关阀和调节阀的泄漏量要符合 VDI 2440（矿物油炼油厂逸散控制标准）。

4. EPA method 21

EPA method 21 是美国环保机构制定的标准，测试介质是甲烷，使用 VOC 分析仪检测泄漏量，泄漏量规定不高于 0.05%。

5. API 622

API 622 是对阀杆填料做逸散性泄漏型式试验的标准，填料的适用温度为 −29～538℃，试验方法适用于升降式阀杆的开关阀、转动式阀杆的开关阀。阀杆密封的静态泄漏量不超过 100ppmV。

6. API 624

API 624 是对使用石墨填料的升降阀杆的阀门做逸散性泄漏型式试验，阀门应用范围是闸阀和截止阀，DN 600 以上和 1500 等级以上的阀门不在这个标准范围内。泄漏量不超过 100ppmV。API 624 有个前提，阀门填料必须通过 API 622 型式试验。

7. API 641

API 641 是对旋转阀门做逸散性泄漏型式试验，阀门应用范围包括球阀、蝶阀和旋塞阀，DN 600 以上的阀门、1500 等级以上的阀门和环境温度下压力额定值低于 6.89bar(G) 阀门的不在这个标准范围内。泄漏量不超过 100ppmV。API 641 的特点是根据阀门设计的情况（温度和压力）进行分组，确定试验压力和试验温度。如果阀门填料在 API 622 的范围内，那么填料需要通过 API 622 型式试验。

为了满足阀门逸散性泄漏标准，控制阀厂家已采用了环保密封型低泄漏填料。典型产品包括碳纤维增强石墨编织填料和组合填料，组合填料是由碳纤维编织端环或金属丝编织石墨端环与柔性石墨环组合而成。

第五节　执行机构

一、气动执行机构

气动执行机构主要分为气动薄膜执行机构和气动活塞式执行机构。

1. 气动薄膜执行机构

气动薄膜执行机构是一种常用的气动执行机构，具有结构简单、动作可靠、维修方便等优点。气动薄膜执行机构按弹簧数量可分为单弹簧和多弹簧，按动作方式可分为正作用和反作用，按输出位移可分为直行程和角行程。

（1）正作用式薄膜执行机构　信号压力通入波纹膜片的上方，当信号压力增加时，执行机构的推杆向下动的叫做正作用式薄膜执行机构，结构如图 2-8-46 所示，主要由上膜盖、波纹膜片、下膜盖、推杆、支架、压缩弹簧、弹簧座、调节件、连接螺母、行程标尺等组成。

正作用式薄膜执行机构的动作原理如图 2-8-47 所示，当信号压力通入薄膜气室时，在膜片上方产生一个推力，使推杆部件向下移动，将弹簧压缩，直到弹簧的反作用力与信号压力在膜片上产生的推力相平衡。信号压力和位移特性曲线如图 2-8-48 所示。

正作用式薄膜执行机构的平衡方程式可用下式表示：

$$pA_e = KL \qquad\qquad (2\text{-}8\text{-}1)$$

式中　p——通入薄膜室的信号压力；

　　　A_e——波纹膜片的有效面积；

　　　K——弹簧刚度；

　　　L——执行机构的推杆位移。

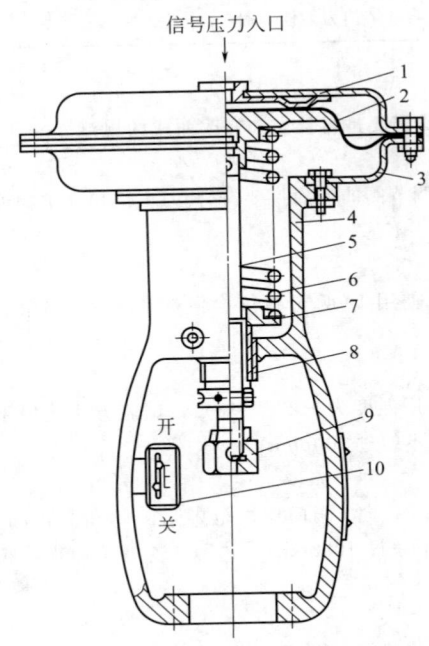

图 2-8-46　正作用式薄膜执行机构结构

1—上膜盖；2—波纹膜片；3—下膜盖；
4—推杆；5—支架；6—弹簧；7—弹簧座；
8—调节件；9—连接螺母；10—行程标尺

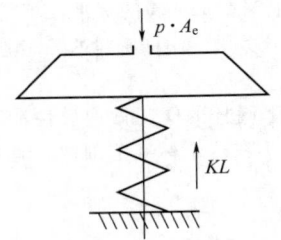

图 2-8-47　正作用式薄膜执行
机构动作原理

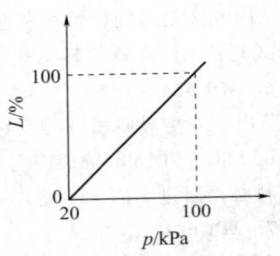

图 2-8-48　正作用式薄膜执行
机构信号压力和位移特性曲线

薄膜执行机构输出力：

$$\pm F = A_e[p - (p_1 + p_r)]10^{-1} = A_e p_F$$

式中　F——执行机构输出力向下为正，向上为负，N；

　　　A_e——膜片的有效面积，cm^2；

　　　p——操作压力，kPa；

　　　p_1——弹簧的初始压力，kPa；

　　　p_r——弹簧范围，kPa；

　　　p_F——有效输出压力，kPa。

从上式可知，要提高执行机构输出力 F，必须增大膜片有效面积 A_e 或提高有效输出压力 p_F。

（2）反作用式薄膜执行机构　当信号压力增大时，执行机构的推杆向上运动的叫做反作用式执行机构，如图 2-8-49 所示。当信号压力从 20kPa 增加到 100kPa 时，推杆从全行程走到零的位置。

反作用式薄膜执行机构的动作原理和正作用式薄膜执行机构一样，所不同的是反作用式薄膜执行机构的信号压力通入到波纹膜片的下方，信号压力增加时，波纹膜片向上移动，如图 2-8-50 所示。信号压力和位移特性曲线如图 2-8-51 所示。

反作用式薄膜执行机构需要对阀杆进行密封。反作用式薄膜执行机构的结构有两种形式：一种是采用 O 形密封环的方法，一种是采用深波纹膜片方法。从图 2-8-49 中可知，正反作用执行机构的结构基本相同，均由上下膜盖、波纹膜片、推杆、支架、压缩弹簧、调节件等部件组成。在正作用执行机构上，增加一个 O 形密封环或深波纹膜片，并更换个别零部件后就能方便地组成反作用式执行机构。

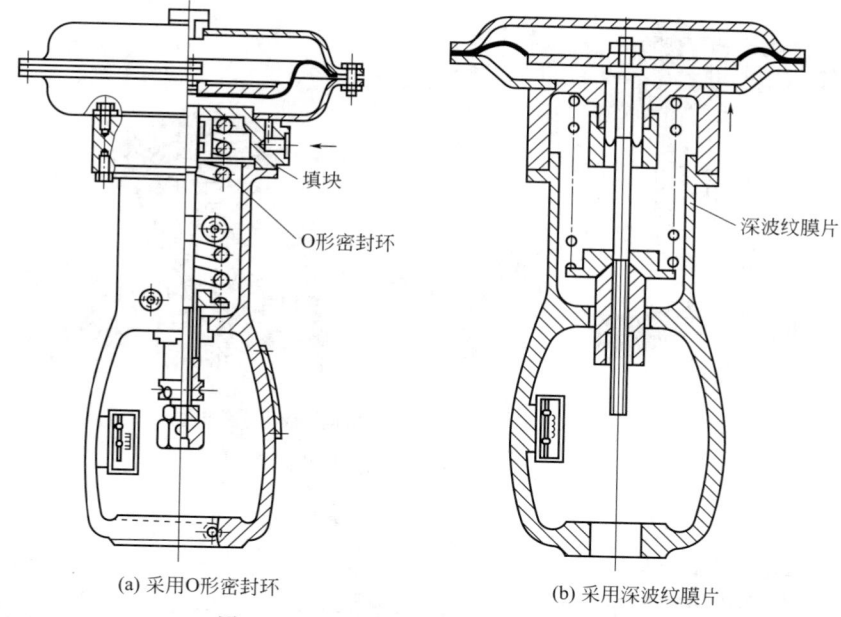

(a) 采用O形密封环   (b) 采用深波纹膜片

图 2-8-49　反作用式薄膜执行机构结构

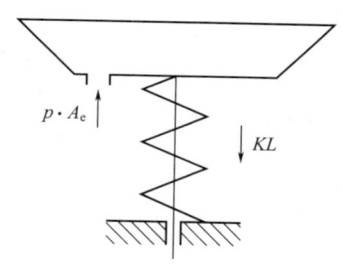

图 2-8-50　反作用式薄膜执行机构
动作原理

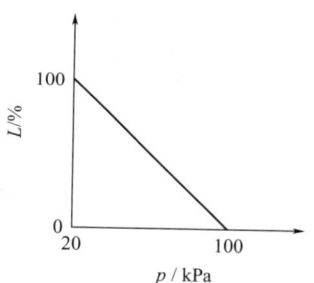

图 2-8-51　反作用式薄膜执行机构
信号压力和位移特性曲线

（3）多弹簧薄膜执行机构　多弹簧薄膜执行机构动作原理与单弹簧相同，将多个弹簧直接置于上下膜盖内，可降低执行机构的高度，使执行机构更加紧凑。弹簧可采用多个弹簧沿膜盖中心对称布置，如图 2-8-52（a）所示；也可以采用同心的双重弹簧布置，如图 2-8-52（b）所示。

（4）气动薄膜执行机构的角行程输出　气动薄膜执行机构与连杆转换机构配合可将直行程转换为角行程。如图 2-8-53 所示，主要由直行程膜室和连杆转换机构两部分组成，执行机构膜室为正作用。在膜片上方受力后压缩弹簧并连杆向下运动，通过连杆转换机构驱动阀杆做顺时针或逆时针的旋转，实现阀门的开启和关闭。

2. 气动活塞执行机构

气动活塞执行机构也是一种常用的气动执行机构，输出力大，额定行程大，适用于高压差、高静压的场合。气动活塞执行机构按输出位移可分为直行程和角行程，按动作方式可分为正作用和反作用，按有无弹簧可分为单作用和双作用。

（1）气动活塞直行程式执行机构

① 单作用执行机构　单作用执行机构弹簧可分为正作用式和反作用式。其内部结构如图 2-8-54 所示，主要由连接螺母、支架、推杆、下缸盖、活塞、密封圈、缸体、弹簧、弹簧座、上缸盖、限位螺栓、始点限位件等组成。

对于单作用活塞直行程执行机构而言，正作用气源输出力为气源压力克服弹簧走完全行程时产生的力；反作用气源输出力为气源克服弹簧预紧状态时产生的力；正作用弹簧输出力为膜室失去气源压力时弹簧复位产生

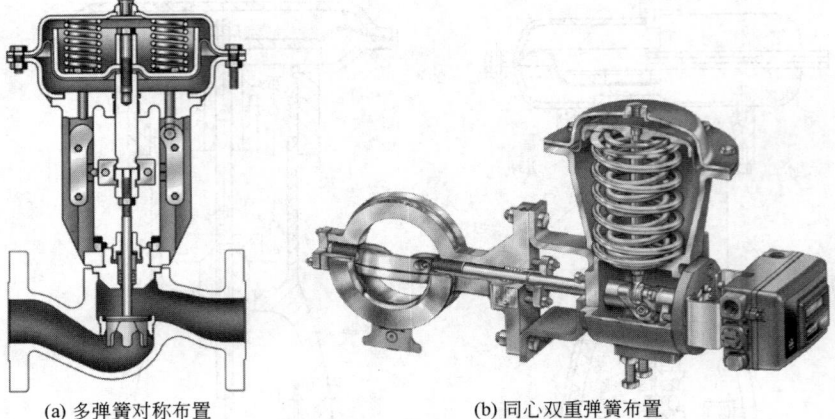

(a) 多弹簧对称布置　　　　　　(b) 同心双重弹簧布置

图 2-8-52　多弹簧薄膜执行机构示意图

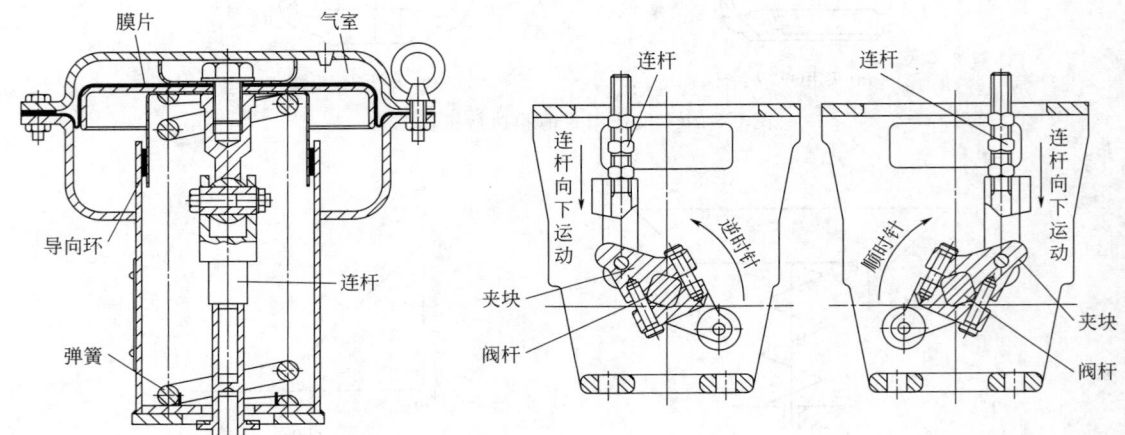

图 2-8-53　气动薄膜执行机构的角行程输出结构

的力；反作用弹簧输出力为弹簧恢复到预紧状态时产生的力。

活塞执行机构输出力的计算式为：

$$\pm F = \frac{\pi}{4}\eta D^2 P_s 10^2 \ (D \gg d_h)$$

式中　F——执行机构输出力，活塞杆伸出气缸方向为正，活塞杆进入气缸方向为负，N；

　　　η——气缸效率，$\eta = 0.9$；

　　　D——活塞直径，cm；

　　　P_s——供气压力，MPa；

　　　d_h——推杆直径，cm。

活塞执行机构的力矩计算式为：

$$M = F\frac{L}{2}\cot\frac{\alpha}{2}(D \gg d_h)$$

式中　M——执行机构输出力矩，N·m；

　　　F——执行机构输出力，N；

　　　L——执行机构行程，m；

　　　α——转角。

② 双作用执行机构　双作用执行机构不含弹簧。实现阀门调节要配置双作用阀门定位器和储气罐等附件，

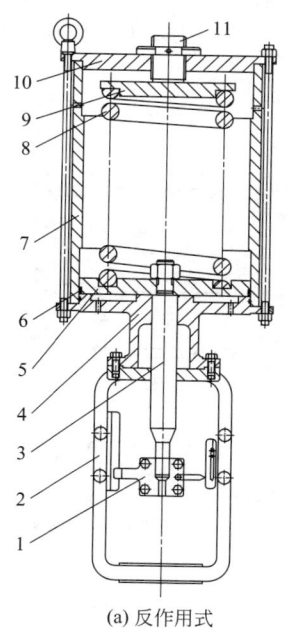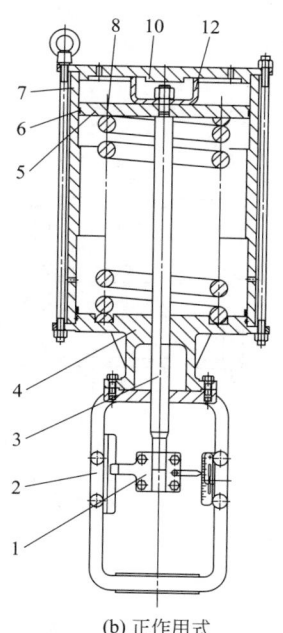

(a) 反作用式　　　　　　　　　　　(b) 正作用式

图 2-8-54　单作用活塞式执行机构

1—连接螺母；2—支架；3—推杆；4—下缸盖；5—活塞；6—密封圈；7—缸体；8—弹簧；
9—弹簧座；10—上缸盖；11—限位螺栓；12—始点限位件

其结构如图 2-8-55 所示。

（2）气动角行程活塞式执行机构　角行程主要是通过齿轮齿条或拨叉方式将活塞直线运动转化为主轴的旋转运动。角行程输出的是力矩和转角，转角一般最大为 90°。按照有无弹簧可分成单作用和双作用两种。

① 齿轮齿条执行机构　齿轮齿条执行机构是通过活塞上的齿条和主轴上的齿轮相互配合，将活塞直线运动转化为主轴的旋转运动。其外形如图 2-8-56 所示。齿轮齿条式执行机构具有结构紧凑、效率高、维护简单、输出扭矩均匀等特点，通常适用于输出力矩较小的场合。

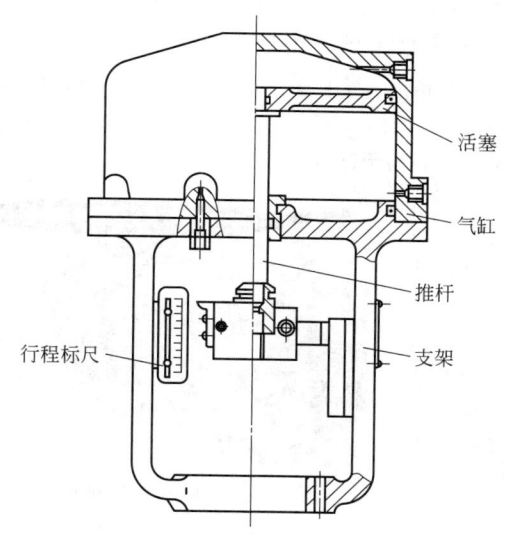

活塞

气缸

推杆

行程标尺

支架

图 2-8-55　双作用活塞执行机构

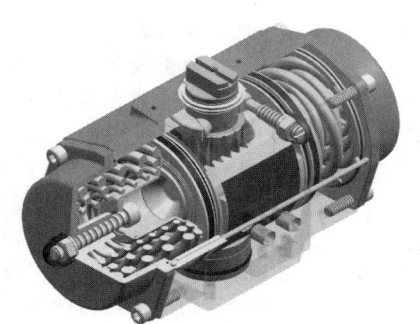

图 2-8-56　齿轮齿条式执行机构外形图

② 拨叉式执行机构　拨叉式执行机构是通过拨叉将活塞的直线运动转化为主轴的旋转运动。拨叉式执行

机构有单缸双活塞和双缸双活塞两种结构形式，如图 2-8-57 和图 2-8-58 所示，主要由缸盖、气缸、活塞、隔板、限位螺钉、箱体、拨叉、主轴、活塞杆、活塞密封圈、弹簧、手轮接连部件、螺杆、手轮部件等零部件组成。

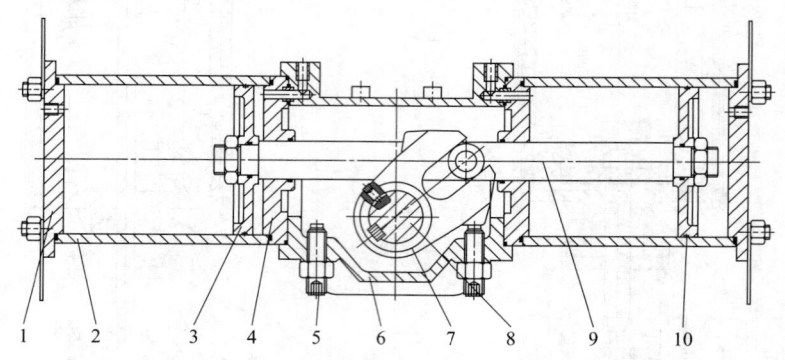

图 2-8-57　双作用拨叉式执行机构结构

1—缸盖；2—气缸；3—活塞；4—隔板；5—限位螺钉；6—箱体；7—拨叉；8—主轴；9—活塞杆；10—活塞密封圈

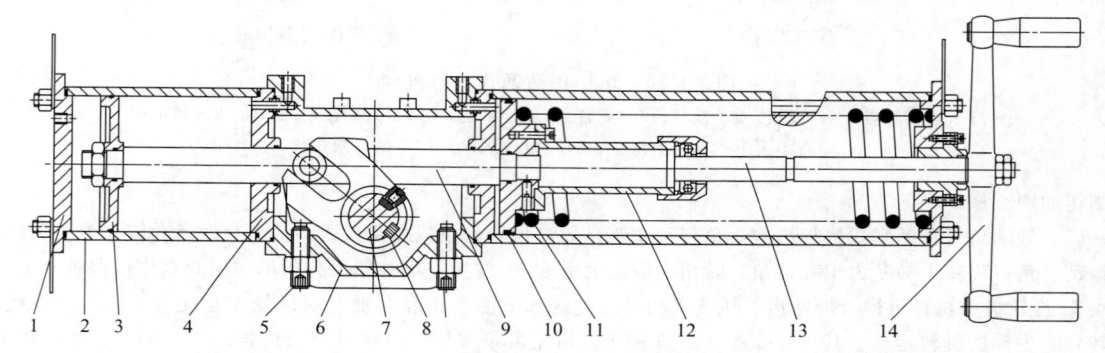

图 2-8-58　单作用拨叉式执行机构结构

1—缸盖；2—气缸；3—活塞；4—隔板；5—限位螺钉；6—箱体；7—拨叉；8—主轴；9—活塞杆；
10—活塞密封圈；11—弹簧；12—手轮接连部件；13—螺杆；14—手轮部件

拨叉式执行机构的输出力矩为抛物线型，在 0°和 90°时输出力矩最大，中间 45°时输出力矩最小。拨叉式执行机构输出力矩特性符合角行程阀门启闭时扭矩大的要求。

拨叉式执行机构具有体积小、扭矩大、寿命长等特点，适用于输出力矩较大的场合。

二、电动执行机构

电动执行机构是以电能为动力源，广泛用于电力、石油化工、冶金、储运自动化、长输管线和市政工程等领域，其外形如图 2-8-59 所示。在配置相应控制模块后，它可接收多种类型的信号，包括模拟量信号、开关量信号和总线信号等，经过控制运算后由电动机驱动各类减速装置来控制阀门运行。

电动执行机构由交流三相电动机、电子控制器、减速器和手轮等组成。交流三相电动机转速高，经减速器降低转速后输出力矩。在电源故障时可通过手轮操作执行机构。

图 2-8-59　电动执行机构外形图

电动执行机构按输出方式可分为多回转型（multi-turn）、角行程型（quater-turn）和直行程型（linear）。多回转型适用于闸阀、截止阀。角行程型适用于球阀、蝶阀和旋塞阀。直行程型适用于单座阀。按工作环境，可分为普通型、防爆型和防腐型等。按照执行机构控制方式，可分为开关型和调节型等。

1. 电动执行机构的计算

（1）电动执行机构输出力矩计算公式

$$M = \frac{P\eta}{\omega}$$

$$P = UI\cos\varphi$$

$$\omega = 2\pi\frac{n}{60}$$

式中　M——电动执行机构输出力矩，N·m；

　　　　P——电动机功率，W；

　　　　ω——角速度，rad/s；

　　　　n——电机转速，r/min；

　　　　η——传动效率；

　　　　I——电流，A；

　　　　U——电压，V；

　　　$\cos\varphi$——功率因数。

（2）电动执行机构的输出速度计算公式

① 回转型电动执行机构输出速度

$$n_N = \frac{n}{i}$$

式中　n——电动机转速，r/min；

　　　　i——执行机构总传动比；

　　　n_N——电动执行机构输出速度，r/min。

② 线型电动执行机构输出速度

$$v = \frac{nS}{60}$$

式中　S——螺杆导程，mm；

　　　　n——电动机转速，r/min；

　　　　v——输出速度，mm/s。

2. 电子控制器及功能

智能型电动执行机构的核心是电子控制器，由微处理器、输入输出模块、通信模块、显示单元、驱动电路、位置传感器、保护电路和编程器等部件构成。

电子控制器具有编程、变速控制、过力矩保护、过热保护、在线诊断、可接收和输出多种控制信号（模拟量、开关量、总线和无线）、数据显示、记录和存储等功能。

3. 电动执行机构的选型注意事项

① 通常选用智能型电动执行机构。

② 通常用于取得仪表气源不便的地方或扭矩较大的阀门，如长输管线或罐区。

③ 输出扭矩＝控制阀厂家计算的扭矩×S，S 为安全系数，取 1.3～1.5。

④ 一般按 4～5s/in 的开关动作频率计算行程时间。

⑤ 控制和联锁的信号采用硬线连接，也可采用冗余通信信号。

⑥ 在爆炸危险区域，应满足环境温度、防爆、防护、防雷、防火、防烟雾等要求。

⑦ 应带有自保护功能，如力矩保护开关、阀位开关、电机过热保护继电器等。

⑧ 带手轮。

三、电液执行机构

电液执行机构是将电信号转化为液压能输出力矩的机、电、液一体化装置。它将收到的小功率电信号转换为大功率的液压信号，通过液压传动输出推力或力矩，以线性位移或角位移方式驱动阀门动作，并通过位移传感器的反馈完成闭环控制。

按控制方式，电液执行机构可分为开关型和调节型。按输出的行程分类，其可以分为直行程型、角行程型和多回转型。按照执行机构作用，其可分为单作用（弹簧复位）型和双作用（蓄能器油压复位）型。按液压控制原理，其可以分为阀控型和泵控型。

电液执行机构输出的扭矩或推力大，动作速度快，定位精度高，超压保护，带断电复位和火灾复位等。

电液执行机构通常包括液动头和油缸两部分。液动头由伺服电机、高精密油泵、液压流量配对阀、热平衡油箱、压力传感器、换向阀、控制显示单元和手动单元等组成。油缸由液-机转换单元和位置反馈单元组成。

1. 阀控型电液执行机构

阀控型电液执行机构的核心元件是电液伺服阀或电液比例阀。通过电液伺服阀或电液比例阀开度变化，调节液压油的流向和流量来驱动液压伺服缸活塞移动，实现输出扭矩。

如图 2-8-60 所示，伺服放大器、电液伺服阀、伺服油缸和位移传感器构成了电液执行机构。输入信号与反馈信号在伺服放大器中进行比较，输出控制信号（正向电流或反向电流），使电液伺服阀动作（开启或关闭），通过液压油控制伺服油缸里活塞的动作，直到位移传感器送出的反馈信号与输入信号相等。

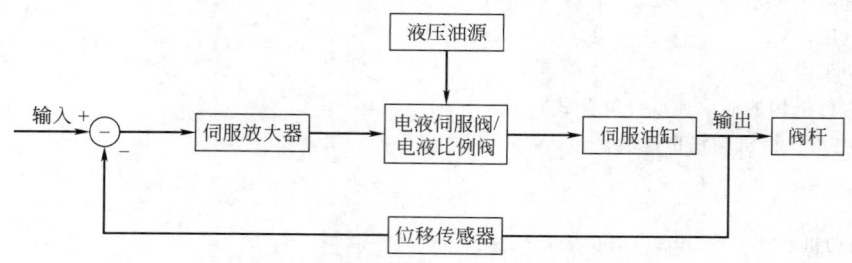

图 2-8-60　阀控型电液执行机构控制框图

电液执行机构用于炼油和化工装置的大型滑阀（如再生器滑阀和反应器滑阀）及乙烯装置压缩机透平主汽阀。

2. 泵控型电液执行机构

泵控型电液执行机构分为两种：一种是通过电动双向液压泵出口切换调节液压油的流向，从而驱动液压伺服缸活塞移动，实现输出扭矩；另一种是通过单向液压泵和电磁换向阀切换调节液压油的流向。泵控型电液执行机构具有集成化、体积较小等特点，其结构外形如图 2-8-61 所示。

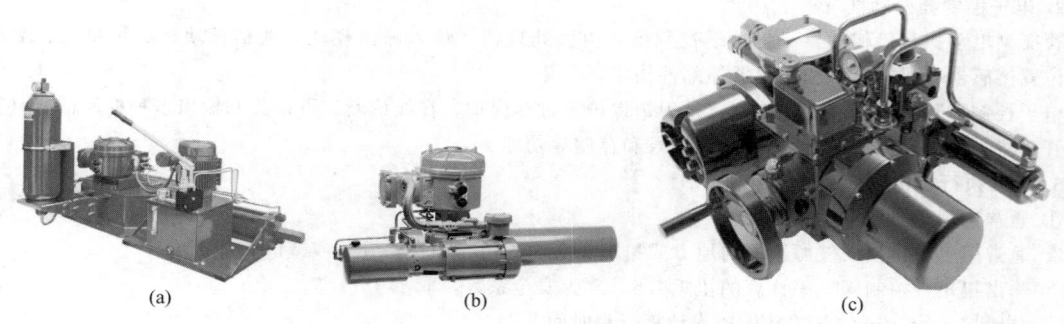

(a)　　　　　　　　　(b)　　　　　　　　　(c)

图 2-8-61　泵控型电液执行机构

四、执行机构的防火保护

在火灾危险区域，工艺安全对紧急切断控制阀有防火保护要求时，控制阀的执行机构要有防火保护措施。

1. 相关标准规范

① API RP 553　《炼油厂用阀门与安全自动控制系统附件》

② API RP 2218　《石油和石化工厂的防火措施》

③ UL 1709　《标准钢结构防护材料的快速升温燃烧测试》

④ ISO 22899　《被动防火材料的抗喷射火性能的测定》

⑤ SHT 3005　《石油化工仪表选型设计规范》

2. 防火保护方法

（1）有机防火涂料　有机防火涂料重量轻，使用方便，有一定抗腐蚀性、黏合性和耐用性。防火原理有以下两种：遇火后涂料从固态升华为气态时大量吸热，降低执行机构的环境温度；遇火后涂料体积膨胀至原体积的数倍，形成保护性的隔热碳层，保护执行机构。

（2）柔性防火罩　柔性防火罩又称防火毯，由防雨层、不锈钢线网、塑料编织物、铝箔和隔热纤维组成并用不锈钢线缝合。柔性防火罩适用于包覆多种执行机构，安装和维修方便，不会引起腐蚀，能直接置于其他防火材料之上。

（3）刚性防火罩　刚性防火罩又称防火箱，由隔热矿物纤维填充的不锈钢绝缘板构成，覆盖在执行机构外部。不锈钢板可抵御烃类火灾的火焰。不锈钢板夹层的隔热材料可降低向防火箱内执行机构传导热量的速度。

刚性防火罩具有模块化的结构，隔热性能好，可按照用户要求，留出观察、操作和维护的窗口。刚性防火罩的结构见图 2-8-62。

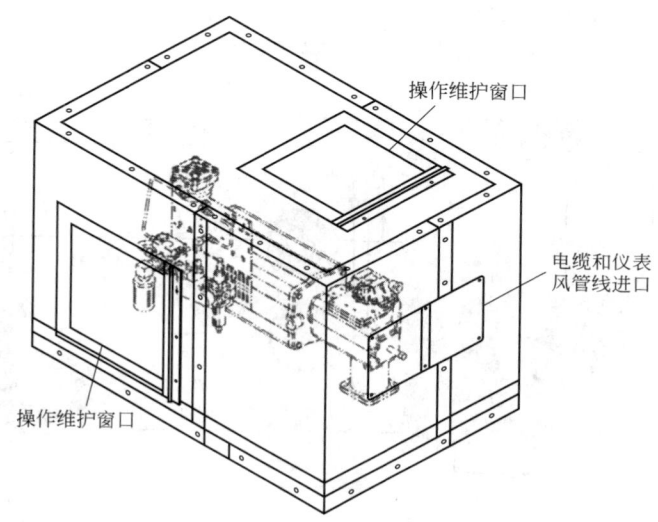

图 2-8-62　刚性防火罩的结构示意图

第六节　控制阀附件

一、阀门定位器

阀门定位器是控制阀的主要附件之一，它接收输入控制器的输出信号，输出气信号使控制阀动作，同时阀杆或阀轴的位移反馈到定位器，根据输入信号和反馈信号的偏差，通过闭环回路调节，使控制阀动作至要求开度。

阀门定位器分为气动阀门定位器、电气阀门定位器和智能阀门定位器。

1. 气动阀门定位器

气动阀门定位器接收标准气信号为 20～100kPa，输出 20～100kPa 或 40～200kPa 的气动压力推动执行机构，使阀门动作达到要求开度。

气动阀门定位器应用较少，主要用于核电场合。

2. 电气阀门定位器

电气阀门定位器接收 4～20mA DC 电信号，转换为 20～100kPa 或 40～200kPa 气动压力推动执行机构，使阀门动作到要求开度。

3. 智能阀门定位器

智能阀门定位器是基于微处理器，有监视、报警和故障诊断和通信功能的阀门定位器，定位器内置有压力、温度、阀位反馈等多个传感器。

智能阀门定位器输入信号经微处理器运算，输出到电气转换器转为气信号，推动气动执行器带动阀门动作,如图 2-8-63 所示。

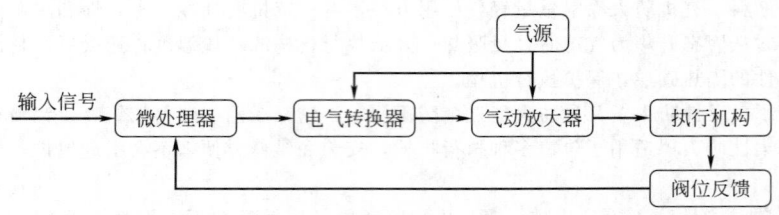

图 2-8-63　智能阀门定位器组成框图

智能阀门定位器按照通信协议可分为模拟信号叠加 HART 信号(4～20mA DC＋HART 信号)和现场总线数字信号(FF 和 PROFIBUS)两类。

智能阀门定位器按照阀位反馈信号的检测方法可分为机械反馈式、电感应式和霍尔效应式等。

智能阀门定位器的控制原理如图 2-8-64 所示。接收输入信号后,微处理器运算后输出一个驱动电信号到电气转换器,将电信号转换为气动信号,气动放大器放大后驱动执行机构。

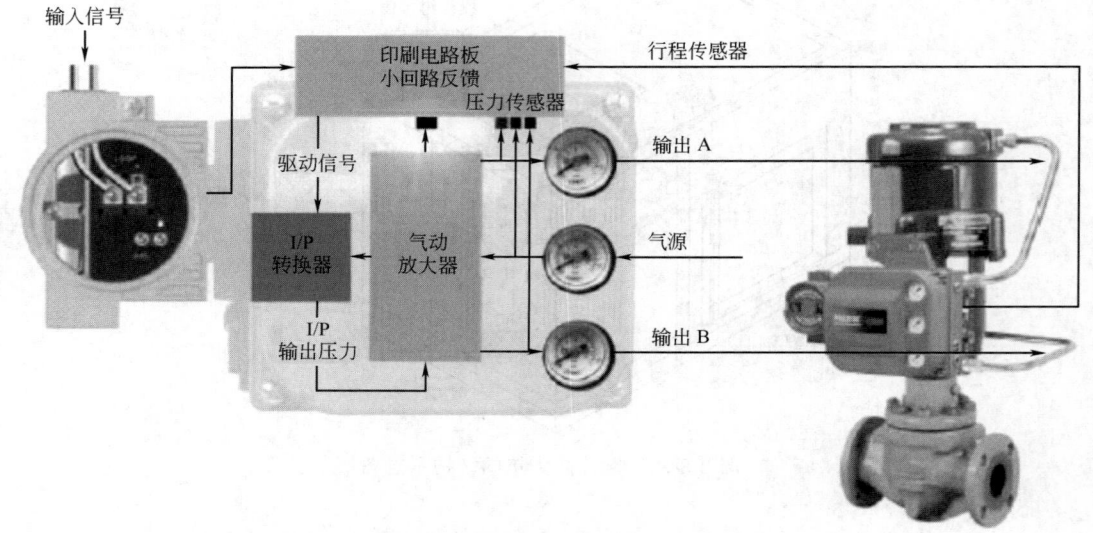

图 2-8-64　智能阀门定位器结构示意图

智能阀门定位器具有以下特点。

① 具有模块化的设计,维修部件方便。

② 内置微处理器,可实现 PID 控制,提高控制精度。

③ 可实现阀门自动校验、组态调试、离线或在线诊断。

④ 输入信号支持 HART 协议、FF 和 PROFIBUS 现场总线协议。

⑤ 阀位变送器集成在定位器里。使用磁条和霍尔效应传感器测量阀位,避免了死区。

⑥ 智能阀门定位器取得 SIL 等级认证后,可对紧急切断阀做部分行程测试。

智能阀门定位器可分为一体式安装和分体式安装,一体式结构适用于大多数场合,分体式结构适用于振动较大的场合。

4. 智能阀门定位器的高级诊断

随着微处理器技术和数字通信技术的不断发展,智能阀门定位器功能日益强大,除了进行常规的状态指示和报警,还可配合诊断软件对控制阀进行测试与故障诊断,从而降低了控制阀引发故障导致停车的风险。

高级诊断软件分为单机版和网络版,网络版支持 FDT/DTM 技术,可安装在各 DCS 系统的智能设备管理系统。

阀门定位器诊断功能可分为三种:基础诊断、离线诊断和在线诊断。部分制造厂智能阀门定位器型号和诊断版本见表 2-8-23～表 2-8-27。智能阀门定位器的诊断功能见表 2-8-28～表 2-8-30。

表 2-8-23 FISHER 智能阀门定位器型号/诊断版本

厂家	智能阀门定位器型号/诊断版本					诊断测试软件
	DVC6200					ValveLink
	HC	AD	PD	ODV	SIS	
FISHER	基础诊断	离线诊断	离线/在线诊断	离线和在线诊断/部分行程测试/特殊优化(防端振和透平旁路)	离线/在线诊断/部分行程测试/SIL3 认证,紧急切断应用	离线诊断和在线诊断需要购买软件授权和位号数量授权。远程操作

表 2-8-24 MASONEILAN 智能阀门定位器型号/诊断版本

厂家	智能阀门定位器型号/诊断版本			诊断测试软件
	SVI IIAP			ValVue
	SD	AD	ESD	
MASONEILAN	连续诊断	离线/在线诊断	离线/在线诊断/部分行程测试/SIL3 认证,紧急切断应用	远程操作

表 2-8-25 SAMSON 智能阀门定位器型号/诊断版本

厂家	智能阀门定位器型号/诊断版本				诊断测试软件
	3730/3731/3793				TROVIS-VIEW
	EXPERT	EXPERT+	EXPERT Plus	TROVIS-SAFE	
SAMSON	标准型/增强型诊断	离线诊断/部分在线测试	离线/在线诊断	离线/在线诊断/部分行程测试/SIL3 认证,紧急切断应用	智能阀门定位器内置诊断软件,可在定位器面板上操作或远程操作诊断

表 2-8-26 METSO 智能阀门定位器型号/诊断版本

厂家	智能阀门定位器型号/诊断版本		诊断测试软件
	ND9000	VG9000	Valve Manager
METSO	离线/在线诊断	离线/在线诊断/部分行程测试/SIL3 认证,紧急切断应用	在电脑端远程操作

表 2-8-27 FLOWSERVE 智能阀门定位器型号/诊断版本

厂家	智能阀门定位器型号/诊断版本		诊断测试软件
	Logix3800		ValveSight
	STANDARD	PRO	
FLOWSERVE	离线诊断功能/部分行程测试。不含压力和力的数据	离线/在线诊断功能/部分行程测试	远程操作

表 2-8-28 FISHER 各版本智能阀门定位器诊断功能

诊断模式	功能和测试	定位器版本					
		AC	HC	AD	PD	SIS	ODV
基础诊断	自动校准	x	x	x	x	x	x
	自定义特性	x	x	x	x	x	x
	通信		x	x	x	x	x
	监视		x	x	x	x	x

诊断模式	功能和测试	定位器版本					
		AC	HC	AD	PD	SIS	ODV
离线诊断	阀门特性			x	x	x	x
	动态误差带			x	x	x	x
	驱动信号测试			x	x	x	x
	阶跃响应测试			x	x	x	x
在线诊断	斜坡测试				x	x	x
	频率响应特性				x	x	x
	性能调整				x	x	x
	行程控制/压力回馈				x		x
	性能诊断				x		x
	超前/滞后的输入过滤器						x
	在线趋势						x
	在线摩擦力和死区分析					x	x
	部分行程测试					x	x

注：x 表示有此功能。

表 2-8-29　SAMSON 各版本智能阀门定位器诊断功能

诊断模式	功能和测试	定位器版本			
		TYPE 3730/3731/3793			TROVIS SAFE 3730-6/3731-3/3793
		诊断软件版本			
		EXPERT	EXPERT+	EXPERT plus	EXPERT plus
基础诊断	初始化自诊断	x	x	x	x
	过程变量监视	x	x	x	x
	数据记录器、目标阀位、周期计数、柱形图		x	x	x
离线诊断	输出控制信号 y 相对于阀位 x 对比测试			x	x
	输出控制信号 y 相对于阀位 x 迟滞性测试		x	x	x
	静态特性测试		x	x	x
	阶跃响应测试		x	x	x
	简洁文字诊断		x	x	x
在线诊断	输出控制信号 y 相对于阀位 x 对比测试			x	x
	输出控制信号 y 相对于阀位 x 迟滞性测试			x	x
	静态特性测试			x	x
	阶跃响应测试			x	x
	死区测试			x	x
	部分行程测试				x
	全行程测试				x

注：x 表示有此功能。

表 2-8-30　MASONEILAN 各版本智能阀门定位器诊断功能

诊断模式	功能和测试	定位器版本 SVI Ⅱ AP	
		SD	AD
连续诊断/基础诊断	阀门循环次数	x	x
	定位器和阀门故障报警	x	x
	行程距离	x	x
	操作时间统计	x	x
离线诊断	阶跃响应测试	x	x
	定位器特性:迟滞性/死区	x	x
	阀门特性		x
	完整阀门特性		x
	阀座分析		x
在线诊断	响应时间	x	x
	设定值偏差/故障	x	x
	阀位偏差	x	x
	执行机构压力		x
	摩擦力		x
	弹簧量程/校准		x

注：x 表示有此功能。

　　基础诊断功能可对控制阀进行自动校验、自动整定、行程计数以及实时故障报警。通过行程、定位器气源压力和输入信号等数据，可判断传感器故障、供气压力故障和执行机构泄漏等简单故障。

　　离线诊断功能是在生产装置停车后，通过诊断软件测试控制阀整体的动态性能，包括阀门特性曲线（valve signature）、阶跃响应（step response test）和斜坡测试（ramp test）。离线诊断可提供的信息包括数据和图表，经对比以往的信息，分析评估控制阀当前存在的问题、故障和可能的原因。

　　在线诊断功能是指控制阀在生产装置正常运行状态下实时监测和收集阀门的各项数据，包括供气压力测试、行程偏差测试、摩擦力测试、死区测试和阀门性能等。在线诊断可显示具体的问题和故障，还能提供可能的原因和建议的措施。

　　上述三种诊断模式，控制阀的维护模式也从被动性维护发展到预防性维护和预测性维护。在线诊断模式可预警阀门可能出现的故障，让维护人员提前制定检维修计划，减少意外停车概率，降低工厂运营成本。

二、电磁阀

　　电磁阀安装在控制阀气路上，用于控制带气动执行机构控制阀的开和关。电磁阀按照动作方式，可分为直动式电磁阀和先导式电磁阀；按照控制方式，可分为两通型、三通型、四通或五通型；按照电磁线圈数量，可分为单线圈和双线圈。

1. 三通电磁阀

　　三通电磁阀（常开式）如图 2-8-65 所示。当电磁阀得电时，动铁芯被电磁铁吸起，进气口 3 与工作口 2 相通，排气口 1 断路。当电磁阀失电时，动铁芯在弹簧压力下复位，进气口 3 断路，工作口 2 与排气口 1 相通。

2. 两位四通电磁阀

　　如图 2-8-66 所示，四通电磁阀有两种形式，其中图 2-8-66（b）常用于双作用执行机构。当四通电磁阀断电时，进气口 P 与工作口 A 相通，工作口 B 与排气口 T 相通。当通电时，动铁芯被电磁铁吸

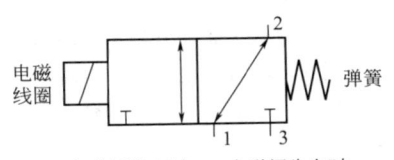

图 2-8-65　三通电磁阀气路示意图
1—排气口；2—工作口；3—进气口

起，打开先导阀，使气体经先导阀进入主阀体两侧气腔，推动两阀杆间移动，切换气路，使进气口 P 与工作口 B 相通，同时又使工作口 A 与排气口 T 相通，完成切换流向的动作。

安装时，应注意电磁阀体上的接口标记，P 为进气口，A 为常开工作口，B 为常闭工作口，T 为排气口。

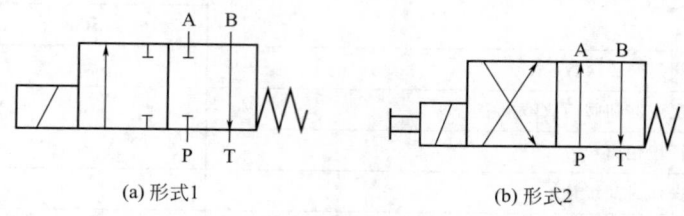

(a) 形式1　　　　　　　　　　　(b) 形式2

图 2-8-66　两位四通电磁阀气路示意图

3. 两位五通电磁阀

如图 2-8-67 所示，当电磁阀得电时，动铁芯被电磁铁吸起，打开先导阀，使气体经先导阀进入主阀体两

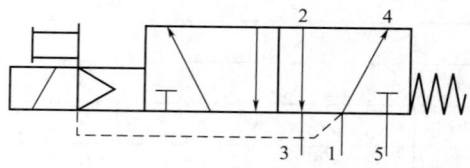

图 2-8-67　两位五通电磁阀气路示意图

侧气腔，推动两阀杆间移动，切换气路。进气口 1 与工作口 2 相通，关闭排气口 3，工作口 4 与排气口 5 相通，完成切换流向的动作，排气口 1 断路。当电磁阀失电时，动铁芯在弹簧压力下复位，关闭先导阀，主阀体两侧气腔内气体经先导阀排至大气中，两阀杆即在弹簧力作用下复位，气路切换，使进气口 1 与工作口 4 相通，工作口 2 与进气口 3 相通。

在电磁阀选型时，根据执行机构的作用形式和动力源故障位置确定电磁阀的控制方式。单作用执行机构一般使用两位三通电磁阀，双作用执行机构可选用 2 个三通电磁阀或者 1 个两位四通（五通）电磁阀。根据现场环境条件，选型时应考虑防爆等级、防护等级、电压等级、功率、外壳材料、环境温度、气路接口、电气接口等。

三、限位开关

限位开关也称回讯开关，是阀门行程到某一位置的反馈信号，信号类型为开关量。限位开关用于指示阀位，还可参与顺序控制和联锁。

根据阀门的阀杆行程不同，限位开关可分为直行程的限位开关和角行程的限位开关。根据动作原理的区别，限位开关可分为机械式开关和接近式开关，如图 2-8-68 所示。

(a) 机械式限位开关外形　　　　　　(b) 接近式限位开关外形

图 2-8-68　限位开关外形

机械式开关分为直动式、滚轮式、微动式等类型，其执行部件可与阀门的运动部件有直接的机械连接。机械式开关容量较大，通常用于非防爆和隔爆的场合。

接近式开关分为电感式、电容式、光电式、磁感式等类型，其执行部件与阀门的运动部件没有直接的机械连接。接近式开关容量较小，有干接点型和 NAMUR 信号型。干接点型适用于隔爆场合，NAMUR 型适用于本安场合。

磁感式限位开关的工作原理见图 2-8-69，当感应目标没有覆盖感应区时，在前端磁铁和中间磁铁的吸力以及中间磁铁和偏置磁铁的斥力作用下，N/O 触点保持断开，N/C 触点保持闭合。当感应目标覆盖感应区时，前端磁铁会对感应目标产生吸力，带动连杆向右移动，使得 N/O 触点闭合，N/C 触点断开。

278

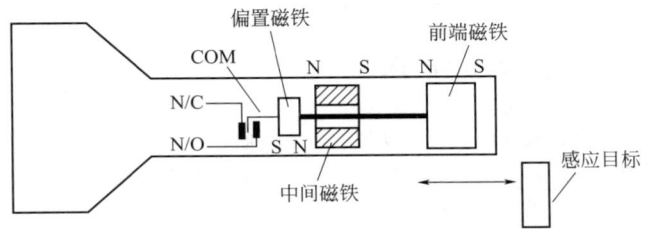

图 2-8-69　磁感式限位开关工作原理

四、阀位变送器

阀位变送器是一种反馈元件，它将气动执行机构输出轴的直线或转角位移转换成相应的反馈信号，指示阀位，实现系统的位置反馈。阀位变送器可分为电气阀位变送器、现场总线阀位变送器和无线阀位变送器。

五、其他

1. 过滤器减压阀

过滤减压阀主要作用是将气源中的水分、油雾、粉尘等进行过滤，并将气源压力减压稳压在设定值，使气源满足阀门定位器和执行机构的要求。过滤减压阀由过滤器和减压阀两部分组成。根据所需压力和流通能力，过滤减压阀有多种的规格。如图 2-8-70 所示，仪表空气经内部滤芯后进入膜片下部，当膜片上的作用力小于弹簧设定的预紧力时，膜片下移，带动阀芯下移，增加流通面积，膜片下的压力随之增大，直到与弹簧设定的预紧力平衡。通过调节螺栓可以改变弹簧的预紧力，从而改变气源压力的设定值。

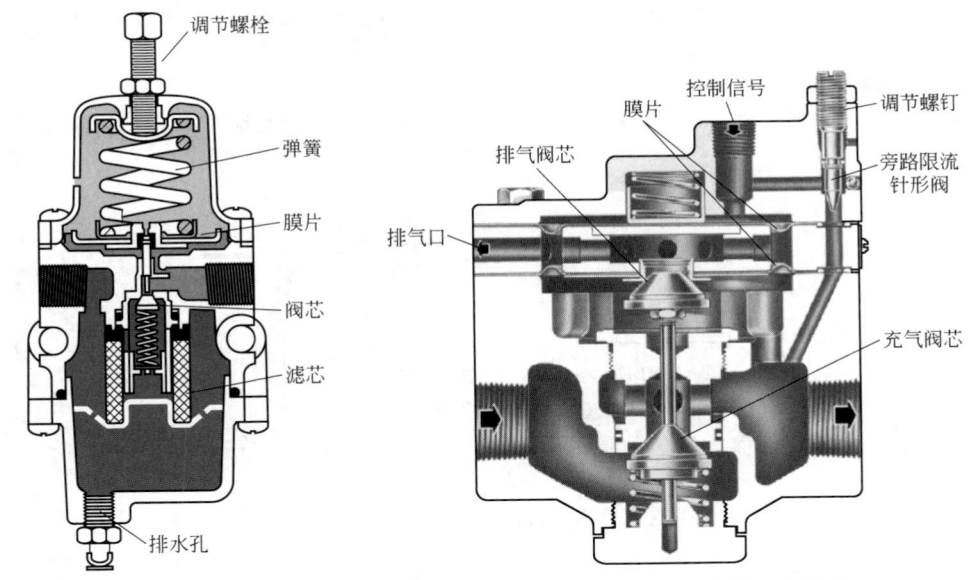

图 2-8-70　过滤减压阀的典型结构图　　　图 2-8-71　气动增速器工作原理

2. 气动增速器

气动增速器（Booster）的主要作用是接收来自阀门定位器或电磁阀的气动信号，放大后送给执行机构，提高执行机构的响应速度，快速打开或关闭阀门。气动增速器采用力平衡原理，如图 2-8-71 所示，通过其输出压力与输入压力的压差实现下游充气排气，通过改变上下膜片的有效面积调整输出压力。

气动增速器的工作原理：控制信号增大，产生的正向压差推动膜片、排气阀芯和充气阀芯下移并打开下阀座，气源入口和出口连通，给下游充气。随着正向压差减小，膜片开始上移，带动充气阀芯上移直到关闭下阀座；气动控制信号减小，反向压差在关闭下阀座后继续推动膜片上移，排气阀芯和膜片之间将产生间隙给下游排气，直到反向压差小于膜片上的弹簧预紧力。

调节旁路螺钉可改变气动增速器的增益，增加气动增速器的动态稳定性，改善阀门的整体控制性能。当控制阀是开关阀时，为了取得大的流通量，应拧紧该螺钉。

大气量的气动增速器可让开关阀迅速打开或关闭，在排气的过程中会产生较大的噪声。带有角形流路和降噪内件的气动增速器，可有效抑制排气过程中的噪声。

3. 气控阀

气控阀和电磁阀的工作原理比较接近。气控阀没有电磁线圈，而是由气信号通断实现工作口的气路流向变化。气控阀通常与电磁阀配合使用，既可放大气信号加快执行机构的进排气速度，又可切换执行机构的进排气方向。典型的两位三通气控阀气路见图 2-8-72。

4. 气锁阀

气锁阀的主要作用是在供气压力中断时实现相应的阀门保位动作。气锁阀气路见图 2-8-73。很显然，气锁阀是气控阀的一种。

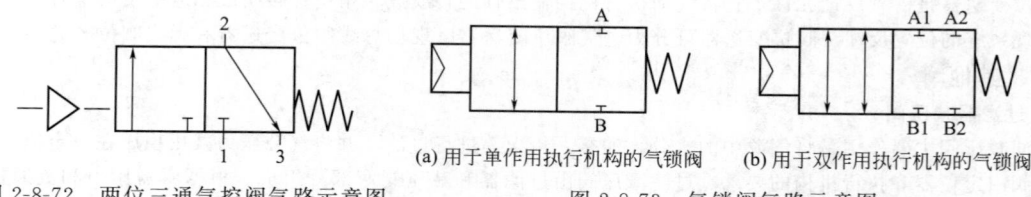

图 2-8-72 两位三通气控阀气路示意图   图 2-8-73 气锁阀气路示意图

5. 储气罐

储气罐一般用于消除压力波动，保证输出的连续性，在一些气路中，储气罐会作为备用动力源，实现控制阀全开、全关或保位。储气罐是压力容器，应带有压力表、安全阀。当控制阀有 SIL 等级要求时，储气罐应配置压力开关，信号引至安全仪表系统。

六、典型气路原理图

常用的典型气路原理图如图 2-8-74～图 2-8-87 所示。在实际应用中，可根据需要增减气动附件。

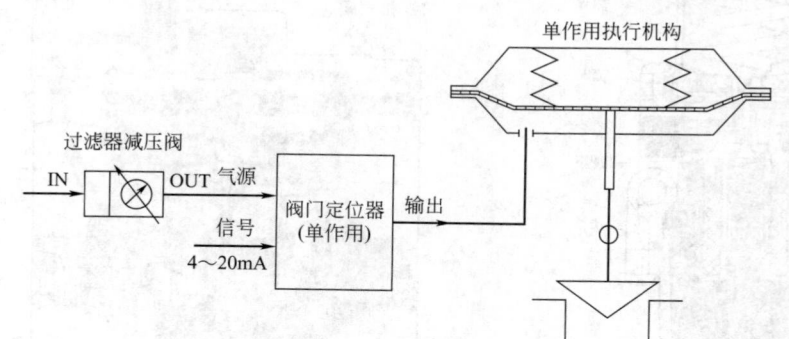

图 2-8-74 调节阀（单作用执行机构、失气弹簧复位）典型气路

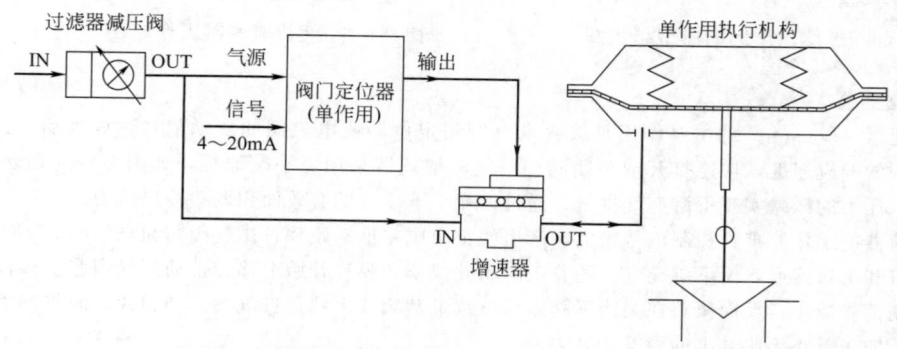

图 2-8-75 调节阀（单作用执行机构、失气弹簧复位、使用增速器）典型气路

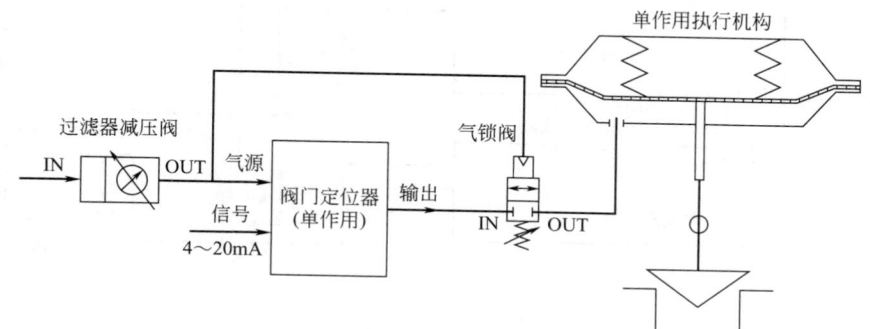

图 2-8-76 调节阀（单作用执行机构、失气保位）典型气路

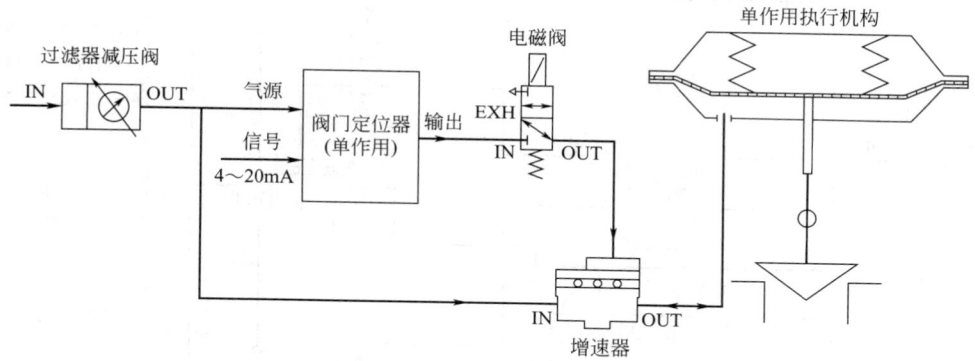

图 2-8-77 调节阀（单作用执行机构、失电/失气弹簧复位、使用增速器）典型气路

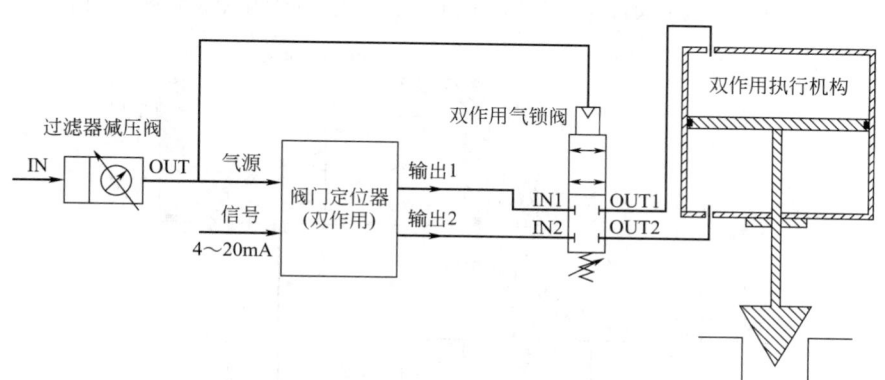

图 2-8-78 调节阀（双作用执行机构、失气保位）典型气路

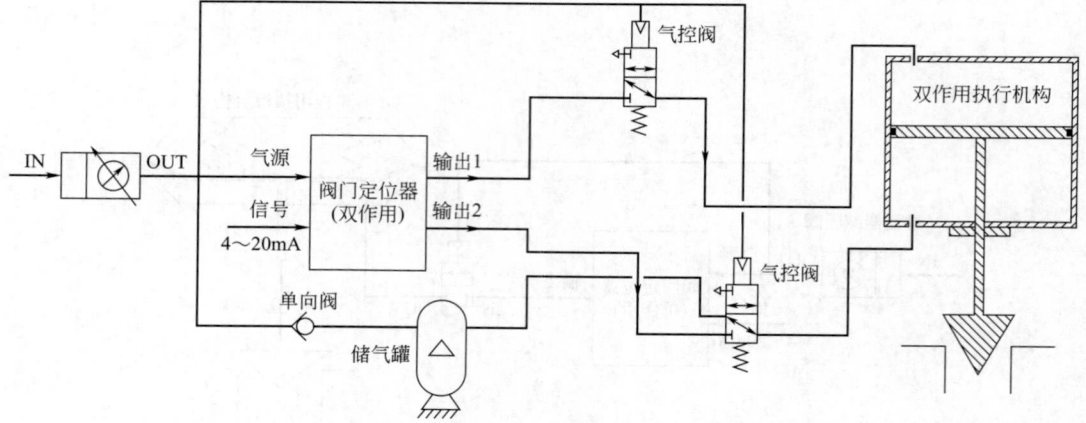

图 2-8-79　调节阀（双作用执行机构、失气储气罐复位）典型气路

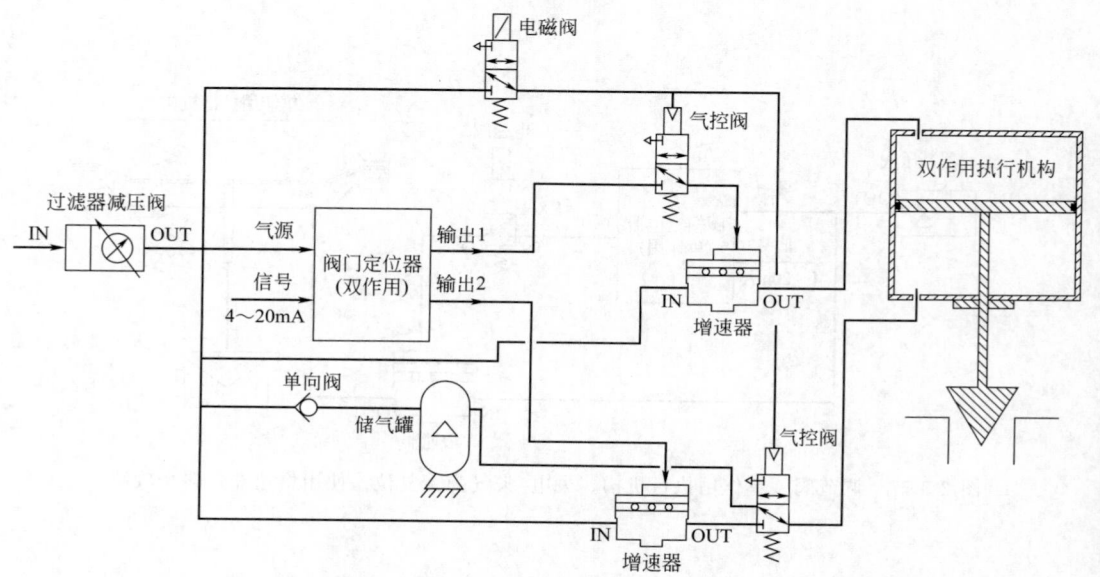

图 2-8-80　调节阀（双作用执行机构、失电/失气储气罐复位）典型气路

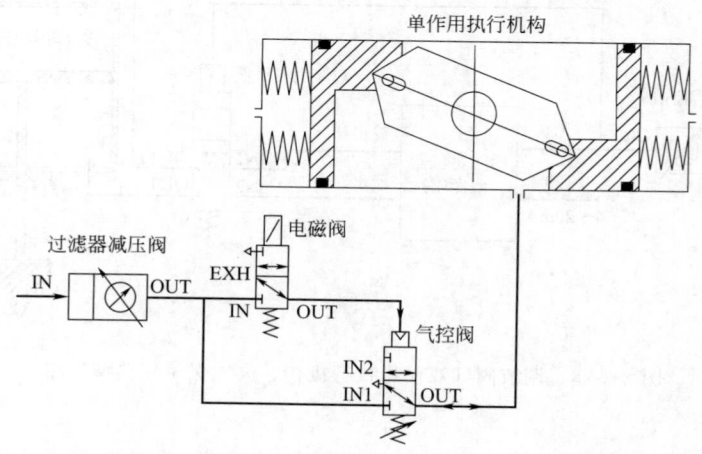

图 2-8-81　开关阀（单作用执行机构、带气控阀、失电/失气弹簧复位）典型气路

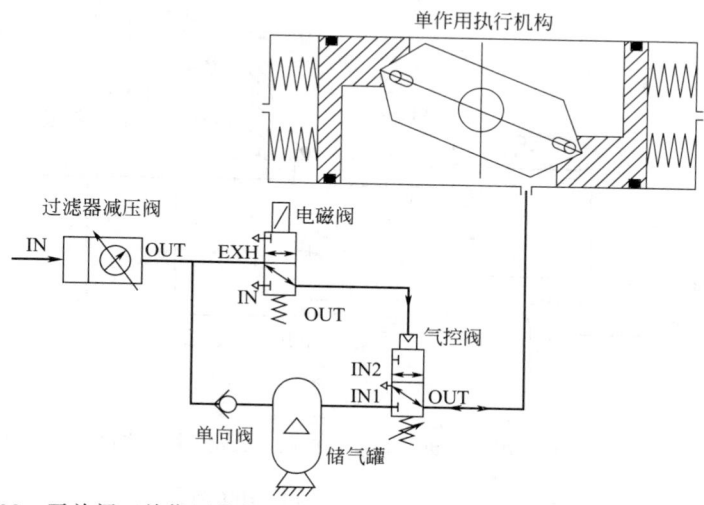

图 2-8-82　开关阀（单作用执行机构、带气控阀、失气/失电位置相反）典型气路

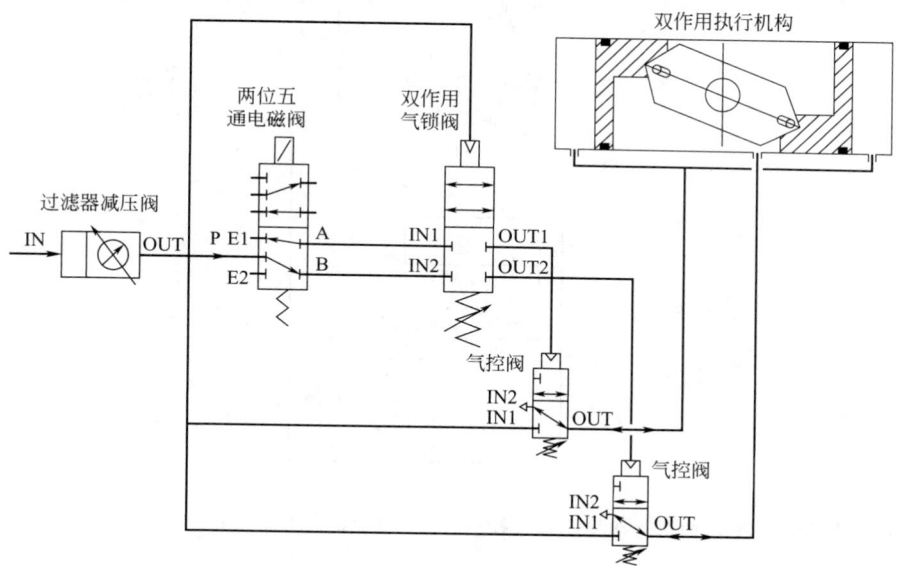

图 2-8-83　开关阀（双作用执行机构、带气控阀、失电/失气保位）典型气路

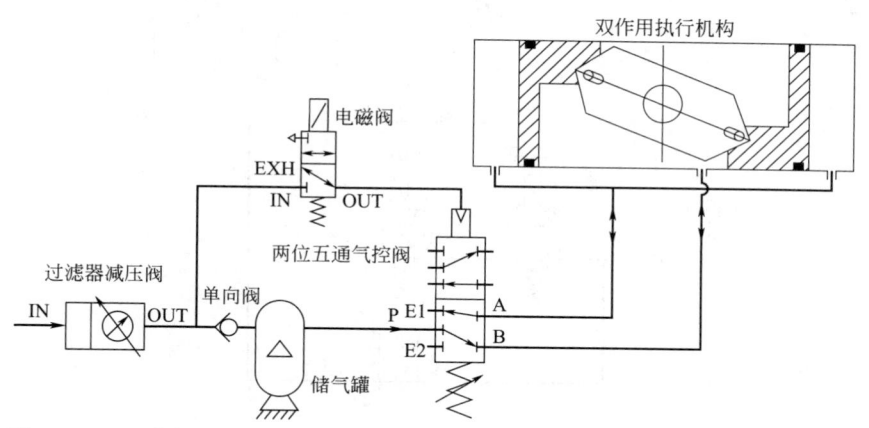

图 2-8-84　开关阀（双作用执行机构、带气控阀、失电/失气位置一致）典型气路

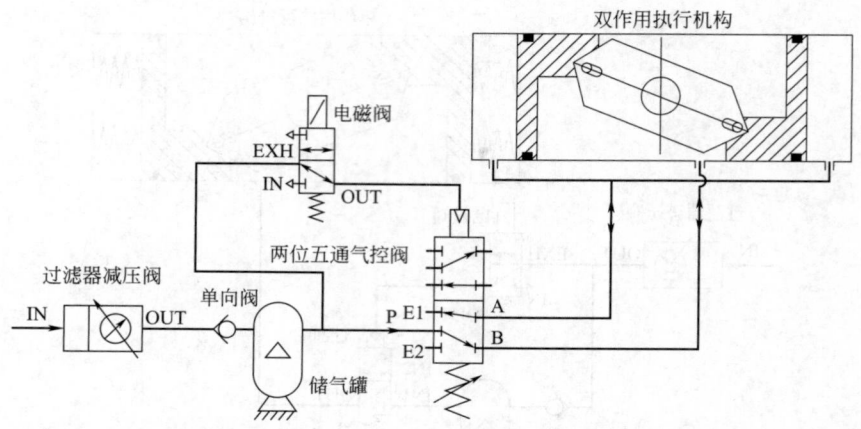

图 2-8-85　开关阀（双作用执行机构、带气控阀、失电/失气位置相反）典型气路

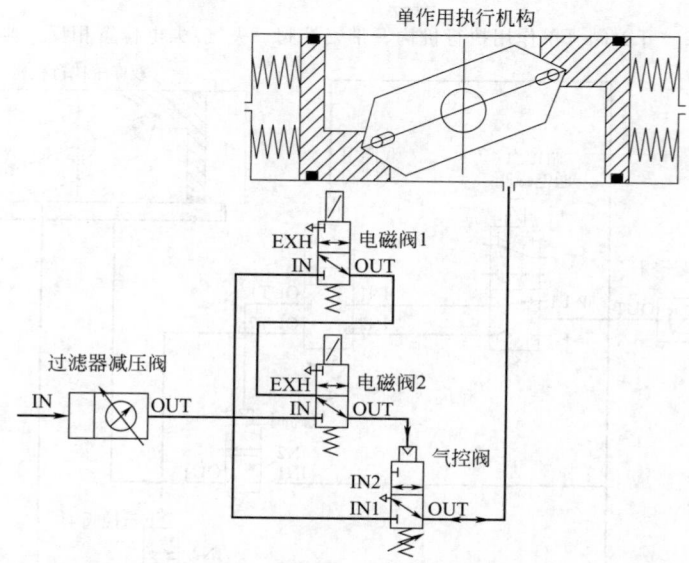

图 2-8-86　开关阀（单作用执行机构、带气控阀、2 个电磁阀并联、失电/失气位置相同）典型气路

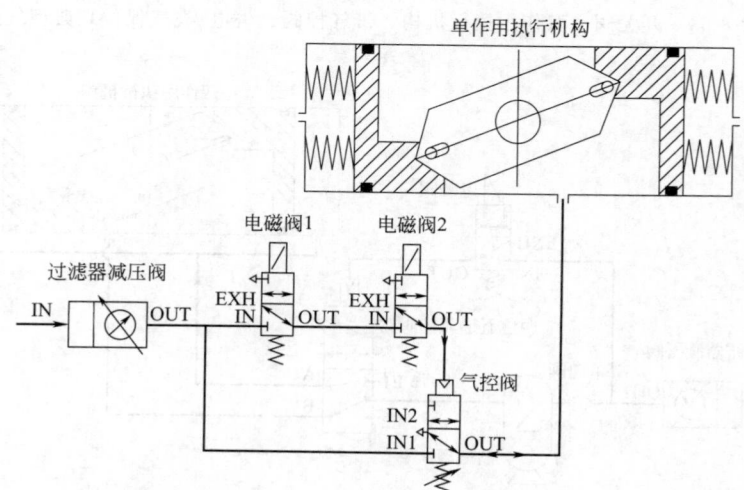

图 2-8-87　开关阀（单作用执行机构、带气控阀、2 个电磁阀串联、失电/失气位置相同）典型气路

第七节　控制阀的性能测试和诊断

一、控制阀性能测试标准及程序

1. 性能测试标准

① GB/T 4213 气动调节阀

② GB/T 17213.4/IEC 60534-4 工业过程控制阀　第4部分：检验和例行试验

③ GB/T 17213.18/IEC 60534-9 工业过程控制阀　第9部分：阶跃输入响应测量的试验程序

④ ANSI/ISA-75.25.01 Test Procedure for Control Valve Response Measurement from Step Inputs

⑤ ANSI/ISA-75.25.02 Control Valves Response Measurement from Step Inputs

⑥ ANSI/ISA-75.26.01 Control Valve Diagnostic Data Acquistion and Reporting

2. 试验要求

控制阀应进行强制性试验和附加试验，如表 2-8-31 所示。

表 2-8-31　控制阀的试验

试验项目	强制性试验	附加试验
壳体液体静压	O	
阀座泄漏量	O	
填料		O
额定行程	O	
死区		O
流通能力		O
流量系数		O

二、控制阀性能测试

1. 控制阀特性

在设定的扫描时间与数据采样间隔下完成的控制阀性能测试，可以显示控制阀行程与执行机构工作压力的动态对应关系，其可用于评估控制阀的摩擦力、死区及控制阀关闭能力，计算弹簧弹性系数与工作范围，如图 2-8-88 所示。

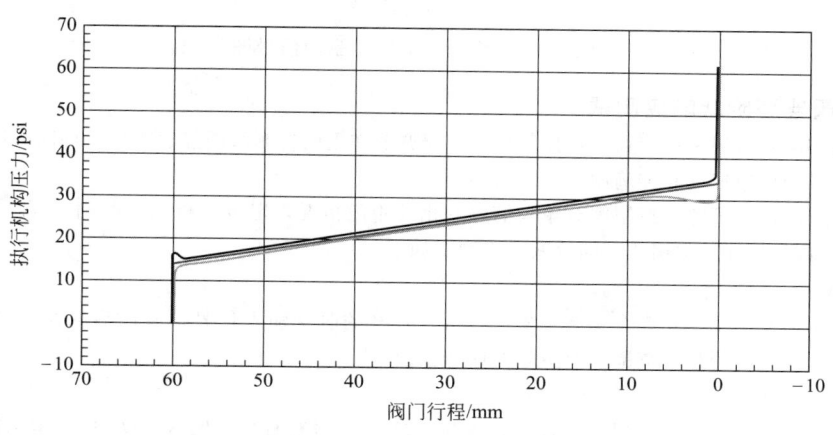

图 2-8-88　控制阀特性曲线

控制阀出厂或进行维护前的性能测试结果，可为随后控制阀在现场的实际性能提供参照基准。

2. 动态误差带

该测试显示控制阀行程与定位器输入信号的动态关系，展示了整个控制阀行程跟踪输入信号的变化，其可用于评估控制阀的滞后、死区及动态误差，如图 2-8-89 所示。

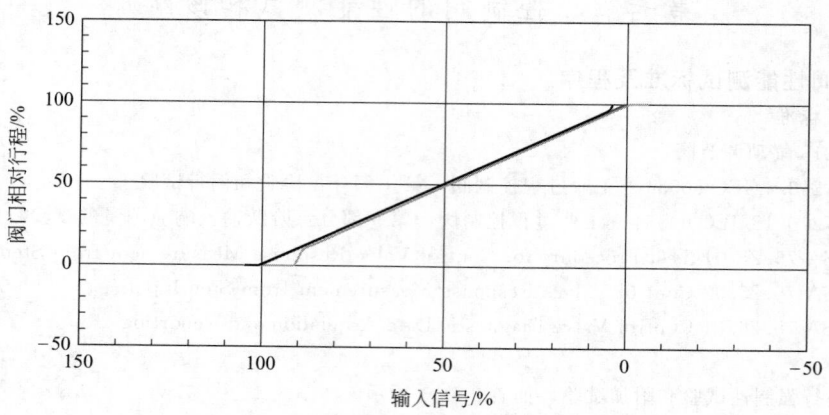

图 2-8-89　控制阀动态误差带曲线

3. 驱动信号

该测试显示整个行程范围内定位器内部驱动信号情况，可据此识别定位器内部电-气转换功能模块的输出是否正常，如图 2-8-90 所示。

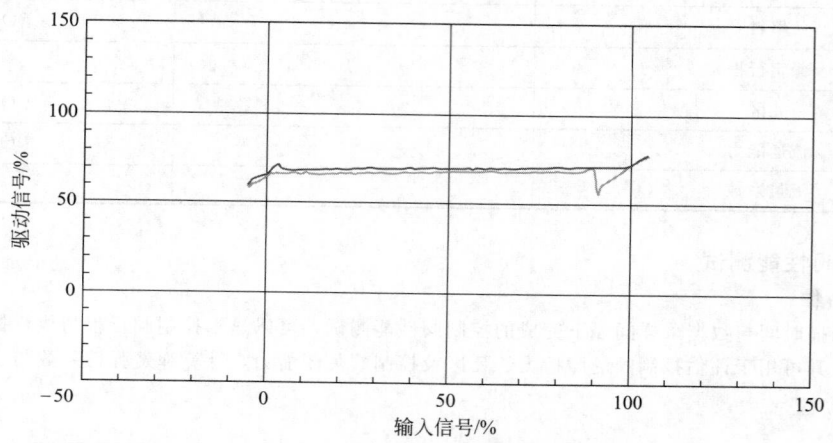

图 2-8-90　控制阀定位器驱动信号图

三、控制阀典型阶跃响应测试

控制阀阶跃响应测试用来评价在闭环控制环境中起调节作用的控制阀的静动态响应特性，从而判断控制阀对于给定输入信号的反应速度和准确度。

通过阶跃响应测试，可评估控制阀对输入信号变化的跟随情况，定量分析死区时间、死区、滞后、超调、T_{63} 及 T_{86} 时间常数等指标。常用典型的阶跃响应测试如下。

1. 死区测试

给定幅度分别为 0.25%、0.5%、1%、2%、5%、10% 的阶跃输入信号，通过测试控制阀阀位输出的响应情况，评估控制阀死区的最大范围，如图 2-8-91 所示。

2. 滞后测试

在控制阀 25%、50%、75%、95%、75%、50%、25%、5% 行程位置输入幅度为 25% 的阶跃信号，记录控制阀正反两个方向的输出响应值，以评估控制阀的滞后误差，如图 2-8-92 所示。

3. 开关时间测试

进行 $0\% \rightarrow 100\% \rightarrow 0\%$（或者 $1\% \rightarrow 99\% \rightarrow 1\%$）的阶跃测试，可测试控制阀在定位器控制下的打开与关闭时间，如图 2-8-93 所示。

287

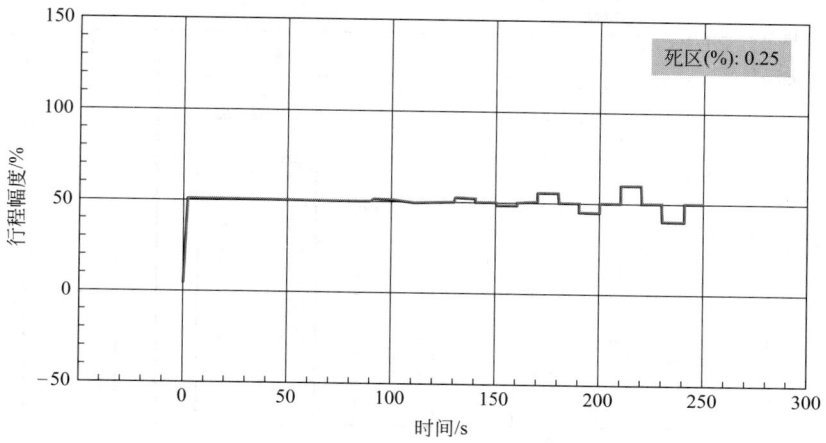

图 2-8-91　控制阀死区测试

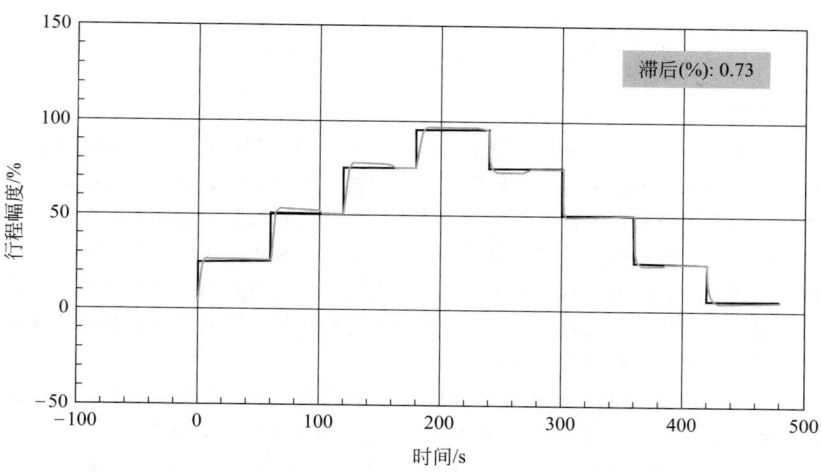

图 2-8-92　控制阀滞后测试

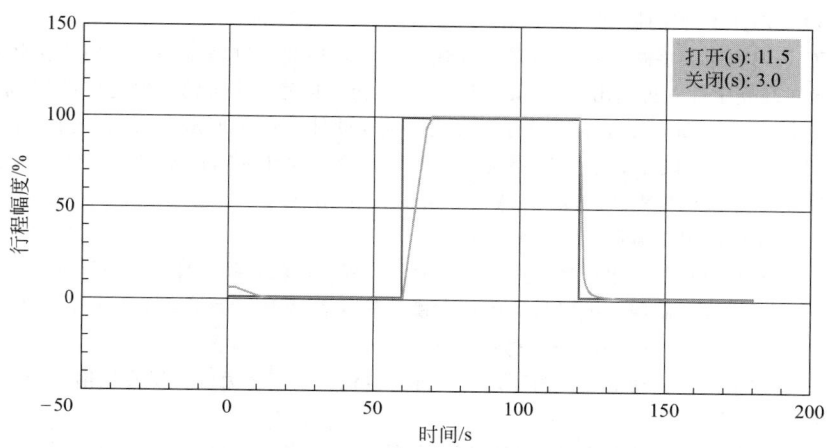

图 2-8-93　控制阀打开与关闭时间测试

4. 大幅度阶跃测试

从 10％控制阀行程的稳态位置开始，分别给定幅度为 20％、30％、40％、50％、60％、70％、80％、90％的阶跃信号，以测试控制阀在不同行程位置的超调量，如图 2-8-94 所示。

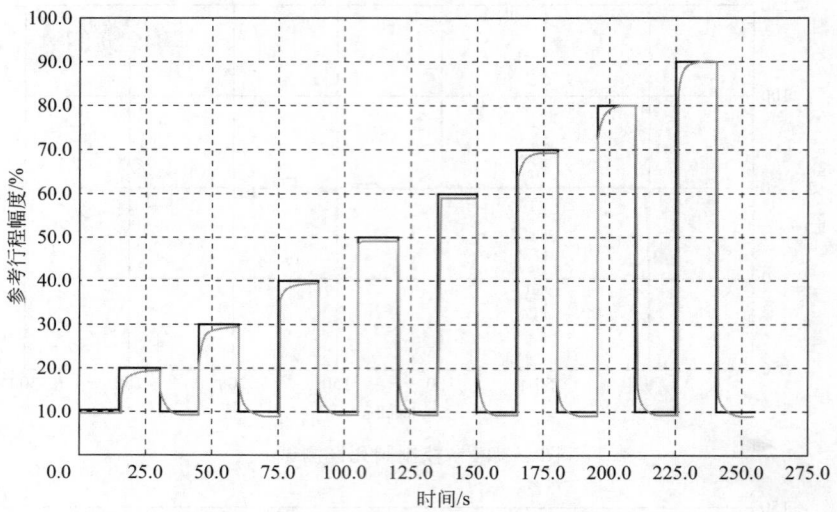

图 2-8-94　控制阀大幅度阶跃测试

四、控制阀的诊断

随着智能数字阀门定位器技术迅速发展，借助通信，可远程对控制阀进行自校准/整定、自适应、状态监测、在线动态特性分析和设备故障诊断。诊断软件可将获取的控制阀实时数据与历史数据或软件内置经验数据对比，给出维护建议。减少控制阀在运行期间的事故发生，同时延长控制阀的使用寿命。

目前比较先进的控制阀预测性维护（又称为预见性维护）就是利用控制阀在线诊断功能，后台实时监测和定期诊断预警，在控制阀还没有产生或刚刚产生故障时，就通过状态参数来预测可能出现的情况和故障发生时间，并提示操作人员根据控制阀的功能安全和时间关联性来进行维护。预测性维护既降低故障频次、减轻维护工作量和减少维护费用，又提高了控制阀维修计划性。

各制造厂控制阀诊断软件基本可以对 HART5 协议以上以及 FF 总线协议智能定位器开放兼容，包括艾默生（FISHER）DVC 系列定位器，福斯（VALTEK）Logix Series 定位器，西门子（Siemens）SIPART 定位器，梅索尼兰（MASONEILAN）SVI 系列 AP、1000 定位器，SAMSON 3730/3731 系列定位器。

本节以费希尔、梅索尼兰控制阀诊断为例介绍。

1. 费希尔（FISHER）控制阀诊断

FISHER DVC 系列智能数字阀门定位器采用模块化设计，连续控制精度高，采用非接触反馈消除磨损，采用全密封电路板提高安全性，可输出 4～20mA 带 HART 协议信号，也可输出现场总线 FF 信号。

FISHER 阀门诊断软件 ValveLink 有 4 种使用方式：独立软件（ValveLink Solo）、支持 FDT/DTM 技术的软件里（ValveLinkDTM）、集成在部分 DCS 系统的智能设备管理软件（ValveLink SNAP-ON for AMS）和以插件形式集成在某 DCS 系统的资源管理软件（ValveLinkPLUG-IN）。

DVC 系列智能数字阀门定位器可诊断信息如下。

① 诊断信息　控制阀膜片的使用寿命、弹簧预紧力、行程、填料、阀内件、定位器内部状况。

② 电子报警　快闪只读存储器、小回路传感器、模数转换参考电压、驱动电流、温度传感器、压力传感器、位置传感器、仪表故障、程序流程、SIS 旁路等报警。

③ 维护报警　行程偏差、驱动信号、循环计数、行程累积、供气压力低、积分器饱和低、积分器饱和高、SIS 紧急切断阀阻塞-PST 等故障。

如图 2-8-95 所示，在 Valvelink 软件界面里，可显示控制阀状态、离线或在线、驱动信号、行程偏差，供气压力以及运行参数。

Valvelink 诊断软件还提供以下功能。

① 提供控制阀特性曲线—离线诊断，此控制阀特性曲线可以作为参考基线。

② 提供在线诊断数据，对故障进行分析并提出处理建议。

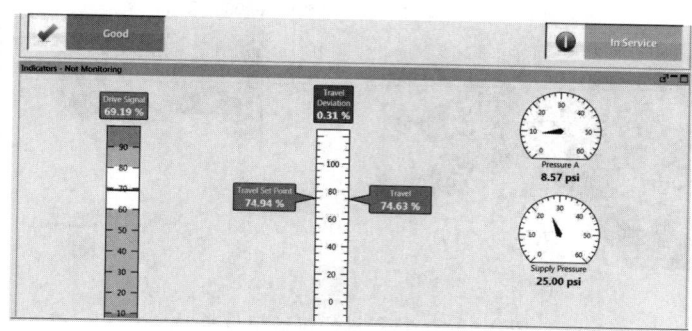

图 2-8-95　Valvelink 典型界面

③ 触发事件报警发生后自动进行事件记录。

④ 特性曲线可作为控制阀的存档文件，作为用户记录控制阀初始性能的档案。

⑤ 可进行控制阀的状况监视，帮助用户确定控制阀存在的隐患。

⑥ 可分辨在线还是离线检查，实现控制阀的预诊断维护。

⑦ 利用内置的诊断信息，分析控制阀的隐患，通过在线及离线调整，优化控制阀控制性能。

⑧ 提供备件维修计划，评估控制阀的维修效果。

2. 梅索尼兰（MASONEILAN）控制阀诊断

安装在 DCS 智能设备管理系统中的 Valve Aware 软件通过 HART 信号或 FF 总线信号与 SVI 系列智能数字阀门定位器通信，并读取控制阀硬件数据和运行数据，在软件界面上显示。

Valve Aware 诊断软件的功能如下。

① 实现实时在线功能，硬件采取独立服务器，确保对 DCS 系统无干扰，用户可在服务器界面监视控制阀实时信息。

② 可诊断控制阀摩擦力，执行机构，响应速度，滞后、关断、超调、抖动、堵塞、内漏、外漏，定位器 I/P 故障等。

③ 后台可进行智能分析比对，并在界面上显示分析结果，帮助用户快速修复。

④ 协助用户进行变被动为主动的预测性维修，准确分析需要维修的控制阀。

⑤ 在允许的情况下，对所选控制阀进行自动测试。

⑥ 可按设定的每天每周或每月进行自动测试，随时创建、更新、删除日程表。

⑦ 形成列表报告、操作报告、信息报告、测试列表报告、性能报告，便于用户对控制阀管理归档。

五、控制阀部分行程测试

控制阀部分行程测试（Partial Stroke Test，PST）是在生产装置正常运行时，在不干扰过程控制的前提下，轻微关闭处于全开位置的控制阀，以检测是否存在故障。在测试过程中，不允许完全关闭控制阀。

PST 通常用于紧急停车状态为关闭位置的开关阀。定时测试控制阀开关性能以确保在紧急停车时控制阀可以正确、快速响应，维持安全仪表功能（SIF）达到原有的安全完整性等级（SIL）。

紧急切断阀通过 PST 小幅度关闭控制阀来检测，通常控制阀可关闭约 10% 左右。PST 可在线周期性执行，采用 PST 可延长检修时间间隔，保证 SIF 的 PFD 水平。PST 对 SIL 等级影响曲线见图 2-8-96。采用 PST 可减少非计划停车，降低运行维护费用。实现 PST 功能的设备有三种：机械制动、智能阀门定位器和智能阀位控制变送器。

1. 机械制动

（1）机械限位装置　可在执行机构和控制阀之间或者在执行机构内安装机械限位装置（图 2-8-97）。当阀位关闭到

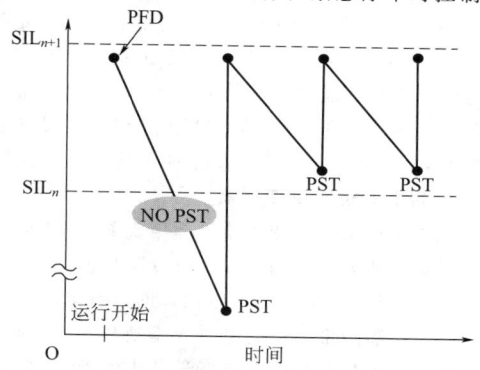

图 2-8-96　PST 对 SIL 等级影响曲线

图 2-8-97　执行机构机械限位装置

设定位置时，该机械装置可以阻止控制阀继续关闭。

（2）气路限位装置　当控制阀的执行机构处于进气状态时，电磁阀 3 长期带电。拧动钥匙阀 5，钥匙阀带动气控阀 9 换位，快速排气阀 7 排气，控制阀逐渐关闭，当执行机构运动到设定位置时，碰到预设位置的凸轮阀 6，凸轮阀 6 换向，仪表气通过凸轮阀 6 给钥匙阀 5 压力信号，使其复位，执行机构进气后逐渐打开，完成测试。气路限位原理图见图 2-8-98。

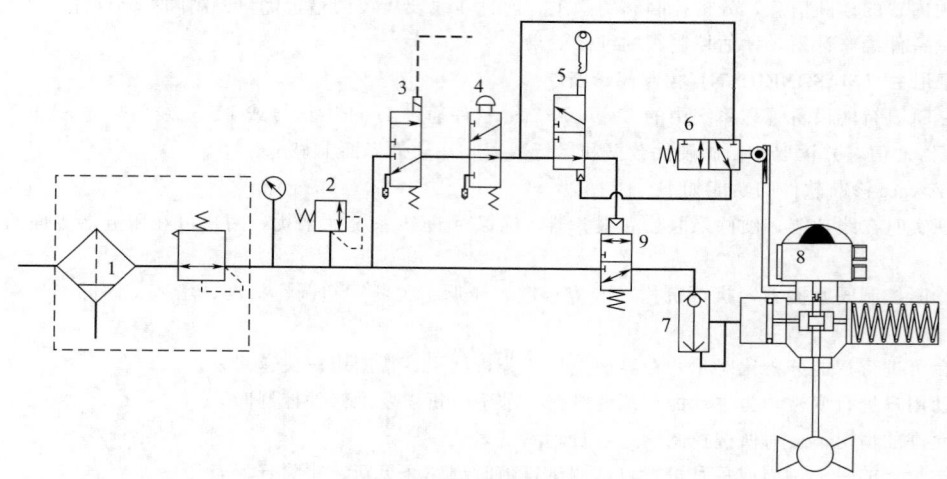

图 2-8-98　气路限位原理图

1—减压阀；2—安全阀；3—电磁阀；4—手拉阀；5—钥匙阀；6—凸轮阀；
7—快排阀；8—限位开关；9—气控阀

2. 智能阀门定位器

（1）智能阀门定位器＋电磁阀　安全仪表系统（SIS）输出 24V DC DO 信号直接送到电磁阀。DCS 输出 4～20mA 带 HART 协议信号到智能数字阀门定位器，实现控制阀 PST。控制阀位置通过 HART 协议信号送至 DCS 监视，也可选择带阀位反馈的定位器送出 AI 信号或 DI 信号至 DCS 监视。原理如图 2-8-99 所示。

（2）单独智能阀门定位器　SIS 输出 DO 信号到安全栅，DCS 输出 4～20mA 带 HART 协议信号到安全栅，安全栅输出 4～20mA＋HART 到智能阀位定位器，PST 测试程序内置在智能阀门定位器内，SIS 控制控制阀的启停，PST 测试通过 HART 协议信号触发。如图 2-8-100 所示。

3. 智能阀位控制变送器

在智能阀位控制变送器内部集成 PST 现场功能。智能阀位控制变送器安装在 SIS 系统与电磁阀之间，在电磁阀短暂断电进行测试，获取诊断数据。

如图 2-8-101 所示，正常操作时，智能阀位控制变送器接收来自 SIS 的 24V DC 有源接点信号，带电时线路接通，电磁阀带电；失电时线路断开，电磁阀失电。PST 测试时，SIS 或者 DCS 输出的 24V DC PST 有源脉冲接点信号到智能阀位控制变送器中的 PST 处理单元，触发内置 PST 测试逻辑，使正常开启的控制阀关闭一定角度（约 10％左右），控制阀恢复到初始的全开状态，通过智能阀位变送器的 4～20mA 带 HART 协议信号

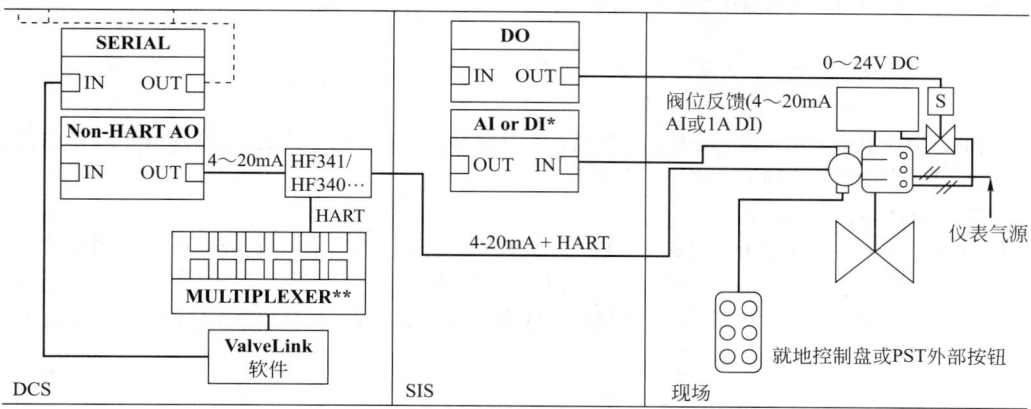

图 2-8-99　智能阀门定位器＋电磁阀原理

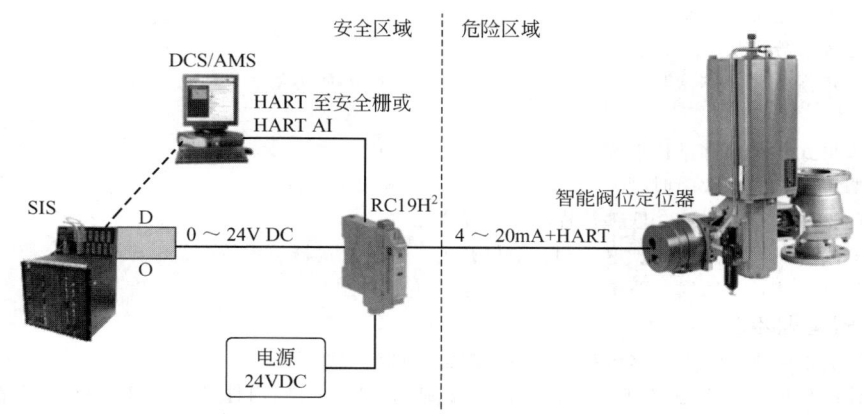

图 2-8-100　智能阀门定位器原理

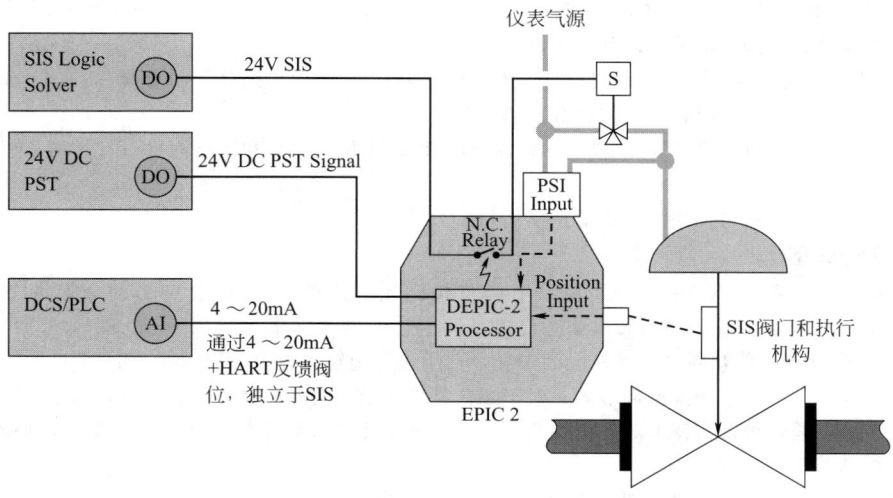

图 2-8-101　智能阀位控制变送器 PST 原理图

送到 DCS。

　　综上所述，机械制动方式最简单，但需要人员现场操作，而且执行机构或气路上有限位装置，因此存在影响自动联锁的风险。智能阀门定位器方式可实现远程和现场操作，气路上取消了电磁阀。智能阀位变送器可在远程和现场操作，也可对 SIS 回路中电磁阀、阀体、执行机构的功能进行测试。

第八节　控制阀选型原则

控制阀的选型应根据用途、工艺条件、流体特性、管道材料等级、调节性能、控制要求、环境条件、环保要求、安全性、可靠性及生命周期成本等综合考虑。

一、输入条件

控制阀选型的输入条件通常由控制阀位号信息、工艺管道数据、工艺流体数据和设计要求等组成。

（1）控制阀位号信息　包括位号、用途、流程图号和管道号等。

（2）工艺管道数据　包括管道通径、管道壁厚、管道材料、管道等级、设计温度、设计压力和最大关闭压差等。

（3）工艺流体数据

① 流体名称、上游介质状态、固体含量、闪蒸率。

② 入口压力、入口温度、入口流量（最大、正常、最小）。

③ 压降（最大、正常、最小）。

④ 流体的密度、分子量、动力黏度。

⑤ 流体的绝热指数、液体饱和蒸气压、气体压缩系数、临界压力等。

（4）设计要求

① 阀体结构形式、阀内件结构形式、阀门材料、噪声等级。

② 阀座泄漏等级、气源故障时阀位（FC/FO/FL）、电源故障时阀位。

③ 行程时间：调节行程时间、联锁行程时间、操作频率。

④ 控制阀的附件：阀门定位器、电磁阀、限位开关、阀位变送器、手轮、机械限位等。

⑤ 防火、防爆、防护、防腐、防雷和环保要求等。

二、控制阀选型步骤

① 根据工艺管道数据和工艺流体数据计算各工况需要的流通能力。

② 选择阀体结构形式（直通/角形/三通/球/蝶/偏旋/V 球等）、阀内件结构形式（单座/套筒/抗气蚀/低噪声/小流量等）、流量特性（等百分比/线性）、额定的流通能力和阀体公称直径等，直到计算结果（出口流速/压力恢复系数/噪声/开度/流通能力）符合选型要求。

③ 依照工艺管道数据和设计要求，选择阀体、上阀盖、阀内件、填料、密封等部件的材料，确定温度-压力等级、过程连接形式、阀座泄漏等级和逸散性泄漏等级。

④ 根据设计要求确定执行机构的动力源（气动/电动/电液）、结构形式（气动薄膜/活塞）、作用方式（单作用弹簧返回/双作用活塞）规格，并确认故障位置和手轮。

⑤ 根据要求的控制阀开关时间，配置电气附件（电磁阀/限位开关）和气路附件（气控阀/增速器/气锁阀等）。

在选型过程中，需要参考控制阀厂家的产品资料。

三、调节阀选型

① 一般选用单座阀。DN200（8in）及以下调节阀优先选用单/双座或套筒形的球形调节阀；DN250（10in）及以上调节阀选用三偏心蝶形阀或偏心旋转阀。

② 对于流体中含有固体颗粒或黏度较大的工况，选用偏心旋转阀或 V 形球调节阀；对于高差压、高流速、闪蒸、空化、高噪声工况，选用降噪调节阀；对于工艺特殊要求、特殊流体等场合，选用角形调节阀、三通调节阀、旋塞调节阀、波纹管密封调节阀、微小流量调节阀和深冷调节阀等特殊调节阀；压缩机防喘振控制，选用线性流量特性防喘振调节阀。

③ 石油化工厂首选气动调节阀，也可选用电动调节阀、电液调节阀。

④ 调节阀的泄漏等级通常选择 IV 级；当工艺对调节阀有紧密切断（TSO）要求或参与紧急切断联锁时，调节阀的泄漏等级应选择 V 级或 VI 级。

⑤ 调节阀的压力等级、阀体材料和过程连接形式应符合管道材料等级规定，有 NACE 要求时，调节阀的阀体及内件材料应符合 NACE MR0103 标准规定。

⑥ 调节阀的填料和垫片材料严禁采用石棉及石棉制品。

⑦ 调节阀位于爆炸危险区域时，所带电气附件的防爆等级符合有关防爆规范的要求；防护等级不低于 IP65。

⑧ 调节阀优先选用等百分比特性，也可选用线性特性或近似等百分比特性。

⑨ 调节阀结构形式选择可参见表 2-8-32。

⑩ 角行程调节阀适用条件可参见表 2-8-33。

表 2-8-32　调节阀结构形式选择参考表

阀门形式	气蚀	闪蒸	高差压	阻塞流	高压	高温	磨蚀/颗粒
单座	×	√	√	√	√	√	√
套筒	√	√	√	√	√	√	×
三通	×	×	×	×	×	×	×
轴流	o	√	√	√	√	√	√
角形	√	√	√	√	√	√	√
球阀	o	×	×	×	√	√	√
V 球	o	×	×	×	√	√	√
蝶阀	o	×	×	×	o	o	o
偏心	o	√	√	√	√	√	√

注："√"表示适用；"o"表示可用；"×"表示差。

表 2-8-33　角行程调节阀适用条件参考表

阀门形式	适用条件
V 形球阀	$\Delta p < 1\text{MPa}$；$\Delta p / p_1 < 0.6$
蝶阀	$\Delta p < 0.2\text{MPa}$；$\Delta p / p_1 < 0.1$
偏心旋转阀	$\Delta p < 1\text{MPa}$；$\Delta p / p_1 < 0.6$

⑪ 调节阀公称通径的选择

调节阀公称通径的选择，包括计算工况流量系数、确定额定流量系数、验算开度、检查流速和尺寸匹配。

a. 计算调节阀各工况的流量系数时，采用 IEC 60534-2-1 或 ANSI/ISA-75.01.01 推荐的计算公式。

b. 计算正常流量和最大流量对应的流量系数 $C_{v_{nor}}$ 和 $C_{v_{max}}$，依据下列公式和调节阀制造厂提供的流量系数系列值选出流量系数额定值 $C_{v_{rated}}$。

等百分比阀：$C_{v_{rated}} \geqslant 2C_{v_{nor}}$ 或 $C_{v_{rated}} \geqslant 1.3C_{v_{max}}$，两者取较大值；

线性阀：$C_{v_{rated}} \geqslant 1.5C_{v_{nor}}$ 或 $C_{v_{rated}} \geqslant 1.1C_{v_{max}}$，两者取较大值。

c. 直行程调节阀的相对行程 l/L（%）和角行程调节阀的开度（°）应处于表 2-8-34 所规定的范围内。

表 2-8-34　推荐的调节阀相对行程和开度范围表

流量	直行程调节阀相对行程(l/L)		角行程调节阀开度(全开 90°)	
	线性	等百分比	蝶形	其他旋转类
Q_{max}	≤80%	≤90%	≤60°	≤70°
Q_{nor}	50%～70%	60%～80%	30°～50°	30°～60°
Q_{min}	≥15%	≥30%	≥20°	≥15°

d. 不同流体对应的阀门出口最大流速选择见表 2-8-35。

表 2-8-35　阀门出口最大流速选择参考表

相态	流体	阀门出口最大流速/(m/s)
液体	清洁的水	5.5
	除水之外的清洁液体	8
	脏污流体、磨蚀性流体	6
	腐蚀性流体	5
	闪蒸	60
气体、蒸汽和水蒸气	气体、蒸汽和水蒸气	0.33Mach

e. 调节阀的公称通径要与工艺管道的公称通径匹配。调节阀的公称通径不得小于管道通径的 1/2。

⑫ 调节阀噪声的计算

a. 流体为气体、水蒸气及蒸汽时，调节阀的空气动力噪声采用 IEC 60534-8-3 标准中的计算公式；流体为液体时，调节阀的流动动力噪声采用 IEC 60534-8-4 标准中的计算公式。

b. 用于连续操作工况的调节阀的下游 1m 处和管道表面 1m 处的噪声限值不超过 85dB(A)；用于泄放、放空或间歇操作的调节阀在上述位置的噪声限值不超过 105dB(A)。

c. 调节阀选用低噪声阀内件、改变阀门结构形式等在调节阀内部节流降噪的方法。

⑬ 阀材料选择

a. 阀体及配件的设计压力、设计温度、材料和耐腐蚀性能符合管道材料等级规定。

b. 流体是烃类或其他可燃介质时，调节阀选择法兰连接。

c. 阀体材料一般为碳钢、低温钢、不锈钢、合金钢等。

d. 阀芯材料一般选用 316SS 不锈钢；对于腐蚀性流体，应根据流体的种类、浓度、温度和压力选择 Monel、HC-276、Ti、Ta 等耐腐蚀材料；闪蒸、空化或严重冲刷、高温、高差压工况，选用高温钢、硬质合金等材料。

e. 上阀盖和填料的选择

（a）流体温度为 −18~204℃ 范围内时，选用普通型阀盖带 V 形 PTFE 填料。

（b）流体温度为 204~399℃ 范围内时，可选用普通型阀盖带柔性石墨填料。

（c）流体温度低于 −18℃ 时，应选用长颈型阀盖；流体温度高于 204℃ 时，选用延伸带散热片型阀盖。

（d）流体具有毒性时，应选用波纹管密封型阀盖。

⑭ 执行机构的选择

a. 一般选用弹簧返回气动薄膜执行机构或气动活塞式执行机构。选用气动活塞式执行机构时，优先选弹簧返回的单作用活塞，然后选双作用活塞。

b. 计算阀门关闭需要的推力时，基于阀门承受的最大关闭差压，一般使用上游最大设计压力。计算执行机构输出的推力时，根据仪表空气的最小压力来计算。

c. 失去电信号或气源时，调节阀应处于安全位置。

d. 通常使用电磁阀失电（非励磁）联锁。

e. 当工艺安全对调节阀有火灾安全要求时，执行机构及其附件应有防火保护措施。

⑮ 调节阀附件的选择

a. 调节阀配置智能阀门定位器，阀门定位器为正作用。

b. 遥控、过程控制、联锁系统、实现气路自动关闭、要求调节阀开关等场合，选用低功耗电磁阀。24V DC，小于 4W，316SS，H 级绝缘，三通、四通，电磁阀应为长期带电型。

c. 带电磁阀的调节阀至少要带一个联锁位置指示的限位开关。

d. 当需要监控调节阀的精确阀位时，选用阀位变送器。

e. 仪表空气储罐使用碳钢材料，储气罐容积应满足在 415kPa(G) 仪表空气压力下阀门全行程从开到关和从关到开各 2 次的储气量。

四、开关阀选型

开关阀选型与调节阀相同部分不再赘述。

① 石油化工厂首选气动开关阀，也可选用电动开关阀、电液开关阀。

② 开关阀的泄漏等级应符合 API 598 标准。

③ 优先选用全通径球阀，也可选用全通径闸阀和蝶阀，阀体的公称通径应与工艺管道相同。

④ 阀体材料应与配管材料等级相同，阀座及阀内件材质最低为 316SS，并根据需要对阀内件做表面硬化处理；在同时作为进出口总管开关阀时，阀内件需要保证双流向密封；阀芯由整块金属经机械加工或锻造而成，不能采用分段制造及中空阀芯，阀杆带有防吹出装置；选用增强型柔性石墨填料（密度$\geqslant1360kg/m^3$）并配有上下密封环。

⑤ 执行机构选择

a. 根据工艺对阀门最大关闭差压、阀体口径及关断时间的要求，选择执行机构的输出力或扭矩并进行核算，输出力或扭矩应留 50% 的安全系数。

b. 全行程时间（以秒计）不超过阀体尺寸的 3 倍，最大行程时间不超过 30s。

c. 执行机构不设置行程机械限位装置。

d. 当工艺要求阀门为仪表空气故障保持型（FL）时，选用双作用气缸执行机构并配有仪表空气储罐，阀门保位时间不应低于 48h。

e. 计算阀门输出力或扭矩时，可使用上游操作压力（p_1）的 125% 和最大切断差压（Δp_{max}）的 110% 之中的较大者。

f. 选择智能型电动执行机构；电压为 380V AC、50Hz 三相或 220V AC、50Hz 单相；电动执行机构设置有阀位开关和扭矩开关，达到限定值后可自动停止阀门动作。

第九章　泄压设施的选择与应用

第一节　泄压设施基础知识

一、适用范围

本章所介绍的安全阀适用于炼油厂、石油化工厂和化工厂的设备，它的最大允许工作压力等于或大于 0.1MPa(G)。这里推荐的泄压设施用于保护非火压力容器或相关的设备在操作或火灾事故时免于超压。

二、有关安全阀的专业名词

1. 压力泄放设施

压力泄放设施用于事故或非正常工况时依靠入口静压力打开泄压，防止设备或管道内部流体压力超过一定值。此设施也可用于防止内部过大的真空度。所以压力泄放设施可能是一个压力泄放阀，一个不可再关闭的压力泄放设施或是一个真空泄压阀。

2. 压力泄放设施的几何尺寸特性

① 实际排放面积是流体通过安全阀时决定流量大小的最小流通面积。

② 幕帘面积是泄压阀打开时阀瓣上升高度和阀座内圆周的幕帘面积。

③ 有效排放面积或当量流通面积是一种公称或计算得到的面积，用于计算或决定安全阀尺寸，它小于实际泄放面积。

④ 喷嘴面积是在喷嘴最小直径处的流通断面积。

⑤ 入口尺寸是阀门入口连接管道的公称尺寸。

⑥ 出口尺寸是阀门出口连接管道的公称尺寸。

⑦ 升程是安全阀泄压时阀瓣从关闭位置上升的高度。

3. 操作特性

（1）系统压力

① 最大操作压力是系统操作时期望的最高压力。

② 最大允许工作压力（MAWP）是在指定温度下整个容器顶部最大允许表压，此压力是根据容器每个部件的公称厚度计算得到的，但并不包括腐蚀裕度及压力负荷外其他负荷所需的容器的厚度。最大允许工作压力是决定保护容器压力泄放设施定压的基础。

③ 设计压力是容器顶部的最高允许压力，应不小于安全阀的定压。可以等于或小于 MAWP。

④ 积聚压力是容器通过压力泄放设施泄压时，泄压设施入口压力超过最大允许工作压力的压力值。用MPa 或最大允许工作压力的百分比表示。

⑤ 超压是泄压阀入口压力超过压力泄放设施定压的值。当压力泄放设施的定压为容器的最大允许工作压力时，超压即为积聚压力。

（2）设计压力

① 定压是压力泄放阀在服务工况下打开时的入口压力。

② 冷差试验压力是压力泄放设施在试验台上的排放压力，它包括工作工况下温度和背压的修正值。

③ 背压是压力泄放设施出口由于泄压阀后排放系统所造成的压力，它由静背压和动背压组成。

④ 动背压是压力泄放设施在排放时由于排放过程所造成的压力泄放设施出口的压力增加。

⑤ 静背压是压力泄放设施出口在要动作时存在的静压，这是由于排放系统其他设施造成的压力，它可能是稳定或是变化的。

⑥ 回座压力是定压和压力泄放设施关闭压力的差值，用 MPa 或定压百分比表示。

三、有关爆破片的专业名词

爆破片组合件是一种由入口压力作用的不能再关闭的压差泄放设施，作用时爆破片本体破裂，泄放压力。它由爆破片、爆破片夹持器及其他相关元件组成。

1. 爆破片组合件结构名词

（1）爆破片　在爆破片装置中，因超压而迅速动作的压力敏感元件。用以封闭压力，起到控制爆破压力的作用。爆破片可以是均匀厚度的，也可以是带缝（孔）的或刻槽的。

（2）夹持器　在爆破片装置中，具有设计给定的泄放口径，用以固定爆破片位置，保证爆破片准确动作的配合件。

（3）支撑器　用机械方式或焊接固定反拱脱落型爆破片位置，保证爆破片准确动作的环圈。

（4）背压托架　在组合式爆破片中压力敏感元件因出现背压差发生意外破坏而设置的拱型托架。该类托架需与压力敏感元件配合，拱面开孔（或缝）。

置于正拱型爆破片凹面的背压托架，在出现背压时，防止爆破片凸面受压失稳。当系统压力出现真空时，此种托架称为真空托架。

置于反拱型爆破片凸面的背压托架，在出现背压差时，防止爆破片凹面受压破坏。

（5）加强环　在复合型爆破片中，与压力敏感元件边缘紧密结合，起增强边缘刚度作用的环圈。

（6）密封膜　在复合型爆破片中，对压力敏感元件起密封作用的薄膜。

2. 爆破片组合件有关压力和温度的名词

（1）爆破压力　爆破片装置在相应爆破温度下动作时，爆破片两侧的压力差。

（2）设计爆破压力　爆破片设计时由需方提出的对应于爆破温度下的爆破压力。

（3）最大（最小）设计爆破压力　设计爆破压力加制造范围，再加爆破压力允差的代数和。

（4）试验爆破压力　爆破试验时，爆破片在爆破瞬间所测量到的实际爆破压力。在测量此爆破压力的同时应测量试验爆破温度。

（5）标定（额定）爆破压力　经过爆破标定符合设计要求的爆破压力。当爆破试验合格以后，其值取决于该批次爆破片按规定抽样数量的试验爆破压力的算术平均数。

同一批次爆破片的标定爆破压力必须在规定的制造范围内。当规定的制造范围为零时，标定爆破压力也应是设计爆破压力。

（6）背压　存在于爆破片装置泄放侧的静压。泄放侧若存在其他压力源或在入口侧存在真空状态，均形成背压。

泄放侧压力超过入口侧压力的差值称为背压差。

（7）爆破温度　与爆破压力相应的压力敏感元件壁的温度。此术语可以与"设计"或"试验"作定语连用，如设计爆破温度、试验爆破温度。

（8）制造范围　为方便爆破片制造，设计爆破压力在制造时允许变动的压力范围。此种允许变动的压力范围由供需双方在供货合同中规定。制造范围必须在爆破压力指定前考虑。

（9）爆破压力允差　爆破片实际试验爆破压力相对于额定爆破压力的最大允许偏差。其值可以是正负相等的绝对值或百分数。

当规定制造范围为零时，此允差即表示对设计爆破压力的最大偏差。

3. 爆破片有关排放性能的名词

（1）泄放面积　爆破片制造几何上最小的流通面积。用以计算爆破片装置的理论泄放量。

计算泄放面积应考虑爆破片爆破或脱落后，可能使通道截面减小的各种情况，例如刀架、背压托架、爆破片残骸等造成的阻塞。

（2）泄放能力　爆破片爆破后，通过泄放面积泄放的压力介质流量。

（3）批次　具有相同型式、规格、标定爆破压力与爆破温度，以及材料（牌号、性能）和制造工艺完全相同的一组爆破片为一个批次。

第二节　设置泄压设施的场合

一、压力容器

所有的压力容器都需要设置泄压设施。当一个安全阀用于保护多个压力容器时，必须满足下列要求。

① 连接容器、换热器和填料塔的管道上，不可装有阀门、调节阀等可把设备和安全阀断开的设施。

② 当容器与换热器相接时，换热器管线上的切断阀只有在维修时才关闭。如同时又能满足下述换热器的

要求时，管线上可设置阀门，但必须铅封，正常操作时保持在开启状态。

二、换热器

① 预热用的换热器常设计成可承受泵出口阀门关闭时的压力，故一般不再设置安全阀。若泵出口阀门关闭时的压力可能超过换热器设计压力的110%，则需设置安全阀。

② 换热器进出口设有阀门。若在操作时低温侧阀门可能全部或部分关闭，则低温侧需设置安全阀保护。

③ 冷凝器出入口装有阀门时，若被冷凝液体在常温下的蒸汽压力可能超过设备设计压力的110%，需设置安全阀。

④ 当换热器两侧的压差很大时，要考虑换热管破裂后低压侧的压力保护。

三、加热炉

加热炉只在工艺物料出口装有控制阀或其他可能造成出口有背压时才考虑设置安全阀。安全阀最好装在加热炉的出口处，这样在安全阀排放时，介质一定要流经炉管，可保护炉管不致过热。

四、机械设备

① 往复泵出口阀门关闭时的压力有可能超过泵体能承受的最高压力时，要设安全阀。往复泵安全阀的定压至少应高于泵高峰压力的110%。

② 一般情况下，往复泵安全阀的定压为泵体的最大允许工作压力，并不超过下游管线最大允许工作压力的121%。泵安全阀出口一般与泵吸入口相接。

③ 在非正常吸入工况下，离心泵的压力可能超过泵体能承受的最高压力，或者高于下游配管最大允许工作压力的133%时，要设安全阀。

④ 往复式压缩机各级出口都要设安全阀，并排往同级的吸入口。

⑤ 冷凝式汽轮机常在出口管或冷凝器上设置安全阀，以保护汽轮机的低压侧和冷凝器在冷却水系统出现故障时不超压。

五、管道系统

① 装置内的一般管道不需考虑由于液体热膨胀造成的超压。制冷剂管线，当两端阀门可能被切断，且常温下制冷剂蒸汽压力可能超过管线的最大允许工作压力的133%时，要设保护措施。

② 装置外的架空液体管道，当直径大于或等于200mm，长度超过30m，且可能被切断阀在两端切断时，要设液体膨胀泄压用安全阀。安全阀的入口管径为DN20，定压为工作温度下管线法兰所允许的最高工作压力。

③ 液化石油气管道两端可能被切断时，要考虑设置泄压设施。

④ 若在切断阀旁设一带止回阀的旁通，当管线内压力升高时，止回阀能起到泄压的作用，可免设液体膨胀用安全阀。

⑤ 对工艺生产装置中哪儿需要设置安全泄压设施，采用什么形式的安全泄压设施，应由工艺系统专业决定。

第三节　安全阀的结构形式及分类

一、重力式安全阀

利用重锤的重力控制定压的安全阀，称为重力式安全阀。当阀前静压超过安全阀的定压时，阀瓣上升以泄放被保护系统的超压；当阀前压力降到安全阀的回座压力时，可自动关闭安全泄放阀。见图2-9-1。

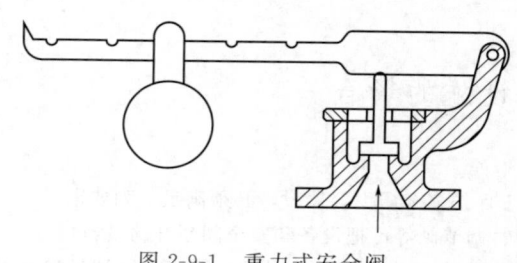

图 2-9-1　重力式安全阀

二、弹簧安全阀

1. 通用式弹簧安全阀

由弹簧作用的安全阀。其定压由弹簧控制。其动作特性受背压的影响。结构见图2-9-2。

2. 平衡式弹簧安全阀

由弹簧作用的安全阀。其定压由弹簧控制。用活塞或波纹管减少背压对安全阀的动作性能的影响。结构见图2-9-3。

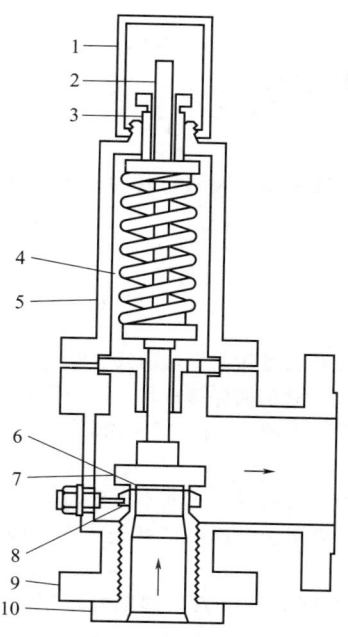

图 2-9-2　通用式弹簧安全阀

1—保护盖；2—阀杆；3—定压调节螺母；4—弹簧；
5—弹簧罩；6—阀座面；7—阀芯；8—回座压力
调节环；9—阀体；10—喷嘴

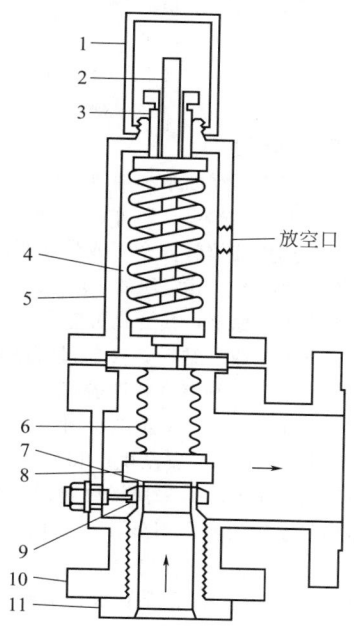

图 2-9-3　波纹管平衡式弹簧安全阀

1—保护盖；2—阀杆；3—定压调节螺母；4—弹簧；
5—弹簧罩；6—波纹管；7—阀座面；8—阀芯；
9—回座压力调节环；10—阀体；11—喷嘴

三、带导阀的安全阀

由导阀控制的安全阀。其定压由导阀控制，动作特性基本上不受背压的影响。结构见图 2-9-4。带导阀的安全阀又分快开型（全启）和调节型（渐启）两种。

导阀是控制主阀动作的辅助压力泄放阀。

四、安全阀、泄压阀和安全泄压阀

1. 安全阀

是一种压力泄放阀，由阀前静压控制阀门自动快速打开。安全阀常用于排放可压缩流体（如气体或蒸汽）。

2. 泄压阀

是一种压力泄放阀，由阀前静压控制阀门自动快速打开。泄压阀的开启度与阀的超压成比例。泄压阀主要用于不可压缩流体（如液体）。

3. 安全泄压阀

是一种压力泄放阀，可用于安全阀或泄压阀的应用场合。

五、微启式安全阀和全启式安全阀

1. 微启式安全阀

当安全阀入口处的静压达到设定压力时，阀瓣位置随入口压力升高而成比例地升高，最大限度地减少排出的物料。一般用于不可压缩流体。阀瓣的最大上升高度不小于喉径的 1/20～1/40。

2. 全启式安全阀

当安全阀入口处的静压达到设定压力时，阀瓣迅速上升到最大高度，最大限度地排出超压的物料。一般用

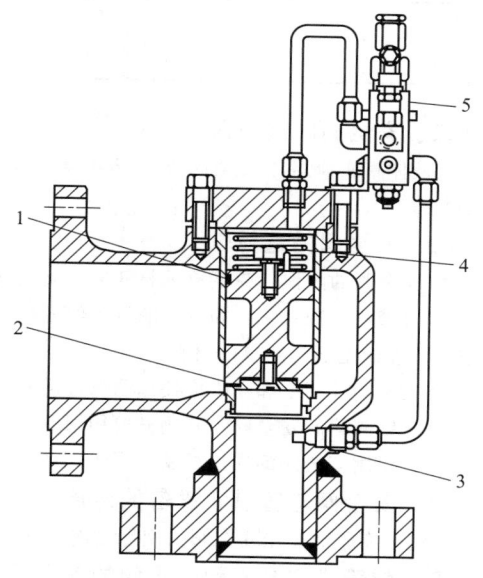

图 2-9-4　带导阀的安全阀

1—活塞密封环；2—阀座；3—取压口；
4—气室；5—导阀

于可压缩流体。阀瓣的最大上升高度不小于喉径的 1/4。

第四节　安全阀的选择

一、安全阀的选型

① 排放不可压缩流体（如水和油等液体）时，应选用微启式安全阀；排放可压缩流体（如蒸汽和其他气体）时，应选用全启式安全阀。

② 下列情况应选用波纹管安全阀或带导阀的安全阀：

a. 安全阀的动背压大于其定压的 10% 时；

b. 安全阀的背压不稳定，其变化可能影响安全运行时。

③ 介质具有腐蚀性或易结垢，安全阀的弹簧会因此而导致工作失常时，应选用波纹管安全阀。

④ 带导阀的安全阀，阀座密封性能好，当入口压力接近定压时，仍能保持密封；而一般的弹簧式安全阀，当阀前压力超过 90% 定压时，就不能密闭。这就是说，同一容器使用带导阀的安全阀时，可允许比较高的工作压力，且泄漏量小，有利于安全生产和节省装置的运行费用，应优先考虑。

⑤ 液体膨胀用安全阀允许采用螺纹连接，但入口应为锥形管螺纹连接，尺寸不大于 $DN25$。

⑥ 除液体膨胀泄压用安全阀外，石油化工生产装置一般只采用法兰连接的弹簧式安全阀或带导阀的安全阀。

⑦ 除波纹管安全阀及用于排放水、水蒸气或空气的安全阀外，所有安全阀都要选用带封闭式弹簧罩结构。

⑧ 只有介质是水蒸气、60℃ 以上热水或空气时，允许选用带扳手的安全阀。

⑨ 软密封安全阀采用软密封，可有效地减少安全阀开启前的泄漏。常用软密封材料的适用温度范围如表 2-9-1 所示。

表 2-9-1　软密封材料适用温度

| 丁腈橡胶 | −54～135℃ | 聚氨基酸甲酸酯 | −54～149℃ | 聚三氟氯乙烯 | −253～204℃ |
| 氟橡胶 | −54～204℃ | 聚四氟乙烯 | −253～204℃ | 环氧树脂 | −54～163℃ |

二、安全阀的最小尺寸

除液体膨胀泄压用安全阀外，安全阀入口最小尺寸为 $DN25$，液体膨胀泄压用安全阀的最小尺寸不小于 $DN20$。

三、安全阀的选材

① 安全阀的阀体、弹簧罩的材料应同安全阀入口的配管材料一致。

② 对某些特殊系统，如排出的液体经安全阀阀孔的节流降压后会气化，导致温度降低的自制冷系统，应考虑选用能满足低温要求的材料。

③ 安全阀的阀瓣和喷嘴应使用耐腐蚀的 Cr-Ni 或 Ni-Cr 钢，不允许使用碳钢。

④ 碳钢阀体的安全阀，其阀杆要用锻制铬钢；奥氏体钢阀体的安全阀，阀杆用 SS316 或相当的不锈钢。

⑤ 低温用安全阀的冲击试验仅限于阀体、弹簧罩和法兰。

四、安全阀与管道和设备的连接

除液体膨胀泄压用安全阀采用螺纹连接外，其他应用场合均采用法兰连接。对高压系统采用对焊连接。

五、弹簧式安全阀和带导阀的安全阀

弹簧式安全阀是常用的一种安全阀，但其性能不及带导阀的安全阀，比较如下。

(1) 安全阀阀座的关闭力　由于安全阀的泄漏往往受阀的关闭力的影响，就作用原理而言，带导阀的安全阀阀前压力越高，阀门关闭越严密；而普通弹簧式安全阀恰恰相反，阀前压力越接近定压，阀门的关闭力越小，越易泄漏（图 2-9-5）。

(2) 软密封　随着科学技术的发展，已开发出多种耐温弹性体阀门密封材料。带导阀的安全阀，密封大都采用软密封，可保证良好的密封；而弹簧式安全阀的密封大都是硬密封，密封性能一般。再加上带导阀的安全

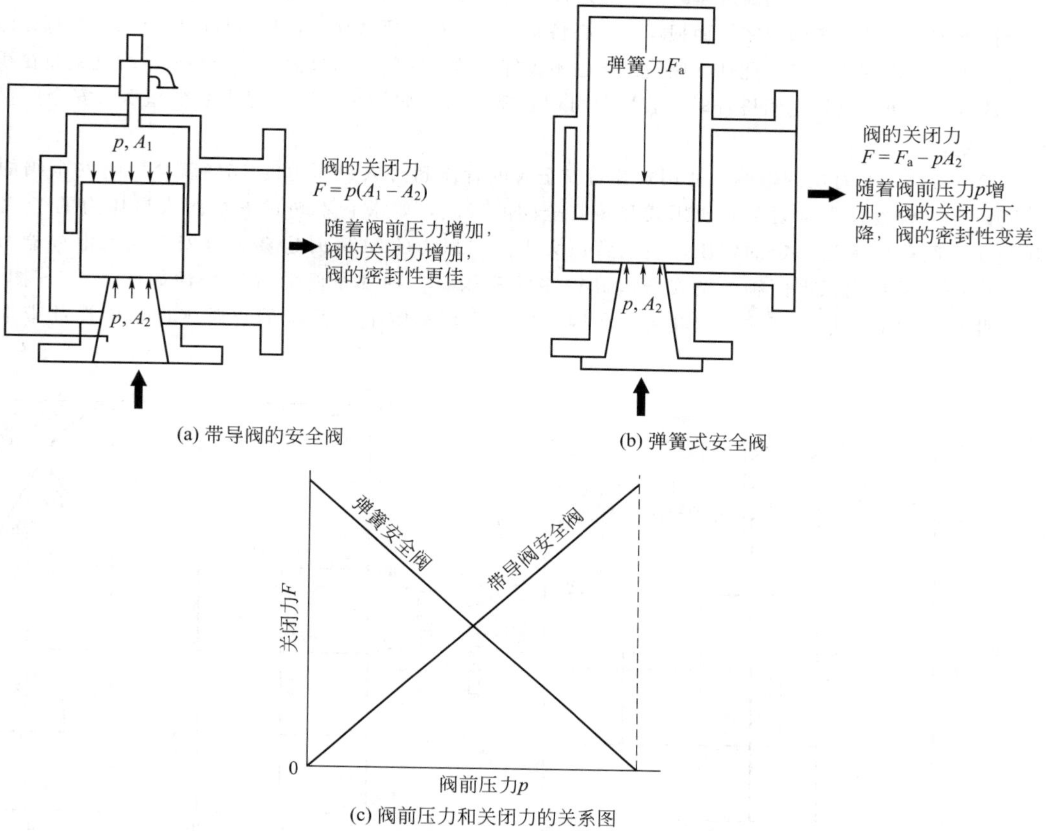

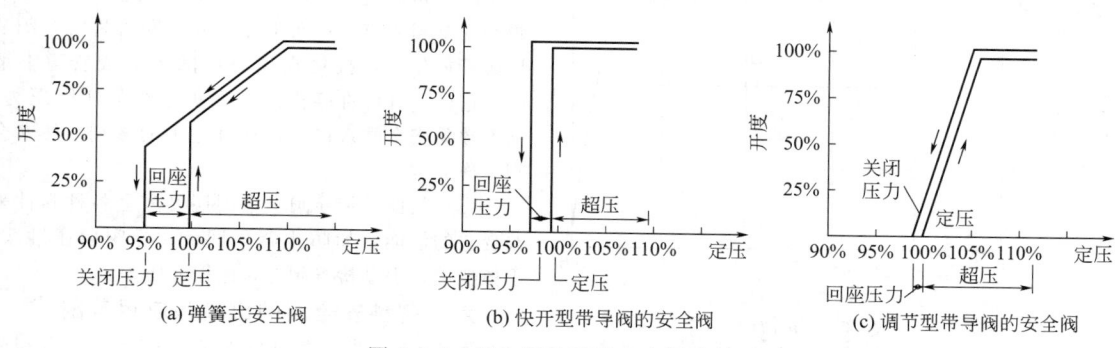

（a）带导阀的安全阀

阀的关闭力
$$F = p(A_1 - A_2)$$
随着阀前压力增加，阀的关闭力增加，阀的密封性更佳

（b）弹簧式安全阀

阀的关闭力
$$F = F_a - pA_2$$
随着阀前压力p增加，阀的关闭力下降，阀的密封性变差

（c）阀前压力和关闭力的关系图

图 2-9-5　安全阀关闭力示意图

阀在阀前压力作用下，其关闭力较大，这些保证了带导阀的安全阀有很好的密封性。

（3）安全阀开启前的泄漏　弹簧式安全阀在阀前压力达到定压的 90%～95% 就会有泄漏，且随着阀前压力的继续升高，阀门的泄漏量增大。当阀前压力达到定压时，阀门开启；阀前压力升高达到定压的 110% 时，阀门全开。随着压力的泄放，阀前压力回降，直到降到定压的 95% 时，阀芯回座，阀门关闭。带导阀的安全阀，当阀前压力达到定压的 98% 时才开始泄漏，阀前压力达到定压时（无需超压），阀门即可全开；当阀前压力降到定压的 98%～99% 时，阀门关闭。可见，带导阀的安全阀在阀前压力达到定压前，开始泄漏较晚，泄漏量小；而阀前压力降到定压以下时，它又能较早地关闭，从而减少了泄漏及过量排放。这样，既减少了工艺物料的损失，又有利于环境保护。弹簧安全阀及带导阀的安全阀的开度与定压的关系见图 2-9-6。

图 2-9-6　安全阀的开度和定压的关系

（4）维修 带导阀的安全阀泄放压力后，阀芯能顺利回座，并能继续有效地起到超压保护作用，从而不必将安全阀拆下重新调整。若阀门密封面损坏，不必将整个阀门拆下研磨加工，只需将阀体上部压盖打开即可取出活塞及阀座进行修理或更换。此外，调整定压也不需卸下整个阀门，而只需用一个小型压缩气钢瓶在线进行定压检查或调整即可。进行定压检查时，装置仍可以正常运行。如果在测试过程中系统超压，安全阀仍会开启，以策安全。

（5）工作特性不受背压的影响 通用式弹簧安全阀的背压超过入口压力的15%就会影响安全阀的排放能力，所以在工程设计中常要限制通用式弹簧安全阀的背压，要求它不超过安全阀入口压力的10%。平衡式弹簧安全阀虽可承受一定的背压，但当背压大于入口压力的50%时也会影响安全阀的泄放能力。带导阀的安全阀可承受比以上两种弹簧安全阀高得多的背压。三种安全阀的背压特性如图2-9-7～图2-9-9所示。由此可见，应用带导阀的安全阀可避免因背压过高而影响泄压系统的正常工作，给设计带来很大的方便。

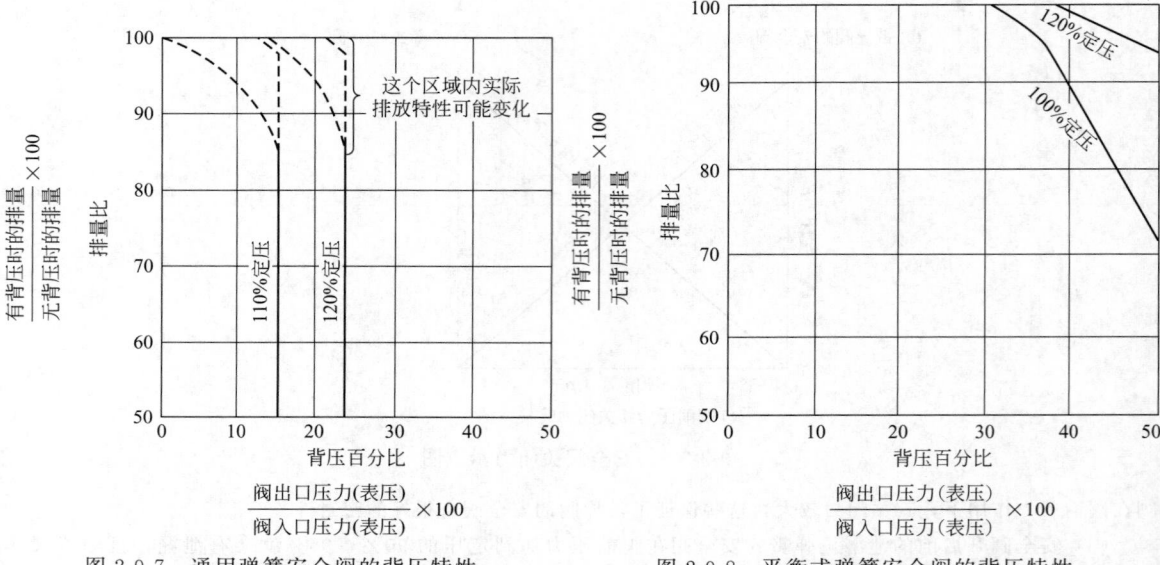

图 2-9-7 通用弹簧安全阀的背压特性　　　　图 2-9-8 平衡式弹簧安全阀的背压特性

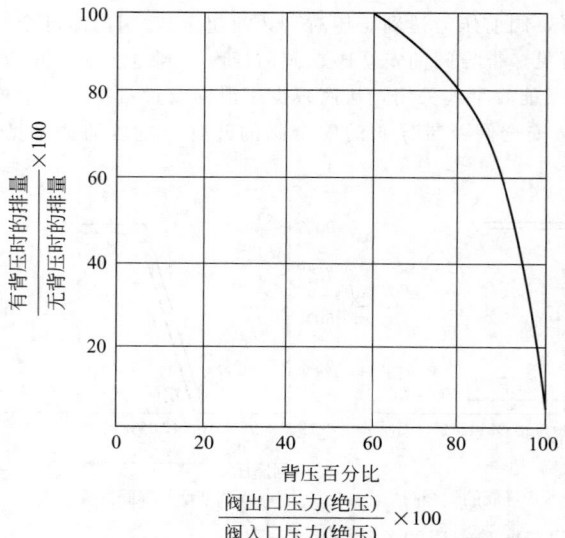

图 2-9-9 带导阀的安全阀的背压特性

（6）泄放量 弹簧安全阀的喷嘴大多为半喷嘴，而半喷嘴的直径比安全阀入口的法兰内径要小；而带导阀安全阀的喷嘴为全喷嘴，对同样尺寸的入口法兰来说，其直径可比半喷嘴大。

（7）安全阀入口管的压降 弹簧安全阀入口管的压降不可超过入口压力的3%，由此可能会影响弹簧安全阀的应用；而带导阀安全阀可将安全阀的导压管加长，直接接在压力源的容器或管道上取压，这样，既可直接检测被保护系统的实际压力，又不致受安全阀入口管道压降过大的影响，使安全阀工作失常。

（8）其他 带导阀安全阀还可配上各种附件来改变它的性能，如防止背压回流，导阀取压过滤，手控泄放，手动检查阀芯，遥控泄压等。

六、各种安全阀的比较和应用范围

表2-9-2列出了各种安全泄压设施的优点和应用范围的限制。

表 2-9-2　各种安全泄压设施的优点和应用范围的限制

安全阀种类	优点	应用范围的限制
重力式安全阀	价格低廉; 定压可以很低; 简单	定压难于调节; 密封差,阀开启前有较长的开启过程; 阀达到全开时需要很高的超压,有时甚至超 100% 定压; 低温应用时,阀座很容易被冻住
通用金属阀座弹簧安全阀	价格最低(低压、小口径); 广泛地用于石化工业; 适于高温、低温应用	阀座为金属硬密封结构,适用于高低温介质; 开启过程长和回座过程慢; 安全阀入口管道的过大压降会影响安全阀的性能; 背压对安全阀的定压和排量产生影响; 定压容易漂移
平衡式波纹管金属阀座弹簧安全阀	波纹管保护,阀座免受腐蚀; 定压不受背压影响; 背压高时才会影响安全阀的排量; 有比较好的高温性能	阀座为金属硬密封结构,适用于高低温介质; 开启过程长和回座过程慢; 波纹管寿命有限; 价格贵,维护费用高; 能承受有限的背压; 安全阀入口管道的过大压降将影响安全阀的性能; 定压容易漂移
通用或平衡式软阀座弹簧安全阀	安全阀排放前阀座密封良好; 安全阀排放回座后阀座密封仍良好; 反复启闭后仍有良好的回座密封性; 维护费低	工作温度受阀座材料耐温性的限制; 由阀座材料限制适用介质的腐蚀性; 安全阀入口管道的过大压降将影响安全阀的性能; 承受有限的背压
软阀座带导阀的安全阀(活塞式)	尺寸小,重量轻(高压、大口径); 安全阀排放前阀座密封良好; 安全阀排放回座后阀座密封仍良好; 容易调整定压和回座压力; 有全开和调节两种排放特性可供选用; 主阀可在线维护; 可配测压元件,输出压力信号; 回座压力很小; 现场在线进行定压设定; 可遥控泄压; 安全阀的开启不受背压影响	应用在聚合过程,取压管必须带有冲洗; 软密封材料必须满足介质对温度和腐蚀的要求; 定压不能太低(0.1MPa)
软阀座带导阀的安全阀(薄膜式或金属波纹管式)	可在很低的定压下工作(750Pa); 安全阀排放前阀座密封良好; 安全阀排放回座后阀座密封仍良好; 容易调整定压和回座压力; 有全开和调节两种排放特性可供选用; 可配测压元件,输出压力信号; 回座压力小; 现场在线进行定压设定; 可遥控泄压; 安全阀的开启不受背压影响; 在定压下阀全开,无超压; 低温时阀座不会冻住; 主阀可在线维护	应用在聚合过程,取压管必须带有冲洗; 软密封材料必须满足介质对温度和腐蚀的要求; 定压不能太高(0.35MPa); 不宜用于液体介质
爆破片	爆破片破裂前绝对不漏; 可用多种材料制作; 所占位置很小	爆破压力偏差较大; 爆破后不能关闭; 压力波动时,可能会提前爆破

第五节　安全阀的定压、积聚压力和背压的确定

一、定压

1. 安全阀的定压

即是容器或管道的设计压力。容器或管道设计压力应由工程项目统一规定。当工程无具体规定时，一般采用系统的最高工作压力加上操作波动值。

2. 设计压力

是指在操作过程中可能遇到的内压或外压与温度耦合时最严重情况下的压力。

（1）塔、容器和管道　最高工作压力 0.1MPa(G) 时，设计压力为最高工作压力×110%，或最高工作压力＋0.1MPa，取两者中的较大值。

（2）换热器

① 表面冷凝器工艺侧的设计压力为 0.2×MPa(G)，或操作压力×110%，取两者中的较大值。

② 工艺用塔顶冷凝器的设计压力为 0.2×MPa(G)，或塔的设计压力，取两者中的较大值。

③ 其他换热器的设计压力为最高工作压力×110%，或最高工作压力＋0.17MPa，取两者中的较大值。

④ 换热器冷却水侧的设计压力为最高工作压力×110%，或最高工作压力＋0.17MPa，或冷却水泵出口阀门关闭时的压力，取三者中的最大值。

（3）往复式压缩机和泵

① 排出侧压力为 0~1MPa(G) 时，设计压力为最大工作压力×1.03＋0.1MPa。

② 排出侧压力为 1MPa(G) 以上时，设计压力为最大工作压力×1.03×1.1。

（4）离心泵

① 石油化工生产中的大多数离心泵，可以假设出口阀关闭时，其出口压力比设计压力高 20%（当泵的特性曲线是阶梯形时为 30%），另加规范允许的 10% 的特性偏移。所以，在无法获得泵的特性数据时，其出口阀门关闭时的最高出口压力为设计压力×1.2×1.1＋最大吸入压力，即设计压力×1.32＋最大吸入压力。

② 最大吸入压力是吸入罐的安全阀定压加静压修正后的值。

（5）透平泵　必须考虑 5% 的速度余度。由于压头变化与转速的平方成正比，所以透平泵出口阀关闭时的

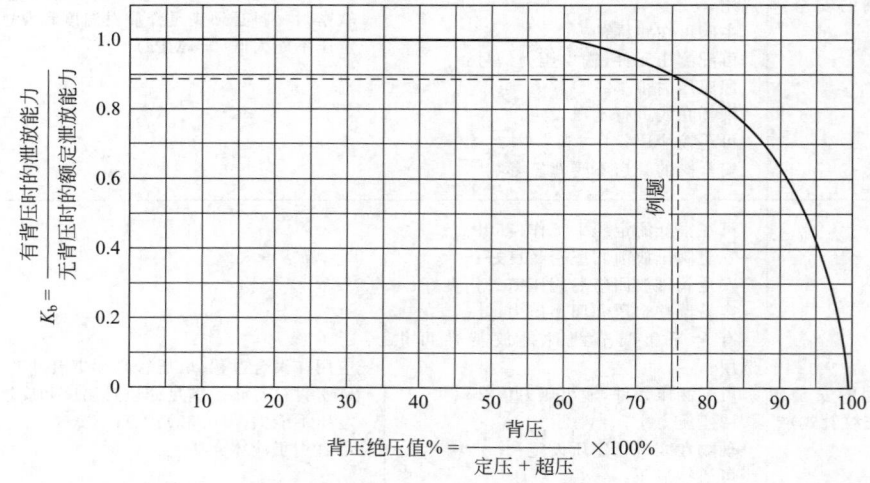

背压绝压值% = 背压 / (定压＋超压) ×100%

例题　定压 = 7.031×10⁵Pa(G)
背压 = 5.625×10⁵Pa(G)
超压10%
背压绝对值% = (5.625＋1)/(7.031＋0.703＋1) ×100% = 76%
由曲线可查得 K_b = 0.89
故有背压时的泄放能力等于无背压时的额定泄放能力的0.89。

图 2-9-10　通用式安全阀用于泄放蒸汽和气体时，附加背压对泄放能力影响的修正曲线

最大出口压力为设计压力×1.32×1.05²＋最大吸入压力。

二、积聚压力

当安全阀泄压时，泄压设施入口压力高于容器或管道最大允许工作压力的值，称为积聚压力。

非火灾工况时，压力容器允许的最大积聚压力为设计压力的10%。火灾工况时，压力容器允许的最大积聚压力为设计压力的21%。

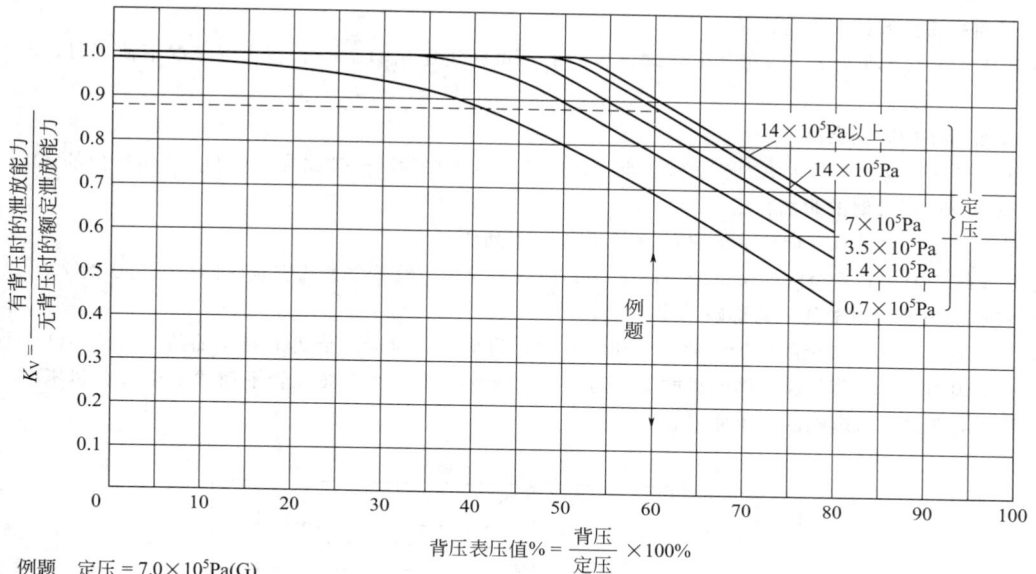

例题 定压＝$7.0×10^5$Pa(G)

背压＝$0-4.2×10^5$Pa(G)

背压表压值%＝$\frac{4.2}{7.0}×100\%=60\%$

由曲线可查出 $K_V=0.88$

(a)

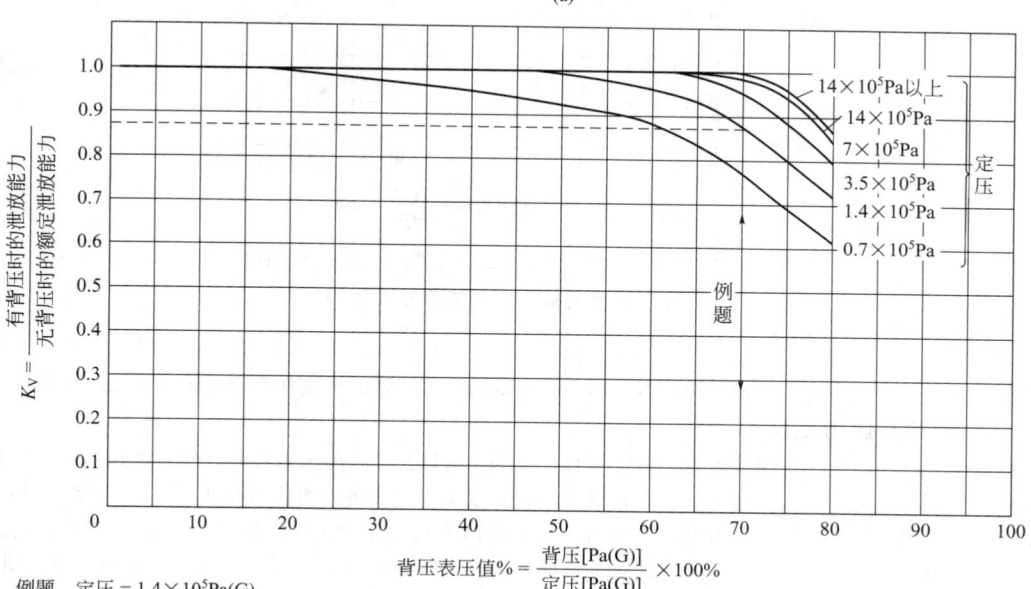

例题 定压＝$1.4×10^5$Pa(G)

背压＝$0-0.98×10^5$Pa(G)

背压表压值%＝$\frac{0.98}{1.4}×100\%=70\%$

由曲线可查出 $K_V=0.87$

(b)

图 2-9-11　波纹管平衡式安全阀用于泄放蒸汽和气体时背压对泄放能力的修正曲线

管道允许的最大积聚压力为设计压力的 33%。

三、背压

安全阀阀后（出口端）的压力称为背压，分附加背压和排放背压两部分。附加背压指安全阀未开启时因其他阀排放而造成的背压。附加背压可以是恒定的，也可能是变化的。排放背压是指安全阀开始泄放后增加的背压值。一个阀的排放背压对其他安全阀来讲是附加背压。排放背压是变化的。

1. 通用式安全阀的允许背压值

通用式安全阀在非火灾工况使用时，动背压的值不可超过定压的 10%；在火灾工况下使用时，动背压不可超过定压的 21%。

2. 波纹管平衡式安全阀

波纹管平衡式安全阀在火灾及非火灾工况下总的背压（附加背压＋排放背压）不高于定压值的 50%。

3. 安全阀未排放时的附加背压

在最大系统排放量时（指单一事故），不允许超过下列值：

泄压系统中通用式安全阀的最低定压的 25%；泄压系统中波纹管平衡式安全阀的最低定压的 75%。

4. 背压对安全阀泄放能力的影响

图 2-9-10 为通用式安全阀用于泄放蒸汽和气体时，附加背压对泄放能力的修正曲线。图 2-9-11 为波纹管平衡式安全阀用于泄放蒸汽和气体时泄放能力的修正曲线。图 2-9-12 为波纹管平衡式安全阀在超压 25% 泄放液体时背压对泄放能力影响的修正曲线。

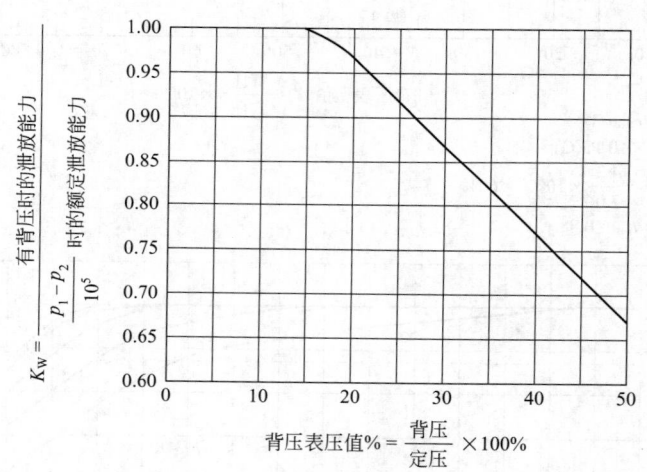

图 2-9-12　波纹管平衡式安全阀在超压 25% 泄放液体时背压对泄放能力影响的修正曲线

5. 其他

对于有背压的泄放系统，其安全阀的出口法兰、弹簧罩、波纹管的机械强度都应满足背压的要求。

四、安全阀的压力工况

液体用安全阀（渐开式）阀前压力达到定压时，阀瓣开始打开，阀前压力逐渐上升，直到超过定压 10%～33%（视使用工况而定，非火工况下的压力容器为 10%，受火工况下的压力容器为 20%，管道为 33%）。在安全阀定压等于容器或管道的设计压力时，安全阀的超压值即为积聚压力。当超压 25% 时，安全阀达到额定排放量。泄放能力等于加上超压。图 2-9-13 所示为液体通用安全阀和波纹管平衡安全阀的压力工况。图 2-9-14 所示为蒸汽和气体用安全阀的压力工况。在阀前压力达到定压时，阀打开，压力继续上升，超压 3% 时阀全开；当压力降到低于 4% 时，阀弹回阀座，停止排放。

五、冷态试验压力

冷态试验压力不是安全阀的定压，而是考虑了使用工况的背压和温度修正后在试验台上（一般是常温、无背压）调整的开启压力。冷态试验压力修正值见表 2-9-3。

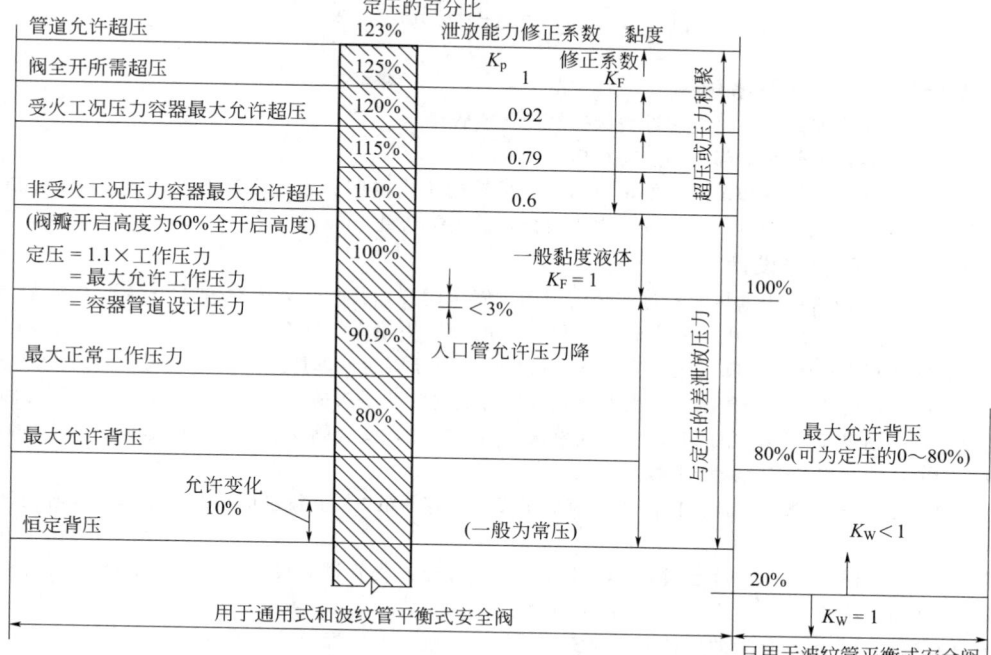

图 2-9-13　液体通用安全阀和波纹管平衡式安全阀的压力工况

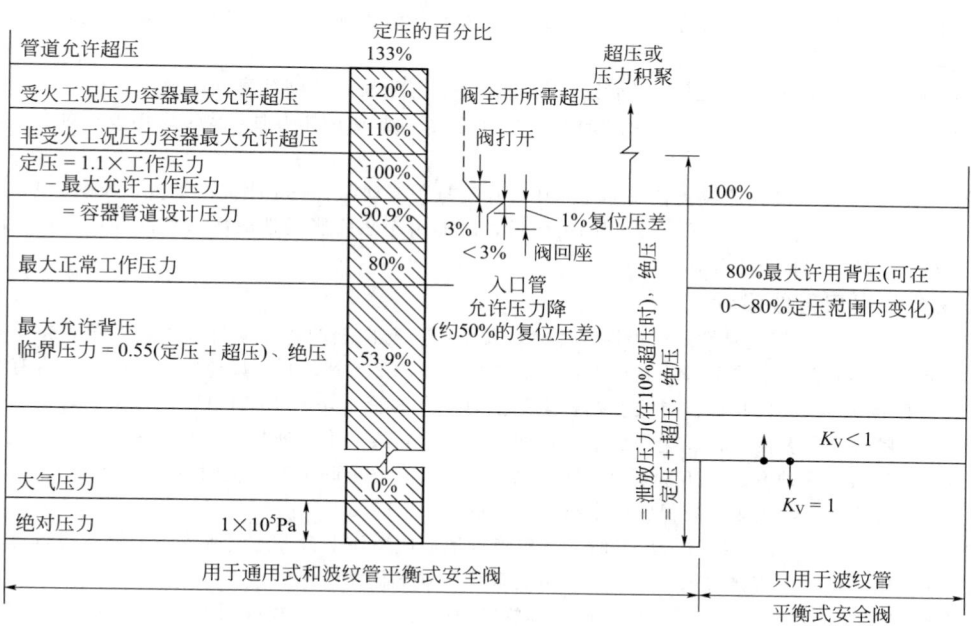

图 2-9-14　蒸汽和气体用安全阀的压力工况

表 2-9-3　冷态试验压力温度修正值

操作温度	−30℃以下	−29～120℃	121～544℃	545℃以上
在常温下增加的定压	略	略	3%	5%

第六节　安全阀的安装

一、安全阀的安装注意事项

① 安全阀必须垂直安装，并尽量靠近被保护的设备或管线。

② 安全阀应与容器或管线上部气相空间相接。

③ 安全阀安装在易于检修和调节之处，周围要有足够的工作空间。立式容器的安全阀，$DN80$ 以下，允许安装在平台上边缘处；$DN100$ 以上拟安装在平台外，靠近平台处。

二、安全阀入口管线设计

① 当被保护容器或管线内的压力超过安全阀定压，安全阀开始排放前，安全阀入口静压力即为容器内的静压力；当安全阀开始排放后，由于安全阀入口管线内的动压头损失，安全阀入口静压力低于容器内的静压力，此时，若安全阀入口管线压降过大，安全阀入口静压力低于安全阀回座压力，安全阀即刻关闭。一旦安全阀关闭，安全阀入口管线内无介质流动，则安全阀入口管线内的动压头损失为零，安全阀入口静压力回升到容器内的静压力，当超过安全阀的定压时，安全阀再次开启；如此，安全阀反复启闭，产生颤振。故必须控制安全阀入口管线的压降，以免安全阀产生颤振。

② 从保护设备到安全阀入口流体的压力降应低于安全阀定压的 3%。流量应按照安全阀排放时通过安全阀的最大流量计算。

③ 若安全阀入口管线的压力降超过 3%，可增大入口管径或将管道和设备连接处做成圆弧状以减少压力降。一般入口管管径大于或等于安全阀入口法兰管径。

④ 安全阀应尽量靠近被保护的设备或管线安装，使安全阀的入口管线尽量缩短。采用带导阀的安全阀时，由于带导阀安全阀有单独的取压管，可以直接在容器上取压，取压管内的介质不流动，故不会产生前述的安全阀入口管线压降对安全阀动作性能的影响。

⑤ 免除安全阀入口管线及出口管线堵塞，需要时要采取防堵措施，诸如采取蒸汽或气体反吹，蒸汽伴热等措施来防堵。

⑥ 对输送腐蚀性介质或易凝结介质的管线及设备，为了避免其安全阀被腐蚀或堵死，在安全阀前应加置爆破片。此时，在爆破片和安全阀之间要增加检查阀。计算安全阀通过能力时，要考虑爆破片对安全阀排放能力的影响。

⑦ 管线上安装的安全阀，应设置在流体压力比较稳定且距波动源有一定距离的地方，如图 2-9-15 所示。

⑧ 对液体管线、换热器或容器等，当阀门关闭后，可能由于热膨胀而造成压力憋高的地方，要设置安全阀。此阀可水平安装，直接向下排出。

三、安全阀出口管线设计

① 安全阀向大气排放有危险性或可燃性气体时，安全阀应与向上的排放立管或火炬系统相接。多个安全阀可合用一个立式排放总管，排放口垂直向上，切成方口 [见图 2-9-16(b)]，以免安全阀的排放带有明显的方向性，有利于安全阀排出物的扩散。过去曾把安全阀排向大气的管口切成 45° 斜口，往往由于切口方向安装不适，致使排出物喷向平台。而管口朝上切成平口，能使排出物直接向上高速排出，远离平台等有人之处，而且切成平口省工、省料。这种方法近年来获得广泛应用。此时，在安全阀出口弯头附近的低处需开一个直径 6～10mm 的小孔，以免雨、雪或冷凝液积聚在排出管内，见图 2-9-16(e)。

② 分子量小于 80 的气体直接排入大气时，若对附近地面或操作平台上的气体浓度不致造成毒性、腐蚀性及其他危害时，则可以考虑直接排入大气，但应取得环保专业的同意。

③ 安全阀向大气排放时，排放管口应高出以排放口为中心的 7.5m 半径范围内的操作平台、设备 2.5m 以上。对有腐蚀性、易燃或有毒的介质，排放口要高出 15m 半径范围内的操作平台、设备或地面 3m 以上。

④ 分馏塔塔顶安全阀，直接排入大气且泄放能力为 100% 进料量时，液面高位报警以上的储液容积至少有 15min 进料量的体积，否则应排往闭式泄压系统。对安装在储罐和小型塔上的安全阀，储液量无要求，但需排向闭式泄压系统。

⑤ 排放可燃性气体安全阀的放空管，应在其底部连接灭火用蒸汽管。若放空管公称直径小于或等于 $DN100$ 时，需连接 $DN25$ 蒸汽管；大于 $DN100$ 时，需连接 $DN40$ 蒸汽管。灭火蒸汽阀应设在距排出口一定距离处，如图 2-9-17 所示。

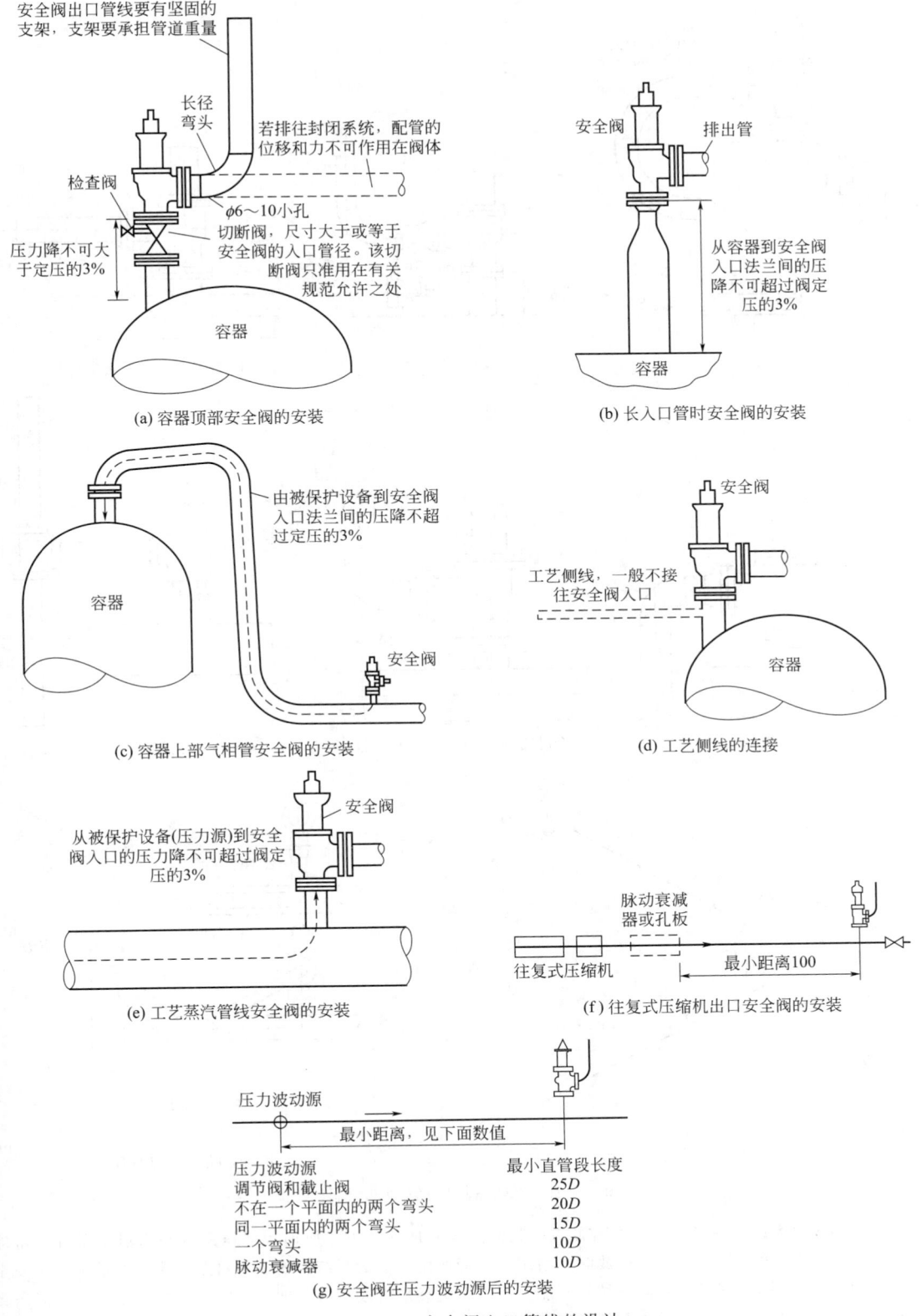

图 2-9-15 安全阀入口管线的设计

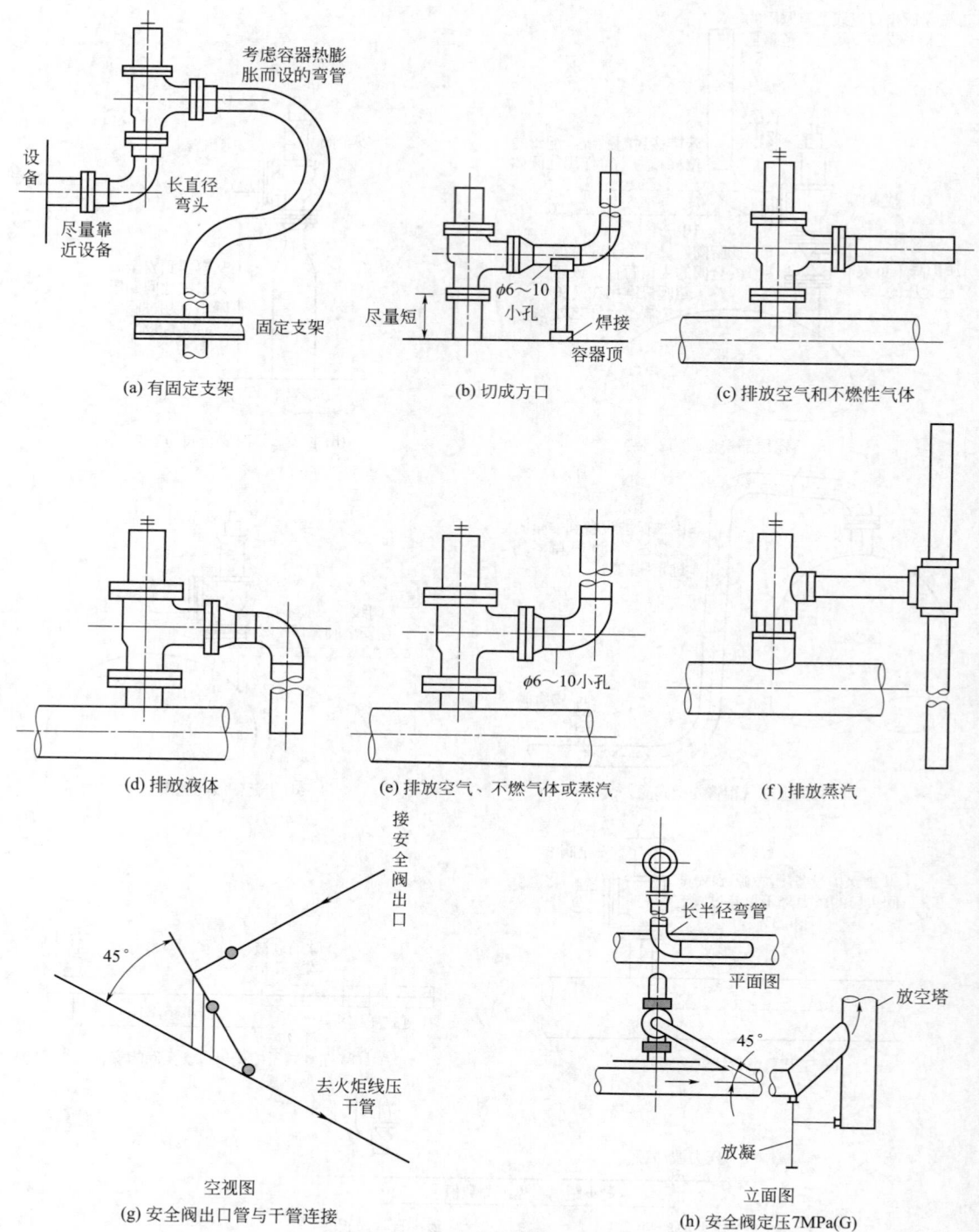

考虑容器热膨胀而设的弯管

设备

尽量靠近设备

长直径弯头

固定支架

(a) 有固定支架

φ6～10 小孔

尽量短

焊接

容器顶

(b) 切成方口

(c) 排放空气和不燃性气体

(d) 排放液体

φ6～10小孔

(e) 排放空气、不燃气体或蒸汽

(f) 排放蒸汽

接安全阀出口

45°

去火炬线压干管

空视图

(g) 安全阀出口管与干管连接

长半径弯管

平面图

45°

放空塔

放凝

立面图

(h) 安全阀定压7MPa(G)

图 2-9-16　安全阀出口管线的设计

⑥ 湿气体排放系统，应考虑泄压系统低点的凝液排放或加热蒸发。所谓湿泄压系统是指泄压系统内可能有液体产生的系统，大多指在安全阀排放时，系统内可能产生凝液的系统。所以，对湿气体排放系统，从安全阀出口到泄压系统末端的管线只能向下坡，不能上翻，以免袋形管段积液，即安全阀的安装高度应高于泄压系统。当实际情况受限制，排出管需要上翻时，应在低处易于接近的地方设手动放液阀，见图 2-9-18。

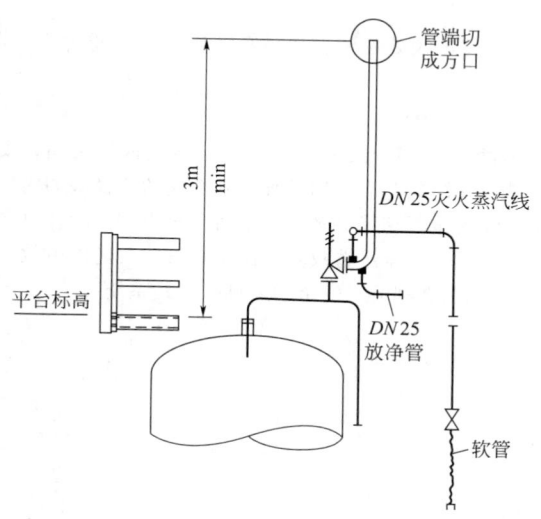

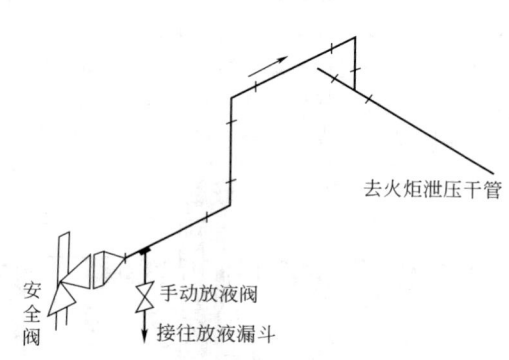

图 2-9-17　安全阀的灭火蒸汽管　　　　　图 2-9-18　泄压系统放液阀

⑦ 在寒冷地区，"袋形"管段需要蒸汽伴热防冻。蒸汽伴热也可使"袋形"管段内的冷凝液汽化，避免积液。但即使采用伴热管，手动放液阀仍是必需的。

如"袋形"管段的放液阀不易接近时，可设双阀。即在"袋形"管段附近设一常开的阀门，阀后接一段排液管至容易接近处，再设一操作阀。

⑧ 泄压系统在装置边界的泄压总阀要求铅封开，此阀门采用闸阀，阀杆要往下安装，以免阀瓣与阀杆连接的销子腐蚀后，阀瓣由于重力下滑，造成泄压系统阻塞。

⑨ 虽然排出气体的温度低于自燃温度，但由于雷击而可能着火时，也要考虑设置灭火蒸汽管。

⑩ 灭火蒸汽管最小直径 DN25。灭火蒸汽管应坡向切断阀和软管接头，软管长度小于 6m。

⑪ 安全阀排放液体时，需引向装置内最近的、合适的工艺废料系统，不允许排往大气。

⑫ 电动往复泵出口管上的安全阀，需排向泵的吸入管。

⑬ 安全阀出口接往泄压总管时，应由上部顺着流向以 45°插入总管，以免总管内的凝液倒入支管，并可减少安全阀的背压。当安全阀定压大于 7MPa 时，必须采用 45°插入，见图 2-9-16。

四、安全阀的切断阀

安全阀入口处一般不允许设置切断阀；若出于检修需要（如泄放介质中含有固体颗粒，影响安全阀开启后不能再关闭，需拆开检修；或用于泄放黏性、腐蚀性介质），可加置切断阀，并设检查阀。

安全阀的切断阀应符合下列要求：

① 安全阀入口和出口设置的切断阀应铅封在开启状态；

② 安全阀之旁通阀应符合铅封在关闭状态的安装要求，如图 2-9-19 所示；

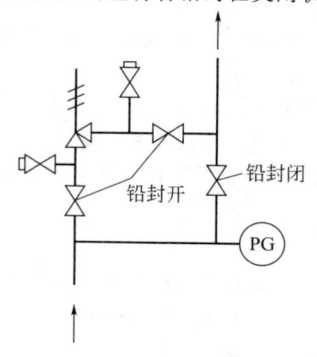

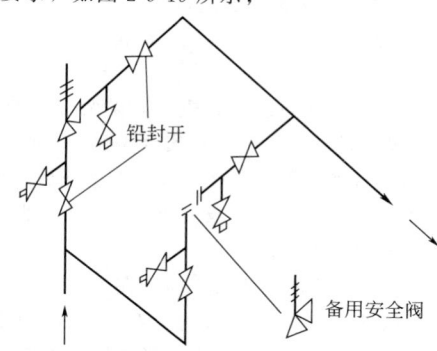

(a) 无备用安全阀，检修时人工排放　　　(b) 有备用安全阀(检修时装上)

图 2-9-19　安全阀的切断阀之安装

③ 切断阀应是全通径的闸阀或旋塞，和管径同直径；

④ 闸阀的阀杆应水平安装或者向下安装，以免阀杆与阀瓣连接处的销钉腐蚀后，阀瓣由于重力而下降造成泄压系统意外堵塞，不能保护装置的安全运行。

五、安全阀的切换阀

安全阀前安装切断阀时，安全阀入口管线的压降极易超过3%安全阀的定压，也易出现切断阀关闭，安全阀无法工作的状况。近年来美国已不允许在安全阀前加装普通切断阀，而采用一种叫安全阀的切换阀的阀门来达到此功能。安全阀切换阀的结构见图2-9-20。由于介质流经安全阀切换阀的压降很小，采用45°弯管引导介质流向，且能保证在任何时刻，安全阀出口至少有一路是畅通的，不至于造成安全阀出口管路关闭的事故。安全阀切换阀可以只装在安全阀入口管（安全阀后排往大气），或两者都装（安全阀后排入闭式系统）。

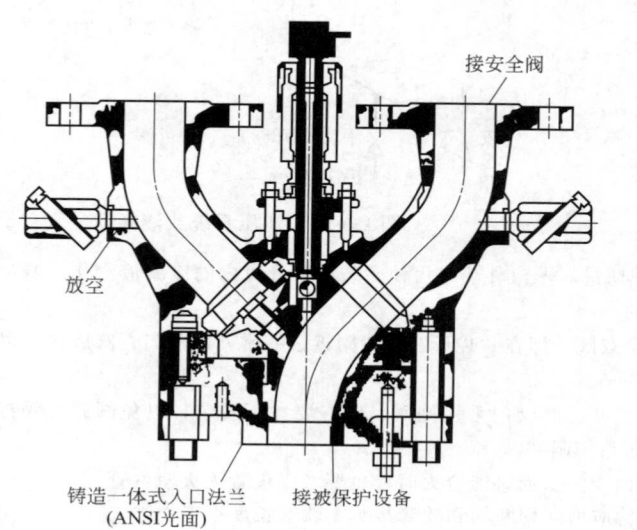

图 2-9-20　安全阀的切换阀

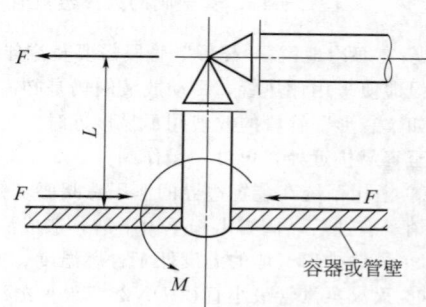

图 2-9-21　安全阀排放时管口根部受力示意图
（弯矩 $M=FL$）

六、检查阀的设置

① 安全阀和入口切换阀之间要设检查阀。

② 当安全阀出口管接往容器、有压管道而不是泄压总管时，在安全阀和出口切换阀之间要设检查阀。

③ 允许将检查阀安装在切换阀阀体上靠安全阀一侧。

④ 液体膨胀用安全阀不必设置检查阀。

⑤ 安全阀前设置爆破片时，安全阀和爆破片之间要设置检查阀。

七、需要分别设置泄压系统的场合

① 由于介质的温度、腐蚀性等不同，所需管材不同，这时可分别设置合金钢或不锈钢、碳素钢泄压系统，这样可能是经济的。

② 泄放一般介质与泄放重黏性介质宜分设两个系统，因为泄放重黏性介质的管线和安全阀要经常检修，有时还需要伴热、蒸汽吹扫、设置备用安全阀和切断阀等，而一般泄压系统不需要这些设施。

③ 泄放可凝性气体和不凝性气体可设立两个泄放系统，因前者需设分液罐，而后者并不需要。

④ 高压泄放和低压泄放，应分设高压泄放系统和低压泄放系统。

八、安全阀出口的反力

由于气体或蒸汽由安全阀排入大气时，在出口管中心线上产生与流向相反的作用力 F，致使安全阀与压力容器壁连接管口之根部有一弯矩 M 和剪力 F，如图2-9-21所示，以及承受出口管的自重。因为振动和热膨胀等力的作用，故在安全阀出口管口附近需设立固定支架，如图2-9-16(a) 所示。

安全阀入口管段 L 较长时，压力容器壁应设补强。

安全阀排出口反力可按下式计算：

$$F = \frac{W\sqrt{\dfrac{KT}{(K+1)M}}}{273} \tag{2-9-1}$$

式中　F——安全阀出口管中心线的反力，kg；

　　　W——气体或蒸汽排放量，kg/h；

　　　K——气体或蒸汽的绝热指数，$K = c_p/c_v$；

　　　T——入口绝对温度，K；

　　　M——气体或蒸汽的分子量。

式(2-9-1)是假设安全阀出口处的气体或蒸汽达到临界流速、水平排入大气、不连接排出管的公式。如出口速度低于临界流速，其反力小于式（2-9-1）的计算值。

第七节　爆　破　片

一、爆破片的结构形式、分类及应用

1. 通用型爆破片

压力敏感元件呈正拱型。安装时，拱的凹面处于压力系统的高压侧。动作时，该元件发生拉伸破裂。通用型正拱爆破片有平面阀座和角形阀座两种。

爆破片在真空或背压下工作，爆破片必须设有真空托架或背压托架，防止爆破片发生意外。

（1）正拱普通型爆破片　压力元件无需其他加工，它是由坯片直接成型的正拱型爆破片。在有限的压力周期变化和温度变化下，在70％或小于70％额定爆破压力工作时，可以保证密闭。

（2）正拱开缝型爆破片　压力敏感元件为有缝的拱型爆破片和密封膜组成的正拱型爆破片。开缝型爆破片可使爆破片在系统压力更接近额定爆破压力（一般85％）下工作。由于开缝可控制爆破片开裂的形式，使开缝爆破片破裂时不致成碎片。同样爆破压力下，开缝型爆破片的厚度要比普通型大，爆破片增加的材料厚度有利于对付额外的机械损伤。在大多数情况下，开缝型爆破片不需真空托架即能在真空工况下正常工作。

2. 复合型爆破片

复合型爆破片是由平面或拱型金属或非金属多层结构膜片组成。拱型复合型爆破片其凸面对高压侧。平面复合型爆破片则由制造厂决定高压侧的方位。

① 拱型复合型爆破片有平面阀座和角形阀座两种，在有限的压力周期变化和温度变化下，它可以在80％额定爆破压力以下工作。

② 一般情况下复合型爆破片用于爆破压力比通用正拱型爆破片低的场合。由于选用的复合密封材料中常有耐腐蚀的材料，所以它又可应用在腐蚀性场合。

③ 由结构设计决定爆破片破裂时的开口形式，这样可减少复合型非金属爆破片破裂时产生的碎片。和正拱型爆破片一样，在真空或背压应用时需要托架。

④ 平面复合型爆破片用于保护低压容器或切断设备，如排气总管或安全阀排放侧。平面复合型爆破片作为防腐用时，一般在50％额定爆破压力下工作，安装在配对法兰之间，而不是安装在爆破片夹持器中。

3. 反拱型爆破片

压力敏感元件呈反拱。安装时，拱型的凸面处于压力系统的高压侧，它是用刀片、刀环、开缝或其他方法使爆破片失稳，致使爆破片破裂或脱落。

① 反拱型爆破片的系统压力可达90％额定压力，爆破时一般不会破裂成碎片。

② 反拱型爆破片由于高压侧在凸面，需要比较厚的膜片，有比较好的耐腐能力，但不需要真空托架。它可以满足更多的压力、温度周期变化。

4. 刻槽型爆破片

压力敏感元件的拱面（凸面或凹面）刻有减弱槽的拱型（正拱或反拱）爆破片。

5. 石墨爆破片

石墨爆破片是由石墨用粘合剂缠在一起成型制成的，受压后弯曲或切断，膜片破裂。

石墨膜片对大多数酸、碱及有机溶剂有良好的耐腐性，一般允许在70％额定爆破压力下工作。在定压为0.1MPa(G)或以下以及高背压情况时，可能需要设置托架。石墨平面阀座爆破时会产生碎片，有时需要考虑碎片的捕集。

二、爆破片的选材和选型

1. 爆破片的选材

爆破片的选材主要由介质的工作温度、腐蚀特性所决定。爆破片材料必须能在操作温度下稳定地工作，由表2-9-4可见不同材料适用的最高温度。同时必须考虑爆破片材料对工艺介质的耐腐性。一般情况下介质的温度升高，其腐蚀性也加强。

同一爆破片在不同温度下的爆破压力不同，表2-9-5列出爆破片的温度修正系数。例如一种316不锈钢爆破片在常温22℃的爆破压力是1.5MPa(G)；但在450℃时，由表2-9-5可查出316不锈钢的温度修正系数为0.75，则316不锈钢在450℃时其爆破压力是1.5×0.75＝1.125MPa(G)。

表 2-9-4 爆破片材料的最高工作温度

材料	最高工作温度/℃
金属	
铜	121
铝	121
Inconel	538
Hastelloy	538
Monel	427
镍	399
不锈钢	483
银	121
非金属	
氯丁橡胶	100
Teflon FEP	232
Teflon PTFE	260

表 2-9-5 爆破片温度修正系数/％

（常温22℃时的爆破压力为100％）

温度/℃	铝	银	镍	Monel	Inconel	316SS
−252.8	170	164	165	155	132	200
−195.6	152	152	144	140	126	181
−142.8	140	141	126	129	120	165
−128.9	136	138	122	126	118	160
−101.1	129	130	116	123	115	150
−90	127	126	116	121	114	145
−78.9	122	123	115	120	113	141
−73.3	120	122	115	119	112	139
−67.7	120	121	114	118	112	136
−62.2	120	120	114	117	111	134
−56.7	119	120	113	116	110	132
−51.1	119	119	112	115	110	130
−45.6	119	118	112	114	109	128
−40	118	117	111	113	108	125
−34.4	117	115	110	112	108	123
−28.9	116	112	109	111	107	121
−23.3	115	110	108	110	106	118
−17.8	114	108	107	109	105	116
−12.2	113	107	106	108	105	114
−6.7	111	105	105	106	104	112
−1.1	110	104	104	105	103	110
4.4	108	103	103	104	102	107
10	106	102	102	103	102	105
15.6	103	101	101	101	101	103
22.2	100	100	100	100	100	100
26.7	100	100	100	99	100	99
32.2	99	99	99	98	99	98
37.8	98	99	99	97	99	96
43.3	97	98	98	96	99	95

温度/℃	铝	银	镍	Monel	Inconel	316SS
48.9	97	98	98	95	98	94
54.4	96	97	97	95	98	93
60	95	96	97	94	98	92
65.6	94	95	96	93	97	91
71.1	93	94	96	93	97	90
76.7	92	93	96	92	97	90
82.2	90	92	95	92	96	89
87.8	89	91	95	91	96	89
93.3	88	90	95	91	95	88
98.9	87	89	94	90	95	88
104.4	85	87	94	90	95	87
110	84	86	94	89	95	87
115.6	82	85	94	89	95	86
121.1	81	84	93	89	95	86
132.2	—	—	93	88	94	85
137.8	—	—	93	88	94	85
143.3	—	—	93	87	94	84
148.9	—	—	93	87	94	84
292.2	—	—	92	87	94	84
160	—	—	92	86	94	83
165.6	—	—	92	86	94	83
171.1	—	—	92	86	94	83
176.7	—	—	91	85	93	82
182.2	—	—	91	85	93	82
187.8	—	—	91	85	93	82
193.3	—	—	91	85	93	82
198.9	—	—	90	84	93	81
204.4	—	—	90	84	93	81
210	—	—	90	84	93	81
215.6	—	—	90	84	93	81
221.1	—	—	89	84	93	81
226.7	—	—	89	83	93	80
232.2	—	—	89	83	93	80
237.8	—	—	88	83	93	80
243.3	—	—	88	83	93	80
248.9	—	—	87	83	93	80
254.4	—	—	87	82	94	80
260	—	—	86	82	94	79
271.1	—	—	85	82	94	79
282.2	—	—	84	82	94	79
293.3	—	—	83	81	94	79
304.4	—	—	82	81	94	78
315.6	—	—	81	81	94	78
326.7	—	—	79	80	94	77
337.8	—	—	78	80	94	77
348.9	—	—	77	79	93	77
360	—	—	76	79	93	76
371.1	—	—	75	78	93	76

温度/℃	铝	银	镍	Monel	Inconel	316SS
382.2	—	—	73	77	93	76
393.3	—	—	72	77	93	76
404.4	—	—	—	76	93	75
415.6	—	—	—	76	93	75
426.7	—	—	—	75	92	75
437.8	—	—	—	—	92	75
448.9	—	—	—	—	92	75
460	—	—	—	—	92	75
471.1	—	—	—	—	91	74
482.2	—	—	—	—	91	74

2. 爆破片的衬里和涂层

爆破片的衬里安装在金属爆破片和介质之间，防止爆破片被介质腐蚀。常用的衬里材料有 Teflon、镍、不锈钢、银、金或铂。

涂层也常用来保护爆破片，防止爆破片被工艺介质腐蚀。爆破片加上涂层后，少量增加了爆破压力，可能也会影响爆破压力/温度的关系。常用的涂层有 Teflon、FEP、PTFE 或氯丁橡胶等。涂层适用温度见表 2-9-6。

表 2-9-6　爆破片涂层的最高工作温度

涂层	温度/℃
Teflon，FEP	232
PTFE	260
氯丁橡胶	100

3. 爆破片的选用

（1）正拱型爆破片　可用衬里防腐，见图 2-9-22。

优点：① 设计简单；

　　　② 价格便宜；

　　　③ 适用于液体或气体。

缺点：① 操作压力小于或等于 70%爆破压力；

　　　② 一般不适用于真空或背压；

　　　③ 不适用于压力波动的场合；

　　　④ 爆破时有碎片产生。

（2）带真空托架的正拱型爆破片　可用衬里防腐，见图 2-9-23。

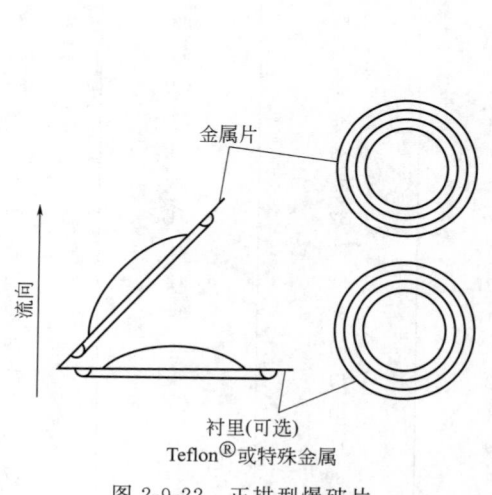

图 2-9-22　正拱型爆破片

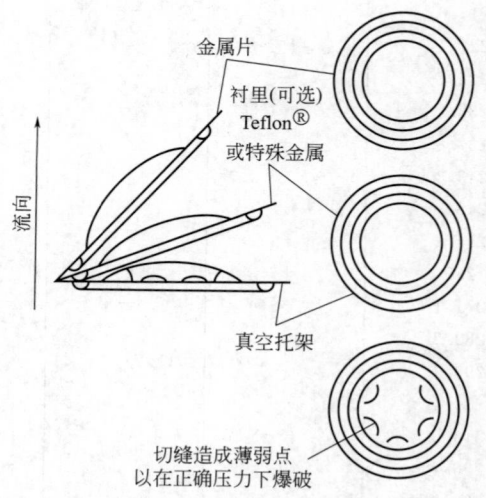

图 2-9-23　带真空托架的正拱型爆破片

优点：① 适用于液体或气体；

　　　② 可与背压托架合用；

③ 适用于波动的压力。

缺点：① 操作压力和爆破压力的比值小于或等于 70%；

② 爆破时可能有碎片产生。

（3）复合型爆破片（图 2-9-24）

优点：① 可以设计成比较低的爆破压力；

② 操作压力可提高到 80% 爆破压力；

③ 爆破时不产生碎片；

④ 由于顶层的爆破片不直接与工艺介质接触，所以可选用较便宜的材料来制作爆破片；

⑤ 适用于液体或气体；

⑥ 适用于波动的压力。

缺点：① 不能配真空或背压托架；

② 仅适宜于低爆破压的应用场合。

（4）带真空托架的复合型爆破片（图 2-9-25）

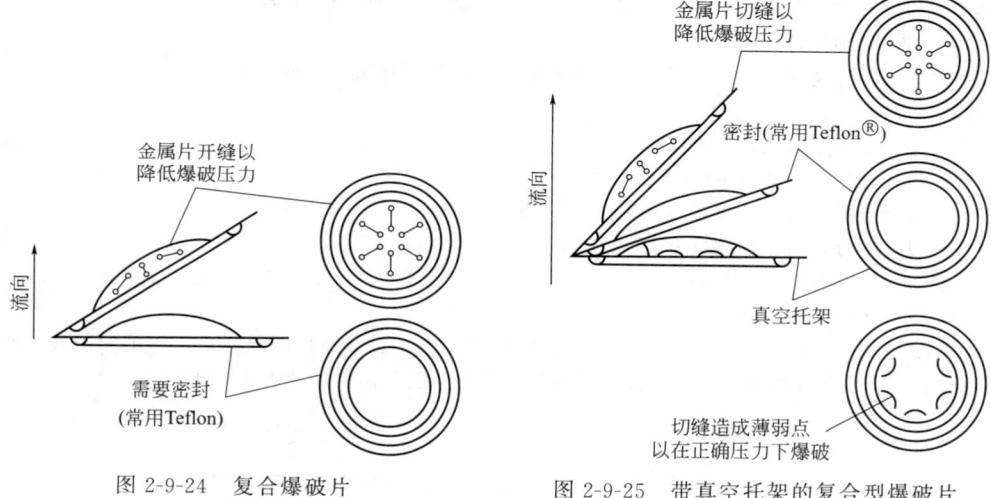

图 2-9-24　复合爆破片　　　　　图 2-9-25　带真空托架的复合型爆破片

优点：① 可以设计成比较低的爆破压力；

② 操作压力可提高到 80% 爆破压力；

③ 爆破片爆破时不产生碎片；

④ 由于顶层爆破片不直接与工艺介质接触，所以可选用较便宜的材料来制作爆破片；

⑤ 适用于液体或气体；

⑥ 适用于波动的压力；

⑦ 适用于真空或背压的场合。

缺点：仅适用于低爆破压的应用场合。

（5）正拱型带刻槽的爆破片（图 2-9-26）

优点：① 操作压力可提高到 85% 爆破压力；

② 爆破片爆破时不产生碎片；

③ 适用于液体或气体。

缺点：在真空或高背压时有可能需要真空托架。

（6）反拱型爆破片　用衬里来防止爆破片被工艺介质腐蚀，见图 2-9-27。

优点：① 可设计成较低的爆破压力；

② 永不需要真空托架；

③ 操作压力可提高到 90% 爆破压力；

318

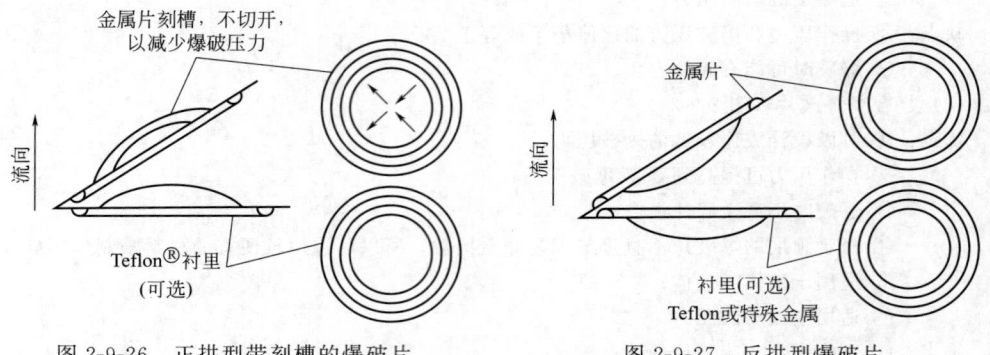

图 2-9-26　正拱型带刻槽的爆破片　　　　图 2-9-27　反拱型爆破片

④ 有极佳的承受压力波动或周期变化的能力；

⑤ 爆破片爆破时不产生碎片。

缺点：① 为使爆破片在定压时失稳而破裂，反拱型爆破片必须配有刀片或刀环；

② 刀片必须保持锋利；

③ 爆破片上游必须有一定量气体，而不是液体，否则爆破压力即会升高。

（7）反拱型带刻槽爆破片（图 2-9-28）

优点：① 不需要真空托架；

② 操作压力可提高到 90％爆破压力；

③ 有极佳的承受压力波动或周期变化的能力；

④ 爆破片爆破时不产生碎片；

⑤ 不需要刀片。

缺点：爆破压力比带刀片的高。

（8）常压爆破片（图 2-9-29）　为了廉价、可靠地保护常压容器不被超压或真空，为了保护安全阀和其他设备不被腐蚀，可安装常压爆破片。它不需特殊的爆破片夹持器，插在标准管法兰间即可。

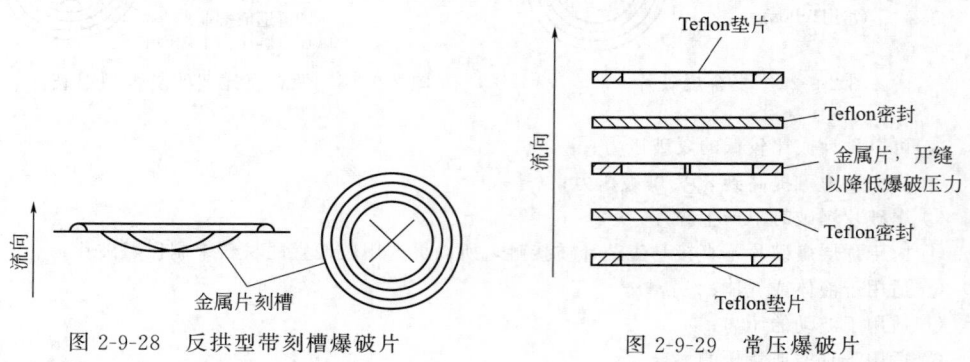

图 2-9-28　反拱型带刻槽爆破片　　　　图 2-9-29　常压爆破片

材料：纯 Teflon、Teflon/金属/Teflon 或者金属/Teflon/金属。

优点：① 比普通爆破片爆破压力低；

② 不需特殊夹持器，用普通标准法兰即可；

③ 两侧爆破压力相同。

缺点：① 操作压力与爆破压力之比最大只有 50％；

② 爆破压力偏差达正负 25％或 7kPa，两者中取大者；

③ 最大操作温度为 232℃。

（9）石墨爆破片（图 2-9-30）　石墨爆破片适用于工艺介质具有很强的腐蚀性，而其他材料无法满足防腐蚀的要求，另外可以允许爆破片破裂时有石墨碎片产生的场合。

最大爆破压力为 2.1MPa，装在标准管法兰和垫片之间。

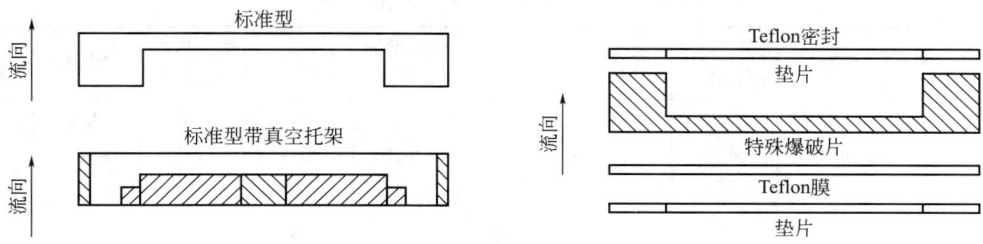

图 2-9-30　石墨爆破片

材料：石墨浸渍改性酚醛树脂。也可有 Teflon 包覆或钢铠装的。

优点：石墨有极佳的防腐特性，可满足大部分液体和气体的防腐要求。

缺点：① 石墨片破裂时可能对其他系统和工艺介质产生污染；

　　　② 无温度保护时，最高工作温度为 149℃。

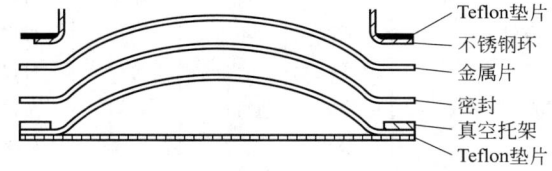

图 2-9-31　槽车用爆破片

（10）槽车用爆破片（图 2-9-31）　爆破片下方有 Teflon 密封层，用以防止爆破片的腐蚀；爆破片密封层下面有真空托架，用来避免槽车泄料或运输过程中对爆破片的损坏。

（11）爆破板　爆破板用于泄放封闭空间中由于粉尘、气体或蒸汽产生的爆炸压力。一般有圆形、正方形和矩形三种结构外形，见图 2-9-32。爆破板常用在低压工况下工作，一般定压不大于 0.07MPa，工作温度不高于 260℃。

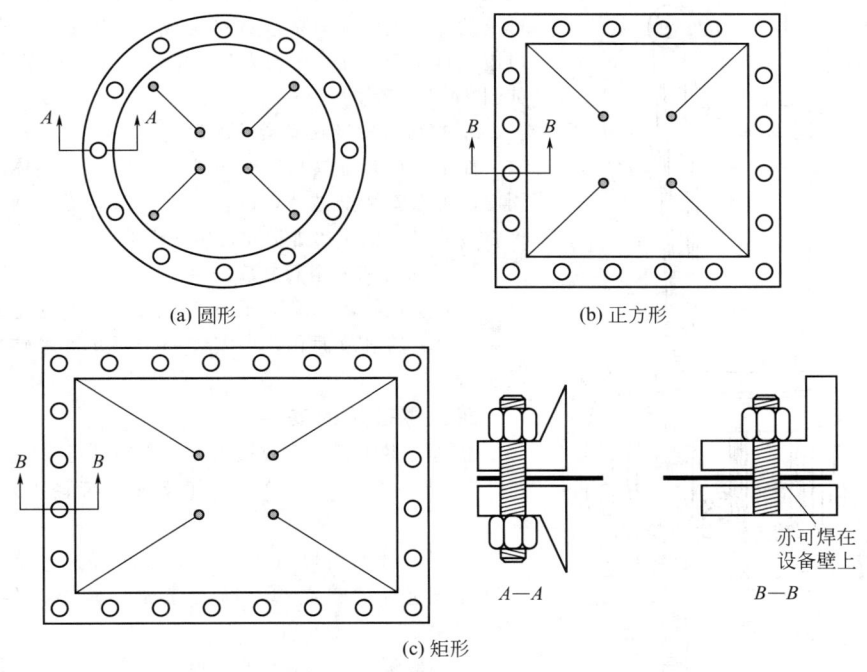

图 2-9-32　爆破板的三种主要结构

表 2-9-7 列出各种爆破片的比较。

三、爆破片与安全阀同时应用

1. 爆破片安装在安全阀入口

为了避免因爆破片破裂而损失大量工艺物料，在安全阀不能直接使用的场合（如物料有很强的腐蚀性、物料严禁泄漏等），一般在安全阀入口处安装一个爆破片。此时，在爆破片和安全阀之间应有一个通向大气畅通

表 2-9-7　爆破片形式和应用比较

项目	正拱型	带真空托架的正拱型	复合型	带真空托架的复合型	带刻槽的正拱型	反拱型	带刻槽的反拱型	常压型	爆破板
爆破片	无槽缝	无槽缝	开缝	开缝	刻槽	无槽缝	刻槽	开缝	开缝
密封膜	可选	可选	有	有	可选	可选	可选	有	有
真空托架	无	有	无	有	可选①	无	无	可选①	可选①
有无碎片	有	有	无	无	无	无	无	无	无
OP/BP(最大)/%	70	70	80	80	85	90	90	50/70②	50/70②
背压或真空应用	可选④	可以	不可	可以	可以	可以	可以	部分③	部分③
压力脉动	不可	不可	可以	可以	可以	可以	可以	可以	可以
液体应用	可以	可以	可以	可以	可以	不可	不可	可以	不可
气体应用	可以	可以	可以	可以	可以	可以	可以	可以	可以
槽片座	标准	标准	标准	标准	标准	标准	标准	无	无
30°角片座	可选	可选	可选	可选	可选	可选	无	无	无
平面阀座	可选	可选	可选	可选	可选	可选	可选	标准	标准⑤

① 可能可用，若操作工况符合，而又需要。
② OP/BP(操作压力/爆破压力)＝50％无真空托架，70％有真空托架。
③ 若无真空托架50％爆破压力，若有真空托架全真空。
④ 可承受的背压与爆破片厚度有关。
⑤ 所有的爆破板都设计成平面阀座，用螺栓拧紧。

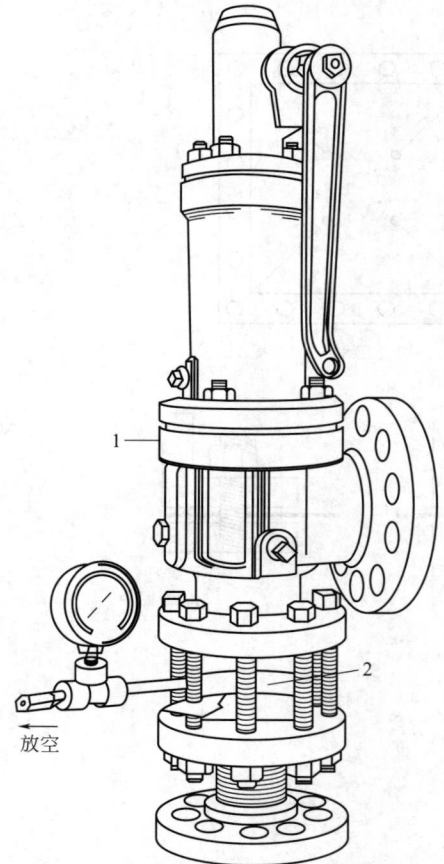

图 2-9-33　爆破片和安全阀联合安装
1—安全阀；2—爆破片

无阻的放空口，装有压力表、试样口或合适的压力指示器。若排放的工艺气体含有危险或可燃成分，则通向大气的无阻放空口应进行安全处理。压力表和放空口可设置在爆破片夹持器上，如图 2-9-33 所示。

2. 爆破片安装在安全阀出口

如果安全阀排放总管有可能存在腐蚀性气体，那么在安全阀出口可以安装爆破片，以保护安全阀不受腐蚀。此时必须考虑爆破片对安全阀的排量和背压的影响。

3. 爆破片和安全阀并联安装

为防止在异常工况下压力容器内的压力迅速升高或增加在火灾工况下的泄放面积，可安装一个或几个爆破片与安全阀并联使用。

四、爆破片的安装

① 爆破片的法兰和爆破片材料必须满足工艺流程的需要。

② 爆破片的入口管道宜短而直，管径不小于爆破片公称直径。

③ 爆破片的出口管道应泄向安全场所或密闭回收系统。出口管道应有足够支撑，满足爆破片破裂时的反力和振动需要。

④ 组装爆破片时应小心谨慎，不应减少爆破片有效截面积。

⑤ 清理爆破片夹持器两侧接触面的脏物，以防损伤爆破片。

⑥ 安装爆破片时，应均匀拧紧螺栓，防止爆破片在夹持器中松动。最好采用力矩扳手，以免力矩不匀或过大，损坏爆破片。

⑦ 爆破片必须安装在相应的夹持器上，并按照箭头方向安装爆破片。

⑧ 未经制造厂同意不得在爆破片两侧加装保护膜、垫圈或涂层。

⑨ 爆破片一旦从夹持器上拆下，不论是否损坏，都不能再使用。

⑩ 爆破片应定期更换，不论它是否爆破过。一般一年至少更换一次。

⑪ 爆破片应储存在干燥、无腐蚀的环境中，防止碰撞、压伤、变形。

第十章　其他仪表

第一节　速度测量仪表

一、概述

速度测量是指转子的旋转速度，即转速测量。转速是指做圆周运动的物体在单位时间内沿圆周绕圆心转过的圈数，它是旋转机械状态监测的一个重要参数。石油化工动设备中与转速相关的测量包括转速计（转速指示）、零转速、转子加速度、反向旋转（反转）以及超速检测与保护应用。

二、速度传感器分类及工作原理

1. 磁阻式转速发信器

磁阻式转速发信器采用电磁感应原理实现测速，它由金属壳体内封装的感应器（永磁体、软磁衔铁或极片、线圈）、螺纹外壳以及引出线/电缆组成。其基本测量原理是磁场（磁力线）由磁铁发出，通过衔铁和线圈，当有导磁物体靠近或远离时线圈中磁通量发生变化，线圈感应出电动势的变化，线圈内部感应出一个交流电压信号。如果导磁性物体安装在可转动部件（通常指转子的测速齿轮或带凹凸槽的圆旋转轴上测速齿轮），感应与转速成比例的频率信号；如果是渐开线齿轮，感应电压则是正弦波。信号幅值大小与转速成正比，与探头端面和齿顶间间隙大小成反比。磁阻式转速发信器的结构如图 2-10-1 所示。测速齿轮示意如图 2-10-2 所示。

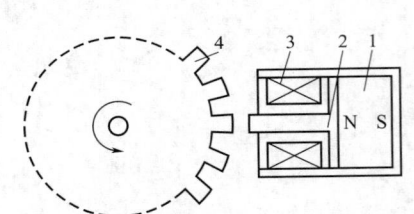

图 2-10-1　磁阻式转速发信器结构示意

1—永久磁铁；2—软铁；3—感应线圈；4—齿轮

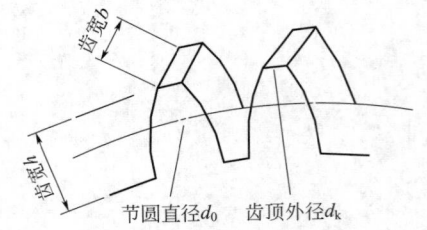

图 2-10-2　测速齿轮示意

磁阻式转速发信器属于被动式/无源传感器，不需要外供电，在高转速下输出信号强，抗干扰性能好，安装使用方便。但在低转速测量应用中（250r/min 以下），由于磁阻式传感器输出的测量信号幅值不满足要求，所以不适用于低转速测量。

选择磁阻式转速传感器时应考虑如下要求：

① 壳体材质：非磁性不锈钢（AISI 303 或 304）、磁性不锈钢（AISI 416）、铝制。

② 壳体螺纹规格：公制（M10×1.0 或 M16×1.5）、英制（3/4-20-UNF-2A 或 5/8-18-UNF-2A）。

③ 磁极直径（0.187in、0.106in、0.093in、0.062in、0.042in）。

④ 配套电缆及接头可拆卸。

⑤ 防爆要求（北美 CSA、IEC/ATEX/GB）。

磁阻式转速传感器的安装需要考虑相关安装环境和安装要求，一般安装在适当的间隙范围内，参见产品使用手册。除了产品使用手册内容所允许的调试行为外，严禁对传感器进行带电拆装和接线；接线终端须压紧牢固，不能松动；接线完毕后检查线缆和端子接触良好、无短路，方可通电。确认传感器的工作电源，应根据现场环境对信号连接电缆做好防护处理。

传感器与检测齿轮齿顶间间隙越小，输出电压越大；同时传感器输出电压随转速增加而增大。通常安装间隙为 0.5~2mm；建议安装间隙为 1mm；检测齿轮的齿形建议采用渐开线齿轮；检测齿轮的大小由模数（m）来决定，它是决定齿轮大小的参数值，建议采用模数≥2，齿顶宽为 4mm 以上的齿轮盘；检测齿轮的材质最好采用强磁性体材料（即能被磁铁吸引的材料）。磁阻式转速传感器安装间隙要求如图 2-10-3 所示。

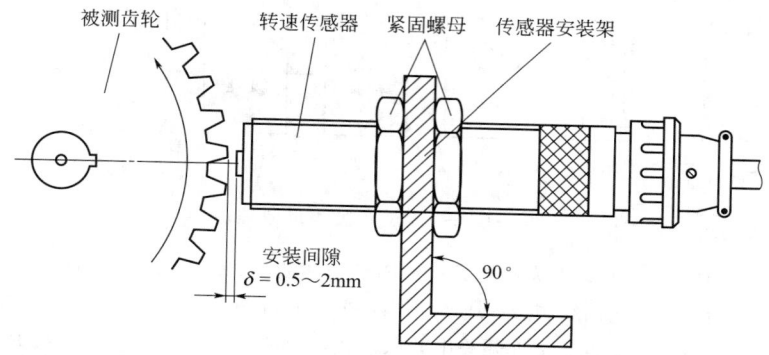

图 2-10-3 磁阻式转速传感器安装间隙要求

2. 电涡流测速传感器

当电涡流传感器用于转速测量时，在旋转机械转子上加工或者装配一个有若干凹缺或凸起的圆盘状或齿轮状的金属体（即测速盘），然后在测速盘的径向方向安装一只电涡流探头，探头与测速盘凹缺或凸起之间保持适当的间隙；当测速盘随转子转动时，探头端部与测速盘凹缺或凸起之间的间隙发生变化，使得电涡流传感器的间隙电压也随之而变化，其动态变化频率与转子的转速成正比。因此，只要测出电涡流传感器间隙电压动态变化频率，即可得到转速。电涡流传感器测量原理如图 2-10-4 所示。

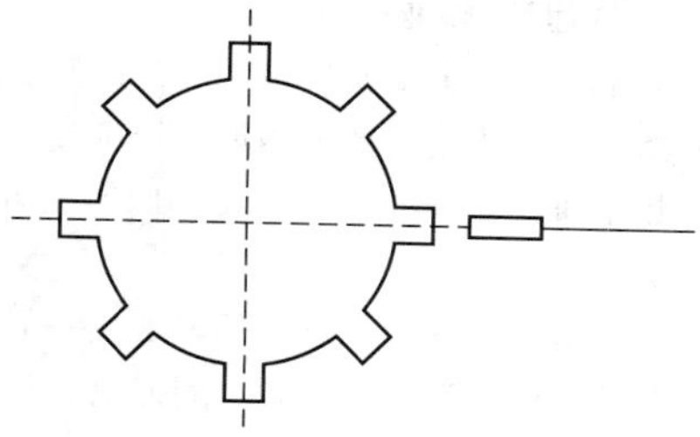

电涡流传感器属于主动式/有源传感器，需要外部供电，具有高线性度、高分辨率、高精度、频响范围宽（0~10kHz）的优点，特别是在特殊转速测量应用中，比如零转速、反向旋转、超速检测等，电涡流转速传感器通常都是优先选项。

图 2-10-4 电涡流传感器测量原理

用于转速测量的电涡流传感器首选 5mm 或 8mm 标准电涡流传感器（比如本特利内华达 3300XL 5mm 或 8mm 系列），这也是 API 670 推荐的选项。某些特殊情况下（比如物理空间受限），可以考虑本特利内华达 3300XL NSv 系列电涡流传感器系统。

与磁阻式转速传感器类似，电涡流转速传感器测速应用中也需要与测速装置配合使用。测速装置可以是齿轮、齿状圆盘、某个转子表面内的均匀开孔，或者其他能够为转速传感器提供间断性观测间隙的靶面。为确保输入到电超速系统的信号幅值在允许的最小和最大电压限值范围内，测速装置要与传感器类型匹配。

在设计或者安装测速装置时，应当注意要确保轴向移动偏差不会造成测速感应表面超出传感器量程范围之外。由于受热和转子正常的轴向浮动，机器可能会膨胀或收缩，采取上述预防措施能解决膨胀和收缩的问题。测速装置厚度应适当，或者位于不受转子或转速传感器安装支架轴向过盈膨胀或收缩影响的地方。

3. 接近开关

接近开关又称无触点接近开关，是一种开关型传感器，是不需要与运动部件进行机械直接接触而操作的位置开关。在转速测量应用中，通常采用电感式接近开关。这种接近开关又称为电涡流式接近开关，它由振荡器、开关电路以及放大输出电路三大部分组成。电感式接近开关工作时，振荡器产生交变磁场，当金属靶体接近这一磁场并达到感应距离时，金属靶体内产生涡电流，导致振荡衰减，以至停振。振荡器及停振的变化被后级放大电路处理并转换成开关信号，触发驱动控制器件，从而达到非接触转速检测之目的。接近开关测量原理如图 2-10-5 所示。

选择接近开关首先要考虑的就是测量距离。选择满足使用距离即可，选择开关过大的感应距离会增加设计成本。其次是开关的频率，即每秒开关阻尼和非阻尼状态进行转换的最大次数。然后是开关的工作电压、安装方式、开关输出方式以及使用防护等级。

电感型接近开关的输出分为 NPN 和 PNP 两种；PNP 型开关共负极使用，NPN 型开关共正负极使用。在

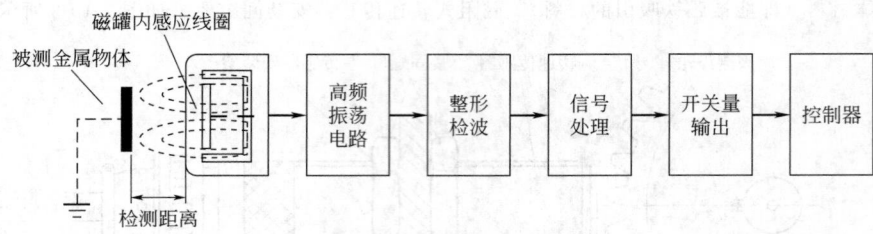

图 2-10-5　接近开关测量原理

与一体化 PLC 配套使用时应当注意，因为不同厂家的 PLC 公共端要求的电源极性不同。

根据出线方式，接近开关分为两线制、三线制和四线制。两线制有直流型和交流型。三线制和四线制一般为直流型。在使用上不允许两线制直流接近开关串并联连接，但两线制直流接近开关与 PLC 一起使用最佳。三线制和四线制直流接近开关串联时，电压降相加，单个接近开关的准备延迟时间相加。电感型转速测量接近开关通常为三线。

三、速度测量应用

1. 转速计/转速表

对于关键或者重要设备，永久性安装的磁阻式转速传感器或者电涡流传感器把信号接入数字式转速表或转速监测器，在线连续精确测量旋转机械工作转速。转速表或者转速监测器还可以把经过处理的转速信号以模拟量或数据通信方式传送给 PLC、DCS 或其他第三方计算机系统，用于转速调节、趋势显示或者就地/远方操作指示。

对于未安装转速传感器的普通或一般设备，如果有转速测量或显示的要求，可在转动部件某个适合位置临时性粘贴或固定反光标贴，利用光电反射原理，把便携式光电式传感器信号与手持式转速表结合起来，实现转速测量的要求。

2. 零转速

零转速就是当机组接近或达到 0r/min 时的转速测量指示。零转速可在 0～30r/min 范围之内设定。当达到零转速设定值时会有一个继电器动作。零转速测量是通过两只观测一个多齿测速盘的电涡流探头得到的。

关键旋转机械，尤其是汽轮发电机组上，零转速测量最常见的用途是在转子达到某个预设转速时发出指示。零转速监测常用于盘车装置投切允许信号。

零转速测量必须采用两只电涡流传感器。不能采用磁阻式转速传感器，尤其是低转速下（250r/min 及以下），它感应的脉冲幅值太小，很容易"淹没"在嘈杂的噪声信号中，无法被转速监测器准确识别和精确计量。

3. 转子加速度

转子加速度就是转子从 0r/min 升至运行转速的加速度速率（r/min²）。机组运行人员需要参考该信息避免出现操作失误，并借此将机组安全提升转速。转子加速度测量常用在大型汽轮发电机组上，因为既要使机组达到工作温度时各个部分充分膨胀，又要让升速时的速度不至于过快。转子加速度是通过采用一只电涡流探头观测多齿测速盘得到的；在小机组上有时用转子加速度来代替胀差测量。启机过程中遵循主机厂给出的转子加速度指导准则，从而确保汽缸和转子受热增长率在主机厂的限值范围内，这是十分必要的。

4. 反转

采用电动机拖动的旋转机械（比如工艺泵、风机等）在运行工作时电机可能会突然发生反向旋转，这种突发事故会给电机造成严重的破坏，因此对电机反转的识别和保护是状态监测系统不可缺少的功能。

反转测量是通过观察同一个测速盘的两只电涡流传感器定时脉冲输入之间的差异得到的。由于反转测量信号中包含了两个传感器之间的定时信息，因此反转输入传感器的安装位置非常重要，特别是必须仔细策划并调控好两个传感器之间的安装角度偏差。反转测量监测器将根据从两个传感器接收到的信号之间的关系决定旋转方向。

如果两个反转传感器分别规定传感器 A 和 B，那么它们之间的安装角度偏差取决于测速盘齿数（EPR）。

从传感器 A 开始，第二个输入传感器 B 可能的安装位置个数等于测速齿盘的齿数。例如，如果测速盘只有一个齿，那么两个传感器之间就只有一个可接受的角度偏差；如果反转传感器观测的测速盘有 12 个齿，那么它们彼此之间就能以 12 个不同方位角中的任何一个角度偏差安装固定。以此类推。

反转测量应用中测速盘齿数 EPR 也决定了传感器安装位置的精度。转速越高，传感器定位就必须越准确，这样才能得到可接受的测量结果。对于 1 个齿、2 个齿、4 个齿以及 8 个齿的测速盘，齿数 EPR、传感器方位角以及角度偏差精度之间的关系如图 2-10-6 所示。在此示意图中，假设第一个传感器定位在 0°，那么第二个传感器相对于第一个传感器可能的安装位置有 M 个选择，M 的个数与齿数 EPR 相同。注意，传感器的绝对位置并不重要，选择 0° 只用于演示目的。正常传感器位置两侧的虚线表示了 M 传感器的位置公差。

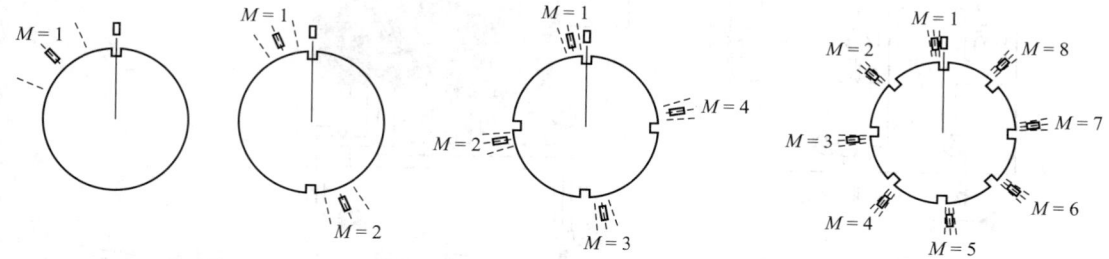

图 2-10-6　反转测量齿数、传感器方位角以及角度偏差精度之间的关系示意

5. 超速检测与保护

关键汽轮发电机组或者汽轮机拖动压缩机组通常配置了多道超速保护系统/装置：机组调速系统或者控制系统提供了第一道超速保护功能；机械保护系统（Machinery Protection System）提供的是第二道超速保护，即常说的电超速保护系统或者紧急超速保护系统；第三道超速保护功能由汽轮机危急遮断器（机械撞击子）实现，即所谓的机械超速保护。

旋转机械许用短暂超速标准通常以额定工作转速的百分比定义。例如，API 612 要求机械拖动应用中超速保护系统要防止转子不得超过额定工作转速的 127%，而发电机拖动应用中不得超过 121%。

如图 2-10-7 所示，超速检测系统仅仅是整个电超速保护系统的一个组成部分。API 670 第五版中对超速检测系统的响应速度要求不得低于 40ns，然而，仅超速检测系统的快速响应仍无法保证整个电超速保护系统能够满足机组保护要求，还需要考虑其他系统动态特性，即整个电超速保护系统的功能不只受限于超速检测系统的快速响应，而且与系统其他组成部分，包括中间继电器、电磁阀、止逆阀、蒸汽与液压管路以及旋转机器自身所夹带的能量等密切相关。为确保电超速保护系统正常发挥功效，并足够快速地做出响应以防止转子转速超过最大许用限值，应当严格遵循 API 670 第五版中超速检测与保护的相关要求，包括评估、设计、采购、安装、调试。具体内容参见 API 670 第五版。超速检测与保护系统组成如图 2-10-7 所示。

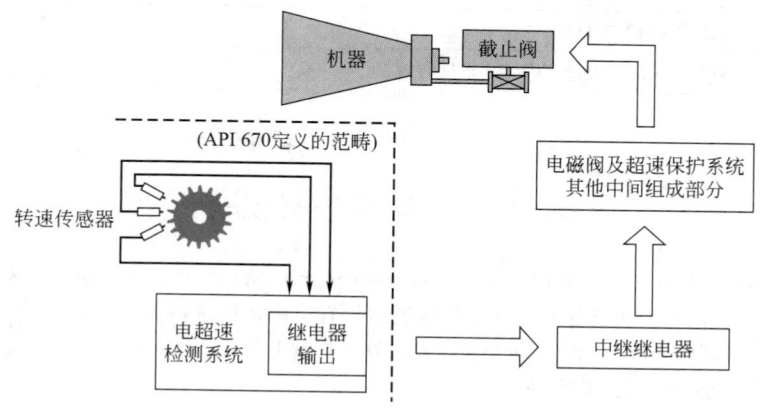

图 2-10-7　超速检测与保护系统组成

以本特利内华达三重冗余（TMR）3701/55 ADAPT. ESD 为例，应用于关键旋转机械超速系统示意如图 2-10-8 所示。

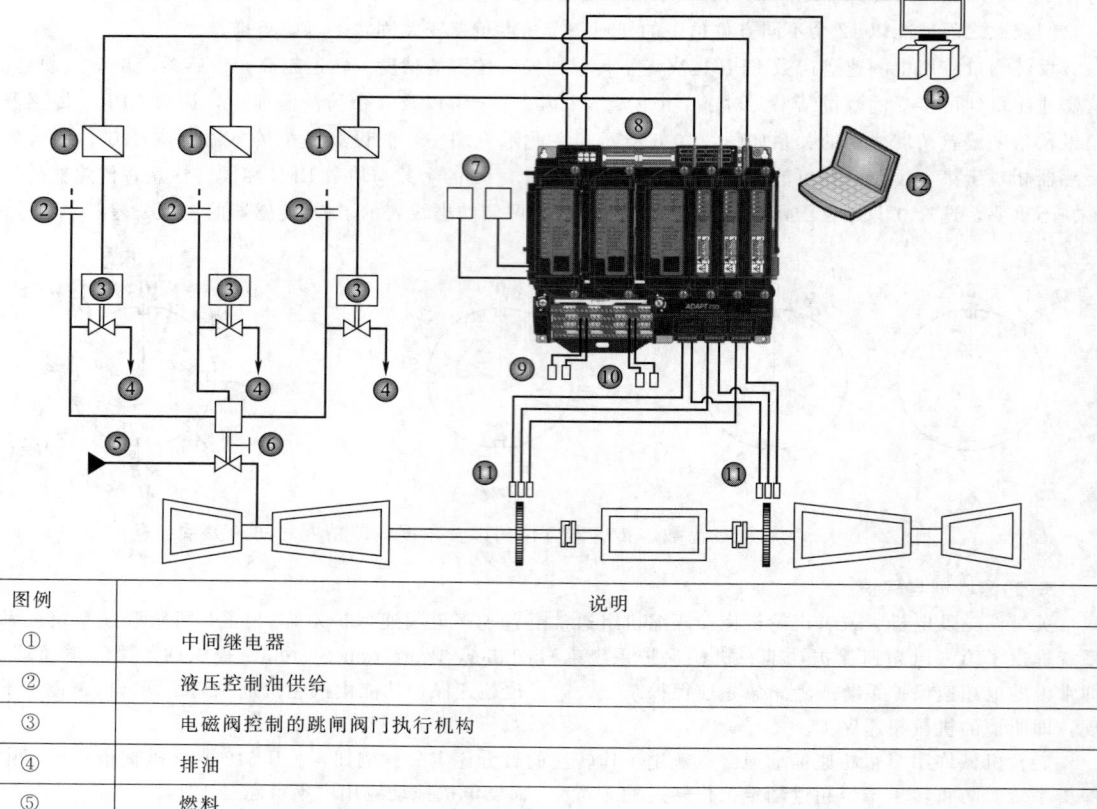

图例	说明
①	中间继电器
②	液压控制油供给
③	电磁阀控制的跳闸阀门执行机构
④	排油
⑤	燃料
⑥	跳闸阀门
⑦	冗余供电电源
⑧	本特利 3701/55 ADAPT. ESD 系统
⑨	开关量输入（例如液位限位开关等）
⑩	可组态的开关量/4～20mA 输入（例如压力变送器）
⑪	超速检测传感器（磁阻式转速传感器或电涡流传感器）
⑫	上位机（组态软件）
⑬	与 DCS 的 Modbus TCP/IP 数据通信

图 2-10-8　本特利内华达超速检测系统

第二节　位移检测仪表

位移量是指运动部件相对于某个参照系从一点到另一点移动的物理距离，这个距离可表述为直线位移或者旋转角度（角位移）。石油化工动设备中常见的位移量测量有与旋转机械相关的轴向位移、转子偏心、差胀、机壳膨胀、阀门位置或阀门开度、阀门旋转角度以及往复式机械上的活塞杆沉降等。

一、位移传感器分类及工作原理

1. 电涡流传感器

电涡流传感器是一种非接触的线性化计量仪表，其输出电压信号与探头和被测体（必须是金属导体）表面之间的距离成比例，可用于静态（位置）和动态（振动）测量。在一个涡流传感器系统中，探头和被测物体表面不直接接触。尽管如此，它的测量准确性可以和千分尺或百分表相媲美。电涡流传感器测量原理如图 2-10-9

所示。

一个典型的电涡流传感器系统由三部分组成：装有电缆的探头、延长电缆和前置器。电涡流传感器的构成如图 2-10-10 所示。

前置器有两个基本功能：首先，利用具有特定 R-L-C（电阻，电感，电容）值的调谐振荡器电路产生射频（RF）信号，这个信号会在探头顶端周围产生低能量的电磁场；其次，利用一个特殊的解调器电路来调制射频信号，从而提取可用的位移信号。

射频信号的频率取决于探头线圈、电缆和延长电缆的 R、L、C 值。为了能让系统提供精确的测量值，对组件进行合理的设计、安装和调试非常重要。例如，一个在工作台底下的随机长度的同轴电缆一般不适合作为探头的延长电缆。

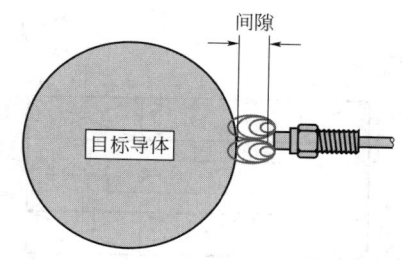

图 2-10-9　电涡流传感器测量原理

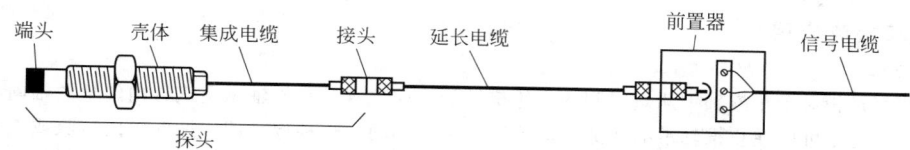

图 2-10-10　电涡流传感器的构成

注意：前置器需要一个可靠的直流电源电压，其电压值一般在 $-17.5 \sim -26\text{V DC}$ 之间，电源供应器和传感器之间是通过 VT 和 COM 端相连接的。前置器原理如图 2-10-11 所示。

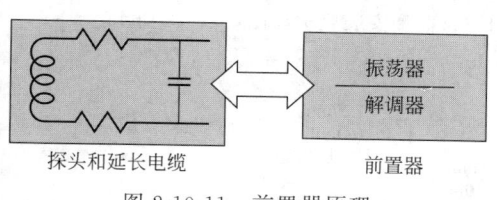

图 2-10-11　前置器原理

电涡流探头是振荡电流回路的一部分，信号通过延伸电缆流入探头线圈，在探头头部的线圈中产生交变的磁场。当被测金属体靠近这一磁场，则在此金属表面产生感应电流，该电流会在金属内部产生非常少的热量并耗散。

当被测金属体靠近射频区域时，交变磁场就会在此金属表面产生小感应电流，涡流渗透深度取决于材料的导电性和透气性。4140 钢的穿透深度约为 $0.003''$（76μm）。

延伸电缆为三层同轴电缆，由中心导体和两个编织型屏蔽层组成。内屏蔽层和中心导体将探头顶端内的线圈和探头电缆末端的微型接头相互连接，内屏蔽层和信号公共端连接。

2. 线性可变差动变压器（LVDT）

线性可变差动变压器（Linear Variable Differential Transformer，LVDT）属于直线位移传感器。LVDT 由一个初级线圈、两个次级线圈、铁芯、线圈骨架以及外壳等部件组成。初级线圈、次级线圈分布在线圈骨架上，线圈内部有一个可自由移动的杆状铁芯。当铁芯处于中间位置时，两个次级线圈产生的感应电动势相等，这样输出电压为零；当铁芯在线圈内部移动并偏离中心位置时，两个线圈产生的感应电动势不等，有电压输出，其电压大小取决于位移量的大小。为了提高传感器的灵敏度，改善传感器的线性度，增大传感器的线性范围，设计时将两个线圈反串相接，两个次级线圈的电压极性相反，LVDT 输出的电压是两个次级线圈的电压之差，这个输出的电压值与铁芯的位移量呈线性关系。LVDT 测量原理如图 2-10-12 所示。

LVDT 工作过程中，铁芯的运动不能超出线圈的线性范围，否则将产生非线性值，因此所有的 LVDT 均有一个线性范围。

3. 旋转位置传感器（RPT）

旋转位置传感器（Rotary Position Transducer，RPT）属于角位移传感器，最常见的用途是测量汽轮机蒸汽阀门旋转开度。它由壳体、偏心凸轮、电缆导管接头以及非接触式电涡流传感器组成。RPT 采用柔性连接装置与蒸汽阀门控制轴端部相连，电涡流探头观测精密加工的偏心凸轮；随着汽轮机阀门开启或关闭，汽阀控制轴带动 RPT 偏心凸轮一起旋转，使电涡流传感器间隙电压发生变化。间隙电压的变化与阀门开度的变化成正比。

RPT 本质上是一种电涡流传感器，专门为旋转阀位测量应用而做的创新性改型设计，是用来替代老式电

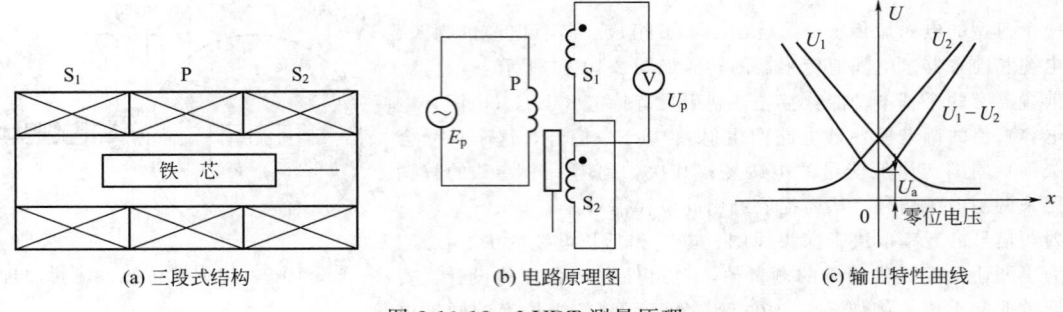

(a) 三段式结构　　　　　(b) 电路原理图　　　　　(c) 输出特性曲线

图 2-10-12　LVDT 测量原理

位计传感器的最佳选择。

二、位移检测应用

1. 轴向位移

轴向位移就是相对于止推轴承测量得到的汽轮机转子轴向位置。止推轴承是汽缸内转子的轴向约束点。正常运行工况下，转子可以在止推轴承的间隙限值范围内轴向移动。这种运动即所谓的轴向游隙或轴端游隙。游隙范围是机械设定的，与机器的大小和设计有直接的关系。通过先测量出汽轮机动静部件之间的最小间隙，然后调整止推轴承位置（加垫片）至主机厂或用户规定的某个间隙百分比后，再锁定轴承定位，即可确定游隙区间。考虑到受热膨胀因素，加垫片后的游隙必须小于动静部分的最小间隙。止推轴承承受的是汽轮机的轴向推力，在正常运行工况下防止动静部件之间发生轴向碰磨。轴向位移监测安装要求如图 2-10-13 所示。

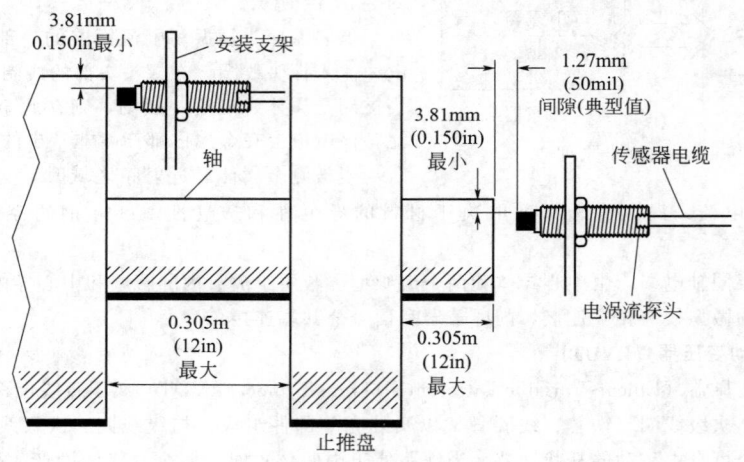

图 2-10-13　轴向位移监测安装要求

轴向位移测量采用两个或两个以上电涡流探头观测推力盘，或者相对于止推轴承或非移动整体支撑的其他大轴轴向整体表面。轴向位移传感器的首选安装位置是直接附着于或者穿过止推轴承，然而在很多情况下机器的设计不允许这样做。虽然也可以用推力传感器观测大轴的端面（距离止推轴承 300mm 之内）或者大轴上另一个整体轴肩（距离止推轴承 300mm 以内），但前提是止推轴承是汽缸内的一个整体部件（不会移动）。基于以下示例，API 670 推荐的间距要求是 300mm。

2. 偏心度

大型汽轮机需要监测转子慢速转动下的偏心度，也就是所谓的峰-峰值偏心度。偏心度是转子慢速滚动转速下，通常在 600r/min 以下测得的弯曲总量。随着转子在盘车装置的作用下转动，偏心度最好是峰-峰幅值。机组在冲转前要对偏心峰-峰幅值设置一个可接受的报警限值，以防止由转子碰磨导致的密封受损。

偏心度测量是用一只电涡流探头进行的，该探头安装在远离轴承的地方，以便于测量出转子的最大弯曲挠度。很多需要偏心度测量的汽轮机转子上已经设计加工有偏心轴颈，专门用来进行偏心度测量。由于在两个轴承之间有悬挂质量，转子弯曲的常见原因是重力作用和温度变化。通过机组盘车时转子慢速转动，随着时间的推移，弯曲的转子会自然矫直。

偏心度传感器提供两个测量值：一个是通频偏心度，即瞬时偏心值；另一个是峰-峰值偏心度，即转子正向最大弯曲量与负向最大弯曲量之差。峰-峰值偏心度需要与键相传感器相关联，以便确定机器转子是否完整转动一圈。偏心监测器可通过编程同时显示瞬时偏心度和峰-峰值偏心度。对于峰-峰值偏心度，需要将偏心通道与键相传感器相关联。转子偏心度测量示意如图 2-10-14 所示。

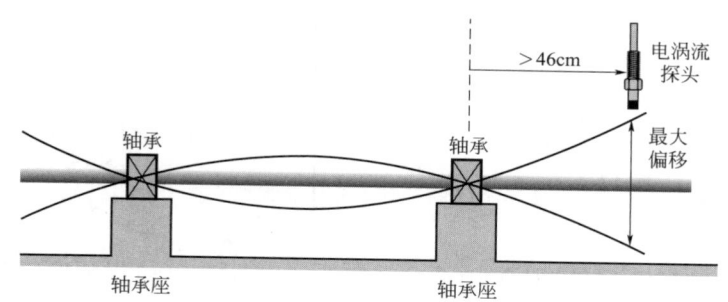

图 2-10-14　转子偏心度测量示意

3. 差胀

差胀就是转动部件与静止部件之间的相对热膨胀，它是大型汽轮发电机组运行与管理的重要参数。由于汽轮机静止部件和旋转部件有着截然不同的蓄热质量和膨胀速率，差胀是汽轮机启动过程中避免发生内部碰磨的一个关键要素。因此，只要实际情况允许，都应当安装冗余的差胀探头，并将其引出至外置的接线箱，以便在内部差胀探头失效时切换至备用的传感器。汽缸内部恶劣的环境以及探头经常暴露于高温蒸汽下，增加了差胀探头发生故障的可能性。

在相似的冷却或受热条件下，汽缸与转子收缩与膨胀的特点各不相同。作为机器运行或工艺特性的结果，机器受热或冷却总是以差胀表现出来。机器的热胀冷缩量与机组容量大小有关。汽轮机汽缸由静止部件组成（缸体、喷嘴组、导叶等），安置完成预期工作所必需的转动部件（转子、装配轮盘轴、叶片等）。

差胀传感器正确的安装方式和安装位置与传感器的测距能力同样重要。预期差胀值应当基于汽缸到转子最小允许间隙，这个间隙值可从主机设备制造厂和/或客户那里获得。只要知道了差胀允许值，就能够选择出合适的传感器并确定安装方法，从而确保汽轮机在启动过程中动静间隙维持在设计范围内。

4. 机壳膨胀

机壳膨胀通常是指汽轮机汽缸壳体的热膨胀，它是机器壳体（汽缸）相对于其安装基础的热膨胀测量值。在汽轮机启动过程中，汽缸会出现受热膨胀。机壳膨胀可沿着机组的布置方向在多处进行测量，并用来确定汽缸的受热膨胀是否正常。

机壳膨胀通常是由汽缸两侧的滑销承担，滑销的作用就是用来引导汽缸的膨胀。当汽缸一侧的滑销卡涩或者汽缸不均匀延展时，就会出现不规则汽缸膨胀，这会造成转子与汽缸部件不对中，从而可能导致碰磨、振动大或者止推轴承故障。利用双侧缸胀测量可检测出不规则汽缸膨胀，并对此发出报警，但一般不作为自动停机保护的输入。

采用线性可变差动变压器（LVDT）是测量机壳膨胀的工程惯例。汽缸膨胀测量示意如图 2-10-15 所示。

5. 汽轮机蒸汽阀阀位

阀位就是汽轮机阀杆或配汽凸轮与汽阀开启及阀门全行程有关的位置测量。阀位测量用来反映蒸汽流量，它以阀门完全或 100% 开启的百分比为单位。主汽阀、截止阀和调节阀上都可以进行阀位测量。阀位测量通常采用线性可变差动变压器（LVDT）或本特利内华达专门设计的线性旋转位置传感器（LRPT）。

如果阀位测量的主要是线性运动（而非凸轮或旋转运动），那么应当采用 LVDT。由于汽阀处温度很高，通常采用交流型 LVDT。

阀位 LVDT 安装示意如图 2-10-16 所示。

6. 往复式压缩机活塞杆沉降

往复式压缩机活塞上安装有支撑环，以便减小活塞环的磨损，并避免活塞与汽缸直接接触而损坏缸套，因此，机组运行时需要对支撑环的磨损量进行在线监测。

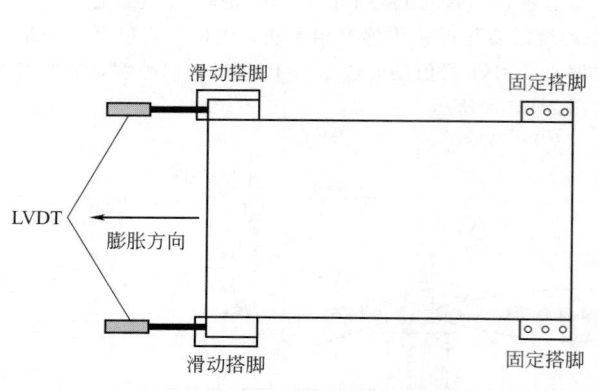

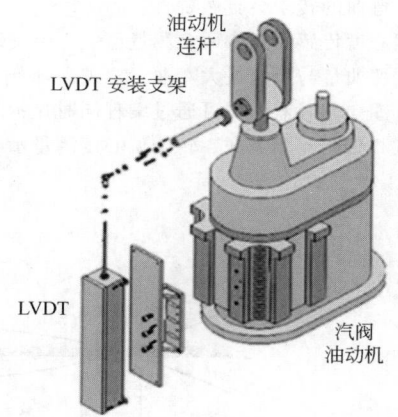

图 2-10-15　汽缸膨胀测量示意　　　　图 2-10-16　阀位 LVDT 安装示意

支撑环是运动部件且位于汽缸内部，机组运行过程中无法直接测出其磨损量。由于支撑环发生磨损后会导致活塞杆下沉，如果在汽缸外面活塞杆某个位置垂直方向（上面或者下面）安装一只电涡流传感器，可测出监测传感器与活塞杆间隙的变化，即活塞杆沉降。根据相似三角形原理，活塞杆沉降量与支撑环的磨损量成正比，由此推算支撑环的磨损量。

活塞杆沉降测量通常采用电涡流传感器，比如本特利内华达 3300XL 8mm 或者 11mm 系列。活塞杆沉降测量示意如图 2-10-17 所示。

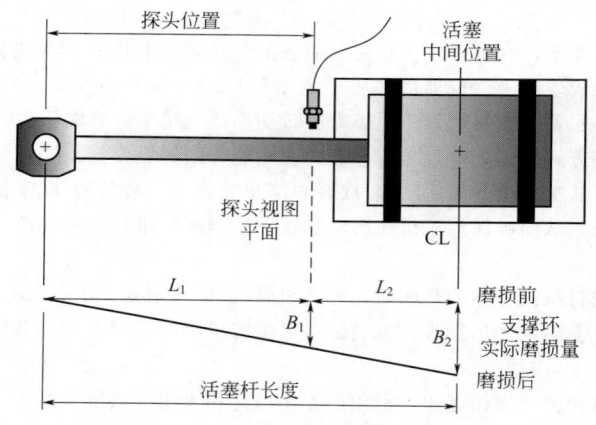

图 2-10-17　活塞杆沉降测量示意

第三节　振动测量仪表

一、振动

所谓振动，就是指物体或质点在其平衡位置附近有规律地周期性运动。工业生产中的各种机械设备，比如透平、电机、泵、风机、压缩机、齿轮箱等，都存在不同程度的振动。按产生振动的原因可分为自由振动、受迫振动和自激振动；按振动的规律可分为简谐振动、非谐周期振动和随机振动；按振动系统结构参数的特性可分为线性振动和非线性振动；按振动位移的特征可分为扭转振动和直线振动，等等。各种类型振动特性都可以用振幅、频率和相位这三个基本参数来描述。

（1）振幅　以定量化方式表示振动的范围和大小的物理量，它可以是物体离开平衡位置的距离（位移），也可以是单位时间内离开平衡位置距离的变化率（速度），或者单位时间距离变化率的快慢程度（加速度），因此振幅的工程单位有位移（mm 或者 μm）、速度（m/s）以及加速度（m/s² 或者 g）。

（2）频率　单位时间内的振动次数，表示物体振动的快慢，工程单位为次/秒，又称赫兹（Hz）。通过信号处理（比如FFT），各种复杂机械振动都可分解为多种单一频率成分的简谐振动。

（3）相位　一个振动部件相对于机器的另一个振动部件在某个固定参考点处的相对移动，即某个位置处的振动运动相对于另一个位置处的振动运动，是对于所发生位置变化程度的量化。振动相位通常用角度为单位。

振动是一种普遍现象，设备在运行过程中各种机械问题及电气问题都会导致振动的产生。振动是运行过程中设备自身健康状况的直接或间接反映，如果振动超过允许范围，设备将产生较大的动载荷和噪声，从而影响其工作性能和使用寿命，严重时会导致零部件的早期失效。例如，透平叶片因振动而产生的断裂，可以引起严重事故。由于现代机械结构日益复杂，运动速度日益提高，振动的危害更为突出。如果掌握振动的大小及来源，就能在设备尚未严重恶化之前，事先完成检修工作，避免造成设备更大的损坏，有效地改善设备可靠性和可用性，提高生产力，降低维修成本，增加企业盈利。因此，对机械设备振动监测可带来的好处包括：

① 了解并把握设备及机械组件的健康状况；

② 用机械设备振动状况作为是否停机之依据，减少事故停机；

③ 降低保养成本，提升人力资源运用及效率，加强零组件及备品存量控制等。

在选择振动监测系统之前，需要对被监测机械设备的重要性和关键程度进行系统、全面的分析与评估。设备重要性和关键性评估分级应当结合行业以及企业自身的实际情况，综合考量生产、安全、环境、维修等多方面相关因素。一般来说，可粗略划分为关键、重要和普通三个等级：

① 关键设备应当采用在线连续监测，并且具有冗余通道和自动停机保护功能的振动监测系统，具体可参照API 670最新版相关要求；

② 重要设备可以采用在线周期巡检振动监测系统，或者就地安装在线连续监测的非冗余通道监测器；

③ 普通设备通常不需要自动停机保护，因此采用便携式振动数据采集器定期收集它们的振动信息，或者配置振动变送器或有限通道专用振动监测器对其振动变化趋势进行跟踪、关注。

二、测振传感器及工作原理

1. 位移型测振传感器

位移型振动传感器又称为电涡流传感器。它的工作原理基于法拉第电磁感应原理，即当金属导体置于交变磁场中时，导体内将产生呈涡旋状的感应电流，此电流叫电涡流，以上现象称为电涡流效应。电涡流传感器接通电源后，通过前置器会产生一个射频（RF）信号，该信号通过电缆送到传感器的头部，在传感器头部周围产生交变磁场，当被测金属体靠近这一磁场时，则在此金属表面产生感应电流，与此同时该电涡流场也产生一个方向与头部线圈方向相反的交变磁场，由于其反作用，使头部线圈高频电流的幅度和相位得到改变，信号再通过前置器处理，可以输出一个线性的电压信号。输出信号的大小随探头到被测体表面之间的间距而变化，电涡流传感器就是根据这一原理实现对金属物体的位移、振动等参数的测量。

电涡流传感器主要由以下三个部件组成：电涡流探头、延伸电缆和前置器。以石油化工工业中广泛应用的本特利内华达3300XL系列为例，其主要技术规格如表2-10-1所示。

表 2-10-1　本特利内华达 3300XL 系列电涡流传感器主要技术规格

型号	量程/mm	灵敏度/(V/mm)	螺纹规格	工作温度范围/℃
3300XL NSV	1.5	7.87	1/4-28 UNF 3/8-24 UNF M8×1 M10×1	探头：−52～177 延伸电缆：−52～177 前置器：−52～100
3300XL 5/8mm	2.0	7.87	3/8-24 UNF M10×1	探头：−52～177 延伸电缆：−52～177 前置器：−52～100
3300XL 11mm	4.0	3.94	1/2-20 UNF 5/8-18 UNF M14×1.5 M16×1.5	探头：−52～177 延伸电缆：−52～177 前置器：−52～100
3300XL 25mm	12.7	0.787	1¼-12 1⅛-12 M30×2 M39×1.5	探头：−52～177 延伸电缆：−52～177 前置器：−52～100

2. 速度型振动传感器

速度型振动传感器主要有压电式振动速度传感器和动圈式振动速度传感器两种。

压电式振动速度传感器的感应元件是一个压电陶瓷剪切模式器件和电子元件,当感受到机器振动时,会在压电陶瓷上施加一个作用力,从而产生一个正比于该作用力的信号。传感器内部将该信号放大并积分,产生一个正比于速度的低噪声输出信号。

动圈式振动速度传感器把相对于自由空间的振动转换为正比于振动速度的电信号。传感器中有一个附着在安装螺栓上的永磁铁,而安装螺栓与某个振动质量体相连,比如机器。弹簧上的永磁铁缠绕着一组线圈,该线圈就类似于某个弹簧质量系统中的质量体。当传感器以某个大于弹簧质量系统的固有共振频率振动时,自由空间内的线圈保持静止不动。当磁铁相对于线圈运动时,线圈的线匝切割磁铁的磁力线,这就会产生电流,该电流流经某个校准电阻所产生的电压正比于磁铁的振动速度。

从两种传感器的工作原理可以看出,压电式振动速度传感器是一种有源/主动型传感器,需要外部提供工作电源,对振动轴线不敏感,因此安装角度/方向没有要求;而动圈式速度传感器依靠自身的感应电动势产生电信号,是一种无源/被动型传感器,不需要外部提供工作电源,但是对振动轴线十分敏感,安装角度/方向的要求较为苛刻。

速度型振动传感器主要用于测量设备的壳体振动,主要针对使用滚珠轴承的机器,也有应用于一些油膜轴承机器上,测量外壳振动或者轴承箱振动等,常用于燃汽轮机、风机、水泵等振动测量。速度型振动传感器选型时应当充分考虑被测对象的频响范围、量程、安装角度/方向(尤其是对测振轴线敏感的动圈式速度传感器)、安装螺纹规格、最高工作温度以及是否位于危险区。这其中传感器的频响范围和量程能否有效、真实地反映被测对象在各种工况下实际运行时的振动状况,显得尤其重要。

本特利内华达常用的速度型振动传感器的有效频响及量程汇总如表 2-10-2 所示。

表 2-10-2 本特利内华达常用的速度型振动传感器的有效频响及量程汇总

型号	类型	频响	灵敏度	量程
9200/74712	动圈式	4.5～1000Hz,±3dB	20mV/(mm/s)±5%	最大峰值位移 2.54mm
330500	压电式	4.5～5000Hz,±3dB	3.94mV/(mm/s)±5%	0～1270mm/s 峰值
330525	压电式	4.5～2000Hz,±3dB	3.94mV/(mm/s)±5%	0～1270mm/s 峰值
190501	压电式	1.5～1000Hz,±3dB	3.94mV/(mm/s)±5%	0～63.5mm/s 峰值
330750/330752	压电式	15～2000Hz,±3dB	5.70mV/(mm/s)±5%	0～635mm/s 峰值

3. 加速度型测振传感器

加速度型振动传感器又称之为加速度计(Accelerometer)。加速度传感器由一个压电陶瓷剪切模态元件和电子器件组成。当感受到机器振动时,该质量/弹簧系统会在压电陶瓷上施加一个作用力,从而产生一个正比于该作用力的电信号,加速度传感器的电子器件把这个电信号转换成电压,并输送到振动监测器进行信号处理和识别。

加速度传感器与压电式速度传感器的区别在于其内部没有集成积分电路,因此它的高频响应优于压电式速度传感器,通常可达到 10～15kHz。当测量高频振动时,加速度传感器是非常有效的。在测量齿轮啮合与叶片通过频率以及滚珠轴承的特征频率时,经常要求测量补充的高频壳体振动。

加速度传感器具有优越的高频响应,可用于测量齿轮箱啮合频率、滚珠轴承的包络分析等场合。加速度型振动传感器选型时应当充分考虑被测对象频响范围、量程、安装螺纹规格、最高工作温度以及是否位于危险区。这其中传感器的频响范围和量程能否有效、真实地反映被测对象在各种工况下实际运行时的振动状况,显得尤其重要。

本特利内华达常用的加速度型振动传感器的有效频响及量程汇总如表 2-10-3 所示。

表 2-10-3 本特利内华达常用的加速度型振动传感器的有效频响及量程汇总

型号	频响	灵敏度	量程
330400	10～15000Hz,±3dB	100mV/g±5%	0～50g 峰值

续表

型号	频响	灵敏度	量程
330425	10～15000Hz，±3dB	25mV/g±5%	0～75g 峰值
330450	15～10000Hz，±3dB	100mV/g±5%	0～80g 峰值
200350	0.5～10000Hz，±3dB	100mV/g±20%	0～50g 峰值
200355	0.2～10000Hz，±3dB	100mV/g±5%	0～50g 峰值
200150	10～10000Hz，±3dB	100mV/g±12%	0～25g 峰值
200155	1.5～10000Hz，±3dB	100mV/g±12%	0～20g 峰值
200157	10～10000Hz，±3dB	100mV/g±12%	0～25g 峰值

三、测振仪表应用

1. 转子相对振动

转子相对振动又称为径向轴振，它是指采用电涡流传感器测量得到径向方向转子相对于轴承或轴承座动态运动与位置变化。转子相对振动测量适用于采用液压滑动轴承的旋转机械。

转子相对振动测量要求在每个轴承上必须互为垂直安装两只振动电涡流探头，最好直接安装在轴承上。如果探头无法直接安装在轴承上，可以考虑轴承约束体，但只有当它是主要的轴承保持装置时才行。轴承副盖不是轴承约束体，不能为大轴相对振动或径向位置测量提供足够的支撑。

转子相对振动测量安装示意如图 2-10-18 所示。

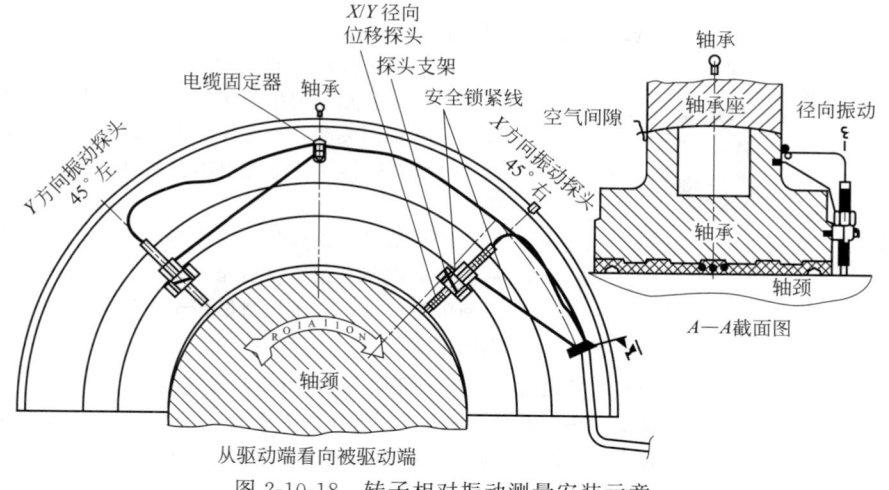

图 2-10-18　转子相对振动测量安装示意

2. 转子绝对振动

转子绝对振动是指转子运动相对于自由空间的振动。转子绝对振动是在相同位置安装两只传感器（电涡流信号和经过积分的速度信号），测量大轴相对运动与轴承地震式运动的矢量和。

转子绝对振动测量要求在每个轴承处安装两只互为垂直的地震式振动传感器，安装位置尽量靠近测量大轴相对振动的电涡流探头。如果要把这两种测量信号做矢量和得到大轴绝对振动测量值，那么电涡流传感器和地震式传感器就需要安装在同一个结构体上，但务必注意要确保此安装位置能如实反映轴承的相对振动与绝对振动情况。

地震式振动传感器推荐选择压电式速度型振动传感器，比如本特利内华达的 330500 Velomitor®。加速度传感器不适用于转子绝对振动测量，因为它需要在监测器内对信号进行双重积分，而这会极大地增加对噪声的敏感性。此外，动圈式振动速度传感器不适合转子绝对振动测量，因为动圈式传感器内的悬挂弹簧寿命有限，在工作了相对较短的时间后可能会失效。在垂直于传感器测量方向平面内出现的强烈振动（跨轴振动），大大地降低了传感器使用寿命，并造成信号出现毛刺尖峰。

转子绝对振动测量安装示意如图 2-10-19 所示。

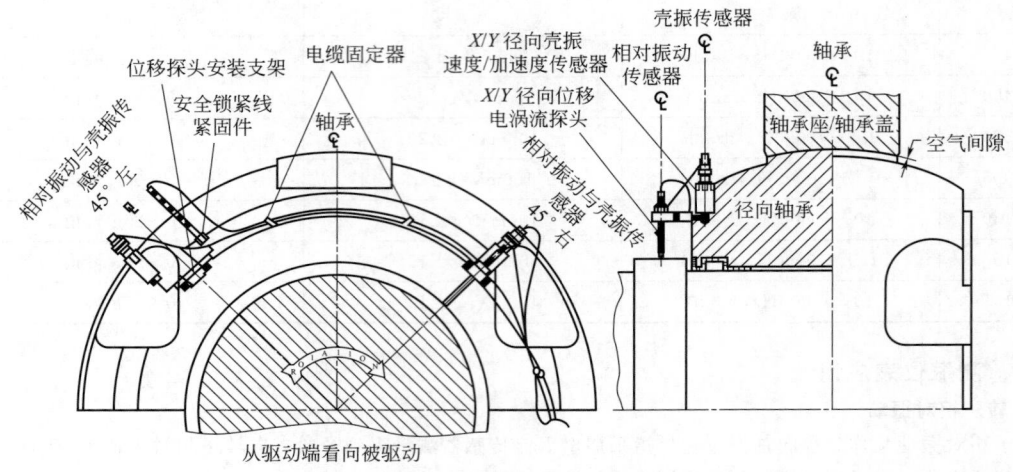

图 2-10-19　转子绝对振动测量安装示意

3. 键相

对于旋转机械，键相信号通常就是由一个电涡流传感器提供的每转一个电压脉冲，它用于机器旋转速度的测量和作为振动的相位滞后角。键相信号是获取旋转机械设备状态信息和转子旋转速度所不可或缺的。键相测量原理如图 2-10-20 所示。

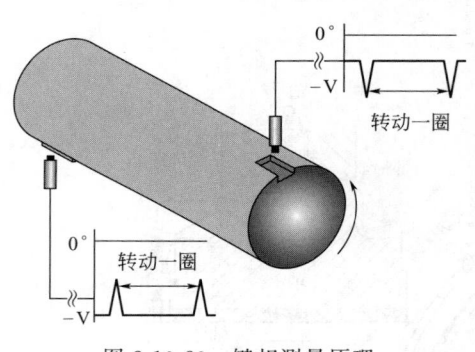

图 2-10-20　键相测量原理

因为失去键相信息会对机器监测与诊断造成严重影响，所以建议安装冗余键相探头，这对于只能在其内部安装传感器的机器特别关键。在这种应用中，应当安装备用键相传感器，并将传感器延伸电缆引出到机器外部的传感器就地端子箱中。

键相信号被机械监测、诊断与管理系统用来产生经滤波后的振动幅值、相位滞后角、转速以及其他信息，包括转子平衡矢量信息。它还是测量转子慢滚动或径向跳动信息所必需的要素。

键相信号能帮助运行人员或机械专家发现机组出现的问题，或区分出轻重缓急。

键相传感器必须观测驱动设备转子。在有着多个轴系不同转速的机组上，每个转子上都必须有一个键相传感器。转子上的键槽或键块应当设计成在机器所有运行工况下都能提供准确的键相信号，并且在把键相传感器安置在正确位置时务必小心谨慎。

键槽或键块必须与驱动设备转子是一个整体，而不是连接或被连接在一起的部件。当参考标记位于非转子整体部件时，比如联轴器、短轴、中间轴以及套装轴肩，那么在停机后机组解体再装配过程中，由于转子零件重新排列，可能会危及到以往的历史键相信息。

在两种获取键相脉冲的方法中，因为键槽不仅更容易设计加工，对键相探头造成破坏的可能性更小，所以键槽比键块更可取。当键相标记是键槽时，探头应当对准光滑的转子表面设置间隙电压而不是键槽。当键相标记是键块时，探头应当对准键块凸起的顶部设置间隙电压。

4. 往复式压缩机曲柄转角（多齿键相）

往复式压缩机曲柄角测量（即多齿键相）是标准键相传感器系统的一种特殊改型，对应于曲轴每转动 30°，它会产生一个脉冲，往复式压缩机监测系统把这个信号作为曲轴位置的精确参照。有了曲轴角度的精确测量，监测系统就能把它与每个汽缸气室内工艺气体动态压力关联在一起，从而得到每个汽缸实时示功图，为往复式压缩机准确分析诊断提供便利。

与旋转机械设备不同，往复式压缩机状态监测系统还需要用键相来触发保护动作，因此，往复式压缩机状态监测系统要求配置冗余键相。通常，多齿键相盘提供主键相信号，而另外还需要安装一个与多齿键相盘有着相同活塞角的单齿键相，提供备用键相信号。

多齿键相齿盘通常安装在距离驱动装置外侧轴承 12～25cm 处的轴上，驱动轴上往往要钻孔攻螺纹。单齿键相参考位置通常是与往复式压缩机参考列活塞（比如 1♯缸）达到上死点时的位置对齐。

如果驱动电机没有外侧轴承或者受其他安装条件所限而无法安装多齿键相齿盘，那么就得定制加工一个多齿键相环，安装在距离压缩机主轴承 15～30cm 处。定位安装备用键相时，要确保当从主键相切换至备用键相时活塞角不会发生改变。不推荐轴向安装键相探头。

5. 往复式压缩机曲轴箱/机身振动

平衡对置型往复式压缩机的汽缸都是错列排布的，这会在曲轴上产生力矩。由于工艺过程的变化、气阀卸载或者气阀组件的破损，往复式压缩机所承受的气压作用力会变得不平衡。这些作用力通过轴承传递到机身，致使机身以 1 倍或 2 倍于往复式压缩机转速的频率振动。因此，由于机器本身的结构布局和气体作用力的原因，往复式压缩机的振动表现为 1×、2× 以及数倍于机器转速。这些振动信号的振幅过大，可能预示着出现了机械或运行问题。

本特利内华达 190501 Velomitor® CT 压电式振动速度传感器是曲轴工作转速低至 90r/min 的往复式压缩机曲轴箱/机身振动监测的理想选择，它实际上就是在其内部集成了一个低噪声放大器/积分器的压电晶体式加速度传感器，提供的是以速度为单位的信号输出。这种低频速度型振动传感器精致小巧，没有活动部件，所有电子电路集成在传感器内部，不仅消除了动圈式速度传感器所固有的横轴灵敏度问题，同时，往复式压缩机低转速（频率）下与标准加速度传感器相比，还具有更好的信噪比和极高的使用寿命。

6. 往复式压缩机十字头冲击振动

在十字头导轨上方安装加速度传感器，是检测因冲击类似事件所导致机械问题的最佳方法。冲击事件的特点是造成自由振动，通常是由于液体侵入汽缸，或者十字头和活塞等地方的机械松动之类机械问题所导致。

冲击事件的特点是会产生高频振动，所以检测冲击事件所引起的机械问题采用振动加速度要比振动速度更好。在正常状况下，振动水平应当很小；随着冲击的发生，振动水平增大，在活塞的每个冲程内，振动波形就像典型的振铃响应。对于关键或大型往复式压缩机，应当再安装一只加速度传感器，从而提供冗余保护。

每列汽缸十字头上方安装一只加速度传感器检测冲击型振动事件。为达到最佳检测效果，加速度传感器应当安装在十字头行程垂直面的正上方。

7. 齿轮箱振动

测量齿轮箱上的振动加速度可有效地反映出齿轮箱内齿轮的啮合状态，通过在线振动监测与分析，能及时发现与齿轮渐进磨损或者突然损坏等相关的齿轮箱特有故障症候，有助于工厂对资产设备主动性维检修计划的改善和优化。

对于关键齿轮箱监测与保护应用，应当依据 API 613 的要求安装两只加速度振动传感器。这两只加速度传感器应当分别布置在联轴器一侧的输入轴承和输出轴承处，径向方向安装或者靠近轴承凸起处，其感应轴线尽可能与实际主载荷方向对齐。齿轮箱测点布置示意如图 2-10-21 所示。

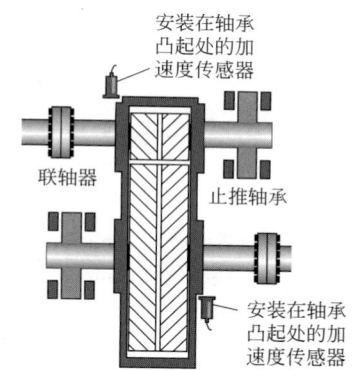

图 2-10-21　齿轮箱测点布置示意

第四节　过程控制流变仪（在线熔融指数仪）

过程控制流变仪（Process Control Rheometer，PCR）也称为在线熔融指数仪（On-line MI Meter），是基于狭缝结构制造的一种工业在线仪器，可实现对聚合物进行熔融指数 MI 的连续稳定测量，也可在线表征聚合物黏度、分子量分散指数（聚合分布度指数）M_w/M_n 以及流动速率比 FRR 等高分子物理参数，在聚合物原料生产行业，尤其在高密度聚乙烯、高压聚乙烯、线性低密度聚乙烯和聚丙烯生产有着较高水准的应用，为生产提供持续稳定可靠的实时参数，提高过程控制能力和水平。

一、测量基本原理

狭缝几何尺寸如图 2-10-22 所示。

336

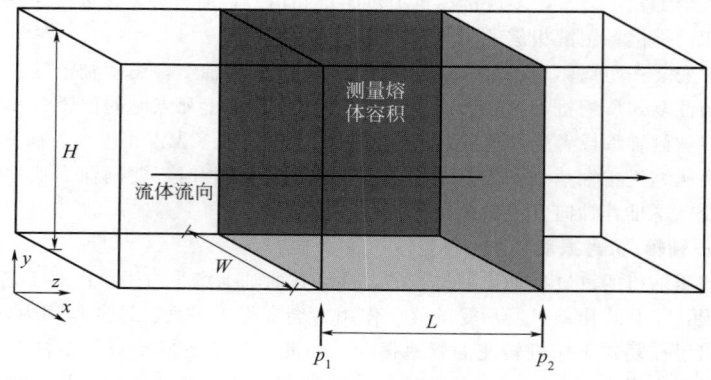

图 2-10-22　狭缝几何尺寸

狭缝内牛顿流体和非牛顿流体流场分布示意如图 2-10-23 所示。

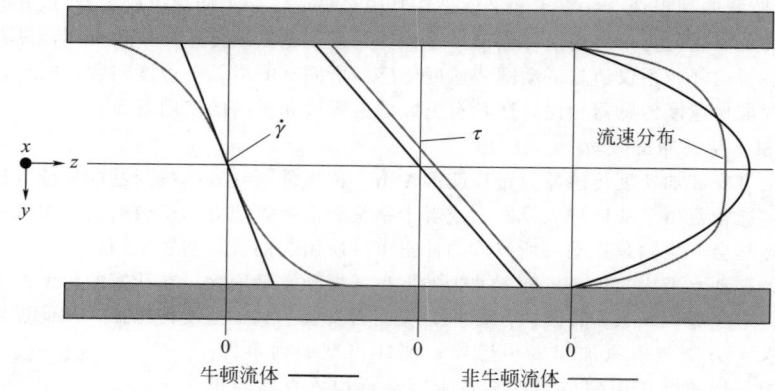

图 2-10-23　狭缝内牛顿流体和非牛顿流体流场分布示意

狭缝内牛顿型流体剪切黏度 η 的计算如下：

$$\eta=\frac{\tau}{\dot{\gamma}}=\frac{WH^3}{12\dot{V}}\times\frac{\Delta p}{L}\qquad(2\text{-}10\text{-}1)$$

式中　H——狭缝高度，mm；

　　　W——狭缝宽度，mm；

　　　L——测量区域长度（压力传感器 p_1 和 p_2 中心点的距离），mm；

　　　Δp——压力差 p_1-p_2，dyn[●]/cm²；

　　　$\dot{V}$——容积流量，mm³/s。

聚合物熔体是假塑性流体，需通过幂律指数 n 来描述剪切变稀，在这里使用多点法测量幂律指数：

$$n=\frac{\log\tau_2-\log\tau_1}{\log\dot{\gamma}_2-\log\dot{\gamma}_1}\qquad(2\text{-}10\text{-}2)$$

由此式导出：$\eta=\Phi\dot{\gamma}^{n-1}$

式中　Φ——黏度系数，dyn/(cm² · s)；

　　　τ——剪切应力，dyn/cm²；

　　　$\dot{\gamma}$——剪切速率，s⁻¹；

　　　η——黏度，P（1P=10⁻¹Pa · s）。

[●] 1dyn=10⁻⁵N。

仪器设备系统软件中使用"Alpha"值（α），和幂律指数互为倒数：$\alpha = n^{-1}$。

当黏度曲线获得后，使用 Rabinowitsch 校正来计算真实黏度，狭缝壁处的剪切速率和真实黏度公式如下：

$$\dot{\gamma}_{\text{true}} = \frac{2n+1}{3n} \dot{\gamma}_a = \frac{2n+1}{3n} \times \frac{6V}{WH} \qquad (2\text{-}10\text{-}3)$$

$$\eta_{\text{true}} = \frac{\tau}{\dot{\gamma}_{\text{true}}} = \frac{WH^3}{12V} \times \frac{\Delta p}{L} \times \frac{3n}{2n+1} \qquad (2\text{-}10\text{-}4)$$

在线熔融指数设备中，通过计算入口和计量侧的容积式齿轮泵的速度来获得该容积流量。

聚合物熔体温度是对黏度影响的一个重要因素，工业现场的实际环境温度波动都会影响狭缝内的熔体温度，即实际测量温度可能与 ASTM/ISO 测试标准温度有所偏离。在此，通过使用阿伦尼乌斯（Arrhenius）方程来补偿温度的偏离，PCR 设备中采用的阿伦尼乌斯方程公式如下：

$$\log \frac{\dot{\gamma}(T_0, p_0)}{\dot{\gamma}(T, p)} = \frac{E_a}{19.148}\left(\frac{1}{T} - \frac{1}{T_0 + \frac{\Delta T}{\Delta p} p}\right) \qquad (2\text{-}10\text{-}5)$$

式中　T_0——标准温度，K；

　　　p_0——标准压力，dyn/cm^2；

　　　T——狭缝内实际温度，K；

　　　p——狭缝内实际压力，dyn/cm^2；

　　　E_a——活化能；

　　$\Delta T/\Delta p$——压力系数，$K \cdot \text{cm}^2/\text{dyn}$。

对于测试不同的聚合物熔体材料，其活化能有所不同，PCR 设备中可以使用多应力点扫描模式来测量计算材料的活化能。经过不断测量和修正后得到的真实黏度和剪切速率数据，根据不同测试材料的 ASTM/ISO 测量标准来计算真实的狭缝内的体积流量，然后使用下式计算熔融指数 MI：

$$MI = \dot{V}(\Delta t)\rho \qquad (2\text{-}10\text{-}6)$$

式中　$\dot{V}$——体积流量，mm^3/s；

　　　Δt——$\Delta t = 10\text{min}$；

　　　ρ——给定温度下的材料熔体密度，g/mm^3。

二、结构组成

在线熔融指数仪 PCR 由机械测量单元、就地控制机柜和上位机操作站组成，如图 2-10-24 所示。

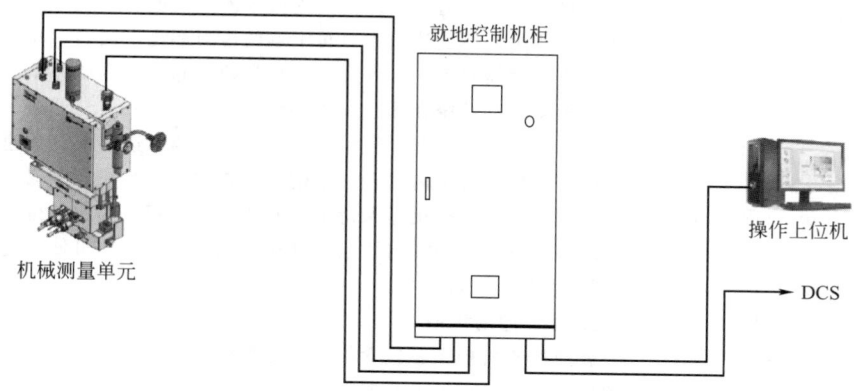

图 2-10-24　在线熔融指数系统组成

机械测量单元即测量机头，通常安装在大中型挤压造粒机组的筛网和模板之间，或者安装在熔体管道上。就地控制机柜可以根据厂房布局和环境要求安装在机柜间或者现场，操作上位机通常布置在控制室内，测量数据可以通过与 DCS 的通信实时传输。

1. 机械测量单元

机械测量单元主要包含测量狭缝、加热器、入口熔体齿轮泵、计测熔体齿轮泵和旁路齿轮泵及驱动系统，以及熔体压力和温度传感器、空气压力开关、流量开关、涡旋管冷却器等。

（1）测量狭缝　测量狭缝为合金钢制造，0~400℃范围内无热变形，通过8个法兰端面高强螺栓固定，以抑制聚合物可能的剪切降解和防止高压熔体溢出。

在狭缝端面内置的熔体温度和压力传感器都采用平面制造，以使流经狭缝压力传感器中心点的聚合物熔体呈条状流过时没有入口和出口形变，从而无需进行 Bagley 修正。

狭缝装配示意如图 2-10-25 所示。狭缝分解示意如图 2-10-26 所示。

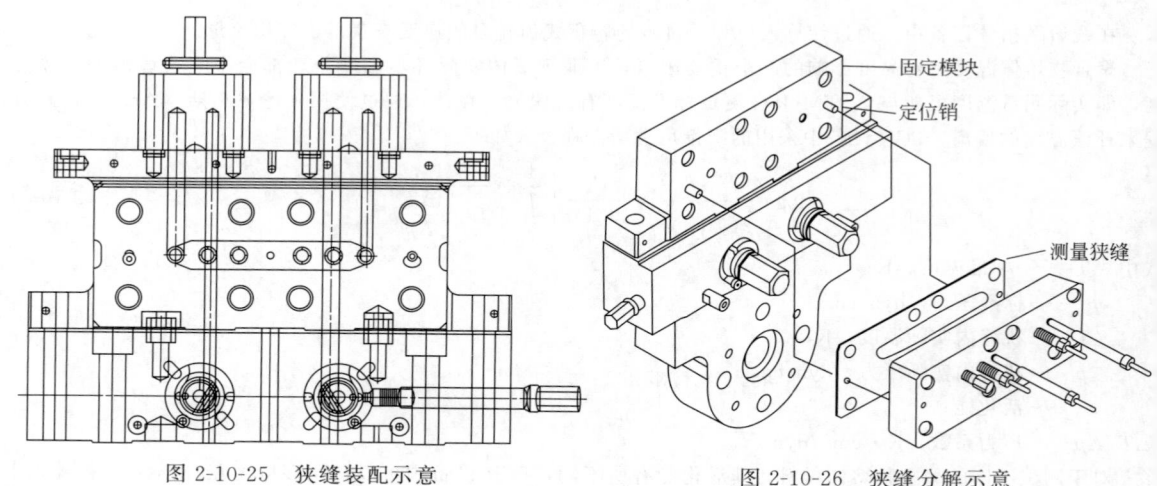

固定模块
定位销
测量狭缝

图 2-10-25　狭缝装配示意　　　　　　　　图 2-10-26　狭缝分解示意

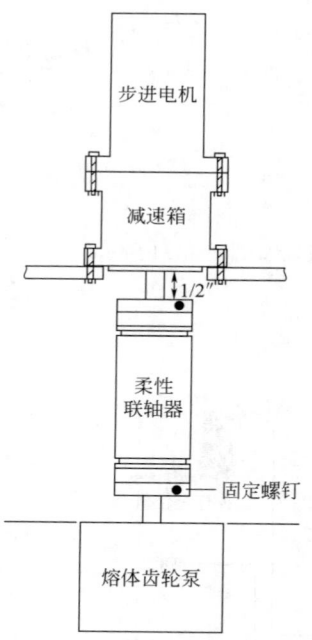

步进电机

减速箱

1/2

柔性联轴器

固定螺钉

熔体齿轮泵

图 2-10-27　齿轮泵驱动系统

（2）熔体齿轮泵系统　机械测量单元内主要由三套熔体齿轮泵驱动系统组成，分别为入口熔体齿轮泵、计测熔体齿轮泵和旁路熔体齿轮泵。每套熔体齿轮泵都包含独立的驱动电机、减速箱、联轴器，根据温度和压力通过程序控制转速在测量狭缝内建立压差。

系统为精确控制和测量齿轮泵转速及流量，采用了专用的大扭矩步进电机和行星结构全密封齿箱，通过特殊设计的柔性联轴器缓冲较大扭矩对齿轮的冲击。

该系统特点是采用独立驱动电机技术，每台电机转速都可以独立控制调整，即熔体自挤压造粒机组筒体内流经测量狭缝和快速旁路后，合并返回到挤压造粒机组筒体的流道中，每个点的压力都是不同的，并且在狭缝内的两个压力点根据材料不同黏度和熔融指数建立起不同的压力差。

齿轮泵驱动系统如图 2-10-27 所示。

（3）涡旋管冷却器　齿轮泵驱动系统中的步进电机、减速齿轮箱，传感器的电子元件部分都内置在一个密闭箱体中。安装在机械测量单元顶部的涡旋管冷却器的主要作用是保持正压通风并且冷却，因通常挤压造粒机组的表面环境温度很高，通过将压缩空气导入涡旋管冷却器可使上述部件处于长期使用的适宜温度范围内。

2. 就地控制机柜

就地控制机柜主要包含柜体、可编程序控制器 PLC、直流驱动电源、驱动器以及其他各种电子元器件。

输入至大扭矩步进电机的信号为频率信号，柜体到测量机械单元的电缆距离，如果过长会引起信号衰减，通常控制在 150m 以内。柜体可以根据机柜间设计位置，决定安装在机柜间内或者现场。

（1）可编程控制器 PLC　可编程控制器 PLC 向驱动步进电机输出转速指令，同时测量机头内的各种传感器信号反馈回来形成循环控制。所有的计算都在 PLC 中完成，并可输出模拟或数字信号 DCS 系统。

（2）直流驱动电源　机柜内对应每台步进电机布置独立的直流驱动稳压电源，该电源输出电压根据输出扭矩变化有小幅变化，范围在 $58\sim70\text{V DC}$ 之间。

3. 上位机操作站

设备通过对应可编程控制器 PLC 的上位机操作站来操作控制仪器运行。针对不同的被测量材料，需要提前输入对应材料数据，建立运行模型。软件有不同的测量模式，如 MI 模式（两点法）测量、CAM 模式（单点法）测量熔融指数，并且可以通过应力扫描模式进行流动活化能的测定。

软件拓展功能可以测量聚合分布指数（PDI），即分子量分散指数，以及不同负荷下的流动速率比 FRR 等参数，均可实时输出到 DCS。

软件可记录长期运行状态数据，对工艺切仓时间和料仓掺混时间选择给予重要指导意义。

三、主要特点

PCR 简单易用、快速测量、工业化设计，实际应用稳定，具有如下主要特点。

① 基于可编程控制器 PLC 系统的设计应用，具有集成、可靠、功能强大的特点。

② 测量单元采用带有传感器的平板狭缝模块化设计，不堵塞，无需入口效应校正，单一狭缝通常可覆盖装置生产范围。

③ 开放结构可拓展仪表功能，如对于最终产品 VA 单体含量的测量，以及更多参数计算（如穆尼黏度或者特性黏度）。

④ 截止阀组作为标准组件可随时进行在线维护，在截止阀组出口阀侧三通设计可制取长条样品，高等级材料测试后可选择不返回生产线。

⑤ 机械测量单端采用无泄漏设计，超强的平面加工水平、堆栈设计组件。

⑥ 防腐蚀设计，标准型号适用于绝大多数酸性聚合物工艺。

⑦ 精确的熔体温度测量：Arrenhius 方程进行温度补偿。

⑧ 测量真实黏度，采用独有数字控制的独立步进电机驱动技术控制每个齿轮泵转速。

四、主要性能指标

① 应力设定范围：$5\sim250\text{kPa}$。

② ASTM/ISO 负荷：$0.5\sim25\text{kg}$。

③ 剪切速率范围：$0.03\sim4000\text{s}^{-1}$。

④ 黏度范围：$2\sim240000\text{Pa}\cdot\text{s}$。

⑤ 熔融指数：$0.01\sim3000$（根据不同材料采用不同规格熔体泵和狭缝）。

⑥ 运行温度：$50\sim400\text{℃}$。

⑦ 压力传感器范围：$100\sim350\text{bar}$。

⑧ 温度控制精度 $\pm0.2\%$。

⑨ 正常值的可重复性 $\pm2.0\%$。

⑩ 测量周期最短为 15s，正常控制为 $50\sim60\text{s}$ 测量周期。

⑪ 输出信号：$4\sim20\text{mA}$ 模拟信号、PROFIBUS、Modbus 可选。

⑫ 总供电电压：220V AC，32A。

五、选用注意事项

① 主要适用材料为假塑性聚合物熔体。

② 熔融指数测量范围贴近工艺装置最大、最小范围即可，根据工艺条件选择适用的熔体齿轮泵型号和测量狭缝。

③ 安装位置通常在熔体经过过滤之后，以防止杂质进入仪器设备。

④ 机械测量单元和就地控制机柜可以根据工艺环境要求采用不同的防护和防爆等级。由于测量熔体和工艺线中的熔体相同，控制温度范围一致，防爆温度等级也要和工艺设备一致。

⑤ 电缆配设走向和高温热油管线保持 30cm 或以上距离，并注意和大功率强电分开，防止电磁干扰。

⑥ 主要熔体泵传动部件按照动设备流程进行维修维护，如以挤压造粒组维护周期进行设备仪器维护频率。

⑦ 根据不同被测材料和产品切换频率对传感器定期进行校验，如聚丙烯装置通常每月切换 10 次左右，则每年校验一次即可满足精度要求。

第十一章 机柜（盘）、操作台、箱

第一节 机柜（盘）通用要求

一、室内安装的机柜（盘）

① 室内安装的机柜（盘）应规格一致，选用标准化机柜，800（1200）mm 宽，2100mm 高（含底座100mm），800mm 深；独立安装且可并柜，前后开门，防护等级不低于 IP52。钢制模块化底座，可并联，底座的承重不低于 1300kg，钢制底座如有绝缘需求，增加绝缘胶板。

② 室内安装的机柜（盘）采用连续退火处理的冷轧钢板制作，框架、顶板、后板、进线底板、侧板的厚度为 1.5mm，门厚度为 2.0mm，安装板为镀锌钢板，厚度不低于 2.5mm。机柜（盘）采用框架式焊接结构，机柜框架型材应坚固，滚压成型，对称结构，内外双安装平面，两个平面上布有间距为 25mm 模数的孔阵，支持机柜内部所有安装附件。

③ 机柜（盘）内部设计确保可灵活地从各个方向安全引入电缆，适应现场安装要求。底板采用多段式设计，为电缆进线提供最大空间。从底部进入电缆应配备电缆应力释放夹钳，同时进行密封。

④ 机柜（盘）门应有足够的刚度，门上安装管框，PU 泡沫密封圈防止灰尘、潮气进入柜内。单门机柜（盘）在右侧安装铰链，至少应有三个，并可拆卸。

⑤ 机柜（盘）门锁不少于三个锁止点，并可拆卸。所有机柜门的锁保持一致，柜门可开启至 130°或者 180°，并配有门制动器，带手柄。

⑥ 所有柜门可以实现互换，无需机械加工。

⑦ 每个柜门内侧装有一个文件盒，能容纳 35mm 厚的 A4 文件。

⑧ 机柜（盘）可左右并柜，满足动态与静态使用要求，同时提供坚固的并柜连接件，确保并柜运输的稳定性。

⑨ 机柜（盘）的表面处理：框架电泳底漆，门、顶板、后板、侧板电泳底漆外加粉末喷涂，涂层总厚度为 80～120μm，涂层能够耐受矿物油、润滑剂、弱酸和弱碱，以及含乙醇溶剂。进线底板为镀锌钢板，机柜颜色为 RAL7035，底座颜色为 RAL7022 或者 RAL9005。

⑩ 机柜（盘）的静态承载力不低于 1000kg，顶板上固定有可拆卸的吊环。

⑪ 机柜（盘）的 4 台风扇安装在顶部。过滤器安装可拆卸的过滤垫，过滤垫阻燃性不低于 F1 级。

⑫ 机柜（盘）内安装专用 LED 机柜灯具，电压等级为 220V AC。灯具配有门位开关，柜门打开时机柜内部照明灯亮。

⑬ 柜内配备工作接地和安全接地端子、接地线等。

⑭ 机柜应提供各种标准化附件。

二、室外安装的机柜（盘）

① 室外安装的机柜（盘）应是独立的结构，采用连续退火处理的冷轧钢板或者不锈钢板制造，框架、顶板、后板、进线底板、侧板的厚度为 1.5mm，门厚度为 2.0mm，安装板厚度不低于 2.5mm。机柜（盘）的表面应光滑和平坦，防护等级不低于 IP55。

② 室外安装的机柜（盘）应是标准化设计，应用灵活，可在钢筋混凝土地面或平台上安装，也可壁挂或立柱悬挂。带或不带底座均可，底部配有进线底板。

③ 进线时必须严格确保防护等级，可采用有敲落孔的碳钢和塑料封盖板、插头保护套、通过电缆导管和电缆导管夹，实现机柜（盘）内部的配线。

④ 室外安装的机柜（盘）的门应有加强筋，PU 泡沫密封圈防止灰尘和湿气进入柜（盘）内。单门机柜（盘）在右侧安装铰链，至少应有三个，并可拆卸。

⑤ 室外安装的机柜（盘）应装有可拆卸的门锁，门锁形式相同，门的开启角度为 130°或者 180°，并配有门制动器，带手柄。

⑥ 室外安装的机柜（盘）的表面处理：箱体和门为电泳底漆外加粉末喷涂，涂层总厚度 80～120μm，涂层能够耐受矿物油、润滑剂、弱酸和弱碱，以及含乙醇溶剂。安装板为镀锌钢板，盘柜颜色为 RAL7035。底座颜色为 RAL7022 或者 RAL9005。

⑦ 室外安装的机柜（盘）应带有可拆卸的吊装螺栓以便于吊运和安装，吊装螺栓应固定在机柜（盘）顶部。可带防雨顶盖。

⑧ 根据柜（盘）内安装的控制设备情况，通过户外工业空调或者风扇过滤器装置进行温度控制。利用机柜（盘）加热器防止结露，通过温度控制器和湿度控制器调节。密封隔膜的泄压塞能从内部排放冷凝物，防止外部的水滴溅到柜（盘）体内部。过滤器风扇应安装可拆卸的过滤垫，过滤垫阻燃性不低于 F1 级。

⑨ 室外安装的机柜（盘）内应安装机柜专用 LED 机柜灯具，电压等级为 220V AC。灯具应同时配有门位开关，柜门打开时机柜（盘）内部照明灯亮。

⑩ 柜（盘）内配备工作接地和安全接地端子，接地线等。

⑪ 机柜（盘）应提供各种标准化附件。

三、通信室及机房安装的 IT 机柜

① 所有 IT 机柜规格一致，选用标准化机柜，600mm 或 800mm 宽，2100mm 或 2300mm 高（含底座 100mm），1000mm 深，可独立安装且可并柜，前单开网孔门，后双开网孔门。

② 机柜框架为焊接结构，框架型材应坚固，滚压成型，采用对称结构，内外双安装平面，两个平面上布有间距为 25mm 模数的孔阵，支持机柜内部所有安装附件。采用连续退火处理的冷轧钢板制作，框架、侧板、分隔板的厚度为 1.5mm。门厚度为 2.0mm，安装板厚度不低于 2.5mm。机柜的静态承载力不低于 1000kg。

③ 机柜前门保证足够的刚度，提供不小于 75％通风率。柜门门锁不应少于三个锁止点，门可以开启至 130°或者 180°，并配有门制动器，带手柄。

④ 机柜采用底部进线，机柜提供功能性底板的安装，满足进线和防护的要求。

⑤ 机柜的表面处理：框架电泳底漆，前门、后门等平板件采用电泳底漆外加粉末喷涂，涂层厚度 80～120μm，涂层能够耐受矿物油、润滑剂、弱酸和弱碱以及含乙醇溶剂。机柜颜色为 RAL7035，底座颜色为 RAL9005。

⑥ 柜内配备接地端子、接地线等。

⑦ 机柜应提供各种标准化附件。

四、仪表盘

常规模拟仪表控制系统通常采用仪表盘。

1. 仪表盘形式

（1）柜式仪表盘　基本型，带外照明，附控制台。

（2）框架式仪表盘　基本型，带外照明，附控制台。

（3）屏式仪表盘　基本型，带外照明，附控制台。

（4）通道式仪表盘　基本型，带外照明，附控制台。

2. 仪表盘尺寸

高（H）（mm）：2000、2100、2200、2300。

宽（W）（mm）：600、800、1000、1100、1400。

深（D）（mm）：600、900、1200、1500。

屏式仪表盘深（D）（mm）：50。

通道式仪表盘深（D）（mm）：2300、2400mm。

通道宽（W）（mm）：1000、1100。

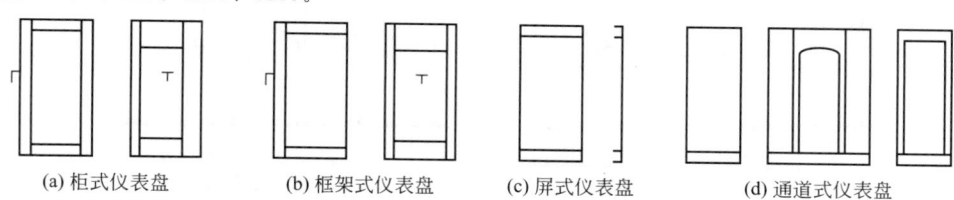

(a) 柜式仪表盘　(b) 框架式仪表盘　(c) 屏式仪表盘　(d) 通道式仪表盘

图 2-11-1　仪表盘形式

以上几种形式的仪表盘如图 2-11-1 所示。由于数字控制系统（如 DCS、SIS、PLC、IPC、SCADA 等）基本上取代模拟仪表控制系统，本手册仪表盘不做详细叙述。

第二节 机柜技术要求

随着自动化及信息化系统在石油化工工厂应用水平不断提高，对各种机柜技术要求更加严格。

自动化及信息化系统采用机柜包括控制系统柜、过渡接线柜、安全栅柜、继电器柜、电源配电柜、服务器柜、网络机柜、现场总线设备柜、主机柜等。

一、控制系统柜

控制系统柜用于安装控制器、通信模块、电源单元、电源分配单元、I/O 模块、系统用各类总线电缆等设备。

控制系统柜供电采用两路 UPS、一路 IPS。每路进线接入隔离开关，两路 UPS 为系统提供冗余电源，同时也为现场仪表提供冗余电源，两者相互隔离。一路 IPS 为四个风扇和两个照明灯提供电源。

控制系统柜内 I/O 模块排布原则如下。

（1）按模块类型排布　AO 模块，AI 模块，DI 模块，DO 模块。

（2）按是否冗余排布　先冗余模块，后非冗余模块。

（3）按是否本安类型排布　先本安信号模块，后非本安信号模块。

（4）数字量信号排布　先非 MCC 信号模块，后 MCC 信号模块。

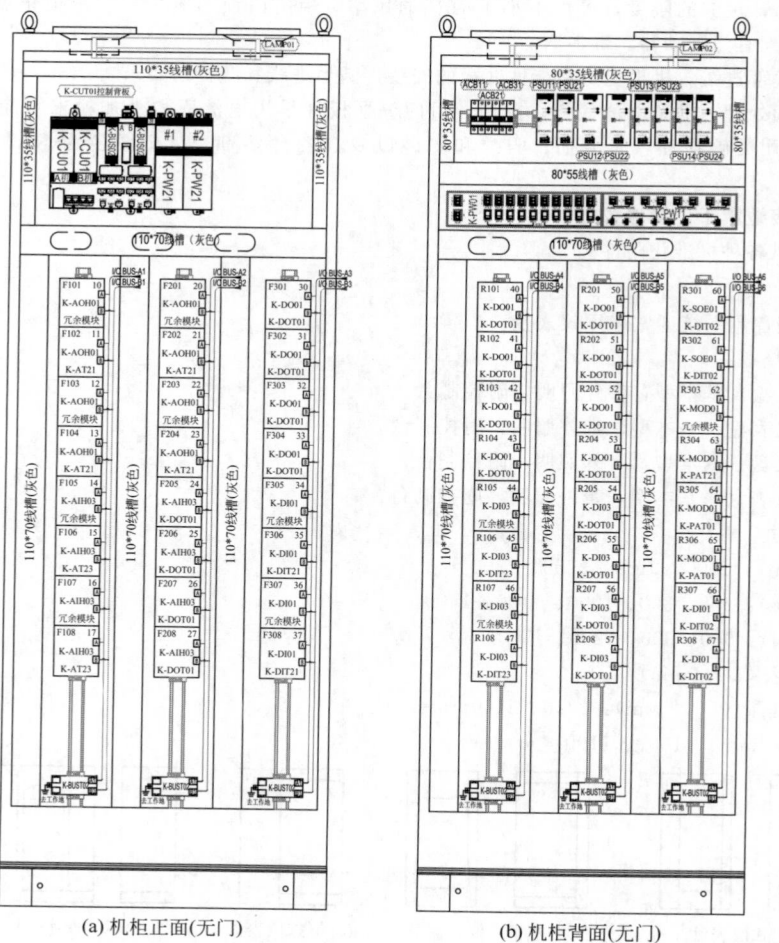

(a) 机柜正面(无门)　　　　　　　　(b) 机柜背面(无门)

图 2-11-2　控制系统柜内布置

机柜尺寸（mm）：2100（*H*）×800（*W*）×800（*D*），含100mm（*H*）底座。控制系统柜典型布置如图 2-11-2 所示。

二、安全栅柜

安全栅柜用于安装底板式隔离安全栅、电涌保护器、24V DC 开关电源及本安接线端子等设备。

安全栅柜供电采用两路 UPS、一路 IPS。每路进线接入隔离开关，两路 UPS 为系统提供冗余电源，同时也为现场仪表提供冗余电源，两者相互隔离。一路 IPS 为四个风扇和两个照明灯提供电源。

安全栅柜可安装 10～12 块底板式安全栅，每块底板安装安全栅 16 块，机柜正面可安装 160～192 个安全栅，机柜背面可安装 400 个端子。

机柜尺寸（mm）：2100（*H*）×800（*W*）×800（*D*），含100mm（*H*）底座。安全栅柜典型布置如图 2-11-3 所示。

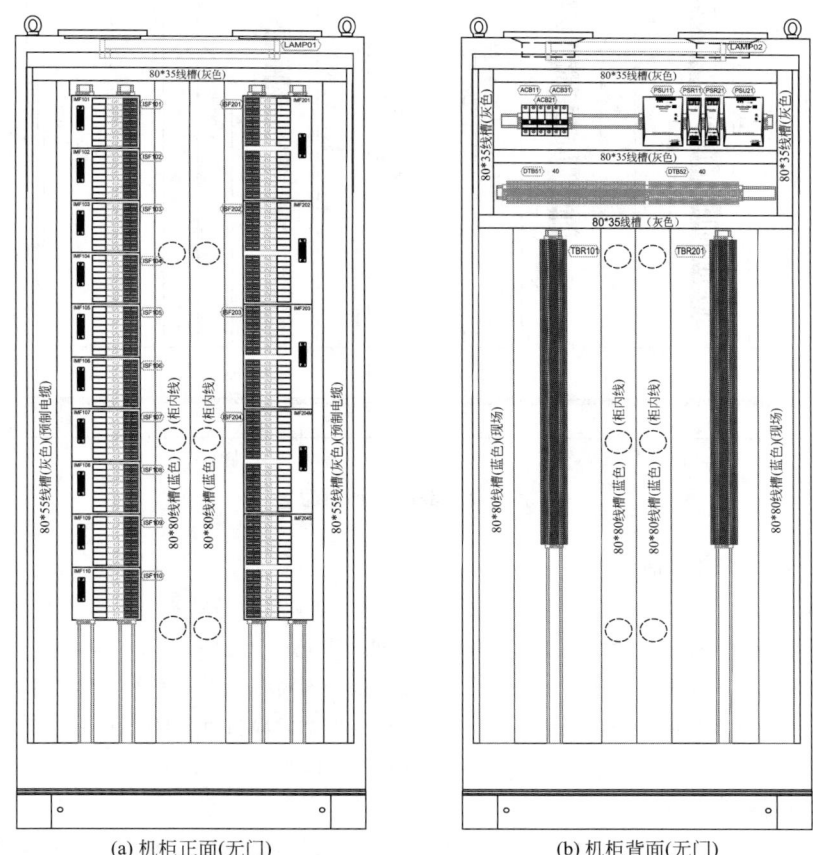

(a) 机柜正面(无门)　　　　　　　(b) 机柜背面(无门)

图 2-11-3　安全栅柜内布置

三、继电器柜

继电器柜用于安装导轨式继电器、I/O 转接端子板、24V DC 开关电源及接线端子等设备。

继电器柜供电采用两路 UPS、一路 IPS。每路进线接入隔离开关，两路 UPS 为系统提供冗余电源，同时也为现场仪表提供冗余电源，两者相互隔离。一路 IPS 为四个风扇和两个照明灯提供电源。

继电器柜内正面可安装 128 个普通继电器或 48 个 220V DC 大功率继电器，机柜背面可安装 400 个端子。

机柜尺寸（mm）：2100（*H*）×800（*W*）×800（*D*），含100mm（*H*）底座。继电器柜典型布置如图 2-11-4 所示。

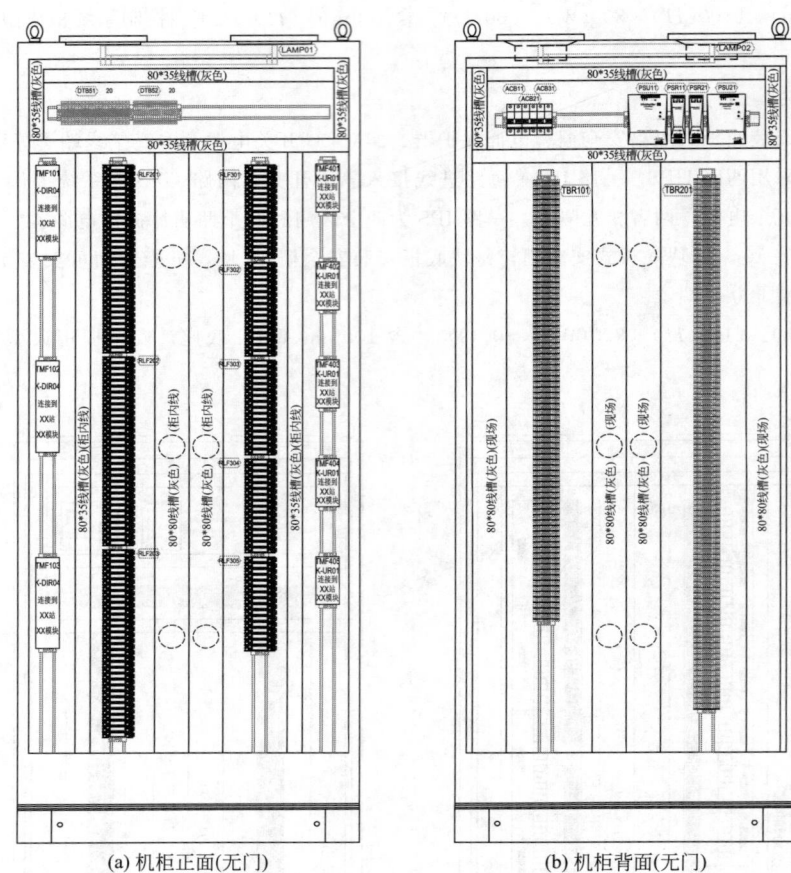

(a) 机柜正面(无门)　　　　　　　(b) 机柜背面(无门)

图 2-11-4　继电器柜内布置

四、过渡接线柜（模拟信号）

模拟信号接线柜用于安装 24V DC 开关电源、线槽、安全栅、信号转换器（隔离器）、I/O 转接端子板、供电端子及附件等设备。模拟信号接线柜与控制系统柜之间采用 ELCO 电缆连接。

模拟信号接线柜供电采用两路 UPS、一路 IPS。每路进线接入隔离开关，两路 UPS 为系统提供冗余电源，同时也为现场仪表提供冗余电源，两者相互隔离。一路 IPS 为四个风扇和两个照明灯提供电源。

模拟信号接线柜可安装 400 个端子，如果安装 24V DC 开关电源，可安装 16 块端子板，或 10 块端子板和 160 个信号转换器或隔离栅。

机柜尺寸（mm）：2100(H)×800(W)×800(D)，含 100mm（H）底座。模拟信号过渡接线柜典型布置如图 2-11-5 所示。

五、过渡接线柜（数字信号）

数字信号接线柜用于安装 24V DC 开关电源、线槽、数字信号输入端子板、数字信号输出端子板（带继电器）、供电端子及附件等设备。数字信号接线柜与控制系统柜之间采用 ELCO 电缆连接。

数字信号接线柜供电采用两路 UPS、一路 IPS。每路进线接入隔离开关，两路 UPS 为系统提供冗余电源，同时也为现场仪表提供冗余电源，两者相互隔离。一路 IPS 为四个风扇和两个照明灯提供电源。

数字信号接线柜可安装 400 个端子，如果安装 24V DC 开关电源，可安装 8 块 DI 端子板，或 6 块 DO 端子板。

机柜尺寸（mm）：2100(H)×800(W)×800(D)，含 100mm（H）底座。数字信号接线柜典型布置如图 2-11-6 所示。

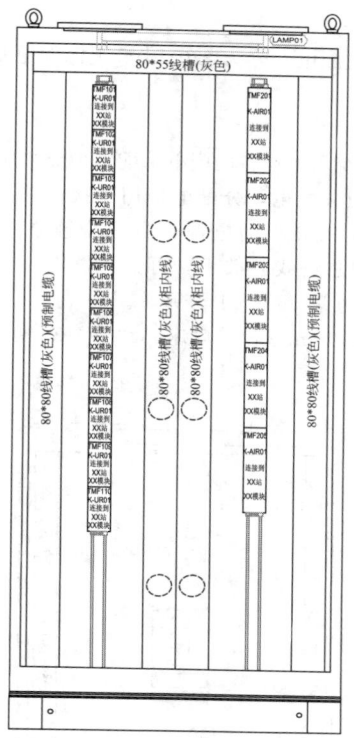
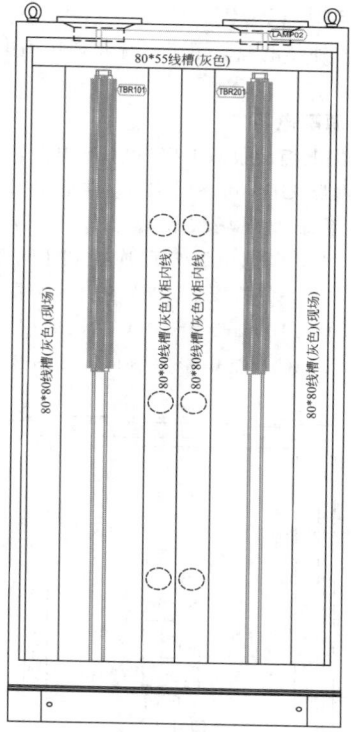

(a) 机柜正面(无门)   (b) 机柜背面(无门)

图 2-11-5 模拟信号过渡接线柜内布置

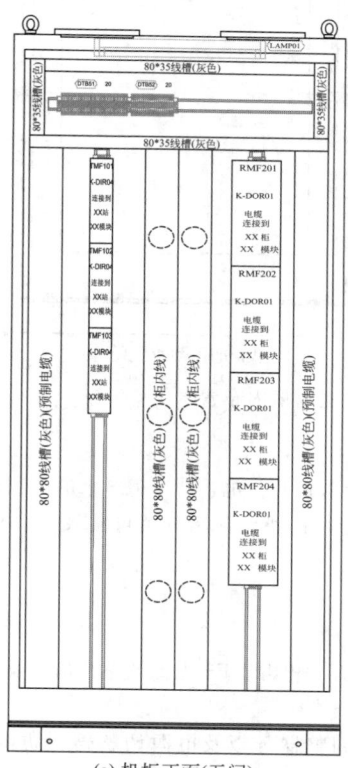
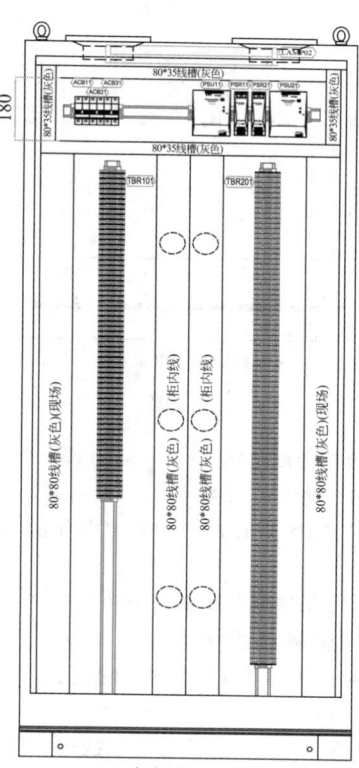

(a) 机柜正面(无门)   (b) 机柜背面(无门)

图 2-11-6 数字信号过渡接线柜内布置

六、电源配电柜（PDP）

电源配电柜接收外部电源，用于系统和现场用电设备的配电。分为 220V AC 电源配电柜和 24V DC 电源配电柜。

1. 220V AC 电源配电柜

220V AC 电源配电柜接收双 UPS 和 IPS 电源，用于系统用电设备的配电。配电柜分主配电柜、分配电柜，主配电柜用于接收两路 UPS 和一路 IPS，并向 DCS 配电柜分配电，分配电柜用于接收双 UPS 或 IPS，并为 DCS、SIS、GDS 等系统及现场仪表配电。DCS 系统内的 PDP 柜的电源来自三个独立电源单元，分别为 UPS01、UPS02 和 IPS，每路电源分别连接到 PDP 柜内的总进线开关上，再接入总汇流母排上。DCS 系统 PDP 柜可安装 8 排空开，每排安装 12 个空开。分配电柜可安装 96 个 2P 分开关。

机柜尺寸（mm）：2100(H)×800(W)×800(D)，含 100mm（H）底座。220V AC 主配电柜典型布置如图 2-11-7 所示。220V AC 分配电柜典型布置如图 2-11-8 所示。

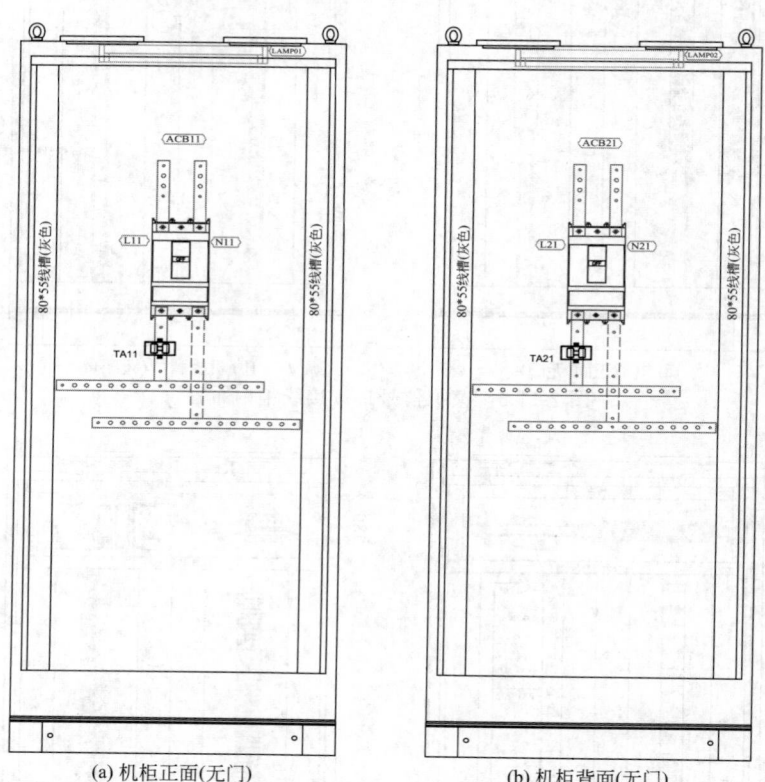

(a) 机柜正面(无门)　　　　　　　　(b) 机柜背面(无门)

图 2-11-7　220V AC 主配电柜内布置

2. 24V DC 直流电源配电柜

24V DC 电源通过此 PDP 柜对 DCS 系统内的 24V DC 负载进行供电，一个 IPS 来的电源主要用于机柜内照明和风扇。两个独立 UPS 来的 220V AC 电源分别经 PDP 柜内的进线隔离开关可接入 4 个开关电源，此 PDP 柜可安装 6 排空开。

24V DC 直流配电柜典型布置如图 2-11-9 所示。

七、现场总线设备接线柜

现场总线设备接线柜用于安装电源分配端子、24V DC 开关电源、FF 电源调整器母板及电源调整器、防电涌保护器及附件等设备。

机柜正反面安装 24V DC 开关电源、线槽、FF 电源调整器母板及电源调整器、防电涌保护器、供电端子及附件。机柜反面最上面的左侧安装两路 UPS 电源接线隔离开关，右侧安装一路 IPS 电源接线隔离开关。

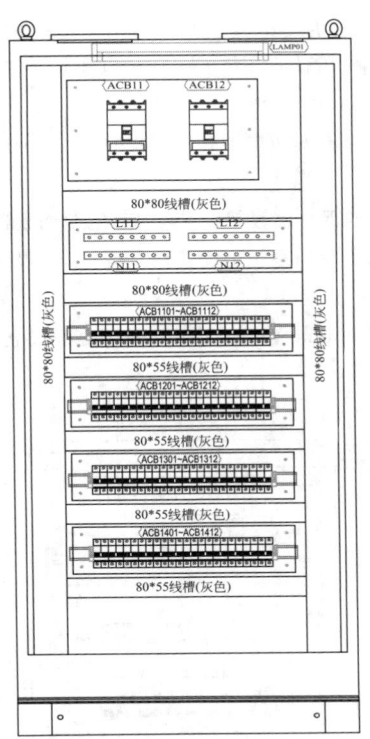
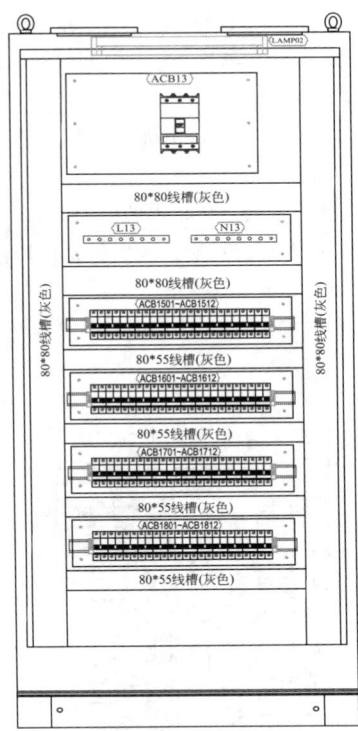

(a) 机柜正面(无门)　　(b) 机柜背面(无门)

图 2-11-8　220V AC 分配电柜内布置

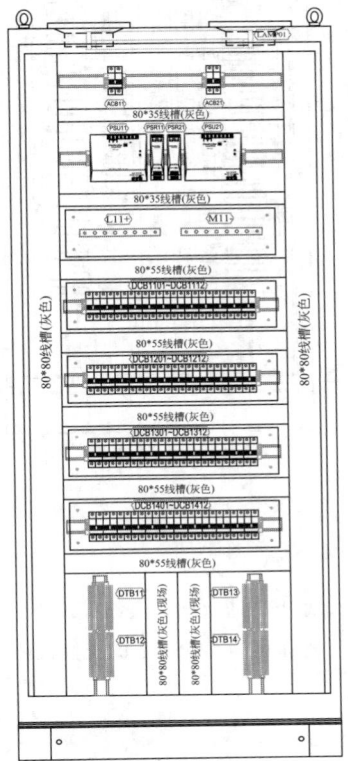
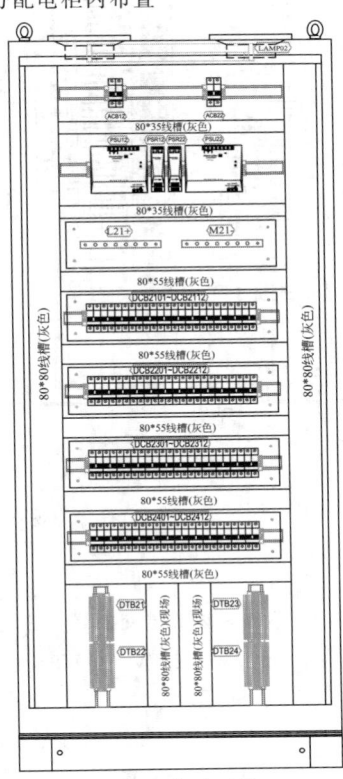

(a) 机柜正面(无门)　　(b) 机柜背面(无门)

图 2-11-9　24V DC 直流电源配电柜内布置

机柜供电采用三路进线（两路 UPS、一路 IPS）。24V DC 开关电源 24V 正极出来接至 FF 电源调整器母板等的配电端子（正极），负极接至 FF 电源调整器母板等的配电端子（负极），FF 电源调整器母板等的配电端子再接至 FF 电源调整器母板的供电端子。

现场来的 FF 总线电缆直接接至机柜内 FF 电源调整器母板的防电涌保护器端子上，防电涌保护器直接安装在 FF 电源调整器母板上。

FF 现场总线电缆直接接至机柜内的电涌保护器上，电涌保护器直接安装在 FF 电源调整器母板的 Segment 接线端子上，FF 电源调整器母板与 DCS 系统的 FF 卡件采用专用系统电缆连接。现场 FF 设备的电源由 FF 电源调整器母板上的电源调整器提供。

机柜尺寸（mm）：2100(H)×800(W)×800(D)，含 100mm（H）底座。现场总线设备接线柜典型布置如图 2-11-10 所示。

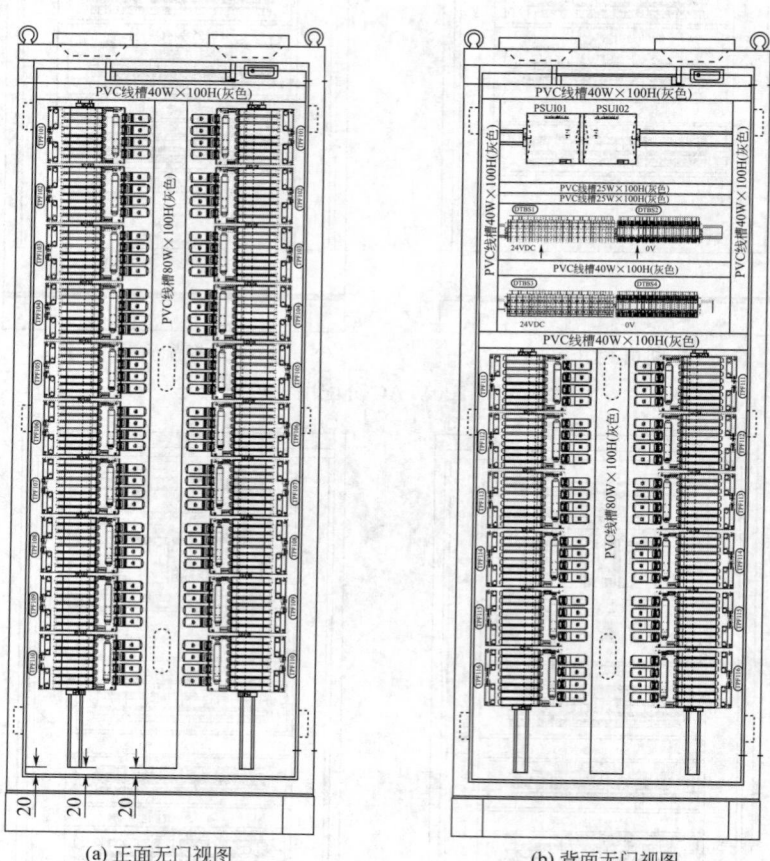

(a) 正面无门视图   (b) 背面无门视图

图 2-11-10 现场总线设备接线柜内布置

八、网络柜

网络柜用于安装网络设备，如二层交换器、三层交换机、GPS、防火墙、光纤配线架、光电转换器、配电单元及附件。网络柜由两个独立的 220V AC UPS 电源供电。连接网络 BUS1 上的交换机由 UPS01 供电，连接网络 BUS2 上的交换机由 UPS02 供电。

网络柜中可安装 6 台交换器、2 个光纤配线架及附件等。

机柜尺寸（mm）：2100(H)×800(W)×800(D)，含 100mm（H）底座。网络柜典型布置如图 2-11-11 所示。

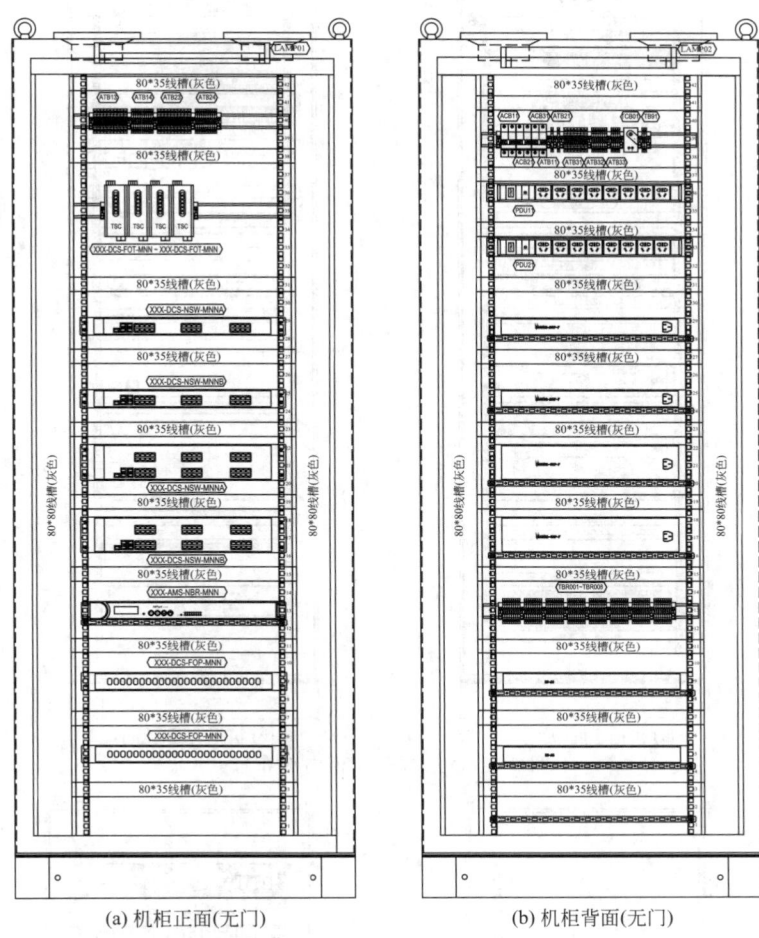

(a) 机柜正面(无门)　　　　(b) 机柜背面(无门)

图 2-11-11　网络柜内部布置

九、服务器柜

服务器柜用于安装架装式服务器、一体化 KVM 服务器、17in 显示器及附件等。服务器柜由两个独立的 220V AC UPS 电源供电。

服务器柜最多可安装 6 台架装式服务器和 1 台本地 KVM 显示器。

服务器柜选择带网状通气孔的门，不安装风扇。

机柜尺寸（mm）：$2100(H) \times 600(W) \times 1000(D)$，含 100mm（$H$）底座。服务器柜典型布置如图 2-11-12 所示。

十、操作站主机柜

某些工程采用操作站的显示器与主机分离的方式，主机与显示器通过 KVM 连接方式连接。操作站主机柜用于操作站的主机及相应的 KVM 延长器和附件等设备。显示器、键盘和鼠标安装在 CCR 操作大厅内的操作台上。操作站主机柜由两个独立的 220V AC UPS 电源供电。

操作站主机柜可安装 6 台主机和 6 台 KVM 延长器及附件。

操作站主机柜选择带网状通气孔的门，不安装风扇。

机柜尺寸（mm）：$2100(H) \times 600(W) \times 1000(D)$，含 100mm（$H$）底座。操作站主机柜典型布置如图 2-11-13所示。

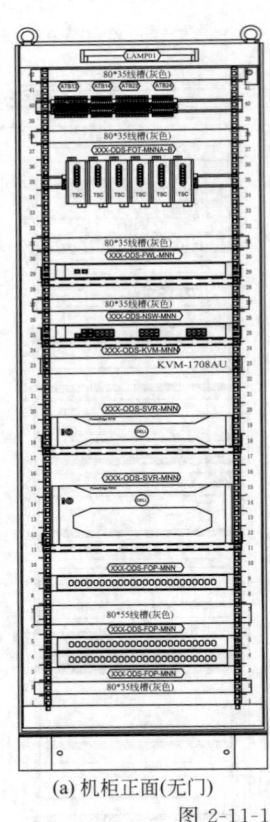
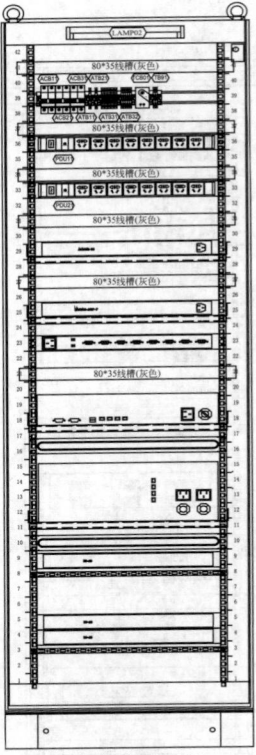

(a) 机柜正面(无门)　　　　　　　(b) 机柜背面(无门)

图 2-11-12　服务器柜内部布置

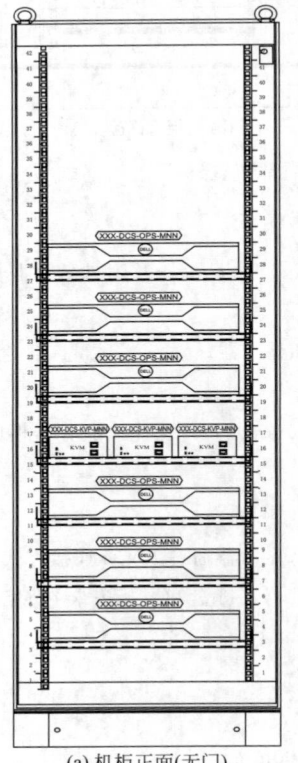
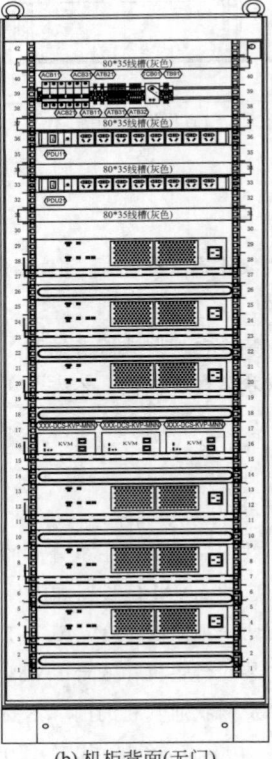

(a) 机柜正面(无门)　　　　　　　(b) 机柜背面(无门)

图 2-11-13　操作站主机柜内部布置

第三节　操作台通用要求

　　中心控制室内主操室选用操作台应满足人体工程学设计原理，并进行整体规划设计，出具设计效果图及详细图纸，满足中心控制室操作和管理的要求。操作台均采用底部进线方式，并考虑散热通风措施。根据操作分组，操作台内设置报警器，满足不同等级报警的需要。操作台带双屏固定安装支架、电源插座板等安装附件，部分操作站柜内安装操作站立式主机，专用操作员键盘嵌入操作台表面。操作站操作台典型图如图 2-11-14 所示。

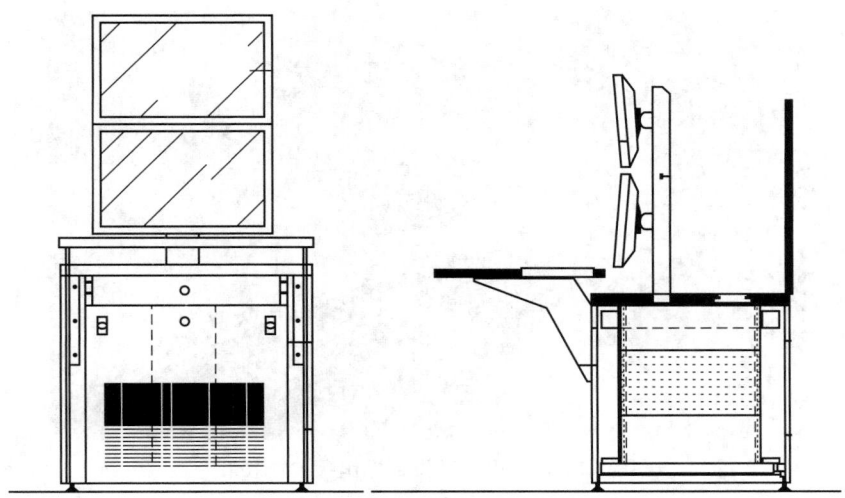

图 2-11-14　操作站操作台典型图

　　辅助操作台配双操作面板，上部为灯屏，下部为开关按钮，分工界面为端子排，完成内部接线，集成后整体提供。每组操作台两侧配装饰台面。辅助操作台典型图如图 2-11-15 所示。

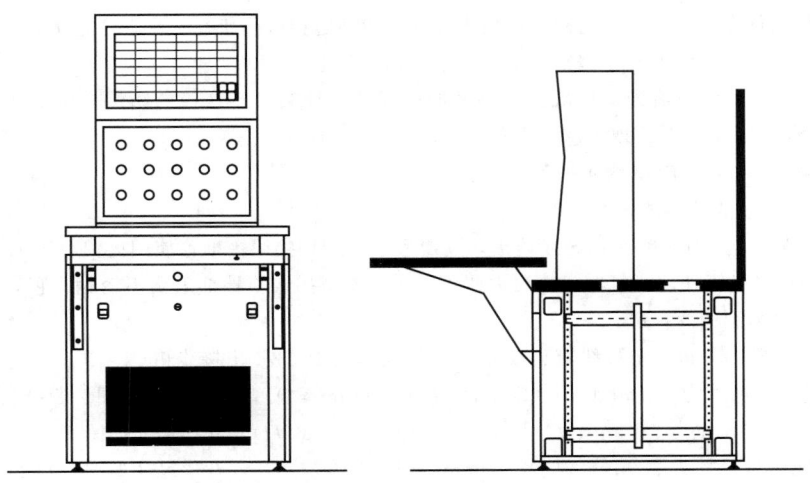

图 2-11-15　辅助操作台典型图

　　操作台选用标准产品，要求铰链开门结构，带背板。操作台采用钢制框架结构，台面采用高强度板，板材必须具有抗压、抗磨、抗冲击、大承载力、防火、防水、耐腐蚀，非金属材料应防火阻燃，所使用材料应符合国家相关环保要求。操作台实物如图 2-11-16 所示。

　　中心操作室操作台布置效果图如图 2-11-17 所示。

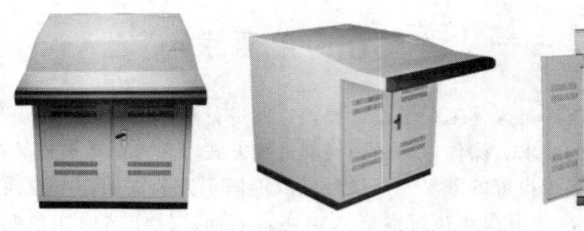

图 2-11-16　操作台实物

图 2-11-17　中心操作室操作台布置效果

第四节　接线箱、保温（护）箱通用要求

一、接线箱

接线箱用于现场仪表分支电缆的汇总，各仪表分支电缆通过接线箱汇总成多芯主电缆，便于现场新增仪表测点并减少施工工作量。通常安装在型钢支架上或钢结构立柱上。

接线箱的防爆等级必须具有国家权威机构颁发的防爆认证证书。接线箱的防爆等级分为隔爆型（Ex-d）、增安型（Ex-e）、本安型（Ex-i）、现场总线型和非防爆型。

接线箱通常满足 IP66 或 IP67 的防护等级要求。

接线箱需要满足 7J 的抗冲击强度试验要求。

接线箱的材质通常为 316SS、304SS 或铸铝，隔爆型（Ex-d）接线箱推荐使用铸铝材质。

本安型（Ex-i）接线箱外部环氧树脂喷涂为蓝色。非本安型接线箱外部采用不锈钢本色，电抛光处理。接线箱的其他内部颜色为制造商标准。

接线箱的规格通常为 8 进 1 出接线箱、12 进 1 出接线箱或 16 进 1 出接线箱。

（1）8 点接线箱　尺寸为 380mm(W)×300mm(H)×200mm(D)，外形尺寸如图 2-11-18 所示。

（2）12 点接线箱　尺寸为 380mm(W)×380mm(H)×200mm(D)，外形尺寸如图 2-11-19 所示。

（3）16 点接线箱　尺寸为 380mm(W)×380mm(H)×200mm(D)，外形尺寸如图 2-11-20 所示。

接线箱的密封垫片选用硅橡胶材质垫片，接线箱盖带可拆卸的铰链，接线箱盖的固定螺栓有防脱落措施，接线箱盖部位有防雨槽结构，避免雨水聚集在接线箱门密封垫片上。接线箱主体上配有用于安装、固定的安装支耳，支耳上带螺栓孔。

接线箱内设有安装背板，背板为不锈钢材质，每个端子配有防松螺钉，并且带端子号。端子采用螺旋夹紧型或弹片夹紧型接线端子。端子排上需要跨接时，使用专用的端子跨接片。本安型（Ex-i）接线箱，内端子颜色为蓝色。隔爆型（Ex-d）或增安型（Ex-e）接线箱，内端子应是增安型（Ex-e），颜色为灰色。

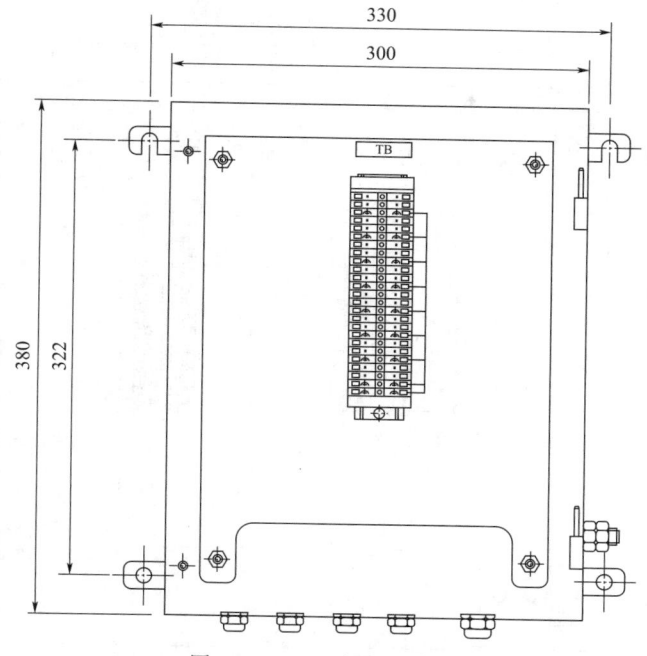

图 2-11-18　8 点接线箱图

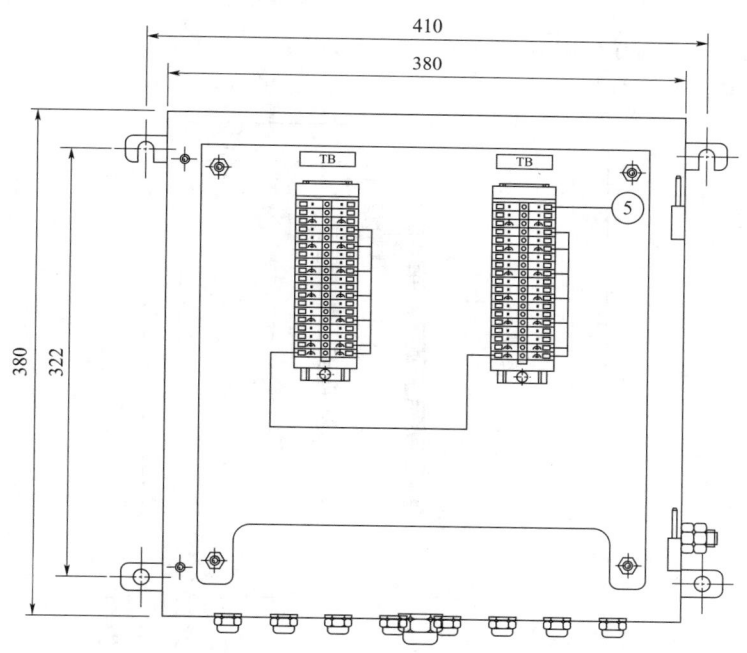

图 2-11-19　12 点接线箱图

电缆进线口应位于接线箱底部或侧面，禁止位于接线箱顶部。进线口的尺寸应根据最终选定的电缆外径确定。

接线箱上应配有接地螺栓。

（4）现场总线接线箱　除了满足上述所有技术要求外，还需要满足：

① 接线箱外形尺寸应能够安装 2 个 Segment，每个 Segment 带 12 台现场总线仪表；

354

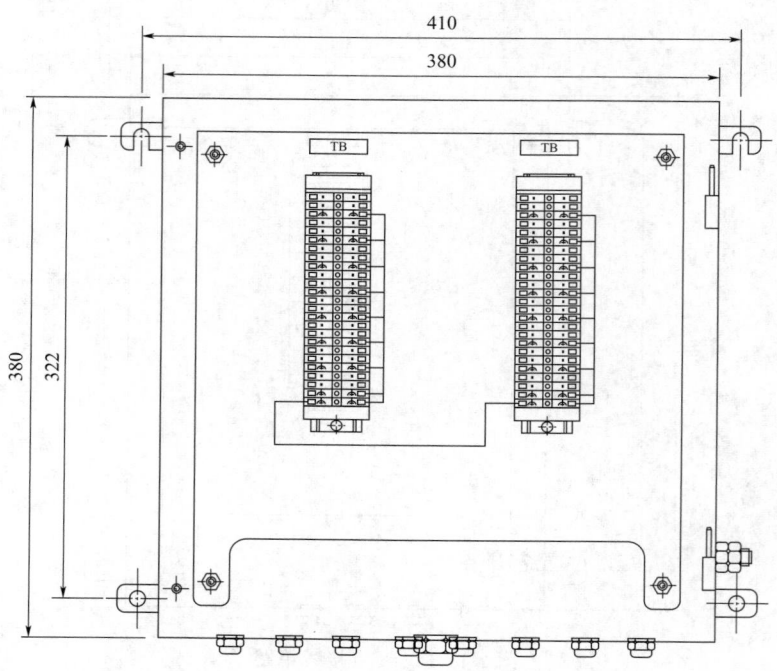

图 2-11-20　16 点接线箱图

② 每个现场总线接线箱内有 2 个端子排，对应 2 个 Segment。

现场总线接线箱如图 2-11-21 所示。

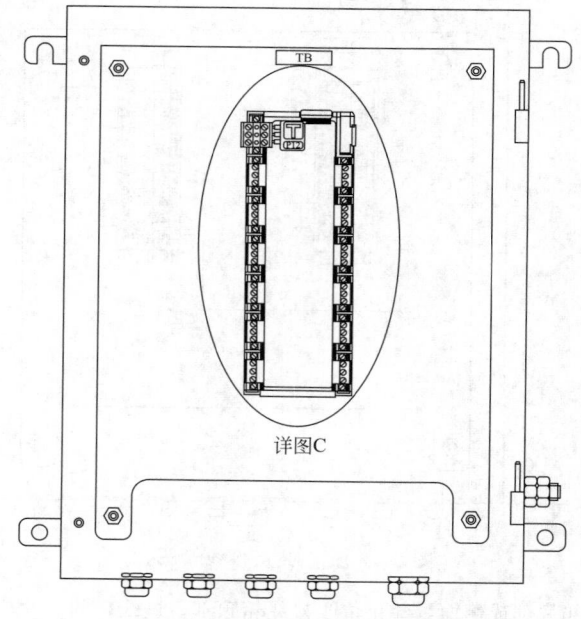

详图C

图 2-11-21　现场总线接线箱图

二、保温（护）箱

保温（护）箱用于现场仪表和变送器的安装。按其伴热方式可分为电伴热、热水伴热、蒸汽伴热和无伴热四种。保温箱通常安装在型钢制成的支架上。变送器固定在前后左右能移动的平板上。为便于箱体保温，前箱体上有双层玻璃观察视窗。示意如图 2-11-22 所示。

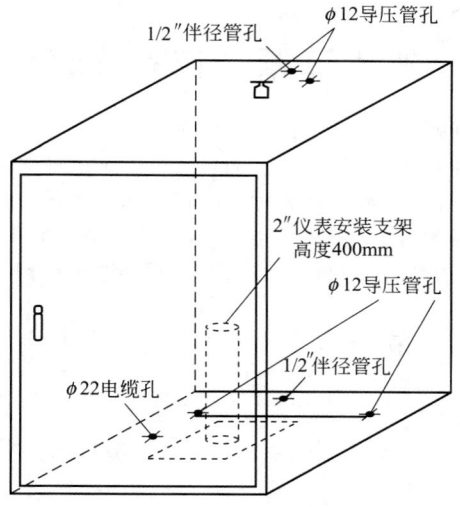

图 2-11-22　保温箱示意

第十二章 校验仪表

校验仪表是用来测量并能得到被测对象确切量值的装置。

由于智能现场仪表及控制系统制造技术的进步，高精度、宽量程、数字和网络化的发展趋势，制造商不断推出小型、实用和智能化的校验仪表。这些校验仪表操作简便，显示清楚，量程范围大，深受用户欢迎。

校验仪表机电一体化，多功能多用途，多种供电方式，携带方便，宜于现场使用。仪表采用 LCD 显示，加上通信接口，易与 PC 机连接，为测试数据储存、处理和管理提供方便，提高仪表校验及维护管理效率。

第一节 温度校验仪表

一、智能温度自动检定装置

智能温度自动检定装置用于分度号 S、K、E、J、N、R、T、B 等热电偶元件和分度号 Cu100、Pt100 等热电阻元件的自动检定。如图 2-12-1 所示。

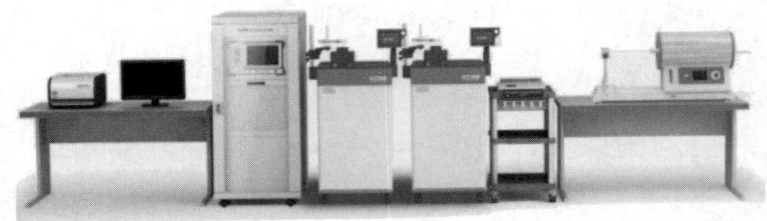

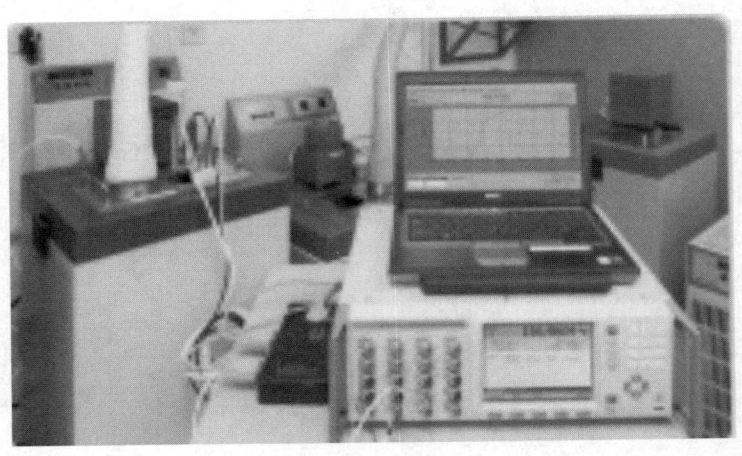

图 2-12-1　温度自动检定装置

1. 主要技术参数

（1）检定温度范围　热电阻 0～300℃（包括低温热电偶的检定），热电偶 300～1200℃。

（2）热电阻检定的综合不确定度　≤0.05℃。

（3）热电偶检定的综合不确定度　≤1.2℃（含标准热电偶）。

（4）智能多通道测温仪分辨率　电势 $0.01\mu V$，电阻 $0.01m\Omega$，同时显示温度值与电信号值。

（5）多路数据扫描装置的寄生电势　$<0.4\mu V$。

（6）控温准确度　热电偶≤±2℃，热电阻≤±0.5℃。

（7）控温稳定度　管式检定炉的恒温稳定性≤0.2℃/10min，油槽、水槽的恒温稳定性≤0.04℃/10min。

（8）测量稳定度　管式检定炉的测量稳定性≤0.1℃/10min，油槽、水槽的测量稳定性≤0.02℃/10min。

（9）高温检定炉　300～1200℃，加热管内径约为 40mm，最高均匀温场中心与炉几何中心（沿轴线）偏离≤10mm，在均匀温场长度不小于 100mm、半径为 14mm 范围内，任意两点间温度差不大于 0.25℃。

（10）智能精密水槽　−30～105℃，水平温场差≤±0.005℃，垂直温场差≤±0.005℃。

（11）智能精密油槽　60～300℃，水平温场差≤±0.005℃，垂直温场差≤±0.01℃。

（12）三腔循环　三重的安全性保护。

2. 基本配置

① 智能多通道超级测温仪。

② 多通道温度信号扫描装置。

③ 智能精密水槽。

④ 智能精密油槽。

⑤ 热电偶检定炉。

⑥ 二等标准铂热电阻。

⑦ 二等标准热电偶。

⑧ 微机系统（硬件、系统软件及温度自检定系统软件包等）。

⑨ 激光打印机。

⑩ 系统集成柜。

⑪ 计算机工作台。

⑫ 高温检定炉均热块。

⑬ K/E 型补偿导线。

⑭ 温度附件。

二、智能干体炉

智能干体炉用于热电阻、热电偶、热敏电阻、智能型温度变送器、双金属温度计等感温元件现场进行校准，如图 2-12-2 所示。按使用温度分为低温版和中温版。

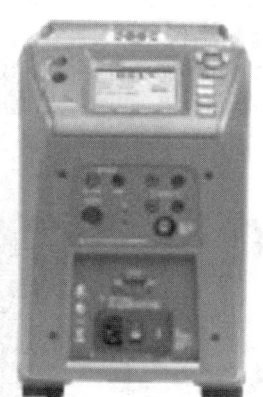

图 2-12-2　智能干体炉

1. 低温版主要技术参数

① 温度范围：−40～155℃，分辨率：0.01℃。

② 准确度：内控温±0.18℃，外控温±0.06℃。

③ 控制稳定性±0.01℃；径向均匀性±0.01℃；60mm 内轴向均匀性±0.05℃。

④ 三通道电测：一路标准 RTD、两路被检，包含 mA/mV/V/Ω 测量，DC24V 输出，开关测量。

⑤ 支持 HART 温度变送器校验及调校。

⑥ 外壳防护等级：IP20。

2. 中温版主要技术参数

① 温度范围：33～660℃，分辨率 0.01℃。

② 准确度：内控温±0.20℃，外控温±0.08℃。

③ 控制稳定性±0.04℃；径向均匀性±0.1℃；60mm 内轴向均匀性±0.5℃。

④ 三通道电测：一路标准 RTD、两路被检，包含 mA/mV/V/Ω 测量，DC24V 输出，开关测量。

⑤ 支持 HART 温度变送器校验。

⑥ 外壳防护等级：IP20。

三、盐浴恒温炉

盐浴恒温炉适用于双金属温度计、温度变送器校准，如图 2-12-3 所示。

图 2-12-3　盐浴恒温炉

主要技术参数如下。

① 温度范围：20～570℃，准确度 0.1℃。

② 温场波动：±0.01℃/10min，200～570℃。

③ 温度均匀性：水平温差±0.01℃/10min，200～570℃；垂直温差±0.02℃/10min，200～570℃。

四、智能多通道测温仪

智能多通道测温仪适用于超高精度、超稳定性电测量，实现多通道多参数测量并自动读取各通道测量值；精密的温度测量，进行热电阻温度、热电偶温度及电阻值、电势值显示。如图 2-12-4 所示。

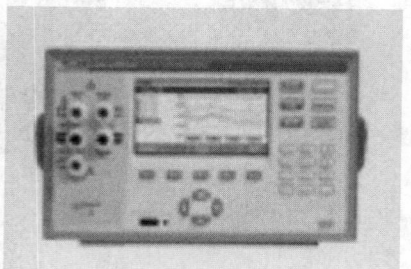

图 2-12-4　智能多通道测温仪

1. 主要技术参数

① 测量准确度：PRTS±0.004℃；热电偶±0.1℃；热敏电阻±0.002℃。

② 输入通道：2～80 个通用输入通道。

③ 可选扫描速度，最高 82 通道扫描，10 通道/s。

2. 测量指标

（1）扫描速度　快挡 10 通道/s（每通道 0.1s）；中挡 1 通道/s（每通道 1s）；慢挡 1 通道/4s（每 4s 一个通道）。

（2）温度范围　－200～600℃，准确度≤0.015℃；300～1200℃，准确度≤0.07℃（二等热电偶）。

（3）电阻范围　0～100MΩ，励磁电流 0.1μA～1mA；PRT/RTD 电阻准确度 30ppm。

第二节 压力校验仪表

一、全自动压力校验仪

全自动压力校验仪用于压力表、智能压力变送器、压力开关、智能差压变送器、管道及密闭容器压力泄漏测试，如图 2-12-5 所示。按应用场合分为气压版和差压版。

图 2-12-5 全自动压力校验仪

1. 差压版主要技术参数及功能

（1）压力测量指标 压力自动发生范围 $-85\sim250$kPa；压力波动度 $<0.005\%$FS。压力量程 $-85\sim250$kPa，$-10\sim10$kPa；准确度不低于 0.02 级/365 天。

（2）电测量指标

① 电流测量：$-30\sim30$mA，准确度 $\pm(0.01\%$读数值$+1.5\mu$A)。

② 电压测量：$-30\sim30$V，准确度 $\pm(0.01\%$读数值$+1.5$mV)。

③ 通断测量：通/断，支持机械式和 NPN/PNP 数字式。

④ 电流输出：$0\sim24$mA，准确度 $\pm(0.01\%$读数值$+1.2\mu$A)。

⑤ 电源输出：24V±0.5V，最大带载能力 50mA。

（3）功能

① 内置自动压源；智能控制，快速准确输出设定压力，配置 HART 通信功能模块，可对 HART 压力变送器进行全自动校验。

② 具备压力开关切换值的快速检定功能，可快速完成压力开关校验及数据记录。

③ 内置任务管理功能，对压力变送器、压力开关、压力表、数字压力计、泄漏测试等应用可自动进行数据记录、生成表格、存储打印等。

④ 通信接口：USB、WiFi、蓝牙（BLE）多种通信方式，支持与手机对接。

2. 气压版主要技术参数及功能

（1）压力测量指标 压力自动发生范围 $-0.085\sim2.5$MPa；压力波动度 $<0.005\%$FS。压力量程 $-85\sim2.5$MPa，$0\sim600$kPa；准确度不低于 0.02 级/年。

（2）电测量指标

① 电流测量：$-30\sim30$mA，准确度 $\pm(0.01\%$读数值$+1.5\mu$A)。

② 电压测量：$-30\sim30$V，准确度 $\pm(0.01\%$读数值$+1.5$mV)。

③ 通断测量：通/断，支持机械式和 NPN/PNP 数字式。

④ 电流输出：$0\sim24$mA，准确度 $\pm(0.01\%$读数值$+1.2\mu$A)。

⑤ 电源输出：24V±0.5V，最大带载能力 50mA。

（3）功能

① 内置大气压传感器，可实现表压与绝压的切换。

② 内置自动压源；智能控制，快速准确输出设定压力。

③ 配置 HART 通信功能模块，可对 HART 型压力变送器进行全自动校验。

④ 具备压力开关切换值的快速检定功能，可快速完成压力开关校验及数据记录。

⑤ 内置任务管理功能，对压力变送器、压力开关、压力表、数字压力计，泄漏测试等应用可自动进行数据记录、生成表格、检定数据可存储打印等。

⑥ 通信接口：USB、WiFi、蓝牙（BLE）多种通信方式，支持与手机对接。

二、智能压力模块

智能压力模块作为现场检定压力标准与手持全自动压力校验仪配套使用，如图 2-12-6 所示。

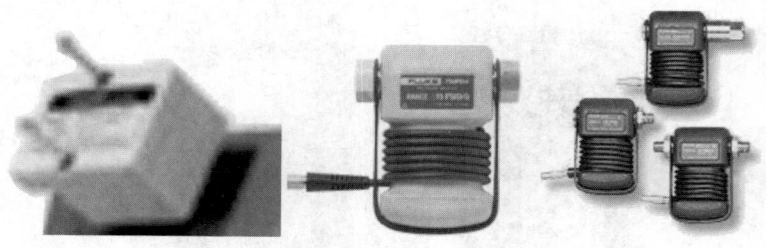

图 2-12-6　智能压力模块

① 量程：−100～250kPa，−100～100kPa，−40～40kPa，−10～10kPa，−5～5kPa，−0.1～2.5MPa，−0.1～1MPa，−100～600kPa，−100～250kPa，−100～100kPa。

② 准确度不低于 0.02 级。

三、全自动压力检验仪

全自动压力校验仪用于压力表、压力变送器、智能型压力变送器、压力开关等的现场检定。如图 2-12-7 所示。

图 2-12-7　现场全自动压力校验仪

（1）压力测量指标　压力发生范围−0.09～6MPa；压力波动度≤0.003%FS。内置压力模块−100～600kPa 和 0～6MPa，0.02%FS。

（2）电信号测量输出指标

① 电压测量−30～30V，±(0.008%读数值＋0.6mV)。

② 电流测量−30～30mA，±(0.008%读数值＋1μA)。

③ 通断测量：如果开关带电，巡检电压 3～24V。

④ 电流输出：0～22mA，±(0.008%读数值＋1μA)。

⑤ 电源输出：24V±0.5V 输出，最大带载能力 50mA。

（3）功能

① 内置大气压模块，实现表压绝压切换。

② 内置电动泵，智能控制快速准确设定压力。

③ 内置 HART 通信功能。

④ 内置任务管理功能，可对压力表、压力开关和压力变送器自动进行数据记录、生成表格、检定数据，并可存储打印等。

⑤ 曲线图形显示测量数据。

⑥ 具有自动检漏功能。

四、智能数字压力校验仪（防爆型）

智能数字压力校验仪（防爆型）用于对防爆区域压力仪表进行校准维护，如图 2-12-8 所示。

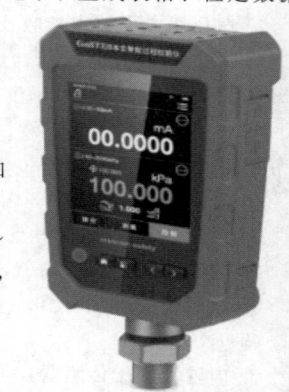

图 2-12-8　智能数字压力
校验仪（防爆型）

① 量程：0～60MPa；0～25MPa，0～16MPa；0～6MPa；0～1.6MPa；0～700kPa；0～250kPa；−100～100kPa；−40～40kPa，−10～10kPa，−2.5～2.5kPa。

② 准确度：±0.02 级。

③ 电流测量：−30～30mA；±0.01%读数值＋1mV。

④ 电压测量：−30～30V；±0.01%读数值＋1μA。

⑤ 配置 CDP-EX（防爆压力模块），防爆等级 Ex ia ⅡC T4 Ga。

⑥ 带总线功能。

五、数字压力表

数字压力表适用于压力量值传递。防爆等级 Ex ia ⅡC T4 Ga，防护等级 IP67。

测量范围：0～60MPa，0～10MPa，0～2.5MPa，0～600kPa，0～250kPa，-100～0kPa，0～100kPa，-40～40kPa，-10～10kPa，-2.5～2.5kPa，0.02%FS 或 0.05%FS。

六、便携式气泵

便携式气泵适用于现场维护与检修。气压范围-0.095～6MPa；调节细度 10Pa。

七、便携液压泵

便携液压泵适用于现场维护与检修。气压范围 0～70MPa；调节细度 0.1kPa。

第三节　现场过程校验仪表

一、智能过程校验仪（本安防爆型）

智能过程校验仪（本安防爆型）如图 2-12-9 所示。

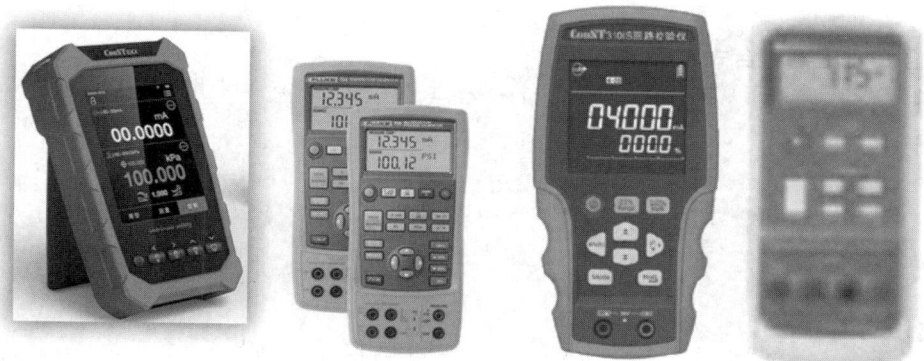

图 2-12-9　智能过程校验仪（本安防爆型）　　图 2-12-10　智能回路校验仪（本安防爆型）

1. 智能过程校验仪功能

① 测量/输出电流、电压、电阻、压力、开关、频率等信号；模拟热电偶、热电阻输出；24V 供电及回路电流测量。

② 连接 CDP 模块式压力校验仪完成压力校准。

③ 校准开方型变送器和开方型变送器显示仪表。

④ 使用可编程的斜坡输出，校准开关类仪表，自动捕获开关动作；设定脉冲数频率输出，方便流量积算仪等仪表的校准。

⑤ 测量电路、输出电路及回路电源相互隔离。

⑥ 作为高准确度铂电阻数字温度计使用，支持修正 R0、a、b、c 参数。

⑦ 支持被校仪表信息管理，校准过程参数设定，校准过程自动执行，数据自动分析，超差点自动标记，校准结果快速存储，可下载任务和上传数据。

2. 技术参数

（1）测量指标

① 毫伏电压：（-300.0000～300.0000）mV、±（0.05%读数值+3μV）。

② 电压：（-30～30.0000）V、±（0.01%读数值+0.5mV）。

③ 电流：（-30.0000～30.0000）mA、±（0.01%读数值+1.5μA）。

④ 四线制电阻：0～400.000Ω、±（0.01%读数值+0.02Ω）；0～4000.00Ω、±（0.01%读数值+0.2Ω）。

⑤ 频率：（1～50000.0）Hz、±（0.002%读数值+1Hz）。

（2）输出指标

① 电压：0～10.0000V、±(0.005%读数值+0.5mV)。

② 电流：0～24.0000mA，±(0.01%读数值+1.5μA)。

③ 模拟电阻：0～400.000Ω、±(0.02%读数值+0.02Ω)。

④ 模拟电阻：(0～4000.00)Ω、±(0.02%读数值+0.4Ω)。

⑤ 频率：(0～50000.0)Hz、±(0.005%读数值+1Hz)。

二、智能回路校验仪（本安防爆型）

智能回路校验仪（本安防爆型）如图2-12-10所示。能完成如下功能。

① 电流输出、模拟变送器电流输出、电流测量、回路变送器电流测量；量程0～24mA，分辨率1μA，精度±(0.01%读数值+1.5μA)。

② 电压测量0～30V，精度±(0.01%读数值+1.5mV)。

第四节　实验室校验仪表

一、台式气压泵

台式气压泵供实验室校准使用，调节范围-0.095～14MPa；调节细度10Pa；带有油气隔离。如图2-12-11所示。

二、台式油压泵和台式水压泵

台式油压泵和台式水压泵供实验室校准使用，调节范围0～60MPa；调节细度0.1kPa；材质314/316SS。如图2-12-12所示。

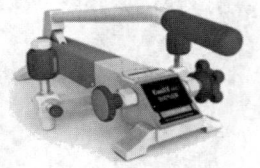

图2-12-11　台式气压泵　　　　图2-12-12　台式油压泵和台式水压泵

三、转换接头组

转换接头组用于转接压力表连接用接头，包括公、英制转换接头，异型尺寸转换接头，满足现场各类压力仪表连接校验转换（含0～60MPa连接软管两条）。

四、全自动压力检定系统

全自动压力检定系统适用于压力表、压力变送器、现场总线压力变送器、智能型压力变送器、压力开关、压力传感器的实验室检定。按应用场合分为高压、中压和差压。如图2-12-13所示。

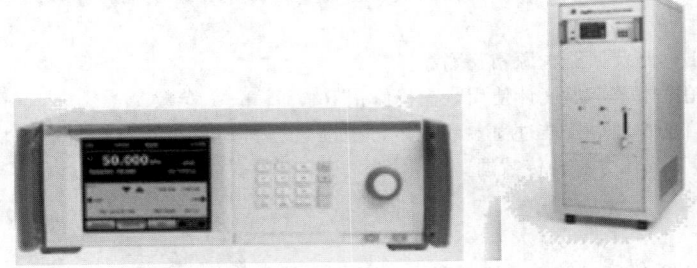

图2-12-13　全自动压力检定系统

基本配置规格包含：智能压力控制器；压力发生器；压力量程智能模块，根据量程可选；校准及管理软件；电脑及打印机；气体多表位连接台；数字多用表；工作台。

五、智能过程校验仪

智能过程校验仪如图2-12-14所示。

1. 智能过程校验仪功能

① 测量/输出电流、电压、电阻、压力、开关、频率等信号；模拟热电偶、热电阻输出；24V 供电及回路电流测量。

② 连接 CDP 模块式压力校验仪完成压力校准。

③ 调校 PROFIBUS PA、HART 总线仪表。

④ 校准开方型变送器和开方型变送器显示仪表。

⑤ 使用可编程的斜坡输出，校准开关类仪表，自动捕获开关动作。

⑥ 设定脉冲数频率输出，方便流量积算仪等仪表的校准。

⑦ 测量电路、输出电路及回路电源相互隔离。

⑧ 内嵌冷端保温模块，快速跟踪温度变化，实现冷端传感器校准。

⑨ 作为高准确度铂电阻数字温度计使用，支持修正 R0、a、b、c 参数。

图 2-12-14 智能过程校验仪

⑩ 支持被校仪表信息管理，校准过程参数设定，校准过程自动执行，数据自动分析，超差点自动标记，校准结果快速存储，可下载任务和上传数据。

2. 技术参数

（1）测量指标

① 毫伏电压：$-75.0000 \sim 75.0000$ mV、$\pm(0.01\%$ 读数值 $+3.8\mu V)$。

② 电压：$-30 \sim 30.0000$ V、$\pm(0.01\%$ 读数值 $+1.5$ mV$)$。

③ 电流：$-30.0000 \sim 30.0000$ mA、$\pm(0.01\%$ 读数值 $+1.5\mu A)$。

④ 两三线制电阻：$0 \sim 400.000\Omega$、$\pm(0.02\%$ 读数值 $+0.02\Omega)$；$0 \sim 4000.00\Omega$、$\pm(0.02\%$ 读数值 $+0.2\Omega)$。

⑤ 四线制电阻：$0 \sim 400.000\Omega$、$\pm(0.01\%$ 读数值 $+0.02\Omega)$；$0 \sim 4000.00\Omega$、$\pm(0.01\%$ 读数值 $+0.2\Omega)$。

⑥ 频率：$1 \sim 50000.0$ Hz、$\pm(0.005\%$ 读数值 $+1$ Hz$)$。

（2）输出指标

① 毫伏电压：$-10 \sim 75.0000$ V、$\pm(0.02\%$ 读数值 $+4.3$ mV$)$。

② 电压：$0 \sim 12.0000$ V、$\pm(0.02\%$ 读数值 $+0.6$ mV$)$。

③ 电流：$0 \sim 30.0000$ mA、$\pm(0.021\%$ 读数值 $+1.1\mu A)$。

④ 电阻：$0 \sim 400.000\Omega$、$\pm(0.02\%$ 读数值 $+0.02\Omega)$。

⑤ 电阻：$0 \sim 4000.00\Omega$、$\pm(0.03\%$ 读数值 $+0.4\Omega)$。

⑥ 频率：$0 \sim 50000.0$ Hz、$\pm(0.005\%$ 读数值 $+1$ Hz$)$。

第五节 其他校验仪表

一、设备状态监测校验仪

设备状态监测校验仪用于产生标准转速信号，动态校准转速传感器；产生标准振动信号，动态校准振动传感器；产生位移，配合校准器，静态校准轴向位移、胀差、热胀、偏心等传感器及显示表。如图 2-12-15 所示。

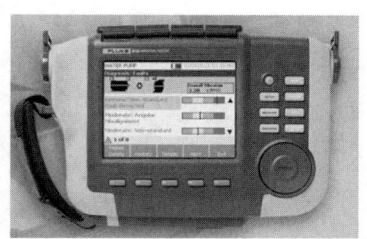

图 2-12-15 设备状态监测校验仪

技术参数如下。

① 转速：$30 \sim 9000$ r/min，精度 $0.05\% \pm 1$ r/min。

② 振动：$0 \sim 500\mu m$，精度 $0.1\% \pm 1\mu m$。

③ 位移：$0 \sim 30$ mm，振幅标尺精度 $1\% \pm 5\mu m$，百分表精度 $1\% \pm 0.01$ mm。

二、智能数字查线仪

智能数字查线仪功能如下。

① 准确抑制噪声和错误信号。

② 快速定位、隔离并验证线缆或线对。

③ 实时网络中定位电缆，即使在交换机处端接。

④ 在线束中隔离电缆，不论电缆中是否存在信号泄露。

⑤ 可视端到端的接线图验证。

⑥ 噪声环境中通过音频和 LED 指示灯解释信号。

⑦ 识别和诊断电信/通信服务。

三、网络系统分析仪

网络系统分析仪是用于 10m、100m 和 1000m 铜缆、光纤和无线 WLAN 网络的手持式中文界面网络故障排除工具。网络系统分析仪功能如下。

① 多模光端口功率测试。

② 识别 PC 的网络设置。

③ 识别服务器的网络设置。

④ 交换机系统信息查询。

⑤ 路由器系统信息查询。

⑥ 快速定位故障。

四、便携式漏电检测仪

漏电检测仪用于交流电和直流电的漏电检测，分辨率 1mA@4A 或 10mA@40A。

五、绝缘检测仪

绝缘检测仪用于 $0.01M\Omega \sim 10G\Omega$ 的绝缘测试，绝缘电压包括 50V、100V、250V、500V 和 1000V。

第三篇 自动控制系统的设计

第一章 简单控制系统

简单控制系统是生产过程中最常见、应用最广泛、数量最多的控制系统。它是由被控对象、测量变送单元、控制器和执行器组成的单回路控制系统。简单控制系统结构简单，投资少，易于调整和投运，能满足一般生产过程的控制要求，因而应用广泛。它尤其适用于被控对象纯滞后和时间常数较小，负荷和干扰变化比较平缓或者对被控变量要求不太高的场合。按被控制的工艺变量来划分，最常见的是温度、压力、流量、液位和成分五种控制系统。

在自控设计过程中，首先应分析生产过程中各个变量的性质及其相互关系，分析被控对象的特性；然后根据工艺的要求，选择被控变量、操纵变量，合理选择控制系统中的测量变送单元、控制器和执行器，建立一个较为合理的控制系统。对有多个控制系统的生产过程，还要考虑各个系统间的相互关联和相互影响，并按可能使每个控制系统对其他控制系统的影响为最小的原则来建立各个控制回路。

第一节 对象特性及 PID 参数整定指标

一、对象特性

对象的特性包括静态特性和动态特性两部分。静态特性是指工艺对象在某一状态下达到稳定时的情况，它由物料平衡、能量平衡、传热、传质以及化学反应速度等决定。化工生产过程和装置主要是通过静态计算进行设计的。但对于一个自控设计人员来说，除了关心对象稳定时的情况以外，更关心对象的变化过程。因为在生产过程中，经常有一些量以一定的幅度在波动，使控制系统处于动态过程之中。有时还需要按照工艺操作的要求，人为地变更操作条件。而对一些关键的被控变量，如成分等，则不允许长时间存在较大的偏差。所以研究对象的动态特性，研究在物料、能量的积聚或散发过程中，在传热、传质、化学反应过程中，在操作条件变动过程中，被控变量的变化也是十分重要的。

简单对象的动态特性可以通过理论分析，用数学推导的方法来求得。但对绝大多数的对象，要完全借助于理论分析来得到与实际较为相符的动态特性表达式还是十分困难的。其主要原因在于理论分析和数学推导，首先必须对对象作大量的简化假设；其次在推导过程中一些工艺数据在设计阶段尚不确切或不完备；还有某些工艺变量互为因果，互相影响，某些系数是随时间、随工况或其他因素而改变的，难以确定等。因而往往通过实验的手段，利用反应曲线法或脉冲法来获取对象的动态特性。

根据实践经验的总结得到，除少数无自衡对象以外，大多数对象均可用一阶、二阶、一阶加纯滞后、二阶加纯滞后这四种典型的动态特性来加以近似描述。为了进一步简化，也可以将所有对象都简化为一阶加纯滞后的形式。用传递函数可以表示为

$$W(s) = \frac{K e^{-\tau s}}{1 + Ts}$$

式中　$W(s)$——对象传递函数；

　　　　K——对象静态放大系数；

　　　　τ——对象纯滞后时间；

　　　　T——对象时间常数。

对于这种理想的一阶加纯滞后的对象，当输入端加一个阶跃干扰时，输出端要经过一段时间才会开始发生变化，其反应曲线如图 3-1-1 所示。从加入阶跃干扰的时刻起，到输出开始变化的时刻为止，这段时间就是对象的纯滞后时间 τ。在单位阶跃作用下，当时间趋于无穷大时，对象的稳态输出值就是对象相应于此输入下的放大系数。时间常数的物理意义是当输入为阶跃干扰时，在对象的输出响应曲线上，从输出量开始变化的起始点作一切线，使该切线与稳态值相交，从输出量开始变化的时刻起，至上述交点 A 所对应的时刻为止，这一

段时间即等于时间常数 T 的值。

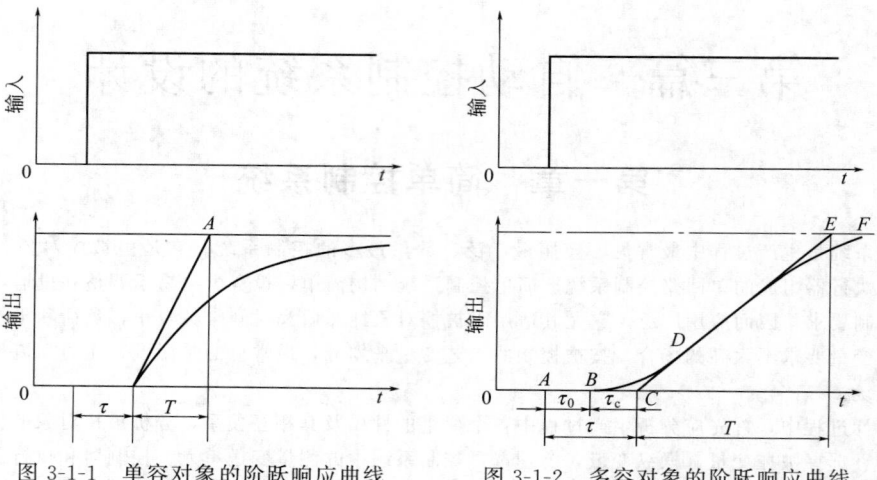

图 3-1-1　单容对象的阶跃响应曲线　　　图 3-1-2　多容对象的阶跃响应曲线

多容量对象的阶跃响应与图 3-1-1 并不完全一致，它的阶跃响应曲线如图 3-1-2 所示。作为一种近似的处理方法，在响应曲线上的拐点 D 处作一切线，与横轴交于 C。这样可以将实际多容量对象的响应曲线 $ABDF$ 看作一个纯滞后 τ 与一个单容响应曲线 CDF 所组成。图中 AB 段为纯滞后时间 τ_0，BC 段为容量滞后时间 τ_c，但在近似处理中将纯滞后时间 τ_0 及容量滞后时间 τ_c 合在一起，一并叫做纯滞后时间 τ。在作了这种近似处理以后，就可以将一般的工业对象均用一阶加纯滞后的特性来描述。

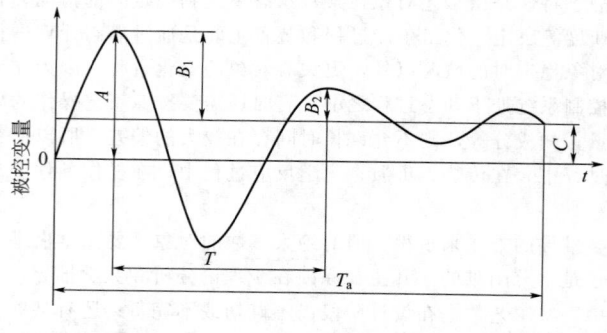

图 3-1-3　一个控制系统的过渡过程

从上面分析可知，放大系数 K 取决于稳态下的数值，是反映静态特性的参数。对各种不同的通道，即诸干扰通道和调节通道的 K 值可以不同。所以在构成控制系统时，应使调节通道有较大的 K 值，这样控制作用灵敏。而在诸干扰中，出现频繁、K 值较大的干扰，就是控制系统的主要干扰，必要时可通过它引入前馈校正作用。

对象的纯滞后时间使控制器改变输出时不能立刻看出它的影响，因而使得它无法提供合适的校正作用，常常造成控制作用过头。因此对调节通道来说，希望它的对象纯滞后时间越小越好。对干扰通道来说，它的纯滞后时间的存在，即相当于干扰的影响要过一段时间才开始起作用，因而调节过程也将在时间轴上往后平移，但不受影响。容量滞后的存在，相当于滤波一样，使调节作用或干扰作用的影响缓和起来，若容量滞后存在于干扰通道，显然是有利于控制的。

调节通道的时间常数越大，则控制作用的影响越缓和，调节过程变得很缓慢；反之时间常数过小，调节过程变化较激烈，容易振荡。所以调节通道的时间常数过大或过小，在控制上都不利。而对干扰通道，则时间常数越大越好，这样干扰的影响缓和，控制就容易。

二、PID 参数整定指标

一个稳定的控制系统当受到外界干扰以后，被控变量的变化是一条衰减的曲线。图 3-1-3 所示为一个控制系统受到外界阶跃干扰以后的响应曲线。对此曲线，用 PID 参数整定指标来衡量控制系统，通常采用下面几个指标。

1. 控制回路的稳定性指标

稳定性是指偏离稳定状态的扰动作用终止后，系统能够返回原来稳态的性能：

$$稳定性指标 = \frac{MIN\big[(报警上限 - 测量均值),(报警下限 - 测量均值)\big]}{测量值标准差(\sigma)}$$

评定标准为 6σ 原则，详见表 3-1-1。

表 3-1-1　6σ 原则

稳定性指标	<3	$3\sim4.5$	$4.5\sim6$	>6
稳定性评价	不稳定状态	欠稳定状态	接近完美	稳定状态
处理方法	必须优化	需要优化	可以优化	无必要

2. 控制回路的准确性指标

控制回路的控制误差是控制系统准确性的一种度量。控制回路达到稳态后，控制误差的算术平均值应接近 0。

准确性可采用被控变量的控制偏差 e 相对于设定值或控制精度要求百分比的均值 $\bar{e}$ 进行计算。

$$\bar{e}=\frac{\sum\dfrac{PV_i-SV_i}{SV_i\,(\text{或控制精度})}}{n}$$

$$\text{准确率}=(1-\bar{e})\times100\%$$

准确率越接近于 100%，则表示控制回路的控制效果越好；准确率越接近于 0%，则表示控制回路的被控变量越达不到设定目标值。

3. 控制回路的快速性指标

快速性是指当设定值发生变化时，控制回路使被控变量向设定值迅速靠近并在较短时间内达到稳定状态的能力。自控回路的快速性以回路闭环时间常数来确定，体现在回路闭环时间常数与回路开环时间常数的比值上：

$$\text{RPI（相对快速性能指标）}=\frac{\text{回路闭环时间常数}}{\text{回路开环时间常数}}$$

快速性指标要求见表 3-1-2。

表 3-1-2　快速性指标要求

快速性指标	<0.4	$0.4\sim0.91$	$0.91\sim1.09$	$1.09\sim2.5$	>2.5
快速性评价	响应过快	响应较快	响应适当	响应较慢	响应过慢
处理方法	须优化,减弱控制作用	可优化	最佳状态	可优化	须优化,增强控制作用

第二节　被控变量及操纵变量的选择

一、被控变量的选择

在一个生产过程中，可能发生波动的工艺变量很多，但并非对所有的变量都要加以控制。一个化工厂的操作控制大体上可以分为三类，即物料平衡控制和能量平衡控制、产品质量或成分控制、限制条件或软限保护的控制。因而自控设计人员应深入了解工艺过程，在最初的工艺流程图一出来，就找出对稳定生产、对产品的产量和质量、对确保经济效益和安全生产有决定性作用的工艺变量，或者人工操作过于频繁、紧张，难以满足工艺要求的工艺变量，作为被控变量来设计自动控制系统。作为物料平衡控制的工艺变量常常是流量、液位和压力，它们可以直接被检测出来作为被控变量。而作为产品质量控制的成分往往找不到合适的、可靠的在线分析仪表，因而常常采用反应器的温度、精馏塔某一块灵敏板的温度或温差来代替成分作为被控变量。这个间接的被控变量——温度或温差，只要与成分有对应关系，并且有足够的灵敏度，则完全是合适的。这种做法在石油化工生产中是常见的，并且是一个行之有效的好办法。

二、操纵变量的选择

在生产过程中，工艺总是要求被控变量能稳定在设计值上，因为工艺变量的设计值是按一定的生产负荷、原料组分、质量要求、设备能力、安全极限以及合理的单位能耗等因素综合平衡而确定的，工艺变量稳定在设计值上一般都能得到最大的经济效益。然而由于种种外部的和内在的因素，对工艺过程的稳定运转必然存在着干扰，因而自控设计人员必须深入研究工艺过程，认真分析干扰产生的原因，正确选择操纵变量，建立一个合理的控制系统，以确保生产过程的平稳操作。选择操纵变量时，主要应考虑如下的原则：

① 首先从工艺上考虑，它应允许在一定范围内改变；

② 选上的操纵变量的调节通道，它的放大系数要大，这样对克服干扰较为有利；

③ 在选择操纵变量时，应使调节通道的时间常数适当小一些，而干扰通道的时间常数可以大一些；

④ 选上的操纵变量应对装置中其他控制系统的影响和关联较小，不会对其他控制系统的运行产生较大的干扰。

第三节　滞后对控制系统的影响

在生产过程中应用最多的是根据反馈原理的定值控制。所谓定值控制，就是控制器接受测量变送单元送来的测量信号，将它与给定值相比较，根据偏差的大小，按照一定的控制规律去改变操纵变量，最终消除偏差。定值控制系统的特点是能适应给定值和扰动两者的变化，使被控变量趋向于给定值。但在控制系统的一些环节中存在滞后时将严重影响调节过程的品质。如在测量变送单元中存在滞后，它就不能将被控变量的变化及时地、如实地送到控制器，使控制器仍按过时的信号来工作，导致过渡过程时间加长，超调量增加。如果控制器输出的气动信号管路过长，调节阀膜头上的空间容积较大，这样必然使调节阀动作迟缓，不能及时产生校正作用，同样会使调节品质变坏。

在生产过程中，要建立一个完全没有滞后的控制系统几乎是不可能的，但是在设计阶段如何才能克服滞后过大带来的不利影响呢？总结起来，其方法大致如下。

1. 合理选择测量元件的安装位置，减少测量变送单元的纯滞后

在设计过程中确定测量元件的安装位置时，应使其有真正的代表性，并且纯滞后最小。举例来说，如果通过改变热交换器热载体的流量来控制某流体的温度时，测温点就应设在紧接热交换器的出口处，而不应设在远离热交换器的出口或下一台设备的入口处。为了减小成分分析器取样管线的纯滞后，可以采取环流取样或旁路取样等专门措施，也可以在现场设立分析器室，缩短取样管线的长度。

2. 选取小惯性的测量元件，减少时间常数

从测量元件的动态特性看，它的时间常数大，对被控变量的变化就会反应不及时，测量元件的读数跟不上实际被控变量的变化，它的示值不等于实际值，产生动态误差，所以必要时应选取时间常数小的小惯性测量元件。

3. 采用气动继动器和阀门定位器

为了减少传输时间，当气动传输管线长度超过 150m 时，在中间可采用气动继动器，以缩短传输时间。当调节阀膜头容积过大时，为减少容量滞后，可设置阀门定位器。

4. 从控制规律上采取措施

对滞后较大的温度控制系统、成分控制系统，可选用带微分作用的控制器，借助于微分作用来克服滞后的一部分影响。对滞后特别大的系统，微分作用将难以见效，此时为了保证调节质量，可采用串级控制系统，借助于副回路来减少对象的时间常数，或采用采样控制以及预估控制等较为复杂的控制手段。

第四节　控制器特性及它对调节过程品质的影响

在控制系统的设计中，选择合适的控制器并在投运时把它们的参数整定在恰当的数值上，是一个重要的工作环节。一个简单控制系统由广义对象和控制器两部分组成，广义对象包括被控对象、测量变送单元和执行器，它们的特性不可能太多地改变，因此系统中相对有较大调整和选择余地的环节就是控制器了。

一、位式控制器

位式控制器的动作规律是当被控变量偏离给定值时，控制器的输出不是最大就是最小，从而迫使执行器全开或全关。如果控制器只有一个设定值，则是理想双位特性。从图 3-1-4 可以看出，这样被控变量的接点和执行器的动作都会过于频繁，易于损坏，因而实际使用的位式控制器都有上、下限两个设定值，在它的输出特性曲线中有滞环存在，这样就避免了动作频繁，损坏元件。位式控制的过渡过程必然是一个持续振荡的过程

（图 3-1-5），如果对象存在滞后，则被控变量 C 振荡的幅度将超出滞环范围 h。

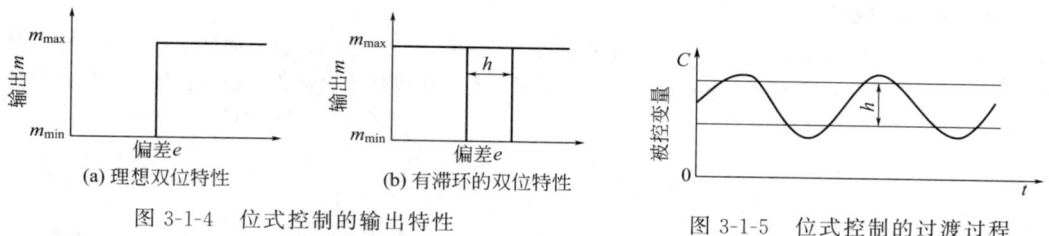

图 3-1-4　位式控制的输出特性　　　　　　　图 3-1-5　位式控制的过渡过程

　　位式控制器是最简单的控制器，价格低廉，在生产过程中实现位式控制比较简单。它适用于时间常数较大、纯滞后较小的单容对象，例如常用的恒温箱、加热炉等的温度控制；水塔以及一些储罐的液位控制；还有空气压缩机的压力控制等。在实施时，只要选用带上、下限接点的检测仪表、位式控制器，再配一些继电器、电磁阀、执行器、磁力启动器等，即可构成位式控制系统。为了改善位式控制的品质，可在位式控制回路中附加校正元件，例如在它的输出回路中引入 RC 反馈网络，这样就构成位式时间比例控制器，它的输出特性如图 3-1-6 所示。由于控制器位式输出的时间随偏差而改变，所以调节品质比一般位式控制为好。

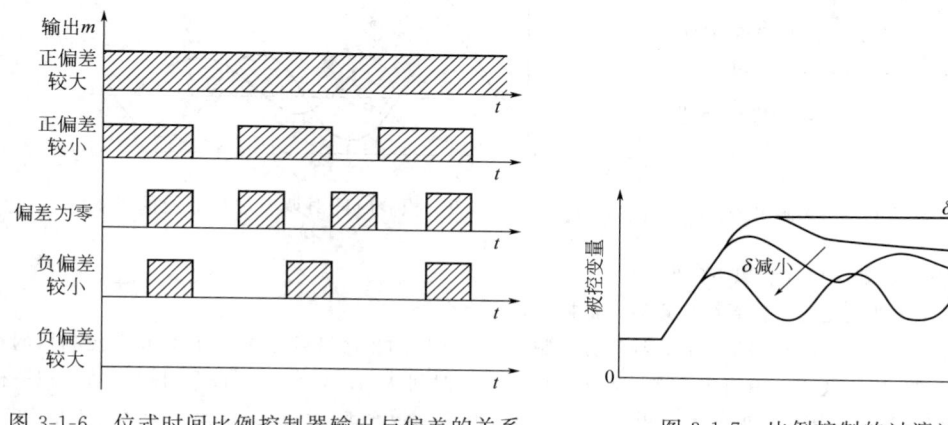

图 3-1-6　位式时间比例控制器输出与偏差的关系　　　图 3-1-7　比例控制的过渡过程

二、比例控制器

　　比例控制器的动作规律是控制器输出的变化与输入偏差的变化成正比例：

$$m = m_0 + K_c e$$

式中　　m——控制器的输出；

　　　　m_0——偏差 e 为零时的控制器输出，即工作点；

　　　　K_c——控制器的放大倍数；

　　　　e——偏差，给定值与测量值之差，在稳态时即为余差。

　　控制器的放大倍数 K_c 为无因次的量，当它为正值时，控制器为反作用；当它为负值时，控制器为正作用。但在控制器参数整定时都习惯使用比例度这个名词，比例度 δ 与放大倍数 K_c 的关系如下：

$$\delta = \frac{1}{K_c} \times 100\%$$

　　从上式中可以看出，比例度 δ 的物理意义为相应于控制器输出作全量程变化时，控制器输入信号的变化范围。比例控制时过渡过程曲线的品质与比例度 δ 有关，见图 3-1-7。

　　从图中可以看出，比例控制不能消除被控变量的余差。比例度 δ 越小，控制作用越强，余差越小；但当 δ 小到某一临界值以后，就会产生等幅振荡。比例控制器适用于负荷变化小，对象纯滞后不大，时间常数较大而又允许有余差的控制系统中，常用在塔和储罐的液位控制以及一些要求不高的压力控制中。在使用时应注意，当负荷变化幅度较大时，为了平衡负荷变化所需的调节阀开度变化也将较大，待稳定以后，被控变量的余差就可能较大。

三、比例积分控制器

比例积分控制器的输出信号不仅仅与输入偏差保持比例关系，还与输入偏差对时间的积分成正比。只要偏差存在，控制器的输出就要变化，直到输入偏差等于零为止，所以使用比例积分控制器能消除被控变量的余差。比例积分控制器的特性式如下：

$$m = m_0 + K_c \left(e + \frac{1}{T_i} \int_0^t e\, \mathrm{d}t \right)$$

式中，$K_c e$ 是比例输出项，$\dfrac{K_c}{T_i}\displaystyle\int_0^t e\,\mathrm{d}t$ 是积分输出项，T_i 称为积分时间。图 3-1-8 是偏差 e 作阶跃变化时，比例积分控制器输出的响应曲线。在 $T = T_i$ 时，比例作用的输出 Δm_p 正好与积分作用的输出 Δm_1 相等。由此可见，T_i 越短，则积分作用越强。

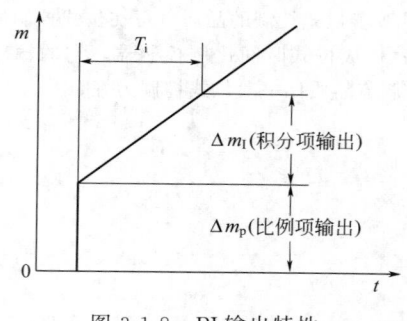

图 3-1-8　PI 输出特性

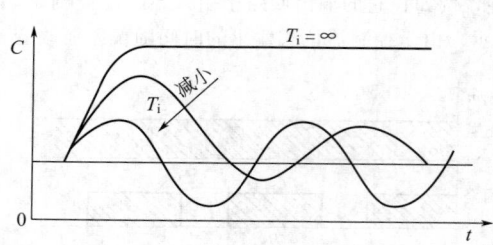

图 3-1-9　积分时间对调节过程品质的影响

使用比例积分控制器中应注意以下问题。

① 当给定值或扰动变化时，待系统稳定后，被控变量没有余差。

② 比例控制器控制作用没有相位滞后，纯积分控制器控制作用的相位滞后为 90°，比例积分控制器的相位滞后可以在 0°～90°范围内变化。因而应合理设置比例度和积分时间，以求得较好的调节过程品质。积分作用的相位滞后容易引起振荡，所以比例度 δ 应相应加大，如果振荡仍较严重，还可以适当加大积分时间 T_i。但 T_i 也不能太大，因为那样被控变量的回复速度就很慢，见图 3-1-9。

③ 在一些软极限保护中使用的比例积分控制器，由于正常时被控变量与给定值之间总有偏差存在，控制器的积分作用就要使输出不断变化，达到其极限值，因而出现积分饱和。由于积分饱和，当偏差为零或反向时，控制器输出的变化不能及时给出，会带来一些不利的影响。采取防积分饱和措施能避免这种现象。

④ 比例积分控制器适用于对象纯滞后不大，时间常数也不大，而又不允许被控变量有余差的场合。在比例积分控制器中有宽窄比例范围和快慢积分时间之分，可根据不同需要进行选用。一般液位均匀控制可选用宽比例范围的控制器，对于时间常数很小的流量和液体压力控制，可选用快积分时间的控制器。对于纯滞后和时间常数都较大的温度、成分对象，由于积分作用的滞后，将使调节作用不及时，超调量增加，过程振荡，回复时间加长，因而此时应增加微分作用，才能改善调节品质。

四、比例微分控制器

由于比例积分控制器的控制作用是相位滞后的，为了改善调节过程的品质就必须引入微分作用，尤其对温度和成分控制。理想比例微分控制器的特性式如下：

$$m = m_0 + K_c \left(e + T_d \frac{\mathrm{d}e}{\mathrm{d}t} \right)$$

式中，T_d 为微分时间。在阶跃输入下，理想的 PD 特性如图 3-1-10 所示。从上式尚可看出，比例微分控制器的输出比比例控制器增加了微分项 $K_c T_d \dfrac{\mathrm{d}e}{\mathrm{d}t}$，所以对偏差能及时地进行校正。但是在阶跃输入下，理想的 PD 特性跳变过大，为此实际使用的控制器对微分项加以限制，特性式变成为

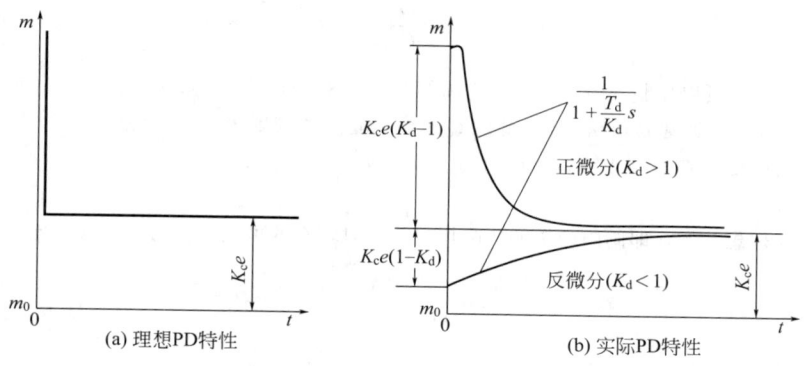

图 3-1-10　阶跃输入下的 PD 特性

$$m + \left(\frac{T_d}{K_d}\right)\frac{dm}{dt} = m_0 + K_c\left(e + T_d\frac{de}{dt}\right)$$

式中，K_d 为微分增益，对于正微分控制器 K_d 一般为 6，另有一类反微分控制器 $K_d = 1/6$。

对于比例微分控制器，使用中应注意的事项如下。

① 一般选用的比例微分控制器大多为正微分作用。它适用于对象时间常数较大，纯滞后不是很大，被控变量允许有余差的场合。使用时应注意，改变给定值也会产生微分作用，使控制器输出变化幅度过大，所以应该缓慢地改变给定值。反微分控制器的作用刚好相反，它用于不允许控制器输出信号有突变的场合。

② 在被控变量为流量和液位的控制系统中，因为流体湍动引起的流量噪声，以及由于液体进入容器飞溅所造成的液位噪声，使得它们都不宜使用带有正微分作用的控制器。

③ 微分作用对于过大的纯滞后时间是无能为力的，因为在纯滞后时间内测不出被控变量的变化。

五、比例积分微分控制器

为了克服比例微分控制器在控制作用中存在余差的缺点，就需要比例积分微分控制器。它的特性式是

$$m = m_0 + K_c\left(e + \frac{1}{T_i}\int_0^T e\,dt + T_d\frac{de}{dt}\right)$$

在阶跃输入下，它的实际特性如图 3-1-11 所示。

比例积分微分控制器兼有比例积分、比例微分控制器两者的优点，它加强了控制系统克服干扰的能力，使系统的稳定性也有所提高。引入微分作用后，不仅比例度可以减小，积分时间也可以减小，而且系统不会产生过度的振荡。对于容量滞后较大，纯滞后不太大，不允许有余差的对象，采用比例积分微分控制器可以全面地改善调节品质，大多数的温度、成分控制系统都选用比例积分微分控制器。

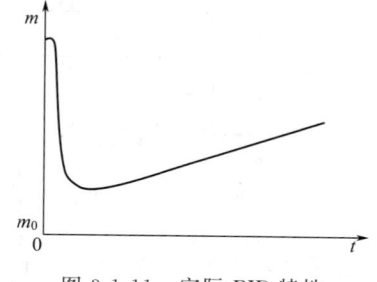

图 3-1-11　实际 PID 特性

新型的比例积分微分控制器还增加了微分先行、有条件积分分离等功能，能使控制品质得到改善。所谓微分先行就是仅仅对测量值进行微分，这样在设定值改变时不会产生冲击扰动过程。有条件积分分离就是可以设置一个门限值，大于门限值时积分功能被切除，这样在控制器刚启动或设定值大幅度变化时，短时间内会存在很大的偏差，而积分切除就可以避免因积分作用引起的超调及缩短过渡过程时间。到偏差减小小于门限值后，积分作用又会自动恢复。

第五节　调节阀流量特性及开关方式、定位器的选用

一、调节阀的可调比

1. 可调比的定义

调节阀的可调比是指调节阀所能控制的最大流量和最小流量的比例，用 R 来表示

$$R=\frac{Q_{\max}}{Q_{\min}}$$

式中，$Q_{\min}$是调节阀可以控制的最小流量，它由阀芯与阀座的间隙δ来确定。但为了适应阀芯的热膨胀和防止被固体悬浮物所卡死，δ常取0.05mm。此时$Q_{\min}$约为$Q_{\max}$的$2\%\sim4\%$，即相应R为$50\sim25$。但调节阀全部关死时的泄漏量则要比$Q_{\min}$小得多，一般为$Q_{\max}$的$0.01\%\sim0.1\%$。

2. 理想可调比 R

当调节阀工作在理想状态，即阀门两端的压降恒定不变时，它的可调比称为理想可调比

$$R=\frac{Q_{\max}}{Q_{\min}}=\frac{C_{\max}}{C_{\min}}$$

常用的调节阀理想可调比 R 为 $30\sim50$。

3. 实际可调比 $R_{实}$

（1）串联管道时 如图 3-1-12 所示，调节阀与工艺管道相串联，如系统总的压降 Δp 为恒定，则在最大流量 $Q_{\max}$时，管道压降 $\Delta p_{管}$ 为最大，因而阀上压降 $\Delta p_{阀}$ 必定为最小；在最小流量 $Q_{\min}$时，管道压降 $\Delta p_{管}$ 最小，阀上压降 $\Delta p_{阀}$ 为最大。

$$R_{实}=\frac{Q_{\max}}{Q_{\min}}=\frac{C_{\max}\sqrt{\frac{\Delta p_{\min}}{\gamma}}}{C_{\min}\sqrt{\frac{\Delta p_{\max}}{\gamma}}}=R\sqrt{\frac{\Delta p_{\min}}{\Delta p_{\max}}}$$

式中 $\Delta p_{\min}$——调节阀全开时阀上的压降；
$\Delta p_{\max}$——调节阀全关时阀上的压降。

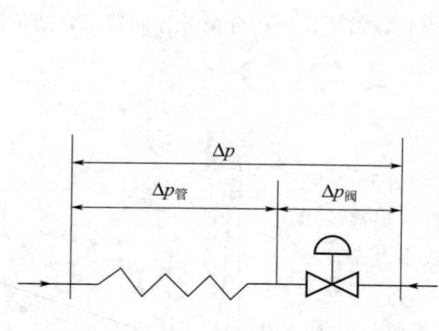

图 3-1-12 调节阀与工艺管道相串联

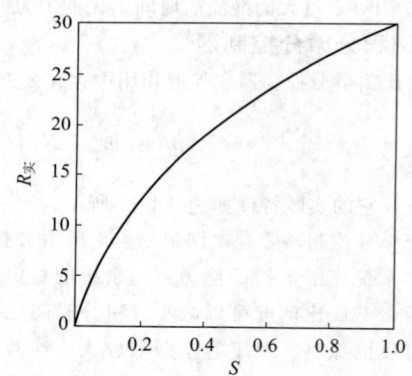

图 3-1-13 串联管道时的可调比

若用 S 来表示调节阀全开时阀上压降与系统总压降之比，即

$$S=\frac{\Delta p_{\min}}{\Delta p}$$

显然调节阀全关时阀上压降 $\Delta p_{\max}$ 近似于系统的总压降 Δp，这样

$$S=\frac{\Delta p_{\min}}{\Delta p_{\max}}$$

$$R_{实}=R\sqrt{S}$$

从上式可知，实际可调比与 S 的平方根成正比，S 越小，实际可调比越小。当 $R=30$ 时，实际可调比 $R_{实}$ 与 S 的关系表示在图 3-1-13 中。

（2）并联管道时 当调节阀设在热交换器的旁路或打开调节阀组上的旁路阀时，就形成调节阀与管道并联

的情况，如图 3-1-14 所示。由该图可见

$$R_{实}=\frac{Q_{max}}{Q_{min}}=\frac{Q_{max}}{Q_{1min}+Q_2}$$

因为在并联管道时，Q_{1min} 相对于 Q_2 可以忽略，所以

$$R_{实}\approx\frac{Q_{max}}{Q_2}=\frac{Q_{max}}{Q_{max}-Q_{1max}}=\frac{1}{1-\dfrac{Q_{1max}}{Q_{max}}}$$

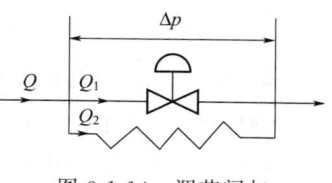

图 3-1-14　调节阀与
工艺管道相并联

从上式可知，调节阀在并联管道时，实际可调比近似为总管最大流
量与旁路流量的比值，随着旁路流量的增加，实际可调比迅速降低，因而在实际使用中，不希望打开调节阀的
旁路（参见图 3-1-15）。

二、调节阀的理想流量特性

调节阀的流量特性是指流过调节阀的流体的相对流量与调节阀相对开度之间的关系，即

$$\frac{Q}{Q_{max}}=f\left(\frac{l}{L}\right)$$

式中，$\frac{l}{L}$ 为相对开度，即调节阀在某一开度下的行程与全行程之比；而 $\frac{Q}{Q_{max}}$ 为相对流量，即调节阀在某
一开度下的流量与全开时流量之比。在理想情况下，假设调节阀上的压降不随阀的开度和流量而变化，因而得
到相对流量与相对开度之间的关系，即为理想流量特性。调节阀的理想流量特性如图 3-1-16 所示，有直线、
等百分比、快开、抛物线四种。

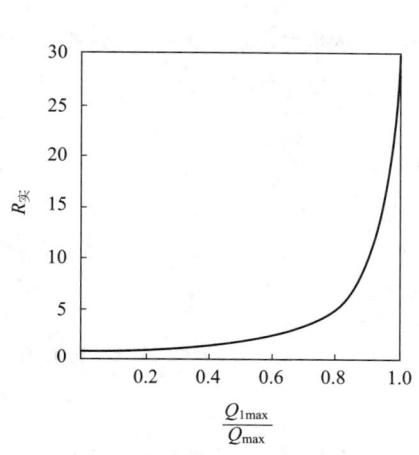

图 3-1-15　并联管道时的可调比

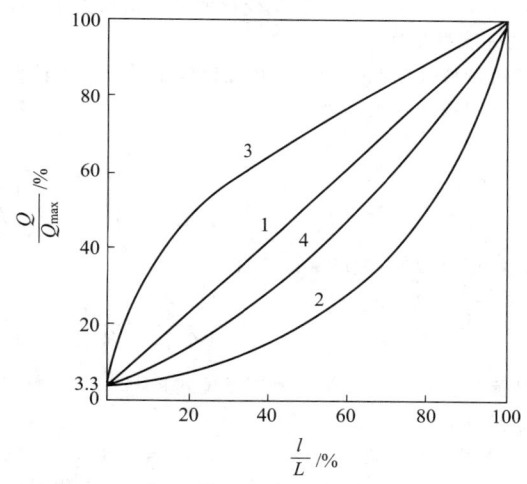

图 3-1-16　调节阀的理想流量特性
1—直线；2—等百分比；3—快开；4—抛物线

1. 直线流量特性

直线流量特性是指调节阀的相对流量与相对开度呈线性关系，即

$$\frac{d\dfrac{Q}{Q_{max}}}{d\dfrac{l}{L}}=K$$

上式经积分后代入边界条件可得

$$\frac{Q}{Q_{max}}=\frac{1}{R}\left[1+(R-1)\frac{l}{L}\right]$$

当 $R=30$ 时

$$\frac{Q}{Q_{max}} = 0.033 + 0.97\frac{l}{L}$$

上式表明，$\frac{Q}{Q_{max}}$ 与 $\frac{l}{L}$ 间呈线性关系，也就是调节阀的放大系数是一个定值。但是直线流量特性的调节阀，在变化相同行程的情况下，显然流量小时，流量变化相对值就较大；流量大时，流量变化相对值就较小。也就是说，在调节阀小开度时，调节作用可能过强，易于振荡；而在调节阀大开度时，调节作用比较缓慢，不够灵敏。

2. 等百分比流量特性

等百分比流量特性亦称对数流量特性，它是指调节阀单位相对行程的变化所引起的相对流量变化与此点的相对流量值成正比，或者说调节阀杆的行程增加同样值时，流量特性按等百分比增加，即

$$\frac{d\frac{Q}{Q_{max}}}{d\frac{l}{L}} = K\frac{Q}{Q_{max}}$$

上式经积分后代入边界条件可得

$$\frac{Q}{Q_{max}} = R^{\left(\frac{l}{L}-\tau\right)}$$

上式表明 $\frac{l}{L}$ 与 $\frac{Q}{Q_{max}}$ 间呈对数关系。此外从图 3-1-16 中可见，等百分比流量特性的调节阀，它的放大系数随行程增大而增大。在小流量时，流量变化的绝对值小；在大流量时，流量变化的绝对值大。所以它在小流量时工作较平缓，在大流量时工作较灵敏，适用于要求负荷变化大的场合。对 $R=30$ 的等百分比流量特性的调节阀，它行程每变化 10%，流量变化的相对值均为 40%。

3. 快开流量特性

快开流量特性的调节阀，在行程比较小时流量比较大，随着行程的增加，流量很快就达到最大，因而称为快开特性。用数学式表达为

$$\frac{d\frac{Q}{Q_{max}}}{d\frac{l}{L}} = K\left(\frac{Q}{Q_{max}}\right)^{-2}$$

上式经积分后代入边界条件可得

$$\frac{Q}{Q_{max}} = \frac{1}{R}\left[1 + (R^2-1)\frac{l}{L}\right]^{1/2}$$

快开流量特性的调节阀主要用于位式控制、顺序控制和最优时间（bang-bang）控制中，它们希望调节阀一打开流量就能比较大。

4. 抛物线流量特性

抛物线流量特性是指调节阀单位相对行程的变化所引起的相对流量变化与此点的相对流量值的平方根成正比，用数学式表达为

$$\frac{d\frac{Q}{Q_{max}}}{d\frac{l}{L}} = K\left(\frac{Q}{Q_{max}}\right)^{1/2}$$

上式经积分后代入边界条件可得

$$\frac{Q}{Q_{max}} = \frac{1}{R}\left[1 + (\sqrt{R}-1)\frac{l}{L}\right]^2$$

上式表明，$\frac{Q}{Q_{max}}$ 与 $\frac{l}{L}$ 间呈抛物线关系，在图 3-1-16 中表示为曲线 4，它介于直线流量特性与等百分比流量特性的曲线之间。

5. 蝶阀和隔膜阀的理想流量特性

蝶阀的理想流量特性类似于等百分比流量特性，隔膜阀的流量特性类似于快开特性，它们分别表示于

图 3-1-17 中。

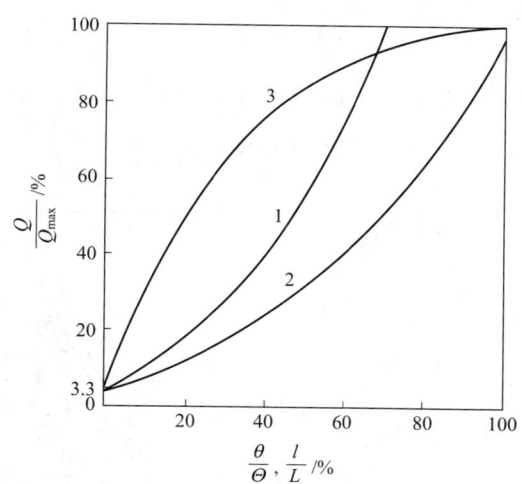

图 3-1-17　蝶阀和隔膜阀的理想流量特性
（θ—蝶阀挡板转角）
1—60°全开蝶阀；2—90°全开蝶阀；3—隔膜阀

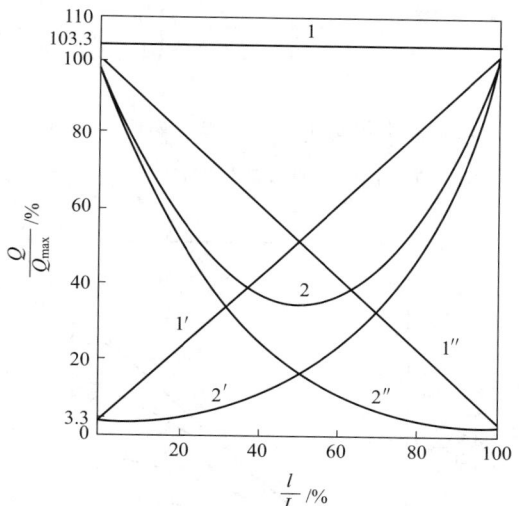

图 3-1-18　三通调节阀的理想流量特性
1—直线；2—等百分比

6. 三通调节阀的理想流量特性

三通调节阀常用于热交换器的温度控制，由于它结构上是由一个直通双座阀改型而成，所以它的理想流量特性相当于两个阀的理想流量特性的叠加。直线流量特性的三通调节阀在任何开度其总流量不变；而等百分比流量特性的三通调节阀，在开度 50％处，其总流量为最小。在图 3-1-18 中，分别表示了它们分的和总的流量特性曲线。

三、调节阀的工作流量特性

调节阀的理想流量特性是指在调节阀上压降保持不变的情况下 $\dfrac{Q}{Q_{\max}} = f\left(\dfrac{l}{L}\right)$ 的关系。在实际使用时，由于调节阀都装在具有阻力的工艺管道上，因而当调节阀开度改变时，加上流量的改变，阀上的压降不可能保持不变。在同一开度下，通过调节阀的流量将与理想流量特性所对应的值不同。

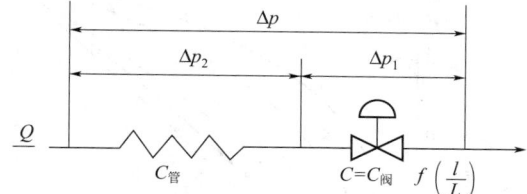

图 3-1-19　调节阀与工艺管道相串联

1. 串联管道（图 3-1-19）时的工作流量特性

调节阀上压降与系统总压降之比随 S 值及流量特性变化的规律如下

$$\frac{\Delta p_1}{\Delta p} = \frac{1}{\dfrac{C_{\text{阀}}^2}{C_{\text{管}}^2} f^2\left(\dfrac{l}{L}\right) + 1} = \frac{1}{\left(\dfrac{1}{S} - 1\right) f^2\left(\dfrac{l}{L}\right) + 1}$$

式中，$S = \dfrac{\Delta p_{1m}}{\Delta p}$，它表示调节阀全开时，阀上压降与系统总压降之比。

由此可求出调节阀在串联管道时的工作特性。

若以 $Q_{\max}$ 表示管道阻力为零时相应调节阀全开的流量，则

$$\frac{Q}{Q_{\max}} = f\left(\frac{l}{L}\right) \sqrt{\frac{\Delta p_1}{\Delta p}} = f\left(\frac{l}{L}\right) \sqrt{\frac{1}{\left(\dfrac{1}{S} - 1\right) f^2\left(\dfrac{l}{L}\right) + 1}}$$

若以 Q_{100} 表示存在管道阻力时相应调节阀全开的流量,则

$$\frac{Q}{Q_{100}} = f\left(\frac{l}{L}\right)\sqrt{\frac{\Delta p_1}{S\Delta p}} = f\left(\frac{l}{L}\right)\sqrt{\frac{1}{(1-S)\,f^2\left(\dfrac{l}{L}\right)+S}}$$

上两式分别表示了串联管道时以 Q_{max} 和 Q_{100} 作为参比值的工作流量特性,由此作图可得图 3-1-20 和图 3-1-21。在作图时,直线流量特性的 $f\left(\dfrac{l}{L}\right)=0.033+0.97\dfrac{l}{L}$,等百分比流量特性的 $f\left(\dfrac{l}{L}\right)=30\left(\dfrac{l}{L}-1\right)$。

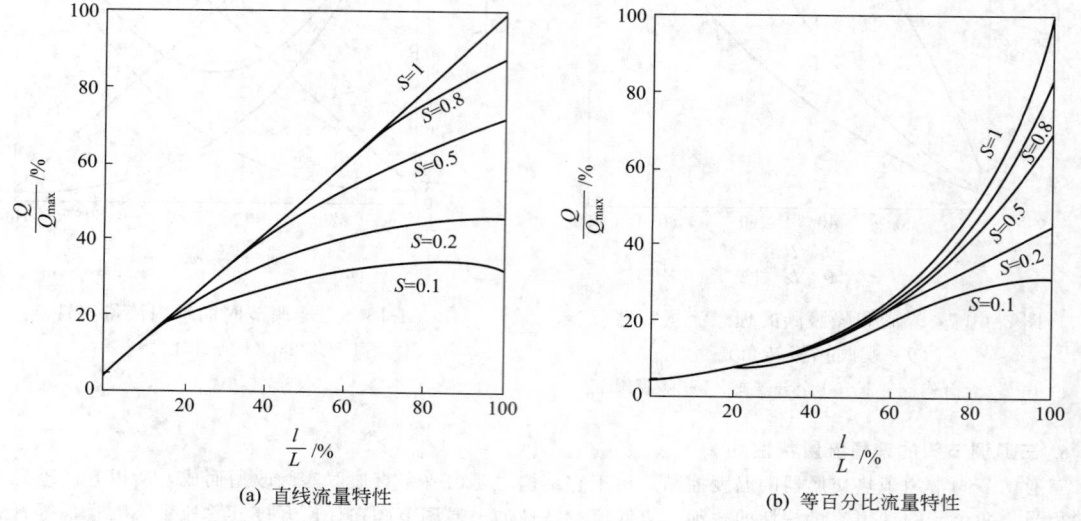

(a) 直线流量特性　　　　　　　　　　　(b) 等百分比流量特性

图 3-1-20　调节阀与管道串联时的工作特性 (以 Q_{max} 作参比值)

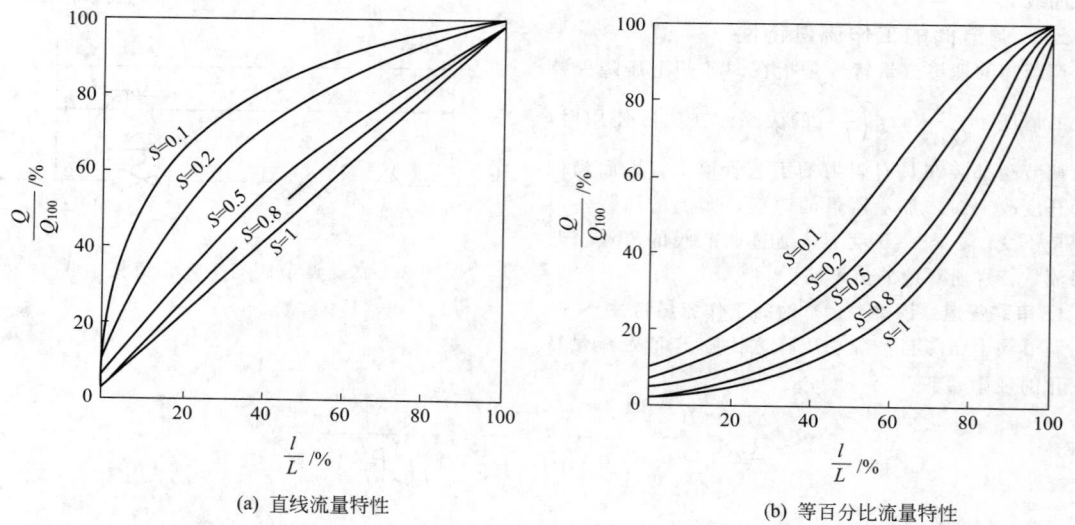

(a) 直线流量特性　　　　　　　　　　　(b) 等百分比流量特性

图 3-1-21　调节阀与管道串联时的工作特性 (以 Q_{100} 作参比值)

从图 3-1-20 与图 3-1-21 可以看出:

① 当 $S=1$ 时,即管道阻力损失为零,系统的总压降全部落在调节阀上,此时实际工作特性与理想特性一致。

② 随着 S 值减小,即管道阻力损失所占比重的增加,调节阀全开时的流量相应比管道阻力损失为零时的全开流量要减少,因而实际可调比也减少。

③ 随着 S 值减小，流量特性曲线发生很大畸变。

以 Q_{100} 作参比值的流量特性曲线成为一系列向上拱的曲线，直线特性趋向于快开特性，等百分比特性趋向于直线特性。因此在实际使用中，若采取减小阀上压降措施来节能无较大经济效益时，为了避免调节阀工作特性的畸变，一般希望 S 值不要低于 0.3。

2. 并联管道时的工作流量特性

如图 3-1-22 所示，总管流量 Q 为调节阀流量 Q_1 与旁路流量 Q_2 之和，即 $Q = Q_1 + Q_2$。设

$$x = \frac{Q_{1max}}{Q_{max}} = \frac{Q_{1max}}{Q_{1max} + Q_2}$$

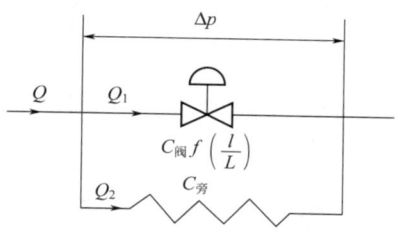

图 3-1-22　调节阀与工艺管道相并联

经推导可以得到

$$\frac{Q}{Q_{max}} = x f\left(\frac{l}{L}\right) + (1-x)$$

由此可画出不同的 x 值对调节阀工作流量特性的影响，如图 3-1-23 所示。

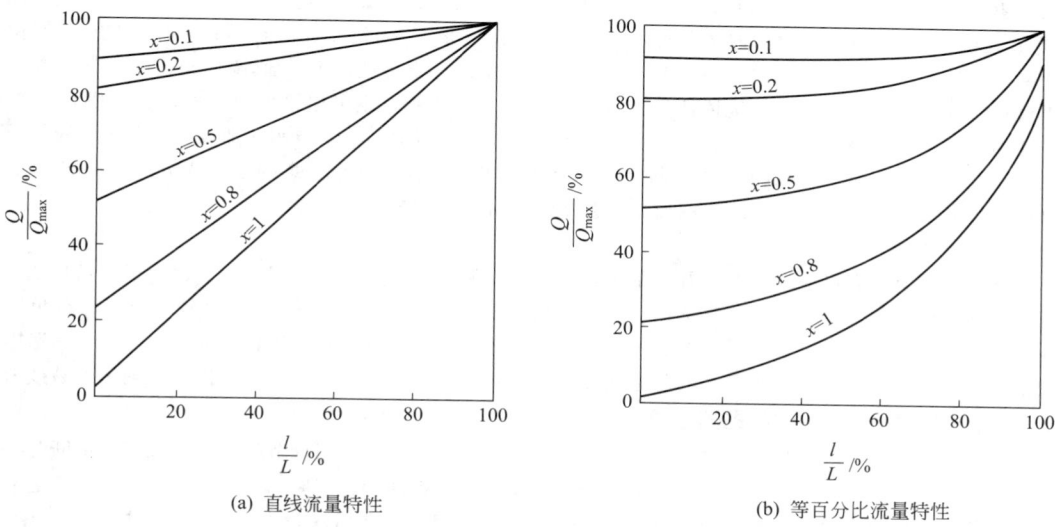

(a) 直线流量特性　　　　　　　(b) 等百分比流量特性

图 3-1-23　调节阀与管道并联时的工作特性（以 Q_{max} 作参比值）

从图 3-1-23 可以看出：

① 当 $x=1$，即旁路阀关死时，此时实际工作特性与理想特性一致。

② 随着 x 值减小，即旁路阀逐渐打开，实际工作特性的始点往上移，调节阀旁路流量增加，可调比下降，但曲线的形状基本保持不变。

③ 在图 3-1-23 中没有考虑串联管道的阻力损失，在实际使用中，它总是存在的，因而随着流量增加，调节阀上压降减小，调节阀全开时流量最大，实际可调比会下降更多。

一般希望 x 值至少不应低于 0.5，最好不低于 0.8。

四、调节阀流量特性的选择

虽然调节阀的理想流量特性有直线、等百分比、抛物线和快开四种，但抛物线流量特性与等百分比流量特性较为接近，前者可以用后者来代替，而快开特性又主要用于位式控制和顺序控制，因而所谓调节阀流量特性的选择，一般常局限于直线特性与等百分比特性的选择。调节阀流量特性的选择可以通过理论计算的方法求得，但这种方法较复杂，并且同一个控制系统考虑不同的干扰，有时会得出不同的结果。所以在具体设计工作中，一般均采用理论分析与实践经验相结合的方法，并综合考虑各方面的因素，然后作出选择。主要考虑的原则有如下几条。

1. 从广义对象的特性出发

为了使自动控制系统在负荷改变的情况下仍能正常工作，希望包括变送器和执行器在内的广义对象的放大系数能基本保持不变，以使控制器的各项参数能适应不同的负荷。为此当仅包括变送器在内的对象的输出特性为线性时，调节阀可选用直线流量特性；而当对象的输出特性为非线性时，则调节阀也应选用非线性流量特性，以期望两者合成后的特性是线性的。举例来说，如与传热有关的温度对象，一般负荷增加时放大系数减少，为此可相应选择一个负荷增加，放大系数增加的等百分比理想流量特性的调节阀。再如一个用差压法测量流量的流量控制回路，若不设开方器时，由于差压变送器的输出与流量的平方值成正比，因而差压变送器的增益与流量值成正比，所以从理论上分析，似乎应选用一个快开特性的调节阀。但实际上考虑到串联管道的阻力损失，S 值小于 1，以及其他的因素，一般可以选用一个直线理想流量特性的调节阀。

2. 结合工艺配管的实际情况

结合工艺配管的实际情况，确定调节阀全开时在工艺管路中的允许压降，然后算出 S 值。按照控制系统的需要决定调节阀的实际流量特性，然后考虑到因 S 值引起的流量特性的畸变，最后确定调节阀的理想流量特性。

3. 结合节能来考虑

流体通过调节阀节流时，没有做有用的功，一部分机械能被白白地损耗，因而如果仅仅从节能的角度出发，则希望调节阀都能在低 S 值运行，以减少输送流体所需要的能量。但考虑到流量特性的畸变，仅仅对一些流量大，压降大，确有节能效益的调节阀，可以让它在低 S 值下运行，此时选择调节阀的理想流量特性，应预计到实际流量特性的畸变。如对一个需要实际流量特性为直线特性的低 S 值调节阀，则应选择等百分比的理想流量特性。但对需要实际流量特性为等百分比特性的调节阀，则可以采取更换阀门定位器的反馈凸轮片，以使阀杆行程与控制器输出信号成为非线性关系，或在控制器输出至调节阀间加设乘法器等非线性补偿环节；以及直接选用相应流量特性的低 S 值调节阀等措施来实现。但应引起注意的是，调节阀在低 S 值下运行时其可调比将显著减小，所以必要时，应根据工艺条件作可调比的核算。

4. 综合考虑其他因素

当所选用的调节阀有可能经常在小开度下工作时，为使调节过程平稳宜选用等百分比理想流量特性。当控制系统预计到负荷变化幅度较大时，宜选用等百分比理想流量特性。当调节阀的 S 值较小时，为避免实际流量特性畸变成快开，宜选用等百分比理想流量特性。当流体介质中含有较多固体悬浮物时，可以考虑选用直线理想流量特性，因为这种特性的阀，它的阀芯曲面形状相对较瘦，在调节阀小开度工作时，阀芯不易被卡死。

五、调节阀气开、气关方式的选择

调节阀气开、气关方式的选择主要是从生产安全角度出发来考虑的。当调节阀上信号或气源中断时，应避免损坏设备和伤害人员。如事故情况下，调节阀处于关闭位置危害性小，则应选用气开式调节阀；反之，应用气关式调节阀。举例来说，如加热炉的燃料气或燃料油调节阀，应选用气开式，以保证事故时能切断燃料，以免烧坏炉子。对于塔、储罐等设备，它们的压力控制若是通过排出物料来操纵，则调节阀应选用气关式；若是通过进入物料来进行操纵，则调节阀应选用气开式，以防止事故时设备超压损坏。

对供气安全系数特别高的大型石油化工厂，因为它们除有足够容量的储气罐以外，还设有备用压缩机、外接气源等，而且工厂的供电等级也很高，所以供气系统的不安全度极小。在这种情况下，一般用途的调节阀可以根据操作习惯与方便、统一的原则来选择调节阀的气开、气关方式。对少数极重要的调节阀，则不仅需要合理选择气开、气关方式，还需要考虑设置保位阀、事故用储气罐等专有的附属装置，以确保其在任何情况下的安全、可靠，并有利于事故后恢复生产。

气动调节阀的气开、气关方式，可以通过气动执行机构与阀芯正、反装的组合来实现，理论上有图 3-1-24 所示的四种组合方式，但在实际使用中却并不全部采用。对于双导向阀芯的直通双座调节阀以及 $DN \geq 25\text{mm}$ 的直通单座调节阀，一般执行机构均采用正作用方式，通过改变阀芯的正、反装就能实现阀的气关、气开，即采用图 3-1-24 中的（a）、（b）两种方式。对于 $DN < 25\text{mm}$ 的直通单座调节阀，以及单导向阀芯的高压调节阀、角形调节阀、隔膜调节阀等，由于阀芯只能正装不能反装，所以只能通过改变执行机构的正、反作用来实现气关、气开，即采用图 3-1-24 中的（a）、（c）两种方式。

六、阀门定位器的选用

当调节阀上的压降过大，因填料压得过紧阀杆存在较大的摩擦力以及流体黏度较大时，都能产生附加的力来阻碍阀芯的运动，这时调节阀的开度将与控制器的要求不符。为了克服这种现象，可以在调节阀上附设阀门

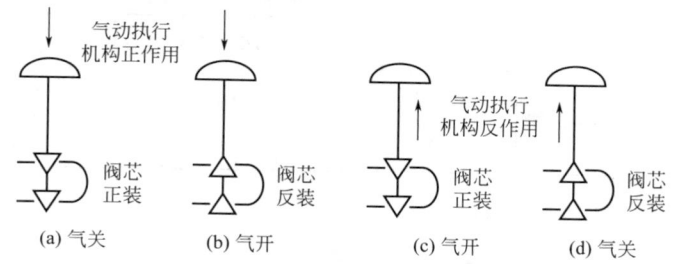

图 3-1-24　气动调节阀气开、气关的组合方式

定位器。阀门定位器把阀杆的位置与控制器所要求的位置相比较，如不符要求，它就改变阀门定位器的输出，即调节阀执行机构上的空气压力，直到最终获得正确的阀杆位置为止。

阀门定位器具体能实现的功能如下：

① 能借助它实现分程控制；

② 通过定位器能改变调节阀工作时气开、气关的作用方式；

③ 在高压降的条件下，它能提供足够的功率；

④ 能克服阀杆的摩擦力，提高调节阀的响应速度；

⑤ 较为准确地确定调节阀的开度，一定程度上能提高调节的精度；

⑥ 通过更换定位器上的反馈凸轮片，在一定范围内能改变调节阀的流量特性。

但是应当引起注意的是在一些反应迅速的过程中，例如流量和液体压力控制系统中，使用阀门定位器容易引起振荡，因而在这些场合不宜采用它。补救的办法是设置继动器来提高调节阀的响应速度和推动功率，设置加法器来改变调节阀工作时气开、气关的作用方式。

第六节　控制器正反作用的选择

任何一个控制系统在投运前，必须正确选择控制器的正反作用，使控制作用的方向正确，否则，在闭合回路中进行的不是负反馈而是正反馈，它将不断增大偏差，最终必将把被控变量引导到受其他条件约束的高端或低端极限值上。

一、单回路控制系统中控制器正反作用的选择

单回路控制系统的方框图如图 3-1-25 所示。

从方框图可以看出，在一个单回路控制系统中，只要 G_c、G_v、G_o 放大系数的乘积为正，就能实现负反馈控制。控制器、调节阀和对象放大系数正负号规定如下。

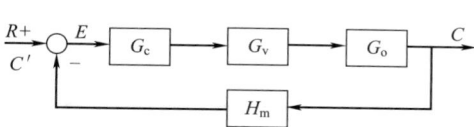

图 3-1-25　单回路控制系统的方框图

G_c—控制器的传递函数；G_v—调节阀的传递函数；G_o—被控对象的传递函数；H_m—测量变送单元的传递函数；R—给定值；C—测量值；E—偏差

1. 控制器放大系数的正负号

对于控制器来说，按照统一的规定，测定值增加，输出增加，控制器放大系数 K_c 为负，称之为正作用。测量值增加，输出减小，K_c 为正，称之为反作用。

2. 调节阀放大系数的正负号

调节阀的放大系数 K_v 定义为气开阀 K_v 为正，气关阀 K_v 为负。

3. 对象放大系数的正负号

对象的放大系数 K_o 定义为：如操纵变量增加，被控变量也增加，K_o 为正；操纵变量增加，被控变量减少，K_o 为负。

由此可知，单回路控制系统控制器正反作用方式的确定方法如下：首先确定对象放大系数 K_o 的正负号，然后根据调节阀选型为气开或气关确定调节阀放大系数 K_v 的正负号，最终由 K_c、K_v、K_o 乘积应为正，即可确定控制器的作用方式。控制器的作用方式也可由表 3-1-3 查出。

二、串级控制系统中控制器正反作用的选择

串级控制系统的方框图如图 3-1-26 所示，图中各文字符号的说明同图 3-1-25。显然图中闭合副回路的控制

表 3-1-3 单回路控制系统控制器正反作用选择表

对象放大系数	调节阀	控制器	对象放大系数	调节阀	控制器
正号	气开	反作用	负号	气开	正作用
	气关	正作用		气关	反作用

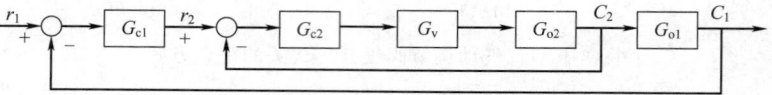

图 3-1-26 串级控制系统的方框图

器的作用方式可按单回路控制系统的方法来决定。在副回路构成闭环以后，它相对给定值 r_2 变化的等效传通函数如下：

$$G_{副} = \frac{G_{c2}G_vG_{o2}}{1+G_{c2}G_vG_{o2}}$$

由于图中副控制器的作用方式已按 K_{c2}、K_v、K_{o2} 乘积为正来确定，所以此闭合副回路的放大系数可以视为是正的。这样在串级控制系统中，仅仅根据 K_{c1}、K_{o1} 乘积为正来确定主控制器的作用方式。串级控制系统中主、副控制器作用方式的选择也可以根据表 3-1-4 来进行。

表 3-1-4 串级控制系统主、副控制器正反作用选择表

对象 1 放大系数	对象 2 放大系数	调节阀	副控制器	主控制器	主控制器单回路控制
正号	正号	气开	反作用	反作用	可以
		气关	正作用	反作用	不行
正号	负号	气开	正作用	反作用	不行
		气关	反作用	反作用	可以
负号	正号	气开	反作用	正作用	可以
		气关	正作用	正作用	不行
负号	负号	气开	正作用	正作用	不行
		气关	反作用	正作用	可以

在某些控制系统中，设计者希望在一些场合能由主控制器越过副回路，直接去控制调节阀，为此在设计过程中可以相应采取如下措施。

① 如果调节阀不受限制，选用气开、气关都可以时，则选用反作用的副控制器，这样再按此原则选出的主控制器必能越过副回路，直接去控制调节阀。

② 如果调节阀的气开、气关不能任选时，为了保证主控制器能越过副回路直接去控制调节阀，副控制器仍应选择反作用的，但为了保证闭合的副回路起负反馈控制作用，则副控制器的输出信号必要时可以通过反作用的阀门定位器或经过加法器来实现信号的反向。为了保证气源中断时调节阀处于安全位置，视需要可在调节阀上附设保位阀。

第七节 一些常见控制系统的分析

在石油化工厂众多的控制系统中，按其被控变量来划分，绝大多数都属于温度、压力、流量、液位和成分的控制系统。显然同一类型的控制系统有它们一些共同的特点。下面对它们共同的特点进行粗略的分析。

一、流量控制系统

在流量控制系统中，被控变量和操纵变量均是流量，所以对象的静态放大系数为 1。流量对象的时间常数很小，一般仅为几秒，对象的纯滞后时间也很小，调节过程中被控变量的振荡周期也很短。因为流量控制一般都与工艺的物料平衡有关，大多数情况下不允许有余差，因而总是选用比例积分控制器。由于对象时间常数小，反应灵敏，控制器不必有微分作用。流量记录曲线上经常出现图 3-1-27 所示的微小脉动，这是流体湍流流动以及泵的振动所产生的流量噪声引起的，流量噪声也使得控制器不宜有微分作用。

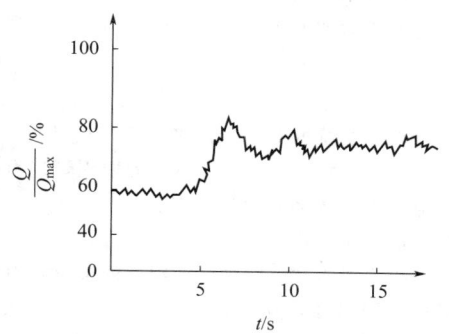

图 3-1-27　流量控制系统中的噪声　　　　图 3-1-28　差压式流量计的非线性

大部分的流量检测都采用孔板和差压流量计，如果不设开方器时，它们呈现出图 3-1-28 所示的明显的非线性。一般单回路的流量控制系统也可以不使用开方器；但在串级控制系统中，有时流量副回路的非线性会带来十分不利的影响，此时宜设置开方器。在不设开方器的流量控制系统中，可以选用直线流量特性的调节阀，以补偿差压式流量计的非线性。

二、液位控制系统

一个设备或储罐的液位，表征了它的流入量和流出量之差的累积。在化工生产中，由于生产的连续性，所以液位控制是为物料平衡服务的，液位控制应完成如下三项任务：

① 保持设备或储罐内的滞留量是在规定的高限和低限之内，使它们具有一定的缓冲能力；

② 在每一种滞留量下，在绝大部分时间内保持入口流量和出口流量之间的平衡；

③ 通过容积的缓冲来保持前后工序负荷的平衡，在需要改变流量时，希望能逐步地、平滑地调整流量。

从工艺流程上看，液位控制分成循流向和逆流向两种。所谓循流向就是由液位去控制排出量，这是比较传统的做法。逆流向就是由液位去控制进入量，这种做法的好处是能缩小储罐的容积。液位对象的时间常数与容器的容积成正比，与流量成反比，一般为数分钟以上。

由于液体进入容器时的飞溅和扰动，液位测量与流量测量相似，也是有噪声的，在实践中，大多数情况下精确地控制液位是没有必要的，因而可以选用比例控制器。对有相变过程的设备，如再沸器、锅炉汽包、氨蒸发器等，它们的液位控制比较复杂，因为它们不仅与物料平衡有关，而且与传热有关。在这些设备中，液位常常以满量程的百分之几左右的幅度急剧波动，所以要实现良好的液位控制还需设计复杂控制系统。

三、压力控制系统

1. 气体压力

气体压力与液位相似，它是系统内进出物料不平衡程度的度量，因而气体的压力控制不是改变流入量就是改变流出量。气体压力对象基本上是单容的，具有自衡能力，它的时间常数也与容积成正比与流量成反比，一般为几秒至几分钟。除了系统附近有脉动的压力源，如往复式压缩机等，一般气体压力的测量是没有噪声的，通常选用比例积分控制器，积分时间可以放得比流量控制时大。

2. 液体压力

由于液体的不可压缩性，因而液体的压力控制与流量控制非常相似，液体压力对象的时间常数仅为几秒，测量时也有明显的噪声，一般选用比例积分控制器来进行控制。当同一根工艺管线上既要控制压力又要控制流量时，两个控制系统会互相影响。

3. 蒸汽压力

常见的锅炉汽包压力控制，精馏塔、蒸发器压力控制，其实质上是传热的控制，系统蒸汽的压力就表征了热平衡的状况。所以在这类控制系统中它的特性在某些方面与温度控制有相仿之处。

四、温度控制系统

温度控制实质上是一个传热的控制问题。温度对象常常是多容的，时间常数与对象的热容与热阻的乘积成正比，它可以从几分钟到几十分钟。换热器传热面的结垢会引起热阻增大，因而对象时间常数还具有时变的特性；而且由于不均匀性，往往对象具有分布参数的性质。为了改善温度控制系统的品质，测量元件应选用时间常数小的元件，并尽量安装在测量纯滞后小的地方。控制器可以选用比例积分微分控制器，积分时间可置于几分钟，微分时间相对短一些。由于温度控制对象的非线性，随着负荷增加放大系数下降，所以一般温度控制系统宜选用等百分比流量特性的调节阀。

五、成分控制系统

在生产现场中，出问题最多的往往是成分控制系统。成分控制系统的对象也是多容的，且时间常数大，纯滞后时间大；有的如 pH 控制对象，则具有明显的非线性。造成成分控制系统工作不良的原因，还有分析器本身结构比较复杂，取样系统和样品预处理部分工作不良，纯滞后过大等多方面的原因。

成分控制系统通常选用比例积分微分控制器。由于成分控制系统的惰性较大，系统可靠性不高，所以控制器的比例度一般均放得较大。对于 pH 控制，最好能使用非线性控制器；对纯滞后特别大的成分控制系统，可以考虑采用采样控制。当选不到合适的成分分析器时，也可以采用间接的被控变量如温度、温差等来代替。

综上所述，把以上五类控制系统的特点以及常用的控制器类型、调节阀合适的流量特性等内容列成表 3-1-5。

表 3-1-5　各类常见控制系统的特点

特点	流量和液体压力	气体压力	液位	温度和蒸汽压力	成分
纯滞后	没有	没有	大部分没有[①]	随流量而变	固定不变
容量	多容、时间常数小	单容	单容或双容	多容	多容
振荡周期	几秒	几秒～几分钟	几十秒～几分钟	几分钟～几十分钟	几分钟～几十分钟
对象增益	线性，非线性	线性	线性	非线性	线性、非线性
测量噪声	有	没有	有	没有	有时有
选用控制器	PI(快积分)	PI 或 P	P 或 PI	PID	PID
选用调节阀	直线，等百分比[②]	直线	直线	等百分比	等百分比

① 当进料量改变时，精馏塔塔釜的液位需经逐板传递才能开始改变，有较大的纯滞后。

② 用差压法测流量时，流量对象增益为非线性，可选用直线特性的调节阀。

第二章 复杂控制系统[❶]

只有一个被控变量的单回路简单控制系统，解决了石油化工厂大部分的控制问题，但是它们有一定的局限性。这些局限性主要表现在它们只能完成定值控制，功能单一；对纯滞后较大，时间常数较大，干扰多而剧烈的对象，控制质量较差；对各个过程变量内部存在相关的过程，控制系统相互之间会出现干扰等。因此在简单控制系统的基础上，又发展了众多的复杂控制系统，它们的名称、特点和使用场合如下。

1. 串级控制系统

它的特点是两个控制器相串联，主控制器的输出作为副控制器的给定，适用于时间常数及纯滞后较大的对象，如加热炉的温度控制等。

2. 比值控制系统

它可以控制两个或两个以上的物料流量保持一定的比值关系。

3. 均匀控制

它可以控制两个有关的变量，例如精馏塔塔釜的液位和塔底出料流量，使它们都呈缓慢的变化，以缓和供求的矛盾，并使后续设备的操作较为平稳。

4. 分程控制

由一个控制器去控制两个或两个以上的调节阀，可应用于一个被控变量需要两个以上的操纵变量来分阶段进行控制，或者操纵变量需要大幅度改变的场合。

5. 采用模拟计算单元的控制系统

控制器的给定值由模拟计算单元给出，它可以是根据工艺工况的变化随时计算出来的值。它可能因为被控变量不能直接测量，只能通过间接计算方能求得。

6. 自动选择性控制系统

控制器的测量值可以根据工艺的要求自动选择一个最高值、最低值或者可靠值，也可以根据工艺的工况来自动选择预先设计好的几种控制系统的结构和组成。

7. 前馈控制系统

控制器根据干扰的大小，不等被控变量发生变化，直接进行校正控制。它常与反馈控制结合在一起使用，以消除某几个影响最大的干扰。

8. 非线性控制系统

当被控对象非线性较为严重时可以采用非线性控制，以起部分补偿作用。或者在某些场合采用非线性控制，以求得被控变量更加平稳。

9. 采样控制系统

控制器的输出是断续的，即调节一段时间再保持一段时间等等看。它适用于纯滞后特别大的对象，以防止控制作用超调。

10. 模糊控制系统

它适用于被控对象特性复杂、较难控制的场合，它能模拟人的操作方式进行判断、推理和调节。

11. 解耦控制系统

利用解耦装置使控制器的输出能抵消对象内部存在的相关作用，以保证控制品质。它适合于控制系统有几个严重相关的被控变量时采用。

复杂控制系统绝非仅仅上面提到的 11 种，此外还有预测控制系统、多输出控制系统、自适应控制系统、极值控制系统、最优时间控制系统等。应当引起重视的是这些复杂控制系统都是为了解决某个特殊矛盾而产生并发展的，它们均有各自适用的场合，不宜随便乱用。能用单回路简单控制系统解决的问题，就不应设计复杂控制系统；复杂控制系统如果使用不当，不仅增加投资，不能奏效，有时反而会带来不必要的麻烦。

[❶] 为保持延续性，本章沿用了《石油化工自动控制设计手册》第三版的内容，采用气动或电动仪表构建复杂控制系统。随着自动控制技术的发展，现在复杂控制系统通常通过分散控制系统（DLS）或可编程序控制器（PLC）的软件功能块实现。

第一节　串级控制系统

一、串级控制系统的基本概念及工作过程

图 3-2-1 为串级控制系统的方框图，该系统有两个控制器，控制器 1 为主控制器，控制器 2 为副控制器，主控制器的输出作为副控制器的给定；系统有两个测量变送单元，一个测量主被控变量，另一个测量副被控变量。串级控制系统的目的主要在于控制主被控变量稳定。现以图 3-2-2 所示的管式加热炉出口温度串级控制系统为例，来说明串级控制系统的工作过程。

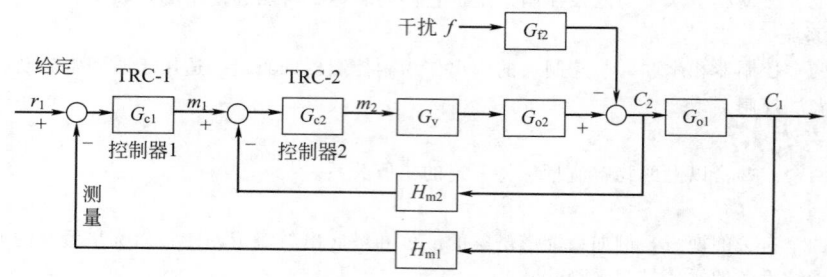

图 3-2-1　串级控制系统的方框图

管式加热炉是炼油生产过程中的重要设备，其作用是把原油加热至一定的温度，然后送去分馏，得到各种

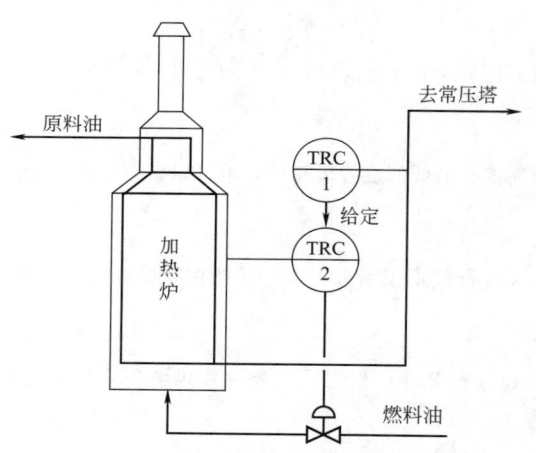

图 3-2-2　管式加热炉出口温度串级控制系统图

不同规格的产品。为了保证分馏部分生产正常，延长炉管寿命，要对出口温度加以控制，一般只允许波动 ±(1~2)℃，为此采用了加热炉出口温度与炉膛温度串级控制系统。在外界干扰的作用下，系统的热平衡遭到破坏，加热炉出口温度发生变化，此时串级控制系统中的主、副控制器便开始了它们的工作过程。根据干扰施加点位置的不同，可分为下列三种情况。

1. 干扰作用于副回路

当燃料油压力、流量、组分等发生变化时，炉膛温度也会相应发生变化，此时炉膛温度的副控制器 TRC-2 立即进行调节。如干扰较小，经副回路调节以后，炉膛温度基本保持不变，这样就不会影响加热炉的出口温度。当干扰很大时，还会影响到主被控变量——加热炉的出口温度，这时主控制器 TRC-1 的输出开始发生变化，对副控制器 TRC-2 来说，它将接受给定值与测量值两方面的变化，从而使输入偏差增加，校正作用加强，加速了调节过程。

2. 干扰作用于主回路

当原料油的入口流量和温度发生变化时，炉膛温度尚未发生变化，但加热炉出口温度先行改变。此时主控制器 TRC-1 根据加热炉出口温度的变化去改变副控制器 TRC-2 的给定值，副控制器接到指令后，很快产生校正作用，改变燃料油调节阀的开度，使加热炉出口温度返回给定值。在控制系统中由于多了一个副回路，调节和反馈的通道都缩短了，因而能使被控变量的超调量减小，调节过程缩短。

3. 干扰同时作用于主、副回路

当多个干扰同时作用于主、副回路时，如它们使得主被控变量与副被控变量往同一方向变化，则副控制器的输入偏差将显著增加，因而它的输出也将发生较大的变化，以迅速克服干扰。如果主被控变量与副被控变量分别往相反方向变化，则副控制器输入的偏差将缩小，它的输出只要有较小的变化即能克服干扰。

综上所述，在串级控制系统中，由于主、副两个控制器串联在一起，再加上一个闭合的副回路，因而不仅能迅速克服作用于副回路的干扰，而且对于作用于主回路的干扰也能加快调节的进程。在调节过程中，副回路具有先调、快调、粗调的特点；主回路则刚好相反，具有后调、慢调、细调的特点。主、副回路互相配合，与

单回路简单控制系统相比，大大改善了调节过程的品质。

二、串级控制系统的特点

串级控制系统从总体上来看仍然相当于一个定值控制系统，但由于它在结构上增加了一个随动的副回路，因此具有如下两个特点。

1. 对于克服副回路的干扰有较强的能力

把图 3-2-1 串级控制系统方框图中的闭合副回路化简，就得到图 3-2-3 简化的串级控制系统方框图。从该图可以看出，当干扰包括在副回路中时，由于副控制器能及时起调节作用，因而干扰对主被控变量的影响减弱。若把测量变送单元的传递函数当作 1，则干扰的影响将减弱为原来的 $\dfrac{1}{1+G_{c2}G_vG_{o2}}$。

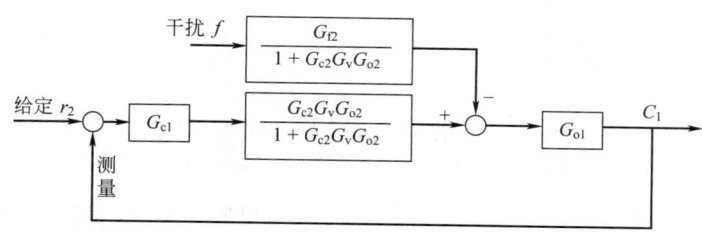

图 3-2-3　简化后的串级控制系统方框图

2. 对于克服主回路的干扰也有好处

采用串级控制以后，对象的一部分被包围在副回路内。图 3-2-3 中等效对象的传递函数为

$$G'_{o2}=\frac{G_{c2}G_vG_{o2}}{1+G_{c2}G_vG_{o2}}$$

如设 $G_{c2}=K_{c2}$，$G_v=K_v$，$G_{o2}=\dfrac{K_{o2}}{T_{o2}s+1}$，将这些环节的传递函数代入上式后可得

$$G'_{o2}=\frac{K'_{o2}}{T'_{o2}s+1}$$

式中

$$K'_{o2}=\frac{K_{c2}K_vK_{o2}}{1+K_{c2}K_vK_{o2}}$$

$$T'_{o2}=\frac{T_{o2}}{1+K_{c2}K_vK_{o2}}$$

显然采用串级控制以后，副回路等效对象的时间常数 T'_{o2}，比原来的时间常数缩小了 $(1+K_{c2}K_vK_{o2})$ 倍。由于时间常数减小，调节过程就及时，控制系统的工作频率增加，因而过渡过程时间缩短，调节品质也提高了。

综上所述，采用串级控制系统以后，副回路克服干扰的能力比单回路简单控制系统提高较多，特别当副控制器放大系数较大时，对于进入主回路的干扰，虽然副回路不能直接克服它，但由于副回路减小了时间常数，改善了对象动态特性，加快了调节过程，因而也能减少动态偏差。

三、串级控制系统的设计原则

在一些控制要求高，对象时间常数大，干扰幅度大，干扰频繁的场合，可以设计串级控制系统来改善调节品质。设计时应注意如下原则。

① 副回路应力求包括主要的干扰，即变化频繁、幅度较大的干扰，如有条件还应尽可能包括其他次要的干扰，这样能充分发挥副回路的作用，把影响主被控变量的干扰作用抑制到最低程度。

② 应使主、副对象的时间常数有合适的搭配，一般希望主对象的时间常数为副对象时间常数的 3～4 倍，这样可以避免主、副回路互相影响，产生"共振"现象，也便于控制器的参数整定。

③ 副回路的构成应考虑它在工艺上的合理性。如图 3-2-4 所示的硝酸生产过程中的氧化炉温度串级控制系

386

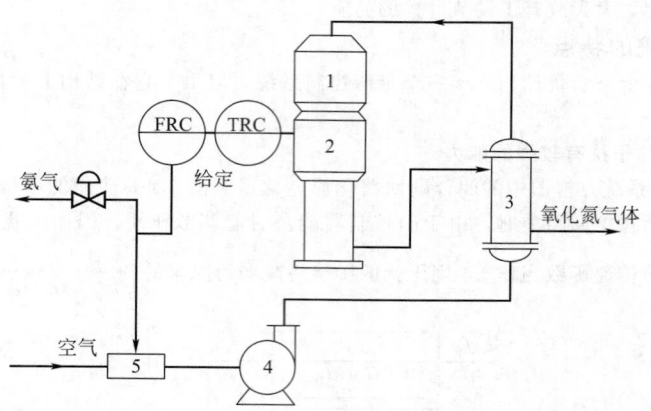

图 3-2-4　氧化炉反应温度串级控制系统图

1—过滤器；2—氧化炉；3—预热器；4—鼓风机；5—混合器

统，其副回路的目的主要是调节氨空比，因而它可以是氨气流量控制回路，也可以是空气流量控制回路。但工艺设计中为了保证氨能充分反应完全，空气是过量的，氨气在混合气体中的含量仅占$10\%\sim12\%$，这样改变氨气流量更能灵敏地、有效地控制氨空比，因而在设计中均选用氨气流量控制构成副回路。

④ 许多串级控制系统具有流量控制的副回路，当用差压法测量流量时，流量与差压间存在 $Q=K\sqrt{\Delta p}$ 的关系，对这个闭合的流量控制副回路来说，它的输入是差压信号，输出是流量信号，它的开环放大系数为 $\dfrac{\mathrm{d}Q}{\mathrm{d}\Delta p}$。因为 $\dfrac{\mathrm{d}Q}{\mathrm{d}\Delta p}=\dfrac{K}{2\sqrt{\Delta p}}=\dfrac{K^2}{2Q}$，因而负荷 Q 改变时，开环放大系数是变的，与负荷成反比。由于许多流量控制副回路在低负荷下运行，此时主控制器输出微小的变化就会造成流量大幅度的波动，使调节品质变坏。因而对负荷变化大，需要经常在小流量下工作，以及工艺上较难实现控制的场合，其流量副回路应加开方器为好；当然负荷较为稳定的串级控制系统，其流量副回路也可以不加开方器。图 3-2-5 表示了乙烯装置脱丙烷塔塔釜温度与进再沸器蒸汽流量串级控制系统，因为塔釜加热蒸汽流量比较恒定，所以在设计中未设置开方器。

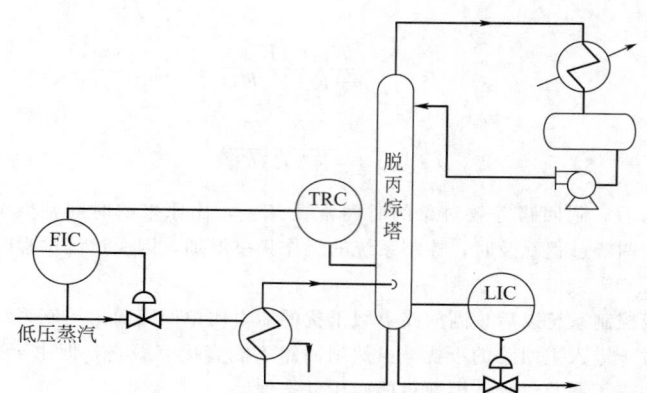

图 3-2-5　脱丙烷塔塔釜温度串级控制系统

⑤ 在串级控制系统中，主、副控制器的工作性质不一样，主控制器起定值控制的作用，而副控制器起随动控制的作用；主被控变量一般不允许有余差，而副被控变量往往允许在一定范围内波动，因而主控制器可选用比例积分控制器，副控制器可以选用比例控制器。只是在流量控制作副回路时，一般副控制器也选用比例积分控制器，这样副回路可以按照主回路的要求，对于物料流和能量流实施精确的控制，这将有利于物料平衡和能量平衡，也有利于副回路单独投运。

⑥ 当调节阀上设有阀门定位器时，阀门定位器也相当于围绕调节阀构成一个串级的副回路，它使得控制

器的输出信号与反映阀杆行程的位移信号取得平衡。根据主、副对象时间常数应当错开以免振荡的原则,阀门定位器不宜用于流量控制和液体压力控制的调节阀上,否则为了消除振荡,需要把控制器的比例度放得很大,这样会降低控制系统的灵敏度。

第二节 比值控制系统

一、比值控制的目的

石油化工生产经常要求两种物料以一定的比例混合以后参加化学反应,以保证反应充分并节约能量。如以重油为原料制氢生产合成氨的工艺中,要求进重油气化炉的氧气和重油流量保持合适的比例,若氧油比过高,则因炉顶温度过高会造成炉内耐火砖脱落,缩短炉子寿命;如氧油比过低,重油燃烧不完全,导致物料损失,并且生成大量炭黑,给后续工序带来困难。再如进合成塔的氢氮比控制,由于对象具有积分性质,所以希望进合成塔的氢气与氮气的摩尔流量比严格保持 3:1,此比值往任一方向长时间地偏离,都会造成氨的收率下降和能耗增大。已有实践表明,如果把氢氮比控制好,使氢氮比波动范围从 0.2% 下降到 0.05%,能增产氨 1%~2%,由此可见比值控制在化工生产中占有比较重要的位置。

二、几种常见的比值控制方案

1. 单闭环比值控制系统

最简单的比值控制系统是单闭环比值控制系统,它的控制方案及方框图如图 3-2-6 所示。从图上可以看出,Q_1 是主动量,它本身没有反馈控制,因而是可变的。Q_2 是从动量,它随 Q_1 而变,在稳态时能保持 $Q_2 = KQ_1$。因为只有 Q_2 的流量回路形成了闭环,所以叫做单闭环比值控制系统。单闭环比值控制系统适用于 Q_1 比较稳定的场合,例如 Q_1 是计量泵的输出流量,它能保持恒定不变。当 Q_1 本身波动比较频繁,变化幅度较大时,虽然经过调节 Q_2 将力图保持等于 KQ_1,但由于调节有一个过程,实际上 Q_2 无论是从累计量还是瞬时量来看,都很难严格保持等于 KQ_1,同时负荷经常波动也对下一道工序带来不利的影响。因而在此基础上发展了双闭环比值控制系统。

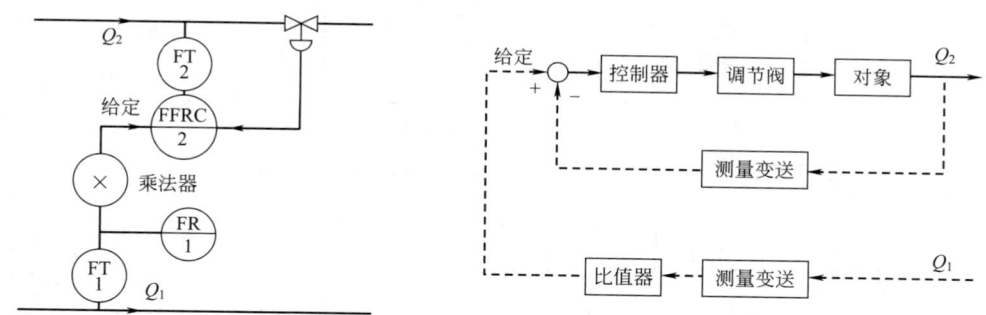

图 3-2-6　单闭环比值控制系统及其方框图

2. 双闭环比值控制系统

在单闭环比值控制系统的基础上,对 Q_1 主动量又增加了一个闭环控制回路,这样就构成了双闭环比值控制系统。它的控制方案及方框图如图 3-2-7 所示。这类控制系统的特点是在保持比值控制的前提下,主动量和从动量两个流量均构成了闭合回路,这样它能克服自身流量的干扰,使主、从流量都比较平稳,并使得工艺系统总的负荷也较稳定,而且由于 Q_1 比较平稳,所以无论从累计量还是从瞬时量来看,比值控制的效果都比单闭环控制系统要好。因而在大多数情况下,都采用双闭环比值控制系统。

3. 串级比值控制系统

有时在生产过程中,虽然采用了比值控制,但两种物料质量流量的比值会受到介质温度、压力、组分变化的影响,难以精确控制在期望值上。此时可以引入代表工艺过程配比质量指标的第三参数来进行比值自动设定,从而构成了串级比值控制系统。如硝酸生产中的氨氧化过程,有的厂采用了氧化炉温度与氨空比的串级控制系统。氨在铂触媒的催化下氧化生成一氧化氮,如反应温度过低,则氧化率低,物料损失;若反应温度过高,则由于一氧化氮分解,收率也要下降,而且铂丝触媒网在高温下损失太大。所以综合考虑,一般常压法氧

388

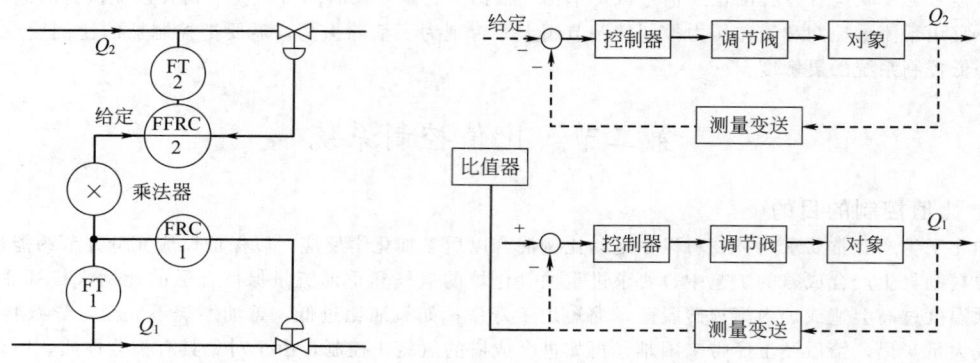

图 3-2-7　双闭环比值控制系统及其方框图

化以控制在 800℃最为经济。而只需改变氨气与空气的流量比值，使氨气在混合气体中占 11.5％时，就能保持合适的反应温度，并得到 98％的高氧化率。所以如图 3-2-8 所示，设计一个氧化炉温度与氨空比的串级控制系统，就能满足上述工艺的要求。图中氧化炉温度控制器是主控制器，氨气流量和空气流量的比值控制构成副回路，当反应温度有偏离时，改变氨气流量，即改变氨空比，使温度恢复正常。

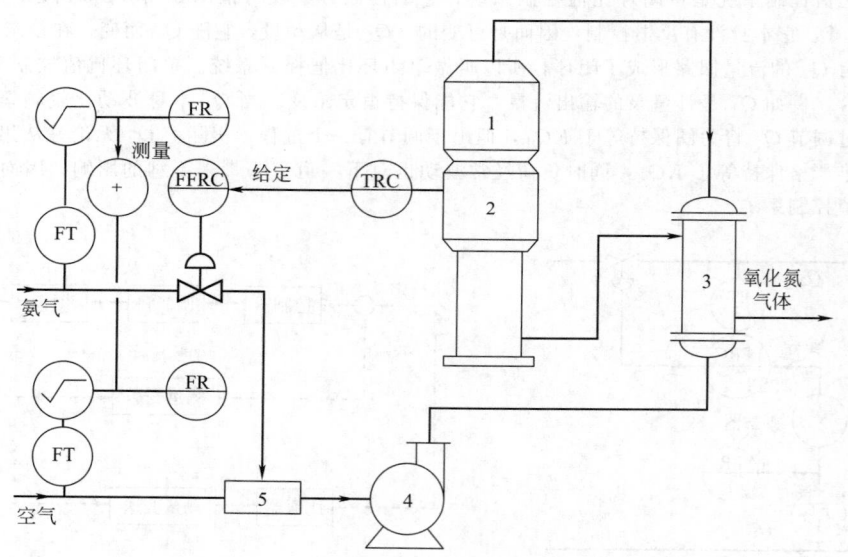

图 3-2-8　氧化炉温度氨空比串级控制系统
1—过滤器；2—氧化炉；3—预热器；4—鼓风机；5—混合器

4. 带逻辑提量的比值控制系统

图 3-2-7 所示的双闭环比值控制系统还常用于锅炉燃烧系统，以保持空气流量与燃料流量恰当的比值。但在这样的系统中，一旦风机控制失灵或调节空气流量的挡板卡死，空气流量就不能随燃料流量变化，过量的燃料就会积聚而发生冒烟，这除了造成燃料损失外还可能导致爆炸。为了防止此类事故发生，同时从节能角度考虑，现在大型锅炉的燃料控制一般设有带逻辑提量的比值控制系统，它的控制系统如图 3-2-9 所示。

上述控制系统在正常工况下，相当于一个蒸气压力与燃料气流量或空气流量的串级控制系统，以及另一个燃料气流量与空气流量的比值控制系统。此比值控制系统与常见的比值控制系统不同之处，是把乘法器放在空气流量测量变送单元 FT-3 之后；而不是放在给定部分。如设蒸汽压力控制器 PRC-1 为反作用，当蒸汽用量增加时，蒸汽总管压力下降，PRC-1 输出增加，它欲指挥燃料流量控制器 FRC-2 开大调节阀 FCV-2，但因 FRC-2 的给定在低选器之后，它不能增加，所以燃料流量不变。只有当 PRC-1 的输出通过高选器，指挥空气流量控制器 FRC-3 把空气调节挡板 FCV-3 开大以后，并待增大的空气流量信息经 FT-3 反馈到低选器以

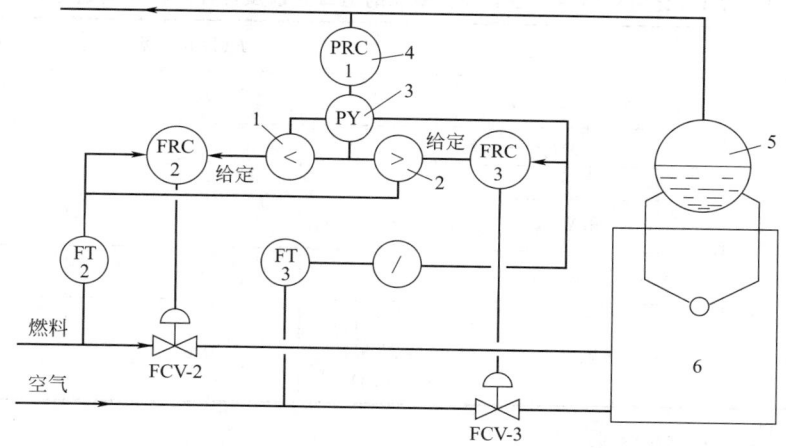

图 3-2-9　带逻辑提量的串级比值控制系统

1—低选器；2—高选器；3—适配器；4—反作用控制器；5—汽包；6—蒸汽锅炉

后，燃料流量控制器的给定才开始发生变化，使燃料气流量调节阀 FCV-2 开大。当蒸汽用量减少，蒸汽总管压力上升时，压力控制器 PRC-1 的输出减少，它先通过低选器使燃料气流量调节阀 FCV-2 关小，待减少的燃料气流量信息经 FT-2 反馈到高选器以后，才能使空气流量控制器的给定发生变化，使空气调节挡板 FCV-3 关小。综上所述，上述带逻辑提量的串级比值控制系统实现了按蒸汽负荷的要求先加空气量后加燃料气量，或者先减燃料气量后减空气量的逻辑关系；在正常情况下，它能保持空气流量与燃料气流量成一定比例；在事故情况下，当空气流量中断时，能使燃料气流量也相应地切断，从而实现了保证燃烧完全和确保安全的工艺要求。

三、比值控制方案的实施

1. 使用除法器的比值控制系统

在比值控制系统中，把比值 K 理解为真正的被控变量，则按此原理可以构成图 3-2-10 所示的使用除法器的比值控制系统。但现在在工程设计中较少采取这种做法，其主要原因如下。

（1）回路增益的非线性　首先假设如图 3-2-10 所示，用调节 Q_2 来实现比值控制。若希望保持 $\dfrac{Q_2}{Q_1}=K$，则回路增益 $\dfrac{\mathrm{d}K}{\mathrm{d}Q_2}=\dfrac{1}{Q_1}=\dfrac{K}{Q_2}$；反过来若希望保持 $\dfrac{Q_1}{Q_2}=K$，则 $-\dfrac{Q_1}{Q_2^2}\mathrm{d}Q_2=\mathrm{d}K$，所以回路增益 $\dfrac{\mathrm{d}K}{\mathrm{d}Q_2}=-\dfrac{Q_1}{Q_2^2}=-\dfrac{K}{Q_2}$。反过来，改为调节 Q_1 来实现比值控制，若也希望保持 $\dfrac{Q_2}{Q_1}=K$，则回路增益 $\dfrac{\mathrm{d}K}{\mathrm{d}Q_1}=-\dfrac{Q_2}{Q_1^2}=-\dfrac{K}{Q_1}$；若希望保持 $\dfrac{Q_1}{Q_2}=K$，则回路增益 $\dfrac{\mathrm{d}K}{\mathrm{d}Q_1}=\dfrac{1}{Q_2}=\dfrac{K}{Q_1}$。综合上述四种情况，在使用

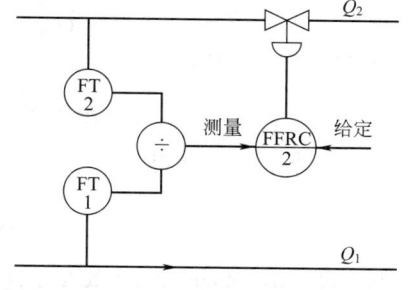

图 3-2-10　使用除法器的比值控制系统

除法器的比值控制系统中，不论控制哪个流量，也不论除法器如何接法，回路的增益总是与被控制的流量值成反比。显然当被控制的流量相对满量程的百分数较小时，由于系统增益过大，容易产生振荡。

（2）比值控制范围的局限性　当使用单元仪表中的除法器构成比值控制系统时，若工艺要求比值控制范围接近于 1，此时除法器的输出刚好接近于满量程，没有再增加输出的余地，所以比值范围只能确定在 1 以上或 1 以下，不能在 1 附近自由地调整，这样显然给使用带来很大的不便。

2. 使用乘法器的比值控制系统

因为使用除法器的比值控制系统有上述的缺点，所以常常把比值运算移到闭合回路的外面，改成使用乘法器的比值控制系统。使用乘法器组成的比值控制系统如图 3-2-6 和图 3-2-7 所示。现将可用在比值控制系统中的各类计算单元的运算式，以及实现流量比值控制后的相对流量比 R 列于表 3-2-1。

表 3-2-1　比值控制用的各类计算单元的运算式以及可控的相对流量比 R

仪表名称	运算式	R(设开方器)	R(不设开方器)
气动比值器	$p_{出}=K(p_{入}-20)+20,K=0.25\sim4$	$0.25\sim4$	$0.5\sim2$
气动乘法器	$p_{出}=\dfrac{(p_A-20)(p_B-20)}{80}+20$	$0\sim1$	$0\sim1$
电 II 型分流器	$I_{入}=0\sim10mA,I_{出}=0\sim9.5mA$	$0\sim9.5$	$0\sim0.98$
电 II 型乘法器	$I_{出}=KI_1I_2,K=0.1$	$0\sim1$	$0\sim1$
电 III 型比率设定器	$I_{出}=nI_1+V_P$　$\begin{aligned}&n=0.3\sim3(线性)\\&0.6\sim1.7(方根)\\&V_P=\pm(1\sim5)V\end{aligned}$	$0.3\sim3$	$0.6\sim1.7$

注：$R=\dfrac{Q_2}{Q_{2max}}\Big/\dfrac{Q_1}{Q_{1max}}$。$p_{出}$ 单位为 kPa。

四、仪表比值系数的求取

在比值控制系统中根据两种工艺物料的流量值来确定计算单元应有的比值系数很重要。图 3-2-11 表示了一个由气动比值器构成的流量比值控制系统，差压变送器后设有开方器，使输出信号与被测流量成线性关系。

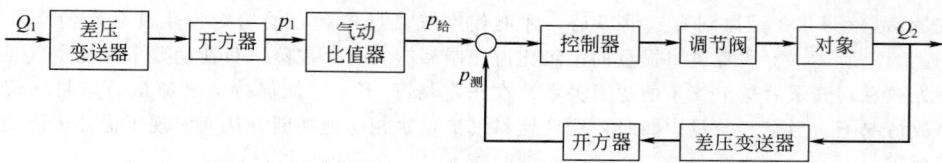

图 3-2-11　由气动比值器构成的流量比值控制系统

图中开方器的输出与被测流量间的关系为

$$p_1=\frac{Q_1}{Q_{1max}}\times80+20\quad kPa\quad(Q_{1max}为流量计1的量程)$$

$$p_{测}=\frac{Q_2}{Q_{2max}}\times80+20\quad kPa\quad(Q_{2max}为流量计2的量程)$$

气动比值器的运算式为

$$p_{给}=K(p_1-20)+20=K\frac{Q_1}{Q_{1max}}\times80+20(kPa)$$

由 $p_{给}=p_{测}$，可以求得

$$K=\frac{Q_2}{Q_{2max}}\Big/\frac{Q_1}{Q_{1max}}=\frac{Q_2}{Q_1}\times\frac{Q_{1max}}{Q_{2max}}$$

从上式可知，仪表的比值系数 K 不仅与工艺要求的流量比值有关，而且与选用的流量计的量程有关。显然在上图中，若差压变送器后不设开方器，有如下关系

$$K=\left(\frac{Q_2}{Q_1}\times\frac{Q_{1max}}{Q_{2max}}\right)^2$$

当由气动乘法器来构成比值控制系统时，其方框图如图 3-2-12 所示。
与前面例子相同，有如下关系式

$$p_A=\frac{Q_1}{Q_{1max}}\times80+20(kPa)$$

$$p_{测}=\frac{Q_2}{Q_{2max}}\times80+20(kPa)$$

根据乘法器算式

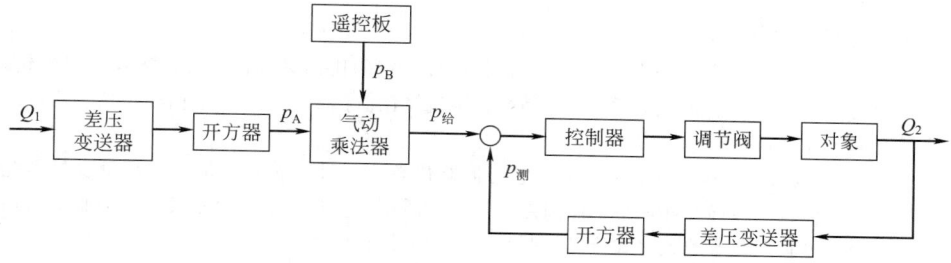

图 3-2-12 由气动乘法器构成的比值控制系统

$$p_{给}=\frac{(p_A-20)(p_B-20)}{80}+20(\text{kPa})$$

由 $p_{给}=p_{测}$，可以求得

$$\frac{(p_A-20)(p_B-20)}{80}=\frac{Q_2}{Q_{2max}}\times80$$

所以

$$p_B=80\times\frac{Q_2}{Q_1}\times\frac{Q_{1max}}{Q_{2max}}+20(\text{kPa})$$

显然在上图中，若差压变送器后不设开方器时，有如下关系：

$$p_B=80\times\left(\frac{Q_2}{Q_1}\times\frac{Q_{1max}}{Q_{2max}}\right)^2+20(\text{kPa})$$

当选用电动Ⅱ型、电动Ⅲ型单元组合仪表系列中的乘法器、比率设定器等来构成比值控制系统时，仪表比值系数的求取也可仿照上面的方法来进行。

五、比值控制系统的几个问题

1. 主、从被控变量的选择

在一个比值控制系统中，由于主被控变量的变化，可以通过比值控制，使从被控变量发生相应的成比例的变化，而从被控变量的变化却不能反过来，使主被控变量发生丝毫的变化，因而就应从安全的角度出发来选择主、从被控变量。如在以石脑油为原料生产合成氨的工艺过程中，石脑油流量和蒸汽流量间设计了比值控制系统。如以石脑油流量作为主被控变量时，当从被控变量——蒸汽流量受到某种条件的约束而减量时，比值控制系统是不能起作用的，水碳比下降，就会造成事故，导致触媒结炭而失去活性。反过来，若选择蒸汽流量作为主被控变量，石脑油流量作为从被控变量，当蒸汽流量减量时，比值控制能自动使石脑油流量也随之下降。而石脑油流量受到约束减量时，蒸汽流量仅仅相对过量，对工艺生产来讲仍然是安全的，而石脑油流量突然过量无法控制的现象，从工艺操作上分析，是不太可能发生的。所以从工艺生产安全的角度出发，以选择蒸汽流量作为比值控制的主被控变量较为合理。

2. 关于开方器的选用

在比值控制系统中，不管有无开方器，只要比值系数 K 选定以后，R 即为常数，所以有无开方器，对稳态时的相对流量比 R 是没有影响的。但若不设开方器，因为差压流量计测得的差压与流量平方成正比，这样流量小时动态放大系数小，流量大时动态放大系数大。为了使系统总的放大系数近似不变，则需要选用快开工作流量特性的调节阀，但这样的调节阀工作在小流量时不容易稳定。设置开方器后即可克服这个缺点，另外，还可以使相对流量比 R 的可调范围有所增大。

3. 比值器的位置

比值器一般应如图 3-2-6 与图 3-2-7 所示，设在主动量 Q_1 对从动量 Q_2 的给定回路中，这样比值流量控制器 FFRC-2 记录下的数据就是 Q_2 的流量值。但当 Q_1 相对流量值较大，Q_2 相对流量值较小，以及图 3-2-9 所示的某些特殊场合，比值器也可以设在从动量的测量回路中。这样做的好处是仪表输入信号的数值较大，精度可以高一些；其缺点是流量控制器上记录下的数据是相对流量乘以 R 的值。

4. 气体流量的温度、压力校正

当需要精确控制流量比值时，有时需要对气体流量设置温度、压力校正。具体实施方案请见本章第五节"采用模拟计算单元的控制系统"。

六、数字比值控制系统

在化工、石油、化纤等工业部门，经常需要将几种物料按一定的比例来进行混合，随着椭圆齿轮轮流量计、涡轮流量计等广泛的使用，已产生并发展了一种新型的数字流量比值控制系统。它与由模拟仪表组成的比值控制系统相比，主要有如下优点：

① 流量控制仪表的输入信号是脉冲频率信号，它与椭圆齿轮流量计、涡轮流量计等流量变送器配套，因而测出的流量精度高，量程宽，线性度好，特别椭圆齿轮流量计适用于测量重油、聚乙烯醇、树脂等高黏度介质的流量，应用较为广泛，由它们组成的数字式流量控制系统应用方便；

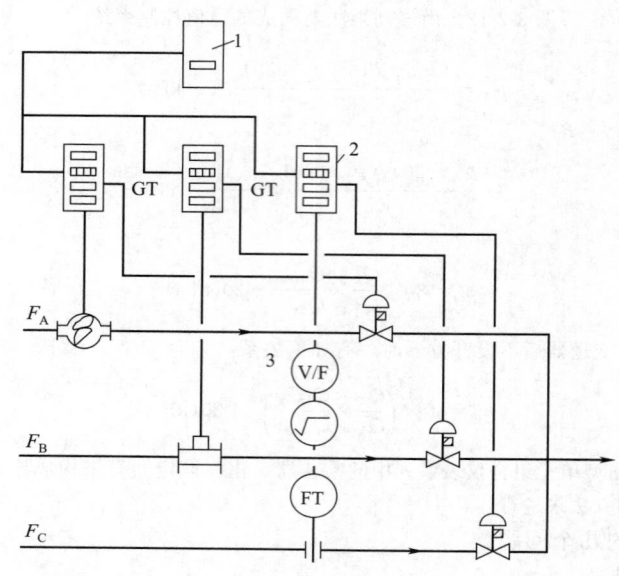

图 3-2-13　一个混合流量比值控制系统

1—GX混合流量设定器；2—GT数字流量比值控制器；3—电压频率转换器

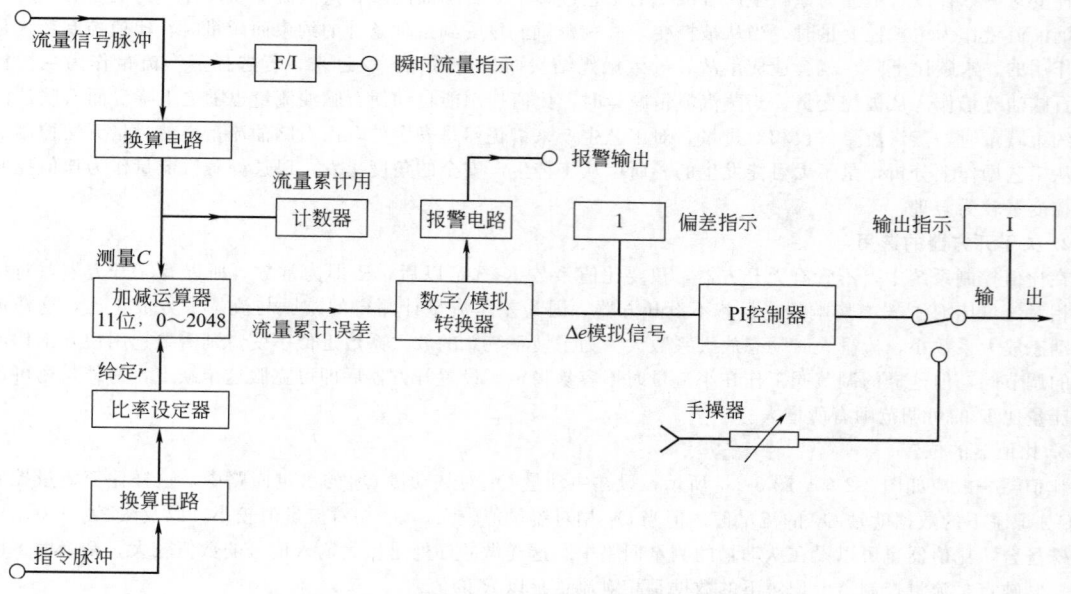

图 3-2-14　数字式流量比值控制器的方框图

② 仪表采用集成电路，相应精度高，可靠性高，比值的设定与流量累计都十分方便，并且易于实现温度补偿和定量控制；

③ 测量信号由于是脉冲信号，因而传输过程中抗干扰性能也很好。

图 3-2-13 表示了一个混合流量比值控制系统，它要求各个分支流量分别与总量保持一定的比例。图中由混合流量设定器 GX 统一给出指令信号，各个控制器接到指令脉冲后，经过换算电路、比率设定器后进入加减运算器作为给定值 r；由流量变送器来的脉冲信号也经过换算电路后，进入仪表的加减运算器作为测量值 C。加减运算器实际上是一台可逆计数器，它的差值经过数字/模拟转换以后以模拟量的形式送入 PI 控制器，其后就与普通模拟仪表相同，控制器最终输出 4～20mA 的控制信号到电气阀门定位器，以改变调节阀的开度，从而使各混合量与总量的比值符合原先设定的要求。数字式混合流量控制器的方框图表示在图 3-2-14 中。

由于数字式混合流量控制器中加减运算器的输出是累积流量与给定值的差值，因而控制器的比例控制作用对瞬时流量来说即是积分控制作用，但为了消除实际流量与需求之间的累计误差，所以控制器仍然需要有积分功能，如果有些流量是用模拟仪表中的流量计来测量，则应先使它的输出信号与流量成线性关系，然后用电压/频率转换器将输出信号转换成相应的脉冲信号，再送入数字式混合流量控制器。

第三节 均匀控制系统

一、均匀控制的目的和任务

随着石油化工生产的发展，很多产品生产的工艺流程十分复杂，设备数量很多。如以乙烯装置为例，它的工艺部分包括乙烯、裂解汽油加氢、丁二烯抽提等单元，共有设备 700 多台。而且随着生产过程的强化，各个部分紧密相关。为了减少设备投资和装置占地面积，势必要尽可能地减少中间储罐的数量和容积，往往前一个设备的出料直接就是后一个设备的进料。如图 3-2-15 所示，乙烯装置脱丙烷塔的出料直接作为脱丁烷塔的进料。对脱丙烷塔来说，它要求防止塔被抽空或满塔，而对脱丁烷塔来说，为了操作稳定，它希望进料量稳定。所以以脱丙烷塔的塔釜液位控制 LIC-1，除了保证本塔的液位在一定的控制范围以内，还要兼顾到脱丁烷塔的进料流量，应使它不会有太大的波动，这就是采用均匀控制的目的。

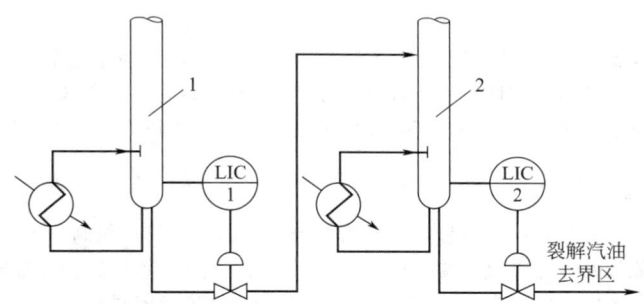

图 3-2-15　脱丙烷塔的出料直接作为脱丁烷塔的进料
1—脱丙烷塔；2—脱丁烷塔

从上面的分析可以知道，均匀控制要完成的任务，就是保持塔釜的液位或者容器的压力在一定的控制范围以内，同时又要兼顾到它所操纵的流量，让它逐步地、平滑地变化，不至于影响下一个设备的操作。显然均匀控制既不是要严格保持液位在某一个给定值上，也不是严格控制流量在另一个给定值上，而是要兼顾液位和流量的矛盾，让它们都在各自要求的控制范围内变化。对这个控制范围，不同的工艺过程要求不一样，有的严，有的宽。根据不同的要求，可以设计不同复杂程度的均匀控制系统。

二、均匀控制方案的实施

1. 简单均匀控制系统

图 3-2-15 中脱丙烷塔塔釜的液位控制系统是简单均匀控制系统。从外表上看，它与单纯液位控制系统没有任何差别，但根据它们完成的任务不同，主要的差别在于液位测量变送器量程的确定，以及控制器的选择与参数整定上。均匀控制用的液位测量变送器的测量量程可选得适当大一些，控制器可以选用比例式的。控制器参数整定时，先把比例度放在一个较小的数值，再逐步由小到大，只要在工艺负荷波动的范围内，液位不超出要求的控

制范围即可，比例度一般大于100%。若选用比例积分控制器，积分时间可放长一些，一般为10min以上，比例度也可以按照上述方法，由小到大逐步来进行试验。一般这样就能满足基本均匀控制的要求。单纯的液位控制系统，从精确控制液位平稳的要求出发，液位测量变送器的量程不应太大，以使测量值有较高的灵敏度，控制器应选用比例积分的，比例度设置较小。

2. 串级均匀控制系统

图 3-2-16 表示了乙烯精馏塔回流罐液位与塔顶回流量的串级均匀控制系统，它实际上就是一个一般的串级控制系统，图中 LIC 为回流罐液位控制，作主控制器用，FIC 是回流量控制，构成副回路。由于回流罐容积比较小，所以不允许液位有较大的波动，若采用简单的均匀控制系统，要保持液位在规定的控制范围以内，回流量就会有较大幅度的波动，不符合工艺上恒定回流比的要求。因而在这类控制要求较高的精馏塔中，回流罐液位可与塔顶回流量组成串级均匀控制系统。

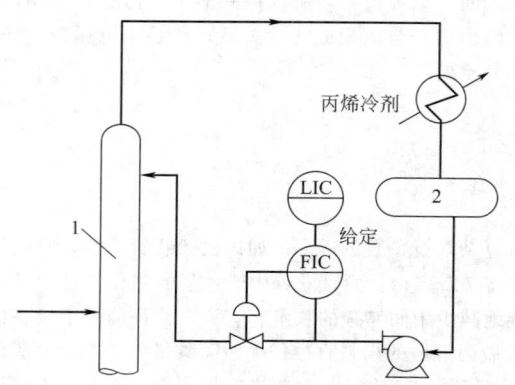

图 3-2-16　乙烯精馏塔回流罐液位串级
均匀控制系统
1—乙烯精馏塔；2—回流罐

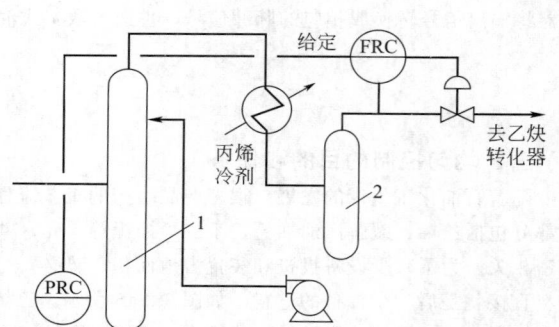

图 3-2-17　脱乙烷塔塔釜压力串级均匀
控制系统图
1—脱乙烷塔；2—回流罐

压力与液位相同，也是衡量进出物料不平衡程度的工艺变量，有时用压力作主被控变量，构成串级均匀控制系统。图 3-2-17 表示了乙烯装置脱乙烷塔塔釜压力串级均匀控制系统，它根据塔釜压力的高低，改变去乙炔转化器的塔顶气体流量控制器 FRC 的给定值，这个系统能使脱乙烷塔的塔釜压力以及去乙炔转化器的气体流量均比较稳定。

3. 双冲量均匀控制系统

双冲量均匀控制是以液位和流量两个信号之差作为被控变量构成的简单控制系统。图 3-2-18 表示了一个双冲量的均匀控制系统，它能较好地完成均匀控制的任务。图中有一个加法器，加法器的输出等于液位测量信号减去流量测量信号，再加上一个固定偏置信号 C，把加法器的输出送到流量控制器，作为流量控制的测量值。调节

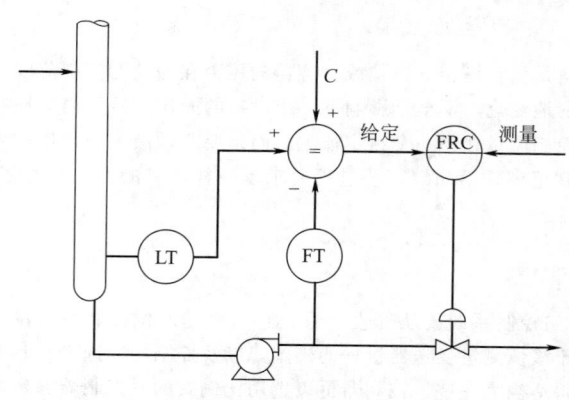

图 3-2-18　双冲量均匀控制系统

可调偏置 C，使稳态时的液位 L 和流量 F 都为工艺要求的值。假定在某一时刻，由于进料量的扰动使液位升高，则加法器输出也增加，控制器接受这个偏差信号去调节，开大调节阀，增加出塔流量。待流量增加以后，加法器的输出立即下降，控制器的输入偏差信号减少，使得调节阀不会开得过大，以致引起流量改变过大。当液位和流量两个测量信号之差接近原来的数值时，加法器的输出重新恢复到与控制器的给定值相接近，系统逐渐趋于稳定。显然液位在达到新的稳态时，它将比原有的液位有所升高，而相应的流量在新的稳态时，也将比原来有所增加，从而系统达到了均匀控制的目的。

双冲量均匀控制系统，结构上就是一个以液位

与流量之差来作为被控变量的简单控制系统，控制器可以选用比例积分控制器，它的参数整定与前述简单均匀控制系统相似，积分时间放长一些，比例度可比简单均匀控制时为小。由于双冲量均匀控制系统结构较为简单，仅比简单控制系统多用一个加法器，从系统结构上看，加法器相当于一个比例度为 100% 的液位控制器，因而此系统又具有液位-流量串级控制系统的品质，总结起来它具有简单、实用的优点。

三、有关均匀控制的几个问题

① 上面介绍了简单均匀控制系统、串级均匀控制系统以及双冲量均匀控制系统三种方案，但实际上具体能实现均匀控制的方案决不限于这三种，只要能完成均匀控制的基本任务，保持塔釜、储罐的液位或压力在一定的控制范围以内，但同时又能兼顾到操纵的流量，让流量逐步地、平滑地变化，这样的控制系统也就是均匀控制系统。图 3-2-19 表示了一个能自动保持出塔流量 B 与进塔流量 F 比值不变的均匀控制系统。假定采用气动单元组合仪表，流量控制器 FFRC-2 的给定值符合如下关系

$$p_{给}=K_1 p_L-C+K_2 p_F-K_1(p_L-C')+K_2 p_F$$

式中　p_L——液位变送器 LT-1 的输出风压；

　　　p_F——流量变送器 FT-1 的输出风压；

　　　K_1,K_2——两个比值器的比值系数。

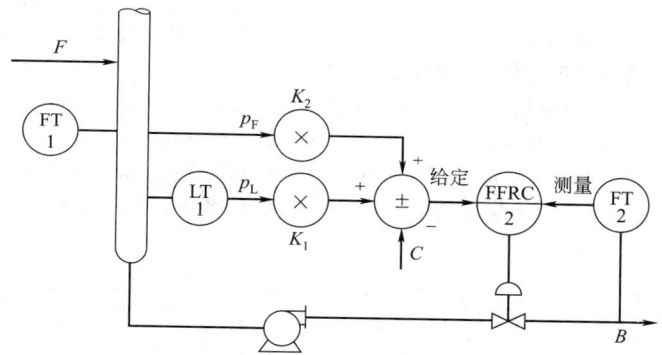

图 3-2-19　能保持 B/F 不变的均匀控制系统

可以手动设定加法器的偏差，使得 $C'=60\text{kPa}$，即相当于塔釜液位在中间位置时液位变送器的输出。若生产正常时，塔釜液位恰好在中间位置，则 $p_L=C'$，因而 $p_{给}=K_2 p_F$，即能保持出塔流量 B 和进塔流量 F 成一定比值，当液位过高或过低时，$p_L-C'\neq0$，就能自动相应增加或减少出塔流量 B。改变 K_1 的值，能改变液位变化对出塔流量 B 的影响程度；改变 K_2 的值，能改变 B 与 F 的比值。除了上面这个例子以外，在本章第六节"自动选择性控制系统"中，还将介绍由自动选择性控制系统来实现均匀控制，在本章第八节"非线性控制系统"中，将介绍采用非线性控制器或由辅助单元构成非线性控制系统，用它们来实现均匀控制。

② 在简单均匀控制系统和串级均匀控制系统中的液位控制器，一般可以选用比例控制器，这样稳态时的液位与稳态时的流量有一一对应关系，参数整定也较为方便。随着控制器比例度的减小，液位变化范围减小，而流量波动范围增加；反之液位变化范围增加，流量波动范围减小。所以可以根据工艺的要求，在两者之间进行权衡，选择一个恰当的比例度。在一些精馏塔的塔釜，由于存在相变，液位测量中的噪声较大，此时应选用比例积分控制器，这样比例度可设置得稍大，以使流量更为平稳。当进入流量变化较为剧烈的场合，也应选用比例积分控制器，以加强控制作用。

第四节　分程控制系统

一、分程控制系统的基本概念和应用场合

在简单控制系统中，一个控制器的输出只带动一个调节阀。而在分程控制系统中，一个控制器的输出去带动两个或两个以上的调节阀工作，每个调节阀仅在控制器输出的某段信号范围内动作。分程控制在石油化工生产中主要应用在下列场合。

396

1. 能适应工艺要求，采用两种或多种手段、介质来进行控制

工艺上有时要求一个被控变量采用两种或两种以上的介质来进行控制，如反应器的温度控制。当反应器配置

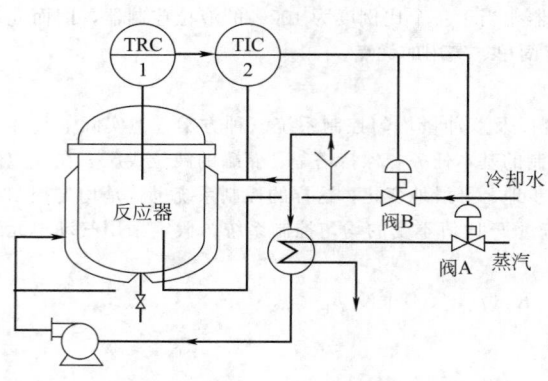

图 3-2-20　反应器温度与夹套温度串级/
分程控制系统图

好物料以后，开始时需要对反应器加热，以启动反应过程。反应启动后，因为化学反应放出大量热量，为了能使反应持续、稳定地进行下去，就必须把反应热取走。在这种场合，若要反应器的启动和正常生产都能自动操作，就必须采用分程控制。图 3-2-20 所示的就是一个反应器温度串级、分程控制系统。在反应启动前，夹套内灌满冷却水，然后启动循环泵，由于反应器内的温度低于要求的反应温度，所以控制器指挥蒸汽阀 A 打开，循环水经蒸汽加热以后，变成热水加热反应器。反应开始后，随着反应热的逐步放出，将逐步关上蒸汽阀 A，当反应充分进行后，就把蒸汽阀 A 全关，打开冷却水阀 B，把反应热取走。这样在反应器的启动过程直至稳定操作，能基本上保持反应器内的温度不变，实现了工艺过程自动控制的要求。

TIC-2 夹套温度控制的副回路能减少反应器的时间常数，使 TRC-1 反应器温度控制的调节品质得到改善。

2. 满足工艺生产不同负荷和开、停车过程对自控的要求

如在以天然气为原料生产合成氨的大型氨厂中，关键设备一段炉有 200 多个烧嘴，正常生产时每小时消耗燃料气量约 20000m³；但在炉子点火和保温时，只有个别烧嘴点燃，天然气用量大大减少。为了使烧嘴前的燃料气压力在正常生产以及点火、保温时均能保持恒定，燃料气压力控制系统可以设大、小两个调节阀，由分程控制来进行调节。图 3-2-21 表示了去一段炉烧嘴燃料气压力分程控制系统，图中大阀 A 口径 250mm，小阀 B 口径 25mm。

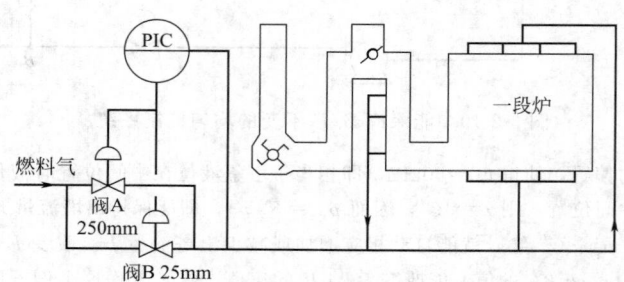

图 3-2-21　去一段炉烧嘴燃料气压力分程控制系统

3. 扩大调节阀的可调比

在生产实践中，如废水中和过程的 pH 控制，由于废水不仅酸碱度变化，而且流量大幅度变化，因而要求控制中和液的调节阀有很大的可调比，才能适应各种情况。有时要求调节阀在很小的开度下工作，此时已接近调节阀可调范围的极限，调节品质变坏；但如把调节阀换小，则在别的情况下，又嫌调节阀太小，满足不了工艺的要求。在这种场合下，就可以采用分程控制，把两个不同口径的调节阀并联起来使用，扩大调节阀的可调比。假设一个分程控制系统采用了两个单座调节阀作为执行器，大阀 A 口径 100mm，流通能力 $C_A=120$；小阀 B 口径 25mm，流通能力 $C_B=8$。若两阀的可调比 R 均为 30，则按 R 算出阀 A、阀 B 所能控制的最小流通能力 C_{min}：

$$C_{Amin}=\frac{120}{30}=4$$

$$C_{Bmin}=\frac{8}{30}=0.27$$

这样由阀 A、阀 B 作为分程控制系统的执行器后，它们总的流通能力范围改为 0.27～128，所以分程控制时的可调比为

$$R_分=\frac{128}{0.27}=474$$

与单个调节阀相比，分程控制后的可调比为原来的 15.8 倍。

二、分程控制方案的实施

分程控制系统与简单控制系统不同之处，仅仅在于使用两个或多个调节阀，而每个调节阀又由各自的阀门定位器来控制它工作的区段。所以分程控制方案的实施，就是要解决控制器与阀门定位器以及调节阀的工作配合问题。

现仍以图 3-2-20 反应器温度串级、分程控制系统为例来说明它们间的配合。首先若从工艺生产安全的角度出发，蒸汽调节阀选用气开式，冷却水调节阀选用气关式。因为只有两个调节阀，所以分程控制信号的接合部可选在控制器输出信号的中点 60kPa 处。假如副控制器 TIC-2 为正作用，即测量温度升高，输出增加，此时按照温度升高先关蒸汽阀后开冷却水阀的控制逻辑，可以画出调节阀开度与控制器输出间的关系。从总体上看，蒸汽阀应工作在 20～60kPa 的信号区段内，而冷却水阀应工作在 60～100kPa 的信号区段内。然后根据蒸汽阀为气开式、冷却水阀为气关式的条件，可以画出阀门定位器输出与控制器输出之间的关系，如图 3-2-22（a）所示。从图上可见，蒸汽调节阀与冷却水调节阀阀门定位器均应为反作用，即控制器输出增加，阀门定位器输出减小，两者的量程都为 40kPa，前者的零位是 20kPa，后者的零位是 60kPa。假如副控制器 TIC-2 为反作用，即测量温度升高，输出减少，此时再按照温度升高先关蒸汽阀后开冷却水阀的控制逻辑作图，可以得到蒸汽阀工作在 100～60kPa 的信号区段内，冷却水阀工作在 60～20kPa 的信号区段内。根据蒸汽阀为气开式，冷却水阀为气关式，同样可以得到两阀的定位器均应为正作用，即控制器的输出增加，定位器的输出也增加。两阀定位器的量程都为 40kPa，蒸汽阀定位器的零位是 60kPa，冷却水阀定位器的零位是 20kPa，见图 3-2-22（b）。

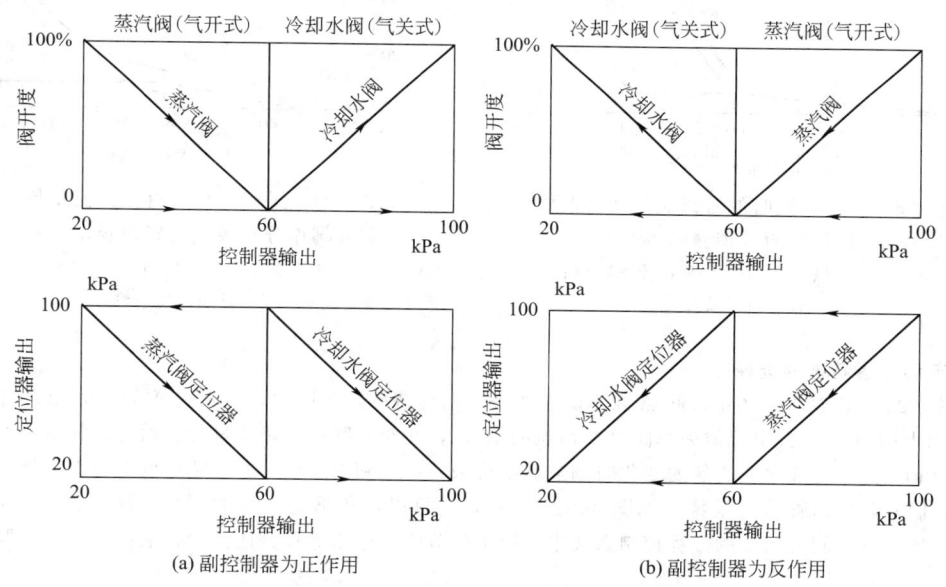

图 3-2-22　分程控制系统中调节阀开度、定位器输出与控制器输出之间的关系

总之，一个分程控制系统的设计过程，首先就是要从工艺生产安全的角度出发，确定各调节阀气开、气关形式，然后根据控制逻辑和控制器的正反作用，确定各调节阀工作的区段和相应开度的曲线，最后结合调节阀为气开或气关，来确定各个调节阀阀门定位器的正反作用、零位和量程。按照这样的步骤，就能解决控制器、阀门定位器以及调节阀三者之间的工作配合问题。

三、设计分程控制系统时应注意的问题

1. 调节阀的泄漏量

当分程控制系统的目的是用于扩大调节阀的可调比时，一个口径较大的阀与一个口径较小的阀并联在一起工作，如果大阀全关后实际泄漏量过大时，小阀在小开度时将不能起调节作用，达不到理论计算所得出的扩大可调比的倍数。

2. 在分程控制的信号接合部流量会产生跳变

同样，当分程控制系统用于扩大调节阀可调比时，在分程信号的接合部由于大阀开始打开，它立即通过一

个由可调比决定的可以控制的最小流量，而此时小阀仍然处于全开状态，因而由两阀并联来决定的管路流量特性在此点会发生跳变。图 3-2-23 表示了用两个单座调节阀作为执行器进行分程控制时的管路流量特性。其中大阀 A 口径 100mm，流通能力 $C_A=120$；小阀 B 口径 25mm，流通能力 $C_B=8$；两阀的可调比 R 均为 30，流量特性均为直线。从图上可以看出，小阀 B 在控制器输出信号 60kPa 以后保持全开，所以其流通能力保持不变。大阀 A 在控制器输出信号为 60kPa 以前全关，由于泄漏量很小，流通能力接近于零。在控制器输出信号 60kPa 处大阀开始打开，一打开就会有一个由其可调比决定的最小可控的流通能力。两阀并联后的管路流量特性为曲线3，显然在 60kPa 处有一个跳变。在实际使用中，对一般的分程控制系统来说，这个跳变对工艺操作的影响是不大的。对要求特别高的分程控制系统，在设计时应设法避免分程控制系统长期在信号接合部附近工作。

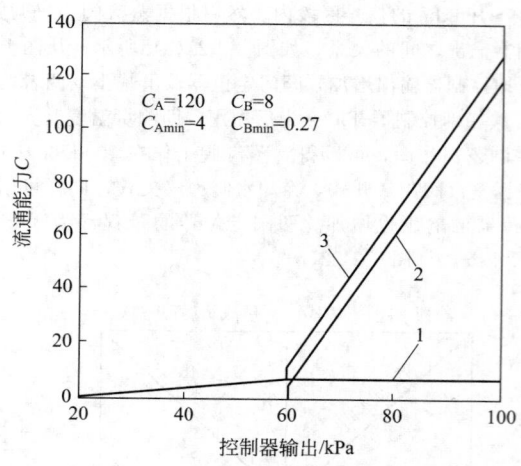

图 3-2-23　分程控制时的管路流量特性曲线
（两阀均为直线流量特性）
1—小阀 B 流量特性；2—大阀 A 流量特性；
3—管路流量特性

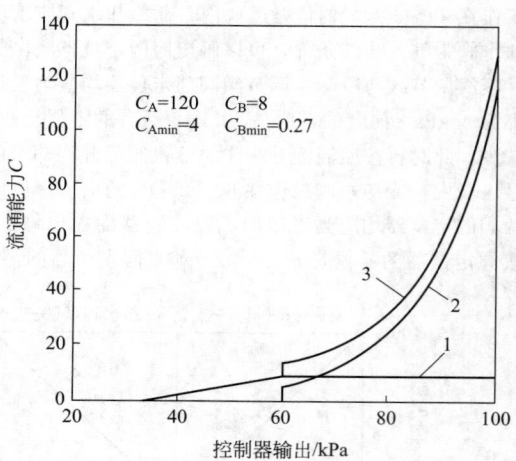

图 3-2-24　采用两个等百分比流量特性的
调节阀作分程控制可以避免增益突变
1—小阀 B 流量特性；2—大阀 A 流量特性；
3—管路流量特性

3. 调节阀流量特性的选择

从图 3-2-23 可以看出，图中大阀 A 和小阀 B 工作的信号范围是相同的，但大阀 A 的流通能力为小阀 B 的 15 倍，所以大阀 A 的增益也近似为小阀 B 的增益的 15 倍，两阀并联后管路流量特性增益的转折点在控制器输出信号为 60kPa 处，这样增益突然的变化对调节品质带来一些不利的影响。若能选用两个等百分比流量特性的调节阀，它们并联后的管路流量特性如图 3-2-24 所示，它可以避免增益突变的现象，因而能改善调节品质。所以一般在扩大调节阀可调比的分程控制系统中，两个调节阀宜选用等百分比流量特性。但两阀并联后的管路

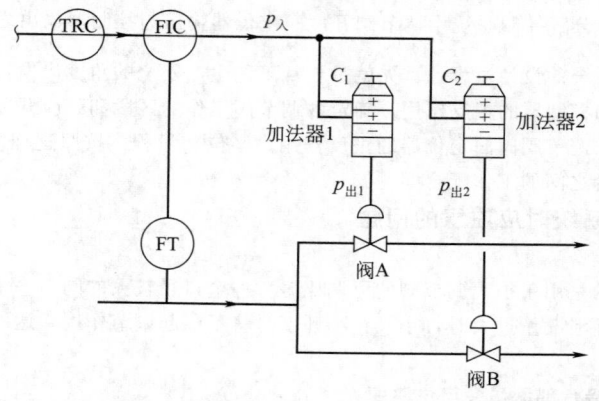

图 3-2-25　用加法器代替阀门定位器实现分程控制时的信号转换

流量特性，在分程信号接合部 60kPa 处跳变的现象仍然存在。

4. 流量分程控制系统应采取的措施

对于反应迅速的流量分程控制系统或液体压力的分程控制系统，为了避免因为分程用的阀门定位器的放大作用而引起被控变量的振荡，可以用加法器代替阀门定位器来实现分程控制时信号转换的功能，具体实施方案如图 3-2-25 所示。

图中加法器实现 $2p_人 \pm C$ 的运算，当加法器 1 的 C_1 设置为 $-20kPa$，加法器 2 的 C_2 设置为 $-100kPa$ 时，相应控制器的输出从 20~100kPa 变化时，加法器 1、2 的输出 $p_{出1}$、$p_{出2}$ 的变化将如表 3-2-2 所示。这样，当控制器输出 20~60kPa 时，经过加法器 1，调节阀 A 得到的工作信号为 20~100kPa；当控制器输出为 60~100kPa 时，经过加法器 2，调节阀 B 得到的工作信号为 20~100kPa。这样就用加法器代替阀门定位器实现了分程控制所要求的信号转换。

表 3-2-2　用加法器实现分程控制信号转换时的输出

控制器输出 $p_人$ /kPa	加法器 1 输出 $p_{出1}$ $p_{出1}=(2p_人-20)$ /kPa	加法器 2 输出 $p_{出2}$ $p_{出2}=(2p_人-100)$ /kPa	控制器输出 $p_人$ /kPa	加法器 1 输出 $p_{出1}$ $p_{出1}=(2p_人-20)$ /kPa	加法器 2 输出 $p_{出2}$ $p_{出2}=(2p_人-100)$ /kPa
20	20	0	80	>100	60
40	60	0	100	>100	100
60	100	20			

第五节　采用计算单元的控制系统

在石油化工生产过程中，有时采用变送单元直接测出的信号作为被控变量，还不能满足工艺生产的要求。如以重油气化制氢生产合成氨的工艺过程，对氧油比需要精确控制，这样就不能直接用测量氧气流量的差压变送器的输出信号来进行调节，还要对氧气流量的测量信号进行温度、压力校正。再如对大口径管道的蒸汽、天然气等流量的计量，对节能和成本核算都有重要意义，为了提高计量精度也需要进行温度、压力校正。还有些工艺过程的生产控制指标无法直接用仪表来测量，例如精馏塔的内回流量、精馏塔进料的热焓、向精馏塔塔釜的供热等，它们也需要通过间接计算来得到。解决这些问题，可以采用由模拟仪表中的计算单元来进行运算，进而组成控制系统。当然这样的控制系统用的仪表数量要多一些，系统自然也复杂一些。但随着微处理器技术的发展，在 DCS 系统和智能型数字控制器中已有各类运算功能模块，用户在组态时可以随意调用，很方便就可按要求构成具有各类算式的控制系统。

一、带温度和压力校正的气体、蒸汽流量控制系统

1. 需要精确测量气体、蒸汽流量时，温度、压力校正的必要性以及校正公式

气体的体积流量和用差压变送器测得的节流装置的差压之间应符合如下的关系式：

$$Q = K \sqrt{\frac{\Delta p}{\rho g}}$$

在设计基准条件下上式表示为

$$Q_n = K \sqrt{\frac{\Delta p_n}{\rho g_n}}$$

而在实际工作条件下上式表示为

$$Q_1 = K \sqrt{\frac{\Delta p_1}{\rho g_1}}$$

对于一定重量流量的气体，如果只考虑温度、压力变化的影响，则根据理想气体定律可以得到

$$Q_n = Q_1 \times \frac{T_n p_1}{T_1 p_n}$$

经推导，可以得到用差压法测量气体流量时温度、压力校正的基本公式如下：

$$\Delta p_{n} = \Delta p_{1} \times \frac{T_n p_1}{T_1 p_n} \tag{3-2-1}$$

式中　　Δp_{n}——设计基准条件下的差压；

　　　　Δp_{1}——实际工作条件下测得的差压；

　　　　T_n——设计基准条件下被测气体的温度，K；

　　　　T_1——实际工作条件下被测气体的温度，K；

　　　　p_n——设计基准条件下被测气体的绝压，MPa；

　　　　p_1——实际工作条件下被测气体的绝压，MPa。

下面以加压重油气化炉的氧气流量测量为例，计算不进行温度、压力校正将带来的误差。氧气流量设计时的基准条件为：$t_n = 130℃$，$p_{nG} = 4.2MPa$（G），$Q_n = 120m^3/h$，相应于满刻度流量下差压变送器的量程 $\Delta p_n = 3000mmH_2O$❶。但现场生产时测定，实际操作温度在 80～180℃ 范围内变化，压力在 4.0～4.5MPa（G）范围内变化。当没有温度、压力补偿时，若差压变送器实际测得差压为 2000mmH₂O，现要求计算实际氧气流量值及其相对误差。

若不采用温度、压力校正时，氧气流量读数应为

$$Q_1 = 120 \times \sqrt{\frac{2000}{3000}} = 98(m^3/h)$$

当 $t_1 = 80℃$，$p_1 = 4.5MPa$（G）时，实际气体流量最大，若不采取温度、压力校正将得到最大的负误差。由式（3-2-1）可求出相应条件下的 Δp_n：

$$\Delta p_n = 2000 \times \frac{(130+273) \times (4.5+0.1)}{(80+273) \times (4.2+0.1)} = 2443(mmH_2O)$$

此时，相当于设计基准条件下的实际流量为

$$Q_n = 120 \times \sqrt{\frac{2443}{3000}} = 108.3(m^3/h)$$

因而流量测量的相对误差为

$$\delta = \frac{98-108.3}{98} = -10.5\%$$

当 $t_1 = 180℃$，$p_1 = 4.0MPa$（G）时，实际气体流量最小，若不采取温度、压力校正，将得到最大的正误差。同样，由前式可求出相应条件下的 Δp_n：

$$\Delta p_n = 2000 \times \frac{(130+273) \times (4.0+0.1)}{(180+273) \times (4.2+0.1)} = 1697(mmH_2O)$$

此时，相当于设计基准条件下的实际流量为

$$Q_n = 120 \times \sqrt{\frac{1679}{3000}} = 90.2(m^3/h)$$

因而测量的相对误差为

$$\delta = \frac{98-90.2}{98} = +7.9\%$$

由上述计算可见，当没有温度、压力校正时，差压变送器测得的差压虽然同样为 2000mmH₂O，但因温度、压力的波动，折合到设计条件下实际的氧气流量可为 108.3～90.2m³/h，测量的相对误差分别为 -10.5% 和 +7.9%。上述结果说明，当温度和压力的波动范围较大时，气体流量的测量将引入较大的误差，所以必须按式（3-2-1）进行差压计读数的温度、压力校正。这种做法也同样适用于蒸汽流量的测量。

2. 采用气动、电动Ⅱ型仪表实施温度、压力校正

前面已论证式（3-2-1）是测量气体流量时温度、压力校正的基本公式，但由于此式中温度的单位是绝对温

❶ $1mmH_2O \approx 10Pa$。

度，压力的单位是绝对压力，所以要用模拟仪表中的计算单元实现上述运算时，还需进行一番工作。首先要选用一台温度变送器测量出气体的温度，设它的量程为 $0\sim t_R$；还需选用一台压力变送器测出气体的压力，设它的量程为 $0\sim p_{RG}$。由式(3-2-1) 得

$$\Delta p_n = \Delta p_1 \times \frac{T_n p_1}{T_1 p_n} = \Delta p_1 \times \frac{\dfrac{p_{1G}+0.1}{p_{nG}+0.1}}{\dfrac{t_1+273}{t_n+273}} \tag{3-2-2}$$

式中　p_{1G}——实际工作条件下被测气体的表压，MPa；

　　　p_{nG}——设计基准条件下被测气体的表压，MPa；

　　　t_1——实际工作条件下被测气体的温度，℃；

　　　t_n——设计基准条件下被测气体的温度，℃。

考虑到温度和压力是用量程为 t_R 和 p_{RG} 的温度、压力变送器来测量的，所以式(3-2-2) 可以改写成如下实用的形式：

$$\Delta p_n = \Delta p_1 \times \frac{\dfrac{p_{RG}}{p_{nG}+0.1}\left(\dfrac{p_{1G}}{p_{RG}}+\dfrac{0.1}{p_{RG}}\right)}{\dfrac{t_R}{t_n+273}\left(\dfrac{t_1}{t_R}+\dfrac{273}{t_R}\right)} \tag{3-2-3}$$

在上式中，可以找出 $\dfrac{p_{1G}}{p_{RG}}$ 正是量程为 p_{RG} 的压力变送器测量气体压力 p_{1G} 后的输出，而 $\dfrac{0.1}{p_{RG}}$ 则相当于压力变送器有 0.1MPa 的零位迁移。同样 $\dfrac{t_1}{t_R}$ 正是量程为 t_R 的温度变送器测量气体温度 t_1 后的输出，而 $\dfrac{273}{t_R}$ 则相当于温度变送器有 273℃ 的零位迁移。若令

$$A = \frac{\dfrac{p_{RG}}{p_{nG}+0.1}}{\dfrac{t_R}{t_n+273}} \tag{3-2-4}$$

式(3-2-4) 表明，在温度变送器以及压力变送器的测量量程选定以后，A 即为常数。式(3-2-3) 的含义是，要把 Δp_1 换算成 Δp_n，首先要把 Δp_1 乘以常数 A，然后再乘以压力变送器的输出，除以温度变送器的输出，但压力变送器需有 0.1MPa 的零位迁移，温度变送器需有 273℃ 的零位迁移，这样就可以用模拟仪表的计算单元来实现气体流量测量的温度、压力校正。若要把差压变送器的输出信号扩大 A 倍，也可以不用乘法器，而是把变送器的量程缩小 A 倍来实现，这样就可以使温度、压力校正的方案进一步得到简化。但这种做法应保证最大流量时的差压仍然在差压变送器缩小量程后的测量范围内。

为了实现气体流量测量的温度、压力校正，设计过程中所要进行的工作步骤如下：

① 选择一台温度变送器来测量气体的温度，它的量程 t_R 应大于 $t_{1max}+273$，这样在以后计算单元工作时，输入信号不会出现饱和，仪表投运前，应把温度变送器的零位迁移 273℃；

② 选择一台压力变送器来测量气体的压力，它的量程 p_{RG} 应大于 $p_{1Gmax}+0.1$，仪表投运前把压力变送器的零位迁移 0.1MPa；

③ 测量流量的差压变送器量程由原来的设计值 Δp 调整至 $\dfrac{\Delta p}{A}$ 的值，A 的具体数值应通过式(3-2-4) 求得；

④ 选用一台乘除器，让它完成差压变送器的输出信号乘以压力变送器的输出信号，再除以温度变送器的输出信号，此时乘除器的输出，根据式(3-2-3)，即相当于经温度、压力校正后的相应流量下的差压值。

现仍以重油加压气化装置的氧气流量测量为例，设计一个氧气流量测量的温度、压力校正系统。设计基准条件仍为 $t_n=130℃$，$p_{nG}=4.2MPa$（G），$Q_n=120m^3/h$，$\Delta p_R=3000mmH_2O$。操作中温度、压力的波动范围仍按 $t_1=80\sim180℃$，$p_{1G}=4.0\sim4.5MPa$（G）来考虑，具体设计工作可按如下步骤来进行：

① 选择一台温度变送器 TT-2，它的量程为 $0\sim500℃$，零位迁移 273℃。

② 选择一台压力变送器 PT-2，它的量程为 $0\sim6MPa$，零位迁移 0.1MPa。

③ 计算 A 值

$$A = \frac{\dfrac{p_{RG}}{p_{nG}+1}}{\dfrac{t_R}{t_n+273}} = \frac{\dfrac{6}{4.2+0.1}}{\dfrac{500}{130+273}} = 1.125$$

并把差压变送器的量程由原设计的 $3000\text{mmH}_2\text{O}$ 调整到 $3000 \div 1.125$ 的值，即 $2667\text{mmH}_2\text{O}$。

④ 选用一台乘除器，然后将差压变送器的输出乘上压力变送器的输出，再除以温度变送器的输出。此时乘除器的输出即为经温度、压力校正以后的相应气体流量的差压值。图 3-2-26 表示了按此原理构成的带温度、压力校正的气体流量控制系统。

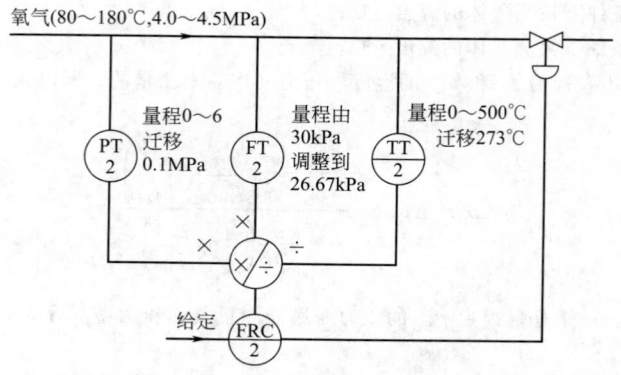

图 3-2-26　由气动、电动 II 型仪表组成的带温度、压力校正的气体流量控制系统

为了检验按上述步骤组成的温度、压力校正系统的准确性，需进行下面一些验算。假设现在氧气温度波动到 $80℃$，压力波动到 4.5MPa(G)，测得的差压仍为 $2000\text{mmH}_2\text{O}$，如图 3-2-26 所示，若由电动 II 型仪表来组成温度、压力校正系统，此时则有如下关系。

差压变送器 FT-2 的输出为

$$I_F = \frac{2000}{2667} \times 10 = 7.5(\text{mA})$$

压力变送器 PT-2 的输出为

$$I_P = \left(\frac{4.5}{6} + \frac{0.1}{6}\right) \times 10 = 7.67(\text{mA})$$

温度变送器 TT-2 的输出为

$$I_T = \left(\frac{80}{500} + \frac{273}{500}\right) \times 10 = 7.06(\text{mA})$$

经乘除器运算后的输出为

$$I_C = \frac{I_F I_P}{I_T} = \frac{7.5 \times 7.67}{7.06} = 8.15(\text{mA})$$

此输出电流相应设计基准条件下的流量值为

$$Q_n = 120 \times \sqrt{\frac{8.15}{10}} = 108.3(\text{m}^3/\text{h})$$

显然此结果与前面讨论温度、压力校正必要性时给出的数据相符，因而是准确的。

对图 3-2-26 所示的带温度、压力校正的气体流量控制系统，还需说明如下几点。

① 当用气动仪表组成此系统时，由于一台气动乘除器只能完成相乘或相除一种功能，因而具体来说，图中乘除器的功能应由一台气动乘法器与一台气动除法器来共同完成。此时相应上述的数据有如下关系。

差压变送器 FT-2 的输出为

$$p_F = \frac{2000}{2667} \times 80 + 20 = 80(\text{kPa})$$

压力变送器 PT-2 的输出为

$$p_P = \left(\frac{4.5}{6.0} + \frac{0.1}{6.0}\right) \times 80 + 20 = 81.3(\text{kPa})$$

温度变送器 TT-2 的输出为

$$p_T = \left(\frac{80}{500} + \frac{273}{500}\right) \times 80 + 20 = 76.5(\text{kPa})$$

经乘法器运算后的输出为

$$p_{C1} = \frac{(p_F - 20)(p_P - 20)}{80} + 20 = 66(\text{kPa})$$

经除法器运算后的输出为

$$p_{C2} = \frac{p_{C1} - 20}{p_T - 20} \times 80 + 20 = 85(\text{kPa})$$

此输出风压相应设计基准条件下的流量值为

$$Q_n = 120 \times \sqrt{\frac{p_{C2} - 20}{80}} = 108.2(\text{m}^3/\text{h})$$

由此可见，上述经温度、压力校正后的结果是准确的，并且气动仪表输出信号起点为 20kPa 的条件并不影响温度、压力校正系统的组成。

② 考虑到流量计的读数与仪表刻度成平方根关系，因而为了提高读数的精确度和改善调节品质，应该在乘除器之后再设开方器，这样可以直接得到线性刻度的流量读数。

③ 如果为了对照方便，需要同时记录未经校正和校正以后的两个气体流量值时，可不必改变原设计中差压变送器 FT-112 的量程，而在它后面再增设一台乘除器，乘上式(3-2-4)所表征的常数 A。此外，若实际气体流量的差压值较大，已接近差压变送器的满量程时，考虑到输出信号不至于产生饱和的问题，也应采用另设一台乘除器来乘上常数 A 的方法。

④ 压力变送器 PT-2 以及温度变送器 TT-2 的零位迁移也可以通过加法器来实现，但这样使用的仪表台数增多。

3. 采用Ⅲ型电动仪表实施温度、压力校正

采用气动、电动Ⅱ型仪表来实施温度、压力校正的方案比较复杂，主要表现在温度变送器和压力变送器都要零位迁移，差压变送器还要重新调整量程，若用的是气动仪表还得采用两台乘除器等。但若采用Ⅲ型电动仪表来实施温度、压力校正方案，则系统的组成可以大大简化。

假设选用Ⅲ型电动仪表来完成这一任务。测量流量的差压变送器的量程为 $0 \sim \Delta p_R$（mmH$_2$O）；温度变送器的量程为 $0 \sim t_R$；压力变送器的量程为 $0 \sim p_{RG}$[MPa(G)]。温度变送器因为是架装仪表，它的输出信号已为 $1 \sim 5$V；差压变送器以及压力变送器的输出信号为 $4 \sim 20$mA，所以应经分电盘转换为 $1 \sim 5$V，然后送入乘除器。各变送器的输出电压符合下列算式：

$$E_{\Delta P1} = 4 \times \frac{\Delta p_1}{\Delta p_R} + 1(\text{V})$$

$$E_{P1} = 4 \times \frac{p_{1G}}{p_{RG}} + 1(\text{V})$$

$$E_{t1} = 4 \times \frac{t_1}{t_R} + 1(\text{V})$$

前面已推导，要进行温度、压力校正可采用实用校正算式(3-2-3)：

$$\Delta p_n = \Delta p_1 \times \frac{\frac{p_{RG}}{p_{nG} + 1}\left(\frac{p_{1G}}{p_{RG}} + \frac{1}{p_{RG}}\right)}{\frac{t_R}{t_n + 273}\left(\frac{t_1}{t_R} + \frac{273}{t_R}\right)}$$

现在只需采用一台Ⅲ型电动仪表系列中的乘除器即能完成温度、压力的校正，这主要是因为仪表基于矩形波的调宽调幅来进行工作，同时它又设有可调的偏置电压，因而就能使组成系统简化。

乘除器的基本算式为

$$V_o = \frac{N_0 N_1 N_2}{N_3} \times \frac{(V_1 - 1)\left(V_2 - 1 + \dfrac{V_{P2}}{N_2}\right)}{V_3 - 1 + \dfrac{V_{P3}}{N_3}} + 1 \tag{3-2-5}$$

因为通常仪表线路就设计成 $N_0 = 4$；$N_1 = \dfrac{1}{2}$；若令 $K_2 = \dfrac{V_{P2}}{N_2}$，$K_3 = \dfrac{V_{P3}}{N_3}$，则上式简化成

$$V_o = 2 \times \frac{N_2}{N_3} \times \frac{(V_1 - 1)(V_2 - 1 + K_2)}{V_{3-1} + K_3} + 1$$

现在把 $E_{\Delta P1}$、E_{P1}、E_{t1} 分别作为 V_1、V_2、V_3 的信号输入到乘除器，则有

$$V_1 - 1 = E_{\Delta P1} - 1 = 4 \times \frac{\Delta p_1}{\Delta p_R}$$

$$V_2 - 1 = E_{P1} - 1 = 4 \times \frac{p_{1G}}{p_{RG}}$$

$$V_3 - 1 = E_{t1} - 1 = 4 \times \frac{t_1}{t_R}$$

通过改变乘除器中量程单元的分压电阻，可以使得

$$2 \times \frac{N_2}{N_3} = \frac{\dfrac{p_{RG}}{p_{nG} + 1}}{\dfrac{t_R}{t_n + 273}} \tag{3-2-6}$$

调整偏置电压 V_{P2}、V_{P3}，使得

$$K_2 = \frac{V_{P2}}{N_2} = \frac{4}{p_{RG}} \tag{3-2-7}$$

$$K_3 = \frac{V_{P3}}{N_3} = \frac{4 \times 273}{t_R} \tag{3-2-8}$$

完成上述的调整工作以后，由式(3-2-5)可知，乘除器的输出电压 V_o 将符合如下算式：

$$V_o = \frac{\dfrac{p_{RG}}{p_{nG} + 1}}{\dfrac{t_R}{t_n + 273}} \times \frac{4 \times \dfrac{\Delta p_1}{\Delta P_R} \times \left(4 \times \dfrac{p_{1G}}{p_{RG}} + \dfrac{4}{p_{RG}}\right)}{4 \times \dfrac{t_1}{t_R} + \dfrac{4 \times 273}{t_R}} + 1$$

进一步整理以后可得

$$V_o = 4 \times \frac{\Delta p_1}{\Delta P_R} \times \frac{\dfrac{p_{RG}}{p_{nG} + 1}}{\dfrac{t_R}{t_n + 273}} \times \frac{\dfrac{p_{1G} + 1}{p_{RG}}}{\dfrac{t_1 + 273}{t_R}} + 1$$

再将上式与实用校正算式(3-2-3)相对照，可以得到

$$V_o = 4 \times \frac{\Delta p_n}{\Delta p_R} + 1$$

上式表示，乘法器的输出电压即为经过温度、压力校正后的流量值。

现仍以重油加压气化装置的氧气流量测量为例，来设计一个由Ⅲ型电动仪表组成的流量温度、压力校正系统。设计基准条件仍为 $t_n = 130℃$，$p_{nG} = 4.2\text{MPa}$（G），$Q_n = 120\text{m}^3/\text{h}$，$\Delta p_R = 3000\text{mmH}_2\text{O}$，操作中温度、压力波动范围为 $t_1 = 80 \sim 180℃$，$p_{1G} = 4.0 \sim 4.5\text{MPa}$（G）。具体设计工作可按如下步骤来进行。

① 选择一台温度变送器 TT-3，它的量程为 $0 \sim 250℃$。

② 选择一台压力变送器 PT-3，它的量程为 $0 \sim 6\text{MPa}$。

③ 差压变送器的量程按原设计 $0 \sim 3000\text{mmH}_2\text{O}$ 不变。

④ 选择一台分电盘，把上述压力、流量变送器输出的 4～20mA 电流信号转换成 1～5V 电压信号。

⑤ 选择一台乘除器，并恰当地调整 N_2、N_3、V_{P2}、V_{P3} 的值，按差压变送器的输出作为 V_1 乘上压力变送器的输出 V_2，除以温度变送器的输出 V_3 接线，此时乘除器的输出即为经温度、压力校正后的气体流量值。具体 N_2、N_3、V_{P2}、V_{P3} 数值的计算如下。

由式（3-2-6）可得

$$\frac{N_2}{N_3} = \frac{1}{2} \times \frac{\dfrac{p_{RG}}{p_{nG}+1}}{\dfrac{t_R}{t_n+273}} = \frac{1}{2} \times \frac{\dfrac{6}{4.2+0.1}}{\dfrac{250}{130+273}} = 1.125$$

由式（3-2-7）可得

$$K_2 = \frac{V_{P2}}{N_2} = \frac{4}{p_{RG}} = \frac{4}{6} = 0.667$$

由式（3-2-8）可得

$$K_3 = \frac{V_{P3}}{N_3} = \frac{4 \times 273}{t_R} = \frac{4 \times 273}{250} = 4.368$$

根据 $\frac{N_2}{N_3}=1.125$，$\frac{V_{P2}}{N_2}=0.667$，$\frac{V_{P3}}{N_3}=4.368$，分配好 N_2 和 N_3，就可以求出 V_{P2}、V_{P3}。由于乘除器线路上要求 N_2、N_3 均小于 2.5，所以在此例中选 $N_2=2.25$，$N_3=2$，由此 $V_{P2}=1.5V$，$V_{P3}=8.736V$。由上述 N_2、N_3 的值，可从 DDZ-Ⅲ型电动仪表的有关样本，确定乘除器量程单元中 IC_5、IC_7 两个运算放大器的反馈电阻的分压比，再调整量程单元中 IC_6、IC_8 两个运算放大器的偏置电位器，使 V_{P2}、V_{P3} 分别为 1.5V 和 8.736V（它们应小于 10V），这样即完成了仪表选型和仪表参数匹配的工作。图 3-2-27 表示了由Ⅲ型电动仪表组成的一个带温度、压力校正的气体流量控制系统。

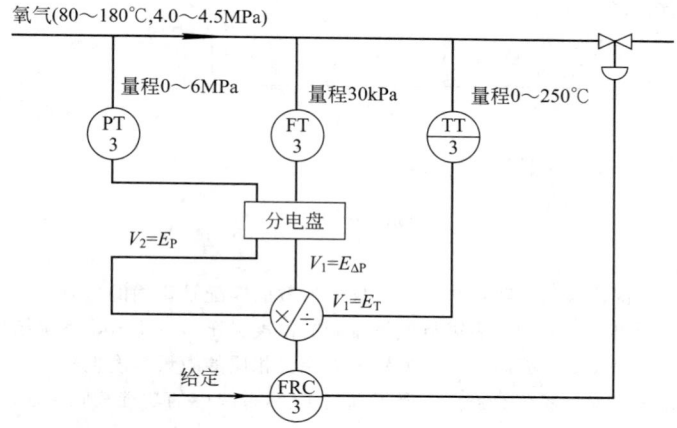

图 3-2-27　由Ⅲ型电动仪表组成的带温度、压力校正的气体流量控制系统

⑥ 为了保证在全部信号量程范围内，Ⅲ型电动仪表系列中的乘除器都能良好工作，还需要进行乘除器约束条件的核算，从乘除器的结构和线路上要求

$$\frac{1}{3} \leq N \leq 3$$

$$N_1(V_1-1) < N_3(V_3-1)$$

$$当 \frac{1}{3} \leq N < 2 \text{ 时，} \frac{V_1-1}{V_3-1} \leq 3$$

$$当 2 \leq N \leq 3 \text{ 时，} \frac{V_1-1}{V_3-1} \leq \frac{6}{N}$$

由前面 $N_0=4$，$N_1=\frac{1}{2}$，$N_2=2.25$，$N_3=2$；根据式 $N = \frac{N_0 N_1 N_2}{N_3}$ 可求得 $N=2.25$，所以已满足第一

个约束条件式。当氧气为最低温度时，V_3 测量值最低，所以此时应核算第二个约束条件式是否成立。这时 $V_3-1=\dfrac{80}{250}\times4=1.28\text{V}$，$\dfrac{N_3}{N_1}(V_3-1)=5.12\text{V}$，然而 V_1-1 的最大值为 4V，显然小于 5.12V，所以也能满足。由于 N 为 2.25，所以只需核算第四个约束条件式，V_3 测量值最低时，$V_3-1=1.28\text{V}$，因而 $V_1-1\leqslant\dfrac{6}{N}\times1.28$，即 $V_1-1\leqslant3.42\text{V}$，此值相当于 $Q_n\leqslant120\times\sqrt{\dfrac{3.42}{4}}$，即 $Q_n\leqslant111\text{m}^3/\text{h}$。因而当未校正的氧气流量大于 $111\text{m}^3/\text{h}$ 时，则不能满足乘除器的约束条件，若生产现场可能出现这种情况时，则可以把温度变送器的量程适当选小，或者重新分配 N_2、N_3，以满足上述约束条件。

为了检验上述系统设计与参数匹配的准确性，还得进行验算。假设现在氧气温度波动到 80℃，压力波动到 4.5MPa(G)，测得的差压仍为 2000mmH$_2$O，此时有如下关系。

差压变送器 FT-3 经分电盘后的输出为

$$V_1=\frac{2000}{3000}\times4+1=2.67+1=3.67(\text{V})$$

压力变送器 PT-3 经分电盘后的输出为

$$V_2=\frac{4.5}{6.0}\times4+1=3+1=4(\text{V})$$

温度变送器 TT-3 的输出为

$$V_3=\frac{80}{250}\times4+1=1.28+1=2.28(\text{V})$$

由前面乘除器的各项参数 $N_0=4$，$N_1=\dfrac{1}{2}$，$N_2=2.25$，$N_3=2$，$V_{P2}=15\text{V}$，$V_{P3}=8.736\text{V}$，并根据式 (3-2-5) 可得到乘除器的输出为

$$V_o=\frac{N_0N_1N_2}{N_3}\times\frac{(V_1-1)\left(V_2-1+\dfrac{V_{P2}}{N_2}\right)}{V_3-1+\dfrac{V_{P3}}{N_3}}+1=4.26(\text{V})$$

此输出电压相应设计基准条件下的流量值为

$$Q_n=120\times\sqrt{\frac{4.26-1}{4}}=108.3(\text{m}^3/\text{h})$$

此结果与前面计算的结果相符，因而证明系统设计与仪表参数的匹配是正确的。

从上面实例可以看出，用Ⅲ型电动仪表进行气体流量的温度、压力校正时，系统结构较为简单，各个变送器不需要考虑零位迁移和量程改变，因而仪表选型较为方便，相应的测量精度也较高，所以在很多装置中，采用了Ⅲ型电动仪表来完成这类较为复杂的工作。至于选用 DCS 系统中的功能模块来完成温压补偿，原理也是相同的，在此不再叙述了。

二、精馏塔内回流控制系统

1. 进行内回流控制的意义和内回流计算公式

从精馏塔的基本操作原理可以知道，当塔的进料量、进料温度和进料组分都保持不变时，控制塔顶的回流量 L 或者通过精馏段的蒸气量 V 都能达到控制馏出物组分的目的。但通过精馏段的蒸气量 V 取决于塔釜的加热量，在很多情况下，塔釜加热量要受到塔釜的液位或者塔压等条件的制约，因而常用控制回流量 L 的方法来保证馏出物的组分不变，而这个回流量 L 在一般情况下就是指塔顶的外部回流量。但是在一些精密分离过程中，需要精确地控制塔内部的回流比。有时在精馏塔塔顶采用风冷式冷凝器，在下雨雪时回流液的温度就会过冷较多，因而需要通过物料平衡和热量平衡，对外部回流量 L 加以补偿，来推算出精馏塔内部塔板上的内回流量 L_n，并对 L_n 的量加以控制，以满足生产工艺的要求。

塔板上的内回流量 L_n 与外回流量 L 间有如下关系：

$$L_n=L+\Delta L$$

式中　L_n——内回流量，m^3/h；

　　　L——外回流量，m^3/h；

　　　ΔL——通过精馏段的蒸气被冷凝的量，m^3/h。

　　由于外部回流液的过冷，它在塔内释放出冷量，因而将使一部分蒸气冷凝成冷凝液，增加了塔的回流量，根据热平衡的原理有如下关系

$$\Delta L \rho g H_v = L \rho g c_p (T_v - T_L)$$

式中　H_v——塔顶蒸气的气化潜热，$kcal^{❶}/(kg \cdot \text{℃})$；

　　　c_p——回流液的比热容，$kcal/(kg \cdot \text{℃})$；

　　　T_v——塔顶蒸气的温度，℃；

　　　T_L——外回流液的温度，℃；

　　　ρ——回流液的密度，kg/m^3。

将上式进行化简

$$\Delta L = L \frac{c_p}{H_v} (T_v - T_L)$$

代入前式后可得

$$L_n = L\left(1 + \frac{c_p}{H_v}(T_v - T_L)\right) \tag{3-2-9}$$

　　式(3-2-9)就是精馏塔内回流的计算公式，据此可以构成精馏塔的内回流控制系统。

2. 用Ⅲ型电动仪表来实施内回流控制方案

　　有一对二甲苯精馏塔，它的塔顶出口蒸气温度 $T_v = 150\text{℃}$，塔顶回流液的温度受冷却水季节温度的影响，$T_L = 115 \sim 145\text{℃}$，设计外回流量 $L = 30m^3/h$，由于塔顶回流液温度波动范围较大，为了精确控制，要求设计一个内回流控制系统。工艺给出对二甲苯回流液在平均温度 130℃ 下的比热容 $c_p = 0.497kcal/(kg \cdot \text{℃})$，汽化潜热 $H_v = 84kcal/(kg \cdot \text{℃})$。

　　将上述 c_p、H_v 数据代入式(3-2-9)，以求得对二甲苯精馏塔的内回流计算公式：

$$L_n = L[1 + 0.0059(T_v - T_L)] = L[1 + 0.0059\Delta T] \tag{3-2-10}$$

　　为了组成内回流控制系统，选一台差压变送器 FT-1 以及一台开方器来测外回流量 L，差压变送器的量程为 $\Delta p_R = 2500mmH_2O$，相应回流量的测量范围为 $L = 0 \sim 50m^3/h$。另选一台温差变送器 T_dT-1 来测量 $T_v - T_L$，它的量程为 $\Delta T_R = 50\text{℃}$。最后再选一台加减器来实现 $[1 + 0.0059\Delta T]$ 的运算，选一台乘法器来实现 $L[1 + 0.0059\Delta T]$ 的运算。开方器的算式为

$$V_o = 2\sqrt{V_1 - 1} + 1$$

加减器的算式为

$$V_o = \pm N_1(V_1 - 1) \pm N_2(V_2 - 1) \pm N_3(V_3 - 1) \pm N_4(V_4 - 1) + V_P$$
$$0.005 \leqslant N_1、N_2、N_3、N_4 \leqslant 5$$
$$-9V \leqslant V_P \leqslant 9V$$

乘法器的算式为

$$V_o = \frac{1}{4} \times \frac{N_0 N_1 N_2}{N_3}(V_1 - 1)\left(V_2 - 1 + \frac{V_{P2}}{N_2}\right) + 1$$
$$\frac{1}{3} \leqslant \frac{N_0 N_1 N_2}{N_3} \leqslant 3$$
$$N_2 N_3 \leqslant 2.5$$

　　由这些仪表组成的精馏塔内回流控制系统如图 3-2-28 所示。进一步研究加减器要完成的运算式 $[1 + 0.0059\Delta T]$，可以发现，由于 ΔT 前面的系数太小，即使当 ΔT 为工艺条件给出的最大温差 35℃ 时，加法器的输出仅仅应为 1.207V。显然把这个信号作为乘法器的输入，由于信号幅值太小，会影响乘法器的运算精度。为了避免这种现象发生，可以对式(3-2-10)进行处理，即把 ΔT 前的系数增大 3 倍，使加法器的输出较接

---

❶ 1cal＝4.18J。

近于 5V，而保持原式的值不变

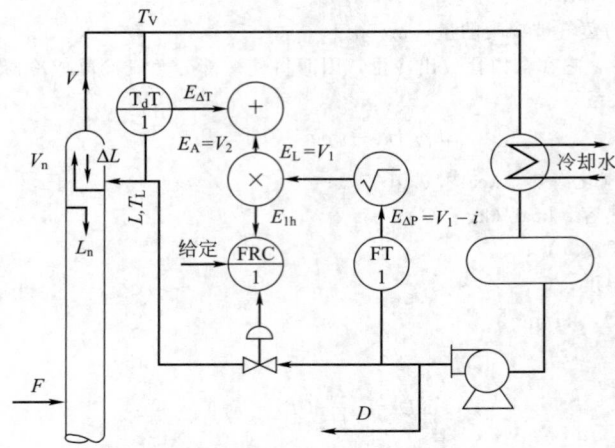

图 3-2-28　精馏塔内回流控制系统

$$L_n = \frac{L}{3}(3+0.0177\Delta T) \tag{3-2-11}$$

如果把加减器的偏置电压 V_P 设定为 3V，让温度变送器 T_dT-1 的输出 $E_{\Delta T}$ 作为加减器的输入 V_1，则加减器的输出 V_o 符合如下关系

$$V_o = N_1(V_1-1)+V_P = N_1 \times 4 \times \frac{\Delta T}{\Delta T_R}+3$$

对照前式中加减器应完成的运算 $[3+0.0177\Delta T]$，显然有

$$N_1 \times \frac{4}{\Delta T_R} = 0.0177$$

由于 $\Delta T_R = 50$，由此可求出：

$$N_1 = 0.22$$

差压变送器 FT-1 的输出 $E_{\Delta P}$ 与流量的平方成正比，符合如下关系

$$E_{\Delta P} = 4\left(\frac{L}{L_R}\right)^2+1$$

$E_{\Delta P}$ 作为开方器的输入信号 V_i，开方器的输出 E_L 就是回流量 L 的信号值，把它作为乘法器的输入 V_1，因而有

$$V_1 = 2\sqrt{V_i-1}+1 = 2\sqrt{E_{\Delta P}-1}+1 = 4 \times \frac{L}{L_R}+1$$

再把加减器的输出作为乘法器的输入 V_2，则有

$$V_2 = 3+0.0177\Delta T$$

将这些输入信号值代入前述乘法器的算式，则可以得到

$$V_o = \frac{1}{4} \times \frac{N_0 N_1 N_2}{N_3}(V_1-1)\left(V_2-1+\frac{V_{P2}}{N_2}\right)+1$$

$$= \frac{1}{4} \times \frac{N_0 N_1 N_2}{N_3} \times 4 \times \frac{L}{L_R}\left(3+0.0177\Delta T-1+\frac{V_{P2}}{N_2}\right)+1$$

若令

$$\frac{N_0 N_1 N_2}{N_3} = \frac{4}{3}$$

$$\frac{V_{P2}}{N_2} = 1$$

则有

$$V_o = \frac{1}{3} \times \frac{L}{L_R} \times 4 \times (3 + 0.0177\Delta T) + 1$$

与式(3-2-11) 相对照，可以看出乘法器的输出电压 V_o 即相当于精馏塔内回流量的信号值。由于乘法器的结构和线路决定了 $N_0 = 4$，$N_1 = \frac{1}{2}$，由前式可得

$$\frac{N_2}{N_3} = \frac{2}{3}$$

若令 $N_2 = 1$，则 $N_3 = 1.5$，可得

$$V_{P2} = N_2 = 1V$$

经进一步验算表明，上述系数的值符合乘法器所要求的约束条件。

为了检验上述系统设计与参数匹配的准确性，可以进行下述验算。设在某冷却水温度下，对应塔顶回流液的温度 $T_L = 120℃$，$L = 30m^3/h$，此时可根据式(3-2-10) 求出实际内回流量

$$L_n = L(1 + 0.0059\Delta T)$$
$$= 30 \times [1 + 0.0059(150 - 120)] = 35.31(m^3/h)$$

而在内回流控制系统中，各仪表的输出信号值如下：

差压变送器 FT-1 的输出为

$$E_{\Delta P} = \left(\frac{30}{50}\right)^2 \times 4 + 1 = 2.44(V)$$

开方器的输出为

$$E_L = 2 \times \sqrt{2.44 - 1} = 3.4(V)$$

温差变送器 $T_d T\text{-}1$ 的输出为

$$E_{\Delta T} = \frac{150 - 120}{50} \times 4 + 1 = 3.4(V)$$

加减器输出

$$E_A = 3 + 0.22(E_{\Delta T} - 1) = 3.528(V)$$

乘法器输出

$$E_{Ln} = \frac{4 \times 0.5 \times 1}{4 \times 1.5}(E_L - 1)\left(E_A - 1 + \frac{1}{1}\right) + 1 = 3.822(V)$$

此输出电压相应的内回流量 L_n 值为

$$L_n = \frac{E_{Ln} - 1}{4} \times 50 = 35.28(m^3/h)$$

此值与由式(3-2-10) 求出的实际内回流量相符。若不进行补偿时，实际内回流量 $35.3m^3/h$ 比外回流量 $30m^3/h$ 约高出 17.6%。

由此例子可见，用仪表中的计算单元组成一个内回流控制系统还是比较复杂的，仪表参数的匹配也比较麻烦，因而在大多数情况下是否要用内回流控制，必须慎重选择。

三、精馏塔进料热焓控制系统

在精馏塔的操作中，一般都希望进料的流量、进料的热焓以及进料组分均保持不变，这样有利于稳定生产。当进料完全是液相或气相时，此时进料温度与进料热焓之间有单值对应关系，因而可以控制进料温度来保持进料热焓不变。但当进料是气液两相流时，就无法以温度来表征进料热焓。如以 q 表示进料中的气化率，$q = 0$ 表示所有的进料均为处于泡点状态的液相，$q = 1$ 表示所有的进料均为处于露点状态的气相，q 在 $0\sim1$ 之间时，虽然进料温度相同，但热焓值却相差甚远，因而进料热焓只能通过间接计算载热体所放出的热量

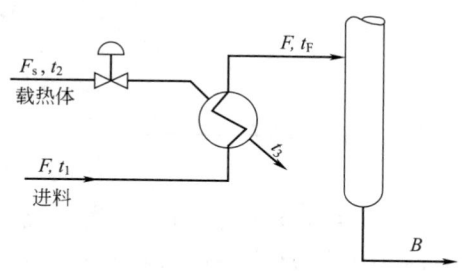

图 3-2-29 由进料加热器加热进料时的热平衡

来求得。

如图 3-2-29 所示，当对进料加热的载热体没有相变时，根据热平衡原理有如下等式：

$$Fi_F = Fc_F t_1 + F_s c_s (t_2 - t_3)$$

当载热体为蒸汽时，进入加热器前是气相，经传热后全部冷凝成液相并进一步过冷时，则有如下等式：

$$Fi_F = Fc_F t_1 + F_s [H_v + c_s (t_2 - t_3)]$$

式中　　F——进料流量；

F_s——加热用载热体流量；

i_F——进料的热焓；

c_F——进料的比热容；

c_s——加热用的载热体的比热容；

t_1——进料加热器前进料的温度；

t_2——进料加热器前载热体的温度；

t_3——进料加热器后载热体的温度；

H_v——载热体的蒸发潜热。

将上两式化简，就能得到

$$i_F = c_F t_1 + \frac{F_s}{F} c_s (t_2 - t_3) \tag{3-2-12}$$

$$i_F = c_F t_1 + \frac{F_s}{F} [H_v + c_s (t_2 - t_3)] \tag{3-2-13}$$

显然载热体有相变完全冷凝时，式(3-2-13)比式(3-2-12)多出一项蒸发潜热 H_v。为此按式(3-2-13)构成的精馏塔进料热焓控制系统如图 3-2-30 所示。图中分别由差压变送器 FT-4、FT-5 检测进料和载热体的流量，它们的输出经过开方器后分别代表 F、F_s 的信号送到乘除器，温差变送器 T_dT-6 测出 $t_2 - t_3$ 的值，然后在加减器 A 中完成 $H_v + c_s (t_2 - t_3)$ 的运算，并将加减器 A 的输出送到乘除器，以完成 $\frac{F_s}{F} [H_v + c_s (t_2 - t_3)]$ 的运算。另有一台温度变送器 TT-5 测出进料温度 t_1，在加减器 B 中完成代表热焓值的最后运算 $c_F t_1 + \frac{F_s}{F} [H_v + c_s (t_2 - t_1)]$，然后将加减器 B 的输出作为测量值送往控制器，这样就构成了进料热焓的控制系统。

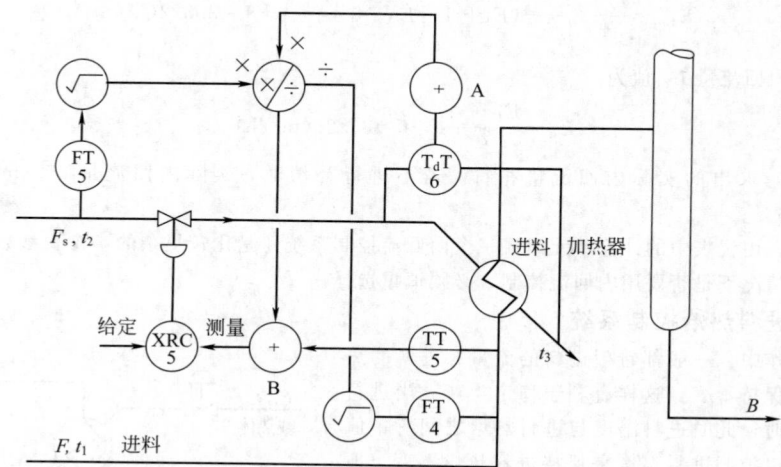

图 3-2-30　精馏塔进料热焓控制系统

当然，进料热焓的控制系统随工艺流程的不同而略有改变，例如当进料不仅用进料加热器加热，而且用塔釜出料量加热时，进料热焓的算式就不一样，因而控制系统也略有改变，在此就不一一详述。当进料热焓算式如式(3-2-12)所示时，只要使加减器 A 的偏置电压 V_P 为零即可。为了达到信号匹配，具体这些计算单元的参数设置可仿照前面带温度、压力校正的气体流量控制系统以及精馏塔内回流控制系统来进行。

四、史密斯（Smith）预估控制

解决大纯滞后对象的控制问题，还可以应用史密斯预估控制，它的主要原理如图 3-2-31 所示。就是一个具有大纯滞后时间 τ 的对象的传递函数，可以分割成 $G_o(s)$ 及 $e^{-\tau s}$ 两部分。倘若能从 $G_o(s)$ 处取出测量信号 C'，把它反馈到控制器，那么就可以避免大纯滞后环节 $e^{-\tau s}$ 的影响，使控制质量得到

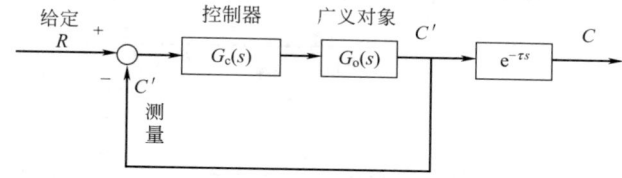

图 3-2-31　史密斯预估控制的原理

保证，而真正被控变量 C 的变化相对 C' 的变化而言，仅仅推迟了时间 τ，所以被控变量 C 的控制质量能得到保证。

因为一个实际对象是无法分割的，所以为了得到虚拟的对象即 $G_o(s)$ 处的测量值 C'，需要设计一个史密斯预估器。预估器由 $G_o(s)$ 及 $e^{-\tau s}$ 两部分组成，再按图 3-2-32 所示的结构，组成史密斯预估控制系统。图中预估器模型内的 $G_o(s)$ 和 $e^{-\tau s}$ 可以由 DCS 系统中的超前/滞后和纯滞后模块来构成。真正引入控制器的测量值是 C''。若模型精度较高，则它应能补偿纯滞后环节 $e^{-\tau s}$ 的影响，运算后的结果使 C'' 与 C' 十分接近。所以史密斯预估控制能解决大纯滞后对象的控制问题。

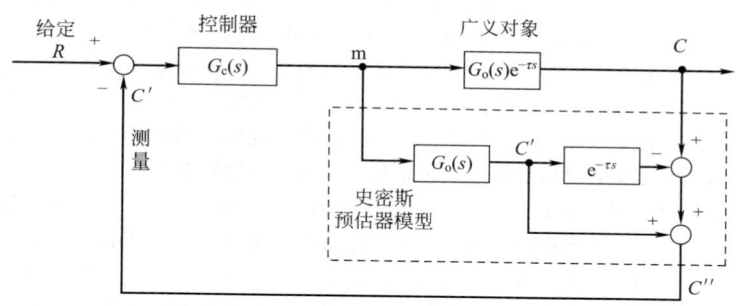

图 3-2-32　史密斯预估控制系统方框图

在聚酯生产工艺过程中，为了保证聚合反应充分，缩聚釜被分隔成 6~7 个室，聚合物在釜中停留时间长达 30min 以上，聚合物在线黏度的改变也要经过几十分钟的滞后。缩聚釜液位和聚合物在线黏度控制采用了史密斯预估控制系统后，成功地解决了纯滞后超过 30min 对象的控制，保证了生产过程的平稳和产品的质量。

采用仪表中的计算单元还可以构成精馏塔再沸器供热量控制、压缩机可变极限流量法抗喘振控制等。随着自动化水平的日益提高和 DCS、IPC 系统等的广泛应用，采用经内部功能块运算后得出的信号作为间接被控变量来构成控制系统，以满足工艺生产中比较复杂的操作要求。

第六节　自动选择性控制系统

在石油化工生产中，自动控制系统的主要任务之一，就是要保证生产安全、平稳地进行。但在生产过程中，不可避免地会出现不正常的工况以及其他特殊的情况。这样，原先设计的控制系统往往适应不了，过去通常采用报警后由人工去处理或自动联锁停车的对策。但随着装置的大型化，一次开停车过程要耗费大量的原料、燃料，并排放大量不合格产品，这显然是很不经济的；若出现不正常工况后全部转由人工处理，则可能造成操作人员的过分忙乱和紧张。所以必须考虑在不正常的工况下，由别的控制器按照适合当时特殊情况的另外一套规律来进行控制。此外有一些工艺变量的控制，受到多种条件的约束和限制，因而也必须根据不同的情况来分别对待。在这样的指导思想下就发展出了自动选择性控制系统。选择性控制系统的基本设计思想，就是把在某些特殊场合下工艺过程操作所要求的控制逻辑关系，叠加到正常的自动控制中去，它也被叫做超驰控制系统或者取代控制系统。由于选择性控制系统在生产操作中起了软限保护的作用，所以应用相当广泛。

一、选择性控制系统的类型

选择性控制系统大体上可以分为如下两类。

1. 选择器在变送器和控制器之间，对被控变量进行选择

此类选择性控制系统一般比较简单，其特点是几个测量变送器合用一个控制器，它们中常见的有这两种。

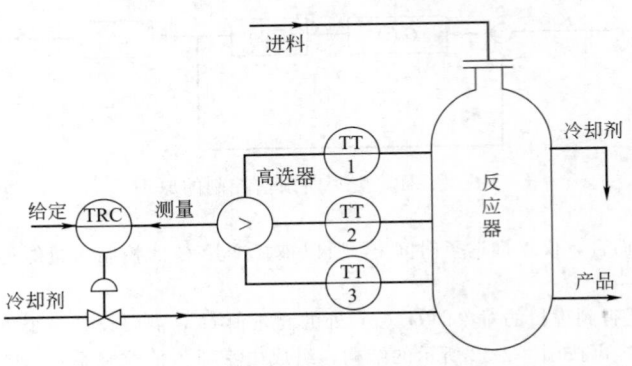

图 3-2-33　选择反应器热点温度的控制系统

（1）选择最高或最低测量值　图 3-2-33 所示的固定床反应器，在长期使用过程中触媒活性会逐渐下降，这样反应器内的最高温度即热点温度的位置会逐渐下移。为了防止反应器内温度过高烧坏触媒，必须根据热点的温度来控制冷却剂量。因而在触媒层的不同部位都设有温度检测器，它们的输出信号经高选器后作为控制器的测量值去进行温度控制，从而保证了触媒的安全使用和正常生产。

图 3-2-34 是某装置设计中采用的用于两个反应器负荷平衡控制的阀位开度选择性控制系统。工艺流程上采用了两个反应器并联操作，为了保证气体负荷的平均分配和节能，总是希望去两个反应器的流量完全相等，并且尽可能接近上限，为此就要通过反应器前各自管路上的调节阀来进行调节。为了达到这个目的就要使系统阻力大的反应器的管路上调节阀处于接近全开的状态，相应系统阻力小的反应器的管路上调节阀开度小一些，这样能使两个反应器都通过更多的同量气体，得到较高的产率。由于调节阀开度已接近全开就能减少能耗，但又留有一些调节的余地。因而按此意图设计了如图 3-2-34 所示的阀位开度选择性串级控制系统。图中根据工艺生产安全的要求，调节阀 FCV-1、FCV-2 均选用气关阀。它们的阀位信号经过低选器选择阀位开度大的信号，送到阀位控制器 VPC，在 VPC 控制器内与给定值相比较后输出一个信号作为流量控制器 FRC-1、FRC-2 的给定。假若 VPC 控制器的给定值设为 25kPa，则它将自动改变其输出，使得 FRC-1 和 FRC-2 流量控制器也改变它们的输出，最终要使得调节阀 FCV-1、FCV-2 中开度较大的一个调节阀的阀位刚好相应于 25kPa 的信号值。采用阀位控制器 VPC 的作用，在于始终让调节阀的开度接近最大，以得到较高的产率和降低能耗；而把两个调节阀的阀位信号经低选器选择以后作为阀位控制器 VPC 的测量值，则是为了始终选择系统阻力降大的调节阀的阀位，即开度大的调节阀的阀位作为流量负荷均分的标准，这种方法能保证去反应器 A 和去反应器 B 的气体流量完全相等。反过来倘若设想以阀位开度小的信号作为流量负荷均分的标准，当此阀接近全开时，另一阀可能早已全开到头了，因而不能保证两个系统流量负荷的均分。

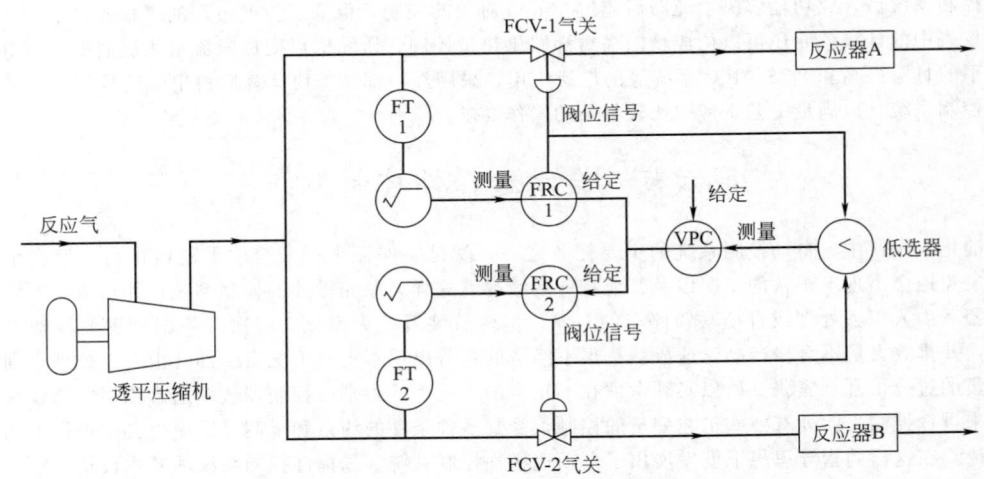

图 3-2-34　用于两个反应器负荷平衡控制的阀位
开度选择性串级控制系统

（2）选择可靠测量值　在生产过程中特别重要的检测控制点，为了绝对安全、可靠，往往在同一个检测点安装多台变送器，从中选出可靠值去进行操作控制。此可靠值应从工艺机理去分析，它可以是最高值，也可以是最低值，有时对某些成分分析仪表来说，测量值也可以选用中间值作为可靠值。图 3-2-35 表示了高压聚乙烯装置管式反应器中采用的压力选择性控制系统。由于正常生产时管式聚合反应器的操作压力一般都在 100MPa 以上，为了保证压力控制绝对可靠，所以用高选器选择三个压力变送器输出中的高值作为压力控制器的测量值，以保证反应器操作时的安全。

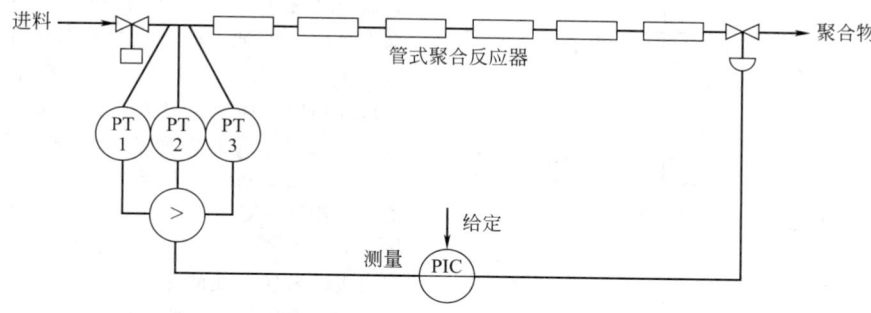

图 3-2-35　管式聚合反应器压力选择性控制系统

2. 选择器在控制器和调节阀之间的可变结构式选择性控制系统

（1）选择不同控制器输出的选择性控制系统　这种选择性控制系统，可以按工艺约束条件的要求，选择两个不同控制器的输出到同一个调节阀上去，以实现软限保护。这类选择性控制系统有两个控制器，其中在工艺异常情况下起取代作用的控制器也可以是位式的。图 3-2-36 表示了一个乙烯装置中采用的塔釜压力与冷剂液位选择性控制系统。图中乙烯精馏塔塔釜的压力通过调节进冷凝器的冷剂——液态丙烯的流量来进行控制，压力升高时就增大调节阀 PCV 的开度。但当冷凝器里冷剂液位过高时，LC 位式控制器就动作，切断 PRC 控制器的输出，使调节阀 PCV 处于全关；直到冷剂液位恢复正常，接点才重新闭合，恢复 PRC 的控制作用。这样的选择性控制系统能防止冷剂液位过高时冷剂跑到丙烯压缩机里去产生事故。现场投运时应使 LC 控制器有一定的死区，这样可避免振荡。

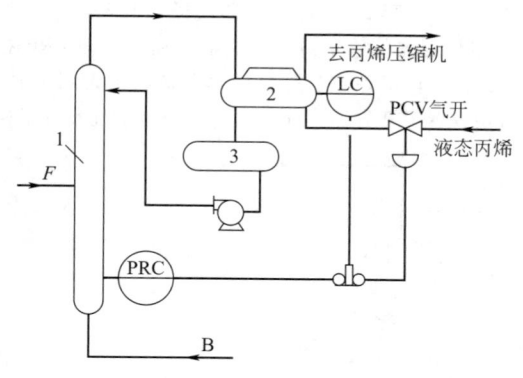

图 3-2-36　塔釜压力与冷剂液位选择性控制系统
1—乙烯精馏塔；2—冷凝器；3—回流罐

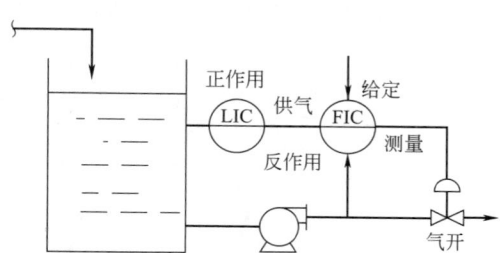

图 3-2-37　能起均匀控制作用的液位、
流量选择性控制系统

选择不同控制器输出的选择性控制系统，还可以用来解决均匀控制的问题。图 3-2-37 所示的系统即为能起均匀控制作用的液位、流量选择性控制系统。只要储槽内的液体在某一个液位以上，此时流量控制器的控制作用便维持一个恒定的排出量，如果液位低于这个值，则液位控制器取代流量控制器，限制泵排出的流量，以防止液位进一步下降。其中，液位控制器为比例式的，而流量控制器则为比例积分控制器。液位控制器 LIC 的输出直接作为流量控制器 FIC 的供气，这样可以省去一个低选器。当储槽内的液位远高于给定的某一液位以上时，LIC 因为有较大的输入偏差，所以它的输出接近于气源的压力，此时流量控制器按常规控制排出储罐的流量在给定值。当液位下降至给定值附近或给定值以下时，LIC 的输出显著下降，使 FIC 的供气压力下降，因而必然影响到流量控制器，使它的输出也下降，这样就会关小调节阀。在流量控制器 FIC 的供气压力显著下降以后，它仅仅能中断供气的压力，因而实质上变成由液位控制器 LIC 来控制调节阀，因为供气压力受到限制故流量控制器 FIC 不可能出现积分饱和的现象，而且 LIC 与 FIC 之间是平滑切换的。显然在图中 LIC 应为正作用，FIC 应为反作用，调节阀应为气开式。

图 3-2-38 所示的是合成氨装置中辅助锅炉汽包压力与燃料气压力的选择性控制系统。压力控制器 PRC 根据汽包的压力来调节燃料气流量，如果汽包压力偏低，则开大燃料气调节阀 PCV，但 PCV 开度太大时，由于烧嘴前燃料气压力过高，导致烧嘴中气体速度过大，有可能产生脱火现象。为了避免因烧嘴脱火而造成停车，所以设计了这个选择性控制系统。调节阀 PCV 阀后压力过高时，由于控制器 PIC 是反作用的，所以它的输出下降，将被低选器选上，把 PCV 阀关一些，这样就避免了脱火现象所造成的停车，起到了软限保护作用。

（2）选择不同操纵变量的选择性控制系统　这种选择性控制系统，在达到某一个约束条件以后，能按预先设计的逻辑，把控制器的输出从一个调节阀转移到另外一个调节阀上去。因而这类选择性控制系统与前不同，它有两个调节阀。图 3-2-39 表示

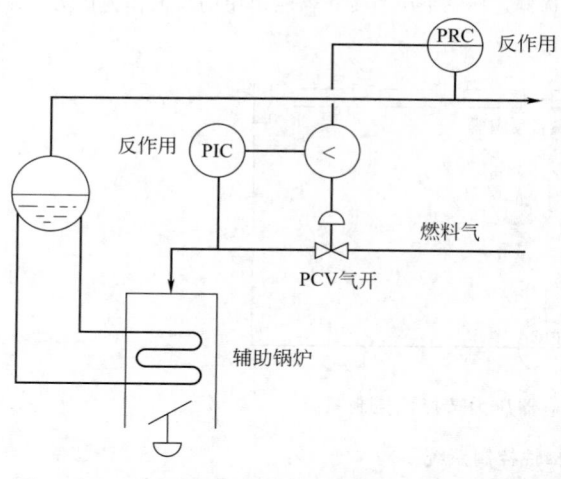

图 3-2-38　汽包压力与燃料气压力选择性控制系统

了一个燃烧弛放气和燃料气两种燃料的蒸汽锅炉的燃烧控制系统，它要求优先使用弛放气，但弛放气有一定的限量 F_{max}，超过此限量时，即使把弛放气调节阀再打开，因受其他条件约束，弛放气流量已不可能再增加。此时为了满足蒸气负荷的要求，再把燃料气调节阀打开，补充烧一部分燃料气，以保持汽包压力稳定。图中汽包压力控制 PRC 与弛放气、燃料气流量控制 FRC-3、FRC-4 组成串级控制系统。当 PRC 控制器的输出小于 F_{max} 值时，它被低选器选上作为弛放气流量控制器 FRC-3 的给定值，此时减法器的两个输入均为 PRC 的输出，所以在减法器内相减后的输出信号，即燃料气流量控制器 FRC-4 的给定值为零，燃料气调节阀 FCV-4 全关。当由于蒸汽用量增加，汽包压力下降，PRC 控制器的输出大于 F_{max} 值以后，此时低选器将选上 F_{max} 值，所以弛放气流量仍然保持在工艺允许的最大值 F_{max}；而燃料气流量控制器的给定值为减法器的输出，即 PRC 控制器的输出减去 F_{max} 以后的值，此时燃料气调节阀 FCV-4 开始打开，锅炉不足部分的热负荷将由燃料气补足。为了系统投运方便和改善调节品质，在测量流量的变送器后均设置了开方器。这个选择性控制系统实现了先烧

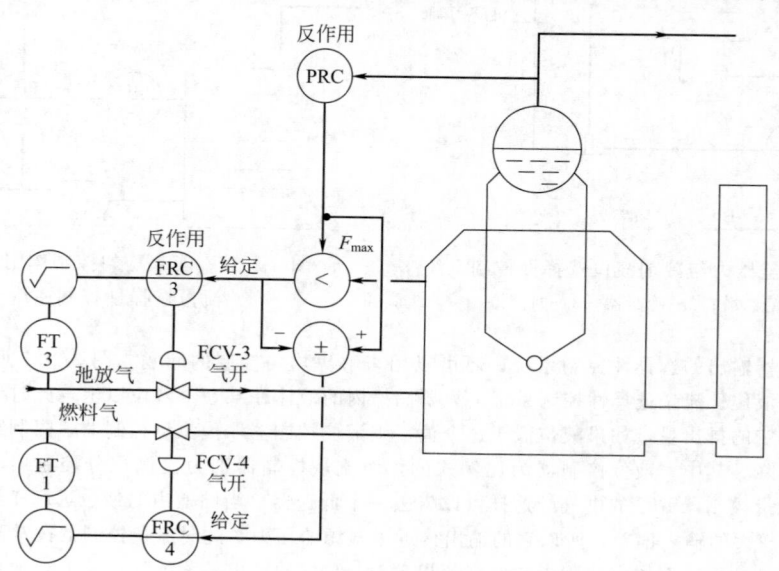

图 3-2-39　汽包压力与弛放气、燃料气流量选择性控制系统

弛放气，不足的热负荷再由燃料气补上的工艺要求。

这种选择不同操纵变量的选择性控制系统还可以用在精馏塔的压力控制中，图 3-2-40 表示了一个精馏塔压力的选择性控制系统。正常生产时，精馏塔塔顶的全部蒸气几乎都是可凝的，因而塔压很低。塔压控制器 PIC 的输出将小于回流罐液位控制器的输出，它经过低选器被选上去控制回流液调节阀 LCV，此时通过调节有一定过冷度的回流量来保持塔压不变；还因为低选器选上 PIC 的输出，所以减法器的两个输入信号相等，它的输出为零，使得放空调节阀 PCV 全关。但当少量不凝性气体逐渐积累时，塔压慢慢升高，因而 PIC 控制器的输出增加，LCV 阀开大。但当回流量增加较多，回流罐液位较低时，LC 控制器的输出减少，低选器将选上 LC 的输出，使 LCV 阀的开度不会继续

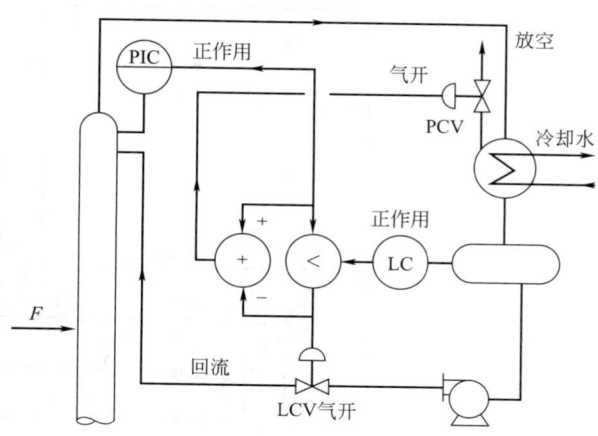

图 3-2-40　精馏塔压力、回流罐液位选择性控制系统

加大，回流罐不至于被抽空。为了使塔压能恢复正常，在减法器中把 PIC 的输出减去 LC 的输出，其差值去控制放空调节阀 PCV，使得它有一定的开度，把积聚的不凝性气体排放掉。待塔压恢复正常以后，系统又将重新转到由 PIC 控制器来控制 LCV 阀，同时放空阀 PCV 又将保持全关。

二、积分饱和及防止措施

1. 造成积分饱和的原因及危害

在可变结构的选择性控制系统中，如果系统有两个控制器，那么只有一个可能被选上，而未被选上的控制器就处于开环状态，只要控制器有积分作用，因为开环状态一般总会偏差存在，所以在一段时间以后，控制器的输出就会不断增加或减少，最终被积分到其上下极限值。一旦工艺过程要求它重新投入闭环运行时，它就不可能迅速地、及时地作出反应，最终造成选择器切换的滞后和控制作用死时，从而降低了调节质量。严重时，因为选择性控制系统对软限保护作用的延误，还有可能导致事故。这种由于控制器处于开环状态，对偏差信号进行积分作用而造成的控制器切换延迟，致使应有的控制作用不能及时产生的现象，就被称为"积分饱和"。应当着重指出的是，积分饱和现象是指未被选上的控制器的输出信号不能跟踪选上的控制器的输出信号的变化，因而造成在选择器中控制作用切换的延迟，这种现象并非要在积分作用引起的输出信号达到上、下极限值时才会发生。因而这与简单控制系统中控制器的积分作用到达饱和是有区别的，要采用对输出信号限幅的办法，即把限幅器接在控制器积分反馈室前，从理论上分析，虽有一定的好处，但并不能根本解决积分饱和的问题。

2. 选择性控制系统中防止积分饱和的措施

（1）气动控制器的防积分饱和措施　用在选择性控制系统中的气动 PI 控制器，为了防积分饱和，采用引入积分外反馈的方式，即积分针阀 R_1 不与本控制器的输出 p_O 相连，而是与选择器的输出 p_S 相连，这样当控制器被选上时，由于 $p_S = p_O$，因而它起比例积分控制作用。当控制器未被选上时，p_S 为另一台控制器的输出风压，因而切断了本控制器的正反馈通路，使未选上的控制器跟踪选上控制器的输出信号，同时它本身仅仅起比例控制作用，因而克服了积分饱和的现象。

图 3-2-41 表示了采用积分外反馈法防积分饱和时控制器内部的管路图，图中 CD 相连；反过来当 AB 相连时，即为普通的 PI 控制器。图中测量、给定、负反馈、积分正反馈的四个波纹管面积相等，根据力矩平衡的原则有如下关系：

$$(p_M - p_R)l_1 = (p_O - p_1)l_2 \tag{3-2-14}$$

$$p_1 = \frac{p_O - p_c}{R_P + R_2} \times R_2 + p_c = \frac{R_2}{R_P + R_2} \times p_O + \frac{R_P}{R_P + R_2} \times p_c \tag{3-2-15}$$

$$p_c = \frac{p_O}{T_1 s + 1}(T_1 = R_1 C_1) \tag{3-2-16}$$

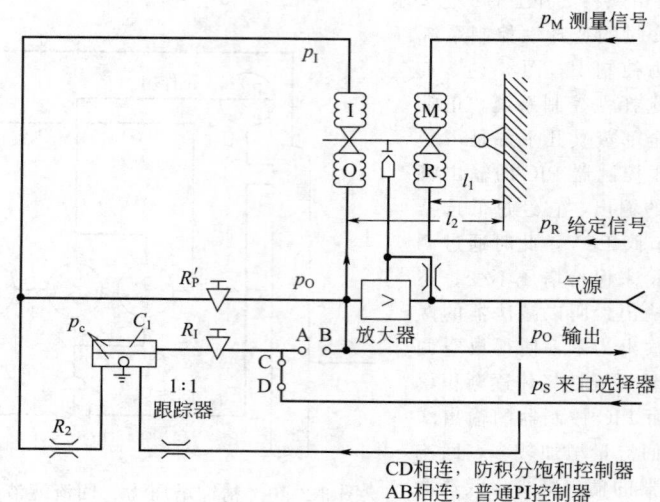

图 3-2-41　控制器采用积分外反馈法来防止积分饱和

将式（3-2-15）代入式（3-2-14），化简后可得

$$(p_M - p_R)l_1 = l_2 \times \frac{R_P}{R_P + R_2}(p_O - p_c) \tag{3-2-17}$$

所以

$$(p_M - p_R)l_1 = l_2 \times \frac{R_P}{R_P + R_2} \times \frac{T_1 s}{T_1 s + 1} \times p_O$$

整理后可得

$$p_O = \frac{l_1}{l_2} \times \frac{R_P + R_2}{R_P}(p_M - p_R)\left(1 + \frac{1}{T_1 s}\right)$$

令

$$K_P = \frac{l_1}{l_2} \times \frac{R_P + R_2}{R_P}$$

则

$$p_O = K_P\left(1 + \frac{1}{T_1 s}\right)(p_M - p_R) \tag{3-2-18}$$

上式表示了在 AB 相连时普通 PI 控制器的输出算式，当改成积分外反馈时，即 AB 相连改成 CD 相连，积分室 C_1 引入来自外部选择器的 p_S 信号，此时式（3-2-16）变成

$$p_c = \frac{p_S}{T_1 s + 1}$$

式（3-2-17）变成

$$(p_M - p_R)l_1 = l_2 \times \frac{R_P}{R_P + R_2}\left(p_O - \frac{p_S}{T_1 s + 1}\right)$$

即

$$p_O = \frac{l_1}{l_2} \times \frac{R_P + R_2}{R_P}(p_M - p_R) + \frac{p_S}{T_1 s + 1} = K_P(p_M - p_R) + \frac{p_S}{T_1 s + 1}$$

显然当 p_S 为一个变化缓慢的信号或恒定的信号时，上式变为

$$p_O = K_P(p_M - p_R) + p_S \tag{3-2-19}$$

此式表明，如果选择性控制系统中的一个控制器未被选上，处于开环并采用来自选择器的风压 p_S 作为积分外反馈信号，此时控制器输出的信号除了正比于输入偏差以外，还跟踪已选上控制器的输出风压 p_S。因而当它的输入偏差为零时，$p_O = p_S$；待它的输入偏差一反向，输出风压 p_O 也将变得小于或大于 p_S，使得这个原先未被选上的控制器立即被选上，成为闭环，克服了积分饱和引起的切换延迟现象。具体在选择性控制系统中控制器的接线如图 3-2-42 所示。

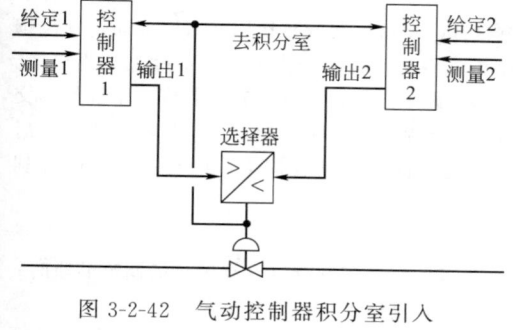

图 3-2-42　气动控制器积分室引入
外反馈时的连接系统

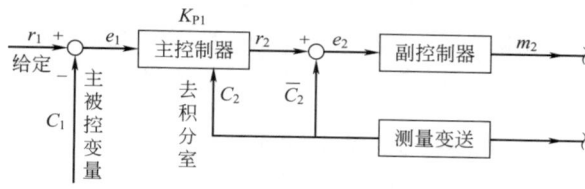

图 3-2-43　串级控制系统中主控制器
的防积分饱和措施

当选择性控制系统中有一方是串级控制系统时，采用图 3-2-42 所示的接管方法仅仅能解决副控制器的积分饱和问题。因为当此串级控制系统未被选上时，因副控制器处于开环状态，主控制器也会出现积分饱和。解决的办法如图 3-2-43 所示，把副被控变量 C_2 去代替主控制器的输出 r_2 反馈到主控制器的积分室。此时，如果副回路不存在测量偏差，即 $r_2 = C_2$，那么主控制器的积分反馈信号即 r_2，所以仍然能起正常的积分控制作用。一旦串级控制系统没有被选上，由于副控制器存在测量偏差，$r_2 \neq C_2$，此时主控制器的积分正反馈被打断，它将失去积分控制作用。根据式(3-2-19)，那时主控制器的输出将为

$$r_2 = K_{P1} e_1 + C_2$$

从上式可以看出，主控制器输出中已不包括积分项，因而可以避免它出现积分饱和。由上式还可以得到

$$e_2 = r_2 - C_2 = K_{P1} e_1$$

这样副回路测量偏差 e_2 为零时，主回路测量偏差 e_1 也将为零。结合图 3-2-43 可以看出，主控制器的积分反馈回路包括了副回路，因而实际上主控制器相当于增加了一个补偿反馈。

(2) 电动控制器的防积分饱和措施　当选用国产Ⅲ型电动单元组合仪表构成选择性控制系统时，应选用自动选择控制器代替通常的控制器，另外再选用一台自选器来组成系统。自选器能把已选上的控制器的输出信号反馈到未选上的控制器，此信号经运算放大器比较放大后将输出一个高电位，使未选上的控制器线路中的一个场效应管导通，积分回路不起作用，这样把比例积分控制作用自动转换成比例控制作用，避免了积分饱和现象。当该控制器的输出信号重又被选上时，由于运算放大器的输出反向，场效应管变成截止，这样将重新恢复比例积分控制作用。还有一些国外厂家生产的电动单元组合式控制器，它们在用于选择性控制系统时，需在基型控制器上增加一个超驰限幅插件板，它能将本机的输出信号与来自选择器的输出信号相比较，在本机没有被选上时送出一个反向电压去抵消原来存在的积分电压，这样也能起到防止积分饱和的作用。

至于在 DCS 系统中，防止控制器积分饱和的方法有几种，限于篇幅在此就不一一详述。

第七节　前馈控制系统

一、概述

前面所提到的各类控制系统中，控制器都是按给定值与测量值之差，即按偏差来进行工作的，这就是根据反馈原理工作的控制系统。但是在一些纯滞后时间长、时间常数大、干扰幅度大的对象中，反馈控制的品质往往不能令人满意，究其原因，主要还是反馈控制本身的特点所决定。这些特点是：

① 反馈控制的性质本身意味着必须存在被控变量的偏差方能进行控制，因而是不完善的；

② 控制器必须等待被控变量偏离给定值后才开始改变输出，对纯滞后时间长、时间常数大的对象，它的校正作用起步较晚，并且对应一定幅值的干扰，它不能立即提供一个精确的输出，只是在正确的方向上进行试探，以求得被控变量的测量值与给定值相一致，这种尝试的方法就导致了被控变量的振荡；

③ 如果干扰的频率稍高，这种尝试的方法由于来回反复试探，必然使系统很难稳定。

　　有一个解决问题的方法，它就是前馈控制。可以把影响被控变量的主要干扰因素测量出来，用前馈控制模型算出应施加的校正值的大小，使得在干扰一出现，刚开始影响被控变量时就起校正作用。所以前馈控制是按照扰动量进行校正的一种控制方式。从理论上讲，似乎前馈控制可以做得十分精确完美，但实际上却不可能。这是因为一个被控对象有许多干扰因素，首先不能对每一个干扰都考虑采用前馈控制；其次有许多干扰如热交换器热阻的变化、反应器触媒活性的下降，它们很难测出；还有前馈控制模型难免有误差，这样在干扰作用后被控变量就回不到给定值。所以在实际应用中，常常把前馈控制与反馈控制结合起来，取长补短，以收到实效。

　　总结起来，前馈控制适用的场合为：

　　① 当对象的纯滞后时间特别大，时间常数特别大或者特别小，采用反馈控制难以得到满意的调节品质时；

　　② 干扰的幅度大，频率高，虽然可以测出，但受工艺条件的约束，例如工艺生产的负荷；

　　③ 某些分子量、黏度、组分等工艺变量，往往找不到合适的检测仪表来构成闭合的反馈控制系统，此时只能采取对主要干扰加以前馈控制的方法，来减少或消除干扰对它们的影响。

二、前馈控制模型

1. 静态前馈控制模型

　　图 3-2-44 表示了一个干扰为 f 的前馈反馈控制系统的方框图。按不变性原理，为了使被控变量 C 不受干扰 f 的影响，前馈控制模型 G_F 应符合下式

$$G_F(s) = -\frac{G_D(s)}{G_o(s)} \qquad (3-2-20)$$

式中　$G_F(s)$——前馈控制模型的传递函数；

　　　　$G_D(s)$——干扰通道的传递函数；

　　　　$G_o(s)$——广义对象的传递函数。

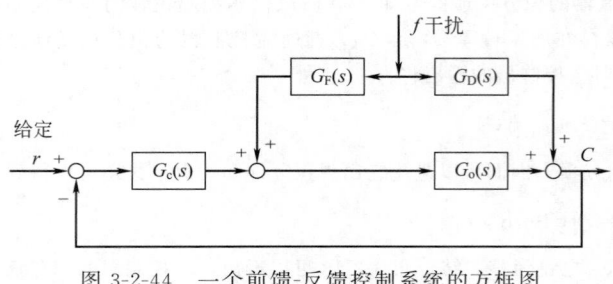

图 3-2-44　一个前馈-反馈控制系统的方框图

　　如果只考虑静态前馈，那么对于式(3-2-20)中的各传递函数项只需考虑它的静态放大系数，因而式(3-2-20) 可以改写成

$$K_F = -\frac{K_D}{K_o} \qquad (3-2-21)$$

式中　K_F——前馈控制模型的放大系数；

　　　　K_D——干扰通道的放大系数；

　　　　K_o——广义对象的放大系数。

　　从式(3-2-21)可见，如果采用静态前馈控制模型构成控制系统较为简单，只需要测出干扰 f 的大小，并经乘法器乘上由式(3-2-21) 算出的 K_F 的绝对值，如需要时再经加法器反向，最终叠加到控制器的输出信号上即可。所以一般设计前馈控制系统时，首先应该考虑采用静态前馈。

　　图 3-2-45 所示的热交换器前馈控制是最容易理解前馈控制系统工作过程的一个例子。进口温度为 T_1 的某种物料，经热交换器后被加热到所要求的温度 T_2，设主要的干扰来自进料温度和进料流量的波动，蒸汽流量被作为控制手段。根据传热的机理可以得到

$$F_s H_s = F_L c_p (T_2 - T_1)$$

式中　F_s——蒸汽流量；

　　　　H_s——蒸汽的蒸发潜热；

　　　　F_L——被加热的液体的流量；

　　　　c_p——被加热的液体的比热容；

　　T_1, T_2——被加热的液体进出热交换器的温度。

　　从上式可以求出当 F_L、T_1 变化时蒸汽流量 F_s 应有的设定值：

$$F_s = F_L \times \frac{c_p}{H_s} (T_2 - T_1)$$

　　令

$$K = \frac{c_p}{H_s}$$

则有

$$F_s = F_L K(T_2 - T_1)$$

如果仅仅考虑静态前馈，就可以设计成图 3-2-45 所示的前馈控制系统。当主要干扰进料流量 F_L 发生变化时，蒸汽流量 F_s 也会作出相应的变化，此时热交换器出口温度 T_2 的变化将如图 3-2-46 所示。如果静态前馈控制模型足够准确，则在 F_L 变化稳定后，热交换器出口温度 T_2 必然与原先的设定值相符。在 F_L 变化过程中，出口温度 T_2 与设定值之间存在一个动态偏差，这是因为传热需要时间，液体从进入热交换器到流出热交换器所需的时间，比起传热过程所需要的时间短得多。因而干扰比较频繁而控制精度又要求较高的场合，可以按动态前馈控制模型来设计前馈控制系统，这样有利于消除动态偏差。

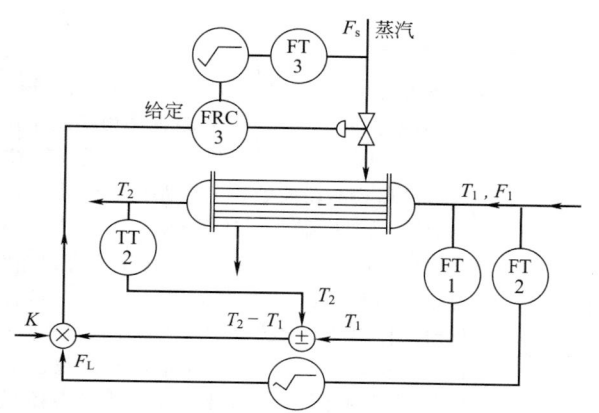

图 3-2-45　一个典型的热交换器前馈控制系统

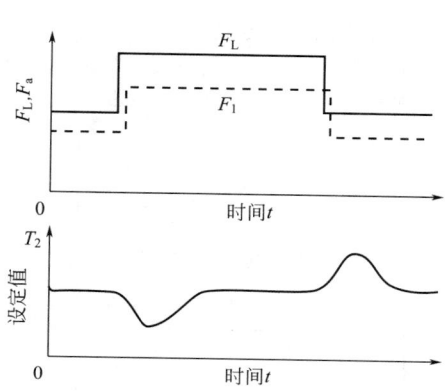

图 3-2-46　采用静态前馈时
被控变量的变化曲线

2. 动态前馈控制模型

一般工业控制对象均可近似地用一阶加纯滞后环节来表示。设

$$G_D(s) = \frac{K_D}{T_D s + 1} e^{-\tau_D s}$$

$$G_o(s) = \frac{K_o}{T_o s + 1} e^{-\tau_o s}$$

将上两式代入式（3-2-20）后可得：

$$G_F(s) = -\frac{K_D}{K_o} \times \frac{T_o s + 1}{T_D s + 1} e^{(\tau_o - \tau_D)s}$$

如果两个纯滞后时间 τ_o 与 τ_D 相近，并且由式（3-2-21）$K_F = -\dfrac{K_D}{K_o}$，则上式可简化为

$$G_F(s) = K_F \times \frac{T_o s + 1}{T_D s + 1} \tag{3-2-22}$$

式（3-2-22）表示了不考虑纯滞后时间不同时的一阶超前/一阶滞后动态前馈控制模型，它已在实践中得到使用。若需要用模拟仪表中的计算单元来构成此模型，则还需要将式（3-2-22）进行整理。

令

$$A = \frac{T_o}{T_D} - 1$$

则

$$G_F(s) = K_F \left[A + 1 - \frac{A}{T_D s + 1} \right]$$

因而可以用两个乘法器、一个加法器、一个一阶惯性环节来构成动态前馈控制模型，具体的做法表示在图 3-2-47 中。从图中可见，此动态前馈控制模型已较为复杂，而从效果上看仅仅能减少调节过程中的动态偏差而已，因而在干扰通道的时间常数与调节通道的时间常数差不多时，则应尽可能采用静态前馈控制。

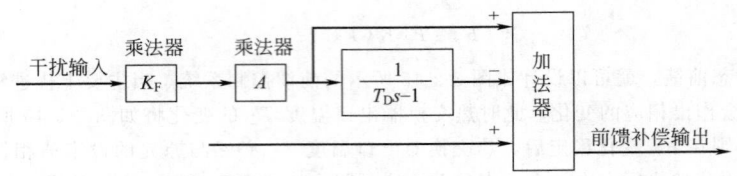

图 3-2-47 动态前馈控制模型的构成

在智能型数字控制器和 DCS 系统中有超前/滞后功能模块，它能直接完成式（3-2-22）的运算，因而只要在软件组态时直接调用，即可方便地解决动态前馈的问题。

三、前馈-反馈控制

在前面图 3-2-45 所示的热交换器前馈控制系统中，当蒸汽的压力发生波动，使蒸汽热熔发生变化或热交换器的热阻或热损失发生改变时，热交换器出口物料的温度与设定值就会不相符合，这些是无法用前馈控制

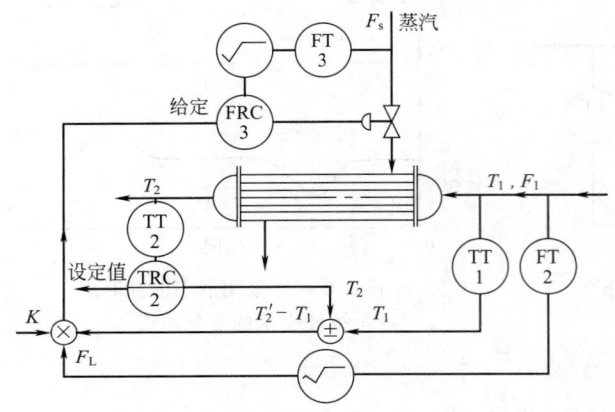

图 3-2-48 热交换器的前馈-反馈控制系统

解决的，因而应该引入反馈控制，由反馈控制来解决那些不在前馈控制回路内的干扰。具体的前馈-反馈控制系统表示在图 3-2-48 中。当热交换器出口物料的温度 T_2 与设定值有偏差时，温度控制器 TRC-2 将改变其输出 T'_2，然后根据前馈控制模型来改变蒸汽流量 F_s，使热交换器出口物料温度 T_2 与设定值相符。在这个前馈-反馈控制系统中，主要的干扰由前馈控制加以克服，余下的工作才由反馈控制来完成。反馈控制器 TRC-2 控制方式的选择与简单控制系统相似，为了消除出口温度的余差，它应该具有积分作用。

前馈-反馈控制与单纯的前馈控制相比，具有如下的优点：

① 通过反馈控制可以保证被控变量的控制精度，即保证被控变量稳定后的值，它能克服没有包括在前馈控制回路内的诸扰动的影响；

② 引入反馈控制以后，降低了对前馈控制模型精度的要求，使得前馈控制模型便于简化，有利于它的实施；

③ 由于反馈控制回路的存在，提高了前馈控制模型的适应性。

在工程设计中，总是把前馈-反馈控制结合在一起使用。当然在设计时还得考虑必要性的问题。一般说来，只能在需要的部位有限地使用。

四、前馈控制的应用举例

1. 锅炉汽包液位的三冲量控制

在大型锅炉的汽包液位控制中，因为汽包负荷大而本身容积小，时间常数小，再加上有虚假液位的特点，所以一般都采用三冲量控制系统。在这个系统中蒸汽流量实质上是作为前馈信号引入给水副回路的。因为通常蒸汽流量计与给水流量计的量程是相同的，所以其静态前馈系数 $K_F = -1$。图 3-2-49 为大型合成氨厂辅助锅炉汽包液位的三冲量控制系统。锅炉的产汽量为 260t/h，蒸汽压力为 10MPa，蒸汽温度为 450℃，汽包直径 1.8m，汽包长 10.82m。通过粗略的计算可以知道，给水中断后，从正常液位到干锅的时间仅有 3min。由此可见，如果采用单回路简单液位控制系统，由于蒸汽负荷的波动，难以得到良好的控制效果。图中在加法器内，把给水流量信号减去蒸汽流量信号，即相当于蒸汽流量的静态前馈系数为 -1。为了信号匹配，能使液位控制器 LIC 的输出在 50% 左右。在加法器中引入正的 50% 的偏置，给水控制器 BFWC 的输出去控制蒸汽透平的调速阀，以改变锅炉给水流量。采用蒸汽流量前馈后有两个优点：一是蒸汽负荷改变时能自动改变给水流量，不需要等到液位产生偏差后再来引入校正作用，有利于汽包液位的控制；其次，液位控制器 LIC 可以把比例度和积分时间放得稍大，以使给水流量较为平稳。

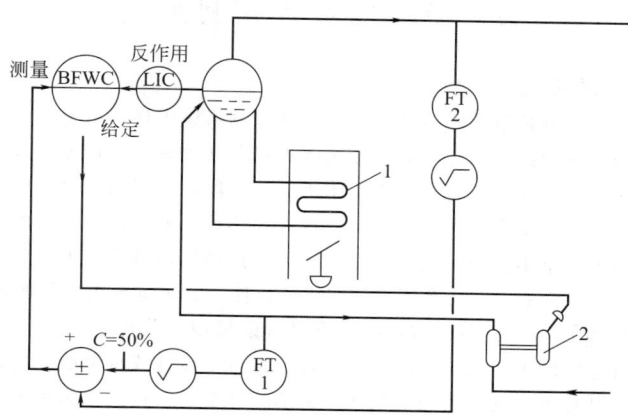

图 3-2-49 辅助锅炉汽包液位三冲量控制系统
1—辅助锅炉；2—给水泵

在上述汽包液位三冲量控制系统中，也可以把蒸汽流量前馈信号从给水控制器 BFWC 的测量回路转移到给定回路中去，它们两者的功能与效果是相同的，具体的控制系统表示在图 3-2-50 中。

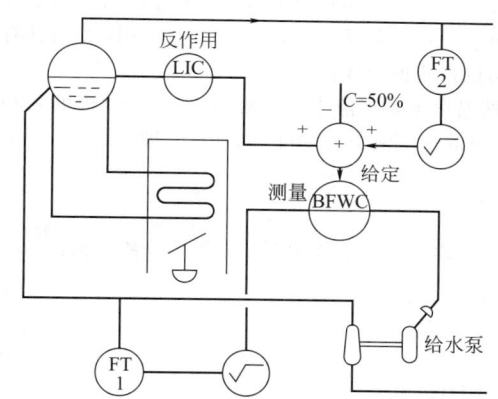

图 3-2-50 把蒸汽流量前馈移到给定回路中去的汽包液位三冲量控制系统

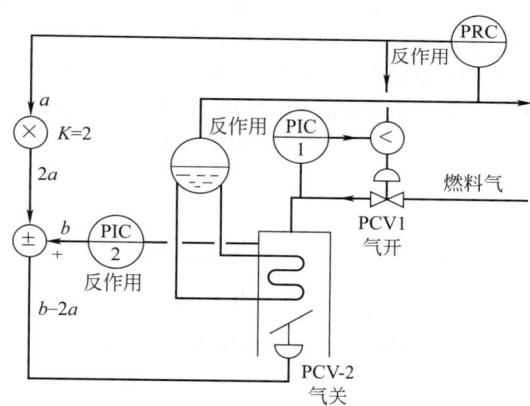

图 3-2-51 辅助锅炉炉膛压力前馈-反馈控制系统

2. 锅炉炉膛压力的前馈-反馈控制

大型合成氨厂辅助锅炉炉膛压力的前馈-反馈控制系统如图 3-2-51 所示。PIC-2 构成炉膛负压反馈控制系统，它通过改变调节挡板 PCV-2 的开度，调节抽气量来保持炉膛负压恒定。显然，对于这个控制系统，燃料气流量是它的主要干扰，但是因为燃料气流量是汽包压力控制系统 PRC 的操纵变量，所以不能加以控制。因而设法以控制器 PRC 的输出信号代替主要干扰燃料气流量作为前馈信号，引入到炉膛负压控制系统中去，这样就能使这个燃料气流量的主要干扰的变化及时改变调节挡板 PCV-2 的开度，保证炉膛负压不会有较大的波动。图中乘法器的系数取 2，改变它能改变前馈控制作用的强弱。如果前馈部分调整得不够理想，或者由于引风机转速变化等其他干扰引起炉膛负压变化时，则可以通过反馈控制器 PIC-2 的控制作用来保持炉膛负压在给定值上。图中 PIC-1 控制器的作用主要是防止燃料气压力过高时产生脱火现象，其原理已在前面选择性控制系统中作了介绍，在此不再重复。

当采用Ⅲ型电动仪表实现上述前馈-反馈控制系统时，图中 PIC-2 可以选用一台前馈控制器，相应图中的加法器可以省去，因为在前馈控制器中另有一个前馈单元，它能把前馈信号直接叠加到控制器的输出信号上去。图中的乘法器可以选用Ⅲ型电动仪表系列中的比率设定器来代替。

第八节　非线性控制系统

一、非线性控制问题的提出

具有非线性特性的对象和控制环节在石油化工过程及其控制系统中经常出现，常用的位式控制系统就是一个非线性控制系统。在前面几节都把石油化工对象作为线性对象来处理，这种处理方法是基于对象的非线性特性不是很严重，而控制系统又工作在它的稳态工作点附近的小区段内，因而可以近似地认为，在这个小区段内对象特性是线性的。另外，对象在整个工作范围内的非线性，还可以通过选择合适的调节阀流量特性等方法来设法加以补偿，使回路的总增益基本保持不变。实践已证明，这种处理方法在大多数场合尚能得到较为满意的结果。但有些工艺对象，如 pH 对象，它具有严重的非线性特性，如果继续用常规的比例积分微分控制器来进行控制，就较难把 pH 值控制在 6～8 的范围内，这时可以考虑采用非线性控制器，它能较好地解决这类控制问题。另外有一些控制系统，如储罐的液位控制，对象特性本身是线性或近似线性的，但是如果人为地、有意识地在控制系统中引入非线性环节，则更能满足某些工艺的特殊要求，得到更为理想的控制效果。例如在脉动流量的控制中，如采用非线性控制器，由于它在小偏差范围内的低增益，就能吸收流量测量中的噪声和脉动，使调节阀的动作更为平稳。在间歇生产过程中，如采用非线性控制器，则在开车过程中，测量值逐渐接近给定值后偏差缩小，非线性控制器的不灵敏区将起作用，这样就能防止被控变量的超调。

二、非线性控制在 pH 调节中的应用

1. pH 值的概念

在石油化工厂会经常碰到 pH 控制问题，例如用 pH 值来控制某个化学反应的终点，用 pH 值来控制废水的中和过程。但在很多地方，pH 控制系统往往工作的不太理想，究其主要原因有两个：一是 pH 控制具有通常成分控制回路难测量、难控制的问题；二是 pH 对象所特有的严重的非线性。

已经证明，不管溶液呈现酸性、中性还是碱性，在一定的温度下，溶液中 H^+ 和 OH^- 离子浓度的乘积应保持不变，均为 10^{-14}。因而可以由此确定任意一个已知 pH 值的水溶液中的 OH^- 的浓度，即

$$OH^- = \frac{10^{-14}}{H^+} = 10^{pH-14}$$

现在假设分别把浓度为 x_A 的 HCl 和浓度 x_B 的 NaOH 加入水中，则溶液中存在如下的电离平衡：

$$HCl + NaOH + H_2O \longrightarrow H^+ + Cl^- + Na^+ + OH^-$$

因为这个溶液在电荷上必须保持平衡，所以

$$H^+ + Na^+ \Longleftrightarrow Cl^- + OH^-$$

由于 HCl 和 NaOH 均是强酸、强碱，因而它们的溶液是完全电离的，这样可得

$$Na^+ = x_B$$
$$Cl^- = x_A$$

所以上述电荷平衡式就可以表示为

$$H^+ + x_B = x_A + OH^-$$

由此可得

$$x_A - x_B = H^+ - OH^- = 10^{-pH} - 10^{pH \cdot 14}$$

上式表示了酸碱浓度差与 pH 值之间的对应关系，把不同的 pH 值代入此式就可以得到表 3-2-3。

现在就表中的数据作图，可以得到图 3-2-52。从图中可见，在 pH 值为 4～10 的范围内，对象的放大系数极大，经计算约为其他区段的 200～300 倍，在这个区段内，只要酸碱浓度之差不为零，即使它们的差值极小，pH 值也将远远偏离中性点，即偏离 pH＝7 处，这就是 pH 对象明显的非线性特性，也是 pH 控制系统极难稳定工作在 pH＝7 附近的根本原因。

2. 用非线性控制器来进行 pH 控制

在研究了 pH 对象的非线性特性以后，很自然地会想到，可以采用一个特性与其相反的非线性控制器来补偿对象的非线性，这样有可能在一个较大的范围内使系统开环增益接近不变或变化较小。Ⅲ型电动仪表系列中

表 3-2-3　酸碱浓度差与 pH 值的对应关系

pH	$x_A - x_B$	pH	$x_A - x_B$	pH	$x_A - x_B$
0	1	5	10^{-5}	10	-10^{-4}
1	10^{-1}	6	0.99×10^{-6}	11	-10^{-3}
2	10^{-2}	7	0	12	-10^{-2}
3	10^{-3}	8	-0.99×10^{-6}	13	-10^{-1}
4	10^{-4}	9	-10^{-5}	14	-1

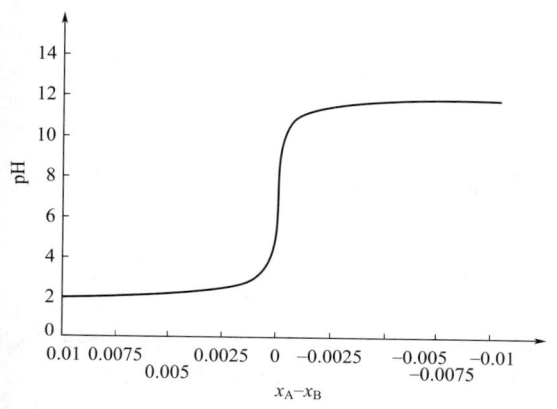

图 3-2-52　酸碱浓度差与 pH 值的对应关系

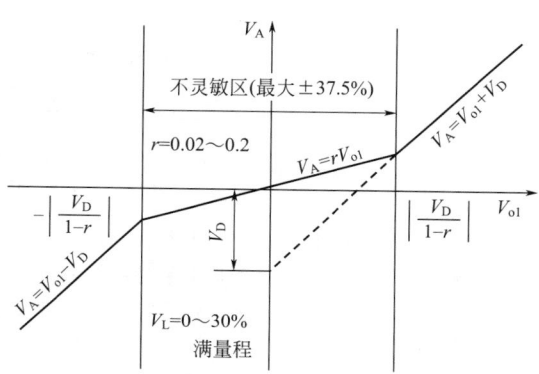

图 3-2-53　非线性控制器中非线性环节的特性

有一个品种就是非线性控制器。它在基型控制器的基础上增加了一个非线性单元，控制器的比例微分电路的输入信号 V_A 与线路中偏差差动电平移动电路的输出 V_{o1} 之间有图 3-2-53 所示的关系。图中在控制点附近的一个区域内，比例增益大幅度降低，而在这个区域之外，则比例增益恢复原值。对于控制器，可以设定一个不灵敏区的设定电压 V_D，V_D 应为负值，它的范围为 $0 \sim 30\%$ 满量程。另外还可以设定一个比例增益衰减系数 r，r 为 $0.02 \sim 0.2$。在偏差 $|V_{o1}| < \left| \dfrac{V_D}{1-r} \right|$ 的范围内，$V_A = r V_{o1}$；在偏差 $|V_{o1}| > \left| \dfrac{V_D}{1-r} \right|$ 的范围内，$V_A = V_{o1} \pm V_D$。所以在不灵敏区 $\pm \left| \dfrac{V_D}{1-r} \right|$ 的范围内，控制器的增益相当于在原有基础上乘上衰减系数 r；在不灵敏区以外，控制器将保持原有的增量不变。但为了与不灵敏区内的输出值相衔接，所以控制器的 V_A 值将在原有基础上增减一个值，经计算，最大不灵敏区为 $\pm 37.5\%$ 的满量程。这样就可以根据具体 pH 对象的非线性特性来设置 V_D 和 r 的值，使组合后的开环特性基本接近特性，或者组合后的开环特性在 pH 值为 $4 \sim 10$ 的区段内较为平缓，这种做法将大大有利于 pH 控制的品质改善。某厂聚乙烯醇装置的污水处理部分，就使用了非线性控制器来控制中和后污水的 pH 值，得到了较好的效果。自然，若选用智能型数字控制器、DCS 系统中的非线性函数模块来完成非线性补偿，则更为简便灵活了。

三、在液位调节中引入非线性控制

1. 采用非线性控制器进行液位控制

在某些液位控制的场合，如能采用非线性控制器，由于它能克服液体飞溅、涡流、沸腾等造成的液位波动而相应引起的流量不必要的改变，显然更能满足工艺上实现均匀控制的要求。如尿素装置的低压甲铵储槽液位控制，就采用了非线性控制器来调节返回甲铵的流量，具体的控制系统如图 3-2-54 所示。由尿液精馏塔来的氨及二氧化碳，它们以甲铵的形式在甲铵冷凝器内被冷凝后送到甲铵吸收器吸收。吸收后的甲铵流到下部的低压甲铵液位槽，经高压甲铵泵送往高压洗涤器以回收甲铵。低压甲铵液位槽不允许抽空也不允许满罐，但允许液位在一定的范围内波动，因而在设计中选用一台非线性液位控制器 LIC 与高压甲铵泵速度控制器 SIC 构成串级控制系统，它根据液位的高度来改变甲铵泵的转速。图中高压甲铵泵的转速是通过液力联轴器来调节的，因而可以实现无级变速。这样当液位波动不太大，在非线性控制器的不灵敏区域以内时，甲铵泵的转速可以保持

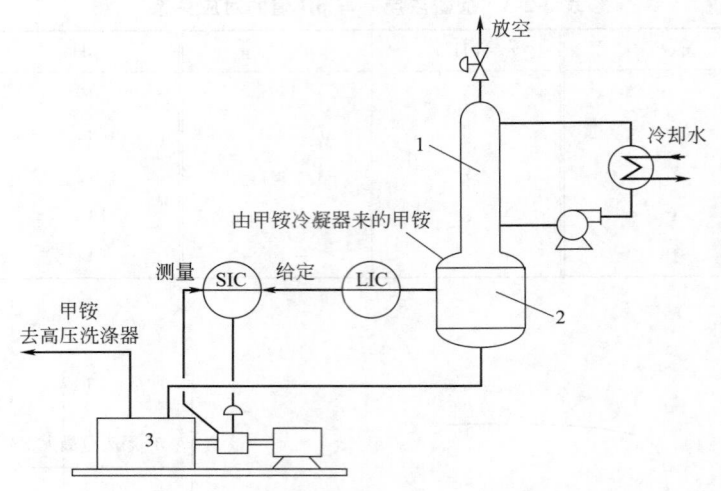

图 3-2-54 采用非线性控制器的液位控制系统

1—甲铵吸收器；2—低压甲铵液位槽；3—高压甲铵泵

基本不变，这样能使甲铵流量波动较小，更好地实现了均匀控制的要求。

2. 采用选择器和控制器组成非线性控制系统

若使前述的不灵敏区内的衰减系数 $r=0$，即在某一个可调的不灵敏区内控制器不工作，这样只要采用高选器、低选器与控制器组合在一起，就可以方便地组成一个非线性控制器，具体非线性控制器组成的方式与它的特性表示在图 3-2-55 中。图中从变送器来的测量信号 C 直接送到控制器作为测量值，测量信号 C 同时还经过一个高选器和一个低选器后送到控制器作为给定值，其中高选器的设定值 C_1 应小于低选器的设定值 C_2，这样控制器的输入偏差 e 与不同的测量值之间有表 3-2-4 所示的关系，即在被控变量 C 小于设定值 C_1 时，控制器给定值为 C_1；C 大于设定值 C_2 时，控制器给定值为 C_2；而 C 介于 C_1、C_2 之间时，控制器给定值即为 C。

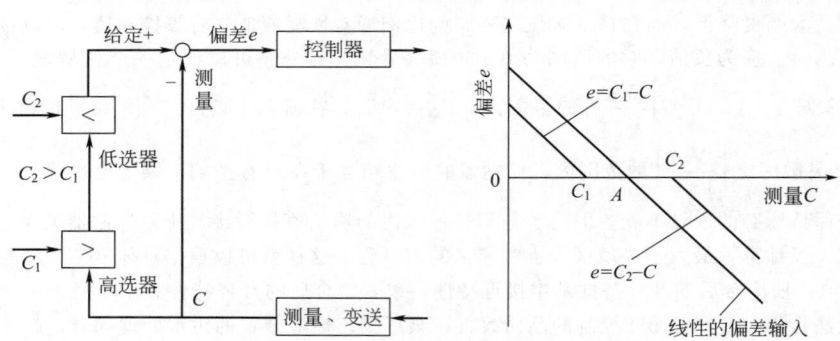

图 3-2-55 由高选器、低选器组在的非线性控制器及其特性

表 3-2-4 由选择器组成非线性控制器时变送器输出 C 与控制器输入偏差 e 之间的关系（$C_1 < C_2$）

变送器输出 C	高选器输出	低选器输出	给定值	偏差 e
$C < C_1$	C_1	C_1	C_1	$C_1 - C$
$C_1 \leqslant C \leqslant C_2$	C	C	C	0
$C > C_2$	C	C_2	C_2	$C_2 - C$

根据上述关系还可以画出相应的控制器输入偏差 e 与变送器输出即被控变量 C 之间的关系，它们也表示在同一图中。图中在 $C_1 \sim C_2$ 的范围内，由于给定值与测量值相等，输入偏差 e 等于零；其他两段斜线的斜率为 -1，相当于给定值分别为 C_1、C_2 的控制器。显然，当 $C_1 = C_2 = A$ 时，非线性控制器的特性就由折线变成直

线，此时就变成一个给定值为 A 的线性控制器。图 3-2-56 表示了一个精馏塔的出料用非线性液位控制器来进行控制时，能使下一个塔的进料更为平稳。当液位测量值在 C_1、C_2 之间时，液位控制器 LIC 的输入偏差为零，它的输出保持不变，能使下一个塔的进料流量稳定；只有当液位到不灵敏区 C_1、C_2 范围之外时，液位控制器 LIC 才有输入偏差，它将改变输出，使液位重新回到不灵敏区的范围内。采用这种非线性控制器后，能够尽可能地保持下塔进料流量不变，而让上塔的液位在允许的范围内作一些波动，改善了下塔的操作。

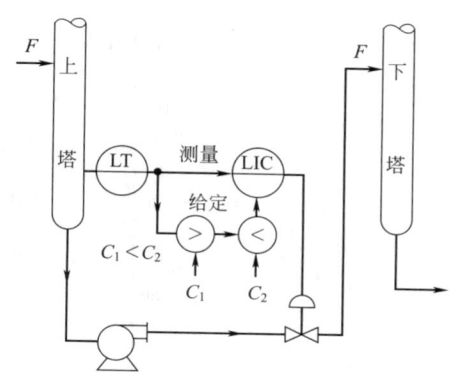

图 3-2-56　用选择器组成非线性
控制器的液位控制系统

3. 非线性控制器在水处理装置的应用

非线性控制器被应用在大型合成氨厂的水处理装置上的液位控制系统中，经长期运行，获得了较为满意的效果。水处理装置的工艺流程大致如下：原水进入澄清池，与化学药品反应，使水中的脏物产生凝聚作用，然后进入重力过滤器，在重力过滤器中除掉未沉淀的絮凝物，最后进入清水池，作为循环冷却水的补充水和软化水装置的原料。清水池的液位是供需平衡程度的标志，它允许在一定范围内波动，超出此范围后就要改变澄清池的液位，通过改变清水池的供水量，以求恢复正常。在设计中采用了如图 3-2-57 所示的非线性液位控制系统。该系统由一个低选器、一个高选器、一个带偏置的乘法器，以及一个常规比例积分控制器所组成。从图中可以看出，它是一个澄清池液位的简单控制系统，但液位控制器 LIC 的给定值却是一个与清水池液位有关的非线性参数。

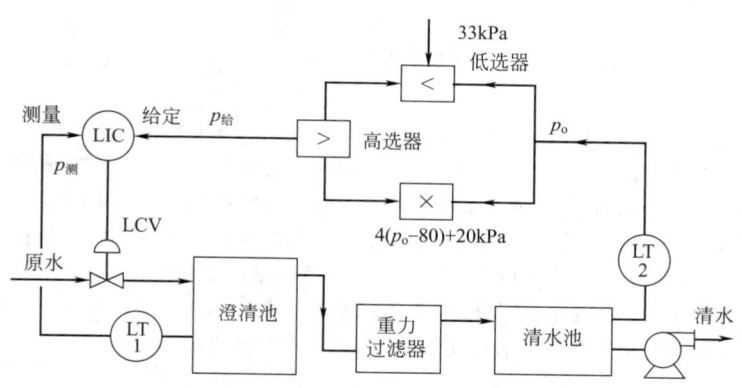

图 3-2-57　澄清池-清水池液位非线性控制系统

当清水池液位变送器 LT-2 的输出信号 p_o 为 20～33kPa 时，乘法器的输出仍在零位为 20kPa；而低选器由于它的设定信号为 33kPa，因而经低选器后的输出应为 p_o 的值；而经高选器后的输出 $p_给$ 显然应等于 p_o。当 p_o 为 33～83.3kPa 时，经低选器后的输出将保持在 33kPa，但因乘法器后的输出仍将小于等于 33kPa，所以经高选器后的输出将保持 $p_给$ 等于 33kPa 不变。当 p_o 为 83.3～100kPa 时，乘法器的输出根据其算式将大于 33kPa，因而它将通过高选器而被选上作为 $p_给$。把上面三种情况综合在一起，将得到液位控制器 LIC 的给定值 $p_给$ 与清水池液位变送器 LT-2 的输出 p_o 之间的关系，并表示在图 3-2-58 中。由于在设计中澄清池的液位测量选用了带冷凝器的单法兰差压变送器，而变送器又未带负迁移机构，因而变送器 LT-1 的输出信号值与被测液位的相对百分数之间关系可用下式来表示

$$p_测 = \left(100 - \frac{L}{L_R} \times 80\right) \quad kPa$$

式中　L——澄清池液位的高度，mm；

　　　L_R——澄清池液位差压变送器的量程，mmH_2O。

所以

$$\frac{L}{L_R} = \frac{100 - p_测}{80}$$

426

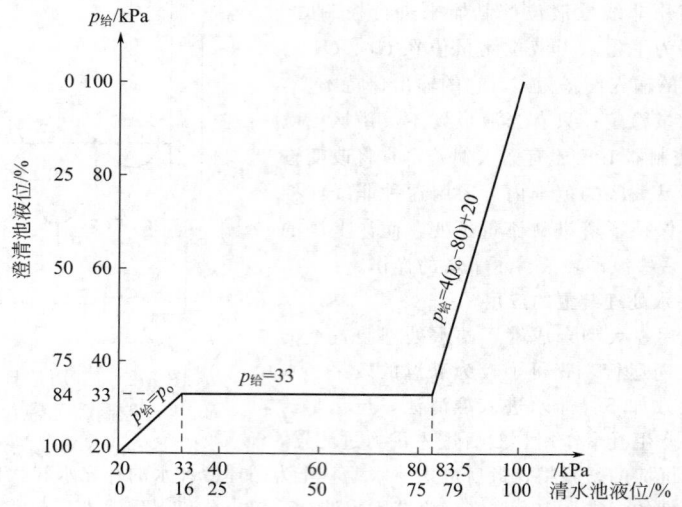

图 3-2-58　澄清池液位给定值与清水池液位测量值之间的关系

当液位控制器 LIC 工作良好，没有测量偏差时

$$p_{给} = p_{测}$$

因而

$$\frac{L}{L_R} = \frac{100 - p_{给}}{80}$$

由上式可以算出对应各个 $p_{给}$ 值相应的澄清池液位的百分数，也把它们一一标在图中。

从图上曲线可见，当清水池液位较低，为 0～16％时，澄清池液位将被控制在较高的位置 100％～84％上，这时进水阀 LCV 的开度也将较大，并使清水池液位逐步提高。当清水池液位在中间位置 16％～79％波动时，澄清池液位将被控制在 84％保持不变，这个数值较有利于澄清池本身的稳定操作。当清水池液位因负荷减少升高到 79％～100％时，澄清池的进水阀 LCV 将关小，使澄清池液位较快地由 84％下降，以使得清水池进水量也减少，液位逐步恢复正常。从这个例子看出，用仪表中的一些单元与控制器组合在一起，也能构成一个非线性控制系统，并能较好地满足如水处理工艺过程等部门的一些特殊要求。

第九节　采样控制系统

一、采样控制的概念

在前面几节所述的控制系统均是连续控制系统，其特点是在时间域上控制器连续地接收测量信号，并连续地给出校正信号。与这类连续控制系统不同的还有一类离散控制系统，其测量和控制作用通过采样开关每隔一段时间进行一次，这种断续的控制方法就称为采样控制。由于采样控制中控制器的输出是断续的，为了在采样开关断开以后，调节阀仍能继续保持它在采样时刻的位置不变，因而在采样控制系统中必须设有零阶保持器，以保持控制器的输出不变。因此采样控制的特点是通过采样开关和零阶保持器，每隔一个采样周期进行一次测量和一次调节，采样控制系统的方框图如图 3-2-59 所示。

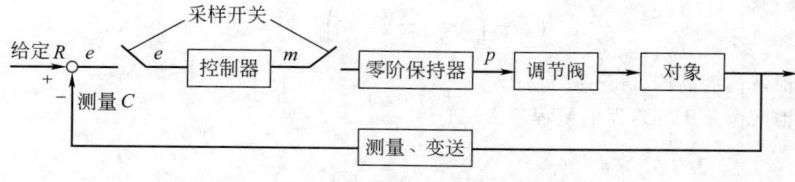

图 3-2-59　采样控制系统的方框图

采样控制的应用也分为两类。一类是来自工艺过程的被控变量的测量信息，它本身是断续的，如在线色谱仪输出的分析测量数据，或用计算机进行控制时，计算机输入的被控变量信息等，根据这类离散的输入信息构成的控制系统，必然是采样控制系统。另一类是人为地把采样控制引入到具有特大纯滞后的工艺对象上去，以期得到较好的控制效果。因为一个具有纯滞后时间为 τ 的被控对象，任何校正作用至少要经过时间 τ 以后才能反映出来。常规的比例积分微分控制器是根据偏差来进行控制的，如果 τ 甚大，则长时间反馈回来的信号无变化，因而控制器对偏差的校正作用因得不到反馈信息而必然过头，积分作用将使过程产生严重的超调和振荡；另外当控制器改变它的输出而看不出效果时，继续改变它的输出就没有任何实际意义。因而在这种纯滞后特别大的场合采用采样控制，从控制策略上来理解，就是"调一下，等等看"的思想与做法。

二、采样控制的原理和工作过程

1. 用采样控制器进行采样控制

设采样控制器的采样周期为 T，采样开关接通的时间为 Δt，则零阶保持器保持的时间为 $T-\Delta t$。如果采样控制器的控制作用为比例积分，显然采样控制器只有在 Δt 的时间内才起比例积分控制作用，在第 n 个采样周期时采样控制器的输出为

$$p_n = K_c\left(e_n + \frac{\Delta t}{T_i}\sum_{i=0}^{n} e_n\right)$$

因而

$$\Delta p_n = p_n - p_{n-1} = K_c\left(\Delta e_n + \frac{\Delta t}{T_i}e_n\right)$$

式中　p_n——第 n 次采样时采样控制器的输出；

　　　Δp_n——第 n 次采样时采样控制器输出的增量；

　　　e_n——第 n 次采样时的偏差值；

　　　Δe_n——第 n 次采样时的偏差与第 $n-1$ 次采样时的偏差之差；

　　　K_c——放大倍数；

　　　T_i——积分时间；

　　　i——采样序号。

在恒定的偏差 e 下，采样控制器的输出特性如图 3-2-60 所示。从图上可见，在同样的 K_c、T_i 和采样周期 T 下，采样时间 Δt 越长，积分作用越强，$\Delta t = T$ 时，采样控制器的输出特性就与起连续控制作用的基型比例积分控制器的输出特性一致。

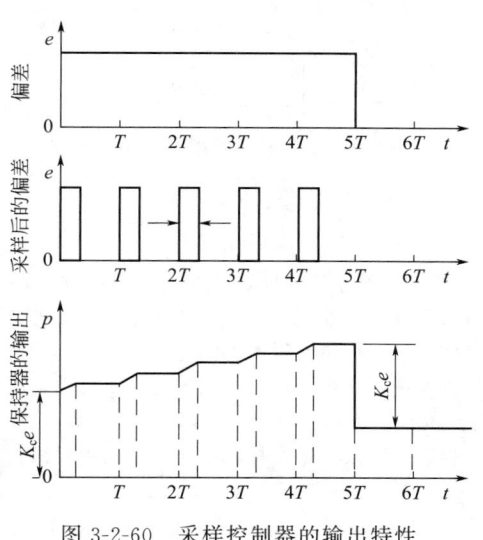

图 3-2-60　采样控制器的输出特性

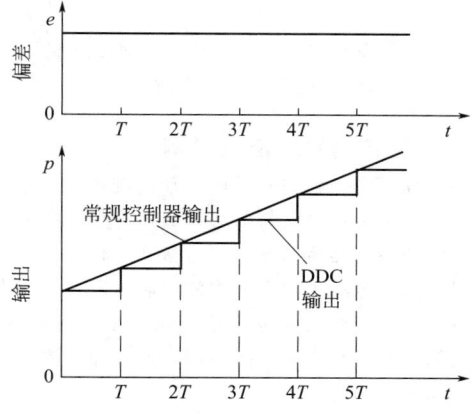

图 3-2-61　DDC 控制时比例积分控制作用的输出特性

2. 用计算机进行直接数字控制

直接数字控制（DDC）就是用工业控制用的电子计算机代替常规的控制器，实现对工艺过程的闭环控制。因为一台计算机至少要控制十几个或几十个回路，所以对每个回路来讲，计算机是按一定的周期和顺序来进行检测和调节的，计算机也就相当于是各个回路所共有的采样控制器。在实行DDC控制时，虽然每次采样时间 Δt 很短，但它的控制作用的输出却完全是模仿常规的比例积分微分控制器，因而计算机在计算输出时算式中采用的时间间隔取的是采样周期 T 而不是采样时间 Δt。实行DDC控制时，其输出一般有两种算式，一种是位置算式，另一种是增量算式。输出的位置算式和增量算式表示如下

$$p_n = K_c \left[e_n + \frac{T}{T_i} \sum_{i=0}^{n} e_i + \frac{T_d}{T}(e_n - e_{n-1}) \right]$$

$$\Delta p_n = K_c \left[\Delta e_n + \frac{T}{T_i} \times e_n + \frac{T_d}{T}(\Delta e_n - \Delta e_{n-1}) \right]$$

位置算式是计算调节阀开度的绝对值，是依据给定值与被控变量的偏差来进行运算的，因此它的控制方式与常规控制器相似，但一旦计算机有故障时，就可能计算机没有输出，因而对生产过程影响较大。增量算式是计算出调节阀开度在原来基础上的改变量，因而一旦计算机有故障，调节阀就将停留在它原来输出的基础上，对生产过程的影响较小。采用DDC控制时，比例积分控制作用的输出特性如图3-2-61所示，从图上可以看出，当采样周期 T 较短时，DDC输出与连续比例积分控制器的输出十分接近。

三、采样控制器的结构

从前面采样控制的概念可知，在常规控制器的基础上增加采样开关和零阶保持器，就变成了采样控制器。具体来说，对于Ⅲ型电动仪表（仪表线路见图3-2-62），只需在比例积分运算电路 IC_3 的输入端加一个自动采样开关J，IC_3 由于电容 C_M 的保持特性可以兼作零阶保持器，这样就成为采样控制器了。当采样开关J闭合时，进行正常的比例积分运算；当采样开关J断开以后，则变成浮空输入的保持电路，此时输出电压 V_{o3} 等于反馈电容 C_M 上的电压，而电容 C_M 上的电压则与采样开关J断那一瞬间的输出电压相等。由于电容 C_M 的保持特性，所以即使采样开关J已断开，但输出电压 V_{o3} 仍保持不变，实现了零阶保持。

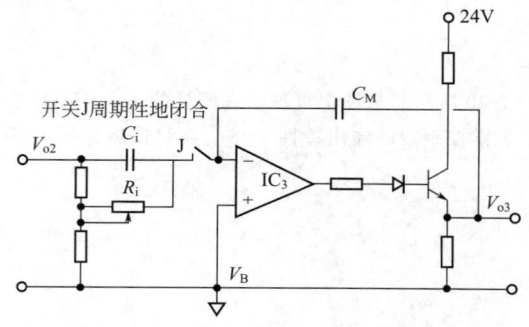

图 3-2-62 采样控制器中的比例积分
运算电路兼作零阶保持器

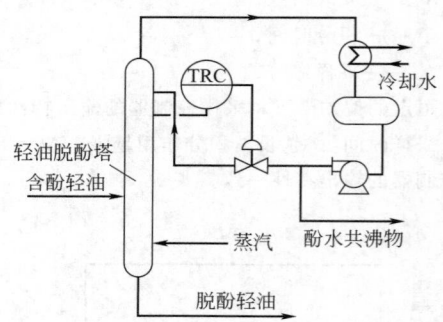

图 3-2-63 轻油脱酚塔的采样控制

四、采样控制系统应用举例

在某炼油厂有一轻油脱酚塔，轻油进塔后用蒸汽汽提脱酚。为了保证轻油含酚量合格，必须控制蒸汽流量。此外，为了防止轻油与酚水共沸物一起从塔顶蒸出，塔顶温度必须控制在 200℃ 左右为宜。工艺设计上是通过调节塔顶冷凝器后的酚水回流量来进行温度控制的，具体的工艺控制流程图见图3-2-63。

原设计采用电动仪表系列中的控制器来构成温度简单控制系统，在生产过程中系统无法投自动，甚至手操时也很难稳定，有时波动范围达 40℃。后经现场测定，对象的纯滞后时间为 4.5min，时间常数长达 18min。经研究把原控制器改成采样控制器，这样即把原温度的连续控制系统改成采样控制系统，投运后效果较好，温度波动不超过 ±8℃。

采样控制系统在设计、投运时应注意如下几点：

① 它对于解决大纯滞后对象的控制问题较为有效，由于不需要预先已知对象的特性，所以便于在工程设计中选用；

② 采样周期 T 可略大于纯滞后时间 τ，这样控制器改变输出后，待到下一个采样周期刚好能检测出被控变量的变化；

③ 采样控制器的输出本身是由许多梯级所组成，使用微分作用仅仅使输出产生较大的跳变，从控制角度分析没有太大的好处，所以一般不需要微分作用；

④ 对于纯滞后较大且占主导地位的工艺对象，为了防止比例控制作用过头，也可采用纯积分控制，其他对象则可以采用比例积分控制。比例度、积分时间均宜从大到小经试验后确定。

第十节　模糊控制系统

一、模糊控制产生的背景

随着现代科学技术的发展，各个科学技术领域和生产部门、管理部门都迫切要求数字化、定量化，以便更精确地描述、反映不同的事物和处置各类问题。电子计算机应用的发展在很大程度上解决了这个矛盾。但计算机应用深化后不久，它就面临了一系列不能用经典数学来解决的复杂问题，如多变量非线性系统、人工智能、图像识别、机车自动驾驶、交通管理、天气预报等。在一个复杂的大系统中，随着复杂性增加到了一定的限度以后，人们再也不能用经典的数学处理方法得到有意义的符合实际的结果。人们无法回避复杂事物中模糊性的存在及其重要性了。

在自动控制系统中，由于被控对象的复杂性，往往在控制过程中出现很多无法精确度量的模糊量，针对这些场合，虽有自适应控制等方法，但由于对象的非线性、时变、不确定性，无法建立对象精确的数学模型，再加上环境的干扰等，使这些系统的控制效果并不理想。而这些复杂的系统若由有经验的人进行模糊的推理、判断和调节，却能控制得较好，于是就提出了如何使自动控制系统的工作能模拟人的操作方式，这就导致了模糊控制理论的诞生。

一个有经验的控制工作者可以把熟练的操作人员的操作方法用一组语言定性地表达出来，这就是模糊算法，而按此模糊算法对生产过程进行控制就是模糊控制。模糊控制与传统控制相比有以下特点：

① 适用于不易获得精确数学模型的对象，只要能获取操作人员成功的知识、经验和操作数据；

② 模糊控制器的控制规律只用语言变量来表达，避开了传递函数、状态方程等；

③ 系统的适应性强，适用于滞后、高阶、非线性、时变的对象；

④ 系统设计时可以协调各方面的要求，被控变量可以不是唯一的。

二、模糊控制的基础——模糊数学

在计算机和自动控制领域经常运用布尔代数、二进制逻辑。在布尔代数、二进制逻辑中把事物看成非此即彼的两种状态，如电磁阀的开与关、报警状态的有与无、电机的转与停、电平的高与低。但现实世界中并非全部如此，许多场合事件与概念之间的关系并不是简单的"属于""不属于"，而是从属到什么程度的问题，用来处理这类模糊概念的数学工具即模糊数学。

在模糊数学中需要把一个事物"不明确"的程度用数字定量化地表达出来，亦即"不明确"的程度究竟有多少？若以社会上人的年龄作为一个命题，一旦调查时间确定后，此时每个被调查人的年龄就是一个确定的数值，没有任何不明确的概念。但是"老年人""青年人"作为一个集合来考虑，就包含了不明确的概念。为了把不明确的程度定量化，就必须引入隶属函数的概念。若把年龄 50 岁以上的人都称为老年人，那么不同年龄的老年人从属于"老年人"这个集合的程度是不一样的。我们可以用 0～1 中的一个实数去度量不同的元素隶属于模糊集的程度，这个数就叫隶属度，用函数来描述它就构成了隶属函数。

假设讨论老年人的模糊集 A，以年龄 $x=[0,100]$ 作为论域区。模糊集 A 的隶属函数 $\mu_A(x)$ 可用下式来表达：

$$\mu_A(x) = \begin{cases} 0 & 0 \leqslant x \leqslant 50 \\ \dfrac{1}{1+\left(\dfrac{5}{x-50}\right)^2} & 50 < x \leqslant 100 \end{cases}$$

图 3-2-64 表示了老年人模糊集隶属函数的曲线。

430

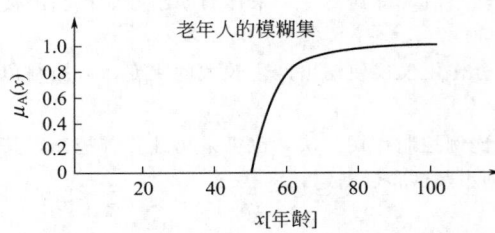

图 3-2-64　老年人模糊集隶属函数的曲线

一个模糊集是由隶属函数来描述的，模糊集的运算也要通过隶属函数来进行。但如何客观地确定一个模糊集的隶属函数却并没有一个标准，它可以通过专家来确定，也可以初步确定一个粗略的隶属函数，通过不断观察和比较来逐步完善。不同隶属函数的模糊集功效也不同，高分辨率的模糊集用于控制时灵敏度高，但稳定性差；反之低分辨率的模糊集稳定性好，却导致控制平缓不够灵敏。

三、基本模糊控制器

设计模糊控制系统的核心是设计模糊控制器。设计模糊控制器时一般会碰到和处理如下问题。

1. 定义描述输入、输出的语言变量

一般对于单输入单输出控制系统，可选用偏差 E 和偏差变化率 E_c 作为系统输入量，事先定义描述输入量偏差、偏差变化率和输出量的语言变量，如负大、负中、负小、零、正小、正中、正大（NB、NM、NS、Z、PS、PM、PB）等。

2. 探索控制策略

控制策略常常是根据有经验的操作人员的经验，依据上述两个输入量 E、E_c 的变化，考虑到既保证快速响应，又有较好的稳定性时应有的输出变化。它们可以以 IFTHEN 的语句表达。如

$$IF \quad E=NB \quad AND \quad Ec=NB \quad THEN \quad C=PB$$
$$\vdots$$
$$IF \quad E=PB \quad AND \quad Ec=PB \quad THEN \quad C=NB$$

3. 确定模糊控制器的算法

根据控制策略可以求出输入输出间的模糊关系 R，将模糊关系 R 存入计算机，然后在实时控制时按如下步骤进行：

① 计算采样时刻的偏差和偏差变化率；
② 把偏差和偏差变化率模糊化；
③ 按控制需要的模糊关系 R 进行模糊决策；
④ 对模糊决策的输出值进行判断后输出。

基本模糊控制器的结构框图如图 3-2-65 所示。

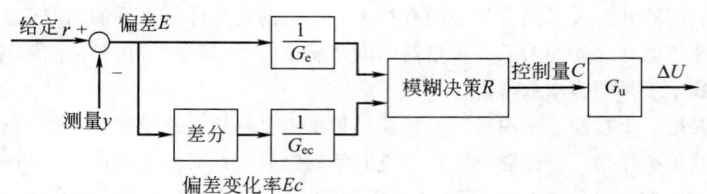

图 3-2-65　典型的模糊控制器

$\frac{1}{G_e}$—偏差比例因子；$\frac{1}{G_{ec}}$—偏差变化率比例因子；G_u—输出比例因子

四、模糊控制系统应用举例

间歇操作的均热炉温度控制系统是一个有纯滞后、大惯性的被控对象，目前大多数的均热炉炉温采用常规的 PID 控制器去调节燃料量，它往往出现超调量大、调整时间长等缺点。改用模糊控制以后，能克服上述两个缺点，取得了较明显的改进效果。

在图 3-2-66 中均热炉炉温与燃料量、空气量构成一个串级控制系统。与常规的控制系统组成一样，测出炉温后经 TIC 控制器（它可以是模糊控制器）去改变燃料气流量。空气流量会根据燃料气量的设定自动成比

例增加或减少，以保持燃空比稳定。

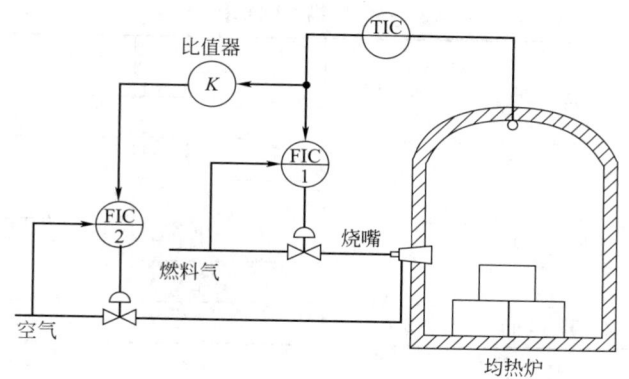

图 3-2-66　均热炉炉温燃料空气流量串级控制系统

在模糊控制时系统的输入参数为

温度偏差

$$e = y_t - r$$

式中　y_t——当前时刻的测量值；

　　　r——设定值。

温度偏差的变化率

$$e_c = e_t - e_{t-1}$$

式中　e_t——当前时刻的温度偏差；

　　e_{t-1}——前一采样时刻的温度偏差。

由于均热炉是间歇操作，考虑到整个升温过程及温度达标后的保温过程，采用了图 3-2-67 所示的分段控制，对炉子的操作较为有利。

① 在开始升温阶段 $y_t \leqslant A$（某定值），采用 PID 控制，按常规快速升温。

② 当炉温达到某一定值 $y_t > A$ 后，且 $e > E_2$，为了减少超调量，切除积分作用，采用强比例控制 $u = Ke$。为了防止以后进入第 4 步时 PID 控制模块输出饱和，需断开 PID 模块，让它的输出跟踪实际燃料气量的给定。

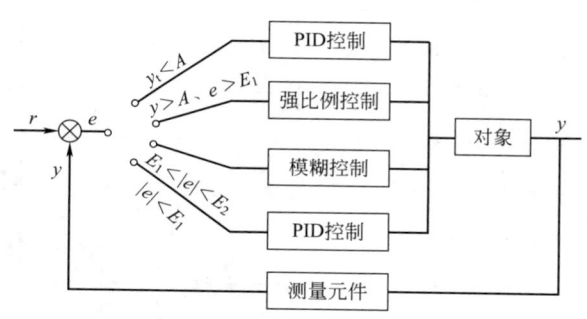

图 3-2-67　均热炉炉温分段控制框图

③ 当炉温已接近设定值 r 时，$E_1 \leqslant |e| \leqslant E_2$，转入模糊控制，它根据模拟人工操作的模糊规律迅速调节炉温，逼近设定值。

④ 当 $|e| < E_1$ 时再转入 PID 控制，利用积分功能消除静态误差（一般可设置 E_1 为 3℃，E_2 为 8℃）。

对于模糊控制器的控制规律，根据现场操作人员的经验可以得到如下控制策略。偏差 E、偏差变化率 E_c 和控制决策 C 均用 PB、PS、Z、NS 和 NB 五个模糊状态来描述。

IF　E=NB　AND　Ec=NB　OR　NS　OR　Z　THEN　C=PB

IF　E=NB　AND　Ec=PS　　　　　　　　THEN　C=PS

IF　E=NB　AND　Ec=PB　　　　　　　　THEN　C=Z

IF　E=NS　AND　Ec=NB　　　　　　　　THEN　C=PB

IF　E=NS　AND　Ec=NS　OR　Z　　　　THEN　C=PS

IF　E=NS　AND　Ec=PS　　　　　　　　THEN　C=Z

IF　E=NS　AND　Ec=PB　　　　　　　　THEN　C=NS

⋮

把所有的控制规律写全，共有 24 条，可以用表 3-2-5 来表示。

表 3-2-5　模糊控制规律表

E ＼ C ＼ E_c	NB	NS	Z	PS	PB
NB		PB		PS	Z
NS			PS		NS
NZ	PB			Z	
PZ			Z		NB
PS	PS		Z		
PB	Z	NS		NB	

一种处理方法是定义 E、E_c、C 的比例因子和各个模糊集的隶属函数，再求出实时模糊关系矩阵 R，然后由计算机算出实时决策，经判断后输出。但实际上为了不占用太多的计算机内存，实时运行的模糊控制器都把关系矩阵 R 离线计算成控制决策表，把决策表存入内存。当模糊控制器的输入为二维的 E、E_c 时，直接查决策表得到输出，简捷、迅速。表 3-2-6 列出了根据 E 和 E_c 确定输出量的模糊控制决策表，其中 C 可以按隶属度最大的原则来确定。

表 3-2-6　模糊控制输出决策表

E ＼ C ＼ E_c	-3	-2	-1	0	1	2	3
-3	4	4	4	4	2	0	0
-2	4	4	4	2	1	0	0
-1	3	3	3			-1	-1
-0	3	3	3		-1		
$+0$	1	1	1	0	-1	-3	-3
1	1	1	1	0	-1	-3	-3
2	0	0	-1	-2	-4	-4	-4
3	0	0		-2	-4	-4	-4

从硬件上为了构成模糊器，可以采用计算机，也可以采用智能化仪表，只要把智能仪表中数字 PID 算法改换成模糊算法就能实现模糊控制器的功能。还有一些模糊控制器中经常按如下算式来确定输出 C：

$$C = \alpha E + (1-\alpha)E_c \quad (C\ \text{值取整数值})$$

α 值为一个可变的参数可人为地调整，以适合不同的场合，α 的大小直接反映了对偏差和偏差变化的加权程度。显然当被控对象阶次较高时，对偏差变化的加权就应大于对偏差的加权。输出 C 是模糊集中的一个等级值，需乘上一个比例因子得到实际所需的量值，它作为一个增量输出去改变燃料气和空气流量的设定值。

基本模糊控制器类似于比例加微分控制，缺少积分功能，故有静态误差。因而在这个均热炉炉温燃料空气流量串级控制系统中，当炉温逼近给定值，即偏差 $e < |E_1|$ 后，就转入常规 PID 控制以清除余差。该系统投运后收到了较为理想的控制效果。

第十一节　控制系统的相关及解耦

以上为了简化对问题的分析，所讨论的控制系统大多从单一被控变量和单一操纵变量的角度出发，很少考虑多变量过程相互之间的影响。但是任何一个生产装置或工艺过程，很少只有一个控制系统。任何过程，只要它的控制系统在两个或两个以上，控制回路之间就产生了相互关联，当然关联的程度有轻有重。当一个工艺过程有两个被控变量和两个操纵变量时，它们相互配对并组成简单控制系统的方案就有两种。在某些场合下，从工艺机理上很快就能找出配对的做法，答案是明确的，配对以后，好像两个控制回路的工作是独立的一样；此时若要反过来配对就会觉得明显不合理。在另一些场合下，好像两种配对都可以，都能得到差不多的结果，实质上此时两个回路的相关已达到一定程度，以后很可能两个回路工作时互相影响。还有可能因为两个回路之间的密切相关，使得打算改变某一被控变量时，会引起其他量的变化，反而得到与原来愿望相反的效果，这时两个控制回路密切相关，互相影响，无法控制。

在较为复杂的工艺过程中，操纵变量与被控变量的配对是比较复杂并且不容易确定的。例如精馏塔塔顶馏出物的组分可以由回流量或者由馏出量来控制；同样塔底出料的组分也可以由塔底出料量或者进再沸器的蒸汽量来控制，答案有时是不太明确的。利用自动控制领域中一些方法，例如定量计算每个被控变量对每个操纵变量的相对增益，即可帮助自控人员去组成合理的控制系统，估计各个控制系统之间相关的性质和相关的程度，并作出为了保证控制质量是否有必要采取解耦措施等的判断，进而按需要着手进行控制系统的解耦设计。

一、相对增益

1. 相对增益的定义和它所表征的控制回路的性能

首先需要说明的是，相对增益是一个尺度，用它来衡量一个选定的操纵变量对另一个指定的被控变量的影响程度。在作相对增益计算时，都假设在一个工艺过程中被控变量和操纵变量的个数是相等的。实际上当然存在被控变量的个数超过操纵变量的个数，以及操纵变量的个数超过被控变量的个数的情况。对于前者可以设计一个选择性控制系统，使操纵变量在被控变量之间进行选择；对于后者，有时可以设计分程控制系统，否则只能从工艺合理的角度删去一个操纵变量。

具体来说，相对增益表示为两个增益之比。分子上的增益为所有其他控制回路均为开环，即所有其他操纵变量都保持不变的情况下本回路的开环增益。分母上的增益为所有其他控制回路均为闭环，即假设所有其他被控变量都保持不变的情况下本回路的开环增益。由此被控变量 i 对于操纵变量 j 的相对增益 λ_{ij} 可以用两个偏导数之比来表示

$$\lambda_{ij} = \frac{\left(\dfrac{\partial c_i}{\partial m_j}\right)_m}{\left(\dfrac{\partial c_i}{\partial m_j}\right)_c} \tag{3-2-23}$$

式中　c——被控变量；

　　m——操纵变量；

　　i——被控变量的序号；

　　j——操纵变量的序号。

从式(3-2-23)可以看出，相对增益 λ 是一个无量纲的数，在大多数情况下，为了简化问题，相对增益只考虑静态增益之比。

当 λ_{ij} 为不同数值时，它所表征的物理意义不同。

① $\lambda_{ij}=1$，表明其他回路为开环或闭环时，被控变量 c_i 对操纵变量 m_j 的开环增益不变，这就意味着本回路与其他回路之间不存在相关。

② $\lambda_{ij}=0$，这只在式(3-2-23)分子为零时才出现，它表明所有其他回路都处于开环时，c_i 不受 m_j 的影响，因而不能用 m_j 来控制 c_i，c_i、m_j 之间不能组成控制回路。

③ $\lambda_{ij}=\infty$，这只在式(3-2-23)分母为零时才出现，它表明若 c_i 和 m_j 之间配对组成控制回路。则此回路仅仅在其他回路断开时才是可控的，其他回路一旦闭合，将使 c_i 对 m_j 的增益为零。这说明各个控制回路之间相关极为严重，因而 c_i、m_j 之间也不能组成控制回路。实际上只要 $\lambda_{ij}>5$，c_i、m_j 组成控制回路就不合适。λ_{ij} 偏离 1 越远，说明其他回路对本回路相关的程度越大。

④ λ_{ij} 为负数，说明 c_i 对 m_j 的开环增益在其他回路闭合时反向。这意味着若这个控制回路在其他回路都未投自动时能工作；当其他回路都投自动后，这个回路由于其他回路相关的影响，使开环增益反向，因而原来的控制回路将变成正反馈，无法稳定。所以在设计中不能把相对增益为负的变量配对组成控制回路。若不可避

免时就得设计解耦装置。

为了能更清楚地说明问题,把上面的结论列成表 3-2-7。

表 3-2-7　不同相对增益值所表征的控制回路的性能

λ_{ij}	c_i、m_j 组成控制回路后的性能	结论
负数	其他回路投自动以后,因交叉耦合的正反馈已超过本回路控制器的负反馈,占主要成分,本回路不能稳定	不可控,必须设计解耦装置
0	其他回路断开后,c_i 不受 m_j 的控制	不可控
0～1	交叉耦合起负反馈,其他回路闭合后使开环增益增加	偏离 1 越远,相关程度越严重
1	其他回路闭合与否,对本回路无影响	理想状态,不相关
1～5	交叉耦合起正反馈,其他回路闭合后使开环增益下降,但占次要成分,系统仍能稳定	偏离 1 越远,相关程度越严重
5 以上	交叉耦合正反馈与控制器负反馈几乎相等,其他回路闭合后,c_i 几乎不受 m_j 控制	相关程度严重,控制回路品质很差,必须设计解耦装置

2. 相对增益矩阵及其性质

假设在一个工艺过程中有 5 个被控变量 $c_1 \sim c_5$ 和 5 个操纵变量 $m_1 \sim m_5$,为了表示各个相对增益的从属关系,可以方便地把它们排列成一个矩阵

$$\Lambda = \begin{array}{c} \\ c_1 \\ c_2 \\ c_3 \\ c_4 \\ c_5 \end{array} \begin{array}{ccccc} m_1 & m_2 & m_3 & m_4 & m_5 \\ \lambda_{11} & \lambda_{12} & \lambda_{13} & \lambda_{14} & \lambda_{15} \\ \lambda_{21} & \lambda_{22} & \lambda_{23} & \lambda_{24} & \lambda_{25} \\ \lambda_{31} & \lambda_{32} & \lambda_{33} & \lambda_{34} & \lambda_{35} \\ \lambda_{41} & \lambda_{42} & \lambda_{43} & \lambda_{44} & \lambda_{45} \\ \lambda_{51} & \lambda_{52} & \lambda_{53} & \lambda_{54} & \lambda_{55} \end{array}$$

经过一系列较为复杂的运算后,可以证明 Λ 矩阵上的每行或每列元素的总和为 1。利用这个性质,已知矩阵中的几个元素后,可以方便地求出其他的元素来。例如有一个 2×2 的相对增益矩阵,若已知 $\lambda_{11} = 0.2$,则可以推算出 $\lambda_{12} = 0.8$,$\lambda_{21} = 0.8$,$\lambda_{22} = 0.2$。

3. 求取相对增益的方法

(1) 数学推导法　求取相对增益最直接的方法就是从工艺过程机理出发,找出有关的数学表达式来直接进行偏微分,以求出相对增益的数值。图 3-2-68 所示的是一个化工生产过程中较为常见的相关控制系统,工艺要求炉子的燃料气压力和流量均能恒定,因而设计了一个压力控制系统以及一个流量控制系统。显然,这两个控制系统是相关的,在设计中应该如何让被控变量与操纵变量配对才比较合理呢?

在图 3-2-68 中,显然被控变量一个是压力 p_1,另一个是流量 F。流量 F 也可以用差压变送器 FT 检测出孔板两端的差压 $\sqrt{h}$ 来表示,而操纵变量则是两个与

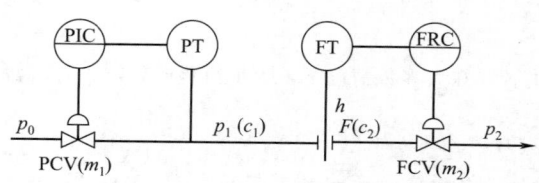

图 3-2-68　在同一管线上既要控制压力又要控制流量的两个相关控制系统

调节阀 PCV 和 FCV 各自的开度有关的函数 m_1 和 m_2。根据调节阀流量计算公式可知

$$F = C \sqrt{\frac{\Delta p}{\rho g}}$$

因而

$$F^2 = \frac{C^2}{\rho g} \times \Delta p$$

若令

$$m_1 = \frac{C_1^2}{\rho g}$$

$$m_2 = \frac{C_2^2}{\rho g}$$

则有

$$F^2 = m_1(p_0 - p_1) = m_2(p_1 - p_2)$$

因为流过两个调节阀和孔板的是同一个流量，而流过孔板的流量 F 的平方即 F^2，也可用差压 h 来表示，这样，在计算相对增益时，可以用下式来表达，即

$$h = m_1(p_0 - p_1) = m_2(p_1 - p_2) \tag{3-2-24}$$

由式（3-2-24）可以求得

$$\frac{m_1}{p_1 - p_2} = \frac{m_2}{p_0 - p_1} = \frac{m_1 + m_2}{p_0 - p_2}$$

因而

$$p_0 - p_1 = \frac{m_2(p_0 - p_2)}{m_1 + m_2}$$

代入式（3-2-24）可以得到

$$h = \frac{m_1 m_2(p_0 - p_2)}{m_1 + m_2} \tag{3-2-25}$$

现在利用式（3-2-25）来求相对增益式中分子上的增益

$$\left.\frac{\partial h}{\partial m_1}\right|_{m_2} = \frac{m_2(p_0 - p_2)}{m_1 + m_2} - \frac{m_1 m_2(p_0 - p_2)}{(m_1 + m_2)^2} = (p_0 - p_2)\left(\frac{m_2}{m_1 + m_2}\right)^2$$

再利用式（3-2-24）来求相对增益式中分母上的增益

$$\left.\frac{\partial h}{\partial m_1}\right|_{p_1} = p_0 - p_1 = \frac{m_2}{m_1 + m_2}(p_0 - p_2)$$

因而可以求得相对增益的值

$$\lambda_{hm1} = \frac{\left.\dfrac{\partial h}{\partial m_1}\right|_{m_2}}{\left.\dfrac{\partial h}{\partial m_1}\right|_{p_1}} = \frac{m_2}{m_1 + m_2} = \frac{p_0 - p_1}{p_0 - p_2}$$

利用矩阵中各行、各列元素之和为 1 的性质，已知 λ_{hm1} 可以求出相对增益矩阵中的其他各个元素：

$$\lambda_{hm2} = 1 - \lambda_{hm1} = \frac{p_1 - p_2}{p_0 - p_2}$$

$$\lambda_{p1m1} = 1 - \lambda_{hm1} = \frac{p_1 - p_2}{p_0 - p_2}$$

$$\lambda_{p1m2} = \lambda_{hm1} = \frac{p_0 - p_1}{p_0 - p_2}$$

现在可以列出这两个控制系统的相对增益矩阵：

$$\boldsymbol{\Lambda} = \begin{array}{c} \\ h \\ p_1 \end{array} \begin{array}{cc} m_1 & m_2 \\ \hline \dfrac{p_0 - p_1}{p_0 - p_2} & \dfrac{p_1 - p_2}{p_0 - p_2} \\ \dfrac{p_1 - p_2}{p_0 - p_2} & \dfrac{p_0 - p_1}{p_0 - p_2} \end{array}$$

根据表 3-2-7 可知，若相对增益越接近于 1，则两个控制系统相关的程度越小。在图 3-2-68 中，以调节阀 FCV 即 m_2 控制流量 h，以调节阀 PCV 即 m_1 控制压力 p_1 时，从上面 $\boldsymbol{\Lambda}$ 矩阵可以看出，$p_0 - p_1$ 越小，$p_1 - p_2$

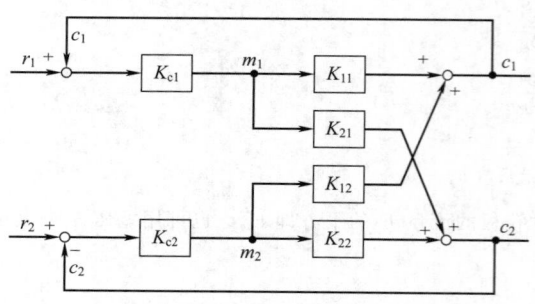

越大，也就是调节阀 PCV 压降较小，调节阀 FCV 压降较大时，h 对 m_2 的相对增益以及 p_1 对 m_1 的相对增益均较接近于 1，两个控制系统工作起来相关较小。

如果 $p_1 = \dfrac{p_0 - p_2}{2}$，则相对增益矩阵中所有的元素都是 0.5，因而两个被控变量与两个操纵变量如何配对都是一样的。如果调节阀 PCV 压降较大调节阀 FCV 压降较小时，则两个控制系统相关严重。

（2）开环增益法 相对增益的值也能在所有控制回路都处于开环的情况下，从开环增益中求得。如有两个相关控制系统，它们的方块图如图 3-2-69 所示。

图 3-2-69 用开环增益法求相对增益

在图中为了简化对象，仅仅考虑它的静态增益，控制器假定为比例作用的，方框图中的放大系数 K_{c1}、K_{c2} 实际上还包括了调节阀的放大系数在内。

从图 3-2-69 可以得到下列两式

$$c_1 = K_{11} m_1 + K_{12} m_2 \qquad (3\text{-}2\text{-}26)$$
$$c_2 = K_{21} m_1 + K_{22} m_2 \qquad (3\text{-}2\text{-}27)$$

因而相对增益计算公式中的分子为

$$\left. \frac{\partial c_1}{\partial m_1} \right|_{m_2} = K_{11}$$

在求相对增益计算公式中的分母时，先应用式（3-2-27）中的 c_2 去取代式（3-2-26）中的 m_2，所以

$$c_1 = K_{11} m_1 + K_{12} \times \frac{c_2 - K_{21} m_1}{K_{22}}$$

因此可求得

$$\left. \frac{\partial c_1}{\partial m_1} \right|_{c_2} = K_{11} - \frac{K_{12} K_{21}}{K_{22}}$$

因而

$$\lambda_{11} = \frac{\left. \dfrac{\partial c_1}{\partial m_1} \right|_{m_2}}{\left. \dfrac{\partial c_1}{\partial m_1} \right|_{c_2}} = \frac{1}{1 - \dfrac{K_{12} K_{21}}{K_{22} K_{11}}} \qquad (3\text{-}2\text{-}28)$$

式（3-2-28）就是 2×2 系统相对增益式的一般解，它可以根据分母中诸 K 项的符号来预测 λ_{11} 的范围，如果 K 为正值项的个数是奇数，则分母为正，且大于 1，因而 λ_{11} 必定落在 0～1 之间。反过来 K 为正值项的个数是偶数，那么 λ_{11} 必定落在 0～1 范围之外。

（3）高阶系统分解法 把上述开环增益法扩展到更高阶的系统时，可以得到计算相对增益矩阵 $\boldsymbol{\Lambda}$ 的一般算式为

$$\boldsymbol{\Lambda} = \boldsymbol{K} \left[\boldsymbol{K}^{-1} \right]^{\mathrm{T}}$$

式中　$\left[\boldsymbol{K}^{-1} \right]^{\mathrm{T}}$——$\boldsymbol{K}$ 矩阵逆矩阵的转置矩阵；

　　　　$\boldsymbol{K}$——开环增益矩阵。

但是若要利用上式计算相对增益矩阵 $\boldsymbol{\Lambda}$ 仍然比较复杂，即使得出结果，也不像 2×2 系统那样能立即决定被控变量和操纵变量的配对。因而对于高阶系统也可以采取大系统分解法来解决问题。

例如有一个精馏塔，它一般有塔顶、塔底的出料组分、塔压、塔釜液位以及回流罐液位 5 个被控变量，与此同时也有输入、输出热量、塔顶、塔底出料流量以及回流量 5 个操纵变量，在这里把塔的进料量作为受负荷与产量约束的一个常量来考虑。如果要组成 5 个简单控制系统，则按照排列组合的原则，会有 5! 即 120 种不完全相同的控制方案。为了简化问题，可以结合工艺机理，先把 5×5 的高阶系统分割出一个 2×2 的子系统来。可以先选出塔顶、塔底出料组分两个被控变量，根据经验先假定它们分别用塔顶产品流量和输入热量来进行控制，在这样的前提下来计算 2×2 子系统的相对增益。如果塔顶出料组分对出料流量的相对增益按近于 1，说明这两个控制系统配对是合适的。如果相对增益偏离 1 甚远，那么只好放弃这种配对方法，另换 2 个操纵变

量，例如回流量和塔底出料流量。在这种场合很可能会有塔底出料组分对塔底出料流量的增益较接近于1，因而可以相应改成由塔底出料流量来控制塔底出料组分，用回流量来控制塔顶出料组分。不言而喻，剩下的塔釜液位由输入热量（蒸发量）来加以控制，而回流罐液位则由出料流量来控制，塔压由输出热量（冷却水量）来控制。

二、控制系统的相关

控制系统的相关，在相互间产生了一些影响和干扰，更为严重的是可能由于系统间存在的正反馈而使系统不稳定。在相对增益λ为负数时，会出现这样的现象，每个控制回路从自身单独来分析、投运都是合适的、可行的，但当过程中其他的控制回路投入自动后，则原有的回路将完全失控。

1. 正相关

前面已推导过图 3-2-70 所示的两个控制系统，它们的相对增益矩阵为

$$\boldsymbol{\Lambda}=\begin{array}{c}h\\p_1\end{array}\begin{array}{|cc|}\hline \dfrac{p_0-p_1}{p_0-p_2} & \dfrac{p_1-p_2}{p_0-p_2} \\[3mm] \dfrac{p_1-p_2}{p_0-p_2} & \dfrac{p_0-p_1}{p_0-p_2} \\\hline\end{array}\quad\begin{array}{cc}m_1 & m_2\end{array}$$

由于 p_0-p_1 以及 p_1-p_2 始终小于 p_0-p_2，而且它们之间的比值始终为正，所以相对增益矩阵 $\boldsymbol{\Lambda}$ 中的各个元素均为正，且在 0～1 之间，这样的控制系统就是正相关控制系统。图 3-2-71 表示了 λ 为 0.5 的两个正相关控制系统中，被控变量 c_1（即 p_1）对操作变量 m_1 和给定值 r_1 阶跃变化的响应曲线。从图上可见，当回路 2 闭合以后，被控变量 c_1 对操纵变量 m_1 阶跃变化的响应曲线的幅值，是原来回路 2 断开时的 2 倍，即开环增益增加一倍，这与 λ＝0.5 的概念相符。因为正相关的控制系统增加了本身回路的开环增益和闭合以后的振荡周期，所以对两个正相关的控制系统来说，如考虑到对方控制系统投自动后的影响，则应适当加大自身控制器的比例度并适当减少积分时间。

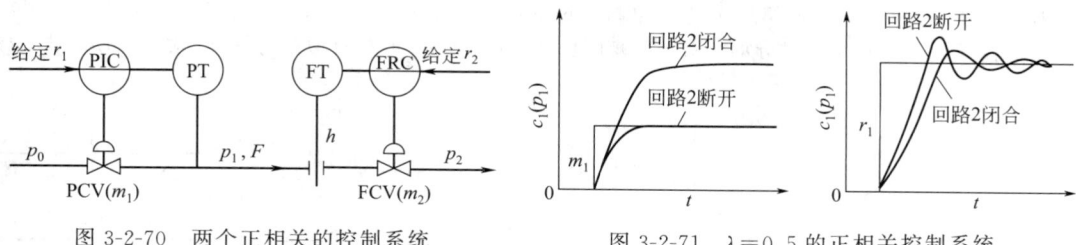

图 3-2-70　两个正相关的控制系统　　图 3-2-71　λ＝0.5 的正相关控制系统被控变量 c_1 的响应曲线　　m_1—操作变量；r_1—给定值

2. 负相关

图 3-2-72 表示了两个负相关的控制系统，它是一根总管上两个并联的流量支路，每个支路又均设有流量控制。开大调节阀 FCV-1 显然使流量 F_1 增加，但由于流量总管压力下降，将使流量 F_2 减少，因而在图 3-2-73 两个负相关控制系统的方框图中放大系数 K_{21} 应为负数，同理 K_{12} 也为负数。运用开环增益法中的式（3-2-28）可求出相对增益

$$\lambda_{11}=\dfrac{1}{1-\dfrac{K_{12}K_{21}}{K_{11}K_{22}}}$$

因为在图中 K_{11}、$K_{22}>0$，而 K_{12}、$K_{21}<0$，所以分母中 $\dfrac{K_{12}K_{21}}{K_{11}K_{22}}>0$，这样 λ_{11} 必定大于 1 或为负数。利用相对增益矩阵中各行、各列元素之和必须为 1 的性质，则 $\lambda_{22}=\lambda_{11}$，$\lambda_{12}=\lambda_{21}=1-\lambda_{11}$，所以相应的 λ_{12}、λ_{21} 与 λ_{11} 相反，必定为负数或大于 1。在图 3-2-73 所示的两个并联的流量控制系统中，F_1 对 m_1 的相对增益 λ_{11} 例如在 1～2 之间，现在列出这两个负相关控制系统的相对增益矩阵

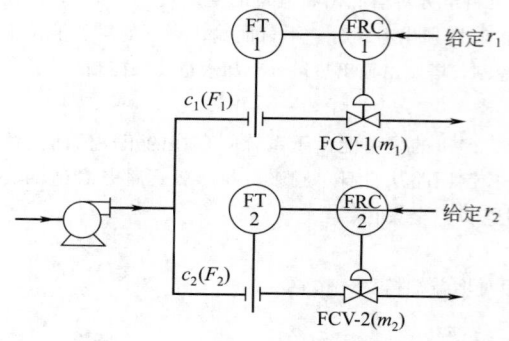

图 3-2-72 λ＞1 的两个负相关控制系统

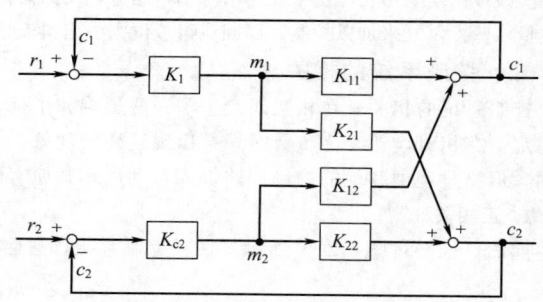

图 3-2-73 两个负相关控制系统的方框图

$$\Lambda = \begin{array}{c} \\ F_1 \\ F_2 \end{array} \begin{array}{|cc} m_1 \qquad\qquad m_2 \\ \hline 1\sim2 \qquad 0\sim-1 \\ 0\sim-1 \qquad 1\sim2 \end{array}$$

　　设想如果泵的流量特性十分平坦，以致在各种流量下总管压力都能保持不变，那么改变调节阀 FCV-1 的开度（即 m_1）应对流量 F_2（即 c_2）没有影响，因而 $K_{21}=0$，同理 $K_{12}=0$，这样 $\lambda_{11}=\lambda_{22}=1$，$\lambda_{12}=\lambda_{21}=0$，此时这两个控制系统互不相关，当然这是一种理想的状态。

　　图 3-2-74 表示了 $\lambda=2$ 时两个负相关控制系统的被控变量 c_1（即 F_1）对操作变量 m_1 和给定值 r_1 阶跃变化的响应曲线。从图上可见，当回路 2 闭合以后，将使本回路的开环增益下降为原来的一半。从图上还可以看出，这两个控制系统都投自动以后，由于负相关的影响，使开环增益下降，因而系统的反应比原先要缓慢，但最终仍能趋于稳定。

　　假若用调节阀 FCV-1（即 m_1）来控制 F_2，用调节阀 FCV-2（即 m_2）来控制 F_1，构成如图 3-2-75 所示的两个控制系统，此时 F_1 变成第二个流量控制系统 FRC-2 的被控变量 c_2，F_2 变成第一个流量控制系统 FRC-1 的被控变量 c_1。由前面推导的相对增益矩阵可知，F_1 对 m_2 的相对增益以及 F_2 对 m_1 的相对增益均为负数。

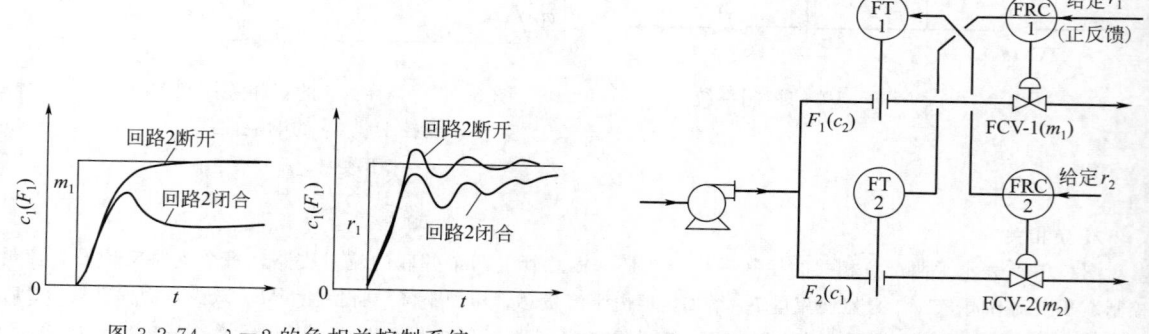

图 3-2-74 λ＝2 的负相关控制系统

被控变量 c_1 的响应曲线

m_1—操作变量；r_1—给定值

图 3-2-75 λ 为负数的两个负相关控制系统

　　当控制回路 2 即 FRC-2 断开以后，关小调节阀 FCV-1(m_1) 能使 $F_2(c_1)$ 增加，c_1 对 m_1 的开环增益为负数。倘若控制回路 2 即 FRC-2 闭合，关小调节阀 FCV-1(m_1) 的同时，必将使 $F_1(c_2)$ 减少，此时它要驱使控制器 FRC-2 动作，关小调节阀 FCV-2(m_2)，以保持 $F_1(c_2)$ 不变，这样必然使 $F_2(c_1)$ 减少。因而控制回路 2 FRC-2 闭合以后，因关小调节阀 FCV-2(m_2) 对 $F_2(c_1)$ 的控制作用更为直接与强烈，最终必将使 $F_2(c_1)$ 减少，与原来 FRC-2 开环时 c_1 对 m_1 的增益符号刚好相反。为了控制回路 2 投自动以后，控制回路 1 也能投自动，只能把控制回路 1 中的控制器 FRC-1 的作用方式改变，以适应开环增益反向。但这是一种不安全的情况，一旦控制回路 2 改成手动操作，控制回路 1 就变成正反馈了，最终系统就会发散。因而在设计时应避免把相对增益为负的被控变量与操纵变量配对，不能避免时就需要设计解耦装置。

图 3-2-76 表示了如图 3-2-75 所示的 $\lambda = -1$ 的两个负相关控制系统中，被控变量 $c_1(F_2)$ 对操纵变量 m_1 和给定值 r_1 阶跃变化的响应曲线。从图 3-2-76 可以看出，当控制回路 2 闭合以后，将使本回路的开环增益反向。还有当两个控制系统都投自动以后，回路 1 中的控制器 FRC-1 必须按正反馈方式工作，系统才能稳定。此时控制系统的工作过程如下：假设控制器 FRC-1 的给定值 r_1 增加，如果 FRC-1 的工作按正反馈考虑，则将开大调节阀 FCV-1（m_1），使得流量 F_1 增加，F_2 减少。由于 F_1 增加，导致控制器 FRC-2 动作，开大调节阀 FCV-2（m_2）以使得 F_1 恢复正

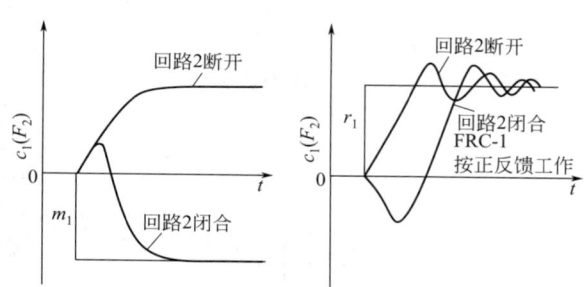

图 3-2-76　$\lambda = -1$ 的负相关控制
系统被控变量 c_1 的响应曲线

m_1—操纵变量；r_1—给定值

常，由于调节阀 FCV-2 的开大自然会使 c_1 即 F_2 增加，与给定值 r_1 的变化相一致；但一旦回路 2 断开以后，回路 1 中由于控制器是按正反馈方式工作，显然就不能稳定，因而这么做是不合适的。

三、相关控制系统的解耦

在一个化工生产装置或工艺过程中，一般总是有较多的控制系统在工作，它们之间或多或少存在着相关的现象，下面介绍如何根据不同的情况来采取相应的措施，以减少控制系统相关的程度。

1. 被控变量应合理与操纵变量配对

这两者必须要合理配对，并使它们的相对增益接近于 1，以减少控制系统间相关的程度。例如对图 3-2-70 所示的在同一根工艺管线上，既控制压力又控制流量的两个控制系统，在设计时可以把控制流量的调节阀 FCV 口径选小一点，使它的阀上压降 $p_1 - p_2$ 有较大的值，同样使控制压力的调节阀 PCV 上的压降 $p_0 - p_1$ 相对只有较小的值，其结果使得两个被控变量 h、p_1 对它们的操纵变量 m_2、m_1 的增益均较接近于 1，这样两个控制系统相关的程度就减弱了。此外，在控制器参数整定时，还可以适当增加压力控制器的比例度和积分时间，以使两个控制器的工作周期拉开，进一步减弱其相关的程度。

2. 改变控制方案以消除严重相关

图 3-2-77 中的精馏塔，按正常的生产工艺条件，塔底出料流量比较小，后来按常规设计了两个控制系统，一个由出料流量来控制塔釜液位，另一个由进再沸器的加热蒸汽流量来控制塔底温度。两个调节系统投运以后，发现塔釜液位很难控制，只要塔底温度稍有变化，加热蒸汽流量一改变，液位就会大幅度波动。

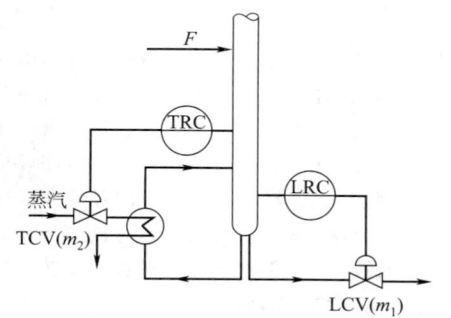

图 3-2-77　精馏塔塔釜液位和
塔底温度控制系统

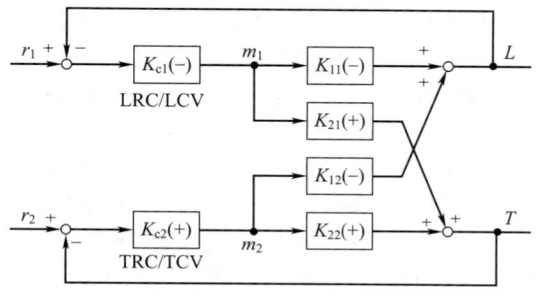

图 3-2-78　相关的液位与温度
控制系统的方框图

现把上述两个相关的控制回路画成方框图表示在图 3-2-78 中，并在图中注明控制器与对象放大系数的正负号。由于调节阀 LCV（m_1）开大，液位 L 下降，同时塔底温度 T 升高，因而 K_{11} 为负，K_{21} 为正；同理调节阀 TCV（m_2）开大，也会导致液位 L 下降，塔底温度 T 升高，所以 K_{12} 为负，K_{22} 为正。根据负反馈的原则，显然控制器 1 包括其调节阀在内的放大系数 K_{c1} 为负，而 K_{c2} 为正。从图中还可以看出如果液位 L 升高，经控

制器 LRC 的控制作用将使调节阀 LCV(m_1) 开大，由于对象放大系数 K_{11} 为负的，所以能使液位 L 恢复正常。但控制作用 m_1 经过 K_{21}、K_{c2}、K_{12} 交叉耦合后却使液位 L 继续升高，成为正反馈。同样的分析表明，控制作用 m_2 经过 K_{12}、K_{c1}、K_{21} 交叉耦合后也产生正反馈。一旦交叉耦合的正反馈作用超过本控制器的负反馈作用，这两个控制系统就不能稳定了。

　　具体来说，根据前面开环增益法中式（3-2-28）可得

$$\lambda_{Lm_1} = \frac{1}{1 - \dfrac{K_{12}K_{21}}{K_{11}K_{22}}}$$

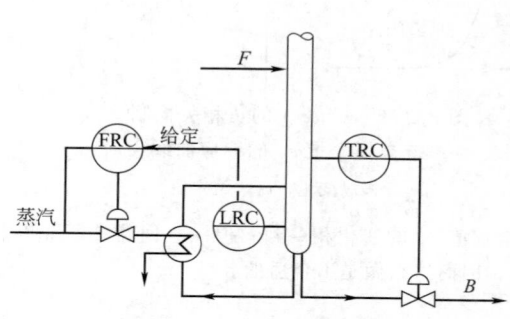

图 3-2-79　改进后的精馏塔控制方案

且从方框图可知，K_{11}、K_{12} 为负值，K_{21}、K_{22} 为正值。因为塔底出料量很小时，改变调节阀 LCV 的开度（即 m_1）必然对液位 L 的影响较小，这就意味着 $|K_{11}|$ 很小，因而很容易使 $\dfrac{K_{12}K_{21}}{K_{11}K_{22}} > 1$，这样使相对增益 λ_{Lm_1} 为负数。从前面对负相关控制系统的分析中可知，当相对增益 λ 为负数时，一旦控制回路 2 闭合，控制回路 1 无法稳定。此外，即使交叉耦合的正反馈作用尚未超过本控制器的负反馈作用，但只要两者较为接近，亦即 $\dfrac{K_{12}K_{21}}{K_{11}K_{22}} < 1$，但又较接近于 1 时，则相对增益 $\lambda_{Lm_1} \gg 1$。

从表 3-2-7 可知，此时两个控制系统相关严重，控制回路的调节品质很差。通过上述分析可以看出，这个精馏塔的控制方案从控制系统相关的角度去分析是不合适的。

　　从工艺机理上分析，改变加热蒸汽量调节阀 TCV 的开度 m_2 对液位 L 有较大的控制作用，所以可以把控制方案改成图 3-2-79 所示，以消除两个控制系统的负相关。在图中塔釜液位控制 LRC 与加热蒸汽流量控制 FRC 构成串级控制系统，当塔釜液位正常时，控制器 LRC 可按工艺热量平衡的要求给出一个合适的输出值，使蒸汽流量保持在设计值上，这样精馏塔塔底的温度实际上受蒸汽流量的约束，也将保持在某一定值上，使这一串级控制系统在解决液位控制问题的同时，相应地使塔底温度也能保持恒定。为了控制出料流量，实际上只要在出料管线上加一个遥控阀即可，但为了保证塔底出料成分合格，通常设计一个根据塔底温度即成分来调节出料流量的控制系统 TRC。因为塔底出料流量很小，它对塔釜液位几乎没有什么影响，这样就消除了两个控制系统的相关。反过来液位控制系统 LRC 对温度控制系统 TRC 的耦合作用要经过多个环节，其中传热环节有较大的时间常数，耦合作用相对较弱，所以两个控制系统都能较好地工作。从这个例子可见，有时只要合理地改变控制方案，就能消除控制系统严重相关的现象。

3. 设计解耦装置进行去耦

　　某硫酸厂工艺设计采用二次转化流程，把二氧化硫气体转化成三氧化硫气体，经水吸收后生成硫酸。浓度为 9%～10% 的二氧化硫气体进入二氧化硫转化器，在触媒的催化作用下经三段转化生成三氧化硫气体。由于转化反应是放热的，所以要逐段冷却，使它偏离平衡状态，以保证反应能继续进行。转化器三段出来的气体经换热冷却后，去 1# 吸收塔被酸吸收后生成浓硫酸，1# 吸收塔出来的气体再经换热升温后去转化器四段进一步转化，转化生成的三氧化硫气体经冷却后去 2# 吸收塔吸收。在工艺操作上把转化器二段与四段的入口气体温度定为重要的操作控制指标。因为若把二段入口温度控制住了，在转化器二段、三段内二氧化硫气体就能充分转化；而把四段入口温度控制住了，就能保证最终的二氧化硫气体的转化率。具体的工艺流程以及转化器各段的进出口温度表示在图 3-2-80 中，图中还表示了转化器二段、四段入口处的两个温度控制系统 TRC-1 与 TRC-2。

　　在现场操作中发现，控制器 TRC-2 不能投自动，即使用人工遥控，转化器四段入口温度 T_2 也波动高达 ±10℃，这样影响了二氧化硫的转化率，相应使硫酸产量下降。经分析认为，主要原因在于 TRC-2 的调节通道途径太长，而且温度控制系统 TRC-1 投自动以后，调节阀 TCV-1 一动作，立即会对温度 T_2 产生一个较大的干扰，而且干扰通道要比调节通道短。这样由于控制系统 TRC-1 的耦合作用，使控制系统 TRC-2 无法工作，但又找不到其他更合适的控制手段，因而必须设计解耦装置。在图 3-2-81 中表示了这两个温度控制系统的方块图。图中控制器 TRC-1、TRC-2 的传递函数分别表示为 R_{11}、R_{22}，相应对象的传递函数分别表示为

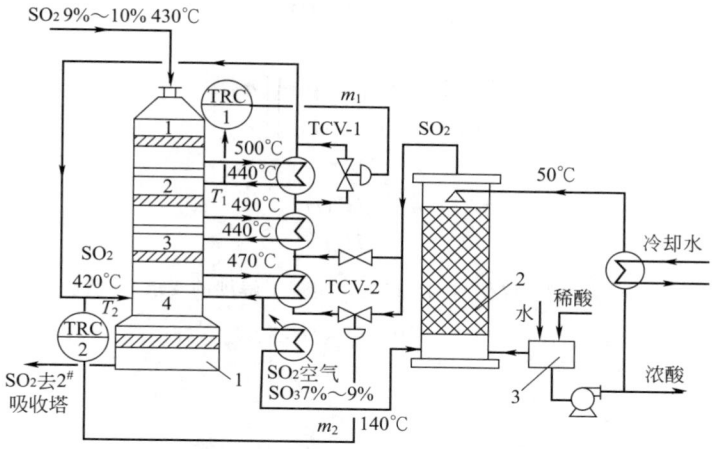

图 3-2-80　二氧化硫气体转化流程及控制方案

1—SO$_2$ 转化器；2—1$^{\#}$ 吸收塔；3—98 酸储槽

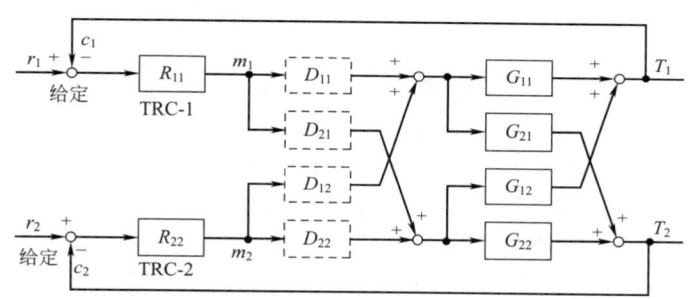

图 3-2-81　设计解耦装置使两个温度控制系统互不相关

G_{11}、G_{22}，由于两个控制器的输出 m_1、m_2 分别对于被控变量 T_2、T_1 有耦合作用，因而还需引入交叉耦合环节的传递函数 G_{21}、G_{12}。因为 TRC-2 的输出 m_2 对 T_1 的耦合作用较弱，所以 G_{12} 的放大系数很小。在未引入图中虚线所示的去耦装置时，应有如下的算式：

$$T_1 = m_1 G_{11} + m_2 G_{12}$$
$$T_2 = m_1 G_{21} + m_2 G_{22}$$

若把上述两个算式用矩阵运算式来表示，则有如下算式：

$$T = GM$$

上式中

$$T = \begin{bmatrix} T_1 \\ T_2 \end{bmatrix}$$

$$G = \begin{bmatrix} G_{11} & G_{12} \\ G_{21} & G_{22} \end{bmatrix}$$

$$M = \begin{bmatrix} m_1 \\ m_2 \end{bmatrix}$$

现在要在控制器的输出端设计一个解耦装置 D，并要使 G 与 D 的乘积为一个对角线矩阵 H：

$$H = \begin{bmatrix} H_{11} & 0 \\ 0 & H_{12} \end{bmatrix}$$

这样将有下列等式

$$T = GDM = HM$$

即

$$\begin{bmatrix} T_1 \\ T_2 \end{bmatrix} = \begin{bmatrix} H_{11} & 0 \\ 0 & H_{22} \end{bmatrix} \begin{bmatrix} m_1 \\ m_2 \end{bmatrix}$$

写成一般运算式为

$$T_1 = H_{11} m_1$$
$$T_2 = H_{22} m_2$$

这样显然使得 T_1 仅仅与 m_1 有关，T_2 仅仅与 m_2 有关，实现了解耦的要求。现设

$$D = \begin{bmatrix} D_{11} & D_{12} \\ D_{21} & D_{22} \end{bmatrix}$$

根据矩阵相乘的法则可得

$$GD = \begin{bmatrix} G_{11}D_{11} + G_{12}D_{21} & G_{11}D_{12} + G_{12}D_{22} \\ G_{21}D_{11} + G_{22}D_{21} & G_{21}D_{12} + G_{22}D_{22} \end{bmatrix}$$

因为

$$GD = H = \begin{bmatrix} H_{11} & 0 \\ 0 & H_{22} \end{bmatrix}$$

所以可以得到下列四个等式

$$G_{11}D_{11} + G_{12}D_{21} = H_{11}$$
$$G_{11}D_{12} + G_{12}D_{22} = 0$$
$$G_{21}D_{11} + G_{22}D_{21} = 0$$
$$G_{21}D_{12} + G_{22}D_{22} = H_{22}$$

为了简化解耦装置的设计，可以使

$$D_{11} = D_{22} = 1$$

因而可以求得

$$D_{12} = -\frac{G_{12}}{G_{11}}$$
$$D_{21} = -\frac{G_{21}}{G_{22}}$$

在开始设计阶段，因考虑到对象 G_{12} 的放大系数近似为零，所以可以略去 G_{12}，仅仅设计了一个单边解耦装置 D_{21}，以补偿控制器 TRC-1 动作以后 m_1 对转化器四段入口温度 T_2 的干扰，这样图3-2-81就可以简化为图3-2-82中的实线部分。从此图可以看出，如果仅仅考虑静态解耦时，此解耦装置可以由一个乘法器和一个加法器来实现，把控制器 TRC-1 的输出 m_1 在乘法器中乘上常数 $\frac{G_{21}}{G_{12}}$，再在加法器中由控制器 TRC-2 的输出 m_2

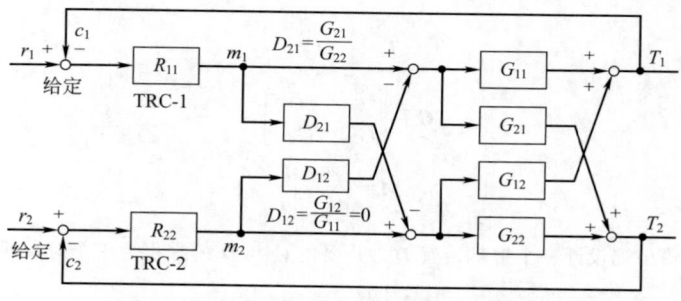

图 3-2-82　具体实施的解耦控制系统方框图

减去此值后，送到调节阀 TCV-2 作为控制信号，即实现了单边解耦控制。从图 3-2-82 还可以看出，这个单边解耦装置 D_{21}，实际上相当于一个把操纵变量 m_1 作为干扰的静态前馈控制模型，通过它抵消了对象内部存在的相关。

在单边解耦装置 D_{21} 投运以后，转化器四段入口温度 T_2 在温度控制器 TRC-2 投自动以后，即从原来的波动范围 $\pm 10℃$ 下降到 $\pm 2℃$，大大提高了控制质量。后来觉得对象 G_{22} 的通道太长，所以改变给定值 r_2 以后，系统的过渡过程时间仍然很长，因而为了改变给定值时反应能快一些，因而又增加一个通道，改为双边解耦，这样改变给定值 r_2 时，又增加了一个 $r_2 \rightarrow m_2 \rightarrow D_{12} \rightarrow G_{21} \rightarrow T_2$ 的通道，缩短了改变给定值时过渡过程的时间。双边解耦装置投运以后，两个温度控制系统的工作更为理想，温度 T_2 的波动范围在 $\pm 2℃$ 以内，操作平稳，二氧化硫的转化率由 98.5％提高到 98.8％，达到历史最高水平，并增加了硫酸的产量。

由此例子可以看出，解耦控制并不神秘，也不都是很复杂，因而解耦控制在石油化工生产过程自控中还是有许多应用场合的，如乙烯装置裂解炉出口炉温的控制，就采用了解耦控制，并获得了较为理想的效果。

第三章　典型生产单元的控制方案

化工生产过程是由一系列化工基本单元操作设备和装置组成的生产线来完成的。这些单元操作按其内在机理和操作特点，可以划分为流体输送过程、传热过程、传质过程和化学反应过程四类。本章选择了流体输送设备、传热设备、锅炉设备、化学反应器以及精馏塔等作为化工单元设备，结合实例来探讨过程控制的要求和实施方法。

对自控设计人员来说，一个设计的成败，关键在于制订一个好的控制方案。所谓好的控制方案，应满足如下条件。

（1）满足工艺合理性　这是控制方案得以成立的先决条件。控制方案本身就不合理，不符合工艺对象的客观规律，那么控制方案设计得再好也是没用的。要使控制方案符合生产实际，就要了解生产工艺，了解工艺对控制的要求、对象特性、干扰的情况、约束条件等，这些是制订合理控制方案的基础。

（2）要从全局出发，统筹兼顾　在现代化大生产中，各个生产设备都是前后紧密关联的，各个设备的生产操作也是相互联系、相互影响的。因此，在制订控制方案时，应该有全局观念，从整个生产全局出发，统筹兼顾，而不能顾此失彼。

（3）要考虑到技术先进性与经济性的统一　先进技术的采用是一种手段，其效果必然要在经济上体现出来，也可以说技术上是否先进还必须在经济效果上得到检验。因此，那种不从具体实际出发，一味地盲目求新求全，甚至认为新技术、新工具用得愈多就愈先进，效果就愈好的看法是错误的。然而，新技术的出现和合理应用，将会提高自动化水平，提高产品的质量和数量，改善劳动条件，在经济效益上也会反映出来。因此，故步自封，不注意先进技术的合理应用也是不对的。这就是说必须在可能条件下以提高自动化水平为手段，提出一个技术上先进和经济上合理的控制方案。

第一节　流体输送设备的控制

一、概述

用于输送流体并提高其压头的机械设备，通称为流体输送设备。用于输送液体并提高其压头的机械称之为泵，而用于输送气体并提高其压头的机械称之为风机和压缩机。这些流体输送设备在生产过程中的主要作用为：

① 克服设备或管路阻力，以便流体的输送；

② 根据生产过程的要求提高流体的压头；

③ 实现能量的转换，如制冷装置的气体压缩。

泵、风机和压缩机的主要控制是流量、压力的控制，以及出于对这些生产设备的自身安全而采取的保护性控制，如离心压缩机的防喘振控制。

液体、气体同属于流体，因此这些流体输送设备的控制方案有许多相似之处。然而，液体与气体又因其特性上的某些差异，在控制方案上又有许多不同之处。例如，由于液体的不可压缩性与气体的可压缩性，在流量测量中，气体流量就需要考虑温度、压力的校正问题。

此外，在流体输送设备中，流量控制对象的被控变量和操纵变量是同一物料的流量，只是所处管道的位置不同。因此，控制通道的特性由于时间常数很小，基本上是一个放大系数接近于1的放大环节，于是广义对象特性中的测量变送环节以及调节阀的滞后就不能忽略，使得对象、测量变送环节和调节阀的时间常数在数量级上相同且数值不大，所组成的控制系统可控性较差，且频率较高，所以控制器的比例度必须放得大些。为了消除余差，有引入积分的必要，通常，积分时间在0.1min到数分钟的数量级。同时，基于流量系统的这一特点，调节阀一般不装阀门定位器。因为后者的引入所组成的串级副环，其振荡频率与主环频率相当，有造成系统强烈振荡的可能。

其次，流量信号的测量常采用节流装置，由于流体通过节流装置时湍动加大，使被控变量的信号常呈现脉动，并伴有高频噪声。为此在测量时应考虑对信号的滤波。在控制系统中不必引入微分，以避免其对高频噪声的放大而影响系统的平稳工作。在工程上，为了提高系统的控制质量，有时还特意在变送器与控制器之间接入反微分器。

此外，还需注意流量系统的广义对象静态特性呈现非线性，尤其是采用节流装置测量流量而又未加开方器时则更为严重。为了克服这种非线性的影响，可以通过选择具有相反流量特性的调节阀加以补偿，从而使广义对象的特性变为线性。

对流量信号测量的精度要求，除直接作为经济核算者外，一般要求不高，只要稳定、变差小就行。有时为了防止上游压力的干扰，可采用适当的稳压措施。

二、泵的控制方案

泵分为离心泵和位移式泵两大类。位移式泵又称容积式泵。容积式泵又有往复泵、齿轮泵、旋转泵之分。

泵是用来抽吸液体、输送液体并使液体增加压力的机械设备。在液体输送过程中，泵从原动机获得能量，除克服阻力损失外，将大部分能量传给液体，使液体具有一定的压头。因此，从能量的观点来说，泵是一种能量传递的机械，它把原动机的机械能传递给被输送的液体，使液体的流速和压力得以增加。

不同类型的泵结构不同，控制方法也有所不同。

1. 离心泵的控制

离心泵主要由叶轮和壳体两部分组成。叶轮在原动机的带动下作高速旋转，使流体获得动能，并在出口处转为静压头。转速越高，离心力越大，出口液体的压头则越高。因离心泵叶轮与壳体之间有一定空隙，因此，当泵出口阀完全关闭时，液体将在泵内循环，而排出量为零，压头接近最高值。此时泵所做的功转化为热，除通过泵体散发外，泵内液体温度也会升高，故离心泵的出口阀可以关闭，但不宜长时间处于关闭状态。随着出口阀逐渐开大，排出量将随之增大，而出口压力将随之慢慢减小。泵的压头 H、排出量 Q 和转速 n 之间的函数关系称之为泵的特性。离心泵的特性可用下面的经验公式表示：

$$H = R_1 n^2 - R_2 Q^2 \tag{3-3-1}$$

式中，R_1、R_2 为比例常数。其特性曲线如图 3-3-1 所示。

泵的排出量与压头的关系除了与泵的特性有关外，还与泵所连接管路的管路特性有关。因此，必须结合管路特性一并考虑。

管路特性就是管路系统中流体流量与管路系统阻力之间的关系。通常，管路系统的阻力包括以下四项。

① 管路两端静压差所对应的压头 h_p

$$h_p = \frac{p_2 - p_1}{\rho g}$$

式中，p_1、p_2 分别为管路系统入口与出口的压力；ρ 为流体的密度；g 为重力加速度。由于工艺系统在正常操作时 p_1、p_2 基本稳定，因此这一项也变化不大。如果管路两端压力相等，那么 h_p 则等于零。

② 提升液体至一定高度所需的压头，即扬程 h_L。这一项是恒定的。

③ 管路摩擦损失的压头 h_f。在湍流的情况下，它近似与流量的平方成正比。

④ 调节阀两端的压力损失 h_v。在阀门的开度一定时，h_v 也与流量的平方成正比。当阀门的开度变化时，h_v 也随之变化。

管路总阻力 H_L 是上述四部分之和，即

$$H_L = h_p + h_L + h_f + h_v \tag{3-3-2}$$

式（3-3-2）即泵的管路特性表达式。离心泵管路系统及管路特性曲线如图 3-3-2 所示。

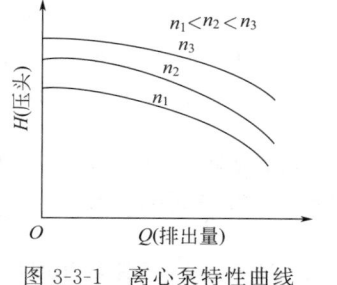

图 3-3-1　离心泵特性曲线

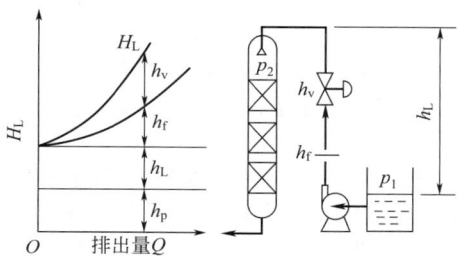

图 3-3-2　管路特性

当系统达到稳定时，泵的压头 H 必然等于 H_L，这是建立泵平衡的条件。显然，图 3-3-3 中泵的特性曲线与管路特性的交点 A 即是泵运行时的平衡工作点。这时泵的排液量为 Q_A，出口压头为 H_A。

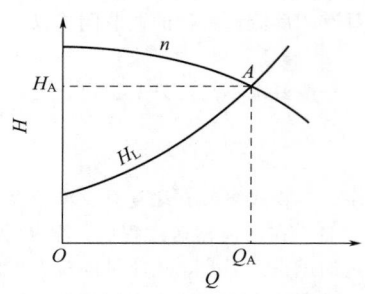

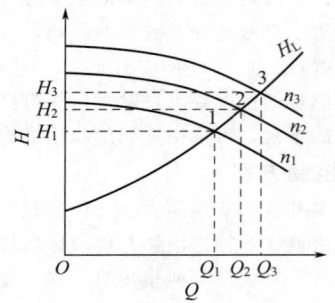

图 3-3-3　泵的平衡工作点　　　　　　　　图 3-3-4　通过改变转速改变工作点

工作点 A 的流量应符合工艺的要求。如果流量不符合要求，就要改变泵的运行工作点。改变泵的工作点有两种途径。

（1）改变泵的特性曲线　这可以通过改变泵的转速来实现。图 3-3-4 表示在不同的转速 n 下泵的流量特性曲线与管路特性曲线相交的情况。这些交点 1、2、3 就代表着泵在 n_1、n_2、n_3 三种不同转速下的运行工作点。显然在不同的工作点，所对应的流量 Q 和压头 H 也不一样。这就是通过改变泵的转速达到改变泵的流量的依据。

对离心泵进行调速，通常与带动泵运转的原动机有关。如果原动机是恒速电机，则可在电机与泵连接处安装一调速机构，并通过对调速机构的调整达到改变泵转速的目的；如果原动机采用的是调速电机，那么可以直接通过改变原动机的转速来达到目的。

使用调速的方法来调节流量，管路上不需要装设调节阀，不存在 h_v 项的阻力损耗，因此，泵的效率比较高。然而，不论是调速机构调速还是调速电机调速，都比较复杂，一般只有对功率较大的离心泵才进行考虑。离心泵调速原理如图 3-3-5 所示。

在某些生产过程中，离心泵的原动机为蒸汽透平，这时可以通过改变进入蒸汽透平的蒸汽量的方法改变蒸汽透平的转速，以达到调节离心泵转速的目的。蒸汽透平带动的离心泵调节方法如图 3-3-6 所示。

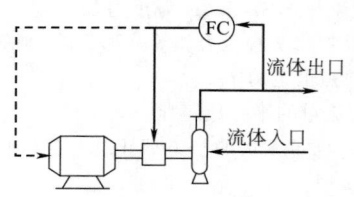

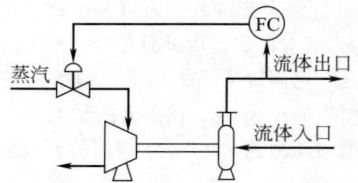

图 3-3-5　离心泵调速原理　　　　　　　　图 3-3-6　蒸汽透平泵的控制方法

需要指出的是，蒸汽透平泵采用调速的方法控制泵出口流量比用直接节流法控制泵出口流量，从节能的角度看要优越得多。这可以从图 3-3-7 所示的泵特性曲线和系统的必要扬程曲线加以分析。如果需要的流量为 Q_1，那么对应的转速为 n_0，扬程为 H_0，实际上系统的必要扬程为 H_1，因此必须采用出口调节阀节流，其压力损失为 $H_0—H_1$。当采用转速控制时，不需要调节阀，泵的必要扬程为 H_1，转速可以为 n_1，这样轴动力将由转速为 n_0 时的 S_0 降到转速为 n_1 时的 S_1，其差值 S_0-S_1 即为所省的能量。这部分能量与调节阀上的压力损失相当。

（2）改变管路特性曲线　这通常可通过改变管路阻力来实现。而管路阻力的改变则可通过改变泵所在管网调节阀的开度来达到。一旦管路阻力改变了，管路特性曲线也将随之改变。在离心泵转速不变的条件下，泵运行的工作点随管路特性的变化如图 3-3-8 所示。

改变管路阻力的方法之一是在泵的出口直接安装调节阀。当其开度变化时，管路阻力也随之改变，从而达到控制流量的目的，如图 3-3-9 所示。这种控制方法称之为直接节流法。

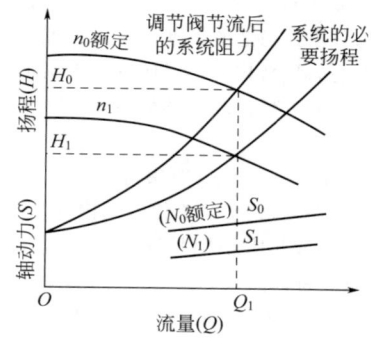

图 3-3-7　透平泵转速控制的节能效果

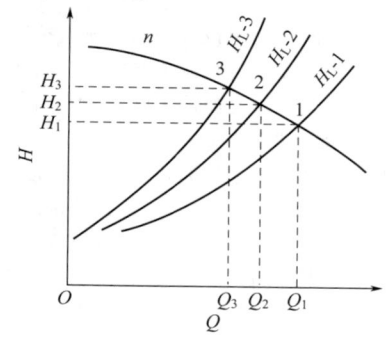

图 3-3-8　通过改变管路阻力改变工作点

直接节流法调节速度快，一旦调节阀开度变化，流量很快就跟着变化。这对要求被控变量有快速反应或稳定性很重要的场合，较为常用。但是此法不宜使用在流量低于正常值 30% 以下的情况，因为此时泵效率太低，不经济。而且有时会因憋压过高而造成泵密封填料处泄漏。

此外，这种直接节流法调节阀不可以安装于泵的吸入口，否则由于 h_v 的存在，会出现"气缚"及"气蚀"现象，而影响到泵的使用寿命。

还有，当采用直接节流法控制流量时，测量元件必须安装在调节阀的上游，免得测量信号受调节阀后反压波动的影响，以提高流量测量的精度。

改变管路阻力的方法之二是在泵的出口管与吸入管之间连接一旁路，并在旁路管上安装调节阀。当调节阀开度变化时，改变了管路的阻力，从而达到调节主管路流量的目的。这种流量控制方法如图 3-3-10 所示。

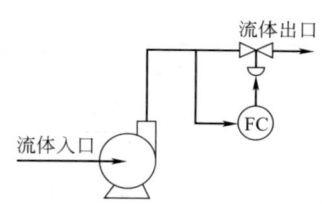

图 3-3-9　直接节流法控制流量

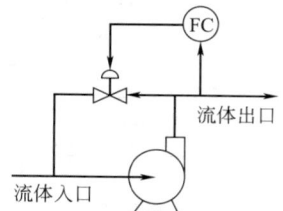

图 3-3-10　旁路法控制流量

这种控制方法实际上是通过改变旁路返回量达到控制主管线流量的目的。由于从泵内所打出的流体一部分通过旁路又返回到泵的吸入口，致使这部分流体从泵中获得的能量白白地消耗于调节阀上，因此，这种控制方法效率较低。然而旁路比主管路细，流量较小，所用的调节阀将比较小，安装也比较方便，这是旁路法的优点。

从泵的流量特性曲线可以看出，流量与压力是相互对应的，稳定了压力也就等于稳定了流量。因此，在流量测量有困难的场合，可以改由压力控制代替流量控制。这时只需将流量测量装置换以压力测量装置就可以了，而控制器和调节阀则不必变。这时图 3-3-10 中的 FC 应改换为 PC。离心泵出口压力控制系统如图 3-3-11 所示。

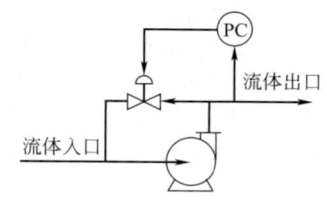

图 3-3-11　离心泵出口压力控制

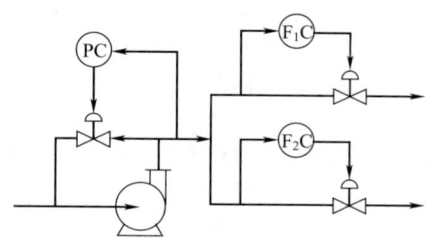

图 3-3-12　离心泵出有分支的控制

　　如果离心泵出口有分支，在这种情况下各分支的流量是相互关联的，调节一个分支的流量必然会影响其他分支的流量。这时可考虑设置一总管压力控制系统，然后在总管压力稳定的条件下，再对各分支流量单独进行控制。不过在各分支流量控制器参数整定问题上应该注意将它们的参数拉开，以使各分支系统的工作频率各异，从而减小各分支系统之间的关联影响。离心泵出口有分支情况的流量控制方案如图 3-3-12 所示。

2. 往复泵与旋转泵的控制

　　往复泵与位移式旋转泵因其运动部件与机壳之间空隙很小，液体不能在空隙中流动，因此，对往复泵来

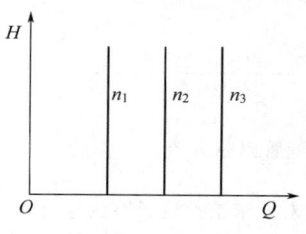

图 3-3-13　往复泵特性曲线

说，其排液量大小只取决于泵冲程的大小及单位时间内活塞往返的次数 n，而对齿轮泵等旋转泵来说，其排液量大小则只取决于转速 n。往复泵及旋转泵的压头与排液量之间关系的特性曲线如图 3-3-13 所示。

　　由于这类泵的排液量只与往复次数（或转速）有关，而与泵的出口管线阻力无关，因此不能在泵的出口管线上采用直接节流法控制流量。因为一旦出口调节阀关死，出口压力将憋高而导致泵损坏。

　　所以，往复泵的合理控制方法是通过改变冲程或往复次数来控制流量。如果是蒸汽往复泵，则可通过改变蒸汽量来改变泵的往复次数，从而达到控制流量的目的。而一般在小范围调节时则可采用旁路调节方法，不过这会造成部分能量的损失而使泵的效率降低。

　　（1）改变原动机的转速　对于蒸汽往复泵，通过改变蒸汽量就可以改变往复的次数，从而达到控制流量或压力的目的。其控制方案如图 3-3-14 及图 3-3-15 所示。

　　对于要求流量稳定的场合，常选用图 3-3-14 所示的流量控制系统。对于工艺系统中反压或管路流体阻力变化不大，而要求压力稳定、流量变化较大的场合，可选用图 3-3-15 所示的压力控制系统。

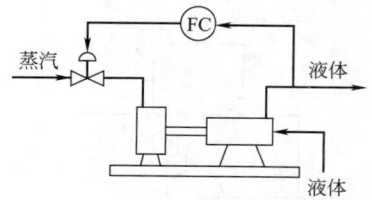

图 3-3-14　蒸汽往复泵流量控制系统

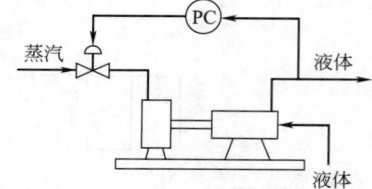

图 3-3-15　蒸汽往复泵压力控制系统

　　由于往复泵输出流量是周期性脉动的，为减少这种脉动对控制系统的影响，通常可以有两种解决办法：其一是在泵出口处装一容积足够大的室作为缓冲用，这种方法可使输出流量变得均匀些；其二是将节流装置（孔板等）的引压出口针阀适当关小一些，以形成一定的阻尼，减少测量信号的脉动。但不能关得太小，以免造成测量信号的滞后而不敏感，甚至会造成信号的堵塞而使系统无法正常工作。

　　（2）旁路调节　旁路调节就是在泵的出口设置回流调节阀，通过改变返回量来达到调节排出量的目的。当然，这只有当泵的排出能力大于排出量要求的情况下才有可能。由于这种方案会造成回流液的压头损失，从节能观点看，不如改变原动机转速的方案有利。但是当往复泵用恒速电机带动时，改变原动机的转速已不可能，这时只能采用旁路调节的方法。

　　旁路调节法是往复泵流量调节最简单的一种，它与图 3-3-10 所示离心泵的旁路调节完全相同。

　　图 3-3-16～图 3-3-18 为往复泵三种不同的旁路调节方案。

　　图 3-3-16 所示方案中利用旁路调节稳定压力，然后再通过流量调节控制排出量，显然这里压力和流量两系统是互相关联的。为削弱系统间相互关联的影响，压力控制器的参数应选择得小一些，使其工作频率高一些，调节速度快一些。这样一旦干扰出现，压力控制系统很快动作，将压力调稳，然后流量控制系统缓慢地将流量调回到给定值上。这里对压力调节的精度要求倒不是很严格，只求压力稳定。在工艺介质等条件合适的情况下，压力控制器可采用直接作用式（自立式）压力控制器。但对旁路调节阀口径的选择，应考虑到事故状态下排出液体的回流，以满足泄压的要求。

　　图 3-3-17 所示的方案中流量控制器的输出同时控制 A、B 两个调节阀。两个调节阀的流通能力应该相同，而作用方式则应该相反，一个为气开，另一个应为气闭。

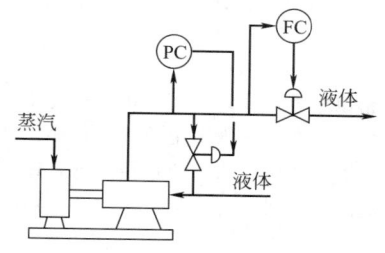

图 3-3-16　往复泵出口压力流量调节方案

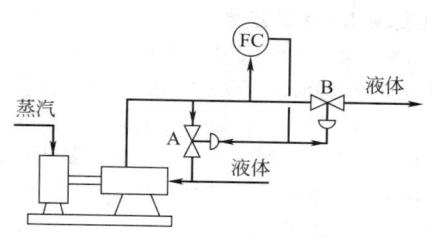

图 3-3-17　往复泵出口流量双阀调节方案

图 3-3-18 所示方案是将主管路与旁路两个调节阀合而为一，用一个三通调节阀代替的结果。三通调节阀起着图 3-3-17 中 A、B 两个调节阀的作用。如果三通调节阀选择为气开式，那么当流量控制器输出增大时，则主管路流量增大，而旁路流量则减小；反之，当控制器输出信号减小时，主管路流量减小，而旁路流量则增大。任何时候主管路流量与旁路流量之和都是一个常数，等于往复泵的排液量。

（3）改变往复泵的冲程　往复泵的冲程（或行程）改变了，泵的排出量也就跟着变化了。在一些液体流量较小而又需要调节的场合，如混合、掺和、精制或分析等过程，需要精确地调节流体的流量，就需要采用冲程可调的往复泵。计量泵、比例泵（柱塞泵）就是这种类型的泵。

在计量泵、比例泵中，由于流量与冲程成正比，与压头变化无关，因此通过改变泵的冲程就可以调节流量。图 3-3-19 就是一个应用计量泵实现比值控制的例子。

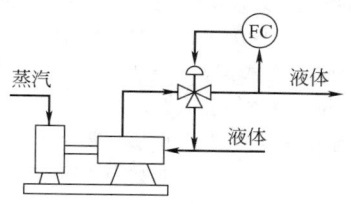

图 3-3-18　往复泵出口流量
三通阀调节方案

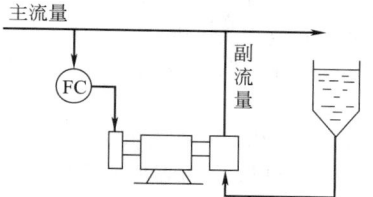

图 3-3-19　计量泵在比值控制中应用

在该系统中，通过测量主流量的值，再由流量控制器按比例地改变计量泵的冲程，使计量泵的排液量也按比例地变化，从而达到比值控制的目的。

由该例可以看出，计量泵（比例泵也一样）在系统中实际上起着执行机构的作用。

旋转泵的流量只与转速 n 有关，通过改变转速就能调节流量。图 3-3-20 是大型合成氨厂中利用螺杆泵（旋转泵的一种）实现对燃烧器燃油压力控制的例子。

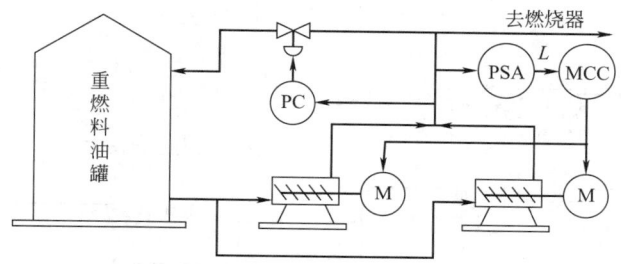

图 3-3-20　利用螺杆泵实现燃油压力控制

本例中采用了两台螺杆泵，正常情况下，一台使用，另一台作为备用。当压力低于下限值时，通过压力信号联锁接点经 MCC 电机控制中心启动备用螺杆泵。由于燃烧器对燃油压力有要求（压力太高会产生"脱火"；压力太低会造成"回火"），同时也因为测量燃油的压力比测量其流量要简便得多（燃油容易堵塞节流装置的引压管道而影响流量的正确测量），因此系统中采用压力控制以满足工艺的要求。

三、压缩机的控制方案

压缩机分为离心式和往复式两大类。

从控制方案上来分析，离心式压缩机与离心泵的控制有许多相似之处，往复式压缩机与往复泵的控制也有许多相似之处。不过用于气体输送的压缩机比起用于液体输送的泵来，在控制方案上要复杂得多，特别是近年来由于石油化工向大型化的发展，对压缩机提出了更高的要求，除了流体的压力、流量控制外，还需考虑到压缩机本身的保护性控制，因为这种大型设备一旦出现故障，所造成的损失将是巨大的。

1. 往复式压缩机的控制

在压缩流量小、压缩比大、压力高的气体压缩领域，往复式压缩机显示出它的优越性。

往复式压缩机的流量调节比较容易实现，常用的调节方法有：汽缸余隙调节；吸入管线上的顶开阀调节；压缩机外部旁通管调节等。这些调节方法有时是同时采用的。下面是往复式压缩机流量控制的常用实例。

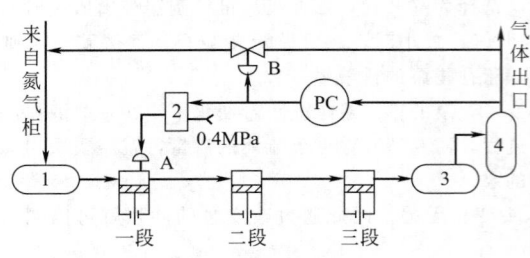

图 3-3-21　用余隙阀和旁路阀
控制往复式氮压机出口压力

1—缓冲罐；2—升压器；3—冷却器；4—分离器

（1）用余隙阀与旁路阀控制氮压机出口压力　图 3-3-21 所示为某氮肥厂三段往复式压缩机出口压力控制方案。

该压缩机的任务是将来自氮气柜的压力为 2～4kPa 的氮气压缩到 3MPa 后加到氢气中，获得氮氢混合气，并在送往甲烷转化炉之前调配（由另外控制系统完成，不包括在本图中）成氢氮比为 3∶1 的合成氨原料气。

本控制方案采用的是压力分程控制，余隙调节为 A 阀，旁路阀为 B 阀。当控制器输出信号在 0.02～0.06MPa 时 A 阀工作，输出信号在 0.06～0.1MPa 时 B 阀工作。正常情况下，压力控制器输出信号在

0.02～0.06MPa 之间，因此只有 A 阀工作而 B 阀关闭，即通过余隙的调节来维持出口压力；当余隙调节阀已全开而出口压力仍偏高时，控制器的输出信号将大于 0.06MPa，于是旁路阀也开始打开，使一部分出口气返回至缓冲罐，从而将出口压力拉下来。在本系统中，余隙调节阀前设置了一只 4∶1 的压力放大器，这是带动大膜头的余隙调节阀所必需的。

（2）用顶开吸入阀和旁路阀控制氧压机出口压力　图 3-3-22 所示为某厂四段平衡式氧压缩机出口压力控制方案。

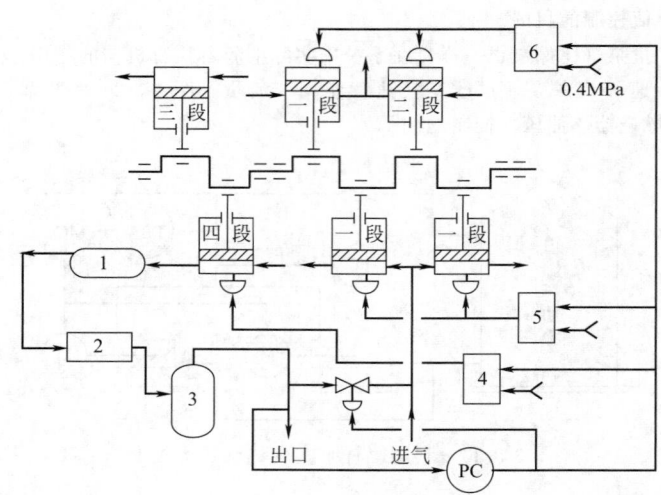

图 3-3-22　用顶开吸入阀和旁路阀控制往复式氧压机出口压力

1,3—分离器；2—冷却器；4—升压器；5,6—升压功率放大

本系统中所用氧压缩机是为重油裂解氧化生产合成氨提供氧气。压缩机为四段卧式对称平衡式，其中一、二段为双缸，三、四段为单缸。通过四段压缩，将氧气压力由 $2\sim4kPa$ 加压到 $4.3MPa$。压缩机的负荷调节是通过压力控制器用分程控制的方法来实现的。在一段、二段和四段汽缸上都设置有顶开吸入阀，在压缩机的进气与出口之间设置有旁路阀。当压力控制器输出信号在 $0.02\sim0.06MPa$ 时，顶开吸入阀动作，而旁路阀关闭，通过调节气体吸入量来维持出口压力。如果顶开吸入阀全开而出口压力仍偏高，控制器的输出信号则大于 $0.06MPa$，这时旁路阀则逐渐打开，使出口气一部分返回至入口，从而将出口压力拉回到给定值。

需要指出，旁路回流调节方法适用于任何规格的压缩机，但这种方法需消耗一部分功（经压缩后的一部分气体经旁路返回至入口，能量白白耗损）。而且经旁路返回的气体因其在压缩过程中温度已经升高，为防止这部分返回气渗入使入口气温度升高而影响压缩比，因此还要对返回气进行冷却处理。同时，为使操作具有较大的灵活性，旁路调节阀口径的选择应考虑到当阀全开的条件下能通过整台压缩机的排气量。

（3）用旁路阀控制氢、氮气和二氧化碳压缩机的入口压力　在合成氨和尿素生产中，需要将氢氮混合气及二氧化碳气通过压缩机加压到一定的压力后，分别送往氨合成塔和尿素合成塔，方能进行反应，分别生成氨和尿素。

由于生产工艺的连续性，前后工段的负荷波动就会影响到压缩机的稳定操作，因此有必要对压缩机的入口压力进行控制。图 3-3-23 所示为合成氨、尿素原料气压缩机一段入口压力控制系统。一旦入口压力下降，则打开旁路调节阀，以保证一段压力不致过低而造成事故。

2. 离心式压缩机的控制

离心式压缩机与离心泵具有相同的原理。它通过原动机带动叶轮高速旋转，以提高气体的动能，再将动能转换成气体的压头。从效率而言，离心式压缩机不如往复式压缩机，但是自 20 世纪 60 年代以来，随着石油化工装置的大型化，对离心式压缩机提出了高压、高速、大容量、高度自动化的一系列要求，促进了离心式压缩机的研究和发展。与往复式压缩机相比，离心式压缩机具有体积小、流量大、重量轻、运行效率高、易损件少、输送气体无油气污染、供气均匀、运转平稳、经济性好等一系列优点。因

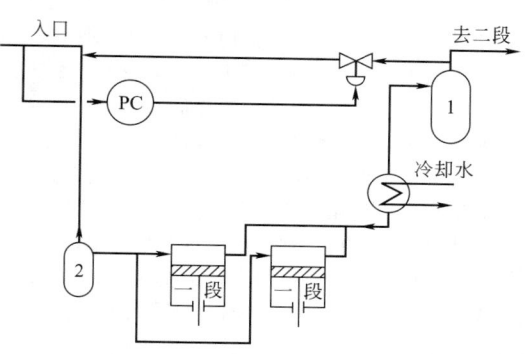

图 3-3-23　合成氨、尿素原料气压缩机
一段入口压力控制系统
1—分离器；2—缓冲罐

此，离心式压缩机在石油化工生产中得到了广泛的应用。大型合成氨装置中用来压缩合成气、循环气、工艺空气和转化装置的天然气，制冷循环的氨气，尿素装置的二氧化碳气，以及石油化工装置中用于压缩裂解气、乙烯、丙烯的所谓"三机"，使用的都是离心式压缩机。

有统计资料介绍，以日产 600t 合成氨装置为例，采用离心式压缩机比采用往复式压缩机总投资可减少 1/10 以上，占地面积却缩小 3/4。当然，这并不意味着对往复式压缩机的否定，因为在流量小而压缩比高的场合，往复式压缩机仍然占据着优势，而且它的效率比离心式压缩机要高。再者，离心式压缩机还有一些难于消除的缺点，如喘振和轴向推力等，稍有失误就会造成严重的事故。

（1）离心式压缩机的一般控制方案　为使压缩机得以安全、平稳、长周期地运行，一般都要求对其设置多种参数的检测、控制和安全联锁保护系统。

① 压缩机气量及出气压力控制系统，即负荷控制系统。其控制方式基本与离心泵的控制方案相似，如直接节流法、旁路回流法及调节原动机转速等。所不同的是离心式压缩机输送的是气体，因此直接节流法不仅可用于压缩机出口，也可用于压缩机的入口。此外，离心式压缩机还可以通过改变进口导向叶片角度的方法达到调节排气量的目的。在旁路回流法控制方案中，气体在经过多级压缩后，因压缩比很大而出口压力已很高，此时不宜从末段出口与第一段入口直接旁路，因为这样做，能量消耗太大，阀座在高差压下磨损也很快，故宜采用分段旁路，或采取增设降压消音装置的措施。当离心式压缩机的原动机为汽轮机而采用调速方案时，要求汽轮机的转速可调范围应能满足气量调节的要求。

② 防喘振控制系统。喘振是离心式压缩机所固有的特性，一旦发生，如不及时处理将会造成严重的后果。因此必须设置相应的防喘振控制系统，这将在下面专门介绍。

③ 压缩机外围设备的控制，这里包括各段气缸吸入口温度、压力及入口分离器液位控制。

④ 压缩机油路系统及真空冷凝系统的控制及联锁保护系统。一台大型离心式压缩机组常具有密封油、控制油和润滑油系统，对这些油的油温、压力等通常都要求设置联锁报警控制系统。

⑤ 压缩机主轴的轴向推力、轴向位移及振动的指示与联锁保护系统。

（2）离心式压缩机防喘振控制

① 离心式压缩机喘振产生的原因。离心式压缩机在运行过程中，当负荷下降到一定值时，气体的排送会出现强烈的振荡，机身亦随之发生剧烈振动，这种现象称为喘振。喘振是离心式压缩机所固有的特性。喘振的出现会严重损坏压缩机的机体，会产生严重的后果。压缩机在喘振状态下运行是绝对不能允许的，在操作过程中一定要防止喘振的产生。

喘振产生的原因要从离心式压缩的过程特性上去找。离心式压缩机的压缩比（压缩机出口压力 p_2 与入口压力 p_1 之比 p_2/p_1）与进口气体体积流量 Q 之间的关系曲线（有时也可用 p_2-Q 曲线表示）大体如图 3-3-24 所示。图中 n 为压缩机的转速。从图上可以看出，在每种转速下，都有一个 p_2/p_1 值最高的点（称之为驼峰）。将不同转速下的各个驼峰点连接起来就可以得到一条所谓的喘振边界线（如图中虚线所示）。边界线左侧阴影部分为不稳定的喘振区，边界线右侧部分则是安全运行区。在安全运行区，压缩比 p_2/p_1 随流量 Q 的增大而下降（即 p_2 减小），而在喘振区则 p_2/p_1 随 Q 的增大而增大（即 p_2 增大）。假定压缩机在 n_2 转速下工作在 A 点，对应的流量为 Q_A，如此时有某个干扰使流量减小（但仍在安全运行区内），压缩比 p_2/p_1 将增大，即出口压力 p_2 增大且大于管道阻力，这就会使压缩机的排出量逐渐增大，并回复到稳定的流量值 Q_A。假如流量继续下降到小于 n_2 转速下的驼峰值 Q_B，这时压缩比 p_2/p_1 不仅不会增大，反而下降，也即 p_2 下降，这就会出现恶性循环：压缩机排出量会继续减小，而出口压力 p_2 会继续下降，当 p_2 下降到低于管网压力时，瞬间将会出现气体的倒流；随着倒流的产生，管网压力下降，当管网压力降到与压缩机出口压力相等时倒流停止；然而压缩机仍处在运转状态，于是压缩机又将倒流回来的气体重新压出去；此后又引起 p_2/p_1 下降，被压出的气体又倒流回来。这种现象将重复出现，这就是所谓的喘振。喘振时压缩机出口压力与出口流量表现为剧烈地波动，机器与管道也与之发生振动。如果与压缩机相连的管网容量较小并且比较严密，则可听到周期性的如同哮喘病人的"喘气"般噪声；当管网容量较大时，则会发出周期性间断的似牛吼般的噪声。同时压缩机出口处止逆阀也发出很响的撞击声。喘振的出现会使压缩机及所连接的管网系统和设备发生强烈振动，甚至会导致压缩机的损坏。

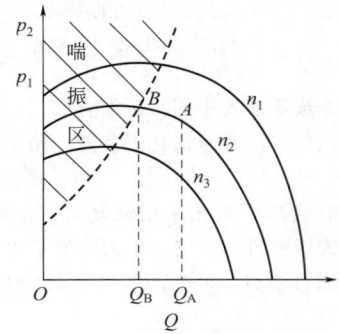

图 3-3-24 离心式压缩机特性曲线

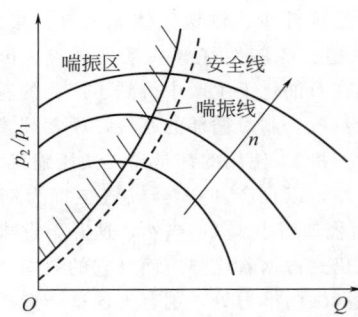

图 3-3-25 离心式压缩机的安全线

② 安全操作线。在不同转速下，各驼峰点连线的轨迹近似于一条抛物线。为安全起见，在这条线的右侧考虑有一定余地再作一条抛物线，称之为安全线，如图 3-3-25 中虚线所示。该抛物线方程可用下式表示：

$$\frac{p_2}{p_1}=a+b\frac{{Q_1}^2}{\theta_1} \tag{3-3-3}$$

式中　Q_1——入口流量；

θ_1——入口温度；

a，b——系数，由压缩机制造部门提供。

如果 p_2/p_1 小于 $\left(a+b\dfrac{{Q_1}^2}{\theta_1}\right)$，则工况是安全的；如果 p_2/p_1 大于 $\left(a+b\dfrac{{Q_1}^2}{\theta_1}\right)$，表明工况是危险的，将

会出现喘振。

根据 a 值的不同，安全线有三种不同情况（如图 3-3-26 所示）：$a=0$ 时曲线通过原点（$Q_1=0$，$p_2/p_1=0$）；$a<0$ 时曲线起点在横坐标上（$Q_1=0$，$p_2/p_1<0$）；$a>0$ 时，曲线起点在纵坐标上（$Q_1=0$，$p_2/p_1>0$）。

喘振是离心压缩机的固有特性，每台压缩机有它一定的喘振区域，因此只能采取相应的防喘振控制方案予以防止。另一方面喘振与管网特性有关：管网容量愈大，喘振幅度愈大，频率愈低；管网容量愈小，喘振的幅度愈小，频率愈高。

除上述介绍流量变小（即减负荷时）是造成离心压缩机喘振的原因外，被压缩气体的吸入状态，如分子量、温度、压力等的变化，也是造成压缩机喘振的原因，它们的影响关系如图 3-3-27 所示。

图 3-3-27(a) 表明，在相同的转速条件下，若被输送气体分子量为 20，对应于工作点 A 时的流量为 Q_A，压缩机处于正常工作状态。当气体分子量增加为 28 时，相应工作点变为 A'，已进入喘振区。由此可知，当被输送气体分子量增大时，往往会引起喘振。所以离心式压缩机使用时，规定了按工艺要求的参数指标，例如分子量只允许在规定的某个范围内变动。

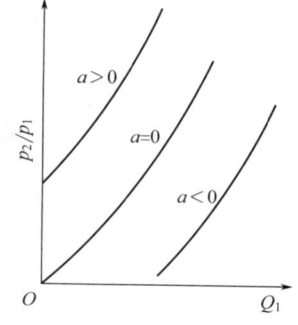

图 3-3-26 防喘振安全线三种情况

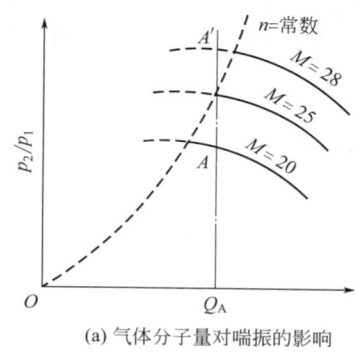

(a) 气体分子量对喘振的影响

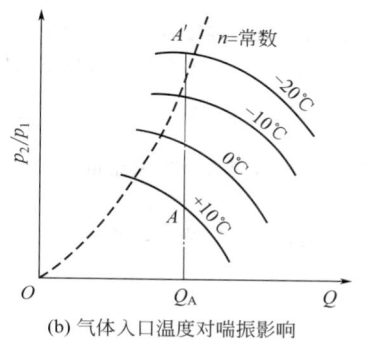

(b) 气体入口温度对喘振影响

图 3-3-27 气体分子量和入口温度对喘振的影响

除气体分子量变化对喘振影响外，气体入口温度的变化也会影响压缩机的喘振，如图 3-3-27(b) 所示。图中曲线表明，随着气体入口温度的下降，压缩机易于进入喘振区。

③ 防喘振控制的原理。一般在正常情况下，压缩机的喘振是因负荷的减小，使被输送气体的流量小于该工况下特性曲线喘振点（驼峰点）流量所致。因此，只能在必要时采用部分回流的办法，使之既适应工艺低负荷生产的要求，又满足流量大于最小极限值（即喘振点流量）的需要。当然采用部分气体循环返回防喘振的做法，从能量耗费的角度看是不经济的，但这也是出于无奈。图 3-3-28 所示为气体返回循环防喘振示意图。只要返回气体流量 $Q_返 \geq Q_B-Q_A$，就能满足防止压缩机喘振的要求。

④ 防喘振控制方案

a. 固定极限流量防喘振控制方案。使压缩机的流量始终保持大于最大转速下喘振点的流量值，如图 3-3-29 所示，这样压缩机就不会产生喘振。其控

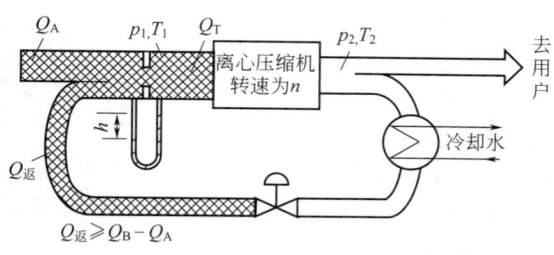

图 3-3-28 气体返回循环防喘振原理图

制系统如图 3-3-30 所示。如果测量值大于 Q_B，则旁路调节阀完全关闭；如果测量值小于 Q_B，则将旁路调节阀打开，使一部分气体循环，直到压缩流量达到 Q_B 为止。

这种方案的优点是控制系统简单，使用仪表少，系统可靠性高，所以大多数压缩机都采用这种方案。其缺点是在转速降低，压缩机在低负荷运行时，极限流量的裕量显得过大而造成能量浪费大，无疑会增加运行费用。如果压缩机负荷经常在大于 Q_B 的状态下操作，那么采用此方案是适宜的，因为这种系统简单。

通过压缩机气体流量的检测点，既可放在压缩机的入口管线上，也可以放在它的出口管线上，其作用相同，

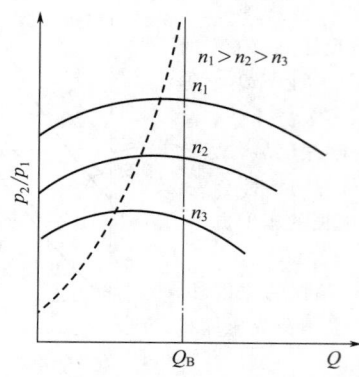

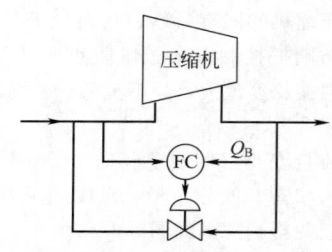

图 3-3-29　固定极限流量防喘振特性　　图 3-3-30　固定极限流量防喘振控制方案

但以设在出口管线上较多。主要原因是将节流装置安装在入口管道上对出口压力影响较大，并且一般压缩机的吸入压力较低，不允许再有更多的阻力损耗。

若压缩机入口压力和温度波动较大，那么，发生喘振的极限流量 Q_B 也将发生变化。这种情况下就要采用对入口温度和压力进行修正的固定极限流量防喘振控制方案。假定试验条件下和操作条件下入口气体的压力和温度分别为 p_0、θ_0 和 p_1、θ_1，那么操作条件下的极限流量应为

$$Q'_B = Q_B \frac{p_0 \theta_1}{p_1 \theta_0} \tag{3-3-4}$$

防止喘振的条件为入口流量应大于极限流量，即

$$Q_1 > Q'_B \tag{3-3-5}$$

如果入口采用节流装置进行测量，并假定入口流量的差压值为 h_1，流量系数为 β，那么入口的体积流量应为

$$Q_1 = \beta \sqrt{\frac{h_1 \theta_1}{p_1}} \tag{3-3-6}$$

由式(3-3-4)～式(3-3-6) 可得

$$\beta \sqrt{\frac{h_1 \theta_1}{p_1}} \geqslant Q_B \frac{p_0 \theta_1}{p_1 \theta_0} \tag{3-3-7}$$

式(3-3-7) 整理后得

$$h_1 \geqslant \left(\frac{Q_B p_0}{\beta \theta_0}\right)^2 \frac{\theta_1}{p_1}$$

令

$$C = \left(\frac{Q_B p_0}{\beta \theta_0}\right)^2$$

则得

$$h_1 \geqslant C \frac{\theta_1}{p_1} \tag{3-3-8}$$

只要测出操作条件下入口气体的压力 p_1、温度 θ_1 及节流装置的差压 h_1，即可组成如图 3-3-31 所示的对入口气体压力和温度进行补偿的固定极限流量防喘振控制方案。

该方案中采用了一只除法器和一只乘法器，乘法器的系数 C 可按试验条件下的有关数据预先算出。系统中将计算所得 $C \frac{\theta_1}{p_1}$ 作为给定值，而 h_1 作为测量值。当测量值 h_1 大于 $C \frac{\theta_1}{p_1}$ 时，旁路返回调节阀关闭；当 h_1 小于 $C \frac{\theta_1}{p_1}$ 时，旁路返回调节阀则打开，使一部分气体返回入口，从而达到防止喘振的目的。

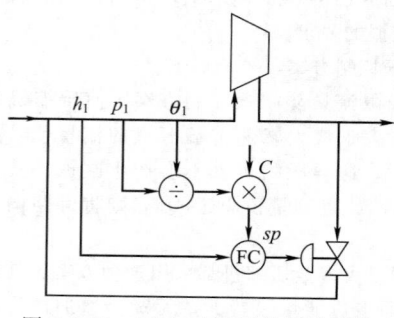

图 3-3-31　对入口温压补偿的固定极限流量防喘振方案

b. 可变极限流量防喘振控制方案。为了减少压缩机的能量损耗，在压缩机负荷有可能通过调速来改变的场合，因为不同转速工况下，其喘振极限流量是一个变数，它随转速的下降而减小，所以最合理的防喘振控制方案应是留有适当的安全裕量，使防喘振控制器沿着喘振边界曲线右侧的一条安全操作线工作。为此需要解决两个问题：一是获得描述这条安全操作线的数学方程；二是通过仪表实现数学方程所表达的运算规律，从而最后构成实际可行的控制方案。

为防止喘振的发生，必须满足下面条件，即

$$\frac{p_2}{p_1} \leqslant a + b\beta^2\,\frac{h_1}{p_1} \tag{3-3-9}$$

或者改写成

$$h_1 \geqslant \frac{1}{b\beta^2}(p_2 - a p_1) \tag{3-3-10}$$

式(3-3-10)即为防喘振数学模型。式(3-3-10)在特定条件下可以简化。例如

$$a=0\ \text{时}\quad h_1 \geqslant \frac{1}{b\beta^2}p_2 \tag{3-3-11}$$

$$a=1\ \text{时}\quad h_1 \geqslant \frac{1}{b\beta^2}(p_2 - p_1) \tag{3-3-12}$$

按式(3-3-10)模型构成的可变极限流量防喘振控制方案如图 3-3-32 所示。图中采用了两只乘法器和一只加减器。当所测差压值 h_1 大于计算值时旁路调节阀关闭；当 h_1 值小于计算值时则打开旁路调节阀，以防喘振的产生。

按式(3-3-11)及式(3-3-12)的模型构成可变极限流量防喘振控制方案，分别如图 3-3-33 及图 3-3-34 所示。

需要说明的是，离心式压缩机防喘振安全线有不同的表达公式，所取用表达公式不同以及采用的流量表达形式不同，所导出的防喘振模型可能不一样，所构成的防喘振控制系统的结构形式也就不一样。但是它们所起的作用是相同的，都能达到防喘振的目的。

在设计防喘振控制系统时，需要注意以下几个问题。

① 旁路控制器在压缩机正常运行过程中，总是测量值大于给定值，因此，如果该控制器有积分作用，就需考虑它的积分饱和问题，否则将会造成防喘振控制系统的动作不及时而造成事故。

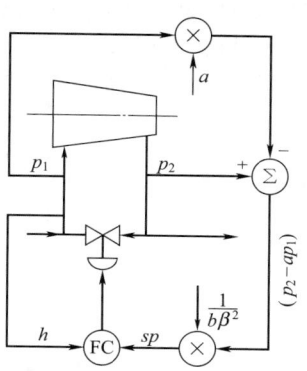

图 3-3-32　可变极限流量
防喘振控制方案

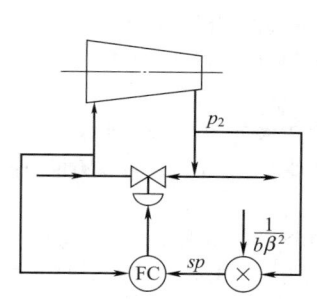

图 3-3-33　$a=0$ 时可变极限流量
防喘振控制方案

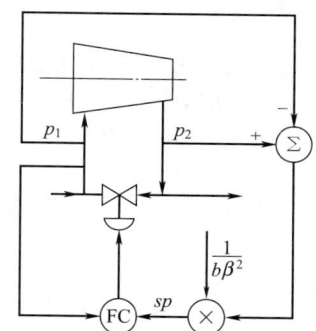

图 3-3-34　$a=1$ 时可变极限流量
防喘振控制方案

② 由于具体条件所限，有时不能在压缩机入口处测量流量而必须改在出口处测量。而压缩机制造厂家所给的压缩机特性曲线往往规定测量入口流量，这时就需要将喘振安全操作线方程进行改写。可以从入口、出口质量流量相等这一关系式出发，找出出口流量的差压值 Δp_2 与入口流量差压值 Δp_1 之间的关系，然后找出以

Δp_2 替换 Δp_1 后所得到的新的安全操作线方程。最后根据新的安全操作线方程进行防喘振控制系统的设计。

③ 喘振安全操作线方程中所涉及的压缩机出口及入口处的压力 p_1 及 p_2 都是指绝对压力。因此，所用的压力变送器如果不是绝对压力变送器，就必须考虑相对压力与绝对压力的转换问题。如果以 p_a 及 p_m 分别表示绝压和表压，其单位都是 MPa，那么 p_a 与 p_m 之间应有如下关系

$$p_a = p_m + 0.1013(\text{MPa}) \tag{3-3-13}$$

④ 防喘振控制系统实例

a. 固定极限防喘振控制系统实例。

大型合成氨装置有四台离心式压缩机，即原料天然气压缩机、空气压缩机、合成气压缩机和冷冻系统的氨压缩机。它们均设置了固定极限流量防喘振控制系统，以调节转速来改变负荷，选用的安全流量比最高转速时的极限流量大 5%。这种控制方案在低负荷即低转速运行时经济性虽较差，会浪费一些能量，但这种情况不常发生，因为一般都要求压缩机的负荷在 70% 以上操作。四台压缩机的防喘振方案简介如下。

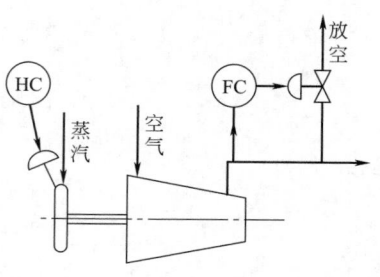

图 3-3-35 空压机的防喘振方案

空气压缩机防喘振控制。某厂采用放空的方法防止空压机的喘振。其防喘振控制方案如图 3-3-35 所示。当流量大于极限流量时放空阀关闭；当流量小于极限流量时，打开放空阀，使出口阻力减小，流量上升，以达到防喘振目的。压缩机的负荷采用手动遥控。

氨压机防喘振控制。某厂氨压机防喘振控制方案如图 3-3-36 所示。

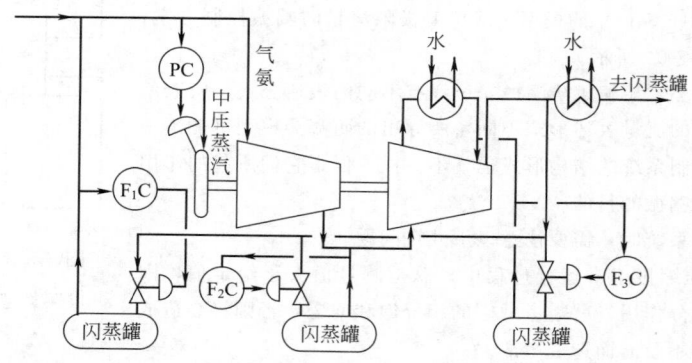

图 3-3-36 氨压机防喘振控制方案

根据工艺流程特点，为保证有足够的气氨回流，把末段未经冷却的高温气氨回流到各闪蒸罐，与低温气氨混合后回流到各段的进口。图中三套流量控制系统分别构成各段的防喘振控制。此外，由于冰机负荷主要由入口压力决定，所以用一套压力控制系统来实现负荷控制。

天然气压缩机的防喘振控制。某厂天然气压缩机防喘振控制方案如图 3-3-37 所示。其中流量控制系统作防喘振之用，流量信号取自出口管道，由于测量装置所引起的阻力变化对出口压力影响很小，负荷控制也是由压力控制系统来担当。

合成气压缩机防喘振控制。某厂合成气压缩机防喘振控制如图 3-3-38 所示。本方案中采用分段旁路的方法防止每段压缩机的喘振。P_2C 用于维持入口压力的稳定。当压力过高时，通过 P_1C 打开放空阀放空，压力正常时放空阀处于关闭状态，P_3C 用于稳定中压蒸汽压力。

b. 可变极限流量防喘振控制系统实例。

a) V 形压缩机防喘振控制。

某厂 V 形压缩机防喘振控制系统如图 3-3-39 所示。这一防喘振方案实际由两套控制系统组成：其一是入口压力控制系统，它通过压力控制器改变蒸汽透平的蒸汽量来改变气压机的转速，从而达到使入口压力保持恒定的目的；其二是防喘振流量控制系统。对这一系统分析如下。

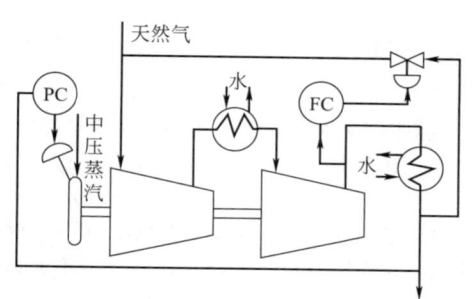

图 3-3-37　天然气压缩机防喘振控制方案

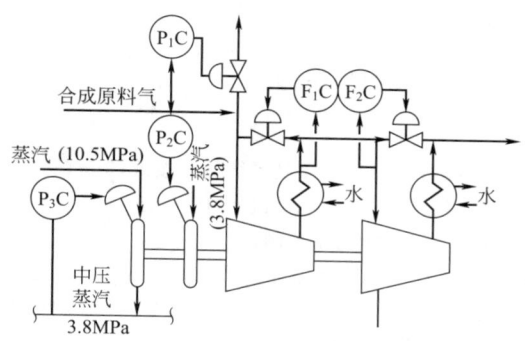

图 3-3-38　合成气压缩机防喘振控制方案

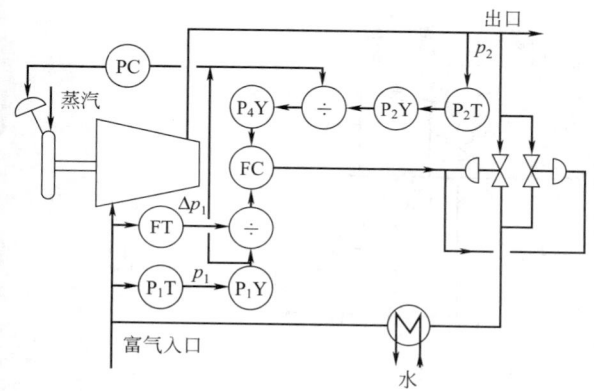

图 3-3-39　V 形离心压缩机防喘振控制系统

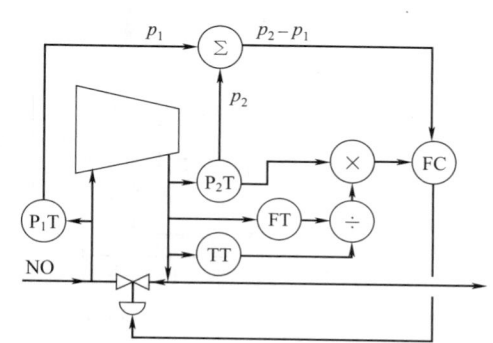

图 3-3-40　NO 压缩防喘振控制系统

分别经压力变送器 P_1T 及 P_2T 测得入口压力 p_1 及出口压力 p_2，分别经绝对压力转换装置 P_1Y 及 P_2Y 转换成绝对压力后，在除法器中相除而得到压缩比 p_2/p_1。然后再送往计算器 P_4Y 内换算成一定的安全操作量，并以此作为流量控制器的给定值。与此同时，流量变送器送出流量差压值 Δp_1 与来自绝对压力转换器 P_1Y 的入口绝压 p_1 在除法器中相除，所得商 $\Delta p_1/p_1$ 作为流量控制器的测量值。流量控制器则依据 P_4Y 确定安全量，与除法器送来的压缩机入口的实际流量进行比较，并通过调节阀的开度变化控制循环量的大小，使压缩机工作在安全操作线上，即安全区域内，以达到防喘振控制的目的。

在正常情况下，测量值始终大于给定值，两只调节阀都处于关闭状态。

当负荷不平衡，入口压力下降时，首先通过压力控制器 PC 使蒸汽透平的转速下降，降低负荷。由于转速下降压缩比也随之下降，这样流量的安全下限也跟着下降，这就减少了压缩机出现喘振的可能性。当负荷进一步减小，小于某一极限时，旁路调节阀才打开，增加进入压缩机的气体流量，以避免压缩机产生喘振。

系统中采用两只调节阀是为了提高调节阀的可调范围。

b）NO 压缩机防喘振控制。

某厂 NO 压缩机防喘振控制系统如图 3-3-40 所示。该系统测量的是压缩机出口流量，而防止喘振的安全操作线是按入口流量导出的，不能直接应用，必须加以改造。

根据式（3-3-10）所表达的流量 Q 与测量差压 h 之间的关系，可推导出

$$h_2 \geqslant \frac{1}{b\beta^2} \times \frac{p_1\theta_2}{p_2\theta_1}(p_2 - ap_1) \qquad (3\text{-}3\text{-}14)$$

式（3-3-14）是经改造后按压缩机出口流量考虑的防喘振控制的数学模型。

在式（3-3-14）中，如果 $a=1$，并且 p_1、p_2 及 θ_1、θ_2 基本不变，那么就可以用一个常数 C 来代表式（3-3-14）右边除（$p_2 - ap_1$）外的其余部分，即

$$C = \frac{1}{b\beta^2} \times \frac{p_1 \theta_2}{p_2 \theta_1}$$

这样式(3-3-14) 就可以简化为

$$h_2 \geq C(p_2 - p_1) \tag{3-3-15}$$

图 3-3-40 所示防喘振控制系统就是按式(3-3-15)所示数学模型构筑起来的。为了提高流量测量的精确度，对流量测量信号还引入了温度和压力的校正。

c) CO_2 压缩机防喘振控制。

某厂 CO_2 压缩机防喘振控制系统如图 3-3-41 所示。压缩机由蒸汽透平带动。由于工艺供给的 CO_2 时多时少，生产中允许当 CO_2 过多时放空，当 CO_2 过少时则减负荷生产，而减负荷生产时采用蒸汽透平调速的方法。其主要控制系统如下。

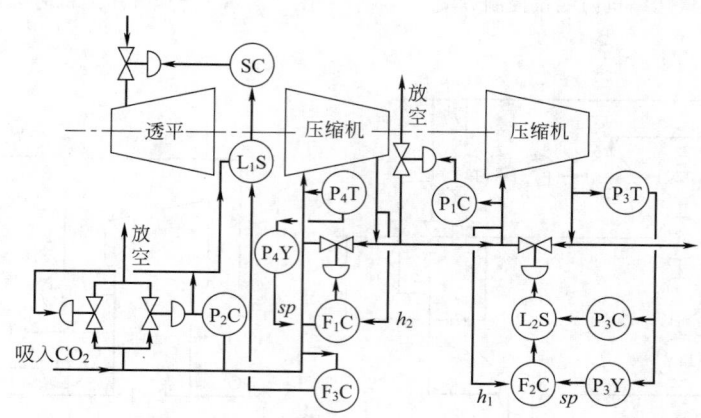

图 3-3-41　CO_2 压缩机控制方案

压缩机低压段入口气压力与流量选择性控制系统。正常生产时 CO_2 供应量大于需要，入口压力偏高，压力控制器 P_2C 输出增大，打开调节阀，放空一部分 CO_2，以维持入口压力。由于此时 P_2C 输出信号与流量控制器 F_3C 输出信号相比表现为高信号，不为低选器 L_1S 选用。于是 L_1S 选用 F_3C 输出信号送往转速控制器 SC，构成流量与转速串级控制系统。通过调节汽轮机转速维持入口流量。当 CO_2 供应量不足时，入口压力会下降，压力控制器 P_2C 输出将下降，一方面关闭放空阀，另一方面由于压力控制器 P_2C 输出下降已成为低信号，而此时流量控制器 F_3C 输出信号相比之下则成为高信号，于是低选器改选压力控制器 P_2C 输出送往转速控制器 SC，构成压力与转速串级控制系统，通过调节汽轮机转速来维持入口压力。这样做的结果，起到了保护压缩机，不致造成机械损伤的结果。因为如果此时仍然由流量控制器去控制汽轮机的转速，就会因 CO_2 供应量的不足流量将下降，流量控制器则企图靠增加汽轮机的转速来维持流量的不变，然而这是办不到的（因为 CO_2 供应量不足），结果必然会使汽轮机的转速越来越高，这是很危险的，搞得不好会造成设备的损坏。

高压段入口压力控制系统。当压力过高时，压力控制器 P_1C 打开放空阀放空。

高压段入口流量与出口压力选择性控制系统。当高压段出口压力正常时，压力控制器 P_3C 输出为高信号，不为低选器 L_2S 选用，相比之下流量控制器 F_2C 表现为低信号，于是它的输出被送往调节阀，构成防喘振控制。由于高压段流量信号取自入口，因此应按入口流量列写防喘振方程。显然该系统是按式(3-3-11)的模式构成的。当高压段出口压力过高时，压力控制器 P_3C 的输出为低信号，而相比之下，流量控制器 F_2C 输出则为高信号，于是低选器 L_2S 改选压力控制器 P_3C 的输出送往调节阀，构成高压段出口压力控制系统。通过旁路阀开度的变化，返回一部分出口气至高压段入口，以维持高压段出口压力的稳定。

低压段防喘振控制系统。由于流量取自低压段出口，因此，防喘振控制数学模型取自式(3-3-14)，即

$$h_2 \geq \frac{1}{b\beta^2} \times \frac{p_1 \theta_2}{p_2 \theta_1}(p_2 - ap_1)$$

在上式中 $a = 0$ 时，即可化简成

$$h_2 \geqslant \frac{1}{b\beta^2} \times \frac{\theta_2}{\theta_1} p_1 \tag{3-3-16}$$

在低压段入口气体及出口气体的温度基本不变的条件下，式（3-3-16）可进一步简化为

$$h_2 \geqslant C p_1 \tag{3-3-17}$$

式中

$$C = \frac{\theta_2}{b\theta_1\beta^2}$$

该系统就是按式（3-3-17）模型构成的。

d）多级离心式压缩机防喘振控制。

某厂多级离心式压缩机防喘振控制系统如图 3-3-42 所示。

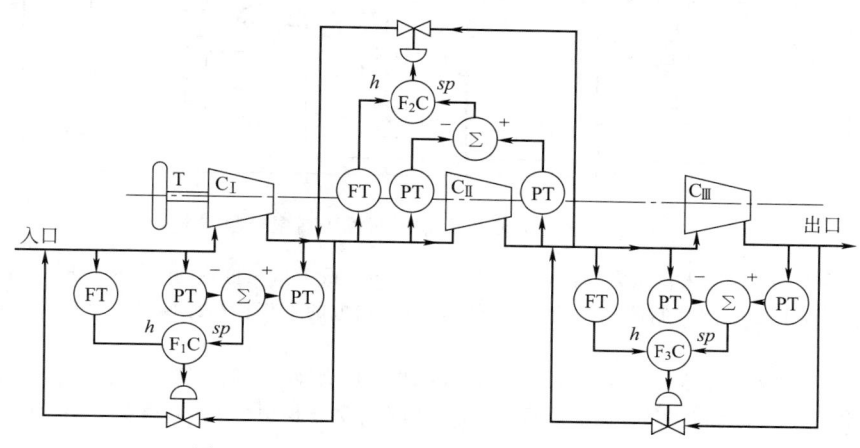

图 3-3-42　多级离心式压缩机防喘振控制系统

由图看出各级的防喘振方案完全相同，都是按式（3-3-10）的防喘振模型构筑而成的，并且在式（3-3-10）中系数 $a=1$，即

$$h_1 \geqslant \frac{1}{b\beta^2}(p_2 - p_1)$$

或

$$h_1 \geqslant C(p_2 - p_1) \tag{3-3-18}$$

式中

$$C = \frac{1}{b\beta^2}$$

等式右边计算值作为流量控制器的给定，左边为来自流量测量的差压值。当测量值大于给定值时旁路阀关闭，当测量值小于给定值时，旁路阀打开，返回一部分出口气体至入口，以达到防止喘振的目的。

e）多台并联离心式压缩机的控制。

图 3-3-43 为某厂生产工艺对三台并联压缩机所采用的防喘振控制系统图。压缩机采用电动机带动，由于压缩机进口流量与电动机动力消耗是进口绝对压力的函数，为使压缩机排气量稳定并防止电动机电流过载，在本系统中采用了压缩机入口压力控制、出口压力与入口流量控制和电机电流控制，并采用选择器组成选择性控制。

压缩机入口压力控制系统。入口压力设置了两套控制回路，其中一套根据入口压力的变化，经由压力控制器 P_1C 将其控制信号分别送到三个比例调整器 K_1、K_2、K_3，然后再分别经高、低值选择器送往各个压缩机的入口调节阀。由于每台压缩机安装情况有所不同，其特性不一样，要求入口调节阀的开度也不同，因此采用比例调整器进行协调。入口压力控制器 P_1C 输出的控制信号经比例调整器乘以事先调整好的系数 K 后，其输出信号与同一台压缩机入口流量控制器 FC 的输出信号进入最大值选择器 HS 进行比较。在正常操作情况下，即没有达到喘振限度时，入口压力控制器 P_1C 输出的控制信号总是大于入口流量控制器 FC 输出的控制信号，因此入口压力控制器 P_1C 的输出信号能通过高选器 HS，然后再到低选器 LS 中与相应压缩机电机电流控制器 IC 的输出信号进行比较。在正常情况下，入口压力控制器 P_1C 的输出信号总是小于电机电流控制器 IC 的输出信号，因此，入口压力控制器 P_1C 的输出信号能通过低选器，到达相应压缩机的入口调节阀，构成每台压缩机

460

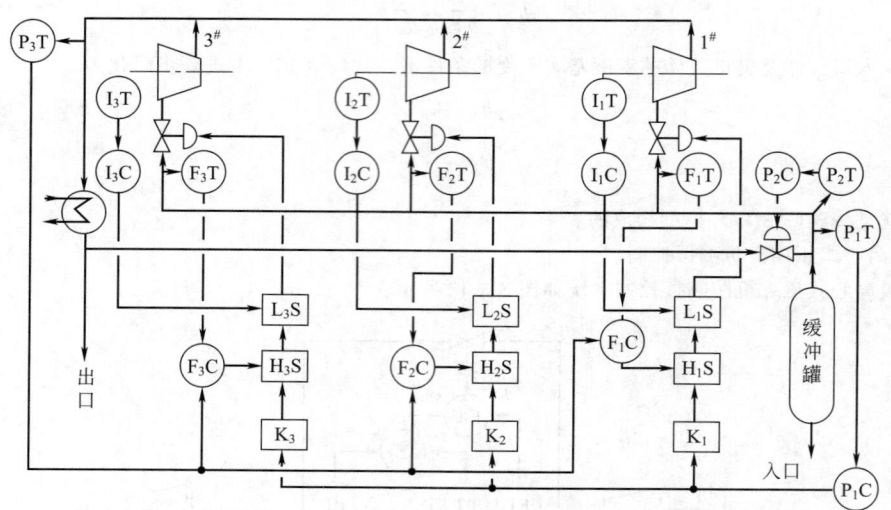

图 3-3-43 多台并联离心式压缩机防喘振控制方案

的入口压力控制系统，以保持入口压力的恒定。当任何一台压缩机入口流量达到喘振限度时，另一套压力控制系统通过压力控制器 P_2C 输出控制信号打开旁路阀，以防止喘振的发生。与此同时，相应压缩机的流量控制系统也在工作。

压缩机出口压力与入口流量防喘振控制系统。压缩机出口压力经过比例运算后（该运算功能附设在流量控制器内），作为各台压缩机入口流量控制器的给定值，其防喘振数学模型采用式(3-3-11)给出的形式，即

$$h_1 \geqslant \frac{1}{b\beta^2} p_2$$

或

$$h_1 \geqslant Cp_2 \tag{3-3-19}$$

$$C = \frac{1}{b\beta^2}$$

式中，C 为常数；h_1 为入口流量测量的差压值；p_2 为压缩机出口压力（绝压）。

对每台压缩机而言，若流量测量信号 h_1 大于给定值 Cp_2，即表示不会出现喘振，此时流量控制器的输出为低信号，在高选器 HS 中通不过（让压力控制器输出信号通过），发挥不了它的控制作用；当流量测量信号小于给定值时［即式(3-3-19)不满足］，入口流量控制器的输出信号将大于压力控制器的输出信号，而小于电机电流控制器的输出信号，因此，流量控制器的输出信号能依次通过高选器 HS 和低选器 LS 而到达相应压缩机入口调节阀，使之打开，加大压缩机的流量，从而防止该台压缩机喘振的发生。

电机电流控制系统。对每台压缩机而言，在正常运行时，由于电机动力消耗总是低于设定值，电机电流控制器 IC 输出为高信号，不为低选器 LS 选中（此时压力控制器输出为 LS 选中），因此，它的输出不能到达调节阀，发挥不了控制作用。

当任一台压缩机的电机动力消耗超过额定值时，电机电流控制器 IC 输出为低信号，因此，它能为低选器 LS 选中，而到达相应压缩机入口调节阀，使之关小，以减少负荷，直至消除故障后再恢复压力控制。

由于防喘振控制系统也受到进口压力控制的影响，操作时应适当地调整压力和流量控制器的参数，使之工作频率拉开，以防压力和流量控制系统相互影响而引起振荡。

第二节 传热设备的控制

一、传热设备

在石油、化工等生产过程中，许多操作单元，如蒸馏、干燥、蒸发、结晶等均需要根据具体的工艺要求，对物料进行加热或冷却来维持一定的温度，因此，传热过程是化工生产过程中重要的组成部分。为保证工艺过程正常、安全地运行，必须对相应的传热设备进行有效的控制。

物料在加热和冷却过程中，相互在进行着热量的交换。其中热流体将其热量传递给冷流体，或者说冷流体将其冷量传递给热流体。冷热流体进行热交换的形式有两大类：一类是无相变的热交换；一类是有相变的热交换。热量传递有传导、对流和辐射三种方式，而实际的传热过程很少是以一种方式单独进行，而是以两种或三种方式同时进行的。

传热过程是利用各种形式的换热器即传热设备来进行的。不论其目的是加热、冷却，还是汽化、冷凝，从进行换热的两种流体接触关系来看，这些传热设备可分直接接触式、间壁式和蓄热式三大类。其中间壁式传热设备应用最广。按传热过程中冷热流体有无相变的情况，将传热设备简况列于表 3-3-1 中。

表 3-3-1　传热设备简况

有无相变	载热体举例	传热设备举例	有无相变	载热体举例	传热设备举例
两侧均无相变	热水、冷水、空气	换热器	一侧有相变(介质汽化)	热水、过热水	再沸器
一侧有相变(载热体汽化)	液氨	氨冷器	一侧有相变(介质冷凝)	水、盐水	冷凝器
一侧有相变(载热体冷凝)	蒸汽	蒸汽加热器	两侧有相变(载热体冷凝介质汽化)	加热蒸汽	再沸器

二、热交换器的控制

热交换器一般是指换热器、蒸汽加热器、再沸器和冷凝器等换热设备。

1. 热交换器的特性

图 3-3-44 所示为一逆流单程热交换器。G_1 及 G_2、T_{1i} 及 T_{2i}、T_{1o} 及 T_{2o}、c_1 及 c_2 分别为工艺介质及载热体的流量、入口温度、出口温度和比热容。假定两侧均无相变。

（1）**热交换器静态特性**　对于图 3-3-44 所示热交换器，其主要输入变量 T_{1i}、T_{2i}、G_1 及 G_2 对输出变量 T_{1o} 的静态关系可用图 3-3-45 表示。如果用函数形式来表示，则为

$$T_{1o}=f(T_{1i},T_{2i},G_1,G_2) \tag{3-3-20}$$

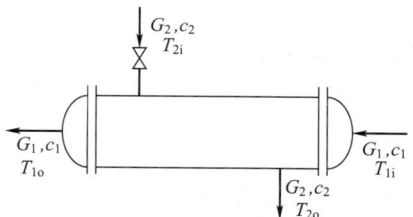

图 3-3-44　逆流单程换热器

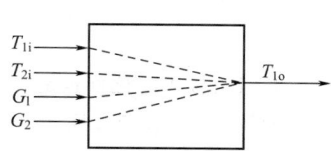

图 3-3-45　换热器特性

对象静特性就是要确定 T_{1o} 与 T_{1i}、T_{2i}、G_1、G_2 之间的函数关系 f。对象静态特性可以用来作为控制方案设计时扰动分析的依据。静态放大系数也可作为系统整定分析以及调节阀流量特性选择的依据。

静态特性推导主要依据热量平衡方程式和传热速率方程式两个基本方程式。

① **热量平衡方程式**　在忽略热损失的情况下，冷流体所吸收的热量应等于热流体所放出的热量，即

$$q=G_1 c_1(T_{1o}-T_{1i})=G_2 c_2(T_{2i}-T_{2o}) \tag{3-3-21}$$

式中　q——传热速率，J/s；
　　　G——质量流量，kg/h；
　　　c——比热容，J/(kg·℃)；
　　　T——温度，℃。

② **传热速率方程式**　由传热定理可知，热流体向冷流体传热的速率为

$$q=KF\Delta T_m \tag{3-3-22}$$

式中　K——传热系数，kcal/(℃·m²·h)；
　　　F——传热面积，m²；

ΔT_m——传热平均温差，℃。

对于逆流、单程换热的情况，传热平均温差取冷热流体出、入口温度的对数平均值，即

$$\Delta T_m = \frac{(T_{2i} - T_{1o}) - (T_{2o} - T_{1i})}{\ln \dfrac{T_{2i} - T_{1o}}{T_{2o} - T_{1i}}} = \frac{\Delta t_1 - \Delta t_2}{\ln \dfrac{\Delta t_1}{\Delta t_2}} \tag{3-3-23}$$

式中，$\Delta t_1 = T_{2i} - T_{1o}$；$\Delta t_2 = T_{2o} - T_{1i}$。

当 $\Delta t_1 / \Delta t_2 \leqslant 2$ 或在 $\dfrac{1}{3} \sim 3$ 之间时，可采用算术平均值代替对数平均值，其误差在 5% 以内。算术平均值为

$$\Delta T_m = \frac{\Delta t_1 + \Delta t_2}{2} = \frac{(T_{2i} - T_{1o}) + (T_{2o} - T_{1i})}{2} \tag{3-3-24}$$

采用算术平均值后，将式(3-3-24)、式(3-3-21)代入式(3-3-22)中，并经整理后可得

$$\frac{T_{1o} - T_{1i}}{T_{2i} - T_{1i}} = \frac{1}{\dfrac{G_1 c_1}{KF} + \dfrac{1}{2}\left(1 + \dfrac{G_1 c_1}{G_2 c_2}\right)} \tag{3-3-25}$$

式(3-3-25)即为逆流、单程列管式换热器静态特性的基本表达式，其中各通道的静态放大倍数均可由此式推出。

工艺介质入口温度 T_{1i} 对出口温度 T_{1o} 的影响，即 $\Delta T_{1i} \rightarrow \Delta T_{1o}$ 通道的静态放大倍数：

$$\frac{\Delta T_{1o}}{\Delta T_{1i}} = 1 - \frac{1}{\dfrac{G_1 c_1}{KF} + \dfrac{1}{2}\left(1 + \dfrac{G_1 c_1}{G_2 c_2}\right)} = K_1 \tag{3-3-26}$$

式(3-3-26)表明，ΔT_{1o} 与 ΔT_{1i} 之间为线性关系，其静态放大倍数为小于 1 的常数。

载热体入口温度 T_{2i} 对工艺介质出口温度 T_{1o} 的影响，即 $\Delta T_{2i} \rightarrow \Delta T_{1o}$ 通道的静态放大倍数：

$$\frac{\Delta T_{1o}}{\Delta T_{2i}} = \frac{1}{\dfrac{G_1 c_1}{KF} + \dfrac{1}{2}\left(1 + \dfrac{G_1 c_1}{G_2 c_2}\right)} = K_2 \tag{3-3-27}$$

式(3-3-20)表明 ΔT_{1o} 与 ΔT_{2i} 之间也是线性关系。

载热体流量 G_2 对工艺介质出口温度 T_{1o} 的影响，即 $\Delta G_2 \rightarrow \Delta T_{1o}$ 通道的静态放大倍数：

$$\frac{\mathrm{d}T_{1o}}{\mathrm{d}G_2} = \frac{G_1 c_1 (T_{2i} - T_{1i})}{2 G_{2o}^2 c_2 \left[\dfrac{G_1 c_1}{KF} + \dfrac{1}{2}\left(1 + \dfrac{G_1 c_1}{G_{2o} c_2}\right)\right]^2} = K_3 \tag{3-3-28}$$

式中，G_{2o} 为 G_2 的初始稳态值。由式(3-3-28)可见，$\Delta G_2 \rightarrow \Delta T_{1o}$ 通道的静态关系为非线性关系。从式(3-3-28)很难看清楚它们两者之间的关系，因此，常用图来表示这个通道的静态关系。图 3-3-46 表示出了这种关系。由图可以看出，当 $G_{2o} c_2$ 较大时曲线呈饱和状态，此时 G_2 的变化，从静态来看，对 T_{1o} 的影响就很微弱了。

工艺介质流量 G_1 对其出口温度 T_{1o} 的影响，即 $\Delta G_1 \rightarrow \Delta T_{1o}$ 通道的静态放大倍数：

$$\frac{\mathrm{d}T_{1o}}{\mathrm{d}G_1} = \frac{\dfrac{c_1}{KF} + \dfrac{c_1}{2 G_2 c_2}}{\left[\dfrac{G_1 c_1}{KF} + \dfrac{1}{2}\left(1 + \dfrac{G_{1o} c_1}{G_2 c_2}\right)\right]^2} = K_4 \tag{3-3-29}$$

式中，G_{1o} 为 G_1 的初始稳态值。

由式(3-3-29)可以看出，工艺介质的流量 G_1 与其出口温度的关系也是非线性关系。图 3-3-47 画出了它们之间关系的曲线。

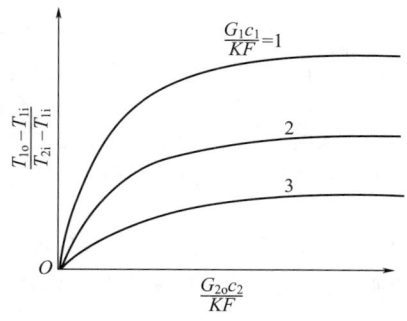

图 3-3-46 T_{1o} 与 G_{2o} 的静态关系

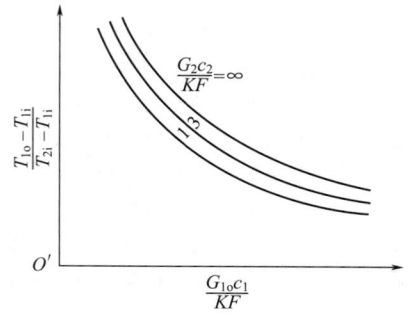

图 3-3-47 T_{1o} 与 G_{1o} 的静态关系

由图 3-3-47 的曲线可以看出，当 $G_{1o}c_1$ 较大时曲线也呈饱和状态，此时 G_{1o} 的变化对 T_{1o} 的影响就很小了。

（2）热交换器的动态特性　由于热交换器两侧均无相变，尤其是流速比较缓慢的液相传热，传热面两侧一般均为分布参数。对分布参数的对象，其变量（如温度）既是时间的函数，又是空间的函数，其变化规律需用偏微分方程来描述。

为了说明传热对象动态特性的基本规律，有时可用一些经验公式来近似描述。例如对于热交换器的动态特性，可用下面的近似关系式来表示。

① 工艺介质入口温度对出口温度的影响，即 $T_{1i} \rightarrow T_{1o}$ 通道的特性，可用下面的传递函数来描述：

$$G_1(s) = K_1 e^{-\frac{W_1}{G_1}s} = K_1 e^{-\tau s} \tag{3-3-30}$$

$$\tau = \frac{W_1}{G_1}$$

式中　K_1——通道静态放大倍数；

　　　W_1——热交换器内工艺介质的蓄存量；

　　　G_1——工艺介质的流量；

　　　τ——工艺介质在热交换器内停留时间。

由式(3-3-30)可以看出，这个通道的动态特性近似为一个纯滞后环节。

② 载热体入口温度 T_{2i}、流量 G_2 以及工艺介质流量 G_1 对工艺介质出口温度 T_{1o} 的影响，即 $T_{2i} \rightarrow T_{1o}$，$G_2 \rightarrow T_{1o}$ 及 $G_1 \rightarrow T_{1o}$ 三个通道的特性，如用传递函数来描述，可近似成下面统一的形式

$$G(s) = \frac{K}{(\tau_1 s + 1)(\tau_2 s + 1)} e^{-\tau_2 s} \tag{3-3-31}$$

式中　K——各通道的静态放大倍数，各个通道互不相同。

对 $T_{2i} \rightarrow T_{1o}$ 通道

$$G_2(s) = \frac{K_2 e^{-\tau_2 s}}{(\tau_1 s + 1)(\tau_2 s + 1)} \tag{3-3-32}$$

对 $G_2 \rightarrow T_{1o}$ 通道

$$G_3(s) = \frac{K_3 e^{-\tau_2 s}}{(\tau_1 s + 1)(\tau_2 s + 1)} \tag{3-3-33}$$

对 $G_1 \rightarrow T_{1o}$ 通道

$$G_4(s) = \frac{K_4 e^{-\tau_2 s}}{(\tau_1 s + 1)(\tau_2 s + 1)} \tag{3-3-34}$$

式中，K_2、K_3、K_4 已在式(3-3-27)～式(3-3-29)中求出；τ_1 及 τ_2 可按下式计算：

$$\tau_1 = \frac{W_1/G_1 + W_2/G_2}{2} \tag{3-3-35}$$

$$\tau_2 = \frac{W_1/G_1 + W_2/G_2}{8} \tag{3-3-36}$$

464

式中　W_1、W_2——分别为工艺介质及载热体在热交换器中的蓄存量；

　　　G_1、G_2——分别为工艺介质及载热体的流量。

从式(3-3-31)可以看出，这三个通道的动态特性均可近似为带有纯滞后的二阶惯性环节。这是由于热流体要把热量传递给工艺介质，必须先由载热体通过对流传热方式将热量传给热流体一侧的间壁，以提高其温度，再由热流体一侧的间壁通过传导的方式将热量传给冷流体一侧的间壁，以提高其温度，最后再由冷流体的间壁通过对流传热的方法将热量传给冷流体，以提高冷流体的温度。这样就形成了二阶惯性环节。此外，考虑到物料的停留时间，因此引入了纯滞后。

式(3-3-31)只是一个近似的经验表达式，因为二阶环节的两个时间常数 τ_1 及 τ_2，不仅取决于两侧流体的停留时间，而且还与列管的厚度、材质、结垢等情况有关。然而，这个式子还是能描述热交换器动态特性的内在性质。

2. 热交换器一般控制方案

热交换器的被控变量在大多数情况下都选择工艺介质的出口温度，特殊场合也可以选择有关的流量、压力或液位作为被控变量。操纵变量通常都选择热载体的流量。

从传热速率方程可以看出，要使加热或冷却的物料出口温度达到给定值并保持稳定，必须控制传热量。也就是说，必须对传热速率方程式(3-3-22)中的 K、F、ΔT 进行控制。

(1) 控制载热体流量　通过改变载热体流量控制出口温度的控制方案如图 3-3-48 所示。载热体流量的改变，会使传热系数 K 和传热平均温差 ΔT_m 发生变化。若载热体在热交换器中没有相变，根据流动情况的不同，K 的变化约为流体流速的 $0.55\sim0.8$ 次幂。当传热面积足够大时，热量平衡方程式可以反映静态特性的主要方面。此时改变载热体流量，可以有效地改变传热平均温差 ΔT_m，也就改变了传热量，从而达到调节出口温度的目的。这时相当于工作在图 3-3-46 的非饱和区。若传热面受到限制，当载热体流量增加到一定程度以后，就进入到图 3-3-46 所示的饱和区，这时载热体流量的增加对 K 及 ΔT_m 的影响就很小了。就是说，这时再采用这种控制方案就没有什么效果了，应采用工艺介质部分旁路的方法控制出口温度。

对于载热体有相变的情况，事情要复杂得多。例如载热体为蒸汽，而传热面积又有富裕时，那么进入热交换器多少蒸汽都能全冷凝下来，而且冷凝液还会进一步冷却。也就是说，进入热交换器的蒸汽不仅放出潜热（即相变热），而且还要放出一部分显热。可以这样说，进入蒸汽量愈多，释放的相变热愈多，即传热量愈多。实际上这时改变蒸汽量不仅会影响到 K，而且也影响到 ΔT_m。当传热面积受到限制时，蒸汽的冷凝量取决于传热速率方程式，可以认为调节阀开度的改变主要影响阀后的压力，即冷凝过程的压力。而饱和蒸汽的温度和压力是一一对应的，改变了饱和蒸汽压力，就改变了饱和蒸汽的冷凝温度，从而也就改变了传热平均温差 ΔT_m。因此，调节阀开度增大，阀后的压力增高，饱和蒸汽的平衡温度则上升，传热平均温差则增大，传热量也随之增加。

如果载热体上游压力波动较大，仍采用图 3-3-48 所示的简单控制方案效果将较差。可以在载热体上游增设稳压措施或采用出口温度与流量（或压力）串级控制方案。该控制方案如图 3-3-49 所示。

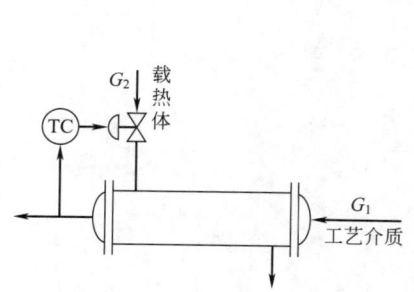

图 3-3-48　控制载热流量控制方案

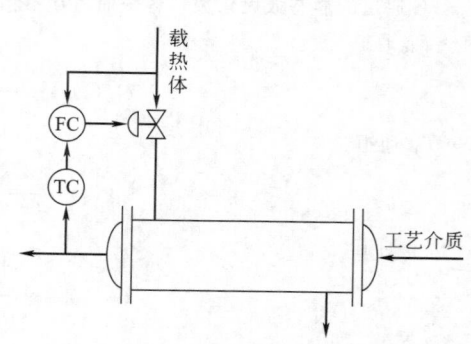

图 3-3-49　调载热流量串级方案

当载热体属于生产负荷，它与工艺介质进行热交换，完全是为了热量的回收。这时载热体的流量是不好调的。为了控制冷流体的出口温度，可以在载热体进、出热交换器的管路之间连接一分路，让载热体一部分经热交换器而另一部分则不经热交换器。为了控制工艺介质的出口温度，可以选用三通调节阀。如果调节阀安装于分路的入口，则选用分流阀；如果安装于分路出口，则应选合流阀。采用分流阀与合流阀构成的出口温度控制系统分别如图 3-3-50 及图 3-3-51 所示。

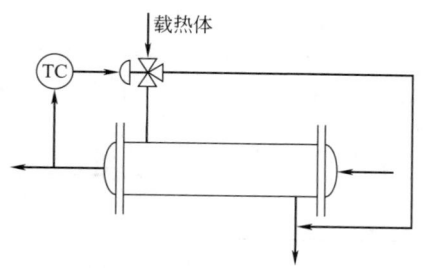

图 3-3-50 分流阀控制方案

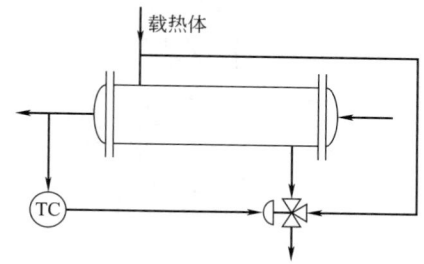

图 3-3-51 合流阀控制方案

这两种方案各有优缺点。分流阀的优点是没有温度应力，缺点是流通能力小。合流阀的优点是流通能力大，但有温度应力，温度应力的存在会使三通阀承受较大的应力变形，这会导致连接处泄漏，甚至损坏。一般要求三通阀的温差不大于 150℃。

也可以用两只直通的调节阀代替一只三通阀构成如图 3-3-52 所示的热交换器出口温度控制系统。

（2）改变传热温差 在热交换过程中，改变载热体的汽化温度，也就改变了传热的平均温差 ΔT_m，从而改变热载体的传热量，达到调节冷流体温度的目的。图 3-3-53 所示的氨冷器温度控制方案就是利用对液氨汽化压力的调节，达到控制工艺介质出口温度的目的的。

这种控制方案将调节阀安装于气氨出口管线上，从表面看调节阀开度的变化改变的是气氨蒸发量，然而实质是，当调节阀开度变化时氨冷器内液氨蒸发压力随之改变，而液氨汽化温度和汽化压力是一一对应的，也就是说液氨的汽化温度也随着调节阀开度的变化而变化。随着气氨温度的变化，传热平均温差 ΔT_m 也将随之改变。因此，调节阀开度的变化将会导致传热平均温差的变化，从而达到控制工艺介质出口温度的目的。

为了保证液氨汽化有足够的空间，因此在图 3-3-53 中设置了一个液位控制系统。该方案的特点是滞后小，反应迅速，有效，应用较为广泛。

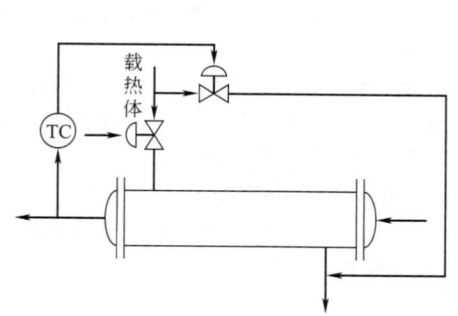

图 3-3-52 用两只直通阀的控制方案

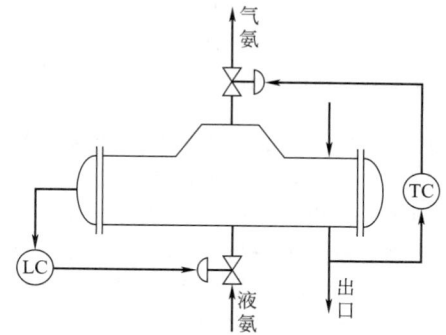

图 3-3-53 氨冷器温度控制方案

为防止气氨管路压力波动对温度的影响，还可组成如图 3-3-54 所示的工艺介质出口温度与气氨蒸发压力串级控制方案。

（3）将工艺介质分路 在热交换过程中，当需要载热体用量很大时，从图 3-3-46 所示热交换器静态特性曲线看，已进入到了曲线的饱和区。这时再通过改变载热体的流量所起的调节作用已很微弱；从动态特性上看，对于程数复杂的热交换器，往往停留时间长，时滞大，动态特性较差，通过改变载热体流量来控制工艺介质的温度，效果将会比较差。解决的办法是使工艺介质分路，使之一部分经换热器而另一部分不经换热器，到出口前再使这两股工艺介质混合，以此来调节出口温度。图 3-3-55 所示的热交换器出口温度控制方案就是通过一只三通阀（分流阀）来实现的。

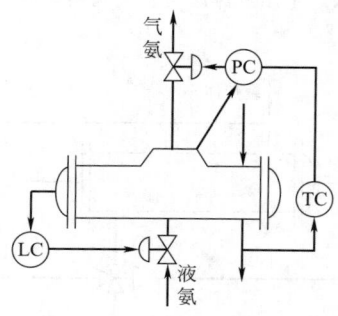

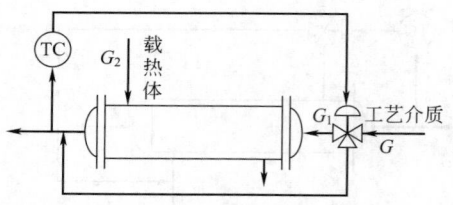

图 3-3-54 氨冷器温度与压力串级控制方案　　　　图 3-3-55 工艺介质分路的控制方案

通过静态分析可以得知，当通过热交换器的一路冷流体流量 G_1 较大时，静态特性也会出现饱和问题，这时改变 G_1 对传热速率的影响就很小了，因此，控制效果也就不好了。

从动态角度看，这种控制方案在变化开始阶段混合过程起主导作用，所以调节通道响应很快，较有利。但是载热体总是处于高负荷状态，而且还要求传热面积有一定的余量，这对于采用专门热剂（或冷剂）的场合，显然是不经济的。但是对于热量回收系统，载热体往往也是某种工艺介质，其流量不加控制或视其他条件而定，这个问题就不存在了。

在图 3-3-55 所示控制方案中，采用的是分流式三通阀，也可以按图 3-3-51 类似方法构成合流式三通阀控制方案。还可以用两只直通控制阀构成类似于图 3-3-52 所示的控制方案。所不同的只是调节阀不是设置在载热体管线上，而是设置在工艺介质（冷物料）管线上。

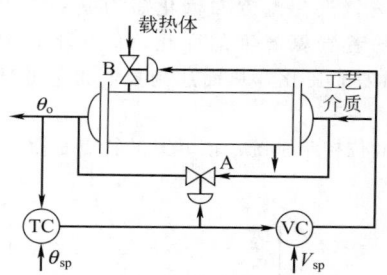

图 3-3-56 阀位控制系统

若将工艺介质分路与调节载热体流量方案结合起来，则可组成如图 3-3-56 所示的阀位控制系统。这种控制方案中采用两个控制器和两个调节阀。两个调节阀分别安装在工艺介质分流管及载热体入口管线上，前者为 A 阀，后者为 B 阀。对控制出口温度 θ_o 来说，显然调节 A 阀比调节 B 阀迅速、快捷、及时。但是从经济角度考虑，调节 B 阀比调节 A 阀要更经济、合理。本控制方案能够将调节 A 阀的快捷性与调节 B 阀的经济性很好地结合起来，采取"急时治标，缓时治本"的策略，对出口温度实现有效的控制。下面对该系统工作过程作一简单的分析。

假定开始时系统处于一个稳定状态，此时出口温度 θ_o 等于给定值 θ_{sp}，温度控制器 TC 的输出等于阀位控制器 VC 的给定值 V_{sp}，也等于调节阀 A 膜头的信号值，阀 A 即处于阀位控制器 VC 的设定值 V_{sp} 所设定的某个开度，阀 B 也处于某一开度上（由 VC 输出决定）。

如果由于某个干扰的影响使出口温度 θ_o 升高了，这就使温度控制器的测量值大于给定值，于是温度控制器 TC 的输出将增大。TC 输出增大，一方面会使阀 A 的开度增大，另一方面会使阀位控制器的测量值增大。阀 A 开度增大，会使流经分路而未经换热的工艺介质流量增加，且由于它是冷流体，于是出口温度开始下降。显然这一过程是很迅速的。阀位器测量值的增大，又会使 VC 的测量值大于给定值，于是 VC 的输出会使阀 B 的开度减小，以减少载热体的供应量，这也会促使出口温度的下降。随着出口温度的下降，TC 的输入偏差减小，其输出也减小，于是阀 A 的开度在增大以后又开始慢慢向减小的方向变化，而此时阀 B 仍旧慢慢向减小方向变化。这一过程一直进行到温度控制器 TC 及阀位控制器 VC 的输入偏差信号都等于零时才能达到稳定。温度控制器 TC 的输入偏差信号等于零，则表示出口温度的测量值回到了给定值。阀位控制器 VC 的输入信号等于零，则意味着阀 A 的开度又回到 VC 的给定值 V_{sp} 所给定的位置。此时阀 B 却处于某个新的开度。由以上分析可以看出，阀 A 只是在干扰影响的初始阶段很迅速地发挥一阵子作用，之后它的作用逐渐为阀 B 所代替，它自己则慢慢恢复到它原来的开度上（由 VC 的给定值确定）。

阀位控制系统是将克服干扰的快捷性和经济合理性很好地结合起来的一种控制系统，运用得当，可以产生很好的效果。然而，这种控制系统所用的仪表较多，系统也较为复杂。

（4）改变传热面积　从传热速率方程式可以看出，在传热系数 K 和传热平均温差 ΔT_m 基本保持不变的情况下，通过改变传热面积就可以改变传热量，从而达到控制温度的目的。图 3-3-57 所示蒸汽冷凝换热器出口温度控制系统就是这样一个例子。该系统中调节阀安装在冷凝液排出管线上，调节阀开度的变化，使冷凝液的排出量发生变化，热交换器中的冷凝液液位就会发生变化。而在冷凝液液位以下部分都是冷凝液，它在传热过程中不起相变化，其给热系数远较液位上部汽相冷凝给热小，所以冷凝液液位变化实质上等于传热面积的变化。

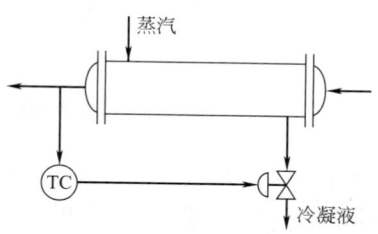

图 3-3-57　改变传热面积控制方案

这种控制方案主要适用于传热量较小、被控制温度较低的场合。因为在这种场合下如果改用调节蒸汽的方法，可能会发生冷凝液排除的困难。由于蒸汽冷凝温度与压力有关，在常压下冷凝温度为 100℃，如果工艺介质温度较低，需要热量较小。由于调节阀装在蒸汽管线上，蒸汽很可能冷却到 100℃以下，这样蒸汽冷凝温度降低，加热器一侧会产生负压，冷凝液便不能正常排放，这时冷凝液就会积累起来，使传热面积减小。如要保持同样传热量，温度必须上升，压力亦会升高，等到压力高于大气压时，冷凝液便会自行冲出。这样周而复始，循环不息，温度必然要作周期性振荡。

将调节阀装在冷凝液排出管上，蒸汽压力有了保证，不会形成负压，这样通过调节冷凝液液位即调节传热面积，就可以使工艺介质出口温度达到稳定。

这种控制方案从静态角度看是很有效的，但从动态角度看，调节过程是通过冷凝液排出量的变化引起冷凝液液位的变化，改变传热面积后才会影响到温度，而且冷凝液累积起来是一个积分过程，相当迟缓。因此调节过程比较迟钝，变化比较缓慢。而且调节阀开和关的特性又不相同，阀开时传热面积改变得快，而关阀时传热面积改变得慢，因此给控制器参数的整定带来一定的困难，控制品质也不大好。所以，这个方案只在必要时才进行考虑。

改变传热面积变化滞后影响的有效办法是采取如图 3-3-58 所示的两种串级控制方案。在这种串级方案中，把这一反应迟缓的对象放于副环之中，以改善广义对象的特性。其中图 3-3-58(a) 为工艺介质出口温度与冷凝液液位串级控制，图 3-3-58(b) 为工艺介质出口温度与蒸汽流量串级控制。这两种方案都将调节阀放在冷凝液排出管上。

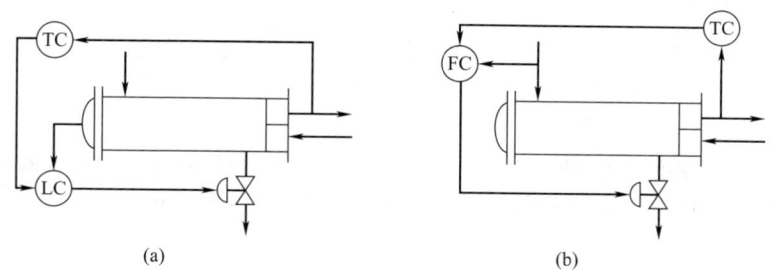

(a)　　　　　　　　　　　　　　(b)

图 3-3-58　调节阀在冷凝液排出管上的两种串级控制方案

3. 复杂控制系统在热交换器控制中的应用

（1）前馈-反馈控制　反馈控制是按偏差来进行调节的，也就是说只有在偏差产生以后才进行调节，因此，调节作用总是落后于扰动作用的，是"不及时"的控制。而前馈控制是按扰动的大小来进行调节的，调节作用与扰动作用是同步的，在扰动作用的同时控制作用也就产生。因此，如果前馈控制运用得当，可以使被控变量不受扰动的影响。

单纯的前馈控制在生产过程控制中很少采用，绝大多数情况下是将前馈与反馈结合起来构成前馈-反馈控制系统。将系统中对被控变量影响较大的主要干扰用前馈控制加以克服，而对其他次要干扰的影响以及前馈补偿不完全的影响，则通过反馈控制来加以消除，使被控变量获得较好的品质。

① 静态前馈　静态前馈是通过机理分析找出操纵变量与扰动之间关系的数学表达式，然后用相应的仪表来加以实现。

对蒸汽冷凝换热器来说，如果将工艺介质的入口温度或流量的变化视为扰动，操纵变量为蒸汽流量，要控制工艺介质的出口温度。

蒸汽冷凝换热器的热平衡关系式为

$$G_2\lambda = G_1 c_1 (\theta_{1o} - \theta_{1i})$$

或

$$G_2 = \frac{c_1}{\lambda} G_1 (\theta_{1o} - \theta_{1i}) \qquad (3\text{-}3\text{-}37)$$

式中，θ_{1o} 为出口温度的设定值。

根据式（3-3-37）即可组成如图 3-3-59 所示的静态前馈控制系统。该系统使用了三个变送器、一个加减器、一个乘法器和一个流量控制器。当工艺介质的流量 G_1 及入口温度 θ_{1i} 发生变化时，通过式（3-3-37）计算出要保持 θ_{1o} 不变需要改变的蒸汽量 G_1，该计算值作为流量控制器的给定值，再测取该流量的实际值，送往流量控制器中与给定值进行比较，根据比较所得偏差，流量控制器则采取相应的控制措施，开大或关小调节阀。

如果工艺介质的入口温度 θ_{1i} 不变，主要扰动为 G_1，那么就可组成如图 3-3-60 所示的更为简单的静态前馈控制系统。图中 K 为前馈补偿系数，即为式（3-3-37）中的 $\frac{c_1}{\lambda}(\theta_{1o} - \theta_{1i})$。这类控制方案简单，实施方便，工程上应用广泛。这样的系统从流量控制角度来说，实际是一个流量比值控制系统。

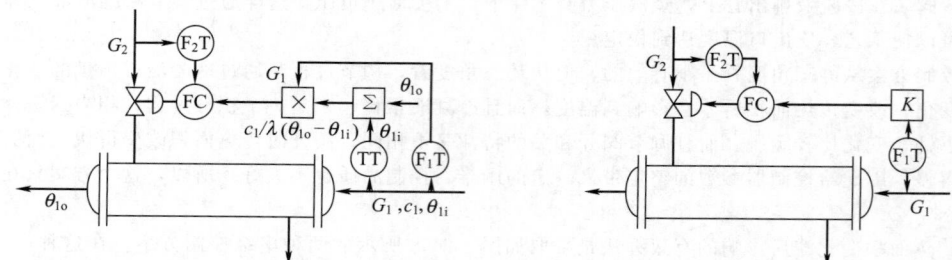

图 3-3-59　蒸汽冷凝换热器静态前馈控制系统　　图 3-3-60　蒸汽冷凝换热器简单静态前馈控制系统

② 前馈-反馈控制系统　　前馈-反馈控制系统方块图如图 3-3-61 所示。

根据对扰动 F 的补偿原理

$$G_f + G_{ff} G_0 = 0 \qquad (3\text{-}3\text{-}38)$$

由上式可得

$$G_{ff} = -\frac{G_f}{G_0} \qquad (3\text{-}3\text{-}39)$$

G_{ff} 即为理想前馈补偿器的传递函数。考虑工程实现的可能性以及前馈与反馈相结合的形式（前馈与反馈的结合可降低对前馈模型精度要求），一般前馈补偿器的模型采用下面形式，即

$$G_{ff} = -K_{ff}\frac{1+T_1 s}{1+T_2 s} \qquad (3\text{-}3\text{-}40)$$

对于工艺介质流量为主要干扰的前馈-反馈控制系统，其控制方案如图 3-3-62 所示。G_1 的干扰由前馈控制来克服，其他干扰由反馈控制来克服。

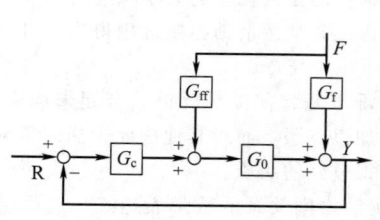
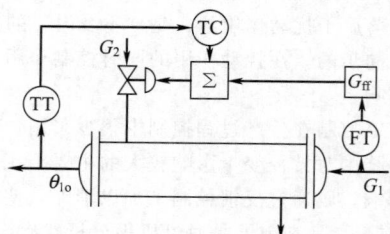

图 3-3-61　前馈反馈控制系统方块图　　图 3-3-62　蒸汽冷凝换热器前馈-反馈控制方案

如果蒸汽流量或压力经常波动，则可采用如图 3-3-63 所示前馈-串级控制方案，在该方案中增加了一个蒸

汽流量副回路，使蒸汽压力或流量变化的扰动在流量副回路中就进行克服，从而保证主参数——工艺介质出口温度的稳定。

当调节通道与扰动通道的时间常数比较接近时，可以采用静态前馈，此时前馈补偿装置只是一个比值器。

③ 前馈-反馈控制系统应用实例

a. 酮苯塔进料温度前馈-反馈控制系统。酮苯塔对其进料的温度有着严格的要求（要求控制在95℃左右）。原先采用单回路控制，温度波动在4～10℃范围，满足不了工艺要求，经分析主要原因为进料流量变化较大，为此引入进料流量为前馈信号，组成如图3-3-64所示的前馈-反馈控制系统。经测试发现，调节通道与干扰通道时间常数及纯滞后都比较接近，因此，只需采用静态前馈就可

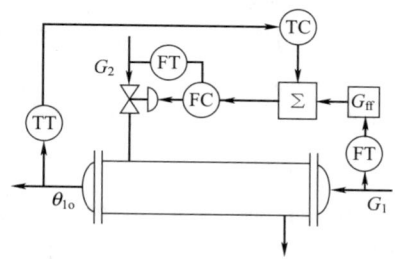

图 3-3-63 蒸汽冷凝换热器
前馈-串级控制方案

以。系统投运后，在进料流量变化37%的情况下，温度波动仅为±2℃，控制品质大为提高。

b. 铜液氨冷器出口温度前馈-反馈控制系统。生产工艺对铜液氨冷器出口温度要求控制在10℃左右。原采用单回路控制，工况稳定时能满足要求，一旦工况变化较大时就不能满足工艺要求。分析表明主要由于铜液进口温度和气氨压力变化较大原因所致。为此，对铜液入口温度与气氨压力引入前馈补偿，从而构成如图3-3-65所示的前馈-反馈控制系统。经测试调节通道时间常数为5min，铜液入口温度至出口温度通道时间常数为1min，气氨压力至出口温度通道时间常数为5min。因此，对气氨压力的前馈补偿可以用一只比值器 K_1 来实现，而进口温度前馈补偿器为 $K_2 \times \dfrac{s+1}{5s+1}$，可用一个比值器 K_2 和一个微分单元来近似。投入运行后，当进口温度由20℃变化到60℃，气氨压力从180kPa变化到270kPa时，出口温度仍保持在10℃±1.5℃，完全满足了生产要求。

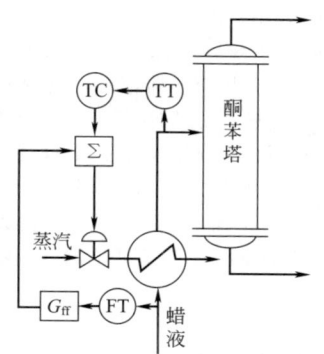
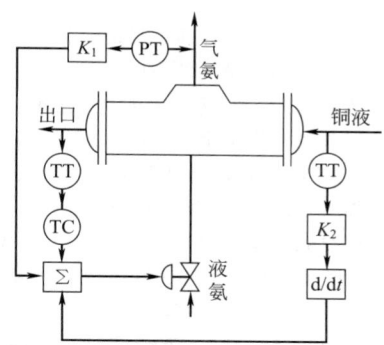

图 3-3-64 酮苯塔进料温前馈-反馈控制系统   图 3-3-65 铜液氨冷器出口温度前馈-反馈控制系统

（2）热焓控制系统 热焓是指单位质量的物料所积存的热量，热焓控制是指保持物料的热焓为一定值，或按一定规律变化。

工艺介质为单一相（气相或液相）时，热焓与温度之间是单值对应关系，这时用温度控制就可以代替热焓控制。如果介质为气液混相时，热焓与温度之间就不是单值对应关系，因此，这时就不能用温度控制代替热焓控制。

热焓是无法直接进行测量的，它只能通过热量衡算关系间接获得。计算时需要注意的是正确计算载热体与工艺介质之间的热量交换。从载热体方面看有三种情况，即：

① 进入设备前、后都是汽相；

② 进入设备前、后都是液相；

③ 进入设备之前为汽相，释热后完全冷凝成液相。

上述三种情况，第三种较为复杂，也用得最多，蒸汽冷凝换热器就是一例。下面就以它为例，分析热焓计算方程式。

假定蒸汽流量为 F_s，相变热为 λ，比热容为 c_s，进出换热器的温度分别为 θ_i 及 θ_o；工艺介质的流量为 F，

比热容为 c_f，进口温度为 θ，出口时的热熔为 H_f。

根据热量平衡关系，在不考虑热损失的情况下，工艺介质所获得的热量应等于热载体所释放的热量，即

$$FH_f - Fc_f\theta = F_s[\lambda + c_s(\theta_i - \theta_o)]$$

于是可得

$$H_f = c_f\theta + \frac{F_s}{F}[\lambda + c_s(\theta_i - \theta_o)] \tag{3-3-41}$$

式（3-3-41）即为工艺介质出口所具有的热熔量，如果以它为测量值，再根据工艺要求给工艺介质出口热熔设置一给定值，就可以按式（3-3-41）构造一个如图 3-3-66 所示的热熔控制系统。

（3）选择性控制系统 选择性控制系统中有两个控制方案：一个用于生产正常的情况；一个用于生产非正常情况。这两个方案根据生产正常与否由选择器决定选择其中之一，生产正常时选用正常的控制方案，生产处于非正常（参数越限，即将发生事故）情况时，选用非正常控制方案。当生产恢复正常时，正常控制方案又取代非正常控制方案，对生产进行控制。

这种选择性控制方案在氨冷器、乙烯与丙烯冷却器中都有应用。在这些冷却器中都是借载冷体（液氨、液乙烯、液丙烯）液相蒸发吸热而使工艺介质冷却。要使液相蒸发必须要有一定的蒸发空间，如果没有了蒸发空间或者蒸发空间太小，液相就不能（或很少）转变为汽

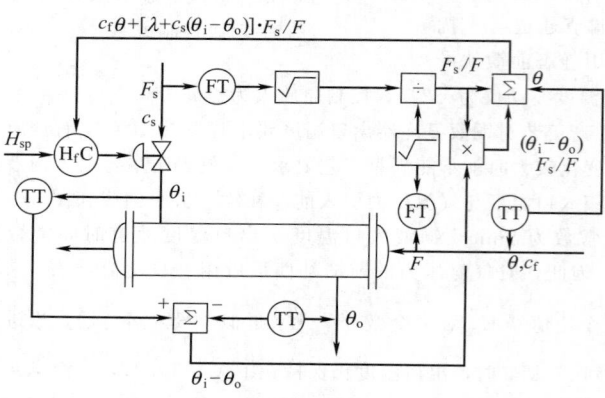

图 3-3-66 蒸汽冷凝换热器热熔控制系统

相，这一方面达不到冷却工艺介质的目的，另一方面会出现汽相带液，如果让带液的汽相进入压缩机（这些冷剂往往都是经压缩机压缩后循环使用的），将会损坏压缩机。因此，对这类热交换器都必须设置液面控制，也可以构成选择性控制。图 3-3-67 所示即为工艺介质出口温度与液氨液位选择性控制系统。

正常情况下，液位低于给定值，液位控制器 LC 输出呈高信号，相对而言，温度控制器 TC 输出为低信号，因此，低选器 LS 选择 TC 输出送往调节阀，构成按工艺介质出口温度控制的温度控制系统。当液位超过给定值时，液位控制器 LC 的输出迅速转变成低信号，于是低选器 LS 改选 LC 的输出控制调节阀，构成液位控制系统。一直到液位回复到正常值以后，液位控制器 LC 的输出又上升成为高信号，于是低选器 LS 又改选温度控制器 TC 的输出控制调节阀，恢复为温度控制系统。

下面介绍一个选择性控制系统的应用实例。

裂解气压缩机五段出口裂解气温度为 88℃，而后续工序却要求它为稳定的 15℃，温度太高会影响后续反应；温度太低，会生成水合物，堵塞管道。为了将裂解气温度由 88℃降至 15℃，工艺上对其采取了水冷、丙烯冷却和脱甲烷塔釜液冷却等三级冷却措施。该冷却过程除了要求裂解气达到稳定的 15℃指标外，工艺还要求脱甲烷塔釜液流量要保持稳定。根据上述情况，对该冷却系统设计了如图 3-3-68 所示的选择性控制系统。

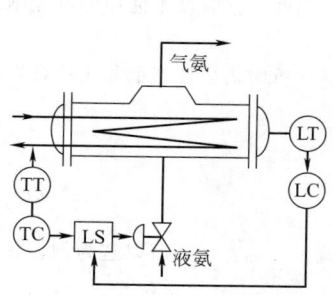

图 3-3-67 氨冷器出口温度与液位选择性控制系统

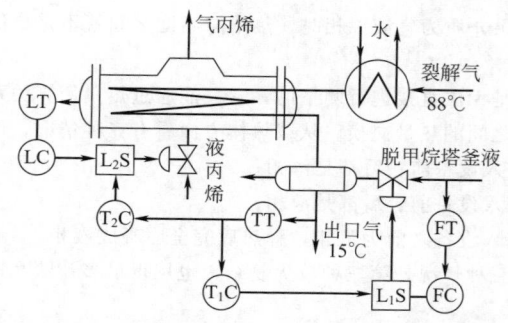

图 3-3-68 裂解气冷却系统选择性控制

该冷却系统有两套选择性控制，其中丙烯冷却器裂解气出口温度与液相丙烯液位选择性控制系统，与上述介绍的氨冷器选择性控制系统作用完全相同，所不同的只是冷剂改成了丙烯。

该方案中第二套选择性控制系统为脱甲烷塔釜液流量与裂解气出口温度选择性控制系统。该系统在裂解气出口温度正常时，温度控制器 T_1C 输出为高信号，而脱甲烷塔釜液流量控制器 FC 输出为低信号，低选器 L_1S 选择 FC 输出送往调节阀，构成流量控制系统，以保证脱甲烷塔釜液流量的稳定。当裂解气出口温度低于 $15℃$ 时，防止生成水合物已上升为主要矛盾。这时温度控制器 T_1C 的输出信号变为低信号，于是低选器 L_1S 改选 T_1C 输出送往调节阀，构成温度控制系统。直到温度恢复正常时，T_1C 又恢复成高信号，L_1S 又改选 FC 输出送往调节阀，恢复成流量控制。

需要注意的是，在选择性控制方案中，任何时候都有一个控制器处于开环工作状态（其输出未被选中），如果该控制器又具有积分作用，那么就得考虑它的积分饱和问题，否则当它被选中时就不能及时发挥作用。

三、蒸发器的控制

蒸发操作是用加热的方法使溶液中的部分溶剂汽化并除去，以提高溶液中溶质的浓度，或使溶质析出。因此蒸发过程是使挥发性溶剂与不挥发性溶质分离的一种操作。蒸发操作广泛用于制盐、制碱、制糖、食品、医药、造纸及原子能等工业生产中。

蒸发过程一般都在蒸发器中进行，按照溶液在蒸发器中循环的情况，蒸发器分为自然循环蒸发器、强制循环蒸发器和膜式蒸发器三类。

① 自然循环蒸发器有中央循环管式、悬筐式、外加热式及管外沸腾式等多种。这些蒸发器在加热时由于设备内各部分溶液的密度不同而产生溶液的循环。

② 强制循环蒸发器借助于泵的外力作用，强使溶液沿着一定方向循环。这种强制循环比自然循环速度大，且传热总系数也大。

③ 膜式蒸发器有升膜式、降膜式和升降膜式几种。这类蒸发器的特点是溶液仅通过加热管一次，不再循环。溶液在加热管壁上形成一层薄膜，其蒸发速度很快。这对于处理热敏性物料特别适宜。

1. 蒸发器的特性

工业上所采用的蒸发过程大多属于沸腾蒸发，即溶液中的溶剂在沸腾时汽化，在汽化过程中溶液呈沸腾状态，汽化不仅在溶液表面进行，而且几乎在溶液各个部分同时发生，它是一个剧烈的传热过程，因此蒸发器的对象特性可以按集中参数来处理。蒸发器的对象特性和其他传热对象一样也很复杂，是具有纯滞后的多容对象。对单效蒸发器，工业上常用具有纯滞后的一阶环节来近似。双效蒸发器则可用一个带纯滞后的二阶非周期环节来处理。对于膜式蒸发器，由于其蒸发速度很快（数秒至数十秒），停留时间短，其对象特性不同于一般蒸发器，它的纯滞后时间和时间常数都较小。

最终产品的浓度是蒸发过程的主要质量指标，因此最终产品的浓度应是被控变量。影响产品浓度的因素主要有蒸发器的压力；进料的流量、浓度、温度；蒸发器内液位及冷凝液和不凝性气体的排除等。

由于影响因素较多，为使蒸发操作在一个较好的工况下进行，往往希望将一切扰动排除在进蒸发器之前。实际上全部扰动都在进蒸发器前克服是不可能的，而未被克服的扰动最终将影响到产品的浓度。

产品浓度可以直接测量，也可以通过温度或温差来反映，而且后者更为常用。

为了使产品浓度符合要求，一般以产品浓度作被控变量，操纵变量可视具体情况选用进料流量（允许调节的情况下）、循环量、出料流量等。有时也选用加热蒸汽量作操纵变量。这样构成的控制系统称之为蒸发器的主控制回路，对其他参数的控制称之为辅助控制回路。

2. 蒸发器的主控制回路

(1) 浓度控制 根据产品的浓度来控制蒸发过程是最直接的，在可能的情况下总是优先考虑。直接测量产品浓度的方法有折光法、比重法等。

采用折光仪测量浓度的控制方案如图 3-3-69 所示。采用比重法的浓度控制方案如图 3-3-70 所示。

(2) 温度控制 在蒸发过程中，蒸发器物料的浓度是沸点温度与真空度（或压力）的函数。当真空度（或压力）基本恒定的情况下，产品浓度与沸点温度之间存在一一对应的关系。浓度增加，沸点温度上升，反之亦然，因此，可以用温度控制代替浓度控制。特别是有些物料的蒸发工艺过程，对产品的浓度与温度都有一定要求，更显得采用温度控制的必要。图 3-3-71 所示二段蒸发器出口温度控制方案就是一例。

472

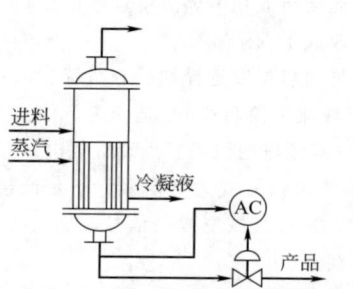

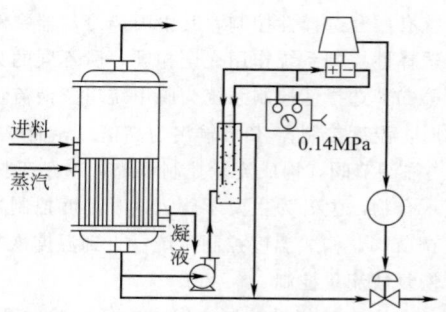

图 3-3-69 采用折光仪的浓度控制方案　　图 3-3-70 采用比重法的浓度控制方案

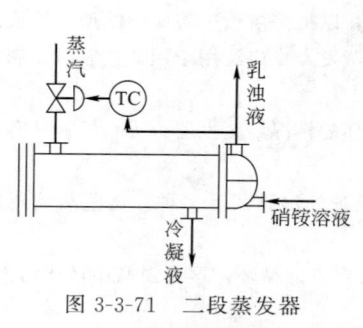

图 3-3-71 二段蒸发器
出口温度控制方案

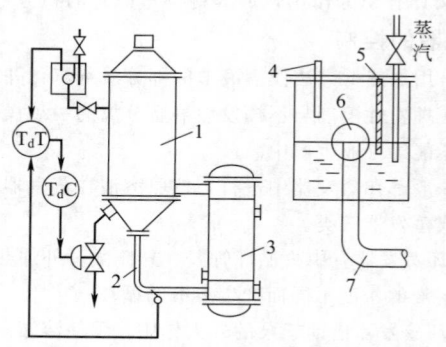

图 3-3-72 汽相测温小室及其安装示意图
1—分离器；2—循环管；3—加热室；4—测温
元件；5—挡板；6—视镜；7—连通管

（3）温差控制　温度控制代替浓度控制的前提条件是真空度（或压力）基本不变，如果压力或真空度变化时，温度控制方案就无法采用。为克服真空度的影响，可采用温差控制来代替浓度控制。温差法的基本原理是，真空度变化对溶液沸点和水的沸点影响基本一样，即真空度在一定范围内变化时，一定浓度的溶液沸点与水的沸点（饱和水蒸气的温度）之差即温差基本不变。因此，如果能保持温差不变，浓度也就一定了。这就是利用温差控制代替浓度控制的道理所在。

采用温差法测量产品的浓度有一个重要问题，就是汽、液两个测温点的选择问题，只有它们能真正反映一定真空度下饱和水蒸气温度和溶液的温度时，温差才能正确反映浓度。

液相测温点选择比较容易，只要测温点处于流动状态的液相之中就可以了。

汽相测温点是个参比变量，应该测量的是该真空度下饱和水蒸气的温度。汽相测温点不能选择在蒸发室直接测量二次蒸汽的温度，因为二次蒸汽中含有少量不定溶质，因此它不能真正反映饱和水蒸气的温度。为此，要设计一个汽相测温小室，并随时送入热水，使之汽化，处于饱和状态，以保证测得真正的饱和水蒸气温度。

图 3-3-72 所示为汽相测温小室及其安装示意图。

饱和蒸汽的温度与压力有一定的关系，如图 3-3-73 所示。压力不同，饱和蒸汽的温度也不同，因此，只要测出压力，就可以求得饱和蒸汽的温度，温差也就可以求得。图 3-3-74 是一个实例。

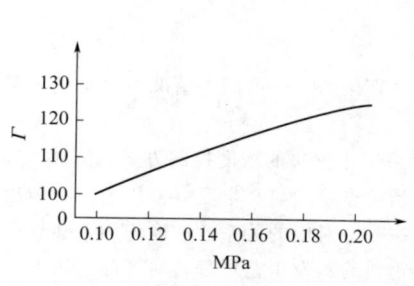

图 3-3-73 饱和蒸汽压力与温度关系图

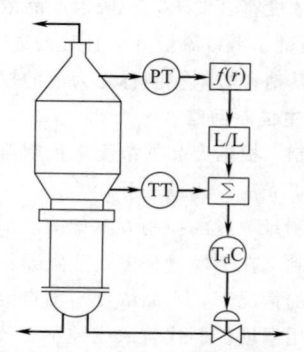

图 3-3-74 温差控制系统示意图

从图 3-3-74 可看出，蒸发器汽相压力经压力变送 PT 测出后送入一函数发生器 $f(x)$，由它将压力信号按图 3-3-73 的关系转换成相应的温度信号，然后将此信号经过一延迟单元 L/L 再送往加法器，与测得的溶液温度相减，以求得温差，最后将温差值送往温差控制器作为后者的测量信号，从而实现温差控制。

延迟单元的使用是为了解决测温滞后问题，因为测压滞后小，这样温度与压力在测量时间上就有差异，为求得同一瞬间的液相温度与汽相压力，在函数发生器后加了一个延迟单元，以使压力变送器送来的信号延迟到与液相温度变送器来的信号同步。

3. 蒸发器辅助控制回路

蒸发器辅助控制回路包括加热蒸汽的控制、真空度的控制、蒸发器的液位控制以及冷凝液的排除等。

（1）加热蒸汽压力控制 加热蒸汽压力的波动对产品浓度的影响很大，同时还会影响到各效的压力、温度和液位等，因此，对蒸汽压力进行控制是必要的。

（2）蒸发器的液位控制 蒸发器液位的高低会影响蒸发操作，液位过高，蒸汽耗量会增加，蒸发时间会拉长；液位过低，易结晶或黏度较大的溶液易在加热管上结晶，会影响传热和蒸发效果，亦会增加蒸汽的消耗量。因此，保持蒸发器液位恒定，有助于控制蒸发器的传热面积，提高热效率，维持真空度恒定，降低蒸汽消耗，减少物料损失，提高产品的产量和质量。为此必须对蒸发器的液位进行控制。

影响蒸发器液位的主要因素有进料、出料或循环量的波动，蒸汽压力波动会影响各效的蒸发速度，也会引起液位的波动。作为液位控制的操纵变量，可以选蒸发器进料，也可以选出料，它们的改变对液位的影响都很灵敏，至于选择哪一个为好要视具体情况。

液位测量应注意蒸发操作的特点：第一，蒸发器是一个密闭的容器，且要保持一定的真空度或压力；第二，蒸发过程溶液沸腾剧烈，溶液泡沫易造成假液位；第三，蒸发过程是一个浓缩过程，易使取压口不通畅，有时会堵塞取压口，特别是对于具有结晶及黏度较大的物料，尤其应该注意。由上分析可知，在液位测量方法选择上必须认真考虑。对于一般浓度较低的效，可以采用沉筒式液位发讯器较为简单可靠；浓度较高的效或易结晶的物料，可以采用法兰式差压变送器；对于浓度高且腐蚀性大的物料，可采用非接触式或其他相应合适的液位计。图 3-3-75 所示为一碱液蒸发器继电式触点液位控制系统示意图。由于碱液腐蚀性大，易结晶堵塞，采用一般液位计有困难，而根据碱液导电的特性，采用了不锈钢棒制作的简易电极液位计。

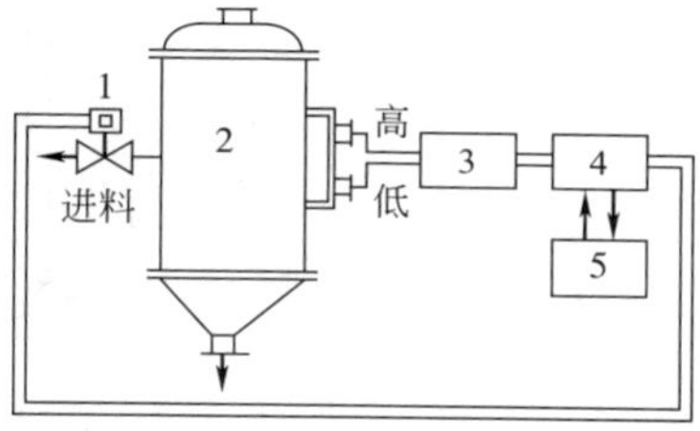

4. 蒸发装置控制实例

（1）糖厂蒸发装置的控制 某糖厂应用多效蒸发浓缩糖液，前一工序来的清汁糖液经过多效蒸发后得到一定浓度的糖液，再送往下一工序煮糖。蒸发器是制糖生产过程中的重要一环，又是糖厂能量消耗的重点场所，生产自动化后能经常保持最佳生产状况，是有很大经济意义的。图 3-3-76 即是该厂多效蒸发器

图 3-3-75　蒸发器液位控制系统示意图
1—液动阀；2—蒸发器；3—继电控制系统；
4—双位四通油控阀；5—油泵

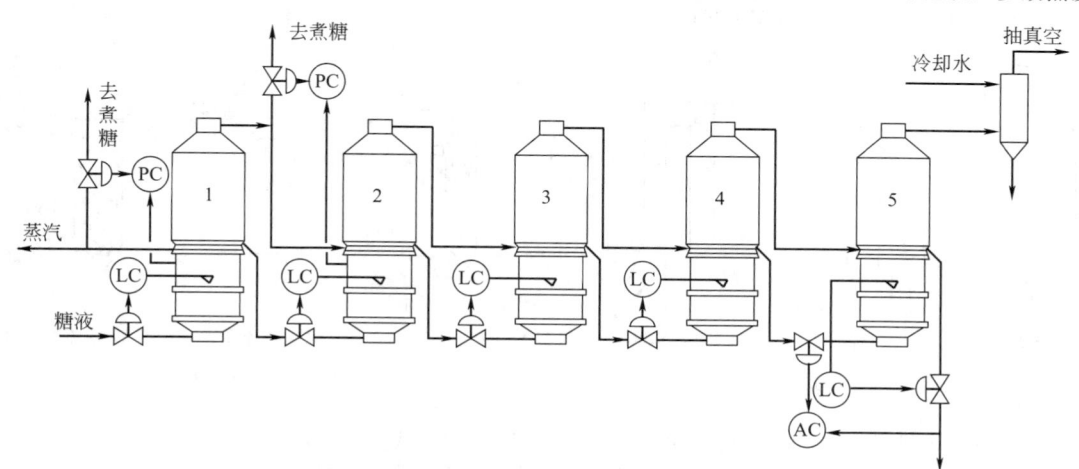

图 3-3-76　某厂糖液蒸发器控制方案

474

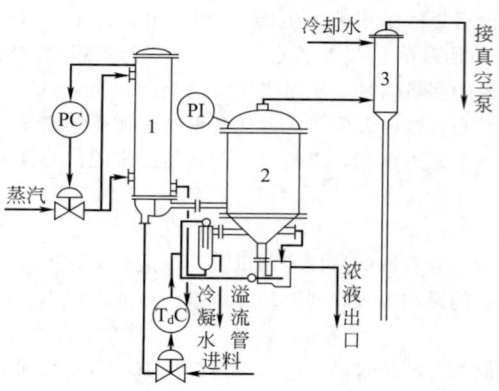

图 3-3-77　葡萄糖蒸发器的控制方案
1—升降膜式蒸发器；2—冷液分离器；3—冷凝器

的控制方案。

（2）葡萄糖升降膜式蒸发器的控制　某葡萄糖厂使用单效升降膜式蒸发器浓缩葡萄糖液。经初蒸后浓度为50％的葡萄糖液，由泵送入升降膜式蒸发器，经 400～800kPa 的蒸汽加热蒸发至浓度为 73％ 左右的葡萄糖溶液，然后送往下一工序结晶。图 3-3-77 即为该厂葡萄糖蒸发器的控制方案。

（3）番茄酱蒸发器的控制　某厂番茄酱蒸发器控制方案如图 3-3-78 所示。

四、干燥器的控制

干燥过程要消耗大量的能量。为确保生产工艺对产品质量要求，又要节省能耗，就必须合理地选择干燥装置的结构形式。

干燥装置结构繁多，主要有管式干燥器、喷雾干燥器、真空回转干燥器、搅拌通气流动干燥器及流化床干燥器等多种。

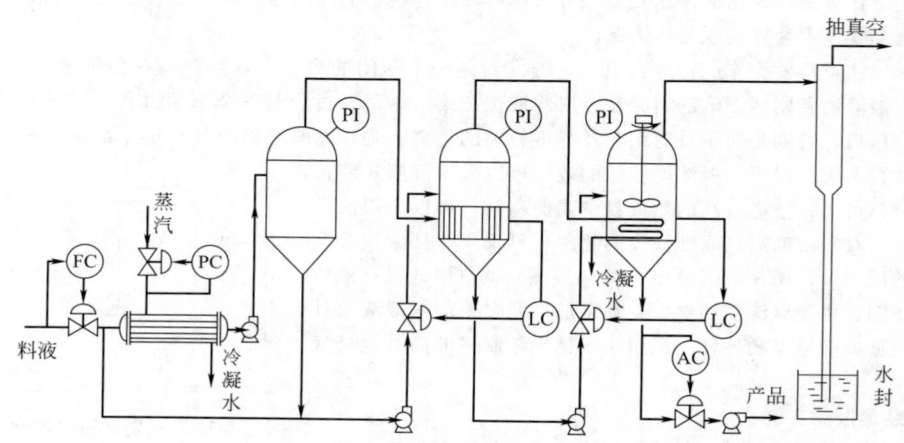

图 3-3-78　番茄酱蒸发过程的控制

① 管式干燥器有如图 3-3-79 所示几种形式。直管型适用于干燥容易，成品从高处取出的场合。U 形干燥器适用于成品从低处取出的场合。KESTNER 型干燥器的优点是热损失小。

② 喷雾干燥器有如图 3-3-80 所示几种形式。

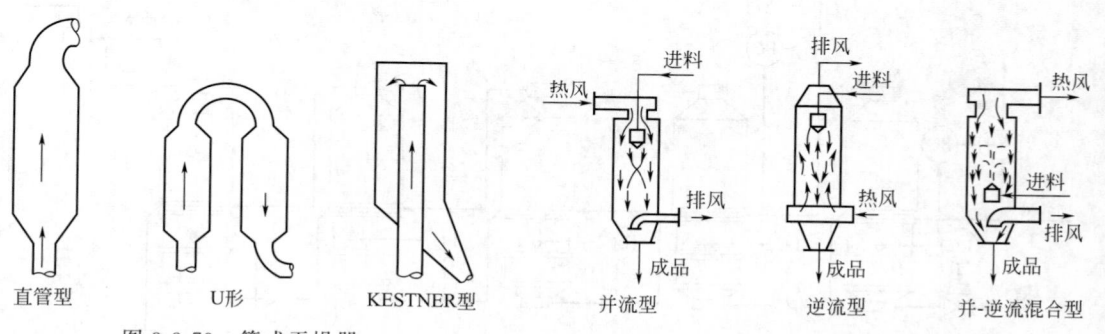

图 3-3-79　管式干燥器　　　　　图 3-3-80　喷雾干燥器

③ 真空回转干燥器又分为双圆锥形、滚筒型及转鼓型等三种形式。
④ 搅拌通气流动干燥器分为一段带型干燥器和通风式旋转干燥，如图 3-3-81 所示。
⑤ 流化床干燥装置有连续式流化床与间歇式流化床之分。连续流化床又有间接气体开放送风型、间接气

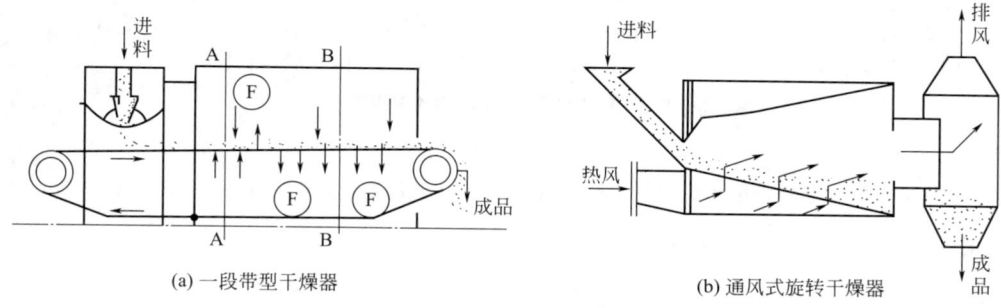

(a) 一段带型干燥器   (b) 通风式旋转干燥器

图 3-3-81　搅拌通气流动干燥器

体循环送风型和明火干燥型三种。

1. 干燥过程的机理

湿固体的干燥速度是驱动力、表面积、传质系数以及物料的湿含量的函数。对均匀润湿的颗粒，和任何潮湿表面蒸发一样，其干燥速度为恒速，不受当时实际湿分的影响。然而，随着干面积的出现，蒸发速度开始减小，从而进入如图 3-3-82 所示的减速区。两个区域的转折点就是通常所说的临界湿含量 x_c。固体湿含量达到 x_e 以后，干燥速度就下降到零，与用以干燥的空气保持平衡。

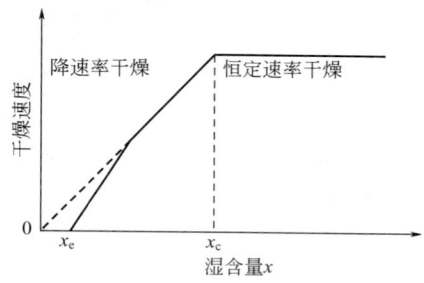

图 3-3-82　干燥速度与湿含量关系曲线

假定在减速区内干燥速度和固体湿含量与临界湿含量之比成正比，那么表面积为 dA 的固体颗粒的蒸发速度 dW 可表示为

$$dW = dA\nu(T - T_w)\frac{x}{x_c} \qquad (3\text{-}3\text{-}42)$$

式中，ν 是传质系数，T 和 T_w 分别为干球和湿球温度，它们的差值就是传热和传质的驱动力。湿球温度实际上就是固体的温度，而干球温度则是空气的温度。

水分向流量为 G 的空气中蒸发，将使干球温度下降。蒸发速度和空气比热容 c 与水的潜热 H_v 的比值成正比，即

$$dW = -Gc\frac{dT}{H_v} \qquad (3\text{-}3\text{-}43)$$

把式(3-3-43) 代入式(3-3-42)，并从入口（i）到出口（o）加以积分，就得到温度的解（它是温度的函数）：

$$\int dA = \frac{Gc/H_v}{\nu x/x_c}\int_{T_i}^{T_o}\frac{-dT}{T - T_w}$$

$$A = \frac{Gc/H_v}{\nu x/x_c}\ln\frac{T_i - T_w}{T_o - T_w}$$

于是可得到固体的湿含量与入口、出口和湿球温度的关系式

$$X = \frac{x_c Gc}{H_v \nu A}\ln\frac{T_i - T_w}{T_o - T_w} \qquad (3\text{-}3\text{-}44)$$

式(3-3-44) 表明，假如其他参数不变，或者假如分子和分母的比值保持不变，就能把湿含量控制住。

在实践中，上式对数符号前面的各项往往不变，其中只有 G 和 ν 可能是例外。然而，ν 往往与 G 大致按线性关系变化。在这种情况下，它们的比值还是近似不变的。

常用的干燥器控制往往在负荷变化时，去改变输入热量或入口温度 T_i，以保持出口温度 T_o 不变，这样做也会影响到 T_w。假如通过改变 T_i 和 T_w 两者以保持 T_o 不变，则式(3-3-44) 中的温差比必须随负荷变化。增加负荷就需要更高的 T_i（因此 T_w 值也会更高），这将导致产品的湿含量增加。只有同时增加 T_o 以保持温差比值不变，才能使湿含量得到调整。

由于 T_w 的直接测量有困难，式(3-3-44) 不能直接用于控制。然而湿球温度主要是入口干球温度的函数，

而受湿含量的影响很小，特别是高温情况下尤其如此。因此，有可能针对任何特定的温差比建立 T_o 与 T_i 的关系曲线，如图 3-3-83 所示。图中针对三个不同比值作出了这样的关系曲线，其中空气的露点是 10℃（或 50°F）。该图说明了要控制湿含量，必须使空气出口温度成为入口空气温度的函数。

实现上述原理的方法是用一组可调斜率 R 和截距 b 的直线来近似这些曲线

$$T_o^* = b + RT_i \qquad (3-3-45)$$

式中，T_o^* 是出口温度所希望的设定值。按此原理组成的流化床干燥器控制系统如图 3-3-84 所示。

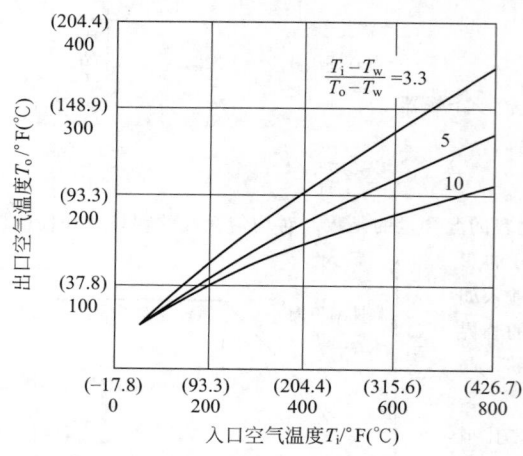

图 3-3-83　出口空气温度与入口温度关系曲线

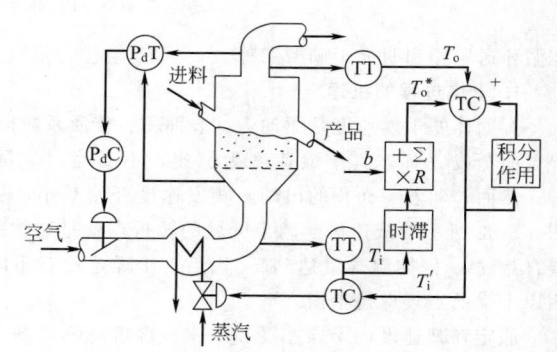

图 3-3-84　流化床干燥器控制流程

b 和 R 值可先根据设计条件估计一近似值，然后在现场实际运行时调整。增加 b 或 R 都将使产品的湿含量下降。

T_o^* 的产生构成一个正反馈回路。增加输入热量，T_i 将升高，将会引起 T_o^* 成比例地增加，而这又要求更多的热量。与此同时，出口空气温度开始响应，起负反馈作用。为了能使系统稳定，正反馈回路的动态和静态增益两者必须比负反馈回路低。适当调整 R 将保证静态稳定性。图中的时滞环节是动态稳定性所必需的。

2. 干燥器控制实例

干燥过程的主要控制指标是最终产品的湿度。影响湿度的主要因素有干燥物质的流量、湿度、干燥介质，即空气的流量、湿度以及干燥器的压力等。

湿度控制关键在于湿度的测量，然而，湿度是很难直接测量的，特别是连续干燥过程。对于上述用温度来间接反映产品湿度的方法也不能适用的场合，只能通过采样分析的结果，去校正干燥介质出口温度控制器的给定值。下面列举有关的控制实例。

（1）喷雾干燥器的控制　其控制方案如图 3-3-85 所示。在该控制方案中对空气入口和出口分别设置了单回路控制系统，以此来保证产品质量。

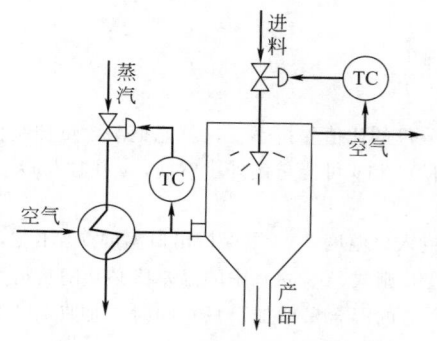

图 3-3-85　喷雾干燥器控制方案

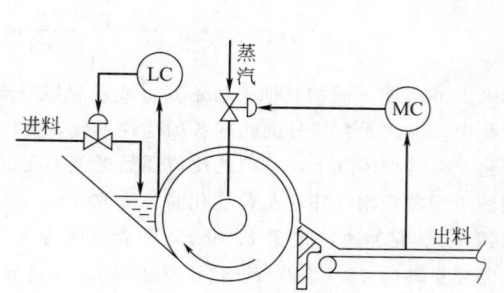

图 3-3-86　滚筒干燥器控制方案

（2）滚筒干燥器的控制　其控制方案如图3-3-86所示。在滚筒转速保持恒定条件下，通过进料量调整维持液位恒定，再通过加热蒸汽量的调整维持出料湿度的稳定。当湿度测量有困难时，可改用出口温度控制。

（3）回转式逆流干燥器的控制　其控制方案如图3-3-87所示。该工艺采用手动进料，为控制出料的湿度采用了空气入口温度控制，其给定值根据产品质量要求进行设定。为防止空气方面的干扰影响，对空气的压力和流量都采用了定值调节。不过该两系统间存在有关联，在参数整定时，应注意将该两系统的工作频率拉开，以削弱它们之间的关联。此外，该系统中还设置了一个安全联锁装置。为防止干燥器过热（例如加料中断时），当空气出口温度过高时，通过电磁三通阀切断温度控制器去调节阀的信号，并使调节阀膜头通大气，膜头压力信号很快降为零，使调节阀立即关闭，停止给空气加热，从而保证空气出口温度不再升高。

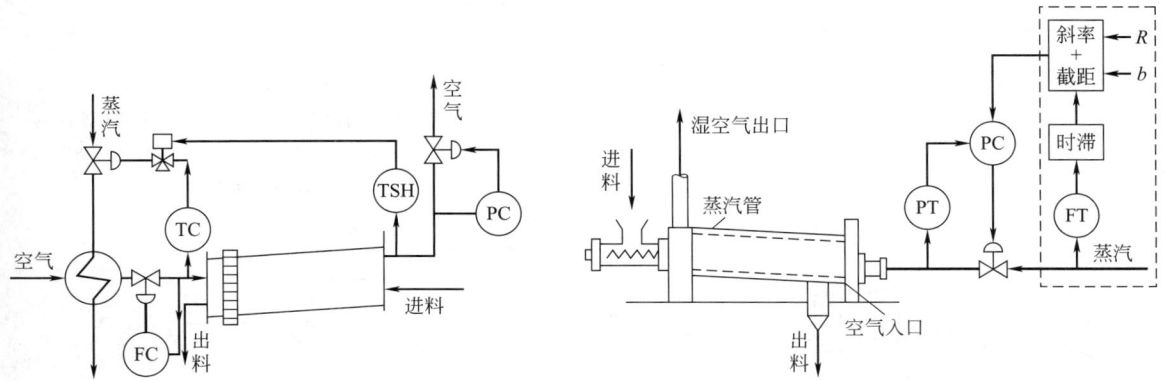

图 3-3-87　回转式逆流干燥控制方案　　　　　图 3-3-88　蒸汽管式干燥器控制方案

（4）非绝热的蒸汽管式干燥器的控制　蒸汽管式干燥器控制方案如图3-3-88所示。加热和干燥一并在干燥器内进行，湿物料从左侧通过螺旋推进器送入，物料随干燥器回转并向前移动至出料口排出。加热蒸汽从右侧进入干燥器的间壁。在湿空气抽出的同时自然补充空气，然后与物料一起被加热。在负荷一定的条件下，产品湿度取决于加热蒸汽的压力和流量。它们之间关系可由式(3-3-46)描述：

$$p_0 = Rh + b \tag{3-3-46}$$

式中　p_0——蒸汽压力设定值；

　　　R——斜率（为负数）；

　　　b——截距；

　　　h——蒸汽流量计的差压值。

其控制方案如图3-3-88所示。图中虚线部分为带校正的控制方案。只要维持蒸汽压力和流量恒定，就能控制产品的湿度。

（5）流动床干燥器的控制　流动床干燥器除上述湿度和温度控制外，还有流动层的压力损失和流速的控制问题。流动层的压力损失与流速的关系曲线如图3-3-89所示。由图可以看出，流动层开始速度U_{mf}与终端速度U_f形成共存的稳定流层。这是干燥操作所必要的条件。因此，流动层的压差控制显得尤为重要，必须加以注意。

① 开放型间接气体送风式干燥器的控制方案如图3-3-90所示。该方案通过调节加热蒸汽量来控制流化床中物料的温度；通过调节干燥成品的出料量控制流化床层的差压，通过上述控制维持操作的稳定。

② 循环型间接气体送风式干燥器如图3-3-91所示。该方案与图3-3-90方案的不同之处在于采用 N₂ 作热载体，而且循环使用，在操作过程中适当补充新鲜 N₂ 气。

③ 明火干燥器的控制方案如图3-3-92所示。该干燥器是用燃料燃烧来加热的。燃烧过程中将有一些水分加进空气里。然而加进的水分与达到的入口温度成正比，它对湿球温度总的影响是可以预知的。

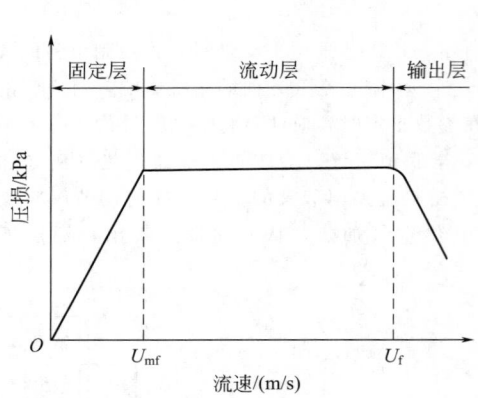

图 3-3-89　流化床干燥器压损与流速关系曲线

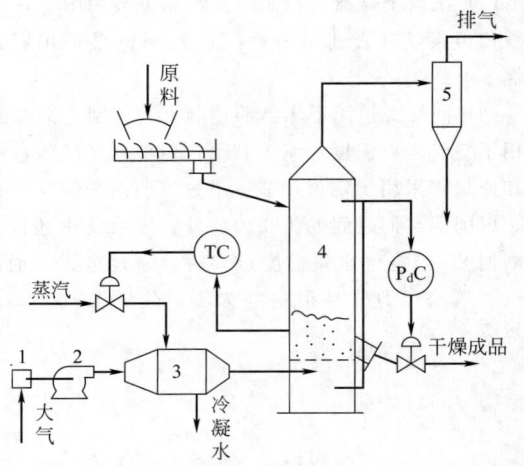

图 3-3-90　开放型间接气体送风式干燥器控制方案
1—过滤器；2—鼓风机；3—加热器；
4—流动床；5—分离器

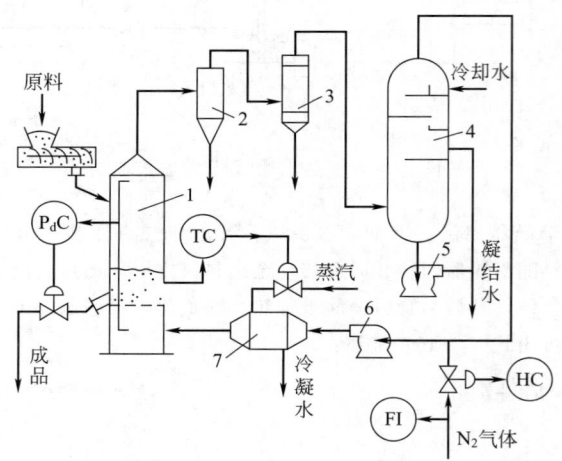

图 3-3-91　循环型间接气体送风式干燥器控制方案
1—流动床；2—分离器；3—过滤器；4—洗涤冷却器；
5—循环泵；6—鼓风机；7—加热器

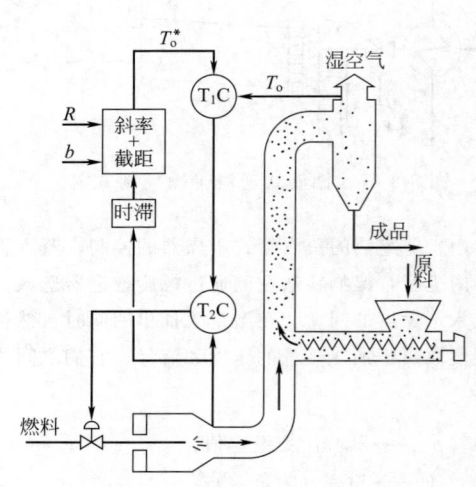

图 3-3-92　明火干燥器控制方案

该系统是绝热型干燥器，控制原理类似图 3-3-84 所示方案。

④ 间歇流化床干燥器的控制方案如图 3-3-93 所示。在间歇干燥过程中，产品是间断地装载于移动式流化床的床体中，热空气是通过床体壁的网状晶格细孔进入床体内，然后由鼓风机使空气循环通过干燥器。控制的数学表达式为

$$T_{of} = T_{oc} + K(T_i - T_{oc})$$
(3-3-47)

式中　T_{of}——最终出口温度（间歇操作终了时）；

　　　T_{oc}——出口空气温度（间歇操作开始时）；

　　　T_i——入口空气温度。

此外，系统中尚设有露点温度控制系统，有利于节能。

图中虚线部分为干燥器出口温度控制运算装置，当计时操作时，电磁阀接通，引入出口温度信号，于是实现出口温度控制，以保证产品的质量。

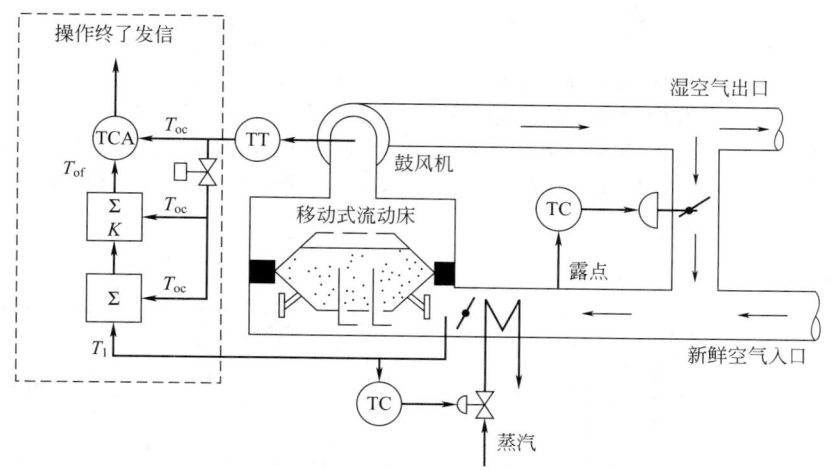

图 3-3-93　间歇流动床干燥器控制方案

五、加热炉的控制

1. 加热炉

在炼油、化工生产中经常用到加热炉。就其结构来分，加热炉有方箱炉、立式炉、圆筒炉和双面辐射炉四种。

工艺介质在加热炉中被加热升温或同时进行汽化，其温度高低会直接影响到后续工序的操作和产品质量。如在石油炼制中，原油在加热炉中加热升温和汽化，然后进入分馏塔进行分馏。温度的高低将直接影响到分馏塔的正常操作，温度过高，会造成原油在炉内结焦，会影响传热效率，甚至烧坏炉管。在铂重整装置和甲烷-蒸汽转化制取氢气及一氧化碳的生产过程中，都用到加热炉为其提供反应所需的热量。在延迟焦化装置的加热炉中，原料升温产生裂解，其温度也必须严格控制。温度太低，焦化反应的深度和速度降低，汽油、柴油收率因此也会下降；温度过高，则焦化反应深度加深，汽油、柴油裂解也使收率降低，且炉管容易结焦。所以加热炉物料出口温度是加热炉的主要控制指标。

物料在加热炉中被加热，热量是通过金属管壁传给物料的。加热炉是属火力加热设备，首先由燃料的燃烧产生炽热的火焰和高温的气流，主要通过辐射传热的形式将热量传给管壁，然后由管壁以对流的形式将热量传给物料。物料在辐射室获得的热量约占总热量的 70%～80%，而从对流段获得的热量约占总热量的 20%～30%。因此加热炉的传热过程比较复杂，想以理论分析方法来获取对象特性是相当困难的。

加热炉对象特性一般从定性分析和实验测试获得。从定性角度出发，可看出热量传递过程是：炉膛炽热火焰将热量辐射给炉管，再经传导和对流将热量传给物料。它和一般传热对象一样，具有较大的时间常数和纯滞后时间。特别是炉膛，它具有较大的热容量，故滞后更为严重，因此加热炉属于一种多容量的对象。根据若干实验测试，并作一些简化，可以用一阶加纯滞后来近似，其时间常数和纯滞后时间与炉膛容量大小及物料停留时间有关。炉膛容量大；停留时间长，时间常数和纯滞后时间也大，反之亦然。

2. 加热炉控制方案

(1) 主要质量指标控制　加热炉的主要质量指标是工艺介质经加热炉加热后的出口温度。不少加热炉对出口温度有着严格的要求，允许波动范围仅为 1～2℃。影响出口温度的干扰有工艺介质的流量、温度、组分，燃料油（或气）的压力、成分（或热值），燃料油的雾化情况，空气过量情况，喷嘴阻力及烟囱抽力等。这些干扰中有的可控，有的则不可控。为了保证出口温度的稳定，必须根据具体情况采取相应的措施。

在加热炉质量指标控制中被控变量是工艺介质的出口温度，操纵变量则是燃料油（或燃料气）的流量。

① 单回路控制系统　该控制方案如图 3-3-94 所示。图中除出口温度控制回路外，尚有一工艺介质流量控制，以防流量波动对出口温度的影响。

这种控制方案适用于燃料总管压力比较平稳，外来干扰较小，而且对出口温度要求不高的场合。这种方案应用较广。如果供给工艺介质的热量全部为显热，测温点应选在炉出口管上；如果供给工艺介质的热量大部分为潜热，则测温点应向前移至温度反应快的地方。

② 串级控制系统　根据不同情况，串级控制有出口温度与炉膛温度串级、出口温度与燃料油（或气）流

量串级、出口温度与燃料油（或气）压力串级等几种形式。

a. 出口温度与炉膛温度串级控制系统。在影响加热出口温度的干扰因素中，除进料流量、进料温度和进料组分外，其他干扰（如燃料的压力、流量和热值的变化）的影响都首先反映在炉膛温度上，最后才在出口温度上反映出来，这就是说炉膛温度能比出口温度提前感受这些干扰的影响，因此将炉膛温度作为副环可以起到超前控制作用，从而提高出口温度控制的质量。图 3-3-95 为加热炉出口温度与炉膛温度串级控制方案。图中炉子两边的串级控制是互相独立的，是为了防止炉子两侧加热的不均匀性，这比按一侧温度控制质量要好。

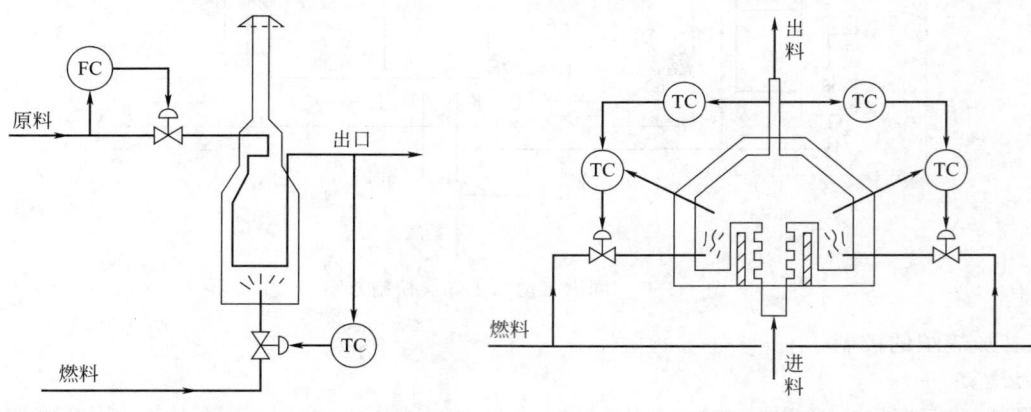

图 3-3-94　出口温度单回路控制方案　　　　图 3-3-95　加热炉出口温度与炉膛温度串级控制方案

这种控制方案在双斜顶方箱管式加热炉上应用很成功，对其他形式的加热炉，必须找到反应快而又能代表炉膛情况的测温点，此方案才有可能获得成功。

b. 炉出口温度与燃料油（或气）的流量串级控制系统。该控制系统如图 3-3-96 所示。这种控制方案适用于燃料总管的压力波动是主要干扰因素的情况。当总管压力波动时，首先会影响到燃料流量的变化，而一旦燃料流量变化，副环立即动作，抑制流量的变化。这样燃料压力波动这一干扰对出口温度的影响就大为减小，从而提高出口温度的控制质量。

c. 炉出口温度与燃料油（或气）压力串级控制系统。该控制方案如图 3-3-97 所示。这种控制方案特别适用于以燃料油作燃料，且管道又较细，其流量测量困难的场合。因为管道较细，燃料油黏度一般又比较大，容易堵塞流量测量装置。如改为测量压力，则不受影响。因此对于使用燃料油的场合，使用压力作为副环的情况居多，因为压力测量问题比流量测量问题容易解决。

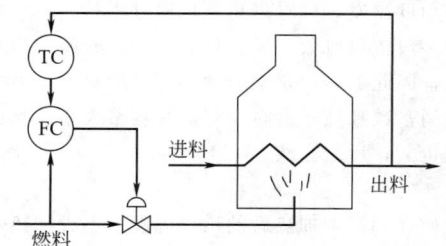

图 3-3-96　加热炉出口温度与
燃料流量串级控制方案

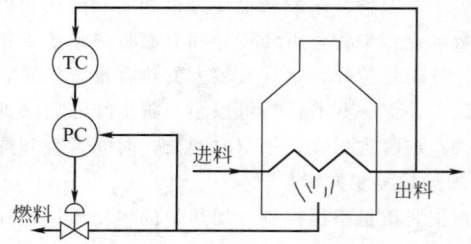

图 3-3-97　加热炉出口温度与
燃料压力串级控制方案

该方案应用较广。不过也应注意，在使用该方案时，如果燃烧喷嘴部分堵塞，也会使阀后压力升高，此时压力控制器就会误动作而将阀门关小，这是不适宜的。因此，在使用时必须防止这种现象发生。

d. 采用浮动阀控制的加热炉出口温度控制系统。该控制系统如图 3-3-98 所示。浮动阀示意图如图 3-3-99 所示。由于浮动阀相当于一个自力式压力控制器，所以实际上此方案相当于加热炉出口温度与燃料压力串级控制。此方案的优点在于节省了一个压力控制器，从而节省了投资并简化了系统。同时浮动阀本身阀杆摩擦小，有利于调节质量的提高。设计时应根据燃料气压力大小选择相应的气动继动器，将温度控制器的输出信号放大到与喷嘴前燃料压力相等。

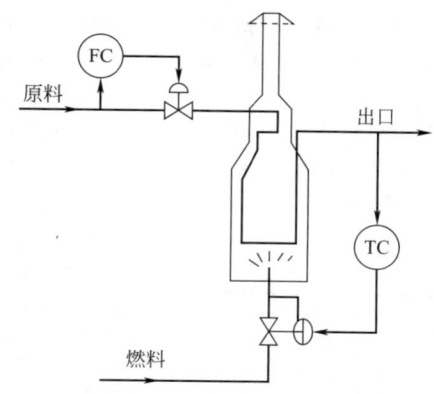

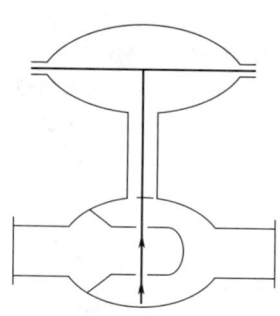

图 3-3-98　加热炉出口温度用浮动阀的控制方案　　图 3-3-99　浮动阀示意图

本控制方案只适用于燃料气作燃料的场合，对用燃料油的加热炉不适用。

③ 前馈-反馈控制系统　当主要干扰来自于加热炉的进料流量或进料温度时，如果采用反馈控制来克服这些干扰，显然很不及时，控制质量肯定不会令人满意。当然对于进料流量的波动可以采用流量定值系统来加以克服。然而有些情况下，设置进料流量定值系统是不允许的，例如加热炉的进料是前面精馏塔的出料，并且在前面已经采用了均匀控制，因此在进加热炉时就不允许再设置流量定值控制系统。还有，如果加热炉进料属于生产负荷，工艺要求来多少吃多少，不允许对流量进行限制。在上述情况下对加热炉进料量设置定值系统就行不通。此外对进料温度变化进行专门控制也是不现实的。在这种情况下最好办法是采用前馈-反馈控制方案，如图 3-3-100 所示。在该方案中，LC 与 FC 构成串级均匀控制系统，这是精馏塔操作所要求的。加热炉控制是将进料流量变化的信号引入前馈控制器 FFC，然后将 FFC 的输出信号与出口温度控制器 TC 的输出信号相加之后送往燃料管线的调节阀，从而实现前馈-反馈控制。主要干扰（流量）由前馈控制器 FFC 来克服，其他次要干扰的影响则由反馈控制器 TC 来克服。

如果在上述情况下，燃料管线的压力也经常波动，这时就可以考虑图 3-3-101 所示的前馈-串级控制方案。该方案与图 3-3-100 所示方案不同点，就在于反馈回路中增加了一个燃料流量副回路，用以克服燃料压力变化的干扰，以保证出口温度的控制质量。

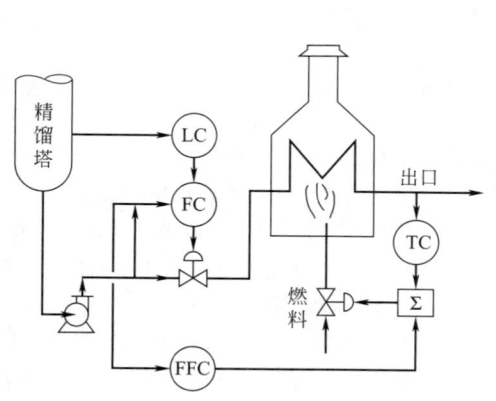

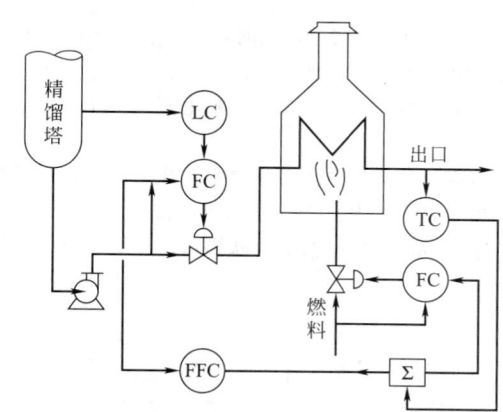

图 3-3-100　加热炉前馈-反馈控制方案　　　图 3-3-101　前馈-串级控制方案

（2）燃烧系统的控制　燃烧系统控制的目的，一是为了保证燃料的充分、完全地燃烧，以便发挥燃料的热效率；二是为了防止燃料的波动造成干扰，影响加热炉出口温度的控制质量；三是出自安全的目的，防止出现事故。

燃烧系统的控制包括有燃料油（或气）的压力控制，使用燃料油时的雾化蒸汽压力控制，以及安全联锁保护控制等。

　① 燃料油压力控制　燃料油压力稳定是保证燃油平稳燃烧的条件。为保证燃料油压力稳定，燃油系统应采用连续循环方式，并在循环的回路上安装压力控制器，通过调节返回量来维持燃油喷嘴前的压力稳定。

　② 燃料气压力控制　供给燃烧喷嘴的燃料气一般来自燃料气罐，通过对燃料气罐出口压力控制，即可维持喷嘴前的压力稳定，如图 3-3-102 所示。

　③ 雾化蒸汽压力控制　当加热炉使用的是液体燃料（燃料油）时，为了保证燃油充分燃烧，必须在油喷嘴中加入蒸汽，以便通过蒸汽的压力强使燃油雾化，提高燃烧效率。雾化蒸汽的压力不宜过大，也不宜过小，因此雾化蒸汽的压力需要控制。图 3-3-103 中 P_1C 为燃油压力控制器，P_2C 则为雾化蒸汽压力控制器。

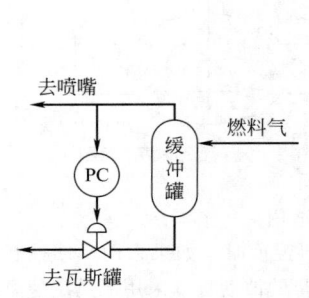

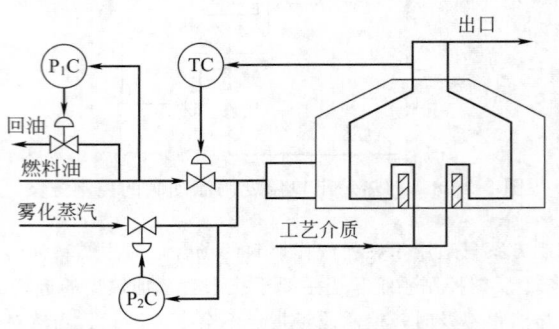

图 3-3-102　维持燃料气压力稳定的方案　　　图 3-3-103　燃油压力及雾化蒸汽压力控制方案

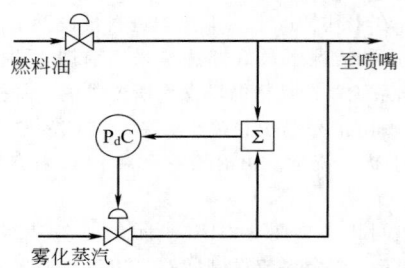

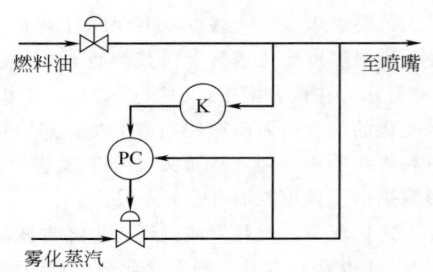

图 3-3-104　雾化蒸汽的压差控制方案　　　图 3-3-105　雾化蒸汽的比值控制方案

　如果燃料油压力变化较大时，单纯靠雾化蒸汽压力控制并不能保证燃料油得到良好的雾化，为此，可对雾化蒸汽采用以下两种控制方案。

　a. 根据燃料油阀后压力与雾化蒸汽的压力差来调节雾化蒸汽，即所谓的压差控制法，其方案如图 3-3-104 所示。

　b. 按燃料油阀后压力与雾化蒸汽压力的比值进行控制，该方案如图 3-3-105 所示。

　④ 安全联锁控制　为保证加热炉安全生产，防止事故的发生，应有必要的安全联锁保护系统。

　a. 以燃料气为燃料的安全联锁保护系统。对以燃料气为燃料的加热炉应考虑的安全保护措施的内容有：

●　当工艺介质流量过小或中断时，为防止炉管被烧坏，应切断燃料气；

●　当火焰熄灭时，会在燃烧室里形成燃料气-空气混合物，有爆炸危险，应切断燃料气；

●　当燃料气管线压力过低，会产生回火，导致危险的事故发生，这时应切断燃料气；

●　当燃料气压力过高时，会产生脱火，以至于灭火，也会在燃烧室内形成燃料气-空气混合物，有爆炸危险，这时也应切断燃料气的供应。

　图 3-3-106 所示的加热炉安全联锁保护系统就是为防止上述事故的发生而设计的。由图可以看

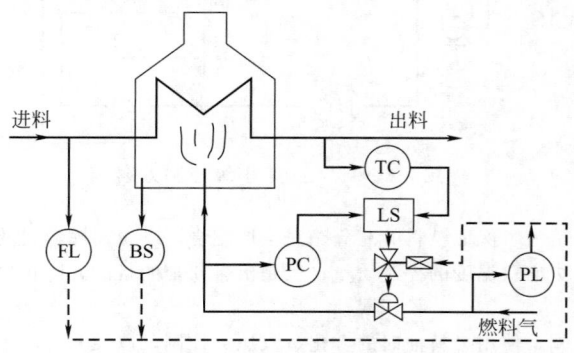

图 3-3-106　使用燃料气的加热炉安全联锁保护系统

出，在低选器 LS 与调节阀之间有一个电磁三通阀，当它失电时，LS 的输出通向调节阀；当它得电时，则切断了 LS 与调节阀通路，并使调节阀经三通电磁阀与大气相通，于是调节阀膜头信号迅速降为零，阀将全关。

在正常情况下，即进料在最低值以上，火焰检测器检测出炉内燃烧情况正常，燃料气管线压力在最大值与最小值之间（表明不会发生脱火与回火情况）。这时流量下限报警器 FL 的接点、火焰检测器 BS 的接点以及燃料气压力下限报警器 PL 的接点都处于开断状态，因此，电磁三通阀处于失电状态，这样低选器的输出就能直达调节阀。又由于燃料气压力是低于上限值的，压力控制器 PC 的输出则呈高信号。相比之下，这时温度控制器 TC 输出则呈低信号。于是，低选器选择温度控制器 TC 的输出送往调节阀，构成正常的温度控制系统。

当进料流量低于下限时，或火焰检测器检测出火焰熄灭时，或燃料管线压力低于下限时，只要出现上述三种情况之一，相应的接点就将接通，电磁三通阀就将得电而切断低选器 LS 送往调节阀的信号，使调节阀关闭，以防发生事故。直到生产恢复正常，上述仪表的接点又复断开，电磁三通阀又因失电而打开 LS 至调节阀的通路，恢复正常控制。

当燃料气管线压力达到上限时，压力控制器 PC 输出立即转变为低信号，于是取代温度控制器去控制调节阀，构成按燃料气管线压力控制的压力控制系统，直至压力恢复正常时，PC 输出又呈高信号，于是又恢复成按出口温度控制的温度控制系统。

b. 以燃料油为燃料的安全联锁保护系统。以燃料油为燃料的加热炉应考虑的安全保护内容有：
- 进料量过小或中断时，为防止炉管烧坏，应切断燃料油；
- 燃料油压力过高会产生脱火，过低会产生回火，都应予以防止，出现这种情况应关闭燃料油调节阀；
- 雾化蒸汽压力过低或中断，会使燃料油雾化不好，甚至无法燃烧。

上述安全保护的内容与采用燃料气时有很多相似之处，所不同的是将上面的火焰检测器 BS 换成雾化蒸汽压力过低的联锁系统就可以了。

3. 加热炉控制实例

（1）催化裂化装置加热炉的自动控制系统　为保证催化裂化的进行，工艺要求加热炉将原料油加热至 400℃后送往反应器，在硅酸铝作催化剂的情况下，使油品裂化生成汽油和气体。其加热炉采用的是圆筒炉，其控制方案如图 3-3-107 所示。

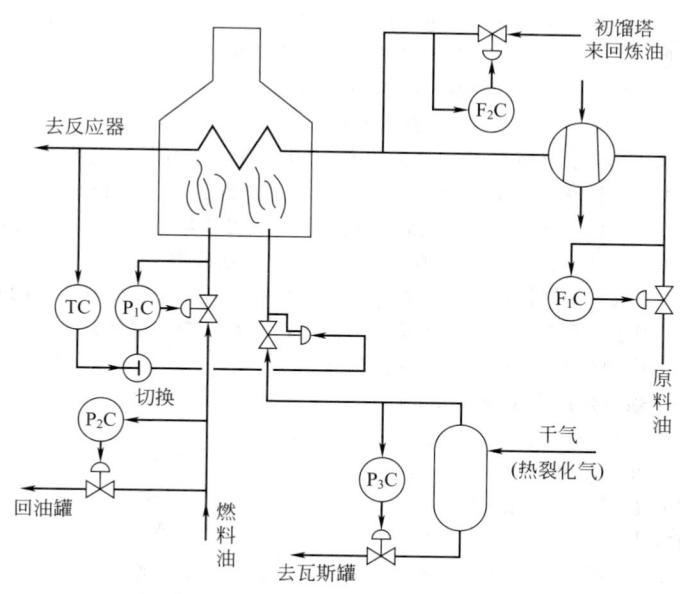

图 3-3-107　催化裂化装置加热炉控制方案

本装置在开工生产前没有燃料油可供应，而采用热裂化来的干气作燃料，这时图中切换开关应反时针转 90°，出口温度控制器 TC 直接控制燃料气管线上的浮动阀。当生产正常有燃料油之后，将切换阀转回到图中所示位置，于是构成出口温度与燃料油阀后压力串级控制系统。

燃料油、燃料气的压力以及进料流量都分别有各自独立的压力、流量控制系统进行定值控制，以防它们的

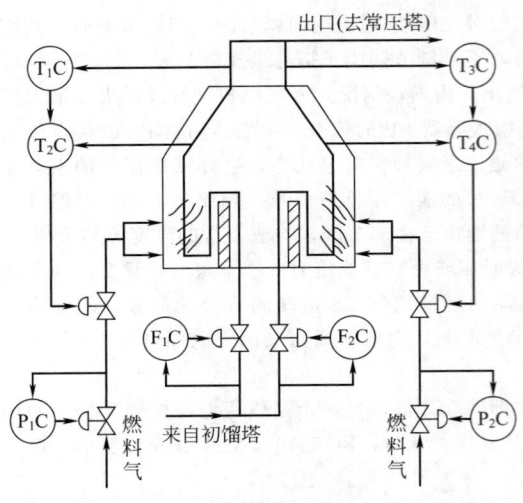

图 3-3-108　常压塔加热炉控制方案

波动对出口温度的影响。

（2）炼厂常压装置中加热炉的自动控制系统　管式加热炉是炼厂常压装置的重要设备之一。它是将原油加热到一定温度后送往常压塔分馏，从而分离出各种油品。加热炉出口温度稳定与否，将直接影响到后续工序的分馏效果。同时，加热炉的平稳操作，也会延长炉管的使用寿命。因此，工艺上对加热炉出口温度有着严格的要求。其控制方案如图 3-3-108 所示。

该装置所用加热炉为方箱炉，炉内有两组炉管，为保证出口温度稳定，两组炉管分别各自设置出口温度与炉膛温度串级控制。两组炉管的进料和燃料气也分别单独设置了流量及压力控制系统。这里有温度串级控制系统与燃料压力控制系统的关联问题，需要在参数整定时将两系统工作频率拉开，其中压力控制系统参数可设置得小一些，使它的工作频率可以高一些。

第三节　锅炉设备的控制

一、锅炉

锅炉几乎是所有工业企业必不可少的重要动力设备。尤其是大型石油、化工、发电等工业生产部门，锅炉是提供热源和动力的关键设备。它所产生的蒸汽，不仅能够为反应器、蒸馏塔、换热器以及其他设备、管道保温伴热提供热源，而且还可为生产过程中的风机、压缩机、泵类驱动透平提供动力来源。随着工业生产的不断扩大，作为动力和热源的锅炉，也在向大容量、高参数、高效率方向发展。为了稳定生产并确保锅炉的安全，对锅炉的自控方案进行认真的研究是十分必要的。

锅炉有各种结构形式，种类繁多，有着各种不同的分类方法。有按容量分的，有按蒸汽参数分的，也有按使用的燃料分的。石油化工厂对锅炉有自己的分类方法。以锅炉的蒸发量作基准，小于 20t/h 的为小型锅炉，20～75t/h 的称中型锅炉，而大于 75t/h 的则称为大型锅炉。以锅炉产汽压力作基准，小于 1.5MPa 的称低压锅炉；1.5～6.0MPa 的称中压锅炉；6.0～9.0MPa 的称次高压锅炉；9.0～14.0MPa 的称高压锅炉，而大于 14.0MPa 的则称之为超高压锅炉。按锅炉所使用的燃料类型，锅炉分为燃煤锅炉、燃油锅炉、燃气锅炉和混合燃料锅炉。在化工、造纸和制糖工业中，会产生各种无规律的聚合物及各种浓度的酸泥、浆液、残液、废水，为了充分利用其中的可燃物，变废为宝，因此又出现了以上述"废物"作燃料的无规锅炉和废热锅炉。按照燃烧形式来分，锅炉又有链箅炉、粉煤炉和沸腾炉之分。所有这些锅炉，它们的流程和操作控制虽各有特点，但生产工艺对锅炉的要求却是共同的。这既包括用户对锅炉的产汽量和产汽压力的要求，也包括对锅炉自身安全稳定运行的要求。因此，必须对锅炉进行相应的控制，并通过控制达到：

① 锅炉产汽量必须适应用汽设备用汽量变化的需要；
② 锅炉的产汽压力必须满足用汽设备的要求；
③ 过热蒸汽温度需保持在一定范围内；
④ 汽包水位必须保持在一定范围内；
⑤ 燃烧系统必须维持经济、安全地运行。

二、汽包水位的控制

锅炉汽包水位的控制是安全生产和提供优质蒸汽的保证。水位过低，由于锅炉的蒸发量大，汽包容积相对较小，水的汽化速度很快，如控制不及时，不能给汽包即时补水，汽包内的水很快就会蒸发光而导致干锅，有引起锅炉爆炸的危险。对于大型锅炉，这种危险性尤为突出。水位过高，会影响汽包内汽水分离效果，使蒸汽带液，这会使过热器结垢而导致损坏，同时也会使过热蒸汽温度急剧下降。如该蒸汽是作为汽轮机动力，就会损坏汽轮机的叶片，影响后者的安全运行。因此，汽包的水位必须加以严格的控制。

1. 汽包水位的动态特性

影响汽包水位的主要干扰有供水量的变化、蒸汽负荷量的变化以及炉膛热负荷的变化。

（1）给水量变化对汽包水位的影响　锅炉的汽水系统原理图如图 3-3-109 所示。当给水量在初始平衡状态 W_0 基础上突然增加一 ΔW，于是汽包水位也从平衡状态 H_0 开始变化，其变化特性曲线如图 3-3-110 所示。由图可以看出，水位并不是按直线 1 变化，而是按曲线 2 变化。这从图 3-3-109 所示锅炉汽水系统原理图中可以得到解释。当给水量突然增大时，虽然给水量大于蒸发量，但由于温度较低的给水经省煤器进入水循环系统后，要从原有饱和汽水中吸取一部分热量，这就使水面下一部分气泡容积有所减少（一部分汽相释热转变为液相），所增加部分的给水，首先必须填补汽水管路中由于气泡减少所让出的空间。在这段时间内，虽然给水

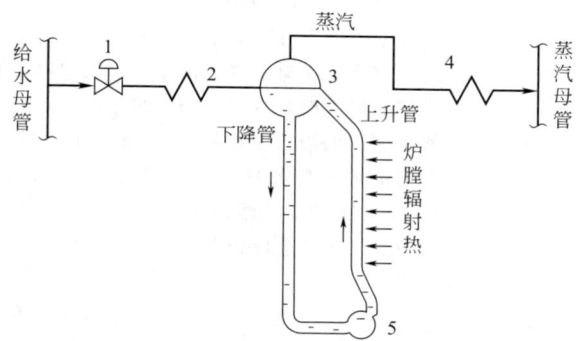

图 3-3-109　锅炉汽水系统原理图

1—调节阀；2—省煤器；3—汽包；4—过热器；5—下联箱

量增加了，但水位基本不变。当水面下气泡容积的变化过程趋于平衡时，水位才由于汽包中储水量的增加而逐渐上升。最后当水面下气泡容积不再变化时，水位变化就随着汽包储水量的增加而直线上升，即图 3-3-110 中的曲线 2 所示。如果不考虑水面下气泡容积的变化，当给水量 W 作阶跃变化时，水位反应曲线将按直线 1 变化。

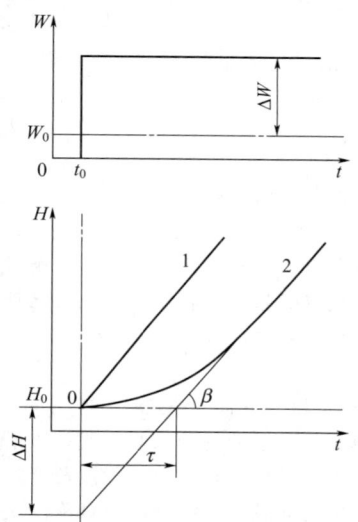

图 3-3-110　在给水扰动作用下水位的反应曲线

1—不考虑水面下气泡容积变化时水位反应曲线；

2—实际水位反应曲线

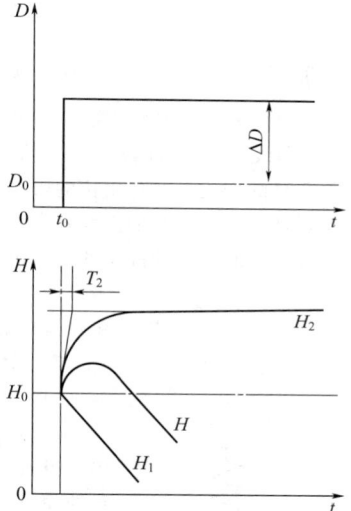

图 3-3-111　在蒸汽负荷扰动下水位的阶跃响应曲线

H_1—不考虑水面下气泡容积变化时的水位变化；

H_2—只考虑水面下气泡容积变化所引起水位变化

由上分析可以看出，在给水量扰动时，水位对象虽然没有自平衡能力，但有一定惯性和纯滞后，也就是说，当给水量改变后水位不是立即响应。给水作用下汽包水位响应的惯性大小与锅炉的结构形式有关。一般用一个积分环节和一个纯滞后环节相串联来近似描述这一通道的动态特性，即

$$\frac{H(s)}{W(s)} = \frac{\varepsilon_0}{s} \mathrm{e}^{-\tau s} \tag{3-3-48}$$

式中　ε_0——在给水干扰作用下响应曲线的飞升速度，$\dfrac{\mathrm{mm/s}}{\mathrm{t/h}}$；

　　　τ——纯滞后时间，s。

给水温度越低，纯滞后时间越大，一般 τ 约在 $15 \sim 100\mathrm{s}$ 之间。在有省煤器的情况下，τ 会增加到 $100 \sim 200\mathrm{s}$ 之间，因为省煤器本身也会有延迟。

（2）蒸汽负荷的变化对水位的影响　在供热量与供水量不变的条件下，当蒸汽用户的用汽量突然增加时，水位的阶跃响应曲线如图 3-3-111 所示。

当蒸汽用量 D 突然增加时，单从物料平衡关系考虑，汽包中蒸发量大于给水量，汽包水位应按图 3-3-111 中 H_1 所示，液位应当直线下降。但是实际液位不是按 H_1 直线变化而是按曲线 H 变化，即在扰动初始阶段水位不但没有下降而且还会上升。这是由于锅炉汽包蒸发面以下和水管系统中气泡容积随负荷的变化而改变的结果。当蒸汽负荷突然增大时，汽包中压力减小，汽水循环管路中的汽化强度增加，蒸发面以下气泡容积将增大。气泡体积膨胀所引起的液位变化如图 3-3-111 中曲线 H_2 所示。而实际汽包中水位变化 H，应是不考虑水面下气泡容积变化时的水位变化 H_1，与只考虑水面下气泡容积变化所引起的水位变化 H_2 叠加的结果。

从图 3-3-111 中可以看出，当蒸汽量增大时，虽然蒸发量大于给水量，但是水位不仅不下降，反而会迅速上升。这种特殊现象称之为"假液位"。当汽水混合物中气泡容积与负荷相适应而达到稳定后，水位才因物料的不平衡而开始下降。

应该指出，当负荷阶跃变化时，水面下气泡容积的变化而引起的水位变化是很快的。一般由于"假液位"而引起的水位最大偏差很难依靠调节来克服，如果要求水位波动不能太大，只有限制负荷变化的速度或限制负荷一次变化量。

"假液位"变化的幅度与锅炉汽包压力与蒸发量有关，对于 $100\sim230\text{t/h}$ 的中高压锅炉，在负荷作 10% 的阶跃变化时，"假液位"可使水位变化达 $30\sim40\text{mm}$。

在蒸汽负荷作阶跃变化时，水位响应的传递函数表达式为

$$\frac{H(s)}{D(s)}=\frac{H_1(s)}{D(s)}+\frac{H_2(s)}{D(s)}=-\frac{\varepsilon_f}{s}+\frac{K_2}{T_2s+1} \tag{3-3-49}$$

式中　ε_f——在蒸汽流量干扰作用下，阶跃响应曲线的飞升速度，$\dfrac{\text{mm/s}}{\text{t/h}}$；

　　　　K_2——响应曲线 H_2 的放大系数；

　　　　T_2——响应曲线 H_2 的时间常数。

（3）炉膛热负荷的变化对汽包水位的影响　在供水量、蒸汽负荷量不变的情况下，当燃料量突然增加时，传给锅炉的热量增加，上升管中的蒸发强度将增大，使蒸发面下的气泡膨胀，气泡将托着液位上升，然而这时给水量并没有增加，因此，这种液位的变化可属于"假液位"。当热量和水量在炉内重新达到平衡时，液位才慢慢回降。不过，由于燃料量变化所引起的"假液位"现象比较小，而且热负荷由蒸汽压力控制系统来保证，因而它的影响是次要的。

2. 汽包水位的控制

（1）单冲量水位控制系统　水位单冲量控制方案如图 3-3-112 所示。这是汽包水位控制中最简单、最基本的一种控制方式。该系统结构简单，投资少，容易实现。对于小型、低压锅炉，由于蒸汽负荷较平稳，汽包的相对容积大，水在汽包内停留时间较长，如果用户对蒸汽质量要求又不是十分严格，在这种情况下，采用这种单冲量水位控制方案还是比较经济、适用的。

然而这种控制方案也存在着如下缺陷。

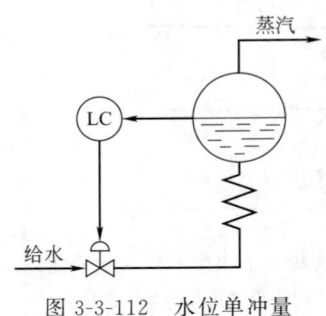

图 3-3-112　水位单冲量控制方案

① 当负荷变化产生假液位时，液位控制器将会出现误动作。例如，蒸汽负荷突然增大时，假液位使水位上升，此时水位控制器不但不能开大调节阀，增加给水量，相反地，它根据假液位来的信息会关小调节阀，减少给水量。等到假液位消失后，由于蒸汽量的增加和给水量的减少，将会使水位严重下降，严重时会使汽包水位降至危险程度而引发事故。这是单冲量水位控制方案所无法克服的严重缺陷。

② 对负荷不灵敏。负荷变化时，需引起汽包水位变化后才起控制作用，由于控制缓慢，会导致控制质量的下降。

③ 对给水量变化的干扰不能及时克服。当给水量发生变化时，只有当引起汽包水位发生变化后，才采取控制措施，因此控制作用缓慢。

（2）双冲量水位控制系统　在单冲量水位控制的基础上，引进蒸汽流量作为前馈信号，从而构成如图 3-3-113 所示的双冲量水位控制方案。由于本方案中引进了蒸汽流量前馈信号，就可以消除"假液位"对控制过程的不良影响。当蒸汽量变化时，就有一个与蒸汽量变化同方向的信号送往给水调节阀，使给水量作同方向

的变化，这就减小或抵消了因"假液位"而导致的误动作。

该双冲水位控制系统方块图如图 3-3-114 所示。图中加法器的运算式为

$$I = C_1 I_C \pm C_2 I_D \pm I_0 \tag{3-3-50}$$

式中　I_C——水位控制器的输出；

　　　I_D——蒸汽流量变送器开方后输出；

　　　I_0——初始偏置值；

　C_1、C_2——加法器系数。

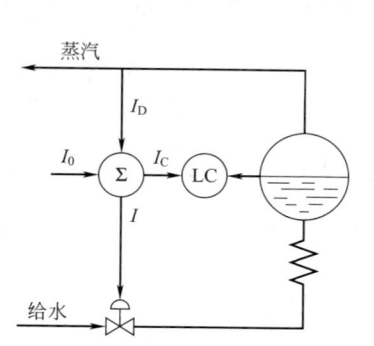

图 3-3-113　双冲量水位控制方案

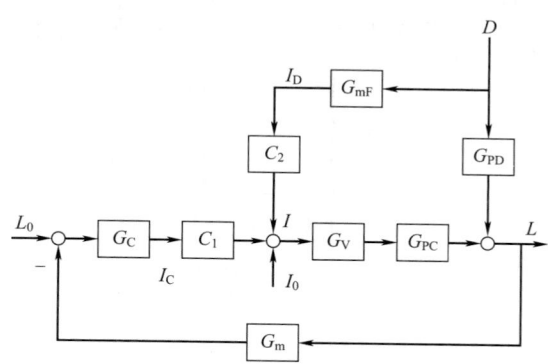

图 3-3-114　双冲量水位控制系统方块图

式(3-3-50)中 C_2 与 I_0 符号确定方法如下。

C_2 取正还是取负取决于调节阀的开闭形式。当蒸汽量增大时 I_D 增大，此时要求调节阀也应开大。如果选用的调节阀为气开式，则此时要求 I 值应增大，因此，C_2 应取正；如果选用的调节阀为气闭式，则要求此时 I 值应减小，C_2 应取负。

I_0 设置的目的是为了在正常负荷下加法器输出能有一个适中的数值，最好能让 I_0 与 $C_2 I_D$ 互相抵消，因此，I_0 应取 C_2 的反号。这样一来，对于采用气开阀的情况，加法器的运算式应为

$$I = C_1 I_C + C_2 I_D - I_0 \tag{3-3-51}$$

对于采用气闭阀，加法器运算式则为

$$I = C_1 I_C - C_2 I_D + I_0 \tag{3-3-52}$$

系数 C_1、C_2 确定方法如下。

C_1 一般取为 1（也可以小于 1）。C_2 的值应以静态补偿来考虑。从静态物料平衡看，要使汽包水位为一常数保持不变，必须使 $W = D$，即给水量必须等于蒸汽量。考虑到锅炉排污等损失，给水量应稍大于蒸汽量，即

$$\Delta W = \alpha \Delta D \tag{3-3-53}$$

式中　ΔW——给水变化量；

　　　ΔD——蒸汽变化量；

　　　α——系数，大于 1。

设给水调节阀为线性，其放大系数应为

$$K_v = \frac{\Delta W}{\Delta I} \tag{3-3-54}$$

式中，ΔI 为阀门输入信号变化量。

如果蒸汽流量信号也作为线性来考虑，即

$$\Delta I_D = \frac{\Delta D}{D_{max}} (Z_{max} - Z_{min}) \tag{3-3-55}$$

式中　ΔI_D——蒸汽流量变送器输出信号变化量；

　　　ΔD——蒸汽流量变化量；

　　　D_{max}——蒸汽流量变送器量程；

$Z_{max} - Z_{min}$——变送器输出最大变化范围。

在蒸汽负荷变化 ΔD 时，给水量变化应为

$$\Delta W = K_v \Delta I = K_v C_2 I_D = K_v C_2 \frac{\Delta D}{D_{max}}(Z_{max} - Z_{min}) \tag{3-3-56}$$

将式（3-3-56）代入式（3-3-53），并经整理后可得

$$C_2 = \frac{\alpha D_{max}}{K_v(Z_{max} - Z_{min})} \tag{3-3-57}$$

双冲量水位控制系统还有另外两种接法，如图 3-3-115 所示。

在图 3-3-115(a) 接法中，将加法器放在水位控制器之前，犹如双冲量均匀控制系统的接法。

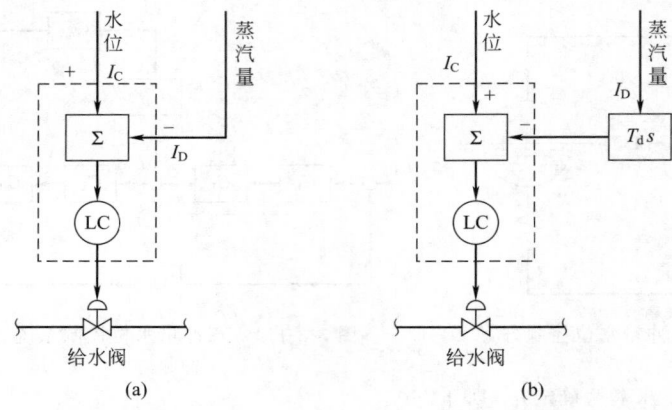

图 3-3-115　双冲量水位控制系统的其他接法

因为水位上升与蒸汽流量增加时，它们对调节阀动作方向的要求正好相反，因此，水位及蒸汽流量测量信号进加法器时应取相反的符号。这种接法如果采用一只双通道输入的控制器，就可以省一个加法器，从而减少一些投资，系统也显得简单。但是如果水位控制器采用的是 PI 作用，那么这种方案不能保证水位的无余差。解决的办法有两个：其一是水位控制器采用纯比例式，并通过 I_F 系数的适当设置，即可保证水位无余差；其二是当水位控制器为 PI 规律时，在蒸汽流量测量信号之后、进加法器之前串接一个微分器，而且该微分器不带有固定分量。如图 3-3-115(b) 所示，经等效转换后 $C_2 I_D$ 项为

$$T_d s K_c \left(1 + \frac{1}{T_i s}\right) I_D = K_c \left(\frac{T_d}{T_i} + T_d s\right) I_D \tag{3-3-58}$$

由上式可以看出，这时对流量信号不再起积分作用，因此能够保证水位无余差。

（3）三冲量水位控制系统　双冲量水位控制系统虽然解决了"假液位"的问题，但仍然存在着两点缺陷：其一是对给水量变化的干扰不能及时克服；其二是由于调节阀的工作特性不一定是线性的，因此要做到静态补偿就很困难。为此，在双冲量水位控制的基础上再引入一个给水量变化的信号进行控制，这就构成了所谓三冲量水位控制系统。

三冲量水位控制系统方案有很多种，常用的有下面几种。

① 第一种方案　该方案的系统结构原理图和方块图如图 3-3-116 所示。

这种控制方案先将水位、蒸汽流量及给水流量的测量信号送入加法器进行信号叠加，然后再将叠加后的信号送给水位控制器作为后者的测量值。水位控制器则根据测量值与给定值的偏差改变调节阀的开度，达到控制汽包水位的目的。从方块图看，该系统实质上是一个前馈-反馈控制系统。

这种控制方案实际上用一个多通道输入控制器就能够实现，这样就可省掉一个加法器，使系统更为简单。但需注意，由于该系统是以三个信号的代数和作为液位控制器的测量信号，因此要使水位无余差，有关系数 C_1、C_2、C_3 必须准确地设置。这些系数的符号及数值的确定方法如下。

首先确定水位信号进加法器为正号，这样加法器的输出即为

$$I = C_1 I_L \pm C_2 I_D \pm C_3 I_W \tag{3-3-59}$$

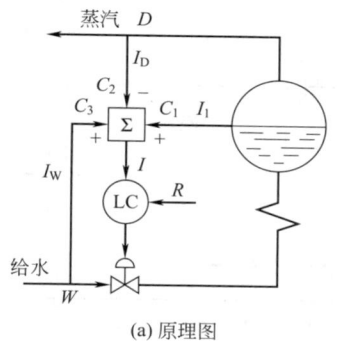 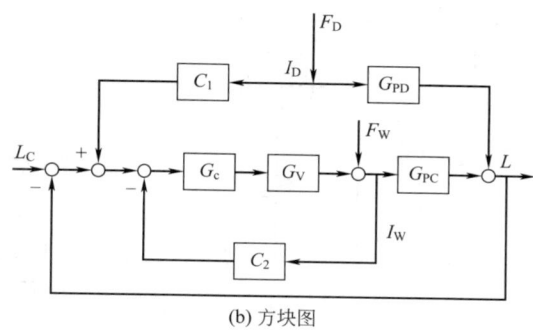

(a) 原理图　　　　　　　　　　　　　(b) 方块图

图 3-3-116　第一种三冲量水位控制系统方案

　　假定调节阀选为气开式，那么根据液位控制的要求，液位控制器应选反作用。

　　现在判断 I_W 加法器的符号。当 W 增大时，调节阀应关小，即要求 LC 的输出减小。由于 LC 为反作用，需要增大输入偏差信号，因此，I_W 进加法器时应取正号。

　　对 I_D 进加法器的符号也可用同样方法来确定。当 D 增大时，要求调节阀开大，即要求 LC 输出增大。要使 LC 输出增加，则要求减小输入偏差信号，因此，I_D 进加法器应取负号。于是确定加法器输出应为

$$I = C_1 I_C - C_2 I_D + C_3 I_W \tag{3-3-60}$$

　　下面再来确定各系数的值。一般选用 $C_1 = 1$ 或稍小于 1。C_2 及 C_3 可按下法确定。

　　假定系统原先处于一个稳定状态，在受到扰动后经过调节，最终又使系统达到一个新的稳定状态。对应于这两个稳定状态，加法器输出信号的变化量应为

$$\Delta I = C_1 \Delta I_L - C_2 \Delta I_D + C_3 \Delta I_W \tag{3-3-61}$$

　　为了保证水位无余差，那么必须满足 $\Delta I = 0$ 和 $\Delta I_L = 0$。于是可得

$$C_2 \Delta I_D = C_3 \Delta I_W$$

即

$$\frac{C_2}{C_3} = \frac{\Delta I_W}{\Delta I_D} \tag{3-3-62}$$

　　由式（3-3-55）可知

$$\Delta I_D = \frac{\Delta D}{D_{max}}(Z_{max} - Z_{min}) \tag{3-3-63}$$

　　依据同样道理可求得

$$\Delta I_W = \frac{\Delta W}{W_{max}}(Z_{max} - Z_{min}) \tag{3-3-64}$$

　　于是可得

$$\frac{\Delta I_W}{\Delta I_D} = \frac{\Delta W}{\Delta D} \times \frac{D_{max}}{W_{max}}$$

　　由式（3-3-53）知道

$$\Delta W = \alpha \Delta D$$

因此

$$\frac{\Delta I_W}{\Delta I_D} = \alpha \frac{D_{max}}{W_{max}} \tag{3-3-65}$$

　　将式（3-3-63）代入式（3-3-62），于是得

$$\frac{C_2}{C_3} = \alpha \frac{D_{max}}{W_{max}} \tag{3-3-66}$$

　　式中，D_{max}、W_{max} 分别为蒸汽及给水流量变送器量程范围。C_3 可看作给水流量控制回路增益的一部分，可按流量控制系统要求来设定，这样 C_2 也就可以确定了。

　　② 第二种方案　该方案的系统结构原理图及方块图如图 3-3-117 所示。

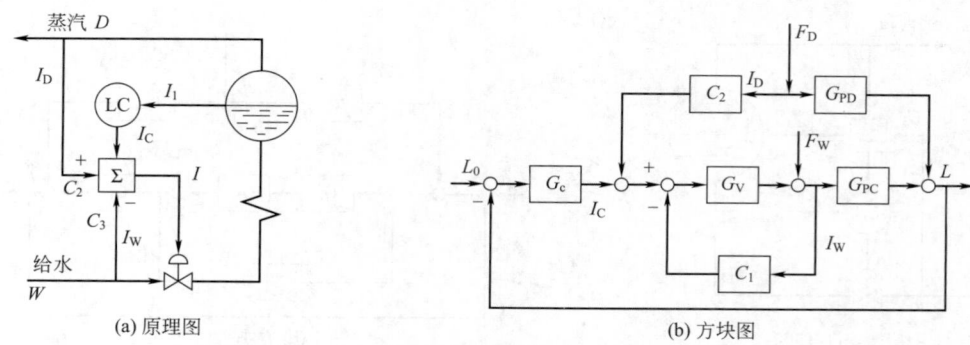

(a) 原理图   (b) 方块图

图 3-3-117　第二种三冲量水位控制系统方案

该控制方案与第一种控制方案的不同点，就在于将水位控制器由加法器后移到了加法器之前。从方块图看，它实际上也是一个前馈-反馈控制系统。由于水位控制器的测量信号来自水位，因此，只要水位控制器具有积分作用，就能保证水位控制不会有余差。

系统中系数 C_2、C_3 的确定方法与第一种方案中相同。不过蒸汽流量信号 I_D 及给水流量信号进加法器的符号与第一种方案不同了，这里 I_D 进加法器应为正号，而 I_W 进加法器应为负号。

第一种控制方案中加法器可以省掉（选用多通道输入控制器），在这里加法器却不能省。因此，本方案投资比第一方案稍高，系统结构也比它稍复杂一些。

③ 第三种方案　该方案的系统结构原理图与方块图如图 3-3-118 所示。

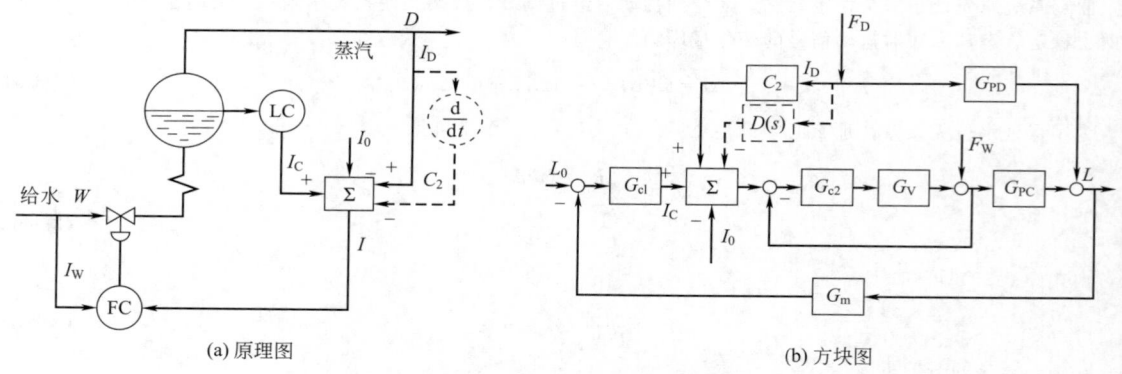

(a) 原理图   (b) 方块图

图 3-3-118　第三种三冲量水位控制系统方案

本方案与上述两方案不同点是增加了一个给水控制器，因此，从系统结构看要比上两个方案复杂、投资高。但与上两个方案比，本方案对于克服给水管路的干扰更为及时、有效。从本方案的方块图看，它实质上是一个前馈-串级控制系统，给水流量是水位串级系统的副环，副环对给水流量的及时、有效的控制，可以大大提高水位控制的质量。此外，由于调节阀在副环中，因此前馈补偿效果已不再受调节阀非线性的影响。

加法器各输入通道符号及系数设置方法如下。

由于加法器的输出是作为给水流量控制器的给定值，当蒸汽流量增大时，给水流量控制器的给定值也会增大，给水量就能跟踪增大，因此，蒸汽量信号进加法器应取正号，与调节阀气开、气闭的形式无关。

I_C 及 I_0 进加法器的符号也不难确定，其中 I_C 为正，I_0 为负。这样加法器输出式应为

$$I = C_1 I_C + C_2 I_D - I_0 \tag{3-3-67}$$

下面决定系数 C_1、C_2 及初始偏置值 I_0。C_1 一般取它为 1 或稍小于 1。C_2 按下面方法确定。

由式（3-3-63）及式（3-3-64）得知

$$\Delta I_D = \frac{\Delta D}{D_{\max}}(Z_{\max} - Z_{\min})$$

$$\Delta I_W = \frac{\Delta W}{W_{max}}(Z_{max}-Z_{min})$$

考虑式(3-3-53)关系的存在,于是可得

$$\Delta I_W \frac{W_{max}}{Z_{max}-Z_{min}} = \alpha \Delta I_D \frac{D_{max}}{Z_{max}-Z_{min}}$$

这样就可得

$$\frac{\Delta I_W}{\Delta I_D} = \frac{\alpha D_{max}}{W_{max}} \tag{3-3-68}$$

根据静态完全补偿的要求,应有

$$\Delta I_W = C_2 \Delta I_D \tag{3-3-69}$$

将式(3-3-69)代入式(3-3-68),经整理得

$$C_2 = \frac{\Delta I_W}{\Delta I_D} = \frac{\alpha D_{max}}{W_{max}} \tag{3-3-70}$$

I_0 是个恒值,设置它的目的是在正常负荷下,使控制器和加法器的输出都能有一个比较适中的数值,最好在正常负荷下 I_0 与 $C_2 I_D$ 项正好相抵消,这样系统就按水位与给水流量串级运行。

图 3-3-118 中以虚线表示的部分是动态前馈补偿,它适用于蒸发量很大而汽包相对较小的锅炉。水在这种锅炉汽包中停留时间较短,"虚假水位"较为严重,因此需要引入蒸汽流量信号的微分作用,而且是负微分作用。它具有动态补偿的效果,以避免负荷突然增大或减小时,水位偏离给定值过高或过低而造成锅炉的停车。

下面来看一下前馈模型的结构形式。假定副回路跟踪得很好,可近似为传递函数为 1 的环节。前馈模型应为

$$G_{ff}(s) = -\frac{G_{PD}(s)}{G_{PC}(s)} \tag{3-3-71}$$

$G_{PD}(s)$ 即蒸汽变化对水位的影响,这在式(3-3-49)中已经给出为

$$G_{PD}(s) = \frac{H(s)}{D(s)} = -\frac{\varepsilon_f}{s} + \frac{K_2}{T_2 s+1}$$

$G_{PC}(s)$ 即给水量变化对水位的影响,这在式(3-3-48)中也已经给出为

$$G_{PC}(s) = \frac{H(s)}{W(s)} = \frac{\varepsilon_0}{s} e^{-\tau s}$$

将 $G_{PD}(s)$、$G_{PC}(s)$ 代入式(3-3-71)并经整理后可得

$$G_{ff}(s) = -\frac{-\frac{\varepsilon_f}{s} + \frac{K_2}{T_2 s+1}}{\frac{\varepsilon_0}{s} e^{-\tau s}} = \left[\frac{\varepsilon_f}{\varepsilon_0} - \frac{(K_2/\varepsilon_0)s}{T_2 s+1}\right] e^{\tau s} \tag{3-3-72}$$

假设 $\varepsilon_f/\varepsilon_0 = 1$,$T_2 = T_d$,$K_2/\varepsilon_0 = K_d$,$e^{\tau s}$ 无法实施,因此,前馈模型近似为

$$G_{ff}(s) = 1 - \frac{K_d s}{T_d s+1} \tag{3-3-73}$$

蒸汽流量信号引入负微分(无固定分量)后,就可以满足式(3-3-73)的要求。经过动态补偿后可以获得较好的效果。

3. 锅炉水位控制系统设计中需注意的问题

① 给水调节阀开、闭形式选择。如果高压蒸汽是供给蒸汽透平压缩机等重要设备,那么保护这些设备的安全是主要的。为防止蒸汽带液进蒸汽透平,调节阀应选气开式;如果蒸汽只作为加热用,那么事故状态时保护锅炉是主要的。为防止干锅引起锅炉爆炸,调节阀应选气闭式。

② 水位如采用差压变送器测量,变送器应带负迁移,并考虑水、汽密度的温度补偿。

③ 水位控制器以选用 PID 型式为宜,对小容量锅炉也可选 PI 型控制器。串级系统的副控制器选用 P 型即可。

④ 采用差压法测量流量时,为减少其非线性,变送器输出需经开方后再送入加法器。如果采用的变送器,其输出与流量是成线性关系的,则不必加开方器。仪表的量程范围应选择比额定值大一些,留有一定的

余地。

⑤ 引入蒸汽流量前馈补偿后，对"假液位"的危害有所抑制。但应注意，在蒸汽负荷增大幅度较大时，"假液位"开始上升的时间内，不宜立即去增大给水量，以免"假液位"继续升高。这在调整前馈环节放大系数时，应予注意，前馈放大系数不能过大，以便照顾到水位控制的要求。

三、过热蒸汽系统的控制

蒸汽过热系统包括一级过热器、减温器和二级过热器。蒸汽过热系统控制的任务，就是使过热器出口温度维持在允许的范围内，并保护过热器，使其管壁温度不超过允许的工作温度。

过热蒸汽温度过高或过低，对锅炉的运行及蒸汽用户设备都是不利的。温度过高，过热器容易损坏，汽轮机也会因内部过度的膨胀而影响其安全运行；温度过低，一方面会使设备的效率降低，另一方面会使汽轮机后几级的蒸汽温度增加而引起叶片磨损。所以必须把过热器出口蒸汽温度控制在规定的范围内。

过热蒸汽温度控制常采用下面两种方法。

1. 通过改变减温水量来控制过热蒸汽温度

（1）用表面式减温器调节过热蒸汽温度 表面式减温器可以装在饱和蒸汽侧，也可以装在两段过热器之间，而以前者居多。它是将锅炉给水一部分分流经过表面式减温器，通过改变部分流量来达到控制过热蒸汽温度的目的，其控制方案如图3-3-119 所示。

由于本方案所选用操纵变量是整个给水量中的一部分，因此，此方案中的过热蒸汽温度控制系统与汽包水位控制系统之间将存在有一定的关联，即水位控制会影响到过热蒸汽温度，相反地过热蒸汽温度控制也会影响到水位。

（2）用喷水混合式减温器调节过热蒸汽温度 这种减温器一般都装在两段过热器之间。采用喷水调节的优点是控制灵敏，工作范围宽，还可以免除过热蒸汽温度控制系统与水位控制系统之间的关联。因此，这种方法目前已普遍采用。

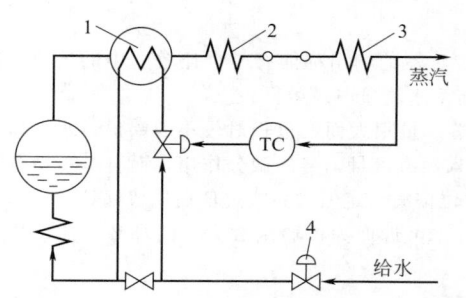

图 3-3-119　用给水减温的控制方案
1—表面式减温器；2——段过热器；
3—二段过热器；4—给水阀

用喷水混合式减温器调节过热蒸汽温度的方案有两个：其一是串级控制方案，以二段过热器出口温度为主参数，减温器出口温度为副参数构成串级，如图 3-3-120 所示；其二是以二段过热器出口温度为主冲量，减温器出口温度经微分后作为辅助冲量的双冲量温度控制方案，如图 3-3-121 所示。

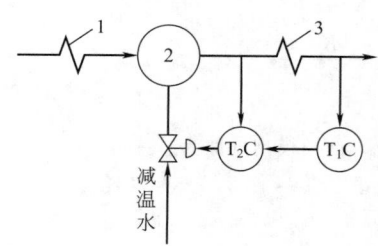

图 3-3-120　过热蒸汽温度串级控制方案
1——段过热器；2—减温器；3—二段过热器

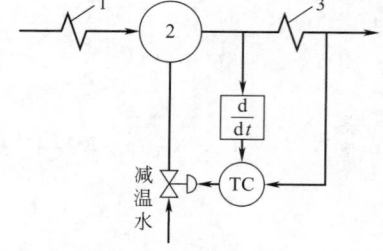

图 3-3-121　过热蒸汽温度双冲量控制方案
1——段过热器；2—减温器；3—二段过热器

图 3-3-121 所示双冲量控制方案实际上是串级控制系统的一种变形，减温器出口温度微分，其作用与串级系统的副参数相似。

2. 通过改变烟气侧的热量来控制过热蒸汽温度

改变流经过热器的烟气量，就可改变烟气对过热器的放热量，从而可以达到调节过热蒸汽温度的目的。改变烟气量方法有两种。

（1）采用烟气再循环 就是从烟道尾部（通常从省煤器后）抽出一部分烟气，用再循环风机送回炉膛，并通过对再循环烟气量的调节来改变流经过热器的烟气流量，从而改变过热蒸汽温度。此外，当送入炉膛的低温再循环烟气量改变时，将使炉膛温度发生变化，炉内辐射传热与对流传热的比例改变，从而使汽温发生变忙。由此可见，改变再循环烟气量，可以同时改变流经过热器的烟气量和烟气的含热量，从而达到调节过热蒸汽温度的目的。

采用这种方法的优点是调温幅度大，试验表明，每增加再循环量1%，可使过热器温度提高2℃。缺点是需要装设高温风机，能耗也较大。

（2）采用旁路法分流烟气　将过热器处的对流烟道分隔成主烟道和旁路烟道两部分。在旁路烟道受热面之后装有烟气挡板，调节烟气挡板的开度就可以改变流经主烟道烟气的流速，从而改变主烟道中受热面的吸热量，达到调节过热蒸汽温度的目的。

烟气旁路挡板结构简单，操作方便。但挡板要用耐热材料，并不宜布置在烟气温度大于400℃的区域，否则挡板会产生热变形。

（3）其他　还有通过改变火焰中心位置的方法，以改变炉内辐射吸热量和进入过热器的烟气温度，从而达到调节过热蒸汽温度的目的。

改变火焰中心位置可以通过改变喷燃器的倾角、改变喷燃器的运行方式和改变配风工况等方法来达到。其中改变喷燃器的倾角调温幅度比较大（当喷燃器摆动角度±20°时，可使炉膛出口烟气温度变化100℃以上），调节灵敏，时滞很小。同时设备也简单，没有功率损耗。

综上所述，调节过热蒸汽温度的方法很多，也各有优缺点，故在应用时应根据具体情况予以选择。在高参数大容量锅炉中，为了得到良好的汽温调节特性，往往应用两种以上的调节方法，并常以喷水减温与一种或两种烟气侧调温方法相配合。在一般情况下，烟气侧调温只能作为粗调，而用减温器调温则是细调。但某些实践证明，烟气侧调温也能使过热蒸汽温度控制在规定的范围内。

四、锅炉燃烧系统的控制

锅炉燃烧过程控制的基本要求有三个：

① 保证产汽压力的稳定，能按负荷的变化自动增、减燃料量；

② 保证良好地燃烧，供气适宜，既要防止空气不足使烟囱冒黑烟，又不要因空气过量而增加热量损失；

③ 保证锅炉安全运行，保持炉膛有一定的负压，负压太小，甚至为正，会造成炉膛内热烟气的外泄，影响设备和工作人员的安全，负压过大，会使大量冷空气漏进炉内，使热量损失增大。

此外，还需防止烧嘴背压（对于气相燃料）过高时产生脱火和背压过低时产生回火的现象发生。

1. 燃烧过程热效率的分析

燃料在燃烧过程中必须配以适量的空气以助燃烧。空气过少，燃烧不完全，烟囱会冒黑烟，热效率会降低；空气过多，过剩的空气会带着热量从烟囱中被排放掉，也会使热效率降低。统计资料显示，烟气排放的热损失约占总热量的8%。因此，燃烧过程中燃料与空气的配比问题需进行很好的控制。过剩空气系数、烟气排放中的氧含量、燃烧效率与造成污染的关系如图3-3-122所示。图中横坐标为实际空气量与使燃料完全燃烧所必要的理论空气量的比率（称过剩空气系数），用α表示。当α=1时称为理论空气量。α<1.02的区域，由于燃烧不完全，热损失大，从公害角度看，燃烧不完全区域将产生黑烟，污染大气。α>1.10的区域为高过剩空气区，过剩空气从烟囱中排出会导致热损失增大，热效率下降。又因剩余的O_2会转变成NO_x、SO_x，而使其含量增加。α在1.02~1.10之间为低过剩空气区域，在这一区域内，燃料几乎完全燃烧，综合热损失最小，燃烧效率最高。从公害角度看，不会产生黑烟，产生的NO_x及SO_x也少。因此，低

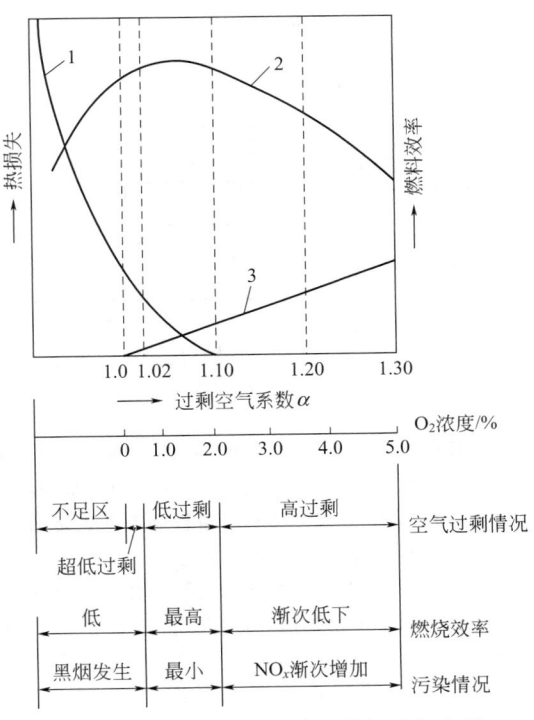

图 3-3-122　过剩空气系数、排气中氧含量、燃烧效率与污染关系图
1—不完全燃烧的热损失；2—燃烧效率；
3—烟囱排气的热损失

过剩空气区域称之为最佳燃烧区。

一般锅炉排气中 O_2 的含量为 4% 左右，如果将排气中 O_2 控制在 1% 左右，多数可以达到节能的效果。然而锅炉的氧由于炉壁间隙和喷嘴等处有可能漏入空气，会造成分析控制的浓度与实际不符，因此也有采用 CO 的浓度来控制燃烧过程的，因为 CO 的浓度不受侵入空气的影响，而是燃烧过程中产生的。在燃烧过程控制的设计中可以将两者结合起来，在稳定状态下主要按排气 O_2 含量分析进行控制，而把 CO 分析作为备用，如果 O_2 分析出现异常则自动切换到按 CO 分析控制。

2. 燃烧过程控制

(1) 锅炉出口蒸汽压力与燃空比的控制　影响出口蒸汽压力稳定的主要干扰为蒸汽负荷的变化及燃料量的波动。显然，这里应该选燃料流量作为操纵变量。当蒸汽负荷及燃料量波动较小时，可采用单回路压力控制，通过对燃料量的调节来维持蒸汽压力的稳定；当燃料量波动较大时，则可采用蒸汽压力与燃料流量串级来控制蒸汽压力。

由于燃料在燃烧过程中需要空气来助燃，而助燃空气量既不能少，也不能过多，需要与燃料量维持一个合适的配比关系。因此，锅炉出口蒸汽压力控制往往和燃空比的控制紧密地联系在一起。

① 第一种蒸汽压力与燃空比控制方案　本控制方案如图 3-3-123 所示。该方案中压力控制器的输出同时作为燃料流量控制器和空气流量控制器的给定值，而空气流量测量信号乘以系数 K 之后，再作为空气流量控制器的测量值。燃料流量信号则直接送往燃料控制器作为其测量值。因此，虽然两控制器的给定值相同，而燃料流量与空气流量之间却相差一比例系数 K。这样本控制方案既可保持蒸汽出口压力的稳定，又可以使燃空比维持一定。

本方案不足之处就在于当燃料或空气回路各自出现干扰时，不能严格保持动态的燃料与空气比不变。

② 第二种蒸汽压力与燃空比控制方案　本控制方案如图 3-3-124 所示。该方案与第一种方案的不同就在于蒸汽压力控制器输出只作燃料流量控制器的给定值，而空气流量控制器的给定值却来自燃料流量的测量值。对空气流量控制器来说，当最终稳定时测量值必须等于给定值，也就是说空气流量乘以一系数 K 之后与燃料流量相等，因此，燃空比仍然是一定的。

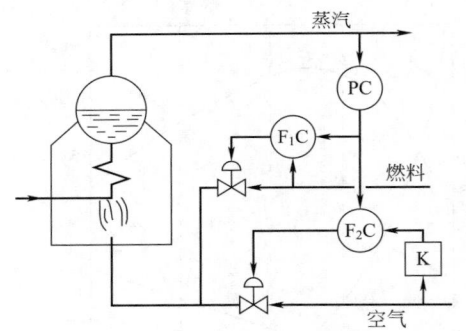

图 3-3-123　蒸汽压力与燃空比控制方案之一
（并联式燃空比）

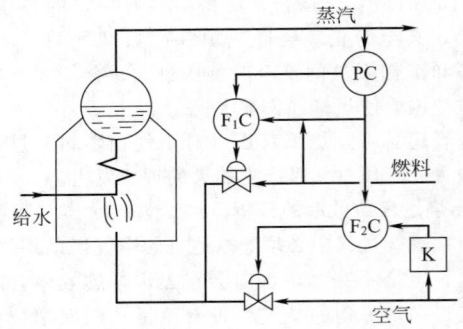

图 3-3-124　蒸汽压力与燃空比控制方案之二
（串联式燃空比）

这种控制方案对于燃料量控制回路中的干扰有较好的动态比值跟踪特性。不过当蒸汽负荷波动时，总是燃料量先变而后空气量跟踪变化。本方案也可改成蒸汽压力控制器的输出作为空气流量控制器的给定值，而由空气流量信号乘以 K 后作为燃料流量控制器的给定值，其比值控制效果是相同的。不过此时蒸汽负荷变化时空气量先变而燃料跟踪空气量变。

③ 第三种蒸汽压力与燃空比控制方案　本控制方案如图 3-3-125 所示。该方案除具有上述两方案的共同功能外，尚具有逻辑提量功能，即当蒸汽负荷增加时先提空气再提燃料；当蒸汽负荷减小时先减燃料后减空气。这样可以保证始终有一定富余空气量，使燃料完全。而这一功能是靠一只高选器 HS 和一只低选器 LS 来实现的。

④ 第四种蒸汽压力与燃空比控制方案　该控制方案如图 3-3-126 所示。

本方案是在方案一的基础上对助燃空气引进了烟气中氧含量的校正。前面曾经分析过，烟气中氧含量是锅炉热效率高低的反映，因此，根据烟气中实际的含氧量与给定的含氧量要求的差距，校正空气的流量，可以保证锅炉燃烧最经济，热效率最高。

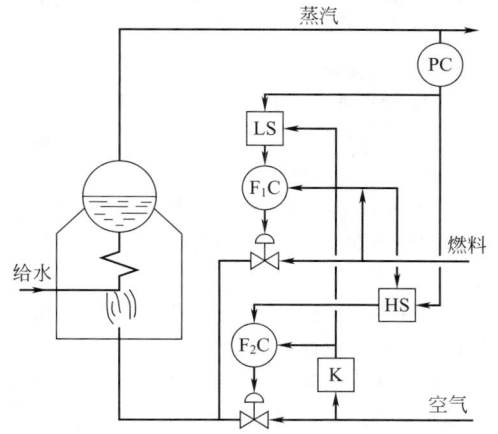

图 3-3-125　蒸汽压力与燃空比控制方案之三
（带逻辑提量的燃空比）

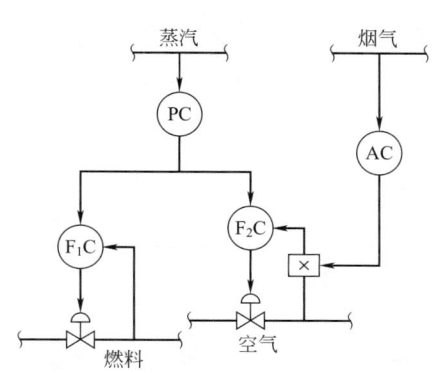

图 3-3-126　蒸汽压力与燃空比控制方案之四
（对空气引入氧含量校正）

当然，类似地也可以在方案二和方案三的基础上对助燃空气引入氧含量进行校正。

（2）炉膛负压控制及有关安全保护系统　图 3-3-127 所示是一个典型的锅炉燃烧过程的炉膛负压控制系统。

该控制方案中除蒸汽压力控制系统外，尚包括如下三个控制系统：炉膛负压控制系统，防脱水控制系统及防回火控制系统。

① 炉膛负压控制系统　这是一个前馈-反馈控制系统。炉膛负压控制一般通过控制引风量来实现，但当锅炉蒸汽负荷变化较大时，用单回路控制较难达到满意的效果。因负荷变化后，燃料及送风量均将跟着变化，但引风量只有在炉膛负压产生偏差时，才能由引风控制器去控制，这样引风量的变化将落后于送风量，从而造成炉膛负压产生较大的波动。解决的办法有二：其一是引入送风量的前馈信号；其二是引入反映负荷变化的蒸汽压力作为前馈信号，组成前馈-反馈控制系统。在本方案中采用了蒸汽压力作为

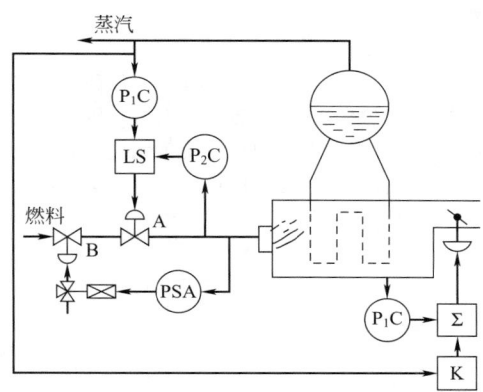

图 3-3-127　炉膛负压控制系统及
安全保护控制系统

前馈信号，K 为静态前馈放大系数。通常将炉膛负压控制在 $-20Pa$ 左右。

② 防脱水系统　这是一个选择性控制系统。在燃烧嘴背压正常的情况下，压力控制器 P_2C 输出为高信号，低选器选择蒸汽压力控制器 P_1C 的输出送往调节阀 A，构成蒸汽压力控制，以维持锅炉出口蒸汽压力的稳定。当喷嘴背压过高时，P_2C 输出转变为低信号，取代 P_1C 控制器去关小调节阀 A，以避免造成脱火的危险。当喷嘴背压恢复正常后，P_2C 输出又呈高信号，于是又恢复为蒸汽压力控制。

③ 防回火系统　这是一个联锁保护系统。在燃烧嘴背压过低时，为防止回火的发生，由 PSA 带动联锁装置，关闭调节阀上游的切断阀 B，使回火不致发生。

五、特殊锅炉的控制

所谓特殊锅炉，指的是废热锅炉、无规锅炉和废液锅炉。它们与其他燃油、燃气、油气混合燃烧锅炉相比较，有其自身的特点，因此，锅炉控制也与一般锅炉有所差异。

1. 废热锅炉的控制

废热锅炉是化工、炼油生产中应用广泛的一种热量回收设备，它利用化学反应中生成的热量，生产各部门所需要的蒸汽。

图 3-3-128 所示为尿素装置高压甲铵冷凝器的废热锅炉。在高压甲铵冷凝器中，来自汽提塔的 CO_2 与液 NH_3 反应生成甲铵的过程中同时要放出热量，废热锅炉则是利用这一反应热生产 $0.4MPa$ 蒸汽。

废热锅炉的操作，主要是通过高温的工艺介质与管外化学软水进行热交换，从而副产一定压力的蒸汽，回

496

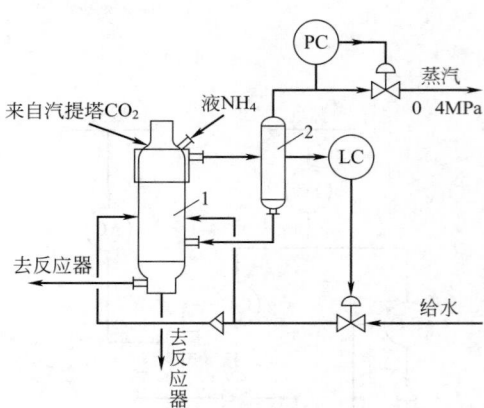

图 3-3-128　高压甲铵冷凝器废热锅炉的控制流程
1—高压冷凝器；2—蒸汽包

收供生产使用。废热锅炉的主要操作指标是锅炉水位和蒸汽压力。

废热锅炉具有如下一些特点：

① 一般废热锅炉，大多副产低压蒸汽，锅炉内部的"自凝结"和"自蒸发"现象不严重，因而假液位的影响比较小；

② 废热锅炉一般容积较大，产汽量少，热负荷低，因此停留时间长，在这种情况下假液位的出现对操作影响较小，不易产生满溢和干锅现象；

③ 废热锅炉副产蒸汽量与工艺系统所提供的废热有关，因此只是作为热回收的补充用汽，一般就根据汽包压力来调节输出蒸汽的流量，产多少蒸汽就用多少蒸汽，可以不考虑负荷的变化，它所联管网的负荷调节，由其他环节来承担。

综上所述，废热锅炉水位的自动控制相应可以采用锅炉水位简单控制系统，没有必要设计复杂控制系统。当给水压力波动较大时，也可以采用锅炉水位与给水流量串级控制。蒸汽压力通过调节输出蒸汽量来维持稳定。至于蒸汽负荷的平衡则是通过管网中其他环节的调节来实现。

2. 无规锅炉的控制

在高分子聚合物的生产过程中，往往会副产各种毫无规则的聚合物，而且这些聚合物又没有什么用处，为处理这些无规物，并回收热量，生产高压蒸汽，因此才有无规锅炉的出现。由于无规物一般黏度都比较大，需要考虑一种特殊的燃烧炉，以便于无规物的燃烧，且尽量将其烧尽。同时为了防止万一没有烧尽的无规物积存在锅炉的水管上发生二次燃烧，会引起炉管局部过热，因此，将燃烧室与锅炉分开布置，图 3-3-129 所示是一种无规锅炉工艺流程简图。

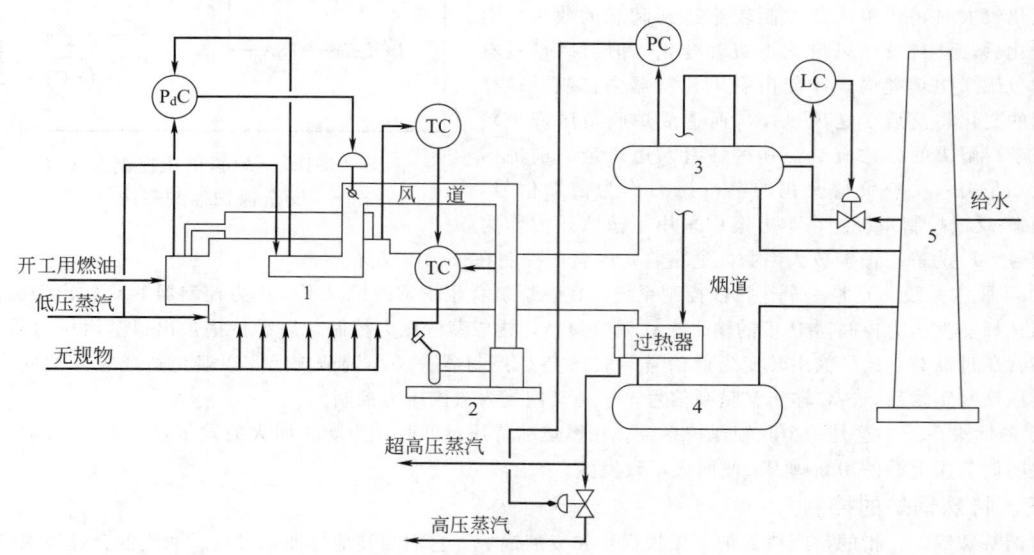

图 3-3-129　无规锅炉工艺流程图
1—燃烧室；2—风机；3—汽包；4—下联箱；5—烟囱

（1）无规锅炉的结构特点

① 为防止未烧尽无规物积存于锅炉水管发生二次燃烧，使锅炉水管局部过热而损坏，无规锅炉的燃烧室与锅炉都分开布置，利用燃烧所生成的高温烟气与锅炉水管换热，产生高压蒸汽。

② 由于无规物热值很高，而且又是在耐火砖和绝热耐火砖封闭的没有冷却面的燃烧室内进行燃烧，燃烧

温度可达到很高。为了保护耐火材料，并使燃烧所产生的烟气温度保持在 1000℃ 左右，就需要通入大量空气。同时，无规物不易燃尽，加大空气量可使其充分燃烧，并增大锅炉受热面的气流速度，防止管壁积炭，所以无规锅炉的空气量约为理论空气量的 2.5 倍。

③ 为防止未燃的无规物在锅炉受热面上黏附，特地将排烟温度提高到 380℃。由于无规锅炉需要大量的过剩空气，而排烟温度又达到 380℃，因此大量的热量损失在排出的烟气中，使锅炉热损失急剧上升。加上无规物伴热，雾化蒸汽的增加，这就使无规锅炉的热效率大为降低。

（2）无规锅炉控制特点　由于无规锅炉的主要目的是处理无规物，以能把无规物全部焚烧掉为原则，锅炉的作用只是在焚烧过程中回收一些热量，能回收多少就回收多少，对锅炉的热效率并无苛刻的要求。在这种情况下，控制系统可以设计得简单一些，更没有必要设计燃烧控制系统。

对于无规锅炉控制方案的选择，要视具体情况而定，一般有下面几种方案。

（1）烟气温度控制系统　被控变量为烟气温度，操纵变量为送入燃烧系统的空气流量，当空气压力有较大波动时，可以采用烟气温度与空气流量的串级。

（2）炉膛差压控制系统　该系统起着送风量分配的作用，它既可保持炉膛压力在规定范围内，又可确保二次风与一次风的比例。这样既保证了燃烧过程所需要的过剩空气，又保证了燃烧器对面的燃烧炉壁。

（3）蒸汽压力控制系统　蒸汽压力是最重要的工艺参数。但是无规锅炉的燃料是无规物，黏度很大，调节起来困难很多，因此采用与废热锅炉相似的方法，即通过改变蒸汽量来维持蒸汽压力的不变。

（4）锅炉水位控制系统　影响锅炉水位的主要扰动是蒸汽负荷和给水量的变化。在无规锅炉中，已设置了蒸汽压力控制系统，因而水位控制不必采用双冲量控制系统，只需采用单冲量控制就可基本上满足工艺要求。

六、锅炉控制实例

1. 烧油、气锅炉自动控制实例

图 3-3-130 所示为某厂一大型中压油气混烧锅炉的控制方案。锅炉产汽量为 220t/h，蒸汽压力为 3.8MPa，温度为 430℃，燃料以重油为主，配合使用炼厂气及弛放气。它的蒸汽与另一台高压废热锅炉产生的通过蒸汽透平后的中压蒸汽相汇合，共同组成中压蒸汽管网。

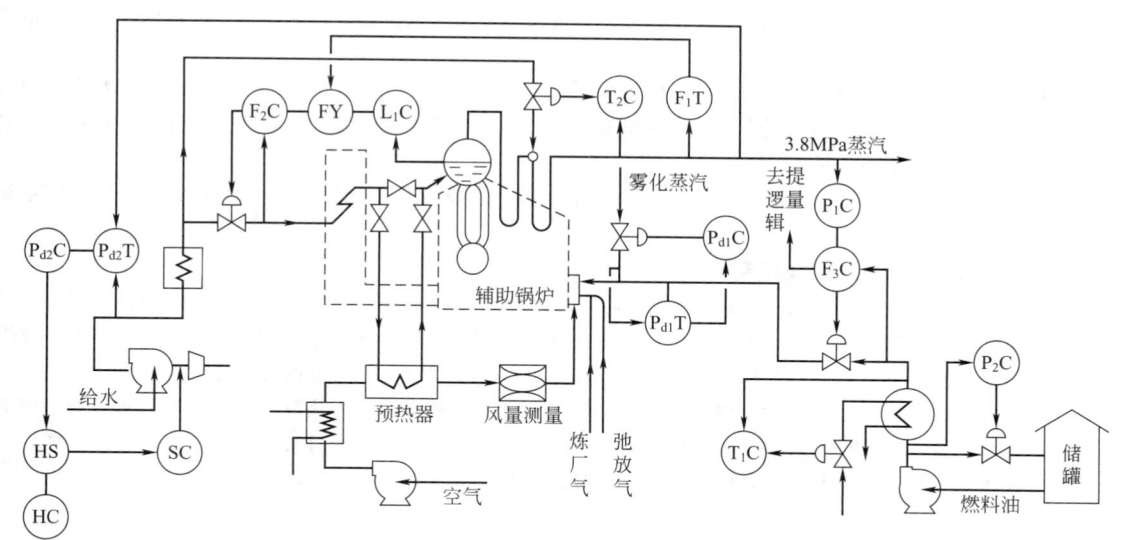

图 3-3-130　大型中压油、气混烧锅炉控制系统

图中主要控制系统如下。

（1）辅助锅炉汽包水位三冲量控制系统　如图 3-3-131 所示。该系统与图 3-3-118 所示的第三种三冲量水位控制方案极为相似。

在图 3-3-131 中加法器（Σ）组件是将蒸汽流量模拟电压值 V_s 与汽包水位控制器的校正信号 V_{CL} 相加，运算式为 $V_\Sigma = V_s + GV_{CL}$（现场设置 $G=1$）。微分加法器组件（Y）的运算式为 $V_{SP} = V_\Sigma - W_d V_s$，$W_d$ 为微分作用的传递函数，$W_d = T_d^3 s / (1+T_F s)(1+T_3 s)$，式中 T_d 为微分时间，$T_3 = T_d/G$，G 为微分增益，$G>1$。微

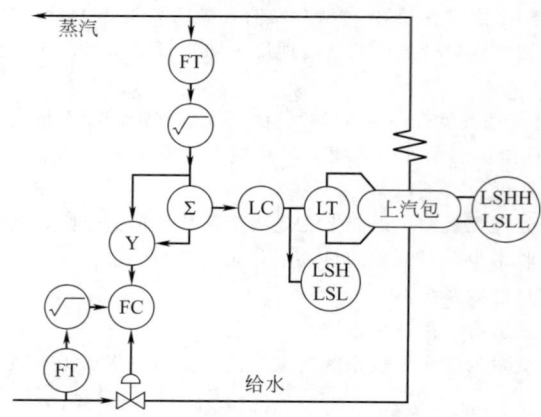

图 3-3-131 汽包水位三冲量控制系统

分增益调整要合适，微分取负号，以便起消除虚假液位的作用。因此，本系统是前馈-串级控制系统，水位控制器为主控制器，给水控制器为副控制器，蒸汽流量是静态前馈加动态前馈。由于加上动、静态前馈补偿作用，使水位的静态和动态偏差最小，给水量与蒸汽量之间的变化能紧密地保持同步，从而使系统能适应大负荷的变化，在较严重的虚假液位的情况下仍能保持汽包水位不超限。

（2）过热蒸汽温度控制系统　它是一单回路控制系统，通过调节喷入锅炉一部分给水来维持过热蒸汽温度，现场使用良好。

（3）有逻辑功能的蒸汽压力与燃空比串级控制系统　燃烧系统是一个具有逻辑提量功能的蒸汽压力与燃空比串级控制系统，它与图 3-3-125 所示的蒸汽压力与燃空比控制方案极为相似，只是图 3-3-130 中没有将该系统完全画出。该系统中蒸汽压力控制器为主控制器，燃料流量与空气流量（图中没画出）控制器为副控制器，通过高值和低值选择器（图中没画出）选择其中之一去控制相应的调节阀，实现如下的逻辑关系，即当蒸汽负荷增大时，先开大空气阀，再开大燃料阀；当蒸汽负荷减小时，先关小燃料阀，再关小空气阀，以保证蒸汽负荷变化对燃料的调整过程中，使燃料得以充分燃烧，不会因空气的不足而冒黑烟，也不会因空气过量而带走过多的热量。

（4）重油雾化蒸汽差压控制系统　它根据重油（即燃料油）及雾化蒸汽阀后的压力差来控制雾化蒸汽量。它属于单回路控制系统。

（5）燃料油压力控制系统　通过调节返回燃料油储罐的燃料油量来维持燃料油管线压力的稳定。它属于单回路控制系统。

（6）燃料油温度控制系统　通过调节流经热交换器的载热体流量来维持燃料油出热交换器的温度，它也是单回路控制系统。

（7）蒸汽管与锅炉给水管的压差控制　锅炉给水系统采用压差转速控制，由压差控制器控制使给水压力与蒸汽压力之差维持在一个最低的数值，可以使水泵做功最省。如果给水流量增加而使压差下降时，该系统会自动增加转速，以保证必要的流量。

（8）安全点火与联锁系统　为保证辅助锅炉的安全运行，还设置了一套辅助锅炉的安全点火与联锁系统（该系统在图中也没画出）。

2．分散控制系统用于锅炉控制的实例

图 3-3-132 所示为整个锅炉控制系统示意图。整个锅炉控制系统由锅炉给水控制系统、燃烧控制系统、过热蒸汽控制系统组成。其中锅炉给水控制系统是一个前馈-串级控制系统，过热蒸汽控制系统是一个前馈-反馈控制系统或单回路控制系统，而燃烧控制系统则作了较大的改进，很有特色，下面分别介绍。

（1）低过剩空气的控制　该锅炉应用高炉气、焦炉气和灯油三种燃料作为热源，以往采取总热量为基准对燃烧空气量进行控制，即按投入的燃料量来确定空气量。实际上，由于不同燃料对过剩空气量的要求不同，在三种燃料的混燃比变化时就控制不好，因而无法达到最佳过剩空气量，进一步降低过剩空气量。

按 Rosin 公式计算，理论空气量应为

$$A_0 = a_1(H_u/1000) + a_2 \qquad (3\text{-}3\text{-}74)$$

式中　A_0——理论空气量（标准状态下），m^3/kg（固体和液体燃料），m^3/m^3（气体燃料）；

H_u——热量值（标准状态下），$kcal/kg$（固体和液体燃料），$kcal/m^3$（气体燃料）；

a_1——系数，对灯油、高炉气、焦炉气分别为 0.85、0.875 和 1.09；

a_2——系数，对灯油、高炉气、焦炉气分别为 2.0、0.0 和 −0.25。

根据上述情况，采用以总理论空气量为基准的控制方法，即根据各燃料的流量，分别计算出理论空气量（标准状态下）（高炉气、焦炉气和灯油分别为 $6.70m^3/m^3$、$4.66m^3/m^3$ 和 $10.40m^3/kg$），相加后作为确定燃烧空气量的基准，以保证燃料混燃比发生变化时，也能使过剩空气量处于最佳状态。其控制方案如图 3-3-133

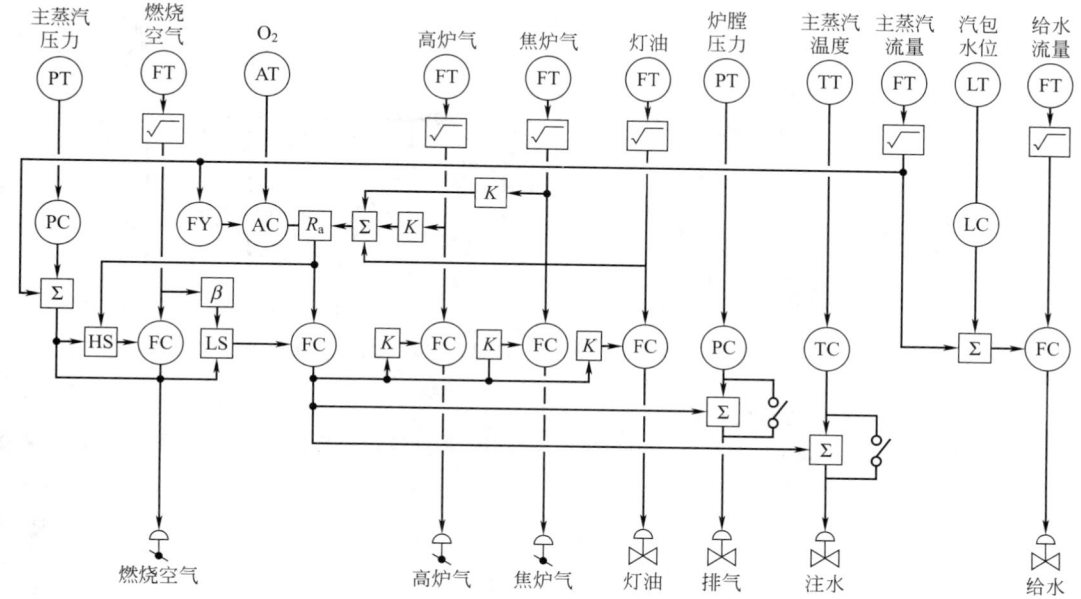

图 3-3-132　锅炉控制系统示意图

所示。

（2）**负荷变动时最佳过剩空气控制**　火嘴低负荷运行时，应增加过剩空气量。主蒸汽流量与烟气中氧含量之间关系是一条曲线，可以用图 3-3-134 中所示的折线来近似。为此加入一折线函数发生器，对空气过剩量进行修正。其控制方案如图 3-3-135 所示。即当负荷变化时，将蒸汽负荷变化的信号经函数发生器修正氧含量控制器的给定值，然后由氧含量控制器校正过剩空气量，使系统处于最佳过剩空气量下运行。

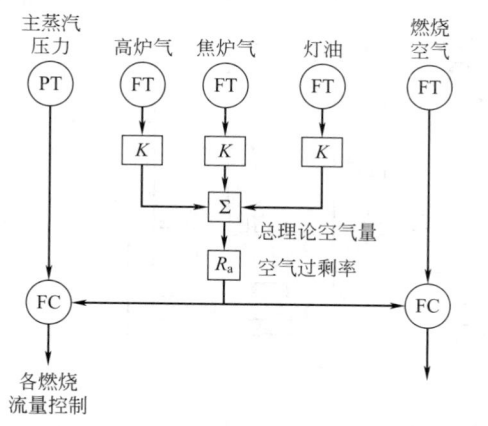

图 3-3-133　低过剩空气控制方案

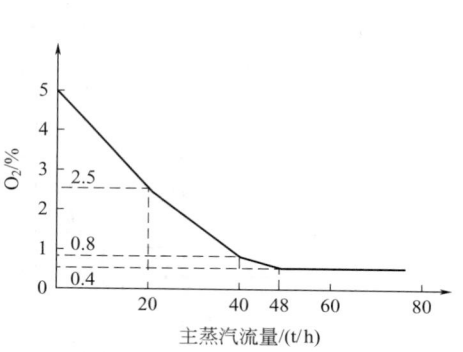

图 3-3-134　蒸汽负荷与氧含量关系

（3）**燃料任意配比控制**　为了使锅炉能在燃料的各种不同配比下运行，在各燃料流量设定信号处增设了运算器，如图 3-3-136 所示。

（4）**防黑烟控制**　在低过剩空气量运行情况下，很容易由于波动造成燃烧空气量不足而出现冒黑烟现象。因此在负荷增加要求燃料加大之前先加空气量，负荷减小要求先减少燃料量，然后再跟着减小空气量，为此，增加了高选器和低选器来达到上述要求。该控制系统如图 3-3-132 所示。

（5）**炉膛负压控制**　炉膛负压可以采用单回路控制，也可以采用前馈-反馈控制，以保持炉膛负压恒定。

整个锅炉控制系统采用 TDC-3000 分散控制系统，以节能为中心，同时注意提高自动化水平和运行的可靠性。投运后，在节能方面已使排气中的氧含量从 2.5%±1%（体积分数）下降到 0.5%±0.4%，蒸汽耗热量从 745.9kcal/kg 下降到了 726kcal/kg 以下，收到了较好的经济效益。

500

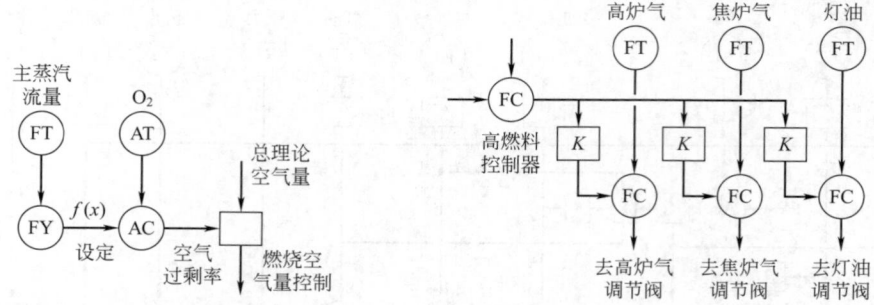

图 3-3-135　负荷变化时最佳过剩空气控制方案　　　图 3-3-136　燃料任意配比控制方案

3. 用组装仪表组成的燃烧过程控制系统

图 3-3-137 所示为采用燃料油、炼厂气和弛放气作为燃料的辅助锅炉燃烧控制系统。整个系统用组装仪表来实现。

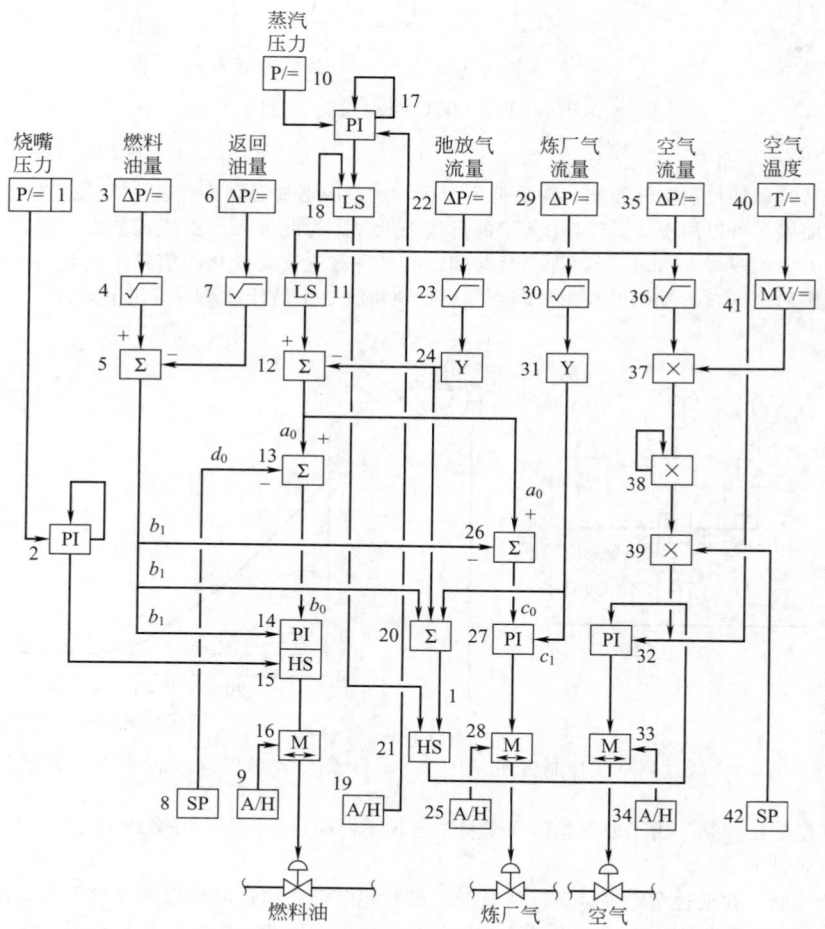

图 3-3-137　采用燃料油、炼厂气、弛放气的辅助锅炉控制方案

在该控制方案中包含有一个以蒸汽压力为主参数、燃料油流量为副参数的串级控制系统和一个以燃料总量为主流量、空气流量为副流量的比值控制系统。由于采用多种燃料，并考虑到生产的特殊性和安全的需要，又增加了一些辅助回路，使整个系统显得十分复杂。在系统设计上它有如下特点。

（1）炼厂气量的手动设置　在燃烧系统中采用了三种燃料：燃料油、弛放气和炼厂气。其中弛放气应尽量利用，但数量不足；炼厂气在正常生产时为定值，不参与对蒸汽压力的调节，只有当燃料油和弛放气不足时才增加炼厂气，以维持蒸汽压力。因此燃料油量被选择作为蒸汽压力控制系统的操纵变量。蒸汽压力控制器的输出应扣除弛放气和炼厂气的流量才能作为燃料油流量控制器的设定值（弛放气、炼厂气流量应以燃料油流量为基准进行折算）。

炼厂气控制器 27 的设定值是由手操器 8 巧妙地设置的，其分析如下。

在图 3-3-137 中，a_0 为扣除了弛放气后的燃料流量；c_0 为炼厂气折算后的设定值；c_1 为炼厂气折算后的测量值；b_0 为燃料油流量设定值；b_1 为燃料油流量测量值；d_0 为手操器 8 输出信号。

由加法器 13 得

$$b_0 = a_0 - d_0 \tag{3-3-75}$$

于是得：

$$d_0 = a_0 - b_0 \tag{3-3-76}$$

由加法器 26 得

$$c_0 = a_0 - b_1 \tag{3-3-77}$$

在系统运行稳定时，燃料油流量控制器 14 的测量值应等于给定值，即

$$b_1 = b_0 \tag{3-3-78}$$

于是式(3-3-77) 可改写成

$$c_0 = a_0 - b_0 \tag{3-3-79}$$

将式(3-3-79) 与式(3-3-76) 比较，于是可得

$$d_0 = c_0 \tag{3-3-80}$$

这就是说，在正常情况下，手操器 8 的输出信号 d_0 就是炼厂气流量控制器 27 的给定值，炼厂气的需要量是由操作人员根据炼油装置的生产具体情况，通过手操器 8 来进行设置的，在正常情况下它是定值。同时也说明，在正常工况下，只有燃料油参与对蒸汽压力的控制。

（2）各种工况的自动保护　图 3-3-137 中所示的燃烧控制系统，比较周密地考虑了超负荷以及各种不正常工况的软保护。如果蒸汽流量超过了锅炉最高允许的负荷量，这时蒸汽压力控制器 17 的输出信号，即燃料油流量控制器 14 的给定值将会大幅度地增加，就会使燃料油流量增加得过多，有可能影响设备的使用寿命。为了防止这种现象的发生，在蒸汽压力控制器 17 的输出设置了低选器 18，对燃料油流量起上限限幅作用，保证锅炉不会超过最高允许的燃油流量。

此外，在锅炉运行过程中，如果因为某种原因使燃料油压力突然下降了，当降低到某一极限值时，燃油烧嘴就会熄火。为了防止这种情况发生，特地设置了烧嘴压力控制系统。正常时，燃油压力高于下限值，烧嘴压力控制器 2 的输出为最低值，它不可能被高选器 15 所选中。但是，一旦燃油压力和燃油流量降低到某一极限值时，烧嘴压力控制器 2 的输出增大，通过高选器 15 取代燃油控制器 14 的输出，去控制燃油流量，即用烧嘴压力单回路控制取代蒸汽压力与燃油流量的串级控制，使烧嘴压力保持在某一极限值而不致熄灭。

（3）各种燃料的自动降量　在各种不正常工况时，为了维持蒸汽压力和避免浪费燃料，要求各种燃料能自动减量。当燃油流量由烧嘴压力控制器 2 直接控制时，也就是说在低负荷运行时，进入烧嘴的燃油流量比当时的蒸汽负荷所要求的燃油流量为多，在这种情况下，要保持蒸汽压力的恒定，炼厂气量必须实现自动减量。因为在低负荷运行时，燃料油流量已大于当时维持蒸汽压力所需的燃油流量，即

$$b_1 > b_0 \tag{3-3-81}$$

由加法器 26 和 13 可知

$$c_0 = a_0 - b_1 \tag{3-3-82}$$
$$d_0 = a_0 - b_0 \tag{3-3-83}$$

比较上面三式可得

$$d_0 > c_0 \tag{3-3-84}$$

由式(3-3-84) 可以看出，炼厂气在低负荷时能自动地减少。所减少的量可由式(3-3-83) 与式(3-3-82) 相减得到

$$d_0 - c_0 = b_1 - b_0$$

于是得到

$$c_0 = d_0 - (b_1 - b_0) \tag{3-3-85}$$

式(3-3-85) 就是低负荷时，炼厂气流量控制器 24 的给定值，它已经在原先的给定 d_0 的基础上，初步减去了比维持蒸汽压力恒定时所要求的燃油流量多出的数量 $(b_1 - b_0)$，由于每千克燃油流量的热值大于每立方米炼厂气的热值，所以 b_0 还要进一步减小，使炼厂气流量控制器的给定值 c_0 进一步减小，直至蒸汽压力保持稳定。

（4）燃空比值的逻辑提量控制　在锅炉燃烧系统的燃料与空气比值控制中，要求实现负荷提降量时的逻辑控制。这里高选器 21 的设置，就是为了当负荷增加时，使空气量先行增加。由图 3-3-137 可知，送往加法器 20 的信号，是经过热值折算后的三个燃料量的信号，在稳定工况下，正好等于蒸汽压力控制器的输出。但是，经过加法器 20 中的系数设置，使得三个燃料信号略高于低选器 18 的输出，而为高选器 21 所选中，作为空气流量控制器 32 的给定值。然而，当蒸汽负荷增加、蒸汽压力下降时，控制器 17 的输出信号便通过高选器 21，作为控制器 32 的给定值，使空气量先行增加。在蒸汽负荷增加的瞬间，由于控制器 17 的输出信号大于乘法器 39 的输出（空气流量）信号，故乘法器 39 的输出信号通过低选器 11，使燃油流量仍然暂时维持原来的数值。但是，随着空气流量的增加，乘法器 39 的输出信号亦趋增加，以致大于控制器 17 的输出，低选器 11 则改选控制器 17 的输出信号，去控制燃油流量，即燃油流量在空气增加后紧跟着增加，以使蒸汽压力回升。蒸汽压力升高时，低选器 18 输出下降，先减燃油而后再减空气量。

（5）各种测量的系数修正　为了保证经济燃烧，必须定时地分析烟气中的含氧量，然后对空气流量测量信号进行修正。这里设置了手操器 42 和乘法器 39，将空气流量信号在送往控制器 32 作为测量信号之前，用手操器 42 和乘法器 39 乘上 0.9～1.1 的修正系数，作为校正空气过剩系数。

为了精确地测量空气的流量，还设置了乘法器 37。在乘法器 37 中，引入空气温度信号，对空气流量信号进行温度修正。

系统中采用计算单元 24、31，根据热值分别将弛放气和炼厂气流量折算成燃料油流量。

由于本设计是由组装式仪表来完成的，因而系数的设置和调整较为方便。

第四节　化学反应器的控制

一、化学反应器

化学反应过程的本质是物质的分子、原子重新组合的过程，它可使一种或几种物质转化为另外一种或几种物质。化学反应是在化学反应器中进行的。化学反应器在石油、化工生产过程中占有很重要的地位。它的重要性体现在两个方面，首先它是整个石油、化工生产中的中心环节。其次，化学反应器经常在高温、高压、易燃、易爆条件下进行反应，且许多化学反应伴有强烈的热效应，可以说整个石油、化工生产的安全与化学反应器密切相关。因此，必须对化学反应器进行严格地控制。

1. 化学反应的特点

① 化学反应遵循物质守恒和能量守恒定律，因此，反应前后物料应平衡，总热量也应该平衡。

② 反应严格地按照反应方程式所示的摩尔比例进行。

③ 化学反应过程中，除发生化学变化外，还发生相应的物理变化，其中比较重要的有热量和体积的变化。

④ 化学反应一般需要在一定的温度、压力或者在催化剂存在的条件下方能进行。

2. 化学反应器的类型

化学反应器种类繁多，有着各种不同的分类方法。

按物料进出反应器的连续性可分间歇式和连续式两大类。前者适用于小批量生产、反应时间长或反应的全过程对反应温度有着严格的程序要求的场合，间歇反应器大都采用程序控制方式，是典型的随动控制系统。连续反应器有利于连续生产，为了保持反应器的正常运行，往往希望控制反应器内的若干工艺参数，如进料流量、反应温度、反应压力等，维持稳定，因此，通常采用的是定值控制系统。

按反应器结构的不同，反应器可分为釜式、管式、塔式、固定床和流化床等各种不同形式。如图 3-3-138 所示。

图 3-3-138(a) 为釜式反应器，连续反应时单体以一定的流量进入反应釜，反应物在釜内停留一定时间（决定于物料流量和釜的有效容积），再由釜内流出。按反应的热效应（放热或吸热）情况，载热体进入夹套进行冷却或加热，以控制反应所需的温度。即使对于同一个反应器，由于反应的阶段不同，有时需要在反应初期进行加热，而随着反应的加剧，在反应的中期和末期需进行冷却。当反应过程中，在不同的聚合深度需要不同

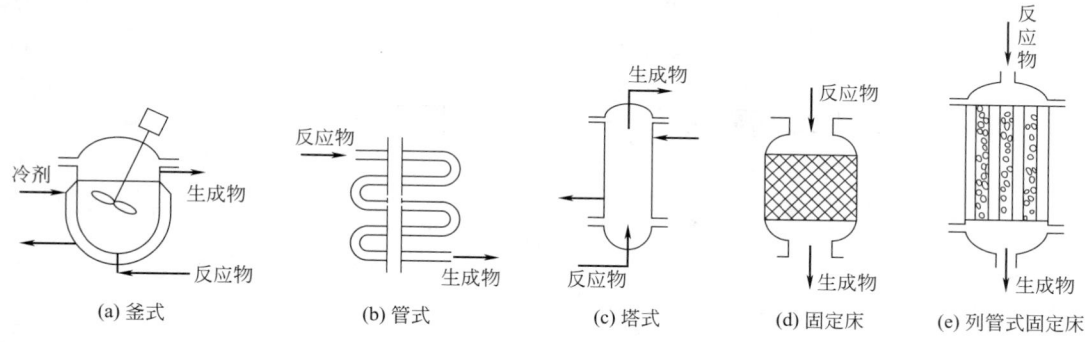

图 3-3-138　化学反应器的几种结构形式

温度时，可将若干个釜串联运行，而将它们各自控制在相应的温度上。工艺的要求通常是一定的转化率和聚合深度，往往由相应的温度来表征。对于小型聚合釜的控制一般都比较简单。

图 3-3-138(b) 为管式反应器，它的结构很简单，就是一根管道。通常也要用加热或冷却来解决反应的热效应问题。合成氨装置的一段转化炉及乙烯裂解炉都是典型的管式反应器。大型管式反应器的控制系统设计，有时也相当复杂。

图 3-3-138(c) 为塔式反应器，它与管式反应器十分相似，但是它往往伴有物料的逆向混合。例如丙烯氯化反应器就是这种塔式反应器。

图 3-3-138(d) 为固定床反应器，是一种比较老的反应器。如 SO_2 接触氧化反应器、合成氨生产中的变换炉、合成塔等都属于这一类反应器。当反应热特别大，需要有较大的传热面积时，也采用列管式固定床反应器，如图 3-3-138(e) 所示。这类反应器目前应用很是广泛，特别是当催化剂价格昂贵或易破损时用得较多。其对象特性严格来说具有分布参数的特性，但工程上仍然按集中参数处理。关于它的控制，除了同一般的反应器一样考虑外，还要注意防止催化剂中毒、活性降低和破损等问题。

为了增加反应物之间的接触，强化反应，在气-固相或液-固相反应中，可以将固相悬浮于流体之中，形成如图 3-3-139 所示的流动床及移动床反应器。

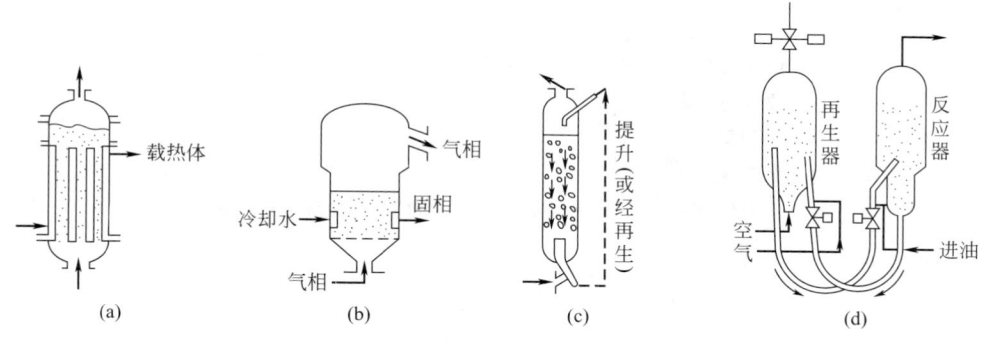

图 3-3-139　流动床及移动床反应器

图 3-3-139(a)、(b) 所示为沸腾床反应器，反应器内的沸腾状况直接影响反应的进行。因此，必须控制合适的气流速度和沸腾层的高度，以获得良好的反应效果。硫酸生产中的黄铁矿焙烧炉用的就是这种沸腾床反应器。

在气-固相接触反应中，经常会碰到催化剂再生的问题，此时就可采用移动床或流化床反应器。前者催化剂由上而下移动，后者催化剂悬浮于气相之中，它们分别如图 3-3-139(c)、(d) 所示。该型反应器从结构上保证催化剂不断循环，且有一部分催化剂经再生活化后循环使用。例如石油炼制过程的催化裂化装置中，催化剂表面结焦会引起活性的衰退，故需将其送入再生器，将表面的炭层烧尽，恢复其活性。这类反应器需要控制的参数较多，如反应温度、气流速度、催化剂的藏量、器内压力、反应器与再生器的压差等。

如果按物料流程排列来分，反应器可分为单程式和循环式两大类。

当反应转化率足够高时，可以采用单程排列方式，即物料通过反应器反应后，产物不再循环，而再次进行反应。如图 3-3-140(a) 所示。这种排列方式能耗较小。硫酸生产过程中二氧化硫转化为三氧化硫的接触反应器就是采用了这种形式。

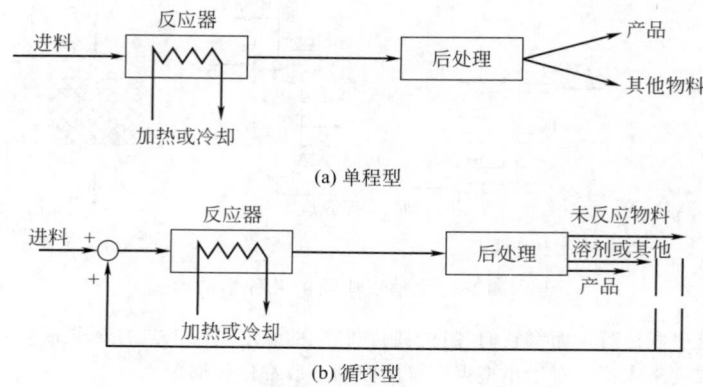

(a) 单程型

(b) 循环型

图 3-3-140　单程和循环型反应系统流程框图

当反应速度比较慢，平衡常数比较小的情况下，物料一次通过反应器的转化率很低，必须将反应产物进行分离，将未反应的物料与新鲜反应物混合后，再进入反应器反应，这就是循环型的流程，如图 3-3-140(b) 所示。在合成氨生产过程中，氮与氢的合成反应就是属于这一类型。

也有一些反应，在较高的温度下具有较高的转化率，但由于副反应的存在，会使副产物增加。这样不得不借助于降低反应温度来抑制副反应。但这样做也降低了主反应物的转化率，因此在工艺流程上只得安排循环型流程。对于这种类型的反应器，需增加一个循环量的控制。

需要指出，当进料混有惰性物质时，随着循环的进行，将会造成惰性物质的积聚，从而降低反应速度，为此需将循环物料部分放空。如合成氨生产过程中的合成气常含有甲烷、氩等惰性气体。如不放空部分循环气，则惰性气体的含量就会不断提高。

循环型反应器中除了反应物的循环外，有时也有溶剂的循环，以及为了防止反应过分剧烈而在进料中加入部分反应产物等多种形式。因此在制订循环型反应器的控制方案时，对于物料平衡应作相应的考虑。

除上述各种分类方法外，还可以按照热效应的情况，将反应器分为绝热式与非绝热式两类。当反应的热效应大时，必须对反应器实行加热或冷却，宜采用非绝热式反应器；反之，当热效应不大时，则可采用绝热式反应器。这两种类型的反应器控制方案各不相同。

二、化学反应的基本规律

1. 化学反应速度及其影响因素

人们将单位时间内单位反应体积中某一物质摩尔数的变化量定义为该物质反应速度，即

$$v_i = \pm \frac{1}{V_R} \times \frac{\mathrm{d}n_i}{\mathrm{d}t} = \pm \frac{\mathrm{d}c_i}{\mathrm{d}t} \tag{3-3-86}$$

式中　v_i——某物质 i 的反应速度，mol/m³·s；

　　　n_i——某物质 i 的摩尔数；

　　　t——反应时间，s；

　　　V_R——反应体积，m³；

　　　c_i——摩尔浓度，mol/m³；

　　　±——"+"号表示生成物的反应速度，"−"表示反应物的反应速度。

对于下述反应

$$a\mathrm{A} + b\mathrm{B} \longrightarrow c\mathrm{C} + d\mathrm{D} \tag{3-3-87}$$

其各物质间的反应速度关系为

$$\frac{v_A}{a} = \frac{v_B}{b} = \frac{v_C}{c} = -\frac{v_D}{d} \tag{3-3-88}$$

（1）浓度对反应速度的影响　反应速度与反应物的浓度有关，对于式(3-3-87) 的反应，其反应速度为

$$v = Kc_A^\alpha c_B^\beta \tag{3-3-89}$$

式中 c_A,c_B——分别为反应物 A 和 B 的摩尔浓度（体积）；

  α,β——系数,可以为零、正、负、分数或整数；

  K——反应速度常数。

对物质 A 称 α 级反应物,物质 B 称 β 级反应物,整个反应称 $\alpha+\beta$ 级反应。如果式(3-3-87) 为可逆反应,则式(3-3-89) 称正反应速度,逆反应速度与式(3-3-89)类似,只是浓度分别为产物 C 和 D 的浓度,系数与 α、β 值不一定相同,其值由实验测定。对可逆反应,其总反应速度为正、逆反应速度之差。如对下述反应：

$$a A + b B \underset{K_2}{\overset{K_1}{\rightleftharpoons}} c C \tag{3-3-90}$$

则

$$v_总 = K_1 c_A^\alpha c_B^\beta - K_2 c_C^\rho \tag{3-3-91}$$

式中,$v_总$ 为总反应速度。当化学方程式直接反映内在机理时,其反应级数 α、β、ρ 的值分别就是 a、b、c。但由于反应机理一般都很复杂,故实际的动力学关系必须结合实验测得。

对气相反应,由于分压与浓度有对应关系,所以反应速度可以用分压来表示

$$v = K_p p_A^\alpha p_B^\beta \tag{3-3-92}$$

式中,p_A、p_B 分别为反应物 A 和 B 的分压。

(2) 温度对反应速度的影响 温度对反应速度的影响极为复杂,影响情况大致可归结为图 3-3-141 所示几种情况。对于图 3-3-141 中(b) 所示的反应形式,在控制中需要特别注意,这种反应当温度达到某一数值时,反应速度骤增,放出的热量猛增,极易失控,会给操作带来危险。因此,对这类反应必须采取报警联锁安全措施。氢的催化反应及酶的反应如（c）所示的形式,碳氧化反应如（d）所示形式,一氧化氮氧化成二氧化氮的反应如（e）所示的形式。

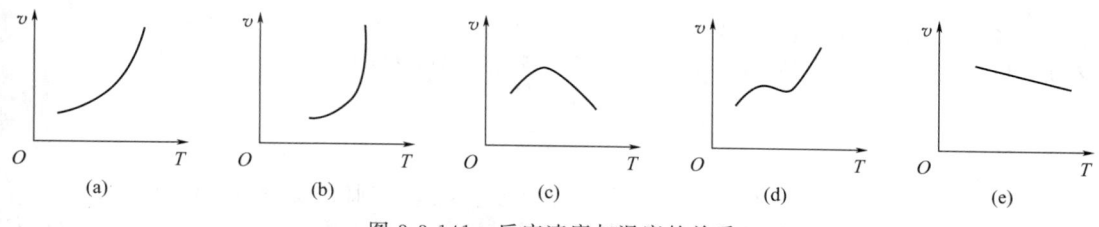

图 3-3-141 反应速度与温度的关系

图 3-3-141 中所示（a）的情况较为普遍。这时,反应速度与温度的关系通常可用阿累尼乌斯公式来表示：

$$K = K_0 e^{-E/RT} \tag{3-3-93}$$

式中 R——气体常数,$R = 8.3196 kJ/(mol \cdot K)$；

  E——活化能,表示反应物分子成为能反应的分子（称活化分子）所需的平均动能,kJ/mol,在一定温度范围内其值可视为不变；

  T——绝对温度,K；

  K_0——频率因子。

取式(3-3-93) 对数得

$$\ln K = -\frac{E}{RT} + \ln K_0 \tag{3-3-94}$$

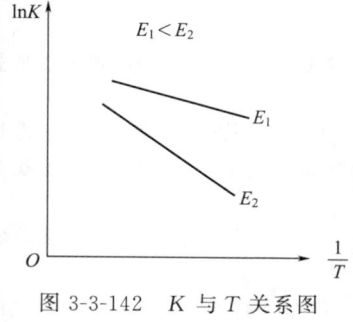

图 3-3-142 K 与 T 关系图

图 3-3-142 所示为 $\ln K$ 与 $\frac{1}{T}$ 的关系。由图可以看出,温度升高,会使 K 值增大,从而导致反应速度加快。对于可逆反应,由于正反应速度 K_1 和逆反应速度 K_2 都增加,如果是吸热反应,K_1 的增加速度大于 K_2 增加速度,故总反应速度会随温度升高而增大；反之,对于放热化学反应,则因 K_1 增加速度小于 K_2 增加速度,故总的反应速度会随温度升高而下降。因此,对可逆反应来说,存在着一个某温度下的最大总

反应速度，温度过高或过低总反应速度都会下降。

（3）压力对反应速度的影响　在固相和液相反应中，压力对反应速度常数 K、浓度 c 没有影响，因此压力对反应速度也没有影响。但是，由于气相反应或有气相存在的反应，压力增加会使浓度增加，所以反应速度也相应跟着增加。

（4）反应深度对反应速度的影响　对于可逆反应，随着反应的进行，反应物的浓度不断下降，而生成物的浓度则不断上升，这样总的反应速度随着反应深度的增加而减小，如果不采取措施，最后反应速度会降至零而使反应达到平衡。

（5）催化剂对反应速度的影响　催化剂对反应速度的影响，是通过改变活化能 E 达到的。由于活化能的改变对反应速度影响很大，所以催化剂对反应速度的影响也很大。由于催化剂对反应具有很大选择性，因此对同时进行几个反应的反应器，通过选择合适的催化剂，可以加速某一反应的反应速度。

2. 化学平衡及其影响因素

对于可逆化学反应，在一定温度下，当反应达到某一深度时，正向反应速度等于逆向反应速度，总的反应速度将等于零，此时就称反应达到了平衡。

对下面可逆反应

$$\alpha A + \beta B \rightleftharpoons \rho C$$

其总反应速度为

$$v = K_1 c_A^\alpha c_B^\beta - K_2 c_C^\rho$$

当达到化学平衡时 $v=0$，即

$$K_1 c_A^\alpha c_B^\beta = K_2 c_C^\rho$$

由上可得

$$K_c = \frac{K_1}{K_2} = \frac{c_C^\rho}{c_A^\alpha c_B^\beta} \tag{3-3-95}$$

上式中当温度一定时，K_c 为一常数，称之为浓度平衡常数。K_c 愈大，平衡转化率愈高。

对于气相反应，如果理想气体定律可以适用，则平衡常数可以用分压来表示：

$$K_p = \frac{p_C^\rho}{p_A^\alpha p_B^\beta} \tag{3-3-96}$$

式中，当总压 p 和温度 T 一定时，K_p 为一常数。p_A、p_B 及 p_C 分别代表组分 A、B 及 C 的分压。

（1）浓度对平衡的影响　增加反应物浓度或降低生成物的浓度，平衡向增加生成物方向，即沿正反应方向移动；反之，平衡则向反方向移动。

这一结论至少具有两点实用价值：第一，如果在反应过程中不断移走反应的生成物，就会使生成物的浓度降低，平衡则向生成生成物方向移动，这样就会提高产量；第二，为了充分利用某一反应物，可以使另一反应物过量，以增加其反应物浓度，促使反应向增加生成物方向进行，这就会促进某一反应物的充分反应。如合成氨的变换工段，就是使用水蒸气适当过量的方法，使反应物浓度增加，以保证一氧化碳的充分转化。

（2）压力对平衡的影响　压力对反应物和产物均为固相或液相的反应过程没有什么影响，但对有气相存在的反应就有影响。增加总压力，平衡向摩尔数减少的反应方向移动；反之，则向摩尔数增加的反应方向移动。例如下面合成氨的反应方程式

$$3H_2 + N_2 \rightleftharpoons 2NH_3 + Q$$

它是由 3 个摩尔体积的氢和 1 个摩尔体积的氮，生成 2 个摩尔体积的氨，如果增加反应压力，平衡则向生成氨的方向转移，因为这个方向是使系统总摩尔数减少。

（3）温度对平衡的影响　升高温度使分子运动加速，对正、逆反应都有利，但是影响程度不同。实践证明，升高反应温度，有利于吸热反应，平衡会向吸热反应方向移动；降低反应温度，有利于放热反应，平衡会向放热反应方向移动。

（4）催化剂对平衡的影响　催化剂最终并不参与物质变化，只是起加速或阻止反应进行的作用，因此，它对平衡没有影响。

上述影响可归结为理查德平衡移动原理。这一原理指出，如果改变平衡状态时的条件之一，平衡将被破

坏，平衡则向减弱这种改变的方向移动。

3. 化学反应的热稳定性

化学反应过程中，往往都伴有热效应。对于吸热化学反应，在热稳定性问题上具有自衡能力。随着温度的升高，反应速度会加快，与此同时，吸收热量将会增多，在没有外界供热的情况下，自身的温度就会降低，这就抑制了反应速度的继续加快。因此，对吸热化学反应来说，对象自身对温度变化具有负反馈的作用，开环是稳定的。然而，对于放热化学反应，情况就不同了。随着温度的升高，反应速度会加快，放出的热量就会增多，于是温度就会升得更高。这样连锁反应下去，温度会越升越高，反应会越来越快，这一过程具有正反馈的性质，因此，放热化学反应对象开环是不稳定的。

4. 化学反应过程常用指标

衡量化学反应过程进行情况的常用指标有转化率、产率和收率等。

设有下面化学反应：

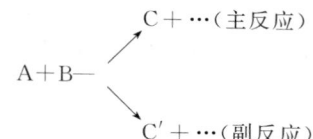

其中，A 为主反应物，不过量，则可作如下定义

$$转化率 = \frac{反应掉的\ A\ 的摩尔数}{进入反应器的\ A\ 的摩尔数} \times 100\% \qquad (3\text{-}3\text{-}97)$$

$$产率 = \frac{转化为产品\ C\ 的\ A\ 的摩尔数}{反应掉的\ A\ 的摩尔数} \times 100\% \qquad (3\text{-}3\text{-}98)$$

显然，如不存在副反应，则产率为 100%。

转化率与产率的乘积称之为收率，即：

$$收率 = \frac{转化为产品\ C\ 的\ A\ 的摩尔数}{进入反应器的\ A\ 的摩尔数} \times 100\% \qquad (3\text{-}3\text{-}99)$$

转化率、产率或收率是表征反应质量的重要指标，对于不存在副反应的场合，它们三者是统一的，可用任一指标来衡量反应的好坏，而对于有副反应的场合，则必须认真分析，根据生产的要求来选择，一般以收率高作为目标函数为好。

影响转化率、产率和收率的因素一般有进料浓度、反应温度、压力、停留时间、催化剂和反应器类型等。通常情况下，在反应温度相同时，停留时间愈长，转化率则愈高，但如果停留时间已经够长时，再继续增加停留时间，影响就不明显了。而在相同的停留时间下，随着反应温度的上升，反应会加快，转化率也会上升，当达到一定程度时，再提高反应温度，转化率的变化也就不明显了。

三、化学反应器的基本控制方案

化学反应是化工生产中一个比较复杂的单元，由于反应的种类繁多，反应物料有气体、液体和固体，它们的特性相差很大；反应的条件，包括温度、压力、催化剂也各不相同；反应的速度有快、有慢；反应过程有的吸热，有的放热。因此，相应地就出现了各种不同类型的反应器，自然，这些反应器的控制方案也就不可能是完全相同的。但是，通过对各类反应器控制方案的分析归纳，还是可以找到它们的一些共同的原则。

1. 对化学反应器控制的要求

在设计反应器的控制方案时，应满足下列要求。

(1) 质量指标要求　应使反应达到规定的转化率，或是使产品达到规定的成分。

(2) 物料平衡和能量平衡要求　为使反应器能正常运行，必须使整个反应器在运行过程中保持物料平衡和能量平衡。为了保持物料平衡，在可能的情况下，常常对主要物料进行流量控制。在有一部分物料循环的系统中，应定时排放或放空系统中的惰性物料。为了保持能量平衡，对于放热化学反应，应考虑及时除去反应热，以防止热量的积聚；对于吸热化学反应，则应考虑及时补热，以使反应得以正常进行。

(3) 约束条件的要求　每种反应都有它自己的约束条件，为防止工艺参数进入危险区域或生产过程进入不正常工况，必须相应地设置一些报警联锁和选择性控制系统，进行安全界限的保护性控制。

2. 化学反应器的基本控制方案

（1）质量指标的控制

① 直接质量指标控制方案 在化学反应器控制方案设计中，控制指标的选择是一个关键，一般来说，在可能的条件下，应该首选反映化学反应过程直接指标的转化率或产品的组分作为被控变量。

a. 选出料成分作被控变量的控制方案。图 3-3-143 所示为合成氨生产中变换炉出口一氧化碳含量控制系统。

该变换工序是将造气工段来的半水煤气与水蒸气进行反应，使半水煤气中的30%一氧化碳转化成合成氨所需的原料气氢和易于除去的二氧化碳。显然，这里一氧化碳的转化率是该生产过程的直接质量指标，而一氧化碳转化率高低可通过测量变换炉出口气中一氧化碳的含量而得知。影响变换炉出口气中一氧化碳含量的主要因素有半水煤气流量、温度、成分，水蒸气的压力和流量，冷激煤气和催化剂活性等，而以水蒸气流量与半水煤气流量比值影响为最大。因此，图中构成了变换炉出口气一氧化碳含量与半水煤气-水蒸气比值串级控制系统。

b. 选转化率为被控变量的控制方案。转化率不便于直接测量，只能通过间接的途径或计算得到。图 3-3-144 所示丙烯腈聚合反应转化率控制就是一例。

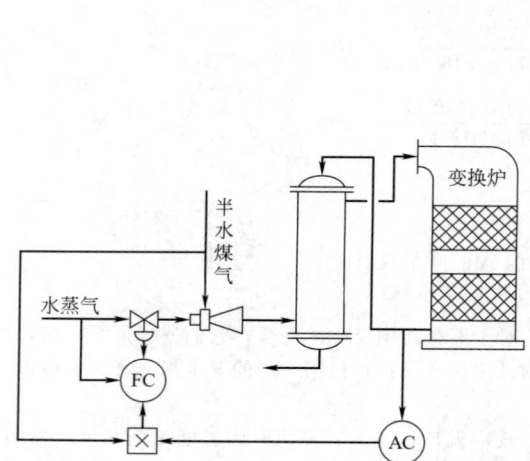

图 3-3-143　变换炉出口一氧化碳含量控制方案

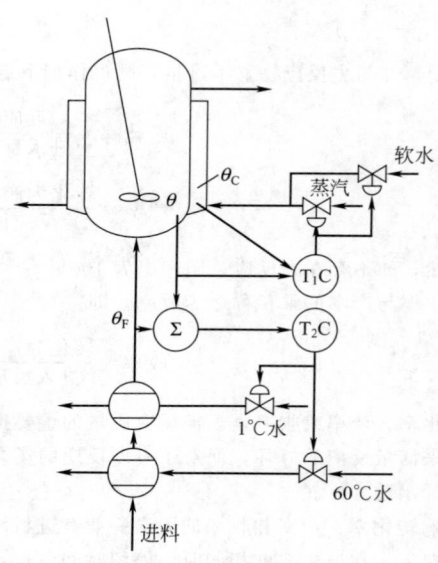

图 3-3-144　丙烯腈聚合釜转化率控制方案

丙烯腈聚合为放热化学反应，其单位时间内放出热量 Q_1 为

$$Q_1 = (-\Delta H) F c_0 Y \qquad (3\text{-}3\text{-}100)$$

式中　ΔH——摩尔反应热；

$\quad\quad F$——进料流量；

$\quad\quad c_0$——进料浓度；

$\quad\quad Y$——转化率。

由聚合釜出料带走的热量 Q_2 为

$$Q_2 = F \rho c_p (\theta - \theta_F) \qquad (3\text{-}3\text{-}101)$$

式中　ρ——物料密度；

$\quad\quad c_p$——进料比热容；

$\quad\quad \theta$——釜内温度；

$\quad\quad \theta_F$——进料温度。

在绝热条件下（即夹套温度等于釜内温度），并忽略搅拌热，则反应放出的热量 Q_1 应等于出料所带走的

热量 Q_2，即

$$(-\Delta H)Fc_0Y = F\rho c_p(\theta - \theta_F)$$

由此得到

$$Y = \frac{\rho c_p}{(-\Delta H)c_0}(\theta - \theta_F) \tag{3-3-102}$$

由式（3-3-102）可以看出，当进料浓度 c_0 恒定时，转化率 Y 与温差（$\theta - \theta_F$）成正比。就是说只要维持温差（$\theta - \theta_F$）恒定不变，转化率 Y 也就不变了。

图 3-3-144 所示的转化率控制方案采用的是分程控制方案，温度控制器 T_2C 根据温差（$\theta - \theta_F$）的不同情况分别控制 1℃水和 60℃水。

② 间接质量指标控制方案　用直接质量指标进行控制当然是最好的，然而有些反应往往很难找到反应灵敏、分析可靠而及时的分析器。因此，在大多数情况下都是选用反应温度作为间接的控制指标。因为控制住了反应温度，不但控制住了反应速度，而且还能保持反应的热平衡。如在聚合反应中，反应温度可以代表聚合度；在氧化反应中，反应温度代表了氧化的深度；在转化反应中，反应温度代表了转化率。控制住了反应温度，也就控制住了化学反应，不仅可实现热平衡，而且还可以避免催化剂在高温下老化和烧坏的问题发生。因此，反应温度一般都被视为化学反应器最重要的被控变量。

a. 单回路温度控制方案。图 3-3-145 及图 3-3-146 所示为两个单回路温度控制方案，反应所产生的热量由冷剂带走。图 3-3-145 方案的特点是通过冷却介质的温度变化来稳定反应温度。冷却介质采用强制循环式，流量大，传热效果好。但釜温与冷却介质温差比较小，能耗大。图 3-3-146 方案的特点是通过控制冷却介质的流量变化，稳定反应温度。冷却介质流量相对较小，釜温与冷却介质温差比较大，当内部温度不均匀时，易造成局部过热或局部过冷。

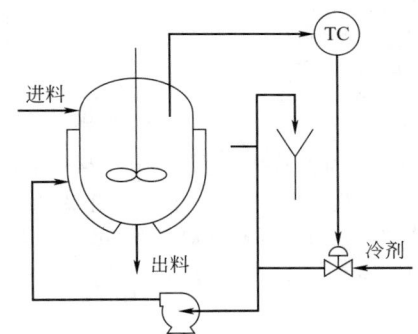

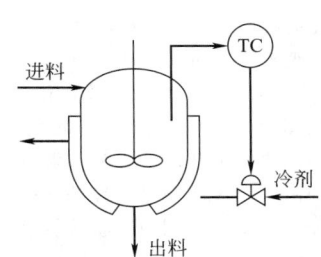

图 3-3-145　冷剂强制循环的单回路温度控制方案　　　图 3-3-146　单回路温度控制方案

b. 串级温度控制方案。图 3-3-147 和图 3-3-148 为两种串级温度控制方案。图 3-3-147 为反应温度与载热体流量串级，副参数选择的是载热体的流量，它对克服载热体流量和压力的干扰比较及时有效，但对载热体温度变化的干扰却得不到反映。图 3-3-148 方案副参数选为夹套温度，它对载热体方面来的干扰具有综合反映的效果，而且对来自反应器内的干扰也有一定的反映，因而它比图 3-3-147 所示方案所包含的干扰更多，能充分发挥副环抗干扰功能。不过它与图 3-3-147 方案相比，对载热体流量或压力变化的干扰反应相应要滞缓一些。

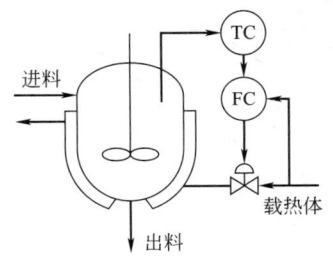

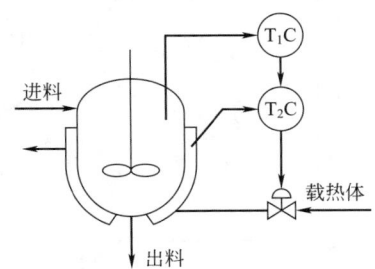

图 3-3-147　反应温度与载热体流量串级控制方案　　　图 3-3-148　反应温度与夹套温度串级控制方案

大部分聚合反应釜是一个密闭的反应器，反应器内压力的变化比温度来得迅速，实质上反应器内压力的改变是反应温度变化的前奏，比反应温度变化要超前，为此，可以构成如图 3-3-149 所示的反应温度与反应压力串级控制系统。这种控制系统有利于克服反应釜的滞后，从而提高温度控制的质量。

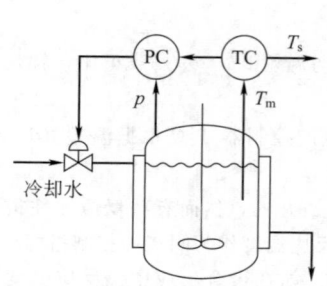

图 3-3-149　反应温度与压力串级控制方案

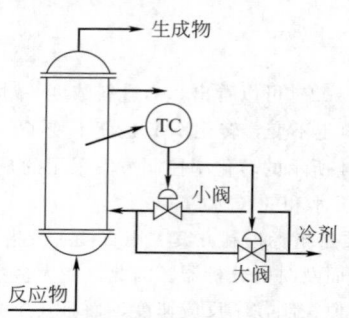

图 3-3-150　用两只同向动作控制阀构成
温度分程控制方案

c. 温度分程控制方案。分程控制既可以扩大调节阀的可调范围，也可以控制多个操纵变量，这一特点正好可用于反应器的温度控制。对于前一种情况可选用两只同向动作的调节阀（一大阀一小阀）。在低负荷或正常情况时，通过小阀来控制反应温度；在大负荷或异常情况时，除小阀全开外，大阀也将开启。该分程控制系统如图 3-3-150 所示。对于后一种情况，可选用两只反向动作的调节阀分别控制两种不同的操纵变量。如不少化学反应在反应开始前需要加热，使其尽快进入正常反应状态，而当反应进行过程中又不断放出反应热。要及时移走这些热量，就必须进行冷却。因此，反应器需要用到冷、热两种载热体，以便在反应开始前关闭冷剂阀而打开热剂阀，给反应器加热；当反应开始后关闭热剂阀打开冷剂阀进行冷却。该分程控制方案如图3-3-151所示。

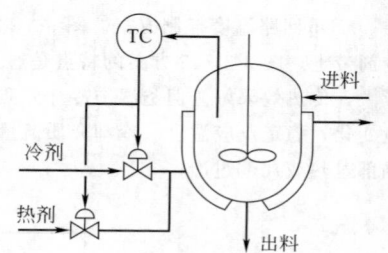

图 3-3-151　用两只反向动作的
控制阀构成温度分程控制方案

d. 温度分段控制方案。对可逆放热化学反应，为使其反应过程总体反应速度快，转化率高，就应控制反应温度，使其按图 3-3-152 所示的最佳转化率-温度曲线轨迹变化。为实现这一目的，可采用逐级冷却的方法。反应物进入第一层进行绝热反应，反应温度与转化率沿床层轴线方向逐渐增加。当温度达到最佳转化率-温度轨迹线后，立即离开反应床层进行冷却，此时温度下降而转化率不变。再进入第二床层进行反应，反应温度与转化率又将增加，待温度达到最佳轨迹线时，立即又离开反应床层进行冷却。如此循环操作，使反应沿最佳转化率-温度轨迹进行。

为实现上述操作，可采用如图 3-3-153 所示的分段温度控制方案。

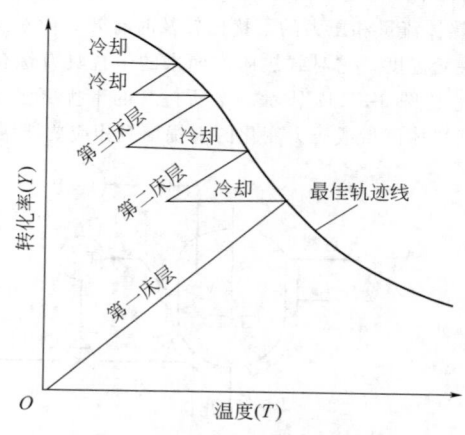

图 3-3-152　最佳转化率-温度轨线及操作示意图

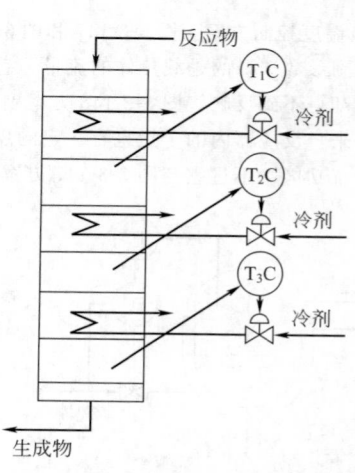

图 3-3-153　反应器分段温度控制方案

在某些化学反应中，温度稍高，反应物就会因局部过热而分解或暴聚。若反应又是强放热反应，如果热量移走不及时或不均匀，这种现象更易发生。为避免这种情况出现，也可以采用这种分段控制方案。

对管式反应器，当温度控制要求不高时，可按集中参数处理，采用一般的温度控制方法进行控制。如果管式反应器分布参数特性明显，一般温度控制方法达不到控制的要求，或者对温度控制有特殊的要求，如要求反应器温度沿管长有一定的分布，此时也可采用分段控制的方法，如图 3-3-154 所示。

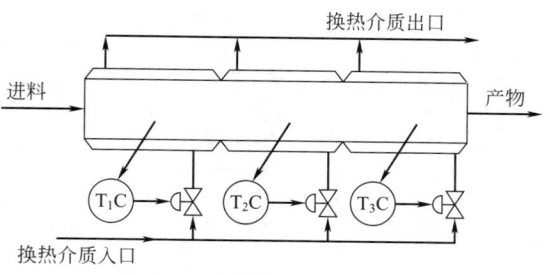

图 3-3-154 管式反应器温度分段控制方案

e. 入口温度控制方案。对具体反应器来说，只要控制好进入反应器的物料状态和冷却情况，反应的结果大体上就有了保证。在进料组分变化不大、流量比较稳定的情况下，反应物料的入口温度就基本上决定了反应的结果。

另外，从式（3-3-102）中可以得到

$$\theta = \theta_F + \frac{(-\Delta H)c_0 Y}{\rho c_p}$$

(3-3-103)

在进料浓度和转化率不变的条件下，稳定了进料温度 θ_F，反应温度基本上也稳定了。

因此，可以选入口温度作为被控变量构成控制方案。以入口温度为被控变量所构成的控制方案如图 3-3-155所示。

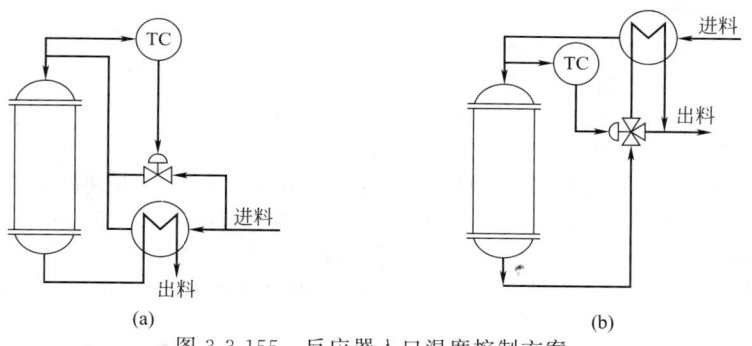

(a)　　　　　　　　　　　　　　　　(b)

图 3-3-155 反应器入口温度控制方案

该方案中利用出料所带出的反应热与进料进行热交换，对后者进行预热。方案（a）通过对冷旁路的调节控制入口温度，用的是普通两通调节阀。而方案（b）用的是三通调节阀。

该控制方案中采用出料与进料的热交换，是为了尽可能回收热量。对于这种流程，如果对入口温度不进行控制，则在该过程中将存在着正反馈的作用。倘若出料温度降低，那么经热交换后，进口温度也会降低，而这又会使反应温度降低。这样就会形成恶性循环，最后将使反应终止。反之，会使反应温度越来越高。这是反应器热稳定性问题。现在采用进口温度控制后，就切断了这一正反馈通道。

f. 温度前馈-反馈控制方案。进料流量的变化会对化学反应产生很大的影响，一般都对反应器的进料设置有流量定值调节。如果进料流量因实际情况而不宜控制，那么在这种情况下可以采用如图 3-3-156 所示的反应温度与进料流量的前馈-反馈控制方案。

该控制方案以进料流量作为前馈信号。如果进料流量比较稳定而进料温度或组分经常波动，也可以取进料温度或组分的信号构成相应的前馈-反馈控制方案。

g. 用废热锅炉汽包压力控制反应温度。对于强放热化学反应，为了更好地回收反应热并控制反应速度，一般都选用附设有废热锅炉的管式固定床反应器，如图 3-3-157 所示。对于这类化学反应，只要改变移走热量的多少就能控制反应速度，而这一点是通过保持锅炉汽包压力恒定来实现的。因为对应于一定的压力，相应地反应器管外处于沸腾状态的水气侧就有一定的温度。如果反应进行得过分剧烈，反应温度升高，传热温差就增大，移走的反应热也迅速增加，这样就能自动地将反应减缓下来，所以改变汽包压力控制器的设定值，就能改变传热温差，即改变移走的热量来保持反应温度的恒定，控制反应的进行。采用这种控制方案的反应器有合成甲醇反应器，以及用氧氯化法制取氯乙烯的反应器等。

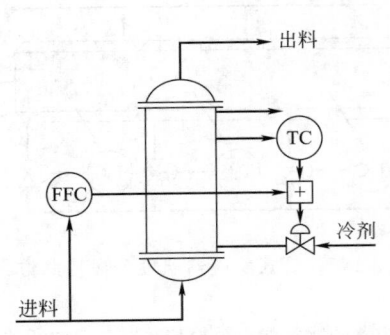

图 3-3-156　反应器前馈-反馈控制方案

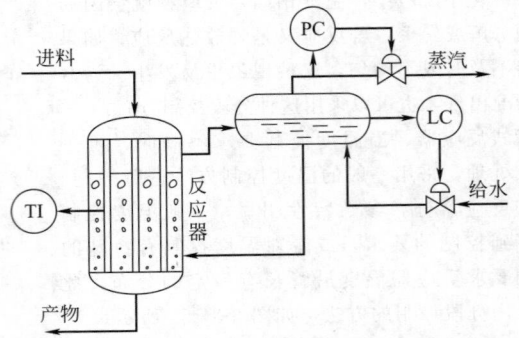

图 3-3-157　用废热锅炉汽包压力控制反应温度

（2）辅助控制系统　对具体的化学反应器来说，除按直接指标和间接指标对反应器进行质量控制外，还需对影响反应的其他因素采取相应控制措施，这样反应质量才有保证。常用辅助控制系统如下。

① 反应器进料流量控制　反应器进料流量稳定，不仅能保持物料平衡，而且还能保持反应所需的停留时间，避免由于流量变化而使反应物带入的热量和放出的热量发生变化，从而影响到反应温度的变化。因此，对进料流量控制是十分必要的。

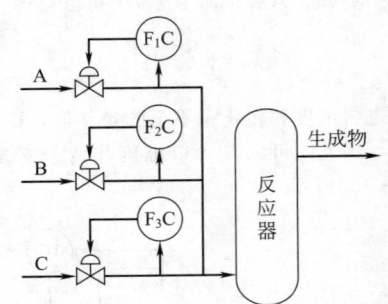

图 3-3-158　多种物料恒定控制方案

a. 多种物料流量恒定控制方案。当反应器为多种原料各自进入时，可采用如图 3-3-158 所示控制方案。图中对每一物料都设置一个单回路控制系统，以保证各进入量的稳定，同时也保证了各反应物之间的静态关系。当参加反应的物料均为气相，且反应器压力变化不大时，一般也保证了反应时间。如果反应物有液相参与时，为保证反应时间，可增加反应器的液位控制。

b. 多种物料流量比值控制方案。图 3-3-159 所示为物料比值控制方案。其中图 3-3-159(a) 为两种物料流量比值控制方案，图 3-3-159(b) 为多种物料流量比值控制方案。在这两种方案中 A 物料为主物料，B、C 为从动物料（亦称副物料），图中 K、K_1、K_2 均为比值系数，根据具体的比值要求通过计算而设置。

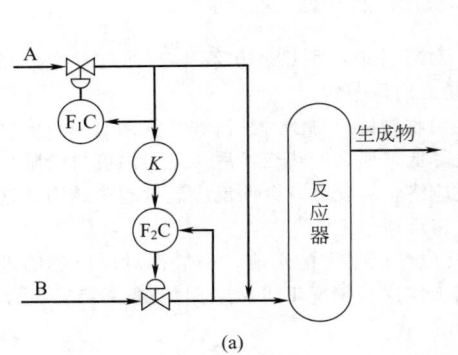

(a)

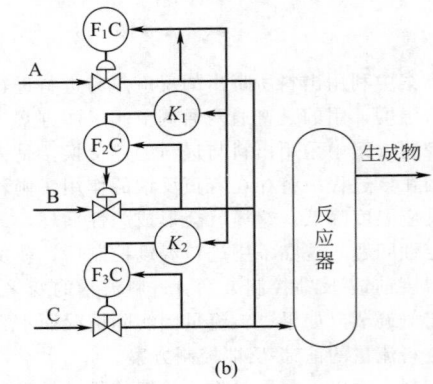

(b)

图 3-3-159　流量比值控制方案

一般选择比较贵重的反应物或是对反应起主导作用的反应物作为主物料，除主物料之外的其他反应物则为副物料。副物料一般都允许适当过量，以使主物料得到充分的利用。

上面所示比值控制方案是以各反应物的成分、压力、温度不变为前提的。如果这些量变化较大时，要保证实际的比值关系，必须引入成分、压力和温度校正。

有时，为适应反应情况的变化，对比值需要进行修正，如氨氧化炉温度与氨空比所构成的串级比值控制，就是利用氧化炉温度校正氨与空气的比值。当氧化炉温度稳定时，氨与空气的比值为一常数，当氧化炉温度变化时，就必须修正氨与空气的比值，以适应氧化炉温度控制的需要。氨氧化炉温度与氨空比串级控制系统如图

3-3-160 所示。

　　c. 物料有循环时的控制方案。当反应转化率低，平衡率低，而必须采用反应物循环时，要获得进入反应器各物料的比值关系，就不能简单地用新鲜物料 A 和 B 的流量比值控制，这是因为有循环物料的存在，使进入反应器的总混合物中的各组分比值并不等于新鲜物料的比值。因此，要采用图 3-3-161 所示方案。进口总物料量的恒定由流量控制器 F_1C 通过调节循环量来达到。B 物料采用自身定值调节来稳定，反应器进口物料的配比由分析器分析出组分 A 的含量后再调节 A 的流量来保证。这样既控制了总的进入物料量，又保证了反应器进口组分 A 和 B 的比例。

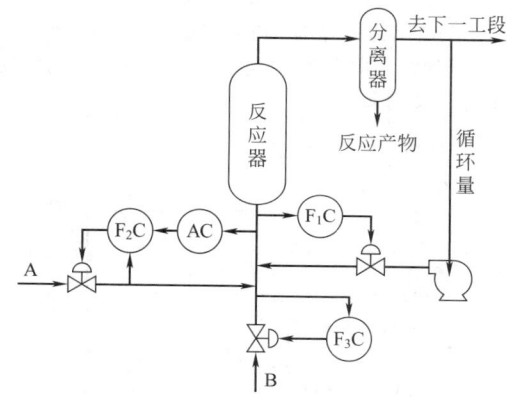

图 3-3-160　氨氧化炉温度与氨空比串级控制系统

　　如果循环物料不允许控制，可改成如图 3-3-162 所示的方案。进口总流量的恒定通过调节物料 B 来保证，而组分则通过调节物料 A 来达到。

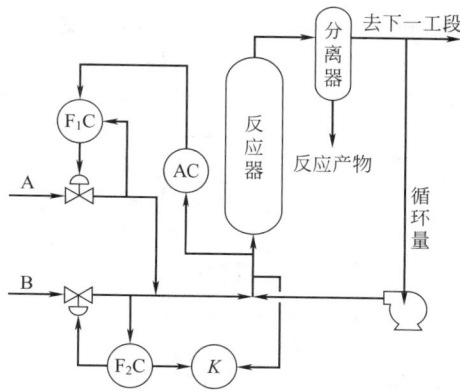

图 3-3-161　物料有循环时的控制方案　　　　图 3-3-162　物料有循环时流量比值控制方案

　　② 反应压力控制　当反应器内进行的是气相反应，如氧化反应、氢化反应或高压聚合等反应过程时，常需要对反应器内的压力进行控制。此外，由于反应器的压力与温度之间有着一定的关系，压力的变化往往是温度变化的前奏，为了得到较好的温度控制效果，有时也需要对反应器的压力进行控制。反应器压力控制有如下几种方案。

　　a. 通过放空控制反应器压力。该控制方案如图 3-3-163 所示。这种方案的使用必须符合两个条件：其一是放空的物料必须是廉价的，否则会造成较大经济损失；其二是所排放的物料必须对环境不会造成污染。

　　b. 通过对气相进料量的调节控制反应器压力。当反应器有气相进料时，可以通过调节气相进料量来维持反应器的压力。该控制方案如图 3-3-164 所示。

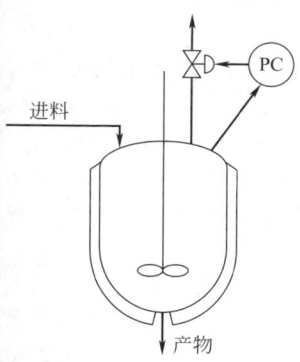

图 3-3-163　利用放空控制反应压力方案

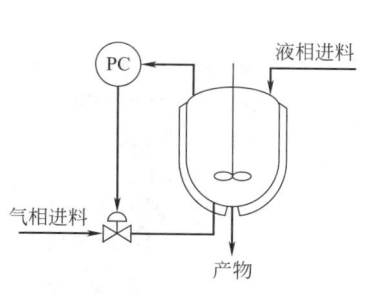

图 3-3-164　调气相进料的反应器压力控制方案

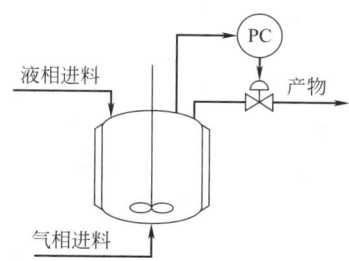

图 3-3-165　调出料的反应器压力控制方案

c. 通过对出料量的调节控制反应器的压力。该控制方案如图 3-3-165 所示。但该方案只适用于气相出料的场合。如果该出料被引入后续设备，那么，只有当后续设备的压力比反应器压力低，本方案控制效果才比较

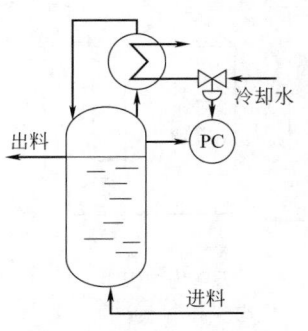

图 3-3-166　带冷凝器的
压力控制方案

好。当后续设备为分离产品的气体吸收塔、分离塔等，其压力与反应器压力相接近时，反应器压力的控制可以移至这些后续设备。因为控制了这些后续设备的压力，反应器的压力也就稳定了。

d. 通过反应器上方可凝性气体的冷凝量控制反应器压力。某些液-液相或气-液相放热反应中，在反应器内的液面上方会产生大量可凝性气体，如果将它们引出反应器，经冷凝后返回反应器，那么就可以降低反应器内的压力，通过调节可凝性气体的冷凝量，就可以控制反应器的压力。该控制方案如图 3-3-166 所示。

四、化学反应新型控制方案

1. 具有压力补偿的反应釜温度控制

当对反应釜的温度控制精度要求很高时，可在温度测量信号基础上增加压力补偿，由于压力的变化往往是温度变化的先兆，因此，增加压力补偿后的反应温度控制质量可以比一般串级控制方案更好。图 3-3-167 所示为具有压力补偿的温度控制系统。

图 3-3-167(a) 为控制系统的结构组成图，其中温度控制器的输入信号 T_c 不是直接来自反应釜内的反应温度 T_1 的测量值，而是经过反应釜压力 p 校正后的值。其校正计算装置如图 3-167(b) 所示。

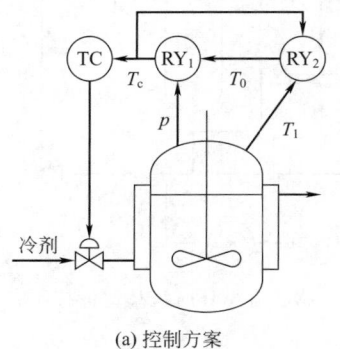

(a) 控制方案

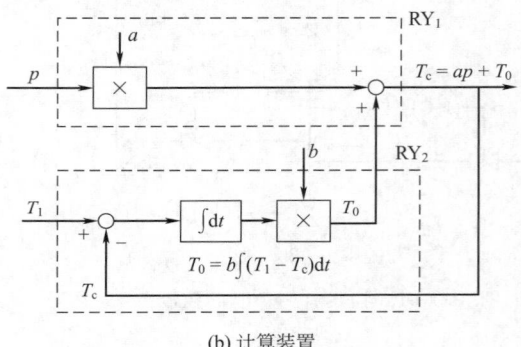

(b) 计算装置

图 3-3-167　具有压力补偿的温度控制系统

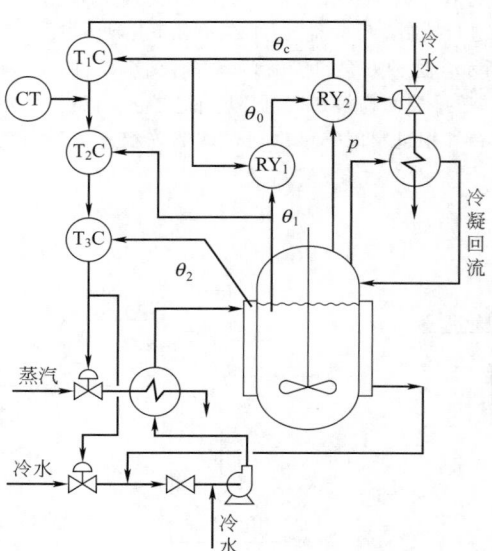

图 3-3-168　具有压力补偿釜内温与
夹套温度串级控制系统

计算装置由 RY_1 及 RY_2 两个运算装置组成，其中 RY_1 是计算温度 T_c 的，运算式为

$$T_c = ap + T_0 \qquad (3-3-104)$$

RY_2 是校正计算值 T_0 用的，其计算式为

$$T_0 = b\int (T_1 - T_c)\mathrm{d}t \qquad (3-3-105)$$

压力补偿校正的思路是这样的：首先假定温度 T 与压力 p 具有如式(3-3-104)的线性关系，这样就可以根据压力算出对应的温度值。实际上温度 T 与压力 p 之间存在的是非线性关系，所以要按非线性关系加以校正。由于压力、温度关系改变得比较缓慢，故可按式(3-3-105)进行逐步校正。

这种具有压力补偿的反应温度控制，对于大型的聚合釜特别有效。在使用中还可以把它同反应釜釜温与夹套温度串级控制系统结合起来，构成如图 3-3-168 所示的控制系统。

在该控制系统中，根据对反应过程的要求，由程序给

定器 CT 送出温度变化规律，分别作为控制器 T_1C 及 T_2C 的给定值。在反应开始前为预热阶段，反应釜夹套中的循环水以蒸汽加热，使釜温逐渐升高，当达到反应温度时化学反应开始进行，便放出反应热，这时应关闭蒸汽阀而打开冷水阀，在循环水中加入冷水，同时在釜顶应用冷回流，双管齐下对反应釜进行除热，使釜内温度按给定的程序要求变化。其中温度控制器 T_1C 的测量信号采用的是具有压力补偿的温度计算值，而温度控制器 T_2C 与 T_3C 则构成通常的釜温 θ_1

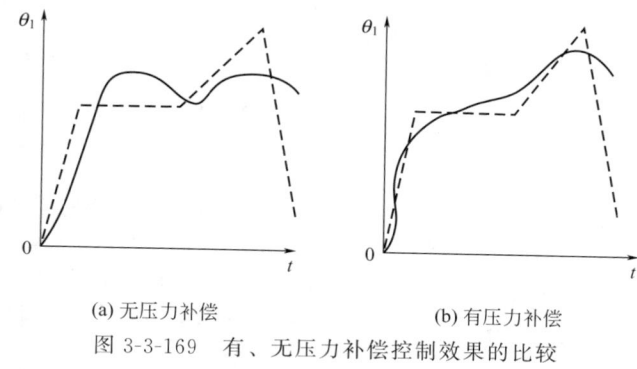

(a) 无压力补偿　　　　　(b) 有压力补偿

图 3-3-169　有、无压力补偿控制效果的比较

与夹套温度 θ_2 的串级控制系统，它是以分程方式控制蒸汽阀与冷水阀。

图 3-3-169 所示为具有压力补偿与无压力补偿两种情况下的控制效果。从图上可以明显地看出，有压力补偿后，对程序的跟踪较好。图中虚线为理想的程序曲线。

2. 变换炉的最优控制

合成氨生产过程中，变换工序是一个重要环节。在变换炉中，把合成氨原料气中的 CO 变换成有用的 H_2。这样不仅提高了原料气中氢的含量，而且还除去了对后续工序有害，即会使触媒中毒的 CO 的含量。在变换炉中完成下列变换反应：

$$CO + H_2O \longrightarrow CO_2 + H_2 + Q$$

Q 为反应放出的热量。变换炉的工艺流程示意图如图 3-3-170 所示。

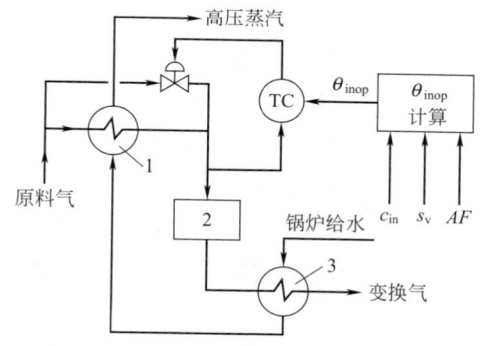

图 3-3-170　变换炉最优控制系统简图

1—废热锅炉；2—变换炉；3—预热器

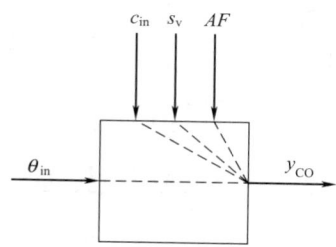

图 3-3-171　有关因素对 y_{CO} 影响示意图

由于变换反应是一个放热化学反应，所以利用废热锅炉来回收热量。变换炉的进口温度 Q_{in} 可通过废热锅炉的旁路来加以控制。进口温度控制住了，变换炉温度也就稳定了。

实现变换炉的最优控制，其控制目标为变换气中 CO 的浓度 y_{CO}，控制变量为变换炉入口温度 θ_{in}，其他主要扰动因素分别为入口气体的组分 c_{in}、流速 s_v、触媒老化程度 AF 等。图 3-3-171 表示了这三者对 CO 浓度 y_{CO} 的影响关系。

根据图 3-3-171 所示关系可建立变换过程的数学模型，即控制目标 y_{CO} 与 θ_{in}、c_{in}、s_v 及 AF 之间的函数关系

$$y_{CO} = f_1(\theta_{in}, c_{in}, s_v, AF) \tag{3-3-106}$$

最优目标为

$$y_{CO} = (y_{CO})_{min} \tag{3-3-107}$$

上式的含义是使变换气中 CO 的含量达到最小。

根据最优目标的要求，可以从式(3-3-106)中按最优化方法（模型法）求出最优控制作用 θ_{inop}：

$$\theta_{\text{inop}} = f_2(c_{\text{in}}, s_{\text{v}}, AF) \tag{3-3-108}$$

式（3-3-108）即为控制模型，但是它是一个非线性模型，为此需进行线性化处理，最后得到一个近似的线性控制模型：

$$\Delta\theta_{\text{inop}} = \frac{\partial f_2}{\partial c_{\text{in}}}\Delta c_{\text{in}} + \frac{\partial f_2}{\partial s_{\text{v}}}\Delta s_{\text{v}} + \frac{\partial f_2}{\partial AF}\Delta AF = K_1\Delta c_{\text{in}} + K_2\Delta s_{\text{v}} + K_3\Delta AF \tag{3-3-109}$$

按照式（3-3-109）的线性控制模型，就可以实现计算机的 SPC 控制，即带最优目标函数的设定值控制，如图 3-3-170 所示。其中把 c_{in}、s_{v} 及 AF 的信息输入 θ_{inop} 计算装置，在计算装置中按式（3-3-109）计算出 θ_{inop} 值作温度控制器 TC 的给定值，实现静态最优控制。这个系统就其实质来看，是一个多变量的前馈控制系统，它是由三个前馈扰动量计算出最优的 θ_{in} 的给定值进行控制的。

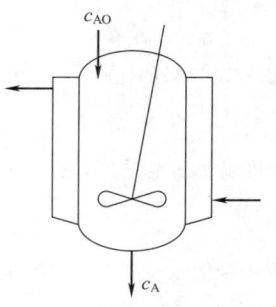

图 3-3-172　连续搅拌反应器

3. 连续搅拌槽反应器的自适应控制

图 3-3-172 所示的连续搅拌反应器，可以在一般的反馈控制系统上叠加一个自适应控制回路，构成如图 3-3-173 所示的参考模型自适应控制系统。

图 3-3-173 所示的参考模型自适应控制系统，其目的是在扰动作用下，根据反应器输出 c_A（反应生成物的组分）和参考模型的输出 c_{in}，计算出偏差 $e(t) = c_A(t) - c_{\text{in}}(t)$。选取性能指标 $J = \int_0^t e^2(t)\mathrm{d}t$，并找出使 J 尽量小的 K_c 值，即 K_c 的最优值。调整 K_c，使被控变量尽量接近参考模型的输出，也就是尽量接近预期的品质。

图 3-3-174 所示为自适应控制系统在反应原料组分扰动作用下，与没有采用自适应控制时的控制质量指标 ISE 的对比。显然，自适应控制的 ISE 要小得多。

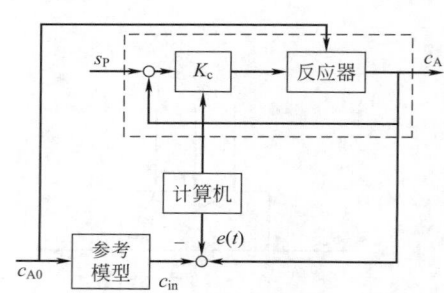

图 3-3-173　参考模型自适应控制系统结构图

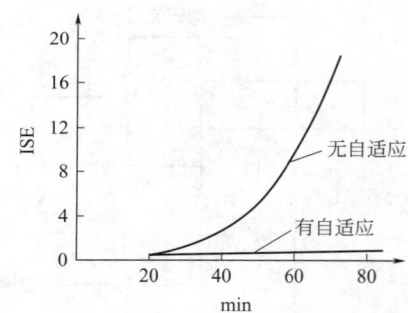

图 3-3-174　有、无自适应 ISE 时间曲线比较

4. 氯乙烯聚合反应釜的计算机控制

氯乙烯聚合成聚氯乙烯是在聚合釜中进行的，聚合釜为间歇式操作，一次投料，经一定时间完成聚合反应，生成聚氯乙烯，出料后再次投料进行重复操作。

氯乙烯的聚合反应具有明显的程序特征。氯乙烯单体 VCM、乳化剂 EML、引发剂 A、B 和脱离子水 DW 等五种原料在各自的流量定值控制下进入分散罐。分散罐设置强烈的搅拌使反应物达到充分均匀的混合，以保证聚合的质量。全自动加料要求在规定的时间内，并在分散罐液面恒定的条件下，将混合后的反应物料送入聚合釜，然后给聚合釜加热升温。当釜温达到一定数值时，聚合反应开始并放出反应热。直到放出的反应热能满足聚合反应的要求时，即釜温达到 θ_1 时，停止加热，并向夹套内通入冷水，以便移走多余的热量，使釜温恒定，以保证聚合反应的正常进行。反应结束后，使过程转入回收处理阶段。

在聚合反应中，聚合度是主要的质量指标。影响聚合度的主要因素有反应温度、搅拌情况、原料纯度、引发剂性能及物料配比等。因聚合度目前尚无法进行直接测量，因此聚合反应只能间接质量指标温度作为被控变量，并将其严格地控制在设定值上（允许波动±0.2℃）。由于聚合釜体积很大，容量滞后较为严重，反应过程中黏度的变化又会影响到搅拌的效果，因此，温度的测量与控制必须采取可靠的措施。必要时也可以采用前面所介绍的压力补偿控制。

根据该聚合反应过程的特点，为提高间歇反应器操作的自动化程度，提高产品质量和降低能耗，可采用计算机对该反应过程进行控制。计算机控制系统如图 3-3-175 所示。

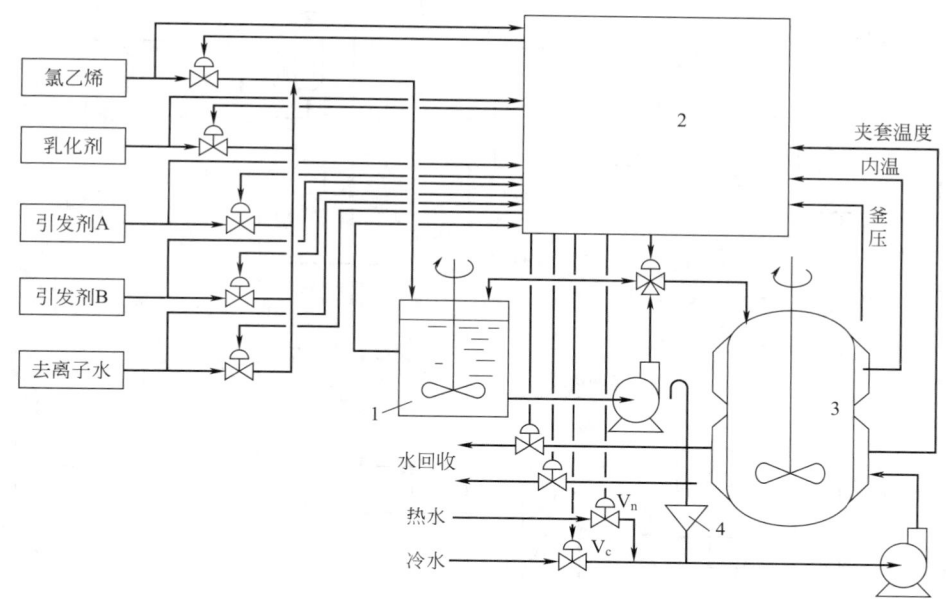

图 3-3-175　氯乙烯聚合釜计算机控制
1—分散罐；2—小型分散控制系统；3—聚合釜；4—止逆阀

计算机根据工艺要求和状态逻辑判断结果，自动输出程序控制信号，操纵生产过程从一个步骤转入另一个步骤。聚合过程开始时先将热水阀 V_b 打开，冷却水阀 V_c 关闭，待釜温达到 θ_1 时关闭热水阀 V_b，打开冷水阀 V_c，表示聚合反应已经开始。这时反应放出的反应热不仅能维持反应的正常进行，而且还有一部分多余的反应热需要除去，故需打开冷水阀 V_c 进行急冷。由于热惯性的存在，此时釜温仍在继续上升，当温度达到 θ_2 时，计算机开始对釜温采取内温与夹套温度的串级控制（θ_1 和 θ_2 根据经验来确定）。在整个反应期间，釜温要恒定在 θ_3 数值上，不允许有大的超调和波动。经过几个小时后，聚合反应结束。

当计算机判断反应时间已到时，立即将串级控制切为手动，使聚合釜进入回收前的升温及一系列回收处理工作。

该氯乙烯聚合过程采用计算机控制后，生产稳定，产品质量较高，已收到良好的经济效益。

五、化学反应器控制实例

1. 醋酸乙烯聚合反应釜的控制方案

醋酸乙烯在甲醇溶液中，在偶氮二异丁腈作引发剂的情况下，可聚合成聚醋酸乙烯。聚醋酸乙烯再经醇解可得聚乙烯醇，聚乙烯醇为合成纤维——维尼龙的重要原料。

醋酸乙烯的聚合反应是在聚合反应釜内完成的。聚合有四个过程：链的引发、链的增长、链的转移和终止。生产中希望链的引发和链的增长要有一定的速度，以提高整个反应速度，链的转移对聚醋酸乙烯质量不利。链终止时，希望醋酸乙烯有足够大的分子量，即有一定的聚合度，以保证产品质量。

影响醋酸乙烯聚合的因素主要有引发剂的种类和用量、甲醇的用量和浓度、聚合时间和聚合温度等。

醋酸乙烯聚合反应釜控制流程如图 3-3-176 所示。

在流程图中，一定比例的精醋酸乙烯、聚合溶剂甲醇、回收醋酸乙烯、再使用液（甲醇、醋酸乙烯等组成的溶液）和引发剂溶液相混合，经预热器预热后进入 No.1 聚合釜进行聚合反应。在反应初期夹套内通入蒸汽进行加热，待反应进入正常时夹套内通入温水进行冷却。当 No.1 聚合釜聚合率达到 27% 后，将料液用泵打入 No.2 聚合釜进行聚合，待聚合完成后再用泵将料液打至第一精馏塔等进行后续加工（这部分在图中没有画出）。

由于聚合是在甲醇溶剂沸点温度下进行，因此有大量甲醇蒸汽蒸发出来，通过冷却器首先冷却一部分下来，然后经过预热器与进料直接接触换热，未冷凝的气体再经冷凝器进一步冷凝，冷凝液回聚合釜，不凝性气

518

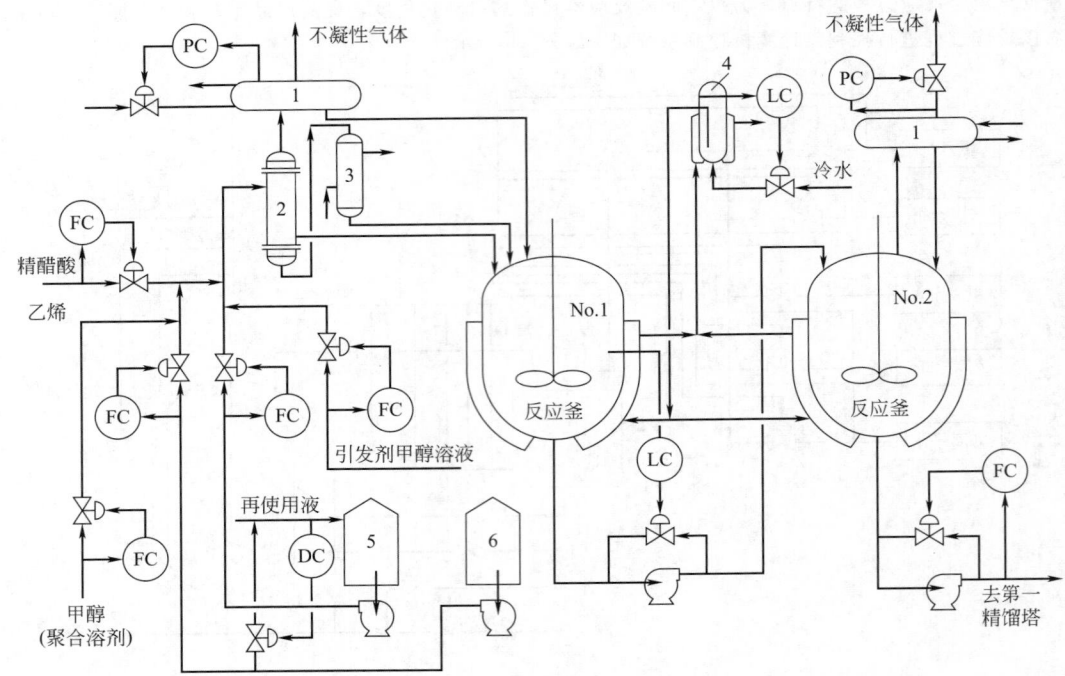

图 3-3-176 醋酸乙烯聚合反应釜的控制流程图

1—冷凝器；2—预热器；3—冷却器；4—换热器；5—再使用液；6—回收醋酸乙烯中间槽

体从冷凝器排出。反应放出的热量，除通过沸腾蒸发带走一部分热量外，另外夹套中的温水也带走一部分。

由图 3-3-176 可以看出聚合反应过程控制方案如下。

(1) 聚合反应温度控制　反应器温度对聚合度影响较大，因此反应温度必须恒定。然而工艺上采用甲醇溶剂的沸点作为反应温度，这就免去了专门设置温度控制回路。反应放热大，釜内甲醇蒸发量则多，带走的热就多，这就自行对反应温度进行了控制。

溶液的沸点与其压力是有一定关系的，如果控制住了反应釜上方用以冷凝甲醇的冷凝器的压力，那么甲醇的沸点也就控制住了，而控制住了甲醇的沸点温度，反应器的温度也就被控制住了。因此，本方案中虽然没有设置温度控制回路，但是通过冷凝器压力的控制，就可以间接地保持反应温度的稳定。

(2) 进料量的控制　本工艺流程中进料有 5 个来源：精醋酸乙烯、回收醋酸乙烯、再使用液、引发剂甲醇溶液和聚合溶剂甲醇。为保证进料稳定，不致对反应造成干扰，这 5 种物料都分别设置了流量定值控制回路。为保证进入反应釜的醋酸乙烯和甲醇维持一定的比例关系，除在各个量的流量控制器设定值进行一定考虑外，图中还设置了一个密度控制系统来加以校正。

(3) 辅助控制回路

① 冷却水进出口换热器的液位控制，维持换热器的液位。

② 第一聚合釜液位控制，一方面使第一聚合釜留有一定的蒸发空间，并使平均停留时间稳定；另一方面也使第二聚合釜进料平稳。因此，这里的液位控制系统应按均匀系统来整定较为适宜。

③ 第二聚合釜出料流量控制，它也有两方面作用：其一是维持聚合过程的物料平衡；其二是维持后续工序进料稳定。

2. 聚丙烯反应器的控制方案

聚丙烯生产装置的核心是聚合工段。由乙烯装置来的高纯度原料丙烯、溶剂己烷以及作为聚合分子量调节剂用的氢气等，稳压定量地加入到第一聚合釜上部，同时在侧线加入催化剂 A 和 B，保持聚合釜在一定温度和一定压力条件下进行反应。得到的聚合物在己烷溶剂中呈泥浆状，靠自身压力转移到第二聚合釜连续进行反应，同时向第二聚合釜中通入定量的丙烯和氢气，为保持一定的浆液浓度，还要定量加入己烷。完成反应后，浆液进入闪蒸槽，在降压条件下回收丙烯。回收的丙烯经循环气体压缩机加压后返回第一聚合釜。

聚合物的分子量靠氢气调节。聚合釜中的氢气浓度采用工业色谱仪连续测量和控制。

第一聚合釜的控制流程图如图 3-3-177 所示。在该控制流程图上设置有如下控制系统。

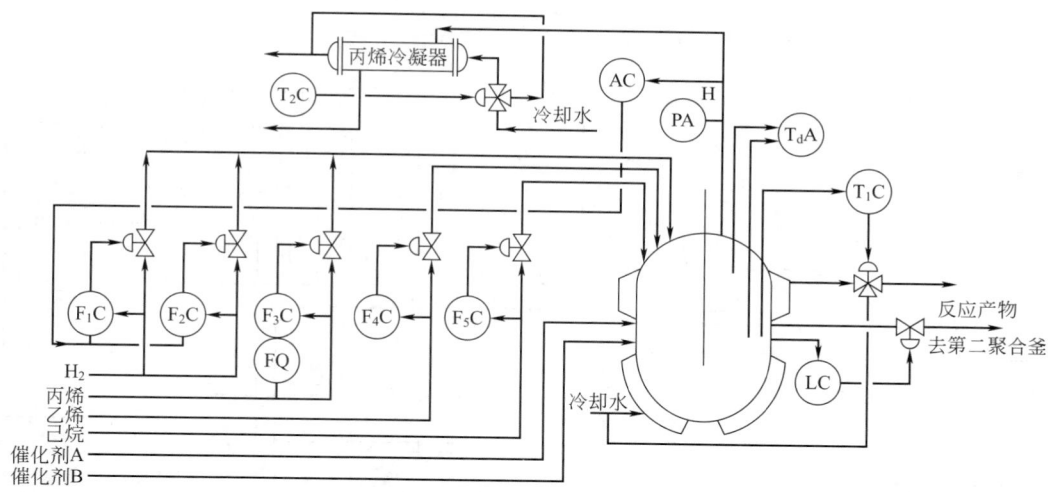

图 3-3-177　聚丙烯反应器控制流程图

（1）聚合釜进料控制　对丙烯、乙烯、氢气、己烷 4 种进料都分别设置有流量定值控制。其中氢气因生产不同牌号聚丙烯，其使用量变化比较大，故采用两路管和两套流量控制。催化剂 A、B 用量也通过计量泵（图中未画出）连续定量地投入到聚合釜中。

（2）聚合釜温度控制　釜温采用合流型三通阀调节冷却水量来进行控制。此外，还设置有釜内气相、液相温差报警装置，报警设定值为 8℃。

（3）聚合釜液位控制　通过对聚合釜排出量的调节控制聚合釜的液位。由于本聚合釜的出料作为第二聚合釜的进料，因此，液位控制器 LC 应按均匀控制系统的要求来整定，以兼顾去第二聚合釜的进料平稳。

（4）聚合分子量即熔融指数控制　聚合分子量（MI）是聚丙烯最主要的性能指标之一，必须进行严格控制。其方法是通过测量聚合釜气相中氢气的含量（用工业色谱）来修正氢气流量控制器 F_1C 及 F_2C 的给定值。实际上它是一个由一个成分主控制器 AC 带两个副控制器的串级控制系统。

（5）辅助控制系统　丙烯冷凝器出口温度通过调节冷却水（采用分流三通阀）加以控制。

此外，对聚合釜压力还设置有压力上限报警装置。

3. 以煤为原料的常压变换工段控制方案

从气柜来的半水煤气，经饱和塔被热水加热至 85℃，气体饱和度在 90％以上，进入蒸汽喷射器，并与 0.4MPa 蒸汽混合，使蒸汽与半水煤气的体积比为 1：1.3。然后经换热器与变换气进行换热，使之被加热到 400℃，进入变换炉一段。经一段触媒层后，约有 80％的一氧化碳被变换，放出的反应热使气体温度上升到 500℃。再经喷淋冷凝水的蒸发层使温度降至 410℃，进入二段继续进行变换。变换炉出口温度为 450℃，气体中 CO 含量一般在 3.5％以下，变换气再经水加热器、热水塔和冷却塔等一系列塔、器换热设备换热之后，变换气的温度被冷却下来，最后被送入变换气柜内储存。常压变换系统带控制点流程图如图 3-3-178 所示。

该生产工艺中所采用的控制方案如下。

（1）变换炉温度控制　变换的直接指标采用变换出口气中的 CO 含量，但 CO 自动分析仪目前尚不能满足控制的要求，而变换过程最重要的参数是变换炉触媒层温度，因此可选择触媒层温度作为变换过程的间接质量指标。

然而温度与转化率和产率有着相互矛盾的关系。温度越高，反应速度越快，产率会越高；而变换反应是一放热化学反应，温度越高，转化率则越低。为解决这一矛盾，采用二段变换。一段控制温度较高，以获得较高的反应速度，二段控制温度较低，以提高转化率。测温点选择在一段触媒层下部，该点温度最高，称之为"热点"。

① 一段温度控制　影响一段温度变化的因素主要有半水煤气流量（负荷）的波动、半水煤气中 CO 的含量变化、半水煤气压力的波动、蒸汽压力的波动、饱和塔出口混合气温度的波动以及触媒的活性等。其中主要

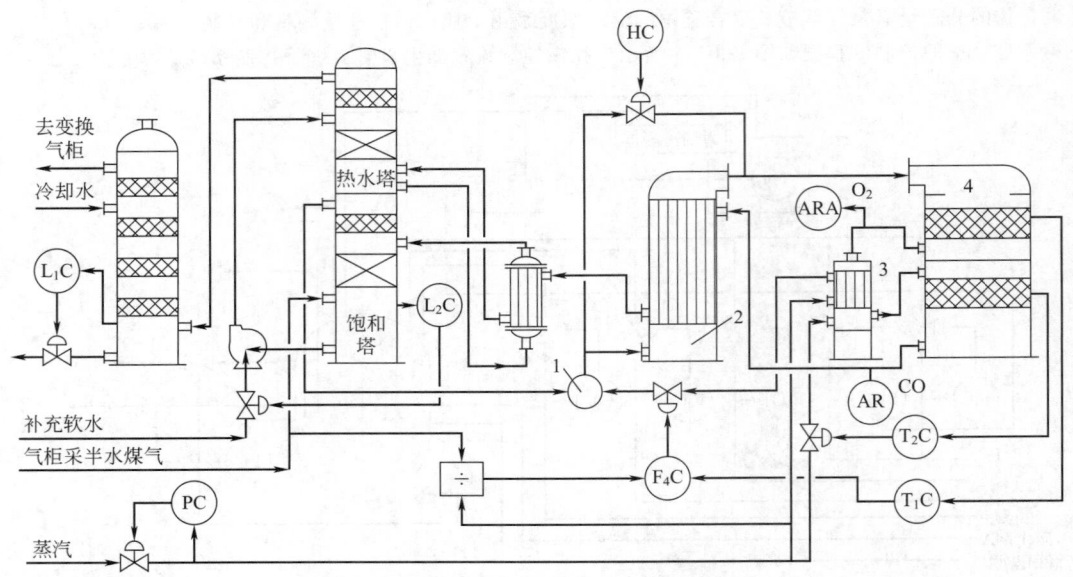

图 3-3-178　常压变换系统控制流程图

1—蒸汽喷射器；2—热交换器；3—预热器；4—变换炉

干扰为半水煤气流量与其成分的变化，而 CO 含量变化是本工段无法控制的，但可通过加减蒸汽量使 H_2O/CO 的分子比发生改变。而改变蒸汽量，即直接改变了进入变换炉的显热量，而且由于 H_2O/CO 比值的改变，使反应物和反应产物的浓度比发生变化，使化学平衡向有利于 CO 变换成 CO_2 的方向进行，从而控制了温度和出口 CO 达到所要求的转化率。为此，对一段温度采用了一段热点温度与蒸汽、半水煤气比值串级控制系统，调节阀设置在蒸汽喷射泵前的蒸汽管线上。控制系统方块图如图 3-3-179 所示。

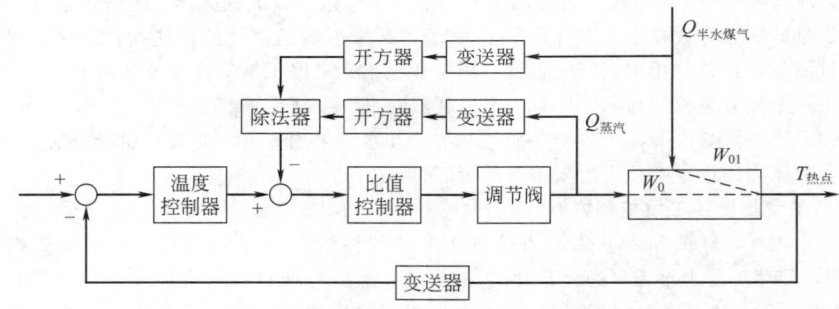

图 3-3-179　一段触媒温度与蒸汽、半水煤气比值串级控制系统方块图

② 二段温度控制　影响二段温度变化的主要干扰是一段操作的不稳定所致，若一段操作稳定，则二段基本上也能稳定。其控制方案是通过改变二段蒸汽的补加量来控制二段温度。

（2）一段出口气含氧量超限报警　当氧含量超过 1％时，工艺上应采取相应措施，甚至停车。因氧含量增加会使一氧化碳发生燃烧，将会引起温度猛增。这时，即使蒸汽加得再多也无济于事。

（3）变换炉出口气 CO 含量的自动分析　它有助于及时了解变换反应的进行情况。

（4）半水煤气副环遥控　在催化剂使用初期活性好的条件下，可采用遥控冷半水煤气量来降低温度，以节省蒸汽。

4. 甲醇合成反应器的控制方案

以减压渣油为原料生产精甲醇和羰基合成气装置中有一甲醇合成反应器。其控制流程图如图 3-3-180 所示。

此反应器为列管式并兼作废热锅炉。合成催化剂就装在列管中，合成气流过列管，列管外是锅炉水。反应放出的热量使管外锅炉水沸腾汽化生成蒸汽，蒸汽被引入汽包进行汽水分离，水返回反应器，而汽包上方则引出蒸汽。为了提高甲醇的合成率和延长催化剂的寿命，对于在确定的合成压力下，控制好合成反应温度是其关键。反应操作条件是合成压力为 5MPa，合成反应温度为 250℃左右。

由于甲醇合成反应是强烈的放热反应，根据工艺设计，每根反应管底部管内外有 2～3℃ 的温差，反应放出的热为管外锅炉水所吸收，使水蒸发变成蒸汽。这时只要将蒸汽压力控制在与上述温度对应的饱和蒸汽压力上，就能保持管外温度的恒定，从而将反应管内的反应温度控制住了，而反应热的多少仅仅改变蒸发量的大小。因此，通过控制汽包压力就可以间接达到控制反应温度的目的。在本方案中就是通过调节汽包副产蒸汽量维持蒸汽的压力恒定，从而维持反应温差的稳定。当蒸汽压力控制在 4.1MPa（绝压）时，相应的饱和蒸汽温度为 250.6℃，由它将反应管内的反应温度控制在所要求的水平上。

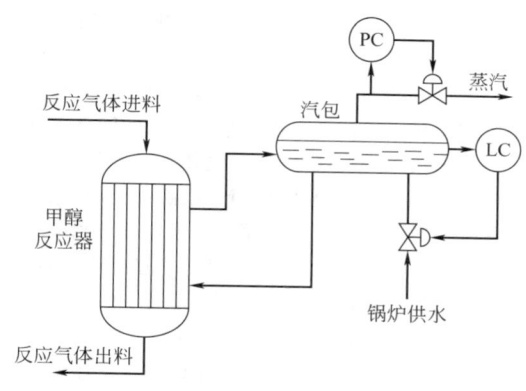

图 3-3-180　甲醇合成反应器控制流程图

为了保证汽水分离，在本方案中还设置了汽包水位控制系统，通过调节锅炉供水量来维持汽包水位的恒定。

5. 克劳斯反应器的控制方案

克劳斯反应器是利用硫化氢制取硫黄的一种反应器。其工艺控制流程图如图 3-3-181 所示。从低温甲醇洗涤工段再生塔出来的酸性气体，以总量的 60% 进入克劳斯反应器（R_1－No1），将其余的量送入硫化氢燃烧炉（E_1）进行燃烧反应。燃烧用的空气由罗茨鼓风机供给，能使酸性气体中 H_2S 总量的 1/3 生成 SO_2。由燃烧炉出来的温度为 1200℃ 的燃烧气，经设置在燃烧炉内的废热锅炉，将燃烧反应中生成的少量气态硫被锅炉水冷却下来，液态硫磺经液封流入液封腿（J_2）。冷却后的燃烧气与前面来的 60% 的酸性气体一起进入克劳斯反应器（R_1－No1），混合气的入口温度控制在 240℃，混合气在反应器中的催化剂作用下进行一系列化学反应生成硫。反应温度为 346℃。从硫化氢催化转化反应式可知，在 $H_2S：SO_2 = 2：1$ 的条件下，可获得硫的最大转化率。

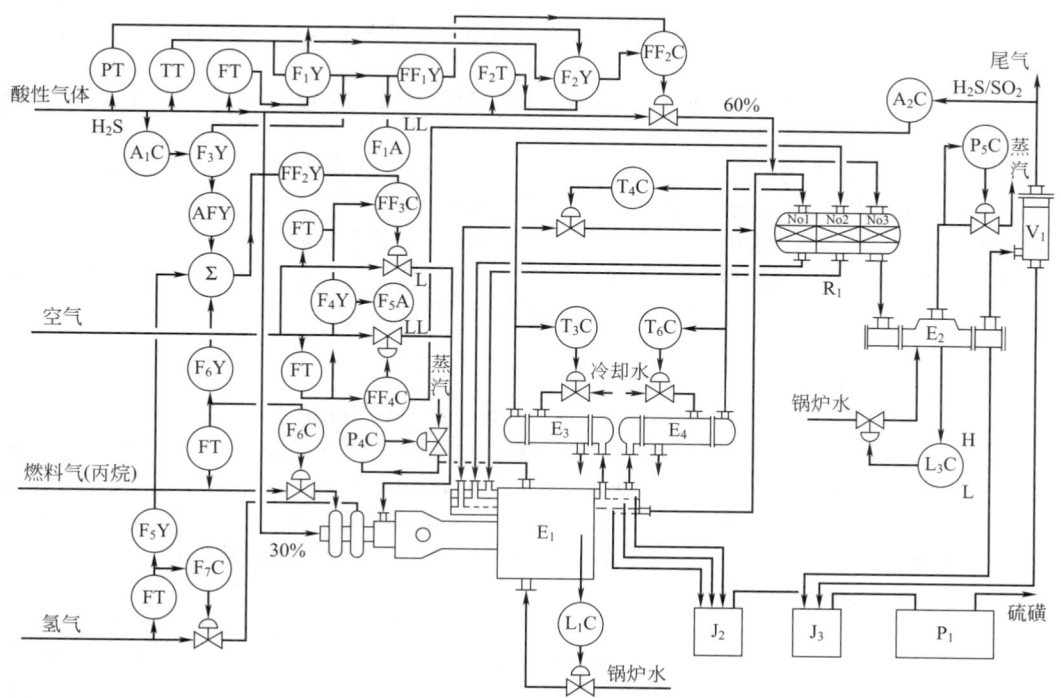

图 3-3-181　克劳斯反应器控制流程图

由克劳斯反应器（R$_1$－No1）出来的高温气体，经燃烧炉中的废热锅炉被冷却水冷却，使气相中的硫冷凝下来，流入液封腿（J$_2$）。

尚未反应的 H$_2$S 和 SO$_2$ 气体，经换热器（E$_3$）后进入克劳斯反应器（R$_1$－No2），生成的气态硫磺再经燃烧炉中的废热锅炉被冷却水冷却，生成的液态硫磺流入液封腿（J$_2$）。

最后未反应的 H$_2$S 和 SO$_2$ 气体，经换热器（E$_4$）后再进入克劳斯反应器（R$_1$－No3），生成的气态硫在硫磺冷却器（E$_2$）中冷凝成液态硫磺流入地坑储槽（J$_3$）。

从换热器（E$_2$）出来的尾气，经尾气分离罐（V$_1$）除去雾沫后，将尾气送到锅炉中作为燃料气烧掉。各液封腿的硫黄汇流入地坑储槽（P$_1$）。最后用泵将产品硫磺送入硫磺储槽储存。

克劳斯反应器控制方案如下。

（1）酸性气体总量 F_1 与进克劳斯反应器（R$_1$－No1）的流量 F_2 的比值控制系统　这是一单闭环比值控制系统。通过该比值系统控制，保证酸性气体总量中 1/3 去燃烧反应，2/3 去催化反应。在该比值系统中酸性气体总量为主动量，去克劳斯反应器（R$_1$－No1）的酸性气体部分为从动量。该系统为随动系统，因为不论酸性气体总管流量是多少，都能保证进反应器的酸性气体为总气体量的 2/3。为了保证流量测量的准确性，对酸性气体总流量的测量还引进了温度和压力的校正。

（2）引入 H$_2$S 含量校正的去燃烧炉酸性气体流量与进入燃烧炉的空气流量比值控制系统　实际上它是一个串级单闭环比值控制系统。其中成分控制器 A$_1$C 为主控制器，流量比值控制器 FF$_3$C 为副控制器。不过该控制系统的主环为开环状态，因此它也是一个随动控制系统，即空气流量跟踪去燃烧炉的酸性气体的量以及该酸性气体中 H$_2$S 含量的变化，这样就能保证酸性气体中 H$_2$S 总量的 1/3 进入燃烧炉后与空气进行燃烧反应生成 SO$_2$。

（3）氢气流量与空气流量比值控制系统和丙烷流量与空气流量比值控制系统　当发生酸性气体中 H$_2$S 含量过低的情况时，就不能保证燃烧反应的温度。为了保证系统的热平衡，另外又引入了氢气或丙烷（液化气）作为燃料燃烧，以补充热量的不足。为使补充燃料氢气或丙烷得以充分燃烧，必须配以一定比例的空气，因此，分别设置了这两套比值控制系统。

（4）尾气成分（H$_2$S/SO$_2$）与进燃烧炉补加空气量串级控制系统　其中成分控制器 A$_2$C 为主控制器，流量控制器 FF$_4$C 为副控制器。正常情况下通过 FF$_3$C 控制，足以保证催化转化反应中 H$_2$S 与 SO$_2$ 的比值为 2：1，这样在不发生其他化学反应和操作条件都正常时，尾气中 H$_2$S 与 SO$_2$ 的比值也应为 2：1。一旦尾气中 H$_2$S 与 SO$_2$ 的比值大于 2，表明燃烧炉中空气量偏少，这时可通过本系统起作用，将空气支管打开，补充空气。

（5）克劳斯反应器一段（R$_1$－No1）入口气体温度控制系统　通过对燃烧炉经废热锅炉冷却后的出口气体的调节，控制一段入口气体的温度。

（6）克劳斯反应器二段（R$_1$－No2）及三段（R$_1$－No3）入口气体温度控制系统　分别通过对换热器（E$_3$）和（E$_4$）冷却水的调节，控制反应器二段及三段入口气的温度。

（7）废热锅炉（E$_1$）及尾气换热器（E$_2$）的液位控制系统　分别对进入废热锅炉及尾气换热器的锅炉水的调节，维持废热锅炉及尾气换热器的液位恒定。

（8）废热锅炉及尾气换热器压力控制系统　分别通过对其各自产汽流量的调节，维持废热锅炉及尾气换热器的压力稳定。

6. 丙烯腈合成反应器控制方案

丙烯腈合成反应器是一种流化床反应器，它是丙烯氨氧化法合成丙烯腈的关键设备。液态丙烯和液氨分别经汽化器后进入混合器，同时压缩空气经水饱和塔增湿后也进入混合器，三者按一定比例混合后，进入流化床反应器。在处于沸腾状态的微球形催化剂作用下，生成丙烯腈。反应在 470℃、常压下进行，为放热化学反应。反应过程中丙烯腈的单程收率可达到 55%～60%。在生成丙烯腈反应的同时，还有一系列副反应发生，生成乙腈、氰氢酸、丙烯醛等。因此出反应器的混合气还需经过精制，才能得到纯的丙烯腈。

丙烯腈合成反应控制流程图如图 3-3-182 所示。丙烯腈合成反应器控制方案如下。

（1）丙烯流量与氨气流量比值控制　这是一个双闭环比值控制系统，丙烯为主流量而氨为从动流量。通过该比值系统的控制使氨/丙烯=1：1.1。因为氨烯比小，会生成大量丙烯醛，会增加丙烯腈精制的难度，而丙烯腈收率也低；氨烯比过高，丙烯腈收率也不会再增加，且氨耗量增大，会增加酸洗的负担。故通过该比值控制系统，使比值维持在氨/烯为 1：1.1。

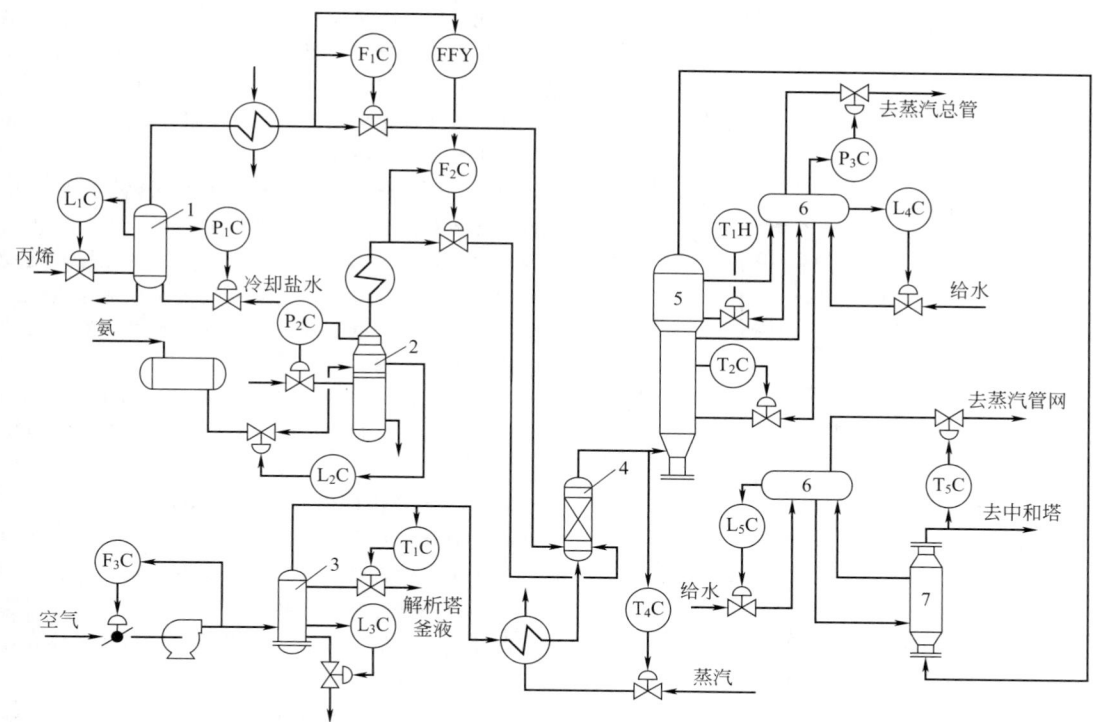

图 3-3-182　丙烯腈合成反应器控制流程图

1—汽化器；2—氨汽化器；3—饱和塔；4—混合器；5—反应器；6—汽包；7—废热锅炉

　　(2) 空气流量定值控制系统　用以维持空气流量的稳定。因为对氧烯比的要求不如氨烯比要求那样严格，因此不必采用比值控制。氧烯比过大，会使惰性气体增多，使混合气中丙烯含量降低，从而降低了生产能力；氧烯比过低，易使反应缺氧，使催化剂活性下降，一般希望氧/丙烯＝1：2～2.4。这一要求可以通过空气流量控制器 F_3C 给定值的调整来达到。

　　(3) 饱和塔塔顶温度控制系统　通过本系统控制以维持一定的水烯比。

　　(4) 反应器入口温度控制系统　进料温度的变化会直接影响反应温度的稳定，因此对入口温度的控制是必要的。

　　(5) 反应器密相温度控制系统　化学反应主要在密相（反应器内催化剂密度高的部分）进行。当反应温度高时，丙烯腈单程收率也高，副产物也少。而温度过高时，合成物易深度氧化，生成较多的 CO_2，温度则难于控制。同时，长期高温还会影响催化剂的寿命。因此一般选择反应温度为 470℃。

　　(6) 反应器稀相温度遥控　稀相（反应器内催化剂密度低的部分）局部温度过高时会发生燃烧。为防止燃烧，可通过遥控，及时加入急救蒸汽。

　　(7) 其他辅助控制系统　其中包括：

① 丙烯汽化器压力控制系统，为稳定丙烯流量；

② 氨汽化器压力控制系统，为稳定氨气流量；

③ 饱和塔液位控制系统，为稳定空气流量；

④ 废热锅炉出口去酸洗的混合气温度控制系统，为保证下一工序操作的稳定；

⑤ 反应器压力控制系统，通过反应器上方汽包压力的控制，间接维持反应器压力的稳定；

⑥ 两汽包液位控制系统，通过液位控制维持汽包有一定蒸发空间，以便汽水分离；

⑦ 丙烯和氨汽化器的液位控制系统，用以维持丙烯和氨流量的稳定。

当负荷变化不大、丙烯和氨流量都比较稳定时，丙烯汽化器和氨汽化器的压力和液位控制系统都可以略去不用。

7. 催化裂化反应器的控制方案

催化裂化流化床反应器的作用是将重质油品在 500℃高温催化剂作用下裂解为富烯烃、液化气等轻质油

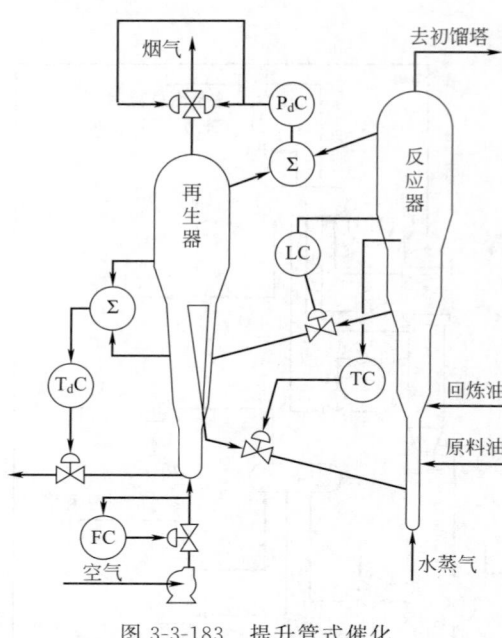

图 3-3-183　提升管式催化
裂化反应器的控制系统

品。裂化反应是吸热反应，它所需热量由催化剂再生燃
烧所产生的热量提供。反应器有并立式、提升管式和同
轴式等几种，它们各有特点，但基本原理相同。

提升管式催化裂化反应器的控制方案如图 3-3-183 所
示。其主要控制系统如下。

（1）反应器温度控制系统　为保证裂化反应的正常
进行，必须对反应温度进行严格的控制。由于裂化反应
主要在提升管里进行，提升管出口处在密相层，温度分
布均匀。因此提升管出口温度就代表了反应温度。这里
根据提升管出口处温度调节再生管上的单动滑阀来实现
对反应温度的控制。

（2）再生器与反应器间压差控制　在正常情况下，
再生器与反应器之间的压差保持一定，使再生器内压力
略高于反应器压力，反应器压力约为 70kPa。这个压差
是反应-再生系统内催化剂正常流化和安全生产的重要条
件，因此两器压差控制十分重要。方法是：分别在两器
顶部选取压力检测点，取其差（仪表量程一般为 -30～
+30kPa），根据压差调节再生器烟道气量以维持其恒定。
再生器顶部装有很灵敏的双动滑阀，控制精度较高，一
般不超过 ±0.3kPa。

（3）反应器内催化剂料位的控制　为保持反应器内
催化剂量的一定，使反应温度控制系统正常工作，这里根据密相层与稀相层的压差来反映反应器内催化剂的料
位，调节待生管上的单动滑阀来保持反应器内催化剂的料位。

（4）再生器温差控制系统　根据再生器密相层和稀相层或集气室的温度差调节主风机的放空量，以防止二
次燃烧的发生。

8. 氧氯化反应器的控制

氧氯化反应器为一塔式反应器，它是氧氯化法生产氯乙烯单体的关键性设备，在该设备中乙烯气与氯化氢
气在氧气存在的条件下进行反应生成氯乙烯。氧氯化反应器的控制流程图如图 3-3-184 所示。其主要控制系
统如下。

（1）反应器温度控制　反应器温度控制是保证氧氯化反应器正常运行的关键。温度低时转化率低，温度高
时转化率高。但温度太高，生成副产物的量也大。因此反应温度不能控制太高。具体控制方法是采取如下两种
手段。

① 控制汽包压力，因为氧氯化反应是一个放热反应，其放出的反应热是靠冷却水的汽化带走的，控制汽
包压力就等于控制汽水侧的沸腾温度，亦即控制氧氯化反应器的温度。因而改变汽包蒸汽压力控制器的设定值
就可以改变反应温度。

② 控制氧氯化反应器反应温度的另一手段是控制进料温度，使其维持恒定。

此外，反应器上设置有多个温度报警点，当任一点温度超过预先给定的数值时，对反应器都会造成严重后
果，此时必须通过设在氧气进料管线上的快关阀立即切断氧气的进料（此联锁系统图上没有画出）。

（2）反应器各进料流量控制

① 氯化氢流量控制　氧氯化反应要求氯化氢、氧气和乙烯的流量比值一定。氯化氢含量高了，不仅会腐
蚀设备，同时过量的氯化氢将会使铜催化剂生成氯化亚铜而失去活性。氯化氢量过低，转化率会降低，乙烯的
损失增大。因此，氯化氢流量需要控制。

② 乙烯流量控制　补充乙烯量由控制器 F_2C 控制，循环乙烯气流量由控制器 F_1C 控制。通过上述两个控
制系统的设置使进气中的乙烯量维持恒定。

③ 氧气流量控制　在氧氯化反应中氧含量过高会引起爆炸。为安全起见，氧气进料应控制在爆炸限以下。
为防止因仪表故障而引起的氧气的过量，采用了图 3-3-185 所示的双重监视控制系统。两个变送器之中任
一个达到上限值，相应控制器的输出将变成低信号，为低选器 LS 所选中，送往气开式调节阀，将其关小以减

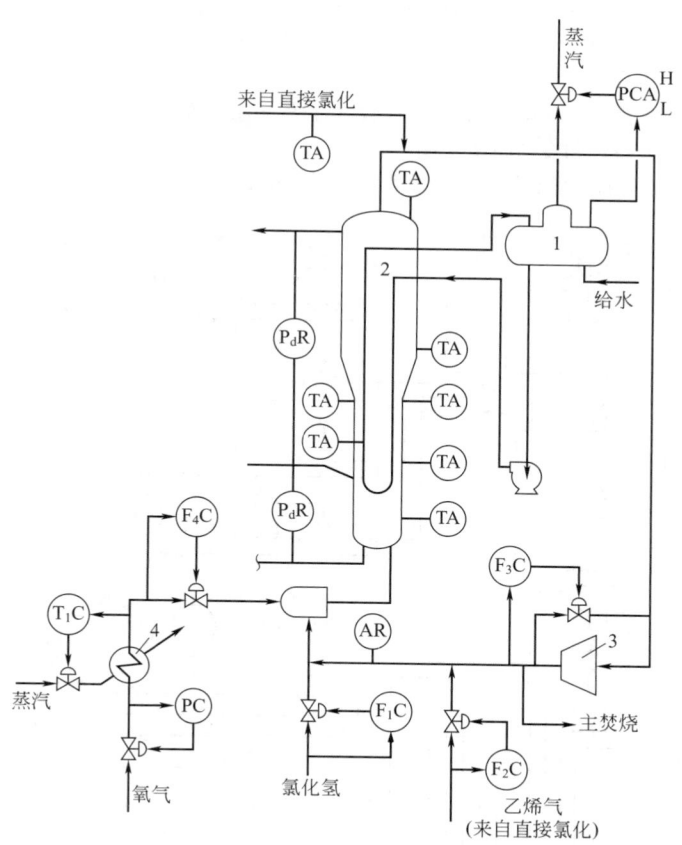

图 3-3-184 氧氯化反应器控制流程图

1—汽包；2—氧氯化反应器；3—循环压缩机；4—换热器

少氧气的流量，防止爆炸事故的发生。

为了严格地控制氧气过量，除采用图 3-3-185 所示的双重监视控制系统外，还设置有报警和监视器与氧气切断系统。采用比值设定器，按照流量控制器 F_1CA 预先给定的氧气流量，自动整定报警和氧气切断的设定点。

在反应器进料中，各物料都设置了独立的流量控制回路，氯化氢、氧气和乙烯气的流量比值要求，可通过各个流量控制器设定值的调整来达到。

9. 乙烯裂解炉的控制方案

用热裂解反应生产乙烯的工艺装置有砂子炉裂解、管式炉裂解等不同的生产方法。所谓热裂解，就是将石脑油

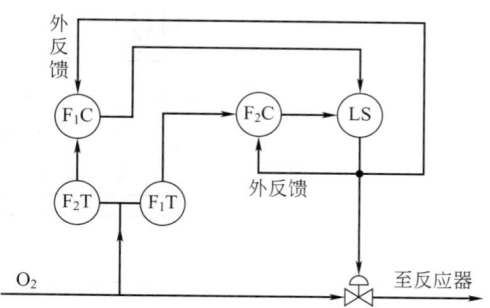

图 3-3-185 双重监视控制系统

或轻柴油中高混点、大分子量的烃类经高温裂解反应，分裂成低沸点的小分子烃类。再进一步经过分离，以获得所需的乙烯、丙烯、丁二烯以及其他各类化工产品。

裂解炉是乙烯生产的关键性设备，它的操作正常与否将直接关系到整个装置及全厂的生产。裂解炉主要控制指标是乙烯收率、负荷稳定、能源消耗和生产安全。

乙烯收率与裂解深度有关。反应开始阶段随着裂解深度的提高，乙烯收率也会提高，但当裂解深度超过一定界限时，再增加裂解深度，乙烯收率反而会降低，因此必须保证裂解反应具有一定的深度，以保证获得较高的乙烯收率。在生产中常以丙烯、甲烷之比来表征裂解的深度，而裂解深度主要取决于裂解温度、停留时间和烃分压，通常以裂解温度来控制裂解深度。

负荷稳定是裂解炉及其后续设备平稳操作的必要条件。对裂解炉来说，负荷即烃和稀释蒸汽的进料流量，

它们的流量稳定了，就为裂解炉及其后续设备的平稳操作创造了条件。

能源消耗是指在保证较高的乙烯收率和合适的汽、烃比前提下，尽量降低能源消耗，使裂解炉的燃烧系统有较高的热效率。

所谓生产安全是指防止出现任何生产事故。为此，在裂解炉生产操作中要防止有关参数出现不正常或进入危险区，需设置必要的信号报警和自动联锁装置。

下面结合图 3-3-186 所示的乙烯裂解炉控制流程图，对图中有关控制系统作一简要介绍。

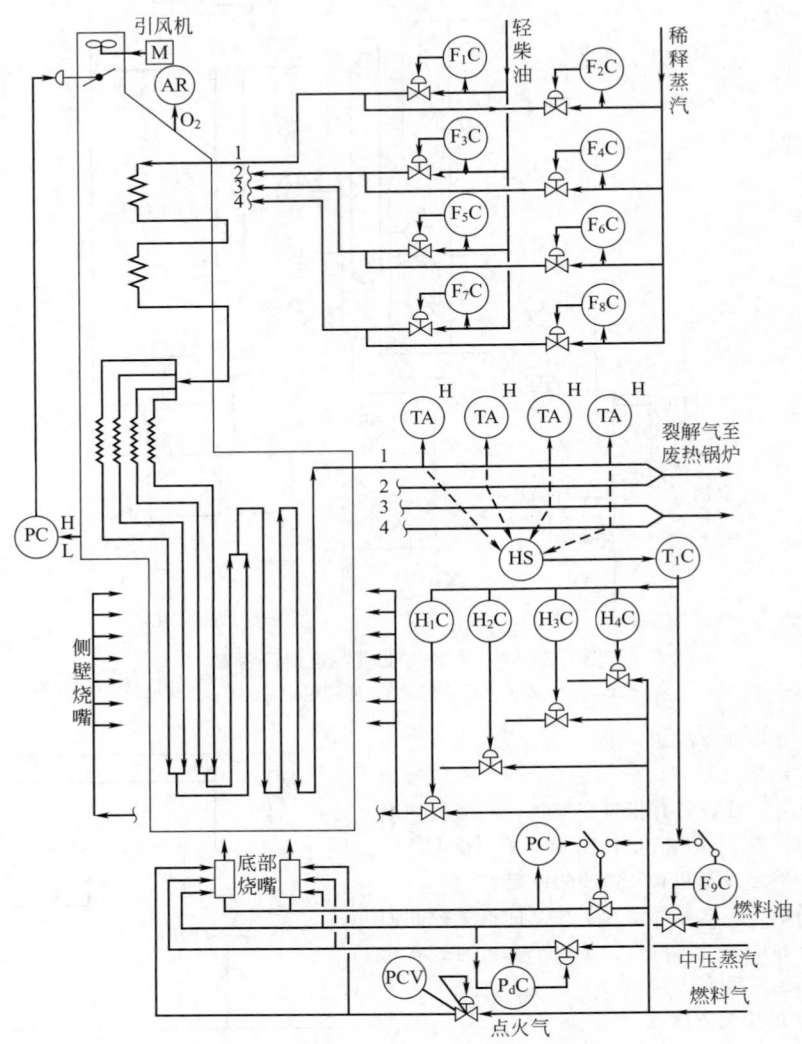

图 3-3-186　乙烯裂解炉控制流程图

（1）轻柴油进料控制　裂解炉为管式反应器，分四路管进料，每路轻柴油进料管线均单独设置有流量定值控制，以维持各管流量的恒定，从而保证负荷的稳定。

（2）稀释蒸汽流量控制　稀释蒸汽分四路分别加入到轻柴油进料管线中。为保证进料稳定，对四路蒸汽也分别设置了四套各自独立的流量定值控制，这样才能充分保证裂解炉负荷的稳定。

为保证汽、烃比，蒸汽流量控制器的设定值应随轻柴油流量而改变。

（3）裂解炉出口温度控制　裂解炉出口温度是裂解炉操作的最关键参数。通常选择某一炉管作为基准炉管，控制器则根据基准炉管温度与给定值之偏差，送出控制信号到各个偏置器上，而各偏置器则根据各组炉管的不同情况设置有不同的偏置值，各偏置器的输出则送往为相应炉管处的侧壁燃烧喷嘴提供燃料气的调节阀上，从而使各组炉管处燃烧喷嘴的燃气量发生相应变化。与此同时，如考虑切换开关在图示位置，出口温度控制器的输出也作为燃油流量控制器的给定值，通过燃油流量控制器控制去底部烧嘴的燃油流量（底部烧嘴同时还通过压力控制均匀提供燃料气）。通过侧壁烧嘴和底部烧嘴的控制，最终使各组炉管的出口温度控制在所要求的给定值上。

（4）雾化蒸汽的控制　为了使燃油雾化，需要在提供燃油的同时，按照燃油管线与蒸汽管线的压差控制，向烧嘴中喷入的蒸汽量，以便使燃油一出烧嘴口就形成雾状，从而保证燃油的完全燃烧。

（5）炉膛负压控制　为了节省燃料，保证燃料充分良好地燃烧以获得较高的热效率，必须维持炉膛的负压一定。为此，设定了炉膛负压控制系统。

（6）各类在线分析器的设置　这里包括轻柴油进料密度分析，烟道中含氧量的分析和裂解气组分分析等。

乙烯裂解炉是乙烯生产过程中的一个重要环节，其控制效果将直接影响到整个装置的产量、原料和能耗指标。因此，裂解炉的操作情况最为令人关注。国内外各种大型的乙烯装置在此部分都尽可能地采用较为先进的控制手段。

第五节　精馏塔的控制

一、概述

精馏过程是利用混合液中各组分的相对挥发度的不同，即在同一温度下各组分的蒸气压不同这一性质，使液相中的轻组分转移到气相中，而使气相中的重组分转移到液相中去，从而达到组分分离的目的。因此精馏过程是用来分离混合物的一种传质过程。在石油化学工业中，许多原料、中间产品或半成品往往都是由若干组分构成的混合物，这些都得应用精馏操作，分离成各种不同规格和用途的化工产品。

精馏过程是由精馏装置来实现的，精馏装置一般是由精馏塔、再沸器、冷凝冷却器、回流罐及回流泵等组成。如图3-3-187所示。

精馏塔从结构上分有板式塔和填料塔两大类，而板式塔根据其结构的不同，又有泡罩塔、浮阀塔、筛板塔、穿流板塔、浮喷塔和浮舌塔之分。虽然这些塔型各不相同，但是如何通过塔板的改进，达到简化结构、降低成本、提高设备的生产能力和分离效率，却是它们共同研究的课题。填料塔是另一类传质设备，它的主要特点是结构简单，易用耐腐蚀材料制作，阻力小等，一般适用于直径小的塔。

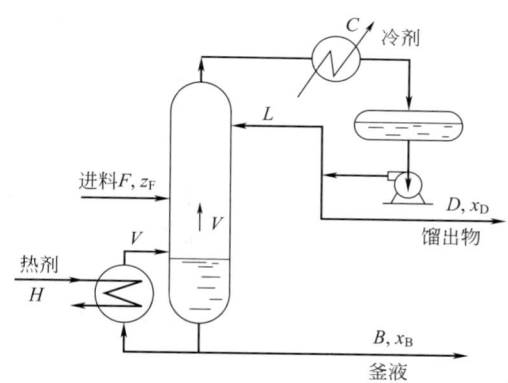

图 3-3-187　精馏装置结构示意图

实际生产过程中，精馏操作可分为间歇精馏和连续精馏两种。石油化工等大型生产过程主要采用的是连续精馏。

精馏塔是一个多输入多输出的多变量过程，其内在机理复杂，动态响应迟缓，变量之间相互关联，不同的塔工艺结构差别很大，而工艺对控制提出的要求又较高，所以确定精馏塔的控制方案是一个极为重要的课题。而且从能耗角度来看，精馏塔是三传一反典型单元操作中能耗最大的设备，因此精馏塔的节能控制也是十分重要的。

1. 精馏塔两个基本平衡关系式

影响精馏操作的因素很多，这些影响因素都是通过物料平衡和能量平衡的形式来影响精馏操作的。然而，一个塔的物料平衡与能量平衡之间又是相互影响的。现以二元精馏过程为例，说明精馏塔的这两个基本关系。

（1）物料平衡关系　一个精馏塔，进料和出料应保持平衡，即总物料量及任一组分的量都应符合物料平衡关系。对于图 3-3-187 所示精馏塔而言，其物料平衡关系如下。

就总物料平衡关系而言，平均进料量应等于塔顶和塔底的平均采出量，即

$$F = D + B \tag{3-3-110}$$

对轻组分而言，进料中的轻组分量应等于塔顶和塔底轻组分量之和，即

$$Fz_f = Dx_D + Bx_B \tag{3-3-111}$$

由式（3-110）和式（3-3-111）可得

$$x_D = \frac{F}{D}(z_f + x_B) + x_B \tag{3-3-112}$$

或

$$D/F = (z_f - x_B)/(x_D - x_B) \tag{3-3-113}$$

式中　F——进料流量；

　　　D——塔顶采出量；

　　　B——塔底采出量；

　　　z_f——进料轻组分含量；

　　　x_D——塔顶采出轻组分含量；

　　　x_B——塔底采出轻组分含量。

同样方法也可求得

$$B/F = (x_D - z_f)/(x_D - x_B) \tag{3-3-114}$$

从上述关系可以看出，当 D/F 增加时，塔顶、塔底采出液中轻组分含量将会减少，即 x_D 及 x_B 将下降。而当 B/F 增加时，塔顶、塔底采出液中轻组分含量将会增大，即 x_D、x_B 上升。

然而，在 D/F（或 B/F）一定，和 z_f 也一定的条件下，却不能完全确定 x_D 和 x_B，只能确定 x_D 与 x_B 之间的一个比例关系。也就是说一个方程只能确定一个未知数，要将 x_D 和 x_B 都确定下来，必须再建立一个关系式，这就是能量平衡关系式。

（2）能量平衡关系　在建立能量平衡关系时，首先要了解一个分离度的概念。分离度可用下式来表示：

$$s = \frac{x_D(1 - x_B)}{x_B(1 - x_D)} \tag{3-3-115}$$

式中，s 为分离度。

由式（3-3-115）可以看出，随着 s 的增大，x_D 会增大而 x_B 会减小，这表明塔系统的分离效果增大。

影响分离度 s 的因素很多，诸如平均相对挥发度、理论塔板数、塔板效率、进料组分、进料板位置以及塔内上升蒸汽量 V 和进料量 F 的比值等。对于一个既定的塔来说，s 可以近似看成与 V/F 有关，即

$$s \approx f(V/F) \tag{3-3-116}$$

式（3-3-116）的函数关系也可以用下式表示：

$$V/F = \beta \ln s \tag{3-3-117}$$

或者可以表示成

$$\frac{V}{F} = \beta \ln \frac{x_D(1 - x_B)}{x_B(1 - x_D)} \tag{3-3-118}$$

式中，β 为塔的特性因子。

从式（3-3-117）及式（3-3-118）可以看出，随着 V/F 的增加，s 值将会提高，也就是说 x_D 增加而 x_B 下降，分离效果会提高。由于 V 是由再沸器提供的热量来提高的，所以该式实际上是表示塔的能量对产品成分的影响，故称之为能量平衡关系式。而且由上述分析可见，V/F 的增大，塔的分离效果提高，能耗也将增加。

对于一个既定的精馏塔，如果进料组分一定，只有 D/F 与 V/F 一定，这个塔的分离结果，即 x_D 和 x_B 才被完全确定下来。也就是说，由一个塔的物料平衡关系和能量平衡关系两个方程式，才可以确定塔顶和塔底组分两个待定因数。

2. 精馏塔的控制要求

精馏塔的控制目标应是：在保证产品质量合格的前提下，使塔的总收益（利润）最大或总成本最小。具体对一个精馏塔来说，需从四个方面考虑，设置必要的控制系统。

（1）产品质量指标控制　塔顶或塔底产品之一应合乎规定的分离纯度，另一端产品成分亦应维持在规定的范围内。在某些特定的条件下，也有要求塔顶和塔底产品均保证一定纯度的要求。

所谓产品纯度，就二元精馏来说，其质量指标是指塔顶产品中轻组分（或重组分）含量和塔底产品中重组分（或轻组分）含量。对多元精馏而言，则以关键组分的含量来表示。关键组分是指对产品质量影响较大的组分。塔顶产品的关键组分是易挥发的，称为轻关键组分；塔底产品是不易挥发的关键组分，称为重关键组分。

（2）物料平衡控制　塔顶、塔底的平均采出量应等于平均进料量，而且这两个采出量的变动应该比较和缓，以维持塔的正常平稳操作，以及上下工序的协调工作。为此，必须对冷凝液罐（回流罐）和塔釜液位进行控制，使其介于规定的上、下限之间。

（3）能量平衡控制　应使精馏塔的输入、输出能量维持平衡，使塔的操作压力维持稳定。

（4）约束条件控制　为保证精馏塔正常而安全地运行，必须使某些操作参数限制在约束条件之内。常用的精馏塔限制条件有液泛限、漏液限、压力限和临界温差限等。所谓液泛限，也称气相速度限，即塔内气相上升速度过高时，雾沫夹带十分严重，实际上液相将从下面塔板倒流到上面塔板，产生液泛，破坏正常操作。漏液限也称最小气相上升速度限，当气相上升速度小于某一数值时，将产生塔板漏液，板效率会下降。防止液泛和漏液，可通过塔压降或压差来监视气相速度，一般控制气相速度在液泛附近略小于液泛点较好。

压力限是指塔的操作压力限制，一般是最大操作压力限，就是说塔的操作压力不能过大，否则会影响塔内的汽液平衡，严重越限甚至会影响到安全生产。

临界温差限主要是指再沸器两侧的温差限度，当这一温差高于临界温差时，给热系数会急剧下降，传热量也将随之下降，将不能保证塔的正常传热的需要。

3. 精馏塔的干扰分析

精馏过程是一个整体，除精馏塔外，还包括再沸器、冷凝器和回流罐等设备。在生产过程中由于多种因素的存在，会遇到各种各样的干扰，会给精馏塔的稳定操作带来影响。在这些干扰中，有的是可控的，有的则是不可控的。在精馏塔的控制方案设计中必须搞清楚这些干扰因素对塔的稳定操作及产品质量的影响，才能制订出较为合理、可行的控制方案。

精馏塔的主要扰动因素如下。

（1）塔压波动的影响　精馏塔都是在一定的压力下进行操作的。这是因为塔内的汽液平衡关系与塔压有着密切的关系，塔压的波动会破坏塔内各层塔板的汽液平衡关系，从而影响到精馏塔的分离纯度。此外，一般精馏塔都选择温度作为控制产品质量的间接指标，而温度与产品组分一一对应的关系是随压力而改变的，只有在压力一定时，温度与产品组分才保持这种一一对应的关系。也就是说，只有在压力不变的情况下，才能以温度控制代替产品质量（组分）控制。另外，塔压的波动还会影响到塔的物料平衡关系。因此对精馏操作来说，一般都希望塔压维持恒定。

（2）进料量波动的影响　这里有三种情况，在分析之前，假定塔压、再沸器加热量和塔顶回流量保持恒定。

① 全部液相进料　液相进料首先会影响到提馏段。进料量增加会使整个塔的温度下降，使塔顶和塔底产品中的轻组分含量增加；反之，则相反。由此可以看出，在液相进料情况下，如果要克服进料波动的影响，宜选用提馏段温度控制为好，操纵变量一般选用再沸器的加热量。

② 全部气相进料　气相进料首先受影响的是精馏段。进料增加会使整个塔温度上升，使塔顶和塔底产品中重组分含量增加；反之，则相反。对于气相进料的情况，如果要克服进料波动的影响，宜选用精馏段温度控制为好，操纵变量一般选择回流量。

③ 气液两相混合进料　当气液两相混合进料时，进料量增加会使精馏段温度上升而提馏段温度下降，这会使塔顶产品中重组分含量增加而塔底产品中轻组分含量增加；反之，则相反。

（3）进料组成变化的影响　进料中轻组分增加会使整个塔的温度下降，塔顶和塔底产品中轻组分含量都会增加；当进料中重组分增加时，则相反。进料组分的变化往往是不可控的，然而一般情况下，组分的变化是缓慢的。

（4）进料温度波动的影响　进料温度下降，会使塔底的轻组分含量增加，要将塔底的轻组分赶向塔顶，需要加大再沸器的加热量。

当进料为沸点很高的混合物时，进塔前往往需要预热。为了减少进料温度的波动，可采取进料温度控制措施；如果是气液混相进料，则可采用热焓控制。

（5）塔的蒸气速度及加热量波动的影响　塔的经济性和效率是在一定的蒸气速度下得到的。

板式塔的蒸气是通过泡罩或筛孔以鼓泡的形式与塔板上的液体进行热量和质量交换的。组分的分离随着蒸气速度的增加而改善。塔的最大蒸气速度应比"液泛"点速度小一些。

为了得到恒定的蒸气速度，可根据压力或压差来调节加热量。恒定蒸气速度的调节只有在进料情况波动不大时才适用，否则将引起塔底组分的显著变化，这是不允许的。

影响塔的蒸气速度的主要因素是再沸器的加热量，因此稳定加热量对塔的稳定操作有很重要的意义。而载热体压力的波动将会引起加热量的变化，因此要采用稳压、稳流措施。

（6）回流量及冷剂量波动的影响　回流量减少，会使塔顶温度升高，使塔顶产品中重组分含量增加。因此在正常操作时，除了用回流量作为调节手段外，一般总希望它维持稳定。

冷剂压力波动将会使冷剂量发生变化，在用自回流的精馏塔中，这将会直接造成回流量的波动，也会影响到回流温度的变化。因此有时也对冷剂量进行定值控制。

由上分析可以看到，精馏塔是一个多变量的复杂对象。而且在这些影响因素中有的是可控的，有的则属于不可控的，因此，自控设计人员必须和工艺人员密切结合，认真地进行分析研究，才能确定出一个有效的、切实可行的控制方案来。

二、精馏塔的基本控制方案

1. 被控变量的选择

精馏塔被控变量的选择，是指精馏塔产品质量控制中被控变量的确定，以及检测点的位置等问题。通常精馏塔的产品质量指标有两类：一类是直接质量指标；一类是间接质量指标。

以产品成分这一直接指标作为产品质量控制的被控变量，应该说是最为理想的。但过去由于产品成分在测量上有困难，使得用产品成分信号作为被控变量进行质量控制难于实现。近年来，由于成分分析仪表的迅速发展，各种成分分析仪表不断涌现，尤其是工业色谱在线应用的出现，为用成分信号作为质量控制的被控变量创造了条件。

然而成分分析仪表有它的不足之处，首先是它分析测量过程滞后比较大，反应比较缓慢，不能及时地提供成分变化的信息；其二是石油化工产品品种繁多，针对不同产品的组分，分析仪表在品种上难于一一满足需要；最后还有某些成分分析仪表的可靠性尚不能令人满意。

由于上述种种原因的存在，使得按产品成分信号进行精馏塔的质量控制还为数不多。目前精馏塔质量控制的被控变量绝大部分采用的还是间接质量指标，其中最为常用的被控变量就是温度。

（1）采用温度作为间接质量指标　用温度作为间接质量指标，是精馏塔质量控制中应用得最早也是目前最常见的一种。对于二元组分的精馏来说，在一定的压力下，沸点和产品的成分有单值对应关系。因此只要塔压恒定，塔板的温度就反映了成分。对于多元精馏过程来说，情况很复杂。然而在炼油和石油化工生产中，许多产品都是由一系列碳氢化合物的同系物所组成。此时，在一定的压力下，温度与成分之间也有近似的对应关系，即压力一定的情况下，保持一定的温度，成分的误差可以忽略不计。在其他情况下，温度参数也有可能反映成分的变化。

① 测温点位置的选择　通常，若希望保持塔顶产品质量符合要求，也就是顶部采出为主要产品时，应把间接质量指标的温度检测点选在塔顶，构成精馏段温度控制。同样，若为了保证塔底产品符合质量指标要求，温度检测点应选在塔底，实施提馏段温度控制。

在一些特殊情况下也有例外，如对于切割塔，此时温度检测点的位置就应根据对产品纯度要求的严格程度来确定。有时顶部馏出物是主要产品，但为了获得轻关键组分的最大收率，希望将塔底产品中的轻关键组分尽量赶至塔顶。这时，往往把温度检测点选择在塔底附近。此时在塔顶产品中带出一些重组分也是允许的，因为切割塔的馏出物在后续工序中还将有进一步的精馏分离。

在某些精馏塔上，也有把温度检测点放在加料板附近的塔板上，甚至以加料板本身温度作为间接质量指标，这种做法通常称之为中温控制。中温控制的目的是希望及时发现操作线左右移动的情况，并可兼顾塔顶、塔底组分的变化。在有些精馏塔上，中温控制取得了较好的控制效果。但当分离要求较高时，或进料浓度 z_f 变化较大时，中温控制难以正确反映塔顶或塔底产品的成分。

② 灵敏板问题　采用塔顶（或塔底）温度作为间接质量指标时，将温度检测点选在塔顶（或塔底），实际上是很少的。因为在分离比较纯的产品时，邻近塔两端的各层塔板之间温差是很小的，这时塔顶（或塔底）的温度只要有稍许变化，产品质量就可能超出允许的范围，因而要求温度检测点必须设置在受扰动影响时温度变化最大、最灵敏的地方，才能满足控制系统的要求。这一点实现起来是有很大难度的。在实际使用中一般是将温度检测点选择在进料板与塔顶（底）之间的灵敏板上。

所谓灵敏板，是当塔受到干扰或控制作用时，塔内各层塔板上的组分都将发生变化，随之各层塔板的温度也将发生变化，当达到新的稳态时，温度变化最大的那块塔板。

灵敏板的位置可以通过逐板计算，经比较后得到。但是由于塔板效益不易估准，因此还需结合实践的结果加以确定。通常先根据测算，确定灵敏板的大致位置。再在它的附近设置多个检测点，最后根据实际运行中的情况，从中选择最佳的检测点作为灵敏板。

（2）选择温差作为间接质量指标　在精馏塔中，任一层塔板的温度都是成分和压力的函数，影响温度变化的因素可以是成分，也可以是压力。在一般精馏塔的操作中，无论是常压塔、加压塔还是减压塔，压力都是维持在很小的范围内波动，这样温度才与成分有着一一对应的关系。但在精密精馏中，对产品的纯度要求很高，两个组分的相对挥发度相差很小，由于成分变化所引起的温度变化比起压力变化所引起的温度变化要小得多，微小的压力波动也会造成明显的温度变化。所以在精密精馏时，用温度作为被控变量进行控制往往得不到好的控制效果，为此应该考虑压力补偿以消除压力微小波动对温度的影响。

图 3-3-188 所示为正丁烷与异丁烷分离塔以保持塔顶产品纯度不变为前提条件，在塔压变化时各层塔板的温度变化情况。由图可以看出，由于塔压波动所引起的各层塔板温度变化、方向是一致的，而且在塔压波动时，尽管各层塔板温度会有一定的变化，而两层塔板之间的温度变化却非常小。例如塔压从 1.126MPa 改变到 1.190MPa 时，第 52 块塔板与第 65 块塔板之间的温差基本上维持在 2.8℃。这就是说，在塔压变化时，温差与成分之间保持着对应关系。因此，可以用温差作为被控变量来进行控制，保证产品纯度符合要求。这就是选择温差作为被控变量的理由。

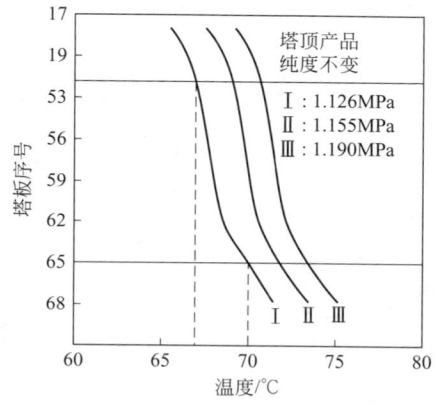

图 3-3-188　在塔顶产品纯度不变条件下
压力波动所引起各层塔板温度变化

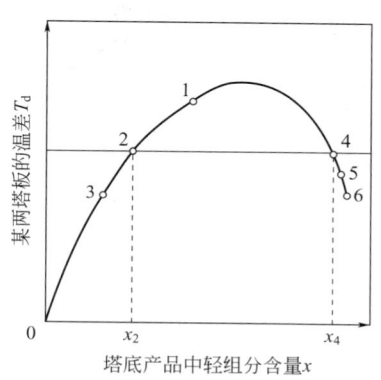

图 3-3-189　正异丁烷分离塔
T_d 与 x 关系图

选择温差信号作为间接质量指标时，测温点应按下述方法来确定。如果塔顶馏出物是主要产品，那么一个测温点应放在塔顶（或稍下一些），即温度变化较小的位置；而另一个测温点应选择在灵敏板附近，即成分和温度变化较大、较灵敏的位置。然后取这两个测温点的温度差 T_d 作为间接质量指标构成控制系统。由于塔压波动对该两测温点的影响相同（或十分相近），因此在取两者温差时，其影响就互相抵消掉了。

温差控制在乙烯-乙烷、丙烯-丙烷和苯-甲苯-二甲苯等精密精馏生产中已获得了成功的应用。

在应用温差控制时有一点必须注意，那就是温差与组分的关系并非单值对应关系。图 3-3-189 所示正丁烷与异丁烷分离塔的温差与塔底产品纯度的关系曲线即非单值对应，该曲线是在提馏段测取的，产品纯度是以异丁烷含量来表示的。由图可见，曲线有一最高点，其左侧发生在塔底产品纯度较高的情况下，温度随着产品纯度的增加而减小；其右侧发生在底部产品不很纯的情况下，温度随着纯度的恶化而减小。了解这一点对正确使用温差控制是很重要的。

一个以温差为被控变量的甲苯分离塔控制方案如图 3-3-190 所示。该方案采用的是精馏段温

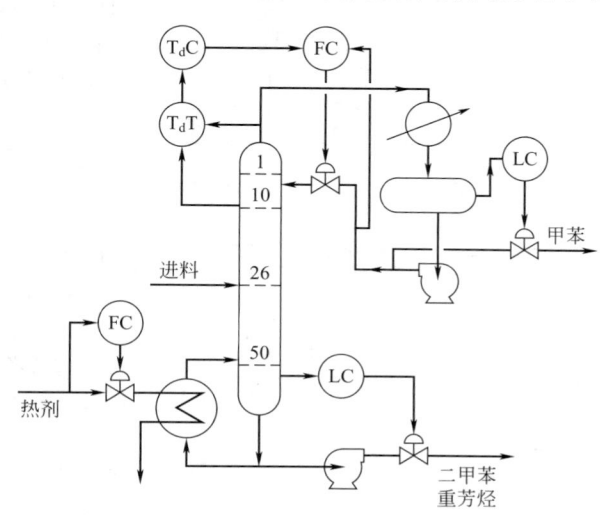

图 3-3-190　甲苯分离塔温差控制方案

差控制（因为主要产品甲苯为塔顶馏出物）。测温点一点选择在塔顶（温度变化比较小），另一点选择在第10块塔板上。

（3）选择双温差作间接质量指标　温差控制存在一个缺点，那就是在进料变化时会引起塔内成分和压降的变化。这两者所引起的温差却是前者使温差减小，而后者使温差增大，如图3-3-191所示。这时温度与成分之间就不再呈单值对应关系，因此，温差控制就不能适用。

当精密精馏塔的塔板数、进料板、回流比及进料组分固定以后，塔顶产品的纯度与塔底产品的纯度有一一对应关系，如图3-3-192所示。图中的 N 点期望的操作点，这时塔两端的分离度为最大；N_h 点表示塔顶产品中有较多的重组分；N_L 点表示塔底产品中有较多的轻组分。图3-3-192中三个点所对应的塔内温度分布曲线如图3-3-193所示。

由图3-3-193可以看出，曲线 N 由塔顶向下，塔板温度变化较小，到加料板附近，塔板间的温度变化较大，到接近塔底时，温度变化又很小了，这种温度分布对应于塔两端的分离效果都较好。曲线 N_h 由于塔顶产品中重组分含量较多，使全塔温度升高，尤以精馏段温度增加更为明显，因此它可以得到更纯的塔底产品。曲线 N_L 的情况正好与曲线 N_h 曲线相反，它可获得更纯的塔顶产品。这样，以两个温差的差值作为质量控制指标，只要适当地选择给定值，将精馏塔的温度分布控制为曲线 N_h、N、N_L，就可以分别使塔得到最大的分离度，得到更纯的塔顶产品和更纯的塔底产品。

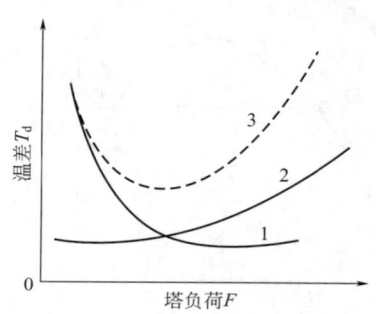
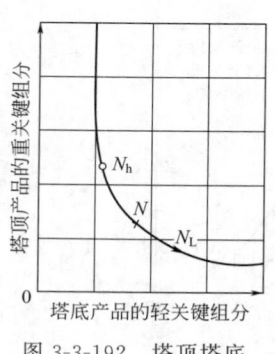
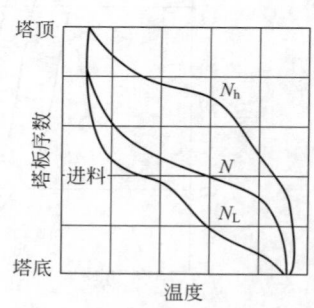

图 3-3-191　温差与负荷关系
1—成分引起的温差变化；2—压降引起的温差变化；3—两个因素合成

图 3-3-192　塔顶塔底产品纯度关系

图 3-3-193　精馏塔温度分布曲线

苯、甲苯、二甲苯的精馏过程双温差控制方案如图3-3-194所示。

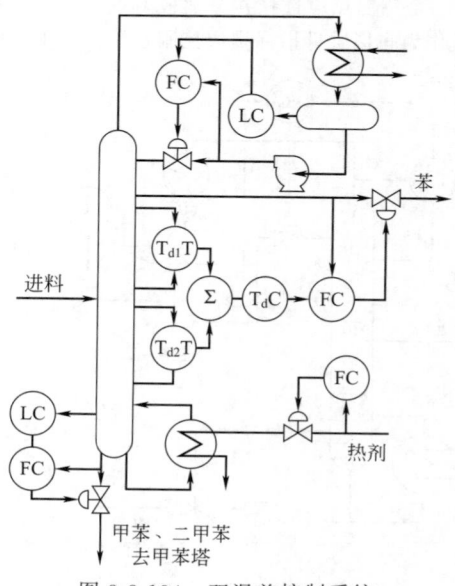

图 3-3-194　双温差控制系统

采用双温差控制后，若由于进料流量波动引起塔压变化对温度的影响，它必将在上、下段温差中同时出现，但当用上段温差减去下段温差时，这种塔压的影响就互相抵消掉了。从国内外许多应用这种双温差控制装置的运行情况来看，在进料量波动的影响下，仍能得到较好的控制效果。

2. 按一端质量指标的控制方案

（1）按精馏段指标的控制方案　当塔顶产品的纯度要求比塔釜产品纯度高时，或者进料全部为气相时，或者提馏段塔板上的温差较小，不能准确地反映产品质量指标时，均可采用精馏段指标的控制方法。

在采用精馏段指标控制时，一般选回流量 L 与塔顶采出量 D 两者之一作为产品质量控制的操纵变量，另一个则作为回流罐液位控制的操纵变量。再沸器的加热量应保持一定，并有一定的富余，以使进料量和进料成分发生变化时塔底产品的质量始终在规定的范围内。当然，这样做在负荷较小时能量有所浪费。为了维持物料平衡，可用塔底产品的采出来控制塔釜的液位。为克服塔压波动的影响，可以通过对冷凝器冷剂量的调节来加以稳定。

① 物料平衡控制方案，如图 3-3-195 所示。本方案中通过对物料平衡参数 D 的调节来保证塔顶产品的质量指标，并保持塔釜加热量的恒定且留有一定余量。这种控制方法可以保持塔的内回流基本恒定，有利于塔的稳定操作。物料与能量平衡之间关联较小，具有质量指标对再沸器加热量和进料热焓等能量扰动不灵敏的优点，使塔的抗干扰能力增加，对塔的稳定操作有利。该方案还有一个优点，就是当塔顶产品质量不合要求时，质量控制器可以自动关闭采出阀，防止不合格产品的采出，使塔处于全回流操作状态，待产品合格后方才恢复采出，这对确保塔顶产品质量大有好处。该方案的缺点是温度控制系统滞后较大，特别是回流罐容积较大时反应更慢，这对控制是不利的。同时该方案中选择塔顶采出作为操纵变量，会给后续工序带来扰动。

本方案适用于回流比较大，且下一工序可承受较大扰动的场合。

② 能量平衡控制方案，如图 3-3-196 所示。它通过对能量平衡参数 L 的调节来保证塔顶产品的质量指标。塔底加热量维持恒定并有一定余量，塔顶回流罐和塔釜液位分别通过对塔顶和塔底采出量 D 和 B 的调节维持稳定，从而保证物料平衡。

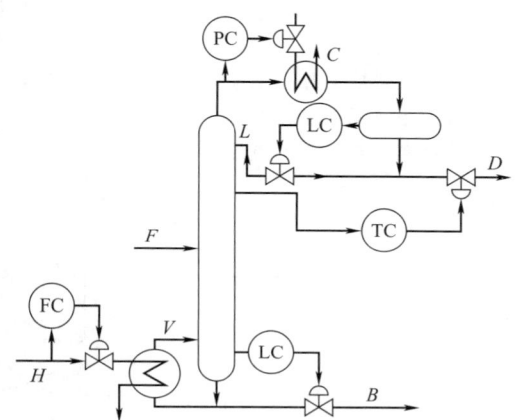

图 3-3-195　精馏段物料平衡控制方案

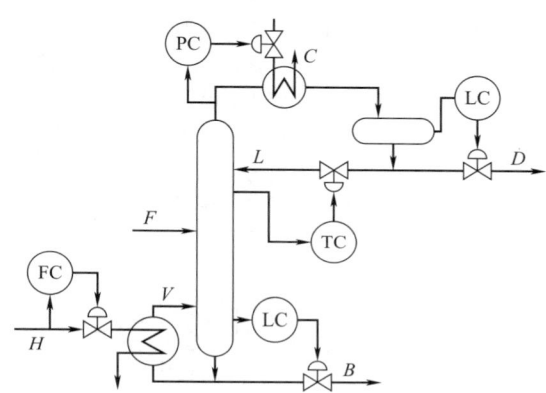

图 3-3-196　精馏段能量平衡控制方案

本方案的优点是产品质量控制回路滞后较小，响应比较快，能很快克服精馏段的各种干扰影响，以确保塔顶产品的质量。不足之处就是由于产品质量控制会使回流量处于经常波动状态，从而使塔的内回流不能稳定，且物料与能量平衡之间的关联较大，这对精馏塔的稳定操作是不利的。这在温度控制器参数整定时应该进行考虑，且控制器不宜用微分。

本控制方案一般适用于回流比 L/D 较小（例如小于 0.8）或某些要求滞后小的场合。

为克服回流罐压力波动对回流量的影响，可采用精馏段温度与回流量串级控制。

如果塔压随再沸器加热量的增加而增大，也可通过再沸器的加热量来控制塔压，此时保持冷凝器的冷剂量为恒定并有一定的余量，可构成如图 3-3-197 所示的控制方案。该方案适用于再沸器加热量有较大余量和变化比较频繁，且不能用其他方法使之恒定的场合，以使压力回路能及时克服这种干扰。但再沸器加热量不应是限制塔处理能力的关键因素。

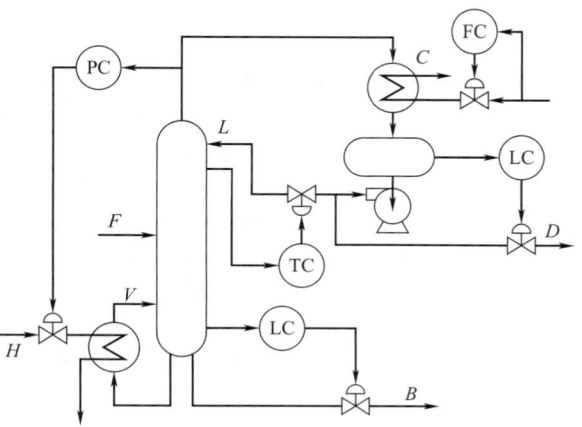

图 3-3-197　精馏段能量控制的另一种方案

（2）按提馏段指标的控制方案　当要求塔底产品的纯度比塔顶产品纯度高的时候，或者进料全部为液相时，或者实际操作的回流比远比最小回流比大，塔的精馏段温度不能很好地反映组分的变化时，均可采用提馏段指标控制方法。

在采用提馏段指标控制时，一般选再沸器热剂量 H 与塔底采出量 B 两者之一作为产品质量控制的操纵变量，另一个则作为塔釜液位控制的操纵变量。回流量 L 应维持恒定且有一定的余量，以便在精馏塔工况变化时塔顶产品质量仍能维持在规定的范围内，此时塔顶产品的采出用于控制回流罐的液位，冷凝器的冷剂量则用于控制塔压。

① 提馏段物料平衡控制方案，如图 3-3-198 所示。该方案中用塔底产品 B 作为质量指标的操纵变量，塔釜加热量作为塔釜液位的操纵变量，回流量 L 采用定值调节并留有一定的余量。塔顶采出用于控制回流罐的液位，冷凝器的冷剂量用于控制塔压。

该控制方案的优点是物料与能量平衡之间关联较小，在塔底采出量 B 较小时比较平稳，且当塔底产品不合格时，温度控制器会自动关闭采出阀，停止采出，直至质量指标合格后方才恢复采出。缺点是滞后较大，且塔底采出根据质量指标控制的需要而频繁变化，会给后续工序带来干扰。

本方案适合于 $B \ll D$、且 $B < 2\%V$ 的场合。

② 提馏段能量平衡控制方案，如图 3-3-199 所示。该方案选用能量平衡参数再沸器加热量作为质量指标的操纵变量，用塔底采出量 B 来控制塔釜的液位，回流量 L 采用定值调节并留有一定的余量，用塔顶采出控制回流罐的液位，用冷凝器的冷剂量来控制塔压。

该方案的优点是滞后小，反应快，对克服进入提馏段的干扰并保证塔底产品质量较为有利。不足之处是物料与能量平衡之间的关联比较大，当上升蒸气量远比进料量大的情况下不易控制。在 $V/F \geq 2.0$ 时，此方案不宜采用。当再沸器加热介质压力有波动时，可采用提馏段温度与再沸器加热介质的流量串级控制。

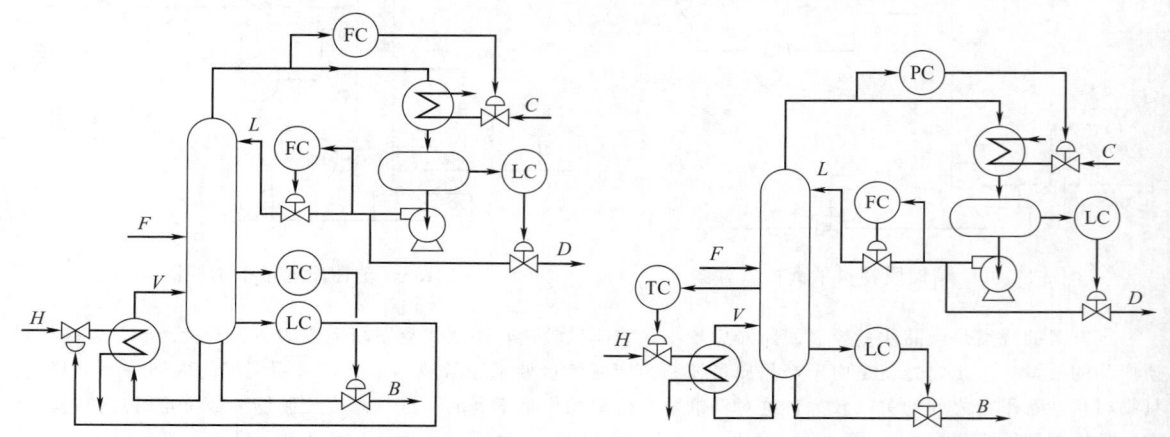

图 3-3-198　提馏段物料平衡控制方案　　　　图 3-3-199　提馏段能量平衡控制方案

3. 按两端质量指标的控制方案

当要求精馏塔顶部和底部产品都需符合规定的质量指标时，可以采用两个质量控制系统分别控制塔顶、塔底产品的质量，使之分别达到规定的质量指标要求，达到减少能耗、降低操作成本的目的。

两端质量指标都通过改变物料平衡参数来进行控制是不能采用的。因为两端质量控制都选物料平衡参数 D 和 B 作为操纵变量，那么，塔釜液位只能选再沸器的加热量作为操纵变量，则塔压只能用冷凝器的冷剂来控制，回流罐液位则只能用回流量来控制。这样一来，回流罐液位与塔釜液位之间的相关影响就会非常严重。例如当塔釜液位上升就会增加再沸器的加热量，这会使塔内上升蒸气量增加，塔压升高，从而使压力控制器增加冷凝器的冷剂量。冷剂量增加的结果，会将塔内增加的上升蒸气冷凝下来，并通过回流罐液位控制器将其转移到回流量上去，使塔的内回流量增加同一个数值。这个量最终可使塔釜的液位升高。因此塔釜液位不可能稳定下来，液位控制将因上述关联的影响而失效。

这样，按两端产品质量指标控制的方案只有两种类型：一类是两端产品质量指标均选用能量平衡参数作为操纵变量，即在再沸器的热剂量 H、回流量 L 及冷凝器的冷剂量 C 三个变量之中，选择任意两个变量作为操纵变量，组成两端产品质量控制系统；另一类是一个产品质量指标控制选择能量平衡参数作操纵变量（即选择 H、L 及 C 三者之一），而另一个产品质量指标控制则选择物料平衡参数作为操纵变量（即选择 D、B 两者之一）。

（1）两端产品质量均用能量平衡控制　　在采用能量平衡控制方案中，只有热剂量 H、回流量 L 和冷剂量 C 三个变量可供选择作为两端质量指标控制的操纵变量。三个里面选两个，应该有 6 种组合方式。然而塔压 p 应该用冷剂量 C 或热剂量 H 来调节。如果塔压 p 用冷剂量 C 来调节，那么，用于控制两端产品质量的操纵变量就只有热剂量 H 和回流量 L；如果塔压选用热剂量 H 来调节，则用于控制两端质量指标的操纵变量则只有冷剂量 C 和回流量 L。这样只有 4 种组合方式，其组合形式如表 3-3-2 所示。

表 3-3-2　操作变量组合形式（一）

控制塔压的操纵变量	控制塔顶产品质量的操纵变量	控制塔底产品质量的操纵变量	方案序号	控制塔压的操纵变量	控制塔顶产品质量的操纵变量	控制塔底产品质量的操纵变量	方案序号
C	L	H	1	H	L	C	3
	H	L	2		C	L	4

由于通过对回流量 L 的调节来控制塔底产品质量指标，其通道太长，滞后比较大，是不适宜的，这样表 3-3-2 的 4 种组合中序号 2、4 两种就被排除掉了。最后，两端产品质量控制的能量控制方案就只有表 3-3-2 中序号为 1、3 两种。

按表 3-3-2 中序号 1 所组成的两端产品质量控制的能量控制方案如图 3-3-200 所示。在本方案中塔顶和塔底采出分别用于控制回流罐和塔釜的液位。

需要指出的是，该方案中两个质量控制回路是相关的。如果相关的情况不严重，可通过两个系统的控制器参数整定，将它们的工作频率拉开，以削弱该两系统之间的关联；如果该两系统相关情况比较严重，靠控制器参数整定来解决效果不大，这时必须采用解耦的办法进行解决。

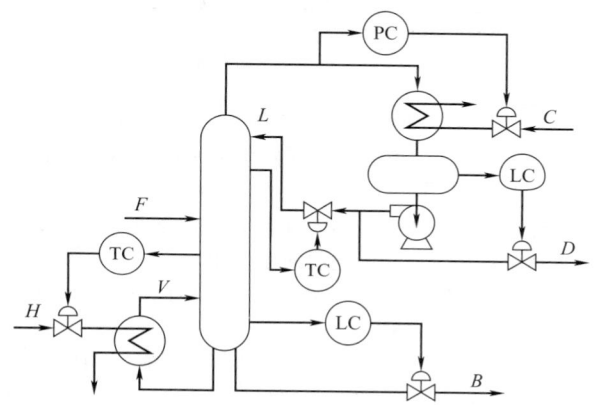

图 3-3-200　两端质量控制的能量控制方案

表 3-3-2 中序号 3 的方案只有在塔压随再沸器加热量的增加而增大，即 p 对 H 变化的静态响应必须大于零时，才能采用。同样，如果采用该方案，两质量控制系统也存在相互关联的问题。也可采用上述方案中的解决办法削弱乃至消除系统之间的关联。

（2）一端产品质量用能量平衡控制，另一端产品质量选用物料平衡控制　　在这种方案中可供选择的能量平衡参数有 H、L 和 C 三个，物料平衡参数有 D 和 B 两个，根据排列组合结果，应该有 12 种组合形式。考虑到 H 和 C 之一要用于控制塔压，在 D 和 B 之一用于控制一端产品质量的情况下，另一个则用于控制液位，其中 D 用于控制回流罐的液位，B 用于控制塔釜的液位，还要选择 H 和 L 其中之一用于控制另一个液位，再考虑到塔底产品质量指标不宜用 L 来控制，这样就只剩下 6 种组合可供作为控制方案，如表 3-3-3 所示。

表 3-3-3　操作变量组合形式（二）

控制塔压的操纵变量	控制塔顶产品质量的操纵变量	控制塔底产品质量的操纵变量	控制回流罐液位的操纵变量	控制塔釜液位的操纵变量	序　号
C	L	D	H	B	1
	L	B	D	H	2
	D	H	L	B	3
H	L	D	C	B	4
	L	B	D	C	5
	D	H	L	B	6

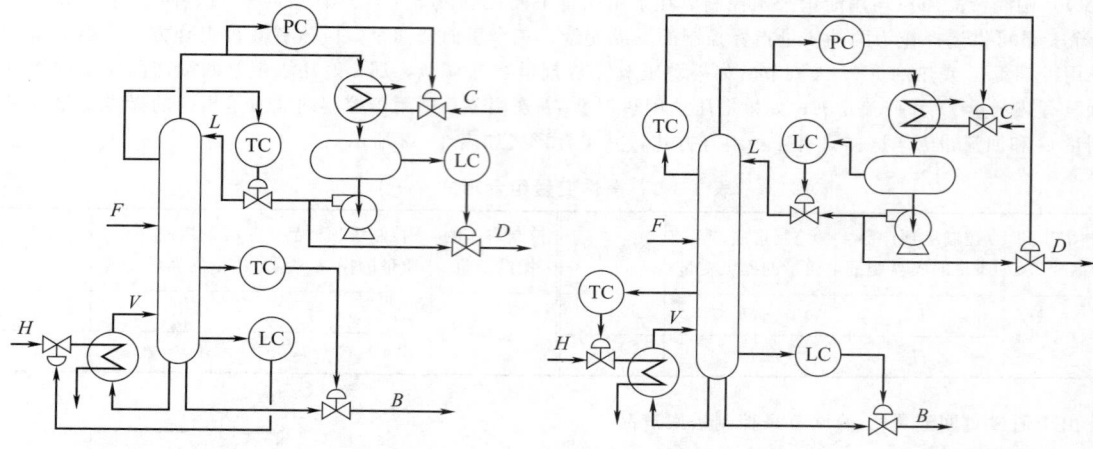

图 3-3-201　表 3-3-2 第 2 组控制方案　　　　　图 3-3-202　表 3-3-2 第 3 组控制方案

在表 3-3-3 的 6 种组合方案中，第 5 种不推荐采用；第 1 种方案只有在两个质量控制回路中相对增益不太大的情况下方可采用，否则不能采用；第 6 种方案只有在 p 对 H 变化的静态响应大于零时方可采用，否则不能采用；第 4 种方案则只有在两个质量控制回路中相对增益不太大和 p 对 H 变化的静态响应大于零两个条件同时具备的条件下方可采用，否则不能采用。

表 3-3-3 中第 2、3 两组两端质量控制回路有正的相关，可以采用。这两组控制方案分别如图 3-3-201 及图 3-3-202 所示。

图 3-3-201 方案中，精馏段产品质量指标通过回流量 L 来控制，而提馏段产品质量指标则通过塔底采出量 B 来控制。其优缺点和适用范围与物料平衡控制方案（图 3-3-198）相同。

图 3-3-202 方案中，精馏段产品质量指标通过塔顶采出量 D 来控制，而提馏段产品质量指标则通过再沸器热剂量 H 来控制。其优缺点和适用范围与按精馏段物料平衡控制方案（图 3-3-195）相同。

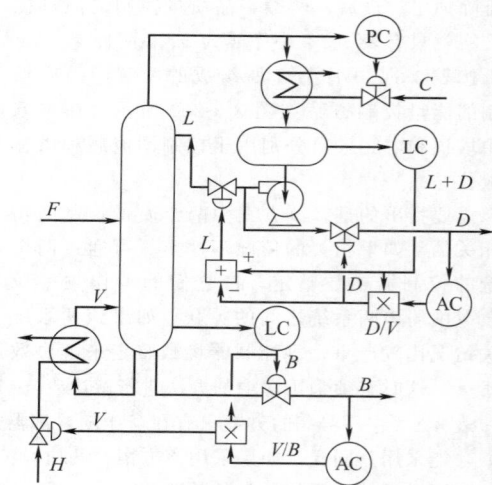

图 3-3-203　可削弱关联的
两端质量控制方案

同样，上述两个两端产品质量控制方案中，两个质量控制回路间也存在有相互关联的问题，可采用前面所介绍过的相同方法进行处理。也可以按变量间的内在关系，选用更合适的操纵变量，以削弱系统之间的关联。图 3-3-203 所示方案就可达到削弱两质量控制回路相互关联的影响。实际上它就是一种静态解耦控制方案。

4. 精馏塔的压力控制

精馏塔的压力是精馏操作中的一个重要参数，塔压的变化必将引起塔内气相流量和塔板上汽-液平衡条件的变化，结果会使操作条件改变，最终将影响到产品的质量。因此，一般精馏塔都要设置塔压控制系统，以维持塔压的恒定。

维持塔压恒定还有另外一个重要原因，就是一般精馏塔都选用间接质量指标温度作为控制产品质量的被控变量，而用温度作为产品质量指标的前提条件是必须塔压保持一定。

常用的塔压控制方法如下。

（1）加压塔的塔压控制　加压塔操作过程中，压力控制非常重要，它不仅会影响到产品的质量，而且还关系到设备和生产的安全。

加压塔控制方案的确定，不仅与塔顶馏出物的状态是气相还是液相密切相关，而且还和塔顶馏出物中不凝性气体量的多少有关。

① 气相采出情况　当塔顶为气相采出时，塔压的控制可以采用如图 3-3-204 所示的控制方案。该方案中除通过调节气相采出量控制塔压外，为了维持回流罐的液位，还设置了回流罐液位控制，即通过对冷凝器冷剂量的调节来维持液位的恒定，以保证有足够的冷凝液作为回流。

如果该精馏塔的气相采出作为后续工序的进料，那么可设置塔压与气相采出流量串级均匀控制，如图 3-3-205 所示。

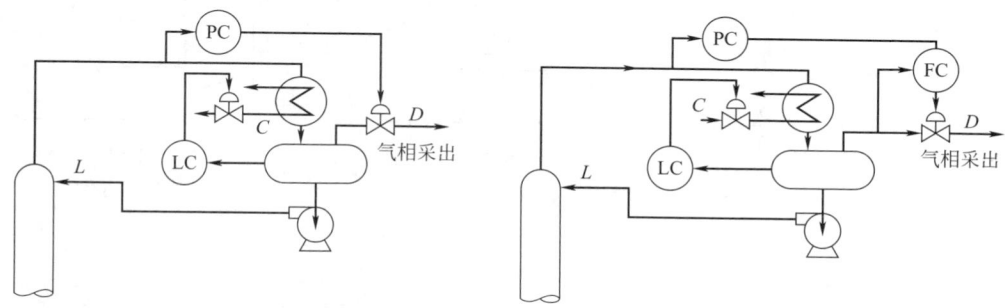

图 3-3-204　气相采出时塔压控制方案　　　图 3-3-205　气相采出时塔压与流量串级均匀控制方案

为避免上述方案中因回流液可能过冷而造成塔的扰动，可设置一回流温度控制。这时回流罐液位可用回流量来调节，如图 3-3-206 所示。

② 液相采出情况

a. 在馏出物中不含或仅含微量不凝性气体。当冷凝器位于回流罐上方时，可以采用以下各种方案来控制塔压。

用冷凝器的冷剂量来控制塔压，如图 3-3-207 所示。该方案的优点是所用的调节阀口径较小，节约投资，且可节约冷却水；缺点是冷凝速率与冷却水量之间为非线性关系。在冷却流量波动较大时，可设置塔压与冷却水量串级控制，以克服冷却水量波动对塔压的影响。

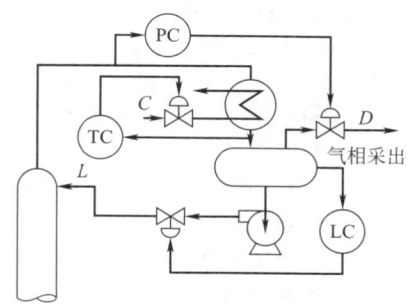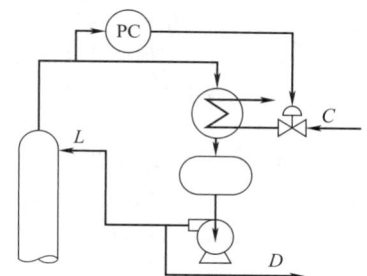

图 3-3-206　避免回流液过冷的　　　图 3-3-207　用冷剂流量控制塔压的方案
气相采出塔压控制方案

直接调节顶部气相流量来控制塔压，如图 3-3-208 所示。该方案的优点是压力调节快捷、灵敏，可调范围也大；缺点是所需调节阀的口径较大，而且在气相介质有腐蚀性时，需用价格昂贵的耐腐蚀性材质的调节阀。

通过调节冷凝器去回流罐的液相流量来控制塔压，如图 3-3-209 所示。该方案不如图 3-3-208 方案灵敏、快捷，但由于调节阀处于液相，因此所需口径要比调节阀放在气相时为小，可节约投资。

采用热旁路的方法控制塔压，如图 3-3-210 所示。该方案反应较为灵敏，且所采用的调节阀也比图 3-3-208 方案时口径要小。

用冷凝器排液量与热旁路相结合的方法控制塔压，如图 3-3-211 所示。这时压力控制器的输出控制两个调节阀而构成分程控制，这样可以扩大调节阀的可调范围，缺点是需采用两个调节阀，增加设备投资。

当冷凝器位于回流罐下方时，可采用浸没式冷凝器塔压控制方案，如图 3-3-212 所示。这时调节阀安装在通往回流罐的气相管路上。这种控制方法，一般希望进入冷凝器的冷剂量大，保持过冷，因改变压差（$\Delta p = p_1 - p_2$）的方法使传热面积发生变化，以改变气相的冷凝量，从而达到控制塔压的目的。

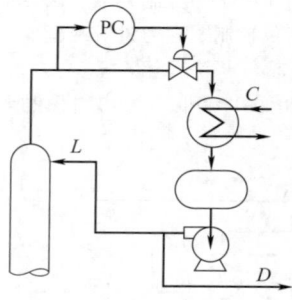

图 3-3-208　用塔顶气相
流量控制塔压方案

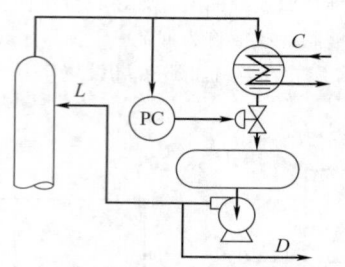

图 3-3-209　用冷凝器去回流罐
液相流量控制塔压方案

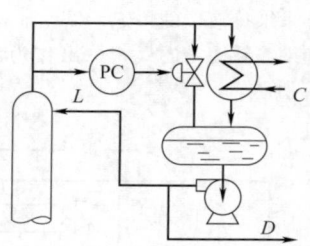

图 3-3-210　用热旁路方法
控制塔压方案

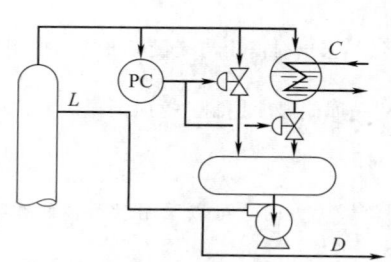

图 3-3-211　用冷凝器排出液与热旁路
相结合的方法控制塔压方案

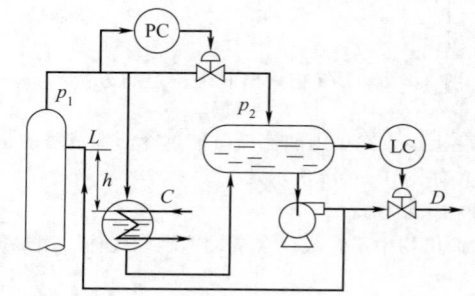

图 3-3-212　浸没式冷凝器
塔压控制方案

b. 馏出物中含有少量不凝性气体。当塔顶气相中不凝性气体的含量小于塔顶气相总量的 2% 时，或者在塔的操作中预计只在部分时间里产生不凝性气体时，就不能采用将不凝性气体放空的方法控制塔压。因为这样做损失太大，会有大量未被冷凝下来的产品被排放掉。此时可采用如图 3-3-213 所示的分程控制方案对塔压进行控制。首先用冷却水调节阀控制塔压，如冷却水阀全开塔压还降不下来时，再打开放空阀，以维持塔压的恒定。

c. 馏出物中有较多不凝性气体。当塔顶馏出物中含有不凝性气体比较多时，塔压可以通过改变回流罐的气相排放量来实现，如图 3-3-214 所示。该方案适用于进料流量、组分、塔釜加热蒸汽压力波动不大，且塔顶蒸汽流经冷凝器的阻力变化也不大的条件下。因为只有这样，回流罐上的压力才可以代替塔顶的压力。如果冷凝器阻力变化值可能接近或超过塔压波动的最大值，此时回流罐上的压力就不能代表塔顶压力。这时压力控制系统的取压点应移至塔的顶部，类似于图 3-3-204 所示的方案。

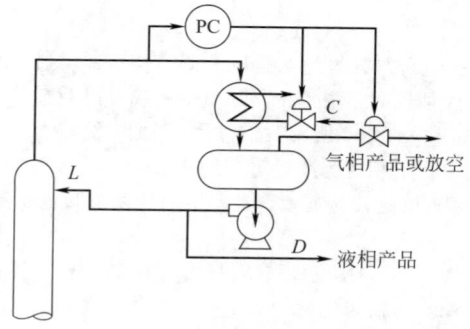

图 3-3-213　用分程控制方案控制塔压的方案

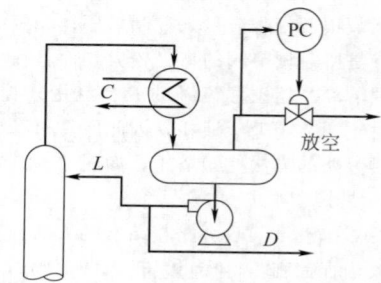

图 3-3-214　用回流罐气相排放量控制塔压的方案

如果塔顶气相物料不需冷凝而直接进入下一工序，那么可采用如图 3-3-215 所示的方案控制塔压。此时调节阀直接安装在塔顶的气相管线上。该方案特别简单，但所需调节阀口径却较大。

③ 气、液两相采出的情况　在精馏塔顶部为液相采出，然而却含有较多不凝性气体需要放空时，或者塔顶冷凝器为分凝器，除液相产品外，尚有气相产品需要送到下一工序进行再加工处理时，可以采用如图 3-3-216 所示方案控制塔压。该方案中还设置了冷凝液温度控制系统。这是因为在气相产品量较多时，分凝器中的平衡温度与压力之间的关系将随气相产品成分而变，只有在一定压力和一定冷凝温度下，才能保证气相产品的成分不变。同样道理，为保证液相产品的质量，顶部温度（或精馏段指标）也应进行控制，使其维持一定。

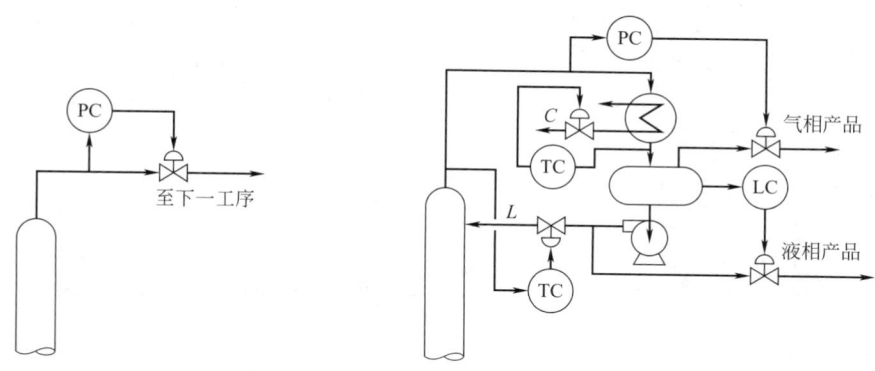

图 3-3-215　塔顶气相不需冷凝的塔压控制方案　　图 3-3-216　气、液两相采出时塔压控制方案

（2）常压塔的塔压控制　在常压精馏过程中，一般对塔顶压力要求不高，因此不必要设置压力控制系统。为了控制塔压，可在冷凝器或回流罐上设置一段连通大气的管道来平衡压力，以保持塔内压力接近于环境压力。

如果对常压精馏时的塔压控制要求较高，或者是用管道与大气连通的方法导致空气进入塔内会影响到产品的质量，甚至会因空气进入塔内而有产生爆炸的危险时，就不能采用上述方法维持塔压，而必须设置塔压控制系统，使塔内压力通过控制后略高于大气的压力。其塔压控制方案可采用加压塔的塔压控制方案。

（3）减压塔的塔压控制　所谓减压塔是指精馏塔的操作压力低于大气压，也就是说精馏塔是在一定的真空度下进行操作。

减压塔真空度的获得，一般都依靠蒸汽喷射泵或电动真空泵的抽吸作用，因此，减压塔真空度的控制将涉及各种形式的真空泵的控制。其控制方案如下。

① 改变不凝性气体的抽吸量　如图 3-3-217 所示。

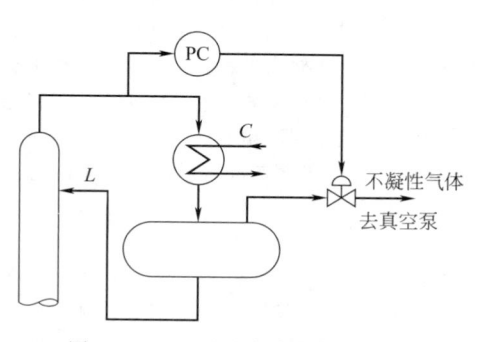

图 3-3-217　通过改变不凝性气体
抽吸量控制真空度的方案

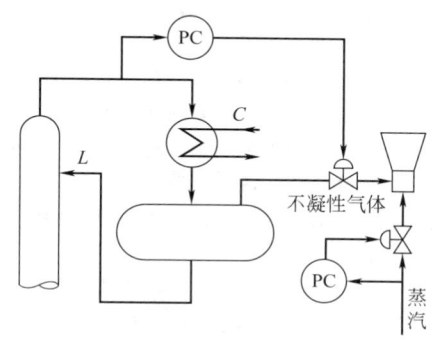

图 3-3-218　用蒸汽喷射泵
控制真空度的方案

如果真空抽吸装置为蒸汽喷射泵，那么在真空度控制的同时，应在蒸汽管路上设置蒸汽压力控制系统，如图 3-3-218 所示。由于真空度与蒸汽压力之间有着严重的非线性，不宜用蒸汽压力或流量来直接控制真空度。

如果真空抽吸装置采用的是电动真空泵，通常把调节阀安装在真空泵返回吸入口的旁路管线上，如图 3-3-219 所示。

② 改变旁路吸入空气或惰性气体量 在回流罐至真空泵的吸入管上，连接一根通大气或某种惰性气体的旁路，并在该旁路上安装一调节阀，通过改变经旁路管吸入的空气量或惰性气体量，即可控制塔的真空度。这种控制方案如图 3-3-220 所示。

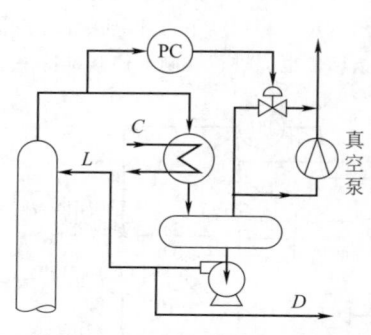

图 3-3-219 用电动真空泵控制
真空度的控制方案

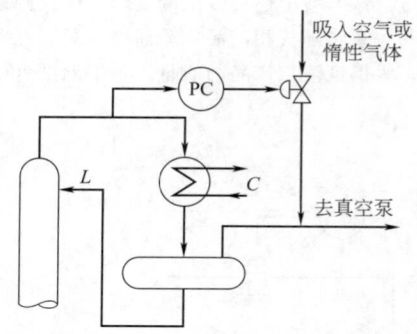

图 3-3-220 通过改变旁路吸入空气或
惰性气体量控制真空度的方案

5. 具有侧线采出的精馏塔控制

在某些精馏塔的操作中，为了提取某种组分而采用侧线采出。化工生产中常见一个侧线采出的精馏塔，而在石油炼制过程中往往会有多侧线采出的精馏塔。

（1）具有一个侧线采出的精馏塔控制 在侧线采出精馏塔中，由于侧线采出产品的状态（液相或气相）不同，对塔的稳定操作的影响也不同。现以三元混合物精馏为例，说明不同侧线采出情况下精馏塔的控制方案。

① 提馏段气相侧线采出塔的控制 当进料中只含有少量的最重组分 c 时，通过精馏，最轻组分 a 从塔顶采出，最重组分 c 从塔底得到，而次轻组分 b 则从侧线采出。由于最重组分 c 含量很少，一般次轻组分 b 的采出应在提馏段侧线。在提馏段的各层塔板上，气相中轻组分 b 的含量总是比同一层塔板的液相中的含量为高，相反，各层塔板上气相中重组分 c 的含量总比同层塔板的液相中的含量为低，因此从提馏段取气相侧线采出就可以获得纯度较高的组分 b。这就是提馏段取气相侧线采出的道理。

提馏段气相侧线采出精馏塔的控制方案如图 3-3-221 所示。该控制方案中，通过侧线气相采出 P 来控制塔釜的液位，这是因为底部产品量太少，用它来控制塔釜液位很不灵敏。在用侧线采出量控制塔釜液位时，气相侧线流量的变化并不直接影响侧线以下的操作，而直接影响到侧线以上塔内的气相流量，因此表征侧线产品质量的温度检测点应当在侧线上方的附近选取，而这一点的温度则通过改变再沸器的加热量来进行控制。

需要指出的是，塔釜的液位实质上是通过温度控制系统改变再沸器的加热量而间接得到调节的。因为当液位上升时，液位控制器使侧线采出量增加，从而减少了侧线上方的塔内气相流量，使在侧线上方的温度测量值下降，于是温度控制器将使再沸器的加热量增加，使塔底有更多的液相转为气相，因此塔釜液位将会下降，同时侧线上方的温度也将回升。这就表明只有当温度控制回路闭合时，液位系统才能正常工作。如果温度控制回路断开时，由于侧线采出量的增加，塔内上升气流量减少，塔顶回流在回流罐液位控制下也会减少，使塔的内回流下降，最终也会使塔釜液位下降。但是从动态角度来分析，这种变化来得太慢，塔釜液位的控制很不及时。可见只有当塔釜液位控制回路与侧线上方的温度控制回路都同时工作，图 3-3-221 所示方案才能获得满意的效果。

如果将图 3-3-221 中液位与温度两控制系统调节阀互相交换，则构成如图 3-3-222 所示控制方案，就可克服图 3-3-221 方案中温度回路断开液位不能及时控制的缺点。当然，此时温度控制回路会受到液位控制回路控制作用的影响。同时，当回流罐液位用塔顶回流量来控制及顶部产品质量用顶部产品采出来控制时，温度控制也将通过回流量的变化最终对塔釜液位控制系统产生影响。但是这在动态响应上却是比较缓慢的，其相关影响也比较小。

② 精馏段液相侧线采出塔的控制 当进料中含有少量最轻组分 a 时，通过精馏，最轻组分 a 从塔顶采出，最重组分 c 从塔底采出，而次轻组分 b 则从侧线采出。由于最轻组分含量较少，侧线采出应取在精馏段。在精馏段各层塔板上轻组分 a 在气相中的含量总比同层塔板液相中的含量为高，相反各层塔板上次轻组分 b 在气相中的含量总比同层塔板液相中的含量为低。因此，在精馏段取液相侧线采出，会获得纯度比较高的组分 b。这

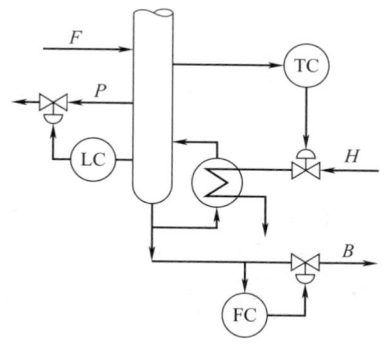

图 3-3-221　提馏段气相侧线
采出精馏塔控制方案之一

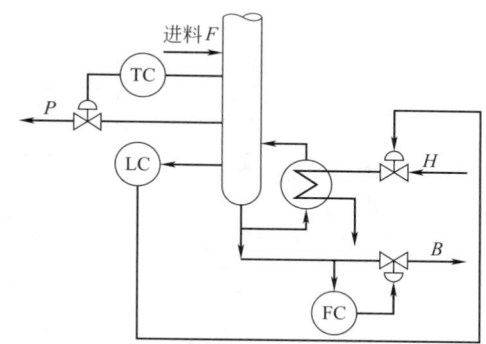

图 3-3-222　提馏段气相侧线
采出精馏塔控制方案之二

就是精馏段取液相侧线采出的道理。

精馏段液相侧线采出精馏塔的控制方案如图 3-3-223 所示。该方案中通过调节液相侧线采出量 P 来控制侧线产品的质量指标（这里取间接质量指标温度）。其温度检测点选择在侧线的下方，这是因为侧线采出量的变化将影响到侧线下方的内回流量，从而影响到侧线下方的温度，而对侧线上方的温度却没有直接的影响。因此，温度检测点选择在侧线的下方，对侧线采出量的变化反映比较灵敏。

另外，在采用精馏段液相侧线采出塔时，一般对 a 和 b 的分离要求并不高或比较容易分离，而对 b 和 c 的分离要求较高，侧线上方的塔板数总是比较少。如果 a 和 b 分离要求太高或不易分离，则不采用侧线塔，而采用两个没有侧线采出的精馏塔。

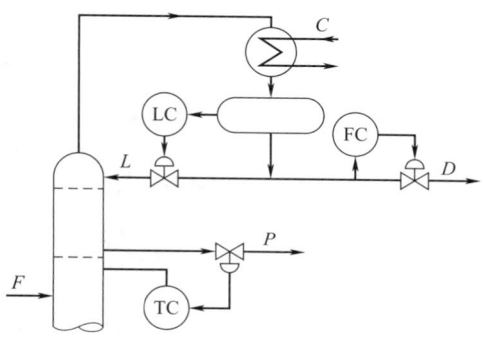

图 3-3-223　精馏段液相侧线采出塔控制方案

（2）具有多侧线采出的精馏塔控制　炼厂常压塔是典型的多侧线采出精馏塔。它与减压塔相配合，能将多种碳氢化合物所组成的混合物——原油进行分馏，切割成多种不同馏程的产品。常压塔负荷量特别大，年处理量常达数百万吨，这是它的一个特点。另一特点就是对产品的纯度要求比一般精馏塔要低一些，各侧线采出产品允许在一定的馏程范围内变化。常压塔工艺控制流程图如图 3-3-224 所示。

由图 3-3-224 可以看出，常压塔除塔顶采出汽油和塔底采出重油外，尚有三个侧线，其采出分别为：一线——航空煤油；二级——轻柴油；三线——重柴油。在该塔中，除塔顶回流外，中、上部还采用了循环回流的工艺，即将较低层塔板上的组分抽出经冷却后，重新用泵打到上几层塔板上去，以除去塔内某部分的热量。同时在两侧线之间采用中段循环回流，减少塔所需处理的油品蒸气的体积。在大负荷的生产中，循环回流的采用是非常重要的，否则可能造成塔负荷的不均衡而导致发生事故。生产负荷的改变常需要对循环回流量作相应的调整，才能保证塔的稳定运行。

由于侧线产品是从中间塔板抽出的，它含有比完全分割馏分更轻的组分，为了除去这些低沸点的物质，故每一侧线产品在其采出前都先被送往汽提塔，经过热蒸汽汽提除去低沸物后，方才进行采出。

影响常压塔操作及产品质量的因素分析。

① 塔顶温度　在塔压一定时，温度是精馏产品质量的间接指标。塔顶温度首先决定了塔顶产品的质量，同时也影响着各侧线产品的质量，特别是一线产品的质量。一般塔顶温度通过回流量的调节来进行控制。

② 侧线温度　侧线温度直接决定着侧线产品的质量。当循环回流量一定和塔顶温度恒定的情况下，侧线温度就能维持在一定的范围内。然而要进一步控制侧线温度，必须通过对侧线返回量的调节，也就是通过改变内回流量才能达到。侧线采出量增大，相应地内回流量就会减小，侧线温度就会上升，侧线油品就会变重。反之，侧线油品则变轻。因此通过对侧线采出量的调节就可以控制侧线温度。

③ 塔顶压力　精馏塔选择温度作为产品质量的间接指标，其前提条件就是塔压必须恒定。塔压波动将会使温度失去对产品质量的代表性。

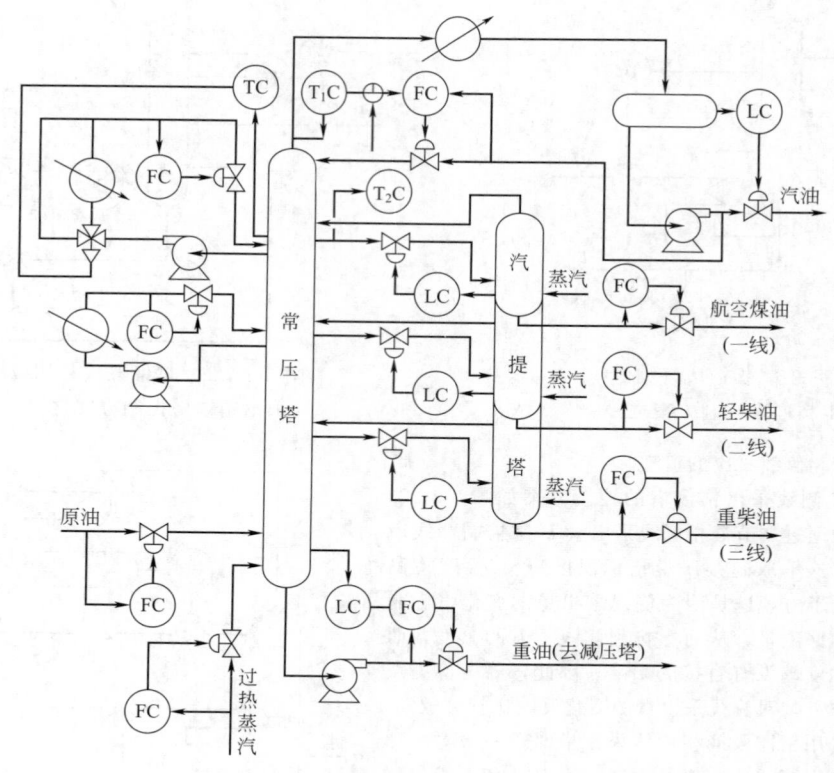

图 3-3-224　常压塔工艺控制流程图

常压塔塔顶压力与塔顶油温有关，油温稳定，塔内油的蒸发量没有很大波动时，塔顶压力是稳定的。只有在使用风冷器时，汽温的变化会导致冷凝程度的改变，从而影响到塔的压力发生变化。一般常压塔在冷凝器处有通大气的开口，因此不必专门设置塔压控制系统。

④ 过热蒸汽　为了将塔底油品中的轻质组分吹出，在常压塔底通入过热蒸汽作为汽提，同时也向塔底补充一些热量。通常要求过热蒸汽温度在 400℃ 左右，其压力不要太高，且波动要小，以保持入塔蒸汽量的稳定。

⑤ 塔底液位　为了使塔底储存的油与蒸汽能有充分的接触时间，油在塔底必须要有一定的停留时间。控制好塔底的液位就能确保停留时间，有利于轻馏分的吹出。液位不能过高，也不能过低。液位过高，会使重质馏分也被蒸汽夹带上来，因而影响侧线产品的质量；液位过低，会使停留时间太短，轻质馏分被塔底油带走。塔底液位通常通过对塔底采出量的调节来加以控制。

除上述因素外，影响常压塔正常操作和产品质量的因素还有进料流量、组分和温度，对于它们的变化，也必须采取相应的控制措施，这样常压塔的稳定操作和产品质量才有保证。

图 3-3-224 所示控制方案说明如下。

① 进料流量和温度的控制。常压塔的进料是加热炉将原油加热到规定温度后送来的。原油在进加热炉之前就设置有流量控制。因为在进加热炉之前原油温度较低，对调节阀的材料没有耐高温的要求，而且这时原油是单一的液相，不会有气相出现，这有利于流量的准确测量和控制的方便。同时加热炉对原油的出口温度设置有温度控制，常用的控制方案有原油出口温度与炉膛温度串级控制或原油出口温度与燃料油（或燃料气）流量（或压力）串级控制。因此，常压塔的进料应视为流量和温度都经过控制，并都保持恒定的进料。

② 塔底过热蒸汽的控制。为了使塔底和汽提塔各线吹入的过热蒸汽均衡，使汽提作用稳定，对过热蒸汽压力设置压力控制是必要的（图中没有画出）。为保证吹入塔底的过热蒸汽量的恒定，以维持塔的稳定操作，设置了过热蒸汽吹入量的定值调节。

③ 循环回流量及各侧线采出量的控制。为保持常压塔热负荷的平衡和塔的稳定操作，对各循环回流量及各侧线采出量都分别设置有流量定值控制系统。

④ 塔顶温度与常压一侧线温度控制。为了确保塔顶及各侧线，尤其是一侧线的产品质量和整塔操作的稳定，必须对塔顶和一侧线温度进行控制。图中采用了一个切换开关。当一侧线不作为航空煤油产品时，切换开关在图示位置，此时构成塔顶温度与回流量串级控制；当一侧线作为航空煤油产品时，将切换开关顺时针转90°，这时将构成一侧线温度与回流量串级控制，以保证一侧线产品的质量。

也有的常压塔为确保一侧线产品的质量，采用以一侧线温度为主变量，塔顶温度为副变量，构成以图3-3-225所示的常压一侧线温度与塔顶温度串级控制系统。

为确保一侧线产品的质量，对一侧线间的循环回流还设置有温度控制，以维持该循环回流的温度恒定。

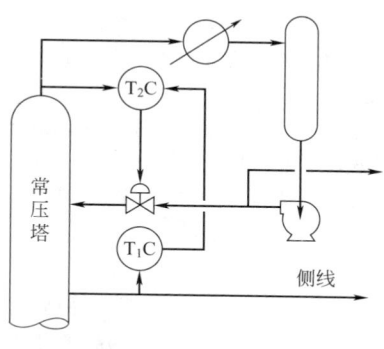

图 3-3-225　常压塔一侧线温度与塔顶温度串级控制

⑤ 常压塔塔底、回流罐及汽提塔各段液位的控制。常压塔塔底采出往往作为减压塔的进料，因此采用塔底液位与塔底采出量构成串级均匀控制。

回流罐液位通过塔顶采出量来控制。液位恒定，可以保证有稳定的顶回流。

汽提塔各段液位的控制是很必要的，因为液位的波动将影响到轻质组分的吹出，亦即初馏点的变化。一般汽提塔各段液位控制用的调节阀，都安装在常压塔侧线馏出口至汽提塔相应汽提段入口之间的管线上，它与相应汽提塔底部采出流量的定值控制同时工作的结果，将有助于该侧线温度的恒定，从而保证该侧线产品的质量。

三、其他控制方法在精馏塔控制中的应用

上面介绍的是精馏塔的基本控制方案，为了进一步保证精馏塔平稳操作，改善控制系统的品质，提高产品质量和降低能耗，还有很多其他的控制方法可以应用于精馏过程的控制。

1. 前馈控制的应用

对精馏塔来说，进料量和进料状态的变化对塔的操作和产品质量有很大的影响，一般在物料进塔前都采取相应的控制措施，如设置进料流量和进料温度的定值控制，以便将进料干扰消除在进塔之前。然而石油化工生产过程都是连续的生产过程，往往前一工序的产品就是后一工序的原料。例如常压的塔底产品就是减压塔的进料，由于它作为常压塔塔底液位的操纵变量已经被调节，这时作为减压塔的进料就不能再设置流量控制回路，也就是说这时的进料就变成不可控的了。如果这时进料经常波动，就可以采用图3-3-226所示的前馈控制方案。图中FFC为一前馈控制器，在进料扰动尚未影响到塔底产品质量之前，它即根据进料扰动的大小修改再沸器加热蒸汽流量控制器的给定值，用以克服进料扰动的影响。如果这种前馈补偿（取决前馈控制器FFC参数的整定）适宜，就可以减少甚至免除进料扰动对塔底产品质量的影响。

该前馈控制系统实际上是一个开环比值控制系统，前馈控制器相当于一个比值器。这种前馈控制是一种纯前馈控制，它对产品质量指标来说是开环的。如果前馈补偿不合适，对产品质量再也没有其他保证措施。为了保证产品质量，必须将前馈控制与产品质量指标联系起来，从而构成如图3-3-227所示的前馈-反馈控制系统。

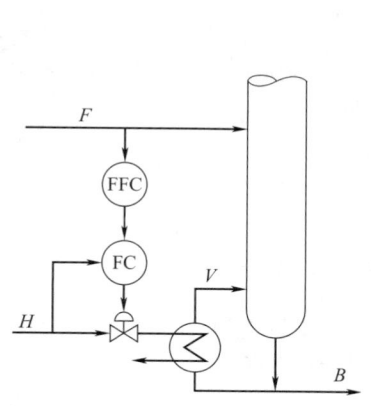

图 3-3-226　精馏塔能前馈控制方案

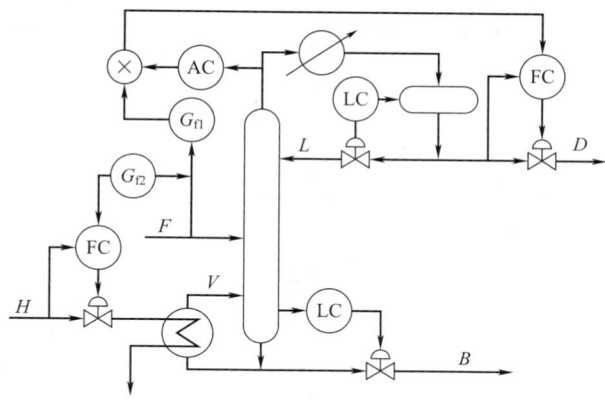

图 3-3-227　精馏塔对进料干扰的前馈-反馈控制方案

544

该精馏过程主要产品在塔顶，为保证塔顶产品质量，选择了塔顶成分作为被控变量，并组成了以塔顶采出量 D 作为操纵变量的成分控制系统。为克服进料流量波动对产品质量的影响，采用了图 3-3-227 中所示的前馈-反馈控制方案。该前馈控制一方面根据进料波动将会对塔底产品的影响，修改再沸器加热蒸汽流量控制器的给定值；另一方面根据进料波动将会对塔顶产品的影响，对塔顶采出流量控制器的给定值也作出修正。考虑到进料波动对塔顶成分影响的干扰通道和塔顶采出量变化对成分影响的控制通道都有一定的滞后和时间常数，为了提高前馈控制的精度，前馈方案中还引进了一个动态前馈环节 G_f。这种动态前馈环节通常采用的是超前滞后环节。

由于进料波动这一扰动对塔顶、塔底产品质量影响通道的滞后和时间常数不尽相同，因此，去塔顶、塔底动态补偿环节也应有所区别，它们分别以 G_{f1} 与 G_{f2} 表示。

需要指出的是，图中所考虑的补偿情况不仅只适用于对进料流量波动的干扰，如果进料流量比较平稳，主要干扰是进料温度，那么该前馈-反馈控制方案仍然是适用的，不过这时的前馈补偿环节的模型，应根据进料温度变化的影响来加以确定。

由于前馈-反馈控制兼有前馈与反馈控制的优点，相互取长补短，对主要干扰由前馈控制加以克服，一些次要干扰或前馈补偿不足的影响，最后由反馈控制来加以克服，这样产品质量就会获得有效的保证。

2. 选择性控制的应用

精馏操作有一系列的约束条件。这些约束条件是液泛限、漏液限、压力限、再沸器最大加热能力限和冷凝器的最大冷却能力限等。精馏塔中选择性控制的任务，就是使精馏塔尽量操作在约束条件内，即在正常情况下的最大负荷生产，必要时实现自动全回流操作；能实现自动开停车，获得最多的合格产品。

(1) 通过选择性控制防止液泛和漏液的产生　液泛和漏液是由于塔内气相上升速度而引起，气相上升速度过大会出现液泛，气相上升速度过小会产生漏液。而气相上升速度取决于再沸器的加热量。为此，可通过对再沸器加热量的限制，达到防止液泛和漏液的目的。

图 3-3-228 所示为采用高、低值限幅器构成的防液泛和漏液控制方案。其中高值限幅器 HL 限制着再沸器加热量的上限，以免气相上升速度过大产生液泛；而低值限幅器 LL 则限制着再沸器的加热量下限，以免气相上升速度过低而产生漏液。由于通过高、低值限幅器的作用，将调节阀的开度限制在一个比阀门行程较小的范围内，使得再沸器的加热量既不会过多也不会过少，这样就使精馏操作约束在规定的条件之内，不致发生液泛和漏液现象。

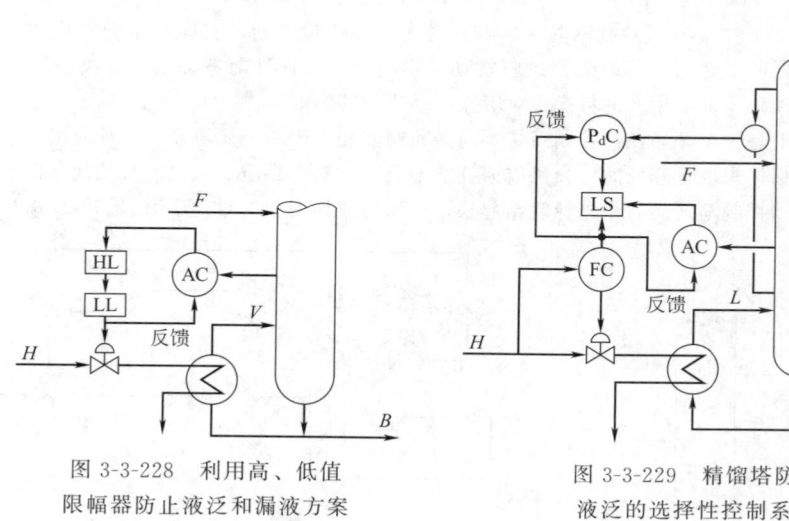

图 3-3-228　利用高、低值限幅器防止液泛和漏液方案

图 3-3-229　精馏塔防止液泛的选择性控制系统

液泛现象的出现还可以通过塔上下压差来反映，当塔内气相上升速度增加时，塔压差会增大；当塔内气相上升速度下降时，塔压差就会减小。因此，通过塔上、下压差可以反映塔内气相上升速度的变化，可以达到防止液泛的目的。

图 3-3-229 所示为塔压差与产品成分选择性控制系统。系统中采用了一只低选器 LS，正常情况下塔压差小

于规定的上限（产生液泛前的某一限值），塔压差控制器 P_dC 输出为高信号，此时低选器则选用成分控制器 AC 的输出送往加热蒸汽流量控制器，作为其给定值，从而构成塔底产品成分与加热蒸汽流量串级控制系统。当塔内气相上升速度达到一定限度时，压差值达到上限，压差控制器 P_dC 输出呈低信号，这时低选器 LS 则改选压差控制器 P_dC 输出送往蒸汽流量控制器，作为其给定值，从而构成塔压差与加热蒸汽流量串级控制。在该串级控制系统控制下，塔压差逐渐恢复到正常范围内时，压差控制器 P_dC 输出又恢复为高信号，于是低选器 LS 又重新改选成分控制器 AC 的输出送往流量控制器 FC 作为给定值，恢复为成分与流量串级控制。

由上分析可以看出，由于该选择性控制系统工作的结果，既保证了精馏塔的正常运行，满足了产品的质量要求，又可以防止液泛的产生。

（2）通过选择性控制实现精馏塔的自动开停车操作　一个具有精馏塔自动开停车功能的选择性控制组合控制方案如图 3-3-230 所示。

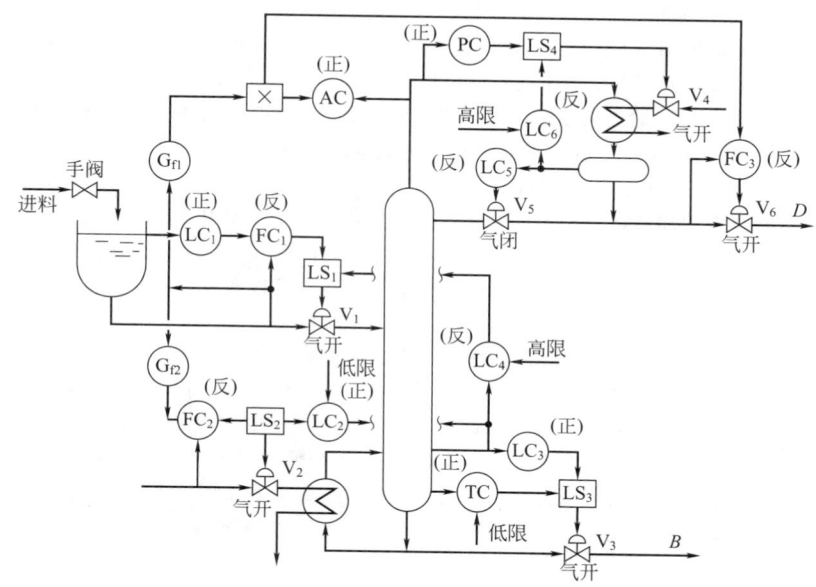

图 3-3-230　具有自动开停车功能的精馏塔选择性控制组合方案

为说明问题方便起见，各控制回路调节阀的开闭形式及控制器的正反作用都标注在图上。

① 开车前系统状态　进料手阀处于关闭状态，停止向进料槽放料。

a. 进料调节阀 V_1 状态。V_1 的开闭取决于流量控制器 FC_1 与塔底液位控制器 LC_4 的输出。FC_1 的输出取决于液位控制器 LC_1 的输出，因为它的输出是作为 FC_1 的给定值，而此时进料储槽无料，液位为零，因此正作用的液位控制器 LC_1 的输出也为零。既然反作用的流量控制器给定值为零，故它的输出也为零。此时不论 LC_4 输出为何值，低选器 LS_1 总是选最小值 FC_1 的输出值零送往阀 V_1，故此时 V_1 处于关闭状态。

b. 加热蒸汽调节阀 V_2 状态。V_2 的开闭取决于流量控制器 FC_2 和液位控制器 LC_2 的输出。FC_2 的输出由前馈控制器 G_{f2} 输出来决定，而此时进料量为零，因此 G_{f2} 的输出也为零，所以正作用的流量控制器 FC_2 的输出也应为最小值零。这时不论 LC_2 的输出如何，加热蒸汽调节阀 V_2 都应该是关闭的。这一点不难理解，既然此时没有进料，塔内是空的，当然不应该去加热，因此，蒸汽阀门 V_2 应该关闭。

c. 塔底采出阀 V_3 的状态。V_3 的开闭取决于液位控制器 LC_3 和温度控制器 TC 的输出。由于这时塔底无液位，故正作用的液位控制器 LC_3 的输出应为零。此时不论温度控制器 TC 输出如何，低选器 LS_3 都选 LC_3 的输出信号零送往调节阀 V_3，因此，这时 V_3 应是处于关闭状态。

d. 冷却水调节阀 V_4 的状态。V_4 的开闭取决于塔压控制器 PC 和液位控制器 LC_6 的输出。由于此时塔是空的，压力为最小，故正作用的压力控制器输出应为零。这时不论液位控制器 LC_6 输出如何，经低选器送往调节阀 V_4 的信号都是最小值，因此，此时阀 V_4 应处于关闭状态。

e. 回流调节阀 V_5 的状态。V_5 的开闭由液位控制器 LC_5 的输出来决定，因为此时回流罐液位没有，反作用的液位控制器 LC_5 输出为高信号且为最大值，因此，这时回流调节阀 V_5 应处于关闭状态。

f. 塔顶采出阀 V_6 的状态。V_6 的开闭取决于前馈控制器 G_{f1} 输出与成分控制器 AC 输出之乘积。由于此时进料为零，前馈控制器 G_{f1} 输出也为零。此时不论 AC 输出如何，它们输出相乘仍为零，即流量控制器 FC_3 的给定值为零，因此，这时塔顶采出阀 V_6 处于关闭状态。

由上分析可以看出，在没有进料，精馏塔处于停车状态下，所有调节阀都处于关闭状态，实际上这是为精馏塔的开车作好了准备。

② 开车过程　当进料手阀打开时，进料储槽开始进料，储槽液位开始慢慢升高，液位控制器 LC_1 输出也逐渐增加，由于流量控制器 FC_1 的给定值逐渐增大，其输出也将逐渐增大；与此同时，由于此时刚进料，塔底尚无液位，即使开始出现液位，但也很低，因此反作用的液位控制器 LC_4 输出为高信号，而且这种高信号一直要保持到塔底液位高到超过液位控制器 LC_1 所设置的高限值后，它的输出才转变成低信号。因此，只要液位不超过 LC_4 所设置的高限值，低选器 LS_1 总是选择 FC_1 的输出送往调节阀 V_1，这就是说，这时阀 V_1 在 LC_1 与 FC_1 串级均匀控制下逐渐增加开度，对塔投料，直至达到规定的进料量。

随着进料的增大，前馈控制器 G_{f1} 及 G_{f2} 的输出也逐渐增大。G_{f2} 输出增大，使 FC_2 输出也比原先的输出逐渐增大。然而此时塔底液位尚很低，尚未达到液位控制器 LC_2 所设定的低限值，因此 LC_2 的输出仍维持在最小值，相比之下，尽管 FC_2 输出在逐渐增大，然而低选器仍选用 LC_2 的输出送往调节阀 V_2，因此，这时 V_2 仍处于关闭状态，一直到塔底液位超过 LC_2 所设置的低限值，LC_2 输出转为高信号后，低选器 LS_2 才改选 FC_2 输出至调节阀 V_2，使之逐渐打开。之所以在液位没达到低限值之前不允许打开加热蒸汽阀 V_2，就是为了防止在液位太低时打开蒸汽阀加热，会使轻重组分都被赶上塔顶部而影响组分的分离。

在不断进料的情况下，当塔底液位超过低限值时，加热蒸汽阀门 V_2 也逐渐打开，于是精馏过程开始，表现为塔底温度慢慢上升，轻重组分因挥发度的不同，轻组分经逐层塔板向塔顶转移，重组分则经逐层塔板向塔底转移，各层塔板逐渐建立起汽-液平衡，塔压也随之逐渐升高。

随着塔压的升高，塔顶正作用的压力控制器 PC 的输出将逐渐增大，与此同时由于回流罐尚无液位，或者即使有也会很低，故反作用的液位控制器 LC_6 输出应为高信号，而且这种高信号一直保持到回流罐液位高于 LC_6 所设置的高限值之后，才转变成低信号，因此，只要回流罐液位低于 LC_6 所设置的高限值，低选器 LS_4 就不会选用 LC_6 的输出，而选用 PC 的输出送往调节阀 V_4。于是随着塔压的逐渐升高，冷凝器的冷却水阀 V_4 逐渐被打开，于是上升至塔顶的气相组分就被冷凝成为液相，集聚于回流罐中，于是回流罐液位也逐渐升高。

随着回流罐液位的逐渐升高，反作用的液位控制器 LC_5 的输出将逐渐减小，于是回流调节阀 V_5 将逐渐打开，从而逐渐建立起回流。

现在再从塔两端产品的采出情况来看。

a. 塔顶。随着精馏过程的进行，塔顶轻组分的浓度会逐渐提高，但是在没达到成分控制器规定的指标（由其给定值确定）之前，AC 的输出始终是最小值零，因此，即使这时前馈控制器 G_{f1} 的输出有一定的数值，但是它们两者的乘积仍然是零，这样一来，只要塔顶产品不合格，塔顶采出阀 V_6 就不会打开，实际上这时精馏塔是处于全回流状态。直到塔顶产品合格后，才在成分控制器 AC 和前馈控制器 G_{f1} 输出的共同作用下，调节 V_6 的开度，进行采出。

b. 塔底。V_3 阀的开闭取决于液位控制器 LC_3 和温度控制器 TC 的输出。由于液位控制器 LC_3 为正作用，随着不断进料液位逐渐升高，LC_3 的输出将逐渐增大。如果此时塔底温度低于温度控制器 TC 所设低限值，即意味塔底产品不合格，此时温度控制器输出为低信号零，为低选器 LS_3 所选，送往调节阀 V_3，使其关闭，以防不合格产品从底部采出。

随着再沸器加热蒸汽的不断提供，塔底温度将逐渐上升。这也意味着塔底的重组分含量逐渐增加，到塔底温度达到并超过温度控制器 TC 的低限设置值时，TC 输出将转为高信号，于是低选器 LS_3 改选液位控制器 LC_3 的输出送往调节阀 V_3，构成塔底液位控制系统，由液位控制器 LC_3 来控制塔底采出。

至此，精馏塔开车过程结束，精馏塔处于正常运行状态。一边不断有稳定的进料，一边塔顶、塔底采出合格的产品。一旦顶部产品不合格，塔顶成分控制器 AC 将关闭塔顶采出阀 V_6，使塔按全回流操作，待产品合格后再进行采出。同样，如果塔底产品不合格，塔底温度控制器 TC 将关闭塔底采出阀，如果此时仍在继续进料，塔底液位将不断升高，当达到液位控制器 LC_4 所设置的高限时，它的输出将关闭进料调节阀 V_1 而停止进料。待因再沸器加热使塔底液位下降至低于 LC_4 高限设置值时，才恢复进料。待塔底温度上升到超过 TC 低限设置值时，这意味着塔底产品已经合格，于是恢复按 LC_3 控制塔底采出。

如果回流罐液位过高，超过液位控制器 LC_6 高限设置值，那么 LC_6 将取代压力控制器 PC 控制冷却水调

节阀 V_4，构成液位控制系统，以防止回流罐液位的进一步升高而影响冷凝效率。

③ 停车过程 当关闭进料手阀时，进料停止。于是进料储槽液位将逐渐下降，进塔量也随之逐渐减小直至为零。

随着进料量的逐渐下降，前馈控制器 G_{f1} 及 G_{f2} 的输出也逐渐减小，直至下降到零。

随着 G_{f1} 输出的下降，塔顶采出阀 V_6 逐渐关闭，待 G_{f1} 下降至零时，V_6 完全关闭，停止采出，但此时回流罐尚有液位，于是在 LC_5 的控制下处于全回流状态。

随着 G_{f2} 输出的下降，蒸汽阀门 V_2 开度逐渐减小，当 G_{f2} 输出为零时，蒸汽阀门将完全关闭、停止加热。

由于停止了加热，一方面上升的气相流量越来越小，而向下的液相流量（即内回流量）将越来越大，回流罐液位将越来越低，直至完全消失，与此同时塔底液位却越来越高；另一方面，由于逐渐停止了加热，塔底温度将逐渐下降，在塔底温度仍高于 TC 低限设置值时，表示塔底产品仍然合格，因此，塔底采出阀 V_3 仍然还有一定开度，继续进行采出；当塔底温度达到并低于 TC 低限设置值时，阀 V_3 被 TC 输出所关闭，停止采出。这时精馏塔既无进料，也无采出，当然再沸器也停止了加热，精馏塔完全处于停车状态。这时所有未经精馏分离的物料全部集中在塔底。对于这部分物料可以放到储料罐储存，也可待下次开车时继续进行精馏。

由上例可以看出，采用选择性控制，既获得了生产的安全保障，使产品质量有了可靠的保证，又实现了开停车的自动操作，提高了生产的自动化水平，降低了劳动强度，减少了事故发生的可能性。当然，选择性控制系统涉及的仪表较多，投资相应也比较高，相应地维护工作量也大一些。在具体使用时要权衡利弊。

3. 内回流及热焓控制的应用

（1）内回流控制的应用 内回流量是指精馏塔内上一层塔板流向下一层塔板的液相流量。它与外回流量不是同一种概念，外回流量是指塔顶气相物料经冷凝器冷凝后，再从塔外送回到塔内的液体流量。由于外回流量是塔顶气相物料经冷凝器冷凝下来的，而且往往过冷，当它被回流入塔内时，因其温度比回流层塔板温度低，就会有一部分从塔下层上来的气相被冷凝成液相，而这部分被冷凝下来的冷凝液所放出的汽化热则用于提高外回流量的温度。因此，内回流量应等于外回流量加上被冷凝下来的冷凝液量。如果外回流液的温度不变，那么，这部分冷凝液量就是一个常数，这时内回流量与外回流量之间只相差一个常数；如果外回流液温度经常变化，那么这部分冷凝液量就不是一个常数，因此，内回流量与外回流量之间就不是一个固定关系。

从精馏塔操作的内在机理分析，当进料流量、温度和成分都比较稳定时，内回流的稳定是保证精馏塔平稳操作的一个重要因素。内回流量的变化将会影响到各层塔板上的汽液平衡状况。当其变化幅度较大时，还会破坏精馏塔原有的平衡工况，使塔顶、塔底产品都会因此而不合格。为此必须要对内回流量进行控制。

建立内回流量控制系统，首先碰到的一个难题就是内回流量不便于测量，为此，只能通过内回流与外回流之间的关系，推算出内回流量来。

对于外回流液温度不变或变化不大的情况，此时内回流量与外回流量之间只相差或接近相差一个常数，这时可以用外回流量控制代替内回流量的控制。这就是大多数精馏塔都采用外回流控制而不采用内回流控制的道理。

如果塔顶采用的是空冷器，以空气来进行冷却，那么，随着早晚、阴晴和季节的不同，空气的温度会有所不同，甚至有很大变化，这样回流液的温度也会是变化的，甚至是变化很大的，这时内回流量与外回流之间的关系就不是一种固定的关系，就不能再用外回流量控制来代替内回流量控制，而只能通过数学关系推算出内回流量的计算公式，再按计算式组建内回流控制系统。

（2）热焓控制的应用 热焓是指单位质量（或体积）的物料所积存的热量，它包含潜热和显热两部分。

对精馏过程来说，进料流量、进料组成以及进料热焓等的变化都会影响到精馏塔稳定操作，乃至影响到产品质量的主要干扰。对于进料流量的干扰，可以通过设置进料流量定值控制的办法加以消除。进料组分一般来说变化不大，而且它往往都是不可控的，因此，一般不采取专门的控制措施。对于进料热焓变化的干扰，则必须采取相应的措施。

对于单相进料，即纯气相或纯液相进料的情况，热焓与温度之间有着明确的单值对应关系，也就是说知道了温度，便知道了热焓。因此，这时用温度控制就可以代替热焓控制，不必考虑设置热焓控制的问题。然而，对于气液两相混合进料的情况，热焓与温度之间已不再是单值对应关系。例如对于纯组分的液体或者组分的汽化热相近的介质，在汽-液平衡的情况下，液体的汽化率越大，其热焓也越大，然而温度却是不变或基本不变。这时，如果再用温度控制代替热焓控制就没有根据了，而必须专门设置热焓控制系统。

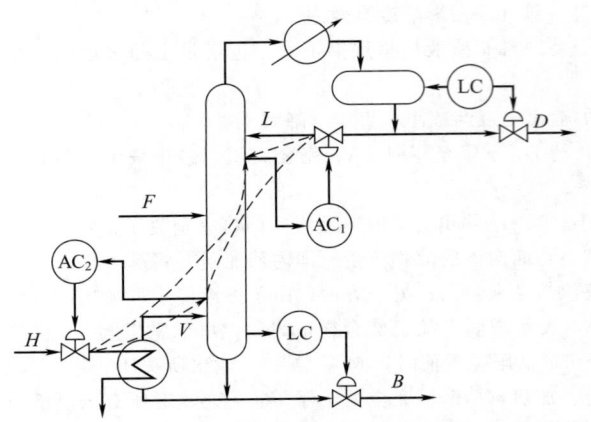

图 3-3-231 两端产品质量控制系统的相互关联

和内回流情况一样，热熔也是无法直接进行测量的，唯一的办法就是通过热平衡关系式用数学的方法推算出进料的热熔，然后根据推算出的热熔表达式组建热熔控制系统。

热熔控制系统的具体控制方案请见本篇第二章第五节"采用模拟计算装置的控制系统"中的有关内容。

4. 解耦控制的应用

当对精馏塔两端产品的质量指标都有要求时，可以设计两端质量控制系统，如图 3-3-231 所示。然而这两个质量控制系统之间却存在相互关联。对回流量 L 的调节不仅会影响到塔顶产品质量指标 A_1，而且也会影响到塔底的产品质量指标 A_2；同样，对塔底再沸器加热量的调节，不仅会影响到塔底产品质量指标 A_2，也会影响到塔顶的产品质量指标 A_1。实际上这两个质量控制系统之间的关系可以用图 3-3-232 所示的方块图来表示。

由于两质量控制回路的相关，如不进行处理，在运行过程中就会相互"打架"。

解决上述矛盾的方法有四种：①通过被控变量与操纵变量之间的重新配对，选取关联比较小的配对方案，以削弱系统之间的关联；②通过控制器参数的整定，将两个系统的工作频率拉开，以削弱关联；③将两套系统中的一套开环；④如果第③种方法不可取，而前两种方法的效果又不理想，这时可以采取解耦的办法，削弱乃至完全消除两系统之间的关联，使两系统变成独立的互不相关系统。

所谓解耦，就是在相互关联的系统中，在其控制矩阵与对象转递矩阵之间插入一个解耦装置矩阵，并使对象的传递矩阵与解耦装置矩阵的乘积为对角阵，就可以达到系统解耦的目的。这时原先图 3-3-232 所示的两相互关联的控制系统方块图，就变成了如图 3-3-233 所示的解耦控制系统的方块图。图中：$\begin{bmatrix} F_{11} & F_{12} \\ F_{21} & F_{22} \end{bmatrix}$ 为解耦装置矩阵，根据解耦条件

$$\begin{bmatrix} G_{11} & G_{12} \\ G_{21} & G_{22} \end{bmatrix} \begin{bmatrix} F_{11} & F_{12} \\ F_{21} & F_{22} \end{bmatrix} = 对角阵 \tag{3-3-119}$$

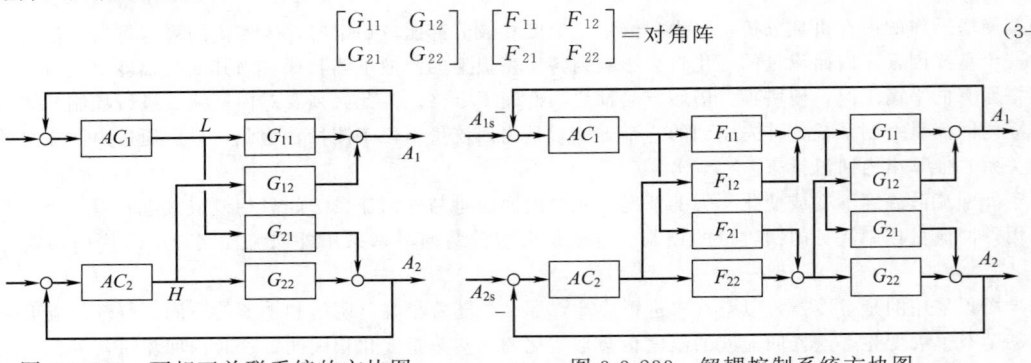

图 3-3-232 两相互关联系统的方块图　　　　　图 3-3-233 解耦控制系统方块图

对角阵有着不同的设置方法，可以设置为单位阵，也可以设置成主对角线元素就等于原对象传递矩阵的主对角线元素。还有其他各种不同的设置方法，不过有一点应该指出，对角阵的不同设置方法，所求得的解耦装置矩阵将会不同，实现起来难度将会不一样。但是它们都可以达到解耦的目的。

如果设置对角阵的单位阵，那么式(3-3-119)即变成

$$\begin{bmatrix} G_{11} & G_{12} \\ G_{21} & G_{22} \end{bmatrix} \begin{bmatrix} F_{11} & F_{12} \\ F_{21} & F_{22} \end{bmatrix} = \begin{bmatrix} 1 & 0 \\ 0 & 1 \end{bmatrix} \tag{3-3-120}$$

于是可得

$$\begin{bmatrix} F_{11} & F_{12} \\ F_{21} & F_{22} \end{bmatrix} = \begin{bmatrix} G_{11} & G_{12} \\ G_{21} & G_{22} \end{bmatrix}^{-1} \begin{bmatrix} 1 & 0 \\ 0 & 1 \end{bmatrix} = \begin{bmatrix} \dfrac{G_{22}}{G_{11}G_{22} - G_{12}G_{21}} & \dfrac{-G_{12}}{G_{11}G_{22} - G_{12}G_{21}} \\ \dfrac{-G_{21}}{G_{11}G_{22} - G_{12}G_{21}} & \dfrac{G_{11}}{G_{11}G_{22} - G_{12}G_{21}} \end{bmatrix} \tag{3-3-121}$$

式(3-3-121) 为完全解耦装置模型，如果对象的传递矩阵已经知道，那么，解耦装置矩阵也就很容易求得，于是就可构成如图 3-3-234 所示的两端质量指标控制的完全解耦控制方案。

完全解耦控制虽然具有能消除系统之间关联的优点，但是解耦装置矩阵的模型却比较复杂，这给解耦控制的实现带来很大困难，为此，简化解耦和部分解耦也就应运而生。

简化解耦系统的方块图如图 3-3-235 所示。

简化解耦就是在解耦装置模型 $\begin{bmatrix} F_{11} & F_{12} \\ F_{21} & F_{22} \end{bmatrix}$ 的四

个元素中令某两个元素等于 1，但是这两个等于 1 的元素不能在同一个控制器的输出端。图 3-3-235 所示系统就是令 $F_{11}=F_{22}=1$ 的结果。

由图 3-3-235 可以看出，如果令

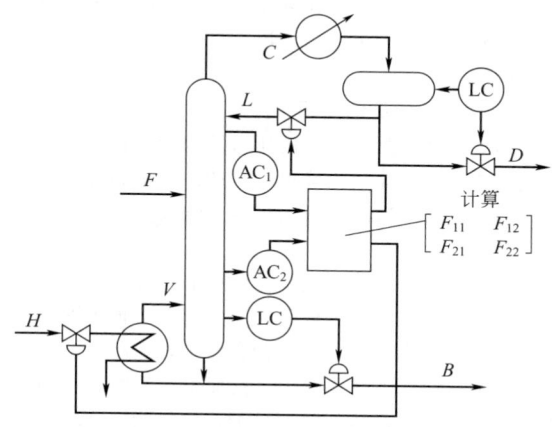

图 3-3-234　两端质量控制完全解耦控制方案

$$F_{12}G_{11}+G_{12}=0 \tag{3-3-122}$$
$$F_{21}G_{22}+G_{21}=0 \tag{3-3-123}$$

那么对 L 的调节将只影响 A_1 而不影响 A_2，对 H 的调节将只影响 A_2 而不影响 A_1。就是说，交叉通道的相互影响不再存在了，系统间的关联也就没有了。

由式(3-3-122) 及式(3-3-123) 即可分别求得

$$F_{12}=-\frac{G_{12}}{G_{11}} \tag{3-3-124}$$

$$F_{21}=-\frac{G_{21}}{G_{22}} \tag{3-3-125}$$

于是可得简化解耦装置模型为：$\begin{bmatrix} 1 & -G_{12}/G_{11} \\ -G_{21}/G_{22} & 1 \end{bmatrix}$。显然，它比完全解耦的模型要简单得多。

部分解耦是在主对角线为 1 的简化解耦模型中，令非主对角线元素之一为零而构成的解耦控制系统。主对角线为 1 的简化解耦装置模型为

$$\begin{bmatrix} 1 & -F_{12} \\ F_{21} & 1 \end{bmatrix}$$

现令 $F_{21}=0$，所构成的部分解耦控制系统如图 3-3-236 所示。

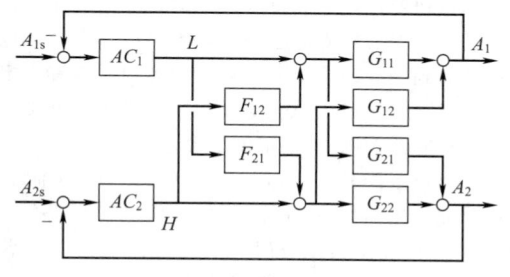

图 3-3-235　简化解耦控制系统方块图

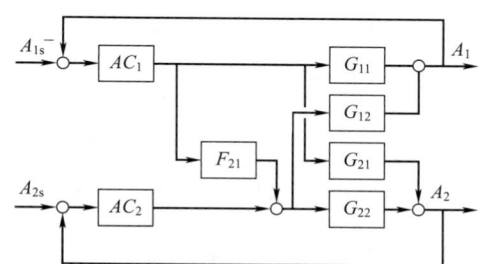

图 3-3-236　部分解耦控制系统方块图

部分解耦适用于在某一方向上的关联作用远小于另一方向上的关联作用的对象，这样可以节省解耦装置，经济上是有利的。

由于精馏塔是一个内在机理复杂、变量较多、且具有非线性的对象，到目前为止，还不能提供精馏塔精确的数学模型及模型参数，通常只能用一些近似的模型来进行描述。因此，要准确求取解耦装置动态模型也是很困难的。而求取解耦装置的静态模型相对要容易一些。所以，目前精馏塔的解耦主要的还是静态解耦。如果静

态尚不能满足要求，可以在静态解耦的基础上作适当的动态补偿。

对具有多侧线采出的精馏塔，将有多个质量指标需要加以控制。此时，为克服各系统之间的关联，需要采用多变量解耦控制。

5. 浮动塔压控制的应用

精馏塔通常都是在恒定的压力下进行操作的，这是因为塔压稳定有利于塔的平稳操作；并且在以温度作为间接质量指标时，能较正确地反映产品质量的变化。然而，从节能或从经济的观点来看问题，恒定塔压却未必是合理的，尤其当冷凝器采用风冷或水冷情况时，更是如此。如果改为浮动塔压操作，将会带来明显的节能效果。

所谓浮动塔压操作，就是在可能的条件下，尽量将精馏塔的操作压力降低，而塔压降低后一方面将增加组分间的相对挥发度，使组分更容易分离，使再沸器的加热量因此而下降，达到节省能量的目的。当然，此时冷凝器的负荷会增大，冷剂量消耗会增多，但冷剂一般都比热剂成本低，尤其在采用风冷和水冷时，节能效益会更大。另一方面降低操作压力，会使整个精馏系统的气液平衡温度下降，这就提高了再沸器两侧传热的温差，使再沸器在消耗同样热剂的情况下，加热能力却增大了。与此同时，由于平衡温度的下降，减少了在再沸器传热壁面上的结垢现象，这也有利于维持再沸器的传热效能。因此尽可能降低塔的操作压力，能够节省大量的能量，它是精馏塔节能操作的一个重要措施。

当然，塔压的降低必须满足一定的条件，才能在达到节能目的的同时，使精馏操作满足工艺要求，正常而平稳地运行。这些条件如下。

① 质量指标的选取必须适应塔压浮动的需要。在塔压稳定时，温度可以间接反映产品的质量指标。塔压浮动后，温度就不再能反映产品质量指标了，这时以成分信号作为产品的质量指标是最适合的，它丝毫不受塔压浮动的影响。如果此时仍用温度作为间接质量指标，就必须根据工艺的具体情况，采取必要的压力补偿措施。

② 塔压降低的限度受冷凝器最大冷凝能力的限制，就是说，当塔压降低后，冷凝器的冷凝负荷量将增大。冷凝器能将塔顶气相物料冷凝下来的最大冷凝能力决定着塔压降低的下限。

③ 塔压允许浮动但不能突变。因为塔压突变有可能破坏塔内气-液平衡，而且塔压突然下降，会引起塔板上液体的闪蒸而导致产生液泛。

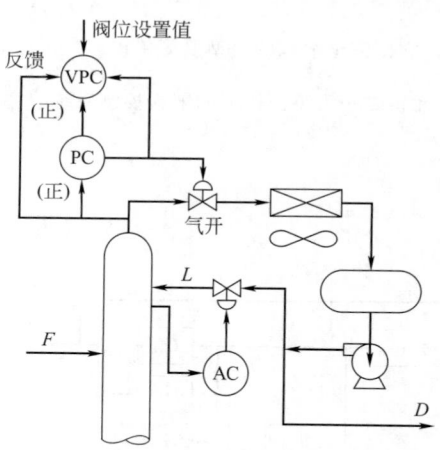

图 3-3-237 浮动塔压控制系统

精馏塔浮动塔压控制方案如图 3-3-237 所示。该控制方案实际上是在原有塔压控制系统的基础上，增加了一个纯积分作用的阀位控制器 VPC，并且将原压力控制器 PC 的输出在送往调节阀的同时，还引进阀位控制器 VPC，作为它的测量值，而阀位控制器 VPC 的输出则作为压力控制器 PC 的给定值。这里增加的阀位控制器有两个作用：其一是不管冷凝器冷却情况如何变化（如遇暴风雨而突然降温），VPC 的作用可使塔压不会突变，而是缓慢地变化，一直使塔压浮动到冷剂可能提供的最低压力点；其二是保证冷凝器总是在最大负荷下操作，也就是说使调节阀开启到最大的开度。实际上考虑到需要有一定的控制裕量，阀位极限可设定在 90% 或更大一些数值的开度。阀位开度值由阀位控制器 VPC 的给定值来设定。

方案中压力控制器 PC 应选用 PI 控制器，阀位控制器 VPC 应选用纯积分或大比例带的 PI 控制器。PC 控制器积分时间应选得比较小，以使 PC 控制系统操作周期短，过程反应快；而阀位控制器积分时间应选得比较大，以使 VPC 系统操作周期长，过程反应慢。因此，在分析中可以忽略 PC 系统与 VPC 系统之间的动态联系。即在分析 PC 动作时，可以认为 VPC 是不动作的；而在分析 VPC 工作时，则认为 PC 是瞬时跟踪的。

该系统工作原理分析如下：假定系统中调节阀开闭形式及各控制器正、反作用如图 3-3-237 所示，并假定在干扰影响之前，系统处于稳定状态，此时压力控制器 PC 及阀位控制器的测量值都等于给定值，塔顶压力稳定，调节阀处于阀位控制器所设定的开度。突然由于气候关系使冷凝器的温度降低了，随着冷凝温度的降低，塔压将下降，于是塔压控制器 PC 很快反应，使其输出也下降，这样一方面调节阀开始关小，以使压力回升；另一方面去阀位控制器 VPC 的测量值也减小了，然而 VPC 的给定值并没变，于是正作用的阀位控制器 VPC

的输出将逐渐减小。随着 VPC 输出的逐渐减小，正作用的压力控制器 PC 的输出将逐渐增大，调节阀的开度又逐渐加大，这一过程一直进行到阀位控制器 VPC 和压力控制器 PC 双双测量值都恢复到等于给定值时为止。VPC 的测量值即调节阀的阀位，测量值恢复到等于给定值，就意味着调节阀又回到 VPC 所设置的数值，PC的测量值等于给定值，而它的给定值即 VPC 的输出。因为在这次调节过程中 VPC 的输出是在逐渐减小的，因此，当调节稳定时，VPC 的输出比原稳态时的输出值要小。这就是说，调节稳定后，压力控制器 PC 的给定值比原先稳态时的数值要小。这就是适应冷凝器冷凝温度的变化，塔压产生了浮动。然而，本方案中塔顶产品质量是选用成分来进行控制的，故塔压虽然有所浮动，但对塔顶产品的质量并没有影响。

如果塔顶产品质量指标仍采用间接指标温度来进行控制，那么在塔压浮动时，必须对温度同时引入压力补偿。

由于塔压变化 Δp 与所引起的沸点变化 ΔT 在小范围内可以近似为线性关系，即

$$\frac{\Delta T}{\Delta p}=K \tag{3-3-126}$$

式中，K 为常数，其数值可以从物理化学手册中查出或由实验测出，这样对应于塔压浮动 Δp 所应增加的温度校正值应为

$$\Delta T_{校正}=K\Delta p=K(p-p_0)=Kp-Kp_0 \tag{3-3-127}$$

经校正后的温度值应为

$$Z=T-\Delta T_{校正}=T-Kp+Kp_0 \tag{3-3-128}$$

一个仍然用温度作为塔顶产品质量指标的浮动塔压控制方案，如图 3-3-238 所示。图中 PY 为运算器，它完成 $Kp-Kp_0$ 运算。

图 3-3-237 与图 3-3-238 中 VPC 控制器的积分外反馈作用是当 PC 手动设定时，为防止 VPC 的积分饱和而设置的。

需要指出的是，浮动塔压控制方案有多种形式，这里介绍的只是其中的一种形式。在前面所介绍的塔压控制方案中，根据具体情况的需要，原则上都可以改造成为浮动塔压控制方案，不过对质量指标控制都应按前述要求，相应地进行必要的处理。

6. 推断控制的应用

影响被控过程的外部扰动可以分为两类：一类是可测扰动；一类则是不可测扰动。对于可测扰动，可以组成前馈控制，对其影响加以克服，可是对于不可测扰动的影响，前馈控制就无能为力了，这时则可采用推断控制。

所谓推断控制，就是利用一些容易测量的可测变量来推

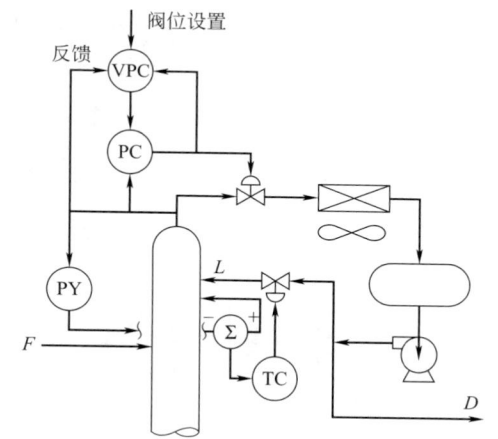

图 3-3-238 用温度作质量指标的
浮动塔压控制方案

断包括不可测扰动在内的扰动对产品质量指标参数（不易测量的控制指标）的影响，并通过控制克服这些扰动的影响，使产品质量达到规定的工艺指标要求。

对精馏塔来说，进料流量、温度的变化都属可测扰动，也就是说它们的变化是可以测量的。然而进料的成分变化，一般情况下由于测量手段的缺乏，它是属于不可测扰动。对于进料流量、进料温度变化对产品质量的影响，可以采用前馈控制的方法来加以克服。而对于不可测的进料成分的变化对产品质量的影响，就不能再用前馈控制的方法来进行克服了。这时就可以利用容易测量的进料流量、温度等变量来推断成分扰动对产品质量的影响，组建推断控制系统，以克服成分扰动的影响，使产品质量达到规定的指标要求。

现假定精馏塔在稳态条件附近受到干扰向量 d 的影响，引起可测量的变化为 θ，产品成分的变化为 y。由于在稳态条件附近，并对于微小的干扰，变量 θ、y 与干扰 d 的关系为线性关系，即

$$\theta=\boldsymbol{A}^{\mathrm{T}}\boldsymbol{d} \tag{3-3-129}$$

$$y=\boldsymbol{B}^{\mathrm{T}}\boldsymbol{d} \tag{3-3-130}$$

式中，$\boldsymbol{A}$ 和 $\boldsymbol{B}$ 都是常数矩阵。

根据式(3-3-129)及式(3-3-130)所给出的 θ、y 与干扰 d 的关系，收集足够数量的运行数据，就可以计算

出矩阵 A 和 B。

根据测量值 θ 获得产品成分估计值 $\hat{y}$，按最小二乘法使预期的估计误差平方值 $(y-\hat{y})^2$ 最小。最小二乘估计是：

$$\hat{y}=(\boldsymbol{\phi}_{y\theta}\boldsymbol{\phi}_{\bar{\theta}\bar{\theta}}^{-1})\theta \tag{3-3-131}$$

因为
$$\boldsymbol{\phi}_{\bar{\theta}\bar{\theta}}^{-1}=(\mathrm{E}[\boldsymbol{\theta}\boldsymbol{\theta}^{\mathrm{T}}])^{-1}=(\mathrm{E}[A^{\mathrm{T}}d(A^{\mathrm{T}}d)^{\mathrm{T}}])^{-1}=A^{-1}(A^{-1})^{\mathrm{T}} \tag{3-3-132}$$

$$\boldsymbol{\phi}_{y\theta}=\mathrm{E}[y\theta^{\mathrm{T}}]=\mathrm{E}[B^{\mathrm{T}}d(A^{\mathrm{T}}d)^{\mathrm{T}}]=B^{\mathrm{T}}A \tag{3-3-133}$$

所以
$$y=[B^{\mathrm{T}}AA^{-1}(A^{-1})^{\mathrm{T}}]\theta=(A^{-1}B)^{\mathrm{T}}\theta \tag{3-3-134}$$

令
$$a=A^{-1}B \tag{3-3-135}$$

则得
$$\hat{y}=a^{\mathrm{T}}\theta \tag{3-3-136}$$

式中向量 a 称之为估计器。

由于测量值 θ 与产品成分 y 还会受到操纵变量 u 的控制作用，因此

$$\theta=A^{\mathrm{T}}d+Pu \tag{3-3-137}$$

$$y=B^{\mathrm{T}}d+Cu \tag{3-3-138}$$

式中，P、C 为考虑操纵变量影响的系数矩阵，用上面同样的估计方法，可以应用测量变量之差 $(\theta-Pu)$ 求取估计器的形式，得到

$$\dot{y}=a^{\mathrm{T}}(\theta-Pu)+Cu \tag{3-3-139}$$

式中，a^{T} 和前面一样，称之为扰动静态估计器。若采用最小二乘法估计，则

$$a^{\mathrm{T}}=B^{\mathrm{T}}(A^{\mathrm{T}})^{-1}=A^{-1}B \tag{3-3-140}$$

这里值得注意的是 A 阵中涉及到的塔板温度检测点的位置及控制点数目。实践证明，并不是温度检测点的数目越多越好，而且还需注意检测点位置的选择，这样才能使估计误差减小。精馏塔的推断控制方案如图 3-3-239 所示。

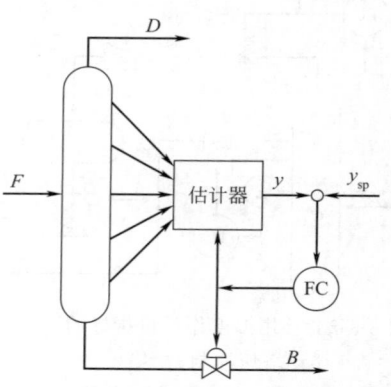

图 3-3-239　精馏塔推断控制方案

推断控制曾用于具有 47 块塔板的脱丁烷塔，进料中含有多种烃类的复杂混合物，塔顶产品有液相馏出液，还有少量气相采出，控制目标是塔底产品中异丁烷的含量。原控制方案是在顶部恒定回流的情况下，通过调节再沸器加热蒸汽量的方法控制塔底第 4 块塔板的温度。该控制方案与采用图 3-3-239 所示的推断控制（选用 5 个测温点）方案相比，后者的标准偏差较原控制方案缩小 4 倍。

7. 最优控制的应用

所谓精馏塔的最优控制，是指保证产品质量符合一定规格要求的前提下，综合某些要求，规定一种明确的指标，并使其达到最优。对于精馏过程来说，最优化等级可分为单塔最优、装置（机组）最优和全厂（车间）最优三级。一般来说，最优化级别越高，包括的环节越多，问题就越复杂，达到稳定的最优状态的可能性就越小。在干扰频繁的情况下，甚至永远也达不到最优控制的目标。因此，实现单塔或局部最优的可能性比较大，而且也是高一级最优控制的基础。

实现最优化有两个关键，一是确定目标数，一是采用最优控制的方法。

（1）目标函数　在多数情况下，最优化的目标函数主要是从经济上来考虑。一般选用利润函数、亏损函数或成本函数。如采用利润函数则为

$$\$=\sum Pv_{\mathrm{P}}-\sum Fv_{\mathrm{F}}-\sum QC \tag{3-3-141}$$

式中　P——单位时间成品的产量；

　　v_{P}——成品的单价；

　　F——单位时间内原料消耗量（即进料量）；

　　v_{F}——原料的单价；

　　Q——单位时间内能源（热、冷剂）的消耗；

　　C——能源的单价。

如采用成本函数则为

$$\frac{\$_C}{F} = (v_D - v_B)\frac{Bx_B}{F} + C\frac{Q}{F} \tag{3-3-142}$$

式中　B——塔底成品单位时间采出量；

　　x_B——塔底产品中轻组分含量；

　v_D、v_B——塔顶、塔底产品的单价。

其余符号意义与前面相同。

式(3-3-142)所表示的成本函数，其中塔顶产品 D 的单价要比塔底产品 B 高，也就是 $v_D > v_B$。Bx_B 即为从塔底采出的不能在顶部回收的轻组分，于是 $(v_D - v_B)\dfrac{Bx_B}{F}$ 就表示了单位进料中的轻组分成品的价值损失。而 $C\dfrac{Q}{F}$ 则为单位原料消耗时的能量成本。

（2）最优控制的实现方法　一般来说，最优控制的实现方法有两类，一类是搜索法，另一类是模型法。前者采用的是反馈原理，而后者采用的是前馈原理。单纯的搜索法不适用于精馏塔的最优控制。这是因为精馏过程滞后大，每一步搜索后必须等精馏塔变量变化后，才能作出下一步搜索方向的判断，这样，整个搜索过程就要花费很长的时间。同时要保证搜索判断的正确性，每步搜索之间不允许有新的扰动引入。但精馏塔是一个多变量对象，扰动因素多而且具有随机性，难免会在两次搜索之间有干扰引入，这就影响搜索判断的精确性。模型法在精馏中的应用同样具有局限性，这是因为模型法的精确性取决于被控制过程数学模型的精确度，这一点对于精馏过程来说，也是较难做到的。

精馏塔的最优控制往往把搜索法与模型法两者结合起来进行。先建立近似模型，在计算机上进行离线搜索试差，充分发挥数字模拟快速搜索的优点。然后将离线搜索的结果放到精馏塔上进行在线搜索，以获得适应实际精馏过程的搜索结果。通常精馏塔的动态最优较少采用，这是由于精馏塔的动态模型十分复杂，实现动态最优误差较大，而且计算工作量极大，需采用昂贵的大容量计算机。一般情况下都采用静态模型来进行优化而辅以必要的动态补偿。

（3）静态最优示例　现以图 3-3-240 所示的二元精馏过程为例，说明静态最优实现方法。

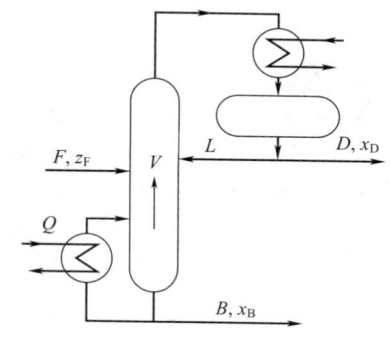

图 3-3-240　二元精馏塔示意图

① 建立静态数学模型　根据式(3-3-114)及式(3-3-118)所给出的二元精馏的物料平衡、能量平衡关系式

$$\frac{B}{F} = \frac{x_D - z_f}{x_D - x_B} \tag{3-3-143}$$

$$\frac{V}{F} = \beta\ln\frac{x_D(1-x_B)}{x_B(1-x_D)} \tag{3-3-144}$$

上两式即为精馏塔的静态模型。

② 确定目标函数　取成本函数为本例的目标函数

$$\frac{\$_C}{F} = (v_D - v_B)\frac{Bx_B}{F} + C\frac{Q}{F} \tag{3-3-145}$$

式(3-3-145)中的 Q 可表示为

$$Q = VH_v \tag{3-3-146}$$

式中　V——单位时间内塔内的上升蒸汽量；

　　H_v——混合物平均蒸发潜热。

将式(3-3-146)代入式(3-3-145)则得

$$\frac{\$_C}{F} = (v_D - v_B)\frac{Bx_B}{F} + CH_v\frac{V}{F} \tag{3-3-147}$$

③ 将静态模型代入目标函数中，可得目标函数：

$$\frac{\$_C}{F} = (v_D - v_B) \frac{(x_D - z_f) x_B}{x_D - x_B} + CH_v\beta \left(\ln \frac{x_D}{1 - x_D} + \ln \frac{1 - x_B}{x_B} \right) \tag{3-3-148}$$

④ 对目标函数求极值　在此目标函数中，x_D 为一定值（因塔顶成品质量要求较高，故设置质量控制保证 x_D 一定），v_D、v_B、C 分别为常数，β、H_v 在塔压一定时也基本不变，则在不同的 z_f 下，$\dfrac{\$_C}{F}$ 仅仅是 x_B 的函数。因此，要求目标函数的极值，可以将式(3-3-148) 对 x_B 求导后，并令其导数等于零即可获得。式(3-3-148) 对 x_B 求导并经简化后得

$$\frac{d(\$_C/F)}{dx_B} = \frac{(v_D - v_B)(x_D - z_f) x_D}{(x_D - x_B)^2} - \frac{CH_v\beta}{x_B(1 - x_B)} \tag{3-3-149}$$

令 $\dfrac{d(\$_C/F)}{dx_B} = 0$ 就可以找到使成本函数 $\$_C/F$ 为最小时的 x_B 表达式：

$$\frac{x_{B0}(1 - x_{B0})}{(x_D - x_{B0})^2} = \frac{CH_v\beta}{(v_D - v_B)(x_D - z_f) x_D} \tag{3-3-150}$$

式中，x_{B0} 为 $\$_C/F$ 取得最小值时的 x_B 值，即最优 x_B 值。

⑤ 求出 x_{B0} 的近似关系式　当塔顶、塔底产品都比较纯的时候，可近似认为 $x_D \doteq 1$，$x_B \doteq 0$，则 $1 - x_{B0} \doteq 1$，$(x_D - x_{B0})^2 \doteq (1 - 0)^2 = 1$，于是式(3-3-150) 可近似表达为

$$x_{B0} \doteq \frac{CH_v\beta}{(v_D - v_B) x_D (x_D - z_f)} \tag{3-3-151}$$

由式(3-3-151) 可知，只要把塔底产品 x_B 控制在 x_{B0}，就能使精馏操作的成本函数 $\$_C/F$ 趋于最小值。

图 3-3-241 为二元精馏塔静态最优控制实施原理图。图中虚线所围部分为 x_{B0} 的计算装置，由它计算出的最优 x_{B0} 值作为塔底成分控制的给定值，并通过对再沸器加热蒸汽的调节，使塔底成分维持在 x_{B0} 值，从而使精馏塔达到成本最低。

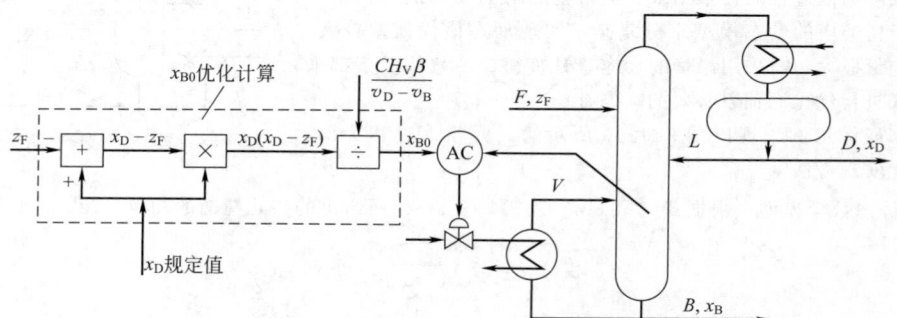

图 3-3-241　精馏塔静态最优实施原理图

第四章　先进过程控制

先进过程控制（Advanced Process Control，APC，简称先进控制）技术是对那些不同于常规单回路控制，例如 PID 控制，并具有比常规 PID 控制效果更好的控制策略的统称。先进控制技术通常用来处理复杂的过程控制问题，例如大时滞、非线性、多变量耦合、被控变量和操纵变量存在多种约束等。先进控制技术是以常规单回路 PID 控制为基础的动态协调约束控制，可使控制系统能够快速适应实际工业过程动态特征和操作要求。

先进控制技术的实现，需要建立工业过程模型和有足够计算能力及存储能力的设备作为支撑。由于先进控制技术受算法复杂性和计算能力两方面因素的影响，早期的先进控制策略通常在上位机上实施，例如模型预测控制（MPC）策略。20 世纪 70 年代后期，计算机技术的持续发展所带来的强大计算能力和存储能力，促进了分散控制系统（DCS）功能不断增强，更多的先进控制策略可以与基础控制回路一起在 DCS 上实现。

控制理论的发展也为先进控制技术发展提供了很多各具特点的技术和方法，例如基于软测量技术的推断控制技术、基于模糊控制的智能控制技术、基于模型的预测控制技术、自适应控制和多变量解耦控制技术等。近年来，先进控制软件和产业出现了综合集成的发展趋势，基于 DCS 的先进控制系统开发日益广泛，许多 DCS 制造商通过收购从事先进控制、工艺模型和计算机网络通信等的专业技术公司，纷纷推出了集硬件和软件于一体的工厂综合自动化全面解决方案。

第一节　软测量技术

一、软测量

软测量技术是依据一定的优化法则，利用各种数学信息处理技术和计算方法，从与待测变量密切相关的过程参数中选择容易检测的一定数量的变量（即辅助变量，比如能直接在线测量的流量、液位、温度、压力等），用数学函数关系建立辅助变量与主导变量之间的联系，从而获取主导变量信息，即建立研究对象的软测量模型，实现对待测变量的在线预测。采用这种方法，可以连续获得主导变量信息，具有响应迅速、维护简单等优点。

由于存在上述诸多优点，使得软测量技术无论在理论方法上还是在实际应用中都获得了快速发展。尤其是现代控制理论、人工神经网络技术和现代数据信息处理软件等技术在软测量技术当中的综合应用，使其在过程控制与监测方面的应用前景更加广阔，在流程工业领域的应用更加广泛。软测量建模的基本流程图如图 3-4-1 所示。

图 3-4-1　软测量建模过程的基本流程图

软测量模型的基本结构如图 3-4-2 所示。其中 x 为被估计量，d_1 为不可测扰动，d_2 为可测扰动，u 为工业对象的控制输入，y 为工业对象可测输出变量。x^* 为离线分析计算值或大采样间隔的测量值（如分析仪输出），一般用于离线模型的参数辨识，也用于软测量模型的在线校正。

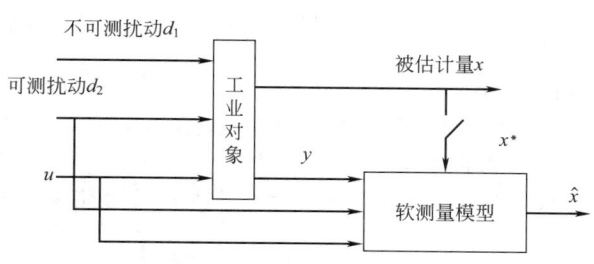

图 3-4-2　软测量模型的基本结构

软测量建模就是根据可测数据得到被估计量 x 的最优估计：

$$\hat{x} = f(d_2, u, y, x^*, t) \tag{3-4-1}$$

其中，函数 $f(d_2, u, y, x^*, t)$ 为软测量模型，它不仅反映被估计量 x 与输入 u 和可测扰动 d_2 的动态关系，还包括被估计量 x 与可测输出变量 y（辅助变量）之间的动态联系，其中 x^* 表示软测量模型的校正变量。

为了实现更高的工艺需求，更好地针对实际运用情况，软测量模型不断地向多模型、非线性、在线校正等方向发展。

二、辅助变量的选择

1. 辅助变量的初选

根据工艺机理分析（如物料、能量平衡关系），在可测变量集中，初步选择所有与被估计量有关的原始辅助变量，这些变量中的一部分可能是相关变量。此阶段辅助变量的选择可遵循"宁滥毋缺"的原则。例如，为了估计精馏塔塔顶产品的成分，可将精馏塔的进料量、塔釜加热量、回流量、塔顶温度和压力等可测变量都选作初始辅助变量，然后根据工艺机理、测量仪表精度和数据相关性分析等对初始辅助变量降维。

2. 辅助变量的精选

通过机理分析，可以在原始辅助变量中找出相关的变量，选择响应灵敏、测量精度高的变量为最终的辅助变量。例如，在相关的气相温度变量、压力变量之间选择压力变量。更为有效的方法是主元分析法（Principal Component Analysis，PCA），即利用现场的历史数据作统计分析计算，将原始辅助变量与被测量变量的关联度排序，实现变量精选。

三、数据选择与处理

软测量模型的性能很大程度上依赖于所获得的过程测量数据的准确性和有效性，所以在进行数据采集时，要使采集的样本空间尽量覆盖整个操作范围，同时要本着有代表性、均匀性和精简性的原则进行选取。数据驱动软测量模型一般为静态模型，所以在采集数据时应尽量采集装置平稳运行时的数据。

测量数据的误差可分为随机误差和过失误差两大类。随机误差的产生受随机因素的影响，一般是不可避免的，但符合一定的统计规律，可通过数字滤波方式消除。数据协调方法是一类更有效的误差检测方法，其基本思想是根据物料平衡和能量平衡等方程建立精确的数学模型，以估计值与测量值的方差最小为优化目标，构造一个估计模型，为测量数据提供最优估计，以便及时准确地检测误差的存在，进而剔除或补偿其影响。数据协调本质上是一个在等式或不等式约束下的线性或非线性优化问题。

过失误差包括常规测量仪表的偏差和故障。实际中，过失误差出现的概率很小，但它的存在影响了数据的品质，必须及时侦测和剔除。常用的处理方法有人工剔除法、技术辨别法、统计检验法等。人工剔除法是根据经验对一些偏离较大的数据以手工方式进行剔除；技术辨别法是根据对象的物理或化学性质进行技术分析，以辨别偏差较大的数据是否异常；统计检验法则是根据测量数据的统计特性进行检验，如广义似然比法、贝叶斯法、PCA 等。

四、软测量建模方法

1. 机理建模与数据驱动建模

基于对生产过程中物理、化学过程的深刻认识，通过生产过程的质量、能量和动量守恒定律，根据输入与输出之差引起系统质量、能量和动量积累变化，列出数学表达式——过程运动方程。通常，该运动方程也刻画了待估计量与可测量之间的定量关系，通过运动方程求解或变换，获取待估计量的显式计算模型。该方法称为机理建模，也称为"白箱"建模法。

机理模型反映过程的内在关系，因此有验前性、预估性，能处理动态、静态、非线性等各种对象。但是，工业生产过程的复杂性使得机理模型的代价较高，有时只能建立近似的简化模型，模型精度无法满足软测量的需要。

相对机理建模，存在"黑箱"建模法，即数据驱动建模。该方法不需要了解生产过程的内部机理，直接根据数据包含的信息进行建模，学习输入与输出数据之间的联系。

2. 回归分析建模

最小二乘（Least Squares，LS）回归通过最小化误差的平方根来估计最接近实际数据的预测数据。假设输入数据为 $\boldsymbol{X} = \begin{bmatrix} x_{11} & x_{12} & \cdots & x_{1m} \\ x_{21} & x_{22} & \cdots & x_{2m} \\ \vdots & \vdots & & \vdots \\ x_{n1} & x_{n2} & \cdots & x_{nm} \end{bmatrix}$，其中辅助变量 m 个，样本数据 n 组；输出 $\boldsymbol{Y} = \begin{bmatrix} y_1 \\ y_2 \\ \vdots \\ y_n \end{bmatrix}$。输入与输出之间的线性回归关系为 $\boldsymbol{Y} = \boldsymbol{X}B + \boldsymbol{E}$，回归系数 B 的求解公式为：

$$B = (\boldsymbol{X}^{\mathrm{T}}\boldsymbol{X})^{-1}\boldsymbol{X}^{\mathrm{T}}\boldsymbol{Y}$$

$$(3\text{-}4\text{-}2)$$

在实际的工业应用中，数据间往往会存在联系，导致矩阵 X 不能达到满秩；或者存在噪声，使得模型对数据敏感，预测效果变差。偏最小二乘回归（Partial Least Squares Regression，PLS）集成了主成分分析、多元线性回归等典型相关分析的功能为一体，有效地解决了自变量之间的多重相关性和样本点容量不宜太少等问题。PLS 对 X 进行主成分的提取，将 X、Y 经过标准化处理后得到 $E_0 = (E_{01}, E_{02}, \cdots, E_{0p})_{n \times p}$，$F_0 = (F_{01}, F_{02}, \cdots, F_{0q})_{n \times q}$，记 t_1、u_1 是第一成分，即：

$$t_1 = E_0 w_1, \quad u_1 = F_0 c_1 \tag{3-4-3}$$

其中，w_1、c_1 通过优化方法求得，保证两者之间的协方差达到最大，各自的均方差也达到最大。然后得到 E_0、F_0 对 t_1 的回归方程：

$$E_0 = t_1 p_1^{\mathrm{T}} + E_1$$
$$F_0 = t_1 r_1^{\mathrm{T}} + F_1 \tag{3-4-4}$$

其中，E_1、F_1 是残差矩阵，用来计算第二成分 t_2、u_2，以此类推，最后可以得到：

$$E_0 = t_1 p_1^{\mathrm{T}} + t_2 p_2^{\mathrm{T}} + \cdots + t_A p_A^{\mathrm{T}}$$
$$F_0 = t_1 r_1^{\mathrm{T}} + t_2 r_2^{\mathrm{T}} + \cdots + t_A r_A^{\mathrm{T}} + F_A \tag{3-4-5}$$

一般选取前 m 个成分就可以得到一个预测性较好的模型，后续的数据并不能提供更多有意义的信息。目前，回归分析常用于线性模型的建立，也存在非线性最小二乘法等方法的研究，但针对复杂的非线性问题，更多地采用智能算法建模。

3. 智能建模方法

（1）模糊建模　基于模糊数学的软测量模型模仿人脑逻辑思维的特点，建立起一种知识模型。这种方法特别适用于复杂工业过程中被测对象呈现亦此亦彼的不确定性，难以用常数定量描述的场合。实际应用中，常将模糊技术和其他人工智能技术相结合，例如模糊数学和人工神经网络相结合构成模糊神经网络，模糊数学和模式识别相结合构成模糊模式识别等，有效地提高了软测量模型的性能。

（2）BP 神经网络　BP 神经网络是一种单向传播的多层前向网络，网络具有一个输入层和一个输出层，有一个或多个隐层，同层节点没有任何耦合连接，输入信号从输入层节点依次传过各个隐层节点，然后传到输出层节点，每层节点的输出只影响下层节点的输出。BP 算法利用输出层计算与理想值之间的误差来得出输出层的直接前导层的误差，再利用这个误差得出更前一层的误差，形成一个误差反向传播的网络，网络权值就由各层的误差估计来决定。

（3）RBF 神经网络　RBF 神经网络同 BP 神经网络一样，是一种多层前向网络，但没有误差反向传播的特点。它由输入层、隐层和输出层三层节点构成。输入层节点传递输入信号到隐层，隐层节点采用径向基函数。输出节点通常是简单的线性函数。RBF 神经网络结构简单，训练学习速度快，能以任意精度逼近任意非线性函数，具有最佳逼近特性。

（4）支持向量回归机　支持向量回归机（Support Vector Regression）是从线性可分情况下最优分类面提出的，它通过某种事先选择的非线性映射将输入向量映射到一个高维特征空间，然后在这个空间中构造分类超平面。支持向量回归机是其分类能力的一种推广，它在解决小样本、非线性及高维模式识别问题中表现出许多特有的优势。假设训练数据集是 $(x_1, y_1), (x_2, y_2), \cdots, (x_n, y_n)$，回归函数可以有如下表示：

$$f(x) = w \cdot x + b \tag{3-4-6}$$

式中，$w \cdot x$ 是向量的内积，b 是标量。支持向量回归机的目的就是要找到最优的回归函数，拟合训练数据，所以需要求解以下最优化的问题：

$$\min \Phi(w) = \frac{1}{2}(w \cdot w) \tag{3-4-7}$$
$$\text{s. t. } y_i - w \cdot x_i - b \leqslant \varepsilon$$
$$w \cdot x_i + b - y_i \leqslant \varepsilon, \quad i = 1, 2, \cdots, n$$

引入拉格朗日乘子 a_i、a_i^*，将式(3-4-7)变成无约束的拉格朗日泛函：

$$L(w, b, a, a^*) = \frac{1}{2}(w \cdot w) - \sum_{i=1}^{n} a_i(\varepsilon - y_i + w \cdot x_i + b) - \sum_{i=1}^{n} a_i(\varepsilon + y_i - w \cdot x_i - b) \tag{3-4-8}$$

对泛函的 w 和 x 分别求偏导得到：

$$\begin{cases} \sum_{i=1}^{n}(a_i^0-a_i^{*0})y_i=0 \\ w_0=\sum_{i=1}^{n}(a_i^0-a_i^{*0})x_i,i=1,2,\cdots,n \\ b_0=f(x)-w_0\cdot x \end{cases} \tag{3-4-9}$$

其中，a_i^0，$a_i^{*0}\geqslant0$ 是拉格朗日乘子的解，w_0 是支持向量。将解回代到式(3-4-7) 得：

$$W(a)=\frac{1}{2}\sum_{i=1}^{n}\sum_{j=1}^{n}(a_i-a_i^*)(a_j-a_j^*)x_ix_j-\sum_{i=1}^{n}(a_i+a_i^*)\varepsilon \tag{3-4-10}$$

$$\text{s. t.}\ a_i,a_i^*\geqslant0,i=1,2,\cdots,n$$

$$\sum_{i=1}^{n}(a_i-a_i^*)y_i=0$$

设 $a_0=(a_1^0,a_2^0,\cdots,a_n^0,a_1^{*0},\cdots,a_n^{*0})$ 是式(3-4-10) 的最优解，所以式(3-4-7) 的最优解就可以通过式 (3-4-11) 得到：

$$\|w_0^2\|=2W(a_0)=\sum_{i=1}^{n}\sum_{j=1}^{n}(a_i^0-a_i^{*0})(a_j^0-a_j^{*0})x_ix_j-2\sum_{i=1}^{n}(a_i^0+a_i^{*0})\varepsilon \tag{3-4-11}$$

式(3-4-6) 则可以表示为：

$$f(x)=\sum_{i=1}^{n}(a_i-a_i^*)(x_i\cdot x)+b \tag{3-4-12}$$

对于非线性的情况，常常通过引入核函数将原来低维非线性数据映射到高维。一般取径向基函数：

$$K(x_i\cdot x)=\exp(-x_i-x^2/\sigma^2) \tag{3-4-13}$$

使得式(3-4-12) 变为：

$$f(x)=\sum_{i=1}^{n}(a_i-a_i^*)K(x_i\cdot x)+b \tag{3-4-14}$$

由于在实际问题中可能存在边界值无法达到的情况，所以考虑将边界条件适当放宽，引入松弛变量 $\xi,\xi^*\geqslant0$，将式(3-4-6) 变成：

$$\min\Phi(w)=\frac{1}{2}(w\cdot w)+C\sum_{i=1}^{n}(\xi_i+\xi_i^*) \tag{3-4-15}$$

$$\text{s. t.}\ y_i-w\cdot x_i-b\leqslant\varepsilon+\xi_i$$
$$w\cdot x_i+b-y_i\leqslant\varepsilon+\xi_i,\quad i=1,2,\cdots,n$$

当得到最优解以后，可以通过图 3-4-3 中的方式对预测数据进行数值回归。

五、软测量模型校正

将软测量模型直接应用于工业装置的实时预测，不可避免地要产生一定的偏差，因此，需要根据测量仪表或者化验分析的数值对软测量模型进行在线自校正，使其适应过程操作特性的变化

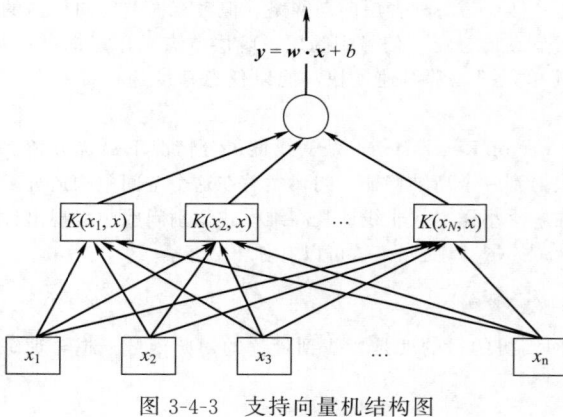

图 3-4-3 支持向量机结构图

和生产工况的迁移。工业上通常采用的自校正计算公式如下：

$$JZ(k)=YC(k)+Alpha(k)*[AI(k)-YC(k-Delta)] \tag{3-4-16}$$

式中 AI——现场分析仪表输出或化验分析值；

YC——软测量模型输出值；

JZ——软测量模型计算值校正后的输出值；

Delta——现场仪表或化验分析的滞后时间；

Alpha(*k*)——校正系数，取 0～1，它决定了校正过程的快慢，*Alpha* 值越大，校正过程越快，但易造成校正过程振荡。

图 3-4-4 为校正前软测量输出与实际测量值关系曲线，图 3-4-5 为相同时间、相同参数情况下的校正预测曲线。可以看出，校正后预测值与实测值非常接近，根据此预测值进行控制是完全可行的。

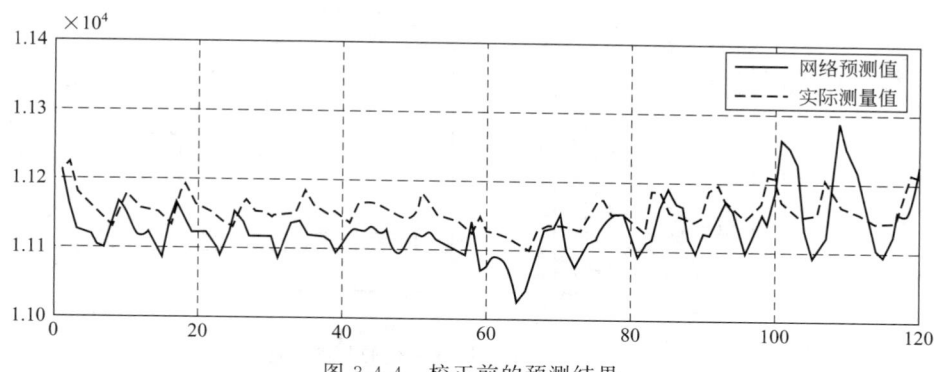

图 3-4-4　校正前的预测结果

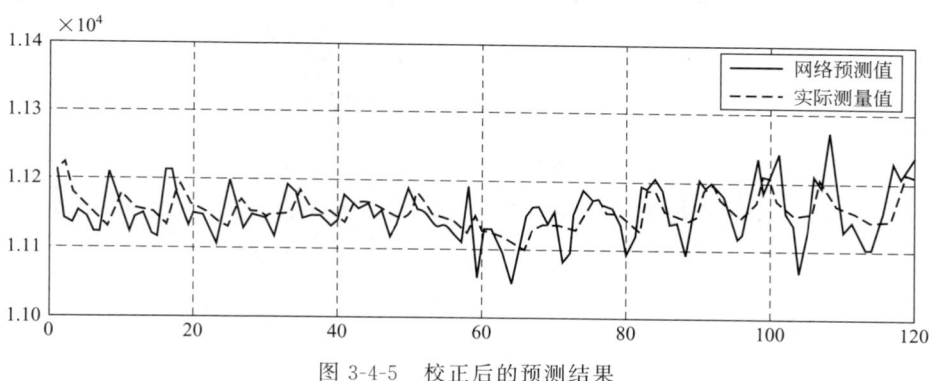

图 3-4-5　校正后的预测结果

第二节　推断控制

一、推断控制简介

推断控制是近年来发展较快的一种控制技术，它能够有效地解决在不可测扰动的作用下，过程不可测输出变量的控制问题。其基本思想是根据比较容易测量的过程辅助变量，估计并克服不可测扰动对过程主要输出变量的影响。推断控制策略包括估计器和控制器的设计，其中估计器的设计体现了推断控制的特点。

二、狭义的推断控制

针对主要扰动与系统关键输出都无法直接测量的情况，Brosilow 等人提出了"推断控制"的概念并开发了推断控制系统。推断控制是利用数学模型，由可测信息将不可测的输出变量推断出来以实现反馈控制，或将不可测扰动推算出来以实现前馈控制。其基本思想是借助与关键输出相关的可测辅助变量来发现主要扰动，并设法补偿它们对关键输出的影响，使关键输出达到并保持在设定值。这类系统的结构如图 3-4-6 所示。图中右半部分为被控过程，其输入变量包括控制作用 $U(s)$ 和主要扰动 $D(s)$。$U(s)$ 为单变量，但主要扰动可能不止一个，故 $D(s)$ 为向量。输出变量包括关键输出 $Y(s)$ 和可测量的辅助输出 $Y_s(s)$，$Y(s)$ 为单变量，$Y_s(s)$ 为向量。假设被控过程的传递函数（或传递函数矩阵）$G_p(s)$、$G_{ps}(s)$、$B(s)$、$A(s)$ 可估计得到，则控制作用 $U(s)$ 与 $D(s)$ 对关键输出的影响可通过辅助输出的变化而有所反映。

推断控制部分如图 3-4-6 左半部分所示，它由 $G_c(s)$、$\hat{E}(s)$ 和 $\hat{G}_{ps}(s)$ 三模块组成。其中，传递函数矩阵

$\hat{\boldsymbol{G}}_{ps}(s)$ 为控制作用对辅助变量的传递函数 $\boldsymbol{G}_{ps}(s)$ 的估计模型；$\boldsymbol{G}_c(s)$ 的输出即为控制作用 $U(s)$，输入为设定值 $R(s)$ 与来自估计器 $\hat{\boldsymbol{E}}(s)$ 的信号 $\hat{\beta}(s)$ 的差值。估计器的作用是产生 $Y(s)$ 在 $\boldsymbol{D}(s)$ 作用下的变化量 $\beta(s)$ 的估计量 $\hat{\beta}(s)$。

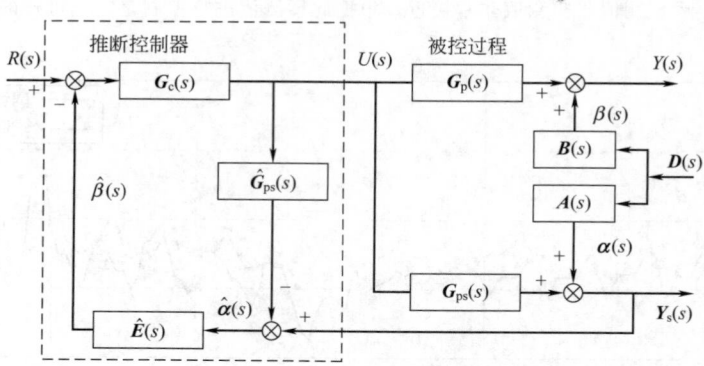

图 3-4-6　狭义推断控制系统的基本结构

满足 $\hat{\beta}(s)=\beta(s)$ 的条件为 $\boldsymbol{B}(s)\boldsymbol{D}(s)=\hat{\boldsymbol{E}}(s)\boldsymbol{A}(s)\boldsymbol{D}(s)$，即：

$$\hat{\boldsymbol{E}}(s)\boldsymbol{A}(s)=\boldsymbol{B}(s) \tag{3-4-17}$$

当 $\boldsymbol{D}(s)$ 和 $Y_s(s)$ 均为标量时，$\boldsymbol{A}(s)$ 和 $\boldsymbol{B}(s)$ 也为标量，可得到

$$\hat{\boldsymbol{E}}(s)=\hat{\boldsymbol{B}}(s)/\hat{\boldsymbol{A}}(s) \tag{3-4-18}$$

当 $\boldsymbol{D}(s)$ 和 $Y_s(s)$ 中有一个或两个均为向量时，$\boldsymbol{A}(s)$ 和 $\boldsymbol{B}(s)$ 中也将出现向量或矩阵，此时，式 (3-4-17) 应改写为

$$\hat{\boldsymbol{E}}(s)\hat{\boldsymbol{A}}(s)\hat{\boldsymbol{A}}^{\mathrm{T}}(s)=\hat{\boldsymbol{B}}(s)\hat{\boldsymbol{A}}^{\mathrm{T}}(s) \tag{3-4-19}$$

即：

$$\hat{\boldsymbol{E}}(s)=\hat{\boldsymbol{B}}(s)\hat{\boldsymbol{A}}^{\mathrm{T}}(s)[\hat{\boldsymbol{A}}(s)\hat{\boldsymbol{A}}^{\mathrm{T}}(s)]^{-1} \tag{3-4-20}$$

下面来分析扰动对关键输出的影响。如果选择推断控制器为 $\boldsymbol{G}_c(s)=1/\hat{\boldsymbol{G}}_p(s)$，则有

$$Y(s)=-\left[\frac{\boldsymbol{G}_p(s)}{\hat{\boldsymbol{G}}_p(s)}\right]\hat{\beta}(s) \tag{3-4-21}$$

当 $\hat{\boldsymbol{G}}_p(s)=\boldsymbol{G}_p(s)$ 时，$Y(s)=-\hat{\beta}(s)$。另一方面，$\boldsymbol{D}(s)$ 通过 $\boldsymbol{B}(s)$ 通道，使 $Y(s)$ 发生的变化量为 $\beta(s)$。只要做到 $\hat{\beta}(s)=\beta(s)$，扰动对关键输出的影响将得到完全的补偿。

至于设定值对关键系统输出的影响，由于 $Y(s)=\boldsymbol{G}_p(s)\hat{\boldsymbol{G}}_p^{-1}(s)R(s)$，只要

$$\boldsymbol{G}_p(s)|_{s=0}=\hat{\boldsymbol{G}}_p(s)|_{s=0} \tag{3-4-22}$$

则 $Y(s)=R(s)$，即控制系统是无余差的。

上述分析表明，对关键输出变量而言，推断控制系统实际上是一种前馈控制方案，当模型正确无误时，这类系统对设定值变化有很好的跟踪性能，并对不可测扰动具有完全补偿能力。然而，实际情况要复杂得多，要获取过程的动态模型并不容易，而要保证模型的正确性就更加困难，因而限制了其工业应用。但是，当关键输出可测、动态滞后较大或采样周期较长时，就完全可能将推断控制与输出反馈控制结合起来，成为前馈反馈控制系统，其实际应用效果将显著改善。

三、广义推断控制

前面所讨论的推断控制器，实际上包括关键输出估计模型与反馈控制器两部分。其中，关键输出估计模型

（即软测量模型）以可测的控制作用与辅助输出为输入，以关键系统输出的预测值为模型输出；而反馈控制器以软测量模型输出与其设定值之差为输入，产生控制输出。将上述两部分完全分离，就得到了如图 3-4-7 所示的广义推断控制系统。图中 $z(k)$ 为过程测量信号，可同时包括控制输入、可测的扰动输入与过程辅助测量输出；$\hat{y}(k)$ 为软测量的输出。就反馈控制器而言，可将被控过程与软测量模型等效于一个广义对象。

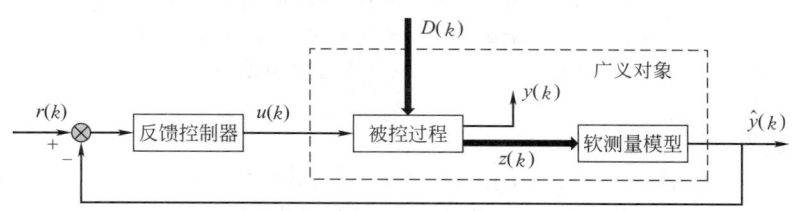

图 3-4-7　广义推断控制系统的基本结构

由于该广义对象输入可控、输出可直接测量（用软测量输出代替实际输出），又为相对简单的 SISO 系统，因而反馈控制器可采用几乎所有类型的 SISO 控制器，如单回路 PID、串级 PID、前馈反馈控制器、内模控制器、预测控制器等。实际应用时，需要根据被控过程与软测量模型的具体特点来选择合适的控制器机构与参数。

第三节　预测控制

一、模型预测控制

模型预测控制（Model Predictive Control，MPC）是一种基于模型的闭环优化控制策略，是一类面向实际工业过程的计算机控制算法，已在炼油、化工、冶金和电力等复杂工业过程中得到了广泛的应用。作为一类利用对象模型预测被控对象未来输出的优化控制算法，预测控制的基本原理可以归结为预测模型、滚动优化和反馈校正。

① 预测模型根据对象的历史信息，假定系统的未来输入，从而预测得到系统的未来输出。通过对系统未来状态的预测，然后根据对象特点和期望目的给出不同的控制策略，以使得未来时刻的状态和输出达到系统设定的期望目标。

② 在线滚动优化是预测控制的一个非常重要的特征，它通过在每一采样周期内优化某一个性能指标，从而确定在当前时刻需要实施的控制量。传统控制中的全局优化通常是不变的，而预测控制是一种有限时域内的在线反复优化，即滚动优化，绝不是通过一次离线计算可以解决的，这也是预测控制和传统最优控制之间不同的地方。

③ 反馈校正。预测控制是一种闭环控制算法，这是由于所得到的预测模型通常不能精确地反映对象的动态特性，如果不及时利用实际的对象信息进行反馈校正，会出现模型失配，引起控制结果对理论状态的偏离。在求解优化性能指标后，每一次仅实施当前时刻的操纵变量，舍弃所求得的未来时刻控制量。到下一时刻，先得到对象的输出实际值来修正未来预测状态以及未来输出，然后根据新的预测值对性能指标进行优化。预测控制中有多种反馈校正的形式，可以根据在线辨识在反馈时直接修改预测模型，也可以直接对未来的误差进行校正。

模型预测控制具有控制效果好、鲁棒性强等优点，可有效地克服过程的不确定性、非线性和关联性，并能方便地处理过程被控变量和操纵变量中的各种约束。

基于对生产过程测试得到的过程动态数学模型，模型预测控制算法采用在线滚动优化，且在优化过程中不断通过系统实际输出与模型预测输出之差来进行反馈校正，因此，它能在一定的程度上克服由于预测模型误差和某些不确定性干扰等的影响，从而增强控制系统的鲁棒性。

实际控制过程中的对象系统绝大部分为非线性系统，但非线性模型预测控制无论是理论还是应用都远未成熟，这主要是因为非线性系统及其约束优化问题都不能用参数化的形式统一表达。近年来，预测控制定性综合理论的发展虽然为非线性约束预测控制带来了不少新的思路，但与实际应用尚有距离。

预测控制的软件产品，从第一次公开发表至今已走过了三代。第一代以 Adersa 的 IDCOM 和 Shell Oil 的 DMC 为代表，算法针对无约束多变量过程。第二代以 Shell Oil 的 QDMC 为代表，处理约束多变量过程的控制问题。第三代的产品包括 Adersa 的 HIECOM 和 PFC，DMC 的 DMC plus 和 Honeywell 的 RMPCT，算法增加了摆脱不可行解的办法，并具有容错和多个目标函数等功能。如 PFC 算法不再像传统的预测控制算法那样采用辨识得到的纯"黑箱"的参数化或非参数化预测模型，而是采用结合机理建模得到的"灰箱"预测模型，控制输出既可以是变量也可以是参数。在这种情形下，在已知变化环境中模型的自适应不再有更多问题。现代机理建模和仿真技术的进步减轻了繁复的信号辨识工作，并且可以处理非线性或不稳定线性模型。

近年来，随着计算机技术的发展，人们对预测控制方法的研究和应用也日趋广泛，逐渐与鲁棒控制、自适应控制、非线性控制和智能控制等方法相结合，提高了预测控制方法处理复杂系统的能力，在一定程度上扩大了预测控制方法的应用领域。

二、预测函数控制

预测函数控制（PFC）仍然属于模型预测控制的范畴，这是因为它具有 MPC 的三个基本特征，即：

① 内部模型，PFC 采用状态变量模型来预测过程的未来输出值；

② 参考轨迹，PFC 用指数律表征闭环系统期望的未来行为；

③ 误差修正，PFC 采用时域或频域外推方法来修正模型误差。

预测函数控制的基本原理如图 3-4-8 所示。基函数概念的引入，不但使控制量的输入规律性更加明显，而且提高了响应的快速性。由于基函数及其响应的采样值均可事先离线计算，在线只需对少量线性加权系数进行参数优化，因而 PFC 的在线计算量显著减少，这是 PFC 的一个优点。

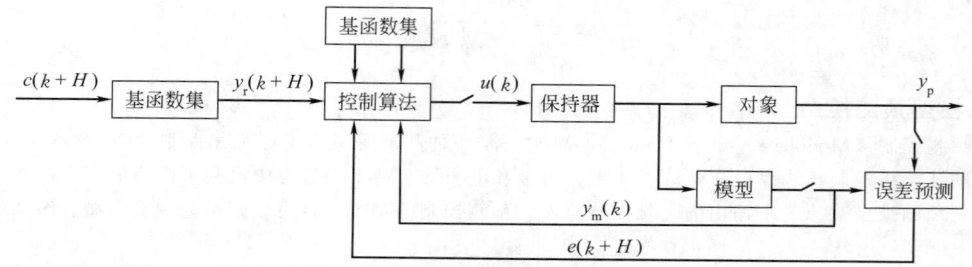

图 3-4-8　预测函数控制基本原理图

在 PFC 算法中，控制精度主要取决于基函数的选择，动态响应主要受参考轨迹的影响，而预测优化时域 P 则对控制系统的稳定性和鲁棒性起主要作用。这些设计参数对控制性能的影响是各有侧重的，在设计控制系统时，可根据性能要求很快地整定参数，这是 PFC 的又一个优点。

三、脉冲响应控制

脉冲响应控制又称模型算法控制（Model Algorithmic Control，简称 MAC），最早由 Richalet 等在 20 世纪 60 年代末应用于锅炉和精馏塔等工业过程的控制。20 世纪 70 年代末，Mehra 等对 Richalet 等的工作进行了总结和进一步的理论研究。MAC 基本上包括四个部分：预测模型、反馈校正、参考轨迹和滚动优化。

1. 预测模型

MAC 采用被控对象的单位脉冲响应序列作为预测模型：

$$y_m(k+j) = \sum_{i=1}^{N} h_i u(k+j-i) \quad j=1,2,\cdots,p \tag{3-4-23}$$

2. 反馈校正

为了克服扰动和模型失配等因素对模型预测值的影响，采用当前的过程输出测量值 $y(k)$ 和模型的计算值 $y_m(k)$ 进行比较，用其差值 $e(k)$ 来修正模型的预估值。设修正后的预估值为 $y_p(k+j)$，则有：

$$y_p(k+j) = y_m(k+j) + \beta[y(k) - y_m(k)] \tag{3-4-24}$$

式中，$y_m(k+j)$ 为模型的预测输出；$y_p(k+j)$ 为反馈校正后的预测输出；β 为校正系数。

3. 参考轨迹

在 MAC 中，控制系统的期望输出是由从当前实际输出 $y(k)$ 出发且向设定值 y_{sp} 平滑过渡的一条参考轨迹规定的。通常，参考轨迹采用从现在时刻实际输出值出发的一阶指数形式。它在未来 P 个时刻的值为

$$y_r(k+j) = \alpha^i y(k) + (1-\alpha^i) y_{sp} \quad j=1,2,\cdots,P \tag{3-4-25}$$

式中，$\alpha = \exp(-T/\tau)$，T 为采样周期；τ 为参考轨迹的时间常数。

从式(3-4-25) 可知，τ 越小，则 α 越小，参考轨迹就能越快地到达设定值，但是系统的鲁棒性也越差。因此，α 是 MAC 中的一个重要的设计参数，它对闭环系统的动态性能和鲁棒性都有关键作用。

4. 滚动优化

在 MAC 中，k 时刻的优化目标是：求解未来一组 P 个控制量，使在未来 P 个时刻的预测输出 y_p 尽可能接近由参考轨迹所确定的期望输出 y_r。目标函数可以采用各种不同的形式，例如可以选取：

$$J = \sum_{i=1}^{P} [y_p(k+i) - y_r(k+i)]^2 q_i \tag{3-4-26}$$

式中，P 称为优化时域；q_i 为非负加权系数，用来调整未来各采样时刻误差在性能指标 J 中所占比重的大小。

四、动态矩阵控制（DMC）

动态矩阵控制（Dynamic Matrix Control，DMC）是基于阶跃响应模型的一种预测控制算法，最早在 1973 年就已经应用于 Shell 石油公司的生产装置上。1979 年，Culter 等在美国化工学会年会上首次介绍了这种算法。它采用工程上易于测试的阶跃响应模型，算法比较简单，计算量少，鲁棒性较强，适用于纯滞后、开环渐进稳定的非最小相位系统。DMC 近年来已在化工、炼油、石油化工、冶金等行业中得到成功应用。DMC 算法包括三个部分：预测模型、反馈校正和滚动优化。

五、广义预测控制（GPC）

20 世纪 80 年代初期，人们在自适应控制的研究中发现，为了增加自适应控制系统的鲁棒性，有必要在广义最小方差控制的基础上，吸取预测控制中的多步预测优化策略，提高自适应控制的实用性。因此出现了基于辨识被控过程参数模型且带有自适应机制的预测控制算法，其中最具代表性的就是 Clarke 等在 1987 年提出的广义预测控制（Generalized Predictive Control，GPC）。GPC 算法仍然保留了 MAC 和 DMC 等算法的基本特征，不过它使用的被控对象模型采用的是受控自回归积分滑动平均模型（CARIMA）或受控自回归滑动平均模型（CARMA）。广义预测控制不仅能够用于开环稳定的最小相位系统，不稳定系统和变时滞、变结构系统，而且它在模型失配情况下仍能获得良好的控制性能。

为克服随机扰动、模型误差以及慢时变的影响，GPC 保持了自校正方法的原理，通过不断测量实际输入输出，在线估计预测模型参数，以此来修正控制律。这是一种广义的反馈校正。与 DMC 和 MAC 算法不同的是：DMC 与 MAC 采用一个不变的预测模型，并附加一个误差模型，共同保证对未来输出作出较为准确的预测，而 GPC 则只用一个模型，通过对其在线修正给出较准确的预测。

六、多变量预测控制

预测控制推广至多变量系统在理论上并不困难，只需将动态矩阵扩大，但是面临着变量之间的协调和处理约束条件等问题。

1. 约束多变量预测控制

以二次动态矩阵控制（QDMC）为例，多变量有约束过程的预测控制可以表示为：

$$J_k = \min_{\Delta u} \{ [A\Delta u - e(k+1)]^T Q [A\Delta u - e(k+1)] + \Delta u^T R \Delta u \} \tag{3-4-27}$$

2. 基于关联分析的多变量协调预测控制策略

设过程有 m 个 MV，p 个 CV。由于受设备极限和操作极限限制，MV 存在着约束区间：

$$MV_{\min} \leqslant MV_i \leqslant MV_{i\max}, \quad i \in N[1, m] \tag{3-4-28}$$

根据产品质量的要求，CV 有区间控制和给定值控制两种形式：

$$CV_j = CV_{j\text{set}}, \quad j \in N[1, p] \tag{3-4-29}$$

$$CV_{j\min} \leqslant CV_j \leqslant CV_{ji\max}, \quad j \in N[1, p] \tag{3-4-30}$$

这类有约束多变量过程的控制问题，本质上是多目标多自由度系统的控制。系统控制的关键是在自由度许可的情况下达到更高的控制目标。为此提出了在基本预测控制算法的基础上再加一个预测控制变量协调决策层，形成协调预测控制策略，以实现上述目标。因为协调决策层的作用，减少了实时计算的 MV 和 CV 变量数，从而减少了在线计算工作量，且这种实时的协调作用又满足了当时的调节需要。

第四节　自适应控制

一、自适应控制简介

能够修正自身特性以适应对象和扰动特性变化的控制器称为自适应控制器。自适应控制研究的对象是具有一定程度不确定性的系统。这里"不确定性"是指描述被控对象及其环境的数学模型不是完全确定的，其中包含一些未知因素和随机因素。面对客观上存在的各种不确定性，自适应控制系统应能在其运行过程中，通过不断地测量系统的输入、状态、输出或性能参数，逐渐地了解和掌握对象，然后根据所获得的过程信息，按一定的设计方法，作出控制决策去更新控制器的结构参数或控制作用，在某种意义下使控制效果达到最优或近似最优。自适应控制所依赖的关于模型和扰动的先验知识较少，需要在系统的运行过程中不断提取有关模型的信息，使模型逐渐完善。

目前比较成熟的自适应控制系统可分为两类：一种是模型参考自适应控制（Model Reference Adaptive Control，MRAC）系统，另一种是自校正控制（Self-tuning Control，STC）系统。

二、自整定控制器

在许多生产过程系统中，过程可以用 PI 或 PID 控制器控制，使用这种控制器需要调整控制器的参数。用人工调整控制器的参数称为人工校正。人工校正参数可能会遇到下列问题：当控制器只有两个参数需要调节时，参数的整定是容易实现的，但当控制器有三个或者更多的参数需要调整时，参数的整定成为一项困难的任务。此外，一个过程的控制系统往往需要多个控制器参加工作，调整每个控制器的参数不仅花费时间，而且不容易调整得都合适。如果采用自整定调节器，情况就会完全不同。自整定控制器的参数可以自动整定，避免了人工整定的种种麻烦。目前，不少 DCS 系统或者可编程控制器中都有自整定控制器，可以采用各种自整定的算法实现 PID 参数的自整定。以下简单介绍几种自整定策略。

1. 基于响应曲线的自整定控制器

基于响应曲线的自整定控制器有关响应的一些参数，包括响应的衰减率、超调量和周期等，在自整定控制器中的定义分别如图 3-4-9 所示，且有：

$$OVR = \frac{C_1 - C}{C} \tag{3-4-31}$$

$$DMP = \frac{E_2 - E_3}{E_1 - E_2} \tag{3-4-32}$$

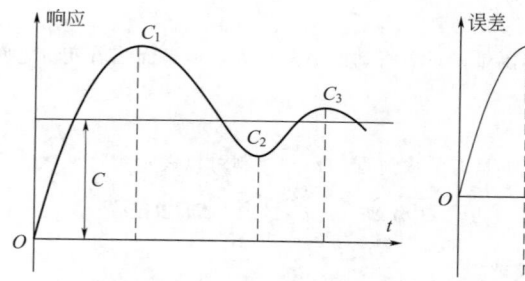
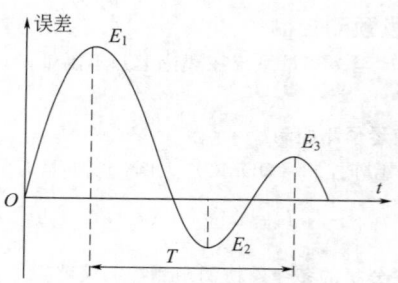

图 3-4-9　衰减率、超调量和周期的定义

自整定的原理是比较这些参数指标与要求的是否一致，若不一致则需要根据自整定算法对控制器参数进行自整定，获得新的参数和响应以后，再与所要求的响应指标进行比较，直到响应与要求的相吻合为止。

在使用自整定控制器前，必须设置好初始参数。初始参数有必要的和任选的参数两类。

① 必要的参数。

a. (P, I, D) 参数的初始值 (PF, IF, DF)。初始值是使用者根据经验确定的，初始值的选择不会影响控制器的整定工作。

b. 噪声带（NB）。设置 NB 可以避免自整定频繁进行，只有当误差超过 NB 的 2 倍时控制器才自整定，否则不进行自整定，控制器按原来的参数运行。

c. 最大等待时间（W_{max}）。W_{max}就是在第一个峰值出现以后等待第二个峰值的最大时间，一般取$\frac{1}{2}T \leqslant W_{amx} \leqslant 8T$，$T$ 为振荡周期。

② 任选的参数。

a. 期望的衰减率（DMP）和超调量（OVR）。可根据所需的输出曲线来选择适当的 DMP 和 OVR，一般取 $DMP = 0.3$，$OVR = 0.5$。

b. 微分因子（$DFCT$）。通过改变 $DFCT$ 的大小来改变微分时间的长短，$DFCT = 0$ 表示无微分作用，$DFCT = 1$ 为 PID 调节规律。

c. 输出周期限制（LIM）。设置 LIM 可以限制控制器输出信号的频率。

d. 参数变化范围限制（CLM）。一般取 $CLM = 4$，即参数限制在 $\left(\dfrac{PF}{4}, 4PF\right)$ 和 $\left(\dfrac{IF}{4}, 4IF\right)$ 间变化。

同时，自整定控制器还具有预整定功能。通过预整定功能可以得到比较接近实际的 PF、IF、DF 等参数，再将这些参数作为初始值进行自整定，这样可以减少自整定的次数，使系统快速进入最佳控制状态。

2. 专家 STC 自整定 PID 控制器

基于专家 STC 的自整定 PID 控制器中，专家 STC 系统结构如图 3-4-10 所示。其中，知识库即专家整定经验数据，相当于 PID 参数的整定选择手册，包含了多种控制规律和最佳参数。响应曲线是根据设定值 SV、观测值 PV 和控制器输出值 MV 的变化，推理得到的过程响应曲线。控制目标，即用户根据对象特性选择的控制目标。调整规则，即根据过程响应曲线，从知识库中选择适当的调节规则，得到相应的 PID 变化量。推理，就是根据设定值 SV、观测值 PV 和控制器输出值 MV，推导出对象的响应，并给出响应的特征参数。

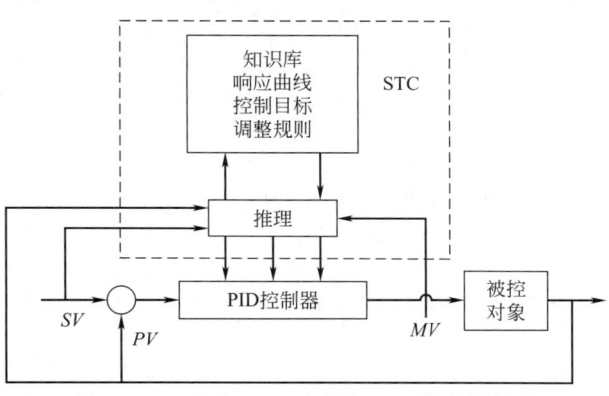

图 3-4-10　专家 STC 自整定 PID 控制器结构

专家系统 STC 随时观察、设定值、观测值和控制器输出值。当控制偏差超过 STC 启动的临界值时，控制器开始观察观测信号的波形，并将其与已存入专家 STC 知识库中的响应曲线对比，按照最佳条件进行整定。

三、模型参考自适应系统

模型参考自适应系统（Model Reference Adaptive System，MRAS）是解决自适应控制问题的主要方法之一，图 3-4-11 说明了其基本工作原理。MRAS 的希望性能用一个参考模型表示，这个模型给出了对指令或给定信号的希望响应性能。MRAS 还有一个由过程和控制器组成的普通反馈回路。控制器的参数根据系统输出 y 与参考模型输出 y_m 之差 e 进行调整。因此，图 3-4-11 包含两个回路：一个是内环，是一个普通的反馈控制回路；另一个是外环，用以调整内环中的控制器参数。在控制过程中假设内环速度高于外环速度。

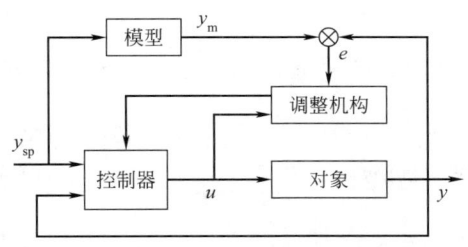

图 3-4-11　模型参考自适应控制系统框图

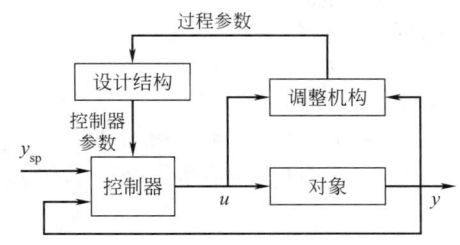

图 3-4-12　自校正控制系统结构

MRAS 的关键问题是确定调整机构（或称自适应机构），以便得到一个使误差 e 趋向零的稳定系统。MRAS 的设计方法包括梯度法、基于李雅普诺夫稳定性理论设计方法和基于波波夫超稳定性理论设计方法等。

四、自校正控制系统

自校正控制系统的结构如图 3-4-12 所示。在一个自适应控制系统中，控制器的参数时时刻刻都在进行调整，这表明控制器的参数在追随过程特性的变换。然而，对这种系统的收敛性和稳定性进行分析是相当困难的。为了简单起见，可假设过程参数是恒定且未知的。当过程特性已知时，设计过程规定了一组希望的控制器参数；当过程未知时，自适应控制器的参数应当收敛到这些希望的参数值。具有这种性质的控制器称为自校正控制器，这是因为它能把控制器参数自动校正到希望的性能。

自校正控制器（Self-tuning Regulators，STR）的设计思想是，将未知参数的估计和控制器的设计分工进行。在如图 3-4-12 所示的自校正控制系统结构中，过程特性中的未知参数采用递推最小二乘等算法进行在线估计，估计出的参数就看作对象的真实参数，即不考虑估计的不定性，再在线求解参数已知系统的控制器设计问题。控制设计方法可选用最小方程、线性二次型、极点配置和模型跟踪等方法。设计方法的选择取决于闭环系统的性能规范，不同的估计方法和设计方法的组合可导出性质不同的控制器。

五、鲁棒自适应控制

控制系统的鲁棒性，就是系统在外界环境或者系统本身结构及参数变化时，能够保证原有性能的能力，特别是保持稳定性的能力。鲁棒性体现在鲁棒稳定性、鲁棒镇定和鲁棒性能等三个方面。鲁棒稳定性是指控制系统是内稳定的，而鲁棒镇定与鲁棒性能均与系统中的控制器有关，被统称为鲁棒控制。因此，鲁棒自适应控制将主要研究自适应控制器的鲁棒性能和鲁棒镇定设计。

鲁棒自校正控制器实际上就是在确定性等效原理的假设下，将线性控制理论中基于内模原理的鲁棒控制器和参数估计算法相结合，从而达到抑制某些确定性扰动及跟踪给定参考信号而不受参数摄动及有界扰动的影响。

在实际系统中，外界信号（干扰或给定量）是变化无常的。但可以发现，这些外界信号中的大部分往往又都是按照某种规律变化的，因此可把它们看成是一组常微分方程组的解，只是它的初始条件是未知的。换句话说，这些外界信号的动态模型是已知的，根据多变量控制系统理论中的内模原理可知，只要控制器包含输出量的反馈，并引入随外界信号（干扰或给定量）变化的动态模型，就可保证系统的稳定性，使其调节/跟随性能不受参数摄动及有界扰动的影响，该控制器称为鲁棒控制器。目前已提出了多种鲁棒自适应算法。

第五节　模糊控制

一、模糊控制简介

在工业过程控制实践中，有许多难以应对的控制问题，尤其在涉及传热、传质和化学反应的过程中更为常见，例如锅炉、水泥窑、锻炼炉、炼钢以及生化反应等过程，因非线性、时滞、机理复杂和检测困难等因素而难以建模，用常规方法难以有效控制，因此提出了模糊控制。采用模糊概念来描述模糊现象，进而实现带有模糊性的思维，是人脑加工信息的一种特有的方式。然而，这种看似简单的信息处理方式并不妨碍其得到一个精确的推理结果。

模糊模型化不仅是实现非线性动态系统"黑箱"辨识的一条重要途径，而且对于复杂系统的辨识也有价值。基于模糊模型的控制，不仅丰富了模糊控制体系，而且为非线性内模控制和非线性预测控制提供了新的实现形式。

二、模糊控制的数学基础

1. 模糊集合及其运算

模糊集合的定义如下：给定论域 X，$A=\{x\}$ 是 X 中的模糊集合是指 $\mu_A: X \rightarrow [0,1]$，这样的隶属度函数表示其特征的集合。

若 $\mu_A(x)$ 接近 1，表示 x 属于 A 的程度高；若 $\mu_A(x)$ 接近 0，表示 x 属于 A 的程度低。模糊集合有多种表示方法，其要点是将模糊集合所包含的元素及相应的隶属度函数表示出来。因此，它可以用如下的序偶形式表示：

$$A=\{(x,\mu_A(x))|x\in X\}$$

也可以表示成如下的形式：

$$A=\begin{cases}\int_X \dfrac{\mu_A(x)}{x}, & X\text{ 连续}\\[2mm]\sum_{i=1}^n \dfrac{\mu_A(x_i)}{x_i}, & X\text{ 离散}\end{cases}$$

(3-4-33)

其中，$\dfrac{\mu_A(x_i)}{x_i}$ 并不表示分数，而表示论域中的元素 x_i 与其隶属度 $\mu_A(x_i)$ 之间的对应关系。而 "$\int$" 既不表示 "积分"，"$\sum$" 也不是 "求和" 记号，而是论域 X 上的元素 x 与隶属度 $\mu_A(x)$ 对应关系的一个总结。

2. 模糊关系及合成

借助模糊集合理论，可以定量地表示诸如 "A 与 B 很相似"，X 比 Y 大很多等模糊关系。模糊关系的定义：n 元模糊关系 R 是定义在直积 $X_1 \times X_2 \times \cdots \times X_n$ 上的模糊集合，它可表示为

$$R_{X_1 \times X_2 \times \cdots \times X_n} = \{((x_1, x_2, \cdots, x_n), \mu_R(x_1, x_2, \cdots, x_n)) \mid (x_1, x_2, \cdots, x_n) \in X_1 \times X_2 \times \cdots \times X_n\}$$

$$= \int_{X_1 \times X_2 \times \cdots \times X_n} \mu_R(x_1, x_2, \cdots, x_n)/(x_1, x_2, \cdots, x_n) \tag{3-4-34}$$

常用的是 $n=2$ 时的二元模糊关系。例如，设 X 为实数集合，$x, y \in X$，对于 "y 比 x 大很多" 的模糊关系 R，其隶属度函数可以表示为

$$\mu_R(x, y) = \begin{cases} 0, & x \geqslant y \\ \dfrac{1}{1 + \left(\dfrac{10}{y-x}\right)^2}, & x < y \end{cases} \tag{3-4-35}$$

设 X、Y、Z 是论域，R 是 X 到 Y 的一个模糊关系，S 是 Y 到 Z 的一个模糊关系，则 R 到 S 的合成 T 也是一个模糊关系，记为 $T = R \circ S$，它具有隶属度：

$$\mu_{R \circ S}(x, z) = \bigvee_{x \in Y} (\mu_R(x, y) * \mu_S(y, z)) \tag{3-4-36}$$

其中，$\vee$ 是并的符号，它表示对所有 y 取极大值，"$*$" 是二项积的符号，因此上面的合成为最大-星合成（max-star composition）。

三、模糊控制器的基本结构

模糊控制系统一般按输出误差及其变化率来实现对工业过程的控制。图 3-4-13 给出了模糊控制器的基本结构，基本模糊控制器包括模糊化、模糊规则基、模糊推理、解模糊和输入输出量化等部分。图中 SP 为设定值，y 为过程输出，e 和 $\dot{e}$ 分别为控制偏差和偏差变化率，E 和 EC 分别是 e 和 $\dot{e}$ 经过输入量化以后的语言化变量，U 为基本模糊控制器输出语言化变量，u 为经过输出量化以后的实际输出值。

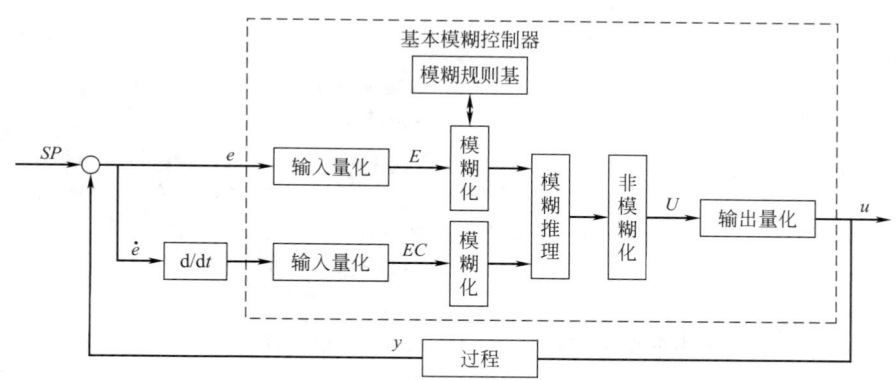

图 3-4-13　基本模糊控制器结构

下面简要介绍模糊控制器的主要作用。

1. 模糊化

模糊化模块的作用是将一个精确的输入变量通过定义在其论域上的隶属度函数计算出其属于各模糊集合的隶属度，从而将其转化为一个模糊变量。

以偏差为例，假设其论域上定义了 {负大，负中，负小，零，正小，正中，正大} 7 个模糊集合，为了便于工程实施，实际应用中通常采用三角形或者梯形隶属度函数。图 3-4-14 是隶属度为等分三角形时的情况。对于任意的输入变量，可以通过上面定义的隶属度函数计算出其属于这 7 个模糊集合的隶属度函数。

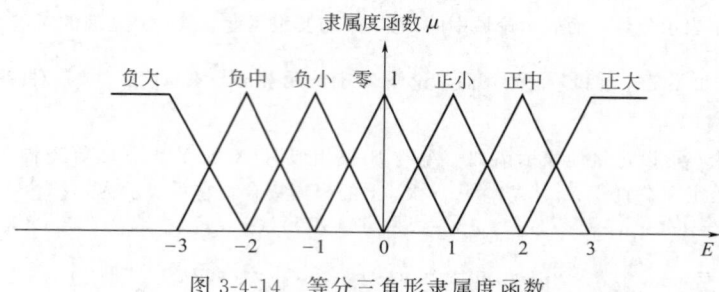

图 3-4-14 等分三角形隶属度函数

模糊规则基是模糊控制器的一个重要组成部分，由操作经验和专家知识总结得到的模糊规则均存放于此 表 3-4-1 给出了模糊规则基的一个实例。表中：NB——Negative Big，负大；NM——Negative Medium，负中 NS——Negative Small，负小；Z——Zero，零；PS——Positive Small，正小；PM——Positive Medium，正中 PB——Positive Big，正大。

表 3-4-1　模糊规则基

E	NB	NM	NS	Z	PS	PM	PB
NB	NB	NB	NB	NM	NM	NS	Z
NM	NB	NB	NM	NM	NS	Z	PS
NS	NB	NB	NS	NS	Z	PS	PM
Z	NB	NM	NS	Z	PS	PM	PB
PS	NM	NS	Z	PS	PS	PB	PB
PM	NS	Z	PS	PM	PM	PB	PB
PB	Z	PS	PM	PM	PB	PB	PB

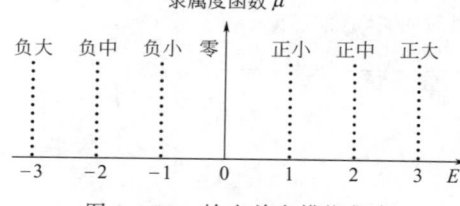

图 3-4-15　输出单点模糊集合

表中的模糊规则可以表述为

第 i 条规则：if E is E_i and EC is EC_i then U is U_i，$i=1,2,\cdots,M$

其中，E_i，EC_i，$U_i\in\{$负大，负中，负小，零，正小，正中，正大$\}$。模糊规则基对整个控制器的控制效果有很大的影响。

2. 模糊推理

这里考虑最简单的情况。假设采用乘积推理，输出为单点模糊集合，即每个模糊集合对应一个精确量，其隶属度函数如图 3-4-15 所示，那么可以计算得到由第 i 条规则推理得到的输出模糊集合函数为

$$\mu_{U_i}(U)=\mu_{E_i}(E)\mu_{EC_i}(EC) \tag{3-4-37}$$

3. 解模糊化

同样考虑最简单的情况，采用重心解模糊化，可以得到精确量输出为

$$U=\frac{\sum_{i=1}^{M}\mu_{U_i}(U)U_i}{\sum_{i=1}^{M}\mu_{U_i}(U)} \tag{3-4-38}$$

第六节　解耦控制

一、解耦控制简介

在实际工业控制过程中，大多数的被控对象具有不止一个输入变量和/或不止一个输出变量，属于多变量

系统的范畴。如果这些输入变量与输出变量之间存在一一对应关系，且非对应的输入变量与输出变量之间的关联程度很低，则该系统可以分解为多个相互独立的单输入单输出（Single Input Single Output，SISO）系统来处理。但实际上，各输入变量与输出变量之间的关联程度较高，即耦合较强。所谓耦合是指被控系统的某一个输入变量同时影响几个输出变量，某一个输出变量也同时受到几个输入变量的影响。在图 3-4-16 所示的典型精馏过程中，塔釜再沸器加热量不但会影响灵敏板温度，对塔底产品质量也有一定影响；回流量不但影响塔顶产品质量，而且会影响灵敏板温度，作用过程如图 3-4-17 所示。由于系统中存在耦合，且有模型不确定性大以及随机干扰等问题，使得被控系统的解耦设计难度越来越高。因此，多变量系统的解耦控制逐步成为研究热点之一。

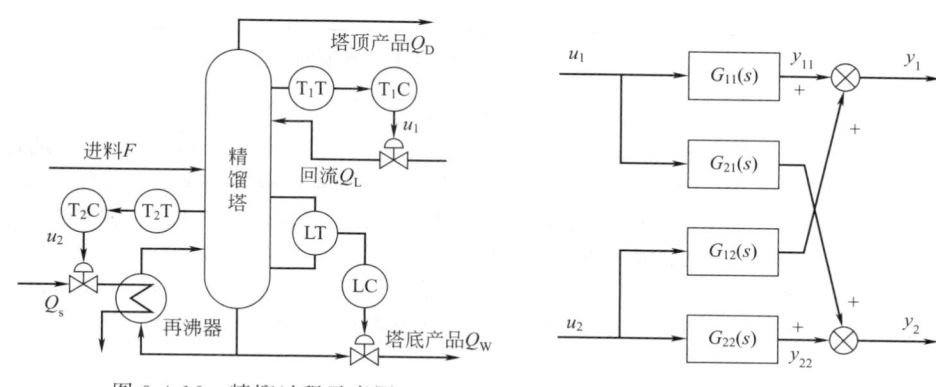

图 3-4-16　精馏过程示意图　　　　图 3-4-17　精馏过程耦合关系图

多变量系统的解耦控制就是调整被控系统的多个输入变量，使整个系统的多个输出同时达到指定的目标。众多科研学者对解耦控制方法进行了研究，主要可以分为传统解耦控制方法和自适应解耦控制方法，下面将对这两类方法的研究现状进行介绍。

二、传统解耦控制方法

传统解耦控制方法主要可以分为时域方法和现代频域方法，该方法主要适用于确定性线性多变量系统。其中，时域方法以状态空间理论为基础，采用状态空间、传递函数阵、系统矩阵以及矩阵分式描述系统模型，通过可控性、可观性分析，且变换为某种标准形（规范形），进而对多变量系统进行解耦控制设计，同时采用 Lyapunov 稳定性定理分析该控制方法的稳定性。现代频域方法是将经典的频率响应方法推广到多变量系统的解耦控制方法中，主要包括 Rosenbrock 的逆奈氏阵列方法、Mayne 的序列回差法、MacFarlane 的特征轨迹方法和 Owens 的并矢展开法。现代频域方法使控制方法的设计过程具有明确的设计方法和直观的物理解释，同时又充分利用设计人员的经验和技巧，使得设计出的控制系统简易行，又具有满意的暂态和稳态性能，有效解决了时域方法应用于复杂工业过程中面临的实际困难。

逆奈氏阵列（Inverse Nyquist Array，INA）方法以有理函数矩阵的对角优势理论为基础，通过使开环逆传递函数矩阵成为对角优势阵而将多变量系统转化成一组单变量系统，同时该方法预补偿器的设计简单且容易实现，有一定的鲁棒性。序列回差法是用单变量控制方法处理多变量系统的控制问题，采用逐个串入补偿器的闭合反馈回路的方法，适用于采用计算机编程实现，能较好考虑各方面的性能。特征轨迹方法是以有理函数矩阵的特征值分解为理论依据，根据绘制的特征轨迹分别设计高频、中频以及低频控制器，组合这三个控制器得到一个最终控制器。该方法需要近似处理，其精确性难以保证。并矢展开法本质上是特征轨迹方法的应用，解决了特征轨迹方法中控制器对应的有理函数矩阵难以实现的问题，但也只能通过试凑实现。

综上可知，传统解耦控制系统功能逻辑如图 3-4-18 所示，主要是通过设计解耦预补偿器，使得被控系统与解耦预补偿器结合得到的传递函数矩阵转换为对角矩阵，进而将多变量耦合系统转化成多个单变量系统。与此同时，解耦预补偿器的设计严重依赖于被控系统的精确模型，但在实际工业过程中模型往往存在较大的不确定性，因此传统解耦控制方法很难满足所需的控制性能。

三、自适应解耦控制方法

闭环自适应解耦控制方法于 1985 年首先提出，在闭环的框架下，将解耦补偿器与自适应控制器的设计统一进行，在减弱或消除变量耦合的同时进行自适应控制。随后，Lang 等将广义最小控制方法与极点配置策略

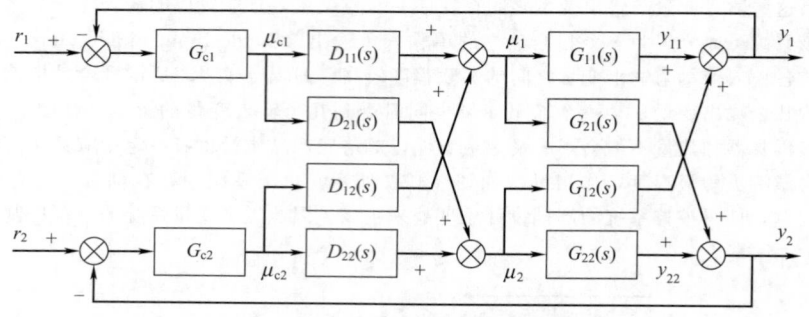

图 3-4-18　传统解耦控制功能逻辑图

相结合并应用到闭环解耦控制方法中，将其推广到非最小相位系统。

自适应控制方法利用系统的输入/输出变量得到一个性能指标并与期望性能指标进行比较，进而基于得到的误差通过自适应机制调整系统中的控制器参数，使得系统的性能指标逐渐趋近于期望的性能指标。同时，自适应控制将模型参数辨识和控制器设计有机结合，可以有效降低模型参数不确定性对系统控制性能的影响。因此，将自适应控制方法与解耦控制方法结合得到的自适应解耦控制方法为多变量系统的不确定性问题提供了可行的解决方法，该方法将被控系统的解耦、控制与辨识相结合，可实现参数未知系统或者时变系统的解耦。目前，自适应解耦控制方法主要有线性自适应解耦控制方法、非线性自适应解耦控制方法以及多模型自适应解耦控制方法。

大多数实际工业过程系统都是多变量、不确定的，而且变量耦合对于系统控制性能的影响较大，同时对控制精度的要求越来越高，因此，选择合适的解耦控制方法的重要性与日俱增。传统解耦控制方法因设计方法以及解耦算法复杂而难以得到广泛应用，而自适应解耦控制方法可以有效解决实际工业过程中的应用问题，且在多个行业中获得了应用，但其理论研究和实际应用还有较大的发展空间。

第七节　先进过程控制应用实施

一、先进过程控制技术的选型

经过 20 多年的发展，先进过程控制技术已从单一的多变量控制发展成较为完整的技术体系，包括：基本回路整定技术；软仪表技术；多变量预估控制技术；智能化的阶跃测试技术；在线优化技术；动态、工艺建模技术；先进过程控制应用性能监控与维护技术。

为了成功地实施和应用先进过程控制，应采用正确的、完整的技术。

1. 基本回路整定技术

先进过程控制是建立在基本单回路控制器的基础上的。通常先进过程控制系统输出 PID 回路的设定值，所以基本单回路控制是否正常投用并稳定运行将对先进过程控制的应用有很大的影响。通常先进过程控制的第一阶段工作就是整定和投用基本单回路控制。由于基本单回路控制数量大，整改的工作量大，因此，有必要采用先进的基本单回路整定技术。

单回路 PID 控制始终占据着过程控制的主导地位，但在大纯滞后过程中和克服扰动方面有明显的不足，于是出现了单回路模型预测控制，作为 PID 控制的有益补充。单回路模型预测控制比基于反馈的 PID 控制在处理大纯滞后和克服扰动方面有更好的性能。

实施先进过程控制通常需要花费较多的时间和财力，包括预测试和阶跃测试、模型辨识、控制器投运等。有些先进过程控制供应商已经开始提供一些工具软件以尽量缩短工程时间和减少实施工程师的劳动强度，其中包括 PID 回路性能评估及参数整定工具，这些工具可将基层控制回路的性能调整到最佳状态，为先进过程控制提供良好的基层平台。

2. 软仪表技术

先进过程控制的首要目标是实现产品质量的在线控制，从而达到稳定生产，进而实现卡边操作而产生经济效益。但在石油化工生产控制中，主要产品质量大都没有在线分析，而只依靠每班或每天的化验分析结果的反馈，由操作工手动调整以达到质量控制的目的。

软仪表技术基于过程机理模型或统计模型，对于主要产品质量进行在线预估，其预估结果被用在多变量控制器作为被控变量（Controlled Variable，CV），从而实现产品质量的在线控制。

3. 多变量预估控制技术

多变量预估控制技术是先进过程控制的核心技术。该技术要求通过对装置进行阶跃测试，得到数据后进行模型辨识，进而创建多变量过程控制模型。多变量控制器（MPC）中将实时地对装置的被控变量（CV）的近期响应进行预测，并与所要求的 CV 值目标轨迹（或上下限区间）进行比较，如有偏差，MPC 将计算出最优的操作变量（MV），从而实现全装置的统一的多变量控制。

4. 智能化的阶跃测试技术

有先进过程控制实施经验的人员知道在生产装置上所做的阶跃测试对先进过程控制项目的重要性，但完成一个好的阶跃测试有相当的难度。

首先，精确的模型需要高质量的数据，需要经验丰富的技术人员以及长达数周的测试工作，需要操作人员和工厂管理人员的配合。

第二，在阶跃测试过程中，为了得到好的模型，控制工程师总是希望给出一个比较大的测试步幅，然而，为了避免意外，测试人员必须稳妥地操作、减少测试步长，从而牺牲了模型精度。

第三，用传统的阶跃测试去设计先进过程控制器是一个反反复复的过程。在完成工厂现场测试后，就进入了一个独立的模型辨识和离线模拟阶段，这一过程是在办公室中完成的。模型中存在的不足之处在控制器投用之前可能不会被暴露出来，应在控制器调试过程中对这些不足进行相应的调整，这将会导致重新评估控制器的设计，会做一些参数调整工作或收集其他的附加数据，从而延误效益的获得。

一直以来，工程人员尽可能简化数据收集的过程，这些尝试只取得了部分效果。如果不利用施加人为阶跃的测试方法，而用装置的日常数据进行建模，由于很少遇到被控变量大幅波动的情况，有效数据其实很少。工厂的历史记录包含有操作员操作的扰动，可当作数据的有效来源之一。在大部分时候，原始的扰动是由外部因素所引起的，存在许多不可测的干扰，在此情况下，模型质量可能会较差。

一些先进过程控制技术供应商，开发了用于阶跃测试的工具。这些模型自动测试工具能够减少现场测试时间，降低对测试工程师的技术水平要求，且这些测试工具对生产装置的扰动较小。使用这些工具容易建立多变量先进过程控制系统的精确过程模型，并且维护费用低。

5. 实时在线优化技术

实时在线优化技术（Real Time Optimization，RTO）是基于先进过程控制的多变量控制器之上的，通过采用工艺机理模型，找出最优操作点，并通过多变量控制器实现优化操作。

传统的技术路线是建立工艺装置的工艺机理模型，通常是静态的多达万条的方程式。然后通过数据整定技术找出稳态操作点，再用优化器算出静态的优化操作点。这种方法的明显不足是机理模型（多达万条、几十万条方程式）的维护困难。第二是大部分装置的操作不是在稳态，能实现稳态优化的时间比例很小，降低了优化的实时性。由于以上原因，传统的实时在线优化技术一直没有得到很好的应用，且投用率低。

6. 动态、工艺建模技术

传统的线性多变量控制器可适用于大多数生产装置和工业过程，但是仍然有一定的局限性，对于高度非线性的过程如聚合过程等，要求先进过程控制厂商提供非线性控制器。

7. 先进过程控制应用性能监控与维护技术

近年来，对于已实施先进过程控制的石油化工企业面临着对已有的先进过程控制应用进行实时的性能监控，并及时进行维护管理。这就需要更多的管理工具来对先进过程控制器的 KPI 参数进行实时监控和管理。

先进过程控制的效益通常在控制器投运的初期较高，随着运行时间的增长，模型失配及操作不当次数增加，如果维护不及时，先进过程控制效益会逐渐下降，需要相应的办法来保持先进过程控制的效益。有些先进过程控制供应商提供了有关的工具，但是需要受过先进过程控制培训的现场工程师才能使用这些工具，并且需要一套合理的管理机制，才能保持先进过程控制的效益。

为了解决先进过程控制效益问题，有些先进过程控制供应商开发了专用软件，提供了一整套性能监控和诊断工具来维护先进过程控制的效益，这些工具软件为监控和改善一个或多个装置上的先进过程控制性能提供了标准的考核评价标准，可以从大量的操作数据中提取出有用的信息。

这些软件能够完成控制器状态监视、先进过程控制性能分析、控制器策略分析、事件监视以及报告生成等功能。

二、先进过程控制项目实施条件

1. 生产装置的实施条件

首先，必须调研装置的基础条件。先进过程控制是基于 DCS 常规 PID 控制的，对整个装置或装置的某个单元进行统一的控制与优化以实现操作目标与经济优化目标。因此实施先进过程控制必须具备以下的基础条件。

① 装置的主要工艺操作无大的工艺问题，主要设备正常操作。

② 装置的常规仪表完好，PID 回路的自控使用率高（主要操作手段的 PID 回路必须能长期投自动）。

③ 有较先进的 DCS 控制系统，并具备与上位机可靠的、单独的通信接口（双向读写），这个通信接口必须与全厂的信息系统接口分开。

2. 先进过程控制应用的效益分析与可行性研究

根据国内外的成功经验，大多数项目都有完善的前期论证研究。这项工作通常包括以下内容。

① 了解目前装置的运行情况，确定先进过程控制应用的基本功能。

② 找出应用先进过程控制的经济效益亮点，并用科学的方法进行效益分析，推算出最优的经济效益。

③ 根据先进过程控制的基本功能，找出实施条件的不足之处（如仪表、设备、上位机通信口等），并估算出项目概算。

④ 编制项目可行性研究报告，进行项目的审批。

以上工作要求较高的技术水平与丰富的经验。对于初次采用先进过程控制的石化企业，由于没有自己的技术力量，必须选择信誉好、经验丰富、技术力量强的专业公司来承担这项工作，以保证工作的质量与可靠性。国内有些企业为了节省投资，往往请几家厂商免费做这项工作，效果往往不理想。

3. 先进过程控制应用的组织条件

先进过程控制涉及工厂的许多部门，它的主要用户将是生产装置的工艺操作工、工艺工程师及工艺主任等。先进过程控制还涉及到生产方案，与生产调度等也关系密切。先进过程控制使用大量基于 DCS 的仪表信号，因此与仪表/DCS 的维护也关系密切。考虑到先进过程控制的长期应用和维护，还应设置专人专岗。因此，对于先进过程控制项目，企业方的项目组织及将来维护人员的培养将是项目成功实施的一个重要因素。根据实践经验，企业应建立以下的项目组织。

① 工厂应任命一位主管生产或技术的副厂长级的领导做先进过程控制总负责人，以协调各个部门的关系。

② 从信息控制或技术部门抽调一位经验丰富的项目经理。

③ 任命至少一位先进过程控制应用工程师全程参与项目，项目完成后继续开展应用工作和维护工作。

④ 生产装置工艺工程师、第一责任者，负责提出工艺的技术指标，审查工艺模型和设计，并验收系统。

⑤ 计算机、仪表、设备等部门有专人参与项目。

4. 项目供应商的选择

对于许多没有很强实施队伍的企业来说，项目供应商的选择将是项目成功的另一个关键因素。

可从技术与实施能力两方面来评估供应商。

技术方面，通常有以下评估标准：

① 技术的成熟性，应是目前主流技术；

② 技术的全面性，应具有从多变量预估、软仪表到优化、维护工具等多方面的技术；

③ 技术的性价比合理；

④ 公司的信誉、规模，有无长期技术支持的能力。

实施能力方面，通常有以下评估标准：

① 国内外同类装置的实施经验；

② 国内的实施队伍与长期支持能力；

③ 工艺主任工程师的经验、能力。

三、先进过程控制项目实施方法

不同的先进过程控制厂商可能有不同的实施方法。由于先进过程控制涉及到装置操作流程和生产管理的许多方面，一个成功的项目实施，除了包括常规的技术开发项目阶段外，还必须包括系统生产管理流程的变革。

1. 先进过程控制技术实施方法

先进过程控制项目的实施需要执行严格程序，确保项目的成功率。主要有以下几个过程。

① 开工会　确定项目目标、管理结构及初步计划进度，讨论先进过程控制要实现的功能，以及在先进过程控制实施时需要的现场过程数据，对现场仪表和工艺的要求。

② 预阶跃测试阶段　了解现有仪表的基本控制回路，进行必要的回路整定。

③ 功能设计阶段/审查　进行数据准备和功能设计，提供初步功能设计报告。

④ 硬件和软件安装　现场安装进行先进过程控制的计算机，并安装相应的先进过程控制软件。

⑤ 阶跃测试阶段（OTS）　利用仿真模型，进行阶跃测试，验证控制回路的性能。

⑥ 详细设计阶段（DDS）/FAT　设计所需的复杂及常规控制。

⑦ 装置开工。

⑧ 阶跃测试验证模型阶段（现场装置）。

⑨ 操作员培训/技术转移　通过联合详细设计，将先进过程控制应用技术及技巧传授给用户的工程技术人员；同时，给用户提供相应的技术资料，并根据生产装置实际情况，对用户的先进过程控制工程师进行培训；在先进过程控制投运前协助用户培训现场操作人员。

⑩ 安装、投用和调试。

⑪ 提供最终文档　在项目投运后，给用户提供的最终文档包括功能设计报告、阶跃测试报告、详细设计报告、最终详细设计报告、操作员用户手册、控制工程师应用培训手册、控制器模型文件及软仪表模型文件。

⑫ 项目验收。

⑬ 先进过程控制系统的维护与效益维持。

2. 生产管理流程的变革

① 了解现有相关的工作流程、技术标准、考核指标，收集数据。

② 根据先进过程控制的功能设计，确定工作流程要求。

③ 设计、审查、批准新的工作流程、技术标准及考核指标。

④ 先进过程控制投运后启动新的工作流程、技术标准、考核指标。

⑤ 项目验收。

⑥ 先进过程控制维护管理流程的设计、实施。

四、先进过程控制的长期应用维护

先进过程控制从原理上来讲是基于数学模型的。这个数学模型是建立在特定的时间（项目开发期）和特定的条件（项目开发时的工艺状况）下的。随着时间的推移，如果装置有了大的变化，先进过程控制中的模型或应用参数需要进行及时的修改以达到最佳的效果。由于操作人员不可能对先进过程控制建模原理有较深的理解，因此在日常使用中，也需要有应用工程师的帮助。再有，先进过程控制中通常也设计了针对不同生产方案的应用，遇到改变生产方案的情况时，也需要对先进过程控制进行切换或参数调整。先进过程控制投入使用后，需要有专人做日常维护工作。根据多年的统计分析，先进过程控制在投运后会发挥它的效益，但半年后如没有适当的维护，其性能和经济效益将逐步下降。

如果能够建立好的维护管理体系，那么其效益完全可以长期维持下去，加上不断的应用改进和系统升级，其效益可不断提高。由于先进过程控制每年会给企业带来的巨大效益（典型的千万吨炼油厂的效益约 6000 万元人民币），因此各大著名石油化工企业对先进过程控制的维护，在人力、物力上一直投入很大，并取得了良好的效果。

1. 先进过程控制维护的组织与管理

由于先进过程控制投入使用后将成为生产操作的有机组成部分，同时它为保障工厂的安全稳定生产、提高经济效益起着重要的作用，因此，石化企业应像维护其他生产设备一样，配备由专人负责的先进过程控制应用工程师小组。这个先进过程控制小组的组成可以根据厂里先进过程控制应用的数目和有无外界技术支持来确定。根据实践经验，一般如有外界维护合作，每人可以维护 5～10 个装置；如以自主维护为主，则每人维护 2～3 个装置。对于一个装置齐全的炼油厂，则需要 4～5 个人。对于先进过程控制工程师小组，其专业背景应以工艺或控制为主，组长或主任工程师应由有经验的工艺工程师担任。先进过程控制工程师的主要职责如下：

① 参与先进过程控制项目的设计和实施；

② 参与先进过程控制项目的交接和验收；

③ 维护先进过程控制项目相关的文档；

④ 培训先进过程控制工艺操作员；

⑤ 维护、改造先进过程控制系统。

有了专业的先进过程控制队伍后，还必须建立起由先进过程控制组牵头、各部门紧密配合的管理制度。工艺操作生产装置将是先进过程控制的用户，首先要建立先进过程控制操作流程及管理考核制度，同时也必须建立有关常规仪表、分析仪、控制阀及其他设备管理考核制度。工艺操作人员的主要职责是：

① 严格按照操作规程执行先进过程控制程序；

② 及时汇总操作过程中待完善提高的问题。

2. 先进过程控制维护的系统管理

在过去先进过程控制项目的实施中，大多侧重先进过程控制系统本身的开发，忽略了先进过程控制在线维护系统的实施。在企业的先进过程控制的组织与管理体制建立起来后，还应对先进过程控制的运行性能进行实时监测与定时报告。这些系统的作用在于及时将先进过程控制系统的投运率、投运效果/效益、待完善的问题等信息反馈到先进过程控制组及企业的管理层，相关部门人员可以及时解决问题，从而提升生产管理水平，提高经济效益和社会效益。

第八节　先进过程控制应用举例

一、乙烯裂解炉先进控制

1. 控制目标

裂解深度就是指裂解反应进行的程度。在裂解液体原料时，因为原料中基本不含乙烯和丙烯，故分析裂解产物中主要产品乙烯和丙烯的量，可以方便地获得乙烯对丙烯的收率比，如图 3-4-19 所示。

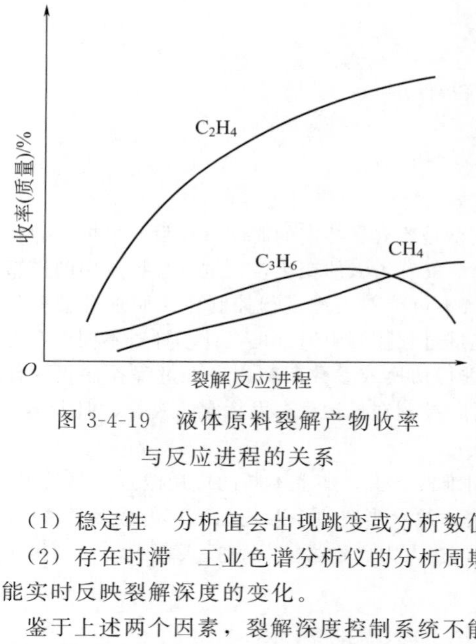

从图 3-4-19 可以看出，随着裂解反应的进行，乙烯收率逐渐增加，而丙烯收率稍慢，到最高点后下降。因此，当裂解深度较高时，$C_3^=/C_2^=$ 收率比的大小能正确反映裂解深度。

裂解产物收率分布主要取决于裂解炉的裂解深度。裂解深度与乙烯、丙烯、丁二烯等高附加值产品收率关联紧密。裂解深度受炉型、原料属性和裂解炉操作条件的影响而变化，在炉型确定的情况下则受原料属性、炉管内壁结焦和操作条件的影响。裂解深度与原料属性和操作条件之间存在复杂的非线性关系，很难用线性模型表征。

图 3-4-19　液体原料裂解产物收率
与反应进程的关系

2. 控制方案

实现裂解深度控制的关键在于首先得出实际裂解深度值，在线裂解深度值可以通过裂解气在线分析仪测定、计算。实际装置在线色谱分析仪运行中会存在两个问题。

（1）稳定性　分析值会出现跳变或分析数值异常情况。

（2）存在时滞　工业色谱分析仪的分析周期是 1.5min，而裂解原料在炉管的停留时间小于 0.5s，分析值不能实时反映裂解深度的变化。

鉴于上述两个因素，裂解深度控制系统不能直接采用在线色谱分析仪的输出值。为此，首先构建裂解深度软测量模型，对裂解深度进行实时估算，并经过在线色谱分析仪的输出值进行校正后，作为裂解深度的反馈值，既保证了裂解深度的快速响应，又增加了所得裂解深度的准确性。

基于过程数据与机理模型，分析影响裂解深度的主要因素，选取灵敏度最高的辅助变量：裂解炉管出口（COT）温度、总进料量、稀释蒸汽（DS）流量、炉管出口压力、原料属性等。同时采集在线色谱分析仪输出的裂解深度。

根据不同的裂解原料类型，分别构建对应的裂解深度软测量模型和在线校正系统，利用裂解气在线色谱分析仪的输出校正软测量模型输出。裂解深度软测量及在线校正过程如图 3-4-20 所示。

基于裂解深度软测量的智能 Smith 预估推断控制系统执行过程如下：根据裂解炉的运行实时过程数据计算当前的裂解深度，并利用在线色谱分析仪分析结果对裂解深度预测模型的输出进行校正，作为裂解深度控制器的 PV 值；然后通过裂解深度控制器自动调整炉管出口温度的设定值。裂解炉出口温度控制系统保证实际

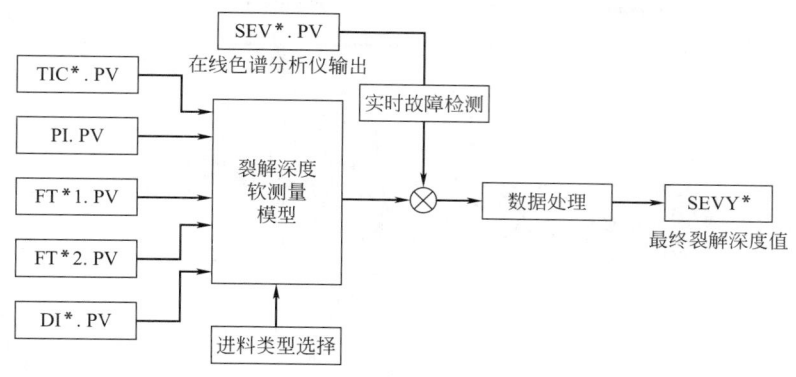

图 3-4-20　裂解深度软测量及在线校正过程

COT 温度对设定值的跟踪控制。控制模块结构如图 3-4-21 所示。

在裂解深度控制系统中，裂解深度控制器可以采用传统的比例积分微分（PID）控制策略，在 DCS 系统中有对应的 PID 控制模块，故裂解深度控制部分直接在 DCS 中实现，一方面降低了通信故障带来的系统风险，另一方面提高了系统的可操作性，维护量小，满足长期投用的要求。裂解深度控制器也可采用基于服务器的内模控制（IMC）或预测控制策略。

3. 应用效果

裂解深度控制系统投用后，裂解深度软测量预测模型输出的丙烯乙烯比和在线色谱分析仪输出的丙烯乙烯比之间的误差如图 3-4-22 所示。从图中可以看出，在线色谱分析仪输出存在显著的滞后，而软测量输出与裂解炉出口温度保持实时的反向关系，几乎没有时间滞后，并且预测模型输出和在线色谱分析仪之间的误差也比较小。这反映出裂解深度模型的有效性和良好的实时性，是裂解深度控制系统能够有效运行的关键保障。

裂解深度控制系统投用后，在裂解原料属

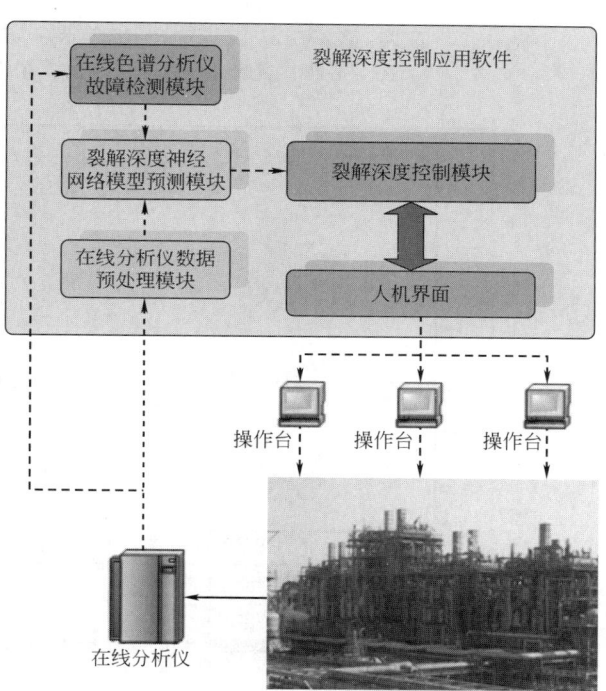

图 3-4-21　裂解深度控制模块结构图

性发生明显变化时，裂解深度仍然能够保证控制在目标值附近，如图 3-4-23 所示。

二、高密度聚乙烯（HDPE）装置先进控制

HDPE 装置先进控制主要实现以下功能：生产过程优化控制，产品质量可控，牌号易于切换。该先进控制系统基于多变量预测控制策略。根据 HDPE 装置的工艺特点，为实现原定效益目标，所设计的控制器主要控制功能包括产率控制、产品质量控制、浆液浓度控制及冷却系统控制等。

1. 产率控制

先进控制系统产生的经济效益主要是通过提高单位时间内聚乙烯产量来实现的。在满足所有约束条件的情况下，先进控制器将尽可能地把乙烯进料量控制在最大值，通过卡边操作提高聚乙烯产量。先进控制器的作用是减小产品质量的波动，使过程参数控制得更加平稳。在先进控制器投入运行后，根据设定产率的高低限值和约束条件，先进控制器将自动调整乙烯进料量来满足产率控制要求。在正常操作的工况下，产率设定的上限需放开，不应成为人为卡边条件，先进控制器最终根据其他约束条件进行卡边控制，使产率达到最大化；但在计划生产条件下，通过总产率上限的合理设定也能有效地实现产率控制。

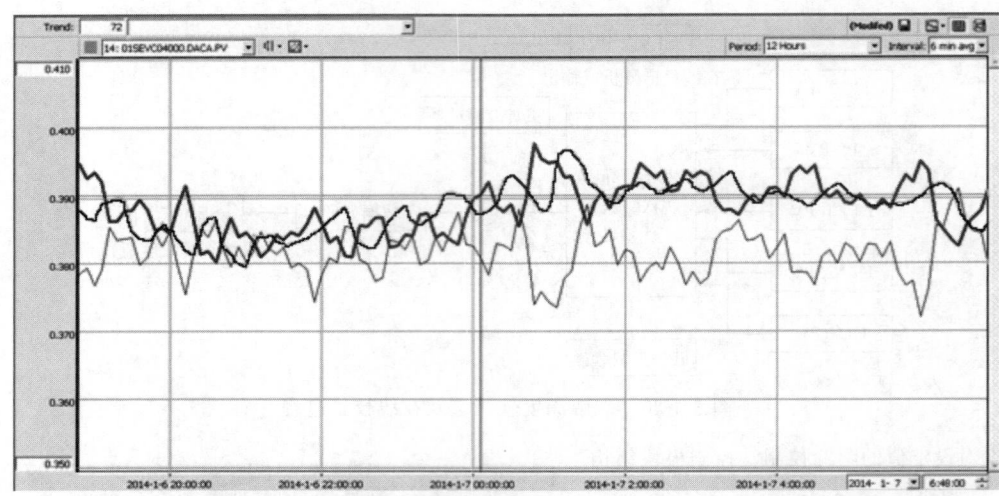

图 3-4-22　裂解深度软测量输出、在线分析值与 COT 的关系曲线

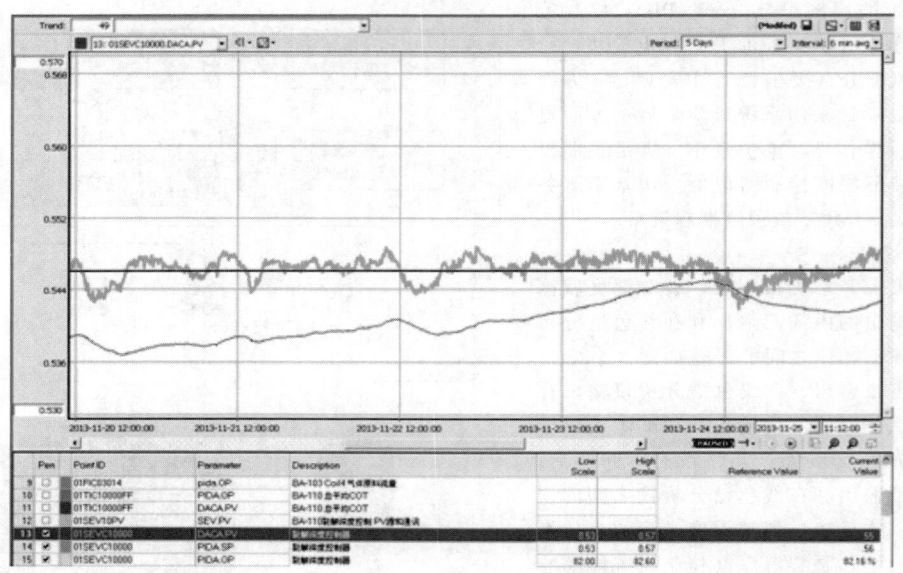

图 3-4-23　原料属性变化时，裂解深度控制趋势图

2. 产品质量控制

HDPE 装置日常控制的产品质量主要有两项：密度和熔融流动指数（MI）。密度主要与加入的共聚单体的种类及数量有关，但密度的分析周期很长，很难实现对密度的连续控制。相比之下，聚合釜内共聚单体（一般为丙烯）的浓度可以实现连续控制，因此把丙烯浓度作为控制密度的约束条件。HDPE 装置的氢气是用于调节聚合反应过程中聚合物分子大小的调节剂，是控制产品 MI 的主要手段。通过氢气流量调节聚合反应体系中氢气与乙烯的浓度，可以达到控制产品 MI 的目的。

由于常规控制回路的非线性及反应滞后的影响，常造成氢气与乙烯比波动范围较大，导致产品质量在较大范围内波动。APC 软件通过在线预测与稳定控制相结合，使氢气与乙烯比实现稳定控制，从而使产品质量得到有效控制，减小 MI 的波动范围。

3. 浆液浓度控制

为了实施多变量控制器对浆液浓度的控制，需在 DCS 系统上进行一些相关计算，并建立相应计算点，计算浆液浓度和母液复用率等 4 个被控变量。在生产应用中，浆液浓度要求在较小范围内波动，浆液浓度控制器通过调节新鲜溶剂和母液设定值来满足控制要求。在正常生产时，新鲜溶剂和母液设定值将随乙烯进料量的变化而改变以维持稳定的浆液浓度。浆液浓度的计算值是在乙烯转化率基本固定及搅拌和撤除反应热效果良好的前提下得到的。多数情况下，浆液浓度能很好地得以控制，但在一些极端工况下，该前提条件不再成立，此时浆液浓度计算值不可靠。为保证稳定而有效地实施浆液浓度控制，引入反应器液位作为浆液浓度控制的另一被控变量。由于 HDPE 反应釜液位都采用溢流控制，反应器液位实际上是浆液浓度较为真实的反映。当浆液浓度增加时，液位也升高。通过预测试，浆液浓度和液位呈线性关系。因此，反应器液位作为控制浆液浓度的另一指标必不可少，并行之有效。一旦液位指示偏高，这时尽管计算的浆液浓度没有违反约束条件，但浆液浓度控制器仍将打入一定量的溶剂以缓解这一紧急情况，防止爆聚。

4. 冷却系统控制

HDPE 聚合反应是一个强放热反应过程，聚合反应又要求严格控制聚合温度，及时撤除反应热是提高产率的关键。引入与温度控制有关的两个过程变量作为冷却能力的监控指标：循环气风机进出压差，该值太低说明冷却负荷小、循环气量小，该值太高说明冷却负荷大、循环气量大；温度控制阀位，该阀位开度太小说明冷却负荷太大，过程的冷却无法保证。以这两个变量作为冷却系统控制器的被控变量，能时刻保证冷却系统控制器在满足冷却能力的前提下提高装置的产量。

5. APC 控制效果

浆液浓度主要是通过调整循环母液与新鲜己烷的进料量来控制的。浆液浓度上升时，先加循环母液再加新鲜己烷；浆液浓度下降时，则相反。APC 系统采用线性规划优化技术，可将母液进料量控制在上限，浆液浓度控制在下限，同时釜内总溶剂量减少。为了减少己烷消耗量、增加母液复用率，控制器将减少己烷进料量、提高母液进料量。由投运结果可见，单釜己烷消耗量由 3.50t/h 降低到 2.90t/h，母液进料量由 8.50t/h 增加到 9.40t/h，提高了母液复用率，增加了浆液浓度，降低了己烷单耗。同时，回收系统由于母液进料量的减少，母液进料的蒸汽用量也相应减少（减少量为 0.50t/h）。新鲜己烷及母液投运前后的进料量对比见图 3-4-24。

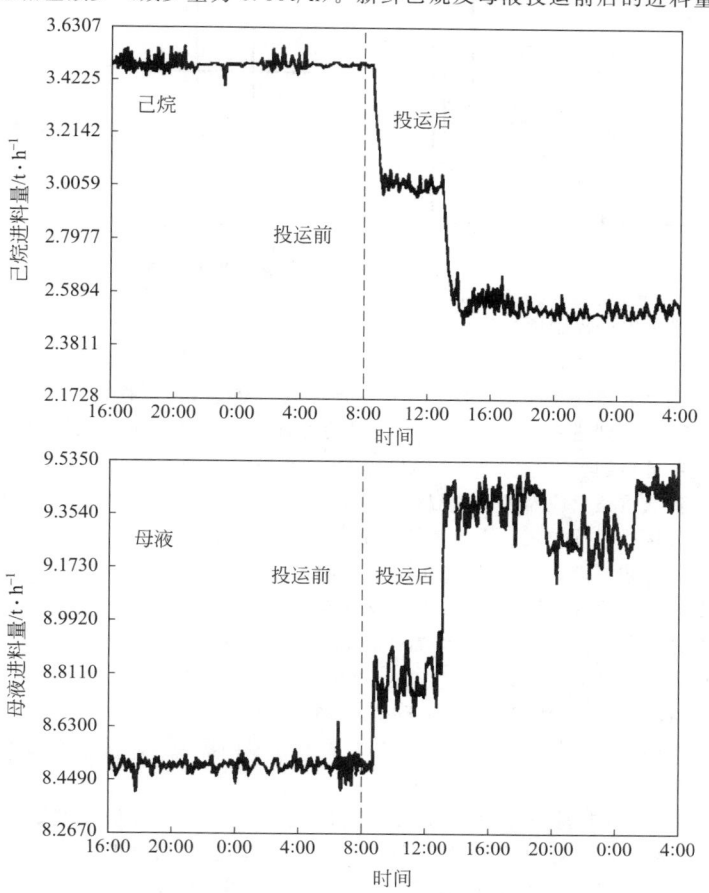

图 3-4-24　新鲜己烷及母液投运前后进料量的对比

三、连续重整装置预测控制

连续重整装置简要工艺流程如图 3-4-25 所示。原料经预加氢原料罐（V-208）与循环氢混合，由反应炉（F-201）加热至 315～340℃左右（视原料组成而定）。经反应，脱除对重整装置催化剂有害的杂质，反应后的物料在 V-202 内分离，分离的氢循环使用，油料进 T-201 汽提塔抽掉轻组分和水，作为重整装置的原料，经测试符合要求的原料方能进入重整装置。E-301 是混合换热器，进料和循环氢在此混合并与第四反应器出料换热，混合物料逐次进入四合一反应炉和四合一反应器。反应后的油气在 V-301 中分离，并经二次再接触后经稳定塔（T-302）脱除丁烷馏分，可作为重整汽油或芳烃抽取的原料。

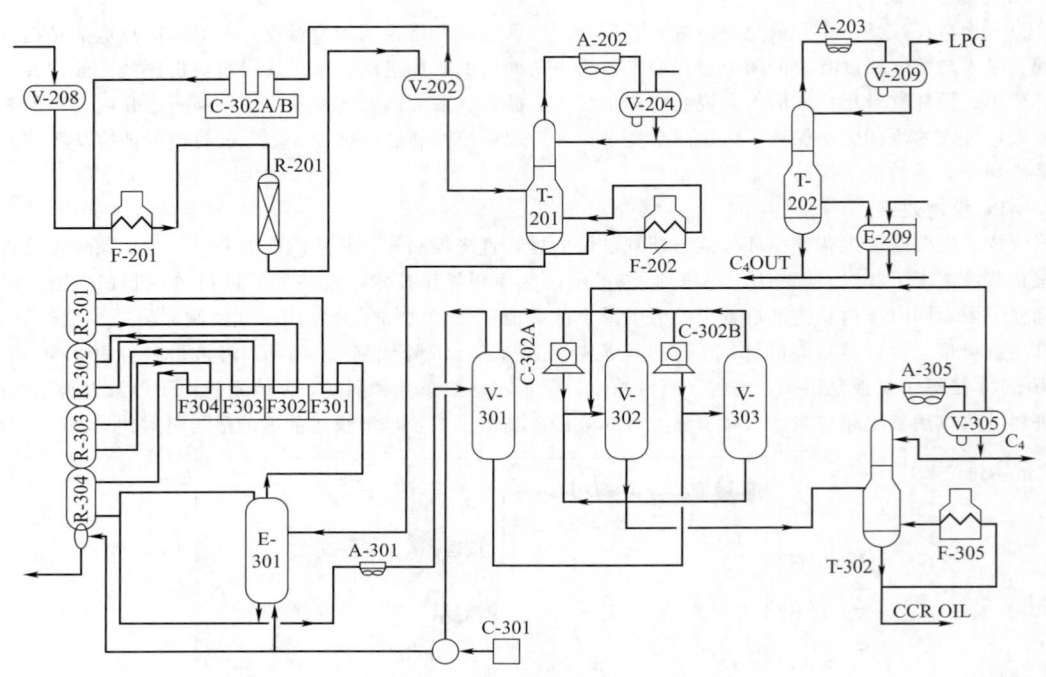

图 3-4-25　连续重整装置简要工艺流程图

CCR（连续重整装置）先进控制项目选用 DMC plus 先进控制软件。该软件的特点是运用大控制器概念，可以应付进料物理性质、进料速率、操作环境的变化。通过 DMC plus 的优化计算、模型预测、多变量约束计控制器，实现对连续重整装置整体的先进控制，包括预加氢、重整反应、稳定、催化剂再生等，使预加氢及重整装置在满足约束条件下达到进料最大化，提高装置的处理能力；稳定预加氢系统，保证重整装置的平稳性；通过调节重整反应器进料加权平均温度（WAIT），实现重整汽油的辛烷值控制；氢气压缩机的卡边控制，使反应器压力最小化；降低重整反应器的峰值温度，延长催化剂的使用寿命；使催化剂积焦再生量获得平衡控制；使蒸馏产品收率最大化；对预加氢、重整系统的加热炉实现节能控制。

根据连续重整装置的工艺特点，确定 APC 由两个控制器组成。其中一个控制器（CCR）包括预加氢、循环氢、重整反应及脱丁烷塔（即由 T-201、T-202、反应重整 RX 及 T-301 四个小单元组成）。另一个控制器（RG Model）针对单独的再生装置，由于再生装置工艺相对独立，但仍与重整反应部分有联系，催化剂上的焦炭量就是根据重整反应条件按结炭模型计算出来的，再生能力会按焦炭量适当地改变烧焦能力。CCR 控制器包括 T-201MDC、T-202DMC、RXDMC 及 T-301DMC 四个子控制器，采用一体化优化能带来较高的经济效益，因为各变量间的相互约束，变量多就更能发挥 APC 的相互协调功能，而设立子控制器为操作提供了方便。再生部分则单独为一个控制器。

DMC plus 多变量预估控制器是一种基于模型的控制算法，过程模型是构成控制的核心。过程模型的精度决定了 DMC plus 的控制精度，这里采用了阶跃扰动测试法。测量数据应用建模软件来处理，可获得 DMC plus 的模型参数。图 3-4-26 是 T-201 塔底初馏点与塔顶回流的变化曲线，测得模型参数为－0.1063，响应时间约 140min。由于多数模型响应时间在 60min 左右，所以本项目 DMC plus 控制器模型按 60min 预测。

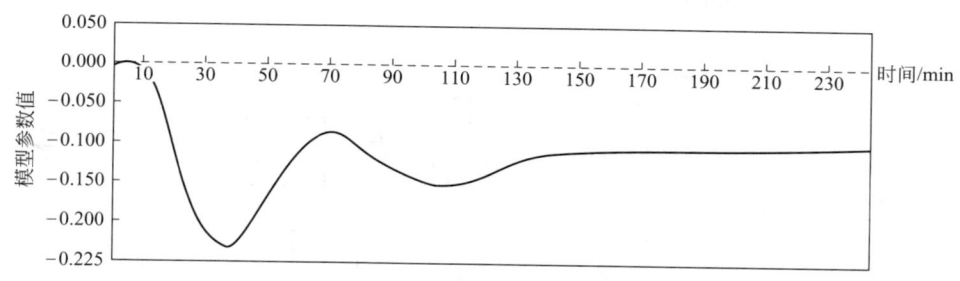

图 3-4-26 T-201 塔底初馏点与塔顶回流的变化曲线

DMC plus 对过程模型的处理是通过测试得到的数据进行识别，即已知被控变量的值和变化增益，求出过程模型。所谓预测模型，是已知 MV 变量的变化，预测 CV 变量的值。预测一般用于先进控制系统的开环指导，模型控制根据被控变量的要求值或约束条件，计算出 MV 需要变化的量，去控制过程控制仪表，如 SP 值或 OP 值的改变，是先进控制的闭环形式。

DMC plus 除了上述模型预测和模型控制能力之外，还具有过程变量推理计算功能（称为 VSCALC），其中包括沉碳速率 CLKELR（kg/h）和催化剂表面的积焦量 COKESSPR（质量%），这里催化剂的沉碳速率是根据 UOP 模型机理推理计算得到的。

先进控制投用后，装置操作平稳率、产品质量、消耗均有明显改善。重整原料预处理部分的先进控制改善了重整进料的质量，可控制重整原料中 C_5 含量，降低了整个装置的能耗，提高了汽油辛烷值及氢产量。重整反应部分先进控制可降低了重整产品分离器操作压力，提高处理量，消除了由于炉子超负荷、各反应器提温困难的问题，降低重整循环氢流量。重整生成油分馏塔 T-301 先进控制，降低了该塔重沸炉燃料气的消耗，消除了该重沸炉负荷不足的瓶颈。

四、加氢裂化装置先进控制

1. 工艺流程简介

加氢裂化装置工艺流程简图如图 3-4-27 所示。

原料油与氢混合后经反应进料加热炉加热后进入加氢精制反应器，反应流出物进入加氢裂化反应器进行加氢裂化反应。

裂化反应器反应流出物经热高压分离器、冷高压分离器、热低压分离器、冷低压分离器分离，热低分油和冷低分油进脱丁烷塔，塔顶气经塔顶回流罐分离，油相一路作为塔顶回流，另一路为液化气出装置。脱丁烷塔底设有重沸炉提供热量，塔底油经常压炉加热后作为常压塔的进料。

常压塔顶气经回流罐冷凝后液相一路作为塔顶回流，另一路为轻石脑油出装置。常压塔设有三条侧线，抽出产品分别为重石脑油、喷气燃料（航空煤油）、柴油，每条侧线设有相应的汽提塔。

常压塔塔底油一路作为循环油，另一路经减压炉加热后作为减压塔进料。减压塔顶气经回流罐冷凝后液相一路作为塔顶回流，另一路作为乙烯料出装置。减压塔设有两条侧线，分别抽出轻质润滑油和中质润滑油，塔底料作为重质润滑油料出装置。

2. 先进控制系统构成

先进控制系统构成如图 3-4-28 所示。

① 软测量系统分为反应系统（含反应、反应分离单元）和分馏系统（含脱丁烷塔、常压塔、减压塔单元）两个软测量系统，为多变量预估协调控制器提供软测量结果。

② 多变量预估控制器分为反应深度控制器、反应分离控制器、脱丁烷塔控制器、常压塔控制器、减压塔控制器五个控制器。

③ 转化率及 CAT2 协调器：可实现转化率及 CAT2 的修正及协调。

④ 数据处理及故障检测。

3. 先进控制系统的实施

(1) 软测量系统 软测量系统设置了反应和分馏两个软测量模块，提供不可测变量的实时计算，建立了转化率、液化气 C_5 含量、轻石脑油干点、重石脑油干点、喷气燃料干点、喷气燃料闪点、柴油干点、减一2%

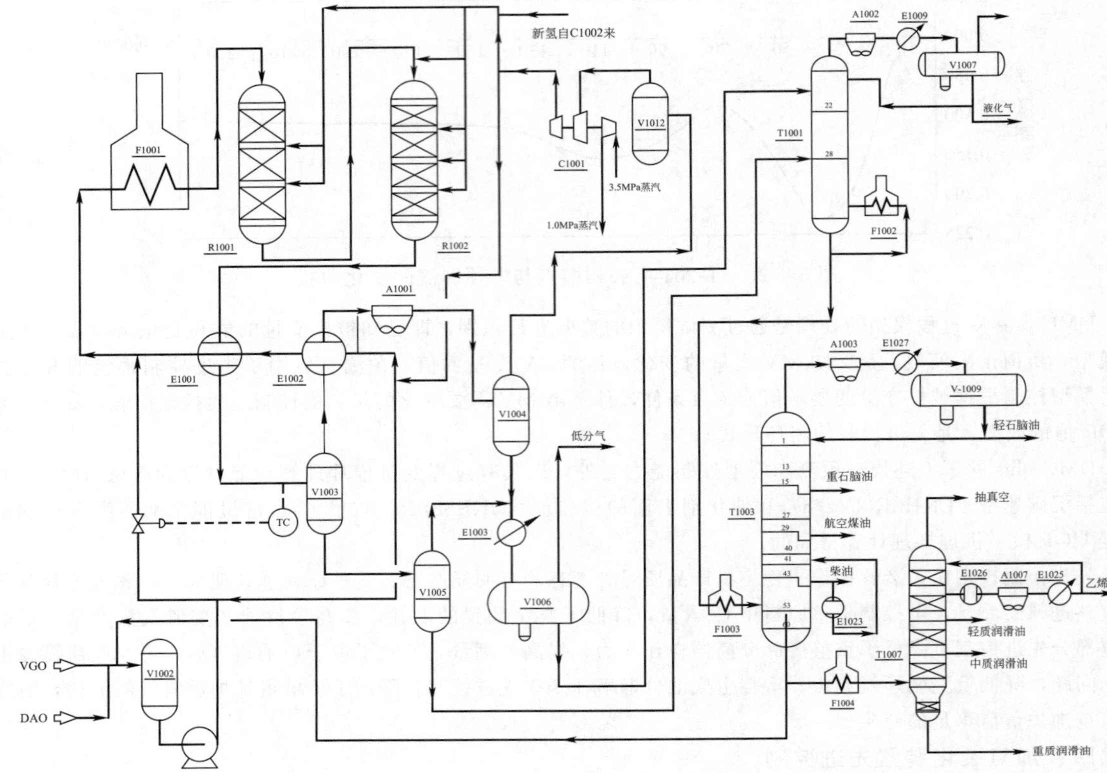

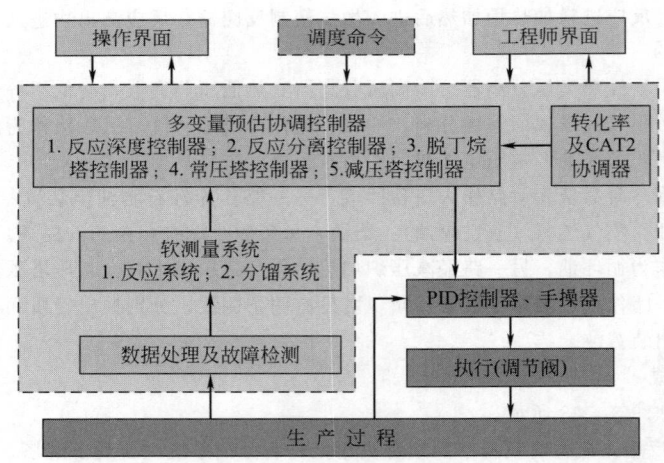

图 3-4-27 加氢裂化装置工艺流程简图

图 3-4-28 先进控制系统构成

点、减一98%点、减二2%点、减二98%点、减三2%点等软仪表。计算结果的准确性达到了指导操作和闭环控制的要求。

(2) 反应深度控制器 反应深度控制器涉及反应进料加热炉、精制反应器、裂化反应器三个部分。反应进料加热炉保证出口温度平稳，提高加热炉的热效率。精制反应器平稳控制精制反应温度 CAT1，保证精制效果，合理分配加热炉入口温度以及精制二、三床层温度。裂化反应器保证平稳控制转化率，以裂化反应温度 CAT2 为调节手段，最终使四个床层入口温度合理分配，在各床层入口温度允许的范围内，更好地适应原料性质的变化及生产周期内催化剂活性的变化保证约束变量不超限。

（3）反应分离控制器　反应分离单元的主要作用是将裂化反应产物进行分离，由于涉及分离罐的串联操作，前罐出料波动会对后罐液位产生干扰，有时候会引起较大波动。反应分离控制器的主要目的是通过实施非线性液位以及液位速率控制，维持各分离罐液位平稳，并在给定区域内使各罐出料波动减小，变化平缓，这样对后续单元操作以及转化率的计算都有益处。

（4）分馏系统先进控制器　分馏系统脱丁烷塔、常压塔和减压塔各设计一个先进控制器。主要控制目标如下：

① 重要变量平稳控制；

② 质量卡边控制；

③ 上下游协调控制；

④ 支路平衡以及液位非线性控制；

⑤ 多变量协调。

4. 先进控制实施效果

（1）软测量准确性标定结果　软测量考核指标见表 3-4-2 所示。

表 3-4-2　软测量考核指标

指标	液化气 C_5 含量	轻石脑油干点	重石脑油干点	喷气燃料干点	喷气燃料闪点	柴油干点	减一 2%点	减一 98%点	减二 2%点	减二 98%点	减三 2%点	转化率
精度	±1%	±2℃	±2℃	±2℃	±2℃	±2.5℃	±3℃	±3℃	±3℃	±4℃	±4℃	±1%
概率/%	98.9	93.6	91.7	92.6	94.3	93.5	91.2	90.4	90.8	90.4	91.2	92.8
精度	±1.5%	±4℃	±4℃	±4℃	±4℃	±5℃	±6℃	±6℃	±6℃	±6℃	±6℃	±1.5%
概率/%	99.9	99.6	99.1	99.1	98.8	99.7	99	99.7	98.5	98	98.6	99

软测量结果达到指导操作和在线控制的要求，可实现产品质量的平稳控制和卡边控制。

（2）操作平稳性对比　以裂化反应投用效果对比为例进行说明，见图 3-4-29。裂化反应系统先进控制的主

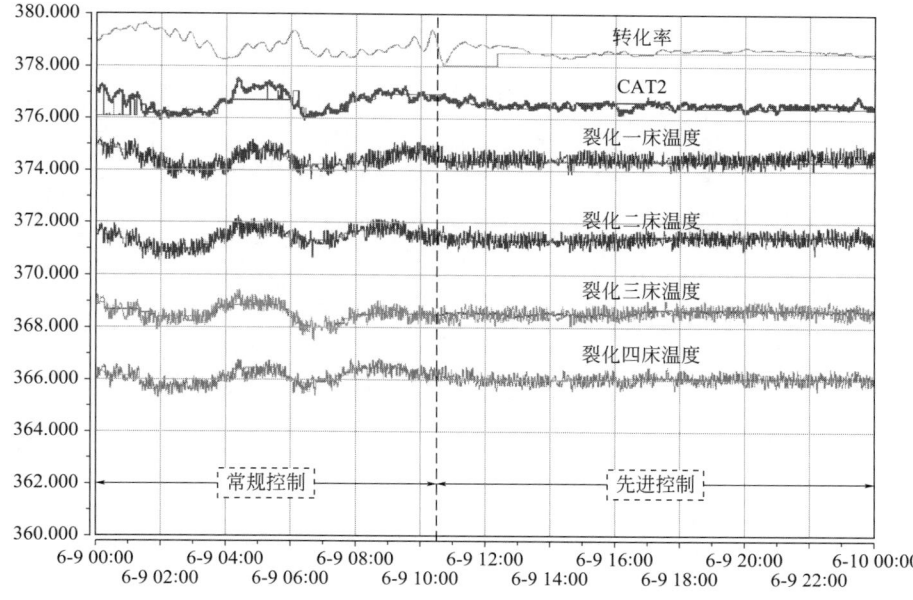

图 3-4-29　裂化部分投用效果对比

要目标是平稳控制转化率、CAT2 以及各床层温度，提高反应深度。从趋势记录可以看出，投用先进控制后，转化率、CAT2 及裂化一至四床温度比常规控制时平稳性有较大提升，同时实现了转化率控制 CAT2，由 CAT2 控制器对四个床层温度进行分配。

（3）产品收率　先进控制系统投用后，喷气燃料和柴油总收率比常规控制时提高 1.505％。产品收率的提高主要来自产品质量的卡边及稳定控制。产品收率提高后每年可增加效益 938 万元左右。

第四篇　数字控制系统

第一章　概　　述

石油化工企业自动化信息化系统基本采用三层架构方式：上层为企业资源管理层（Enterprise Resource Planning，ERP），中层为生产运行管理层（Manufacture Execution System，MES），下层为过程控制层（Process Control System，PCS）。

过程控制层（PCS）是三层架构的基础，包括分散控制系统（DCS）、现场总线控制系统（FCS）、安全仪表系统（SIS）、气体检测系统（GDS）、压缩机控制系统（CCS）、可编程序控制器（PLC）、智能设备管理系统（IDM）、转动设备监视系统（MMS）、数据采集与监控系统（SCADA）、储运自动化系统（MAS）、操作数据管理系统（ODS）、先进报警管理系统（AAS）、控制器性能监控系统（CPMS）、先进过程控制（APC）、实时优化（RT-OPT）及操作员培训仿真系统（OTS）等。

本篇介绍分散控制系统（DCS）、安全仪表系统（SIS）、可编程控制器（PLC）、压缩机控制系统（CCS）、气体检测系统（GDS）以及数据采集与监控系统（SCADA），其余部分在本书第三、五、六篇相关章节介绍。

一、集散控制系统（DCS）

在20世纪40～50年代，采用将信号转换、显示、记录、控制等功能融为一体的基地式仪表。60～70年代，采用按功能组合气动/电动单元组合仪表以及巡回检测仪表。在70～80年代，横河Ⅰ系列、北辰EK系统、福克斯波罗SPEC200、国产DDⅠ-Ⅲ、QDZ-Ⅱ等单元组合仪表在石油化工生产装置普遍采用。直到现在，关键核心单元仍选用模拟仪表控制系统。

1975年11月，美国霍尼韦尔公司发布世界上第一套基于微处理器的分散控制系统TDCS2000（Total Distributed Control System）。与此同时，日本横河公司发布CENTUM分散控制系统。

1977年，山武-霍尼韦尔公司TDCS2000基本控制器在上海炼油厂投用。1979年，横河CENTUM系统在吉林化学工业公司合成氨装置投用。1982年1月，福克斯波罗公司SPECTRUM系统在上海炼油厂投用。

1986年到现在，据不完全统计，石油化工装置近千套DCS系统在正常运行。

2005年，艾默生Delta V现场总线（FF）控制系统首次在上海赛科石化公司乙烯工厂大规模成功投入运行。

2006年，横河CENTUM现场总线（FF）控制系统首次在中海油惠州乙烯工厂大规模成功投入运行。

2007年至现在，石油化工千万吨炼油、百万吨乙烯一体化工厂相继建成投入运行，采用自动化信息化系统集成MAV模式给用户带来显著的效益。主要有横河CENTUM系统、霍尼韦尔EPKS系统、艾默生Delta V系统、福克斯波罗I/A系统、西门子PCS-7系统、ABB 800xA系统、和利时MACS系统及浙江中控ECS700系统等。

从1980年以来，DCS系统结构和性能日趋完善，硬件结构标准化，冗余容错技术，开放性、可靠性、安全性、可用性、网络化、通讯能力均大幅提升，操作维护方便。目前在炼油、石油化工、化工、煤化工、LNG、海上平台、钢铁、轻工、纺织等部门，广泛采用DCS系统实现对生产过程集中操作管理、分散实时连续控制、程序控制和批量控制及快速运动控制等。DCS系统是过程控制系统（PCS）的基础核心。

1993年，和利时公司首次推出国产分布式控制系统HS1000，在华北制药厂成功投入运行。浙江中控公司首次推出国产分散控制系统JX-100，在浙江巨化锦纶厂成功投入运行。2006～2008年，石油化工、煤化工等快速发展，浙江中控公司、和利时公司等开始获得大型石油化工联合生产装置DCS系统集成项目，并成功投入商业化运行，在实施过程中取得经验。国产DCS系统硬件、软件，特别是应用软件向前迈进一步，为实施更大规模的DCS系统集成奠定标准、规定、工作程序等基础。

新建千万吨炼油、百万吨乙烯一体化、集成化、自动化、数字化、信息化、智能化石油化工企业、新型煤化工企业对主自动化系统集成商要求更高、更严，国内外DCS系统集成制造商将为用户提供性能价格比合理的DCS集成系统。

本篇第二章分散控制系统将介绍常用DCS系统的特点、架构、硬件、软件及应用举例。

二、安全仪表系统（SIS）

石油化工生产装置采用分散控制系统实现生产过程测量、控制、监视、管理，采用安全仪表系统（SIS）实现企业安全生产，防止和降低生产装置的过程风险，保证人身和财产安全，保护环境。

安全仪表系统通常采用安全可编程序控制器（PLC）、固态逻辑电路以及继电器逻辑电路三种模式。

1999 年 10 月，发布 SHB-Z06—1999《石油化工紧急停车及安全连锁系统设计导则》。

2004 年 3 月，发布 SH/T 3018—2003《石油化工安全仪表系统设计规范》。

2013 年 2 月，发布 GB/T 50770—2013《石油化工安全仪表系统设计规范》。

根据 IEC 61508、IEC 61511、GB/T 50770 标准，SIS 系统设计原则如下。

① SIS 系统是实现一个或多个安全仪表功能的仪表系统。SIS 系统独立于 DCS、GDS 系统单独设置，独立完成安全仪表功能。SIS 系统由测量仪表、逻辑控制器、最终执行元件等组成。

② SIS 系统安全生命周期包括工程方案设计、过程危险分析和风险评估（HAZOP）、保护层的安全功能分配（LOPA）、安全仪表功能（SIF）及安全完整性等级（SIL）评估及审查、安全要求规格书（SRS）、工程设计、系统集成、调试及验收、运行维护、变更、功能测试，直至停用等。石油化工 SIS 系统安全生命周期宜为 10～15 年。

③ 石油化工 SIS 系统安全完整性等级分为 SIL1、SIL2、SIL3。低要求操作模式时，安全仪表功能 SIL 等级采用平均失效概率（PFDavg）衡量。

④ SIS 系统应设计成故障安全型。当 SIS 系统内部产生故障时，SIS 系统应能按设计预定方式将过程转入安全状态。

⑤ 安全可编程序控制器采用符合 IEC 61508 标准要求 SIL 功能安全认证的可编程电子系统。逻辑控制器独立设置，冗余配置 CPU、I/O 模件、通信模件、电源单元等。

⑥ SIS 系统硬件、软件选用正式版本，带自诊断及测试功能，SIS 与 DCS 时钟同步，通信接口冗余配置。

⑦ 输入、输出模件信号通道带光电或电磁隔离，带线路短路和开路检测报警功能。

本篇第三章安全仪表系统介绍常用安全可编程序控制器特点、架构、硬件、软件及应用举例。

三、可编程序控制器（PLC）

可编程序控制器（PLC）在钢铁、电力、装备制造、轨道交通、军工、轻工、纺织、化工、石油化工、煤化工、长输管线等行业广泛应用。

可编程序控制器除具有传统的 PLC 实现顺序逻辑控制外，还可实现过程控制、批量控制、传动控制、运动控制及安全控制等多种控制功能。

可燃/有毒气体检测系统（GDS）、火灾报警系统（FAS）、压缩机控制系统（CCS）、设备包控制系统、SCADA 系统、聚合物粉料及粒料仓时序控制系统、挤压机、包装机控制系统等，均可采用可编程序控制器。

符合 IEC 61508 规定 SIL 等级经国家权威机构功能安全认证的 PLC 系统，可用于安全仪表系统。

可编程序控制器分为标准型控制器、极端环境控制器及安全控制器。不同的内存大小适应不同规模的应用，可寻址最多达 256000 个离散量点或 8000 个模拟量点。极端环境控制器可用在恶劣、腐蚀环境，温度范围 −25～70℃下工作。安全控制器用于安全仪表系统、压缩机控制系统等安全控制。

本篇第四章可编程序控制器介绍和利时、罗克韦尔、西门子、浙江中控 PLC 系统的特点、架构、硬件、软件及应用举例。

四、压缩机控制系统（CCS）

压缩机控制系统适用于离心式压缩机、轴流式压缩机、汽轮机、燃气轮机、透平驱动发电机、透平驱动泵、气体膨胀机以及能量回收机组等监视、控制、操作管理。

压缩机控制系统实现防喘振控制、负载分配与优化、过程解耦、负荷能力控制及过载保护、透平速度控制、超速保护、抽气流量或压力调节、附属单元控制（润滑油、密封气）、启动和关闭顺序控制、SOE 与 ESD、振动/健康状态监视、退守策略（Fallback）等，避免和减少非计划停车，提高可用性。

安全卡边控制发挥压缩机的最大效能，精确控制实现减少回流量和放空，带来大的节能效益，扩大生产能力；防喘振控制确保压缩机可靠、安全、经济运行；解耦控制（多变量控制）保证整个工艺生产稳定，减少非计划停车，减少物料回流，节省超高压蒸汽，经济效益显著。

本篇第五章压缩机控制系统介绍和利时、罗克韦尔、康吉森系统的硬件、软件及应用举例，还简单介绍机组状态监测系统。

五、气体检测系统（GDS）

石油化工生产装置、公用工程辅助设施内存在可燃、有毒气体释放源。为了保障石油化工企业的人身、财产和环境安全，在可能泄漏或聚集可燃、有毒气体的场所，设置可燃、有毒气体检测器，并将信号接至气体检测系统。根据 GB/T 50493 的规定，报警信号送到有人值守的中心控制室或现场控制室进行声光报警。

气体检测报警系统位于保护层的减灾层，在发现可燃、有毒气体泄漏后可减轻发生危险事件的后果。GDS 系统在生产装置运行和停车时均要监控，一直处于连续工作和监控状态。

GDS 系统独立于 DCS、SIS 等系统单独设置。GDS 系统配置有三种模式：GDS 与 FAS 集合为火灾和气体检测系统（FGS），采用符合 IEC61508 要求经 SIL 认证的可编程序控制器；GPS 与 FAS 分别单独设置，采用可编程序控制器等电子产品；GDS 系统规模小，采用气体报警器控制器。

对于全厂 GDS 系统，根据生产装置气体检测器 I/O 点数，可采用几套装置共用一套 GDS 控制器设置在中心控制室（CCR）内，GDS 系统远程 I/O 站设置在现场机柜室（FAR）内，CCR-FAR 使用冗余光纤连接。也可在 FAR 内设置独立 GDS 控制器，在 CCR 内设置 GDS 远程 I/O 站。GDS 系统采用 UPS 电源供电。气体报警器控制器应有消防产品型式检验报告。

第二章　分散控制系统

第一节　ABB Ability System 800xA 系统

一、系统概述与发展

ABB Ability System 800xA（简称 System 800xA）作为新一代协同过程自动化系统（Collaborative Process Automation System，CPAS），其具备基于智能制造所驱动的数字化、智能化新技术。

基于 System 800xA 面向对象的属性技术，可实现工厂全局范畴的信息集成。同时 System 800xA 注重以人为本和协同操作的设计理念，可使工厂生产操作、管理、仪表及系统维护等在统一平台下协同工作，可获得实时信息，正确分析、准确决策并执行解决方案，最终实现工厂安全稳定运行。

System 800xA 基于 IEC61850 国际标准，打破了电气集成技术的壁垒，实现了电气自动化系统与过程自动化系统的协同运行。基于现场总线技术及信息管理软件的集成，实现了以设备全生命周期维护服务为目标的工厂资产管理。从基于 IEC61131-3 结构化工程组态，提升至面向过程对象的编程理念，将工程设计、编程、测试、调试的单线程约束"解耦"，实现了高效率的并行流程，在提升工程效率同时，也可应对未来变更的挑战。

System 800xA 历经了 6 个版本的发展，初始版本发布时实现平台化结构和面向对象的属性技术，支持全方位的冗余解决方案，作为开放系统平台可以集成 ABB 不同控制器，而且可以通过国际标准现场总线技术集成第三方设备。V6 版本于 2014 年发布，将 System 800xA 引入到 CPAS 领域，关注系统安全、用户总拥有成本、企业生产效率。System 800xA 的特点：

① 健壮、强大的系统平台；

② 系统支持虚拟技术部署；

③ 推出系统配套网络设备、监控及网络安全机制；

④ 具有系统体系安全防御软件及解决方案；

⑤ 全方位集成过程自动化、电气自动化、批量管理系统；

⑥ 具有全新历史数据库，可提升工厂生产效率的生产管理系统。

二、系统特点

1. System 800xA 核心技术

System 800xA 作为新一代协同过程自动化系统（CPAS），扩展了流程工业中经典 DCS 的功能，使得工厂操作员、自动化工程师、维护工程师、生产管理人员在统一的平台上高效率协同工作。为了实现这个目标，System 800xA 采用了一系列区别于传统 DCS 新的核心技术。

（1）面向对象的信息技术　System 800xA 通过将现场设备等实际对象抽象为对象模型，其内部封装了与该对象相关的不同角度信息（属性）及对应的操作展示软件（属性系统），这一体系称之为对象属性技术（Aspect Object），基于这个技术，在企业范围内通过统一的工具和视角，实现工厂全方位的信息展示、查询及组态，同时可以实现快速灵活的定制化信息服务开发，该定制化产品可以在同一行业内多次复制使用。

（2）扩展自动化技术　为了给工厂创造一个协同的操作、分析环境，提升生产、工作效率，势必要求系统突破传统 DCS 的束缚。作为一个集成平台，无缝嵌入工厂其他子系统，使这些原先独立运行的子系统作为 System 800xA 系统平台上的扩展功能模块，可以提升系统间数据共享、传输的效率，节约系统投资成本；同时可提升协同、操作效率，便于用户维护、培训以及未来系统更新。目前 System 800xA 平台上集成了如下扩展功能模块。

① 电气自动化系统集成　基于 IEC61850 通信协议标准，同时开发了 GOOSE 指令，使得 IED 设备可以直接与过程控制器实时数据通信，参与过程控制逻辑环节。每个 AC800M 控制器最多可提供 12 个通信接口，可作为独立 IED 接口实现电气设备集成和控制逻辑数据通信。

② 安全过程控制系统集成　深入协同安全仪表系统（SIS）与操作员站监控数据共享，报警信息共享，可以进行全面、准确的实时监控及操作，可以共享系统的图形化编程以及系统高效率工程工具。基于 SIS 实现安

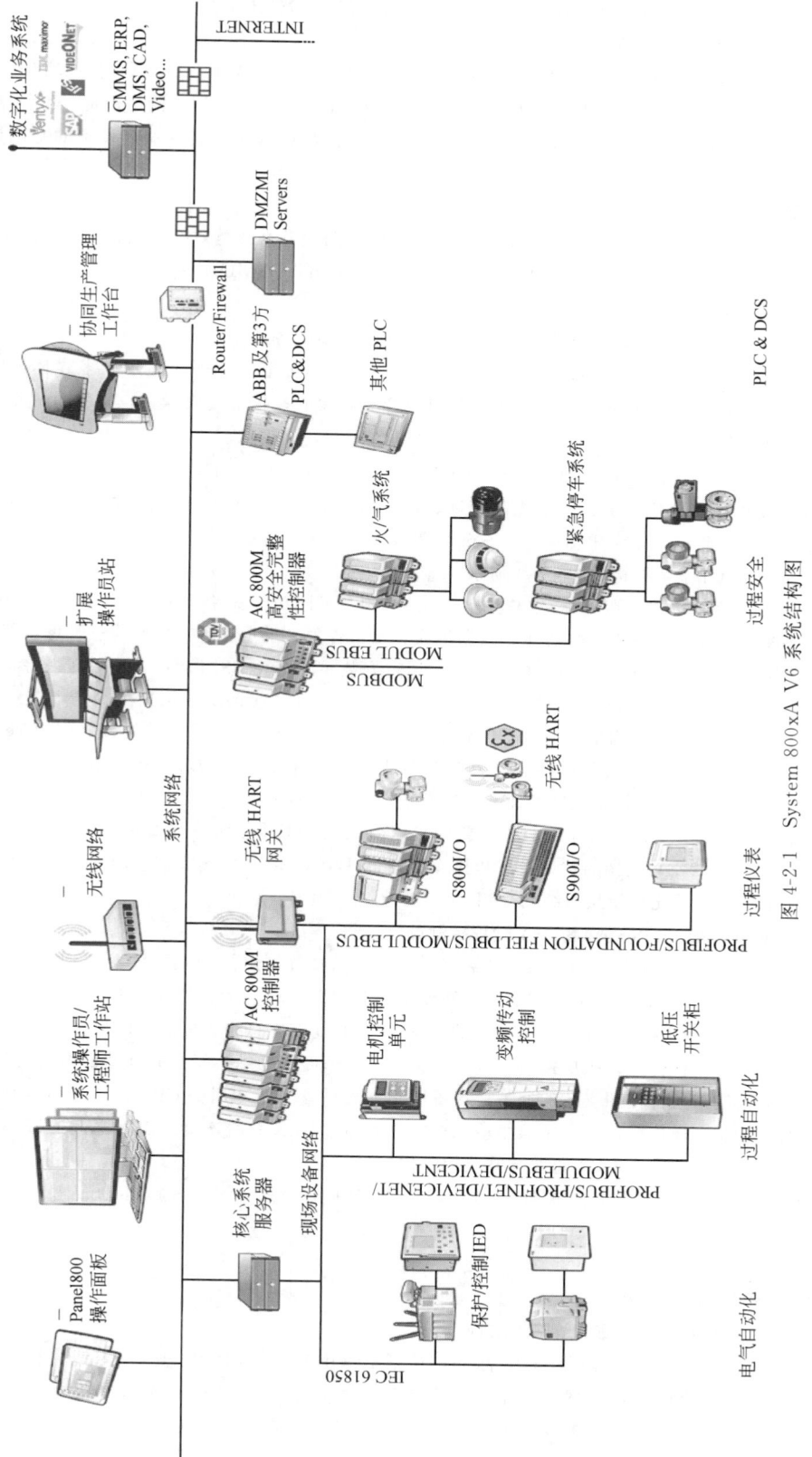

图 4-2-1 System 800xA V6 系统结构图

全仪表功能（SIF）安全完整性等级（SIL）认证的工程应用包及 HMI 操作面板，可应用到安全认证控制器，实现在统一平台上 SIS 操作与 DCS 操作的隔离。

③ 基于总线技术的资产管理系统集成　System 800xA 系统可以集成工业自动化的现场仪表、电气设备等智能设备的诊断数据，还可以集成与过程自动化系统相关的 IT 设备如服务器、网络设备、工作站的诊断数据。在 OPC-DA 服务及属性对象技术支撑下，可提供实时资产监控功能模块，实现资产设备的基础诊断展示、报表及远程维护操作。

2. 操作员站设计

System 800xA 操作员站设计致力于通过信息集成技术不断提升操作员效率，主要体现在以下三个方面。

① 注重以人为本的操作环境，如 HMI 界面设计符合 Namur、EEMUA 的规范，可提供高效率和具备信息展示的简洁图形元素。

② 在 System 800xA 属性对象技术支撑下，可实现信息一键导航操作。

③ 操作员站不仅可以设计基本的报警及事件展示功能，如报警条、列表显示、多媒体显示等，还具备帮助操作人员快速做出正确决策的高级功能，例如报警屏蔽功能；报警响应操作；报警事件统计分析功能。

三、系统结构

System 800xA 作为协同过程自动化系统（CPAS），将流程工业中的分散控制系统（DCS）、安全仪表系统（SIS）、电气及变电站自动化系统、批量控制管理、设备维护管理、生产信息管理纳入到一个统一的平台上。为了实现这一目标，系统设计为开放互连、安全可靠、易于扩展、高效工程实施的结构。

System 800xA V6 系统结构如图 4-2-1 所示。

System 800xA 系统为典型服务器/客户端（C/S）结构，不同功能服务软件形成了 System 800xA 重要核心部分，这些服务软件覆盖了系统核心功能、数据集成、设备管理、批量管理、生产信息管理，并运行在高性能服务器硬件环境。System 800xA 支持虚拟机技术，通过安装 VMware ESXi 软件，可以在一台物理服务器上部署多个不同 xA 服务器/客户端软件，可分布式运行不同功能服务，使系统结构更加简洁，节约了用户总拥有成本。系统服务器作为系统结构中承上启下的核心部件，对下一层级——现场控制设备级（Level 0，1 层）通过数据连接服务实现 AC800M 过程控制站、AC800MHI 安全控制站以及 ABB 其他控制器和第三方 PLC 集成。System 800xA 的 AC800M 控制器通过各种国际标准现场总线通信模件接入智能 I/O、仪表、电气设备及保护装置。系统服务器对上一层级——工程、操作管理级（Level 2）提供多种手段的操作、工程、信息管理功能，例如服务器/客户端（C/S）结构的本地及远程操作员站，基于 WEB 技术实现信息访问、协同管理功能的远程操作员站。以下按照自动化系统层级结构介绍 System 800xA 组成。

1. 现场控制设备级——System 800xA 过程控制站

System 800xA 过程控制站由 AC800M 控制器单元、通信接口单元、I/O 模件、配套电源模件组成。

AC800M 控制器是 System 800xA 控制系统重要的基础设备，设计为模块化结构，AC800M 控制器左侧设计为专用 CEX 总线，用于接入通信接口单元模件，右端为 I/O 模件总线，本地 I/O 最多可接入 12 个模件。控制器底部设计 2 个 I/O 模件光纤扩展接口，最多可接入 7 个远程 I/O 站，每个 I/O 站最多接入 12 个 I/O 模件。

AC800M 通信接口模件按照支持的通信协议不同独立设计，通过专用的 CPU 芯片实现通信协议的解析及数据缓冲和发送控制，通信模件与控制器主单元模件之间通过 CEX 总线连接，CEX 总线通过 BC810/BC820 总线冗余切换单元实现双路冗余 CEX 总线与冗余控制器接口。

S800 I/O 模件由 S800 通信接口模件、I/O 模件、模件底座 TU 组成。S800 I/O 站与控制器接入方式有两种：

① ABB ModuleBus 总线接入；

② PROFIBUS DP 通信接口接入。

2. 现场控制设备级——现场总线网络结构

System800xA 采用国际主流现场总线标准，包括 PROFIBUS、PROFINET、FF HSE、IEC61850 等接入各种类型智能仪表或设备，实现高效率的周期实时数据通信，还包括 I/O 模件和设备运行状态诊断数据，系统内部采用现场设备总线集成技术的工程引擎，实现中心化设备参数调整和远程设备维护管理站功能。

3. 控制设备级与控制操作管理级——System 800 xA 系统网络

System800 xA 系统网络依照系统功能需求不同以及系统规模性扩展要求，设计为分布式网络结构。

（1）控制网络　主要连接控制器与系统数据连接服务器（CS），实现快速可靠的数据交付，使用标准工业以太网技术及 ISO 9506 国际标准 MMS 数据通信协议，使用 ABB 冗余网络路由管理协议（RNRP）实现高可靠不同网络区域的控制器互连，实现系统扩展需求。

（2）工厂网络　主要实现系统服务器及客户端（操作员站、工程师站）、企业管理系统接口设备之间的互连，作为系统主干通信网络，支持 100/1000MB 通信速率。使用 System 800xA 网络交换机或路由设备时，自动嵌入网络冗余、路由管理协议，以及涉及网络体系安全技术的防火墙软件。网络设备及通信端口状态监控，可作为标准功能嵌入到 System 800 xA 资产管理软件中。

4. 控制操作管理级——System 800xA 功能节点

System 800xA 操作管理级由一系列安装不同软件的服务器或工作站组成，这些设备称作节点，主要有以下类型：

（1）服务器节点　包括 Aspect 服务（AS），作为系统核心服务软件运行属性对象机制的核心功能；Connect 服务（CS），运行系统控制器数据集成服务软件；应用服务（Appl），运行专业子系统服务软件，例如 Batch 管理、资产优化管理、历史数据信息管理；

（2）客户端节点　通常指安装部署系统客户端软件的计算机，包括工程师工作站、操作员工作站、基于 Web 技术的远程管理操作工作站。

四、系统软件

1. 系统软件组成

System 800xA 软件为系统化结构，支持高效率集成环境自动安装。系统软件由基础核心组件和功能区组件组成。

（1）系统核心组件　包括系统平台创建及运行的基础公共服务软件，每个系统 AS、CS 节点必须安装部署这部分软件。

① DCS 核心系统功能。

② ABB 控制器集成功能。

③ 第三方 PLC/RTU 设备集成功能。

④ 系统选项功能，如短消息发送、审计追踪、高级权限控制等。

（2）功能组件　包含实现该功能所必需的软件、必备的第三方支撑软件，如 SQL 关系数据库软件。这部分组件可以根据实际节点角色不同，进行选择安装。

① 操作员站功能软件。

② 工程软件包。

③ 控制、I/O 功能块库，包括 SIL 3 安全控制库。

④ 基于不同现场总线标准的设备管理软件，包括总线设备集成工具软件、系统预制设备应用程序库。

⑤ Batch 管理。

⑥ 800xA History 信息管理软件。

⑦ 资产优化管理。

⑧ 多系统集成软件。

2. 软件权限机制

System 800xA 软件授权机制采用服务器中心授权模式。随着系统 AS 服务建立，系统自动在主服务器上安装系统权限控制软件，实现系统授权文件导入、更新，同时负责向系统其他有效客户节点分发对应的授权。权限服务随时在后台监控权限状态，出现异常时，随时弹出报警窗口，并给出详细提示信息。System 800xA 系统开发专用 Web 浏览器，可访问系统权限状态。

System 800xA 内置权限检查工具，用户可以在设计阶段获得工程权限，无限制使用软件，实施工程设计、组态，随后运行权限检查，获得详细使用的权限信息，导出生成订货清单，按照实际使用，合理采购权限，将系统软件激活为最终生产运行权限。

3. 工程软件

System 800xA 工程组态提供两种模式。

（1）Control Builder M 针对 AC800M 控制器编程组态工具，实现项目全局范围的变量、IEC61131-3 程序、硬件配置组态、项目调试及下装。该工具软件的应用范畴是由一系列控制器、I/O、总线设备组成的具体自动化控制硬件层面组态，并能生成统一的全局项目文件。Control Builder M 软件被认证符合 IEC61508 标准实现 SIL3 等级的 AC800M 应用组态。

（2）Plant Explorer /Engineering Workplace 是基于全厂自动化，或 System 800xA 系统全局的工程软件工具，可以管理多个 AC800M 控制项目文件，同时实现全厂自动化工程组态，包括流程图显示、操作面板、报警、日志、趋势以及属性设计等。Plant Explorer 应用范畴涉及控制系统硬件层面，还包括操作员站、历史数据站。

Control Builder M 与 Plant Explorer 之间的数据和组态文件是共享的，工程师可以在工程师站上根据组态任务不同，在这两个软件之间随时进行切换。

System 800xA 工程组态基本流程如图 4-2-2 所示。

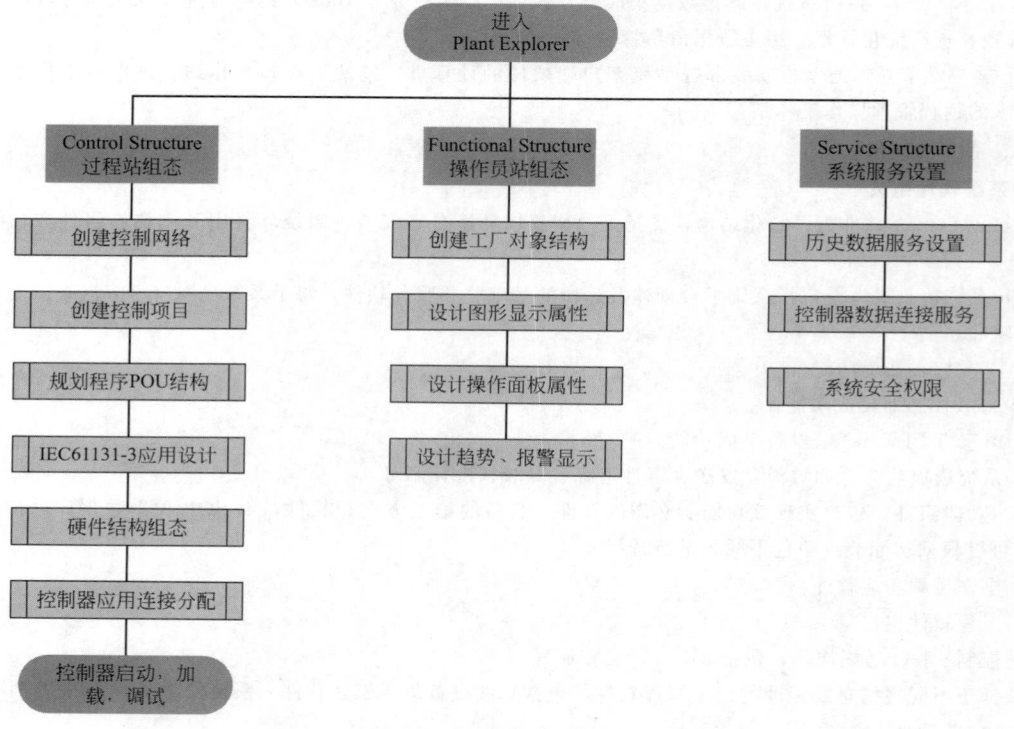

图 4-2-2　System 800xA 工程组态基本流程

4. 操作员站软件

操作员的准确操作涉及工厂的运行安全、高效率及高质量。System 800xA 能为不同等级的操作人员提供一个高效率、易于决策、易于培训及使用的操作员软件，是提升操作人员准确、高效操作的关键因素。操作员站软件具备以下特征：

① 统一集成操作模式；

② 设计为高性能操作支持；

③ 关注操作人员使用环境；

④ 提升操作人员判断能力。

五、系统体系安全

由于现代控制系统的特点是功能覆盖范围广、信息重要程度高、数据量大，决定了其在石油化工厂自动化系统中的重要地位，对其安全性要求不能只局限于网络和操作管理软件的病毒防护，必须从网络安全（Cyber Security）角度出发，建立一套从设计、部署安装、产品自身运行到升级改造的系统化安全防御措施。System 800xA 基于网络安全要求，提出了 SD^3+C 安全体系框架。

（1）安全设计（Secure by Design）　在设计阶段通过一系列措施减少软件安全漏洞和新软件缺陷造成的安全问题。主要是在软件开发的整个生命周期，从软件需求定义、框架设计、代码编写、阶段测试等环节，严格贯彻 ABB 质量管理系统及审核机制。

（2）默认安全机制（Secure by Default）　软件设计为运行与安装在一个最小攻击层面，并内置深度防御功能。系统运行环境及安装部署设计为安全稳固的支撑状态，设计专用的网络结构、在交换和路由设备中内置深度防火墙机制、在软件平台内设计默认的存取访问控制机制等措施。

（3）安全部署指导（Secure by Deployment）　创建产品或软件标准安装、工程流程及规范，提供标准诊断、监测工具，防范或减少非法操作及攻击的可行性。系统提供一系列指导及诊断服务工具软件，确保用户以正确的方法为系统建立一个安全的运行环境。

（4）协同合作（Communication）　System 800xA 提供一整套网络安全产品及服务解决方案，提升了系统安全防御性能并可按照层次让用户灵活选择。

① 嵌入式安全功能，包括 IPsec 组态工具、系统部署安装指导、My Control System 服务平台提供的操作系统及软件的安全防护自动升级部署工具。

② 系统基本安全功能，包括系统内置 PC、网络动态监控（PNSM）软件、操作授权及审计追踪功能、认证计算机病毒防御软件、自动化哨兵服务体系提供的系统健康状态监测与评估和定制化服务。

③ 增强型安全防御功能，包括在系统内部嵌入基于 Industrial Defender SE46 白名单机制、数字签名、高级操作权限控制、网络安全应用咨询服务。

六、应用举例

某 20 万吨/年聚丙烯装置采用 ABB System 800xA 分散控制系统。

1. DCS I/O 点及规模配置（表 4-2-1）

表 4-2-1　DCS I/O 点及规模配置

模块	需求点	配置点	模块型号	数量
AI(冗余)	351	352	AI845(8)	88
AI	807	808	AI815(8)	101
AI(GDS)	115	120	AI810(8)	15
AO(冗余)	256	256	AO845(8)	64
DI	950	960	DI810(16)	60
DOR	538	544	DO840(16)	68
DOR(GDS)	65	80	DO840(16)	10
合计	3082	3120		406

注：1. 通信点 SIS-DCS 4000 点。

2. 通信模块（冗余）RS485 MODBUS RTU 20。

2. 聚丙烯装置采用的 System 800xA 系统结构（图 4-2-3）

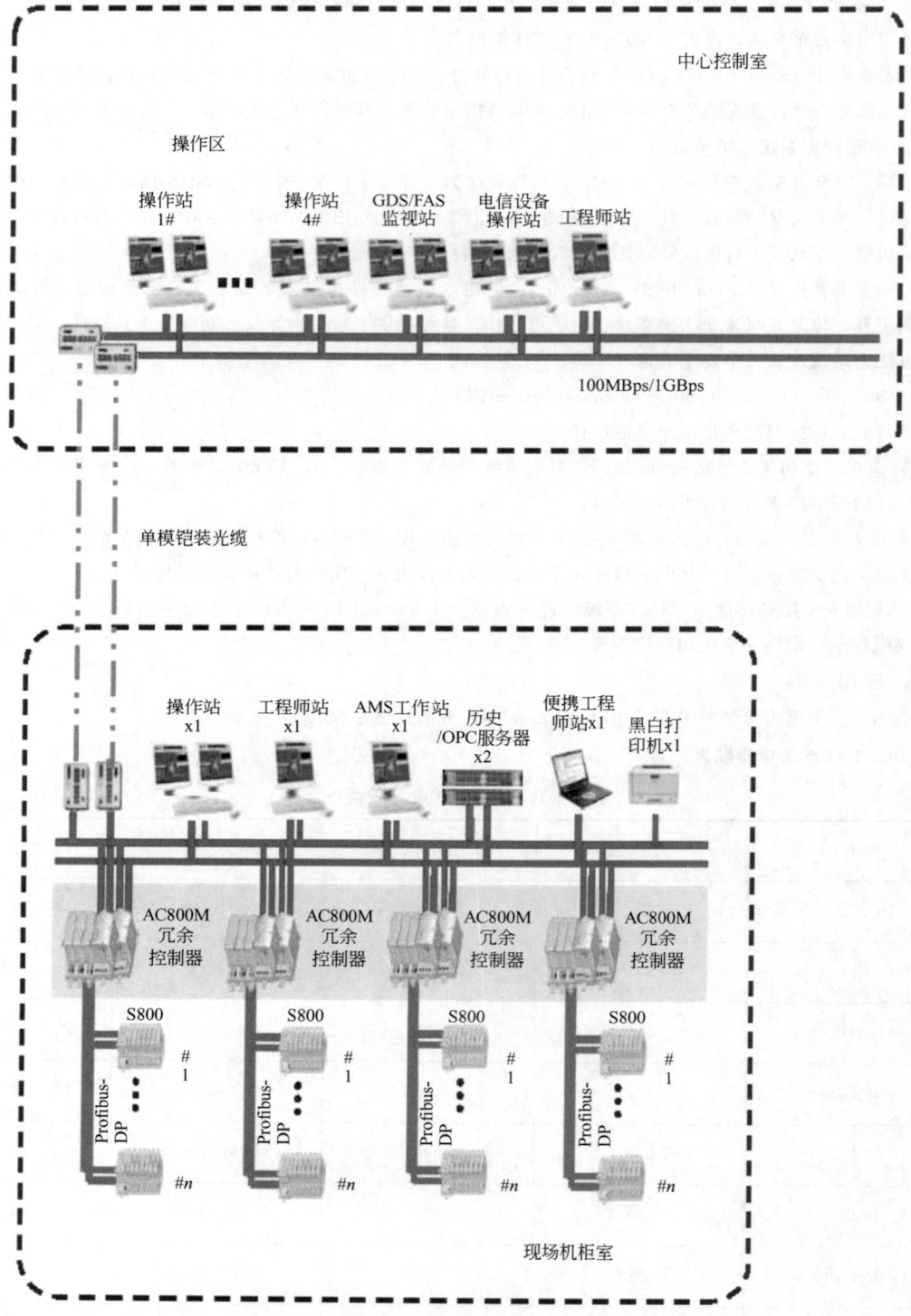

图 4-2-3　某聚丙烯装置采用 System 800xA 系统结构

3. System 800xA 硬件配置

操作员站 5 台　　　　　　　GDS/FAS 监视站 1 台　　　　　　　电信操作站 1 台

工程师站 2 台	以太网交换机 4 台	辅助操作站 2 台
AMS 客户端 1 台	历史/OPC 服务器 1 台	服务器/网络柜 1 套
系统柜、端子柜、安全栅柜、继电器柜、电源分配柜等 33 套		
控制器 4 对（冗余）	通信接口模块 96 个	I/O 模块 419 个

4. 软件配置（表 4-2-2）

表 4-2-2　System 800xA 软件配置情况

○ Industrial IT 800xA 系统核心软件包	
○ 操作员软件授权	○ 历史数据授权
○ 工程师软件授权	○ 控制器许可
○ OPC 软件授权	○ 仿真授权
○ Tag 授权	○ 软件介质
○ Office 软件	○ AMS 软件

第二节　Emerson Delta V 系统

一、系统概述与发展

艾默生（Emerson）公司在 20 世纪 90 年代推出了 Plantweb 数字工厂结构体系，集自动化控制系统、智能现场设备和设备管理系统于一体，使工厂实现数字化和智能化成为可能。同时推出的 Delta V 数字自动化控制系统是 Plantweb 结构体系中的核心，嵌入数字式双向通信的 HART 协议和基金会现场总线技术，改变了分散控制系统基于 4～20mA 信号的局限性；支持高速离散总线，可实现智能电机和驱动装置等信息采集和整合，并与 AMS 设备管理系统无缝集成，充分发挥了智能设备的潜能。之后，Delta V 系统又集成无线技术，推出安全仪表系统和电子布线技术。

在 21 世纪初，艾默生为减少系统的中间环节（如端子柜、现场仪表至现场机柜室电缆等），研发了新的电子布线技术。电子布线技术由独立的控制器和独立的冗余电子布线通信卡组成。冗余电子布线通信卡可带各类 I/O 信号的特性模块（CHARM）。特性模块是带电子功能的接线端子，支持多种模拟量和离散量（包含 HART、内置继电器或安全栅），具备任意排布、即插即用、信号灵活分配等特点。冗余电子布线通信卡用标准化的机柜安装在现场，包括危险区域（Zone 2），可替代传统的现场接线箱，通过冗余光缆与现场机柜室的控制器和工作站组成控制系统；可取消端子柜、安全栅柜、继电器柜等，能够减少现场机柜室、电缆、电缆桥架以及相关工程量，缩短工程工期。电子布线技术简化了自动化项目的设计、安装、调试、维护及运营，使得项目后期更改灵活方便，降低了项目风险。

二、系统特点

DeltaV 系统控制网基于以太网技术，采用点对点通信方式。模块化的硬件不仅支持 HART 和各类总线，同时还支持各种模拟量和离散量及各类设备通信模式。直观一体工程软件采用微软 Windows 操作系统作为平台、人性化操作界面、嵌入式系统诊断工具、集中管理的连续历史数据和先进的报警管理，给操作人员带来不同以往的体验。OPC 等标准访问协议实现了系统对外的信息交换，内嵌的批量过程管理和先进控制为精确控制提供了基础。

① 点对点通信　基于以太网技术的 Delta V 控制网实现了工作站和控制器以及工作站之间或控制器之间的点对点通信，避免或减少了部分节点故障对系统的影响。控制网上的各工作站可随时调用实时数据，实现工作站互备。控制网规模可变，易于实现对用户和功能的全局安全性管理。

② 模块化硬件　结构紧凑及模块化设计的控制器和卡件，安装简单灵活。控制器及卡件具备的自动识别、自动检测、带电插拔和即插即用的能力，提高了工作效率，减少了人为因素的影响，降低了维护工作量，实现了在线更换，便于系统扩展。硬件符合危险区域和空气污染环境条件下的相关标准，且工作温度范围宽泛，支持更广区域的安装。

③ 一体工程软件　系统软件运行在微软操作平台上，使用方法及界面与微软操作系统类似，易学易用。

全局唯一组态数据库不仅将控制策略、连续历史数据、报警及事件、操作界面和诊断工具融合在一起，而且整合批量管理、先进控制、总线应用和智能现场设备于一体，无缝集成设备管理系统。软件采用控制语言标准的功能块图、顺序功能表和结构化文本，提供标准的模块库和丰富的图库，直观易用。各功能软件工具相互自动关联并提供在线帮助文件，组态简单容易。人性化的操作界面清晰直观，提高了操作效率。组态内容可导入、导出并支持电子表格批量编辑，同时可与设计软件直接连接，加快了工程进度。

④ 数字化　系统作为 HART、基金会现场总线和高速离散总线的平台，无缝集成设备管理系统，能够充分发挥现场智能设备的功能。数字化系统与现场智能设备采用数字式双向通信，将现场设备从单功能转换成多功能，从而通过单个过程测量信号传送多个附加的测量变量，如系统可以远程调整现场智能设备的组态数据，并实现远程回路测试；现场智能设备的状态、故障等诊断信息可作为设备预警纳入系统监控范围，同时附加的测量变量可直接进入系统。数字化系统将现场智能设备内的故障诊断数据转化为集中的、可执行的信息，即将被动维护转化为预测性维护，减少了非计划性停车。

⑤ 无缝集成的 AMS　智能设备管理系统可独立成系统，也可与 DeltaV 系统无缝集成。现场智能设备通过系统控制器和卡件，可以直接将智能设备的数据传送到系统，并且在控制系统中组态现场智能设备。

⑥ 安全可靠　系统在设计阶段就考虑到安全性及可靠性，涉及纵深网络架构、用户及账号的功能安全、安全环境、冗余措施、供电、接地等方面的安全策略，以及控制系统操作平台、防火墙、防病毒等安全技术，并随技术不断发展，持续完善系统安全，同时获得高安全性和高可靠性的工业用控制系统认证。

⑦ 完整的信息交换　控制系统基于 OPC、SQL Server、XML 等标准提供开放的可互操作的信息交换，包括实时过程数据、实时报警及事件、连续历史数据、实时批量处理数据、系统组态数据等。

⑧ 内嵌的先进控制　通过 DeltaV 先进控制的监控、分析、调节，达到工艺过程的最佳性能。

三、系统结构

Delta V 系统由工作站、控制器及卡件和控制网组成。

工作站按功能分为工程师站、操作员站和应用站。应用站是一个或多个功能的集合，如果按不同功能独立配置，应用站可分为批量站、OPC 站、连续历史数据、设备管理站（AMS）、远程访问站、门户管理站（Executive Portal）、网页浏览服务器（Web）、先进控制服务器、防病毒服务器等，也可以将多个功能集合在同一个应用站中，如用一个服务器实现 OPC、连续历史数据和远程访问的功能。

控制器带各类卡件，包括多种总线卡件、串口通信卡件、以太网通信卡件、远程 I/O 卡件等。智能设备信息通过卡件及控制器直接进入设备管理服务器及各工作站，无线网关通过串口通信卡件或冗余高速以太网连接至系统。

控制网负责将工作站和控制器连接起来，工作站和控制器是控制网上的节点。系统通过应用站和防火墙或路由器与第三层网络连接，较小规模系统也可采用工程师站，大型系统一般在控制层与生产管理层之间建立 2.5 层协议。

1. 控制网络结构

控制网由交换机和网线组成，负责连接工作站和控制器，也可在控制网上连接经过测试的无线网关和 Delta V SIS 通信卡。控制网是局域控制网，控制网上的各节点间是对等通信的，某个节点的故障不会影响其他节点的正常运行。如某操作员站或工程师站发生故障，该控制网上的其他操作员站不会受到影响，操作员站互为备用。Delta V 系统网络结构如图 4-2-4 所示。

节点到交换机的距离需小于 100m，超过时应用光缆延伸。用于控制网的光缆主要是多模和单模两种，多模光纤一般用于 1km 以内；单模光纤用于长距离，一般大于 2km。采用单模光纤主要采用自带光口且具备自适应功能且通信速率为 100M 的交换机，也可采用外置光电转换设备的方式。对于较为分散的区域，控制网一般用星形的拓扑结构，主交换机位于工作站区域内，各控制器区域的交换机通过光缆接到主交换机上，主交换机采用具备自适应的光口交换机，支持区域交换机连接。冗余的控制网由两组独立的交换机组成，用以太网线分别连接工作站的两块网卡和每个控制器的主副网口，控制器侧采用带屏蔽的水晶接头。主、副控制网完全独立，通过以太网线及套管颜色区分主副网。控制网采用 TCP/IP 通信协议，主控制网的 IP 地址是 10.4.X.X，副控制网的 IP 地址是 10.8.X.X，主、副控制网同时工作，自动生成并自动分配地址。控制网可支持 120 个节点，不同控制网之间不能相互操作。必要时可以通过应用站搭建的非控制网实现不同控制网络之间的相互操作。

工程师站分主工程师站和工程师站，主工程师站在控制网中是唯一的，负责管理该控制网及同步该控制网

595

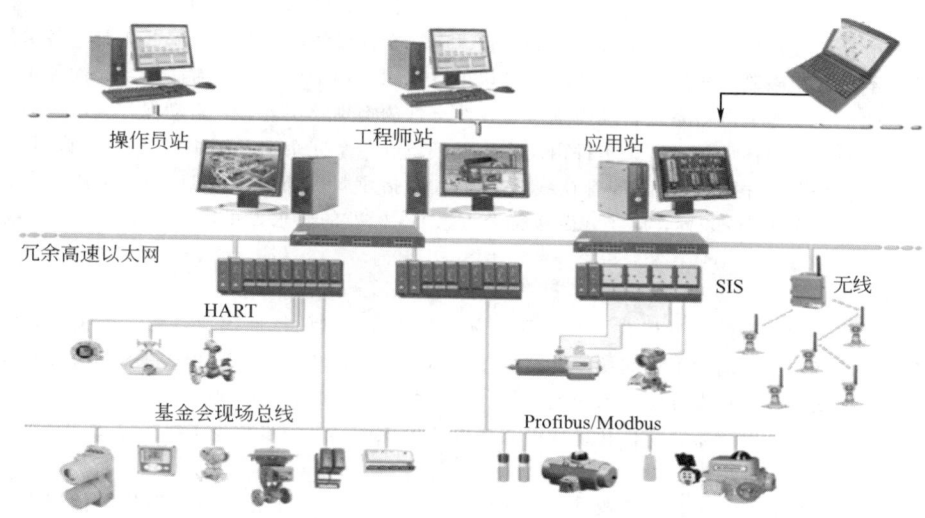

图 4-2-4　Delta V 系统网络结构

上所有节点的时间。如果主工程师站外接同步时钟（如卫星、网络等），主工程师站的时间则来源于该时钟同步服务器，并通过主工程师站同步所在控制网的节点时间。时钟同步服务器可以同时为若干主工程师站服务，从而实现整个工厂的时间同步。工程师站除网络管理和时钟同步功能以外，其他功能与主工程师站一致。工程师站主要完成系统组态，同时具备操作员站的功能。操作员站除具备完成对工艺流程监视和控制外，还可以对流程图进行修改和组态。工程师站和操作员站支持双屏或四屏显示器，应用站一般采用服务器。系统的各工作站型号都是经过测试的，并采用标准配置，如每站都有三块以上的独立网卡，第三块网卡可以作为备用，也可以用于搭建非控制网（如打印网、防病毒网、时钟网等）或连接到工厂 MES 网等。远程站是连接在非控制网上的工程师站和操作站，用微软的远程技术并经过严格授权可实现远程监视、操作、诊断、组态等功能。

2. 控制器

由电源模块、控制器模块和二槽底板组成，一个电源模块和一个控制器模块插在底板上构成单个控制器。电源模块上部带有电源进线端子（可选 12V DC、24V DC 或 220V AC），正面为显示电源状态的指示灯。每个控制器模块下面有两个以太网接口用于连接控制网，正面为显示网络状态及工作状态的指示灯。底板安装在导轨上，两块二槽底板通过多芯接头组成冗余控制器。冗余控制器上电后其中一个处于在线状态，另一个是备用状态，当在线控制器出现故障时，备用控制器自动切换为在线控制器，该节点仍可正常工作。换上的备件自动执行初始化后恢复到备用状态，整个过程不需要其他动作。

控制器的特点如下。

① 自动分配地址，每个控制器有唯一的电子编码，上电自动识别控制器，并为其自动分配控制网络地址，无需拨码开关或其他设置。

② 自动识别模块，控制器能够检测并自动记录所有安装在该控制器下的模块类型及模块位置。

③ 数据保护，组态数据下载到控制器时，系统会自动保存下装信息，在线修改的控制参数也将被保存，并在下次下装前提示是否需要上装并将控制参数变为组态数据，系统自动记录整个过程。

④ 冷启动，断电后重新恢复时，控制器的非易失性存储器可以使控制器直接恢复正常工作。

⑤ 数据通道，控制器直接将仪表的智能信息从现场设备传送到控制网的任意工作站节点。

⑥ 相关指标：工作温度为 −40～70℃，相对湿度为 5%～95%，电子线路板符合 ISA G3 标准的要求，可安装在 ATEX IIC 或 Class Ⅰ、Div 2 环境中。

⑦ 相关认证：CE、CAS、FM Approval、Marine Certifications、CENELEC Zone 2 ATEX/IEC EX。

3. I/O 卡件

I/O 子系统由各类卡件和八槽底板组成。卡件包括卡件模块和端子模块两部分，卡件模块的正面有类型名称和状态指示灯，侧面有安装示意图。底板安装在导轨上，有水平和垂直两种安装方式，水平底板顶部和垂直底板的侧面带有为现场供电（24V DC 或 220V AC）的进线端子，水平底板的左右两侧和垂直底板的上下两侧有多芯接头，可与二槽底板连接，底板间也可以用专用电缆连接。系统的供电采用两路模式：供电模块给控制器模块和卡件供电，通过八槽底板上的卡件给现场设备供电。卡件模块不需要特殊安装工具，各卡件模块可安装在任意位置，不受类型限制，相同通道数的端子模块可以互用，端子模块上部有防错功能的保护键，现场电缆可以直接进入端子模块。上电后系统自动识别所有在线卡件的类别及位置，并自动保存在组态数据库中，所有卡件都可以带电插拔并即插即用。冗余卡件由两个卡件模块和一个冗余端子模块组成并可自动切换。冗余的卡件模块与单卡件模块规格相同，正面带有在线和备用状态指示灯。所有卡件进行光电隔离，工作温度为－40～70℃，相对湿度为 5％～95％，电子线路板符合 ISA G3 标准的要求，可安装在 ATEX IIC 或 Class Ⅰ Div 2 环境中。

4. 电子布线

电子布线系统是一种全新的 I/O 形式，通过可对应各种信号类型的特性模块，将端子柜的功能集成到系统内部，简化了回路构建，消除了中间接线，减少了中间故障点，节省了机柜及空间。特性化模块可灵活分配，不与控制器强关联，给项目设计阶段系统设计、I/O 工作分配与机柜设计提供了最大的变更灵活性，减少了设计、集成与调试时间。电子布线特性化模块可直接放置于现场，进一步减少了机柜布置、桥架与电缆敷设的设计需求。

电子布线技术在 I/O 设计、布线和安装上做了重大的改变，通过电子化的方式取代了传统 I/O 卡件。电子布线技术由独立的控制器和独立的冗余电子布线通信卡（CIOC）及特性化模块组成。电子布线通信卡 CIOC 与 CHARM 特性化模块可通过底板连接，1 对 CIOC 最多可以带 8 块 CHARM 底板。每个 CHARM 底板上可以安装 12 个 CHARM 特性化模块。CHARM 特性化模块和 CHARM 接线端配合可转换现场信号，每个 CHARM 模块对应一个信号类型，通过底板总线送至 CIOC，CIOC 再将信号通过 DeltaV 控制网送到控制器。CIOC 下的每个 I/O 信号都可以任意分配到四个控制器。

冗余电子布线通信卡可以用标准化的机柜安装到中控室，或者用智能接线箱安装在现场，包括危险区域（Zone 2）。现场的智能接线箱中包含了电子布线的主要部件，如 CIOC、CHARM 特性化模块等。同时通过 CIOC 上的通信接口，以光纤或以太网连接至 DeltaV 控制网络，可与控制室的控制器和工作站组成控制系统。

四、系统软件

DeltaV 软件是一体工程软件，一套安装盘用于所有工作站。系统软件基于微软操作系统，采用全局单一数据库，内置大量的标准、应用模板和丰富的图库，并预留用户自定义接口，提供人性化的操作界面和在线帮助文件，支持中文、英文、法文、德文、俄文、葡萄牙文等多种语言版本。软件按功能可分为工程和操作两部分。工程部分主要对应工程师站和应用站的功能，工程工具包括浏览器、控制工作室、操作界面组态、数据管理和备份、用户账号管理、安全软锁、报警及事件管理、连续历史数据管理、数据自动同步、时钟同步和组态演示，还有过程批量管理、先进控制软件、OPC 及在线帮助等功能。操作部分主要对应操作站的功能，操作工具由操作运行、连续历史数据浏览视窗和诊断工具组成，还包括系统报表、登录管理、模型预测控制操作等功能。

① 浏览器是系统组态的主要导航工具，组态数据的树形结构包括模块库和系统组态两部分。模块库包括基金会现场总线的 DD 文件、Profibus DP 的 GSD 文件、功能块、应用模块、嵌入模块和组合模块。系统组态包含批量控制的配方、控制策略和控制网络。Delta V 浏览器与微软资源管理器基本相同，资源管理器的操作模式完成适用于浏览器，如工具栏、树形结构、鼠标点击方式、拖放移动或复制、快捷键、帮助文件等。浏览器不仅是组态工具，同时还管理组态数据库及控制网。浏览器的具体工作包括向数据库添加工作站和控制器、添加厂区和模块，添加和编辑报警类型、优先级和属性，编辑网络及各节点属性，编辑自定义参数或别名，完成控制器或各支路下装，组态数据可通过电子表格或第三方设计工具进行导入和导出。

② 控制工作室可以创建、编辑、修改、保存、删除及下装模块，并实现仿真和在线测试及诊断。组态可采用标准模块，也可以创建自定义模块。可选择各区域的对象，点击鼠标右键并选择帮助功能，激活对象的在线帮助文件。系统采用 IEC 61131 标准中的功能块图、顺序功能表和结构化文本。一个或若干个功能块构成一个控制模块。顺序控制模块采用顺序功能表的方式。在模块库中有嵌入了标准状态转换图的顺控模块，状态转换图包含准备、运行、停止、保持、重启、中止和完成状态，并按规定的方式相互转换。顺控模块与其他模块一样具备仿真和在线测试及诊断的功能，并可通过设置断点快速找到问题。功能块类型参见表 4-2-3。

表 4-2-3　功能块类型

功能块类型	功能块名称
输入输出功能	模拟量输入、模拟量输出、数字量输入等功能块
模拟控制功能	PID 控制、分程控制、比值控制、超驰控制、斜坡控制、增益控制、控制选择、信号选择、信号特性曲线、信号发生、计算及逻辑等功能块
数学功能	加、减、乘、除、积分、比较、计算等功能块
定时/计数功能	延时断开、延时接通、保持计时、计时脉冲、计数等功能块
逻辑功能	与、或、非、设备控制、条件输出、条件执行、条件选择、正缘触发、负缘触发、双缘触发、RS 触发、SR 触发等功能块
能量计量功能	流量计量、饱和蒸汽给定温度、蒸汽密度比、饱和温度、蒸汽特性、焓、熵等功能块

③ 过程批量软件嵌入在系统中，用于间歇式生产工艺，完全遵循批量标准 S88 的物理模型和过程模型。物理模型在系统中采用类的方式对应各模块和系统树形结构，带状态转换图的顺控模块对应过程模型。批量软件由批量服务器进行管理，功能包括配方管理、执行批量程序、协调单元间的联系和分配设备及相关资源，并将配方参数下载到控制器中执行。批量软件可以同时管理和执行多个配方，也可以同第三层网络连接获取配方。操作过程可设置为一级确认和二级验证，满足 21 CFR Part11 标准的电子签名要求，并且自动记录组态以及操作内容，以便追溯。

④ 先进控制软件内嵌在系统中，包括系统性能检测（Delta V InSight）、模糊控制（Delta V Fuzzy）、神经网络（Delta V Neural）、模型预估控制（Delta V Predict）和仿真系统，可在控制器中执行。系统性能检测是独立的内嵌工具，用以实现对控制回路性能的检测及改善。由性能检测视窗以及控制回路整定组成；性能检测视窗以图表和表格方式汇总，包含控制模式不正确、受限控制条件、无效或不确定输入、控制超限、过程振荡等；控制回路整定通过测量过程动态数据，计算出整定常数，以提高控制回路性能。模糊控制适用于非线性过程回路，特别是设定值或负载扰动频繁的回路。神经网络创建虚拟传感器，对较难测量或不可能直接测量的过程参数进行监控和预测。模型预估控制是基于多变量模型的控制策略。仿真系统有单机和多机两种模式，用于系统组态、操作员培训、控制策略及批量的离线仿真、组态内容调试、通信接口测试等。组态数据库及操作界面可以通用，具备操作培训回放功能，支持 OPC 接口并可连接工艺过程仿真。

⑤ 数据管理和备份工具可以创建、删除、清理、复制、重新命名组态数据库，备份和恢复数据库，升级和修复数据库，还包括同步工作站、设定工作数据库、设置实时备份的数据库等功能。

⑥ 门户管理软件将一个或多个控制系统的数据通过网页形式发布给客户端。门户管理服务器与控制系统之间采用专用的加密 WCF 通信，服务器与客户端之间采用 HTTPS 安全通信方式，访问需要登录密码及授权。门户管理软件将控制系统的操作界面转换为网页，显示当前实际的运行情况，同时通过仪表板视窗，将多个支持 OPC 协议的控制系统数据整合在同一视窗中进行发布。

⑦ OPC 协议用于控制系统与上层网络的数据交换，数据类型有实时数据、历史数据和报警及事件，支持 VB 或 C++计算机语言编程，并可用镜像功能建立不同 OPC 服务器的双向数据交换。

⑧ 在登录各工作站时，安全软锁自动开启，进入系统前必先通过安全软锁。安全软锁标准对话框有四个按钮，分别是系统桌面、微软桌面、操作界面和系统登录，进入各区域均需要用户名和密码。

⑨ 工程师站和操作站均有操作界面工具，该工具有组态和运行两个模式，可以随时相互切换。操作界面工具可以创建、删除、编辑和复制文件，有丰富的图库，并且支持各类图片和照片。操作界面工具有自带的 VB 编辑器，同时提供了各类图形工具。操作面板主要完成控制操作，如控制回路、设备启停等。详细面板主要针对细节调整，如报警值、报警抑制选择、PID 参数、旁路选择等。工具栏用于快速操作及打开其他操作应用，报警栏以降序方式显示最高五个优先级的报警及相关信息，另外还有报警确认和报警消音按钮及诊断按钮和指示灯等。工具栏和报警栏可以增加、删除或修改默认的按钮及内容，并且可以按需调整布局。系统的报警及事件涵盖在整个软件中，并且符合 ISA-18.2 和 EEMUA 191 标准。报警及事件管理器以表格方式查看模块、单元、控制器、组态区域和工作站的报警及事件内容，报警内容包括报警名、类型、级别、参数、使能等，事件内容包括系统的所有信息。报警及事件记录自动生成列表，自动显示在操作界面上，通过不同的颜色、闪烁方式和声音来区别报警的级别，操作员可查看报警响应指令。区域报警、报警抑制功能、条件报警等功能可减少报警风暴的发生。报警及事件可按时间、类型、级别、模块、区域、节点等多种方式排序，也可以采用过滤方式查找。

⑩ 连续历史数据功能存在于系统的各工作站中，每站都可存储连续历史数据。连续历史数据不仅采集过程控制的数据和状态，同样也收集现场智能化仪表的状态信息。连续历史数据管理器负责管理所有连续历史数据库，包括生成新的历史存储数据集，导出用户指定的数据集，恢复已导出的数据集用于数据分析，根据需要自动备份历史数据集。系统诊断覆盖到历史数据库，可以查看到连续历史数据的存储状态、磁盘空间、负荷情况、客户端数量和详细信息等。连续历史数据浏览视窗可按需要连接不同站的连续历史数据库，可以压缩和放大时间坐标、快速前后移动、选择时间范围等。连续历史数据可以导入到电子表格，形成报表。

⑪ 报表软件是基于微软 Excel 的报表和数据分析工具，可自动访问连续历史数据库并获取数据和报警及事件。系统提供标准的报表示例和模板，也可以生成自定义报表。

⑫ 诊断工具是类似于浏览器的独立视窗，可显示控制网络部分的所有节点及分支的实际运行情况。控制网络的树形结构带有显示状态的小图标，可通过检索在线帮助文件寻找解决方法。诊断工具的内容包括节点通信状态及细节内容、从节点到通道的匹配情况和模块的工作和运行状态。

⑬ Delta V 的账号管理独立于微软操作系统，控制系统的账号管理可以生成独立的系统用户或带视窗登录功能的系统用户。账号管理工具由创建用户、用户组和锁定属性三部分组成。用户组中已建成多个锁定属性集合，锁定属性涵盖系统软件的所有部分，甚至功能块的各个参数，如不同的登录账号可以操作不同的操作界面，也可以针对报警值修改、报警抑制、控制回路调节等不同的操作类型，或针对某个位号或模块的某个参数进行操作。

五、系统体系安全

控制网上的各节点预先定义，并有自动生成的特定通信地址，禁止任何外部链接直接访问控制网络，所有外部网络链接必须通过应用站或工程师站。控制网采用专用的智能交换机，具有一键自动端口锁定的功能，所有的未使用端口会被关闭，防止其他设备通过这些端口通信，只有授权账号才能访问网络设备。

在经过测试的指定型号的工作站中，系统安装内容包含符合相关标准的安全模板，软件安装时会自动设置 Delta V 系统在微软操作系统的限制专用文件系统中的权限，这些权限会拒绝非系统用户访问并限制不同系统用户账号访问的范围。禁止工作站使用其他未经授权的应用软件，并阻止用户使用类似收发邮件的非控制系统应用。工作站的输入设备（如 USB 接口、光驱等）可以按流程移除或禁止，各站在一定的非活动时间间隔后自动开启屏幕保护程序，工作站主机放置在带锁的区域。只支持艾默生已经测试并验证的防病毒软件在工作站上使用，并会发布验证过的安全补丁。

Delta V 系统网络依据 ISA95 的层次模型，可建立独立的 2.5 层协议。2.5 层协议用于连接数据隔离区（DMZ）、远程访问以及时间同步服务器、网络打印等不对外访问的设备。2.5 层协议的边界安全设备主要包括具备入侵检测及入侵防御功能的防火墙和带访问清单的路由器。数据隔离区用作外部应用和内部网络之间的缓冲区，可部署 MES 系统、补丁管理、防病毒服务器、门户管理及其他应用。

系统登录及账号管理是系统安全的重要组成部分，每个进入系统的用户都必须拥有一个唯一的用户名及对应的登录密码。安全软锁将微软桌面和 Delta V 桌面隔离，提供了系统安全运行的环境。系统操作界面工具带有操作环境保护功能，例如防止用快捷键重启工作站，打开未授权的操作画面及应用，退出正在运行的操作画面等影响正常操作的行为，提供了系统安全操作的环境。数据备份及恢复则是系统安全的重要保障。系统供电采用冗余模式，并且卡件供电和现场供电分开，系统单点接地以提高系统安全性。

六、应用举例

某石化公司环氧乙烷/乙二醇（EO/EG）装置采用 Emerson Delta V DCS/FCS 控制系统。

1. DCS/FCS I/O 汇总

（1）常规 I/O（表 4-2-4）

表 4-2-4 Delta V 系统常规 I/O 情况

模块	配置点	模块	配置点
AI	447	DI	833
AI(MCC)	16	DI(MCC)	180
AI(R)	143	DO	402
AIE	96	DO(MCC)	55
AIE(R)	46	DO(R)	54
AO(R)	174	DOR(MCC)	10

（2）FF 现场总线（表 4-2-5）

表 4-2-5　Delta V 系统 FF 现场总线情况

模块	配置点	模块	配置点
SEG（网段）	170	LT-FF	80
FT-FF	123	TT-FF	168
PT-FF	107	I/PP-FF	156
PDT-FF	12		

2. Delta V 系统结构图（图 4-2-5）

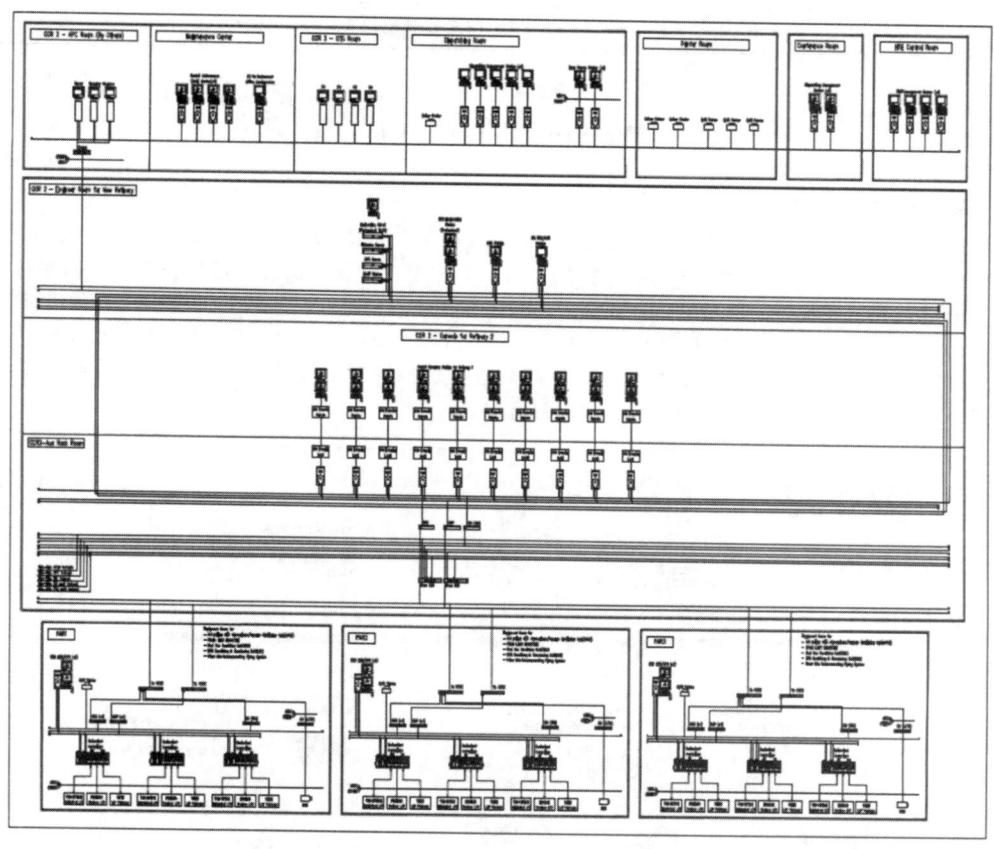

图 4-2-5　Delta V 系统结构图

3. DCS/FCS 系统配置

操作员站 8 台　　　　　　基本站 1 台　　　　　　　　OPC 接口站 1 台

主工程师站 1 台　　　　　工程师站 1 台　　　　　　　辅助操作站 7 台

AMS 站 1 台　　　　　　　历史站 1 台　　　　　　　　网络交换机 6 台

打印机 2 台　　　　　　　服务器柜、主机柜、网络柜等 4 套

Delta V 系统

控制器（冗余）10 对　　　AI（16）35 块、AI（8）18 块　　AI（8）冗余 35 块

AO（8）28 块　　　　　　DI（32）32 块、DO（8）冗余 11 块　DO（32）18 块

SI（冗余、串行通信接口）12 块

FF-H1（冗余）现场总线 I/O 接口卡用于 2 个网段 85 块

FF 冗余供电电源（F890 用于 8 个网段）21 块

FF 防爆接线箱（用于安装 FF 接线器）150 个

电涌保护器（用于 FF-Trunk）150 个

各种机柜（系统柜、端子柜、安全栅柜、继电器柜、电源分配柜等）26 套

智能无线网关 2 个

4. 软件配置（表 4-2-6）

表 4-2-6　Delta V 系统软件配置情况

○ Delta V 系统安装盘 1 个	○ 应用站授权 2 个
○ 主工程师站授权 1 个	○ 历史数据授权 1 个
○ 工程师站授权 2 个	○ 冗余控制器授权 11 个
○ 操作员站授权 19 个	○ 性能检测授权 1 个

第三节　Foxboro Evo（I/A）系统

一、系统概述与发展

Foxboro 为全球生产制造行业和基础设施行业提供包含自动化和信息技术、控制系统、软件、工程与咨询服务在内的整体解决方案。1987 年，Foxboro 推出了第一个体现"开放"概念的过程管理和控制系统——I/A Series 开放式分散控制系统。2014 年，基于 I/A Series 发布了 Foxboro Evo 系统，并推出全新的 FCP280 控制处理机（控制器）、Compact 200 系列 FBM（I/O 模块），全新的工程师站、操作员站以及应用软件，Triconex 安全系统、Modicon PLC 系统、施耐德配电与变频产品进行统一管理、监视与操作，并兼容所有版本的 I/A Series 系统。Foxboro Evo 系统发展历程如图 4-2-6 所示。

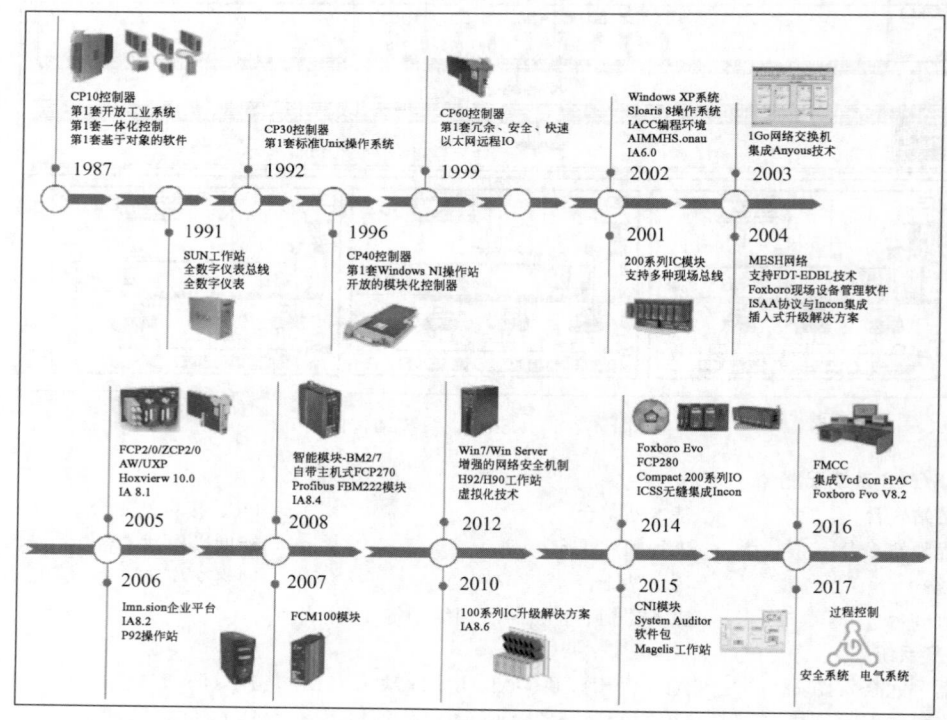

图 4-2-6　Foxboro Evo 系统发展历程

FoxboroEvo 关注过程用户的工程、运营、管理、维护与保护五个层面，使得工厂运营中能够应对生产过程中面临的挑战，并结合 Foxboro 提供的全生命周期服务与解决方案，帮助用户提高生产效率与安全效率，确

保用户持久的投资回报。同时作为施耐德电气 EcoStruxure 整体解决方案的关键一环，Foxboro Evo 系统在确保网络安全和系统可靠性的前提下，不断推出新的产品、应用软件以及数字化解决方案。

二、系统特点

1. 系统开放性

（1）软硬件设计　Evo 系统硬件与软件互相独立发展，实现了"长寿命结构"的设计思想。通过系统软件版本升级的方式，已投运的系统可以更新至最新的软件版本，以随时吸收最新技术，融合到现有的系统之中。不同系列的控制处理机可运行在同一网络上，可保护用户的投资。

（2）一体化集成功能　与施耐德公司 Triconex 过程安全系统无缝集成，在满足过程安全完整性等级要求的同时，操作人员可同时监控过程控制与过程安全数据，提升操作效率。

Evo 提供统一的接口，用于连接施耐德产品或者其他第三方的产品，如 PLC、变频器以及配电系统，可直接进行配置和编程，实现过程设备和电气设备的统一管理与监控，提高系统整合度，减少工程实施和维护工作量。

通过标准以太网接口经防火墙与工厂信息网络连接，可传输实时数据、历史数据、报警信息以及各种流程画面。通过智能现场仪表（IFD）接口、现场设备集成技术（FDSI），与各种现场总线仪表、智能设备数字化集成，实现从生产管理信息网、生产控制网到现场设备网的一体化管理。

2. 系统可靠性

（1）多种冗余容错技术　多种冗余的通信网络、冗余的供电系统、互为备用的操作站、冗余容错控制器，以及采用高可靠性的、SMT 表面贴装技术的、冗余配置的输入/输出模块，保证了系统连续正常运行。

（2）坚固可靠的系统硬件　Foxboro Evo 系统硬件可运行在 ISA S71.04 定义的 G3 环境中，工作环境温度 $-40 \sim 70\,℃$，支持在线热插拔。Evo 系统可提供支持本质安全的 I/O 模块，并满足 Class1 Div2/Zone2 危险环境安装要求。Evo 系统全部采用先进的电路设计，降低了组件功耗和发热，提高了设备的可靠性。

（3）系统自诊断　所有组件均具有在线和离线自诊断程序，可进行报警提示、报警打印、显示器报警显示、模块状态灯显示等。

（4）通道信号隔离　多数 I/O 模块通道采用单独的 A/D 和 D/A 转换器，并且全部为单通道变压器耦合和光电双重隔离，采用限流电路可防止现场短路故障，无需保险丝等额外保护，可减少故障点、提高系统运行时间、减少非计划停车。

（5）在线维护与修改　所有 Evo 组件均支持无扰动在线更换，无需切断电源，无需采用防静电措施。Evo 可在线修改控制组态和应用软件，还可在线增加 FBM 组件、控制处理机（FCP）以及各类应用站。

3. 系统先进性

（1）控制处理机　具备自整定、多变量自整定、多变量预测控制等复杂能力。采用高性能处理器芯片组，处理能力达每秒 16000 个功能块，最快功能块处理周期为 50ms。控制器采用冗余容错技术，可确保每次输出是正确的，并支持无扰动切换。

驱动级的控制逻辑可驻留并运行在 FBM（I/O 模块）内。这种配置可确保当两个容错的控制处理机同时发生故障时，驻留在 FBM 内的控制算法能自动切换至指定状态，确保现场执行机构处于安全的位置。

（2）系统软件　系统软件集连续量、数字量、顺序控制、梯形逻辑和批量处理为一体，支持功能块和动态 SAMA 图编程，减少了工程组态和诊断工作量。支持虚拟化技术，减少了硬件设备投资。

支持态势感知（Situational Awareness）画面技术，揭示生产数据深层次的信息，提高对异常工况的响应和处理速度，提高生产操作效率与操作水平。

Evo 过程自动化系统提供 FDT/DTM 技术读取现场智能设备信息，并允许进行远程参数设置，提供设备运行期间故障信息、维护建议，实现预测性维护，减少停车检修时间和非计划停车时间。

（3）控制网络　Evo 系统的通信网络是点对点系统架构，无需单独配置数据通信服务器。采用了基于 MESH 的网络结构，可自动选择最优通信路径，具有多重冗余容错，提高了系统的通信可靠性和效率。

三、系统结构

1. 系统总貌

Foxboro Evo 系统架构如图 4-2-7 所示。

FoxboroEvo 系统由现场控制层、监控层、生产管理层以及决策管理层构成。

现场控制层主要包括控制站，每个控制站由控制处理机（Field Control Processor，FCP，即控制器）和现

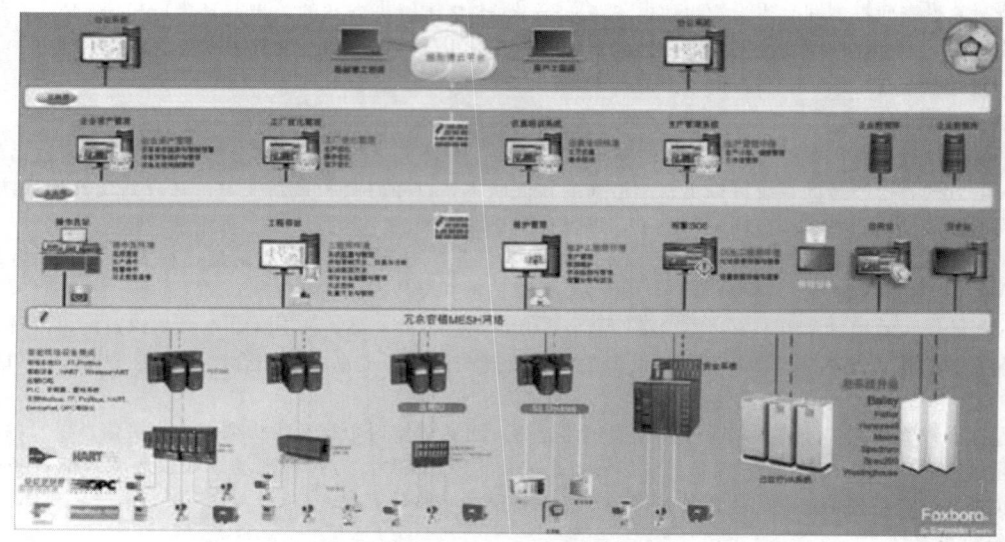

图 4-2-7　Foxboro Evo 系统架构

场总线组件（Field Bus Module，FBM，即 I/O 模块）组成，接收各类现场设备如传感器、变送器信号，可按照预定的控制策略计算所需的控制量并发送到现场执行机构。

监控层主要包括工程师站、操作站、历史站以及 OPC 通讯站，主要实现对生产过程的监控与管理，DCS 系统编程组态与维护，生产数据、报警和操作记录以及为生产管理层提供数据接口。

生产管理层和决策管理层主要由各类应用软件系统组成，如生产仿真与优化系统、资产管理系统、制造执行系统以及企业管理系统等。

2. 现场总线组件

Foxboro Evo 系统的现场总线组件（FBM），即 I/O 模块，如图 4-2-8 所示，可为现场传感器、执行机构或其他工业设备与系统提供电气或数字接口。FBM 与控制处理机（FCP）之间通过冗余的 I/O 总线通信，单个控制站最多可下挂 128 块 FBM 组件，同时支持远程 I/O 应用，远程 I/O 站最大距离可达 10km。

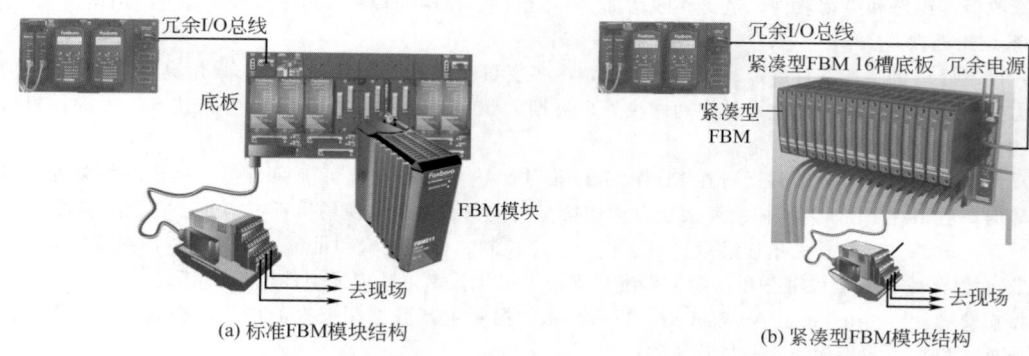

图 4-2-8　Foxboro Evo 系统的现场总线组件（FBM）

Foxboro Evo 系统的 FBM 可选标准和紧凑型 200 系列 FBM，均为底板式安装，同一控制站可根据需要选择标准 FBM 或者紧凑型 FBM。底板提供冗余接口，连接到控制处理机底板的 I/O 总线和电源接口，FBM 底板可选 4 槽、8 槽或者 16 槽（紧凑型）。FBM 通过专用电缆连接端子板（Termination Assemblies，TA）连接现场信号电缆、安全栅或者继电器。

3. 控制处理机

控制处理机 FCP280 如图 4-2-9 所示。自 1987 年第一代 CP10 处理机起，Foxboro DCS 系统陆续推出了 CP10、CP30、CP40、CP60、ZCP270、FCP270 处理机，目前主流控制处理机为 FCP280。FCP280 采用精简指令集高速处理器，支持冗余容错功能，配有 LCD 屏，可显示工作状态及故障诊断信息。FCP280 提供全面的在线修改、下装与调试功能,包括硬件变化、程序修改、插件版本修改或升级等。

4. 控制网络与主要节点

(1) Foxboro Evo 控制网络　Foxboro Evo 系统的网络架构名称为 Foxboro Evo Control Network（简称 FCN），该网络延续了I/A Series 的 MESH 网络核心技术，融合了市场上先进的交换机技术和全光纤通信线缆设计，支持多重冗余，通信不受单点乃至多点故障的影响，提高了网络通信的冗余度和抗电磁干扰能力。Foxboro 控制网络有四种网络拓扑结构，分别是线形结构、环形结构、星形结构和倒挂树结构。

图 4-2-9　控制处理机 FCP280

Foxboro Evo 控制网络特点如下。

① 系统具有大的可伸缩性，多种架构模式，点对点通信，可最多连接 1920 个节点。

② 最优路径自动选择，多重冗余。应用快速生成树协议（RSTP）管理冗余途径，具有快速响应网络和系统站通信错误的能力。提供 LPA 和 LDP 专利算法，防止产生通信环路，并为网络提供快速的收敛时间。

③ 可划分 VLAN，将整个网络划分为不同的分区，以便于分区管理。

④ 所有交换机均可通过本地接口或者网络进行设备管理与配置。

⑤ 提供管理软件，可监视整个控制网络的状态和拓扑结构，并管理系统内的所有设备。

FoxboroEvo 系统星形网络结构如图 4-2-10 所示。

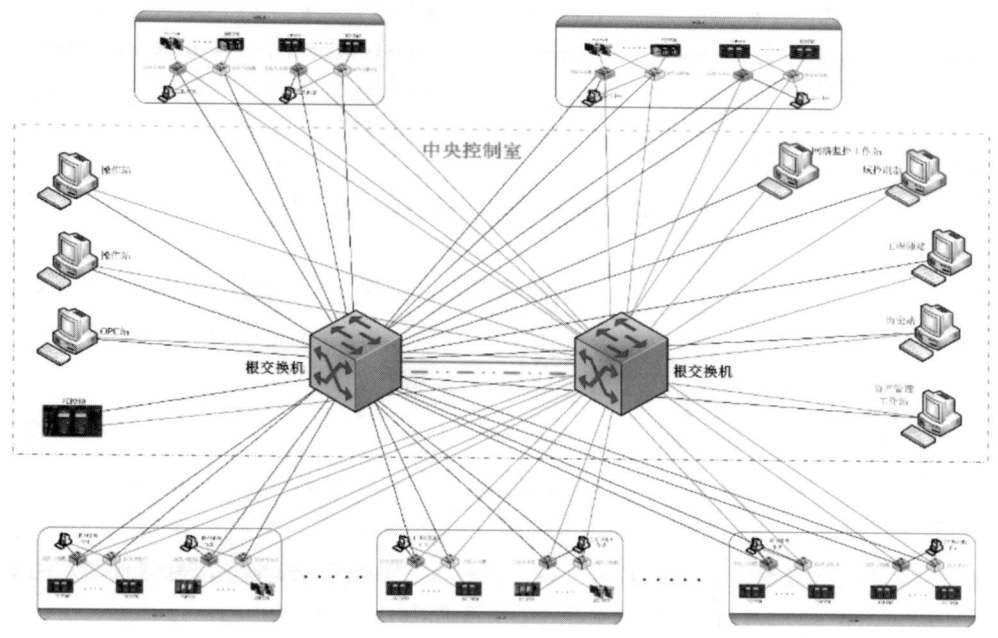

图 4-2-10　Foxboro Evo 系统星形网络结构

(2) 主要节点　Foxboro Evo 控制网络节点主要包括控制站、工程师站、操作员站、历史站、OPC 站以及其他应用站，整个网络由各类边缘交换机和根交换机连接而成。

① 边缘交换机（Edge Switch）：连接各类控制站、工程师站、操作站。

② 根交换机（Root Switch）：连接边缘交换机、控制站、工程师站、操作站。

③ 工程师站（Application Processor Plus Workstation Processor）：主要实现系统配置与管理、组态与控制策略实现、画面组态等，也可兼作操作员站功能。

④ 操作员站（Workstation Processor）：操作人机界面，监控生产装置运行状况，发送操作指令给控制站。

⑤ 历史站：按照设定的周期记录生产数据并提供给操作员站，进行历史数据回放。

⑥ 应用站：提供厂级管理软件 OPC 通信接口，支持 OPC DA 以及 OPC A&E 协议。

---

⑦ 设备管理站：通过 FDT/DTM 技术连接现场智能设备进行设备配置与管理，支持 HART、FF、Profibus 等智能设备的连接，可实现预防性维护，减少非计划停车。

四、系统软件

1. 系统软件概述

Evo 过程自动化系统为用户提供了完善的过程控制和管理软件。Evo 系统的软件由基础软件和各类应用软件构成。基础软件为必选项，包括 Evo 系统定制的 Windows 操作系统平台、Evo 系统平台软件以及目标管理软件等。应用软件依据工作站或服务器不同的功能需求进行选择，主要包括如下内容。

① 综合控制组态软件
② 操作员人机接口软件
③ 实时历史数据库
④ 系统管理与监视软件
⑤ 网络配置与管理软件
⑥ 第三方设备通信接口软件
⑦ 报表软件
⑧ 批量管理软件
⑨ 应用程序接口软件，如 OPC、Web 发布
⑩ 设备管理软件
⑪ 报警管理软件
⑫ 系统仿真软件
⑬ 变更跟踪与管理软件
⑭ 系统审计与管理软件
⑮ 网络安全套件
⑯ 网络管理软件
⑰ 过程仿真与优化软件
⑱ 专业应用软件包，如电厂专用控制软件包

2. 综合控制组态软件

Evo 系统提供的综合控制组态软件包，具有完全图形化的界面，支持动态 SAMA 图，提供模板批量导入、查找等工具，帮助提高维护效率。Foxboro Evo 系统图形化组态界面如图 4-2-11 所示。

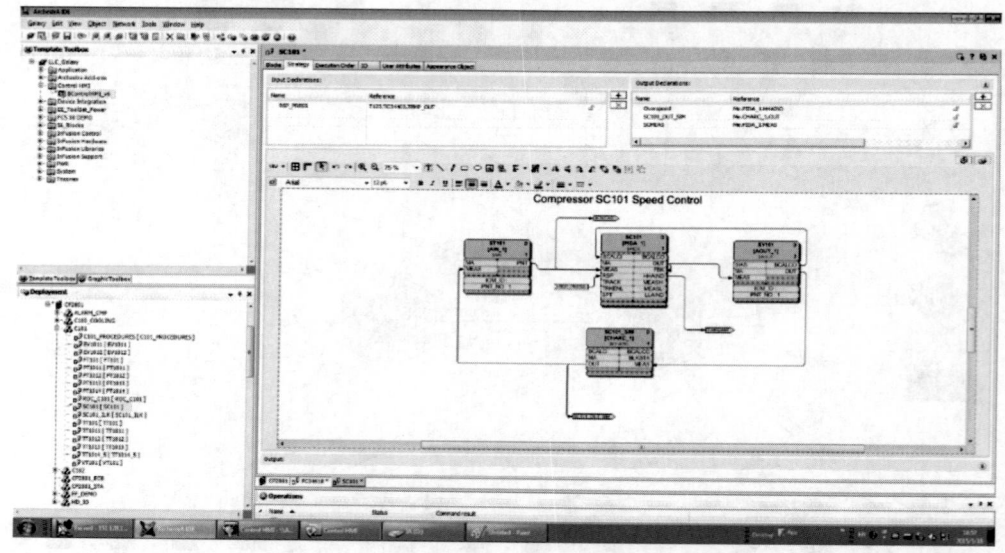

图 4-2-11　Foxboro Evo 系统图形化组态界面

① 系统组态程序：允许用户定义系统、网络、设备软件和安装位置。
② 控制组态程序：允许用户定义各种控制方案。
③ 显示组态程序：能够将静态的显示画面转换成与过程有交互作用的动态显示画面，并提供逻辑上的分层控制能力。

3. 操作员软件

操作员软件由实时显示管理程序与一系列有关的子系统和工具组成，支持所有与图像显示和组态工作有关的活动，提供屏幕打印、多窗口、多显示器以及远程显示终端等丰富、灵活、便利的操作显示功能。操作员软件包括用于过程控制和管理的实时软件和组态软件。

① 实时数据通信软件
② 操作站视窗软件
③ 报警与趋势子系统
④ 事件与操作记录软件

⑤ 报表软件
⑥ 显示绘图和组态软件
⑦ 操作站环境组态程序

⑧ 过程报警组态与配置程序
⑨ 操作记录组态与配置程序
⑩ 系统管理软件

Foxboro Evo 系统操作员高级人机界面解决方案如图 4-2-12 所示，基于态势感知（Situational Awareness）技术，降低了操作人员的疲惫感。通过人体工程学设计，结合工艺特点和监控需求，帮助操作人员识别、了解、响应并解决各种异常情况，将资深操作员技能和经验转换为可共享和传承的共性知识。

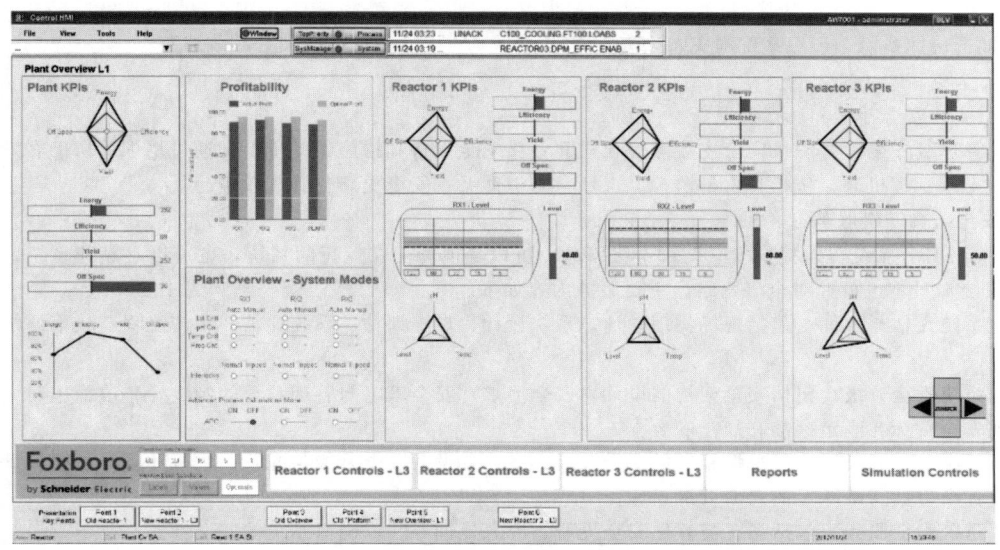

图 4-2-12　Foxboro Evo 系统操作员界面高级解决方案

五、系统体系安全

1. 体系安全概述

Foxboro Evo 系统提供丰富、全面的安全技术，系统设计和工程实施过程均充分考虑过程安全（Safety）和网络安全（Security），识别生产过程早期风险与隐患，尽可能地消除安全隐患，从而实现人身安全、装置安全以及生产安全。

Foxboro Evo 系统的网络安全采用自下而上的防御体系，从设备级安全、系统级安全到管理级安全。从系统设计与第三方安全认证、工程设计与实施、现场安全评估与安全培训、系统升级等方面提供全生命周期的安全解决方案。

2. 系统安全防御措施

（1）设备级安全　设备级安全包括端点保护，提高每个单体设备的安全性。主要体现在以下几个方面：

① 通道级隔离和低密度设计，关键模块冗余配置，冗余配置的电源和网络，标配满足 G3 防腐标准的硬件；

② 交换机均为管理型交换机，交换机投入使用前需进行参数和安全配置，如交换机用户名和密码设置、交换机端口绑定、LDP/LPA 设置等；

③ 控制处理机 FCP280 通过了 Achilles Level 2 以及 ISA Secure EDSA Level 1 认证，工程师站 AW70、操作员站 WP70 等工作站或服务器通过了 Achilles Level 1 安全认证。

（2）系统级安全　系统级安全主要考虑整个控制系统的设计、配置安全，主要从以下几个方面确保系统级安全。

① 边界防护

- 自学习工业协议分析
- 入侵检测
- 分层的南北防火墙和缓冲区
- 子网划分和横向隔离

② 安全域服务器

- 抗工业病毒系统
- 集中式安全策略配置、管理与控制

③ 监控预警

- 网络和设备监控预警
- 安全和设备管理

④ 故障恢复

- 批量快速备份、还原系统与灾备恢复系统

⑤ 安全更新

- 便捷的安全补丁和病毒库更新

（3）管理级安全　管理级安全主要考虑在建立各类安全设备和措施的基础上，通过培训等协助客户建立整个系统的安全管理机制，包括日常的监控、审计与防护体系、安全更新与管理政策。

3. 安全防御升级服务

Foxboro Evo 系统可以提供安全防御升级服务，可以是现场正在运行的系统，也可以是新建系统，既可针对 Evo 系统本身，也可针对全厂网络。主要服务内容如下。

（1）系统评估与咨询　包括现场物理设计，系统设计、设施评估、系统评估、管理流程、政策评估和风险分析等。

（2）系统安全升级　包括安全架构的设计，安全需求、安全策略与管理政策的制定，整改措施与方案的制定，实现安全目标并满足标准和规范的要求。

（3）系统安全升级实施　根据制定的安全升级方案，从设备安全升级与配置、主机和系统加固、日志审计与管理等各个方面实施既定的安全升级措施。

（4）系统安全服务　包括系统与软件安全更新、应急处理等，以确保系统的安全性。

六、应用举例

1. 常减压装置应用

某炼油化工厂的常减压装置原 DCS 系统由于设备老化和缺少备件等原因，无法满足长周期安全稳定运行的要求。根据系统的先进性、可靠性、适用性和性价比，选用了 Foxboro Evo 系统替换原 DCS 系统，该系统由 2 个冗余容错控制站、5 个工作站、150 余块各类 FBM 组件构成。在翻译、理解原 DCS 系统功能的基础上，对控制功能与逻辑联锁以及人机界面进行设计、组态和调试。

（1）系统硬件配置（表 4-2-7）

表 4-2-7　常减压装置的系统硬件配置情况

模块	模块功能	模块型号	数量
AI(冗余)	模拟量输入组件	FBM2166(8)	44
AO(冗余)	模拟量输出组件	FBM218(8)	36
DOR	开关量输出组件	FBM242(16)	6
MODBUS RTU	通信组件(冗余)RS-485	FBM241(4)	2
AI	模拟量输入组件	FBM214(8)	29
AI	模拟量输入组件 0～20mA	FBM211(16)	3
TC	温度信号输入组件	FBM202(8)	24
PI	脉冲量输入组件	FBM206(8)	1
DI	开关量输入组件	FBM217(32)	4

工程师站 1 台　　　　操作员站 4 台　　　　历史站 1 台
OPC 站 1 台　　　　　过程控制站 4 台

（2）Foxboro DCS 系统结构（图 4-2-13）

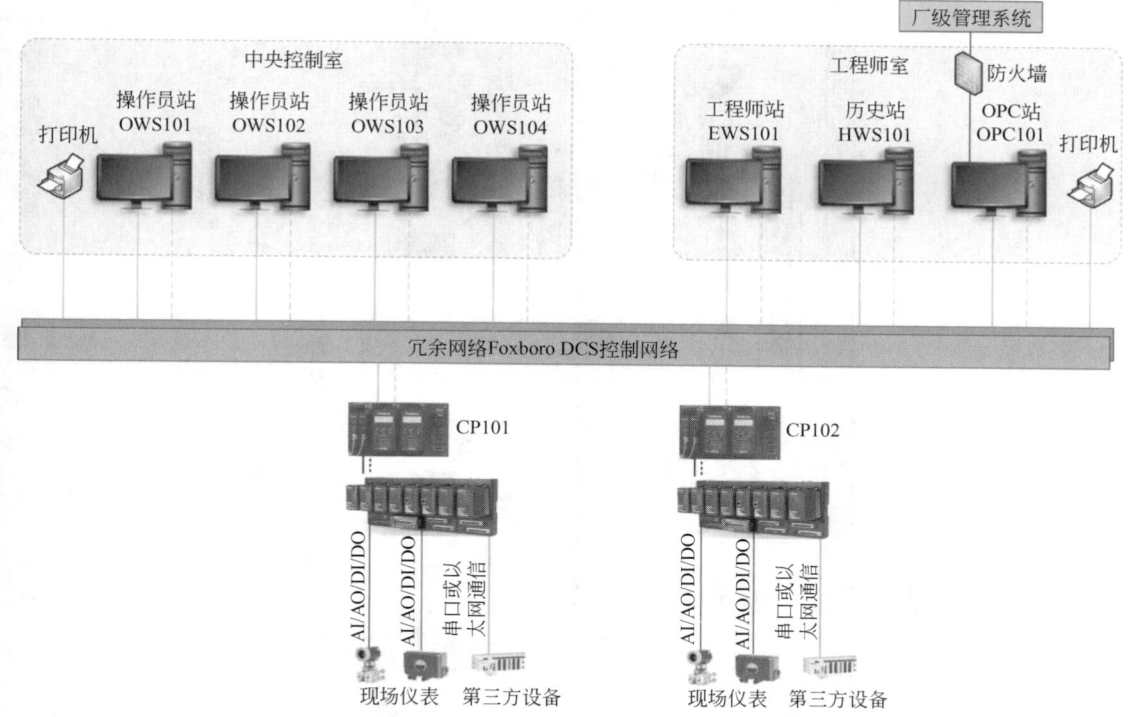

图 4-2-13　常减压装置 Foxboro DCS 系统结构

（3）系统软件配置（表 4-2-8）

表 4-2-8　常减压装置的系统软件配置情况

○ 系统授权软件包 1 个	○ 工程师站软件包 1 个
○ 操作员站软件包 4 个	○ 历史站软件包 1 个
○ 报表软件包 1 个	○ 设备管理系统 FDM 软件包 1 个
○ OPC 站软件包 1 个	

（4）系统配置说明

① 控制处理机选择 FCP280，主要考虑 FBM 数量、系统负荷以及控制分散的要求。

② FCP、电源以及网络均选择冗余配置，所有控制回路的 FBM 采用冗余配置，包括模拟量输入和模拟量输出信号。

③ 工程师站、操作员站、历史站以及 OPC 站的硬件配置，考虑其使用体验以及其使用寿命，CPU、内存均采用高配型号，均配备了防病毒软件。

（5）应用情况

① 常规模拟量控制　该装置 PID 控制回路共计 150 个，根据控制需求选择基本 PID 块或者 PINDX 块并设置最优的控制参数，控制回路品质完全满足装置控制和操作要求。

② 复杂控制回路　如串级控制、前馈控制、分程控制等，均提供了相应的控制块。

③ 工艺联锁控制　采用 CALC 块或者梯形图实现逻辑联锁控制，控制回路执行周期控制在 100ms 以内。

④ 人机界面设计　与工艺操作人员讨论，确定人机界面的绘制原则和规范，确保操作人员对装置运行状况一目了然，能及时响应报警等突发状况。

⑤ 与信息管理系统通信　OPC 工作站可将装置数据上传到全厂信息管理系统，OPC 站与全厂信息管理系统之间设置了工业防火墙，确保网络隔离与安全。OPC 工作站除了可以上传生产实时数据外，还可以将 DCS 系统报警与事件上传到生产管理系统。

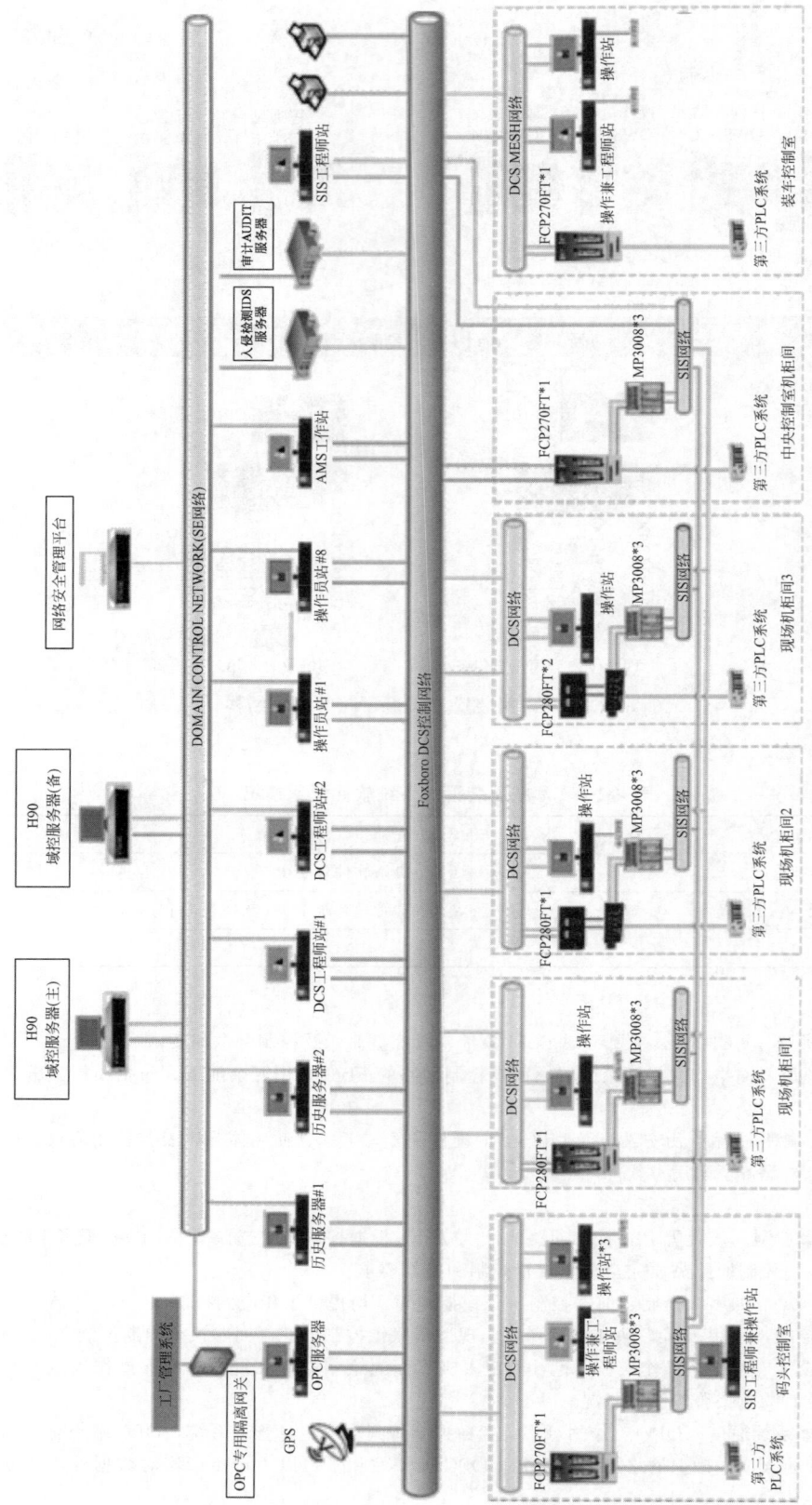

图 4-2-14 LNG 接收站 Foxboro DCS 系统结构图

2. LNG 工程应用

某 LNG 工程包括接收站、码头、外输管线以及轻烃回收装置等。全厂共设置三个控制室，分别是中心控制室（CCR）、码头控制室以及装车控制室，三个控制室分别配置机柜间、现场工程师站和操作员站，同时设置了三个现场机柜间。现场所有仪表信号按照区域划分接入现场机柜间，实现采集、控制和联锁，机柜间与各控制室以及控制室之间通过冗余光缆通信的方式进行信息交互。全厂 DCS 系统 I/O 规模为 9000 点左右，SIS 系统 I/O 规模为 4000 点左右，第三方工艺设备通信点近 10000 点。

（1）系统硬件配置（表 4-2-9）

表 4-2-9　LN/G 工程的系统硬件配置

模块	模块功能	模块型号	数量
AI（冗余）	模拟量输入组件	FBM2166(8)	34
AO（冗余）	模拟量输出组件	FBM218(8)	38
DOR	开关量输出组件	FBM242(16)	56
MODBUS RTU	通信组件（冗余）RS-485	FBM241(4)	12
AI	模拟量输入组件	FBM214(8)	137
DI	开关量输入组件	FBM217(32)	30

工程师站 4 台　　　　　操作员站 8 台　　　　　历史站 2 台
OPC 站 1 台　　　　　　过程控制站 12 台　　　　网络交换机 10 台
设备管理服务器 1 台　　只读操作员站 6 台

（2）系统结构（图 4-2-14）

（3）系统软件配置（表 4-2-10）

表 4-2-10　LNG 工程的系统软件配置情况

○ 系统授权软件包 1 个	○ 工程师站软件包 4 个
○ 操作员站软件包 14 个	○ 历史站软件包 2 个
○ 报表软件包 1 个	○ 设备管理系统 FDM 软件包 1 个
○ OPC 站软件包 1 个	

（4）系统配置说明

① 控制处理机选择 FCP280，主要考虑 FBM 数量、系统负荷以及控制分散的要求。

② FCP、电源以及网络均冗余配置，所有控制回路的 FBM 采用冗余配置，包括模拟量输入、模拟量输出以及数字量输出信号。

③ 工程师站、操作员站、历史站以及 OPC 站的硬件配置均采用高配型号，均配备了防病毒软件。

④ SIS 系统采用了 Triconex 安全仪表系统，DCS 系统与 SIS 系统之间采用冗余通信，实现数据传输。正常运行情况下，SIS 系统将数据和状态传到 DCS 系统，操作人员通过 DCS 操作站可以监控 SIS 系统。非正常情况下，SIS 系统自动执行预定联锁动作，确保人员安全和生产安全。

（5）应用情况

① 经过近 6 年的运行考验，该 LNG 装置达到了所设计的生产能力，且生产效率、控制水平均超过设计预期。

② DCS 系统的高效、稳定运行，SIS 系统的高可靠性和高安全性，以及同期提供的操作员仿真培训系统，为生产装置投入使用和长周期安全稳定运行奠定了良好的基础。

第四节　HollySys MACS 系统

一、系统概述与发展

和利时集团（HollySys）1993 年创立于北京，推出了我国第一套分散控制系统（Distribution Control System,

610

DCS) HS1000，1996 年推出 HS2000，1999 年推出 HOLLiAS MACS-F，2004 年推出 HOLLiAS MACS-S。2007 年开发出核电站控制系统并进入核电行业；同年开发出大型 PLC 系统 LK 系列，客运专线列控系统进入高铁行业，2010 年进入医疗自动化领域。2012 年推出我国第一套经 IEC61508 认证的安全仪表系统（SIS），同年推出 HOLLiAS MACS-K，在提升国内高端市场份额的同时，大规模进军国际市场。

和利时 DCS 发展历程如图 4-2-15 所示。

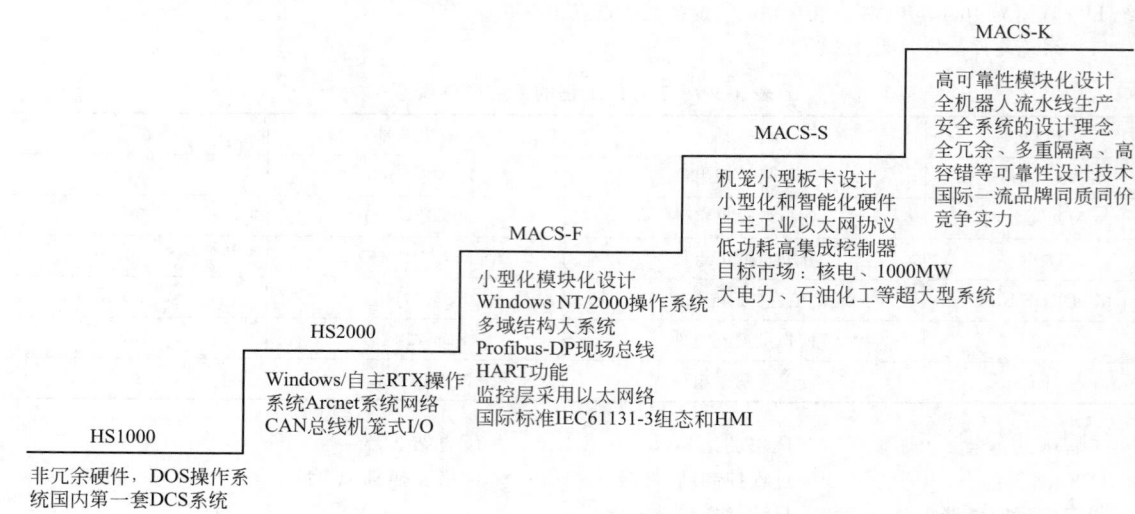

图 4-2-15 和利时 DCS 发展历程

HOLLiAS MACS-K 是和利时公司当前主流的 DCS 产品，它由 MACS V6 版软件和 K 系列硬件组成。MACS-K 已成功应用于大型炼化一体化、煤化工、精细化工等项目。

DCS 发展首先是基于物联网和云计算技术平台，可融合实时控制数据和资产管理数据，内部数据流分为控制相关的周期通信数据和资产相关的非周期通信数据；第二是快速控制任务和慢速控制任务的结合，常规 DCS 的控制对象是 0.1～1s 的过程控制，随着控制一体化要求提高，DCS 需要具备 5～10ms 运动控制功能；第三是安全性，DCS 吸收了安全仪表系统的容错安全设计理念，并将信息安全提升到工控系统安全；第四是扩展性，支持 HART、FF、ProfiNET、Ethernet/IP、无线等总线，以通用 I/O 模块硬件、软件推进向新一代 DCS 系统发展。和利时已经开发并成功工业化运行大型高性能控制器 K-CU03，主要性能指标：5～10ms 快速运算周期、100MBps 的 Powerlink 内部控制总线、单站带 I/O 模块超过 400 个、自主化国产芯片超过 95％。软件平台开发基于云构架的平台。

二、系统特点

MACS-K 系统提供灵活的 DCS 总体解决方案，可满足不同行业应用需求。系统特点如下。

① 系统支持 PEER-TO-PEER（对等网）、C/S（客户机/服务器）、PEER-TO-PEER 和 C/S（混合）三种网络结构。

② 控制器到 I/O 模块的内部 I/O-BUS 控制总线支持总线型和星形拓扑结构，实现分支故障隔离。

③ 系统控制器采用 32 位 RISC 芯片 CPU，并带 ECC 校验功能。基于自主知识产权的嵌入式 HEROS 操作系统，内置网络安全组件和防火墙，通过阿基里斯二级安全认证。

④ 系统总线和模块之间采用光电隔离；系统电源和现场电源之间采用双隔离供电；网络物理层和协议层双重隔离；模块通道之间采用电气隔离，隔离电压 1500V。

⑤ 系统基于工业环境设计，符合国际标准 IEC61000 的 EMC 规定，系统通过 CE 认证，系统防腐能力符合 ISA S71.04 标准 G3 等级要求。

⑥ 分级分层隔离安全处理：历史站不影响操作站运行，操作站不影响控制器运行，控制器不影响 I/O 模块工作。

⑦ 系统支持 HART、Profibus-DP、Profibus-PA、Modbus-RTU、Modbus-TCP、FF-H1 等通信协议。

⑧ 系统可增减控制器和 I/O 模块，不影响原有功能；对控制算法、硬件配置、系统数据库、图形组态等

修改，可在线无扰下装。

⑨ 系统最大支持 16 个域工程；每个域支持 64 对控制器、64 台操作员站、2 台历史站；每对控制器支持 126 个 I/O 模块；支持多工程师站协同组态。

⑩ MACS-K 系统兼容 MACS-F、MACS-S 系列的 I/O 模块，方便系统升级，可以与和利时公司的旧版本软件混合使用。

⑪ 系统可与 SIS（安全仪表系统）、IMS（仪表设备管理系统）、APC（先进过程控制）、MES（生产执行系统）、OTS（操作员仿真培训系统）、ODS（操作数据管理系统）、Batch（批量控制）、AAS（报警管理系统）、GDS（可燃/有毒气体检测系统）、CCS（压缩机控制系统）、MMS（转动设备监测系统）、PLC（可编程序控制器）、AMADAS（在线分析仪管理与数据采集系统）、WIS（无线仪表系统）等进行无缝集成，为用户提供整体解决方案。

三、系统结构

1. 系统总貌

MACS-K 系统为三层网络构架，由上至下分别为管理网（MNET）、系统网（SNET）和控制网（CNET）。系统网络构架图如图 4-2-16 所示。

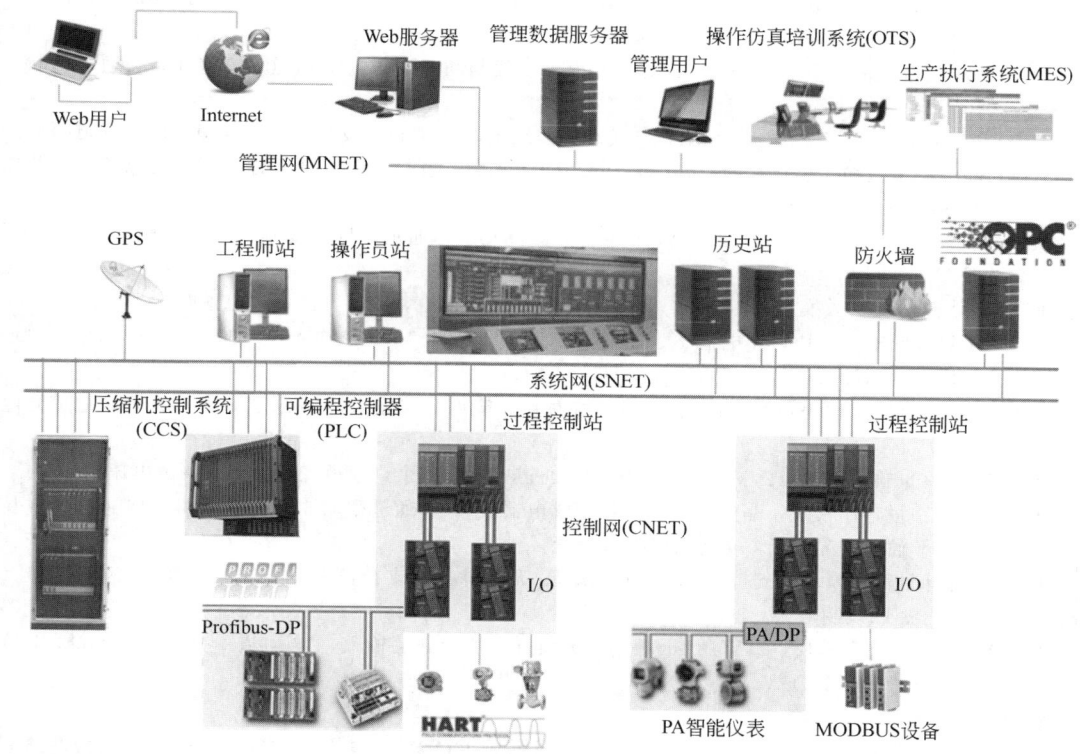

图 4-2-16　MACS-K 系统网络构架图

（1）管理网（MNET）　管理网由 100/1000M 以太网络构成，包括管理数据服务器与厂级信息管理系统（MES 或 ERP）、Web 服务器、Internet、第三方管理用户等，实现数据的高级管理和共享。系统网（SNET）与管理网（MNET）间数据应设置单向防火墙。

（2）系统网（SNET）　系统网由 100/1000M 高速冗余工业以太网络构成，包括工程师站、操作员站、过程控制站、OPC 服务器等组成。系统网完成操作员站监控数据通信，工程师站组态下发，过程控制站的数据通信以及历史站、OPC 服务器的数据交互。

（3）控制网（CNET）　控制网称为 I/O-BUS 总线，过程控制器、I/O 模块和现场总线网关均挂在这条总线上。MACS-K 系统支持星形控制网络，相比总线型控制网络，其具备故障隔离优势。

2. I/O 模块

MACS-K 系统采用方便灵活的模块式结构，所有模块采用标准导轨安装方式，安装在系统机柜中。采用易接线的斜竖式安装方式，模块分 3 列分布。采用倾斜 15°安装方式，便于散热，下面模块不影响上面模块的散热。倾斜散热可提高硬件寿命和可靠性。采用一体化 I/O-BUS（模块总线）连接，换模块底座不影响通信，总线采用冗余配置。采用抗震软连接器，具备高的抗震性能和连接可靠性。系统内部所有电缆都采用专用预制电缆连接，不同用途插接件采用不兼容接口防误插。所有 I/O 模块支持带电热插拔，具备过流过压保护功能。现场电源和系统电源分开隔离供电。仪表采用现场电源供电，数字电路和通信电路采用系统电源供电。所有 I/O 模块具备诊断电源状态、工作状态、信息通讯功能，每通道具备断路、短路、超量程等诊断功能，LED 和操作员站均可显示。每个通道可设置不同的滤波参数以适应不同的干扰现场。

MACS-K 系统主要 I/O 模块如下。

① K-AIH01 模拟量输入模块，4～20mA，HART，二线制和四线制，8 通道，支持冗余，通道诊断，通道隔离。

② K-AI01 模拟量输入模块，4～20mA，二线制和四线制，8 通道，支持冗余，通道诊断，通道隔离。

③ K-AIH02 高性能模拟量输入模块，4～20mA，HART，二线制和四线制，支持 0～10V，最快 10ms，8 通道，支持冗余，通道诊断，通道间隔离电压 1500V。

④ K-AI02 高性能模拟量输入模块，4～20mA，二线制和四线制，支持 0～10V，最快 10ms，8 通道，支持冗余，通道诊断，通道间隔离电压 1500V。

⑤ K-AIH03 模拟量输入模块，4～20mA，HART，二线制和四线制，16 通道，支持冗余，通道诊断，通道隔离。

⑥ K-AI03 模拟量输入模块，4～20mA，二线制和四线制，16 通道，支持冗余，通道诊断，通道隔离。

⑦ K-AOH01 模拟量输出模块，4～20mA，HART，8 通道，支持冗余，通道诊断，通道隔离，负载能力 800Ω，支持故障安全设置。

⑧ K-AO01 模拟量输出模块，4～20mA，8 通道，支持冗余，通道诊断，通道隔离，负载能力 800Ω，支持故障安全设置。

⑨ K-RTD01 热电阻输入模块，PT100，三/四线制输入，8 通道，支持冗余，通道诊断。

⑩ K-TC01 热电偶输入模块，热电偶 K、E、J、S 型及－100～100mV 输入，8 通道，支持冗余，通道诊断，自带冷端补偿，冷端诊断。

⑪ K-DI01 数字量输入模块，24V DC 干触点、湿触点、接近开关输入，16 通道，支持冗余，通道光电隔离，隔离电压 1500V。

⑫ K-DI03 数字量输入模块，24V DC 干触点，32 通道，支持冗余，通道光电隔离，隔离电压 1500V。

⑬ K-DO01 数字量输出模块，晶体管输出（标配继电器板），单通道驱动 50mA 继电器，16 通道，支持冗余，常开、常闭、干触点、湿触点，支持故障安全设置。

⑭ K-PI01 脉冲量输入模块，支持高/低电压、有源/无源脉冲，支持测频和计数，6 通道，频率范围 0～10kHz，支持二、三、四线制输入。

⑮ K-SOE01 SOE 输入模块，24V DC 干触点、湿触点、接近开关输入，16 通道，分辨率 0.2ms，I/O 总线内置对时协议，支持远程 I/O。

3. 过程控制器模块

MACS-K 系统过程控制器模块（K-CU01）支持两路冗余 I/O-BUS 与从站 I/O 模块通信；支持两路冗余以太网与上位机通信，实时上传过程数据以及诊断数据。支持无扰在线下装和更新控制方案。

过程控制器模块技术指标如下。

① CPU 工业级 RISC 芯片，32 位，主频 400MHz，带 ECC。

② 内存 128M Bytes。程序存储 FLASH 128M Bytes，掉电保持 SRAM（保存运算中间变量和过程数据）为 1M Bytes。

③ 运算调度周期支持 100ms、200ms、500ms、1000ms。

④ 系统网（SNET）Ethernet 协议，二路冗余，通信速率 100/1000Mbps，全双工，波特率自适应。

⑤ 控制网（CNET）PROFIBUS-DP 协议，DPV0/DPV1，二路冗余，通信速率 500Kbps、1.5Mbps、3MBps 可组态配置，默认为 1.5Mbps。

⑥ 诊断电源、时钟偏离、内存、内部硬件、CPU 周围温度监测，工程文件完整性诊断，掉电保护电池容

量不足诊断，系统网、控制网故障自诊断。

⑦ 控制器冗余主从热备冗余，100Mbps，双机冗余互相诊断，冗余切换时间小于 5ms。

⑧ 电源 24V DC±10％（冗余电源），功耗 4W，24V DC，掉电保护后备电池保持，电池寿命 5 年，可不停车在线更换。

⑨ 带载能力为 126 个 I/O 模块。

4. 系统网络结构

① 系统网（SNET）支持 PEER-TO-PEER（对等网）、C/S（客户端/服务器）、PEER-TO-PEER 和 C/S（混合）三种系统网络结构，可根据需要构建星形、环形或总线型拓扑结构的高速冗余安全网络，符合 IEEE802.3 及 IEEE802.3u 标准，基于 TCP/IP 通信协议，通信速率 100/1000Mbps，传输介质为带有 RJ45 连接器的 5 类非屏蔽双绞线。

② 控制网（CNET）为双网冗余结构（每个控制器和每个 I/O 模块均内置双口通信芯片）。通信速率支持 500Kbps、1.5Mbps、3Mbps 可组态配置（默认 1.5Mbps）。通过网关可接 Profibus-DP、Profibus-PA、Modbus-RTU、FF 等总线设备。总线内置 SOE 对时协议。控制器对所有 I/O 模块进行时间校准，精度小于 0.2ms，支持光纤到远程 I/O 模块对时。符合 IEC61158、JB/T10308.3、EN50170、PROFIBUS-DP 通信协议。

③ I/O-BUS 总线采用星形网络，当任意一条支路断路、短路或错包时，不影响其他支路通信。隔离交换机冗余配置。

5. 数据通信

DCS 数据流向和数据处理机制决定了其通信机制。MACS-K 系统的控制相关实时数据采用控制器与操作员站 PEER-TO-PEER（对等网）结构，报警数据和历史数据采用由历史站服务器向各操作员站分发 C/S（客户端/服务器）结构。实时数据库分布于各操作员站，历史数据库和报警数据库由历史站服务器集中处理。历史站服务器失效仅影响报警和历史数据，实时数据不受历史站服务器的影响。历史站服务器冗余配置，最多支持 64 对控制站，64 台操作员站，其中 32 台操作员站可以直接与控制站进行实时数据通信，其他 32 台操作员站通过历史站进行实时数据通信，64 台操作员站的历史数据和报警数据均来自历史站服务器。

四、系统软件

MACS-K 系统软件包括工程师站组态管理软件、操作员站在线运行软件、控制器运行软件和历史站服务器运行软件等。

1. 工程师站组态管理软件

工程师站组态管理软件用于 MACS-K 离线组态、编辑、编译、下装和工程管理。

（1）工程总控管理器　工程总控管理器部署和管理 MACS-K 系统，具有组态工程管理、数据库编辑、节点、流程图、总貌图、控制分组、参数成组、专用键盘、区域管理、用户自定义功能、报表、编译、下装等功能。支持多工程师站协调组态，可多人交叉完成组态。具备将一个工程划分区域，不同区域分配不同的权限。支持工程、数据库、功能块的导入和导出，方便同类工程的复制和迁移。

（2）图形编辑器　图形画面编辑工具。生成在线操作的流程图和界面模板。提供丰富的符号库，方便用户绘制界面。支持用户自定义符号库。

（3）AutoThink（控制器算法组态软件）　编辑控制器算法、算法管理、仿真调试、在线调试及硬件配置，支持 IEC61131-3 中规定的 6 种编程语言：SFC（顺序功能图）、LD（梯形图）、FBD（功能块图）、IL（指令表）、ST（结构文本）、CFC（连续功能块图）。内置电力、化工、热电等行业专用功能块。带自整定 PID 算法。可自定义功能块和方案库，方便组建特殊功能块和优化控制方案。支持加密算法，保护用户知识产权。自带在线帮助，任何功能块可右键连接在线帮助文件完成组态。全仿真运行功能，无控制器时便携 PC 机组态控制方案预先自验证逻辑正确性。支持将现场在线参数同步到离线组态参数中调试，支持参数强制功能替代离线仪表数据调试。

2. 操作员站在线运行软件

监控系统面向操作者，以工艺流程图、棒状图、数值表、趋势曲线、报表、按钮、对话框等方式为用户提供数据，执行操作指令并发送至现场控制站。完成实时数据采集、动态数据显示、自动控制、顺序控制、高级控制等功能。查询报警、日志。对数据进行记录、统计、显示、打印等。

3. 控制器运行软件

控制器运行软件完成现场 I/O 模块信号采集、工程单位变换、控制和联锁控制算法，输出控制信号到 I/O 输出模块，通过系统网络将数据和诊断结果传送到操作员站。

4. 历史站服务器运行软件

历史站服务器运行软件提供系统统一历史站数据服务和报警数据服务，支持冗余配置。

5. 核心软件及辅助软件选用

① 工程师站组态管理软件，包含工程总控管理器、图形编辑器和 AutoThink（控制器算法组态软件）三部分。一台工程师站一个授权。

② 操作员站在线运行软件，一台操作员站一个授权。

③ 控制站运行软件，随控制器携带。

④ 历史站运行软件，一台历史站服务器一个授权。

⑤ 通信软件实现，与其他系统厂商之间数据的通信，支持 OPC、Modbus-TCP、Modbus-RTU 等 100 多种协议，一台通信站一个授权。

⑥ 历史趋势离线查询软件，用于将历史数据转移到系统外存储，并提供长周期、趋势信息、报警信息、日志信息的查询，一台查询站一个授权。

⑦ 控制器固件升级软件，是控制器在线固件程序升级工具，一套系统购买一套。

⑧ 控制器仿真运行软件，可仿真模拟运行现场控制站，配合历史站服务器和操作员站在线操作。

⑨ 软件授权管理工具，增加一个 USB 加密狗授权，可查询当前安装的软件的所有文件的版本信息，管理软件授权的功能。

⑩ 仪表设备管理软件。

⑪ 批量软件批量控制和管理软件，根据加密狗客户端数量和功能授权。

⑫ 优化控制软件，一台 APC 站需要一台授权。

⑬ 增强型自整定 PID 软件，一台 APC 站需要一台授权。

⑭ USB 硬件加密狗授权。

五、系统体系安全

MACS-K 控制器内置防火墙组件和协议安全解析组件，防止网络风暴和私有协议过滤，通过阿基里斯二级安全认证；操作员站具有白名单防病毒软件；PC 机操作系统具备安全加固功能；带防火墙功能的交换机，可配置 MAC 地址与端口绑定、IP/MAC 地址绑定，具备网络风暴抑制、广播包抑制、防网络回环、防网络短路、端口过滤、带包过滤等功能。

MACS-K 系统网络安全遵循安全分区、网络专用、横向隔离、纵向认证的基本原则。MACS-K 系统中采用双冗余分域网段构架，每个装置（单元）在不同的局域网中，每个局域网段分别采用两层交换机，相互不能通信，只能通过带路由的三层交换机相互通信。

MACS-K 系统网络边界处部署防火墙或网闸；内部配置防火墙加固；网络中部署网络监控平台；网络核心位置部署入侵检测系统。

MACS-K 系统采用现场供电和系统供电隔离方式，保证现场来的干扰不能进入系统核心 CPU 和通信总线。提供两对冗余 DC24V 电源，分别独立供电。机柜内设有保护地和工作地两个接地板，分别引出到机柜外保护地汇流排和工作地汇流排。

六、应用举例

1. 煤化工项目应用

某大型现代化煤化工项目采用 MAV-DCS 实施模式，全部采用和利时公司 HollySys MACS-K 系统产品。该项目中煤气化装置规模较大，DCS 系统由 LAN1~LAN3 局域网组成，应用情况如下。

（1）DCS I/O 配置（表 4-2-11）

表 4-2-11　煤化工项目中 DCS I/O 配置情况

LAN No.	I/O 需求点	I/O 配置	I/O 卡数量	控制器（冗余）
LAN 1#	3133	4762	441	8 对
LAN 2#	2789	4247	422	12 对
LAN 3#	4366	6652	647	11 对
合计	10288	15661	1510	31 对

（2）煤气化装置 MACS-K 系统网络结构图（图 4-2-17）

615

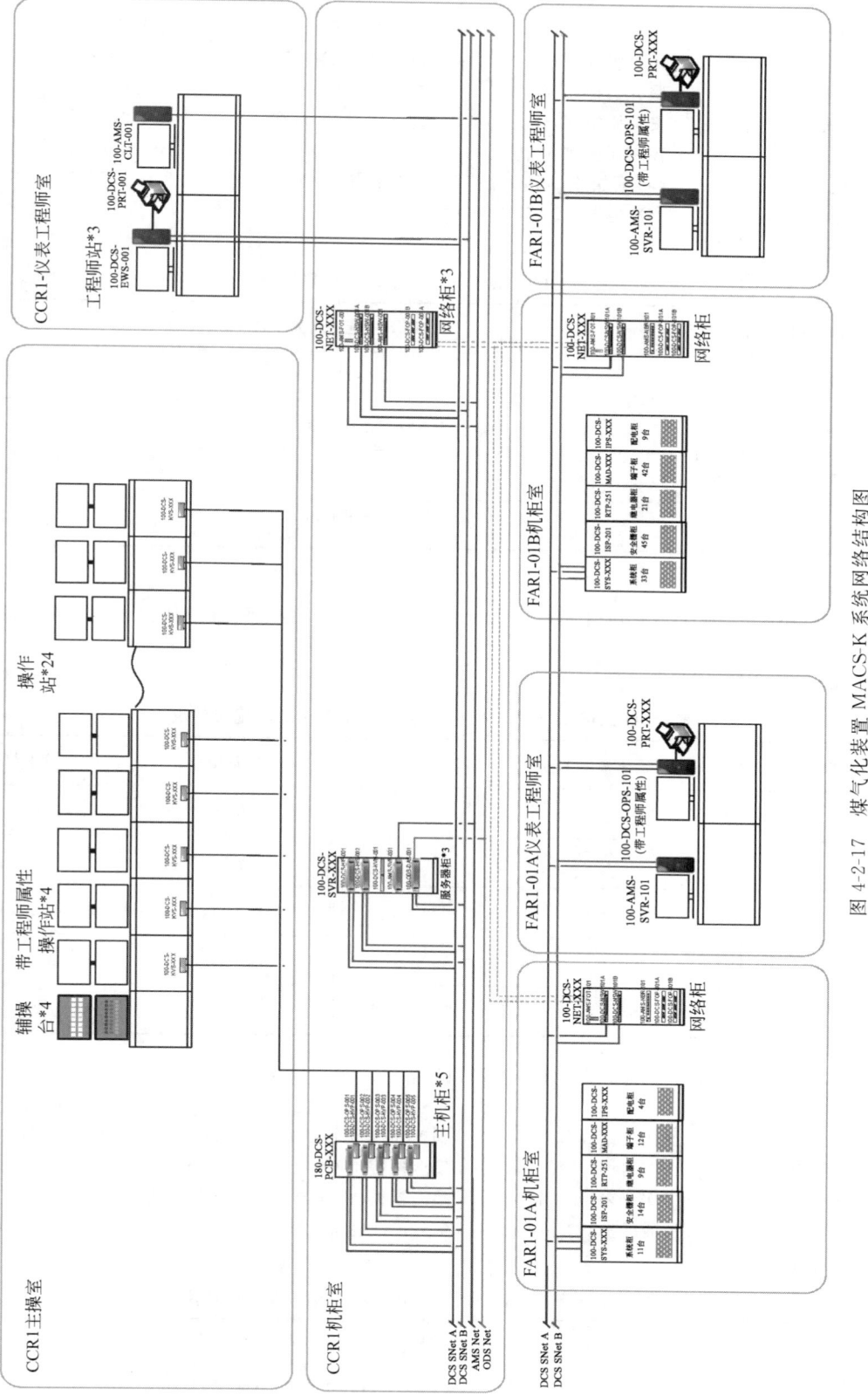

图 4-2-17 煤气化装置 MACS-K 系统网络结构图

（3）硬件配置

工程师站 3 台	操作员站 28 台	辅助操作台 4 台	AMS 客户端 1 台
AMS 服务器 1 台	历史服务器 6 台	ODS 服务器 3 台	AMS 数采终端 3 台
网络设备柜 5 台	服务器柜 3 台	主机柜 5 台	配电柜 13 台
继电器柜 30 台	安全栅柜 59 台	DCS 系统柜 44 台	端子柜 54 台
辅助柜 2 台	控制器模块 62 个	AI 模块 575 个	AO 模块 316 个
DI 模块 371 个	DO 模块 472 个	通信模块 74 个	安全栅 7400 个
信号隔离器 600 个	24V 电源（20A）274 个		

（4）软件配置（表 4-2-12）

表 4-2-12　煤化工项目中软件配置情况

○ DCS 系统控制器软件 62 个	○ DCS 系统操作员站软件 25 个
○ DCS 系统工程师站软件 12 个	○ DCS 系统历史站软件 6 个
○ OPC 通信接口软件 3 个	○ AMS 系统采集器、客户端软件 1 个
○ HAMS V3.X 5000 点授权 4 个	○ AMS 系统服务器软件 4 个
○ HOLLiAS AMS 加密狗 4 个	○ ODS 采集器软件 3 个

2. 二甲苯项目应用

某炼化公司的二甲苯（PX）项目使用和利时公司提供的全厂智能管控一体化方案，DCS 系统采用 HollySys MACS-K 系统。

（1）DCS I/O 配置（表 4-2-13）

表 4-2-3　二甲苯（PX）项目中 MACS-K 系统 I/O 配置情况

模块	I/O 需求点	I/O 配置	I/O 卡型号	I/O 卡数量
AI	1319	1712	K-AIH03	129
AO	230	296	K-AOH01	74
DI	310	496	K-DI01	39
DO	162	240	K-DO01	30
合计	2035	2758		272

（2）PX 装置 MACS-K 系统网络结构图（图 4-2-18）

（3）硬件配置

工程师站 1 台	操作员站 8 台	辅助操作台 1 台	网络设备柜 2 台
配电柜 6 台	继电器柜 3 台	安全栅柜 17 台	DCS 系统柜 10 台
端子柜 1 台	二次仪表柜 1 台	控制器模块 10 个	通信模块 14 个
安全栅 1587 个	浪涌保护器 2664 个	信号隔离器 75 个	24V 电源（20A）12 个

（4）软件配置（表 4-2-14）

表 4-2-14　二甲苯（PX）项目中 MACS-K 系统的软件配置情况

○ DCS 系统控制器软件 5 个	○ DCS 系统操作员站软件 6 个
○ DCS 系统工程师站软件 3 个	○ 工业防病毒软件/HH800K-U 副卡 9 个

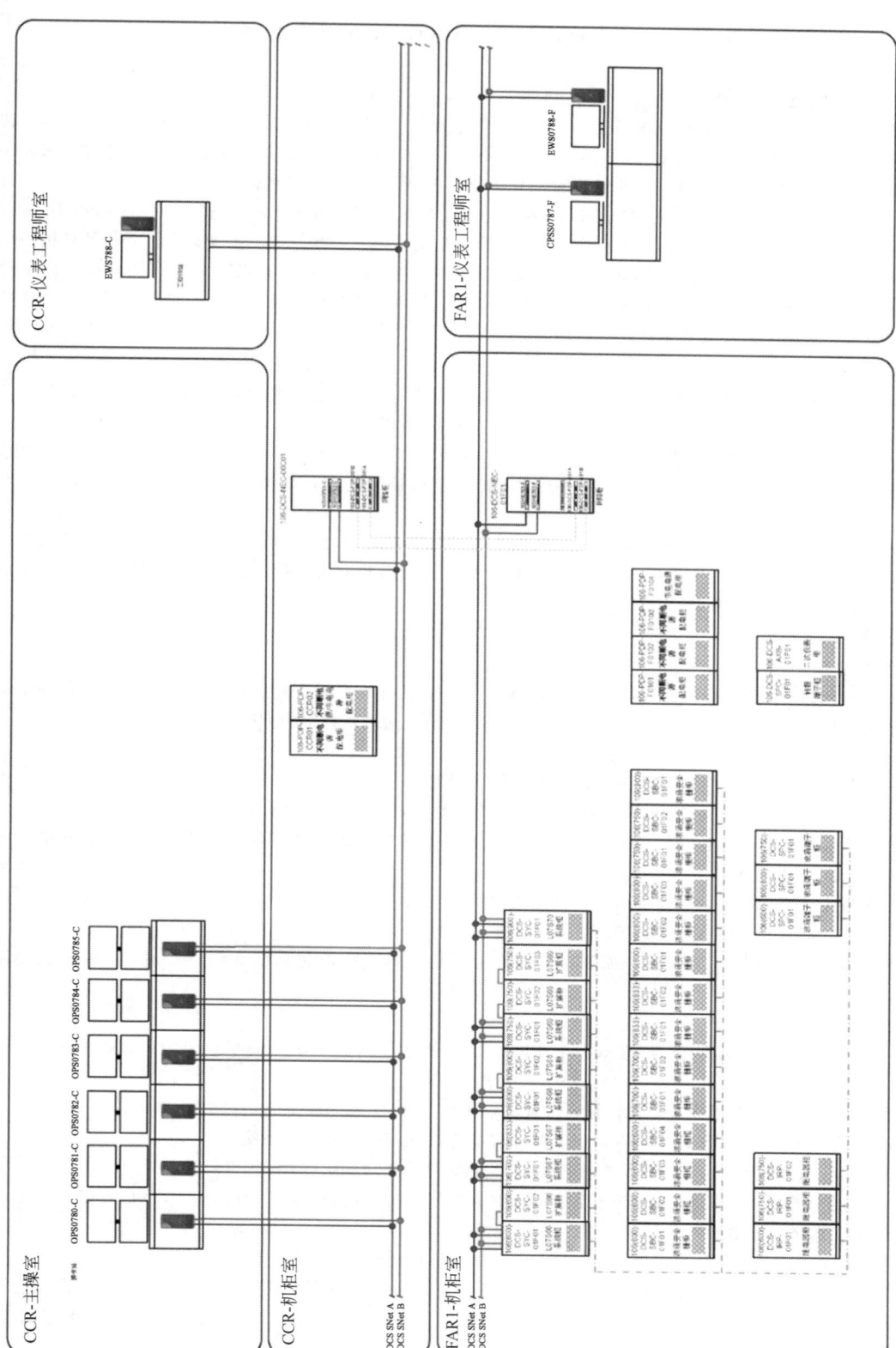

图 4-2-18　PX 装置 MACS-K 系统网络结构图

第五节　Honeywell Experion PKS 系统

一、系统概述与发展

Honeywell 公司于 1975 年推出世界上第一套分散控制系统 TDC2000，使过程控制从模拟仪表控制系统向以微处理器为基础的分散控制系统的方向改变，经历了 TDC3000、TPS、PKS 系统的不断发展。Experion PKS 系统（过程知识系统）是新一代的过程自动化系统，使人员与过程、经营和资产管理融合在一起，帮助过程生产厂家提高利润率和生产力。Experion PKS 系统的核心是 Experion 平台，它集成了 Honeywell 多年的过程控制、资产管理、领域专家的丰富经验，融合当今先进的控制、各种开放的工业标准、新的计算机网络等技术，将所有 Honeywell 的过程控制和安全系统集成为统一的结构。Experion PKS 系统为用户提供高于分散控制系统的能力，包括嵌入式的决策支持和诊断技术，为决策者提供所需信息；安全组件保证系统安全环境独立于主控系统，提高了系统的安全性、可靠性。

二、系统特点

高级应用与基础控制的融合在系统设计时得到了充分考虑，如统一的人机界面、先进控制与基础控制的数据交换、设备诊断信息和报警信息的统一、与 MES 应用的交互等。

Honeywell 将模型预估控制算法（Profit Loop）植入控制器（C300），这种先进的控制算法与组态 PID 算法一样简单，从而解决了许多采用 PID 控制效果不好的过程控制问题，如纯滞后时间长的回路、非线性回路等。

Honeywell 的分布式系统结构（Distributed Systems Architecture，DSA）是独特的、集成多个过程系统的理想解决方案。DSA 可通过生成一个逻辑上的全局数据库，对横跨众多系统服务器的点、报警、操作员控制信息和历史数据进行全局访问。

三、系统结构

1. 系统总貌

Experion PKS 系统结构具有很强的灵活性，各个功能节点可以根据企业生产装置的规模和用户的需求组合成不同的结构，更加高效、稳定、安全。Experion PKS 系统网络拓扑结构如图 4-2-19 所示。

Experion PKS 系统由四层网络构成。

第一层为过程控制层。这一层的节点是控制系统的核心，一般包括网络交换机、控制防火墙、C300 控制器、C 系列 I/O 卡件、FIM（Fieldbus 总线接口卡）、PGM（Profibus 总线接口卡）等。

第二层为监视操作层。这一层的节点是控制系统的服务器和显示控制节点，一般包括网络交换机、服务器、操作站、ACE 节点等。

第三层为先控应用层。这一层的节点包括路由器/交换机、历史数据管理、应用程序、先进控制、先进报警管理、域控制器、操作站（监视）等。

第四层为企业管理层。这一层是控制系统与企业网的接口，一般包括防火墙/路由器、eServer、MES、ERP 等。

2. 主要节点介绍

（1）Experion PKS 系统服务器　Exoerion PKS 系统服务器是构成 Experion 平台架构的必要部件。主要功能如下。

① 服务器冗余性：在线同步备份，提高过程的可用性。

② 分布式系统架构（DSA）：DSA 通过一种无缝的方法同时提供多个"系统"。

③ Honeywell 系统集成：TDC2000、TDC3000、TPS 等均集成到 Experion PKS 系统中。

④ OPC 连接性选项：Experion PKS 系统服务器为 OPC 客户端提供数据、报警、事件信息服务，也可以作为其他 OPC 服务器的客户端。

⑤ SCADA 接口：有多个 RTU、PLC 接口，其他设备可集成到控制系统中。

⑥ 开放数据访问：无论何时均可用开放数据访问，将 Experion PKS 系统数据导出到工作表或数据库中。

⑦ 过程中的移植：将服务器软件从当前发布版本移植到下一个可用的发布版本中，Experion PKS 系统可在线实施。

（2）操作站　Experion PKS 系统人机接口（HMI）采用 Honeywell 的技术，一种基于 Web 的架构，可让

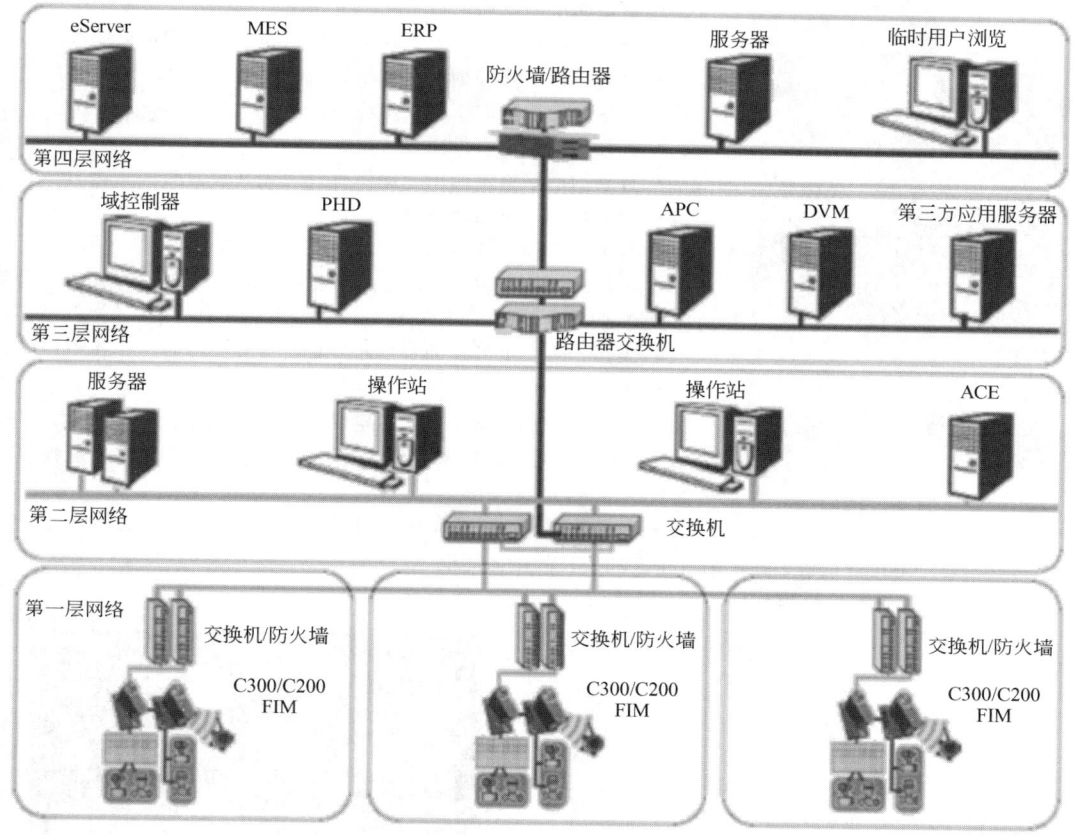

图 4-2-19　Experion PKS 系统网络拓扑结构

HMI、应用数据和业务数据集成。HMI Web 使用 Honeywell 接口技术，它使用 HTML 作为基本显示格式，用户可以从安全的 Experion PKS 系统工作环境或直接用 Microsoft 内建插件，访问到过程数据的图形显示，如标准系统显示、OPC 显示数据客户端、弹出面板、标准面板、安全浏览、报警汇总、时间汇总、时间汇总序列、趋势、成组显示、基于工作站的安全性等。

（3）C300 控制器　C300 控制器为 Experion 平台提供了强大而鲁棒的控制功能。在操作 Honeywell 可靠的现场确定控制执行环境（CEE）核心软件时，C300 融合了 C200 和应用控制环境（ACE）节点。CEE 提供了优良的控制执行和调度环境。对于所有的平台，控制策略是通过简单和具有向导性的工程技术工具 Control Builder 来进行组态加载。

C300 控制器硬件提供独有的节省空间、安装、维护等方面的优点，是与其创新性的 Series C 封装技术相符的。C300 控制器可以组态为冗余方式。

① 借助 C300 控制器，用户能够完成以下功能：
- 通过功能库和无缝向导性用户环境，提高工程技术生产效率和维护能力；
- 通过鲁棒的确定性软件环境和完全的硬件冗余性，使过程可用时间达到最大；
- 通过灵活高效的控制策略、过程生产中的移植以及有效的硬件处理能力，降低生产成本；
- "垂直设计"的 C300 控制器提供优秀的控制执行和调度环境。

② 通过丰富的功能库，完成以下控制策略的创建：
- 控制执行环境功能块支持；
- 连续控制；
- 逻辑运算；
- 顺序控制以及基于模型的控制。

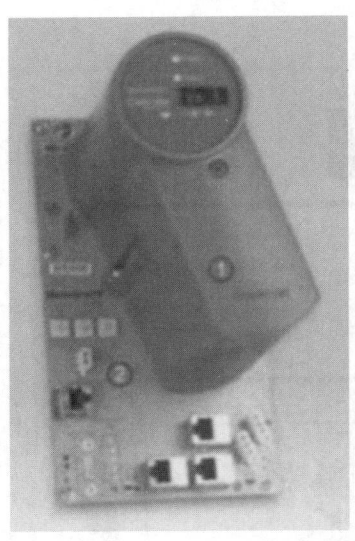

图 4-2-20　C300 控制器

③ C300 控制器功能如下所述，实物如图 4-2-20 所示。
- 通过简单的数据通信实现一个无缝的环境。
- 一致而可预测的行为，让工程技术和维护的工作更加容易。
- 统一的向导化详细信息显示。
- 简单而向导化的工程技术环境。
- 工程师和操作人员能够进行在线监控。
- 自动的回路整定应用，提供有效的控制器性能优化能力。
- 智能现场设备的透明集成。
- 与第三方设备的点到点通信。

④ C 系列 I/O 卡件和 C300 控制器模块利用了 Honeywell 公司领先的过程控制技术，采用了创新性的设计，其特点如下：
- 采用垂直、可拆除的双层布线接头设计，使布线工作更简单，减少了安装和维护的成本；
- 高密度的模块化结构，使空间占用更加优化；
- "不占空间"的供电系统，能提供可选的冗余组态，对模块采用电池备份供电；
- 倾斜的模块封装使热流分布均匀，减少过热区，延长模块的寿命；
- 完全冗余、无共享背板，提供高可用性和较长的生命周期。

冗余与非冗余 C 系列 I/O 模件如图 4-2-21 所示。

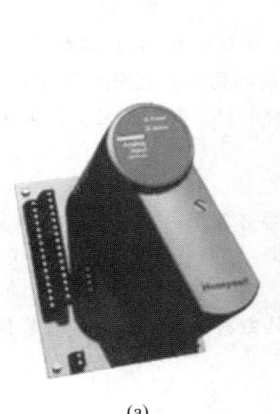
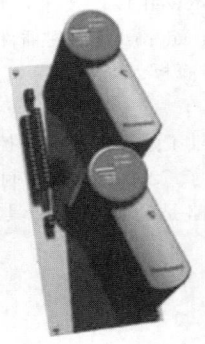

(a)　　　　　(b)

图 4-2-21　冗余与非冗余 C 系列 I/O 模件

⑤ UIO（Universal IO）-通用 I/O 卡件
- 32 通道可任意组态 AI/AO/DI/DO。
- 每个通道都有单独的 HART Modem。
- 脉冲输入：支持任意 4 通道。
- I/O 卡件优先扫描设置。
- 输入信号扫描周期为 10ms。
- 冗余 UIO 切换时间为 0ms。

- 操作温度范围：-40~70℃。
- 短路保护：AI 25mA。
- NAMUR DI 兼容。
- SOE 为 1ms 分辨率。
- MTTF 690259h。
- 减少备品备件的数量。
- 卡件尺寸总体减少 25%。
- 耗电降低 10%。
- 任何更改只需要软件组态变更。
- 标准机柜可安装 1056I/O，远程 UPC 机柜可安装 96I/O。
- 标准的通用型机柜，可减少 FAT 时间。

通用 I/O 卡件如图 4-2-22 所示。

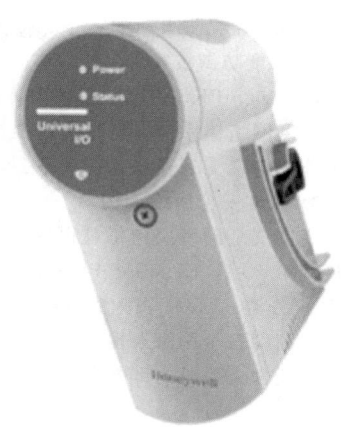

图 4-2-22　通用 I/O 卡件

四、系统软件

1. 组态工作室（Configuration Studio）

Experion PKS 系统组态工作室软件是全新的系统工程组态环境，它改进了系统的组态方式和效率。单一化、集成化的组态工作室，可消除在不同的窗口中采用不同组态工具而导致组态工作的低效。Experion PKS 系统将各种组态工具集成在组态工作室里，在一个地方就可对系统中所有的服务器进行组态。

2. 企业模型组态（Enterprise Model Builder）

用户可以在 Experion 平台上显示企业结构。企业模型对工厂中所有数据提供统一的定义，范围上自高端经营策略到单独的点数据。企业模型超越了集散系统功能，为工程师、操作员和应用提供了统一的框架。最终的 Experion 企业模型由用户企业中广泛应用的四级模型组成：资产模型、材料模型、工作模型和人员模型。

3. 控制策略组态（Control Builder）

Experion PKS 系统的控制策略用 Corntrol Builder 生成。Control Builder 是一个图形化、面向对象的控制策略组态和维护工具。Control Builder 工作在控制执行环境（CEE）下，支持 Experion 的过程控制器 C300、应用控制器和仿真控制器。

4. 系统资源组态（Quick Builder）

Quick Builder 是组态操作站、打印机、SCADA 系统中的控制器、通道和点的一种图形工具，并通过组态工作室将这些组态信息下载至 Experion PKS 系统服务器的实时数据库中。

5. 用户画面组态（HMIWeb Display Builder）

HMIWeb Display Builder 是面向对象的、全集成化的用户画面组态工具，用于生成用户专用的显示图形画面。动态显示可以简单地通过鼠标点击组态迅速生成。系统还提供一个图形库，含有如容器、管道、阀门、罐、马达等通用的工厂设备，帮助用户加快图形设计的速度。

五、系统安全体系

1. 控制安全

C 系列控制防火墙模件是专用的故障容错以太网（FTE）交换机，C300 控制器必须通过它与通用的 FTE 交换机、FTE 网络和 Experion PKS 系统服务器相连。控制防火墙是 Experion PKS 系统独有的。它只允许 C300 控制器的信息和一些与 FTE 有关的信息通过，控制、I/O 通信和 PEER to PEER 对等通信不受影响。

控制防火墙模件支持冗余配置，带有 8+1 个 FTE 可选光纤接口，支持上电和运行自诊断并带故障指示，上传（Uplink）信息控制，可保证机柜内系统通信的最高优先级别。

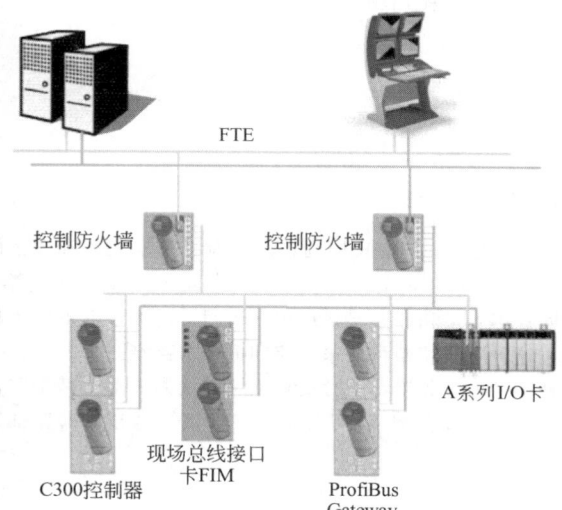

图 4-2-23　C 系列控制防火墙

C 系列控制防火墙如图 4-2-23 所示。

2. 深度防御技术

Experion PKS 系统采用深度防御方法来保护计算机网络安全，具有多层保护机制，已成为行业标准。在高安全度网络体系中，将整个过程控制网络划分为不同的层次，在各层之间有严格的访问控制机制，从而保证如果非关键层受到安全入侵，不会影响到关键层的功能。

3. 高度安全网络架构

高度安全网络架构将过程控制网络分成 3 个层次。直接过程控制的节点（如控制器和现场总线接口模块）连接到第 1 层。Experion PKS 系统服务器、工作站和 ACE 节点连接到第 2 层。路由器、交换机、域控制器、APC 服务器、DVM 视频服务器、PHD 历史数据库服务器连接到第 3 层。

在高度安全网络架构中使用特定的交换机和路由器以及 Honeywell 控制防火墙。为了简化操作和降低错误风险，还为交换机内部配置提供了模板文件。通过交换机和路由器配置以及 IP 子网可实现如下网络通信控制功能。

① 在第 1 层，只允许与控制相关的信息流动。
② 在第 2 层，与控制相关的信息流动具有优先级。
③ 第 3 层的节点无法访问第 1 层。
④ 第 3 层中只有指定的节点可以与第 2 层节点通信。
⑤ 第 1 层和第 2 层的交换机可以封闭产生过量网络流量的任何节点。

4. 与工厂信息管理网络连接的安全性

过程控制网络（第 3 层）与工厂信息管理网（第 4 层）之间应设置 DMZ 安全缓冲区，如图 4-2-24 所示。DMZ 是与防火墙相连的独立网络区。过程控制网络（第 3 层）与工厂信息管理网（第 4 层）所有通信，必须经防火墙通过 DMZ 中的服务器进行。

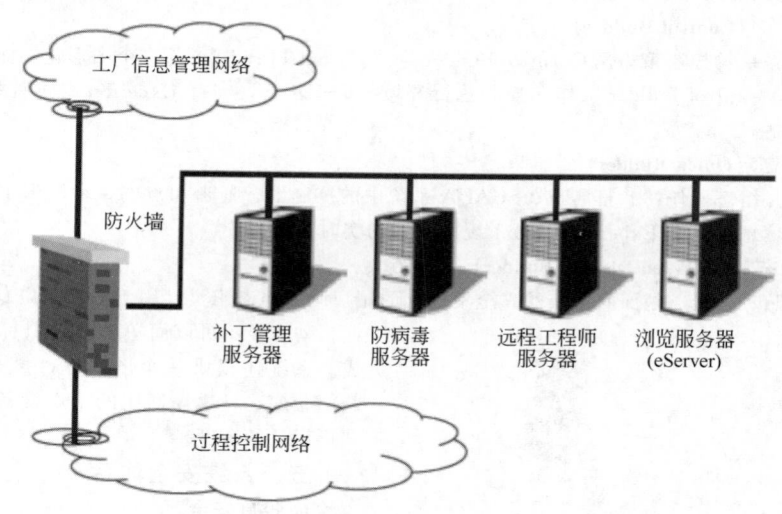

图 4-2-24　DMZ 安全缓冲区

在第 3 层和 3.5 层间、3.5 层和第 4 层间部署工控专用防火墙，来实现层间访问控制、跨层入侵和攻击的防护。如可以通过工控防火墙设定策略，使第 4 层可以主动访问 3.5 层，而 3.5 层不能反方向主动访问第 4 层；第 3 层可以主动访问第 3.5 层，相反则不能主动访问；第 4 层和 3.5 层禁止相互访问。还可根据不同主机具体应用操作权限，从应用协议层面进行访问控制。通过这种手段切断可能来自层间的攻击路径。

在第 3 层和 3.5 层间，部署防病毒服务器以及系统补丁管理服务器，及时更新系统的漏洞。部署基于"白名单"机制的工控主机安全软件及配套的安全 U 盘等工具。在第 3 层和 3.5 层间、3.5 层和第 4 层间旁路部署工控安全检测与审计系统。

5. 计算机安全——高安全政策

采用高安全策略来确保计算机的安全。高安全政策将访问内容限制在特定用户所需的桌面功能和资源，从而锁定操作系统，针对其他资源的所有操作会被禁止。

在高安全策略中所使用的角色包括操作员、监督员、工程师以及管理员。操作员的访问内容非常有限，工程师只可以访问执行工程任务所需的资源。

六、应用举例

某石化公司 100 万吨/年的乙烯及其配套工程为特大型石油化工项目。本工程包括乙烯、环氧乙烷/乙二醇、线性低密度聚乙烯、聚丙烯、裂解汽油加氢、芳烃抽提、MTBE/丁烯-1、丁二烯抽提、环氧丙烷/苯乙烯、乙苯等十几套工艺生产装置，动力中心、化学水、空分空压站等公用工程、辅助设施和界区外配套工程等。

本工程以主自动控制系统供货商的模式实施全厂仪表与过程控制系统一体化策略，全工厂采用 Honeywell Experion PKS 系统，主要供货范围：DCS 系统、AMS 系统、PHD 系统、GPS 系统、大屏幕系统、各种机柜等软硬件、项目管理、工程实施、现场调试、开车保运及开车后半年的维护保运等工程服务工作。

以本工程 100 万吨/年的乙烯装置为例，所提供的 DCS 系统硬件 I/O 点数约 8000 点，配置约 14 对 Honeywell PKS C300 冗余控制器；4 对 PKS 系统服务器、2 套 AMS 系统服务器、1 套防病毒服务器、2 套 PHD 系统服务器等；配置 38 台操作员站和工程师站；各种系统机柜及辅助机柜等。

1. DCS I/O 点及配置（表 4-2-15）

表 4-2-15　乙烯装置的 DCS I/O 点及配置情况

现场机柜室	AI	AI E	AI(R)	AO(R)	DI	DI(R)	DO(R)	合计	控制器（冗余）
FAR-01A I/O 点	1184	112	1760	736	384	288	288	4752	8
FAR-01A I/O 卡	74	7	220	92	12	18	18	441	
FAR-01B I/O 点	848	144	496	400	384	384	288	2944	5
FAR-01B I/O 卡	53	9	62	50	12	24	18	228	
CCR I/O 点	64		16	16		96	64	256	1
CCR I/O 卡	4		2	2		6	4	18	
合计 I/O 点	2096	256	2272	1152	768	768	640	7952	14
合计 I/O 卡	131	16	284	144	24	48	40	687	

注：AIE 可燃/有毒气体检测点 253 点。

2. 系统结构图（图 4-2-25）

3. 硬件配置

操作员站 22 套　　　　　GDS/FAS 监视站 2 套　　　　电信操作站 2 套
工程师站 1 套　　　　　 PKS/AMS 服务器 4 套　　　　OPC 服务器 1 套
AMS 客户端 2 套　　　　 网络交换机 8 套　　　　　　辅助操作站 11 套
DCS 控制机柜 14 套　　　硬件防火墙 1 套

4. 软件配置（表 4-2-16）

表 4-2-16　乙烯装置的软件配置情况

○ 系统基本软件包 2 个	○ 系统冗余软件 2 个
○ DCS 数据库 2 个	○ Windows 操作系统访问许可证 4 个
○ SCADA 数据库 2 个	○ 多窗口显示选项 4 个
○ Modbus 接口 2 个	○ Experion Station 用户许可证 6 个
○ OPC 服务器 2 个	○ 用户许可证 2 个
○ 软件介质和资料 2 个	○ 组态软件——用户显示画面 1 个
○ 组态软件——子系统监控 1 个	○ DSA 许可 2 个
○ MS SQL 客户端许可证 34 个	○ 组态软件——控制器 1 个
○ 控制器软件包 14 个	○ 报表等应用软件 2 个

624

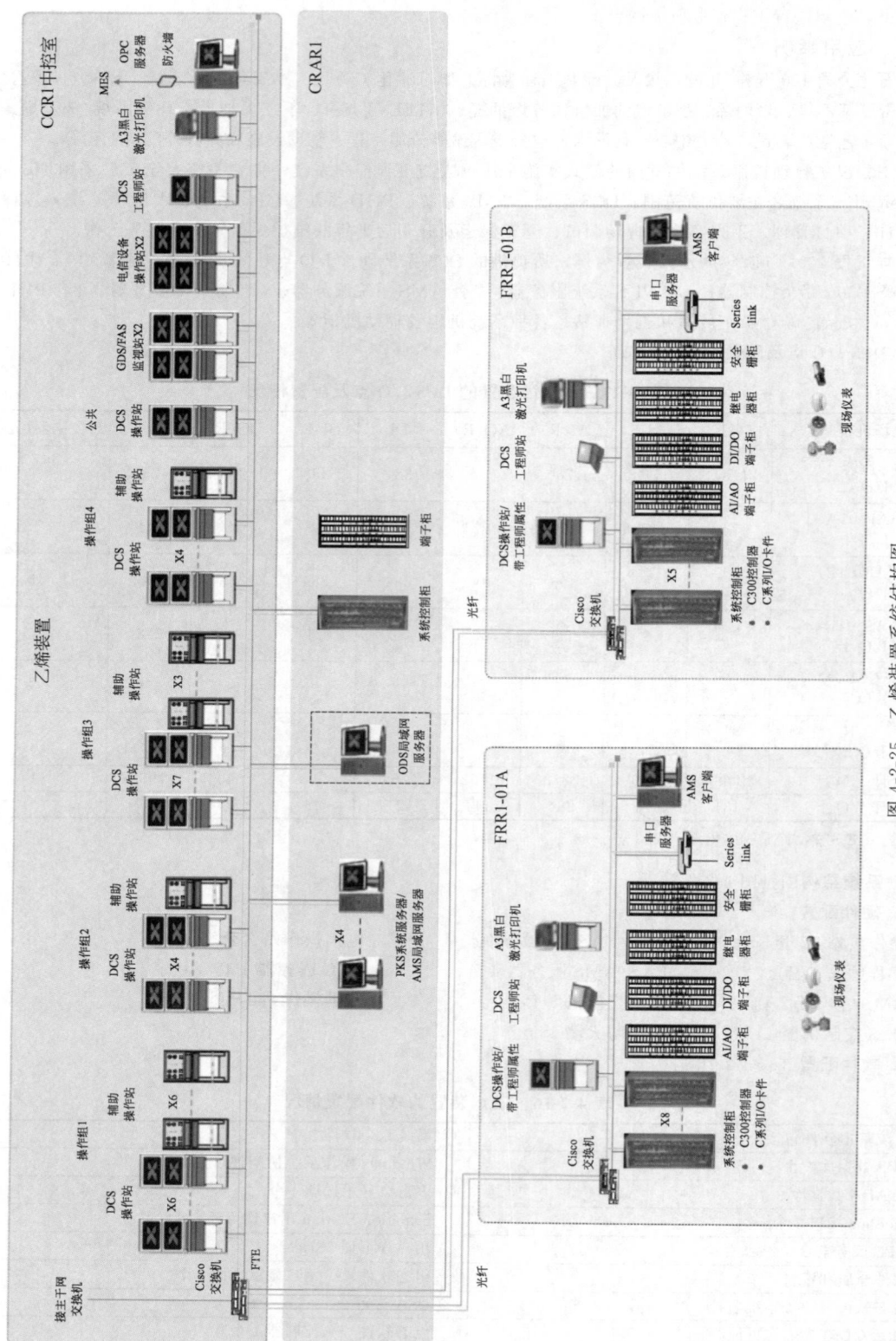

图 4-2-25 乙烯装置系统结构图

第六节 Rockwell PlantPAx® 系统

一、系统概述与发展

20 世纪 90 年代，罗克韦尔自动化（Rockwell Automation）推出 DCS 控制系统 ProcessLogix，此系统是罗克韦尔自动化和霍尼韦尔公司合作开发的，并且和 PlantScape 系统同步上市。ProcessLogix 控制系统主要面向传统 DCS，很少涉足具有批处理和混合控制需求的行业应用。罗克韦尔自动化将 ProcessLogix 视为进军流程工业的里程碑。随着 ProcessLogix 的不断成功，罗克韦尔自动化于 2004 年设计了基于集成架构一体化平台的过程系统解决方案，并且 2009 年成功在罗克韦尔自动化的过程解决方案用户大会上发布了 PlantPAx® 过程控制系统。PlantPAx® 正是互联企业解决方案之一，借助于集成架构平台，采纳 ARC 推崇的协同过程自动化系统的面向未来的理念，采用先进的 IT 和自动化技术构造的解决方案。

二、系统特点

PlantPAx® 系统集成了罗克韦尔自动化技术核心集成架构的过程自动化能力和技术，在一个共同系统和解决方案框架下，提供了一个可伸缩、开放式和高性价比的过程解决方案。PlantPAx® 系统是一个现代 DCS，也是互联企业的一个关键组成部分。该系统有以下特点。

（1）全厂级控制和优化　实施单一的全厂级控制系统，可提高运行中各个层级的效率和生产力。PlantPAx® 系统利用一个通用自动化平台实现关键过程区域与工厂辅助设备之间的无缝集成，将过程控制、离散控制、电气控制、信息控制和安全控制集成到一个全厂级基础设施中，用以提高全厂优化效果并降低总体成本。

（2）可扩展的模块化架构　PlantPAx® 系统提供多种架构方案。同一个平台可用于单一工作站，也可用于大型分布式架构。可灵活扩展的系统功能（如 HMI、批次管理和数据收集等），是过程成套设备和快速集成设备的理想选择。

（3）开放式信息化安全架构　PlantPAx® 系统以开放式通信协议为基础，EtherNet/IP 作为主干网络。整个企业内随时获取实时信息，有利于做出明智的决策，可提高生产力和提升效率。采用最新 IT 技术，满足从工厂底层的各个设备到企业的工业安全要求。

三、系统结构

1. 系统架构

PlantPAx® 系统提供系统性能数据以及硬件与软件配置。PlantPAx® 架构可提供系统扩展，符合过程行业集成架构，包括单个工作站（用作 PASS、OWS 和 EWS）的系统架构、单个服务器和多个 OWS 和 EWS 的分布式系统架构、多个服务器和多个 OWS 和 EWS 的分布式系统架构。

在传统架构中，每个服务器和工作站均安装在其各自的物理机上，软件和硬件更新也分别在每台服务器和工作站上执行。交换机端口、服务器端口和标准网络管理，也是按照传统的方式管理。

虚拟化架构如图 4-2-26 所示。虚拟架构化打破了操作系统和物理硬件之间的从属关系。同一服务器的多个虚拟机（VM）可从不同的地点运行不同的操作系统和应用程序。可直接升级硬件，无需停止工作或更换服务器上的操作系统或工作站系统元件，能缩短停机时间和减少维护成本。

PlantPAx® 分布式控制系统可提供虚拟映像模板，以预配置即用型模板的形式提供核心系统组件。单个虚拟映像模板可部署多个映像。基于 EtherNet/IP 网络的 PlantPAx® 系统如图 4-2-27 所示。

PlantPAx® 系统以开放式行业标准为基础，EtherNet/IP 网络作为主干网。EtherNet/IP 网络有助于支持系统组件的无缝集成，可连接至高层级系统。PlantPAx® 系统支持用于设备级通信的 EtherNet/IP 和 ControlNet™ 网络，可从底层到顶层提供实时解决方案。

2. 数据关系

（1）实时数据　PlantPAx® 能从任何控制器、HMI 或有关系统中高速收集实时数据。内置基于 Web 浏览器的报告能力和分析工具，使操作员、监管员、质量经理等经授权人士可访问到这些数据。

（2）报警数据　PlantPAx® 系统发生报警和事件时，操作人员立即得到警告，告知需要立即采取行动的信息。在 PlantPAx® 的控制器层和 HMI 层，都能检测到报警及事件，可确保辨识报警顺序，对网络带宽要求低，节约资源用以提高系统的全面性能。当 PlantPAx® 控制器本身在处理报警状态时，即使系统计算机或

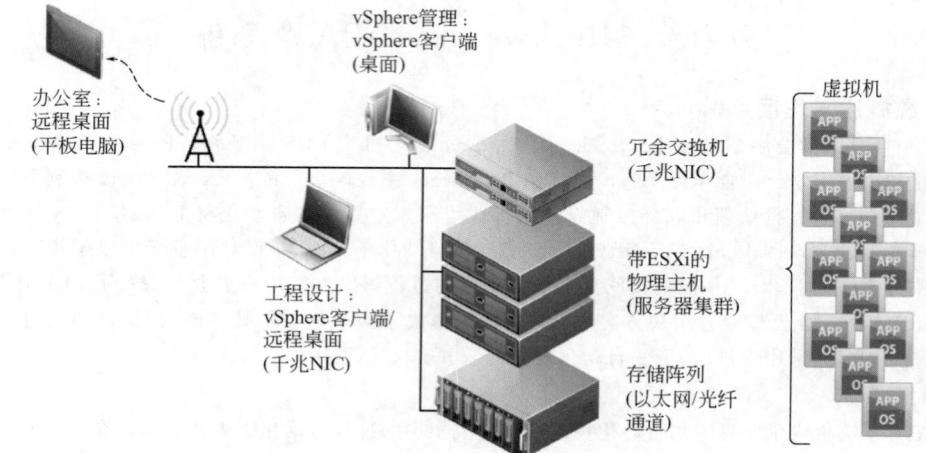

图 4-2-26 虚拟化架构

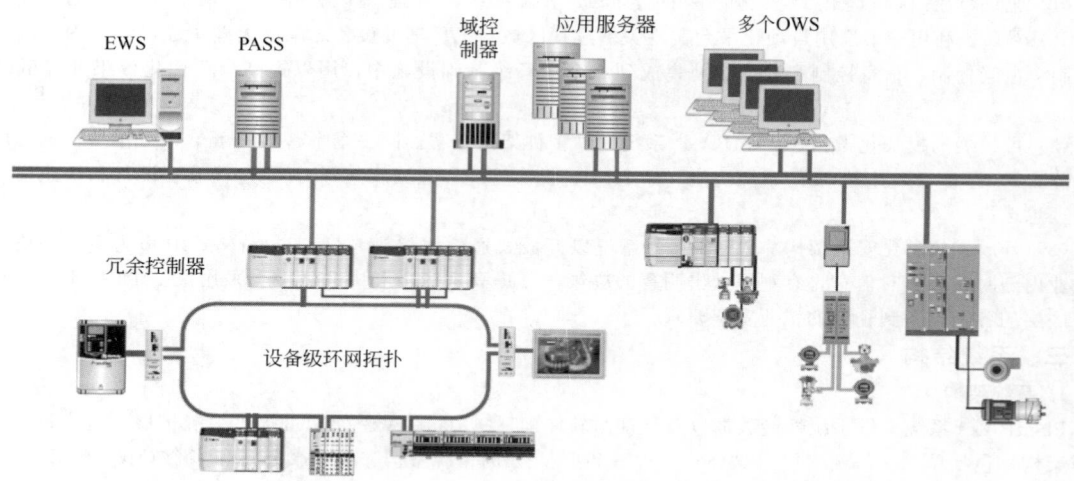

图 4-2-27 基于 EtherNet/IP 网络的 PlantPAx® 系统

HMI 故障,该状态也不会丢失。无论报警在系统何处发生,用户都能在系统内任意操作员站上查看并确认。

(3) 历史数据 PlantPAx® 系统的历史数据包括如下内容。

① 全方位的实时数据收集。

② 一周七天,每天二十四小时数据收集。

③ 用一个 Web 浏览器就能访问所有报告。

④ 可动态修改数据收集参数。

⑤ 提供详细的 SPC(统计过程控制)分析。

⑥ 直接从微软® Excel 中检索数据。

⑦ 提供精密数据收集与触发选项。

⑧ 具有标准的与自定义的数据计算器。

⑨ 支持使用微软® SQL Server 与 Oracle® 数据库。

3. 过程控制器

(1) 控制器构成 PlantPAx® 采用 Logix 系列控制器,首选控制器为 ControlLogix 系列。单 ControlLogix 系统由单个机架中的一个独立控制器和多个 I/O 模块组成。如果要实现更丰富功能的系统,可以使用以下方法。

① 在单个机架中使用多个控制器。

② 使用多个跨网络连接的控制器。

③ 使用分布在现场并通过 I/O 链路连接的多硬件平台的 I/O 模块。

Controllogix 控制器目前主流的型号为 L7 和 L8，控制器构成如图 4-2-28 所示。

（2）控制器通信接口　控制器提供适用于不同网络的多种通信模块。在 ControlLogix 机架背板中安装多个通信模块，可在不同的网络间对控制和信息数据进行桥接或路由。机架中不需要 ControlLogix 控制器。

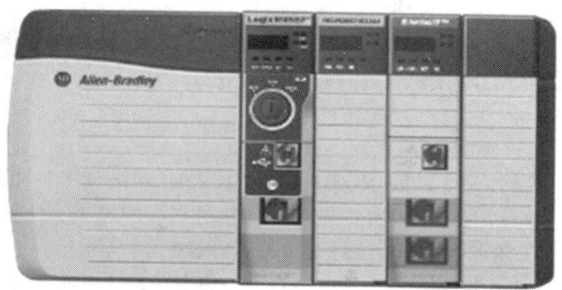

图 4-2-28　控制器构成

PlantPAx® 支持多种网络通信，包括 EtherNet/IP、ControlNet、DeviceNet、Modbus、Profibus DP、Profibus PA、FF、HART、DF1、串口、DH＋、DH-485、远程 I/O 及其他网络。

（3）控制器性能及组态方式　对于 PlantPAx® 控制器类型和多领域控制，如顺序、传动、运动和安全控制的应用，PlantPAx® 采用单一控制环境。这种可灵活扩展、多领域的控制组态，可保证用户只通过一个支持多任务、多种控制方式的操作系统，即可操作所有的 PlantPAx® 控制器，同时还支持用于多种编程语言的同一指令集，并提供相同高级的通信性能。

（4）在线调试能力　在流程行业，许多客户的装置需要全年不间断地连续运行，因而要求系统必须在运行的同时能够修改和扩展系统内容。PlantPAx® 控制器及其开发环境拥有在线修改的能力，这些修改包括创建新的数据结构、标签、任务、项目和例行程序，还包括增添 I/O 模块，同时能够保持系统还在完全运行。

多个用户不但能在线修改控制器的内容，还可以同时访问同一个正在运行的 PlantPAx® 控制器。一个用户所做的修改会自动加载到其他用户的工程视图中，因此每个用户都能准确了解控制器当前工作的最新动态。

4. I/O 卡件

PlantPAx® 提供 I/O 产品，能满足所有应用的需要。用户可选择模拟或数字（I/O）模块，还可选择将其分布在某一现场周围的机柜或者 OEM 机器中，或是集成到该控制器机柜中。本地现场网络和 I/O 组件可将过程仪表和现场设备连接到 PlantPAx® 系统，以实现实时数据采集和控制，支持在线添加和修改 I/O 组态。

PlantPAx® 系统支持多个系列的 I/O 模块。支持的 I/O 模块选项如下。

① ControlLogix 1756 系列——推荐 I/O 选项：可高效部署并提供灵活的扩展。

② CompactLogix 1769 系列——是过程成套设备应用的首选 I/O。

③ 1715 系列——冗余 I/O：提供高可用性平台。

④ FLEX I/O 1794 或 POINT I/O 1734——小型 I/O：环境空间有限情况下的理想之选。

⑤ 新一代的 FLEX I/O 5094 系列，可满足更高标准要求。

智能仪表越来越多地被应用于市场中，这便于 PlantPAx® 系统充分利用此类设备的丰富数据和控制功能。在 PlantPAx® 系统中，控制器通过相关模块连接到现场设备，并通过 EtherNet/IP、DeviceNet、ControlNet、FF 基金会现场总线和 PROFIBUS PA 网络或 HART 协议进行通信。

5. 控制网络结构

（1）网络结构　利用通用工业协议（以下简称 CIP）能使整个 PlantPAx® 中的数据无缝传递。工厂级、监管级、控制级和设备级等网络组成的多重 PlantPAx® 网络，在用户眼里呈现为单一网络，通信轻而易举，且效率高。

① 工厂级网络（Ethernet 网络）　以太网的作用是通过各种各样的介质（如传呼机、电子邮件、手机、Web 网页和掌上电脑等）建立从 PlantPAx® 工厂车间到决策者之间的实时无缝链接。用户可以在同一个网络上分享所有服务，如控制和信息服务、制造和经营、自动化和数据服务。多种多样的 IT 系统、制造执行系统（MES）和数据存储系统都可访问工厂车间数据，以实现企业财务、质量、制造与研发等各个方面的不同目标。

② 监管级网络（Ethernet/IP 网络）　PlantPAx® 使用 EtherNet/IP 网络实现控制系统和上位系统之间的通信，并把服务器、工作站和客户端与控制器相连。PlantPAx® 和 EtherNet/IP 网络不需要节点交换机便可实现位置透明，从而提供一个灵活的且容易扩展的解决方案。EtherNet/IP 网络不仅是当前技术的大势所趋，也使用户能够从互联网上访问到设备级的数据。

③ 控制级网络（EtherNet/IP 与 ControlNet） 网络使用生产者/消费者网络模型为 PlantPAx® 提供了一条简单灵活的确定性途径，用以传递数据并进行高速、实时控制。两者皆可上载/下载程序并实时监控数据，并且能够充分利用 I/O 控制的性能。用户经由 EtherNet/IP 和 ControlNet 网络获得三大重要功能：控制、组态和采集。

(2) 网络功能

① 控制 EtherNet/IP 和 ControlNet 网络可用多种方法实现实时数据控制。

- 可为单个设备选择 I/O 刷新速率。例如某一设备每 2ms 更新一次，另一设备则每 16ms 更新一次。
- 单一 CPU 系统或多重 CPU 系统。
- 共享输入，这是指来自某一设备的输入数据可被多个设备读取（被消费者使用）。
- 控制器之间的联锁。
- 对等通信网络信息（MSG）。

② 组态 EtherNet/IP 与 ControlNet 网络都可通过 PlantPAx® 工程师工作站进行组态配置。用户轻点鼠标便可修改网络设备参数，或通过控制器逻辑实现这一工作，同时不影响控制性能。用户可同时对多个控制级网络系统进行组态，也可对多个设备级网络系统进行组态，如 DeviceNet 及 FOUNDATION Fieldbus H1。用户再不用辗转各处，逐个地对设备进行组态。

③ 数据通信 在 HMI 显示、趋势图绘制、数据分析、配方管理、维护和故障检修方面，EtherNet/IP 与 ControlNet 网络都可完成。任何数据通信的实时性要求不会影响到网络性能。生产者/消费者模型使系统中的所有组件可以同步访问数据，高效地利用网络带宽。网络通信方式无论设置为主从、广播还是对等通信，用户都可以高效地使用网络的所有功能。

数据通信中的生产者/消费者模型的构成还具有如下优势：

- 多个数据使用者可以同时消费来自同一生产方的数据；
- 节点同步化轻而易举，数据传送更加精确；
- 无需占用控制器 CPU 额外资源，设备之间即可自动进行通信。

更快的响应，精确的执行，增强的灵活性和可扩展性，使用 PlantPAx® 系统使生产效率大大提高。

四、系统软件

1. 系统软件

PlantPAx® 的系统软件包括自动化工程和设计软件 Studio 5000® 及上位机软件 FactoryTalk® 套件。Studio 5000® 环境可将各种设计元素整合于一个标准设计环境中，优化生产率，缩短设计和调试时间。这个直观的集成式设计环境以快速设计、重复利用、协作和虚拟设计为重点，可在同一设计环境中提供多个核心设计组件。

FactoryTalk® 是面向服务架构（SOA）的集成化生产与绩效套件。FactoryTalk® 套件由很多软件应用程序组成，针对工厂信息需求，如 HMI/SCADA、MES、批次控制、资产管理、控制系统连接性、企业和工厂系统集成及可视化设计组态。FactoryTalk 套件提供一组无缝集成的、可拓展的模块化生产绩效应用程序组件。

PlantPAx® 有先进过程控制（APC）能力，可以自动建立控制回路的过程模型，能够分析并模拟当前工况。在了解过程模型动态特性的情况下，可使用高级分析工具诊断回路扰动，并提出最佳的比例、积分、微分及滤波值。

PLantPAx® 相关技术包括：

① 数据挖掘、过程性能分析；

② 过程建模；

③ 模型预估控制（MPC）；

④ 专家与模糊控制；

⑤ 控制系统性能诊断，控制器整定；

⑥ 多变量分析。

2. 工程设计软件

Studio 5000® 内的 Logix Designer 编辑器拥有符合 IEC 61131-3 标准的固有控制功能，包括功能块图、顺序功能图、结构化文本和梯形图。所有类型的功能可在单一 PlantPAx® 控制器内共同存在，并可互相交互，也可接受在线编辑。

PlantPAx® 支持控制功能和一个标准指令集，还支持：

① 在复杂及简单的批次控制应用中实现符合 S88 标准的状态控制（S88 State Control）；

② 用户按其需要自定义函数；

③ 自定义指令（AOI）；

④ 用户自定义标签；

⑤ 具体到过程控制、驱动控制、运动控制和安全控制等不同应用的专业指令；

⑥ 操作字符串数据的 ASCII 指令；

⑦ 在不同的设备间实现通信的信息指令（MSG）。

3. 操作员站软件

PlantPAx® 在所有操作员工作站平台采用单一可视化策略，以确保用户在合适的地点适时获知正确的信息。这一操作与开发策略可不断升级，从控制机器级别的本地小型系统扩展到分布式的大型监控级别的应用。从最初的设计和安装，到系统操作及运行维护，这种可视化策略都物有所值。

HMI 软件产品拥有标准的外观风格与导航器设计，有助于提升 HMI 应用开发速度，缩短培训时间。HMI 软件所提供的标准的开发环境与架构，可实现应用的重复利用，从而提高生产率、削减运行费用并改善产品质量。

PlantPAx® HMI 软件免费集成了 PID 控制回路的自动整定，能自动设置 PID 参数，从而简化工艺开车过程。操作员面板使授权用户有能力从操作员界面直接配置控制回路，方便系统的开发和维护。

PlantPAx® 的 HMI 拥有分布式可扩展构架，能支持适用于分布式服务器的多用户应用，使用户可最大限度掌控信息——无论信息源自何处。此架构具有高度的可扩展性，既可用于小型系统的单服务器、单一用户的应用，也可用于多个服务器的多个用户。HMI 的监测控制，不仅适用于运行时的服务器与客户端，还可以使用户通过 HMI 软件开发并部署多服务器、多客户端的应用。

PlantPAx® 的 HMI 软件可以将从底层传感器到上层信息化应用的数据无缝集成，遵循统一的通信协议，将工厂的生产数据与企业的管理数据统一，提高制造业的信息化程度。它自身还带有历史数据记录功能，记录的数据可以存储在内部文件集或 ODBC（开放式数据库连接）兼容数据库中，并且可以：

- 在趋势中显示，若在趋势中显示历史数据，可将数据记录模型中的标签分配给画笔；
- 进行存档，以供将来使用；
- 使用 ODBC 兼容报表软件（例如 Microsoft Excel 或 Business Objects Crystal Reports）进行分析。

4. 系统组态和维护

PlantPAx® 的系统组态和维护采用简单的编辑器，PlantPAx® 控制器按照 IEC 61131 和 S88 标准组态为多任务操作系统。这一功能强大的编辑器，使用户能在工程内部或不同工程之间拖放移动指令、逻辑、程序、项目和任务，建立功能丰富的工程库。过程对象库如图 4-2-29 所示。

PlantPAx® 过程对象库是将控制器代码（用户自定义指令）、显示元素（全局对象）和操作面板无缝集成在一起的预定义库，该库可提供控制策略、快速创建大型应用和高效系统维护。

五、系统体系安全

1. 系统安全措施

PlantPAx® 拥有专门为保障安全而设计的自动化架构，以保障整个自动化系统的安全。系统安全措施如图 4-2-30 所示。

（1）控制系统网络创建　创建能够抵御外部攻击的控制系统网络。

- 参考架构
- 网络和安全服务
- Stratix™ 路由器和交换机组合

（2）知识产权保护　确保控制系统内容免遭未授权使用。

- 控制器源代码保护

（3）篡改预防与检测　检测和记录控制系统遭受的攻击，并提供通知。

- 固件数字签名
- 控制器更改检测和记录

（4）身份管理和访问控制　创建可进行高级用户控制的可信系统。

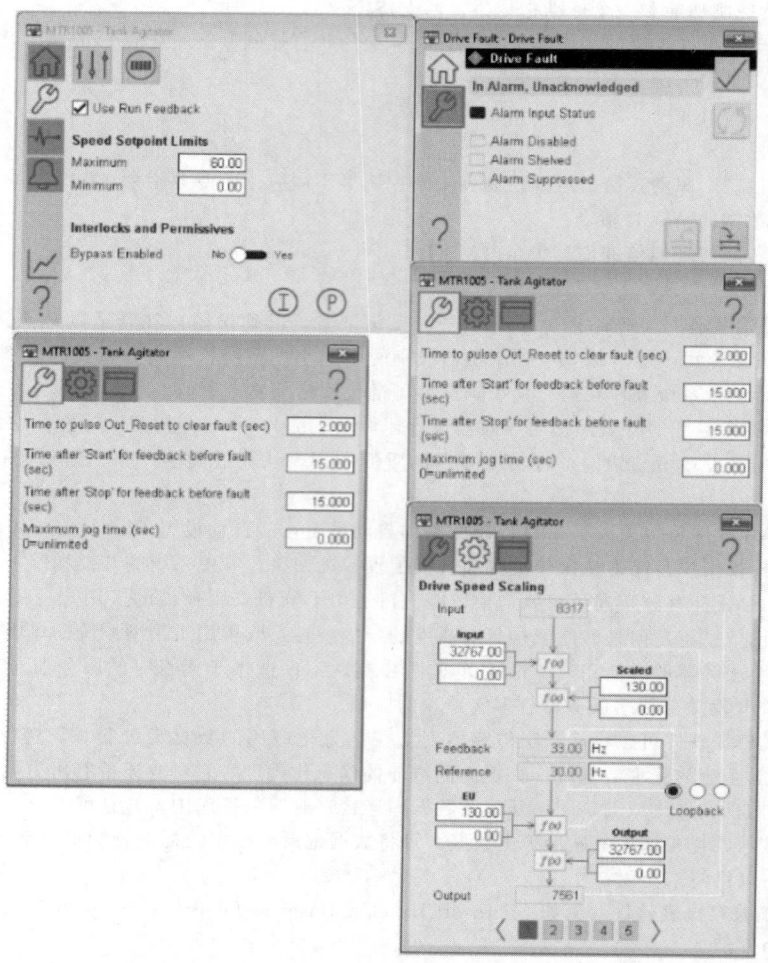

图 4-2-29　过程对象库

- 数据访问控制
- FactoryTalk® 安全系统

2. 安全防御措施

罗克韦尔自动化帮助客户评估、设计、实施、验证和管理解决方案，以提高工业安全性。网络和安全服务（NSS）职能包括：

① 基于资产的风险和漏洞评估；

② 安全策略、程序和指南的定义；

③ 技术安全控件的开发；

④ 构建实用的安全监管程序；

⑤ 安全生命周期管理；

⑥ 工业和 IT 专业知识。

3. 供电与接地

PlantPAx® 系统的每个独立设备（如控制器机柜、I/O 柜、网络交换机、操作站等）均采用两路供电，可实现无扰动切换。例如控制器由电源冗余模块供电，UPS 可提供后备 220V 交流供电，浪涌保护器可提供电源保护。

系统接地采用等电位连接的方式接入每间机柜室的接地分配器上，然后通过接地分配器最终接到全厂接地系统，实现全厂等电位接地。系统接地包括保护接地和工作接地。

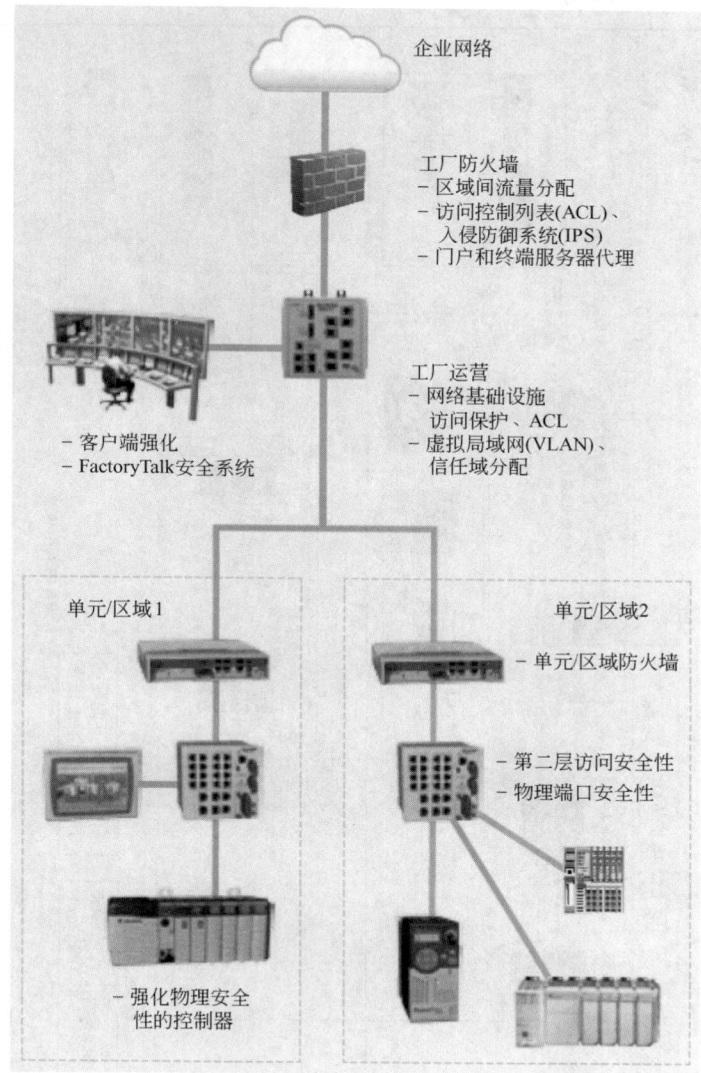

图 4-2-30　系统安全措施

六、应用举例

某海上大型油田项目采用 PlantPAx 系统，包括三座钻采生产平台（DPP）、一座井口平台和一艘浮式生产储油装置（FPSO）。整个控制系统包括过程控制系统（PCS）、紧急停车系统（ESD）、火气系统（FGS），I/O 点数大约为 17000 点，拥有 25 台操作员站以及 12 台工程师站。

PCS 过程控制系统采用了冗余 L7 系列控制器，配置多组冗余的 PlantPAx PASS 服务器以及基于 OSISoft PI 的历史数据服务器和资产管理服务器；提供标准的操作和监视功能，离线和在线的程序代码组态及导入导出，静态和动态流程监视画面组态功能，实时趋势和长时间历史趋势显示及数据采集功能，事件与报警收集显示和管理功能，SOE 事件分析功能以及数据报表功能。用户工程师可以通过安装有 Studio 5000 的工程师站以友好的组态界面管理和维护控制器的程序代码以及流程画面和事件报警，可使用基于 PlantPAx 过程对象库的过程控制策略进行组态和操作。在容错的 100M 工业以太网的互联下，PlantPAx 在几座不同海上平台和 FPSO 拥有各自子系统的大型分布式控制应用，可稳定且高效地运行。

ESD 和 FGS 系统采用 SIL3 认证的安全控制系统 Aadvance，由多个独立的安全系统分别控制。

PCS/ESD/FGS 系统既能以全冗余方式独立工作，又能共用 HMI、实时和历史数据采集、第三方数据通信以及网络打印等功能。系统采用了 100M 速率的工业以太网通信网络，并且兼容第三方通信，如 Modbus、

632

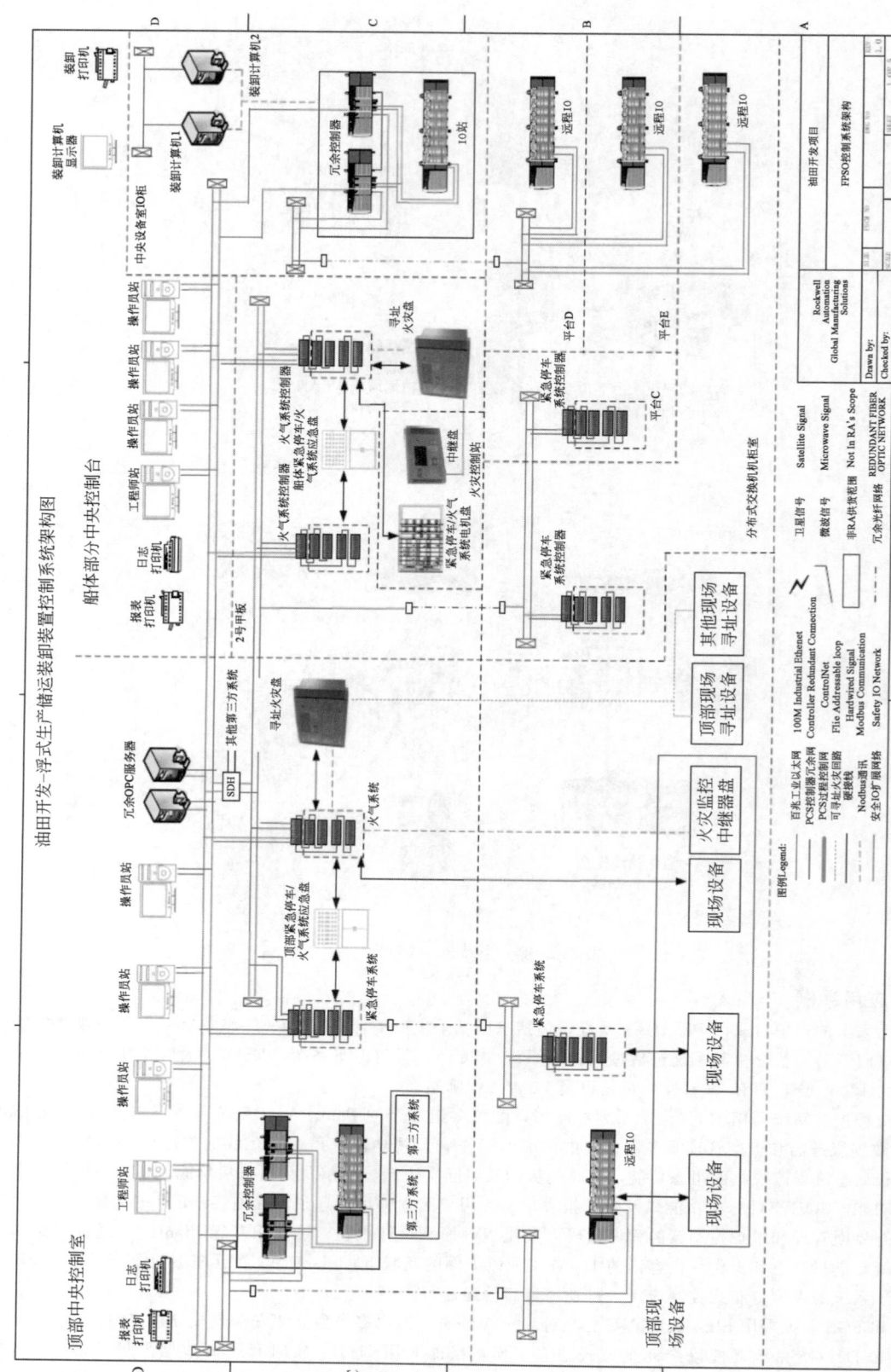

图 4-2-31 FPSO PlantPAx 系统架构

DeviceNet 等。PlantPAx 的过程组件库及其他组态工具为系统集成和编程组态的工作提供了高效和工程的一致性。

罗克韦尔自动化提供了包括硬件设计、程序和画面组态、系统集成、系统测试、现场系统安装调试、备品备件支持、项目培训等一系列工程和服务，并且使整个项目实施得到 BV 船级社的认证。FPSO PlantPAx 系统架构如图 4-2-31 所示。

第七节 Siemens SIMATIC PCS 7 系统

一、系统概述与发展

Siemens SIMATIC PCS 7 系统经过多年发展，已成为著名的过程控制系统。SIMATIC PCS 7 以其强大的功能、高度的灵活性及卓越的性能提供了创新性的解决方案，解决了在各个流程工业领域中面临的挑战。SIMATIC PCS 7 超越了传统过程控制系统的限制，为流程工业提供了更多可能性和新应用。

SIMATIC PCS 7 无缝集成在西门子全集成自动化（Totally Integrated Automation，TIA）系统中，包括用于工业自动化所有层级中的各种产品、系统和解决方案，从企业管理级到控制级，一直到现场级，是可实现所有生产、过程和交叉行业的统一可定制的自动化系统。SIMATIC PCS 7 解决方案如图 4-2-32 所示。

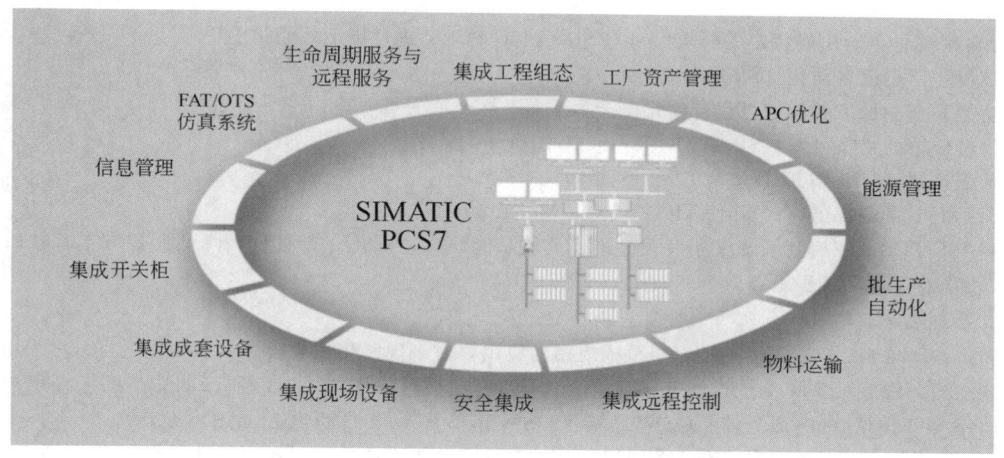

图 4-2-32 SIMATIC PCS 7 解决方案

SIMATIC PCS 7 的创新如下。

① 持续推进一体化工程和一体化运维，配合 COMOS 和 SIMIT 等软件，给用户提供从设计到工程、从工程到运维、从运维到服务/持续升级改造等完备的解决方案。

② SIMATIC PCS 7 加入了更多满足石化、化工、流程工业应用需求的软硬件产品，例如 CPU 410 控制器、SMART 信号模块系列、支持 Profinet 的新一代 I/O 家族 ET 200SP HA 等。

二、系统特点

Siemens SIMATIC PCS 7 系统涵盖应用广泛的控制系统软硬件、工程组态及诊断工具，是流程工业数字化解决方案的重要基石之一。主要系统特点如下。

1. 灵活的系统架构

SIMATIC PCS 7 具有丰富全面的软硬件系列、多样化的功能和统一的用户组态和监控接口，支持用户各种规模的系统应用。多种类型现场总线的支持（PA/HART/Modbus RTU/FF 等）、控制器层面的开放连接（OpenTCP/Modbus TCP 等）以及安全架构下的数据传输（OPC UA 等）等，确保了 SIMATIC PCS 7 在各个层面对第三方设备/软件的兼容。

2. 高效的工程组态

SIMATIC PCS 7 工程师站提供集成化的工程组态工具，一体化的工程组态数据库、符合 IEC61131-3 标准的自动化组态工具及功能强大的算法库，可帮助用户高效、高质量地完成系统组态工作。

① SIMATIC PCS 7 可与 COMOS 设计软件结合使用，实现从自动化工程设计到自动化系统实施的集成。

② SIMATIC PCS 7 提供 Plant Automation Accelerator 软件包，兼容包括 Excel 在内的多种项目 I/O 信息类型，可高效完成批量的工程组态，实现 FAT 文档信息的快速生成，降低组态成本。

③ SIMATIC PCS 7 提供丰富的行业库，在行业库里有特殊行业设计的功能块，如化工、水泥、造纸、水处理行业等。

3. 安全便捷的操作

SIMATIC PCS 7 提供众多创新技术以实现工厂操作运行的高效及安全。

① 符合人体工学的画面符号，以任务为导向的操作面板，可提高操作员对异常工况的响应速度。

② 高效报警管理系统可将潜在危险降低到最小。

③ 高级过程图形（APG）提供了面向生产过程的特殊图形设计，操作安全便捷。

4. 功能强大的系统

从 9.0 版本开始，SIMATIC PCS 7 自动化系统率先全面支持符合流程工业需求的 PROFINET I/O，并支持双总线冗余和高精度 SOE 等功能的全新 I/O 系列 ET 200SP HA。

SIMATIC PCS 7 自动化系统兼容西门子的主流高端控制器，并使用专为流程行业设计的控制器平台 AS 410 系列，系统结构简单。控制器 CPU 410-5H 是同代产品中速度最快且功能强大的控制器，可方便地对原控制器硬件在线扩容以满足工厂控制规模增加的需求。

5. 功能多样化

针对典型流程自动化或特定的要求，可对 SIMATIC PCS 7 进行以下功能扩展：

① 批量生产过程自动化（SIMATIC Batch）；

② 功能安全和保护功能（过程自动化安全集成）；

③ 物料传输的路径控制（SIMATIC Route Control）；

④ 远程控制（SIMATIC PCS 7 Tele Control）；

⑤ 工厂配电自动化集成（SIMATIC PCS 7 Power Control）。

SIMATIC PCS 7 在控制系统中还可无缝集成其他功能组件，优化生产过程、降低运行成本。软件 SIMIT 可提供工程仿真，提高工程组态效率和质量。

三、系统结构

Siemens SIMATIC PCS 7 可满足不同系统规模的应用，对于现代化大规模的石油石化项目，可采用标准的三层 DCS 结构，将工厂总线和终端总线分隔开；中小规模项目可采用图 4-2-33 所示的典型的系统架构，由工程师站、OS 操作员站（OS 服务器、OS 客户端和 OS 操作单站等）、自动化站（AS）等组成。

（1）工程师站　工程师站安装有 SIMATIC PCS 7 工程组态工具，可以和自动化站与操作员站进行通信。SIMATIC PCS 7 工程师站提供功能强大的组态工具，如用户程序编写、硬件组态和设置、批量程序生成和修改等。典型的 SIMATIC PCS 7 工程师站可以进行自动化站组态和操作员系统组态。

（2）自动化站　自动化站（AS）是完成控制的核心，控制逻辑、信号采集、控制指令下发以及与子系统通信等主要工作均由这个层级实现。自动化站稳定、可靠、基础的控制模块，可以确保 SIMATIC PCS 7 的持续稳定运行。PCS 7 AS 支持 SIMATICS 7400 系列以及专用流程工业的 CPU 410 和 CPU 410SMART。通过 CPU 本身集成的 PROFIBUS DP 和 PROFINET 接口或者扩展的一个/几个通信处理器，可实现现场级的通信。

（3）现场设备　SIMATICPCS 7 支持多种现场总线技术，控制系统可无缝地集成来自不同厂家和不同类型的现场设备和仪表，包括 PROFIBUS DP、PA、HART、Modbus 以及 FF 等。

（4）组态工具　SIMATIC PDM（过程设备管理器）既可集成在 SIMATIC PCS 7 工程组态系统中，也可作为独立控制台使用。SIMATIC PDM 是一个调试、维护、诊断和显示现场设备与自动化组件的工具，PDM 支持网页版的客户端，无需额外安装软件，网络中的其他计算机均可访问、管理现场设备。图 4-2-34 展示了该软件的使用环境。在该环境中，可以调校设备、设置设备总线地址，还可以与设备进行在线通信。

（5）操作员系统　SIMATICPCS 7 操作员系统是按照一定功能划分组成的计算机网络，用来控制过程工厂，同时承担过程值、消息的管理/维护和归档功能。如果所有功能集中在一台计算机上，则称为 OS 单站。如果功能分布在不同计算机上，操作员系统可分为 OS 客户端和 OS 服务器。OS 客户端位于中心控制室，用来控制工厂；OS 服务器承担所有的管理/维护和归档功能。

PCS OS 系统支持 SFC 可视化、冗余配置、资产管理等功能，批量生产控制以及路径优化控制等均可集成在该平台上，便于操作。SIMATIC PCS 7 提供 APG 功能库，以蜘蛛网图、动态棒图组等方式实现工艺总览和

635

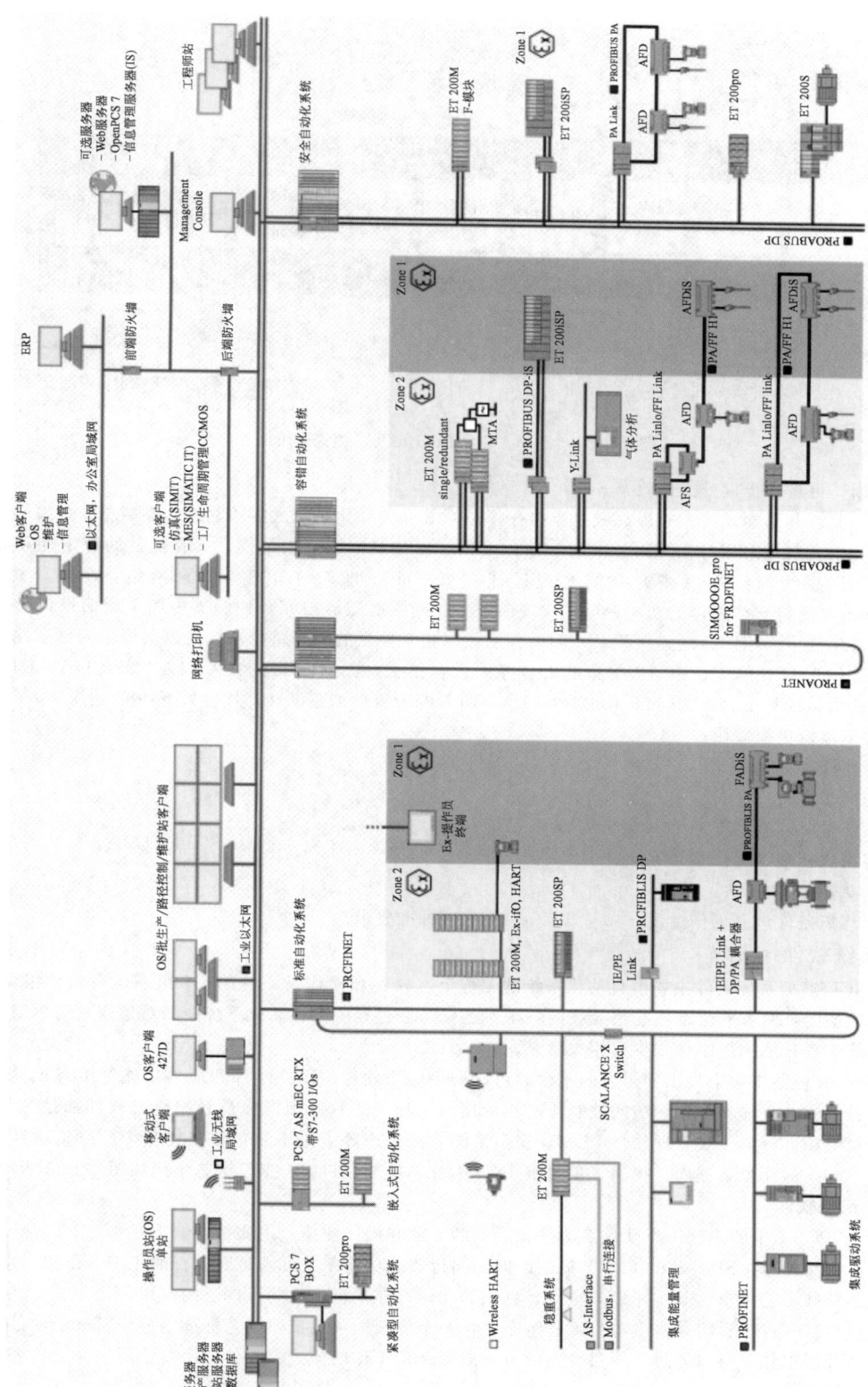

图 4-2-33　SIMATIC PCS 7 系统架构

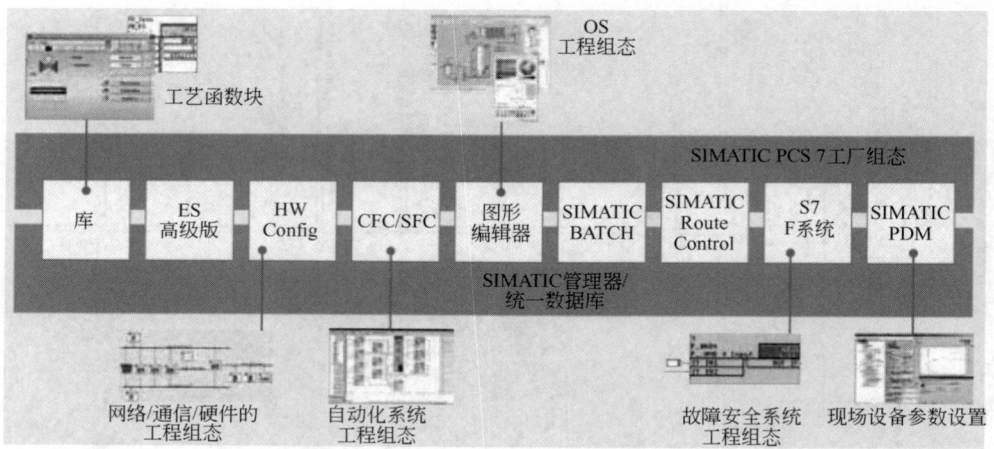

图 4-2-34　SIMATIC PCS 7 工厂组态画面

KPI 检测画面，可进一步提升操作效率。

（6）工厂总线和终端总线　工厂总线是连接操作员系统和自动化系统之间的网络，终端总线是操作员系统之间的网络，两者都是采用符合国际标准的工业以太网，支持双环网冗余结构，具有优良的稳定性和高可用性。若要使工厂总线和终端总线的布线实现最佳隔离，可将两者均组态为冗余网络。在工厂总线中，SIMATIC PCS 7 支持冗余连接的功能，可以实现两个独立网络适配器与冗余控制器中四个通信接口建立连接关系，从软件层面（一用多备的连接关系）和硬件层面（相互独立的网络路径）提高数据传输的可靠性。

（7）I/O 卡件　SIMATIC PCS 7 支持的 I/O 系列，包括 ET200M、ET200PA、ET200SP HA、ET200iSP 等。目前应用最多的是 ET200SP HA 和 ET200 PA，两者专为流程工业设计，具备如下功能：

① 支持不停机更换模块；

② 支持在线参数化；

③ 时间同步；

④ 输入信号时间戳，支持 1ms 高精度 SOE 功能；

⑤ 支持模块冗余和 I/O 通道冗余；

⑥ 诊断功能；

⑦ 适用环境条件广（工作温度 $-40\sim70℃$，符合 G3 标准要求）。

四、系统软件

SIMATICPCS 7 系统软件主要由自动化系统的工程组态软件和操作员系统的 OS 组态运行软件组合而成。两者是统一的整体，两者的组态功能集成在同一平台上。组态过程中，自动化系统中的对象通过简单编译即可在操作员系统或者其他功能组件中生成相关信息。

SIMATIC 管理器作为中央工程组态的平台，可以调用应用软件、硬件组件和通信功能等组态工具，也可进行工程项目创建、管理、保存和访问控制等基本应用。工程组态软件和操作员系统组态软件都是 SIMATIC 管理器的主要组成部分，仪表管理软件 PDM、安全系统、批生产等应用工具也集成在其中。组成项目的各个应用工具共享统一的项目数据库，提高了项目组态效率。SIMATIC PCS 7 工厂组态画面如图 4-2-35 所示。

1. 工程组态软件

SIMATIC PCS 7 中的工程组态软件功能完备、灵活开放和操作便捷，主要特点如下。

（1）丰富的功能库　SIMATIC PCS 7 提供面向不同行业的功能库，可满足面向石油化工、化工、水处理、暖通等行业的特殊工艺需求。基本库以其全面、强大的功能，在项目中得到了广泛的应用。

（2）多项目和并行工程组态　多项目工程组态可将一个复杂的项目按照工艺标准划分为若干子项目，允许多个团队同时开展工作，可以通过子项目分发的方式或者并行工作的模式。

（3）项目管理

① 访问检查和更改验证　基于 SIMATIC Logon，管理员可将用户分为具有不同访问权限的组，并以这种方式控制对项目数据的访问。用户的修改操作也可被记录和跟踪，从而满足验证的需求。

② 版本跟踪和版本　基于集成组件 SIMATIC Version Trail，可对库、项目进行版本管理，用户也可自定义项目在线或离线数据的备份计划。同时，当前现有项目也可与归档版本进行比较。

③ 项目记录　报表系统可以记录符合标准的工程组态项目。项目组态中的各项数据，例如控制程序逻辑、报警消息、用户管理信息等，均能够以标准化电子手册的形式进行自由构建和编辑，并以统一布局进行打印。

（4）PAA（Plant Automation Accelerator）　一体化工程组态是 SIMATIC PCS 7 项目执行的特色，从前期的项目设计阶段到自控系统组态调试直至投运，设备和过程数据在设计软件、控制系统和仿真平台之间贯穿始终、无缝对接。PAA 将来自设计软件的设备信息和控制逻辑导入到 SIMATIC PCS 7 中，自动生成硬件组态、用户程序等，支持生成 FAT 测试报告、系统结构图等文档信息。PAA 可提升工程组态效率，在增强可靠性的同时降低工厂升级改造的成本。

2. 操作员组态软件

SIMATIC PCS 7 操作员系统允许操作人员进行直观且安全的过程控制，配合优化的系统总览（APG）、智能消息隐藏等功能，还可优化操作效率。

（1）灵活的系统结构　SIMATIC PCS 7 支持单站结构和服务器/客户端结构，这两种结构可配合使用。最多可支持 18 个服务器或 18 个冗余服务器，每个服务器可支持多达 12000 个过程对象，每个客户端可以同时访问 18 个服务器/冗余服务器的数据。

（2）完备的图形用户界面　操作员系统的预定义 GUI 具有控制系统的全部典型特征。它具有多语种、层级清晰的结构、人体工程学设计且易于理解。配合 APG 库使用，还可以蜘蛛网图、动态棒图组等方式将流程中的 KPI 数据呈现给操作员，增强操作员对于整体流程的把控。

（3）归档和报表系统　SIMATIC PCS 7 采用本地和中央二级归档配合机制，短期归档就地保存，长期归档存储在归档服务器 PH 中，两者数据无缝连接，在客户端可方便查看。操作员系统自身内置有丰富的报表模板，涵盖过程数据、消息以及离线组态参数、系统统计信息等。基于 Information Server 组件，更可以基于 Web 方式来灵活创建模板、定义报表生成规则等，也可直接将过程数据导入到 Excel 表格中，方便分析和形成报告。

（4）集中用户管理、访问保护和电子签名　通过集成的 SIMATIC Logon，操作员系统具有集中用户管理功能，访问控制符合 21CFR 第 Ⅱ 部分中的验证要求。管理员可以对用户进行分组，并为这些组定义不同的访问权限（角色）。使用访问控制权限进行登录时，操作员将获得特定权限。可以使用键盘，还可以使用诸如可选芯片卡的读卡器作为登录设备。

五、系统体系安全

SIMATIC PCS 7 是提供体系安全解决方案的系统，除硬件设计中不断完善的安全功能外，还提出了具有层级安全结构（纵深防御）的综合解决方案。这种方案是整个工厂的防御架构。该方法不会限制只能采用一种安全方法（如加密）或设备（如防火墙），而是加强工厂网络中各种安全方法的交互使用。

SIMATIC PCS 7 安全解决方案包括以下方面。

① 使用分级安全（纵深防御）设计网络结构，并将工厂划分为多个安全工厂单元，各个工厂单元的网络出入口设置安全防御措施。

② 网络分段管理，以最小化的原则划分网络。

③ 尽可能在 Windows 域中执行工厂操作。

④ 对操作系统和 SIMATIC PCS 7 操作员权限进行管理，将 SIMATIC PCS 7 的操作员权限集成到 Windows 管理中。

⑤ 可靠控制时钟同步，统一稳定的时钟是日志跟踪和故障分析的基础。

⑥ Microsoft 产品的安全补丁管理，定期发布的测试报告，定期升级安全补丁。

⑦ 使用病毒扫描程序和防火墙。

⑧ 使用安全的远程访问（VPN、IPSec）。

⑨ 根据需求配置 DMZ 区，如病毒扫描服务器、Web 服务器、面向办公网络的中央归档服务器及报表服务器等，均放置在 DMZ 区，如图 4-2-35 所示。

六、应用举例

某 4 万吨级的石化项目中，包括常减压、延迟焦化、柴油加氢和聚丙烯等 16 套工艺装置以及储运、公用工

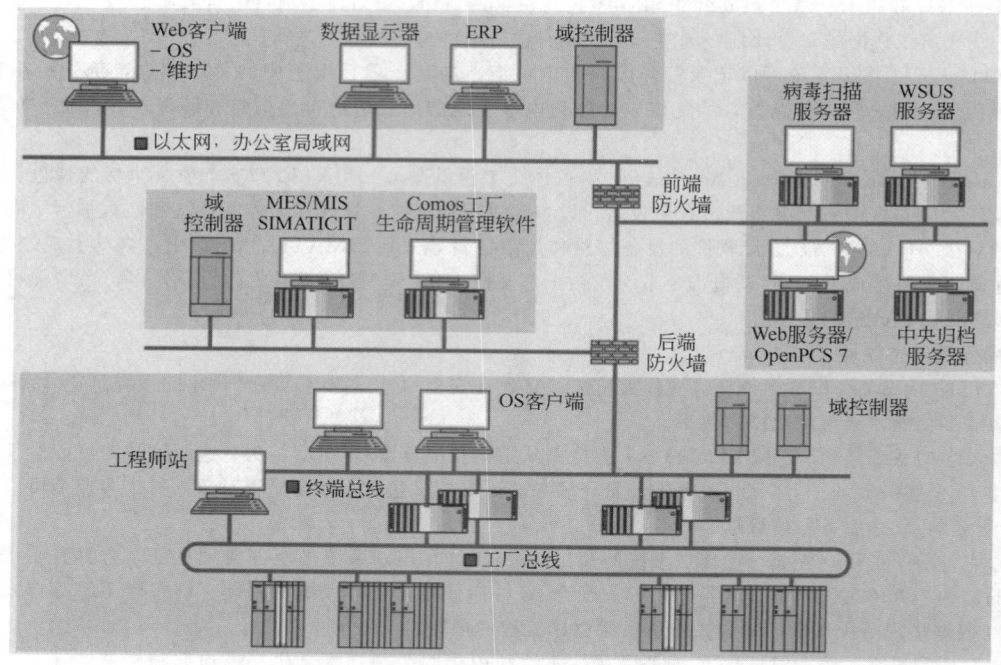

图 4-2-35　DMZ 区

程及辅助生产设施。全厂布局紧凑集中，生产装置采用联合布置，设一个中心控制室。生产装置、公用工程及储运系统等均采用 DCS 控制系统进行集中操作、控制和管理。各装置及关键设备均设置安全联锁保护系统，即全厂火灾、可燃气体、有毒气体的监控和报警控制系统（F&GS）。SIMATIC PCS 7 系统结构如图 4-2-36 所示。

全厂 DCS 控制系统由工程师站、操作员站、中央归档服务器、I/O 卡、各类机柜和 OPC 服务器等组成，全厂 I/O 总点数近 30000 点。整个 DCS 系统共配置各种机柜 300 面、操作员站 61 个、108 个生产操作台、现场机柜室 17 个、中央控制室 1 个。

整个 DCS 控制系统的结构分为 3 层：控制器层，在该层实现对现场仪表的控制和逻辑监测；服务器层，该层起到数据通道的作用；操作员站层，该层提供 HMI，便于操作员控制/监测工艺流程。

系统的工程师站同时挂在两个网络上，即连接操作员/服务器的以太网和连接控制器 CPU 的工业以太网。工程师站用于完成控制画面和控制策略的组态。

在控制器层和服务器层之间的系统总线是千兆的冗余环网，它连接着所有的控制器和服务器，承担着过程控制数据交换的作用。在服务器层和操作员站层之间的终端总线也是千兆的冗余环网，它连接着所有的服务器和操作员站，承担着用户监控数据交换的作用。

系统总线通过冗余的光缆，以星状结构拓展至各个现场机柜室。现场控制器全部采用冗余的高性能 CPU 模块。系统的现场级控制采用的是 PROFIBUS 现场总线，实现了控制系统的冗余，使得现场级控制网络成为全分散、全数字化控制网络。系统 I/O 站选用的是高密度配置的 ET200M 模块，ET200M 通过两个 IM153-2 总线接口模块分别连接在两条 PROFIBUS-DP 总线上。每个 ET200M 单元均由两个 IM153-2 总线接口模块和其他若干数字量、模拟量输入/输出模块组成。数字量、模拟量输入/输出模块的数量和配置由现场站的所需控制和采集点数决定。

庞大的网络规模和多样的应用需求使得信息安全显得尤为重要。在现场调研和系统分析的基础上，SIMATIC PCS 7 的纵深防御信息安全系统框架，设计了专门的信息安全方案。SIMATIC PCS 7 系统网络安全结构图如图 4-2-37 所示。

该方案中将系统划分为两个独立的子域，分别配置有域服务器来管理其中的设备，也可以在工厂扩容时增加其他子域。子域之上配置冗余的主域服务器，管理多个子域。该方案具有较高的可靠性和灵活性。设置 DMZ 区域，降低了来自其他网络的安全威胁。SIMATIC PCS 7 网络与工厂办公网络信息安全方案如图 4-2-38 所示。

639

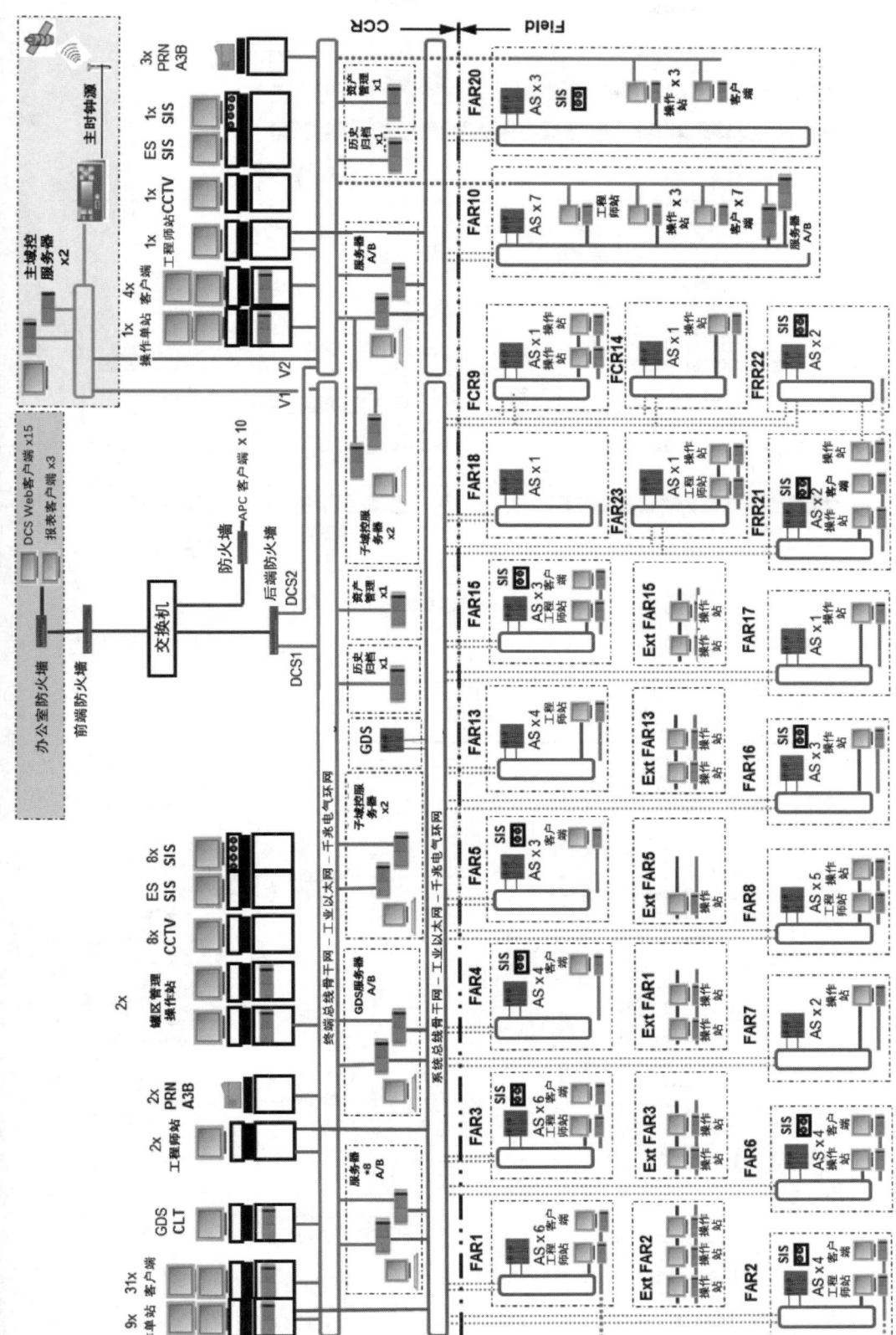

图 4-2-36　SIMATIC PCS7 系统结构

640

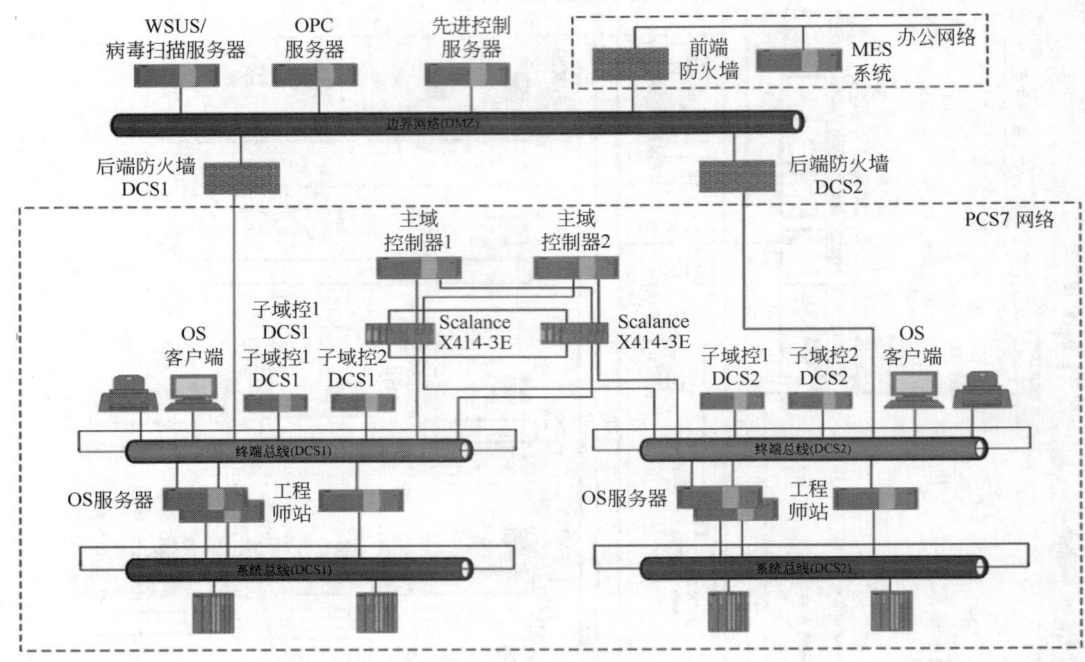

图 4-2-37 SIMATIC PCS 7 系统网络安全结构

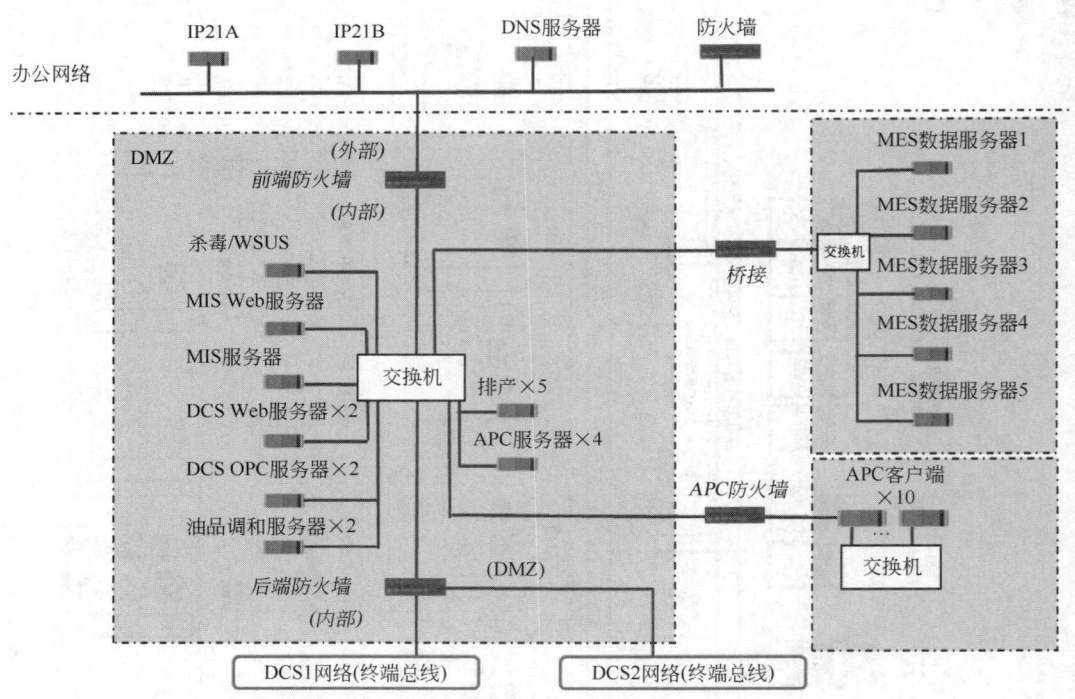

图 4-2-38 SIMATIC PCS 7 网络与工厂办公网络信息安全方案

该工厂的 PCS 7 系统已经正常运行超过 10 年，完成了多次系统升级，始终保持着稳定运行状态。

第八节 SUPCON ECS-700 系统

一、系统概述与发展

浙江中控技术股份有限公司（简称"中控"）从 1993 年第一套分散控制系统成功投用至今，DCS 系统广泛用于石油化工、煤化工、精细化工、电力、油气长输管线、轻工等行业。中控提出了"为客户创造价值"的工业自动化整体解决方案 InPlant，其提供的 WebField 控制系统产品系列，可有效帮助企业提高产品质量、提高生产能力，实现信息化、智能化，进而提高企业综合竞争力。

WebField ECS-700 系统是中控 InPlant 整体解决方案的核心平台，该系统继承和发展了中控多年来积累的核心技术和过程控制经验，融合了大规模组网技术、现场总线技术和信息管理技术，具有管理大型化工厂的一体化能力。其充分考虑大型工厂信息共享与协同工作的需求，一体化的系统结构和应用软件可帮助用户及时获得决策信息，协调不同部门的人员工作，降低运行维护成本，提升生产效率。ECS-700 系统具有 OPC/ODBC 等与工厂信息管理系统进行数据交换的开放接口，可满足企业信息管理系统的各种信息需求。

二、系统特点

ECS-700 系统支持 60 个控制域和 128 个操作域，其中每个控制域支持 60 个控制站，每个操作域支持 60 个操作站，单域支持位号数量为 65000 点。

1. 强大的联合控制

系统支持分域控制和实时数据跨域通信管理功能，域间控制和域内控制具有相同的控制效果，可将大型生产过程作为整体进行控制管理，满足分段控制、集中管理的需求。

2. 高可靠性部件

系统硬件均经过严格的可靠性设计，具有多层次的环境防护能力。所有模块都支持在线自诊断，由面板指示灯进行状态提示。系统可分析故障位置到 I/O 通道级；通过维护软件，还可观察每个故障的详细信息。所有模块都支持热插拔，允许在线更换模块。

3. 支持在线升级和扩容

ECS-700 系统支持在线扩容和并网。ECS-700 系统通过分域管理、协同多人组态、单点在线下载和在线发布等技术，实现系统的无扰动在线扩容。系统支持在线扩展新类型模块，新技术可不断地应用到现有系统中。

4. 创新的协同组态

ECS-700 系统采用多人协同技术，允许多个工程师在统一组态平台上同时开展组态或维护工作，保证组态的一致性和完整性，工程实施周期较短。系统数据可备份在主工程师站和扩展工程师站中，可实施定期异地备份，防止信息丢失。通过安全的权限管理，不同的用户可以获取其管理范围的数据，并在其权限范围内实施相应的系统操作。

5. 灵活的工程工具

ECS-700 系统采用统一的全局数据库，在组态时一次输入控制器所需要的信息，所有组态都在一个统一的平台上进行。系统支持通过 Execl 导入数据库信息。采用图形化面向对象的控制编程工具，可在线调试与监控。组态生成后可进行组态关联检测，保障组态的正确性。系统具备完善的组态和操作记录，可提供快速准确的历史追溯。

6. 开放式应用环境

ECS-700 系统采用 Windows 操作系统，通过 Excel 软件、VBA 语言、OPC 数据交互协议、TCP/IP 网络协议等开放接口与 DCS 进行信息交互。系统可以使用专用键盘或触屏功能进行操作。

7. 总线综合集成

ECS-700 系统采用高速以太网构建控制网络和信息网络，无缝整合 PROFIBUS、FF、HART、EPA、无线等国际标准总线，并在统一的设备管理平台上管理多种总线设备。

ECS-700 系统通用 I/O 模块的通道可作为任何类型的 I/O 使用，支持信号类型包括 AI、AI＋HART、AO、AO＋HART、DI、DO，应用时通过 VF 软件组态配置。

三、系统结构

ECS-700 系统主要由控制站、操作站及系统网络等构成，如图 4-2-39 所示。

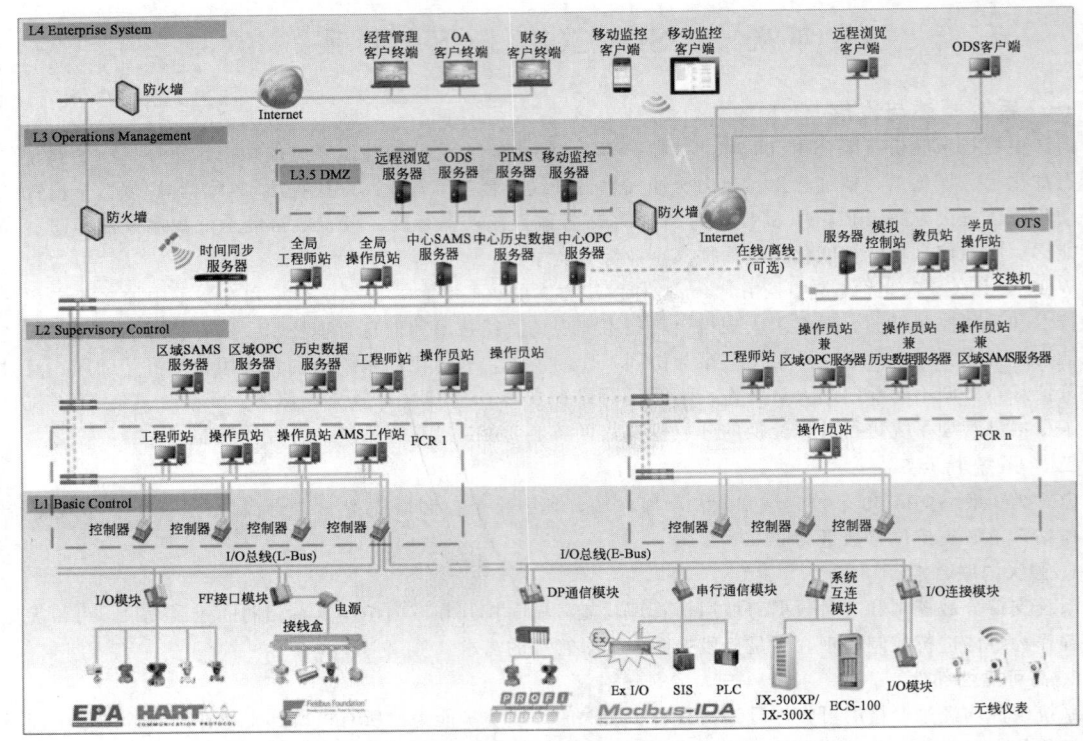

图 4-2-39　ECS-700 系统网络架构

1. 系统网络

系统过程控制网 SCnet 连接操作员站、工程师站、数据服务器、控制站等，在站间传输实时数据和各种操作指令，高速、可靠、稳定。

控制网 SCnet 支持 1∶1 冗余，冗余网络同步工作，无切换时间；采用分域设计，划分控制域和操作域，既实现数据共享，又实现数据隔离，保证系统可靠性；基于 100Mbps/1Gbps 工业以太网，支持总线型、星形、环形多种拓扑结构；实时数据传输采用时间驱动模型，数据量稳定，微观流量平衡；数据传输采用多级数据校验机制，确保数据的正确性；故障诊断软件对网络状态及节点状态实时监控和报警。

I/O 总线为控制站内部通信网络，包括扩展 I/O 总线（E-BUS）和本地 I/O 总线（L-BUS）。E-BUS 基于 100Mbps 工业以太网构建，连接控制器和各类通信接口模块，L-BUS 连接控制器和 I/O 模块。E-BUS 和 L-BUS 均冗余配置。

2. 工程师站

工程师站分为主工程师站和扩展工程师站。在一套系统中至少要配置一个主工程师站，用于统一存放全系统的组态文件，通过主工程师站可进行多人组态、组态发布、组态网络同步、组态备份和还原。主工程师站通常配置硬盘镜像以增强组态数据安全性。当系统分为多域，需要有多个工程师协同组态时，可配置扩展工程师站。扩展工程师站具有对一个或多个域进行硬件组态、位号配置、程序编程等功能。

工程师站安装系统组态软件和系统维护工具软件。系统组态软件用于构建适合于生产工艺要求的应用系统，可创建、下载和编辑流程图和控制算法。系统维护工具软件可实现过程控制网络调试、故障诊断、信号调校等。工程师站还安装了实时监控软件，具备操作员站的功能。

3. 操作员站

操作员站安装的实时监控软件，支持高分辨率、宽屏显示，并支持一机多屏，提供流程图、趋势图、数据一览、报警窗口、控制分组、操作面板以及系统状态信息等的监控界面。通过操作员站，可以获取工艺过程信息和事件报警，对现场设备进行实时控制。操作员站提供多媒体铃声报警和报警打印输出，通过调用历史数据库可进行趋势查看和报表打印输出。

操作员站配置的操作员键盘具有常用调整按钮和自定义功能按钮。每个操作员键盘配置 32 个自定义按钮，按钮可组态成调用相应流程图/操作画面或执行专用命令。

4. 控制站

控制站主要由机柜、机架、I/O总线、电源模块、控制器模块和I/O模块等组成，见图 4-2-40。

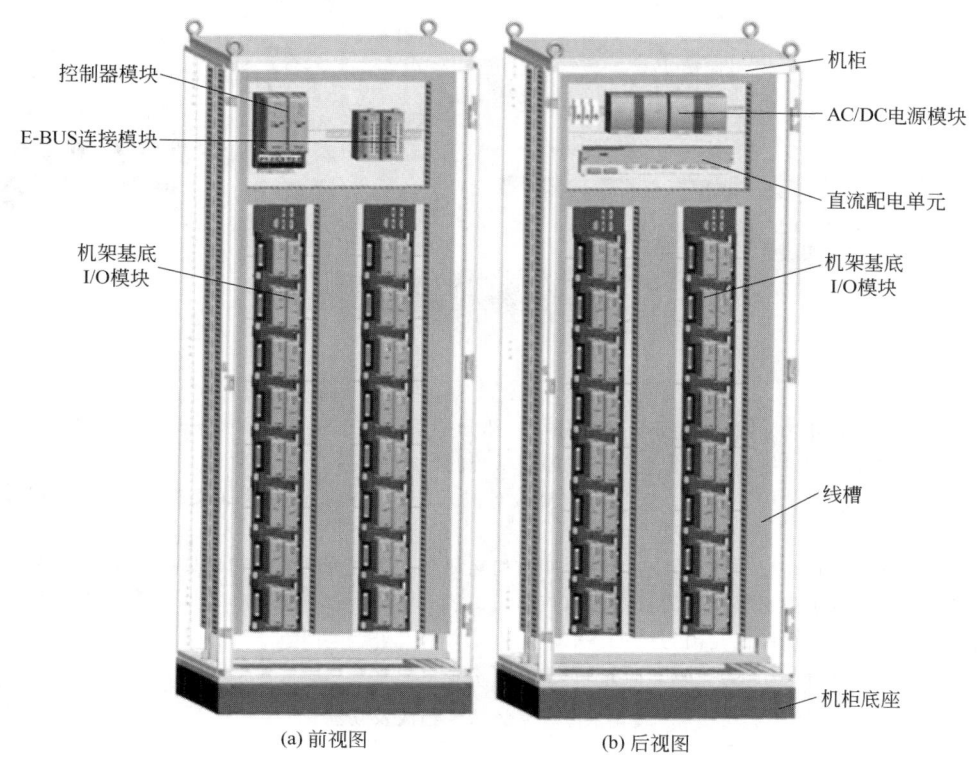

图 4-2-40　控制站组成

控制器是控制站执行控制任务的核心部件，内置逻辑运算、逻辑控制、算术运算、连续控制等共 200 余种功能块，并嵌入预测控制（PFC）、模糊控制（FLC）、SMITH 控制器（SMITH）等先进控制算法。支持快周期和普通周期两种扫描周期，逻辑控制可组态为 20ms、50ms 快周期运行，普通周期以 100ms 为基本扫描周期，用户程序运行周期可在 20ms～1s 范围内选择。

5. I/O 模块

ECS-700 提供多种 I/O 模块，可处理包括 4～20mA 的 HART、热电偶（TC）、热电阻（RTD）、脉冲及开关量等现场仪表信号。每个控制站最多支持 8 个 I/O 节点，每个 I/O 节点最多支持 64 个 I/O 模块。I/O 模块采用模块化封装和快速装卸结构。采用免跳线设计，通过灵活的组态和多样的接线方式实现各类现场设备的接入。I/O 模块具备 1:1 冗余功能，互为冗余的 I/O 模块之间持续监控双方的工作状态并根据工作状态控制冗余切换，保证控制过程连续地在无故障模块中执行。支持热插拔，支持即插即用。新的 I/O 模块在上电后可自动完成初始化过程，包括模块自诊断、组态获取和同步无扰地作为备用模块切入控制过程。I/O 模块的自诊断功能，包括上电自诊断和运行过程自诊断。

输出模块具备故障安全功能，在系统网络故障情况下，模块输出可保持或按组态输出预设值。模拟量模块具备超量程输入或超量程输出功能，模拟信号输入模块可区分输入信号超量程和变送器故障两种状况，可在故障诊断信息中区别显示。

数字信号输入模块具备时间可设置的防抖动处理功能，支持分辨率达到 1ms 的事件顺序记录（SOE）功能，支持低频脉冲计数功能。数字信号输出模块具备单触发脉宽输出功能。

ECS-700 系统支持 HART、PROFIBUS、FF、Modbus、EPA、无线等总线协议，并提供相应总线接口模块。总线接口模块使用冗余的 E-BUS 或 L-BUS 网络与 ECS-700 系统通信，可与 ECS-700 系统的其他模块共存于同一个网络，如图 4-2-41 所示。

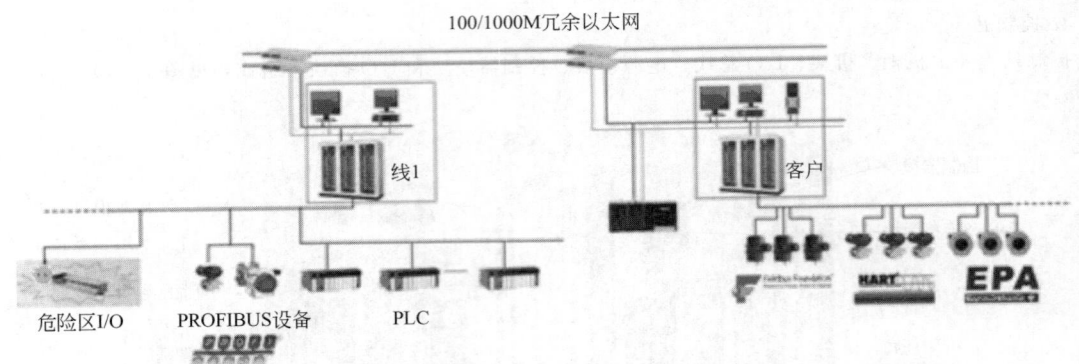

图 4-2-41　ECS-700 系统与现场总线通信网络

四、系统软件

1. 软件概述

ECS-700 系统 Visual Field 软件包分为两部分：一部分是系统组态软件，主要完成控制系统组态、控制方案编制等；另一部分是实时监控软件，主要完成控制系统的监视和控制。

系统组态软件安装在工程师站上，通过对象链接与嵌入技术，构成一个全面支持 ECS-700 系统结构及功能组态的软件平台。

系统监控软件安装在各操作站中，通过各软件的相互配合，实现控制系统的数据显示、控制操作及历史信息管理。系统监控软件可根据操作者的权限访问与调用工艺流程图、过程参数、数据记录、报警处理以及各种可用数据，并能调整控制回路的输出与设定参数。

系统软件与应用软件的组成及功能分别见表 4-2-17 和表 4-2-18。

表 4-2-17　系统软件组成及功能

序号	软件名称	软件功能
1	系统结构组态软件 VFSysBuilder	系统结构定义、工程师组态权限管理、全局工程管理等
2	组态管理软件 VFExplorer	工程的组态管理，调用其他组态软件完成系统组态、组态下载、组态发布等功能
3	硬件组态软件 VFIOBuilder	控制站硬件组态
4	位号组态软件 VFTAGBuilder	位号编辑、查找、导入、下载、诊断
5	用户编程软件	FBD 编程语言、LD 编程语言、SFC 语言、ST 语言
6	监控组态软件 VFHMICfg	监控组态，包括报警、趋势、控制分组、操作关联等组态
7	流程图绘制软件 VFDraw	流程图组态
8	实时监控软件 VFCenter	报警、趋势、控制分组、流程图、仪表面板等监控画面
9	报警管理软件	提供报警管理功能
10	趋势管理软件	提供趋势管理功能，单操作员站 4000 点以下免授权
11	诊断软件 DiagUI	控制站、网络等实时状态诊断
12	操作记录离线查看软件 VFLog	离线查看操作记录
13	硬件调试工具 DevManager	详细查看 I/O 模块的各种故障信息
14	报表管理软件	报表组态（基于 Excel 报表需另外配置 Office 软件）
15	历史数据库软件	历史数据记录存储
16	SOE 软件	SOE 记录服务（SOE 浏览客户端免授权）
17	虚拟控制器软件 VFCON	在计算机上虚拟控制器，使工程师站具备离线调试功能

表 4-2-18　应用软件组成及功能

序号	软件名称	软件功能
1	ODS 中心服务器软件	提供操作数据管理系统,提供操作数据的自动采集、海量长周期存储、管理分析等功能
2	WEB 服务器软件 PIMS	使用 IE 浏览器浏览监控软件中的实时数据和历史数据,包括流程图、数据一览画面、趋势画面和报警
3	实时历史数据库 VxHistorian	提供统一完整的实时数据采集、存储、监视和 WEB 浏览功能
4	全网诊断软件 VxNetSight	实时观测每个网段(含数据负荷),以及各节点的上限、故障、恢复情况,可方便设置各种负荷报警和流量限制
5	设备管理软件 SAMS	实现 HART 智能仪表的管理,提供设备状态监控、设备组态、故障诊断、设备报警和操作记录等功能
6	全局 OPC 软件	VisualField 全局 OPC 服务器软件提供了将多个装置的位号实时数据和实时报警数据汇总提供给第三方系统的能力,通常安装在指定的 OPC 数据站中,并根据 OPC 规范提供标准的 OPC 接口
7	OPC 接口软件	提供 ECS-700 系统的对外数据接口,可以接入第三方系统,也可以将 ECS-700 系统的数据共享到第三方系统

2. 高级应用软件

(1) 中控设备管理软件 SAMS　SAMS 是中控提供的设备智能管理解决方案。SAMS 不仅支持符合 FF 和 HART 协议的智能设备,也支持传统设备。通过 EDDL(电子设备描述语言)技术,SAMS 可以发挥智能设备的优越性。SAMS 的基本功能有信息获取、设备组态、设备诊断、用户模板、设备浏览、事件记录等。

(2) OPC 软件　ECS-700 系统的 OPC 服务器软件可以将 DCS 系统实时数据以 OPC 位号的形式提供给各个 OPC 客户端应用程序。OPC 开放的数据类型有 AI、AO、DI、DO、自定义模拟量、自定义开关量、自定义整形量、功能块位号。OPC 服务器软件支持访问的实时数据最大为 20000 点,数据最小刷新时间为 1s。

(3) APC 软件　ECS-700 系统提供的先进控制产品组件包括:ESP-iSYS-A(先进控制平台软件),为上层软件提供实时和历史数据支撑;APC-PFC,主要用于要求良好跟踪性能的单变量控制中;APC-Adcon(高级多变量鲁棒预测控制软件),适用于多变量、强耦合、大时滞、带约束的复杂生产过程的平稳控制和动态优化;APC-Sensor(智能软测量软件),实现用多种软测量算法建立软测量模型、进行模型的仿真验证、在线运行等功能;APC-PIDWatch,提供 PID 回路的组合性能分析工具,对 PID 回路性能进行评估与诊断。

(4) 批量控制软件　中控批量控制软件,支持配方管理、原料管理、批次数据管理、批次过程管理、派单管理、权限管理等功能。软件采用配方批量服务器技术,采用关系型数据库和开放的监控软件平台完成数据存储和数据交互功能。支持信息化设备接入功能,支持 ERP、MES 信息互联功能。

五、系统体系安全

1. 系统冗余

ECS-700 系统通过全冗余的系统结构保障高可靠性、高运行率。系统的冗余结构包括供电系统、通信网络、操作站、控制器和输入/输出模块等冗余。在冗余配置情况下,热备单元可快速在线无扰切换。

ECS-700 系统的控制器支持 1∶1 冗余。两个控制器同步执行控制任务,同时处理 I/O 模块扫描、操作员操作指令等各种外部输入信息。其中只有工作控制器输出控制信号,并向操作站传输过程信息;热备控制器初始上电启动时自动从工作控制器获取组态信息以及过程数据,并处于热备状态。正常工作时,两个控制器通过高速冗余通道周期性地同步实时数据。

工作控制器或备用控制器均进行周期性的状态自检,工作控制器一旦发生故障,备用控制器自动进行切换,备用控制器在 10ms 内自动承担工作任务。

ECS-700 系统的双重化冗余网络采用两个相同的通信模块互为冗余,同时每个通信模块上具有两个独立的通信端口,同一个通信功能可在 4 条通信链路上进行。每个通信模块的两个通信端口同时发送数据,在一条通信链路故障时无需网络切换,并重新连接。

ECS-700 系统已通过 CE 认证,符合欧盟 EMC 指令和 LVD 指令。系统所有电子部件均适用于 G3 环境,

EMC 指标达到工业 3 级水平。

2. 内生安全主动防御

ECS-700 系统自身采取内生安全主动防御设计，建立安全可信统一架构，实现过程控制、生产管理和企业管理一体化深度防御。内生安全能力包括：

① 通过 Achilles Levle2 通信健壮性认证，确保受到网络攻击时控制回路正常运行；

② 采用自主微内核，不使用开源操作系统和开源协议栈；

③ 现场总线通信接口具备安全防护功能，不允许通过隧道技术直接通信；

④ 具备基于硬件的内置或外置防火墙功能；

⑤ 具备对用户程序进行入口、出口平衡检测和完整性检查的功能；

⑥ 具备对关键数据进行完整性和正确性检测的功能，故障时报警和记录；

⑦ 协议栈采用白名单防护设计，禁用无用端口和服务。

3. MTBF & MTTR 及可用性

结合多年来现场实际应用情况，根据马尔可夫模型（MarKov Model）公式计算，ECS-700 系统 MTBF（最小平均无故障时间）可达 50 万小时，MTTR（平均故障修复时间）为 4h，可用率达到 99.999%。

六、应用举例

某公司新建炼油联合装置及配套的公用工程和储运系统，采用 ECS-700 系统实现工艺装置和公用工程、储运系统的过程检测和控制，实现集中操作和管理，并建立全厂实时数据库，为全厂计算机信息管理和生产调度提供基础。

1. DCS I/O 点及规模配置（表 4-2-19）

表 4-2-19　DCS I/O 点及规模配置情况

模块	需求点	配置点	模块型号	数量
AI（冗余）	1754	2552	AI711-H	638
AI	5421	7088	AI711-S	886
AI（GDS）	527	776	AI711-S	97
AO（冗余）	1314	1776	AO711-H01	444
DI（冗余）	786	1152	DI711-S01	144
DI	3069	4640	DI711-S01	290
DOR	1662	2528	DO711-S01	316
合计	14533	20512		2815

注：控制器模块 66（33 对）。通信模块（冗余）RS-485 MODBUS RTU 96。

2. 系统网络架构

本项目设置一个中心控制室（CCR）和 6 个现场机柜室（FAR-1～FAR-6）。CCR 集中了工艺生产装置、公用工程及储运系统的操作站和部分控制站及附属设备，实现集中操作、控制和管理。各工艺装置或辅助单元的控制站按区域安装在各个 FAR 内。过程控制网 SCnet 采取 A、B 网冗余结构，保证实时数据可靠传输，操作网 SONET 采取独立网络。ECS-700 网络架构如图 4-2-42 所示。

FAR 内的现场工程师站与 FAR 内控制器构成独立系统，具备在脱离 CCR 工程师站/系统服务器的情况下对其所管辖的工艺生产装置实现过程控制的能力。操作员站可供现场操作人员对工艺过程进行监测。整个 DCS 具备在异常情况时 FAR 内增设 8 台操作站的扩展能力，在各 FAR 和 CCR 内分别配置冗余数据服务器。

3. 系统方案及硬件配置

ECS-700 系统方案采用 VLAN 网络数据隔离、全网诊断、多工程管理、全局设备管理（IDM）站配置、全局历史趋势采集、OPC 数据采集、防病毒等。

（1）分域　不同的 FAR 以及 CCR 使用不同的域地址，以便划分子网，便于应用扩展。所有交换机配置 VLAN 功能，各个网络节点连接至固定的交换机端口，不同的 FAR 交换机级联至核心交换机的不同 VLAN 端口，CCR 各节点直接连接至核心交换机的 Cross VLAN。GPS 硬件时间同步服务器放置在 CCR 中，连接至核

647

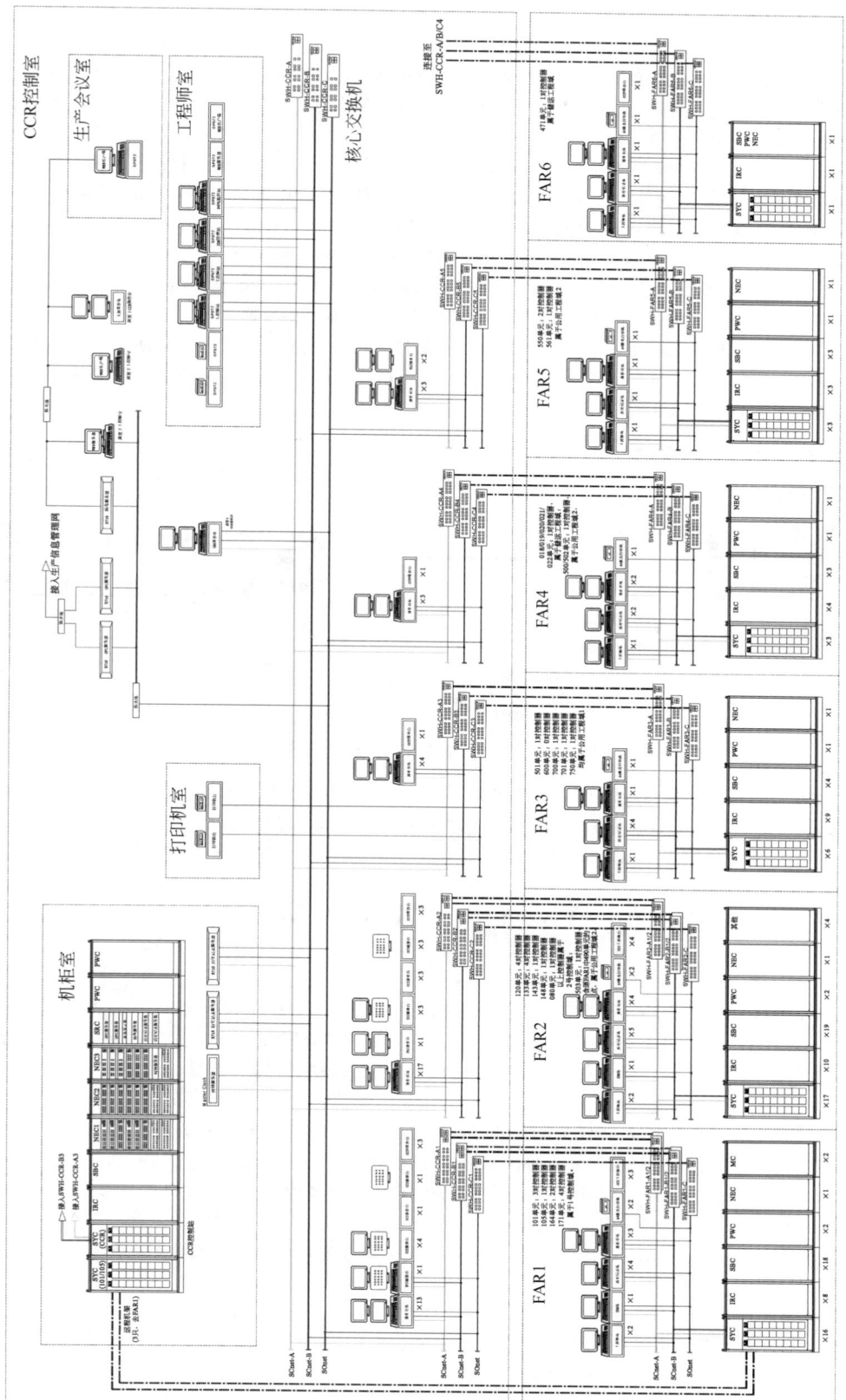

图 4-2-42 ECS-700 系统网络架构

648

心交换机的 Cross VLAN，为全厂各个装置域提供硬件时间同步信号。各域设置独立的软件时间同步服务器，提供硬件时间同步服务器故障时的时间同步功能。

(2) 多工程管理　ECS-700 系统的多个装置采用多个组态工程，公共域实现整个项目的 DCS 系统管理和组态维护及修改，对不同装置进行切换管理。多项目切换管理包含全局工程师站、全局监控站、全局历史数据站、全局设备管理站、全局网络诊断站等。

(3) 防火墙设计　ECS-700 系统中使用了三道防火墙。防火墙 1＃：CCR 的过程信息网核心交换机（安全区域）与病毒服务器、OPC 服务器、Web 服务器之间；防火墙 2＃：Web 服务器和病毒服务器（安全区域）与 Web 客户端之间；防火墙 3＃：OPC 服务器（安全区域）与生产信息管理网之间。

(4) OPC 配置　ECS-700 系统中数据服务层的 OPC 服务器、Web 服务器，通过防火墙与 DCS 系统进行实时数据交互。采用 OPC 数据通信方案的配置：各 FAR 的域服务器作为 OPC 服务器；MISGate 服务器分别从 FAR 内域服务器采集 OPC 数据，向 MISGate 客户端和 Web 服务器提供数据。

(5) SAMS 配置　ECS-700 系统中的 HART/FF 智能仪表设备信息通过控制站中的 HART 信号 I/O 模块 AI711-H、AO711-H、AI713-H、AO713-H 或 FF 接口通信模块 AM712-S 传输到 SAMS 数据服务器，实现智能设备的管理与维护，如图 4-2-43 所示。

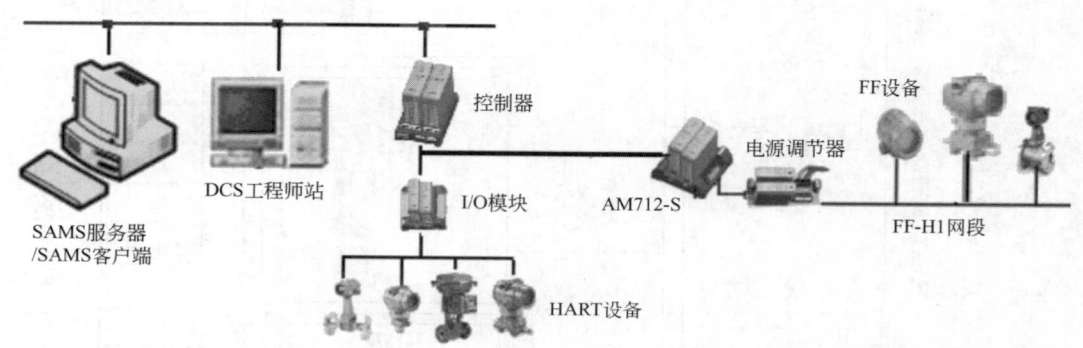

图 4-2-43　ECS-700 系统与 SAMS 集成连接示意图

本项目主要硬件配置：操作员站 52 台，工程师站 12 台，IDM 站 3 台，网络监控站 1 台，历史记录工作站 19 台；OPC 服务器 2 台，病毒服务器 1 台；服务器/网络柜 10 套，系统柜、端子柜、安全栅柜、继电器柜、电源分配柜等 147 套；控制器 33 对（冗余），通信接口模块 96 块，I/O 模块 2815 块。

第九节　Yokogawa CENTUM VP 系统

一、系统概述与发展

Yokogawa 公司 1975 年推出世界上第一套分散控制系统（DCS）CENTUM，使工业生产过程控制自动化技术产生了一次飞跃。2008 年 2 月，Yokogawa 推出新一代 CENTUM VP 系统，它基于最新分散控制系统理念，具有高可靠性和极佳性能，以"生产优化"为核心实现运行效率的优化。Yokogawa DCS 的发展历程如图 4-2-44 所示。

随着信息技术的飞速发展，以提高综合经济效益为目标的生产及管理综合自动化成为必然趋势。Yokogawa 在产品的设计制造、研究开发上提出了面向 21 世纪的 ETS（Enterprise Technology Solutions）的系统理念，以工厂的生产运行、综合效益为出发点，充分满足工厂的各种需求，以先进的技术、可靠的产品，为用户提供从设计开发到现场服务的完善、优化适用的综合决策方案。

CENTUM VP 是 CENTUM 系列中新一代产品，可提供简单通用的结构、坚固耐用的性能、最新技术的支持。卓越的性能体现在以下方面：

① 内置报警管理功能（CAMS）；
② 通过过程实时控制网络（Vnet/IP）与安全系统 SIS 网络，形成一体化解决方案；
③ 与 SIS、GDS、PLC、分析仪等子系统集成；
④ 与工厂信息化系统集成；

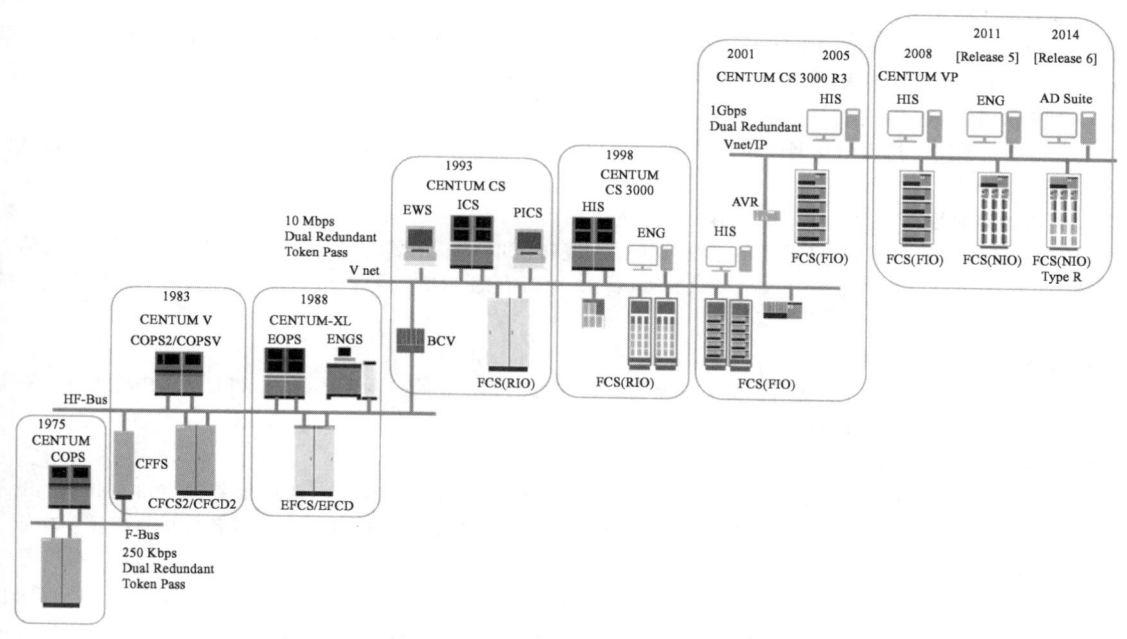

图 4-2-44　Yokogawa DCS 的发展历程

⑤ 与工厂设备维护与调试检测系统集成；

⑥ 与报表及数据存储计算机集成；

⑦ 与智能仪表管理系统——工厂资源管理系统（PRM）集成；

⑧ 先进的控制理念为工厂带来优化的生产性能。

CENTUM VP 可将所有控制系统集成在一起，通过单一的窗口实现工厂的控制和管理。

二、系统特点

CENTUM VP 在 CENTUM CS3000 的基础上，在鲁棒性（Robustness）、高性能（High Performance）、可测性（Scalability）、可靠性（Reliability）、可维护性（Maintainability）、稳定性（Stability）、可操作性（Operability）等方面性能有显著的提高。

1. 开放的网络结构

采用 Windows 10 标准操作系统，支持 OPC。既可直接使用 PC 机的 MS-Excel、Visual Basic 编制报表及程序开发，也可同在 UNIX 上运行的大型 Oracle 数据库进行数据交换。Yokogawa 提供了系统接口和网络接口，用于与不同厂家的系统、产品管理系统、设备管理系统和安全管理系统进行通信。

2. 高可靠性

采用了 4CPU 冗余容错技术（pair & spare 成对热后备）的现场控制站，实现在任何故障及随机错误产生的情况下进行纠错与连续不间断的控制；I/O 模块采用表面封装技术，具有 1500V AC/min 抗冲击性能；系统具有抗干扰、耐环境等特点，适用于运行在多种工业环境中。

3. 高速的控制总线

CENTUM VP 采用 Vnet/IP 控制总线，该控制总线速度可达 1Gbps。满足用户对实时性和大规模数据通信的要求。在保证可靠性的同时，又可以与开放的网络设备直接相连，使系统结构更加简单。

4. 现场控制站的高效性

控制站 FCS 采用高速 RISC 处理器 VR5532，主频 350MHz，内存 128M，可进行 64 位浮点运算，具有强大的运算和处理功能。还可以实现诸如多变量控制、模型预测控制、模糊逻辑等多种高级控制功能。

5. 支持各种工业标准信号的输入/输出

CENTUM VP 有丰富的过程输入/输出接口，并且所有的输入/输出接口都可以冗余。支持 4～20mA HART、FF、PROFIBUS、无线等各种工业标准信号。

6. 高效的工程化方式

CENTUM VP 采用 Control Drawing 进行软件设计及组态，可使方案设计及软件组态同步进行，简化了软件开发流程。提供动态仿真测试软件，减少了现场软件调试时间。

7. 可扩展性

具有构造大型实时过程信息网的拓扑结构，可以构成多工段、多集控单元、全厂管理与控制综合信息自动化系统。

8. 系统的兼容性

CENTUM VP 与 CENTUM 系列的系统可通过总线转换单元，方便地连接在一起，实现对原有系统的监视和操作，保护用户投资利益。CENTUM CS 3000 R3 中所有的 FCS、BCV 和 ACG 均与 CENTUM VP 系统兼容。

9. 完善的批量控制功能

Yokogawa 持续致力于开发适用于食品、制药、精细化工等行业的控制系统。CENTUM VP 系统包含全面符合 ANSI/ ISA 88.01 标准的批量控制功能。

10. 现场总线控制功能

Yokogawa 是国际现场总线基金（FF）会执行委员会委员，承担了基于内部可操作性（interoperability）的总线技术制定任务，承担 IEC、ISA 现场总线国际标准的制定任务。CENTUM VP 具备现场总线控制功能。

三、系统结构

CENTUM VP 分散控制系统是开放的系统，具有简单而通用的体系结构，包括人机界面、现场控制站和控制网络，具有很强的灵活性和可靠性，支持连续的、批量的过程控制，而且支持制造作业的管理。客户可根据工厂应用需求选择配置，同时具有安全、稳定、高效等特点。系统结构如图 4-2-45 所示。

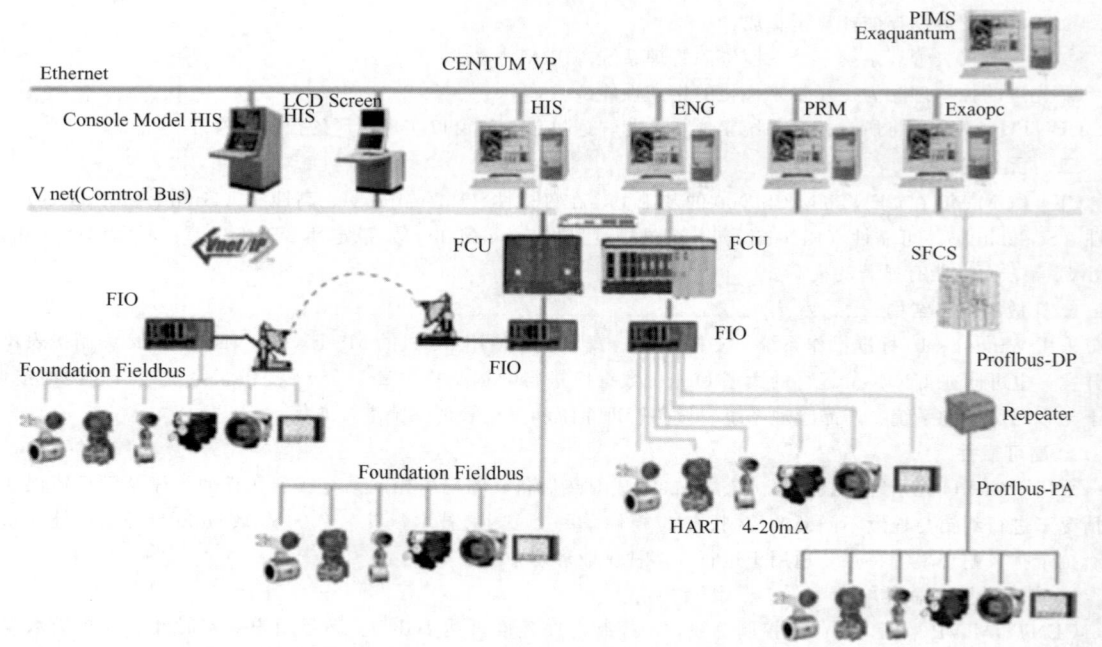

图 4-2-45　CENTUM VP 分散控制系统结构

Centum VP 分散控制系统主要包括现场控制器（FCS）、人机界面（HIS）和网络设备等。现场控制站（FCS）负责数据采集、控制运算和控制现场设备，人机界面（HIS）为操作员提供处理这些过程数据的界面，也为操作员提供了多种操作界面。Centum VP 系统通过 RS-485（MODBUS RTU 协议）方式，方便地和第三方系统，SIS、GDS、PLC 等系统进行通信。

1. FCS 控制站

FCS 控制站具有过程控制功能，其控制功能包含连续控制、顺序控制和计算（连续控制和批量控制）。FCS 控制站的组成包括 FCU 控制单元、NIU 节点单元、ESB BUS 通信电缆。FCS 控制站最多可以连接 13 个节点单元（每个节点单元有 8 个 I/O 卡槽）。CPU 卡件、FCU 和 NODE 供电单元、Vnet/IP 通信接口、ESB BUS 通信卡件都采用冗余配置。

（1）FCU 控制单元　FCU 控制单元共有 12 个插槽，从左边开始的 1～6 插槽安装各种类型的 I/O 卡件，7 和 8 槽安装通信卡 EC401（或 EC402），CPU 卡件安装在 FCS 的 9 和 10 插槽，供电模块（PW482）安装在 11 和 12 槽。I/O 卡件和 CPU 卡件间通过背板上的总线通信。配冗余 220V AC 供电模块，带 G3 标准防腐涂层。

（2）CPU 卡件　CPU 卡件率先采用 4 个 CPU 的"Pair & Spare（成对冗余）"结构设计，实现了完全的容错冗余功能。FCU 控制单元上的两块 CPU 卡件互为实时冗余，正常运行时，其中一块 CPU 卡件为主控制处理器（随机的），而另一块 CPU 卡件则处于热备状态（Standby）。

（3）通信卡件　CPU 卡件和 I/O 卡件间的通信是通过冗余 ESB 总线进行的，每个节点单元均配置两块冗余的通信卡件。FCU 机架中的通信主卡 EC401（或 EC402）控制整个 ESB 通信总线。

CPU 卡件和远程 I/O 卡件间的冗余 ESB 总线通信是通过光纤通信卡件和单模光纤（SM9.3/125）进行。

（4）本地 NIU 节点单元　NIU 为过程信号处理单元，是 19" 机架型安装的带有冗余 ESB Bus 节点，主要包括 8 个 I/O 卡件插槽、2 个 ESB 接口卡件（SB401）、2 个电源卡件（PW482）。带 G3 标准防腐涂层。

（5）远程 NIU 节点单元　远程 NIU 节点单元描述见表 4-2-20。

表 4-2-20　远程 NIU 节点单元描述

类别	卡件型号	描述	通道数
模拟量输入卡	AAI143-H53	4～20mA 模拟量信号输入卡件，带 HART 通信，G3 标准	16 通道
脉冲量输入卡	AAP135-S53	脉冲信号输入卡件，G3 标准	8 通道
模拟量输出卡	AAI543-H53	4～20mA 模拟量信号输出卡件，带 HART 通信，G3 标准	16 通道
开关量输入卡	ADV151-P53	数字量信号输入卡件，G3 标准	32 通道
SOE 输入卡	ADV151-E53	数字量信号输入卡件，G3 标准，SOE	32 通道
开关量输出卡	ADV551-P53	数字量信号输出卡件，G3 标准	32 通道
现场总线设备通讯卡	ALF111-S51	FF 通信卡件，G3 标准	4 端口（1 segment/端口）
串口通信卡	ALR121-S51	RS-485 串口通信卡件，G3 标准	2 端口

远程 NIU 为过程信号处理单元，是 19in 机架型安装的带有冗余 ESB Bus 节点，安装于远离 FCU 单元的机柜内，主要包括 8 个 I/O 卡件插槽、2 个 ESB 接口卡件（ANT502）、2 个电源卡件。带 G3 标准防腐涂层。

2. I/O 卡件

I/O 卡件是 FCS 与现场仪表间的接口。所有卡件可采用冗余配置，可带电热插拔，卡件可以安装在 FCU 单元或 NIU 节点单元的任意 I/O 卡槽上，冗余配置的卡件必须安装在同一 NIU 或 FCU 单元上的相邻 I/O 卡槽上（前一卡件安装在奇数卡槽上，后一卡件安装在相邻偶数卡槽上）。

智能型 N-IO 卡通过软件组态，可将同一 NIO 适用于不同的信号类型。硬件与软件相互分离，软件组态和硬件可同步实施。

3. 操作员站

操作员站用于对生产装置的操作和监控。操作员站采用工作站，配备 24in 16：9 LED 双显示器。通过安装不同的软件包来配置普通操作站、带工程师属性的操作站。为了保证 DCS 系统的网络安全，所有的 USB 接口根据安全要求禁用。

4. 工程师站

工程师站主要用于 DCS 数据库的生成和维护。主工程师站采用工作站或服务器，配备 24in 16：9 LED 显示器，采用 Vnet/IP 网络通信，USB 和软盘功能根据安全要求禁用。通过安装不同的软件包来配置 COMMON 工程师站、存放数据库工程师站及其他工程师站。

5. 其他工作站及服务器

① 工艺工程师监视站。

② PRM 服务器/客户端。

③ OPC 服务器（APC、AAS、ODS、MES 等）。

④ Terminal Server 服务器。

⑤ 历史记录工作站（冗余）。

⑥ ODS 服务器/客户端。

⑦ WEB 服务器。

⑧ 防病毒服务器。

⑨ 补丁管理服务器。

⑩ AAS 服务器/客户端。

⑪ APC 服务器/工作站、通信及 FAS 监视站。

四、系统软件

1. 系统软件

CENTUM VP 系统软件包分成两部分：一部分是系统组态软件，主要完成控制系统的组态、控制方案的编制等；另一部分是实时监控软件，主要完成控制系统的监视和控制。系统软件组成见表 4-2-21。

表 4-2-21　CENTUM VP 系统软件组成

序号	软件包名称	软件功能
1	VP6E51AD	标准组态功能软件包，同时兼容自动组态生成工具、集中管理组态任务分配等功能，包含 I/O、常规回路、逻辑联锁、SFC 语言编程功能
2	VP6E5150	标准流程图组态软件包
3	VP6C5495	电子资料软件包，包含 CENTUM VP 软件电子资料文档及电子资料浏览工具
4	VP6H1100	标准操作监视软件包，提供常规用户操作界面，支持基本操作监、用户权限限制、报警管理等功能
5	VP6H4410	控制图状态显示软件包，支持实时显示控制图功能块数值及状态，复杂回路调试辅助工具
6	VP6H4420	逻辑图状态显示软件包，支持逻辑联锁状态实时显示功能，逻辑图调试工具
7	VP6H2411	OPC 交互功能软件包，提供基本的 DA、A&E 标准 OPC 服务器，支持一定数量上位系统数据访问的网关
8	VP6H4600	多屏监视功能软件包，在一台 HIS 上可支持 4 个屏幕同时进行操作监视
9	VP6H6510	长期趋势数据获取软件包，将趋势数据通过硬盘转存，支持长期历史趋势数据的获取和分析
10	VP6H6530	报表软件包，通过 OPC 采集数据，支持瞬时报表、班报、日报、月报、年报以及批量报表等多种形式的报表，并兼容 MS-Excel，可根据要求自定义报表格式
11	VP6F1700	控制器授权软件包，支持 AFV30 型控制器，包括控制器及卡件状态诊断、I/O 数据采集、控制器逻辑处理等功能
12	VP6F3100	I/O 点授权软件包

① 系统组态软件安装在工程师站中，通过实时操作监控与在线组态、下装功能，构成了承载项目组态数据库，全面支持 CENTUM VP 系统结构及功能，可执行组态、自动数据库生成、操作监视及数据服务器等软件平台。

② 系统监控软件安装在各操作站中，通过各软件的相互配合，实现控制系统的数据显示、控制操作及历史信息管理。系统监控软件可根据操作者的权限访问与调用工艺流程图、过程参数、数据记录、报警处理以及各种可用数据，并能有效地调整控制回路的输出与设定参数。

2. 高级应用软件

（1）综合报警管理软件（CAMS）　系统内置基于 EEMUA No. 191 要求的报警定义报警管理标准的 CAMS 功能软件，可实时采集所有报警和事件（A&E）数据。统一报警管理软件（CAMS）帮助用户避免报警泛滥导致的安全和环境事故。

（2）OPC 软件 EXA OPC 作为 CENTUM VP 系统配套的标准 OPC 服务器软件，可以将控制系统实时数据以数据项（Date Item）的形式提供给各个 OPC 客户端应用程序。OPC 服务器软件支持访问的实时数据最大为 20000 点，数据最小刷新时间为 1s。

（3）优化软件

① EXA Quantum（工厂信息管理系统）。

② TUNE VP（PID 参数优化软件）。

③ EXA Pilot（操作导航）。

④ 流量缓冲控制（SSVC）。

⑤ 加热炉支路平衡（Z-BALANCE）。

（4）批量控制软件 以 ISA-88 标准为基础开发的中控批量控制软件，支持配方管理、原料管理、批次数据管理、批次过程管理、批量数据保存及分析等功能。

（5）IT Security tool IT 安全管理工具 通过 Yokogawa IT 安全管理工具可选择安全模式和管理模式，进行不同用户访问权限的设置，保证整个系统的操作访问安全。

（6）License manager 授权管理软件 通过对系统内各个操作站的定义，指定不同的功能。

五、系统体系安全

1. 系统冗余

CENTUM VP 系统采用 4 个 CPU 的结构设计，实现完全的容错冗余。CPU 硬件采用 RISC 处理器，128MB 误码校正存储器，可进行 64 位浮点运算，具有强大的控制运算功能。

在左右两侧 CPU 模件内各有 2 个独立的 CPU 单元，4 个 CPU 单元同期运算，每侧将 2 个独立的 CPU 单元的运算结果进行一致性比较，如果比较结果一致，则该侧控制器输出运算结果，可有效地诊断出任何硬件故障或随机性运算错误，可阻止任何错误输出，并保证不间断地输出正确的控制运算结果。

主存储器采用高可靠性带误码校正功能的 ECC 存储器（RAM）。存储器带有后备电池，即使 DCS 全部失电后，也可保证数据保存至少 72h 不丢失。控制器电源卡为 1:1 冗余配置。

容错冗余配置的处理器模件采用双重化的双向交叉耦合并行通信接口结构，控制单元与远程 I/O 的通信接口为 1:1 冗余，保证了数据传输的可靠性。

通过 I/O 总线实现 I/O 与控制器处理功能分散，提高了系统的可靠性。

2. 控制器安全性

CENTUM VP 现场控制单元获得 ISA 安全合规机构（ISCI）的 ISA Secure® 嵌入式设备安全保证（EDSA）认证，确保 CENTUM 具有网络安全功能，可用于石油、石化、电力和其他工业行业。

现场控制单元 AFV30D 控制器、AVR10D V 网路由器和 AW810DWAC 路由器已经得到 Achilles Level I 认证，可确保控制器的端点安全性。

3. 控制网络的安全性

DCS 控制层网络是整个网络最为重要的部分，也是工业控制网络中要求最高的部分。DCS 系统的控制网络完全实现了物理上的冗余架构：FCS 控制的 CPU 冗余，系统供电电源模块冗余，ESB 总线冗余，控制回路的 I/O 卡件冗余；控制网络 BUS1、BUS2 冗余；相应的网络交换机冗余；连接 CCR 到 FAR 的光纤通路采用冗余方式（通常为一天一地）；各装置内的操作站、工程师站等均考虑多站备用，系统硬盘也采用双硬盘配置。各个域间的数据库相对独立，任何一个域的停车、故障等均不会影响其他域的监控。

CENTUM VP 控制网络的拓扑为星形结构，每个设备的接入带宽为完全独享，单点的通信故障不会影响其他设备通信；两层交换机之间不能打环。对 BUS1 和 BUS2 的通信电缆采用明显不同的两种颜色，避免人为接错而造成网络故障。

整个网络和工厂办公网络通过硬件防火墙隔离，保证任何外部访问安全可靠。同时各层网络间相互隔离。

整个网络具有经过 Yokogawa 测试的防病毒系统防护，使整个系统免受外来病毒的攻击。AVS 服务器通常连接在公共域的三层网络交换机上，以实现 DCS 网络内各机器的病毒防护。

六、应用举例

某石化公司 100 万吨/年乙烯及 1000 万吨/年炼油一体化项目采用 MAV-DCS 实施策略，该项目采用 CENTUM VP 系统实现各生产装置、公用工程及辅助设施的过程检测和控制，实现集中操作管理，并建立全厂实时数据库，为全厂计算机信息管理和生产调度提供基础。以 100 万吨/年乙烯装置采用 CENTUM VP 情况为例介绍。

654

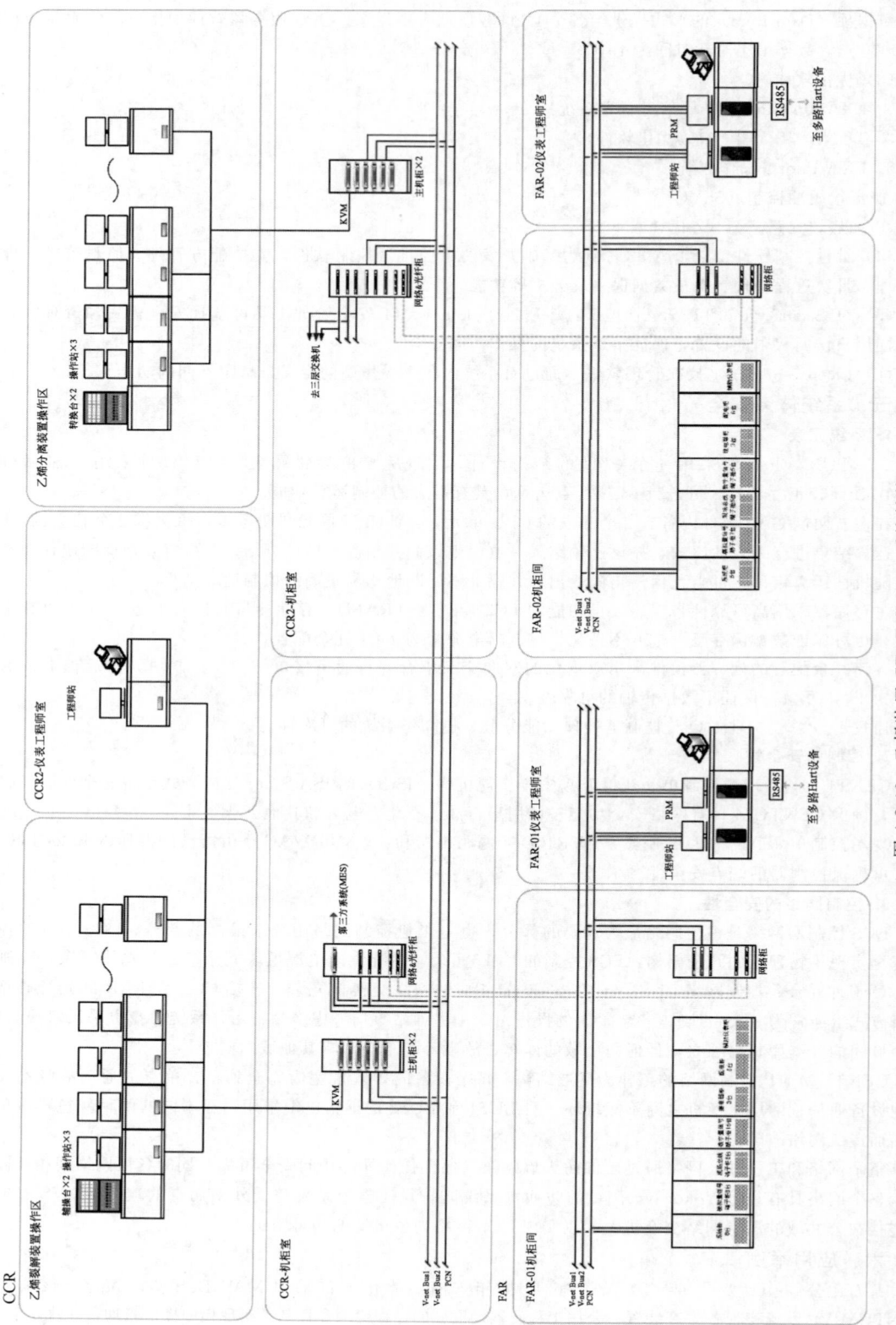

图 4-2-46　乙烯装置 CENTUM VP 系统结构

1. DCS I/O 汇总（表 4-2-22）

表 4-2-22 I/O 汇总情况

序号	I/O 需求点	I/O 配置点	控制器数量	常规 I/O 卡数量	FF(H1)数量
100	2331	3272	7	222	212
200	217	346	1	18	36
300	246	366	1	20	46
400	111	166	1	11	26
500	140	246	1	10	58
600	149	278	1	17	26
其他	214	338	1	20	24
合计	3408	4992	13	318	438

注：常规 I/O 卡包括通信卡 68 块。FF 网段 438 个。FF 接线箱（带电涌保护器）876 个。

2. 乙烯装置 CENTUM VP 系统结构图（图 4-2-46）

3. 系统配置

系统硬件包括：现场控制站（FCS）、人机界面操作员站（HIS/HIS-ENG）和工程师站（EWS）；Vnet/IP 数据通信网络 2 层/3 层交换机、光纤及附件；Ethernet 网络 2 层/3 层交换机、光纤及附件；打印机、操作台、辅助操作台、装置资源信息管理系统（PRM）、操作数据管理系统（ODS）、其他工作站及服务器（WEB、TS-DCS、TS-PRM、OPC 等）、系统时钟同步（GPS）、防火墙及防病毒系统、系统机柜和辅助机柜。

工作站及服务器包括 GDS 操作站、工艺工程师监视站、PRM 服务器/客户端、OPC 服务器、Terminal Server 服务器、历史记录工作站、WEB 服务器、防病毒服务器、AAS 服务器/客户端、APC 用 OPC 服务器、APC 服务器/工作站。

系统网络：Vnet/IP 网络采用 100Mbps，通过三层交换机连接的网络最多可以划分为 16 个域，每个域最多可支持 64 个站。Vnet/IP 网络中的 BUS1 和 BUS2 选用 Yokogawa 专用百兆通信速率的 2 层交换机和千兆通信速率的 3 层交换机。Vnet/IP 网络组成包括以下硬件：Cat6 网线、2 层交换机、3 层交换机、光电转换模块、单模光纤及配件等。

4. 硬件配置

操作员站 18 套　　　　　　2 层、3 层网络交换机 8 套　　　IDM 服务器/客户端 2 套

工程师站 3 套　　　　　　服务器柜 1 套　　　　　　　　系统柜 13 套

主机柜 3 套　　　　　　　历史/OPC 服务器 5 套　　　　网络柜 3 套

模拟量端子柜 13 套　　　　数字量端子柜 20 套　　　　　现场总线（FF）柜 15 套

继电器柜 6 套　　　　　　电源柜 12 套

5. 软件配置（表 4-2-23）

表 4-2-23 软件配置情况

○ 项目软件授权及安装光盘	1 个	○ FCS 软件授权 13	
○ 办公软件授权	2 个	○ 微软服务器客户端访问授权	1 个
○ SQL 软件包	1 个	○ ODS WEB 客户端	10 个
○ ODS 服务器软件包	1 个	○ ODS WEB 服务器软件包	1 个
○ HIS OPN 软件授权	1 个	○ 历史数据授权	2 个
○ 工程师软件授权	4 个	○ 控制器许可	13 个
○ OPC 软件授权	1 个	○ PRM 服务器授权	2 个
○ 操作监控软件授权	18 个	○ 软件介质	1 个
○ 防病毒软件授权	500 个	○ PRM 客户端授权	1 个
○ ODS WEB 服务端	1 个	○ ODS WEB 客户端	1 个

第三章　安全仪表系统

第一节　ABB 800xA Safety 系统

一、系统概述及发展

ABB 过程安全系统产品从早期集成模式 Safeguard 平台到现在多种灵活模式及基于最新高安全完整性要求的 800xA HI 过程安全系统，已经在全球 55 个国家不同过程自动化装置上运行，同时在全球范围内认证 30 个安全系统运营中心，指导正确设计、调试及运行安全工程控制系统。

800xA Safety 系统通过所提供的过程控制、安全管理和生产操作统一的工作平台，能够改善过程可靠性并减少全厂运行风险。通过这一平台，800xA Safety 系统提供完整的安全仪表系统（SIS）方案，满足 IEC 61508 和 IEC 61511 标准的 SIL3 安全等级。作为 ABB 标准构成，不仅能够提供逻辑表决器，同时也能够提供 TÜV 认证的设备用于整个安全回路，包括现场仪表、安全控制器和执行机构。800xA Safety 系统的功能特点包括：

① 灵活的差异化系统架构；

② 集成控制和安全功能；

③ 安全生命周期服务；

④ 完整的 SIS 结构和经验。

二、技术特点

800xA HI 的安全机理包含硬件安全和系统安全两部分。硬件安全方面，采用差异化的 AC800M HI 硬件，配置在非冗余配置的情况下也能够保持 SIL3 等级的安全要求，当配置为冗余后，还可进一步提高系统可用性至 99.9999％。系统安全性方面，Control Builder Safe 提供标准的软件编程组态功能库，可以根据需要搭建 SIL2 或 SIL3 等级的应用程序，在系统的操作、维护等方面提供访问控制、审计追踪等安全措施，提高系统安全性。

ABB 公司在安全系统设计、实现和维护方面，可提供广泛的经过现场检验的成功应用，其中包括：

- 火灾与气体检测系统（FGS）
- 安全仪表系统与过程停车（SIS 和 PSD）
- 安全联锁系统（SIS）
- 燃烧器管理与锅炉保护（BMS）
- 临界控制
- 高压保护系统（HIPPS）
- 管线保护系统（PPS）

ABB 过程安全控制系统依照用户应用需求不同，可以提供以下两种灵活模式，无论用户选择何种模式，安全控制系统的核心控制器、I/O 及工程软件都使用统一的设计原理和技术。

（1）隔离模式　独立的安全控制系统解决方案由安全控制器 AC 800M HI 及配套 I/O 和工程组态软件 Control Builder Safe（CBS）组成。随 CBS 工程软件提供符合 SIL 安全完整性要求的工程应用库，以及与第三方 DCS 系统连接的通信协议软件包，例如 OPC。同时基于高安全完整性要求，这部分协议被限制为"只读"属性，仅供 DCS 或 HMI 监控显示目的。为了方便安全工程师在现场工程调试及维护，也提供一个默认专属 CBS 操作员站环境，通过这个软件，可以使用 SIL 应用库中提供的操作面板，实现在线修改 SIL 应用变量以及对设备的操作。AC800M HI 安全控制器提供经过认证的通信接口，与现场设备（如操作盘、仪表）进行数据交互。

（2）集成模式　安全控制器及对应的 I/O 站集成到过程控制系统控制网络内，工程及操作软件作为协同过程控制系统（CPAS）扩展功能，统一安装部署在 CPAS 系统软件平台上，集成模式不仅与隔离模式一样，使用不同控制器实现基础过程控制系统（BPCS）及安全控制系统（SIS）控制运行，同时还具备以下优势：

① 统一的硬件体系，减少备件投资及硬件维护；

② 使用系统全局统一的工程组态工具及操作员界面，降低了工厂运行维护人员的培训及维护难度；

③ 可以实现工厂全局范围的 SOE 及全局报警信息及分析，帮助操作人员快速掌握故障根部原因；

④ 集中过程历史数据采集归档和处理；

⑤ 差异化的硬件设计，最大程度减少共因失效。

安全控制器、通信接口、输入/输出模块以及供电单元均可配置冗余功能，从而消除单点故障并保证生产的连续运行。这些冗余功能为系统硬件冗余，当主电路出现故障时可自动平滑切换到备用电路，确保无间断运行。

硬件冗余机制能够提高系统可用性，并对如下部分提高故障容忍度：

① 控制器；

② 通信扩展总线（CEX-Bus）；

③ CEX 总线上的通信模块；

④ 光纤 ModuleBus 总线（当安全控制器使用冗余配置时）；

⑤ 光纤从站模块（当安全控制器使用冗余配置时）；

⑥ I/O 模块；

⑦ 供电单元。

三、系统硬件

800xA HI 安全高完整性系统的硬件由安全控制器 AC800M HI、I/O 模块及电源组成。

AC800M HI 安全高完整性控制器采用了两种完全不同的 CPU 运算单元组成一组控制器。每种 CPU 运算单元都采用了不同的处理器硬件和不同的实时操作系统软件。两个不同 CPU 运算单元共同组成控制器一起工作，确保安全可靠的系统性能。处理器模块通过使用不同的处理器模块以实现控制器嵌入式的硬件差异化。为了避免系统和共模出错问题，控制器的两个不同 CPU 运算单元由来自两个不同国家的具有不同背景和经验的人员组成不同的团队进行开发和测试。在执行 SIL3 程序时两个 CPU 运算单元同步运行，不断表决并比较执行结果。嵌入式差异化结构相比传统的冗余方案，优点是每个模块具有独立的故障模式（可将潜在的共模失效故障概率降到最低）同时配合该结构强大的诊断功能达到 SIL3 标准。安全控制器 AC800M HI 双重化配置如图4-3-1 所示。差异化的控制器 PM（右侧）和 SM（左侧带黄色条纹模块）组成双重化配置。

图 4-3-1　安全控制器 AC800M HI 双重化配置

安全控制器有不同的架构，可形成以下四种不同的表决方式。

（1）双重化表决 DMR（1oo2D）　AC800M HI 双重化表决 DMR（1oo2D）安全控制器由控制模块（PM）和监控模块（SM）组成。I/O 模块件由 S800 安全 I/O 模块组成。所有模块都通过 TUV SIL3 安全认证。安全控制器、I/O 模块、通信接口卡件和通信总线均可进行冗余配置。AC800M HI 控制器和 I/O 单元拥有嵌入式差异化并行处理路径，其中通道间的主动差异校验得益于内部主动诊断。ABB 800xA 安全系统高完整性认证并非仅仅依赖硬件容错（即冗余）来满足 SIL3 性能要求，系统结构采用了独特的差异化技术和差异化执行（由独立开发团队研发）并辅以表决和软件诊断的技术。由 PM 和 SM 组成的 1oo2D 结构经 TUV 认证可以达到 SIL3 的安全完整性等级。

（2）四重化表决 QMR（2oo4D）　AC800M HI 差异化的控制器系统可通过冗余配置以提高系统的可用性。冗余配置时，一对控制器（2 个 PM 和 2 个 SM）连续运行用户代码并比较结果。这样的方式可以确保冗余切换时可以从一个控制器无扰切换至另一个控制器而对受控设备（EUC）并无影响。每一个控制器都是一个独立模块，一个模块发生故障不会影响其他 3 个模块的功能。在多重故障时系统性能失效模式为 4-3-2-0，从而达到了 2oo4 的四重化配置标准。

一次故障不影响系统性能（PFD），甚至双重故障（一个 PM 和一个 SM 同时故障）也不影响系统性能，将继续运行并满足 SIL3 安全等级，系统不会因此导致安全等级降级。

（3）I/O 硬件（包括机架、总线、卡件）　800xA HI 安全系统将差异化技术扩展到 I/O 模块上。I/O 模块也使用带有嵌入式差异化技术的两个信号通道：一个使用 FPGA 技术，另一个使用 MCU。差异化冗余技术是系统在占用空间更小、散热更佳的情况下达到 SIL3 等级要求。S800 安全 I/O 模块，特别是输出模块，确保现场数据量由两个差异化路径独立执行。每个通道都控制两个现场触点，确保系统的安全性。与控制器相同，800xA HI 安全系统的安全 I/O 模块也能冗余配置以提高系统的可用性。

I/O 模块包括 4～20mA 的模拟量输入模块、24V 直流的数字量输入模块以及 24V 直流数字量输出模块。其中数字量输出模块每一通道提供一对常闭式（normally energized）和常开式（normally de-energized）输出，可用于 SIS 系统和 FGS 系统。数字量输入模块支持本地时间标签的 SOE 功能。模拟量输入模块支持 HART Pass-Through 功能，当使用 HART 设备集成时，易于实现配置、校准、监视和诊断。S880 I/O 与 AC 800M HI 控制器通过光纤连接，可以设置为分布式远程站。

（4）系统电源 ABB 提供满足 TUV 认证的 SIL3 等级 24V 直流电源，其输出带有短路保护，适用于高阻抗、高容量及持续性供电要求的负载，电源表决器 SS823 具有过电压保护功能，可以保证供电电压小于 30V DC，满足 TUV 关于供电保护的要求。

四、系统软件

ABB 800xA HI 的系统软件由 800xA Workplace 和 Control Builder M 组成，其中 800xA Workplace 负责系统配置和人机交互，Control Builder M 负责所有硬件组态和安全联锁逻辑的应用开发、下装和系统诊断维护。基于强大的属性对象技术，通过 ABB 公司独特的执行方式使过程接口进一步提高和优化，并作为卓越的产品在市场上独树一帜。针对 SIS 系统，可提供以下安全管理功能。

① 事件与报警顺序记录（SOE） 800xA HI 安全系统对事件记录的分辨率可达到毫秒级别（最快小于 1ms），并根据时间先后顺序或报警优先级等进行排序和记录。

② 历史记录 趋势数据存储，存储的时间由存储的采样周期、硬盘的空间决定，并且具有报表生成功能。

③ 访问管理 在过程启动、维护和测试过程中，有必要抑制特定安全功能。800xA HI 安全系统中，可通过标准化的操作员对话框对特定输入进行抑制并对输出进行旁路。800xA HI 安全系统在访问控制、完整性和旁路状态一览方面经过精心设计，实现了操作简便性和安全完整性最大化之间的完美结合。

④ 诊断 安全系统回路中的每个元素均自动包含系统状态监督功能。控制器、输入/输出、通信、电源和现场设备等项目的状态均受到监视。

⑤ 编程组态 组态软件会自动限制用户组态的模式以确保系统的完整性。在没有满足所有 SIL3 标准时将无法下装程序以保护和控制下装的安全机能。组态工具自带嵌入式防火墙保护机制。

800xA HI 安全系统通过符合 SIL3 的功能库与标准操作提供全面的高级控制模块（Control Modules）、面板、图形元素、趋势、文档链接、报警管理和操作模板以及策略。

SIL3 认证的监控功能库包括一系列典型 SIS 应用的功能库。带有清晰安全认证标记的功能库模块，让工程师和操作人员对安全关键应用程序和过程控制应用程序一目了然。

嵌入式的防火墙机制（访问管理）对应用软件的"访问控制""确认操作""确认超时取消"以及"强制控制"均为嵌入式安全控制器之内的防火墙机制，可以防止因疏忽大意或意外控制动作而遭到破坏。

对 SIL 应用的"访问控制"包括配置、操作和维护功能。SIL 应用设计过程中为每个安全对象分别赋予了合适的访问级别："只读""确认"或者"确认与访问启用"。操作中这些 SIL 访问级别可自启用，但最高访问级别必须启用物理输入，从而杜绝非授权访问。

"确认操作"和"访问控制"一并构成的嵌入式防火墙机制，实现了操作与维护过程中对象变量的安全访问。

在 800xA HI 安全高完整性系统中，强制控制用来支持贯穿系统整个生命周期的所有操作、工程、维护和管理活动。当设计 SIL 等级的应用程序时，功能安全工程师定义同时强制输入和输出的最大数量。在操作和维护过程中，访问管理软件跟踪当前处于活跃状态的所有强制的 I/O 点数。该信息可以通过安全操作员的个性化的工作界面获取。

在安全控制器中配置了一个特定的硬接点输入，可实现对所有强制信号的紧急复位。另设一个硬接点输出，一旦系统有强制信号，该输出信号即能提示。这一设计符合规范的要求，并且降低了应用程序设计、软件实施和测试的耗时。

五、通信与网络

系统通信网络为 IEEE 802.3 标准工业以太网，通信协议为 TCP/IP，传送速率在 100Mbps。系统通信网络将控制站、操作员站及工程师站联系起来。安全控制器之间的 IAC 通信也满足 SIL3 的要求。由于安全系统支持冗余的网络通信系统，系统的通信可以实现自动无扰切换，并可进行系统诊断报警，同时在工程师站上可查看故障代码和故障信息。切换过程中，控制器工作无影响，控制正常运行，数据不会有任何丢失。

1. 安全网络

ABB 800xA Safety 系统网络安全主要体现在以下几个方面。

① 控制器及通信模块内置网络通信防火墙，AC800M HI 控制器除内嵌防火墙机制外，本身的网口具有屏蔽网络风暴的功能，当控制器的网口检测到网络出现异常时，会自动屏蔽此网口，直到网络恢复正常，再自动启用网口，以确保网络故障不影响到 ABB 800xA Safety 系统本身的运行。

② 访问控制，主要包括重复验证、双重验证、登录切换、审计追踪、数字签名。

③ 服务器及工作站中安装 Windows 防火墙。

④ 双重独立网络的网络冗余。

⑤ 白名单（whitelisting）SE46，只允许具备许可认证的协议进行通信，无需增加任何硬件。

2. SIS 与第三方通信

AC800M HI 控制器可以通过 OPC 或通信接口模块的方式与其他厂商 DCS 系统或设备进行通信。与 DCS 通信接口模件可以设置为冗余配置，且冗余的两个通信接口不在同一块通信卡上，自带诊断功能，在 DCS 的操作站上能显示运行状态、报警。另外，系统各诊断信息均可通信至 DCS 系统监控。

控制器与第三方设备之间的通信网络协议为 Modbus 通信协议或现场总线（如 Profibus，速率为 12Mbps）协议，接口标准为串行口（RS-232C/RS-422/RS-485）及其他现场总线接口（如 Profibus、FF 等）支持。

六、应用举例

某 30 万吨/年聚丙烯装置 SIS 系统采用 ABB 800xA Safety 系统，已经成功应用多年，确保该聚丙烯装置的设备运行安全，有利于环境保护，取得了良好的经济效益和社会效益。

1. SIS 系统 I/O 点汇总（表 4-3-1）

表 4-3-1　SIS 系统 I/O 点汇总情况

模块	需求点	配置点	模块型号	数量
AI(冗余)	135	136	AI845(8)	34
DI(冗余)	273	288	DI810(16)	36
DI(辅操台)	36	48	DI810(16)	6
DO(冗余)	276	288	DO840(16)	36
DO(辅操台)	27	32	DO840(16)	4
合计	747	792		116

2. ABB 800xA Safety 系统结构图（图 4-3-2）

3. System 800xA 硬件配置

操作员站 2 台　　　　　　　冗余安全控制器 5 对

工程师站/SOE 站 2 台　　　工业网络交换机 6 台　　　　　　通信接口模块 8 个

系统柜、端子柜、安全栅柜、继电器柜、电源分配柜等 14 套

4. 软件配置（表 4-3-2）

表 4-3-2　System 800xA 软件配置情况

○ ABB 800xA 系统软件授权	
○ 操作员软件授权	○ 工程师及操作员软件光盘
○ 工程师软件授权	○ Office 2016 软件
○ 实时数据库软件(冗余)	○ 报警/SOE 功能软件
○ 工程师软件	○ 操作员软件

660

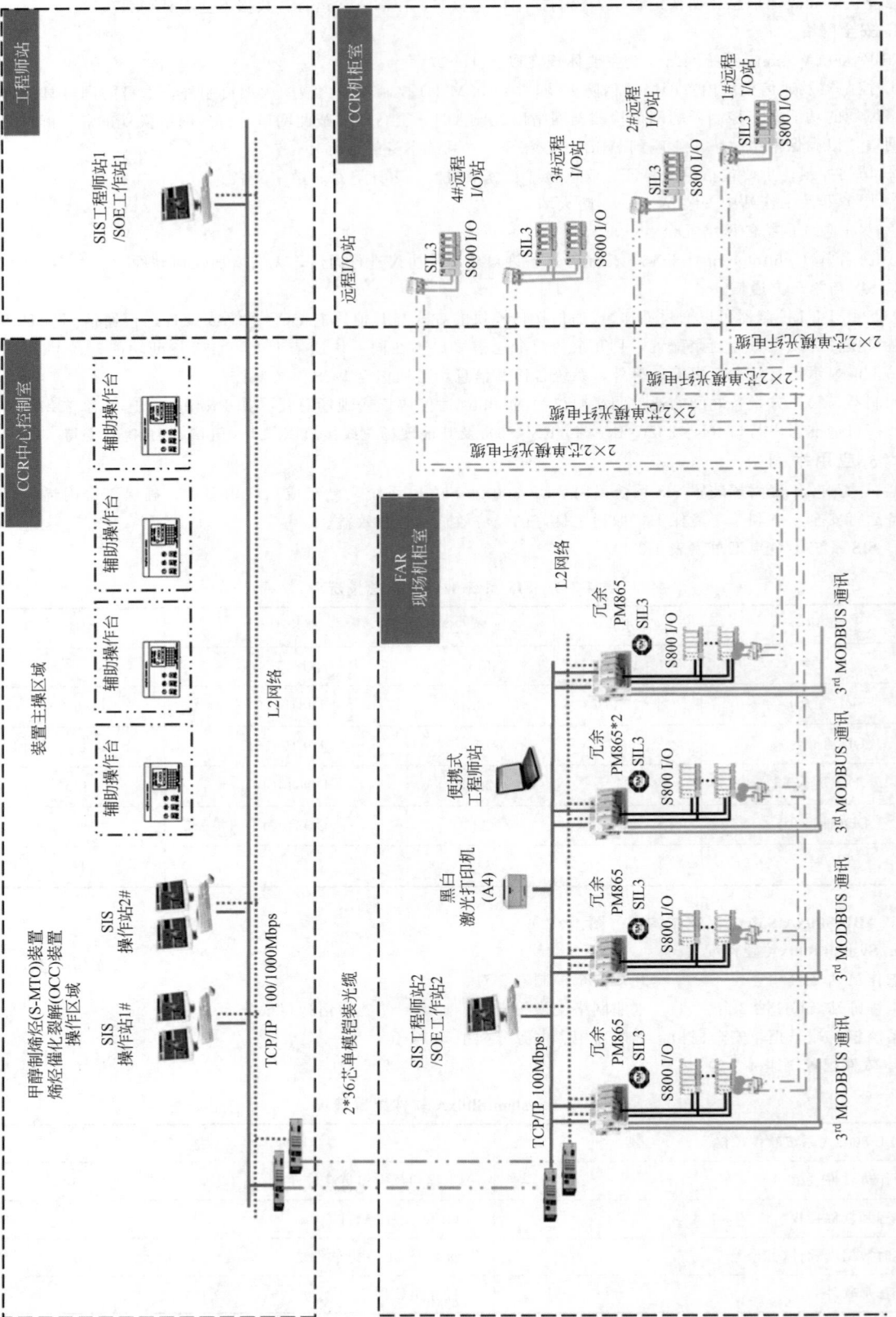

图 4-3-2 ABB 800xA Safety 系统结构

第二节 Emerson DeltaV SIS 系统

一、系统概述与发展

EmersonDeltaV SIS 系统充分应用了当今计算机、网络、数字通信等领域的新技术，在遵循 IEC 61508 和 IEC 61511 标准的基础上，将 Plantweb 架构进一步延伸到安全控制领域，于 2005 年推出智能安全仪表系统。该系统基于安全仪表功能（SIF）概念，为从传感器、逻辑控制器直至最终执行元件的整个安全回路提供集成方案，支持 HART 信息的直通，并充分利用现场智能设备的诊断能力，将未检测故障变为检测故障，延长验证测试间隔，提高安全仪表系统的安全性和可用性；采用模块化分布式架构，可以与 DeltaV DCS 系统无缝集成，也可以作为完全独立的安全仪表系统与其他控制系统集成。

DeltaV SIS 系统获得 TÜV 认证，满足 SIL3 等级应用场合的需求，可用于紧急停车系统（ESD）、锅炉燃烧管理系统（BMS）、火灾与气体监测系统（FGS）和高完整性压力保护系统（HIPPS）等应用场合。Emerson 提供可以简化遵循 IEC 61511 标准要求的软件功能和服务。

DeltaV 推出电子布线技术之后，DeltaV SIS 也引入了按需配置的电子布线技术，推出了新一代基于电子布线技术的 DeltaV SIS CHARM，传承了电子布线技术的特性，在结构上易于布线，特性模块有效提高了系统可靠性，同时遵循 IEC 61508 标准，获得 TÜV 认证，满足 SIL3 等级应用场合的要求。

二、系统特点

DeltaV SIS 系统基于安全仪表回路的模块化分散设计，提供独立的供电、通信总线和硬件，系统完全独立。硬件采用模块化设计，满足不同规模的安全应用要求，在线扩展非常简便，并能保证 SIS 系统的运算处理速度。DeltaV DCS 和 DeltaV SIS 可共享通用的组态、操作、维护平台，实现无缝集成，避免多数据库之间的映射、时钟同步。

DeltaV SIS 结合智能现场设备的应用、预测技术和数字通信技术，能够连续诊断和测试整个安全回路的健康状况，可以直接读取由智能传感器和执行机构提供的 HART 诊断信息，在 SIS 逻辑表决组态中引用，从而减少了虚假跳车发生的可能性，最大程度确保生产安全。例如：将部分行程测试中的阀门状态报告给操作员，使用 HART 状态变量以防止异常情况，检测安全仪表回路中的接地漏电流，获取智能设备故障信息以提高可用性，检测非致命故障并发出预防性维护警报，检测仪表正处于维护状态并发出警报。

DeltaV SIS 单逻辑控制器含一对冗余 CPU，经 TÜV 认证可用于 SIL3 等级应用场合；为了提高 SIS 系统的可用性，可采用冗余逻辑控制器。将冗余逻辑控制器安装在底板上，通过冗余端子连接现场信号，系统为每个逻辑控制器提供独立于 DeltaV DCS 的冗余供电。系统自动识别逻辑控制器的冗余配置，并连续监视冗余逻辑控制器中任何一个逻辑控制器是否存在完整性报警。当发生以下事件时，系统会发布完整性报警：逻辑控制器的硬件故障、运行的逻辑控制器和安全网的通信故障、冗余逻辑控制器之间的通信故障、逻辑控制器和通信处理器之间的通信故障、将一个逻辑控制器从机架上移除。采用冗余配置时，两个逻辑控制器始终同时工作，同时读取 I/O 输入变量，同时执行控制逻辑，并且同时输出驱动信号。冗余模式下可以实现故障状态下的自动切换。如果某个逻辑控制器检测到了故障的发生，它自动进入故障状态，其输出处于失电故障安全状态；而另一个逻辑控制器继续读取输入变量，执行控制逻辑并输出驱动信号。

DeltaV SIS 采用基于自诊断技术的表决机制，在单逻辑控制器下表决机制为 1oo2D，冗余逻辑控制器下表决机制为 2oo4D。

三、系统硬件

DeltaV SIS 系统的主要硬件包括：逻辑控制器（SLS1508）以及接线端子、SISNet 中继器、SIS 工程师站、SISNet 距离扩展器以及扩展电缆、SIS 安全继电器。系统支持单或冗余的逻辑控制器。逻辑控制器执行逻辑运算和处理，提供 16 个 I/O 通道，这些通道可以组态为数字输入（DI，支持 NAMUR）、数字输出（DO）、模拟输入（4～20mA/HART AI）以及 HART 二位输出。逻辑控制器和接线端子安装在八槽底板上。逻辑控制器采用完全独立的 24V 直流电源供电。逻辑控制器安装在八槽底板的奇数插槽内。单逻辑控制器占用两个插槽，冗余逻辑控制器占用四个插槽。

DeltaV SIS 逻辑控制器主要的特性如下：DeltaV SIS 系统的模块化分散设计使所有安全联锁功能不再集中于中央处理器单元，每一个逻辑控制器只负责执行某几个安全仪表功能回路（SIF）的安全逻辑，从而排除了出现单点故障的可能性，同时在线增加逻辑控制器不会影响到其他逻辑的执行；系统自动识别出新增加的逻辑控制器以及通信处理器；逻辑控制器具有完备的诊断功能，提供基于每个通道的 I/O 状态，包括线路故障检测、现场接线断路或短路、泄漏电流检测等；50ms 的执行周期，每次扫描均执行 CRC 校验；不需要 HART 多路转换器，将现场智能仪表的 HART 信号直接送至 DeltaV SIS 系统；HART 二位式 AO 输出可用于安全智能阀门定位器的在线部分行程测试。Emerson DeltaV SIS 中继器将通信扩展到连接不同通信处理器下的逻辑控制器，并通过冗余光纤环网将全局数据传输到远程逻辑控制器。

中继器安装在二槽扩展底板上，距离扩展器将多模光纤信号转换为单模光纤信号，允许中继器通信达到更远的距离。逻辑控制器、中继器和距离扩展器均采用独立供电方式，每个模块组件上都有独立的 24V DC 供电接线端子。通常采用冗余 24V 直流电源供电，在此供电方式下，所引用的两个电源必须有一个共用的接地端。

DeltaV SIS 工程师站负责全局数据库的组态及维护，并配置有系统组态、操控、维护及诊断等软件包，功能包括全局数据库的浏览、查找及组态，事件报警记录（SOE）的浏览，安全逻辑的组态及用户权限设定，系统和网络的诊断。操作员站提供日常操作的环境。

DeltaV SIS 系统获得以下认证：IEC 61508 可用于 SIL3；IEC 61511，EN 54-2，EN 298，EN 50156-1，NFPA 72，NFPA 85，NFPA 86，NFPA 87 可用于以下危险区域；符合欧洲 EMC；低电压指令 IEC 61010-1；NAMUR NE21 EMC 要求；Factory Mutual，Non-Arcing；ATEX 3 G EEx IIC-nA T4 EN50021；CSA 1010。

DeltaV SIS 正常运行的环境参数如下：操作温度 $-40 \sim 70 \, ^\circ\text{C}$；存储温度 $-40 \sim 85 \, ^\circ\text{C}$；相对湿度 $5\% \sim 95\%$，无凝露；冲击载荷 11ms 10g 半正弦波；振动幅度 1mm 波峰到波峰从 5Hz 到 16Hz；0.5g 从 16Hz 到 150Hz；空气污染物防护等级 G3；IP 防护等级 20。

四、系统软件

DeltaV SIS 安全仪表系统的软件采用基于浏览器的直观组态环境，提供开箱即用的功能块，通过拖放的组态方式执行软硬件配置、安全逻辑组态和系统安全配置，同时内置变更管理以及历史记录。使用 DeltaV 的浏览器（DeltaV Explorer）和控制工作室（DeltaV Control Studio）组态。浏览器能够提供完整的系统视图，用于查看系统的整体结构和布局、创建或自动识别逻辑控制器、将组态分配到逻辑控制器、投用逻辑控制器、下装逻辑控制器等操作。

DeltaV SIS 控制工作室符合 IEC 61131-3 标准，支持功能块的组态方式，提供用于 SIS 应用的功能块和模块库，这些功能块和模块库通过 TÜV 认证并遵循 IEC 61508 标准。在控制工作室执行安全回路模块的创建。将功能块和报警等添加到安全回路模块并保存，将安全回路模块分配到逻辑控制器，实现多种与安全相关的控制策略，包括安全停车顺序控制。系统自动跟踪并记录功能块组态和参数的变更操作，其变更管理符合 IEC 61511 标准。

DeltaV SIS 功能块分为五类，如表 4-3-3 所示。

表 4-3-3　DeltaV SIS 功能块功能描述

DeltaV SIS 功能块	描述
I/O（输入/输出）功能块	
模拟量输入（LSAI）	从 I/O 通道访问一个单一模拟测量值和状态。输入值是变送器的 $4 \sim 20\text{mA}$ 信号。功能块支持线性化、按比例调整信号、信号过滤、信号状态传递和仿真
数字阀门控制器（LSDVC）	驱动一个连接到数字阀门控制器的 HART 二位输出通道。功能块支持部分行程测试、故障状态检测以及现场设备确认
数字量输入（LSDI）	访问来自两状态现场设备的单一数字量测量值和状态，并使得已处理的物理输入可用于其他功能块。功能块支持信号转化、信号过滤、信号状态传递和仿真
数字量输出（LSDO）	获得描述命令输出状态的数字量输入值，并将其写入指定的数字量输出通道。功能块支持故障状态检测和现场设备确认
数学功能块	
计算/逻辑（LSCALC）	允许指定确定功能块输出的表达式。表达式中可使用数学函数、逻辑算符、常数和参数引用
比较器（LSCMP）	比较两个数值，并根据该比较设置一个布尔输出

DeltaV SIS 功能块	描述
限值 (LSLIM)	将输入值限制在两个参考值之间。当输入值超出范围时,功能块可选择将输出设置为缺省值或最近值
中值信号选择 (LSMID)	在多个模拟信号之间进行选择。功能块从未禁用的、且无坏状态的输入中选择中值输入。如果输入数目为偶数,两个中间值的平均值则作为中间值
定时器功能块	
关延迟定时器 (LSOFFD)	按照指定时间段来延迟值为假(0)的数字量输入值到输出的传递。功能块支持信号状态传递
开延迟定时器 (LSOND)	按照指定时间段来延迟值为真(1)的数字量输入值到输出的传递。功能块支持信号状态传递
保持定时器 (LSRET)	输入值在一定时间内为真(1)后,产生一个值为真(1)的数字量输出。当重置输入设置为真时,所用的时间内输入为真,输出值被重置
计时脉冲 (LSTP)	当输入出现正向(假到真)转换时,在指定时间内将产生一个值为真(1)的数字量输出。甚至在输入返回初始数字量值时,输出都保持为真。只有在输出为真的时间大于指定时间时,才返回初始为假的值
逻辑功能块	
报警 (LSALM)	在用户指定的输入中执行报警检测。产生的参数可用在用户界面产生报警事件
双向边沿触发 (LSBDE)	从上一个功能块执行开始,当数字量输入产生正(假到真)转换或负(真到假)转换时,产生一个值为真(1)的数字量脉冲输出。功能块支持信号状态传递
布尔扇输入 (LSBFI)	在二进制加权和、BCD码表示法或一到十六位数字量输入的逻辑或(OR)基础上,产生一个数字量输出。功能块支持信号状态传递
布尔扇输出 (LSBFO)	将二进制加权输入解码为单独的数位并产生每位的数字量输出数值(十六位输出)。功能块支持信号状态传递
与 (LSAND)	在二到十六位数字量输入的逻辑与(AND)基础上,产生一个数字量输出值。功能块支持信号状态传递
与非 (LSNAND)	在二到十六位数字量输入的逻辑与(AND)基础上,产生一个数字量输出值,然后对结果执行非(NOT)操作。功能块支持信号状态传递
或非 (LSNOR)	在二到十六位数字量输入的逻辑或(OR)基础上,产生一个数字量输出值,然后对结果执行非操作。功能块支持信号状态传递
非 (LSNOT)	对数字量输入信号进行逻辑上的转化,并产生一个数字量输出值。功能块支持信号状态传递
或 (LSOR)	在二到十六位数字量输入的逻辑与基础上,产生一个数字量输出值。功能块支持信号状态传递
互斥或非 (LSXNOR)	执行两个输入的互斥或非操作
互斥或 (LSXOR)	执行两个输入的一个互斥或操作,从而产生一个输出
下降沿触发器 (LSNDE)	从上一个功能块执行开始,当数字量输入产生负向(真到假)转换时,将产生一个值为真(1)的数字量脉冲输出。功能块支持信号状态传递
上升沿触发器 (LSPDE)	从上一个功能块执行开始,当数字量输入产生正向(假到真)转换时,将产生一个值为真(1)的数字量脉冲输出。功能块支持信号状态传递
重置/设置触发器 (LSRS)	在重置和设置输入的或非逻辑(NOR)基础上,产生一个数字量输出值
设置/重置触发器 (LSSR)	在设置和重置输入的与非逻辑(NAND)基础上,产生一个数字量输出值

DeltaV SIS 功能块	描述
高级功能块	
模拟表决器（LSAVTR）	监控输入值的数目并确定是否有足够表决进行跳车。如果已组态的输入数目都表决跳车,那么功能块跳车并将功能块的输出设置为 0
因果矩阵（LSCEM）	定义联锁装置以及关联 16 个输入和 16 个输出的许可逻辑。组态一个或多个输入,以跳车每个输出。当输入变为活动状态时,所有与该输入相关的输出跳车
数字量表决器（LSDVTR）	监控输入值的数目并确定是否有足够表决进行跳车。如果已组态的输入数目都表决跳车,那么功能块将跳车,同时将功能块的输出设置为 0
状态迁移图（LSSTD）	执行用户定义的状态机构。该状态机构描述了可能的状态以及状态之间可能发生的转换
定序器（LSSEQ）	在当前状态基础上,将系统状态和动作联系起来,从而驱动输出

DeltaV SIS 软件的其他功能包括符合 EEMUA 191 标准的内置报警功能、内置式事件程序处理功能、可选的操作员界面、离线仿真、在线部分行程测试等内容。其中,部分行程测试工具能够在不影响阀门正常工作的前提下,对阀门执行机构进行周期性测试,如果测试结果异常,将生成报警和诊断预警信息,以确保安全阀门能正常响应跳车请求;部分行程测试可以自动或手动执行。DeltaV 用户管理器管理 Windows 和 DeltaV SIS 用户权限,以实现不同客户的安全策略。

DeltaV SIS 操作界面提供与 SIS 相关的操作环境,按要求显示所有相关的数据,形式包括模块面板、功能块面板、专用数据输入模板和特制功能模板。所有安全相关控制带有黄色边框,获得授权的操作员可以明确区分过程控制和安全相关控制。操作员执行旁路、联锁切除等任何动作执行之前都要求确认,如有必要可要求进一步的验证。一旦操作得到安全确认,内部的安全写保护机制将数据写入相应参数。

安全写机制是通过认证的软件,提供信息验证功能。安全写机制的目的是充分降低将无效信息从工作站应用程序传送到安全系统的风险。DeltaV SIS 安全写机制可以检查安全权限以做出更改、提供确认对话框、允许验证更改请求、检查信息是否完整、检查信息是否到达期望的目的地、避免产生的伪信息引起变化。

DeltaV SIS 系统为系统以及现场仪表的维护及纠错提供了有效的策略,通过诊断工具查看系统硬件、网络通信和仪表的运行状态和相关的诊断信息。系统采集完整的数据并添加时间标签,允许历史浏览软件直接从事件记录中调用数据,用户可以在浏览历史记录的同时结合事件报警记录来分析实际的工况。所有发生的事件都会被系统自动记录,包括报警、旁路、跳车事件。事件记录将按时间顺序显示并通过不同的颜色来区别事件的类别。功能块自动生成并记录第一事故报警,通过过程历史浏览界面可以查看报警和事件,分辨率为毫秒级。如果通讯处理器发生故障,不会影响逻辑控制器的功能,事件将自动存储在逻辑控制器中,当通讯处理器恢复正常工作后,自动将事件回传至系统。

五、通信与网络

安全逻辑在逻辑控制器中独立运行,逻辑控制器通过八槽底板上的冗余本地对等安全通信总线执行安全数据的传输;跨通信节点的安全数据,通过冗余 SIS 中继器以及冗余 SIS 光纤环网组成的冗余远程安全网络实现安全数据的全局共享。通过 DeltaV 通信处理器,将 SIS 数据通过冗余的 DeltaV 本地局域网传到 DeltaV 人机界面,在工程师站可以对 SIS 逻辑控制器进行组态、下装,操作员可以通过操作员站对安全系统进行监控、处理报警,浏览 SOE 事件。系统可以支持 Modbus RTU、Modbus/TCPIP、OPC 通信协议,实现与第三方系统的通信。DeltaV SIS 系统结构示意图如图 4-3-3 所示。

六、系统应用举例

某项目中 Emerson 提供 DeltaV SIS 系统用于紧急停车系统、锅炉燃烧系统和火气系统。工程师站、操作员站安装在中央控制室,实现对各装置分区的组态、控制、监测、报警及报表等操作,部分 SIS 逻辑控制器及机柜安装在中央控制室,大部分 SIS 逻辑控制器及机柜安装在现场机柜间。考虑实际调试需要和维护的便利性,在现场机柜室也配备了工程师站与操作员站。另外,配置 AMS 服务器,实现对 SIS 系统智能设备的管理。通过 OPC 与工厂管理网站进行数据交换,实现全厂的信息化管理。具体配置参考表 4-3-4～表 4-3-6。

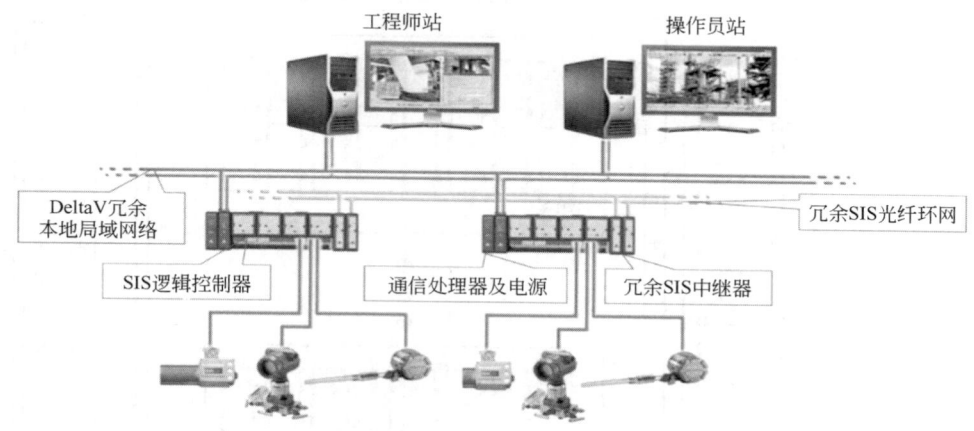

图 4-3-3　DeltaV SIS 系统结构示意图

1. SIS 系统

表 4-3-4　SIS 系统具体配置

信号类型	要求点数	含 20% 余量合计	通道数/模块	冗余 SLS1508 数量
AI	620	744		
DO	860	1032	16	226 对
DI	1525	1830		
总计	3005	3606		226 对

2. BMS 系统

表 4-3-5　BMS 系统具体配置

信号类型	要求点数	含 20% 余量合计	通道数/模块	单 SLS1508 数量
AI	50	60		
DO	65	78	16	18 个
DI	120	144		
总计	235	282		18 个

3. FGS 系统

表 4-3-6　FGS 系统具体配置

信号类型	要求点数	含 20% 余量合计	通道数/模块	单 SLS1508 数量
AI	230	276		
DO	270	324	16	63 个
DI	330	396		
总计	830	996		63 个

　　在项目实施中，充分利用系统内嵌的 HART 功能，在模拟表决功能块中对参数进行设置，使仪表状态参与表决，防止仪表故障导致的假跳车，在保证安全性的同时提高了安全仪表系统的可用性。系统提供的图形化组态、调试、报警、维护界面，有效缩短了工程组态时间以及调试时间，为安全生产保驾护航。

　　本项目中的 DeltaV SIS 系统结构如图 4-3-4 所示。

666

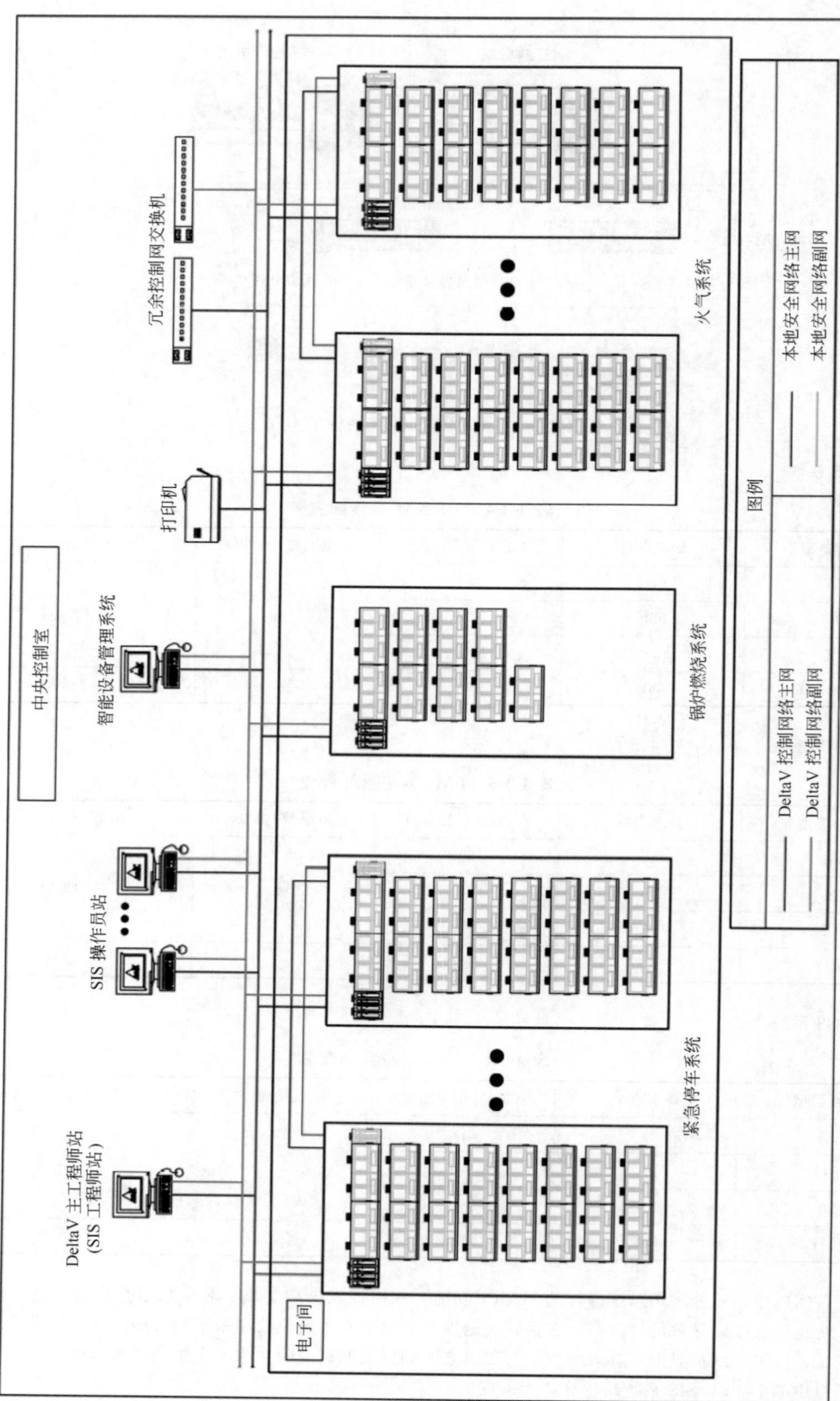

图 4-3-4 某项目中 DeltaV SIS 系统结构图

七、电子布线安全仪表系统

Emerson 在推出电子布线系统之后，又推出满足 SIL3 等级要求的基于电子布线安全仪表系统。电子布线安全仪表系统符合 IEC61508 的国际标准，并整体获取 TUV 认证。电子布线安全仪表系统采用全新电子布线的 I/O 形式，通过这样的形式既满足安全的要求，简化设计施工的需求，提高项目实施灵活性，减少集成调试时间，又可节省大量的电缆。

电子布线安全仪表系统采用电子布线 I/O 设计，主要由以下组件构成：

① 电子布线智能逻辑计算器（CHARM Smart Logic Solver，CSLS）和底板；

② 电子布线安全仪表系统特性化模块（LS CHARMs）和底板；

③ CHARM 接线端；

④ SZ 控制器（SZ Controller）和底板。

电子布线安全仪表系统通过 SZ 控制器隔离 DeltaV 控制网与本地安全网络，保证安全仪表系统独立性。每对 SZ 控制器可最多带 16 对 CSLS，每对 CSLS 可带 8 块 CHARM 底板。每个 CHARM 底板上可安装 12 个 CHARM 特性化模块。1 个 SZ 控制器最多可承载 1536 个 CHARMs。整个系统最大可扩展 100 个 SZ 控制器，在同一个 SZ 控制器下不同 CSLS 数据通信通过 LSN 实现，不同 SZ 控制器下的 CSLS 数据通信通过 GSN 和安全网桥实现。

CHARM SIS 架构如图 4-3-5 所示。

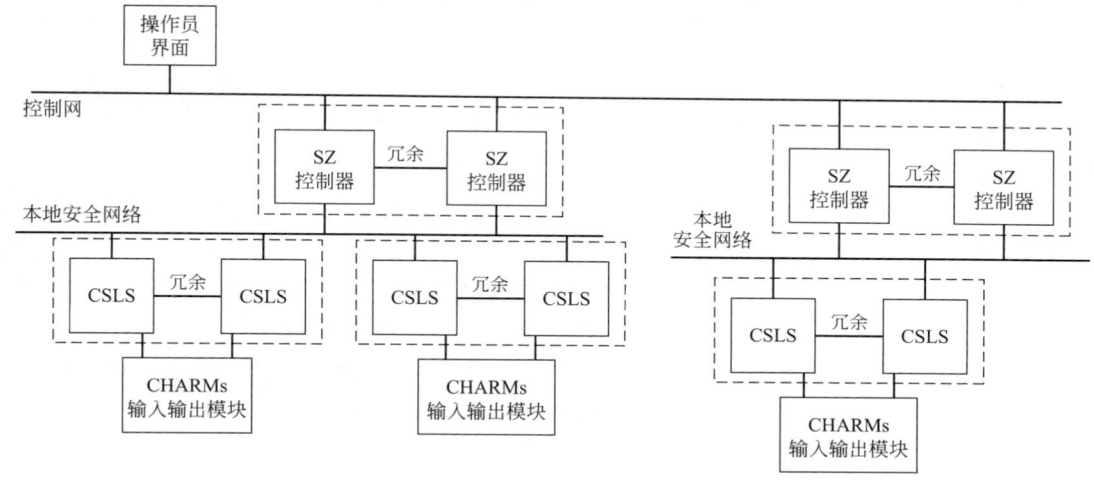

图 4-3-5　CHARM SIS 架构

（1）SZ 控制器　由 SZ 控制器和 SZ 控制器底板组成。冗余 SZ 控制器安装在 SZ 控制器底板上。SZ 控制器通过 SZ 控制器底板上的以太网隔离端口（主要和次要）连接到控制网络和本地安全网络，同时将 CSLS 与过程控制系统隔离。SZ 控制器获取了 Achilles Communications Certification 的网络安全认证。SZ 控制器不参与安全仪表系统的逻辑运算与表决。

SZ 控制器底板上包含有用于 SZ 控制器供电的 24V 电源接口；用于连接到安全网络的主副安全网络接口以及连接至控制网络的主副控制网络接口，以满足冗余通信需求，并且还提供 Modbus TCP 接口协议，满足第三方通信需求。Keylock 锁可解锁或禁止对于 CSLS 的命令，增强 CSLS 的安全性。

（2）CSLS　智能逻辑解算器，用于与安全传感器和最终控制元件的数字化通信，利用现场智能设备预诊断功能，提高整个安全仪表功能的整体可用性。每个 DeltaV CSLS 负责 I/O 的运算处理，单个逻辑解算器提供符合 SIL3 等级要求的逻辑运算和诊断功能。CSLS 的主要性能如下：

- 四重化冗余逻辑运算处理；
- 输出通道的四重化表决；
- 独立供电；
- 每个逻辑解算器的输入数据相同；
- 如果冗余侧出现故障，依然能够不间断地驱动输出通道；

- 在线自动检测；
- 现场硬件和软件升级。

CSLS 底板可容纳单工或冗余 CSLS 和电源模块。CSLS 底板上提供冗余的 24V DC 电源输入接口，为 CSLS 和电源模块提供 24V DC 输入。电源模块为 LS CHARMs 提供 6.3V 直流电。CSLS 底板上的主副安全网络接口，用于连接到本地安全网络。一个钥匙锁开关，用于限制如何以及何时解锁 CSLS 以进行下载和升级。

（3）LS CHARM 特性化模块　DeltaV CHARM 特性化模块支持传统的模拟量输入、数字量输入/输出、RTD/TC、HART DVC 以及本安输入/输出信号。每一个 LS CHARM 都通过安全仪表系统认证，满足 SIL3 应用要求。

（4）CHARM 底板　与 DCS 系统相同，每个底板可安装 12 个 CHARM 特性化模块，12 个模块可任意组合、任意顺序安装。

（5）工作环境　工作温度-40～70℃；湿度 5%～95%；符合 ISA G3 标准的要求；可安装在 Class 1，Div 2 环境中。

（6）相关认证　CE、CSA、FM、Marine Certifications、IEC-Ex、ATEX。

某套 SIS 系统实际点数 826 点，其中本安信号 61 点，主要硬件清单如表 4-3-7 所示（配置中包含 15% 余量）。

表 4-3-7　某套 SIS 系统的主要硬件清单

序号	类型	数量	单位
1	SZ 控制器及底板	1	对
2	控制器冗余授权	1	个
3	CSLS,CHARM 逻辑解算器	10	对
4	CSLS 底板	10	个
5	CHARM 底板	80	个
6	LSAI 4～20mA HART CHARM	159	个
7	LS DI 24V DC low-side sense CHARM	373	个
8	LS RTD	81	个
9	LS IS AI 4～20mA HART	71	个
10	LS DO 24V DC DTA CHARM	268	个
11	安全网络交换机	2	个

全厂 GDS 系统，实际总点数 1264 点，分别在 12 个装置区域，各个区域之间相互独立，所有数据都在中控室显示。主要硬件清单如表 4-3-8 所示（配置中每个区域均含 15% 余量）。

表 4-3-8　GDS 系统的主要硬件清单

序号	类型	数量	单位
1	SZ 控制器及底板	2	对
2	控制器冗余授权	2	个
3	CSLS,CHARM 逻辑解算器	19	对
4	CSLS 底板	19	个
5	CHARM 底板	132	个
6	LSAI 4～20mA HART CHARM	1334	个
7	LS DO 24V DC DTA CHARM	120	个
8	安全网络交换机	26	个

DeltaV SIS CHARM 系统结构如图 4-3-6 所示。

669

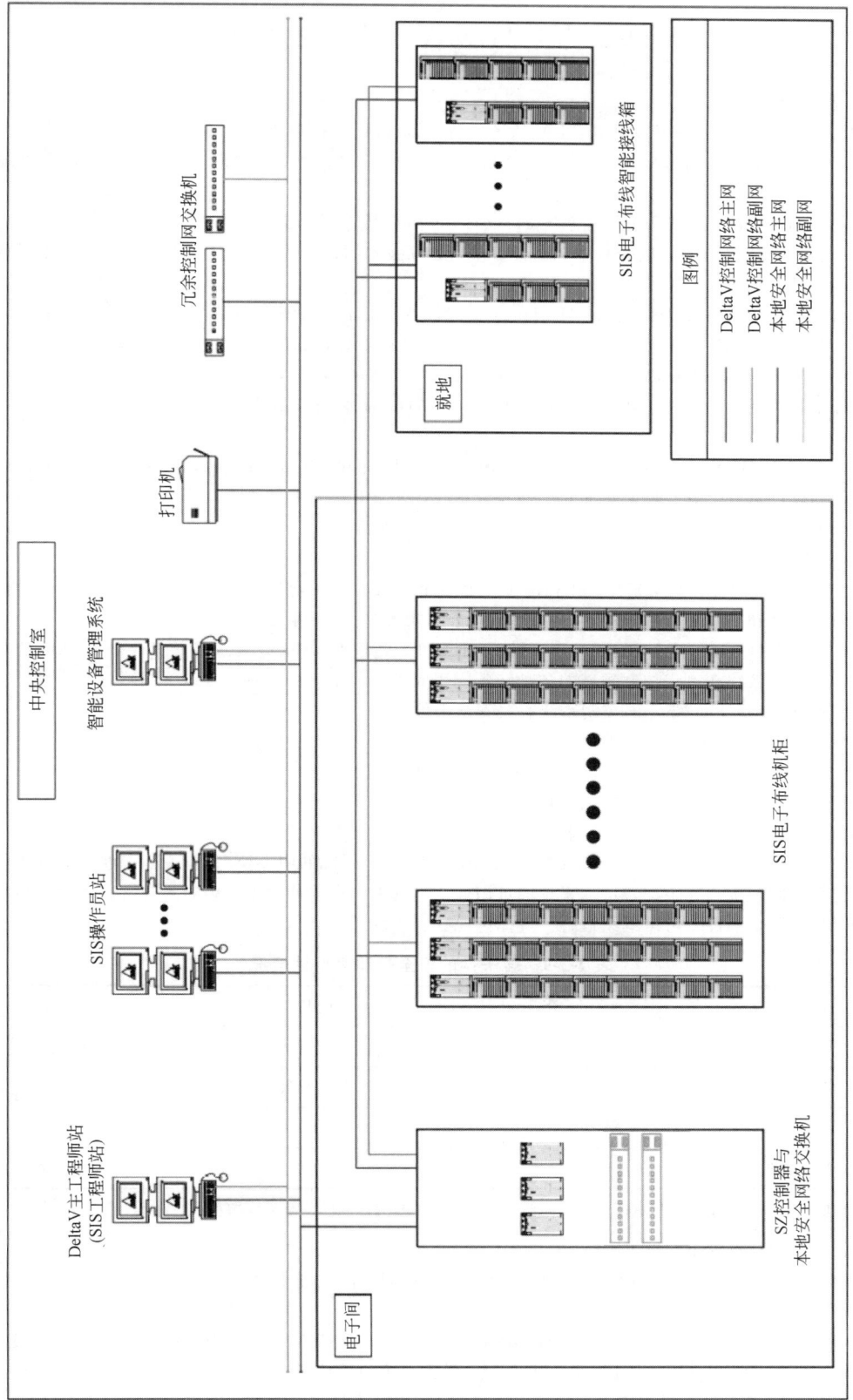

图 4-3-6 DeltaV SIS CHARM 系统结构图

第三节　HIMA安全仪表系统

一、系统概述

HIMA公司1970年首先开发并经TÜV认证的固态逻辑安全系统Planar，持续改进产品，直到今天仍在应用，是目前世界上唯一的SIL4固态逻辑安全系统Planar4，1986年推出取得TÜV认证的H50可编程安全系统。

1997年，HIQuad系列安全可编程系统H41/51q推向市场，至今已在全球安装并运行了25000多套，是第一套基于2oo4/QMR双重化冗余技术和高覆盖率自诊断技术而设计的SIL3认证安全系统，也是该技术路线的经典代表产品。

2002年，HIMA推出SIL3认证的HIMatrix系列，主要用于机械安全领域；2008年，推出了功能更强的用于流程工业的HIMAX大型系统。2018年，移植HIMAX技术对HIQuad系统进行了软硬件系统整体升级（HIQuadX），升级后的HIQuadX系统与HIMatrix及HIMAX系统可以融合集成在一个开发平台，使用统一的开发设计工具对系统组态及后期运行维护，升级后的HIQuadX可以兼容HIQuad系统卡件，便于系统升级改造。

HIMA代表性HIQuad/HIQuadX系列主要由H41q/H51q和H41qX/H51qX产品组成，两个系列均基于相同的硬件和软件平台，具有最大化的安全性和可用性，又具有很好的性价比，可完全胜任各种规模生产过程装置的安全控制。

二、技术特点

H141/51q-M/H/HRS产品系列采用标准19in欧标机架设计（可容纳中央单元、I/O卡、通信卡件、监视卡件和电源卡件）和H51q系列，还可扩展最多16个的输入/输出子机架。

H141/51q-M/H/HRS符合IEC61508/IEC61511标准，达到SIL3安全要求等级认证，并可满足高可用性的需要。针对安全系统在过程控制领域的各种特殊应用要求，该系统还同时符合以下国际行业标准：

- EN ISO 13849-1 机械安全-控制系统有关安全部件；
- EN50156-1 炉用电气设备和附属设备；
- EN54-2 火灾探测和报警系统.第2部分：控制和指示设备；
- NFPA 85 锅炉和燃烧系统危险法规；
- NFPA 72 美国火灾报警规范手册。

根据安全性和可用性的需要，HIMA H41/51q-M/H/HRS系统的中央处理器CPU卡件和I/O卡件，均可提供单的或冗余的配置。冗余配置增加系统的可用性，当其中一个卡件发生故障时将被自动切除，与它所对应的另一个卡件（冗余卡件）可以继续运行。具体情况见表4-3-9。

表 4-3-9　各卡件的安全性和可用性情况

安全等级要求	SIL1-3	SIL1-3	SIL1-3
可用性	普通（M）	高（H）	很高（HR）
CPU卡件	单	冗余	冗余
I/O卡件	单①	单①	冗余
I/O总线	单	单	冗余

① 单的I/O卡件也可作为冗余卡件使用，如通过连接3取2表决方式的传感器以增加其可用性。

该系统的其他特点如下。

① DIN标准I/O卡件，外形紧凑，功能完整，具有熔断、配电和I/O总线连接功能，每个系统（指一套CU）最多可以分配16个I/O子机架。

② 通信接口支持常用的RS-485、工业以太网等物理接口，支持Modbus、Profibus、Can-bus、CP/IP等工业协议。最多8个RS-485接口（CPU卡件上2个；最多3个通信协处理器卡，每个通信协处理器卡上2个），传输率可达57600Bps。最多可配置5个用于以太网或Profibus-DP通信的通信卡件。

三、系统硬件

1. H41q/51q-M/H/HR 系统选用原则 (表 4-3-10)

表 4-3-10   H41q/51q-M/H/HR 系统选用原则

特性	H41q	H51q
单通道配置＜208 点 注：208＝13 块 I/O 卡件×16 点/卡件	√	√
单通道配置＞208 点	×	√
冗余配置＜96 点 注：96＝6 块 I/O 卡件×16 点/卡件	√	√
冗余配置＞96 点	×	√
当需要≤4 个串口	√	√
当需要＞4 个串口	×	√
当需要≤2 个以太网/Profibus 接口	√	√
当需要＞2 个以太网/Profibus 接口	×	√

注：×表示不适用；√表示适用。

2. 系统配置

对于 H41q 或 H51q 系列，采用适当的硬件配置，就可满足生产过程安全控制的安全性和可用性的需求，可选用的系统配置如图 4-3-7 所示。

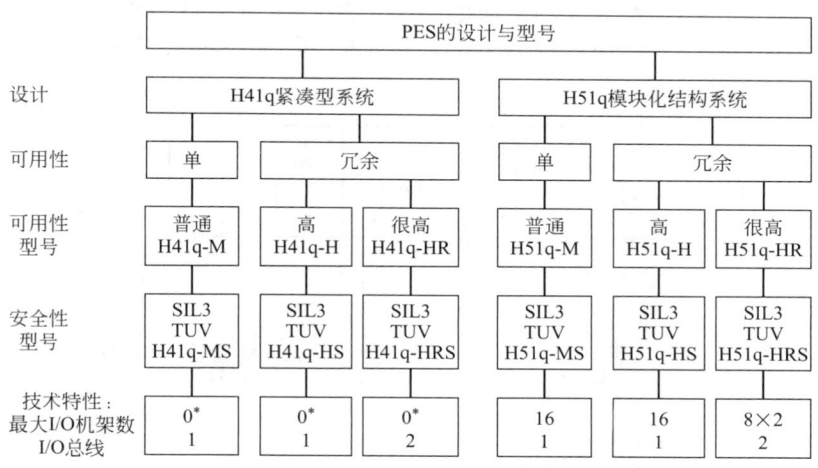

图 4-3-7   可选用的系统配置图

(1) H41q-HS/H51q-HS 的 HS 冗余   HS 冗余配置是指中央处理器 CPU 卡件冗余，但 I/O 总线单通道及输入输出 I/O 卡单卡配置，适用于一般高可用性与安全相关的 PES，有 TUV 安全认证，达到 IEC61508/61511 的 SIL3 级要求。

(2) H41q-HRS/H51q-HRS 的 HRS 冗余   HRS 冗余配置是指中央处理器 CPU 卡件、双通道 I/O 总线及输入输出 I/O 卡配置全部冗余，适用于很高可用性及与安全相关的 PES，有 TUV 安全认证，达到 IEC61508/61511 的 SIL3 级要求。

H41q-系统机架图如图 4-3-8 所示。

① H41q 系列是紧凑型 PES，所有卡件全部安装在一个标准 19in 机架中，机架前部附带有整体式电缆托架和 I/O 电缆插件。

② 可配置为单通道或冗余方式，具有 TUV 安全认证。所有的输入/输出卡件均可与冗余及单通道的中央处理器卡件配合使用。

③ 槽位 1～13 用于配置输入输出 I/O 卡件，槽位 14～19 为固定位置用于配置 CPU 卡、通信卡及电源卡。

• 中央处理器卡件上有两个 RS-485 接口。

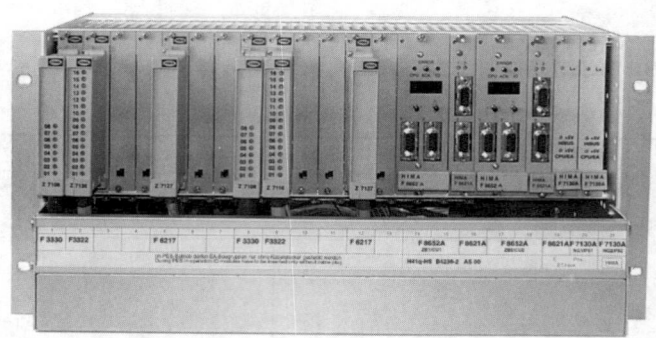

图 4-3-8　H41q-系统机架图

- 通信卡件上有一个或两个用于串行接口、以太网或 profibus-DP 的通信接口卡件。
- 在故障情况下，中央处理器卡件产生一个看门狗信号，切除可测试输出卡件。
- 一个或两个电源卡件（24V DC/5V DC），提供中央处理器卡件的工作电压和输入/输出卡件的工作电压。
- 机架背面安装有后备电池，为中央处理器卡 SRAM 的实时时钟供电。
- 三个 24V DC 配电部件，用于输入与输出 I/O 卡件的供电，同时具有保护（熔断）功能。
- 数字与模拟信号输入和输出（I/O）卡件最多可使用 13 个槽位。
- I/O 卡件直接通过背板总线连到中央处理器卡件上。
- 辅助监控卡件用于连接与断开 24V DC 供电，给看门狗信号及两台风扇供电。

H41q-HS 系统结构如图 4-3-9 所示，H41q-HRS 系统结构如图 4-3-10 所示。

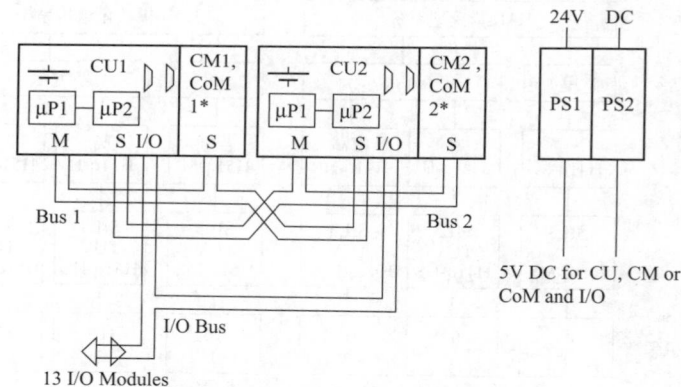

图 4-3-9　H41q-HS 系统结构

H41q 卡件配置汇总如表 4-3-11 所示。

表 4-3-11　H41q 卡件配置汇总

系统	H41q-MS	H41q-HS	H41q-HRS
要求等级	SIL1-3	SIL1-3	SIL1-3
CU 数量/型号	1×F8652X	2×F8652X	2×F8652X
CM * 数量/型号	1×F8621A	(2×)1×F8621A	(2×)1×F8621A
CoM 数量/型号（快速以太网）*	1×F8627	(2×)1×F8627	(2×)1×F8627
CoM 数量/型号（Profibus-DP）*	1×F8626	(2×)1×F8626	(2×)1×F8626
电源数量/型号	2×F7130A	2×F7130A	2×F7130A
I/O 总线数量	1	1	2
最大的 I/O 卡件数	13	13	7＋6
组件编号	B4235	B4237-1	B4237-2

* 表示可选。

注：I/O 输入/输出卡件，CU 中央处理器卡件，CM 协处理器卡件，CoM 通讯卡件。

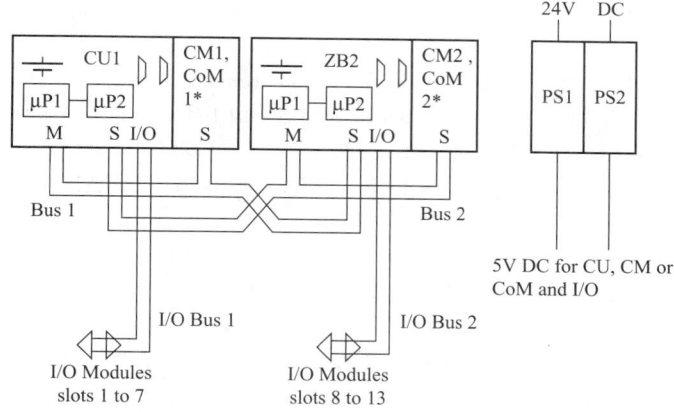

图 4-3-10　H41q-HRS 系统结构

H51q 系列机架图如图 4-3-11 所示。

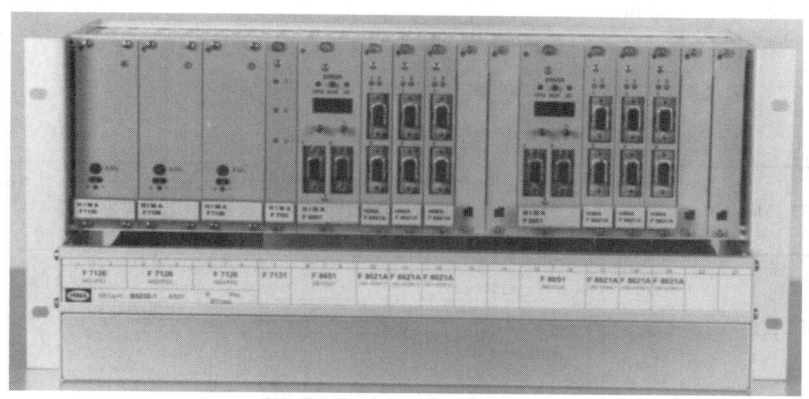

(a) H51q CPU中央机架

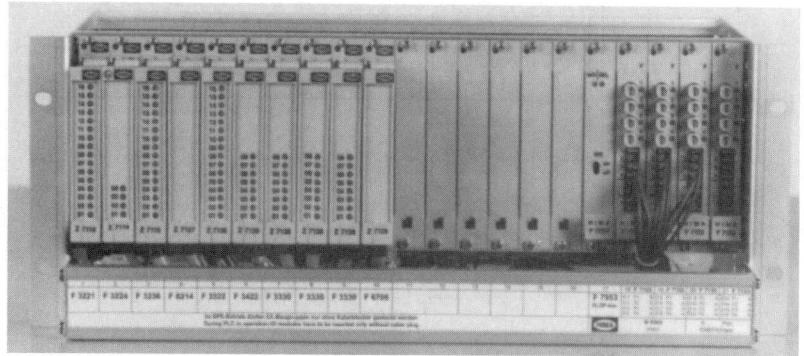

(b) H51q 19″ I/O子机架

图 4-3-11　H51q 系统机架图

① H51q 系列由 PES 标准卡件构成，适用于单通道及冗余方式，具有 TUV 安全认证。
② 所有的输入/输出卡件均可与冗余及单通道中央处理器卡一起配合使用。
③ H51q 系列由一个中央 CPU 机架及输入/输出（I/O）子机架组成。
④ CPU 中央机架包含以下部件。
● 一个或两块由冗余微处理器构成的中央处理器卡件。

- 每个中央处理器卡最多管理 3 个通信协处理器卡件。
- 最多 8 个 RS-485 接口（中央处理器卡件上 2 个；最多 3 个通信协处理器卡，每个通信协处理器上卡 2 个）。
- 每个中央处理器卡最多管理 5 个用于以太网或 Profibus-DP 通信的通信卡件。
- 1～3 个电源卡件（24V DC/5V DC），提供中央处理器卡的工作电压和 I/O 卡件的工作电压。
- 电源监视卡件，附带中央处理器卡 SRAM 的实时时钟后备电池。
- 辅助监控卡件，用于连接与断开 24V DC 供电，给看门狗信号及三台风扇供电。
⑤ I/O 机架包括以下部件。
- I/O 子机架满足 SIL3 级安全要求，I/O 机架布置在中央机架的下方，通过 I/O 系统总线与中央机架连接，每个中央处理器卡件（指一套 CU）最多可以管理 16 个 I/O 子机架（如果全冗余配置，即 8 对冗余 I/O 子机架）。
- 每个机架配有最多 16 个用于数字和模拟信号的 I/O 卡件插槽，最多可有 4 个配电卡件，1 个负责与 I/O 总线连接的监控卡件，在故障情况下安全切除看门狗信号。
- I/O 卡件具有熔断、配电和 I/O 总线连接功能。
- 1～16 号插槽可供 HIMA 系统中任何类型的 I/O 卡件使用，插槽 17 供 I/O 总线的监控卡件使用。
- 插槽 18～21 安装配电卡件，它们之间互不影响并配备熔断器监视，由 LED 与接点提供故障信号，配电卡件可保护 I/O 卡件、传感器和执行机构电路。

H51q-HS 系统结构如图 4-3-12 所示，H51q-HRS 系统结构如图 4-3-13 所示。

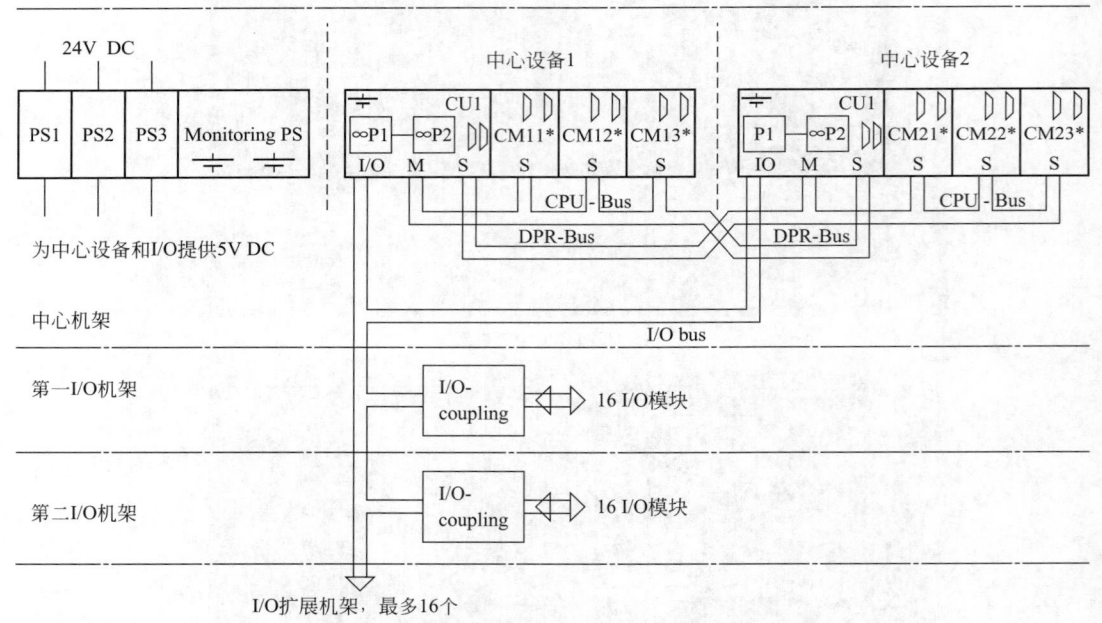

图 4-3-12 H51q-HS 系统结构

H51q 系列配置汇总如表 4-3-12 所示。

表 4-3-12 H51q 系列配置汇总

系统	H51q-MS	H51q-HS	H51q-HRS
要求等级	SIL1-3	SIL1-3	SIL1-3
中央卡件数量/型号	1×F8650X	2×F8650X	2×F8650X
协处理器卡件*	3×F8621A	(2×)3×F8621A	(2×)3×F8621A
通信卡件(快速以太网)	5×F8627X	(2×)5×F8627X	(2×)5×F8627X

续表

系统	H51q-MS	H51q-HS	H51q-HRS
通信卡件(profibus-DP)*	5×F8626	(2×)5×F8626	(2×)5×F8626
电压数量/型号	2(3×)F7126A	3×F7126A	3×F7126A
5V 监视	CU	CU	CU
I/O 总线数量	1	1	2
I/O 卡件最大数量	256 个在 16 个 I/O 子机架中	256 个,在 16 个 I/O 子机架中	2×128 个,在 2×8 个 I/O 子机架中
组件编号	B5231	B5232-1	B5232-2

* 表示可选。

注：I/O 输入/输出卡件，CU 中央处理器卡件，CM 协处理器卡件，CoM 通信卡件。

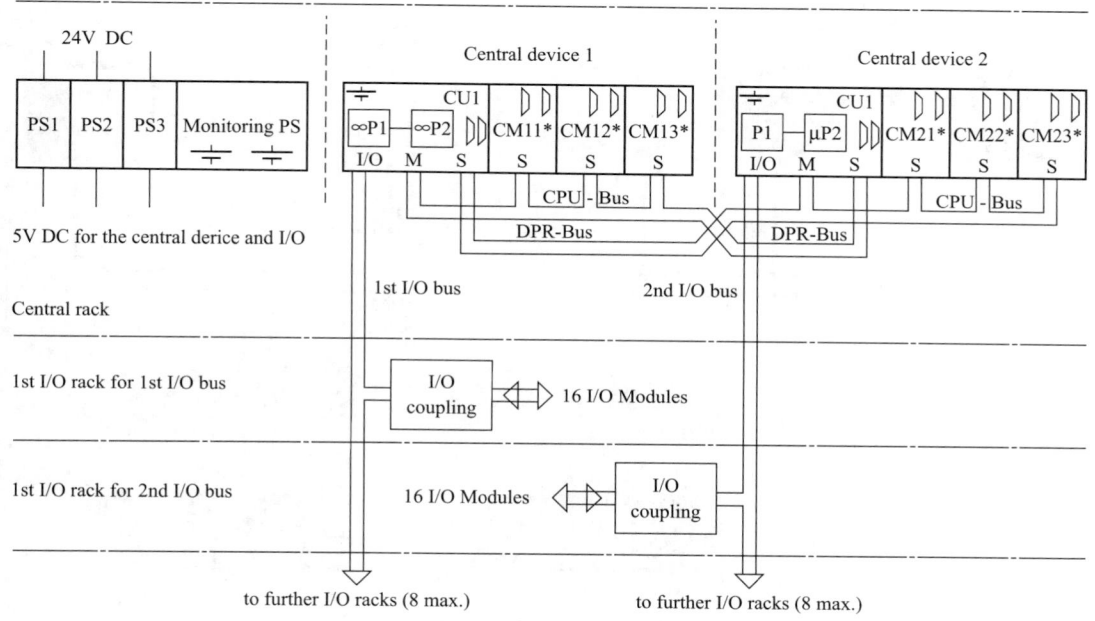

图 4-3-13　H51q-HRS 系统结构

四、系统软件

可选配的系统软件如下。

（1）ELOPII/SILWORX-编程组态软件（必选）

① 符合 IEC61131-3 标准的工业化软件包，编程语言为 FBD、SFC。

② 满足 HIMA PES 硬件配置设计和逻辑编程、数据通信设计的要求，集成了 HIMA PES 安全操作和平稳维护的所有功能。

③ 提供工程、设计、逻辑和离线测试所必需的完备功能。

④ 逻辑的输入由拖/放（Drag & Drop）功能实现，自动连线，变量的导入/导出功能（CSV）。

⑤ 无须连接系统硬件，对控制逻辑进行离线仿真。

⑥ 用户访问级别限制，项目档案管理。

⑦ 可在线下装，利用独有反向编译功能，可以确保编译过程 100% 的正确。经过 TUV 认证，应用软件经过修改后，不需要对全部逻辑功能重新测试，仅测试修改部分即可。

（2）LOGLINE-SOE 记录管理软件（必选）

（3）OPC DA Server-OPC 过程实时数据通信服务端软件（推荐选用）

（4）OPC A&E Server-OPC 报警及事件数据通信服务端软件（推荐选用）

（5）人机操作监控软件

人机操作监控软件可兼容适应任意第三方 HMI 软件产品，通过 Modbus RS-485 或基于工业以太网的 Modbus TCP、Profibus、OPC DA、A&E 等协议与第三方的 HMI 软件进行数据通信交换，利用上位 HMI 数据库和监控软件完成数据的统一管理和整合，尤其是在 DCS 中完成优化数据报警管理。

五、通信与网络

1. 网络结构

H41/51q 系统可支持 RS-485 和工业以太网两种网络结构，基于 RS-485 的串行网络与上位服务器工作站进行数据双向通信，也可采用 Modbus 协议与其他 DCS、PLC 系统进行数据双向交换通信。随着工业以太网的广泛应用，基于工业以太网的数据通信网络已经普遍应用，如图 4-3-14 所示。

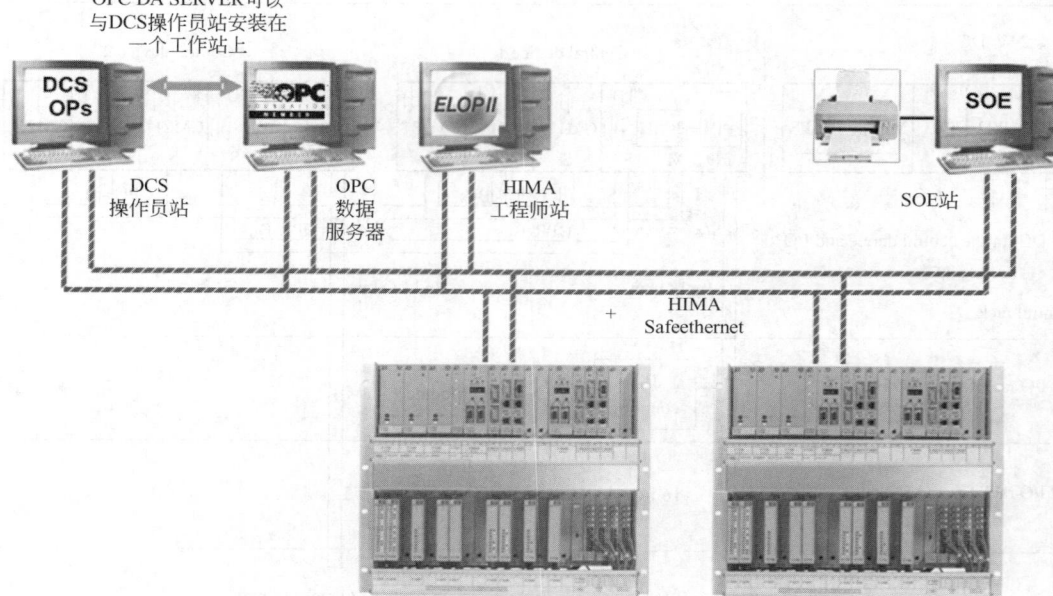

图 4-3-14　基于工业以太网的网络结构示意图

2. 通信协议

HIMA H41q/51q 系统支持标准通信协议或 HIMA 专有技术协议如下。

① 基于 RS485 网络的标准 MODBUS RTU 协议，最高通信速率为 56700bps。

② 基于工业以太网络的 MODBUS-TCP 协议，支持 100MHz 带宽/RJ45 接口。

③ 基于工业以太网络的 OPC DA SERVER，支持 100MHz 带宽/RJ45 接口。

④ 基于工业以太网络的 OPC A&E SERVER，支持 100MHz 带宽/RJ45 接口。

⑤ 基于工业以太网络的 HIMA HIPRO-S/Safe-Ethernet 协议，支持 100MHz 带宽/RJ45 接口。

关于 HIMA 独特专有技术的两个协议介绍如下。

（1）HIMA SOE 网络和协议模式

① 基于传统 RS-485 网络，采用 HIMA 专门定制软件 LOGLINE 直接附带底层 Modbus 自有扩展协议驱动来直接采集数据并管理 SOE 事件数据。

② 基于传统 RS-485 网络，但是采用 OPC AE SERVER/CLIENT 模式采集控制器中的 SOE 事件，然后利用 HIMA 专门定制软件 LOGLINE 管理 SOE 事件数据。

③ 基于工业以太网的 OPC AE SERVER/CLIENT 模式，利用 LOGLINE 来采集管理 SOE 事件数据。

不管采用上述何种方式，其通信协议本质仍然基于 Modbus-RTU 或 Modbus-TCP，按照设定的采集周期（例如每 1s 采集一次）去访问下位 SIS 控制器。

（2）HIMA HIPRO-S/Safe-Ethernet 安全相关以太网通信协议　HIMA 于 1997 年推出安全以太网技术并取得了 TUV 的 SIL3 认证，该 SIL3 认证的安全以太网技术协议是由 H41q/51q 系统本身内嵌的安全操作系统（OS）支持，由于安全相关通信的协议本身不决定于外部的网络物理层设备，所以可以基于标准的工业以太网完成满足 SIL3 级别的数据安全交换通信。

HIMA 推出该技术的根本目的是为了实现处于不同地理位置或不同 HIMA 控制器之间的工厂生产安全相关联锁数据的互联。该技术改变了传统安全相关数据必须使用硬接线回路传递安全相关信号的唯一做法，在标准工业以太网设备平台上，该协议解决了普通以太网通信 TCP/IP 协议下数据的冲突失效、丢失、不确定性等一系列问题，保证了安全相关信号数据在网络故障、数据出错、通信状态不确定等情况下做到数据传送过程中的"故障安全型设计"，即除了硬件 I/O 卡件、逻辑软件外，还有安全相关通信数据也可以满足这个安全系统的 SIL3 要求。

六、系统应用举例

某炼化公司 100 万吨/年乙烯项目，自动控制水平达到国内外石油化工企业的先进水平。

全厂设 3 个中心控制室、9 套工艺生产装置和若干套公用工程及辅助设施。全厂 SIS 系统采用 HIMA H51q 系统。SIS 系统操作站及 SOE 站设在中心控制室，进行集中操作、控制和管理，SIS 工程师站、SIS 系统机柜等设备设在现场机柜间。各装置的 SIS 控制器独立设置，独立开停车，保证各生产装置在正常生产和开、停工过程中互不影响。

各中心控制室与各个现场机柜室采用冗余单模光缆连接。远程站控制器位于中心控制室机柜间，用于接收辅助操作台上的按钮、开关、报警灯信号，通过冗余的安全以太网实现辅助操作台与现场机柜间 SIS 系统的安全信号数据传输。由于安全以太网技术的应用，安全相关的数据联锁无需采用硬接线方式和远程 I/O 方式，安全相关信号数据通信快捷安全，通信网络结构简洁，易于维护，节省通信硬件及多对数光纤和网线等中间环节设备材料成本，减少中间故障环节及降低维护成本。

HIMA 系统采用了双系统冗余并列运行的冗余方式，在其运行状态下，随时可以在线插拔并且更换故障的卡件（包括 CU、电源、通信、I/O 卡等）。2oo4D QMR 四重化冗余系统，由于没有通常系统中更换卡件的切换以及数据导入过程，避免了切换过程可能带来的扰动，是真正意义上的"热插拔"系统。无安全维护时间要求，实时在线修改参数下载控制逻辑，方便开工阶段调试，要求无风险。

可在中心控制室远程在线管理所有现场机柜间系统，安全相关数据库统一管理更新，具有安全逻辑数据的一致性检查功能，不会由于人为原因导致数据关联错误，导致系统安全隐患产生。

多个大型石化项目、上万 I/O 点大规模系统的安全稳定运行，证明了该系统结构的先进性、安全性和可用性。

该项目中采用 36 套全冗余的四重化 SIS H51q 系统。

1. SIS 系统 I/O 汇总（表 4-3-13）

表 4-3-13　四重化 SIS H51q 系统 I/O 汇总

模块	AI(R)	DI(R)	DO(R)	SIS 硬接线 I/O	SIS-DCS 通信点	总 I/O 点	控制器
CCR1	1472	1920	1936	5328	14964	20292	23
CCR2	736	1416	1456	3608	9263	12871	10
CCR3	280	416	656	1352	3163	4515	3
合计	2488	3752	4048	10288	27390	37678	36

2. SIS 系统网络结构图 CCR1（图 4-3-15）

678

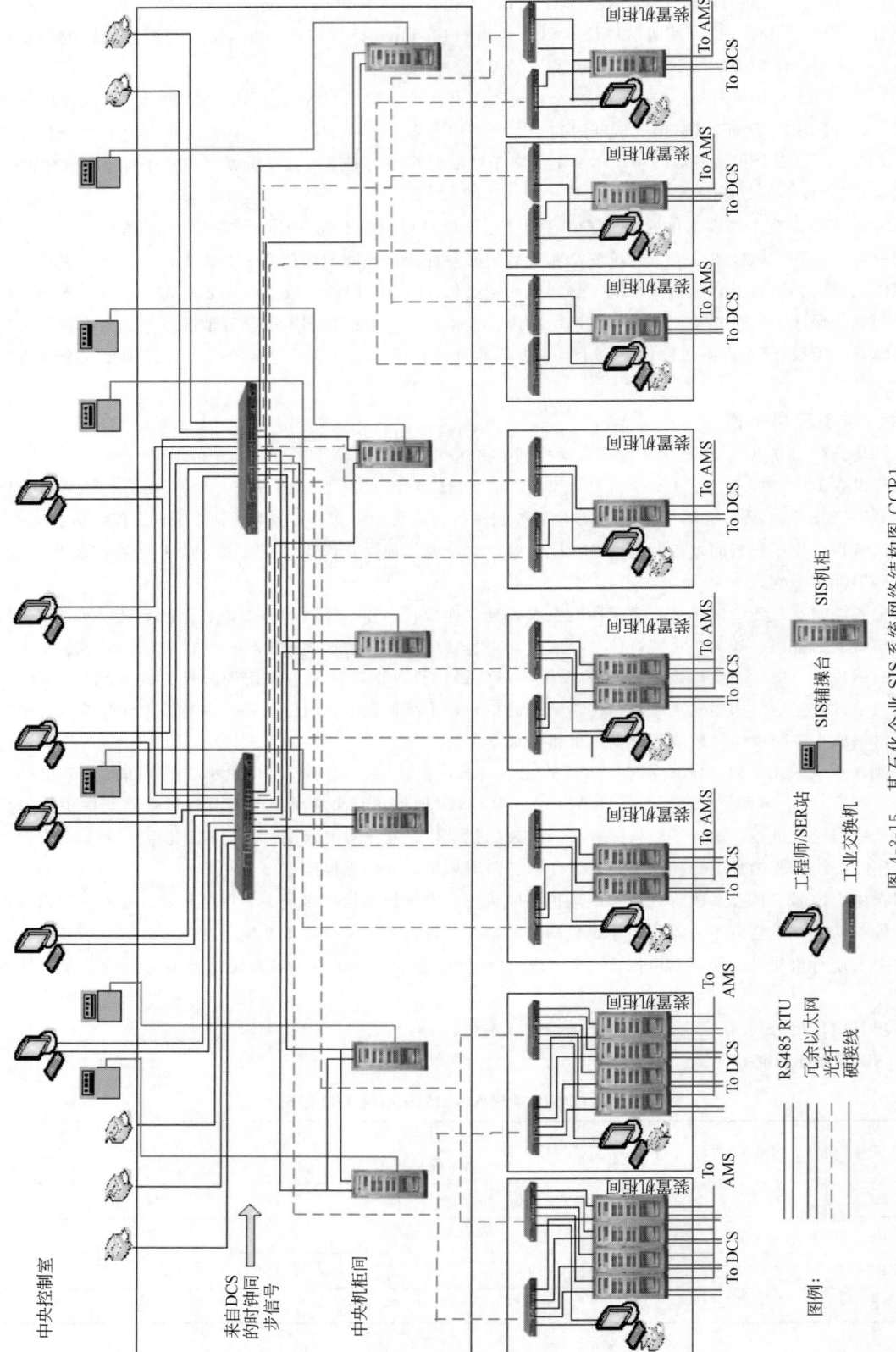

图 4-3-15 某石化企业 SIS 系统网络结构构图 CCR1

第四节　HollySys HiaGuard 系统

一、系统概述

Hollysys HiaGuard SIS 系统是和利时公司面向流程工业推出的通过国际著名认证机构认证的 SIL3 等级安全仪表系统，满足 IEC61508 规定的系统能力 SC3 等级和安全完整性等级 SIL3，适用于安全仪表系统（SIS）紧急停车系统（ESD）、燃烧炉管理系统（BMS）、火气监测系统（FGS）等场合。

HiaGuard 系统采用带诊断的三重化模块冗余（TMR）2oo3D 架构。三重化冗余控制器和 I/O 模块，运行模式为 3-2-0。HiaGuard 系统模块具有多种通过软硬件实现的故障诊断和相应的故障处理措施，确保系统故障安全。

HiaGuard 系统适用于石油化工、煤化工、精细化工、天然气等行业，保护人员、工艺、设备、环境等安全。

HiaGuard 系统具有 SOE 功能，分辨率为 1ms，单模块可储存 1000 条事件记录，控制器可储存 10000 条事件记录。

HiaGuard 系统不断地优化升级，以大数据为基础，工业云为平台，为客户提供全生命周期服务、系统运行数据分析、远程诊断及预测维护等服务。

HiaGuard 系统结构框图如图 4-3-16 所示。HiaGuard 系统回路信号流如图 4-3-17 所示。每个控制周期内安全回路的数据流如下所述。

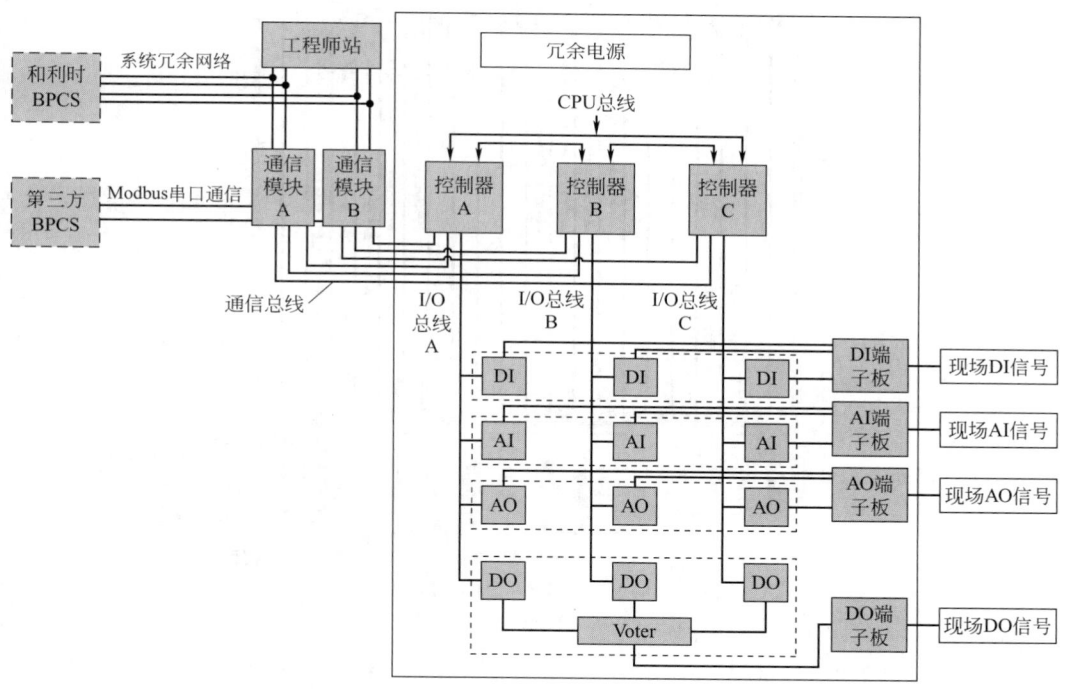

图 4-3-16　HiaGuard 系统结构框图

① 现场传感器信号通过输入端子模块将信号分配到三重化的输入通道。
② 每系输入通道通过 I/O Bus 将本系输入数据发送给本系控制器。
③ 三系控制器通过 CPU Bus 交换输入数据，每系控制器得到三份输入数据。
④ 每系控制器表决三份输入数据，用表决结果运行用户组态逻辑，得到本系输出数据。
⑤ 三系控制器通过 CPU Bus 交换输出数据，每系控制器得到三份输出数据。
⑥ 每系控制器表决三份输出数据，得到表决后的输出数据。
⑦ 每系控制器通过 I/O Bus 发送输出数据到本系的输出通道。

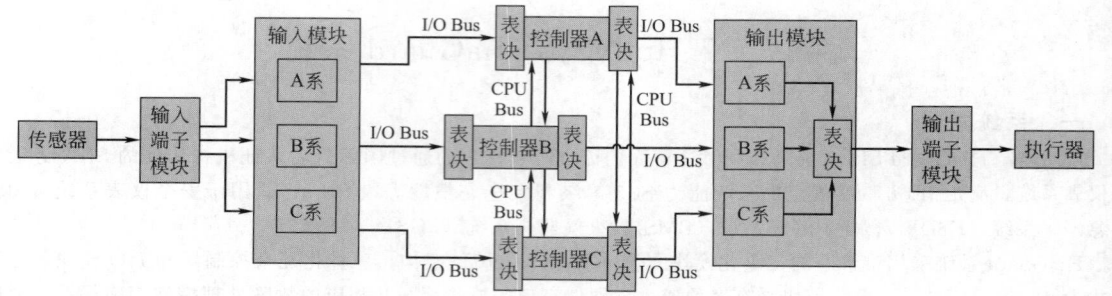

图 4-3-17　HiaGuard 系统回路信号流

⑧ 每系输出通道通过 2oo3 硬件表决电路得到输出到输出端子模块的信号。

⑨ 输出信号通过输出端子模块输出到现场执行器。

二、系统硬件

1. 机架

（1）主机笼　主机笼（SGM101）有 19 个槽位，从左至右槽位分别安装 2 块通信模块、3 块控制器、7 对 I/O 模块（冗余）；主机笼下方有两节冗余电池，用于掉电保护，保证程序不丢失。

HiaGuard 主机笼如图 4-3-18 所示。

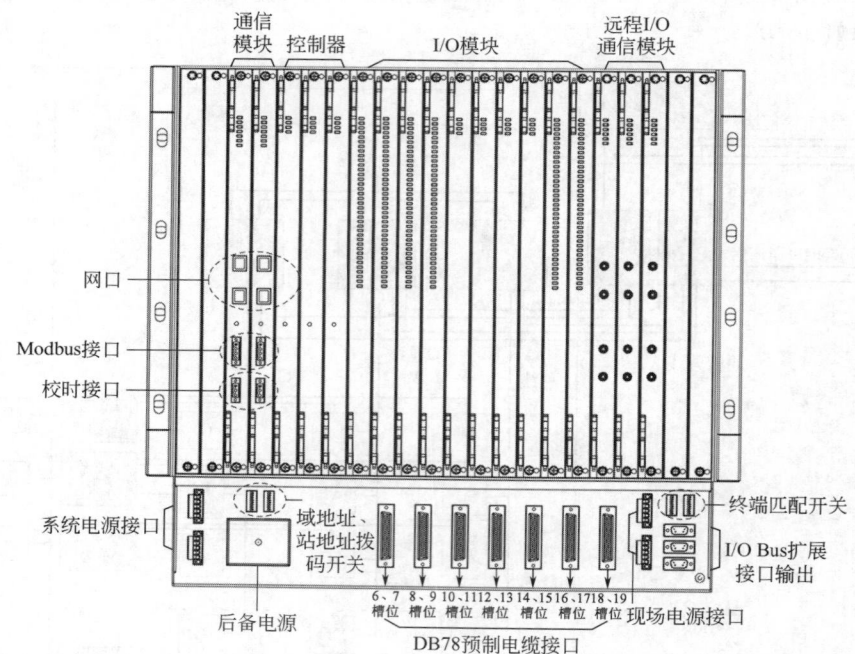

图 4-3-18　HiaGuard 主机笼

（2）扩展机笼　扩展机笼（SGM110）有 20 个槽位，有 10 对 I/O 槽位（冗余）。

（3）机笼配套设备　每个机笼的系统侧采用 1 对 24V DC/240W 冗余电源。每个机笼的现场侧采用 1 对 24V DC/480W 冗余电源。每个模块有防混淆编码销，位于模块和机笼底板上。模块上的防混淆编码销为阴模，每类电气兼容的模块分配两个编码，以防插混，不可更改；机笼底板上的防混淆编码销为阳模，可以旋转，配合所插入的模块。

（4）电源　系统电源为 220V AC 输入，24V DC 输出，10A，240W，导轨安装；现场电源为 220V AC 输入，24V DC 输出，20A，480W，导轨安装。

HiaGuard 系统电源如图 4-3-19 所示。

2. 控制器（SGM201）

SGM201 是 HiaGuard 系统的控制器，每套三重化的 HiaGuard 系统包括三个独立的控制器，每个控制器控制三重化系统的一个独立通道，三重化的三个控制器之间同步运行。控制器的运行模式为3-2-0。

本系控制器与另外两系控制器之间互连的总线为 CPU Bus，点对点的拓扑结构，包含安全协议。控制器与 I/O 模块进行通信的总线为 I/O Bus，包含 PROFIsafe 安全协议。控制器作为 I/O Bus 协议主站，从 AI 或 DI 模块获取来自现场的数据，经过 2oo3 表决、运算、再次 2oo3 表决后，将输出到现场的数据发送给 AO 或 DO 模块。

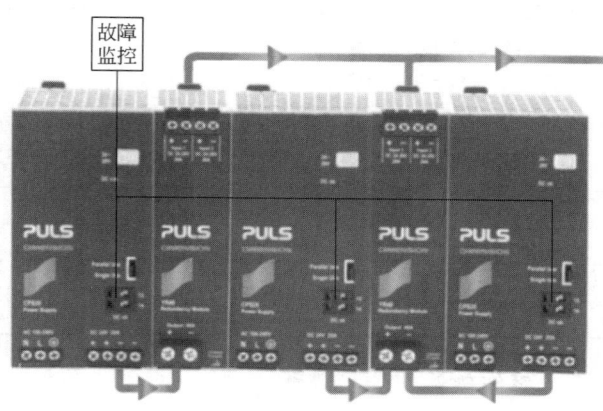

图 4-3-19　HiaGuard 系统电源

3. 通信模块

（1）通信模块（SGM210）　SGM210 通信模块与 SGM201 控制器之间是一对三的工作模式，通信模块与每一系控制器之间采用全双工的点对点高速总线交换数据，每套系统可配置 1 块或者 2 块 SGM210，单块卡即可实现双网段的冗余，双卡可实现主备冗余。

SGM210 卡件还配有 1 路 Modbus RTU 485 接口，仅作为从站给第三方系统传输数据，不可通信写入。

（2）多模远程通信模块（SGM220）　SGM220 是 HiaGuard 系统的多模远程 I/O 通信模块，实现 I/O Bus 和校时脉冲（TIMING）信号光/电和电/光的转换功能，用于 HiaGuard 系统 I/O 模块的远程扩展。

SGM220 成对使用，每两个 SGM220 模块通过多模光纤互联，可实现一系 I/O Bus 信号和 TIMING 信号的扩展功能；三对模块为一组，完成一个远程机笼的扩展功能。

（3）三端口单模远程通讯模块（SGM221）　SGM221 是 HiaGuard 系统的三端口远程 I/O 通信模块，实现 I/O Bus 和校时脉冲（TIMING）信号光/电和电/光的转换功能，用于 HiaGuard 系统 I/O 模块的远程扩展。

SGM221 可与 SGM221 或 SGM222 成对使用，每两个模块通过单模光纤互连，可实现一系 I/O Bus 信号和 TIMING 信号的扩展功能；三对模块为一组，完成一个远程机笼的扩展功能。

SGM221 三端口可扩展三个远程站，远程站可再扩展一级远程，最多可二级串联。

（4）单端口单模远程通信模块（SGM222）　SGM222 是 HiaGuard 系统的单端口远程 I/O 通信模块，实现 I/O Bus 和校时脉冲（TIMING）信号光/电和电/光的转换功能，用于 HiaGuard 系统 I/O 模块的远程扩展。

SGM222 可与 SGM221 或 SGM222 成对使用，每两个模块通过单模光纤互连，可实现一系 I/O Bus 信号和 TIMING 信号的扩展功能；三对模块为一组，完成一个远程机笼的扩展功能。

SGM222 在远程站可再扩展一级远程，最多可二级串联。

（5）I/O 中继器模块（SGM240）　SGM240 是 HiaGuard 系统用于 DP 信号放大使用，本地存在两个以上扩展机笼时使用。三个扩展端口可星形连接扩展机笼。

（6）Modbus 通信模块（SGM230）　SGM230 是 HiaGuard 系统专用于 Modbus 通信模块，每组控制器可配置一块，安装在主机笼。每块卡件四个 Modbus RTU 端口，接入 RS-485 信号，每个端口可配置为主站或从站。

4. I/O 模块

（1）模拟量输入模块（SGM410）　模拟量输入模块（SGM410）支持 16 通道二线制、三线制或四线制 4～20mA，24V DC 信号输入，采用 TMR 架构，SIL3。SGM410 采用冗余电源供电，系统侧与现场侧隔离，支持热插拔。与 SGM3410 接线端子板配套使用，模块和接线端子板之间通过预制电缆连接。

（2）模拟量输出模块（SGM520）　模拟量输出模块（SGM520）支持 8 通道二线制 4～20mA，24V DC 信号输出，采用 TMR 架构，SIL3。SGM520 采用冗余电源供电，系统侧与现场侧隔离，支持热插拔功能。与 SGM3520 接线端子板配套使用，模块和接线端子板之间通过预制电缆连接。

（3）数字量输入模块（SGM610）　数字量输入模块（SGM610）支持 32 通道干接点信号输入，采用 TMR 架构，SIL3。SGM610 采用冗余电源供电，系统侧与现场侧隔离，支持热插拔且具有 SOE 功能。与 SGM3610 接线端子板配套使用，模块和接线端子板之间通过预制电缆连接。

（4）数字量输出模块（SGM710）　数字量输出模块（SGM710）支持 32 通道湿接点（24V DC）信号输出，采用 TMR 架构，SIL3。SGM710 采用冗余电源供电，系统侧与现场侧隔离，支持热插拔功能。与 SGM3710

接线端子板配套使用，模块和接线端子板之间通过预制电缆连接。

5. 单系统硬件最大配置

单系统硬件最大配置情况见表 4-3-14。

表 4-3-14　单系统硬件最大配置情况

序号	系统容量项	数量	备注
1	机笼数	7 个	1 个主机笼 6 个扩展机笼
2	I/O 模块数量	58 对	—
3	数字量点数	1856 点	系统内全部为开关量模块
4	模拟量点数	928 点	系统内全部为模拟量模块

三、系统软件

1. HMI 软件

HOLLiAS MACS V6.5 系列是和利时公司于 2013 年正式推出的高可靠性系统，充分采用安全系统的设计理念，严格遵循国际先进的工业标准，采用全冗余、多重隔离、热分析、容错等可靠性设计技术，保证系统在工业现场环境中安全、可靠运行。

HOLLiAS MACS V6.5 系统是基于以太网和 Profibus-DP 现场总线构架，可方便接入工业以太网和现场总线。

HOLLiAS MACS V6.5 系统符合 IEC61131-3 标准，并可集成 SIS、PLC 等系统。

工程总控软件是组态软件的入口界面，集成控制器算法组态软件 AutoThink 和图形编辑软件。其包括工程创建、工程管理、项目管理、操作站用户组态、区域设置、操作站组态、控制站组态、总貌组态、控制分组组态、参数成组组态、趋势组组态、流程图组态、专用键盘组态、数据库查找、数据库导入导出、报表组态、编译、下装、高级计算等功能。

HOLLiAS MACS V6.5 总体架构如图 4-3-20 所示。

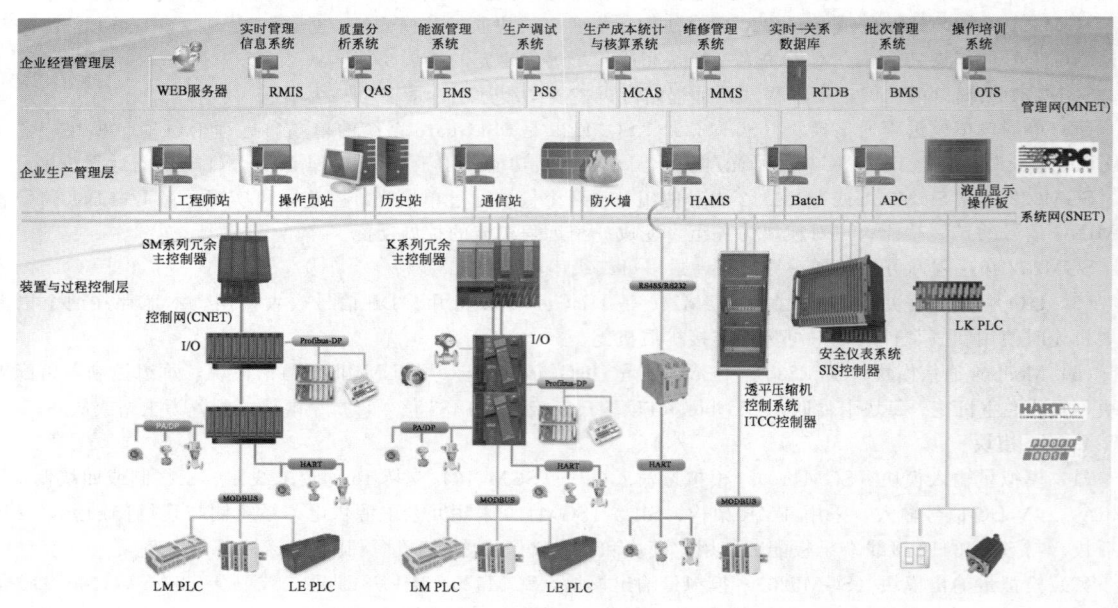

图 4-3-20　HOLLiAS MACS V6.5 总体架构

2. Safe-AT 软件

HiaGuard 是和利时公司自主研发的 SIL3 安全仪表系统，Safe-AutoThink（Safe-AT）是 HiaGuard 的 IEC 组态软件，和利时公司专门为工业安全仪表系统而自主研发的工业控制策略组态软件。该软件运行于工程师站，支持用户进行硬件模块配置以及使用 IEC 语言进行控制逻辑组态。

Safe-AutoThink 主要功能：

① 采用树形结构硬件配置、任务配置、用户程序、数据等组态；

② 支持 LD、FBD 编程语言，符合 IEC61131-3 标准；

③ 组态指令丰富，支持多种数据类型；

④ 支持图形化的硬件模块配置和参数设置；

⑤ 支持用户自定义库；

⑥ 系统自动执行验证程序编译，用户编译结果报告和请求确认组态验证；

⑦ 具有仿真调试功能，通过模拟控制器的运算，实现在线的相关仿真操作，仿真模式下支持对变量的操作；

⑧ 在线调试及程序检查；

⑨ 与现场控制站通信相关的下装、运行、停止、调试、离线等操作信息；

⑩ 权限管理和密码保护。

四、系统诊断

1. 硬件诊断

（1）通信诊断 通信模块实现控制器与上位机之间的数据交换，每个控制器上有两个 RJ45 以太网接口（分别为 128 网和 129 网）。通信模块冗余配置，互为冗余的通信模块物理分开，冗余总线连接。通信模块诊断有通信单元 A/B 机的 A 网、B 网、R 网（同步诊断）通信诊断及设备故障诊断。

（2）主控诊断 控制器模块诊断控制器的状态、电池、电源、版本一致性、CPU 负荷等。

（3）I/O 模块诊断 I/O 模块自诊断功能，诊断模块的关键电路和器件的功能（如 MCU、FPGA 时钟、电源、CPLD 等），诊断通道电路以及通道外部接线（如短路、断线、空载、过载等）。诊断通过系统报警或模块面板上的指示灯指示。

2. 软件诊断

在 HMI 软件以及 Safe-AT 软件中，分别有对应的软件诊断界面，供用户方便在线监控系统的状态，查找和收集故障信息。

HMI 中，通过报警记录可查看报警信息，通过系统状态图可直观地查看具体的报警状态。

Safe-AT 中可查看报警的具体代码，通过对报警代码的分析与定位，可诊断系统报警的真实原因。Safe-AT 系统状态图如图 4-3-21 所示。

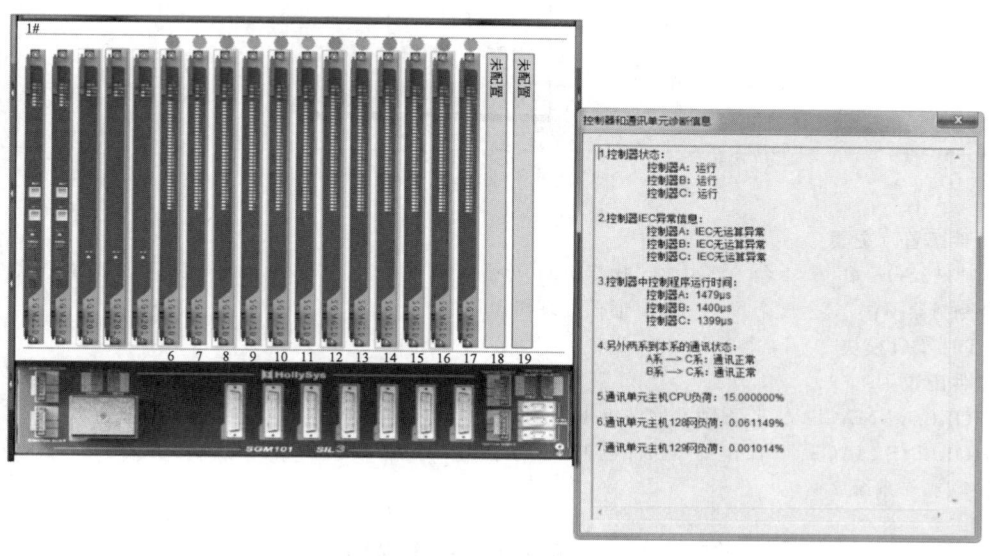

图 4-3-21 Safe-AT 系统状态图

五、系统应用实例

某化工厂 SIS 系统应用实例情况如下。

1. SIS 系统 I/O 点配置 （表 4-3-15）

表 4-3-15　某化工厂 SIS 系统 I/O 点配置情况

序号	类型	信号类型	物理点	要求点	配置点	配置卡	备注
1	AI	4～20mA	32	32	48	3	4～20mA 安全栅 40
2	DI	无源干接点	170	170	192	6	
3	DO	继电器输出	140	140	160	5	继电器隔离
4	合计		342	342	400	14	

2. 网络结构 （图 4-3-22）

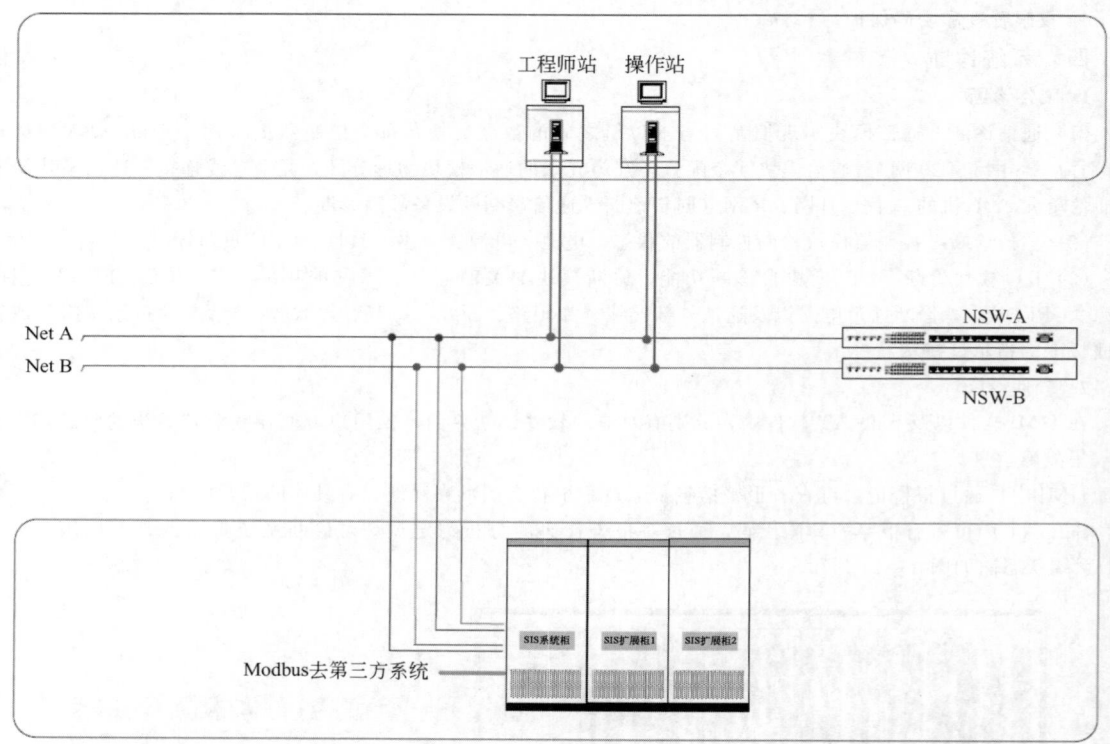

图 4-3-22　网络结构图

3. 硬件配置 （主要）

工程师站/SOE 站	1 台	操作员站	1 台	工业交换机	2 台
安全控制器模块	3 个	通信处理器模块	2 个		
AI、DI、DO 模块	14 个	机柜	3 面		

4. 软件配置

① HOLLiAS MACS V6 工程师站软件包 1 套。

② HOLLiAS MACS V6 操作员站软件包 1 套。

③ 微软操作系统 2 套。

第五节　Honeywell SM 系统

一、系统概述与发展

Safety Manager（SM）是 Honeywell 公司的新一代高性能安全仪表系统，该系统通过 TUV SIL3 安全等级认证，具有安全性高、结构简单、维护方便、扩展性强等特点。系统支持通用安全 I/O、远程 I/O、在线诊断、在线修改、SOE 事件记录、SIL3 安全通信、Modbus RTU/TCP 通信、HART 通信、Honeywell Experion PKS 系统无差别整合。

Honeywell 致力于工业自动化、楼宇及太空探索领域内的控制设备和控制系统的研究、开发及应用。Honeywell 的 SIS 系统作为 ESD、BMS、FGS 等广泛应用于能源、化工、矿山、冶炼、交通、机械等工业领域。

随着技术的发展，Honeywell SIS 系统经历了如下的发展历程：1988 年，基于诊断模式的可编程安全管理系统 FSC 面世，随后该系统通过 TUV AK6 认证；1996 年，FSC 系统作为安全管理节点整合进 Honeywell 的 DCS 系统 TPS；2000 年，FSC 系统整合进 Honeywell 的新一代 DCS 系统 Experion PKS；2001 年，基于四重模块化冗余技术（QMR）的 FSC 系统推向市场；2005 年，Honeywell 新一代 SIS 系统 Safety Manager（SM）面世；2010 年，Honeywell 为 SM 开发了通用安全 I/O 技术（Universal Safety I/O）；2012 年，SM 和 Experion PKS 通过通用数据存取（CDA）技术实现无差别整合。

二、技术特点

Honeywell SM 基于 QMR 四重化技术，是 TUV 认证的 SIL3 安全系统。SM 系统具有以下特点：

① 高度自诊断，超过 99% 的全系统故障诊断率；

② 通过 TUV 认证的 SIL3 安全网络实现系统间的安全通信；

③ 通过 TUV 认证的在线修改功能；

④ 远程 I/O 功能，通用安全 I/O 模块（DI、DO、AI、AO 点可配置在同一块 I/O 卡中）；

⑤ 远程管理（程序下传、系统启动、系统诊断、在线监控等）；

⑥ 通道短路保护，回路诊断 DI/DO；

⑦ 符合 IEC 61131 part 3. 标准的功能逻辑图（FLD）符号库；

⑧ 兼容 Honeywell Experion PKS，SM 可与 Experion PKS 系统的任意节点实现点对点通信；

⑨ 兼容 HART、Modbus TCP/RTU，可作为 Master/Slave 与其他系统通信；

⑩ SM 系统认证：TUV、ISA、UL、FM、IEC、CE。

三、系统硬件

SM 系统的所有卡件包括系统电源，都通过 TUV SIL3 安全等级认证。SM 系统间可以通过 TUV 认证的安全通信网络进行数据交换。SM 系统可以通过以太网或 RS-232/485 与工程师站连接。

SM 系统采用标准机柜可以配置最多 9 个 I/O 卡笼，每个卡笼容纳 18 块 I/O 卡件。根据用户要求，一套控制器可以连接最多 4 个机柜。

在不同的使用场合，SM 系统可配置为非冗余系统，冗余控制器混合不冗余 I/O 卡系统，全冗余系统，以满足用户对安全级别和可用性的不同要求。具体配置情况如表 4-3-16 所示。

表 4-3-16　具体配置情况

控制器配置	I/O 配置	CPU 类型	说明
非冗余	非冗余	QPP-0002	双重化结构,适用于最高 SIL3 级别
冗余	非冗余/冗余 非冗余 & 冗余混合配置	QPP-0002	四重化结构,适用于最高 SIL3 级别

SM 系统支持高级冗余技术（Advanced Redundancy Technique，ART），这种配置的系统的 I/O 卡可以由任何一路控制器控制，如图 4-3-23 所示。

SM 系统配置遵循 IEC61508 所描述的 2oo4D 系统。2oo4D 系统是由两套独立并行运行的系统组成，两套系统同步运行，当系统自诊断发现一个模块发生故障时，CPU 将强制其失效，确保其输出的正确性。同时，安全输出模块中 SMOD 功能（辅助去磁方法），确保在两套系统同时故障或电源故障时，系统输出一个故障安全信号。一个输出电路实际上是通过四个输出电路及自诊断功能实现的，这样确保了系统的高可靠性、高安全性及高可用性。

SM 系统控制器主要硬件模块有 QPP（Quad Processor Pack）、USI（Universal Safety Interface）、PSU（Power Supply Unit）。

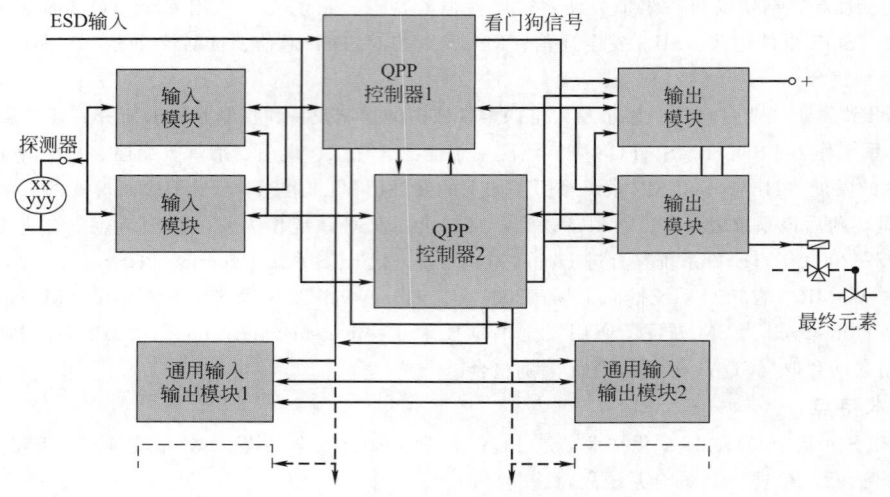

图 4-3-23　SM 系统框图

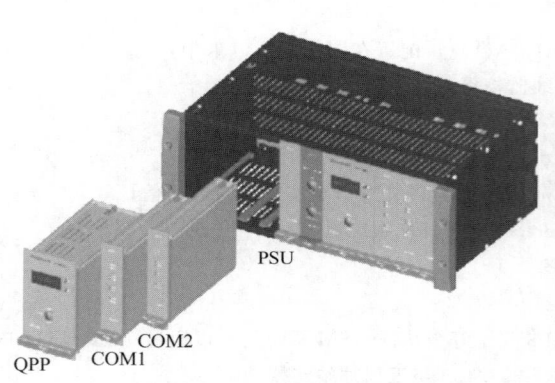

图 4-3-24　SM 系统控制器

SM 系统控制器如图 4-3-24 所示。

1. 中央控制模块

四重化处理器模块（QPP）是 SM 系统的心脏，负责控制所有的系统操作。每个 QPP 模块有两个微处理器和两个内存。微处理器的每次读写指令都要先对硬件和逻辑运算进行比较，另外对硬件的诊断测试使 QPP 模块的诊断覆盖率高达 99.99%，因此，在一个 QPP 模块运行的情况下仍可以保证系统的安全等级可达 SIL3。四重化处理器模块（QPP）的硬件和软件具有高可靠性和容错性，控制站具备顺序控制、批量控制和一般连续控制功能，控制站具备顺序事件记录的功能。QPP 卡件可靠性高，可带电插拔，可在－5～70℃环境下稳定工作。

2. 通用安全接口模块

SM 配备独立的通用安全接口模块（USI）。USI 模块拥有独立于 QPP 的处理器和存储单元，内嵌经过认证的通信安全保护固件，可以进行通过 TUV SIL3 认证的安全通信和普通 Modbus RTU/TCP 通信，以及与 Honeywell Experion PKS 的 FTE 通信。每个 USI 模块有两个以太网通信接口和两个 RS-232/485 通信接口。

3. I/O 模块及接线端子板

SM 系统有两种 I/O 模块：传统 I/O 模块和通用 I/O 模块 UIO。

（1）传统 I/O 模块　SM 系统提供各种类型的数字量和模拟量的输入/输出模块以满足不同的现场设备的信号要求。所有的 SM I/O 模块采用电隔离的方式，均有 CE 认证标志，SMD 镀膜封装，达到 ANSI/ISA71.04 标准 G3 等级，能在 G3/GX 等腐蚀环境下长期工作。SM 有全系列低密度 I/O 模块，模拟/数字输入模块 16 通道，数字输出模块 8 通道，模拟输出 2 通道，包括 DI、DO、AI、AO 及回路诊断型 DI、DO 等。

① 数字输入（DI）　所有 DI 为无源干接点信号。使用 FC-SDI-1624 型 16 通道 24V DC 故障安全型 DI 模块，所有信号带 LED 灯。每个通道与通道之间安全隔离，信号与现场隔离。

② 数字输出（DO）　FC-SDO-0824 型是 8 通道 24V DC/550mA 故障安全型 DO 模块，每通道负荷 13W，卡件输出最大电流 4.33A，所有信号带 LED 灯。每个通道与通道之间安全隔离，信号与现场隔离。

③ 模拟输入（AI）　FC-SAI-1620m 是 16 通道故障安全型 AI 模块。

④ 模拟输出（AO）　FC-SAO-0220m 是 2 通道故障安全型 AO 模块。

⑤ FTA 现场接线端子板　FTA 现场接线端子板用连接现场的接线到 SM 系统的输入输出模块。FTA 端

子板上有电子元件将现场设备的信号转换成 SM 系统接收的标准信号。

⑥ FTA 接线　SM 系统的各种 I/O 模件与对应 FTA 的内部连接采用相同的专用电缆。SM 系统机柜之间连接采用系统电缆，现场不需接线。

（2）通用 I/O（UIO）模块　先进的 SM 通用 I/O 模块（RUSIO-3224、RUSLS-3224 带逻辑运算能力）具有如下功能：

① 每块 UIO 卡 32 通道，可在软件中自由定制通道类型，每个通道都可根据现场要求配置成 DI、DO、AI、AO；

② 通过 TUV SIL3 认证；

③ UIO 卡支持和 SM 控制器的远程光纤连接（最长 100km）；

④ 可在－40～70℃环境下稳定工作；

⑤ 支持 1ms 级 SOE 事件采集，支持 HART 信号采集；

⑥ 有标准的成套单元（支持本安、隔爆）每个 SM 控制器可连接 28 套 UIO。

UIO 卡件及成套单元如图 4-3-25 所示。

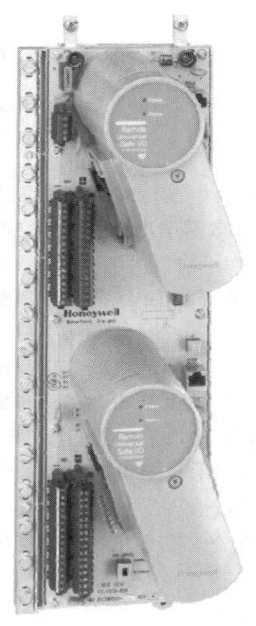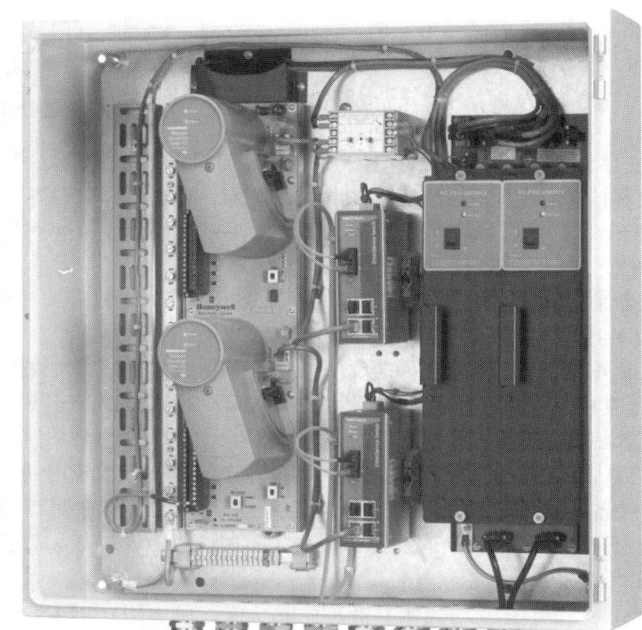

图 4-3-25　UIO 卡件及成套单元

典型的 UIO 系统和 SM 系统连接如图 4-3-26 所示。

四、系统软件

SM 浏览器（Safety Builder）是一个强大的软件工具包，支持用户设计、组态及日常维护。在 Safety Builder 中可以对组态程序进行中文注释，方便工程师进行组态程序的修改和维护。

SM 系统软件的特性包括：

① 智能化的用户界面，以菜单形式表现；

② 数据库输入及输出；

③ 功能逻辑图 FLD 组态；

④ 动态的 FLD 及回路状态浏览；

⑤ 输入、输出状态强制改变；

⑥ 显示诊断信息；

⑦ 文件自动归档及打印；

⑧ 数据库和 FLD 离线调试及在线修改；

688

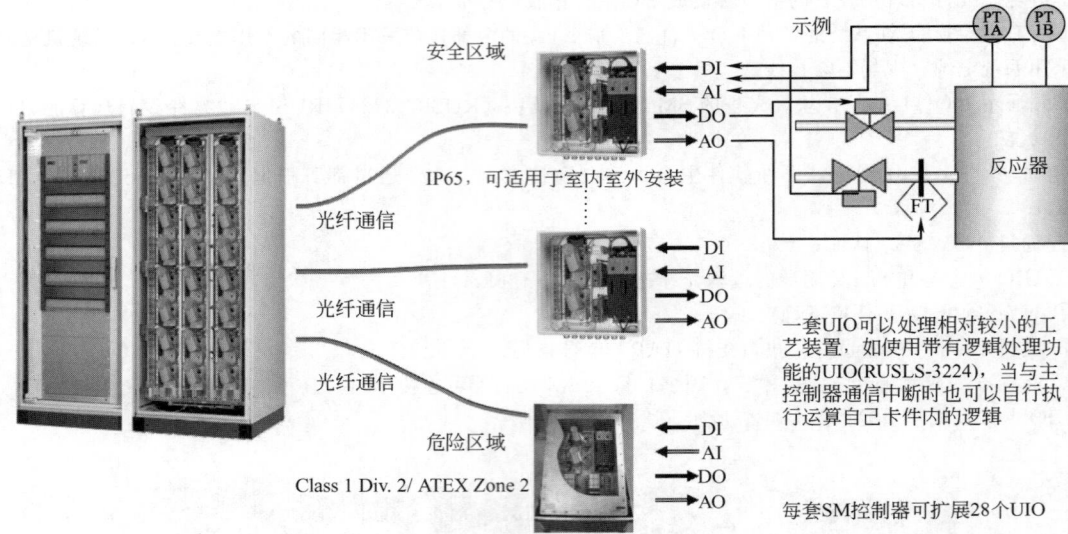

图 4-3-26　典型 UIO 和 SM 系统连接图

⑨ 应用程序验证，确保 SM 的配置及控制程序与用户定义的一致。

SM 浏览器具有文件自动归档功能。当完成数据库组态及逻辑图后，可自动生成标准的文档格式，包括组态数据库、逻辑图、标签、版本号、日期等，并可通过 Excel 或 Access 对 SM 数据库进行导入导出的操作，确保系统运行的软件版本与最终文件一致。

SM 浏览器采用 FLD 功能逻辑图进行编程。采用符号库生成有关逻辑，简单方便，避免了编程可能导致的错误。友好的用户界面，让工程师使用起来得心应手。

SM 具备 SOE 功能，所有新更换的硬件被系统 CPU 测试通过后才被接收，测试出的错误信息及过程变量可通过 SOE 功能存档；SOE 的分辨率可以达到 1ms，可以通过 Experion PKS 的操作站浏览 SM 的 SOE 事件记录。

SM 支持数字量、模拟量和标志位的 SOE 事件记录。SOE 事件的时间戳由 SM 控制器赋予，保证 SOE 严格按照事件的先后顺序被记录在 SOE 软件当中，同时也可被自动整合进 DCS 的服务器中。

系统软件能满足各种逻辑及控制功能。SOE 和工程师组态软件可同时运行。

SM 系统通过 Safety Builder 软件，以功能逻辑图（FLD）方式完成逻辑组态，图形化界面，支持鼠标拖拽操作，支持实时缩放。

Safety Builder 软件能满足各种逻辑及控制功能，如 AND、NAND、FLIP-FLOP、OR、NOR、2OUT3、NOT、XOR、TIMER、LAG、LATCH、COMPARE、SWITCH 等，支持用户自定义功能块，支持功能块的嵌套，方便用户使用。

五、通信与网络

SM 与 SM 系统之间的安全网络及 SM 和 Experion PKS 的 FTE 网络都基于 100M 以太网连接。SM 系统可以通过 Modbus TCP/RTU 和第三方控制器通信。典型的 SM 网络连接如图 4-3-27 所示。

六、系统应用举例

某炼油厂 DCS、SIS、GDS 项目设 1 个中心控制室，9 个现场机柜室。采用 13 套 SM 系统，其中 SIS 用 9 套，GDS 用 4 套。

中心控制室有 4 套 UIO 作为远程 I/O 使用，通过光纤连接，减少了大量的硬点接线，距离可支持 100km。SM 系统与 Experion PKS 系统间通过 FTE 网络无缝连接，SM 系统的数据可直接在 DCS 系统采集。工程师站及操作站也接在 FTE 网络，在任何地方都可对 SM 系统进行操作。个别 SM 系统直接通过 TUV SIL3 认证的安全网络连接，可节省硬接线直接进行信号的传输及联锁。

1. SIS 系统 I/O 点配置（重整）

| AI（冗余） | 483 点 | AI（RTD）（冗余） | 160 点 |
| DI（冗余） | 806 点 | DO（冗余） | 218 点 |

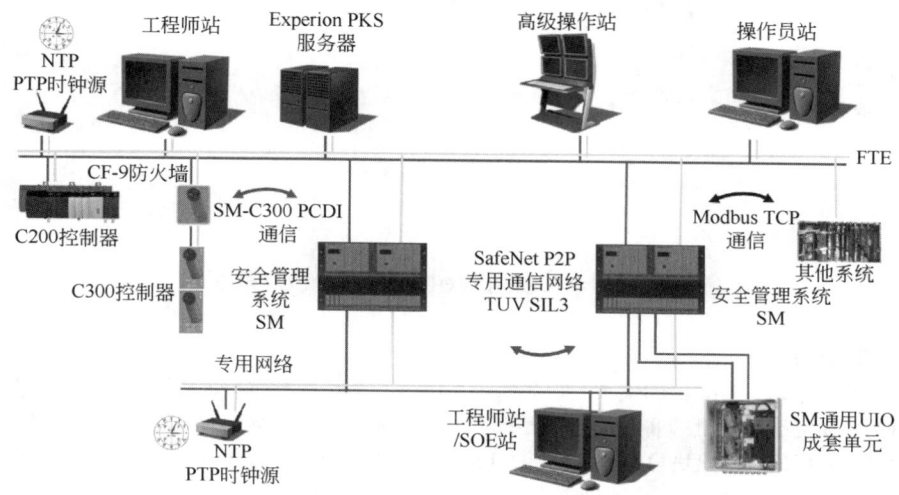

图 4-3-27　典型 SM 网络连接图

2. SIS 系统结构图

SIS 系统结构图如图 4-3-28 所示。

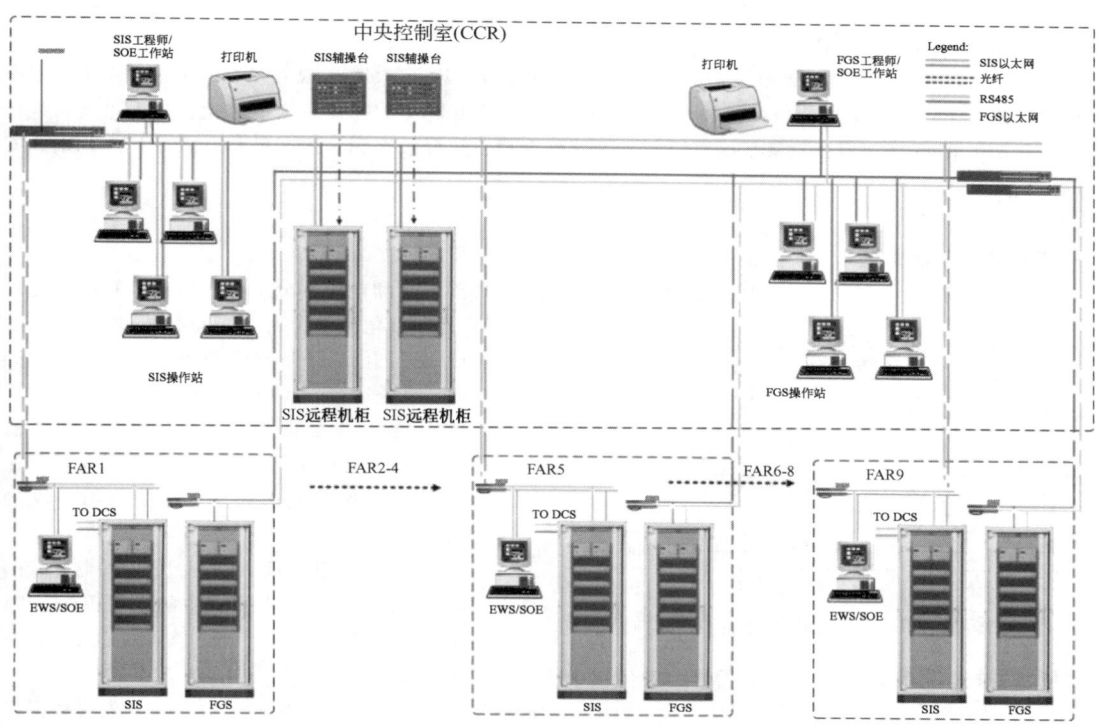

图 4-3-28　某炼油厂 SIS 系统结构图

3. 硬件配置（主要）

工程师站/SOE 站	1 台	操作员站	1 台
辅助操作台	2 套	交换机（冗余）	2 对
远程 I/O 柜（CCR）	1 面	网络柜	1 面
系统机柜	2 面	继电器柜	4 面
通信模块	4 套	SM 控制器	2 对

DI 模块	102 块	DO 模块	56 块
AI 模块	84 块		

4. 软件配置

① 组态软件 1 套。

② SOE 软件 1 套。

③ HMI 软件（3000 点）1 套。

④ 微软 Office 1 套。

第六节　Rockwell Trusted 系统

一、系统概述及发展

Rockwell ICS Triplex（Industrial Control Services Group Limited）Trusted 系统是基于三重化处理器的系统，内部所有的重要电路均采用三重化容错的设计。Trusted 系统保证在内部单通道出现故障的状态下，仍能正确地执行程序。系统所有的模块均能在线更换。Trusted 系统被用来实时处理各种复杂和危险的生产过程的控制，接收现场信号，执行逻辑运算等各种控制程序，输出控制信号，驱动现场执行单元。

ICS Triplex 以 Regent/Regent＋Plus 和 Trusted 系列产品确立了安全控制领域的领先地位。ICS Triplex 拥有三重化（TMR）和硬件容错（HIFT）的安全控制技术。1987 年，ICS Triplex 推出了 Regent 系统。1995 年，ICS Triplex 推出的 Regent＋Plus 系统进一步提高了系统性价比。

2007 年，Rockwell 公司宣布签订了与 ICS Triplex 公司的收购协议。Rockwell 公司保留了 ICS Triplex 品牌并于 2008 年推出了最新一代 AADvance 系统。

AADvance 是一个关键控制系统，它秉承了 ICS Triplex 历经数十年的 TMR 技术，并考虑到多层次安全控制及机组控制要求，在三重化的总线架构上，可以进行处理器模块及 I/O 模块从单重化、双重化到三重化的搭建，实现从失效-安全到容错、从小规模到大规模系统点数、从分散式到集中式结构、从 SIL1 到 SIL3 安全等级的多重选择。

二、技术特点

1. 系统架构和功能

Trusted 系统控制器由三部分组成：控制器部分、扩展处理器部分和电源部分。控制器部分和扩展处理器部分是三重化模块。所有三重化模块装在 19in 机架中。安装托架允许前面板安装与后面板安装。Trusted 系统运行方式如图 4-3-29 所示。

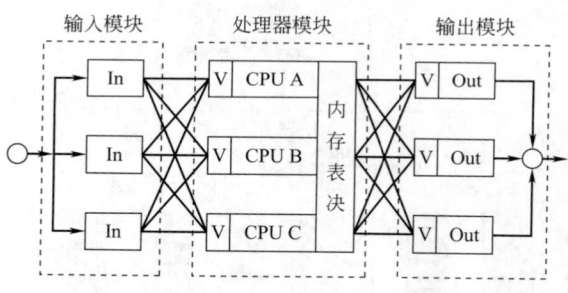

图 4-3-29　Trusted 系统运行方式

① 过程状态处理数据（开关位置、变送器读入等）由输入模块送入。过程状态数据先缓存在每个输入模块，然后发送到三重化的内部模块 IMB 总线上。

② TMR 处理器读入并表决过程状态信息。TMR 处理器执行保存在内存中的应用程序。TMR 处理器以三重化的方式运行，彼此之间共享信息，并且以同步方式运行。TMR 处理器计算得到输出指令并将其发送到输出模块。

③ 三重化的输出命令被发送回 IMB 总线，再到正确的输出模块上。输出模块接受命令并且表决数据，输出电路被经多数表决后的命令驱动。

Trusted 系统以快的速度连续地重复这种扫描顺序，并提供连续的容错控制。如果系统内的一个内部电路发生故障，它被输出表决，然后故障被通知，处理器继续运行没有任何中断。

2. 冗余技术

Trusted 三重化处理器以及接口模块采用 ICS 专利技术的 HIFT 芯片进行容错和表决处理，并采用 TMR（三重模块冗余）的处理结构。在 Trusted 系统中，所有重要电路都实现三重化，三重化的每个部分是独立的，三个部分的功能又完全相同。三重化电路的输出信号在系统输出之前，经过一个 3 选 2 的表决芯片。当三个电路中有一路发生故障，输出错误信号，经过 3 选 2 表决后该错误信号被屏蔽掉，系统仍然输出正确的信号。系统不会因为内部故障而对过程产生影响。

Trusted 系统的 I/O 有两种冗余方式：相邻槽和智能槽。

在相邻槽配置中，机架中两个相邻的槽位可以被用于同样的功能。一个是主槽，另一个为备用槽位。两个槽通过 I/O 连接电缆在机架的后部公共的现场接线端子连接到一起。

对于智能槽配置，第二个备用槽位不是专用于某个主模块。实际上第二个后备槽位是许多个主模块之间共用，这一技术提供了在一个有限空间内安装的最高模块密度。在 Trusted 机架的背后，一个单宽度的输入跳接电缆用于将后备模块槽位直接连接到现场 I/O 的故障主模块。在智能插槽中使用一个后备模块并且通过智能槽 I/O 电缆与故障主模块相连，智能槽可用于更换故障的主模块。

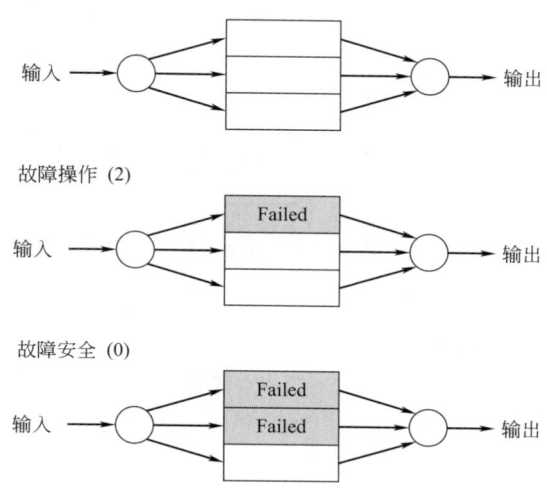

故障操作 (2)

故障安全 (0)

图 4-3-30　Trusted 系统失效-运行/失效-安全特性

3. 安全机理

Trusted 系统是高安全性的系统，它采用专用的硬件和软件测试机制，能够迅速发现内部各种故障并做出反应。由于采用三重化（TMR）结构，Trusted 系统设计为兼有失效-运行/失效-安全的特性，如图 4-3-30 所示。这个特性是指当系统发生故障时，系统将保持正常运行状态，即失效-运行状态。Trusted 系统在此状态下保持正常工作，直到失效模块被更换，系统恢复完全正常为止。如果由于某种原因，失效模块没有被更换，而这时与故障电路并行的另外两个电路中又有一个出现了故障，这一故障将会导致系统停车并进入失效-安全状态。失效-运行/失效-安全设计称为 3-2-0 操作。对采用三重化技术的系统来讲，3-2-0 操作是安全的方案。

4. 安全认证与标准

Trusted 系统的设计和制造遵循 IEC 61508/EN 50156/EN 298/IEC 61131-2/EN 54-2、NFPA 72/NFPA 85/NFPA 86 等标准，并通过了德国认证机构 TUV 莱茵的独立认证，可应用在安全需求状态为励磁和非励磁（Energized/De-Energized）的场合，满足 SIL3 安全等级的要求。

三、系统硬件

1. 控制器

（1）控制处理器　三重化处理器是 Trusted 系统的核心部分，基于 TMR 结构的容错设计，如图 4-3-31 所示。模块包括三个处理器故障限制区（FCR），每一个处理器包括一个 Motorola Power PC 603 系列 100MHz 处理器和相关的存储器。每一个处理器故障限制区（FCR）通过 3 取 2 表决访问其他两个处理器故障限制区的内存系统以消除系统的偏差操作。三重化处理器的前面板带有状态与诊断 LED 指示灯、一个复位按钮和一个维护钥匙开关。模块的三个处理器同时保存与执行应用程序，扫描和更新 I/O 模块，并且检测系统故障。每个处理器单独地执行应用程序，但始终与其他两个处理器处于同步锁定。如果三个里面的一个处理器出现偏离，额外的机制将允许故障的处理器与其他两个处理器重新同步。

在系统失电模式下，系统数据、故障信息和用户程序数据保留在三重化处理器的非易失性存储器中，通过一个不可更换的电池供电，保持时间最长可达 10 年。

（2）通信模块　通信模块为控制器提供一系列的通信服务，最小化 TMR 处理器上的通信负荷。通信模块允许与其他 Trusted 系统、工程师站和第三方设备进行通信。通信模块是可组态的，支持多种通信媒介。通信模块有两个以太网口和四个串行口，通过通信接口适配器（T8153）连接到通信模块的后面，这些端口可被访问。模块的前面板上有一个诊断端口可被访问。

通信模块可安装在控制器机架或扩展器机架的任何单宽度的槽中。但只有安装在控制器机架中的通信模块支持横向通信。

通信模块有 10 个连接端口可用于 Modbus（RTU）协议，其通过一个 IP 端口已被组态（默认为 2000）的 TCP/IP 堆栈。通信模块有一个连接用于 TOOLSET 编程，有一个固定的 IP 端口号为 6000。在端口 502 上，通信模块支持最大 10 个 Modicon 的开放式 Modbus TCP 连接。

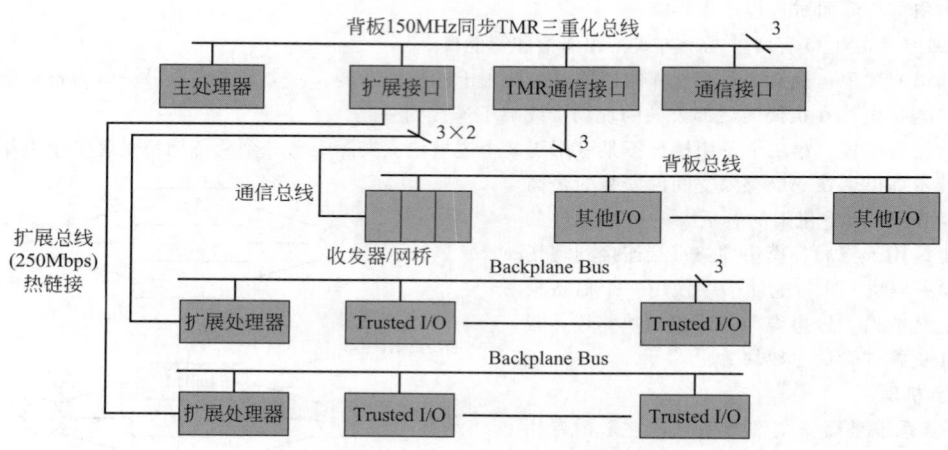

图 4-3-31　Trusted 系统三重化处理器

2. I/O 硬件

不同的 I/O 模块有不同的点密度（通常 40 点/模块）。一个控制器机架可安装最多 8 个 I/O 模块。一个控制器机架在物理上最多可连接 28 个扩展机架（一个控制器机架最多可有 4 个扩展接口，每个扩展接口最多可有 7 个连接）。扩展机架可安装最多 12 个 I/O 模块。一个控制器（处理器）最大可处理 100 个 I/O 模块槽位，100 个槽位×40 通道/模块＝4000 个 I/O。I/O 模块数越多，系统的扫描时间就越长。考虑到不同的 I/O 模块冗余方案（例如相邻槽和智能槽）和扫描时间限制，没有典型的或硬性的系统 I/O 点数规定。多个系统组合起来，并且通过横向通信彼此通信与分享信息。

扩展机架与控制器机架之间的电缆长度必须在 100m 以内。当使用光纤时，机架之间的光纤长度可达到 10km。

（1）Trusted 控制机架　Trusted 控制机架结构紧凑，最多可将 240 个容错的 TMR I/O 点置于一个控制机架中。各 Trusted 系统中心部分均设有一个内含 TMR 处理器的控制器机架，用于无扰动切换的备用相邻槽，8 个接口插槽分别用于输入/输出模块、通信模块或扩展处理器接口模块。Trusted 控制机架如图 4-3-32 所示。

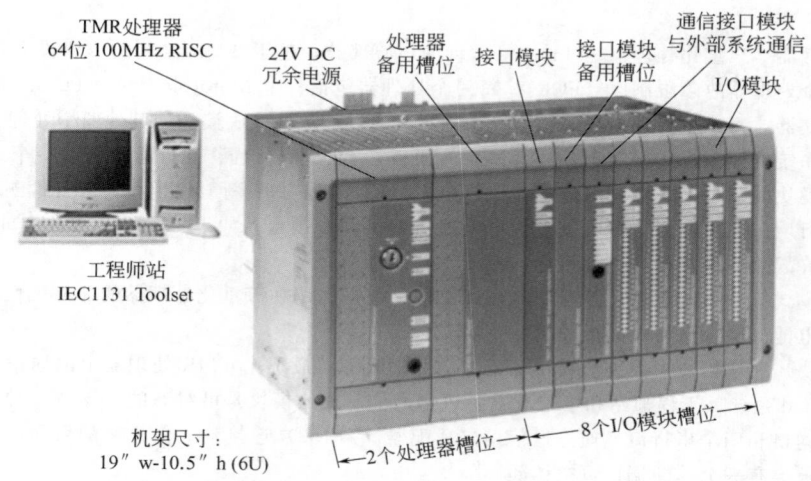

图 4-3-32　Trusted 控制机架

（2）Trusted 扩展机架　每个控制机架可连接多达 27 个 I/O 扩展机架，每个扩展机架有 12 个 I/O 模块槽位。远程扩展机架可位于控制机架 10km，由隔离的 250Mbps 的高速三重化单模光纤连接到控制机架。Trusted 扩展机架如图 4-3-33 所示。

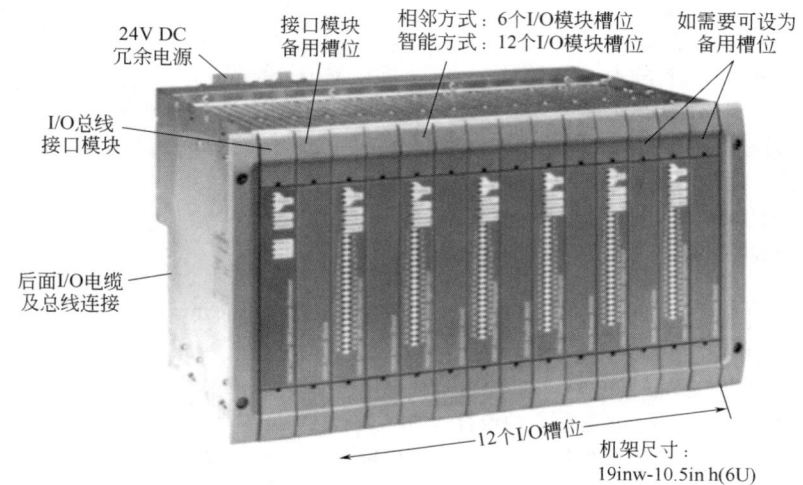

图 4-3-33　Trusted 扩展机架

（3）输入/输出模块　用于模拟和数字输入/输出的各种通用及专用模块，可在同一模块上混合各种不同信号的输入/输出模块，灵活程度高，满足应用要求。所有模块均通过耐久性测试，可配置回路通道检测功能并配有 LED 指示灯。输入/输出组态可利用回路参数在软件中方便设置。

常用的输入/输出模块如下：

① T8403　40 通道数字量输入模块 24V DC 三重化；

② T8423　40 通道数字量输入模块 120V DC 三重化；

③ T8402　60 通道数字量输入模块 24V DC 双重化；

④ T8451　40 通道数字量输出模块 24V DC 三重化；

⑤ T8461　40 通道数字量输出模块 24V DC/48V DC 三重化；

⑥ T8471　32 通道数字量输出模块 120V DC 三重化；

⑦ T8431　40 通道模拟量输入模块 4～20mA 三重化；

⑧ T8480　40 通道模拟量输出模块 4～20mA 三重化；

⑨ T8442　9 通道脉冲输入/6 通道数字量输出透平速度监测模块；

⑩ T8448　24V DC 区域接口模块；

⑪ T8849　40 通道 24V DC 阀门检测模块三重化；

⑫ T8120　基本串行通信接口模块 RS-422/485；

⑬ T8121　IRIG-B 通信接口模块；

⑭ T8122　Modbus Master 通信接口模块；

⑮ T8123　Modbus Master & IRIG-B 通信接口模块。

3. 现场接口（FTA、连接电缆）

（1）现场端子板（FTA）　采用现场端子板（FTA），配合专用电缆，可简单、迅速地实现 I/O 与现场设备之间的连接。采用现场端子板（FTA）可降低系统的安装、组态、维修和维护的时间。

常用的现场端子板如下：

① T8800　40 通道 24V DC 数字量输入；

② T8801　40 通道 24V DC 数字量输入非易燃；

③ T8802　60 通道 24V DC 数字量输入；

④ T8821　40 通道 120V DC 数字量输入；

⑤ T8830　40 通道 4～20mA 模拟量输入；

⑥ T8831　40 通道 4～20mA 模拟量输入，非易燃；

⑦ T8832　60 通道 4～20mA 模拟量输入；

⑧ T8840　8 通道温度（TC/RTD/4～20mA）输入；

⑨ T8441　8 通道 RTD 温度输入;

⑩ T8842　40 通道通用输入/输出;

⑪ T8846　9 通道脉冲速度输入;

⑫ T8850 40 通道 24V DC 数字量/模拟量输出;

⑬ T8870　32 通道 120V DC 数字量输出。

（2）连接电缆　I/O 电缆接头有两种形式:

① 双头　连接模块和 FTA 板;

② 单头　连接模块和端子。

4. 电源系统

电源系统由电源机架、最多 3 个电源模块构成。电源组件可将外供的双路电源（90~264V AC）转换成＋24V DC/＋28V DC 输出。

每个电源机架最多可容纳 3 个电源模块。电源机架采用标准的 19″机架。

电源机架可根据需要提供各种电源输出的组合，如双冗余的供电，或者 N＋1 方式冗余的供电。

每个电源模块具有独立的输入供电接口，每个电源模块的诊断信息可通过电源机架背面的端口上的继电器触点获得。通过电源控制器，还可以对电源模块的输出电压和电流进行实时组态，一个电源控制器可同时监视 12 个电源模块（安装在 4 个电源机架内）。每个电源模块具有在线更换、电流共享、电流限制、功率因数校正、输入输出诊断、输出电压组态等特性。

① 输入电压范围:90~264V AC。

② 频率范围:47~63Hz。

③ 浪涌电流:50A（最大）。

④ 电源因素:0.95 最小，0.99 典型。

⑤ 输出功率:750W。

⑥ 隔离电压:3kV AC，之间;1.5kV AC，对地。

5. SOE 站、工程师站

Trusted 的 SOE 站和工程师站至少需要一台计算机。

① Windows PC 机。

② 一个 CD-ROM 驱动器。

③ 500GB 以上的硬盘。

④ 一块显示卡以及一台 24″显示器。

⑤ 鼠标器（用于图形软件工具）。

⑥ 一个 USB 通信口或并口（用于保护锁）。

⑦ 两个串行通信口（包括鼠标用的串行口）。

⑧ 以太网卡（需要以太网接口通信）。

四、系统软件

1. 系统软件

（1）IEC61131 Toolset 组态软件　IEC61131 Toolset 组态软件是基于 Windows 操作系统的软件，具有标准的 Windows 应用程序特征，如窗口、下拉菜单、对话框等。IEC61131 Toolset 组态软件可安装在一台台式计算机或者一台便携式计算机中，实现 Trusted 系统的组态和编程。IEC61131 Toolset 组态软件特点如下。

① 支持多种组态语言　包括顺序功能图、功能块、梯形图、结构文本和指令表。

② 支持各种数据类型　IEC61131 标准库函数以及增强的库函数管理器，具有离线模拟、在线监视、安全管理、版本历史、文档管理、在线帮助等功能。

IEC61131 Toolset 组态软件提供很多工具，可以开发任何实时控制需要的控制算法。这些语言是 SIL3 级安全应用中认可的组态和编程语言。在编译和下装应用程序以及通信组态时，必须通过验证软件对其进行确认。TUV 只认可功能块和梯形图作为与安全应用有关的程序的组态方法。

控制器的编程组态和其他通用的 PLC 系统类似。通过和 Trusted 系统建立通信的工程师站，以软件下装的形式将应用程序下装到控制器中。一旦下装完毕，控制器自动对程序三重化，因此所有的三重化都是透明的。运行 IEC61131 Toolset 的工作站还可以直接和三重化控制器相连，以监控应用程序以及其控制对象。

IEC61131 语言允许用户选择对 Trusted 编程组态的方式，IEC61131 提供 5 种编程组态的语言：

① 顺序功能图（sequential function chart）；

② 功能块（function block diagram）；

③ 梯形图（ladder diagram）；

④ 结构文本（structured text）；

⑤ 指令表（instruction list）。

（2）离线模拟　IEC 61131 Toolset 具有功能强大的离线模拟功能，可方便地对所有程序进行测试而不需要复杂的测试设备。程序跟踪器可对程序执行的每一步进行跟踪，并随时查询程序中任何变量的值。如果需要，I/O 卡件也可进行全面模拟，并且内部状态和变量可人为设置。操作界面如图4-3-34所示。

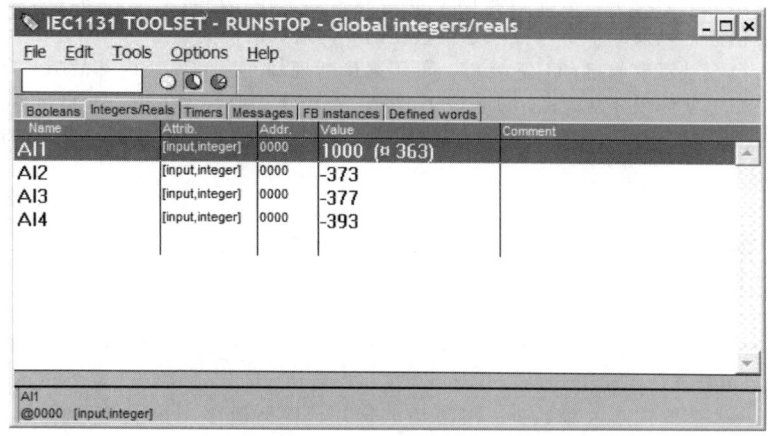

图 4-3-34　离线模拟

（3）在线监视和更新　系统可在线监视，可以打开任何的程序窗口，侦察变量，同样可锁位 I/O 和变量。

Trusted 系统支持两种类型的在线更新：常规更新和智能更新。常规更新可在所有发行的 Trusted 系统版本中使用。智能更新只能在 3.4 版本以上使用。更新可使过程在运行的时候修改应用程序。在线更新可在不中断（关闭）过程的情况下，更改当前的应用程序，将这些变化下载到系统中，然后将系统切换到更新的应用上。虽然两种更新本质上实现的是同样的功能，但智能更新比起常规更新多了几种方法。在线监视和更新界面如图 4-3-35 所示。

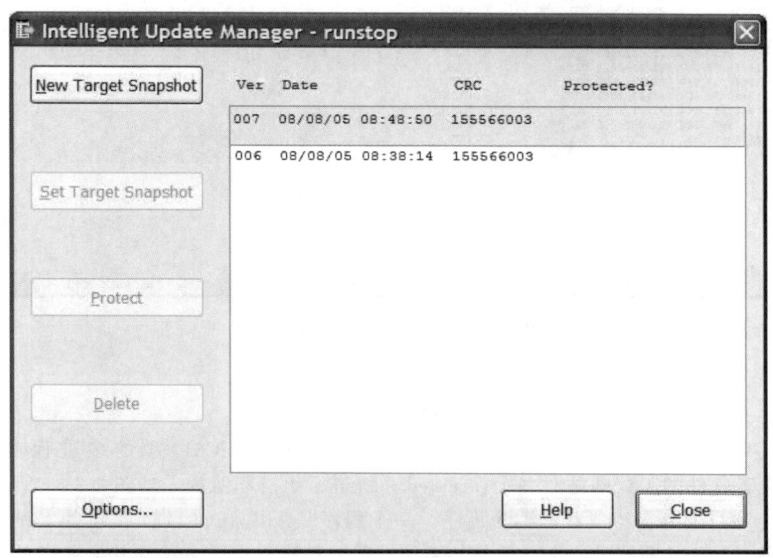

图 4-3-35　在线监视和更新

（4）系统诊断　系统故障主要是通过 Trusted 模块顶部的三个 LED 指示灯指示。推荐从主处理器开始查错，并且通过通信接口模块、扩展模块，到最终的 I/O 模块向下延伸。这些 LED 指示灯有四种状态，并且有相应的颜色。

① 稳定绿色：指示工作正常，没有故障。

② 红闪：指示发生了一个非关键性故障。

③ 稳定红色：指示发生了一个关键性故障。

④ 关闭（OFF）：指示失电。

如果要求提供比 LED 状态指示更多的信息，Toolset 软件通过复杂 I/O 设备定义可提供更多的诊断信息。这些信息中的绝大多数位于每个模块定义的 Housekeeping 板卡中。模块提供的信息包括温度、电流和电压等。处理器提供的信息包括被锁的变量、系统健康 LED 状态报警、工作与后备处理器的健康状态。I/O 模块提供每个通道详细的状态信息，以及一个 I/O 点状态三重化的不同造成的冲突报警。

处理器模块和 I/O 模块载有自己的日志文件，可用来诊断现场问题和模块内部故障。Dumptrux 是一个简单的程序，其运行一个定期的程序从 Trusted 系统中的每一个模块提取日志文件，并且将这些信息放在一个文本文件中。Dumptrux 也用于清除 Trusted 系统中的每个模块的日志文件。推荐在收集之后清除系统中的日志文件。

2. SOE 软件

顺序事件记录（SOE）程序产生所有离散变量的时间标日志（如系统内故障、现场跳车、输出动作等）。过程历史程序（PH）提供记录模拟变量的功能。

使用该程序包，可通过通信接口模块从控制器中收集数据。在工程师站和 Trusted 系统之间的通信可使用通信接口模块后面的串行通信或者以太网通信端口（前面板的串行口不能用于此目的）。点击 SOE Collector 按钮将启动 SOE 记录演示功能。点击 Process Historian 按钮将启动 PH 记录功能。多个 SOE 和 PH 画面可被启动，允许从多个 Trusted 系统同步收集数据。可滚动记录并且保持最多 4000 个记录。换句话说，当记录了 4000 个记录之后，旧的数据将被覆盖。

顺序事件记录窗口如图 4-3-36 所示。

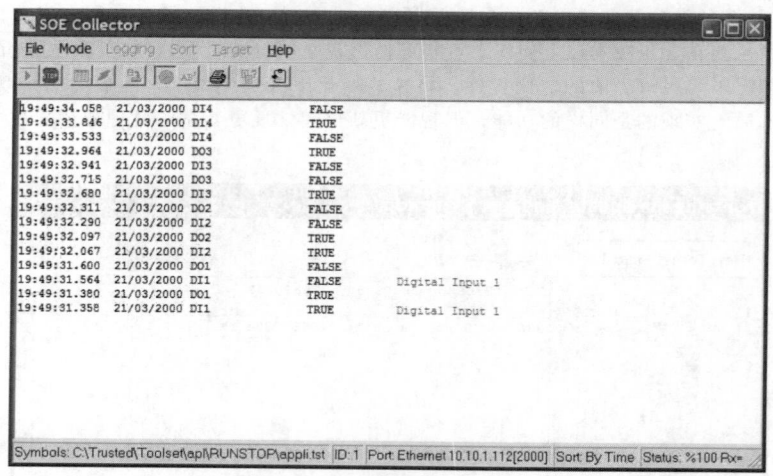

图 4-3-36　顺序事件记录窗口

3. 组态、调试

IEC61131 Toolset 内部有两个概念：项目和程序。

（1）项目　项目是一套 Trusted 系统中一系列程序的总称。IEC61131 的多进程功能可让一台运行 IEC61131 Toolset 组态软件的工程师站对多个 Trusted 系统进行组态和监控，如图 4-3-37 所示。

（2）程序　一个项目的各个组成部分称为程序。一个程序是采用 IEC61131 提供的 5 种组态编程语言完成的一系列算法。虽然 Trusted 系统是一个三重化的系统，但其编程组态的方法和其他通用的可编程逻辑控制器并没有什么不同。在编程过程中，不需要考虑三重化的问题，程序在下装过程中将自动完成三重化的工作。每

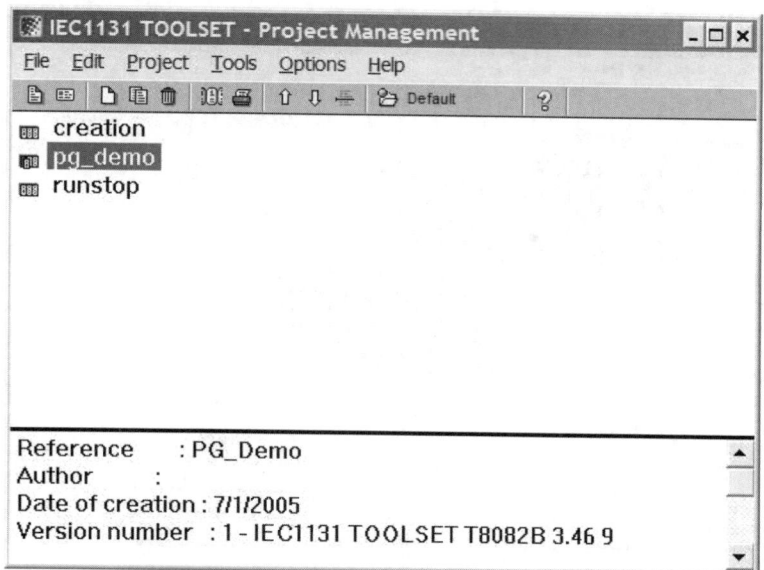

图 4-3-37　项目

个 Trusted 项目可由多达 255 个程序组成，每个程序可由 5 种编程语言中的任何一种或几种来完成，如图 4-3-38所示。

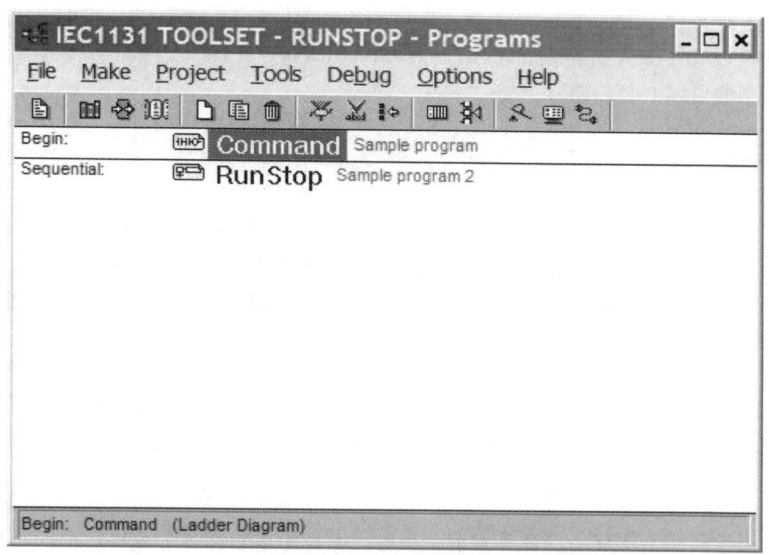

图 4-3-38　程序

（3）硬件组态　IEC61131 Toolset 提供一个图形化的硬件组态方式，可直观添加各种处理器和 I/O 模块。本例所示为添加一个扩展机架后的系统布局。需要注意的是即使有两个处理器被安装（组态），也只有一个处理器被显示在画面上，如图 4-3-39 所示。

4. 软件选型

（1）核心软件

T8082 Trusted IEC61131 Toolset Suite：系统核心组态诊断维护软件包（必选项）；

T8013 Trusted SOE & Process Historian Software Package：SOE 和历史数据记录包（推荐项）。

（2）功能扩展选项

T8019 Trusted Process Control Algorithm Software Package：过程控制算法软件包，可用于一系列原本由

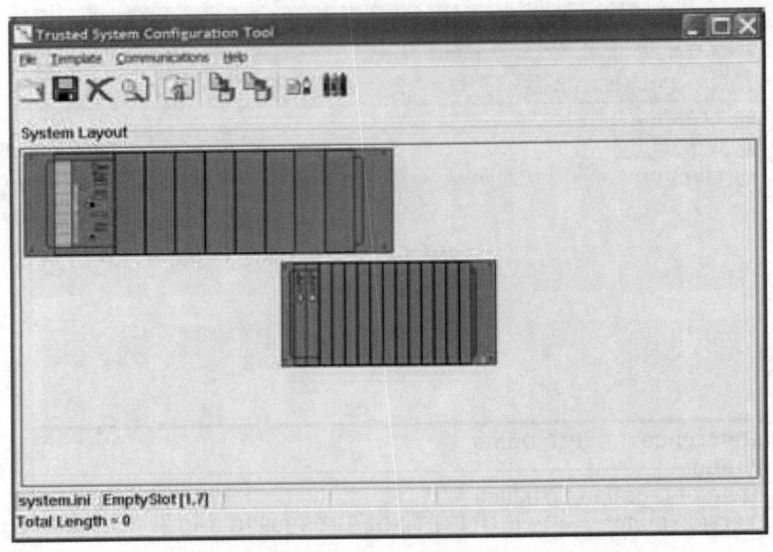

图 4-3-39　硬件组态

DCS 或 PLC 负责的过程控制应用（推荐项）；

T8031 Valve Manager：阀门管理软件包，可提供控制和定期（全部/部分行程）测试现场联锁阀门功能并送往历史数据库（推荐项）。

（3）系统集成类

T8017 Trusted Peer to Peer Communications Software Package：Peer to Peer 同级通信软件包，当有多套 Trusted 系统需要互相通信时（必选项）；

T8030S Trusted OPC Server Package：提供与第三方 OPC 通信接口（推荐项）。

五、通信与网络

1. 通信概述

Trusted 系统支持开放的网络结构。通过系统间的通信，实现分散的控制和监测。系统采用以太网TCP/IP协议通信，网络底层采用 UDP 结构，并支持网关、路由器等网络设备。系统与外部系统的通信，可通过主处理器或者专用的通信模块或者网关模块来实现。可使用多种通信协议进行串行通信和以太网通信。通信模块安装在控制机架和扩展机架中。

2. 安全网络

Peer-Link 同级通信提供不同的 Trusted 系统之间通过单独或者冗余的通信网络建立通信。通过这种方式，不同的 Trusted 系统之间可实现与安全应用有关的数据交换。这种同级通信最多可让 40 套独立的 Trusted 系统连接在一起。

3. SIS 与第三方通信

Trusted 系统提供灵活的系统结构，可选择不同的通信方式实现和各种外部设备的通信。通信模块主要支持的通信标准有串行通信（RS-232/422/485）和以太网（10Base2/10BaseT、10BaseT/100BaseT），支持的通信协议包括 Modbus（主/从）、TCP/IP 及 OPC 协议。

另外，通过接口适配器上的 IRIG-B 解码模块，三重化处理器可以接收卫星时钟信号。

六、系统应用举例

某 100 万吨/年甲醇项目采用 Rockwell 公司提供的 TMR 容错型安全仪表系统（紧急停车系统），其中包括 ICS Trusted 三重化容错型专用控制器，用于两套装置的监视、控制和联锁保护。为提高控制系统运行的安全性，专用安全控制系统与 DCS 系统的控制单元之间应相互独立，分别安装在不同的控制机柜内。该关键控制系统独立完成安全控制任务，与 DCS 系统互不影响。

Trusted 系统包含的控制单元（控制器）、操作员站/工程师站，都直接连接在系统的高速通信网络——冗余的以太网上。所有连接在网络上的设备，均可以实现站与站之间的数据交换，并且不分主站和从站。

Trusted 系统可通过标准 OPC 或标准 Modbus RTU 协议与第三方产品（如 DCS 系统等）进行通信，该安全仪表系统要求配置一台操作员站，用 Rockwell RSView 的 HMI 实现人机操作。安全仪表系统规模为 1598 I/O点，其中 AI 448 点、DI 452 点、DO 695 点，预留 15% I/O 点数裕量。

该 SIS 安全仪表系统配置如下。

① HMI 人机接口 一台操作员站放置在中心控制室中，供操作人员监视工况、联锁操作。

② 辅助操作台 紧急停车按钮 3 个，带灯旁路开关 4 个，36 点闪光报警灯屏（带试验、确认、消音及复位按钮）2 组。其中报警灯屏为通信接口输入，采用 Modebus RTU/RS-485 接口，用于与 SIS 系统通信。

③ 打印机 1 台 A4 黑白激光打印机，满足操作站屏幕打印和脱机打印的要求。

④ 工程师站 工程师站和操作站分开设置，工程师站采用独立的便携 PC 机，只有工程师才可进入到组态环境中。

⑤ TMR 系统网络设计 该项目 SIS 系统选用 T8110B Trusted TMR 控制器，通信总线为 TMR 三重冗余。局域通信网实现容错（或冗余）配置。网络连接采用两台网络交换机，选用工业级的 MOXA 产品。网络交换机预留 4 个连接操作站的接口，以便扩充应用。网络连接方式为星形连接。

所有的通信卡件、通信网络及设备采用工业级冗余配置。工程师站/操作站与控制器之间采用以太网 TCP/IP 通信，操作站与控制器之间的通信也采用以太网方式，通信协议为 OPC，以太网通信介质采用超 5 类通信电缆。通信距离为 50m 之内。

本项目采用的 SIS 系统结构图如图 4-3-40 所示。

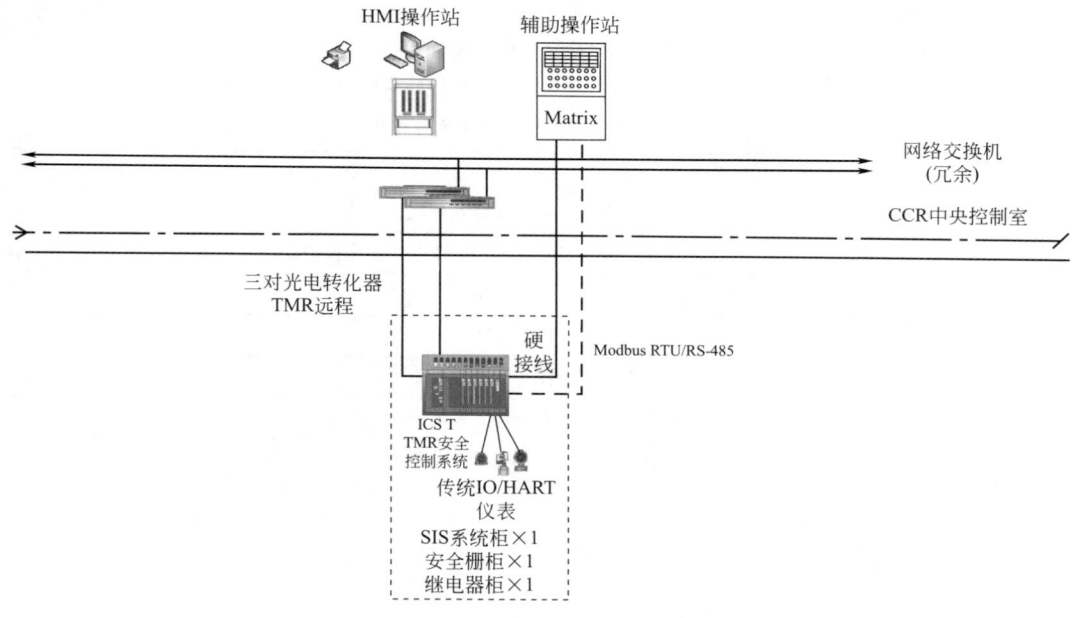

图 4-3-40　本项目中 SIS 系统结构

⑥ 三个标准机柜 SIS 系统柜、安全栅柜、继电器柜，机柜的外形尺寸 800mm×800mm×2100mm（W×D×H）。

第七节　Siemens SIMATIC S7 F/FH 过程安全系统

一、系统概述及发展

Siemens SIMATIC S7 F/FH 过程安全系统符合 IEC61508 SIL3 安全等级，其中安全相关的单个部件均按照 SIL3 等级设计，不需要硬件冗余来实现高的安全等级。为了满足不同的可用性需求，可采用柔性模件冗余技术（FMR）进行灵活的系统配置。当全冗余容错配置时，系统具有多重容错功能，多个部件发生故障时系统仍能保持运行，不会造成装置的误停车。

SIMATIC S7 F/FH 既可以作为完全独立的安全系统使用，又可以无缝集成到 Siemens 过程控制系统 SI-MATIC PCS 7 之中，在安全功能独立运行的前提下实现 SIS 与 DCS 数据和通信的安全集成，简化工程设计、操作和维护，节约软硬件、系统集成和工程成本。

SIMATIC S7 F/FH 适于以下典型应用：

① 安全仪表系统、紧急停车系统、安全联锁系统；

② 关键控制；

③ 燃烧器管理系统；

④ 有毒有害、可燃气体及火灾检测保护系统。

1976 年，SIMATIC HS-S31 成功应用于德国 Esso AG 精炼厂蒸汽锅炉的燃烧控制，系统采用了硬件 3 取 2 的设计来实现安全性和可用性需求，并获得巴伐利亚（Bavaria）技术监察机构（TUV）的认证。

从 S3 系列、S5 系列到 S7 系列产品，Siemens 一直致力于将先进的工业设计制造技术、通信技术、智能化和数字化技术应用于过程安全领域。

二、技术特点

1. 系统架构和功能描述

SIMATIC S7 F/FH 过程安全系统由安全控制站、工程师/维护站和安全通信网络构成。安全控制器之间、安全控制器与 I/O 之间、安全控制器与现场设备之间均采用 PROFIsafe 进行安全通信。可以根据需要配置操作站。SOE 功能为基本配置，不需要加装另外的软件。

工程师站用于安全程序的组态、下装、调试和维护，维护站用于设备资产管理，工程师站和维护站可以兼用。对于大型系统应用，可设置多台工程师站，由多个工程师协同进行工作。

SIMATIC S7 F/FH 符合表 4-3-17 中的功能安全相关的标准和规范，并取得了相应的认证。

表 4-3-17　功能安全相关的标准和规范

IEC 61508—2010	功能安全——安全相关系统
IEC 61511—2016	功能安全——过程工业安全仪表系统
VDI VDE 2180—2013	过程控制工程——过程工业工厂安全保护
ANSI/ISA-84.00.01—2004	过程工业安全仪表应用
EN 60204—2010	机器安全——机器电气设备
ISO 13849—2015	机器安全——控制系统安全相关部分
EN 62061—2013	机器安全——安全相关系统的功能安全
EN 50156—2016	燃烧炉和辅助设备的电气设备
NFPA85—2015	锅炉和燃烧系统危险规范
EN 54—2006	火灾监测和火灾报警系统
NFPA 72—2016	国家火灾报警规范
EN 61326-3-1—2008	EMC——功能安全系统和设备

系统规模：SIMATIC S7 F/FH 具有多种不同处理能力的安全控制器可供选择，单台/对安全控制器的处理能力可选范围为从 100 个 I/O 点到最大约 3000 个 I/O 点。在大型系统应用中，一台/对网络服务器最多可配置 64 台/对安全控制器，最多可带载 160000 个 I/O 点。

工业防护：安全控制器和安全 I/O 模块均符合 G3 防腐标准，ET200pro 高防护等级系列安全 I/O 模块可满足 IP65/67 防护标准。

SIMATIC S7 F/FH 的基本构成如图 4-3-41 所示。

SIMATIC S7 F/FH 与过程控制系统 SIMATIC PCS 7 的安全集成具有以下特点。

① 在统一的工程组态环境中实现标准应用和安全应用的组态。

② 可采用独立的安全控制器配置构成独立的安全控制站，或在安全控制器中兼容运行功能独立的标准应用和安全应用程序而不相互影响，采用相互独立的 I/O 单元来处理标准的和安全信号，PROFIsafe 作为独立的

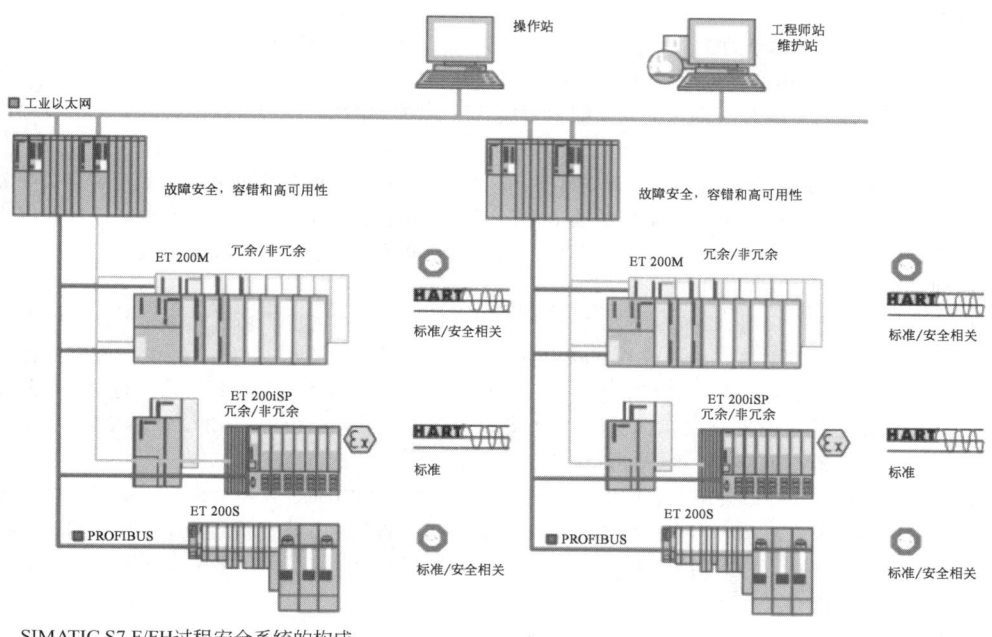

图 4-3-41 SIMATIC S7 F/FH 基本构成

安全应用层实现安全通信。

③ 在操作站（OS）中，带时间标签的安全应用相关的数据会自动采集过程可视画面中，不需要传统的DCS 与 BPCS 之间复杂的数据通信和转换。

④ 采用一致的维护界面对标准应用和安全应用进行设备资产管理。

SIMATIC PCS 7 安全集成构架如图 4-3-42 所示。

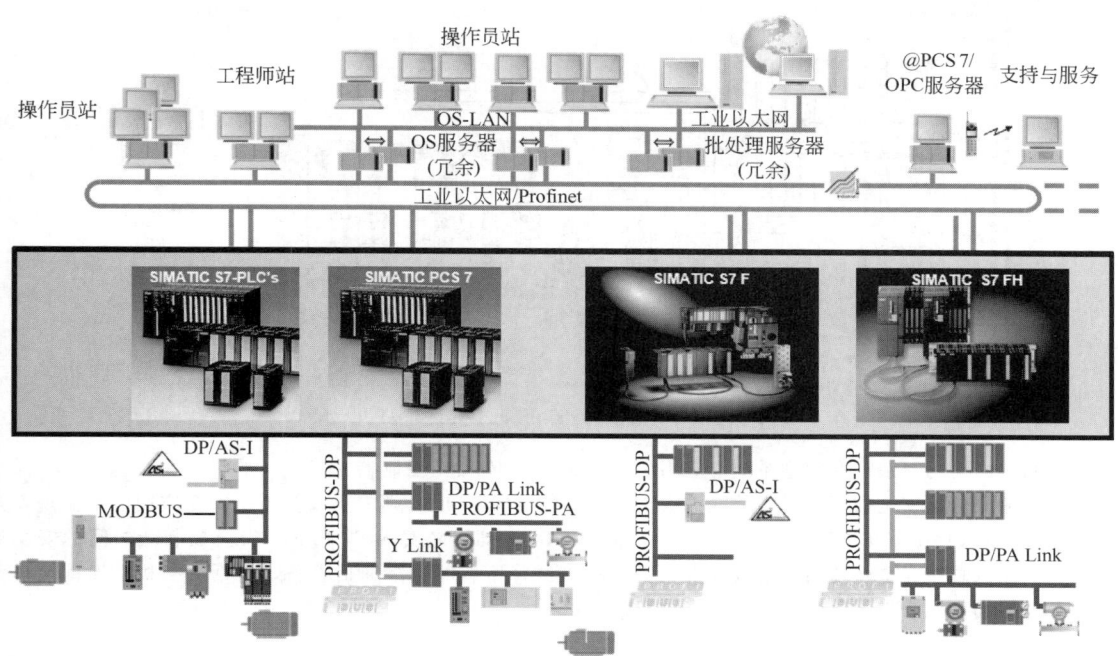

图 4-3-42 SIMATIC PCS 7 安全集成构架

2. 冗余容错

SIMATIC S7 F/FH 由单个的安全控制器、单路 I/O 总线通信、单个的 I/O 模块构成的单系统配置即可满足 SIL3 安全等级，当系统内部发生故障时，系统的输出将自动置于安全状态。为了避免因系统本身故障而造成工艺装置的误停车，可以通过对部件的冗余配置来提高系统的可用性。系统可以根据需要灵活地进行部件冗余配置。

（1）安全控制器的冗余　SIMATIC S7 F/FH 的 S7-400 系列的安全控制器可以采用双冗余容错配置，当其中一个安全控制器发生故障时，另外一个会继续工作而不会造成系统的停车。为了有效地降低共因故障，避免冗余功能失效，每个安全控制器都配有独立的底板、独立的供电单元和独立的总线通信接口，通过双冗余的同步光纤进行同步。

（2）I/O 模块的冗余　采用 Siemens 专有技术-FMR 柔性模块冗余对 I/O 进行冗余配置，在一个冗余安全控制器配置的系统中，可以根据需要进行单 I/O 模块、双重化 I/O 模块或三重化 I/O 模块混合配置。单个的 I/O 模块通过背板总线连接到 ET200M I/O 机架的冗余接口模块上，通过冗余的 I/O 总线与安全控制器进行冗余的通信。双重化或三重化的冗余采用的是机架之间的冗余方式，相互冗余的 I/O 模块安装在各自独立的 ET200M I/O 机架中，具有相互独立的背板总线通信和供电。

（3）I/O 总线的冗余　可以采用 PROFINET 环网的方式或 PROFIBUS 冗余总线方式配置冗余。当采用环网方式时，总线断路或节点故障时不会造成系统停车。采用冗余的总线方式通信时，每个控制器都连接到相互冗余（双重和/或三重）的 I/O 总线接口上，与冗余的 I/O 模块进行通信。这种连接方式可以提供最大系统可用性，具有多重容错功能。

SIMATIC S7 F/FH 柔性模件冗余如图 4-3-43 所示。

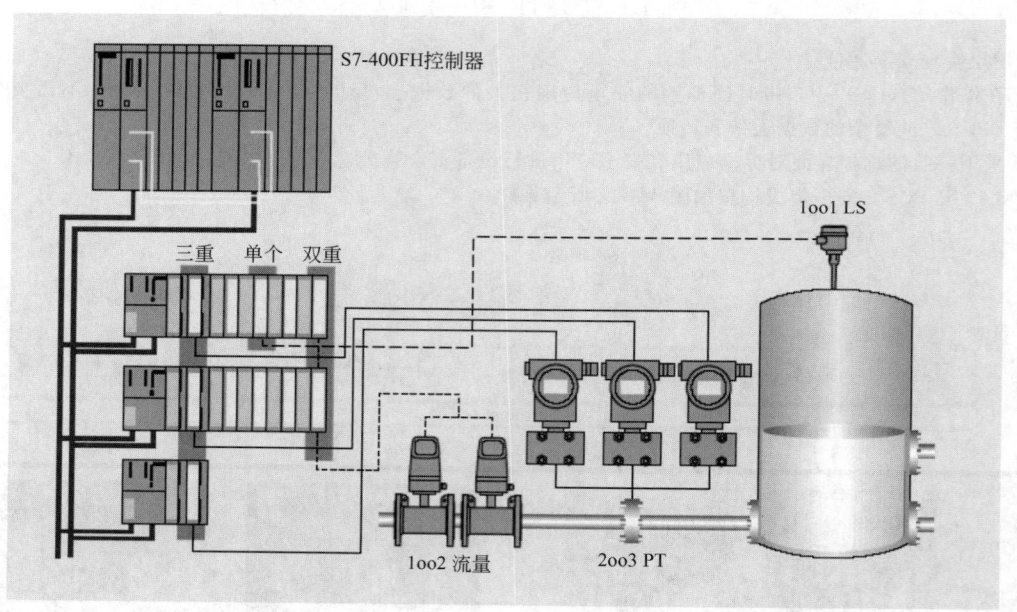

图 4-3-43　SIMATIC S7 F/FH 柔性模件冗余

（4）系统网络的冗余　在大型系统的应用中，需要多个/对安全控制器完成全厂的过程安全应用。当需要安全控制器之间传输安全数据来实现关联的安全仪表功能（SIF）时，则需要设置工厂安全应用网络实现安全通信。Siemens 采用 PROFINET 或工业以太网，通过 PROFIsafe 来实现 S7 F/FH 安全控制器之间的安全通信，可以采用双总线冗余、环网冗余或双环网冗余的方式，所有的网络通信设备，包括交换机、通信接口设备、服务器等均可冗余设置，以构成冗余容错网络。

三、系统硬件

1. 安全控制器

SIMATIC F/FH 安全控制器能够并行处理标准应用程序和安全应用程序。标准应用和安全应用的程序组件保持严格的相互隔离，不会造成处理过程的相互影响。如果需要进行数据交换，则通过特殊的转换块来执行，该应用经过了 TUV 认证。安全控制器结构如图 4-3-44 所示。

安全控制器成套单元包括机架、控制器、电源、存储卡、同步光纤组件和工业以太网接口组件。根据处理能力大小的不同，控制器分为各种不同的型号，各型号的带载能力如表 4-3-18 所示。

2. I/O 子系统

SIMATIC F/FH 的 I/O 子系统包括以下几部分。

图 4-3-44　安全控制器结构

① ET 200M 分布式安全型 I/O，通用型。每个 I/O 机架最多可带载个 12 个模件，包括 DI 24 通道、DO 10 通道、AI 6 通道和 NAMUR 8 通道。

② ET 200iSP 分布式安全型 I/O，本质安全型，适用于危险环境。每个机架最多可带载 32 个模块，包括 DI NAMUR 8 通道、DO 4 通道和 AI 4 通道。

表 4-3-18　各型号的带载能力

类型	AS412F/FH	AS414F/FH	AS416F/FH	AS417F/FH	AS410EF/FH	AS410EF/FH
内存	1MB	4MB	16MB	32MB	4MB	32MB
I/O 带载	约 100	约 600	约 1500	约 3000	约 600	约 3000

③ ET 200S、ET200SP 紧凑型系列 和 ET200pro 高防护等级系列（IP65/67）。

分布式安全型 I/O 如图 4-3-45 所示。

(a) ET 200M系列

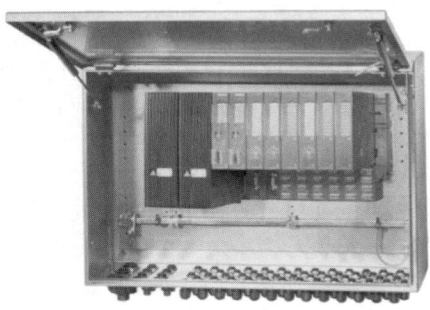

(b) ET 200iSP系列

图 4-3-45　分布式安全型 I/O

四、系统软件

Siemens 提供了 TUV 认证的基本型组态工具 CFC F-LIBERARY 和可选软件 Safety Matrix 安全矩阵软件工具对 S7-F/FH 安全系统进行组态和编程。

1. CFC F-LIBERARY

在连续功能块 CFC 组态工具中调用预定义的安全逻辑功能块，按照工程设计中的安全联锁逻辑图进行互连即可完成组态工作：

① 比较安全相关程序；

② 通过校验和识别安全程序中的更改；

③ 隔离安全相关功能和标准功能；

④ 离线和在线修改和下装。

CFC 安全功能块如图 4-3-46 所示。

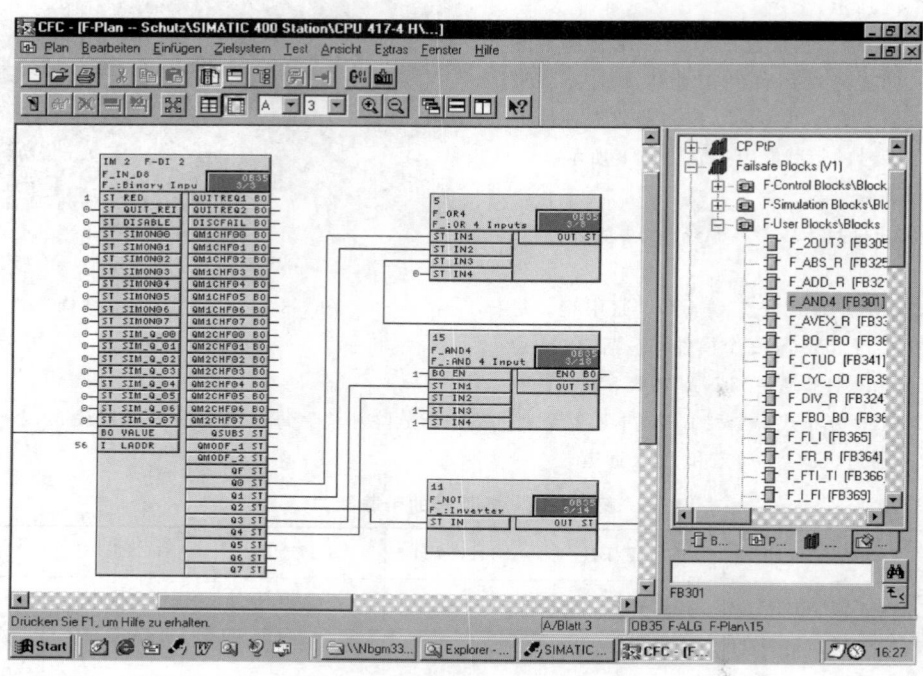

图 4-3-46　CFC 安全功能块

SOE 作为系统内置的标准功能，不需要额外的软件组态实现，只要将位号加以简单的标识，即可自动生成所需的带有时间标签的毫秒级 SOE 功能。

2. Safety Matrix 安全矩阵

根据因果关系矩阵进行组态，在类似于电子表格程序的矩阵表的水平行中输入过程事件（输入），在垂直列中定义事件的反应（输出），简单地单击行和列交叉点处的单元后进行功能赋值选择，即可将事件和反应关联起来。根据这些赋值自动生成安全相关的 CFC 中的安全程序。

与 CFC 相比，Safety Matrix 的组态更为方便和快捷，同时也是安全生命周期中安全仪表系统的运行和维护的软件。

安全矩阵 Safety Matrix 如图 4-3-47 所示。

安全矩阵的特点：

① 以填写因果表的方式进行组态，自动生成相关的 CFC 安全程序；

② 操作简易和透明，无需专门的编程知识，缩短组态时间和降低人工失误；

③ 自动生成安全管理的存档资料；

④ 在 SIMATIC PCS 7 的操作员站上，自动生成可视化及用户友好的安全矩阵界面；

⑤ 自动管理程序的项目版本；

⑥ 进行安全功能的直接修改，具有轻松方便的测试模式，以及旁路、复位和跳过等功能工具。

TUV 认证的应用软件包括：

① S7 F 系统软件 CFC F-LIBERARY；

② S7 F 系统运行许可证；

③ Safety Matrix 编辑器；

④ Safety Matrix 浏览器；

⑤ Safety Matrix 完整工具包。

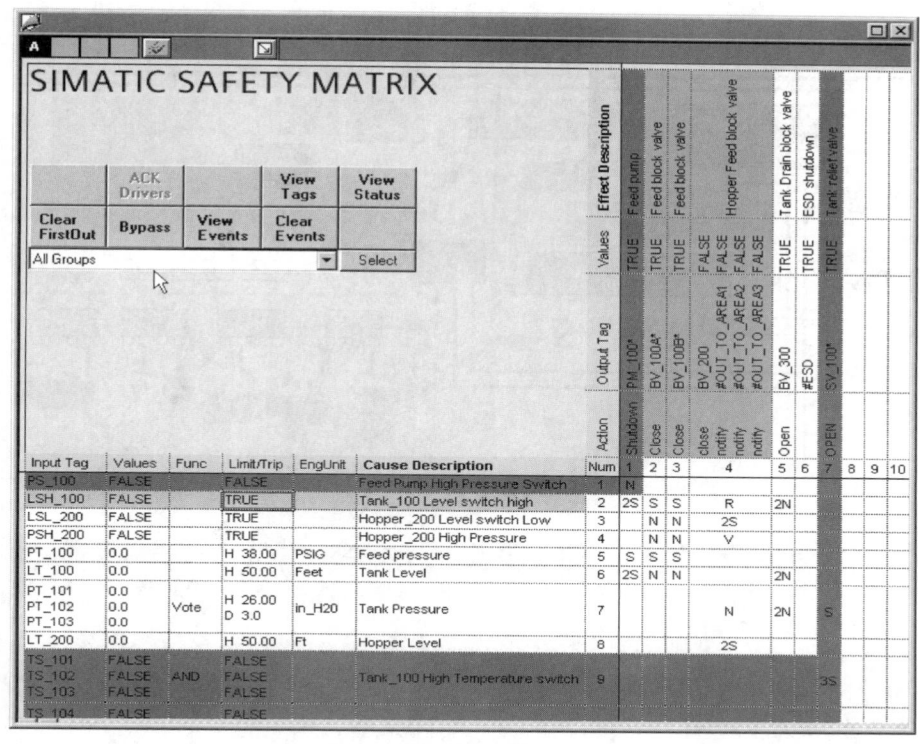

图 4-3-47　安全矩阵 Safety Matrix

五、通信与网络

1. 系统通信与网络

网络连接示意图如图 4-3-48 所示。

网络可以采用星形、总线型、树形和环形拓扑结构，根据需要进行单总线、冗余总线、单环网、冗余环网等灵活组合配置。远程通信可以采用光纤和/或无线的方式，PROFIsafe 可以运行在工业以太网上，对交换机等通信设备没有功能安全的特殊要求，高可靠性的工业交换机和通信设备均可用于 PROFIsafe 安全工业网络通信。

SIMATIC NET 产品专为工业用途而设计，包括全系列的 SCALANCE 工业交换机、工业网络接口等，产品之间完全相互匹配，符合最高的工业标准等级。推荐使用 Siemens SIMATIC NET 网络组件用于 PROFIsafe 通信，如图 4-3-49 所示。

PROFIsafe 是通过 TUV 认证的 SIL3 安全通信，作为一个独立的通信应用层运行。

PROFIBUS 或 PROFINET 与 PROFIsafe 行规结合使用，支持标准组件与安全相关组件在同一根总线上运行，无需使用独立的安全总线。

PROFIsafe 数据传输如图 4-3-50 所示。

PROFIsafe 通过附加信息对帧进行扩展，PROFIsafe 通信伙伴则可通过这些信息对延时、错误序列、重复、丢失、寻址错误或数据虚假等传输错误进行识别和补偿。

2. 与第三方系统通信

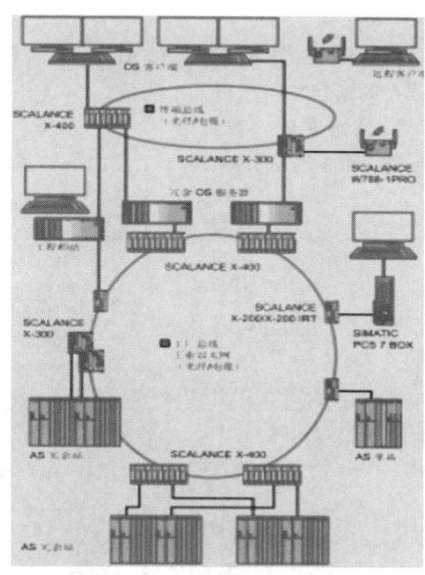

图 4-3-48　网络连接示意图

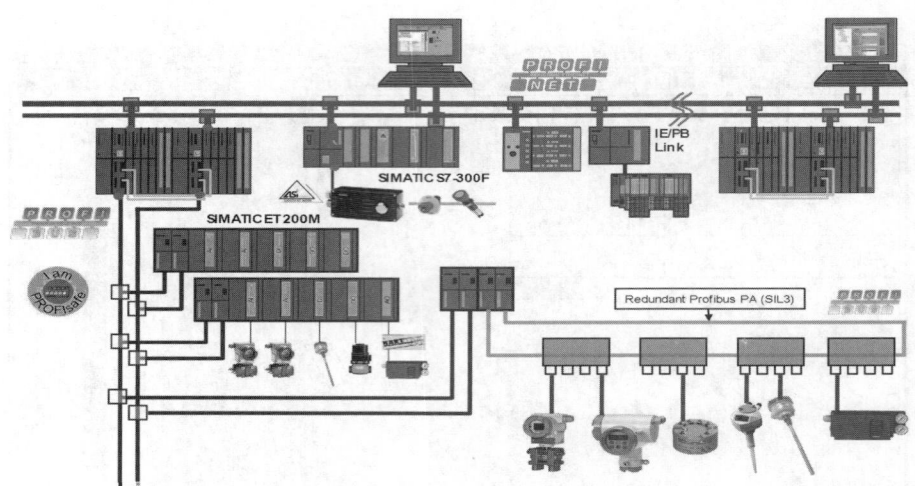

图 4-3-49　Siemens SIMATIC NET 网络组件

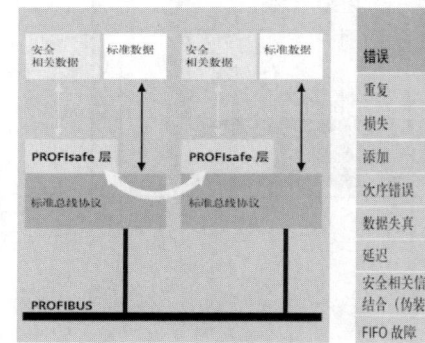

	措施			
错误	连续编号	带确认的时间预期	标识发送器和接收器	数据安全性 CRC
重复	✓			
损失	✓	✓		
添加	✓	✓	✓	
次序错误	✓			
数据失真				✓
延迟		✓		
安全相关信息和标准信息的结合（伪装）		✓	✓	
FIFO 故障	✓			

图 4-3-50　PROFIsafe 数据传输

SIMATIC S7 F/FH 通过 Modbus、PROFIBUS、OPC 等方式与第三方控制系统（如 DCS）通信，可以配置冗余的通信接口进行冗余通信。

3. 网络安全

Siemens 遵循 IEC62443 工控网络与系统信息安全标准，采用纵深防御理念，为保护过程工厂的信息安全

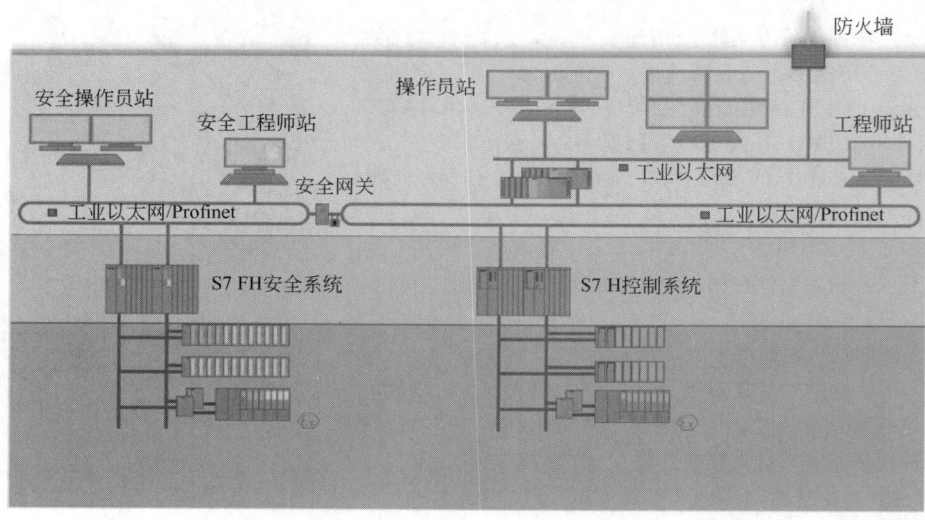

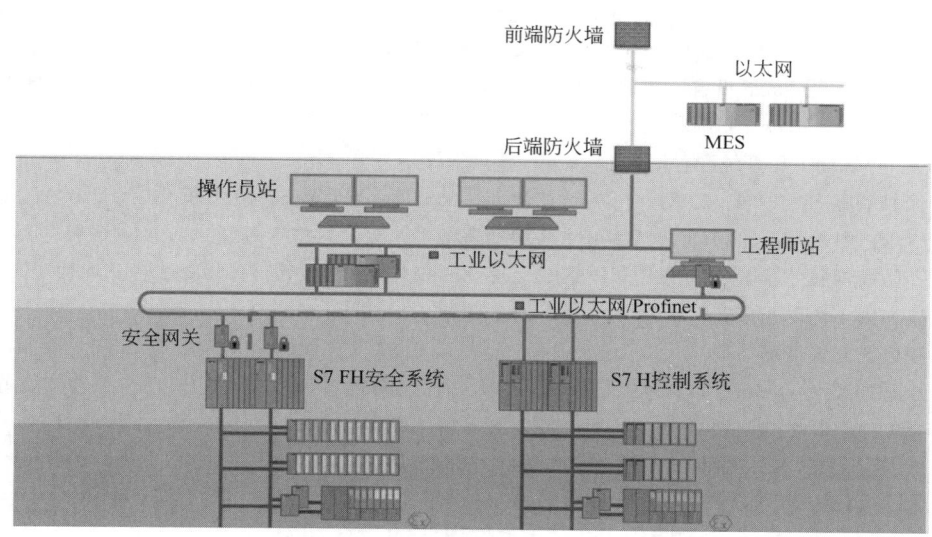

图 4-3-51　SIMATIC S7 F/FH 信息安全解决方案

提供综合解决方案。特点是考虑整体工厂的防御架构，而不局限于采用单一的安全方法（如加密）或设备（如防火墙），强调工厂网络中各种安全方法的交互使用。

SIMATIC S7 F/FH 过程安全系统获得信息安全的 Achilles 二级证书，IEC62443-4-1、IEC62443-3-3 的 TUV 认证和国家互联网应急中心的工业控制产品安全认证。

SIMATIC S7 F/FH 针对 ISA84 WG9 安全仪表系统信息安全的分区要求提供的解决方案如图 4-3-51 所示。

六、系统应用举例

某大型炼油化工一体化项目，每年加工原油 1000 万吨，每年生产 80 万吨乙烯供应下游生产聚烯烃，用于

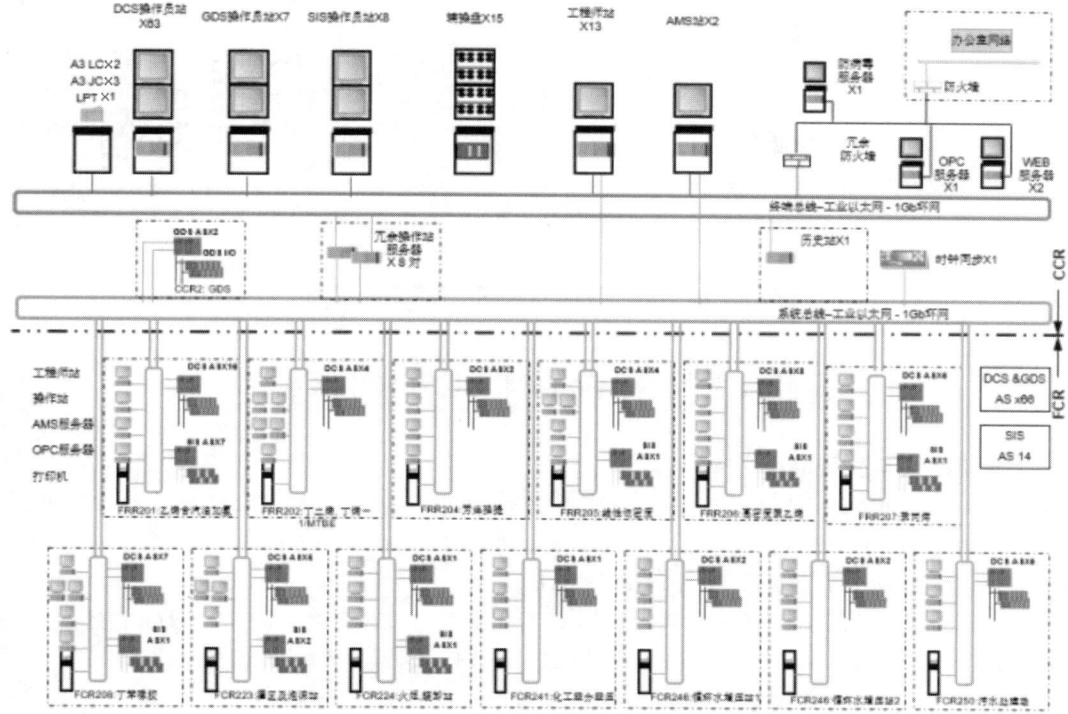

图 4-3-52　炼油工程 DCS、SIS 集成系统配置图

多项公用工程、辅助设施、热电厂等。

该项目采用 MAV-DCS/SIS 集成解决方案，选用 Siemens 为 MAV 集成制造商。SIMATIC PCS 7 是集 DCS、SIS、AMS、PLC 以及远程 I/O 为一体的全集成过程控制系统。SIMATIC PCS 7 为核心，将炼油与乙烯的工艺装置和公用工程、成套设备、辅助设施等均纳入 DCS 控制系统，集成 SIMATIC S7 F/FH 的安全仪表系统（SIS）。该项目全部按计划顺利建成并于 2012 年全面投产，运行良好。

1000 万吨/年炼油工程系统配置情况如下。

DCS 冗余控制器 S7-400H：51 对；I/O：11500 点。SIS 冗余控制器 S7-400FH：10 对；I/O：4000 点。中心控制室（CCR）中配有：OS 服务器 4 对；中心归档服务器 1 台；资产管理器 2 台；OPC 服务器 1 台；Web 服务器 2 台；防病毒服务器 1 台；DCS 操作站 61 台；SIS 操作站 5 台，工程师站 12 台。炼油工程 DCS、SIS 集成系统配置如图 4-3-52 所示。

乙烯工程系统配置情况如下。

DCS 冗余控制器 S7-400H：46 对；I/O：29300 点。SIS 冗余控制器 S7-400FH：14 对；I/O：8400 点。OS 冗余服务器：9 对；中心归档服务器：4 台；OPC 服务器：8 台；操作站：100 台；工程师站：16 台；AMS 站：16 台。乙烯工程 DCS、SIS 集成系统配置如图 4-3-53 所示。

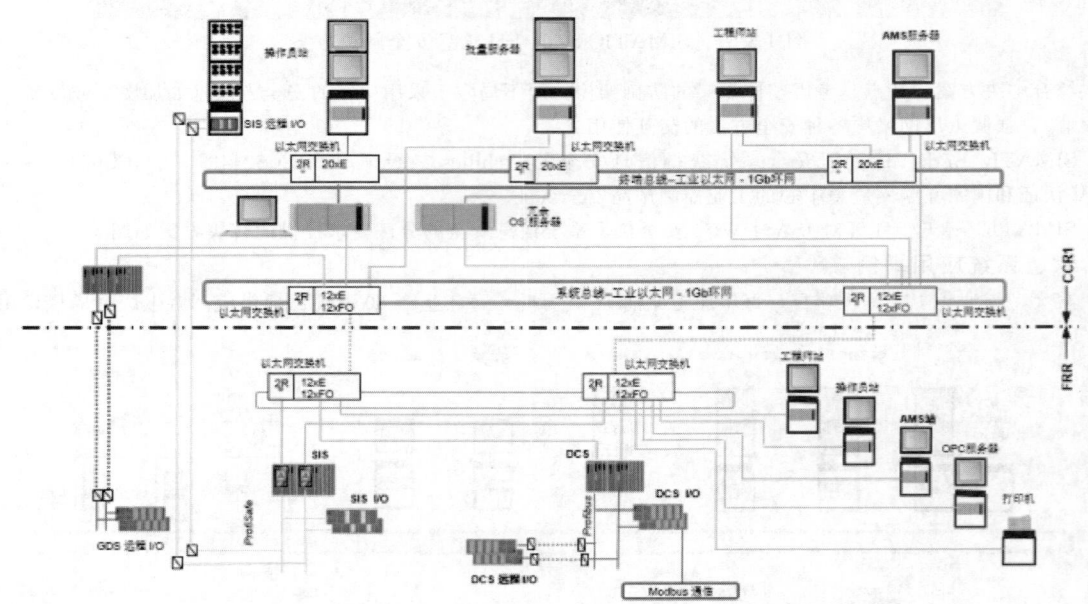

图 4-3-53　乙烯工程 DCS、SIS 集成系统配置图

第八节　SUPCON TCS-900 系统

一、系统概述与发展

SUPCONTCS-900 系统是浙江中控面向工业自动化安全控制领域自主设计开发的高安全性、高可用性安全仪表系统（SIS）。TCS-900 系统符合 IEC 61508 标准要求并已通过独立第三方权威认证机构 TUV 的 SIL3 认证、CE 认证、环境污染防护等级认证、中国船级社认证。

TCS-900 系统结合功能安全和信息安全的理念，可应用于 SIL3 安全完整性等级要求的关键过程安全控制场合。可与 ECS-700 分散控制系统（DCS）构建厂区监控一体化，并具备严密的信息安全设计。

TCS-900 系统实现的功能包括安全控制、安全站间通信、系统诊断、现场信号回路检测、安全网络通信、时间同步、SOE 记录、系统事件记录、状态指示、组态和调试等。

TCS-900 系统架构如图 4-3-54 所示。

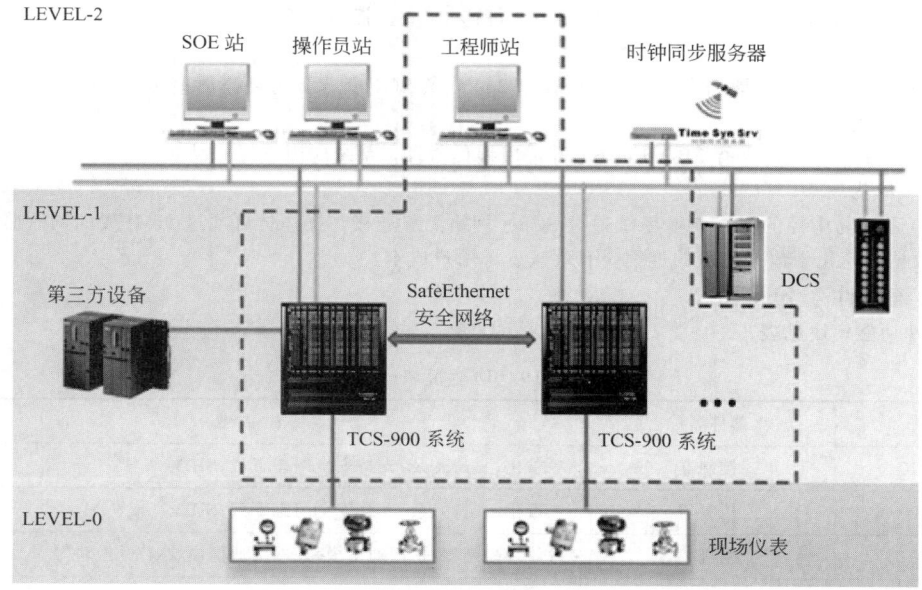

图 4-3-54　TCS-900 系统架构图

二、技术特点

1. 功能安全

SUPCONTCS-900 系统采用三重化、五级表决的高安全性、高可用性的结构设计，支持模块冗余配置。控制站的每个控制器和 I/O 模块都有三个独立的通道回路，输入模块内的三个通道同时采集同一个现场信号并分别进行数据处理，经表决后分别发送到三条 I/O 总线，控制器从三条 I/O 总线接收数据，如果输入模块冗余配置，则先进行冗余数据选择，再进行数据表决，并将表决后的数据送三个独立的处理通道，各处理通道完成数据运算后，控制器对三通道中的运算结果进行表决，并将表决结果分别送三条 I/O 总线，输出模块从三条 I/O 总线接收数据，如果控制器模块冗余配置，则先进行冗余数据选择，再进行数据表决，并将表决后的数据送三个独立的输出通道进行数据输出处理，处理结果通过硬件电路表决后输出驱动信号。多级表决自动隔离故障而不会造成故障扩散。冗余配置时，各安全模块按照 3-3-2-2-0 模式降级，1 个故障时仍保持完整的 2oo3D 架构，第 2 个故障时降级为 1oo2D，但仍可保持 SIL3 的安全完整性。

2. 信息安全

TCS-900 系统按照 IEC 62443 标准划分为操作区域和控制区域，在网络通信模块处进行边界防护设计。操作区域包含操作站、工程师站和网络通信模块（含 SCnet、Modbus 通信接口），对外接口为与 DCS 等系统基于以太网的通信和基于 RS-485 的 Modbus 通信。TCS-900 系统设计中已经融入了信息安全保护措施，采用身份认证、访问控制、数据加密（AES）、数字签名、公钥管理、内置防火墙、白名单技术、数据过滤等信息安全技术，构建纵深的信息安全防御体系。控制区域包含控制器、I/O 模块和网络通信模块（含 SafeECI Bus、SafeEthernet 接口）。网络通信模块是控制区域唯一的边界，网络通信模块内置了工业防火墙，实现协议检测、流量控制等。同时，控制站提供操作权限钥匙开关，实现系统操作权限控制。系统进行下载、调试、运行状态切换等联机操作时，需要进行密码验证，验证不通过将无法联机。

3. 在线更换

支持冗余配置，系统能够实现在线更换控制器和模块；支持双工作模式，实现冗余模块零切换时间，且信号无扰；自动隔离故障，不会造成性能和安全性降级，故障处理过程无扰。

4. 环境适应性

工作温度范围−5～60℃，相对湿度 5%～95%RH，最高海拔 4000m；符合 ANSI/ISA-S74.01 定义的 G3 防腐等级；EMC 满足工业 3A 要求，其中，静电、浪涌、群脉冲能力可达 4A；系统具有高可靠性和环境适应性。

5. 远程扩展

扩展/远程机架，采用光纤连接，最远扩展距离可达 10km，提高了系统的扩展性和灵活性。

6. SOE 功能

SOE 功能记录的分辨率是 1ms，控制站可存储 20000 条 SOE 记录，方便事故追忆，精确定位事故原因。

7. 多种编程语言

遵守 IEC 61131 标准，支持 FBD/LD/ST 等常用编程语言，系统应用方便、灵活。

8. 监控一体化

TCS-900 系统与中控的 ECS-700 系统通过 SCnet 网络无缝连接，操作员可通过 HMI 界面同时监控 DCS 和 SIS 的实时数据，简化了数据处理的过程，有效减少了用户成本。

三、系统硬件

系统硬件功能模块见表 4-3-19。

表 4-3-19　功能模块一览表

型号	部件名称	描述
SCU9010	控制器	三重化；支持冗余；支持安全组态下载；SIL3
SCU9020	控制器	三重化；支持冗余；支持安全组态下载；SIL3
MCN9010	主机架	可放置控制器、扩展通信模块、网络通信模块、I/O 模块等
MCN9020	扩展/远程机架	可放置扩展通信模块、I/O 模块等
SCM9010	扩展通信模块	用于扩展 I/O 总线
SCM9020	I/O 总线终端模块	单独主机架配置时插入扩展通信模块槽位
SCM9040	网络通信模块	用于与工程师站及第三方通信、站间通信等
SDI9010	DI 模块	32 点；SIL3
SPI9010	PI 模块	9 点 PI，2 点 DO；SIL3
SAI9010	AI 模块	32 点；SIL3
SAI9020-H	AI 模块	16 点，支持 HART；SIL3
SDO9010	DO 模块	32 点；SIL3
SAO9010-H	AO 模块	16 点，支持 HART；SIL3

1. 机架

机架是安全控制站中安装模块的机械结构，机架底座配有 I/O 总线 SafeECI，用于实现机架中模块间的数据通信。在 TCS-900 系统中机架分为主机架和扩展/远程机架。

主机架上设计有钥匙开关，用于支持系统用户权限控制，工作模式有 MON、ENG、ADM。

2. 控制器模块

控制器模块是控制站的核心处理单元，执行以下任务：

① 扫描输入模块的实时输入数据，并进行实时输入位号处理；

② 执行安全内核以实现应用逻辑；

③ 执行实时输出位号处理，并将实时输出数据下发至输出模块；

④ 实现与其他 TCS-900 控制站的安全通信；

⑤ 实现与其他系统（如 DCS）间通信；

⑥ 对控制站进行周期性诊断。

控制器模块外部供电与数据链路实行电气隔离，模块配有针对其内部供电的高/低压保护，提供"电源有效"信号给模块自身的诊断微处理器。控制器模块带有看门狗电路，可周期性地进行内部诊断测试，监视控制器模块工作情况，如果发现严重故障，则重启控制器模块。控制器模块技术指标如表 4-3-20 所示。

表 4-3-20　控制器模块技术指标

指标项	技术指标
电源电压	24V DC(−15%～+20%)，双路冗余
冗余	全工作冗余
热插拔	支持
控制周期	20ms、50ms、100ms、200ms、500ms、1s 可选
用户程序数	256 个
表决机制	2oo3D
降级策略	3-2-0(非冗余)，3-3-2-2-0(冗余)

3. 扩展通信模块

SCM9010 扩展通信模块用于连接主机架和扩展/远程机架。通过 SCM9010 的级联结构，实现 I/O 总线（即 SafeECI 总线）的物理延伸和扩展。扩展通信模块支持单模光纤通信，可分别上行/下行扩展一路 SafeECI 总线。

4. 网络通信模块

SCM9040 是 TCS-900 系统对外通信的接口。支持 SCnet Ⅳ 通信协议，实现时间同步、实时数据通信、组态下载、SOE 数据通信、站间通信等功能；支持 Modbus RTU/Modbus TCP 通信协议，实现控制站与 Modbus 设备的通信；支持 SafeEthernet 网络协议，实现点对点安全站间通信。

SCM9040 采用冗余配置，符合以下工作方式。

① Modbus 通信：冗余模块独立工作，即工作卡和备用卡同时正常收发数据。

② SCnet Ⅳ 和 SafeEthernet 通信：工作卡正常收发数据，备用卡只接收不发送。

Modbus RTU 支持命令号 1、2、3、4、5、6、15、16。SCM9040 模块可带电插拔。组态下载时，需通过访问控制密码进行身份验证。网络通信模块技术指标如表 4-3-21 所示。

表 4-3-21　网络通信模块技术指标

指标项	技术指标
冗余	1∶1 热备冗余
热插拔	支持
串口通信波特率	2400bps、4800bps、9600bps、19200bps、38400bps、57600bps、115200bps
常规站间通信规模	最多可接收 4 个站；单播时，100ms 发送周期时最多发送 1 个站，200ms 发送周期时最多发送 2 个站(相同的数据)，500ms、1s 发送周期最多可发送 4 个站(相同的数据)；组播时发送没有限制
常规站间通信数据类型及数据块大小	接收：支持 1024 个 BOOL 型变量及 120 个 INT 型变量 发送：支持 1024 个 BOOL 型变量及 120 个 MIX 型变量
常规站间通信最小发送周期	可配置为：100ms；200ms；500ms；1s
安全站间通信规模	支持 16 个安全站间通信，其中，最多可接收 4 个站，最多可发送给 4 个站(相同的数据)
安全站间通信数据类型及数据块大小	接收：支持 1024 个 BOOL 型变量及 120 个 INT 型变量 发送：支持 1024 个 BOOL 型变量及 120 个 INT 型变量
安全站间通信最小发送周期	可配置为：500ms；1s；2s(所配置的发送周期应大于等于 2×Max[发送站控制周期，接收站控制周期])
Modbus TCP 设备连接数	32
滚动存储 SOE 记录数	20000 条(其中最近的 4000 条记录具有掉电保持功能)
单站滚动存储事件记录数	10000 条(其中最近的 1000 条具有掉电保持功能)

5. 信号输入单元

信号输入单元包括 DI 单元和 AI 单元。信号输入单元由输入模块、输入端子板和信号电缆组成，负责对现场信号进行采集和处理。DI 单元采集触点型和电平型 DI 信号，AI 单元采集现场 AI 信号。

AI/DI 模块为三重化通道冗余架构，通道间相互独立、异步工作。输入模块可按冗余或非冗余两种模式配置。非冗余配置模式下的运行模式为 3-2-0，冗余配置模式下的运行模式为 3-3-2-2-0。冗余配置时，现场信号同时进入两个冗余输入模块，两个冗余模块同时工作，无主备之分。

模块电源由内部隔离电源产生，隔离电源由双重冗余系统电源提供。电源具有超压和低压保护检测电路。当检测到电源故障时，将启动一个报警信号和进入断电保护模式。

6. 信号输出单元

信号输出单元包括 DO 单元和 AO 单元。信号输出单元由输出模块、输出端子板和连接电缆组合构成，负责将控制器的输出数据转换为输出信号输出到现场。

AO/DO 模块为三重化通道冗余架构，通道间相互独立、异步工作。输出模块非冗余配置模式下的运行模式为 3-2-0，冗余配置模式下的运行模式为 3-3-2-2-0。DO 模块冗余配置时，并联输出信号，驱动负载，两个冗余模块同时工作，无主备之分；AO 模块冗余配置时，两个模块分别为工作和备用状态，当工作卡出现故障时，将自动切换到备用卡。

四、系统软件

TCS-900 系统软件包括 SafeContrix 组态软件、SOE 管理软件、SafeManager 软件、OPC Server 软件、SafeMonitor 安全报警及操作管理软件。

1. SafeContrix 组态软件

工程师站作为 TCS-900 系统的应用工作平台，安装 SafeContrix 软件包。软件集成了硬件组态、变量组态、控制策略开发、系统诊断等功能。

（1）硬件组态　依据应用需求配置控制站的硬件结构、模块种类及其参数；支持硬件组态的导入和导出。

（2）控制方案组态　支持 FBD、LD 编程语言编写用户程序；提供丰富的功能块库和 ST 语言函数；支持自定义功能块库，可将自定义逻辑程序编写成自定义功能块，实现程序逻辑的保密和重用；支持用户程序在线调试、位号智能输入、执行顺序调整以及图形缩放等功能。

（3）I/O 位号和自定义变量组态　支持位号/变量参数设置、位号/变量导入导出、位号自动生成、位号/变量参数检查以及位号调试等功能。

（4）用户操作权限组态　根据应用需要，可为不同的使用者配置不同的组态管理权限。可配置的组态管理权限包括组态读写权限、组态下载权限、组态调试权限和强制权限等。

（5）组态下载　支持组态的全体下载和增量下载。

（6）输入与输出强制　通过组态，支持输入/输出位号的单点强制。

（7）组态调试　支持对用户程序进行调试，支持对控制站内程序执行情况的联机监视，并且在执行调试时不影响调试回路以外的其他逻辑的正确执行。

（8）组态操作记录　记录用户对组态的修改和下载等操作，最大记录为 20000 条。

2. SOE 管理软件

TCS-900 系统的 SOE 记录功能由 SOE 服务器、SOE 浏览器、控制站组件完成。系统的 SOE 记录分为硬 SOE 记录和软 SOE 记录。硬 SOE 记录通过 DI 模块采集获得。软 SOE 记录在控制器内产生，包括控制器内的 DO 变量、BOOL 型内存变量和 BOOL 型操作变量产生的状态变化。硬 SOE 记录单站内记录精度≤1ms，软 SOE 记录的记录精度为控制周期。

SOE 管理软件包括 SOE 服务器软件和 SOE 浏览器软件。一个 SOE 服务器最多可支持 16 个 SafeContrix 组态软件包。SOE 浏览器软件 SOEBrowser 用于查看 SOE 记录，软件支持按时间和按数量来查询 SOE 记录，也支持 SOE 事件记录打印功能。

3. SafeManager 软件

SafeManager 软件可以根据 SafeContrix 中的硬件组态信息对 TCS-900 系统中的各个硬件设备进行诊断管理。

① 支持对控制器、通信模块及 I/O 模块进行实时诊断。

② 支持对控制器、通信模块及 I/O 模块进行试灯及事件记录的查看。

③ 支持对安全相关部件的状态诊断，包括线路状态、模块状态、站间数据通信状态和电源状态。

④ 支持对时钟同步状态进行诊断。

4. OPC Server 软件

TCS-900 系统采用 OPC 服务器模式对外提供安全控制站实时数据，允许 OPC 客户端通过 OPC 服务器访问一个或多个控制站的实时数据，将数据显示在监控画面中。

首次启动 OPC 服务器时，需将 TCS-900 系统组态文件载入到 TCS 驱动配置中，并选取需要传送的位号。

5. SafeMonitor 安全报警及操作管理软件

SafeMonitor 为用户提供了安全报警及操作管理，该软件是通过 TUV Rheinland SC3 认证的在线操作维护工具，且在 SCnet 网络上实现与 TCS-900 系统之间的 SIL3 级安全通信协议。SafeMonitor 软件确保了在上位机平台实现报警及操作维护的实时性、安全性及可靠性。

SafeMonitor 主要包含以下功能：

① 接收来自 TCS-900 系统的报警信号，对其进行全生命周期的管理，包括确认、复位、旁路\解旁路、搁置\解搁置、禁止\使能操作；

② 对设备发出旁路信号，控制现场设备旁路；

③ 对设备发出停车信号，控制现场设备进行正常停车操作；

④ 操作员基于报警参与安全功能，对于超时确认的报警信号可切断相应设备；

⑤ 提供审计功能，便于事件追溯。

五、通信与网络

TCS-900 系统支持 SCnet、SafeEthernet、Modbus RTU、Modbus TCP 四种通信协议，实现与其他控制系统或智能设备的通信。其中，SafeEthernet 为安全专用网络，用于安全控制站间数据通信，其他为开放网络，用于与其他控制系统/设备或监控软件的数据通信。SCnet 与 Modbus-TCP 共用同一个网络。

TCS-900 系统通信网络结构如图 4-3-55 所示。

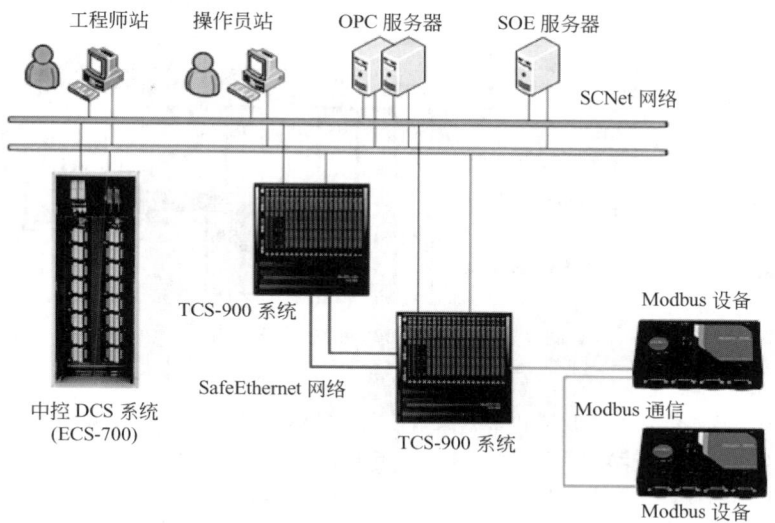

图 4-3-55　TCS-900 系统通信网络结构图

1. SCnet 网络

SCnet 网络用于实现安全控制站与工程师站、时钟服务器和 SOE 服务器等的连接，也用于 TCS-900 系统与其他控制系统（如 DCS 等）的数据通信。

2. SafeEthernet 网络

安全站间通信 SafeEthernet 网络接口只允许用于安全站间通信、固化程序下载、制造信息烧写、标定功能

714

通信，不允许用于其他通信。SafeEthernet 网络为双网冗余结构，A、B 网同时工作。

3. Modbus RTU 串口通信网络

Modbus RTU 通信网络用于实现 TCS-900 系统与 Modbus RTU 设备的连接。控制站中 SCM9040 模块 Modbus 串口作为 Modbus 从站设备，解析来自 Modbus RTU 主站的命令。当接收到 Modbus 主站的读命令，将对应的控制器实时数据发送给 Modbus RTU 主站；当接收到 Modbus 主站的写命令，将数据写到对应的控制器中。

4. Modbus TCP 网络

在 TCS-900 系统中，Modbus TCP 网络与 SCnet 网络共用同一个网络。安全控制站中 SCM9040 采用代理模型实现 Modbus TCP 服务器的功能，接收并处理来自 TCP 客户端的读命令，将对应的控制站实时数据发送给客户端；接收并处理来自 TCP 客户端的写命令，将数据写到对应的控制站中。

六、系统应用案例

某石化公司丙烷与混合碳四利用项目。全厂装置 SIS 系统 I/O 点数达 5000 点，其中 60 万吨/年丙烷脱氢装置 SIS 系统 I/O 点数 2500 点。

1. 配置方案

全厂装置共设置 4 个现场机柜间（FRR）、2 个中心控制室（CCR），采用 FRR＋CCR 联合控制模式，每个 FRR 内设置工程师兼 SOE 站，CCR 设置操作员站集中监控，SIS 系统共设 7 个控制站，机柜共计 34 个。

TCS-900 系统网络结构如图 4-3-56 所示。

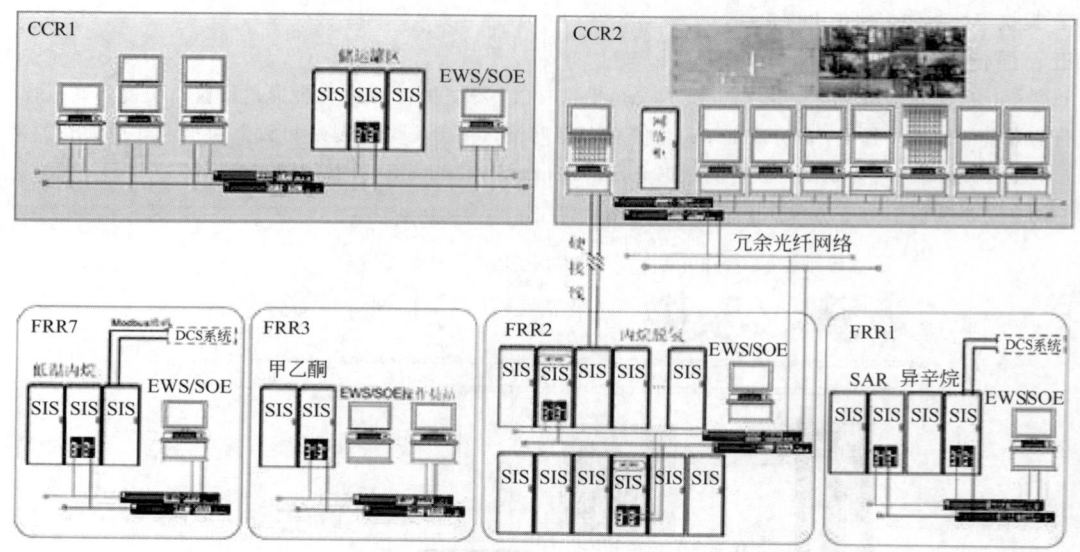

图 4-3-56　TCS-900 系统网络结构

2. 功能设计方案

（1）SIS 系统控制站　装置安全联锁和紧急停车控制，具体包括反应器大阀顺序控制、罐区压力温度监控、装置工艺参数联锁保护、联动设备启停保护控制、燃烧器点/灭火及炉膛监视。

（2）HMI 画面　包含机架/辅操台的监控、对系统卡件运行的监控、系统开关电源工作状态的监控、辅操台的模拟画面。

（3）工程师兼 SOE 站　采用 SafeContrix 软件进行系统的组态、检验、下装、强制、在线修改；采用 Safe-Manager 软件对系统进行在线诊断；显示报警信号；SOE 软件查看停车事件记录。

（4）SIS 系统网络　SIS 网络站间数据传输采用硬线连接方式和具备安全认证的 SafeEthernet 专用协议进行通信。SIS 和 DCS 系统共用的现场信号采用信号一分二设备，参与相关控制，与 DCS 系统之间以 Modbus-RTU 协议进行数据通信，DCS 读取 SIS 系统数据进行统一监控管理。

（5）辅助操作台　操作盘采用显示器式布置，和操作员站统一风格。操作台上设置重要工艺参数的声光报警，装置紧急停车按钮，操作台信号和系统的互联采用硬接线方式。

（6）冗余配置　电源、控制器、通信总线、关键 I/O 点的卡件等关键环节部件均冗余配置。

第九节　TRICONEX 安全控制系统

一、系统概述及发展

TRICONEX 公司 TRICON 和 TRICON CX 两类安全控制系统均采用典型的三重化冗余容错（TMR，Triple Modular Redundant）结构设计，综合考虑系统的安全性、可用性和可维护性等要求。TRICON 和 TRICON CX 系统基于 IEC 61508 标准要求，获得 TUV 认证，满足 SIL 3 等级，可用于安全仪表系统（SIS）、透平和压缩机组综合控制系统（ITCC/CCS）、汽轮发动机数字调节系统（DEH）、火灾及气体检测系统（FGS）、燃烧炉管理系统（BMS）、高压力保护系统（HIPPS）等的安全控制，广泛应用于石油化工、煤化工、天然气管道、电力、冶金、医药、轨道交通、核工业等行业。

TRICONEX 安全控制系统的发展历程如下。

① 1983 年，TRICON TMR 控制系统设计，满足最高安全等级认证 IEC 65 Class 3，TUV Level 6，FM Class 1 Div. 2。TMR 控制系统实现离线程序仿真和在线修改下装功能。

② 1988 年，综合透平压缩机组控制应用。

③ 1993 年，燃气轮机发电机组控制。

④ 1994 年，综合透平/发电机控制（AVR）。

⑤ 1997 年，被批准应用于铁路联锁系统。

⑥ 2001 年，获得核电认证。

⑦ 2018 年，TRICON CX 控制系统应用。

二、技术特点

TRICON 和 TRICON CX 系统的硬件结构设计采用机架安装，并通过三重化 I/O 总线扩展模式，适用于中型和大型规模系统的应用；系统采用典型的三重化冗余容错 TMR 结构设计，其三重化由输入信号采集与处理、CPU 逻辑控制、输出信号表决处理整个通道的三重化表决计算组成，系统具有自诊断功能，其工作模式为 3-2-1-0，可在线修改和下装软件，也可在线维护更换各种类型的硬件模块。

两系统的控制器采用统一的工程师组态和 SOE 软件平台，软硬件的综合应用和通用性功能比较强。

1. 三重化工作原理

TRICON 和 TRICON CX 系统的三重化是从每一个输入回路的三重化通道处理开始，到对应的三重化处理 CPU，最后到对应的三重化输出处理和表决电路，实现整个回路的三重化表决和计算。系统内部并行三条互相隔离的运算通道电路，三重化软硬件处理功能完全由系统内部固化并自动完成。这种工作模式和结构设计，提高了系统的容错能力，不会因单点故障而导致整体系统的失效；对外连接的仪表回路接线设计、软件组态和卡件维护更换等工作就像"单 PLC"一样，不需要考虑内部三重化原理的影响，使系统的应用设计和维护工作简单可靠。

TRICON 和 TRICON CX 系统的三重化工作原理如图 4-3-57 所示。

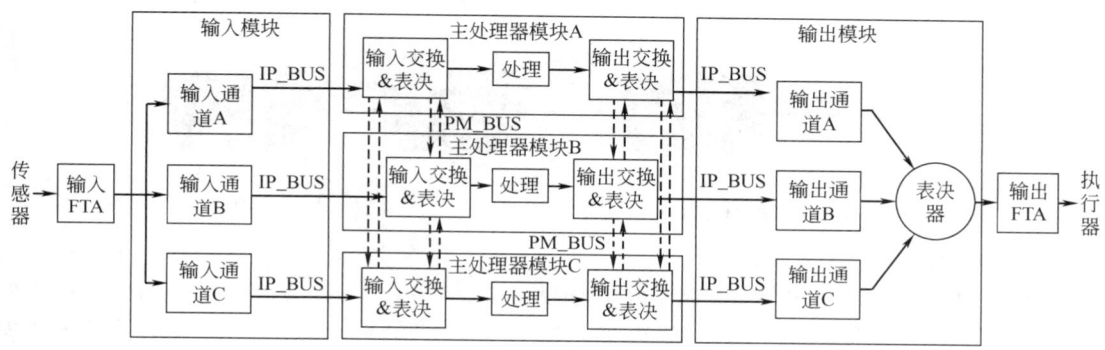

图 4-3-57　TRICON 和 TRICON CX 系统的三重化工作原理

716

2. 机架安装及三重化 I/O 总线扩展

TRICON 系统采用标准尺寸的主机架和 I/O 扩展机架结构设计,在 I/O 点数多、需要增加扩展机架时,主机架和扩展机架之间采用三根独立的 I/O 扩展总线连接,实现所有 I/O 通道与 CPU 之间的三重化数据采集和运算处理。

TRICON CX 系统采用面板安装或 19in 机架安装方式,主机架和扩展机架间使用三重化串行 I/O 总线模块或光纤 I/O 总线模块的连接方式,实现所有 I/O 通道与 CPU 之间的三重化数据采集和运算处理。

3. 三重化 CPU 独立模块

TRICON 和 TRICON CX 系统的三重化 CPU 采用的是三块物理独立的模块设计方式,每一个 CPU 模块中内设两个 CPU 芯片,分别用于应用逻辑处理和 I/O 及通信信号处理。每一块 CPU 模块独立工作,并可以在线更换。

4. I/O 模块独立热备槽

TRICON 和 TRICON CX 系统对每个 I/O 模块提供独立"热备槽",可用对应的 I/O 热备槽在线替换故障的 I/O 模块。更换时,无需修改任何软件的 I/O 地址点表,也不需要变动系统内外的任何仪表回路接线。易于维护操作,无需熟练技术人员,系统的可维护性高。

5. 组态模拟仿真软件

TRICON 和 TRICON CX 系统的组态软件自带应用软件逻辑的离线模拟仿真功能,可以在无控制系统连接的条件下,用工程师组态软件离线模拟逻辑程序运行情况,提前发现停车联锁功能中的错误。

6. 系统诊断软件

TRICON 和 TRICON CX 系统的诊断软件图文并茂,可以直观清晰地诊断系统各种故障的类型和所在的位置,方便系统的日常维护和故障处理。

三、系统硬件

TRICON 和 TRICON CX 系统虽然都采用 TMR 三重化冗余容错设计,但在机架安装尺寸、I/O 机架扩展方式、远程 I/O 信号传输模式、CPU 和 I/O 卡件性能指标、HART 信号采集等方面都有所不同。另外,TRICON CX 控制系统作为新一代产品,可以兼容 TRICON 控制器原有的机架和各类 I/O 卡件,如图 4-3-58 所示。

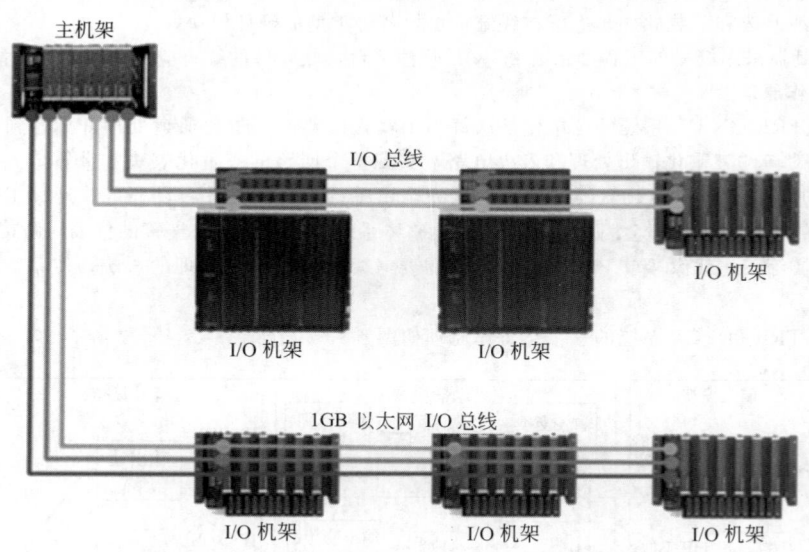

图 4-3-58　TRICON CX 控制器兼容 TRICON 控制器的系统结构图

1. TRICON 系统

(1) 系统机架结构　TRICON 系统是典型的机架扩展式安装结构,系统分为主机架、本地 I/O 扩展机架和远程 I/O 扩展机架。根据应用需求,一套系统可以由一个主机架和最多 14 个扩展机架组成,其中可以包含最多 9 处远程 I/O 扩展连接模式。一套系统最多可集成 15 个机架。

TRICON 系统机架结构图如图 4-3-59 所示。

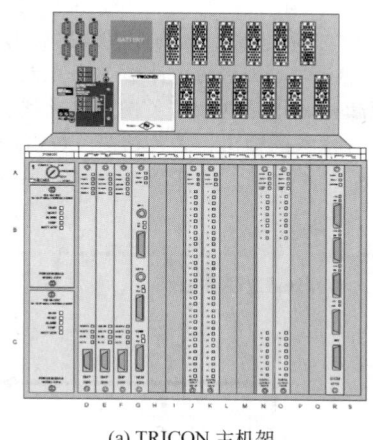
(a) TRICON 主机架

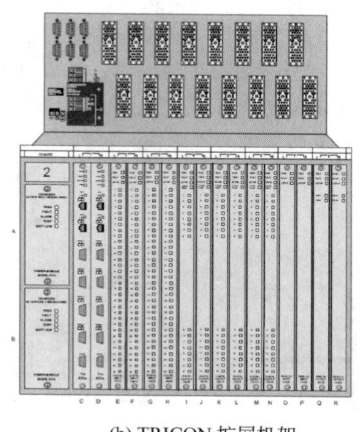
(b) TRICON 扩展机架

图 4-3-59　TRICON 系统机架结构图

所有机架的最左边是两个冗余电源模块。在主机架中，紧靠电源右面的是三个独立的主处理器模块；其余是 6 组 I/O 逻辑槽位，用于安装 I/O 模块和通信模块，每个逻辑 I/O 槽位包含两个物理槽位，一个安装工作的 I/O 模块，另外一个安装热备或空置用来更换故障模块。扩展机架的布局，除了为 I/O 模块提供 8 个逻辑槽位外，其他安装尺寸和布置与主机架相似。

主机架与扩展机架内部可通过三重化 I/O 扩展总线电缆相连接。主机架与最后的扩展机架之间的 I/O 总线电缆正常为 30m。在某种限制条件下，最长可达 300m。第一个机架到最后机架之间的电缆总长度超过 30m 时要用远程扩展 RXM 机架。RXM 机架与主机架上主处理器相同位置上，每个 RXM 机架可装一套三个 RXM 模块，远程 I/O 机架的距离可达 12km。

（2）系统主要模块　TRICON 系统的主处理器（CPU）模块、电源模块、通信模块、各类 I/O 模块均安装在机架的插槽内。

① 主处理器模块　TRICON 系统包含三个独立安装的主处理器模块，分别对应和处理三个 I/O 通道的信号，三个主处理器同时并行工作。每个主处理器模块包含双核 CPU 芯片，其中一个是专用的 I/O 通信处理器，用以管理主处理器和 I/O 模块以及通信模块之间的数据交换。另一个用于执行应用程序。

主处理器型号为 3009，它的通信处理器型号为 QorlQP1021（双核，32 位），主频 800MHz，并带有 256MB DRAM（无后备电池）、2MB SRAM、128MB FLASH PROM，用于存放用户编写的控制程序、SOE 数据、I/O 数据、诊断以及通信缓冲器。

② 电源模块　每个 TRICON 机架有两个电源模块，以双冗余方式工作。每个电源能独立承担机架中所有模块的供电，每个电源在机架背面装有独立的电源导轨，并有内部的诊断电路用以检查电压的输出范围和超温条件。每个模块从背板上获取电源，每个分电路都配有两个独立的电压调整器，分电路短路只能影响这个分电路的电源调整器，而不会影响到整个电源总线。TRICON 系统在没有外部电源的情况下，电池能完整地保持程序和保持性参数变量，至少可保持 6 个月。

有三种输入电压规格的电源模块：230V AC、120V AC/V DC 和 24V DC。

③ 通信模块　TRICON 系统的主要通信模块包括 TRICON 通信模块（TCM）和集成专用通信模块（UCM）。

④ 信号输入输出（I/O）模块

a. 数字输入模块　每个数字输入模块有三个相同的分电路（A、B、C）。三个分电路装在同一模块内，它们是完全相同隔离的并独立运行。一条分电路上的故障不会扩散到另外的分电路。每条支路含有一个 8 位微处理器（IOP），处理与其相应的主处理器的通信。

带自测试的直流（DC）数字输入模块，能够检测"ON 粘住"（指模块测量回路无法检测到现场信号断开）的状态，这对安全系统是一个重要的特征，因为绝大多数安全系统都是"去磁跳闸"。为测试"STUCK ON"现象，通过输入一个闭合信号（输入电路中的一个开关），使光电隔离电路能读模块取零输入值，以此来检测"ON 粘住"状态。在测试期间，上一次读取的数据（数据 OFF），冻结在 IOP 内（I/O 通信处理器内）。

b. 数字输出模块　每一数字输出模块内有三条相同的隔离分电路，每条分电路有一 I/O 微处理器能从相应的主处理器上的 I/O 通信器接收输出数据表。除了双重 DC 模块，所有的数字输出模块都采用门的四重输出电路，该电路在输出信号应用到负载前，对各个输出信号进行表决。表决电路建立在串并联路径的基础之上，如果分电路 A 和分电路 B 的驱动器，或者分电路 B 和分电路 C 的驱动器，或者分电路 A 和分电路 C 的驱动器要求电路闭合，表决电路即通电（3 取 2 驱动器表决 ON）。四重表决器电路向所有关键信号通路提供多重冗余，以确保安全和最大的可用性。每种数字输出模块对每一点执行特殊的输出，表决诊断（OVD）模块上的反馈回路使微处理器可读出每点输出值，判断输出电路内是否有潜在的故障。TMR 数字输出模块表决电路图如图 4-3-60 所示。

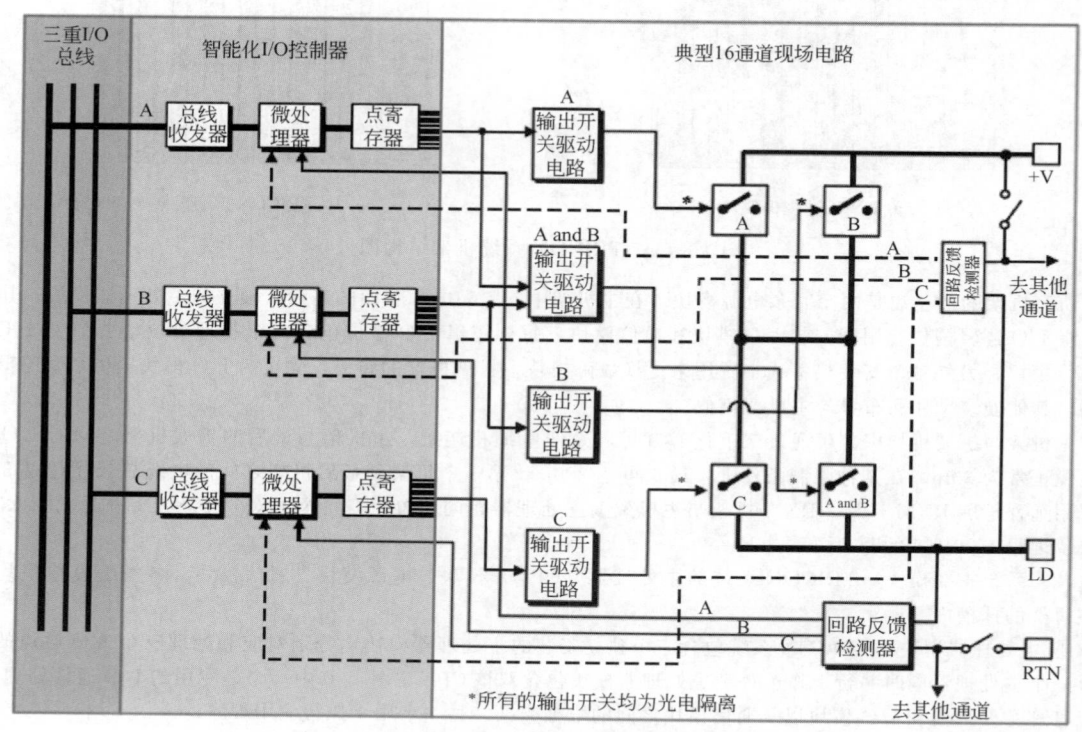

图 4-3-60　TMR 数字输出模块表决电路图

c. 模拟输入模块　在模拟输入模块中有三个分电路，每个分电路异步测量输入信号，并把结果放在一输入表中。三个输入表中的每个表可以用相应的 I/O 总线传到各个主处理器模块中。每个主处理器模块中的输入表通过（TRIBUS）三总线传到相邻的模块。每个主处理器选择出中间值，各个主处理器的输入表按中间值修正。在 TMR 方式中，控制程序采用中间值数据。

d. 模拟输出模块　模拟输出模块从相应的主处理器接收每一分电路的输出值表。每一分电路有其自身的数模转换器（DAC），其中一个分电路被选中时就可驱动模拟输出。输出连续地用每点的输入反馈回路校核以使其达到正确，每一点被三个主处理器同时读取，如工作的分电路出现故障，该分电路就宣告故障，并选择新的分电路来驱动现场设备。驱动分电路的选定在分电路间轮换，因此三个分电路都可被测试到。

（3）I/O 模块选型参数表　TRICON 控制系统 I/O 模块选型参数表见表 4-3-22。

2. TRICON CX 系统

（1）系统机架结构　TRICON CX 系统也是典型的机架扩展式安装结构，系统分为主机架和 I/O 扩展机架。根据应用需求，一套系统可由一个主机架和最多 14 个扩展机架组成。

一个 TRICON CX 8120X 主机架支持 3 块 3009X 主处理器模块，在两个冗余插槽中共支持 4 块通信模块。它通过三重化的 RS-485 通信端口与 8131X I/O 扩展机架进行连接。它同样支持 DCS 系统进行无缝连接的时钟同步。

TRICON CX 系统需要外部 24V DC 供电。TRICON CX 主机架如图 4-3-61 所示。图中相应部件说明见表 4-3-23。

表 4-3-22　TRICON 控制系统 I/O 模块选型参数表

型号	电压类型	类型	点数	型号	电压类型	类型	点数
数字输入模块				模拟输入模块			
3501E	115V AC/V DC	TMR	32	3700A	0～5V	TMR	32
3502E	48V AC/V DC	TMR	32	3701	0～10V	TMR	32
3503E	24V AC/V DC	TMR	32	3703E	0～5V 或 0～10V	TMR	16
3505E	24V DC(低门槛电压)	TMR	32	3704E	0～5V 或 0～10V	TMR	64
3504E	24/48V DC	TMR	64	3706A	J、K、T 型热电偶	TMR	32
数字输出模块				3708E	J、K、T、E 型热电偶	TMR	16
3601E	115V AC	TMR	16	3721	0～5V 或 -5～5V	TMR	32
3603E	120V DC			模拟输出模块			
3607E	48V DC	TMR	16	3805E	4～20mA	TMR	8
3604E	24V DC			3806E	4～20mA 和 20～320A	TMR	6 和 2
3611E	115V AC	TMR	8	脉冲输入模块			
3617E	48V DC			3511	1000～20000Hz	TMR	8
3623	120V DC	TMR	16	3515	±0.01%		
3624	24V DC						32
3625/A	24V DC	TMR	32				

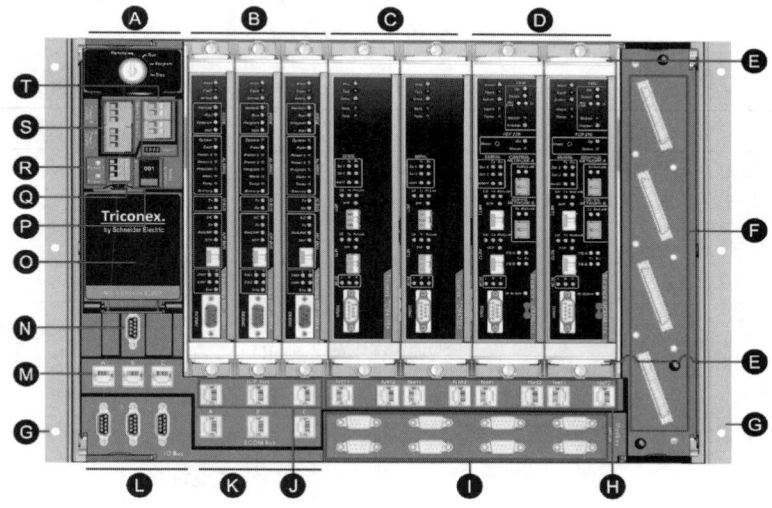

图 4-3-61　TRICON CX 主机架

表 4-3-23　TRICON CX 主机架部件说明

序号	描述	序号	描述
A	工作模式选择开关	K	RJ-45 铜以太网 ECOM 总线端口(供将来使用)
B	3009X 主处理器	L	DB9 RS-485 串行输入/输出处理器总线端口
C	Tricon 通信模块(TCM)	M	RJ-45 RS-485 串行输入/输出处理器总线端口
D	集成专用通信模块(UCM)	N	Foxboro DCS 时间同步
E	模块推拉器	O	可拆卸保险丝、电池和按钮盒盖(供将来使用)
F	Media Adapters(for future use)	P	主机箱地址插头
G	通用安装支架(用于面板或机架安装)	Q	电阻电容(RC)网络
H	RJ-45 铜缆以太网通信端口	R	电源 1 和电源 2 LED 指示灯
I	DB9 RS-232/RS-485 串行 Modbus 通信端口	S	24V 直流电源螺钉端子,冗余
J	RJ-45 铜以太网输入/输出处理器总线端口(供将来使用)	T	报警螺钉端子,冗余

TRICON CX 扩展机架如图 4-3-62 所示。图中相应部件说明见表 4-3-24。

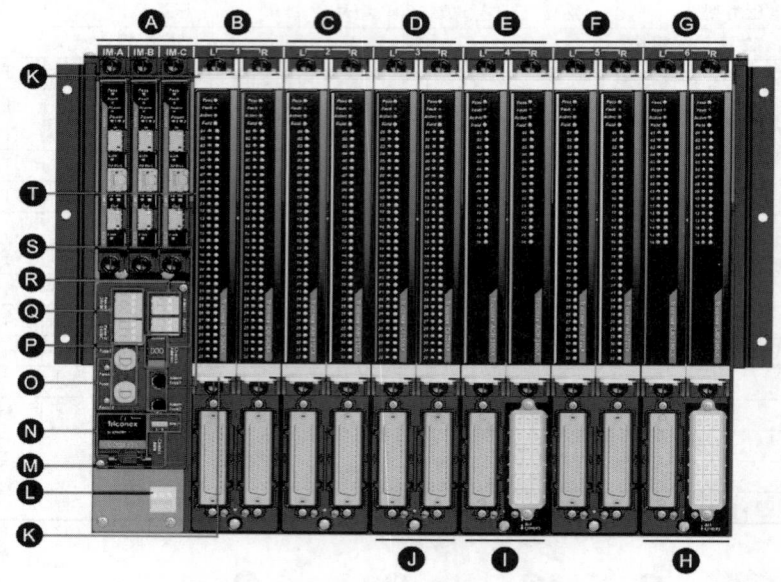

图 4-3-62　TRICON CX 扩展机架

表 4-3-24　TRICON CX 扩展机架部件说明

序号	描述	序号	描述
A	4703X 输入/输出总线接口模块光纤（IMFF），或者，可以使用 4701X 串行输入/输出总线接口模块（IMSS）	K	模块推拉器
B	3626X DO 模块	L	电阻电容（RC）网络
C	3723X AI＋HART 模块	M	报警保险丝 LED 指示灯
D	3506X DI 模块	N	露出可拆卸保险丝、电池 c 和按钮的盖子（供将来使用）
E	3809X AO 模块	O	电源 1 和电源 2 LED 指示灯
F	3722X AI 模块	P	电源 1 和电源 2 保险丝
G	3902X UIO 模块	Q	24 V 直流电源螺钉端子，冗余
H	FET 连接器，在上部有数字输出选择开关	R	报警螺钉端子，冗余
I	FET 连接器，在下部有数字输出选择开关	S	机箱地址插头
J	现场外部终端（FET）连接器	T	报警保险丝

（2）系统主要模块　TRICON CX 系统主处理器（CPU）模块、各类 I/O 模块和通信模块均安装在机架的插槽内。

① 主处理器模块　TRICON CX 系统包含三个独立安装的主处理器模块，分别对应和处理三个 I/O 通道的信号，三个主处理器同时并行工作。每个主处理器模块包含双核 CPU 芯片，其中一个是专用的 I/O 通信处理器，用以管理主处理器和 I/O 模块以及通信模块之间的数据交换，另一个用于执行应用程序。

主处理器型号为 3009X，它的通信处理器型号为 Qor1QP1021（双核，32 位），主频 800MHz，并带有 256MB DRAM（无后备电池）、2MB SRAM、128MB FLASH PROM，用于存放用户编写的控制程序、SOE 数据、I/O 数据、诊断以及通信缓冲器。

② 通信模块　TRICON CX 系统的主要通信模块包括 TRICONEX 通信模块（TCM）和集成专用通信模块（UCM）。

③ 信号输入输出（I/O）模块

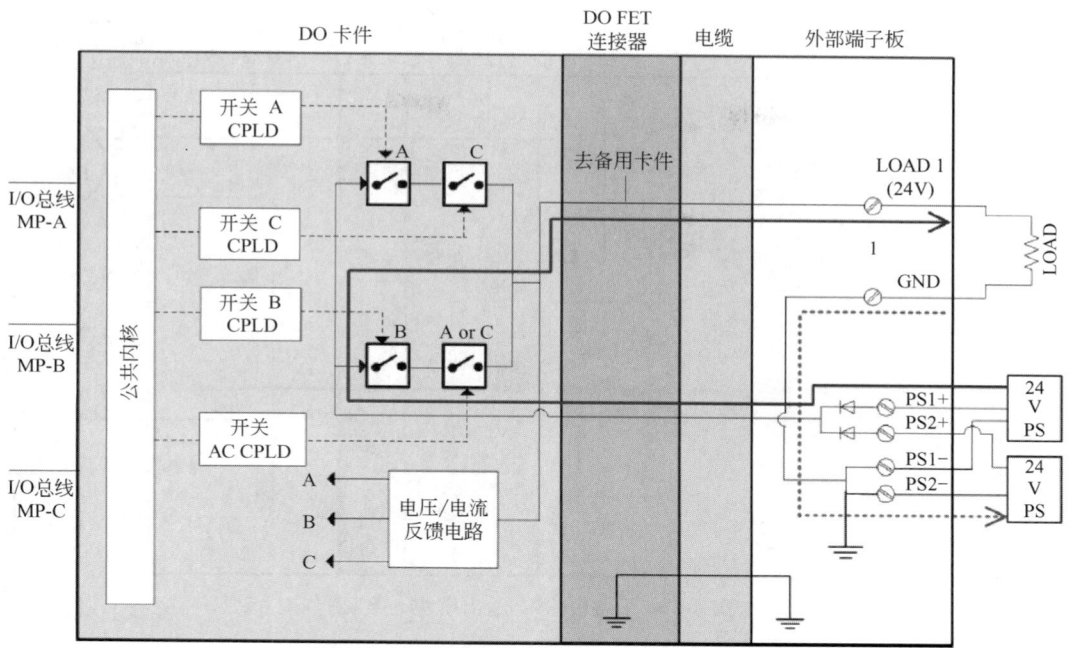

图 4-3-63　TMR 数字输出模块表决电路图

a．数字输入模块　3506X 是 32 点 TMR 监督或非监督型数字输入模块，SOE。

b．数字输出模块　3626X 是 32 点 TMR 监督或非监督型数字输出模块，如图 4-3-63 所示。

c．模拟输入模块　包括 3722X 和 3723X，电压范围为 0～5V DC 的 TMR 模拟输入模块。其中 3723X 可支持现场设备的 HART 信号采集。

d．模拟输出模块　3809X，该模块支持现场设备的 HART 信号采集，如图 4-3-64 所示。

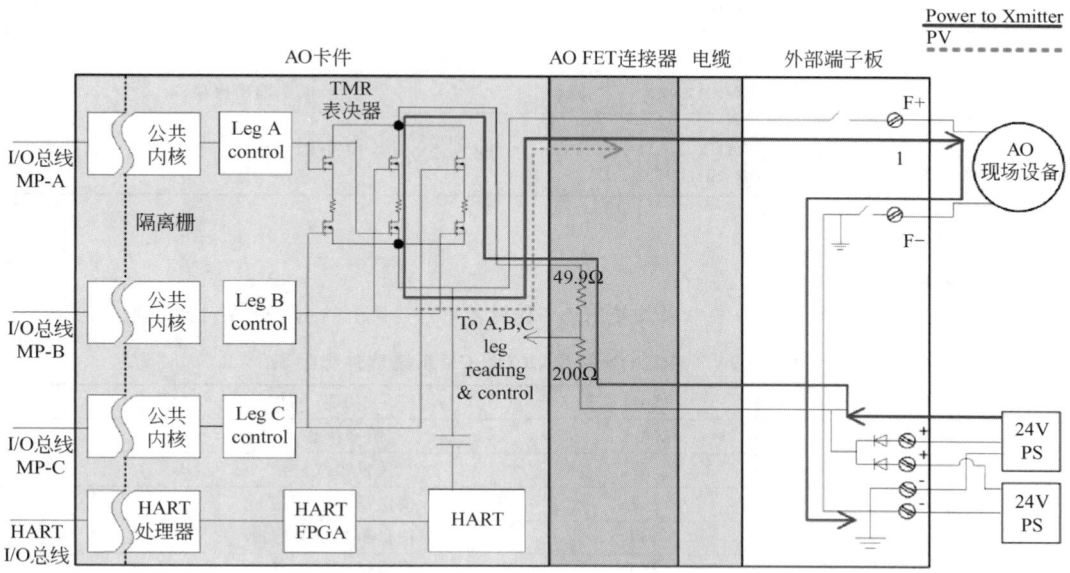

图 4-3-64　模拟输出模块电路图

④ 通用输入/输出模块　通用输入/输出模块型号为 3902X，该模块是 16 点 TMR 通用输入/输出（UIO）模块，可由软件自由配置。每个通道都可独立配置为输入（AI 或 DI）或输出（AO 或 DO）点，如图 4-3-65 所示。

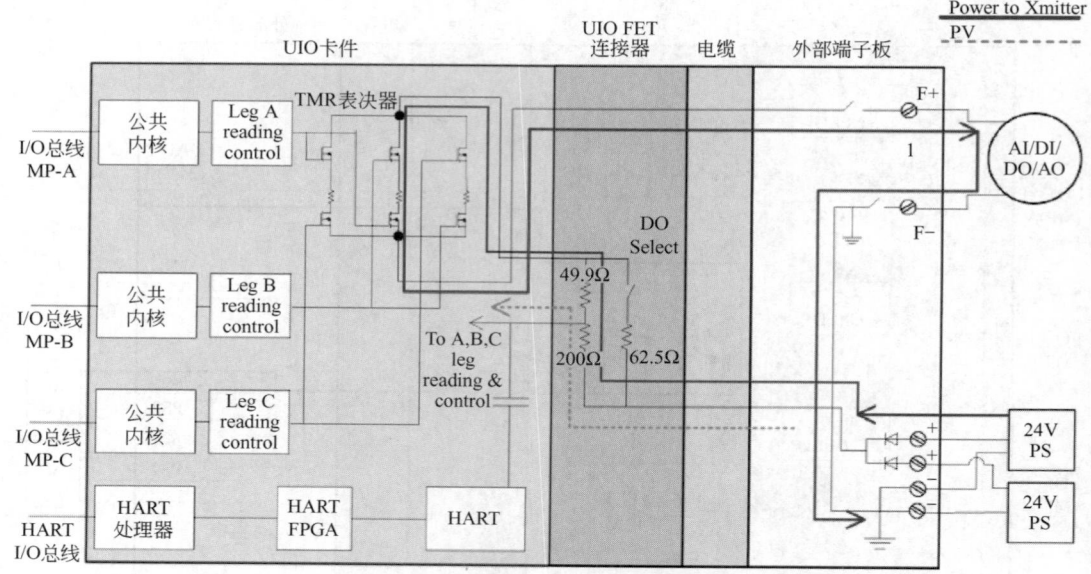

图 4-3-65　通用输入/输出模块电路图

如需修改已配置点的类型，需要先将该点的物理位置重新配置为"内存型"。

（3）I/O 模块选型参数表

TRICON 控制系统 I/O 模块选型参数表见表 4-3-25。

表 4-3-25　TRICON 控制系统 I/O 模块选型参数表

型号	电压类型	类型	点数	型号	电压类型	类型	点数
数字输入模块				模拟输入模块			
3506X	0～28.8V DC	TMR/SIL3/G3	32	3722X	0～5V DC	TMR/SIL3/G3	32
数字输出模块				3723X			
3626X	20.4～28.8V DC	TMR/SIL3/G3	32	模拟输出模块			
通用型输入模块				3809X	20.4～28.8V DC	TMR/SIL3/G3	16
3902X	20.4～28.8V DC	TMR/SIL3/G3	16				

四、系统软件

1. 软件选型清单

TRICON 和 TRICON CX 系统所有软件均使用统一的软件平台，系统的主要软件列表见表 4-3-26。

表 4-3-26　TRICON 和 TRICON CX 系统软件选型表

软件名称	型号	功能	选项
系统组态软件	7254_9	组态编程	必选
SOE 记录软件	7254_4	开关量事故记录	必选
Trilogger Event	7308	模拟量事故记录	可选
Trilogger Playback	7309	模拟量事故记录回放	可选
Trilogger Remote	7310	模拟量事故记录	可选
增强型诊断监视软件	7260_5	系统状态监视	必选
EcoStruxure System Advisor		对系统配置、变更追溯和 I/O 管理	可选
Safety Validator		自动测试与验证逻辑应用软件	可选
Safety View		报警旁路管理软件	可选

2. 组态编程软件

TRICON 和 TRICON CX 系统的组态软件为 Tristation 1131，该软件符合 IEC 61131-3 国际标准中的关于程序控制器程序语言的规定，支持功能块图（FBD）、梯形图（LD）、结构文本（ST）和因果矩阵（CEM）等编程语言。包括如下功能：

① 应用程序编程开发和执行程序；

② 用户特殊功能块的开发；

③ 硬件系统组态；

④ 设置"用户名"和"密码"权限等级，保护工程文件和程序；

⑤ 离线仿真功能调试逻辑程序；

⑥ 程序逻辑、硬件设置、变量列表和主过程参数均打印输出；

⑦ 通过控制面板可以显示系统参数和诊断信息。

3. 事件序列记录软件（SOE）

TRICON 可在主处理器中保存 10 万条事件记录数据。TRICON CX 事故记录的分辨率为 1ms。TRICON 和 TRICON CX 通过 SOE 软件输出事故记录数据到工程师站或 SOE 站，用于文件归档、打印和事故分析报告。

4. 系统顾问软件 EcoStruxure

EcoStruxure 系统顾问提供对 TRICONex 安全系统配置、变更追溯和 I/O 管理功能，是管理和记录 TRICONex 安全系统的重要工具，可提高操作的可追溯性和完整性，帮助管理人员及时发现操作中的安全隐患。

EcoStruxure 系统顾问是对 FDA 标准 21 CFR 第 11 部分、OSHA 1910 和其他标准的响应。这些标准要求对安全系统所做的更改进行记录并分发给所有受影响方，尤其是工艺操作人员及其监督人员，并且对系统的访问进行控制和监控。

5. 安全验证软件 Safety Validator

Safety Validator 是用于自动测试与验证 TRICONex 安全系统应用程序逻辑能按预期工作并减少可能导致灾难性事件的应用软件。

安全验证软件自动测试的优点如下。

① 使用 Safety Validator 可将测试时间缩短 50%，比手动测试快，测试周期缩短。

② 使用 Safety Validator 自动测试效率高，可全天候运行，提供每周 7 天，每天 24h 的测试且自动测试每次都精确地执行相同的步骤，记录结果。

③ 使用 Safety Validator 自动测试，可消除人为因素，如疲劳、人为错误、技能不足等原因造成的安全相关事件。

④ 使用 Safety Validator 能创造额外的价值，可用于多种其他目的。如培训操作员处理各种情况，如启动、关闭和异常等。

安全验证软件的主要特点如下。

① 功能强大，易于使用，只需按一下按钮即可进行测试。

② 自动测试与验证逻辑应用软件经过 TUV 的认证，确保了安全的需求。

③ 自动测试与验证可确保程序逻辑的功能、新功能或修改按预期运行。

④ 无需特殊编程，只需根据特定测试要求配置 Safety Validator 即可。

⑤ 可以快速轻松地创建测试、测试用例和测试脚本。测试可在 TriStation TS1131 仿真器上运行，也可在 TRICON 控制器上运行。

⑥ 结果自动记录，适合在新项目上或执行定期验证测试时使用。

安全验证器功能如图 4-3-66 所示。

6. 报警旁路管理软件 Safety View

该软件可用于 SIS、FGS、GDS、ITCC 等系统，具有先进报警管理功能，有效降低报警率，消除无效报警对操作人员的干扰，提高报警和旁路操作管理的安全性，提高工作效率，降低现场操作的安全风险。该软件主要特点如下。

① 用于监控报警和旁路位号的应用程序。报警监测中的应用有不同的显示区域，可帮助用户轻松监视、管理报警和旁路位号。

② 包括配置和审计跟踪信息存储的数据库。当审计跟踪时，可启用网络打印机，审计跟踪项自动打印。

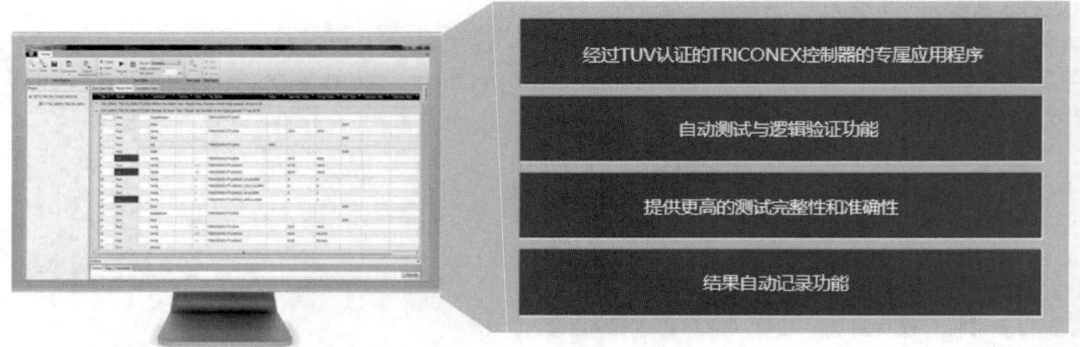

图 4-3-66　安全验证器功能

③ 支持 ISA18.1 定义的报警状态和顺序、信号器顺序和规格标准。

④ 支持任何可编程逻辑控制器（PLC）或分散控制系统（DCS）使用 TSAA、Modbus TCP 协议或 OPC 通信协议。

⑤ 能够同时监控多达 63 个控制器数据、2000 个位号、100 个报警监视站。

⑥ 有针对安全相关控制系统的装备线（LoEs）、安全仪表功能（SIFs）组态。

五、网络与通信

TRICON 和 TRICON CX 系统都是通过符合 IEC 61508、IEC 61511 要求经 SIL 级认证专用的网络通信模块与工程师站、SOE 站、操作员站、局域网络内其他 TRICONEX 系列控制系统通信，以及与第三方控制系统，如 PLC、DCS、MMS、IDM 等通信。

TRICON 和 TRICON CX 通信模块（TCM）同时支持 Modbus 主从串口（115.2kbps）、以太网口（10/100Mbps、100/1000Mbps）、SFP 接口（1000/100Mbps）等多种通信连接方式，并支持 TriStation、Modbus Master、Modbus Slave、Modbus TCP/IP、TSAA（with support for IP Multicast）、Peer-to-Peer、Triconex Time Synchronization、External HART DTM、SNTP 等通信协议。

集成专用通信模块（UCM）同时支持串口（115.2kbps）、以太网口（100/1000Mbps）、SFP 接口（1000/100Mbps）、Foxboro Evo 过程自动化控制系统网络专用接口（100/1000Mbps）等多种通信连接方式，并支持 TriStation、Modbus Master、Modbus Slave、Modbus TCP/IP、TSAA（with support for IP Multicast）、Peer-to-Peer、Triconex Time Synchronization、External HART DTM、SNTP 等通信协议。

六、系统应用举例

某 100 万吨/年乙烯及配套项目是近年来投产运行的国内大型石化项目之一，包括乙烯、炼油、热电和罐外四部分工程，SIS、ITCC、DEH 控制系统全部选用 TRICON 硬件平台，共配置 27 套 SIS 系统、5 套 ITCC 系统、2 套 DEH 系统。

该项目炼油工程配置 7 套 SIS 系统、化工工程配置 20 套 SIS 系统，包括 2 个中心控制室（CCR）、15 个现场机柜间（FAR），SIS 系统 I/O 点数多达 11000 点，共配置 27 套 TRICON 系统、31 个工程师/操作站。

全厂 SIS 控制系统配置如表 4-3-27 所示。

表 4-3-27　全厂 SIS 控制系统配置

工程	中控室	机柜间	装置名称	SIS 系统名	远程 I/O 机架
炼油工程	CCR1	FRR1-01	加氢裂化	SIS-01	R-01
			蜡油加氢处理	SIS-02	R-02
		FRR1-02	重整抽提	SIS-03	R-03
			柴油加氢	SIS-04	R-04
			航煤加氢	SIS-05	R-05
		FRR1-03	延时焦化	SIS-06	R-06
			硫黄回收	SIS-07	R-07

续表

工程	中控室	机柜间	装置名称	SIS 系统名	远程 I/O 机架
化工工程	CCR2	FRR2-01	乙烯	SIS-01	R-01
				SIS-02	R-02
				SIS-03	R-03
		FRR2-02	乙烯	SIS-04	R-04
				SIS-05	R-05
				SIS-06	R-06
			裂解汽油加氢	SIS-07	R-07
		FRR2-03	高密度聚乙烯	SIS-08	R-08
		FRR2-04	线性低密度聚乙烯	SIS-09	R-09
		FRR2-05	聚丙烯	SIS-10	R-10
				SIS-11	R-11
化工工程	CCR2	FRR2-06	环氧乙烷乙二醇装置	SIS-12	R-12
				SIS-13	R-13
		FRR2-07	丁二烯装置	SIS-14	R-14
		FRR2-08	苯酚丙酮装置	SIS-15	R-15
				SIS-16	R-16
		FRR2-13	原料罐区	SIS-17	R-17
		FRR2-14-1	产品罐区	SIS-18	R-18
		FRR2-14-2	中间罐区	SIS-19	R-19
		FRR2-15	火炬	SIS-20	R-20

在全厂 SIS 控制系统一体化的方案中，SIS 内部及与其相关控制系统（如 DCS、IDM 等）的通信配置如下。

中控室的远程 I/O 机架将通过 TRICONEX 专用的符合 SIL3 安全认证的三重化冗余光纤及接口模块与 FAR 内的主控制系统进行数据传递。网络结构采用星形连接，通信协议为 TRICON 内部专用的 I/O BUS 协议。

SIS 系统通过 TRICON TCM 冗余的 RS-232/485 接口与 DCS 系统进行串行通信，执行 Modbus-RTU 的通信协议。DCS 系统为主机，SIS 系统为从机。

来自于现场带 HART 协议的仪表信号接入 HART 采集器，4～20mA 信号将连接到 TRICON 系统内，HART 信息则通过专用的处理端口和电缆连接至 HART 接口模块，经过 HART 通信模块转换为 RS-485 通信协议。通过此协议，HART 信息可最终传至 IDM 服务器中。

每个 CCR 配置一台工程师/SOE/时钟同步站，用于接收 DCS 提供的时钟源，该 CCR 网络内的 SIS 系统将通过 TCM 模块与时钟同步站连接，并采用 SNTP 协议实现时钟同步。

TRICON 和 TRICON CX 安全控制系统可采用通用 I/O。信号采集、主控制器以及操作员监控站分三层物理位置设置安装。第一层为智能 UIO 现场机柜（Smart Junction Boxes，SJB），控制系统的 I/O 机架安装在现场 SJB 中，SJB 应经过防爆认证，适合 Zone 2 IIC T3. 环境；第二层为远程仪表设备间（Remote Instrument Equipment Room，RIE），RIE 安装控制系统的主控制器内；第三层为中心控制室 CCR，工程师站和操作员站设置在 CCR 内。

系统网络设计方案：

① 从 SJB 到 RIE 采用三重化远程 UIO BUS 冗余单模光缆连接；

② 从 RIE 到 CCR 采用双冗余单模光缆实现操作员站的连接；

③ 控制器之间采用安全网络（peer to peer safety network）连接；

④ 由软件 VDU（Video Display Unit）取代常规的硬件辅助操作台，该 VDU 硬件软件平台采用冗余安全网络与控制器连接，全部满足 SIL3 安全认证。

第十节　Yokogawa Prosafe-RS 系统

一、系统概述与发展

Yokogawa Prosafe-RS 系统是新一代高性能、高可靠性安全仪表系统，利用最新的电子设计技术和组件封装技术，安全控制器电路小型化，每个 ProSafe-RS 处理器、输入模块和输出模块内部都具有双重结构，使得系统在单重化架构下即可达到 SIL 3 级要求，并通过 TUV SIL3 级安全等级认证，符合 IEC 61508 和 IEC 61511 标准的各项要求。系统具有安全性高、可靠性高、结构简单、易于维护、扩展性强、长生命周期等特点，支持通用 I/O、远程 I/O、在线诊断、在线修改、SOE 事件记录、SIL3 安全通信、Modbus RTU/TCP 通信、HART 通信、PST 部分行程测试等功能，并能够与 Yokogawa CENTUM VP 实现无缝集成连接。

Yokogawa 在安全系统领域已有超过 50 年的应用经验，可提供从 SIL1 至 SIL3 安全系统解决方案，使用户掌握工厂运行状态的同时了解工艺过程的安全状态，广泛应用于石油、天然气、石油化工、煤化工、化学、制药、电力（包括核电）等行业。

随着安全领域需求的提高、相关标准规范的完善，以及 IA 和 IT 技术的发展，Prosafe-RS 系统的发展历程如下。

① 2005 年，可与 DCS 无缝集成的 SIS 系统 Prosafe-RS 面世，该系统基于新的安全相关标准设计，采用 VMR 架构，在单重化配置下即可达到 SIL3 安全等级要求，可与 CENTUM VP 实时通信无缝连接，并通过 TUV 认证。同时与 Prosafe-RS 连接的现场智能仪表设备也可无缝纳入到资产管理系统（PRM）中，实现统一维护和管理。

② 2008 年，基于安全控制设备与 Yokogawa SCADA 系统 FAST/TOOLS 实现整合。

③ 2011 年，与 Yokogawa SIL4 安全产品 Prosafe-SLS 实现集成。

④ 2013 年，Yokogawa 发布了窄带通信控制器，提供数据缓存和 AGA 计算功能，用于海上平台等场合。

⑤ 2015 年，基于电子布线技术的网络型 I/O（NIO）和敏捷项目执行系统 R4 版本发布，提高了系统配置的灵活性，缩短了项目工程执行周期。

⑥ 2016 年，发布基于 iDefine 的功能安全生命周期管理工具，并通过 TUV 认证，可有效降低长期运行风险，提升安全性，维持系统安全级别。

⑦ 2017 年，发布通过 SIL2 认证的无线 GDS 系统解决方案。

二、技术特点

Yokogawa Prosafe-RS 采用先进的电子设计技术和元器件封装设计，实现安全控制器的线路最小化。每一个 Prosafe-RS 处理器、输入模块、输出模块内部都具有冗余和验证结构，用户在单重化系统配置情况下便可获得 SIL3 级别的保护，这种结构便于设计和安装及维护。当需要进一步提高系统可用性和容错能力时，仅需要再插入相同卡件，即可实现外部卡件级别冗余，这种采用"灵活的通用模块冗余"即插即用的技术称之为"VMRTM"架构（Versatile Modular Redundancy）。Prosafe-RS 是 TUV 认证的在单重化结构下即可满足 SIL3 安全等级的系统，通过卡件级别的冗余配置，可实现系统更高的鲁棒性和可用性。

Prosafe-RS 在单重化结构下即可实现 SIL3 安全需求，当需要更高级别的系统可用性和容错性时，ProSafe-RS 只需插入一个额外的卡就可以成为双重冗余。这种灵活的插件功能称为"VMR™/通用模块冗余™架构"。

Prosafe-RS 具有以下技术特点。

（1）系统安全性与可靠性

① 非冗余配置可达到 SIL 安全级别，也可选冗余配置提高可用性。在 VMRTM 冗余配置下，即使在单输入卡件、CPU 卡件和输出卡件故障的情况下，仍可保持 SIL3 安全等级，系统既没有降级模式，也没有该模式下的时间限制。

② 高度自诊断，具有超过 99.5％的全系统故障诊断覆盖率。

③ TUV 认证的 SIL 安全网络通信功能，实现系统间安全通信。

④ SOE 功能，能以 1ms 的分辨率采集标记事件信息，同时控制器自带第一事件检出功能，自动记录联锁触发前后事件，独立存储，以便追溯。

⑤ 所有卡件具有在线回路监测功能，DI/DO 卡件标配开路、短路检测功能。

⑥ 所有卡件标配 G3 环境支持，可耐受温度－20～70℃。

（2）在线维护功能

① 模块自动复制功能，当更换冗余模块中的一块时，所更换模块自动完成内容复制，并投入在线热备状态。

② 可在线增加各种模块，完成系统扩展。

③ 在线更改扫描时间，适应工艺操作变化的需求。

④ 在线更改 POU 逻辑，改善控制逻辑提升安全性。

（3）管理功能

① 4～20mA 模拟量卡件兼容 HART 通信功能，使得 SIS 系统也可以纳入资产管理系统 PRM 中，进行智能设备的在线维护和管理。

② 部分行程测试（PST）功能，不仅可以保证安全，还可以降低安全的维护成本。可通过 PRM 对控制阀进行 PST 测试。

③ 支持 IEC 61131-3 中三种编程语言：功能块逻辑图（FBD）、梯形图（LD）、结构文本逻辑（ST）。

（4）通信功能

① 采用 Vnet/IP 与 CENTUM VP 系统无缝一体化集成，与 DCS 的通信采用通过 TUV 认证的加密方式，保证通信安全。

② 兼容 Modbus TCP/RTU，可作为 Master/Slave 与其他系统实现 Modbus 通信。

③ 兼容 Profinet，方便与火气检测设备的集成。

④ 提供 DNP3 冗余通信解决方案。

（5）认证标准

① TUV，IEC Ex/ATEX，ISA/ISA Secure EDSA，CSA/UL/CAN/CE/EAC，FM，RoHS。

② 海运标准：ABS，BV，LR，DNV GL。

③ Prosafe-RS 系统通过多个国际组织认证，保证可应用于各个领域和场合。

三、系统结构

YokogawaProsafe-RS 安全仪表系统所有部件均通过 TUV SIL3 认证，系统间通过 TUV 认证的安全通信网络进行数据交换。系统通过专用 Vnet/IP 网络与工程师和操作站进行连接。

1. 单重化配置结构

典型的单重化配置结构及信号流程如图 4-3-67 所示。

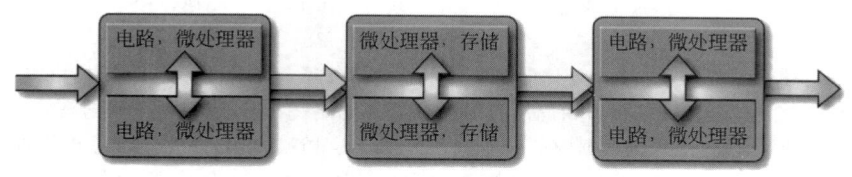

图 4-3-67　单重化配置结构及信号流程

① 单输入卡、单控制器、单输出卡结构时，可满足 SIL3 级标准。

② 控制器和输入卡、输出卡内均为双 MPU 电路，并做内部的比较和全面的诊断。

③ 通过相互比较和全面的自我诊断，整个系统的诊断覆盖率达到 99.5%。

基于 VMR™ 技术，针对不同的应用场合，Prosafe-RS 可以灵活配置为非冗余系统、全冗余系统和混合使用系统，在各种配置形式下，系统均符合 SIL3 安全级别要求。

2. 冗余配置结构

典型的冗余配置结构及信号流程如图 4-3-68 所示。

冗余配置仅需在原有卡件的相邻位置安装相同卡件即可实现冗余，所有冗余卡件在线同步运行。当系统诊断到卡件发生异常时，CPU 会将其标示为故障状态。对于故障卡件，可在线进行维护，确保系统的高可靠性、高可用性和高安全性。

Prosafe-RS 安全控制器包括安全控制单元（Safety Control Unit-CPU 节点）和安全节点单元（Safety Node

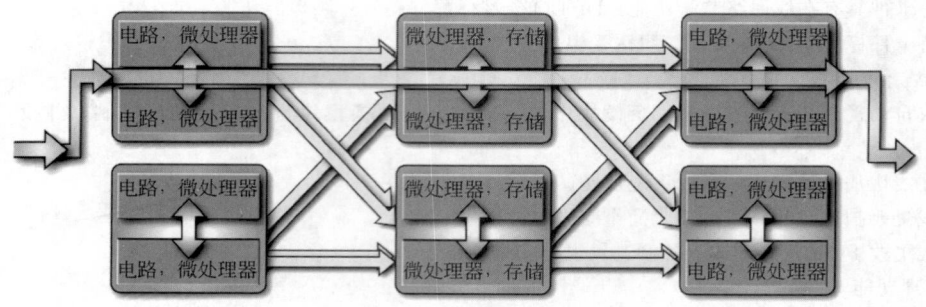

图 4-3-68　冗余配置结构及信号流程

Unit-I/O 节点)。标准机柜中最多可配置 10 个节点(含 CPU 节点),每个节点可配置 8 块 I/O 卡件,每个控制器最大可配置 13 个 I/O 节点,总共可配置 110 块 I/O 卡件,每个安全控制器最多可配置 1500I/O 点。CPU 节点与 I/O 节点均采用 19in 标准架装结构设计,在 800mm×800mm×2100mm 标准尺寸机柜中安装。

3. Prosafe-RS 安全控制器

Prosafe-RS 安全控制器如图 4-3-69 所示。

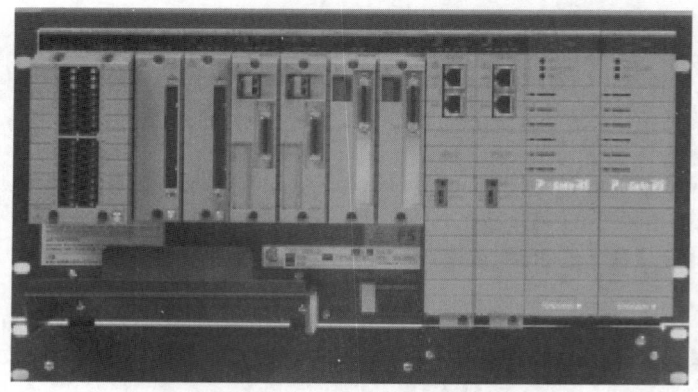

图 4-3-69　Prosafe-RS 安全控制器

Prosafe-RS 安全控制器主要组成模块:中央处理器模块(CPU),I/O 模块,ESB Bus、I/O Bus 模块,电源单元模块。

(1)中央处理器模块(CPU)　中央处理器模块采用成对热备冗余技术,每个 CPU 模块均为两套完全相同的 MPU、ECC 内存、比较器、通信接口和应用程序内存芯片电路。在 CPU 模块工作过程中,所有部件均同时进行数据处理并实时比较,以保证数据的准确性和可靠性。硬件诊断电路独立实时检测各部件的运行状态,诊断覆盖率达到 99.995%。冗余配置时,主备 CPU 也完全采用同时热备工作机理,同时冗余控制电路实时监测比较两块 CPU 的状态,以保证当 CPU 异常发生时,备用 CPU 可立刻接管控制权,整个过程可无扰动持续运行,保证生产过程不会中断。

CPU 内置冗余 Vnet/IP 网络接口以实现与其他设备的安全通信。

中央处理器模块成对热备冗余配置如图 4-3-70 所示。

全冗余的 CPU 配置使得系统具有高可靠性和鲁棒性,多种编程语言使得控制方案的实施更加便利。1ms 的顺序时间记录和第一事件触发记录功能,方便了时间分析和追溯。CPU 模块可在线维护,带电插拔,可在 −20~70℃ 的 G3 环境下稳定运行。

(2)I/O 模块　Prosafe-RS 提供两种类型的 I/O 模块:传统型 I/O 模块(FIO)和网络型 I/O 模块(NIO),每种类型的 I/O 模块均提供普通压线端子、弹簧端子和端子板接线三种接线方式,可选用普通接线电缆、KS 接头集束电缆和 MIL 接头集束电缆。

① 传统型 I/O 模块(FIO)　传统型 I/O 模块(FIO)提供适应现场不同的信号类型的多种模块,所有 I/O 模块采用光电隔离的方式,并标识 CSA、CE、RCM、EAC、FM 和 ATEX 认证标志,模块采用镀膜封装,

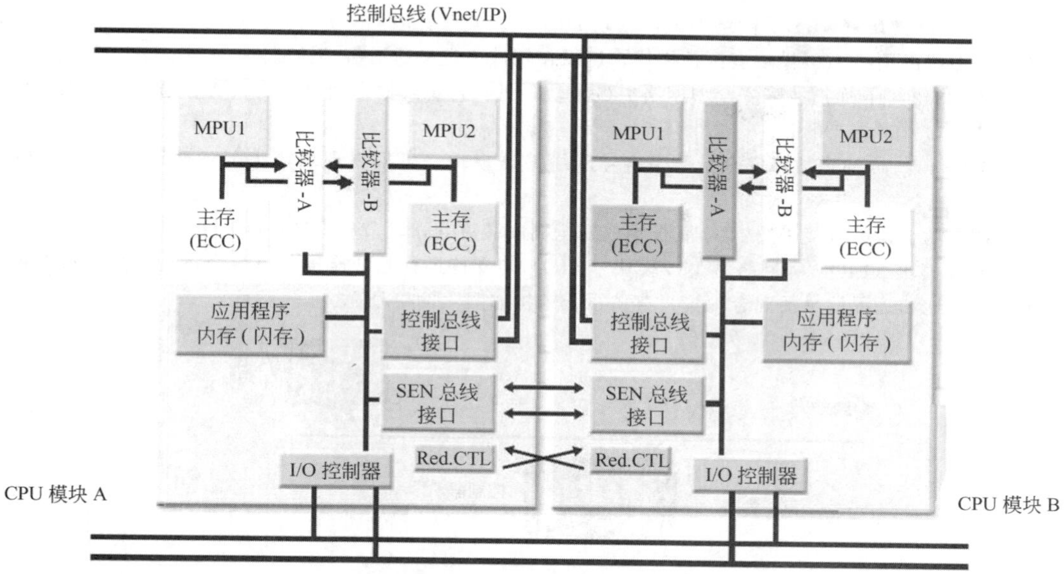

控制总线 (Vnet/IP)

MPU1　比较器-A　比较器-B　MPU2　　MPU1　比较器-A　比较器-B　MPU2

主存 (ECC)　主存 (ECC)　　主存 (ECC)　主存 (ECC)

应用程序内存(闪存)　控制总线接口　　控制总线接口　应用程序内存(闪存)

SEN 总线接口　　SEN 总线接口

I/O 控制器　Red.CTL　　Red.CTL　I/O 控制器

CPU 模块 A　　　　　　　　　　　　　　　　　CPU 模块 B

图 4-3-70　中央处理器模块成对热备冗余配置

达到 G3 环境标准要求，适应腐蚀环境下长期工作。

　　Prosafe-RS 系统 AI、AO 模块具备信号精度高、抗干扰能力强、可靠性高的特点，并能完全兼容 HART 信号。根据在过程控制领域中的项目使用经验，开发了符合 SIL3 安全完整性等级的热电阻、热电偶信号输入卡件，在不使用变送器的情况下也可以将温度信号直接接入 Prosafe-RS 系统，并保证安全回路具备安全完整性等级。

　　Prosafe-RS 系统 DI、DO 模块具备回路诊断功能，能够对回路断路、短路、接线错误等故障进行自动诊断并产生相关报警信息，或根据用户的要求自动做出相应的保护动作，降低因回路故障而产生安全风险的概率。

　　a. 模拟输入（AI）模块

　　SAI143：16 通道故障安全型 4～20mA 输入 AI 卡件。

　　SAV144：16 通道故障安全型 1～10V 输入 AI 卡件。

　　SAT145：16 通道故障安全型 TC 输入 AI 卡件。

　　SAR145：16 通道故障安全型 RTD 输入 AI 卡件。

　　b. 模拟输出（AO）模块

　　SAI533：8 通道故障安全型 4～20mA 输出 AO 卡件。

　　c. 数字量输入（DI）模块

　　SDV144：16 通道故障安全型 DI 卡件。

　　d. 数字量输出（DO）模块

　　SDV541：16 通道故障安全型 DO 卡件（24V DC，0.2A/通道）。

　　SDV531：8 通道故障安全型 DO 卡件（24V DC，0.6A/通道）。

　　SDV521：4 通道故障安全型 DO 卡件（24V DC，2A/通道）。

　　SDV526：4 通道故障安全型 DO 卡件（100～120V AC，0.5A/通道）。

　　SDV53A：8 通道故障安全型 DO 卡件（48V DC，0.6A/通道）。

　　e. 通信模块

　　ALR121：Modbus 通信模块；

　　ALE111：Ethernet 通信模块，支持 Modbus TCP 和 DNP3 协议。

　　ALF111：FF 通信模块。

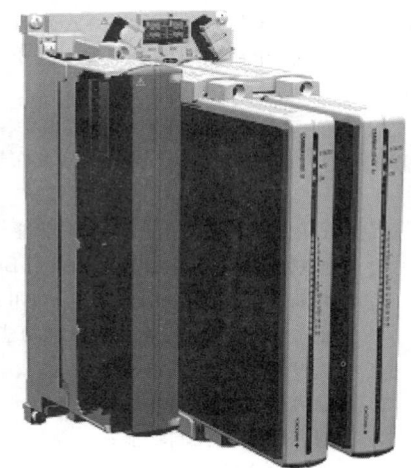

图 4-3-71　网络型 I/O 模块

S2LP131：Profinet 通信模块。

② 网络型 I/O 模块（NIO）　网络型 I/O 模块如图 4-3-71 所示。

基于电子布线的网络 I/O 模块有两种模块，可以在软件中定义通道信号类型。

a. S2MMM843：16 通道故障安全型网络 I/O 模块，可自行定义通道信号类型，所有通道均可根据现场要求配置成 AI、AO、DI 或 DO。

b. S2MDV843：16 通道故障安全型数字信号网络 I/O 模块，可根据现场要求配置通道为 DI 或 DO 信号类型。

如本安使用场合，可直接采用 NIO 底板集成安全栅安装方式，既节省安装空间，也便于维护。

传统型 I/O 模块（FIO）和网络型 I/O 模块（NIO）均支持远程光纤连接并可混合搭配使用，可根据现场实际需求进行本地和远程的灵活混合配置，典型系统结构如图 4-3-72 所示。

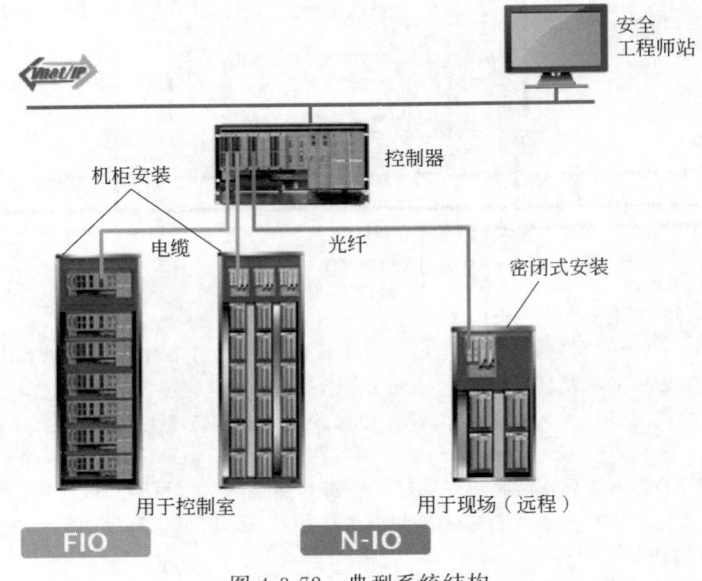

图 4-3-72　典型系统结构

四、系统软件

为了更好地适应智能制造的需求，基于过程控制领域多年良好的工程实践，同时与最新的技术和解决方案相结合，创建了敏捷项目执行（agile project execution）的方法，如图 4-3-73 所示。

基于安全生命周期管理，Prosafe-RS 的 Automation Design Suite（AD Suite）套件是一组软件工具的集成包，提供安全系统的基础设计、组态和日常维护、变更管理、模块化工程、自动文档和参数设定等功能，从而提高了整个工厂生命周期中的工程实施质量和效率。根据工程的设计要求，可将工程环境分离，从而确保配置的灵活性。

ADSuite 可维持整个工厂生命周期中系统设计信息的一致性。工程设计可以在长时间内保持最新。由于变更影响的范围可以随时进行确认，系统在扩建、重建或进行维护服务期间，实际系统和设计信息之间不会出现偏差。

Prosafe-RS 安全系统生成和维护功能软件基本模块及特点如下：

① 支持三种 IEC61508 标准语言（FBD、LD 和 ST 语言）进行逻辑组态；

② 数据库和控制器的访问管理、防止误操作管理；

③ SOE 功能和第一事故自动检出功能；

④ 联锁逻辑在线监视和强制功能；

⑤ 数据库离线调试和在线修改；

⑥ 数据库的版本控制功能；

⑦ 诊断信息实施显示功能；

⑧ 数据库自行文档和在线帮助功能；

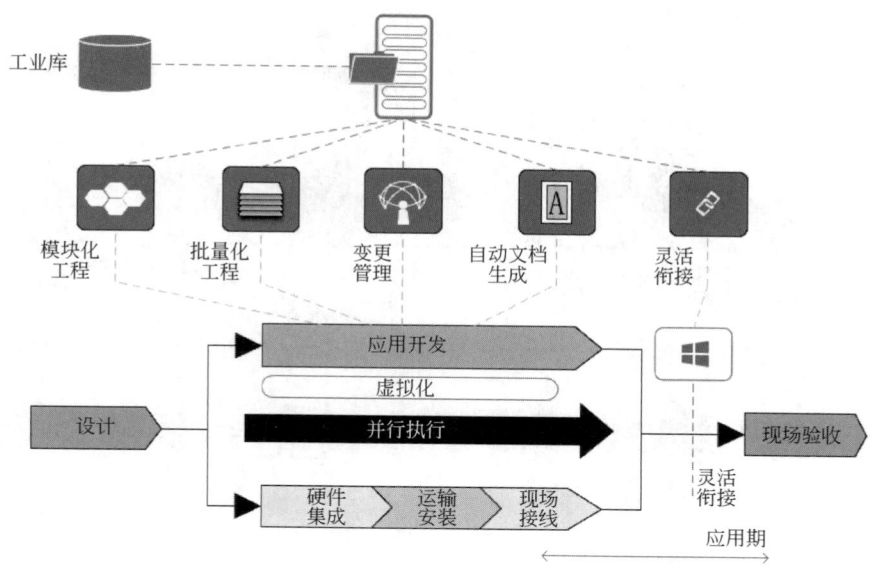

自动设计套件主数据库

工业库

模块化
工程

批量化
工程

变更
管理

自动文档
生成

灵活
衔接

应用开发

虚拟化

并行执行

设计

现场验收

硬件
集成

运输
安装

现场
接线

灵活
衔接

应用期

图 4-3-73　Yokogawa 创建敏捷项目执行方法

⑨ 应用软件安全性验证功能。

Prosafe-RS 提供的系统生成和维护软件采用三种标准语言组态方式，方便工程师根据应用对象和使用习惯灵活选择，提高工作效率。

Prosafe-RS 提供 SOE 和第一事故自动检出报警，事件记录时间分辨率 1ms，可通过 SOE view 随时查看；通过将联锁信号定义为 Trip 信号，在联锁触发后将自动标记相应的 Trip 信号为第一事件，同时记录该信号出发前后一段时间内的事件，方便进行事后分析。

Prosafe-RS 提供在线维护和修改功能，在不影响投入联锁正常工作的情况下，系统可实现在线联锁逻辑修改。

Prosafe-RS 提供 AD Suite 套件，基于 I/O 清单进行数据库生成，联锁逻辑可根据功能进行模块化设计，批量生成，便于维护和管理，同时提供的版本和变更管理可清晰记录每一次修改，确保操作的正确性和可追溯性。

Prosafe-RS 还提供安全生命周期管理支持可选功能。该功能由 ProSafe-RS、AD Suite 自动化设计套件和 iDefine 三个部分相结合构成，为正确地设计、实现和操作 Prosafe-RS 安全仪表系统提供了增强功能，支持功能安全管理（FSM），提供因果图自动转换成联锁逻辑功能。

五、网络与通信

Prosafe-RS 系统采用经过 TUV 认证的专用 Vnet/IP 网络，安全网络节点间及 CENTUM VP 间均采用 1Gbps 带宽网络连接，使用加密通信协议，保证数据安全。同时通过 Modbus TCP/RTU、Profinet 与第三方控制器或设备连接，通过 SOE OPC 服务器将安全系统的事件信息发送至上位客户端，进行远程管理和监控。

典型的 Prosafe-RS 与 CENTUM VP 一体化解决方案网络结构如图 4-3-74 所示。

六、系统应用举例

国内某大型石化一体化项目 SIS&GDS 系统配置如图 4-3-75 所示。

本项目是由一个中心控制室（CCR）、若干个现场机柜间（FAR）和就地控制室（LCR）构成。该项目采用 Yokogawa CENTUM VP 系统与 Prosafe-RS 系统组成一体化解决方案，CENTUM VP 用作 DCS，Prosafe-RS 用作 SIS 和 FGS。SIS 共配置 30 套 Prosafe-RS，其中乙烯装置 I/O 共 5630 点，配置 12 套 Prosafe-RS，通过光纤连接在中控室配置相应远程 I/O，用于紧急停车；GDS 配置 12 套 Prosafe-RS，其中乙烯装置 2 套，通过光纤连接在各个 FAR 和 LCR 配置远程 I/O，用于分散的 GDS 信号采集。采用集成一体化系统解决方案，可确保操作人员能够了解平台上信息和系统的全部数据，完成工艺操作及对各种报警的及时处理。操作工不仅

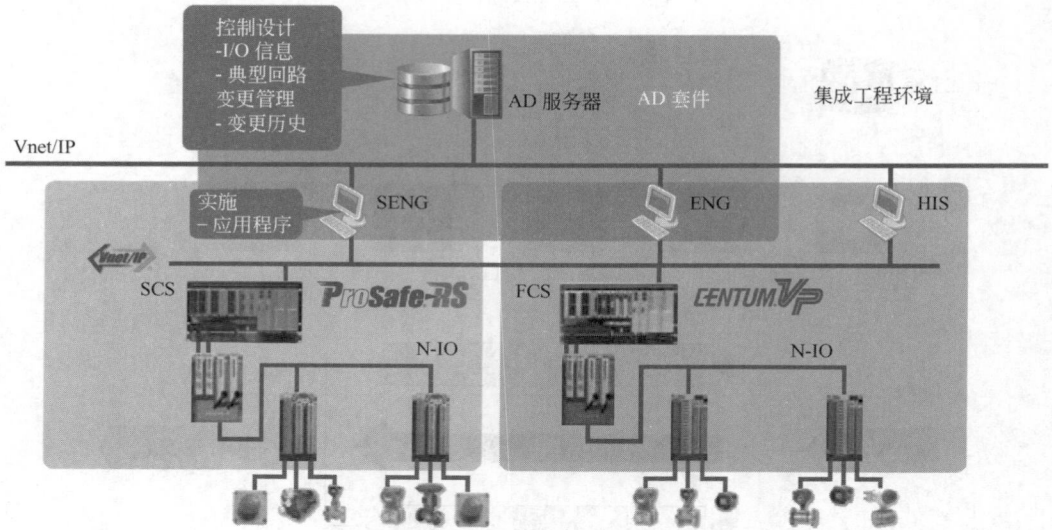

图 4-3-74　Prosafe-RS 与 CENTUM VP 一体化解决方案网络结构图

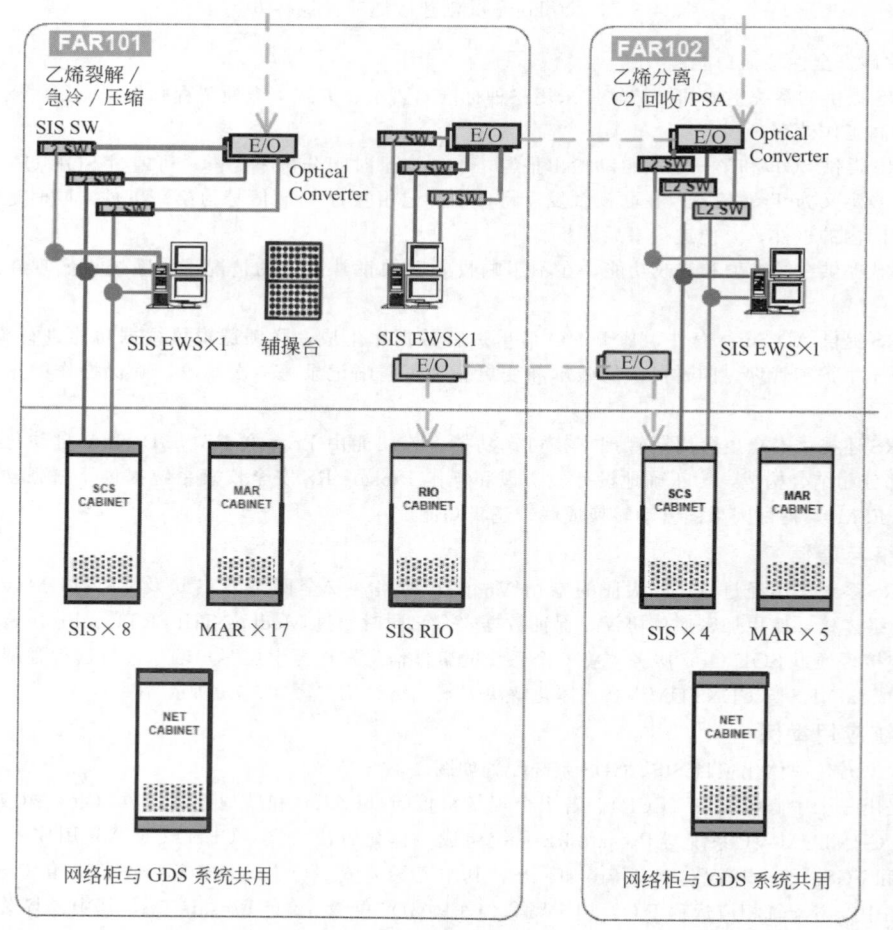

图 4-3-75　国内某大型石化一体化项目 SIS&GDS 系统配置

可在独立设置的 SIS、GDS 操作站上进行相应系统的操作监视，还可在 DCS 操作站上实现统一操作监控。确保 SIS 系统具有高安全完整性等级的同时简化了操作，减少了维护人员的负荷，提高了工作效率。

（1）乙烯装置 SIS 系统 I/O 规模（全部冗余）（表 4-3-28）

表 4-3-28　乙烯装置 SIS 系统 I/O 规模（全部冗余）

模块	需求点	含 15% 裕量点
裂解炉	3378	3885
急冷	334	3858
压缩	294	339
冷分离	427	294
热分离	462	532
合计	4895	5630

（2）SIS 系统硬件配置

双重化安全控制单元	12 套	模拟量输入模块	204 套
数字量输入模块	228 套	数字量输出模块	174 套
工程师站	3 台	激光打印机	1 台
网络交换机	6 台	辅助操作台	6 套
系统柜等	51 面		

（3）SIS 系统软件配置（表 4-3-29）

表 4-3-29　SIS 系统软件配置

○ RS R4 系统软件授权	○ 项目 ID 授权
○ 安全系统工程和维护	○ CENTUM VP 组合软件包
○ SOE 查看软件包	○ 项目 I/O 授权
○ 安全控制功能	○ 多屏幕支持软件包
○ 操作监视软件包	

第四章　可编程序控制器

第一节　HollySys LK PLC

一、系统概述

HollySys LK PLC 于 2006 年 11 月面世，是和利时公司多年的控制系统研发、设计及工程经验的成果。

LK LC 具有可靠性高、功能丰富、性能优异、集成度高、扩展性好、体积小巧、易于使用等特点，实现了标准化、集成化、开放化、控制速度快、生命周期成本低，又综合了 DCS 的模拟量控制功能、冗余、热插拔等要求。LK PLC 已通过 CE、UL 认证，适用于各种恶劣环境。

HollySys LK PLC 已通过 SIL2 认证、信息安全阿基里斯Ⅱ级，支持高性能运动控制、WiFi 通信、基于云的远程下载调试等功能。

二、系统硬件

1. 系统特点

LK PLC 由 CPU 模块、I/O 模块、通信模块、特殊功能模块和背板组成。可根据不同的应用场合、不同的需求灵活地进行组合，满足自动控制的广泛应用。LK PLC 具有以下特点：

① 配置工业级处理器，拥有纳秒级的处理速度；

② 强大的模拟量处理功能；

③ 支持电源冗余、CPU 冗余、以太网冗余、总线冗余；

④ 具有通信故障时的输出保持或输出预置功能；

⑤ 支持带电插拔模块，更换模块时无需中断系统运行；

⑥ 背板设计防混插销，以免插错模块；

⑦ 小型化设计，结构紧凑，节省系统安装空间；

⑧ 接线端子固定在背板上，可直接更换模块无需重复接线，节省时间；

⑨ 支持多种通信协议，如 TCP/IP、PROFIBUS-DP、Modbus、自由口等协议；

⑩ 采用开放式设计，可为各类 HMI 软件提供标准接口。

2. 硬件性能技术指标

（1）CPU 模块（LK220，表 4-4-1）

表 4-4-1　CPU 模块（LK220）

CPU 主频	667MHz
存储器	用于程序 16MB；用于数据 16MB；DDR 512MB，800Mbps，位宽 32；MRAM 512KB
可扩展存储器	32MB，可插拔 SD 卡
双机冗余	支持双机冗余
以太网	10/100M2 路，双网口冗余，支持 TCP/IP 协议
单系统规模	支持的 I/O 容量不低于 100000 点
后备电池	采用电池/电容供电

（2）CPU 模块（LK210，表 4-4-2）

表 4-4-2　CPU 模块（LK210）

处理器主频	533MHz
存储器	用于程序 16MB；用于数据 64MB+1MB；掉电保持

可扩展存储器	512MB,可插拔 SD 卡
后备电池	有,3.0V 额定 120mA·h,掉电保持 6 个月
I/O 点容量	数字量通道,最大 57344;模拟量通道,最大 3584
通信接口	2 路以太网接口、2 路 PROFIBUS-D 总线接口
程序执行	连续运行:1 个连续运行任务;定周期运行任务:最多支持 32 个任务;事件触发任务:所有任务都支持事件触发方式

（3）数字量输入模块（LK610，表 4-4-3）

表 4-4-3　数字量输入模块（LK610）

通道数	16
电压类型	直流
输入电压	额定值 12/24V DC;ON 状态 10~31.2V DC;OFF 状态<5V DC
输入电流	ON 状态,典型值 2~10mA;OFF 状态,典型值<1.5mA
输入延迟	硬件延迟 50μs;软件滤波 1/3/5/10/15/20/25/30ms,组态可选
背板电流消耗	50mA,24V DC,Max.

（4）数字量输出模块（LK710，表 4-4-4）

表 4-4-4　数字量输出模块（LK710）

通道数	16
输出类型	晶体管
输出电压	额定值 24V DC;允许范围 10~31.2V DC
输出电流	每通道 0.5A,40℃;0.4A,60℃(线性递减);每模块 8A,40℃,6.4A,60℃(线性递减)
每通道浪涌电流	1A,持续时间 10ms,周期 2s,60℃
最小负载电流	每通道 3mA;最大导通状态压降 150mV,0.5A;最大断开状态漏电流 1mA
输出延迟	OFF→ON,1ms Max.;ON→OFF,1ms Max
背板电流消耗	70mA,24V DC,Max.

（5）模拟量输入模块（LK411，表 4-4-5）

表 4-4-5　模拟量输入模块（LK411）

通道数	8
工作电压	24V DC±10%
输入信号	0~20.58mA/4~20.58mA
分辨率	16 位
采样周期	对 50Hz 干扰,硬件滤波<480ms/8 通道;对 60Hz 干扰,硬件滤波<480ms/8 通道
输入阻抗	243Ω
抑制比	差模抑制比 80dB,50Hz 或 60Hz;共模抑制比 100dB,50Hz 或 60Hz
精度	测量精度<0.1% F.S.;校准精度<0.03% F.S.;校准周期 12 个月
温漂	±25ppm/℃
背板电流消耗	60mA,24V DC,Max.

(6) 模拟量输出模块 (LK511，表 4-4-6)

表 4-4-6　模拟量输出模块 (LK511)

通道数	4
工作电压	24V DC±10%
输出信号	电流信号,0～21mA/4～20mA
输出建立时间	<2ms
分辨率	12 位
带负载能力	≤750Ω
精度	0～4mA 0.6% F.S.;4～20mA 0.3% F.S;稳定度 0.05% F.S.;温漂 50ppm/℃
通道间隔离	隔离电压为 500V AC 测试 1min,漏电流为 5mA
与现场隔离	隔离电压为 500V AC 测试 1min,漏电流为 5mA
背板电流消耗	180mA,24V DC,Max

3. 冗余技术

LKPLC 采用热备冗余,主、从控制器模块同时接收网络数据,同时做控制运算。主控制器输出运算结果,且实时更新数据。主控制器发生故障时,从控制器自动无扰切换为主控制器。

① 冗余切换时间最快 50ms。

② 冗余响应时间最快为 100ms。

③ 任务调度最小时间片不超过 $100\mu s$。

④ 系统最快回路响应时间不大于 200ms。

⑤ 单 DP 网络,可添加 124 个 I/O 从站。

⑥ 日志读取工具,可记录异常操作、故障等日志信息超过 10000 条。

LK 冗余系统支持两种构成形式:本地背板冗余和双机架冗余。

(1) 本地背板冗余　如图 4-4-1 所示。

① 1 个本地背板 (LK123),冗余 CPU 插槽。

② 2 个支持冗余的 CPU (LK210)。

③ 1 个通信模块 (LK232)。

④ 若干 I/O 模块。

(2) 双机架冗余　如图 4-4-2 所示。

① 2 个 24V 电源转接模块 (LK921)。

② 2 个支持冗余的 CPU 模块 (LK220)。

③ 2 个冗余通信模块 (LK240)。

④ 2 个 DP 主站通信模块 (LK249)。

⑤ 2 个 4 槽背板模块 (LK130)。

⑥ 同步光纤。

图 4-4-1　本地背板冗余

图 4-4-2　双机架冗余

4. 人机界面

HT8000 系列采用嵌入式技术、低功耗的 ARM 结构 CPU 芯片，能迅速调用复杂的图形，满足用户的需要。支持与绝大多数的 PLC 直接通信，PLC 传输数据不需要运行任何特殊程序。拥有模拟运行、联机运行大容量用户程序存储空间与简单的脚本程序等功能，迅速有效地完成现场数据采集、运算、控制等。

① 屏幕尺寸 4.3in、7in、10in、12in。

② 26 万色 TFT 真彩显示，支持 BMP、JPG、GIF 等多种格式图片导入。

③ 集成 1 个 USB SLAVE 口，快速下载组态程序，大大提高工作效率。

④ 集成多种接口，如 RS-232、RS-422、RS-485，支持 Modbus_TCP 通信协议。

⑤ 高容量闪存存储器（FLASH），支持存储大容量数据，可扩展 SD 存储卡和 U 盘存储。

三、系统软件

1. 组态软件

AutoThink 是 LK 可编程控制器的专用编程软件，现场操作便利、友好。软件基于 Windows 环境，符合 IEC61131-3 国际标准，具有离线仿真和在线调试功能。

① 具有六种编程语言（LD、FBD、ST、SFC、CFC）。

② 超强的运算功能，如 32 位浮点运算、优化处理的 PID 运算。

③ 子程序之间可采用不同的编程语言，相互调用。

④ 方便的运算和传送指令，丰富的数据类型转换指令。

⑤ 支持用户编写自定义功能块、函数和子程序，并可保存为内部库的形式。

⑥ 自定义内部库可在不同工程中调用。

⑦ 用户程序的密码保护功能。

⑧ 图形化的仿真结果显示。

⑨ 方便的程序编写，灵活的断点调试。

2. 系统软件

HiaSCADA 系统软件是和利时自主研发的自动化系统集成平台，安全、可靠、开放的工业平台软件。支持异构系统集成，可将各种不同的设备、软件和人无缝地集成为一个协同工作的系统，实现互联互通和互操作。平台主要包括工厂建模和应用开发工具、现场设备接入、工业数据服务、控制运算引擎、规则引擎、工作流引擎、大数据引擎和可视化展示等组件。

HiaSCADA 不仅支持生产过程实时数据、报警、事件和历史数据，还扩展了对产品数据、设备数据、设计数据、地理位置数据、音视频多媒体数据的支持，实现与多种类型子系统的集成融合；系统提供快速二次开发功能，支持特定行业的应用功能定制开发；支持 C/S 和 B/S 方式的 PC、移动设备、大屏幕等多种图形化展示方式，可以实现在异构环境下的协同制造、生产监控、生产调度和生产管理，适合智能工厂和数字化自动化集成应用。

四、应用举例

某天然气长输管线系统由首站、分输站、中间压气站、清管站和阀室、阴极保护站组成。天然气管网工程的自动控制系统采用监控和数据采集（SCADA）系统。该系统可在调度控制中心完成对天然气管道全线的监控、调度、管理的任务，全线各站场可达到无人操作、有人值守的控制和管理水平。天然气长输管线系统 SCADA 系统主要由调度控制中心、站控系统（SCS）及数据传输通信系统三大部分组成。如图 4-4-3 所示。

（1）调度控制中心　主调度控制中心、备用调度控制中心或区域调度控制中心，通过对各站 LK PLC 进行数据采集及控制，对管道系统工艺过程的压力、温度、流量、密度、设备运行状态等信息进行监控和管理，实现对管道全线的监控、调度、管理的任务。

（2）站控系统（SCS）　根据管网站场分布，在首末站、分输站、中间压气站、清管站和截断阀室、阴极保护站等设置不同规模的站控系统（SCS）。主要由 LK 冗余系统组成，执行主调度控制中心指令，实现站内数据采集及处理、联锁保护、连续控制及对工艺设备运行状态的监视，并向调度控制中心上传所采集的各种数据与信息。

（3）数据传输通信系统　完成站控系统与调度控制中心的数据通信，大部分采用光纤工业以太网，光纤随天然气长输管线敷设。部分阀室采用 4G 网无线通信。

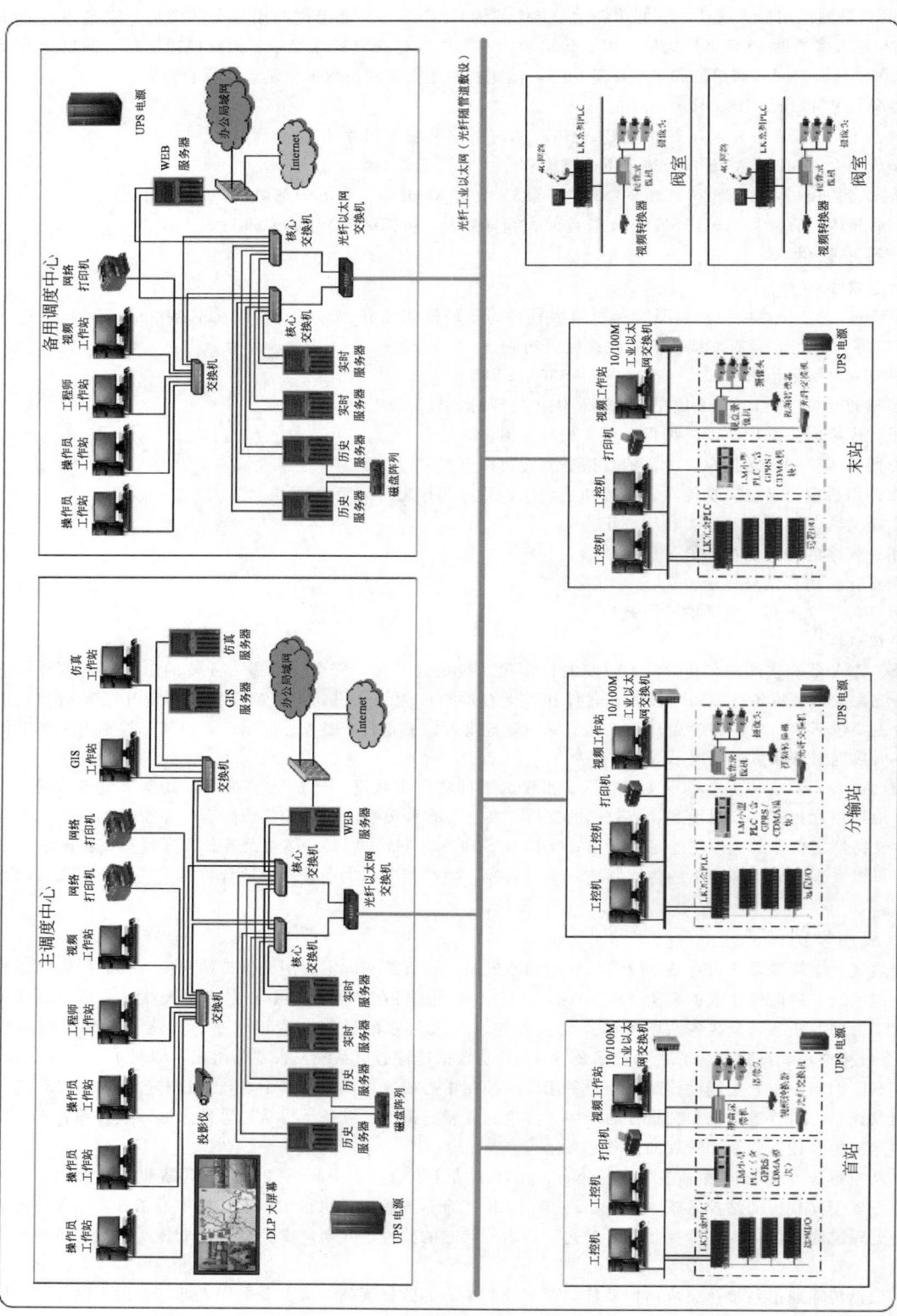

图 4-4-3 某天然气长输管线 SCADA 系统结构

第二节　Rockwell ControlLogix PLC

一、系统概述

Rockwell 公司在可编程程序控制器 PLC-2 和 PLC-5 之后，推出了新一代的 ControlLogix 控制系统。ControlLogix 控制系统是高度模块化结构、可进行灵活组合和扩充的高性能控制平台。ControlLogix 控制器用于大于 1000 个 I/O 点的控制系统。

1. 系统特点

① 通过机架背板总线实现模块间的高速通信。

② 尺寸小巧，所需空间比传统的控制系统小 20％～50％。

③ 模块的安装没有槽位限制，任意槽位可插任意型号的模块。

④ 所有模块都支持带电插拔。

⑤ 允许在一个机架中部署多个控制器模块，一个机架中可部署 7 个通信模块。

⑥ 可寻址最多 256000 个离散量点或 8000 个模拟量点。

⑦ 每个系列有不同的内存大小以适应不同规模的应用。

⑧ 基于标签编程，ControlLogix 创建的标签可直接被人机界面软件所引用。

2. 控制功能

ControlLogix 控制系统除了具有传统 PLC 实现的逻辑控制外，还可完成多种控制功能，它是一种综合型的控制器，能实现的控制功能几乎涵盖所有控制领域。使用一个 ControlLogix 控制系统替代多种传统的控制系统。ControlLogix 除了完成顺序控制外，还可以实现过程控制、批次控制、传动控制、运动控制和安全控制。

3. 系统升级

Rockwell 公司提供工具和组件，可方便地从传统 PLC-5 系统升级到 ControlLogix。使用 PLC-5 代码转换软件，可将大部分 PLC-5 程序转换成 ControlLogix 代码。PLC-5 机架 I/O 可用 1756 I/O 代替，插在 ControlLogix 机架。

二、系统硬件

ControlLogix 控制器分为标准 ControlLogix 控制器、极端环境 ControlLogix 控制器和 GuardLogix 安全控制器。

ControlLogix 5580 系列标准控制器的组件经过批准和认证，符合 IEC 61508 规定的 SIL 2 等级要求。

ControlLogix-XT 极端环境控制器的工作方式与标准控制器相同。ControlLogix-XT 包括控制与通信系统组件，均具有涂层防护，可延长在恶劣、腐蚀性环境下的使用寿命。工作温度范围−20～75℃。

GuardLogix 安全控制器用于机器安全控制，符合 IEC 61508 的 SIL 3 等级要求。

1. 系统组成

ControlLogix 系统构成如图 4-4-4 所示。

图 4-4-4　ControlLogix 系统构成

ControlLogix 控制系统由电源模块、机架、控制器模块、网络通信模块和各种 I/O 模块等组成。

2. 电源模块

电源模块有标准电源模块和冗余电源模块，电源模块的输入电压为交流 110/220V AC 或直流 24V DC，有多种不同的输出功率可供选择。1756-PA75 为标准电源模块，输入电压为交流 110/220V AC，最大输出功率 75W。

电源模块只能插在机架的左边，不占用槽位。ControlLogix 提供 4 槽、7 槽、10 槽、13 槽和 17 槽五种机架。

3. 控制器模块

控制器模块是控制系统的核心，存储数据和程序代码并执行程序实现多种控制任务。当前的主流控制器是 ControlLogix 5560、5570 和 5580（也称为 ControlLogix L6、L7 和 L8）。

ControlLogix 5560 控制器支持 256 个通信连接，ControlLogix 5570 支持 500 个通信连接。通信连接是控制器与现场设备或 I/O 模块建立的连接，一个机架上的所有离散量模块可以共享一个通信连接；模拟量模块需要单独一个通信连接；一个现场设备占用一个通信连接。ControlLogix 5560 集成一个串口，使用锂电池可在断电后保存程序。ControlLogix 5570 和 5580 使用储能模块（ESM）保存程序，带一个 USB 口。ControlLogix 5580 集成了一个 1GB 的 EtherNet/IP 接口。ControlLogix 5570 系列控制器已经成为主流控制器。三个系列的控制器均有多种型号可选择，主要区别是内存不同，分别为 2MB、4MB、8MB、16MB 和 32MB。

4. 通信接口

ControlLogix 支持 DeviceNet、ControlNet 和 EtherNet/IP，并支持 DH＋/RIO 等传统网络。还可通过第三方（如 Prosoft）产品支持其他网络，第三方产品可直接插入 ControlLogix 机架中。

ControlLogix 主要以 EtherNet/IP、DeviceNet 和 ControlNet 三种网络的通信模块为主，既支持实时通信，也支持非实时通信。通信模块的工作不依赖控制器，机架中即使没有控制器，通信模块也能正常工作。ControlLogix 的通信模块可当作扫描器使用（即主站），也可当作适配器（即从站）使用。

EtherNet/IP 工业以太网的通信速率为 100/1000 Mbps，支持多种以太网冗余协议。Rockwell 推荐采用设备级环网协议（DLR）连接控制器、远程 I/O 站和其他 EtherNet/IP 设备。当 DLR 环网协议网络出现断点时，可以在 3ms 内恢复网络通信。EtherNet/IP 通信模块有 1756-ENBT、1756-EN2T 和 1756-EN2TR 等，型号末尾为"R"的模块具有两个 EtherNet/IP 接口且支持 DLR 协议。

DeviceNet 网络的通信速率可达到 500Kbps，可连接远程 I/O 站和现场设备，主要用于连接现场设备。2002 年，DeviceNet 被批准为中国国家标准。DeviceNet 的通信介质主要以五芯双绞线为主，其中两芯用于 24V DC 供电，两芯用于数据传输。ControlLogix 的 DeviceNet 网络通信模块是 1756-DNB。

ControlNet 网络主要连接远程 I/O 站和设备，ControlNet 的通信速度为 5Mbps，通信速率不依赖于传输距离。通信介质采用同轴电缆和光纤。ControlNet 通信的确定性好，实时通信要预先规划，只有在一个网络更新周期内还有时间时才进行非实时通信。ControlNet 模块有单通道和双通道，双通道模块可实现网络介质冗余。ControlLogix 的 ControlNet 的通信模块有 1756-CNB、1756-CNBR、1756-CN2 和 1756-CN2R，后两者性能高，型号中以字母"R"结尾的即为双通道模块。

5. 输入/输出模块

ControlLogix 系统提供多种输入输出/模块，可满足各种应用需要。主要有交流数字量输入/输出模块、直流数字量输入/输出模块、继电器输出模块、模拟量输入模块、模拟量输出模块、热电阻和热电偶模块等。还有高速计数模块、事件顺序记录（SOE）模块和具有 Hart 接口的模拟量输入/输出模块等。

数字量输入/输出模块有 8 点、16 点和 32 点；模拟量输入/输出模块主要是 8 通道和 16 通道。如果型号中没有特别注明，模拟量模块支持多种电流和电压信号。每个通道都可通过软件单独设定信号类型。Rockwell 公司提供了免费软件 IAB 帮助用户配置集成架构中的各种系统，可根据用户选择配置后生成物料清单。ControlLogix 架构使用生产者/消费者模型，模块的输入数据和输出状态可被多个控制器所同时使用。

6. 系统冗余

ControlLogix 冗余系统的主从机架具有各自独立的电源模块、机架、控制器模块和网络通信模块，当工作模块出现故障或异常，系统会自动无扰地切换到备用系统。冗余系统除增加一倍的控制系统部件外，还要在主从机架上各增加一个冗余模块（例如 1756-RM2）和两根同步光纤（例如 1756-RMC3）。主从机架之间完全靠冗余模块来完成主从控制器的同步和数据的交换。主从机架上配置的模块的硬件型号、固件版本号和模块插放位置要完全一样。冗余系统的控制器机架只能有控制器模块、ControlNet 和 EtherNet/IP 网络通信模块以及冗余模块，其他通信模块和各种 I/O 模块都只能插在远程 I/O 机架上。

7. 远程 I/O

ControlLogix 的远程分布式 I/O 网络可选用 ControlNet 现场总线和 EtherNet/IP 工业以太网，推荐使用 EtherNet/IP 工业以太网连接远程 I/O 和现场设备。远程 I/O 不但可使用与控制器同系列的 1756 I/O，还可使用其他类型的远程 I/O。除了 1756 I/O 外，石油化工行业用得比较多的是 1794 Flex I/O 和 1715 冗余 I/O。1794 Flex I/O 提供各种类型的输入输出模块，每个 Flex I/O 站最多支持 8 个 I/O 模块，模块支持带电热插拔。1794 Flex I/O XT 是极端环境版本的 Flex I/O。

1715 冗余 I/O 支持 SIL2 应用，一个 1715 I/O 站最多支持 24 个 I/O 模块。1715 的硬件由背板、终端组件和模块三部分构成。1715 冗余 I/O 的模块包含位于背板最左端的 1715 以太网适配器模块 1715-AENTR，它有两个以太网端口。1715-AENTR 两块一起使用，实现模块冗余，这四个以太网端口与 ControlLogix 的 1756-EN2TR 构成 DLR 环网。当前共有四种类型的 1715 I/O 模块：数字量输入模块 1715-IB16D，数字量输出模块 1715-OB8DE，模拟量输入模块 1715-IF16 和模块量输出模块 1715-OF8I。1715 I/O 模块支持冗余或非冗余工作模式，使用冗余工作模式

图 4-4-5 远程 I/O 组件

时，需配备两个模块并使用冗余版的终端组件，如图 4-4-5 所示。

三、系统软件

1. 编程语言和系统软件

Rockwell 软件是基于 FactoryTalk 服务平台。FactoryTalk 是一系列嵌入到集成架构各个组件中的企业级数据通信服务，显著简化了数据生成、传输和使用过程。要构建一个 ControlLogix 控制系统，除了上述介绍的各种硬件外，还要有相应的软件，例如 Studio 5000、RSNetWorx 和 RSLinx 等，如果系统中包含上位监控系统，还应该包含 FactoryTalk View SE 软件。

Studio 5000 不仅是 ControlLogix 的编程软件，它包含了 Architect 软件，可构建和维护系统布局；包含 Logix Designer，可配置、编程和维护 Logix 系列控制器；还包含 View Designer 软件，为 PanelView 5000 图形终端创建屏幕画面。Studio 5000 可以使用梯形图、顺序功能表、功能块和结构化文本进行编程，每个子程序可以任选上述四种编程语言。

RSLinx 是通信软件，Rockwell 其他软件和 ControlLogix 的通信都通过 RSLinx 来实现，RSLinx 支持多种网络和接口与 ControlLogix 进行通信。

RSNetWorx 为网络配置和组态软件，三种不同的网络 DeviceNet、ControlNet 和 EtherNet/IP 分别使用三种不同的 RSNetworx，即 RSNetworx for DeviceNet、ControlNet 和 EtherNet/IP。

FactoryTalk View SE 人机界面解决方案可支持从单机到高度分布式的客户端服务器应用，包含了多个用于创建自动化应用程序的组成部分，主要有 FactoryTalk View SE 服务器（包含人机界面服务器、数据服务器和 FactoryTalk 报警和事件服务器）、FactoryTalk View Studio 组态开发环境、FactoryTalk View SE 客户端等。一个典型的分布式 FactoryTalk View SE 应用包含至少一套 FactoryTalk View Studio；一个或多个 FactoryTalk View SE 服务器以及多个 FactoryTalk View SE 客户端。

FactoryTalk View Studio 组态开发环境不但可以开发 FactoryTalk View SE 的应用，也可以开发运行在触摸屏上的 FactoryTalk View ME 的应用。FactoryTalk View SE 服务器支持冗余配置以确保系统的高可靠性，并且冗余配置时不需要进行编程。FactoryTalk View SE 客户端可以从多个 FacotryTalk View SE 人机界面服务器读取数据（包括标签、画面和报警等），同时客户端也可以直接从多个 FacotryTalk View SE 数据服务器读取数据。FactoryTalk View SE 无需定义 HMI 标签，可以直接引用 Logix 控制器标签（也可以通过基础服务 FactoryTalk Live Data 连接标准 OPC 服务器，以接入第三方控制器），它使用标签的数量没有限制。FactoryTalk View SE 的容量分类是通过支持的最多画面数量来进行区分的。

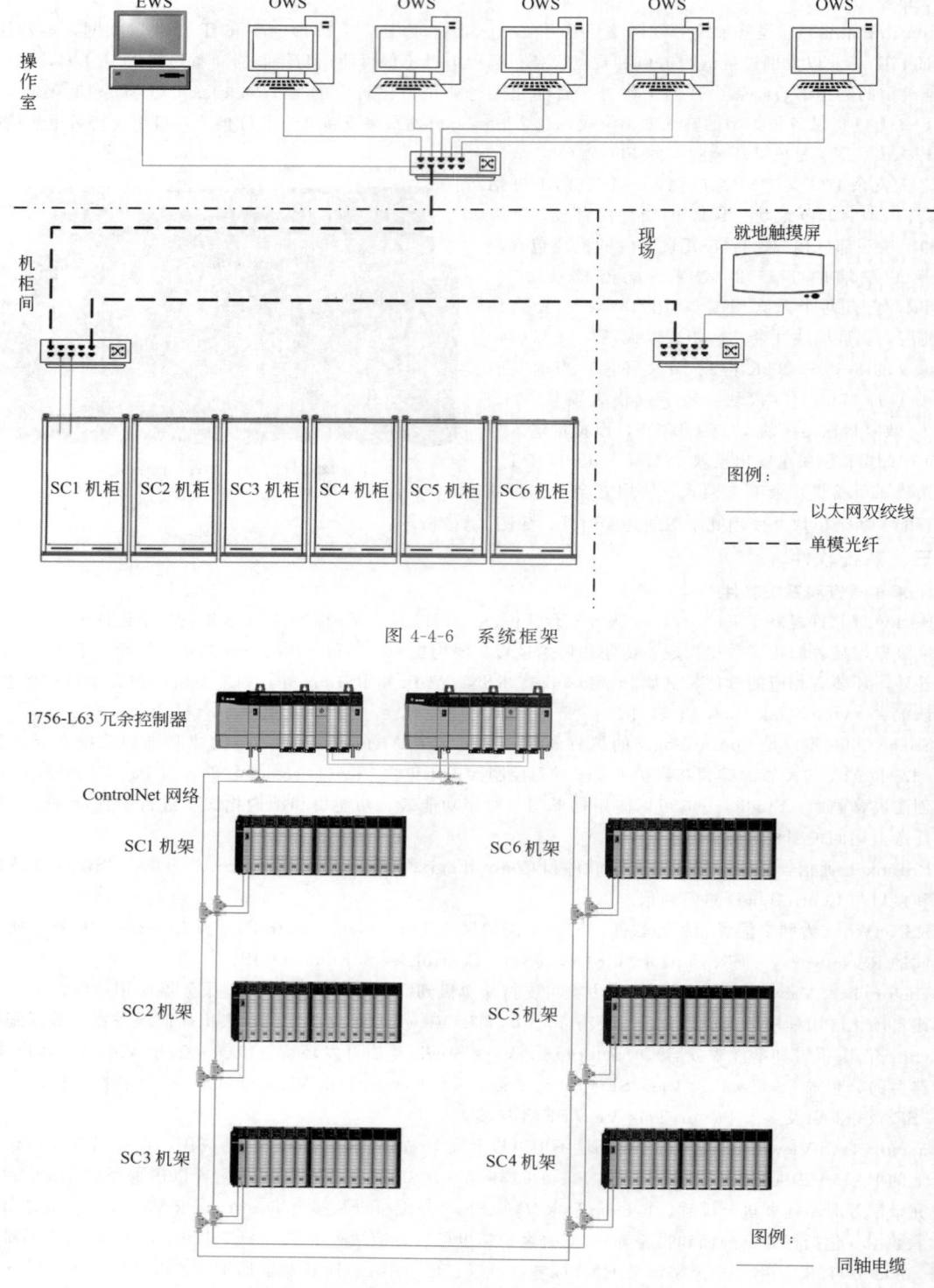

图 4-4-6　系统框架

图 4-4-7　PLC 系统组成

2. 系统维护

由于 ControlLogix 各种模块以及 Rockwell 的远程 I/O 模块都支持带电热插拔，而且 ControlLogix I/O 模块的接线端子都是可拆卸的，因此要替换模块时可在系统不中断的情况下进行，它的影响也只限在当前被替换的模块。ControlLogix 冗余系统也可以在不停机的情况下替换控制器模块。对于单机系统或冗余系统远程机架上的模块，替换模块与被替换模块的硬件型号与固件主版本应相同。冗余系统控制器机架上的模块最好硬件系列也相同。

四、应用举例

某厂造粒机组由计量喂料系统、驱动系统、混炼挤压系统、挤出造粒系统、粒子处理系统、其他辅助系统、电气控制系统七个主要部分组成。

造粒机组控制系统采用的是 Rockwell ControlLogix PLC 系统，该系统由 1 台控制站、5 台操作站、1 台工程师站及 1 台现场触摸屏等组成。控制站采用 1 对 1756-L63 冗余控制器和 5 个 I/O 站，系统架构如图 4-4-6 所示，PLC 系统组成如图 4-4-7 所示。整套系统共有 650 点 I/O。

第三节　Siemens SIMATIC PLC

一、系统概述

Siemens 新一代的 SIMATIC PLC 系统是在 SIMATIC S7-200、S7-300 和 S7-400 系统的基础上进一步开发的自动化系统。SIMATIC PLC 系统包括基础系列、高级系列、分布式系列和软控制器系列。

二、系统硬件

1. SIMATIC S7 系列

SIMATIC S7-1200 和 S7-1500 控制器是 SIMATIC PLC 系统主流产品。S7-1200 基本型控制器适用于小型自动化解决方案；S7-1500 用于高复杂性和高系统性能要求的自动化控制应用。CPU 种类齐全，6 种标准型控制器如图 4-4-8 所示。2 种分布式控制器（SIMATIC ET 200SP）如图 4-4-9 所示。2 种紧凑型控制器（CPU 1511C 和 CPU 1512C）如图 4-4-10 所示。CPU 1513pro-2 PN 和 CPU 1516pro-2 PN 防护等级高达 IP65/IP67，可在控制柜外使用。

图 4-4-8　S7-1500 标准型控制器

（1）SIMATIC S7-1200 PLC　SIMATIC S7-1200 控制器用于简单而高精度的自动化任务，是面向中小型自动化系统的解决方案，具有模块化、结构紧凑、功能全面等特点。产品体系包括基础性控制器 SIMATIC S7-1200、SIMATIC HMI Basic Panels 精简面板和 TIA Portal 工程软件平台 SIMATIC STEP7 Basic。SIMATIC S7-1200 系列提供了各种信号模块和信号板，能够面向不同的需求进行灵活扩展，还可以安装附加的通信模块以支持其他通信协议，使搭建和扩展最大化。

S7-1200 的 CPU 由微处理器、集成的电源模块、输入电路、输出电路组成，集成了一个 PROFINET 网络通信接口。控制器技术数据如表 4-4-7 所示。

图 4-4-9　S7-1500 分布式控制器

图 4-4-10　S7-1500 紧凑型控制器

表 4-4-7　控制器技术数据

CPU 类型	1211C	1212C	1212FC	1214C	1214FC	1215C	1215FC	1217C
PROFINET 端口	1	1	1	1	2	2	2	2
工作存储区/集成的装载存储区	50KB 1MB	75KB 2MB	100KB 2MB	100KB 4MB	125KB 4MB	125KB 4MB	150KB 4MB	150KB 4MB
位运算性能	85ns	85ns	85ns	85ns	85ns	85ns	85ns	85ns
连接资源	38	38	38	38	38	38	38	38
集成的数字量 I/O	6/4	8/6	8/6	14/10	14/10	14/10	14/10	14/10
集成的模拟量 I/O	2/—	2/—	2/—	2/—	2/—	2/2	2/2	2/2
集成的高速计数器	6	6	6	6	6	6	6	6
脉冲输出	最多 4 路 100kHz							
信号板	1							
信号模块扩展	1	2	2	8	8	8	8	8
通信模块扩展	3（左侧扩展）							

注：CPU 1212FC/1214FC/1215FC 为故障安全型 CPU，故障安全等级 SIL3。

SIMATIC HMI 精简系列面板与 S7-1200 控制器无缝兼容，可以满足用户特殊的可视化要求。显示屏从 4in 到 12in，带触摸功能和可编程按键，操作直观。所有显示屏均具有报警系统、配方管理和趋势可视化功能，并集成 PROFINET 接口。SIMATIC HMI 精简系列面板的防护等级为 IP65，可以在恶劣的工业环境中使用。

SIMATIC STEP7 Basic 是高度集成的、面向任务的智能工程组态软件，用于对 SIMATIC S7-1200 和

SIMATIC HMI 精简系统面板进行高效组态，并为硬件和网络配置、诊断等提供了通用的工程组态框架。

（2）SIMATIC S7-1500 PLC　SIMATIC S7-1500 PLC 种类齐全，可用于处理快速的工业过程或需要增强数据处理的场合，适合较复杂的应用。S7-1500 PLC 具有快速的信号采集处理能力，背板总线速度为原先的 40 倍。配置最多 4MB 程序内存和最多 20MB 的数据内存，最快 1ns 位处理能力。集成高性能自整定 PID 并集成信息安全功能，包括专有技术保护与防拷贝保护功能，采用 4 级权限保护的概念实现对 PLC 的访问控制，保护连接防止接收的数据被篡改。

集成网络服务器以图形方式直观检测和更改重要的过程变量、显示系统或过程中的故障；可通过任何具有 Internet 功能的 PC 机或者智能设备进行访问。集成系统诊断功能，无需编程即可实现系统诊断，CPU 停止期间诊断信息依然有效。集成显示面板，提供对 PLC 的基本设置和基本功能的访问，属性和参数，显示 PLC 的诊断报警。

S7-1500 PLC 技术数据如表 4-4-8 所示。

表 4-4-8　S7-1500 PLC 技术数据

CPU	1511-1 PN 1511F-1 PN	1513-1 PN 1513F-1 PN	1515-2 PN 1515F-2 PN	1516-3 PN/DP 1516F-3PN/DP	1517-3 PN/DP 1517F-3 PN/DP	1518-4 PN/DP 1518F-4 PN/DP 1518-4 PN/DP MFP 1518-4 PN/DP MFP
	所有 CPU 允许的电压范围：19.2～28.8V DC					
程序工作存储器						
标准 CPU	150KB	300KB	500KB	1MB	2MB	4MB
F-CPU	225KB	450KB	750KB	1.5MB	3MB	6MB
数据工作存储器	1MB	1.5MB	3MB	5MB	8MB	20MB
装载存储器	最大 32GB					
处理时间						
位运算	$0.06\mu s$	$0.04\mu s$	$0.03\mu s$	$0.01\mu s$	$0.002\mu s$	$0.001\mu s$
字运算	$0.072\mu s$	$0.048\mu s$	$0.036\mu s$	$0.012\mu s$	$0.003\mu s$	$0.002\mu s$
集成接口						
PROFINET IO	1	1	2	2	2	2
PROFINET 数量	2	2	3	3	3	4
PROFIBUS DP	—	—	—	1	1	1
等时同步模式	集中式和分布式	集中式和分布式	集中式和分布式	集中式和分布式	集中式和分布式	集中式和分布式
Web 服务器	√	√	√	√	√	√

S7-1500 PLC 采用模块化结构，可组合的模块用于系统扩展，集成的通信接口易于实现分布式架构。中央机架和分布式 I/O ET200MP 使用相同的方式进行配置，一个机架上最多可以插入 32 个模块（包括系统电源 PS、CPU 或接口模块 IM 155-5）。

SIMATIC S7-1500 PLC/ET200MP 分布式 I/O 系统允许的最高环境温度达 60℃，最低环境温度达 -25℃，最大安装海拔高度为 5000m。工作环境污染浓度允许范围为 ANSI/ISA-71.04 severity level G1；G2；G3。

（3）ET 200SP　ET200SP 是 SIMATIC 新一代分布式 I/O 系统，具有体积小、安装接线简单、高可用性、调试快速高效的特点。支持等时同步模式、故障安全、热插拔、系统冗余、Hart 和本安模块，可用在离散行业，也可用在过程自动化系统中。ET200SP 开发式控制器是集成软控制器、可视化、Windows 应用和本地 I/O 于一体的小尺寸的单一设备。ET200SP 可以进行本地扩展，也可以通过 PROFINET 扩展远程 I/O，以适应设备的分布式架构。ET200SP 构成如图 4-4-11 所示，包括：

① 每站 64 个模块；

② 集成 PROFIenergy 功能；

③ 可任意选择 PROFINET 连接（RJ45，FC，光纤）；

④ 31.25μs 数据更新时间，100Mbit/s 传输速率；

⑤ 集成安全功能；

⑥ 支持热插拔；

⑦ 采用直插式端子，安装配置方便，接线无需工具；

⑧ 丰富的 I/O 模块；

⑨ 15mm 宽的模块上通道数加倍，最多 16 通道。

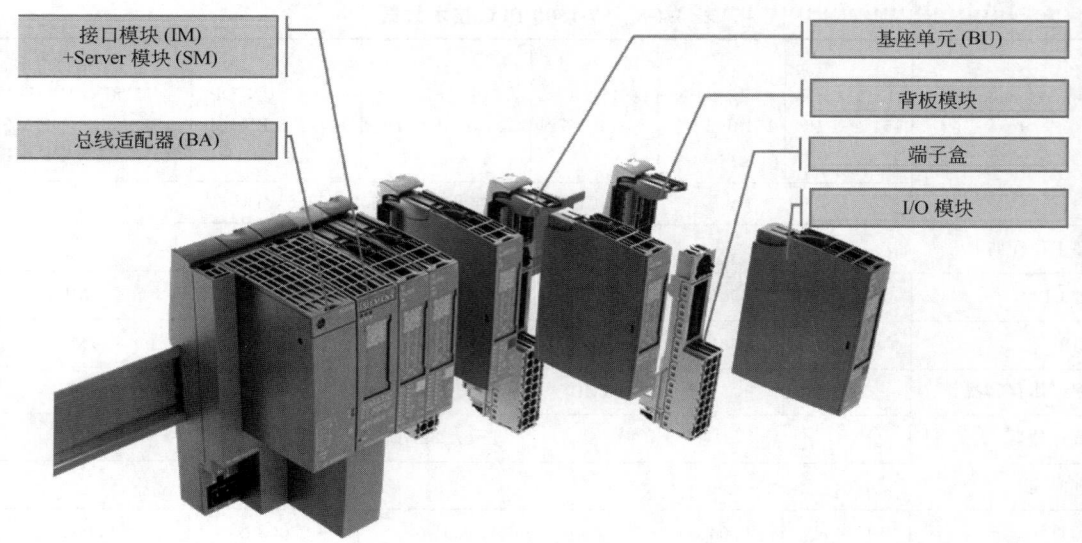

图 4-4-11　ET200SP 构成

S7-1500 软控制器可运行于 SIMATIC IPC，与 S7-1500 CPU 在软件层面 100％兼容，操作完全独立于 Windows，具有更高的可用性。该控制器可使用 C/C＋＋高级语言编程，适合特定的设备使用。

2. 系统安全

S7-1500、S7-1200 和 SIMATIC ET200SP 均有功能安全型控制器和 I/O 模块（如 S7-1500 F CPU），如图 4-4-12 所示。使用 TIA 博途 Step 7 Professional V13 SP1 软件外加 TIA 博途 Step 7 Safety Advanced V13 SP1 软件包，用户可以在相同的开发环境下给功能安全型控制器开发标准程序和功能安全相关程序。

图 4-4-12　S7-1500 故障安全型控制器

三、系统软件

SIMATIC 控制器已无缝集成到 TIA 博途开发框架中，这使得组态、编程和使用新功能更加方便。由于 TIA 博途使用一个共享的数据库，各种复杂的软件和硬件功能可以高效配合，实现各种自动化任务。TIA 博途软件完美地整合了 SIMATIC 控制器、HMI、驱动、交换机等。使用智能的 TIA 博途平台，可以在自动化系统的编程组态上花费更少的时间和精力。

TIA 博途为全集成自动化的实现提供了统一的工程平台。如图 4-4-13 所示，用户不仅可以将组态和程序编辑应用于通用控制器，也可以应用于具有 Safety 功能的安全控制器。除此之外，还可以将组态应用于可视化的 WinCC 等人机界面操作系统和 SCADA 系统。通过在 TIA 博途中集成应用于驱动装置的 Startdrive 软件，可以对 SINAMICS 系列驱动产品配置和调试。结合面向运动控制的 SCOUT 软件，还可以实现对 SIMOTION 运动控制器的组态和程序编辑。

图 4-4-13　TIA 博途平台

TIA 博途软件包含 TIA 博途 STEP7、TIA 博途 WinCC、TIA 博途 Startdrvie 和 TIA 博途 SCOUT。用户可以购买独立的产品，例如单独购买 TIA 博途 STEP7 V14，也可以购买多种产品的组合，如购买 TIA 博途 WinCC Advanced V14 和 STEP 7 Basic V14。任一产品中都已包含 TIA 博途平台系统，以便于与其他产品的集成。TIA 博途 STEP7 和 TIA 博途 WINCC 等所具有的功能和覆盖的产品范围如图 4-4-14 所示。

SIMATIC STEP 7		SIMATIC WinCC		SIMATIC StartDrive	
编程语言	*) S7-300/400/1500/WinAC　**) S7-300/400/WinAC	机械控制层HMI SCADA 应用		在 TIA 博途中集成驱动技术	
• LAD, FBD, SCL, STL*), S7-GRAPH**)					
WinAC (incl. Failsafe)					
S7-1500 (incl. Failsafe)	Professional				
S7-400 (incl. Failsafe)			SCADA		
S7-300 ET 200 CPU, (incl. Failsafe)		Comfort	PC Single station	StartDrive V12	
			Comfort Panels and X77 und Mobile (no Micro)		G120 CUxxx-2 V4.5
S7-1200	Basic　Basic		Advanced　Professional		
			Basic Panels		G120 CUxxx-2 V4.4
通信	PROFIBUS, PROFINET, AS-i, IO-Link, ET 200, 网络拓扑				
通用功能	系统诊断, 导入/导出到Excel, 撤销, …				

图 4-4-14　TIA 博途版本一览

四、应用举例

某水利项目配置如表 4-4-9 所示。

SIMATIC S7-1500 系统配置如图 4-4-15 所示。

748

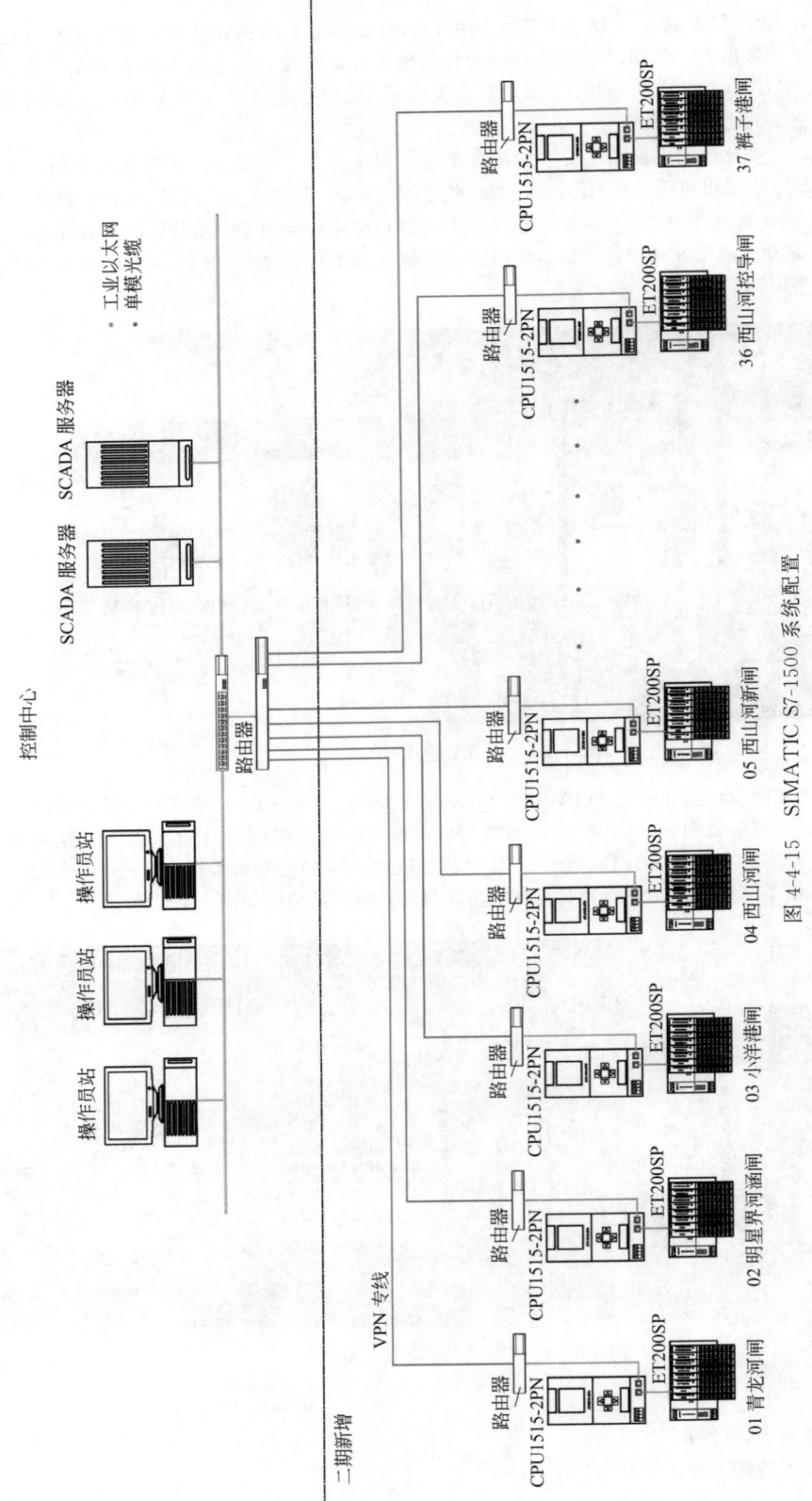

图 4-4-15　SIMATIC S7-1500 系统配置

表 4-4-9　某水利项目系统配置

序号	设备名称	规格型号	订货号	单位	数量
1	CPU	CPU 1515-2 PN	6ES7515-2AM01-0AB0	块	37
2	S7-1500	安装导轨 S7-1500,160mm	6ES7590-1AB60-0AA0	块	37
3	存储卡	存储卡,12MB	6ES7954-8LE03-0AA0	块	37
4	接口模块	IM 155-6 PN ST,带服务器模块,带总线适配器 2×RJ45 (6ES7193-6AR00-0AA0)	6ES7155-6AA01-0BN0	块	37
5	数字量输入	DI 16×24V DC ST	6ES7131-6BH01-0BA0	块	102
6	数字量输出	DQ 16×24V DC/0.5A ST	6ES7132-6BH01-0BA0	块	56
7	模拟量输入	AI 8×I 二/四 线制 BA	6ES7134-6GF00-0AA1	块	52
8	Modbus 通信	CM PtP(空闲端口,3964R,USS,Modbus RTU)	6ES7137-6AA00-0BA0	块	74
9	基座	BU AO 型,16 个直插式端子,10 个 AUX,2 个单独馈电端子(数字量/模拟量,最高 24V DC/10A)	6ES7193-6BP00-0DA0	块	76
10	基座	BU AO 型,16 个直插式端子,通过跳线连接 2 个馈电端子(数字量/模拟量,24V DC/10A)	6ES7193-6BP00-0BA0	块	208
	合计				716

第四节　SUPCON G3&G5 PLC

一、系统概述

浙江中控 iCS 系列产品是主要面向油气集输、市政工程等 SCADA 领域和装备自动化行业等工厂自动化领域推出的混合控制系统,包括网络化混合控制系统 G5 和分布式控制系统 G3。

G3&G5 控制系统基于 UCP 统一控制协议进行网络构架,使产品适用现场分散的场合,满足了连续或半连续工业过程以及大型基础设施场所的控制需求。G3&G5 控制系统在产品性能上具有高速逻辑与联锁控制能力、高阶函数运算和完整的控制策略,适用于分布区域广泛的 SCADA 应用场合。

G3&G5 控制系统融合了现场总线技术和网络技术,可连接符合 PROFIBUS、Modbus RTU/TCP、HART 和 EPA 等国际标准的各种智能设备和仪表,支持多种异构系统的综合集成。

G3&G5 控制系统运行在多任务、多处理过程的实时操作系统上,支持 IEC61131-3 国际标准规范的编程语言。

二、系统硬件

G5 混合控制系统具备模拟量处理和回路控制功能,还兼具快速逻辑控制功能,可实现数据采集、过程控制、顺序控制、运动控制、安全控制、驱动控制、电气控制等实时任务,适用于能源、冶金、水泥、隧道以及市政工程等领域。

G3 分布式 RTU 控制系统集成了多任务控制、通信和混合型数据采集功能,提供一体化就地控制方案和网络化的数据采集方案。G3 控制系统适用于石化行业的油气传输、罐区监控工程,节能减排工程,环境监测、水处理工程,能源计量管理工程以及新能源如风力发电等测控点数分布较广的领域。

1. 系统特点

G3&G5 控制系统基于国际标准和行业规范进行设计和研制,保证了系统的可用性、可靠性和开放性,具有以下特点:

① 全系统冗余结构,可靠的系统设计,高性能热备解决方案,在线下载机制、诊断机制以及设备管理功能,保证系统安全运行;

② 采用多任务操作系统,支持定周期、循环扫描和事件触发等多种方式运行,将过程、批次、离散、驱动和运动控制融合到自动化应用中;

③ 具有高速逻辑控制能力,小于 5ms 响应速度;

④ 丰富的过程控制库，完善的电机、传动控制设备、运动控制设备的解决方案；

⑤ 灵活的网络拓扑连接方式，可支持星形、总线形、环形和菊花链形等多种有线和无线连接方式；

⑥ 支持开放的 OPC 接口，方便与其他系统和设备进行数据共享和交互，满足用户对数据管理和应用的要求；

⑦ 具有第三方通信能力，可连接符合 EPA、PROFIBUS、Modbus 和 HART 等国际标准的各种智能设备和仪表；

⑧ 工业级器件选型，支持宽温度工作范围，部件采用特殊处理，可抵抗腐蚀性气体，系统具有广泛的环境适应性能力。

2. 系统结构

G3&G5 控制系统由控制节点（包括控制器）、操作节点（包括工程师站、操作员站、组态服务器、数据服务器等连接在控制网络上的人机节点）及通信网络等构成。

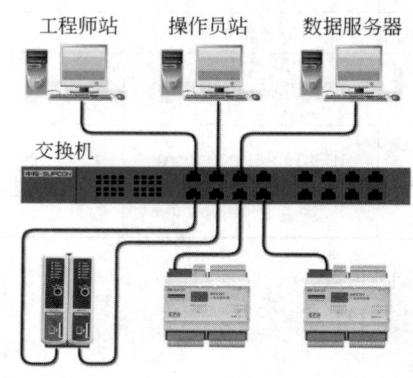

图 4-4-16　控制网结构

G3&G5 控制系统通信网络由控制网、本地总线、远程总线和串行总线构成。控制网用于连接控制器、网桥、工程师站和操作员站等；本地总线用于本地机架内部及本地机架与扩展机架之间的连接；远程总线用于本地机架、远程机架、一体化控制器、分布式 RTU（E 型）模块、网桥模块及远程操作员站的连接；串行总线用于分布式 RTU（R 型）模块的本地扩展连接。

G3&G5 控制系统可组建大规模系统以及网络分布式系统。

（1）控制网结构　控制网上的节点包括控制器、数据服务器、工程师站和操作员站等，如图 4-4-16 所示。

（2）远程总线结构　基于冗余工业以太网的远程总线支持星形、环形和菊花链形等多种连接方式，在 G5 控制系统中用于实现本地机架、远程机架、分布式 RTU（E 型）模块及远程操作员站的连接。

本地机架与远程机架间的连接是通过通信模块（COM511-S 和 COM512-S）进行互连。本地连接模块 COM511-S 安装在本地机架，可冗余配置。远程连接模块 COM512-S 安装在远程机架，可冗余配置。每个远程机架均需要配置 COM512-S，才能通过 COM511-S 与安装在本地机架的 GCU511-S 控制器实现数据交互。远程总线结构如图 4-4-17 所示。

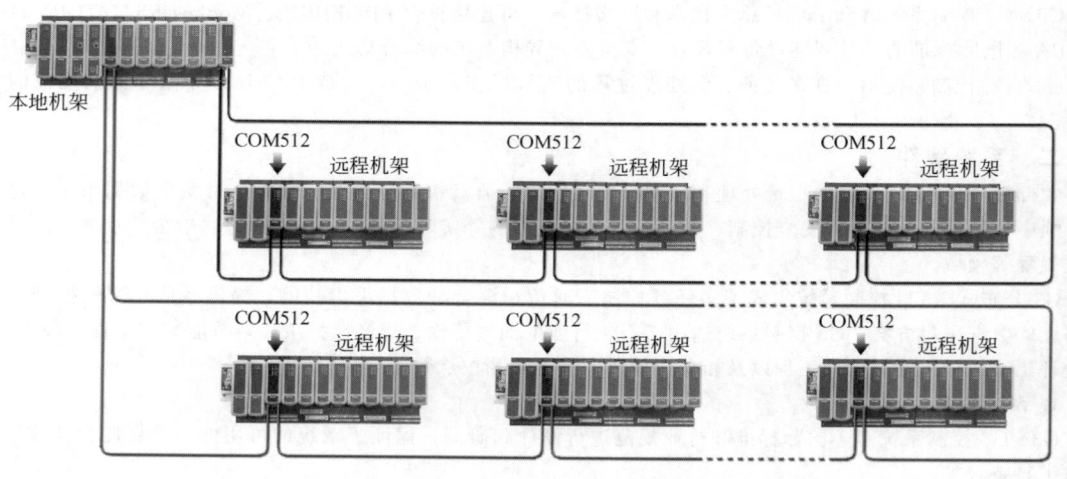

图 4-4-17　远程总线结构

（3）串行总线结构　Modbus 总线通过 U3 系列模块所带的串行通信接口实现分布式 RTU（R 型）模块的本地扩展，从而实现 I/O 通道的扩展。

一块一体化控制器或一块分布式 RTU（E 型）模块可驱动 4 块分布式 RTU（R 型）模块。总线连接方式如图 4-4-18 所示。

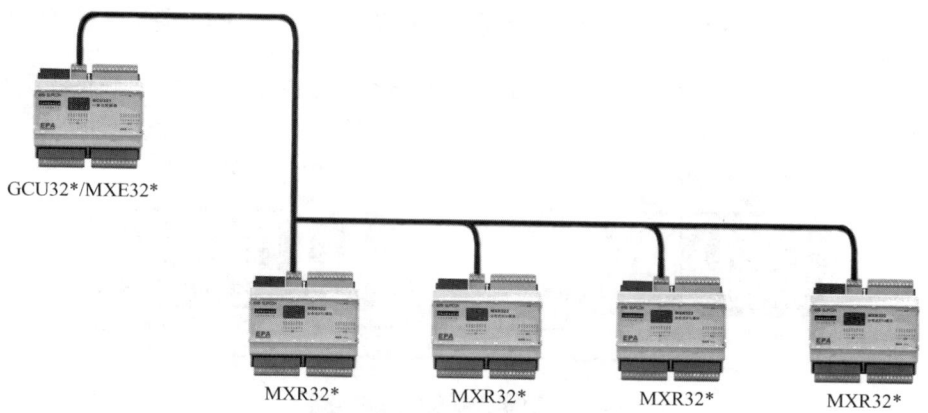

图 4-4-18　串行总线结构

在 RTU 模块中有 1 个 RS-485 接口和 1 个 RS-485/RS-232 复用接口，连接时根据组态选择串口。

（4）异构互联网络　异构互联总线可分为 Modbus RTU 总线、PROFIBUS-DP 总线和 MODBUS TCP 总线等，如图 4-4-19 所示。

Modbus RTU 总线通过 U3 系列模块所带的串口通信接口实现分布式 RTU（R 型）模块的本地扩展，从而实现 I/O 通道的扩展；也可以通过 COM521-S 模块和 Modbus RTU 设备互联。

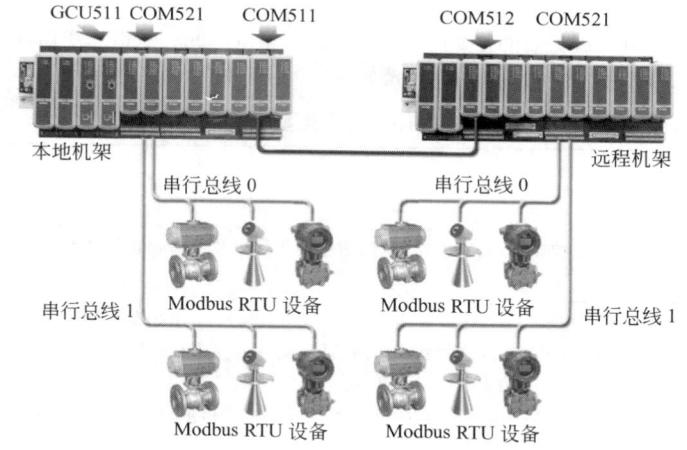

图 4-4-19　异构互联网络

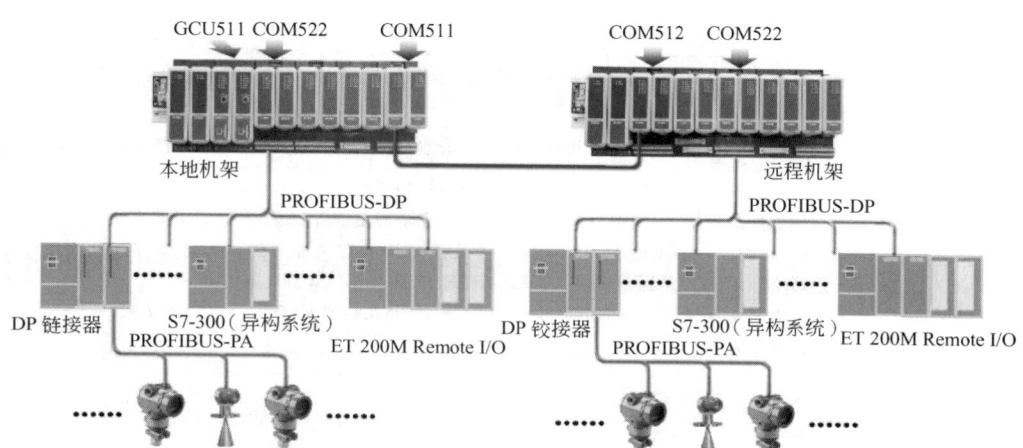

图 4-4-20　DP 总线网络

DP 总线通过 COM522-S 模块和 PROFIBUS-DP 从设备互连，一块 COM522-S 模块可驱动 123 个从设备，如图 4-4-20 所示。

Modbus TCP 总线通过 COM523-S 模块和 Modbus TCP 设备互连，一块 COM523-S 模块最多可支持 64 个链接。如图 4-4-21 所示。

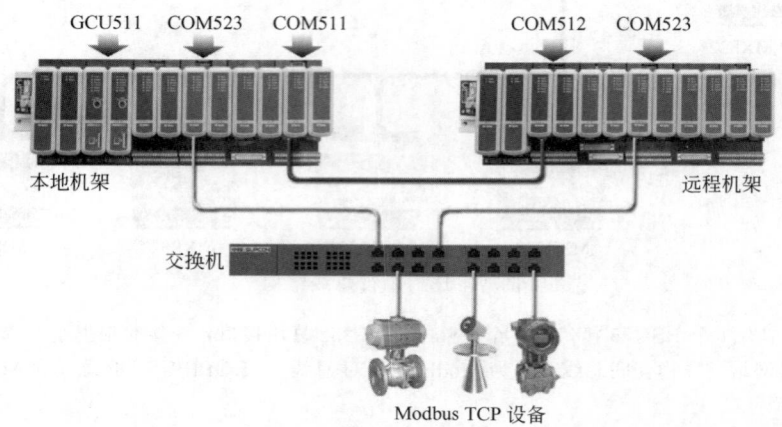

图 4-4-21　Modbus TCP 总线网络

3．硬件性能指标

G3&G5 控制系统中控制分区的硬件主要由装配结构件、供电单元、通信总线以及各类模块（包含电源模块、控制器、通信模块、I/O 模块、分布式 RTU 模块等）组成，如表 4-4-10 所示。

表 4-4-10　模块类型一览表

模块类型	说明
G3 控制系统	
控制器	一体化控制器,具有控制运算、信号输入输出和通信处理等功能,支持 Modbus RTU 主站、从站及自定义协议
分布式 RTU 模块	E 型支持 10/100M 以太网星形和线性连接及环网;支持 Modbus RTU 主站和从站功能及自定义协议;Modbus TCP 主站和从站功能;支持远程 WEB 访问;支持 WIFI 和 ZIGBEE 无线通信;支持 USB 从设备接入 R 型支持 Modbus RTU 从站功能和自定义串口通信协议;支持本地历史数据存储;支持 USB 从设备接入
网关模块	实现控制网和远程总线隔离,实现环形网拓扑到星形网拓扑的转换,实现 SNTP 代理
G5 控制系统	
电源模块	机架供电模块,(24V,60W),支持冗余,安装在电源/控制器基座,适用于机架上的 POWER/MASTER 槽位
控制器	通用中大型控制器,包含冗余型和非冗余型,每对或每个控制器最大支持 256 个 I/O 模块
通信模块	本地连接模块:实现控制器与远程的 I/O 模块通信交互,安装在本地机架上 远程连接模块:实现控制器与远程的 I/O 模块通信交互,安装在远程机架上 串行通信模块:支持 Modbus RTU 主站、从站及自定义协议设备接入 PROFIBUS 主站通信模块:支持标准 PROFIBUS-DP 从站设备接入 以太网通信模块:支持 Modbus TCP 主站、从站及自定义 TCP 协议设备接入
AI 模块	模拟信号输入模块、热电阻信号输入模块、热电偶信号输入模块,最大支持 8 通道输入
AO 模块	模拟信号输出模块,最大支持 8 通道输出
DI 模块	数字信号输入模块,最大支持 16 通道输入
DO 模块	数字信号输出模块,最大支持 16 通道输出

模块类型	说明
机架	12 槽位：可安装 12 个模块，用于本地机架、远程机架 10 槽位：可安装 10 个模块，用于本地机架、本地扩展机架、远程机架 6 槽位：可安装 6 个模块，用于本地扩展机架、远程机架
基座	包含电源/控制器模块基座、电源/通信模块基座、I/O 模块基座、I/O 模块端子转接基座
端子板	包含继电器输入端子板、继电器输出端子板、220V 输入端子板
安全栅底板	用于连接 I/O 模块与安全栅

三、系统软件

G3&G5 控制系统提供 GCSContrix 软件作为其组态编程软件，提供通用的控制引擎、软件编程环境，以及跨多个硬件平台的通信支持。在统一开发环境中，配置和编程保持一致，从而能够优化系统应用开发、培训和维护。还可在所有控制应用程序中重复使用工程设计和实施方法，提高整体运维效率。系统支持 VxSCADA、IFix 等通用组态软件，为用户提供通用、稳定、便捷、高效、开放的系统平台。

GCSContrix 软件包结构如图 4-4-22 所示。软件安装完后，桌面快捷方式包含了控制站组态软件 GCSContrix、系统结构组态软件 GCSSysbuilder、设备管理软件 GCSManager。开始菜单【附件/GCSContrix】下包含了图 4-4-22 中的所有软件。

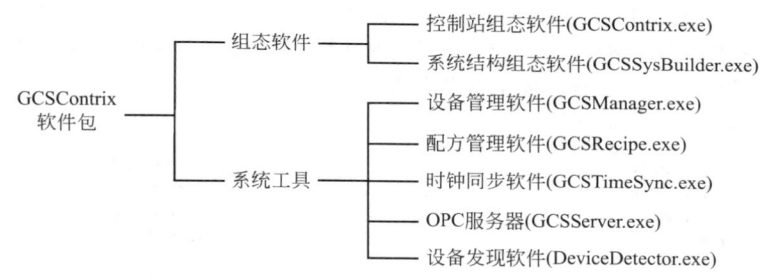

图 4-4-22　GCSContrix 软件包结构

1. 系统结构组态软件

系统结构组态软件是进行系统结构配置的应用软件，提供给系统工程师进行系统结构的规划、配置以及系统网络的构架。在软件界面中可添加、删除控制站，包括控制站的设置，设备信息设置及控制网段设置等。

2. 控制站组态软件

控制站组态软件实现对单个控制站进行硬件组态、变量管理、任务配置等操作。

① 控制站硬件组态　控制站硬件组态包括控制器组态、通信模块组态、I/O 模块组态和通信设置等。

② 变量管理　变量管理界面包含三部分：自定义变量、硬件变量和功能块变量。变量管理可实现的功能包括添加/删除变量、查找变量、变量分组管理、导入/导出变量。

③ 任务配置　用户可定义不同类型的任务来实现不同的控制方式。可定义的任务为主任务、周期任务和事件任务。在不同类型的任务下可添加多个程序，实现控制逻辑。

软件还提供了"未调试程序"节点，在该节点下的程序不被运行，用户在调试程序时可将暂时不希望运行的程序拖动到该节点下，仅让希望运行的程序运行。

④ 联机调试　在联机状态下，进入硬件组态软件中可以查看组态的硬件和实际接入的硬件是否匹配、设备是否正常。选择变量页面，可以对位号和自定义变量进行强制置值，同时在变量管理工具栏中提供"取消强制"按钮，可取消对所有变量的强制设置。

⑤ 下载/上载　在控制站组态软件中可执行组态的下载/上载功能。

3. 设备管理软件

设备管理软件的主要功能包括设备在线扫描、详细诊断、网络配置、时间配置、冗余切换及设备发现等内容。设备在线扫描功能扫描当前选中树节点下所有在线的设备，实时检测并显示设备状态。详细诊断功能显示选中设备的详细诊断信息。网络配置功能查看选中设备的以太网信息，配置设备的网络地址。时间设置功能校对设备时间并进行时钟同步设置。冗余切换功能实现冗余模块之间工作/备用模式的切换。设备发现功能搜索与当前网卡相连接的所有设备。

4. 配方管理软件

配方管理软件中配方组态包括主配方组态、控制配方组态和生产配方组态。

5. 编程软件

G3/G5 系统采用符合 IEC 61131-3 国际标准的编程语言。用户程序编程采用梯形图（LD-Ladder Diagram）和功能块图（FBD-Function Block Diagram）语言编程，系统提供丰富的功能块库，包括各种逻辑运算功能块、算术运算功能块、顺控功能块、通信功能块以及控制功能块等。系统还支持用户功能块库，可通过顺序功能图（SFC-Sequential Function Chart）、结构化文本（ST-Strutured Text）和功能块图编程语言将自定义逻辑程序编写成用户功能块，实现程序逻辑的保密和重用。

6. 监控软件

系统可通过 SCADA 软件或者通过支持 Modbus 协议、OPC 协议的设备实现数据的监控。SCADA 软件可通过添加/配置 GCS 驱动后直接读取相关控制器中的数据。使用 Modbus 驱动实现监控时，需将控制站设置为"从站"模式，并设置通信参数与监控端的串口通信参数匹配。

使用 OPC 驱动实现监控时，需安装专用的 OPC 服务器，并在服务器中添加控制站组态文件，连接服务器和控制站，在 OPC 客户端通过 OPC 服务器访问数据。

四、应用举例

某石化长输管线项目站控制系统采用中控 G3&G5 系统，完成对站内设备、工艺运行参数的检测、控制、报警、联锁等任务，操作人员在站控制系统可完成对站内设备运行的监控和管理，同时负责将有关信息传送给主调度控制中心和后备控制中心，并接受和执行其下达的命令。

系统网络结构如图 4-4-23 所示。

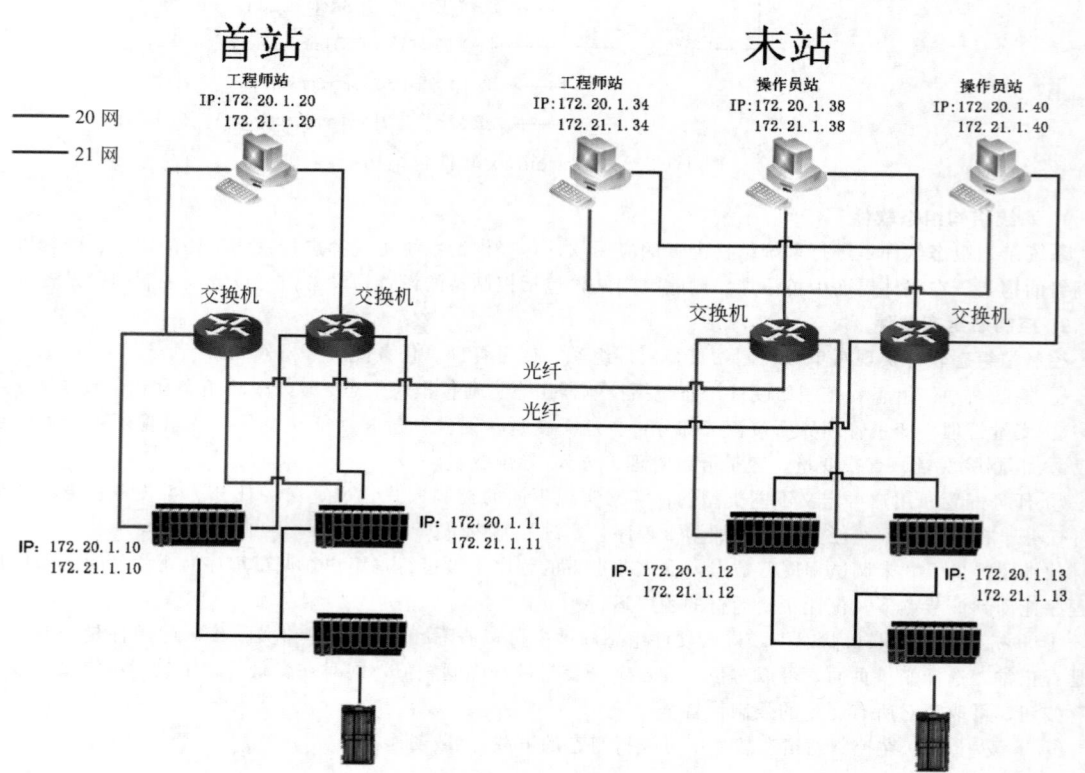

图 4-4-23　系统网络结构

站控室配有工程师站/操作站。首站与末站相距较远，通过铺设光纤的方式，实现首站与末站的通信，保证站场的数据能上传到调度中心。

调控中心上位机监控软件采用 VxSCADA 软件。工程师站/操作员站通过两个交换（A/B 网）机实现与控制器的冗余通信，将过程量实时采集到中心的实时数据库。

站场使用 G5 机架冗余系统。远程机架上配有串口通信模块，使 G5 系统与串口设备或其他系统可以通过 Modbus RTU 的方式实现连接通信。

控制系统以 VxSCADA（数据采集与监测控制）软件为核心，由信号采集、信号传输、信号分析处理三部分组成自动控制系统。

（1）信号采集　信号采集系统通过在场站、管线等位置安装传感器等数据采集设备，全天候监控计量设备、中转联合集输管网等，并及时对所收集数据进行处理、编辑、上载数据库。数据采集系统具有综合分析实际生产状态、及时调控、危险行为报警等诸多功能。信号采集设备主要包括压力温度变送器、电磁流量计、热电阻、热电偶、危险气体警报器等，这些高性能的变送器及传感器经过改装，可很好地适应管道所经区域的自然及生产环境，为长输管道运行提供安全可靠的保障。

（2）信号传输　信号传输系统根据长输管道运行实际情况以及自动化控制的需求，采用有线、无线传输方式相结合的方法：对于网络线路铺设较完善的区域，采用传统的有线传输模式，保证数据稳定完整的传输；对于网络线路铺设欠完备、分散存在的场站等设备，采用无线传输模式，以实现最大范围的数据收集。

（3）信号分析处理　信号分析系统是自动化控制的核心。在长输管道实际工作现场数据采集的基础上，要对数据进行后续的审核、处理、上载等工作，这些数据主要包括场站和管线的生产数据，以及每项生产数据对应的生产制度参数等。数据处理的精确性直接关系到后续综合分析的可靠性。在完成数据上载之后，计算机系统自动对数据进行实时分析和处理，及时发现异常数据并发出指令进行调整，使长输管道长期保持安全稳定和最优的运行状态。

第五节　ZC 系列 PLC

一、系统概述

ZC 系列 PLC 是浙江中控研究院有限公司基于国产核心组件研发的可编程控制系统，安全可靠，环境适应性好，主动防御能力强，广泛应用于装备制造、工程机械、市政水利、医药化工、生产线控制等领域。ZC 系列 PLC 系统规模可达 10000 点以上。

ZC 系列 PLC 包括 ZC-400、ZC-300、ZC-200 等大、中、小全系列产品，根据应用行业的不同需求分为常规型和特种型两个序列，其中特种型 PLC 可用于宽温、高海拔、强振动、盐雾腐蚀等恶劣环境。系统基于自主 ECN（Equipment Common Net，装备通用总线）总线设计，通信速率可达 1000Mbps，具有时钟同步精度高、实时性强、扩展性好等特点。系统硬件采用模块化设计，具有冗余容错、自诊断、热插拔等功能；其软件采用跨平台一体化设计，方便实现设备和网络配置、状态诊断、程序编译、监控组态等功能。系统组网灵活，适用于单个区域以及现场设备分散分布、控制点数较多的场合。

ZC 系列 PLC 融合了现场总线技术和网络技术，可连接 PROFIBUS DP、PROFINET、Modbus RTU/TCP、CANopen、EtherCAT 等通信协议的智能设备和仪表；基于 OPC UA 的统一数据交互技术，快捷支持多种异构系统的集成。系统运行在多任务、多处理过程的国产实时操作系统上，支持 IEC61131-3 标准五种 PLC 编程语言，以及 C、CFC 等扩展编程语言。

二、系统硬件

ZC 系列 PLC 基于国产处理器芯片、嵌入式操作系统进行设计，采用自主总线协议和可信计算技术，构建了以内生安全为核心的系统架构。系统硬件由 CPU 模块、I/O 模块、背板、电源模块等部分组成。ZC 系列 PLC 产品外观如图 4-4-24 所示。

1. 系统特点

（1）全冗余体系架构　系统采用全冗余架构，支持 CPU 模块、I/O 模块、电源模块、总线模块等在内的 1∶1 热备冗余，冗余切换时间小于 10ms，可实现无扰切换。

（2）高速灵活的组网能力　系统支持光纤、双绞线等多种通信介质，通信速率 100～1000Mbps，并可支持

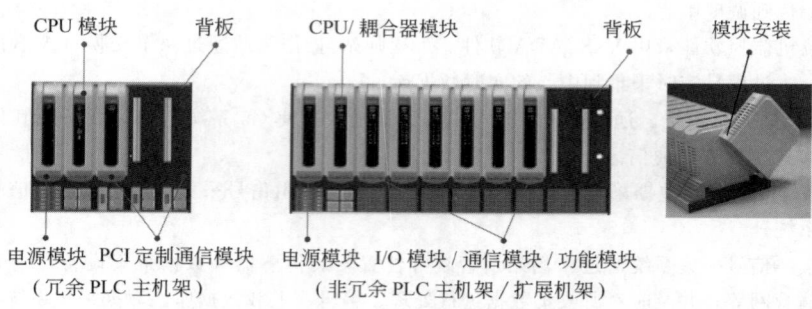

电源模块 PCI定制通信模块　　　　电源模块 I/O模块/通信模块/功能模块

（冗余PLC主机架）　　　　　　（非冗余PLC主机架/扩展机架）

图 4-4-24　ZC系列PLC产品外观

星形、总线型、环形和菊花链形等多种连接方式，实现冗余环网的系统结构。

（3）标准开放的通信能力　可连接 PROFIBUS DP、PROFINET、Modbus RTU/TCP、CANopen、Ether-CAT 等通信协议的智能设备；并通过 OPC UA 的信息模型和通信安全模型，支持开放的 OPC UA 数据交互，方便与系统进行数据共享和交互。

（4）可信安全的防护功能　基于轻量级嵌入式可信微内核和内存隔离可信嵌入式硬件技术，采用安全可信通信机制保证通信数据与程序运行的可信安全，实现可信启动、动态完整性检查、数据加密、访问控制等信息安全防护功能。

（5）支持高速运动控制功能　基于 CPU 模块快速处理能力和 ECN 总线强实时性技术，并通过龙芯双核机制实现 PLCopen 运动控制库，实现经典插补、曲线插补、加减速等算法，具有支持 100ns 时钟同步、毫秒级运动曲线解算、1.5MHz 脉冲、小于 10ms 的联锁响应速度的高速高精度运动控制功能。

（6）高可靠性的系统设计　高性能热备解决方案，具有在线下载机制、在线诊断机制以及设备管理功能，保证系统安全运行；基于国产工业级器件，采用特殊处理，满足高低温、高海拔、高振动、高腐蚀、强电磁干扰等严酷环境的应用要求。

（7）高效的控制策略　采用多任务操作系统，支持定周期、循环扫描和事件触发等多种方式运行，将过程、批次、离散、驱动和运动控制融合专家控制库、专用算法和解决方案；可加密用户的专有算法，保护用户知识产权。

2. 系统结构

ZC 系列 PLC 由上位机系统、控制网络、过程控制单元（可分为主机架、远程 I/O 站）等组成。系统通过工业以太网组成上层监控网络，主机架通过 ECN 总线与远程 I/O 站组成下层实时控制网络。

（1）上位机系统　上位机系统由工程师站、操作员站组成，包括编程组态软件和监控组态软件，可采用国产麒麟或 Windows 桌面操作系统，用于工程师进行组态，以及操作员对设备或装备的实时监控与操作等。

（2）控制网络　控制网络包括上层监控网络和下层实时控制网络（见图 4-4-25）。上层监控网络采用成熟的工业以太网构建，连接工程师站、操作员站、主机架等操作节点和控制节点，在操作节点和控制节点间传输实时数据和各种操作指令，具备高速、可靠、稳定等特点。下层实时控制网络采用 ECN 总线，用于 CPU 模块、耦合器模块与 I/O 模块、通信模块、功能模块之间的数据交换，具有强实时、高可靠的通信功能和信息安全防护功能。系统支持单 CPU 环网、单主站冗余和双主站环网三种网络架构。

① 单 CPU 环网　一个 CPU 模块通过 ECN 总线依次与远程 I/O 站上的耦合器模块通信，最后一个远程 I/O 站的耦合器模块与 CPU 模块连接，构成封闭环网结构。

② 单主站冗余　冗余的 CPU 模块分别通过 ECN 总线与远程 I/O 站上的冗余耦合器模块通信，不同远程 I/O 站的冗余耦合器使用两路冗余 ECN 总线进行通信，构成单主站冗余结构。

③ 双主站环网　冗余 PLC 主机架上的 CPU 模块分别通过 ECN 总线与远程 I/O 站上的冗余耦合器模块通信，不同远程 I/O 站的冗余耦合器使用两路冗余 ECN 总线进行通信，构成双主站冗余结构。

（3）过程控制单元　过程控制单元主要用于现场数据采集、过程控制等，通过不同的硬件配置与软件设置，可构成主机架和远程 I/O 站。主机架分为冗余、非冗余两种，其中冗余主机架由一对互为冗余的 MB435R 背板、CPU 模块、电源模块、PCI 定制通信模块等组成；远程 I/O 站由电源模块、耦合器模块、普通 I/O 模

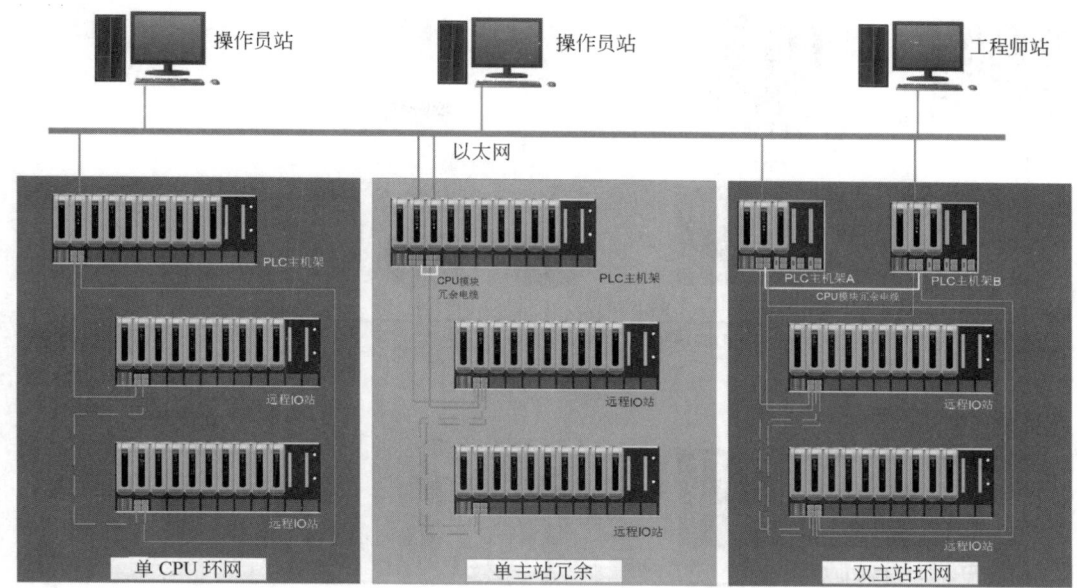

图 4-4-25　ZC 系列 PLC 网络架构

块、功能模块、通信模块和背板等组成。非冗余主机架与远程 I/O 站唯一区别在于前者配置 CPU 模块，而后者配置耦合器模块作为 I/O 扩展通信使用。各组件功能如下。

① 电源模块：为背板和模块供电。

② CPU 模块：包括冗余型（PAC431-1）和非冗余型（PAC431-2），分别与 MB435R 冗余背板、MB412 标准背板配套安装，内置 1 个 RS-232、1 个 CAN 和 3 个 10～1000M 以太网通信接口。

③ 耦合器模块：用于扩展机架总线通信，冗余型 CP412-3 耦合器模块最多可扩展 32 个机架。

④ I/O 模块：安装在 MB412 背板的第 3-11 槽位，通过内部高速总线与 CUP 模块通信。

⑤ 功能模块：包括 SM413-1、SM453-1、SSI453-1 模块，用于运动控制和闭环控制等。

⑥ 通信模块：用于扩展 RS-485、CAN、Profibus-DP、Modbus 等接口。

⑦ 背板：安装硬件模块的载体，包括 MB435R、MB412 两种。

（4）第三方扩展　ZC 系列 PLC 支持与 PROFIBUS DP、PROFINET、Modbus RTU/TCP、CANopen、EtherCAT 等工业总线进行异构互联，从而实现与第三方 PLC 系统、设备或现场仪表的数据交互。典型扩展方案如图 4-4-26 所示，并说明如下。

① RS-485 总线扩展：使用 CP481 模块进行 RS-485 总线拓展，支持自由口或者 Modbus-RTU 协议，最多可连接 16 个设备从站。

② CAN 总线扩展：使用 CP482 模块进行 CAN 总线拓展，可支持自由口与 CANopen 协议，最多可连接 32 个 CAN 总线设备从站。

③ Profibus-DP 总线扩展：使用 CP484 模块进行 Profibus-DP 总线拓展，可支持 DP 主从站功能，支持与西门子 PLC 或其他 Profibus-DP 协议的通信模块与变频器通信。最多可连接 16 个 Profibus-DP 总线设备从站。

3. 硬件技术参数

ZC 系列大、中、小型 PLC 系统的硬件技术参数如下所示。

（1）ZC-400 PLC 系统（表 4-4-11）　ZC-400 系列 PLC 为大型控制系统，支持 CPU 热备冗余、电源冗余和总线冗余，单 CPU 最多支持 5120 I/O 点，可扩展 32 个远程 I/O 站。系统支持以太网、RS-232/RS-485 串口、Profibus-DP、CAN 等通信扩展方式。

（2）ZC-300 PLC 系统（表 4-4-12）　ZC-300 系列 PLC 为中型控制系统，适用于分布式配置控制场合，单 CPU 最多支持 3200 I/O 点，可扩展 20 个远程 I/O 站。系统支持以太网、RS-232/RS-485 串口、Profibus-DP、CAN 等通信扩展方式。

758

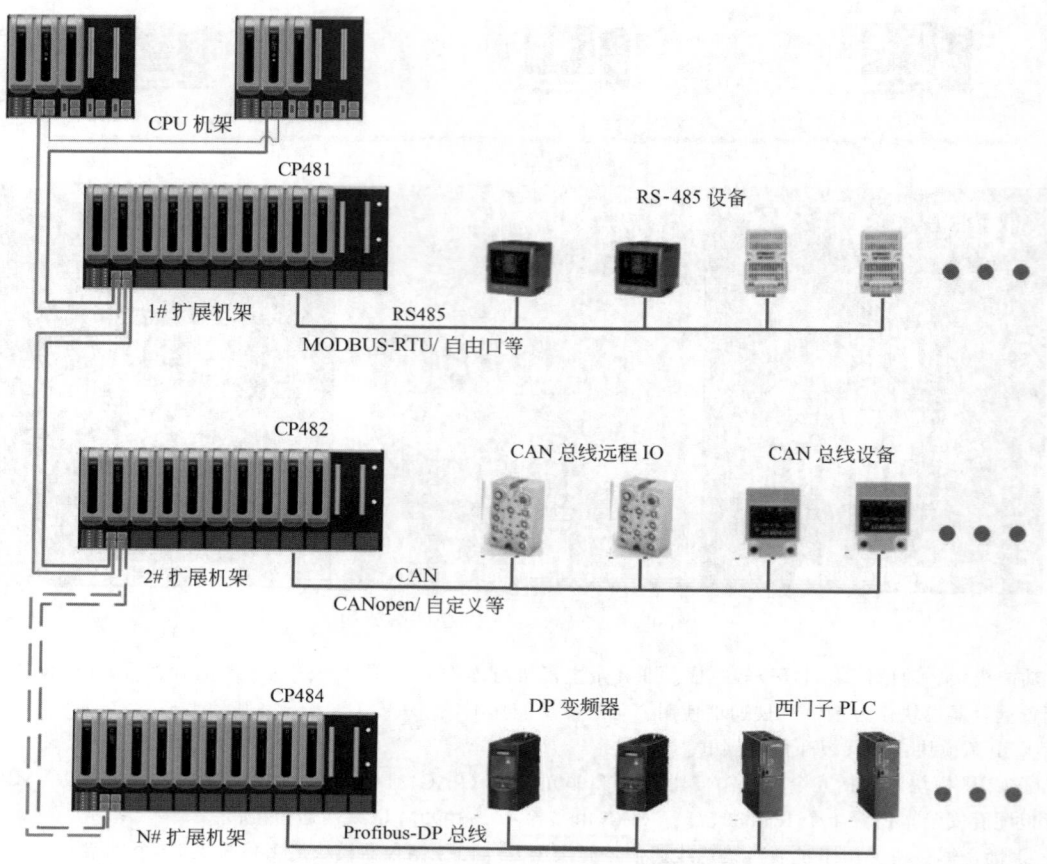

图 4-4-26　ZC 系列 PLC 第三方扩展图

表 4-4-11　ZC-400 PLC 系统

模块名称	规格型号	主要技术参数
冗余 CPU 模块	PAC431-1	冗余 CPU，支持 1 路 RS-232、1 路 CAN、3 路 10/100M 以太网通信接口
非冗余 CPU 模块	PAC431-2	非冗余 CPU，支持 1 路 RS-232、1 路 CAN、2 路 10/100M 以太网通信接口
数字量输入模块	DI416-1	16 路数字量输入，源型/漏型
数字量输出模块	DO416-1	16 路数字量输出，晶体管
电压/电流输入模块	AI408-2	8 路模拟量输入，16 位 ADC，0～10V DC/2～10V DC；0～20mA/4～20mA
热电阻输入模块	AI404-3	4 路热电阻输入，PT100
电压输出模块	AO408-1	8 点模拟量输出，0～10V DC
电流输出模块	AO408-2	8 点模拟量输出，0～20mA
高速脉冲输出模块	SM413-1	2 路 5V 脉冲输出，输出频率 400kHz
高速脉冲计数模块	SM453-1	1 路 5V 脉冲输入，A、B 双向，采集频率 400kHz
SSI 信号输入模块	SSI453-1	2 路 SSI 编码器信号输入，速率 100kHz～1MHz 可调，位宽 1～32bit 可调
RS-485 通信模块	CP481	1 路 RS-485，支持 Modbus RTU、自由口等协议，可扩展 32 个从站
CANopen 通信模块	CP482	1 路 CAN 总线接口，支持 CANopen 通信协议，可扩展 32 个从站
EPA 通信模块	CP483	1 路 EPA 总线接口，可扩展 64 个节点

续表

模块名称	规格型号	主要技术参数
Profibus 通信模块	CP484	1 路 Profibus-DP 总线接口,可扩展 32 个从站
耦合器模块	CP412-3	用于 I/O 扩展通信,4×RJ45 接口,支持冗余
耦合器模块	CP412-2	用于 I/O 扩展通信,2×RJ45 接口
电源模块	PS430	220V AC 输入,5V DC 输出,功率 30W
冗余背板	MB435R	5 槽,可供 1 个电源、1 个 CPU 模块和 3 个 PCI 接口的定制模块
标准背板	MB410	10 槽,可供 1 个电源、1 个 CPU 模块或/耦合器模块、8 个 I/O 模块、功能模块、通信模块使用
标准背板	MB412	12 槽,可供 1 个电源、1 个 CPU 模块或/耦合器模块、10 个 I/O 模块、功能模块、通信模块使用

表 4-4-12　ZC-300 PLC 系统

模块名称	规格型号	主要技术参数
CPU 模块	CPU311-1	支持 2 路以太网,1 路 RS-485 接口与 1 路 CAN 通信接口
数字量输入模块	DI316-1	16 路数字量采集通道,具备输入隔离功能
数字量输入模块	DI332-1	32 路数字量采集通道,具备输入隔离功能
数字量输出模块	DO316-2	16 路 MOS 管数字量输出
数字量输出模块	DO332-1	32 路 MOS 管数字量输出
模拟量输入模块	AI308-1	8 路电压/电流模拟量输入,$-10\sim10V$、$-5\sim5V$、$1\sim5V$、$-20\sim20mA$、$0\sim20mA$、$4\sim20mA$
热电阻输入模块	AI308-2	8 路 PT100 热电阻信号输入
模拟量输出模块	AO308-1	实时以太网总线,输出信号电压 $-10\sim10V$,$0V\sim10V$,$1\sim5V$、电流 $-20\sim20mA$,$0\sim20mA$,$4\sim20mA$
脉冲输入模块	PI301-1	支持一路单相或者双相脉冲信号输入进行高速计数
脉宽调制输出模块	PWM304-1	可支持两路的位置型脉冲、持续型脉冲和 PWM 信号输出
耦合器模块	CP300-1	1 路以太网通信接口,拓展 I/O 机架与一组冗余 CPU 之间的通信
RS-485/422 通信模块	CM301-1	支持 1 路的 RS-4852 或 RS-422 通信
Profibus-DP 通信模块	CM302-1	支持 1 路的 Profibus-DP 通信
CAN 通信模块	CM303-1	支持 1 路的 CAN 总线通信
以太网通信模块	CM304-1	支持 1 路的以太网通信(包括 TCP/UDP 的服务器与客户端)
电源模块	PS32C-1	输入电压 220V AC±20%/50Hz,输出电压 24V DC,额定功率 120W

(3) ZC-200 系统(表 4-4-13)　ZC-200 系列 PLC 为小型控制系统,采用了紧凑型设计,其中 CPU 模块集成了 CPU、通信、电源、数字量和模拟量的 I/O 端口等功能,适用于离散自动化控制场合。系统可扩展 8 个 I/O 模块,支持以太网、RS-485 串口、CAN 等通信方式。

表 4-4-13　ZC-200PLC 系统

模块名称	规格型号	主要技术参数
CPU 模块	CPU211-1	支持 1 路以太网通信功能、1 路 CAN 通信和 2 路 RS-485 通信(可支持 Modbus-RTU)。模块集成 16 路数字量输入、8 路数字量输出、2 路模拟量输入与 1 路模拟量输出功能

模块名称	规格型号	主要技术参数
模拟量信号输入模块	AI204-1	4 路电压/电流模拟量输入，$-2.5\sim2.5\text{V}$、$-5\sim5\text{V}$、$0\sim5\text{V}$、$0\sim10\text{V}$、$0\sim20\text{mA}$
模拟量信号输出模块	AO202-1	2 路电压/电流模拟量输出，$-10\sim10\text{V}$，$0\sim20\text{mA}$
数字量信号输入模块	DI208-1	8 路数字量采集通道，具备输入隔离功能
数字量信号输出模块	DO208-1	8 路继电器输出，支持电气隔离
数字量信号输出模块	DO208-2	8 路 MOS 管数字量输出

三、系统软件

ZC-PLC 采用一体化集成软件 icsSYS，在一个软件框架中实现设备和网络配置、状态诊断、程序编程、监控组态等集成协同，可分为 icsConfig 硬件组态软件、icsProg 编程组态软件和 icsView 监控组态软件三个子软件系统。

1. icsConfig 硬件组态软件

icsConfig 图形化硬件组态软件基于国产麒麟和 Windows 桌面操作系统开发，用于硬件网络组态与通道组态，并生成对应的系统 I/O 点位表。可配置 PLC 控制系统 ECN 通信节点的网络参数、通信宏周期、发送偏移、链接管理等信息；模块的通道组态包括多模块基本参数配置、工程参数配置、信号参数配置和通信参数。

2. icsProg 编程组态软件

icsProg 编程组态软件基于国产麒麟和 Windows 桌面操作系统开发，用于应用配置、编程、调试、监控、故障诊断和仿真，支持 IEC61131-3 PLC 编程语言。

软件组态界面包括以下几个。

① 工程管理：实现工程存档与导入导出功能。

② 资源管理：实现配置 PLC 任务信息。

③ 程序编辑：支持 IL、ST、LD、FBD、SFC 语言编程，以及 C、CFC 等扩展编程语言，支持运动控制和专用算法。

④ 组态下载与变量调试：实现对设备的组态下载、启动停止控制、维护和变量观察。

3. icsView 监控组态软件

icsView 监控组态软件基于国产麒麟和 Windows 桌面操作系统开发，用于数据采集与过程监控，实现可视化和组态图形用户界面（图 4-4-27）。软件采用灵活的组态方式，为用户提供快速构建自动化控制系统监控功能的通用软件工具。icsView 软件具体包括工程管理系统、变量管理系统、图形系统、报警系统、变量记录系统、仪表系统、安全管理系统。

四、应用举例

某大型设备采用 ZC-400 大型 PLC 完成动力系统的测试控制任务。该系统具备远距离测控功能，能在远端完成动力系统单元测试、分系统测试、总检查、加注等阶段的相关测控任务。

1. 系统组成

某大型设备动力测控系统由地面供气系统、测量控制系统、供电控制系统、气液连接系统、加注系统、手动和应急控制系统及视频监控系统等组成，共配置了 2 套冗余 ZC-400 系列 PLC 控制系统，而手动和应急控制系统采用了第三方故障安全控制系统。图 4-4-28 为动力测控系统网络拓扑图。

2. 控制方案

动力测试控制通过对地面供气系统电磁阀的测量和控制，与加注系统、遥测系统配合完成设备的燃料加注、发动机预冷等工作，完成整个工作流程。动力测试控制系统包括前端动力测控设备、总线网和后端指挥控制站。前端动力测控设备负责前端动力供气系统压力变送器、温度变送器信号的采集和电磁阀的控制以及主设备动力系统电磁阀控制。

测试期间主设备上各电磁阀的控制由动力测试控制系统控制，主设备转动后，由主设备的控制系统控制。动力测试控制系统和主设备控制系统之间通过连接器进行连接，连接器可受控自动脱落。

（1）地面供气系统控制　地面供气系统通过电磁阀控制各工作用气的供应和储备，并监视压力，以满足工

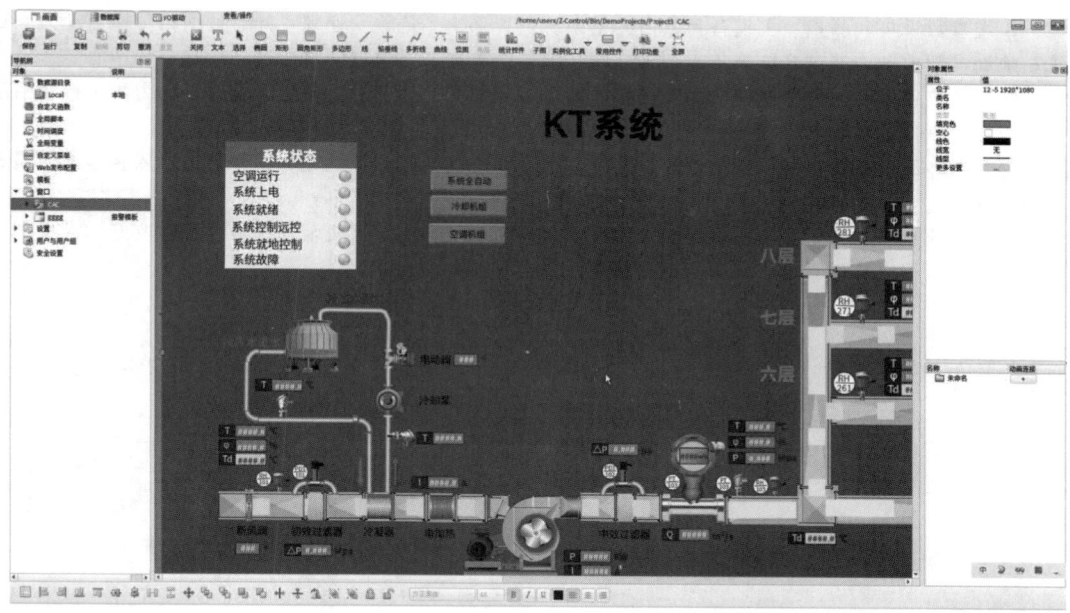

图 4-4-27　ZC 系列 PLC 图形化组态界面

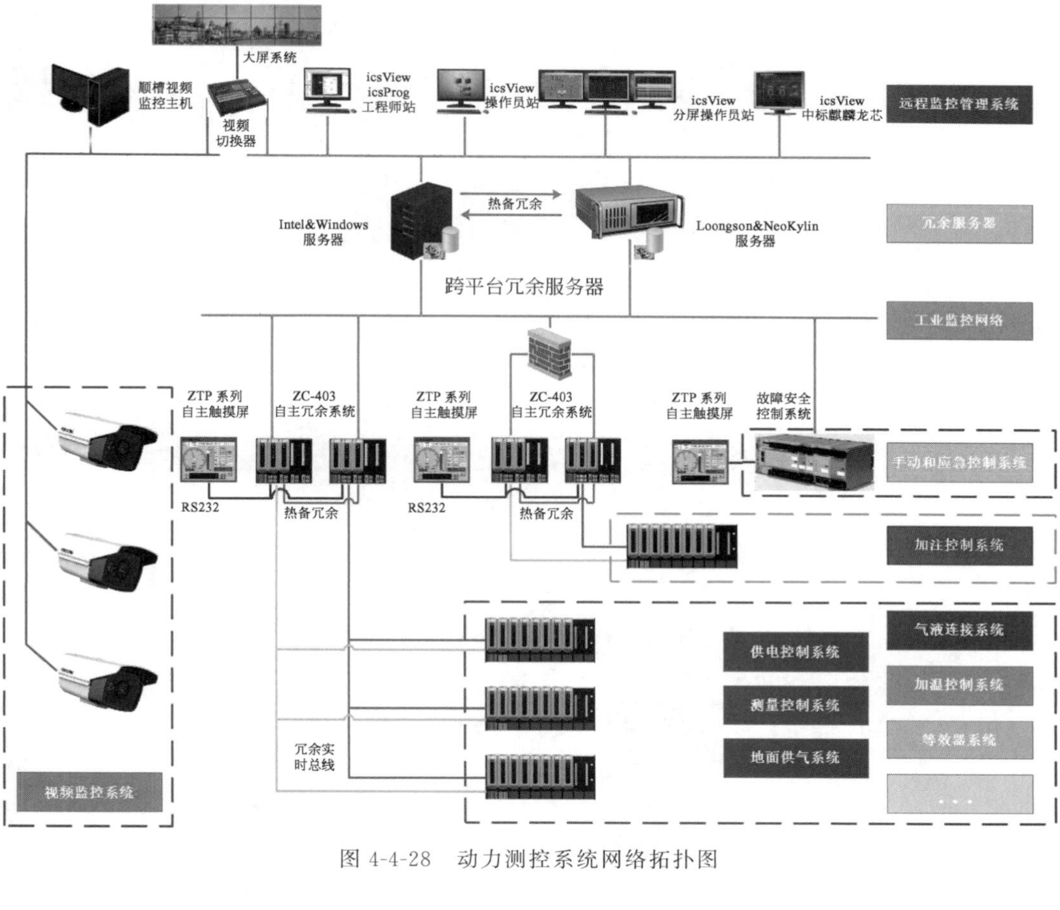

图 4-4-28　动力测控系统网络拓扑图

作要求。工作用气是现场设备动作的动力源。

（2）系统参数采集和测量　主设备参数由测量系统负责采集、传输、处理，并通过网络传输给动力测试控制系统；地面参数由动力测试系统采集、处理前端传感器的数据，并通过网络传送到后端指挥中心。

（3）手动和应急控制　为保障动力测控功能的高可靠及设备故障下主设备的安全性，动力测试控制系统具有手动和应急控制功能。

（4）等效器　等效器用来模拟外系统接口信号，配合动力测试控制系统完成对外接口输入、输出通路和系统功能的检查。

（5）故障诊断　动力测试控制系统地面故障检测与诊断系统采用计算机辅助决策，利用友好的人机交互方法，完成在测试流程中发现问题、解决问题和处理问题。

第五章　压缩机控制系统

第一节　HollySys ITCC-T880 系统

一、系统概述

和利时公司于 2012 年推出三重化冗余容错的 ITCC-T880 系统,是面向高端应用的压缩机控制系统,主要应用于石油、化工行业。ITCC-T880 系统如图 4-5-1 所示。

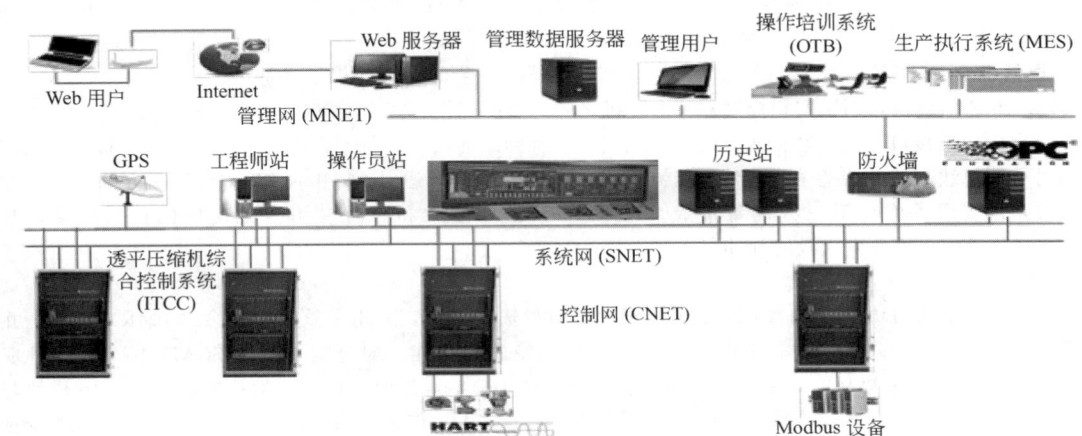

图 4-5-1　和利时 ITCC-T880 控制系统

和利时公司自 20 世纪 90 年代进入涡轮机组控制行业,具有自己研发的压缩机控制系统与解决方案。

和利时公司的压缩机变工况算法与防喘振控制技术,解决压缩机入口气体分子量（MW）、入口气体压力（P_s）、入口气体温度（T_s）、入口气体比热容比（k_s）和入口气体压缩因子（Z_s）的变化对压缩机运行带来的影响,实现压缩机的喘振极限线（SLL）、喘振控制线（SCL）、性能曲线和运行点根据入口运行工况进行补偿,即随入口工况条件的变化而变化,突破固定工况压缩机防喘振算法,为压缩机控制与工艺运行带来切实的益处。

随着石化装置的大型化、数字化、智能化和一体化,产业集成度越来越高,压缩机控制系统将迈向硬件的智能互联、主动防喘振控制与喘振预测、轴系检测一体化等新技术的应用。

二、系统硬件

ITCC-T880 系统具有完成防喘振控制与保护、速度控制与保护、辅机逻辑控制、辅机过程控制、联锁保护等主要功能,并具备远程站接入、Modbus RTU 通信、OPC 通信、SOE 记录等功能。

1. 系统规模（表 4-5-1）

表 4-5-1　系统规模

序号	系统容量项	数量	备注
1	最大机柜数量	2 个	1 个主机柜,1 个扩展机柜,不含安全栅机柜
2	最大机笼数	4 个	1 个主机笼 3 个扩展机笼
3	最大 I/O 模块数量	37 对	SGM 系列 I/O 模块及智能前端控制器任意组合
4	最大开关量点数	1184 点	系统内全部为开关量模块
5	最大模拟量点数	592 点	系统内全部为模拟量模块

2. 技术指标

① 系统的响应周期为 40ms。

② 通道支持 220V AC 高压防护；通道间隔离互不影响。

③ 支持 SOE 事件记录，精度可达 1ms；存储容量达 10 万条。

④ 测量精度：AI 达 0.2%；PI 达 0.01%。

⑤ 输出精度：AO 达 0.2%。

⑥ 安全回路可用性达 99.999%。

3. 控制器

SGM206 是 T880 三重化冗余容错控制器，采用嵌入式无风扇设计，低功耗运行，冗余 24V DC 电源供电，控制器采用三重模块冗余（TMR）架构，3 个 SGM206 模块组成冗余的三系，冗余的三系控制器之间在每个控制周期内同步运行。

主要技术指标：32 位主处理器 + 16 位通信协处理器；330MHz 主频；128M 内存（字节，DDR）；1M 数据存储（字节，SRAM）；IEC 周期最小为 20ms。

4. 通信卡件

SGM216 通信模块，用于实现控制器与上位机之间的数据交换。冗余配置时，冗余通信模块之间是无扰切换的；所有的通信接口均支持热插拔。通过以太网与工程师站通信，进行工程组态程序下装，上报系统内部信息；通过通信总线与控制器通信，上传控制器运行数据至上位机；通过 Modbus RTU 与第三方基本过程控制系统通信，以实现系统与第三方设备集成。此外，SGM216 接收和利时专用校时模块的校时脉冲，并向 SGM616 开关量输入模块发送校时脉冲。

5. I/O 卡件

（1）模拟量输入模块 SGM416 16 通道电压型模拟量输入模块，采用三重模块冗余（TMR）架构，冗余的三系设计在同一块 SGM416 中。通过欧式连接器与机笼底板相连，配合端子模块 SGM3410，实现对现场 4~20mA 电流信号的采集功能，采集结果通过各系独立的 I/O Bus 送给各自对应的控制器。GM416 模块与控制器之间的通信总线 I/O Bus 支持 PROFIsafe 安全协议，SGM416 作为从站与控制器完成 I/O Bus 数据交换。

SGM416 采用模块化设计，整体结构为插件结构，机笼导轨安装，螺栓紧固，并设有助拔器。

（2）模拟量输出模块 SGM526 8 通道电流型模拟量输出模块，采用三重模块冗余（TMR）架构，冗余的三系设计在同一块 SGM526 中。通过欧式连接器与机笼底板相连，通过底板上的 78 针连接器和预制电缆与 SGM3520 模拟量输出端子模块连接，根据控制器的输出信号实时完成表决输出工作。SGM526 模块与控制器之间的通信总线 I/O Bus 支持 PROFIsafe 安全协议，SGM526 作为从站与控制器完成 I/O Bus 数据交换。

SGM526 采用模块化设计，整体结构为插件结构，机笼导轨安装，螺栓紧固，并设有助拔器。

（3）开关量输入模块 SGM616 32 通道开关量输入模块，支持 32 通道常开或常闭干接点 DI 信号输入，采用三重模块冗余（TMR）架构，冗余的三系设计在同一块 SGM616 中。模块通过欧式连接器与机笼底板相连，配合端子模块实现 32 通道的 DI 信号采集，采集结果通过各系独立的 I/O Bus 送给各自对应的控制器。SGM616 模块与控制器之间的通信总线 I/O Bus 支持 PROFIsafe 安全协议，SGM616 作为从站与控制器完成 I/O Bus 数据交换。

SGM616 采用模块化设计，整体结构为插件结构，机笼导轨安装，螺栓紧固，并设有助拔器。

（4）开关量输出模块 SGM716 32 通道开关量输出模块，采用三重模块冗余（TMR）架构，冗余的三系设计在同一块 SGM716 中。通过欧式连接器与机笼底板相连，配合端子模块 SGM3710 实现对现场开关量的表决与输出。

SGM716 模块与控制器之间的通信总线 I/O Bus 支持 PROFIsafe 安全协议，SGM716 作为从站与控制器完成 I/O Bus 数据交换。

SGM716 采用模块化设计，整体结构为插件结构，机笼导轨安装，螺栓紧固，并设有助拔器。

（5）控制器模块 ETM281 智能前端控制器是 T880 三重化冗余容错压缩机控制系统的关键模块，同时也是高性能冗余控制器，采用嵌入式无风扇设计，低功耗运行，冗余 24V DC 电源供电。ETM281 通过欧式连接器与专用机笼 ETM100 的底板以及对应端子模块相连接，完成对现场模拟量和开关量信号的采集；进行快速的数据交换、数据处理、输入数据表决、逻辑运算、输出数据表决等；再将结果以模拟量和开关量信号形式输出到现场。ETM281 同时具备快速周期性故障诊断与故障报警，并通过多种通信接口与上位机进行数据交换，模块的指示灯可实时指示自身的工作状态。

ETM281 智能前端控制器采用三重模块冗余（TMR）架构，3 个 ETM281 模块组成冗余的三系；具有独立的固定控制周期，冗余的三系控制器之间在每个控制周期内同步运行；三系冗余工作时，工作模式为 3-2-1-0，自动升降级。ETM281 是智能控制器模块，具有单套（三系）独立组态功能，在无外部通信情况下，也可独立完成控制逻辑，适用于压缩机防喘振控制、汽轮机转速控制等高可靠性要求的应用场合。ETM281 智能前端控制器能满足压缩机组控制系统对安全性、可靠性、快速性的要求，可保证压缩机组的平稳、安全运行。

ETM281 智能前端控制器同时也是 T880 三重化冗余容错压缩机控制系统的 I/O 模块，通过 I/O Bus 与系统控制器 SGM206 模块进行通信，通信数据可在上位机通过 ITCC-AutoThink 工具进行组态，以实现将自身采集的数据、表决结果、输出数据与工作状态等信息与 SGM206 控制器以及上位机进行数据交互。

ETM281 智能前端控制器模块，可通过以太网使用 HIC-AutoThink 工具进行独立组态，支持模块掉电工程保持，支持在线无扰下装，也可随时进行在线数据监视。

三、系统软件

1. 监控软件

T880 系统的系统监控软件基于 HOLLiAS MACS6 人机界面平台，运行于操作员站。MACS6 是一套基于 Microsoft Windows 操作系统开发的人机界面监控软件，运行在 Windows XP/Windows 7 的平台上，通过网络的通信方式采集控制器中的数据，并利用计算机的强大图形功能动态地显示生产数据。操作员站监控软件是人机交互界面，支持专用工业键盘、打印机等外部设备。该软件主要有流程图、报警、日志、SOE 查询、报表、总貌、趋势、控制分组、参数成组、控制调节、系统管理等功能。

2. 防喘振控制

防喘振控制采用先进的基于无关坐标系算法，即用于压缩机控制的喘振极限线 SLL 的计算与气体分子量 MW、入口压力 P_s、入口温度 T_s、入口气体比热容比 k_s 和入口气体压缩因子 Z_s 无关，而只与压缩机组本身的内部机械构造有关。使用无关坐标系算法得到归一化的压缩机喘振极限线。

防喘振控制算法采用基于无关坐标系的 5 条计算与控制曲线，结合了闭环主 PI 控制响应和开环阶梯保护响应，使得压缩机在运行中无论是面对一次缓慢的降负荷过程扰动，还是面对由于工艺设备异常工况造成的剧烈扰动，能够迅速、准确地增加压缩机的流量，保护压缩机始终工作在安全区域；由于采用基于无关坐标系的防喘振控制算法，使得压缩机的回流流量（或放空流量）保持在最低水平，从而降低能量消耗。

3. 速度控制

速度控制实现汽轮机的调速功能、保护及试验功能，主要包括启动、升速、暖机、临界转速回避、转速调节控制、超速限制、超速跳车、转速丢失跳车、超速试验等。

4. 其他控制功能

辅机过程控制、辅机逻辑控制、机组性能控制即出入口压力控制、汽轮机抽汽控制、解耦控制、侧流控制。

5. 软件清单

① 系统组态类 HOLLiAS MACS6 组态软件。用于逻辑组态、画面组态、通信、SOE、历史库组态等。

② 操作监视类 HOLLiAS MACS6 操作员软件。用于操作监视。

③ 机组控制专业库类（可选） 机组过程控制软件包、机组防喘振控制软件包、机组速度控制软件包。实现机组防喘振控制、调速控制和过程控制功能。

四、应用举例

某化工厂合成氨/尿素装置，合成气压缩机、氨冰机为离心式压缩机，二氧化碳机组为离心式压缩机，汽轮机都为杭汽机组，三台机组全部使用和利时公司 T880 压缩机控制系统，实现机组防喘控制、调速控制、联锁保护及常规控制。图 4-5-2 为 T880 压缩机控制系统网络图。

T880 系统的技术特征：

① 三重冗余容错控制系统，大幅度地提升了系统的安全性与可靠性；

② 采用先进的压缩机变工况防喘振控制算法，基于气体动力学的动态防喘振控制技术，保证压缩机运行的安全与高效；

③ 防喘振高速回路响应时间＜40ms，采用变增益 PID、快速阶梯响应、微分响应、紧急喘振响应、阀门紧关响应、变送器故障与退守策略等先进算法；

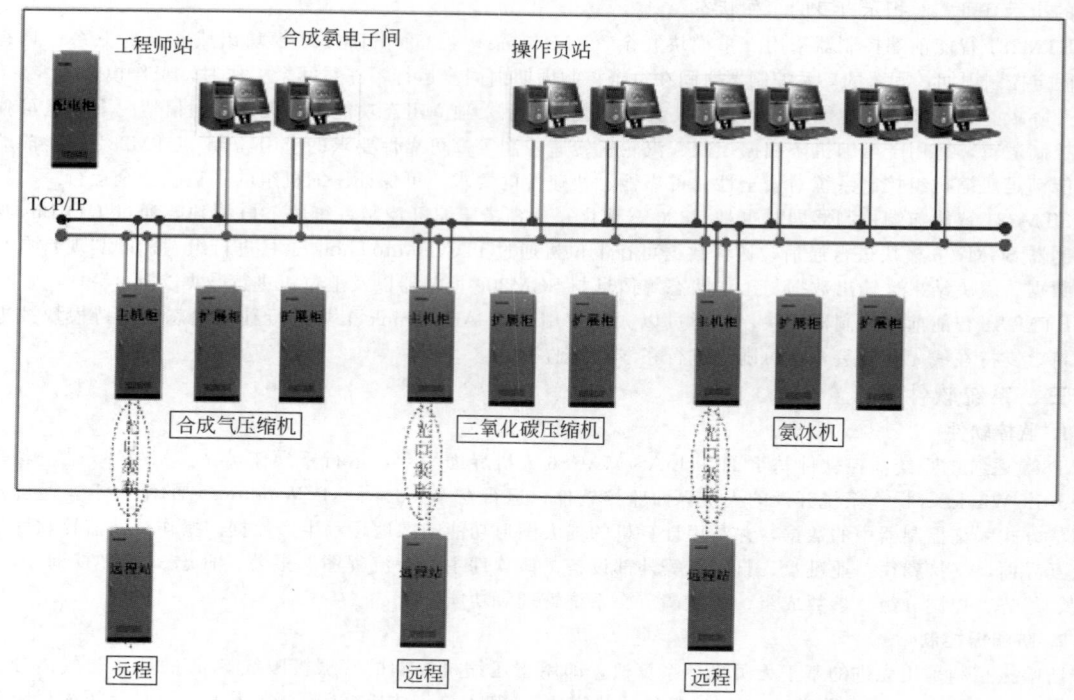

图 4-5-2   T880 压缩机控制系统网络图

④ 压缩机防喘振控制器、调速控制器始终投入全自动运行模式，确保机组安全运行，提高生产工艺参数的调节品质，节省能耗，降低了操作人员的劳动强度；

⑤ 采用了变工况（入口压力改变、入口温度改变）的动态防喘振控制算法，在开车过程及正常运行期间（入口压力偏离设计工况），防喘振控制器全程投入自动运行模式，缩短了压缩机的加载时间，减小了防喘阀开度。

第二节   Rockwell Trusted 系统

一、系统概述

ICS Triple 是 Rockwell 公司过程安全和关键控制系统的知名品牌，一直致力于关键控制（Critical Control）系统，包括紧急停车/安全联锁系统（ESD/SIS）、机组控制系统（ITCC）、火灾气体检测系统（F&GS）、锅炉管理系统（BMS）、高压保护系统（HIPPS）等的开发、设计、应用和服务。

ICS Triple 的 Trusted 系统采用三重冗余容错技术，适用于离心、轴流、往复式压缩机、燃汽轮机、汽轮机、透平驱动发电机等关键设备控制。

1. 离心/轴流式压缩机控制

防喘振控制、负载分配与优化、解耦控制、过载保护及负荷能力控制，驱动类型为透平或电机，单元控制（如润滑油、密封气控制）。

2. 汽轮机控制

冗余速度控制、启动/关闭顺序控制、临界速度回避、超速保护、抽气流量或压力控制等。

3. 压缩机组控制及站控

压缩机防喘振控制；容量（吞吐量）控制；负载分配与优化；透平速度控制；过程交互解耦控制；振动/健康状态监视；ESD 与 SOE；附属设备控制；SCADA 系统（介质：光纤、微波、电话线等）；设备自动启动、关闭；站压力/流量/DP 控制；站控优化。

Trusted 系统可完成任何压缩机/透平应用，适应性/可测量性降低了整个系统的复杂性和成本；三重化容错（3-2-0）结构和先进的控制性能，使操作简单并提高可靠性。

Trusted 系统的技术特点如下。

a. 先进的喘振控制　操作点跟踪、查询表曲线拟合、适配增益等，使压缩机紧靠着喘振极限线安全操作。

b. 集成过程/容量控制　包括容量控制和压力超驰控制。协调性能控制和防喘振控制的作用。简化容量控制类型的选择（入口压力、出口压力、压比、流量等）。

c. 负载分配优化　等距离负载平衡（配置以离各自 SCL 曲线的一个等百分比的距离操作压缩机）和负载优化，产生最大负载共享效率。

d. 自动启动、顺控和停车　升速、降速、放空、加载和解耦控制在级/段、压缩机和过程之间协调，使过程快速和一贯地在线。

e. 事件序列-SOE　在检测和分析性能方面提供具有 1ms 精度的 SOE，有助于机械事故的分析。

f. 控制策略灵活　丰富的控制功能库允许添加用户定义的策略和适应任何场合。

g. 反馈逻辑　当一个关键变送器（包括流量、入口压力和出口压力）发生故障时允许继续安全地操作。

h. 开放的通信　支持 OPC（以太网上）和 Modbus 通信。

i. 精确控制　带有内置回路解耦和设定点"盘旋"功能的完整喘振和性能控制，避免生产过程中断，允许快速调整。

j. 高可靠运转　Fall-back 功能和初始超驰功能，允许即使现场变送器故障，连续控制不会中断。

k. 容错性高　冗余控制和 Fall-back 模式，使 Trusted 系统容错性更高。

l. 操作简便　自动启动/停止序列和具有保护性的超驰组态，使操作简便。

图 4-5-3 为 CCS 型系统架构图。

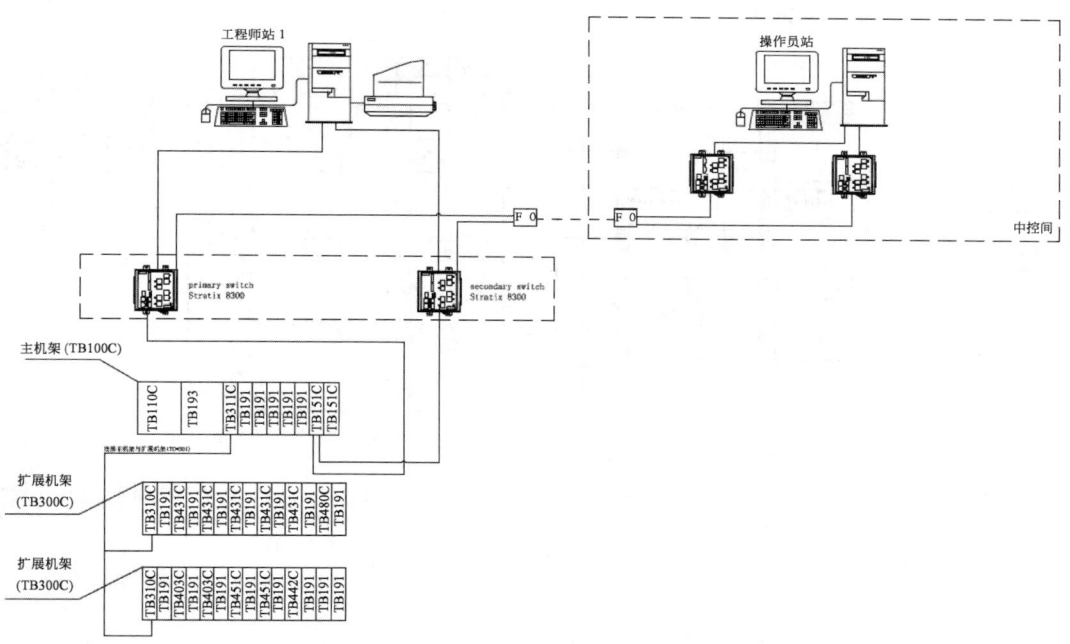

图 4-5-3　CCS 型系统架构图

二、系统硬件

1. 控制器 T8111C

三重化处理器是 Trusted 系统的核心部分，基于 TMR 结构的容错设计。模块包括三个处理器故障限制区（FCR），每一个处理器包括一个 Motorola Power PC 603 系列 100MHz 处理器和相关的存储器。每一个处理器故障限制区（FCR）通过 3 取 2 表决访问其他两个处理器故障限制区的内存系统，以消除系统的偏差操作。三重化处理器的前面板带有状态与诊断 LED 指示灯、一个复位按钮和一个维护钥匙开关。模块的三个处理器同时保存与执行应用程序，扫描和更新 I/O 模块，并且检测系统故障。每个处理器单独地执行应用程序，但始终与其他两个处理器处于锁定同步。如果三个里面的一个处理器出现偏离，额外的机制将允许故障的处理器与其他两个处理器重新同步。

2. 通信接口及通信卡 T8151B

机组控制解决方案中的通信主要考虑 CCS 系统与 DCS、MMS 系统的数据通信。通信模块为控制器提供一系列的通信服务，最小化 TMR 处理器上的通信负荷。通信模块允许与其他 Trusted 系统、工程师站和第三方设备进行通信。通信模块是可组态的，支持多种通信媒介。通信模块有两个以太网口和四个串行口，通过通信接口适配器（T8153）连接到通讯模块的后面。

3. 输入/输出模块

AI/AO/DI/DO 模块和 SIS 安全解决方案中的类型完全一致，同时还有速度控制模块。

模拟量输入：T8431C 40 通道模拟量输入模块 4～20mA 三重化。

模拟量输出：T8480C 40 通道模拟量输出模块 4～20mA 三重化。

数字量输入：T8403C 40 通道数字量输入模块 24V DC 三重化。

数字量输出：8451C 40 通道数字量输出模块 24V DC 三重化。

数字量输出：8461C 40 通道数字量输出模块 24V DC/48V DC 三重化。

4. 速度控制模块 T8442C

T8442C 模块采用 9 个脉冲量（分成 3 个组）和 6 个开关量输出的三重化结构，对透平机组的超速和超加速度保护控制。每个模块可以实现 3 台透平的调速控制和超速保护。T8442C 模块通过了 SIL3 认证，符合 API 670 标准和 G3 防腐标准。速度传感器的频率信号通过 FTA 板分别送入模块的三个相同的三重化输入电路，经三重化容错回路处理后测定速度和加速度。每个三重化容错处理单元输出一路联锁信号，经过四个 2oo3 表决电路后通过继电器冗余输出。如图 4-5-4 所示。

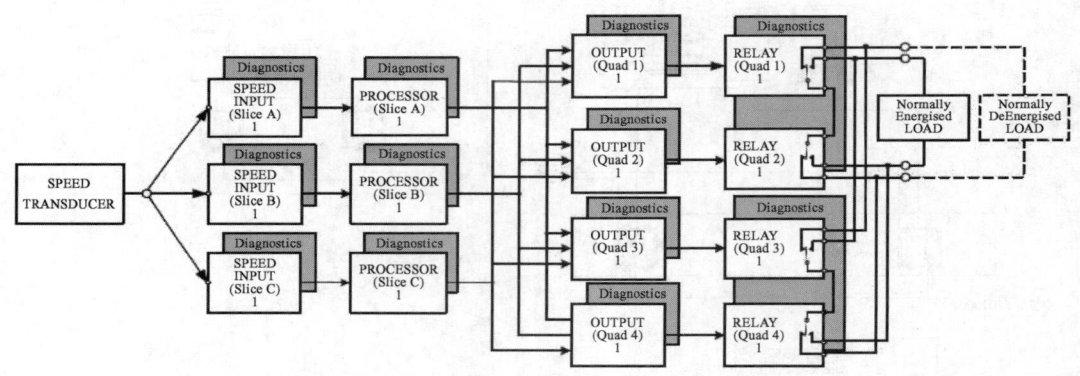

图 4-5-4　T8442C 模块信号表决

T8442 模块内建有 SOE 记录功能，分辨率为 1ms。支持 OPC 和 Modbus 通信方式，响应时间小于 20ms，可独立完成对透平的速度控制和超速保护。

三、系统软件

1. 机组控制软件

（1）防喘振控制算法　TRUSTED 防喘振算法源于多变压头（polytropic head）等式、Fan Law 等式及容积流量等式。算法/函数均采用三种基本方法计算多变压头。

① P vs h 算法（经过压缩机的 DP 对进口孔板差压）　适合于带有合理恒定气体成分的低压缩比。

② Hp, si′ vs h 算法（简单化的多变压头对进口孔板差压）　主要用于带有变化或无变化的气体成分和高或低压缩比的应用。

③ Hp, sim′ vs h 算法（基于热力学 m′的多变压头对进口孔板差压）　通常用于带有变化大的气体成分和高或低压缩比的应用。

这些算法包含了分子量、导流叶片位置、流量、进口压力、进口温度、出口压力、出口温度的变化。当喘振被探测到，控制器自动增加（偏置）设定点（喘振控制线—SCL）以提供另外的喘振工作界线，并自动校正安全区域，该安全区域可人工干预或确认。根据喘振尖峰的探测，通过尖峰期间增加每个回路扫描周期（现场可调节）约 $x\%$ 的控制器输出，逐步打开回流/放气阀。

对于变转速机组，可将速度控制与防喘振控制耦合在一起，为每级提供带有初始超驰以及过程解耦的防喘振控制。

（2）自适应增益　当标准变量（压缩机工作点）小于防喘振设定点（喘振控制线—SCL）时，控制器增益增加。过程越接近喘振工况，增益越高。根据紧急状况，阀门被缓慢或快速地斜坡式打开。增益与最大增益的坡度是经现场设定以满足各个过程的需要。当标准变量（压缩机工作点）在设定点（喘振控制线—SCL）以上超过 10％时，增益减少至零。这些参数可以调节，无需改变组态或中断生产过程。增益开始增加的预设置点通常在 SCL 以下的 y％处。

（3）预测未来设定点响应　控制器响应中包括基于压缩机工作点逼近压缩机喘振的变化速率的设定点定位（除自适应增益作用外），这样可确保在压缩机工作处于高流量区域，流量开始减少情况下的快速响应。当压缩机工作点以正常速率移近喘振控制线—SCL 时，预测作用经设置自动降低速率（以预先设定的速率）。

（4）输出信号转换　防喘振 PID 功能块输出信号采用了几种不同的转换，以确保正确处理到执行元件的信号。特别提供以下功能：压力超驰选择、阀门分配/均衡选择、负载分配偏置、解耦速度传感器、吹扫逻辑、高/低阀门限制、阀门开/关率、手动关闭限制。在操作员模式下，监视阀门以保持压缩机工作点处于 SCL 上方。

（5）回流（或放气）阀回转率限制　控制器输出回转率可以调节。阀门开率与阀门关率被分别设定。使用慢关率（1％～2％/s），回流（或放气）阀将不会被快速关闭以至于使流量降低至设定点以下。开率设高，阀门开度（150％/s）不受影响。由于压缩机工作点高于喘振控制线以上 10％时，自适应增益值通常设为零，因此阀门关率是基于仅为阀位移动的某一部分的控制作用（即使无回转率输入）。

（6）比率约束　当流量或压力的改变超过某个比率和变化量时，通过增加回流/放气率，除节流压缩机外，变量能够被快速恢复到低于约束级以下的水平。数值预先设定如下：

- 排气压力，压力比率，流量　在超过满量程 10％以上时，比率增加 15％/s；
- 吸气压力　在超过满量程 10％以上时，比率增加 15％/s。

变化率和变化量必须超过预先设定的限制以能够进行前馈响应（可以在现场改变设置）。

（7）喘振尖峰探测　突然或反常的过程流量/压力扰动可能造成喘振尖峰。防喘振控制器基于流量快速减少或压力的改变察觉喘振是否已经出现。这些条件使纠正操作立即执行。

当喘振被探测到，控制器自动增加（偏置）设定点（喘振控制线—SCL）以提供另外的喘振工作界线。对于每个倒流，预先设置的偏差为 5％；不过，这是可现场调节的。当倒流出现时，SCL 从 SLL 处移开，喘振计数器被增加，报警开始。在调查已确定喘振原因后，SCL 根据喘振状况通过操作被重新设定。同样，根据喘振尖峰的探测，通过尖峰期间增加每个回路扫描周期（可现场调节）约 3％的控制器输出，逐步打开回流/放气阀。这种行为对正常的防喘振 PID 功能块输出信号进行超驰控制。

喘振尖峰行为在压缩机启动/关闭期间通常被禁止（标准预组态的一部分）。

（8）变送器 Fall-back 控制　喘振点的计算通常是基于多变送器输入。如果这些变送器中任何一个出现故障，变量就被设置成一个安全的不变值，同时安全的 Fall-back 计算被自动选择，这将使回流（或放气）状况下有一个适当的流量通过压缩机，虽然可能过量，然而不良变送器不会造成压缩机的损坏或关闭。

故障变送器被量程以外的信号所察觉，一经维修或替换后，控制器就可恢复到完全自动化的状况下。

（9）初始喘振探测与控制　在压缩机到达实际喘振点之前，出现快速振动。压缩机现场测试已证实此现象为逼近喘振的迹象。然而由于该喘振现象对于每个压缩机具有特殊性，所以实际中不易被测量出来，这就需要特殊信号描述/滤波 SurgeGuardTM（T6050）调节模块。初始喘振测试设备与 SurgeGuardTM（T6050）调节模块相结合，提供了非常明确的喘振测试开始指示，以至于压缩机控制经验很少的工程师都能够安全执行初始喘振控制。初始控制备份的理念已成功地用于压缩机控制系统。

初始喘振调节已在众多压缩机应用实践中经过了现场验证。初始喘振工具已被成功用来执行喘振测试，以提供初始喘振控制超驰及探测喘振尖峰。

经流量/压力/电流变送器预先放大、过滤的信号同振动探测相结合，作为对初始控制的输入。初始 PID 控制器输出通过选择器功能，作为对主防喘振 PID 控制器的超驰控制。初始喘振探测与调节，可通过一个置于端子型部件机壳内的模拟模块（在控制器中使用一个空余的模拟输入）完成，或通过防喘振控制器集成的振动监视功能完成。

在典型的压缩机控制应用中，初始喘振控制被增加作为主算法和 Fall-back 防喘振控制算法的后备算法，增加了防喘振控制系统的可靠性。初始喘振可用作主防喘振控制算法，然而这种控制理念依赖于包括高速变送器及特殊安装考虑在内的高速清晰的过程测量（流量、压力、电流），因此通常不推荐单独的初始喘振控制用于压缩机防喘振控制。在执行初始喘振控制技术时必须使用高速变送器。

初始控制备份的理念已成功地用于压缩机控制系统中多年了。然而必须强调的是该策略的正确执行需要一个准确、高速的测量。

防喘振与初始喘振控制相结合的成效如下。

① 节省了更多能量。初始超驰控制功能的增加，允许更加接近实际喘振点/线工作，因此提供了一个更广阔的操作空间，并且通过最小化再循环/放气，节省了能量。

② 鉴别、校正喘振点/线的改变。初始喘振探测对压缩机逼近喘振点的操作点性能进行连续监视，并允许对喘振点/线的改变进行自动校正。

③ 防止压缩机遮断。通过提供初始 Fall-back 功能及超驰控制功能，将主喘振控制与现场仪表故障的影响降至最低限度，因此，即使在关键变送器（如流量）出现故障的情况下，压缩机将仍保持在线，提高了工厂设备的利用率。

④ 简便了实际的喘振点/线测试。除了喘振监视与超驰控制外，初始喘振探测模块简化了实际喘振点的测试，以及最小化操作干预。

（10）速度控制　在透平驱动压缩机的应用中，速度控制逻辑可提供透平与压缩机完整的顺序/启动。一般来讲，速度控制收到一个频率信号（或从转换器收到 mA 信号），并且向透平提供输出信号。若速度输入包括了冗余或三重冗余信号，可在控制器内执行选择/决定。

（11）汽轮机速度控制组态　当回顾汽轮机内调节蒸汽流量的要求时，需考虑两个基本应用，这样不管负载变化对汽轮机驱动设备的影响如何，汽轮机将以所需速度运行。为了保持过程应用中的某个压力/流量，通常采用压力/流量到速度串级控制方案。速度可能必须连续变化以达到过程需要。

除基本目标外，汽轮机速度控制还包括了超速保护和临界速度问题。此外，一些辅助的控制任务，如单阀汽轮机的阀门定位，也可通过速度控制回路执行。速度控制回路也可作为为其他汽轮机控制应用提供速度信号的信号源。

（12）测速输入［磁性传感器（测量头）输入］　通过控制算法，对控制进行组态以选择应用所需的频率信号。控制器提供三个速度输入。当三个速度输入均被使用时，速度信号取中值选择与最小值测试。同样，根据速度输入失效数量的多少，也提供 Fall-back 策略组态。若一个输入故障，选取剩余速度值中的最大值；若两个输入故障，取剩余速度值（若有第三个输入）；若全部测速输入故障，执行关闭或将速度回路切换到手动操作。当然，对于任何故障均报警。

（13）超速遮断与超速预防　倘若透平速度超过预设置的超速遮断，执行透平关闭。当透平达到已设置的超速值时，超速预防功能降低透平速度。超速功能测试用来验证超速预防和超速遮断功能。采用报警表明报警透平速度已移至预设置限定以下或以上。提供低、低-低和高、高-高参数。

（14）串级设定点和 PID　速度控制回路起着串级子回路的重要作用，允许透平保持所需的过程变量，如压力/流量。主过程回路的输出被用来设定速度控制设定点。回路组态允许自动或手动的串级启动。可以从本地（内部）或从远程（外部）获取速度回路串级设定点，并包含设定点值限定。根据透平启动/顺序模式，采用设定点比率限制。PID 的主（过程）和子（速度）回路，包括 Gap（间隙）功能（可调节的死区）和外反馈提供。当执行启动或关闭顺序自动控制时，顺序自动控制逻辑为速度设定点设定目标值。

（15）临界速度问题　通常透平具有一个或几个以谐波频率或共振频率振动的临界速度。速度设定点功能允许达 6 个临界速度范围的定义。若速度设定点处于临界速度范围，其已预定的临界速度设定点处于临界速度范围，其以预定的临界速度斜率倾斜穿过临界速度范围以最小化透平在临界速度范围内运行的时间。倘若透平不能达到临界范围的高一侧（由于蒸汽供给不足），则速度设定点将自动减小至临界范围的较低一侧。若速度PID 处于手动操作，则切换到自动操作。

通过设置虚拟开关（带有安全性特点）可超驰控制临界速度功能，以满足透平测试的目的，但常在正常运行期间内被禁止执行。

（16）速度回路解耦　通过串级控制调节压缩机的速度或入口调节阀的开度来满足工艺要求时，当压缩机进入喘振控制时，有时性能控制会同时要求减少流量（如性能控制变量为入口压力时），两个控制回路是相互反作用的，从而造成系统的不稳定，使机组更加接近喘振。针对这种情况，性能控制器和喘振控制器会将各自的输出加权到对方的控制中去，从而实现解耦控制，使两个控制回路协调动作。速度控制回路通过采用超前-滞后解耦条件将其控制行为与其同组回路（如防喘振）的控制行为相协调。默认设置为零。

（17）蒸汽轮机控制

① 启动顺序　启动提供自动和手动。在满足全部启动条件且收到启动请求（按钮）后，启动顺序被启动。速度设定点的倾斜顺序将透平从停止状态带入所需的速度状态。通过 Halt（暂停）/Continue（继续）功能或切换到手动操作（除在临界速度范围内），可中断任何顺序。注意，速度控制将等待直至调速器和抽气调节在允许蒸汽流量前"准备"完毕。

② 正常速度控制　在预先定义的最小化调速器速度和最大化调速器速度间激活正常速度控制模式。

③ 关闭和空转顺序　关闭和空转逻辑被用于降低透平速度至怠速处，或执行完整的透平关闭。几个顺序将被预先组态：有怠速停止；无怠速停止；远程关闭（超速调节，辅助设备故障，远程手动操作遮断）。在向下倾斜期间（以预先定义的比率）设定点跳过已定义的任何临界速度范围。

④ 手动操作模式　当允许手动操作的参数被激活（安全的 DI），用户可直接控制速度回路的输出。升高或降低按钮操纵回路输出。若透平超过最大调速器速度或透平处于临界速度区域，回路将恢复到自动控制模式。同样，若透平驱动同步发电机且断路器打开，回路恢复到自动控制，执行由调节 Fall-back 参数指定的 Fall-back 策略。

⑤ 阀位反馈　蒸汽阀位反馈（LVDT）可用于对速度回路输出引起阀位控制器超过组态阀位值进行报警。也可用作对阀门移动与回路输出信号比较的验证。同时还可以提供单独的阀位限制开关（外加的或代替 LVDT）。

（18）燃气轮机控制　Trusted 燃气机组控制解决方案帮助实现单轴或多轴燃气轮机的燃料控制，起机/停机顺控、温度控制与机器保护，包括火灾气体监测等。

（19）其他机组性能控制　Trusted 机组控制解决方案除了包括以上基本的控制策略，同时为工厂的机组控制一体化提供有效的复杂控制策略，如多机组的负荷平衡分配优化、解耦控制。

2. 人机界面软件

罗克韦尔自动化需要 Trusted 机组控制解决方案中的人机界面，选择的自由度比较大。无论是罗克韦尔自动化旗下的 Factory TalkView，还是机组控制市场主流的 Intouch 和 iFix，都有十分成熟的应用实例。

3. 组态软件

控制组态软件采用国际标准的 IEC61131 编程环境，支持 5 种程序语言：FBD、ST、LD、SFC、IL。软件具有兼容性强、优异的程序管理、不同语言可混合使用和调试方便等优点，允许用户设定变量名称、I/O 地址和数据寄存器。可在线监视或编辑程序，允许在线修改并自动下装没有限制，也可离线模拟或仿真。所有 I/O 点和数据寄存器都可以被强制赋值，便于调试和维护。

编程软件具有以下特点：

① 在线和离线程序开发；

② 在线显示、更改、常规显示参数值；

③ 简易菜单驱动软件具有图像放大功能；

④ 删除、拷贝和粘贴功能；

⑤ 内装 PID 功能；

⑥ 四级加密口令；

⑦ 热键和广泛有效的帮助；

⑧ 符号参数程序设计；

⑨ 组态存档或保存在不同的子程序中，结构非常清晰，现场调试方便；

⑩ 常规打印能力；

⑪ 能在 PC 与控制器和其他计算机之间完成数据传输；

⑫ CPU 故障诊断显示以监视和清除故障；

⑬ 运行/停止方式控制。

4. SOE 及历史库

Trusted 系统可以根据系统项目的设计要求配备专门的 SOE 软件，帮助工厂分析过程运行故障，包括设备运行故障原因。无须特殊的 SOE 模块，SOE 记录在输入模块上完成。每个输入点（DI 和 AI）最多可组态设置 4 个 SOE 记录门限值或事件，分辨率均为 1ms。

四、应用举例

某生产气机组对控制系统的要求（机组 I/O 点）：模拟量输入　176；模拟量输出　11；触点输入　3；触点输出　46；脉冲输入　3。

Trusted 系统配置型号如表 4-5-2 所示。

表 4-5-2　Trusted 系统配置型号

序号	型号	名称	数量	单位	备注
1	T8100C	Trusted TMR 控制器机架	1	个	
2	T8110C	Trusted TMR 处理器模块	1	块	
3	T8151C	Trusted 通信模块	2	块	
4	T8311C	Trusted TMR 扩展接口模块	1	块	
5	T8310C	Trusted TMR 扩展处理器模块	2	块	
6	T8300C	Trusted 扩展 TMR 机架	2	个	
7	T8312-4	Trusted 控制器机架 4 路内部通信插座	1	个	
8	T8403C	Trusted DI 模块及附件	2	块	
9	T8451C	Trusted DO 模块及附件	2	块	
10	T8431C	Trusted AI 模块及附件	5	块	
11	T8480C	Trusted AO 模块及附件	1	块	
12	T8442C	Trusted PI 模块及附件	1	块	
13	TC-305	系统通信模块接口电缆	2	根	
系统编程、组态软件					
1	T8082U	IEC1131 TOOLSET 编程软件	1	套	
2	T8013	SOE 软件	1	套	
3	T8019	TMC 软件库	1	套	

第三节　康吉森 TSx Plus 系统

一、系统概述

康吉森公司压缩机控制系统（CCS）采用 TSxPlus TMR 硬件控制平台和 Architect 软件平台。

TSxPlus 控制系统是实时多任务开放式系统；TMR 三重化冗余容错的硬件体系结合冗余容错技术和诊断方案，系统可靠性达到 99.999%；实时多任务操作系统将关键任务与非关键任务按优先等级实施控制，保证系统的执行速率不随 I/O 点数增加而下降，如防喘振、调速控制关键控制回路执行周期为 15ms；转速测量频率范围宽，可实现机组零转速监控的要求；超速保护独立，符合 API670 要求，超速保护控制执行周期为 12ms。

TSxPlus 系统特点如下。

（1）更好地兼顾安全性和可用性　不同于工厂自动化领域的安全相关应用，流程行业中的误停车带来的经济损失往往是用户所不能接收的，所以过程自动化中的安全相关应用在确保安全性的同时更关注可用性。TSxPlus 采用了完全的三重化设计（2oo3D），降级模式为 3-2-1-0。这种架构和降级模式可以保证系统应用过程中确保安全性的同时维持最大的可用性。

（2）安全和关键控制的一体化解决方案　TSxPlus 在安全保护和关键控制两类应用中采用完全相同的硬件平台和软件平台，可最大限度降低用户备品备件库存，便于维护，为用户的机组和装置提供高可用的安全和关键控制一体化解决方案。

（3）功能安全和信息安全联合认证　TSxPlus 在取得功能安全认证的同时，还取得了国际信息安全标准认证和美国信息安全标准认证，可以同时满足用户对功能安全和信息安全的要求，为用户构建全厂级的纵深防御体系提供了可能。

（4）更快速的系统响应时间　主处理器模块运算周期最短支持 5ms 配置，控制回路响应时间最短可实现小于 15ms。这种更快速的系统响应时间能力给响应时间苛刻的控制回路提供了更好的平台资源。

（5）组态支持多任务　用户可以在同一套系统中分别组态快速控制回路和慢速控制回路。解决中大规模系统中由于 I/O 点数较多，无法提升系统响应时间，但少数控制回路对系统响应时间又有快速要求的矛盾。

（6）独立的超速保护模块　独立的超速保护模块包含了必要的输入输出信号，可独立执行超速保护功能，符合 API670 标准要求，响应时间小于 12ms。此保护模块与普通输入/输出模块共享机架槽位，可以为用户提供集成的关键控制和保护方案。

（7）集成的 HART 仪表管理方案　硬件平台中的模拟量输入（AI）和模拟量输出（AO）模块支持 HART 协议解析，通过自有的 AMS 软件可直接对现场的 HART 仪表进行管理。用户不再需要第三方的 HART 协议旁路、解析组件，通过独立的通路将 HART 信号引入上位机的 AMS 软件。

（8）灵活的硬件扩展拓扑　总线接口模块对外包含 3 个光纤接口，供应商或系统集成商可以根据实际项目的需要，选择采用星形拓扑结构扩展远程机架还是采用总线拓扑。由于项目的差异性，远程机架与主机架的相对分布各不相同，灵活的拓扑可以帮助用户尽量节省布线费用。

（9）灵活的系统集成方法　由于 TSxPlus 机架为标准的 19in 机架，可以同时适应常用的 600mm 宽和 800mm 宽机柜，因此能灵活满足用户根据应用现场空间实际情况对机柜尺寸提出的不同要求。

二、系统硬件

TSxPlus 系统硬件平台包括机架、电源、主处理器模块、通信模块、总线接口模块、输入/输出模块及配

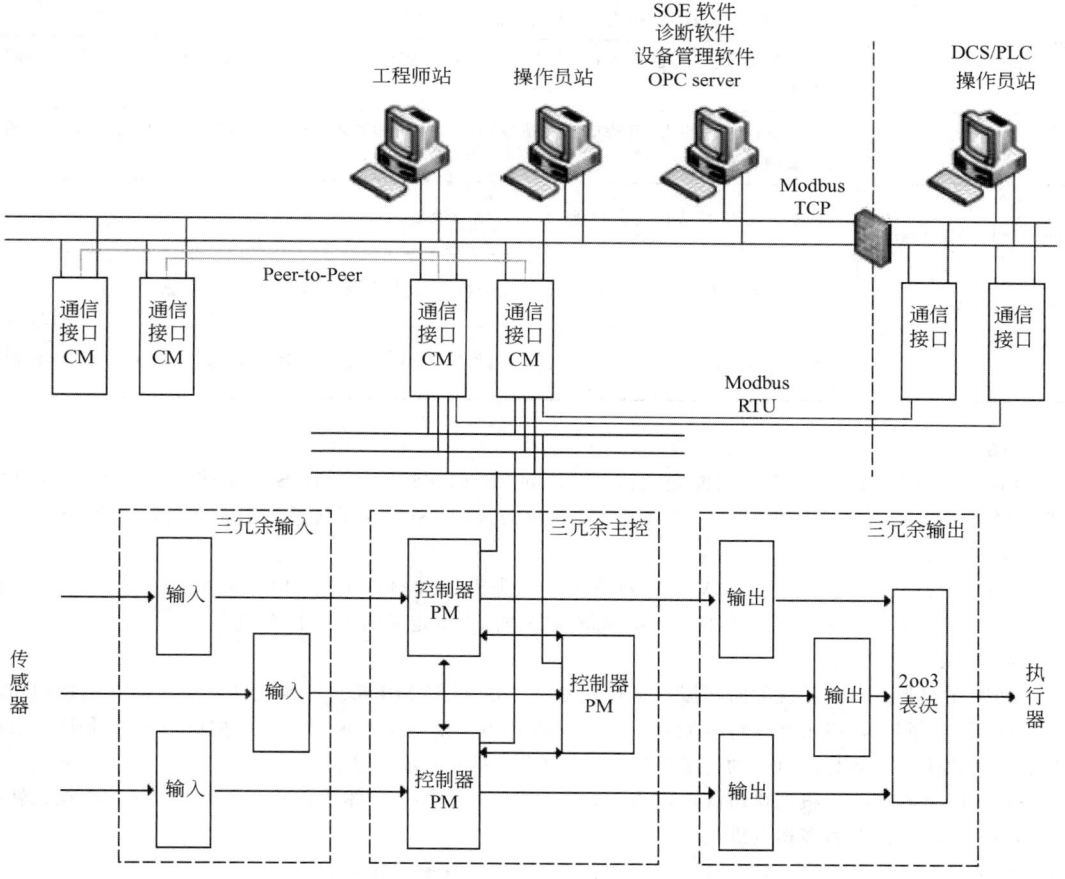

图 4-5-5　TSxPlus CCS 系统结构示意图

套端子板等。其中机架为标准的 19in 机架，机架内模块采用导轨式安装，模块前面板的助拔器可以方便模块插拔，固定螺栓保证模块的抗振和抗冲击性能。所有硬件部件内部电路板采用涂敷工艺，满足 G3 等级标准。

TSxPlus 系统单控制站最大配置为 1 主机架＋14 扩展机架，可最多支持 3776 物理点信号，支持星形拓扑和总线型拓扑。图 4-5-5 为 TSxPlus CCS 系统结构示意图。

主要硬件如下：

MC01E	主机架	DO3201E	数字量数出模块
EC01E2	扩展机架	OSP01E	超速保护模块/速度测量模块
PW013	机架电源模块	T-AI1601E	模拟量输入端子板
PM01E	主处理器模块	T-AO1601E	模拟量输出端子板
CM01E	通信模块	T-DI1601E	数字量输入端子板
BI01E	总线接口模块	T-DO1601E	数字量输出端子板
AI3281E	模拟量输入模块	T-OSP01E	超速保护模块脉冲信号端子板
AO1681E	模拟量输出模块	T-OPS02E	超速保护模块数字量信号端子板
DI3201E	数字量输入模块		

三、系统软件

软件平台包括组态软件、诊断管理软件、SOE 事件管理软件、OPC 服务器、AMS 软件和 HMI 软件。

1. 软件产品列表（表 4-5-3）

表 4-5-3　软件产品表

组态软件 Architect Program	符合 IEC61131-3 标准，支持标准的 LD、FBD 和 ST 编程语言；同一项目支持多个控制站工程和用户库工程同时组态；控制站支持多任务组态；支持无扰增量下装；独立的仿真软件完美仿真硬件平台，支持并发多站仿真；图形化组态风格，直观易用
诊断管理软件 Architect Monitor	全方位的硬件监视，包含状态、故障、版本等；实时监视系统运行状态，包括版本、轮询时间、内存占用等
SOE 事件管理软件 Architect Event	强大事件管理能力；支持单控制站级别事件收集和管理；支持软、硬实时 SOE 事件分类与筛选；支持快照功能
设备管理软件 Architect DTMLibrary	HART 智能仪表的参数设置、状态监测及诊断
OPC 服务器 Architect Server	支持组态软件点表直接导入；支持冗余切换；支持从多个控制站读/写数据
HMI 人机界面 Architect View	流程、监视画面报警、时间、趋势、历史事件机组防喘振、密封气系统、润滑油系统和调速控制画面

2. 产品认证

TSxPlus 系统通过了德国 TUV 功能安全认证，满足 IEC61508/IEC61511 SC3 系统能力等级和 SIL3 安全完整性等级。依据 IEC61508/IEC61511/IEC50156-1 标准要求，TSxPlus 系统适用于安全完整性等级为 SIL3 及以下的功能安全相关场合。

TSxPlus 系统同时通过了德国 TUV 信息安全认证，满足 IEC62443-4-1、IEC62443-4-2 国际信息安全标准中定义的 SL1 等级要求和 ISA Secure EDSA 美国信息安全标准中定义的 Level1 等级要求。

3. 功能模块

（1）防喘振控制　CCS 系统的防喘振控制充分发挥 TSxPlus TMR 系统速度快的特点，防喘振控制功能丰富，使防喘振控制阀在机组正常运行时能处于关闭状态，当机组发生喘振时，CCS 能够有效判别并采取最正确的措施保持机组平稳运行。CCS 的防喘振控制功能如图 4-5-6 所示。

① Surge Line 喘振线　根据机组特点，建立恰当的喘振控制的坐标体系，并将主机厂提供的喘振线转换落实到坐标体系内。喘振线为多拐点折线。

② Surge Detect 喘振监测　对机组实际运行中发生的喘振现象实施侦察。

③ Recalibrate 重新调整　通过侦察，如判断机组的喘振线有偏差，可进行适当的调整。

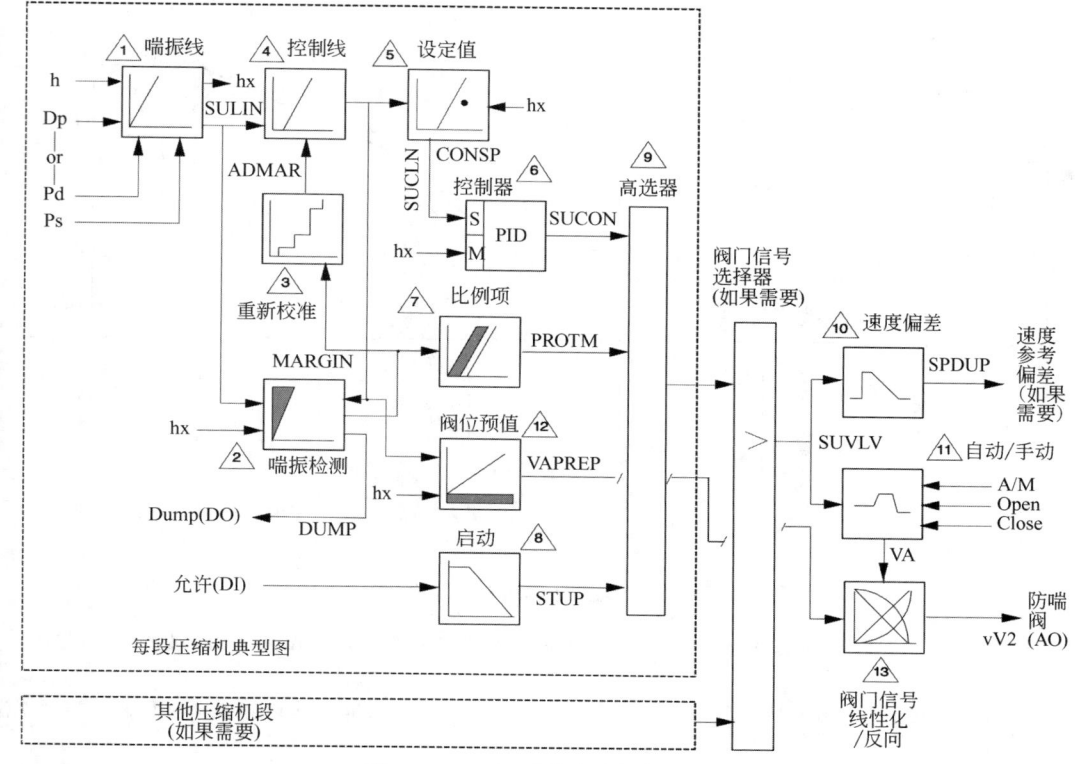

图 4-5-6 CCS 系统防喘振控制功能

④ Control Line 控制线　建立防喘振控制线，喘振线与控制线之间的裕量为有效量的最小值。

⑤ Controller Setpoint 控制器设定点　建立机组工作点的跟踪功能，对机组运行工作点实时跟踪，采取相应措施，迅速有效实现喘振控制。

⑥ Controllr 调节器　将机组工作点位置与跟踪点、控制线进行比较，PID 输出。

⑦ Proportional Term 比例控制　在喘振线与控制线之间部分区域再增加一个 PI 控制输出。

⑧ Startup 启动　防喘振控制回路的投入。

⑨ High Selector 高选器　三个输出值比较，选取最大值输出。

⑩ Speed Bias 速度偏置　根据实际情况，速度控制与喘振控制实时耦合或解耦控制。

⑪ Auto/Man 自动、手动方式　防喘振控制回路分为手动、半自动和全自动几种模式，更有利于机组的操作运行。

⑫ Valve Prep 阀位预值　喘振阀打开时给有台阶量，并实行阶跃响应特性。

⑬ Valve Linearize 阀位线性化　按喘振控制要求，对喘振阀的一些特性进行修正。

（2）速度控制　CCS 系统的速度控制是建立在原有的 TRI-SEN 速度控制器的基础上，积累几十年汽机速度控制的经验，电力行业专门用于发电的汽轮机及化工行业驱动用的汽轮机（本篇仅以化工驱动用的汽轮机速度控制来加以描述），CCS 系统具有专门用于接受测量速度用的脉冲信号 PI 模块，速度控制更精确。

CCS 系统的速度控制根据汽轮机运行状况，可分为两个时段的速度控制。

① 汽轮机起机时段的速度控制　汽轮机起机时段的速度控制，主要依据汽轮机主机厂所提供的升速曲线来进行，如图 4-5-7 所示。包括：启动前一定时效的盘车，联锁遮断复位；启动条件允许，开始启动；汽轮机冲转后升速，暖机，再升速，保护安全越过临界转速区，到达机组最小转速，加机组负荷，至目标转速汽轮机正常工作的额定转速。本时段的速度控制，TSxPlus 系统依据人工输入的转速目标值及系统的实际转速测量值，两者进行比较输出调节汽轮机的调速阀，提升汽轮机的转速。

② 汽轮机正常运转时段的速度控制　汽轮机正常运转时段的速度控制，意味着汽轮机此时转速为机组正常工作转速，由于负荷的变化或蒸汽参数的变化，必然会影响到汽轮机的转速，而工艺装置对压缩机的进

776

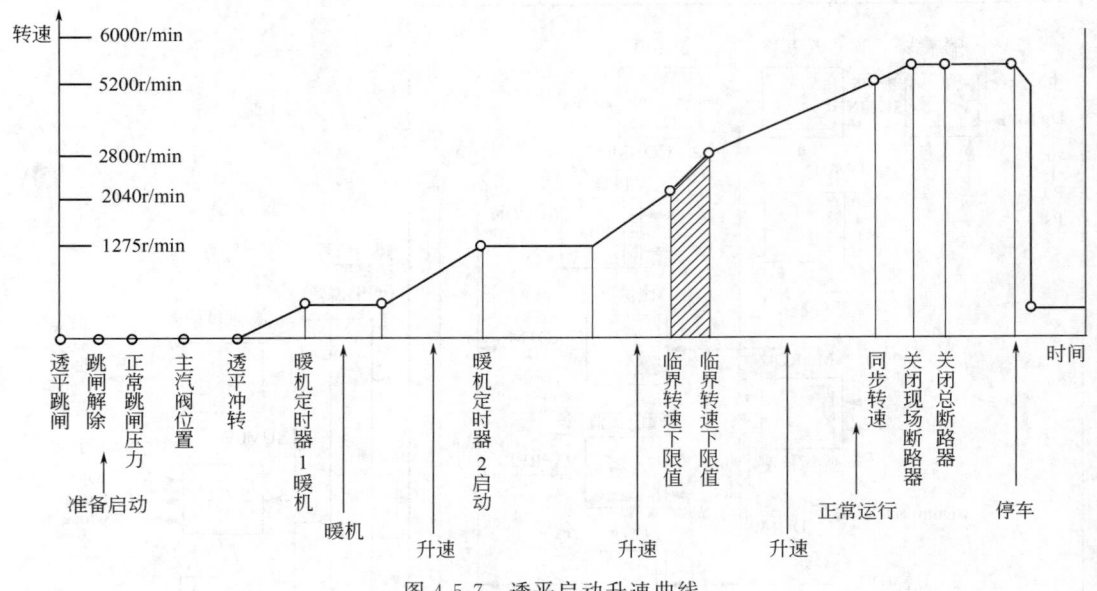

图 4-5-7　透平启动升速曲线

口或出口压力是有一定要求的，要满足此要求，转速必须做相应的改变，来保持压力的稳定。即定压控制转速。

③ 抽汽控制　对抽汽式和背压式等各种形式的汽轮机，CCS 控制器应选择相应的调速和抽汽控制算法。如图 4-5-8 所示。

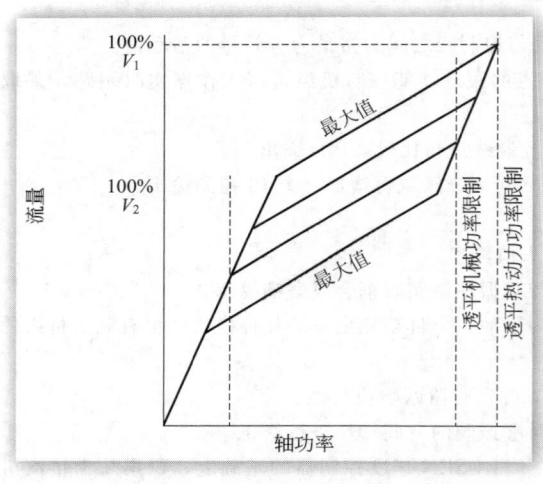

图 4-5-8　调速抽汽工况

（3）机组性能控制　性能控制是指控制压缩机的入口压力或出口压力或流量的稳定。对于汽轮机直接驱动离心式压缩机或调速电机驱动的离心式压缩机，控制压缩机入口或出口的压力稳定，对机组的安全运行及对整个系统的稳定生产有着举足轻重的作用。过低的入口压力，会提高压缩机的压缩比，造成排气温度上升，同时会影响压缩机的排气量。过高的入口压力，说明压缩机没能处理掉需要压缩的气体。

用入口压力控制器的输出作为转速控制的给定控制压缩机的入口压力是常用的办法。

（4）多机组负荷分配控制　负荷分配包括串、并联压缩机与抽汽透平的负荷分配，通过调整各个压缩机或者抽汽的性能，使整个压缩机组或者蒸汽透平的效率最高。负荷分配控制采用一个主性能控制接收来自操作站的操作命令协调各个性能控制，实现压缩机之间的负荷分配。

（5）压缩机入口压力与转速和喘振之间的解耦控制　如果单纯用入口压力控制与调节转速做串级控制，当压缩机的工作点距离控制线很近时，再降转速，是危险的，有发生喘振的可能性；入口压力要求迅速提高时，只降转速是来不及的，这时需要迅速打开一段入口回流阀来提高入口压力，待入口压力稳定后，在关回流阀的同时降转速，保证压缩机的入口压力保持不变。在装置低负荷时（喘振阀有开度），需要用回流阀来控制入口压力，此时如果用转速来控制入口压力就有发生喘振的可能。解耦控制能够有效地解决以上问题，如图 4-5-9 所示。

四、应用举例

康吉森公司采用 TSxPlus 系统完成某企业的 CO 机组控制改造，经过一年多的运行，充分证明该系统具有

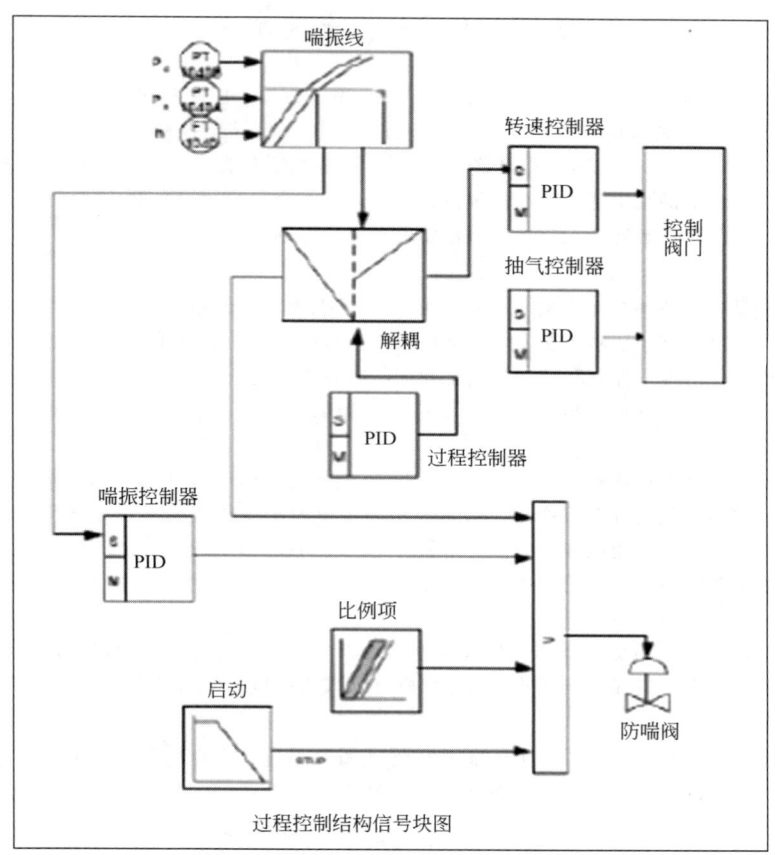

图 4-5-9　调速与防喘解耦控制原理

高可靠性和控制精度。

该机组于 1997 年投入使用，压缩机采用抽凝式汽轮机驱动，5 段压缩。机组控制系统由以下构成：

① 防喘振控制　H&B 单回路防喘振控制器；

② 调速及抽汽控制　WOODWARD 505E 电子调速器；

③ 自动盘车控制　SIEMENS PLC S5-100；

④ 独立超速保护器　机械超速保护（飞锤＋危急保安器）。

经过多年使用，机组控制系统需要进行更新以满足长周期运行的目的，采用康吉森 TSxPlus 系统实现以上控制功能。TSxPlus 系统中的独立超速保护模块（OSP）将实现机组的电子超速保护，以替代机械超速保护装置的功能。利用 TSxPlus 系统高速数据采集能力改造后，将增加机组性能在线监测，建立汽轮机与压缩机效率的实时数据库和历史数据库，为智能化生产奠定坚实的基础。

为实现汽轮机电子超速保护，在改造中在汽轮机上增加了一组测速探头，保证独立超速保护模块测速信号的可靠性及满足测速信号必须来自三只不同的测速探头的需求。根据机组性能监测软件的需求，TSxPlus 系统引入了近 60 个汽轮机和压缩机测点信号，对汽轮机和压缩机的效率进行实时计算和监测。原防喘振控制器、电子调速器和自动盘车控制系统拆除，所有输入输出信号接入 TSxPlus 系统，实现采用单一控制平台的一体化机组控制。改造在装置机组正常大修期间完成。

改造完成后该机组所有控制回路（调速/抽汽/防喘振/性能控制）均投全自动运行，工艺操作人员可以通过单一界面获取机组运行的所有工艺参数以及汽轮机、压缩机的实时效率参数，为调整工艺参数实现智能化控制提供依据。随着独立电子超速保护系统的投用，消除了原来必需的机械超速保护试验，简化了每次大修时的开车程序，减少了大修时间。

第四节 CCS系统技术要求

压缩机控制系统（Compressor Control System，CCS）用于监视、控制和保护由蒸汽、燃气、烟气、工艺气、电机等驱动的大型离心式和轴流式压缩机组，又称透平压缩机综合控制系统（Integrated Turbine/Compressor Control System，ITCC）。CCS实现对整个汽轮机/压缩机组的监测、控制与联锁保护，达到工艺生产中要求的控制目标。系统应满足工艺生产和机组设备的长周期安全稳定运行要求，满足汽轮机和压缩机制造厂商的性能参数要求，满足生产装置的正常工艺操作要求和负荷限制要求。

一、性能要求

CCS应实时准确地监测压缩机组当前工作点与喘振点的距离，输出相应的防喘振控制信号；应优化压缩机组的正常安全操作区域，缩小防喘控制安全裕度以及工艺负荷限制的安全操作边界；应实现压缩机的防喘振控制、性能控制、汽轮机的抽汽控制和转速控制之间的实时解耦功能，确保压缩机的稳定运行。对于并联运行或串联运行的多台压缩机，CCS应能根据工艺总负荷要求和每台机组的功率大小，合理分配负荷，提高整个压缩机群的能源效率。

CCS应能实现调节控制、顺序控制、批量控制、联锁逻辑、数据计算、PID运算、数据输入及输出、内部及外部通信等功能。CCS应能对开车、停车、吹扫等不同工况间的操作切换实现标准化的切换方案，减少各工况切换过程中的人工干预；应能检测防喘振控制和转速控制的故障，并产生相应的保护输出；应能对压缩机相关工艺异常、机组设备状态故障、控制系统本身故障产生报警信息，并提供实施保护措施，应设计成故障安全型。

CCS应能实时诊断和显示系统的全部部件（模件）故障，应具有自诊断功能，能在工程师站上显示任何一块模件或部件的运行状态。应提供全部的应用编程软件、人机接口软件和操作系统软件清单及授权。

二、安全要求

CCS宜选用具有国家授权机构SIL等级认证的安全型PLC系统，设计应符合GB/T 21109.1/IEC 61511-1及GB/T 50770标准。CCS系统应设置独立的SIL3认证三取二（2oo3）电子超速保护器，用于机组的超速保护。

CCS应有身份验证和访问控制功能，防止网络信息资源被非授权的用户使用，并应预先设置对系统的访问权限。应支持数据加密技术，向系统外传输和存储数据时应采用密文格式。CCS与外网之间应设置硬件防火墙，不得采用远程访问服务的方式对CCS设备进行管理和维护。CCS的人机接口设备均应安装防病毒软件，可与DCS网络共用防病毒服务器。

所有人机界面的外部数据接口均应设置访问权限，未经授权的用户不得使用移动存储设备。系统正常运行时，所有人机界面的外部数据接口应处于禁止使用状态，仅当系统需要安装软件、修改组态或程序、以及系统维护时方可由授权用户解除禁用状态。

三、技术要求

1. 系统结构

CCS是由控制站、操作员站（OWS）、工程师站（EWS）/顺序事件记录站（SOE）、网络交换机、打印机等设备，通过通信接口组成的一个集成化、网络化、数字化的控制系统。典型的系统结构如图4-5-10所示。

控制站接收机组运行的工艺过程和辅助系统仪表测量信号、机组设备状态信号以及操作员站下达的指令信号，根据专用的控制算法和保护逻辑，对压缩机组实施正常工况下的操作模式切换和调节控制，在异常工况和设备故障情况下执行相应的报警提示和安全保护措施。

操作员站为操作人员提供必要的工艺过程和机组设备状态信息，同时向控制站下达工艺调节、机组运行模式和安全保护措施等指令，是重要的人-机界面。

EWS/SOE应能通过对压缩机的运行状态的监视及事件记录的分析，帮助工程师进行系统维护、组态修改及故障诊断。

2. 硬件要求

CCS应采用高速数字式控制系统硬件，保证在任何系统负载下的执行速度。CCS模（组）件，包括输入/输出卡、CPU卡、通信卡、电源卡、机柜内的端子板等，应能在ANSI/ISA S71.04标准G3等级的环境下正常运行至少5年。系统的直流电源装置、电源单元应冗余配置，为现场仪表供电的直流电源装置应按1：1冗

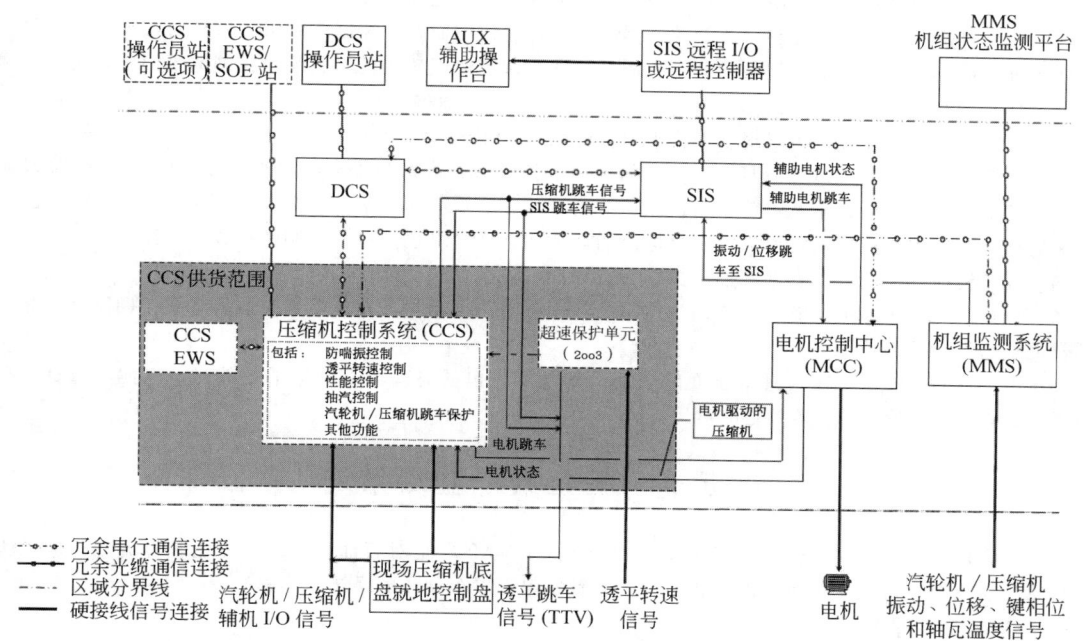

图 4-5-10　压缩机控制系统典型结构

余配置。控制器内的处理器、内存储器、内部数据总线的负荷均不应超过系统最大能力的 60%，网络通信能力不应超过系统最大通信能力的 40%。组态完成时，控制器负荷不应超过 50%。CCS 还应当提供一套高速 (50～100ms) 跳车数据存档系统，应高速记录存储跳车前至少 5min 和跳车后 1min 的所有 CCS 的输入输出，用于回放和诊断分析。

CCS 下列各项应冗余配置：

① 中央处理器；

② 控制回路输入/输出模件；

③ 系统电源；

④ 通信模件；

⑤ 通信总线及网络。

防喘振控制、抽汽控制、性能控制及转速控制回路均应基于同一台控制器，能够每 10ms 至少对所有的关键输入扫描一次，每 50ms 至少执行所有的控制算法一次。CPU 应使用 32 位或更高级别的微处理器，包括 I/O 通道读写和程序运行在内，处理器扫描周期应小于 100ms。

系统应具有足够容量的随机存储器（RAM）和非永久性存储器来处理所需的逻辑和 I/O 操作，包括至少 40% 的备用存储器能力，内存的使用不应超过 50%。I/O 模件的通道间应带电磁隔离或光电隔离。二取一（1oo2）、二取二（2oo2）或三取二（2oo3）外部信号应宜分别接入不同的 I/O 模件（卡件）。

主机架应配置与 DCS 通信的接口，采用冗余以太网或双向冗余串行通信方式。串行通信协议宜为 Modbus RTU，通信标准宜采用 RS-485。与工厂信息管理网远程设备管理站之间的通信应采用 OPC 通信协议。

CCS 系统应采用网络时钟通信协议（Network Time Protocol-NTP）与全厂系统网络进行自动时钟同步。

3. 功能要求

CCS 应至少包含以下几个典型功能系统。

（1）防喘振控制　压缩机防喘振控制策略应采用技术先进的高速可编程序控制器系统，生成的喘振曲线组态点不少于 5 对或 5 种工况下的喘振点参数。应合理设置喘振控制线，喘振控制线与喘振线应保持适当的安全裕度。应根据压缩机运行状况下的各测量变量实时计算工作点，同时监测计算工作点与喘振点的距离，输出控制信号调节防喘振控制阀开度，避免压缩机进入喘振区域。

防喘振控制回路应与机组安全联锁关联，防喘振控制回路的给定值应采用动态优化的方式计算。防喘振控制应采用自适应参数整定方式。防喘振控制模块应当能够识别变送器故障,具有变送器故障时的控制策略。

(2) 压缩机性能(负荷)控制　性能控制器应串级转速控制回路,控制压缩机入口压力或者出口流量,对串并联压缩机或者抽汽汽轮机实施负荷分配控制,或通过调节燃气轮机的燃料流量控制透平温度,防止高温通道部件烧坏。

(3) 压缩机跳车保护　也可以根据需要由安全仪表系统实现。

(4) 汽轮机转速控制　CCS应具有高精度的脉冲卡,脉冲分辨率为1ms,测速信号宜以3-2-1-0降级顺序工作。具有临界转速避免、转速跟踪、超速保护与测试功能。汽轮机在启机/停机顺序控制过程、超速试验和带负荷运行状态下,以转速设定值为给定目标值的调节回路,同时也是性能控制的副调节回路。

(5) 汽轮机抽汽控制　具有常规抽汽控制和特殊抽汽控制算法功能。

(6) 解耦控制　压缩机性能控制、抽汽控制及各段防喘振控制与汽轮机转速控制等各控制回路之间相互去除耦合关联的复杂控制功能。

(7) 内部诊断功能　CCS应具备全面的内部诊断功能,包括与现场I/O点通信故障、电池电量低、存储器错误、强制I/O、写保护、监控定时器等。

第五节　机组状态监测系统

机组状态监测系统(Mechanical Monitoring System,MMS)是对石油、石化、煤化工等流程行业的大型旋转涡轮压缩机组运行状态进行监测、状态分析和触发保护停车动作的系统。

一、MMS 原理及功能

MMS使用电涡流传感器对涡轮压缩机组的轴位移、轴振动和胀差进行测量;使用预埋式电阻体对轴瓦温度进行检测;使用LVDT(线性可变差动变压器)对热膨胀进行测量;使用涡流式或磁阻式探头对机组转速进行测量。监测数据一般通过通信方式送到DCS、CCS,方便工艺操作人员对机组的机械状态进行监视。

当轴振动、轴位移、转速和胀差等信号达到报警设定值时,通过报警信号器或DCS、CCS发出报警信号。当信号达到联锁设定值时,通过机组保护系统(Mechanical Protection System,MPS)或CCS实现机组的联锁停车。

MMS的机组状态信号,通过数据采集服务器显示于机组状态分析系统的工程师站,提供轴心位置、轴心轨迹、瀑布图和波德图等诊断图形。由机械工程师、诊断专家判断、分析机组存在的问题和潜在的故障,由此可做出机组的检修计划和备件计划,提高检维修效率,降低全生命周期成本。

二、MMS 与 CCS 集成

MMS系统由探头、前置器、卡件和机架等部件组成,与压缩机组控制系统CCS可通过串口和网络实现通信。

MMS与CCS集成的网络如图4-5-11所示。

三、Bently 3500 系统

(1) BN3500系统　美国GE Bently公司的BN3500系统是常见的机组状态监测系统。

BN3500系统可零转速监测,实现超速保护、轴位移、轴振动、胀差和轴瓦温度等参数的测量和保护。系统采用机架卡件结构,使用配套的组态软件,可分别对各个卡件组态和下装,可通过PC机的串口或以太网接口连接BN3500的接口模块进行组态。

注意:组态结束后,需要在组态软件中执行断开连接。如果断开操作不正确,如直接拔掉网线、关闭组态软件或关闭计算机,将导致下次组态软件无法连接3500系统机架。

BN3500系统提供连续、在线监测功能,适用于机械保护,并符合美国石油协会API 670标准的要求。它是本特利内华达采用框架形式的系统中功能强且灵活的系统,具有多种性能和先进功能。该系统高度模块化的设计包括:

① 3500/05仪表框架;

② 一或两个3500/15电源;

③ 3500/20框架接口模块;

④ 3500框架组态软件;

⑤ 一个或多个3500/XX监测器模块;

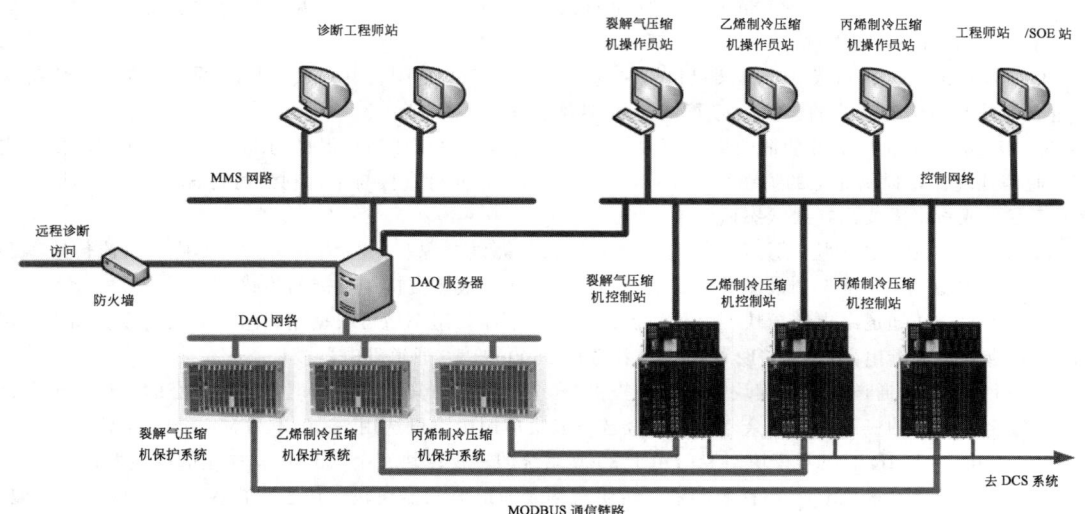

图 4-5-11　MMS 与 CCS 集成网络

⑥ 一或两个 3500/25 键相器模块（可选）；

⑦ 一个或多个 3500/32 继电器模块或 3500/34 三重冗余继电器模块（可选）；

⑧ 一个或多个 3500/92 通信网关模块（可选）；

⑨ 3500/93、3500/94 或 3500/95 显示装置或运行于兼容 PC 机上的 3500 操作者显示软件（可选）；

⑩ 内部或外部本安安全栅，或用于危险地区安装的电绝缘装置（可选）。

3500 具有 TUV 认证和 SIL 数据。

如果在振动、轴位移或超速检测应用中，要求满足安全完整性级别（SIL），如 IEC 61508 标准中的规定，本特利内华达能够为监测系统及其相连的传感器，提供必要的可靠性和可用性工程化数据。采用 3500/53 超速转速模块和 3500/40 或 3500/42 监测器模块的三重模块冗余（TMR）组态 3500 系统提供 TUV 认证。

（2）3500 软件　3500 组态软件用于组态所有的 3500 模块。3500 操作者显示软件用于采集、趋势分析和显示来自 3500 系统的数据。

3500 组态软件：

① 安装于用户自己的兼容计算机中；

② 预装在本特利内华达的计算机中；

③ 3500/95 用户接口工作站中作为工业触摸屏计算机的一部分；

④ 作为预工程化的集成系统的一部分。

3500 还有其他显示方式可供选择，如 3500/93 和 3500/94，也具有显示功能，不需要计算机和 3500 显示软件。

（3）3500/05 系统框架　具有传统的 19in EIA 框架安装形式以及前面板接线的壁板安装形式。系统框架用于安装所有的 3500 模块。

（4）3500/06 防护箱　防护箱用于密封 3500 框架，隔离灰尘和湿气，同时允许用户通过透明玻璃门观察状态及其他指示器。防护箱可用于净化空气的场合，满足危险地区要求。

（5）3500/08 故障诊断连接面板　当要求将缓冲传感器信号连接到故障诊断仪表，无法从 3500 系统的前面板连接，如 3500 系统放置在机柜或防护箱中时，可使用故障诊断连接面板。通过 BNC 接头可连接两个键相器通道和 24 个缓冲传感器通道。需要时，可在一个框架中连接多个连接面板。

（6）3500 内部安全栅　在本质安全应用中，不使用外部齐纳安全栅和防护箱，可使用 3500 系统内置安全栅，降低安装成本，精度更高。

（7）3500 电绝缘装置接口　在本质安全应用中，电绝缘装置接口用于与齐纳本质安全栅之间的电绝缘。

（8）本特利内华达 3500 集成系统　本特利内华达提供用于 3500 系统的可独立放置的工业防护箱及其相关的通信处理器。

（9）3500/15 电源　接收 85～250V AC 50/60Hz 或 20～140V AC 输入电源，并通过框架背板为所有安装的 3500 模块提供调节后的电源。

（10）3500/20 框架接口模块　框架接口模块（RIM）是 3500 框架及其已安装模块的主要接口。它提供与 3500 组态软件和通信处理器的连接。每个 3500 框架要求有一个 RIM。

（11）3500/22M 带有 TDI 的框架接口模块　该框架接口模块（RIM）提供与 3500/20 相同的功能，它包含 TDI 通信处理器，提供完全的瞬态、稳态或静态数据采集，并可直接与本特利公司的 System 1™ 软件连接。推荐用于目前或将来需要的在线状态监测中。

（12）3500/25 键相器模块　该模块为两个键相传感器提供电源和信号调节功能。支持电涡流传感器和磁阻传感器输入类型。一个框架中最多安装 2 个 3500/25 模块，最多支持 4 个键相传感器。

（13）3500/32 4 通道继电器模块　该模块提供 4 个继电器，组态后可根据用户组态的报警设置和表决逻辑触发。当要求安装的继电器数超过 12 个时，推荐选用 3500/33 16 通道继电器模块。

（14）3500/33 16 通道继电器模块　该模块提供 16 个继电器，其继电器密度是 3500/32 的 4 倍，组态也更灵活。在安全性更高的三重模块冗余（TMR）3 选 2 表决应用中，可选用 3500/34 TMR 继电器模块。

（15）3500/34 TMR 继电器模块　专门用于 3500 系统的三重模块冗余（TMR）应用的继电器模块。

（16）3500/40M Proximitor® 位移监测器　可组态的 4 通道监测器模块，用于径向振动、轴向位移、偏心、REBAM® 和差胀测量。只接收电涡流传感器输入类型。具有 TUV 认证。

（17）3500/42M 位移/速度加速度监测器　可组态的 4 通道监测器模块。除了具有 3500/40M 的所有功能外，还可接收速度、加速度和双探头（速度和位移）输入及其相关的信号调节，如滤波和积分。它还能进行微分信号处理，从轴相对振动中提取机壳振动信号，用于大型燃气和蒸汽轮机的轴绝对测量信息。具有 TUV 认证。

（18）3500/45 差胀/轴向位置监测器　可组态的 4 通道监测器模块。提供各种位置测量，包括轴向位置、差胀、斜面式差胀、补偿式差胀、壳胀和阀门位置。监测器接收电涡流传感器、AC 和 DC LVDT、旋转位置传感器和旋转电位计的输入。

（19）3500/50 转速模块　2 通道监测器。接收电涡流探头和磁阻传感器的输入，提供转速指示、转速变化率（转子加速度）、零转速（对于旋转齿轮）或转子方向（用于反转指示）功能。超速保护功能由 3500/53 模块提供。

（20）3500/53 超速检测模块　可组态的单通道转速模块，用于 2 选 2 或 3 选 2（推荐）超速保护系统，提供必要的响应转速和适当的测量冗余性。接收电涡流探头或磁传感器的输入。具有 TUV 认证。

（21）3500/60 和 3500/61 温度监测器　可组态的 6 通道监测器模块，用于温度测量和报警。接收 RTD 和热电偶输入类型。可组态为通频、合成/平均和微分测量与报警。3500/61 与 3500/60 功能相同，还可提供比例模拟输出信号（如 4～20mA）。

（22）3500/62 过程变量监测器　可组态的 6 通道监测器模块。接收模拟比例值信号，如 4～20mA、1～5V DC，或 -10～+10V DC 之间的成比例电压。该监测器用于连续监测流量、压力、电平或其他信号。

（23）3500/64M 动压监测器　可组态的 4 通道监测器模块。接收多种高温动压传感器的输入，提供带通滤波器以及其他与空气动力和工业燃气轮机的燃烧不稳定性监测相关的信号处理。动压放大器与动压传感器和 3500/64M 配合使用。

（24）3500/72M 活塞杆位置监测器　可组态的 4 通道监测器模块。接收电涡流传感器的输入，并提供与往复式压缩机活塞杆位置和振动特性相关的信号处理。该监测器可用于活塞式往复压缩机和柱塞式超压缩机，还能进行制导带磨损以及其他机械状态参数测量。

（25）3500/77M 汽缸压力监测器　可组态的 4 通道监测器模块。接收多种动态压力传感器的输入，提供与往复压缩机汽缸性能相关的信号处理功能。

（26）3500/92 通信网关　该模块提供数字通信功能，可采用多种协议与 DCS、PLC 等进行通信。它也可作为与 3500 组态和数据采集软件之间的接口。支持以太网 TCP/IP 和串行通信功能。

（27）3500/93 LCD 显示装置　可组态的 LCD 显示装置具有背板发光和非背板发光两种形式，能指示 3500 所有被监测参数的状态。它可安装在 3500 框架的前面，还提供 3500 前面板接头和用户接口访问功能。它还可安装在距离 3500 框架最远 1200m 的位置，以满足远程指示的要求。

注意：3500 卡件的轴位移零点迁移功能，仅限于克服电压信号远距离传送产生的压降，不能用于轴位移探头安装的零点校准。安装轴位移探头时，必须将探头的线性段中点与实际轴窜量的中点对齐。

四、康吉森机组状态监测系统

康吉森 CMS1000 在对机组的振动数据采集、数据存储、实时监测的同时，将实时采集的机组运行样本集中送到企业监测中心的数据库中，供专业技术人员实时对所管辖的关键组进行监测及故障分析诊断，目的是早期发现生产过程中转动设备的潜在故障征兆，提升转动设备安全运行及综合管理水平，避免重大事故的发生。CMS1000 具有专业的故障诊断频谱图技术，适用于分析各类机械故障特征。

CMS1000 主要由两部分组成。

1. 在线式数据采集系统（OM1000）

OM1000 是 DM1000 分布式监测系统的远程数据采集终端，可对所监测的各类旋转机械进行实时在线数据采集、数据分类处理，同时将振动的原始数据及分类处理的数据实时传输到企业级数据库服务器 DM1000 中。

OM1000 不依靠局域网络，可就地对机组运行状态进行实时运行状态的监测、历史数据的故障分析诊断。可在现场根据状态监测及故障分析诊断的情况指导开、停机或工艺的操作，保证设备的安全运行。

OM1000 自动存储所监测机组的实时数据、历史数据（日数据库、周数据库、月数据库、季数据库、年数据库）、瞬态数据库及黑盒子数据。即使在网络崩溃的情况下，也不会丢失机组振动的原始数据，确保机组运行状态数据的安全存储。历史数据存储时间可自定义，可存储 10 年以内的数据。

2. 企业级状态监测及故障分析系统（DM1000）

DM1000 对 OM1000 采集的原始数据进行自动管理，包括实时数据、历史数据及瞬态数据，管理人员可通过局域网实时查询所监测机组的运行状态。

CMS 1000 的主要功能如下。

1. 实时数据库功能

系统的数据库软件 MDBase 是核心技术之一，具有自主知识产权和价格优势，可替代进口数据库，信息安全可靠，其功能如下。

（1）自动建立数据库　建立 MDBase 数据库包括实时数据库、历史数据库（日数据库、周数据库、月数据库、季数据库、年数据库）、事件触发数据库，其中历史数据库的数据存储间隔、事件触发数据库的触发条件可根据用户需求定义。

（2）自动维护管理数据库　MDBase 数据库的存储及数据的清理工作无需人工干预。MDBase 数据库一旦启动，可实现数据库自动管理功能，历史存储数据在 10 年以内。

2. 振动分析功能

（1）平稳振动的分析功能：

a. 时域波形；

b. 轴心轨迹；

c. FFT；

d. 瀑布图；

e. 频率综合分析特征曲线；

f. BODE 图；

g. Nyquist 图；

h. 全频谱；

i. 全瀑图；

j. 二维动态全息谱。

（2）非平稳振动的分析功能：

a. 小波分析；

b. 短时傅里叶分析；

c. 经验模态分解信号处理方法 SLL-EMD。

五、Rockwell 机组状态监测系统

1. 传感器组成

（1）1443 系列加速度传感器　1443 系列加速度传感器是测量机械振动的通用传感器，具有以下功能：

① 低频，低至 0.1Hz 或 6cpm；

② 高频，高达 20kHz 或 1560kcpm；

③ 速度输出，内部积分器；

④ 危险区认证；

⑤ 加速度和温度双输出。

（2）1442 系列电涡流传感器　可用来测量振动、转速/加速、转子位置/轴位移和差胀，可用尺寸 5～50mm，完全满足 API-670 标准。由 1442-PS-0803M0010N 8mm 探头、1442-EC-5840N 8mm 探头延长电缆和 1442-DR-5850 8mm 探头前置放大器组成。

2. 1440 系列 XM 机组保护系统架构

1440 系列 XM 机组保护系统是 DIN 导轨安装的一组测量及继电器模块，可被用于组成和实施几乎所有机器的状态监测或机组保护应用。作为保护监视器，XM 模块可提供实时测量性能、报警逻辑、继电器动作，以及满足 API-670 保护监视器所需的产品可靠性。作为状态监测解决方案，模块可提供独特的故障指示参数，用于评估当前健康状况及预测工业机械未来健康状况。

1440 系 XM 机组保护系统包括以下模块：

① XM-124 标准动态测量模块；

② XM-220 双通道速度模块；

③ XM-320 位置监测模块；

④ XM-360 过程量模块；

⑤ XM-361/XM-362 温度监测模块；

⑥ XM-440 主继电器模块；

⑦ XM-441 扩展继电器模块；

⑧ XM-442 表决继电器模块。

3. 1444 系列集成状态监测系统架构

为保护设备，Dynamix 1444 能测量和监测机器的关键动态参数和位置参数，确保所执行的操作合理，符合行业和监管标准所规定的精度、可靠性和性能要求。利用 Studio 5000™ 能够在用于自动化控制系统的同一设计环境中部署和维护状态监测程序。

1444 系列集成状态监测系统包括以下模块：

① 1444-DYN04 动态测量模块；

② 1444-TSCX02 转速信号调制扩展模块；

③ 1444-RELX00 继电器扩展模块；

④ 1444-AOFX00 4～20mA 扩展模块；

⑤ 1444-TB-A 动态测量模块底座；

⑥ 1444-TB-B 扩展模块底座。

4. Dynamix 2500 便携式数据采集器

① 1441-DYN25-2C 数据采集器组件；

② 1443-ACC-GP-T 通用型传感器；

③ 1443-CBL-MSILM-6 传感器电缆；

④ 1443-MAG-150C-55 曲面磁铁座；

⑤ 1443-CBL-LMBNC-1 Lemo 至 BNC 插头。

六、Emerson 机组状态监控系统

1. 传感器组成

（1）A0322/A0x20 系列加速度传感器　艾默生的加速度传感器均支持艾默生特有的 PeakVue™ 技术，应用于滚动轴承及齿轮箱的早期故障发现和诊断。

A0322/A0x20 系列加速度传感器包括：A0322LC 经济型传感器、A0322L5 工业级分体传感器、A0120LF 低频传感器、A0220HF 高频传感器和 A0420HT 高温传感器。

（2）PR64X 系列电涡流传感器　艾默生 PR64X 系列（6422/6423/6424/6425/6426）电涡流传感器采用独特的铁磁线圈技术，使得两个电涡流传感器能够在磁场重叠相交的情况下互不干扰，达到稳定测量的目的。

（3）前置器 CON0X1（011/021/041）。

（4）其他传感器　包括 A0324VO 速度式传感器、A0730DP 动态压力传感器、PR9376 霍尔效应传感器。

（5）3000 系列双通道变送器　专门为小型设备或低密度通道应用设计，如小型蒸汽轮机、燃气轮机和水轮机组，也可用来测量压缩机、泵和风机的轴向对振动信号。测量信号以标准 4～20mA、继电器节点以及缓冲信号的形式输出。

A3110：滑动轴承轴振，变送器内置/外置前置器，电涡流传感器。

A3120：壳振（速度），地震式传感器。

A3125：壳振（加速度），ICP 压电式传感器。

A3210：轴位移，变送器内置前置器，电涡流传感器。

A3311：转速/键相，变送器内置前置器，电涡流传感器。

2. CSI 6500ATG 机组保护系统

CSI 6500ATG 配备了嵌入式实时图谱预测工具和 PeakVueTM 技术，通过 1 级 2 类/ATEX 2 区以及船级 DNV 认证，符合 API 670 标准的保护系统。系统包含所有相关汽轮机安全监视系统（TSI），借助专用通用测量模块可接入不同类型的传感器。ATG 是首个配有开箱即用嵌入式 OPC UA 服务器的设备保护系统，便于与外部连接。ATG View 手机 APP 简化了保护系统数据的移动端浏览。客户现在可以将 ATG 连接至网络，在防火墙安全保护下，巡视场地的同时查看其设备的实时状态并预测可能要出现的问题。基于安全应用，该操作为单向通信，用户无法通过手机 APP 编辑 ATG 内的参数或功能。CSI 6500 ATG 基于多年成熟技术，配有集成式实时图谱预测工具，能够在最小化卡件类型的同时覆盖所有相关 TSI 保护测量，可兼容符合 API670 协议的第三方传感器。

A6500-UM：通用测量卡，输入类型轴振动/轴位移/壳振/转速/键相等。

A6500-TP：温度/过程量卡，输入类型 0～10V，0/4～20mA，RTD，热电偶，DI 等。

A6500-RC：继电器卡，触点负载 AC/DC 48/32V，2A。

A6500-CC：通信卡，支持协议 Modbus TCP/IP，RTU，OPC UA。

A6500-RK：3U 框架，19in 机柜安装，3U 高度。

3. 6300 超速保护系统

3 路独立硬件，进行 3 取 2 表决时，既可以选择由框架内信号处理完成，也可仅输出 3 路信号供外部控制系统进行完成。支持 SIL 安全认证（超速、反转、超速＋反转）、SIL2 反转保护（脉冲测速齿轮）以及 SIL3 超速保护（脉冲测速齿轮/齿状测速齿轮/渐开线测速齿轮），符合 IEC61508 标准。

七、TRI-SEN CM-7 系统

TRI-SEN 公司的 CM-7 系列监视系统，是专门为电厂、冶金、石油、石化和煤化工的汽轮机、压缩机、电机和风机等大型旋转机械设计的 MMS 系统。CM-7 系列监视器应用于监视轴振动、瓦振动、轴位移、转速、胀差、阀位、偏心、轴承温度等机组参数，产品符合 API 670 标准的要求。

CM-7 可连接 TRI-SEN 公司的故障诊断分析系统 infiSYS，进行故障诊断分析。

高可靠性和可维护性，系统的电源和通信模块采用冗余配置，所有模块支持热插拔更换。

系统容量大，每个 CM-7 机架可监视 44 个振动/位移，或 66 个温度，或两者混合配置。

（1）CM-761B/CM-762B 机架　19in 6U 标准机架；CM-761B 输入/输出欧式接线端子型；CM-762B 输入/输出 D 型插口型。

（2）CM-75X B 电源　支持 3 种额定电压：100～240V AC，24V DC，110V DC。

（3）CM-741B 本地通信和键相模块　可通过以太网接口连接 CM-771B MCL 图形工作站软件，传送数据、显示测量值、棒图、趋势图和报警状态。

（4）CM-742B 网络通信模块　可连接 CM-7 监视系统到 DCS、PLC 或 ITCC，用于显示 $0.5\times$、$1\times$、$2\times$、和 not $1\times$ 数据和报警状态。可连接到 infiSYS 故障诊断分析系统进行机械故障诊断分析。

（5）CM-701B 振动/位移监视模块　可监视振动位移、振动速度、振动加速度、双路振动、轴向位移、胀差、斜面胀差、补偿式胀差、气缸膨胀/补偿式胀差、气缸膨胀、阀位。

（6）CM-702B 绝对振动监视模块　可监视轴相对振动和轴绝对振动或瓦振动。

（7）CM-703B 转速和偏心监视模块　可监视转速、转速加速度、反转偏心。

（8）CM-704B 温度监视模块　可监视温度。

（9）CM-706B 活塞杆下沉监视模块　可监视活塞杆下沉。

（10）CM-721B 18 通道继电器模块　独立的继电器输出模块，有 18 继电器触点输出。可组态与/或逻辑、三取二逻辑。

八、故障诊断分析系统

1. GE BENTLY System1™

SYSTEM1 系统可采集设备的振动波形数据、轴位移数据、轴温温度和键相位数据，同时在开停车及机组升速过程中对瞬态数据进行增加密度采样。由于 BN3500 硬件的采集卡件自带 DSP 芯片对数据进行处理，因此，SYSTEM1 系统数据采集的质量远好于过去的诊断系统。通过高质量数据生成的各种诊断图形，包括瀑布图、轴心轨迹图、频谱幅值图、各倍频的正弦波曲线、棒图和趋势图等，为设备诊断专业人员提供了准确和强大的分析工具。状态诊断可通过因特网访问在全球任何地方实现。

SYSTEM1 与 BN3500 的 22 卡通过以太网连接，不需要采集器。SYSTEM1 系统至少需一台服务器，默认至少 2 台 DISPLAY 工作站授权，可通过 CITRIX 虚拟化软件远程异地进行机组诊断。

2. TRI-SEN infiSYS

infiSYS 是美国 TRI-SEN 公司的故障诊断系统，可与 CM-7 系统通过以太网直连。连接其他厂家的 MMS 系统或 CM-5 系统则需要 CP-2000 型数据采集器，采集器的输入端子采用硬接线方式与 MMS 系统并联。infiSYS 系统分为本地工作站和远程工作站，本地图形分析工作站的软件是 CM-773B，远程图形分析工作站的软件是 CM-774B。infiSYS 系统可使用的图形诊断工具与 SYSTEM1 系统基本一致，实现机组的机械诊断功能。

3. PeakVueTM 检测

PeakVueTM 是艾默生的专利技术，用于滚动轴承及齿轮箱的早期故障检测。PeakVueTM 测量并保持应力波信号中的高峰值（Pk Value），然后通过高通滤波器移除时域波形中不需要的低频信号，如不平衡、不对中、松动、共振等，留下高频冲击信号数据，通过快速傅里叶变换（FFT）得到 PeakVueTM 频谱图用于分析冲击信号发生的频率，诊断冲击信号产生的原因。通过 PeakVueTM 技术可以检测到常规振动分析方法所检测不到的滚动轴承早期缺陷，通过监测 PeakVueTM 的峰值趋势可以准确判断滚动轴承故障的严重程度，实现预测性维护。

第六章　气体检测报警系统

第一节　火灾及气体检测系统

一、概述及发展

火灾及气体检测系统（Fire Alarm and Gas Detector System，FGS），是火灾和气体探测的安全管理系统。FGS 系统通过对石油化工装置现场的消防按钮、烟雾、火焰、可燃气体、有毒气体的检测信号的采集，经过软件逻辑输出来控制报警灯、报警铃、雨淋阀、泡沫阀以及空调系统的新风入口阀等。

FGS 系统包括可燃和有毒有害气体检测报警系统（Combustible and toxic gas detectionand alarm system，GDS）和火灾报警系统（Fire alarm system，FAS）。在国际石油化工装置中，FGS 作为一个整体的系统来设置，近年来，国内新建的部分大型炼化一体化企业，如上海赛科、中海壳牌、扬子巴斯夫、福建炼化、神华宁煤等，都设置了全厂一体化 FGS 系统。国内其他新建和原有石化装置通常将 FGS 系统分为 GDS 和 FAS 两种独立的系统设置。在石化工厂日常管理中，GDS 系统由仪控维护管理，FAS 系统由消防部门管理。

二、设计原则及规范

FGS 系统能够探测到火灾和气体异常的地点、性质及环境条件，从而采取保护措施。FGS 系统能够自动迅速地检测、报警、切断无关的电气设备，清除和隔离燃料来源，并启动灭火系统。

FGS 系统应独立于过程控制系统（DCS）和安全仪表系统（SIS），以便在必要时能够快速及时采取措施消除危险或降低灾难后果。

FGS 系统设计时应遵循的规范要求：

- GB 50058《爆炸危险环境电力装置设计规范》
- GB 50116《火灾自动报警系统设计规范》
- GB 50160《石油化工企业设计防火规范》
- GB 50166《火灾自动报警系统施工及验收规范》
- GB 50174《电子计算机房设计要求规范》
- GB 50183《石油天然气工程设计防火规范》
- GB 50493《石油化工可燃气体和有毒气体检测报警设计标准》
- GB 4717《火灾报警控制器》
- GB 16808《可燃气体报警控制器》
- IEC 61508《电气/电子/可编程电子安全系统的功能安全》
- IEC 61511《过程工业安全仪表系统的功能安全》

三、FGS 系统基本构成

FGS 系统由现场检测器、安全控制器、消防灭火设备、报警设备及不间断电源组成。

1. 检测器

检测器分为火灾探测器和可燃/有毒气体探测器。火灾探测器安装在火灾危险的区域。可燃气体探测器连续监测油气含量及泄漏情况，在易燃易爆和有毒有害气体有泄漏风险的区域使用：

① 可燃气体检测器（定点式/开路式）；
② 硫化氢/有毒气体检测器；
③ 烟感/温感火灾检测器；
④ 火焰检测器（红外、紫外、复合式）；
⑤ 人为触发设备，手动报警器、按钮、开关。

2. 报警设备

① 声音报警器，如蜂鸣器、警报器、喇叭等。
② 视觉报警器，如报警灯等。

③ 报警信息，可燃/有毒气体报警。

警报系统的目的是警告和引导人员在发生危险或紧急情况时做出快速反应。FGS 系统必须产生报警和事件清单，由工艺操作人员确认，以供随后编制事故调查报告。

3. 消防灭火设备

① 启动灭火设备如消防水泵、喷淋阀等。

② 触发联锁系统，触发消防控制器、紧急停车系统（ESD）、安全仪表系统（SIS）等。

③ 自动关闭空调通风系统。

4. 电源系统

FGS 系统供电采用双路 UPS 供电。同时 FGS 系统配置独立的 10h 后备电池，保证当全厂供电失效时，FGS 系统仍可提供全天候 24h 的工厂安全报警和保护。

5. 安全控制器

按 IEC 61508 要求选用经国家权威机构认证的满足 SIL 等级要求的 PLC 安全控制器。

下面以 TsxPlus 安全控制器为例介绍 FGS 系统硬件及软件构成。

四、TSxPlus 系统硬件

TSxPlus 系统是北京康吉森公司研发的安全控制系统。该系统采用了 TMR 构架设计，三重模件冗余的硬件结合冗余容错技术和诊断方案，系统可靠性达到 99.999%。已通过 TUV Rhineland（TUV 莱茵）认证，满足 IEC61508-定义的系统能力 SC3 等级和安全完整性等级 SIL3，具有 SOE 事故记录功能，分辨率为 ms 级，DI、AI 模块均支持 SOE 功能。图 4-6-1 为 TSxPlus TMR 结构示意图。

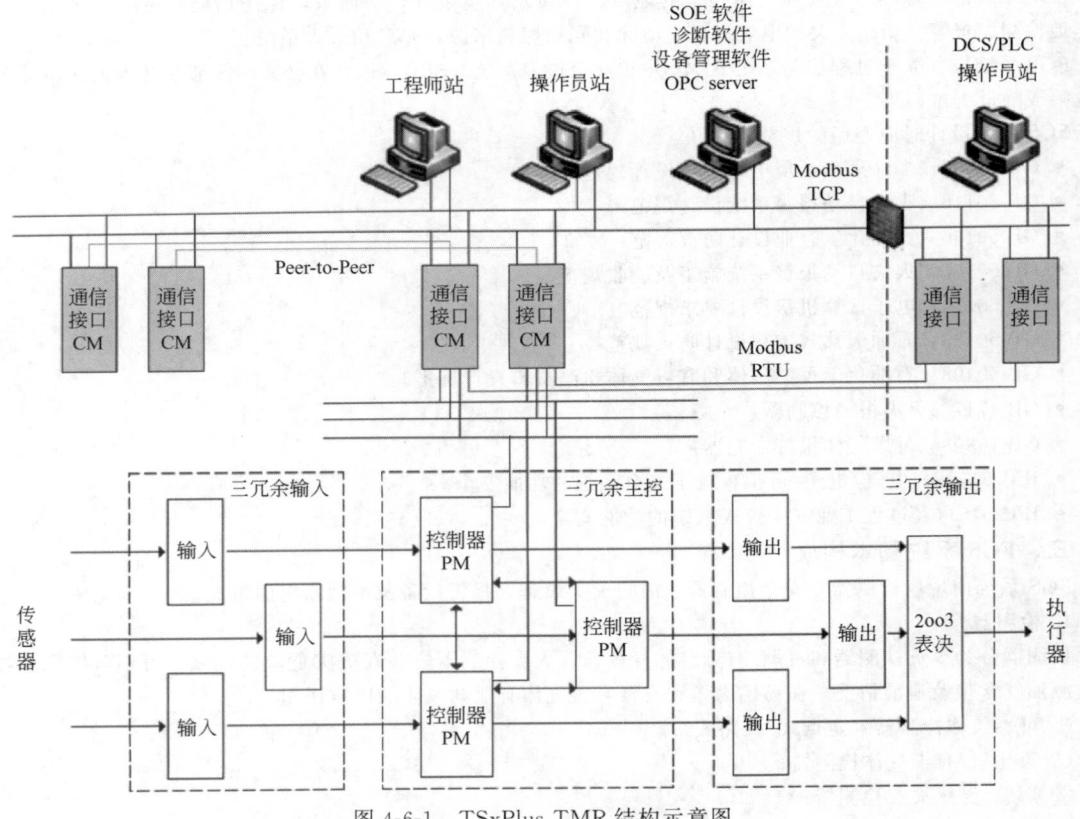

图 4-6-1　TSxPlus TMR 结构示意图

1. TSxPlus 控制器特点

（1）容错控制系统

① 硬件表决 2oo3。

② 高诊断覆盖率。

③ 无单点故障。

④ 可在线维护。

（2）更短扫描周期

① 主控制器扫描周期可低至 5ms。

② 系统响应时间可低至 15ms。

（3）多任务　快任务和慢任务在同一套系统中实现（如机组控制系统＜20ms；SIS 系统＜200ms）。

（4）电能质量监测

① 机架内供电电源可实时监控。

② 监控结果存储在非易失性存储器中。

③ 主控制器周期性读取。

④ 监控结果在上位机显示。

（5）信息安全

① 国际权威机构 SL1 认证。

② 符合 IEC62443/ISA EDSA 标准信息安全要求。

（6）智能仪表集成

① AI 和 AO 卡件内部支持 HART 协议解析，无需额外的设备。

② HART 信号分配、协议转换和 SIS 系统物理上融为一体。

2. TSxPlus 控制器构成

TSxPlus 控制器包括机架、电源、主处理器模块、通信模块、总线接口模块、I/O 模块及配套端子板等组成部分。

（1）机架　TSxPlus 控制器机架为标准的 19in 机架，机架供电电源支持冗余配置。系统支持主机架和扩展机架结构。单控制站配置为 1 主机架＋14 扩展机架（最多），可最大支持 3776 个物理点信号。如图 4-6-2 所示，机架上提供 PW 槽位、BI 槽位、PM 槽位、CM 专用槽位及 I/O 槽位。

主机架提供 2 个系统 PW 槽位、3 个 BI 槽位、3 个 PM 槽位、1 个 CM 专用槽位和 12 个（6 对冗余）I/O 槽位。主机架中 I/O 和 CM 共用 I/O 槽位，主机架中最多支持安装 4 个 CM。主机架底板提供 IP _ BUS、PM _ BUS、CM _ BUS 通信链路，以实现各模块之间的通信互连。主机架底板上提供 I/O 与端子板之间互连的接口。

图 4-6-2　TSxPlus 主机架和扩展机架

机架内模块采用导轨式安装，模块前面板的助拔器方便模块插拔，固定螺栓保证模块的抗振和抗冲击性能。所有硬件部件内部电路板采用涂敷工艺，满足 G3 等级防腐蚀标准。

（2）主处理器模块（PM）　主处理器模块三冗余配置，三个独立的控制器模块，三个控制器模块并行同步运行，降级模式支持 3-2-1-0。每系主处理器模块负责通过 I/O 总线获取输入模块采集信号，与另外两系主处理器模块交换数据，通过 I/O 总线输出最终命令。

主处理器模块可及时诊断出电源、时钟、存储器、CPU、外围接口等故障，自动处理并及时报警。

（3）通信模块（CM）　通信模块用于实现控制站与 PC 软件之间的通信，控制站之间的安全通信以及控制站与第三方控制系统之间的通信、系统校时功能等。

通信模块对外支持以太网口（RJ45）和串口（DB9）两种接口。其中以太网口支持 100/1000Mbps，支持 Modbus TCP 协议，支持不同控制站间的点对点通信。4 个串口中有 2 个为 RS-485 串口，另外两个兼容支持 RS-422，第 4 个串口支持 GPS 校时。

（4）数字量输入模块（DI）　数字量输入模块支持 32 通道数字量信号输入，模块内部采用 2oo3 架构。模块采用冗余电源供电，支持热插拔且具有 SOE 功能。每个模块与两个端子板相连，每个端子板支持 16 通道信号的转接和分配。

（5）数字量输出模块（DO）　数字量输出模块支持 32 路数字量信号输出，模块内部采用 2oo3 架构。模块采用冗余电源供电，支持热插拔。每个模块与两个端子板相连，每个端子板支持 16 通道信号的转接和分配。

DO 模块可诊断出电源、模块自身和通道等故障，自动处理并及时报警。

（6）模拟量输入模块（AI）　模拟量输入模块支持 32 通道 4～20mA 信号采集，支持两线制和四线制仪表，模块内部采用 2oo3 架构。模块采用冗余电源供电，支持热插拔且具有 SOE 功能。每个模块与两个端子板相连，端子板负责将输入的电流信号转换为电压信号并分配给三冗余的采集通道。每个端子板支持 16 通道信号的转接和分配。

AI 模块可诊断出电源、模块自身和通道等故障，自动处理并及时报警。AI 模块支持 HART 协议，无需外配第三方 HART 协议组件。

（7）模拟量输出模块（AO）　模拟量输出模块支持 16 通道 4～20mA 信号输出，模块内部采用 2oo3 架构。模块采用冗余电源供电，支持热插拔。每个模块与一个端子板相连，每个端子板支持 16 通道信号的转接和分配。

AO 模块可诊断出电源、模块自身和通道等故障，自动处理并及时报警。

五、TSxPlus 系统软件

TSxPlus 系统可以使用 Architect 完成用户程序编程、I/O 配置、源代码编译、二进制代码下装、控制站监控及二进制工程调试等任务。该软件运行于系统工程师站，根据 IEC61508 标准将该软件定义为 T3 软件离线支持工具使用。

该软件给用户提供了一个简单易用的界面，具备在线仿真修改和强制功能。在线监视报警功能使用户更容易发现问题并及时解决；反编译功能使得用户程序被正确无误地编译下装。用户可参考 IEC61131 标准为每个控制站编写用户程序，Architect 支持多种编程语言，包括 ST、FBD、LD。

TSxPlus FGS 系统软件表如表 4-6-1 所示。

表 4-6-1　TSxPlus FGS 系统软件表

序号	软件名称	功能
1	组态软件	符合 IEC61131-3 标准，支持标准的 LD、FBD 和 ST 编程语言 同一项目支持多个控制站工程和用户库工程同时组态 控制站支持多任务组态 支持无扰增量下装 独立的仿真软件完美仿真硬件平台，支持并发多站仿真 图形化组态风格，直观易用
2	诊断软件	全方位的硬件监视，包含状态、故障、版本等 实时监视系统运行状态，包括版本、轮询时间、内存占用等
3	SOE 事件管理软件	SOE 事件管理能力 支持单控制站级别事件收集和管理 支持软、硬实时 SOE 事件分类与筛选 支持快照功能
4	设备管理软件	HART 智能仪表的参数设置、状态监测及诊断
5	OPC 服务器	支持组态软件点表直接导入 支持冗余切换 支持从多个控制站读/写数据
6	HMI 人机界面	流程、监视画面 报警、时间、趋势、历史事件 机组防喘振、密封气系统、润滑油系统和调速控制画面

六、TSxPlus 系统应用

1. 项目概况

该厂是一个典型全厂 CCR 集中控制、操作、管理的现代化大型石油化工企业，共分为 CCR1、CCR2、LCR 三个中心操作室，全厂 FGS 系统以 CCR 为基础分为三套 FGS 系统安全网络，三个对应的区域监控室，同时在消防站将全厂 FGS 系统整合为一套统一的报警管理网，实现全厂各生产装置区域、单元和办公区域的统一报警监控和管理。

2. FGS 系统网络结构

在全厂 FGS 系统一体化的方案中，考虑 FGS 内部及与其相关控制系统（如 DCS、IDM 等）的通信关系，主要配置如下。

（1）FGS 系统以太网　工程师站、SER 站、操作站通过以太网连接至各区域的冗余网络中，执行系统的编程、维护、SER 和监控功能。

网络结构采用星形连接，通信速度为 100M，通信协议为 TCP/IP 及 TSxPlus 专用协议。

（2）FGS 安全网络　CCR1 组成一个网段（Area1-Area4），CCR2 组成一个网段（Area1-Area4），LCR 组成一个网段（Area1）。

在安全网络内部的所有 FGS 系统采用点对点连接，在中控室设置一套 FGS 控制器，该控制器与下设 FAR 内的控制器采用点对点通信，通信速度为 115Kbps，通信协议为 Modbus-RTU。

（3）与 DCS 系统通信与连接　FGS 与 DCS 通信接口是冗余配置，且冗余的两个通信接口不在同一块通信卡上。

FGS 系统通过通信卡冗余的 RS-232/485 接口与 DCS 系统进行串行通信，执行 Modbus-RTU 的通信协议。DCS 系统为主机，FGS 系统为从机。FGS 和 DCS 之间的通信采用全冗余配置，包括接口卡件、电缆等。

（4）与仪表设备管理系统（IDM）通信　来自于现场带 HART 协议的仪表回路信号，首先接入 HART 采集器，标准的 4～20mA 信号将连接到 FGS 系统内，而其中的 HART 信息则通过专用的处理端口和电缆连接至 HART 接口模块，再经过 HART 通信模块转换为 RS-485 通信协议。通过此协议，HART 信息可最终传至 IDM 服务器中。

（5）时钟同步　每个 CCR 配置一台工程师/SOE/时钟同步站，用于接收 DCS 提供的时钟源。该 CCR 网络内的 FGS 系统将通过通信卡与时钟同步站连接，并采用 SNTP 协议实现时钟同步。

（6）FGS 报警网络通信　FGS ALARM Net 是双冗余网络，负责在三个 CCR 和以下建筑物之间传输 HMI 相关信息。每个 CCR 中的 HMI 服务器和医疗中心、警卫室 1、警卫室 2、保安室、消防局建筑物中的 HMI 工作站，应能够显示与所有 FGS 相关的信息。

设置在公司紧急响应中心以及消防支队的 HMI 上位机，通过以太网与各个 FGS 系统进行通信，实时显示各个检测元件的报警状态，实行全厂的集中监控。

第二节　气体检测报警系统

气体检测报警系统（可燃气体和有毒气体检测报警系统），在石油化工生产和储运过程中长期处于监控运行状态，对于可燃气体和有毒气体泄漏和浓度超标等危险源能及时进行检测和报警，确保生产操作人员人身健康安全、生产装置财产安全、环境安全，减少或降低石油化工工厂或装置发生事故的危险及影响。

气体检测报警系统与火灾自动报警系统不同，火灾自动报警系统应符合 GB 50116 标准的规定，可燃气体和有毒气体检测报警系统应符合 GB/T 50493 标准的规定。气体检测报警系统（GDS）独立于 DCS、SIS 及其他控制系统单独设置。

一、组成

气体检测报警系统主要由可燃气体和有毒气体检测器、现场警报器、报警控制单元等组成。石油化工生产装置和储运设施现场发生可燃和有毒气体泄漏事故时，信号发送至操作人员常驻的中心控制室、现场控制室等进行报警。现场警报器安装在危险场所，包括一体式声光警报器和现场区域警报器。报警控制单元可采用以微处理器为基础的电子产品（如 PLC 等），也可采用气体报警控制器。该报警器控制器应符合现行国家标准 GB 16808 的质量要求，且具有消防产品形式检验报告（CCCF）。

二、主要功能

① GDS 主要用于报警，可在 GDS 操作站、辅助操作台、消防控制室报警显示。

② GDS 通常没有安全仪表功能要求，GDS 与 SIS 系统设置要求不同，可采用高质量电子产品或采取必要的冗余设计。

③ 可燃气体一级报警设置为黄色、低频；可燃气体二级报警和有毒气体一级报警设置为橙色、中频；有毒气体二级报警设置为红色、高频。

④ GDS 故障报警　探测器内部元件失效，探测器与指示报警设备间信号连线，指示报警设备与电源间连线短路或断路，指示报警设备电源电压低。

⑤ GDS 报警记录　报警时间、当前报警总点数、区分最先报警点。

⑥ GDS 操作站（HMI）报警点分区的设备布置图、报警、详细、历史、报表、可燃/有毒气体检测器状态汇总表（位号、检测器状态及检测值）。

⑦ GDS 与第 DCS 通信，时钟同步。

⑧ 中心控制室与现场机柜室（FAR）、现场控制室之间采用冗余光纤连接。

三、GDS 系统应用举例

某大型煤化工项目气体检测报警系统采用和利时公司 GDS 系统，配置方案两种：

① 系统柜设置在现场机柜室，远程 I/O 设置在中心控制室；

② 系统柜设置在中心控制室，远程 I/O 设置在现场机柜室。

中心控制室与现场机柜室采用冗余单模光纤连接。

GDS 独立于 DCS、SIS 单独设置，原则上每个生产装置设置独立的 GDS 操作站。公用工程设共用操作站，还设有辅助操作台（带报警信号灯、音响）。

1. GDS 系统（1）

GDS 系统网络图（1）如图 4-6-3 所示。

GDS 系统 I/O 清单（表 4-6-2）。

表 4-6-2　GDS I/O 清单（一）

1#装置	AIE(三线制)	DI(干接点)	DO(干接点,24V DC)	合计
需求点	83	18	15	119
配置点	96	64	64	224
2#装置	AIE(三线制)	DI(干接点)	DO(干接点,24V DC)	合计
需求点	30	10	19	59
配置点	48	32	36	144
3#装置	AIE(三线制)	DI(干接点)	DO(干接点,24V DC)	合计
需求点	244	8	23	275
配置点	288	64	64	416

2. GDS 系统（2）

GDS 系统网络图（1）如图 4-6-4 所示。

GDS 系统 I/O 清单（表 4-6-3）。

表 4-6-3　GDS I/O 清单（二）

1#罐区	AIE(三线制)	DI(干接点)	DO(干接点,24V DC)	合计
需求点	115	8	27	150
配置点	144	64	64	272
2#罐区	AIE(三线制)	DI(干接点)	DO(干接点,24V DC)	合计
需求点	11	6	8	25
配置点	16	32	32	80

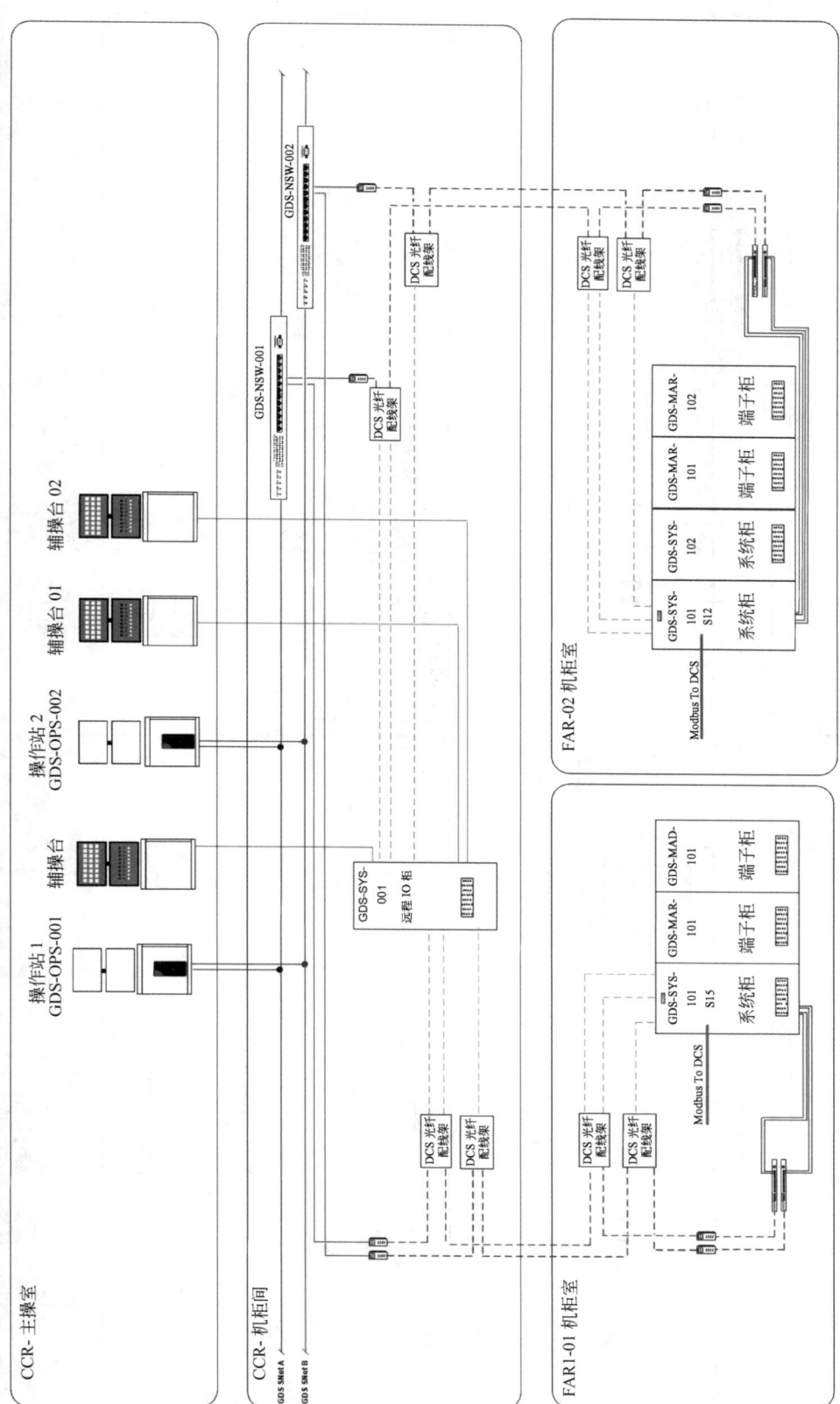

图 4-6-3　GDS 系统网络图 (一)

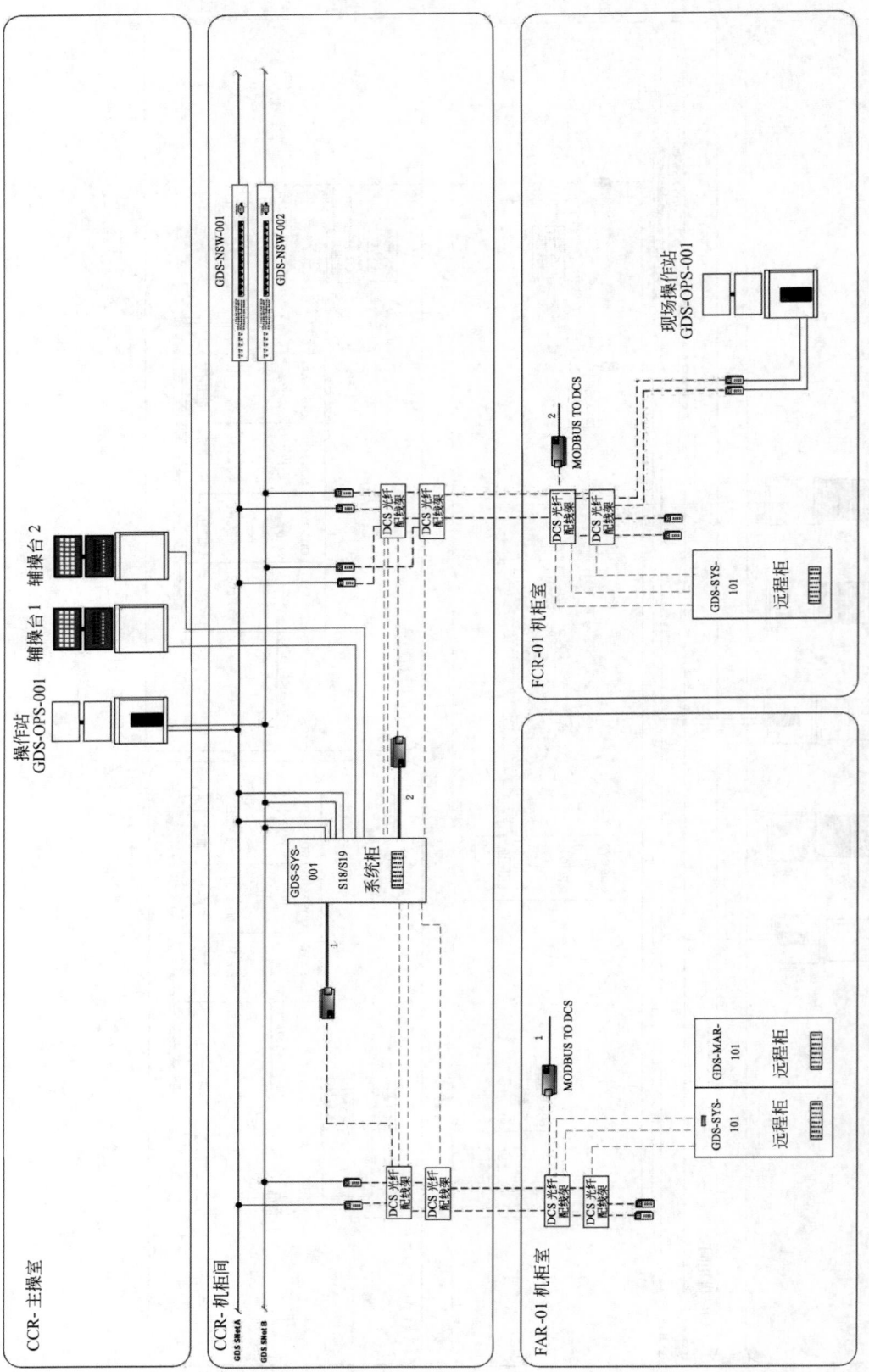

图 4-6-4 GDS 系统网络图（二）

3. 硬件配置（表 4-6-4）

表 4-6-4　硬件配置

设备	GDS 系统（1）	GDS 系统（2）
GDS 监视站	2	2
机柜	8	4
机笼	8	4
AI 模块	27	10
DI 模块	5	3
DO 模块	5	3
过渡接线柜	4	1
控制器模块	6	3
通信处理器	4	2
光电转换器	2	2
交换机	6	2
辅操台	3	2
RS-485	4	2

第三节　气体报警控制器

　　气体报警控制器是普遍使用的气体监控设备，采用模块化设计，满足中小型项目需求的气体报警控制系统。气体报警控制器采用主从表结构，主表收集信息并上传，从表采集现场检测器信息，显示具体参数。

　　气体报警控制器配接的气体探测器通道数和输出控制可以扩展，监测信息全面，数字显示清晰，根据实际需要进行配置，使用灵活方便，外观结构为盘装机箱。气体报警控制器提供 Modbus RTU RS-485 接口，可与 DCS 系统通信。

一、功能特点

1. 气体报警控制器功能

气体报警控制器采用独立设置的以微处理器为基础的电子产品，具备以下基本功能：

① 为可燃/有毒气体探测器及附件供电；

② 接收气体探测器的输出信号，显示气体浓度并发出声、光报警；

③ 可手动消除声、光报警信号，再次有报警信号输入时仍能发出报警；

④ 具有相对独立互不影响的报警功能，如区分和识别报警场所位号；

⑤ 信号接线断路或短路报警；

⑥ 报警控制单元主电源欠压报警；

⑦ 报警控制单元与电源之间的连线断路或短路报警；

⑧ 具有历史事件记录功能，记录可燃气体/有毒气体的报警时间，且日计时误差小于 30s；

⑨ 显示报警部位总数；

⑩ 能区分最先报警部位，后续报警点按报警时间顺序连续显示。

2. 气体报警控制器特点

① 采用主从表结构，使用灵活方便，扩展性好。

② 分线 4～20mA 回路可扩展，最多可接 64 路分线探测器。

③ 表头采用液晶显示屏，中文界面。

④ 每个表单独具有报警指示灯，继电器输出。

⑤ 每个表单独具有操作按键，操作方便。

⑥ 气体浓度显示使用指示条式，清晰直观。

⑦ 报警记录存储，方便查询，最多存储 1000 条。

⑧ 支持备用电池，具备电源管理功能。

⑨ RS-485 通信接口，支持 Modbus RTU。

二、气体报警控制器结构

气体报警控制器使用机柜盘装式，一个盘装机箱为一个最小单元，含 1 个主表和多个从表（最多 8 个），一个盘装机箱最多可接 8 路 4～20mA 信号。一个标准 19in 机柜中最多可装 8 个盘装机箱。典型的气体报警控制器外形尺寸如图 4-6-5 所示。

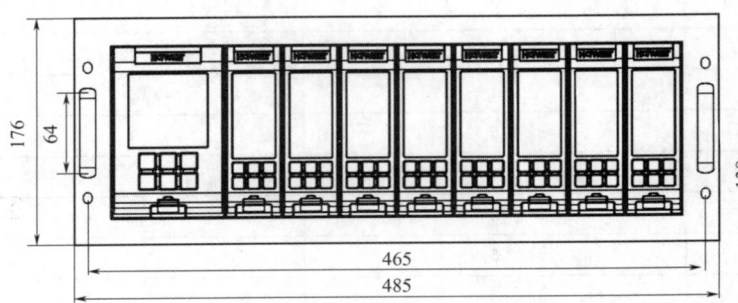
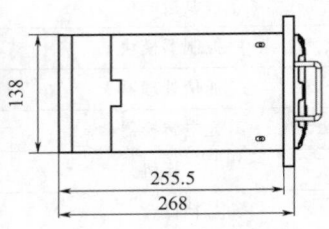

图 4-6-5　气体报警控制器外形尺寸

1. 气体报警控制器主表

主表负责收集信息并处理上传，液晶显示，中文界面，操作方便快捷；报警指示、故障指示及对应的报警输出继电器、故障输出继电器；支持电源管理；可以存储报警记录，最多可存 1000 条；提供 RS-485 通信接口用于数据上传 DCS 或上位计算机，支持 Modbus RTU 协议。

2. 气体报警控制器从表

从表负责采集现场探测器信息，显示具体参数；有 LCD 数码显示，界面清晰；有报警指示及报警输出继电器；每个从表接 1 路 4～20mA 信号，通过 RS-485 通信接口将数据传送给主表。

气体报警控制器系统图如图 4-6-6 所示。

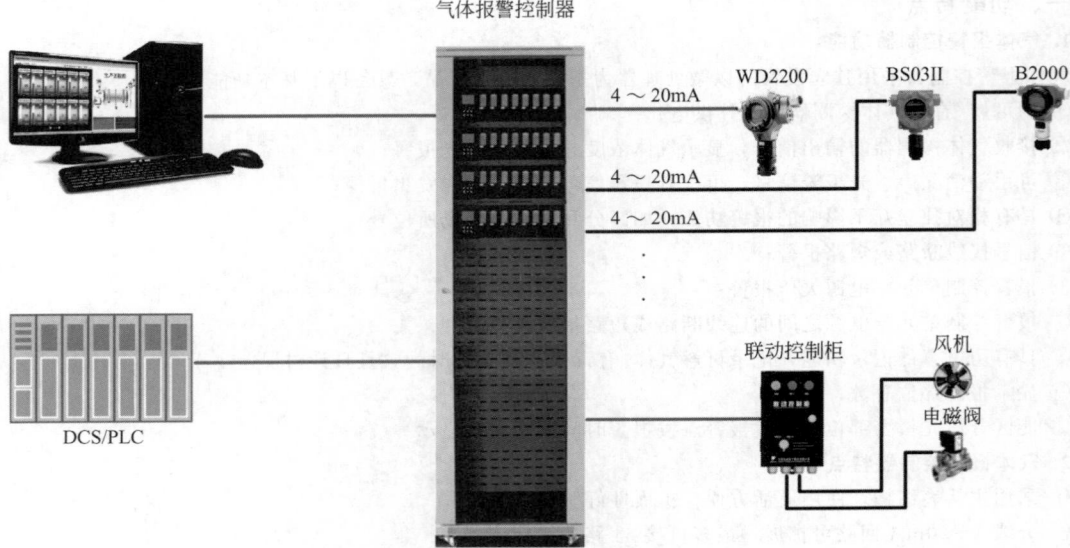

图 4-6-6　气体报警控制器系统图

主要技术参数如表 4-6-5 所示。

表 4-6-5　主要技术参数

电源	AC 220V 50Hz
功率	≤10W
输出供电电压	DC 24V±6V
输入信号	4～20mA
挂接探测器数量	模拟探测器(4～20mA 电流输出)≤8 路(一个盘装机箱单元最多 8 路)
防爆等级	不防爆
防护等级	IP54
工作温度	−10～50℃
工作湿度	≤95% RH
指示方式	• 指示灯指示探测器状态 • 液晶显示屏显示报警浓度 • 由不同报警声、光提示报警及故障状态
报警方式	声(距离 1m 处声压级在 65dB 以上、115dB 以下)、光报警
接点输出	无源触点　容量 2A/220V AC
通信接口	Modbus RTU RS-485
安装方式	立柜式
尺寸($W \times H \times D$)/mm	485×176×268(盘装机箱)
认证	CCCF、GB 168208—2008

第四节　气体检测系统设计

　　石油化工生产装置、公用工程及辅助设施内存在许多可燃和有毒气体释放源。为保障石油化工企业的人身、财产和环境安全，在可能泄漏或聚集可燃、有毒气体的场所，分别设置可燃、有毒气体检测器，并将信号接至气体检测系统（GDS）。根据国家标准 GB 50493 的要求，报警信号发送至现场报警器和有人值守的中心控制室或现场控制室的指示报警设备，进行声光报警。

一、气体检测系统（GDS）的基本设置原则

　　根据 IEC 61511 定义的典型保护层和风险降低方法，如图 4-6-7 所示。工艺装置通过自动控制系统降低风

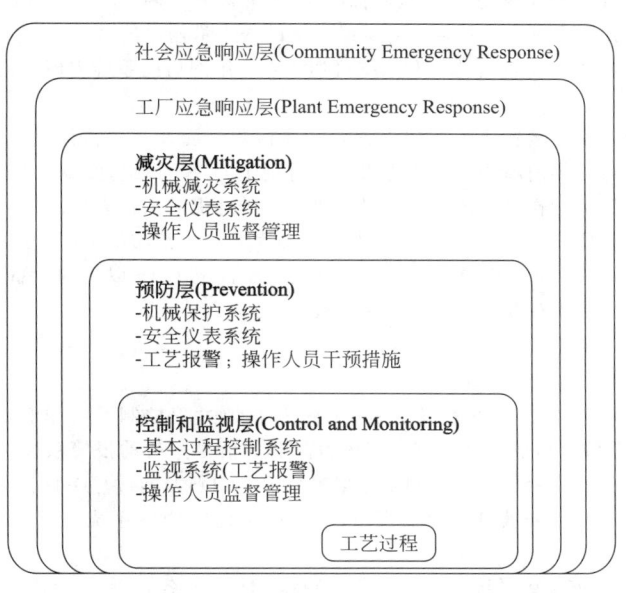

图 4-6-7　典型保护层和风险降低方法

险主要分为三个层面。控制和监视层包括基本过程控制系统层（BPCS）、监视系统（过程报警）、操作员监督管理。预防层（Prevention）包括机械保护系统、过程报警操作员干预措施、安全仪表系统。减灾层（Mitigation）包括机械减灾系统、安全仪表系统、操作员监督管理。IEC61511 明确预防（Prevention）和减灾（Mitigation）的含义：预防是用于减少发生危险事件可能性的动作；减灾是减轻危险事件后果的动作（例如，在确认检测到火灾发生或气体泄漏时执行紧急泄放动作）。

在石油化工厂中，分散控制系统（DCS）是最主要的基本过程控制系统，用于工艺过程的连续测量、常规控制、复杂控制、顺序控制、报警和过程联锁，并通过操作人员的监控和管理，使生产过程在正常情况下稳定运行。DCS 系统提供的工艺报警、过程联锁和操作人员监控等功能，不执行安全仪表功能，隶属于预防层。安全仪表系统（Safety Instrumented System，SIS）位于保护层的预防层（Prevention），主要用于减少石油化工装置发生危险事件，在工艺过程超越极限安全的情况发生时，SIS 系统迅速将工艺过程、设备转至安全状态，执行安全仪表功能。气体检测系统（Gas Detection System，GDS）则位于保护层的减灾层（Mitigation），关注在发现可燃/有毒气体泄漏后，减轻石油化工装置发生危险事件的后果。GDS 系统没有所谓的安全状态（停车与开车都需要监控），一直处于连续工作和监控的状态，在可燃和有毒气体检测器发生报警时，迅速有效地提醒操作人员采取减低潜在灾害风险的措施，必要时启动消防设备（如雨淋阀）或关闭有人值守的控制室或现场控制室内的空调新风系统等。

二、火灾及气体检测系统（FGS）

火灾及气体检测系统（FGS）典型网络架构如图 4-6-8 所示。

火灾及气体检测系统（FGS）独立于 DCS 系统、SIS 系统和其他过程控制系统单独设置。采用 IEC61508 SIL 认证的双重化、三重化（TMR）或四重化（QMR）可编程控制器（PLC），接受来自现场工艺装置区的火灾、可燃气体、有毒气体检测器的信号及手动报警信号，启动报警系统并产生消防联动。FGS 数据可通过网络连接传送到工厂消防控制中心。FGS 具有顺序事件记录 SOE 功能，并在控制室配置独立的 FGS 操作站（监视站）。FGS 系统与 DCS 系统进行实时数据通信，在 DCS 系统操作站上显示报警及打印。

建筑物（中心控制室、现场控制室、现场机柜室等）火灾报警系统的主火灾报警控制盘（MFCP），接受来自该建筑物的火灾检测信号及手动报警信号，触发该建筑物火灾报警系统并产生消防联动。同时，MFCP 将该建筑物的火灾报警信号集中通信传输到 FGS 系统，并最终完成全厂火灾及气体检测信号的集成。

对于全厂性的 FGS 系统，通常在各个现场机柜室设置主控制系统，中心控制室内则根据需要设置远程控制系统（或远程 I/O），辅助操作台硬接线报警。对于 I/O 点较少的现场机柜室（或装置），也可以设置远程控制系统（或远程 I/O），而将它们共用的 FGS 主控制系统设置在中心控制室内。

FGS 系统采用 SIL 认证的 PLC 系统，可接收标准 4～20mA 两线制、三线制或四线制模拟输入信号、标准干接点数字量输入信号，并可通过继电器输出有源或无源的数字量输出信号。

FGS 系统可提供的 I/O 规模比较大，单套系统可达千点，组网后的系统规模理论上与全厂性 SIS 系统不相上下。

FGS 操作站可集成石油化工装置或工厂的火灾和气体检测画面及其报警信息，为操作人员提供功能强大的系统支持。FGS 操作站可提供清晰明确的声光报警，有别于 DCS 的工艺报警，更好地提示操作人员。另外，FGS 系统也可通过输出到辅助操作台的硬接线信号，迅速有效地提醒操作人员。

根据中国国家强制性产品认证（CCCF）的要求，FGS 系统属于消防电子产品，必须具有 CCCF 认证证书。

根据相关国际标准的要求（如 NFPA 72），FGS 系统应配置至少 1h 以上的后备电源，以保证装置完全停电后仍能连续不间断地对可燃及有毒气体进行检测和报警。

三、气体检测系统（GDS）

GDS 系统典型网络架构图如图 4-6-9 所示。

气体检测系统（GDS）独立于 DCS 系统、SIS 系统和其他过程控制系统单独设置。采用可编程控制器（PLC），接受来自现场工艺装置可燃气体、有毒气体检测器的信号，启动报警系统并在必要时产生消防联动。GDS 数据可通过网络连接传送到全厂消防控制中心报警显示。GDS 具有顺序事件记录 SOE 功能，并在中心控制室或现场控制室配置独立的 GDS 操作站（监视站）。GDS 系统与 DCS 系统进行实时数据通信，在 DCS 系统操作站上显示报警及打印。

石油化工 GDS 系统与火灾报警系统（火灾报警控制盘 MFCP）各自独立。GDS 系统负责可燃及有毒气体的检测报警；火灾报警系统接受来自生产装置和建筑物的火灾检测信号及手动报警信号并产生消防联动。根据

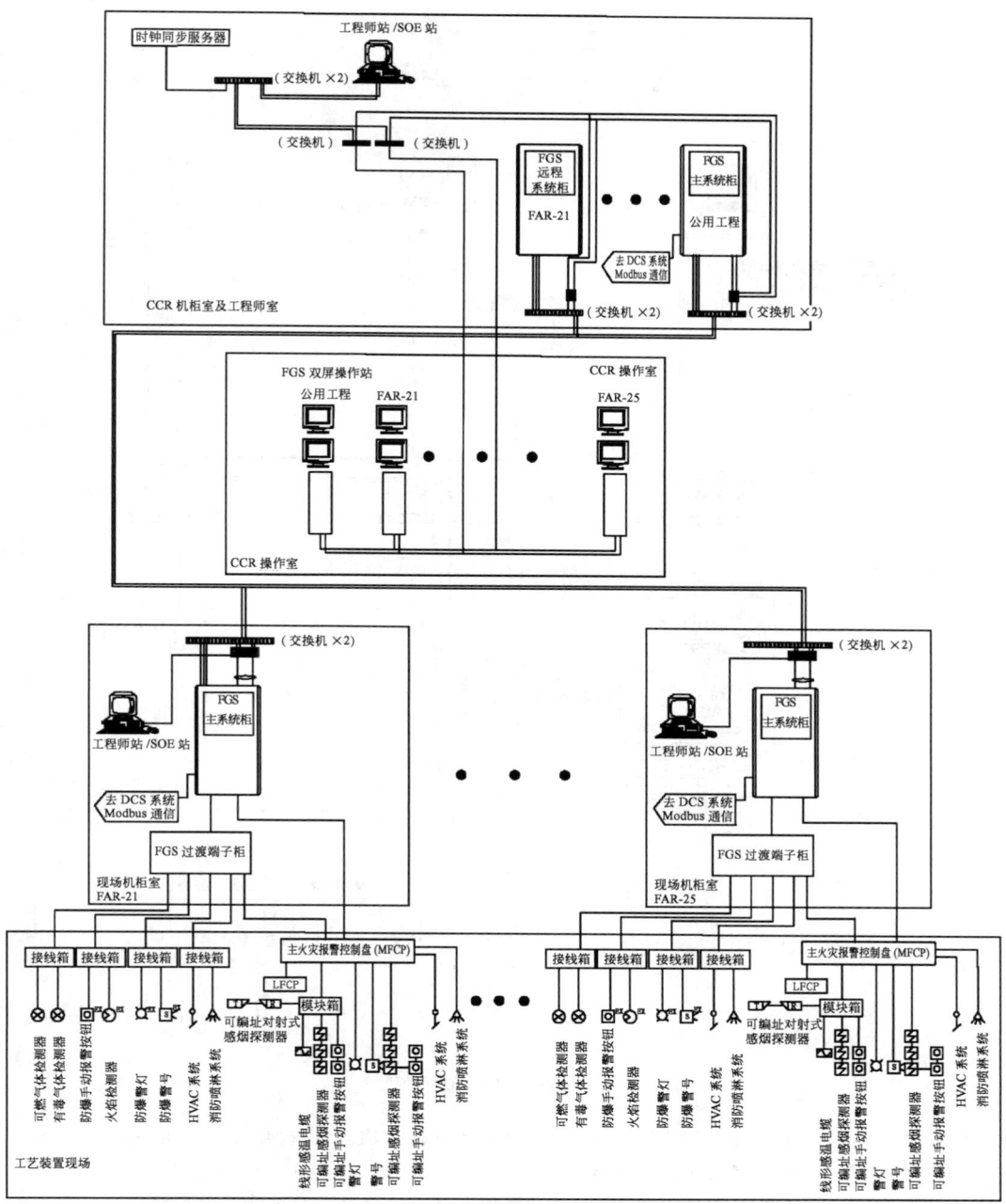

图 4-6-8　FGS 系统典型网络架构

GB 50116 的要求，会有少量 GDS 硬接线 DO 信号（如综合报警信息或故障信息）送至火灾报警系统显示或触发相关联锁动作（如气体泄漏喷淋等）。

对于全厂性的 GDS 系统，考虑到装置的可燃/有毒气体检测器 I/O 点数，通常采用几套装置（FAR）共用 1 套 GDS 控制器（GDS 主系统）的方案，即将 1 套 GDS 主控制器设置在 CCR 内，而在相关的 FAR 内设置 GDS 远程 I/O 站，这种配置方案的性价比相对合理。对于有特殊要求的场合，可在 FAR 内设置独立的 GDS 主控制系统，在 CCR 内设置 GDS 远程 I/O 站。

气体检测系统（GDS）可接收标准 4～20mA 两线制、三线制或四线制模拟输入信号、标准干接点数字量输入信号，并可通过继电器输出有源或无源的数字量输出信号。

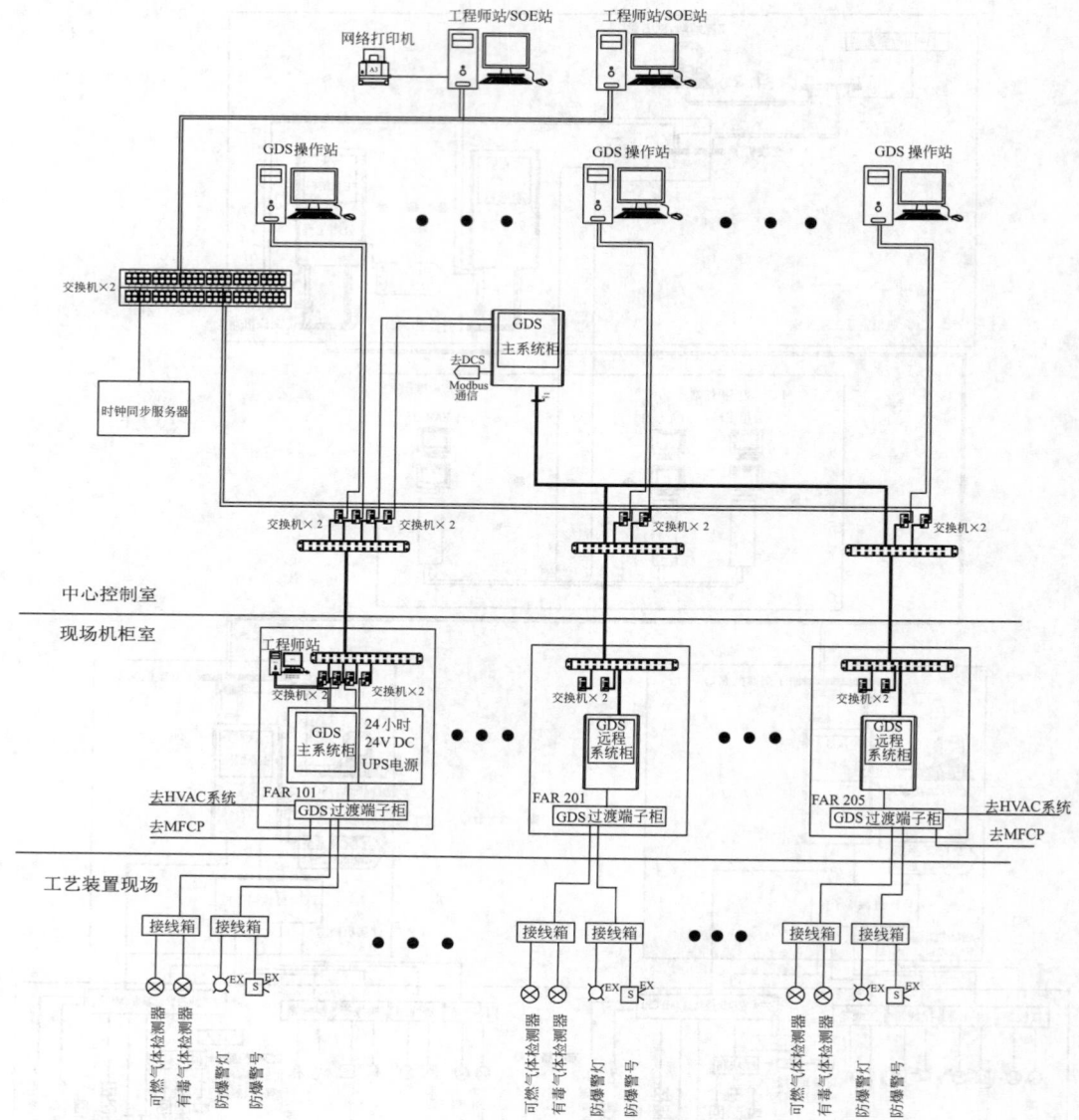

图 4-6-9　GDS 系统典型网络架构图

GDS 系统的 I/O 规模取决于装置或工厂气体检测器的数量以及 PLC 的选型。较大规模的 GDS 系统，单套系统 I/O 规模可达千点；较小规模的 GDS 系统，单套系统 I/O 规模可达 100～300 点左右。

GDS 操作站集成石油化工装置或工厂的气体检测画面及其报警信息。GDS 操作站可提供清晰明确的声光报警，有别于 DCS 的工艺报警，提示操作人员。GDS 系统可通过输出到辅助操作台的硬接线信号，迅速有效地提醒操作人员。

GDS 系统宜采用 UPS 电源供电。

作为 GDS 系统的配置方案之一，基于 PLC 的气体检测系统属于"典型"配置，大多应用于国内大、中型石化装置和一体化项目，可几套装置/系统单元合用一套 GDS 主系统。

四、气体报警控制器

气体报警控制器应符合 GB 16808 的相关技术要求。

相比于前两种以 PLC 为基础的 GDS 系统，以气体报警控制器为基础的 GDS 系统的 I/O 规模比较小，小到不足 10 点，大到 100～200 点不等。

气体报警控制器通常为标准 19in 机架安装（盘装）或壁挂安装，配备 LCD 显示屏（触屏或按键屏）、报警状态指示灯和声响报警器，便于人员操作。

气体报警控制器可接收标准 4～20mA 两线制、三线制或四线制模拟输入信号，可输出 4～20mA 模拟信号，并可通过扩展继电器模块输出有源或无源的数字量信号。

气体报警控制器提供串行通信接口，如 RS-485 Modbus—RTU，可与 DCS 等第三方控制系统进行通信。

气体报警控制器的 GDS 系统支持全厂性的组网设计，通常的系统网络配置如下：FAR 内的多个气体报警控制器通过串行通信连接在一起，所有的数据最终由 1 台气体报警控制器再通过串行通信的方式连接至 CCR 内的上位机（操作站）。如果 FAR 和 CCR 的距离较远，可以将串行通信信号转换为光缆传输的方式进行数据传输。CCR 内的多台上位机（操作站）通过工业以太网进行组网连接，在 1 台公共上位机中整合全厂的气体检测报警信息和数据，发送至消防控制中心。

气体报警控制器带独立的检测报警显示器、显示灯和声响报警，可快速地提醒操作人员。如果采用上位机（操作站）作为报警人机界面，则需要气体报警控制器制造厂根据用户要求通过软件组态提供报警显示画面和声响报警。

国家标准中对气体报警控制器没有 SIL 认证的要求，气体报警控制器不要求采取冗余容错结构的设计。GB 16808 要求其具备自检功能，完成系统的自我诊断。目前已有多个主流厂家可以提供 SIL2 认证的气体报警控制器，提升了 GDS 系统的安全性和可用性。

气体报警控制器的 GDS 系统是需要中国国家强制性产品认证（CCCF）的消防电子产品，必须提供 CCCF 认证证书。

根据 GB 16808 的要求，气体报警控制器必须配置后备电源。

作为 GDS 系统的配置方案之一，基于气体报警控制器的 GDS 系统多应用于中小型石化装置或公用工程单元。

第七章　数据采集与监控系统

第一节　概　　述

数据采集与监控系统（Supervisory Control and Data Acquisition，SCADA），是以计算机、自动控制、显示、通信以及先进 IT 技术为基础的通用综合监控系统，其典型结构示意图如图 4-7-1 所示。它集成了多种通信接口，支持业界各种 DCS、PLC 和 RTU 产品，可以应用于石油、化工、电力、冶金、燃气、铁路等领域的数据采集与监视控制以及过程控制等。针对大型分布式测控领域特点以及行业用户的特殊要求，目前 SCADA 系统逐步发展为以分布式监控软件为核心，涵盖大型实时数据库和网络发布浏览软件的工业软件应用平台，集高效、安全、通用和易用于一身。在常规的分布式生产信息采集、监视功能的基础上，通过引入对象化概念，使传统的以工程为单位的组态开发面向系统化、模块化发展，能够提高操作效率。

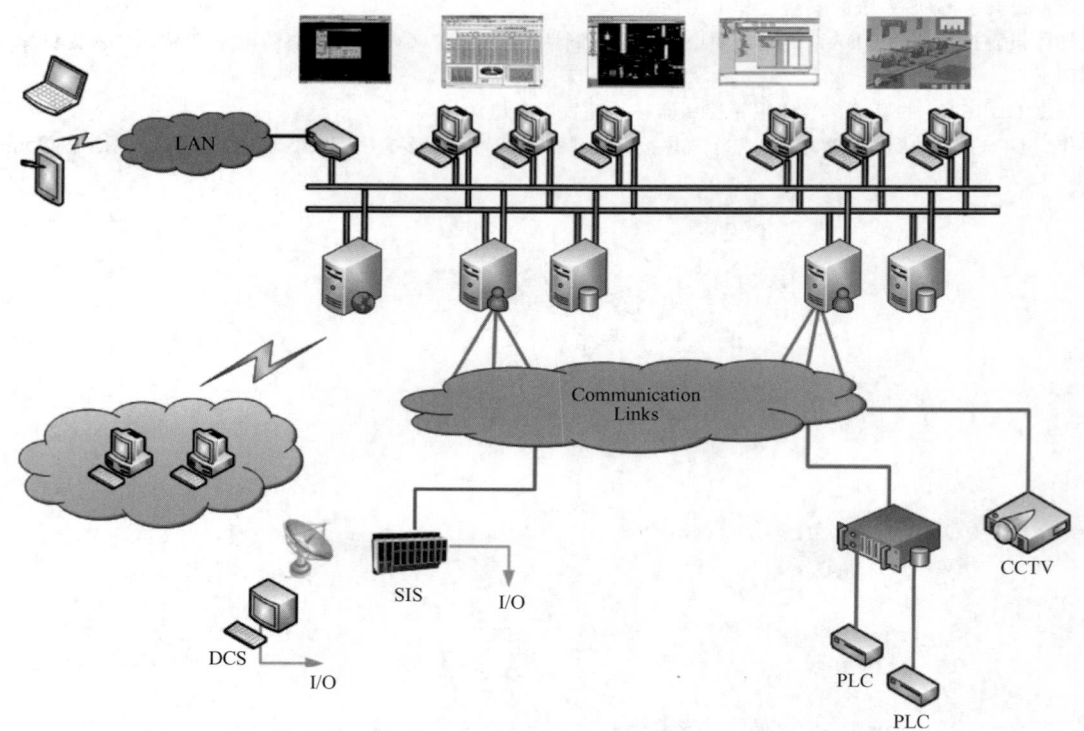

图 4-7-1　典型数据采集与监控系统（SCADA）典型结构示意图

SCADA 监控软件结构示意图如图 4-7-2 所示，其具备的功能组件包括以下几个部分。

（1）应用程序管理器模块　应用程序管理器是提供应用程序的搜索、备份、解压缩、建立新应用等功能的专用管理工具。

（2）图形界面开发/运行模块　图形界面开发/运行模块提供进行图形系统生成工作所依赖的开发环境。提供多种工业设备图素，包括静态、动态图形以及安全控件（趋势、报警、诊断、日志等）。可对各种流程画面底图进行编辑，可编辑各种动态显示点，可连接动态点与实时点或历史点。

（3）实时数据库系统组态/运行模块　实时数据库系统组态程序运行模块是建立实时数据库的组态工具，可以定义实时数据库的结构、数据来源、数据连接、数据类型及各种相关的属性参数，生成目标实时数据库。生成的目标实时数据库可在实时数据库运行环境中运行。

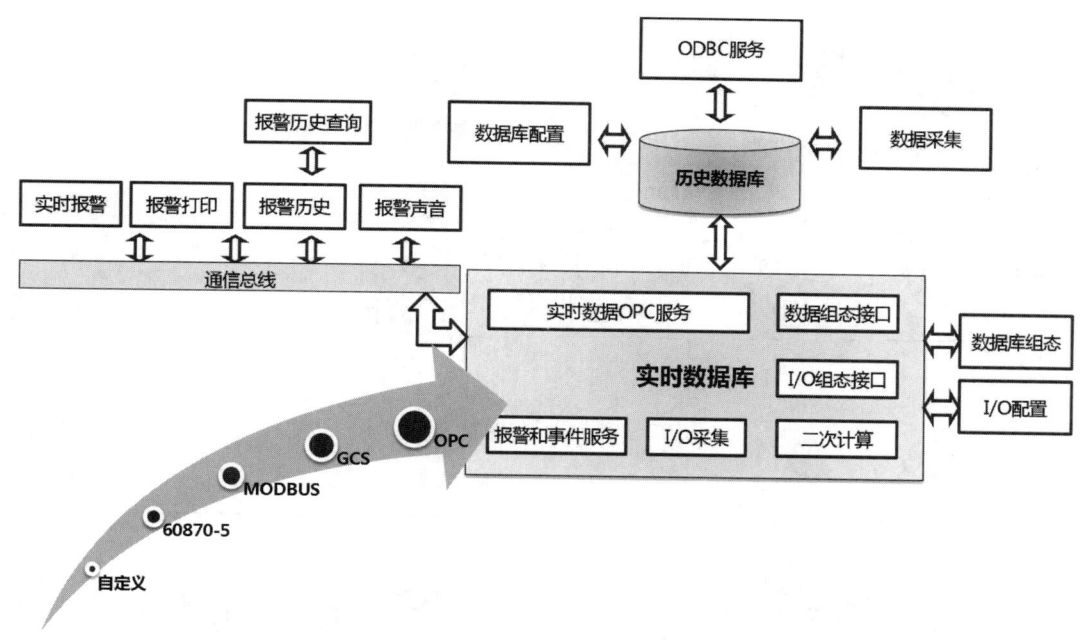

图 4-7-2　SCADA 监控软件结构示意图

（4）I/O 驱动模块　I/O 驱动模块提供多种通信协议，用于和外围设备通信、交换数据。监控软件内置符合标准的常规 I/O 驱动以及提供给用户进行二次开发的驱动开发包。

（5）数据库接口组态/运行模块　数据库本身提供多种数据存档文件格式，如纯文本格式、CSV 格式、XML 文件等，同时提供如 DDE、OPC 等多种与第三方软件进行通信的数据交换方式，用以完成监控软件的实时数据库与外部系统（如关系数据库）的互联，实现双向数据交换。

（6）策略（控制方案）编辑/生成模块　策略编辑/生成模块提供多种逻辑运算模块、算术运算模块和控制模块，并支持基于脚本及自定义模块的封装，具有很强的逻辑、算术运算能力和丰富的控制算法。目前多数监控软件都提供了基于 IEC61131.3 标准的策略编辑/生成控制组件。

（7）实用通信程序模块　实用通信程序模块可实现与第三方程序的数据交换，是监控软件成为开放系统的标志。实用通信程序具有以下功能。

① 用于双机冗余系统中主机与从机间的通信。

② 通信实用程序可使用以太网、RS-485、RS-232、PSTN、GSM 等多种通信介质或网络实现其功能。

③ 可在基于 Client/Server 或 Browser/Server 的应用中实现通信功能。

（8）报警及事件处理模块　报警模块可设置报警点，提供报警数据与界面元素的动态连接，实现界面动态报警、语音报警，并提供报警记录表格，事件的定义、产生、记录以及查询功能。

（9）系统安全和用户管理模块　系统安全和用户管理模块提供系统数据访问权限的配置功能，可定义用户角色、用户授权，提供多级用户权限的组态应用。可以结合 Windows 平台的安全策略进行扩展。

（10）报表生成模块　报表生成模块可基于生产实时、历史数据，提供可配置的报表模板，自定义报表生产、记录事件，按照要求生成数据库点记录值并输出报表文件和打印。

SCADA 系统通常采用服务器和客户端（C/S）模式，如图 4-7-3 所示。服务器是整个监控软件结构的核心，可运行大部分组态服务、实时数据服务、历史数据服务、报警服务、报表服务的应用。客户端主要实现和服务器的数据通信及界面显示。

大型数据采集与监控系统采用场站-调度中心两级分层监控模式，监控软件架构上要支持系统结构组态、分布式 I/O 通信服务，分布式数据库的集成，多组服务器、多个操作站以及多个子工程的统一管理功能。应用在油气长输管线、城市轨道交通等领域时，根据系统应用要求，进行多个子工程的分级控制及协同调控。例如，天然气长输管线 SCADA 系统通常三级控制。主调控中心 SCADA 系统主要由主调控中心的计算机系统、场站控制系统（SCS）、阀室远程终端装置（RTU）、通信系统构成。SCADA 系统将采用调控中心控制级、场

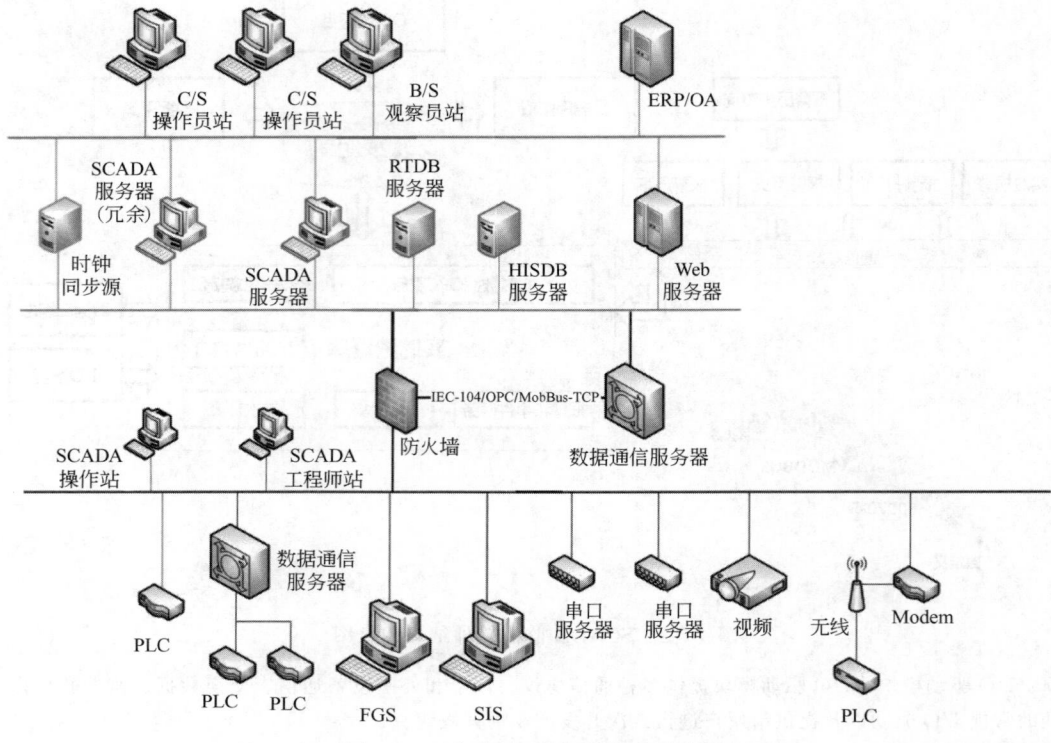

图 4-7-3　客户端/服务器模式示意图

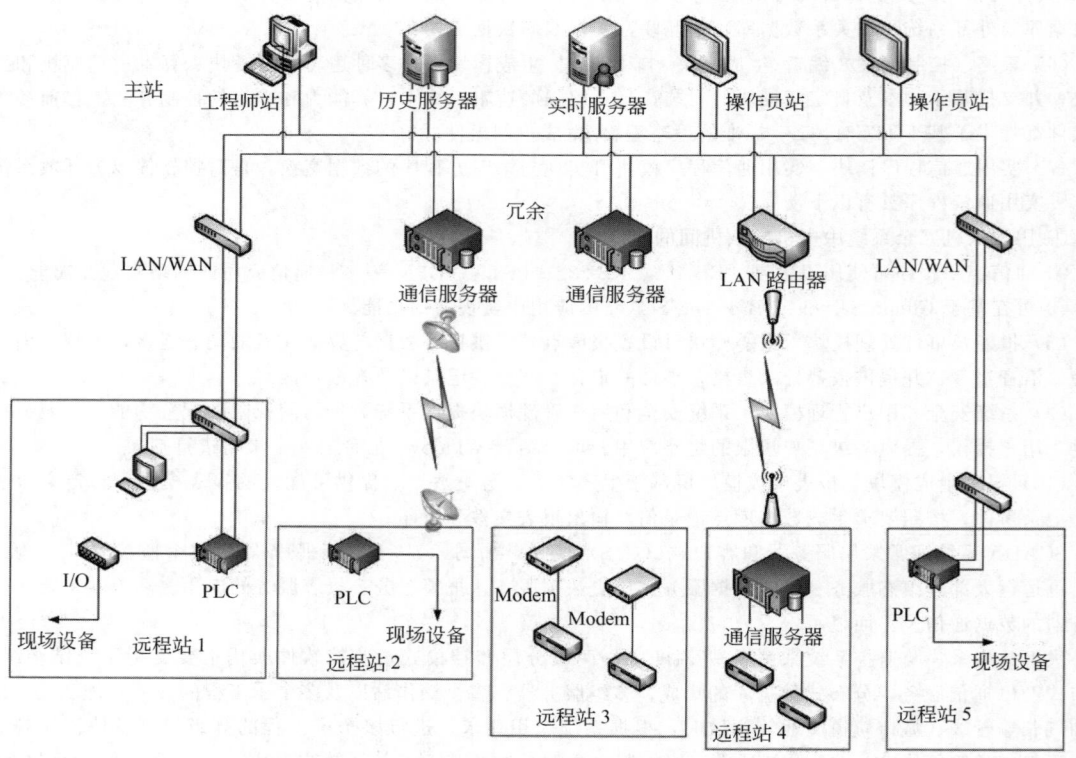

图 4-7-4　分层分域系统结构示意图

站控制级和就地控制级的三级控制方式。

第一级为调控中心控制级。正常情况下，由调度控制中心对全线进行监视和控制，实行统一调度管理。沿线各站控制无须人工干预，各场站的站控系统和阀室 RTU 在主调控中心的统一指挥下完成各自的监控工作。

第二级为场站控制级。在场站通过站控系统对站内过程变量及设备运行状态进行数据采集、监视控制及安全联锁保护。场站控制级控制权限由调控中心确定，经调控中心授权后，才允许操作人员通过站控系统对该站进行授权范围内的操作。当通信系统发生故障或系统检修时，用站控系统实现对各场站的监视与控制。

第三级为就地控制级。就地控制系统对工艺单体或设备进行手/自动就地控制。当通信系统发生故障、系统检修时或紧急切断时，可采用就地控制方式。

分层分域系统结构示意图如图 4-7-4 所示。

第二节 技术要求

SCADA 系统具有模块化强、开放性强、系统结构灵活等特点。通常有如下技术要求。

① 软件平台模块化设计，可根据需求新增、裁减或组合模块/服务。

② 软件平台支持二次开发，提供 I/O 驱动开发接口（开发新的通信协议接口）、流程图控件嵌入、操作面板、脚本、报表逻辑等。

③ 具有数据开放性，实时数据（OPC、ODBC 数据源）、历史数据（ODBC 数据源、SQL 连接），均可以通过相应的数据库连接驱动，输入到关系型数据库中；第三方程序可通过 OPC、ODBC、API、DDE 等接口接入。

④ 系统结构基于 C/S 模式，可支持 1：1 服务器冗余、客户端 DNS 解析、服务器自诊断、冗余切换、历史数据冗余存储、历史数据分布式域内动态路由等功能。

⑤ 全系统支持多域结构，域内支持客户端/服务器模式（实时数据、历史数据、历史报警、操作记录），域间支持交叉或包容管理。

⑥ 支持操作分组，在域内不同岗位对应的操作界面、权限、报警、报表等不同，支持操作岗位冗余（加载相同的操作小组）和切换。

SCADA 监控软件包括系统开发环境和系统运行环境两部分，它们对应的是工程师站的监控软件部分和操作员站的监控软件部分。监控软件主要是为用户提供一个可以根据工艺要求进行组态监控的环境，包括模拟现场工艺流程的图形组态及其运行子系统，现场设备工作异常发出报警警报的报警组态及其运行子系统，将现场的数据形象直观地显示出来的趋势曲线组态及其运行子系统，报表组态及其运行子系统，还包括为各子系统提供数据服务的数据库子系统，其中数据库子系统包括属性数据库、实时数据库和历史数据库。

一、数据采集软件

数据采集软件实现对各种现场设备进行数据采集与下行控制，并对采集和控制任务进行调度与优化；支持大规模数据采集需求，具有采集优化、链路状态监控、设备状态监控的能力，支持网络冗余和采集设备冗余，具有采集协议独立扩展开发、独立加载与运行功能；支持常规的数据通信规约；实现多种通信协议的异构接入和转发；支持服务的 1：1 备份和通信信道的切换，支持公网、城域网的通信网络拓扑方式等。数据采集服务软件结构图如图 4-7-5 所示。

其技术特点和规格如下。

① 支持 OPC DA、Modbus RTU/TCP、IEC104 规约、CDT 和 GCS 驱动。

② 支持 OPC DA Server、Modbus TCP Slave 和 IEC104 Slave 数据转发服务。

③ 支持公网、城域网的通信网络拓扑方式。

④ 可以与 VxSCADA 部署在同一台计算机上或独立部署。

⑤ 内置基于 C/S 网络的 SNTP 时钟同步机制，支持 GPS 的时钟同步。

⑥ 单个 VxRCI 最大支持 5 万点 3 秒的刷新周期。

⑦ 单个 Modbus RTU I/O 通信驱动最大支持 8 路串口通信。

⑧ 单个 Modbus RTU 驱动最大支持 1 万点实时数据接入，4000 点秒级同时变动。

⑨ 单个 Modbus TCP 驱动最大支持 2 万点实时数据接入，8000 点秒级同时变动。

⑩ Modbus RTU/Modbus TCP 通信扫描周期最小可达 500ms。

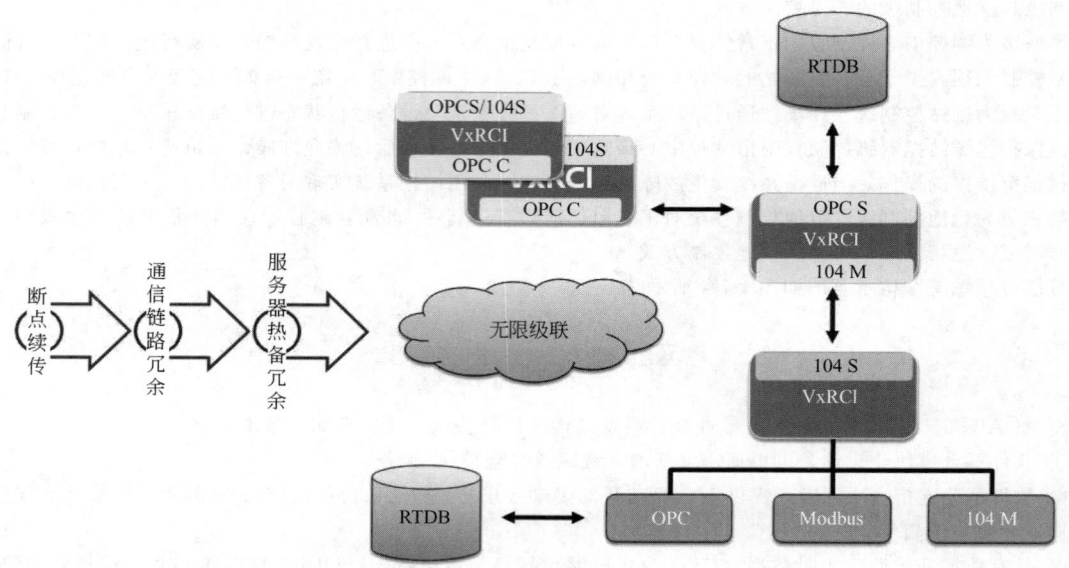

图 4-7-5　数据采集服务软件结构图

二、大型数据库

大型实时/历史数据库作为 SCADA 系统的数据中心平台，是 SCADA 系统的核心组件之一。

大型工业级实时/历史数据库在各个环节都具备高可靠性、高容错性及高可用性，支持通信采集信道冗余、支持实时/历史服务冗余，支持历史数据同步、导出及备份，为保障企业数据的安全性、完整性提供了良好的技术保障。

其技术特点和规格如下。

① 基于 C/S 的轻量级客户端可实现全系统数据访问。

② 采用 C/S 架构，支持分布式部署；支持 Server To Server，支持分域和总历史服务。

③ 支持采集器冗余、服务器冗余、采集器和服务器间通信路径冗余。

④ 支持数据同步，包括冗余服务器数据同步，服务器间数据合并，分、总服务器数据同步。

⑤ 数据库容量为单机 25 万，以分布式方式部署后，可达 100 万。

⑥ 支持标准数据类型存储（BOOL、INT、FLOAT、DOUBLE、STRING 等）及自定义结构。

⑦ 采集周期支持 1s～10min，最多支持同时连接 32 个采集器，每个采集器最大采集点数为 5 万。

⑧ 采用 3 层压缩：采集器死区压缩、快照旋转门压缩、存档页数据压缩。前两者压缩开关、参数均可配置。整体压缩率在 90% 以上。

⑨ 支持实时数据订阅、历史数据查询。订阅周期最小 1s，最大同时订阅 5 万点，每秒更新速率 2 万点。

⑩ 支持多种历史查询方式：趋势值、存档值、最大值、最小值、总和、平均值等。

三、组态软件

监控组态系统可以创建各种监控画面、配置系统参数、执行数据库组态、启动监控组态软件其他程序组件等。在系统开发环境中，组态内容包括数据库组态、驱动配置、流程图组态、历史趋势、报表管理、报警管理以及安全管理等。

组态技术要求如下。

① 根据工艺生产需要的点号表（变量表）对数据单元进行变量信息配置，配置完成后将生成属性数据库、实时数据库和历史数据库三个库表，将数据字典中的变量信息填写到相应的数据库表中。

② 利用图形组态子系统模拟现场的工艺流程。对于工艺流程中没有设置监控点的静态部分，如装置的设备布置、厂房等，可以利用图形工具来绘制；对于工艺流程中设置监控点的动态部分，如电机的工作状态、蒸汽的温度压力等，可以通过动画连接操作将图元对象的动画属性与实时数据库中的数据关联起来。

③ 在报警组态子系统中可对不同类型的变量的属性设置报警参数，比如模拟量类型的变量，要对其设置

低低限、低限、高限和高高限等报警限制，当现场采集的变量的属性值超过设定限制时，则发出报警，提示操作人员对现场的异常进行调整。

④ 利用趋势曲线组态子系统和报表组态子系统，将数据形象直观地表示出来。在趋势曲线组态子系统中，可选择用曲线表示的变量，并对线条颜色、风格等相关设置，实现趋势曲线的组态；在报表组态子系统中，可完成对固定项和数据项的设置。

在完成各个系统的组态后，可通过软件的保存操作将组态画面及其属性保存为组态文件。一般包括两部分：系统结构组态软件和监控组态管理软件。

① 系统结构组态软件：安装在工程师站，用于进行 SCADA 工程定义，完成 SCADA 系统结构框架的搭建，包括工程内 SCADA 节点的划分及功能分配，以及各工程师组态权限分配等。

② 监控组态管理软件：安装在工程师站，通过对象链接与嵌入技术，构成了一个全面支持 SCADA 系统结构及功能组态的软件平台。

组态软件的主要功能规格包括以下方面。

（1）系统部署

① 支持经典客户端/服务器结构。

② 支持单机应用，适用于小项目使用单台计算机实现独立通信、独立存储与查看的应用。

③ 支持远程采集站部署，可实现跨防火墙的应用。

（2）SCADA 服务器

① 采用客户端/服务器网络通信架构。

② 内置实时数据库，支持整型、实型、开关量、字符串、GCS 结构类型。

③ 提供超限报警与开关报警。

④ 内置历史数据库，采用专用压缩技术，可高效数据压缩。

⑤ 内置历史数据库，支持通过时间等形式显示与查询。

⑥ 内置实时数据库，支持 1∶1 双机热备冗余，可无扰切换。

⑦ 冗余服务器支持报警确认状态的实时同步。

⑧ 冗余服务器各自采集实时数据、存储历史数据、计算报警数据，不进行实时同步。

（3）SCADA 客户端

① 客户端应用包括实时流程图页面、趋势、报警、报表、数据一览表等。

② 客户端所有数据通过订阅模式来源于服务器，可降低客户端负荷。

（4）流程图组态

① 提供各种图形对象动画效果、三维立体效果的绘制。

② 包括趋势、报警、日志控件、视频控件。

（5）画面图元的多图层技术

① 画面背景模板、流程图脚本，可全局调度。

② 全屏显示，适应多种分辨率，支持双屏显示。

③ 提供自定义面板与符号的制作功能。

（6）报表应用

① 可以安装在服务器或操作站节点。

② 支持单机应用：报表生成、浏览和打印。

（7）工程组态过程

① 基于统一的组态服务器进行应用开发，实现多人组态。

② 提供权限控制下安全的组态远程修改、发布部署机制。

③ 远程、增量组态发布，监控不需要重启，实现"即改即用"。

④ 支持全体模式组态发布，监控自动重启，降低维护成本。

（8）其他

① 支持对象化组态、图模一体化应用。

② 支持工业电视视频数据的接入和显示。

③ 支持 ICCP 调度中心互操作协议。

④ 内置基于 C/S 网络的 SNTP 时钟同步机制，支持 GPS 的时钟同步。

⑤ 具备对站控仪表的远程诊断和系统自诊断功能。

四、HMI 界面

监控软件提供流程图显示、历史/实时趋势显示、历史/实时报警显示、系统状态诊断、报表等多种数据表现方式，可通过监控画面中的操作命令或操作员键盘实现对系统的监控及信息输出。

软件读取组态文件并建立与属性数据库、实时数据库和历史数据库的连接。根据实时数据库中通过采集程序从现场设备中获得的实时值，使运行画面按组态设置进行动态显示，并将各实时变量值按照组态时设定的存储策略保存到历史数据库中；在此过程中将变量值同属性数据库中对该变量的报警属性值进行比较，若超限则报警显示；在运行过程中软件根据实时数据库和历史数据库的变量值生成在趋势曲线组态子系统中组态变量的实时趋势曲线和历史趋势曲线，并生成在报表组态子系统中组态的变量的报表。对运行画面上的图元进行操作，通过参数输入对话框输入参数值来控制现场工艺参数，通过组态过的按钮操作来控制现场设备的开关，将这些控制参数值保存到实时数据库中，并通过采集程序，将其设置到现场设备中，从而实现对现场设备的参数调整。

监控软件主要包括实时监控软件和数据服务软件，分别安装在各个操作节点和服务器节点，通过各子软件的相互配合，实现监控系统的数据采集、显示、操作及历史信息管理。SCADA 运行期间的软件可扩展性，使 SCADA 的升级扩展非常容易，同时提供与诸多不同的通信协议互联。精确的实时数据、图形报警、报表和集成的实时与历史数据库，使 SCADA 成为过程管理、风险控制的有力工具。监控软件画面如图 4-7-6 所示。

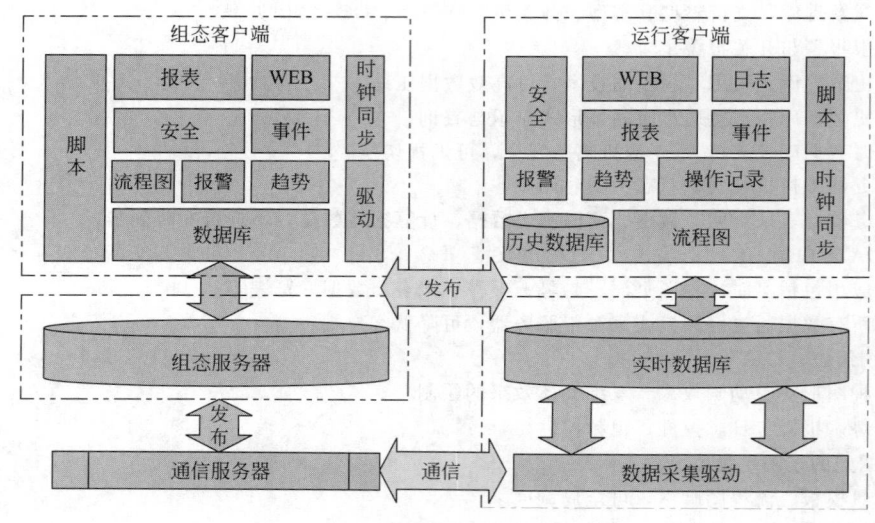

图 4-7-6　监控软件画面

监控软件技术要求如下。

① 监视包括整个控制系统的总貌、各部分系统的模拟事物图、各个现场位号的运行趋势图和报警图及采取的控制策略等图形监控界面。

② 提供各种动态实时显示，可反映现场硬件设备的实时运行情况、各个位号的实时变化，可动态刷新，方便了操作人员监视和控制。

③ 实时数据库最大支持 40000 个位号；单服务器最大历史记录 20000 点；单操作站最大支持 500 幅流程图；单操作站最大支持 100 个报表，最多同时输出 10 张报表。

④ 1000 点内的简单组态可以在 15s 内完成启动或者关闭操作；5000 点内的组态可以在 30s 内完成启动或者关闭操作；10000 点内的组态可以在 60s 内完成启动或者关闭操作。

软件的主要性能规格包括以下方面。

（1）SCADA 服务器

① 冗余服务器的正常切换时间在 1s 以内。

② 冗余服务器在断网、断电时切换时间在 8s 以内。

③ 每个操作域配置一对（互为冗余）服务器。

（2）单机节点

① 最多支持 32 个。

② 内置实时数据库。

③ 单节点最大支持 5 万点域变量 I/O 驱动位号，常规应用推荐 3 万点。

④ 单节点最大支持 3 万点实时数据 1s 刷新周期，其中 1 万点秒级同时变动接入。

（3）内置历史数据库

① 单节点最大支持 2 万点秒级数据记录，各点可配置采集周期。

② 历史数据记录周期 1s～1min 可配置。

③ 支持最多 60 个节点数。

④ 单台操作站最大支持 200 幅流程图。

⑤ 单台操作站最大支持 100 个报表，最多同时输出 10 张报表。

⑥ 简单流程图翻页时间小于 1s，复杂流程图翻页时间小于 2s（图形对象不大于 350 个）。

⑦ 画面支持分辨率 1920×1080、1280×1024，24 位色，支持双屏、宽屏自适应显示。

⑧ 单幅画面最大支持 700 个位号实时刷新，最小刷新周期为 500ms。

⑨ 监控流程图数据刷新周期为 1s，实时趋势曲线数据刷新周期为 1s，实时报警数据刷新周期为 1s。

第三节　网络架构

以天然气长输管线 SCADA 系统为例，SCADA 系统在管道全线设主调度控制中心和备用调度中心各一座，在管道沿线各站场设站控制系统，在清管站和远控线路截断阀室设置 RTU 系统。主调度控制中心通过监控系统实现对首站、压气站、分输调压计量站、清管站和远控线路阀室的工艺设备进行控制，监控全线压力、流量、温度、分析等仪表的技术数据。

全线设备设调度控制中心一座，当主调度控制中心发生故障或由于地震、洪水等不可抵御的自然灾害导致主调度控制中心无法正常工作时，由备用调度控制中心对全线进行生产调度和管理。

一、全系统网络

天然气长输管线 SCADA 系统网络架构如图 4-7-7 所示。

天然气输气管道 SCADA 系统由调度控制中心、站场控制系统（SCS）以及通信系统（COMM）三部分构成。

调度控制中心接收多座站控系统（SCS）和多座远控线路截断阀室（RTU）上传的数据，与各 SCS、RTU 通过管线专用光缆通信系统采用点对点方式进行数据通信。调度控制中心与 SCS 之间租用邮电公网作为备用通信信道，RTU 参数沿两个方向光纤上传调控中心，不设备用信道。沿线各个站场的站控系统（SCS）和多座监控 RTU 将完成对本工艺站场及监控阀室的监控与联锁保护等任务，并接受和执行调度控制中心下达的命令。其余多座 RTU 完成对相应阀室的监视作用。各管理处监视终端是 SCADA 的远程操作站，通过管线专用光缆通信系统与调控中心 SCADA 系统进行数据通信，只能实现数据监视，不能进行控制。

为了保证 SCADA 系统各站点之间数据交换的实时性和高效率，减轻控制中心实时服务器的数据处理压力，SCADA 系统站场与调控中心之间的数据传输采用 IEC60870-5-104 通信协议。RTU 与调度控制中心之间的数据传输采用 DNP3.0 通信协议。

输气管线工程采用全线调度中心控制级、站场控制级和就地控制级的三级控制方式。

第一级为调度中心控制级：对全线进行远程监控，实行统一调度管理。在正常情况下，由调度控制中心对全线进行监视和控制。沿线各站控制无需人工干预，各工艺站场的 SCS 和 RTU 在调度控制中心的统一指挥下完成各自的监控工作。

第二级为站场控制级：在首站、输气站通过站控 SCS 系统对站内工艺变量及设备运行状态进行数据采集、监视控制及联锁保护。站场控制级的控制权限由调度控制中心确定，经调度控制中心授权后，才允许操作人员通过 SCS 对该站进行授权范围内的操作。当通信系统发生故障或系统检修时，用站控系统实现对该站的监视与控制。

810

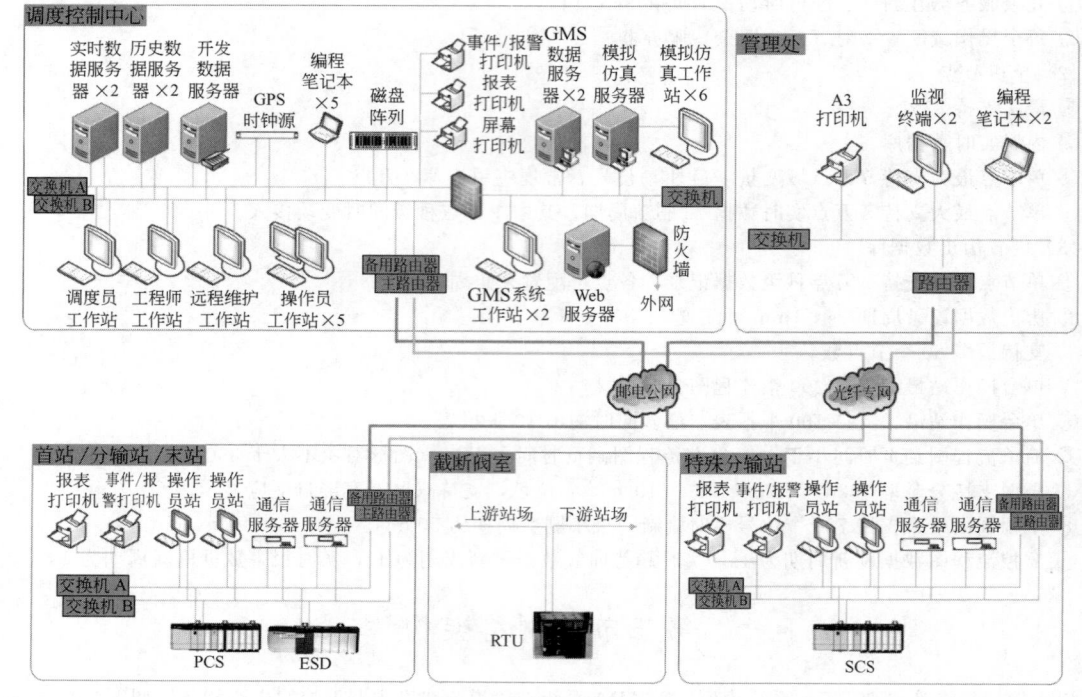

图 4-7-7　系统网络架构

第三级为就地控制级：就地控制系统对工艺单体或设备进行手/自动就地控制。当进行设备检修或紧急切断时，采用就地控制方式。

通信系统以主干光纤作为核心通信系统，结合微波技术与共用宽带网技术构成多重备用的高可靠性通信网络系统。整个网络设置主调控中心1处、备用调控中心2~3处、工作段20多处、有人值守的各类场站30~40处、无人值守的工艺场站60~70处。主调控中心与备用调控中心负责整个长输管线的数据监控与管理信息发布；有人值守的场站系统自成体系统一出口接入网络，无人值守的场站数据集成以后统一出口，从而构建高效、稳定、安全的通信系统。

主调控中心与备用调控中心允许建设在整个主干光纤网络的任何位置，也就是说所有的通路在主干网络的全长度下均可以实现数据传输。

主干光纤通信网络采用线路冗余与设备冗余并行的方式实现传输的安全性，即需要安装传输设备的站点是由两套独立的设备构成的，每套独立的传输设备均有两条独立的通道光纤通路，两套系统共计4条独立的光纤通路，因此在一套设备中可以实现线路的冗余，两套设备又形成设备间的冗余。两个相互冗余的设备应能够同时热备工作，在出现设备故障或线路故障的时候能够进行切换，两套设备切换所需要的时间延迟不超过500ms，在一套设备内线路切换的时间延时不超过200ms。两个互为独立的传输设备的输出接口是独立的，或共用可冗余的接口设备，输出接口整合为一路，不需要再增加其他的交换机或路由器设备。

考虑到数据传输的区域控制与数据管理的安全性，除主调控中心与备用调控中心允许对主干网的所有通道进行数据传输外，其他各个站点是不允许任意进行数据传输的。每个工作段的相关工艺场站与监视出口数据贯通，此配置应可以在传输设备上进行配置以实现其相应的功能。主干光纤传输系统应具有数据保护与数据加密能力，通过设备对内部传输数据进行加密，并通过设备在出口进行解密。

二、时钟同步配置

调度控制中心设置两套GPS时钟系统提供时间基准，一用一备（冷备），GPS系统配置双网卡。GPS采用网络时间协议（NTP），周期性地向各个工艺站场的站控系统和RTU发送时间基准点，每个场站每天需对时一次来保持整个系统的时间同步。调度控制中心SCADA主计算机应精确地遵循日历日期和北京时间，并能自动调整年、月、日和时钟。主计算机的内部时钟应与GPS标准时间保持±1s/30d的精度和同步性。

三、网络信息安全设计

对于大型分布式 SCADA 系统，涉及到地理分布广，通信系统复杂，通信协议多，在网络设计时必须考虑信息安全。以大型长输管线分布式 SCADA 系统网络为例进行说明。

1. 网络分层分段设计

整个 SCADA 管线调控系统的网络结构从地域上分，可以分为站控系统内部网络、调度中心内部网络和站控与调度远程网络三部分。站控系统内部网络可以保障在远程通信终端的情况下能够对站控 PLC 进行控制操作；调度中心内部网络支撑一个庞大的信息中心，集结众多数据服务器、应用服务器、工程师站和操作站等；远程网络的设计保障了众多站控和调度中心的数据交互。

调度中心内部网络复杂，为了保障调度中心的数据安全，网络使用模块化的分层设计。数据中心集结了实时数据、历史数据、开发数据等关键的数据服务器，通过带有防火墙的路由器与站控进行数据交互，构成了控制层网络。同时操作站、工程师站也接入控制网络，能够方便地操作和管理整个管线上的设备。在控制网之上构建一层信息网，使用专用网关将信息网内的 GMS、OTS 等应用服务器与控制网隔开，保障控制网络的安全。信息网的数据需要使用 Web 方式发布给外部，因此在信息网之上使用了防火墙隔离并创建了一个信息发布网络。这样多层网络的设计保证了调度中心的网络可靠性和健壮性。

2. 全网诊断与报警

长输管线项目由于距离远、众多站场和阀室无人值守，网络通信显得尤为重要，在调度中心就能对全网设备进行故障诊断，以便第一时间发现问题并处理。

长输管线项目设计时考虑的服务器接口、交换机/路由器、站控系统 PLC/RTU 均应支持远程诊断，网络中的任一节点的故障信息都能够在调度中心的 HMI 界面上查看到。同时通过智能设备管理系统能够对分布于管线上的任一设备进行远程管理及详细诊断，进而分析及排除故障。

四、防病毒系统

SCADA 防病毒体系的范围覆盖 SCADA 系统中所有工作站、服务器，以及管理所有防病毒系统中央集中管理系统，其建立一个覆盖全面的整体网络防病毒体系。可采用网络安全解决方案进行安全防护。将病毒进行拦截、清理。在 Web 服务器上定期利用病毒库通过光盘进行病毒升级，同时发布给网络上所有的服务器和客户机。

① 适用于各种系统软件。

② 防御病毒、木马和蠕虫。

③ 阻止病毒爆发。

④ 实时扫描网络传输。

⑤ 执行全盘扫描时，对系统资源进行合理再分配，可隔离被感染和可疑的对象。

五、其他

1. Web 远程监控

Web 远程监控是监控软件的 B/S 模式，具有生产信息监视、分析功能，主要用于满足工业生产过程中的生产数据监视、生产报表统计、生产报表分析、生产信息调度、能耗统计等方面的需要。Web 监控发布软件一般用于实现基于 Web 的流程监视，管理人员可以在办公室通过 Web 浏览器查看现场工况。Web 发布软件一般可实现流程图、趋势、报表、报警、日志等的监视，可根据不同角色设置不同的查看权限。主流的监控软件一般都提供 Web 发布功能，如 CS3000 的 Web 监视、DeltaV Webserver、VxSCADA 的 PIMS 等。Web 监控画面如图 4-7-8 所示。

Web 监控软件通过数据库的配置，完成生产数据的统计、查找、管理，事故追忆，趋势分析等功能，满足各种工业现场信息化的需求。用户安全管理系统，可以实现分布式管理，构建复杂的网络数据库平台。通过 Web 发布功能，可以实现在任何时间、任何地点访问站点，获取生产信息。Web 浏览网络结构如图 4-7-9 所示。

Web 客户端支持实时、历史、报警和日志数据的监控，支持报表与流程图等图形界面的有机交互，并支持脚本引擎。Web 监控中可对实时报警进行确认、消除、过滤、查询等操作，可对历史报警、日志进行过滤、查询等操作，操作方法与本地监控软件中报警、日志操作相同。Web 监控软件主要功能如下。

① 流程图、报警、趋势和日志等数据支持 Web 展示，流程图的数据支持秒级刷新、各类填充动画。

② 报表支持实时数据统计和分析功能，主要的统计函数包括平均值、最大值、最小值、累积值、合格率、

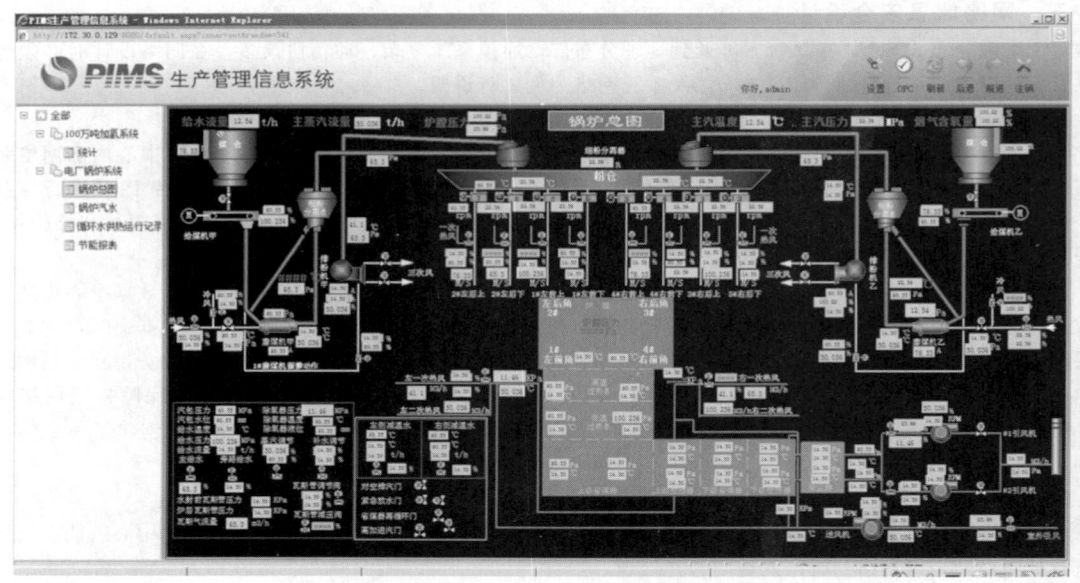

图 4-7-8　Web 监控画面

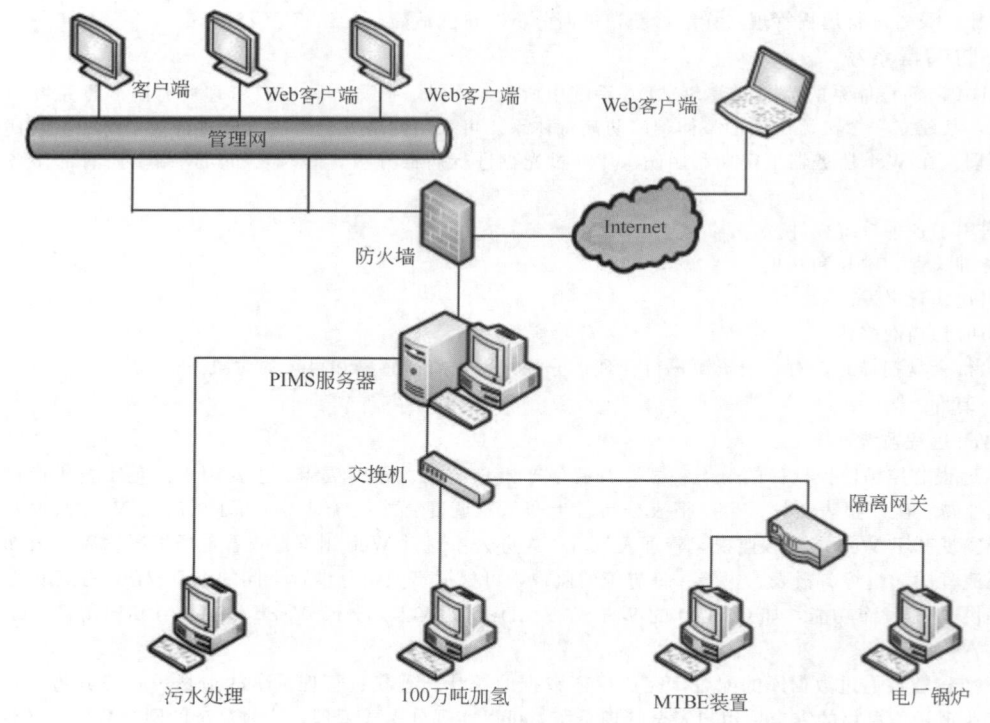

图 4-7-9　Web 浏览网络结构

超限次数、超限时间、超限率等。

③ 可制作各类生产统计报表，也可采用 VBS 脚本定制复杂的报表应用。报表支持自动生产、自动打印，可导入或导出 Excel 文件。报表的数据来源既可是自动采集的数据，也可是人工录入的数据。

④ 提供图表展示和分析功能，包括柱状图、曲线图、折线图、饼图等。数据源可以是实时数据，也可以是关系库的数据。

⑤ 具备工程二次开发能力，系统内嵌 VBS 脚本，可基于脚本定制流程图监视、统计报表及特殊的模块。

⑥ 支持不同显示器分辨率的自适应，支持页面缩放。

⑦ 分级的权限控制体系，不同的用户可以查看不同的页面，操作不同的数据。

⑧ 可对实时报警进行过滤、查询等操作。

⑨ 日志文件支持导出操作，可导出生成 CSV 文件。可对日志文件查询、过滤等操作。

2. 移动监控

移动监控通过智能移动设备为用户提供过程数据、过程报表及过程报警，采用直观的可视化画面监控，界面美观易上手，内置严谨的授权模式，数据通信采用 SSL 加密，具备较高的数据安全特性。

移动监控软件由服务器软件和移动监控客户端软件两部分组成，服务器软件安装在基于 Windows 系统的服务机上，通过 OPC 协议从 DCS/PLC 系统中获得数据，通过工程组态将流程图画面、过程报表及报警配置都存储在服务器端。移动监控客户端通过无线网络的形式连接服务器，根据服务器上的工程组态，将过程数据、画面、报警、报表展示在手机/平板等移动智能设备上。

第五篇　工程设计导则

第一章　控制室的设计

第一节　概　　述

随着石油化工生产技术的发展，石油化工企业越来越向着大型化、一体化、智能化方向转变，传统的过程控制和生产管理模式已经或正在改变。从企业的生产操作、管理、维护的角度出发，要求生产操作自动化、经营管理信息化、生产管理与过程控制管控一体化，建设智能化工厂是石油化工企业的发展方向。

目前，现代化石油化工企业由于自动化、信息化集成技术发展并成功应用，促进了企业精益管理水平提升，主要表现在四个方面：一是建立贯穿经营管理层、生产运营层、过程控制层的集中集成平台，包括能源优化、大数据分析、计划生产协同优化、生产调度应急指挥等；二是建立一体化的生产管控中心，实现生产运营由分散管理转变为集中、协同管理，强化工厂、部门、现场的协同与响应能力；三是在生产分析、生产操作、设备运行等领域开展大数据分析应用，为生产安全平稳运行、精益化管理提供科学指导；四是建立内外操联动生产操作模式，外操人员利用移动终端设备将现场巡检信息实时传送到中心控制室，并按照内操人员传来的作业指导书进行现场处置，提高现场处置效率，实现全生命周期安全。

中心控制室在石油化工企业中的地位越来越重要，企业对控制室设计的关注和重视程度越来越高，控制室设计直接关系到业主对设计单位的满意程度，体现工程公司整体设计水平。

随着石油化工企业规模的大型化，中心控制室建筑物的面积越来越大，有的中心控制室一层面积约5600m²，其中操作室的面积约2520m²，操作台超过300个，且中间无柱设计。中心控制室里安装的自动化信息化核心智能设备、操作人员、管理部门人员等越来越多，中心控制室设计关注的主体是人，其次是设备。首先给人营造一个整体舒适、优雅、美观、绿色的操作环境，又要使功能房间、办公房间布置合理。各种核心智能设备、人机界面布置美观适用。因此，人机工程学（人性化）设计显得尤为重要，采用以人为中心的设计方法。中心控制室又称为控制中心，遵循相关的设计标准，如GB/T 22188"控制中心的人类工效学设计"、ISO 11064 "Ergonomics design of control centres"。

控制室设计依据的主要标准如下：

(1) SH/T 3006 石油化工控制室设计标准；

(2) HG/T 20508 控制室设计规范；

(3) GB 50779 石油化工控制室抗爆设计规范；

(4) GB/T 22188 控制中心的人类工效学设计；

(5) GB 50160 石油化工企业设计防火标准；

(6) GB 50984 石油化工工厂布置设计规范；

(7) GB 50116 火灾自动报警系统设计规范；

(8) GB 50016 建筑设计防火规范；

(9) GB/T 50493 石油化工可燃气体和有毒气体检测报警设计标准；

(10) GB 50034 建筑照明设计标准；

(11) GB 50174 数据中心设计规范；

(12) GB/T 4798 电工电子产品应用环境条件；

(13) GB 50222 建筑内部装修设计防火规范；

(14) ISO 11064，Ergonomics Design of Control Center；

(15) ISA-RP60.1，Control Center Facilities；

(16) API RP554 Part2，Process Control Systems-Process Control System Design。

第二节　设置模式

一、控制室的分类

石油化工控制室（简称控制室，Control Room，CR）通常位于石油化工企业（工厂）厂前区或联合装置界区外的非危险区域，具有生产操作、过程控制、安全保护、仪表维护等功能，自动控制系统设备集中布置、集中操作和集中监控。根据控制室的功能和所控制的区域来分，控制室可分为"中心控制室"（Central Control Room，CCR）、"现场控制室"（Local Control Room，LCR）和"现场机柜室"（Field Auxiliary Room，FAR）。FAR 不是严格意义上的控制室，因其功能上构成控制室的一部分，将其归并在控制室的设计范畴。

中心控制室是多个工艺装置、公用工程单元、储运单元、辅助单元及动力中心等的自动化信息化集成系统，设备集中布置、集中操作监控和集中生产运行管理的场所，具有生产操作、过程控制、安全保护、仪表维护、仿真培训、生产管理和信息管理等功能的综合性建筑物，通常位于非生产区域内。

现场控制室是生产区域内公用工程单元、储运单元、辅助单元、成套设备的控制系统设备操作和监控的场所，具有生产操作、过程控制、安全保护等功能的建筑物。

现场机柜室是生产区域内单个或几个工艺装置、公用工程单元、储运单元、辅助单元的控制系统设备放置的场所，用于安装 DCS、SIS、GDS 等各种控制系统机柜及其他设备的建筑物。

二、控制室模式

根据石油化工企业（工厂）规模、总图布置和生产管理模式的要求，中心控制室的设计可归纳为以下三种模式。

1. 一个中心控制室、多个现场机柜室模式

大型炼化一体化、炼油、化工、煤化工等企业（工厂）的多个工艺装置、公用工程单元、储运单元、辅助单元、动力中心等，其操作监控和生产管理模式适合于全厂集中操作、统一管理的，采用一个中心控制室、多个现场机柜室模式。

2. 几个中心控制室、多个现场机柜室模式

大型炼化一体化、炼油、化工、煤化工等企业（工厂）的多个工艺装置、公用工程单元、储运单元、辅助单元、动力中心等，其操作监控和生产管理模式适合于全厂分区域操作和管理的，采用几个中心控制室，多个现场机柜室模式。如炼油区域、化工区域、动力中心各设置一个中心控制室，多个现场机柜室。

3. 中心控制室（控制室）、没有现场机柜室模式

规模较小石油化工工厂、单个装置、各装置距控制室的距离适中（通常≤500m）、其生产操作模式适合于分装置（单元）操作的，采用中心控制室（控制室）、没有现场机柜室模式。

中心控制室的几种设置模式在石油化工企业中都存在。从减少占地和节省投资的角度，选择一个中心控制室、多个现场机柜室的模式更具有优势。

在项目可研阶段应确定控制室的模式，这不仅关系到总图位置和投资，也关系到业主的工厂管理模式，控制室设置模式的选择应以业主为主导。

第三节　总图位置

随着石油化工项目大型化、一体化的发展，控制室的总图位置选择也相应发生了变化。在工程设计中，要求本质安全和 HSE 的设计理念贯穿于全生命周期，保护人员健康、设备和控制系统的安全。

对中心控制室、现场机柜室及现场控制室的总图位置确定，根据 GB 50160《石油化工企业设计防火标准》、SH/T 3006《石油化工控制室设计规范》和 HG/T 20508《控制室设计规范》等规范要求，主要考虑下列因素：

① 对于含有可燃、易爆、有毒、有害、粉尘、水雾或有腐蚀性介质的工艺装置，控制室宜位于本地区全年最小频率风向的下风侧；

② 远离高噪声源、振动源和存在较大电磁干扰的场所；

③ 不应与危险化学品库相邻布置；

④ 不宜靠近运输物料的主干道布置；

⑤ 不宜与总变电所、区域变配电所相邻，受条件限制相邻布置时，不应共用同一建筑；

⑥ 中心控制室宜布置在非生产区域；

⑦ 中心控制室宜为单独建筑物；

⑧ 中心控制室内变配电室的变压器应设置在建筑物外。

对于不"相邻"的要求，是要求控制室尽可能远离变配电所。控制室与变配电所之间的距离难以用一个固定的数值限制，因为变配电所中的设备是不同的，所发出的电磁场强度不同；另一方面，对电磁干扰的检测及防控并非简单易行，考量依据是变配电所产生的电磁场干扰不影响 DCS 的正常运行，满足 SH/T 3092《石油化工分散控制系统设计规范》规定的抗扰度能力指标要求。

中心控制室设计，需注意以下几点。

（1）合理布线　中心控制室的进出线主要是与各现场机柜室间的通信光缆，采用"一天一地"方式敷设，即一组架空，沿管廊在电缆桥架中敷设，另一组在电缆沟中敷设。控制室在总图定位时，要规划光缆和电缆的最佳敷设路径，研究装置管廊延伸至控制室的架空管架，电缆沟最近路径的可行性和合理性等因素，提出优化控制室总图位置的建议。现场机柜室位于各装置界区内，其位置应考虑装置电缆的合理布线，减少电缆长度，便于工程实施、维护及管理、节省工程费用等。

（2）建筑物结构形式　中心控制室总图位置与建筑物结构形式有关，控制室是否采用抗爆结构直接影响总图的定位。随着标准规范的完善和全社会安全意识的不断加强，抗爆结构控制室越来越得到普及采用。有爆炸危险的石油化工工厂（装置），控制室建筑物的建筑、结构形式应根据抗爆强度计算、分析结果确定，要以数据为依据。

（3）周边环境　确定控制室总图位置，除了按照《石油化工企业设计防火标准》《石油化工工厂布置设计规范》的要求外，控制室应远离高噪声源，远离振动源和存在较大电磁干扰的场所；不应与危险化学品库、变配电所相邻布置；不应靠近运输物料的主干道等。控制室周边的空地宜多种植花草，绿化环境。

第四节　布置和面积

控制室的布置和面积是控制室设计的重点，涉及内部区域的划分和建筑物的外部造型。控制室的大型化，一方面给结构、建筑、暖通空调、电气、电信、消防等方面的设计提出新的挑战，另一方面操作人员和生产管理人员进入到中心控制室，操作室、功能房间及辅助办公等用房增多，工程公司（设计）与业主结合实际情况，在满足集中控制、监视、操作、安全、生产管理需要的前提下，确定控制室的布置和面积。

一、控制室的布置

中心控制室内部的布置与工厂的管理和生产模式密切相关。中心控制室布置严格遵循标准规范进行设计尤为重要。

中心控制室的房间根据其功能可分为功能房间和辅助房间，功能房间又可分为常规功能和管理功能。按功能划分的房间设置如下。

（1）常规功能　包括操作室、机柜室、UPS 室、空调机室、电信设备室、生产分析室、工艺工程师室、控制系统工程师室、现场仪表工程师室、网络打印机室、备件室、现场仪表维修间等。

（2）管理功能　包括消防监控室、应急指挥中心、生产调度室、大数据分析室、计量系统室、HSE 室、IT 管理室、电气监控中心等。

（3）辅助功能　包括交接班室、办公室、会议室、OTS 培训室、控制系统培训室、资料阅览室、休息室/餐厅、茶水室、更衣室、保洁室、储藏室、卫生间等。休息室/餐厅宜独立设置。

上述房间的设置可根据石油化工企业（工厂）实际情况、规范和操作管理要求进行调整。

根据 GB 50116《火灾自动报警系统设计规范》的要求，应急指挥中心、HSE 室、消防控制室单独设置在中心控制室；电气监控中心、生产调度室根据业主需要设置。UPS 室设置在中心控制室或现场机柜室。空调机室不宜与操作室、工程师室相邻布置，如受条件限制相邻布置时，应采取减振和隔音措施，确保室内噪声不大于 55dB(A)，空调机室应设通向建筑物室外的门，并满足进出设备的需要。

图 5-1-1～图 5-1-7 是中心控制室平面布置图（工程举例）。

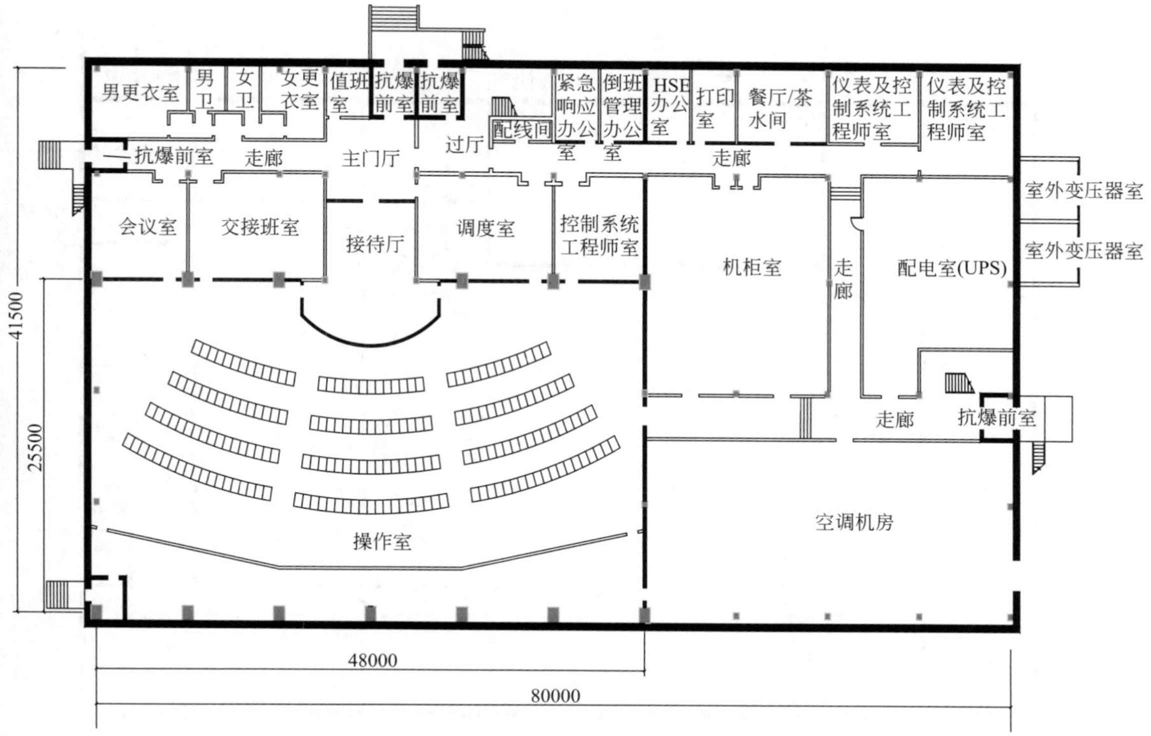

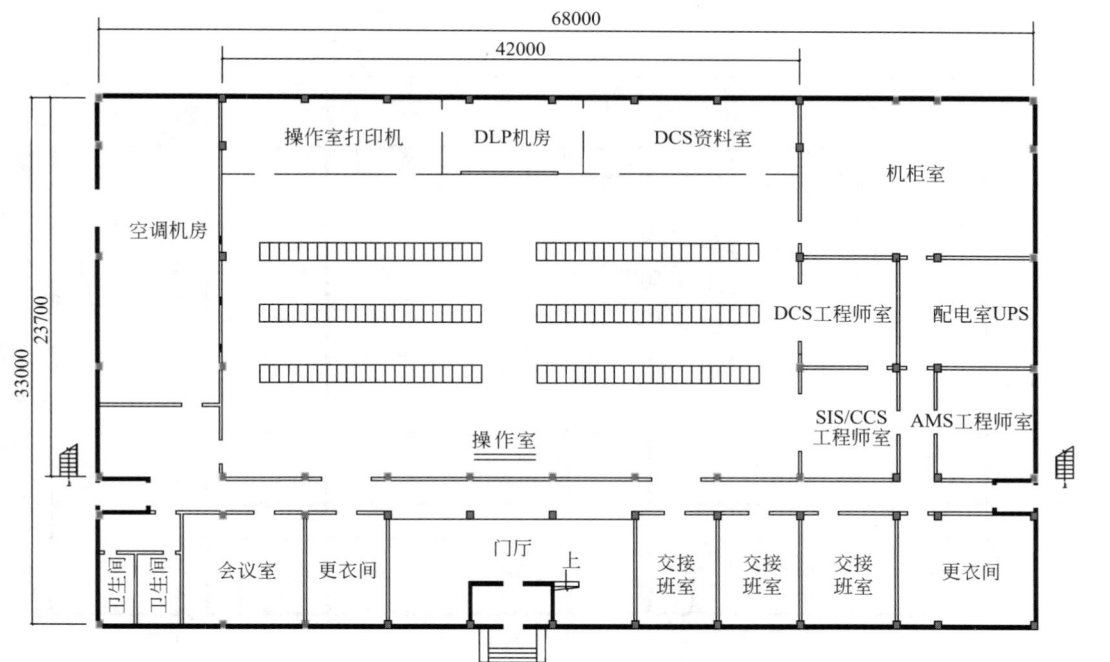

图 5-1-1　中心控制室平面布置图（一）

图 5-1-2　中心控制室平面布置图（二）

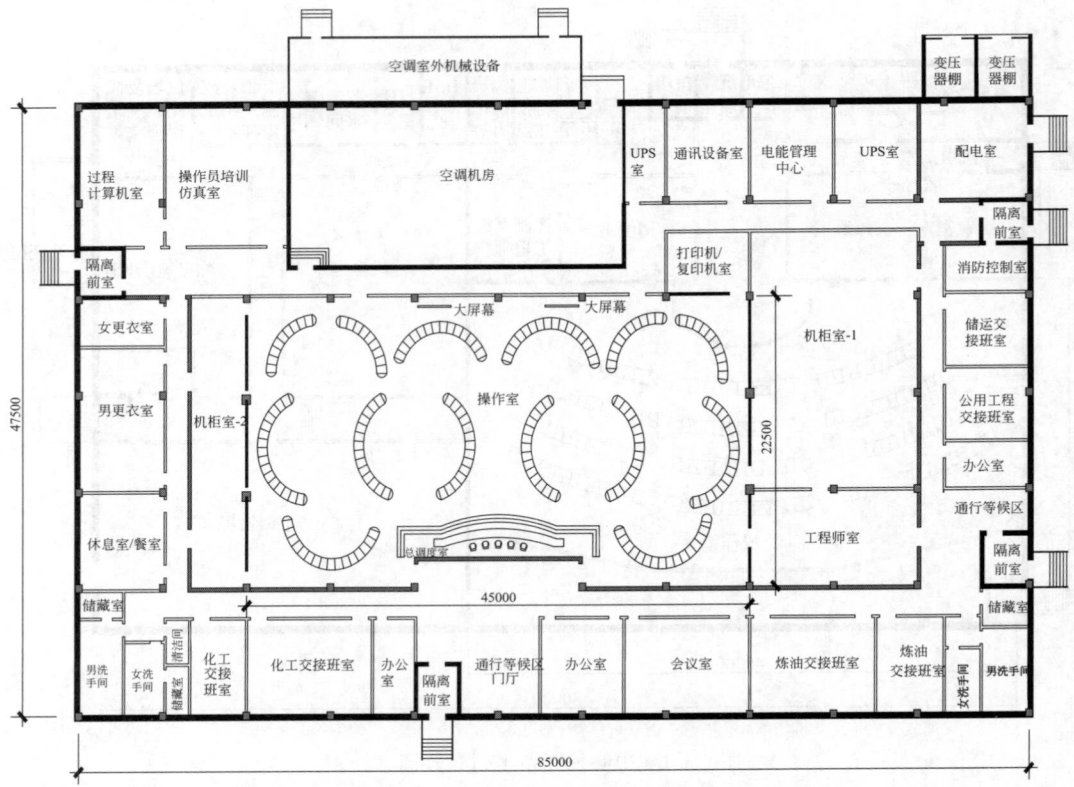

图 5-1-3　中心控制室平面布置图（三）

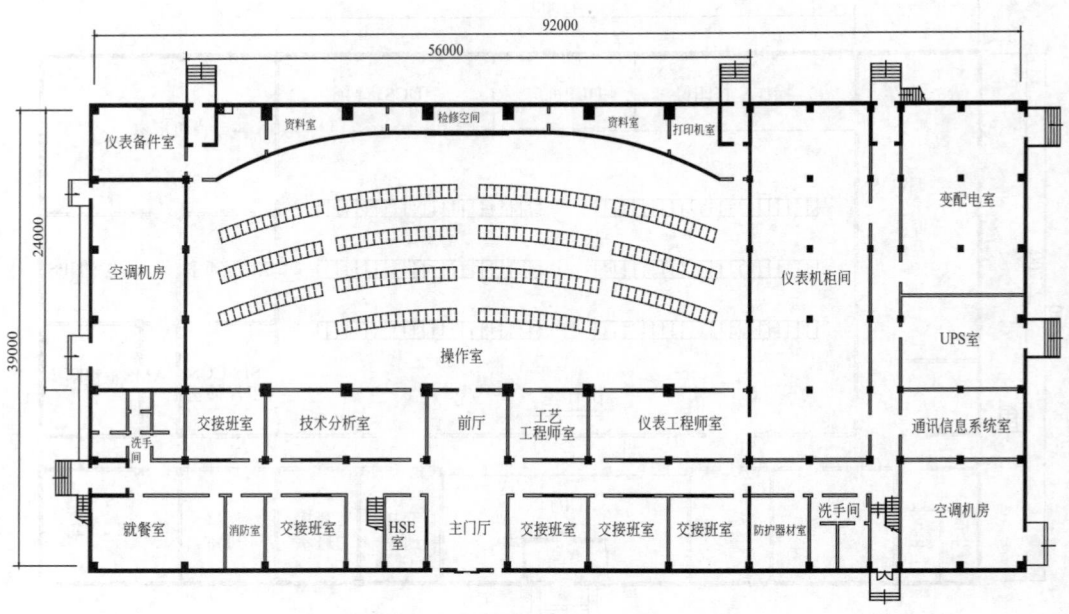

图 5-1-4　中心控制室平面布置图（四）

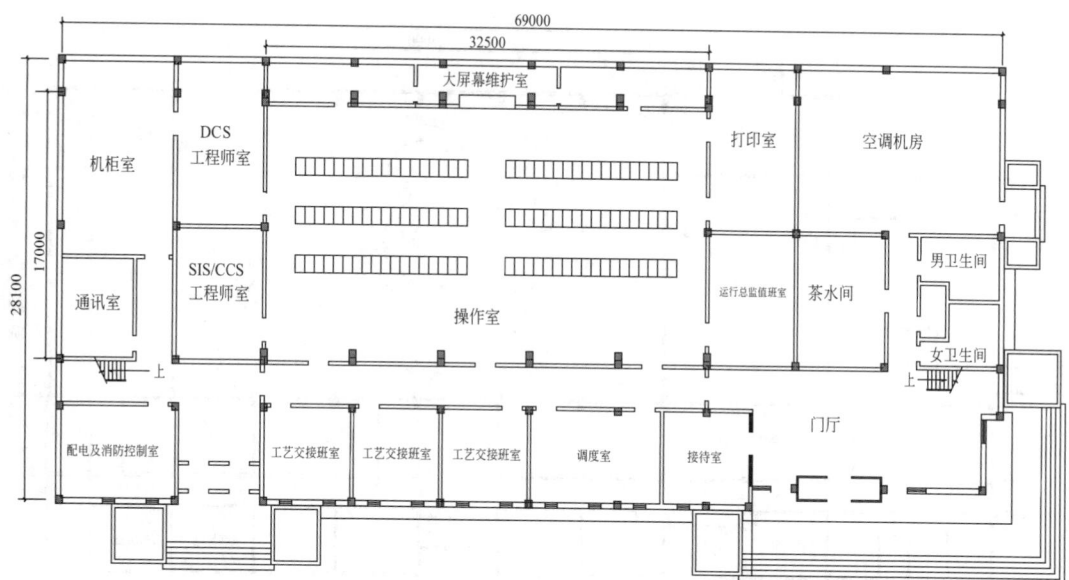

图 5-1-5 中心控制室平面布置图（五）

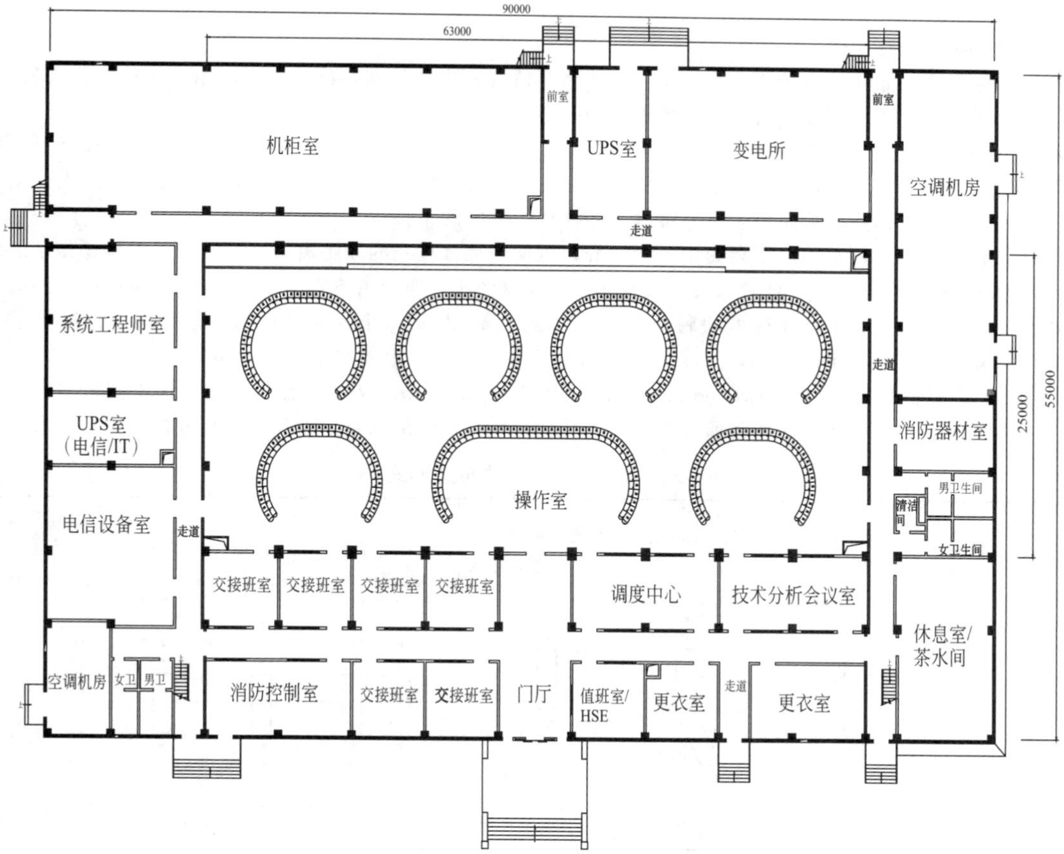

图 5-1-6 中心控制室平面布置图（六）

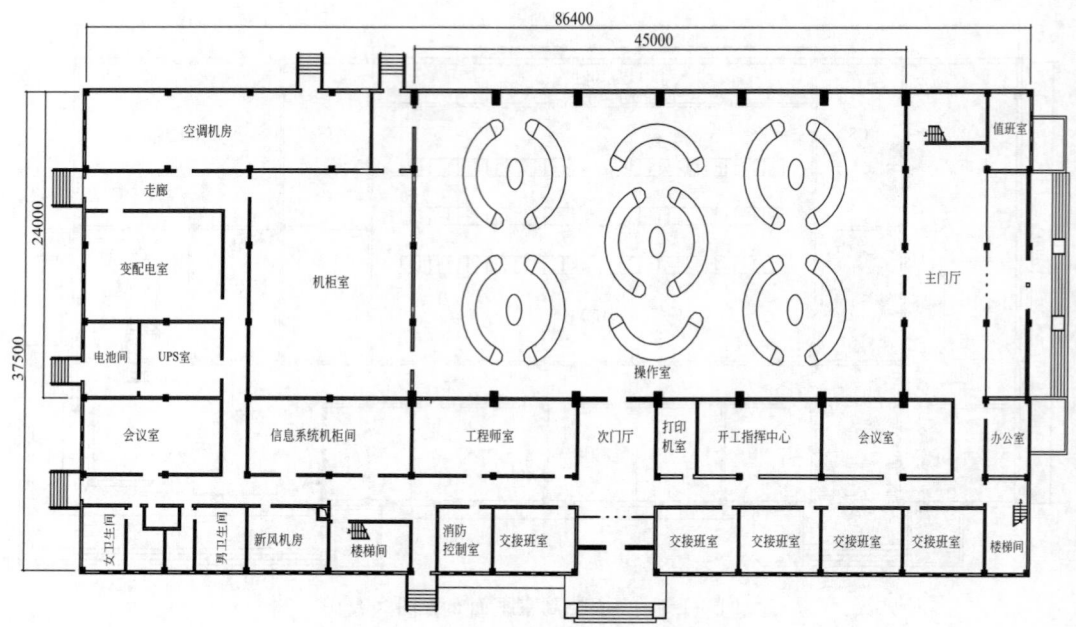

图 5-1-7　中心控制室平面布置图（七）

二、控制室的面积

　　中心控制室内设置操作室的主要功能是生产控制、监视操作和管理，设计重在适用，便于操作人员工作，便于运行和维护，便于内外操作人员、管理人员的联络，视觉效果良好、舒适、绿色。

　　操作室的面积根据操作台的数量及布置形式确定，并留有 20%的未来扩建面积。操作站可按直形、岛形或弧形布置。当操作室包括两个或两个以上相对独立工艺装置的操作站时，操作站宜分组布置。从人性化设计考虑，操作台采用弧形或岛形布置，相对可减少各操作组之间的干扰。

　　操作站背面距墙（柱）的净距离为 1.5~2.5m；侧面距墙（柱）的净距离为 2~2.5m；多排操作站之间的净距离不小于 2m；当设置大屏幕时，操作站背面距大屏幕的水平净距离不宜小于 4m。操作室进门与距门最近一排操作站之间的距离，即操作区域的剩余（空地）净距离，根据多个控制室现场考察结果，长度小于 30m 的操作室，建议距离不小于 4~6m，长度大于 30m 的操作室，建议距离不小于 6~8m。

　　表 5-1-1 是参照 ISO 11064　Ergonomics Design of Control Centres 列出的操作站布置的不同形式，包括对共享显示器的观察、操作者之间的沟通以及管理人员和操作者之间的联系。设计时综合分析确定布置形式。

表 5-1-1　操作站的布置形式

工作站分组	单侧直线布置	单侧弧形布置，操作者位于内侧	单侧弧形布置，操作者位于外侧	直形或弧形布置,操作者位于双侧(1A)	直形或弧形布置,操作者位于双侧(1B)	直形或弧形布置,操作者位于双侧(1C)
说明： ▭—操作站 →观察方向						
特点	操作者之间			不同组的操作者之间		
共享的工作站设备	良	好	一般	一般	一般①	一般
共享显示器	好	好	良	一般	一般③	好②

直接视线交流	一般	一般	良	好	一般	一般
语言交流	良	一般	良	好	一般①	一般①
噪声干扰	良	好	良	一般	好	良
信息传递	良	好	一般	一般	良①	一般①
文本的收集和传送	好	好	好	好	一般	一般
团队的协同作业	良	良	良	好	一般	一般
组间的分隔	一般	一般	一般	好	好	好
设备维护通道	好	好	良	一般④	好	良

说明:
好
良
一般

①操作者转身或移动
②工作站需要进行精细的布置,以使各组能共用站外共享显示器
③每组可共用不同的显示器
④取决于精细的布局,操作者在外侧的弧形布置较好,操作者在内侧的弧形布置较差

直形布置	
弧形布置,操作者位于内侧	
弧形布置,操作者位于外侧	

说明:●——操作者;▭——共享显示器;▯——操作站

第五节 建筑和结构

随着中心控制室的操作管理人员增多、自动控制系统规模增大、功能增加、面积增大、重要性加强,安全性突显,决定了控制室的建筑结构设计应将其安全性予以重点关注。

一、国外标准对控制室安全防护的规定

石油化工中心控制室（控制中心）安全防护设计遵循下列标准。

1. ISA RP60.1，Control Center Facilities

ISA RP60.1 第 3.3.1.3 款 "Blast waves and fragments" 指出了来自工艺装置或储罐区的爆炸危险，对于防冲击波和碎片的考虑如下。

（1）中等程度爆炸 外墙和屋顶应设计能抵御过压约为 3.44kPa，相当于 0.35t/m² 的静荷载或者 20.7～34.5kPa，相当于 2.11～3.5t/m² 的动荷载。单独支撑的屋顶应使用护墙。如果在爆炸面需要设防爆窗，应使用不碎材料，并且不大于 254mm×254mm。内墙应能抵御 3.44kPa 的过压静荷载。

（2）严重的爆炸 外墙和屋顶应设计能抵御过压约为 20.7kPa，相当于 2.11t/m² 的静荷载或者 68.9～103.44kPa，相当于 7～10.5t/m² 的动荷载。增加负荷时，应考虑一个大的潜在的爆炸或者装置至爆炸源的近距离要求，通常要求采用钢筋混凝土或者同等的结构，不应有窗。外门的设计和位置应按抗爆要求设计。

2. API RP554 Part2，Process Control Systems-Process Control System Design

API RP554 Part2 第 13 章 "控制中心" 中描述："控制中心应位于区域划分等级为非危险区域；控制中心可能需要采用抗爆结构设计，以便在事故发生时能够保证人身安全，保护控制系统计算机设备，保证操作人员仍能有序地进行紧急停车操作"。

3. PIP STC01018，Blast Resistant Building Designs Criteria

PIP STC01018 A-1.2 中描述 "石化装置抗爆建筑物设计中普遍遇到的问题是确定抗爆设计压力，即压力达到多少时需要采用抗爆设计。通常采用从 3.4kPa 到 6.9kPa 不等的侧向超压作为抗爆设计压力，这样的压力可对普通建筑物造成表面损坏或中度损坏，需维修后方可继续使用"。A-4.2.2 中描述 "抗爆建筑物应首选单层箱型结构，高度 5m，两层结构在绝对需要时也可以采用"。A-4.2.3 中描述 "业主应按照 PIP STC01018-D\DM 数据表指定爆炸荷载数据，至少需提供建筑物位置的侧向超压；通常有三种途径指定爆炸荷载数据：①采用现有规范如 SG-22 中的数值；②权威公司的一般经验值；③依据危险分析评估报告"。

4. DEP 34.17.10.30，Blast Resilient and Blast Resistant Control Buildings/Field Auxiliary Rooms（SHELL Design and Engineering Practice）

SHELL 企业标准（DEP 34.17.10.30）第 2.2 节 "爆炸荷载设计考虑及信息" 中描述："爆炸荷载（侧面过压）和碎片撞击将决定控制室和现场机柜室 FAR 建筑物的结构及位置，爆炸、碎片撞击和热辐射荷载信息应来自危险评估。下列要求适用于控制室及 FAR。

① 爆炸荷载（顶\侧过压）<5kPa 或一个脉冲<200kPa·ms，无附加的弹塑性和抗爆要求，应采用夹层安全玻璃。

② 爆炸荷载（顶\侧过压）5～20kPa（持续时间 50～150ms），应采取弹塑性结构，应采用夹层安全玻璃，采用防爆门。

③ 爆炸荷载（顶\侧过压）20～45kPa（持续时间 50～150ms），应采用增强弹塑性结构，应采用夹层安全玻璃，采用增强防爆门。

④ 爆炸荷载（顶\侧过压）45～65kPa（持续时间 50～150ms），应采用抗爆结构设计，应采用夹层安全玻璃和防护栏杆（护栏方格<0.25m²），采用增强防爆门。

⑤ 爆炸荷载（顶\侧过压）>65kPa，需请示项目负责人。

⑥ 如果会遭受到碎片撞击（爆炸引起）的潜在影响，且在距离小于 200m 的范围内，则外墙和屋顶需建成钢筋混凝土结构。"

二、国内标准对控制室安全防护的规定

设计抗爆控制室的目的：第一保护内部人员的生命安全；第二保护内部设备在爆炸危险发生后不受损坏，能够实现有序的安全停车操作。

1. SH/T 3006《石油化工控制室设计规范》

对于控制室采用抗爆设计，SH 3006 中描述 "对于有爆炸危险的石油化工装置，控制室、中心控制室、现场控制室、现场机柜室建筑物的建筑、结构应根据抗爆强度计算、分析结果设计"。

爆炸事故对中心控制室（CCR）和现场机柜室（FAR）建筑物影响数据表（表 5-1-2、表 5-1-3）由安全专业提出。

表 5-1-2　某炼油乙烯项目爆炸事故对 CCR 和 FAR 建筑物影响数据表

序号	建筑物名称	抗爆过压/kPa	持续时间/ms	爆炸危险源	建筑物类型	
1	中心控制室	15	109	乙烯装置	抗爆	单层
2	渣油罐区现场机柜间	77	57	加氢裂化和柴油加氢装置	非抗爆	单层
3	炼油循环水场现场机柜间	31	155	轻烃回收和柴油加氢装置	非抗爆	单层
4	常减压蒸馏装置现场机柜间	69	44	柴油加氢、加氢裂化装置	抗爆	单层
5	造汽/发电装置现场机柜间	69	172	轻烃回收装置,加氢处理装置	抗爆	单层
6	硫黄回收/尾气处理现场机柜间	3	2	硫黄回收装置	抗爆	单层
7	空分装置现场机柜间	18	97	轻烃回收装置,乙烯装置	抗爆	单层
8	MTBE/1-丁烯装置现场机柜间	38	60	MTBE,1-丁烯装置	抗爆	单层
9	乙烯装置现场机柜间 1	21	178	MTBE,乙烯装置	抗爆	单层
10	乙烯装置现场机柜间 2	18.2	220	轻烃回收装置,乙烯装置	抗爆	单层
11	聚烯烃现场机柜间	14	79	MTBE,PX 乙烯罐区(二)装置	抗爆	单层
12	化工循环水场现场机柜间	60	72	乙烯装置、MTBE、PX 乙烯罐区(二)装置	抗爆	单层
13	净化水场现场机柜间	16	16	PX,乙烯罐区(二)装置	非抗爆	单层
14	芳烃联合装置现场机柜间	98	80	PX 装置	抗爆	单层

表 5-1-3　某乙烯项目爆炸事故对 CCR 和 FAR 建筑物影响数据表

序号	建筑物名称	抗爆过压/kPa	建筑物类型	
1	中心控制室	7	抗爆	两层
2	聚苯乙烯装置现场机柜间	50	抗爆	单层
3	乙苯/苯乙烯装置现场机柜间	50	抗爆	单层
4	聚乙烯装置现场机柜间	50	抗爆	单层
5	聚丙烯装置现场机柜间	50	抗爆	单层
6	乙烯装置现场机柜间 1	50	抗爆	单层
7	乙烯装置现场机柜间 2	50	抗爆	单层
8	丁二烯抽提/芳烃抽提装置现场机柜间	50	抗爆	单层

2. HG/T 20508《控制室设计规范》

对于控制室采用抗爆设计,HG/T 20508 中描述"对于有爆炸危险的化工装置,中心控制室建筑物的建筑、结构应根据抗爆强度计算、分析结果设计;控制室、现场控制室、现场机柜室应采用抗爆结构设计"。

设计中需要安全专业对控制室建筑物的抗爆强度进行计算、分析和评估,并结合工程经验提出如表 5-1-4 所示的评估表。

表 5-1-4　某项目装置爆炸对 CCR \ FAR 建筑物评估表

序号	建筑物名称	爆炸危险源	峰值入射超压/kPa	持续时间/ms	建筑物类型	
1	中心控制室	煤气化装置	23	97	抗爆	单层
2	煤气化装置现场机柜间	煤气化装置	56	76	抗爆	单层
3	净化装置现场机柜间	变换装置、甲烷化装置	29	124	抗爆	单层
4	循环水场现场机柜间	变换装置	9	65	非抗爆	单层

3. GB 50779《石油化工控制室抗爆设计规范》

GB 50779《石油化工控制室抗爆设计规范》规定控制室抗爆设计采用的峰值入射超压及相应的正压作用时间，应根据石油化工装置性质以及平面布置等因素综合评估确定。当未进行评估时，也可按照下列规定确定，并在设计文件中说明：

冲击波峰值入射超压最大值可取 21kPa，正压作用时间可取 100ms；也可冲击波峰值入射超压取 69kPa，正压作用时间取 20ms；

规范中采用的两种冲击波参数与 Siting and Construction of New Control Houses for Chemical Manufacturing Plants，Safety Guide SG-22 中相同。该指南定义抗爆建筑物要足以抵抗外部装置爆炸所产生的冲击波超压 69kPa，作用时间为 20ms。这相当于一个球体在自由空气中爆炸（1US ton TNT 在距中心距离 30.5m 处）所产生的冲击波超压。为抵抗这种爆炸，结构允许产生中度损坏而不倒塌，控制室内人员可保证安全，设施保证具有可操作性。对于蒸汽云爆炸，设计计算时采用冲击波超压为 20kPa、持续时间为 100ms 的冲击波，它约相当于直径 60m，高 4m 包含 6% 乙烷的气体爆炸，距中心距离 75m 处产生的冲击波超压。

该规范统一了抗爆建筑物的结构设计要求，建筑物单面墙（面向工艺装置一侧的墙采用抗爆墙）的抗爆措施已不适用，建筑物必须五面抗爆。

4. GB 50984《石油化工工厂布置设计规范》

表 5-1-5 是该规范给出的安全防护距离，体现以人为本、本质安全的设计理念，保障人员的生命安全。

表 5-1-5 工厂人员集中场所最小安全防护距离建议值   单位：m

序号	场所名称及岗位人数		甲、乙、丙类火灾危险性装置或设施	VCE 爆炸危险源	高毒气体泄漏源（构成重大危险源）	高毒气体泄漏源（未构成重大危险源）	防护措施
1	办公楼(室)、消防站、食堂、会议室、中心化验室等人员集中场所（含相邻企业）	>300 人·h/d	执行《石油化工企业防火设计标准》	200	200	150	
		40 人·h/d~300 人·h/d			150	100	
2	中心控制室	>300 人·h/d		200	200	150	
		40 人·h/d~300 人·h/d			150	100	
	中心控制室				60	60	有
	单装置控制室				60	60	有
3	外操休息室	40 人·h/d~300 人·h/d		100	60	60	
	外操休息室				30	30	有
4	检维修站			150	100	60	
5	总变(有人值守)	40 人·h/d~300 人·h/d		150	100	60	

三、基本要求

在确保控制系统正常工作，又为操作人员提供舒适工作环境下，合理地确定控制室建筑结构、内外装修方案，解决防火、防爆、抗爆、防尘、防毒害等问题，是控制室结构建筑设计必须研究和重视的问题。

1. 通用要求

① 中心控制室宜为单独建筑。

② 控制室建筑物为抗爆结构时宜为一层，不应超过两层；不应与非抗爆建筑物合并建筑。

③ 现场控制室不宜与变配电所共用同一建筑。当受条件限制需共用建筑物时，应符合 GB 50160 的规定，

并应采取屏蔽措施。

④ 控制室面向有火灾危险性设备侧的外墙应为无门窗洞口、耐火极限不低于 3h 的不燃烧材料实体墙。

《石油化工企业设计防火标准》规定：控制室、机柜间面向有火灾危险性设备侧的外墙应为无门窗洞口、耐火极限不低于 3h 的不燃烧材料实体墙。《建筑设计防火规范》规定：使用或储存特殊贵重的机器、仪表、仪器等设备或物品的建筑（如主控室），其耐火等级不应低于二级。表 5-1-6 是该规范规定的不同耐火等级厂房和仓库建筑构件的燃烧性能和耐火极限。

表 5-1-6　不同耐火等级厂房和仓库建筑构件的燃烧性能和耐火极限　　单位：h

构件名称		耐火等级			
		一级	二级	三级	四级
墙	防火墙	不燃性 3.00	不燃性 3.00	不燃性 3.00	不燃性 3.00
	承重墙	不燃性 3.00	不燃性 2.50	不燃性 2.00	难燃性 0.50
	楼梯间和前室的墙 电梯井的墙	不燃性 2.00	不燃性 2.00	不燃性 1.50	难燃性 0.50
	疏散走道两侧的隔墙	不燃性 1.00	不燃性 1.00	不燃性 0.50	难燃性 0.25
	非承重外墙 房间隔墙	不燃性 0.75	不燃性 0.50	难燃性 0.50	难燃性 0.25

2. 吊顶

控制室除空调机室以外的区域设有送风系统，并考虑装修要求，应做吊顶。操作室、工程师室吊顶距地面的净高不小于 3.0m；机柜室吊顶距活动地板的净高不小于 2.8m；中心控制室内操作室吊顶距地面的净高不小于 3.3m，大型操作室吊顶距地面的净高为 4.0~6.0m。

吊顶上方的净空高度不小于 800mm，以满足风管、灯具等的安装和检修要求。

吊顶采用轻质不燃性材料，其耐火极限不小于 0.50h。

3. 地面

操作室、工程师室地面采用不易起灰尘的防滑建筑材料，通常采用 1m×1m 的地板砖。机柜室采用防静电活动地板。根据 SJ/T 10796《防静电活动地板通用规范》，防静电活动地板的性能（表 5-1-7）应满足以下要求：

① 采用普通型（基材为铝基）或重型（基材为钢基）活动地板；

② 活动地板均布荷载不小于 23000N/m²；活动地板采用槽钢或角钢支撑；

③ 活动地板表面平面度不大于 0.6mm；

④ 活动地板的系统电阻值为 $1.0 \times 10^6 \sim 1.0 \times 10^{10} \Omega$；

⑤ 活动地板面距离基础地面高度为 0.3~0.6m；

⑥ 活动地板下方的基础地面采用不易起灰尘的建筑材料；

⑦ 操作室平均负荷按 ≥ 6000N/m² 计算，机柜间按 ≥ 23000N/m² 计算；

⑧ 活动地板下地面与室外地面高差不小于 0.3m；当位于附加 2 区时，控制室的活动地板下地面高于室外地面，且高差不小于 0.6m。

表 5-1-7　活动地板的荷载性能

承重类型及代号	集中荷载			均布荷载	
	荷载值/N	挠度/mm	永久变形/mm	荷载值/(N/m²)	挠度/mm
普通型 B	4450	≤2	≤0.25	23000	≤2
重型 Z	5560			33000	

4. 门的要求

控制室门的设计符合以下通用要求：

① 控制室通向室外门的数量根据控制室大小及建筑设计要求确定。建筑面积大于 300m² 的控制室及建筑面积大于 500m² 的无人值守的现场机柜间，其安全出口不少于 2 个。

② 抗爆结构控制室的门设置隔离前室作为缓冲区，控制室外门、隔离前室内门选用抗爆防护门，门扇向外开启，并设置自动闭门器，内外门具备不同时开启联锁功能。

③ 满足安全和设备进出的要求。

④ 采用阻燃材料。

⑤ 控制室的门选择通向无爆炸、无火灾危险的方向。

⑥ 控制室设置门禁。

5. 室内装修

控制室的装修是设计中不容忽视的一环。应用心理学的研究成果表明，适当的色彩配置，可改善工作环境，减轻疲劳，集中操作人员注意力，提高明视效果。在基础设计阶段编制装修的概算费用。大、中型控制室的室内装修应按照不同区域分区对待。

（1）操作室内装修　这是整个控制室装修的重点，吊顶和地面较为成熟，墙体变数多，对整体效果影响大。建议由装修公司进行室内设计，设计方案需多次与业主和工程公司设计方讨论确认。

操作室的内墙面不积灰，不反光，采用具有吸音及隔音性能的材料，避免回声及噪声；颜色宜为浅色，色泽自然，与操作台、吊顶、墙面、通风口等色调相协调。室内材料表面光学反射系数：顶棚宜为 0.70～0.80，墙面宜为 0.50～0.70，地面宜为 0.20～0.40。

（2）公共区域的装修　走廊、前厅等公共区域的装修对控制室的整体效果影响很大。建议该区域墙面采用墙砖，效果明显。表 5-1-8 为推荐的控制室装修材料表。

表 5-1-8　推荐的控制室装修材料表

装修要求	地面/楼面	墙裙/墙面	吊顶
一般要求	普通防滑地砖	乳胶漆刷白	矿棉装饰板/铝板
中高要求	高档耐磨地砖	微孔吸音板/墙纸/墙砖等	有层次、有设计感的吊顶

第六节　采光和照明

一、自然采光

非抗爆控制室内尽量利用自然光来满足生产需要，这种方式结构简单，室内开朗。操作室、机柜室和工程师室采用人工照明，其他区域可采用自然采光。

控制室的采光口要有遮阳设施，避免阳光的直晒，可以使光线柔和，提高光照质量。

二、人工照明

石油化工装置是长周期不停地连续生产，在控制室内设置人工照明是不可缺少的。

距地面 0.8m 工作面上不同区域照度标准值如下：

① 操作室、工程师室为 250～300lx；

② 机柜室为 400～500lx；

③ 其他区域为 300lx。

控制室内人工照明，除了有照度要求外，还要重视灯具和安装方式的选择。光线要柔和，操作室内不采用投射型光源，光源应不对显示屏幕直射和产生眩光。不同区域的灯具按组分别设置开关，以适应不同照明的需要。机柜室灯具的分布结合机柜的布置，应能照明机柜内部。

三、应急照明

控制室必须配备应急照明系统。在发生停电事故的情况下，应急电源在正常供电中断时，应能连续可靠供电 20～30min；操作室中操作站工作面的照度标准值不低于 100lx，其他区域照度标准值不低于 50lx。应保证应急情况下，操作人员能对操作画面尤其是辅助操作台上紧急停车按钮的准确识别和操作。发生事故时，为操作人员的安全疏散提供照明。

应急照明灯具和正常照明灯具区分开，对灯具形式或外壳颜色进行标识。

第七节　暖通和空调

控制室的空调通风系统实现重要房间的恒温恒湿，维持各房间的梯度正压值，减轻室外空气对控制系统的腐蚀，保障室内人员安全，对控制室的正常运行起着重要作用。

一、空调系统

结合大型控制室的运行经验，空调系统的设计宜遵循"两个分开"原则：

① 操作室和机柜室等房间与办公室等房间的空调系统分开设置；

② 操作室和机柜室的空调系统分开设置。

控制室中面积最大、人员最多的是操作室，其内部设备及人员的散热量处于中等，机柜室内设备的散热量大，通常无人值守。如果操作室和机柜室共用一套空调系统，操作室和机柜室温度则无法单独控制，将导致不能同时满足操作室和机柜室的温湿度要求。在室外温度较低时，机柜室因设备自身发热量较大仍需要制冷运行，对于操作室，自身设备发热量较小，为满足人员温湿度要求，需要进行供暖运行。

控制系统对环境温度的适用范围较宽，以考虑人体适应为主。表 5-1-9 列出了国内外部分标准"控制室温湿度要求"。表 5-1-10 列出了国内部分标准"空气中有毒物质最高容许浓度"。

表 5-1-9　控制室温湿度要求表

标准	SH/T 3006 石油化工控制室设计规范	HG/T 20508 控制室设计规范	DEP 31.76.10.10 HEATING, VENTILATION AND AIR CONDITIONING FOR PLANT BUILDINGS	ISO 11064-6 Ergonomic design of control centres—Part 6: Environmental requirements for control centres	ISA-S71.01 Environmental Conditions for Process Measurement and Control Systems: Temperature and Humidity
冬季	20℃±2℃	20℃±2℃	18~27℃（设备） 20~26℃（人员）	20~24℃	18~27℃
夏季	26℃±2℃	26℃±2℃		23~26℃	
温度变化率	<5℃/h	<5℃/h	—	—	<5℃/h
相对湿度	40%~60%	40%~60%	35%~75%（设备） 20%~80%（人员）	30%~70%	20%~80%
湿度变化率	<6%/h	<6%/h	—	—	±10%/h

表 5-1-10　空气中有毒物质最高容许浓度表　　　　单位：mg/m³

有毒物质最高容许浓度	SH/T 3004 石油化工采暖通风与空气调节设计规范	SH/T 3006 石油化工控制室设计规范	HG/T 20508 控制室设计规范	GB/T 4798.3 电工电子产品应用环境条件　第三部分：有气候防护场所固定使用	GBZ 2.1 工业场所有害因素职业接触限值　第一部分：化学有害因素
二氧化硫（SO_2）	0.15	0.1	0.1	0.1	5
硫化氢（H_2S）	0.015	0.01	0.01	0.01	10
氯气（Cl_2）	—	0.01	0.01	0.01	1

另外需要关注以下几点：

① 空调装置运行信号及公共报警信号宜引入控制系统监视；

② 空调的送回风口避免在机柜上方设置，以防止冷凝水滴落在机柜上；

③ 在机柜室内设置温度报警，在湿度大的地区，机柜室内还需设湿度报警。

二、采暖系统

北方地区的控制室，当辅助房间数量较多时，除了空调系统控制功能房间的温湿度外，辅助房间单独设置采暖系统，采用热水采暖。

在控制室布置时，将需采暖的辅助房间远离机柜室、操作室、工程师室、UPS室等房间，机柜室上方房间不应有采暖设施。采暖设施采用焊接连接，防止采暖系统泄漏。

第八节　健康安全环保

一、火灾报警及消防

控制室是否设置自动灭火系统，执行 GB 50160《石油化工企业设计防火标准》。

GB 50160《石油化工企业设计防火标准》第 8.9.1 条规定"生产区内宜设置干粉型或泡沫型灭火器，控制室、机柜室、计算机室、电信站、化验室等宜设置气体型灭火器"。

GB 50160《石油化工企业设计防火标准》第 8.12.1 条规定"石油化工企业的生产区、公用及辅助设施、全厂性重要设施和区域性重要设施的火灾危险场所应设置火灾自动报警系统"。

GB 50116《火灾自动报警系统设计规范》第 5.3.3 条规定"下列场所或部位，宜选择缆式线型感温火灾探测器：①电缆隧道、电缆竖井、电缆夹层、电缆桥架；②不易安装点型探测器的夹层、闷顶"。有的据此在活动地板下设置了感温电缆，有的根据该规范附录 D"火灾探测器的具体设置部位"不设置感温电缆，原因是活动地板高度不超过 0.8m。机柜室活动地板下敷设有大量电缆，从本质安全的角度出发，建议设置感温电缆。

二、其他要求

控制室的新风入口处设置可燃气体、有毒气体检测器（2～3 台）。

控制室外门的门斗处、电缆沟和电缆桥架进入建筑物的洞口处，需设置可燃气体和有毒气体检测器。

工艺介质配管不应进入或穿过控制室、机柜室。

抗爆控制室的生活水管、采暖配管不应穿墙进入控制室、机柜室。

抗爆控制室内不应设置分析化验室。

根据《工业企业设计卫生标准》GBZ1 操作室内噪声不应大于 55dB(A)。

第九节　现场机柜室

现场机柜室主要安装各种过程接口单元控制系统机柜，包括 DCS、SIS、GDS、CCS、PLC 等，端子柜、安全栅柜（电涌防护器）、继电器柜、电源分配柜、服务器（主机）柜、网络设备柜、随设备成套 CCS 机柜、PLC 柜等，还设置用于系统调试、装置开/停的操作员站（带工程师属性）。

一、内部布置

现场机柜室的内部布置包括机柜室、控制系统工程师室、UPS室、空调机室、现场仪表维修间、备品备件间、其他房间等。

图 5-1-8～图 5-1-10 是现场机柜室平面布置图（工程举例）。

二、一般要求

现场机柜室依据工厂总平面布置按生产装置或生产单元设置，或多装置联合设置，位于爆炸危险区域外，靠近所属的工艺装置区域。当位于附加 2 区时，活动地板下地面应高于室外地面不小于 0.6m。

现场机柜室单独设置。不宜与变配电所共用同一建筑。当受条件限制需共用建筑物时，应符合 GB 50160 的规定，并采取屏蔽措施。

抗爆结构现场机柜室的高度为一层，不超过两层。

现场机柜室设置调度电话、行政电话、扩音对讲和无线通信等设备。抗爆现场机柜室设置无线通信系统时，需设置无线信号增强设施，以保证与外界的正常通信。

现场机柜室室内宜设置视频系统，每个通道分别设置摄像头，视频信号引入仪表值班室。

机柜室活动地板下推荐敷设仪表槽盒，不同信号电缆分槽盒敷设。

现场机柜室入口设置风淋、门禁设施。

三、抗爆结构的现场机柜室

有爆炸危险的石油化工装置，现场机柜室建筑物的建筑、结构根据抗爆强度计算、分析结果设计。根据石化行业的工程经验，抗爆结构的现场机柜室设置必要性：

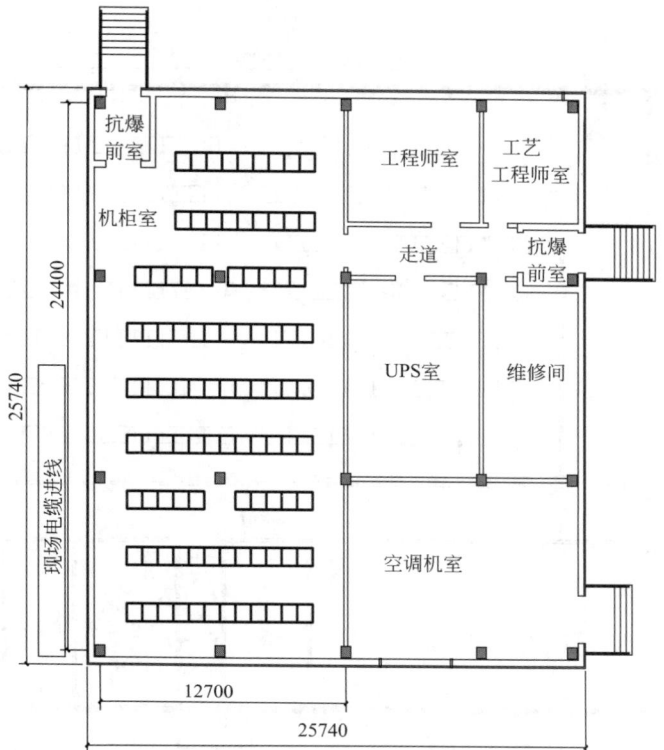

图 5-1-8　现场机柜室平面布置图（一）

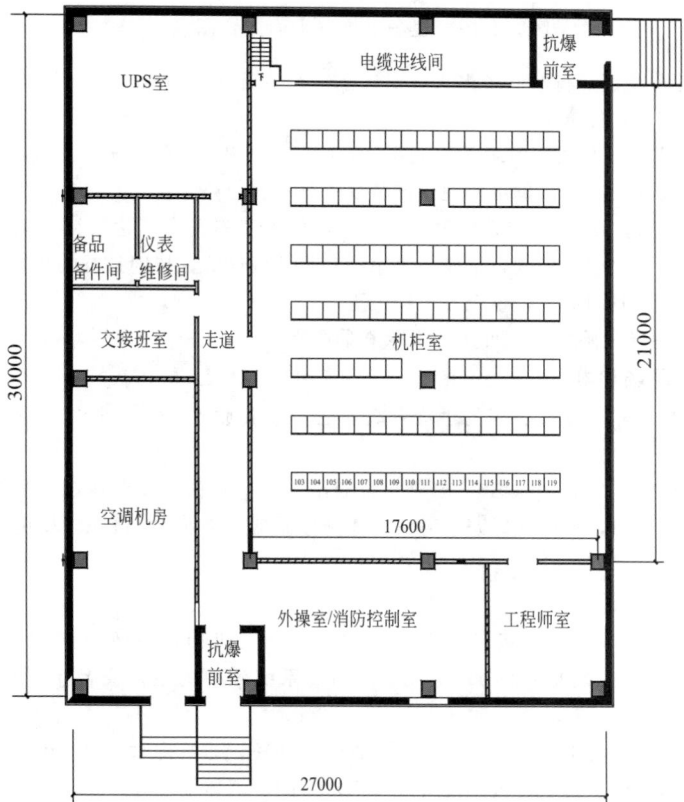

图 5-1-9　现场机柜室平面布置图（二）

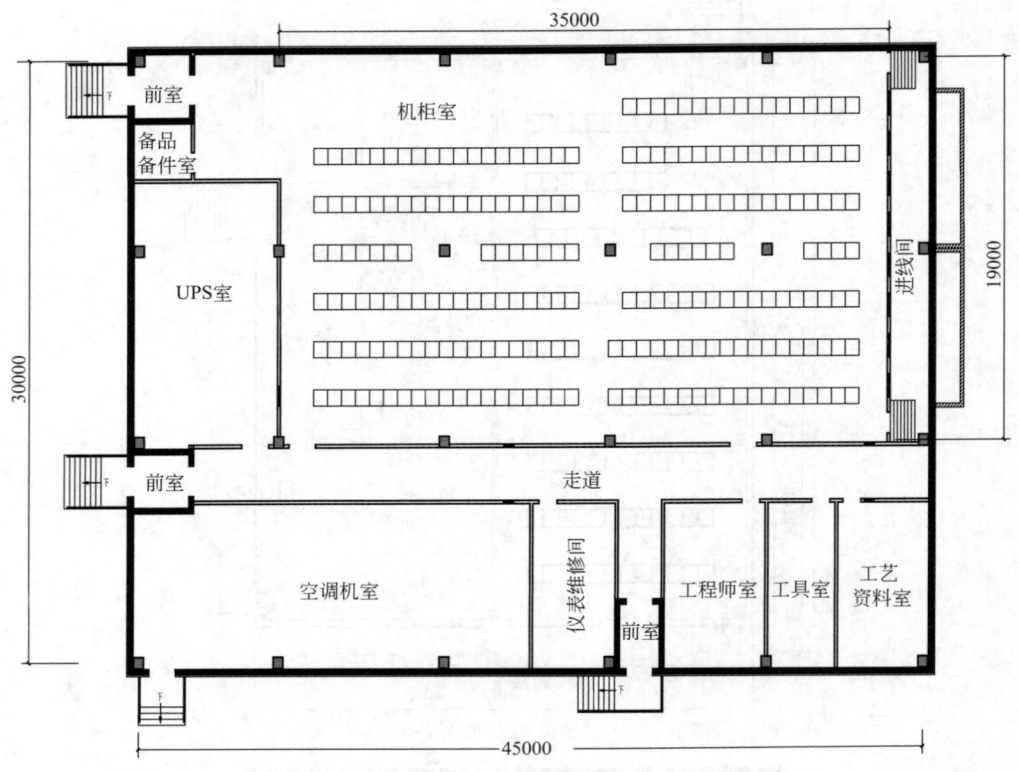

图 5-1-10　现场机柜室平面布置图（三）

① 现场机柜室在开车及试运行时有较多人员，正常生产运行时也有现场外操巡检人员，抗爆结构的现场机柜室有利于保护人身安全，符合本质安全设计理念；

② 现场机柜室内的 DCS、CCS、PLC 等控制系统，GDS、SIS 等安全系统设备承担生产装置的控制和安全联锁，在遭遇爆炸冲击波的情况下，仍可实现生产装置有序的安全停车；

③ 现场机柜室内的控制系统、安全系统设备硬件、软件等工程费用可达数百万至数千万元人民币，并且损坏后的恢复时间很长，需要重新采购、集成、组态、安装及调试等，特别是有些装置带有专利控制系统，需通过专利商采购，恢复生产时间更长，整个工厂损失更大；

④ 抗爆的现场机柜室在危险情况下可作为紧急避难场所。

四、金属结构的现场机柜

金属结构的现场机柜，靠近各自控制的生产装置布置，主要放置 DCS、SIS、PLC、GDS 等远程 I/O 柜，可独立设置也可与电气合并设置。

随着电子技术、通信技术发展，DCS、SIS 等系统通用 I/O 过程接口安装在现场防爆金属结构机柜，将得到较多应用，可节省控制电缆，采用光纤冗余通信方式到控制器、工业 PC 机。现场机柜室面积减少，降低生命周期成本。

五、老厂现场机柜室改造

老厂工艺生产装置扩能或技术升级过程中涉及现场控制（机柜）室改造问题，尤其是将原非抗爆控制室改为抗爆现场机柜室，安装更新的 DCS、SIS、GDS 系统各种机柜，或者在现有系统硬件中新增卡件和机柜。

由于原生产装置及控制系统正常连续操作运行，大修周期短，建筑物原地重建困难大等诸多限制，大多石化企业的做法是采取对原有建筑物进行抗爆改造，如窗户封闭、墙体加固等。《石油化工控制室抗爆设计规范》GB 50779 已在修订增加老建筑物抗爆加固的相关规定。

第十节　进线和密封方式

一、电缆进线方式

GB 50779《石油化工控制室抗爆设计规范》对抗爆结构的控制室或现场机柜室的进线方式规定"活动地板下地面以上的外墙上不得开设电缆进线洞口。基础墙体洞口应采取封堵措施，并应满足抗爆要求"，不允许采用架空穿墙进线和墙外附设抗爆电缆间进线方式。

1. 室外地面上进线

进线口位置是在室外地面以上，便于施工又可解决防水问题。控制室或机柜室的活动地板下地面与室外地面的高差为 0.3~0.6m，要满足"进线口位于室外地面以上"和"活动地板下地面以上的外墙上不得开设电缆进线洞口"的要求，需在活动地板下地面与室外地面之间的"高差"中进线。该"高差"不足时，抬高室内活动地板下地面。如图 5-1-11、图 5-1-12 所示。

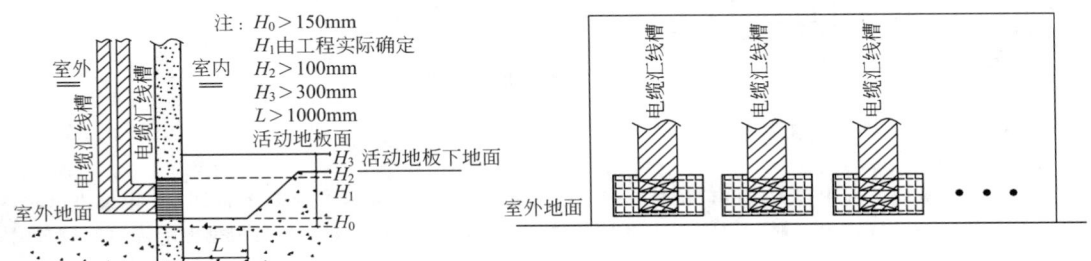

图 5-1-11　室外地面上进线图（一）

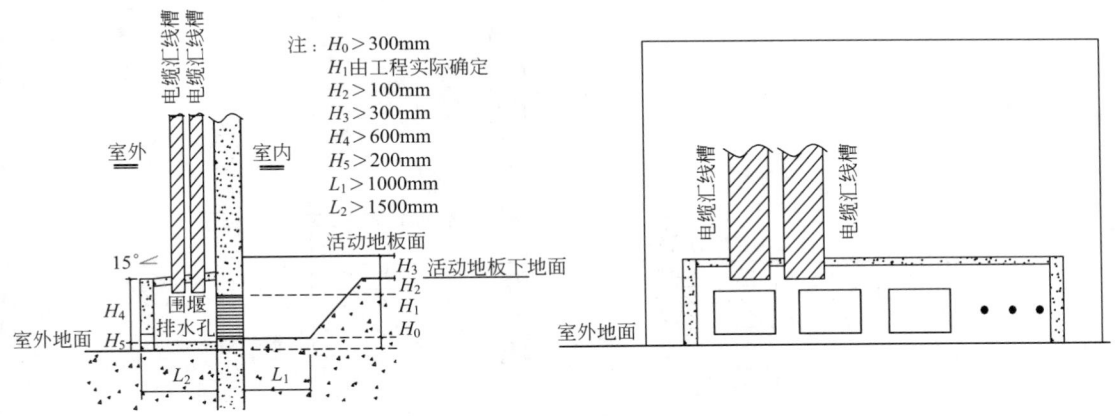

图 5-1-12　室外地面上进线图（二）

为了室外地面以上进线抬高室内地面的做法提高整个建筑物的高度，导致建筑工程费用的增加。目前设计单位的建筑结构专业遵循《石油化工控制室抗爆设计规范》，提出既不需抬高室内地面，又便于施工维护，且被大多业主接受的方案，如采用抗爆进线密封模块密封，抗爆墙开洞由结构专业采取补强措施，能承受爆炸冲击波超压和持续时间，可提高进线口开洞高度至室内活动地板以下。

2. 室外地面下进线

室外地面下进线也是常用的进线方式，如图 5-1-13 所示。该方式在电缆入口围堰设计注意以下几点：

① 电缆进线口的室外区域设置密封围堰，围堰高度为 0.6~1.2m；

② 电缆入口围堰内设置排水井；

③ 电缆进线口洞底标高应高于围堰底标高 0.3m 以上；

④ 地下电缆进线口的位置要尽可能靠上；

⑤ 电缆进线口与建筑物防雷的引下线的距离应大于 3m；

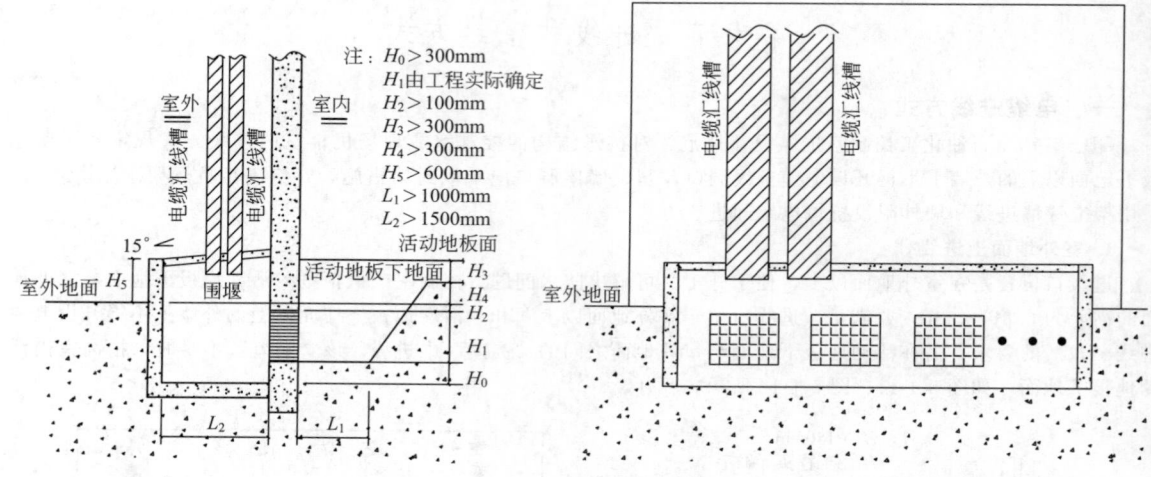

图 5-1-13　室外地面下进线图

⑥ 围堰内外防水，围堰上部采用水泥盖板密封防水防鼠害。

3. 电缆沟进线

电缆沟进线方式在工程中较为通用，在南方多雨地区谨慎采用。在电缆数量较多需要多个电缆进口时，在电缆进口的室外区域设置密封围堰，围堰高度为 1.0～1.2m，宽度不小于 2m，长度根据电缆进口的数量确定，如图 5-1-14 所示。

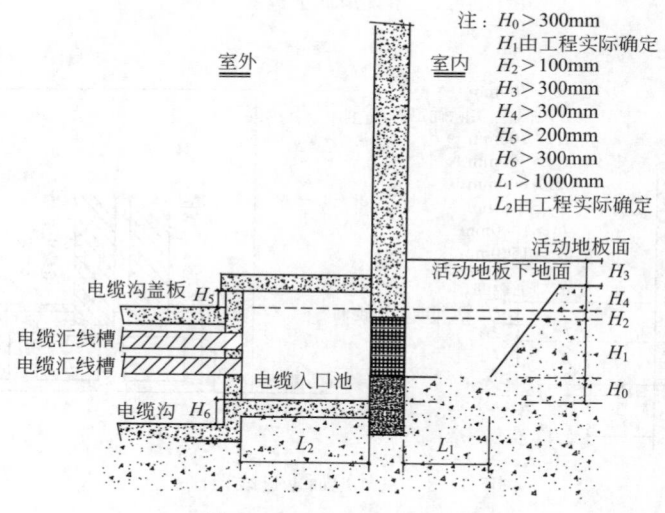

图 5-1-14　电缆沟进线图

保护围堰内外应进行防水、防渗透处理，抗爆进线密封模块或穿管密封，均充沙。若不充沙时，应设置可燃/有毒气体检测器。

二、电缆密封方式

1. 对电缆密封的性能要求

① 电缆封堵材料具有防火性能，能够防止或延迟电缆自身发热自燃或外界明火燃烧造成的火灾蔓延。具有国家防火建筑材料质量监督检验中心根据 GB 23864《防火封堵材料》出具的防火证书。

② 防火封堵材料不含有卤族元素，高温下不产生毒性烟气造成次生危害。具有国家建筑材料测试中心根据 GB/T 20285《材料产烟毒性危险分级》出具的无卤检验报告。

③ 能有效阻止有害液体、水或蒸汽通过电缆进线口进入室内。

④ 能防止可燃、有毒气体通过电缆进线口进入室内，满足防尘要求。

⑤ 电缆密封材料方便拆除施工。

⑥ 能防止虫鼠进入室内。

2. 电缆密封形式的选择

常用的电缆进线口密封形式有以下三种：

① 抗爆进线密封模块（MCT）；

② 现场浇注型绝缘阻燃多功能封堵剂；

③ 防火电缆胶泥（或加阻火包）。

上述三种电缆密封形式性能比较见表 5-1-11。

表 5-1-11　常用电缆密封形式性能比较表（参考）

密封形式	防火	抗爆	环保	水密	气密	防鼠	缆填充率	进线面积	预留面积	重复穿越	方便施工	寿命	费用	备注
抗爆进线密封模块	A	A	A	A	A	A	C	C	A	A	B	A	C	
多功能封堵剂	A	D	B	A	A	A	A	A	B	C	B	B	B	
防火电缆胶泥	A	D	B	C	C	B	A	A	B	C	B	C	A	

注：A表示好；B表示良；C表示一般；D表示不具备。

注意，充沙不能独立作为电缆进线口的防火封堵形式，只是作为防火密封的辅助措施。

3. 采用抗爆进线密封模块注意的问题

（1）电缆进口面积需供应商设计验证　抗爆进线密封模块的"单根电缆密封"特性，在电缆数量和规格确定后所需的穿越面积是不可压缩的。根据项目规模估算出电缆进口的数量和规格后，电缆进口的总面积需电缆模块供应商设计验证，供应商提供每个进口的电缆排列工程图，并留15%余量。

（2）需提供相关证书

① 抗爆证书　由第三方检验机构出具的抗爆测试报告。

② 防火证书　由国家防火建筑材料质量监督检验中心出具的耐火完整性报告。

③ 气密水密性检验证书。

④ 无卤检验证书　国家建筑材料测试中心出具的报告。

第二章　环境适应性技术

第一节　环境试验和环境适应性技术概论

一、概述

工业自动化仪表和系统的环境适应性是指仪表和系统对环境条件变化的承受能力。这里提到的环境条件，包括产品正常工作时经受的环境条件，产品在生产、储存、运输和安装时经受的环境条件。

产品所处的环境是指产品在某一时间里所经受的外部物理、化学和生物条件。它通常包括天然出现的条件和产品本身或外界原因所产生的条件。产品环境条件涉及环境参数和它们的严酷度等级。

二、环境参数分类与严酷度等级

1. 环境参数

环境参数是指用以表征环境条件的一个或几个物理、化学和生物的特性（如温度、湿度、加速度等）。

表征振动的环境参数是振动类型（正弦的、随机的）、加速度和频率等。表征气候环境的参数是温度、湿度、气压、降水和太阳辐射等。

2. 环境参数分类

产品所处的环境可按不同要求进行分类。

按自然条件分类：寒冷、温暖、湿热、干热、高原、海洋等。

按产品存在状况分类：储存、运输、使用等。

按产品使用场所分类：船舶、化工、核电、爆炸性危险等工业场所和民用场所，受控条件、非受控条件、室内和户外等。

按环境参数的属性分类：气候、机械、电磁兼容。按环境参数的属性分类有利于系统地研究环境条件和环境试验。

3. 环境参数严酷度等级

环境参数严酷度等级指表征环境参数每一个量的值。例如：正弦振动的严酷程度用加速度（m/s^2）和频率（Hz）来确定。

根据环境参数对产品的影响程度，并考虑到产品在技术、经济、安全等方面的合理性，将环境参数的严酷程度划分成若干等级。这有利于确定产品在储存、运输、安装和使用中所承受的环境条件，有利于产品使用环境条件的标准化。

三、环境适应性技术主要研究内容

环境适应性技术是指从产品研究、设计开始，直至产品投入使用的全过程中，研究产品经受的环境条件，借助于产品耐环境设计方法和环境模拟试验技术，使产品对环境条件的承受能力达到设计规定的要求。仪表环境适应性技术主要研究仪表的工作条件、环境试验技术和环境适应性设计技术等。

1. 仪表的工作条件

仪表的工作条件指除了由仪表处理的变量以外，仪表所经受的所有其他条件，如环境温度、环境压力、环境湿度、电磁场、重力、倾斜、电源变化、辐射、冲击和振动等。这些条件的静态和动态变化都应考虑。

在设计仪器仪表产品时，除了规定产品功能和性能方面的技术要求外，掌握产品所处环境条件是开发产品的重要依据。通过对产品环境条件的分析，可掌握环境参数对产品的性能有何影响以及它们的严酷程度，从而依据有关环境条件的标准，结合影响产品性能的主要环境参数以及严酷度等级，制定仪器仪表的正常工作条件、运输和储存条件。仪表工作条件的研究领域包括生产、运输、使用、安装等过程的环境条件，以及其他各种影响量的分类、分级和合理选用。

2. 环境试验技术

在仪器仪表中，因生产、储存、运输、安装所造成的隐患不是马上就能发现的，有时要经过一段时间使用后才能显露出来。为了了解仪器仪表的环境适应性，通常将产品暴露在自然或人工模拟的环境中进行环境模拟试验，由此对产品的性能和环境适应能力作出评价。

仪表的环境试验技术包括天然暴露试验和人工模拟环境试验。

天然暴露试验是将产品或材料在自然条件下进行暴露和测试。这种试验方法真实性强，用来为基础研究积累数据，以便验证人工模拟环境试验方法的有效性。

人工模拟环境试验又称人工加速环境试验（简称环境试验），它是采用环境试验设备将仪表或材料置于人工模拟环境条件（往往提高其环境应力强度以达到加速目的）下进行模拟试验。由此，可了解仪表的故障模式和失效机理，判断仪表的环境适应性。

环境试验技术主要研究的是确定仪表环境试验技术要求和试验程序，这是一个十分复杂的问题。制定专业标准和企业标准时，要根据仪表或材料可能遇到的环境条件，从技术和经济方面作出分析以后，对采用哪些试验方法、严酷度等级以及试验顺序作出规定的同时，还要规定试验样品在试验过程中允许的性能极限。

3. 环境适应性设计技术

针对仪表经受的环境条件，采取各种技术措施，使仪表对环境条件变化的承受能力达到设计规定的要求。主要内容包括防爆设计、耐腐蚀设计、防尘防水设计、电磁兼容设计、防雷设计等。

四、环境适应性技术的作用和地位

环境适应性技术是仪器仪表工业的一项共性技术，它能指导产品耐环境设计，及早暴露元件、部件和设备以及系统的弱点，以获得最佳的产品质量和经济效益。

试验参数和试验程序的标准化为产品性能评定提供了一个客观标准，所以环境试验也是开展产品评定工作的基础。

环境适应性技术还是产品质量控制的重要技术工具。

第二节　控制工程防爆安全技术

随着社会经济的发展，石油、化工、煤炭等大型化生产装置不断建成。由于其生产规模大、生产装置自动化程度高，在物料的储存、运输、生产、加工和处理过程中，不可避免地存在爆炸性危险物质。加上某些人为的因素，例如设备维护或检修不当存在危险气体泄漏，危险场所划分的区域等级与选用的防爆电气设备的等级不匹配，在危险区域选用了非防爆电气设备或者安装不规范，以及防爆电气设备性能欠佳等，这些构成了防爆安全问题。

一、电气设备防爆技术基础

1. 电气设备的分类、分级和分组

为了合理经济地设计和安全可靠地使用防爆电气设备，有必要对使用在爆炸危险场所的电气设备（含仪表，下同）进行分类、分级和分组。

按照国家有关标准，防爆电气设备与爆炸性物质的分类相同，分成三类。

Ⅰ类：适用于煤矿井下的防爆电气设备。

Ⅱ类：适用于工厂爆炸性气体混合物场所的防爆电气设备。

Ⅲ类：适用于工厂爆炸性粉尘和纤维混合物场所的防爆电气设备。

由于Ⅰ类电气设备只适用于煤矿井下甲烷气体环境，不再分级和分组。Ⅱ类电气设备，由于工厂可燃性气体种类很多，有必要根据可燃性气体不同，按最大试验安全间隙和最小点燃电流比分成ⅡA、ⅡB、ⅡC三级。电气设备的最高表面温度分组，与可燃性气体的分组相同，按照可燃性气体的引燃温度分成 T1～T6 六组。

表 5-2-1 所示为电气设备温度组别、允许最高表面温度与适用危险气体引燃温度的对应关系。

表 5-2-1　设备温度组别与气体引燃温度

电气设备温度组别	允许最高表面温度/℃	适用危险气体引燃温度/℃
T1	<450	≥450
T2	<300	≥300
T3	<200	≥200

电气设备温度组别	允许最高表面温度/℃	适用危险气体引燃温度/℃
T4	<135	≥135
T5	<100	≥100
T6	<85	≥85

2. 主要防爆型式

电气设备的防爆型式即防爆技术措施，它设法排除爆炸三要素（点燃源、易燃物质、空气）中的一个或多个要素，使产生爆炸的危险降低到一个可接受的程度。到目前为止，已有一系列的防爆技术措施被世界各国所接受，并形成了完善的标准化文本。表 5-2-2 所示为目前国际上普遍采用的防爆型式及其标准体系。

表 5-2-2　防爆型式及其标准体系

序号	防爆型式	代号	中国	欧洲	IEC	技术措施
1	通用要求	—	GB 3836.1	EN 60079-0	IEC 60079-0	—
2	隔爆型	d	GB 3836.2	EN 60079-1	IEC 60079-1	隔离存在的点燃源
3	增安型	e	GB 3836.3	EN 60079-7	IEC 60079-7	设法防止产生点燃源
4	本质安全型	ia,ib,ic	GB 3836.4	EN 60079-11 EN 60079-25 EN 60079-27	IEC 60079-11 IEC 60079-25 IEC 60079-27	限制点燃源的能量
5	正压外壳型	p	GB 3836.5	EN 60079-2	IEC 60079-2	把危险物质与点燃源隔开
6	油浸型	o	GB 3836.6	EN 60079-6	IEC 60079-6	把危险物质与点燃源隔开
7	充砂型	q	GB 3836.7	EN 60079-5	IEC 60079-5	把危险物质与点燃源隔开
8	"n"型	nA,nC,nR	GB 3836.8	EN 60079-15	IEC 60079-15	减少能量或防止产生点燃源
9	浇封型	ma,mb	GB 3836.9	EN 60079-18	IEC 60079-18	把危险物质与点燃源隔开
10	粉尘防爆型	tD,mD,iaD,pD	GB 12476	EN 61241-1-1	IEC 61241-1-1	外壳防护、限制点燃源能量、限制表面温度

二、防爆电气设备的设计要求

1. 通用设计要求

符合 GB 3836.1-2010《爆炸性环境　第 1 部分：设备　通用要求》规定的电气设备，可在下列标准大气条件下存在爆炸性环境的危险场所中使用：

① 温度　−20～60℃；

② 压力　80～110kPa；

③ 空气中标准氧含量（体积比）　21%。

GB 3836.1—2010 规定的要求可由防爆型式专用标准补充和修改。对于不同型式的防爆产品，除应满足通用要求标准外，还必须同时满足相应防爆型式的专用标准规定的要求。

(1) 使用环境温度　尽管以上给出的大气温度范围是−20～60℃，但设备使用的正常温度范围是−20～40℃。如果环境温度超出−20～40℃这一范围，则应视为特殊情况。制造商应将环境温度范围在资料中给出，并在产品铭牌上标出特殊的环境范围，或在防爆合格证编号后加符号 "X"。

(2) 表面温度　防爆电气设备与普通电气设备一样，在正常运行时和可能的故障情况下会引起温升。由于设备周围可能存在的爆炸性气体混合物不可避免地接触到这些高温表面，当设备表面温度高于可燃性气体混合物的引燃温度时，就会引起爆炸事故。在进行防爆电气设备设计时，必须对其可能产生的表面温度加以限制，确保设备最高表面温度低于周围环境的爆炸性气体混合物的引燃温度。表 5-2-3 是 Ⅱ 类电气设备的最高表面温度分组。

表 5-2-3　Ⅱ类防爆电气设备最高表面温度分组

温度组别	T1	T2	T3	T4	T5	T6
允许最高表面温度/℃	<450	<300	<200	<135	<100	<85

需要说明的是，一般情况下，最高表面温度为电气设备自身温升加上规定的最高使用环境温度。对于过程自动化仪表，当其涉及的介质温度高于产品的最高使用环境温度时，在进行产品设计时还应考虑介质温度对产品温度组别影响的可能性。

（3）对内置大电容和加热元件的安全要求　对于内部具有大电容或内装电加热元件的电气设备应设置延时开盖警告标识。

（4）外壳材料要求　防爆电气设备的外壳可选用铸钢、铸铝或铸不锈钢等金属制成，也可使用非金属材料制成。

对于采用金属外壳的，由于轻合金与铁摩擦会放出大量的热能，所以对轻合金材料的总含量按质量分数有要求，镁和钛一般不超过 7.5%，具体要求见 GB 3836.1 的规定。

对于采用非金属材料，如塑料或陶瓷等，考虑到塑料等非金属外壳具有冷脆性、易积聚静电、易老化等缺点，非金属外壳材料应满足温度、机械强度、耐老化、防静电、耐化学试剂、耐光照、耐燃烧等要求并通过相关的试验。

（5）紧固件　防爆电气设备外壳主体和盖用紧固件如螺栓和螺母紧固时，其可靠程度将直接影响防爆性能。为此，标准要求只允许用专用工具才能松开或拆除这类特殊紧固件。对于在防爆型式专用标准中要求的特殊紧固件，应确保其螺距符合 GB/T 9144 标准，公差配合应达到 GB/T 197 和 GB/T 2516 的 6g/6H，螺栓或螺母应符合国家有关标准。

（6）接线箱（盒）和连接件　接线箱（盒）应设计成符合标准规定的任一防爆型式，并便于接线，确保接线后的电气间隙和爬电距离符合相应防爆型式标准规定的要求。

电气设备应有连接件与电缆或导线等外部电路相连，但电气设备在制造中有永久电缆者除外。带有永久电缆的设备应标示"X"，以表明应有适当措施连接电缆的自由端。

（7）接地连接件　防爆电气设备外壳接地除为了防止人身触电事故外，还可防止漏电产生火花，避免引起爆炸性混合物的点燃。因此，不仅应在接线箱（盒）的电路连接件旁设置内接地端子，还应在金属外壳上设置外接地端子，外接地端子应与内接地端子有电气连接。

（8）电缆和导管引入装置　引入装置是外部电源和控制电路引入或引出防爆电气设备的通道，是防爆电气设备重要的外壳部件。由于引入装置直接与周围爆炸性混合物接触，且经常要维护（操作人员需打开接线），因此，电缆引入装置是防爆电气设备的薄弱部位，其结构设计必须安全可靠。

电缆引入装置密封的方式可采用弹性密封圈、金属或复合密封圈或填料。图 5-2-1 和图 5-2-2 分别是一体型电缆布线式引入装置和钢管布线式引入装置。图 5-2-3 是典型的分离型电缆引入装置。

（9）专用规定　GB 3836.1 标准还对旋转电动机、开关、熔断器、插接装置、灯具等设备作出了详细的补

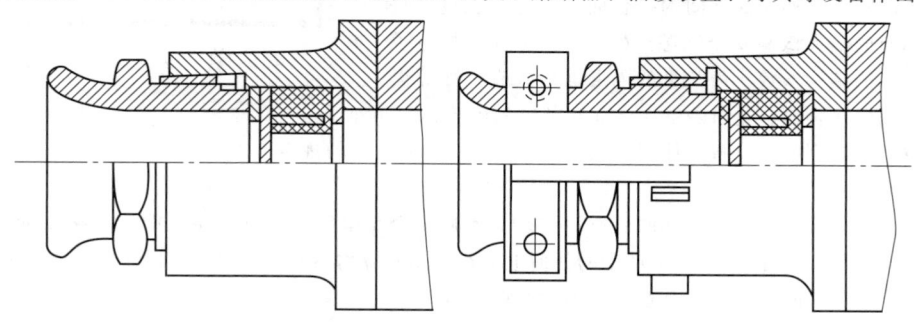

(a) 适用于公称外径不大于20mm的电缆　　　　(b) 适用于公称外径不大于30mm的电缆

图 5-2-1　一体型电缆布线式引入装置

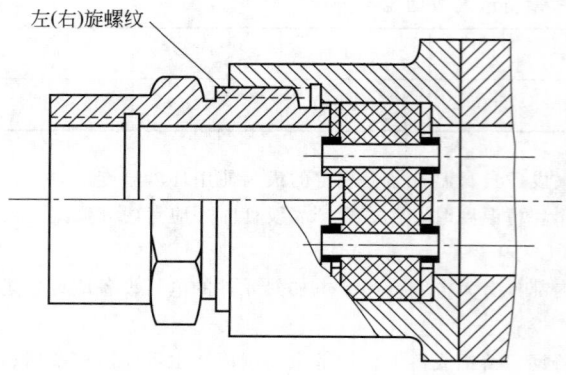

图 5-2-2　一体型钢管布线式引入装置

充规定。在设计自动化仪表及系统过程中，涉及这些元件或产品时，应依照标准规定的要求执行。

2. 隔爆外壳型 "d"

隔爆外壳 "d" 保护的电气设备称为隔爆型电气设备。隔爆型技术属于 1 区防爆技术，适用于工厂爆炸性气体环境和矿井下用防爆电气设备。由隔爆外壳 "d" 保护的设备的设备保护级别（EPL）为 Gb 或 Mb。

图 5-2-4 为隔爆型电气设备的防爆原理示意图。隔爆外壳是指能够承受可燃性气体混合物在内部爆炸而不损坏，并且不会引起外部爆炸性环境点燃的外壳。

隔爆外壳必须满足两个基本条件。

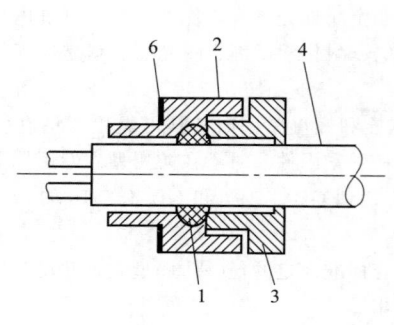

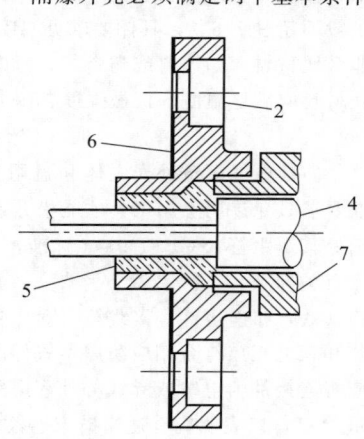

图 5-2-3　分离型电缆引入装置

1—密封圈；2—引入装置；3—压紧元件；4—电缆；5—填料；6—密封垫；7—压紧填料元件

（1）强度特性　外壳具有足够的机械强度，能承受内部的爆炸压力而不损坏，不会产生影响防爆性能的永久性变形。

按照标准规定，隔爆外壳至少能承受内部爆炸参考压力的 1.5 倍。通常，对于ⅡA 和ⅡB 隔爆外壳，应能承受 1.5MPa 内部压力；对于ⅡC 隔爆外壳，应能承受 2MPa 内部压力。

（2）不传爆特性　外壳部件间的接合面具有足够长度，且其间隙小于相应的最大试验安全间隙。GB 3836.2 标准规定了各种隔爆接合面的结构参数。最常见的隔爆面形式有平面隔爆接合面、圆筒隔爆接合面、止口隔爆接合面和螺纹隔爆接合面四种。

特别注意，隔爆型电气设备的使用必须遵守"断电源后开盖"的规定。

3. 本质安全型 "i"

本质安全型电气设备是指其内部的所有电路均是本质安全型电路的电气设备，即该电路在标准规定条件（包括正常工作和规定的故障条件）下产生的任何电火花或热效应均不能点燃规定的爆炸性气体。

图 5-2-5 所示的是本质安全型电气设备防爆原理示意图。

本质安全技术实际上是一种低功率设计技术。这种技术是一种以抑制点火源能量为防爆手段的安全设计技术。要求设备在正常工作和故障状态下可能产生的电火花和热效应分别小于爆炸性危险气体的最小点燃能量和引燃温度。例如，氢气的点燃能量为 19μJ，引燃温度为 560℃。

图 5-2-4　隔爆型原理示意图

本质安全设计最重要的工具是最小点燃曲线（最小点燃电流曲线和最低点燃电压曲线）。本质安全设计基本的技术措施包括：

① 限制电路中的电压和电流；

② 限制电路中的电容、电感等储能元件；

③ 本质安全电路与非本质安全电路的隔离；

④ 设计相应的可靠元件和组件；

⑤ 本质安全系统的配置应符合安全参数匹配原则。

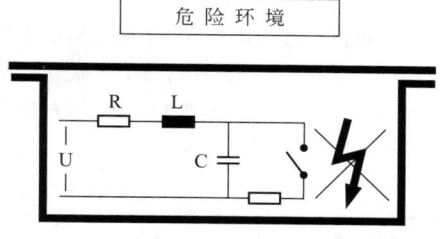

图 5-2-5　本质安全型原理示意图

本质安全防爆技术有 ia、ib 和 ic 三种保护等级。其中，ia 等级为 0 区防爆技术，ib 等级为 1 区防爆技术，ic 等级为 2 区防爆技术。它们的设备保护级别（EPL）分别为 Ga/Ma、Gb/Mb、Gc/Mc。

本质安全技术是一个系统的概念，在具体应用中应遵守 GB 3836.18《爆炸性环境　第 18 部分：本质安全电气系统》和 GB 3836.19《爆炸性环境　第 19 部分：现场总线本质安全概念（FISCO）》等标准规定的要求。

三、防爆标志及其确定方法

防爆标志是用来表示防爆电气设备所适用的爆炸性危险场所的代号。

通常一个爆炸性危险场所需用三个参量来定义。

（1）危险场所的区域　反映可能出现危险气体的频繁程度和持续时间，即产生爆炸的危险程度。

（2）危险物质的类别和级别　可能出现的危险物质的最小点燃能量和/或爆炸性物质的最大试验安全间隙。

（3）危险物质的引燃温度或温度组别　可能出现的危险物质的点燃温度。

防爆电气设备的防爆标志也必须在"Ex"防爆标记后，依次表达出设备可适用的区域、气体组别和温度组别三个参量。

防爆标志由下列几个部分组成：

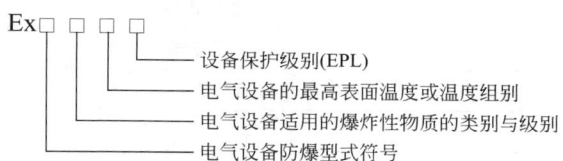

第一个框表示防爆型式符号，一般只标一种型式，如隔爆型用"d"表示。若采用复合防爆型式，就需标出两个或更多的符号，如隔爆与增安复合防爆用"de"表示。对涉及的关联设备须在符号外加〔〕表示。

第二个框表示防爆电气设备的设计与制造达到标示的爆炸性物质类别与级别的防爆安全要求。

第三个框表示防爆电气设备可能达到的最高表面温度。

第四个框表示设备保护级别（EPL）。

防爆标志举例如下。

ⅡC 类 ib 等级关联设备：〔Ex ib〕ⅡC。

ⅡC 类隔爆、浇封与增安复合型，且内含 ib 等级本安关联电路，设备温度组别为 T5 组：Ex de mb〔ib〕ⅡC T5 Gb。

四、防爆电气设备的选型

1. 选型原则

（1）安全原则　这是选型的首要原则，选用的防爆电气仪表必须与爆炸危险场所相适应。

（2）法规原则　选用的防爆电气仪表必须遵守国家有关安全法规及相关标准。

（3）环境适应原则　防爆电气仪表规定的环境条件是 -20～40℃，环境温度过高或过低均应采取特殊的设计、试验等措施。此外，还要考虑是户内还是户外使用，以及应防止外部因素（化学、机械、热、电气、潮湿等）对防爆性能的影响。对于户外使用的防爆电气设备，外壳防护等级不得低于 IP65。

（4）方便维护原则　防爆电气仪表使用期间的维护是安全可靠的重要保证。在相同的功能要求条件下，结构越简单越好。此外，同一工程项目内使用的防爆电气设备应具有互换性，以便于维护管理。

（5）经济合理原则　选择防爆电气仪表，不仅要考虑初次价格，还须考虑设备的可靠性、寿命、运转费用、耗能、维修备件等全生命周期成本最低，才能选择最佳的防爆电气仪表。

2. 选型基本方法

（1）根据区域类别选型　电气设备防爆型式的不同，其适用的危险区域也不同。如 ia、ma 型可以在 0 区危险场所使用，d、px 型可以在 1 区危险场所使用，而"n"型电气设备就只能使用于 2 区危险场所。危险区域划分与电气设备保护级别（EPL）的关系如表 5-2-4(a) 所示，电气设备保护级别（EPL）与电气设备防爆结构的关系如表 5-2-4(b) 所示。

表 5-2-4(a)　防爆电气设备按区域选型表

危险区域	设备保护级别（EPL）	危险区域	设备保护级别（EPL）
0 区	Ga	20 区	Da
1 区	Ga 或 Gb	21 区	Da 或 Db
2 区	Ga 或 Gb 或 Gc	22 区	Da 或 Db 或 Dc

表 5-2-4(b)　电气设备保护级别（EPL）与电气设备防爆结构的关系

设备保护级别（EPL）	电气设备防爆结构	防爆型式
Ga	本质安全型	"ia"
	浇封型	"ma"
	由两种独立的防爆类型组成的设备，每一种类型达到保护级别"Gb"的要求	—
	光辐射式设备和传输系统的保护	"op is"
Gb	隔爆型	"d"
	增安型	"e"①
	本质安全型	"ib"
	浇封型	"mb"
	油浸型	"o"
	正压型	"px""py"
	充砂型	"q"
	本质安全现场总线概念（FISCO）	—
	光辐射式设备和传输系统的保护	"op pr"
Gc	本质安全型	"ic"
	浇封型	"mc"
	无火花	"n""nA"
	限制呼吸	"nR"
	限能	"nL"
	火花保护	"nC"
	正压型	"pz"
	非可燃现场总线概念（FNICO）	—
	光辐射式设备和传输系统的保护	"op sh"
Da	本质安全型	"iD"
	浇封型	"mD"
	外壳保护型	"tD"

续表

设备保护级别（EPL）	电气设备防爆结构	防爆型式
Db	本质安全型	"iD"
	浇封型	"mD"
	外壳保护型	"tD"
	正压型	"pD"
Dc	本质安全型	"iD"
	浇封型	"mD"
	外壳保护型	"tD"
	正压型	"pD"

① 在1区中使用的增安型"e"电气设备仅限于下列电气设备：在正常运行中不产生火花、电弧或危险温度的接线盒和接线箱，包括主体为"d"或"m"型，接线部分为"e"型的电气产品；"e"型测量仪表和仪表用电流互感器。

GB 12476系列标准给出了4种可燃性粉尘环境用电气设备的防爆型式，分别为 iD（包括 iaD 和 ibD）、tD、mD（包括 maD 和 mbD）及 pD，其中 iaD、maD 以及特殊保护的 tD 可用于20区危险场所，ibD、mbD 及 pD 可用于21区危险场所，也可用于22区危险场所。

（2）根据引燃温度选型　电气设备的最高表面温度不应超过可能出现的可燃物质的引燃温度，电气设备必须在标示的温度范围内使用。

（3）根据气体或蒸气的级别选型　气体/蒸气分类与设备类别间的关系见表5-2-5。

表 5-2-5　气体/蒸气分类与设备类别间的关系

气体/蒸气分类	适用设备类别
ⅡA	ⅡA、ⅡB或ⅡC
ⅡB	ⅡB或ⅡC
ⅡC	ⅡC

五、防爆电气设备的安装

防爆电气设备的防爆性能在很大程度上取决于现场安装的质量。目前，国家防爆标准 GB 3836.15、GB 50257及行业标准 AQ 3009均规定了爆炸性环境中防爆电气设备的安装要求。

1. 基本要求

① 电气设备的配电

a. 可采用 TN、TT、IT 电源系统，但其配置应符合相关国家标准。

b. 应符合 GB 3836.15 的补充规定，并采取适当的保护措施。

c. 保护地线的接地电阻应满足有关标准要求。

② 电气设备的接地

a. 处于爆炸危险场所的电气设备外壳应与接地系统可靠连接（等电位）。

b. 电气设备接地线宜用多股软绞线，其铜线最小截面积大于 $4mm^2$。

c. 在爆炸环境中接地干线宜在不同方向与接地体相连，不少于两处。

务必注意：不能用输送可燃气或液体的管道作为接地线。

③ 其他要求

a. 电气设备的供电应设置保护装置，以免设备因过载、短路、断路或接地故障产生有害影响。

b. 需特别关注设备防爆合格证书，确定其是否涉及部件"U"及特殊使用条件"X"。

2. 配线要求

根据区域的不同，现场的配线要求也不同：对于0区设备，只允许铺设本质安全电缆，并考虑电涌防护和防雷措施；对于1区和2区设备，可采用电缆配线，也可采用导管配线。

① 电缆配线

a. 固定式设备允许使用塑料护套、橡胶护套或矿物绝缘护套电缆。

b. 移动式设备须使用重型（加厚）橡胶护套电缆，导线截面$\geq 1mm^2$。

② 导管（保护的）配线

a. 导管中允许使用绝缘双芯电缆线或多芯电缆。

b. 导管中电缆的总面积（含绝缘层）应不超过导管截面的40％。

c. 导管进入或离开爆炸危险区域交界的地方应按要求配置密封附件。

需要注意的是：采用地沟或桥架敷设的电缆或导管应靠危险性较低的一侧或远离释放源。当危险介质比空气重时，应在上方布线。

3. 隔爆型电气设备的安装要求

隔爆型电气设备的安装，其要点在于对隔爆外壳机械强度及隔爆面的保护。

① 隔爆面应涂防锈油，不允许涂油漆或胶。

② 隔爆型电气设备电缆引入装置的橡胶密封圈的内径应与引入电缆外径相适应，并用原配压紧螺母或压盘充分压紧。

③ 采用 Ex de 防爆电缆密封接头。

④ 冗余电缆引入口应用符合标准规定的盲垫进行堵封。

⑤ 隔爆面紧固件应设弹垫，并充分拧紧。

⑥ 用于外部导线或电缆接线的接线盒的电气间隙和爬电距离应满足标准规定要求。

⑦ 注意从北美进口的防爆电气设备电缆引入口的处理［一般为 NPT(F)］。

4. 本安型电气设备的安装要求

本安型是一种系统保护概念，本安型电气设备的安装需要考虑系统配置的合理性。

① 关联设备必须安装在安全场所，除非采用了另外一种防爆型式保护。

② 关联设备的供电电源不应超过铭牌规定的最高允许电压 U_m。

③ 关联设备与本安设备间连接电缆的分布电容和电感应满足产品规定的要求。

④ 关联设备应按规定要求接地（如齐纳安全栅接地应设两根接地线，接地连接阻抗$\leq 1\Omega$）。

⑤ 本安电路的电缆应与其他电缆分开走线。

⑥ 连接电缆或导线截面应满足规定要求，并满足 500V 绝缘要求。

⑦ 不同本安回路的连接电缆应采取屏蔽隔离措施，分屏蔽层应在安全场所机柜侧工作接地（现场侧的分屏蔽层一般应作绝缘处理）。

⑧ 本安回路安全参数必须满足相关评定准则的要求。

第三节　工业自动化仪表和系统电磁兼容适应性

一、电磁兼容概要

国家标准 GB/T 4365《电工术语　电磁兼容》对电磁兼容性的定义为"设备或系统在其电磁环境中能正常工作且不对该环境中任何事物构成不能承受的电磁骚扰的能力"。在共同的电磁环境中，任何设备、系统都应不受外界干扰正常工作，并且不对其他设备产生影响。电磁环境是指存在于给定场所的所有电磁现象的总和，包括空间、时间、频谱三个要素。要解决电磁兼容问题离不开这三个要素。

随着电子产品应用的增加，电磁环境恶化。为了营造一个电子产品安全应用的公共环境，开展电磁兼容研究，加强电磁兼容设计，降低电磁骚扰，避免电磁干扰，是当务之急。为此，欧洲专门发布了 CE 认证制度，电磁兼容被列为强制性检测项目，电磁兼容指令为 2014/30/EU。

目前，通常使用的工业自动化仪表产品相关的电磁兼容标准是国际电工委员会（IEC）制定的 IEC 61326标准，我国国家标准为 GB/T 18268—2010《测量、控制和实验室用的电设备　电磁兼容性要求》（等同采用 IEC 61326 标准）。

二、电磁兼容发射试验概述

发射试验是测量电子、电气设备工作（或待机状态）时向外传播的电磁能量。根据电磁发射的部位、形式及发射的属性和频率等，发射试验包括谐波电流发射、电压波动和闪烁、无线电骚扰试验项目，其中无线电骚扰包括传导骚扰和辐射骚扰，其测试目的是为保障有适当的发射电平来保护无线电广播和电信业务，可以允许其他设备在合理的距离处按预定要求工作。

1. 谐波电流发射试验

谐波是指频率为供电系统额定频率整数倍的正弦电压或正弦电流。谐波骚扰一般是由具有非线性电压（或电流）特性的设备引起的，谐波源的谐波电流在电力网络的阻抗上产生谐波电压。谐波电流（电压）通常是矢量相加的。谐波发射试验仅适用于交流 220/380V、50/60Hz 的与供电系统相连的设备。

2. 电压波动和闪烁限制试验

本试验的目的是规定连到低压电网系统上的所有电气和电子设备引起的电压波动和闪烁的限值，以限制这类现象的产生，规范和净化交流电网。

3. 传导发射试验

传导发射试验主要是进行电源端子和电信/信号端子的无线电骚扰测量，以确定不超过规定的限值，保证设备正常工作。

4. 辐射发射试验

辐射发射试验主要是进行受试仪表整体在 30～1000MHz 频率范围内的无线电骚扰测量，以确定不超过规定的限值，保证安装/试验环境内设备正常工作。若设备使用频率较高，则频率范围可扩展至使用频率的 10 倍或者 6GHz，对某些特殊设备要求测量范围可达到 18GHz。

三、电磁兼容抗扰度试验概述

电磁兼容抗扰度试验是检验装置、设备或系统在电磁骚扰侵入的情况下，能正常工作且无性能降低的能力。通常的工业电磁兼容抗扰度项目如下。

1. 静电放电抗扰度试验

静电放电（ESD）抗扰度试验的目的就是检验电气、电子设备在遭受静电放电骚扰时性能是否正常。静电放电试验主要是模拟人体通过金属物体对电气或电子产品直接或间接放电的现象，放电时产生的放电电流和伴随的强大电磁场对设备产生干扰。静电放电每时每刻都可能引起电子线路毁坏性的破坏。这种损害可能是暂时不能正常工作，也可能是永久性的破坏。

2. 射频电磁场抗扰度试验

电磁辐射主要是以空间辐射耦合的方式影响电子设备的正常工作。电磁辐射源通常可分为有意辐射源和无意辐射源。有意辐射源指广播电视台、基站等，无意辐射源指电焊机、大功率电子设备等。就电磁辐射影响而言，轻者可导致设备性能、功能暂时降低或丧失，重者可造成永久性破坏。

3. 电快速瞬变脉冲群抗扰度试验

电快速瞬变脉冲群抗扰度试验的目的是评估电气、电子设备的供电电源端口、信号和控制端口在受到电快速瞬变脉冲群骚扰时性能是否正常。电快速瞬变脉冲群试验主要是模拟感性负载（如继电器、接触器等）在断开时，由于开关触点间隙的绝缘击穿或触点弹跳等原因，会在断开点处产生暂态骚扰。这种暂态骚扰以脉冲形式出现。如果电感性负载多次重复开关，则脉冲群会以相应的间隔多次重复出现。这种暂态骚扰能量较小，一般不大可能引起设备的损坏，但由于其频谱分布较宽，最高可达 60MHz 以上，所以可能会对仪器仪表工作的可靠性产生影响。

4. 浪涌（冲击）抗扰度试验

浪涌（冲击）抗扰度试验的目的是评定设备在遭受来自电力线和互连线上高能量骚扰时的性能。浪涌是模拟开关瞬态、雷电瞬态冲击。浪涌呈脉冲状，其波前时间为数微秒，脉冲半峰值时间从几十微秒到几百微秒，脉冲幅度从几百伏到几万伏，脉冲电流从几百安到 100kA，是一种较大的能量骚扰。浪涌试验常常会导致设备失效，甚至电子元器件烧毁，是一种具有一定破坏性的电磁兼容试验。

5. 射频场感应的传导骚扰抗扰度试验

射频传导骚扰抗扰度试验主要是模拟空间电磁场在电子设备的各种连接线上产生感应电流或感应电压，从而对设备产生骚扰的电磁现象。射频传导骚扰抗扰度试验主要是以传导的方式对受试设备进行干扰。假设电子设备的电缆网络处于谐振的方式（$\lambda/4$ 和 $\lambda/2$ 或者偶极子整数倍），电缆系统的敏感设备最易受到流经设备的骚扰电流影响。

6. 工频磁场抗扰度试验

当导体流过电流时会产生磁场。工频磁场主要是工频电流流过导体时产生的。工频磁场试验主要是模拟各

844

种工频磁场状态，检验受试设备在工频磁场的干扰下是否能正常工作。

7. 脉冲磁场抗扰度试验

脉冲磁场是由雷击建筑物和其他金属构架（包括天线杆、接地体和接地网）以及在低压、中压和高压电力系统中初始的故障瞬态产生的。试验磁场由流入感应线圈中的电流产生，用浸入法或邻近法将试验磁场施加到受试设备。

8. 阻尼振荡磁场抗扰度试验

阻尼振荡磁场是由隔离刀闸切合高压母线时产生的。试验磁场由流入感应线圈中的电流产生，用浸入法或邻近法将试验磁场施加到受试设备。

9. 电压暂降、短时中断和电压变化抗扰度试验

电压暂降、短时中断和电压变化抗扰度试验的目的是检验设备在遭受供电电网电压暂降、短时中断和电压变化影响时的抗扰度性能。本试验主要是模拟电网、变电设备发生故障或者负荷突然发生大的变动或者负荷平稳连续变化的现象。

10. 振铃波抗扰度试验

振铃波是一种由于电气网络和电抗负载的切换以及电源电路故障和绝缘击穿或雷击而感应到低电压电缆中所产生的典型的振荡瞬态现象。通常，此现象出现在供电网络（高压、中压、低压）以及控制线、信号线中。振铃波是标准雷击浪涌波形的一种补充。

11. 共模传导抗扰度试验

共模传导抗扰度试验是验证电子、电气设备对来自电力线电流和接地系统中的回路泄漏电流等的抗扰度性能。骚扰产生的典型情况包括电力分配系统的基频、信号谐波和互调谐波。电力电子设备（例如电力整流器）通过寄生电容或滤波器将骚扰引入接地导体和接地系统中，或者通过感应在信号线和控制线中产生骚扰。

四、工业自动化仪表电磁兼容试验选取

对于工业设备来说，所处的电磁环境相对复杂，前面已经对主要电磁兼容发射试验和抗扰度试验进行了分析，包括试验目的、试验等级、试验方法及相关措施等。表 5-2-6 就是一般情况下工业自动化仪表的试验选取及试验等级的选择。当然，由于工业设备品种繁多，以及对这些设备的不同要求和环境的多样性，一般很难为每一种特殊情况下试验等级的选择确立精确的判断标准。通常根据设备类型、安装位置、发射频率和水平来确定严酷等级，选择判定准则。

表 5-2-6 一般工业场所用仪表抗扰度试验要求

端口	试验项目	基础标准	试验等级	性能判据
外壳	静电放电	GB/T 17626.2	接触放电 6kV，空气放电 8kV	B
	射频电磁场辐射	GB/T 17626.3	10V/m(80MHz～1GHz)	A
			3V/m(1～2GHz)	
			1V/m(2～2.7GHz)	
	工频磁场	GB/T 17626.8	30A/m	A
	脉冲磁场	GB/T 17626.9	100A/m	A
	阻尼振荡磁场	GB/T 17626.10	30A/m	A
交流电源	电压暂降	GB/T 17626.11	0% 1周期	B
			40% 10周期	B
			70% 25周期	B
	短时中断	GB/T 17626.11	0% 250周期	C
	群脉冲	GB/T 17626.4	2kV	B
	浪涌	GB/T 17626.5	2kV 线对地，1kV 线对线	B
	射频场感应的传导骚扰	GB/T 17626.6	10V(150kHz～80MHz)	A
	振铃波	GB/T 17626.12	2kV 线对地，1kV 线对线	B
	共模干扰	GB/T 17626.16	等级 3	A

端口	试验项目	基础标准	试验等级	性能判据
直流电源(大于48V)	群脉冲	GB/T 17626.4	2kV	B
	浪涌	GB/T 17626.5	2kV 线对地,1kV 线对线	B
	射频场感应的传导骚扰	GB/T 17626.6	10V(150kHz～80MHz)	A
	振铃波	GB/T 17626.12	2kV 线对地,1kV 线对线	B
	共模干扰	GB/T 17626.16	等级 3	A
直流电源(小于48V) I/O 信号/控制端口	群脉冲	GB/T 17626.4	1kV	B
	浪涌	GB/T 17626.5	1kV 线对地,0.5kV 线对线	B
	射频场感应的传导骚扰	GB/T 17626.6	3V(150kHz～80MHz)	A
	振铃波	GB/T 17626.12	1kV 线对地,0.5kV 线对线	B
	共模干扰	GB/T 17626.16	等级 2	A

五、工业自动化仪表电磁兼容评估及设计

随着科技的发展,越来越多的电子电气设备用于工业领域,相互之间的电磁干扰不可避免。如何保证各电子电气设备在复杂的工业环境下正常工作,评价工业自动化仪表的电磁兼容性能已经是当今的一个重要课题。

电磁兼容的评估及实现需要从多层面多角度考虑,主要包括所处工业环境 EMI/RFI 源的分析评估,设备和系统的 EMI/RFI 性能评定、EMC 管理、EMC 设计与实现以及供电的电磁防护。

一般来说,电磁干扰可分为传导干扰和辐射干扰两大类。传导干扰是指电磁骚扰通过电源线路、信号线和接地线传播到敏感设备所造成的干扰;辐射干扰是指通过空间传播到敏感设备所造成的干扰。设备的合理布局、电缆走线安排、接地网络设计等,为提升产品的电磁兼容水平提供了重要的基础。设备的抗干扰措施和抑制设备本身电磁发射的措施往往是互易的。正确的屏蔽、滤波、接地、平衡、隔离措施起到的作用是双向的。正确的电路设计和布线,使设备内的电场天线和磁场天线既减少了向外发射,也减弱了对干扰的接收。

当然,从产品的设计初期,就要考虑电磁兼容问题,这样才能更加有效地提高产品的电磁兼容性能。需要考虑的因素包括工业设备所处电磁环境、电磁干扰耦合路径、电磁抗扰性评价等。通常,电磁兼容整改措施有箱体屏蔽(发射源或骚扰源屏蔽)、电源及信号滤波、整体接地系统改善、系统布线及电路板布线等。

总体来说,做好电磁兼容的关键是以下五点:

① 频率:受到或产生电磁干扰的频率范围是多少;

② 强度:电磁干扰强度有多强,受到干扰的仪表控制设备是否还能正常工作;

③ 时间:受到电磁干扰的时间有多长,是持续干扰还是短时干扰;

④ 阻抗:电磁干扰源和受干扰设备之间的耦合阻抗有多大,是空间耦合还是传导耦合;

⑤ 尺寸:电磁辐射源或受干扰源的物理尺寸有多大,传输线路有多长。

电磁干扰防护技术的宗旨是破坏电磁兼容三要素中的其中一个,见图 5-2-6,三要素被破坏任何一个,电磁干扰就不存在了。

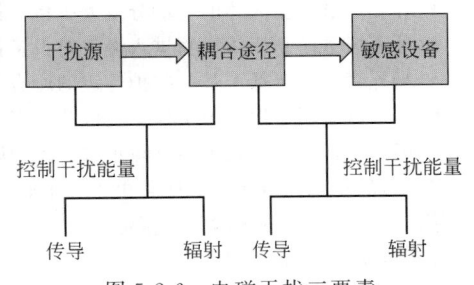

图 5-2-6 电磁干扰三要素

第四节 工业自动化仪表防尘和防水

一、防尘、防水概述

1. 外壳防护的试验目的——规定电气设备的外壳防护等级

① 对人体触及外壳内的危险部件的防护。

② 对固体异物进入外壳内设备的防护。

③ 对水进入外壳内对设备造成有害影响的防护。

2. 防尘、防水的防护等级定义

① 防护等级的要素与含义如表 5-2-7 所示。

表 5-2-7　防护等级的要素与含义

组成	数字	对设备防护的含义	对人员防护的含义
代码	IP	—	—
第一位特征数字	—	防止固体异物进入	防止接近危险部件
	0	无防护	无防护
	1	直径≥50mm	手背
	2	直径≥12.5mm	手指
	3	直径≥2.5mm	工具
	4	直径≥1.0mm	金属线
	5	防尘	金属线
	6	尘密	金属线
第二位特征数字	—	防止进水造成有害影响	
	0	无防护	
	1	垂直滴水	
	2	15°滴水	
	3	淋水	
	4	溅水	—
	5	喷水	
	6	猛烈喷水	
	7	短时间浸水	
	8	连续浸水	
	9	高温/高压喷水	

② 第一位特征数字表示的是防止接近危险部件和防止固体异物进入的防护等级。

第一位特征数字是指：

- 外壳通过防止人体的一部分或人手持物体接近危险部件对人提供防护；
- 外壳通过防止固体异物进入设备对设备提供防护；
- 当外壳也符合低于某一防护等级的所有各级时，应仅以该数字标识这一等级；
- 如果试验明显地适用于任一较低防护等级时，则低于该等级的试验不必进行。

③ 第二位特征数字表示的是防止水进入的防护等级。

第二位特征数字表示外壳防止由于进水而对设备造成有害影响的防护等级。

第二位特征数字的试验用清水进行。当清洁操作用超过特征数字 9 要求的高温/高压喷水和（或）溶剂时，将可能影响实际的防护等级。

第二位特征数字为 6 及低于 6 的各级，其标识的等级也表示符合低于该级的各级要求。如果试验明显地适用于任一低于该级的所有各级，则低于该级的试验不必进行。

3. 防尘、防水的试验方法

① 防尘试验方法。

第一位特征数字表示防止固体异物进入的试验。

试验方法和主要试验条件见表 5-2-8。

表 5-2-8　防止固体异物进入的试验方法

第一位特征数字	试验方法（物体试具和防尘箱）	试验用力
0	不要求试验	—
1	没有手柄和护板的直径 $50^{+0.05}_{0}$ mm 的刚性球	(50 ± 5) N

第一位特征数字	试验方法(物体试具和防尘箱)	试验用力
2	没有手柄和护板的直径 $12.5^{+0.2}_{0}$ mm 的刚性球	(30 ± 3)N
3	边缘无毛刺的直径 $2.5^{+0.05}_{0}$ mm 的刚性钢棒	(3 ± 0.3)N
4	边缘无毛刺的直径 $1.0^{+0.05}_{0}$ mm 的刚性钢线	(1 ± 0.1)N
5	防尘箱,加或不加负压	—
6	防尘箱,加负压	—

第一位特征数字为 1、2、3、4 的试验条件,物体试具推入外壳开口所用的力由表 5-2-8 规定。

第一位特征数字为 5 和 6 的防尘试验。试验应在防尘箱中进行。密闭试验箱内的粉末循环泵可用能使滑石粉悬浮的其他方法代替。滑石粉应用金属方孔筛（金属丝直径 $50\mu m$，筛孔尺寸 $75\mu m$）滤过。滑石粉用量为每立方米试验箱容积 2kg，使用次数不得超过 20 次。滑石粉的选用应符合人体健康与安全的各项规定。

外壳类型须为下列两者之一：

第一种类型，设备正常工作周期内壳内的气压低于周围大气压力，例如因热循环效应引起的；

第二种类型，外壳内气压与周围大气压力相同。

对于第一种类型的外壳，应按 GB/T 4208—2017《外壳防护等级（IP 代码）》的要求在外壳内抽真空的同时，进行防尘试验。

对于第二种类型的外壳，无需抽真空。

当第一位特征数字为 5 时，除了有关产品标准规定外壳为第二种以外，外壳都看作第一种。

当第一位特征数字为 6 时，无论外壳内压力是否减至低于大气压力，都看作第一种外壳。

② 防水试验方法。

试验方法和主要试验条件见表 5-2-9。

表 5-2-9 防水试验方法和主要试验条件

第二位特征数字	试验方法	水流量	试验持续时间
0	不需要试验	—	—
1	使用滴水箱,外壳置于转台上	$1^{+0.5}_{0}$ mm³/min	10min
2	使用滴水箱,外壳在四个固定的位置上倾斜 15°	$3^{+0.5}_{0}$ mm³/min	每一个倾斜位置 2.5min
3	使用摆管,在与垂直方向±60°范围内淋水,最大距离为 200mm 或使用淋水喷嘴,在与垂直方向±60°范围内淋水	每孔 (0.07 ± 0.0035)L/min 乘以孔数后 (10 ± 0.5)L/min	10min 1min/m² 至少 5min
4	同数字为 3 的试验,角度为与垂直方向±180°范围内淋水	同数字 3	
5	使用喷嘴,喷嘴直径 6.3mm,距离 2.5~3m	(12.5 ± 0.625) L/min	1min/m² 至少 3min
6	使用喷嘴,喷嘴直径 12.5mm,距离 2.5~3m	(100 ± 5) L/min	1min/m² 至少 3min
7	使用潜水箱,水面在外壳顶部以上至少 0.15m,外壳底面在水面下至少 1m	—	30min
8	使用潜水箱,水面高度由用户和制造商协商	—	协议由用户和制造商协商

第二位特征数字	试验方法	水流量	试验持续时间
9	扇形喷嘴 在转台上对小型外壳进行试验 转速(5±1)r/min 在 0°、30°、60°、90°方向喷射或者按预期使用对大型外壳进行试验从距离(175±25)mm 的位置喷射	(15±1)L/min	每个方向 30s 1min/m² 至少 3min

防护等级的细节，特别是第二位特征数字为 5/6/9（喷水）和 7/8（浸水）的见 GB/T 4208—2017《外壳防护等级（IP 代码）》的第 6 章。

4. 防尘、防水的判定依据

试验结果的判断由有关产品标准规定。如没有规定，GB/T 4208—2017《外壳防护等级（IP 代码）》规定的接收条件应作为最低要求。

二、工业自动化控制产品防尘、防水试验选取

对于有外壳防护等级要求的工业自动控制产品和系统而言，防尘、防水试验具体的等级取决于工业自动控制产品和系统本身应用于何种实际工况环境条件下。一般而言，工况环境所处的场所分为两大类：一类为有遮蔽的防护场所，另一类为无遮蔽的防护场所。有遮蔽的防护场所又可以分为户内型和户外型两种。

选取合适的外壳防护等级时，建议先行了解防护等级试验的基本情况，结合本身应用的实际工况环境条件共同选取。

三、工业自动化控制产品防尘、防水设计要求

防护等级是一个广义的概念，它给产品设计确定了目标和标准。需要注意针对性，以及整体与局部的协调。

在系统设计时，考虑两个不同的针对性：一是环境的适应性（如第二位数字是否有水的有害进入）；二是安全设计时需要考虑的防护等级（如防护等级中第一位数字）。

防护等级的设计要针对防护等级的具体试验要求而定。例如，第一位数字的试验，要求试棒从被试物垂直方向插入。而第二位数字的试验则和水淋的方向与角度有关（除非是浸水试验）。

系统设计时还要考虑密封的问题。

第一，密封性能很大程度上取决于密封材料在起密封作用时的状况。一般来讲，密封材料弹性越大越好，但成本会有所增加。

第二，密封材料所处的状态，即受压状态。

第三，门的运动是否会影响密封材料的位移。

第四，防护等级的设计不仅要考虑需要密封处的结构，对活动部件（如门等），还要连同铰链、门锁一并考虑。

无防水要求时，IP 优选参考值：IP00，IP2X，IP3X，IP4X，IP5X。

有防水保护要求时按表 5-2-10 设计。

表 5-2-10　有防水保护要求时的防护等级

第一位特征数 对触电与外界硬物侵入的防护	第二位特征数 对水的有害进入的防护					
	1	2	3	4	5	6
2	IP21	IP22	—	—	—	—
3	IP31	IP32	—	—	—	—
4	—	IP42	IP43	IP44	—	—
5	—	—	IP53	IP54	IP55	IP56
6	—	—	—	IP64	IP65	IP66

第五节 工业自动化仪表防腐蚀和防侵蚀

工业化地区普遍存在一定程度的污染，工业过程将各种污染物带进现场环境，造成所使用的工业自动化仪表及过程控制装置的局部区域存在着污染现象。常见的污染物是粉粒、烟尘、一氧化碳、氟化物、硫化物、碳氢化合物、氯气等。工业自动化仪表及控制装置可能接触的大气污染物有气体、蒸气、液体和固体。这些污染物的影响是各不相同的，例如化学活性污染物产生腐蚀影响，沙尘堵塞产生侵蚀影响。

一、腐蚀和侵蚀的分类及影响

1. 按腐蚀物质形态分类

（1）非固体物质 非固体物质是化学活性物质，根据其浓度的平均值和峰值划分等级。

① 气体和蒸气。化学活性污染物的分级见表 5-2-11。

表 5-2-11 化学活性污染物的等级 单位：cm^3/m^3（ppm）

空气中的化学活性污染物	1 级		2 级		3 级		4 级	
	工业清洁空气		中等污染		严重污染		特殊情况	
	平均值	峰值	平均值	峰值	平均值	峰值	平均值	峰值
硫化氢（H_2S）	<0.003	<0.01	<0.05	<0.5	<10	<50	≥10	≥50
二氧化硫（SO_2）	<0.01	<0.03	<0.1	<0.3	<5	<15	≥5	≥15
湿氯（Cl_2）相对湿度>50%	<0.0005	<0.001	<0.005	<0.03	<0.05	<0.3	≥0.05	≥0.3
干氯（Cl_2）相对湿度<50%	<0.002	<0.01	<0.02	<0.10	<0.2	<1.0	≥0.2	≥1.0
氟化氢（HF）	<0.001	<0.005	<0.01	<0.05	<0.1	<1.0	≥0.1	≥1.0
氨（NH_3）	<1	<5	<10	<50	<50	<250	≥50	≥250
氮氧化物（NO_x）	<0.05	<0.1	<0.5	<1.0	<5.0	<10	≥5	≥10
臭氧（O_3）或其他氧化剂	<0.002	<0.005	<0.025	<0.05	<0.1	<1.0	≥0.1	≥1.0
溶剂（三氯乙烯）	—	—	<5	—	<20	—	≥20	—
特殊情况（其他未指定的污染物）	—	—	—	—	—	—	—	—

注：溶剂蒸汽能凝结车间内具有腐蚀性的胶泥，尤其会腐蚀仪表的电气部件。

② 气溶胶。气溶胶是气体或空气中携带的雾状小液滴。最普通的气溶胶是"油雾"和"海盐雾"。油雾可能导致机电触点阻塞，在某些场合下导致腐蚀。油雾的等级见表 5-2-12。

表 5-2-12 油雾的等级 单位：$\mu g/kg$（干空气）

严酷度等级	1 级	2 级	3 级	4 级
	工业清洁空气	中等污染	严重污染	特殊情况
油雾	<5	<50	<500	≥500

③ 液体。没有具体的等级划分，可由用户向生产厂提出具体要求。

（2）固体物质 与非固体物质不同，涉及固体物质的环境无法有效划分等级，一般可对固体污染物的环境做一些描述，例如：工业过程的种类以及仪表在该过程中的位置，环境中可能影响仪表的固体物质的种类、发生频率、平均粒径范围、浓度范围、粉粒速度、热导率、电导率、磁导率等。

2. 按反应特性分类

(1) 物理腐蚀 物理腐蚀是指金属由于单纯的物理溶解作用引起的破坏。许多金属在高温熔盐、熔碱及液态金属中可发生这类腐蚀。

(2) 化学腐蚀 化学腐蚀是指金属材料在干燥气体和非电解质溶液中发生化学反应生成化合物的过程中没有电化学反应的腐蚀，化学腐蚀属于一般的氧化——还原反应。化学腐蚀的特点为：

① 没有带电物质参与；

② 氧化-还原反应，无电流产生；

③ 干腐蚀，腐蚀速率相对较小。

(3) 电化学腐蚀 含有杂质的金属跟电解质溶液接触时，会发生原电池反应，比较活泼的金属失去电子而被氧化，这种腐蚀叫做电化学腐蚀。电化学腐蚀的特点为：

① 反应过程中均包括阳极反应和阴极反应；

② 在腐蚀过程中有电流流动（电子和离子的运动）。

二、盐雾试验

1. 概述

按 GB/T 4797.6—2013《环境条件分类 自然环境条件 尘、沙、盐雾》中的描述，盐雾是指大气中由含盐微小液滴所构成的弥散系统。广义的盐雾应包括海洋大气中的盐雾和内陆盐碱地区的盐尘雾。由海水蒸发或海水沫雾化所形成的含有氯化物的空气称为含盐空气或盐雾，它的浓度与风力、风向、离海距离、沿海地形等有关。

盐雾对金属和防护层的腐蚀，是由于含有大量的氯离子。金属氧化层通常是金属在大气中形成的保护膜，当氯离子穿透金属氧化层进入内层金属时，与内层金属发生反应，引起腐蚀。同时，氯含有小的水合能，容易被吸附在金属表面的孔隙、裂缝、夹杂物等部位，排挤并吸取氧化层中的氧，这样，不溶性的氧化层便变成可溶性的氯化物，钝化态的表面便变为活泼的表面，从而加速金属的腐蚀。金属受盐雾腐蚀的主要过程是电化学腐蚀过程。

当盐雾溶液的 pH 改变时，盐雾腐蚀的机理也可能发生改变，从而导致腐蚀速率的变化。

在实际使用环境中，盐雾的腐蚀破坏作用与环境的温湿度有密切联系，随着温湿度的提高，腐蚀破坏能力加快。

盐雾试验方法有两种：试验 Ka——盐雾试验方法；试验 Kb——交变盐雾试验方法，共分 6 种等级。

2. 试验目的和方案选择

(1) 试验 Ka 盐雾试验的主要目的是考核材料及其防护层的抗盐雾腐蚀的能力，以及相似防护层的工艺质量比较，考核某些产品抗盐雾腐蚀的能力。它不适合作为通用的腐蚀试验方法。

(2) 试验 Kb 试验方法适用于在含有盐的大气中使用的元件和设备。它除用来检验腐蚀效果外，还可显示某些非金属材料因吸收盐而劣化的程度。

3. 严酷度等级

设备的耐受程度由严酷度等级而定，盐雾的等级见表 5-2-13。图 5-2-7 给出了试验 Kb 所有试验严酷度等级的综合时标示意图。

表 5-2-13 盐雾试验条件和严酷度等级

严酷度等级	盐雾特性	温湿度条件	持续时间	适用场所
Ka	80cm² 的漏斗连续雾化 16h 的盐沉降量,平均每小时收集 1.9~2mL 的溶液,浓度为 5%±0.1%雾化前的盐溶液的 pH 值在 6.5~7.2(35℃±2℃时)	盐雾试验箱温度为 35℃	16,24,48,96,168,336,672(h)	考核材料及其防护层的抗盐雾腐蚀的能力

严酷度等级		盐雾特性	温湿度条件	持续时间	适用场所
Kb	1	5%±0.1%氯化钠溶液,盐溶液的 pH 值在 6.5~7.2(20℃±2℃时),80cm² 的漏斗平均每小时收集的盐雾沉降量为 1~2mL	喷雾温度:15~35℃ 湿热储存条件:温度为 40℃±2℃,RH(相对湿度)为 93%$^{+2}_{-3}$%	4 个阶段,每个阶段由喷雾 2h 和每次喷雾后在潮湿环境下储存 7 天组成:4 个周期共 28 天	适用于试验在部分使用寿命期间暴露于这种环境的产品(如船用雷达,甲板设备)
	2			3 个阶段,每个阶段由喷雾 2h 和每次喷雾后在潮湿环境下储存 20~22h 组成:3 个周期共 3 天	适用于试验可能经常暴露于海洋环境,但通常会受封闭物保护的产品(如控制室内使用的航海设备)
	3		喷雾温度:15~35℃ 储存条件:温度为 40℃±2℃,RH 为 93%$^{+2}_{-3}$% 试验用标准大气压:温度为 23℃±2℃,RH 为 45%~55%	1 个试验周期包括:4 个阶段,每个阶段喷雾 2h 后在潮湿环境下储存 20~22h 组成;完成 4 个阶段后在标准试验环境下贮存 3 天。1 个周期共 7 天	含盐大气和干燥大气之间频繁交替使用的产品(如汽车及其零部件)
	4			等级 3 所规定的 2 个试验周期	
	5			等级 3 所规定的 4 个试验周期	
	6			等级 3 所规定的 8 个试验周期	

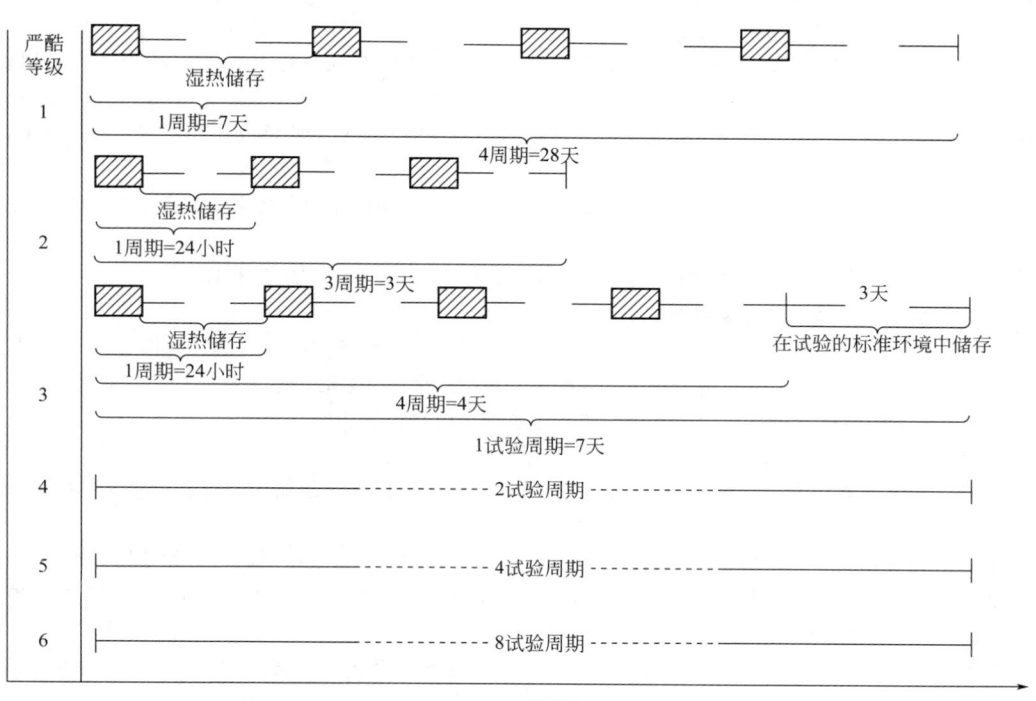

图 5-2-7　不同试验严酷度等级 1~6 的时标示意图

4. 试验方法

根据国家标准 GB/T 2423.17—2008《电工电子产品环境试验　第 2 部分：试验方法　试验 Ka：盐雾》、GB/T 2423.18—2012《环境试验　第 2 部分：试验方法　试验 Kb：盐雾，交变（氯化钠溶液）》进行试验。试验方法见表 5-2-14。

表 5-2-14　盐雾试验

试验步骤	试验程序	说明
1	初始检查	按相关规范规定，对试验样品进行外观检查，并进行电性能和力学性能检测
2	预处理	按相关规范规定在试验前才进行的清洁程序，也应说明是否应除去临时表面保护层，试验前应尽量避免用手直接接触试验样品表面
3	放置位置	样品放置位置由有关标准规定，一般按其正常使用状态放置。平板样品需使受试面与垂直方向成 30°角。样品不得互相接触，它们的间隔距离应不影响盐雾能自由降落在试验样品上，样品上的盐溶液不得滴落在其他样品上
4	工作状态	样品不通电
5	试验条件	在有关规范选取的试验条件和严酷度等级进行
6	持续时间	由相关规范规定
7	恢复	试验后，用流动水轻轻洗去试验样品表面盐沉积物，再在蒸馏水中漂洗，水温不得超过 35℃，然后在标准的恢复大气条件下恢复 1～2h，或按有关规范规定的其他恢复条件和恢复时间
8	最后检测	恢复后的试验样品应及时进行检查、测试并记录结果。应接受外观、尺寸和功能检测

5. 性能判据

试验结果应符合相关工业自动控制产品和系统规范，提供接受或拒收试验样品的依据。

6. 工业自动化控制产品盐雾试验选取

① 对于工业自动控制产品和系统而言：

a. 大部分使用寿命期间暴露于海洋环境或近海地区的产品（例如船用雷达、甲板设备）等，应选取表 5-2-13 中 Kb 严酷等级 1；

b. 经常暴露于海洋环境，但通常会受封闭物保护的产品（例如通常在船桥或在控制室内使用的航海设备）等，应选取表 5-2-13 中 Kb 严酷等级 2；

c. 通常在含盐大气与干燥大气之间频繁交替使用的产品（例如汽车及其零部件）等，应选取表 5-2-13 中 Kb 严酷等级 3～6。

② 对于工业自动控制产品本身材料或者保护性涂层而言，应选取表 5-2-13 中 Ka。

7. 工业自动控制产品防盐雾设计要求

盐雾是导致设备、零部件、元器件损坏的一个重要环境因素，水分中溶解的盐具有两个独立的侵蚀作用：一是腐蚀金属和无机材料；二是提供一种活性电解质，使不同金属接触时产生电偶腐蚀，并促进具有不同电动势或在不同电压下的金属的电解作用。主要的防盐雾腐蚀措施有如下几种。

① 电镀：在钢铁零件表面镀上铅锡合金或锌锡合金，防止盐雾侵蚀。

② 涂覆：对暴露在盐雾中容易受侵蚀的部位和材料，采用抗盐雾腐蚀能力较强、附着力较好的涂料进行喷涂保养。

③ 合理选用金属材料：选用在大气条件下化学性能稳定或耐盐腐蚀的金属材料，如不锈钢等。

④ 密封装置：对存在缝隙和连接部分的盖口、蒙皮、紧固件等地方加强密封，并通过使用缓蚀剂等措施提高设备的抗盐雾能力。

⑤ 控制环境温度和相对湿度：温度每升高 10℃，腐蚀速率可提高 2～3 倍，电解质的导电率可提高 10%～20%；当相对湿度 RH 大于 70% 时，盐类发生潮解作用，形成电解液膜，发生化学腐蚀。

产品的防盐雾腐蚀措施不应是单一的、孤立的，而必须从产品的选材、结构设计入手并贯穿于产品的加工处理、装配试验、包装、运输、储存以及使用和维护等一系列过程中，只有这样才能得到良好的效果。

三、霉菌试验

1. 概述

霉菌是由菌丝体组成的一种微生物，繁殖过程靠生出的或结合而成的孢子进行。霉菌的生长繁殖需要温度、湿度和有机养料三个条件，最适宜的生长繁殖温度为 20～30℃，相对湿度为 80%～98%。

霉菌的分泌物具有腐蚀性，会污染产品的外观，引起金属腐蚀。仪表或继电器等线圈常因长霉而腐蚀断线。霉菌的分泌物和霉菌细胞中含有的大量水分布满材料表面，会降低材料的绝缘性能。光学镜头长霉时，会降低光学性能。

霉菌试验有两种方法。

方法 1　培养 28 天后评定霉菌生长程度和由此产生的任何物理损害。如相关规范有要求，则在培养时间延长到 84 天后检查对样品性能的影响。

方法 2　先用营养液对样品进行预处理，培养 28 天后评定霉菌生长程度和由此产生的任何物理损害并检查对样品性能的影响。

2. 试验目的

检验在需要的地方是否已使用了适当的元件和材料，并通过相关规范已明确严酷度等级的试验方法 1 或试验方法 2 来查找已装配样品未预见的劣化原因。

3. 严酷度等级

每种试验方法的试验严酷度等级由试验的持续时间来确定。具体霉菌试验严酷度等级见表 5-2-15。

表 5-2-15　霉菌试验严酷度等级

项目	温湿度	换气频率和空气流速	试验周期
试验方法 1	28～30℃，相对湿度为 90% 以上	为了提供新鲜氧气，每隔 7 天应打开箱门一次，历时几分钟	28 天、84 天
试验方法 2			28 天

4. 试验方法

根据国家标准 GB/T 2423.16—2008《电工电子产品环境试验　第 2 部分：试验方法　试验 J 及导则：长霉》中的方法进行。

5. 性能判据

长霉程度的评判：经试验的样品先用肉眼检查，如有必要再用体视显微镜进行检查。

长霉程度的评判如下：

0——在标称大约 50 倍下无明显长霉；

1——肉眼看不到或很难看到长霉，但在显微镜下可见明显长霉；

2——肉眼明显看到长霉，霉菌在样品表面的覆盖面积小于 25%；

3——肉眼明显看到长霉，霉菌在样品表面的覆盖面积大于 25%。

试验结果应由有关的标准或规范来确定合格等级，如果需要还应符合相关工业自动控制产品和系统规范的有关性能要求。相关的性能水平由设备的制造商或需要方确定，或由产品的制造商和购买方双方协商确定。

6. 工业自动控制产品防霉菌设计要求

(1) 防霉设计　在设计产品时应充分预计到产品所处的生物环境条件，了解霉菌生长的原因、条件、危害及预防方法，从而采取相应的措施。产品的防霉措施不应是单一的、孤立的，而必须从产品的选材、结构设计入手并贯穿于产品的加工处理、装配试验、包装、运输、储存以及使用和维护等一系列过程中，只有这样才能得到良好的效果。

(2) 防霉措施

① 尽可能采用抗霉性能良好的材料，最大限度地延长霉菌生长所需要的时间，使由于长霉而导致的材料损坏减至最小。

② 必须避免装配产品时形成长霉的潮湿窝，如在未密封的成对插头插座之间或在特定位置的印刷电路板和接端连接器之间都不应有明显的潮湿窝。

③ 采用全密封的结构，里面充以干燥清洁的气体，是防止霉菌生长的最好方法。

④ 部分密封的外壳内放置干燥剂并定期更换或通过加热来保持壳内低湿度以避免长霉。

854

⑤ 当选用材料的耐霉性不能满足要求时可以使用防霉剂。防霉剂可以加入漆、橡胶和塑料中，防霉剂也可以与载体喷涂或侵涂于所要防护的材料或产品上，或将杀菌剂制成药片置于需防护产品的外壳中。

⑥ 在装配过程中应注意避免手汗、污物的污染。

⑦ 有外壳的产品，应定期进行清理，除去可供霉菌生长的营养物质，如灰尘和污垢，以防止产品长霉和损坏。

⑧ 自然通风容易积聚灰尘，所以产品内部易于积聚灰尘的部位应有足够适度的空气流，以阻止霉菌的生长。

⑨ 为了防止产品在运输和储存过程中长霉，可以采用防潮防霉包装。

⑩ 如材料和产品允许时，也可用紫外线或臭氧法灭菌。

⑪ 光学玻璃可以防雾、防霉，憎水膜层可保护其不受潮气侵蚀，从而达到防霉的目的。

⑫ 控制产品生产过程中的环境条件，改善产品工作和储存的环境条件。

（3）防霉剂　防霉剂的特点包括：对霉菌有广泛的、强烈的抑制或杀伤能力，而对人体无害或害处较小；具有良好的耐热性和耐候性；化学稳定性好，不溶于水或溶解度极小；对材料或产品的物理性能和外观无不良影响；经济实用。

常用的防霉剂，包括：五氯酚钠、对硝基酚、五氯酚、五氯酚锌、五氯酚苯汞、苯基硫柳汞、硫柳汞、8-羟基喹啉铜、醋酸苯汞、S67（有机锡）、S59（有机锡）等。

第六节　工业自动化仪表系统防雷

石油化工企业的生产过程中不可避免地存在易燃易爆物质，形成爆炸性气体环境或可燃性粉尘环境，一旦出现雷击，通常会造成点燃，导致停产、设备损坏甚至人员伤亡等情况。另外，石化厂的控制室内安装了大量的仪表、DCS等电子设备，极易受到来自雷电引起的电磁干扰。因此，防雷措施是石化企业安全措施的重要组成部分，应从设计、施工和检测各环节入手，全面做好防雷保护。

一、雷电危害分类

① 根据雷电的不同性质，雷电危害可分为直击雷危害与感应雷电磁脉冲干扰两种情况。

直击雷是直接击中建筑物或防雷装置上的闪电，其产生的高电压会击穿绝缘，造成短路，导致燃烧；强大的雷电流会瞬间释放大量的热量，引燃周边的易燃物质，从而引发火灾和爆炸。此外，被雷击的物体也可能因电流的作用发生扭曲、炸裂等机械损伤现象。

感应雷可产生一种高电压电磁脉冲波，沿着管线侵入室内时，也会引起配电装置或电气线路断路而燃烧，导致火灾。电磁脉冲是一种影响范围很大的电磁干扰源，包括闪电电涌和辐射电磁场，可对各种设备和管线，特别是电子设备、DCS及子系统的电子器件产生巨大损害。

② 根据受雷击的场所性质，雷电可对控制室与爆炸性危险场所两类区域产生危害。

控制室一般位于爆炸性危险场所以外，当控制室遭受直击雷时，瞬间大电流会对控制室内部的仪表、控制系统和电子设备产生直接的干扰，使其误动作，甚至永久损坏；另一方面，雷云之间放电所形成的感应雷的电磁辐射，以及雷击放电感应出的过电压超过了电子设备的耐压值和允许的干扰值，也会对控制室内的电子电路产生影响。

如果说发生在控制室的雷电危害会造成设备损坏、装置停车，那么在爆炸性环境中出现雷击，通常会造成点燃，甚至爆炸事故，直接危及人身安全。接闪器达到较高温度时也具有点燃周围爆炸性环境的可能性。大电流从雷电击中的地方流出，能够在击中点附近产生火花。即使没有雷电击，雷暴雨也能够使设备、防护系统和元件产生很高的感应电压。

二、防雷措施

1. 控制室防雷措施

对于直击雷，通常可按照第三类防雷建筑物设防，在建筑物顶部铺设避雷网，并经引下线将雷电流安全引入大地。引下线要与引入控制室的管道和电缆保持一定的安全距离（通常以2m以上为宜），以降低电磁感应。引下线应短直，且具有较低的电感值，以降低引下线及接地装置上的电压。

针对电磁脉冲干扰的预防，可采取电磁屏蔽措施，使电磁脉冲不能导入控制室内或穿越控制室，从而保护控制室内的电子元件免受电磁干扰。具体的屏蔽措施包括：将控制室建筑物内的金属构件、敷设电缆的不同段金属管道进行等电位连接；对于未能敷设在金属管道内的仪表电缆，应选用屏蔽电缆，且其屏蔽层需接至等电位连接点。

此外，采取避雷针控制雷击点、做好等电位连接、安装电涌保护器等防雷措施，也能有效避免雷击对控制室的影响，从而降低危险。

2. 爆炸性危险区域防雷措施

如果由雷电引起的危险已被识别，则设备、防护系统和元件应采用适当的防雷电措施保护。应防止 0 区和 20 区之外出现的雷电影响对 0 区和 20 区造成破坏，例如可在合适的地方安装过压保护系统。对于接地保护的油罐装置或与油罐电气绝缘的导电系统的元件，应进行等电位连接，并设置一个环形接地电极系统。这些要求应列入使用信息中，随设备、防护系统和元件一起提供，或者作为使用说明书的一部分提供。值得一提的是，防雷电保护措施不应削弱阴极防腐措施。

防雷措施是个综合问题，需要视情况考虑采取接闪、接地、屏蔽、等电位连接、安装电涌防护器、保证间距等多种措施。

三、防雷装置安全检查要点

防雷装置和措施是否长期有效，有必要通过定期的检查予以保证。针对防雷装置的相关检查项目，可从防雷区域划分、建筑物的防雷分类、接闪器、引下线、接地装置、电磁屏蔽、等电位连接、电涌保护器这几个方面开展。

1. 建筑物的防雷分类

根据 GB 50057 的规定，按照建筑物的重要性、使用性质、发生雷电事故的可能性和后果，对建筑物进行防雷分类，具体划分方法见 GB 50057 标准。

2. 接闪器的检查

① 应检查接闪器与顶部外露的其他金属物的电气连接及与避雷引下线电气连接的可靠性。

② 检查接闪器有无脱焊、折断，固定点支持件间距均匀程度、固定可靠程度及机械强度，腐蚀情况，避雷带的平正顺直，避雷带跨越变形缝、伸缩缝有无补偿措施。

③ 首次检测时应用经纬仪或测高仪和卷尺测量接闪器的高度、长度，建筑物的长、宽、高，然后根据建筑物防雷类别，用滚球法计算其保护范围。

④ 应检查接闪器上是否附着有其他电气线路。

⑤ 当低层或多层建筑物利用屋顶女儿墙内或防水层内、保温层内的钢筋作暗敷接闪器时，要对该建筑物周围的环境进行检查，防止可能发生的混凝土碎块坠落等事故隐患。

3. 引下线的检查

① 检查引下线装设的牢固程度；引下线应无急弯；检查引下线与接闪器和接地装置的焊接情况、锈蚀情况及近地面的保护设施。

② 首次检测时，应用卷尺测量每相邻两根引下线之间的距离，记录引下线布置的总根数，每根引下线为一个检测点，按顺序编号检测。

③ 检查引下线上有无附着的其他电气线路。测量引下线与附近其他电气线路的距离，一般不应小于 1m。

4. 接地装置的检测

（1）接地装置的检查　接地装置的检查包括查看隐蔽工程记录、填土沉陷情况、是否接地装置被挖断、是否存在地电位反击情况、第一类防雷建筑物与树木之间的净距等。

（2）用毫欧表检测两相邻接地装置的电气连接　首次检测时，应使用毫欧表对两相邻接地装置进行测量。如测得阻值不大于 1Ω，则断定为电气导通，如测得阻值偏大，则判定为各自为独立接地。

（3）用接地电阻表测量接地装置的接地电阻　用接地电阻表测量接地装置的接地电阻值。接地电阻值应取三次测量的平均值。接地电阻的测试方法主要有两点法（电流表—电压表法）、三点法、比较法、多级大电流法、故障电流法和电位降法。一般宜采用电位降法。

5. 防雷区的划分

防雷区的划分应按照 GB 50057 的规定将需要防雷击电磁脉冲的环境划分为 LPZ0$_A$、LPZ0$_B$、LPZ1、LPZ2、…、LPZn 区。在进行防雷区的划分后，可方便检查等电位连接的位置和最小截面、电涌防护器安装位置、屏蔽计算和电磁屏蔽效率的测量。

6. 电磁屏蔽

对需要减少电磁干扰感应效应的场所，应采取电磁屏蔽措施。电磁屏蔽的检测方法如下。

① 用毫欧表检查屏蔽网格、金属管、（槽）防静电地板支撑金属网格、大尺寸金属件、房间屋顶金属龙骨、屋顶金属表面、立面金属表面、金属门窗、金属格栅和电缆屏蔽层的电气连接，过渡电阻值不宜大于 0.03Ω。用卡尺测量屏蔽材料规格尺寸是否符合要求。

② 计算建筑物利用钢筋或专门设置的屏蔽网的屏蔽效率。

③ 用仪器检测电磁屏蔽效率。

7. 等电位连接的检查

等电位连接的检查和测试，主要针对大尺寸金属物的连接、平行敷设的长金属物、长金属物的弯头/阀门等连接物、总等电位连接带、低压配电线路埋地引入和连接、第一类和处在爆炸危险环境的第二类防雷建筑物外架空金属管道、建筑物内竖直敷设的金属管道及金属物、进入建筑物的外来导电物连接、穿过各后续防雷区界面处导电物连接、信息系统等电位连接。

8. 电涌防护器（SPD）的检查与测试

（1）SPD 的检查　主要包括阻值测量、安装情况检查、外观检查、是否有状态指示器、限压元件前端是否有脱离器等。

（2）SPD 的测试　SPD 运行期间，会因长时间工作或因处在恶劣环境中而老化，也可能因受雷击电涌而引起性能下降、失效等故障，因此需定期进行测试。如测试结果表明 SPD 劣化，或状态指示指出 SPD 失效，应及时更换。相关的测试项目包括限制电压、内置脱离器、绝缘电阻、限制电压、压敏电压等。

第三章　仪表供电供气设计

第一节　供电设计

石油化工企业仪表及控制系统要求供电系统安全、稳定、可靠。仪表的供电系统设计应技术先进、安全适用、经济合理。

一、负荷的分类

1. 电力负荷

通常石油化工装置电力负荷分级如下。

（1）一级负荷　一级负荷是指生产装置工作电源突然中断时，将扰乱连续生产，造成重大的经济损失，供电恢复后需要很长时间才能恢复生产的装置和确保装置正常操作的公用工程用电负荷。

在一级负荷中，为确保安全停车，避免发生爆炸、火灾、中毒事故、人员伤亡、关键设备损坏，或一旦发生事故，能及时处理，防止事态扩大，保护关键设备，抢救及撤离人员，而不允许中断供电的负荷，称为一级负荷中特别重要的负荷。

一级负荷应由双路电源供电，且两路电源不应同时发生故障。特别重要的负荷应增设应急电源［如不间断电源（UPS）、直流蓄电池等］，并严禁将其他负荷接入应急供电系统。

（2）二级负荷　二级负荷是指生产装置工作电源突然中断时，造成较大的经济损失，供电恢复后需要较长时间才能恢复生产的装置和为装置服务的用电负荷。二级负荷应采用双路电源供电。

（3）三级负荷　三级负荷是指不属于一级、二级的其他用电负荷。三级负荷可采用单路供电。

2. 仪表用电负荷

仪表用电负荷包括：

① SIS、DCS、GDS、CCS、PLC、SCADA 等控制系统；

② 现场仪表及执行元件；

③ 在线分析仪表系统及分析小屋；

④ 可燃/有毒气体检测器及区域闪光报警器；

⑤ 仪表辅助设施的供电，包括仪表盘（柜）内照明、风扇、维修插座等；

⑥ 现场仪表的电伴热和在线分析仪电伴热采样管缆。

3. 仪表供电负荷类别

仪表供电负荷分为两类，分别是一级负荷中特别重要的负荷和三级负荷。

（1）特别重要负荷

① SIS、DCS、GDS、CCS、PLC、SCADA 等控制系统。

② 现场仪表及执行元件。

③ 在线分析仪表系统。

④ 可燃/有毒气体检测器及区域闪光报警器。

（2）三级负荷

① 仪表辅助设施的供电，包括仪表盘（柜）内照明、风扇、维修插座等。

② 分析小屋的 HVAC（或防爆空调）及照明等。

③ 大屏幕显示系统。

④ 现场仪表的电伴热和在线分析仪电伴热采样管缆。

4. 仪表供电要求

（1）特别重要负荷　采用两路独立的 UPS 供电，或采用一路 UPS，一路经过整流和隔离的普通电源。

（2）三级负荷　采用单路普通电源。

二、仪表电源质量

1. 交流不间断电源 UPS 质量要求

① 交流 UPS 供电要求：电压 220V±5%；频率 50Hz±0.5Hz；波形失真率：<5%。

② 当全厂电源故障时可持续输出电源 30min；当某个设备需要更长时间时，由该设备自行配置电池。

③ 电压瞬间跌落小于 10%。

④ 瞬断时间<5ms。

2. 普通交流电源质量要求

① 交流电源供电要求：电压 220V±10%；频率 50Hz±1Hz；波形失真率<10%。

② 电压瞬间跌落小于 20%。

3. 直流电源质量要求

① 直流稳压电源供电要求：电压 24V±0.3V；纹波电压<0.2%。

② 直流稳压电源采用并联运行方式，构成双冗余或 $n+1$ 冗余直流供电系统，并具有负载平衡功能。

三、仪表供电线路电压降计算

线路压降的主要原因是供电线路较远，由导线压降损失所致。线路设计中如果考虑不周，导致仪表处在低电压工作，严重时不能正常运行。

仪表都有电源工作范围，在设计供电回路时，根据线路压降计算出合适的导线规格。

（1）直流供电线路压降计算

① 直流供电线路电阻按下式计算

$$R_t = 2\rho_t C_j L/A \times 10^6 \tag{5-3-1}$$

$$\rho_t = \rho_{20}[1+\alpha(t-20)] \tag{5-3-2}$$

式中　R_t——线路工作电阻，Ω；

　　　L——线路距离，m；

　　　A——导线截面积，mm^2；

　　　C_j——绞入系数，单股导线为 1，多股导线为 1.02；

　　　ρ_{20}——导线温度为 20℃时的电阻率，铜线芯（包括电线、电缆、母线）为 1.72×10^{-8} Ω·m；

　　　ρ_t——导线温度为 t(℃) 时的电阻率，Ω·m；

　　　α——电阻温度系数，取 0.004；

　　　t——导线实际工作温度，本手册取值 75℃。

综上，简化为

$$R_t = 4.28 \times L/A \times 10^{-2} \tag{5-3-3}$$

② 直流供电允许线路压降，根据电源输出电压及用电仪表（或系统）最低工作电压确定：

$$\Delta U = U_o - U_w \tag{5-3-4}$$

式中　ΔU——允许线路压降，V；

　　　U_o——直流电源输出电压，V；

　　　U_w——用电仪表最低工作电压，V。

③ 直流供电仪表工作电流的确定

$$I_w = W_{max}/U_w \tag{5-3-5}$$

式中　I_w——线路最大工作电流，A；

　　　W_{max}——仪表最大功耗，W。

④ 允许线路电阻

$$R = \Delta U/I_w \tag{5-3-6}$$

式中　R——允许线路电阻，Ω。

为满足线路压降，应满足下式：

$$R_t \leqslant R \tag{5-3-7}$$

综上，得如下公式：

$$L \leqslant 23.3 \times \frac{(U_o - U_w) \times U_w \times A}{W_{max}} \tag{5-3-8}$$

$$A \geqslant 0.043 \times \frac{W_{max} \times L}{(U_o - U_w) \times U_w} \tag{5-3-9}$$

经取整后，可根据式(5-3-10)计算已知电缆的供电距离。

$$L \leqslant 20 \times \frac{(U_o - U_w) \times U_w \times A}{W_{max}} \tag{5-3-10}$$

或根据式(5-3-11)计算已知距离需要的电缆尺寸：

$$A \geqslant 0.05 \times \frac{W_{max} \times L}{(U_o - U_w)U_w} \tag{5-3-11}$$

考虑电缆的机械强度，一般室内供电电缆截面不小于 $1.5 mm^2$；室外供电电缆截面不小于 $2.5 mm^2$。

(2) 交流供电线路压降计算　仪表的交流电源电压降及线路电压降，不超过仪表设备额定电压值的 5%。

四、仪表供电系统设计

一般情况下，由仪表专业向电气专业提出用电条件，电气专业负责提供 UPS 电源和普通交流电源。仪表专业负责电源分配、容量计算、电缆规格计算等内容。为避免电磁干扰和隔绝电池挥发出的有害气体，设置单独的 UPS 间。容量≤100kV·A 时，UPS 采用单相 220V 输出；容量>100kV·A 时，UPS 可采用三相 380V 输出，三相间负荷不平衡度小于 20%。UPS 容量为用电总和的 1.2~1.5 倍。UPS 供电方式采用 TN-S，即中性线和地线是分开的。

为了保证仪表供电系统安全、可靠、便于维护，仪表电源分配一般采用供电回路分级、分组。典型的仪表供电系统图参见图 5-3-1。

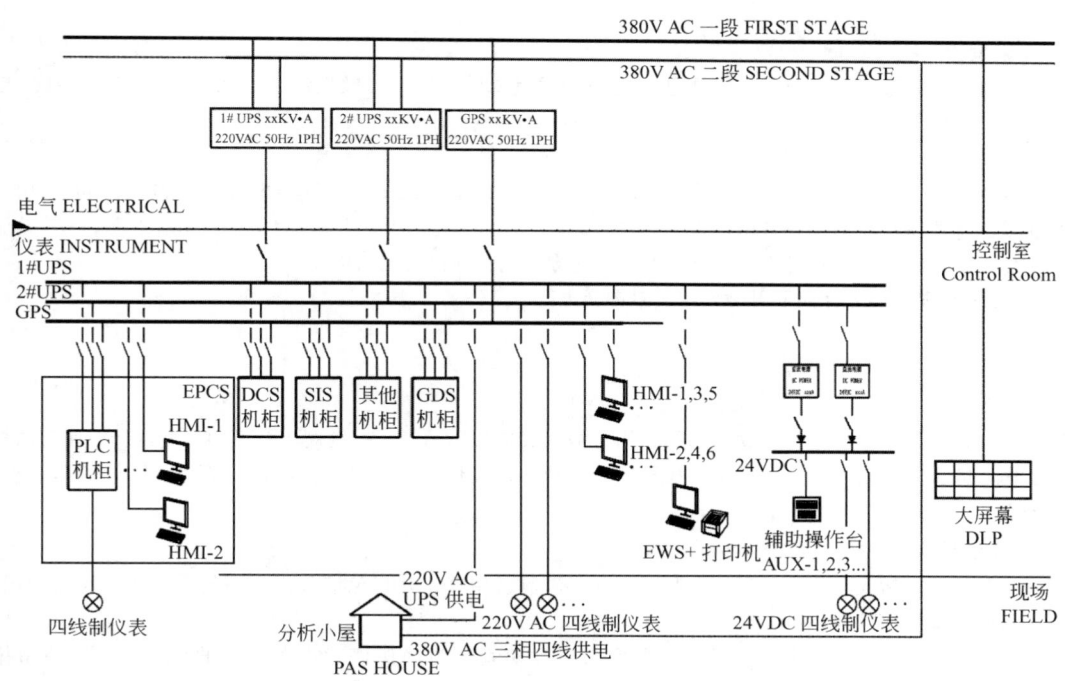

图 5-3-1　典型的仪表供电系统

1. 供电回路分级

① 一级　总配电柜，设置输入总断路器和输出分断路器。

② 二级　分配电柜，输入端设总开关，不设断路器，输出端设置断路器。控制系统（如 SIS、DCS、GDS、CCS、PLC、SCADA 等）放置在二级供电。

③ 三级　仪表开关板，输入端不设总开关和断路器，输出端设置断路器。

二级供电宜留 25％备用回路，三级供电宜留 15％备用回路。

2. 供电回路分组

DCS、SIS、GDS、CCS、PLC、SCADA 等控制系统的控制器、网络交换机等双路供电的仪表设备，采用双路供电。

互为备用的仪表设备（如操作站、服务器等）的供电应来自不同的 UPS，比如 1、3、5、…、n 操作站采用 UPS1 供电，2、4、6、…、n 操作站采用 UPS2 供电，以避免单电源故障时整个系统无法正常工作。

3. 电源分配柜

不同的电压等级电源分配，如交流和直流，应分别设置在不同的配电柜，不能混放在一个配电柜中。

一般在总配电盘正面设置电压表、电流表。

220V AC 配电柜设置警告标志，电路裸露部分必须设置保护措施（增设绝缘层、加装保护罩）。

五、供电器材的选择

仪表用电器、材料的选择，可参照《低压配电设计规范（GB/T 50054）》有关规定。

1. 供电开关

开关容量按正常工作电流的 2～2.5 倍选用。

2. 断路器

断路器中的脱扣器的额定电压大于等于线路的额定电压；脱扣器整定电流接近但大于负荷额定工作电流，且小于线路允许的载流量。

断路器额定电流小于该回路电源开关的额定电流。

断路器额定电流和脱扣器整定电流同时满足正常工作电流和启动尖峰电流。

多级配电系统中，干线上的断路器额定电流应大于支线断路器额定电流至少 2 倍，动作延迟时间干线大于支线。

3. 电源电缆

根据环境条件、敷设方式及工作电压选择电缆。对重要供电回路，敷设线路又较远时，应计算线路电压降，正确选择导线规格。

① 仪表电源电线电缆宜选用多股铜芯软线。

② 24V 直流配线，线芯≤6mm² 采用铜芯阻燃聚乙烯绝缘聚氯乙烯护套屏蔽电缆；线芯＞6mm² 采用铜芯阻燃交联聚乙烯绝缘聚氯乙烯护套电力电缆。

③ 220V 交流配线，采用铜芯阻燃交联聚乙烯绝缘聚氯乙烯护套电力电缆。

④ 火灾或爆炸危险场所宜采用耐火型或阻燃型电缆。

第二节　供气设计

现代石油化工装置广泛采用气动控制阀，用压缩仪表空气驱动气动控制阀。合理的供气设计，使气动控制阀正常工作，减少非计划停车，保证生产操作安全平稳。仪表供气气源是经过除湿、除尘、除油的压缩空气，称为仪表空气。

一、仪表供气负荷

仪表供气负荷包括气动仪表、气动控制阀、吹气法测量用气、气相色谱分析仪用气、正压通风吹扫用气、仪表维修间调试检修用气等。

工艺设备吹扫、充压、置换用气属于工厂空气供气负荷，为确保仪表供气系统的稳定，不得使用仪表空气。

二、仪表空气质量要求

1. 露点

在操作压力下的仪表空气露点，应比装置所在地的历史上年（季）极端最低温度至少低 10℃。

2. 含尘量

仪表空气含尘量应小于 1mg/m³，粉尘颗粒直径不应大于 3μm。

3. 含油量

仪表空气中的油分主要来自空气压缩机的润滑油，油分含量应小于 $10mg/m^3$。

4. 污染物

仪表空气源中不应含有害和腐蚀性的杂质，如 H_2S、SO_2、易燃易爆气体和蒸汽等。仪表空气压缩机应正确选择吸风口位置，避免吸入易燃、易爆、有毒及腐蚀性气体或蒸汽。如果吸风口存在污染物，则应采取措施改变吸风口位置以远离污染物，或采取物理吸收等方法消除污染物，保证气源装置吸风口的空气质量。

三、仪表空气压力

1. 常用供气压力范围

① 气动仪表：$140kPa(G)$。

② 定位器（配薄膜执行器）：$140\sim350kPa(G)$。

③ 定位器（配活塞执行器）：$350\sim600kPa(G)$。

2. 气源总管压力

一般空压站净化装置出口处的仪表空气总管压力范围为 $600\sim1000kPa(G)$，进各装置界区处的压力应不低于 $600kPa(G)$。

四、供气系统设计

1. 供气压力监测

控制室应设置供气系统的监视和报警功能，即仪表空气总管压力指示和低压力报警。

2. 仪表耗气量计算

仪表气源装置设计容量取决于仪表空气总耗量的大小。仪表耗气量分为间歇耗气量、连续耗气量和开车耗气量。仪表总耗量的计算，采用汇总方式。

通常仪表的耗气量为操作状态下 $[140kPa(G)，20℃]$ 的稳态数据，计算耗气量时，应按式（5-3-12）换算为标准状态 $[101.33kPa(A)，20℃]$。

$$Q_s=1.54Q_o \tag{5-3-12}$$

式中　Q_s——标准状态下的稳态耗气量，m^3/h；

　　　Q_o——操作状态下的稳态耗气量，m^3/h。

仪表气源装置设计容量按式（5-3-13）计算：

$$Q_d=(K_1+K_2)\sum Q_s \tag{5-3-13}$$

式中　Q_d——气源装置设计容量（标准状态），m^3/h；

　　　$\sum Q_s$——各类仪表稳态耗气量总和（标准状态），m^3/h；

　　　K_1——供气管网系统允许泄漏系数，通常取 $0.1\sim0.3$；

　　　K_2——考虑瞬时耗气量的修正系数，通常取 2。

系数 K_2 是对仪表工作状态的修正。系统正常运行时，仪表输出侧信号大小取决于使用条件。当过程变量波动时，仪表的工作状态亦随之变化，很难确切估计它的变化过程，也无法准确描述稳态耗气量与暂态耗气量之间的真实关系。当仪表工作状态不稳定时，仪表耗气量会有所增加。

系数 K_1 是对管路系统泄漏量的修正。供气系统配管方法不同，泄漏量亦不同，通常认为是 $10\%\sim30\%$。也就是在仪表实际耗气量估算中至少要考虑 $10\%\sim30\%$ 的稳态耗气量作为管路泄漏损失。

3. 仪表耗气量

仪表、用气设备单台耗气量取值参见表 5-3-1。

表 5-3-1　仪表、用气设备单台耗气量取值表

序号	用气设备	用气量（标准状态下）	备注
1	气动调节阀	$1m^3/h$	
2	气动开关阀	$1.7m^3/h$	小于 10″ 的开关阀
		$3.4m^3/h$	大于等于 10″ 的开关阀

续表

序号	用气设备	用气量(标准状态下)	备注
3	气相色谱仪	$1.2m^3/h$	
4	正压通风防爆仪表柜	$2\sim8m^3/h$	
5	反吹法测量仪表	$1\sim5m^3/h$①	
6	特殊仪表		根据其最大耗气量指标

① 催化裂化装置中测量催化剂流态化床层压力、差压等的反吹用气量，密相每点按 $4.5m^3/h$（标准状态下）、稀相每点按 $2m^3/h$ 计算。

在设计初期，由于尚未确定气动仪表或阀门的选型，无法求取 Q_o 值，可采用表 5-3-1 对装置用气总容进行经验估算。

4. 安全用气

（1）仪表空气缓冲罐　一般在仪表空气气源装置设置仪表空气缓冲罐。当仪表空气气源装置发生事故时，缓冲罐储备的空气作为紧急气源，主要用于各装置顺序停车。

仪表空气缓冲罐容量大小，主要取决于供气系统耗气量和需要保持的时间。保持时间应根据生产规模、工艺流程复杂程度及安全联锁保护设计水平来确定，由工艺专业人员提出具体时间，一般为 $20\sim30min$。

仪表空气缓冲罐容积按式（5-3-14）计算：

$$V=Q_s t\frac{p_0}{p_1-p_2} \tag{5-3-14}$$

式中　V——储气罐容积，m^3；

$\quad\quad Q_s$——气源装置设计容量（标准状态下），m^3/min；

$\quad\quad t$——保持时间，min；

$\quad\quad p_1$——正常操作压力，$kPa(A)$；

$\quad\quad p_2$——最低送出压力，$kPa(A)$；

$\quad\quad p_0$——大气压，通常取值 $103.23kPa(A)$。

（2）阀门储气罐　阀门储气罐主要用于保证阀门的安全位置或减小执行机构尺寸，由阀门供货商成套提供。

阀门储气罐容量大小，主要取决于阀门执行机构的尺寸（容积）、最低工作压力、储罐压力（供气管网压力）及要求的动作次数。动作次数一般取两个全行程。

$$V=Q_V N\frac{p_2}{p_1-p_2} \tag{5-3-15}$$

式中　V——储气罐容积，m^3；

$\quad\quad Q_V$——阀门执行机构容积，m^3；

$\quad\quad N$——动作次数；

$\quad\quad p_1$——管网供气压力，$kPa(A)$；

$\quad\quad p_2$——阀门最低工作压力，$kPa(A)$。

5. 供气方式

供气配管方式可分为单线式供气、支干线式供气、气源分配器供气和环形供气，也可根据现场仪表阀门分布情况采用混合方式供气。

（1）单线式供气　单线式供气多用于分散负荷，或者耗气量较大的负荷，如频繁动作的执行机构、容积大的执行机构的供气以及大容积正压防爆，为了不影响邻近负荷用气，设计时尽可能直接在气源总管或干管上取源。单线式供气方式见图 5-3-2。

（2）支干线式供气　支干线式供气方式适用于集中负荷，即集中布置的仪表和阀门。对支干线式供气的分支通常不做统一要求，只要系统内不会造成大的压力降，便于安装和维护，各种分支方法都是可行的。支干式供气方式见图 5-3-3。

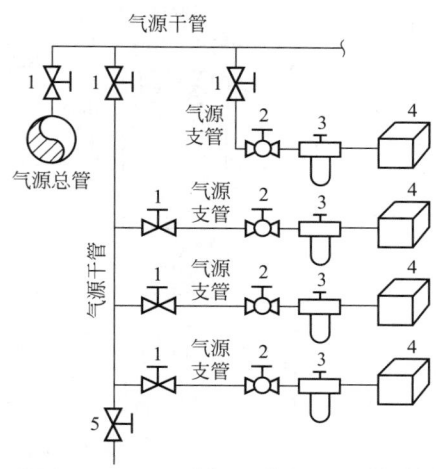

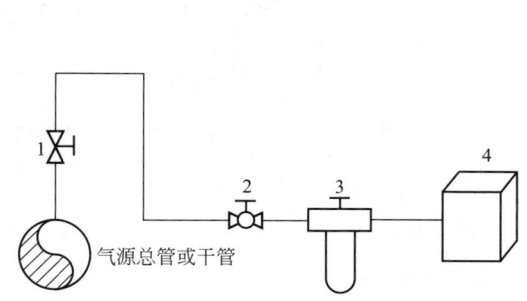

图 5-3-2　单线式供气方式

1—气源取压阀；2—气源球阀；3—过滤器减压阀；

4—用气负荷

图 5-3-3　支干线式供气方式

1—气源取压阀；2—气源球阀；3—过滤器减压阀；

4—用气负荷；5—排污阀

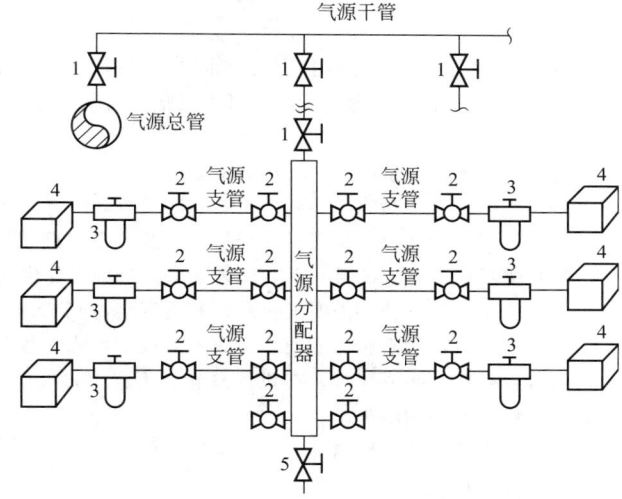

图 5-3-4　气源分配器供气方式

1—气源取压阀；2—气源球阀；3—过滤器减压阀；4—用气负荷；5—排污阀

（3）气源分配器供气　气源分配器供气方式是支干式供气方式的扩展，气源分配器一般选用 25～50mm 直径的不锈钢管制成，有足够的缓冲容量，供气更稳定和灵活，而且方便留备用接口，便于现场临时增加用气负荷。气源分配器供气方式见图 5-3-4。但大气量负荷不宜从气源分配器引出，应采用单线式供气。

（4）环形供气　环形供气方式分为总管环形供气及干管环形供气，分别见图 5-3-5(a) 及图 5-3-5(b)。

总管环形供气方式，用于仪表气源装置（空压站）向各装置供气配管。干管环形供气方式，用于装置内局部重要负荷，供气更稳定可靠。

6. 仪表空气配管

（1）供气管径选择　仪表空气配管管径的选择见表 5-3-2。

（2）供气管道材料

① 供气总管选用镀锌碳钢或不锈钢。

② 干管或支管可选用镀锌碳钢，也可选用不锈钢，不低于总管选材。

③ 气源分配器出口供气管线选用不锈钢。

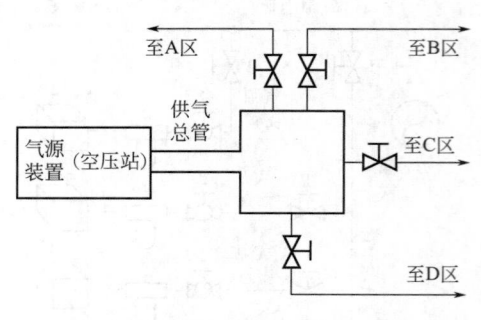

(a) 总管环形供气方式

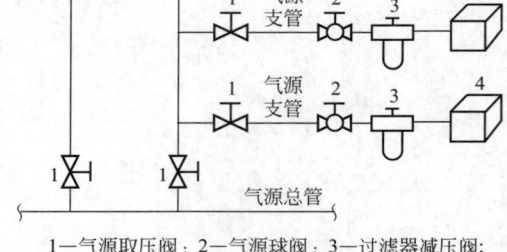

1—气源取压阀；2—气源球阀；3—过滤器减压阀；
4—用气负荷；5—排污阀

(b) 干管环形供气方式

图 5-3-5　环形供气方式

表 5-3-2　供气系统配管尺寸选择表

管径	DN15	DN20	DN25	DN40	DN50	DN80	DN100
	1/2″	3/4″	1″	1½″	2″	3″	4″
供气点数	1～4	5～15	16～25	26～60	61～150	151～250	251～500

注：供气点数按供气压力 400kPa、每点耗气量 2m³/h 为基准、气体流速 3～5m/s 计算得到。

④ 气源球阀后的管线选用不锈钢或紫铜管。

当选用镀锌碳钢时，应采用螺纹连接，禁止采用焊接方式。小口径不锈钢或紫铜管，一般采用卡套连接。

当火灾发生时，需要紧急切断的部分阀门，气源分配器后可采用塑料软管，保证火灾发生时，阀门可以有效关断，提高系统安全。

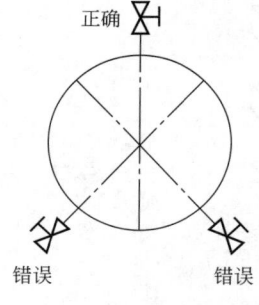

图 5-3-6　气源取压方位图

（3）供气管路敷设　仪表供气配管采用架空敷设。供气主管水平安装，不允许出现 U 形弯，应有 1/1000～1/200 的坡度，并在下游侧最低点设排污阀。供气管路应避开高温、易受机械损伤、腐蚀、强烈振动及工艺管路或设备物料排放口等场所。若无法避免时，应采取必要措施确保供气安全。

为了方便维护，需要设置总管和支管气源切断阀。当局部出现故障，或者维修阀门时，切断阀可方便地将故障点或维修点与供气系统隔离。气源切断阀一般选择截止阀或球阀。在供气总管、干管上，应留有至少 20% 备用供气点，并安装切断阀和堵头。

在供气局部区域的最低点污物易积集的地方设置排污阀。排污阀一般选用球阀或截止阀。

从供气管路上方取气，如图 5-3-6 所示。

在振动较大的场合，为避免因振动导致气源管破损，应在过滤器减压阀前设置金属软管，见图 5-3-7。

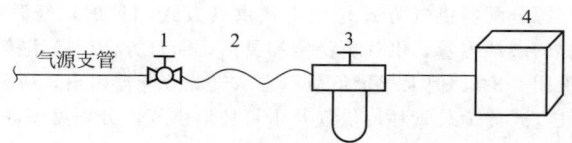

图 5-3-7　金属软管配管

1—气源球阀；2—金属软管；3—过滤器减压阀；4—用气负荷

第四章 仪表及控制系统防雷设计

第一节 概　　述

一、仪表及控制系统雷电防护的意义

1. 重要的防灾减灾工程

仪表及控制系统（以下简称仪表系统）的雷击事故是流程工业工厂的重大自然灾害之一，造成的直接和间接损失很大。仪表系统的雷电防护工程（以下简称仪表防雷工程）是石油化工厂重要的防灾减灾工程。

我国是雷电多发国家，雷电频繁发生区域的石油化工厂几乎每年都受到雷击的影响，每年都有雷电造成仪表系统的损坏，导致装置停工、停产。有的雷击甚至造成人员伤害。

仪表系统的电子化、集成化、计算机化和网络化，增加了对雷电的敏感性和易损性，使雷电侵入的影响增大。不但南方地区、沿海、沿江、山地等重雷电危害区域的工厂的仪表系统经常因雷电袭击而损坏，就连北方雷暴日较少的地区也时常发生雷电损毁仪表系统。仪表雷电防护成了防灾减灾的重要内容之一。

2. 雷电对仪表系统的危害

雷电对仪表系统的损坏有两种途径：直击雷电流和电磁感应电流。

直击雷是直接击中建筑物、大地、设施或设备等实际物体的雷电。对仪表系统就是直接打在仪表本体或信号线路上的雷电。中等强度的直击雷电流为 10～100kA。

电磁感应电流是线路附近区域的直击雷电流的电磁感应在线路上产生的冲击电流，也称为雷电电涌。电涌电流强度根据实际情况而异，约为几十到几百安培。线路上的直击雷电流或雷电电磁感应产生的电涌会沿线路向两端流动，损坏测量仪表和信号接收仪表。

工厂建（构）筑物的雷电防护虽然能防止建筑物内和设备及框架下的仪表遭受直击雷，但不能阻挡雷电电磁感应在仪表内部和线路上产生的电涌。另外，建筑物雷电防护范围之外区域的仪表及线路仍然受到直击雷的威胁。

二、仪表防雷工程的确定

由于雷击和雷电损坏事件是小概率随机事件，所以不能准确、清晰地定量确定，只能采用估计的方法。

1. 定量评估方法

常采用的雷电损坏经济风险评估的方法有两种。

方法 1　当不设置雷电防护措施时，雷击事件造成仪表系统损坏导致装置生产的综合经济损失大于防雷工程投资价值时，应实施仪表防雷工程。

方法 2　雷击事件造成装置生产的综合经济损失大于可容忍经济损失，或预计风险大于可容忍风险时，应实施仪表防雷工程，使预计风险小于可容忍风险。

定量评估方法比较复杂，工程上难以操作。由于雷击事件是不确定的概率事件，所有的定量评估方法都有不确定性。不同的标准规范有不同的评估方法，各自采用了不同的简化方法。基本方法之一是根据雷电活动程度和被保护系统的重要程度确定雷电防护等级，按雷电防护等级确定防雷工程。

石油化工仪表系统雷电防护等级的确定方法如下。

控制系统中任一台控制器或任一组 I/O 模件损坏可能造成装置生产事故的可能综合经济损失与被保护系统的重要程度，可参照表 5-4-1 确定。

表 5-4-1　被保护系统的重要程度参考分类

事故综合经济损失/万元	被保护系统的重要程度分类
＞1000	第一类
50～1000	第二类

雷电防护等级根据表 5-4-2 中被保护系统的重要程度分类和年平均雷暴日确定。

表 5-4-2　雷电防护等级表

重要程度	年平均雷暴日次数		
	20 及以下	21～60	60 以上
第一类	二级	一级	一级
第二类	二级	二级	一级

装置所在地区的年平均雷暴日数值可查询当地气象部门的资料。年平均雷暴日数并不能反映不同季节不同时期的雷击次数，也不能反映区域雷击密度和雷电强度，也就不可能准确地预测或评估雷电活动程度。期待将来气象部门能够记录并提供更有意义的雷电活动程度数据。

一级防护等级应当实施仪表防雷工程，二级防护等级也适合实施仪表防雷工程。

在中心控制室及装置高点附近设置雷电测定装置和雷电预测装置，积累厂区雷电活动资料。

2. 定性评估方法

可根据下列情况之一确定仪表防雷工程，只要有一种条件成立，就应实施仪表防雷工程：

① 发生过危及安全生产的雷击损害事件的工厂区域；

② 根据 GB 50057 设置了雷电防护的建筑物，内部装有电子设备的，特别是连接室外信号线路的；

③ 当建设区域曾经出现单日雷击次数大于 N 次/日 （N 待定）或 150kA 以上雷电流强度的雷击次数多于 1 次/年时，雷击次数及雷电流强度可根据当地气象部门资料或自行测定结果确定；

④ 投资方或保险方可以根据主观意愿确定是否实施仪表防雷工程（自行承担风险和损失），这也是符合防灾减灾原则的。

三、仪表系统防雷基本方法

1. 设计原则

仪表防雷工程的设计应根据防护目标的具体情况，确定合适的防护范围，采用综合的防护方法，保护仪表系统不受雷击损害，降低雷击事件的风险，符合防灾减灾的投资条件，经济有效地防护和减少仪表系统雷击事故造成的生产和经济损失。

2. 基本原理

仪表防雷的基本原理是限流、限压、限能。设法将雷电流在到达仪表之前就大部分泄放入地，并将残余雷电流产生的电压限制在小于仪表能够承受的电压，使仪表不受雷电损害。由于雷电持续时间较短，残余的雷电流不会造成对信号的有效干扰。

3. 工程方法

仪表防雷工程方法有：①仪表系统接地；②设置电涌防护器；③信号电缆的屏蔽；④仪表设备的屏蔽。

仪表防雷工程采取的每一种方法都是有效的，但都不能代替其他方法，若想得到良好的防护效果，就需要采取全部方法，不可片面地忽略某一种或几种方法。

SH/T 3164 根据石油化工仪表系统和工程建设的特点，制定了仪表防雷工程方法，简化了一些不确定的概念和难以实施的方法。例如，没有用到雷电防护区的概念和某些不切实际的防雷方法。

四、仪表系统防雷设计规范

GB 50057 是建筑物的防雷设计规范，没有系统地规定石油化工仪表系统的防雷工程方法。GB 50343 是建筑物电子信息系统防雷技术规范，主要规定了电信系统等防雷技术，没有规定仪表信号系统的防雷工程方法。

SH/T 3164 石油化工仪表系统的防雷设计规范，在雷电防护的理论基础上，将近二十年来石油化工厂仪表系统防雷工程的实施、实践和方法进行编制，以期指导工程设计和建设，预防、减少和消除雷击事故和损失。

SH/T 3164 规范以简明、实用为宗旨，明确基本概念，编制了易于遵循的工程设计规定，注重操作、实施和执行，规定了通用的、可行的工程方法，适用于石油化工厂现场仪表和控制室仪表系统的防雷工程。

第二节　仪表防雷工程接地系统

一、控制室仪表接地结构

1. 网型结构

良好有效的接地系统是泄放雷电流的基础条件。控制室仪表防雷接地系统采用网型结构的接地系统，适用于各类安装有单体仪表或仪表系统设备的房间或建筑物。

控制室的保护接地、工作接地、本质安全接地、屏蔽接地、防静电接地、电涌防护器接地等仪表系统接地均应就近接到网型结构接地系统。

网型结构消除了接地线过长、不易实施、容易出错、结构复杂和不确定等因素，解决了接地系统的雷电流泄放、地电位差、地线感抗、地电流干扰和多功能接地功效的问题。

网型结构采用多根接地排连接成网格的形式。接地排根据室内仪表机柜的排列在机柜下方成行设置，两排及以上机柜的接地排在两端及中间连接形成网格。网格行、列间距≤5m。对于单排设备，可简化为单根接地排。

典型的网型结构原理见图 5-4-1。

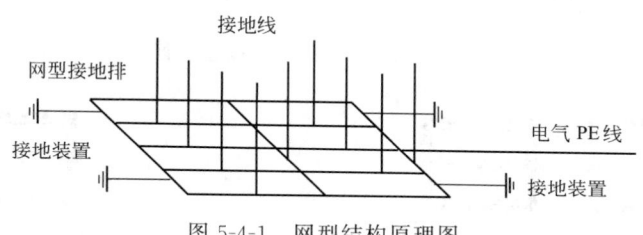

图 5-4-1　网型结构原理图

仪表系统的网型结构接地排与室外接地装置形成等电位综合接地网。

2. 网型结构接地排

网型结构的接地排采用截面积≥40mm×4mm（宽×厚）的铜材或热镀锌扁钢焊接制作，安装在机柜底部支撑或支架上，可采用绝缘安装，也可采用非绝缘安装，高度应不妨碍仪表电缆的敷设，便于各接地线的连接施工。同一房间的网型接地排，应延伸到室内所有的机柜和分散安装的仪表附近。不应采用导线连接的多段式或链接式接地排。

网型结构的室内接地网采用至少 4 条截面积≥40mm×4mm（宽×厚）的铜材或热镀锌扁钢接地连接导体，经不同路径、不同方向（四角或四边）的连接方式分别接到电气接地装置，并引到室内的接地装置连接板。单边长度≥30m 的室内接地网，应增加接到电气接地装置的接地路径和接地装置连接板。接地装置连接板间距宜小于 20m。

由电气在控制室内墙壁的适当位置设置电气室外接地装置与室内接地网的接地装置连接板。

仪表交流电源配电采用 TN-S 系统的接地方式，来自供配电系统的地线（PE 线）在仪表配电柜处接到网型接地排。

二、控制室仪表接地

1. 仪表机柜及操作台

机柜内的工作接地和保护接地应按照图 5-4-2 机柜与网型结构接地示意图就近接到下方的网型接地排，不再区分。电涌防护器与本安系统的安全栅同机柜安装时应并列安装。

机柜内的电涌防护器接地导轨接到机柜下方的网型接地排或在机柜内就近接到保护接地汇流条；电涌防护器接地导轨与机柜可不采用绝缘安装。机柜的柜体应连接到机柜内的保护接地汇流条。

控制室操作台下或电缆沟里敷设截面积≥40mm×4mm（宽×厚）的铜材或热镀锌扁钢作为接地排，操作台接地按照图 5-4-3 就近接到下方的接地排。

每台需要接地的仪表、设备、机柜、仪表盘、操作台、机架等，均采用单独的接地线接到接地排，不应采用任何形式的串联连接的方式。控制室内所有安装仪表的金属结构、支架、框架，以及金属活动地板等，均应连接到网型接地排。

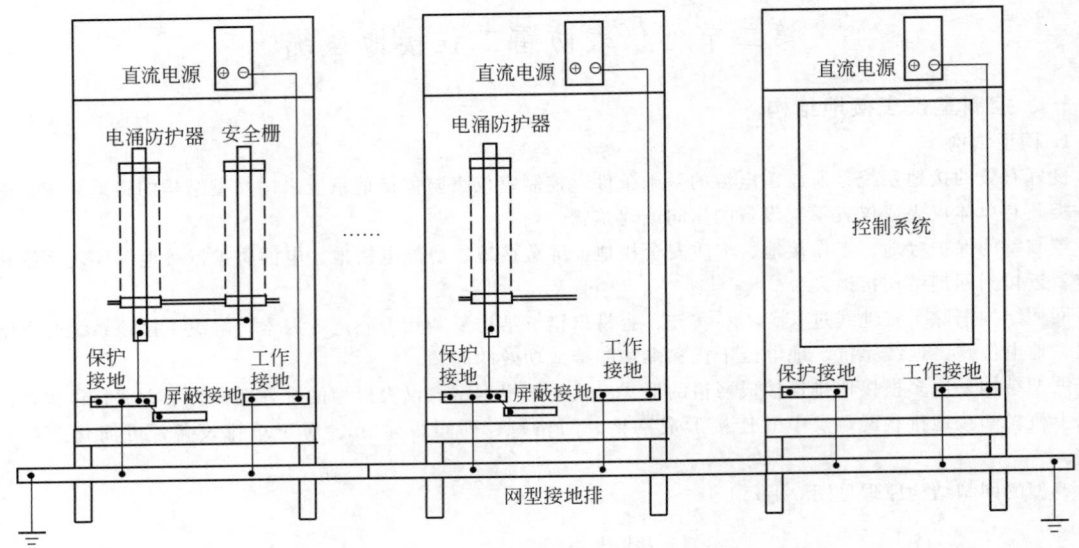

图 5-4-2　机柜与网型结构接地示意图

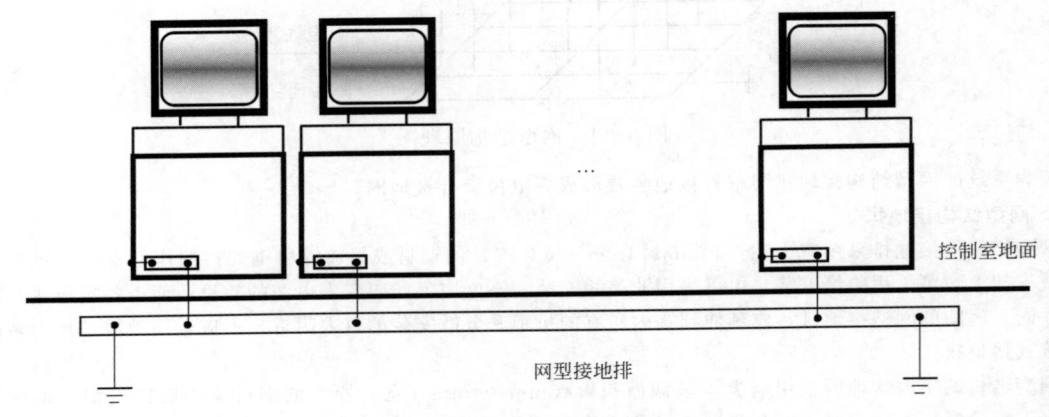

图 5-4-3　操作台接地示意图

2. 接地连接导体及导线

雷电流是高频强功率脉冲，接地连接的好坏直接影响雷电流泄放效果。由于线路的感抗对雷电流泄放的影响比线路电阻更大，并且不能用增加导体截面积的方法有效地减少感抗的影响，所以，接地导线的长度应尽可能短，尽可能直线敷设。

网型接地排的延伸和连接、接地排之间、接地排与连接导体之间、接地排与室内电气接地端子的连接，采用截面积≥40mm×4mm（宽×厚）的铜材或热镀锌扁钢作为连接导体，并采用直接焊接。这两种形材作为接地连接导体，在石油化工工程中是实用价廉、简单易得、便于施工的材料，有足够的强度、截面积和电导率。

SH/T 3164 规定接地连接线采用绝缘多股铜芯导线，截面积分别为：

① 单台仪表及现场仪表的接地导线为 1.5～2.5mm²；

② 机柜内汇流导轨或汇流条之间的连接导线为 2.5～6mm²；

③ 机柜与网型接地排之间的连接导线为 6～16mm²。

所有接地线的外表面颜色应为黄绿色相间或绿色。

3. 接地连接方法

接地连接导线采用机械连接方法，采用铜或镀锡铜连接片实现可靠、良好的压接，并采用带有防松垫片的镀锌钢螺栓压接固定。同一压接点的压接导线不多于两条。

接地连接导体之间的连接、接地连接导体与接地排的连接，采用至少三边焊接的方式，焊缝总长度大于160mm，焊接部位做防腐处理，不得采用导线及接线片压接的方式。

4. 电缆敷设路径

为减少导线感抗的影响，接地导线应尽可能短，并采用直线路径敷设。不得保留多余导线或将导线盘成环状。

为了减少强电流的影响，仪表信号电缆路径与建筑物防雷引下线、大电流、高电压电气设备线路交叉敷设或平行敷设的间距要符合表 5-4-3 的限制。

表 5-4-3　信号电缆路径与防雷引下线等的敷设间距

敷设条件	仪表信号电缆	穿钢管敷设的仪表信号电缆
交叉敷设	≥2m	≥1.0m
平行敷设	≥3m	≥1.5m

5. 接地标志

控制室内的各类接地导线、接地连接导体、接地排等的施工，要易于检查和维护，并设置明显的标志。通向室外接地装置的连接点或与电气接地的连接点应设置明显的标志。

第三节　控制室仪表系统防雷

一、机柜屏蔽

控制室仪表装于钢板材料的机柜或金属外壳内，机柜的门、顶、底等活动部件采用截面积不小于 2.5mm² 绝缘多股铜芯电线或其他有效的方式与机柜进行导电连接；机柜应与机柜内的保护接地汇流条相连接。

钢板材料机柜是很好的物理防护，同时也是电磁屏蔽体，这是分散控制系统、可编程序控制器等常用控制设备的优点。由于控制室仪表采用了金属材料的机柜、机壳等，又实施了接地，具有较好的屏蔽效果，控制室（包括机柜室）不再需要昂贵、复杂的建筑物电磁屏蔽。如果机柜室下方没有干扰源并处于建筑物底层，机柜底部可以不封闭。

二、配备电涌防护器

电涌防护器是室内仪表系统雷电防护不可替代的专用有效设备，不但可以防御雷电电涌，也可以防御沿线路入侵的直击雷电流。电涌防护器安装在机柜内。仪表电缆进入控制室后，先接电涌防护器，再接后续仪表系统。

三、泄放电涌电流

电涌防护器的重要作用之一是将沿线路来的大部分雷电流泄放入地，所以需要有效的接地。控制室内安装的电涌防护器采用导轨安装型，并以此安装导轨作为接地汇流条。对特殊不以金属导轨作接地汇流条的电涌防护器，应设置接地汇流条。电涌防护器接地导轨或汇流条直接或通过机柜内的保护接地汇流条，就近接到机柜下方的网型接地排，实现短距离连接。

第四节　电涌防护器的类型和参数

一、电涌防护器的作用

电涌防护器是由具有非线性开关效应的电流泄放和电压限制器件所组成的，是贴近被保护仪表有效的电涌防护设备。仪表防雷工程应设置电涌防护器，不应以其他防雷方法代替电涌防护器。

雷击试验证明，电涌防护器是保护仪表不受雷电电涌的冲击、减少仪表损坏和相关损失的有效措施。电涌防护器的设置是防雷工程的重要组成部分，其他防雷工程措施能减轻雷电电涌强度，但不能实现最终的防护。电涌防护器的设置也需要接地系统和正确连接来配合工作。

仪表电涌防护器采用免维护型。可采用带监测功能的电涌防护器并配置相应的集中监测设备。电涌防护器不应影响和改变仪表系统的特性，应通过参数和性能检验，并应具有检验合格证。

二、类型

电涌防护器按用途分类，常用的有信号仪表、网络通信仪表、直流电源、交流电源等。

电涌防护器的选型根据防护目的、信号类型、安装地点、安装方式确定。

供电电压为 24V DC 的两线制、三线制、四线制的 4～20mA 信号仪表或其他信号类型的仪表，以及为单个仪表供电的 24V DC 直流电路，按信号仪表类配备电涌防护器；直流供电的四线制仪表，因供电电流较小，视为两组信号通道。

直流电源装置属于直流电源类，按直流电源类配备电涌防护器。

交流供电四线制仪表的交流供电，按交流电源类配备电涌防护器。

仪表系统网络通信设备的电涌防护器，按通信电路类配备，规格及各项参数适用于所连接的通信设备。通信线路是指仪表系统的控制网络、串行接口等的通信信号线路。

三、安装形式

电涌防护器有通用式、装配式和集成式。

通用式电涌防护器是指非防爆结构、安装在环境条件较好场所的电涌防护器，通常用于室内安装。

装配式电涌防护器是可以直接安装在仪表本体上，不改变仪表防护结构和防爆结构的、可以拆卸的电涌防护器。

集成式电涌防护器是集成在仪表内部的电涌防护器。集成式电涌防护器的性能和规格参差不齐，有可能影响防雷工程的效能，因此，当现场仪表不能安装装配式电涌防护器时，才采用集成式电涌防护器，并应注意其技术规格。

四、信号线路电涌防护器的参数

SH/T 3164 规范规定的电涌防护器参数均为留有余量的参数，试验和实践证明充分有效。所谓高于规范规定参数的电涌防护器均视为符合规定，但不意味着性能优异。

1. 最大持续运行电压

最大持续运行电压 U_c 即最大工作信号电压，是电涌防护器长期工作的最大电压有效值或直流电压，也是在最大漏电流条件下，线间或线与地之间的不影响仪表正常工作的最大电压。对于 24V 直流供电仪表，由于直流电源电压波动及负载变化等因素影响，所以最大持续运行电压为 $U_c \geqslant 36V$。

2. 额定工作电流

对于两线制、三线制、四线制的 4～20mA 信号仪表（包括 HART 通信信号），电涌防护器的额定工作电流为：$I_N \geqslant 150mA$。

对于电流大于 60mA 的 24V 直流供电线路，电涌防护器的额定工作电流的数值为 $I_N \geqslant 600mA$。

有些 24V DC 供电的仪表供电电流大于 60mA。例如，超声波仪表、质量流量计、可燃气体检测器等仪表或现场总线干线等。

3. 标称放电电流

电涌防护器的标称放电电流为：$I_n \geqslant 10kA$。标称放电电流 I_n 是电涌防护器正常通过的最大电涌电流，是指电涌防护器在通过规定的 $(8/20\mu s)$ 标准实验波形电流规定实验次数时，不损坏电涌防护器的最大泄放电流。对信号仪表来说，标称放电电流 $I_n > 1kA$ 即可满足绝大多数的防护要求。

4. 电压保护水平

对 24V DC 工作电压的仪表，电涌防护器的电压保护水平为 $U_p \leqslant 60V$，并应小于被保护仪表能够承受的电压。电涌防护器的电压保护水平选择范围在所防护设备的工作电压或信号电压的 2～2.5 倍左右。

5. 响应时间

信号类电涌防护器的响应时间≤5ns。

6. 工作频率

仪表信号类电涌防护器的工作频率≥40kHz，通信信号类电涌防护器的工作频率应大于网络工作频率的 1.3 倍。

7. 最大漏电流

电涌防护器的最大漏电流为 $I_c \leqslant 5\mu A$。

五、仪表电涌防护器设置

1. 设置原则

电涌防护器的设置应当考虑综合经济损失。例如，单台现场测量仪表损坏所造成的装置综合经济损失小于万元的（非定量数值），现场测量仪表端可不设置电涌防护器；控制室仪表或信号处理仪表损坏所造成的装置综合经济损失小于万元的，现场测量仪表和控制室仪表两端可不设置电涌防护器。

现场测量仪表设置电涌防护器的信号回路，在控制室内的仪表也应设置电涌防护器。

仪表系统的雷电防护与仪表系统的防爆类同，不应假定某些仪表不会受到电涌影响就不设电涌防护器，应当从工厂区域、装置生产和仪表系统整体安全考虑设防。

2. 相关概念参考值

当信号电缆在室外地面以上敷设的水平路径长度大于100m或地面上垂直高度大于10m时，现场测量仪表端和控制室信号接收仪表应设置电涌防护器。这两个数值仅为概念参考值，并没有数值定量意义。

3. 设置电涌防护器的现场仪表类型

符合上述设置原则和相关概念参考值的，或罐区中的下列现场仪表端应设置电涌防护器：

① 变送器等转换成电信号的测量仪表；

② 气体检测器、分析仪；

③ 电气转换器、电气阀门定位器、电磁阀、电动执行机构等；

④ 热电阻；

⑤ 电子开关；

⑥ 继电器；

⑦ 网络及通信设备；

⑧ 其他对雷电电涌敏感或承受能力差的仪表。

4. 不设置电涌防护器的仪表类型

不设置电涌防护器的仪表有：

① 热电偶；

② 机械触点开关、按钮；

③ 光缆终端；

④ 其他能够承受雷电电涌的仪表。

5. 交流供电的防雷

为仪表供电的交流配电设备的防雷设计，由电气专业按相关电气标准和规范实施。

在需要设置交流配电设备电涌防护器的场合，按电气专业的规范配置。工程实施时，仪表专业向电气专业提供资料，由电气专业实施。

第五节　现场仪表防雷

一、雷击防护

现场仪表的雷击防护采用屏蔽、接地及安装电涌防护器的方法。仪表应避免安装在设备顶端、突出位置而成为接闪物体。当仪表的安装位置有可能使仪表形成接闪物体又不能移位时，可将仪表装在钢板材质的保护箱或防护罩内，箱体接地。

常用仪表的金属外壳并非全封闭，多为铝质外壳，不利于雷电防护，因此采用钢板材质的仪表保护箱。

二、现场仪表电涌防护器

现场仪表采用装配式电涌防护器，对于不便采用装配式电涌防护器的仪表，可以采用内置集成式电涌防护器。对于罐区常用的雷达液位计、伺服液位计、电动阀等仪表，可采用内置式电涌防护器，便于成套安装。

装配式电涌防护器安装在现场仪表的空置进线口或在进线口外配的三通接口上，这是一种较好的安装方式。外配的三通接口采用密封螺纹安装结构，例如：NPT锥管螺纹。

装配式电涌防护器的接线应尽可能短，不应弯曲或有多余的长度。线-地保护型、线-线加线-地保护型电涌防护器的接地连线，在仪表内部与接地端子相连接；用于线-线保护的电涌防护器，一般没有接地线，带有接地线的产品不用接地。

防爆现场仪表装配电涌防护器，不应改变仪表本体的防爆结构；安装在仪表进线口上的隔爆型的电涌防护器，应取得中国相关认证机构的防爆合格证。

三、现场仪表接地

现场仪表的金属外壳通过接地螺钉和接地线与安装支架相连，安装支架、仪表保护箱、接线箱及机柜的金属外壳，就近与电气接地设施连接或与接地的金属体相连接。金属设备、容器、塔器和操作平台上的现场仪表，利用设备和操作平台进行等电位连接。可以利用仪表电缆金属保护管作为接地连接导体。

位于爆炸危险场所的仪表及金属支架等接地，是为了避免雷电流在金属间隙处引起火花。

非金属设备顶部安装的仪表，应就近接地。

第六节　电缆的屏蔽与接地

一、电缆的屏蔽

1. 屏蔽层的作用

电缆屏蔽可以减少电场和电磁场的干扰作用，对电场干扰比较有效，而对电磁场的屏蔽作用有限，特别是对雷电产生的高频电磁场的屏蔽作用更小。

2. 接地的作用和方式

电缆屏蔽层的接地是实现屏蔽作用的条件之一，为了避免异地的地电位流过屏蔽层对芯线产生干扰，采用屏蔽层单端接地的方式。

如果利用电缆屏蔽层减少雷电电磁感应对电缆的影响，可以采用屏蔽层两端接地的方式。雷电电流在电缆屏蔽层接地回路产生的电磁场，可以部分抵消原雷电的电磁场，减少信号线雷电电涌的强度。

解决这个矛盾有两种方法：第一种方法是采用双层屏蔽，内层屏蔽单端接地，外层屏蔽两端接地；第二种方法是在电缆的一端直接接地，在另一端通过合适的电容接地。对直流和低频电流，电容呈现出较高的容抗；对高频电流，电容呈现出较低的容抗，形成通路。

二、屏蔽方式

1. 外层屏蔽

电缆外层屏蔽可以利用：

① 电缆保护钢管、金属电缆槽；
② 金属铠装屏蔽电缆的铠装层；
③ 分屏蔽加总屏蔽电缆的总屏蔽层。

仪表电缆采用穿钢管、电缆槽盒或铠装的方式实现机械防护，也为电缆外层屏蔽提供了条件。所以，现场仪表的配线和室外敷设的电缆（包括信号电缆、通信电缆和电源电缆），采用屏蔽电缆穿钢管或封闭金属电缆槽的方式敷设，或采用铠装电缆，不需要穿钢管或封闭金属电缆槽敷设。

仪表电缆槽采用钢板或铝合金板封闭结构。当采用非金属材料电缆槽时，可采用带有金属板内衬或夹层的结构。

保护钢管和金属电缆槽宜全程封闭，钢管与仪表、钢管之间、钢管与电缆槽、电缆槽盒之间避免露空，并进行良好的电气连接，否则在分断处分别接地。

2. 内层屏蔽

电缆内层屏蔽直接利用屏蔽电缆本身的屏蔽层：

① 单层屏蔽电缆的屏蔽层；
② 金属铠装单层屏蔽电缆的屏蔽层；
③ 分屏蔽加总屏蔽电缆的分屏蔽层。

三、屏蔽层的接地

1. 接地方式

电缆各种屏蔽方式的接地工程实施可采用表 5-4-4 所示的接地方式。

电缆的外屏蔽应至少在两端就近接到保护接地，或与接地的金属设备、结构、框架进行电气连接。

电缆的内屏蔽应在控制室一侧接到保护接地或工作接地。已经在现场仪表处自然接地的屏蔽层，不在控制

表 5-4-4　屏蔽的接地方式

电缆形式	电缆内屏蔽层	电缆外屏蔽层	铠装层或金属保护管或电缆槽
单层屏蔽电缆	单端接地	—	两端接地
单层屏蔽铠装电缆	单端接地	—	两端接地
分屏总屏电缆	单端接地	两端接地	两端接地
分屏总屏铠装电缆	单端接地	两端接地	两端接地

室一侧重复接地。

由于屏蔽层的电缆接地端对于屏蔽效果区别不大，为便于接地工程实施，规定在控制室一侧接地。屏蔽接地既不是保护接地，也不是工作接地，可以根据情况接到保护接地或工作接地，效果是一样的。

2. 接续电缆的屏蔽接地

当采用多芯电缆时，现场采用仪表接线箱实现分支电缆连接。这种多芯电缆接续分支电缆的屏蔽层可以接续，也可以分段。进出仪表接线箱的屏蔽电缆的内外屏蔽层在接线箱和机柜处的接地方法，可参见 SH/T 3081 附录 A 或 SH/T 3164 附录 A。

3. 连接方法

铠装电缆接地连接采用铠装电缆接头。

当有多根信号屏蔽电缆的屏蔽层接地时，可先将各信号屏蔽电缆的屏蔽层汇接到一起，再接到接地汇流排。

现场仪表与电缆保护钢管、保护钢管与金属接线箱或电缆槽之间的连接，宜采用镀锌钢制管件直接连接；管卡采用带有防松垫片的镀锌钢螺栓压接固定，实现良好的导电连接。

保护钢管通过 U 形管卡、穿板接头、锁紧螺母或带有接地连线的镀锌钢制接头等，与已接地的钢结构、电缆托架、电缆槽等相连。

金属接线箱通过金属安装支架、外部接地螺钉等就近与钢结构或保护接地相连。

金属电缆槽板之间的连接处应采用至少两组带有防松垫片的镀锌钢螺栓直接压接；或采用压接镀锡铜连接片的聚氯乙烯绝缘多股铜线跨接，铜线截面积应为 $1.5\sim2.5mm^2$；应采用带有防松垫片的镀锌钢螺栓压接。

电缆槽在两端接地。当电缆槽较长时，应多点重复接地，接地点间距应≤30m。

对非金属接线箱，各电缆外屏蔽层应在接线箱内连接并应就近接保护接地。

采用金属软管的场合，若不能确定该金属软管实现永久、牢固、可靠、稳定的导电连接时，采用导线连接两端。

四、其他相关处理

1. 铠装光缆的金属铠装层

铠装光缆的金属铠装层终端采用带有接地线的铠装接头在光缆终端处接保护接地；光缆中的金属芯和金属保护层在终端处接保护接地并进行绝缘处理。

2. 备用电缆及电缆备用芯

备用电缆的屏蔽层、不带屏蔽层的电缆备用芯，宜在控制室一侧接到保护接地。

屏蔽层已接地的屏蔽电缆、穿钢管敷设或在金属电缆槽中敷设的电缆的备用芯，可不接地，应在电缆终端处进行绝缘处理。

3. 电缆进入控制室

如果建筑物附近具备电缆埋地敷设条件，仪表电缆可采用穿钢管或金属电缆槽埋地敷设方式进入建筑物，在入口处室外的埋地长度大于 15m，并且越长越好。仪表电缆槽或保护管在进入控制室入口处，应在室外与电气接地板连接。

第七节　本质安全系统防雷

一、本质安全系统的电涌防护器

1. 本质安全特性

用于爆炸危险环境的本质安全系统的电涌防护器，应通过中国国家测试机构取得相关危险区域的本质安全认证。电涌防护器的本质安全认证仅涉及电涌防护器为本质安全仪表。本安型电涌防护器应符合本安设备的设计和制造标准。

同一本安线路中的现场仪表电涌防护器和控制室端电涌防护器,如果不是无电容及电感的"简单设备",则本安线路的工程设计要包括两者的本安参数。安装在安全场所的电涌防护器不需要本安关联仪表的认证。

2. 工作特点

电涌防护器不是本安系统的安全栅,两者工作原理、元器件规格、工作频率、工作参数完全不一样,不能互相代替。电涌防护器的防护对象是室外雷电产生的高频强功率电流,安全栅是低频小功率器件,用于限制通向爆炸危险场所的电能,防止引燃爆炸危险场所的可燃物。

电涌防护器的作用是把电涌泄放入地,防护雷电电涌对仪表的冲击,消除或减少雷电电涌对仪表造成的损坏。

二、电涌防护器的安装

在本安回路中的安全区域内(控制室内或现场机柜内),保护室内控制系统的电涌防护器应安装在室外电缆到安全栅之间。电涌防护器和安全栅适宜安装在同一机柜。在同一机柜安装时,采用电涌防护器导轨和安全栅导轨并排安装的方式,使电涌防护器与安全栅之间的接线较短,可节省安装空间,但两者不应安装在同一个导轨上。机柜内与非爆炸危险区关联和与爆炸危险区关联的电缆(及电线)应分开布线和敷设。

三、接地连接

齐纳式安全栅需要接地,隔离式安全栅不需要接地。安全栅接地汇流导轨的接地线,可接到电涌防护器的接地导轨或机柜的仪表保护接地条。本安系统接地既不是仪表工作接地,也不是保护接地。通过接地系统,既与保护接地连接,也与仪表工作接地相连。

由于采用网型接地结构,接地导线较短,这种接地方式具有较小的连接阻抗,不必再考虑本安连接电阻的测量,因此本安接地路径的连线不再需要采用两根导线。

第八节　现场总线系统防雷

一、现场总线电涌防护器

1. 现场总线防雷的主要方法

现场总线系统的防雷主要采用配备专用的现场总线电涌防护器的方式。由于现场总线的信号通过干线集中传导,因此总线控制器及总线接口模件安装在控制室内以降低直击雷风险,不安装在现场。

2. 相关概念参考值

现场总线干线、分支线路在地面以上敷设的水平路径长度大于 100m 或地面以上垂直高度大于 10m,应作为现场总线干线两端设备、分支线路两端的现场总线仪表和总线分支设备端口设置电涌防护器的条件。地面以上敷设的水平路径长度和地面上垂直高度仅为概念参考值,并没有数值定量意义。

3. 现场总线仪表电涌防护器

现场总线仪表及设备用的电涌防护器适用于相应种类和标准的现场总线,不应影响和改变现场总线系统的特性。常规的通用电涌防护器不适用于现场总线系统,除非产品标明适用于现场总线。

现场总线仪表可采用外部装配式电涌防护器,或由仪表制造厂装备的内部集成电涌防护器。

总线分支设备(模块)应采用内部装配式电涌防护器,安装在总线分支设备的接线箱内。

二、现场总线电涌防护器的设置

控制器的总线干线接口端和现场的总线分支设备干线接口端,应设置电涌防护器。现场总线干线挂接多台现场总线设备,主控制器端和现场分支模块干线端的电涌防护为重要防护,所以在总线干线两端均设置电涌防护器。

不带电子电路的简单连接型现场总线分支模块,可以不设分支模块端口的电涌防护器。图 5-4-4 为简单连接型总线分支模块,可不设分支模块端的电涌防护器。

图 5-4-4 中:注 1 为现场分支线路在地面以上敷设的水平路径长度大于 100m 或地面以上的垂直高度大于 10m,仪表设置电涌防护器;注 2 为现场分支线路不构成此条件,仪表不设置电涌防护器。

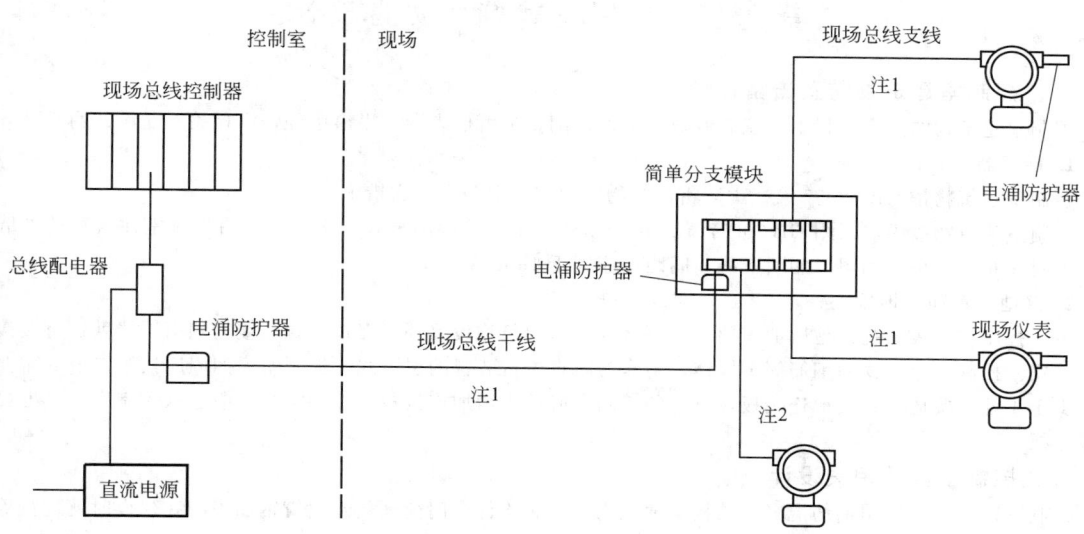

图 5-4-4　简单分支模块的电涌防护器配置图

现场总线仪表、现场总线分支模块端口及现场总线终端器的电涌防护器，应为专用的现场总线电涌防护器。图 5-4-5 为电子或智能型总线分支模块，应设置分支模块端口的电涌防护器。注 1 与注 2 的含义与图 5-4-4 中一样。

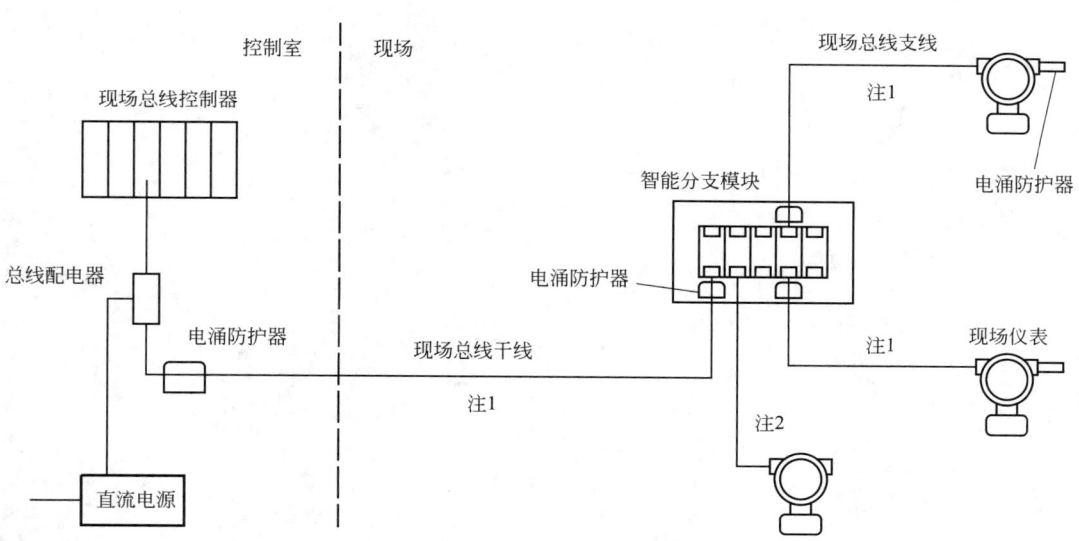

图 5-4-5　智能分支模块的电涌防护器配置图

三、爆炸危险场所的防护

爆炸危险环境中的现场仪表，以及与爆炸危险环境相关的仪表系统的防雷，应考虑爆炸危险环境的特殊性。除避免或减少现场仪表和仪表系统的雷电事故的损害外，还应考虑避免雷电对爆炸危险环境的影响和破坏。

无火花（nA）型或非引燃（nL）型的仪表适用于 2 区。

现场总线仪表的电涌防护器应符合相应防爆等级；安装方式不应影响仪表的防爆等级。本安系统用的电涌防护器应符合本安系统的规定。

第九节　控制室建筑物防雷设计

一、控制室建筑物防直击雷设计

控制室建筑物的防雷设计不是仪表专业的工作范围，是由仪表专业提出条件，由相关专业设计的。

1. 接闪器

控制室建筑物按 GB 50057 第二类防雷建筑物的规定采取防直击雷措施。

控制室建筑物接闪器采用 GB 50057 第二类防雷建筑物的接闪网方式，接闪网应沿控制室建筑物的外墙四周均匀对称布置不少于四根专用引下线，间距不应大于 18m。

2. 接地装置和接地板

由于控制室仪表系统接地网的需要，应围绕控制室建筑物设置环形接地装置。接闪网引下线就近直接接入接地装置。控制室建筑物的钢筋等金属体，不作为防直击雷装置的引下线。控制室内四周应按第二节的需要预留不少于 4 处的接地装置接地连接板，较大的控制室应适当增加连接板。控制室外电缆进入控制室入口也要留有接地板。

二、控制室内的相关设计

控制室建筑物宜采用钢筋混凝土结构。建筑物的金属构件、门窗框架及建筑钢筋等应在建设时就进行等电位连接。安装仪表系统的控制室、机柜室位置宜选择在建筑物底层。

仪表系统设备与建筑物外墙的净距离应大于 2.0m。对于抗爆结构建筑物，仪表系统设备与建筑物外墙的净距离应大于 1.5m。

第五章　调节阀计算

第一节　调节阀流量系数计算

一、流量系数的定义

流量系数是特定流体在特定温度下，当阀两端为单位压差时，单位时间内流经调节阀的流体体积数。采用不同的单位制时流量系数有不同的表达方式。表 5-5-1 所示为国际上常用的两种流量系数的定义。

表 5-5-1　流量系数的定义

符号	定　义	相　互　关　系
K_V	给定行程下，阀两端压差为 10^2 kPa 时，温度为 $5 \sim 40℃$ 的水，每小时流经调节阀的体积(以 m^3 表示)	我国推荐使用 K_V
C_V	给定行程下，阀两端压差为 $1lb/in^2$ 时，温度为 $60℉$ 的水，每分钟流经调节阀的体积(以美国加仑 USgal 表示)	$K_V = 0.865 C_V$

流量系数的取得与流体的种类、温度、压力、黏度、阀上压差、阀体与阀芯结构、接管方式及测量点位置等因素有关。为了使各类阀在比较时有共同的基础，实际测定流量系数时必须按一定的试验条件进行。图 5-5-1 是我国 GB/T 4213 规定的测定调节阀流量系数标准试验接管方式。取压口的结构如图 5-5-2 所示，孔径 d 是公称通径的十分之一，$3mm < d < 12mm$，$2.5d < L < 5d$。阀前后区域孔径应相同。

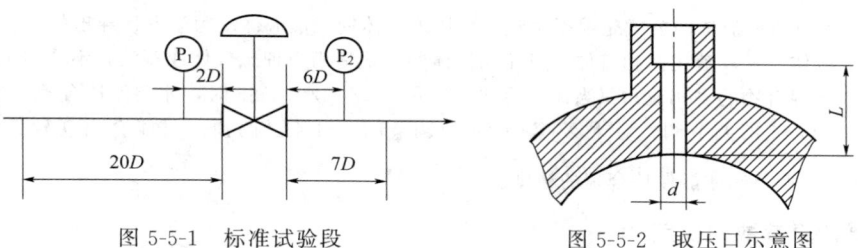

图 5-5-1　标准试验段　　　　　图 5-5-2　取压口示意图

为了表示调节阀的容量，规定以阀全开时的流量系数（以下用 C_{100} 表示）作为其额定流量系数。例如，有一台公称通径为 50mm 的套筒调节阀，其额定流量系数 C_{100} 为 40，表示该阀全开且阀两端的压差为 100kPa 时，每小时可通过 $40m^3$ 的常温水。

调节阀是一个局部阻力可以变化的节流元件，对于不可压缩流体，由能量守恒原理可知，调节阀上的压力损失为

$$h = \frac{p_1 - p_2}{\rho g} = \xi_V \frac{w^2}{2g} \tag{5-5-1}$$

式中　h——调节阀上的压头损失；

　　　ξ_V——调节阀阻力系数（随阀门开度而变化）；

　　　g——重力加速度；

　　　w——流体的平均速度，$w = \dfrac{Q}{F}$；

　　　ρ——液体密度；

　　　p_1——调节阀前压力；

　　　p_2——调节阀后压力；

Q——液体体积流量；

F——调节阀流通面积。

以流量代替速度，上式可改写为

$$Q=\frac{AF}{\sqrt{\xi_v}}\sqrt{\frac{p_1-p_2}{\rho}}$$

(5-5-2)

式中，A 为与采用单位制有关的常数。

从上式可以看出，当 $(p_1-p_2)/\rho$ 不变时，ξ_v 减小，流量 Q 增大；反之，ξ_v 增大，Q 减少。调节阀就是按照输入信号通过改变阀芯的行程来改变阻力系数，从而达到调节流量的目的。

令

$$C=A\frac{F}{\sqrt{\xi_v}}$$

(5-5-3)

式(5-5-2) 及式(5-5-3) 就是流量系数 C 的定义依据。从式(5-5-3) 中还可看出，流量系数 C 不仅与流通截面积 F （或阀公称通径 DN）有关，还与以阻力系数 ξ_v 表示的节流效应和流体阻力，即与阀的流路形式有关。显然，同类结构的调节阀具有相近的阻力系数，因此相同口径的调节阀其流量系数大致相等，口径越大流量系数也随之增大；而同口径不同类型的调节阀，阻力系数不同，因而流量系数就各不相同。如流线型结构的球阀、蝶阀阻力小，其流量系数比较大，而单座阀、多级高压阀等阻力大，其流量系数就比较小。

流量系数是表示调节阀容量大小、结构及流路形式对流通能力的影响等综合因素的固有参数。它与调节阀的形式及口径有直接的联系。

目前最常用的流量系数的计算方法有下列几种：

① 国际电工委员会（IEC）通过并推荐的计算方法；

② 美国仪表协会（ISA）推荐的计算方法；

两种方法对于液体、气体及蒸汽流体的算法基本相同，故这里仅介绍 IEC 的算法，并由此阐述调节阀口径计算的原理。对于两相混合流体则介绍 ISA 推荐的有效比容法，但为了使用时的方便，将有效比容改为有效密度。

IEC 提出的不可压缩流体的公式是根据牛顿不可压缩流体的标准流体动力学方程导出的，它不能扩展到非牛顿流体、混合流体、悬浮液或两相流体。可压缩流体的公式适用于理想气体或蒸汽，不适用于气体液体、蒸汽液体或气体固体混合物的多相流。仅当比热容比 γ 满足 $1.08<\gamma<1.65$ 时，才能保持合理的精确度。另外，公式适用于 $X_T \leqslant 0.84$ 的调节阀。对于 $X_T>0.84$ 的调节阀，对流量的预测可能会出现较大的偏差。仅当 $\frac{C}{N_{18}d^2}<0.047$ 时，调节阀才能保持合理的精度。

二、主要计算参数的确定

调节阀口径的选定是否正确，很大程度上取决于流量、压差等计算数据的正确程度。这些数据中往往有一些要凭设计者的估计，如计算最大流量有时就不能精确地确定。这一步工作目前还没有固定的公式可以遵循，因此，需要自控设计人员与工艺专业密切配合，从工艺对象的特点、调节品质及经济性等方面综合考虑后加以决定。

1. 计算流量的确定

首先应区分下列几个量的关系。

正常流量（Q_n 或 W_n）——工艺装置额定状态下稳定运行时流经调节阀的流量，也就是指工艺专业以工艺装置产量的保证值进行物料衡算时采用的流量值。

稳态最大流量——工艺装置正常运行中可能出现的静态最大流量，也就是工艺专业根据工艺装置的最大生产能力（即所谓产量的争取值）进行物料衡算时所采用的流量值。工艺提供此数据时不应再乘以任何系数。

计算最大流量（Q_{max} 或 W_{max}）——为克服干扰，调节阀必须保证通过的动态最大流量。显然，计算最大流量应大于稳态最大流量，否则调节系统将不能工作。增大的倍数与控制规律和工艺对象的特性有关，同时也必须考虑到阀本身固有流量特性与阀压降在管路系统总的摩擦阻力降中占的比例的影响。这个比例就是阀阻比 S，即

$$S=\frac{特定开度下的阀压降}{管路系统总摩擦阻力降}$$

(5-5-4)

在工程使用中，往往采用阀全开条件下的 S 值，以 S_{100} 表示。S_{100} 值越小，流量放大的倍数也应越小，且采用直线流量特性时的放大倍数又应比采用等百分比流量特性时要小。最后，由于调节阀制造时，阀的 C 值有 ± （5%～10%）的误差，从稳妥考虑，计算最大流量也必须大于稳态最大流量。

迄今为止，计算最大流量的确定在很大程度上仍决定于设计人员的经验。一般情况下，可以以稳态最大流量的 1.15～1.5 倍作为计算最大流量，这与国外的经验也是一致的。

当无法取得最大流量数值，或最大流量接近于正常流量时，为了保证调节阀的流通能力有一定的裕度，要求计算最大流量应不小于正常流量的 1.3 倍。

某些特定情况下，也需确定最小流量值（Q_{min} 或 W_{min}），如最小流量比正常流量小很多时，或 S_{100} 值特别低时。最小流量是指工艺装置运行时可能出现的稳态最小流量，而不是阀门的泄漏量。当此最小流量低于调节阀可能控制的最低流量时，应采用分程控制的方法来解决，或改变阀型。

2. 阀压降 Δp 及阀阻比 S_{100} 的确定

调节阀是一个可变阻力的部件，通过阻力的变化来实现改变流量的目的，因此必须保证阀上有一定的阀压降 Δp。由于调节阀是装在管路系统中的，其调节作用的好坏还直接和阀阻比 S_{100} 有关。S_{100} 值越大，调节阀流量特性的畸变越小，调节性能就越能得到保证，调节阀的口径也比较小，但是阀压降也相应增大，动力损耗就增加。因此，在确定计算用的阀压降时，必须兼顾调节性能、动力消耗和设备投资，合理地选择 S_{100} 值。

由调节阀流量特性的分析可知，当 $S_{100}<0.3$ 时，直线流量特性将严重畸变而趋向于快开特性，调节品质下降；等百分比流量特性也发生畸变而趋向于直线流量特性，此时虽然仍具有较好的调节作用，但可调比已显著减小。所以 S_{100} 值一般不希望小于 0.3。工程设计中普遍推荐 S_{100} 为 0.3～0.5。对于高压系统，考虑到节约动力消耗，可取 $S \geqslant 0.15$。对于气体介质，由于管路阻力损失小，调节阀压降所占的比例较大，一般 S_{100} 值都取得较大，甚至可大于 0.5。而在低压及真空系统中，由于允许压力损失较小，所以允许 $S \geqslant 0.15$。

对于系统工作压力经常波动的场合，如锅炉给水控制系统等，由于阀压降会随系统工作压力的波动而波动，使 S_{100} 值进一步下降，因此在确定最大流量下的计算阀压降时，还应增加系统工作压力的 5%～10%。

在确定计算阀压降和 S_{100} 值时，还应注意以下几点。

① 上面所提的计算阀压降最好是计算最大流量下的阀压降。但目前的设计方法往往不能精确地提供计算最大流量下的阀压降和阀前压力 p_1，所以后面将推荐一种方法，把正常阀压降 Δp_n 作为计算阀压降，与正常流量 Q_n 一起计算正常流量条件下的流量系数 C_n，然后，推算出最大计算流量时的流量系数 C_{max}。

② 液体介质在阀压降达到一定数值时会产生空化现象，导致汽蚀和发出噪声，应尽量避免。

③ 上述管路系统的总摩擦阻力降是指管路系统中包括调节阀在内的管路总摩擦阻力降，即直管路损失、弯头、手动阀、节流装置和热交换器等局部阻力损失的总和，不包括设备间的位差和静压差。

三、阻塞流及其对流量系数计算的影响

将式(5-5-2) 和式(5-5-3)加以整理，可得到流量系数计算的基本公式：

$$C=Q/\sqrt{\Delta p/\rho} \tag{5-5-5}$$

此式适用于不可压缩液体。对于气体或蒸汽等可压缩流体，由于节流前后其密度发生了变化，因此需要将此式加以修正。但这些公式在工程使用中有时会与实测值有较大偏差。迄今为止的研究表明，在下列情况下对公式还需做进一步的修正：

① 当流体在阀体内形成阻塞流（chocked flow）时；

② 当流体处于非湍流流动状态时；

③ 当阀两端与工艺管道间装有过渡管件时。

其中以阻塞流的影响最大。

所谓阻塞流是指当阀前压力 p_1 保持一定，而逐步降低阀后压力 p_2 时，流经调节阀的流量会增加到一个最大极限值，再继续降低 p_2，流量不再增加。此时的流动状态称为阻塞流。显然，形成阻塞流后，流量与 $\Delta p=p_1-p_2$ 的关系已不再遵循式(5-5-2)的规律。从图 5-5-3 可见，Q'_{max} 大大超过了 Q_{max}。因此，为了精确求得此时的 C 值，只能把开始产生阻塞流时的阀压降 $\sqrt{\Delta p_{cr}}$ 作为计算阀压降。

880

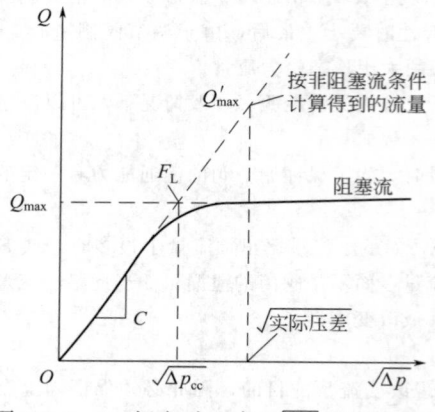

图 5-5-3　p_1 恒定时 Q 与 $\sqrt{\Delta p}$ 的关系曲线

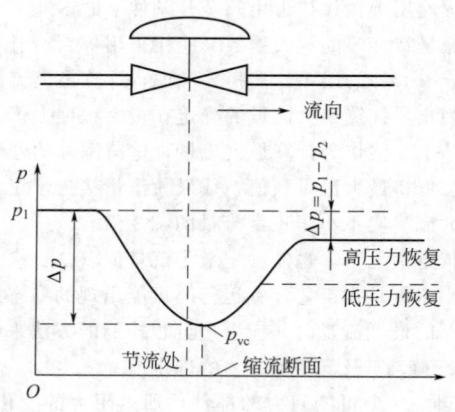

图 5-5-4　阀内压力梯度图

对于可压缩流体，引入了一个称为压差比 X 的系数。它定义为阀压降 Δp 与入口压力 p_1 之比（即 $X = \Delta p / p_1$）。大量试验表明，若以空气作为试验流体，对于一确定的调节阀，当产生阻塞流时，其压差比是一个固定的常数，称为临界压差比 X_T。对于其他可压缩流体，只要对 X_T 乘以比热容比系数 F_K（$F_K = K/1.4$），即为产生阻塞流时的临界条件。X_T 的数值只决定于阀的结构，即流路形式。因此只要制造厂提供各种调节阀的 X_T 值，便可将 X 大于或等于 $F_K X_T$ 作为形成阻塞流的条件，并把 $p_1 - F_K X_T = \Delta p_{cr}$ 作为 Δp 代入计算 C 值的公式，便可在阻塞流条件下求出正确的流量系数。

对于不可压缩流体（液体），首先要研究流体压力的阀内变化情况。由节流原理可知，流体在节流时流速增加而静压降低，在节流口后流束截面并不立即扩大，而继续缩小到一个最小值，此处流速最大而静压最低，称为缩流断面。缩流断面后随着流通截面的扩大，流体流速减慢，静压又逐渐回升，称为压力恢复。而 $p_1 - p_2 = \Delta p$ 为不可恢复的压力损失。图 5-5-4 是流体流经调节阀时的压力梯度图。若以 p_{vc} 表示缩流断面处的压力，则当 p_{vc} 小于入口温度下流体介质的饱和蒸汽压力 p_v 时，部分液体发生相变，形成气泡，产生闪蒸。继续降低 p_{vc}，流体便会形成阻塞流。此时的 p_{vc} 以 p_{vcr} 表示，其数值与液体介质的物理性质有关：

$$p_{vcr} = F_F p_v \tag{5-5-6}$$

式中，F_F 是液体临界压力比系数，它是阻塞流条件下的缩流断面压力与阀入口温度下的液体饱和蒸气压力 p_v 之比，是 p_v 与液体临界压力 p_c 之比的函数，可由图 5-5-5 查得，或由下式近似地确定：

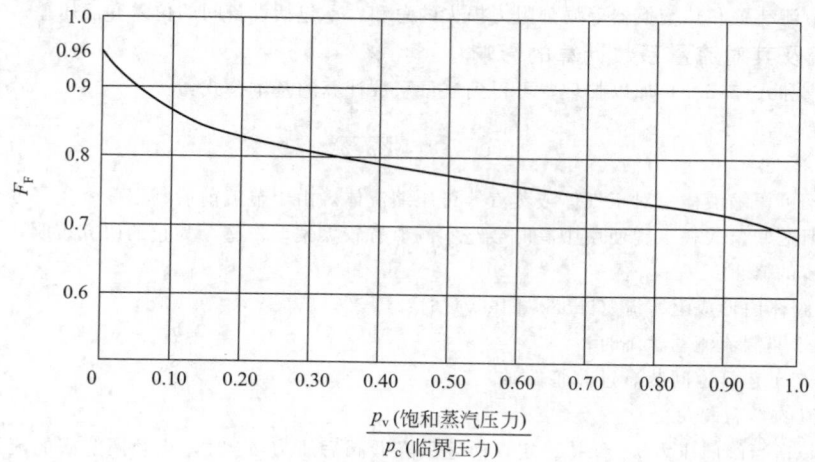

图 5-5-5　液体临界压力比系数 F_F

$$F_F = 0.96 - 0.28 \sqrt{p_v / p_c} \tag{5-5-7}$$

式中，p_v、p_c 可从各类介质的物性数据表中查出，常用液体 p_c 值见表 5-5-19。

为了能在计算 C 值时事先确定产生阻塞流时的阀压降 Δp_{cr}，又引入一个压力恢复系数 F_L，它定义为

$$F_L = \sqrt{\Delta p_{cr} / \Delta p_{vcr}} = \sqrt{\frac{(p_1 - p_2)_{cr}}{p_1 - p_{vcr}}} \qquad (5\text{-}5\text{-}8)$$

式中，$\Delta p_{cr} = (p_1 - p_2)_{cr}$ 为产生阻塞流时的阀压降，即 Δp_{cr} 为阀入口压力与阻塞流时缩流断面的压力之差。

试验表明，对于一特定形式的调节阀，F_L 是一个固定的常数，它只与阀的结构、流路形式有关，而与阀径无关。F_L 表示缩流断面处和阀出口之间压力恢复的程度，是一个估量调节阀压力恢复能力的系数。数值上等于产生阻塞流时实际测得的最大流量与以此时阀入口压力与缩流断面的压力之差作为压差，按非阻塞流条件计算而得之理论流量之比。

由式(5-5-8)可见，只要能求得 p_{vcr} 值，便可得到不可压缩流体是否形成阻塞流的判断条件 $F_L^2 (p_1 - p_{vcr})$，也即为产生阻塞流时的阀压降。因此，当 $\Delta p \geqslant F_L^2 (p_1 - p_{vcr})$ 或 $\Delta p \geqslant F_L^2 (p_1 - F_F p_v)$ 成立，则为产生阻塞流。此时只要以 $F_L^2 (p_1 - F_F p_v)$ 取代 Δp 代入式(5-5-5)中，便可求得正确的流量系数值。

为了方便使用，本手册列出 IEC 推荐的典型调节阀系数，见表 5-5-2。

表 5-5-2　典型调节阀系数

调节阀类型	阀内件类型	流向[①]	F_L	X_T	F_d
球形阀,单座	3V 口阀芯	流开或流关	0.9	0.70	0.48
	4V 口阀芯	流开或流关	0.9	0.70	0.41
	6V 口阀芯	流开或流关	0.9	0.70	0.30
	柱塞形阀芯 线性,等百分比	流开	0.9	0.72	0.46
		流关	0.8	0.55	1.00
	60 个等径孔套筒	向外或向内[②]	0.9	0.68	0.13
	120 个等径孔套筒	向外或向内[②]	0.9	0.68	0.09
	特性套筒,4 孔	向外[②]	0.9	0.75	0.41
		向内[②]	0.85	0.70	0.41
球形阀,双座	开口阀芯	阀座间流入	0.9	0.75	0.28
	柱塞形阀芯	任意流向	0.85	0.70	0.32
球形阀,角阀	柱塞形阀芯 (线性和等百分比)	流开	0.9	0.72	0.46
		流关	0.8	0.65	1.00
	特殊套筒,4 孔	向外[②]	0.9	0.65	0.41
		向内[②]	0.85	0.6	0.41
	文丘里阀	流关	0.5	0.7	1.00
球形阀, 小流量阀内件	V 形切口	流开	0.98	0.84	0.7
	平面阀座(短行程)	流关	0.85	0.7	0.3
	锥形针状	流开	0.95	0.84	$\dfrac{N_{19} \sqrt{C F_L}}{D_0}$
角行程阀	偏心球形阀芯	流开	0.85	0.60	0.42
		流关	0.68	0.40	0.42
	偏心锥形阀芯	流开	0.77	0.54	0.44
		流关	0.79	0.55	0.44

调节阀类型	阀内件类型	流向①	F_L	X_T	F_d
蝶阀（中线轴）	70°转角	任意	0.62	0.35	0.57
	60°转角	任意	0.70	0.42	0.50
	带凹槽蝶板（70°）	任意	0.67	0.38	0.30
蝶阀（偏心轴）	偏心阀座（70°）	任意	0.67	0.35	0.57
球阀	全球体（70°）	任意	0.74	0.42	0.99
	截球体（70°）	任意	0.60	0.30	0.98
球形阀和角阀	多级多流路	2		0.97	0.812
		3	任意	0.99	0.888
		4		0.99	0.925
		5		0.99	0.95
球形阀和角阀	多级单通	2		0.97	0.896
		3	任意	0.99	0.935
		4		0.99	0.96

① 表示趋于阀开或阀关的流体流向，即将节流件推离或推向阀座。
② 表示向外的意思是流体从套筒中央向外流，向内的意思是流体从套筒外向中央流。
注：这些值仅为典型值，实际值由制造商规定。

四、不可压缩流体的流量系数计算公式

1. 紊流条件下的公式

紊流条件下（$Re_v \geq 10000$）不可压缩流体的基本流量模型公式如下：

$$Q = CN_1 F_P \sqrt{\frac{\Delta p_{\text{sizing}}}{\rho_1/\rho_0}} \qquad (5\text{-}5\text{-}9)$$

其中，Δp_{sizing} 按下式取值：

$$\Delta p_{\text{sizing}} = \begin{cases} \Delta p & \text{当 } \Delta p < \Delta p_{\text{choked}} \\ \Delta p_{\text{choked}} & \text{当 } \Delta p \geqslant \Delta p_{\text{choked}} \end{cases} \qquad (5\text{-}5\text{-}10)$$

$$\Delta p_{\text{choked}} = \left(\frac{F_{\text{LP}}}{F_P}\right)^2 (P_1 - F_F P_V) \qquad (5\text{-}5\text{-}11)$$

将式（5-5-7）代入式（5-5-11）中，当调节阀和管线的尺寸一致时

$$\left(\frac{F_{\text{LP}}}{F_P}\right)^2 = F_L^2$$

数字常数 N_1 取决于 K_V 或 C_V。此公式确定了流经调节阀的不可压缩流体的流量、流量系数、流体特性、相关安装系数和响应工作条件的关系。

式（5-5-9）适用于单一成分的单相流体。满足以下条件时，公式可以用于液相多成分混合流体：
① 混合流体同系；
② 混合流体化学态与热力学态平衡；
③ 节流过程良好且无多相层。

2. 非紊流条件下的公式

非紊流条件下不可压缩流体的基本流量模型公式如下：

$$Q = CN_1 F_R \sqrt{\frac{\Delta p_{\text{actual}}}{\rho_1/\rho_0}} \qquad (5\text{-}5\text{-}12)$$

式中，F_R 是雷诺数系数。在层流状态和过滤流状态下，F_R 的计算公式如下

对于层流状态（$Re_v < 10$）　$F_R = \text{Min}\begin{bmatrix} \dfrac{0.026}{F_L}\sqrt{nRe_v} \\ 1.00 \end{bmatrix}$（两者取最小值）　（5-5-13）

对于过渡流状态（$Re_v \geqslant 10$）$F_R = \text{Min}\begin{bmatrix} 1 + \left(\dfrac{0.33\,F_L^{1/2}}{n^{1/4}}\right)\lg\left(\dfrac{Re_v}{10000}\right) \\ \dfrac{0.026}{F_L}\sqrt{nRe_v} \\ 1.00 \end{bmatrix}$（三者取最小值）　（5-5-14）

常量 n 的取值如下：

全尺寸阀内件（$C_{\text{rated}}/(d^2 N_{18}) \geqslant 0.016$），　$n = \dfrac{N_2}{(C/d^2)^2}$　（5-5-15）

缩小型阀内件（$C_{\text{rated}}/(d^2 N_{18}) < 0.016$），　$n = 1 + N_{32}(C/d^2)^{2/3}$　（5-5-16）

调节阀的雷诺数按如下公式计算：

$$Re_v = \frac{N_4 F_d Q}{\upsilon\sqrt{CF_L}}\left(\frac{F_L^2 C^2}{N_2 d^4} + 1\right)^{1/4}$$　（5-5-17）

满足下列要求可使用非紊流计算公式：
① 流体为牛顿流体；
② 流体是不可蒸发的流体；
③ $\dfrac{C}{N_{18}d^2} \leqslant 0.047$。

3. 闪蒸、空化及其预防措施

上面已提到，阀内的液体流体当其在缩流断面处的压力降低到等于或低于该液体在阀入口温度下的饱和蒸汽压力时，部分液体就会汽化，形成气泡，此现象称为闪蒸。若缩流断面后流体的压力恢复到高于上述饱和蒸汽压力时，已汽化的液体又会恢复到液相，气泡破裂，释放出能量，此现象称为空化。闪蒸和空化都会损坏阀芯，降低调节阀的寿命，同时产生振动和噪声。因此，在工程中使用调节阀时，应尽量设法予以避免。

引起闪蒸或空化的阀压降，可用下式求取：

$$\Delta p = F_L^2(p_1 - p_v)$$　（5-5-18）

当 $p_2 < p_v$ 时，仅发生闪蒸；当 $p_2 > p_v$ 时，则发生空化。

由式（5-5-18）也可得出如下防止闪蒸和空化的办法。
① 减少阀压降，使 $\Delta p < F_L^2(p_1 - p_v)$。
② 改变调节阀选型，即改变 F_L 数值，使 $\Delta p < F_L^2(p_1 - p_v)$。

高压力恢复的调节阀，如球阀、蝶阀等，其 F_L 值很小，因此在流体为易汽化的介质时应慎用。必要时，可更换成单座阀、套筒阀等低压力恢复的调节阀。
③ 增加阀前压力 p_1，使缩流断面处的压力 p_{vc} 不低于饱和蒸汽压力 p_v。

在其他工艺条件不变的情况下，改变阀的位置往往能提高 p_1。如在设计时把调节阀放在长管道的始端，尽量使调节阀靠近上游压力稳定的设备，或把调节阀尽量放在低标高处等，都有可能提高 p_1，因而增加 $F_L^2(p_1 - p_v)$ 的数值。

五、可压缩流体的流量系数计算公式

1. 紊流条件下的公式

紊流条件下（$Re_v \geqslant 10000$）可压缩流体的基本流量模型公式如下：

$$W = CN_6 F_P Y\sqrt{x_{\text{sizing}}\,p_1/\rho_1}$$　（5-5-19）

$$W = CN_8 F_P P_1 Y\sqrt{\frac{x_{\text{sizing}}M}{T_1 Z_1}}$$　（5-5-20）

$$Q_s = C N_9 F_P P_1 Y \sqrt{\frac{x_{\text{sizing}}}{M T_1 Z_1}} \qquad (5\text{-}5\text{-}21)$$

式中，Q_s 是标准体积流量；数字常数 N 取值见表 5-5-3。

表 5-5-3　数字常数 N

常数	流量系数 C		公式中变量的单位						
	K_V	C_V	W	Q	$p, \Delta p$	ρ	T	d, D	v
N_1	1×10^{-1}	8.65×10^{-2}	—	m^3/h	kPa	kg/m^3	—	—	—
	1	8.65×10^{-1}	—	m^3/h	bar	kg/m^3	—	—	—
N_2	1.60×10^{-3}	2.14×10^{-3}	—	—	—	—	—	mm	—
N_4	7.07×10^{-2}	7.60×10^{-2}	—	m^3/h	—	—	—	—	m^3/s
N_5	1.80×10^{-3}	2.41×10^{-3}	—	—	—	—	—	mm	—
N_6	3.16	2.73	kg/h	—	kPa	kg/m^3	—	—	—
	31.6	27.3	kg/h	—	bar	kg/m^3	—	—	—
N_8 ($t_s = 0\,℃$)	1.10	0.948	kg/h	—	kPa	—	K	—	—
	1.10×10^2	94.8	kg/h	—	bar	—	K	—	—
N_9 ($t_s = 15\,℃$)	24.6	21.2	—	m^3/h	kPa	—	K	—	—
	2.46×10^3	2.12×10^{-3}	—	m^3/h	bar	—	K	—	—
N_9	26	22.5	—	m^3/h	kPa	—	K	—	—
	2.60×10^3	2.25×10^{-3}	—	m^3/h	bar	—	K	—	—
N_{17}	1.05×10^{-3}	1.21×10^{-3}	—	—	—	—	—	mm	—
N_{18}	0.865	1.00	—	—	—	—	—	mm	—
N_{19}	2.5	2.3	—	—	—	—	—	mm	—
N_{22} ($t_s = 0\,℃$)	1.73	150	—	m^3/h	kPa	—	K	—	—
	1.73×10^3	1.50×10^3	—	m^3/h	bar	—	K	—	—
N_{22} ($t_s = 15\,℃$)	1.84	15.9	—	m^3/h	kPa	—	K	—	—
	1.84×10^3	1.59×10^3	—	m^3/h	bar	—	K	—	—
N_{27}	0.775	0.67	kg/h	—	kPa	—	K	—	—
	77.5	67	kg/h	—	bar	—	K	—	—
N_{32}	1.40×10^2	1.27×10^2	—	—	—	—	—	mm	—

注：使用表中提供的数字常数和规定的公制单位即可得出规定单位的流量系数。

其中计算压差比 x_{sizing} 的计算式如下：

$$x_{\text{sizing}} = \begin{cases} x = \dfrac{\Delta p}{p_1} & x < x_{\text{choked}} \\ x_{\text{choked}} = F_\gamma x_{\text{TP}} & x \geqslant x_{\text{choked}} \end{cases} \qquad (5\text{-}5\text{-}22)$$

式中，x_{choked} 是阻塞压差比，是阻塞流条件下的 x。F_γ 是比热容比系数（旧称 F_k），$F_\gamma = \gamma / 1.4$，γ 是绝热指数。

当调节阀和管线的尺寸一致时，有 $x_{\text{TP}} = x_T$。

其中膨胀系数 Y 的计算式为：

$$Y = 1 - \frac{x_{\text{sizing}}}{3 x_{\text{choked}}} \qquad (5\text{-}5\text{-}23)$$

2. 非素流条件下的公式

非素流条件下可压缩流体的基本流量模型公式如下：

$$W = CN_{27}F_R Y \sqrt{\frac{\Delta p(p_1+p_2)M}{T_1}} \tag{5-5-24}$$

$$Q_s = CN_{22}F_R Y \sqrt{\frac{\Delta p(p_1+p_2)}{MT_1}} \tag{5-5-25}$$

其中 Y 按下式取值：

$$Y = \begin{cases} \dfrac{Re_v-1000}{9000}\left[1-\dfrac{x_{\text{sizing}}}{3\,x_{\text{choked}}}-\sqrt{\left(1-\dfrac{x}{2}\right)}\right]+\sqrt{\left(1-\dfrac{x}{2}\right)} & 1000 \leqslant Re_v < 10000 \\[3mm] \sqrt{\left(1-\dfrac{x}{2}\right)} & Re_v < 1000 \end{cases} \tag{5-5-26}$$

式中，F_R 在层流状态和过滤流状态下，其计算公式同不可压缩流体的 F_R。

六、两相混合流体的流量系数计算

两相混合流体有两种类型：一是液体和气体的混合流体，如水和空气的混合流体；二是液体和其本身蒸汽的混合流体，如液氨和气氨的混合流体。

1. 气-液两相流体（气体占绝大部分）

对于液体-气体两相流体，ISA 推荐有效比容法计算流量系数，能保证一定的精度。为了照顾以往使用上的习惯，将有效比容改为有效密度。其实质是一样的。

这种方法的基本出发点是认为：只要流体不产生闪蒸和阻塞流现象，液体和气体两种介质在调节阀内不发生相变，它们各自的质量也就保持不变，只是液体的密度在整个过程中可看作恒定不变，而气体的密度随阀内压力的降低而变小。对此，只要采用膨胀系数修正法对气体密度加以修正，便可把气体也看作是不可压缩流体。然后，再和液体部分的密度一起，求出整个流体的有效密度 ρ_e。在其他条件相同的情况下，密度为 ρ_e 的不可压缩流体的质量流量，正好与实际的液-气两相混合流体的质量流量相等。因此，只要求得有效密度 ρ_e，便能据此按不可压缩流体算得流量系数。

这种方法要求流体满足下列条件：

① 两相流体必须均匀混合；

② 液体与气体均不发生相变；

③ 两相流体的液体部分未发生闪蒸，气体部分未形成阻塞流。

此条件的判别是比较困难的，但有两个极端情况是可以肯定的，即当气体部分的体积分数为零时，可用 Δp 是否低于开始产生阻塞流时的阀压降 $F_L^2(p_1-p_v)$ 来判别液体是否发生闪蒸；当气体部分的体积分数趋于 1 时，可用 X 是否小于 $F_K X_T$ 来判别是否形成阻塞流。因此，可把上述两个判别式同时成立作为判别条件。

计算公式及计算步骤如下。

① 判别是否符合计算条件，下列两式必须同时成立：

$$\Delta p < F_L^2(p_1-p_v) \tag{5-5-27}$$

$$X < F_K X_T \tag{5-5-28}$$

② 若上列两式成立，则可按下式计算流量系数：

$$C = \frac{W_g + W_L}{N_{12}\sqrt{(p_1-p_2)\rho_e}} \tag{5-5-29}$$

式中

$$\rho_e = \frac{W_g + W_L}{\dfrac{W_g}{\rho_g Y^2} + \dfrac{W_L}{\rho_L}} \tag{5-5-30}$$

$$\rho_e = \frac{W_g + W_L}{\dfrac{T_1 W_g}{N_{13} Y^2 p_1 \rho_N Z} + \dfrac{W_L}{\rho_L}} \tag{5-5-31}$$

$$\rho_e = \frac{W_g + W_L}{\dfrac{N_{14} T_1 W_g}{M p_1 Z Y^2} + \dfrac{W_L}{\rho_L}} \tag{5-5-32}$$

式中　　　　ρ_e——两相流有效密度，kg/m^3；

　　　　　　ρ_g——阀入口压力、温度条件下气体密度，kg/m^3；

　　　　　　ρ_L——阀入口温度条件下液体密度，kg/m^3；

　　　　　　ρ_N——标准状态下气体密度（273K，1.013×10^2 kPa），kg/m^3；

N_{12}、N_{13}、N_{14}——数字常数，因单位制及 C 值定义的不同而异，见表 5-5-4。

表 5-5-4　数字常数 N 值表（N_{12}、N_{13}、N_{14}）

N	流量系数		参数采用单位				
	K_V	C_V	W_g	W_L	$p_1 \cdot p_2$	ρ_N	T_1
N_{12}	3.16	2.73	kg/m^3	kg/m^3	kPa	kg/m^3	
	3.16×10^1	2.73×10^1	kg/m^3	kg/m^3	bar	kg/m^3	
N_{13}	2.46		kg/m^3	kg/m^3	kPa	kg/m^3	K
	2.46×10^2		kg/m^3	kg/m^3	bar	kg/m^3	K
N_{14}	8.5		kg/m^3	kg/m^3	kPa	kg/m^3	K
	8.5×10^{-2}		kg/m^3	kg/m^3	bar	kg/m^3	K

2. 液体-蒸汽混合流体（液体占绝大部分）

对于液体-蒸汽混合流体，情况又不同。流体本身处于亚稳定状态，即使在阀前的管道内，液、气两相之间也不断进行着质量和能量的转换，很难准确地测算液体和其蒸汽各自的重量分数。至于在缩流断面处及其下游，液-气之间质量和能量之间的转换更为明显。因此，到目前为止还没有一个妥善的方法精确地计算这种两相混合流体的密度。实验表明，当蒸汽的重量分数占绝大多数时，利用式(5-5-30)～式(5-5-32)还可保证一定的精度，可以按上述液体-气体混合流体的方法来计算流量系数。而当液体的重量分数占绝大多数（如当蒸汽的重量分数小于3%）时，蒸汽重量的微小变化会引起总的有效密度较大变化。因此建议调节阀尽量避免在这种流体条件下使用。实在无法避免时，可按式(5-5-33)计算流量系数。同样，流体必须满足上述三个条件，并为非阻塞流，即符合式(5-5-27)、式(5-5-28)。

$$C = \frac{W_g + W_L}{N_{12} F_L \sqrt{\rho_m p_1 (1 - F_F)}} \tag{5-5-33}$$

式中，ρ_m 为两相混合流体在 p_1、T_1 条件下的密度，kg/m^3。

$$\rho_m = \frac{W_g + W_L}{\dfrac{W_g}{\rho_g} + \dfrac{W_L}{\rho_L}} \tag{5-5-34}$$

$$\rho_m = \frac{W_g + W_L}{\dfrac{T_1 W_g}{N_{14} p_1 \rho_N} + \dfrac{W_L}{\rho_L}} \tag{5-5-35}$$

$$\rho_m = \frac{W_g + W_L}{\dfrac{N_{14} T_1 W_g}{M p_1} + \dfrac{W_L}{\rho_L}} \tag{5-5-36}$$

七、管件形状修正

上述流量系数计算公式中的系数，均是按照图 5-5-1 所示的安装方式通过实验取得的。调节阀的公称通径必须与管道直径相同，而且管道必须保证具有一定的直管长度。但在工程中往往不能满足这个条件，特别是调节阀的公称通径小于管道直径时，阀两端必然会装有渐缩器或渐扩器等过渡管件。这时，原先认为加在阀两端的压差中，实际上已包括了这些过渡管件上的压力损失，真正加在阀两端的阀压降便会小于计算阀压降，使阀的实际流量系数减小。因此，对未考虑附接管件时算得的流量系数要加以修正，否则对于柱塞阀、套筒阀等调节阀，当 D/d 为 1.5～2.0 或更大时，会带来 2%～6% 的误差，而对于蝶阀、球阀等高流通能力的调节阀，这种误差甚至达 20% 以上。而且在流体为阻塞流时较非阻塞流又严重得多。所以，引入管件形状修正是有必要的。

1. 不可压缩流体管件形状修正公式

当阀两端附接有过渡管件时，在非阻塞流条件下，其修正后的流量系数 C' 可按下式计算：

$$C' = \frac{C}{F_P} \tag{5-5-37}$$

式中　C——未修正前计算得出的流量系数；

　　F_P——管件形状修正系数，它是调节阀两端装有渐缩器或渐扩器等过渡管件测得的流量，与同一调节阀不装上述管件时，在相同的工作条件下测得的流量之比。

理论上 F_P 可用下式进行估算：

$$F_P = \frac{1}{\sqrt{1 + \frac{\sum \xi}{N_2} \left(\frac{C_{100}}{d^2} \right)^2}} \tag{5-5-38}$$

式中　N_2——数字常数，因单位制及 C 值定义的不同而异，见表 5-5-3；

　　C_{100}——初步选定的调节阀的额定流量系数；

　　d——调节阀口径，mm；

　　$\sum \xi$——管件压力损失系数的代数和，见式(5-5-39)。

$$\sum \xi = \xi_1 + \xi_2 + \xi_{B1} - \xi_{B2} \tag{5-5-39}$$

式中　ξ_1——上游阻力系数，当过渡管件仅为标准同心渐缩器时

$$\xi_1 = 0.5 \left[1 - \left(\frac{d}{D_1} \right)^2 \right]^2 \tag{5-5-40}$$

　　ξ_2——下游阻力系数，当过渡管件仅为标准同心渐扩器时

$$\xi_2 = \left[1 - \left(\frac{d}{D_2} \right)^2 \right]^2 \tag{5-5-41}$$

　　ξ_{B1}——阀入口处的伯努利系数

$$\xi_{B1} = 1 - \left(\frac{d}{D_1} \right)^4 \tag{5-5-42}$$

　　ξ_{B2}——阀出口处的伯努利系数

$$\xi_{B2} = 1 - \left(\frac{d}{D_2} \right)^4 \tag{5-5-43}$$

当上游管道直径 D_1 与下游管道直径 D_2 相同时，ξ_{B1} 与 ξ_{B2} 也相等。此时

$$\sum \xi = \xi_1 + \xi_2 = 1.5 \left[1 - \left(\frac{d}{D} \right)^2 \right]^2 \tag{5-5-44}$$

由此算得的 F_P 偏于保守，导致修正后的流量系数有可能偏大，计算时应注意。

如果过渡管件不是渐缩器和渐扩器，则上述 ξ 的计算公式就不适用，而只能通过试验来求取。然而大多数

情况下，调节阀的公称通径会小于管道直径，因此阀两端附接渐缩器或渐扩器是经常遇到的。

当流体开始成为阻塞流时，阀上的临界压差 Δp_{cr} 也由于存在着管件的影响而变为

$$\Delta p_{cr} = \left(\frac{F_{LP}}{F_P}\right)^2 (p_1 - F_F p_v) \tag{5-5-45}$$

式中，F_{LP} 称为有附接管件时的压力恢复管件形状组合修正系数。F_{LP} 一般应由实验取得，以满足偏差不大于±5%的要求。在工程计算中则常采用式(5-5-46)，既满足适当的精度，同时又考虑了有附接管件时的影响。

$$F_{LP} = \frac{F_L}{\sqrt{1 + F_L^2 \dfrac{\xi_1 + \xi_{B1}}{N_2} \left(\dfrac{C_{100}}{d^2}\right)^2}} \tag{5-5-46}$$

于是有

$$C' = \frac{C}{F_{LP}} \tag{5-5-47}$$

式中　C——未作管件形状修正前的流量系数；

　　　C'——考虑管件形状修正后的流量系数。

管件形状修正的公式和步骤如下：

① 初步选定的调节阀口径 d 若与管道直径 D 不相等，需考虑做管件形状修正，重新判别在附接渐缩器和渐扩器的条件下是否为阻塞流，判别式为

$$\Delta p < \left(\frac{F_{LP}}{F_P}\right)^2 (p_1 - F_F p_v) \tag{5-5-48}$$

② 若上式成立，为非阻塞流，按式(5-5-37)求修正后的流量系数 C'；

③ 若上式不成立，即 $\Delta p \geqslant (F_{LP}/F_P)^2 (p_1 - F_F p_v)$，则为阻塞流，按式(5-5-47)求修正后的流量系数 C'；

④ 按 C' 重新选定调节阀口径。

2. 可压缩流体时的管件形状修正公式

X_T 和 Y 也因附接有管件而发生了变化，并以 X_{TP} 和 Y_P 来表示：

$$X_{TP} = \frac{X_T}{F_P^2} \left[\frac{1}{1 + \dfrac{X_T}{N_5}(\xi_1 + \xi_{B1})\left(\dfrac{C_{100}}{d^2}\right)^2}\right] \tag{5-5-49}$$

$$Y_P = 1 - \frac{X}{3 F_K X_{TP}} \tag{5-5-50}$$

代入流量系数计算公式，便可得管件形状修正后的流量系数。

管件形状修正是比较烦琐的，有时甚至还需要反复进行计算。为简化计算，把典型调节阀的 C_{100}/d^2、F_P、F_{LP}、F_{LP}/F_P 及 X_{TP} 等系数，按 D/d 为 1.25、1.5 及 2.0 三种情况分别标出，列于表5-5-5备查。

由于 F_P、F_{LP} 偏于保守，而调节阀制造时 C 值本身也有误差，因此，为进一步简化计算，可考虑当修正量小于一定数值时（例如10%）不做此项修正。从表5-5-5可看出：在 D/d 为 1.25～2.0 的范围内，各种调节阀的 F_P 值多数大于0.90，而 F_{LP} 则都小于0.90。因此，实际上除了在阻塞流条件下需要做管件形状修正外，在非阻塞流时，只有球阀、90°全开蝶阀等少数调节阀，当 $D/d \geqslant 1.5$ 时，才需做此项修正。

八、C_{max} 值的求取

计算 C_{max} 值有两个途径：

① 如能掌握计算最大流量时的计算数据（Q_{max} 或 W_{max}、p_{Qmax}、S_{Qmax}❶及 p_1、密度等），则可按上面各

---

❶　流量最大时 Δp、S 数值最小，若以 Δp_{max} 和 S_{max} 表示容易造成混乱，故以 Δp_{Qmax} 和 S_{Qmax} 表示。

表 5-5-5　各种调节阀的系数值

调节阀类型	阀内组件形式	流向	F_L	X_T	C_{100}/d^2	F_P			F_{LP}			X_{TP}			F_{LP}/F_P		
						D/d 1.25	D/d 1.5	D/d 2.0	D/d 1.25	D/d 1.5	D/d 2.0	D/d 1.25	D/d 1.5	D/d 2.0	D/d 1.25	D/d 1.5	D/d 2.0
单座阀	柱塞形	流开	0.9	0.72	0.0146	0.99	0.97	0.95	0.87	0.86	0.85	0.70	0.71	0.72	0.88	0.99	0.90
	柱塞形	流闭	0.8	0.55	0.0146	0.99	0.97	0.95	0.78	0.77	0.76	0.54	0.55	0.56	0.79	0.79	0.80
	V 形	任意	0.9	0.75	0.0126	0.99	0.98	0.96	0.88	0.87	0.86	0.73	0.74	0.75	0.89	0.89	0.89
	套筒形	流开	0.9	0.75	0.0186	0.98	0.95	0.92	0.85	0.83	0.82	0.71	0.73	0.75	0.86	0.87	0.89
	套筒形	流闭	0.8	0.70	0.0212	0.97	0.94	0.90	0.76	0.74	0.72	0.66	0.68	0.71	0.78	0.79	0.80
双座阀	柱塞形	任意	0.85	0.70	0.0172	0.98	0.96	0.93	0.82	0.80	0.79	0.67	0.68	0.71	0.83	0.83	0.85
	V 形	任意	0.9	0.75	0.0166	0.98	0.96	0.94	0.86	0.85	0.83	0.72	0.73	0.75	0.88	0.88	0.89
偏心旋转阀		流开	0.85	0.61	0.0190	0.98	0.95	0.92	0.81	0.79	0.78	0.59	0.61	0.64	0.82	0.83	0.85
角形阀	套筒形	流开	0.85	0.65	0.0159	0.99	0.97	0.94	0.82	0.81	0.80	0.63	0.65	0.66	0.83	0.84	0.85
	套筒形	流闭	0.80	0.60	0.0159	0.99	0.97	0.94	0.78	0.76	0.76	0.59	0.60	0.62	0.79	0.79	0.80
	柱塞形	流开	0.90	0.72	0.0225	0.97	0.93	0.89	0.83	0.81	0.79	0.68	0.70	0.73	0.86	0.86	0.88
	柱塞形	流闭	0.80	0.65	0.0205	0.96	0.91	0.85	0.74	0.71	0.69	0.61	0.63	0.68	0.77	0.78	0.81
	文丘里	流闭	0.50	0.20	0.0291	0.95	0.90	0.83	0.48	0.47	0.46	0.21	0.23	0.26	0.50	0.53	0.56
球阀	标准 O 形	任意	0.55	0.15	0.0398	0.92	0.83	0.74	0.50	0.49	0.47	0.17	0.19	0.24	0.55	0.59	0.64
	开特性孔口	任意	0.57	0.25	0.0331	0.94	0.87	0.80	0.53	0.52	0.51	0.26	0.29	0.34	0.57	0.59	0.64
蝶阀	90°全开	任意	0.55	0.20	0.0398	0.92	0.83	0.74	0.50	0.49	0.47	0.21	0.25	0.30	0.55	0.59	0.64
	60°全开	任意	0.68	0.38	0.0225	0.97	0.93	0.89	0.65	0.64	0.63	0.38	0.40	0.43	0.67	0.68	0.71

类公式直接求取 C_{max} 值；

② 由正常流量（Q_n 或 W_n）条件下的计算数据求取正常流量时所需的流量系数 C_n，然后综合计算最大流量、系统摩擦阻力降等因素，求出 C_{max} 值。

以往采用的方法是将 C_n 乘一个系数（例如乘 2），得出 C_{max}，或是根据最合适的阀门相对行程反算到 C_{max}。这些方法由于不是从已知的阀阻比 S_n 和 C_n 出发去推算保证通过计算最大流量的流量系数值，因此带有一定的盲目性。下面介绍的方法尽管在某些情况下（如气体介质在阻塞流时）还有不足之处，但它考虑了计算最大流量和 S_{100} 的数值，而且在一般情况下，能使正常流量下的阀门相对行程落在比较合适的范围，不失为一种比较实用的方法，故予以推荐。当然，需要精确计算时，还是应该设法求出计算最大流量条件下的计算数据，然后求得 C_{max} 值。

若令 $n = \dfrac{Q_{max}}{Q_n}\left(\text{或}\dfrac{W_{max}}{W_n}\right)$，$m = \dfrac{C_{max}}{C_n}$，则由调节阀的基本流量方程式可导出

$$\frac{Q_{max}}{Q_n} = \frac{C_{max}\sqrt{\Delta p_{Qmax}}}{C_n\sqrt{\Delta p_n}}$$

并可简化为

$$n = m\sqrt{\frac{\Delta p_{Qmax}}{\Delta p_n}}$$

上式右边上下同除 $\sum \Delta p$（系统总摩擦阻力降），整理后便得

$$m = n\sqrt{\frac{S_n}{S_{Qmax}}} \tag{5-5-51}$$

因此，只要求得 S_{Qmax}，便可由 n、S_n 求得 m 值，于是

$$C_{max} = mC_n \tag{5-5-52}$$

求 S_{Qmax} 的方法与工艺对象有关，最常见的有以下两种。

① 调节阀上、下游均有均压点的对象，如某些操作压力一定的容器的液位控制系统。对于这种对象，影响阀压降的主要是系统摩擦阻力。因此，只要知道正常阀压降 Δp_n 和正常阀阻比 S_n，根据总摩擦阻力降不变（因有上下游恒压点）和阻力损失与流量平方成正比，便可求出计算最大流量时的阀阻比 S_{Qmax}：

$$\sum \Delta p = \Delta p_{Qmax} + \left(\frac{Q_{max}}{Q_n}\right)^2 \left(\sum \Delta p - \Delta p_n\right)$$

两边同除 $\sum \Delta p$，整理后得

$$S_{Qmax} = \frac{\Delta p_{Qmax}}{\sum \Delta p} = 1 - n^2(1 - S_n) \tag{5-5-53}$$

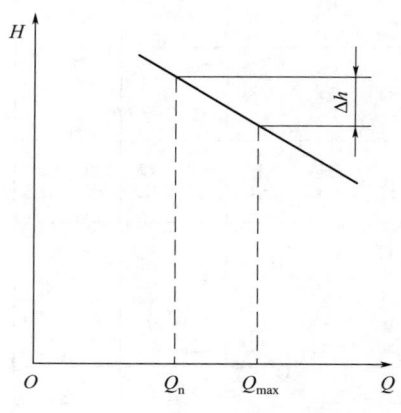

图 5-5-6　离心泵输出特性曲线

② 调节阀装于风机或离心泵出口，而阀下游有恒压点的对象。此时，阀压降随流量变化的原因，除系统摩擦阻力的影响外，还必须考虑风机及泵的出口压力随流量变化的现象。离心式风机或泵一般都具有流量增加出口压头降低的特性，如图 5-5-6，因此，当流量从 Q_n 增大到 Q_{max} 时，系统的总压力降中还要考虑 Δh 一项，即

$$S_{Qmax} = \left(1 - \frac{\Delta h}{\sum \Delta p}\right) - n^2(1 - S_n) \tag{5-5-54}$$

还有其他类型的工艺对象，如旁路控制系统等，不再一一讨论。

从上列公式还可得出如下结论：

① m 值总大于 n 值，因此工艺提供的静态最大流量应尽可能准确，且不能乘以任何安全系数，否则会导致 m 值增加，致使调节阀口径过大；

② 由式(5-5-53)、式(5-5-54) 可知，当 $n^2(1-S_n)=1$ 或 $n^2(1-S_n)=1-\dfrac{\Delta h}{\sum \Delta p_n}$ 时，m 为无穷大，因

此，管路系统确定后（即 S_n 确定后），n 的确定不能带有随意性，$n^2<\dfrac{1}{1-S_n}$ （或 $n^2<\dfrac{1-\dfrac{\Delta h}{\sum \Delta p_n}}{1-S_n}$）可作为计算

最大流量确定得是否合理的判别式。

上述由 C_n 求取 C_{max} 的方法避开了下面两个问题的影响。

① 认为流体在调节阀内未形成阻塞流，否则流量与阀压降的关系将会复杂得多。显然，流量增大时由于阀前后阻力的影响，p_1 往往变低而 p_2 往往变高，致使产生阻塞流的条件也发生了变化，原来为阻塞流的流体，当流量增大后有可能变为非阻塞流。因此，当需要严格计算时，应该首先计算出与计算最大流量对应的 p_1、Δp 值，再重新进行判别是否为阻塞流，然后计算 C_{max} 值。这在利用电子计算机作为计算工具时是不难做到的。

② 认为流体密度不变，但实际上随着流量的变化 p_1 是变化的。因此对于气体介质，上述公式是有误差的。然而 C 值与密度的开方值成正比，故密度的影响较小。如密度由 0.9 变为 0.8 时，对 C 值的影响仅 5% 左右。因此在一般情况下忽略此影响是允许的。

九、相对行程计算

所谓调节阀的行程是指执行机构为改变阀内流体的流量从阀全关位置起的位移，以 L 表示。把阀全开时的行程称为额定行程 L_{100}。相对行程便是某特定行程与额定行程之比，以 l 表示，即 $l=\dfrac{L}{L_{100}}$，通常也称为调节阀的开度。

从调节阀固有流量特性的分析可知，在阀压降恒定的情况下，调节阀的相对行程与相对流量之间有一个固定的关系。直线流量特性的调节阀，其相对行程与相对流量之间呈线性关系，见图 5-5-7。等百分比流量特性的调节阀，其相对行程与相对流量之间呈对数关系，见图 5-5-8。这个关系只决定于阀芯形状，是调节阀的结构特性。只要阀芯没有磨损，阀的结构没有破坏，这个关系是不会改变的。由流量系数的基本公式(5-5-5) 可看出，当阀压降恒定时，流量与流量系数成正比，即

$$\frac{C}{C_{100}}=\frac{Q\sqrt{\dfrac{\rho}{\Delta p}}}{Q_{100}\sqrt{\dfrac{\rho}{\Delta p}}}=\frac{Q}{Q_{100}} \tag{5-5-55}$$

同时，流量系数 C 与阀的流通面积成正比，故

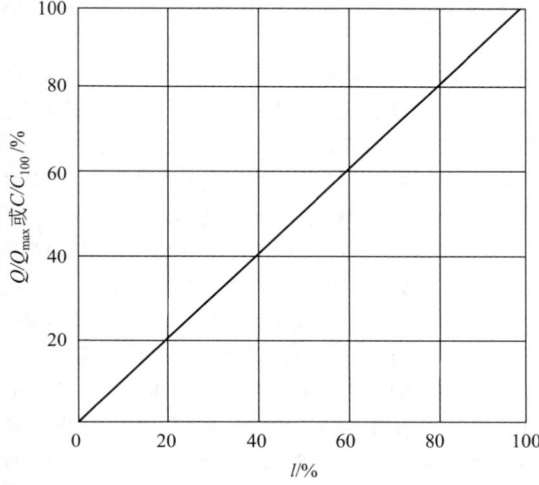

图 5-5-7　调节阀固有流量特性（直线）

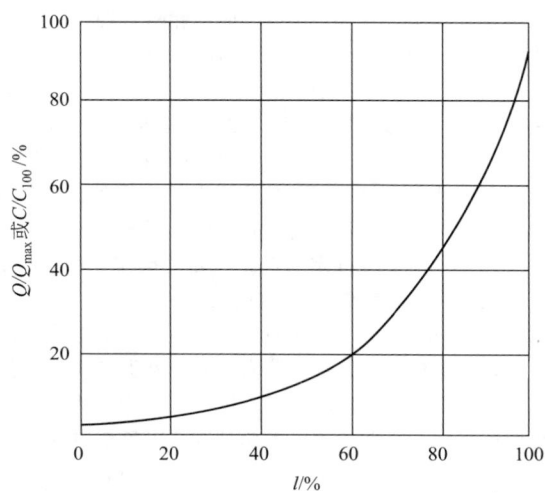

图 5-5-8　调节阀固有流量特性（等百分比）

$$\frac{C}{C_{100}}=\frac{F}{F_{100}}=\frac{\text{阀特定开度流通面积}}{\text{阀全开流通面积}} \tag{5-5-56}$$

由式(5-5-55)可知，在阀压恒定的条件下，调节阀固有流量特性也可以用相对行程与相对流量系数之间的关系来表示。显然，对于一个确定的调节阀，流路形状已定，其流量系数只决定于流通截面的大小。因此相对流量系数与相对行程的关系，实质上就是阀的流通截面随执行机构的行程改变而变化的规律，纯粹是阀的结构特性。而在阀压降恒定的条件下，这个结构特性与阀的固有流量特性完全一致。在实际管路系统中，流量特性受管路系统阻力即 S 值的影响会发生畸变，但阀的结构特性与外部管路系统的阻力无关。这样，便可通过求取与某流量相应的流量系数，并根据已选定调节阀的 C_{100} 值，算出相对流量系数，然后，直接从结构特性查得或算得相对行程。由于流量系数已在前面的阀口径计算时求出，这就大大简化了求取相对行程的计算，因为 S 值对阀流量特性的影响已体现在求取 C 值的过程中了。

具体来说，在串联管路系统中，对于直线流量特性的调节阀，其结构特性为

$$\frac{C}{C_{100}}=\frac{1}{R}\left[1+(R-1)\frac{L}{L_{100}}\right] \tag{5-5-57}$$

式中，R 称为调节阀的固有可调比。目前调节阀的固有可调比一般为 $R=30$ 或 $R=50$，设 $R=30$，整理后得

$$l=\frac{L}{L_{100}}=\frac{1}{29}\left(30\times\frac{C}{C_{100}}-1\right) \tag{5-5-58}$$

甚至还可简化为

$$l=\frac{C}{C_{100}} \tag{5-5-59}$$

对于等百分比特性调节阀，其结构特性为

$$\frac{C}{C_{100}}=R^{\frac{L}{L_{100}}-1} \tag{5-5-60}$$

令 $R=30$，整理后得

$$l=1+0.68\lg\frac{C}{C_{100}} \tag{5-5-61}$$

把不同流量对应的 C 值代入式(5-5-66)或式(5-5-68)，便可求得对应的相对行程。如将 C_n 值代入公式，便求得正常流量时的相对行程，将 C_{max} 值代入公式，便可求计算最大流量时的相对行程。也可以用这些公式来分别计算 Q_{max}、Q_n 和 Q_{min} 时的相对行程，以便验算，尽可能使 Q_{max} 时的 l_{max} 不大于 90%，Q_{min} 时的 l_{min} 不小于 10%，而 Q_n 时的 l_n 处于合理的位置。

由式(5-5-51)、式(5-5-52)、式(5-5-53)、式(5-5-58)和式(5-5-61)可研究在串联管路系统中 l、m、n、S、S_{100} 诸变量之间的关系，并可用表格形式(表5-5-6、表5-5-7)清楚地、定量地列出它们之间的对应关系。从表5-5-6和表5-5-7可见，只要确定了 m 值，其相对行程便是一定的。当管路系统的阻力配置尚未决定时，也可利用此表，根据工艺过程要求的 n 值和正常流量时希望阀门所处的相对行程，查到应有的 S_{100} 值，从而选择对调节阀最有利的管路系统阻力配置。总之，表5-5-6和表5-5-7可为工程速算提供一定的方便。

由于 n 和 S_{100} 确定后，m 就随之确定，l 也随之确定了，因此，在工艺装置和管路系统已定局的情况下，只要 n (也就是 Q_n 和 Q_{max})决定，其相对行程是无法选择的。但从调节效果和经济合理出发，正常流量时的相对行程应有一个比较理想的范围。如对直线特性调节阀为 0.6 左右，等百分比特性调节阀为 0.8 左右。显然，同时满足工艺过程要求的 n 值和调节阀相对行程最合适的位置，有时是困难的。由于静态最大流量是工艺装置的最高产量所决定的，因此用改变(特别是减少)静态最大流量的办法来满足相对行程的做法显然是不可取的。唯一可调整的是考虑计算最大流量时取的倍数(1.15~1.5)。在凭经验决定此倍数时，除了考虑对象特性和控制规律等因素外，建议在 S_{100} 值较低时取较小的倍数，S_{100} 值较高时取较大的倍数；对于直线特性调节阀取较小的倍数，对于等百分比特性调节阀取较大的倍数。通常，阀全开时的阀阻比 S_{100} 处于 0.3~0.7 范围内。由表5-5-8可以看出，若按上述原则取 n 的数值，基本上可使相对行程落在较合适的范围内。而为了工

表 5-5-6　直线特性调节阀相对行程验算表

S_{100}	$l=30\%$			$l=40\%$			$l=50\%$			$l=60\%$			$l=70\%$			$l=80\%$			$l=90\%$		
	n	S	m	n	S	m	n	S	m	n	S	m	n	S	m	n	S	m	n	S	m
0.1	1.36	0.52	3.10	1.21	0.39	2.38	1.13	0.30	1.94	1.08	0.23	1.63	1.05	0.18	1.41	1.03	0.15	1.25	1.01	0.12	1.11
0.2	1.65	0.71	3.10	1.39	0.59	2.38	1.25	0.48	1.94	1.15	0.40	1.63	1.09	0.33	1.41	1.05	0.28	1.25	1.02	0.24	1.11
0.3	1.89	0.81	3.10	1.55	0.71	2.38	1.35	0.62	1.94	1.23	0.53	1.63	1.14	0.46	1.41	1.08	0.40	1.25	1.03	0.35	1.11
0.4	2.10	0.86	3.10	1.69	0.79	2.38	1.45	0.71	1.94	1.29	0.64	1.63	1.18	0.57	1.41	1.10	0.52	1.25	1.05	0.45	1.11
0.5	2.30	0.91	3.10	1.83	0.85	2.38	1.55	0.79	1.94	1.35	0.73	1.63	1.22	0.67	1.41	1.13	0.62	1.25	1.06	0.55	1.11
0.6	2.48	0.94	3.10	1.96	0.90	2.38	1.63	0.85	1.94	1.41	0.80	1.63	1.26	0.75	1.41	1.15	0.70	1.25	1.07	0.65	1.11
0.7	2.66	0.96	3.10	2.07	0.93	2.38	1.71	0.90	1.94	1.47	0.86	1.63	1.30	0.82	1.41	1.18	0.78	1.25	1.08	0.74	1.11
0.8	2.81	0.98	3.10	2.18	0.96	2.38	1.79	0.94	1.94	1.53	0.91	1.63	1.34	0.88	1.41	1.20	0.86	1.25	1.09	0.83	1.11
0.9	2.95	0.99	3.10	2.28	0.98	2.38	1.86	0.97	1.94	1.58	0.96	1.63	1.37	0.95	1.41	1.22	0.93	1.25	1.10	0.92	1.11

表 5-5-7　等百分比特性调节阀相对行程验算表

S_{100}	$l=30\%$			$l=40\%$			$l=50\%$			$l=60\%$			$l=70\%$			$l=80\%$			$l=90\%$		
	n	S	m	n	S	m	n	S	m	n	S	m	n	S	m	n	S	m	n	S	m
0.1	3.54	0.93	10.84	2.61	0.87	7.71	1.97	0.77	5.46	1.56	0.63	3.92	1.29	0.46	2.76	1.14	0.30	1.97	1.05	0.18	1.41
0.2	4.96	0.97	10.84	3.56	0.94	7.71	2.60	0.88	5.46	1.97	0.79	3.92	1.53	0.66	2.76	1.25	0.50	1.97	1.09	0.38	1.41
0.3	5.99	0.98	10.84	4.31	0.96	7.71	3.12	0.91	5.46	2.30	0.87	3.92	1.73	0.77	2.76	1.37	0.63	1.97	1.14	0.46	1.41
0.4	6.81	0.99	10.84	4.95	0.98	7.71	3.54	0.94	5.46	2.59	0.91	3.92	1.91	0.84	2.76	1.47	0.72	1.97	1.18	0.57	1.41
0.5	7.69	0.99	10.84	5.49	0.98	7.71	3.94	0.97	5.46	2.86	0.94	3.92	2.08	0.89	2.76	1.56	0.79	1.97	1.22	0.67	1.41
0.6	8.40	0.99	10.84	6.02	0.99	7.71	4.29	0.98	5.46	3.10	0.96	3.92	2.23	0.92	2.76	1.65	0.85	1.97	1.26	0.75	1.41
0.7	9.09	≈1.0	10.84	6.49	0.99	7.71	4.61	0.99	5.46	3.32	0.97	3.92	2.38	0.95	2.76	1.74	0.90	1.97	1.30	0.82	1.41
0.8	9.71	≈1.0	10.84	6.89	1.0	7.71	4.93	0.99	5.46	3.53	0.98	3.92	2.51	0.97	2.76	1.82	0.94	1.97	1.34	0.89	1.41
0.9	10.31	≈1.0	10.84	7.35	1.0	7.71	5.21	1.0	5.46	3.73	0.99	3.92	2.65	0.99	2.76	1.90	0.97	1.97	1.37	0.95	1.41

表 5-5-8　n、S_{100} 取值范围比较

系　数　名　称		取　　值			说　　　明
$\dfrac{稳态最大流量}{正常流量}$		1.1～1.15			决定于最高产量与额定产量之比
$\dfrac{计算最大流量}{稳态最大流量}$		1.15～1.5			决定于对象特性、调节规律、S_{100} 值及阀芯特性
n		最低值	最高值		
		1.26	1.5	1.72	
S_{100}		0.3	0.7		常用范围
m		1.72	1.66	1.95	$m=\sqrt{\dfrac{S_{100}-1+n^2}{S_{100}}}$
流量特性	线性特性	0.56	0.6		公式(5-5-57)
	等百分比特性	0.83		0.80	公式(5-5-60)

程速算或在缺乏必要的计算数据时，可推荐对直线特性调节阀取 m 值为 1.63（$l=0.60$），对等百分比特性调节阀取 m 值为 1.97（$l=0.80$）。

由此可见，在 n 值和 S_{100} 已确定的情况下，只要 m 值取得合适，一般可不必进行额定流量时的相对行程验算。当 S_{100} 不在 0.3～0.7 范围，特别是当 S_{100} 小于 0.3 时，阀正常流量时的行程偏小，流量特性畸变严重，此时，也只有改变管路系统阻力，或改变阀型，或在控制系统中增加校正环节，而不能用减小计算最大流量的方法来保证相对行程。总之，在满足计算最大流量和保证合适的相对行程两个条件中，前者是必须确保的，后者则是在可能条件下予以兼顾。

十、可调比计算

调节阀的可调比是指调节阀所能控制的最大流量与最小流量之比，即

$$R=\frac{Q_{\max}}{Q_{\min}}=\frac{调节阀能控制的最大流量}{调节阀能控制的最小流量} \qquad (5\text{-}5\text{-}62)$$

这里所说的 $Q_{\min}$ 是调节阀可调节流量的下限值，并不是指调节阀全关时的泄漏量。一般，最小可调流量为最大流量的 2%～4%，而泄漏量则仅为最大流量的 0.1%～0.01%。

调节阀的阀压降恒定时得到的可调比称为固有可调比，或称为理想可调比，以 R_0 表示如下：

$$R_0=\frac{Q_{\max}}{Q_{\min}}=\frac{C_{\max}\sqrt{\dfrac{\Delta p}{\rho}}}{C_{\min}\sqrt{\dfrac{\Delta p}{\rho}}}=\frac{C_{\max}}{C_{\min}} \qquad (5\text{-}5\text{-}63)$$

可见，固有可调比是调节阀所能控制的最大和最小 C 值之比，它反映了调节阀调节能力的大小，是由调节阀结构所决定。

调节阀在实际使用中，由于和它串联的管道阻力的变化，使调节阀的阀压降随着流量的大小而变化，致使调节阀的可调比也发生变化。此时，调节阀所能控制的最大流量与最小流量的比值称为工作可调比，以 R 表示。由式（5-5-62）可得

$$R=\frac{Q_{\max}}{Q_{\min}}=\frac{C_{\max}\sqrt{\dfrac{\Delta p_{Q\max}}{\rho}}}{C_{\min}\sqrt{\dfrac{\Delta p_{Q\min}}{\rho}}}=R_0\sqrt{\frac{\Delta p_{Q\max}}{\Delta p_{Q\min}}} \qquad (5\text{-}5\text{-}64)$$

当调节阀控制的流量为 $Q_{\min}$ 时，已接近全关，此时阀压降 $\Delta p_{Q\min}$ 已接近于系统总摩擦阻力降 $\sum\Delta p$。于是

$$S_{100} = \frac{\Delta p_{Qmax}}{\sum \Delta p} \cong \frac{\Delta p_{Qmax}}{\Delta p_{Qmin}}$$

代入式（5-5-64）即得

$$R = R_0 \sqrt{S_{100}} \tag{5-5-65}$$

这说明，S_{100} 值越小，实际的工作可调比越小。因此，在实际使用中，为保证一定的可调比，要适当考虑阀压降的数值，使 S_{100} 值不致过低。

目前 R_0 一般为 30 及 50。但是，考虑到选用调节阀口径时对 C 值的圆整和放大，特别是使用时对最小相对行程的限制，都会使实际可调比下降。一般 R_0 仅为 10 左右。比较极端的情况下，当调节阀安装在串联管道系统中，而阀阻比 S_{100} 仅为 0.3 时，R 值只有 5.4。而通常工艺对象的最大流量与最小流量之比为 3 左右。因此，只要不是 S_{100} 太小或对可调比要求太高，可不必进行可调比的验算。

当发生可调比小于工艺对象要求的计算最大流量与最小流量之比时，调节阀将不能满足工艺的要求，此时可采取下列两个办法来解决：

① 改变管路系统配置，提高 S_{100} 值；

② 采用分程控制，即用一台控制器去控制一大一小两台并联安装的调节阀，并通过调整两阀各自的阀门定位器来划分每台调节阀的工作信号范围，如图 5-5-9 所示。

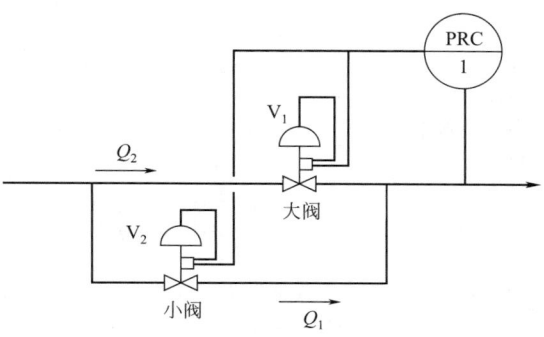

图 5-5-9　分程控制系统

例如，某工艺装置要求通过调节阀的计算最大流量 Q_{max} 为 100m³/h，而最小流量 Q_{min} 为 1m³/h，S_{100} 为 0.7。显然，即使取阀的固有可调比 R_0 为 30，仍不能满足工艺对象的要求。因为

$$\frac{Q_{max}}{Q_{min}} = \frac{100}{1} = 100$$

而

$$R = R_0 \sqrt{S_{100}} = 30 \sqrt{0.7} = 25 < 100$$

采用分程控制后，设大阀 V_1 可通过的最大流量为 100m³/h，而小阀 V_2 可通过的最大流量为 4m³/h，则此系统的可调比为

$$R = \frac{100 + 4}{4/30 \sqrt{0.7}} = \frac{104}{0.16} \cong 653 > 100$$

可调比提高了约 20 倍。因此分程控制是提高可调比的有效措施。

十一、三通调节阀流量系数计算和口径的选定

三通调节阀可以代替两个二通调节阀进行分流和合流的调节，具有节省投资、减少安装费用等优点，尤其在热交换器等设备的旁路调节中更显其优越性。

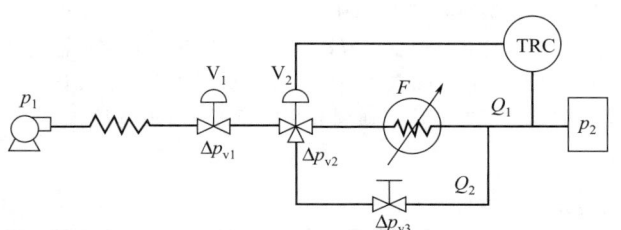

图 5-5-10　热交换器的旁路调节系统图

在图 5-5-10 中被加热介质由三通阀分成两路：一路 Q_1 流经热交换器被加热，另一路 Q_2 由旁路绕过热交换器再和前一路汇合，其温度由控制器通过控制三通阀的开度得到调节。

可见，在控制系统中设置三通调节阀的目的，是为了改变 Q_1 和 Q_2 的流量比，而不是为了调节总量 Q。因此，选择三通调节阀时，一般要求它在工作时对系统阻力不致引起很大变化。即 Q_1、Q_2 的流量比变化时，不要引起总量 Q 的过大变化。总量的变化由 V_1 控制。

三通调节阀的口径选定按下列顺序进行。

① 取计算最大流量 Q_{max} 为被加热介质的总量，即 $Q_{max}=Q_1+Q_2$。

② 三通阀的一个通道关闭，另一个通道流过计算最大流量 Q_{max} 时的阀两端压差即为计算压差。对于热交换器旁路调节，建议取阀上计算压降等于热交换器的压力损失，$\Delta p_V=\Delta p_F$，即 $S_{100}=0.5$。

③ 按介质性质用本章介绍的相应的二通调节阀 C 值计算公式计算通过热交换器那一路的 C_{max} 值。

④ 在产品的额定流量系数系列中选取最接近于 C_{max} 值的一个。与此额定流量系数对应的口径，即为最终选定的三通调节阀口径。当选定的口径大于管道直径时，取阀门口径等于管道直径。

设三通调节阀的 $C_{100}=100$，总量 $Q=100t/h$，热交换器上的压力损失 $\Delta p_F=0.1MPa$，旁路的阻力很小可忽略不计，则系统阻力的变化情况可分析如下：首先按调节阀 C 值计算方法，求得热交换器的当量流量系数 $C_F=100$。当三通调节阀关闭旁路一路，全部流量通过热交换器时，系统阻力以流量系数表示即为

$$\frac{1}{C_系}=\sqrt{\frac{1}{C_{100}^2}+\frac{1}{C_F^2}}=\sqrt{\frac{1}{100^2}+\frac{1}{100^2}}=\frac{1}{71}$$

所以
$$C_系=71$$

当三通调节阀位于中间位置时，两路的流量系数 C 分别为 50，而系统中上部通路的流量系数 C 可由下式计算得

$$\frac{1}{C}=\sqrt{\frac{1}{50^2}+\frac{1}{100^2}}=\frac{1}{44.6}$$

所以 $C=44.6$，而下部通路 $C=50$。于是 $C_系=44.6+50=94.6$。

当三通调节阀完全打开旁通一路时，其系统流量系数为

$$C_系=100$$

从以上分析可以看到，三通调节阀工作时，随着阀芯位置的变化，系统的阻力或流量系数也在变化：

热交换器通路全开 $C_系=71$

中间位置 $C_系=94.6$

旁路全开 $C_系=100$

总量变化达 29%。为减少这种变化，对于直线特性的三通调节阀，一般希望提高 S 值，即提高阀上的压差，或者在旁路中接入与热交换器阻力相等的手动阀，这时系统流量系数的变化为：

热交换器通路全开 $C_系=71$

中间位置 $C_系=89.2$

旁路全开 $C_系=71$

总量变化减小为 20% 左右。若采用抛物线特性的三通调节阀，用同样的方法可以证明，当 $S_{100}=0.5$ 时，且使旁路和热交换器阻力匹配，其总量几乎不变，具有较好的调节性能。

从这个例子可以看出，不论哪一种情况，只要按热交换器通路全开的情况，用二通调节阀的计算方法来计算 C_{max} 值，然后，按此值来选取三通调节阀的口径，这样选定的三通调节阀对各种不同开度其流量系数都是足够的。

必须指出：一般在选择调节阀时，总希望其额定流量系数不小于计算所得的 C_{max} 值，这样才能保证计算最大流量得以通过。但在三通调节阀场合，由于热交换器一般阻力较小，若让计算阀压降等于热交换器的压力损失，往往容易使阀口径接近或大于管道直径。因此，可以使阀压降取大一些，即在口径选定时，按计算所得之 C_{max} 以最接近的偏小的方向选取，当选取结果大于管道直径时，取三通调节阀口径等于管道直径。

十二、特殊定义的符号或术语（表 5-5-9）

表 5-5-9 特殊定义的符号或术语

符号/术语	名称	定义	备注
阻塞流	Choked Flow	阀入口压力保持恒定,逐步降低出口压力,当增加压差不能进一步增大流量,即流量增加到一个最大的极限值,此时的流动状况称为阻塞流	

符号/术语	名称	定义	备注
缩流断面	Vena Contracta	阀节流后，流束最小截面处称为缩流断面	
压力恢复	Pressure Recovery	阀内流束在缩流断面处流速最大，压力最低。此后流速逐渐减小，而压力逐渐回升，压力回升的现象称为压力恢复	
空化	Cavitation	流体流经调节阀时，缩流断面的压力低于该流体在入口温度下的饱和蒸汽压，就出现气泡。然后，由于压力恢复，气泡破灭。从气泡形成至气泡破灭的全过程称为空化	
闪蒸	Flashing	与上述过程相似，但由于压力恢复后的下游压力仍低于或等于该流体在入口温度下的饱和蒸汽压，气泡没有破灭，并随液体流出调节阀，此过程称为闪蒸	
$K_V、C_V$	流量系数 Flow Coefficient	规定条件下用来确定调节阀给定行程时流量容量的术语，因采用的单位不同而有不同的定义： K_V——给定行程下，阀两端压差为 10^2 kPa 时温度为 $5\sim40℃$ 的水，每小时流经调节阀的体积（以 m^3 表示） C_V——给定行程下，阀两端压差为 1lb/in² 时，温度为 60°F 的水，每小时流经调节阀的体积（以 USgal 表示）	
C_{100}	额定流量系数	制造厂提供的，阀全开时的流量系数	
F_F	液体临界压力比系数 Critical Pressure Ratio of Liquid	在阻塞流条件下缩流断面处压力与阀入口温度下的液体饱和蒸汽压力 p_v 之比，是 p_v 与液体临界压力之比的函数： $$F_F = 0.96 - 0.28\sqrt{p_v/p_c}$$	查图 5-5-5
F_K	比热容比系数	$$F_K = \frac{k}{1.4}$$ k——比热容比（或绝热指数）	k 查表 5-5-18
F_L	液体压力恢复系数 Pressure Recovery Coefficient for Liquid	阀体内部几何形状的函数，是表示调节阀内流体在缩流断面后动能转变为压力能的量度 非阻塞流时 $$F_L = \sqrt{\frac{p_1 - p_2}{p_1 - p_{vc}}}$$ 阻塞流时 $$F_L = \sqrt{\frac{p_1 - p_2}{p_1 - F_F p_v}}$$	查表 5-5-2
F_{LP}	压力恢复管件形状组合系数 Pressure Recovery Coeffient of A Valve with Attached Fittings	综合考虑管件形状修正后的压力恢复系数 $$F_{LP} = \frac{1}{\sqrt{1 + F_L^2 \frac{\xi_1 + \xi_{B1}}{N_2}\left(\frac{C_{100}}{d^2}\right)^2}}$$	查表 5-5-5
F_P	管件形状修正系数 Piping Correction Factor	$$F_P = \frac{1}{\sqrt{1 + \frac{\sum\xi}{N_2}\left(\frac{C_{100}}{d^2}\right)^2}}$$ 考虑阀两端装有渐缩管等管件对流量系数造成的影响，而对 C 值公式加以修正的系数	查表 5-5-5
F_R	雷诺数修正系数 Reynolds Number Factor	考虑流体的非湍流状态对流量系数造成的影响，而对 C 值公式加以修正的系数	按式（5-5-13）或式（5-5-14）计算
L	调节阀全行程 Control Valve Rated Travel	调节阀阀杆自全开至全闭的行程，也称额定行程	
l	调节阀相对行程 Control Valve Relative Travel	调节阀阀杆某特定行程与额定行程之比	

符号/术语	名称	定义	备注
m	流量系数放大倍数	$m=C_{\max}/C_{\mathrm{n}}$（计算最大流量下的 C 值/正常流量下的 C 值）	
n	流量放大倍数	$n=Q_{\max}/Q_{\mathrm{n}}$（计算最大流量/正常流量）	
S	阀阻比	调节阀两端压差与整个系统总摩擦阻力降之比	
X	压差比 Pressure Drop Ratio	阀压降与阀入口压力之比 $$X=\frac{\Delta p}{p_1}$$	
X_{T}	临界压差比 Critical Pressure Drop Ratio	阻塞流时的 X 对于一个调节阀，X_{T} 是一个固定的常数，即 X_{T} 是一个反映调节阀流路结构的常数，当阀两端装有渐缩管等附加管件时用 X_{TP} 表示 $$X_{\mathrm{TP}}=\frac{X_{\mathrm{T}}}{F_{\mathrm{P}}^2}\left[\frac{1}{1+\dfrac{X_{\mathrm{T}}}{N_5}(\xi_1+\xi_{\mathrm{Bl}})\left(\dfrac{C_{100}}{d^2}\right)^2}\right]$$	查表 5-5-2
Y	膨胀系数	考虑气体密度在阀内因压力变化而变化的修正系数 $$Y=1-\frac{X}{3F_{\mathrm{K}}X_{\mathrm{T}}}$$ 当阀两端装有渐缩管等附加管件时用 Y_{P} 表示 $$Y_{\mathrm{P}}=1-\frac{X}{3F_{\mathrm{K}}X_{\mathrm{TP}}}$$	

十三、国外调节阀制造厂早期推荐的流量系数（C_{V}）计算公式

在调节阀流量系数计算公式的发展过程中，出现了膨胀系数法、临界流量系数法、正弦法等公式。膨胀系数法因计算精度较高且公式较为简单，成为 IEC 和 ISA 推荐的计算公式。在此之前，国内有较多应用的调节阀制造厂 Fisher 及 Masoneilan 也曾推出流量系数计算公式，下面以 Masoneilan 的计算公式为例，做资料性介绍。

1. 液体采用公式（英制）（表 5-5-10）

表 5-5-10　液体采用公式表（英制）

判别式	C_{V} 值计算公式	说明
亚临界流 $\Delta p<C_{\mathrm{f}}^2(\Delta p_{\mathrm{s}})$	$$C_{\mathrm{V}}=Q\sqrt{\frac{G_{\mathrm{f}}}{\Delta p}}$$ 或 $$C_{\mathrm{V}}=\frac{W}{500\sqrt{G_{\mathrm{f}}\Delta p}}$$	临界流相当于 IEC 定义的阻塞流。 C_{f}——临界流量系数，相当于 IEC 定义的 F_{L}（压力恢复系数），查表 5-5-2。 $\Delta p_{\mathrm{s}}=p_1-(0.96-0.28\sqrt{p_{\mathrm{v}}/p_{\mathrm{c}}})p_{\mathrm{v}}$ 如 $p_{\mathrm{v}}<0.5p_1$ $\Delta p_{\mathrm{s}}=p_1-p_{\mathrm{v}}$ 单位如下： G_{f}——阀入口温度下的相对密度（水的 $G_{\mathrm{f}}=1,60^\circ\mathrm{F}$ 时）； p_1——阀入口压力，$\mathrm{lb/in^2}$（绝对）； p_2——阀出口压力，$\mathrm{lb/in^2}$（绝对）； p_{c}——热力学临界压力，$\mathrm{lb/in^2}$（绝对）； p_{v}——阀入口温度下液体的饱和蒸汽压，$\mathrm{lb/in^2}$（绝对）； Δp——阀两端压差，$\mathrm{lb/in^2}$； p_1——阀入口压力，$\mathrm{lb/in^2}$（绝对）； Q——液体体积流量，USgpm； W——液体质量流量，$\mathrm{lb/h}$
临界流 $\Delta p\geqslant C_{\mathrm{f}}^2(\Delta p_{\mathrm{s}})$	$$C_{\mathrm{V}}=\frac{Q}{C_{\mathrm{f}}}\sqrt{\frac{G_{\mathrm{f}}}{\Delta p_{\mathrm{s}}}}$$ 或 $$C_{\mathrm{V}}=\frac{W}{500C_{\mathrm{f}}\sqrt{G_{\mathrm{f}}\Delta p_{\mathrm{s}}}}$$	

2. 液体采用公式（公制）（表 5-5-11）

表 5-5-11 液体采用公式表（公制）

判别式	C_V 计算公式	说明
亚临界流 $\Delta p < C_f^2 (\Delta p_s)$	$C_V = 1.167Q \sqrt{\dfrac{G_f}{\Delta p}}$ 或 $C_V = \dfrac{1.167W}{\sqrt{G_f \Delta p}}$	单位如下： p_1，p_2，p_c，p_v——bar❶（绝对）； Δp，Δp_s——bar； Q——m³/h； W——t/h。
临界流 $\Delta p \geqslant C_f^2 (\Delta p_s)$	$C_V = \dfrac{1.167Q}{C_f} \sqrt{\dfrac{G_f}{\Delta p_s}}$ 或 $C_V = \dfrac{1.167W}{C_f \sqrt{G_f \Delta p_s}}$	其他同表 5-5-10

3. 气体及蒸汽采用公式（英制）（表 5-5-12）

表 5-5-12 气体及蒸汽采用公式表（英制）

判别式	C_V 计算公式	说明
亚临界流 $\Delta p < 0.5 C_f^2 p_1$	气体 $C_V = \dfrac{Q}{963} \sqrt{\dfrac{GT}{\Delta p(p_1 + p_2)}}$ 或 $C_V = \dfrac{W}{3.22 \sqrt{\Delta p(p_1 + p_2)G_f}}$ 蒸汽 $C_V = \dfrac{W}{2.1 \sqrt{\Delta p(p_1 + p_2)}}$ 过热蒸汽 $C_V = \dfrac{W(1 + 0.0007T_{sh})}{2.1 \sqrt{\Delta p(p_1 + p_2)}}$	单位如下： G——气体相对密度（空气 $G=1$），无量纲； G_f——阀入口温度下流体相对密度，无量纲 $$G_f = G \frac{520}{T}$$ p_1、p_2——阀入口，出口压力，lb/in²（绝对）； Δp——阀两端压差，lb/in²； T——阀入口温度，°R 　　　°R=460+°F
临界流 $\Delta p \geqslant 0.5 C_f^2 p_1$	气体 $C_V = \dfrac{Q \sqrt{GT}}{834 C_f p_1}$ 或 $C_V = \dfrac{W}{2.8 C_f p_1 \sqrt{G_f}}$ 蒸汽 $C_V = \dfrac{W}{1.83 C_f p_1}$ 过热蒸汽 $C_V = \dfrac{W(1 + 0.0007T_{sh})}{1.83 C_f p_1}$	T_{sh}——蒸汽过热温度，°F； Q——绝对压力为 14.7lb/in²，温度为 60°F 时的气体体积流量，ft³（标准）/h； W——质量流量，lb/h 其他同表 5-5-10

---

❶ 1bar=10⁵Pa。

4. 气体及蒸汽采用公式（公制）（表 5-5-13）

表 5-5-13　气体及蒸汽采用公式表（公制）

判别式	C 计算公式	说明
亚临界流 $\Delta p < 0.5 C_f^2 p_1$	气体 $$C_V = \frac{Q}{295}\sqrt{\frac{GT}{\Delta p(p_1+p_2)}}$$ 或 $$C_V = \frac{47.2W}{\sqrt{\Delta p(p_1+p_2)G_f}}$$ 饱和蒸汽 $$C_V = \frac{72.4W}{\sqrt{\Delta p(p_1+p_2)}}$$ 过热蒸汽 $$C_V = \frac{72.4(1+0.00126T_{sh})W}{\sqrt{\Delta p(p_1+p_2)}}$$	单位如下： G——气体相对密度（空气 $G=1$），无量纲； G_f——阀入口温度下流体相对密度，无量纲 $$G_f = G\frac{288}{T}$$ p_1，p_2——阀入口、出口压力，bar（绝对）； Δp——阀两端压差，bar； T——阀入口温度，K（K=273+℃）； T_{sh}——蒸汽过热温度，℉； Q——绝对压力为 1013mbar，温度为 15℃ 时的气体流量，m^3/h； W——质量流量，kg/h 其他同表 5-5-10
临界流 $\Delta p \geqslant 0.5 C_f^2 p_1$	气体 $$C_V = \frac{Q}{257 C_f p_1}\sqrt{GT}$$ 或 $$C_V = \frac{54.5W}{C_f p_1\sqrt{G_f}}$$ 饱和蒸汽 $$C_V = \frac{83.7W}{C_f p_1}$$ 过热蒸汽 $$C_V = \frac{83.7(1+0.00126T_{sh})W}{C_f p_1}$$	

5. 修正公式（表 5-5-14）

表 5-5-14　修正公式表

修正类型	C 值计算公式	说明
高黏度和层流	（英制） $$C_V = 0.072\left(\frac{\mu Q}{\Delta p}\right)^{\frac{2}{3}}$$ （公制） $$C_V = 0.032\left(\frac{\mu Q}{\Delta p}\right)^{\frac{2}{3}}$$	单位如下： Q——液体体积流量，USgal/min（英制），m^3/h（公制）； G_f——阀入口温度下液体相对密度，无量纲； Δp——阀两端压差，lb/in^2（英制），bar（公制）； μ——运动黏度，cP[●] 其他同上 比较修正前后的 C_V 值，取其大者
高压气体 （当气体压力高于 $100lb/in^2$ 或 6.895bar 时需按此式计算）	（英制） $$C_V = \frac{Q}{834 C_f p_1(Y-0.148Y^3)}\sqrt{GTZ}$$	单位同高黏度修正（英制）
	（公制） $$C_V = \frac{Q}{257 C_f p_1(Y-0.148Y^3)}\sqrt{GTZ}$$	单位同高黏度修正（公制）

[●] 1cP=1mPa·s。

修正类型	C 值计算公式	说明
液体流体发生汽蚀 $\Delta p_{cr} \geqslant C_f^2 \Delta p_s$	用 $\Delta p_{cr} = C_f^2 \Delta p_s$ 代替实际阀压差 Δp 进行 C_V 值计算	见液体采用公式:表 5-5-10,表 5-5-11
低阀压差 $\Delta p \leqslant 0.2 p_1$	(英制)气体 $C_V = \dfrac{Q\sqrt{GT}}{834 C_f p_1 (Y-0.148Y^3)}$ 或 $C_V = \dfrac{W}{2.8 C_f p_1 \sqrt{G_f}(Y-0.148Y^3)}$ 饱和蒸汽 $C_V = \dfrac{W}{1.83 C_f p_1 (Y-0.148Y^3)}$ 过热蒸汽 $C_V = \dfrac{W(1+0.0007 T_{sh})}{1.83 C_f p_1 (Y-0.148Y^3)}$ (公制)气体 $C_V = \dfrac{Q\sqrt{GT}}{257 C_f p_1 (Y-0.148Y^3)}$ 或 $C_V = \dfrac{54.5W}{C_f p_1 \sqrt{G_f}(Y-0.148Y^3)}$ 饱和蒸汽 $C_V = \dfrac{83.7W}{C_f p_1 (Y-0.148Y^3)}$ 过热蒸汽 $C_V = \dfrac{83.7(1+0.00126 T_{sh})W}{C_f p_1 (Y-0.148Y^3)}$	$Y = \dfrac{1.63}{C_f}\sqrt{\dfrac{\Delta p}{p_1}}$ 其他同上述公式
管件(渐缩管)修正 $D \gg d$ 亚临界流时: $\Delta p < \left(\dfrac{C_{fr}}{R}\right)^2 \Delta p_s$	亚临界流 $C'_V = \dfrac{C_V}{R}$ 其中 (英制) $R = \sqrt{1-1.5\left(1-\dfrac{d^2}{D^2}\right)^2\left(\dfrac{C_V}{30d^2}\right)^2}$ (公制) $R = \sqrt{1-1.5\left(1-\dfrac{d^2}{D^2}\right)^2\left(\dfrac{C_V}{0.04d^2}\right)^2}$ 仅入口或出口装渐缩管时 (英制) $R = \sqrt{1-\left(1-\dfrac{d^2}{D^2}\right)^2\left(\dfrac{C_V}{30d^2}\right)^2}$ (公制) $R = \sqrt{1-\left(1-\dfrac{d^2}{D^2}\right)^2\left(\dfrac{C_V}{0.04d^2}\right)^2}$	C——无渐缩管等管件在亚临界流条件下求得之 C 值; C'——修正后之流量系数; R——装有渐缩管等管件时对亚临界流容量修正系数; C_{fr}——调节阀及渐缩管临界流量系数,见表 5-5-16。 单位如下: d——调节阀公称通径,(英制)in,(公制)mm; D——管径,(英制)in,(公制)mm。 常用调节阀在不同的 D/d 时的 R 及 $\dfrac{C_{fr}}{R}$ 值列于表 5-5-16
管件(渐缩管)修正 $D \gg d$ 临界流时: $\Delta p \geqslant \left(\dfrac{C_{fr}}{R}\right)^2 \Delta p_s$	临界流 在相应的临界流条件下求 C_V 值的公式中用 C_{fr} 代替 C_f (英制) $C_{fr} = \left[\dfrac{1}{C_f^2}+\left(\dfrac{C_V}{30d^2}\right)^2\left(1-\dfrac{d^4}{D^4}\right)\right]^{-1/2}$ (公制) $C_{fr} = \left[\dfrac{1}{C_f^2}+\left(\dfrac{C_V}{0.046d^2}\right)^2\left(1-\dfrac{d^4}{D^4}\right)\right]^{-1/2}$	

6. 两相流采用公式（表 5-5-15）

表 5-5-15　两相流采用公式表

流体类型	C 值计算公式	说明
液-气两相流条件： 液、气均无相变 湍流 均匀混合	（英制） $$C_V = \dfrac{W}{44.8\sqrt{\Delta p(W_1 + W_2)}}$$ （公制） $$C_V = \dfrac{51.8W}{\sqrt{\Delta p(W_1 + W_2)}}$$	W——质量流量，lb/h（英制），kg/h（公制）； W_1——上游流体质量流量，lb/h（英制），kg/h（公制）； $$W_1 = \frac{1}{V_1} = \frac{1}{X_g(V_{g1} - V_f) + V_f}$$ X_g——气体质量分数； V_{g1}——上游温度、压力下气体比容； V_{g2}——下游温度、压力下气体比容；
液-气两相流条件： 湍流 均匀混合	（英制） $$C_V = \dfrac{W}{63.3\sqrt{\Delta p W_1}}$$ （公制） $$C_V = \dfrac{36.6W}{\sqrt{\Delta p W_1}}$$	V_f——上游温度、压力下液体比容； V_1——上游流体比容； W_2——下游流体质量流量，lb/h（英制）； $$W_2 = \frac{1}{V_2} = \frac{1}{X_g(V_{g2} - V_f) + V_f}$$ Δp——阀两端压差，lb/in²（英制），bar（公制）； V_2——下游流体比容

7. 常用阀临界流量系数（表 5-5-16）

表 5-5-16　MASONEILAN 常用阀临界流量系数表

控制阀类型	阀芯大小	流　向	$C_f(F_L)$	K_C	$C_{fr}(F_{LP})$ $D/d = 1.5$ 或大于 1.5	X_T
20000 和 21000 系列	A	→ 关 开 ←	0.85	0.58	0.81	0.61
			0.90	0.65	0.86	0.68
	B	→ 关 开 ←	0.80	0.52	0.80	0.54
			0.90	0.65	0.90	0.68
偏心旋转阀	A	← 关 开 →	0.68	0.35	0.65	0.39
			0.85	0.60	0.80	0.61
	B	关 开 →	0.70	0.39	0.70	0.41
			0.88	0.62	0.87	0.65
10000 系列	A	柱塞形阀芯	0.90	0.70	0.86	0.68
		V 口形阀芯	0.98	0.80	0.94	0.81
	B	柱塞形阀芯	0.80	0.31	0.80	0.54
		V 口形阀芯	0.95	0.73	0.94	0.76
11000 系列	A	向前	0.90	0.63	0.86	0.68
	B	向前	0.90	0.63	0.89	0.68

续表

控制阀类型	阀芯大小	流 向	$C_f(F_L)$	K_C	$C_{fr}(F_{LP})$ $D/d=1.5$ 或大于 1.5	X_T
阀体分离球体阀	A	→关 开←	0.80 0.75	0.51 0.46	0.77 0.72	0.54 0.47
	B	→关 开←	0.80 0.90	0.52 0.65	0.80 0.89	0.54 0.68
37000 系列	A	任意流向	0.65	0.32	0.60	0.35
控制球阀	A	→开	0.60	0.24	0.55	0.30
10000 和 41000 系列	1½″～4″	→关	0.94	0.71	0.87	0.74
	6″～16″	关→	0.92	0.68	0.89	0.71
D 型控制阀	A	→开	0.92	0.68	0.90	0.71
70000 系列	A	→关 开←	0.81 0.89	0.53 0.64	0.78 0.85	0.55 0.67
	B	→关 开←	0.80f 0.90	0.52f 0.65	0.80 0.90	0.54 0.68

注：A——全容量阀芯，节流孔径≈0.8×控制阀公称通径。

B——等于 A 的一半或一半以下。

f——若用文丘里管，$C_f=0.50$，$K_C=0.19$。

$X_T=0.84C_f^2$。

十四、调节阀流量系数计算实例

【例1】 不可压缩流体-非阻塞流紊流，无附接管件，计算流量系数 K_v 过程数据

流体为水，入口温度 $T_1 = 363K$，密度 $\rho_1 = 965.4 \text{kg/m}^3$，饱和蒸汽压 $P_v = 70.1 \text{kPa}$，临界压力 $P_c = 22120 \text{kPa}$，运动黏度 $\upsilon = 3.26 \times 10^{-7} \text{m}^2/\text{s}$，入口绝对压力 $P_1 = 680 \text{kPa}$，出口绝对压力 $P_2 = 220 \text{kPa}$，流量 $Q = 360 \text{m}^3/\text{h}$，管道直径 $D_1 = D_2 = 150 \text{mm}$。

阀门数据

阀门类型为球形阀，阀内件为柱塞形阀芯，流向为流开，阀门通径 $d = 150 \text{mm}$，液体压力恢复系数 $F_L = 0.90$（查表 5-5-2），调节阀类型修正系数 $F_d = 0.46$（查表 5-5-2）。

计算

紊流条件下不可压缩流体的流量系数计算公式如下：

$$Q = CN_1 F_P \sqrt{\frac{\Delta p_{\text{sizing}}}{\rho_1 / \rho_0}}$$

查表 5-5-3，得到计算 K_v 值需要的数字常数为 $N_1 = 0.1$；$N_2 = 0.0016$；$N_4 = 0.0707$；$N_{18} = 0.0865$。

液体临界压力比系数 F_F 由下式求得：

$$F_F = 0.96 - 0.28 \sqrt{\frac{P_V}{P_C}} = 0.944$$

由于阀门通径与管道一致，所以 $F_p = 1$，$F_{Lp} = F_L$。

确定 Δp_{sizing}：

$$\Delta p_{\text{choked}} = \left(\frac{F_{LP}}{F_p}\right)^2 (P_1 - F_F P_V) = 497 \text{kPa}$$

$$\Delta p = P_1 - P_2 = 460 \text{kPa}$$

$$\Delta p_{\text{sizing}} = \begin{cases} \Delta p & \text{当 } \Delta p < \Delta p_{\text{choked}} \\ \Delta p_{\text{choked}} & \text{当 } \Delta p \geqslant \Delta p_{\text{choked}} \end{cases}$$

所以 $\Delta p_{\text{sizing}} = 460 \text{kPa}$。

ρ_0 是水在 15℃ 时的密度。

计算结果 $C = K_V = \dfrac{Q}{N_1 F_p} \sqrt{\dfrac{\rho_1 / \rho_0}{\Delta p_{\text{sizing}}}} = 165 \text{m}^3/\text{h}$。

通过下式计算雷诺数，验证流体是紊流：

$$Re_v = \frac{N_4 F_d Q}{\upsilon \sqrt{C F_L}} \left(\frac{F_L^2 C^2}{N_2 d^4} + 1\right)^{1/4} = 2.967 \times 10^6$$

雷诺数大于 10000，符合紊流计算公式条件。

通过下式验证计算结果保持合理的精度：

$$\frac{C}{N_{18} d^2} = 0.0085 < 0.047$$

【例2】 不可压缩流体-阻塞流紊流，无附接管件，计算流量系数 K_v。

过程数据

流体为水，入口温度 $T_1 = 363K$，密度 $\rho_1 = 965.4 \text{kg/m}^3$，饱和蒸汽压 $p_v = 70.1 \text{kPa}$，临界压力 $p_c = 22120 \text{kPa}$，运动黏度 $\nu = 3.26 \times 10^{-7} \text{m}^2/\text{s}$，入口绝对压力 $P_1 = 680 \text{kPa}$，出口绝对压力 $P_2 = 220 \text{kPa}$，流量 $Q = 360 \text{m}^3/\text{h}$，管道直径 $D_1 = D_2 = 100 \text{mm}$。

阀门数据

阀门类型为球阀，阀内件为截球体，流向为流开，阀门通径 $d=100\mathrm{mm}$，液体压力恢复系数 $F_\mathrm{L}=0.60$（查表 5-5-2），调节阀类型修正系数 $F_\mathrm{d}=0.98$（查表 5-5-2）。

计算

紊流条件下不可压缩流体的流量系数计算公式如下：

$$Q=CN_1F_\mathrm{P}\sqrt{\frac{\Delta p_\mathrm{sizing}}{\rho_1/\rho_0}}$$

查表 5-5-3，得到计算 K_V 值需要的数字常数：$N_1=0.1$；$N_2=0.0016$；$N_4=0.0707$；$N_{18}=0.0865$。

液体临界压力比系数 F_F 由下式求得：

$$F_\mathrm{F}=0.96-0.28\sqrt{\frac{P_\mathrm{V}}{P_\mathrm{C}}}=0.944$$

由于阀门通径与管道一致，所以 $F_\mathrm{p}=1$，$F_\mathrm{Lp}=F_\mathrm{L}$。

确定 Δp_sizing：

$$\Delta p_\mathrm{choked}=\left(\frac{F_\mathrm{LP}}{F_\mathrm{p}}\right)^2(p_1-F_\mathrm{F}p_\mathrm{V})=221\mathrm{kPa}$$

$$\Delta p=p_1-p_2=460\mathrm{kPa}$$

$$\Delta p_\mathrm{sizing}=\begin{cases}\Delta p & 当\ \Delta p<\Delta p_\mathrm{choked}\\ \Delta p_\mathrm{choked} & 当\ \Delta p\geqslant\Delta p_\mathrm{choked}\end{cases}$$

所以 $\Delta p_\mathrm{sizing}=221\mathrm{kPa}$。

ρ_0 是水在 15℃时的密度。

计算结果 $C=K_\mathrm{V}=\dfrac{Q}{N_1F_\mathrm{p}}\sqrt{\dfrac{\rho_1/\rho_0}{\Delta p_\mathrm{sizing}}}=238\mathrm{m^3/h}$。

通过下式计算雷诺数，验证流体是紊流：

$$Re_\mathrm{v}=\frac{N_4F_dQ}{\upsilon\sqrt{CF_L}}\left(\frac{F_L^2C^2}{N_2d^4}+1\right)^{1/4}=6.60\times10^6$$

雷诺数大于 10000，符合紊流计算公式条件。

通过下式验证计算结果保持合理的精度：

$$\frac{C}{N_{18}d^2}=0.028<0.047$$

【例3】 可压缩流体-非阻塞流紊流，无附接管件，计算流量系数 K_V。

过程数据

流体为二氧化碳，入口温度 $T_1=433\mathrm{K}$，入口绝对压力 $P_1=680\mathrm{kPa}$，出口绝对压力 $P_2=450\mathrm{kPa}$，运动黏度 $\nu=2.526\times10^{-6}\mathrm{m^2/s}$（操作工况），流量 $Q_\mathrm{s}=3800\mathrm{m^3/h}$（标准工况），密度 $\rho_1=8.389\mathrm{kg/m^3}$（操作工况），压缩系数 $Z_1=0.991$（操作工况），标准压缩系数 $Z_\mathrm{s}=0.994$（标准工况），分子量 $M=44.01$，比热容比 $\gamma=1.3$，管道直径 $D_1=D_2=100\mathrm{mm}$。

阀门数据

阀门类型为角行程阀，阀内件为偏心球形阀芯，流向为流开，阀门通径 $d=100\mathrm{mm}$，压差比系数 $x_\mathrm{T}=0.60$（查表 5-5-2），液体压力恢复系数 $F_\mathrm{L}=0.85$（查表 5-5-2），调节阀类型修正系数 $F_\mathrm{d}=0.42$（查表 5-5-2）。

计算

紊流条件下可压缩流体的流量系数计算公式如下：

$$Q_S = C N_9 F_P p_1 Y \sqrt{\frac{x_{\text{sizing}}}{M T_1 Z_1}}$$

查表 5-5-3，得到计算 K_V 值需要的数字常数：$N_2 = 0.0016$；$N_4 = 0.0707$；$N_9 = 24.6$；$N_{18} = 0.865$。

由于阀门通径与管道一致，所以 $F_p = 1$，$x_{\text{TP}} = x_{\text{T}}$。

计算比热容比系数：

$$F_\gamma = \frac{\gamma}{1.4} = 0.929$$

计算阻塞流压差比：

$$x_{\text{choked}} = F_\gamma x_{\text{TP}} = 0.557$$

操作工况的压差比：

$$x = \frac{p_1 - p_2}{p_1} = 0.338$$

由下式确定 $x_{\text{sizing}} = 0.338$：

$$x_{\text{sizing}} = \begin{cases} x = \dfrac{\Delta p}{p_1}, & x < x_{\text{choked}} \\ x_{\text{choked}} = F_\gamma x_{\text{TP}}, & x \geqslant x_{\text{choked}} \end{cases}$$

计算膨胀系数 Y：

$$Y = 1 - \frac{x_{\text{sizing}}}{3 x_{\text{choked}}} = 0.798$$

$$C = K_V = \frac{Q_s}{N_9 F_P p_1 Y} \sqrt{\frac{M T_1 Z_1}{x_{\text{sizing}}}}$$

$$K_V = 67.2 \text{m}^3/\text{h}$$

计算操作工况下的体积流量：

$$Q = Q_s = \frac{p_s}{Z_s t_s} \times \frac{Z_1 T_1}{p_1} = 895.4 \text{m}^3/\text{h}$$

通过下式计算雷诺数，验证流体是紊流：

$$Re_v = \frac{N_4 F_d Q}{v \sqrt{C F_L}} \left(\frac{F_L^2 C^2}{N_2 d^4} + 1 \right)^{1/4} = 1.40 \times 10^6$$

雷诺数大于 10000，符合紊流计算公式条件。

通过下式验证计算结果保持合理的精度：

$$\frac{C}{N_{18} d^2} = 0.0078 < 0.047$$

【例 4】 可压缩流体-阻塞流紊流，无附接管件，计算流量系数 K_V。

过程数据

流体为二氧化碳，入口温度 $T_1 = 433 \text{K}$，入口绝对压力 $p_1 = 680 \text{kPa}$，出口绝对压力 $p_2 = 250 \text{kPa}$，运动黏度 $v = 2.526 \times 10^{-6} \text{m}^2/\text{s}$（操作工况），流量 $Q_s = 3800 \text{m}^3/\text{h}$（标准工况），密度 $\rho_1 = 8.389 \text{kg/m}^3$（操作工况），

压缩系数 $Z_1 = 0.991$（操作工况），标准压缩系数 $Z_s = 0.994$（标准工况），分子量 $M = 44.01$，比热容比 $\gamma = 1.3$，管道直径 $D_1 = D_2 = 100\text{mm}$。

阀门数据

阀门类型为角行程阀，阀内件为偏心球形阀芯，流向为流开，阀门通径 $d = 100\text{mm}$，压差比系数 $x_T = 0.60$（查表 5-5-2），液体压力恢复系数 $F_L = 0.85$（查表 5-5-2），调节阀类型修正系数 $F_d = 0.42$（查表 5-5-2）。

计算

紊流条件下可压缩流体的流量系数计算公式如下：

$$Q_S = CN_9 F_P p_1 Y \sqrt{\frac{x_{\text{sizing}}}{MT_1 Z_1}}$$

查表 5-5-3，得到计算 K_V 值需要的数字常数：$N_2 = 0.0016$；$N_4 = 0.0707$；$N_9 = 24.6$；$N_{18} = 0.865$。

由于阀门通径与管道一致，所以 $F_p = 1$，$x_{TP} = x_T$。

计算比热容比系数：

$$F_\gamma = \frac{\gamma}{1.4} = 0.929$$

计算阻塞流压差比：

$$x_{\text{choked}} = F_\gamma x_{TP} = 0.557$$

操作工况的压差比：

$$x = \frac{p_1 - p_2}{p_1} = 0.632$$

由下式确定 $x_{\text{sizing}} = 0.338$

$$x_{\text{sizing}} = \begin{cases} x = \dfrac{\Delta p}{p_1}, & x < x_{\text{choked}} \\ x_{\text{choked}} = F_\gamma x_{TP}, & x \geqslant x_{\text{choked}} \end{cases}$$

计算膨胀系数 Y：

$$Y = 1 - \frac{x_{\text{sizing}}}{3 x_{\text{choked}}} = 0.667$$

$$C = K_V = \frac{Q_s}{N_9 F_P p_1 Y} \sqrt{\frac{MT_1 Z_1}{x_{\text{sizing}}}}$$

$$K_V = 62.6 \text{m}^3/\text{h}$$

计算操作工况下的体积流量：

$$Q = Q_s = \frac{p_s}{Z_s t_s} \times \frac{Z_1 T_1}{p_1} = 895.4 \text{m}^3/\text{h}$$

通过下式计算雷诺数，验证流体是紊流：

$$Re_v = \frac{N_4 F_d Q}{\nu \sqrt{CF_L}} \left(\frac{F_L^2 C^2}{N_2 d^4} + 1 \right)^{1/4} = 1.45 \times 10^6$$

雷诺数大于 10000，符合紊流计算公式条件。

通过下式验证计算结果保持合理的精度

$$\frac{C}{N_{18} d^2} = 0.0073 < 0.047$$

十五、常用数据及计算用辅助图表 （图 5-5-11～图 5-5-40，表 5-5-17～表 5-5-19）

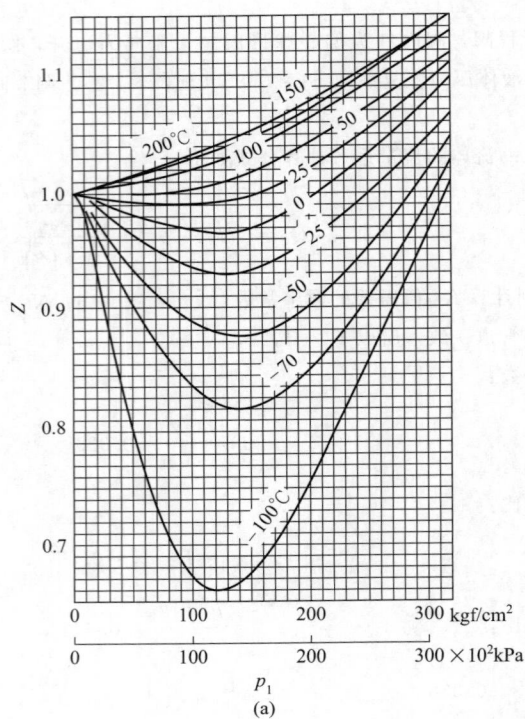

(a)

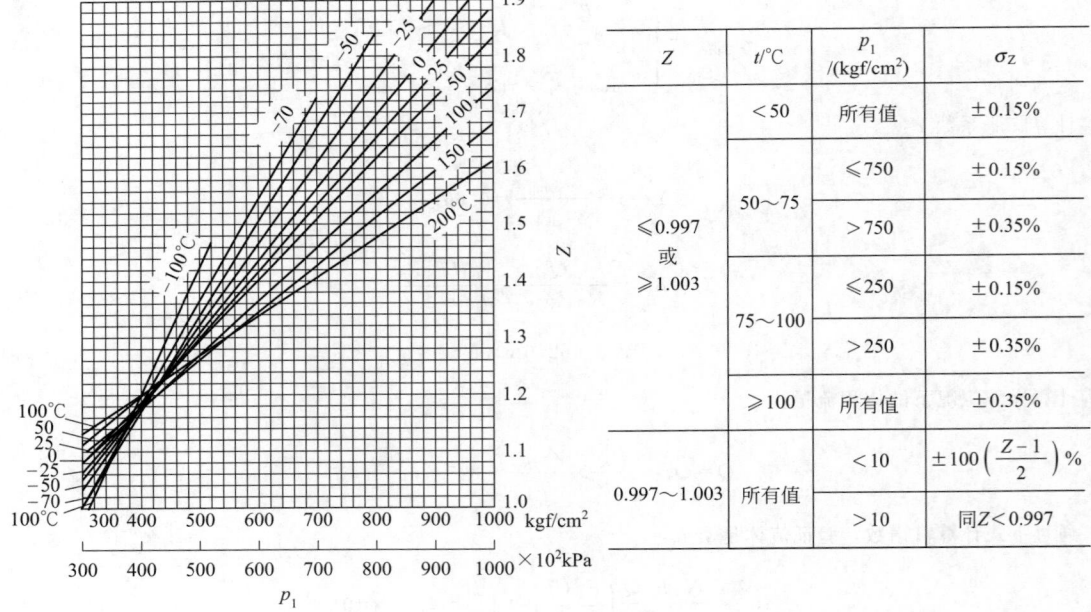

Z	$t/℃$	p_1 /(kgf/cm²)	σ_Z
$\leqslant 0.997$ 或 $\geqslant 1.003$	<50	所有值	$\pm 0.15\%$
	$50\sim 75$	$\leqslant 750$	$\pm 0.15\%$
		>750	$\pm 0.35\%$
	$75\sim 100$	$\leqslant 250$	$\pm 0.15\%$
		>250	$\pm 0.35\%$
	$\geqslant 100$	所有值	$\pm 0.35\%$
$0.997\sim 1.003$	所有值	<10	$\pm 100\left(\dfrac{Z-1}{2}\right)\%$
		>10	同 $Z<0.997$

图 5-5-11　空气压缩系数 Z

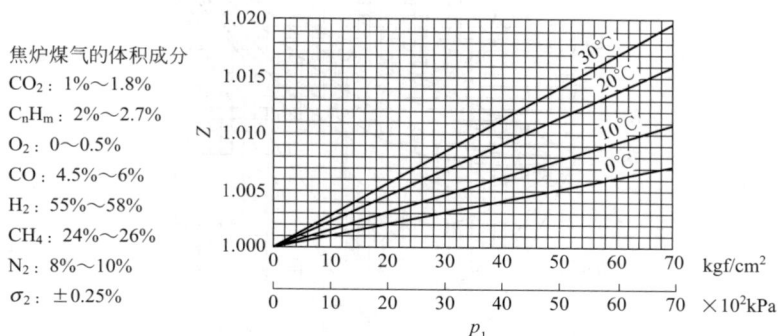

焦炉煤气的体积成分

CO_2：1%～1.8%

C_nH_m：2%～2.7%

O_2：0～0.5%

CO：4.5%～6%

H_2：55%～58%

CH_4：24%～26%

N_2：8%～10%

σ_2：±0.25%

图 5-5-12　焦炉煤气的压缩系数 Z

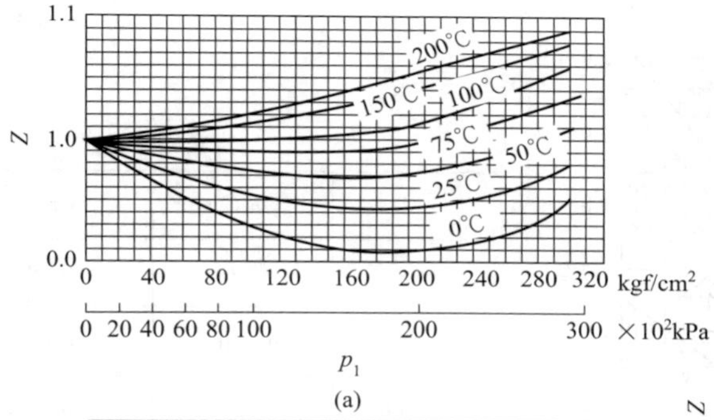

(a)

Z	$t/{}^\circ\mathrm{C}$	p_1 /(kgf/cm²)	σ_Z
≤0.995 或 ≥1.005	所有值	≤100	±0.25%
		100～120	±0.25%
	0～25	>100	±0.50%
	25～50	100～130	±0.25%
	≥25	>30	±0.50%
0.995～1.005	所有值	<10	$\pm 100\left(\dfrac{Z-1}{2}\right)$%
		>10	同 $Z<0.995$

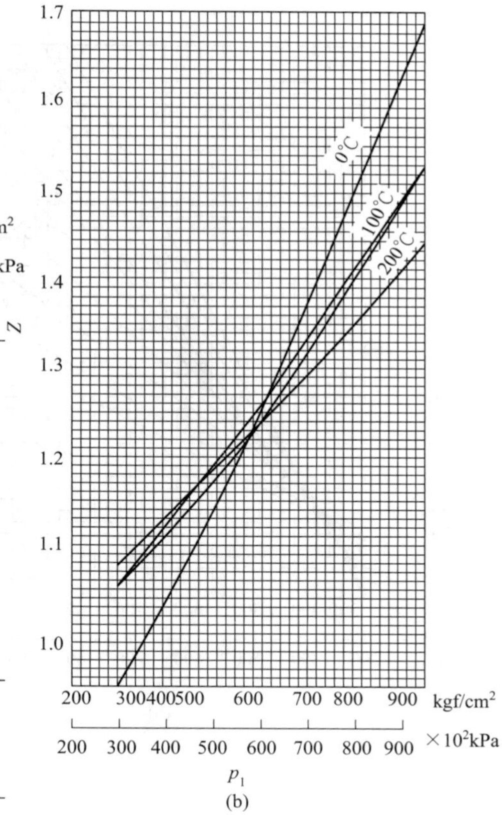

(b)

图 5-5-13　氧气（O_2）压缩系数图 Z

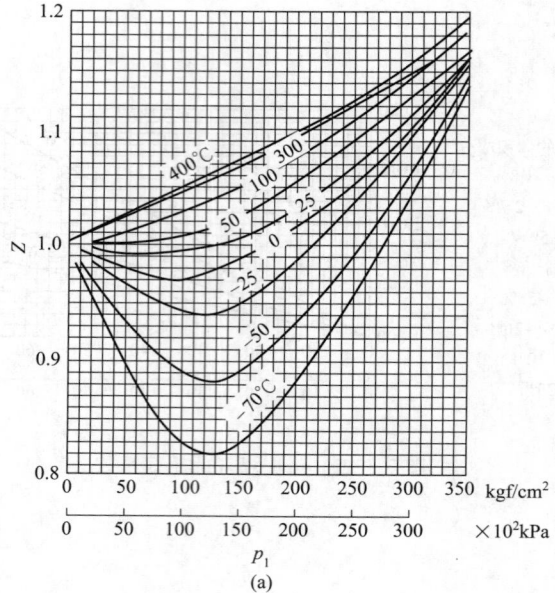

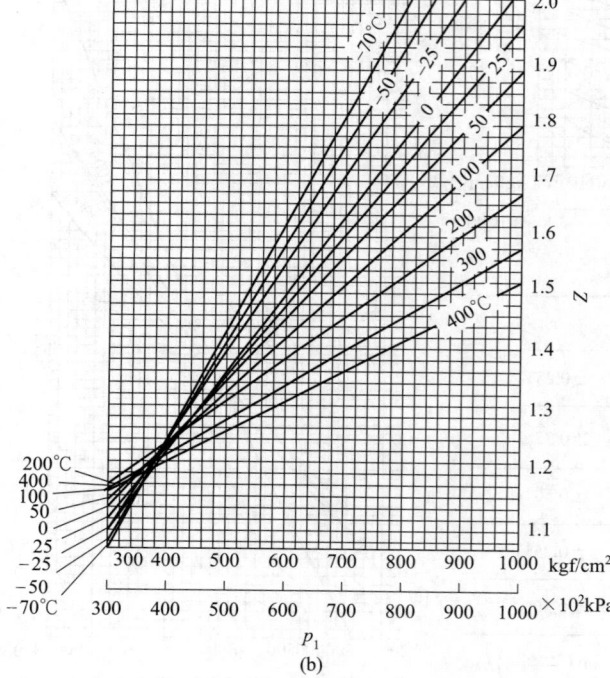

Z	$t/℃$	σ_Z
$\leqslant 0.997$ 或 $\geqslant 1.003$	<6	$\pm 0.25\%$
	$0\sim100$	$\pm 0.15\%$
	$>100;<200$	$\pm 0.25\%$
	200	$\pm 0.35\%$
$0.997\sim1.003$	<10	$\pm 100\left(\dfrac{Z-1}{2}\right)\%$
	>10	同$Z\leqslant0.997$

图 5-5-14　一氧化碳（CO）的压缩系数 Z

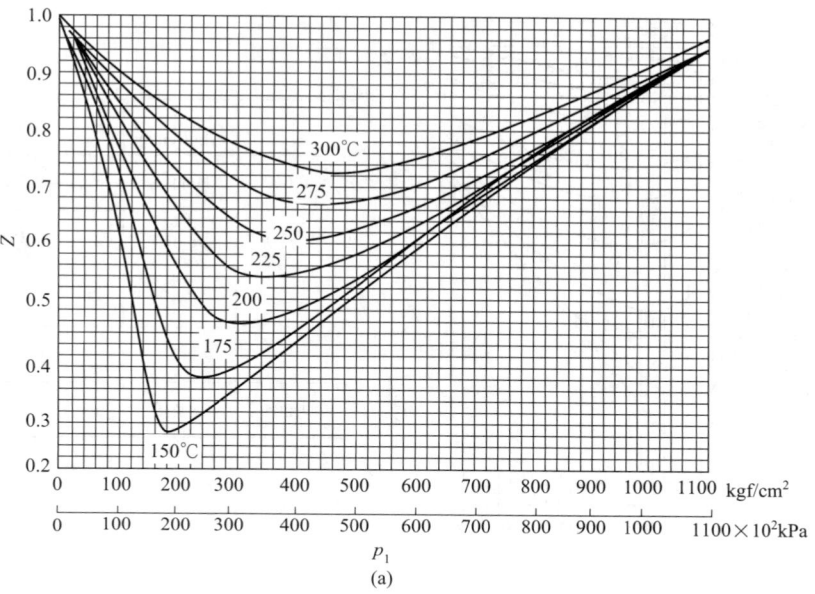

Z	σ_Z
<0.7	$\pm 5\left(\dfrac{0.9-Z}{2}\right)\%$
$0.7\sim0.99$	$\pm 0.5\%$
>0.99	$\pm 100\left(\dfrac{Z-1}{2}\right)\%$

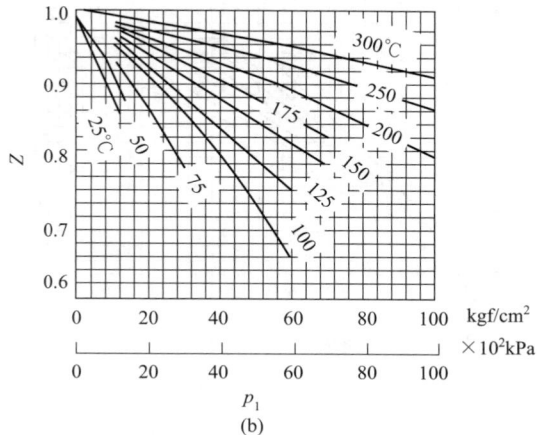

图 5-5-15　氨气（NH_3）的压缩系数 Z

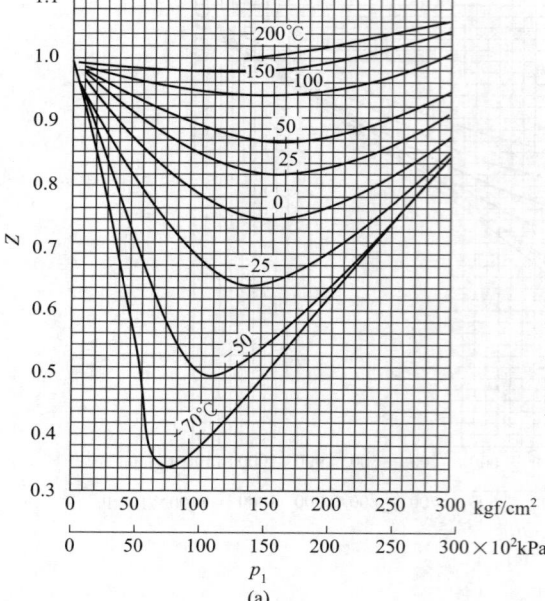

Z	p_1 /(kgf/cm²)	σ_Z
$\leqslant 0.640$	所有值	$\pm 4(0.7-Z)\%$
$0.640 \sim 0.995$	所有值	$\pm 0.25\%$
$0.995 \sim 1.005$	<10	$\pm 100\left(\dfrac{Z-1}{2}\right)\%$
	>10	$\pm 0.25\%$
$\geqslant 1.005$	所有值	$\pm 0.25\%$

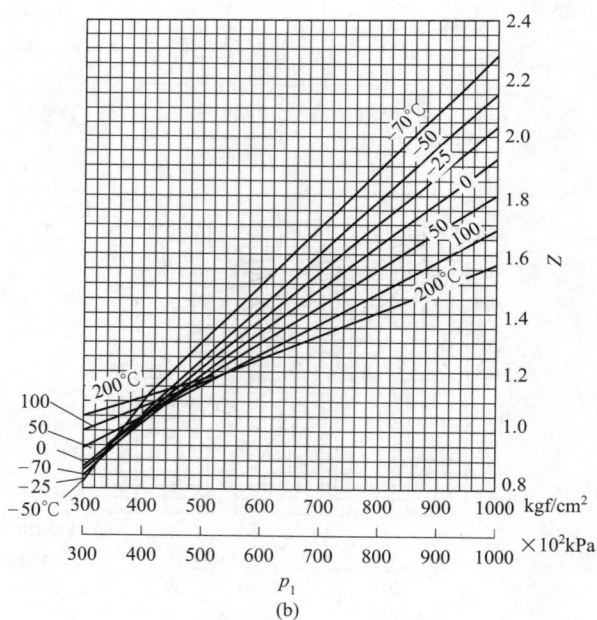

图 5-5-16　甲烷（CH_4）的压缩系数 Z

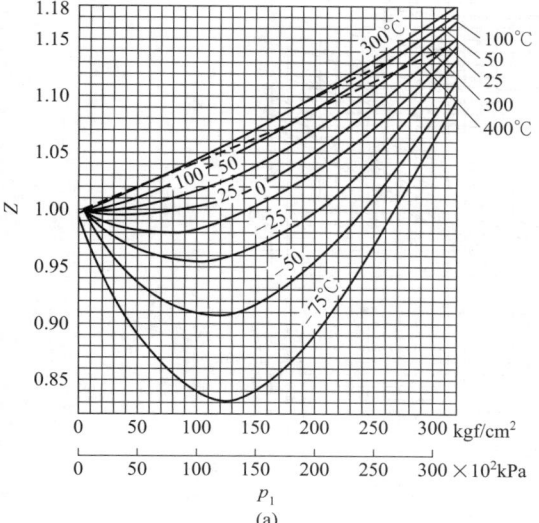

Z	$t/℃$	p_1 /(kgf/cm²)	σ_Z
$\leqslant 0.997$ 或 $\geqslant 1.003$	<0	所有值	$\pm 0.35\%$
	$0\sim100$		$\pm 0.25\%$
$0.997\sim1.003$	<25 和 >50	<10	$\pm 100\left(\dfrac{Z-1}{2}\right)\%$
		>10	$\pm 0.25\%$
	$25\sim50$	所有值	$\pm 0.25\%$

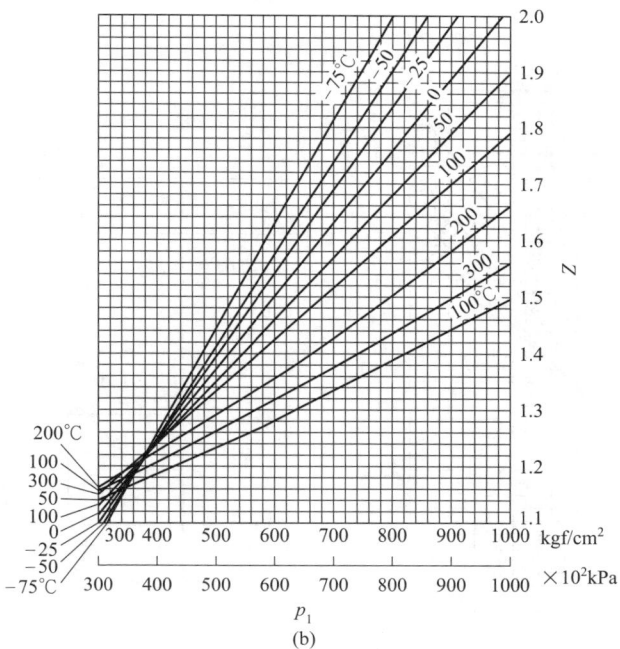

图 5-5-17　氮气（N_2）的压缩系数 Z

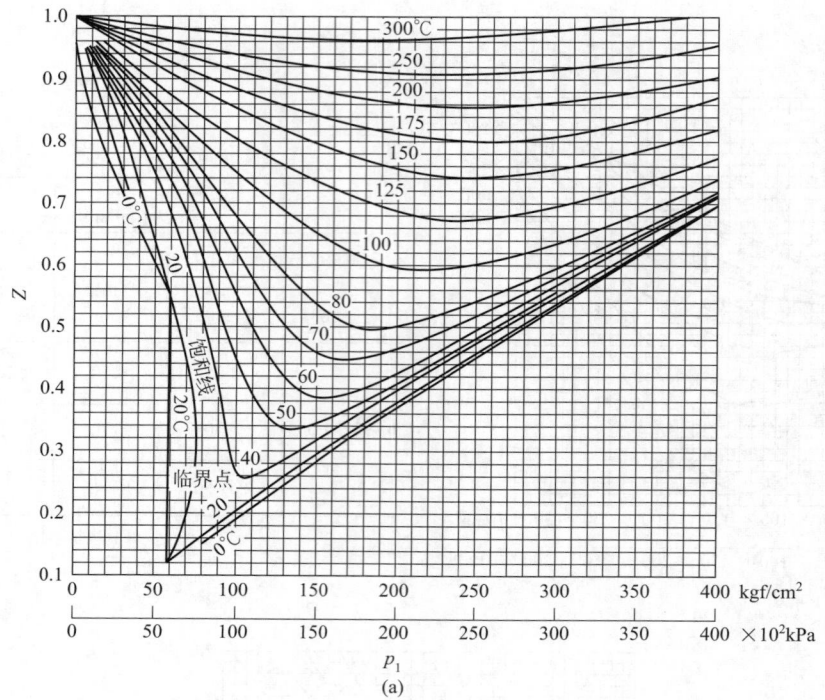

(a)

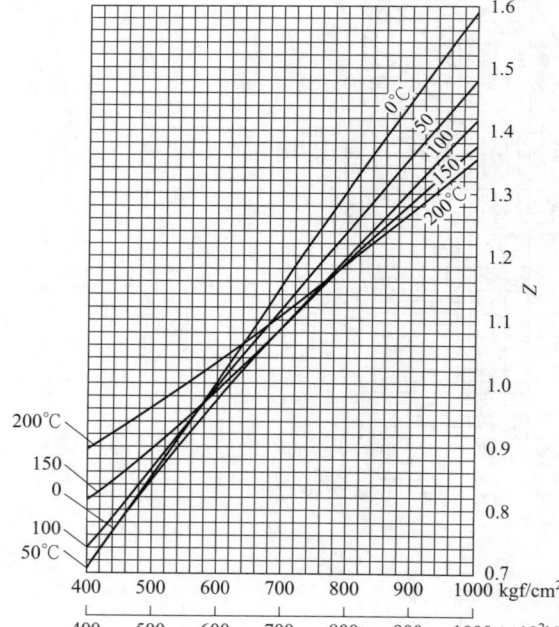

(b)

Z	$t/℃$	p_1 /(kgf/cm²)	σ_Z
≤0.63	所有值		$\pm 3\left(\dfrac{0.8-Z}{2}\right)\%$
0.63~ 0.995			$\pm 0.25\%$
0.995~ 1.005	<150	<5	$\pm 100\left(\dfrac{Z-1}{2}\right)\%$
	<150	>5	$\pm 0.25\%$
	>150	所有值	$\pm 0.25\%$
≥1.005	所有值		$\pm 0.25\%$

图 5-5-18　二氧化碳（CO_2）的压缩系数 Z

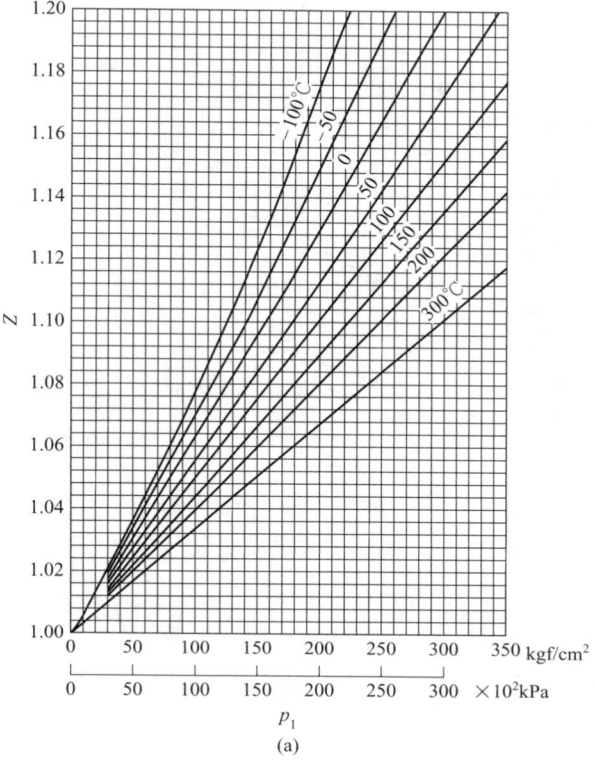

(a)

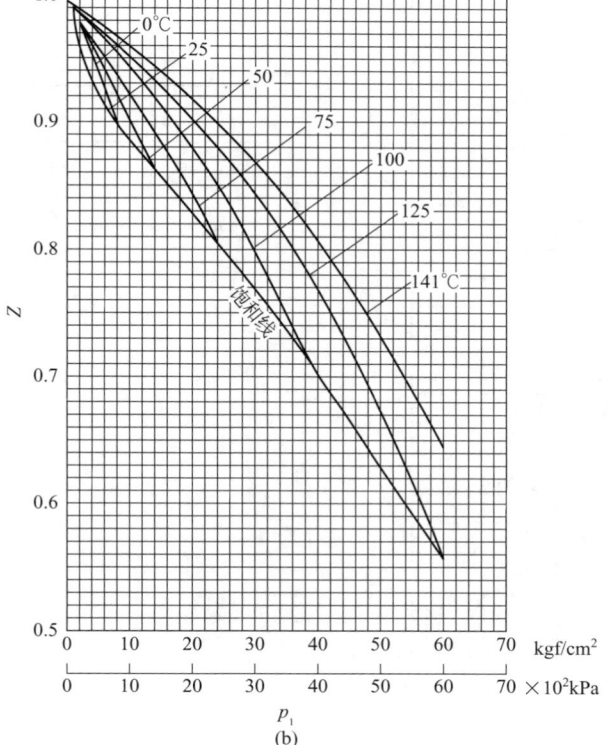

(b)

Z	σ_Z
< 0.8	$\pm 0.75\%$
$\geqslant 0.8$	$\pm 0.50\%$

图 5-5-19 氯气（Cl_2）的压缩系数 Z

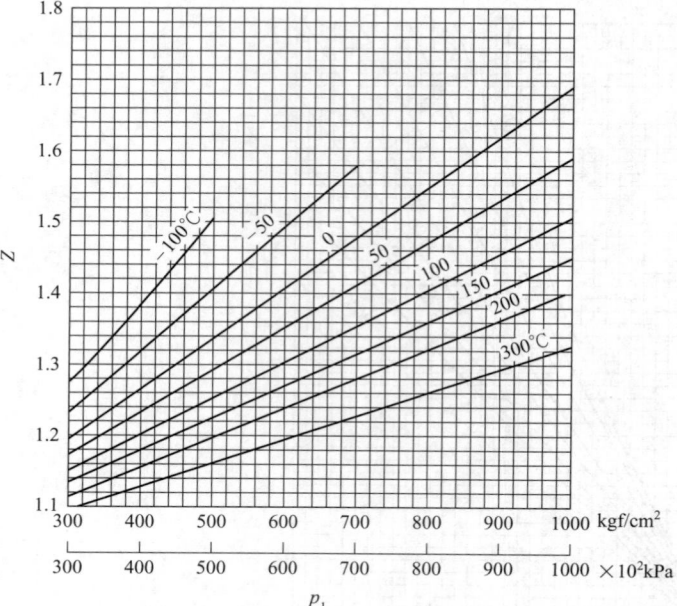

Z	σ_Z
< 1.003	$\pm 100 \left(\dfrac{Z-1}{2} \right) \%$
$\geqslant 1.003$	$\pm 0.15\%$

图 5-5-20　氢气（H_2）的压缩系数 Z

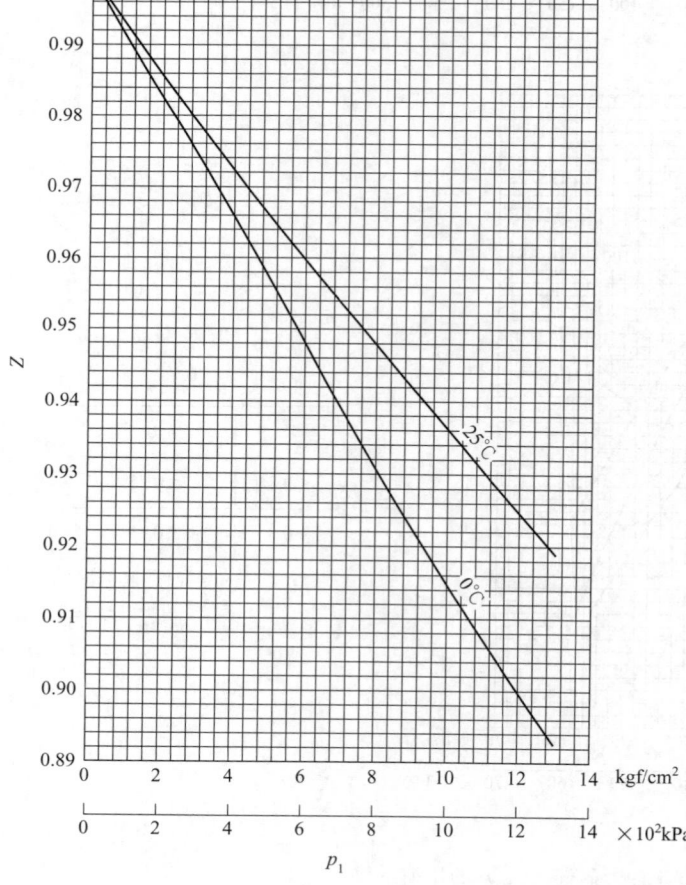

Z	σ_Z
< 0.995	$\pm 0.25\%$
> 0.995	$\pm 100 \left(\dfrac{Z-1}{2} \right) \%$

图 5-5-21　乙炔（$C_2 H_2$）的压缩系数 Z

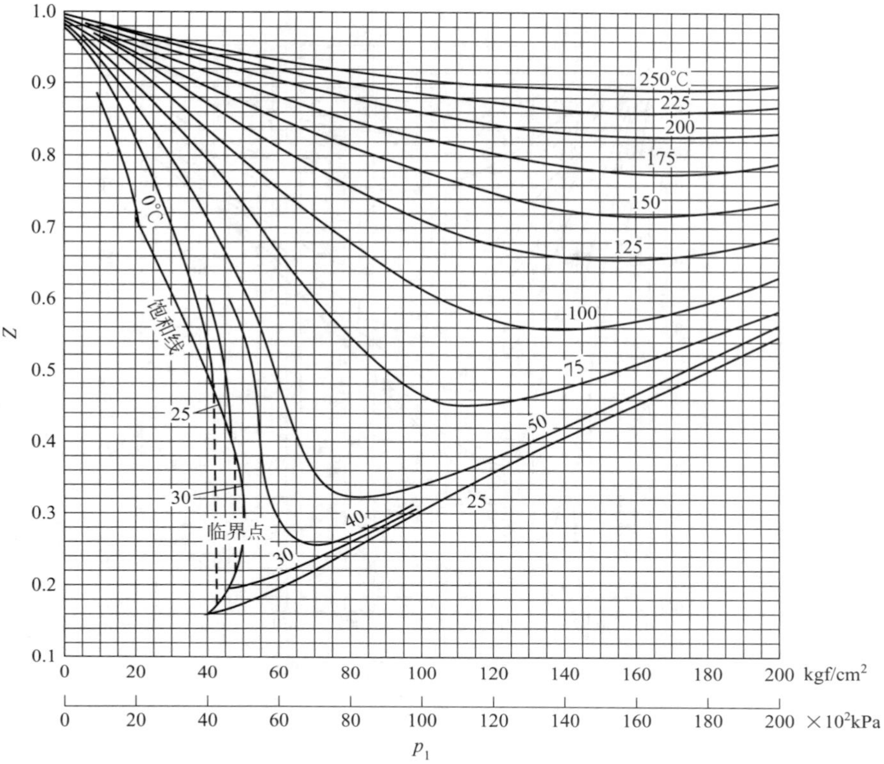

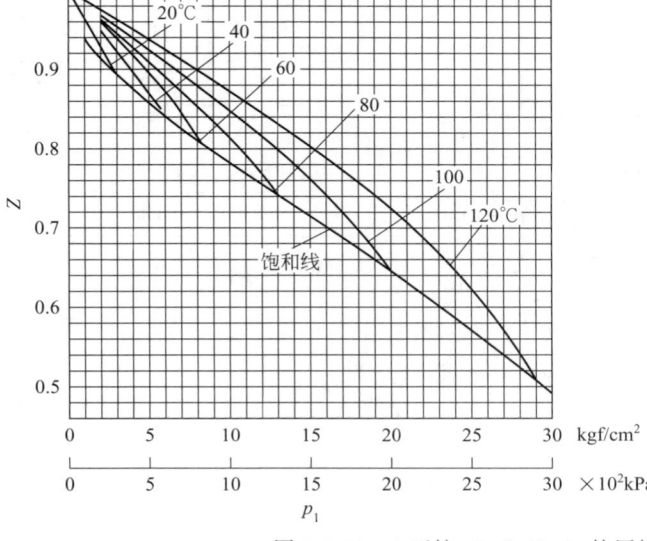

$t/℃$	p_1 /(kgf/cm²)	σ_Z
<100	≤20	±0.50%
	>20	±1.00%
100~250	<100	±0.25%
	>100	±0.50%

图 5-5-22　乙烷（C_2H_6）的压缩系数 Z

Z	σ_Z
<0.8	±0.75%
≥0.8	±0.50%

图 5-5-23　i-丁烷（i-C_4H_{10}）的压缩系数 Z

918

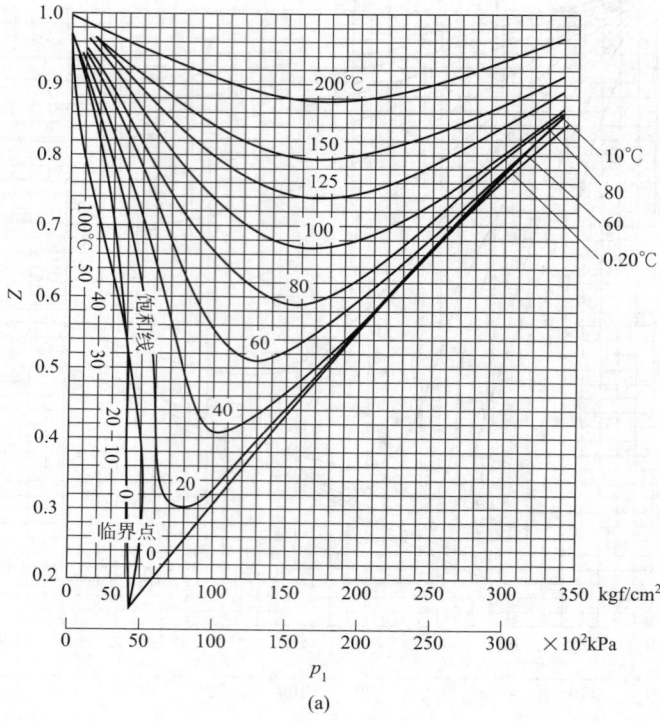

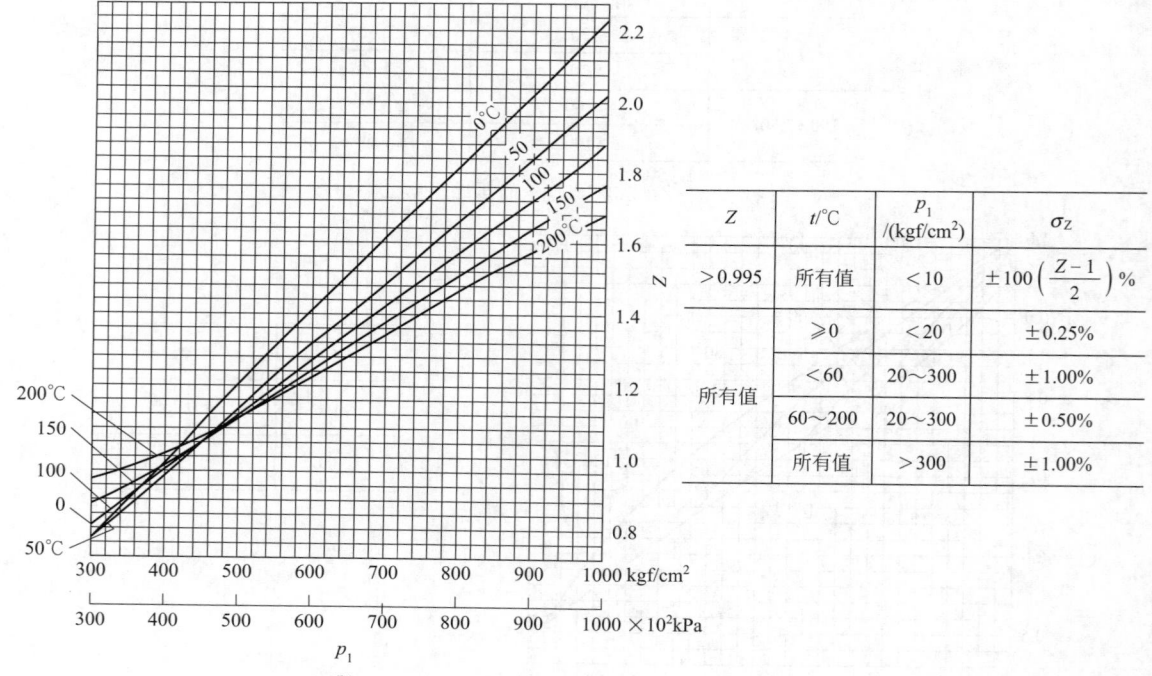

图 5-5-24 乙烯（C_2H_4）的压缩系数 Z

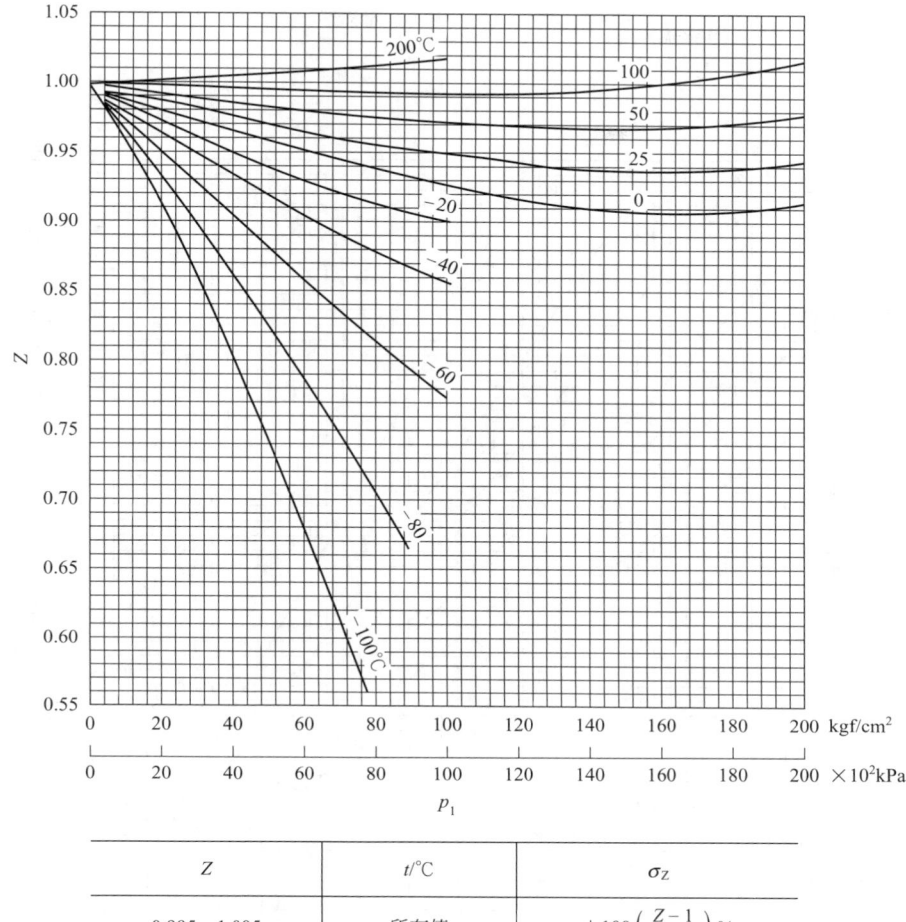

Z	$t/℃$	σ_Z
$0.995\sim1.005$	所有值	$\pm100\left(\dfrac{Z-1}{2}\right)\%$
$\leqslant0.995$ 或 $\geqslant1.005$	<0	$\pm0.50\%$
	$0\sim200$	$\pm0.25\%$

图 5-5-25　氩气（Ar）的压缩系数 Z

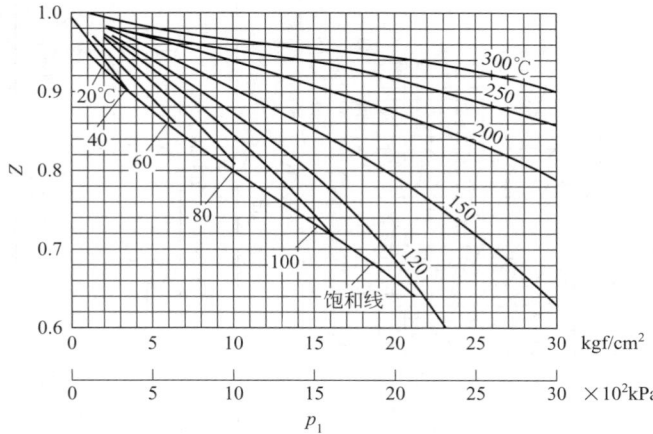

Z	σ_Z
<0.8	$\pm0.75\%$
$\geqslant0.8$	$\pm0.50\%$

图 5-5-26　n-丁烷（n-C$_4$H$_{10}$）的压缩系数 Z

920

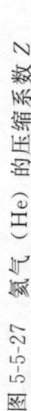

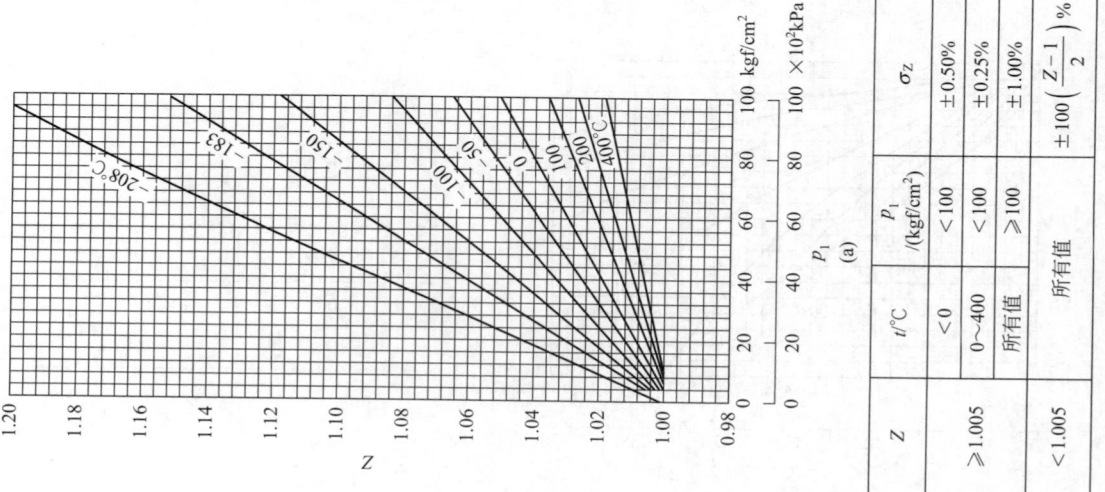

图 5-5-27　氦气（He）的压缩系数 Z

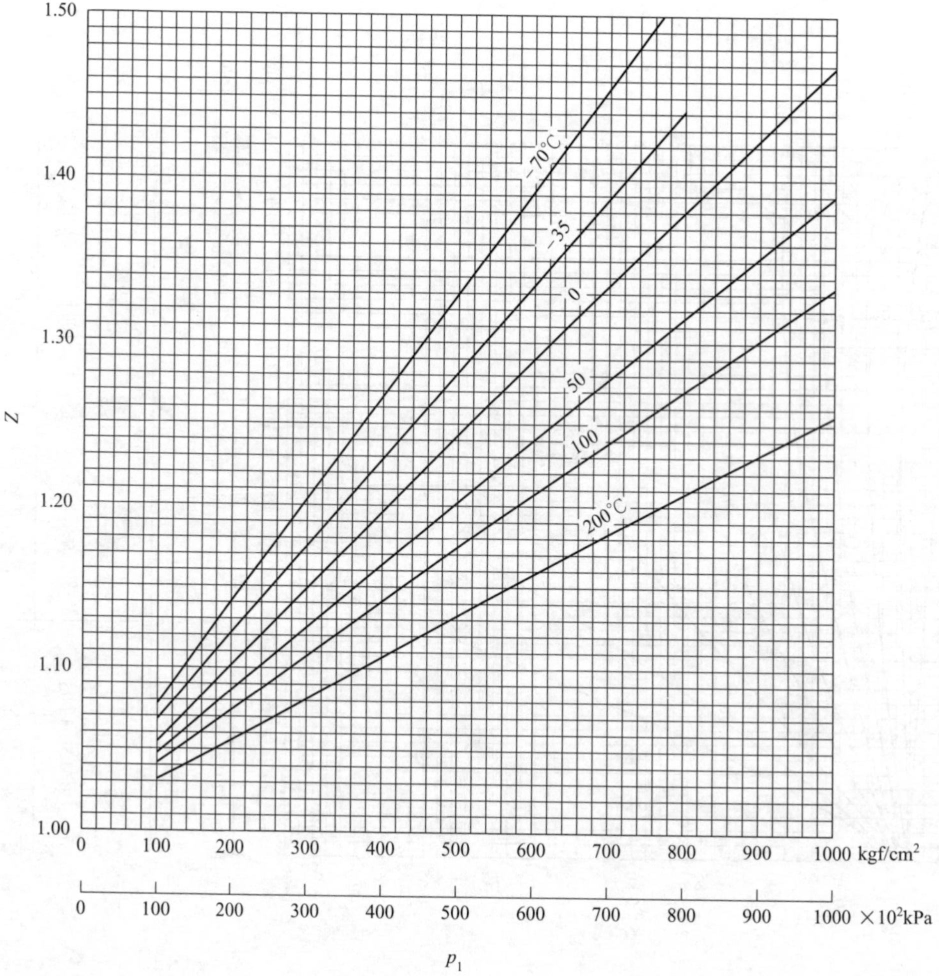

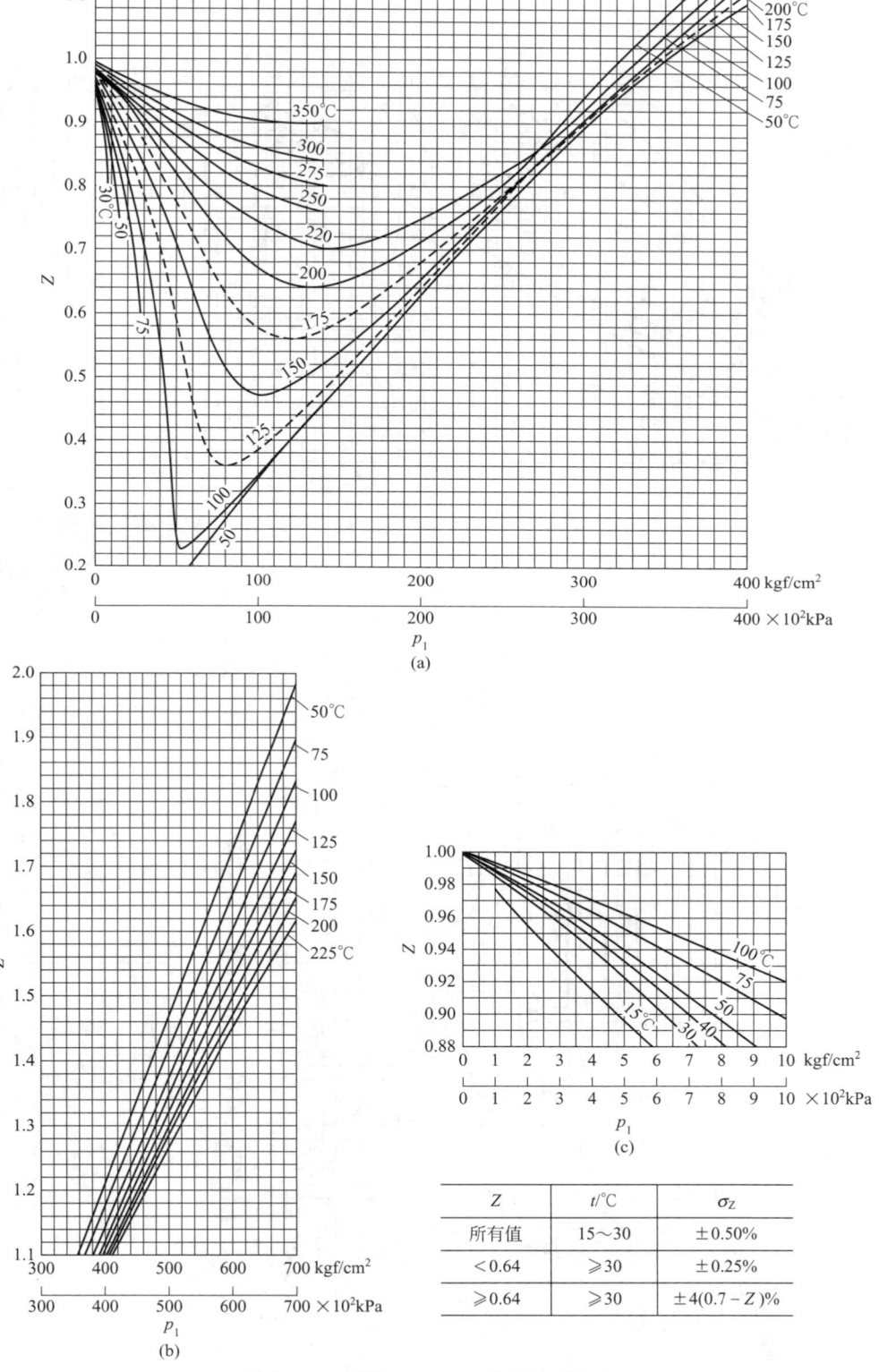

Z	$t/°C$	σ_Z
所有值	15~30	±0.50%
<0.64	≥30	±0.25%
≥0.64	≥30	±4(0.7 − Z)%

图 5-5-28 丙烷（C_3H_8）的压缩系数 Z

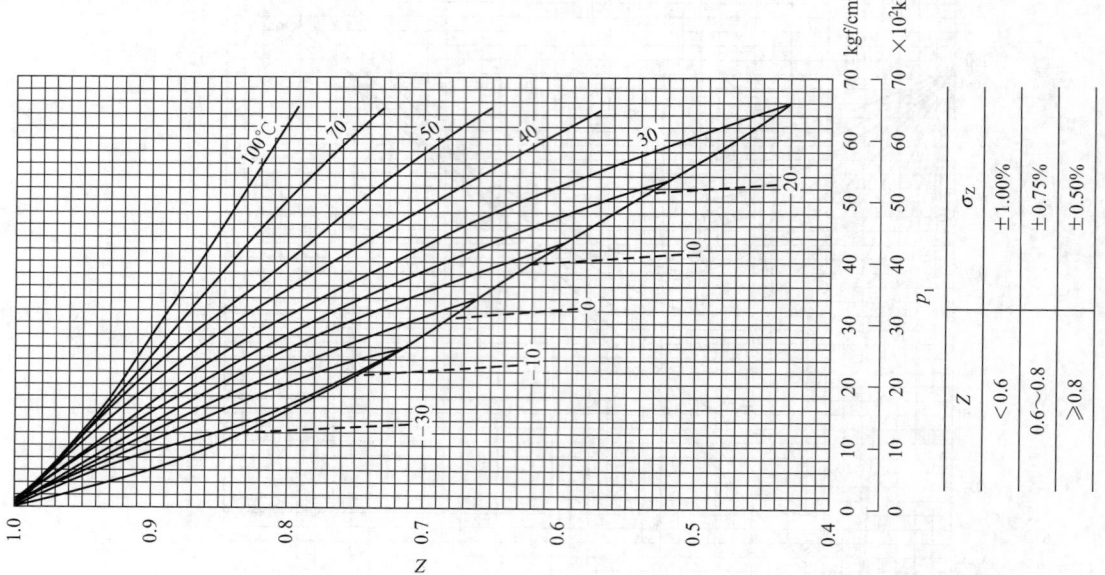

图 5-5-30 一氧化氮 (N_2O) 的压缩系数 Z

Z	σ_Z
<0.6	±1.00%
0.6~0.8	±0.75%
≥0.8	±0.50%

图 5-5-29 丙烯 (C_3H_6) 的压缩系数 Z

$t/^\circ C$	$p_1/(kgf/cm^2)$	σ_Z
<150	<40	±1.00%
<150	40~80	±1.50%
<150	>80	±1.00%
150~300	≤80	±0.50%
150~300	>80	±0.75%

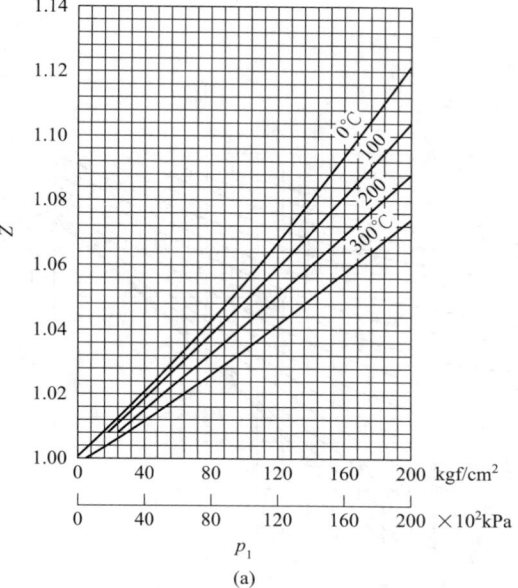

$p_1/(kgf/cm^2)$	σ_Z
＜100	±0.25%
100～200	±0.50%
＞200	±1.00%

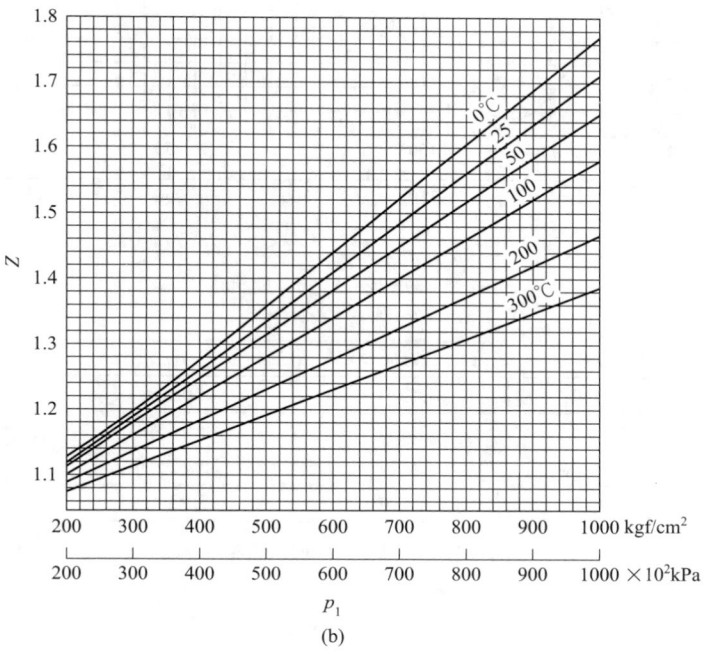

图 5-5-31　氢氮气体的压缩系数 Z
用于 $N_2=25\%$，$H_2=75\%$（体积分数）

924

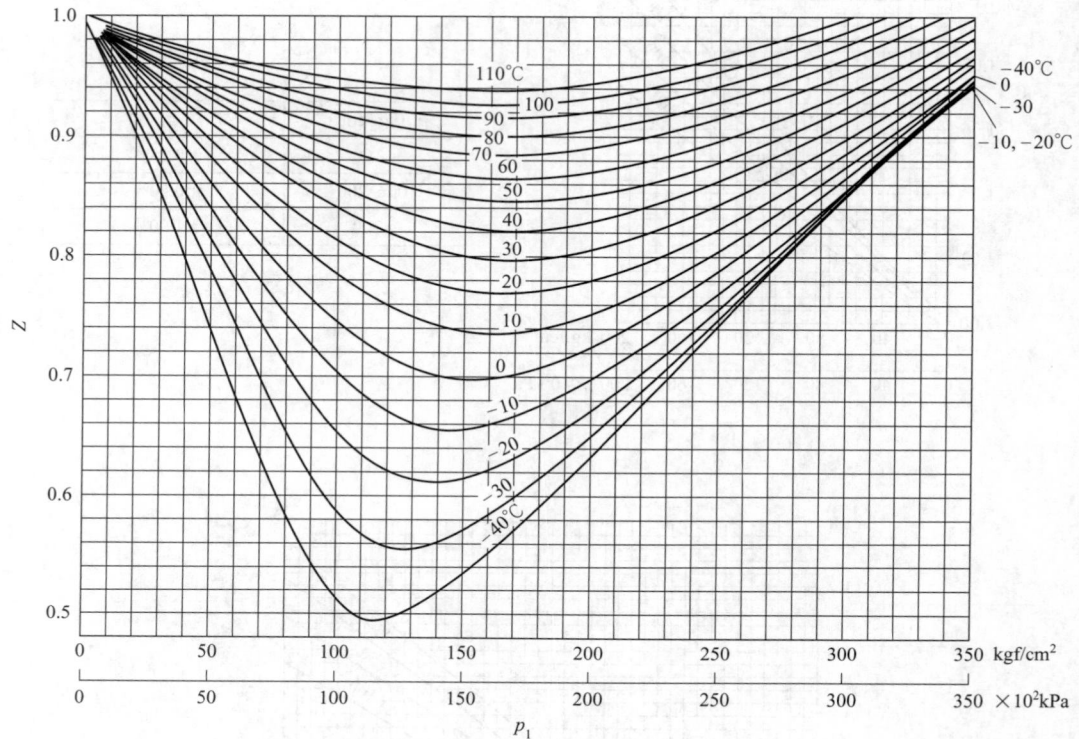

标准状态下的密度：$\rho_n = 0.776 \text{kg/m}^3$

惰性气体成分：$X_{CO_2} = X_{N_2} = 0$

$t/°C$	$p_1/(\text{kgf/cm}^2)$	σ_Z
< 0	$\leqslant 70$	$\pm 0.50\%$
< 0	> 70	$\pm 0.75\%$
$0 \sim 30$	$\leqslant 70$	$\pm 0.25\%$
$\geqslant 0$	> 70	$\pm 0.50\%$

图 5-5-32　天然气的压缩系数 Z

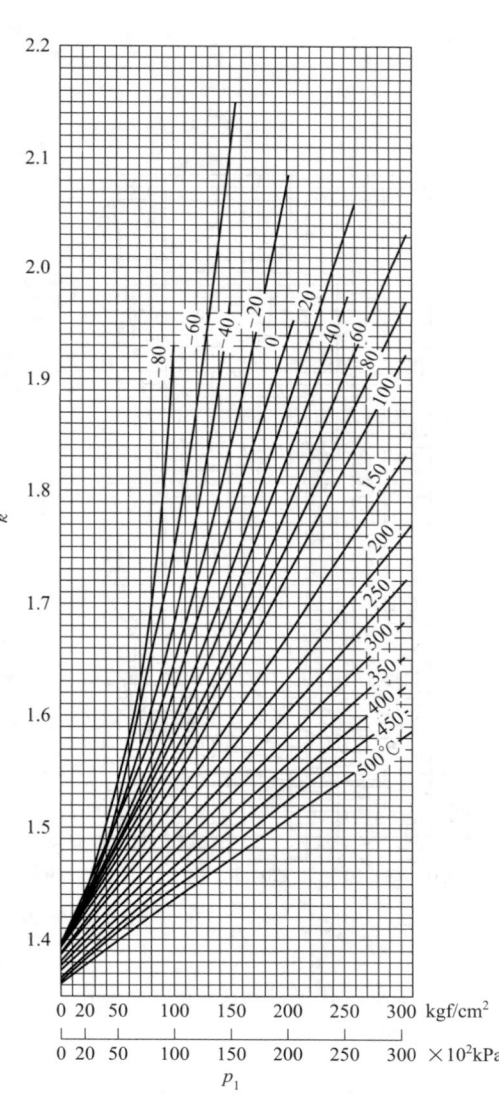

图 5-5-33 空气的比热容比 k

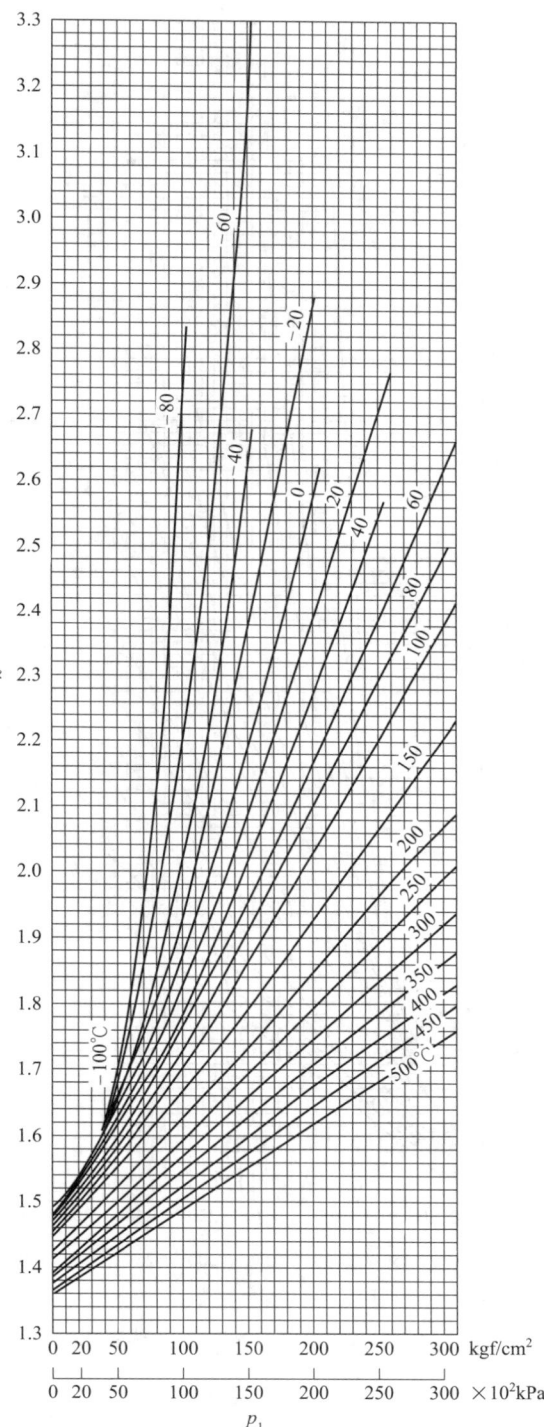

图 5-5-34 氧气（O_2）的比热容比 k

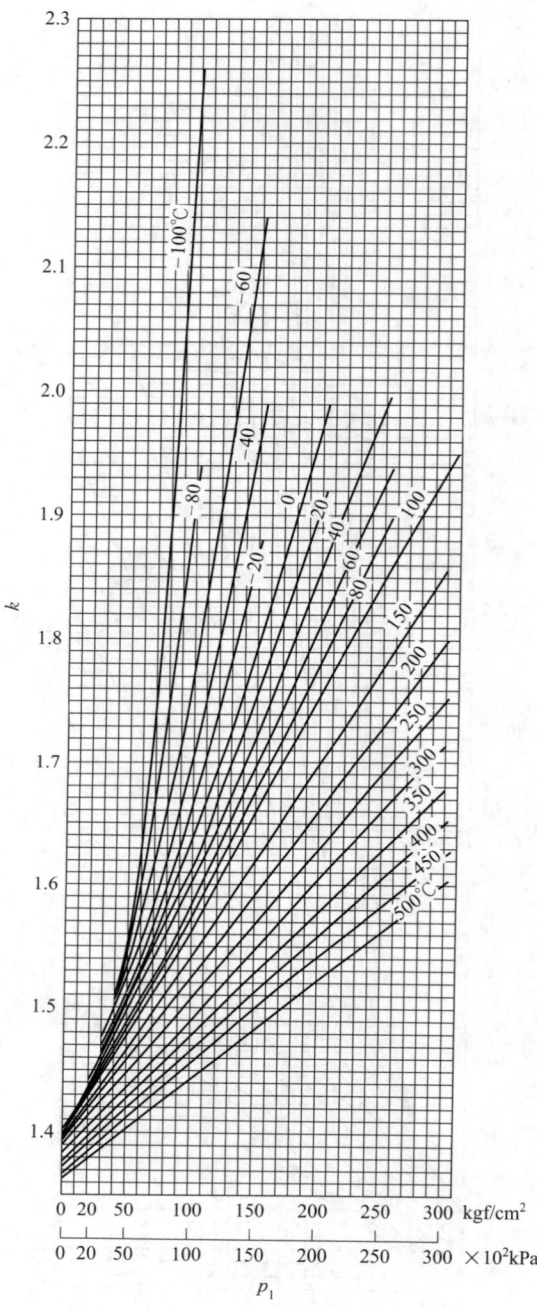

图 5-5-35　氮气（N₂）的比热容比 k

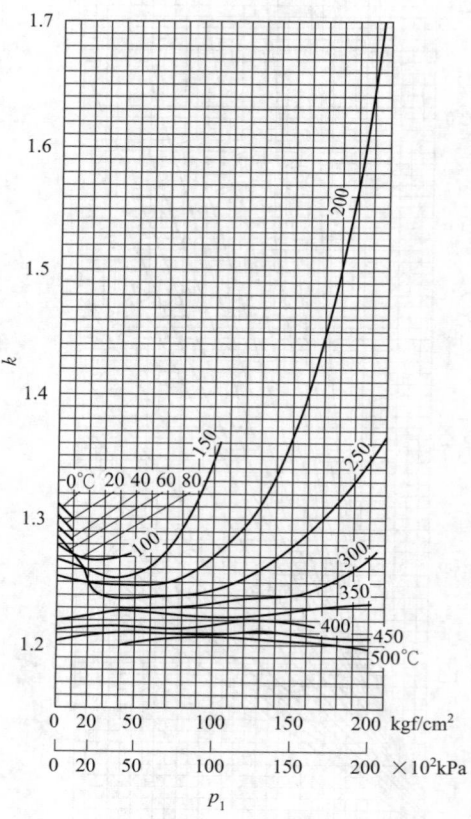

图 5-5-36　氨气（NH₃）的比热容比 k

927

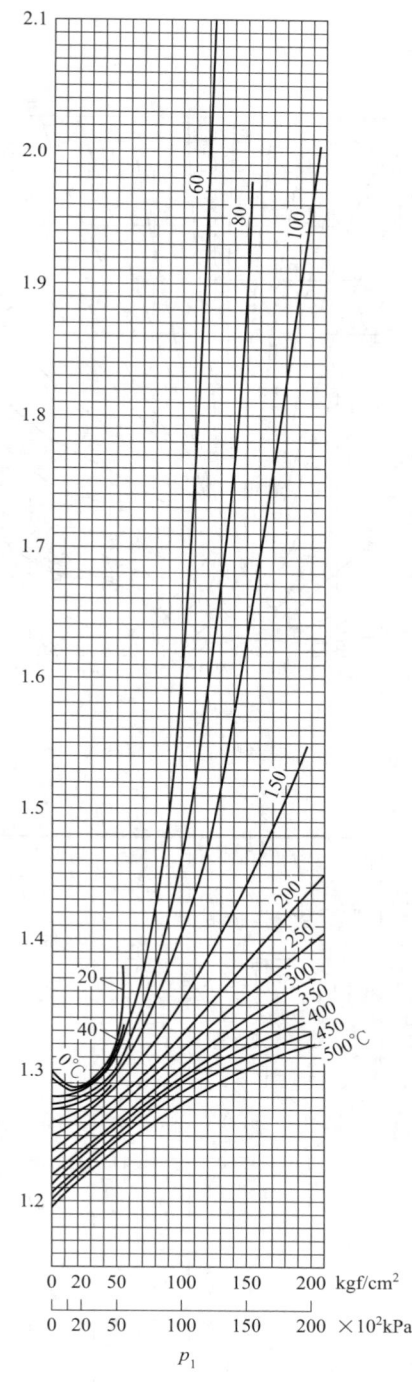

图 5-5-37　二氧化碳（CO_2）的比热容比 k

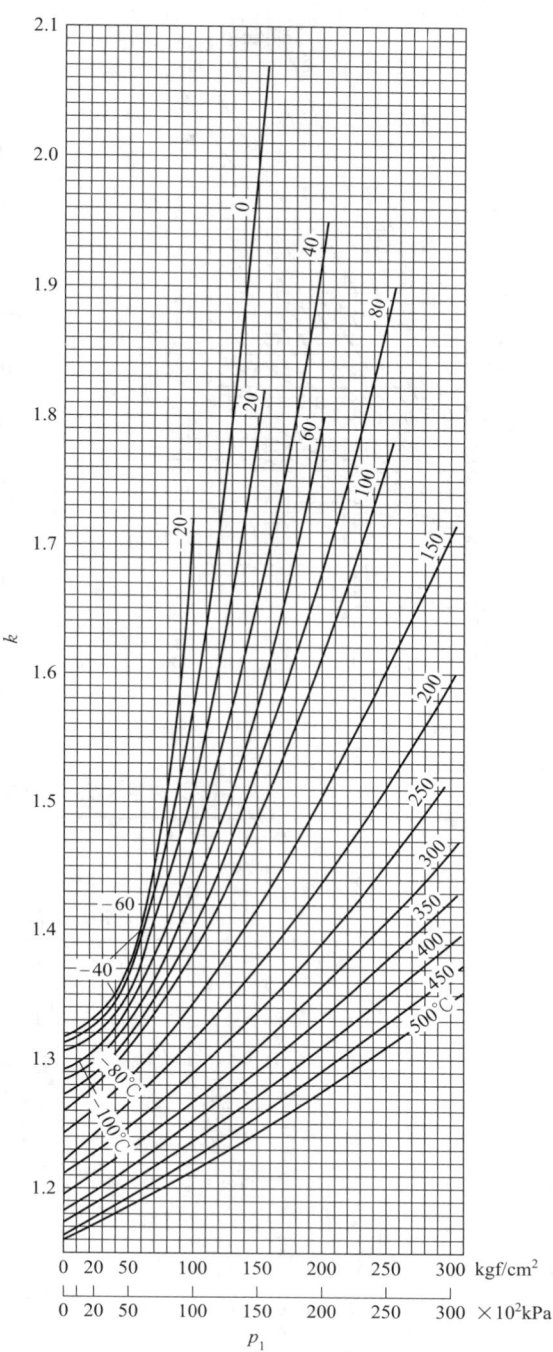

图 5-5-38　甲烷（CH_4）的比热容比 k

928

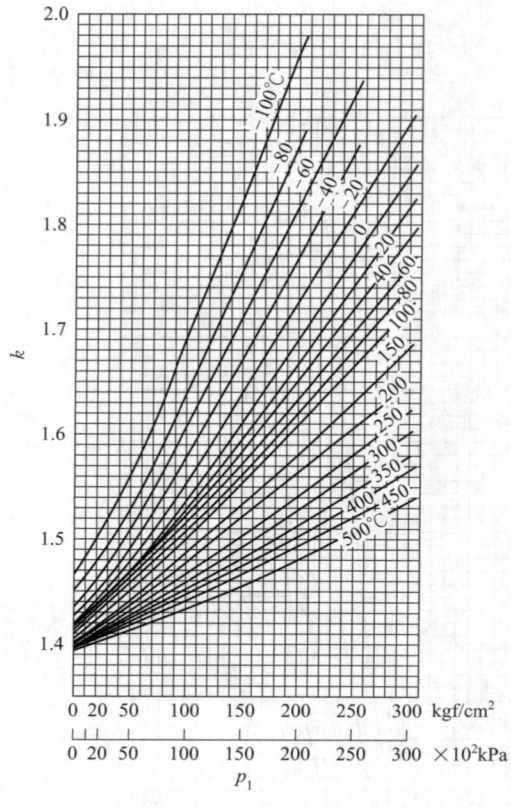

图 5-5-39　氢气（H₂）的比热容比 k

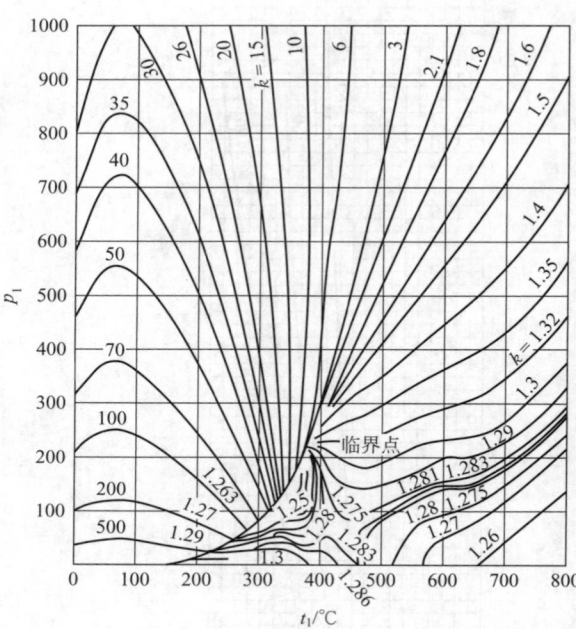

图 5-5-40　水蒸气的比热容比 k

表 5-5-17　常用气体性质表

名称	分子式	分子量	气体常数 R/(J·mol^{-1}·K^{-1})	密度 ρ_0/(kg/m³) 在 0℃, 760 mmHg 下	密度 ρ_0/(kg/m³) 在 20℃, 760 mmHg 下	相对密度 0℃, 760mmHg 下(空气=1)	沸点 T_b/K(在 760mmHg 下)	比热容比k(在 20℃ 及 760 mmHg 下)	临界点 温度 T_c/K	临界点 压力 p_c/(kgf/cm²)	临界点 密度 ρ_c/(kg/m³)
空气(干)		28.96	29.28	1.2928	1.205	1.00	78.8	1.4[①]	132.42~132.52	38.4	328~320
氮	N₂	28.0134	30.27	1.2506	1.165	0.9673	77.35	1.4[①]	126.1	34.6	312
氧	O₂	31.9988	26.5	1.4289	1.331	1.1053	90.17	1.397[①]	154.78	51.7	4265
氩	Ar	39.948	21.23	1.7840		1.38	87.291	1.68	150.7	49.6	535
氖	Ne	20.183	42.02	0.9000		0.6062	27.09	1.68	44.4	27.8	483
氦	He	4.003	211.84	0.17847		0.1380	4.215	1.66	5.199	2.34	69
氪	Kr	83.40	10.12	3.6431		2.818	119.79	1.67	209.4	56.1	909
氙	Xe	131.30	6.46	5.89		4.53	165.02	1.666	289.75	59.9	1105
氢	H₂	2.016	420.63	0.08988	0.084	0.06952	20.38	1.412[①]	32.970	13.2	31.45
甲烷	CH₄	16.043	52.86	0.7167	0.668	0.5544	111.7	1.315[①]	190.7	47.3	162
乙烷	C₂H₆	30.07	28.20	1.3567	1.263	1.0494	184.52	1.18[①]	305.45	49.8	203
丙烷	C₂H₈	44.097	19.23	2.005	1.867	1.5509	231.05	1.13[①]	369.95	43.4	220
正丁烷	C₄H₁₀	58.124	14.59	2.703		2.091	272.65	1.10[①]	425.15	38.71	228
异丁烷	C₄H₁₀	58.124	14.59	2.675		2.0692	261.45	1.11[①]	408.15	37.2	222

续表

名称	分子式	分子量	气体常数 R/(J·mol^{-1}·K^{-1})	密度 ρ_0/(kg/m³)		相对密度 0℃,760mmHg下(空气=1)	沸点 T_b/K (在760mmHg下)	比热容比k (在20℃及760mmHg下)	临界点		
				在0℃,760mmHg下	在20℃,760mmHg下				温度 T_c/K	压力 p_c/(kgf/cm²)	密度 ρ_c/(kg/m³)
正戊烷	C_5H_{12}	72.151	11.75	3.215		2.4869	309.25	1.07[①]	469.75	34.37	244
乙烯	C_2H_4	28.054	30.23	1.2604	1.174	0.975	169.45	1.22[①]	283.05	51.6	227
丙烯	C_3H_6	42.081	20.15	1.914	1.784	1.48	225.45	1.15[①]	365.05	47.1	233
1-丁烯	C_4H_8	56.108	15.11	2.500		1.9338[①]	266.85	1.11[①]	419.15	40.99	233
顺-2-丁烯	C_4H_8	56.108	15.11	2.500		1.9338[①]	276.85	1.1214[①]	433.15	42.89	238
反-2-丁烯	C_4H_8	56.108	15.11	2.500		1.9338[①]	274.05	1.1073[①]	428.15	41.83	238
异丁烯	C_4H_8	56.108	15.11	2.500		1.9338	266.25	1.1058[①]	417.85	40.77	234
乙炔	C_2H_2	26.038	32.57	1.1717	1.091	0.9063	189.13 (升华)	1.24	309.15	63.7	231
苯	C_6H_6	78.114	10.86	3.3		2.553	353.25	1.101	562.15	50.19	304
一氧化碳	CO	28.0106	30.27	1.2584	1.165	0.9672	81.65	1.395	132.92	35.6	301
二氧化碳	CO_2	44.00995	19.27	1.977	1.842	1.5291	194.75 (升华)	1.295	304.19	75.28	468
一氧化氮	NO	30.0061	28.26	1.3401		1.0366	121.45	1.4	179.15	66.1	52
二氧化氮	NO_2	46.0055	18.43	2.055		1.59	294.35	1.31	431.35	103.3	570
一氧化二氮	N_2O	44.0128	19.27	1.9781		1.530	184.66	1.274	309.71	74.1	457
硫化氢	H_2S	34.07994	24.88	1.539	1.434	1.1904	212.85	1.32	373.55	91.8	373
氢氰酸	HCN	27.0258	31.38	1.9246		0.947 (3℃)	298.85 (65℃)	1.31	456.65	54.8	200
氧硫化碳	COS	60.0746	14.12	2.712		2.105	228.95		378.15	63	
臭氧	O_3	47.9982	17.67	2.144		1.658	161.25		261.05	69.2	537
二氧化硫	SO_2	64.0628	13.24	2.727	2.726	2.264	263.15	1.25	430.65	80.4	524
氟	F_2	37.9968	22.32	1.695		1.31	85.03	1.358	172.15	56.8	473
氯	Cl_2	70.906	11.96	3.214	3.00	2.486	238.55	1.35	417.15	78.6	573
氯甲烷	CH_3Cl	50.488	16.8	2.3644		1.782	249.39	1.28	416.15	68.1	353
氯乙烷	C_2H_5Cl	64.515	13.14	2.870		2.22	285.45	1.19 (16℃,0.3~0.5atm)	455.95	53.7	330
氨	NH_3	17.0306	49.79	0.771	0.719	0.5964	239.75	1.32	405.65	115.0	235
氟里昂-11	CCl_3F	137.3686	6.17	6.20		4.8	296.95	1.135	471.15	44.6	554
氟里昂-12	CCl_2F_2	120.914	7.01	5.39		4.17	248.35	1.138	385.15	40.0	558
氟里昂-13	$CClF_3$	104.4594	8.12	4.654		3.6	191.75	1.150 (10℃)	302.05	39.4	578
氟里昂-113	CCl_2FCClF_2	187.3765	4.53	8.274		6.4	320.75		487.25	34.80	576

① 代表 15.6℃时的值。1mmHg≈133Pa，1atm≈10⁵Pa。

表 5-5-18　气体的比热容比 $k = c_p / c_v$

名称	分子式	温度/℃										
		0	100	200	300	400	500	600	700	800	900	1000
氩	Ar	1.67	1.67	1.67	1.67	1.67	1.67	1.67				
氦	He	1.67	1.67	1.67	1.67	1.67	1.67	1.67				
氖	Ne	1.67	1.67	1.67	1.67	1.67	1.67	1.67				
氪	Kr	1.67	1.67	1.67	1.67	1.67	1.67	1.67				
氙	Xe	1.67	1.67	1.67	1.67	1.67	1.67	1.67				
水银蒸气	Hg					1.67	1.67	1.67				
甲烷	CH_4	1.314	1.268	1.225	1.193	1.171	1.155	1.141				
乙烷	C_2H_6	1.202	1.154	1.124	1.105	1.095	1.085	1.077				
丙烷	C_3H_8	1.138	1.102	1.083	1.070	1.062	1.057	1.053				
丁烷	C_4H_{10}	1.097	1.075	1.061	1.052	1.046	1.043	1.040				
戊烷	C_5H_{12}	1.077	1.060	1.049	1.042	1.037	1.035	1.031				
己烷	C_6H_{14}	1.063	1.050	1.040	1.035	1.031	1.029	1.027				
庚烷	C_7H_{16}	1.053	1.042	1.035	1.030	1.027	1.025	1.023				
辛烷	C_8H_{18}	1.046	1.037	1.030	1.026	1.023	1.022	1.020				
氯甲烷	CH_3Cl	1.27	1.22	1.18	1.16	1.15	1.13	1.12				
三氯甲烷	$CHCl_3$	1.15	1.13	1.12	1.11	1.10	1.10					
乙酸乙酯	$C_4H_8O_2$	1.088	1.069	1.056	1.049	1.048	1.038	1.035				
氮	N_2	1.402	1.400	1.394	1.385	1.375	1.364	1.355	1.345	1.337	1.331	1.323
氢	H_2	1.410	1.398	1.396	1.395	1.394	1.390	1.387	1.381	1.375	1.369	1.361
空气		1.400	1.397	1.390	1.378	1.366	1.357	1.345	1.337	1.330	1.325	1.320
氧	O_2	1.397	1.385	1.370	1.353	1.340	1.324	1.321	1.314	1.307	1.304	1.300
一氧化碳	CO	1.400	1.397	1.380	1.379	1.367	1.354	1.341	1.335	1.329	1.321	1.317
水蒸气			1.28	1.30	1.29	1.28	1.27	1.26	1.25	1.25	1.24	1.23
二氧化硫	SO_2	1.272	1.243	1.223	1.207	1.198	1.191	1.187	1.184	1.179	1.177	1.175
二氧化碳	CO_2	1.301	1.260	1.235	1.217	1.265	1.195	1.188	1.180	1.177	1.174	1.171
氨	NH_3	1.31	1.28	1.26	1.24	1.22	1.20	1.19	1.18	1.17	1.16	1.15
丙酮	C_3H_6O	1.130	1.108	1.086	1.076	1.067	1.062	1.059				
甲基溴	CH_3Br	1.27	1.20	1.17	1.15	1.14	1.13	1.13				

表 5-5-19　常用液体性质表

名称	分子式	分子量	密度 ρ_{20} /(kg/m³) (在20℃时)	沸点 T_b/℃ (在760 mmHg时)	临界点			体积膨胀系数 μ /(×10⁻⁵ ℃⁻¹)
					温度 t_c /℃	压力 p_c /(kgf /cm²)	密度 ρ_c /(kg/m³)	
水	H_2O	18.0	998.2	100.00	374.15	255.65	307	18
水银	Hg	200.6	13545.7	365.95	1460	107.6	5000	18.1
溴	Br_2	159.8	3120	58.8	311	105.4	1180	113
硫酸	H_2SO_4	98.1	1834	340 分解				57
硝酸	HNO_3	63.0	1512	86.0				124
盐酸(30%)	HCl	36.47	1149.3 1261					
环丁砜	$C_4H_8SO_2$	120	(30℃)	285				
				56.2	235	48.6	268	143
丙酮	CH_3COCH_3	58.08	791	79.6	260	39.5		
甲乙酮	$CH_3COC_2H_6$	72.11	803	181.8	419	62.6		
酚	C_8H_5OH	94.1	1050 (50℃)					

续表

名称	分子式	分子量	密度 ρ_{20} /(kg/m³) (在20℃时)	沸点 T_b/℃ (在760 mmHg时)	临界点			体积膨胀系数 μ /(×10⁻⁵ ℃⁻¹)
					温度 t_c /℃	压力 p_c /(kgf /cm²)	密度 ρ_c /(kg/m³)	
二硫化碳	CS_2	76.13	1262	46.3	277.7	75.5	440	119
乙醇胺	$NH_2CH_2CH_2OH$	61.1		170.5				
甲醇	CH_3OH	32.04	791.3	64.7	240	81.3	272	119
乙醇	C_2H_5OH	46.07	789.2	78.3	243.1	64.4	275.5	110
乙二醇	$C_2H_4(OH)_2$	62.1	1113	197.6				
正丙醇	$CH_3CH_2CH_2OH$	60.10	804.4	97.2	265.8	51.8	273	98
异丙醇	$CH_3CHOHCH_3$	60.10	785.1	82.2	273.5	54.9	274	
正丁醇	$CH_3CH_2CH_2CH_2OH$	74.12	809.6	117.8	287.1	50.2		
乙氰	CH_3CN	41	783	81.6	274.7	49.3	240	88
正戊醇	$CH_3CH_2CH_2CH_2CH_2OH$	88.15	813.0	138.0	315.0			
乙醛	CH_3CHO	44.05	783	20.2	188.0			
丙醛	CH_3CH_2CHO	58.08	808	48.9				
环己酮	$C_6H_{10}O$	98.15	946.6	155.7				
二乙醚	$(C_2H_5)_2O$	74.12	714	34.6	194.7	37.5	264	162
甘油	$C_3H_5(OH)_3$	92.09	1261.3	290 分解				50
邻甲酚	$C_6H_4OHCH_3$	108.14	1020 (50℃)	191.0	422.3	51.1		
间甲酚	$C_6H_4OHCH_3$	108.14	1034.1	202.2	432.0	46.5		
对甲酚	$C_6H_4OHCH_3$	108.14	1011 (50℃)	202.0	426.0	52.6		
甲酸甲酯	CH_3OOCH	60.05	975	31.8	212.0	61.1	349	121
醋酸甲酯	CH_3OOCCH_3	74.08	934	57.1	235.8	47.9		
丙酸甲酯	$CH_3OOCC_2H_5$	88.11	915	79.7	261.0	40.8		
甲酸	$HCOOH$	46.03	1220	100.7				102
乙酸	CH_3COOH	60.05	1049	118.1	312.5	59		
丙酸	C_2H_5COOH	74.08	993	141.3	339.5	54.1	320	109
苯胺	$C_6H_5NH_3$	93.13	1021.7	184.4	425.7	54.1	340	85
丙腈	C_3H_5N	55.08	781.8	97.2	291.2	42.8		
丁腈	C_4H_7N	69.11	790	117.6	309.1	38.6		
噻吩	$(CH_2)S(CH)_2$	84.14	1065	84.1	317.3	49.3		
二氯甲烷	CH_2Cl_2	84.93	1325.5	40.1	237.5	62.9		
氯仿	$CHCl_3$	119.38	1490	61.2	260.0	55.6	496	128
四氯化碳	CCl_4	153.82	1594	76.8	283.2	46.5	558	122
邻二甲苯	C_8H_{10}	106.16	880	144	358.1	38.1		97
间二甲苯	C_8H_{10}	106.16	864	139.2	346	37.2		99
对二甲苯	C_8H_{10}	106.16	861	138.1	345	36.1		102
甲苯	C_7H_8	92.1	866	110.7	320.6	43.0	290	108
邻氯甲苯	C_7H_7Cl	126.6	1081	159				89
间氯甲苯	C_7H_7Cl	126.6	1072	162.2				
环己烷	C_6H_{12}	84.1	778	80.8	280	41.3	273	120
己烷	C_6H_{14}	84.2	660	68.73	234.7	30.9	234	135
庚烷	C_7H_{16}	100.2	684	98.1	267.0	27.9	235	124
辛烷	C_8H_{18}	111.2	702	125.7	296.7	25.4	233	114

注：1mmHg＝133Pa。

第二节　调节阀噪声及其估算

一、噪声的基本概念

1. 常用术语

在进行调节阀噪声评估计算时经常采用如下术语。

（1）分贝　标度各种量级的单位，常用 dB 表示。它是两个相同物理量的比值，取以 10 为底的对数乘以 10 或者 20 的无量纲值。在声学中，常用于表示声功率级或声压级。

（2）有效声压　声压是指由声波引起的大气压强的变化量。描述声压可采用瞬时值、平均值和均方根值。瞬时声压是随时间变化的。有效声压是声场中某一点的瞬时声压在一个周期内的均方根值，又称为均方根声压，简称声压。

（3）声压级　声场中某一点的声压级为该点声压 p 与基准声压 p_0 之比的以 10 为底的对数乘以 20，单位为 dB。基准声压 p_0 在空气中取 2×10^{-5} Pa，该值是正常人耳对 1000Hz 声音能够听到的最低声压。

（4）A 计权声压级　用 A 计权网络测得的声压级。单位是 dB（A）。相同声压级的声音，因为频率不同，人的听觉感受不同。根据人耳的主观反应，对不同频率给以适当增减的方法，常称为"频率计权"。通过频率计权测得的声压级，已不再是客观物理量的声压级，而叫"计权声压级"。针对不同的应用场合，常见的有四种不同的"频率计权网络"，它们测得的声级分别叫做 A（计权）声级、B（计权）声级、C（计权）声级、D（计权）声级，其中 A、B、C 声级主要差别是对噪声低频成分的衰减程度，A 衰减最多，B 次之，C 最少，D 声级专用于航空噪声的测量。

A 计权网络测得的声压级能够较好地反映人耳对噪声的主观感觉，一般将其作为噪声评价指标。

（5）倍频程　在噪声监测中，通常将可听声音频率范围（20～20000Hz）划分为若干频率段，每一频率段用其中心频率为代表，这个频率段叫做频程（频带）。频程划分不是把整个频率范围等分，而是以每一频率段中高端频率和低端频率的比值为常数划分，即

$$2^n = \frac{f_{上}}{f_{下}} \tag{5-5-66}$$

式中　$f_{上}$——频程上限频率；

$\quad\quad f_{下}$——频程下限频率；

$\quad\quad n$——倍频程数。

当 $n=1$，称为倍频程；$n=2$ 时，称为 2 倍频程；$n=1/3$ 时，称为 1/3 倍频程。倍频程和 1/3 倍频程较为常用。各倍频程的中心频率是上下限频率的几何平均值，即

$$f_m = \sqrt{f_{上} f_{下}} \tag{5-5-67}$$

式中　f_m——频程中心频率。

（6）马赫数　流体力学中表征流体可压缩程度的一个重要的无量纲参数，记为 Ma，定义为流场中某点的速度 v 同该点的当地声速 c 之比，即 $Ma = v/c$，它是以奥地利物理学家 E. 马赫的姓氏命名的。

2. 噪声限值

①《工业企业噪声控制设计规范》（GB/T 50087）规定：工业企业内的生产车间噪声限值为 85dB（A）。工业企业脉冲噪声 C 声级峰值不得超过 140dB。

②《工业企业厂界环境噪声排放标准》（GB 12348）规定：工业企业厂界噪声限值应符合的有关规定，噪声限值见表 5-5-20。

表 5-5-20　工业企业厂界环境噪声排放限值　　　　　单位：dB（A）

厂界外声环境功能区类别	时段	
	昼间	夜间
0	50	40
1	55	45
2	60	50
3	65	55
4	70	55

③ 在《工作场所有害因素职业接触限值 第 2 部分：物理因素》（GBZ 2.2）中对噪声的限值要求如表 5-5-21、表 5-5-22。

表 5-5-21 工作场所噪声职业接触限值

接触时间	接触限值/dB(A)	备注
5d/w，=8h/d	85	非稳态噪声计算 8h 等效声级
5d/w，≠8h/d	85	计算 8h 等效声级
≠5d/w	85	计算 40h 等效声级

表 5-5-22 工作场所脉冲噪声职业接触限值

工作日接触脉冲次数 n	声压级峰值/dB(A)
≤100	140
≤1000	130
≤10000	120

二、调节阀噪声的来源

调节阀在使用过程中产生的噪声，在调节阀选型时要进行评估计算。一旦其噪声预估超出工作场所或车间的噪声职业接触限值，应首先考虑选用具有低噪声结构的调节阀或者采取降噪措施，以满足有关规范中的规定要求。

根据调节阀工作原理和介质流动特性，噪声主要来自以下三个方面。

1. 机械振动噪声

在阀体内介质的流动和冲击以及内部压力波动均会引起可动零部件的机械振动，这种振动产生的噪声频率一般小于 1500Hz。当介质振动频率与阀内组件固有频率（约为 3000～7000Hz）接近并引起谐振时，将产生较大的机械噪声和应力，导致振动部件的疲劳损坏。

机械振动噪声目前没有预估方法。可通过阀芯、阀座以及其他可动零部件的结构设计减少这种噪声。

2. 液体动力噪声

液体流经调节阀时，由于紊流、闪蒸和空化等作用会产生噪声。由于空化现象导致的气泡破裂产生的噪声，其频率在 15～10000Hz 的较宽范围内，同时可能伴随有对阀芯、阀座等零部件的严重汽蚀现象。随着气泡的增加，噪声逐渐增大，当阀压降达到完全汽蚀的压差时，噪声反而减小了。因此，降低调节阀这类噪声的方法是使调节阀的压降小于开始空化时的压降。

3. 气体动力噪声

可压缩流体在调节阀节流最小截面处的流速可达到或超过音速，形成冲击波、喷射流和漩涡流等乱流，其动能在节流孔下游转换成热能并同时产生气体动力噪声。该噪声会沿管道向下游传播并导致振动，破坏管路系统。

由于喷射流的冲击力与流速的平方成正比，减低此类噪声的有效措施是限制可压缩流体的流速。实验证明，阀内流体的流速应低于下列数值：液体 6m/s；气体 150～200m/s；饱和蒸汽 50～80m/s；过热蒸汽 80～120m/s。

三、调节阀噪声的计算公式（IEC 标准）

调节阀的液体动力噪声和气体动力噪声是可以估算的。其中 IEC 60584-8 给出了根据流体力学和声学理论推导的计算公式，这些计算公式比较完整，可以通过计算机程序进行计算。另外，也可采用调节阀制造厂推荐的噪声估算公式。

1. 液体动力噪声计算

（1）参数计算

① 压差比 x_F

$$x_F = \frac{p_1 - p_2}{p_1 - p_v}$$

(5-5-68)

② 特征压差比 x_{Fz} 用于识别在声学上能够检测到空化的压差比。除了多孔阀内件的所有类型的阀，特征压差比 x_{Fz} 计算公式如下：

$$x_{Fz} = \frac{0.90}{\sqrt{1 + 3F_d \sqrt{\dfrac{C}{N_{34} F_L}}}} \tag{5-5-69}$$

多孔阀内件的阀，特征压差比 x_{Fz} 计算公式如下：

$$x_{Fz} = \frac{1}{\sqrt{4.5 + 1650 \dfrac{N_0 d_H^2}{F_L}}} \tag{5-5-70}$$

也可通过不同类型调节阀的典型曲线图查取特征压差比。

上述公式是基于阀入口压力 p_1 为 $6 \times 10^5 \, Pa$。如果阀入口压力不是该值，可以采用以下修正公式修正：

$$x_{Fzp1} = x_{Fz} \left(\frac{6 \times 10^5}{p_1} \right)^{0.125} \tag{5-5-71}$$

③ 阀门类型修正系数 F_d 该系数取决于阀和关闭件的类型以及流量系数 C。

$$F_d = \frac{d_H}{d_0} \tag{5-5-72}$$

其中：

$$d_H = \frac{4A}{I_w} \tag{5-5-73}$$

式中，I_w 为单流道接液周长。

$$d_0 = \sqrt{\frac{4 n_0 A}{\pi}} \tag{5-5-74}$$

④ 射流直径 D_j

$$D_j = N_{14} F_d \sqrt{C F_L} \tag{5-5-75}$$

⑤ 射流速度（缩流断面的流体速度）U_{VC}

$$U_{VC} = \frac{1}{F_L} \sqrt{\frac{2 \Delta p_C}{\rho_L}} \tag{5-5-76}$$

其中，Δp_C 的计算采用 $\Delta p_C = p_1 - p_2$ 或 $F_L^2 (p_1 - p_V)$ 中的较小值。

⑥ 机械功率 W_m 作用在阀门节流孔上的机械功率用下式计算：

$$W_m = \frac{m U_{VC}^2 F_L^2}{2} \tag{5-5-77}$$

(2) 基本噪声计算

① 内部声压计算 对于紊流条件（$x_F \leqslant x_{Fzp1}$）下的声功率：

$$W_a = \eta_{turb} W_m \tag{5-5-78}$$

对于空化条件（$x_{Fzp1} < x_F < 1$）下的声功率：

$$W_a = (\eta_{turb} + \eta_{cav}) W_m \tag{5-5-79}$$

对于紊流流动，在 $U_{vc} = C_1$ 时，其声效系数大约是 10^{-4} 的单级噪声源，所以紊流流动时的声效系数计算如下：

$$\eta_{turb} = 10^{A_\eta} U_{VC} / C_1 \tag{5-5-80}$$

其中 A_η 的取值见表 5-5-23。

当空化现象出现时，产生附加噪声。在空化区域（$x_{Fzp1} \leqslant x_F \leqslant 1$），声效系数计算公式：

$$\eta_{cav} = 0.32 \eta_{turb} \sqrt{\frac{p_1 - p_2}{\Delta p_C} \frac{1}{x_{Fzp1}}} \, e^{5 x_{Fzp1}} \left(\frac{1 - x_{Fzp1}}{1 - x_F} \right)^{0.5} \left(\frac{x_F}{x_{Fzp1}} \right)^5 (x_F - x_{Fzp1})^{1.5} \tag{5-5-81}$$

表 5-5-23　阀门声效系数 A_η 典型值

阀门或接头类型	A_η	阀门或接头类型	A_η
球形阀,抛物线阀芯 Globe,parabolic plug	−4.6	蝶阀,带凹槽蝶板(70°) Butterfly,fluted vane,to 70°	−4.3
球形阀,V 孔阀芯 Globe,V-port plug	−4.6	蝶阀,60°,平板 Butterfly,60° flat disk	−4.3
球形阀,开口阀芯 Globe,ported cage design	−4.6	偏心旋转阀芯 Eccentric rotary plug	−4.6
球形阀,多孔阀芯或套筒 Globe,multihole drilled plug or cage	−4.6	部分球体 90° 球 Segmented ball 90°	−4.6
蝶阀,偏心式 Butterfly,eccentric	−4.3	固定阻力的多孔板 Drilled hole plate fixed resistance	−4.6
蝶阀,中心轴式 70°,转角 Butterfly,swing-through(centered shaft),to 70°	−4.3	渐扩管 Expanders	−4.0

内部声压级计算如下：

$$L_{pi} = 10\lg\left[\frac{3.2\times10^9 W_a \rho_L c_L}{D_i^2}\right] \tag{5-5-82}$$

对应频率 f_i 的内部声压级计算如下列公式。

紊流条件（$x_F \leqslant x_{Fzp1}$）下，有

$$L_{pi}(f_i) = L_{pi} + F_{turb}(f_i) \tag{5-5-83}$$

空化条件（$x_{Fzp1} < x_F < 1$）下，有

$$L_{pi}(f_i) = L_{pi} + 10\lg\left[\frac{\eta_{turb}}{\eta_{turb}+\eta_{cav}}10^{0.1F_{turb}(f_i)} + \frac{\eta_{cav}}{\eta_{turb}+\eta_{cav}}10^{0.1F_{turb}(f_i)}\right] \tag{5-5-84}$$

其中：

$$F_{turb}(f_i) = -8 - 10\lg\left[\frac{1}{4}\left[\frac{f_i}{f_{p,turb}}\right]^3 + \left[\frac{f_i}{f_{p,turb}}\right]^{-1}\right] \tag{5-5-85}$$

$$F_{cav}(f_i) = -9 - 10\lg\left[\frac{1}{4}\left[\frac{f_i}{f_{p,cav}}\right]^{1.5} + \left[\frac{f_i}{f_{p,cav}}\right]^{-1.5}\right] \tag{5-5-86}$$

在紊流和空化流下的尖峰频率不同，紊流尖峰频率采用如下公式计算：

$$f_{p,turb} = St_p \frac{U_{VC}}{D_j} \tag{5-5-87}$$

其中 St_p 按式(5-5-88)计算。

$$St_p = \frac{0.036 F_L^2 C F_d^{0.75}}{N_{34} x_{Fzp1}^{1.5} D d_0}\left[\frac{1}{p_1 - p_V}\right]^{0.57} \tag{5-5-88}$$

式(5-5-89)确定了在空化区域的尖峰频率。

$$f_{p,cav} = 6 f_{p,turb}\left[\frac{1-x_F}{1-x_{Fzp1}}\right]^2\left[\frac{x_{Fzp1}}{x_F}\right]^{2.5} \tag{5-5-89}$$

② 传输损失计算

在管道内声速为 c_s 的环频率计算如下：

$$f_r = \frac{c_s}{\pi D_i} \tag{5-5-90}$$

在环频率下的最小传输损失计算如下：

$$TL_{f_r} = -10 - 10\lg\frac{c_s \rho_s t_s}{c_a \rho_a D_i} \tag{5-5-91}$$

在 $f = f_z$ 时，最小传输损失参考值计算如下：

$$TL(f_i) = TL_{f_r} + \Delta TL(f_i) \tag{5-5-92}$$

紊流的总传播损失 TL_{turb} 与紊流峰值频率 $f_{p,turb}$ 有关，计算如下：

$$\Delta TL(f_i) = -20\lg\left[\left[\frac{f_r}{f_i}\right] + \left[\frac{f_i}{f_r}\right]^{1.5}\right] \tag{5-5-93}$$

③ 外部声压计算　在给定的频率 f_i 下的外部声压级计算如下：

$$L_{pe,1m}(f_i) = L_{pi}(f_i) + TL(f_i) - 10\lg\left[\frac{D_i + 2t_s + 2}{D_i + 2t_s}\right] \tag{5-5-94}$$

在距下游管道 1m 的 A 加权外部噪声等级 $L_{pAe,1m}$ 可用下式计算。

$$L_{pAe,1m} = 10\lg\left[\sum_{i=1}^{33} 10^{\frac{L_{pe,1m}(f_i)+\Delta L_A(f_i)}{10}}\right] \tag{5-5-95}$$

其中，$\Delta L_A(f_i)$ 的取值见表 5-5-24。

表 5-5-24　在频率为 f_i 时的 A 加权系数 $\Delta L_A(f_i)$

f_i/Hz	12.5	16	20	25	31.5	40	50	63	80	100	125
$\Delta L_A(f_i)$	-63.4	-56.7	-50.5	-44.7	-39.4	-34.6	-30.2	-26.2	-22.5	-19.1	-16.1
f_i/Hz	160	200	250	315	400	500	630	800	1000	1250	1600
$\Delta L_A(f_i)$	-13.4	-10.9	-8.6	-6.6	-4.8	-3.2	-1.9	-0.8	0	0.6	1.0
f_i/Hz	2000	2500	3150	4000	5000	6300	8000	10000	12500	16000	20000
$\Delta L_A(f_i)$	1.2	1.3	1.2	1.0	0.5	-0.1	-1.1	-2.5	-4.3	-6.6	-9.3

（3）多级阀内件噪声计算

多级阀内件噪声的计算步骤与基本噪声计算步骤一致，但计算时仍有需要特殊考虑的地方。

假设每一级的额定流量系数 $C_i (i=1,\cdots,n)$ 都是由制造厂商给出的，每一级 $x_{Fzp1,i}$ 值都由制造厂商给出或者能够从单级阀的相关曲线图中获得，对于 $F_{d,i}$ 和 $F_{L,i}$ 也一样。

① 初步计算　在每一级的前面的进口压力计算如下：

$$p_{1,i} = p_1, \quad i=1 \tag{5-5-96}$$

$$p_{1,i} = p_{1,i+1} - \frac{p_1 - p_2}{\left[\frac{C_{i-1}}{C}\right]^2}, \quad i=2,\cdots,n \tag{5-5-97}$$

在每一级的后面的出口压力为

$$p_{2,i} = p_{1,i+1}, \quad i=1,\cdots,n-1 \tag{5-5-98}$$

$$p_{2,i} = p_2, \quad i=n \tag{5-5-99}$$

每一级的射流直径 $D_{j,i}$ 为

$$D_{j,i} = N_{14} F_{d,i} \sqrt{C_i F_{L,i}} \tag{5-5-100}$$

阀第一级和最后一级的类型修正系数分别为 $F_{d,i}$ 和 $F_{d,n}$，取决于阀及其关闭件和 C_i 值。

对于每一级（$i=1,\cdots,n$）的差压比 $x_{F,i}$ 计算如下：

$$x_{F,i} = \frac{p_{1,i} - p_{2,i}}{p_{1,i} - p_v} \tag{5-5-101}$$

② 多级阀内件的噪声等级计算　确定每一级的 $x_{Fzp1,i}$ 值时可以使用曲线图或者用公式计算。对每一级计算 $L_{pAe,1m,i}$，累加总噪声等级如下：

$$L_{pAe,1m} = 10\lg\sum_{i=1}^{n} 10^{0.1L_{pAe,1m,i}} \tag{5-5-102}$$

计算内部和外部频率剖面使用的 f_p 来自第一级和最后一级。

③ 具有增加流通面积的固定多级阀内件的噪声等级计算　试验数据证实在最后一级之前的各级的大部分声功率在各个流道会逐渐削弱。因此，仅计算来自最后一级的射流引起的噪声是充分的。

Δp_c 计算公式：

$$\Delta p_c = p_{1,n} - p_2 \quad 或 \quad x_{Fzp1,n}(p_{1,n} - p_v) 中较小值 \tag{5-5-103}$$

阀类型修正系数 F_d 取决于最后一级的同样的输出通道的数量，可以来自制造商或由下式计算：

$$F_d = \sqrt{\frac{1}{N_0}} \tag{5-5-104}$$

式中，N_0 是在最后一级内同样打开通道的数量。

使用式(5-5-100)计算 $D_{j,n}$，其中的 C_i 为出口流量系数 C_n，d_0 用下式估算：

$$d_0 = 5.2 \sqrt{N_{34} C_n} \tag{5-5-105}$$

使用最后一级的 Δp_c 和 $F_{L,n}$ 计算缩流处流速和机械功率。

使用最后一级的 Δp_c 和 $p_{1,n}$ 计算紊流声功率和空化声功率。使用最后一级的流速计算紊流声效系数。

使用最后一级的射流速度和射流直径计算 $L_{p,i}$ 和 $f_{p,turb}$。

使用 C_n 和 $F_{L,n}$ 计算 $f_{p,cav}$ 计算传输损失。

使用最后一级的 f_p 进一步计算外部声压等级和内外部频率分配。

2. 气体动力噪声计算

(1) 适用条件

① 适用于可压缩流体，且在调节阀下游1m处以及距管壁1m处的声压级。

② 本方法中的气体为基于理想气体定律的单相干燥气体或蒸汽。

③ 假定噪声测量处下游至少有2m的直管段。

④ 本方法适用于钢制或钢制合金管道。

⑤ 本方法适用于单级阀、球形阀（直通阀、角形阀）、蝶阀、旋塞阀（偏心旋塞阀、球面旋塞阀）、球阀、套筒阀，但不包括特定 F_pC 的乘积超过额定流量系数50%的全口径球阀。

⑥ 本方法不适用于特殊的低噪音阀内件。当标准阀内件的阀出口处马赫数超过0.3或低噪音阀内件出口处马赫数超过0.2时，需用高马赫数对应的计算步骤。

⑦ 本方法的马赫数限制见表5-5-25。

表 5-5-25 马赫数限制

马赫数所在位置	马赫数限制		
	标准阀内件	降噪阀内件	高马赫数应用
自由膨胀射流 M_j	没有限制	没有限制	没有限制
阀出口 M_O	0.3	0.2	1.0
下游渐缩管入口 M_R	不适用	不适用	1.0
下游管道 M_2	0.3	0.2	0.8

(2) 标准阀内件的调节阀噪声计算

① 压力比

$$x = \frac{p_1 - p_2}{p_1} \tag{5-5-106}$$

缩流断面处是最大流速和最小压力的区域。与入口压力 p_1 有关的这个最小压力不能低于绝对零压，可用下式计算：

$$p_{vc} = p_1 - \frac{p_1 - p_2}{F_L^2} \tag{5-5-107}$$

此式中的 F_L 定义是在亚音速流条件下，当阀带有附接管件时，用 F_{LP}/F_p 代替 F_L。在计算缩流断面处压力时需要知道参数 F_L，由缩流断面压力可计算出速度，并由此确定声效系数。

在临界流条件下，其 $p_2 = p_{vcc}$，此时在缩流处压力比 x_{vcc} 公式如下：

$$x_{vcc} = 1 - \left[\frac{2}{\gamma+1}\right]^{\frac{\gamma}{\gamma-1}} \tag{5-5-108}$$

此时在缩流处的流速达到音速时，临界下游压力比用下式计算：

$$x_C = F_L^2 x_{vcc} \tag{5-5-109}$$

修正系数 α 是两个压力比的比值：在临界流条件下进口压力与出口压力的比值，在临界流条件下进口压力与缩流处压力的比值。

$$\alpha = \frac{1 - x_{vcc}}{1 - x_C} \tag{5-5-110}$$

激波素流作用（Ⅳ状态）开始超越剪切素流作用（Ⅲ状态）影响噪声频谱的那一点称为断点。在断点处的压力比如下：

$$x_B = 1 - \frac{1}{\alpha} \left[\frac{1}{\gamma} \right]^{\frac{\gamma}{\gamma - 1}} \tag{5-5-111}$$

声效系数为常数的区域（Ⅴ状态）的压力比计算如下。

$$x_{CE} = 1 - \frac{1}{22\alpha} \tag{5-5-112}$$

② 各状态定义　产生噪声的不同状态是各种声学现象或气体分子与激波相互作用的结果。

状态Ⅰ时，流体为亚音速流动，气体被部分再压缩，这与 F_L 有关。此类噪声主要由偶极子声源引起。

状态Ⅱ时，音速流存在于由激波之间和素流、阻塞流相互作用中。在Ⅱ态接近极限时，再压缩的气体量减小。

状态Ⅲ时，不存在等熵再压缩，流体为超音速流动，剪切素流占主导地位。

状态Ⅳ时，马赫面形成，分子碰撞减少，激波素流作用占主要因素。

状态Ⅴ时，声效系数为常数，p_2 的进一步降低将不会使噪声增加。

对于一组给定的工作条件，状态确定如下。

状态Ⅰ：$x \leqslant x_C$

状态Ⅱ：$x_C < x \leqslant x_{vcc}$

状态Ⅲ：$x_{vcc} < x \leqslant x_B$

状态Ⅳ：$x_B < x \leqslant x_{CE}$

状态Ⅴ：$x_{CE} < x$

③ 初步计算

a. 阀门类型修正系数 F_d　对多级阀的情况，F_d 仅适用于最后一级。F_d、d_H 和 d_0 的计算参见式（5-5-72）～式（5-5-74）。F_d 的典型取值见表 5-5-26。

表 5-5-26　F_d 典型取值

阀类型	流向	相对流量系数 Φ					
		0.10	0.20	0.40	0.60	0.80	1.00
球形阀,抛物线阀芯	流开	0.10	0.15	0.25	0.31	0.39	0.46
	流关	0.20	0.30	0.50	0.60	0.80	1.00
球形阀,3V 孔阀芯	任意*	0.29	0.40	0.42	0.43	0.45	0.48
球形阀,4V 孔阀芯	任意*	0.25	0.35	0.36	0.37	0.39	0.41
球形阀,6V 孔阀芯	任意*	0.17	0.23	0.24	0.26	0.28	0.30
球形阀,60 个等直径孔的套筒	任意*	0.40	0.29	0.20	0.17	0.14	0.13
球形阀,120 个等直径孔的套筒	任意*	0.29	0.20	0.14	0.12	0.10	0.09
蝶阀,偏心式	任意	0.18	0.28	0.43	0.55	0.64	0.70
蝶阀,中心轴式 70°转角	任意	0.26	0.34	0.42	0.50	0.53	0.57
蝶阀,带凹槽蝶板(70°)	任意	0.08	0.10	0.15	0.20	0.24	0.30
蝶阀,60°,平板	任意						0.50
偏心旋转阀芯	任意	0.12	0.18	0.22	0.30	0.36	0.42
部分球体 90°球	任意	0.60	0.65	0.70	0.75	0.78	0.98

* 流关时限定压力 $p_1 - p_2$。

注：表中所列值是典型值，实际值应由制造商给出。

表 5-5-27　每种状态下 η、W_m 公式

状态与条件	马赫数 M_{vc}, M_j, M_{j5}	η	f_P	T_{vc}, T_{vcc}	c_{vc}, c_{vcc}	W_m
I：亚音速 $x \leqslant x_C$	$M_{VC} = \sqrt{\dfrac{2}{\gamma-1}\left[\left(1-\dfrac{x}{F_L^2}\right)^{\frac{1-\gamma}{\gamma}}-1\right]}$	$(1\times10^A\eta)F_L^2 M_{vc}^3$	$\dfrac{St_P M_{vc} c_{vc}}{D_j}$	$T_{vc} = T_1\left(1-\dfrac{x}{F_L^2}\right)^{\frac{\gamma-1}{\gamma}}$	$c_{vc} = \sqrt{\dfrac{p_1}{\rho_1}\left(1-\dfrac{x}{F_L^2}\right)^{\frac{\gamma-1}{\gamma}}}$	$\dfrac{m(M_{vc}c_{vc})}{2}$
II：$x_C < x \leqslant x_{vcc}$	$M_j = \sqrt{\dfrac{2}{\gamma-1}\left[\left(\dfrac{1}{\alpha(1-x)}\right)^{\frac{\gamma-1}{\gamma}}-1\right]}$	$(1\times10^A\eta)\dfrac{x}{x_{vcc}}M_j^{6.6F_L^2}$	$\dfrac{St_P M_j c_{vcc}}{D_j}$	$T_{vcc} = \dfrac{2T_1}{\gamma+1}$	$c_{vcc} = \sqrt{\dfrac{2\gamma}{\gamma+1}\times\dfrac{p_1}{\rho_1}}$	$\dfrac{mc_{vcc}^2}{2}$
III：$x_{vcc} < x \leqslant x_B$		$(1\times10^A\eta)M_j^{6.6F_L^2}$				
IV：$x_B < x \leqslant x_{CE}$		$(1\times10^A\eta)\dfrac{\left(\dfrac{M_j^2}{2}\right)}{(\sqrt{2})^{6.6F_L^2}}$	$\dfrac{1.4 St_P c_{vcc}}{D_j\sqrt{M_j^2-1}}$			
V：$x_{CE} < x$	$M_{j5} = \sqrt{\dfrac{2}{\gamma-1}\left[(22)^{\frac{\gamma-1}{\gamma}}-1\right]}$	$(1\times10^A\eta)\dfrac{\left(\dfrac{M_{j5}^2}{2}\right)}{(\sqrt{2})^{6.6F_L^2}}$	$\dfrac{1.4 St_P c_{vcc}}{D_j\sqrt{M_{j5}^2-1}}$			

注：当阀带有附接管件时，用 F_{LP}/F_P 代替 F_L。

940

b. 射流直径 D_j　参见式(5-5-75)。这里的 C 值是要求的 C 值，不是阀的额定 C 值。当阀带有附接管件时，用 F_L/F_P 代替 F_L。

c. 介质进口密度 ρ_1　首选实际操作密度。如果没有，可以假定气体为理想气体，用下式计算：

$$\rho_1=\frac{p_1}{RT_1} \tag{5-5-113}$$

④ 内部噪声计算

a. 对所有状态的通用计算　在每种状态下的内部声功率 W_a 是介质流功率 W_m 与声效系数 η 的乘积：

$$W_a=W_m\eta \tag{5-5-114}$$

b. 各个状态分别计算　对每种状态下计算 η 和 W_m 的公式见表 5-5-27。

对于不同类型的阀及接头，A_η、St_p 的平均值见表 5-5-28。

表 5-5-28　A_η、St_p 平均值

阀或接头	流向	A_η	St_p
球形阀,抛物线阀芯	任意	−4.2	0.19
球形阀,V 孔阀芯	任意	−4.2	0.19
球形阀,开口阀芯	任意	−3.8	0.2
球形阀,多孔阀芯或套筒	流开	−4.8	0.2
球形阀,多孔阀芯或套筒	流关	−4.4	0.2
蝶阀,偏心式	任意	−4.2	0.3
蝶阀,中心轴式 70°,转角	任意	−4.2	0.3
蝶阀,带凹槽蝶板(70°)	任意	−4.2	0.3
蝶阀,60°,平板	任意	−4.2	0.3
偏心旋转阀芯	任意	−3.6	0.3
部分球体 90°球	任意	−3.6	0.3
固定阻力的多孔板	任意	−4.8	0.2
渐扩管	任意	−3.0	0.2

注：表中所列值是典型值，实际值应由制造商给出。

c. 下游参数计算　在已知介质特性条件下，下游温度 T_2 可以使用热动力学等焓关系确定。如果介质特性未知，可以假设 $T_1=T_2$，下游密度用下式计算：

$$\rho_2=\rho_1(p_2/p_1) \tag{5-5-115}$$

同时，下游声速计算公式：

$$c_2=\sqrt{\frac{\gamma RT_2}{M}} \tag{5-5-116}$$

阀出口的马赫数计算公式：

$$M_0=\frac{4m}{\pi D^2\rho_2 c_2} \tag{5-5-117}$$

下游管道速度修正公式：

$$L_g=16\lg\left[\frac{1}{1-M_2}\right] \tag{5-5-118}$$

$$M_2=\frac{4m}{\pi D_i^2\rho_2 c_2} \tag{5-5-119}$$

式中，限制 M_2 的值不大于 0.3。

d. 在管壁上的阀内部声压计算　使用下述公式计算以 p_0 为参考的内部声压级：

$$L_{pi}=10\lg\left[\frac{(3.2\times10^9)W_a\rho_2c_2}{D_i^2}\right]+L_g \tag{5-5-120}$$

频率相关内部声压级预测采用如下公式：

$$L_{pi}(f_i)=L_{pi}-8-10\lg\left\{\left[1+\left(\frac{f_i}{2f_p}\right)^{2.5}\right]\times\left[1+\left(\frac{f_p}{2f_i}\right)^{1.7}\right]\right\} \tag{5-5-121}$$

式中，f_i 频带索引见表 5-5-29。

表 5-5-29 f_i 频带索引

索引	1	2	3	4	5	6	7	8	9	10	11
f_i/Hz	12.5	16	20	25	31.5	40	50	63	80	100	125
索引	12	13	14	15	16	17	18	19	20	21	22
f_i/Hz	160	200	250	315	400	500	630	800	1000	1250	1600
索引	23	24	25	26	27	28	29	30	31	32	33
f_i/Hz	2000	2500	3150	4000	5000	6300	8000	10000	12500	16000	20000

⑤ 管道传输损失计算

横跨管壁的频率相关传输损失计算如下：

$$TL(f_i)=10\lg\left[(8.25\times10^{-7})\left(\frac{c_2}{t_sf_i}\right)^2\frac{G_x(f_i)}{\left(\frac{\rho_2c_2+2\pi t_sf_i\rho_s\eta_s(f_i)}{415G_y(f_i)}+1\right)}\left(\frac{p_a}{p_s}\right)\right]-\Delta TL \tag{5-5-122}$$

其中，ΔTL 是与管道尺寸相关的阻尼系数，计算如下：

$$\Delta TL=\begin{cases}0 & D>0.15\\-16660D^3+6370D^2-813D+35.8 & 0.05\leqslant D\leqslant0.15\\9 & D<0.05\end{cases} \tag{5-5-123}$$

$\eta_s(f_i)$ 是无量纲频率独立结构损失系数，计算如下：

$$\eta_s(f_i)=\sqrt{\frac{f_s}{100f_i}} \tag{5-5-124}$$

p_a/p_s 是对当地大气压力的修正。
$G_x(f_i)$ 和 $G_y(f_i)$ 公式见表 5-5-30。

表 5-5-30 不同工况时 $G_x(f_i)$、$G_y(f_i)$ 公式

$f_i<f_0$	$f_i\geqslant f_0$
$G_x(f_i)=\left(\frac{f_0}{f_r}\right)^{\frac{2}{3}}\left(\frac{f_i}{f_0}\right)^4$	$G_x(f_i)=\left(\frac{f_i}{f_r}\right)^{\frac{1}{2}}$ 当 $f_i<f_r$ 时 $G_x(f_i)=1$ 当 $f_i\geqslant f_r$ 时
$G_x(f_i)=\left(\frac{f_0}{f_g}\right)$ 当 $f_0<f_g$ 时 $G_y(f_i)=1$ 当 $f_0\geqslant f_g$ 时	$G_x(f_i)=\left(\frac{f_i}{f_g}\right)$ 当 $f_i<f_g$ 时 $G_y(f_i)=1$ 当 $f_i\geqslant f_g$ 时

表 5-5-20 中，f_r、f_0、f_g 公式如下。

$$f_r=\frac{c_s}{\pi D_i} \tag{5-5-125}$$

$$f_0=\frac{f_r}{4}\left(\frac{c_2}{c_a}\right) \tag{5-5-126}$$

$$f_g = \frac{\sqrt{3}\,c_a^2}{\pi t_s c_s} \tag{5-5-127}$$

式中　c_a——在标准条件下干空气的声速，取值 343m/s；

　　　c_s——钢制管道壁上的名义声速，取值 5000m/s。

⑥ 外部声压计算

在距离管壁 1m 处的外部声压级频谱可以通过内部声压级频谱和传输损失计算出来。对于阀出口马赫数较高的情况，用由阀内件和渐扩管引起的、在管壁上的组合内部声压级 $L_{piS}(f_i)$ 代替 $L_{pi}(f_i)$。

$$L_{pe,1m}(f_i) = L_{pi}(f_i) + TL(f_i) - 10\lg\left[\frac{D_i + 2t_s + 2}{D_i + 2t_s}\right] \tag{5-5-128}$$

最后，在距离管壁 1m 处完全 A 加权声压级计算如下：

$$L_{pAe,1m} = 10\lg\left[\sum_{i=1}^{N=33} 10^{\frac{L_{pe,1m}(f_i) + \Delta L_A(f_i)}{10}}\right] \tag{5-5-129}$$

式中　$\Delta L_A(f_i)$——在频率为 f_i 时的 A 加权系数，参见表 5-5-24。

(3) 特殊阀内件的调节阀噪声计算

① 单级多流路阀内件　在计算缩流处的射流直径时，压力恢复系数为 $0.9-0.06(l/d)$。如果流道不是圆形的，应采用单流道的液压直径。流路应有相同的液压直径且流路之间的距离应足够大，以避免射流干扰。

射流直径计算如下：

$$D_j = N_{14} F_d \sqrt{C[0.9 - 0.06(l/d)]} \tag{5-5-130}$$

② 多级单流路阀内件　阀门的 C 值应采用最后一级的 C_n 值，如果制造厂商不能给出该值，应由下式计算：

$$C_n = N_{16} A_n \tag{5-5-131}$$

用最后一级的压力 p_n 代替 p_1，用 ρ_n 代替 ρ_1。其中 p_n 和 ρ_n 的计算如下。

如果 $p_1/p_2 \geqslant 2$，首先假设 $p_n/p_2 < 2$，则：

$$p_n = \sqrt{\left(\frac{p_1 C}{1.155 C_n}\right)^2 + p_2^2} \tag{5-5-132}$$

如果计算出的 p_n 结果 $p_n/p_2 \geqslant 2$，应计算：

$$p_n = p_1\left(\frac{C}{C_n}\right) \tag{5-5-133}$$

如果 $p_1/p_2 < 2$，则：

$$p_n = \sqrt{\left(\frac{C}{C_n}\right)^2 (p_1^2 - p_2^2) + p_2^2} \tag{5-5-134}$$

$$\rho_n = \rho_1\left(\frac{p_n}{p_1}\right) \tag{5-5-135}$$

其中，射流直径：

$$D_j = N_{14} F_d \sqrt{C_n F_L} \tag{5-5-136}$$

其中 F_d 和 F_L 是最后一级的值。

辐射到管道内的最后一级的内部声压级应采用下式进行修正：

$$L_{pi} = L_{pi,n} + \frac{1}{(n-1)^{0.125}} 10\lg\left(\frac{p_1}{p_n}\right) \tag{5-5-137}$$

最后一级的噪声分配为 $L_{pi,n}$，$10\lg(p_1/p_n)$ 包括了由于其他级导致的压力减小引起的声压级。

③ 多级多流路阀内件　这类阀应是直行程阀，且计算仅适用于最后一级。缩流处的压力公式中用 F_{Ln} 代替 F_L，用 C_n 代替 C，用最后一级的压力 p_n 代替 p_1，用 ρ_n 代替 ρ_1。

缩流处马赫数应为最后一级的马赫数，用 F_{Ln} 代替 F_L，求出的 M_{jn} 用于进行峰值频率 f_p 的计算。

$$M_{jn} = \sqrt{\left(\frac{2}{\gamma-1}\right)\left[\left(1-\frac{x}{F_{Ln}^2}\right)^{(1-\gamma)/\gamma} - 1\right]}$$

式中 $x = (p_n - p_2)/p_n$。峰频率计算公式为

$$f_p = \frac{St_p M_{jn} C_{vc}}{D_j}$$

其中，D_j 由式(5-5-130)确定。

阀出口马赫数应该小于 0.2，计算才比较准确。

如果斯特劳哈尔数 St_p 不确定，可取 0.2。

A 加权声压级可由式(5-5-128)计算。

对于多级多流路降压的阀内件，一般仅在状态 I（亚音速）下流动。

（4）出口处马赫数较高的调节阀噪声计算　在阀出口的马赫数 M_0 如果超过 0.3，应采用本节内容进行修正。本节内容也适用于阀门出口安装有渐扩管的情形，但过渡段的总角度不超过 30°。

在下游管道内的流体速度计算如下：

$$U_p = \frac{4m}{\pi D_i^2 \rho_2} \tag{5-5-138}$$

在渐扩管入口的流体速度计算如下：

$$U_R = \frac{U_p D_i^2}{\beta d_i^2} \tag{5-5-139}$$

式中，β 为收缩系数，对于直行程球形阀为 0.93，对于旋转阀为 0.7。

在渐扩管的流体流功率计算如下：

$$W_{mR} = \frac{mU_R^2}{2}\left[\left(1-\frac{d_i^2}{D_i^2}\right)^2 + 0.2\right] \tag{5-5-140}$$

对应的噪声尖峰频率计算如下：

$$f_{pR} = \frac{St_p U_R}{d_i} \tag{5-5-141}$$

声效系数计算如下：

$$\eta_R = (1 \times 10^{A_\eta}) M_R^3 \tag{5-5-142}$$

其中：

$$M_R = \frac{U_R}{c_2} \tag{5-5-143}$$

声功率计算如下：

$$W_{aR} = \eta_R W_{mR} \tag{5-5-144}$$

以 p_0 为参考的内部声压级计算如下：

$$L_{piR} = 10\lg\left[\frac{(3.2 \times 10^9) W_{aR} \rho_2 c_2}{D_i^2}\right] + L_g \tag{5-5-145}$$

由于下游管道噪声产生的频率相关内部声压级预测采用如下公式：

$$L_{piR}(f_i) = L_{piR} - 8 - 10\lg\left\{\left[1 + \left(\frac{f_i}{2f_{pR}}\right)^{2.5}\right] \times \left[1 + \left(\frac{f_{pR}}{2f_i}\right)^{1.7}\right]\right\} \tag{5-5-146}$$

由阀内件 $L_{pi}(f_i)$ 和渐扩管 $L_{piR}(f_i)$ 组合产生的声压级 $L_{piS}(f_i)$ 计算公式如下：

$$L_{piS}(f_i) = 10\lg(10^{L_{pi}(f_i)/10} + 10^{L_{piR}(f_i)/10}) \tag{5-5-147}$$

然后，用 $L_{piS}(f_i)$ 代替 $L_{pi}(f_i)$，采用式(5-5-128)和式(5-5-129)计算外部声压级。

（5）实验确定声效系数的调节阀噪声计算　使用基于实验室数据获得的声效系数替代典型值，这些替代值 η_x 一般根据 IEC 60534-8 噪声测量的程序计算。首选的方法是测量出 L_{pi} 和 $L_{pi}(f_i)$，根据 IEC 60534-8 的方法 B 把这两个值与压差比 x 进行比较。

还有一种选择是根据在 IEC 60534-8-1 方法 A 中给出的程序，通过不同的压力比 x 对应的外部噪声测量测

944

得 L_{pe1m} 和 $L_{\mathrm{pe1m}}(f_i)$，使用这种方法需要用测得的 $L_{\mathrm{pe1m}}(f_i)$ 和传输损失计算出 $L_{\mathrm{p}i}$ 和 $L_{\mathrm{p}i}(f_i)$。

在试验确定 $L_{\mathrm{p}i}$ 和 $L_{\mathrm{p}i}(f_i)$ ［直接或者通过 $L_{\mathrm{pe1m}}(f_i)$ 求得］的基础上，可以确定如下参数。

① 试验确定声效系数 η_x 作为 x 的函数，计算其他参数时使用。

② 从频率分布函数 $L_{\mathrm{p}i}(f_i)-L_{\mathrm{p}i}$ 中确定尖峰斯特罗哈数的值，然后用相关公式计算外部噪声声压级。

（6）在调节阀下游安装两个以上固定面积降压板时的噪声估算　当在阀门的下游安装有固定面积降压板（例如钻孔板）时，下游产生的总的噪声等级可以如下计算（两级降压板配置举例）：

$$L_{\mathrm{p}i\mathrm{Tot}}(f_i)=10\log_{10}\left[10^{0.1(L_{\mathrm{p}i(1)}(f_i)-\Delta_{(2)}(f_i)-\Delta_{(3)}(f_i))}+10^{0.1(L_{\mathrm{p}i(2)}(f_i)-\Delta_{(3)}(f_i))}+10^{0.1(L_{\mathrm{p}i(3)}(f_i))}\right]$$

$$(5\text{-}5\text{-}148)$$

式中，$L_{\mathrm{p}i\mathrm{Tot}}(f_i)$ 为下游管道内部最后固定面积降压级的总噪声等级；在式（5-5-128）中采用 $L_{\mathrm{p}i\mathrm{Tot}}(f_i)$ 代替 $L_{\mathrm{p}i}(f_i)$ 计算 $L_{\mathrm{pe},1m}(f_i)$。$L_{\mathrm{p}i(j)}(f_i)$ 为在不考虑下游安装消音器衰减时下游管道在频率为 f_i 时第 j 段产生的内部噪声等级。$\Delta_{(j)}(f_i)$ 为在频率为 f_i 时第 j 段的噪声衰减值。该值为试验值，如果没有试验值可以设为零。

3. 符号说明 f_i

本条噪声计算公式中所用到的符号说明见表 5-5-31。气体特性系数 SL_g 与声效系数 η 见表 5-5-32 与表 5-5-33、图 5-5-41。

表 5-5-31　符号说明

符号	说明	单位
A	单流道的面积	m²
A_η	用于声效计算的阀门修正系数	
A_n	在给定行程下 n 级阀内件最后一级的总流道面积	m²
$A(f)$	频率相关 A 加权值	dB(A)（参考 p_0）
C	流量系数（K_V 和 C_V）	
c_1	液体中的声速	m/s
c_2	在下游介质条件下的声速	m/s
c_a	外部声速（标准条件下干空气声速＝343m/s）	m/s
c_i	多级阀内件中 n 级（$i=1,\cdots,n$）流量系数（K_V 和 C_V）	
C_n	多级阀内件中最后一级的流量系数（K_V 和 C_V）	
c_r	额定行程下的流量系数（K_V 和 C_V）	
c_s	管道声速（对钢管＝5000m/s）	m/s
c_vc	亚音速条件下在缩流断面处的声速	m/s
c_vcc	临界流条件下在缩流断面处的声速	m/s
D	阀门公称直径	m
D_i	管道内径/下游管道内径	m
D_j	在缩流断面处的射流直径	m
d	流道直径（对非圆形流道采用 d_H）	m
d_h	单流道液压直径	m
d_0	圆形孔板直径，其面积为给定行程下所有流道的总面积	m
d_i	阀出口或者渐扩管入口内径中较小者	m
F_cav	频率分布函数（空化）	
F_d	阀门类型修正系数	
F_L	无附加管件阀门的液体压力恢复系数	

符号	说明	单位
F_{Ln}	低噪声阀内件的最后一级液体压力恢复系数	
F_{Lp}	带有附加管件的阀门液体压力恢复系数与管道形状系数的组合	
F_p	管道形状系数	
F_{turb}	频率分布函数(紊流)	
f	频率	Hz
f_c	截止频率	Hz
f_g	外部频率	Hz
f_{ji}	倍频带频率	Hz
f_o	内部管道频率	Hz
f_p	尖峰频率	Hz
f_{pR}	在阀门出口或渐扩管小直径侧的尖峰频率	Hz
$f_{p,turb}$	内部尖峰声音频率(紊流)	Hz
$f_{p,cav}$	内部尖峰声音频率(空化)	Hz
f_r	环频率	Hz
f_s	结构损失系数参考频率＝1Hz	Hz
G_x, G_y	频率系数	
I	流道径向长度	m
I_w	单流道接液周长	m
K_c	初始阻塞流的差压比(大约在 $F_L^3 \sim F_L^2$ 范围之间)	dB(参考 p_0)
L_g	马赫数修正	dB(参考 p_0)
L_{pe1m}	距离管壁1m处的外部声压级	dB(参考 p_0)
$L_{pe1m}(f)$	与频率相关距离管壁1m处的外部声压级	dB(参考 p_0)
L_{pAe1m}	距离管壁1m处的A加权外部声压级	dB(A)(参考 p_0)
$L_{pAe,1m,i}$	多级阀门(n级)第 i 级距离管壁1m处的A加权外部声压级	dB(A)(参考 p_0)
L_{pi}	在管壁的内部声压级	dB(参考 p_0)
$L_{pi}(f)$	与频率相关在管壁的内部声压级	dB(参考 p_0)
L_{piR}	由渐扩管出口流动产生的噪声在管壁的内部声压级	dB(参考 p_0)
$L_{piR}(f)$	与频率相关,由渐扩管出口流动产生的噪声在管壁的内部声压级	dB(参考 p_0)
$L_{piS}(f)$	由阀内件和渐扩管引起,与频率相关的在管壁的内部声压级组合	dB(参考 p_0)
L_{wi}	总内部声功率级	dB(参考 W_0)
M	介质分子量	kg/kmol
M_j	状态Ⅱ到Ⅳ时自由膨胀射流马赫数	
M_{jn}	多级阀门(n级)最后级的自由膨胀射流马赫数	
M_{jn}	状态Ⅴ的自由膨胀射流马赫数	
M_o	阀门出口马赫数	
M_R	渐扩管入口的马赫数	
M_{VC}	在缩流处的马赫数	

符号	说明	单位
M_2	下游管道的马赫数	
m	质量流量	kg/s
N	数值常数	
N_0	阀内件的独立一致的流道数	
n	多级阀内件的级数	
p_1	阀门入口绝对压力	Pa
p_2	阀门出口绝对压力	Pa
$p_{1,i}$	多级阀门(n级)第i级的入口绝对压力	Pa
$p_{2,i}$	多级阀门(n级)第i级的出口绝对压力	Pa
p_a	管道外部实际大气压力	Pa
p_0	参考声压$=2\times10^{-5}$	Pa
p_n	多级阀门(n级)最后级入口绝对压力	Pa
p_s	标准大气压	Pa
p_v	液体饱和蒸汽压	Pa
p_{vc}	亚音速条件下的缩流处绝对压力	Pa
Δp	压差	Pa
Δp_c	U_{VC}计算用压差	Pa
R	通用气体常数$=8314$	J/kmol·K
S_t/St_p	尖峰频率计算用斯特罗哈数	
T_1	入口绝对温度	K
T_2	出口绝对温度	K
T_n	多级阀门最后一级的入口绝对温度	K
T_L	传输损失	dB
$T_L(f)$	频率相关传输损失	dB
T_{Lfr}	环频率f_r下的传输损失	dB
T_{vc}	亚音速条件下的缩流处绝对温度	K
T_{vcc}	临界流条件下的缩流处绝对温度	K
t_s	管壁厚度	m
U_p	下游管道的气体流速	m/s
T_R	在圆形渐扩管入口的气体流速	m/s
U_{VC}	缩流断面处流速	W
W_a	阀内流动并传播到下游的噪声功率	W
W_{aR}	阀出口流动并传播到下游的噪声功率	W
W_m	质量流功率	W
W_{ms}	声速下的质量流功率	W
W_{mR}	在渐扩管内的转换功率	W
W_0	参考声功率$=10^{-12}$	W
x/x_F	差压比	
x_B	在拐点处的差压比	
x_C	在临界流条件下的差压比	

符号	说明	单位
x_{CE}	恒定声效区域开始处的压差比	
x_{Fz}	入口压力为 $6 \times 10^5 \mathrm{Pa}$ 下初始空化噪声的压差比	
x_{Fzp1}	经过入口压力修正的压差比	
$\Delta L_A(f)$	基于频率的 A 加权修正	dB
ΔTL	传输损失的阻尼系数	dB
α	恢复修正系数	
β	阀门出口或渐扩管入口的收缩系数	
γ	比热容比	
η	阀门内部流动产生的噪声声效系数	
η_R	渐扩管出口产生的噪声声效系数	
$\eta_s(f)$	频率相关结构损失系数	
η_{turb}	声效系数(紊流)	
η_{cav}	声效系数(空化)	
η_s	管壁声效系数	
ρ_1	在 p_1 和 T_1 条件下的流体密度	kg/m³
ρ_2	在 p_2 和 T_2 条件下的流体密度	kg/m³
ρ_a	空气密度 $=1.293$	kg/m³
ρ_n	多级阀门(n 级)第 P_n 和 T_n 条件下的介质密度	kg/m³
ρ_s	管道材料密度($=7800$ 对钢材质)	kg/m³
Φ	相对流量系数	

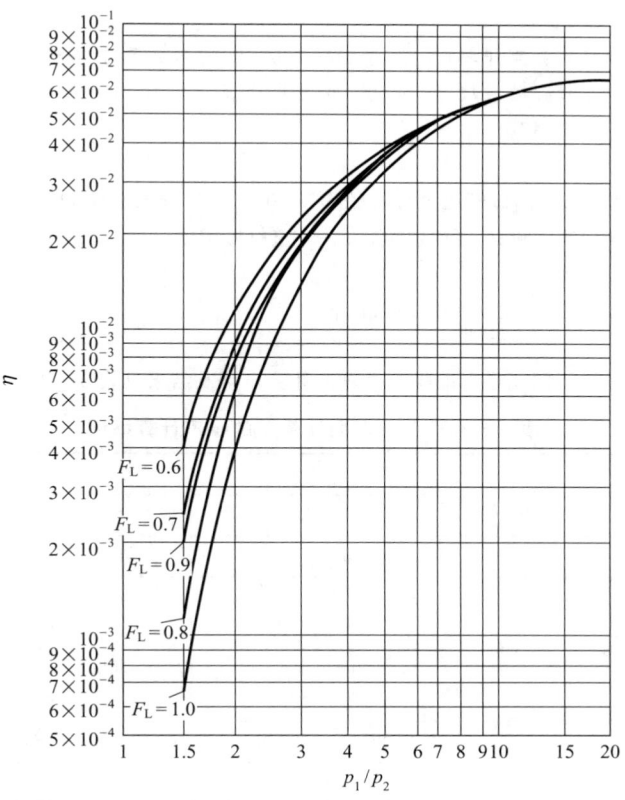

图 5-5-41　常规调节阀的声效系数 η ($p_1/p_2 > 1.5$)

表 5-5-32 气体特性系数 SL_g

气体名称	SL	气体名称	SL	气体名称	SL
乙炔	−0.5	乙烷	−2.0	氮气	0
空气	0	乙烯	−1.5	氧气	−0.5
氨气	1.5	氦气	−9	丙烷	−4.5
二氧化碳	−3.0	氢气	−9	天然气	0.5
一氧化碳	0	甲烷	2.0		

表 5-5-33 声效系数 η

p_1/p_2	η				
	$F_L=1$	$F_L=0.9$	$F_L=0.8$	$F_L=0.7$	$F_L=0.6$
1.50	7.50×10^{-5}	1.40×10^{-4}	2.10×10^{-4}	2.40×10^{-4}	3.80×10^{-4}
1.40	5.20×10^{-5}	9.20×10^{-5}	1.50×10^{-4}	2.20×10^{-4}	3.00×10^{-4}
1.30	2.80×10^{-5}	5.40×10^{-5}	9.20×10^{-4}	1.40×10^{-4}	2.10×10^{-4}
1.25	1.95×10^{-5}	3.85×10^{-5}	6.85×10^{-5}	1.15×10^{-4}	1.65×10^{-4}
1.20	1.20×10^{-5}	2.50×10^{-5}	4.70×10^{-5}	7.80×10^{-5}	1.20×10^{-4}
1.15	6.45×10^{-6}	1.45×10^{-5}	2.95×10^{-5}	5.05×10^{-5}	8.05×10^{-5}
1.10	2.60×10^{-6}	6.60×10^{-6}	1.40×10^{-5}	2.70×10^{-5}	4.60×10^{-5}
1.05	5.45×10^{-7}	1.75×10^{-6}	4.25×10^{-6}	9.15×10^{-6}	1.75×10^{-5}
1.01	1.41×10^{-8}	6.61×10^{-8}	2.41×10^{-7}	7.11×10^{-7}	1.71×10^{-6}

四、计算举例（IEC 标准）

1. 液体动力噪声计算举例

阀门给定参数

单座球形阀（非多孔内件）为流开，阀门尺寸 $DN\,100$，阀门名义尺寸（公称直径）$d=100\mathrm{mm}=0.1\mathrm{m}$，额定流量系数 $C_{VR}=195$，需求流量系数 $C_V=90$，阀座直径 $d_0=100\mathrm{mm}=0.1\mathrm{m}$，液体压力恢复系数 $F_L=0.92$，阀门类型修正系数 $F_d=0.42$。

管道给定参数

入口管道公称直径 $DN\,100$，出口管道公称直径 $DN\,100$，入口管道直径 $D_i=107.1\mathrm{mm}=0.1071\mathrm{m}$，管道壁厚 $t_s=3.6\mathrm{mm}=0.0036\mathrm{m}$，管道声速 $c_s=5000\mathrm{m/s}$，管道材质密度 $\rho_s=7800\mathrm{kg/m^3}$。

其他参数

空气声速 $c_a=343\mathrm{m/s}$，空气密度 $\rho_a=1.293\mathrm{kg/m^3}$。

计算

根据上述条件，计算三种不同流量下的噪声，具体计算步骤及结果见表 5-5-34。

表 5-5-34 三种不同流量下的噪声计算举例

参数及计算公式	例 1	例 2	例 3
	水	水	水
质量流量 m	$m=30\mathrm{kg/s}$	$m=40\mathrm{kg/s}$	$m=40\mathrm{kg/s}$
阀门入口绝压 p_1	$p_1=10\mathrm{bar}$ $=1.0\times10^6\mathrm{Pa}$	$p_1=10\mathrm{bar}$ $=1.0\times10^6\mathrm{Pa}$	$p_1=10\mathrm{bar}$ $=1.0\times10^6\mathrm{Pa}$
阀门出口绝压 p_2	$p_2=8\mathrm{bar}$ $=8.0\times10^5\mathrm{Pa}$	$p_2=6.5\mathrm{bar}$ $=6.5\times10^5\mathrm{Pa}$	$p_2=6.5\mathrm{bar}$ $=6.5\times10^5\mathrm{Pa}$
介质饱和蒸气压 p_v	$p_v=2.32\times10^3\mathrm{Pa}$	$p_v=2.32\times10^3\mathrm{Pa}$	$p_v=2.32\times10^3\mathrm{Pa}$
液体密度 ρ_1	$\rho_1=997\mathrm{kg/m^3}$	$\rho_1=997\mathrm{kg/m^3}$	$\rho_1=997\mathrm{kg/m^3}$
介质声速 c_1	$c_1=1400\mathrm{m/s}$	$c_1=1400\mathrm{m/s}$	$c_1=1400\mathrm{m/s}$

续表

参数及计算公式	例 1	例 2	例 3
	水	水	水
(1)压差比 $x_F = \dfrac{p_1 - p_2}{p_1 - p_v}$	$x_F = 0.3508$	$x_F = 0.3508$	$x_F = 0.3508$
(2)用于射流速度计算的压差值 Δp_c $p_1 - p_2$ 与 $F_L^2(p_1 - p_v)$ 的较小值	$x_F(p_1 - p_2)$ $= 2.0 \times 10^5 \mathrm{Pa}$ $F_L^2(p_1 - p_v)$ $= 8.44 \times 10^5 \mathrm{Pa}$ $\Rightarrow \Delta p_c = 2.0 \times 10^5 \mathrm{Pa}$	$x_F(p_1 - p_2)$ $= 3.5 \times 10^5 \mathrm{Pa}$ $F_L^2(p_1 - p_v)$ $= 8.44 \times 10^5 \mathrm{Pa}$ $\Rightarrow \Delta p_c = 3.5 \times 10^5 \mathrm{Pa}$	$x_F(p_1 - p_2)$ $= 3.5 \times 10^5 \mathrm{Pa}$ $F_L^2(p_1 - p_v)$ $= 8.44 \times 10^5 \mathrm{Pa}$ $\Rightarrow \Delta p_c = 3.5 \times 10^5 \mathrm{Pa}$
(3)特征压力比 x_{Fz} (非多孔阀件时) $x_{Fz} = \dfrac{0.90}{\sqrt{1 + 3F_d \sqrt{\dfrac{C}{N_{34} F_L}}}}$ (多孔阀件时) $x_{Fz} = \dfrac{1}{\sqrt{4.5 + 1650 \dfrac{N_0 d_H^2}{F_L}}}$	$C = C_V = 90$ $N_{34} = 1.17$ $\Rightarrow x_{Fz} = 0.2543$	$C = C_V = 90$ $N_{34} = 1.17$ $\Rightarrow x_{Fz} = 0.2543$	根据例 2 结果偏移 0.1 个声压等级 $x_{Fz} = x_{Fz} + 0.1$ $\Rightarrow x_{Fz} = 0.3543$
(4)特征压力比修正值 $x_{Fzp1} = x_{Fz} \left(\dfrac{6 \times 10^5}{P_1} \right)^{0.125}$	$x_{Fzp1} = 0.2386$	$x_{Fzp1} = 0.2386$	$x_{Fzp1} = 0.3324$
(5)射流直径 $D_j = N_{14} F_d \sqrt{CF_L}$	$C = C_V = 90$ $N_{14} = 0.0046$ $\Rightarrow D_j = 0.01758\mathrm{m}$	$C = C_V = 90$ $N_{14} = 0.0046$ $\Rightarrow D_j = 0.01758\mathrm{m}$	$C = C_V = 90$ $N_{14} = 0.0046$ $\Rightarrow D_j = 0.01758\mathrm{m}$
(6)射流处流速 $U_{VC} = \dfrac{1}{F_L} \sqrt{\dfrac{2\Delta P_c}{\rho_L}}$	$U_{VC} = 21.772\mathrm{m/s}$	$U_{VC} = 28.801\mathrm{m/s}$	$U_{VC} = 28.801\mathrm{m/s}$
(7)阀门机械功率 $W_m = \dfrac{mU_{VC}^2 F_L^2}{2}$	$W_m = 6018.05\mathrm{W}$	$W_m = 14042.1\mathrm{W}$	$W_m = 14042.1\mathrm{W}$
(8)流体条件判定	$x_F = 0.2005$ $x_{Fzp1} = 0.2386$ $x_F \leqslant x_{Fzp1}$ $\Rightarrow$ 紊流	$x_F = 0.3508$ $x_{Fzp1} = 0.2386$ $x_{Fzp1} < x_F < 1$ $\Rightarrow$ 空化	$x_F = 0.3508$ $x_{Fzp1} = 0.3324$ $x_{Fzp1} < x_F < 1$ $\Rightarrow$ 空化
(9)声效系数(紊流) η_{turb} $\eta_{turb} = 10^{A_\eta} \left(\dfrac{U_{VC}}{c_1} \right)$	$\eta_{turb} = 3.906 \times 10^{-7}$ 查表 5-5-23 求得 $A_\eta = -4.6$	$\eta_{turb} = 5.168 \times 10^{-7}$ 查表 5-5-23 求得 $A_\eta = -4.6$	$\eta_{turb} = 5.168 \times 10^{-7}$ 查表 5-5-23 求得 $A_\eta = -4.6$
(10)声效系数(空化) η_{cav} $\eta_{cav} = 0.32\eta_{turb} \sqrt{\dfrac{P_1 - P_2}{\Delta P_C} \dfrac{1}{x_{Fzp1}}} \cdot \mathrm{e}^{5x_{Fzp1}} \cdot$ $\sqrt{\dfrac{1 - x_{Fzp1}}{1 - x_F}} \left(\dfrac{x_F}{x_{Fzp1}} \right)^5 (x_F - x_{Fzp1})^{\frac{3}{2}}$		$\eta_{cav} = 3.121 \times 10^{-7}$	$\eta_{cav} = 5.005 \times 10^{-9}$
(11)声功率(紊流) $W_a = \eta_{turb} W_m$	$W_a = 0.002351\mathrm{W}$		
(12)声功率(空化) $W_a = (\eta_{turb} + \eta_{cav}) W_m$		$W_a = 0.01164\mathrm{W}$	$W_a = 0.007327\mathrm{W}$
(13)内部声压等级 $L_{pi} = 10\log_{10} \left(\dfrac{3.2 \times 10^9 W_a \rho_1 c_1}{D_i^2} \right)$	$L_{pi} = 149.616\mathrm{dB}$	$L_{pi} = 156.563\mathrm{dB}$	$L_{pi} = 154.553\mathrm{dB}$
(14)斯特罗哈数 $St_p = \dfrac{0.036 F_L^2 CF_d^{0.75}}{N_{34} X_{Fzp1}^{1.5} Dd_0} \left[\dfrac{1}{P_1 - P_v} \right]^{0.57}$	$C = C_V = 90$ $N_{34} = 1.17$ $\Rightarrow St_p = 0.399$	$C = C_V = 90$ $N_{34} = 1.17$ $\Rightarrow St_p = 0.399$	$C = C_V = 90$ $N_{34} = 1.17$ $\Rightarrow St_p = 0.243$

参数及计算公式	例1		例2		例3	
	水		水		水	
(15)尖峰频率(紊流) $f_{\mathrm{p,turb}} = St_{\mathrm{p}} \dfrac{U_{\mathrm{VC}}}{D_j}$	$f_{\mathrm{p,turb}} = 494.6\,\mathrm{Hz}$		$f_{\mathrm{p,turb}} = 654.35\,\mathrm{Hz}$		$f_{\mathrm{p,turb}} = 397.93\,\mathrm{Hz}$	
(16)尖峰频率(空化) $f_{\mathrm{p,cav}} = 6 f_{\mathrm{p,turb}} \left(\dfrac{1-x_{\mathrm{F}}}{1-x_{\mathrm{Fzp1}}}\right)^2 \left(\dfrac{x_{\mathrm{Fzp1}}}{x_{\mathrm{F}}}\right)^{2.5}$			$f_{\mathrm{p,cav}} = 1088.94\,\mathrm{Hz}$		$f_{\mathrm{p,cav}} = 1973.43\,\mathrm{Hz}$	
(17)环频率 $f_{\mathrm{r}} = \dfrac{c_{\mathrm{s}}}{\pi D_i}$	$f_{\mathrm{r}} = 14860.406\,\mathrm{Hz}$		$f_{\mathrm{r}} = 14860.406\,\mathrm{Hz}$		$f_{\mathrm{r}} = 14860.406\,\mathrm{Hz}$	
(18)环频率下的最小传输损失 TL_{fr} $TL_{\mathrm{fr}} = -10 - 10\lg\left(\dfrac{c_{\mathrm{s}}\rho_{\mathrm{s}}t_{\mathrm{s}}}{c_{\mathrm{a}}\rho_{\mathrm{a}}D_i}\right)$	$TL_{\mathrm{fr}} = -44.71\,\mathrm{dB}$		$TL_{\mathrm{fr}} = -44.71\,\mathrm{dB}$		$TL_{\mathrm{fr}} = -44.71\,\mathrm{dB}$	
	i	$F_{\mathrm{turb}}(f_i)/\mathrm{dB}$	i	$F_{\mathrm{turb}}(f_i)/\mathrm{dB}$	i	$F_{\mathrm{turb}}(f_i)/\mathrm{dB}$
	1	-23.975	1	-25.189	1	-23.029
	2	-22.902	2	-24.117	2	-21.957
	3	-21.933	3	-23.148	3	-20.988
	4	-20.964	4	-22.179	4	-20.019
	5	-19.960	5	-21.175	5	-19.015
	6	-18.922	6	-20.138	6	-17.978
	7	-17.953	7	-19.168	7	-17.009
	8	-16.950	8	-18.165	8	-16.005
	9	-15.913	9	-17.127	9	-14.969
	10	-14.945	10	-16.159	10	-14.002
	11	-13.978	11	-15.190	11	-13.039
	12	-12.914	12	-14.121	12	-11.985
	13	-11.962	13	-13.157	13	-11.056
	14	-11.034	14	-12.202	14	-10.185
(19)频率 f_i 分布下的内部声压指数(紊流)$F_{\mathrm{turb}}(f_i)$ $F_{\mathrm{turb}}(f_i) = -8 - 10\lg\left[\dfrac{1}{4}\left(\dfrac{f_i}{f_{\mathrm{p,turb}}}\right)^3 + \left(\dfrac{f_i}{f_{\mathrm{p,turb}}}\right)^{-1}\right]$	15	-10.135	15	-11.233	15	-9.422
	16	-9.363	16	-10.287	16	-8.965
	17	-8.960	17	-9.524	17	-9.112
	18	-9.145	18	-9.010	18	-10.105
	19	-10.243	19	-9.054	19	-12.029
	20	-12.083	20	-9.894	20	-14.400
	21	-14.464	21	-11.553	21	-17.067
	22	-17.430	22	-14.089	22	-20.175
	23	-20.246	23	-16.731	23	-23.043
	24	-23.115	24	-19.524	24	-25.935
	25	-26.111	25	-22.487	25	-28.939
	26	-29.217	26	-25.579	26	-32.049
	27	-32.121	27	-28.479	27	-34.955
	28	-35.132	28	-31.487	28	-37.966
	29	-38.244	29	-34.599	29	-41.078
	30	-41.151	30	-37.505	30	-43.985
	31	-44.058	31	-40.413	31	-46.893
	32	-47.274	32	-43.629	32	-50.109
	33	-50.182	33	-46.536	33	-53.016

参数及计算公式	例1 水	例2 水		例3 水	
		i	$F_{cav}(f_i)$/dB	i	$F_{cav}(f_i)$/dB
		1	-38.101	1	-41.975
		2	-36.493	2	-40.367
		3	-35.040	3	-38.913
		4	-33.586	4	-37.459
		5	-32.080	5	-35.954
		6	-30.524	6	-34.397
		7	-29.071	7	-32.944
		8	-27.565	8	-31.438
		9	-26.009	9	-29.882
		10	-24.556	10	-28.428
		11	-23.103	11	-26.975
		12	-21.497	12	-25.367
		13	-20.046	13	-23.914
		14	-18.599	14	-22.461
(20)频率 f_i 分布下的内部声压指数(空化)$F_{cav}(f_i)$		15	-17.107	15	-20.958
$F_{cav}(f_i)=$		16	-15.578	16	-19.406
$-9-10\lg\left[\dfrac{1}{4}\left(\dfrac{f_i}{f_{p.cav}}\right)^{1.5}+\left(\dfrac{f_i}{f_{p.cav}}\right)^{-1.5}\right]$		17	-14.174	17	-17.961
		18	-12.770	18	-16.473
		19	-11.419	19	-14.954
		20	-10.324	20	-13.567
		21	-9.494	21	12.242
		22	-9.029	22	10.910
		23	-9.103	23	-9.917
		24	-9.634	24	-9.244
		25	-10.563	25	-9.000
		26	-11.792	26	-9.286
		27	-13.085	27	-9.991
		28	-14.503	28	-11.045
		29	-16.104	29	-12.351
		30	-17.447	30	-13.683
		31	-18.889	31	-15.073
		32	-20.405	32	-16.645
		33	-21.943	33	-18.083

参数及计算公式	例1		例2		例3	
	水		水		水	
	i	$L_{pi}(f_i)/\text{dB}$	i	$L_{pi}(f_i)/\text{dB}$	i	$L_{pi}(f_i)/\text{dB}$
	1	125.64	1	129.45	1	131.48
	2	126.71	2	130.54	2	132.55
	3	127.68	3	131.53	3	133.52
	4	128.65	4	132.52	4	134.49
	5	129.66	5	133.54	5	135.50
	6	130.69	6	134.61	6	136.53
	7	131.66	7	135.60	7	137.50
	8	132.67	8	136.64	8	138.51
	9	133.70	9	137.71	9	139.54
	10	134.67	10	138.72	10	140.51
	11	135.64	11	139.73	11	141.47
	12	136.70	12	140.85	12	142.53
	13	137.65	13	141.86	13	143.46
(21)频率 f_i 分布下的内部声压 $L_{pi}(f_i)$	14	138.58	14	142.87	14	144.33
紊流:	15	139.48	15	143.91	15	145.09
$L_{pi}(f_i) = L_{pi} + F_{\text{turb}}(f_i)$	16	140.25	16	144.94	16	145.55
空化:	17	140.66	17	145.80	17	145.40
$L_{pi}(f_i) = L_{pi} + 10\lg$	18	140.47	18	146.48	18	144.42
$\left[\dfrac{\eta_{\text{turb}}}{\eta_{\text{turb}}+\eta_{\text{cav}}}10^{0.1F_{\text{turb}}(f_i)} + \dfrac{\eta_{\text{cav}}}{\eta_{\text{turb}}+\eta_{\text{cav}}}10^{0.1F_{\text{cav}}(f_i)} \right]$	19	139.37	19	146.76	19	142.50
	20	137.53	20	146.51	20	140.16
	21	135.15	21	145.90	21	137.57
	22	132.19	22	145.10	22	134.68
	23	129.37	23	144.31	23	132.26
	24	126.50	24	143.37	24	130.20
	25	123.51	25	142.20	25	128.48
	26	120.40	26	140.82	26	126.98
	27	117.49	27	139.44	27	125.62
	28	114.48	28	137.96	28	124.15
	29	111.37	29	136.41	29	122.58
	30	108.47	30	134.95	30	121.09
	31	105.56	31	133.48	31	119.58
	32	102.34	32	131.86	32	117.92
	33	99.43	33	130.40	33	116.43

参数及计算公式	例1		例2		例3	
	水		水		水	
	i	$\Delta TL(f_i)$/dB	i	$\Delta TL(f_i)$/dB	i	$\Delta TL(f_i)$/dB
	1	-61.502	1	-61.502	1	-61.502
	2	-59.358	2	-59.358	2	-59.358
	3	-57.420	3	-57.420	3	-57.420
	4	-55.482	4	-55.482	4	-55.482
	5	-53.474	5	-53.474	5	-53.474
	6	-51.399	6	-51.399	6	-51.399
	7	-49.461	7	-49.461	7	-49.461
	8	-47.454	8	-47.454	8	-47.454
	9	-45.379	9	-45.379	9	-45.379
	10	-43.441	10	-43.441	10	-43.441
	11	-41.502	11	-41.502	11	-41.502
	12	-39.358	12	-39.358	12	-39.358
	13	-37.420	13	-37.420	13	-37.420
	14	-35.482	14	-35.482	14	-35.482
	15	-33.475	15	-33.475	15	-33.475
(22)频率 f_i 分布下的传输损失部分阻尼系数 $\Delta TL(f_i)$	16	-31.400	16	-31.400	16	-31.400
$\Delta TL(f_i)=-20\lg\left[\left[\dfrac{f_r}{f_i}\right]+\left[\dfrac{f_i}{f_r}\right]^{1.5}\right]$	17	-29.463	17	-29.463	17	-29.463
	18	-27.475	18	-27.457	18	-27.457
	19	-25.385	19	-25.385	19	-25.385
	20	-23.451	20	-23.451	20	-23.451
	21	-21.520	21	-21.520	21	-21.520
	22	-19.391	22	-19.391	22	-19.391
	23	-17.478	23	-17.478	23	-17.478
	24	-15.582	24	-15.582	24	-15.582
	25	-13.652	25	-13.625	25	-13.625
	26	-11.720	26	-11.720	26	-11.720
	27	-10.104	27	-10.014	27	-10.014
	28	-8.415	28	-8.415	28	-8.415
	29	-7.053	29	-7.053	29	-7.053
	30	-6.184	30	-6.184	30	-6.184
	31	-5.846	31	-5.846	31	-5.846
	32	-6.218	32	-6.218	32	-6.218
	33	-7.251	33	7.251	33	-7.251

参数及计算公式	例 1		例 2		例 3	
	水		水		水	
	i	$TL(f_i)$/dB	i	$TL(f_i)$/dB	i	$TL(f_i)$/dB
	1	-106.21	1	-106.21	1	-106.21
	2	-104.07	2	-104.07	2	-104.07
	3	-102.13	3	-102.13	3	-102.13
	4	-100.19	4	-100.19	4	-100.19
	5	-98.18	5	-98.18	5	-98.18
	6	-96.11	6	-96.11	6	-96.11
	7	-94.17	7	-94.17	7	-94.17
	8	-92.16	8	-92.16	8	-92.16
	9	-90.09	9	-90.09	9	-90.09
	10	-88.15	10	-88.15	10	-88.15
	11	-86.21	11	-86.21	11	-86.21
	12	-84.07	12	-84.07	12	-84.07
	13	-82.13	13	-82.13	13	-82.13
	14	-80.19	14	-80.19	14	-80.19
	15	-78.18	15	-78.18	15	-78.18
(23)频率 f_i 分布下的传输损失 $TL(f_i)$ $TL(f_i)=TL_{f_r}+\Delta TL(f_i)$	16	-76.11	16	-76.11	16	-76.11
	17	-74.17	17	-74.17	17	-74.17
	18	-72.16	18	-72.16	18	-72.16
	19	-70.09	19	-70.09	19	-70.09
	20	-68.16	20	-68.16	20	-68.16
	21	-66.23	21	-66.23	21	-66.23
	22	-64.10	22	-64.10	22	-64.10
	23	-62.18	23	-62.18	23	-62.18
	24	-60.29	24	-60.29	24	-60.29
	25	-58.36	25	-58.36	25	-58.36
	26	-56.43	26	-56.43	26	-56.43
	27	-54.72	27	-54.72	27	-54.72
	28	-53.12	28	-53.12	28	-53.12
	29	-51.76	29	-51.76	29	-51.76
	30	-50.89	30	-50.89	30	-50.89
	31	-50.55	31	-50.55	31	-50.55
	32	-50.92	32	-50.92	32	-50.92
	33	-51.96	33	-51.96	33	-51.96

参数及计算公式	例 1		例 2		例 3	
	水		水		水	
	i	$L_{\mathrm{pe,1m}}(f_i)/\mathrm{dB}$	i	$L_{\mathrm{pe,1m}}(f_i)/\mathrm{dB}$	i	$L_{\mathrm{pe,1m}}(f_i)/\mathrm{dB}$
	1	6.762	1	10.574	1	12.602
	2	9.978	2	13.807	2	15.819
	3	12.885	3	16.732	3	18.726
	4	15.793	4	19.658	4	21.633
	5	18.804	5	22.692	5	24.645
	6	21.916	6	25.830	6	27.757
	7	24.824	7	28.764	7	30.664
	8	27.835	8	31.806	8	33.675
	9	30.947	9	34.954	9	36.787
	10	33.853	10	37.897	10	39.692
	11	36.757	11	40.845	11	42.593
	12	39.966	12	44.109	12	45.792
	13	42.856	13	47.062	13	48.659
	14	45.722	14	50.012	14	51.469
(24)给定频率 f_i 分布下的外部声压 $L_{\mathrm{pe,1m}}(f_i)$	15	48.628	15	53.055	15	54.239
$L_{\mathrm{pe,1m}}(f_i)=$	16	51.474	16	56.160	16	56.772
$L_{\mathrm{pi}}(f_i)+TL(f_i)-10\lg\left(\dfrac{D_j+2t_s+2}{D_j+2t_s}\right)$	17	53.815	17	58.964	17	58.564
	18	55.636	18	61.650	18	59.581
	19	56.611	19	63.999	19	59.741
	20	56.704	20	65.684	20	59.333
	21	56.254	21	67.005	21	58.671
	22	55.417	22	68.331	22	57.908
	23	54.515	23	69.455	23	57.400
	24	53.541	24	70.409	24	57.236
	25	52.475	25	71.167	25	57.453
	26	51.302	26	71.722	26	57.882
	27	50.103	27	72.048	27	58.226
	28	48.692	28	72.167	28	58.361
	29	46.941	29	71.974	29	58.153
	30	44.903	30	71.383	30	57.526
	31	42.334	31	70.258	31	56.360
	32	38.746	32	68.269	32	54.328
	33	34.806	33	65.775	33	51.801

续表

参数及计算公式	例1	例2	例3
	水	水	水
(25)计算外部总噪声等级 $L_{pAe,1m}$ $L_{pAe,1m} = 10\lg\sum_{i=1}^{33}10^{L_{pe,1m}(f_i)+\Delta L_A(f_i)}$ $\Delta L_A(f_i)$ 是 A 加权系数,可查表 5-5-24 求得	$L_{pAe,1m}=65.472\text{dB(A)}$	$L_{pAe,1m}=81.582\text{dB(A)}$	$L_{pAe,1m}=69.939\text{dB(A)}$

注:例 3 与例 2 相同,但 x_{Fz} 值被偏移 0.1,这导致一个显著的预测误差,即 $63.98-77.85=-13.87\text{dB}$,如图 5-5-42 所示。因此,基于式(5-5-69)的液体噪声的计算可以产生不确定性,因为它只是一个粗略的估计。

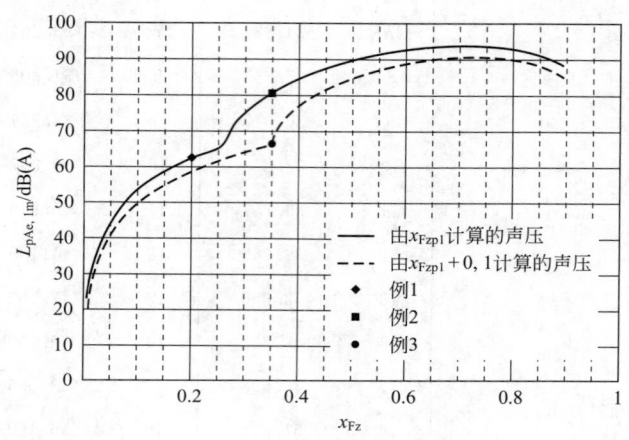

图 5-5-42　x_{Fz} 值对预测误差的影响

2. 气体动力噪声计算举例

阀门给定参数

单座球阀(套筒)安装流向为流开,阀门尺寸见表 5-5-35 中例 1~6 的阀门尺寸,阀门出口直径见表 5-5-35 中例 1~6 的阀门出口直径,额定流量系数 $C_{VR}=195$,需求流量系数见表 5-5-35 中例 1~6 的 C_V,液体压力恢复与管件形状组合修正系数 $F_{LP}=0.792$,套筒流路(开孔)数量 $N_0=6$,单个流路接液或润湿周长 $l_w=181\text{mm}=0.181\text{m}$,单流路面积 $A=0.00137\text{m}^2$,临界压差比系数 $x_T=0.75$。

管道给定参数

入口管道名义内径 $DN\ 200$,出口管道名义外径 $DN\ 200$,管道壁厚 $t_S=8\text{mm}=0.008\text{m}$,管道内径见表 5-5-35 中例 1~6 的管道内径,管道声速 $c_S=5000\text{m/s}$,管道材质密度 $\rho_S=8000\text{kg/m}^3$。

其他参数

空气声速 $C_a=343\text{m/s}$,空气密度 $\rho_a=1.293\text{kg/m}^3$,实际大气压 $p_a=1.01325\text{bar}=1.01325\times10^5\text{Pa}$,标准大气压 $p_S=1.01325\text{bar}=1.01325\times10^5\text{Pa}$,压头(水头)损失系数 $\sum\zeta=0.86$,入口速度压头系数之和 $\zeta_i=1.2$,管道形状修正系数 $F_p=0.98$。

表 5-5-35　气体噪声计算

参数及计算公式	例 1	例 2	例 3	例 4	例 5	例 6
介质	蒸汽	蒸汽	蒸汽	蒸汽	蒸汽	蒸汽
质量流量 m	$m=2.22\text{kg/s}$	$m=2.29\text{kg/s}$	$m=2.59\text{kg/s}$	$m=1.18\text{kg/s}$	$m=1.19\text{kg/s}$	$m=0.89\text{kg/s}$
阀门入口绝压 p_1	$p_1=10\text{bar}$ $=1.0\times10^6\text{Pa}$	$p_1=10\text{bar}$ $=1.0\times10^6\text{Pa}$	$p_1=10\text{bar}$ $=1.0\times10^6\text{Pa}$	$p_1=10\text{bar}$ $=1.0\times10^6\text{Pa}$	$p_1=10\text{bar}$ $=1.0\times10^6\text{Pa}$	$p_1=10\text{bar}$ $=1.0\times10^6\text{Pa}$
阀门出口绝压 p_2	$p_2=7.2\text{bar}$ $=7.2\times10^5\text{Pa}$	$p_2=6.9\text{bar}$ $=6.9\times10^5\text{Pa}$	$p_2=4.8\text{bar}$ $=4.8\times10^5\text{Pa}$	$p_2=4.2\text{bar}$ $=4.2\times10^5\text{Pa}$	$p_2=0.5\text{bar}$ $=5\times10^4\text{Pa}$	$p_2=0.5\text{bar}$ $=5\times10^4\text{Pa}$
流体入口密度 ρ_1	$\rho_1=5.3\text{kg/m}^3$	$\rho_1=5.3\text{kg/m}^3$	$\rho_1=5.3\text{kg/m}^3$	$\rho_1=5.3\text{kg/m}^3$	$\rho_1=5.3\text{kg/m}^3$	$\rho_1=5.3\text{kg/m}^3$
入口绝对温度 T_1	$T_1=177℃=450\text{K}$	$T_1=177℃=450\text{K}$	$T_1=177℃=450\text{K}$	$T_1=177℃=450\text{K}$	$T_1=177℃=450\text{K}$	$T_1=177℃=450\text{K}$
比热比 γ	$\gamma=1.22$	$\gamma=1.22$	$\gamma=1.22$	$\gamma=1.22$	$\gamma=1.22$	$\gamma=1.22$
摩尔质量 M	$M=19.8\text{kg/kmol}$	$M=19.8\text{kg/kmol}$	$M=19.8\text{kg/kmol}$	$M=19.8\text{kg/kmol}$	$M=19.8\text{kg/kmol}$	$M=19.8\text{kg/kmol}$
需求流量系数 C_V	$C_V=90$	$C_V=90$	$C_V=90$	$C_V=40$	$C_V=40$	$C_V=30$
阀门尺寸	DN 100	DN 100	DN 100	DN 200	DN 200	DN 100
阀门出口直径 D	$D=0.1\text{m}$	$D=0.1\text{m}$	$D=0.1\text{m}$	$D=0.2031\text{m}$	$D=0.2031\text{m}$	$D=0.1\text{m}$
管道内径 D_i	$D_i=0.2031\text{m}$	$D_i=0.2031\text{m}$	$D_i=0.2031\text{m}$	$D_i=0.2031\text{m}$	$D_i=0.2031\text{m}$	$D_i=0.15\text{m}$
(1)差压比 $x=\dfrac{p_1-p_2}{p_1}$	$x=0.28$	$x=0.31$	$x=0.52$	$x=0.58$	$x=0.95$	$x=0.95$
(2)亚音速条件下缩流断面处绝对压力 $p_{vc}=p_1\left(1-\dfrac{x}{F_L^2}\right)=p_1-\dfrac{p_1-p_2}{F_L^2}$	$p_{vc}=567787\text{Pa}$	$p_{vc}=521478\text{Pa}$	$p_{vc}=197319\text{Pa}$	$p_{vc}=104702\text{Pa}$	$p_{vc}=-466437\text{Pa}$	$p_{vc}=-466437\text{Pa}$
(3)临界流条件下缩流处差压比 $x_{vcc}=1-\left[\dfrac{2}{\gamma+1}\right]^{\frac{\gamma}{\gamma-1}}$	$x_{vcc}=0.439$	$x_{vcc}=0.439$	$x_{vcc}=0.439$	$x_{vcc}=0.439$	$x_{vcc}=0.439$	$x_{vcc}=0.439$
(4)临界流速条件下的差压比 $x_c=F_L^2 x_{vcc}$	$x_c=0.285$	$x_c=0.285$	$x_c=0.285$	$x_c=0.285$	$x_c=0.285$	$x_c=0.285$
(5)压力恢复修正系数 $\alpha=\dfrac{1-x_{vcc}}{1-x_c}$	$\alpha=0.784$	$\alpha=0.784$	$\alpha=0.784$	$\alpha=0.784$	$\alpha=0.784$	$\alpha=0.784$

续表

参数及计算公式	例1	例2	例3	例4	例5	例6
(6)拐点处的差压比 $x_{\mathrm{B}}=1-\frac{1}{a}\left[\frac{1}{\gamma}\right]^{\frac{\gamma}{\gamma-1}}$	$x_{\mathrm{B}}=0.576$	$x_{\mathrm{B}}=0.576$	$x_{\mathrm{B}}=0.576$	$x_{\mathrm{B}}=0.576$	$x_{\mathrm{B}}=0.576$	$x_{\mathrm{B}}=0.576$
(7)声效系数为常数的区域的差压比 $x_{\mathrm{CE}}=1-\frac{1}{22a}$	$x_{\mathrm{CE}}=0.942$	$x_{\mathrm{CE}}=0.942$	$x_{\mathrm{CE}}=0.942$	$x_{\mathrm{CE}}=0.942$	$x_{\mathrm{CE}}=0.942$	$x_{\mathrm{CE}}=0.942$
(8)判断气体状态：状态Ⅰ、Ⅱ、Ⅲ、Ⅳ、Ⅴ	$x\leqslant x_{\mathrm{C}}$ 状态Ⅰ	$x_{\mathrm{C}}<x\leqslant x_{\mathrm{vcc}}$ 状态Ⅱ	$x_{\mathrm{vcc}}<x\leqslant x_{\mathrm{B}}$ 状态Ⅲ	$x_{\mathrm{B}}<x\leqslant x_{\mathrm{CE}}$ 状态Ⅳ	$x_{\mathrm{CE}}<x$ 状态Ⅴ	$x_{\mathrm{CE}}<x$ 状态Ⅴ
①单流路水力直径 d_{H}	$d_{\mathrm{H}}=0.030\mathrm{m}$	$d_{\mathrm{H}}=0.030\mathrm{m}$	$d_{\mathrm{H}}=0.030\mathrm{m}$	$d_{\mathrm{H}}=0.030\mathrm{m}$	$d_{\mathrm{H}}=0.030\mathrm{m}$	$d_{\mathrm{H}}=0.030\mathrm{m}$
②等效直径 d_0	$d_0=0.010\mathrm{m}$	$d_0=0.010\mathrm{m}$	$d_0=0.010\mathrm{m}$	$d_0=0.010\mathrm{m}$	$d_0=0.010\mathrm{m}$	$d_0=0.010\mathrm{m}$
③阀门类型修正系数 $F_{\mathrm{d}}=\dfrac{d_{\mathrm{H}}}{d_0}$	$F_{\mathrm{d}}=0.30$	$F_{\mathrm{d}}=0.30$	$F_{\mathrm{d}}=0.30$	$F_{\mathrm{d}}=0.30$	$F_{\mathrm{d}}=0.30$	$F_{\mathrm{d}}=0.30$
(9)射流直径 $D_j=N_{14}F_{\mathrm{d}}\sqrt{CF_{\mathrm{L}}}$	$N_{14}=4.6\times10^3$ $D_j=0.012\mathrm{m}$	$N_{14}=4.6\times10^3$ $D_j=0.012\mathrm{m}$	$N_{14}=4.6\times10^3$ $D_j=0.012\mathrm{m}$	$N_{14}=4.6\times10^3$ $D_j=0.008\mathrm{m}$	$N_{14}=4.6\times10^3$ $D_j=0.008\mathrm{m}$	$N_{14}=4.6\times10^3$ $D_j=0.007\mathrm{m}$
(10)状态Ⅰ计算(亚音速条件)						
①质量流量功率 $W_{\mathrm{m}}=\dfrac{m(M_{\mathrm{vc}}c_{\mathrm{vc}})^2}{2}$	$W_{\mathrm{m}}=225385\mathrm{W}$					
②射流绝对温度 $T_{\mathrm{vc}}=T_1\left[1-\dfrac{x}{F_{\mathrm{L}}^2}\right]^{\frac{\gamma-1}{\gamma}}$ 带有附接管件的阀门，用 $F_{\mathrm{LP}}/F_{\mathrm{P}}$ 代替 F_{L}	$T_{\mathrm{vc}}=406\mathrm{K}$					
③射流声速 $c_{\mathrm{vc}}=\sqrt{\gamma\dfrac{p_1}{\rho_1}\left[1-\dfrac{x}{F_{\mathrm{L}}^2}\right]^{\frac{\gamma-1}{\gamma}}}$	$c_{\mathrm{vc}}=455.9\mathrm{m/s}$					

参数及计算公式	例1	例2	例3	例4	例5	例6
④ 在缩流处的马赫数 $$M_{vc}=\sqrt{\frac{2}{\gamma-1}\left[\left[1-\frac{x}{F_L^2}\right]^{\frac{1-\gamma}{\gamma}}-1\right]}$$	$M_{vc}=0.988$					
⑤ 阀门声效系数 $$\eta=(1\times10^{A_\eta})F_L^2 M_{vc}^3$$	$A_\eta=-3.8$ $\Rightarrow\eta_1=9.9\times10^{-5}$					
⑥ 气体声功率 $W_a=\eta W_m$	$W_a=22.3\mathrm{W}$					
⑦ 尖峰频率 $$f_p=\frac{St_p M_{vc} c_{vc}}{D_j}$$	$St_p=0.2\Rightarrow$ $f_p=7778\mathrm{Hz}$					
(11) 状态 II 计算（非亚音速,激波与紊流相互作用）						
① 射流声速 $$c_{vcc}=\sqrt{\frac{2\gamma}{\gamma+1}\times\frac{p_1}{\rho_1}}$$		$c_{vcc}=455.4\mathrm{m/s}$				
② 质量流量功率 $$W_m=\frac{mc_{vcc}^2}{2}$$		$W_m=237447\mathrm{W}$				
③ 自由膨胀射流段的马赫数 $$M_j=\min\left[\sqrt{\frac{2}{\gamma-1}\left[\left[\frac{1}{\alpha(1-x)}\right]^{\frac{\gamma-1}{\gamma}}-1\right]},\sqrt{\frac{2}{\gamma-1}\left[[22]^{\frac{\gamma-1}{\gamma}}-1\right]}\right]$$		$M_j=\mathrm{Min}(1.03;2.6)$ $=1.03$				
④ 气体声功率 $W_a=\eta W_m$		$W_a=30.4\mathrm{W}$				
⑤ 尖峰频率 $$f_p=\frac{St_p M_{vcc} c_{vcc}}{D_j}$$		$St_p=0.2\Rightarrow$ $f_p=8115\mathrm{Hz}$				
(12) 状态 III 计算（超音速）						
① 缩流声速 $$c_{vcc}=\sqrt{\frac{2\gamma}{\gamma+1}\times\frac{p_1}{\rho_1}}$$			$c_{vcc}=455.4\mathrm{m/s}$			

续表

参数及计算公式	例 1	例 2	例 3	例 4	例 5	例 6
②质量流量功率 $W_m = \dfrac{mc_{vcc}^2}{2}$			$W_m = 268553W$			
③自由膨胀射流段的马赫数 $$M_j = \min\left[\sqrt{\frac{2}{\gamma-1}\left[\left[\frac{1}{\alpha(1-x)}\right]^{\frac{\gamma-1}{\gamma}}-1\right]}\ \sqrt{\frac{2}{\gamma-1}\left[[22]^{\frac{\gamma-1}{\gamma}}-1\right]}\right]$$			$M_j = \text{Min}(1.32; 2.6)$ $= 1.32$			
④阀门声效系数 $\eta = (1\times10^{A_\eta})M_j^{6.6}F_L^2$ 带有附接管件的阀门,用 F_{LP}/F_P 代替 F_L			$A_\eta = -3.8 \Rightarrow \eta_3 = 5.3\times10^{-4}$			
⑤气体声功率 $W_a = \eta W_m$			$W_a = 141.3W$			
⑥尖峰频率 $f_p = \dfrac{St_p M_{vcc} c_{vcc}}{D_j}$			$St_p = 0.2$ $\Rightarrow f_p = 10047Hz$			
(13)状态Ⅳ计算(马赫面形成,分子碰撞减少,激波素流作用占主要因素) ①射流声速 $c_{vcc} = \sqrt{\dfrac{2\gamma}{\gamma+1}\times\dfrac{p_1}{\rho_1}}$				$c_{vcc} = 455.4 m/s$		
②质量流量功率 $W_m = \dfrac{mc_{vcc}^2}{2}$				$W_m = 122353W$		
③自由膨胀射流段的马赫数 $$M_j = \min\left[\sqrt{\frac{2}{\gamma-1}\left[\left[\frac{1}{\alpha(1-x)}\right]^{\frac{\gamma-1}{\gamma}}-1\right]}\ \sqrt{\frac{2}{\gamma-1}\left[[22]^{\frac{\gamma-1}{\gamma}}-1\right]}\right]$$				$M_j = \text{Min}(1.42; 2.6)$ $= 1.42$		
④阀门声效系数 $\eta = (1\times10^{A_\eta})\left[\dfrac{M_j^2}{2}\right](\sqrt{2})^{6.6}F_L^2$ 带有附接管件的阀门,用 F_{LP}/F_P 代替 F_L				$A_\eta = -3.8 \Rightarrow$ $\eta_4 = 7.0\times10^{-4}$		

参数及计算公式	例1	例2	例3	例4	例5	例6
⑤气体声功率用 $W_a = \eta W_m$				$A_\eta = 86.1W$		
⑥尖峰频率 $f_p = \dfrac{1.4 St_p c_{vcc}}{D_j \sqrt{M_j^2-1}}$				$St_p = 0.2 \Rightarrow$ $f_p = 1368\text{Hz}$		
(14)状态Ⅴ计算						
①射流声 $c_{vcc} = \sqrt{\dfrac{2\gamma}{\gamma+1}\times\dfrac{p_1}{\rho_1}}$					$c_{vcc}=455.4\text{m/s}$	$c_{vcc}=455.4\text{m/s}$
②质量流量功率 $W_m = \dfrac{mc_{vcc}^2}{2}$					$W_m=123389\text{W}$	$W_m=92283\text{W}$
③自由膨胀射流段的马赫数 $M_j = \min\left[\sqrt{\dfrac{2}{\gamma-1}\left[\left[\dfrac{1}{\alpha(1-x)}\right]^{\frac{\gamma-1}{\gamma}}-1\right]}\ ; \sqrt{\dfrac{2}{\gamma-1}\left[[22]^{\frac{\gamma-1}{\gamma}}-1\right]}\right]$					$M_j = \text{Min}(2.7;2.6)$ $=2.6$	$M_j = \text{Min}(2.7;2.6)$ $=2.6$
④阀门声效系数 $\eta = (1\times10^{A\eta})\left[\dfrac{M_j^2}{2}\right]^{6.6F_L^2}(\sqrt{2})$ 带有附接管件的阀门，用 F_{LP}/F_P 代替 F_L					$A_\eta = -3.8 \Rightarrow$ $\mu_5=2.4\times10^{-3}$	$A_\eta = -3.8 \Rightarrow$ $\mu_5=2.4\times10^{-3}$
⑤气体声功率 $W_a = \eta W_m$					$W_a=291.9\text{W}$	$W_a=218.3\text{W}$
⑥尖峰频率 $f_p=\dfrac{1.4 St_p c_{vcc}}{D_j\sqrt{M_j^2-1}}$					$St_p=0.2 \Rightarrow$ $f_p=6864\text{Hz}$	$St_p=0.2 \Rightarrow$ $f_p=6864\text{Hz}$
(15)噪声计算						
①出口密度 $\rho_2 = \rho_1\left(\dfrac{p_2}{p_1}\right)$	$\rho_2=3.8\text{kg/m}^3$	$\rho_2=3.7\text{kg/m}^3$	$\rho_2=2.5\text{kg/m}^3$	$\rho_2=2.2\text{kg/m}^3$	$\rho_2=0.3\text{kg/m}^3$	$\rho_2=0.3\text{kg/m}^3$

参数及计算公式	例 1	例 2	例 3	例 4	例 5	例 6
②下游声速 $c_2 = \sqrt{\dfrac{\gamma R T_2}{M}}$	$R=8314\text{J/kmol}\cdot\text{K}$ $\Rightarrow$ $c_2=480\text{m/s}$	$R=8314\text{J/kmol}\cdot\text{K}$ $\Rightarrow$ $c_2=480\text{m/s}$	$R=8314\text{J/kmol}\cdot\text{K}$ $\Rightarrow$ $c_2=480\text{m/s}$	$R=8314\text{J/kmol}\cdot\text{K}$ $\Rightarrow$ $c_2=480\text{m/s}$	$R=8314\text{J/kmol}\cdot\text{K}$ $\Rightarrow$ $c_2=480\text{m/s}$	$R=8314\text{J/kmol}\cdot\text{K}$ $\Rightarrow$ $c_2=480\text{m/s}$
③阀出口马赫数 $M_0 = \dfrac{4m}{\pi D^2 \rho_2 c_2}$	$M_0=0.15<0.3\Rightarrow$ 满足要求	$M_0=0.17<0.3\Rightarrow$ 满足要求	$M_0=0.27<0.3\Rightarrow$ 满足要求	$M_0=0.03<0.3\Rightarrow$ 满足要求	$M_0=0.29<0.3\Rightarrow$ 满足要求	$M_0=0.89>0.3$ 需要根据表中步骤 (16)~(24) 进行再修正
④下游管道马赫数 $M_2 = \dfrac{4m}{\pi D_i^2 \rho_2 c_2} < 0.3$ 若不满足，令 $M_2=0.3$	$M_2=0.04<0.3\Rightarrow$ $M_2=0.04$	$M_2=0.04<0.3\Rightarrow$ $M_2=0.04$	$M_2=0.07<0.3\Rightarrow$ $M_2=0.07$	$M_2=0.03<0.3\Rightarrow$ $M_2=0.03$	$M_2=0.29<0.3\Rightarrow$ $M_2=0.29$	$M_2=0.4>0.3\Rightarrow$ $M_2=0.3$
⑤马赫数修正 $L_g = 16\lg\left[\dfrac{1}{1-M_2}\right]$	$L_g=0.26\text{dB}$	$L_g=0.29\text{dB}$	$L_g=0.47\text{dB}$	$L_g=0.24\text{dB}$	$L_g=2.4\text{dB}$	$L_g=2.5\text{dB}$
⑥管道内部总声压 $L_{pi} = 10\lg\left[\dfrac{(3.2\times10^9)W_a\rho_2 c_2}{D_i^2}\right] + L_g$	$L_{pi}=155.3\text{dB}$	$L_{pi}=156.5\text{dB}$	$L_{pi}=161.7\text{dB}$	$L_{pi}=158.8\text{dB}$	$L_{pi}=157\text{dB}$	$L_{pi}=158.4\text{dB}$
⑦频率相关内部声压级 (三分之一倍频程:12.5Hz 级 58.4Hz) $L_{pi}(f_i) = L_{pi} - 8 -$ $10\lg\left\{\left[1+\left(\dfrac{f_i}{2f_p}\right)^{2.5}\right] \times \left[1+\left(\dfrac{f_p}{2f_i}\right)^{1.7}\right]\right\}$	$L_{pi,1}=105\text{dB}$ $L_{pi,2}=107\text{dB}$ $L_{pi,3}=108\text{dB}$ $L_{pi,4}=110\text{dB}$ $L_{pi,5}=112\text{dB}$ $L_{pi,6}=113\text{dB}$ $L_{pi,7}=115\text{dB}$ $L_{pi,8}=117\text{dB}$ $L_{pi,9}=119\text{dB}$ $L_{pi,10}=120\text{dB}$ $L_{pi,11}=122\text{dB}$ $L_{pi,12}=124\text{dB}$ $L_{pi,13}=125\text{dB}$ $L_{pi,14}=127\text{dB}$	$L_{pi,1}=106\text{dB}$ $L_{pi,2}=108\text{dB}$ $L_{pi,3}=109\text{dB}$ $L_{pi,4}=111\text{dB}$ $L_{pi,5}=113\text{dB}$ $L_{pi,6}=114\text{dB}$ $L_{pi,7}=116\text{dB}$ $L_{pi,8}=118\text{dB}$ $L_{pi,9}=119\text{dB}$ $L_{pi,10}=121\text{dB}$ $L_{pi,11}=123\text{dB}$ $L_{pi,12}=125\text{dB}$ $L_{pi,13}=126\text{dB}$ $L_{pi,14}=128\text{dB}$	$L_{pi,1}=109\text{dB}$ $L_{pi,2}=111\text{dB}$ $L_{pi,3}=113\text{dB}$ $L_{pi,4}=114\text{dB}$ $L_{pi,5}=116\text{dB}$ $L_{pi,6}=118\text{dB}$ $L_{pi,7}=119\text{dB}$ $L_{pi,8}=121\text{dB}$ $L_{pi,9}=123\text{dB}$ $L_{pi,10}=125\text{dB}$ $L_{pi,11}=126\text{dB}$ $L_{pi,12}=128\text{dB}$ $L_{pi,13}=130\text{dB}$ $L_{pi,14}=131\text{dB}$	$L_{pi,1}=103\text{dB}$ $L_{pi,2}=105\text{dB}$ $L_{pi,3}=106\text{dB}$ $L_{pi,4}=108\text{dB}$ $L_{pi,5}=110\text{dB}$ $L_{pi,6}=111\text{dB}$ $L_{pi,7}=113\text{dB}$ $L_{pi,8}=115\text{dB}$ $L_{pi,9}=117\text{dB}$ $L_{pi,10}=118\text{dB}$ $L_{pi,11}=120\text{dB}$ $L_{pi,12}=122\text{dB}$ $L_{pi,13}=123\text{dB}$ $L_{pi,14}=125\text{dB}$	$L_{pi,1}=108\text{dB}$ $L_{pi,2}=109\text{dB}$ $L_{pi,3}=111\text{dB}$ $L_{pi,4}=114\text{dB}$ $L_{pi,5}=114\text{dB}$ $L_{pi,6}=116\text{dB}$ $L_{pi,7}=118\text{dB}$ $L_{pi,8}=119\text{dB}$ $L_{pi,9}=121\text{dB}$ $L_{pi,10}=123\text{dB}$ $L_{pi,11}=124\text{dB}$ $L_{pi,12}=126\text{dB}$ $L_{pi,13}=128\text{dB}$ $L_{pi,14}=130\text{dB}$	$L_{pi,1}=108\text{dB}$ $L_{pi,2}=110\text{dB}$ $L_{pi,3}=111\text{dB}$ $L_{pi,4}=113\text{dB}$ $L_{pi,5}=115\text{dB}$ $L_{pi,6}=117\text{dB}$ $L_{pi,7}=118\text{dB}$ $L_{pi,8}=120\text{dB}$ $L_{pi,9}=122\text{dB}$ $L_{pi,10}=123\text{dB}$ $L_{pi,11}=125\text{dB}$ $L_{pi,12}=127\text{dB}$ $L_{pi,13}=128\text{dB}$ $L_{pi,14}=130\text{dB}$

续表

参数及计算公式	例 1	例 2	例 3	例 4	例 5	例 6
⑦频率相关内部声压级 （三分之一倍频程:12.5Hz 级 58.4Hz） $L_{pi}(f_i)=L_{pi}-8-$ $10\lg\left\{\left[1+\left(\dfrac{f_i}{2f_p}\right)^{2.5}\right]\times\left[1+\left(\dfrac{f_p}{2f_i}\right)^{1.7}\right]\right\}$	$L_{pi\cdot15}=129\text{dB}$ $L_{pi\cdot16}=130\text{dB}$ $L_{pi\cdot17}=132\text{dB}$ $L_{pi\cdot18}=134\text{dB}$ $L_{pi\cdot19}=135\text{dB}$ $L_{pi\cdot20}=137\text{dB}$ $L_{pi\cdot21}=138\text{dB}$ $L_{pi\cdot22}=140\text{dB}$ $L_{pi\cdot23}=141\text{dB}$ $L_{pi\cdot24}=142\text{dB}$ $L_{pi\cdot25}=143\text{dB}$ $L_{pi\cdot26}=144\text{dB}$ $L_{pi\cdot27}=145\text{dB}$ $L_{pi\cdot28}=145\text{dB}$ $L_{pi\cdot29}=145\text{dB}$ $L_{pi\cdot30}=145\text{dB}$ $L_{pi\cdot31}=145\text{dB}$ $L_{pi\cdot32}=144\text{dB}$ $L_{pi\cdot33}=142\text{dB}$	$L_{pi\cdot15}=130\text{dB}$ $L_{pi\cdot16}=131\text{dB}$ $L_{pi\cdot17}=133\text{dB}$ $L_{pi\cdot18}=135\text{dB}$ $L_{pi\cdot19}=136\text{dB}$ $L_{pi\cdot20}=138\text{dB}$ $L_{pi\cdot21}=139\text{dB}$ $L_{pi\cdot22}=141\text{dB}$ $L_{pi\cdot23}=142\text{dB}$ $L_{pi\cdot24}=143\text{dB}$ $L_{pi\cdot25}=144\text{dB}$ $L_{pi\cdot26}=145\text{dB}$ $L_{pi\cdot27}=146\text{dB}$ $L_{pi\cdot28}=146\text{dB}$ $L_{pi\cdot29}=147\text{dB}$ $L_{pi\cdot30}=146\text{dB}$ $L_{pi\cdot31}=146\text{dB}$ $L_{pi\cdot32}=145\text{dB}$ $L_{pi\cdot33}=144\text{dB}$	$L_{pi\cdot15}=133\text{dB}$ $L_{pi\cdot16}=135\text{dB}$ $L_{pi\cdot17}=136\text{dB}$ $L_{pi\cdot18}=138\text{dB}$ $L_{pi\cdot19}=140\text{dB}$ $L_{pi\cdot20}=141\text{dB}$ $L_{pi\cdot21}=143\text{dB}$ $L_{pi\cdot22}=144\text{dB}$ $L_{pi\cdot23}=146\text{dB}$ $L_{pi\cdot24}=147\text{dB}$ $L_{pi\cdot25}=148\text{dB}$ $L_{pi\cdot26}=150\text{dB}$ $L_{pi\cdot27}=150\text{dB}$ $L_{pi\cdot28}=151\text{dB}$ $L_{pi\cdot29}=152\text{dB}$ $L_{pi\cdot30}=152\text{dB}$ $L_{pi\cdot31}=152\text{dB}$ $L_{pi\cdot32}=151\text{dB}$ $L_{pi\cdot33}=151\text{dB}$	$L_{pi\cdot15}=127\text{dB}$ $L_{pi\cdot16}=128\text{dB}$ $L_{pi\cdot17}=130\text{dB}$ $L_{pi\cdot18}=132\text{dB}$ $L_{pi\cdot19}=134\text{dB}$ $L_{pi\cdot20}=135\text{dB}$ $L_{pi\cdot21}=137\text{dB}$ $L_{pi\cdot22}=138\text{dB}$ $L_{pi\cdot23}=140\text{dB}$ $L_{pi\cdot24}=141\text{dB}$ $L_{pi\cdot25}=143\text{dB}$ $L_{pi\cdot26}=144\text{dB}$ $L_{pi\cdot27}=146\text{dB}$ $L_{pi\cdot28}=147\text{dB}$ $L_{pi\cdot29}=148\text{dB}$ $L_{pi\cdot30}=148\text{dB}$ $L_{pi\cdot31}=149\text{dB}$ $L_{pi\cdot32}=149\text{dB}$ $L_{pi\cdot33}=149\text{dB}$	$L_{pi\cdot15}=131\text{dB}$ $L_{pi\cdot16}=133\text{dB}$ $L_{pi\cdot17}=135\text{dB}$ $L_{pi\cdot18}=136\text{dB}$ $L_{pi\cdot19}=138\text{dB}$ $L_{pi\cdot20}=139\text{dB}$ $L_{pi\cdot21}=141\text{dB}$ $L_{pi\cdot22}=142\text{dB}$ $L_{pi\cdot23}=143\text{dB}$ $L_{pi\cdot24}=145\text{dB}$ $L_{pi\cdot25}=146\text{dB}$ $L_{pi\cdot26}=146\text{dB}$ $L_{pi\cdot27}=147\text{dB}$ $L_{pi\cdot28}=147\text{dB}$ $L_{pi\cdot29}=147\text{dB}$ $L_{pi\cdot30}=147\text{dB}$ $L_{pi\cdot31}=146\text{dB}$ $L_{pi\cdot32}=145\text{dB}$ $L_{pi\cdot33}=143\text{dB}$	$L_{pi\cdot15}=132\text{dB}$ $L_{pi\cdot16}=133\text{dB}$ $L_{pi\cdot17}=135\text{dB}$ $L_{pi\cdot18}=137\text{dB}$ $L_{pi\cdot19}=138\text{dB}$ $L_{pi\cdot20}=140\text{dB}$ $L_{pi\cdot21}=141\text{dB}$ $L_{pi\cdot22}=143\text{dB}$ $L_{pi\cdot23}=144\text{dB}$ $L_{pi\cdot24}=145\text{dB}$ $L_{pi\cdot25}=146\text{dB}$ $L_{pi\cdot26}=147\text{dB}$ $L_{pi\cdot27}=148\text{dB}$ $L_{pi\cdot28}=148\text{dB}$ $L_{pi\cdot29}=149\text{dB}$ $L_{pi\cdot30}=148\text{dB}$ $L_{pi\cdot31}=148\text{dB}$ $L_{pi\cdot32}=147\text{dB}$ $L_{pi\cdot33}=146\text{dB}$
注释	$M_0<0.3$ 满足要求	$M_0<0.3$ 满足要求	$M_0<0.3$ 满足要求	$M_0<0.3$ 满足要求	$M_0<0.3$ 满足要求	$M_0>0.3$ 需要表中步骤(16)～ (24)的修正计算
步骤(16)～(24)中马赫数大于 0.3，修正计算	例 1	例 2	例 3	例 4	例 5	例 6
(16)管道下游气体流速 $U_p=\dfrac{4m}{\pi\rho_2 D_i^2}\leqslant 0.8c_2$						$U_p=190\text{m/s}$
(17)入口扩径处流速 $U_R=\dfrac{U_p D_i^2}{\beta d_i^2}\leqslant c_2$						假设 $d_i=D$ 且 $\beta=0.93$ $\Rightarrow U_R=460\text{m/s}$
(18)在扩径处的转换气流功率 $W_{mR}=\dfrac{m U_R^2}{2}\left[\left(1-\left(\dfrac{d_i^2}{D_i^2}\right)^2\right)+0.2\right]$						$W_{mR}=47854\text{W}$

续表

步骤(16)～(24)中马赫数大于0.3，修正计算	例1	例2	例3	例4	例5	例6
(19)阀出口或扩径接头小头处的峰值频率 $f_{pR} = \dfrac{St_p U_R}{d_i}$						$f_{pR} = 920\,Hz$
在扩径件入口的马赫数 $M_R = \dfrac{U_R}{c_2}$						$M_R = 0.96$
(20)在扩径处由出口流量产生噪声的声效系数 $\eta_R = (1×10^{A_\eta}) M_R^3$						$\eta_R = 8.8×10^{-4}$
在扩径件入口的马赫数 $M_R = \dfrac{U_R}{c_2}$						$M_R = 0.96$
(21)由出口流量和传播下游产生的噪声功率 $W_{aR} = \eta_R × W_{mR}$						$W_{aR} = 42.0\,W$
(22)在扩径处由出口流量产生在管壁内的整体内声压水平 $L_{piR} = 10\lg\left[\dfrac{3.2×10^9 W_{aR}\rho_2 c_2}{D_i^2}\right] + L_g$						$L_{piR} = 151\,dB$
(23)渐扩管出口流量产生管壁噪声频率相关内部声压级 (三分之一倍频程:12.5～20000Hz) $L_{piR}(f_i) = L_{piR} - 8$ $-10\lg\left\{\left[1+\left(\dfrac{f_i}{2f_{pR}}\right)^{2.5}\right] × \left[1+\left(\dfrac{f_{pR}}{2f_i}\right)^{1.7}\right]\right\}$						$L_{piR,1} = 117\,dB$ $L_{piR,2} = 118\,dB$ $L_{piR,3} = 120\,dB$ $L_{piR,4} = 122\,dB$ $L_{piR,5} = 123\,dB$ $L_{piR,6} = 125\,dB$ $L_{piR,7} = 127\,dB$ $L_{piR,8} = 128\,dB$ $L_{piR,9} = 130\,dB$ $L_{piR,10} = 132\,dB$ $L_{piR,11} = 133\,dB$ $L_{piR,12} = 135\,dB$

续表

	例 1	例 2	例 3	例 4	例 5	例 6
步骤(16)～(24)中马赫数大于 0.3,修正计算						
(23) 渐扩管出口流量产生管壁噪声频率相关内部声压级 (三分之一倍频程:12.5～20000Hz) $L_{piR}(f_i)=L_{piR}-8$ $-10\lg\left\{\left[1+\left(\dfrac{f_i}{2f_{pR}}\right)^{2.5}\right]\times\left[1+\left(\dfrac{f_{pR}}{2f_i}\right)^{1.7}\right]\right\}$						$L_{piR,13}=136$dB $L_{piR,14}=137$dB $L_{piR,15}=139$dB $L_{piR,16}=140$dB $L_{piR,17}=140$dB $L_{piR,18}=141$dB $L_{piR,19}=141$dB $L_{piR,20}=141$dB $L_{piR,21}=141$dB $L_{piR,22}=140$dB $L_{piR,23}=139$dB $L_{piR,24}=138$dB $L_{piR,25}=136$dB $L_{piR,26}=134$dB $L_{piR,27}=132$dB $L_{piR,28}=130$dB $L_{piR,29}=127$dB $L_{piR,30}=125$dB $L_{piR,31}=122$dB $L_{piR,32}=120$dB $L_{piR,33}=117$dB
(24) 阀内件和渐扩管引起的管壁内部组合频率声压级 (三分之一倍频程:12.5～20000Hz) $L_{piS}(f_i)=10\lg(10^{L_{pi}(f_i)/10}+10^{L_{piR}(f_i)/10})$						$L_{piS,1}=117$dB $L_{piS,2}=119$dB $L_{piS,3}=121$dB $L_{piS,4}=122$dB $L_{piS,5}=124$dB $L_{piS,6}=126$dB $L_{piS,7}=127$dB $L_{piS,8}=129$dB $L_{piS,9}=131$dB $L_{piS,10}=132$dB $L_{piS,11}=134$dB

公式	例 1	例 2	例 3	例 4	例 5	例 6
步骤(16)~(24)中马赫数大于 0.3：修正计算						
(24)阀内伴和渐扩管引起的管壁内部组合频率声压级 (三分之一倍频程：12.5~20000Hz) $L_{piS}(f_i)=10\lg(10^{L_{piV}(f_i)/10}+10^{L_{piR}(f_i)/10})$						$L_{piS,12}=135\mathrm{dB}$ $L_{piS,13}=137\mathrm{dB}$ $L_{piS,14}=138\mathrm{dB}$ $L_{piS,15}=139\mathrm{dB}$ $L_{piS,16}=141\mathrm{dB}$ $L_{piS,17}=142\mathrm{dB}$ $L_{piS,18}=142\mathrm{dB}$ $L_{piS,19}=143\mathrm{dB}$ $L_{piS,20}=144\mathrm{dB}$ $L_{piS,21}=144\mathrm{dB}$ $L_{piS,22}=145\mathrm{dB}$ $L_{piS,23}=145\mathrm{dB}$ $L_{piS,24}=146\mathrm{dB}$ $L_{piS,25}=147\mathrm{dB}$ $L_{piS,26}=148\mathrm{dB}$ $L_{piS,27}=148\mathrm{dB}$ $L_{piS,28}=148\mathrm{dB}$ $L_{piS,29}=149\mathrm{dB}$ $L_{piS,30}=148\mathrm{dB}$ $L_{piS,31}=148\mathrm{dB}$ $L_{piS,32}=147\mathrm{dB}$ $L_{piS,33}=146\mathrm{dB}$
(25)环频率 $f_r=\dfrac{c_s}{\pi D_i}$	$c_s=5000\mathrm{m/s}$ $\Rightarrow f_r=7836\mathrm{Hz}$	$c_s=5000\mathrm{m/s}$ $\Rightarrow f_r=7836\mathrm{Hz}$	$c_s=5000\mathrm{m/s}$ $\Rightarrow f_r=7836\mathrm{Hz}$	$c_s=5000\mathrm{m/s}$ $\Rightarrow f_r=7836\mathrm{Hz}$	$c_s=5000\mathrm{m/s}$ $\Rightarrow f_r=7836\mathrm{Hz}$	$c_s=5000\mathrm{m/s}$ $\Rightarrow f_r=10610\mathrm{Hz}$
(26)内部管道重合频率 $f_0=\dfrac{f_r}{4}\left(\dfrac{c_2}{c_a}\right)$	$c_a=343\mathrm{m/s}$ $\Rightarrow f_0=2742\mathrm{Hz}$	$c_a=343\mathrm{m/s}$ $\Rightarrow f_0=2742\mathrm{Hz}$	$c_a=343\mathrm{m/s}$ $\Rightarrow f_0=2742\mathrm{Hz}$	$c_a=343\mathrm{m/s}$ $\Rightarrow f_0=2742\mathrm{Hz}$	$c_a=343\mathrm{m/s}$ $\Rightarrow f_0=2742\mathrm{Hz}$	$c_a=343\mathrm{m/s}$ $\Rightarrow f_0=2742\mathrm{Hz}$
(27)外部管道重合频率 $f_g=\dfrac{\sqrt{3}c_a^2}{\pi t_s c_s}$	$f_g=1622\mathrm{Hz}$	$f_g=1622\mathrm{Hz}$	$f_g=1622\mathrm{Hz}$	$f_g=1622\mathrm{Hz}$	$f_g=1622\mathrm{Hz}$	$f_g=1622\mathrm{Hz}$

续表 6

(28) 气体频率因子 G_x
(三分之一倍频程:12.5Hz,622Hz,0Hz)

$$G_x(f_i) = \begin{cases} \left(\dfrac{f_0}{f_r}\right)^{\frac{2}{3}} \cdot \left(\dfrac{f_i}{f_0}\right)^4, & f_i \geq f_0 \text{ 且 } f_i < f_r \\ \left(\dfrac{f_i}{f_r}\right)^{\frac{1}{2}}, & f_i \geq f_0 \text{ 且 } f_i \geq f \\ 1 \end{cases}$$

例 1	例 2	例 3	例 4	例 5	例 6
$G_{x,1}=2.1\times10^{-10}$	$G_{x,1}=2.1\times10^{-10}$	$G_{x,1}=2.1\times10^{-10}$	$G_{x,1}=2.1\times10^{-10}$	$G_{x,1}=2.1\times10^{-10}$	$G_{x,1}=6.4\times10^{-11}$
$G_{x,2}=5.8\times10^{-10}$	$G_{x,2}=5.8\times10^{-10}$	$G_{x,2}=5.8\times10^{-10}$	$G_{x,2}=5.8\times10^{-10}$	$G_{x,2}=5.8\times10^{-10}$	$G_{x,2}=1.7\times10^{-10}$
$G_{x,3}=1.4\times10^{-9}$	$G_{x,3}=1.4\times10^{-9}$	$G_{x,3}=1.4\times10^{-9}$	$G_{x,3}=1.4\times10^{-9}$	$G_{x,3}=1.4\times10^{-9}$	$G_{x,3}=4.2\times10^{-10}$
$G_{x,4}=3.4\times10^{-9}$	$G_{x,4}=3.4\times10^{-9}$	$G_{x,4}=3.4\times10^{-9}$	$G_{x,4}=3.4\times10^{-9}$	$G_{x,4}=3.4\times10^{-9}$	$G_{x,4}=1.0\times10^{-9}$
$G_{x,5}=8.6\times10^{-9}$	$G_{x,5}=8.6\times10^{-9}$	$G_{x,5}=8.6\times10^{-9}$	$G_{x,5}=8.6\times10^{-9}$	$G_{x,5}=8.6\times10^{-9}$	$G_{x,5}=2.6\times10^{-9}$
$G_{x,6}=2.2\times10^{-8}$	$G_{x,6}=2.2\times10^{-8}$	$G_{x,6}=2.2\times10^{-8}$	$G_{x,6}=2.2\times10^{-8}$	$G_{x,6}=2.2\times10^{-8}$	$G_{x,6}=6.7\times10^{-9}$
$G_{x,7}=5.5\times10^{-8}$	$G_{x,7}=5.5\times10^{-8}$	$G_{x,7}=5.5\times10^{-8}$	$G_{x,7}=5.5\times10^{-8}$	$G_{x,7}=5.5\times10^{-8}$	$G_{x,7}=1.6\times10^{-8}$
$G_{x,8}=1.4\times10^{-7}$	$G_{x,8}=1.4\times10^{-7}$	$G_{x,8}=1.4\times10^{-7}$	$G_{x,8}=1.4\times10^{-7}$	$G_{x,8}=1.4\times10^{-7}$	$G_{x,8}=4.1\times10^{-8}$
$G_{x,9}=3.6\times10^{-7}$	$G_{x,9}=3.6\times10^{-7}$	$G_{x,9}=3.6\times10^{-7}$	$G_{x,9}=3.6\times10^{-7}$	$G_{x,9}=3.6\times10^{-7}$	$G_{x,9}=1.1\times10^{-7}$
$G_{x,10}=8.8\times10^{-7}$	$G_{x,10}=8.8\times10^{-7}$	$G_{x,10}=8.8\times10^{-7}$	$G_{x,10}=8.8\times10^{-7}$	$G_{x,10}=8.8\times10^{-7}$	$G_{x,10}=2.6\times10^{-7}$
$G_{x,11}=2.1\times10^{-6}$	$G_{x,11}=2.1\times10^{-6}$	$G_{x,11}=2.1\times10^{-6}$	$G_{x,11}=2.1\times10^{-6}$	$G_{x,11}=2.1\times10^{-6}$	$G_{x,11}=6.4\times10^{-7}$
$G_{x,12}=5.8\times10^{-6}$	$G_{x,12}=5.8\times10^{-6}$	$G_{x,12}=5.8\times10^{-6}$	$G_{x,12}=5.8\times10^{-6}$	$G_{x,12}=5.8\times10^{-6}$	$G_{x,12}=1.7\times10^{-6}$
$G_{x,13}=1.4\times10^{-5}$	$G_{x,13}=1.4\times10^{-5}$	$G_{x,13}=1.4\times10^{-5}$	$G_{x,13}=1.4\times10^{-5}$	$G_{x,13}=1.4\times10^{-5}$	$G_{x,13}=4.2\times10^{-6}$
$G_{x,14}=3.4\times10^{-5}$	$G_{x,14}=3.4\times10^{-5}$	$G_{x,14}=3.4\times10^{-5}$	$G_{x,14}=3.4\times10^{-5}$	$G_{x,14}=3.4\times10^{-5}$	$G_{x,14}=1.0\times10^{-5}$
$G_{x,15}=8.6\times10^{-5}$	$G_{x,15}=8.6\times10^{-5}$	$G_{x,15}=8.6\times10^{-5}$	$G_{x,15}=8.6\times10^{-5}$	$G_{x,15}=8.6\times10^{-5}$	$G_{x,15}=2.6\times10^{-5}$
$G_{x,16}=2.2\times10^{-4}$	$G_{x,16}=2.2\times10^{-4}$	$G_{x,16}=2.2\times10^{-4}$	$G_{x,16}=2.2\times10^{-4}$	$G_{x,16}=2.2\times10^{-4}$	$G_{x,16}=6.7\times10^{-5}$
$G_{x,17}=5.5\times10^{-4}$	$G_{x,17}=5.5\times10^{-4}$	$G_{x,17}=5.5\times10^{-4}$	$G_{x,17}=5.5\times10^{-4}$	$G_{x,17}=5.5\times10^{-4}$	$G_{x,17}=1.6\times10^{-4}$
$G_{x,18}=0.0014$	$G_{x,18}=0.0014$	$G_{x,18}=0.0014$	$G_{x,18}=0.0014$	$G_{x,18}=0.0014$	$G_{x,18}=4.1\times10^{-4}$
$G_{x,19}=0.0036$	$G_{x,19}=0.0036$	$G_{x,19}=0.0036$	$G_{x,19}=0.0036$	$G_{x,19}=0.0036$	$G_{x,19}=0.0011$
$G_{x,20}=0.0088$	$G_{x,20}=0.0088$	$G_{x,20}=0.0088$	$G_{x,20}=0.0088$	$G_{x,20}=0.0088$	$G_{x,20}=0.0026$
$G_{x,21}=0.021$	$G_{x,21}=0.021$	$G_{x,21}=0.021$	$G_{x,21}=0.021$	$G_{x,21}=0.021$	$G_{x,21}=0.006$
$G_{x,22}=0.058$	$G_{x,22}=0.058$	$G_{x,22}=0.058$	$G_{x,22}=0.058$	$G_{x,22}=0.058$	$G_{x,22}=0.017$
$G_{x,23}=0.14$	$G_{x,23}=0.14$	$G_{x,23}=0.14$	$G_{x,23}=0.14$	$G_{x,23}=0.14$	$G_{x,23}=0.04$
$G_{x,24}=0.34$	$G_{x,24}=0.34$	$G_{x,24}=0.34$	$G_{x,24}=0.34$	$G_{x,24}=0.34$	$G_{x,24}=0.1$
$G_{x,25}=0.63$	$G_{x,25}=0.63$	$G_{x,25}=0.63$	$G_{x,25}=0.63$	$G_{x,25}=0.63$	$G_{x,25}=0.26$
$G_{x,26}=0.71$	$G_{x,26}=0.71$	$G_{x,26}=0.71$	$G_{x,26}=0.71$	$G_{x,26}=0.71$	$G_{x,26}=0.61$
$G_{x,27}=0.8$	$G_{x,27}=0.8$	$G_{x,27}=0.8$	$G_{x,27}=0.8$	$G_{x,27}=0.8$	$G_{x,27}=0.69$
$G_{x,28}=0.9$	$G_{x,28}=0.9$	$G_{x,28}=0.9$	$G_{x,28}=0.9$	$G_{x,28}=0.9$	$G_{x,28}=0.77$
$G_{x,29}=1$	$G_{x,29}=1$	$G_{x,29}=1$	$G_{x,29}=1$	$G_{x,29}=1$	$G_{x,29}=0.87$
$G_{x,30}=1$	$G_{x,30}=1$	$G_{x,30}=1$	$G_{x,30}=1$	$G_{x,30}=1$	$G_{x,30}=0.97$
$G_{x,31}=1$	$G_{x,31}=1$	$G_{x,31}=1$	$G_{x,31}=1$	$G_{x,31}=1$	$G_{x,31}=1$
$G_{x,32}=1$	$G_{x,32}=1$	$G_{x,32}=1$	$G_{x,32}=1$	$G_{x,32}=1$	$G_{x,32}=1$
$G_{x,33}=1$	$G_{x,33}=1$	$G_{x,33}=1$	$G_{x,33}=1$	$G_{x,33}=1$	$G_{x,33}=1$

续表

(29) 气体频率因子 G_y

(三分之一倍频程: 12.5Hz, 622Hz, 0Hz)

$$G_y(f_i) = \begin{cases} \left(\dfrac{f_0}{f_g}\right), & f_i < f_0 \text{ 且 } f_0 < f_g \\[4pt] 1, & f_i < f_0 \text{ 且 } f_0 \geq f_g \\[4pt] \left(\dfrac{f_i}{f_g}\right), & f_i \geq f_0 \text{ 且 } f_i < f_g \\[4pt] 1, & f_i \geq f_0 \text{ 且 } f_i \geq f_g \end{cases}$$

公式	例 1	例 2	例 3	例 4	例 5	例 6
	$G_{y,1}=1$	$G_{y,1}=1$	$G_{y,1}=1$	$G_{y,1}=1$	$G_{y,1}=1$	$G_{y,1}=1$
	$G_{y,2}=1$	$G_{y,2}=1$	$G_{y,2}=1$	$G_{y,2}=1$	$G_{y,2}=1$	$G_{y,2}=1$
	$G_{y,3}=1$	$G_{y,3}=1$	$G_{y,3}=1$	$G_{y,3}=1$	$G_{y,3}=1$	$G_{y,3}=1$
	$G_{y,4}=1$	$G_{y,4}=1$	$G_{y,4}=1$	$G_{y,4}=1$	$G_{y,4}=1$	$G_{y,4}=1$
	$G_{y,5}=1$	$G_{y,5}=1$	$G_{y,5}=1$	$G_{y,5}=1$	$G_{y,5}=1$	$G_{y,5}=1$
	$G_{y,6}=1$	$G_{y,6}=1$	$G_{y,6}=1$	$G_{y,6}=1$	$G_{y,6}=1$	$G_{y,6}=1$
	$G_{y,7}=1$	$G_{y,7}=1$	$G_{y,7}=1$	$G_{y,7}=1$	$G_{y,7}=1$	$G_{y,7}=1$
	$G_{y,8}=1$	$G_{y,8}=1$	$G_{y,8}=1$	$G_{y,8}=1$	$G_{y,8}=1$	$G_{y,8}=1$
	$G_{y,9}=1$	$G_{y,9}=1$	$G_{y,9}=1$	$G_{y,9}=1$	$G_{y,9}=1$	$G_{y,9}=1$
	$G_{y,10}=1$	$G_{y,10}=1$	$G_{y,10}=1$	$G_{y,10}=1$	$G_{y,10}=1$	$G_{y,10}=1$
	$G_{y,11}=1$	$G_{y,11}=1$	$G_{y,11}=1$	$G_{y,11}=1$	$G_{y,11}=1$	$G_{y,11}=1$
	$G_{y,12}=1$	$G_{y,12}=1$	$G_{y,12}=1$	$G_{y,12}=1$	$G_{y,12}=1$	$G_{y,12}=1$
	$G_{y,13}=1$	$G_{y,13}=1$	$G_{y,13}=1$	$G_{y,13}=1$	$G_{y,13}=1$	$G_{y,13}=1$
	$G_{y,14}=1$	$G_{y,14}=1$	$G_{y,14}=1$	$G_{y,14}=1$	$G_{y,14}=1$	$G_{y,14}=1$
	$G_{y,15}=1$	$G_{y,15}=1$	$G_{y,15}=1$	$G_{y,15}=1$	$G_{y,15}=1$	$G_{y,15}=1$
	$G_{y,16}=1$	$G_{y,16}=1$	$G_{y,16}=1$	$G_{y,16}=1$	$G_{y,16}=1$	$G_{y,16}=1$
	$G_{y,17}=1$	$G_{y,17}=1$	$G_{y,17}=1$	$G_{y,17}=1$	$G_{y,17}=1$	$G_{y,17}=1$
	$G_{y,18}=1$	$G_{y,18}=1$	$G_{y,18}=1$	$G_{y,18}=1$	$G_{y,18}=1$	$G_{y,18}=1$
	$G_{y,19}=1$	$G_{y,19}=1$	$G_{y,19}=1$	$G_{y,19}=1$	$G_{y,19}=1$	$G_{y,19}=1$
	$G_{y,20}=1$	$G_{y,20}=1$	$G_{y,20}=1$	$G_{y,20}=1$	$G_{y,20}=1$	$G_{y,20}=1$
	$G_{y,21}=1$	$G_{y,21}=1$	$G_{y,21}=1$	$G_{y,21}=1$	$G_{y,21}=1$	$G_{y,21}=1$
	$G_{y,22}=1$	$G_{y,22}=1$	$G_{y,22}=1$	$G_{y,22}=1$	$G_{y,22}=1$	$G_{y,22}=1$
	$G_{y,23}=1$	$G_{y,23}=1$	$G_{y,23}=1$	$G_{y,23}=1$	$G_{y,23}=1$	$G_{y,23}=1$
	$G_{y,24}=1$	$G_{y,24}=1$	$G_{y,24}=1$	$G_{y,24}=1$	$G_{y,24}=1$	$G_{y,24}=1$
	$G_{y,25}=1$	$G_{y,25}=1$	$G_{y,25}=1$	$G_{y,25}=1$	$G_{y,25}=1$	$G_{y,25}=1$
	$G_{y,26}=1$	$G_{y,26}=1$	$G_{y,26}=1$	$G_{y,26}=1$	$G_{y,26}=1$	$G_{y,26}=1$
	$G_{y,27}=1$	$G_{y,27}=1$	$G_{y,27}=1$	$G_{y,27}=1$	$G_{y,27}=1$	$G_{y,27}=1$
	$G_{y,28}=1$	$G_{y,28}=1$	$G_{y,28}=1$	$G_{y,28}=1$	$G_{y,28}=1$	$G_{y,28}=1$
	$G_{y,29}=1$	$G_{y,29}=1$	$G_{y,29}=1$	$G_{y,29}=1$	$G_{y,29}=1$	$G_{y,29}=1$
	$G_{y,30}=1$	$G_{y,30}=1$	$G_{y,30}=1$	$G_{y,30}=1$	$G_{y,30}=1$	$G_{y,30}=1$
	$G_{y,31}=1$	$G_{y,31}=1$	$G_{y,31}=1$	$G_{y,31}=1$	$G_{y,31}=1$	$G_{y,31}=1$
	$G_{y,32}=1$	$G_{y,32}=1$	$G_{y,32}=1$	$G_{y,32}=1$	$G_{y,32}=1$	$G_{y,32}=1$
	$G_{y,33}=1$	$G_{y,33}=1$	$G_{y,33}=1$	$G_{y,33}=1$	$G_{y,33}=1$	$G_{y,33}=1$

续表

公式	例 1	例 2	例 3	例 4	例 5	例 6
(30)频率独立结构损失系数 (三分之一倍频程:12.5～20000Hz) $\eta_s(f_i)=\sqrt{\dfrac{f_s}{100f_i}}$	$\eta_{s,1}=0.028$	$\eta_{s,1}=0.028$	$\eta_{s,1}=0.028$	$\eta_{s,1}=0.028$	$\eta_{s,1}=0.028$	$\eta_{s,1}=0.028$
	$\eta_{s,2}=0.025$	$\eta_{s,2}=0.025$	$\eta_{s,2}=0.025$	$\eta_{s,2}=0.025$	$\eta_{s,2}=0.025$	$\eta_{s,2}=0.025$
	$\eta_{s,3}=0.022$	$\eta_{s,3}=0.022$	$\eta_{s,3}=0.022$	$\eta_{s,3}=0.022$	$\eta_{s,3}=0.022$	$\eta_{s,3}=0.022$
	$\eta_{s,4}=0.02$	$\eta_{s,4}=0.02$	$\eta_{s,4}=0.02$	$\eta_{s,4}=0.02$	$\eta_{s,4}=0.02$	$\eta_{s,4}=0.02$
	$\eta_{s,5}=0.018$	$\eta_{s,5}=0.018$	$\eta_{s,5}=0.018$	$\eta_{s,5}=0.018$	$\eta_{s,5}=0.018$	$\eta_{s,5}=0.018$
	$\eta_{s,6}=0.016$	$\eta_{s,6}=0.016$	$\eta_{s,6}=0.016$	$\eta_{s,6}=0.016$	$\eta_{s,6}=0.016$	$\eta_{s,6}=0.016$
	$\eta_{s,7}=0.014$	$\eta_{s,7}=0.014$	$\eta_{s,7}=0.014$	$\eta_{s,7}=0.014$	$\eta_{s,7}=0.014$	$\eta_{s,7}=0.014$
	$\eta_{s,8}=0.013$	$\eta_{s,8}=0.013$	$\eta_{s,8}=0.013$	$\eta_{s,8}=0.013$	$\eta_{s,8}=0.013$	$\eta_{s,8}=0.013$
	$\eta_{s,9}=0.011$	$\eta_{s,9}=0.011$	$\eta_{s,9}=0.011$	$\eta_{s,9}=0.011$	$\eta_{s,9}=0.011$	$\eta_{s,9}=0.011$
	$\eta_{s,10}=0.01$	$\eta_{s,10}=0.01$	$\eta_{s,10}=0.01$	$\eta_{s,10}=0.01$	$\eta_{s,10}=0.01$	$\eta_{s,10}=0.01$
	$\eta_{s,11}=0.0089$	$\eta_{s,11}=0.0089$	$\eta_{s,11}=0.0089$	$\eta_{s,11}=0.0089$	$\eta_{s,11}=0.0089$	$\eta_{s,11}=0.0089$
	$\eta_{s,12}=0.0079$	$\eta_{s,12}=0.0079$	$\eta_{s,12}=0.0079$	$\eta_{s,12}=0.0079$	$\eta_{s,12}=0.0079$	$\eta_{s,12}=0.0079$
	$\eta_{s,13}=0.0071$	$\eta_{s,13}=0.0071$	$\eta_{s,13}=0.0071$	$\eta_{s,13}=0.0071$	$\eta_{s,13}=0.0071$	$\eta_{s,13}=0.0071$
	$\eta_{s,14}=0.0063$	$\eta_{s,14}=0.0063$	$\eta_{s,14}=0.0063$	$\eta_{s,14}=0.0063$	$\eta_{s,14}=0.0063$	$\eta_{s,14}=0.0063$
	$\eta_{s,15}=0.0056$	$\eta_{s,15}=0.0056$	$\eta_{s,15}=0.0056$	$\eta_{s,15}=0.0056$	$\eta_{s,15}=0.0056$	$\eta_{s,15}=0.0056$
	$\eta_{s,16}=0.005$	$\eta_{s,16}=0.005$	$\eta_{s,16}=0.005$	$\eta_{s,16}=0.005$	$\eta_{s,16}=0.005$	$\eta_{s,16}=0.005$
	$\eta_{s,17}=0.0045$	$\eta_{s,17}=0.0045$	$\eta_{s,17}=0.0045$	$\eta_{s,17}=0.0045$	$\eta_{s,17}=0.0045$	$\eta_{s,17}=0.0045$
	$\eta_{s,18}=0.004$	$\eta_{s,18}=0.004$	$\eta_{s,18}=0.004$	$\eta_{s,18}=0.004$	$\eta_{s,18}=0.004$	$\eta_{s,18}=0.004$
	$\eta_{s,19}=0.0035$	$\eta_{s,19}=0.0035$	$\eta_{s,19}=0.0035$	$\eta_{s,19}=0.0035$	$\eta_{s,19}=0.0035$	$\eta_{s,19}=0.0035$
	$\eta_{s,20}=0.0032$	$\eta_{s,20}=0.0032$	$\eta_{s,20}=0.0032$	$\eta_{s,20}=0.0032$	$\eta_{s,20}=0.0032$	$\eta_{s,20}=0.0032$
	$\eta_{s,21}=0.0028$	$\eta_{s,21}=0.0028$	$\eta_{s,21}=0.0028$	$\eta_{s,21}=0.0028$	$\eta_{s,21}=0.0028$	$\eta_{s,21}=0.0028$
	$\eta_{s,22}=0.0025$	$\eta_{s,22}=0.0025$	$\eta_{s,22}=0.0025$	$\eta_{s,22}=0.0025$	$\eta_{s,22}=0.0025$	$\eta_{s,22}=0.0025$
	$\eta_{s,23}=0.0022$	$\eta_{s,23}=0.0022$	$\eta_{s,23}=0.0022$	$\eta_{s,23}=0.0022$	$\eta_{s,23}=0.0022$	$\eta_{s,23}=0.0022$
	$\eta_{s,24}=0.002$	$\eta_{s,24}=0.002$	$\eta_{s,24}=0.002$	$\eta_{s,24}=0.002$	$\eta_{s,24}=0.002$	$\eta_{s,24}=0.002$
	$\eta_{s,25}=0.0018$	$\eta_{s,25}=0.0018$	$\eta_{s,25}=0.0018$	$\eta_{s,25}=0.0018$	$\eta_{s,25}=0.0018$	$\eta_{s,25}=0.0018$
	$\eta_{s,26}=0.0016$	$\eta_{s,26}=0.0016$	$\eta_{s,26}=0.0016$	$\eta_{s,26}=0.0016$	$\eta_{s,26}=0.0016$	$\eta_{s,26}=0.0016$
	$\eta_{s,27}=0.0014$	$\eta_{s,27}=0.0014$	$\eta_{s,27}=0.0014$	$\eta_{s,27}=0.0014$	$\eta_{s,27}=0.0014$	$\eta_{s,27}=0.0014$
	$\eta_{s,28}=0.0013$	$\eta_{s,28}=0.0013$	$\eta_{s,28}=0.0013$	$\eta_{s,28}=0.0013$	$\eta_{s,28}=0.0013$	$\eta_{s,28}=0.0013$
	$\eta_{s,29}=0.0011$	$\eta_{s,29}=0.0011$	$\eta_{s,29}=0.0011$	$\eta_{s,29}=0.0011$	$\eta_{s,29}=0.0011$	$\eta_{s,29}=0.0011$
	$\eta_{s,30}=0.001$	$\eta_{s,30}=0.001$	$\eta_{s,30}=0.001$	$\eta_{s,30}=0.001$	$\eta_{s,30}=0.001$	$\eta_{s,30}=0.001$
	$\eta_{s,31}=8.9\times10^{-4}$	$\eta_{s,31}=8.9\times10^{-4}$	$\eta_{s,31}=8.9\times10^{-4}$	$\eta_{s,31}=8.9\times10^{-4}$	$\eta_{s,31}=8.9\times10^{-4}$	$\eta_{s,31}=8.9\times10^{-4}$
	$\eta_{s,32}=7.9\times10^{-4}$	$\eta_{s,32}=7.9\times10^{-4}$	$\eta_{s,32}=7.9\times10^{-4}$	$\eta_{s,32}=7.9\times10^{-4}$	$\eta_{s,32}=7.9\times10^{-4}$	$\eta_{s,32}=7.9\times10^{-4}$
	$\eta_{s,33}=7.1\times10^{-4}$	$\eta_{s,33}=7.1\times10^{-4}$	$\eta_{s,33}=7.1\times10^{-4}$	$\eta_{s,33}=7.1\times10^{-4}$	$\eta_{s,33}=7.1\times10^{-4}$	$\eta_{s,33}=7.1\times10^{-4}$

续表

公式	例 1	例 2	例 3	例 4	例 5	例 6
(31)管道尺寸阻尼系数 $$\Delta TL \begin{cases} 0, & D>0.15 \\ -16660D^3+6370D^2, & 0.05 \leqslant D \leqslant 0.15 \\ -813D+35.8, & D<0.05 \\ 9 & \end{cases}$$	$\Delta TL=1.5\text{dB}$	$\Delta TL=1.5\text{dB}$	$\Delta TL=1.5\text{dB}$	$\Delta TL=1.5\text{dB}$	$\Delta TL=1.5\text{dB}$	$\Delta TL=1.5\text{dB}$
(32)频率分布下横跨管壁的频率独立传输损失（三分之一倍频程：12.5~20000Hz）$$TL(f_i)=10\lg_{10}\left[\left(8.25\times10^{-7}\right)\cdot\left(\frac{c_2}{t_s f_i}\right)^2\cdot\frac{G_x(f_i)}{\left(\dfrac{\rho_2 c_2+2\pi t_s f_i \rho_s \eta_s(f_i)}{415 G_y(f_i)}+1\right)}\cdot\left(\frac{P_a}{P_s}\right)\right]-\Delta TL$$	$TL1=-93\text{dB}$ $TL2=-90.9\text{dB}$ $TL3=-89\text{dB}$ $TL4=-87.1\text{dB}$ $TL5=-85.2\text{dB}$ $TL6=-83.1\text{dB}$ $TL7=-81.2\text{dB}$ $TL8=-79.3\text{dB}$ $TL9=-77.3\text{dB}$ $TL10=-75.4\text{dB}$ $TL11=-73.6\text{dB}$ $TL12=-71.5\text{dB}$ $TL13=-69.7\text{dB}$ $TL14=-67.8\text{dB}$ $TL15=-65.9\text{dB}$ $TL16=-64\text{dB}$ $TL17=-62.2\text{dB}$ $TL18=-60.3\text{dB}$ $TL19=-58.4\text{dB}$ $TL20=-56.7\text{dB}$ $TL21=-54.9\text{dB}$ $TL22=-53\text{dB}$ $TL23=-51.2\text{dB}$ $TL24=-49.5\text{dB}$ $TL25=-49.1\text{dB}$ $TL26=-50.9\text{dB}$ $TL27=-52.7\text{dB}$ $TL28=-54.4\text{dB}$ $TL29=-56.4\text{dB}$ $TL30=-58.6\text{dB}$ $TL31=-60.9\text{dB}$ $TL32=-63.4\text{dB}$ $TL33=-65.6\text{dB}$	$TL1=-92.9\text{dB}$ $TL2=-90.8\text{dB}$ $TL3=-88.9\text{dB}$ $TL4=-87\text{dB}$ $TL5=-85\text{dB}$ $TL6=-83\text{dB}$ $TL7=-81.1\text{dB}$ $TL8=-79.2\text{dB}$ $TL9=-77.2\text{dB}$ $TL10=-75.3\text{dB}$ $TL11=-73.4\text{dB}$ $TL12=-71.4\text{dB}$ $TL13=-69.6\text{dB}$ $TL14=-67.7\text{dB}$ $TL15=-65.8\text{dB}$ $TL16=-63.9\text{dB}$ $TL17=-62.1\text{dB}$ $TL18=-60.2\text{dB}$ $TL19=-58.3\text{dB}$ $TL20=-56.6\text{dB}$ $TL21=-54.8\text{dB}$ $TL22=-52.9\text{dB}$ $TL23=-51.2\text{dB}$ $TL24=-49.4\text{dB}$ $TL25=-49.0\text{dB}$ $TL26=-50.9\text{dB}$ $TL27=-52.6\text{dB}$ $TL28=-54.4\text{dB}$ $TL29=-56.3\text{dB}$ $TL30=-58.5\text{dB}$ $TL31=-60.8\text{dB}$ $TL32=-63.3\text{dB}$ $TL33=-65.6\text{dB}$	$TL1=-91.8\text{dB}$ $TL2=-89.7\text{dB}$ $TL3=-87.8\text{dB}$ $TL4=-85.9\text{dB}$ $TL5=-83.9\text{dB}$ $TL6=-81.9\text{dB}$ $TL7=-80\text{dB}$ $TL8=-78.1\text{dB}$ $TL9=-76.1\text{dB}$ $TL10=-74.3\text{dB}$ $TL11=-72.4\text{dB}$ $TL12=-70.4\text{dB}$ $TL13=-68.6\text{dB}$ $TL14=-66.8\text{dB}$ $TL15=-64.9\text{dB}$ $TL16=-63\text{dB}$ $TL17=-61.1\text{dB}$ $TL18=-59.4\text{dB}$ $TL19=-57.6\text{dB}$ $TL20=-55.8\text{dB}$ $TL21=-54.1\text{dB}$ $TL22=-52.2\text{dB}$ $TL23=-50.5\text{dB}$ $TL24=-48.9\text{dB}$ $TL25=-48.5\text{dB}$ $TL26=-50.3\text{dB}$ $TL27=-52.1\text{dB}$ $TL28=-53.9\text{dB}$ $TL29=-55.9\text{dB}$ $TL30=-58.2\text{dB}$ $TL31=-60.4\text{dB}$ $TL32=-63\text{dB}$ $TL33=-65.3\text{dB}$	$TL1=-89.8\text{dB}$ $TL2=-87.7\text{dB}$ $TL3=-85.8\text{dB}$ $TL4=-84\text{dB}$ $TL5=-82\text{dB}$ $TL6=-80\text{dB}$ $TL7=-78.1\text{dB}$ $TL8=-76.2\text{dB}$ $TL9=-74.2\text{dB}$ $TL10=-72.4\text{dB}$ $TL11=-70.6\text{dB}$ $TL12=-68.6\text{dB}$ $TL13=-66.8\text{dB}$ $TL14=-65\text{dB}$ $TL15=-63.1\text{dB}$ $TL16=-61.2\text{dB}$ $TL17=-59.4\text{dB}$ $TL18=-57.6\text{dB}$ $TL19=-55.8\text{dB}$ $TL20=-54.1\text{dB}$ $TL21=-52.3\text{dB}$ $TL22=-50.5\text{dB}$ $TL23=-48.8\text{dB}$ $TL24=-47.1\text{dB}$ $TL25=-46.8\text{dB}$ $TL26=-48.6\text{dB}$ $TL27=-50.4\text{dB}$ $TL28=-52.2\text{dB}$ $TL29=-54.2\text{dB}$ $TL30=-56.5\text{dB}$ $TL31=-58.8\text{dB}$ $TL32=-61.3\text{dB}$ $TL33=-63.7\text{dB}$	$TL1=-86.1\text{dB}$ $TL2=-84\text{dB}$ $TL3=-82.2\text{dB}$ $TL4=-80.4\text{dB}$ $TL5=-78.5\text{dB}$ $TL6=-76.6\text{dB}$ $TL7=-74.8\text{dB}$ $TL8=-73\text{dB}$ $TL9=-71.1\text{dB}$ $TL10=-69.4\text{dB}$ $TL11=-67.6\text{dB}$ $TL12=-65.8\text{dB}$ $TL13=-64.1\text{dB}$ $TL14=-62.4\text{dB}$ $TL15=-60.7\text{dB}$ $TL16=-58.9\text{dB}$ $TL17=-57.3\text{dB}$ $TL18=-55.6\text{dB}$ $TL19=-53.8\text{dB}$ $TL20=-52.2\text{dB}$ $TL21=-50.6\text{dB}$ $TL22=-48.9\text{dB}$ $TL23=-47.3\text{dB}$ $TL24=-45.8\text{dB}$ $TL25=-45.5\text{dB}$ $TL26=-47.5\text{dB}$ $TL27=-49.3\text{dB}$ $TL28=-51.3\text{dB}$ $TL29=-53.3\text{dB}$ $TL30=-55.7\text{dB}$ $TL31=-58.1\text{dB}$ $TL32=-60.7\text{dB}$ $TL33=-63.1\text{dB}$	$TL1=-92.9\text{dB}$ $TL2=-90.8\text{dB}$ $TL3=-89\text{dB}$ $TL4=-87.2\text{dB}$ $TL5=-85.3\text{dB}$ $TL6=-83.4\text{dB}$ $TL7=-81.7\text{dB}$ $TL8=-79.8\text{dB}$ $TL9=-77.9\text{dB}$ $TL10=-76.2\text{dB}$ $TL11=-74.5\text{dB}$ $TL12=-72.6\text{dB}$ $TL13=-70.9\text{dB}$ $TL14=-69.2\text{dB}$ $TL15=-67.5\text{dB}$ $TL16=-65.7\text{dB}$ $TL17=-64.1\text{dB}$ $TL18=-62.4\text{dB}$ $TL19=-60.6\text{dB}$ $TL20=-59\text{dB}$ $TL21=-57.5\text{dB}$ $TL22=-55.7\text{dB}$ $TL23=-54.1\text{dB}$ $TL24=-52.6\text{dB}$ $TL25=-51\text{dB}$ $TL26=-49.7\text{dB}$ $TL27=-51.5\text{dB}$ $TL28=-53.5\text{dB}$ $TL29=-55.5\text{dB}$ $TL30=-57.4\text{dB}$ $TL31=-59.6\text{dB}$ $TL32=-62.2\text{dB}$ $TL33=-64.6\text{dB}$

公式	例 1	例 2	例 3	例 4	例 5	例 6
(33) 频率分布下的外部声压级 (三分之一倍频程:12.5~20000Hz) $$L_{pe\cdot1m}(f_i) = L_{pi}(f_i) + TL(f_i) - 10\lg\left[\frac{D_i + 2t_s + 2}{D_i + 2t_s}\right]$$	$L_{pe\cdot1m}1=2\text{dB}$ $L_{pe\cdot1m}2=6\text{dB}$ $L_{pe\cdot1m}3=9\text{dB}$ $L_{pe\cdot1m}4=13\text{dB}$ $L_{pe\cdot1m}5=17\text{dB}$ $L_{pe\cdot1m}6=20\text{dB}$ $L_{pe\cdot1m}7=24\text{dB}$ $L_{pe\cdot1m}8=27\text{dB}$ $L_{pe\cdot1m}9=31\text{dB}$ $L_{pe\cdot1m}10=35\text{dB}$ $L_{pe\cdot1m}11=38\text{dB}$ $L_{pe\cdot1m}12=42\text{dB}$ $L_{pe\cdot1m}13=46\text{dB}$ $L_{pe\cdot1m}14=49\text{dB}$ $L_{pe\cdot1m}15=53\text{dB}$ $L_{pe\cdot1m}16=56\text{dB}$ $L_{pe\cdot1m}17=60\text{dB}$ $L_{pe\cdot1m}18=63\text{dB}$ $L_{pe\cdot1m}19=67\text{dB}$ $L_{pe\cdot1m}20=70\text{dB}$ $L_{pe\cdot1m}21=73\text{dB}$ $L_{pe\cdot1m}22=77\text{dB}$ $L_{pe\cdot1m}23=80\text{dB}$ $L_{pe\cdot1m}24=83\text{dB}$ $L_{pe\cdot1m}25=84\text{dB}$ $L_{pe\cdot1m}26=83\text{dB}$ $L_{pe\cdot1m}27=82\text{dB}$ $L_{pe\cdot1m}28=81\text{dB}$ $L_{pe\cdot1m}29=79\text{dB}$ $L_{pe\cdot1m}30=77\text{dB}$ $L_{pe\cdot1m}31=74\text{dB}$ $L_{pe\cdot1m}32=70\text{dB}$ $L_{pe\cdot1m}33=67\text{dB}$	$L_{pe\cdot1m}1=3\text{dB}$ $L_{pe\cdot1m}2=7\text{dB}$ $L_{pe\cdot1m}3=10\text{dB}$ $L_{pe\cdot1m}4=14\text{dB}$ $L_{pe\cdot1m}5=18\text{dB}$ $L_{pe\cdot1m}6=21\text{dB}$ $L_{pe\cdot1m}7=25\text{dB}$ $L_{pe\cdot1m}8=28\text{dB}$ $L_{pe\cdot1m}9=32\text{dB}$ $L_{pe\cdot1m}10=36\text{dB}$ $L_{pe\cdot1m}11=39\text{dB}$ $L_{pe\cdot1m}12=43\text{dB}$ $L_{pe\cdot1m}13=47\text{dB}$ $L_{pe\cdot1m}14=50\text{dB}$ $L_{pe\cdot1m}15=54\text{dB}$ $L_{pe\cdot1m}16=57\text{dB}$ $L_{pe\cdot1m}17=61\text{dB}$ $L_{pe\cdot1m}18=64\text{dB}$ $L_{pe\cdot1m}19=68\text{dB}$ $L_{pe\cdot1m}20=71\text{dB}$ $L_{pe\cdot1m}21=74\text{dB}$ $L_{pe\cdot1m}22=78\text{dB}$ $L_{pe\cdot1m}23=81\text{dB}$ $L_{pe\cdot1m}24=84\text{dB}$ $L_{pe\cdot1m}25=85\text{dB}$ $L_{pe\cdot1m}26=84\text{dB}$ $L_{pe\cdot1m}27=83\text{dB}$ $L_{pe\cdot1m}28=82\text{dB}$ $L_{pe\cdot1m}29=80\text{dB}$ $L_{pe\cdot1m}30=78\text{dB}$ $L_{pe\cdot1m}31=75\text{dB}$ $L_{pe\cdot1m}32=72\text{dB}$ $L_{pe\cdot1m}33=68\text{dB}$	$L_{pe\cdot1m}1=7\text{dB}$ $L_{pe\cdot1m}2=11\text{dB}$ $L_{pe\cdot1m}3=15\text{dB}$ $L_{pe\cdot1m}4=18\text{dB}$ $L_{pe\cdot1m}5=22\text{dB}$ $L_{pe\cdot1m}6=26\text{dB}$ $L_{pe\cdot1m}7=29\text{dB}$ $L_{pe\cdot1m}8=33\text{dB}$ $L_{pe\cdot1m}9=37\text{dB}$ $L_{pe\cdot1m}10=40\text{dB}$ $L_{pe\cdot1m}11=44\text{dB}$ $L_{pe\cdot1m}12=48\text{dB}$ $L_{pe\cdot1m}13=51\text{dB}$ $L_{pe\cdot1m}14=54\text{dB}$ $L_{pe\cdot1m}15=58\text{dB}$ $L_{pe\cdot1m}16=62\text{dB}$ $L_{pe\cdot1m}17=65\text{dB}$ $L_{pe\cdot1m}18=69\text{dB}$ $L_{pe\cdot1m}19=72\text{dB}$ $L_{pe\cdot1m}20=75\text{dB}$ $L_{pe\cdot1m}21=79\text{dB}$ $L_{pe\cdot1m}22=82\text{dB}$ $L_{pe\cdot1m}23=85\text{dB}$ $L_{pe\cdot1m}24=88\text{dB}$ $L_{pe\cdot1m}25=90\text{dB}$ $L_{pe\cdot1m}26=89\text{dB}$ $L_{pe\cdot1m}27=88\text{dB}$ $L_{pe\cdot1m}28=87\text{dB}$ $L_{pe\cdot1m}29=86\text{dB}$ $L_{pe\cdot1m}30=84\text{dB}$ $L_{pe\cdot1m}31=81\text{dB}$ $L_{pe\cdot1m}32=78\text{dB}$ $L_{pe\cdot1m}33=75\text{dB}$	$L_{pe\cdot1m}1=3\text{dB}$ $L_{pe\cdot1m}2=7\text{dB}$ $L_{pe\cdot1m}3=10\text{dB}$ $L_{pe\cdot1m}4=14\text{dB}$ $L_{pe\cdot1m}5=18\text{dB}$ $L_{pe\cdot1m}6=21\text{dB}$ $L_{pe\cdot1m}7=25\text{dB}$ $L_{pe\cdot1m}8=29\text{dB}$ $L_{pe\cdot1m}9=32\text{dB}$ $L_{pe\cdot1m}10=36\text{dB}$ $L_{pe\cdot1m}11=39\text{dB}$ $L_{pe\cdot1m}12=43\text{dB}$ $L_{pe\cdot1m}13=47\text{dB}$ $L_{pe\cdot1m}14=50\text{dB}$ $L_{pe\cdot1m}15=54\text{dB}$ $L_{pe\cdot1m}16=57\text{dB}$ $L_{pe\cdot1m}17=61\text{dB}$ $L_{pe\cdot1m}18=64\text{dB}$ $L_{pe\cdot1m}19=68\text{dB}$ $L_{pe\cdot1m}20=71\text{dB}$ $L_{pe\cdot1m}21=74\text{dB}$ $L_{pe\cdot1m}22=78\text{dB}$ $L_{pe\cdot1m}23=81\text{dB}$ $L_{pe\cdot1m}24=84\text{dB}$ $L_{pe\cdot1m}25=86\text{dB}$ $L_{pe\cdot1m}26=86\text{dB}$ $L_{pe\cdot1m}27=85\text{dB}$ $L_{pe\cdot1m}28=84\text{dB}$ $L_{pe\cdot1m}29=83\text{dB}$ $L_{pe\cdot1m}30=82\text{dB}$ $L_{pe\cdot1m}31=80\text{dB}$ $L_{pe\cdot1m}32=77\text{dB}$ $L_{pe\cdot1m}33=75\text{dB}$	$L_{pe\cdot1m}1=11\text{dB}$ $L_{pe\cdot1m}2=15\text{dB}$ $L_{pe\cdot1m}3=19\text{dB}$ $L_{pe\cdot1m}4=22\text{dB}$ $L_{pe\cdot1m}5=26\text{dB}$ $L_{pe\cdot1m}6=29\text{dB}$ $L_{pe\cdot1m}7=33\text{dB}$ $L_{pe\cdot1m}8=36\text{dB}$ $L_{pe\cdot1m}9=40\text{dB}$ $L_{pe\cdot1m}10=43\text{dB}$ $L_{pe\cdot1m}11=47\text{dB}$ $L_{pe\cdot1m}12=50\text{dB}$ $L_{pe\cdot1m}13=54\text{dB}$ $L_{pe\cdot1m}14=57\text{dB}$ $L_{pe\cdot1m}15=61\text{dB}$ $L_{pe\cdot1m}16=64\text{dB}$ $L_{pe\cdot1m}17=67\text{dB}$ $L_{pe\cdot1m}18=71\text{dB}$ $L_{pe\cdot1m}19=74\text{dB}$ $L_{pe\cdot1m}20=77\text{dB}$ $L_{pe\cdot1m}21=80\text{dB}$ $L_{pe\cdot1m}22=83\text{dB}$ $L_{pe\cdot1m}23=86\text{dB}$ $L_{pe\cdot1m}24=89\text{dB}$ $L_{pe\cdot1m}25=90\text{dB}$ $L_{pe\cdot1m}26=89\text{dB}$ $L_{pe\cdot1m}27=87\text{dB}$ $L_{pe\cdot1m}28=86\text{dB}$ $L_{pe\cdot1m}29=84\text{dB}$ $L_{pe\cdot1m}30=81\text{dB}$ $L_{pe\cdot1m}31=78\text{dB}$ $L_{pe\cdot1m}32=74\text{dB}$ $L_{pe\cdot1m}33=70\text{dB}$	$L_{pe\cdot1m}1=13\text{dB}$ $L_{pe\cdot1m}2=17\text{dB}$ $L_{pe\cdot1m}3=20\text{dB}$ $L_{pe\cdot1m}4=24\text{dB}$ $L_{pe\cdot1m}5=27\text{dB}$ $L_{pe\cdot1m}6=31\text{dB}$ $L_{pe\cdot1m}7=35\text{dB}$ $L_{pe\cdot1m}8=38\text{dB}$ $L_{pe\cdot1m}9=42\text{dB}$ $L_{pe\cdot1m}10=45\text{dB}$ $L_{pe\cdot1m}11=48\text{dB}$ $L_{pe\cdot1m}12=52\text{dB}$ $L_{pe\cdot1m}13=55\text{dB}$ $L_{pe\cdot1m}14=58\text{dB}$ $L_{pe\cdot1m}15=61\text{dB}$ $L_{pe\cdot1m}16=64\text{dB}$ $L_{pe\cdot1m}17=66\text{dB}$ $L_{pe\cdot1m}18=69\text{dB}$ $L_{pe\cdot1m}19=71\text{dB}$ $L_{pe\cdot1m}20=74\text{dB}$ $L_{pe\cdot1m}21=76\text{dB}$ $L_{pe\cdot1m}22=78\text{dB}$ $L_{pe\cdot1m}23=80\text{dB}$ $L_{pe\cdot1m}24=82\text{dB}$ $L_{pe\cdot1m}25=85\text{dB}$ $L_{pe\cdot1m}26=87\text{dB}$ $L_{pe\cdot1m}27=85\text{dB}$ $L_{pe\cdot1m}28=84\text{dB}$ $L_{pe\cdot1m}29=82\text{dB}$ $L_{pe\cdot1m}30=80\text{dB}$ $L_{pe\cdot1m}31=77\text{dB}$ $L_{pe\cdot1m}32=74\text{dB}$ $L_{pe\cdot1m}33=70\text{dB}$
(34) 管道 1m 处 A 加权声压级(总噪声) $$L_{pA_r\cdot1m} = 10\lg\left[\sum_{i=1}^{N=33} 10^{\frac{L_{pe\cdot1m}(f_i)+\Delta L_A(f_i)}{10}}\right]$$	$\Delta L_A(f_i)$ 见表 5-4-24 ⇒ $L_{pA_r\cdot1m}=92\text{dB(A)}$	$\Delta L_A(f_i)$ 见表 5-4-24 ⇒ $L_{pA_r\cdot1m}=93\text{dB(A)}$	$\Delta L_A(f_i)$ 见表 5-4-24 ⇒ $L_{pA_r\cdot1m}=98\text{dB(A)}$	$\Delta L_A(f_i)$ 见表 5-4-24 ⇒ $L_{pA_r\cdot1m}=94\text{dB(A)}$	$\Delta L_A(f_i)$ 见表 5-4-24 ⇒ $L_{pA_r\cdot1m}=97\text{dB(A)}$	$\Delta L_A(f_i)$ 见表 5-4-24 ⇒ $L_{pA_r\cdot1m}=94\text{dB(A)}$

第三节　调节阀不平衡力（力矩）与允许压差计算

在选用调节阀时往往会遇到下面两类问题：一类是调节阀的选型和口径确定后要检查该阀的最大阀压降是否超过其允许压差；另一类是在某些特殊情况下（如阀压降比较大，或要选配非标准的执行机构等），如何根据阀压降来选择合适的执行机构。这两类问题的实质是相同的，即要保证执行机构有足够的输出力或输出力矩去克服调节阀的不平衡力或不平衡力矩。这就要牵涉到执行机构输出力计算、调节阀不平衡力、不平衡力矩和允许压差计算。

一、调节阀输出力（力矩）计算

1. 气动薄膜执行机构输出力

气动薄膜执行机构装有平衡弹簧，其输出力是指气动信号作用在薄膜上形成的推力与平衡弹簧的反作用力的合力。习惯上用薄膜的有效面积 A_e 与等效的气动信号压力的乘积来表示。

其计算公式为

$$\pm F = A_e\left(p - p_1 - p_r\frac{l}{L}\right) \tag{5-5-149}$$

式中　A_e——薄膜有效面积；
p——最大操作压力；
p_1——弹簧起始压力；
p_r——弹簧范围；
l——阀杆行程（变量）；
L——阀杆全行程。

2. 活塞式执行机构的输出力

这种执行机构没有平衡弹簧，其输出力 F 只与活塞直径 D、气缸压力 p_s 以及气缸效率 η 有关。其计算公式为

$$+F = \frac{\pi}{4}\eta D^2 p_s \tag{5-5-150}$$

$$-F = \frac{\pi}{4}\eta(D^2 - d^2)p_s \tag{5-5-151}$$

式中　D——活塞直径；
d——活塞杆直径；
p_s——最大操作压力；
η——效率，取 $\eta = 0.9$。

3. 长行程执行机构的输出力矩

长行程执行机构主要用来驱动角行程调节阀，如蝶阀等。其输出力矩 M 决定于活塞式执行机构的输出力 F、输出臂转角 α 和活塞行程 L。一般情况下，活塞式执行机构行程从 $0 \to L$ 时，输出臂转角从 $0 \to 90°$。其输出力矩是转角 α 的函数，即

$$M = \frac{\sqrt{2}}{2}FL\cos(45° - \alpha) \tag{5-5-152}$$

二、调节阀不平衡力（力矩）计算

调节阀的不平衡力，是指直行程调节阀阀芯所受到的轴向合力。这个不平衡力会推动阀芯，直接影响执行机构的信号压力与阀杆行程的既定关系。

调节阀的不平衡力矩是指角行程调节阀的阀板轴上所受到的切向合力。这个不平衡力矩会在阀板轴上形成一个转动力矩，直接影响执行机构的信号压力与阀板转角的既定关系。

不平衡力和不平衡力矩的大小和方向决定于：

① 调节阀的种类、阀芯的大小和形状；
② 调节阀的阀前压力和阀压降；
③ 流体和阀芯的相对流向（流体流动的趋势是使阀芯打开时称为流开，反之称为流关）；
④ 流体的物理特性（密度、黏度等）。

对于系统设计，调节阀的阀座、口径和流体介质都已确定，因此，不平衡力和不平衡力矩主要决定于阀前压力、阀压降和流向。表 5-5-36 列出各种典型的调节阀的不平衡力和不平衡力矩计算公式。

三、调节阀允许压差计算

由表 5-5-36 可看出，除隔膜阀外，其他调节阀的不平衡力或不平衡力矩都随着阀两端压差的增大而增加。调节阀执行机构输出力能克服的最大不平衡力或不平衡力矩所对应的阀两端压差，便是调节阀的允许压差。

调节阀的力平衡方程式为

$$F = F_0 + F_t \tag{5-5-153}$$

式中　F——执行机构的输出力，10N；

　　　F_0——调节阀全闭时的阀座压紧力，10N；

　　　F_t——不平衡力，10N。

对于硬密封的阀芯阀座结构，F_0 为 $0.05A_e$（10N）；对于软密封的隔膜阀橡胶隔膜，F_0 为 $5S$（10N），聚四氟乙烯隔膜时 F_0 为 $20S$（10N），S 为阀座面积。

将相应的 F_0 代入式(5-5-153)，便可导出允许压差公式。

角行程调节阀（以蝶阀为例）的不平衡力矩方程式为

$$M = M_f + M_t \tag{5-5-154}$$

式中　M——执行机构的输出力矩，N·m；

　　　M_t——不平衡力矩，N·m；

　　　M_f——摩擦力矩，N·m，可用式(5-5-155)求取：

$$M_f = 10 J f D N^2 \frac{d}{2} \Delta p \tag{5-5-155}$$

式中　J——推力系数（与阀板形式、流体特性和阀板转角 α 有关，通过实验求得，允许压差计算时取 $J = 0.785$）；

　　　f——阀板轴与轴承间的摩擦系数（当 $DN \leqslant 500$mm 时，采用滑动轴承，取 $f = 0.1$；当 $DN > 500$mm 时，采用滚动轴承，取 $f = 0.01$）；

　　　DN——蝶阀口径，mm；

　　　d——蝶阀阀板轴径，mm；

　　　Δp——阀压降，MPa。

只要通过表 5-5-36 中的不平衡力矩公式，便可得蝶阀的允许压差计算公式。

表 5-5-36　调节阀不平衡力、不平衡力矩和允许压差计算式

调节阀形式	工作状态	调节阀不平衡力、不平衡力矩计算式	允许压差计算式
直通单座角形阀		$F_t = \dfrac{\pi}{4}\left[d_g^2(p_1 - p_2) + d_s^2 p_2\right]$	$p_1 - p_2 = \dfrac{F - F_0 + \dfrac{\pi}{4}d_s^2 p_2}{\dfrac{\pi}{4}d_g^2}$
高压阀		$F_t = \dfrac{\pi}{4}\left[d_g^2(p_1 - p_2) + d_s^2 p_2\right]$	$p_1 - p_2 = \dfrac{F - F_0 + \dfrac{\pi}{4}d_s^2 p_2}{\dfrac{\pi}{4}d_g^2}$

调节阀形式	工作状态	调节阀不平衡力、不平衡力矩计算式	允许压差计算式
直通双座阀	p_1，p_2；$\uparrow F$，$\downarrow F_0$，$\downarrow F_t$	$F_t = \dfrac{\pi}{4}\left[(d_{g1}^2 - d_{g2}^2)(p_1 - p_2) + d_s^2 p_2\right]$	$p_1 - p_2 = \dfrac{F - F_0 - \dfrac{\pi}{4}d_s^2 p_2}{\dfrac{\pi}{4}(d_{g1}^2 - d_{g2}^2)}$
	p_1，p_2；$\downarrow F$，$\downarrow F_0$，$\uparrow F_t$	$F_t = \dfrac{\pi}{4}\left[(d_{g1}^2 - d_{g2}^2)(p_1 - p_2) - d_s^2 p_2\right]$	$p_1 - p_2 = \dfrac{F - F_0 + \dfrac{\pi}{4}d_s^2 p_2}{\dfrac{\pi}{4}(d_{g1}^2 - d_{g2}^2)}$
三通合流阀	p_2，p_1'，p_1；$p_1 < p_1'$；$\uparrow F$，$\downarrow F_0$，$\downarrow F_t$	$F_t = \dfrac{\pi}{4}\left[d_g^2(p_1' - p_1) - d_s^2 p_1'\right]$	$p_1 - p_1' = \dfrac{F - F_0 - \dfrac{\pi}{4}d_s^2 p_1'}{\dfrac{\pi}{4}d_g^2}$
	p_2，p_1'，p_1；$p_1 > p_1'$；$\downarrow F$，$\uparrow F_0$，$\uparrow F_t$	$F_t = \dfrac{\pi}{4}\left[d_g^2(p_1 - p_1') - d_s^2 p_1'\right]$	$p_1' - p_1 = \dfrac{F - F_0 + \dfrac{\pi}{4}d_s^2 p_1'}{\dfrac{\pi}{4}d_g^2}$
三通分流阀	p_1，p_2'，p_2；$p_2 > p_2'$；$\downarrow F$，$\uparrow F_0$，$\uparrow F_t$	$F_t = \dfrac{\pi}{4}\left[d_g^2(p_2 - p_2') + d_s^2 p_2'\right]$	$p_2 - p_2' = \dfrac{F - F_0 + \dfrac{\pi}{4}d_s^2 p_2'}{\dfrac{\pi}{4}d_g^2}$
	p_1，p_2'，p_2；$p_2 < p_2'$；$\uparrow F$，$\downarrow F_0$，$\downarrow F_t$	$F_t = \dfrac{\pi}{4}\left[d_g^2(p_2' - p_2) - d_s^2 p_2'\right]$	$p_2' - p_2 = \dfrac{F - F_0 - \dfrac{\pi}{4}d_s^2 p_2'}{\dfrac{\pi}{4}d_g^2}$

调节阀形式	工作状态	调节阀不平衡力、不平衡力矩计算式	允许压差计算式
隔膜阀		$F_t = \dfrac{\pi}{8} d_g^2 (p_1 - p_2)$	$p_1 - p_2 = \dfrac{F - F_0}{\dfrac{\pi}{8} d_g^2}$
蝶阀		$M_t = 6.5 \times 10^{-5} D_g^3 (p_1 - p_2)$	$p_1 - p_2 = \dfrac{M}{10^{-3} D_g^2 \left(6.5 \times 10^{-2} D_g + \dfrac{\pi}{4} f \dfrac{d}{2}\right)}$
套筒阀		$F_t = \dfrac{\pi}{4} d_g^2 p$	$p_1 \ \text{或} \ p_2 = \dfrac{F - F_0}{\dfrac{\pi}{4} d_s^2}$
球阀		$M_t = 1.3 \times 10^{-4} D_g^3 (p_1 - p_2)$	$p_1 - p_2 = \dfrac{M}{10^{-3} D_g^2 \left(0.13 D_g + \dfrac{\pi}{4} f \dfrac{d}{2}\right)}$
偏心旋转阀		$M_t = \dfrac{\pi}{4 \times 10^3} D_g^3 x (p_1 - p_2)$	$p_1 - p_2 = \dfrac{M}{\dfrac{\pi}{4 \times 10^3} D_g^2 \left(x + \dfrac{1}{2} fd\right)}$

注：1. 计算中所需调节阀的尺寸见表 5-5-37。

2. 本表计算式中单位为：p——kPa，F——N，M——N·m。

利用各类典型调节阀的允许压差计算公式时还需注意以下几点。

① 建立调节阀力平衡方程式时已做了一些简化，如忽略了阀内可动部件的重量和阀杆及推杆等的摩擦力。

② 阀的不平衡力与流体流向有关，由于调节阀一般都工作于流开状态，所以表 5-5-36 中的公式均以流开状态为主。

③ 调节阀制造厂产品说明书提供的允许压差，是指标准组配的调节阀在不带定位器且阀后压力 $p_2 = 0$ 时的允许压差。不符合上述条件时均应按表 5-5-36 中的公式进行计算。

④ 校核调节阀允许压差时，应选择调节阀最不利的工作状态。

a. 一般调节阀应使调节阀接近全关时的最大阀压降小于允许压差。

b. 三通调节阀应使两个进口的最大压力差（合流）或两个出口的最大压力差（分流）小于允许压差。同时还应注意，三通调节阀的不平衡力方向与进口或出口的两个压力之间何者为大有关。表 5-5-36 中分别列出不同情况下的不平衡力方向，供选择执行机构是正作用式还是反作用式时参考。

c. 隔膜阀的不平衡力决定于阀前后压力之和（$p_1 + p_2$），故应使其实际的（$p_1 + p_2$）小于计算得出的允许压力和。此外，考虑到隔膜的机械强度，隔膜阀的使用压力（p_1）不得超过 1MPa。

d. 套筒阀应使套筒内的最大压力（p_1 或 p_2）小于允许压力。

计算允许压差所需的各种调节阀的阀芯阀杆直径等数据见表 5-5-37。

表 5-5-37　计算允许压差所需各种调节阀的阀芯阀杆直径数据

阀型	阀杆阀芯直径/mm	公称直径 DN/mm															
		6	10	15	20	25	32	40	50	65	80	100	125	150	200	250	300
直通双座阀	阀杆 d_s	—	—	—	10	10	10	10	10	10	14	14	18	18	18	22	22
	阀芯（上）d_{g1}	—	—	10	12	26	32	40	50	66	80	100	125	150	200	250	300
	阀芯（下）d_{g2}	—	—	10	—	24	30	38	48	64	78	98	128	148	198	—	—
直通单座阀	阀杆 d_s	—	—	—	10	10	10	10	10	10	14	14	18	18	18	22	22
	阀芯 K_V	—	—	1.2	2.0	3.2	5.0	—	—	—	—	—	—	—	—	—	—
	阀芯 直径 d_g	—	—	10	12	15	20	—	—	—	—	—	—	—	—	—	—
角形阀	阀芯 K_V	—	—	1.6	2.5	4.0	6.3	—	—	—	—	—	—	—	—	—	—
	阀芯 直径 d_g	—	—	10	12	15	20	—	—	—	—	—	—	—	—	—	—
高压阀	阀芯 阀杆 d_s	6	8	10	16	20	30	38	50	65	80	100	—	—	—	—	—
	阀芯 K_V	0.04~0.63	0.1~0.25	0.4~0.63	1.0,1.6,2.5,4.0,6.5,10	6.3	10	16	25	40	63	100	160	250	400	630	—
	阀芯 直径 d_g	3,4,6,7,8,10,12,16,20				10	20	30	38	50	65	80	100	126	160	200	—
三通阀	阀杆 d_s	—	—	—	10	10	10	10	10	10	14	14	18	18	18	22	22
	阀芯 d_g	—	—	—	—	26	30	40	50	66	80	100	126	150	200	—	—
套筒阀	阀杆 d_s	—	—	—	10	10	10	10	10	10	14	14	18	18	18	22	22
	阀芯 d_g	—	—	—	—	25	32	—	50	65	80	100	125	150	200	—	—
隔膜阀	隔膜	$\sqrt{2}\,DN$															

第六章 仪表及控制系统接地设计

第一节 概 述

一、接地的目的和作用

1. 接地的目的

仪表及控制系统接地的目的主要有两个：一是为人身安全和电气设备的运行安全，包括保护接地、本质安全系统接地、屏蔽接地、防静电接地和防雷接地等，称为安全接地或保护接地；二是为信号传输和减少干扰的接地，称为工作接地或参考接地。这两种接地目的不同，接地连接方法也有些不同，但两者又是相关的，不能截然分开。

仪表及控制系统安全接地或保护接地是仪表用电接地。仪表用电的来源是工业或民用的 220V AC 交流电，因此，仪表专业的保护接地与电气专业的保护接地一样，属于电气低压供配电系统接地，所以应按电气专业的有关标准、规范和方法进行，并接入电气专业的低压供配电系统接地装置。保护接地与电气低压供配电系统的供电形式相关，并且有多种形式。根据仪表及控制系统交流用电的性质与特点，普遍采用图 5-6-1 所示 TN-S 形式，其中的 PE 线为接地线。TN-S 形式具有单独的接地线 PE，是较为安全的用电形式之一。

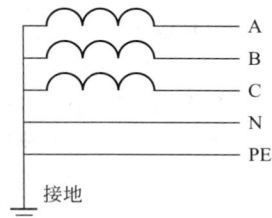

图 5-6-1 TN-S 形式

仪表及控制系统工作接地或参考接地是直流电源系统接地或公共点接地，属于公共参考点的连接，并不一定要真实接大地。不同的文献对仪表工作接地有不同的用词、定义和分类，实质是一样的。

2. 接地的作用

保护接地的作用有三个：

① 在用电设备上形成与地面电位近似相等的电位，当用电设备绝缘损坏漏电时，不会对站在地上并且接触用电设备金属部件的人形成致人伤害的接触电压；

② 形成漏电回路电流，使漏电保护器件动作，起到保护作用；

③ 用于电涌电流的泄放。电涌电流可能来自电源，也可能来自雷电。

工作接地的作用有三个：

① 为直流用电设备提供用电回路参考点，采用公共汇流排作为用电回路方式可以减少配线；

② 为电子电路提供参考点，形成工作回路或消除噪声；

③ 为屏蔽层接地，使屏蔽层形成法拉第笼，起到对静电和电场或一定范围电磁场的屏蔽作用。

3. 接地原理

物理学和电学的术语"电压"是两点之间的，或者一点相对于某一参考点的电压。参考点不同，电压值就有可能不同。电流是从一点通过电流路径流向另一点的，在供电和用电电路中，是流回电流源的，所以一定形成电流回路。但是，在静电学和电场中有所不同，电流是累计的静电荷击穿绝缘时突然流动的结果，是没有电流源的，摩擦生电放电、干燥季节的物体静电放电和雷电放电就是例子。

根据上述接地的作用，通常以大地作为参考点，具有相对稳定的电位。既然是提供电路参考点、或形成用电回路或是用于异常电流的泄放，所以既可以采用分散接地，也可以采用共用接地。为了减少分散接地点或分散接地系统之间的电压或电流，采用共用接地是更安全、更可靠的方式，既减少了不同的参考点，也形成了很好（低阻抗）的电流通路和异常电流的泄放路径，达到了实现用电设备安全运行、减少和消除对电子设备干扰的目的。

在一些特定的条件下，不便以大地作为参考点，例如移动电气或电子设备，可以采用设备或系统的公共电气连接点作为接地点，效果是一样的。基本含义是将需要接地的设备、仪表、可能带电的金属体、大型的孤立金属体等用导体连接在一起，使这些物体的电位近似相等。这种形式的"接地"称为"接地连接"，也称为等电位连接。当然，这种"接地"可以不直接与大地相连接，也可以接大地。

二、仪表及控制系统接地分类

仪表及控制系统接地可按接地功能分类，也可按照接地作用分类，没有严格的界定。有些接地既可以属于这一种接地，又可以属于另一种接地，不同的文献分类有所不同。SH/T 3081《石油化工仪表接地设计规范》把接地分为保护接地、工作接地、本质安全系统接地、屏蔽接地、防静电接地和防雷接地等。

1. 保护接地

保护接地是为人身安全和电气设备安全而设置的接地。仪表及控制系统的外露导电部分，正常时不带电，但在故障、损坏或非正常情况时可能带有危险电压。对这样的设备，均应实施保护接地。

低于安全电压供电的仪表，可不做保护接地，但有可能与高于安全电压的电气设备接触的除外。安全电压是指对人体不构成危险的电压值，不同国家、不同时期的规范规定的安全电压值不同，不同的环境条件、不同的人体条件、不同的作业环境、不同的频率，可能致人伤害的接触电压和接触电流也不同。我国曾经规定安全电压为 36V，后来又规定了不同作业环境的不同安全电压。现行的中国国家标准规定了不同环境状况和不同故障情况下的不会造成人体伤害的电压值［见 GB/T 3805《特低电压（ELV）限值》］。

如果用电设备已经自然接地了，可以不用重复接地。例如，当安装在已接地的金属仪表盘、箱、柜、框架上的仪表，并且与之电气接触良好时，可不做保护接地。

2. 工作接地

这里的工作接地，均指仪表及控制系统工作接地，包括仪表信号回路接地和直流供电参考点接地。

仪表及控制系统的信号是直流标准信号或低频通信信号。网络通信信号和载波信号另当别论。

非隔离信号通常以直流电源负极为参考点，并接地。常规模拟仪表的信号分配常常以此为参考点。

隔离信号的电路与其他电路是绝缘的，对地是绝缘的，所以可以不接地。

隔离信号的本质：

① 电路系统是浮空的，与接地参考点没有任何电气的连接，电路对地电压是不确定的；

② 电源系统是另一个接地系统。

隔离电路两端的两个接地系统之间的电位差是不确定的，是随接地系统条件和环境的变化而变化的。

3. 本安系统接地

采用隔离式安全栅的本质安全系统，输入端和输出端是隔离的，没有电流通路，所以本身不需要专门接地。

采用齐纳式安全栅的本质安全系统，输入端和输出端是电路连通的，为了限制现场端的故障电压，则应设置与参考点的接地连接系统。

齐纳式安全栅的本安系统接地与仪表信号回路接地不应分开，实际上也分不开。

4. 屏蔽接地

根据静电屏蔽（法拉第笼）原理，金属屏蔽体需要接地才能综合有效。屏蔽接地有线路屏蔽和设备屏蔽两种。屏蔽的实质是对线路外界环境的，所以是属于保护性质的。屏蔽的用途是减少静电、外界电场或部分电磁场对屏蔽目标的干扰，所以既不是电气安全性质的保护接地，也不是仪表系统内部电路所需要的工作接地。由于一般情况下通过屏蔽层的静电释放及电场涡流的电流比较小，所以既可以接到保护接地，也可以接到工作接地。

在雷电防护的应用中，屏蔽接地有泄放雷电流的作用，某些场合还专门利用外界电磁场产生的屏蔽电流减少干扰，所以接到保护接地更合适。由于屏蔽层电流不是影响电气安全性质的电流以及一些工程习惯，又常常接到仪表工作接地。这就是屏蔽接地工程实施的不确定性。

5. 防静电接地

防止静电对电子设备造成损坏的主要方法，是防止静电的集聚和实现泄放的导电连接。通常，安装 DCS、PLC、SIS、PC 等设备的控制室、机柜室、过程控制计算机的机房，应考虑防静电，这些室内的导静电地面、金属活动地板、工作台、机柜等需要实施接地。静电的集聚和泄放与空气湿度关系密切。静电泄放比较容易，对地泄放电阻小于 100Ω 就能达到良好的效果，所以，已经做了保护接地和工作接地的仪表和设备，不需要再另做防静电接地。近年来的 DCS、PLC、SIS、PC 等控制设备已经有防静电和接插件防止电压或电流冲击的设计，可以有效地防止静电损害和影响，对外部环境的静电防护要求也不需要那么严格了。

6. 防雷接地

雷电防护接地的作用是将雷电流泄放入地。雷击电流分直击雷电流和雷电电磁感应产生的电涌电流。由于雷击电流强度很高，即使是感应产生的电涌电流也有几十到几百安培的幅值，但是雷击电流的时间很短，所以其本质是高频强电流脉冲。为了泄放雷击电涌电流，需要尽可能短的放电路径和尽可能小的通路阻抗。由于绝大多数的仪表线路并不是直接暴露在空旷地区等容易受到雷击的区域，所以危害仪表的绝大多数雷击电流是电涌电流而不是直击雷电流。

防雷接地需要注意雷电电涌电流泄放路径上产生的电位差及地电位反击电压。

仪表及控制系统防雷接地有一些与电涌电流泄放相关的考虑和方法，并且应与电气专业接地系统共用接地装置。

三、仪表及控制系统接地的规范

SH/T 3081《石油化工仪表接地设计规范》规定了保护接地、工作接地、本质安全系统接地、屏蔽接地、防静电接地等的具体方法和细节。

SH/T 3164《石油化工仪表系统防雷设计规范》规定了仪表防雷工程中的接地方法。该规范中关于仪表系统的接地设计是针对仪表防雷工程的。按照 SH/T 3164《石油化工仪表系统防雷设计规范》实施的接地系统，可以实现《石油化工仪表接地设计规范》涵盖的接地功能，所规定的接地方法完全可以代替 SH/T 3081《石油化工仪表接地设计规范》规定的接地方法。

第二节　仪表及控制系统接地的抗干扰作用

一、信号干扰来源

仪表信号的干扰有差模干扰和共模干扰，引起信号失真及差错。差模干扰是直接作用在信号线间的电压或电流，共模干扰是信号线与公共参考点或信号线与地线之间的电压或电流。干扰电压或电流的性质有直流、交流、脉冲及不规则干扰等。

信号干扰的来源主要有电场（静电）和电磁场，电磁场有高频和低频之分。干扰作用原理为电场感应及电磁场感应。

对仪表形成干扰的是电场（静电）干扰和电磁场干扰，采取的主要措施是屏蔽和反向电磁场对干扰电磁场的抵消和削弱。例如，双绞线、外屏蔽的多点接地等。

事故及异常干扰的原因为线路短路或断路，造成信号差错甚至仪表损坏。

二、接地的抗干扰作用

1. 屏蔽作用

屏蔽是抗干扰的有效手段之一。根据干扰来源可以分为电场屏蔽、磁场屏蔽和电磁场屏蔽。由于仪表工作环境中三种情况都存在，所以屏蔽是综合考虑的。

电场屏蔽的原理是采用导体制成屏蔽体，在接地的条件下实现静电平衡，消除电场和低频电磁场干扰源的电容耦合，实现电场屏蔽。磁场屏蔽是防止外界的静磁和低频电流产生的磁场进入需要保护的区域，必须用磁性介质作外壳，外壳越厚，磁导率越高，屏蔽的效果就越好。铁材料的磁导率很高，所以屏蔽效果比其他磁导率低的材料好得多。电磁场屏蔽的原理同样采用导体制成的屏蔽体，利用电磁感应现象在屏蔽体表面形成电涡流产生的反向磁场，抵消或减弱原干扰磁场，达到屏蔽的目的。普通碳钢和铁材料具有很高的电导率和磁导率，所以具有很好的电场屏蔽、磁场屏蔽和电磁场屏蔽的效果。

屏蔽体的接地是实现屏蔽作用的重要条件之一。

2. 导流作用

屏蔽体的接地把静电荷传导入地，使电场终止在屏蔽体的金属表面，实现静电平衡，即实现了电场屏蔽。当电涌电流沿着信号线流动时，由于交流电的趋肤效应，部分电涌电流会通过屏蔽层的接地散流，其余的电涌电流会在电涌防护器的分流作用下散流入地，这就是接地系统的导流作用。

第三节　接地系统的设计

一、接地方式

接地方式有单点接地、多点接地等。原理上两种接地方式都能实现各类接地的需要，但实际工程中的接地效果因区域的大小不同、接地线路的长度不同、异常电流或干扰电流的性质不同而有所差别。

　　直流信号、低频信号、直流供电、工业及民用建筑供配电、工业设备供配电、供配电事故、雷电等都可能在接地线路或接地点上产生电流。但是，电子设备中的器件、总线以及通信的工作频率并不是正常或异常情况的地电流频率。例如，计算机的工作频率是数以 GHz 计的，芯片和电路板不需要接大地，只有局部电路的相对电位参考点。实际接地的是供配电接地，也就是保护接地，或直流及低频信号所需要的接地。

1. 单点接地

　　仪表及控制系统的信号是直流信号或低频信号（低于 10kHz），为避免不同接地点的地电位对信号产生干扰，也为了消除线路分布电容产生的影响，仪表工作接地的原则为单点接地，信号回路中应避免产生接地回路。

　　图 5-6-2 和图 5-6-3 中，U 为仪表接收的信号；U_S 为信号源输出信号；U_G 为不同接地点间的地电位差。

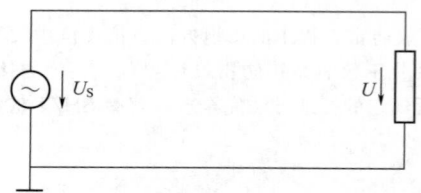

图 5-6-2　单点接地：$U = U_S$

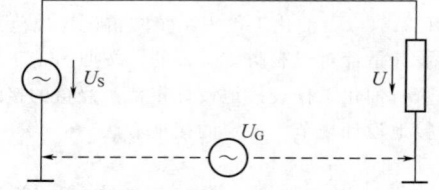

图 5-6-3　信号源和接收仪表分别接地：$U = U_S + U_G$

　　从图 5-6-3 中可以看出，信号源和接收仪表分别接地，不同接地点间会产生地电位差 U_G，使接收到的信号不等于原信号。为了避免地电位对信号的影响，信号不应通过大地构成回路。如果一条线路上的信号源和接收仪表都不可避免接地，则应采用隔离器将两点接地隔离开，消除地电位差 U_G 影响。如图 5-6-4 所示。

　　在单点接地系统中，通常将所有接地线汇到一个接地点上，再将这个接地点与接地网连接起来。如图 5-6-5 所示。

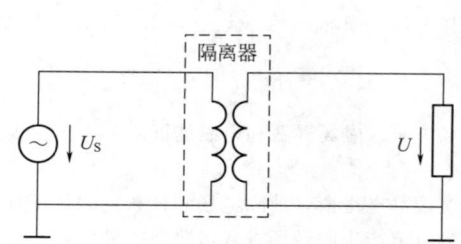

图 5-6-4　用隔离器将两点接地隔离

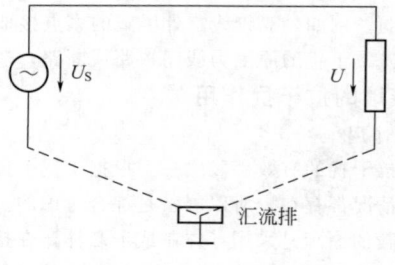

图 5-6-5　汇流排接地（图中虚线为接地线）

2. 多点接地

　　多点接地也称为重复接地。多点接地用于同一设备或线路上异常情况的大电流泄放，也用于大面积导电设备为安全设置的等电位连接，主要用于供配电和雷电防护的接地。对于单个的小型设备，外露可导电面积较小，异常电流通路或接地连接线路较短，不会产生电位差，所以一条接地线路足够了。但是对于大型设备或较长的设备，就需要每隔一段距离实施重复接地，例如电缆槽的接地。

3. 接地网络

　　对于导电良好的接地网络，如果仪表设备区域内没有大功率电气设备的故障接地，可以视为一个接地平面，区域内的所有种类的接地均可以就近接到这个接地网络上，可以达到很好的接地效果，并且简单易行，这就是网型接地方式。

二、接地方案

1. 星形接地

　　星形接地形式的示意如图 5-6-6 所示。星形接地形式常用于地理范围比较小的区域的接地，是典型的单点接地采用方式。例如：控制室、机柜室等。

2. 网型接地

网型接地形式的示意如图 5-6-7 所示。网型接地形式相当于局部接地网，具有很好的接地效能，适用各种地理范围和各种接地需要，可用于单点接地系统或多点接地系统。缺点是造价稍高。

3. 星形—网型复合接地

星形—网型复合接地形式示意如图 5-6-8 所示。

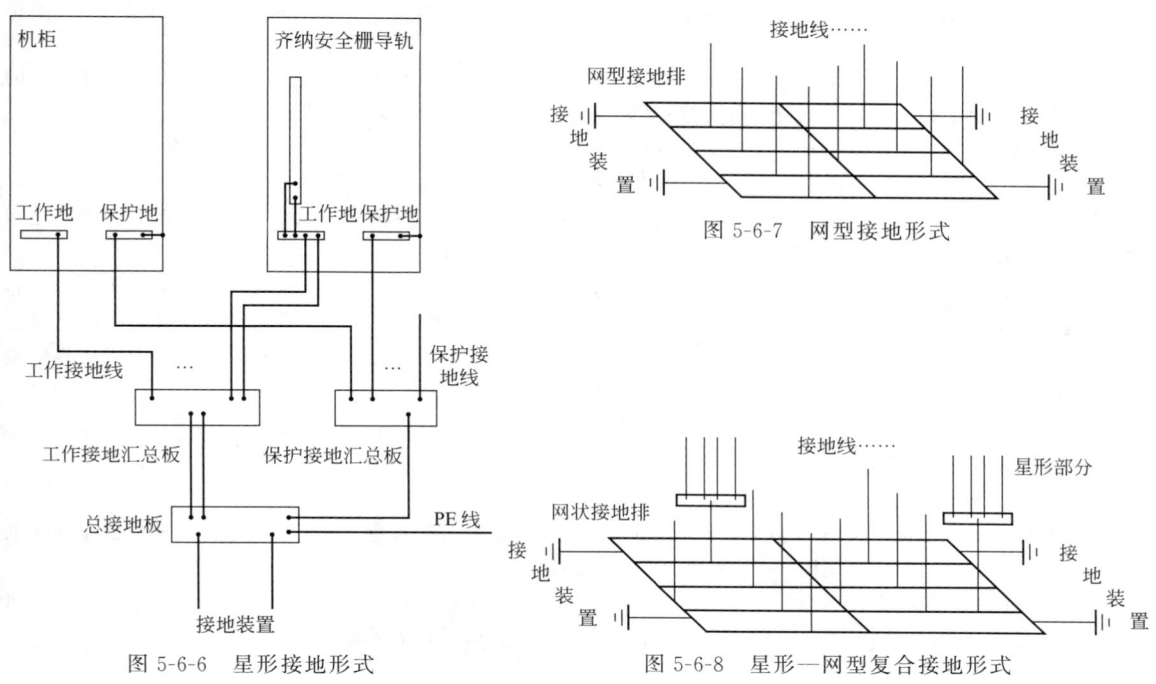

图 5-6-6　星形接地形式

图 5-6-7　网型接地形式

图 5-6-8　星形—网型复合接地形式

三、接地原则

1. 共用接地装置

SH/T 3081《石油化工仪表系统接地设计规范》规定了仪表及控制系统接地与电气专业的低压配电系统接地合一，规定了仪表及控制系统的保护接地、工作接地、本质安全系统接地、屏蔽接地、防静电接地和防雷接地共用接地装置。

采用等电位连接方式并采用共用接地装置，已经是电气接地系统和仪表及控制系统接地的共识。国内外现行标准规范大多规定了共用接地装置的原则。

根据仪表工作原理和电子电路的设计，仪表电路对接地电阻没有任何特殊要求，无论是仪表保护接地、仪表工作接地、本质安全接地、屏蔽接地、防静电接地和防雷接地方式，均应符合电气专业的接地规定，没有理由提出对接地电阻的特殊要求。

2. 等电位连接

影响仪表正常工作或造成仪表过电压损坏的原因，无非就是线路短路、地电位影响、电涌电流等，良好的接地线路导电性能、等电位连接和共用接地装置完全可以有效地解决问题。

仪表保护接地和仪表工作接地的作用归结起来，一是降低异常电流产生的电位差；二是建立公共参考电位。等电位连接很好地达到了这两个目的。采用等电位连接并接到接地装置的方式，不但实现了保护接地和工作接地等接地功能，同时也实现了仪表雷电电涌的泄放。

星形接地和星形—网型混合接地的星形部分的工程实施有以下两个汇集。

第一，同类接地连接到一起。仪表保护接地汇总到保护接地汇流排，仪表工作接地汇总到工作接地汇流排。仪表接地线较多的场合可以采用分别汇总后再集中汇总的方式。

第二，把不同的汇流排汇集在一起，例如把工作接地汇流排和保护接地汇流排汇集接在一起，再接到接地装置上。

网型接地采用两路或多路接地线路接到接地装置上，是为了提供更多的分流路径，提高接地效能，特别是接地电流较大的场合。

注意：无论星形接地还是网型接地，都不能采用机柜串联或仪表串联的方法接地。

3. 接地电阻

由于采用等电位连接方式并采用共用接地装置，所以仪表及控制系统的接地电阻即为电气的低压供配电系统（等电位共用接地系统）接地装置的接地电阻。根据中国电气专业有关标准规范确定，一般情况接地电阻不大于 4Ω。

接地装置的接地电阻的定义数值等于接地装置对地电压与通过接地极流入大地中电流的比值。由于中国的工业和民用交流电的频率是 50Hz，接地电阻的测量也要采用这个频率的交流电进行，所以按通过接地极的工频交流电流测量及计算出的电阻称为工频接地电阻。

《建筑物防雷设计规范》GB 50057 规定了防雷电感应的接地装置应和电气设备接地装置共用。

根据仪表接地原理和仪表接地的作用，完好的等电位连接比接地电阻值更重要。《信息技术装置的接地和等电位连接》IEC 364-5-548 规定了等电位连接，对接地电阻的大小没有规定。

《危险场所仪表的接地实施　第一部分：本质安全》ISA-RP12.6 中规定了接地电路的连接电阻小于 1Ω，而不是规定接地电阻的阻值，两者不要混淆。在 ISA-RP12.6 中规定的接地方法中提出用两条接地导线重复连接的方式，以便用断开一条导线测量回路电阻的方法测量接地连接（grounding path）电阻，而不是测量接大地（earthing）的电阻。这与欧共体的规定是一致的。

综上所述，无论是仪表保护接地还是仪表工作接地，对接地电阻都没有特殊要求。

四、接地方法与细节

1. 仪表保护接地

仪表及控制系统的保护接地，应按电气专业的有关标准规范和方法进行，并应接入电气专业的低压供配电系统接地网。控制室用电应采用图 5-6-1 所示的 TN-S 系统。

仪表保护接地的接线在接到总汇流排之前一般采用铜芯绝缘电线，总汇流排接到接地装置、金属构件之间的连接常采用镀锌扁钢。总汇流排一般不需要与金属构件、框架、机柜等其他物体绝缘。

2. 仪表工作接地

标准规定采用星形接地或复合型接地形式的星形部分，工作接地在接到工作接地汇总板之前不应与保护接地混接。工作接地的连线，包括各接地线、接地干线、接地汇流排等，在接至总接地板之前，除正常的连接点外，都应当是绝缘的。这一规定尽管没有充分的证据和理由，但主要还是为了避免工程施工中的差错形成的异常电流回路产生不良影响。

信号屏蔽电缆的屏蔽层接地应为单端接地，这是为了避免地电位在屏蔽层上产生电流，对信号芯线产生干扰。为了工程实施的简便，又不影响屏蔽效果，信号屏蔽电缆的屏蔽层在控制室仪表一侧接地。屏蔽层可以接保护接地，也可以接工作接地。

在实施仪表防雷工程的场合，屏蔽层应统一接到保护接地，并应按照 SH/T 3164《石油化工仪表系统防雷设计规范》规定的内、外屏蔽方式接地。仪表防雷工程可以利用外界电磁场产生的屏蔽电流减少干扰，这种利用异地接地环流的方式就需要屏蔽层两端接地。解决这个矛盾有两种方法：一是采用单层屏蔽，屏蔽层一端直接接地，另一端通过电容接地；二是采用双层屏蔽，内屏蔽层单端接地，外屏蔽层两端接地，外屏蔽可以利用金属保护管、金属电缆槽等，不一定是电缆的屏蔽层。

所以，仪表电缆的金属保护管、金属电缆槽应该在两端接到保护接地，较长的还要每隔一段距离（一般规定是 20~30m）接地。同样，仪表信号用的铠装电缆的金属铠装保护层，也要在两端接至保护接地。

现场仪表接线箱两侧的电缆屏蔽层可在箱内用端子连接在一起，也可以分别按照上述屏蔽接地的规则接地。

3. 接地导线及导体

接地系统的导线应采用多股绞合铜芯绝缘电线或电缆。

接地系统的各接地汇总板应采用铜板制作，厚度不小于 6mm，长、宽尺寸按需要确定。

工作接地汇流排、工作接地汇总板应采用绝缘支架固定。

接地系统的各种连接应牢固、可靠，并应保证良好的导电性。接地线、接地干线与接地汇流排、接地汇总板的连接，应采用铜接线片和镀锌钢质螺栓，并应有防松件，或采用焊接。

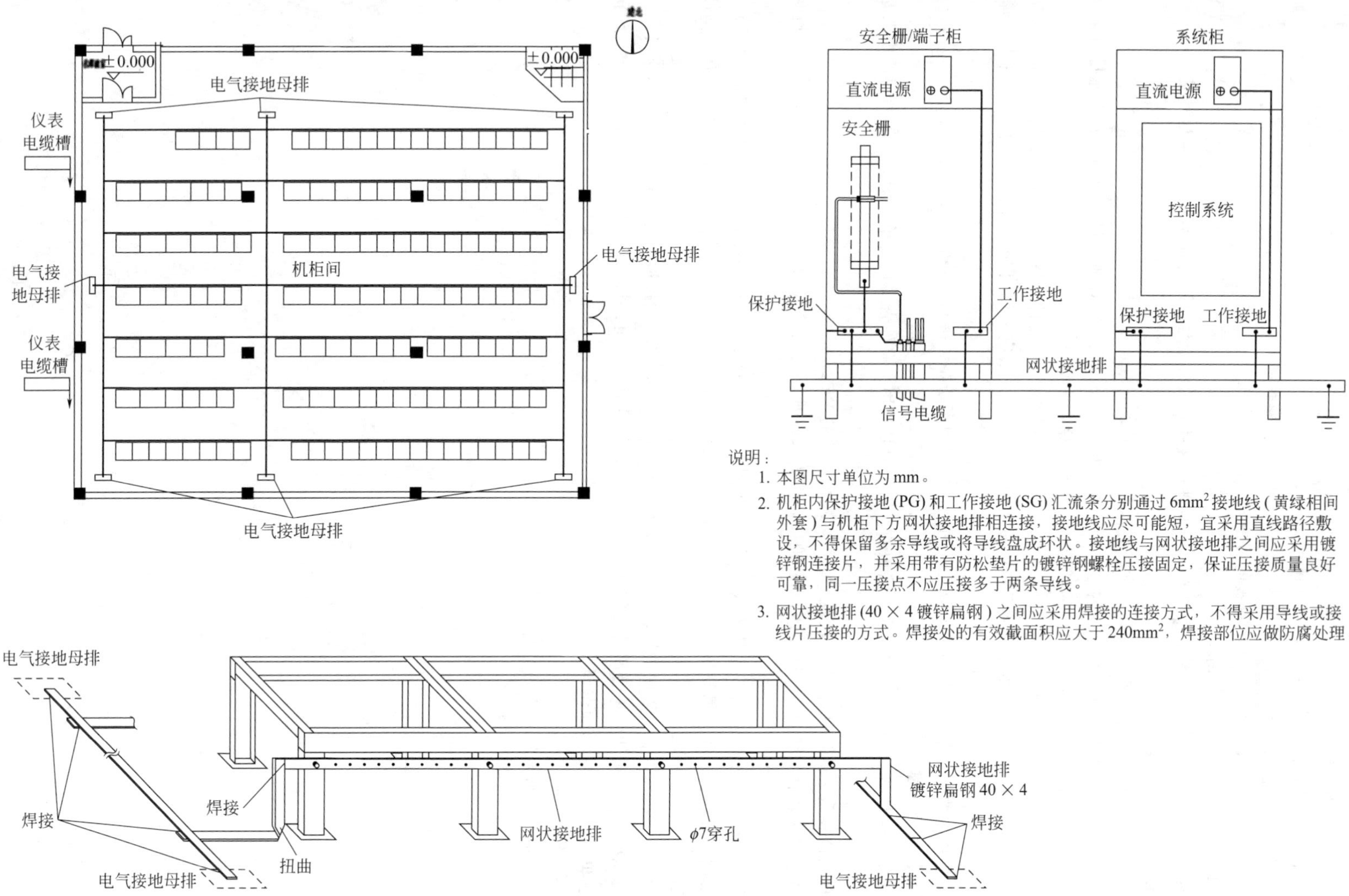

说明：

1. 本图尺寸单位为 mm。

2. 机柜内保护接地（PG）和工作接地（SG）汇流条分别通过 6mm² 接地线（黄绿相同外套）与机柜下方网状接地排相连接。接地线应尽可能短，宜采用直线路径敷设，不得保留多余导线。将导线与接地盘连成环状。接地线与网状接地排之间应采用镀锌钢连接片，并采用带有防松垫片的镀锌钢螺栓压接固定，保证压接质量良好可靠。同一压接点不应压接多于两条导线。

3. 网状接地排（40×4 镀锌扁钢）之间应采用焊接的连接方式，不得采用导线或接线片压接的方式。焊接处的有效截面积应大于 240mm²，焊接部位应做防腐处理。

系统柜

直流电源

控制系统

工作接地

保护接地

网状接地排

安全栅端子柜

直流电源

安全栅

工作接地

保护接地

信号电缆

电气接地母排

±0.000

机柜间

±0.000

电气接地母排

电气接地母排

仪表电缆槽

电气接地母排

仪表电缆槽

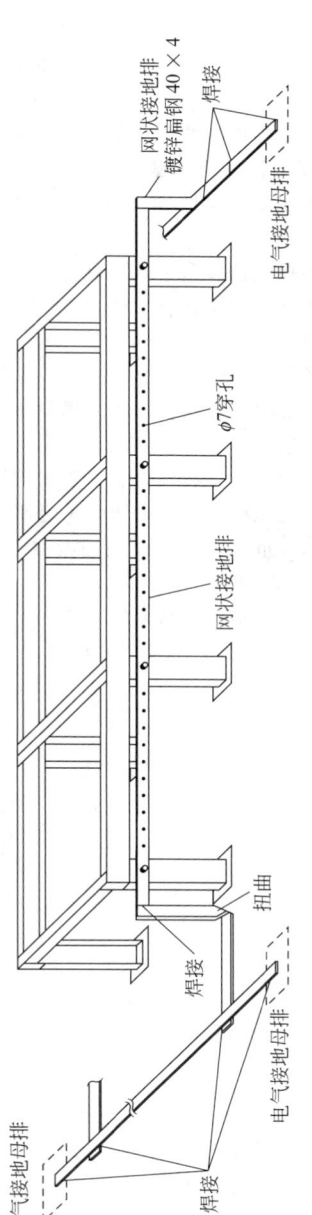

网状接地排 40×4

焊接

镀锌扁钢 40×4

电气接地母排

φ7穿孔

网状接地排

扭曲

焊接

电气接地母排

焊接

电气接地母排

图 5-6-9　现场机柜室内接地系统布置图

接地线的截面可根据连接仪表的数量和接地线的长度参考下列数值选用。

① 室内安装的单台仪表的接地线：$1.0 \sim 2.5 mm^2$。

② 现场仪表的接地连接导线：$2.5 \sim 4.0 mm^2$。

③ 机柜内汇流导轨或汇流条的连接导线：$4.0 \sim 6.0 mm^2$。

④ 接地汇总板之间或机柜到接地汇总板的接地干线：$10 \sim 25 mm^2$。

⑤ 接地系统引出线：$25 \sim 70 mm^2$。

接地系统的标识颜色为绿色或绿、黄两色。需要进行接地的仪表信号回路，应实施工作接地连接。

4. 控制室仪表防雷接地

仪表用的电涌防护器应采用金属导轨安装，并以此导轨作为接地汇流排。

控制室的仪表系统防雷接地应当采用网型接地，在机柜下面布设网型接地排。机柜内的各种汇流排直接接到机柜下面的网型接地排。防雷接地线应尽可能短，并且避免弯曲敷设。

网型接地排可以采用截面积为 $4mm \times 40mm$（厚×宽）的铜板、热镀锌扁钢或不锈钢，适用于所有的等电位连接场合，具有良好的电气性能，简便易行，成本合适。连接方法应采用机械或焊接，焊接处应采取防腐措施。

为了提供更多的分流路径，提高接地效能，网型接地采用多条路径接到室外的电气接地装置。

5. 现场仪表及电缆槽接地

如果现场仪表是 24V DC 供电的仪表，接地的作用主要是利用金属外壳实现简单屏蔽。仪表内部的电路是不接地的。

如果现场仪表是 220V AC 供电的仪表，则可以利用供电的 PE 线接地，不需要另外接地。

如果现场仪表装有"线-地"保护的电涌防护器，则需要接地。现场仪表的接地线应尽可能短，并且避免弯曲敷设。

现场仪表接地采用分散就近接地的方式。可以接到附近的电气专业接地连接带上，也可以通过金属安装支架、金属框架、金属栏杆或金属设备等自然接地。在没有这些条件的地点，可以利用穿钢管敷设的钢管，延伸到具备接地条件的地方接地。

现场仪表的金属外壳、仪表保护箱、接线箱及机柜的金属外壳，应就近接地或与接地的金属体相连接。

仪表电缆槽之间、电缆保护金属管之间的连接处，应进行可靠的导电连接。仪表电缆槽、电缆保护金属管还应根据规范每隔 30m 进行重复接地。

6. 工程实例

现场机柜室内接地系统布置图如图 5-6-9 所示。

第七章 节流装置及流量仪表计算

第一节 通 用 表

一、管道内流速常用值（表 5-7-1）

表 5-7-1 管道内流速常用值

流体种类	应用场合	管道种类		平均流速/(m/s)	备注
水	一般给水	主压力管道		2～3	
		低压管道		0.5～1	
	泵进口			0.5～2.0	
	泵出口			1.0～3.0	
	工业用水	离心泵压力管		3～4	
		离心泵吸水管	DN 250	1～2	
			DN 250	1.5～2.5	
		往复泵压力管		1.5～2	
		往复泵吸水管		＜1	
		给水总管		1.5～3	
		排水管		0.5～1.0	
	冷却	冷水管		1.5～2.5	
		热水管		1～1.5	
	凝结	凝结水泵吸水管		0.5～1	
		凝结水泵出水管		1～2	
		自流凝结水管		0.1～0.3	
一般液体	低黏度			1.5～3.0	
高黏度液体	黏度 50mPa·s	DN25		0.5～0.9	
		DN50		0.7～1.0	
		DN100		1.0～1.6	
	黏度 100mPa·s	DN25		0.3～0.6	
		DN50		0.5～0.7	
		DN100		0.7～1.0	
		DN200		1.2～1.6	
	黏度 1000mPa·s	DN25		0.1～0.2	
		DN50		0.16～0.25	
		DN100		0.25～0.35	
		DN200		0.35～0.55	
气体	低压			10～20	
	高压			8～15	20～30MPa
	排气	烟道		2～7	
压缩空气	压气机	压气机进气管		～10	
		压气机输气管		～20	
	一般情况	DN≤50		≤8	
		DN≥70		≤15	
饱和蒸汽	锅炉、汽轮机	DN＜100		15～30	
		100≤DN≤200		25～35	
		DN＞200		30～40	
过热蒸汽	锅炉、汽轮机	DN＜100		20～40	
		100≤DN≤200		30～50	
		DN＞200		40～60	

二、流量管道内平均流速关系（图 5-7-1）

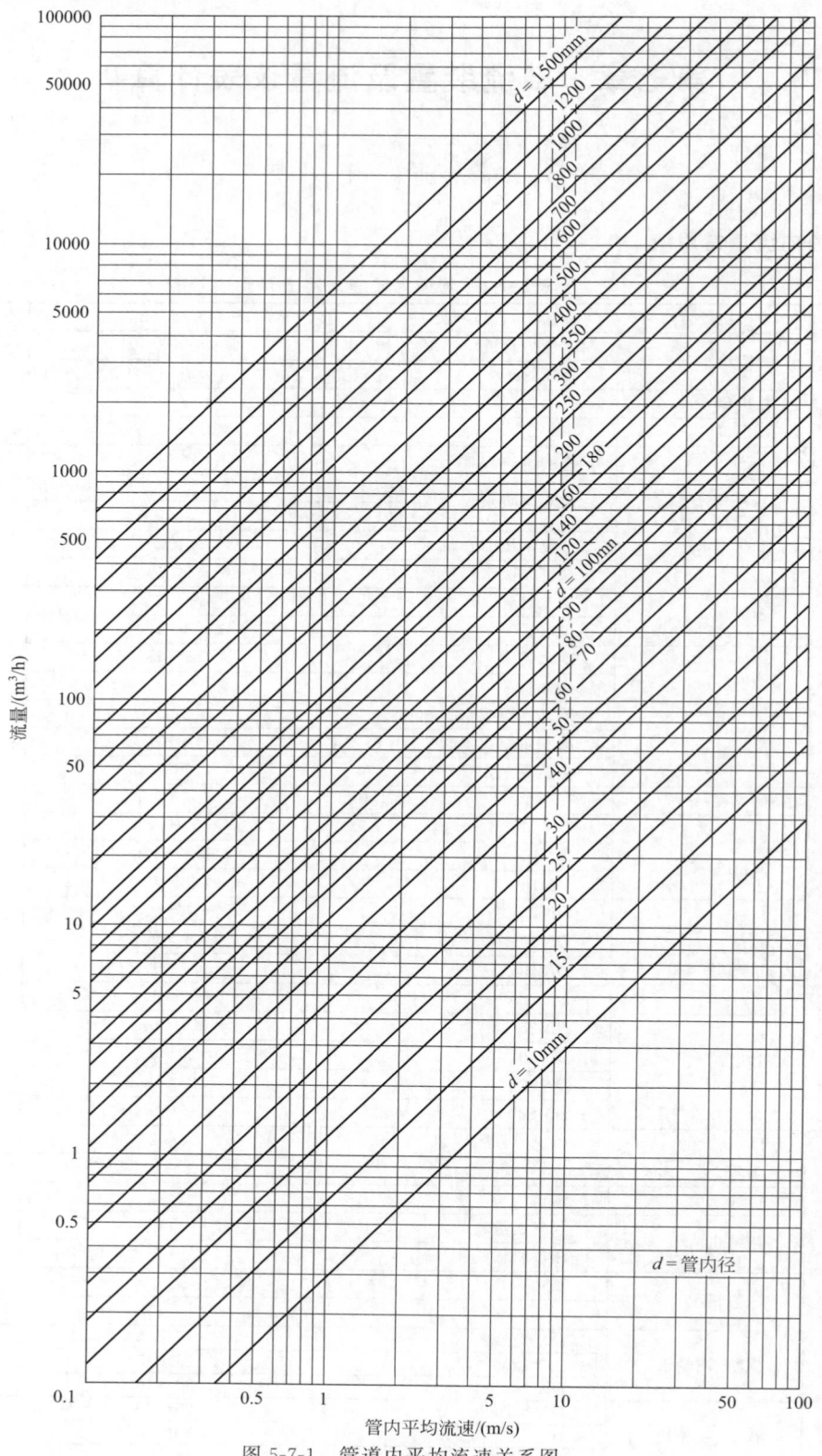

图 5-7-1　管道内平均流速关系图

三、常用材料线膨胀系数（表 5-7-2）

表 5-7-2　常用材料的线膨胀系数 $\Lambda \times 10^6$　　　　单位：mm/(mm·℃)

材料	温度范围 t/℃										
	-100 ~ 0	$20\sim$ 100	$20\sim$ 200	$20\sim$ 300	$20\sim$ 400	$20\sim$ 500	$20\sim$ 600	$20\sim$ 700	$20\sim$ 800	$20\sim$ 900	$20\sim$ 1000
15 钢、Q235 钢	10.6	11.75	12.41	13.45	13.60	13.85	13.90				
Q235F、B₃ 钢		11.5									
10 钢		11.60	12.60		13.00		14.60				
20 钢		11.16	12.12	12.78	13.38	13.93	14.38	14.81	12.93	12.48	13.16
45 钢	10.6	11.59	12.32	13.09	13.71	14.18	14.67	15.08	12.50	13.56	14.40
1Cr13、2Cr13		10.50	11.00	11.50	12.00	12.00					
Cr17	10.05	10.00	10.00	10.50	10.50	11.00					
12Cr1MoV		9.80~ 10.63	11.30~ 12.35	12.30~ 13.35	13.00~ 13.60	12.84~ 14.15	13.80~ 14.60	14.20~ 14.86			
10CrMo91O		12.50	13.60	13.60	14.00	14.40	14.70				
Cr6SiMo		11.50	12.00		12.50		13.00		13.50		
X20CrMoWV₁₂₁		10.80	11.20	11.60	11.90	12.10	12.30				
X20CrMoV₁₂₁		10.80	11.20	11.60	11.90	12.10	12.30				
1Cr18Ni9Ti	16.2	16.60	17.00	17.20	17.50	17.90	18.20	18.60			
普通碳钢		10.60~ 12.20	11.30~ 13.00	12.10~ 13.50	12.90~ 13.90		13.50~ 14.30	14.70~ 15.00			
工业用铜		16.60~ 17.10	17.10~ 17.20	17.60	18.00~ 18.10		18.60				
红铜		17.20	17.50	17.90							
黄铜	16.0	17.80	18.80	20.90							
12Cr3MoVSiTiB		10.31	11.36	11.92	12.42	13.14	13.31	13.54			
12CrMo		11.20	12.50	12.70	12.90	13.20	13.50	13.80			

四、管壁等效绝对粗糙度 K 值（表 5-7-3）

表 5-7-3　管壁等效绝对粗糙度 K 值
（参考件）

材料	条件	K/mm	材料	条件	K/mm
黄铜、紫铜、铝、塑料、玻璃	光滑、无沉积物	<0.03	钢	严重结皮	>2
钢	新的,冷拔无缝管	<0.03		新的,涂覆沥青	0.03~0.05
	新的,热拉无缝管	0.05~0.10		一般的,涂覆沥青	0.10~0.20
	新的,轧制无缝管	0.05~0.10		镀锌的	0.13
	新的,纵向焊接管	0.05~0.10	铸铁	新的	0.25
	新的,螺旋焊接管	0.10		锈蚀	1.0~1.5
	轻微锈蚀	0.10~0.20		结皮	>1.5
	锈蚀	0.20~0.30		新的,涂覆	0.03~0.05
	结皮	0.50~2	石棉水泥	新的,有涂层的和无涂层的	<0.03
				一般的,无涂层的	0.05

第二节　流体物性参数计算式

　　流体物性（物理性质）对流量计特性的影响是流量计开发和使用的主要问题之一。物性对流量计的影响程度视工作原理不同而异，目前最通用的几类流量计为差压、浮子、容积、涡轮、涡街、电磁、超声、质量，影响流量计特性的主要参数为密度、黏度、等熵指数、电导率、声速、比热容和热导率等，其中尤以密度和黏度的影响最为重要。

　　掌握流体物性参数在流量计制造与使用中主要有三方面的用途。

　　(1) 选型的依据　流量计的选型主要需了解仪表性能和被测对象的情况。流体的物性参数是被测对象特性的重要组成部分，在现场使用中不乏因流体物性参数掌握不够或不准确使测量结果达不到要求的实例。

　　(2) 流量计设计计算　在流量方程中物性参数是主要参数之一，要使设计计算准确可靠，基本数据的提供是不可缺少的。

　　(3) 现场使用与维护　流体物性变化是使用时产生流量测量附加误差的重要原因，要降低测量的附加误差，应深入探讨它对流量计特性的影响。

一、实际气体状态方程

$$pv = ZRT \tag{5-7-1}$$

$$pV = nZR_M T = mZRT \tag{5-7-2}$$

$$\rho = \frac{p}{ZRT} \tag{5-7-3}$$

式中　　p——压力，Pa；

　　　　v——比容，m^3/kg；

　　　　ρ——密度，kg/m^3；

　　　　R——气体常数，$kJ/(kg \cdot K)$；

　　　　V——容积，m^3；

　　　　Z——气体压缩系数；

　　　　n——摩尔数，kmol；

　　　　T——温度，K；

　　　　m——质量，kg；

　　R_M——通用气体常数，$R_M = 8.314 kJ/(kmol \cdot K)$。

二、气体压缩系数方程

1. Redlich-Kwong 方程（雷德利克-孔方程）

$$Z^3 - Z^2 - (B^2 + B - A)Z - AB = 0 \tag{5-7-4}$$

$$A = \frac{0.42748 p_r}{T_r^{2.5}}; \quad B = \frac{0.086647 p_r}{T_r}$$

式中，Z 为气体压缩系数；p_r、T_r 分别为对比压力、对比温度。

Z 的迭代解法

$$Z_n = Z_{n-1} - \frac{F_{n-1}}{F'_{n-1}} \tag{5-7-5}$$

$$F_{n-1} = Z_{n-1}^3 - Z_{n-1}^2 - (B^2 + B - A)Z_{n-1} - AB$$

$$F'_{n-1} = 3Z_{n-1}^2 - 2Z_{n-1} - (B^2 + B - A)$$

2. 太平洋能源协会方程（天然气用）

$$Z = \cfrac{1}{1 + \cfrac{k_1 p_G (10^5 + k_2 G)}{6.89(1.8t + 4.92)^{3.825}}} \tag{5-7-6}$$

式中　　p_G——表压力，kPa；

　　　　t——温度，℃；

　　　　G——相对密度；

　　k_1，k_2——系数，见表 5-7-4。

表 5-7-4　k_1、k_2 表

相对密度范围	k_1	k_2	相对密度范围	k_1	k_2
$0.600 \geqslant G$	2.48	2.020	$0.751 \leqslant G \leqslant 0.900$	7.91	1.260
$0.601 \leqslant G \leqslant 0.650$	3.32	1.810	$0.901 \leqslant G \leqslant 1.100$	11.63	1.070
$0.651 \leqslant G \leqslant 0.750$	4.66	1.600	$1.101 \leqslant G \leqslant 1.500$	17.48	0.900

三、水蒸气密度计算式

1. 过热水蒸气密度计算式

（1）莫里尔状态方程

$$v = 0.0004611 \frac{T}{p} - \frac{1.45}{(T/100)^{3.1}} - 603100 \frac{p^2}{(T/100)^{13.5}} \tag{5-7-7}$$

式中　v——比容，$\mathrm{m^3/kg}$；

　　　p——压力，MPa；

　　　T——温度，K。

（2）乌卡诺维奇状态方程

$$pv = RTg(1 - A/v - B/v^2) \tag{5-7-8}$$

式中　$A = \dfrac{1.43417}{T} - 0.00085 + \dfrac{47.053C}{T^{3.468}}$；

$B = \dfrac{0.039995C}{T^{3.468}} - 4\left(1 - \dfrac{22.70}{T^{0.4995}}\right)\left(1 + \dfrac{0.0068}{v} - \dfrac{35.57 \times 10^{-9}}{v^3}\right) \times \left(\dfrac{47.053C}{T^{3.468}}\right)^2$；

$C = 390000$；

R——气体常数，$R = 0.461 \mathrm{kJ/(kg \cdot K)}$；

g——重力加速度，$g = 9.80665 \mathrm{m/s^2}$。

其余符号同上。

2. 饱和水蒸气密度计算式

（1）干饱和水蒸气密度（表 5-7-5）

表 5-7-5　干饱和水蒸气密度

压力 p 变化范围/MPa	密度 ρ 计算式/$(\mathrm{kg/m^3})$	压力 p 变化范围/MPa	密度 ρ 计算式/$(\mathrm{kg/m^3})$
$0.10 \sim 0.32$	$\rho_1 = 5.2353p + 0.0816$	$1.01 \sim 2.00$	$\rho_4 = 4.9008p + 0.2465$
$0.33 \sim 0.70$	$\rho_2 = 5.0221p + 0.1517$	$2.01 \sim 2.60$	$\rho_5 = 4.9262p + 0.1992$
$0.71 \sim 1.00$	$\rho_3 = 4.9283p + 0.2173$		

（2）湿蒸汽密度

$$\rho_{TP} = \frac{\rho_g}{x^{1.53} + (1 - x^{1.53})\rho_g/\rho_1} \tag{5-7-9}$$

式中　ρ_{TP}——湿蒸汽密度，$\mathrm{kg/m^3}$；

　　　ρ_g——水蒸气密度，$\mathrm{kg/m^3}$；

　　　ρ_1——水密度，$\mathrm{kg/m^3}$；

　　　x——干度。

四、水、空气密度计算式

1. 水密度计算式

$$\rho = 9.998395639 \times 10^2 + 6.798299989 \times 10^{-2}t - 9.106025564 \times 10^{-3}t^2 + 1.005272999 \times$$
$$10^{-4}t^3 - 1.126713526 \times 10^{-6}t^4 + 6.591795606 \times 10^{-9}t^5 \, (\mathrm{kg/m^3}) \tag{5-7-10}$$

式中　ρ——密度，$\mathrm{kg/m^3}$；

　　　t——温度，℃。

水密度计算式的简式如下：

$$\rho = 1005.1 - 0.13437t - 0.0027097t^2 \tag{5-7-11}$$

式中　ρ——密度，kg/m^3；

　　　t——温度，℃。

2. 干空气密度计算式

$$\rho = 3485 \frac{p}{273.16 + t} \tag{5-7-12}$$

式中　ρ——密度，kg/m^3；

　　　p——压力（绝），MPa；

　　　t——温度，℃。

五、气体湿度计算式

$$\rho = \rho_g + \rho_s \tag{5-7-13}$$

$$\rho_g = \rho_n \frac{p - \varphi p_{smax}}{p_n} \cdot \frac{T_n Z_n}{TZ} \tag{5-7-14}$$

$$\rho_s = \varphi \rho_{smax} \tag{5-7-15}$$

式中　　　　ρ——湿气体密度，kg/m^3；

　　　　　　ρ_g——湿气体干部分密度，kg/m^3；

　　　　　　ρ_s——湿气体中水蒸气密度，kg/m^3；

　　　　　　φ——相对湿度，%；

ρ_n，p_n，T_n，Z_n——分别为标准状态下密度（kg/m^3）、压力（Pa）、温度（K）、气体压缩系数；

　　　p，T，Z——分别为工作状态下压力（Pa）、温度（K）、气体压缩系数；

　　　　　　p_{smax}——温度为 T 时，湿气体中水蒸气最大可能的压力，Pa；

　　　　　　ρ_{smax}——压力为 p，温度为 T 时，水蒸气最大可能的密度，kg/m^3。

如果湿气体的工作温度 t 不超过对应于工作压力下的饱和温度 t_b，则 $\rho_{smax} = \rho_b$ 和 $p_{smax} = p_b$，其中 ρ_b 和 p_b 分别为温度 t 时饱和水蒸气的密度和压力。如果湿气体的工作温度 $t > t_b$，则 ρ_{smax} 等于 p 和 T 时过热水蒸气的密度，而 $p_{smax} = p$。

当已知某一状态（p'，T'）下的相对湿度 φ'，且 p' 和 T' 不同于工作状态的 p 和 T 时，工作状态下的相对湿度可按下式计算：

$$\varphi = \varphi' \frac{p T' \rho'_{smax}}{p' T \rho_{smax}} \tag{5-7-16}$$

式中　ρ'_{smax}——在 p'、T' 时水蒸气可能的最大密度，kg/m^3。

由上式求出的 $\varphi > 1$ 时，说明工作状态下气体已被水蒸气饱和，而且部分的水蒸气已冷凝，这时取 $\varphi = 1$。

六、流体黏度计算式

1. 水的黏度计算式

（1）水的动力黏度计算式

$$\mu = 100(10^A)/\mu_{20} \tag{5-7-17}$$

$$A = [1.3272(20 - t) - 0.001053t^2]/(t - 105)$$

式中　μ——动力黏度，$mPa \cdot s$；

　　　μ_{20}——20℃时水的动力黏度，$mPa \cdot s$；

　　　t——温度，℃。

公式适用范围 $20℃ \leqslant t \leqslant 100℃$。

（2）水的运动黏度计算式

$$\nu = \frac{1.780 \times 10^{-6}}{1 + 0.0337t + 0.00022t^2} \tag{5-7-18}$$

式中　ν——运动黏度，m^2/s；

　　　t——温度，℃。

公式适用范围：$p = 101.325kPa$，$t = 5 \sim 50℃$。

2. 液体黏度温度修正计算式

$$\mu = A_L \exp(B_L/1.8T) \tag{5-7-19}$$

$$B_L = \frac{1.8 T_1 T_2 \ln(\mu_1/\mu_2)}{T_2 - T_1}$$

$$A_L = \frac{\mu_1}{\exp(B_L/1.8 T_1)}$$

式中　μ——动力黏度；

　　　T——温度，K。

用两个已知的黏度值求出 A_L、B_L，然后代入计算式，计算式可用于计算温度对黏度的影响。

3. 液体混合物黏度 μ_m 的计算式

$$\mu_m = \exp\left[\sum y_i \ln(\mu_i)\right] \tag{5-7-20}$$

式中　μ_i——在混合物温度下各组分的黏度值，mPa·s；

　　　y_i——各组分摩尔分数。

4. 气体黏度与温度关系计算式

$$\mu = aT^n \tag{5-7-21}$$

$$n = \frac{\ln(\mu_1/\mu_2)}{\ln(T_2/T_1)}$$

$$a = \frac{\mu_1}{T_1^n}$$

式中　μ——气体动力黏度，mPa·s；

由两个已知的气体黏度值确定系数 n 和 a。

5. 气体混合物黏度计算式

$$\mu_m = \frac{x_1 \mu_1 M_1^{0.5} + x_2 \mu_2 M_2^{0.5} + \cdots + x_n \mu_n M_n^{0.5}}{x_1 M_1^{0.5} + x_2 M_2^{0.5} + \cdots + x_n M_n^{0.5}} \tag{5-7-22}$$

式中　　　　μ_m——气体混合物动力黏度，mPa·s；

$x_1, x_2, \cdots, x_n$——各组分的体积分数，%；

$M_1, M_2, \cdots, M_n$——各组分的分子量；

$\mu_1, \mu_2, \cdots, \mu_n$——各组分的动力黏度，mPa·s。

6. 水蒸气的动力黏度计算式（亚列山德罗夫公式）

$$\mu = \mu_0 \exp\left[\frac{v^*}{v} \sum_{i=0}^{5} \sum_{j=0}^{4} b_{ij} \left(\frac{T^*}{T} - 1\right)^i \left(\frac{v^*}{v} - 1\right)^j\right] \tag{5-7-23}$$

式中　$\mu_0 = (T/T^*)^{1/2} \left[\sum_{k=0}^{3} a_k (T^*/T)^k\right]^{-1} \times 10^{-6} (\text{Pa·s})$

$T^* = 647.27\text{K}$，$v^* = 3.147 \times 10^{-3} \text{m}^3/\text{kg}$。

a_k、b_{ij} 见表 5-7-6 和表 5-7-7。

表 5-7-6　a_k

k	0	1	2	3
a_k	0.0181583	0.0177624	0.0105287	-0.0036744

表 5-7-7　b_{ij}

j \ i	0	1	2	3	4	5
0	0.501938	0.162888	-0.130356	-0.907919	-0.551119	0.146543
1	0.235622	0.789393	0.673665	1.207552	0.0670665	-0.084337
2	-0.274637	-0.743539	-0.959456	-0.687343	-0.497089	0.195286
3	0.145831	0.263129	0.347247	0.213486	0.100754	-0.032932
4	-0.0270448	-0.0253093	-0.0267758	-0.0822904	0.0602253	-0.0202595

七、流体等熵指数计算式

1. 完全气体等熵指数计算式

$$k_p = \left(\frac{c_p}{c_V}\right)_p = \frac{(c_p)_p}{(c_p)_p - 1.986} \tag{5-7-24}$$

式中，$(c_p)_p$ 为压力 101.325kPa，温度 15℃下的气体比热容。

2. 理想气体等熵指数计算式

$$k_i = \frac{(c_p)_i}{(c_p)_i - 1.986} \tag{5-7-25}$$

式中，$(c_p)_i$ 为理想气体的比热容，为温度的函数。

3. 实际气体等熵指数计算式

$$k = F_k \frac{c_p}{c_V} \tag{5-7-26}$$

式中，$F_k = \dfrac{1}{1 - [(\partial Z/Z)(\partial p/p)]_T}$ 为修正系数。

第三节　差压式流量计

一、流量测量节流装置主要技术参数（表 5-7-8）

表 5-7-8　流量测量节流装置主要技术参数

节流件名称		管径 D/mm	节流件孔径 d/mm	直径比 $\beta = d/D$	雷诺数 Re_D	K/D 要求（管壁糙度）
标准孔板	角接取压	50～1000	$d \geqslant 12.5$	0.2～0.75	$0.2 < \beta < 0.45, Re_D \geqslant 5000$ $0.45 \leqslant \beta, Re_D \geqslant 10^4$	
	法兰取压	50～1000	$d \geqslant 12.5$	0.2～0.75	$Re_D \geqslant 1260\beta^2 D$	
	径距取压	50～1000	$d \geqslant 12.5$	0.2～0.75	$Re_D \geqslant 1260\beta^2 D$	
标准喷嘴	ISA 1932 喷嘴	50～500		0.3～0.8	$0.3 \leqslant \beta \leqslant 0.44, 7 \times 10^4 \leqslant Re_D \leqslant 10^7$ $0.44 \leqslant \beta \leqslant 0.80, 2 \times 10^4 \leqslant Re_D \leqslant 10^7$	$K/D \leqslant 3.8 \times 10^{-4}$
	长径喷嘴	50～630		0.2～0.8	$10^4 \leqslant Re_D \leqslant 10^7$	$K/D \leqslant 10 \times 10^{-4}$
经典文丘里管	具有粗铸收缩段	100～800		0.3～0.75	$2 \times 10^5 \leqslant Re_D \leqslant 2 \times 10^6$	$K/D \leqslant 3.8 \times 10^{-4}$
	具有机械加工收缩段	50～250		0.4～0.75	$2 \times 10^5 \leqslant Re_D \leqslant 1 \times 10^6$	
	具有粗焊铁板收缩段	200～1200		0.4～0.70	$2 \times 10^5 \leqslant Re_D \leqslant 2 \times 10^6$	
文丘里喷嘴		65～500	$d \geqslant 50$	0.316～0.775	$1.5 \times 10^5 \leqslant Re_D \leqslant 2 \times 10^6$	$K/D \leqslant 3.8 \times 10^{-4}$
1/4 圆孔板		25～750	$d \geqslant 15$	0.245～0.6	$(Re_D)_{\min} \leqslant Re_D \leqslant 10^5 \beta$ $(Re_D)_{\min} = 1000\beta + 9.4 \times 10^6 (\beta - 0.24)^8$	$K/D \leqslant 1.3 \times 10^{-3}$
锥形入口孔板		$D \geqslant 25$	$d \geqslant 6$	0.1～0.316	$80 \leqslant Re_D \leqslant 6 \times 10^4$	$K/D \leqslant 1.3 \times 10^{-3}$
圆缺孔板		100～350		0.3～0.8	$125 \leqslant D \leqslant 350, Re_D \geqslant 80D$ $100 \leqslant D \leqslant 125, Re_D \geqslant 10^4$	
偏心孔板		100～1000	$d \geqslant 50$	0.46～0.84	$2.5 \times 10^5 \leqslant Re_D \leqslant 10^5$	
楔形孔板		25～300		(H/D) 0.2～0.5	$Re_D \geqslant 1 \times 10^3$	
道尔管		$D > 150$		0.4～0.75	$Re_D \geqslant 3.5 \times 10^5$	

二、流量测量节流装置流出系数（表 5-7-9）

表 5-7-9　流量测量节流装置流出系数

节流件名称	流出系数计算式	流出系数不确定度计算式
标准孔板	$C=0.5961+0.0261\beta^2-0.0216\beta^8+0.000521\left(\dfrac{10^6\beta}{Re_D}\right)^{0.7}+(0.0188+0.0063A)\beta^{3.5}$ $\left(\dfrac{10^6}{Re_D}\right)^{0.3}+(0.043+0.080e^{-10L1}-0.123e^{-7L1})(1-0.11A)\dfrac{\beta^4}{1-\beta^4}-0.031$ $(M'_2-0.8M'^{1.1}_2)\beta^{1.3}$ 当 $D<71.12$mm 时，应加下列项： $+0.011(0.75-\beta)\left(2.8-\dfrac{D}{25.4}\right)$ （D 为 mm） $M'_2=\dfrac{2L'_2}{1-\beta}$，$A=\left(\dfrac{19000\beta}{Re_D}\right)^{0.8}$ 式中　L_1——孔板上游端面到上游取压口的距离除以管道直径得出的商，$L_1=l_1/D$； L'_2——孔板下游端面到下游取压口的距离除以管道直径得出的商，$L'_2=l'_2/D$。 对于角接取压方式 $L_1=L'_2=0$ 对于 D-$D/2$ 取压方式：$L_1=1,L_2=0.47$ 对于法兰取压方式：$L_1=L'_2=25.4/D$（D 为 mm）	
ISA 1932 喷嘴	$C=0.9900-0.2262\beta^{4.1}-(0.00175\beta^2-0.0033\beta^{4.15})(10^6/Re_D)^{1.15}$	$\dfrac{\delta C}{C}=\pm0.8\%$ （当 $\beta\leqslant0.6$ 时） $\dfrac{\delta C}{C}=\pm(2\beta-0.4)\%$ （当 $\beta>0.60$ 时）
长径喷嘴	$C=0.9965-0.00653\beta^{0.5}(10^6/Re_D)^{0.5}$	$\dfrac{\delta C}{C}=\pm2.0\%$
经典文丘里管	①具有粗铸收缩段 $C=0.984$ ②具有机械加工收缩段 $C=0.995$ ③具有粗焊铁板收缩段 $C=0.985$	$\delta C/C=\pm0.7\%$ $\delta C/C=\pm1\%$ $\delta C/C=\pm1.5\%$
文丘里喷嘴	$C=0.9858-0.196\beta^{4.5}$	$\dfrac{\delta C}{C}=\pm(1.2+1.5\beta^4)\%$
锥形入口孔板	$C=0.734$	
1/4 圆孔板	$C=0.73823+0.3309\beta-1.1615\beta^2+1.5084\beta^3$	
偏心孔板	$C=0.93548-1.68892\beta+3.0428\beta^2-1.97893\beta^3$ 如果使用粗糙管，应进行粗糙度修正 $C_{粗}=CF_E$ $F_E=1.0319-0.017849(\lg D/K)+0.093895\beta^2-0.012566(\beta^2\lg D/K)$	$\dfrac{\delta C}{C}=\pm1\%$

三、流量测量节流装置可膨胀性系数（表 5-7-10）

表 5-7-10 流量测量节流装置可膨胀性系数

节流件名称	可膨胀性系数 ε 计算式	可膨胀性系数不确定度计算式
标准孔板	$\varepsilon = 1-(0.41+0.35\beta^4)\dfrac{\Delta p}{kp_1}$ 使用范围 $p_2/p_1 \geqslant 0.75$	$\dfrac{\delta\varepsilon}{\varepsilon} = \pm(4\Delta p/p_1)\%$
标准喷嘴	$\varepsilon = \left[\left(\dfrac{k\tau^{(2/k)}}{k-1}\right)\left(\dfrac{1-\beta^4}{1-\beta^4\tau^{(2/k)}}\right)\left(\dfrac{1-\tau^{\frac{(k-1)}{k}}}{1-\tau}\right)\right]^{1/2}$	$\dfrac{\delta\varepsilon}{\varepsilon} = \pm(2\Delta p/p_1)\%$
经典文丘里管	$\varepsilon = \left[\left(\dfrac{k\tau^{(2/k)}}{k-1}\right)\left(\dfrac{1-\beta^4}{1-\beta^4\tau^{(2/k)}}\right)\left(\dfrac{1-\tau^{\frac{(k-1)}{k}}}{1-\tau}\right)\right]^{1/2}$	$\dfrac{\delta\varepsilon}{\varepsilon} = \pm(4+100\beta^8)\dfrac{\Delta p}{p_1}\%$
文丘里喷嘴	$\varepsilon = \left[\left(\dfrac{k\tau^{(2/k)}}{k-1}\right)\left(\dfrac{1-\beta^4}{1-\beta^4\tau^{(2/k)}}\right)\left(\dfrac{1-\tau^{\frac{(k-1)}{k}}}{1-\tau}\right)\right]^{1/2}$	$\dfrac{\delta\varepsilon}{\varepsilon} = \pm(4+100\beta^8)\dfrac{\Delta p}{p_1}\%$
1/4 圆孔板	$\varepsilon = \left[\left(\dfrac{k\tau^{(2/k)}}{k-1}\right)\left(\dfrac{1-\beta^4}{1-\beta^4\tau^{(2/k)}}\right)\left(\dfrac{1-\tau^{\frac{(k-1)}{k}}}{1-\tau}\right)\right]^{1/2}$	$\dfrac{\delta\varepsilon}{\varepsilon} = \pm33(1-\varepsilon)\%$
锥形入口孔板	$\varepsilon = \dfrac{1}{2}(\varepsilon_孔 + \varepsilon_喷)$	$\dfrac{\delta\varepsilon}{\varepsilon} = \pm33(1-\varepsilon)\%$
偏心孔板	$\varepsilon = 1-(0.41+0.35\beta^4)\dfrac{\Delta p}{kp_1}$	$\dfrac{\delta\varepsilon}{\varepsilon} = 33(1-\varepsilon)\%$

注：压力比 $\tau = p_2/p_1$；k 为等熵指数；p_1、p_2 分别为上游和下游取压口处静压。

四、标准节流装置要求的最短直管段长度

1. 孔板上、下游侧最短直管段长度（表 5-7-11）

表 5-7-11 孔板上、下游侧最短直管段长度 　　　　　　　　单位:倍管径

孔径比 $\beta \leqslant$	节流件上游										节流件下游
	1	2	3	4	5	6	7	8	9	10	11
	单个90°弯头；任一平面上两个90°弯头	同一平面上两个90°弯头;S形结构	互成垂直平面上两个90°弯头;S形结构		带或不带延伸部分的单个90°三通	单个45°弯头；同一平面上两个45°弯头		同心渐缩管(在1.5D~3D长度内由2D变为D)	同心渐扩管(在D~2D长度内由0.5D变为D)	全孔球阀或闸阀全开	管件(1~10栏)
	$S>30D$	$10D<S\leqslant30D$	$S\leqslant10D$	$5D\leqslant S\leqslant30D$	$S<5D$		$S\geqslant2D$				
0.20	6(3)	10(—)	10(—)	19(18)	34(17)	3(—)	7(—)	5(—)	6(—)	12(6)	4(2)
0.40	16(3)	10(—)	10(—)	44(18)	50(25)	9(3)	30(9)	5(—)	12(8)	12(6)	6(3)
0.50	22(9)	18(10)	22(10)	44(18)	75(34)	19(9)	30(18)	8(5)	20(9)	12(6)	6(3)
0.60	42(13)	30(18)	42(18)	44(18)	65(25)	29(18)	30(18)	9(5)	26(11)	14(7)	7(3.5)
0.67	44(20)	44(18)	44(20)	44(20)	60(18)	36(18)	44(18)	12(6)	28(14)	18(9)	7(3.5)
0.75	44(20)	44(18)	44(22)	44(20)	75(18)	44(18)	44(18)	13(8)	36(18)	24(12)	8(4)

注：1. S 是上游弯头弯曲部分的下游端到下游弯头弯曲部分的上游端测得的两个弯头之间的间距。

2. 无括号的值为"零附加不确定度"的值。

3. 括号内的值为"0.5%附加不确定度"的值。

2. 经典文丘里管上游侧最短直管段长度 （表 5-7-12）

表 5-7-12　经典文丘里管上游侧最短直管段长度　　　　　　　单位：倍管径

孔径比 β	单个 90°弯头	同一平面或不同平面上两个或更多 90°弯头	在 2.3D 长度范围内 1.33D 到 D 渐缩管	在 2.5D 长度范围内 0.67D 到 D 渐扩管	在 3.5D 长度范围内 3D 到 D 渐缩管	在 1D 长度范围内 0.75D 到 D 渐扩管	全孔球阀或闸阀全开
1	2	3	4	5	6	7	8
0.30	8(3)	8(3)	4(—)	4(—)	2.5(—)	2.5(—)	2.5(—)
0.40	8(3)	8(3)	4(—)	4(—)	2.5(—)	2.5(—)	2.5(—)
0.50	9(3)	10(3)	4(—)	5(4)	5.5(2.5)	2.5(—)	3.5(2.5)
0.60	10(3)	10(3)	4(—)	6(4)	8.5(2.5)	3.5(2.5)	4.5(2.5)
0.70	14(3)	18(3)	4(—)	7(5)	10.5(2.5)	5.5(3.5)	5.5(3.5)
0.75	16(8)	22(8)	4(—)	7(6)	11.5(3.5)	6.5(4.5)	5.5(3.5)

注：1. 无括号的值为"零附加不确定度"的值。

2. 括号内的值为"0.5％附加不确定度"的值。

五、雷诺数计算式

1. 计算式一

$$Re_D = \frac{4q_m}{\pi \mu D} \tag{5-7-27}$$

$$Re_D = \frac{4q_v \rho}{\pi \mu D} \tag{5-7-28}$$

式中　Re_D——管道雷诺数；

　　　q_m——质量流量，kg/s；

　　　q_v——体积流量，m³/s；

　　　D——管道内径，m；

　　　ρ——流体密度，kg/m³；

　　　μ——流体动力黏度，Pa·s。

2. 计算式二

$$Re_D = 354 \frac{q_m}{D\mu} \tag{5-7-29}$$

$$Re_D = 354 \frac{q_v \rho}{D\mu} \tag{5-7-30}$$

式中　Re_D——管道雷诺数；

　　　q_m——质量流量，kg/h；

　　　q_v——体积流量，m³/h；

　　　D——管道内径，mm；

　　　μ——流体动力黏度，mPa·s。

3. 计算式三

$$Re_D = 354 \times 10^{-3} \frac{q_m}{D\nu\rho} \tag{5-7-31}$$

$$Re_D = 354 \times 10^{-3} \frac{q_v \rho}{D\nu} \tag{5-7-32}$$

式中　Re_D——管道雷诺数；

　　　q_m——质量流量，kg/h；

　　　q_v——体积流量，m³/h；

　　　D——管道内径，mm；

　　　ν——流体运动黏度，m²/s。

六、节流装置压力损失及能耗计算式

1. 压力损失计算式

节流装置的压力损失会引起额外的耗能，对于大口径测量，其耗能费是笔大数目，因此各类节流装置压力损失的大小是选用的一个重要因素。表 5-7-13 列举了几种类型检测件的压力损失计算式。

表 5-7-13　检测件压力损失

检测件	压力损失计算式	备注
孔板	$\delta p = (1 - 0.24\beta - 0.52\beta^2 - 0.16\beta^3)\Delta p$	Δp——Pa；
喷嘴	$\delta p = (1 + 0.014\beta - 2.06\beta^2 + 1.18\beta^3)\Delta p$	δp——Pa；
罗洛斯管	$\delta p = (0.151 - 0.304\beta + 0.182\beta^2)\Delta p$	ρ——流体密度，kg/m³；
经典文丘里管（出口锥角 15°）	$\delta p = (0.436 - 0.86\beta + 0.59\beta^2)\Delta p$	U——表体内平均流速，m/s；
经典文丘里管（出口锥角 7°）	$\delta p = (0.218 - 0.42\beta + 0.38\beta^2)\Delta p$	C_D——阻力系数
涡街	$\delta p = \dfrac{1}{2}C_D\rho U^2$	

2. 能耗计算式

$$W = \frac{\delta p q_v}{\eta} \tag{5-7-33}$$

式中　W——能耗，W；

δp——压力损失，Pa；

q_v——体积流量，m³/s；

η——电机和泵的效率。

3. 耗能费 （年）

$$耗能费（年）= \left(\frac{W}{1000}\right)\left(\frac{运行时数}{年}\right)\left(\frac{元}{千瓦·小时}\right) \tag{5-7-34}$$

4. 例题 （计算孔板流量计的耗能费）

（1）已知条件

① 被测流体：水；

② 最大流量 （刻度上限值）：$q_v = 300\text{m}^3/\text{h}$；

③ 管道内径：200mm；

④ 差压上限值：40kPa；

⑤ 孔板直径比：$\beta = 0.65$；

⑥ 能源价：0.3 元/(kW·h)；

⑦ 泵和电动机的效率：80%。

（2）计算

① 计算孔板流量计的压力损失 δp

$$\delta p = (1 - 0.24\beta - 0.52\beta^2 - 0.16\beta^3)\Delta p$$
$$= (1 - 0.24\times 0.65 - 0.52\times 0.65^2 - 0.16\times 0.65^3)\times 40$$
$$= 0.58036\times 40 = 16.7856(\text{kPa})$$

② 计算能耗

$$W = \frac{\delta p q_v}{\eta} = \frac{16.7856\times 10^3 \times \dfrac{300}{3600}}{0.8} = 1748.5(\text{W})$$

③ 计算耗能费

$$耗能费 = \left(\frac{1748.5}{1000}\right)\times(365\times 24)\times(0.3) = 4595.05(元)$$

七、节流装置设计计算

1. 计算的命题

① 已知管道内径 D，节流件开孔直径 d，被测流体参数 ρ_1、μ_1，根据所测得的差压值 Δp 计算被测介质的流量 q_m 或 q_v。

② 已知管道内径 D，被测流体参数 ρ_1、μ_1，管道布置条件，选择流量范围，差压测量上限 $\Delta p_{\max}$，节流装置形式，计算节流件开孔直径 d。

③ 已知管道内径 D，节流件开孔直径 d，被测流体参数 ρ_1、μ_1，管道布置条件，流量范围，计算差压测量上限 $\Delta p_{\max}$。

④ 已知节流装置直径比 β，差压 Δp，流量 q_m、q_v，被测流体参数 ρ_1、μ_1，求管道内径 D 和节流件开孔直径 d。

⑤ 已知 d、q_m、q_v、Δp、ρ_1、μ_1，求管道内径 D。

命题 Ⅰ 为现场核对投用流量计的测量值；命题 Ⅱ 为新装设节流装置的设计计算，一般节流装置设计计算就是指此命题；命题 Ⅲ 用以确定差压测量量程；命题 Ⅳ、Ⅴ 用以确定现场管道尺寸。

2. 流量公式

$$q_m = \frac{C\varepsilon}{\sqrt{1-\beta^4}} \frac{\pi}{4} d^2 \sqrt{2\Delta p \rho_1} \tag{5-7-35}$$

$$q_v = \frac{C\varepsilon}{\sqrt{1-\beta^4}} \frac{\pi}{4} d^2 \sqrt{\frac{2\Delta p}{\rho_1}} \tag{5-7-36}$$

式中 q_m，q_v——分别为质量流量（kg/s）和体积流量（m³/s）；

$\quad\quad C$——流出系数；

$\quad\quad \varepsilon$——可膨胀性系数；

$\quad\quad d$——节流件开孔直径，m；

$\quad\quad \rho_1$——被测流体密度，kg/m³；

$\quad\quad \Delta p$——差压值，Pa。

3. 迭代计算方法

命题 Ⅱ 计算需采取迭代计算方法，式(5-7-35) 与式(5-7-36) 用 $d=\beta D$ 变换为下式：

$$\frac{C\varepsilon\beta^2}{\sqrt{1-\beta^4}} = \frac{4q_m}{\pi D^2 \sqrt{2\rho_1 \Delta p}} = A_2 \tag{5-7-37}$$

$$\frac{C\varepsilon\beta^2}{\sqrt{1-\beta^4}} = \frac{4q_v \sqrt{\rho_1}}{\pi D^2 \sqrt{2\Delta p}} = A_2 \tag{5-7-38}$$

式中，A_2 为已知量组合的不变量。

由式(5-7-37)求得 β：

$$\beta = \left[1 + \left(\frac{C\varepsilon}{A_2}\right)^2\right]^{-1/4} \tag{5-7-39}$$

（1）计算 β_0　根据已知条件 q_m、q_v、D、Δp、ρ_1 等由式(5-7-38) 计算出 A_2。令 $\varepsilon=1$，C 取某固定值 C_0，则式(5-7-39) 为

$$\beta_0 = \left[1 + \left(\frac{C_0}{A_2}\right)^2\right]^{-1/4} \tag{5-7-40}$$

各种节流件 β_0 的公式见表 5-7-14。

（2）计算 β_1　由 β_0、k、Δp 代入 ε 公式计算 ε_0；由 β_0、Re_D、D 代入 C 公式计算 C_0；将 C_0、ε_0、A_2 代入式(5-7-39) 计算出 β_1。

（3）计算 β_2　由 β_1、k、Δp 代入 ε 公式计算 ε_1；由 β_1、Re_D、D 代入 C 公式计算 C_1；将 C_1、ε_1、A_2 代入式(5-7-39) 计算出 β_2。

若满足 $\beta_n - \beta_{n-1} < E$（$E=0.0001$），则迭代可停止，通常进行 2～3 次迭代即可。

4. 计算节流件开孔直径 d_{20} 和管道内径 D_{20}

$$d_{20} = \frac{d}{1 + \lambda_d(t-20)} \tag{5-7-41}$$

$$D_{20} = \frac{D}{1 + \lambda_D(t-20)} \tag{5-7-42}$$

式中 λ_d——节流件材料热膨胀系数；

λ_D——管道材料热膨胀系数；

t——工作温度，℃；

d_{20}，D_{20}——分别为20℃时节流件开孔直径和管道内径。

表 5-7-14　β_0公式

节流件类型	β_0公式	节流件类型	β_0公式
孔板(角接,法兰,$D-\dfrac{D}{2}$取压) $Re_D<2\times10^5$ $Re_D>2\times10^5$	$\beta_0=\left[1+\left(\dfrac{0.6}{A_2}+0.06\right)^2\right]^{-1/4}$ $\beta_0=\left[1+\left(\dfrac{0.6}{A_2}\right)^2\right]^{-1/4}$	文丘里喷嘴	$\beta_0=\left[1+\left(\dfrac{0.989}{A_2}-0.09\right)^2\right]^{-1/4}$
喷嘴 　ISA1932 　长径	$\beta_0=\left[1+\left(\dfrac{0.9944}{A_2}-0.118\right)^2\right]^{-1/4}$ $\beta_0=\left[1+\left(\dfrac{0.9975}{A_2}\right)^2\right]^{-1/4}$	1/4 圆孔板 ($\beta\leqslant0.6$)	$\beta_0=\left[1+\left(\dfrac{0.760}{A_2}+0.26\right)^2\right]^{-1/4}$
经典文丘里管 　粗铸收缩段	$\beta_0=\left[1+\left(\dfrac{0.984}{A_2}\right)^2\right]^{-1/4}$	锥形入口孔板 (角接取压,$\beta\leqslant0.3$)	$\beta_0=\left[1+\left(\dfrac{0.734}{A_2}\right)^2\right]^{-1/4}$
机械加工收缩段	$\beta_0=\left[1+\left(\dfrac{0.995}{A_2}\right)^2\right]^{-1/4}$	圆缺孔板 (各种取压)	$\beta_0=\left[1+\left(\dfrac{0.634}{A_2}-0.062\right)^2\right]^{-1/4}$
粗焊铁板收缩段	$\beta_0=\left[1+\left(\dfrac{0.985}{A_2}\right)^2\right]^{-1/4}$	偏心孔板 (各种取压)	$\beta_0=\left[1+\left(\dfrac{0.607}{A_2}+0.088\right)^2\right]^{-1/4}$

5. 节流装置设计计算要点

节流装置设计计算（命题Ⅱ）应注意以下几个环节。

（1）填好节流装置设计计算任务书（表5-7-15）　任务书各项应如实填写，由于现场复杂，有些项目投用后可能与实际值不符合，会引起较大的测量误差，甚至需重新设计计算，因此填好任务书是设计计算的重要一环。

（2）被测流体物性参数的确定　被测流体物性参数有密度ρ、黏度μ、等熵指数k、气体压缩系数Z、湿度φ等，其中密度的准确确定最为关键，它直接影响计算的准确度，Z、φ等也属于密度的内容。其他μ、k等数值准确度的要求可低些。

（3）管道内径的确定　按照标准规定管道内径应为实测值，在节流件前（$0\sim0.5$）D长度上至少测量4个截面12个直径值，然后取其平均值。

（4）差压上限值的选择　差压上限值的确定是命题Ⅱ设计计算的关键步骤，它由几种相互矛盾因素所决定。提高差压上限值，对差压的测量准确度，缩短节流件上游侧必要的直管段长度，降低流出系数，最小雷诺数限值等有利，但差压上限值的提高亦带来压损增大负面影响。根据上述因素选择，一般还可参考以下方法。

① 若压损有规定时，可按下面经验式确定差压上限：

对孔板　　　　　　　　　　　$\Delta p_{\max}=(2\sim2.5)\delta p$

对喷嘴　　　　　　　　　　　$\Delta p_{\max}=(3\sim3.5)\delta p$

式中，δp 为压损，δp 和 Δp 单位一样。

将上述计算结果圆整到系列值。对于气体还应检查，$p_2/p_1>0.75$（p_1、p_2 分别为节流件上下游压力）。

② 为使大量应用差压变送器用户减少备件型号和规格数量，应集中选取几个差压上限值：

a. 被测流体工作压力较高，允许压损较大可选 $\Delta p=40\text{kPa}$，60kPa；

b. 被测流体工作压力中等，允许压损中等，则选 $\Delta p=16\text{kPa}$，$\Delta p=25\text{kPa}$；

c. 被测流体工作压力较低，允许压损较小，则选 $\Delta p=6\text{kPa}$，$\Delta p=10\text{kPa}$。

③ 已知 q_m、C、ρ_1、D，差压可按下式计算：

$$\Delta p=\left(\frac{4q_m\sqrt{1-\beta^4}}{\pi\beta^2D^2C}\right)\frac{1}{2\rho_1}$$

式中，取 $\beta=0.5$，$C=0.60$（孔板），差压值计算再圆整到系列值。

6. 常用命题计算步骤

（1）命题 I 计算步骤

① 辅助计算

a. 计算工作状态下的管道内径 D 和节流件孔径 d：

$$D=D_{20}[1+\lambda_D(t-20)]$$

表 5-7-15 节流装置设计计算任务书

序号	名称	符号	数值	单位	备注
1	被测流体名称				
2	被测流体的百分组分			%	对混合介质而言
3	被测流体流量				
3.1	最大流量	q_{mmax}		kg/s	角码"n"表示标准状态,其他为工作状态下的值
		q_{vmax}		m³/s	
		q_{vnmax}		m³/s	
3.2	常用流量	q_{mcom}		kg/s	
		q_{vcom}		m³/s	
3.3	最小流量	q_{vncom}		kg/s	
		q_{mmin}		m³/s	
		q_{vmin}		m³/s	
4	工作状态	q_{vnmin}			
4.1	工作压力（表压）及其变化范围	$p_1\pm p'$		Pa	p'为压力变化量的大小
4.2	工作温度及其变化范围	$t_1\pm t'$		℃	t'为温度变化量的大小
5	工作状态下被测流体密度	ρ_1		kg/m³	混合介质应提供各组分的单独数据
6	工作状态下被测流体动力黏度 运动黏度	μ ν		Pa·s m²/s	混合介质应提供各组分的单独数据
7	工作状态下气体压缩系数	Z		纯数	混合介质应提供各组分的单独数据
8	工作状态下气体等熵指数	k		纯数	
9	工作状态下气体相对湿度	φ		%	混合介质应提供各组分的单独数据
10	允许的压力损失	δp		Pa	
11	节流装置使用地点的平均大气压	p_a		Pa	
12	20℃时管道内径	D_{20}		mm	注明是实测值还是公称值
13	管道材质				
14	管道内表面状况:无缝管、直缝焊接管、螺旋缝焊接管、新的、旧的				在所采用的名称上画"√"号
15	要求采用的节流件形式和取压方式				在所采用的名称上画"√"号
15.1	孔板:环室取压、单独钻孔取压、法兰取压				
15.2	喷嘴:环室取压、单独钻孔取压				
16	要求采用的差压计或差压变送器型号及差压上限				
16.1	差压计或差压变送器型号				
16.2	差压上限 $\Delta p_{max}=$____ Pa				
17	安装节流装置用的法兰标准代号				
18	安装节流装置用的管道敷设情况和阻流件类型				
18.1	上游侧第一个阻流件类型				
18.2	上游侧第二个阻流件类型				
18.3	下游侧阻流件类型				
18.4	上游侧第一个和第二个阻流件之间的直管段长度 $l_0=$____ m				
18.5	供安装节流装置用的直管段总长 $L=$____ m				

$$d = d_{20}[1 + \lambda_d(t-20)]$$

式中，λ_D、λ_d 分别为管道和节流件的材料热胀系数。

b. 计算直径比 β

$$\beta = d/D$$

c. 根据直径比 β、介质等熵指数 k、差压 Δp、静压 p 求 ε，对于液体 $\varepsilon = 1$。

d. 根据管道种类、材料及内壁状况确定管壁粗糙度 K，求 K/D，检查 K/D 是否符合标准的要求。

e. 求被测介质工作状态下密度 ρ_1 和黏度 μ_1。

② 计算

a. 令 $Re_D = 10^6$，根据 Re_D、β、节流件形式和取压方式，计算 C_1 值（近似值）。

b. 根据 C_1、ε、d、ρ_1、Δp_{com} 值求常用流量值（近似值）q_{mcom1}（或 q_{vcom1}）。

c. 根据 q_{mcom1}（或 q_{vcom1}）、D、μ 计算常用雷诺数（近似值）Re_{Dcom1}。

d. 根据 Re_{Dcom1}、β 求 C_2。

e. 根据 C_2、ε、d、ρ、Δp_{com} 值求实际常用流量值 q_{mcom2}（或 q_{vcom2}）。

（2）命题 II 计算步骤

① 辅助计算

a. 根据 q_{mmax}（或 q_{vmax}）确定流量标尺上限值 q_m（或 q_v）。

b. 计算工作状态下管道内径 D。

c. 根据介质压力 p 和温度 t 求介质密度 ρ_1 和 μ_1。

d. 计算 Re_{Dcom}。

e. 根据管道内壁状况求 K/D，检查 K/D 是否符合标准要求。

f. 确定差压上限 Δp，若流体为气体，应检查是否符合 $p_2/p_1 \geqslant 0.75$。

g. 计算 Δp_{com}

$$\Delta p_{com} = 0.64\Delta p \quad (q_{mcom} = 0.89q_m)$$

② 计算

a. 根据 q_{mcom}、D、ρ_1、Δp_{com} 求 A_2

$$A_2 = \frac{4q_{mcom}}{\pi D^2 \sqrt{2\Delta p_{com}\rho_1}}$$

b. 根据节流件形式确定 β_0 公式。

c. 求 β 值，进行迭代计算，直到 $\beta_n - \beta_{n-1} \leqslant 0.0001$ 为止。

d. 求 d 值，$d = D\beta$。

e. 验算流量

$$q'_{mcom} = \frac{C\varepsilon}{\sqrt{1-\beta^4}} \frac{\pi}{4} d^2 \sqrt{2\Delta p_{com}\rho_1}$$

$$\delta = \frac{q_{mcom} - q'_{mcom}}{q_{mcom}} \times 100\%$$

若 $\delta \leqslant \pm 0.2\%$，则计算合格，否则需检查原始数据及计算，重新计算。

f. 求 d_{20}

$$d_{20} = \frac{d}{1 + \lambda_d(t-20)}$$

g. 确定 d_{20} 加工公差

$$\Delta d_{20} = \pm 0.0005 \times d_{20}$$

h. 求压力损失。

i. 根据 β、阻流件类型确定节流件上游侧直管段必要长度。

j. 计算流量测量不确定度 E_{qm}（用户有要求时）。

7. 计算例题

（1）命题 I 计算例题（求管道流量）

① 已知条件

被测介质：水；常用压力：$p = 15\text{MPa}$；常用温度：$t = 215℃$；20℃时管道实际内径：$D_{20} = 199.5\text{mm}$；管道材料：钢20；管道材料热胀系数：$\lambda_D = 12.78 \times 10^{-6}\,\text{mm}/(\text{mm}\cdot℃)$；20℃时孔板开孔直径：$d_{20} = 133.4\text{mm}$；孔板材料：1Cr18Ni9Ti；孔板材料热胀系数：$\lambda_d = 17.20 \times 10^{-6}\,\text{mm}/(\text{mm}\cdot℃)$；常用差压值：$\Delta p_{com} = 25\text{kPa}$；工作状态下被测介质密度：$\rho_1 = 850.954\text{kg}/\text{m}^3$；工作状态下被测介质黏度：$\mu = 0.1334\text{mPa}\cdot\text{s}$；采用角接取压法。

② 辅助计算

求 D 和 d 值

$$D = D_{20}[1 + \lambda_D(t - 20)]$$
$$= 199.5[1 + 12.78 \times 10^{-6}(215 - 20)] = 199.997(\text{mm})$$
$$d = d_{20}[1 + \lambda_d(t - 20)]$$
$$= 133.4[1 + 17.20(215 - 20)] = 133.847(\text{mm})$$

求 β 值

$$\beta = d/D = \frac{133.847}{199.997} = 0.6692$$

令 $C_0 = 0.60$（近似值），求 K/D 值

$K = 0.075$，$K/D = 3.75 \times 10^{-4} < 10 \times 10^{-4}$ 符合要求。

③ 计算

求常用流量 q_{vcom1}（近似值）

$$q_{vcom1} = \frac{C_0}{\sqrt{1 - \beta^4}} \frac{\pi}{4} d^2 \sqrt{\frac{2\Delta p}{\rho}}$$
$$= \frac{0.60}{\sqrt{1 - 0.6692^4}} \times \frac{\pi}{4} (0.133847)^2 \sqrt{\frac{2 \times 25 \times 10^3}{850.954}} = 263.55(\text{m}^3/\text{h})$$

求常用雷诺数 Re_{Dcom}（近似值）

$$Re_{Dcom} = 354 \frac{q_{vcom}\rho}{D\mu}$$
$$= 354 \times \frac{263.55 \times 850.954}{199.997 \times 0.1334} = 2.97 \times 10^6$$

根据 Re_{Dcom}、β 求 C

$$C = 0.6104$$

根据 C、d、ρ_1、Δp_{com} 值求常用流量 q_{vcom}

$$q_{vcom} = \frac{C}{\sqrt{1 - \beta^4}} \frac{\pi}{4} d^2 \sqrt{\frac{2\Delta p}{\rho}}$$
$$= \frac{0.6104}{\sqrt{1 - 0.6692^4}} \times \frac{\pi}{4} (0.133847)^2 \sqrt{\frac{2 \times 25 \times 10^3}{850.954}}$$
$$= 0.0736306\text{m}^3/\text{s} = 265.07(\text{m}^3/\text{h})$$

（2）命题Ⅱ计算例题（求节流件孔径）

① 已知条件

被测介质为空气；常用流量 $q_{vcom} = 8000\text{m}^3/\text{h}$（20℃，101.325kPa）；最大流量 $q_{vmax} = 9500\text{m}^3/\text{h}$（20℃，101.325kPa）；最小流量 $q_{vmin} = 4000\text{m}^3/\text{h}$（20℃，101.325kPa）；常用压力 $p = 4\text{kPa}$（表压）；常用温度 $t = 60℃$；当地平均大气压 $p_a = 101.25\text{kPa}$；允许压力损失 $\delta_p \leqslant 2\text{kPa}$；相对湿度 $\varphi = 80\%$；20℃时管道实际内径 $D_{20} = 400\text{mm}$；管道材料为钢20；管道布置如图 5-7-2 所示。

② 辅助计算

根据 q_{vmax} 确定流量标尺上限：

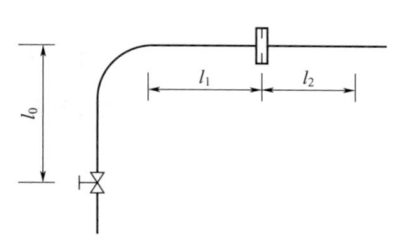

图 5-7-2　管道布置图

$$q_v = 10000(\mathrm{m^3/h})(20℃, 101.325\mathrm{kPa})$$

计算工作状态下管道内径

$$\lambda_D = 11.16 \times 10^{-6} \mathrm{mm/(mm \cdot ℃)}$$
$$D = D_{20}[1 + \lambda_D(t-20)]$$
$$= 400[1 + 11.16 \times 10^{-6}(60-20)] = 400.178(\mathrm{mm})$$

工作状态下绝对压力 p_1

$$p_1 = p_s + p = 101.25 + 4 = 105.25(\mathrm{kPa})$$

工作状态下空气的密度

$$\rho_1 = 3485 \frac{p_1}{273.16+t} = 3485 \times \frac{105.25 \times 10^{-3}}{273.16+60} = 1.1009 \ (\mathrm{kg/m^3})$$

工作状态下空气的黏度

$$\mu_1 = 0.02(\mathrm{mPa \cdot s})$$

工作状态下空气的等熵指数

$$k = 1.4$$

工作状态下湿气体干部分的常用流量 q'_{vcom}：

$$q'_{vcom} = q_{vcom} \frac{T p_1}{(p_1 - \varphi p_{smax}) T_n}$$
$$= 8000 \times \frac{333.15 \times 105250}{(105250 - 0.8 \times 15933.84) \times 293.15}$$
$$= 10713.51(\mathrm{m^3/h}) = 2.97597(\mathrm{m^3/s})$$

求常用雷诺数 Re_{Dcom}

$$Re_{Dcom} = 354 \frac{q_{vcom} \rho_1}{D\mu} = 354 \times \frac{10713.51 \times 1.1009}{400.178 \times 0.02} = 5.2 \times 10^5$$

管道内壁粗糙度

$$K = 0.075(\mathrm{mm})$$

$$K/D - \frac{0.075}{400} = 1.8 \times 10^{-4} < 10 \times 10^{-4} \text{符合要求。}$$

选取差压上限值

$$\Delta p_{max} = 2\delta_p = 2 \times 2 = 4(\mathrm{kPa})$$

取常用差压值

$$\Delta p_{com} = 0.64 \Delta p_{max} = 2.56(\mathrm{kPa})$$

选节流件形式：法兰取压标准孔板。

③ 计算

求 A_2

$$A_2 = \frac{4q_{vcom}}{\pi D^2} \frac{\sqrt{\rho_1}}{\sqrt{2\Delta p_{com}}}$$
$$= \frac{4 \times 2.97598\sqrt{1.1009}}{\pi \times (400.178 \times 10^{-3})^2 \sqrt{2 \times 2.56 \times 10^3}} = 0.34696$$

求 β_0

$$\beta_0 = \left[1 + \left(\frac{0.6}{A_2}\right)^2\right]^{-1/4} = \left[1 + \left(\frac{0.6}{0.34696}\right)^2\right]^{-1/4} = 0.7075$$

把 β_0、k、Δp、p 代入 ε 公式计算 ε_0：

$$\varepsilon_0 = 1 - (0.41 + 0.35\beta^4)\frac{\Delta p}{pk}$$

$$\varepsilon_0 = 1 - (0.41 + 0.35 \times 0.7075^4)\frac{2.56}{105.25 \times 1.4} = 0.99135$$

由 β_0、Re_{Dcom} 代入 C 公式计算 C_0：

$$C_0 = 0.5961 + 0.0261\beta^2 - 0.0216\beta^8 + 0.000521\left(\frac{10^6 \beta}{Re_D}\right)^{0.7} + \left[0.0188 + 0.0063 \times \left(\frac{19000\beta}{Re_D}\right)^{0.8}\right]$$

$$\times \beta^{3.5}\left(\frac{10^6}{Re_D}\right)^{0.3} + (0.043 + 0.080e^{-10l_1} - 0.123e^{-7l_1})\left[1 - 0.11\left(\frac{19000\beta}{Re_D}\right)^{0.8}\right]$$

$$\times \frac{\beta^4}{1-\beta^4} - 0.031\left[\frac{2 \times 25.4/D}{1-\beta} - 0.8\left(\frac{2 \times 25.4/D}{1-\beta}\right)^{1.1}\right]\beta^{1.3}$$

$$C_0 = 0.61529$$

β_n 进行迭代计算：

$$\beta_1 = \left[1 + \left(\frac{C_0 \varepsilon_0}{A_2}\right)^2\right]^{-1/4} = \left[1 + \left(\frac{0.61529 \times 0.99135}{0.34696}\right)^2\right]^{-1/4} = 0.70315$$

由 β_1、k、$\Delta p/p$ 求 ε_1：

$$\varepsilon_1 = 1 - (0.41 + 0.35 \times 0.70315^4)\frac{2.56}{105.25 \times 1.4} = 0.99139$$

求 C_1

$$C_1 = 0.61502$$

求 β_2

$$\beta_2 = \left[1 + \left(\frac{C_1 \varepsilon_1}{A_2}\right)^2\right]^{-1/4} = \left[1 + \left(\frac{0.61502 \times 0.99139}{0.34696}\right)^2\right]^{-1/4} = 0.70325$$

直到 $\delta = \beta_2 - \beta_1 = 0.70325 - 0.70315 = 0.0001$ 迭代停止。

求 d

$$d = \beta_2 \times D = 0.7032 \times 400.178 = 281.405 \text{(mm)}$$

验算流量

$$q'_{vcom} = \frac{C\varepsilon}{\sqrt{1-\beta^4}}\frac{\pi}{4}d^2\sqrt{\frac{2\Delta p}{\rho_1}}$$

$$= \frac{0.6150 \times 0.9913}{\sqrt{1-0.7032^4}} \times \frac{\pi}{4} \times (281.405 \times 10^{-3})^2\sqrt{\frac{2 \times 2.56 \times 10^3}{1.1009}}$$

$$= 2.97577 \text{(m}^3/\text{s)}$$

$$\delta_q = \frac{2.97597 - 2.97577}{2.97597} = 6.78 \times 10^{-5} < \pm 0.2\% \text{ （允许偏差值）}$$

求 d_{20}

$$d_{20} = \frac{d}{1+\lambda_d(t-20)} = \frac{281.405}{1+16.60 \times 10^{-6}(60-20)} = 281.218 \text{(mm)}$$

孔板材料为 1Cr18Ni9Ti，$\lambda_d = 16.60 \times 10^{-6} \text{mm/(mm} \cdot \text{℃)}$，$d_{20}$ 加工公差为

$$\Delta d_{20} = \pm 0.0005 \times d_{20} = 281.218 \times 0.0005 = \pm 0.14 \text{(mm)}$$

求压力损失

$$\Delta p = \frac{\sqrt{1-\beta^4} - C\beta^2}{\sqrt{1-\beta^4} + C\beta^2} = \Delta p = 1.926\text{kPa} \quad \text{符合要求}$$

确定最小直管段长度。由 $\beta = 0.7032$ 查表得：

$$l_0 = 10D = 10 \times 400 = 4000 \text{(mm)}$$

$$l_1 = 28D = 28 \times 400 = 11200 \text{(mm)}$$

$$l_2 = 7D = 7 \times 400 = 2800 \text{(mm)}$$

流量测量不确定度计算：

$$E_{qv} = \left[E_c^2 + E_\varepsilon^2 + \left(\frac{2\beta^4}{1-\beta^4}\right)^2 E_D^2 + \left(\frac{2}{1-\beta^4}\right)^2 E_d^2 + \frac{1}{4}E_{\Delta p}^2 + \frac{1}{4}E_\rho^2\right]^{1/2}$$

式中，$E_c = \pm 0.7\%$，$E_\varepsilon = \pm\left(\frac{4\Delta p}{p}\right)\% = \pm\left(\frac{4 \times 2.56}{105.25}\right)\% = \pm 0.09\%$

$E_D = \pm1.5\%$，$E_d = \pm0.05\%$，

$$E_{\Delta p} = \pm\left(\delta\frac{\Delta p_{\max}}{\Delta p_{com}}\right)\% = \pm\left(0.5\times\frac{1}{0.64}\right)\% = \pm0.78\%，\quad E_v = \pm1.5\%$$

$$E_{qv} = \left[0.7^2 + 0.09^2 + \left(\frac{2\times0.7032^4}{1-0.7032^4}\right)^2(1.5)^2 + \left(\frac{2}{1-0.7032^4}\right)^2(0.05)^2 + \frac{1}{4}(0.78)^2 + \frac{1}{4}(1.5)^2\right]^{1/2}$$

$$= \pm1.47\%$$

8. 计算机计算程序

节流装置设计计算的五个命题需用迭代计算方法计算。计算时，首先根据命题中已知条件重新组合流量方程，将已知值组合在方程的一边，而将未知值放在方程的另一边，在计算过程中，已知这一边的各量是不变量。首先，把第一个假定值 x_1 代入未知值一边，经计算得到方程两边的差值 δ_1，然后进行迭代计算，将第2个假定值代入，同样得到 δ_2，再把 x_1、x_2、δ_1、δ_2 代入线性算法中，计算出 x_3、δ_3，…，x_n、δ_n，直到 $|\delta_n|$ 小于某个规定值，或者 x 或 δ 的逐次值之差等于某个规定的准确度，迭代计算完毕。

具有快速收敛的弦截法计算式为

$$x_n = x_{n-1} - \delta_{n-1}\frac{x_{n-1}-x_{n-2}}{\delta_{n-1}-\delta_{n-2}} \tag{5-7-43}$$

五个命题迭代计算的格式见表 5-7-16。五个命题的计算机计算的框图见图 5-7-3～图 5-7-5。

表 5-7-16　迭代计算的格式

序号	1	2	3	4	5
问题名称	$q_m=$	$d=$	$\Delta p=$	$D=\quad,d=$	$D=$
已知量	$D,d,\Delta p,\rho,\mu$	$D,q_m,\Delta p,\rho,\mu$	D,d,q_m,ρ,μ	$\beta,q_m,\Delta p,\rho,\mu$	$d,q_m,\Delta p,\rho,\mu$
请找出量	q_m	d	Δp	D,d	D
不变量	$A_1=\dfrac{\varepsilon d^2}{\mu D}\dfrac{\sqrt{2\Delta p\rho}}{\sqrt{1-\beta^4}}$	$A_2=\dfrac{\mu Re_D}{D\sqrt{2\Delta p\rho}}$	$A_3=\dfrac{8(1-\beta)^4 q_m^2}{\rho(C\pi d^2)^2}$	$A_4=\dfrac{4\varepsilon\beta^2 q_m}{\pi\mu^2}\dfrac{\sqrt{2\Delta p\rho}}{\sqrt{1-\beta^4}}$	$A_5=\dfrac{\pi d^2}{4q_m}\sqrt{2\Delta p\rho}$
迭代方程	$A_1=\dfrac{Re_D}{C}$	$A_2=\dfrac{C\varepsilon\beta^2}{\sqrt{1-\beta^4}}$	$A_3=\Delta p\varepsilon^2$	$A_4=\dfrac{X^2}{C}$	$A_5=\dfrac{\sqrt{1-\beta^2}}{C\varepsilon}$
弦截法计算中的变量	$X=Re_D=CA_1$	$X=\dfrac{\beta^2}{\sqrt{1-\beta^4}}=\dfrac{A_2}{C\varepsilon}$	$X=\Delta p=\dfrac{A_3}{\varepsilon^2}$	$X=Re_D=\sqrt{CA_4}$	$X=\sqrt{1-\beta^4}=A_5C\varepsilon$
精确度判据	$\left\|\dfrac{A_1-X/C}{A_1}\right\|$ $<5\times10^{-n}$	$\left\|\dfrac{A_2-XC\varepsilon}{A_2}\right\|$ $<5\times10^{-n}$	$\left\|\dfrac{A_3-X\varepsilon^2}{A_3}\right\|<5\times10^{-n}$	$\left\|\dfrac{A_4-X^2/C}{A_4}\right\|$ $<5\times10^{-n}$	$\left\|\dfrac{A_5-X/C\varepsilon}{A_5}\right\|$ $<5\times10^{-n}$
第一个假定量	$C=C_\infty$（或 C_0）	$C=C_\infty$（或 C_0），$\varepsilon=1$	$\varepsilon=1$	$C=C_\infty$（或 C_0） $D=D_\infty$（如果是法兰取压）	$\beta=0.5$
结果	$q_m=\dfrac{\pi\mu DX}{4}$	$d=D\left(\dfrac{X^2}{1+X^2}\right)^{1/4}$	$\Delta p=X$ 如果流体为液体，则 Δp 在第一循环中获得	$D=\dfrac{4q_m}{\pi\mu X}$ $d=\beta D$	$D=d/\beta$

注：节流件为孔板时，$C_\infty=0.5961+0.0261\beta^2-0.0216\beta^8$，节流件为 ISA1932 喷嘴时 $C_\infty=0.9900+0.2262\beta^{4.1}$，$C_0$ 为近似真值的第一个假设值，n 为正整数。

（1）求质量流量 q_m（图 5-7-3）　已知条件：差压 Δp；20℃时管道内径 D_{20}；20℃时节流件孔径 d_{20}；工作压力 p；工作温度 t；工作状态下介质密度 ρ；工作状态下介质黏度 μ；工作状态下介质等熵指数 k；节流件材料热胀系数 λ_d；管道材料热胀系数 λ_D。

（2）求20℃时节流件开孔直径 d_{20}（图 5-7-4）　已知条件：20℃时管道内径 D_{20}；差压 Δp；质量流量 q_m；工作压力 p；工作温度 t；工作状态下介质密度 ρ；工作状态下介质黏度 μ；工作状态下介质等熵指数 k；节流件材料热胀系数 λ_d；管道材料热胀系数 λ_D。

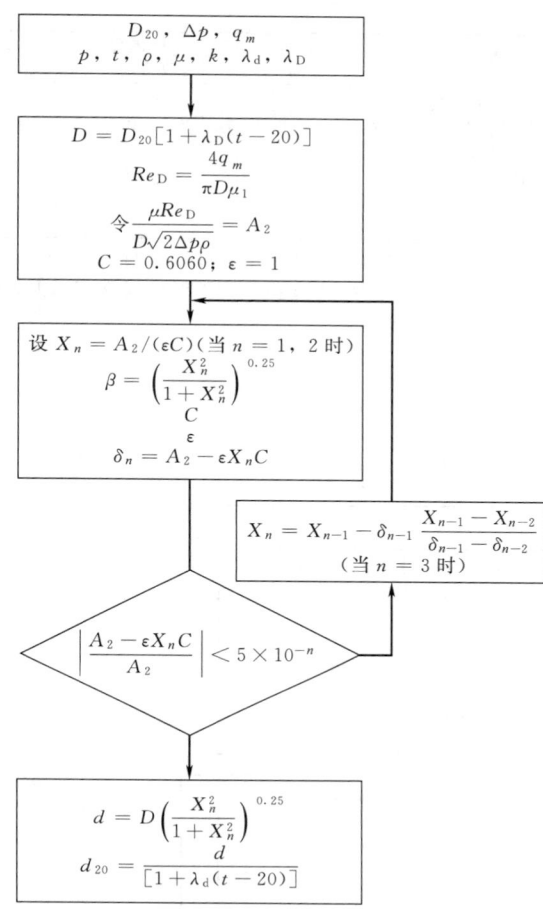

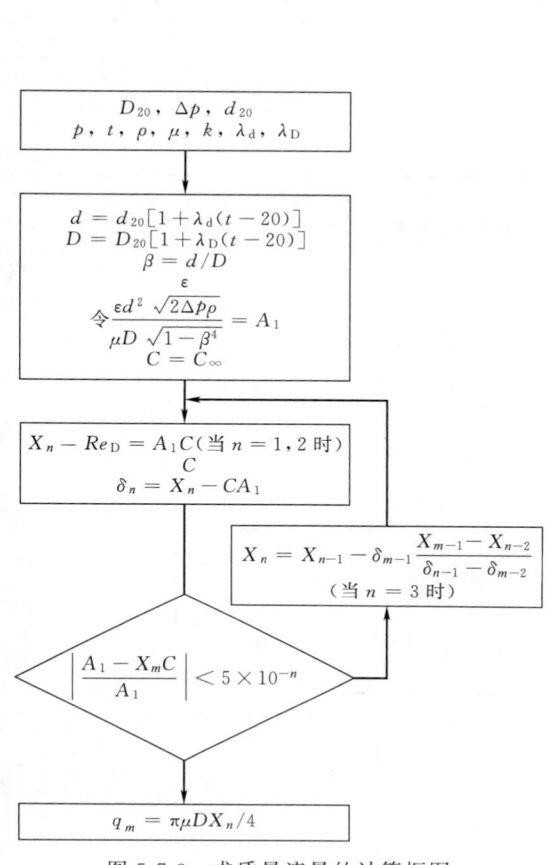

图 5-7-3　求质量流量的计算框图　　　　图 5-7-4　求 20℃时节流件开孔直径 d_{20} 计算框图

（3）求差压 Δp（图 5-7-5）　已知条件：20℃时管道内径 D_{20}；20℃时节流件孔径 d_{20}；质量流量 q_m；工作压力 p；工作温度 t；工作状态下介质密度 ρ；工作状态下介质黏度 μ；工作状态下介质等熵指数 k；节流件材料热胀系数 λ_d；管道材料热胀系数 λ_D。

（4）求管道内径 D_{20} 及节流件孔径 d_{20}（图 5-7-6）　已知条件：质量流量 q_m；直径比 β；差压 Δp；工作压力 p；工作温度 t；工作状态下介质密度 ρ；工作状态下介质黏度 μ；工作状态下介质等熵指数 k；节流件材料热胀系数 λ_d；管道材料热胀系数 λ_D。

八、差压式流量计示值修正公式（表 5-7-17）

表 5-7-17　差压式流量计示值修正公式

流量示值	气体密度改变时	气体温度改变时	气体压力改变时	气体温度和压力改变时	气体湿度改变时
工作状态下被测气体的流量	$q'_v = q_v \sqrt{\dfrac{\rho}{\rho'}}$ $q'_m = q_m \sqrt{\dfrac{\rho'}{\rho}}$	$q'_v = q_v \sqrt{\dfrac{T'Z'}{TZ}}$ $q'_m = q_m \sqrt{\dfrac{TZ}{T'Z'}}$	$q'_v = q_v \dfrac{\varepsilon'}{\varepsilon} \sqrt{\dfrac{pZ'}{p'Z}}$ $q'_m = q_m \dfrac{\varepsilon'}{\varepsilon} \sqrt{\dfrac{p'Z}{pZ'}}$	$q'_v = q_v \dfrac{\varepsilon'}{\varepsilon} \sqrt{\dfrac{pT'Z'}{p'TZ}}$ $q'_m = q_m \dfrac{\varepsilon'}{\varepsilon} \sqrt{\dfrac{p'TZ}{pT'Z'}}$	
干气体在标准状态（20℃，101.325kPa）的流量	$q'_{vn} = q_{vn} \sqrt{\dfrac{\rho_n}{\rho'_n}}$	$q'_{vn} = q_{vn} \sqrt{\dfrac{TZ}{T'Z'}}$	$q'_{vn} = q_{vn} \dfrac{\varepsilon'}{\varepsilon} \sqrt{\dfrac{p'Z}{pZ'}}$	$q'_{vn} = q_{vn} \dfrac{\varepsilon'}{\varepsilon} \sqrt{\dfrac{p'TZ}{pT'Z'}}$	

续表

流量示值	气体密度改变时	气体温度改变时	气体压力改变时	气体温度和压力改变时	气体湿度改变时
湿气体干部分在标准状态(20℃，101.325kPa)的流量	$q'_{vn}=q_{vn}\sqrt{\dfrac{\rho}{\rho'}}$	$q'_{vm}=q_{vn}\dfrac{p-\varphi\,'p'_{s\,max}}{p-\varphi p_{s\,max}}$ $\times\dfrac{TZ}{T'Z'}\sqrt{\dfrac{\rho}{\rho'}}$	$q'_{vm}=q_{vn}\dfrac{p'-\varphi\,'p'_{s\,max}}{p-\varphi p_{s\,max}}$ $\times\dfrac{\varepsilon'Z}{\varepsilon Z'}\sqrt{\dfrac{\rho}{\rho'}}$	$q'_{vm}=q_{vn}\dfrac{p'-\varphi\,'p'_{s\,max}}{p-\varphi p_{s\,max}}$ $\times\dfrac{\varepsilon'TZ}{\varepsilon T'Z'}\sqrt{\dfrac{\rho}{\rho'}}$	$q'_{vm}=q_{vn}\dfrac{p-\varphi\,'p_{s\,max}}{p-\varphi p_{s\,max}}$ $\times\sqrt{\dfrac{\rho}{\rho'}}$

注：1. 被测气体的状态和参数改变时，实际值与设计值的符号相同，只是在符号的右上角加"'"；

2. 以上所列各式仅适用于不至于引起流出系数 C 改变的情况下，如果由于有关参数变化较大而引起流出系数 C 改变时，相应地乘以 C'/C 数值。

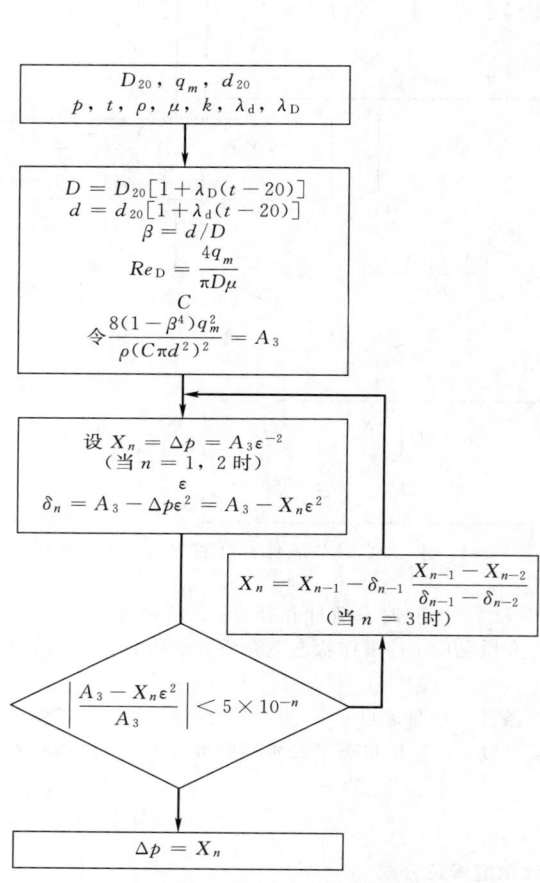

图 5-7-5　求差压 Δp 计算框图

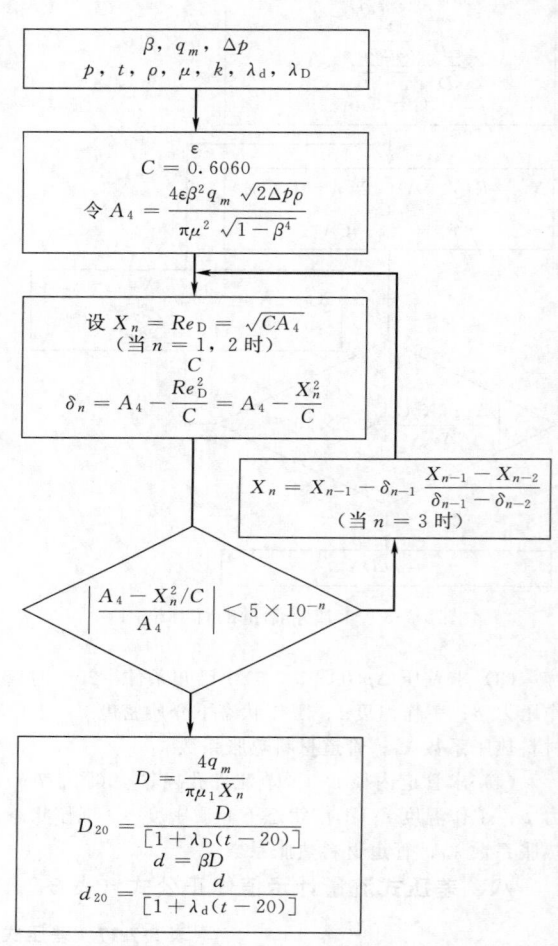

图 5-7-6　求管道内径 D_{20} 及节流件孔径 d_{20} 计算框图

九、限流孔板的计算

① 限流孔板不是测量流量的装置，它在管道中作为使流体降压和限流的元件，因其结构简单，成本低，制造方便，故在降压限流中大量采用。限流孔板的计算方法与流量用孔板类似，只是因为精度要求不高，可以使用在标准孔板限制条件之外，如用于管径小于 50mm，$\beta<0.2$ 以及忽略某些影响因素，如孔板材料热膨胀、管道粗糙度、雷诺数修正等。

② 限流孔板常用于下列场合。

a. 需要降压的地方。如工艺要求调节阀有较大压降，但调节阀上允许最大压降达不到要求，可通过限流孔板降掉部分压力。在需要减压而压降精度要求不高，采用压力控制系统不经济时，可采用限流孔板。

b. 需要减小噪声的地方。如气体或蒸汽的放空系统，一般都在超临界压差比下操作，由于压降大，流速高，产生很大噪声，可用限流孔板减小噪声。

c. 利用节流阻力的缓冲效果，减小振动。为了消除压缩机或风机等所引起的振动，采用限流孔板后，可减小缓冲器的容积，尤其在多级压缩机等的中间冷却器及配管等地方，使用限流孔板，对于消除脉动有明显效果。

d. 需要降压以减小调节阀磨损的地方。当调节阀上的压降较大，流体对调节阀的磨损较严重时，或者阀后会产生液体闪蒸现象时，可用限流孔板降压，减小磨损或避免出现闪蒸现象，以提高调节阀的使用寿命。

e. 保证安全操作。当压降较大的调节阀的旁路阀采用球阀时，为防止旁路手动操作时泄压太快，可用限流孔板。

③ 限流孔板的计算可采用命题Ⅱ（求节流件孔径）计算方法进行。使用限制条件：最小管径 15mm，最大管径无限制；最小 β 值为 0.1，最大 β 值无限制。

④ 相关系数

a. 流出系数 C。对于 $15\text{mm} \leqslant D \leqslant 50\text{mm}$，$0.1 \leqslant \beta \leqslant 0.2$，$C=0.6097$（液体），$C=0.519$（气体或蒸汽）；对于 $D \geqslant 50\text{mm}$，$\beta \geqslant 0.2$，C 值如表 5-7-18 所示。

表 5-7-18 **C 值表**

β	C	β	C	β	C	β	C
0.20	0.6097	0.30	0.6318	0.40	0.6634	0.50	0.7073
0.21	0.6115	0.31	0.6345	0.41	0.6673	0.51	0.7125
0.22	0.6134	0.32	0.6373	0.42	0.6711	0.52	0.7179
0.23	0.6153	0.33	0.6403	0.43	0.6752	0.53	0.7234
0.24	0.6174	0.34	0.6433	0.44	0.6793	0.54	0.7292
0.25	0.6196	0.35	0.6464	0.45	0.6836	0.55	0.7351
0.26	0.6219	0.36	0.6496	0.46	0.6881	0.56	0.7411
0.27	0.6242	0.37	0.6529	0.47	0.6927	0.57	0.7473
0.28	0.6267	0.38	0.6562	0.48	0.6974	0.58	0.7538
0.29	0.6293	0.39	0.6598	0.49	0.7022	0.59	0.7605
0.30	0.6318	0.40	0.6634	0.50	0.7073	0.60	0.7673

b. 可膨胀性系数 ε

$$\varepsilon = 1 - (0.41 + 0.35\beta^4)\frac{\Delta p}{pk} \qquad (5\text{-}7\text{-}44)$$

c. 结构简图如图 5-7-7。

⑤ 计算例题

a. 已知条件　被测介质为空气；流量 $q_v = 2000\text{m}^3/\text{h}$（20℃，101.325kPa）；压力 $p=0.6\text{MPa}$（绝压）；压差 $\Delta p = 0.2\text{MPa}$；温度 $t=40℃$；管道内径 $D=80\text{mm}$。

b. 辅助计算　被测介质密度 ρ 计算如下。

$$\rho = 3845 \times \frac{p}{273.16+t} = 3845 \times \frac{0.6}{273.16+40}$$
$$= 7.367(\text{kg/m}^3)$$

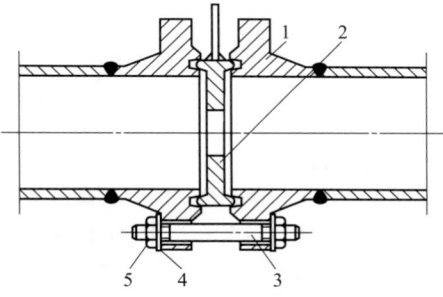

图 5-7-7　限流孔板安装图
1—法兰；2—孔板；3—螺杆；4—垫片；5—螺母

$$A_2 = \frac{4q_m}{\pi D^2 \sqrt{2\Delta p \rho}} = \frac{4 \times \dfrac{2000}{3600} \times 1.2041}{\pi (0.08)^2 \sqrt{2 \times 0.2 \times 10^6 \times 7.367}}$$
$$= 0.0775$$

c. 计算　求 β_0。

$$\beta_0 = \left[1 + \left(\frac{0.6}{A_2}\right)^2\right]^{-1/4}$$
$$= \left[1 + \left(\frac{0.6}{0.0775}\right)^2\right]^{-1/4} = 0.2779$$

由 β_0、$\Delta p/p$、k 计算 ε：

$$\varepsilon = 1 - (0.41 + 0.35 \times 0.2779^4)\frac{0.2}{0.6 \times 1.4} = 0.9018$$

查表得 $C=0.6259$。求 β：

$$\beta=\left[1+\left(\frac{C\epsilon}{A_2}\right)^2\right]^{-1/4}=\left[1+\left(\frac{0.6259\times0.9018}{0.0775}\right)^2\right]^{-1/4}$$
$$=0.3688$$

求 d：

$$d=\beta D=0.3688\times80=29.5(\text{mm})$$

十、靶式流量变送器

1. 靶式流量变送器流量计算公式

靶式流量变送器由检测件和力转换器两部分组成，检测件包括靶和测量管。

靶式流量变送器的作用原理为在圆测量管中心与流束垂直方向上设置一个靶板，流体沿靶板周围的环形间隙流过，靶受到流体推力的作用，力的大小与流体的动能和靶的面积成正比，其流量计算式如下：

$$q_{\text{m}}=1.253\alpha D\left(\frac{1}{\beta}-\beta\right)\sqrt{\rho F} \tag{5-7-45}$$

$$q_{\text{v}}=1.253\alpha D\left(\frac{1}{\beta}-\beta\right)\sqrt{\frac{F}{\rho}} \tag{5-7-46}$$

式中　q_{m}，q_{v}——分别为质量流量（kg/s）和体积流量

$\qquad\qquad$（m^3/s）；

$\qquad\alpha$——流量系数；

$\qquad D$——测量管内径，m；

$\qquad d$——靶直径，m；

$\qquad\beta$——直径比，$\beta=d/D$；

$\qquad\rho$——流体密度，kg/m^3；

$\qquad F$——靶板上受的力，N。

若将式(5-7-45) 和式(5-7-46) 中 D 和 d 单位改为 mm，q_{m} 改为 kg/h，q_{v} 改为 m^3/h，则得

$$q_{\text{m}}=4.512\alpha D\left(\frac{1}{\beta}-\beta\right)\sqrt{\rho F} \tag{5-7-47}$$

$$q_{\text{v}}=4.512\alpha D\left(\frac{1}{\beta}-\beta\right)\sqrt{\frac{F}{\rho}} \tag{5-7-48}$$

2. 流量系数 α

流量系数是流量理论公式的一个修正系数，它与直径比 β、管道雷诺数 Re_{D}、管壁粗糙度以及力转换器等因素有关，是由实验确定的。当雷诺数较低时（如 $Re_{\text{D}}<4\times10^3$），流量系数随 Re_{D} 而变化，当 Re_{D} 大于某一数值（称为界限雷诺数），则 α 趋于恒定，可视为常数。图 5-7-8 所示为流量系数与雷诺数的关系，各生产厂的产品曲线略有差别。

3. 靶式流量变送器的选型

① 了解被测流体的实际参数，包括流体名称，最大、最小和常用流量，工作压力和温度，工作状态下流体密度、黏度、口径和压力损失等。

② 计算相当于工作状态下被测流体最大水流量 $q'_{\text{m max}}$ 或 $q'_{\text{v max}}$：

$$q'_{\text{m max}}=q_{\text{m max}}\sqrt{\frac{\rho'}{\rho}} \tag{5-7-49}$$

$$q'_{\text{v max}}=q_{\text{v max}}\sqrt{\frac{\rho}{\rho'}} \tag{5-7-50}$$

式中　$q_{\text{m max}}$——工作状态下被测流体质量流量最大值，kg/h；

$\qquad q'_{\text{m max}}$——工作状态下水的质量流量最大值，kg/h；

$\qquad q_{\text{v max}}$——工作状态下被测流体体积流量最大值，m^3/h；

$\qquad q'_{\text{v max}}$——工作状态下水的体积流量最大值，m^3/h；

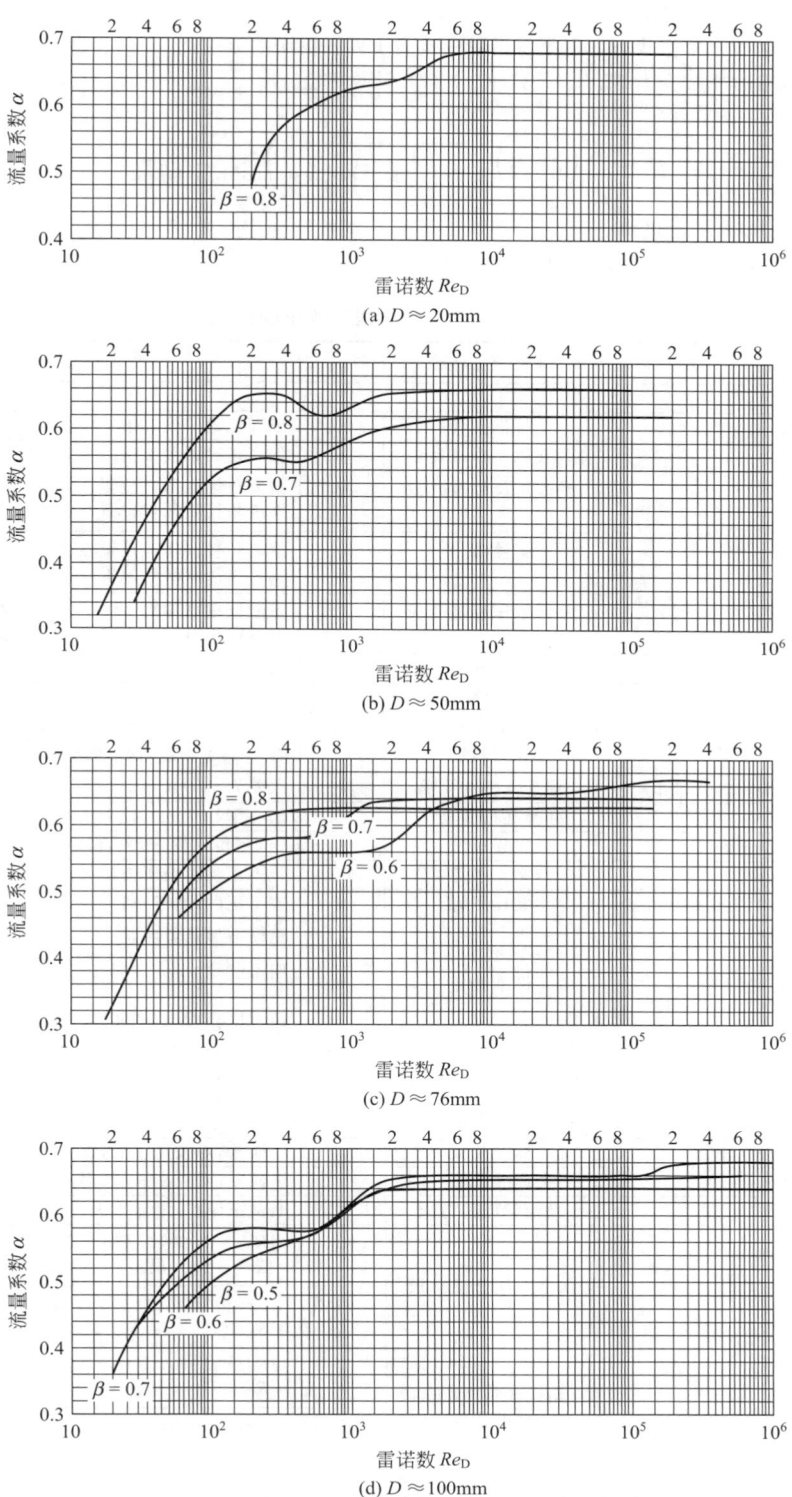

图 5-7-8　靶式流量传感器流量系数与雷诺数关系曲线图

ρ'——工作状态下水的密度，kg/m^3；

ρ——工作状态下被测流体的密度，kg/m^3。

③ 校核最小雷诺数。工作状态下最小雷诺数应该高于界限雷诺数 Re_K。

④ 校核最大流量时靶板受力 F_{max}。按式（5-7-47）计算 F_{max}：

$$F_{max} = \left(\frac{1}{4.512}\right)^2 \left[\frac{1}{D\left(\frac{1}{\beta}-\beta\right)}\right]^2 \left(\frac{1}{\alpha}\right)^2 \left(\frac{q_{m\,max}}{\sqrt{\rho}}\right)^2 \quad (5\text{-}7\text{-}51)$$

式中，F_{max} 应小于受力范围最大值。

十一、偏离标准规定要求的影响（表 5-7-19）

表 5-7-19　偏离标准规定要求的影响

原因		节流装置名称	β	附加误差值或影响
1　制造中的问题				
1.1	孔板圆筒喉部太厚	标准孔板	0.2	偏离正确厚度 2 倍　误差 −1%
1.2	孔板厚度太厚	角接取压标准孔板	<0.7	偏离正确厚度 2 倍　误差 <+1%
1.3	偏离取压口位置	角接取压标准孔板	<0.67	偏离角接取压口位置 0.05D，误差 −0.1% 偏离角接取压口位置 0.5D，误差 −1.2%
		喷嘴	<0.6	偏离角接取压口位置 0.05D，误差 −0.5% 偏离角接取压口位置 0.5D，误差 −2.6%
		径距取压标准孔板	0.7	下游取压口偏离下游 0.1D，误差 −1% 下游取压口偏离上游 0.1D，误差 +1%
1.4	取压孔尺寸过大	法兰取压标准孔板		正误差
1.5	取压孔口有毛刺	所有节流装置		误差从 −30%～+30%
1.6	支座环直径太小	角接取压标准 孔板喷嘴	0.7 0.75	有 10% 不一致，误差为 −2%～+5% 有 10% 不一致，误差为 −6%～+1%
1.7	支座与法兰间的垫片内孔过小	标准孔板和喷嘴		误差为 −60%～+60%
1.8	装置位置不同心	标准孔板和喷嘴	0.8	偏心率 0.015D，误差 −1%～+1%，最大 <5%
1.9	进口圆锥角收敛不正确	文丘里管		用 12° 角代替 15° 角，误差 +2%
1.10	出口扩散角不正确	文丘里管		若不正确影响压力损失
1.11	圆锥与喉部的半径不正确	文丘里管		若不正确，高于 +1.5%
1.12	节流件上游面粗糙	标准孔板	0.5	粗糙增加是负误差 用水试验 $Re_D = 20000$, $\frac{d}{\text{粗糙度}}=80$，误差 −3% 用水试验 $Re_D = 20000$, $\frac{d}{\text{粗糙度}}=620$，误差 −2%
1.13	粗糙度超过规定	文丘里管		正误差
2　使用中的问题				
2.1	孔板变形	标准孔板		不可预见
2.2	节流件上游有外来沉积物	标准孔板		负误差，对较高 β 值，误差增加得多
2.3	节流件孔径有外来物	标准孔板		正误差，对较高 β 值，误差增加得多
2.4	脉动流	所有节流装置		通常正误差，误差很大
2.5	过低管道雷诺数	法兰取压标准孔板	0.3	当 $Re_D = 1000$，误差 −7.5% $Re_D = 250$，误差 −17%
			0.6	当 $Re_D = 1000$，误差 −19% $Re_D = 250$，误差 −26%
		角接或径距取压 标准孔板	0.3	当 $Re_D = 1000$，误差 −2.5% $Re_D = 100$，误差 −14%
			0.6	当 $Re_D = 1000$，误差 −20% $Re_D = 200$，误差 −25%
3　阻流件后上游直管段太短				
3.1	单个 90° 弯头	所有节流装置		误差随取压口面和直管段长度而变
3.2	同一平面的两个 90° 弯头	角接取压标准孔板	0.55 0.75	直管段长度 >4D，误差 <+0.5% 直管段长度 >4D，误差 <+3%

原因	节流装置名称	β	附加误差值或影响
3.3 不同平面的三个 90°弯头	角接取压标准孔板	0.75	直管段长度>4D，误差<−5%
3.4 全开球阀	角接取压标准孔板	0.55 0.75	直管段长度>4D，误差<+1.5% 直管段长度>8D，误差<+5%
	法兰取压和径距取压标准孔板	<0.75	直管段长度>6D，误差<+2%
3.5 渐扩管（在 1.8D 长度内，由 0.5D 变到 D）	角接取压标准孔板	0.4 0.7	无直管段长度，误差−10% 无直管段长度，误差−50%
3.6 渐缩管（在 1D 长度内，由 1.25D 变到 D）	角接取压标准孔板	0.4 0.7	无直管段长度，误差−0.5%～+0.5% 无直管段长度，误差+2%
3.7 温度计套管	标准孔板		套管直径>0.04D 和直管段长度<15D 误差<+2%
4 阻流件后下游直管段太短			
4.1 单个 90°弯头	角接取压标准孔板		随取压口面而变
4.2 同一平面两个 90°弯头	角接取压标准孔板	0.55 0.75	直管段长度>1D，误差<−2% 直管段长度>1D，误差<−3%
4.3 不同平面的三个 90°弯头	角接取压标准孔板	0.55 0.75	直管段长度>1D，误差<−2% 直管段长度>1D，误差<−2.5%
4.4 全开球阀	角接取压标准孔板	0.55 0.75	直管段长度>1D，误差<−0.5% 直管段长度>1D，误差<−1%
4.5 节流装置与渐缩管（在 1D 长度内，由 1D 变到 0.5D）之间无下游直管段长度	角接取压标准孔板	<0.4	误差+1%

十二、差压信号管路的安装

要保证节流装置的差压信号准确与可靠地传送到差压显示仪表，差压信号管路的安装规范化很重要。

1. 导压管

导压管应按被测流体的性质和参数选用耐压、耐腐蚀的材料制造，不同导压管长度下的内径如表 5-7-20 所示。

表 5-7-20　不同导压管长度下的内径

被测流体	导压管长度/mm		
	<16000	16000～45000	45000～90000
水，水蒸气，干气体	7～9	10	13
湿气体	13	13	13
低、中黏度的油品	13	19	25
脏液体或气体	25	25	38

导压管应垂直或倾斜敷设，其倾斜度小于 1∶12。当传送距离较大时（大于 30m）应分段倾斜，并在各高点和低点分别装集气器（排气阀）和沉降器（排污阀）。正负导压管应尽量靠近敷设，严寒地区应加防冻措施，用电或蒸汽加热保温，要注意流体汽化产生假差压。

2. 取压口

安装节流装置的主管道为水平或倾斜时，取压安装位置如图 5-7-9 所示。安装节流装置的主管道为垂直时，取压口的位置在取压装置的平面上，可任意选择。

3. 辅助设备

差压信号管路的辅助设备有截断阀、冷凝器、集气器、沉降器、隔离器、隔离液等。

（1）截断阀　靠近节流件和冷凝器的信号管路上要安装截断阀。截断阀的流通面积不应小于导压管的流通面积，并应防止在阀里积聚气体或液体，最好采用直孔式截断阀。

（2）冷凝器　冷凝器是使导压管中的被测蒸汽冷凝，并使正负压导管中的冷凝液面有相等的高度且保持恒

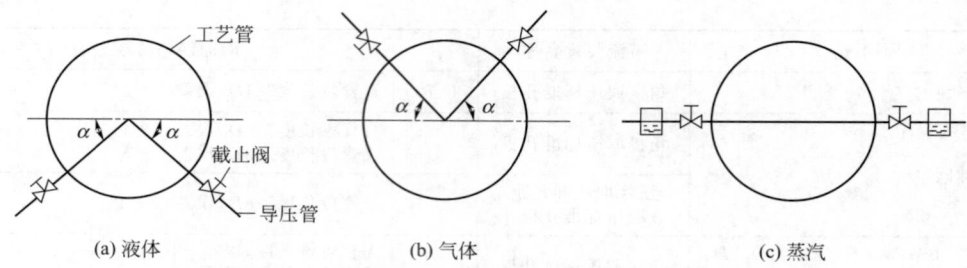

图 5-7-9　取压口位置安装示意图

定。为此，冷凝器的容积应大于全量程内差压仪表工作空间的最大容积变化的 3 倍。水平方向的横截面积不得小于差压仪表的工作面积，使冷凝器中冷凝液面波动而产生的附加误差可忽略。测量蒸汽流量用的差压信号管路即使差压仪表的位移很小，也必须装设冷凝器。被测流体为高压（≥20MPa，400℃）蒸汽时，在节流件和冷凝器之间应装设冷凝水捕集器，以防流量波动很大时，冷凝水返回主管道并使节流件变形。

（3）集气器和沉降器　在导压管的各最高点上应装设集气器或排气阀，以便收集和定期排出信号管路中的气体。当差压仪表的安装位置高于主管道时，更应设置集气器或排气阀。在导压管的最低点应装设沉降器或排污阀，以便收集和定期排出信号管路中的积液。

（4）隔离器和隔离液　用于高黏度、有腐蚀、易冻结、易析出固体物的被测流体，应采用隔离器和隔离液，使被测流体不与差压仪表接触，以免破坏差压仪表的正常工作性能。常用隔离液见表 5-7-21。

表 5-7-21　常用隔离液及其性质

隔离液种类	20℃时密度 $\rho/(kg/m^3)$	冰点/℃	沸点/℃
甲基硅油	0.93~0.94[①] 0.95~0.96[①]	−65 −60	≥200 ≥200
甘油酒石酸酯	1262	−17	290
甘油酒石酸酯和水混合物(体积1∶1)	1130	−22.5	106
磷苯二甲酸二丁酯	1047	−35	340
乙醇	789	−112	78
乙二醇	1113	−12	197
乙二醇和水混合物(1∶1)	1070	−36	110

① 为 25℃/25℃ 的相对密度值。

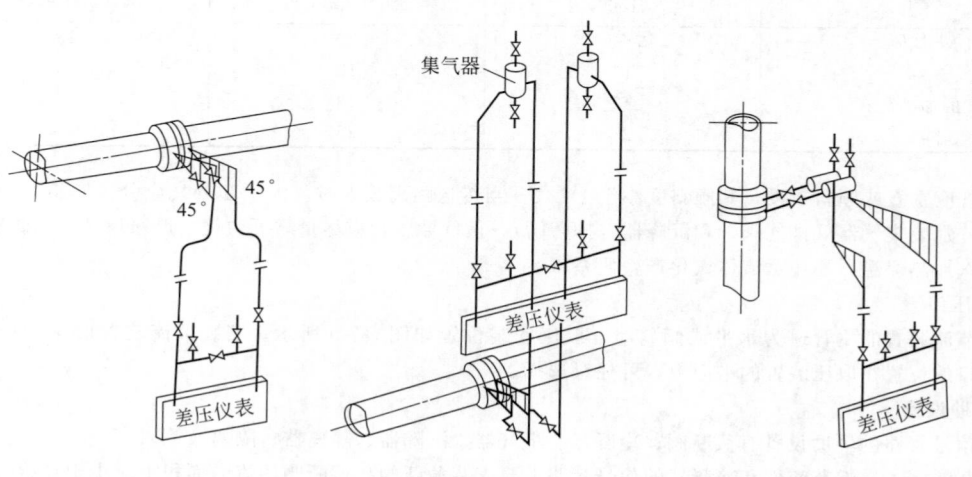

(a)仪表在管道下方　　　　(b)仪表在管道上方　　　　(c)垂直管道，被测流体为高温液体

图 5-7-10　被测流体为清洁液体，信号管路安装示意图

隔离器中隔离液的体积变化应大于差压仪表在全量程范围内工作空间的最大体积变化。正负压隔离器应装设在垂直安装的导压管上，并有相同的高度。应确定隔离器中的隔离液的最高液面和最低液面的位置。

4. 差压信号管路的安装

根据被测流体的性质和节流装置与差压仪表的相对位置，差压信号管路有以下几种安装方式。

① 被测流体为清洁的液体，其信号管路的安装方式如图 5-7-10 所示。

② 被测流体为清洁的干气体，其信号管路的安装方式如图 5-7-11 所示。

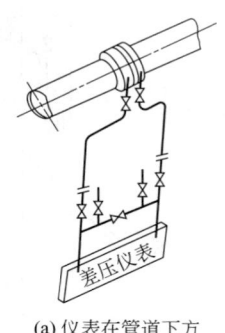 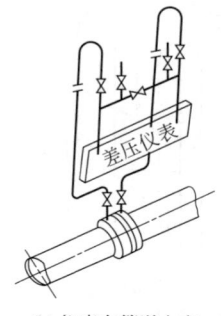 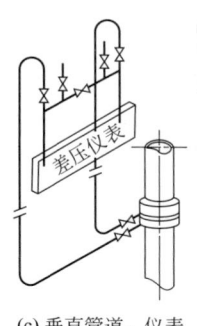 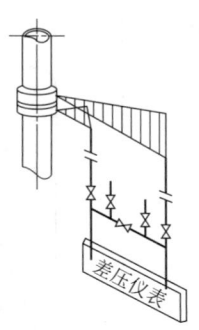

(a) 仪表在管道下方　　(b) 仪表在管道上方　　(c) 垂直管道，仪表　　(d) 垂直管道，仪表
　　　　　　　　　　　　　　　　　　　　　在取压口上方　　　　在取压口下方

图 5-7-11　被测流体为清洁的干气体，信号管路安装示意图

③ 被测流体为水蒸气，其信号管路的安装方式如图 5-7-12 所示。

④ 被测流体为湿气体，其信号管路的安装方式如图 5-7-13 所示。

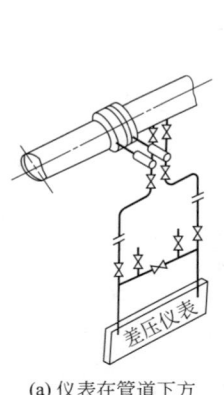 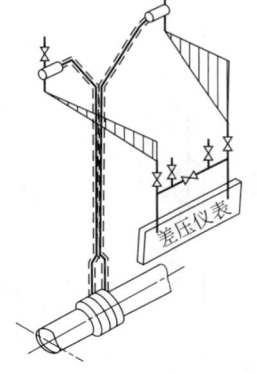

(a) 仪表在管道下方　　　　　　　　　　(b) 仪表在管道上方

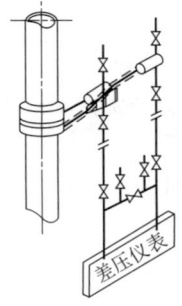 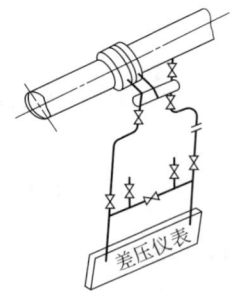

(c) 垂直管道，仪表　　　　　　(d) 仪表在管道下方，同图(a)，仅
　　在取压口下方　　　　　　　　冷凝器安装方式不同，可任意选用

图 5-7-12　被测流体为水蒸气，信号管路的安装示意图

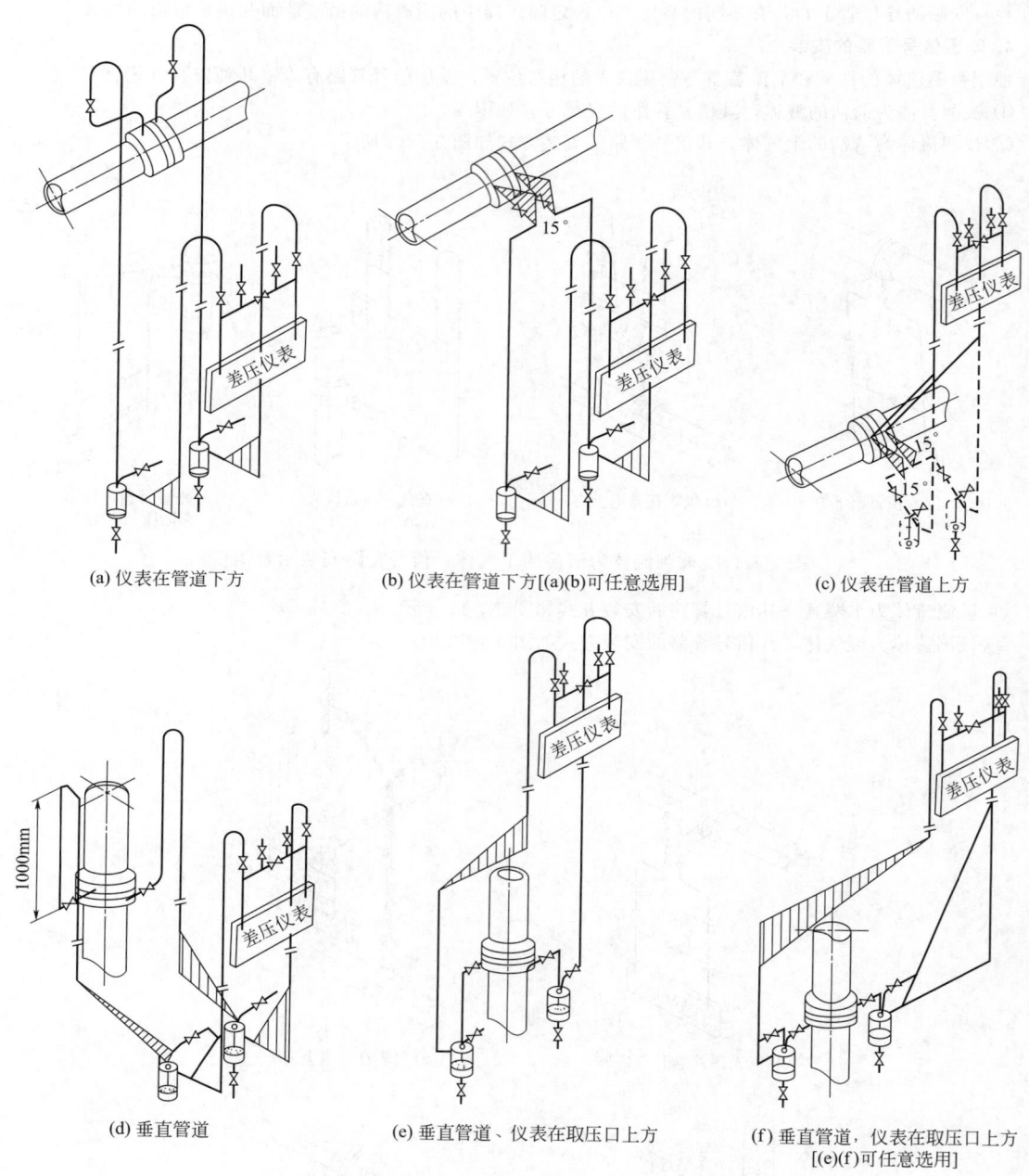

(a) 仪表在管道下方

(b) 仪表在管道下方[(a)(b)可任意选用]

(c) 仪表在管道上方

(d) 垂直管道

(e) 垂直管道、仪表在取压口上方

(f) 垂直管道，仪表在取压口上方
[(e)(f)可任意选用]

图 5-7-13　被测流体为湿气体时，信号管路的安装示意图

第四节　转子流量计

一、液体流量测量的刻度换算

1. 密度修正

流量计用于测量液体流量制造厂通常用常温常压下的清洁水作为校验流体进行校准，若被测液体的密度与水不同时，应对流量计示值进行刻度换算。换算公式为

$$q_v = q_{v0}\sqrt{\frac{\rho_0(\rho_f-\rho)}{(\rho_f-\rho_0)\rho}} = K_\rho q_{v0} \tag{5-7-52}$$

式中　q_v——工作状态下液体体积流量，m^3/h；

　　　q_{v0}——流量计的示值（体积流量）或输出信号所对应的体积流量，m^3/h；

　　　ρ_0——校验用水的密度，kg/m^3；

　　　ρ——工作状态下液体密度，kg/m^3；

　　　ρ_f——转子材料的密度，kg/m^3；

　　　K_ρ——密度换算系数，$K_\rho = \sqrt{\dfrac{\rho_0(\rho_f-\rho)}{(\rho_f-\rho_0)\rho}}$。

2. 黏度修正

若液体的黏度与校验介质（水）的黏度有较大差别（超过 20mPa·s 时），流量计示值还需进行黏度修正。流量计示值受黏度影响的程度与流体的黏度、流量以及流量计口径、浮子形状等因素有关。黏度修正可归结为流量计流量系数的修正，用下式表示：

$$q_v = q_{v0}\frac{\alpha}{\alpha_0} = k_\alpha q_{v0} \tag{5-7-53}$$

式中　α——工作状态下液体流量计的流量系数；

　　　α_0——校验时流量计的流量系数；

　　　k_α——黏度修正系数，$k_\alpha = \dfrac{\alpha}{\alpha_0}$，一般由实验校验求得，或由制造厂提供。

其余符号同上。

二、气体流量测量的刻度换算

流量计用于测量气体流量时，制造厂以标准状态（20℃，101.325kPa）下的空气作为校验流体进行校准。若被测气体的参数和工作状态与校验条件不同时，应对流量计示值进行刻度换算。流量换算公式为

$$q_v = q_{v0}\sqrt{\frac{\rho_0}{\rho}}\sqrt{\frac{p}{p_0}}\sqrt{\frac{T_0}{T}}\sqrt{\frac{Z_0}{Z}} = K_\rho K_p K_T K_Z q_{v0} \tag{5-7-54}$$

式中　q_v——工作状态下的气体体积流量换算到标准状态下的体积流量，m^3/h（20℃，101.325kPa）；

　　　q_{v0}——流量计示值体积流量，m^3/h；

　　　ρ——标准状态下被测干气体的密度，kg/m^3；

　　　ρ_0——标准状态下干空气的密度，$\rho_0 = 1.2041kg/m^3$；

　　　p——工作状态下被测干气体的绝对压力，Pa；

　　　p_0——标准状态下干空气的压力，$p_0 = 101325Pa$；

　　　T——工作状态下被测干气体的绝对温度，K；

　　　T_0——标准状态下干空气的温度，$T_0 = 293.15K$；

　　　Z——工作状态下被测干气体的压缩系数；

　　　Z_0——标准状态下干空气的压缩系数；

　　　K_ρ——气体密度换算系数，$K_\rho = \sqrt{\rho_0/\rho}$；

　　　K_p——气体压力换算系数，$K_p = \sqrt{p/p_0}$；

　　　K_T——气体温度换算系数，$K_T = \sqrt{T_0/T}$；

　　　K_Z——气体压缩系数换算系数，$K_Z = \sqrt{Z_0/Z}$。

三、蒸汽流量测量的刻度换算

在金属管浮子流量计允许的温度、压力范围内测量蒸汽流量时，因 ρ_f 远大于 ρ，可按下式进行刻度换算

$$q_v = 29.56\frac{q_m}{\sqrt{\rho}} \tag{5-7-55}$$

式中　q_v——用水校验的体积流量，L/h；

q_m——被测蒸汽的质量流量，kg/h；

ρ——被测蒸汽的密度，kg/m³。

第五节　容积式流量计

一、容积式流量计的安装与投用

容积式流量计是一种高精度的流量计，常用于贸易税收及经济核算，对计量准确度有很高的要求，要达到实际上高的准确度，除仪表本身质量保证外，与现场整个测量系统的安装配置以及投运后是否符合使用要求等皆密切相关。

1. 容积式流量计的安装配置

现举石油油品计量的容积式流量计系统的安装配置为例（图 5-7-14）。

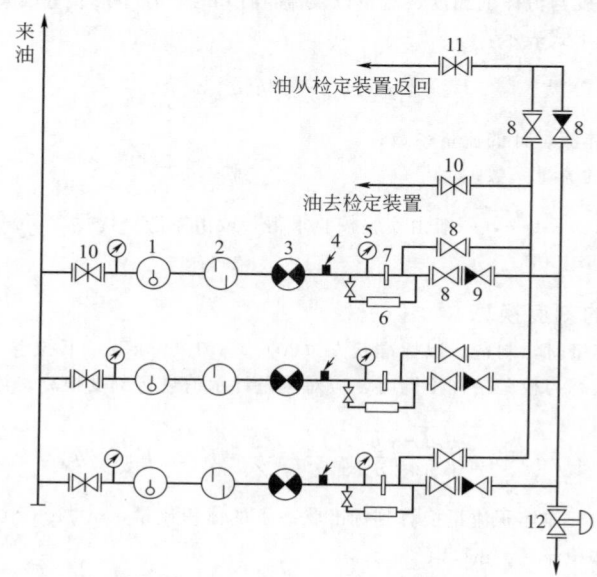

图 5-7-14　容积式流量计安装示意图

1—消气器；2—过滤器；3—流量计；4—温度计；5—压力表；6—在线密度计或采样器（按计量方式）；
7—平焊法兰及孔板（需要时）；8—截止与检漏双功能阀；9—逆止阀（必要时安装）；10—闸阀；
11—检定流量调节用阀门（可用闸阀等）；12—回压调节阀（必要时）

每台流量计进口侧应安装过滤器、消气器（亦可在汇管上安装一台公用的较大的消气器），出口侧必要时应安装止回阀及回压调节阀（亦可安装在一组流量计出口汇管上）。在靠近流量计出口处，应安装分度值不大于 0.5℃的温度计。在过滤器进口侧及靠近流量计出口处安装 0.5 级压力表。在靠近流量计的出口处，安装在线密度计或人工取样器或管线自动取样器。流量计进口侧应安装闸阀，出口侧应安装能截止和检漏的双功能阀或严密性较好的闸阀。流量计及其工艺管线安装应满足流量计的计量、检定、维修和事故处理等需要。室内安装时，流量计及其辅助设备宜居中布置，相邻流量计及辅助设备基础及管线突出部分之间净距及前后左右距墙面净距均不应小于 1.5m，计量间高度应取决于流量计辅助设备及起吊设备的高度。流量计与标准体积管间应相邻布置，从流量计到标准体积管之间管线不应出现高点或气室，以防止气体聚积。流量计室外安装时，寒冷地区应对仪表、设备及工艺管线进行适当保温。

2. 现场使用工况条件对流量计计量准确度的影响

石油是一种物性随温度、压力变化的液体，流量计在现场使用工况条件（温度、压力、黏度等）与校验条件不同时会影响其计量准确度。

（1）温度　温度是影响的首要因素，温度的改变会引起一系列参数的变化，它使被计量的液体体积、密度、黏度以及流量计壳体与转子之间的间隙发生变化，因而导致漏油量的改变。温度分输油温度和环境温度两方面的影响。油温使流量计计量腔容积发生变化，其附加误差计算式为

$$E = E_1 - \beta(t - t_1) \tag{5-7-56}$$

式中　E——工作温度下实际使用时的基本误差，%；

　　　E_1——校验温度下的基本误差，%；

　　　t_1——校验时液体温度，℃；

　　　t——工作温度，℃；

　　　β——流量计计量腔材料的体积膨胀系数，℃$^{-1}$。

如果流量计腔体为铸钢，工作温度高于校验温度10℃，则引起的附加误差约为0.04%。

如果流量计工作处的环境温度与油温差异较大，流量计又是单壳体的，则流量计就像一个散热器，它将使输油温度变化而引起黏度改变，从而影响到流量计特性的变化。

（2）黏度　黏度变化会使流量计特性发生偏移，黏度增加，漏油量减少，范围度变宽；反之，则范围度变窄。

（3）压力　单壳体流量计因工作压力变化会明显影响体积量的改变，而双壳体可不受影响（测量室壁内外压差为零），但在输油过程中输油压力的变化同样会引起流量计误差曲线的偏移，压力升高，被计量的液体受压使体积缩小，反之，则体积增大。对于碳氢化合物液体的可压缩性较大，是必须考虑的一个修正因素，同时，压力增高，对于单壳体流量计，会因壳体的弹性变形使计量室容积增大，引起转子与壳体间隙增大，漏油量增加，两种作用叠加，使流量计误差曲线向负向移动。如果工作压力低于校验压力，则情况相反。

二、黏度修正

在校验时，液体与实际使用的液体黏度有较大差异时，流量计会产生附加误差，必须进行相应的修正。

① 当液体的黏度介于分别求出误差的两种液体黏度之间时，可用下式进行黏度修正：

$$E = E_2 + (E_1 - E_2)\frac{\mu_1(\mu - \mu_2)}{\mu(\mu_1 - \mu_2)} \tag{5-7-57}$$

式中　E——流量计实际使用时的误差；

　　　E_1——流量计用比实际黏度大的校验液体时的误差；

　　　E_2——流量计用比实际黏度小的校验液体时的误差；

　　　μ——实际使用时液体的黏度；

　　　μ_1——比实际使用液体黏度大的校验液黏度；

　　　μ_2——比实际使用液体黏度小的校验液黏度。

② 当用一种黏度液体进行校验时，黏度修正可用下式计算：

$$E = E_0 - (E_0 - E_1)\frac{\mu_1}{\mu} \tag{5-7-58}$$

式中　E_1——流量计校验时的误差；

　　　μ_1——校验时液体黏度；

　　　E_0——流量计无泄漏时的误差

$$E_0 = \left(\frac{\beta}{K} - 1\right) \times 100\% \tag{5-7-59}$$

式中　β——调整齿轮比。

$$K = \frac{q_{ih}}{i\lambda} \tag{5-7-60}$$

式中　q_{ih}——流量计转子转一圈时的理论输出量；

　　　i——流量计指针转一圈的指示值；

　　　λ——减速齿轮比。

三、容积式流量计技术参数表（表5-7-22）

表5-7-22　容积式流量计技术参数表

仪表类型	被测流体	公称通径 DN/mm	流量范围 /(m³/h)	工作压力 /MPa	工作温度 /℃	黏度 /(mPa·s)	基本误差限 /(%R)	范围度
腰轮式	液体	10～500	0.1～3000	1.6～6.3	0～120	3～150	±0.1～±0.2	10:1
	气体	50～300	0.5～2000	1～1.6	0～100		±1～±2.5	10:1
椭圆齿轮式	液体	10～300	0.6～1200	1.6～6.3	90～350	0.5～500 （特殊3000）	±0.2 ±0.5	10:1
螺杆式（双转子）	液体	40～400	0.1～2000	10	−20～150 （特殊230）		±0.2 ±0.5	10:1
刮板式	液体	6～400	≤2000	10	140	0.6～150 400	±0.2 ±0.5	10:1
旋转活塞式	液体	15～80	0.25～12	6.3	120～300		±0.5	10:1
往复活塞式	液体		60L/min				±0.15～±0.3	
旋叶式	气体	50～150	<1200	0.1			±1.5	10:1
转筒式	气体		0.08～100	0.1	0～60		±0.2 ±0.5	20:1
膜式	气体		0.016～250	0.01～0.05	−15～50		±2 ±3	100:1

注：本表技术参数是综合国内外产品的，不是具体某厂产品的参数。

第六节　涡轮流量计

一、涡轮流量计流体温度、压力、黏度变化对仪表系数的影响

① 工作时流体的温度、压力与校验流量计时的温度、压力不同，将引起仪表系数 K 的变化。

$$K_f = \frac{K}{K_p K_T} \tag{5-7-61}$$

式中　K_f——工作状态下的流量计仪表系数；

　　　K——流量计的校验仪表系数；

　　　K_p——压力修正系数；

　　　K_T——温度修正系数，温度修正系数 K_T 计算如下。

$$K_T = [1 + a_t \Delta t]^2 [1 + a_s \Delta t] \tag{5-7-62}$$

式中　a_t——传感器表体材料线胀系数，℃$^{-1}$；

　　　a_s——叶轮材料线胀系数，℃$^{-1}$；

　　　Δt——流体工作温度与校验温度之差。

当工作温度高于校验温度取正号，反之取负号。

压力修正系数 K_p

$$K_p = 1 + \Delta p y \tag{5-7-63}$$

$$y = \frac{(2-\nu)(2R)}{E\left(1 - \dfrac{S}{\pi R^2}\right)(2\delta)} \tag{5-7-64}$$

式中　Δp——工作状态下的压力与校验时压力之差，Pa；

　　　ν——泊桑系数；

　　　R——传感器表体的内半径，mm；

　　　E——传感器表体材料的拉伸弹性模量，Pa；

　　　δ——传感器表体的壁厚，mm；

S——传感器叶轮的横截面积，mm^2。

② 流量计仪表系数对流体黏性的变化是很敏感的，其影响程度与结构形式、尺寸等有关，因此不可能提供统一的修正公式或修正曲线。以下是修正遵循的一些原则：

a. 用水校准的传感器一般用于小于 $2 \times 10^{-6} m^2/s$ 的低黏度流体，无需修正；

b. 对于准确度低于 0.5 级的流量计，在 $5 \times 10^{-6} m^2/s$ 以下黏度使用可不必修正；

c. 用于黏度高于 $5 \times 10^{-6} m^2/s$ 黏性流体时，建议用实际流体或黏度相近的流体进行校验，在满足使用要求时，可降低范围度，在黏度较大时，线性区域变窄，甚至不存在；

d. 对于线性范围较窄的流量计亦可提供修正曲线，按曲线修正（修正曲线建议如下制作：用几种不同黏度流体进行校验，给出修正曲线，曲线的函数关系为仪表系数对雷诺数或输出频率与运动黏度之比，也可以用不同黏度下的一簇仪表系数对流量的曲线）；

e. 特殊设计结构形式及尺寸可得到用于高黏度的流量计。

二、流量计的安装

涡轮流量计的典型安装图如图 5-7-15 所示。图中所示各部分不一定齐全，可根据流体的性质和使用目的适当选择。

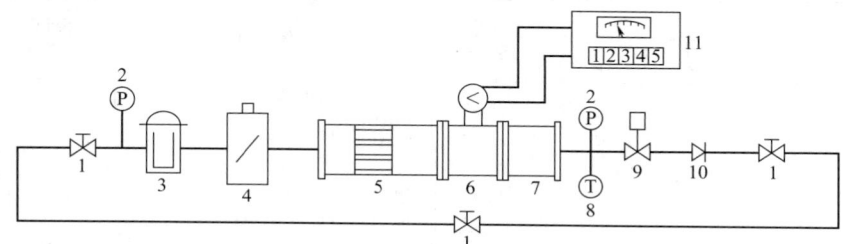

图 5-7-15　涡轮流量计的典型安装图

1—截止阀；2—压力表；3—过滤器；4—消气器；5—整流器；6—变送器（连前置放大器）；
7—后直管段；8—温度计；9—调节阀；10—单向阀；11—显示仪表

传感器的上游侧通常应有 20 倍公称通径长度的直管段，下游侧应有 3 倍公称通径长度的直管段。建议用下式确定上游侧的直管段长度

$$L = 0.35 \frac{K_s}{f} DN \qquad (5\text{-}7\text{-}65)$$

式中　L——直管段长度，mm；

DN——传感器的公称通径，mm；

K_s——旋涡速度比，与上游侧阻流件类型有关；

f——管道内摩擦系数，湍流状态时 $f = 0.0175$。

K_s 值：

① 同心渐缩管，$K_s = 0.75$；

② 一个直角弯头，$K_s = 1.0$；

③ 同平面两个直角弯头，$K_s = 1.25$；

④ 空间弯头，$K_s = 2$；

⑤ 阀门，全开 $K_s = 1$，半开 $K_s = 2.5$。

第七节　电磁流量计

一、液体电导率

电磁流量计只能用于测导电性液体的流量。一般电导率超过阈值即使变化亦不影响测量值，但低于阈值会产生测量误差，甚至不能测量。电导率的阈值除与介质物性有关外，还与传感器和转换器之间流量信号线长度及其分布电容等有关，当距离缩短且分布电容较低时，可以用于阈值更低的介质。按目前电磁流量计制造技术可测的电导率，可分为三挡：高电导率液体，电导率为 $10^{-4} \sim 10^{-1} S/cm$；中电导率液体，电导率为 $10^{-6} \sim 10^{-5} S/cm$；低电导率液体，电导率为 $10^{-7} \sim 10^{-8} S/cm$。比低电导率低的液体目前电磁流量计尚不能测量。表 5-7-23 列出了若干液体的电导率，表 5-7-24 列出了高、中、低电导率液体的电导率。

表 5-7-23 液体的电导率

液体名称	电导率/(S/cm)	液体名称	电导率/(S/cm)	液体名称	电导率/(S/cm)
石油	5×10^{-17}	硫酸99.4%	8.5×10^{-3}	氨水4%	1×10^{-3}
丙酮	2×10^{-8}	硫酸97%	8×10^{-2}	氢氧化钠50%	8×10^{-2}
蒸馏水	$\approx 10^{-6} \sim 10^{-5}$	硫酸50%	5×10^{-1}	氢氧化钠10%	3.1×10^{-1}
自来水	$\approx 10^{-4}$	硫酸40%	5×10^{-1}	氢氧化钠4%	1.6×10^{-1}
海水	$\approx 4 \times 10^{-2}$	硫酸10%	6×10^{-1}	氢氧化钠2%	8.6×10^{-2}
血液	$\approx 7 \times 10^{-3}$	硝酸31%	8×10^{-1}	食盐水0.015%	4×10^{-4}
乙酸99.7%	4×10^{-3}	硝酸26%	5×10^{-1}	食盐水3.5%	4×10^{-2}
乙酸40%	1×10^{-3}	硝酸6.2%	3×10^{-1}	食盐水25%	2×10^{-1}
乙酸0.3%	3×10^{-2}	氨水30%	2×10^{-4}		

表 5-7-24 高、中、低电导率的液体电导率

液体名称	温度/℃	电导率/(μS/cm)	液体名称	温度/℃	电导率/(μS/cm)
四溴化锗 Germanium Tetrabromide	30	78	糠醛(呋喃甲醛) Furfural	25	1.5
蚁酸 Formic Acid	18	56	三溴化砷 Arsenic Tribromide	35	1.5
	25	64			
二氯化汞(质量分数0.229%)	18	44	甲基硫氰酸酯 Methyl Thiocyanate	25	1.5
(质量分数1.013%) Mercuric dichloride		114	氯乙酰酸 Chloroacetic Acid	60	1.4
乙酰胺 Acetamide	100	<43	苯异硫氰酸 Phenyl Isothiocyanate	25	1.4
氯化乙醚 Chlorinated Ether	25	18	三氯化砷 Arsenic Trichloride	25	1.2
二溴化汞(质量分数0.223%)	18	16	乙基硫氰酸酯 Ethyl Thiocyanate	25	1.2
(质量分数0.422%)	26	26	醋酸酐 Acetic Anhydride	0	1.0
二氯乙醇 Dichlorohydrin	25	12		25	0.4
氰甲烷(乙腈) Acetonnitrile	20	7	丙醛 Propionaldehyde	25	0.85
丙烯醇 Allyl Alcohol	25	7	草酸二乙酯 Diethyl Oxalate	25	0.70
甲基硝酸酯 Methyl Nitrate	25	4.5	硝基甲烷 Nitromethane	18	0.60
聚己内酰胺腈(卡普纶腈) Capronitrile	25	3.7	氯乙醇 Chlorohydrin	25	0.60
异丙醇 iso-Propyl Alcohol	25	3.5	乙基硝酸酯 Ethyle Nitrate	25	0.53
甲基乙酸酯 Methyl Acetate	25	3.4	甲醇(木精) Methyl Alcohol	18	0.44
氰化氢 Hydrogen Cyanide	0	3.3	乙酰氯(氯化酰) Acetyl Chloride	25	0.40
乙酰溴 Acetyl Bromide	25	2.4	乙基胺(烷基胺) Ethylamine	0	0.40
磷酸氯(三氯氧化磷) Phosphorus Oxychloride	25	2.2	磷 Phosphorus	25	0.40
氯磺酰 Sulfonyl chloride	25	2	乙二醇 Glycol	25	0.3
O-甲基胺 O-Toluidine	25	<2	愈创木酚(磷甲氧基苯酚) Guaiacol	25	0.28
苯甲醇 Benzyl Alcohol	25	1.8	酒精(乙醇) (浓度% wt,95)		0.26
乙醛(醋醛) Acetaldehyde	15	1.7	硫酸二乙酯 Diethyl Sulfate	25	0.20

液体名称	温度/℃	电导率/(μS/cm)	液体名称	温度/℃	电导率/(μS/cm)
呱啶(氮己环) Piperdine	25	0.20	豆油 Soybean Oil	25	<0.04
碘化氢 Hydrogen Iodide	沸点	0.20	表氯醇(氯甲代氧丙环) Epichlorohydrin	25	0.034
硝基甲苯(炸药) O-orM-Nitrololuene	25	<0.20	氯化乙烯 Ethylene Chloride	25	0.03
水杨酸甲醛 Salicylaldehyde	25	0.16	苯胺 Aniline	25	0.024
硫酸二甲酯 Dimethyl Sulfate	0	0.16	喹啉(氮萘) Quinoline	25	0.022
苯甲醛(苯醛) Benzaldehyde	25	0.15	乙基溴化酯 Ethyl Bromide	25	0.02
液氨 Ammonia	−79	0.13	氯仿(三氯甲烷) Chloroform	25	<0.02
异乙基硫氰酸酯 Ethyl Isothiocyanate	25	0.126	溴仿(三溴甲烷) Bromoform	25	<0.02
甲乙酮 Methyl Ethyl Ketone	25	0.1	异丁基醇 iso-Butyl Alcohol	25	<0.02
丙腈 Propionitrile	25	0.1	乙基碘化酯 Ethyl Iodide	25	<0.02
苯 Benzene	—	0.076	m-丙基溴 m-Propyl Bromide	25	<0.02
丙酸(浓度% wt 100) Propionic Acid	18	0.07	甲基碘酸酯 Methyl Iodide	25	<0.02
二氯乙酸(三氯醋酸) Dichloroacatic Acid	25	<0.07	碳酸二乙酯 Diethyl Carbonate	25	0.017
甘油(丙三醇) Glycerol	25	0.064	煤油 Kerosene	25	<0.017
p-甲苯胺 p-Toluidine	100	0.062	氯化亚乙基 Ethylidene Chloride	25	<0.017
丁酸 Butyric Acid (质量分数100%) (质量分数70%) (质量分数50%)	18 18 18	0.06 56 296	丁子香酚(丁子香色酮) Eugenol	25	<0.017
丙酮 Acetone	25 18	0.06 0.02	壬烷 Nonane	25	<0.017
吡啶(氮苯) Pyridine C_5H_5N	18	0.053	苯乙醚 Phenetole	25	<0.017
m-丙醇 m-Propyl Alcohol	18 25	0.05 0.02	酚 Phenol	25	<0.017
苯基氰 Benzonitrile	25	0.05	m-甲氧甲酚(m-樵油醇) m-Cresol	25	<0.017
m-氯苯胺 m-Chloroaniline	25	0.05	氯化氢 Hydrogen Chloride	−96	0.01
乙二醇丙烯 Propylene Glycel	25	0.04	溴化氢 Hydrogen Bromide	−80	0.008
蒸馏水 Water(Dist.)	—	0.04	氰 Cyanogen	—	<0.002

二、电极材料的耐腐蚀性能

1. 电极材料的耐腐蚀性能 (表 5-7-25)

表 5-7-25　电极材料的耐腐蚀性能

材料	耐腐蚀性能
不锈钢 1Cr18Ni9Ti	对硝酸、冷磷酸和其他无机酸,许多盐及碱的溶液,有机酸及海水等介质耐腐蚀 对硫酸、盐酸、氢氟酸,对沸腾的甲酸、草酸、工业铬酸,以及对碳酸钠及氯、溴、碘等介质,化学稳定性差

续表

材料	耐腐蚀性能
含钼不锈钢 0Cr18Ni12Mo2Ti 0Cr18Ni12Mo3Ti	钢中加入钼,在还原性介质中(如盐酸)具有比 1Cr18Ni9Ti 更强的耐蚀性 对浓度小于 50%的硝酸,室温 50℃以下的硫酸和浓度在 20%以下的盐酸、碱溶液,沸腾的磷酸、甲酸,在一定压力下的亚硫酸、海水、醋酸等介质,有强的耐蚀性。可广泛应用于石油、化工、尿素、维尼纶等工业 不耐氢氟酸、氯、溴、碘等
新 2 钢 00Cr26Ni35Mo3Cu4Ti	在硫酸及其某些混合酸中耐蚀性能超过一般不锈钢,可用在 65%的沸腾硝酸,小于 40%的硫酸,100℃以下小于 5%的稀硫酸及沸腾的磷酸中
新 10 钢 0Cr17Ni17Mo7Cu2	在小于 70℃,65%的硫酸中及含有 Cl^- 的硫酸中有良好的耐蚀性
钛 (Ti)	对氧化性介质如硝酸、氯化物、氯酸盐及含氯介质的耐蚀性很好 对任何浓度的硝酸(除发烟硝酸外),即使在高温下也耐蚀;对小于 10%的硫酸,室温下小于 5%的盐酸,小于 35℃、小于 30%的充气磷酸,小于 100℃任何浓度的醋酸、甲酸、乳酸、鞣酸等均耐蚀;对氯化物溶液(除 100℃以上的三氯化铝),热的亚氯酸钠、次氯酸钠及小于 50%的氢氧化钠、氢氧化钾均有很好的耐蚀性
锆(Zr) 铌(Nb) 钽(Ta)	耐腐蚀性能超过钛、镍基合金和不锈钢。在某些情况下甚至超过贵金属铂、金。其中以钽的耐腐蚀性能为最好

2. 铂铱合金和钽电极不耐腐蚀的化学介质 (表 5-7-26)

表 5-7-26 铂铱合金和钽电极不耐腐蚀的化学介质

化学液体介质	铂铱合金	钽	其他材料
氟化铝(Aluminum fluoride)	A	X	
硝酸铝(Aluminum nitrate)	A	X	
氟化铵(Ammonium fluoride)	A	X	B(哈氏合金 C)
氢氧化钡(Barium hydroxide)	A	X	
二氧化氯(Chlorine dioxide)	X	A	
氟化铜(Copper flupride)	A	X	
氯氧铜(Copper oxychloride)	A	X	
氯化铁(Ferric choride)	X	A	B(哈氏合金 C)
氢溴酸(Hydrobromic acid)50%	X	A	
氟硅酸(Fluosilicic acid)10%~40%	X	X	
氢氟酸(Hydrofluoric acid)10%~20%	X	X	
氟硅酸(Hydrofluosilicic)35%	A	X	B(哈氏合金 C)
次氯酸(Hypochlorous acid)10%~20%	X	A	B(哈氏合金 C)
乙酸铅(Lead acetate)	X	A	
氢氧化镁(Magnesium hydroxide)	A	X	
氢氧化钾(Potassium hydroxide)10%~45%	A	X	
氰化钠(Sodium cyanide)	X	A	
氰铁酸钠(Sodium ferricyanide)	X	B	
氰亚铁酸钠(Sodium ferrocyanide)	X	B	
氟化钠(Sodium fluoride)5%~50%	A	X	
氢氧化钠(Sodium hydroxide)5%~50%	A	X	B(哈氏合金 C)
硫酸(Sulfuric acid)10%~50%	A	A	
100%	A	X	
硫代硫酸钠(Sodium thiosulfate)	X	X	A(哈氏合金 C)

符号说明:A——优先选用的材料(有极长的寿命);B——令人满意的材料(在大多数条件下有较长的使用寿命);X——不能使用。

三、衬里材料的性能（表 5-7-27）

表 5-7-27　电磁流量计衬里材料的性能

衬里材料	主要性能	工作温度/℃	适用范围	加工方法
聚四氟乙烯（F-4）	①它是塑料中化学性能最稳定的一种材料，能耐沸腾的盐酸、硫酸、硝酸和王水，也能耐浓碱和各种有机溶剂 ②不耐熔融碱金属（或它的氨溶液）及高温氟或三氟化氯 ③耐磨性和粘接性差	−195～250	①浓酸、碱、盐之类强腐蚀性介质 ②高温或低温介质的场合	挤压烧结成管材，然后衬入测量管热压翻边
聚三氟氯乙烯（F-3）	①化学稳定性仅次于聚四氟乙烯，能耐各种强酸、强碱、强氧化剂，但高温下受碱金属腐蚀 ②涂层黏着力差，耐磨性差	−195～190	酸、碱、盐之类强腐蚀性介质	悬浮液涂覆烧结
乙烯与四氟氯乙烯共聚物（FS-40） 乙烯与三氟氯乙烯共聚物（FS-30）	两种塑料性能比较接近 ①具有良好的绝缘性能，可耐各种无机酸（王水除外）、碱和盐的腐蚀 ②具有很好的耐辐照（$1 \times 10^8 R$）性能	≤200	含有放射性物质的酸、碱、盐之类强腐蚀性介质	模压（FS-30 除模压外可挤塑、注射、涂覆）
耐酸搪瓷	①除氢氟酸外，能耐一般的酸类和溶剂，不耐100℃浓碱液和大于180℃的热磷酸 ②抗冲击性能差	−30～270	酸等强腐蚀性介质	涂覆烧结
聚苯硫醚（PPS）	①耐盐酸、硫酸、草酸、烧碱、纯碱等一般性酸、碱；不耐卤素和氧化性介质的腐蚀 ②与金属的粘接性较好	<250	一般酸、碱、盐溶液	各种喷涂
耐酸橡胶（硬橡胶）	①可耐 60℃ 以下的盐酸、醋酸、草酸、氨水、磷酸及小于 50% 的硫酸、氢氧化钠、氢氧化钾。忌强氧化剂 ②衬里的强度较好	−25～70	一般酸、碱、盐溶液	粘贴硫化
耐磨橡胶（软橡胶）	①耐腐蚀性能比耐酸橡胶差 ②材料富有弹性，耐液固两相介质（矿砂，泥浆等）的磨损	−25～70	污水、泥浆、砂浆、矿浆等介质	粘贴硫化
氯丁橡胶	①有极好的弹性，高度的扯断力，耐磨，耐冲击性能好 ②耐酸、碱、盐等一般介质的腐蚀，不耐氧化性介质的腐蚀	<100	污水、泥浆、矿浆等介质	模压或粘贴硫化
聚氨基甲酸乙酯（聚氨酯橡胶）	①有极好的耐磨性能（相当于天然气橡胶的10 倍） ②耐酸、碱性能比较差一些	<70	水、污水、泥浆、矿浆及水力输送管道的液固两相介质	浇注硫化

第八节　涡街流量计

一、涡街流量计的选型（确定仪表口径）

① 涡街流量计的输出频率是与工作状态的体积流量成正比的，制造厂一般给出使用的流量范围（工作状态下），如表 5-7-28 所示。一般气体流量已知的是标准状态下体积流量或质量流量，这时要换算成工作状态下的体积流量。

② 根据已知的体积流量（工作状态下），按表 5-7-28 选择口径。所选口径是否符合要求需检查三个条件：

a. 雷诺数是否满足要求？一般涡街流量计使用的雷诺数范围为 $2 \times 10^4 \sim 7 \times 10^6$；

b. 常用流量是否在仪表的最佳工作段？最佳工作段应为上限流量的 1/2～2/3 处；

c. 测量液体流量时要检查是否会发生气穴现象？当管道最低工作压力低于液体工作温度下饱和蒸汽压时液体会产生气穴现象。

表 5-7-28　液体、气体流量范围

口径 DN/mm	液体/(m³/h)		气体/(m³/h)	
	最小	最大	最小	最大
25	1.20	8.85	12.20	62.0
40	2.25	22.5	25	160
50	3.5	35	40	250
80	9	90	100	635
100	14	140	155	1000
150	32	320	350	2250

要计算最大流量时，不发生气穴现象的最低工作压力 p：

$$p = 2.7\delta_p + 1.3p_0 \tag{5-7-66}$$

式中　p——管道中最低工作压力，Pa；

δ_p——压力损失，Pa；

p_0——工作温度下液体的饱和蒸汽压，Pa。

二、涡街流量计总量测量的修正

工作状态下总量的修正

$$V_f = \frac{V_n}{F_t F_p F_Z} \tag{5-7-67}$$

式中　V_f——工作状态下总量，m³；

V_n——标准状态下总量，m³；

F_t——温度修正系数；

F_p——压力修正系数；

F_Z——气体压缩系数修正系数。

1. 测量气体总量

$$\begin{cases} F_t = T_n/T \\ F_p = p/p_n \\ F_Z = Z_n/Z \end{cases} \tag{5-7-68}$$

式中　T，p，Z——工作状态下温度、压力、气体压缩系数；

T_n，p_n，Z_n——标准状态下温度、压力、气体压缩系数。

2. 测量液体总量

$$\begin{cases} F_t = 1 - a(t - t_n) \\ F_p = 1 + C(p - p_n) \\ F_Z = 1 \end{cases} \tag{5-7-69}$$

式中　a——液体的体膨胀系数；

t——流体的工作温度；

t_n——标准温度（20℃）；

C——液体的压缩系数；

p——流体的工作压力；

p_n——标准压力（101.325kPa）。

三、涡街流量计仪表系数的修正

涡街流量计仪表产品校验是在试验室条件下进行的，仪表工作时现场条件偏离试验室条件需对仪表系数进行修正：

$$K_V = K_{V0} E_t E_R E_D \tag{5-7-70}$$

$$K_m = K_{m0} E_t E_R E_D \tag{5-7-71}$$

式中 K_{V0}，K_{m0}——分别为试验室条件下涡街流量计的体积流量仪表系数和质量流量仪表系数；

E_t——温度修正系数；

E_R——雷诺数修正系数；

E_D——管径偏差修正系数。

1. 温度修正系数 E_t

$$E_t = \frac{1}{1+(2\beta_H+\beta_s)(t-t_0)} \tag{5-7-72}$$

式中 β_H——流量计表体材料线胀系数；

β_s——流量计旋涡发生体材料线胀系数；

t——工作温度；

t_0——校验温度。

2. 雷诺数修正系数 E_R

当雷诺数低于下限雷诺数（2×10^4）时仪表系数将发生变化，应予修正。表 5-7-29 所示为某厂给出的修正系数可供参考。

表 5-7-29　雷诺数修正系数

雷诺数范围	E_R	雷诺数范围	E_R
$5\times10^3 < Re < 6\times10^3$	1.12	$9\times10^3 < Re < 10^4$	1.047
$6\times10^3 < Re < 7\times10^3$	1.08	$10^4 < Re < 1.2\times10^4$	1.036
$7\times10^3 < Re < 8\times10^3$	1.065	$1.2\times10^4 < Re < 1.5\times10^4$	1.023
$8\times10^3 < Re < 9\times10^3$	1.065	$1.5\times10^4 < Re < 4\times10^4$	1.011

3. 管径偏差修正系数 E_D

$$E_D = \left(\frac{DN}{D}\right)^2 \tag{5-7-73}$$

式中 DN——传感器实际内径，mm；

D——配管内径，mm。

第九节　插入式流量计

一、插入式流量计仪表系数计算式中修正系数的确定方法

1. 流量计速度分布系数 α 的确定

速度分布系数 α 的定义：管道平均流速与测量头所处位置局部流速的比值。

（1）测量头插于管道轴线处

$$\alpha = \frac{1}{1-\dfrac{0.72}{\lg\left(0.2703\dfrac{K}{D}+\dfrac{5.74}{Re_D^{0.9}}\right)}} \tag{5-7-74}$$

式中 α——速度分布系数；

Re_D——管道雷诺数；

D——管道内径，mm；

K——管壁粗糙度，mm。

（2）测量头插于管道平均流速处

$$\alpha = 1 \tag{5-7-75}$$

2. 流量计阻塞系数 β 的确定

阻塞系数 β 的定义：修正由于插入杆、插入机构及测量头引起的管道流通面积减小及速度分布畸变所产生影响的系数。

（1）阻塞率计算

① 测量头插于管道轴线处

$$S = \frac{\frac{\pi}{4}d^2 + \frac{B}{2}(D-d)}{\frac{\pi D^2}{4}} \qquad (5\text{-}7\text{-}76)$$

式中　S——阻塞率；

　　　B——流量计插入杆直径，mm；

　　　d——测量头直径，mm；

　　　D——管道内径，mm。

② 测量头插于 h 深度处

$$S = \frac{\frac{\pi}{4}d^2 + hB}{\frac{\pi D^2}{4}} \qquad (5\text{-}7\text{-}77)$$

式中符号同上。

（2）流量计阻塞系数 β 的计算

$$\beta = \begin{cases} 1, & S \leqslant 0.02 \\ 1 - 0.125S, & 0.02 < S < 0.06 \\ 1 - CS, & S \geqslant 0.06 \end{cases} \qquad (5\text{-}7\text{-}78)$$

式中，C 值依管径大小而定，需经实流校验确定。上式是按测量头某种结构求得的，因此计算式只能作为一种参考计算式，要得到高精确度的计算式需依据具体结构的测量头进行实验，求得专用阻塞系数计算式。

3. 管道内横截面面积 A 的确定

管道内横截面面积 A 可实测管道内径或管道外周长推算出。由管道外周长推算内横截面面积按下式计算：

$$A = \frac{\pi}{4}\left(\frac{l - \Delta l}{\pi} - 2e\right)^2 \qquad (5\text{-}7\text{-}79)$$

式中　A——管道内横截面面积；

l，Δl——分别为外周长与周长修正值，$\Delta l = \frac{8}{3}a(a/D)^{1/2}$；

　　　a——管道外表面局部突出高度；

　　　D——管道内径；

　　　e——管壁厚度。

4. 流量计干扰系数 γ 的确定

干扰系数 γ 的定义：流量计所处管段前后阻流件之间直管段长度不足所引起的仪表系数变化的修正系数。干扰系数是非充分发展管流的修正系数，目前还缺乏成熟的试验数据，一般可在现场直接校准确定。

二、速度面积法特征点的定位和数目

1. 速度面积法

速度面积法的定义：测量流动横截面上多个局部流速，并通过在该整个横截面上的流速分布的积分来推算流量的方法。

通常将管道截面分为面积相等的若干部分，测出每一部分的特征点的速度，同时近似地认为每一部分中其他各点的速度都与该特征点相等，即都等于特征点测得的值。

整个管道的质量流量 q_m 计算式为：

$$q_m = \frac{A}{n}\sum_{i=1}^{n}(\rho_i u_i) \qquad (5\text{-}7\text{-}80)$$

式中　q_m——质量流量；

　　　A——管道横截面面积；

　　　n——管道横截面的等分数；

$\rho_i u_i$——特征点处的质量流速。

2. 用算术法计算轴向平均速度时测点的分布与计算

① 圆形横截面的各测点应设置在同心圆上，在横截面上至少为 2 个相互正交的直径上，每个半径上可设置 3 点或 5 点。

a. 对数-线性法。设每个截面元上速度分布的数学模型为

$$u = A\lg y + By + C \tag{5-7-81}$$

式中　A,B,C——常数；

y——距管壁的距离。

圆形横截面测点分布见表 5-7-30。轴向平均速度等于各个半径上平均速度的算术平均值。

表 5-7-30　圆形横截面测点分布（对数-线性法）

每个半径上测点数目	r/R	y/D	$(D/d)_{\min}$
3	0.3586 ± 0.0100 0.7302 ± 0.0100 0.9358 ± 0.0032	0.3207 ± 0.0050 0.1340 ± 0.0050 0.0321 ± 0.0016	23.4
5	0.2776 ± 0.0100 0.5658 ± 0.0100 0.6950 ± 0.0100 0.8470 ± 0.0076 0.9622 ± 0.0018	0.3612 ± 0.0050 0.2171 ± 0.0050 0.1525 ± 0.0050 0.0765 ± 0.0038 0.0189 ± 0.0009	39.7

注：R，D——横截面半径与直径；r——测点处圆环半径；y——测点距管壁距离；d——流速计旋桨外径或皮托管探头外径。

b. 对数-契比雪夫法。设在横截面的周边的截面元内速度分布的数学模型为对数式，而在其他截面中为多项式。圆形横截面测点分布见表 5-7-31。

表 5-7-31　圆形横截面测点分布（对数-契比雪夫法）

每个半径上测点数目	r/R	y/D	$(D/d)_{\min}$
3	0.3754 ± 0.0100 0.7252 ± 0.0100 0.9358 ± 0.0032	0.3123 ± 0.0050 0.1374 ± 0.0050 0.0321 ± 0.0016	23.4
4	0.3314 ± 0.0100 0.6124 ± 0.0100 0.8000 ± 0.0100 0.9524 ± 0.0024	0.3343 ± 0.0050 0.1938 ± 0.0050 0.1000 ± 0.0050 0.0238 ± 0.0012	32.0
5	0.2866 ± 0.0100 0.5700 ± 0.0100 0.6892 ± 0.0100 0.8472 ± 0.0076 0.9622 ± 0.0018	0.3567 ± 0.0050 0.2150 ± 0.0050 0.1554 ± 0.0050 0.0764 ± 0.0038 0.0189 ± 0.0009	39.7

② 矩形截面的测点位置应根据平行于各管壁的直线的交叉点来确定。

a. 对数-线性法。矩形截面测点分布如表 5-7-32 所示。

轴向平均速度 u 等于各个局部速度的加权平均值。表 5-7-32 中给出了各测点的加权系数 k_i，则 $u = \dfrac{\sum K_i u_i}{\sum K_i}$，本方法 $\sum K_i = 96$。

表 5-7-32　矩形截面测点分布（对数-线性法）

y/H	x/L				y/H	x/L			
	0.092	0.3675	0.6325	0.908		0.092	0.3675	0.6325	0.908
0.034	2	3	3	2	0.6325			6	6
0.092	2			2	0.750	5	3	3	5
0.250	5	3	3	5	0.908	2			2
0.3675		6	6		0.966	2	3	3	2
0.500	6			6					

注：L，H——测量横截面的宽度和高度；x，y——测点距管壁的横向距离和纵向距离。

对于所用测速仪表要求 $H/d \geqslant 22$。

b. 对数-契比雪夫法。测点分布见表 5-7-37。选择平行于矩形短边的数目（e）至少等于 5 根的横向直线，在每根直线上设置数目（f）至少等于 5 点的测量点。表 5-7-33 中 X_i、Y_i 为以矩形中心为坐标原点的横坐标和纵坐标。

表 5-7-33　矩形截面测点分布（对数-契比雪夫法）

e 或 f	X_i/L 或 Y_i/H 的值	$(H/d)_{min}$
5	0　±0.212　±0.426	10.1
6	±0.063　±0.265　±0.439	12.3
7	0　±0.134　±0.297　±0.447	14.2

第八章 仪表配管配线设计

第一节 概 述

一、范围

仪表配管配线设计是指石油化工工艺装置及辅助装置自控工程的仪表测量管线、电源及信号传输系统的配管、配线工程设计，主要内容包括测量管线、气动管线、电线电缆、管线管缆及光缆的材质、规格及敷设方式等。

二、配管配线设计的基本原则与条件

1. 基本原则

① 配管配线设计应充分考虑仪表测量准确，信号传递可靠，减少滞后，安全，方便施工，整齐美观，易于维护。

② 配线时应考虑电磁和静电等干扰，保证信号传递的准确性。

③ 配管配线均应考虑电线电缆及管线的耐腐蚀性，一旦发生火灾，对管线及电线电缆的损坏可能性最小。

④ 保证电源、气源的可靠。

⑤ 设计应符合国家及行业的有关防火、防爆、防护、防雷等规范要求。

2. 应具备的基本条件

① 配管专业的管道布置图已基本完成，该图中应准确给出所有仪表的位置、标高及其所在的设备号或管道号，同时也应给出仪表取源点的位置及标高。

② 仪表专业的详细工程设计规定、仪表索引表、仪表规格书等已完成。

三、工程设计软件的应用

石油化工装置仪表配管配线设计中，工程数据量大，配管配线方案种类多，应采用高效的数据管理方法。随着近年来计算机技术的快速发展，国内外出现了多种仪表自控工程设计软件，如鹰图公司的 SmartPlant Instrumentation、世宏公司的 SHS，在仪表自控工程设计中已有较成熟的应用。数字化工厂与集成化设计理念的提出，使得三维设计软件被引入到仪表自控工程设计中，如 AVEVA PDMS、SmartPlant 3D，在配管配线设计方面都有较多应用。这些软件的应用，有效提高了工程设计的效率，并且使得工程设计规范化、标准化。

在工程设计中，使用上述软件结合数据库，建立与配管配线相关的标准库，包括仪表安装图标准图库、安装材料库、电缆材料库等。建立统一的材料库，便于工程数据的统计和管理，并可有效地进行材料控制和采购管理。对于电缆的敷设方式设计，可使用三维设计软件，对汇线槽、接线箱等进行建模，并结合管道、结构等专业的模型进行设计。

第二节 测量管线的选用及配管要求

一、仪表测量管线的选用

由取源部件至仪表传输过程变量的导管称为测量管线。测量管线、管件的选用及敷设，应按被测介质的物性、温度、压力等级和所处环境条件等因素综合考虑，且应满足工程项目的"管道材料等级规定"的要求，也应符合现行版《自控安装图册》与《高压管及紧固件通用设计》的要求。测量管线直接与被测的工艺介质接触，所以它的材质及规格的选择与被测介质的物理及化学性质、操作条件密切相关。一般情况下，有酸性腐蚀的介质应使用和工艺管道或设备相同或高于其防腐性能的材质，或根据酸的类别、浓度等不同条件选用相应的耐酸钢。非腐蚀性介质的测量管线材质可选用碳钢或不锈钢。

仪表测量管线优先选用不锈钢，也可选用碳钢、低温碳钢、合金钢或其他材料。测量管线的管径选用见表5-8-1。

分析仪表的取样管线选用 316SS 无缝不锈钢管，管径可选用 $\phi6mm \times 1mm$、$\phi8mm \times 1mm$ 或 $\phi10mm \times 1mm$，其快速回路的返回管线及排放管径可适当放大。

表 5-8-1(a)　公制测量管线管径选择表

公称压力/MPa	介质温度范围/℃	测量管线管径(外径×壁厚)/(mm×mm)
$PN \leqslant 250$	$-60 \sim 250$	$\phi 6 \times 1, \phi 10 \times 1.5, \phi 12 \times 1.5, \phi 14 \times 2, \phi 18 \times 3, \phi 21.3 \times 3.73$
	$250 \sim 550$	$\phi 6 \times 1, \phi 10 \times 2, \phi 12 \times 2, \phi 14 \times 2.5, \phi 18 \times 3, \phi 21.3 \times 3.73$
$250 < PN \leqslant 400$	$-60 \sim 250$	$\phi 10 \times 2, \phi 12 \times 2, \phi 14 \times 3, \phi 18 \times 4, \phi 21.3 \times 3.73$
	$250 \sim 550$	$\phi 18 \times 4.5$

表 5-8-1(b)　英制测量管线管径选择表

公称压力/MPa	介质温度范围/℃	测量管线管径(外径×壁厚)
$PN \leqslant 1500$	$-60 \sim 250$	$1/4'' \times 0.035'', 3/8'' \times 0.049'', 1/2'' \times 0.049''$
	$250 \sim 550$	$1/4'' \times 0.035'', 3/8'' \times 0.049'', 1/2'' \times 0.065''$
$1500 \leqslant PN \leqslant 2500$	$-60 \sim 250$	$1/4'' \times 0.049'', 3/8'' \times 0.065'', 1/2'' \times 0.083''$
	$250 \sim 550$	$1/4'' \times 0.049'', 3/8'' \times 0.065''$

注：1. $\phi 6$、$\phi 10$、$\phi 12$、$1/4''$、$3/8''$、$1/2''$管线管阀件采用卡套连接。

2. 测量管线材质通常采用 304SS、316SS。

二、测量管路中管线的连接方式 (阀门与管件)

在 $PN \leqslant 250$MPa 的中、低压管路系统中，有卡套式、压垫式和承插焊几种连接方式。卡套式易于安装，不需要动火焊接，整齐美观，在石化装置中被广泛采用。压垫式有时也被采用，因其管阀件较易加工。采用承插焊安装施工，可减少管路泄漏。

采用压垫式管路连接系统时，阀门为外螺纹截止阀，管路连接接头为压垫式管接头。采用承插焊连接形式时，选用相应的承插焊阀门和接头。

250MPa $\leqslant PN \leqslant 400$MPa 的系统，管路连接阀门采用高压压力表截止阀、高压角形节流阀、高压角形截止阀，通常采用双阀串联取压。

$PN \leqslant 0.25$MPa 的含粉尘系统，管路连接接头为 Q235 不锈钢定型管接头，阀门一般为内螺纹旋塞阀。

三、现场安装仪表的合理布置

① 现场安装仪表应远离电磁波及机械振动源、高温热源及潮湿和油污地段，并应避开易受机械损伤和可能有腐蚀性介质排放及多灰尘地段。

② 现场安装仪表应考虑留有足够的维修空间，易于观察，并不影响工艺设备、管道的安装和拆卸以及装置的操作和维护通道。

③ 应尽量靠近检测点，必要时可在仪表附近设置梯子或平台。

④ 在管道上安装的仪表要充分考虑其流向、操作空间以及仪表对水平管道或垂直管道的安装要求。

四、测量管线的安装敷设要求

① 测量管线的长度应尽量短，一般在 12m 之内，现场变送器的安装位置不应通过对其测量管线的延长而强求集中，特别对易挥发的介质，如低烃化合物、氨等，应使其测量管线尽可能短。

② 测量管线应避免敷设在工艺介质排放口、易受机械损伤、易受腐蚀以及有振动或妨碍检修之处，宜架空敷设，并应固定牢靠，测量管线不应埋地敷设。

③ 测量管线的敷设应尽量避免管内产生附加静压头、相对密度差及气泡，以保证其测量准确度。对于差压测量系统，正负压测量管应尽量靠近敷设。

④ 对于易冻、易凝固、易结晶、易液化及汽化的被测介质，为防止堵塞产生气泡，其测量管线应采取伴热或绝热措施。

⑤ 测量管线应垂直或倾斜敷设。当管线水平敷设时，一般情况下应保持 1：10～1：100 的坡度。其倾斜方向应保证能排除夹带的气体或冷凝液。黏度较高的流体，倾斜度应增大。

如果凝液或气体难于自流返回工艺管线时，对于液相介质，测量管线的最高点应设排气装置；对于气相介质，测量管线的最低点应设排液装置。当介质中含有沉淀物时，在测量管线的最低点应设排污装置。

⑥ 分析器采样管缆宜架空敷设，穿越墙壁和楼板时应加保护管，保护管两端应密封。

⑦ 下列场所排放口的设置要慎重考虑：

a. 有毒和有危害的流体；

b. 高压；

c. 用于联锁回路的检出器；

d. 安装在设备外部的液位仪表。

应注意有毒和有危害的流体可能排放的最大量。如果环境对这些流体的排放量有要求时，应采取措施，将其排放到指定地点或排入封闭的排放系统，以避免伤害人体，引起火灾及爆炸等危害。

⑧ 测量两种不同介质的差压测量管线，不能任意设置平衡阀，要考虑两种工艺介质是否允许混合。有些场合，若两种不同介质混在一起会影响产品的质量，就不允许设置平衡阀。

⑨ 对超过 10MPa 的压力测量管线，应设有安全泄压设施（排放阀或带泄压孔的接头），并注意使排放口朝向安全侧。

第三节　电线电缆的选用及配线要求

一、电线电缆线芯截面积的选用

电力系统中电线电缆线芯截面积的大小是根据导线绝缘材料的允许温升及导线上允许电压降来决定的。仪表系统中的信号线不同于电力系统。因为通过信号线的信号是弱电信号，故不考虑允许温升和允许电压降问题，而是根据导线的机械强度和检测及控制回路对线路阻抗匹配的要求，决定信号线截面积的大小。

按照对导线机械强度的要求，下列的经验数据可供参考。从现场仪表至控制室、现场机柜室或现场接线箱的导线截面积宜采用 $1.0\sim1.5mm^2$。用穿线管敷设时，为满足抗拉强度的要求，导线截面积至少为 $1.5mm^2$，小于这个数值可能会使导线受到损伤或拉断。电缆的机械强度比电线好，从现场至控制室、现场机柜室的多芯电缆其线芯截面积可采用 $1mm^2$。从控制室、现场机柜室总供电柜或分供电柜至现场供电箱或机柜的电源电缆线芯截面积不小于 $2.5mm^2$，控制室、现场机柜室分供电柜至现场仪表的电源电缆线芯截面积不小于 $1.5mm^2$，现场供电箱至现场仪表的电源电缆线芯截面积可选 $1.5mm^2$。

热电偶补偿导线的截面积视接收仪表的类型而定，对于低阻抗的动圈式仪表，其外线路电阻有一规定值。外线路电阻是热电偶电阻、冷端补偿电桥等效内阻、补偿导线电阻、铜导线电阻以及线路调整电阻的总和。外电阻的准确与否直接影响到仪表的精度，所以补偿导线截面积选定以后，必须根据敷设距离进行线路电阻的验算。一般选用 $1.5mm^2$ 或 $2.5mm^2$。

对于高阻抗的接收仪表，譬如电子电位差计等，它对外线路电阻没有那么严格的要求，可根据机械强度的要求确定导线截面积。

热电阻测温元件的接收仪表，规定外线路电阻一般为 5Ω，其信号线通常用 $1.5mm^2$ 截面积的导线。但选定以后，需根据敷设距离做线路电阻的验算。若线路电阻太大，则应加大截面积。

从现场至控制室的报警联锁信号线，电磁阀控制电路导线截面积一般不小于 $2.0mm^2$。

接地线的线芯截面积，参照《石油化工仪表接地设计规范》SH/T 3081 的有关规定选用。供电配线的线芯截面积，参照《石油化工仪表供电设计规范》SH/T 3082 的有关规定选用。

各种截面积的导线直流电阻见表 5-8-2，也可用下式计算出导线的电阻：

$$R=\rho\frac{l}{S} \tag{5-8-1}$$

式中　ρ——电阻率，$\Omega\cdot mm^2/m$（铜的 $\rho=0.0184\Omega\cdot mm^2/m$）；

l——导线长度，m；

S——导线截面积，mm^2。

在使用绞线和电缆时，由于线芯实际长度大于单线长度，其长度可按增加 6% 来计算。

补偿导线线芯的直流往复电阻，当温度为 20℃，长度为 1m，截面积为 $1mm^2$ 时，其阻值不应大于表 5-8-3 的规定，$1.5mm^2$ 和 $2.5mm^2$ 截面积的阻值可通过计算得出。

表5-8-2 各种截面的直流电阻值

标称截面/mm²	计算截面/mm²					导电线芯结构 根数/单线直径/mm					20℃时直流电阻不大于/(Ω/km) 镀锡					不镀锡				
	I	II	III	IV	V	I	II	III	IV	V	I	II	III	IV	V	I	II	III	IV	V
0.00	0.0299					1/0.20														
0.012					0.0137					7/0.05	637				1390	602				1360
0.03					0.0269					7/0.07					709					693
0.06	0.0661			0.055	0.0577	1/0.30			7/0.10	15/0.07	288			347	330	272			339	323
0.12	0.12			0.0124	0.115	1/0.40			7/0.15	30/0.07	159			154	166	150			145	162
0.2	0.189		0.22	0.212	0.216	1/0.50		7/0.20	12/0.15	56/0.07	101		86.6	89.9	88.2	95.2		81.8	84.9	86.3
0.3	0.273		0.291	0.283	0.296	1/0.60		7/0.23	16/0.15	77/0.07	67.3		65.5	67.3	64.4	65.3		61.9	63.6	63
0.4	0.374		0.372	0.406	0.385	1/0.70		7/0.26	23/0.15	49/0.10	49.1		51.2	46.9	49.5	47.7		48.4	44.3	48.4
0.5	0.484	0.495	0.503	0.495	0.495	1/0.80	7/0.30	16/0.20	28/0.15	63/0.10	37.9	38.5	37.9	38.5	38.5	36.8	36.4	35.8	36.4	37.7
0.75	0.716	0.753	0.789	0.742	0.715	1/0.97	7/0.37	19/0.23	42/0.15	91/0.10	25.6	25.3	24.2	25.7	26.7	24.9	23.9	22.8	24.3	26.1
1	0.968	1.02	1.01	1.01	0.99	1/1.13	7/0.43	19/0.26	32/0.20	56/0.15	19.00	18.7	18.9	18.9	19.3	18.4	17.6	17.8	17.8	18.2
1.5	1.43	1.49	1.53	1.51	1.48	1/1.37	7/0.52	19/0.32	48/0.20	84/0.15	12.8	12.3	12.5	12.6	12.9	12.5	12.00	11.8	11.9	12.2
2	1.96	1.98	2.04	2.01	1.98	1/1.60	7/0.60	49/0.23	64/0.20	112/0.15	9.37	9.27	9.34	9.48	9.63	9.1	9.01	8.82	8.96	9.09
2.5	2.38	2.51	2.6	2.42	2.35	1/1.76	7/0.41	49/0.26	77/0.20	133/0.15	7.71	7.59	7.33	7.88	8.11	7.5	7.17	6.92	7.44	7.63
4	3.87	4.04	3.94	4.09	3.96	1/2.24	19/0.52	49/0.32	77/0.26	126/0.20	4.72	4.54	4.84	4.66	4.81	4.6	4.41	4.57	4.4	4.55
6	5.73	6.11	5.86	6.19	5.94	1/2.73	19/0.64	49/0.39	77/0.32	189/0.20	3.2	3.00	3.25	3.08	3.21	3.11	2.92	3.07	2.91	3.03
10	9.72	10.41	10.04	10.7	10.12	7/1.33	49/0.52	84/0.39	133/0.32	322/0.20	1.89	1.78	1.9	1.78	1.88	1.83	1.73	1.79	1.68	1.78
16	15.89	15.76	15.84	15.89	16.12	7/1.70	49/0.64	84/0.49	133/0.39	513/0.20	1.16	1.18	1.2	1.2	1.18	1.12	1.14	1.14	1.13	1.12
25	24.71	25.89	25.08	24.95	25.07	7/2.12	98/0.58	133/0.49	189/0.41	798/0.20	0.743	0.716	0.76	0.764	0.76	0.722	0.695	0.718	0.721	0.718
35	34.36		35.14	34.19	35.22	7/2.50		133/0.58	259/0.41	1121/0.2	0.534		0.528	0.557	0.541	0.519		0.512	0.526	0.511
50	49.97		48.31	47.65	50.15	19/1.83		133/0.68	361/0.41	1596/0.2	0.367		0.384	0.4	0.38	0.357		0.373	0.378	0.359
70	67.07		68.64	68.61	70.62	19/2.12		189/0.68	323/0.52	999/0.30	0.274		0.27	0.27	0.27	0.266		0.262	0.262	0.255
95	93.27		94.07	94.31	94.16	19/2.50		259/0.68	444/0.52	1332/0.3	0.197		0.197	0.197	0.202	0.191		0.191	0.191	0.191

表 5-8-3 补偿导线技术参数

补偿导线型号	最大往复电阻 /Ω	配用热电偶	补偿导线合金丝		绝缘层着色	
			正极	负极	正极	负极
BC		铂铑$_{30}$-铂铑$_6$				
SC	0.1	铂铑$_{10}$-铂	SPC(铜)	SNC(铜镍)	红	绿
KC	0.8	镍铬-镍硅	KPC(铜)	KNC(康铜)	红	蓝
KX	1.5	镍铬-镍硅	KPX(镍铬)	KNX(镍硅)	红	黑
EX	1.5	镍铬-铜镍	EPX(镍铬)	ENX(铜镍)	红	棕
JX	0.8	铁-铜镍	JPX(铁)	JNX(铜镍)	红	紫
TX	0.8	铜-铜镍	TPX(铜)	TMX(铜镍)	红	白
NC,NX		镍铬硅-镍硅				

二、电线电缆的选型

电线电缆的选用，应根据额定电压等级、环境温度、环境腐蚀、敷设方法、环境的防爆等级、环境电磁干扰以及信号类别等因素决定。

1. 环境温度

仪表传输信号为弱电流，一般线芯温升不会超过规定值，所以温度因素对于电缆的影响主要是指环境温度。

根据各种电线电缆的绝缘材料的性质，电缆制造厂规定了其长期允许的工作温度。例如，聚氯乙烯绝缘耐热等级分为65℃及105℃两种；氟塑料绝缘可耐高低温；聚全氟丙烯（F46）在－60～205℃，可熔性聚四氟乙烯（PFA）在－60～260℃均能长期工作；聚乙烯长期工作温度为70℃，交联聚乙烯长期工作温度可达90℃。聚氯乙烯耐寒性能较差，在寒冷地区宜选用橡皮绝缘、氟塑料绝缘和聚氯乙烯护套电缆。在低温场所，用耐寒橡胶最低允许温度可达－50℃。

补偿导线的绝缘和护套材料分为普通级和耐热级，它们的长期允许工作温度、最低环境温度及绝缘和护套材料见表5-8-4。

表 5-8-4 几种绝缘和护套材料的补偿导线长期允许工作温度

绝缘和护套材料		导线长期允许工作最高温度/℃	最低允许温度/℃
聚氯乙烯绝缘和护套	普通级	65 105	固定敷设-40 非固定敷设-15
氟塑料绝缘和护套	耐热级	200 260	固定敷设-60 非固定敷设-20
聚乙烯绝缘和护套	普通级	70 90	

2. 环境腐蚀

在石油化工企业中，多数装置的环境有腐蚀性介质存在，电线电缆的选型必须考虑能耐大气中的化学腐蚀，聚氯乙烯绝缘的电线、电缆有良好的耐腐蚀特性，但在含有三氯乙烯、三氯甲烷、四氯化碳、二硫化碳、醋酸酐、苯、苯胺、丙酮以及吡啶等场所，耐腐蚀性能差，不宜选用。

橡胶绝缘电缆耐碱性好，对硫酸也有一定的抗腐蚀能力，在烧碱车间及硫酸车间中，环境干燥的工段都可以选用。普通橡胶不耐油，不能与油接触。棉纱沥青护层的橡胶导线不宜用于腐蚀性环境中。常用电气材料耐腐蚀状况见表5-8-5。

表 5-8-5 常用电气绝缘材料耐腐蚀状况表

介质 \ 材料	铜	铝	铅	聚氯乙烯	聚乙烯	聚丙烯	聚苯乙烯	环氧树脂	天然橡胶	氯丁橡胶	酚醛树脂	乙丙橡胶	玻璃
醋酸	○	X	X	I	I	I	I	○	X	X		I	○

1034

介质 ＼ 材料	铜	铝	铅	聚氯乙烯	聚乙烯	聚丙烯	聚苯乙烯	环氧树脂	天然橡胶	氯丁橡胶	酚醛树脂	乙丙橡胶	玻璃
醋酐	○	○	○	X	X	X		○	X				
乙醛		○		X	I	I			X	X	○		
丙酮	○	○	○	X	○	○	I	X	X	○	X	○	○
乙炔	X	○	○	○					I				○
氨	湿X	I	○	○	○	○		○	I	X	X		○
醋酸戊酯	○			X	I	X		O	X		O		
苯胺	X	○	○	X	I	I		I	I	X	X	I	○
王水				X	X	X			X		X		
苯	○	○	○	X	I	X	X	I	X	X	○	X	○
丁烷	○	○		○					○	X			
丁醛											X		
丁酸	○		X	X	X				I	X	○		
醋酸丁酯		O		X	I	I		I	X		○		
丁二烯				X					○				
硼酸	○	○	○	○	○	○			○				
二硫化碳	○	○		I	I	X		I	X	X		X	
四氯化碳				I	I	X	X	I	X	X		X	
氯	X	X	X	I	○	○		X	I	X	X	I	X
氯仿	干X	I	○	X	I	I	X	X	X	X	I	X	
甲酚		○	X	I	I	X					I		I
环己烷		○		X					X				
环己醇				X	○	○			I	X			
环己酮				X	X	X		X					
巴豆醛		○		X		I							
醋酸乙酯	○	○	○	X	I	○			○	X		X	
乙醚			○	X	I	I		I	X	X			
氯乙醇				X	X	X			X				
二氯乙烷		干○	○	X	X	X	X	X	X	○	X		
乙二醇	○	○	○	○	○	○		○	○	○	○	○	
环氧乙烷		○		X		I		X	X				
脂肪酸	○	I		○	○	○		○	X		○		
糖醛	○	○	○	X	X	X			X	X	X		○
三氯化铁	X	X	X	○	○	○			I	X	○		
汽油	○	○	○	○	○	X			○	X	○	X	
盐酸	X	X	X	○	○	○	○	I	I	I	I	I	○
氢氟酸	X	X	I	○	○	○			X		○		X
硫化氢	干○	I	○	○	○	○			X	X	○		○

续表

介质 \ 材料	铜	铝	铅	聚氯乙烯	聚乙烯	聚丙烯	聚苯乙烯	环氧树脂	天然橡胶	氯丁橡胶	酚醛树脂	乙丙橡胶	玻璃
甲乙酮		○		X	X	X				X			
硝酸	X	X	X	I	I	X	○	I	X	X	X	X	○
硝基苯		○		X	X	○			X				
发烟硫酸				X	X	X	X		X	X		X	○
稀硫酸	X	X	○	○	○	I		○	I	I	○	I	I
氢氧化钠	○	X	X	○	○	○		○	○	○	○	○	X
苯酚		○	○	I		I			X		X	○	
甲苯	○	○		X	X	X		I		X			
醋酸乙烯		○			X		○						
二甲苯		○		X	X	X		○	X	X			

注：1. 符号○表示"耐"；I表示"尚可以"；X表示"不耐"。

2. 当介质随温度、浓度不同而耐腐蚀程度有很大差异时，则按常温浓度稀释时选入本表。

3. "干○""湿X"分别表示"在干时可以""湿时不耐"。

3. 仪表类型、信号电平及环境干扰

在仪表电线电缆选型时，必须考虑各项影响因素，以保证仪表信号正确地传输。按仪表信号电平选用时，可根据以下几种类型选择适当的电线电缆。

① 毫安级电流作为传输信号，0～10mA 和 4～20mA。这种信号线可以使用一般的电缆，但在环境有较强的电场、磁场干扰时，宜用屏蔽绞合线。只有磁场干扰时可用绞合线，只有静电干扰时可用屏蔽线。用屏蔽线时，屏蔽线应在一点接地。采用 DCS 时，两芯宜选用绞合屏蔽电缆，多芯宜选用对绞合对屏蔽加总屏蔽型电缆。所有屏蔽线应在一点接地。

② 具有低电平信号输出的检出器，主要分为以下几种类型。

a. 热电阻测温元件。在采用常规仪表时，从热电阻到显示仪表的信号线一般采用聚氯乙烯绝缘、聚氯乙烯护套的屏蔽电缆。选用 DCS 时，单根宜选用绞合屏蔽电缆，多芯宜选用三线组绞合屏蔽加总屏蔽型电缆。

b. 热电偶测温元件。热电偶到接收仪表之间的传输信号是低于 100mV 的低电平信号，采用常规仪表时，其补偿导线一般采用屏蔽绞线对，或者是带总屏蔽层的多芯电缆。选用 DCS 时，补偿导线宜选用屏蔽绞线，补偿电缆宜选用对绞对屏总屏蔽型。

c. 涡轮流量计。从变送器到显示仪表的信号是脉冲信号，应采用绞合屏蔽电缆。变送器和显示仪表之间的距离应在制造厂规定的范围之内。

d. 电磁流量计。变送器和转换器之间传递的为低电平微伏级，其信号传输线应采用屏蔽绞合线。当被测液体的导电率低于 $100\mu V/cm$ 时，采用对称射频电缆，电缆屏蔽需正确接地。规定变送器和转换器之间的距离应按制造厂规定，一般不宜大于 50m。

e. pH 计。制造厂配置专用电缆。

③ 现场总线仪表，应选用现场总线电缆。现场总线电缆结构见图 5-8-1。

4. 电线电缆敷设方式

在采用汇线槽架空敷设或电缆沟敷设时，一般选用电缆。采用小汇线槽敷设时，可用铠装电缆。采用穿线管敷设时，可以用电缆。直埋敷设时，一般宜选用铠装电缆。

在爆炸危险场所使用的电线电缆应符合有关的规范。当采用本安系统时，宜选用本安系统用的电缆。

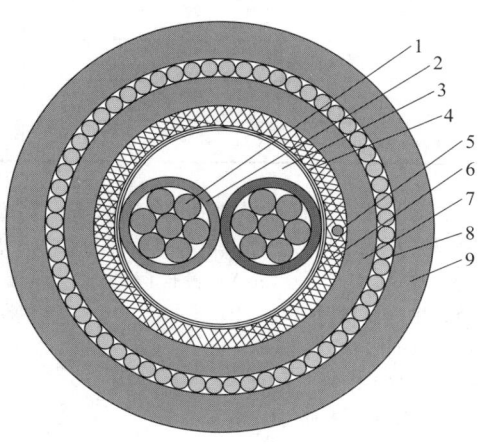

图 5-8-1 现场总线电缆结构

1—导体；2—绝缘层；3—填充物；4—内屏蔽；5—接地线；6—编织屏蔽；7—内护套；8—铠装层；9—外护套

在火灾危险场所，宜选用阻燃型电缆；在罐区，宜选用耐火型电缆。

在工程设计中，应优先选用软电缆。软电缆的优点是易于施工，不易折断。在进行工程设计时，应尽量避免选用多种类型的电缆，减少电缆的类型。

5. 电线电缆的屏蔽形式

电线电缆的屏蔽形式按结构，可分为对屏蔽、分组屏蔽及总屏蔽；按屏蔽材料及加工工艺，可分为铜线纺织屏蔽、铝/塑复合带、铜/塑复合带或铜带绕包屏蔽等。

以上几种屏蔽形式都有较理想的屏蔽效果，又具有各自的特点。

① 铜线纺织屏蔽：耐纵向拉力大，可使电缆较柔软，但覆盖系数受到一定的限制，安装有些不便，费时，价格较高。

② 铝/塑复合带绕包屏蔽：电缆外径小，重量轻，较柔软，防潮，不易氧化。由于有地线连接，安装比较方便，省时，价格较低。

③ 铜/塑复合带或铜带绕包屏蔽：在三种屏蔽形式中屏蔽效果更好，防潮，可抵御一定的横向应力作用。由于有地线连接，安装方便、省时，电缆较硬，价格较高。

当电缆既有分屏蔽又有总屏蔽时，可采用同一种形式，也可采用不同形式，如分屏采用铝/塑复合带绕包屏蔽，总屏采用铜带绕包屏蔽等。

每种屏蔽形式可单独使用，也可复合使用。如铝/塑复合绕包后编织镀锡铜线，双层铜线编织，双层铝/塑复合带或铜带绕包等，这样的屏蔽效果更佳。

三、配线设计

1. 一般仪表配线设计

① 仪表电缆的敷设应避开热源、潮湿、电磁干扰源、工艺介质排放口、易泄漏场所以及易受机械损伤的区域，否则应采取必要的保护措施。

② 从就地接线箱至测量元件或就地仪表之间的电缆，应采用穿线管或带盖的汇线槽进行架空敷设。当架空敷设有困难时，可采用电缆沟或埋地敷设。

③ 应尽量避免仪表电缆与电力电缆平行敷设。若不可避免时，两者之间必须保持一定的距离。最小允许距离见表 5-8-6（电缆敷设在钢管内或带盖的汇线槽中）。

表 5-8-6　仪表电缆与电力电缆平行敷设的最小允许间距　　　　　单位：mm

电力电缆电压与工作电流	平行敷设长度/m			
	<100	<250	<500	≥500
125V，10A	50	100	200	1200
250V，50A	150	200	450	1200
200~400V，100A	200	450	600	1200
400~500V，200A	300	600	900	1200
3000~10000V，800A	600	900	1200	1200

④ 为了防止不同电平的信号之间的相互干扰，在同一根多芯电缆或穿线管内的所有传输的信号应是同一电平。在通常的石化装置中，可将信号分为以下几种类别：

a. 24V DC（4~20mA）模拟信号；

b. 热电偶信号；

c. 热电阻信号；

d. 24V DC 接点信号；

e. 24V DC 电磁阀（电源）；

f. 220V AC 电磁阀（电源）；

g. 本安回路信号；

h. 脉冲信号。

pH 计、电磁流量计、涡轮流量计、在线分析仪等制造厂有特殊要求的仪表信号线，应单独设置，与其他

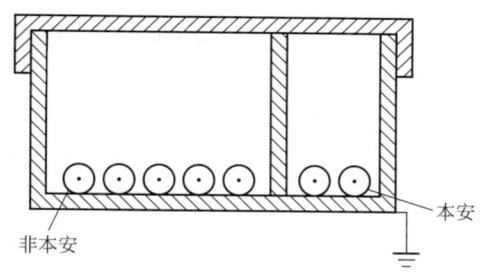

信号线分开。本安电缆、现场总线电缆和通信电缆宜单独敷设，当不能单独敷设时应加隔板隔离。

⑤ 多芯电缆宜留有备用线芯，备用芯数量宜为使用芯数的 $15\%\sim20\%$。

2. 本安仪表配线设计

① 本安系统的配线应与非本安系统配线分开。本安信号电缆和非本安信号电缆采用不同的汇线槽、穿线管、接线箱、端子板进行敷设和接线。当需共用汇线槽时，则两种电路的信号电缆用接地的金属板隔离，如图 5-8-2 所示。

图 5-8-2　带金属隔板的汇线槽

② 本安系统电缆出入不同类别的场所时，在穿墙壁和箱壁处，若穿线管敷设，应有填料密封接头或防爆电缆密封接头，若用汇线槽敷设，应充砂填实。

③ 本安系统配线及其附件的颜色为蓝色。

3. 现场仪表接线箱设置的一般原则

（1）现场仪表接线箱的合理布置

① 现场仪表接线箱应远离电磁波及机械振动源、高温热源及潮湿和油污地段，并应避开易受机械损伤和可能有腐蚀性介质排放及多灰尘地段。

② 现场仪表接线箱应考虑留有足够的维修维护空间，易于操作，并不影响工艺设备、管道的安装和拆卸以及装置的操作和维护通道。

③ 确定接线箱位置时，应综合考虑仪表检测点的分布，使分支电缆尽可能地短，同时也应使主电缆便于敷设至仪表电缆槽板。

（2）仪表接线箱选用

① 一般接线箱选用如下几种规格：30 个端子的接线箱，带 8 个进线口、1 个出线口；40 个端子的接线箱，带 12 个进线口、1 个出线口；60 个端子的接线箱，带 16 个进线口、1 个出线口。接线箱内的端子应保留 $10\%\sim20\%$ 的备用量。

② 不同的仪表信号（如 $4\sim20$mA 模拟信号、接点信号、热电偶信号、热电阻信号、电磁阀、本安信号等）一般不允许设置在同一接线箱内。

③ 对于特殊仪表的非标准信号（如脉冲信号等），可不设置仪表接线箱。

④ 为现场仪表和随机仪表盘供电，除非供电点比较密集、数量又多的情况，一般不设置仪表接线箱（此处不包括对电磁阀的供电）。

⑤ 应依据防爆区域的划分，选用相应的仪表接线箱。

第四节　气动信号管线的选用及配管要求

一、管径及材质的选用

常用的气动信号管线的管径为 ϕ6mm×1mm、ϕ8mm×1mm、ϕ10mm×1mm、ϕ12mm×1.5mm。气动信号管线（包括阀门和管件）的材质宜采用 316SS、304SS 不锈钢管，带 PVC 护套铜管。铜管、聚乙烯管、尼龙管也可采用。

尼龙 1010 对大多数化学物质具有良好的稳定性，但不宜与酚类、强酸、强碱、水合三氯乙醛、酰胺等直接接触。高压聚乙烯能耐任何化学溶剂。

二、气动信号配管的要求

① 气动信号管线的敷设应避开高温、潮湿、连续振动、有腐蚀性气体蒸气的场所，以及有工艺排放口、易泄漏的场所。

② 气动信号管线不应采用直接埋地的敷设方式。

③ 气动信号管线的固定和支撑，依托角钢敷设时，用单面管卡固定。支架的间距：水平安装 $0.5\sim1$m；垂直安装：$0.75\sim1.5$m。不宜采用工艺管道或设备作为支撑。

三、气源配管的要求

① 从工艺的根部切断阀至仪表切断阀之间的仪表供气管线选用镀锌钢管，从仪表切断阀至现场仪表的供气管线选用不锈钢管。不锈钢管的长度一般宜在 1m 以内。

② 一般调节阀和顺控或联锁用开关阀门的供气，其根部切断阀宜分别设置。

③ 仪表的气源应设置过滤器减压阀，管线的布置及安装应便于维护。

④ 依据仪表耗气量来确定气源管线的管径，气源管径与供气点数可参阅本篇第三章供气设计。

⑤ 关键调节阀和安全联锁用开关阀带空气储罐配管。

第五节 电缆电线的敷设方式

石油化工装置中常用的敷设方式有架空敷设、电缆沟敷设及埋地敷设。敷设方式的选用，根据工艺装置的规模，设备布置情况，环境的防爆、防火、防雨、防潮、防雷，安装等因素决定。架空汇线槽敷设方式安装和检修方便，应优先选用。

一、架空敷设

架空敷设是石油化工装置中最常用的敷设方式，它的托架形式主要有汇线槽、梯形托座、穿线管等。

1. 汇线槽

仪表电缆优先选用汇线槽敷设，汇线槽施工维护方便。带盖的钢制汇线槽具有一定的静电和电磁屏蔽作用，并且对电缆及管缆起机械保护作用。

（1）敷设的基本原则

① 仪表汇线槽宜敷设在管廊的顶层，或与工艺管道及电气汇线槽敷设在同一层。同层敷设时宜布置在管廊的两侧。与电气汇线槽敷设在不同层时，仪表汇线槽宜敷设在电气汇线槽下方，以避免电力电缆的热量影响。

② 仪表汇线槽的敷设应避开热源、潮湿、电磁干扰源、工艺排放口、易泄漏及有振动的地方。

③ 仪表汇线槽与工艺设备、管道隔热层间的距离应大于 400mm。

④ 仪表汇线槽与具有强电场和强磁场的设备之间的净距离应大于 1.5m。与动力线之间的距离见表 5-8-6。

⑤ 电缆在汇线槽内可采用多层放置，槽内电缆填充系数一般为 25%～35%，槽内留有适当空间的目的是便于维护和扩充。充填系数计算公式为：

$$填充系数 = \frac{装填物总截面积}{汇线槽截面积} \times 100\%$$

⑥ 数条汇线槽垂直分层安装时，线路应按下列顺序从上至下排列：

a. 仪表信号线路；

b. 安全联锁线路；

c. 仪表交流和直流供电线路。

⑦ 仪表交流电源线路应与仪表信号线路分开敷设；本安信号与非本安信号线路也应分开敷设。可采用不同的汇线槽，也可在同一汇线槽内采用隔板隔开，并对金属隔板进行可靠接地。

（2）荷载及支架

① 荷载：应考虑固定荷载与动荷载，固定荷载包括电缆重量、汇线槽重量及附件重量，动荷载包括敷设电缆时人的重量及风、雪等重量。

② 支架：支架间距按具体情况决定，一般室内支架间距为 2m，支撑点可以是内墙。室外支架通常是和工艺管架共用的，不能共用时，仪表专业设置自己的支架，支架间距一般＜6m。装置内横跨道路的支架净空高度一般为 4.5m，若是有特大件通过时，可以到 6m 高度。

③ 汇线槽垂直段大于 2m 时，应在垂直段上、下端槽内增设固定电缆用的支架。当垂直段大于 4m 时，还应在其中部增设支架。

（3）汇线槽的接地　仪表汇线槽应做保护接地，各段槽板之间应有良好的电气连接。

（4）汇线槽进入控制室、现场机柜室的方式　请参见本篇第一章控制室的设计。当汇线槽板由控制室、现场机柜室下部引入时，室内基础地面应高出室外地面 600mm 以上。室内外交接处必须进行密封处理，防止雨水、尘埃、可燃/有毒气体、小动物等进入。电缆可由槽板降标高至砂坑，然后再升标高穿墙至控制室、现场机柜室内，砂坑与集中排水系统相连。

（5）金属隔板的设置　本质安全回路与非本质安全回路、强电平与弱电平电缆敷设在同一槽板内，应以金属隔板将其分开。仪表信号电线电缆与电源电线电缆宜单独敷设，如需要敷设在同一汇线槽内时，应采用金属隔板等屏蔽措施。现场总线、通信电缆单独敷设或采用金属隔板。

（6）汇线槽的基本选型　汇线槽的形式主要有槽板式、花板托盘式等。推荐采用花板托盘式汇线槽和槽式汇线槽，见图 5-8-3 和图 5-8-4。

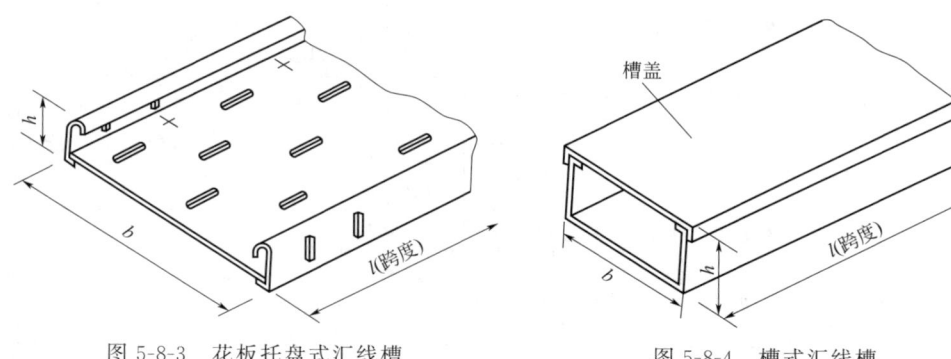

图 5-8-3　花板托盘式汇线槽　　　　　图 5-8-4　槽式汇线槽

汇线槽的材质可选用镀锌碳钢、铝合金或不锈钢。当有防火要求时，应选用耐火汇线槽。

当穿线管和汇线槽连接时，应采用螺纹连接方式。槽板的端部应密封，仪表汇线槽通常选用带槽盖的，并设有落水孔。

2. 梯形托座

梯形托座的特点是轻巧、成本低，可以是敞开的，也可以是带盖的。

3. 穿线管

从检出器或就地仪表到现场接线箱的仪表信号电缆可采用穿线管敷设方式。穿线管的材料可以选用镀锌钢管、轻型硬聚氯乙烯管。一般在室外敷设和作地下预埋管时，宜选用镀锌钢管。

穿线管宜采用架空敷设。敷设穿线管时，应符合以下原则。

① 穿线管的最小弯曲半径一般为管子的 6 倍。

② 穿线配管尽可能走最短的路径，穿线管弯曲处采用弯头，超过两个 90 °弯头或者穿线管直线长度超过 30m 时，要设置穿线盒。

③ 穿线管内的电缆填充系数一般不超过 40%。单根电缆用穿线管时，穿线管内径不应小于电缆外径的 1.5 倍。表 5-8-7 为穿线管中的电缆数量表参考示例。

④ 穿线管与热电偶、热电阻、变送器等就地仪表连接时，应使用金属软管或挠性连接管作保护管。穿线管管口应低于仪表进线口约 250mm，穿线管从上向下敷设至仪表时，在管末端应加排水三通。不采用挠性管连接时，管末端应带护线帽或加工成喇叭口。

⑤ 电缆在穿过建筑物墙壁和楼板时，应安装保护管。保护管内径不应小于电缆外径的 1.5 倍。在穿越楼板时，保护管长度要求在楼板上露出 50～100mm，楼板下露出 10mm。

⑥ 电缆进入接线箱时，宜采用穿线管和防爆电缆密封接头。

⑦ 穿线配管应不影响设备和工艺管道的安装和拆卸，维护和操作方便。

表 5-8-7　穿线管中的电缆数量表参考示例

电缆代码	电缆规格	电缆最小/最大外径（实际外径）/mm	穿管尺寸			
			3/4″内径 21.25mm	1″内径 27.00mm	1½″内径 41.00mm	2″内径 52.50mm
A	铜芯阻燃 PE 绝缘 PVC 护套屏蔽本安 DCS 电缆 1×2×1.5mm²	6/12 (10.9)	1	2	4	
B	铜芯阻燃 PE 绝缘 PVC 护套分屏本安 DCS 电缆 2×2×1.0mm²	8.5/16 (16.2)	0	1	2	
C	铜芯阻燃 PE 绝缘 PVC 护套分屏/总屏本安 DCS 电缆 8×2×1.0mm²	21/34 (25.8)			1	1
D	铜芯阻燃 PE 绝缘 PVC 护套分屏/总屏本安 DCS 电缆 16×2×1.0mm²	27/41 (34.4)	0	0	0	1

电缆代码	电缆规格	电缆最小/最大外径（实际外径）/mm	穿管尺寸			
			3/4″内径 21.25mm	1″内径 27.00mm	1½″内径 41.00mm	2″内径 52.50mm
E	铜芯阻燃 PE 绝缘 PVC 护套屏蔽 DCS 电缆 1×2×1.5mm²	6/12 (10.9)	1	2	4	
F	铜芯阻燃 PE 绝缘 PVC 护套分屏 DCS 电缆 2×2×1.0mm²	8.5/16 (16.2)	0	1	2	
G	铜芯阻燃 PE 绝缘 PVC 护套分屏/总屏 DCS 电缆 4×2×1.0mm²	12/20.5 (19.8)	0	0	1	2
H	铜芯阻燃 PE 绝缘 PVC 护套分屏/总屏 DCS 电缆 8×2×1.0mm²	21/34 (25.8)	0	0	1	1
I	铜芯阻燃 PE 绝缘 PVC 护套分屏/总屏 DCS 电缆 16×2×1.0mm²	27/41 (34.4)	0	0	0	1
J	铜芯阻燃 PE 绝缘 PVC 护套屏蔽本安 DCS 电缆 1×3×1.5mm²	6/12 (9.0)	1	2	4	
K	铜芯阻燃 PE 绝缘 PVC 护套分屏本安 DCS 电缆 2×3×1.0mm²	12/20.5 (19.4)	0	0	1	
L	铜芯阻燃 PE 绝缘 PVC 护套分屏/总屏本安 DCS 电缆 6×3×1.0mm²	21/34 (29.7)	0	0	1	1
M	铜芯阻燃 PE 绝缘 PVC 护套分屏/总屏本安 DCS 电缆 12×3×1.0mm²	27/41 (37.4)	0	0	0	1
N	铜芯阻燃 PE 绝缘 PVC 护套总屏蔽计算机控制电缆 1×2×2.5mm²	6/12 (10.5)	1	2	4	
O	铜芯阻燃 PE 绝缘 PVC 护套总屏蔽计算机控制电缆 2×2×2.5mm²	8.5/16 (16.2)	0	1	2	
P	铜芯阻燃 PE 绝缘 PVC 护套总屏蔽计算机控制电缆 8×2×2.5mm²	21/34 (24.5)	0	0	1	1
Q	铜芯阻燃 PE 绝缘 PVC 护套总屏蔽计算机控制电缆 16×2×2.5mm²	27/41 (34.5)	0	0	0	1
R	铜芯阻燃 PE 绝缘 PVC 护套控制电缆 3×1.5mm²	6/12 (10.5)	1	2	4	
S	铜芯阻燃 PE 绝缘 PVC 护套控制电缆 3×4.0mm²	8.5/16 (13.5)	0	1	2	
T	铜芯阻燃 PE 绝缘 PVC 护套控制电缆 3×6.0mm²	8.5/16 (15.0)	0	1	2	
U	铜芯阻燃 PE 绝缘 PVC 护套控制电缆 3×10.0mm²	12/20.5 (18.5)	0	1	2	
V	铜芯阻燃交联 PE 绝缘 PVC 护套电力电缆 3×16.0mm²	12/20.5 (17.8)	0	1	2	
W	阻燃 PE 绝缘 PVC 护套屏蔽 K 型热电偶本安补偿导线 2×1.5mm²	6/12 (9.6)	1	2	4	
X	阻燃 PE 绝缘 PVC 护套分屏/总屏 K 型热电偶本安补偿电缆 2×2×1.0mm²	8.5/16 (13.5)	0	1	2	
Y	阻燃 PE 绝缘 PVC 护套分屏/总屏 K 型热电偶本安补偿电缆 8×2×1.0mm²	21/34 (25.1)	0	0	1	1
Z	阻燃 PE 绝缘 PVC 护套分屏/总屏 K 型热电偶本安补偿电缆 16×2×1.0mm²	27/41 (34.5)	0	0	1	1

二、电缆沟敷设

沿着电缆沟在各段标高最低处设置集水坑，沟底底面有 1：200 的排放坡度，以便沟内的水流到集水坑，通过集水坑排入水沟。控制室内的电缆沟应坡向室外的沟，防止室内积水。电缆敷设后，沟顶盖上水泥板，板缝用水泥砂浆填满。电缆在沟内有两种敷设方式：一种是沟内有支架、托座，电缆敷设在支架或托座上；另一种是沟内不设支架，电缆敷设在沟底，然后填满砂并盖上水泥板。电缆从沟内引出地面时，应加保护管，保护管内径不得小于电缆外径的 1.5 倍，出地面的管口使用防爆密封剂或其他填料进行密封。

电缆沟支架水平间距一般为 800～1000mm，如用托座敷设在支架上，支架水平间距可为 1500mm。

设计电缆沟路径时应避开地上和地下障碍物，尽量避免与地下管道、动力电缆沟交叉。与动力电缆沟交叉时，应成直角跨越，在交叉部分的仪表电缆应穿保护管或以槽盒保护。

有腐蚀的场合，尤其是要经常冲洗地面的场合，不宜采用电缆沟的敷设方式。

三、直埋敷设

电缆直埋敷设时，直埋沟应离开建筑物的基础。直埋敷设的电缆与建筑物地下基础间的最小净距离为 600mm，与电力电缆间的最小净距离为 500mm。敷设电缆时，应首先在沟底铺上筛过的土或砂，厚度为 100mm，然后放置电缆，再覆盖上 100mm 厚的土或砂，沿全长加砖或水泥盖板遮盖，最后用土填满。直埋的电缆与工艺管道交叉时，电缆应设有保护管，保护管长度应满足保护管两端离交叉管道外壁或绝缘层 1m。直埋敷设的电缆不应沿任何地下管道的上方或下方平行敷设。当沿地下管道两侧平行敷设或与其交叉时，最小净距离应符合以下规定：

① 与易燃、易爆介质的管道平行时为 1000mm，交叉时为 500mm；

② 与热力管道平行时为 2000mm，交叉时为 500mm；

③ 与水管或其他工艺管道平行或交叉时均为 500mm。

直埋电缆要穿过建筑物、建筑物的基础或穿越马路时，应加保护管。过马路时，预埋保护管的预埋深度≥1000mm。电缆备用数量适当增加。

穿线管直埋敷设时，管径应加大一级，并进行防腐处理，不应在地下设置拉线箱和接线盒。

罐区等场所宜采用直埋敷设。有腐蚀性物质的场所，尤其是要经常冲洗地面的场所，不应采用直埋敷设方式。

第六节 光缆的选用及敷设

一、光缆的选用

一般情况下，光缆宜选用多芯聚氯乙烯护套光缆，优先采用松套填充形结构。同一光缆内应采用同一类型的光纤，不应混纤，光缆中宜保留 50% 备用芯。在多雷或强电地区，选用无金属光缆。在火灾危险场所，选用阻燃型光缆。架空敷设或在电缆沟中敷设的光缆，应选用铠装型，直埋敷设时选用重铠装型。

二、光缆的敷设

光缆可采用格栅管、穿管、电缆槽、直埋、电缆沟等敷设方法，不宜采用悬空敷设。控制系统用冗余的光缆，通过不同的途径进入控制室或现场机柜室。

光缆在电缆槽内宜单独敷设，与其他电缆采用隔板隔离，以避免挤压造成光缆损坏；在电缆沟中敷设时，光缆与其他电缆的平行间距不宜小于 100mm。直埋敷设时的埋设深度不应小于 800mm，在地面上应有明显的标识，每隔 50m 宜设置一个人（手）孔，在人（手）孔内应有 6% 的长度余量。

光缆的敷设路径应避免产生宏弯。在敷设过程及完成后，消除沿光缆轴向随机分布的侧向压力，避免微弯。光缆的弯曲半径不应小于光缆外径的 15 倍，敷设过程中不应小于光缆外径的 20 倍。光缆在敷设时，线路拐弯处、电缆井及终端处应预留适当的长度。光缆在敷设后，应将光缆中的加强构件固定牢固。在多根光缆或光缆与其他电缆一起敷设时，光缆间的轴向压紧力应小于允许值。

光缆的金属护套、铠装层等应可靠接地。光缆的接续、分支可使用光缆接头盒。室外安装的接头盒应采用密封防水结构，并具有防腐蚀和一定的抗压力、张力和冲击力的能力。

光缆与其他管线间的距离应满足表 5-8-8 的要求。

光缆在敷设时一次牵引长度不应超过 1000m。当长度超长时，应采用 8 字分段牵引或中间加辅助牵引。光缆在敷设后，其牵引力不应大于允许值的 0.8 倍，敷设过程中的牵引力不得超过最大允许牵引力，主要牵引力应加在光缆的加强构件上。

表 5-8-8　光缆与其他管线间的最小距离

名称	平行时/m	交叉时/m
通信电缆(通信管道)	0.5	0.25
电力电缆(交流 35kV 以下)	0.5	0.5
电力电缆(交流 35kV 及以上)	2.0	0.5
给水管(管径小于 300mm)	0.5	0.15
给水管(管径 300~500mm)	1.0	0.15
给水管(管径大于 500mm)	1.5	0.15
热力、排水管	1.0	0.25
燃气管(压力小于 300kPa)	1.0	0.3
燃气管(压力 300~800kPa)	2.0	0.3

注：1. 直埋光缆采用钢管保护时，与水管、煤气管、输油管交叉时的最小距离为 0.15m。

2. 当地下管线与光缆交叉时，地下管线与光缆的交叉处 2m 范围内不应有管线连接处或附属设备。

光缆直线管路牵引力按下式进行估算：

$$F_1 = \mu WL (\text{kg}) \tag{5-8-2}$$

式中　μ——摩擦系数（塑料管与光缆之间的典型摩擦系数为 0.33）；

W——光缆的单位质量，kg/km；

L——直线管路长度，km。

第七节　仪表及管线保温设计

一、仪表保温

保温是指为减少设备、管线及附件向周围环境散发热量，对其表面所采取的一种隔热措施。这些设备、管线及附件通常称为对象。从热量运动的形态看，在保温的时候，对象是热源，它的温度高于周围环境温度，即是一个向周围环境散发热量的过程。反之，在保冷的时候，对象的温度低于周围环境温度，则是一个向周围环境吸收热量的过程，这时周围环境是热源。为了减少周围环境向对象散发热量，或者说是为了减少对象的冷量损失，而对其表面采取的一种隔热措施称为保冷。保温和保冷统称为绝热。

仪表及管线保温的主要目的：

① 保证工艺装置连续稳定安全地生产；

② 保证仪表本身及检测、控制系统的正常工作，减少测量附加误差，为工艺生产提供准确的数据和可靠的控制手段；

③ 合理地利用热能，减少热能损耗。

仪表及管线在某一环境温度下工作时，仪表及管线内介质应满足下述要求：

① 不应产生冻结、冷凝、结晶、析出、汽化等现象；

② 保证仪表处于技术条件所规定的允许工作温度范围之内。

1. 仪表保温的特点

① 仪表管线内的介质始终是不流动的，因此在仪表保温中，除了保冷之外，都是采用伴热管型式来保温的，伴热管中的热量一部分散发到周围环境中去，另一部分热量却用来维持仪表管线内介质的温度。

② 仪表管线内介质的温度允许有一定的波动范围，因为仪表管线内的介质主要是用以传递工艺变量信号的，只要介质的温度能够使其正常工作即可。大多数工艺介质温度为 20~80℃，都能满足这一要求（可以选择 60℃ 作为保温计算中仪表管线内的温度）。

2. 仪表保温的对象

① 安装在保温箱里面的变送单元，如压力变送器、差压变送器等。

② 外浮筒式、浮球式液面变送器或其他形式的液面变送单元。

③ 测量压力、流量、液面的管线及分析管线。

④ 测量低温介质时的仪表管线，为防止管线内介质因吸热而造成的汽化，应进行绝热保冷。

⑤ 仪表用蒸汽管线和蒸汽冷凝水的回水管线、管件及阀门等均应绝热保温。

⑥ 由孔板至平衡器之间的管段，敞开回水系统中，疏水器前的回水管线均应采取绝热保温。

3. 仪表伴热保温类型的选择

① 蒸汽伴热　石油化工装置中的仪表及其测量管道，一般采用蒸汽伴热。

② 热水伴热　当被测介质较轻、凝固点较低或易汽化时，不宜采用蒸汽伴热。热水伴热适用于轻质油品、水和蒸汽等，对原油、渣油、蜡油、沥青和燃料油等不宜采用热水伴热。

③ 电伴热　当伴热区域远离蒸汽源或热水源时，以及在线分析仪采样管线的伴热，可采用电伴热。

就地安装在工艺管道和设备上的玻璃板式液面计、转子流量计、靶式流量计、调节阀、速度式流量计、面积式流量计以及低温浮筒液面计和低温浮球式液面计等仪表，应由工艺专业保温，不在仪表保温范围之内。

二、保温结构和保温材料

1. 保温结构

仪表保温采取了管道保温中最常用的一种绑扎保温结构，见图5-8-5。

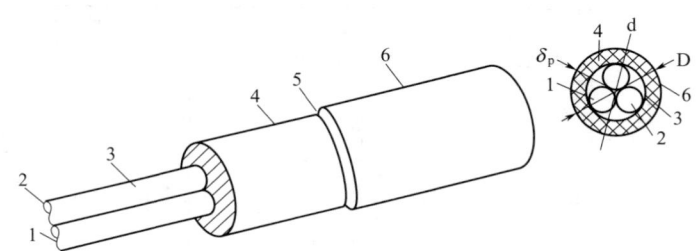

图 5-8-5　仪表管道保温绝热结构

1—伴热管；2—仪表管道；3—防腐油漆（选择用）；
4—绝热层；5—防水层或防潮层；6—保护层（镀锌铁皮）

保温结构的设计要考虑耐用性，必须保证在设计的使用年限内使保温结构保持它的完整性。另外，在保温结构设计中也要考虑到它应有足够的机械强度，不允许由自重或由周围环境的外力偶然作用使其受到破坏。

一些管件及就地仪表应考虑可拆卸式的保温结构，如浮筒式液面变送器，流量或压力测量中的根部切断阀、平衡器、冷凝器等。仪表在伴热时均应考虑可拆卸问题。

2. 保温层材料的选择

目前生产的保温材料品种很多，生产厂的分布很广泛。仪表保温材料来源很方便，极易就地取材。仪表保温的施工及工艺管道的施工往往是一起进行的，因此仪表用保温材料和工艺用保温材料往往是相同的，但是仪表保温材料的性能应满足下述各项指标：

① 热导率 $\lambda \leqslant 0.083W/(m \cdot \text{℃})$；

② 容重小于 $350kg/m^3$；

③ 具有一定的机械强度，抗压强度应大于 0.3MPa；

④ 热稳定性能好，温度变化时其强度不降低，而且不产生脆化现象；

⑤ 化学稳定性好，对金属无腐蚀作用；

⑥ 材料的含水率小，受潮干燥后其强度不降低；

⑦ 具有不燃性或难燃性；

⑧ 易于加工成型，便于施工；

⑨ 便于就地取材，价格合理。

总之，仪表保温材料用量是不太多的，保温装置的检修周期往往长达几年，所以保温材料应当选用那些热导率小、容重小、吸水率低、强度高的材料较为合适。保温材料内含有水分，将使材料的热导率明显增大，因为保温材料气孔内的空气被水排挤出去了，而水的热导率为空气热导率的 25 倍，吸水率对保温的效果影响很大。在低温工程中，保冷材料的吸水率、蒸汽透气系数对保冷的效果影响更为突出，冰的热导率约为水的 4 倍。在保温工程上，采用含水率低的材料是很重要的。

含水率增大会使热导率增大，而大多数的保温材料及其制品都具有不同程度的吸水特性，需要注意以下几点：

① 保温材料要注意保存好，一定要注意防水防湿的问题；

② 由于材料的吸水性强，检修周期较长，保温材料的热导率会增加，热损失往往会超过设计的允许值，在设计中确定允许热损失时应充分考虑；

③ 保温工程中，做好保护层；

④ 不要在雨天进行保温层的施工。

3. 常用的保温材料

在保温材料制品中，管壳制品的优点是可以根据实际需要进行加工，生产厂家很多，便于订货，施工也较方便；缺点是易破碎，在管道的弯曲部分难以施工。散装的保温材料虽然施工也很方便，但速度要慢一些。泡沫塑料则主要是供保冷工程采用的，而在保温工程中，矿物纤维作为保温材料性能较好。常用绝热材料及其制品的主要性能见表 5-8-9。

表 5-8-9　常用绝热材料及其制品的主要性能

材料名称	使用密度 /(kg/m³)		推荐使用温度/℃	常温热导率 /W·m⁻¹·℃⁻¹	热导率参考方程 /W·m⁻¹·℃⁻¹	抗压强度 /MPa
超细玻璃棉制品	板	48	≤300	≤0.043(70℃时)	$\lambda = \lambda_0$ $+0.00017(t_m - 70)$	—
		64~120		≤0.042(70℃时)		
	管	≥45		≤0.043(70℃时)		
岩棉及矿渣棉	板	80	≤350	≤0.044(70℃时)	$\lambda = \lambda_0$ $+0.00018(t_m - 70)$	—
		81~100		≤0.044(70℃时)		
		101~160		≤0.043(70℃时)		
	管	161~200		≤0.044(70℃时)		
微孔硅酸钙（无石棉）	170		≤550	≤0.055(70℃时)	$\lambda = \lambda_0$ $+0.000116(t_m - 70)$	0.4
	220			≤0.062(70℃时)		0.5
	240			≤0.064(70℃时)		0.5
硅酸铝纤维制品	120~200		≤900	≤0.056(70℃时)	$\lambda = \lambda_0$ $+0.0002(t_m - 70)$	—
复合硅酸铝镁制品	板	45~80	≤600	≤0.042(70℃时)	$\lambda = \lambda_0$ $+0.000112(t_m - 70)$	—
	管(硬质)	≤300		≤0.056(70℃时)		0.4
聚氨酯泡沫塑料制品	30~60		-65~80	≤0.0275 (25℃时)	保冷时： $\lambda = \lambda_0 + 0.00009t_m$	
聚苯乙烯泡沫塑料制品	≥30		-65~70	≤0.041 (20℃时)	$\lambda = \lambda_0$ $+0.000093(t_m - 20)$	
泡沫玻璃	≤40		-200~400	≤0.046(25℃时)	$t_m > 25℃时：\lambda = \lambda_0$ $+0.00022(t_m - 25)$ $t_m \leqslant 24℃时：\lambda = \lambda_0$ $+0.00011(t_m - 24)$	0.4
	141~160			≤0.052(25℃时)		0.5
	161~180			≤0.064(25℃时)		0.6
	181~200			≤0.068(25℃时)		0.8

注：1. 阻燃型保冷材料氧指数应不小于 30%。

2. 用于与奥氏体不锈钢表面接触的绝热材料应符合《工业设备及管道绝热工程施工规范》GB 50126 有关氯离子含量的规定。

3. 摘自 SH/T 3126 资料附录 I。

4. 保护层材料及选择

为阻挡环境和外力对保温层的损坏，便于管线的维护和维修，防止雨水、潮湿空气侵入至保温材料里面去，避免增大热导率而采用保护层。保护层本身也起保温作用，且能使保温结构整齐美观。良好的保护层是保证保温结构在使用年限内有良好技术性能的必不可少的条件。

保护层材料应满足下述各项要求：

① 具有良好的防水性能；

② 容重小，一般应小于 800kg/m³；

③ 热导率应小于 0.36W/(m·℃)；

④ 在温度变化与振动条件下，具有一定的机械强度；

⑤ 便于就地取材，施工方便。

常用的保护层材料主要性能见表 5-8-10。

表 5-8-10 常用保护层材料主要性能

名称	技术性能	备注
玻璃布平纹带	幅度/mm 125；250	
	厚度/mm 0.1±0.01	
	标重/(g/m²) 105±10	
	径向拉断荷重/kg 740	
	纬向拉断荷重/kg 30	
沥青玛蹄脂	连续 5h 不流淌	隔热管壳间胶结用
	黏结性 5×10(cm²),18℃合格	
沥青油毡纸	一般防水油毡纸	
镀锌铁丝	♯22	捆扎用
各色油性调和漆	干燥时间/h 表干≤10 湿干≤24	防腐用
镀锌薄钢板	厚度/mm 0.3～0.6	
铝合金薄板	厚度/mm 0.4～0.8	

注：摘自 SH/T 3126 资料附录 J。

三、仪表伴热类型及方式

1. 伴热原则

① 在环境温度下有冻结、冷凝、结晶、析出等现象产生的物料的测量管道、取样管道，应伴热。

② 不能满足最低环境温度要求的检测仪表应伴热。

2. 伴热类型

① 仪表常用伴热类型有热水伴热、蒸汽伴热、电伴热和自伴热。

② 热水伴热应用场合：

a. 当被伴热介质为水和水蒸气、轻质油品等凝点较低的介质时；

b. 在高寒地区。

③ 蒸汽伴热应用场合：

a. 当被伴热介质为原油、渣油、蜡油、沥青、燃料油和急冷油等时；

b. 在非高寒地区。

④ 电伴热应用场合：

a. 当需要对被伴热对象实现精确温度控制和遥控的场合；

b. 没有蒸汽源和热水源的场合。

3. 伴热方式

① 热水伴热和蒸汽伴热宜分为重伴热和轻伴热，如图 5-8-6 所示。

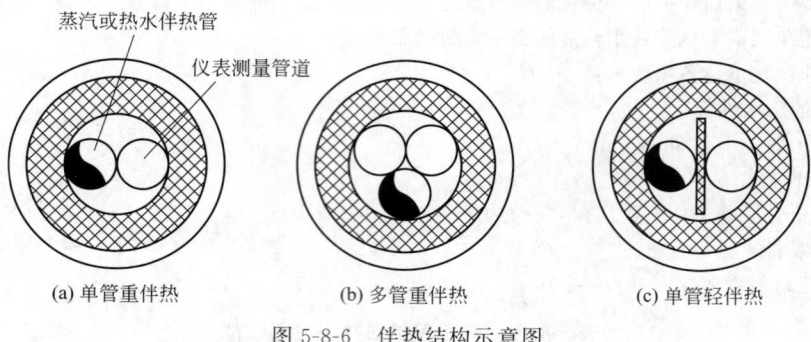

(a) 单管重伴热　　　　(b) 多管重伴热　　　　(c) 单管轻伴热

图 5-8-6　伴热结构示意图

② 在被测介质易冻结、冷凝、结晶的场合，仪表测量管道应采用重伴热。

③ 当重伴热可能引起被测介质汽化、自聚或分解时，应采用轻伴热或绝热。

四、热水伴热系统设计

1. 热水用量计算

热水用量应根据伴热系统的热损失计算。

伴热系统总热量损失 Q_S 为每个伴热管道的热量损失之和，其值应按下式计算：

$$Q_S = \sum_{i}^{n}(q_p L_i + Q_{bi}) \tag{5-8-3}$$

式中　Q_S——伴热系统总热量损失，kJ/h；

　　　q_p——伴热管道的允许热损失，kJ/m·h；

　　　L_i——第 i 个伴热管道的保温长度，m；

　　　Q_{bi}——第 i 个保温箱的热损失，kJ/h；

　　　i——伴热系统的数量，$i=1,2,3,\cdots,n$。

热水用量应按下式计算：

$$V_w = K_2 \frac{Q_S}{C(t_1 - t_2)\rho} \tag{5-8-4}$$

式中　V_w——仪表伴热用热水用量，m³/h；

　　　Q_S——伴热系统总热量损失，kJ/h；

　　　t_1——热水管道进水温度，℃；

　　　t_2——热水管道回水温度，℃；

　　　ρ——热水的密度，kg/m³；

　　　C——水的比热容，取 4.1868kJ/(kg·℃)；

　　　K_2——热水余量系数（包括热损失及漏损），一般取 $K_2=1.05$。

2. 热水伴热系统的设置要求

① 仪表伴热用热水宜设置独立的供水系统。

② 热水伴热系统宜采用集中供水和集中回水的方式。

③ 集中供水系统应包括热水总管、热水支管、热水分配器、热水伴热管和排凝等部分，如图 5-8-7 所示。集中回水系统应包括热水回水管、回水分配器、回水支管、回水总管和排凝等部分，如图 5-8-8 所示。

④ 每个需伴热的仪表为一个伴热回路，每个伴热回路应为独立系统。

⑤ 每个伴热回路热水入口、回水入口应分别设置切断阀，切断阀应采用截止阀。

⑥ 热水压力应满足热水能返回到回水总管。

3. 热水伴热系统的管道设计要求

① 热水伴热管的材质和管径可按表 5-8-11 选取。

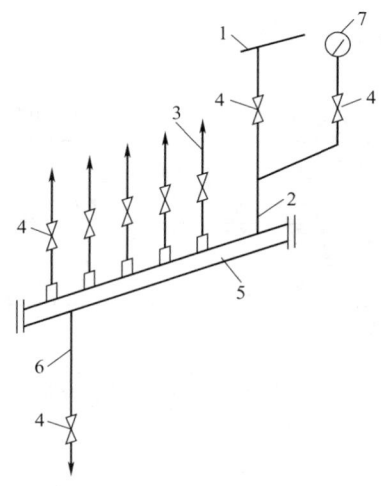

图 5-8-7　热水伴热集中供水系统

1—热水总管；2—热水支管；3—热水伴热管；4—切断阀；
5—热水分配器；6—开工排水管和吹出管；7—压力表

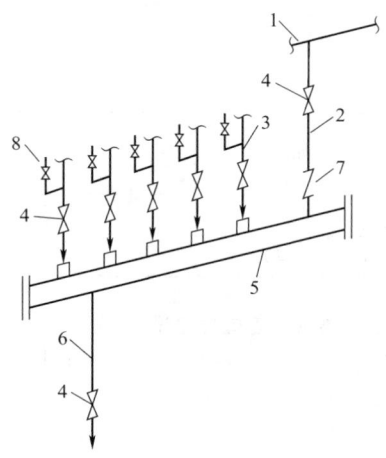

图 5-8-8　热水伴热集中回水系统

1—回水总管；2—回水支管；3—热水伴热回水管；
4—切断阀；5—回水分配器；6—开工排水管和吹出管；
7—止回阀；8—压力表接头

表 5-8-11　常用热水伴热管的材质和管径选用表

热水伴热管材质	热水伴热管外径×壁厚/mm
不锈钢管	$\phi10\times1.5,12\times1.5$
不锈钢管、碳钢管	$\phi14\times2$
不锈钢管、碳钢管	$\phi18\times3$
不锈钢管、碳钢管	$\phi22\times3$

② 热水伴热总管和支管应采用无缝钢管，相应的管径可按下式计算：

$$d_n=18.8\sqrt{\frac{V_w}{\omega}}\qquad(5\text{-}8\text{-}5)$$

式中　d_n——热水总管、支管内径，mm；

V_w——仪表伴热用热水用量，m^3/h；

ω——热水流速，m/s，一般取 1.5～3.5m/s。

③ 热水支管和热水分配器及回水支管和回水分配器的管径可按表 5-8-12 选取。

表 5-8-12　热水支管和热水分配器管径选用表

S 值	集中供水系统		集中回水系统	
	热水支管管径/mm	热水分配器管径/mm	回水支管管径/mm	回水分配器管径/mm
4～8	$DN40(\phi48\times3)$	$DN50(\phi60\times3)$	$DN40(\phi48\times3)$	$DN50(\phi60\times3)$
9～12	$DN50(\phi60\times3)$	$DN80(\phi89\times3.5)$	$DN50(\phi60\times3)$	$DN80(\phi89\times3.5)$

表 5-8-12 中 S 值按下式计算取得：

$$S=A+2B+3C\qquad(5\text{-}8\text{-}6)$$

式中　S——热水伴热管的总根数；

A——DN15 及以下伴热管的总根数；

B——$DN20$ 伴热管的根数；

C——$DN25$ 伴热管的根数。

④ 热水伴热管的最大允许有效长度可按表 5-8-13 确定。

表 5-8-13　热水伴热管的最大允许有效长度　　　　　　单位：m

伴热管管径/mm	伴热热水绝对压力 p/MPa(A)		
	$0.3 \leqslant P \leqslant 0.5$	$0.5 < P \leqslant 0.7$	$0.7 < P \leqslant 1.0$
$\phi10$、$\phi12$	40	50	60
$DN15(\phi22 \times 2.5)$	60	70	80

4. 热水伴热系统管道的敷设要求

① 热水伴热总管、支管、伴热管的连接应焊接，必要时设置活接头。取水点应在热水管底部或两侧。伴热管应从低点供水，高点回水。

② 热水伴热管及支管根部、回水管根部应设置切断阀，最低点应设排污阀。

③ 热水支管的热水宜从热水总管顶部引出，并在靠近引出口处设置切断阀，切断阀宜设置在水平管道上。热水回水管宜从热水回水总管顶部引入。

④ 同一热水分配器的各伴热管长度应尽可能相等，最短热水伴热管的当量长度不宜小于最长伴热管当量长度的 70%。

五、蒸汽伴热系统设计

1. 蒸汽用量计算

蒸汽用量按下式进行计算：

$$W_S = K_1 \frac{Q_S}{H} \tag{5-8-7}$$

式中　W_S——仪表伴热用蒸汽用量，kg/h；

　　　H——蒸汽冷凝潜热，kJ/kg；

　　　K_1——蒸汽余量系数；

　　　Q_S——伴热系统总热量损失，kJ/h。

2. 蒸汽伴热系统的设置要求

① 伴热蒸汽宜采用低压过热蒸汽或低压饱和蒸汽。

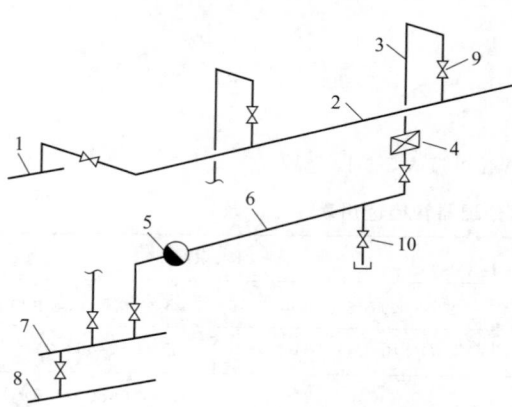

图 5-8-9　蒸汽伴热系统管路

1—蒸汽总管；2—蒸汽支管；3—蒸汽伴热管；

4—保温箱；5—疏水器；6—冷凝水管；

7—回水支管；8—回水总管；

9—切断阀；10—排污阀

② 仪表伴热用蒸汽宜设置独立的供汽系统，如图 5-8-9 所示。

③ 蒸汽伴热系统宜采用集中供汽和集中疏水的方式。

④ 集中供汽系统应包括蒸汽总管、蒸汽支管、蒸汽分配器、蒸汽伴热管及管路附件等部分，如图 5-8-10 所示。

⑤ 集中回水系统应包括蒸汽冷凝水管、疏水器、回水分配器、回水支管、回水总管及管路附件等部分，如图 5-8-11 所示。

⑥ 每个需伴热的仪表为一个伴热回路，每个伴热回路应为独立系统。

⑦ 每个伴热回路应设置一个供汽阀、一个回水阀和一个疏水器，供汽阀应采用截止阀。

3. 蒸汽伴热系统的管线设计要求

① 蒸汽伴热管的材质和管径可按表 5-8-14 选取。

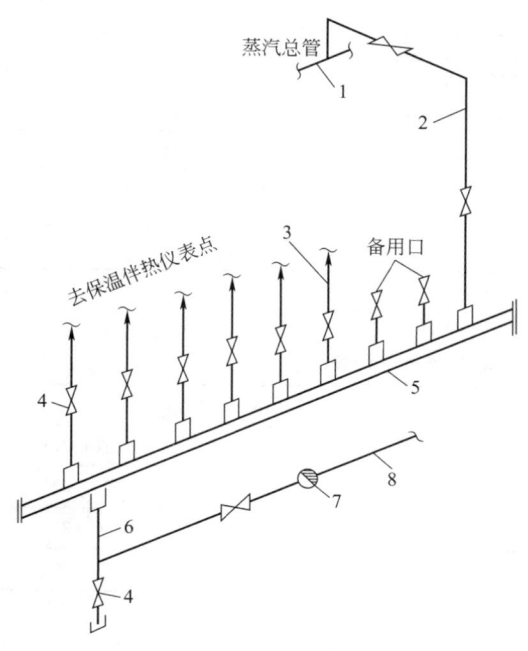

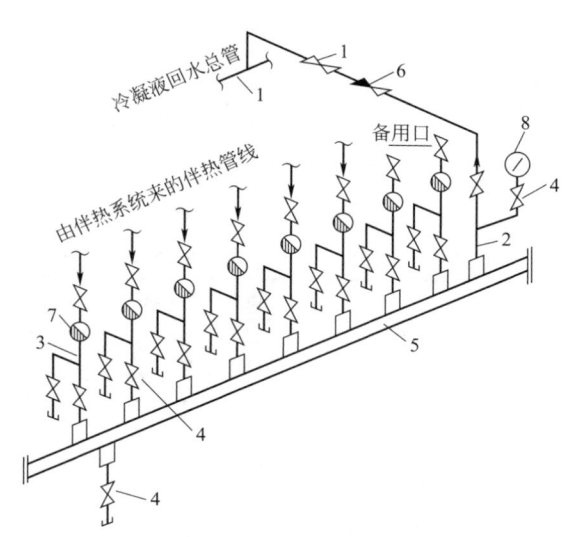

图 5-8-10　蒸汽伴热集中供汽系统

1—蒸汽总管；2—蒸汽支管；3—蒸汽伴热管；

4—切断阀；5—蒸汽分配器；6—开工排水管和吹出管；

7—疏水器；8—冷凝水管（至回水管或地漏）

图 5-8-11　蒸汽伴热集中回水系统

1—回水总管；2—回水支管；3—冷凝水管；

4—切断阀；5—回水分配器；6—止回阀；

7—疏水器；8—压力表

表 5-8-14　常用蒸汽伴热管材质和管径

伴热管材质	伴热管外径×壁厚/mm
紫铜管	$\phi 8 \times 1$
紫铜管	$\phi 10 \times 1$
不锈钢管	$\phi 8 \times 1$
不锈钢管	$\phi 10 \times 1.5(\phi 12 \times 1.5)$
不锈钢管	$\phi 14 \times 2(\phi 18 \times 3)$
碳钢管	$\phi 14 \times 2(\phi 18 \times 3)$

② 伴热总管和支管应采用无缝钢管，其管径可按表 5-8-15 选取。

表 5-8-15　伴热总管和支管管径与饱和蒸汽流量、流速的关系

公称直径 DN/mm	外径/mm× 壁厚/mm	蒸汽压力/MPa(A)					
		1.0		0.6		0.3	
		蒸汽量 /(t/h)	流速 /(m/s)	蒸汽量 /(t/h)	流速 /(m/s)	蒸汽量 /(t/h)	流速 /(m/s)
15	$\phi 22 \times 2.5$	<0.04	<9	<0.03	<11	<0.02	<11
20	$\phi 27 \times 2.5$	<0.07	<10	<0.05	<12	<0.03	<13
25	$\phi 34 \times 2.5$	0.07~0.13	<11	0.05~0.10	<13	0.03~0.06	<15
40	$\phi 48 \times 3$	0.13~0.34	<13	0.10~0.26	<17	0.06~0.16	<20
50	$\phi 60 \times 3$	0.34~0.64	<15	0.26~0.5	<19	0.16~0.3	<23

续表

公称直径 DN/mm	外径/mm×壁厚/mm	蒸汽压力/MPa(A)					
		1.0		0.6		0.3	
		蒸汽量/(t/h)	流速/(m/s)	蒸汽量/(t/h)	流速/(m/s)	蒸汽量/(t/h)	流速/(m/s)
80	φ89×3.5	0.64~1.9	<20	0.5~1.4	<23	0.3~0.8	<26
100	φ100×3	1.9~3.8	<24	1.4~2.7	<26	0.8~1.5	<29

③ 蒸汽伴热支管和蒸汽分配器及回水支管和回水分配器的管径可按表 5-8-16 选取。

表 5-8-16　伴热支管和蒸汽分配器管径选择表

S 值	集中供汽系统		集中疏水系统	
	蒸汽支管管径/mm	蒸汽分配器管径/mm	回水支管管径/mm	回水分配器管径/mm
4~8	DN25(φ34×2.5)	DN50(φ60×3)	DN25(φ34×2.5)	DN50(φ60×3)
9~12	DN40(φ48×3)	DN50(φ60×3)	DN40(φ48×3)	DN50(φ60×3)
13~16	DN50(φ60×3)	DN80(φ89×3.5)	DN50(φ60×3)	DN80(φ89×3.5)

表 5-8-16 中 S 值按下式计算取得：

$$S = A + 2B + 3C \tag{5-8-8}$$

式中　S——热水伴热管的总根数；
　　　A——DN15 及以下伴热管的总根数；
　　　B——DN20 伴热管的根数；
　　　C——DN25 伴热管的根数。

④ 蒸汽伴热管的最大允许有效长度可按表 5-8-17 确定。

表 5-8-17　蒸汽伴热管的最大允许有效长度选择表　　　　单位：m

伴热管管径/mm	伴热蒸汽压力 p/MPa(A)		
	0.3≤P≤0.5	0.5<P≤0.7	0.7<P≤1.0
φ10,φ12	40	50	60
DN15(φ22×2.5)	60	75	90

⑤ 蒸汽伴热支管最多伴热点数可按表 5-8-18 选取。

表 5-8-18　蒸汽伴热支管最多伴热点数选择表

伴热支管 (外径/mm×壁厚/mm)	蒸汽压力/MPa(A)		
	1.0	0.6	0.3
	最多伴热点数		
φ22×2.5	10	7	4
φ27×2.5	18	14	10
φ34×2.5	35	29	21
φ48×3	91	76	57
φ60×3	172	147	107
φ89×3.5	535	414	255

4. 蒸汽伴热系统管道的敷设要求

① 伴热管道应从蒸汽总管或支管顶部引出，并在靠近引出处设切断阀。每根伴热管道应始于测量系统的

最高点，终止于测量系统的最低点，在最低点设排污阀。

　　② 当伴热管道水平敷设时，伴热管道应安装在被伴热管道的下方或两侧。

　　③ 伴热管道可用金属扎带或镀锌铁丝捆扎在被伴热管道上，捆扎间距 1～1.5m。

　　④ 供汽分配器及回水分配器可水平或垂直安装。

　　⑤ 供汽分配器冷凝水管道管径宜选用 DN20。

　　⑥ 当供汽分配器位于蒸汽总管上方，且从下部接入分配器时，分配器可不设排水阀和疏水阀。

　　⑦ 当供汽分配器上有从下部引出的伴热管时，集合管上可不单独设疏水器。

　　⑧ 同一蒸汽分配器的各蒸汽伴热管长度应尽可能相等。

5. 疏水器的设置要求

　　① 蒸汽伴热系统可采用热动力式疏水器或双金属式疏水器。

　　② 每根伴管宜单独设置疏水器。

　　③ 疏水器宜带过滤器。

　　④ 疏水器前后均设置切断阀，不宜设置旁路阀。排污阀应安装在垂直管道上。

　　⑤ 热动力式疏水器宜安装在水平管道上。

六、电伴热系统设计

1. 电伴热系统的设计要求

电伴热系统的设计应符合以下规定：

　　① 在爆炸危险场所，电伴热系统配套的电气设备及附件应满足爆炸危险场所的防爆等级；

　　② 电伴热系统可由配电箱、控制电缆、电伴热带及其附件组成，附件包括电源接线盒、中间接线盒（二通或三通）、终端接线盒及温度控制器。

2. 电伴热带的功率

根据仪表测量管道散热量来确定，管道散热量按下式计算：

$$q = \frac{2\pi k (T_p - T_Q)}{\ln\left(\dfrac{D_2}{D_1}\right)} \tag{5-8-9}$$

式中　q——每单位长度仪表测量管道的热损失（实际需要的伴热量），W/m；

　　　T_p——要求维持的温度，℃；

　　　T_Q——最低设计环境温度，℃；

　　　D_2——保温层外径，m；

　　　D_1——保温层内径，m；

　　　k——保温层热导率。

3. 电伴热系统类型

　　① 自限温电伴热系统，用于不需要精确控制伴热温度的场合。

　　② 温度控制电伴热系统，用于需要精确维持管壁温度或加热体内的介质温度的场合。

4. 电伴热监控系统的要求

　　① 伴热回路应采取可视的监控手段，用指示灯监控各伴热回路的工作状态。

　　② 监控系统应提供报警信息。

　　③ 监控系统应具备自测试功能。

　　④ 监控系统应能与中心控制室进行数据通信，集中监控运行状态和报警。

5. 电伴热带的选型

　　① 在爆炸危险环境使用的，应满足防爆要求。

　　② 最高耐温应超过被伴热对象可能的最高温度。

　　③ 应在规定的环境条件（腐蚀、低温等）下正常运行。

　　④ 应根据管道维持温度及最高温度确定电伴热带的最高耐受温度。

七、仪表绝热方式设计

1. 仪表绝热方式

仪表常用绝热方式有保温绝热、保冷绝热及防烫绝热。

(1) 保温绝热　符合下列条件之一的，采用保温绝热：

① 热流体（如蒸汽、热水或其他高温物料）的仪表及管道；

② 采用保温绝热方式可以在环境条件下正常工作的仪表及管道；

③ 伴热系统的蒸汽管道、热水管道、冷凝回水管道、电伴热带等。

保温绝热设计中有关温度宜满足下列规定：

① 仪表测量管道内介质维持温度 20～80℃，宜以 60℃ 作为保温计算依据；

② 保温箱内维持温度范围宜为 5～20℃；

③ 室外保温绝热系统，环境温度宜取当地最低极限温度，室内保温绝热系统，宜以室内最低气温作为计算依据。

(2) 保冷绝热　冷流体仪表检测系统应采用保冷绝热。

(3) 防烫绝热　表面温度超过 60℃ 的不保温绝热仪表设备和测量管道，采用防烫绝热。

2. 仪表绝热系统设计

(1) 绝热结构

① 保温绝热结构由防腐层、保温绝热层、保温绝热结构防水层和保护层组成。

② 保冷绝热结构由防腐层、保冷绝热层、防潮层和保护层组成。

(2) 绝热层厚度设计

① 仪表管道保温绝热层厚度 δ_p，可按下式计算：

$$\delta_p = \frac{D-d}{2} \tag{5-8-10}$$

$$D = d\,\mathrm{e}^{\beta} \tag{5-8-11}$$

$$d = \frac{L}{\pi} \tag{5-8-12}$$

$$\beta = 3.6\,\frac{t-t_0}{\dfrac{1}{2\pi\lambda}q_p} \tag{5-8-13}$$

式中　δ_p——仪表管道保温绝热层厚度，m；

$\quad\quad q_p$——仪表管道允许热损失，kJ/(m·h)；

$\quad\quad D$——仪表管道保温绝热层外径，m；

$\quad\quad d$——仪表管道保温绝热层内径，m；

$\quad\quad t$——仪表管道内介质温度，℃；

$\quad\quad t_0$——环境温度（使用地区最低极限温度），℃；

$\quad\quad \lambda$——保温绝热材料的数导率，W/(m·℃)；

$\quad\quad L$——仪表管道当量圆周长，m；

$\quad\quad \beta$——系数。

② 仪表保温箱保温绝热层厚度 δ_b 可按下式计算：

$$\delta_b = \frac{3.6(t_b-t_0)\lambda}{q_b} \tag{5-8-14}$$

$$q_b = 3.6\left[\frac{t_b-t_0}{\dfrac{\delta_b}{\lambda}}\right] \tag{5-8-15}$$

式中　q_b——保温箱表面允许热损失，kJ/(m²·h)；

$\quad\quad t_b$——保温箱内温度，℃；

$\quad\quad t_0$——环境温度（使用地区最低极限温度），℃；

$\quad\quad \delta_b$——保温箱保温绝热层的厚度，m。

第九章　自控工程设计软件简介

第一节　SPI 软件

一、SPI 软件简介

Smart Plant Instrumentation（SPI）是海克斯康 PPM（原鹰图公司）推出的基于通用数据库及规则驱动的仪表设计软件。SPI 源于著名的 INTools®，为仪表工程提供整体解决方案。用户可用 SPI 进行仪表工程设计，生成设计文档，也可进行施工管理和仪表的运营维护。该软件在新建或改扩建工厂中，被国内外知名的集团公司和工程公司（设计院）普遍采用。

SPI 可完成仪表索引表、仪表规格书、IO 清单、控制阀、节流装置、温度计套管的计算、仪表接线、仪表回路图、仪表安装图和材料统计等功能。由于统一的数据库设计，相关人员可快速得到和共享工程数据，可提高仪表专业的设计效率和准确率。

SPI 适用于多个工程公司合作的大型集约化现代化工厂的建设。工程设计数据是工厂管理的基础，为此用户要求所有工程设计公司有一个统一的设计平台，并遵循统一的设计标准，以满足今后工厂管理对工程设计数据的需求。用户或者总体院创建标准项目模板，各个工程公司依据此模板进行设计。最终交付的文档，不仅包括完整的图纸，还包括 SPI 库文件。用户可通过该库文件将 SPI 移植到用户的平台上还原设计的全部内容。

二、SPI 数字化应用

Intergraph SmartPlant Enterprise 是全工厂生命周期集成信息管理系统，它包括 SPP&ID、SPI、SPEL、SP3D、SPMAT、SPF 等多个平台，如图 5-9-1 所示。

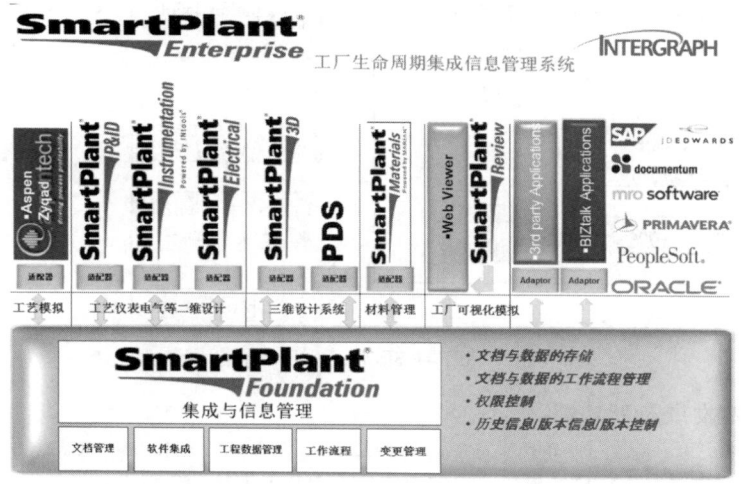

图 5-9-1　全工厂生命周期集成信息管理系统组成

数据共享是提升生产力和保证设计质量的关键，SPI 可与上下游系统进行数据交换，比如智能工艺流程图（SmartPlant P&ID）、电气软件（SmartPlant Electrical）、三维软件（SmartPlant 3D）、组态软件（DeltaV、CS3000、ExperionPKS、System 800xA）和管理软件（SAP）等。通过数字化数据交换，降低了数据在传递过程中的出错概率，设计人员也得以从重复的劳动中解放出来，集中精力进行更有意义的工作。SmartPlant Foundation（SPF）是 SmartPlant Enterprise 智能工厂解决方案中集成化应用的枢纽，它是一个全生命周期的 cPLM 系统，也是一个工程数据库应用集成中心、文档和工作流管理系统，以及一个工程信息门户。SPF 由 EPC 和最终用户共同部署，用于工厂设计、修改、升级和改造的各个方面，有效地管理从工程前端设计到工厂退役的全生命周期工厂系统。

SPI 在 SmartPlant Enterprise 全生命周期中作用如下。

1. 设计

能灵活满足各个工程公司的不同的设计流程。总体的数据能够被导入和重新定义，设计文档可在项目周期的任何时刻建立。内嵌有面向供应商的界面，例如艾默生 DeltaV、横河 CS3000、ABB System 800xA 和 Honeywell Experion PKS 等的数据接口，以缩短设计时间和提高数据质量。

2. 采购

与海克斯康 PPM 的材料采购和管理系统 SmartPlant Materials 共同使用，SPI 可取代仪表设计数据移交给采购部门的过程，缩短采购和交货周期。SPI 还能支持下游的变更管理，可以灵活地调整采购材料的裕量，降低工程项目费用。SPI 同样可轻松导出仪表及其材料的大量信息，满足用户的不同需求。

3. 施工

SPI 能从数据库取得控制系统的数据来建立工作包，分配给承包商，跟踪工程的进程。该解决方案将与 SmartPlant Construction 集成。

4. 试车

SPI 能在试车期间为生产装置建立相应的测试数据包。这一仪表测试数据包为项目计划和报告提供最新的正确数据。另外，SmartPlant Explorer 和 SmartPlant Markup Plus 提供在 Web 上浏览数据和做红笔标注的功能。

5. 运营和维护

SPI 能为工厂的运营人员提供最新的、精确的和可靠的资料，使得所有运营人员能够快速完成工作，提高装置的正常运营时间和安全性。

SPI 从 SPP&ID、SPEL 获取数据，在设计完成后可将数据发布给 SP3D、SPEL 的示例如图 5-9-2 所示。

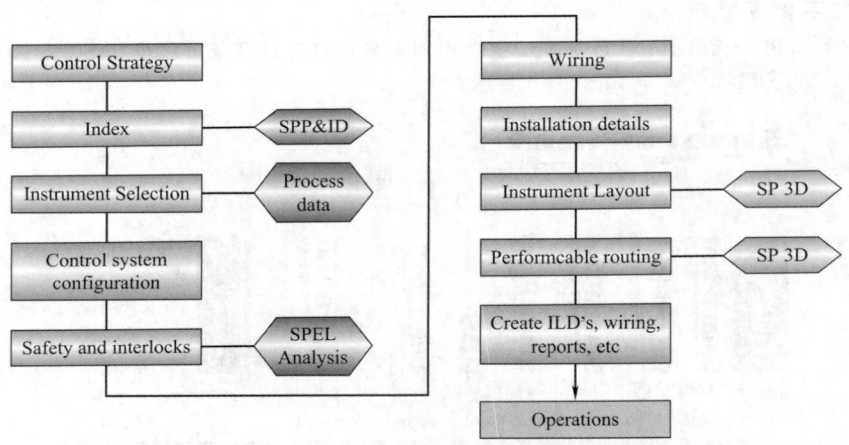

图 5-9-2　SPI 与 SP3D、SPEL 数据传递

三、SPI 的版本发展及新功能

SPI 经过多次版本更新，已经具有相对完备的自控设计功能，如管理模块、仪表索引模块、工艺数据模块、计算模块、仪表规格书模块、接线模块、回路图模块、安装图模块、文档绑定模块、项目合并模块等。

目前新版本 SPI 2019 功能改进：

① 查询绑定功能，使工程师或设计师在不了解数据库结构的情况下也可快速进行数据查询，查询结果显示在一个称为 Engineering Data Editor（EDE）的全新设计的窗口，该窗口不仅提供快速查询，还支持数据修改、数据筛选和比较等功能；

② 实现了一个完整的新的待办事项列表概念，便于以管理的方式共享这些数据，用颜色编码，用户可很快看到什么将被添加，修改或删除；

③ 通过将仪表信息发布给 SP3D，在 SP3D 中实现仪表自动电缆布线功能，用户能准确地知道需要采购多少电缆，最大限度地减少浪费，减少因材料短缺而带来的风险；

④ 仪表规格书，由供应商完善外形尺寸，将这些信息导入到 SPI 后，从 SPI 发布仪表模型信息到 SPF 中，

SP3D 通过 SPF 接收相应仪表模型信息。

四、SPI 功能模块

1. 管理模块（Administration）

在该模块中，客户可进行项目的新建、备份、恢复和升级，设定项目的工厂层次结构。该模块还提供基于用户权限分配的项目统一管理方式，并可便捷地生成各种有关项目信息的报表。管理模块主界面如图 5-9-3 所示。

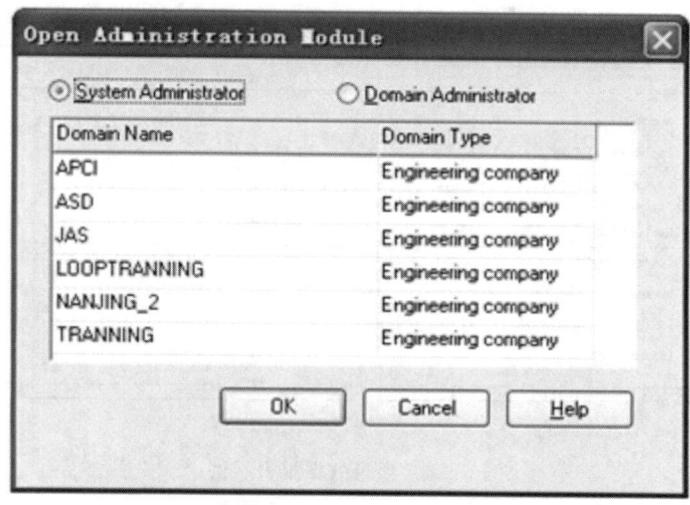

图 5-9-3　管理模块主界面

用户权限的分配界面如图 5-9-4 所示。权限可分为四类：完全控制、可添加和编辑但不可删除、只读以及无权限。

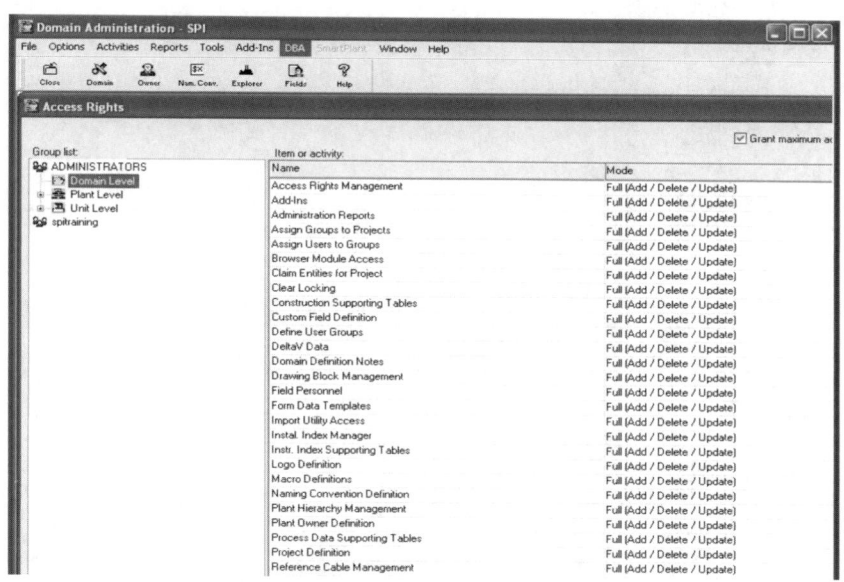

图 5-9-4　用户权限分配界面

项目数据报表界面如图 5-9-5 所示。管理模块中可生成关于项目整体情况的相关数据报表。

2. 仪表索引模块（Instrument Index）

本模块是 SPI 所有模块中最主要和最基本的一个模块。此模块允许用户建立、修改和维护整个项目数据库数据，通过此模块用户可查看所选定仪表的索引信息和仪表回路组成。仪表索引表模块界面如图 5-9-6 所示。

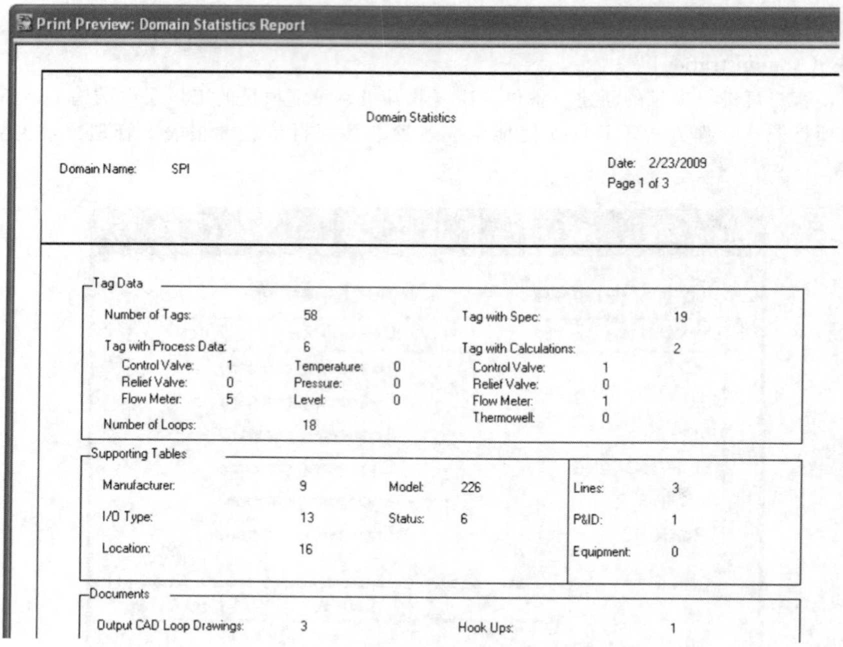

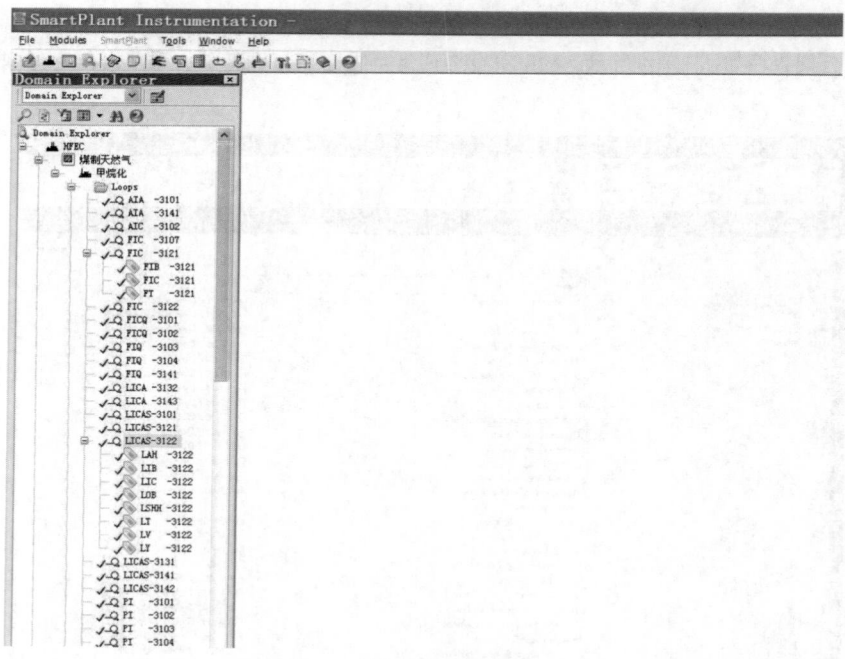

图 5-9-5　项目数据报表示例

图 5-9-6　仪表索引表模块界面

仪表索引模块提供了一系列工具给用户来新建、编辑、复制和删除仪表回路和仪表位号。仪表种类及其定义功能给用户建立自己的仪表清单提供了方便。另外一些数据，像供应商及型号，P&ID 图号，管线号、位置，I/O 种类，设备名称等，可在 Browser 或 EDE 中编辑。

仪表索引模块是工艺条件、规格书、计算、安装图、接线、回路图等模块的基础，如图 5-9-7 所示，只有建好仪表索引，才能开展设计工作。

仪表索引模块还提供了一系列的功能来对用户的数据窗口进行过滤和排序。用户可以生成多种格式的多级灵活报告，如按仪表位号排序的报表中，用户还可进一步查询该仪表位号的相关信息，示例界面见图 5-9-8；可建立用户汇总表；用户可便捷地查看数据历史状况，以及进行版本间的比较。

利用此模块，用户还可生成仪表清单、回路表、回路汇总表等文档。

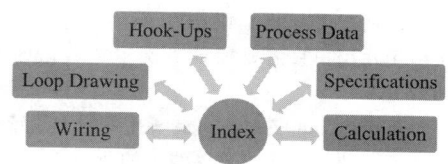

图 5-9-7 仪表索引表与其他模块的关系

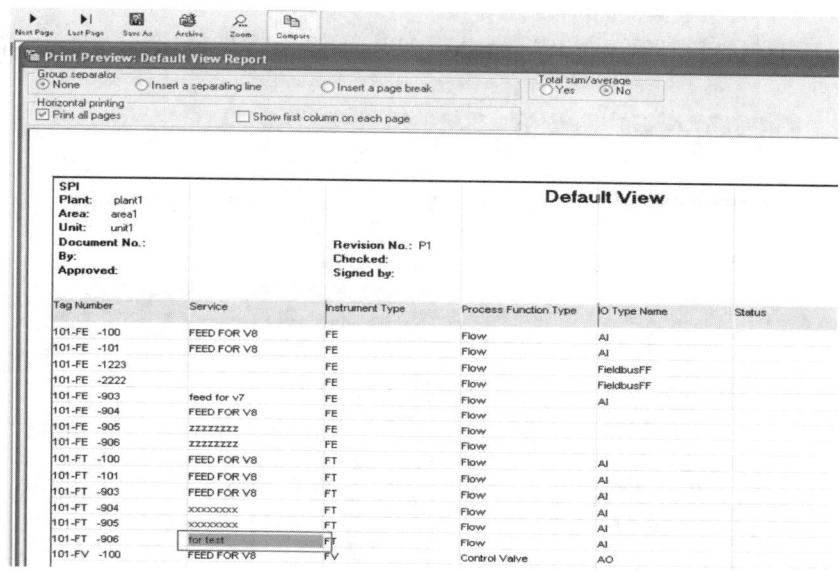

图 5-9-8 仪表索引表的报告功能界面

3. 工艺数据模块（Process Data）

工艺数据模块可为仪表或者工艺管线建立工艺数据，界面如图 5-9-9 所示。SPI 根据缺省设置，指定了各个工艺数据项的测量单位，当改变测量单位时，已经输入的数值可随单位自动换算。

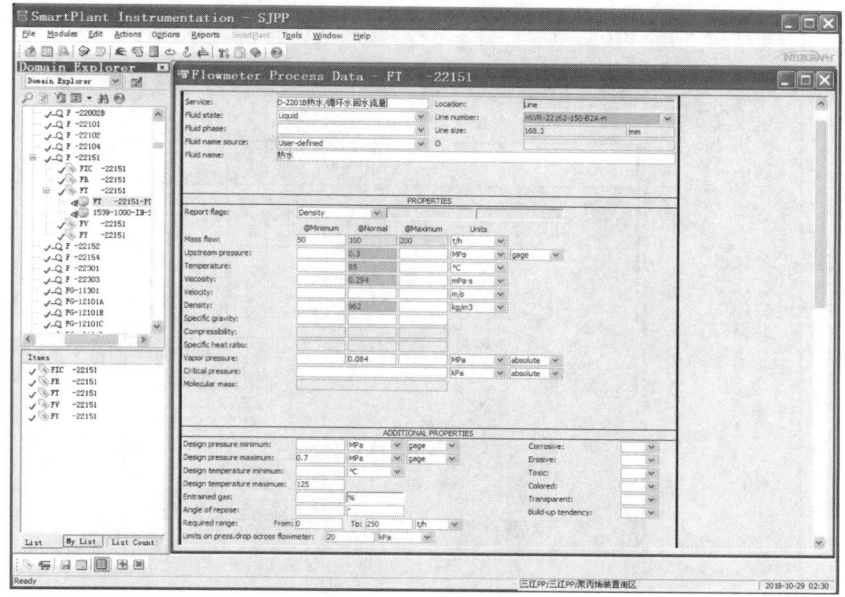

图 5-9-9 工艺数据模块界面

可以通过 SPI 的 IMPORT 模块导入工艺数据。仪表的工艺数据可被仪表规格书、计算模块和仪表索引等模块引用，用户只需要输入一次工艺数据即可，在相应的程序界面或者输出报表里，可包含所需的工艺数据项。

对于 IN-Line 仪表，如果 SPI 中的工艺管线上包含工艺数据，管线上的工艺数据可通过执行 Propagate 操作，把工艺数据传递给该管线上的所有仪表。

4. 计算模块（Calculation）

计算模块可计算调节阀的 C_v、K_v 值和分贝值，流量孔板的孔径，安全阀所需的排放面积，以及温度计套管等参数，并生成计算书。可按类批量计算。

采用的计算方法依据的主要国际标准 ISA、ANSI、API、ISO、IEC 60534-1 等。某流量仪表的计算示例界面如图 5-9-10 所示。

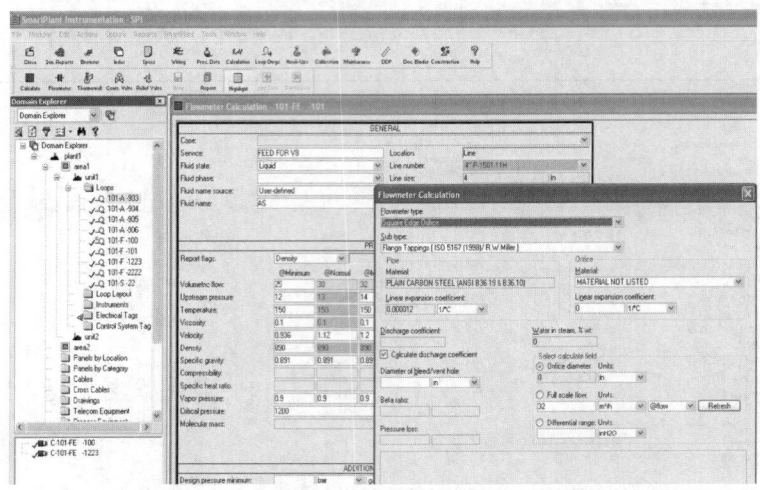

图 5-9-10　计算模块流量仪表计算示例界面

5. 仪表规格书模块（Specifications）

仪表规格书模块为用户提供了生成仪表规格书功能，仪表规格书上的数据来自于仪表索引、工艺数据和计算等模块，界面如图 5-9-11 所示。

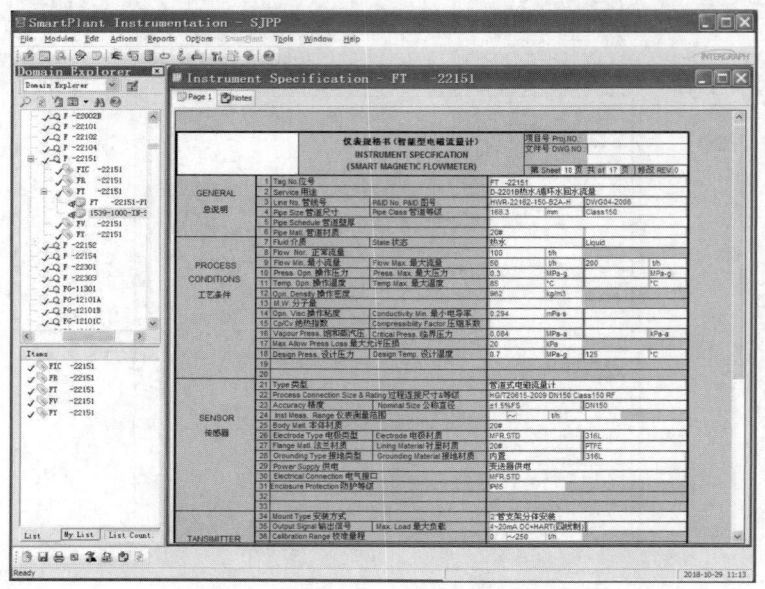

图 5-9-11　仪表规格书模块界面

　　用户可生成多种形式的仪表规格书（单页、多页和多位号等），界面如图 5-9-12 所示，且可保存为 Excel 或 PDF 格式。

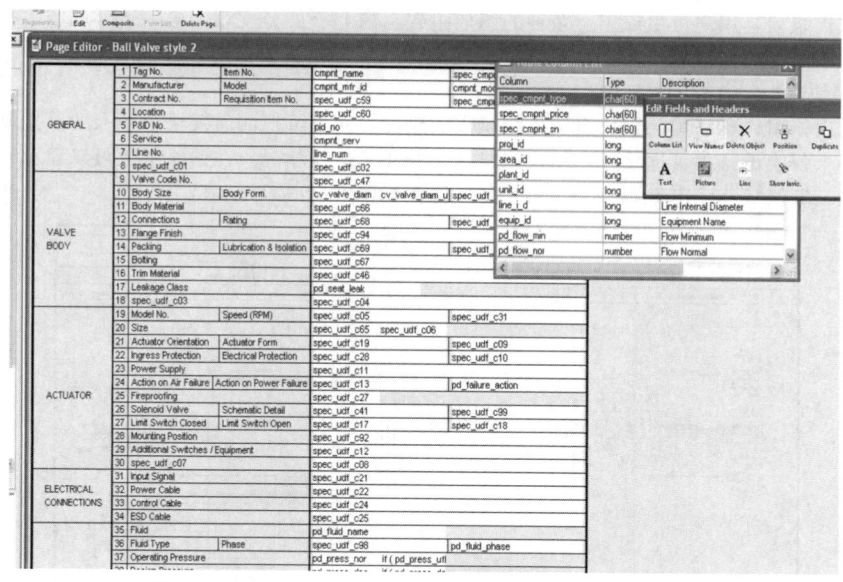

图 5-9-12　仪表 Forms 定制界面

　　SPI 软件提供了全部 ISA 的标准仪表规格书的模板共 87 种。用户可根据自己的要求自行修改模板。

6. 接线模块（Wiring）

　　SPI 为用户提供了建立复杂系统的接线设计能力，界面如图 5-9-13 所示。接线范围是从现场仪表到 I/O 卡的端口，对于 I/O 卡后的接线，目前的版本仅可做简单的接线。用户可定义和管理下列部件：

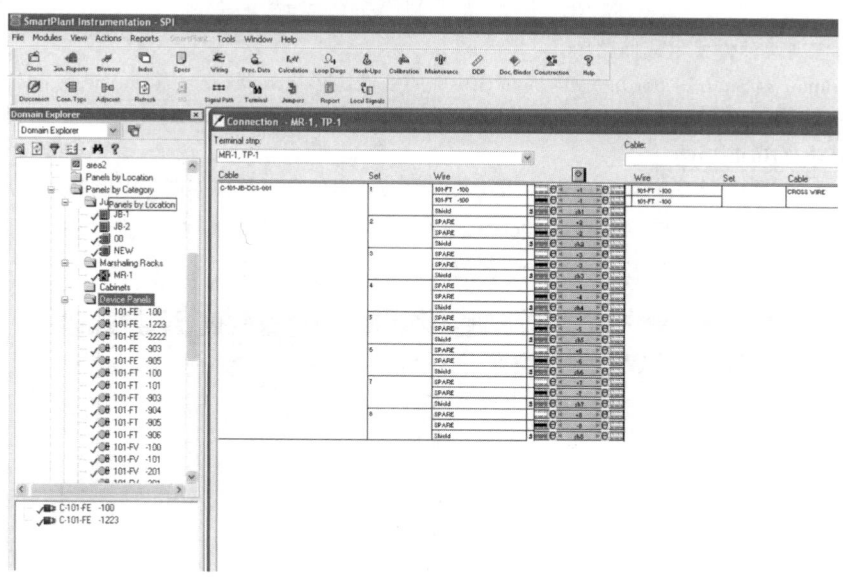

图 5-9-13　仪表接线模块界面

　① 接线箱，如现场接线箱、DCS 和 PLC、现场机柜室或控制室的接线柜等；
　② 带有插座的接线盒，用于 FF 现场总线（Foundation Fieldbus）和过程现场总线（Profibus）等；
　③ 现场仪表及其电缆；
　④ 多信号的仪表及其端子或者带有插座的接线盒；
　⑤ 端子排和端子；

⑥ 接线设备（I/O 卡、终端电阻、安全栅、集线器、继电器等）；

⑦ 电缆及其组和芯，插头。

当用户完成接线后，用户可生成三十余种的图形报告。像 I/O 的分配表，电缆表，端子排接线图，仪表点到点的接线图，以及 I/O 卡或端子排上所有信号从现场到现场机柜室或控制室的接线图等。

7. 回路图模块（Loop Drawing）

当完成接线后，用户可利用此模块自动生成仪表回路图，并且可把前面模块中输入的数据显示在图上。在回路图上的每一个仪表设备都可连接一个图块来显示其功能和接线状况。在回路图上可以显示回路和仪表的信息，如接线状况、管线号、DCS 数据和版本信息等，界面如图 5-9-14 所示。

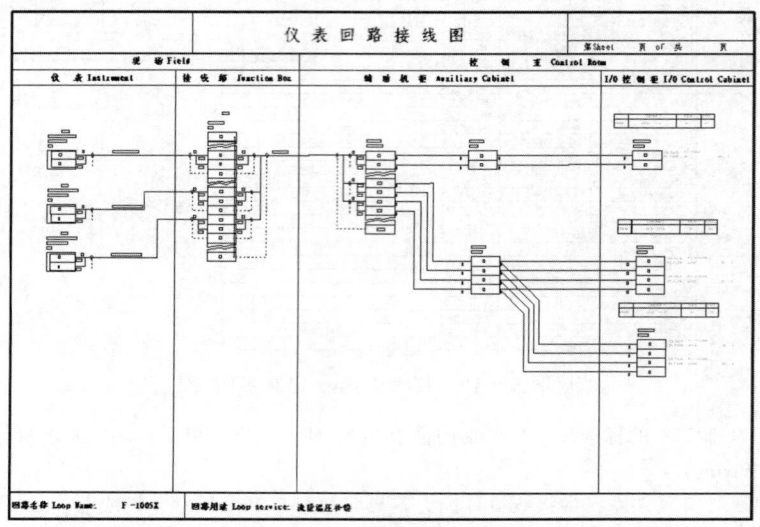

图 5-9-14　仪表回路图模块界面

用户可选用下列两种方式生成回路图：

① ESL（Enhanced Smart Loop）——内嵌在 SPI 中的智能图形生成器；

② 公共的 CAD 平台（SPI 现在支持 SmartSketch、AutoCad、Microstation）。

8. 安装图模块（Hook-Ups）

在 SPI 中可生成、浏览和编辑仪表的安装图及其上面的详细信息，界面如图 5-9-15 所示。用户可自行定义

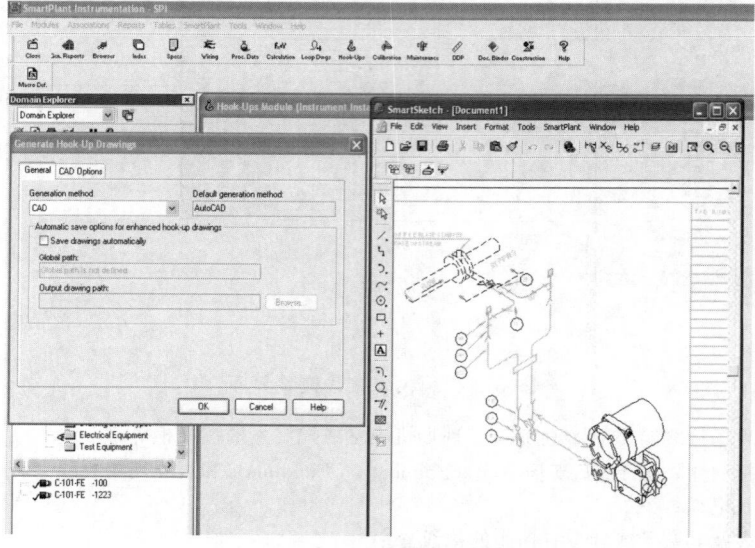

图 5-9-15　安装图模块界面

安装材料库，在安装图中选择安装材料种类以及数量，用户可生成各式各样仪表安装图和安装材料清单。安装图的形式可以是 SPI 中的智能图形生成器，也可以是通用的 CAD 平台。

每个安装图都可以关联材料库中的任意材料，都可以关联多块仪表。SPI 管理员建立好安装图和材料的对应关系，设计人员建立位号和安装图的对应关系，示例界面如图 5-9-16 所示。

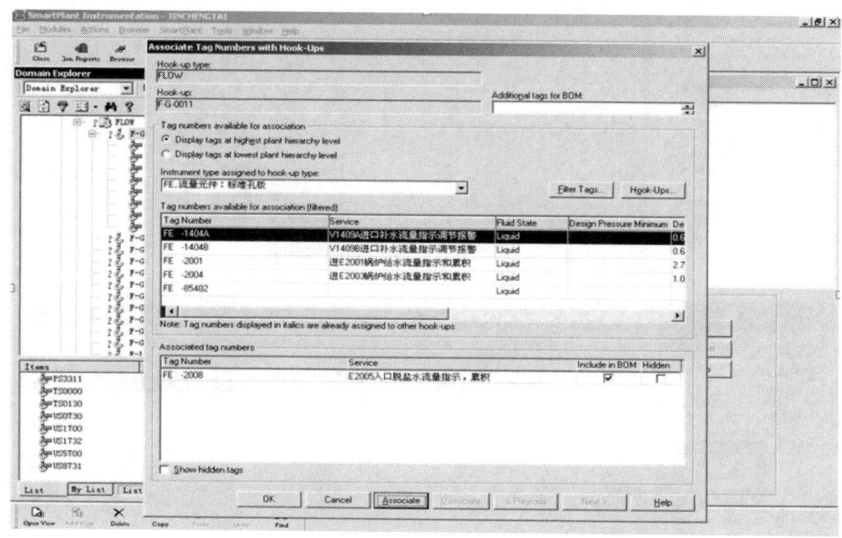

图 5-9-16　仪表位号与安装图对应关系示例界面

9. EDE 模块（Engineering Data Editor）

EDE 模块提供用户浏览、检索、过滤和编辑 SPI 数据库的功能，用户可通过批处理来编辑和修改数据。在这里 SPI 软件预先定义了一系列的窗口（Browser），用户也可通过 InfoMaker 自行定制全新的窗口，界面如图 5-9-17 所示。

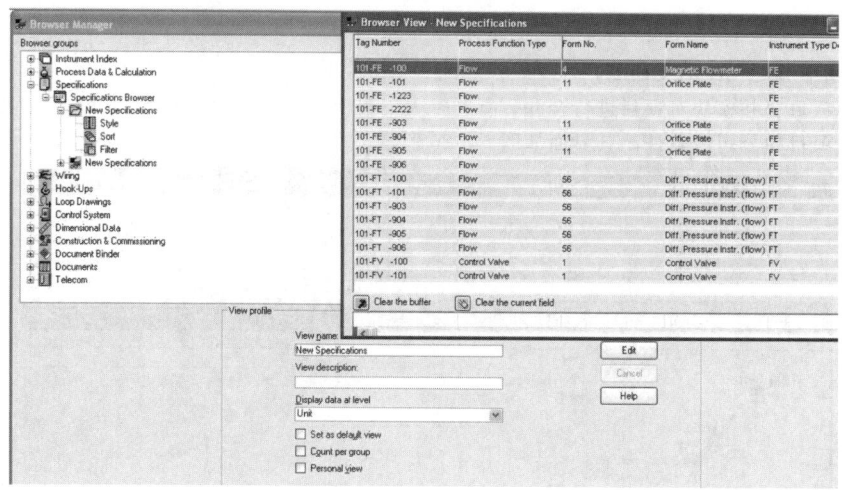

图 5-9-17　EDE 模块界面

从 SPI2016 开始，EDE 功能得到了增强，支持嵌入 SQL 语句进行自定义查询，无需借助 InfoMaker 也可实现所有的查询功能，如图 5-9-18 所示。

10. 文档绑定模块（Document Binder）

文档绑定模块是为发布仪表规格书和其他 SPI 文档而开发，界面如图 5-9-19 所示。其目的是将零散的仪表规格书和文档绑定在一起，列出清单和为仪表规格书编页码。用户也可根据需要将外部的多种格式文档绑定，如 Word、Excel、PDF 等。

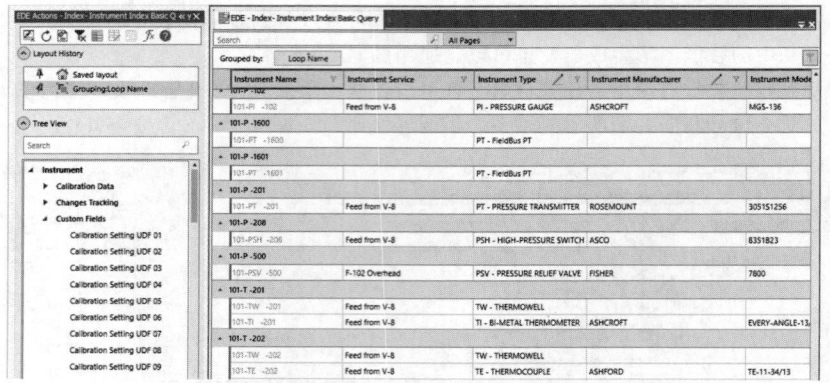

图 5-9-18　EDE 功能示例界面

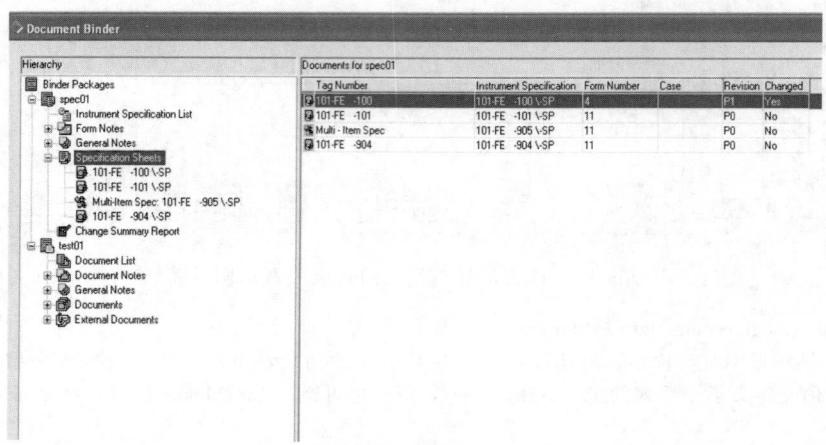

图 5-9-19　文档绑定模块界面

11. 项目合并模块（Merger Utility）

用户可利用项目合并模块对项目进行合并，有利于大工程项目的工作划分以及协同工作，使得 SPI 成为面向国际化大工程项目的公司级软件。其界面如图 5-9-20 所示。

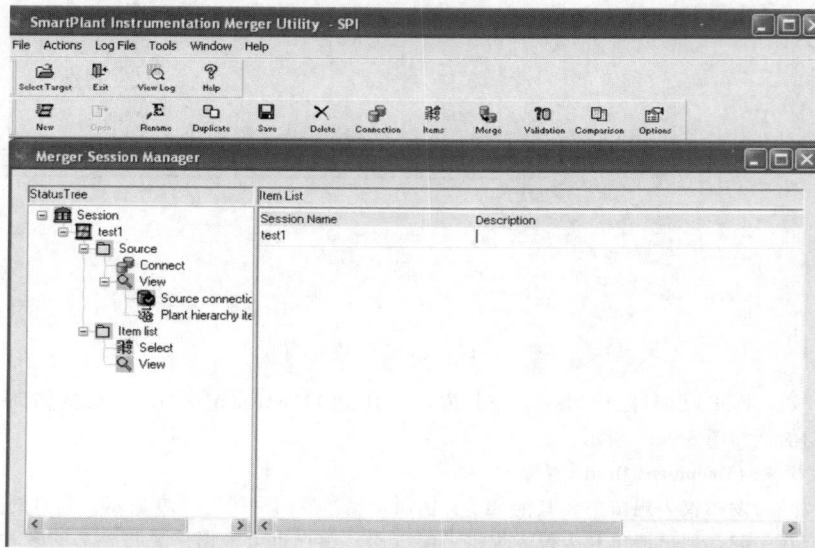

图 5-9-20　项目合并模块界面

12. 数据导入模块（Import Utility）

数据导入模块是为了用户方便地导入外部数据到 SPI 的数据库而开发。用户可连接 Oracle 和 SQL 的服务器，及任何微软 ODBC 可以识别的电子数据文件。通过此模块，还可与 PDS、SPP&ID、FIRSTVUE、MA-SONEILAN 等软件进行数据交换，界面如图 5-9-21 所示。

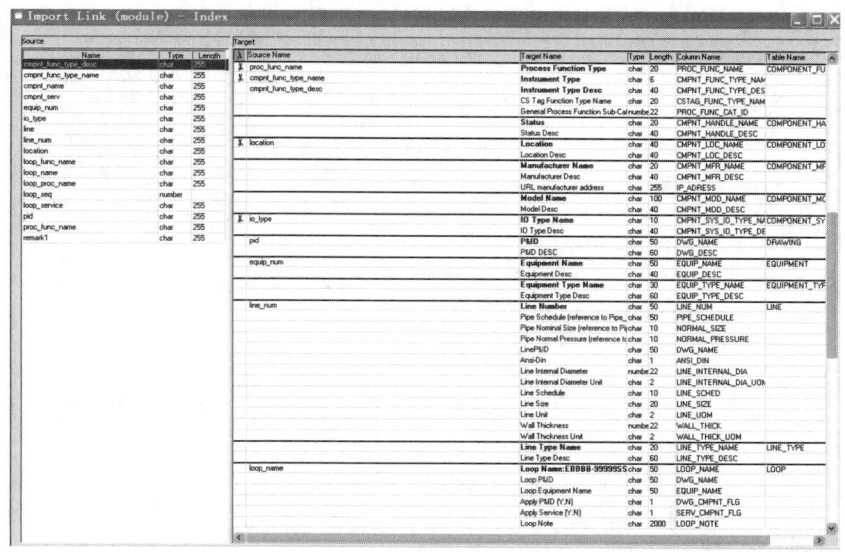

图 5-9-21　数据导入模块界面

除此之外，SPI 还有几个附加模块，如仪表几何尺寸输入模块、建造模块、仪表维护、标定模块等。

五、SPI 客户化工作及二次开发

SPI 客户化是指定制符合本公司的设计风格和输出风格的模板，包括输入和输出两部分。

1. 输入客户化

（1）建立命名规则　在 SPI 数据库中，任何回路和位号、接线箱号、电缆号都应该遵循一定规则，这个规则称之为命名规则。只有建立严格的规则，输入才有据可依，这是保证 SPI 输入准确性的基础。该项工作通常由软件管理员和专业负责人商定。一个典型回路、位号命名规则如图 5-9-22 所示。

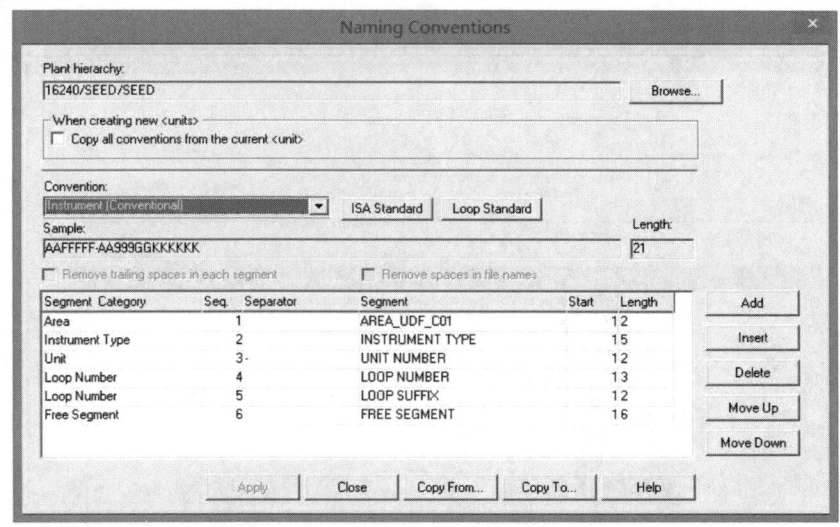

图 5-9-22　建立命名规则界面

（2）UOM 定义　用于对项目中的工程单位和数据精度设置缺省值，界面如图 5-9-23 所示。

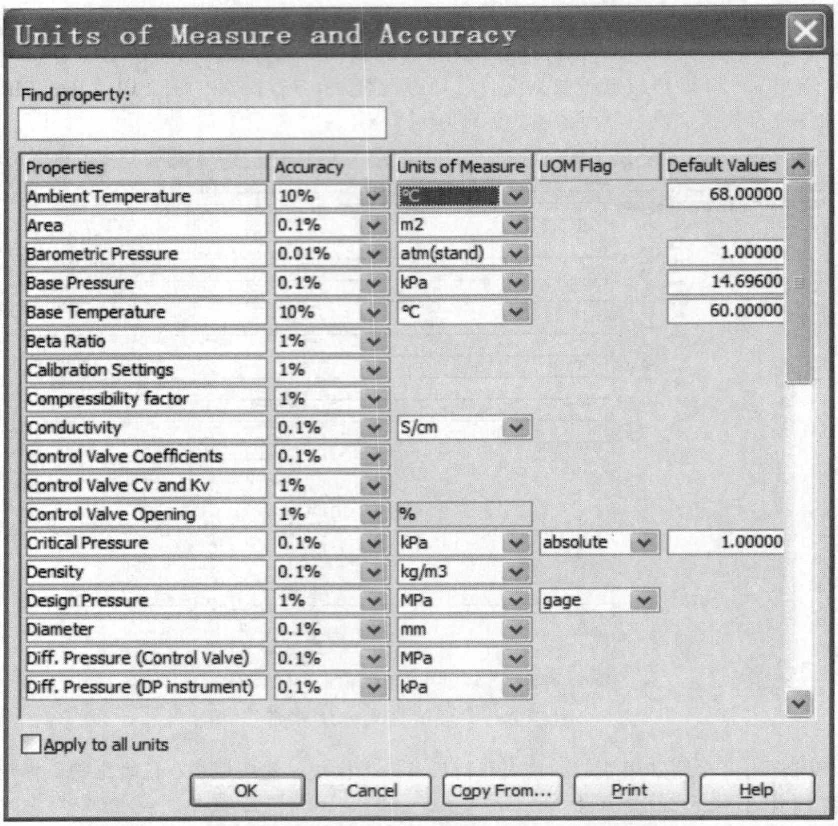

图 5-9-23　工程单位和数据精度设置界面

UOM 的定义用于整个项目，即任何登录到该项目的用户在新建位号的工艺数据表时，均按照 UOM 中的定义来确定初始的工程单位和数据精度。在项目建立之初，专业负责人统一规定该项目的工程单位和数据精度等，以便项目中的设计人员参照执行。

（3）索引模块中若干项定义　索引模块是设计的基础，其中仪表类型 Instrument type 的定义非常重要，

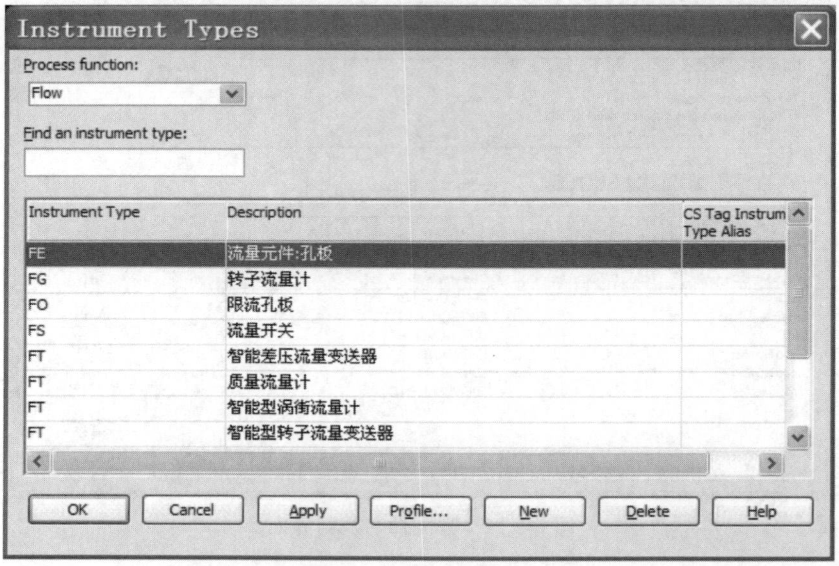

图 5-9-24　仪表类型定义界面

不仅影响设计人员创建索引，还涉及仪表规格书、电缆接线、仪表安装图、仪表回路图等工作。例如 Flow 功能下的仪表类型定义界面如图 5-9-24 所示。

目前已经有的分类包括 General、Flow、Level、Pressure、Temperature、Analyzer、Control Valve、Relief Valve 等。这些分类是 SPI 系统预定义的，用户可根据工程设计的需要，增删或者修改仪表类型的定义。

每一个 Instrument Type 均可设置其关联，包括规格书号、I/O Type、Location、是否关联 Hook-Up 图、是否接线等信息。这些信息设置的越全面，创建索引以后自动生成的信息就越丰富，将来需要补充的信息就越少。在进行设计前，软件管理员和专业负责人需要沟通，尽可能提供详尽的 Instrument Type 信息。

如果要创建适用于所有项目的模板库，建立的仪表类型条目会非常多，手动输入非常繁琐且容易出错。通常建立一个包含所有类型的 Excel 表，并通过 SPI 自带的 Import Utility 工具，将仪表类型及相关信息导入数据库。仪表类型汇总示例如表 5-9-1 所示。

表 5-9-1　仪表类型汇总示例

Instrument_Type_Name	仪表类型描述	process_function_proc_func_name	cstag_func_typ_e_name	Instrument_Type_Description	Spec_Sheet_Form_No	Default_Location	Default_System_IO_Type	R
TSO	限位开关	Control Valve	TSO	Limit Switch		Field	DCS-DI	
TZS	限位开关	Control Valve	TZS	Limit Switch		Field	SIS-DI	
TZSC	限位开关	Control Valve	TZSC	Limit Switch		Field	SIS-DI	
TZSO	限位开关	Control Valve	TZSO	Limit Switch		Field	SIS-DI	
XS	限位开关	Control Valve	XS	Limit Switch		Field	DCS-DI	
XSC	限位开关	Control Valve	XSC	Limit Switch		Field	DCS-DI	
XSO	限位开关	Control Valve	XSO	Limit Switch		Field	DCS-DI	
XZS	限位开关	Control Valve	XZS	Limit Switch		Field	SIS-DI	
XZSC	限位开关	Control Valve	XZSC	Limit Switch		Field	SIS-DI	
XZSO	限位开关	Control Valve	XZSO	Limit Switch		Field	SIS-DI	
FO	限流孔板	Flow	FO	Restriction Orifice	Restriction Orifice	Field		
ATGT	线性感温探测电缆	Analyzer	AT	Linear Heat Detect Cable				
SI	显示仪/操作台	General	SI	Indicator: Console				
FO	文丘里	Flow	FO	Venturi		Field		
TCV	温度自力式调节阀	Control Valve	TCV	Temperature Regulator		Field		
TE	温度元件-双支热电阻	Temperature	TE	Element: RTD (Duplex)	Temperature Element	Field		
TE	温度元件-双支T型热电偶	Temperature	TE	Element: T/C-T (Duplex)	Temperature Element	Field		
TE	温度元件-双支S型热电偶	Temperature	TE	Element: T/C-S (Duplex)	Temperature Element	Field		
TE	温度元件-双支R型热电偶	Temperature	TE	Element: T/C-R (Duplex)	Temperature Element	Field		
TE	温度元件-双支K型热电偶	Temperature	TE	Element: T/C-K (Duplex)	Temperature Element	Field		
TE	温度元件-热电阻	Temperature	TE	Element: RTD	Temperature Element	Field		

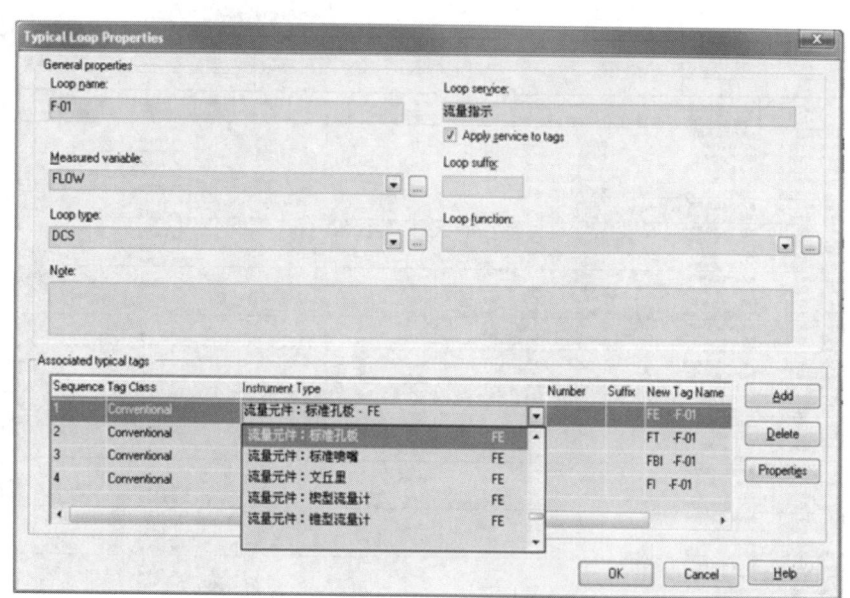

图 5-9-25　典型回路设置界面

（4）定义典型回路 典型回路可看作是用户定义的典型编号结合，这些编号实际上就是各种各样的工具类型。建立一个用户定义典型回路，让它作为批处理模式中设备回路的组构造模板。这个功能非常有用，可建立一个庞大的典型回路库，并利用它们在批处理模式下建立仪表回路。

一个典型回路设置界面如图 5-9-25 所示。

如果典型回路数量很大，也可通过 Import Utility 导入 Excel 表的方式创建。

定义安装图、材料表、接线材料、回路图不再详叙。

以上工作完成后，可将该库作为模板库，设置库的可写权限为管理员所有，其他用户仅有只读权限。管理员依然可以维护模板库，并可用该模板库生成新的项目。

2. 输出客户化

（1）索引表模板（图 5-9-26）

位号 Tag	仪表类型 Instrument Type	信号类型 I/O Type	状态 Status	位置 Location	PID号 PID NO	管线或设备号 Line or Equip NO	规格书 Spec No	接线箱 Junc Box	备注 Remark
61F -12020	**急冷水泵P1222**								
61FV-12020	气动调节阀（偏心旋转阀）	DAOR	EC	现场	1201	100-QW-12011-B52A-W	20180IN-SP07-0004	61FDC12-10	
61F -12021	**二次急冷水泵P1220**								
61FE-12021	文丘里管	-	EC	现场	1210	500-QW-12029-A52A-W	20180IN-SP03-0003		
61FT-12021	差压变送器（流量）	DAI	EC	现场	1210	500-QW-12029-A52A-W	20180IN-SP03-0009	61FDC12-10	
61FIC-12021	DCS 指示控制功能	-		DCS	1210				参与复合调节
61FV-12021	气动调节阀（偏心旋转阀）	DAOR	EC	现场	1210	450-QW-12027-B52A-W	20180IN-SP07-0004	61FDC12-10	
61F -12032	**工艺水泵X1240**								
61FT-12032	一体化膜用流量计 隔膜	DAIR	EC	现场	1214	200-PW-12006-B52A-W	20180IN-SP03-0013	61FDC12-10	
61FIC-12032	DCS 指示控制功能	-		DCS	1214				SP 从LIC-12013
61FV-12032	气动调节阀（偏心旋转阀）	DAOR	EC	现场	1214	200-PW-12100-B52A-W	20180IN-SP07-0004	61FDC12-10	
61F -12033	**锅炉蒸汽泵C1260**								
61FE-12033	流量孔板	-	EC	现场	1214	400-P-12159-A52AV-H	20180IN-SP03-0001		
61FT-12033	差压变送器（流量）	DAIR	EC	现场	1214	400-P-12159-A52AV-H	20180IN-SP03-0009	61FDC12-10	
61FIC-12033A	DCS 指示控制功能	-		DCS	1214				
61FIC-12033B	DCS 指示控制功能	-		DCS	1214				信号来自FIC-12033A
61FV-12033A	气动调节阀（膜板）	DAOR	EC	现场	1215	450-S4-12060-AA7B-H	20180IN-SP07-0002	61FDC12-10	
61FV-12033B	气动调节阀（Globe）	DAOR	EC	现场	1214	250-DS-12183-A33A-W	20180IN-SP07-0004	61FDC12-10	
61F -12034	**工艺水泵E1274**								
61FT-12034	一体化膜用流量计 隔膜	DAIR	EC	现场	1214	200-PW-12103-B52A-W	20180IN-SP03-0013	61FDC12-10	
61FIC-12034	DCS 指示控制功能	-		DCS	1214				参与复合调节
61HS-12034	DCS 逻辑功能（选择）	-		DCS	1214				
61FV-12034	气动调节阀（偏心旋转阀）	DAOR	EC	现场	1219	200-PW-12103-B52A-W	20180IN-SP07-0004	61FDC12-10	信号来自FIC-12034
61F -12036	**中压蒸汽放空管网**								
61FE-12036	流量孔板	-	EC	现场	1216	600-S10-12826-AB5B-H	20180IN-SP03-0001		
61FT-12036	差压变送器（流量）	DAI	EC	现场	1216	600-S10-12826-AB5B-H	20180IN-SP03-0009	61FDC12-10	
61FI-12036	DCS 指示功能	-		DCS	1216				

图 5-9-26 仪表索引表模板

（2）监控数据表模板（图 5-9-27）

位号 Tag	仪表名称及用途 Instrument Type and service	信号类型 I/O Type	位置 Location	PID号 PID NO.	量程 Range	设定值 Setpoint	调节器方式 Cntr Act	故障位置 Fail Action	单元名称 Unit Name	备注 Remark
61A -10001	**至聚解护丙烯原料**									
61AI -10001	DCS 指示功能	COMA-P-D	DCS	1001					10_原料处理	C3H8
61AI -10001 B	DCS 指示功能	COMA-P-D	DCS	1001					10_原料处理	CH4
61AI -10001 C	DCS 指示功能	COMA-P-D	DCS	1001					10_原料处理	C2H4
61AI -10001 D	DCS 指示功能	COMA-P-D	DCS	1001					10_原料处理	C3H6
61AI -10001 E	DCS 指示功能	COMA-P-D	DCS	1001					10_原料处理	C2H6
61A -10002	**富乙烯气来自界区**									
61AI -10002	DCS 指示功能	COMA-P-D	DCS	1001					10_原料处理	C3H8
61F -10001	**新鲜丙烯来自界区**									
61FT -10001	Coriolis质量流量计	DAI(E)	现场	1001	0-400000 kg/h				10_原料处理	
61FI -10001	DCS 指示功能	-	DCS	1001					10_原料处理	
61FQI -10001	DCS 累积指示功能	-	DCS	1001					10_原料处理	
61F -10002	**富乙烯气至E1008**									
61FT -10002	差压变送器（流量）	DAI	现场	1003	0-11000 kg/h				10_原料处理	
61FIC -10002	DCS 指示控制功能	-	DCS	1003					10_原料处理	参与复合调节
61FV -10002	气动调节阀（Globe）	DAOR	现场	1003				Close	10_原料处理	
61F -10003	**富乙烯气至E1006**									
61FT -10003	涡街流量计	DAIR	现场	1003	0-10000 kg/h				10_原料处理	
61FIC -10003	DCS 指示控制功能	-	DCS	1003					10_原料处理	HPO PIC-10002
61FV -10003	气动调节阀（Globe）	DAOR	现场	1003				Close	10_原料处理	
61F -10004	**DMDS来自X-1980**									
61FT -10004	转子流量计	DAI	现场	1001	1-100 kg/h				10_原料处理	
61FI -10004 A	DCS 指示功能	-	DCS	1001					10_原料处理	
61FI -10004 B	就地指示器	DAO	现场	1001					10_原料处理	
61F -10005	**DMDS来自X-1980**									
61FT -10005	转子流量计	DAI	现场	1003	1-10 kg/h				10_原料处理	
61FI -10005 A	DCS 指示功能	-	DCS	1003					10_原料处理	
61FI -10005 B	就地指示器	DAO	现场	1003					10_原料处理	
61F -10010	**富乙烯气来自界区**									
61FT -10010	Coriolis质量流量计	DAI(E)	现场	1003	0-12000 kg/h				10_原料处理	
61FI -10010	DCS 指示功能	-	DCS	1003					10_原料处理	
61FQI -10010	DCS 累积指示功能	-	DCS	1003					10_原料处理	
61F -10050	**新鲜丙烯至D-1951**									
61FT -10050	差压变送器（流量）	DAI	现场	1001	0-60000 kg/h				10_原料处理	TI-10050与PI-10050补偿
61FI -10050	DCS 指示功能	-	DCS	1001					10_原料处理	
61FQI -10050	DCS 累积指示功能	-	DCS	1001					10_原料处理	
61HV-10001	**底组分至D1330**									
61HIC -10001	DCS 手操器	-	DCS	1001					10_原料处理	UZ-1301
61HV -10001	气动调节阀（Globe）	DAOR	现场	1001				Close	10_原料处理	

图 5-9-27 监控数据表模板

（3）规格书模板（图 5-9-28）

总述 GENERAL	1	位号 Tag Number	P&ID号 P&ID Number	61FV -12002		1203		
	2	用途 Service		含油急冷水至C1220				
	3			进口 Inlet		出口 Outlet		
	4	管道号 Line Number	管道通径 Line Nor.Size	400-QW-12004-A33A-W	DN 400		DN	
	5	管表号/壁厚 Sch/Wall	管道内径 Line I.D.	20 / 7.92 mm	390.6 mn	/ mm		mm
	6	管道材质 Pipe Material		A106				
	7	危险区域划分 Area	环境温度 Amb. Temp.	Zone 2 IIC T4		-14.9~38.7	℃	
工艺条件 PROCESS CONDITIONS	8	介质 Fluid Name	状态 Fluid State	WATER		Liquid		
	9			最小 Min.	正常 Normal	最大 Max.	单位 Units	
	10	流量 Flow		586699	838142	1005770	kg/h	
	11	温度 Temperature			82.5		℃	
	12	进口压力 Inlet Pressure				0.569	MPa-g	
	13	压差 Pressure Drop				90	kPa	
	14	操作密度 Density @ Operation			970		kg/m3	
	15	动力粘度 Dynamic Viscosity			0.344		mPa.s	
	16	饱和蒸气压 Vapor Pressure			0.052		MPa-a	
	17	比热比 Cp / Cv						
	18	压缩系数 Compressibility Factor						
	19	临界压力 Critical Pressure		22.06	MPa-a			
	20	分子量 MW	基准密度 Den. @ Base	18.02			kg/m³	
	21	最大关闭压差 Max. Shut Off Diff. Pressure		1.3	MPa			
	22	设计压力 Des. Press.	设计温度 Des. Temp.	1.3 /	MPa-g	120 /	℃	
	23	基准压力 Base Press.	基准温度 Base Temp.					
	24	当地大气压 Barometer	最大噪音 Max. Sound	101.1	kPa-a	85	dBA	
	25	气源故障阀位置 Valve Position @ Air Failure		Open				
	26	联锁时阀位置 Valve Position @ Interlock						
计算数据 CALCULATION DATA	27			最小 Min.	正常 Normal	最大 Max.	单位 Units	
	28	计算Cv值 Cal. Cv	制造商计算结果 Mfr.	731	1048	1263		
	29	相对行程 Travel	制造商计算结果 Mfr.	43.2	56.9	67.2	%	
	30	计算噪声 Sound Level	制造商计算结果 Mfr.	70	70	70	dBA	

阀体规格 BODY SPECIFICATION	31	阀形式 Valve Type	偏心旋转阀	定位器规格 POSITIONER SPECIFICATION	57	形式 Type	压力表 PG 智能型 带
	32	公称通径 Body Size	12 in		58	输入信号 Input Signal	4 - 20 mA DC
	33	压力等级 Rating			59	作用方式 Action	Direct
	34	阀体材质 Body Matl	A216 WCB		60	防爆等级 Ex.Proof Cer.	ExiaIICT4
	35	填料材质 Packing	PTFE	电磁阀规格 SOV SPECIFICATION	61	形式 Type	
	36	流向 Flow Tending to			62	电源 Power	
	37	形式 Type	法兰连接		63	功率 Consumption	
	38	过程 法兰标准 Flg.Std.	ASME B16.5		64	防爆等级 Ex.Proof Cer.	
	39	连接 法兰规格 Flange	12" / 150LB / RF	阀位开关规格 SWITCH	65	形式 Type	
	40	Pro. 焊接规格 Weld	/		66	位置 Position	
	41	Conn			67	防爆等级 Ex.Proof Cer.	
	42			过滤减压阀规格 AIR SET	68	供气压力 Air Supply	0.4MPaG
阀内件规格 TRIM SPECIFICATION	43	形式 Type			69	压力表 Press. Gauge	带
	44	阀内件尺寸 Trim Size		其它 MISCELLANEOUS	70	防护等级 IP Code	IP65
	45	阀芯材质 Plug Matl	316SS+STL		71	电气接口 Elec. Conn.	1/2"NPT(F)
	46	阀座材质 Seat Matl	316SS+STL		72	气源接口 Air Conn.	1/4"NPT(F)
	47	阀轴材质 Shaft Matl			73	贮气罐 Volume Tank	
	48	泄漏等级 Leakage	ANSI IV (standard)	选项 OPTIONS	74	保位阀 Lock Valve	
	49	固有特性 Trim Chara.	线性		75	阀位变送器 Pos.Trans.	
	50	选择Cv Selected Cv			76		
	51				77	夹套规格 Jacket Spec.	
执行机构规格 ACTUATOR SPECIFICATION	52	形式 Type	气动薄膜		78		
	53	手轮 H/W 方位 Orien.	No	采购数据 PURCHASE	79	制造商 Manufacturer	Masoneilan
	54	作用方式 Action			80	型号 Model	35-35112
	55	弹簧范围 Bench Set	制造厂标准		81	订货号 PO Number	
	56	气源管线材质 Air Pipe	304SS		82	询价号 Req. Number	EM0701-EIN-124

				仪表数据表 INSTRUMENT DATA SHEET 气动调节阀 (偏旋阀)			
0							
版次 Rev.	日期 Date	说明 Description	设计 Desd.	校核 Chkd.	审核 Appd.		

图 5-9-28　规格书模板

（4）安装图索引页模板（图 5-9-29）

安装图名称： P-010

序号	位号	管道/设备号	序号	位号	管道/设备号
1	PT -30102	PG-30110-50-B5E	2	PT -30501	PG-30503A-25-B11E-H
3	PT -30503	H-30502-20-B11E	4	PT -31403	VG-31401-25-E2A
5	PT -33501	T-3302	6	PT -33502	T-3303
7	PT -33504	D-3313	8	PT -38201	VG-38208-25-B5C
9	PT -38501	LN-38501-100-B2A	10	PT -38701	F-38717-50-C5A
11	PT -38702	PG-38703-100-B2E	12	PT -38704	F-38701-400-C2A
13	PT -41403	VG-41401-25-E2A	14	PZT -32101	HN-32101-50-B5C
15	PZT -32151	HN-32101-50-B5C	16	PZT -42101	HN-42101-50-B5C
17	PZT -42151	HN-42151-50-B5C			

中华人民共和国住房和城乡建设部

收证单位　证书编号　发证单位

甲

公证专业　DISC.　签字 SIGN.　日期 DATE

仪表导压配管安装图
INSTRUMENT PRESSURE PIPE HOOK-UP DRAWING

设计阶数 PHASE	自控	专业 DISCIPLINE	自控
项目号 PROJ. NO.			
图号 DWG. NO			版次 REV. 0
比例 SCALE		第 21 张　共 65 张 SHEET　　OF	

图 5-9-29　安装图索引页模板

（5）电缆表模板（图 5-9-30）

			CABLE CONNECTION LIST 电缆连接表				Prj.No 项目号：		Rev 版次
							Doc.No 文件号：		0
							Page 第 1 页 of 共 42 页		

JB Name接线箱名称：　　　　-　　　　　　　　　　　　　　　　　　　　　Cable Name电缆名称：

序号No	现场仪表 Field Instrument		分支电缆 Branch Cable				接线箱 JB	主电缆 Main Cable			机柜间 CR		
	位号 Tag Number	端子号 Term No	芯号 Core	规格/电缆号 Spec./Cab. No	长度 Len.		端子号 Term No	规格/电缆号 Spec./Cab. No	长度 Len.	芯号 Core	盘柜号 Panel No	端子排号 TB No	端子号 Term No
1	FT -31010	+	WH	C-FT -31010			1	C-JBADI3101	450 m	1WH	TN-105	TB-1	1
		-	BK	FA12B	40 m		2	ZA82A		1BK			2
			SH	1x2x1.5mm2				8x2x1.0mm2		1SH			
2	FT -31036	+	WH	C-FT -31036			3			2WH	TN-105	TB-1	3
		-	BK	FA12B	40 m		4			2BK			4
			SH	1x2x1.5mm2						2SH			
3	FT -31051	+	WH	C-FT -31051			5			3WH	TN-105	TB-1	5
		-	BK	FA12B	40 m		6			3BK			6
			SH	1x2x1.5mm2						3SH			
4	FT -31052	+	WH	C-FT -31052			7			4WH	TN-105	TB-1	7
		-	BK	FA12B	40 m		8			4BK			8
			SH	1x2x1.5mm2						4SH			
5	PT -31010	+	WH	C-PT -31010			9			5WH	TN-105	TB-1	9
		-	BK	FA12B	40 m		10			5BK			10
			SH	1x2x1.5mm2						5SH			
6	PV -31008B	+	WH	C-PV -31008B			11			6WH	TN-105	TB-1	11
		-	BK	FA12B	40 m		12			6BK			12
			SH	1x2x1.5mm2						6SH			
7	PV -31010	+	WH	C-PV -31010			13			7WH	TN-105	TB-1	13
		-	BK	FA12B	40 m		14			7BK			14
			SH	1x2x1.5mm2						7SH			
8							15			8WH	TN-105	TB-1	15
							16			8BK			16
										8SH			
										SH	TN-105	TB-1	17

图 5-9-30　电缆表模板

(6) 回路图模板 (图 5-9-31)

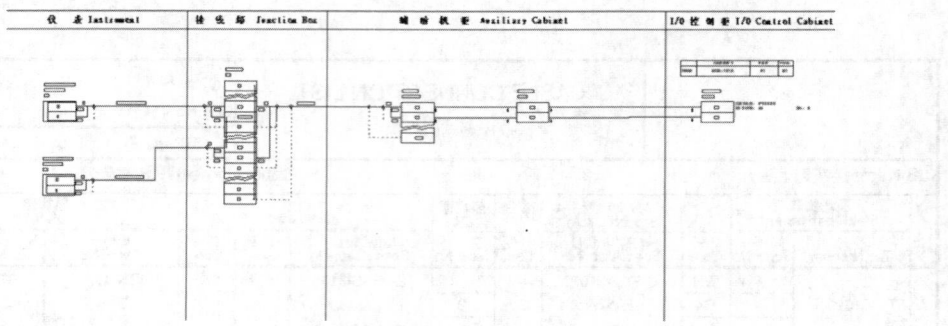

图 5-9-31　回路图模板

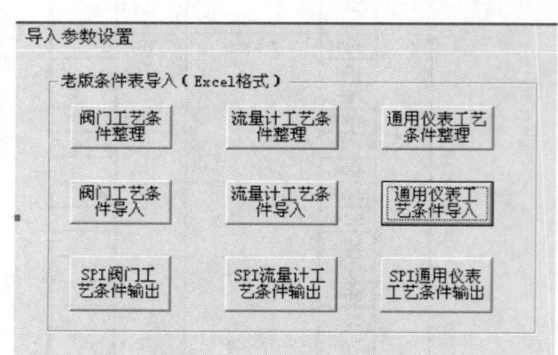

图 5-9-32　自动导入参数设置界面

3. SPI 二次开发

SPI 现有功能还不能完全满足工程设计的需求时，有针对性地进行二次开发，可有效提高 SPI 软件的输入和输出效率，减少设计人员的工作量及失误。

(1) 工艺条件辅助开发　SPI 自带工艺条件导入工具，实际使用起来并不方便，而且导入数据前后没有详细的对比报告。对于不成熟的工艺，尤其是工艺包开发，可能自控专业整理并导入的条件频繁改动，即使工艺条件每次升版均做了手动标记，也难免会有遗漏，自控专业每次导入都需要重新核对。

开发一款方便不同版本工艺条件导入，且自动输出导入前后的数据对比报告的工具是非常必要的，界面如图 5-9-32 所示。将 Excel 版的工艺条件，通过程序转成一个位号一行的数据条目，人工整理不合规的数据，比如 SPI 好多数值型字段，不接受数字以外的特殊符号。

将整理好的条目按照阀门、流量计、通用仪表（包括温度、压力、液位）的类型分别设置导入参数，分别导入 SPI 数据库中即可，如图 5-9-33 所示。

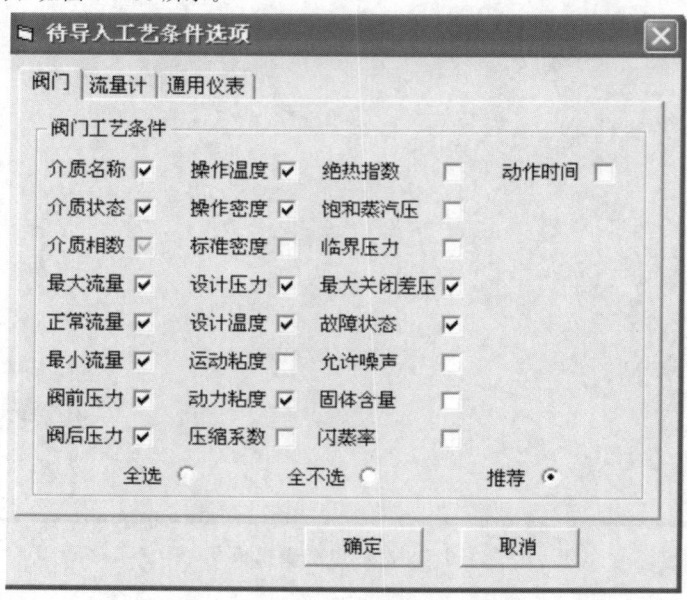

图 5-9-33　自动导入工艺参数示例界面

导入完成后，可以输出和 SPI 中原位号的数据对比报告，如图 5-9-34 所示。

序号	位号	字段	SPI数据	待导入工艺数据	备注
133	FV-2101-CA1		不存在	存在	新增
134	FV-2101-CA2		不存在	存在	新增
135	FV -2102	用途	3-C-201A出口气体流量/3-C-201A OUTLET GAS FLOW	3-C-201A出口气体流量调节	
		介质名称	Propylene,H2,propane(powder)	丙烯、氢气、丙烷（少量粉料）	
136	FV-2151-CA1		不存在	存在	新增
137	FV-2151-CA2		不存在	存在	新增
138	FV -2152	用途	3-C-201B出口气体流量/3-C-201B OUTLET GAS FLOW	3-C-201B出口气体流量调节	
		介质名称	Propylene,H2,propane(powder)	丙烯、氢气、丙烷（少量粉料）	
139	FV-2301-CA1		不存在	存在	新增
140	FV-2301-CA2		不存在	存在	新增
141	FV -2302	用途	进3-D-203机械密封丙烯流量/3-D-203 INLET SEAL PR. FLOW	进3-D-203机械密封丙烯流量调节	
		介质名称	C3H6,C3H8	丙烯、丙烷	
142	FV -2303	用途	3-P-203A/B出口丙烯流量/3-P-203A/B OUTLET PR. FLOW	3-P-203A/B出口丙烯流量调节	
		介质名称	C3H6,C3H8	丙烯、丙烷	
143	FV -2304	用途	进3-D-203机械密封丙烯流量/3-D-203 SEAL PR. FLOW	进3-D-203末端机械密封丙烯流量调节	
		介质名称	C3H6,C3H8	丙烯、丙烷	

图 5-9-34 数据对比报告示例

另一种更先进的办法是开发方便操作工艺条件的输入模块，如图 5-9-35 所示，该模块允许工艺专业复用 SPP&ID 中获取管道的基本工艺参数，并允许工艺专业按仪表位号逐条完善数据。这种输入模式可对关键数据限制其输入范围，如操作压力仅允许输入数值，避免出现"常压"之类用 Excel 版条件才会出现的错误。

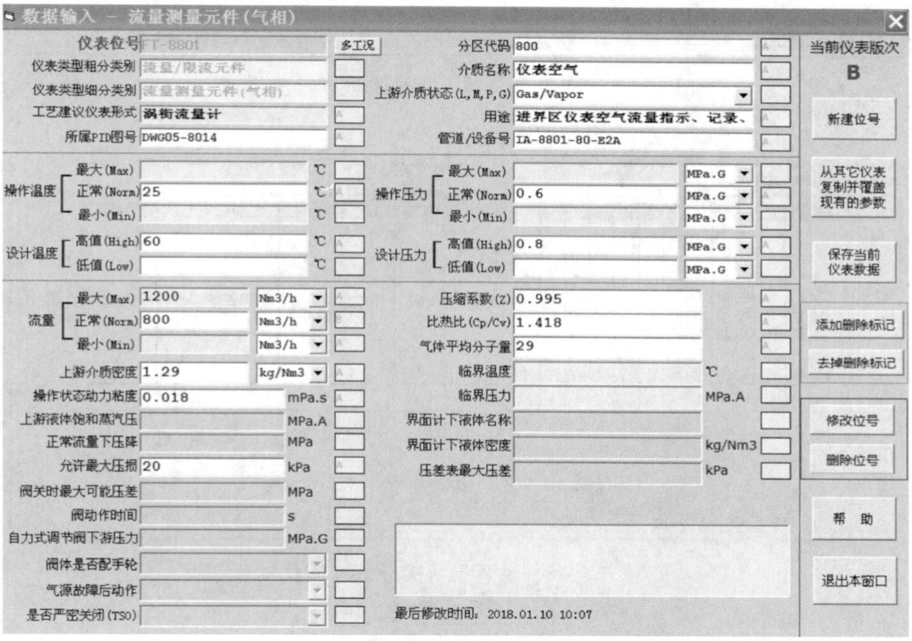

图 5-9-35 工艺条件输入模块示例界面

工艺校审人员和专业负责人可采用类似 SPI 的 Browser 界面检索并修改数据，查看每台仪表工艺条件的完整程度。数据检索界面如图 5-9-36 所示。

条件完成后将仪表按不同小类分别发布，并通知自控专业增量或全部导入 SPI 数据库，输出对比报告。界面如图 5-9-37 所示。

（2）仪表汇总开发 仪表汇总可将仪表按照"分析""流量""液位""压力表""变送器""温度元件""阀门"这七大类输出，一个位号一行。输出信息包括仪表位号、用途、P&ID、管道/设备号、介质及状态、过程连接以及根据不同类型的仪表列出的不同工艺条件信息。通过这些信息，设计人员可迅速地统计不同类型仪表的数量，编制仪表汇总表，提工程概算清单。示例界面如图 5-9-38 所示。

（3）规格书编辑 SPI 的规格书分类编辑可通过两种途径：单位号编辑和批量编辑。批量编辑适合新项目批量填写，单位号编辑适合批量编辑完以后单独修改某个位号，但打开单个规格书的操作并不方便。开发规格书编辑模块，设计人只需登录本软件的规格书模块，选择项目名、装置、主项和规格书 form 号，就可迅速打

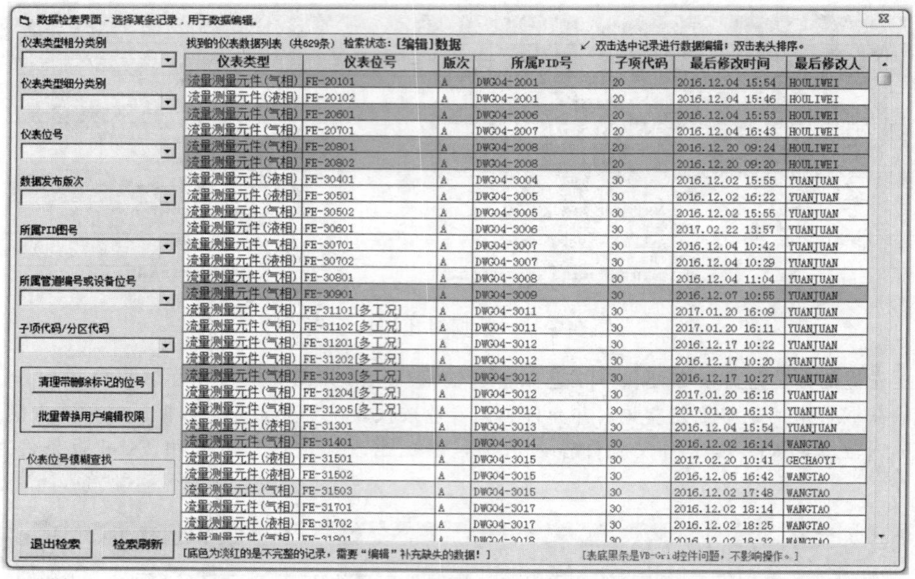

仪表类型	仪表位号	版次	所属PID号	子项代码	最后修改时间	最后修改人
流量测量元件(气相)	FE-20101	A	DWG04-2001	20	2016.12.04 15:54	HOULIWEI
流量测量元件(液相)	FE-20102	A	DWG04-2001	20	2016.12.04 15:46	HOULIWEI
流量测量元件(气相)	FE-20601	A	DWG04-2006	20	2016.12.04 15:53	HOULIWEI
流量测量元件(气相)	FE-20701	A	DWG04-2007	20	2016.12.04 16:43	HOULIWEI
流量测量元件(气相)	FE-20801	A	DWG04-2008	20	2016.12.20 09:24	HOULIWEI
流量测量元件(气相)	FE-20802	A	DWG04-2008	20	2016.12.20 09:20	HOULIWEI
流量测量元件(液相)	FE-30401	A	DWG04-3004	30	2016.12.02 15:55	YUANJUAN
流量测量元件(液相)	FE-30501	A	DWG04-3005	30	2016.12.02 16:22	YUANJUAN
流量测量元件(气相)	FE-30502	A	DWG04-3005	30	2016.12.02 15:55	YUANJUAN
流量测量元件(液相)	FE-30601	A	DWG04-3006	30	2017.02.22 13:57	YUANJUAN
流量测量元件(气相)	FE-30701	A	DWG04-3007	30	2016.12.04 10:42	YUANJUAN
流量测量元件(液相)	FE-30702	A	DWG04-3007	30	2016.12.04 10:29	YUANJUAN
流量测量元件(气相)	FE-30801	A	DWG04-3008	30	2016.12.04 11:04	YUANJUAN
流量测量元件(气相)	FE-30901	A	DWG04-3009	30	2016.12.07 10:55	YUANJUAN
流量测量元件(气相)	FE-31101[多工况]	A	DWG04-3011	30	2017.01.20 16:09	YUANJUAN
流量测量元件(气相)	FE-31102[多工况]	A	DWG04-3011	30	2017.01.20 16:11	YUANJUAN
流量测量元件(气相)	FE-31201[多工况]	A	DWG04-3012	30	2016.12.17 10:22	YUANJUAN
流量测量元件(气相)	FE-31202[多工况]	A	DWG04-3012	30	2016.12.17 10:20	YUANJUAN
流量测量元件(气相)	FE-31203[多工况]	A	DWG04-3012	30	2016.12.17 10:27	YUANJUAN
流量测量元件(气相)	FE-31204[多工况]	A	DWG04-3012	30	2017.01.20 16:16	YUANJUAN
流量测量元件(气相)	FE-31205[多工况]	A	DWG04-3012	30	2017.01.20 16:13	YUANJUAN
流量测量元件(液相)	FE-31301	A	DWG04-3013	30	2016.12.04 15:54	YUANJUAN
流量测量元件(气相)	FE-31401	A	DWG04-3014	30	2016.12.02 16:14	WANGTAO
流量测量元件(液相)	FE-31501	A	DWG04-3015	30	2017.02.20 10:41	GECHAOYI
流量测量元件(液相)	FE-31502	A	DWG04-3015	30	2016.12.05 16:42	WANGTAO
流量测量元件(气相)	FE-31503	A	DWG04-3015	30	2016.12.02 17:48	WANGTAO
流量测量元件(气相)	FE-31701	A	DWG04-3017	30	2016.12.02 18:14	WANGTAO
流量测量元件(液相)	FE-31702	A	DWG04-3017	30	2016.12.02 18:25	WANGTAO

图 5-9-36　工艺条件输入模块的数据检索界面

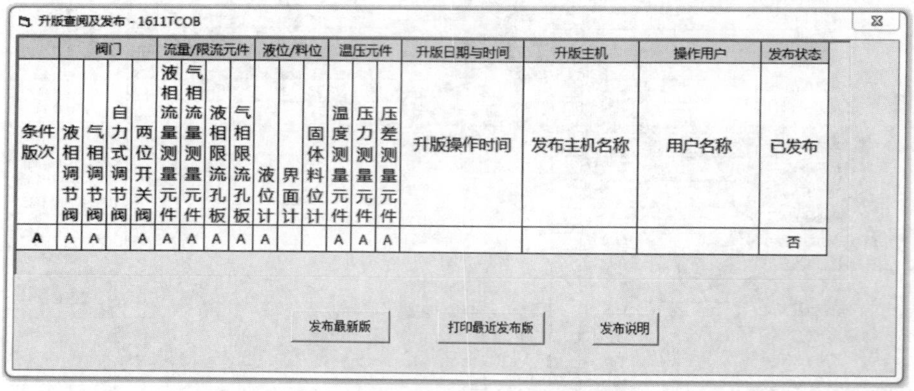

	阀门				流量/限流元件				液位/料位			温压元件			升版日期与时间	升版主机	操作用户	发布状态
条件版次	液相调节阀	气相调节阀	自力式调节阀	两位开关阀	液相流量测量元件	气相流量测量元件	液相限流孔板	气相限流孔板	液位计	界面计	固体料位计	温度测量元件	压力测量元件	压差测量元件	升版操作时间	发布主机名称	用户名称	已发布
A	A	A		A	A	A	A	A	A			A	A	A				否

图 5-9-37　工艺条件输入模块的升版查阅及发布界面

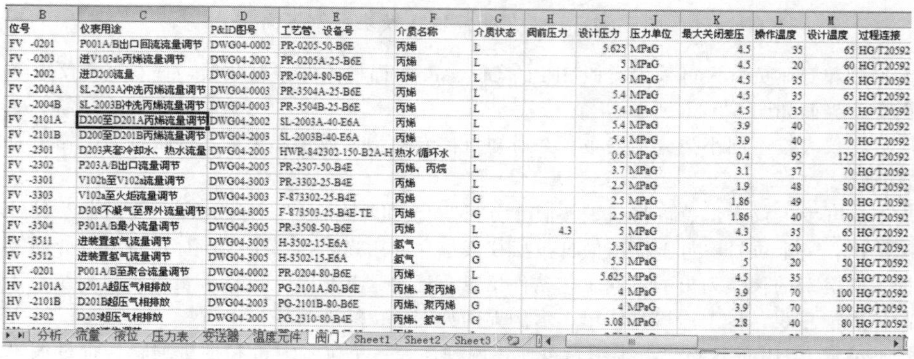

位号	仪表用途	P&ID图号	工艺管、设备号	介质名称	介质状态	阀前压力	设计压力	压力单位	最大关闭差压	操作温度	设计温度	过程连接
FV -0201	P001A/B出口回流流量调节	DWG04-0002	PR-0205-50-B6E	丙烯	L		5.625	MPaG	4.5	35	65	HG/T20592
FV -0203	进V103ab丙烯流量调节	DWG04-2002	PR-0205A-25-B6E	丙烯	L		5	MPaG	4.5	20	60	HG/T20592
FV -2002	进D200流量	DWG04-0003	PR-0204-80-B6E	丙烯	L		5	MPaG	4.5	35	65	HG/T20592
FV -2004A	SL-2003A冲洗丙烯流量调节	DWG04-0003	PR-3504A-25-B6E	丙烯	L		5.4	MPaG	4.5	35	65	HG/T20592
FV -2004B	SL-2003B冲洗丙烯流量调节	DWG04-0003	PR-3504B-25-B6E	丙烯	L		5.4	MPaG	4.5	35	65	HG/T20592
FV -2101A	D200至D201A丙烯流量调节	DWG04-2002	SL-2003A-40-E6A	丙烯	L		5.4	MPaG	3.9	40	70	HG/T20592
FV -2101B	D200至D201B丙烯流量调节	DWG04-2003	SL-2003B-40-E6A	丙烯	L		5.4	MPaG	3.9	40	70	HG/T20592
FV -2301	D203夹套冷却水、热水流量	DWG04-2005	HWR-842302-150-B2A-H	热水/循环水	L		0.6	MPaG	0.4	95	125	HG/T20592
FV -2302	P203A/B出口流量调节	DWG04-2005	PR-2307-50-B4E	丙烯、丙烷	L		3.7	MPaG	3.1	37	70	HG/T20592
FV -3301	V102b至V102a流量调节	DWG04-3003	PR-3302-25-B4E	丙烯	L		2.5	MPaG	1.9	48	80	HG/T20592
FV -3303	V102a至火炬流量调节	DWG04-3003	F-873302-25-B4E	丙烯	G		2.5	MPaG	1.86	49	80	HG/T20592
FV -3501	D308不凝气至界外流量调节	DWG04-3005	F-873503-25-B4E-TE	丙烯	G		2.5	MPaG	1.86	40	70	HG/T20592
FV -3504	P301A/B最小流量调节	DWG04-3005	PR-3508-50-B6E	丙烯	L	4.3	5	MPaG	4.3	35	65	HG/T20592
FV -3511	进装置氢气流量调节	DWG04-3005	H-3502-15-E6A	氢气	G		5.3	MPaG	5	20	50	HG/T20592
FV -3512	进装置氢气流量调节	DWG04-3005	H-3502-15-E6A	氢气	G		5.3	MPaG	5	20	50	HG/T20592
HV -0201	P001A/B至聚合流量调节	DWG04-0002	PR-0204-80-B6E	丙烯	L		5.625	MPaG	4.5	35	65	HG/T20592
HV -2101A	D201A超压气相排放	DWG04-2002	PG-2101A-80-B6E	丙烯、聚丙烯	G		4	MPaG	3.9	70	100	HG/T20592
HV -2101B	D201B超压气相排放	DWG04-2003	PG-2101B-80-B6E	丙烯、聚丙烯	G		4	MPaG	3.9	70	100	HG/T20592
HV -2302	D203超压气相排放	DWG04-2005	PG-2310-80-B4E	丙烯、氢气	G		3.08	MPaG	2.8	40	80	HG/T20592

图 5-9-38　仪表汇总表示例界面

开该类规格书的编辑界面，定位位号以后可快速修改并保存，示例界面如图 5-9-39 所示。批量填充可把该位号的规格书字段复制到其他所有位号。

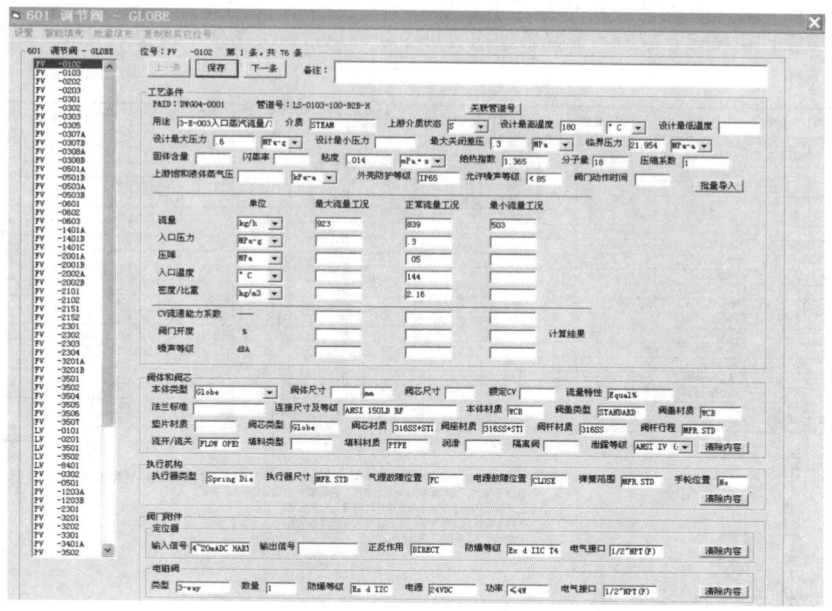

图 5-9-39　规格书编辑模块示例界面

（4）安装条件输出　该模块根据规格书中仪表过程连接字段和定义的其他信息，按照自定义的模板生成不同类型仪表的初版安装条件，示例界面如图 5-9-40 所示。其中流量计和阀门外形尺寸录入基础数据量较大，

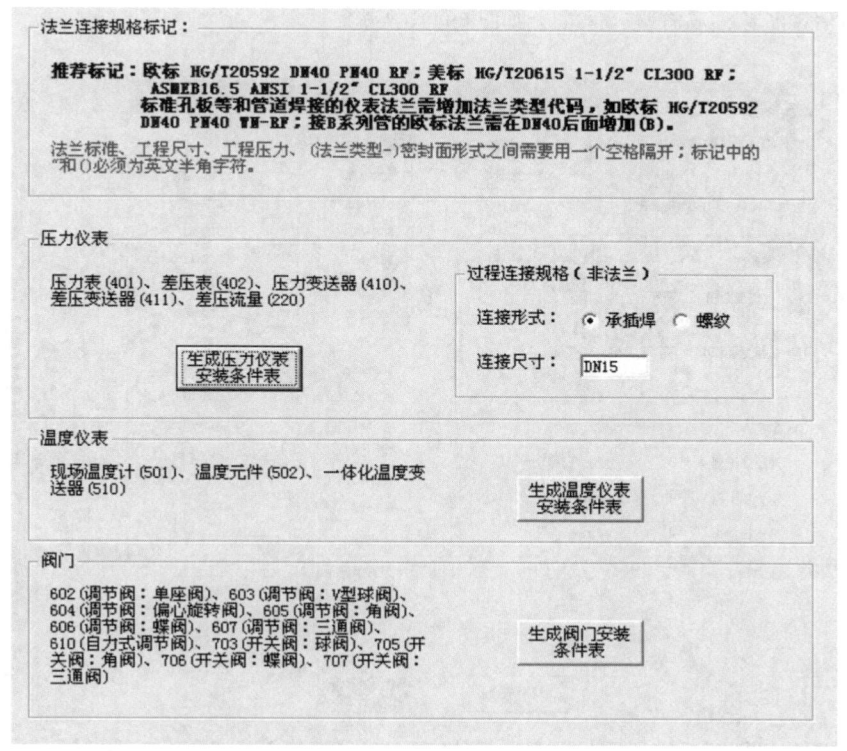

图 5-9-40　安装条件输出示例界面

但只需录入一次，新项目可根据需要增量添加。

　　不同类型的仪表有不同的安装条件格式，以调节阀为例，只需将阀门规格书的仪表过程连接字段按照特定格式填写即可（若没有工程经验值，阀门尺寸可按照管道通径填写）。其输出的安装条件格式如图 5-9-41 所示，大部分数据均能自动填充。若有不能涵盖的内容可手动编辑，提交条件前主要核对数量即可，减少了设计人员重复录入的工作。

序号	位号	PID号	管道号	过程连接规格	法兰间距 A(mm)	管中心-阀顶 B(mm)	管中心-阀底 E(mm)	膜头 ΦC(mm)	执机周围净空 F(mm)	质量 (kg)	备注	见图
1	FV-30102	DWG04-0001	LS-30103-100-B2B-H	HG/T20615 3" CL150 RF	298	780	85	470	>300	143		
2	FV-30103	DWG04-0001	PG-30110-15-B5E	HG/T20615 1/2" CL300 RF	194	625	32	267	>300	34		
3	FV-30202	DWG04-0002	PR-30212-50-B5E-H	HG/T20615 1" CL300 RF	197	625	36	267	>300	34		
4	FV-30203	DWG04-0002	LN-30205-80-B2A	HG/T20615 3" CL150 RF	298	780	85	470	>300	143		
5	FV-30301	DWG04-0003	PR-30306-80-B11E	HG/T20615 1-1/2" CL600 RF	251	720	58	350	>300	64		
6	FV-30302	DWG04-0003	PR-30309-80-B11E	HG/T20615 1-1/2" CL600 RF	251	720	58	350	>300	64		
7	FV-30303	DWG04-0004	PR-30303-80-B11E	HG/T20615 1-1/2" CL600 RF	251	720	58	350	>300	64		
8	FV-30305	DWG04-0005	PR-30316-50-B11E	HG/T20615 1" CL600 RF	210	625	36	267	>300	34		
9	FV-30306	DWG04-0006	PG-30503A-25-B11E-H	HG/T20615 1" CL600 RF	210	625	36	267	>300	34		
10	FV-30307A	DWG04-0005	PR-30303-50-B11E	HG/T20615 1" CL600 RF	210	625	36	267	>300	34		
11	FV-30307B	DWG04-0005	PR-30313-50-B11E	HG/T20615 1" CL600 RF	210	625	36	267	>300	34		
12	FV-30308A	DWG04-0005	PR-30305-25-B11E	HG/T20615 1" CL600 RF	210	625	36	267	>300	34		
13	FV-30308B	DWG04-0005	PR-30315-25-B11E	HG/T20615 1" CL600 RF	210	625	36	267	>300	34		
14	FV-30309	DWG04-0004	PR-30317-25-B11E	HG/T20615 1" CL600 RF	210	625	36	267	>300	34		
15	FV-30310A	DWG04-0004	PR-30317-15-B11E	HG/T20615 1/2" CL600 RF	206	625	32	267	>300	34		
16	FV-30310B	DWG04-0004	PR-30319-15-B11E	HG/T20615 1/2" CL600 RF	206	625	32	267	>300	34		
17	FV-30356	DWG04-0006	PG-30503B-25-B11E-H	HG/T20615 1" CL600 RF	210	625	36	267	>300	34		
18	FV-30501A	DWG04-0006	H-30503A-15-E11A	HG/T20615 1/2" CL600 RF	206	625	32	267	>300	34		
19	FV-30501B	DWG04-0006	H-30503B-15-E11A	HG/T20615 1/2" CL600 RF	206	625	32	267	>300	34		
20	FV-30501C	DWG04-0006	H-30503C-15-E11A	HG/T20615 1/2" CL600 RF	206	625	32	267	>300	34		

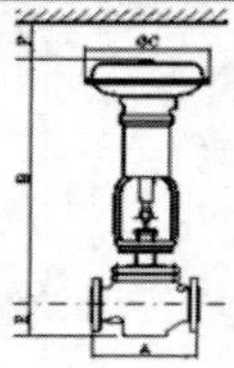

说明：
1.气动薄膜调节阀应垂直正立安装在水平管道上，头部不能靠近加热管道或热设备，并置于便于观察和维修的地方，应尽量靠近地面或梯板，由配管专业配法兰大小头等。
2.带手轮的调节阀需要考虑在手轮侧留出操作空间。
3.阀上附件尺寸未考虑，请配管专业留有适当空间。
4.最终尺寸见制造厂的资料。

图 5-9-41　调节阀安装条件示例

　　（5）工程材料预估　工程设计的基础设计阶段，自控专业将一个项目的索引数据输入 SPI，I/O 点数就能统计出来，示例界面如图 5-9-42 所示。配合输入装置面积、机柜室面积和各类典型仪表的数量，根据一定的公式，可以粗略估算出装置所需的仪表材料，如图 5-9-43 所示。

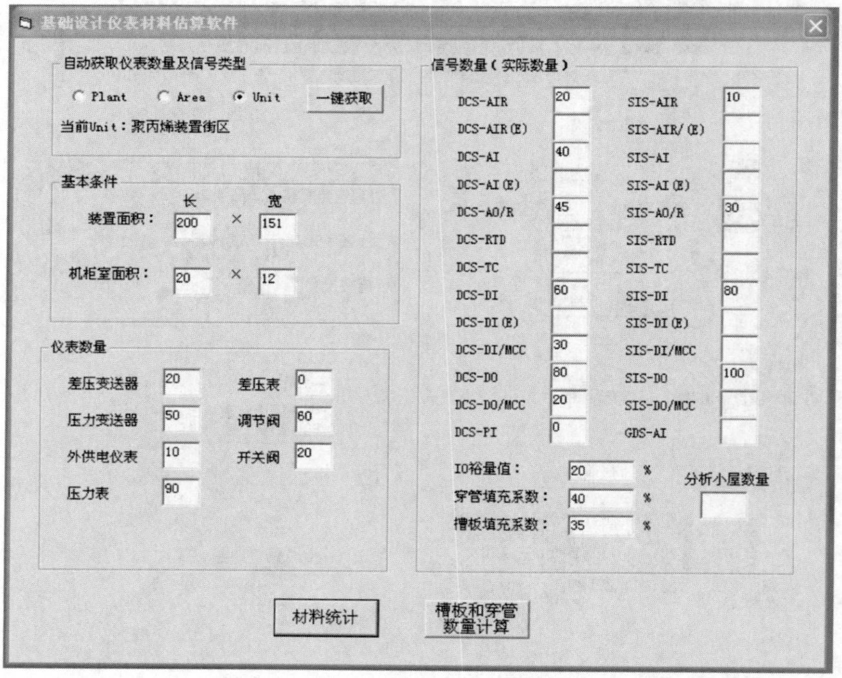

图 5-9-42　I/O 点数统计示例界面

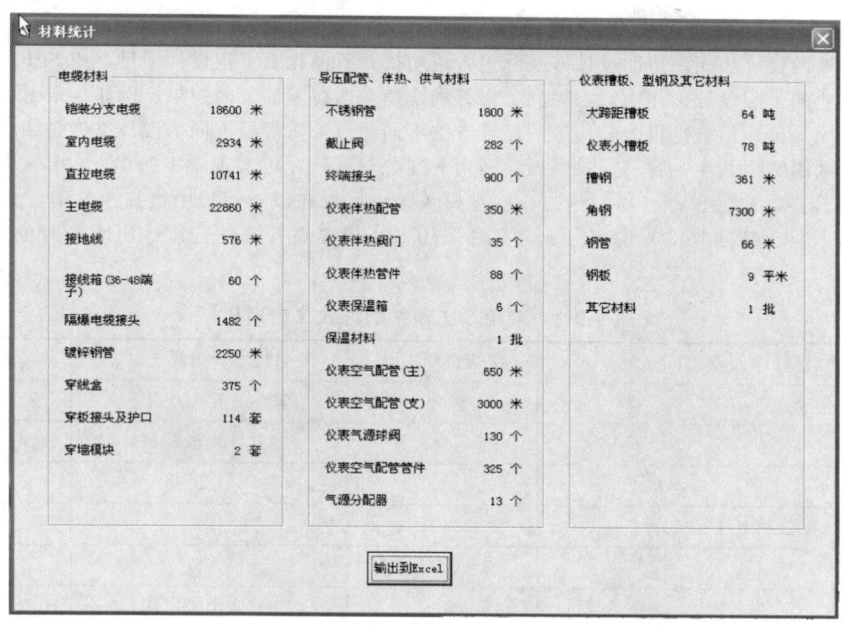

图 5-9-43　仪表材料统计示例界面

　　该模块的另一个功能是统计控制室/机柜间的槽板和开洞穿管数量。电缆进线可采用电缆井内穿钢管进现场机柜室或控制室的方式。根据索引中统计出的 I/O 点数信息，选择合适的槽板材质和穿管尺寸，可迅速计算出需要的槽板宽度、重量，穿管数量等信息，便于自控专业给土建专业提条件。

　　该模块的基础信息依据电缆库和槽板库，电缆库包括电缆规格、外径、截面积、重量等，槽板库包括槽板规格、材质、重量等，示例界面如图 5-9-44 所示。这些基础数据均可以进行修改，以便应用于不同的项目。

图 5-9-44　槽板和穿管计算计示例界面

六、SPI 在大型石油化工项目中的应用

利用 SPI 的辅助设计功能,帮助设计方或总包方成功执行石油化工工程设计项目,如 SPI 在多套大型石油化工项目自控专业的工程设计工作中,均得到了很好的应用,取得了显著的效果。例如从索引表、规格书到电缆连接及端子分配等传递信息量很大,传统的设计方法不同的设计阶段及不同的设计文件是相互独立的,不连续,也没有充分利用数据共享,容易导致失误。利用 SPI 参与设计,可实现"零错误"。另一方面在客户化阶段制定相关计算标准、属性信息、材料信息、标准模板等,所以在设计过程中提高了效率,节约了大量的人工时。某个项目(I/O 点为 1500)的部分成品文件采用 SPI 和常规方式进行设计所需工时的对比如表 5-9-2 所示。

表 5-9-2 采用 SPI 和常规方式工时对比

文件类型(详细设计)	常规定额工时	采用 SPI 消耗工时	节约工时比例
仪表索引表	262	128(含定制工作)	50%
仪表规格书	1488	435(含模板定制)	70%
监控数据表	558	168	70%
仪表安装图(含导压配管和电气连接)	265	107	60%
仪表电缆连接表	531	196	63%
仪表回路图	482	160(含模板定制)	67%
项目总计	3586	1274	67%

注:上述统计包含了定制工作,再执行同类项目效率还能提高。

七、其他设计软件简介

1. 西门子 COMOS

西门子 COMOS 工厂数字化管理系统以工程数字化平台为基础,集建立工厂资产数据平台、模拟仿真、虚拟调试、数字运维和 3D 虚拟现实为一体。软件模块覆盖工厂全生命周期,从设计、数字化移交到运维在一个工程数据平台上进行,确保整个工厂生命周期内的数据一致性。

COMOS 广泛应用于设计、建造和维护大型、技术先进的化工项目。COMOS 能够实现化工厂的端对端工程设计,贯穿从初步设计、基础和详细工程设计直至工厂运营的整个过程。甚至早在前期工程设计(FEED)阶段,COMOS 就可以从工艺流程模拟软件当中取得数据,并可以将工艺流程图(PFD)加入 COMOS 之内。

COMOS 能够确保工程方和运营方在任何时间从任何地点访问数据,加速工程设计用时,优化可用资源,方便针对特殊技术要求设计定制解决方案。这一方案将跨地点、跨专业地创造一种协同工作环境,提升工作效率和安全性。

设计院/EPC 应用 COMOS 设计模块进行工艺、电仪、自控等二维工程设计,自动生成交付设计成果,更易于变更管理。

用户运营商应用 COMOS 运维模块进行工厂运维管理,应用 COMOS Walkinside 虚拟现实软件进行三维浸入式安全和运行培训。

2. 罗斯伯格 ProDOK

ProDOK 是专为工厂装置设计和运行研发的 I&C CAE 系统。只要应用 PRODOK,就能确保合理一致的项目规划和实时一致的文档。ProDOK,是在统一的原则下综合项目规划的过程,如图 5-9-45 所示。

ProDOK 功能能满足仪表工程设计项目的需求,包括为工程师做项目前期阶段的初步设计、逻辑设计、实施规划、安装设计——无论是新项目设计或是

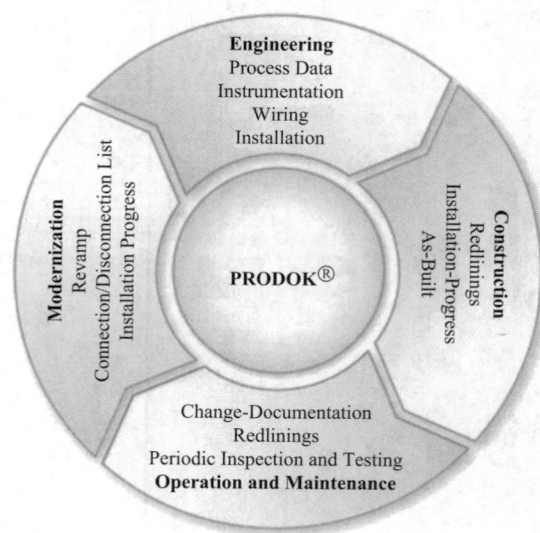

图 5-9-45 ProDOK 综合项目规划过程示例

改扩建项目，都能提供有效的技术支持。

第二节　世宏软件（SHS）

一、概述

1. 开发依据

世宏过程控制辅助设计软件（简称：世宏软件，英文缩写：SHS）是流程行业工厂设计的过程控制辅助设计软件，适用于石油、石化、化工、轻纺、电力和冶金等行业的自控工程设计。

世宏过程控制辅助设计软件的主要开发依据，是国内石油、石化和化工行业多年积累并建立起来的自控工程设计作业文件体系和设计管理体系，这个体系广泛适用于流程行业工厂设计的自控工程设计，对于涉外国际工程项目，其设计的基本内容是一致的，仅是文件类型及格式有所区别。

2. 技术管理和作业文件体系

使用 SHS 的工程设计用户，应具备完善的技术管理规定和作业文件体系，这些技术管理规定至少包括自控专业的职责范围和各个设计阶段的任务、与其他专业的分工界限、各个设计阶段的基本工作程序、应编设计文件、质量保证程序及设计方案评审规定等；自控设计专业应建立完善的作业文件体系，使其能够覆盖各个设计阶段的作业程序并进行作业指导，主要包括自控专业在各个设计阶段的设计成品文件和设计过程文件的设计内容深度规定、设计文件的标准化表格和图框模板、相关设计计算规定以及配套技术支持规定。

这些支撑性文件体系和管理体系建立并完善后，才能较好地应用 SHS 进行高质量和高效率的辅助设计工作。对于这方面并不完善的工程设计用户，可以在推广应用 SHS 的过程中吸收软件中已有的内容，完善自己的管理和作业文件体系，达到应用并提高的目的。

3. 主控程序

（1）世宏软件主界面　主要菜单功能如图 5-9-46 所示。

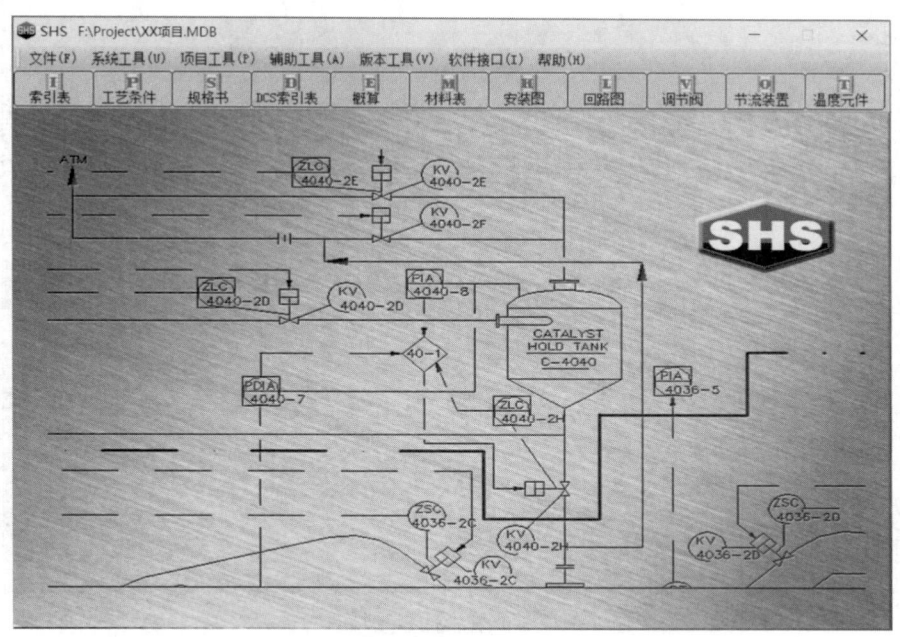

图 5-9-46　世宏软件主界面

① 文件菜单　主要用于建立一个新项目及项目数据，修改项目数据，打开已有项目，软件版本升级，备份数据库。备份数据库功能可以实现当前数据库的自动备份，其备份数据库保存在当前数据库所在文件路径下的 Backup 文件夹下。

② 系统工具菜单　主要完成仪表定义，数据表设计器，填表定义，调节阀数据维护和外形尺寸维护，编辑管材数据，维护材料表，定义控制室接线设备，定义计算程序字段等。仪表定义用于定义仪表分类、仪表名

称和功能符号等仪表数据，定义的仪表数据可以导出为 XML 文件，并导入到项目数据库中。数据表设计器中包括程序中使用的三种数据表，分别是基本数据表、仪表规格书和其他数据表，基本数据表和仪表规格书属于有仪表位号的数据表，通过 ID 号与仪表索引表连接，其他数据表是程序内部用数据表。填表定义是在输出表格文件形式为 Excel 表形式时，用于定义程序与 Excel 表的数据连接模块。调节阀样本数据维护和外形尺寸维护用于对调节阀本库数据进行维护，包括对厂商提供的 C_v 系列值及阀门外形尺寸的数据维护。编辑管材数据用于对程序中的管材数据库进行维护，该数据库包括管材外径表、管道等级表和管材壁厚表，在项目数据库中可以根据管道设备号提取管道公称直径和管道等级，然后从该数据库中查找管道外内径。维护材料表用于对材料数据库的材料代码、材料中英文名称、材料标准号、规格和材质进行维护。定义控制室接线设备主要完成控制室内安全栅、电涌防护器、继电器以及 I/O 卡件等接线设备的厂商名称、型号和端子描述的定义。定义计算程序字段是为了解决计算程序界面显示的字段与程序中使用的字段不一致问题，通过这里字段的定义，保证字段的一致性。

③ 项目工具菜单　主要用于从 Excel 导入数据，从管道设备号取数据，过滤设置，数据库合并和拆分，导入，与 AVEVA 接口等。从 Excel 导入数据，是指按照预先定义的模板样式，把填写的 Excel 表格中的数据导入到数据库中，例如工艺条件、调节阀厂商计算书等数据的导入。过滤设置可以自定义过滤条件，通过这些条件屏蔽相关内容，达到筛选和过滤的目的，例如按单元形成概算表、仪表汇总表等。数据库合并和拆分用于实现大型项目的多名设计人员按不同区域、不同装置、不同仪表种类等形式进行分工，共同完成设计时，数据库可以拆分后再合并，实现多人同时工作，形成单一数据库的目的。导入功能用于导入仪表定义和各类数据表的定义，这样能够保证仪表定义和数据表定义的统一完整并重复利用。

④ 辅助工具菜单　包括编辑词典和单位换算。编辑词典可以自定义中英文词典，输出时进行中英文转换，该词典可以列出项目数据库中的全部中文及英文内容。单位换算能够进行温度、长度、压力、密度不同单位的换算。

⑤ 版本工具菜单　包括新旧版本的转换。

（2）世宏软件建立项目的界面　如图 5-9-47 所示，新建项目时需要完成如下项目数据的定义。

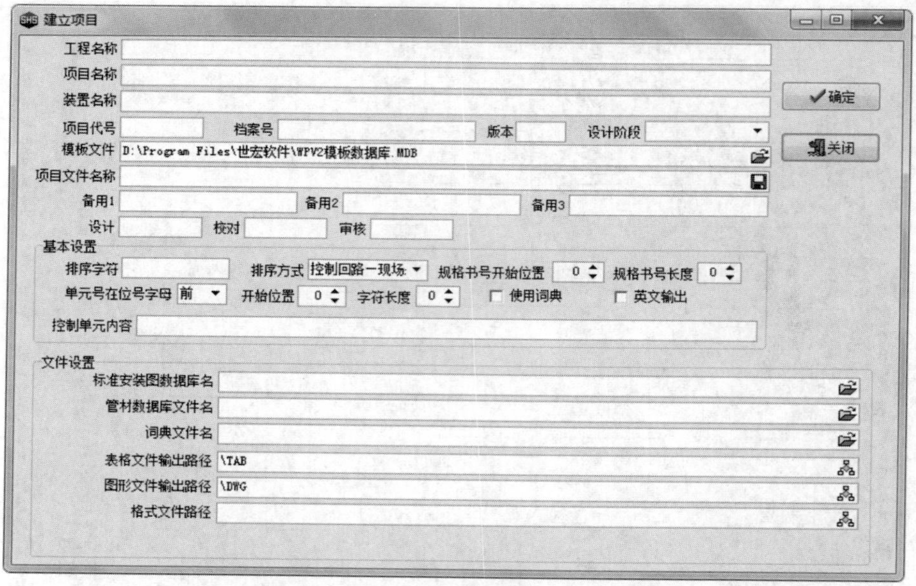

图 5-9-47　世宏软件建立项目界面

① 建立工程名称、项目名称、项目代号、档案号、版本、设计阶段。

② 建立项目文件存取路径，包括模板文件路径和项目文件路径。模板文件路径是指模板数据库存放路径。建立项目时，程序会自动将模板数据库拷贝到项目文件路径下，并成为项目数据库使用。

③ 对项目或者工程的基本数据进行配置，主要包括仪表索引表排序字符和排序方式，规格书档案号起始位置及长度。仪表索引表的排序可以自定义，定义内容包括排序字母、排序方式和单元号位置。定义规格书档案号起始位置及长度的目的，是程序截取规格书档案号的有效字段写入仪表索引表。

④ 指定是否采用中英词典，是否英文输出。

⑤ 对本项目的文件和数据库设置，用于对项目使用的数据库文件和格式文件进行路径和名称的指定，对输出设计文件的路径进行指定，包括标准安装图数据库名、管材数据库文件名、词典文件名、表格文件输出路径、图形文件输出路径以及格式文件路径的定义。

⑥ 选择控制单元内容，用于定义在该项目中采用的控制单元的种类，以便于在仪表索引表编制过程中选择信号所属的控制单元，例如 DCS、SIS、PLC 等。

二、主要功能模块

根据过程控制工程设计中设计文件的内在联系及功能，根据设计文件的特点和设计阶段不同，SHS 被划分成若干可独立运行的功能模块。在各个独立模块的程序设计过程中，注重了其功能的独立性和模块本身操作上的灵活性，使各个模块既能够独立运行，又能与其他相关模块连接在一起，形成完整的软件包。各个模块之间的独立是相对的，通过数据库建立其相互联系。SHS 的主要功能模块见表 5-9-3。

表 5-9-3 　SHS 主要功能模块

序号	模块名称	功能模块名称	涉及到的设计成品文件
1	表格类文件功能模块	仪表索引表/工艺条件表/仪表规格书/控制系统数据表/材料表/概算	仪表索引表,仪表规格书,安装条件表,控制系统监控数据表,报警联锁设定值表,概算表,仪表安装材料表,仪表汇总表等
2	计算类文件模块	节流装置计算/调节阀计算/温度计套管强度计算	节流装置计算书/规格书,调节阀计算书/规格书,温度套管计算书/规格书
3	安装图模块	仪表安装图	仪表安装图,材料表
4	回路接线图模块	回路图及接线	仪表机柜接线图(表),仪表回路图,仪表电缆表,盘间电缆表,材料表
5	平面敷设图模块	敷设图	仪表及电缆桥架平面敷设图,材料表,仪表电缆表

1. 表格类文件处理模块

（1）仪表索引表　建立仪表索引表，根据仪表回路构成，按照信号流向顺序建立仪表回路，每个回路中包括仪表位号、仪表名称和安装位置等相关数据，仪表位号的增加、删除和修改必须在该界面下完成。建立索引表的过程中，可使用自动编位号功能和相似回路组成的复制功能。必须一个仪表一个位号。可进行仪表和仪表回路的修改、删除、增加和刷新操作。仪表索引表模块的主界面如图 5-9-48 所示。

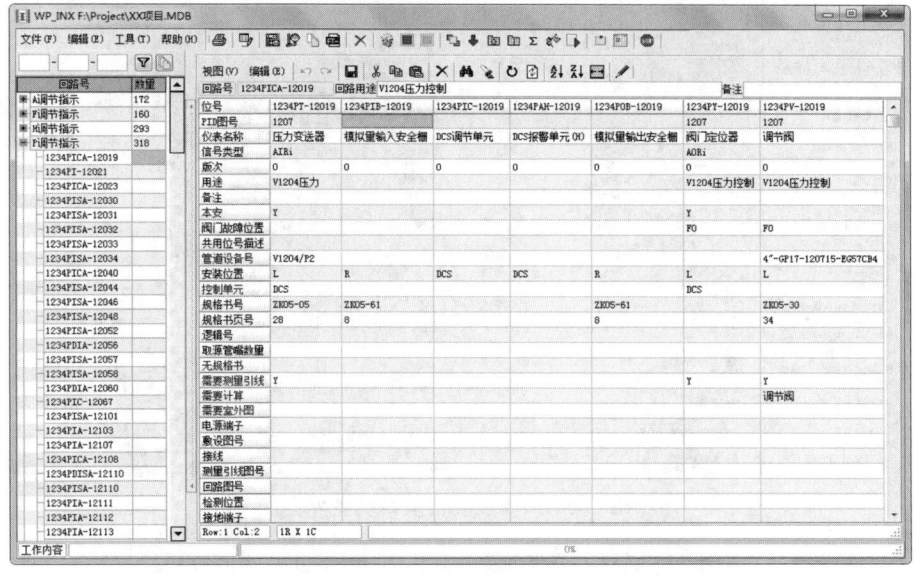

图 5-9-48　仪表索引表模块主界面

① 仪表索引表编辑方式　仪表索引表编辑有三种方式，分别为单一回路编辑、多回路编辑和按仪表类型编辑，其中按仪表类型编辑功能可实现同类仪表的成批编辑功能，有助于批量检查和提高编辑效率。

② 仪表位号共用功能　对于一块仪表有多个位号的情形，例如多支热电偶、多点指示记录仪等，需要将多个位号关联到一块仪表上。本功能可指定一个主位号，然后选择关联位号，这样保证其仪表规格书能够填写该仪表的所有位号。

③ 自动生成仪表所属的PID图号　在仪表位号与PID图号之间有相关性且存在内在规律性时，可以提取PID号并写入仪表索引表所属仪表的PID图号栏中。

④ 读取仪表基本数据　仪表基本数据是指在仪表定义中定义的仪表基本数据，主要包括仪表名称、安装位置、信号类型、功能代号、是否需要计算、是否需要测量引线、本安、接线、信号端子、电源端子等。此功能的作用是根据需要将仪表的基本数据重新读取到仪表索引表中。

⑤ 编辑回路数据　用于对回路的用途和备注内容进行集中编辑。

⑥ 位号成批修改功能　在该界面下输入新仪表位号并保存后，将替换原有位号并保存所有数据。

⑦ 仪表统计功能　仪表索引表完成后，采用此功能可统计出各类仪表的数量。

⑧ 删除和恢复仪表回路功能　同时提供彻底删除回路功能。

（2）工艺仪表条件表　工艺专业的仪表条件有两种途径输入：一是在操作界面上直接键入；二是对于以Excel表的形式提供的条件表可通过定义直接读入。

① 仪表规格书和计算程序的工艺数据，来源于工艺仪表条件表中的数据，保持其工艺数据的唯一性。

② 在进行工艺仪表条件表的编辑时，可通过定义附加数据看到仪表索引表中的相关数据，但是附加数据是根据设置属性来选择是否可以编辑。

③ 根据不同的仪表类型可选择定义不同的工艺条件规格项，保证了输入条件的有效性。

④ 工艺条件输入按三种分类方式完成，分别是按照工艺条件表分类、规格书分类和仪表类型分类。

⑤ 由于节流装置与变送器的仪表索引表中的某些规格项是相同的，为了避免重复输入产生的二义性，可通过"节流装置数据读入变送器"功能，将定义好的节流装置仪表索引表中的相关数据同时在变送器的仪表索引表中显示。

（3）仪表规格书　在规格书选型数据输入界面显示工艺条件数据和/或计算数据，据此进行仪表规格项确定。仪表规格项可直接键入，也可在已有的选项中选择。仪表规格书模块的主界面如图5-9-49所示。

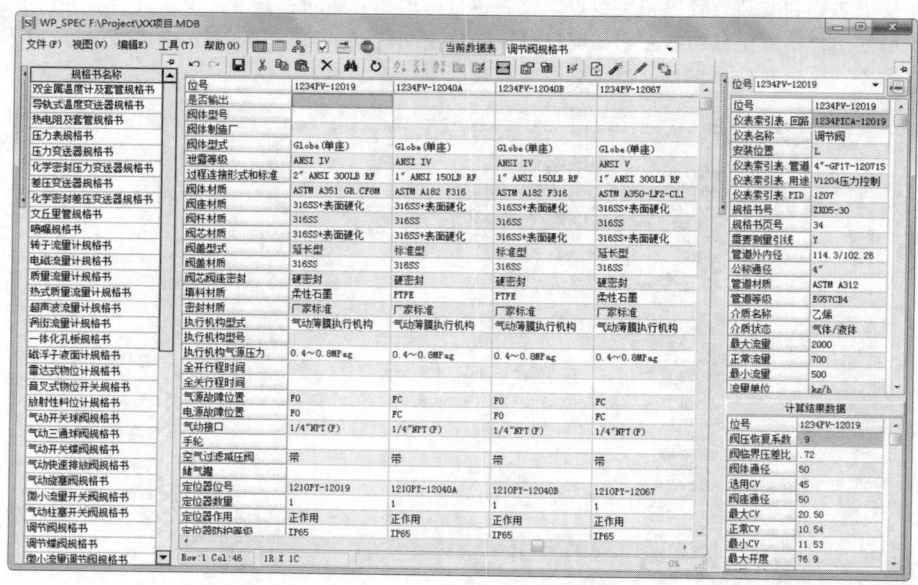

图 5-9-49　仪表规格书模块主界面

① 可进行仪表分类数量统计。定义仪表分类的关键规格项，统计出仪表的数量。

② 仪表规格书输出时能够自动计算页数和页号索引，然后将每块仪表在规格书中所属的页号和文档号写

回仪表索引表中。

（4）控制系统监控数据表（索引表）　该表可用于建立过程控制系统的监控数据规格项并输入数据。同时能够读取来自规格书的相关数据。

① 输出 I/O 分配表，通过排序设定能够实现按照定义的顺序输出。

② 输出报警设定值一览表。

（5）仪表概算表　用户可灵活地确定概算选项，该选项可来自索引表、工艺条件表、仪表规格书和计算结果。

① 在确定概算选项后，自动进行数据的统计工作，统计结果中包含该仪表的总量、该仪表在不同规格下的数量以及该类仪表的全部位号。

② 可以输出仪表概算表和仪表设备汇总表。

2. 计算类文件处理模块

在该模块中包含三个计算程序，分别为节流装置计算程序、调节阀计算程序和温度套管强度计算程序，这三个程序既能分别独立运行，也可与世宏软件联合运行。独立运行时，应建立新项目并生成数据库，然后输入相应的仪表位号；联合运行时，程序自动将节流装置位号读入上述界面的左侧，不能在该界面下输入相应的仪表位号，需要增删时要在仪表索引表中完成。

（1）节流装置计算　节流装置计算是基于 ISO 5167、GB/T 2624 编制的。同时还包括 BS 和 VDI/VDE 非标准节流装置的计算。可进行设计计算和使用计算。节流装置计算模块的主界面如图 5-9-50 所示。

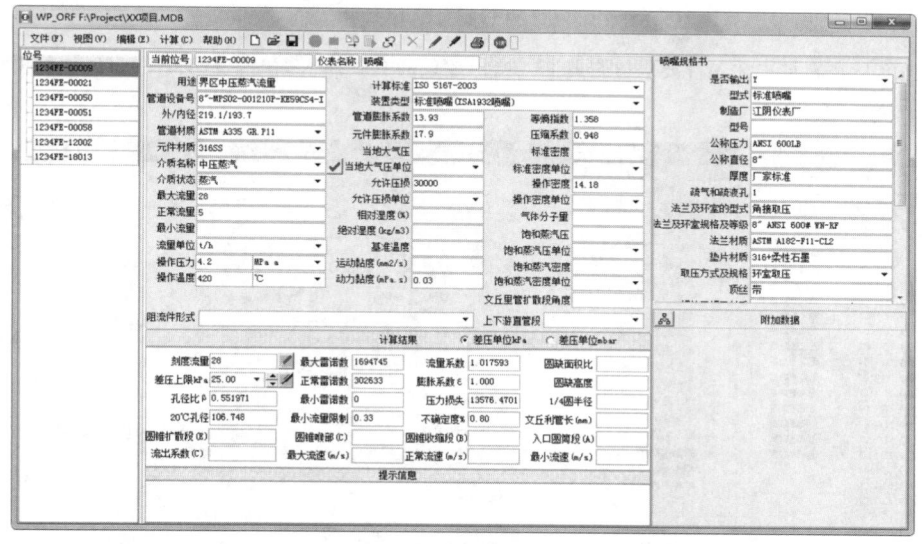

图 5-9-50　节流装置计算模块主界面

① 程序具有对工艺条件和计算结果合法性检查功能，并提供相应的处理指南供用户参考。

② 程序中允许统一对工艺条件数据、规格书数据和计算结果进行编辑。

（2）调节阀计算　调节阀计算是基于 GB/T17213、IEC60534 最新标准及简单计算进行编制的。能够计算在该标准中规定的调节阀类型和限制条件下的流通能力值和噪声值。根据不同调节阀生产厂商提供的流通能力系列值，确定调节阀的选择流通能力和阀门口径，根据噪声计算的结果，确定是否调整调节阀类型或采取降噪措施。调节阀计算模块的主界面如图 5-9-51 所示。

① 程序采用程序和数据分离方式，调节阀样本文件数据可维护而数据是通用的，保证不同调节阀生产厂商的样本数据的可维护性。

② 程序具有对工艺条件和计算结果合法性检查功能，并提供相应的处理指南供用户参考。

③ 程序中允许统一对工艺条件数据、规格书数据和计算结果进行编辑。

（3）温度套管强度计算　本程序的温度套管强度计算是基于 ASME PTC19.3 TW 编制的。能够实现对满足该标准规定的套管类型和限制条件下的温度套管进行套管自然频率、疲劳应力、稳态应力和最大压力计算，

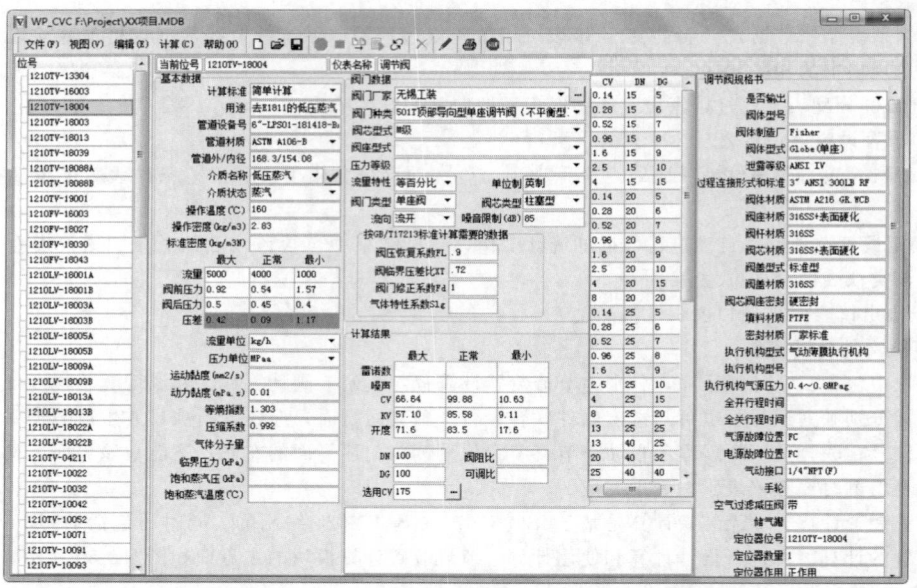

图 5-9-51 调节阀计算模块主界面

并对套管的强度是否满足工艺条件要求进行判断，给出建议的套管插入深度。温度套管强度计算模块的主界面如图 5-9-52 所示。

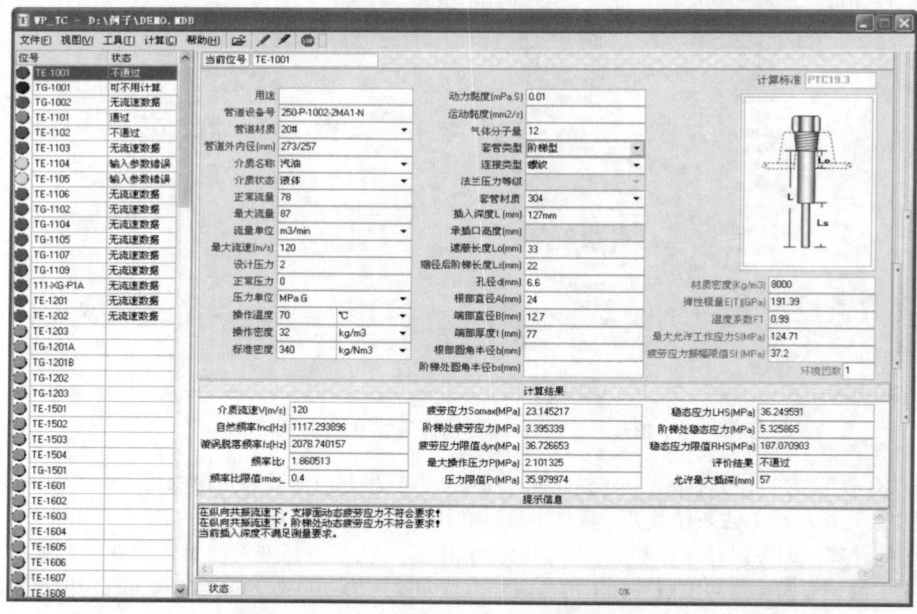

图 5-9-52 温度套管强度计算模块主界面

　　① 根据计算结果，如果套管强度未获通过，程序会给出建议调整插深，这个建议值仅将套管的插深尺寸缩短到计算能够通过的长度，套管的其他尺寸不变。实际计算时可根据工程要求改变套管的其他尺寸，反复计算。

　　② 单独计算和批量计算可选。

　　③ 套管材料的特性数据是可维护的。

　　④ 套管工艺条件和计算结果均可成批编辑。

3. 安装图模块

在安装图模块中包含两个版本（1995 版和 2012 版）的自控安装图及安装材料库，供设计时选用。

提供将已有项目或标准安装图导入该项目的功能，在当前项目中使用导入的安装图。导入时要指定原文件的路径。

安装图完成后可形成安装材料汇总表。

安装图模块的主界面如图 5-9-53 所示。该主界面由三个区域组成，分别是仪表位号与安装图关联区、仪表位号数据区和安装图预览区。关联方式有三种，分别是拖动仪表位号、双击仪表位号和使用菜单关联。仪表位号数据区的内容来自经过滤的仪表索引表。

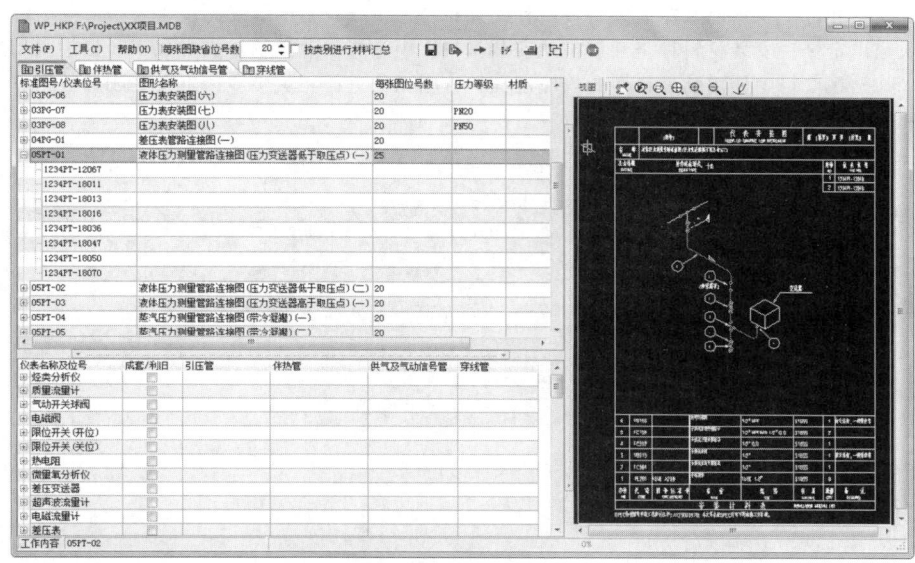

图 5-9-53　安装图模块主界面

编辑安装图的界面如图 5-9-54 所示。该界面由安装图属性区域、材料表编辑区、材料选择区、图形定义区和说明区组成。可对每张安装图的图形和材料表进行编辑或增加新的安装材料。也可在该功能下建立新的安装图。材料均采用编码形式，只能从材料库中选择，不能键入。新增材料或者对材料进行修改应在材料表维护界面下进行。该界面允许从其他项目数据库中导入材料表数据，这样可以使用其他项目的安装材料数据，有效

图 5-9-54　编辑安装图的界面

减少设计人员的工作量，并有利于在一个项目中统一材料编码体系。

4. 回路接线图模块

该模块是基于仪表索引表并经过一系列相关定义生成仪表接线图、回路图和仪表电缆表，并最终汇总安装材料表的功能模块。

在仪表索引表中定义仪表回路的构成、信号连接关系和接线仪表的端子描述。回路构成由回路组成中的所有仪表位号体现；信号连接关系通过信号分组定义实现；端子描述主要是定义需要接线的现场仪表的端子特性，控制室仪表仅需要其型号。

（1）控制室接线设备定义　包括电涌防护器、安全栅、继电器、控制系统端子板（FTA）、控制系统 IO 卡板五种接线设备和电缆材料以及穿线管材料两种安装材料。接线设备的描述特性主要是厂商名称、型号、端子描述和输入输出定义；安装材料种类和规格从安装材料库中选择。这里的定义类似于项目中采用的这些设备的样本编辑，凡是在项目中使用的设备在此均应定义，否则无法进行相关接线。定义完成的数据可以进行导入导出，用于其他项目。

回路接线模块主界面如图 5-9-55 所示。

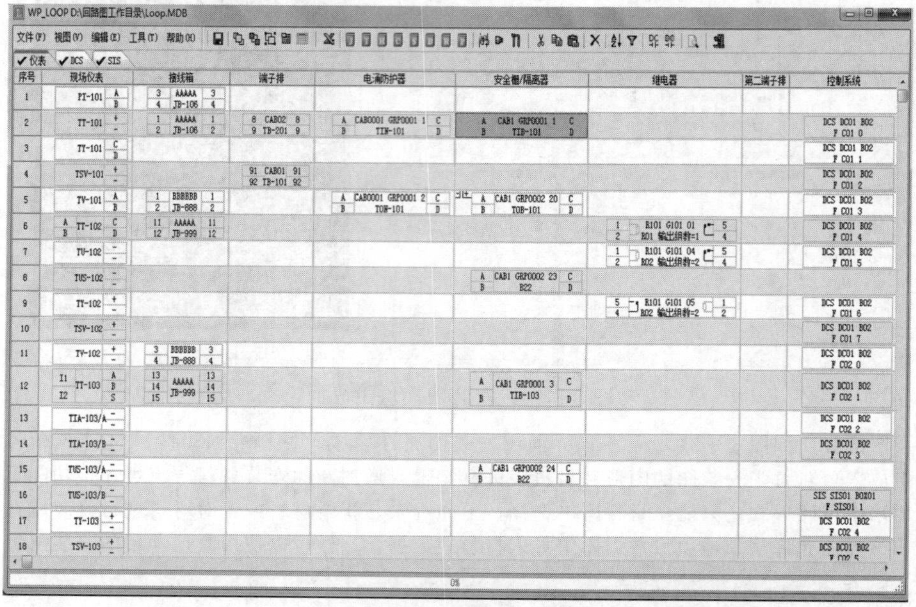

图 5-9-55　回路接线图主界面

（2）连接过程　分为八个部分：现场表—接线箱—端子排—电涌防护器—安全栅—继电器—第二端子排—控制系统。其中，带有位号的现场表、电涌防护器和安全栅的接线属性定义可在仪表索引表中完成；接线箱、端子排、继电器、第二端子排和控制系统需要在该界面下进行定义。

① 接线箱定义　包括接线箱位置、接线箱位号、端子描述、进线口和出线口规格等，端子排和第二端子排的定义与接线箱基本一致，仅仅是接线箱位置换成机柜号，且取消进线口规格和出线口规格两项内容。

② 接线箱关联端子排的功能　用于将接线箱与端子排进行绑定，根据接线箱的端子数，将接线箱端子绑定到端子排的指定位置中。

③ 电涌防护器和安全栅的安装位置和备用功能编辑　用于定义其在控制室内安装的机柜号-组号-组数据。

④ 继电器的定义与使用　定义继电器的机柜号、组号、编号、型号、状态和输入输出等数据；型号来于"控制室接线设备定义"中的继电器型号；状态是指常开常闭接点选择；输入输出用于指定该继电器为输入继电器还是输出继电器。

⑤ 控制系统定义　按照机柜号、机箱号、机箱位置、卡号进行定义，采取如图 5-9-56 所示界面右面的树形结构，其层次是机柜号、机箱号、机箱位置、卡号和通道号，可增加机柜号、机箱号和机箱位置。卡件编辑有专门的界面，该界面显示三个部分：卡件部分、副卡部分和 FTA 部分，在本界面上完成控制系统的 I/O 分

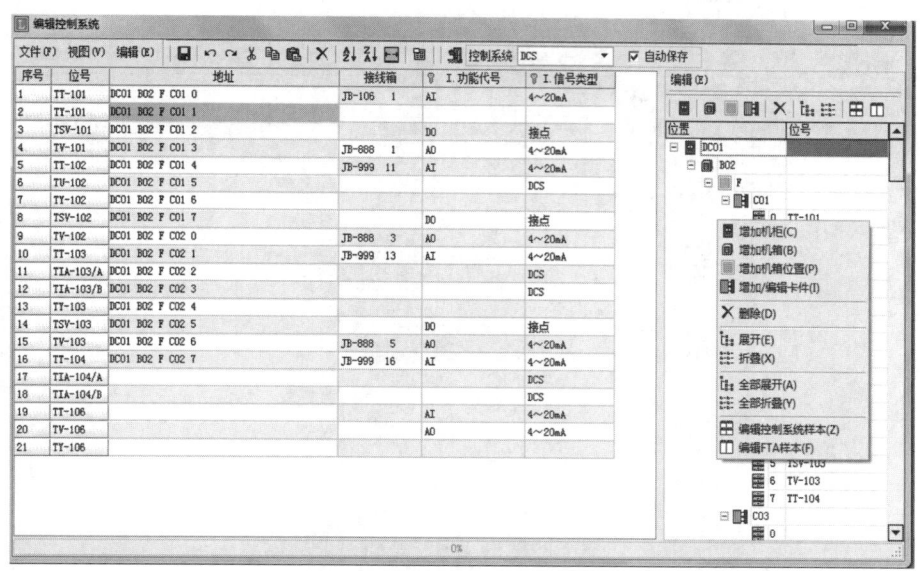

图 5-9-56 回路接线图模块控制系统定义界面

配。卡件有卡号、控制器号、卡型号和卡件类型四项数据，其中卡号和卡型号为必须输入的内容。

以上定义和编辑完成后，在回路接线模块主界面上完成继电器、接线箱、端子排等接线的指定操作。

（3）过滤和隐藏功能　在进行接线查询和编辑过程中，为了方便高效操作，可将暂时不需要接线操作的数据进行屏蔽，而只显示需要接线的数据，可采用过滤功能。按照仪表和控制系统类型分别进入过滤界面。在仪表过滤界面，按照仪表的特性进行过滤，可以分单元、按仪表名称、仪表功能过滤；在控制系统过滤界面，按板卡及其所在的机柜号、机箱号、机箱位置和卡号进行过滤。对于已经完成接线不需要显示的行可选用隐藏功能，使接线主界面的操作清晰简洁。

（4）接线观察功能　可按照回路或者卡件观察接线状态，查看接线状态界面，如图 5-9-57 所示。

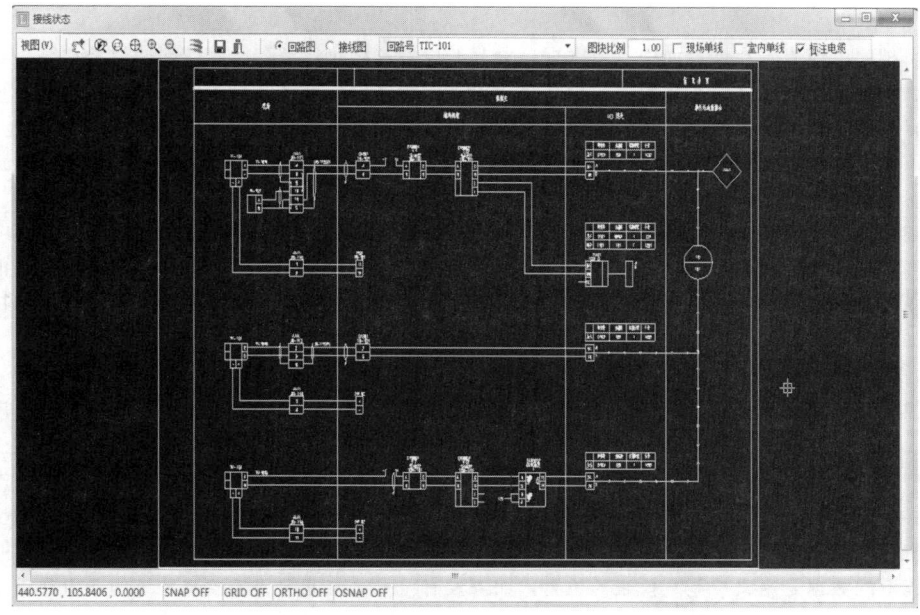

图 5-9-57 查看接线状态界面

（5）编辑电源　用于回路图中仪表供电回路的建立。仪表供电分三种情况，现场仪表供电、控制室仪表供电和在信号回路中串联电源。编辑电源界面如图 5-9-58 所示。

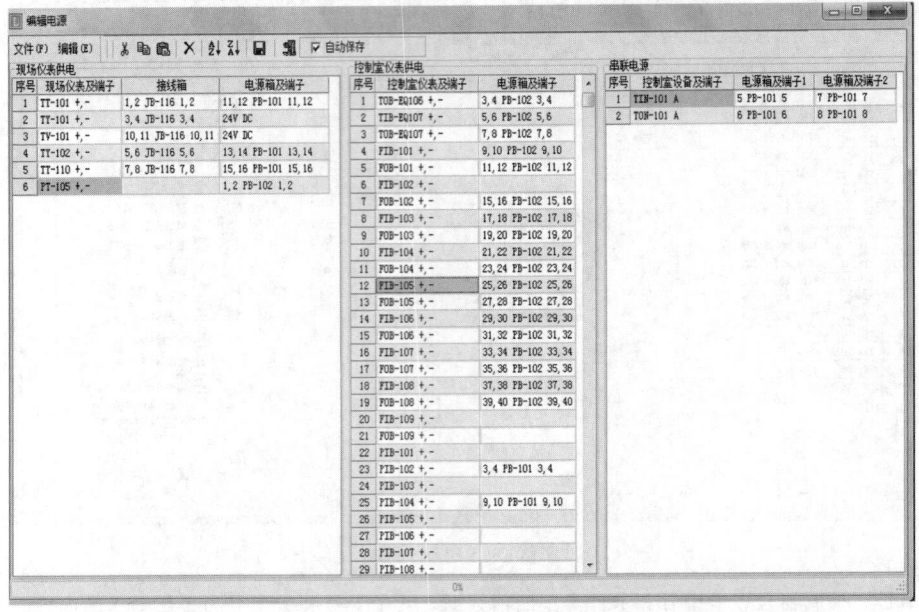

图 5-9-58　回路接线图模块编辑电源界面

现场仪表供电由现场仪表及端子、接线箱、电源箱及端子三部分组成；控制室仪表供电由控制室仪表及端子、电源箱及端子两部分所组成；串联电源的端子可以来自不同的电源箱。

（6）编辑电缆表　在该界面下将电缆分成三部分，分别是现场仪表信号部分、现场仪表电源部分及接线箱电缆。输入电缆号、电缆长度和选择电缆代码，为仪表电缆表和材料统计准备数据。

（7）编辑穿管数据　应在电缆数据编辑完成后进行穿管数据编辑。在该界面中，按照仪表信号、仪表电源、接线箱列出所有的电缆数据，包括电缆号、电缆规格和电缆长度，然后完善穿管号、穿管长度和穿管代码等数据。

（8）编辑柜间电缆表　在该界面中，将数据分为起始设备、终止设备和电缆，起始设备和终止设备采用机柜号、名称、位置和端子定义。按照起始机柜和终止机柜的顺序进行排序并显示所有需要连接且不在一个机柜的接线信息，然后根据需要可以对电缆号、电缆长度和电缆代码进行编辑。

（9）读取 Excel 数据　通过 Excel 表的方式读取的数据主要来自两方面，一是从仪表电缆表中获得的现场仪表与接线箱关联数据，二是由控制系统厂商提供的控制室内控制系统接线数据。

① 读取现场仪表与接线箱数据的内容为：现场仪表数据，包括位号、电缆号、电缆长度、电缆代号、电缆规格和电缆描述六项，仪表位号是必须有的；接线箱数据，包括位置、位号、端子、电缆长度、电缆号、电缆代码、电缆规格、电缆描述、进出线口的规格等。读取的数据可以进行编辑并保存。现场仪表与接线箱关联数据表界面如图 5-9-59 所示。

② 读取控制系统厂商提供的接线数据范围，包括端子排、电涌防护器、安全栅、继电器、第二端子排和控制系统，控制系统接线数据导入界面如图 5-9-60 所示。可使用的数据内容包括仪表位号、端子排数据（机柜号、位号、端子号和端子描述）、电涌防护器数据（机柜号、组号、编号、型号）、安全栅数据（机柜号、组号、编号、型号）、继电器数据（机柜号、组号、编号、型号）、第二端子排数据（机柜号、位号、端子号、端子描述）、控制系统数据（机柜号、机箱号、机箱位置、卡号、通道号、控制器号、卡型号、卡类型、副卡机柜号、副卡机箱号、副卡机箱位置、副卡卡号）、FTA 数据（机柜号、卡号、型号）。如果电涌防护器和安全栅有位号，读取的数据是定义控制室仪表的位置，如果没有位号，仅能够用于控制系统的备份通道中。继电器没有位号，可以在任何数据状态下使用。读取这些数据时，仪表位号和控制系统部分的接线内容必须存在，其他部分可选。

（10）输出　包括图形输出和表格输出。图形输出是指输出回路图和接线图，表格输出是指输出电缆表和

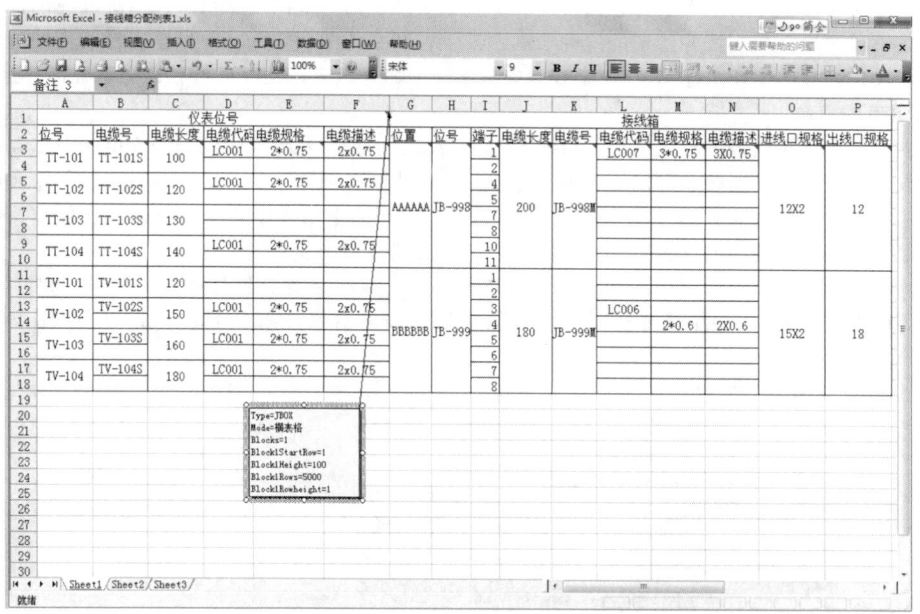

图 5-9-59　现场仪表与接线箱关联数据表界面

图 5-9-60　控制系统接线数据导入界面

材料汇总表。回路图输出时可以将几个回路组合到一张图中输出，也可选择输出单双线回路图以及是否标注电缆号等。接线图输出一般以卡件为首选顺序输出板卡接线图，如果卡件的点数较多，无法在一张图中绘制，可以拆成两张或多张接线图。

（11）图块定义　回路图或接线图图块的绘制采用图块加属性的方式，图块保存在格式图的 DWG 文件中，对图块的属性有一些约定，在用户化时必须满足这些约定。建立回路图或接线图时，根据仪表端子描述中的图块名称自动找出对应图块，并按规定的位置插入到图形中去，然后将图块中的属性值设置为实际的数值，并且根据端子的连接线进行连接。在保存的图块格式图（DWG 文件）中包括以下类型的图块定义，分别是现场仪表图块定义、控制室仪表图块定义、继电器图块定义、接线箱与端子排图块定义、控制系统图块定义、电源及供电相关图块定义和其他图块定义。每种图块定义都包括了图块命名规则、图块属性名称和应用范围，用户可以自行修改或添加图块，但应按照给定的规则绘制。其中控制系统图块定义，根据输出形式不同分为回路图图块和接线图图块，接线图图块由通道、FTA卡和控制系统三部分组成，其中通道和控制系统部分是必须的。

5. 平面敷设图模块

该模块主要完成现场仪表的位置确定、接线箱与现场仪表的关联及现场定位、分支电缆及主电缆的长度确定，最终完成仪表平面敷设图绘制和仪表电缆表生成。该模块既可独立运行，也可与世宏软件联合运行。独立运行时，应建立新项目并生成数据库，然后从Excel表形式的仪表索引表中导入相应的仪表位号及数据；联合运行时，程序自动将经过过滤的仪表位号和数据从索引表及规格书中读入。

首先需要确定应在平面敷设图中绘制的现场仪表的位号、仪表名称、信号类型、所属控制单元、防爆类型、供电及等级以及在3D模型中的坐标。这些数据来自仪表索引表和来自配管专业的3D模型仪表安装数据表。

3D模型仪表安装数据导入界面如图5-9-61所示。

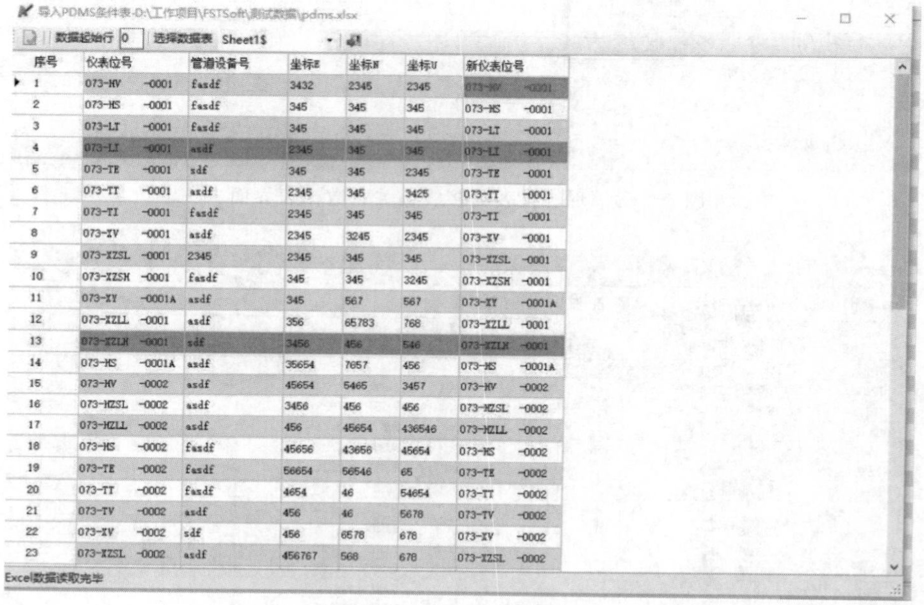

序号	仪表位号	管道设备号	坐标E	坐标N	坐标U	新仪表位号
1	073-HV -0001	fasdf	3432	2345	2345	073-HV -0001
2	073-HS -0001	fasdf	345	345	345	073-HS -0001
3	073-LT -0001	fasdf	345	345	345	073-LT -0001
4	073-LI -0001	asdf	2345	345	345	073-LI -0001
5	073-TE -0001	sdf	345	345	2345	073-TE -0001
6	073-TT -0001	asdf	2345	345	3425	073-TT -0001
7	073-TI -0001	fasdf	2345	345	345	073-TI -0001
8	073-XV -0001	asdf	2345	3245	2345	073-XV -0001
9	073-XZSL -0001	2345	2345	345	345	073-XZSL -0001
10	073-XZSH -0001	fasdf	345	345	3245	073-XZSH -0001
11	073-XY -0001A	asdf	345	567	567	073-XY -0001A
12	073-XZLL -0001	asdf	356	65783	768	073-XZLL -0001
13	073-XZLH -0001	sdf	3456	456	546	073-XZLH -0001
14	073-HS -0001A	asdf	35654	7657	456	073-HS -0001A
15	073-HV -0002	asdf	45654	5465	3457	073-HV -0002
16	073-HZSL -0002	asdf	3456	456	456	073-HZSL -0002
17	073-HZLL -0002	asdf	456	45654	436546	073-HZLL -0002
18	073-HS -0002	fasdf	45656	43656	45654	073-HS -0002
19	073-TE -0002	fasdf	56654	56546	65	073-TE -0002
20	073-TT -0002	fasdf	4654	46	54654	073-TT -0002
21	073-TV -0002	asdf	456	46	5678	073-TV -0002
22	073-XV -0002	sdf	456	6578	678	073-XV -0002
23	073-XZSL -0002	asdf	456767	568	678	073-XZSL -0002

图5-9-61　3D模型仪表安装数据导入界面

仪表索引表数据导入界面如图5-9-62所示。

敷设图中仪表数据导入界面如图5-9-63所示。

对于来自不同文件的仪表及其数据经过比较后出具对比报告，以便进一步确认这些数据的一致性。

(1) 仪表定位及图例符号替换　来自配管专业的平面图中包含了该图中敷设的仪表位号和坐标，程序能够自动定位该仪表在图中的位置。对应的仪表符号替换可以批量处理，也可单独替换。仪表图例符号替换界面如图5-9-64所示。

(2) 仪表标注　仪表标注包括简单标注、联合标注和表格标注三种方式。标注内容为仪表位号、对应的管道设备号、标高、对应接线箱号等。其具体格式可以自定义。仪表标注格式定义界面如图5-9-65所示。

(3) 接线箱与仪表关联　首先进行接线箱属性定义，根据关联仪表所属控制单元、信号类型和防爆类型，定义接线箱位号及自身属性，满足条件的仪表与接线箱的关联关系可在接线箱平面位置确定后自动批量完成，也可手动单独完成。接线箱与仪表关联关系确定界面如图5-9-66所示。

(4) 分支电缆敷设　程序提供分支电缆规格型号、穿线管规格、直通弯通规格选型界面，分支电缆和穿线管长度根据接线箱与仪表的三维坐标、附加长度和余量按照正交法计算。

(5) 主电缆敷设　程序提供主电缆规格型号、穿线管规格、直通弯通规格选型界面，主电缆和穿线管长度根据接线箱与仪表电缆桥架之间的敷设点的三维坐标、基准点长度、附加长度和余量按照正交法计算。这里基

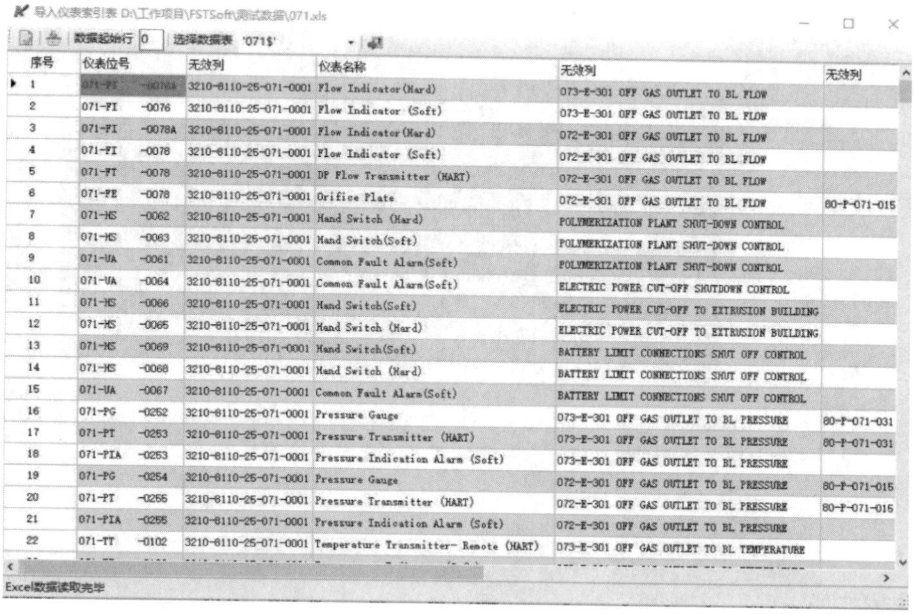

导入仪表索引表 D:\工作项目\FSTSoft\测试数据\071.xls

数据起始行 0 选择数据表 '071$'

序号	仪表位号	无效列	仪表名称	无效列	无效列
1	071-FI -0076A	3210-8110-25-071-0001	Flow Indicator(Hard)	073-E-301 OFF GAS OUTLET TO BL FLOW	
2	071-FI -0076	3210-8110-25-071-0001	Flow Indicator (Soft)	073-E-301 OFF GAS OUTLET TO BL FLOW	
3	071-FI -0078A	3210-8110-25-071-0001	Flow Indicator(Hard)	072-E-301 OFF GAS OUTLET TO BL FLOW	
4	071-FI -0078	3210-8110-25-071-0001	Flow Indicator (Soft)	072-E-301 OFF GAS OUTLET TO BL FLOW	
5	071-FT -0078	3210-8110-25-071-0001	DP Flow Transmitter (HART)	072-E-301 OFF GAS OUTLET TO BL FLOW	
6	071-FE -0078	3210-8110-25-071-0001	Orifice Plate	072-E-301 OFF GAS OUTLET TO BL FLOW	80-P-071-015
7	071-HS -0062	3210-8110-25-071-0001	Hand Switch (Hard)	POLYMERIZATION PLANT SHUT-DOWN CONTROL	
8	071-HS -0063	3210-8110-25-071-0001	Hand Switch(Soft)	POLYMERIZATION PLANT SHUT-DOWN CONTROL	
9	071-UA -0061	3210-8110-25-071-0001	Common Fault Alarm(Soft)	POLYMERIZATION PLANT SHUT-DOWN CONTROL	
10	071-UA -0064	3210-8110-25-071-0001	Common Fault Alarm(Soft)	ELECTRIC POWER CUT-OFF SHUTDOWN CONTROL	
11	071-HS -0066	3210-8110-25-071-0001	Hand Switch(Soft)	ELECTRIC POWER CUT-OFF TO EXTRUSION BUILDING	
12	071-HS -0065	3210-8110-25-071-0001	Hand Switch (Hard)	ELECTRIC POWER CUT-OFF TO EXTRUSION BUILDING	
13	071-HS -0069	3210-8110-25-071-0001	Hand Switch(Soft)	BATTERY LIMIT CONNECTIONS SHUT OFF CONTROL	
14	071-HS -0068	3210-8110-25-071-0001	Hand Switch (Hard)	BATTERY LIMIT CONNECTIONS SHUT OFF CONTROL	
15	071-UA -0067	3210-8110-25-071-0001	Common Fault Alarm(Soft)	BATTERY LIMIT CONNECTIONS SHUT OFF CONTROL	
16	071-PG -0252	3210-8110-25-071-0001	Pressure Gauge	073-E-301 OFF GAS OUTLET TO BL PRESSURE	80-P-071-031
17	071-PT -0253	3210-8110-25-071-0001	Pressure Transmitter (HART)	073-E-301 OFF GAS OUTLET TO BL PRESSURE	80-P-071-031
18	071-PIA -0253	3210-8110-25-071-0001	Pressure Indication Alarm (Soft)	073-E-301 OFF GAS OUTLET TO BL PRESSURE	
19	071-PG -0254	3210-8110-25-071-0001	Pressure Gauge	072-E-301 OFF GAS OUTLET TO BL PRESSURE	80-P-071-015
20	071-PT -0255	3210-8110-25-071-0001	Pressure Transmitter (HART)	072-E-301 OFF GAS OUTLET TO BL PRESSURE	80-P-071-015
21	071-PIA -0255	3210-8110-25-071-0001	Pressure Indication Alarm (Soft)	072-E-301 OFF GAS OUTLET TO BL PRESSURE	
22	071-TT -0102	3210-8110-25-071-0001	Temperature Transmitter- Remote (HART)	073-E-301 OFF GAS OUTLET TO BL TEMPERATURE	

Excel数据读取完毕

图 5-9-62　仪表索引表数据导入界面

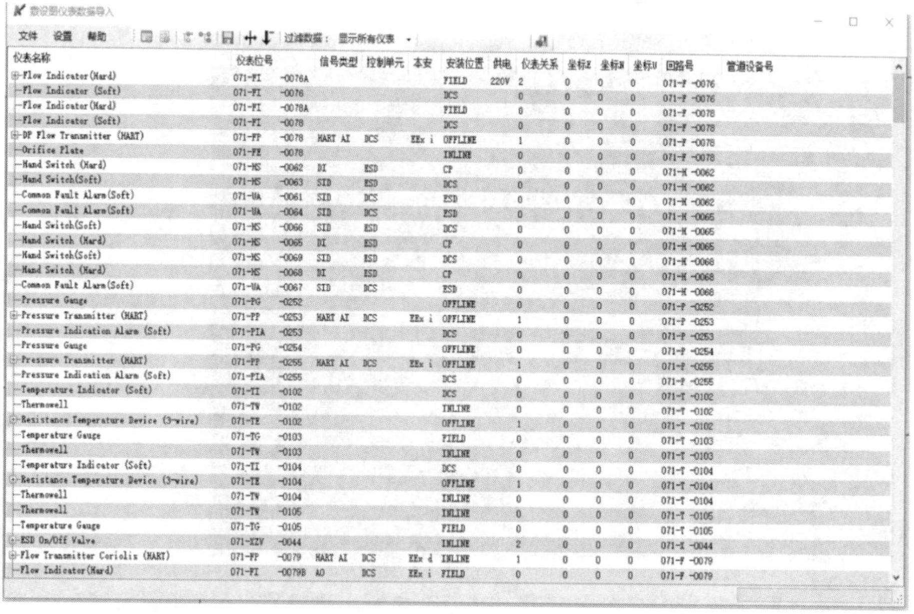

敷设图仪表数据导入

文件 设置 帮助 过滤数据： 显示所有仪表

仪表名称	仪表位号	信号类型	控制单元	本安	安装位置	供电	仪表关系	坐标E	坐标N	坐标U	回路号	管道设备号
Flow Indicator(Hard)	071-FI -0076A				FIELD	220V	2	0	0	0	071-F -0076	
Flow Indicator (Soft)	071-FI -0076				DCS		0	0	0	0	071-F -0076	
Flow Indicator(Hard)	071-FI -0078A				FIELD		0	0	0	0	071-F -0078	
Flow Indicator (Soft)	071-FI -0078				DCS		0	0	0	0	071-F -0078	
DP Flow Transmitter (HART)	071-FP -0078	HART AI	DCS	EEx i	OFFLINE		1	0	0	0	071-F -0078	
Orifice Plate	071-FE -0078				INLINE		0	0	0	0	071-F -0078	
Hand Switch (Hard)	071-HS -0062	DI	ESD		CP		0	0	0	0	071-H -0062	
Hand Switch(Soft)	071-HS -0063	SID	ESD		DCS		0	0	0	0	071-H -0062	
Common Fault Alarm(Soft)	071-UA -0061	SID	DCS		ESD		0	0	0	0	071-H -0062	
Common Fault Alarm(Soft)	071-UA -0064	SID	DCS		ESD		0	0	0	0	071-H -0065	
Hand Switch(Soft)	071-HS -0066	SID	ESD		DCS		0	0	0	0	071-H -0065	
Hand Switch (Hard)	071-HS -0065	DI	ESD		CP		0	0	0	0	071-H -0065	
Hand Switch(Soft)	071-HS -0069	SID	ESD		DCS		0	0	0	0	071-H -0068	
Hand Switch (Hard)	071-HS -0068	DI	ESD		CP		0	0	0	0	071-H -0068	
Common Fault Alarm(Soft)	071-UA -0067	SID	DCS		ESD		0	0	0	0	071-H -0068	
Pressure Gauge	071-PG -0252				OFFLINE		0	0	0	0	071-P -0252	
Pressure Transmitter (HART)	071-PP -0253	HART AI	DCS	EEx i	OFFLINE		1	0	0	0	071-P -0253	
Pressure Indication Alarm (Soft)	071-PIA -0253				DCS		0	0	0	0	071-P -0253	
Pressure Gauge	071-PG -0254				OFFLINE		0	0	0	0	071-P -0254	
Pressure Transmitter (HART)	071-PP -0255	HART AI	DCS	EEx i	OFFLINE		1	0	0	0	071-P -0255	
Pressure Indication Alarm (Soft)	071-PIA -0255				DCS		0	0	0	0	071-P -0255	
Temperature Indicator (Soft)	071-TI -0102				DCS		0	0	0	0	071-T -0102	
Thermowell	071-TW -0102				INLINE		0	0	0	0	071-T -0102	
Resistance Temperature Device (3-wire)	071-TE -0102				OFFLINE		1	0	0	0	071-T -0102	
Temperature Gauge	071-TG -0103				FIELD		0	0	0	0	071-T -0103	
Thermowell	071-TW -0103				INLINE		0	0	0	0	071-T -0103	
Temperature Indicator (Soft)	071-TI -0104				DCS		0	0	0	0	071-T -0104	
Resistance Temperature Device (3-wire)	071-TE -0104				OFFLINE		1	0	0	0	071-T -0104	
Thermowell	071-TW -0104				INLINE		0	0	0	0	071-T -0104	
Thermowell	071-TW -0105				INLINE		0	0	0	0	071-T -0105	
Temperature Gauge	071-TG -0105				FIELD		0	0	0	0	071-T -0105	
ESD On/Off Valve	071-XZV -0044				INLINE		2	0	0	0	071-X -0044	
Flow Transmitter Coriolis (HART)	071-FP -0079	HART AI	DCS	EEx d	INLINE		1	0	0	0	071-F -0079	
Flow Indicator(Hard)	071-FI -0079B	AO	DCS	EEx i	FIELD		0	0	0	0	071-F -0079	

图 5-9-63　敷设图仪表数据导入界面

准点长度是指在该平面图中确定的基准点距离电缆终点的长度。

6. 材料表模块

该模块实现将不同模块所产生的仪表安装材料进行汇总。将材料分成为七大类：引压管、伴热管、供气及气动信号管、穿线管、电缆桥架、电线及电缆和其他材料，材料量分别来自仪表安装图模块、回路接线图模块和平面敷设图模块。可以导入其他项目的材料到该项目数据库中。材料表模块主界面如图 5-9-67 所示。

（1）材料补充　可在此界面下进行材料的种类和数量的追加、修改，材料选择来自于主界面下的材料库中，但是对于来自于程序汇总的材料不能进行编辑。

（2）编辑附加裕量　对来自材料汇总表中的材料可以进行附加裕量的设定，主要设定参数包括单重、裕量

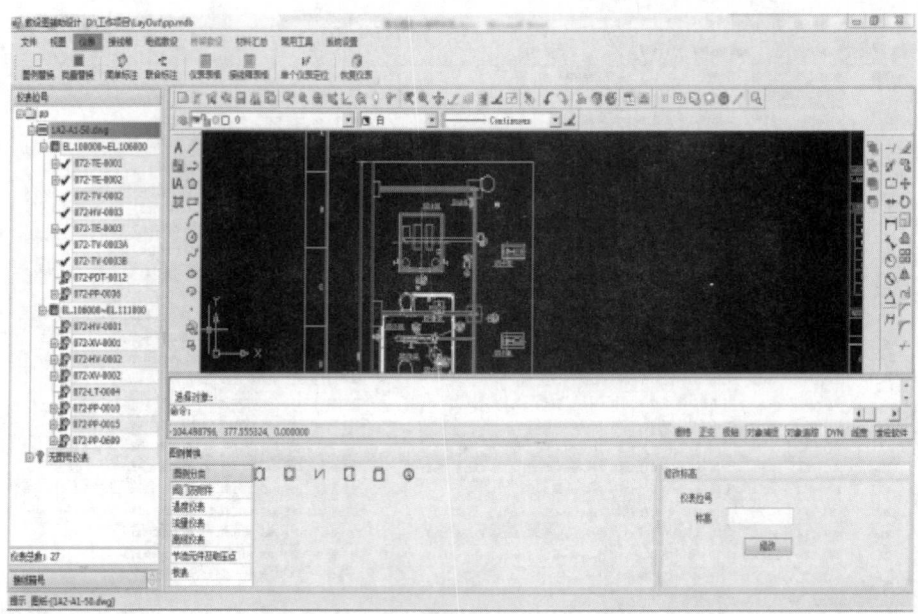

图 5-9-64　仪表图例符号替换界面

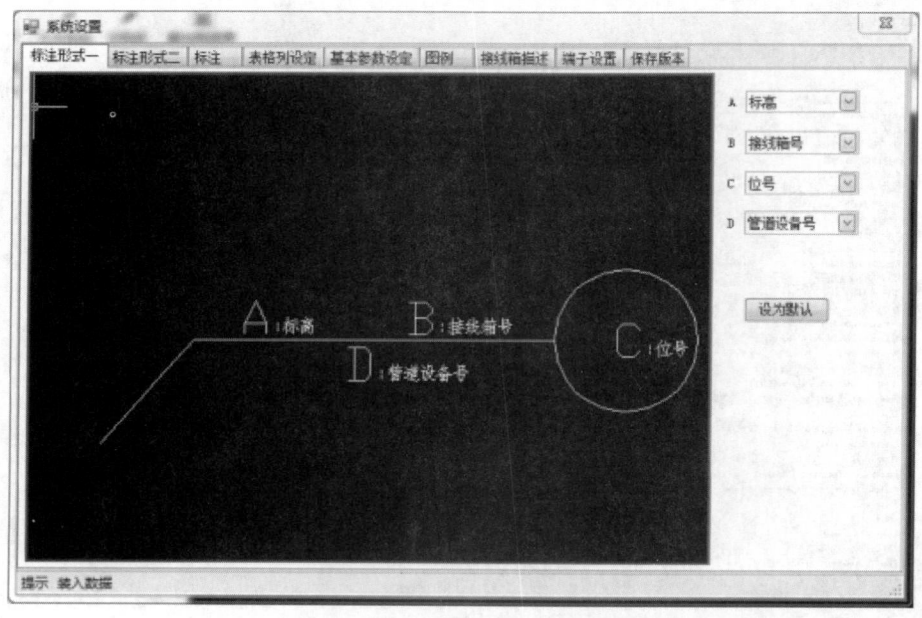

图 5-9-65　仪表标注格式定义界面

（％）、最低备用量和最低数量约束条件。

（3）导入数据　包括导入基本数据和导入裕量数据表，目的是导入其他项目已经定义好的基本数据和裕量数据表。

（4）材料汇总　汇总内容可选，可以部分汇总，也可以全部汇总。例如，仅需要汇总安装图材料时，可以仅选引压管、伴热管、供气及气动信号管和穿线管四项即可。汇总类别可选，如果选择按类别汇总选项，将按照七大类材料分别进行汇总，如果不选择此选项，将统一根据材料规格进行汇总。

7. 文件输出处理程序

世宏软件文件输出借助于 Excel 表格形式生成各类数据表，借助于 Autocad 的 DWG 图形文件格式生成各

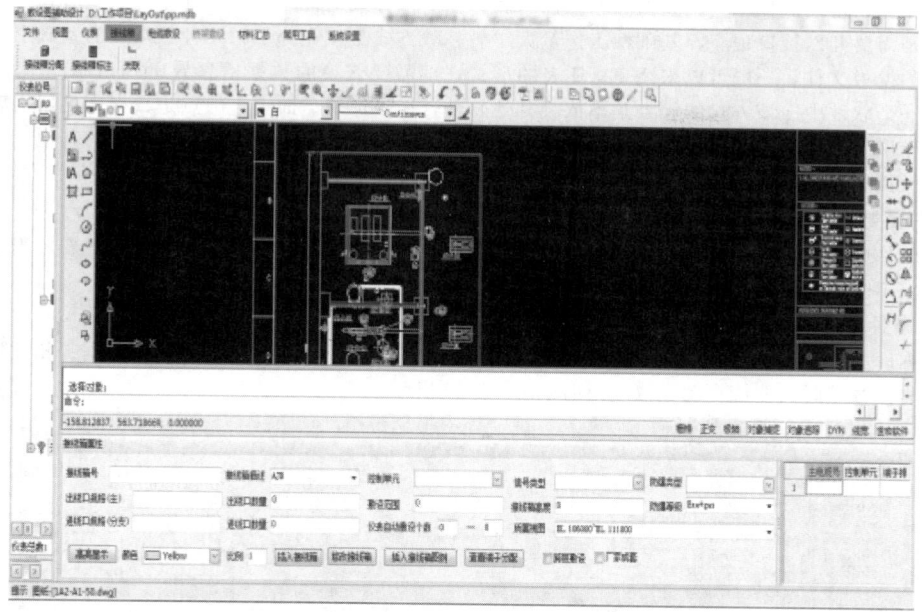

图 5-9-66　接线箱与仪表关联关系界面

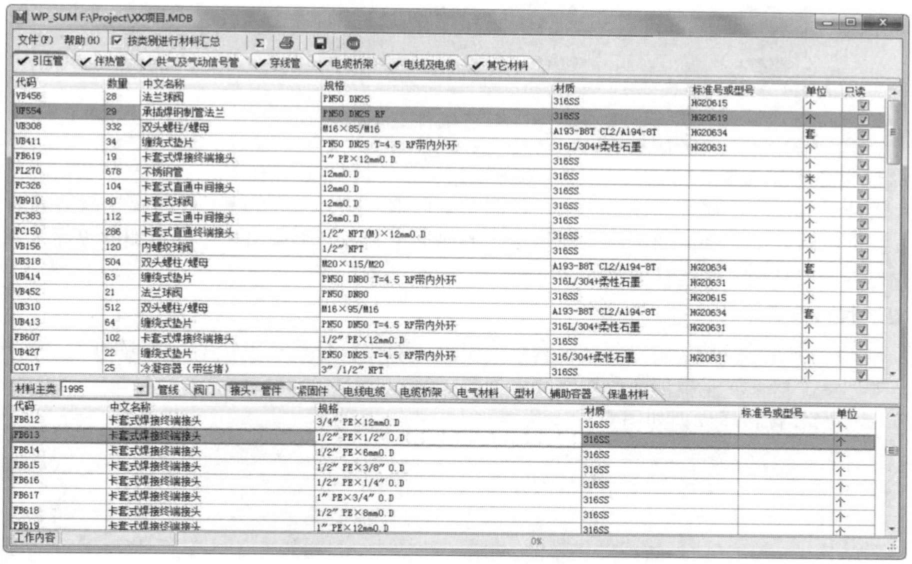

图 5-9-67　材料表模块主界面

类图纸。对于所有能够采用表格形式表述的仪表设计文件和过程文件，均要求制成 Excel 表格形式，然后进行表格定义，就能够完成程序与表格的数据连接关系，生成满足自身定制要求的数据文件。仪表安装图、仪表回路图、接线图和仪表平面敷设图以 DWG 图形文件形式输出，在使用程序进行设计的过程中，这些图形均可在操作界面中"所见即所得"。

基于此程序对 Excel 和 Autocad 不同版本均有相应的测试，并对不同版本的测试情况以打补丁的方式予以完善，保证当前版本的公共程序能够顺利应用在世宏软件中。

8. 软件技术接口

世宏软件采用开放的数据结构，能够与其他工程辅助设计软件进行数据交换。数据交换的方式有两种。一种方式是开发接口程序，根据两个软件的数据库类型、数据结构和存储方式等特点，开发出两种软件间数据交换的接口程序，通过接口程序实现数据的相互读取和保存。该方式的优点是接口程序可以实时在线工作，使用方便；缺点是需要开发接口程序，基础性工作量大。另一种方式是在充分了解两种数据库的基础上，定制出用于数据交换的模板文件，一般可以采用 Excel 表的形式，把需要交换的数据信息导出到定制的 Excel 文件中，再导入到另一个软件中。该方式的优点是不依赖其他软件，操作灵活、简单；缺点是数据库更新之后需要重新执行导入、导出及数据筛选工作，实时性差。两种接口方式各有优缺点，可以根据所采用的其他工程辅助设计软件的结构及使用习惯酌情选择。

三、主要数据库

在世宏软件中包含多个数据库，这些数据库用于存储与设计相关的各类数据，并进行更新和维护，保证数据库中的内容不断更新和丰富，有利于设计内容的统一和设计效率的提高。

1. 工艺条件数据库

在该数据库中包含有工艺常用介质的物性数据供查询，尤其是水和蒸汽的相关物性数据。相关模块应用到水和蒸汽的物性数据时，能够自动提取，界面如图 5-9-68 所示。

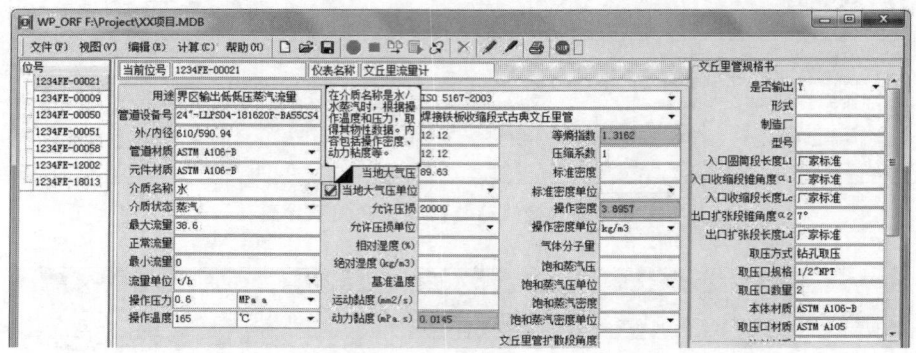

图 5-9-68　工艺条件数据库界面

2. 仪表及控制系统数据库

包含了常用种类的仪表的属性和规格定义，控制系统的 IO 卡件、接线端子板以及控制器等与设计相关的数据。这些数据可以随着厂商产品的更新不断积累，既保证了设计的准确与统一，也能够提高工作效率，并为控制系统厂商与设计人员的设计条件互换提供基础。

3. 仪表安装材料数据库

该材料库包含了 1995 版和 2012 版的仪表安装图中包含的所有材料，为仪表安装材料汇总提供数据支持。用户可以自己维护这个数据库，增加修改删除相关内容。

1995 版安装图安装材料库界面如图 5-9-69 所示。

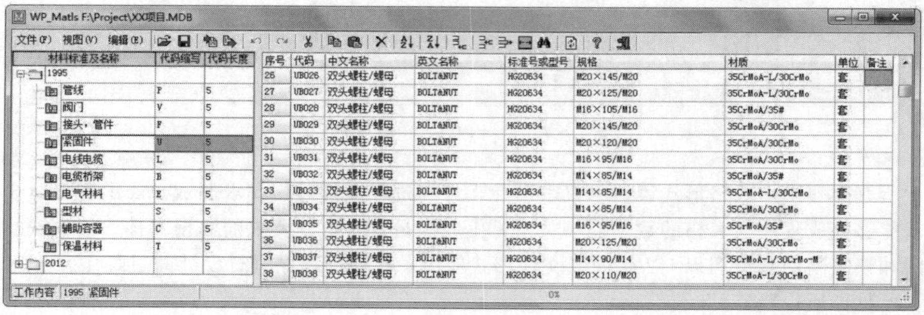

图 5-9-69　1995 版安装图安装材料库界面

2012 版安装图安装材料库界面如图 5-9-70 所示。

4. 仪表安装图数据库

该数据库包含了 1995 版和 2012 版的所有仪表安装图，并能够进行图中安装材料等内容的编辑。用户可以

1093

图 5-9-70　2012 版安装图安装材料库界面

建立自己的安装图材料库以及标准安装图，并在工程设计中不断丰富数据库中的内容，或者建立不同类型项目的安装图和材料数据库，保证同类型项目设计中重复利用率大幅提高，既能够提高设计质量，又可提高工作效率。

5. 管材数据库

为了通过管道设备号取出工艺条件中的管道材质、管道外内径和压力等级等管材数据，需要建立管材数据库，并建立项目的管道设备号编辑功能。在该数据库中包括三项内容：管材外径表、管材壁厚表和管道设备等级表。其中外径表和壁厚表属于管材基本数据，可以建立标准的管材数据库，在项目建立时将该数据库复制到项目库中使用即可。管道设备等级表必须在具体项目中进行编辑，SHS 提供项目的管道设备等级表编辑界面，如图 5-9-71 所示。

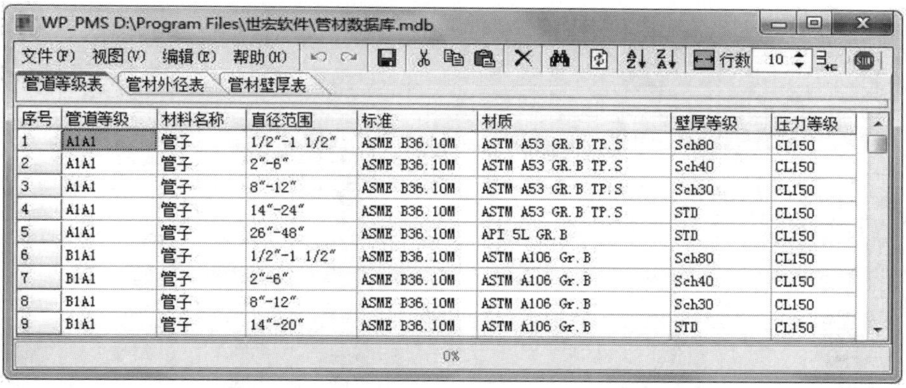

图 5-9-71　管道设备等级表编辑界面

四、主要维护功能

1. 仪表定义

在 SHS 中已经定义常用仪表数据以满足设计要求，在此基础上还可自行定义。仪表定义主界面如图 5-9-72 所示。

仪表定义内容主要包括仪表编号、仪表名称、功能符号、安装位置、信号类型、信号代号、是否需要计算、工艺条件表名称、仪表规格书、是否有测量引线、是否有仪表保护箱/保温箱、是否接线、信号端子和供电端子等。功能符号用于自动编位号，工艺条件表名称用于确定工艺提供的条件表对应的仪表种类。

（1）关联工艺条件功能　用于将不同的仪表类型关联对应不同的工艺条件，保证了工艺条件与仪表类型的统一。

（2）导入导出　仪表定义数据可以导出，导出内容是可以选择的，并以 XML 文件格式存储，可作为其他项目的导入文件，以便共享仪表定义内容。

（3）增加仪表和仪表类型　可在已有仪表类型中增加仪表，也可增加新的仪表类型及所属仪表。

图 5-9-72　仪表定义主界面

2. 数据表定义

自控设计过程中大量采用各类数据表的形式，在此将数据表分为三种：基本数据表、仪表规格书和其他数据表。其他数据表属于程序本身应用的数据表，一般不允许修改。仪表规格书由于种类繁多，各个设计单位的格式不统一，在此单列。除此之外的各类数据表均属于基本数据表。基本数据表和仪表规格书均与仪表位号有一一对应关系。

SHS 提供数据表定义工具，可以完成新增数据表的定义、现有数据表的修改、数据表的复制、数据表删除、导出选择的数据表、导出基本数据表和数据表查找等编辑功能。数据表定义主界面如图 5-9-73 所示。

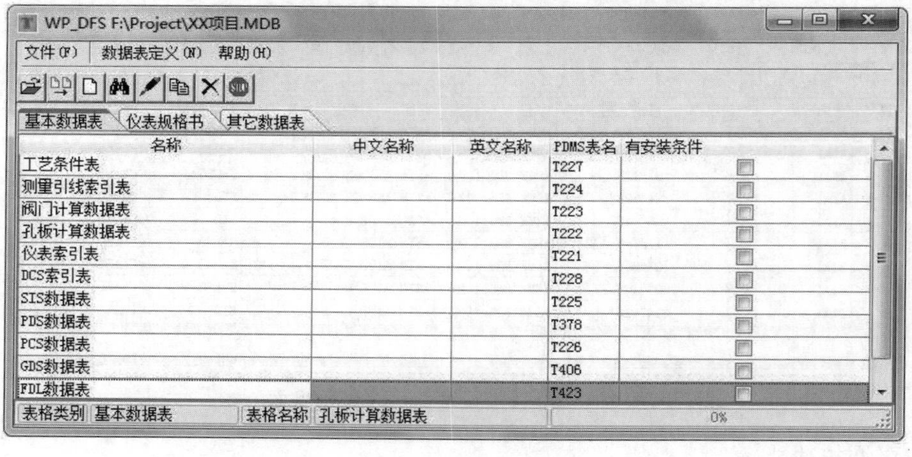

图 5-9-73　数据表定义主界面

在编辑数据表字段界面，主要定义字段名称、字段中文名称、字段英文名称、字段类型、概算项、提示信息、可选项、缺省值和输入方式。概算项用于定义该字段是否为概算关注的内容。提示信息用于定义编辑字段时，鼠标移到所编辑内容位置时所出现的信息。可选项用于定义编辑字段时产生的下拉框内用于选择的内容，其缺省值是在第一次填写该位号的数据时系统自动加入的内容。输入方式用于定义在编辑字段内容时的输入方式，分为"固定、可选、任意"三种。编辑数据表字段的主界面如图 5-9-74 所示。

3. Excel 格式表定制

在 SHS 中，各类数据表输出格式均以 Excel 表格形式输出，用户必须编制设计中使用的各类 Excel 表，然后完成其与 SHS 的连接定制。

SHS 将表格划分为三种类型：横表格、规格书（横表格）、规格书（竖表格），这三种形式基本满足自控设计表格输出的需求。横表格是指类似于仪表索引表和材料表的简单二维表格，数据逐行填写。规格书（横表

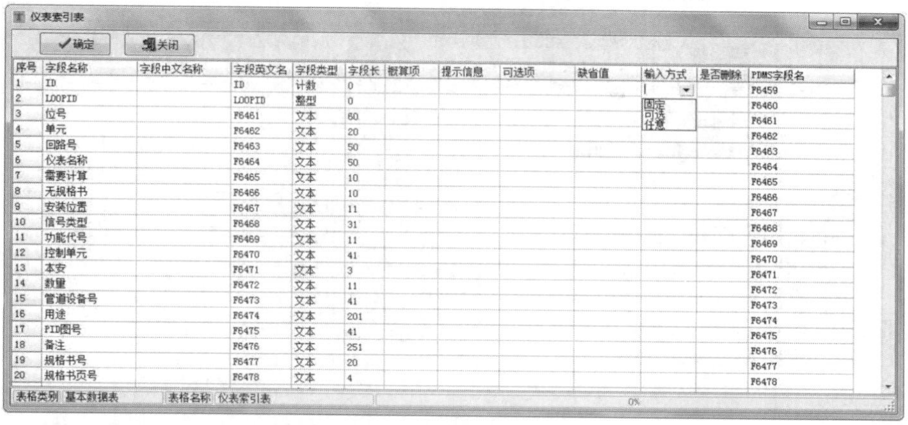

图 5-9-74　编辑数据表字段主界面

格）是指表格的上半部分是该仪表的共用项，下半部分是专用项，相当于两个不同格式横表格的拼接。规格书（竖表格）的数据按列填写。横表格形式的界面如图 5-9-75 所示。

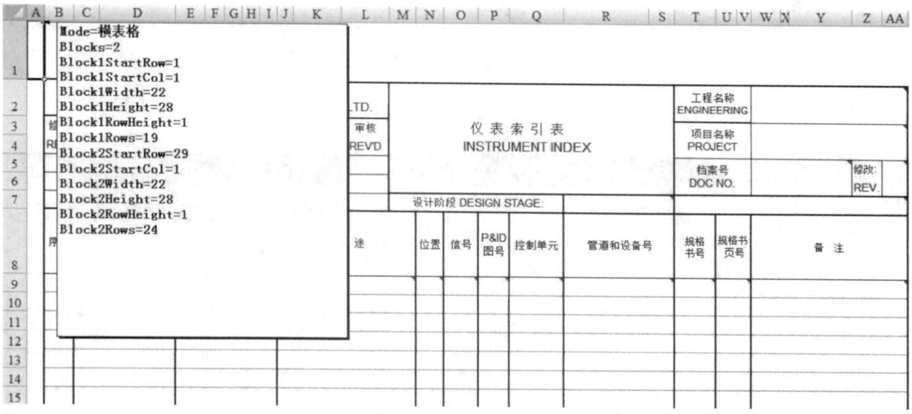

图 5-9-75　Excel 格式表定制示例界面（横表格）

（1）填表描述　用户编制的格式表应在打印纸的一页上，否则通过行高进行调整。填表描述写在 A1 单元格的批注中，由此部分定义格式表的填表方法。填表描述的基本要素包括：MODE 定义表格类型，Blocks 定义组成格式表的页数，BlockXStartRows 和 BlockXHeight 定义格式表所处的起始行和行数，BlockXRows 和 BlockXRowHeight 定义格式表填写数据的行数和行高，BlockXCols 和 BlockXRowWidth 定义填写数据的列数和列宽，Block1CommonStartPost 和 Block1CommonEndPost 定义表格中公共数据的区间，FirstPage 定义有首页作为签字页的数据表，Block2SheetName 定义第二页格式表与第一页不在一个工作表时的格式表名称。

（2）填表内容定义　用 Excel 单元格批注定义填写内容，批注形式为字段名称＜数据表名称。其中几项特殊约定分别为表头数据的定义、页号的约定、序号的约定、日期的约定和其他约定。表头数据定义也是采用单元格批注方式，其数据来自项目数据表。页号的约定中有多种页号页数表达方式可选。序号的约定包括回路序号和顺序号可选。日期约定中有两种表达方式可选。其他约定包括图号、版次或修改次号、规格书图号、规格书修改版次等的约定。

SHS 提供填表定义程序。使用该程序可以完成填表描述和填表定义数据的批注，避免输入错误并减轻维护人员的工作量。填表定义程序的主界面如图 5-9-76 所示。

4. 调节阀样本维护

调节阀样本数据库中保存着阀门厂家样本数据、阀门计算系列值数据表等有关数据，由于阀门系列值数据表在计算时要使用，不允许用户对其进行修改。样本维护工作包括增加阀门生产厂家、增加阀门种类、编辑阀门系列值数据、填加和修改阀门制造厂家的有关样本数据。这里阀门类型、阀芯类型和流向三个数据必须确

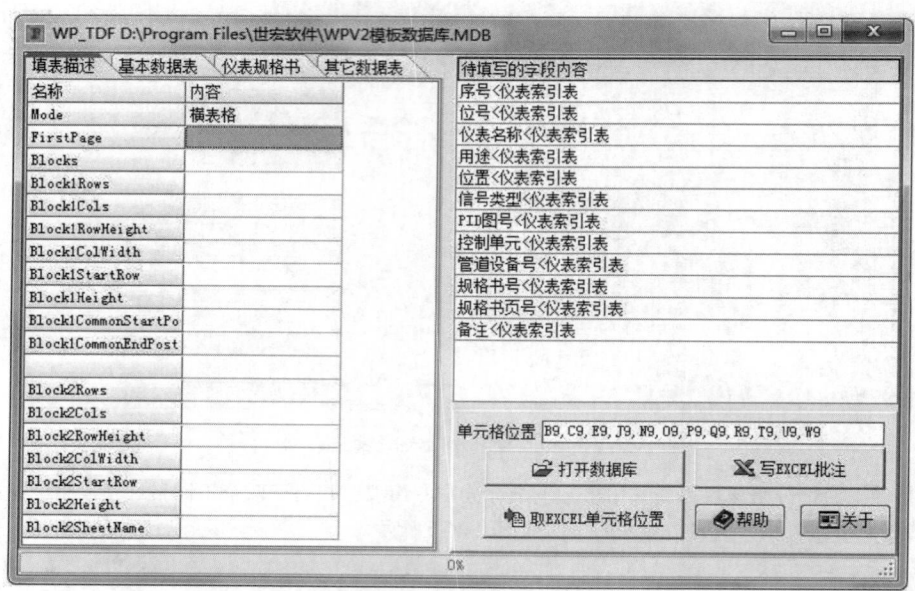

图 5-9-76　填表定义程序的主界面

定，否则调节阀计算无法完成。维护调节阀样本的界面如图 5-9-77 所示。

图 5-9-77　调节阀样本维护界面

5. 图形模板定制

定制安装图格式文件。安装图格式文件是 SHS 安装路径下的 DWG 文件，程序提供 A4 和 A3 两种规格的格式文件模板，用户可以在此模板的基础上进行定制工作。主要完成定制位号填写区、定制材料表填写区和其他数据填写区的工作。这些定制工作完成后，就可以在安装图中形成带有仪表位号、对应安装材料表，以及包括中文名、英文名、压力等级、连接形式、图号、版次、第　页、共　页等内容的完整数据。

6. 数据导入导出

用于仪表或数据表定义的导入导出，已完成定义的数据表导出时，应以数据表为单位进行，不能仅导出一个数据表中的一部分内容。

五、工程应用举例

世宏软件在各类石油化工工程项目中的应用已有较长历史。应用于大型炼油厂多套装置、储运工程和公用工程同时开展设计；应用于大型乙烯联合化工厂多套化工装置及公用工程的设计；应用于多套大型聚烯烃装置的设计；涵盖科研、总体设计、基础工程设计和详细工程设计各个设计阶段；也有应用于国外炼油和化工项目工程设计的成功经验；对于设计文件的中英文对照或者英文版本，均有成功应用的经验可借鉴。

在基础工程设计和详细工程设计阶段，包括大量数据的各类表格文件、安装图文件、敷设图文件和接线回路图文件，均能够在世宏软件中完成。对于大型设计项目，可以拆分成多个数据库多人同时工作，然后进行数据库合并。这些成功的应用经验证明，世宏软件适用于流程行业的各类大型石油化工项目的自控工程设计，对于提高设计工作效率和设计质量、实现工程项目的数字化移交奠定了良好的基础。

第十章　储运自动化系统设计

石油化工油品罐区的测量技术和储运自动化近年来有了快速的进步和发展，从早期大部分采用人工检尺发展到目前采用自动化仪表测量，从简单仪表进步到智能化仪表，从常规仪表及控制系统，发展到分散控制系统、配备服务器运行专用的储运管理软件。大型现代化石油化工厂自动化信息化控制及管理网络已经普遍采用，不断提高完善自控和设计水平、储运自动化和罐区生产管理水平。

储运和罐区自控设计与生产装置相比，工艺流程、控制方案、安全联锁等有其特殊性，如储罐计量、库存统计、罐区生产管理、储运自动化、计划调度、全厂物料平衡等功能和需求。

储运和罐区自控设计应注意完整性，在可行性研究、基础设计阶段确定总体技术方案，包括罐区的仪表选型、自动控制、控制系统硬件和软件、储罐计量、库存统计、储运自动化、罐区生产管理、工程概算等内容。

第一节　储罐计量与测量仪表方案

一、储罐的设备类型、压力分类、计量分类

1. 储罐的设备类型

储罐设备分为浮顶储罐、内浮顶储罐、固定顶储罐、球形储罐、卧式储罐等 5 种类型，参见 SH/T 3007《石油化工储运系统罐区设计规范》。

2. 储罐的压力分类

根据设计压力，储罐分为常压储罐、低压储罐、压力储罐。

① 常压储罐：设计压力小于或等于 6.9kPa(G)。

② 低压储罐：设计压力大于 6.9kPa(G) 且小于 0.1MPa(G)。

③ 压力储罐：设计压力大于或等于 0.1MPa(G)。

3. 储罐的计量分类

根据储运工艺和计量的需要，油品储罐分为计量级和非计量级，测量仪表方案也分为计量级和非计量级（也称为控制级）。两种方案测量仪表的设置和仪表精度都不相同。

① 计量级：对外贸易结算和交接计量的储罐按计量级设计。

通常原油罐、成品油罐等与商业交接或全厂物料平衡有关的储罐设计为计量级储罐，采用计量级测量仪表方案，仪表测量精度应符合国家有关计量标准或国际间贸易互认标准。

② 非计量级：石油化工厂内部的生产装置之间油品缓冲存储、库存的储罐按非计量级设计。

通常中间原料罐、中间油品罐及其他辅助油品储罐设计为非计量级，采用非计量级测量仪表方案，仪表测量精度应符合非计量级要求。

二、罐区自动化的设计内容和相关条件

罐区自动化的设计内容、设计步骤和相关输入/输出条件见图 5-10-1。

三、储罐的测量仪表方案

1. 储罐测量的目的和方法

储罐测量要满足罐区的过程控制、收油、发油、输转、计量等日常生产运行需要，并满足罐区的库存统计和管理需要，为工厂管理建立基础数据平台。

储罐的测量仪表方案与压力分类、计量分类、计量方法相关。常用的 4 种储罐测量仪表方案如图 5-10-2 所示。

① 计量级常压和低压储罐。

② 非计量级常压和低压储罐。

③ 计量级压力储罐。

④ 非计量级压力储罐。

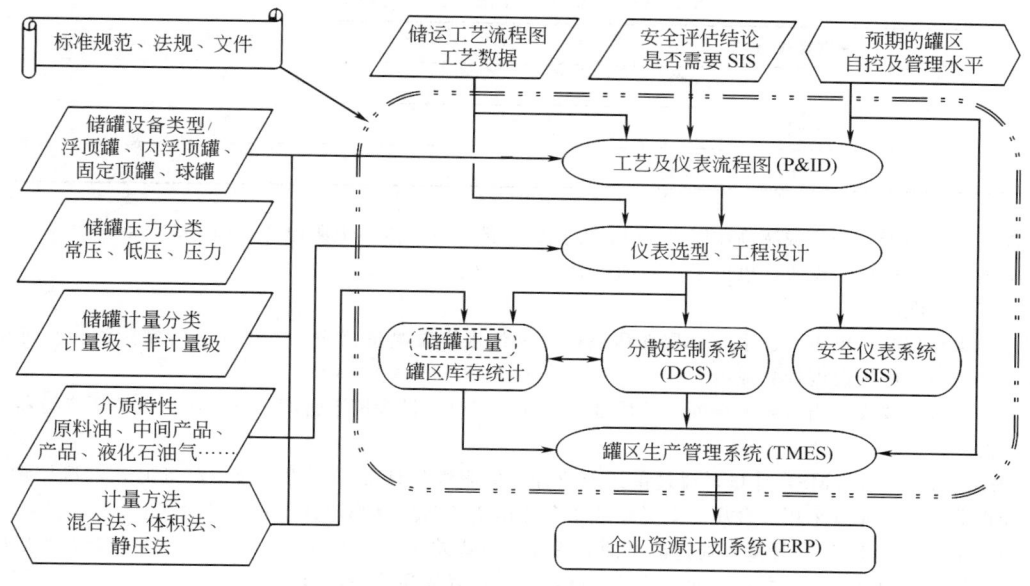

图 5-10-1　罐区自动化的设计内容、设计步骤和输入/输出条件

说明：⬭ ：自控专业设计范围。 ▱ ：储运、安全专业提给自控的设计条件。

⬡ ：罐区自控及管理水平、计量方法。 ▭ ：IT 设计范围。

⬗ ：标准规范、法规、指令性文件，设计应遵照执行。

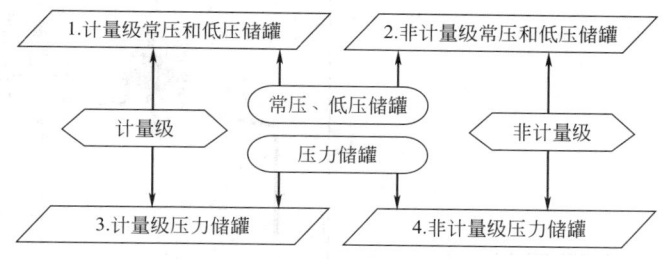

图 5-10-2　储罐的测量仪表方案

2. 计量级常压和低压储罐测量仪表设置

（1）液位连续测量仪表　容积≥100m³ 的储罐应在罐顶设置液位连续测量仪表。容积≥100 000m³ 的储罐设置 2 套液位连续测量仪表并配罐旁指示仪显示液位。

（2）液位报警及联锁　根据工艺要求，在控制系统中设置高、低液位报警，高高、低低液位报警及联锁。采用高高液位联锁关闭罐进料开关阀、低低液位联锁停泵并关闭出口开关阀的控制方案。报警及联锁在控制系统中实现。

联锁信号用的测量仪表单独设置，采用连续测量仪表或液位开关。连续测量仪表可以实时测量过程变量并确定仪表的工作状态，比开关类仪表更可靠并且可观测。连续测量仪表的报警、联锁设定值不受安装位置的限制，在可靠性要求较高或报警、联锁值可能变化的场合优先采用连续测量仪表。

（3）多点热电阻温度计　当储罐需要测量油品的标准体积、标准密度时，需要设置多点或单点热电阻温度计测量罐内油品温度，对储罐液位进行温度补偿。

计量级储罐设置多点热电阻温度计，测量计算平均温度。多点温度检测元件安装于罐顶，按照储罐有效高度范围内每 3m 等间距平均布置的方式确定测温点数，最少测温点数符合 GB/T 21451.4 "第 4 部分：常压罐中的温度测量"，参见表 5-10-1。

表 5-10-1　多点温度检测元件的点数

油罐高度/m	检测元件的最少点数
<9	4
9～15	5
>15	6

当储罐容积小于 159m³ 或罐高小于 3m 时，在储罐下部设置单点热电阻温度计即可。

热电阻温度计可单独设置，也可采用与油水界位测量仪表集成的形式。

（4）双金属温度计。

（5）油水界位测量仪表　含水并分层介质储罐设置油水界位测量仪表，测得油品的实际液位。可单独设置，也可采用与热电阻温度计集成的形式。

（6）密度测量仪表　当需要换算油品总质量或标准体积时，设置用于密度计算的压力或差压变送器，分以下两种情况。

① 采用混合法（HTMS）计量，通过雷达液位计、伺服液位计等直接测量液位高度时，常压储罐采用 1 台压力变送器，低压储罐采用 2 台压力变送器或 1 台差压变送器测量并计算介质的平均密度。

② 采用静压法（HTG）计量，通过测量油品罐底压力或差压计算液位时，采用 2 台压力变送器测量并计算密度。测量得到的是 2 个取源口之间油品的密度，并非整罐油品的平均密度。

（7）压力测量　低压储罐及氮气密封的储罐，在罐顶设置压力变送器和压力表。

（8）氮封控制　固定顶罐和内浮顶罐等需要氮气等惰性气体密封的储罐，设置氮封阀或压力分程控制。

（9）液位连续测量仪表信号连接　计量级常压和低压储罐的多点温度计、油水界位仪、密度计算的压力或差压变送器的输出信号，直接接入储罐液位连续测量仪表或储罐数据管理单元，见图 5-10-3。

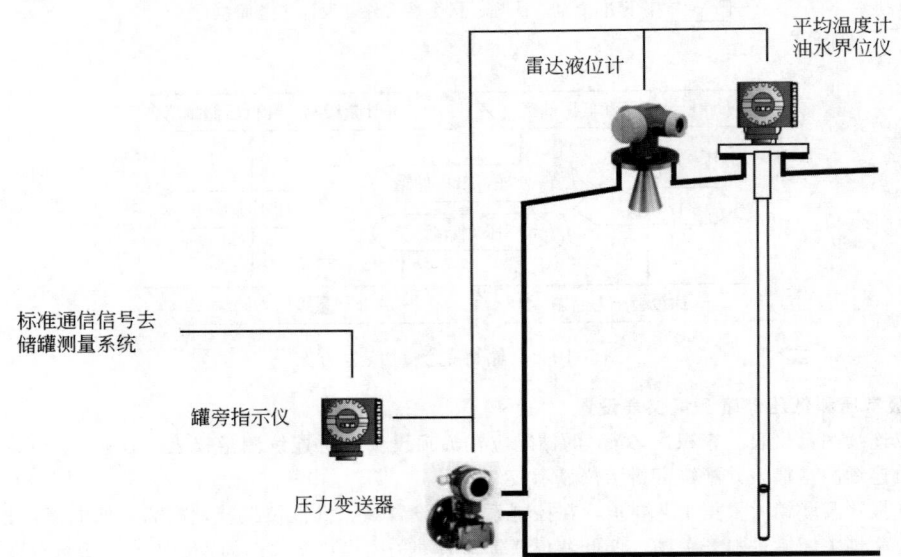

图 5-10-3　计量级常压和低压储罐液位连续测量仪表信号连接图

注：本图是雷达液位计在计量级常压和低压储罐上应用的典型信号连接示意，
仅以某产品为例绘制，不同产品可能会有不同的连接方案

3. 非计量级常压和低压储罐测量仪表设置

① 非计量级储罐温度测量仅用于过程监测，储罐下部设置单点热电阻配现场温度变送器。

② 与计量级储罐相比，非计量级常压和低压储罐不设多点温度计、油水界位仪和用于密度计算的变送器。

③ 其他仪表设置与计量级常压和低压储罐相同。

4. 计量级压力储罐测量仪表设置

压力储罐采用球形储罐，目前还没有球形压力储罐的计量标准和相关算法，以下规定的仪表设置按照目前球形储罐容积标定的方法考虑。

（1）液位连续测量仪表 压力储罐设置 2 套液位连续测量仪表并配罐旁指示仪显示液位。可采用 2 套不同测量原理或相同测量原理的液位测量仪表。

（2）液位报警及联锁 根据工艺要求在控制系统中设置高、低液位报警，高高、低低液位报警及联锁。2 套液位仪表中一套用于设置高、低液位报警，另一套用于高高、低低液位报警及联锁。采用高高液位联锁关闭储罐进料开关阀、低低液位联锁停泵并关闭出口开关阀的控制方案。当需要第三套液位仪表时，可采用连续测量仪表，也可采用液位开关。报警及联锁在控制系统中实现。

（3）多点热电阻温度计 计量级储罐设置多点热电阻温度计。设置要求与"2. 计量级常压和低压储罐测量仪表设置"中（3）相同。

（4）双金属温度计。

（5）油水界位测量仪表 含水并分层介质储罐设置油水界位测量仪表，测得油品的实际液位。可单独设置，也可采用与热电阻温度计集成的形式。

（6）密度测量仪表 储罐设置用于密度计算的压力或差压变送器或其他形式的密度计。

（7）压力测量 压力储罐罐顶设置 2 台压力变送器和 1 台压力表。

（8）氮封控制 球罐需要氮气等惰性气体密封时，设置压力分程控制。

（9）就地液位指示仪表 根据 SH 3136《液化烃球形储罐安全设计规范》，压力储罐如需要就地液位指示仪表时，不采用玻璃板液位计。

（10）液位连续测量仪表信号连接 多点温度计、油水界位仪、密度计算的压力或差压变送器的输出信号直接接入储罐液位连续测量仪表或储罐数据管理单元，见图 5-10-4。

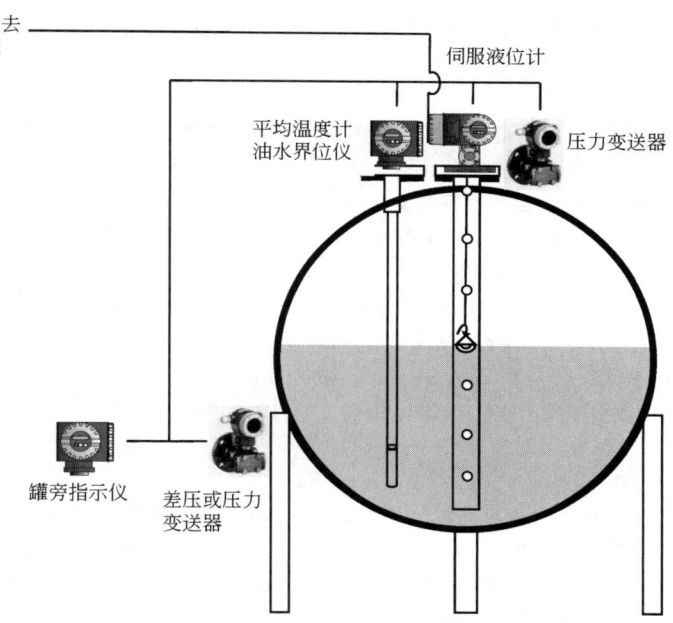

图 5-10-4 计量级压力储罐液位连续测量仪表信号连接图

注：本图是伺服液位计在计量级压力储罐上应用的典型信号连接示意，
仅以某产品为例绘制，不同产品可能有不同的连接方案

5. 非计量级压力储罐测量仪表设置

① 非计量级储罐温度测量仅用于过程监测，储罐下部设置单点热电阻配现场温度变送器。

② 与计量级储罐相比，非计量级压力储罐不设多点温度计、油水界位仪和用于密度计算的变送器。

③ 其他仪表设置与计量级压力储罐相同。

6. 储罐的测量仪表设置对照表

计量级和非计量级储罐的测量仪表设置见对照表 5-10-2。

表 5-10-2　计量级和非计量级储罐的测量仪表设置

测量仪表	计量级储罐		非计量级储罐		说明
	常压低压	压力	常压低压	压力	
双金属温度计	√	√	√	√	
单点温度			√	√	
多点温度	√	√			用于计算平均温度
油水界位	√	√			介质含水并分层时设置
压力表	√	√	√	√	低压、压力储罐设置
压力变送器	√	√	√	√	低压、压力储罐设置
压力或差压变送器	√	√			高精度、密度测量设置
液位连续测量仪表	√	√	√	√	配罐旁指示仪
液位开关	√	√	√	√	可采用连续测量仪表
液位就地指示					根据工艺需要设置
氮封阀或压力分程控制					根据工艺需要，氮气密封储罐设置

四、储罐计量系统

1. 目的及用途

储罐计量系统是为计量交接、贸易结算等需要精确测量和统计的罐区而设计，应满足标准规定的计量精度。储罐计量需要精确测量油品存量数据，可以是质量，也可以是体积，或两者兼顾。

储罐计量系统是以 DCS 或 SCADA 为基础建立的，与自动控制系统和生产管理系统集成，数据共享。所有储罐测量数据和计算结果在储罐计量系统的操作站显示，有相应的流程画面满足计量交接、贸易结算、库存控制与管理、油品输送、生产调度、物料平衡等需要。

2. 储罐油品计量方法

我国石油化工行业多采用质量计量制，储罐油品计量以质量计量为主，也同时需要质量计量和体积计量。储罐计量属于静态计量，目前计量方法主要采用混合法（HTMS），其次是体积法和静压法（HTG）。

3. 储罐油品计量方法的术语和缩写定义

储罐油品计量方法的术语和缩写定义参见 GB/T 25964《石油和液体石油产品采用混合式油罐测量系统测量立式圆筒形油罐内油品体积、密度和质量的方法》。

储罐油品计量直接测量变量包括液位、温度、压力、静压、界位等。

计算数据包括计量密度（D_{obs}）、标准密度（D_{ref}）、总计量体积（TOV）、毛计量体积（GOV）、体积修正系数（VCF）、毛标准体积（GSV）、质量（m_v、m_a）等。

参与计算的辅助数据表和数据包括罐容积表（TCT）、GB/T 1885《石油计量表》、化验室检验的取样密度等。

术语和缩写定义如下。

① TOV——总计量体积。由自动液位计测量液位和罐容积表 TCT 计算出的总计量体积。

② GOV——毛计量体积。由 TOV 减去罐底游离水，再减去浮顶排液体积之后的体积。

③ VCF——体积修正系数。油品在标准温度下的体积与其在非标准温度下的体积之比。VCF 用于将计量温度 t 下的体积修正为标准温度 t_{20} 下的体积。

由标准密度 D_{ref} 和自动温度计测量的平均温度 t 查 GB/T 1885 表计算得到，或按 $VCF = D_{obs}/D_{ref}$ 计算。

④ t_{20}——标准温度。油品计量的参照温度。GB/T 1885 规定为 20℃。

⑤ t——计量温度。油品计量时的温度。

⑥ GSV——毛标准体积。按 $GSV = GOV \times VCF$ 计算。

⑦ D_{obs}——计量密度。真空中油品的计量密度。

⑧ D_{ref}——标准密度。油品的标准密度，根据计量密度 D_{obs} 查 GB/T 1885 表得到标准温度下的密度。

⑨ m_v——质量（真空中）。油品在真空中的质量。

⑩ m_a——表观质量（空气中）。油品在空气中的表观质量。

⑪ TCT——罐容积表。

4. 混合法（HTMS）计量

（1）计量标准及仪表设置　混合法计量标准参见 GB/T 25964《石油和液体石油产品采用混合式油罐测量系统测量立式圆筒形油罐内油品体积、密度和质量的方法》。混合法可用于质量计量，也可用于体积计量，采用连续自动测量液位、密度、温度和界位，经计算实现精确计量。适用于温度变化、密度分层或含水并分层的介质，计量精度高的大容量储罐。

混合法的自动测量变量包括连续液位、多点温度、压力或差压、油水界位等。

（2）混合法（HTMS）计量计算方法　见图 5-10-5。

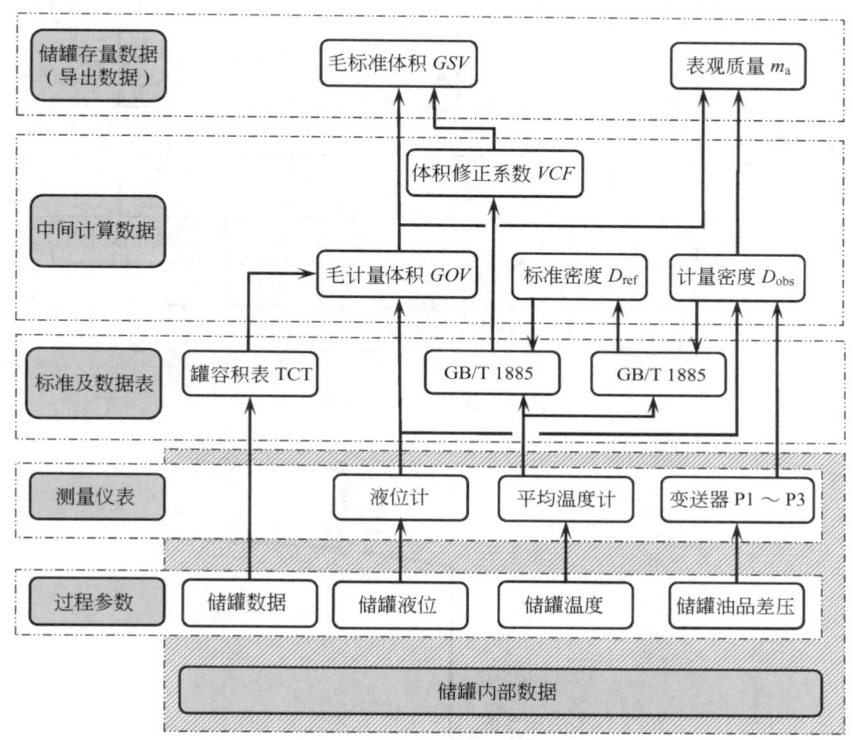

图 5-10-5　混合法（HTMS）计量计算方法

5. 体积法计量

（1）仪表设置　体积法是基于体积测量的计量方法，也称为体积重量法，可视为混合法的一种简化方案。体积法测得油品的体积、温度、密度，通过计算得出实际条件下的介质重量。与混合法不同，体积法的密度来自人工取样的化验室数据，不是用于密度计算的压力或差压的连续测量值。采样时间引起的滞后和样品代表性会影响计量准确度，不适用于密度分层或含水并分层的介质以及需要连续精确计量的场合。

体积法的自动测量变量包括连续液位、多点温度。

（2）体积法计量计算方法　见图 5-10-6。

6. 静压法（HTG）计量

（1）计量标准及仪表设置　静压法计量标准参见 GB/T 18273《石油和液体石油产品立式罐内油量的直接静态测量法（HTG 质量测量法）》。静压法是基于质量的储罐计量方法，通过测量液体静压，计算得到液体的质量。适用于计量精度不高、介质密度均匀的小容量储罐，不适用于密度分层或含水并分层的介质。静压法用于常压和低压立式圆筒形固定顶罐或浮顶罐，不适用于压力储罐。

静压法的自动测量变量包括压力、差压。

（2）静压法（HTG）计量计算方法　见图 5-10-7。

图 5-10-7 低压储罐设 3 台压力变送器，测得液相压力（p_1，p_2）和气相压力（p_3）。用（$p_1 - p_2$）差压

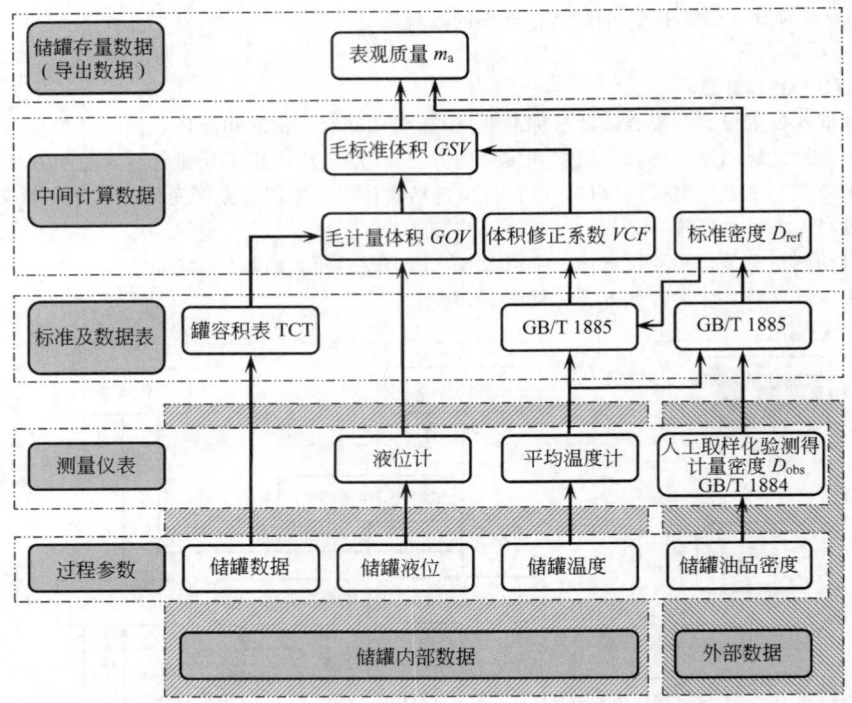

图 5-10-6　体积法计量计算方法

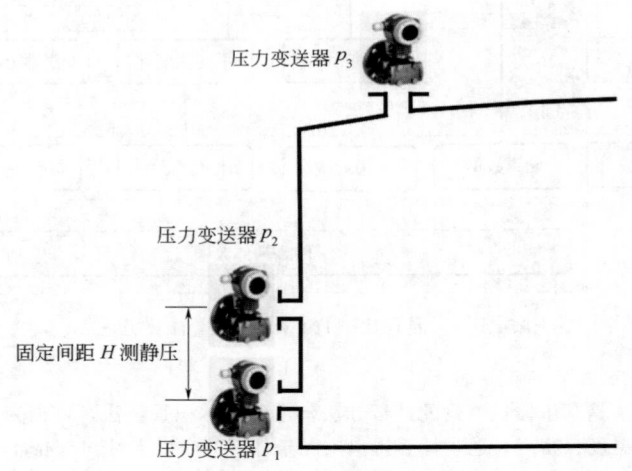

图 5-10-7　静压法（HTG）计量计算方法

可算出介质密度，用（$p_1 - p_3$）差压和介质密度可算出液位高度。

7. 储罐计量系统设计方案

（1）设计考虑的问题　对于要求不高的罐区、非精确计量的简单计算，储罐计量可在自动控制系统中采用软件组态的方式实现。对大型罐区、需要贸易交接的精确计算，储罐计量按高计量管理水平设计，精确计量的复杂计算采用服务器配备专用储罐计量软件实现。

所有参与运算的实测过程变量通过储罐信号通信单元（TCU）以标准协议通信方式传到储罐计量系统的储罐数据管理单元（TMU），采用内置的罐容积表（TCT）、石油计量表等辅助数据表进行运算处理，得出储罐油品的体积或质量或两者皆备的存量数据。

（2）采用自动控制系统实现的储罐计量系统　采用自动控制系统实现的储罐计量系统见图 5-10-8，所有过程变量的计算在自动控制系统中通过软件组态实现。

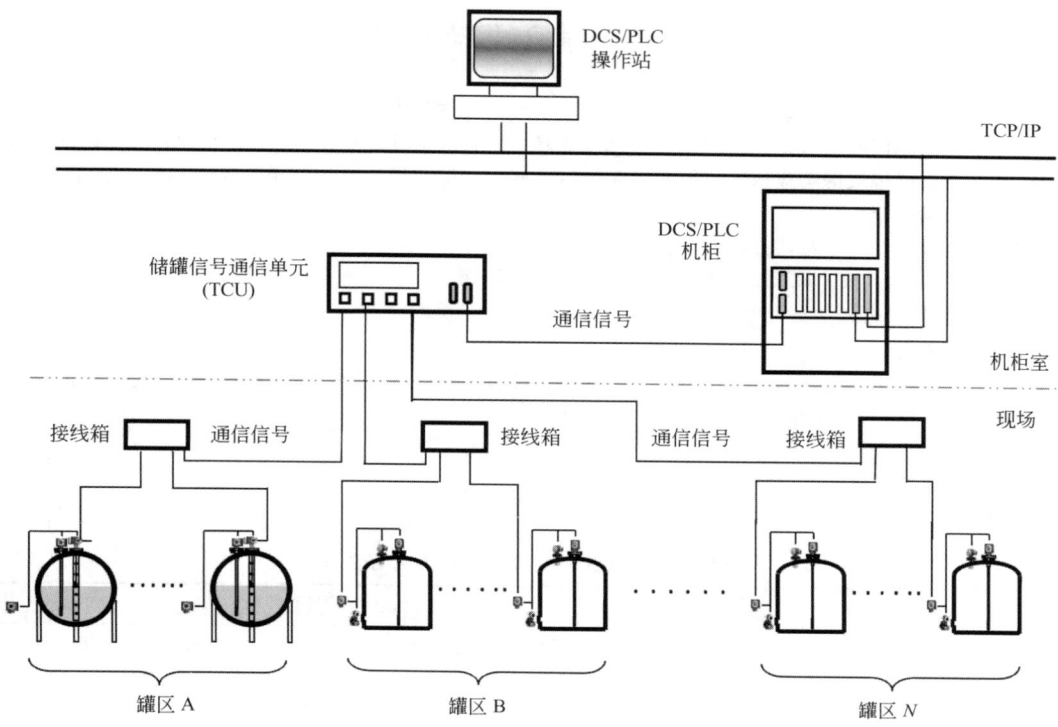

图 5-10-8　采用自动控制系统实现的储罐计量系统

（3）采用服务器配备专用储罐计量软件实现的储罐计量系统　见图 5-10-9，服务器与 DCS 之间采用数据交换方式。

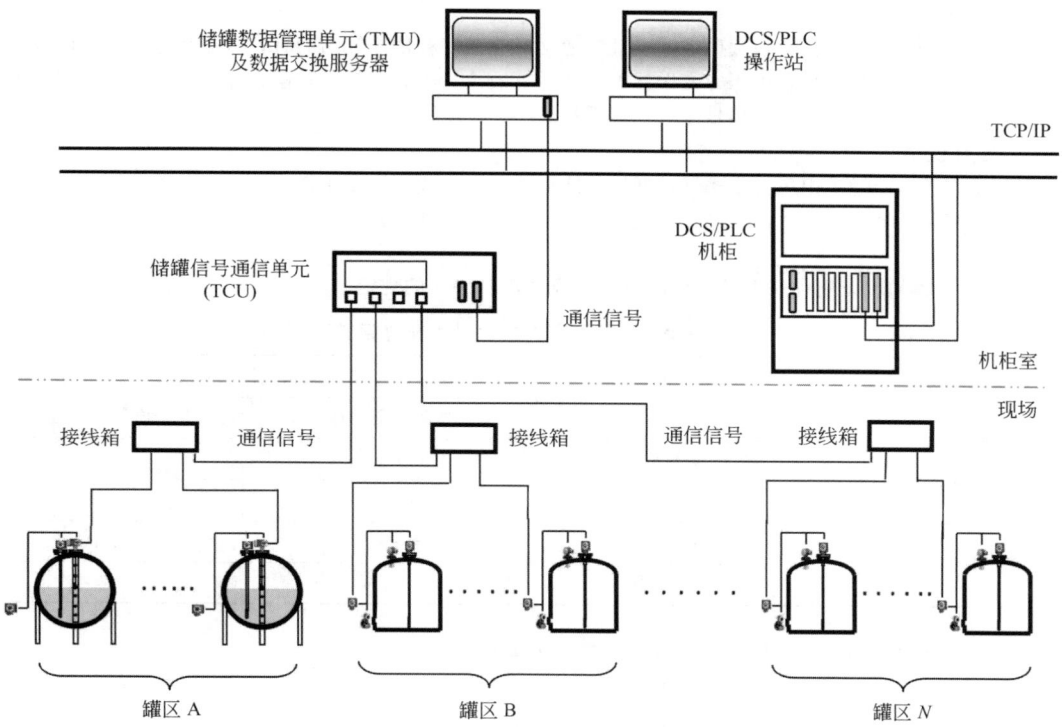

图 5-10-9　采用服务器配备专用储罐计量软件实现的储罐计量系统

第二节　罐区自动化仪表

一、罐区自动化仪表选型

石油化工储运罐区的特点是储罐容量大、过程缓慢、控制对象时间常数大，每一批次作业的时间较长，可暂停或中断，不需要很快的响应速度，但操作人员容易疲劳。生产操作比较简单，控制和联锁属于简单控制、两位式控制和批量控制。

储罐的测量和控制应满足两方面要求：

① 常规过程控制，安全联锁，完成收油、发油等生产任务；

② 罐区库存量控制和计量管理。

二、温度仪表

储罐温度测量的用途是参与计量的温度补偿计算，计量级储罐的温度测量应符合 GB/T 25964 的规定。储罐温度测量元件通常采用 Pt100 铂热电阻。

1. 精度

热电阻精度采用允差等级 A。

① 计量级储罐的温度测量仪表精度应符合表 5-10-3 规定。

表 5-10-3　温度测量仪表的最大允许误差

精度类型	最大允许误差/℃	
	基于体积的交接计量	基于质量的交接计量
固有精度	0.25	0.5
安装后的精度	0.5	1.0

从表 5-10-3 可见，体积交接计量的温度仪表精度高于质量交接计量。

② 非计量级储罐的温度测量仪表的固有精度不低于 0.5℃，安装后的精度不低于 1.0℃。

2. 温度信号连接

雷达液位计、伺服液位计、磁致伸缩液位计等通常具有温度补偿计算功能时，多点热电阻温度信号接入储罐液位连续测量仪表。静压法采用压力变送器测量并计算液位，不具有温度补偿计算功能，非计量用的单点温度测量配备现场温度变送器，温度信号接入控制系统。

三、压力仪表

压力测量，压力储罐采用压力变送器，低压储罐可采用压力或差压变送器。

用于油品密度计算的压力或差压测量，应符合 GB/T 25964 的规定。

1. 精度

① 计量级储罐的压力测量仪表最大允许误差应符合表 5-10-4 的规定。

表 5-10-4　压力变送器的最大允许误差

精度类型		最大允许误差	
		基于体积的交接计量	基于质量的交接计量
P1（安装于罐下部）	零点误差	100Pa	50Pa
	线性误差	0.1% R	0.07% R
P3（安装于罐顶）	零点误差	40Pa	24Pa
	线性误差	0.5% R	0.2% R

从表 5-10-4 可见，质量交接计量的压力变送器精度高于体积交接计量。

② 非计量级储罐压力测量仪表的最大允许误差：

P1（安装于罐下部）　零点误差 150Pa，线性误差 0.2% R；

P3（安装于罐顶）　零点误差 60Pa，线性误差 1.0% R。

2. 压力信号连接

雷达液位计、伺服液位计、磁致伸缩液位计等储罐液位连续测量仪表具有密度补偿计算功能时，用于计算介质密度的压力变送器信号接入储罐液位连续测量仪表。压力变送器等用静压法测量并计算液位的仪表不具有密度补偿计算功能，密度的计算在控制系统中进行。

非计量用的压力变送器信号接入控制系统。

四、液位和界位仪表

罐区液位连续测量仪表选用雷达液位计、伺服液位计、磁致伸缩液位计、静压液位计等。液位开关类仪表选用音叉、超声波、浮子式等原理的开关。在需要连续测量或对测量可靠性要求较高的场合采用连续测量仪表。

液位仪表选型应适合浮顶储罐、内浮顶储罐、固定顶储罐、球形储罐、卧式储罐等不同类型储罐的安装使用条件。

采用混合法测量系统（HTMS）的储罐液位测量应符合 GB/T 25964 的规定。

1. 精度

① 计量级储罐的液位测量仪表的最大允许误差应符合表 5-10-5 的规定。

表 5-10-5　液位测量仪表的最大允许误差

精度类型	最大允许误差/mm	
	基于体积的交接计量	基于质量的交接计量
固有精度	1	3
安装后的精度	4	12

② 非计量级储罐液位测量仪表的最大允许误差：

固有精度不低于 3mm，安装后的精度不低于 12mm（用于体积）或 25mm（用于质量）。

2. 雷达液位计

雷达液位计是非接触式测量仪表，由雷达天线发射雷达波在液体表面发生反射，仪表接收反射信号，测量出参考点到罐内液体表面的间距，通过计算用已知的储罐空标高度减去此间距就得到实际液位高度。

雷达液位计测量不受介质特性、温度变化、气相和蒸汽的影响，测量可靠，普遍用于储罐液位连续测量。介质包括原油、重油、蜡油、重柴油、燃料油、硫黄、沥青等重质油品和物料，石脑油、汽油、轻柴油、煤油、航空煤油、润滑油等轻质油品，芳烃、烯烃、烷烃、混合烃等烃类液态物料。

① 雷达天线有多种形式，选择应根据测量精度、测量范围、储罐设备类型和介质特性综合考虑。常用的几种见图 5-10-10。

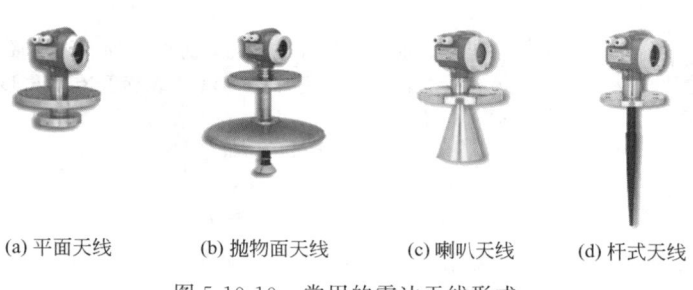

(a) 平面天线　　(b) 抛物面天线　　(c) 喇叭天线　　(d) 杆式天线

图 5-10-10　常用的雷达天线形式

a. 平面天线：与导波管配合安装，适用于浮顶罐、内浮顶罐、固定顶罐、球罐等。

b. 抛物面天线：介质为重油、燃料油、硫黄、沥青等在较高温度下易在天线上附着结焦的工况，适用于固定顶罐内无障碍空间测量。

c. 喇叭天线：介质为重油（非高温）、轻质油品、非腐蚀性化工品，或受安装尺寸限制无法采用抛物面天线的场合，适用于固定顶罐、无导波管的内浮顶罐无障碍空间测量。无导波管的内浮顶罐选用喇叭天线并配合置于浮盘上的专用反射装置。

d. 杆式天线：腐蚀性介质、冷凝、挂料的工况，适用于固定顶罐、卧罐内无障碍空间测量。

② 雷达天线形式的参考选型和适用条件参见表 5-10-6。

表 5-10-6　雷达天线形式的参考选型和适用条件

雷达天线形式	储罐类型					特点	安装要求	适用介质
	浮顶罐	内浮顶罐	固定顶罐	球罐	卧罐			
平面	√	√	√	√		不受挂料、焊缝、毛刺等影响。适用于多种介质和储罐	配导波管；LPG 球罐配全通径球阀	原油、重油、轻质油和其他成品油、LPG 等；非腐蚀性化工品
抛物面			√			测量范围大，稳定性好，天线尺寸最大	测量空间无障碍；安装在人孔盖上	重质油、燃料油、硫黄、沥青等较高温度下易在天线上附着结焦的工况
喇叭		√	√	√		因储罐或安装管嘴尺寸的限制而无法采用抛物面天线的场合	无导波管；测量空间无障碍；内浮顶罐选用天线反射装置	非高温重质油、轻质油、非腐蚀性化工品
杆式			√		√	不受冷凝、挂料影响。安装尺寸较小	测量空间无障碍	腐蚀性介质、冷凝、挂料的工况

③ 下列情况在储罐内设置导波管，雷达天线安装在导波管内：

a. 雷达采用导波管阵列天线、平面天线等形式；

b. 液体介电常数低会导致雷达反射波减弱；

c. 储罐内液体可能产生严重扰动的情况。

3. 伺服液位计

伺服液位计是基于浮力平衡的原理工作的，适用于罐区高精度连续液位测量，还可测量界位、密度等。接入平均温度信号可进行精确的罐容计算。

伺服液位计适用于轻质油品、非腐蚀性轻质混合烃类等液体的储罐液位连续测量，不适用于黏稠、易结焦的液体。适用介质包括液化气（LPG）、液化天然气（LNG）、石脑油、汽油、轻柴油、煤油、航空煤油、润滑油等轻质油品，芳烃、烯烃、烷烃、混合烃等烃类液体。液化气（LPG）等类球罐的液体表面会有高密度气相和气泡，可采用伺服液位计。

伺服液位计安装于罐顶，罐高、直径大的储罐需要安装导向管，导向管保护测量钢丝和浮子。

伺服液位计应随仪表带标定窗，安装导向管的应配缩径腔，压力储罐在缩径腔和仪表之间配维修切断球阀。伺服液位计典型安装方式见图 5-10-11。

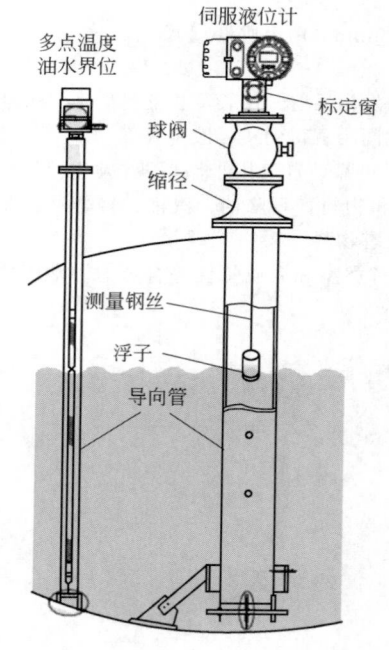

图 5-10-11　伺服液位计典型安装方式

4. 磁致伸缩液位计

磁致伸缩液位计的测量原理是利用铁磁性材料的磁致伸缩特性来测量液位。当铁磁性材料受到外来电流磁场的作用时，会发生长度和体积改变，这种特性称为磁致伸缩特性。磁致伸缩液位计适用于非腐蚀性轻质油品储罐的液位连续测量，还可测量界位，也有与多点温度测量集成的产品，油库储罐应用较多。采用沿着导缆或导杆滑动的浮子测量液位见图 5-10-12 所示，不适用黏稠液体。液化气（LPG）等类球罐的液体表面会有高密度气相和气泡，可采用磁致伸缩液位计。

磁致伸缩液位计用作储罐计量时，选择液位、界位、多点温度等多变量集成式产品，配合高精度差压变送

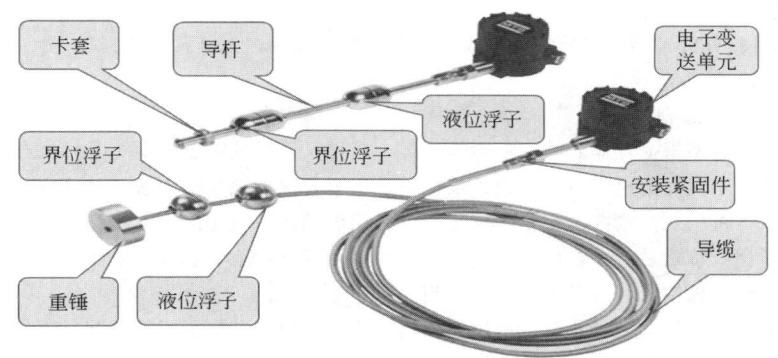

图 5-10-12　磁致伸缩液位计

器测量介质差压（计算平均密度），可以实现混合法计量。

磁致伸缩液位计安装于罐顶，用于内浮顶罐时，液位计安装应配备浮盘开口密封组件，减少油气挥发造成的安全隐患、损耗和环境污染。磁致伸缩液位计典型安装方式见图 5-10-13。

5. 连续液位测量仪表的配套仪表

雷达液位计、伺服液位计、磁致伸缩液位计均安装在罐顶，不便于观察，可配罐旁液位指示仪。有的罐旁指示仪还有通信、供电、计算、简单数据处理等功能。通信信号是雷达液位计、伺服液位计的标准信号，可满足高精度测量的需要。

储罐信号通信单元 TCU 作为液位仪表数据通信与控制系统的接口，冗余配置，随仪表配套提供。TCU 安装在机柜室的机柜内。

实施防雷工程设计的雷达液位计、伺服液位计和磁致伸缩液位计配内置的集成式电涌防护器，TCU 的信号输入端也配置电涌防护器。

6. 音叉液位开关

音叉液位开关适用于黏度较低的轻质油品。音叉测量元件直接接触介质，避免与罐内的可移动部件碰撞。如果罐内有浮盘等可移动部件，音叉测量元件可缩进设备的取源接管内，避免与罐内浮盘及密封装置等可移动部件碰撞。运动黏度大于 $2000mm^2/s$ 的介质，音叉测量元件应伸入设备壁内。

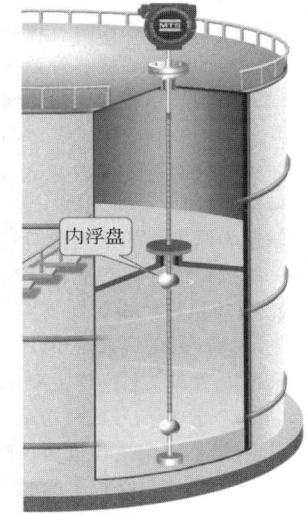

图 5-10-13　磁致伸缩液位计
典型安装方式

7. 超声波液位开关

外贴式超声波液位开关罐区应用较多，内壁无衬里和污垢层的各类液体碳钢储罐可采用外贴式超声波液位开关，特别适用浮顶罐、重质油品罐和液化烃球罐。超声波传感器安装时应确定传感器的测量方向在罐内没有管线和其他部件障碍，并应避开罐壁焊缝。

8. 油水界位测量仪表

当计量级储罐的介质含水并分层时，设置油水界位测量仪表。采用雷达液位计、伺服液位计、磁致伸缩液位计时，油水界位测量采用与多点温度计集成的缆式油水界位传感器，输出信号接入储罐液位连续测量仪表。这些液位仪表通常具有计算功能，输出信号参与储罐计量的计算。计量级储罐油水界位测量的精度不应低于 $\pm2mm$。

采用压力或差压变送器测量储罐液位时，储罐油水界位测量单独设置仪表，可采用电容式、射频导纳等仪表。罐底排水油水界位测量单独设置仪表，可采用电容式、射频导纳、浮力式等。

五、罐区开关阀

开关阀是储运自动化系统中重要的执行设备，罐区应用普遍。

开关阀根据操作用途可划分如下：

① 正常工况可能是打开的，也可能是关断的阀，统称为开关阀，例如路径开关阀、旁路阀等；

② 生产运行时是打开的，非生产运行时关断的阀，称为切断阀或隔离阀，例如管路启用阀，罐入口、出

口切断阀；

③ 正常情况下是打开的，当工况异常或事故时联锁关断的阀，称为紧急切断阀；

④ 用于泄放的阀，称为泄放阀。

1. 开关阀的设计选型原则

罐区开关阀的设计选型根据存储介质、危险性分类、管道尺寸、气源、电源等条件综合考虑。开关阀可选择气动、电动、电液等不同种类执行机构，设计根据储运工艺要求和现场动力源条件确定。当罐区有仪表空气气源时，采用气动执行机构。当罐区没有仪表气源时，采用电动执行机构或电液执行机构。

罐区的紧急切断阀，特别是液化烃球罐的紧急切断阀采用气动执行机构或电液执行机构，不采用电动执行机构。紧急切断阀的执行机构应有故障安全保障措施。

当开关阀需要确定的故障安全位置时，采用弹簧返回式单作用气动执行机构或配气罐的双作用气动执行机构，也可采用配有储能元件的电液执行机构。管道尺寸 $\geqslant DN600\text{mm}$ 的场合，气动执行机构体积和重量较大，宜采用电动执行机构。

开关阀可选用闸阀、球阀或蝶阀，阀门公称通径与工艺管道同口径。公称通径 $\leqslant DN200\text{mm}$ 的阀门宜选用楔式闸阀、平行板闸板、球阀，公称通径 $>DN200\text{mm}$ 的阀门采用三偏心蝶阀。

开关阀的压力等级、管道连接形式、阀体材质、阀内件材质、耐腐蚀性能符合《管道材料等级规定》。双流向的开关阀选用双向密封型阀内件。

开关阀的检查和测试、泄漏符合 GB/T 13927 标准 C 级或 API 598 的规定。

防火开关阀符合 API 607 或 API 6FA 标准的要求。其电缆和执行机构可根据介质性质、防火要求等综合考虑做防火设计。

联锁切断进料的紧急切断阀（如液化烃球罐），除了远程操作和联锁外，还需要在火灾危险区外设置现场手动关阀按钮或开关，危险情况时现场手动操作关阀。

2. 气动执行机构

气动执行机构可采用单作用弹簧复位式，也可采用双作用式。

根据安全和工艺操作需要确定阀门的故障安全位置，如故障开（FO）、故障关（FC）、故障保位（FL）等，"故障"是指信号或气源故障。以下情况配备仪表空气罐或专用仪表风管路：

① 采用单作用执行机构且阀门联锁位置与故障安全位置不一致；

② 采用双作用执行机构时。

仪表空气罐容积应满足执行机构动作 2 个往复全行程所需的风量。

罐区气动执行机构的电磁阀不带现场手动复位装置，采用控制室逻辑复位。

气动执行机构配有阀位指示和阀位回讯开关，回讯开关可采用接近式、机械式开关。

气动开关阀的额定全行程时间原则上不应短于 $10\text{s} \times$ 阀门通径 $\text{mm}/100\text{mm}$。例如：阀门通径 $DN=300\text{mm}$，额定全行程时间约为 30s 以上。安全联锁场合，可根据工艺操作需要决定。

3. 电动执行机构

智能型电动执行机构已经普遍具备自诊断功能。缺点是当动力电源中断时电动阀不能达到故障安全位置。电动执行机构的信号包括控制、阀位回讯、远程开阀和关阀、联锁、就地开阀和关阀、综合报警等。罐区信号传输距离较远，电动阀数量较多，适合采用通信信号。通信信号数据传输量大，抗干扰性强，可节约大量电缆费用。通信信号常用的有 RS 485，通信协议有专用协议、Modbus RTU、Profibus-DP 等。

电动执行机构带现场显示单元、现场操作开关、手轮等。

电动执行机构的动作特性比气动执行机构线性度好，速度均匀，但速度较慢。电动阀的额定全行程时间原则上不应短于 $20\text{s} \times$ 阀门通径 $\text{mm}/100\text{mm}$。例如：阀门通径 $DN=300\text{mm}$，额定全行程时间约为 60s 以上。

电动阀通信单元 MCU 作为电动阀数据通信与控制系统的接口，冗余配置，随阀配套提供。MCU 安装在机柜室的机柜内。

电动阀通常口径较大，电动执行机构采用 380V AC，3 相，50Hz 电源，现场供配电。

实施防雷工程设计的电动阀，电动执行机构宜配内置的集成式电涌防护器，MCU 的信号输入端也应配置电涌防护器。

4. 电液执行机构

电液执行机构是电控液压驱动式执行机构，由电子控制单元、液压集成单元、液压动力单元、液压手操机构、油缸等组成。配有储能单元的电液执行机构动力电源中断时，依靠液压机构积蓄的能量使电液阀运行到故障安全位置，克服了电动阀动力电源中断时不能达到故障安全位置的缺点，可用作安全联锁紧急切断阀。电液执行机构具备带锁定功能的手动操作装置，当执行机构故障时，现场手动也能达到故障安全位置。储能单元的静态保压时间≥48h，足够处理现场事件。不配储能单元的电液执行机构在供电正常时，也具备阀门全开或全关的信号故障位置。

电液执行机构的信号包括控制、阀位回讯、远程开阀和关阀、联锁动作、就地开阀和关阀、综合报警等。通信信号常用的有 RS-485，通信协议有专用协议、Modbus RTU、Profibus-DP 等。电液执行机构的动作速度较快，所以要注意避免管道"水击"对阀门和管道的冲击影响。电液阀的额定全行程时间原则上不应短于 $10s\times$阀门通径 mm/100mm。例如：阀门通径 $DN=300$mm，额定全行程时间约为 30s 以上。

电液阀通信单元 MCU 作为电液阀数据通信与控制系统的接口，冗余配置，随阀配套提供。MCU 安装在机柜室的机柜内。

电液阀通常口径较大，电液执行机构采用 380V AC，3 相，50Hz 电源，现场供配电。

实施防雷工程设计的电液阀，电液执行机构宜配内置的集成式电涌防护器，MCU 的信号输入端也应配置电涌防护器。

六、储罐氮封阀

有些介质的存储需要氮气或其他惰性气体密封保护，防止空气进入罐内。常见的有球形储罐、固定顶罐、内浮顶罐等存储易挥发类液体的压力储罐和低压储罐。氮气或其他惰性气体密封系统有两种实现方案。

① 低压储罐设置氮封阀，型式为减压式外取压阀后压力控制型。可采用专用的氮封阀或自力式调节阀。氮封阀安装在尽量靠近罐顶氮气入口的管线上，外取压的取源点设在罐顶，以便准确检测罐内的真实压力。氮封阀的压力设定点是储罐正常操作压力，压力设定值可调范围的选择应使设定点处于范围的中段，并能覆盖最大操作压力。

② 球形储罐等压力储罐设置压力分程控制，采用两个调节阀。

第三节　罐区自控工程设计

一、仪表取源过程接口

1. 储罐仪表的过程接口

储罐上安装的仪表过程接口注意以下几点。

① 储罐上安装的仪表采用法兰连接，密封面形式与设备法兰相匹配。应特别注意球罐上的仪表法兰，符合 SH 3136《液化烃球形储罐安全设计规范》的规定。

② 仪表法兰的压力等级应与储罐压力等级相同。

③ 仪表法兰材质应符合设备和管道的《管道材料等级规定》。

④ 雷达液位计、伺服液位计有的需要在储罐内做导波管、导向管。

2. 储罐仪表过程接口规格

根据目前储罐仪表主流产品的技术规格，整理归纳出表 5-10-7，供设计参考。

表 5-10-7　储罐常用仪表过程接口规格

仪表分类	仪表名称	过程接口规格(法兰安装)	安装位置	备注
温度仪表	多点热电阻温度计与罐底油水界位传感器集成	$DN50$	罐顶	
	单点热电阻温度计与罐底油水界位传感器集成	$DN50$		
	单点热电阻配整体式现场温度变送器	$DN40$	罐下部	
	双金属温度计	$DN40$		

续表

仪表分类	仪表名称	过程接口规格(法兰安装)	安装位置	备注
压力仪表	压力表	$DN20$	罐顶	
	压力变送器	$DN20$		
	压力(或差压)变送器	$DN50,80$	常压罐和密闭罐下部 P1、P2	用于密度测量
		$DN20$	密闭罐顶 P3	
液位仪表	雷达液位计	$DN100,150,200,250$	罐顶	
	伺服液位计	$DN150,200$		
	磁致伸缩液位计	$DN80,100,150$		
	超声波液位开关	外贴式	罐壁	
	音叉液位开关	$DN50$(元件伸入设备壁内),$DN100$(元件在取源管嘴内,不伸入设备壁内)		
	氮封阀(外取压)	$DN15$	储罐氮气入口管线	外取压点设在罐顶

二、仪表防爆和防护

1. 仪表防爆

储运系统存储运输的各类油品和其他液体物料多数为易燃易爆介质,各类罐区、汽车和火车装车台等都属于爆炸危险场所。用于爆炸危险场所的电动仪表应符合对应爆炸危险场所的防爆标准,并取得国家防爆检验机构颁发的防爆合格证。

2. 仪表防护

储运系统所有现场仪表的外壳防护等级不应低于 GB 4208 规定的 IP65,地下安装的仪表防护等级应为 IP68。

三、电缆敷设

罐区仪表电缆的选用和敷设应符合 SH/T 3019《石油化工仪表管道线路设计规范》。从防火和防护考虑,电缆宜采用埋地方式敷设,可选择电缆沟埋沙、电缆保护管、电缆直埋等敷设方式。

有些地区或局部地段不便于地下敷设电缆,比如地下水位超高或地下有其他预埋设施等,也可地上敷设电缆槽。电缆槽敷设不可在防火围堰上开洞穿越,可翻越围堰敷设。

四、供电

1. 控制系统供电

罐区控制系统和仪表交流、直流供电应符合 SH/T 3082《石油化工仪表供电设计规范》的规定。

控制系统供配电还应符合 SH/T 3092 的规定。

2. 现场交流供电仪表

现场仪表采用 380V AC、220V AC 供电时,应由电气专业设计并实施现场仪表交流供、配电,电源系统设计应符合 SH/T 3038《石油化工装置电力设计规范》。

电动执行机构和电液执行机构采用 380V AC,3 相,50Hz 电源,电动阀本身没有故障安全位置,不用于安全仪表系统,不采用 UPS 供电,采用现场电气供配电。

220V AC 供电的雷达液位计、伺服液位计、分析仪表、质量流量计等可为一级负荷,可采用 UPS 供电。

3. 现场直流供电仪表

现场仪表采用直流供电时,不超过 24V DC 供电有效距离,否则采用 220V AC 供电方案。

五、供气

罐区仪表供气应符合 SH/T 3020 的规定。采用分散供气方式,每台供气仪表设置独立的空气过滤器减压阀。仪表供风管采用镀锌钢管,螺纹镀锌管件连接,气源球阀以及过滤器减压阀后采用不锈钢 Tube 管及管件。

第四节　罐区安全防护

一、罐区安全设计

根据国家安全生产监督管理总局发布的多个文件、通知、管理规定等，对所有涉及"两重点一重大"的危险化学品生产、存储设施应加强监督管理，设置安全仪表系统（SIS）。SIS 设计应符合 GB/T 50770 的规定。

二、可燃气体和有毒气体检测报警系统

可燃气体和有毒气体检测报警系统的设计应符合 GB/T 50493《石油化工可燃气体和有毒气体检测报警设计标准》、GB 50074《石油库设计规范》等规定。

三、罐区仪表系统的雷电防护

1. 雷电防护设计

罐区多处于偏远空旷的位置，存储介质多数易燃易爆，需要实施仪表系统防雷工程。在雷电灾害频发地区，应实施仪表系统防雷工程。防雷工程设计应符合 SH/T 3164 规定。

2. 仪表系统防雷工程实施

① 实施仪表系统防雷工程的罐区，所有现场电信号仪表和控制室信号端均设置电涌防护器。

② 雷达液位计、伺服液位计、磁致伸缩液位计等仪表信号线路的现场端和控制室信号接收端，包括储罐信号通信单元，均应设置电涌防护器。上述仪表 24V DC 供电线路的现场端和控制室端均应设置电涌防护器，220V AC 供电线路的现场端应设置电涌防护器。

③ 电动阀执行机构、电液阀执行机构信号线路的现场端和控制室端，包括电动阀通信单元，均应设置电涌防护器。其供电线路现场端应设置电涌防护器。

第五节　罐区自动控制系统

一、自动控制系统

石油化工厂储运罐区主要采用分散控制系统 DCS，一些小型、分散、远距离的罐区可采用 SCADA、PLC 等控制系统。近年来储运自动化已不限于自动化仪表配 DCS，将罐区自动控制、生产管理与工厂信息管理结合起来，提高了工厂储运自动化水平。生产管理依托自动控制系统的数据平台，是提高自动化水平的基础条件。

二、罐区过程信号的连接方案

1. 罐区过程信号连接的典型方案

罐区用到的测量仪表种类不多，但信号类型较多，现场信号与自动控制系统的连接有不同方案。图 5-10-14 是根据实际工程设计应用总结出的罐区过程信号与自动控制系统连接的典型方案。

2. 罐区过程信号分类

图 5-10-14 中罐区过程信号分为 6 类。

（1）储罐液位仪表信号　计量级储罐要求信号精度高，模拟信号达不到相应的精度，所以多点温度、油水界位、密度等信号直接接入储罐液位连续测量仪表，转换成通信信号，通过储罐信号通信单元（TCU）接入储罐数据管理单元（TMU）或罐区自动控制系统。

非计量级储罐不进行贸易交接，通常也需要罐容计算和库存管理，液位连续测量仪表采用通信信号，通过 TCU 接入 TMU 或罐区自动控制系统。仅需要液位测量，不需罐容计算和库存管理的情况，液位连续测量仪表采用常规信号，接入罐区自动控制系统。

（2）电动阀信号　电动阀的控制和状态等采用通信信号，通过电动阀通信单元（MCU）接入罐区控制系统。也可采用常规信号，接入控制系统。

（3）直接进入控制系统 I/O 单元的过程检测信号　传输距离较近的常规仪表信号，接入控制系统的 I/O 模件。

（4）经控制系统的远程信号单元 RIU 的过程检测信号　传输距离较远的常规仪表信号，通过自动控制系统的远程信号单元接入。

（5）经独立信号单元 IDU 的过程检测信号　如特殊需要，常规仪表信号也可通过独立信号单元（IDU）

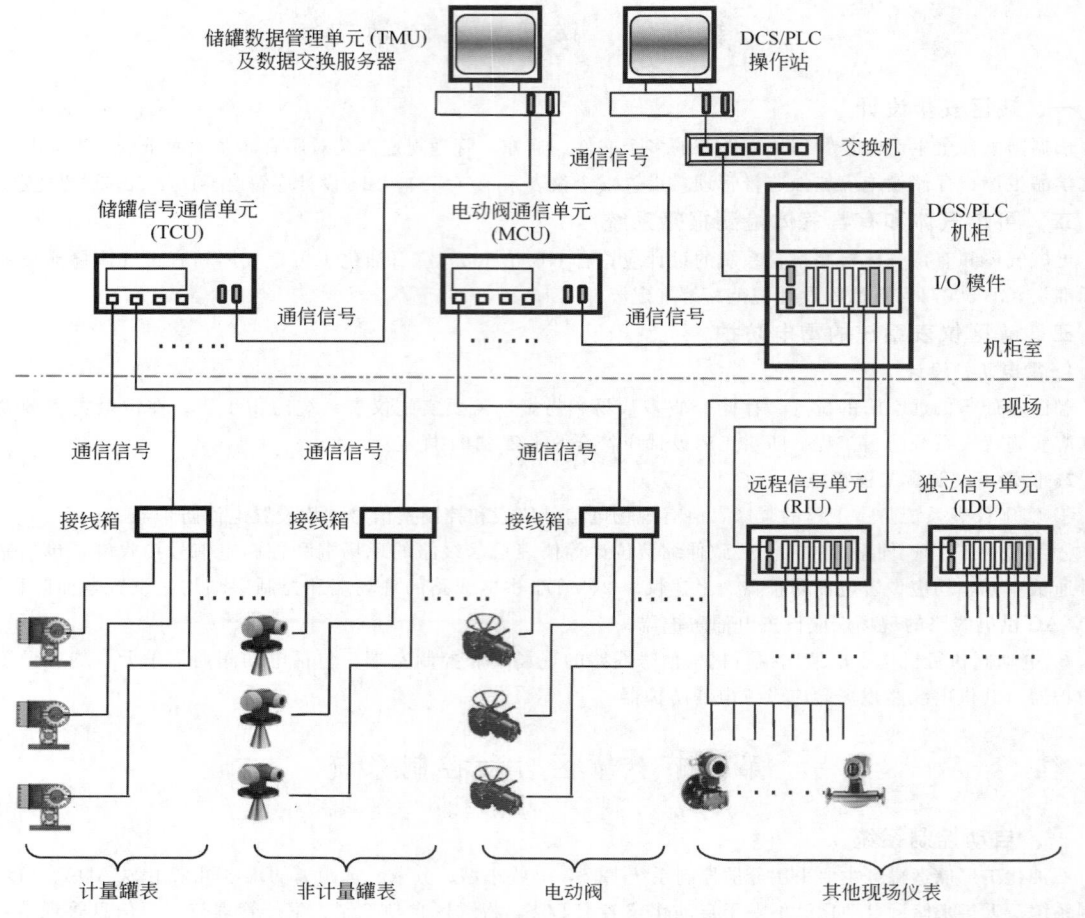

图 5-10-14　罐区过程信号连接典型方案

接入自动控制系统。IDU 不是 DCS 等常规控制系统的设备，有的称为 RTU，属于通用型非标准小型现场信号单元，可配置各种信号 I/O 模块，将常规信号转换成通信信号，接入控制系统，用于小型非标准包设备。

（6）其他通信信号　上述 5 类信号以外的通信信号，例如储罐数据管理单元（TMU）与 DCS 之间的通信信号、系统内部 OPC 通信信号等。

三、储罐液位连续测量仪表的信号连接

储罐常用测距法，如雷达液位计、伺服液位计、磁致伸缩液位计等，这类仪表多兼有平均温度、油水界位、密度等辅助变量的测量和计算功能，有通信信号和常规信号，通信信号能保持测量传输精度。

其他测量方法，如静压法，只有常规信号。

1. 储罐信号通信单元（TCU）

雷达液位计、伺服液位计、磁致伸缩液位计采用通信信号，配备储罐信号通信单元，是普遍应用的方案。通信单元一端连接液位仪表的通信输出，另一端通信连接到控制系统，兼容多种工业标准通信协议，如 Modbus RTU、Profibus-DP、TCP/IP 等。具备标准通信接口和通用通信协议的液位仪表，也可以直接与控制系统通信。通信信号抗干扰、数据量大、传输距离远、节省电缆。为了通信安全，降低意外风险，工程设计需注意通信链路冗余，一条线路不宜挂接过多设备。通信单元配置考虑如下：

① 按照罐区分布、运行管理归属关系以及液位仪表数量设置通信单元；

② 通信单元本身以及与控制系统的通信线路均冗余配置，通信故障有诊断报警，至少兼容 Modbus RTU、Profibus-DP、TCP/IP 通信方式；

③ 每套通信单元的通道数量≤4 个，每个通道连接的仪表数量≤8 台，同时通信单元连接仪表的总数量不超过通信单元能力的 70%，这 3 个条件应同时满足。

2. 储罐信号通信单元（TCU）的信号连接

① 雷达液位计、伺服液位计、磁致伸缩液位计与储罐信号通信单元的连接路径可选择环形、树形、混合形等。通信信号电路连接方式为串行通信，电路接线为并联。冗余的 TCU 双线接连原理见图 5-10-15。

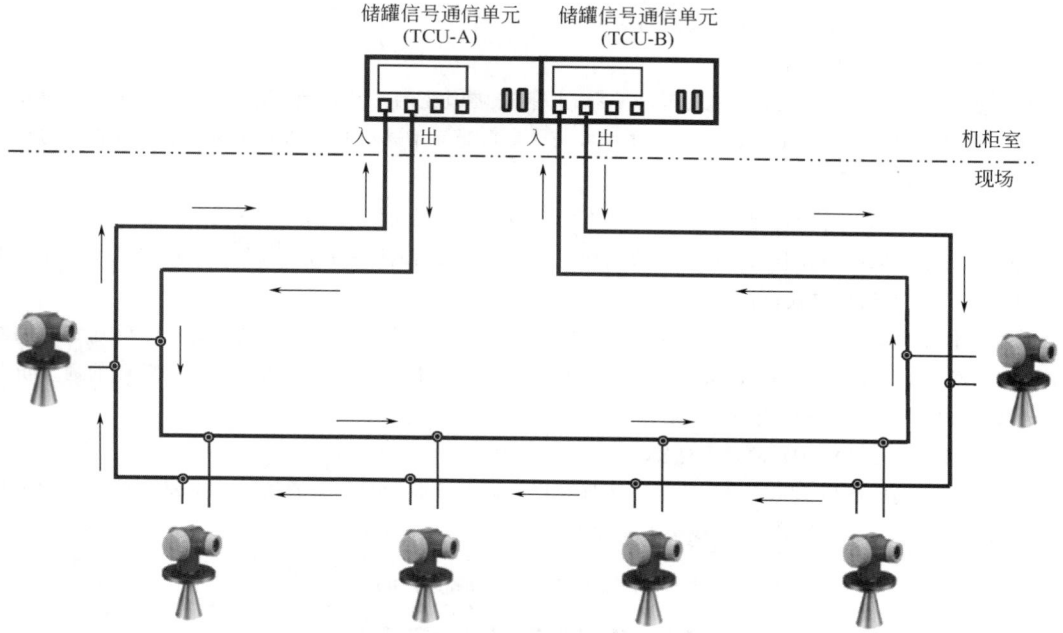

图 5-10-15　冗余的 TCU 双线接连原理

② 在罐区设置现场接线箱，将同一通信线路上的液位仪表接线汇集到接线箱，并联接线，再将通信电缆接到储罐信号通信单元。接线箱的典型接线方式见图 5-10-16。

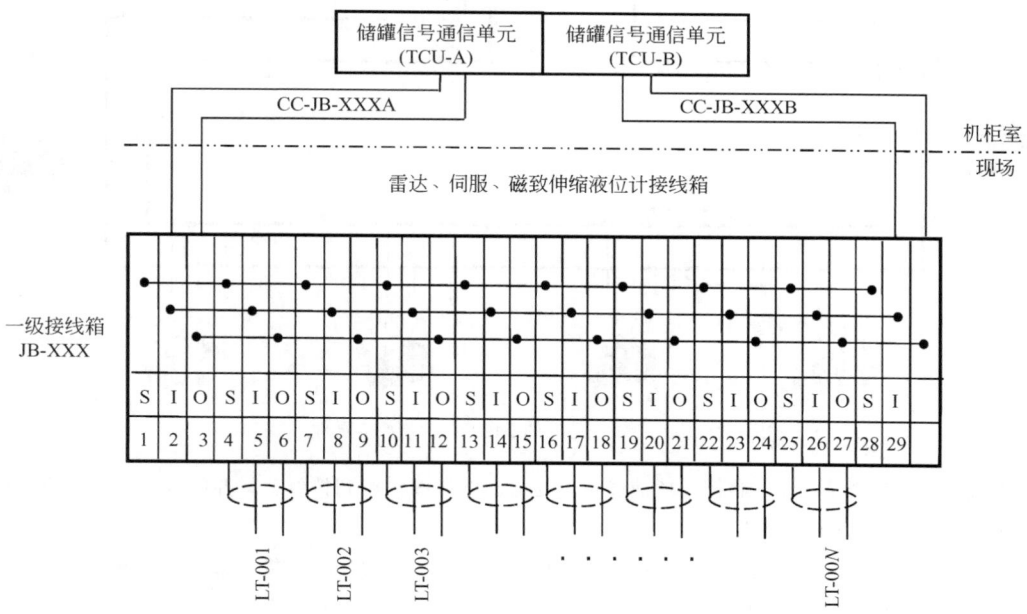

图 5-10-16　储罐信号通信单元接线箱的接线方式

③ 当多组液位仪表共用一套储罐信号通信单元并且距离较远时，可增设二级接线箱。各组液位仪表的信号电缆分别就近接入一级接线箱和二级接线箱。

④ 储罐信号通信单元通常安装在机柜室的机柜内，也可安装在适合现场环境的现场机柜内。

四、电动阀的信号连接

电动阀通常有通信信号和常规信号。电动阀信号多，采用常规信号需要很多电缆，接线和敷设工作量大。罐区的电动阀多采用通信信号，配备电动阀通信单元。

1. 电动阀通信单元（MCU）

通信单元一端连接电动阀的通信输出，另一端通信连接到控制系统，兼容多种工业标准通信协议，如 Modbus RTU、Profibus-DP、TCP/IP 等。具备标准通信接口和通用通信协议的电动阀，也可以直接与控制系统通信。通信单元配置考虑如下：

① 按照罐区的分布、运行管理归属关系以及电动阀的数量设置通信单元；

② 通信单元本身以及与控制系统的通信线路均冗余配置，通信故障有诊断报警，至少兼容 Modbus RTU、Profibus-DP、TCP/IP 通信方式；

③ 每套通信单元的通道数量≤4 个，每个通道连接的电动阀数量应≤15 台，同时通信单元连接电动阀的总数量不超过通信单元能力的 70%，从通信安全考虑，实际工程中应限制电动阀信号通信单元的通信负荷及连接电动阀的数量，这 3 个条件应同时满足。

2. 电动阀通信单元（MCU）的信号连接

① 电动阀与电动阀通信单元的连接路径可选择环形、树形、混合形等。通信信号电路连接方式为串行通信，电路接线为并联。冗余的 MCU 双线接连原理见图 5-10-17。

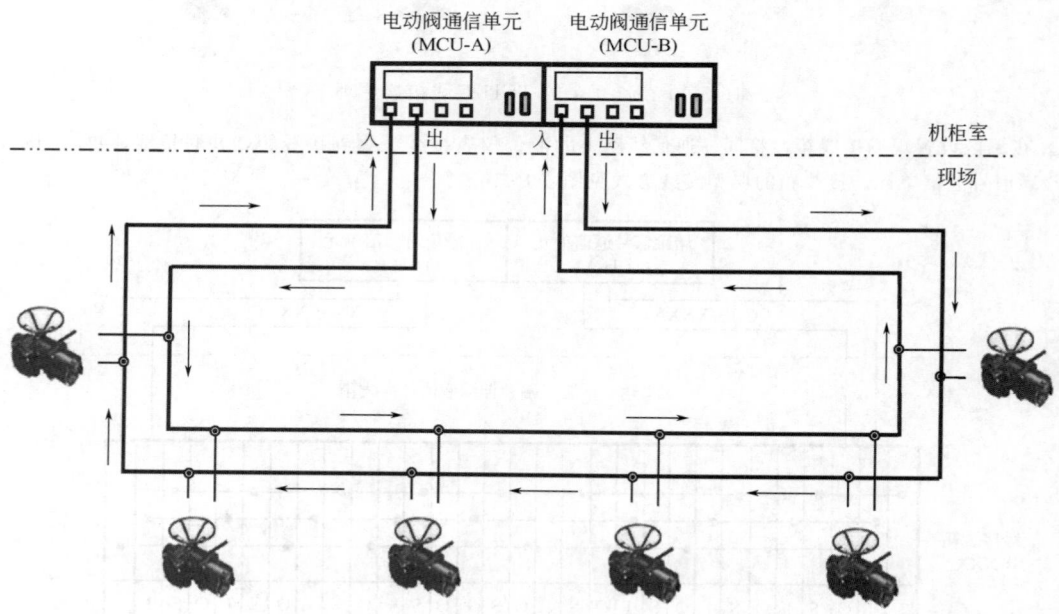

图 5-10-17　冗余的 MCU 双线接连原理

② 在罐区设置现场接线箱，将同一通信线路上的电动阀接线汇集到接线箱，并联接线，再将通信电缆接到电动阀通信单元。接线箱的典型接线方式见图 5-10-18。

③ 当多组电动阀共用一套电动阀通信单元并且距离较远时，可增设二级接线箱。各组电动阀的信号电缆分别就近接入一级接线箱和二级接线箱。

④ 电动阀通信单元通常安装在机柜室的机柜内，也可安装在适合现场环境的现场机柜内。

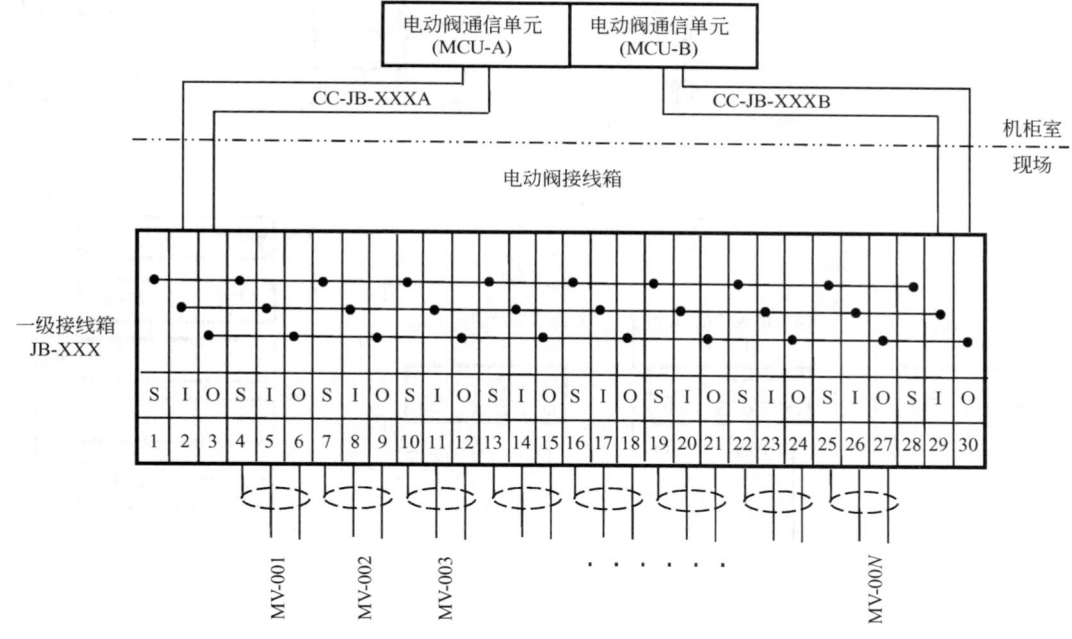

图 5-10-18　电动阀通信单元接线箱的接线方式

第六节　罐区库存统计和信息管理

　　库存统计和信息管理是罐区特有的内容。近年建设的石油化工厂大型罐区从工程设计上全部采用自动化仪表，采用储罐数据管理单元（TMU）和专用软件方式实现罐容计算、库存统计、信息管理，提高全厂罐区的控制和管理水平。

一、系统的基本结构

　　罐区库存统计和信息管理系统的基本结构如图 5-10-19 所示。

二、系统的基本功能

　　库存统计和信息管理系统具备下列功能。

　　① 建立全厂油品储运数据库，满足计划调度和统计查询的需要。

　　② 检测采集罐容计算过程数据，如液位、界位、温度、密度、压力、静压等，结合罐容积表、石油计量表、化验室分析数据等，实时计算各储罐、各品种的库存量，综合统计出全罐区的总库存量。

　　③ 储罐数据管理单元（TMU）专用于罐容计算和管理，通常采用服务器级的设备。

　　④ 提供储罐基础数据管理及维护功能。储罐基础数据包括罐类型、罐标识、组分、计算方法、罐的高低限、操作高低限、罐底非罐容区、温度和压力高低限、液位报警及联锁值、静压力修正值、热膨胀系数等。储罐参数维护包括罐容积表、标准密度转换表、体积修正系数转换表、储罐计量算法等。

　　⑤ 在 TMU 服务器或自动控制系统操作站上提供人机操作界面，监测储罐操作，显示储罐的静态、动态和历史数据。

　　⑥ 配备与罐区其他系统的硬件、软件接口，如输送订单管理、输送自动化、油品调和优化及管理、化验室分析等。

　　大型罐区、多个罐区的工厂，应设计由储罐数据管理单元（TMU）和专用商品化软件构成的罐区库存统计和信息管理系统，并采用通信方式与 DCS 连接。

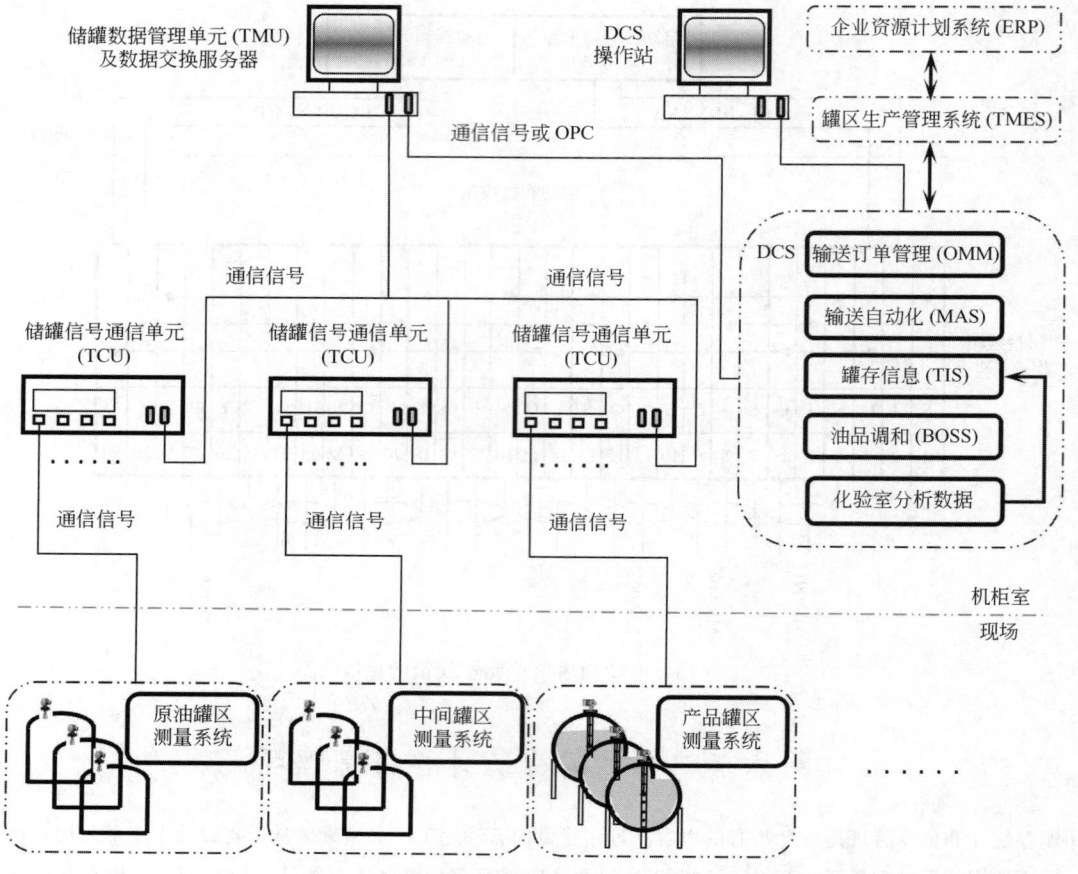

图 5-10-19　罐区库存统计和信息管理系统的基本结构

第七节　罐区生产管理系统

罐区生产管理系统（TMES）是工厂生产管理系统（MES）的一部分，介于自动控制系统层和工厂信息管理层之间。TMES 是为储运系统的罐区库存管理、油品输送订单管理、油品输送自动化、油品调和等生产运行服务。TMES 在统一的系统平台上集成了自动控制系统的生产过程数据和罐区各子系统的数据，与工厂信息管理系统进行指令和数据交换，接收生产调度任务，监控管理罐区生产，实现控制和管理的系统集成、功能集成、数据共享。

一、系统的基本功能和配置

罐区生产管理系统的基本功能如下：

① 对储运系统和罐区的库存统计、油品收发、输送、汽车和火车装车、油品调和等生产运行操作管理和设备管理；

② 连接工厂信息管理系统和罐区自动控制系统，支持双向数据交换、数据共享；

③ 生产管理功能在自动控制系统上实现，需配置相应的硬件、专用软件和网络服务设备。

二、系统的基本结构

罐区自动控制系统及生产管理系统的基本结构如图 5-10-20 所示。

罐区自动控制系统及生产管理系统由四层构成：现场仪表、罐区自动控制系统、罐区生产管理系统、工厂信息管理系统。图 5-10-20 中各层的基本功能如下。

① 罐区现场仪表：现场的各种自动化测量仪表、执行机构和监控设备。

② 罐区自动控制系统：采用 DCS、PLC、SCADA 实现罐区生产运行的操作和控制、安全联锁、数据处

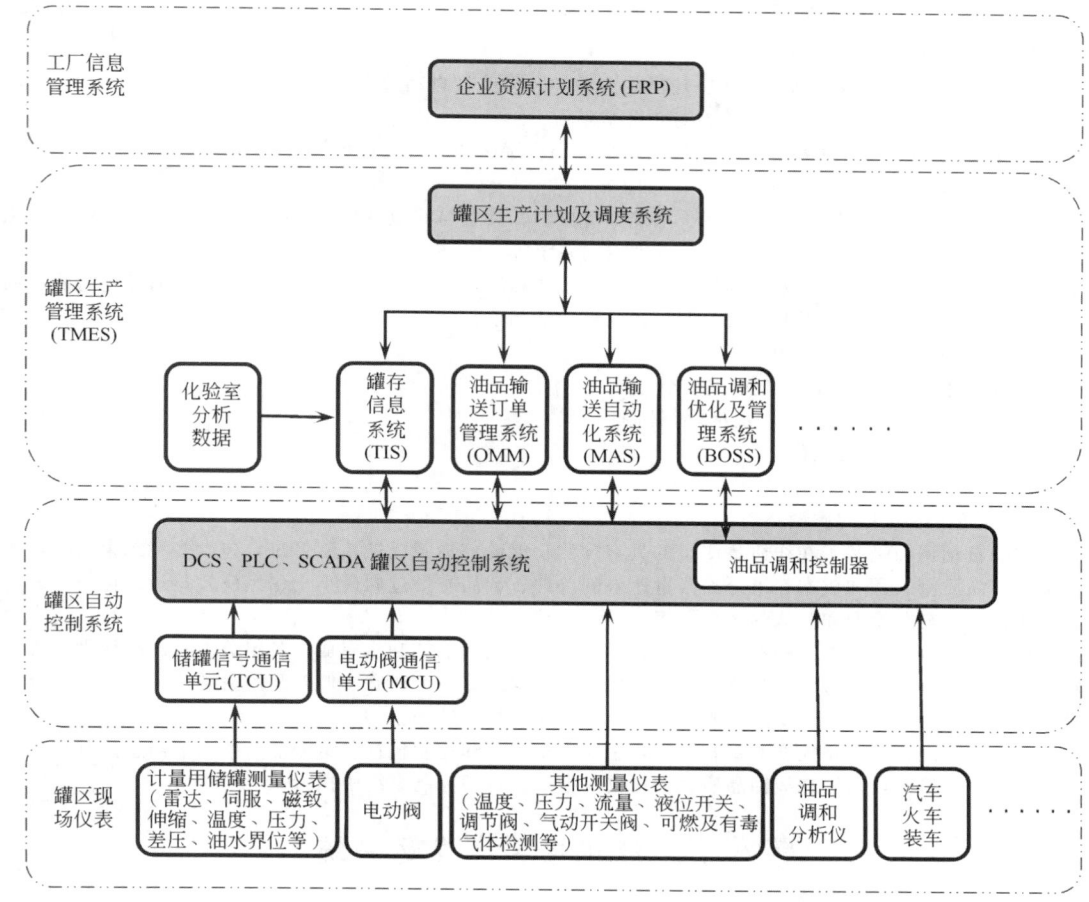

图 5-10-20　罐区自动控制系统及生产管理系统基本结构

理、人机接口、数据服务和安全监控等功能。

③ 罐区生产管理系统：建立在自动控制系统平台之上，在服务器上运行专用管理功能软件包，如罐存信息、油品输送订单管理、油品输送自动化、油品调和优化及管理等，下达调度和管理指令，具备物料平衡、查询、统计、报表等综合管理功能。

④ 工厂信息管理系统：企业资源计划系统（ERP），是企业或工厂计划、调度、管理的最高层，由 IT 专业负责。

三、罐区生产管理系统专用软件包

罐区生产管理系统配备专用商品化软件包，包含多个功能软件，例如罐存信息系统（TIS）、油品输送订单管理系统（OMM）、油品输送自动化系统（MAS）、油品调和及优化管理系统（BOSS）等。

1. 罐存信息系统（TIS）

罐存信息系统软件是接收储罐的测量数据和油品性质分析数据，根据相应计量方法进行罐存量计算。具备与自动控制系统、其他功能软件、计划调度的数据接口。

罐存信息有罐存量、液位、温度、油品性质、设定值、报警状态、收油发油作业状态等。单个储罐数据有罐容积表、罐空量、含水量、密度、最大和最小操作体积、收油发油速度、联锁及报警值、作业时间等。

2. 油品输送订单管理系统（OMM）

油品输送订单管理系统软件是对油品输送过程进行统一管理，油品收发订单和输送作业需确定每个输送任务的油品来源和目的地、品种、标号、数量、操作人员、有效时间等。根据指令启动操作，跟踪、记录作业全过程信息。

3. 油品输送自动化系统（MAS）

油品输送自动化软件是通过自动控制系统操作完成收油、发油、倒罐等生产作业任务。要求输送路线具备自动化条件，设置自动化仪表监控及联锁。软件功能如下：

① 接收操作任务或调度指令；

② 根据输送任务自动检查判断输入、输出的合法性，多路径自动选择；

③ 全程监视、跟踪、记录输送操作及订单完成情况；

④ 统计输送数据、罐存量数据，为全厂物料平衡提供罐区的综合统计数据。

4. 油品调和及优化管理系统（BOSS）

油品调和软件的运行与罐区其他功能子系统不可分割，具备与其他系统的数据接口，包括罐存信息、化验室采样分析数据、计划调度、调和控制器、自动控制系统等。

油品调和分为储罐调和、管道比例调和、在线自动调和等，其中在线自动调和最复杂。商品化的油品调和及优化管理软件包用于在线自动调和效益明显，软件功能如下：

① 多组分、多品种油品调和优化；

② 多限制条件、多质量权重控制与优化；

③ 与调和控制器结合，进行多回路流量控制；

④ 多种油品调和方案及优化；

⑤ 调和方案自适应；

⑥ 罐存油品接续调和的质量补偿。

油品在线自动调和是基于在线质量测量的具有预测功能的前馈及反馈控制系统，包含多种约束指标，如组分油成本、产品质量、调和成本、组分油流量比限制条件、产品质量过剩最小化、经济效益最优化等，是具有多输入、多输出、复杂模型和算法的多变量闭环控制系统。

油品在线自动调和，根据调和订单将各组分油通过一个共用的调和头完成，各组分油及产品均设有流量控制回路，采用在线分析仪实时检测分析油品质量数据，根据产品当前的质量偏差和约束条件，随时修正调和算法，最终的产品质量由在线油品质量分析仪确定，产品质量指标精确。

在线自动调和配备自动化仪表监控和联锁，主要测量仪表和控制包括各组分油及添加剂流量控制和各组分油及调和油的性质检测，采用在线油品质量分析仪，在罐区自动控制系统中执行。

第八节　液化烃装车发运系统

液化烃装车发运系统的工程设计包括火车装车和汽车装车的典型设计方案，自动化仪表选型以及批量控制器、动态轨道衡、电子汽车衡等装车配套设施，构成以批量控制器和 DCS 为核心的装车控制系统。

一、液化烃装车发运系统分类

1. 火车装车设施

液化烃火车装车多采用小鹤管顶部装车方式。火车装车站设有栈桥，为装车作业现场操作员提供操作平台。栈桥设有多个装车鹤位，可同时灌装多节罐车，装满后依次切换到后续罐车，直到整列罐车全部装满。

（1）带油气回收的火车密闭装车典型方案　根据储运专业的要求和油品种类不同，火车装车可设计为顶部密闭装车或顶部非密闭装车，其中密闭装车方案比较复杂。通常不易挥发的重质油品采用顶部非密闭装车，易挥发的油品采用顶部密闭装车，并设置油气回收，减少挥发损耗和环境污染。带油气回收的火车密闭装车典型方案见图 5-10-21。

在油气回收管道上设置开关阀。如计量需要，可设置流量计。典型方案现场仪表配置如下：

① 液相流量计；

② 装车控制阀；

③ 气相流量计（采用轨道衡称重计量时不需要）；

④ 油气回收开关阀；

⑤ 差压变送器；

⑥ 防溢液位开关；

⑦ 静电接地夹；

⑧ 溢油及静电保护器；

⑨ 批量控制器；

⑩ IC 读卡器。

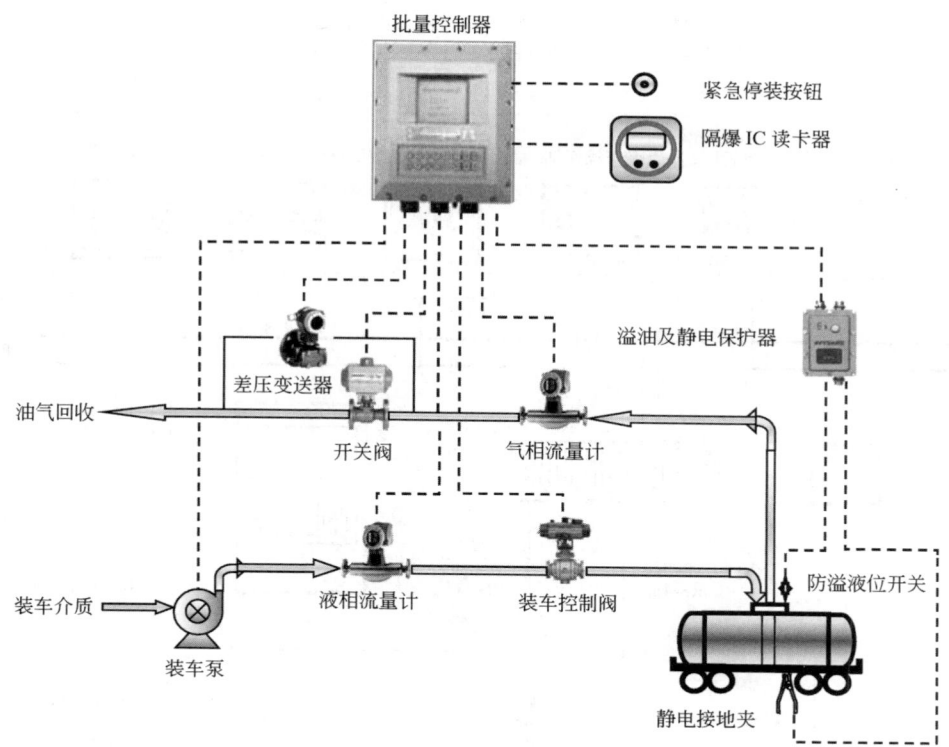

图 5-10-21　带油气回收的火车密闭装车典型方案
注：1. 差压变送器测量油气回收开关阀两端的差压，作为此开关阀的开启条件。
2. 批量控制器通常按单鹤位配置。

（2）火车装车站的功能　装车操作室内设有装车操作站和装车业务管理站。装车操作站的功能是实现装车作业的自动控制、报警、记录、计量等监控操作。装车业务管理站设有客户端销售接口，所有装车内容、收发数据、销售信息均在业务管理站自动记录。操作站和业务管理站记录的所有数据、信息是重要的作业和销售信息，必须保留真实的原始数据，禁止人为干预或修改。

（3）火车装车控制管理系统　火车装车控制管理系统由现场自动化仪表、批量控制器、轨道衡、操作室内的自动控制系统和装车管理站等组成。典型的火车装车控制管理系统基本结构见图 5-10-22。

图 5-10-22 的几点说明：

① 现场自动化仪表和批量控制器按鹤位成套配置，其中防溢液位开关、静电接地夹、溢油及静电保护器担负安全检测，这些信号应在控制设备中设置允许操作及联锁停止功能；

② 火车装车可采用批量控制器控制，也可采用自动控制系统直接控制；

③ 火车装车计量多采用高精度电子轨道衡称重，流量计的精度可适当降低，也可采用流量计累积计量；

④ 装车操作站、业务管理站、轨道衡计算机等所有与装车过程相关的收发数据、销售信息均在业务管理站自动记录保存，并通过网络数据服务器与罐区生产管理系统（TMES）和企业资源计划系统（ERP）连接，实现火车装车与罐区生产管理、工厂调度、计量统计、计划销售等部门数据交换。

2. 汽车装车设施

液化烃汽车装车宜采用定量装车控制方式。目前汽车装车有小鹤管顶部装车和底部密闭装车，后一种是发展趋势。

与火车装车栈桥不同，汽车装车采用"车位式"装车台，多用"撬装式"设备。所谓"撬装"就是将装车鹤位应配备的机械设备、现场自动化仪表和控制设备等集中安装在一个独立的底盘上。通常每套"装车撬"对应 2 个鹤位，背对背紧凑布置。"装车撬"设备底盘上安装有鹤管及移动灌装连接部件，还有流量计、装车控制阀、开关阀、变送器、溢油及静电保护器、批量控制器等。"撬装"设计便于制造、集成、安装、调试等工

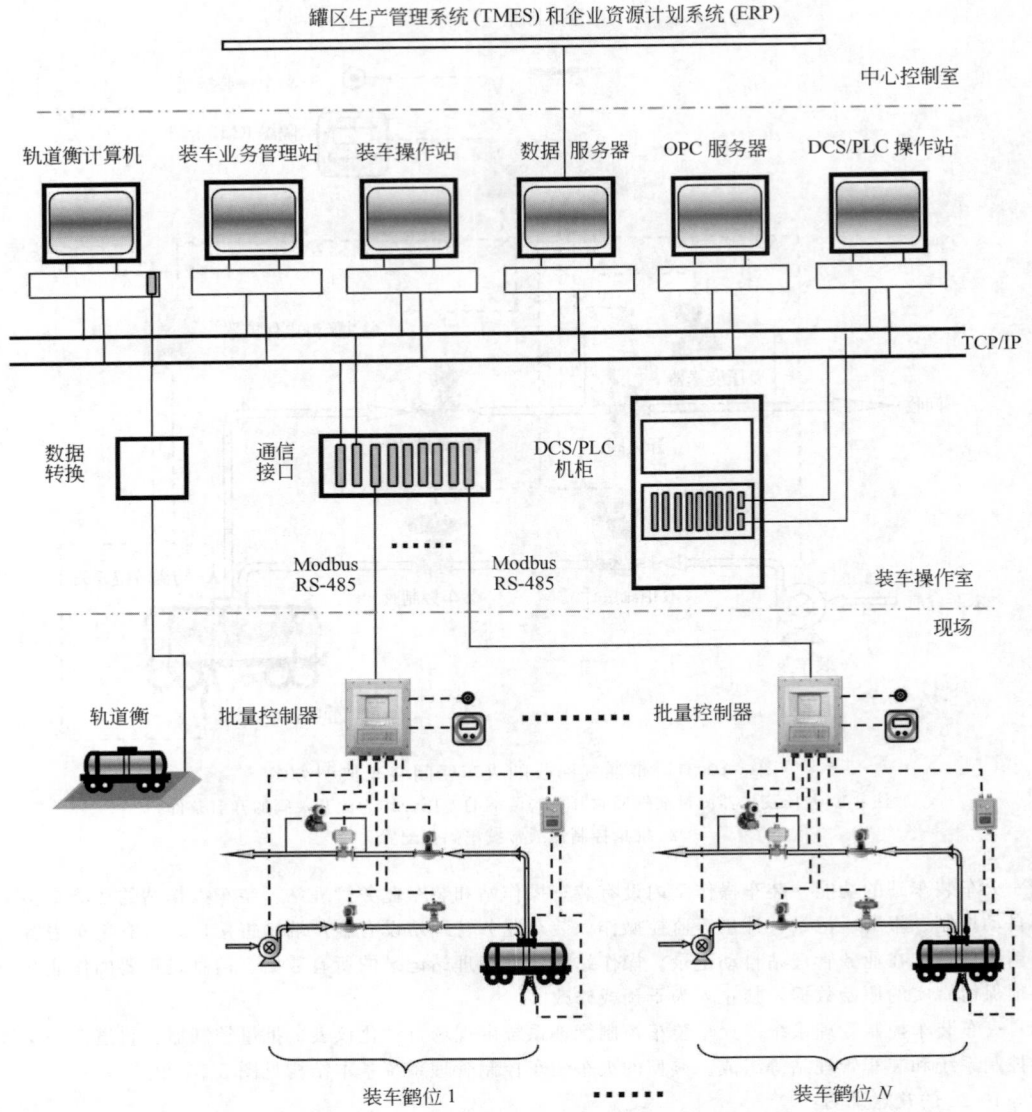

罐区生产管理系统(TMES)和企业资源计划系统(ERP)

中心控制室

轨道衡计算机　装车业务管理站　装车操作站　数据 服务器　OPC 服务器　DCS/PLC 操作站

TCP/IP

数据
转换　　　通信
接口　　DCS/PLC
机柜

Modbus
RS-485　　Modbus
RS-485　　装车操作室

现场

轨道衡　　批量控制器　　批量控制器

装车鹤位1　　　　　装车鹤位 N

图 5-10-22　典型的火车装车控制管理系统基本结构

程实施。

（1）带油气回收的汽车密闭装车典型方案　根据储运专业的要求和油品种类不同，汽车装车可设计为顶部非密闭装车或底部密闭装车，其中底部密闭装车方案比较复杂。通常不易挥发的重质油品采用顶部非密闭装车，易挥发的油品采用底部密闭装车，并设置油气回收。带油气回收的汽车密闭装车典型方案见图 5-10-23。

在油气回收管道上设置开关阀。如计量需要，可设置流量计。典型方案现场仪表配置如下：

① 液相流量计；

② 装车控制阀；

③ 气相流量计（采用汽车衡称重计量时不需要）；

④ 油气回收开关阀；

⑤ 差压变送器；

⑥ 防溢液位开关；

⑦ 静电接地夹；

⑧ 溢油及静电保护器；

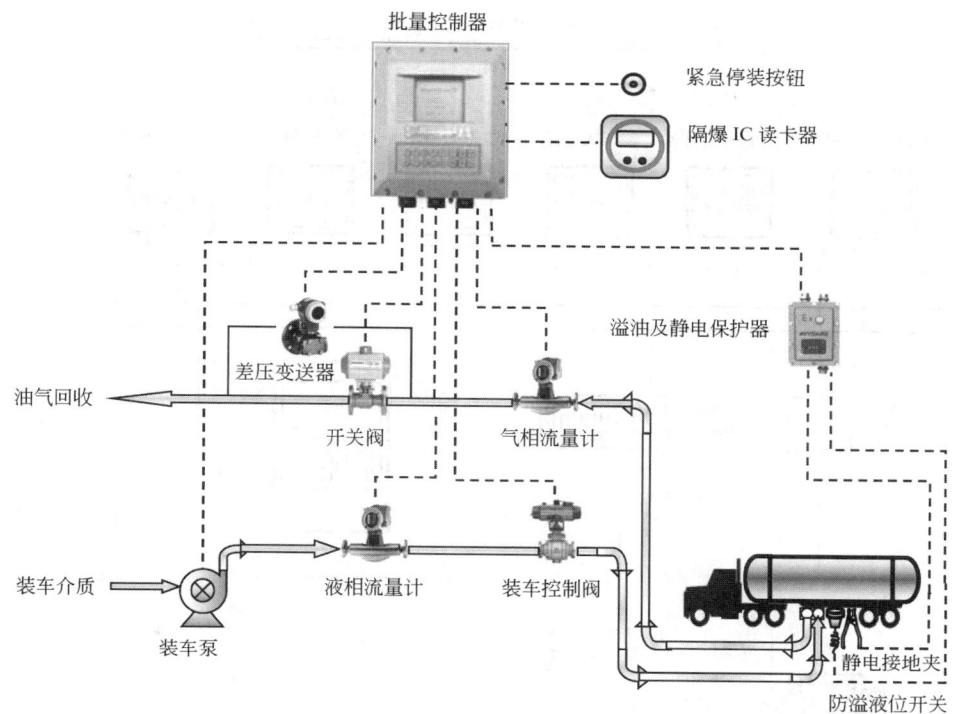

图 5-10-23　带油气回收的汽车密闭装车典型方案

⑨ 批量控制器；

⑩ IC 读卡器。

图 5-10-23 的几点说明。

① 差压变送器测量油气回收开关阀两端的差压，作为开关阀的开启条件。

② 批量控制器按单鹤位配置。

③ 防溢液位开关、静电接地夹、溢油及静电保护器等现场信号的连接有两种方式：一种是配备 API 标准插座的罐车，防溢液位开关和静电接地检测由罐车自带，当鹤位配备的 API 标准插头与罐车的 API 标准插座插接后，罐车自带的检测信号就接通到批量控制器；另一种是鹤位配备的防溢液位开关及静电接地夹，信号直接连接到批量控制器。

（2）汽车装车站的功能　汽车装车作业需要现场操作员，设置有人职守的装车操作室。

装车操作室内设有装车操作站和装车业务管理站。装车操作站的功能是实现装车作业的自动控制、报警、记录、计量等监控操作。装车业务管理站设有客户端销售接口，所有装车内容、收发数据、销售信息均在业务管理站自动记录。操作站和业务管理站记录的所有数据、信息是重要的作业和销售信息，必须保留真实原始数据，禁止人为干预或修改。

（3）汽车装车控制管理系统　汽车装车控制管理系统由现场自动化仪表、批量控制器、汽车衡、操作室内的自动控制系统和装车管理站等组成，典型的汽车装车控制管理系统基本结构见图 5-10-24。

图 5-10-24 的几点说明：

① 现场自动化仪表和批量控制器等设备安装在"撬装"底盘框架上，按鹤位成套配置，其中防溢液位开关、静电接地夹、溢油及静电保护器担负安全检测，这些信号在控制设备中设置允许操作及联锁停止功能；

② 汽车装车可采用批量控制器控制，也可采用自动控制系统直接控制；

③ 汽车装车计量可采用电子汽车衡称重，流量计的精度可适当降低，也可采用流量计累积计量，批量控制器的实际装量可与称重数据进行对比、校准；

④ 装车操作站、业务管理站、汽车衡计算机等所有与装车过程相关的收发数据、销售信息均在业务管理站自动记录保存，并通过网络数据服务器与罐区生产管理系统（TMES）和企业资源计划系统（ERP）连接，

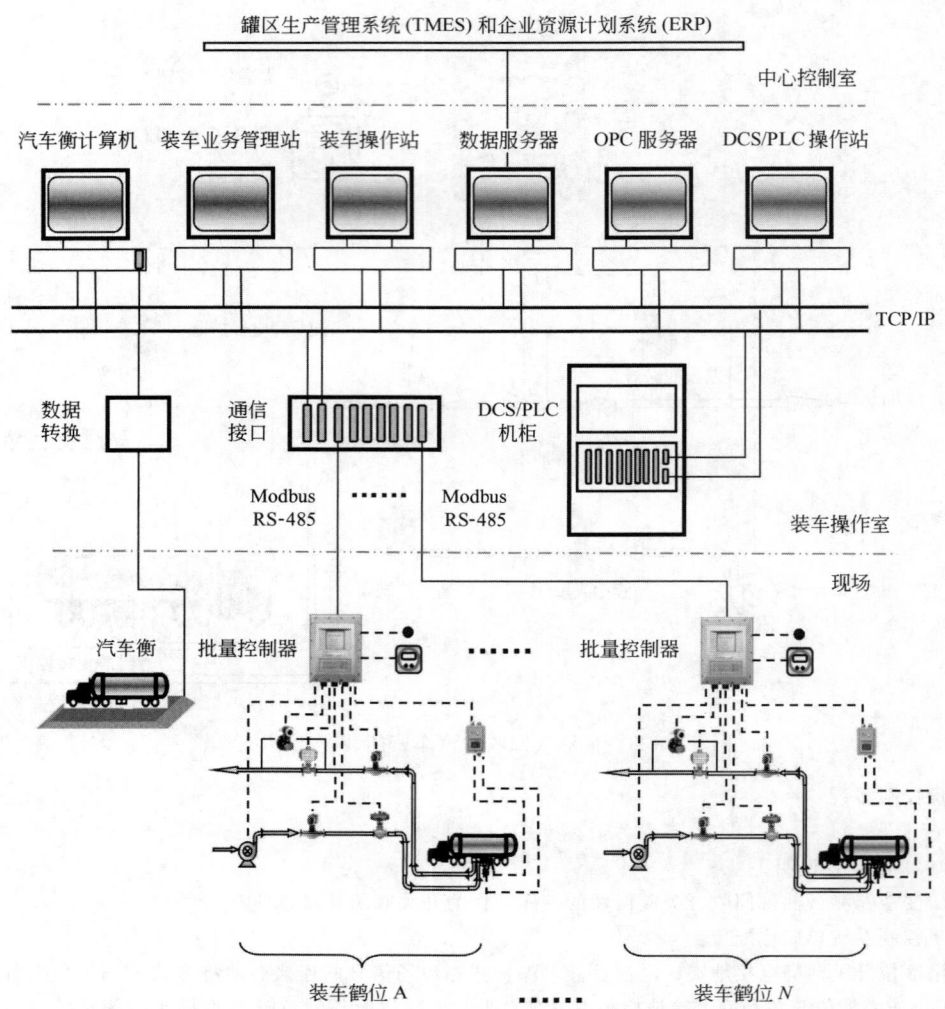

罐区生产管理系统(TMES)和企业资源计划系统(ERP)

中心控制室

汽车衡计算机　装车业务管理站　装车操作站　数据服务器　OPC 服务器　DCS/PLC 操作站

TCP/IP

数据
转换

通信
接口

DCS/PLC
机柜

Modbus
RS-485

Modbus
RS-485

装车操作室

现场

汽车衡　批量控制器

批量控制器

装车鹤位 A

装车鹤位 N

图 5-10-24　典型的汽车装车控制管理系统基本结构

实现汽车装车与罐区生产管理、工厂调度、计量统计、计划销售等部门数据交换。

二、装车现场自动化仪表

1. 装车流量计

装车流量计应符合相应计量标准规定的精确度等级。用于贸易交接计量的流量计的精确度等级不应低于 0.2 级。

根据液化烃性质、计量精度、质量或体积计量等要求，选用质量流量计或容积式流量计。为保证交接计量精度，装车流量计选用两路脉冲输出信号，不选用 4～20mA DC 信号。流量计一路脉冲输出至批量控制器，另一路脉冲输出 Modbus RS-485 通信至计量部门的专用计算机，计量管理需要装车流量计的原始数据。

2. 装车控制阀

装车控制阀特指液化烃灌装液相管道上的控制阀，它与批量控制器配合，在灌装过程中实现流量多级分段控制，控制阀的选择关系到灌装量的控制精度。装车控制阀的阀体公称通径宜与工艺管道同口径，压力等级、阀体及阀内件材质、耐腐蚀性等应符合管道材料等级规定。

装车控制阀宜采用气动调节阀，也可采用气动开关阀。现场无仪表风源时，只能采用电控自力式开关阀（俗称数控阀）。

（1）气动调节阀　气动调节阀采用 4～20mA DC 控制信号，配备阀位变送器，与批量控制器配合可实现流量连续闭环定量控制，也可实现流量开环控制，目前国内用的批量控制器控制方式多数是开环控制。

气动调节阀可选用单座阀、单座套筒阀、V 形球阀等严密关闭的阀门形式。泄漏等级符合 GB/T 4213《气动调节阀》Ⅵ级，阀门的测试与检验应符合 GB/T 4213 的规定。气源故障状态为故障关闭（FC）。

（2）气动开关阀　气动开关阀采用两个开关量控制信号驱动两台电磁阀来控制开关阀的开、关和中间位置，实现分段阀位控制，与批量控制器配合实现流量开环控制，不能实现流量闭环控制。这种控制方式不是根据流量的设定值与测量值的偏差进行控制，无法消除偏差，控制精度较低。气动开关阀以仪表风源为驱动力，阀门动作不受介质压力和阀前后压差的影响。

气动开关阀可选用球阀等严密关断特性的阀门形式。泄漏等级Ⅴ、Ⅵ级，符合 GB/T 13927《工业阀门压力试验》C 级的规定。气源故障状态为故障关闭（FC）。

（3）数控开关阀　"数控开关阀"是一种电控自力式开关阀的俗称。装车控制阀采用数控开关阀时，采用两个开关量控制信号驱动两台电磁阀来控制活塞式或膜片式自立式开关阀的开、关和中间位置，实现分段阀位控制，与批量控制器配合，只能实现流量开环控制，不能实现流量闭环控制。与气动开关阀不同，数控开关阀以执行机构腔体内的工艺介质为驱动力，调节过程受到上、下游介质压力影响和自力式开关阀本身结构的局限，控制精度、灵敏度都不如气动调节阀和气动开关阀。现场无仪表风源时，采用数控开关阀。

3. 油气回收开关阀

油气回收开关阀特指带油气回收的密闭装车方案中油气回收管道的开关阀。以开关阀的正流向差压大于工艺设定值作为开关阀的开启条件，防止油气回收管道内油气倒流。

油气回收开关阀可选用球阀、闸阀、蝶阀等开关型阀门，采用双向软密封型阀内件。泄漏等级符合 GB/T 13927 A 级的规定。气源故障状态为故障关闭（FC）。

4. 防溢液位开关

为了防止灌装过程超装溢出，应配备防溢液位开关，将液位信号接通设为停止灌装作业的联锁条件。顶部装车方式的液位开关安装在罐车装车口或鹤管上，底部装车方式的安装在罐车上部。配备有 API RP 1004 标准插座的汽车罐车，罐车内部自带防溢液位开关，信号通过鹤管上的 API RP 1004 标准插头与罐车自带的标准插座互相插接引出。防溢液位开关采用接近式开关或音叉式开关，产品经过防爆机构的本安（Exia）认证，与安全栅组成本安防爆仪表系统，可用于 0 区。

5. 静电接地夹

装车系统应配备静电接地夹，用于连接检测罐车接地状态，泄放罐车产生的静电，保证灌装作业安全。静电接地夹的接通信号设为允许启动灌装作业的条件，断开信号设为停止灌装作业的安全联锁条件。配备 API 标准插座的汽车罐车，静电接地信号通过鹤位上的 API 标准插头连接。

6. 溢油及静电保护器

装车系统应配备溢油及静电保护器，连续检测防溢液位开关和静电接地的状态，构成安全报警保护。启动装车前，只有液位开关信号和静电接地信号均为正常状态时，保护器连接到批量控制器的状态信号为"允许"启动，否则为"禁止"。装车过程中，当液位升高到液位开关报警点或静电接地信号出现非正常状态时，保护器的状态信号由"允许"变为"停止"，立即中断装车作业，关阀、停泵、装车控制系统发出声光报警。

溢油及静电保护器为隔爆型，防爆等级不低于 ExdⅡBT4，隔爆外壳内配备安全栅，与防溢液位开关和静电接地夹构成本安回路。溢油及静电保护器分为上装式和下装式两种，与液位开关和静电接地夹的连接方式也不同。我国汽车装车正处于由顶部灌装向底部密闭灌装的转换过渡阶段，各种汽车罐车的车型不规范，有的配有 API 标准插座，还有的需使用防溢液位开关和静电接地夹。根据现状，溢油及静电保护器的设计宜同时配备防溢液位开关、静电接地夹和 API 标准插头，以适应不同地区、不同车型的装车需要。

7. 装车读卡器

装车业务采用数据识别技术，每个鹤位均配备隔爆型 IC 读卡器，防爆等级不低于 ExdⅡBT4。IC 读卡器与批量控制器通信连接。

8. 电子显示屏

装车系统可配备电子显示屏，用于显示装车作业状态和相关信息。安装在现场的电子显示屏采用隔爆型，防爆等级不低于 ExdⅡBT4。

三、批量控制器

1. 批量控制器功能

批量控制器是以微处理器为核心的智能化仪表，它与流量计、差压变送器、溢油及静电保护器、装车控制阀、油气回收开关阀、IC 读卡器等现场仪表配套使用，通过总线与装车操作站和业务管理站实时通信，构成分布式定量装车控制系统。批量控制器具备灌装程序控制、定量控制、流量控制、流量累积等功能，实现防溢流、静电接地安全联锁。批量控制器有"就地"和"远程"两种模式，通常采用现场启动就地操作模式。

2. 装车控制目标

液化烃装车的控制主要由批量控制器与装车控制阀配合实现，装车过程有两个控制目标。

① 控制灌装全过程的流量和流速。限制鹤管出口流速的目的是防止喷溅式灌装产生静电危害，减少烃类液体挥发，避免控制阀突然关闭引起管道振动和水击，损坏设备导致事故。灌装过程流速限制为：灌装甲 B、乙、丙 A 类液体时，应采用能插到罐车底部的装车鹤管。鹤管内的液体流速，在鹤管浸没于液体之前不应大于 1m/s，浸没于液体之后不应大于 4.5m/s。

② 定量控制最终灌装量。

3. 装车流量控制

（1）流量控制曲线 液化烃装车流量控制是一种简单的批量控制，由批量控制器运行设定的定量灌装程序，以灌装流量累积量作为测量值，当累积量依次达到几个设定值时，即是几个改变灌装流量的分段控制时间点。

灌装控制要求：启动灌装，起始阶段小流量低流速，控制阀小开度；当液体浸没鹤管口后，开大控制阀，中间阶段大流量灌装；接近结束阶段，关小控制阀，减小流量接近预设灌装量，缓慢关闭控制阀直至达到预设灌装量，结束灌装。采用开关阀作为装车控制阀的流量控制曲线示例如图 5-10-25 所示。

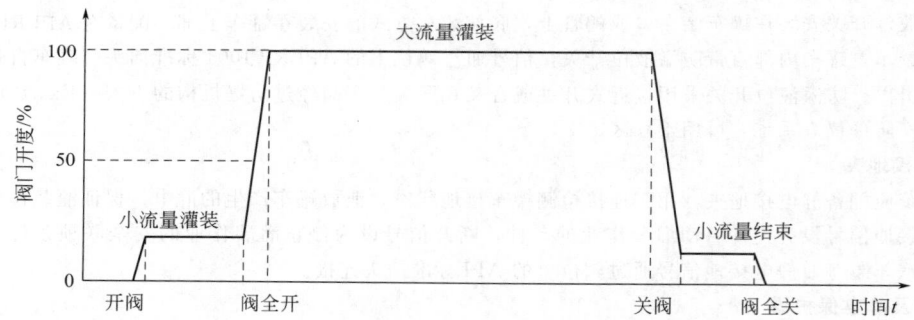

图 5-10-25　流量分段控制曲线示例

（2）控制信号和控制方式 批量控制器可输出连续量和开关量控制信号，分别与调节阀和开关阀匹配。从控制回路角度，灌装流量控制又有闭环和开环两种控制方式。闭环控制可实现精确定量控制，预计装多少实际就装多少；开环控制较粗略，接近预装量，实际装了多少算多少。流量控制方式取决于批量控制器本身的功能、运行程序以及与装车控制阀的组合，表 5-10-8 列出了流量控制方式及仪表组合。

表 5-10-8　流量控制方式及仪表组合

流量控制方式	批量控制器控制功能	装车控制阀类型	控制信号	信号数量
闭环	闭环	气动调节阀	4～20mA DC	1 个
开环	开环	气动调节阀	4～20mA DC	1 个
		气动开关阀	开关量	2 个
		数控开关阀	开关量	2 个

① 当批量控制器具备闭环控制功能并配用气动调节阀时，才能实现流量连续闭环控制。以灌装流量作为

被控变量和操纵变量，流量的设定值是由灌装程序根据各操作阶段的需要来设定，是程序控制的变量，批量控制器的内给定。流量连续闭环控制是随动控制，类似串级控制的副回路。批量控制器输出 4～20mA DC 控制信号控制调节阀，闭环定量控制可提高灌装量精确度。

② 流量分段控制不以流量作为被控变量，流量测量值仅用于流量累积，累积值决定了改变流量的分段控制时间点，灌装程序适时发出指令，控制装车阀改变阀门开度，实现流量分段控制。这种控制方式不是按照流量偏差进行调节，不具有消除偏差的功能，属于开环控制，所以流量分段控制不如闭环定量控制精确。装车控制阀可采用调节阀，接收 4～20mA DC 控制信号；也可采用开关阀，通过两个开关量信号控制两台电磁阀，实现装车阀的开、关和中间位置。如果批量控制器不具备闭环控制功能，无论配用哪种装车控制阀都不能构成闭环控制。

目前国内的批量控制器多数是开环控制方式，仅具备阀门开度的信号预设定功能，做不到精确控制，实际装车量常出现多装或少装的情况，所以常依赖汽车衡称重确定最终装车量，汽车衡的应用掩盖了控制不精确的问题。液化烃装车实现精确定量控制是今后的方向。

4. 批量控制器选型

批量控制器的功能和选型考虑如下：

① 推荐选用具有流量连续闭环控制功能的批量控制器；

② 具备 4～20mA DC 信号和开关量信号输出，满足不同类型装车控制阀的需要；

③ 接收溢油及静电保护器的信号，或直接接收防溢液位开关和静电接地信号；

④ 接收装车控制室或现场紧急停装按钮的信号，中断灌装作业；

⑤ 采用隔爆型，防爆等级不低于 ExdⅡBT4，防护等级不低于 IP65；

⑥ 显示预装量、累积流量、瞬时流量等，显示装车控制阀、防溢液位开关、静电接地开关的状态；

⑦ 配备与装车控制系统、装车管理站进行数据交换的标准信号接口，如 RS-485 通信接口、Modbus RTU 通信协议或 TCP/IP 方式。

四、动态轨道衡、电子汽车衡及配套设施

火车、汽车装车计量可采用质量流量计累积，也可采用动态轨道衡、电子汽车衡称重，衡器称重与流量计可进行计量对比或标定参照。当采用体积计量方式时，轨道衡、汽车衡称重的结果还应进行体积换算。轨道衡、汽车衡计算机的所有装车过程收发数据、销售信息均在装车业务管理站自动记录保存，并通信至厂内计量部门的专用计算机，禁止人为干预或修改。计量管理部门需要装车衡器称重的原始数据，同时通过网络数据服务器与罐区生产管理系统（TMES）和企业资源计划系统（ERP）连接。

五、装车自动控制系统

装车自动控制系统整体结构如图 5-10-22、图 5-10-24 所示，可采用 DCS、SCADA、PLC 等设备，由控制器、操作站、服务器、网络通信设备、机柜等组成。装车自动控制系统与批量控制器通信连接，实时监控各装车鹤位的操作运行，监控装车鹤位之外的各种现场自动化仪表。

六、装车业务管理站

装车业务管理站的功能是油品收发业务管理，可在自动控制系统中配备专用服务器运行装车管理软件来实现，也可采用单独的小型专用系统。作为销售管理的终端，装车业务管理站提供销售业务的人机接口。所有数据和信息，如装车作业号、收货量、发货量、存量统计、汽车衡和轨道衡数据、销售信息等均存储记录，禁止人为干预或修改。

装车业务管理站通过控制系统的网络通信设备与批量控制器连接，并与罐区生产管理系统（TMES）联网，接收管理系统下达的指令，并将装车发运系统的数据上传到管理系统。

装车业务管理站典型配置：

① 装车业务管理站计算机；

② 通信接口及网络连接设备；

③ 汽车衡、轨道衡与计量部门的通信接口；

④ IC 卡及读卡器；

⑤ 票据打印机；

⑥ 报表打印机。

七、装车站建筑物

火车装车站、汽车装车站的操作室按有人职守的现场操作室设计。建筑是否需要抗爆结构，由安全专业根据标准规范和平面布置确定。现场操作室建筑内设置收发室、操作室、机柜室等房间，若需要也可设置计量室。

收发室对装车车辆进行身份验证、检查、办理进出装车站手续，设在装车站大门口附近。操作室内设置装车操作站、装车业务管理站、数据服务器、轨道衡和汽车衡计算机、打印机等。机柜室安装机柜、网络连接设备等。小型 UPS 也可安装在机柜室内，可不设置专门的 UPS 室。操作室、机柜室按空调房间设计。建筑面积不是很大，通常采用柜式空调，不专设空调机室。

第十一章　液化天然气设施自动化系统设计

第一节　液化天然气设施

液化天然气（LNG）设施包括 LNG 接收站和 LNG 液化站两部分。

一、LNG 接收站

LNG 接收站的主要功能为 LNG 接卸、LNG 储存、BOG 回收处理、LNG 低压输送、LNG 装车、LNG 加压气化及 NG 管道外输，LNG 接收站主要包括以下单元：

① 卸船单元；

② LNG 储存单元；

③ 蒸发气处理单元；

④ LNG/NG 外输单元；

⑤ 火炬单元；

⑥ 燃料气单元；

⑦ 氮气单元；

⑧ 仪表空气、工厂空气单元；

⑨ 海水单元。

LNG 船抵达接收站专用码头后，LNG 经船上卸料泵增压，通过 LNG 卸船臂卸船总管进入接收站的 LNG 储罐内。

在 LNG 卸船期间，由于热量的传入和储罐气相空间的变化，储罐内将会产生大量蒸发气。蒸发气一部分经回流鼓风机增压后，通过气相返回管线、气相返回臂返回至 LNG 运输船船舱，以平衡船舱内的压力；另一部分通过 BOG 压缩机增压进入再冷凝器，被一定比例的低压 LNG 冷凝后，与剩余部分的低压 LNG 一起经高压输出泵、汽化器汽化后进行外输。

罐内 LNG 经低压输送泵增压后分两部分外输：一部分与再冷凝器冷凝后的 LNG 一起经高压输出泵增压后，利用开架式气化器或浸没燃烧式汽化器，使 LNG 汽化成天然气后输至输气干线；另一部分 LNG 输至槽车装车站，经槽车装车臂装入 LNG 运输槽车。

二、LNG 液化站

LNG 液化站的主要功能为天然气净化、天然气液化、LNG 储存和 BOG（Boiled off gas）泡点气压缩、LNG 装车、冷剂储存及辅助系统。

LNG 液化站主要包括以下单元：

① 原料气净化单元；

② 液化单元；

③ LNG 储存、BOG 压缩及装车单元；

④ 导热油单元；

⑤ 空分空压单元；

⑥ 公用工程单元（水工艺）；

⑦ 火炬单元。

原料气在净化单元进行净化处理（包括脱酸、脱汞、干燥等）。净化后的天然气进入液化单元，利用冷箱与通过冷剂压缩机压缩制冷的冷剂进行换热，从而得到 LNG 产品，送入下游 LNG 储罐。储罐中的闪蒸气经过压缩后返回冷箱，进一步冷凝后气相去燃料气，液相返回储罐。冷剂储存单元在开车期间需要配制满足要求的合适的冷剂配比，在运行过程中随时对混合冷剂进行补充、调整，满足不同工况需要。

罐内 LNG 经输送泵增压后外输至槽车装车站，经槽车装车臂装入 LNG 运输槽车。

第二节 LNG 接收站工艺简介

一、LNG 接收站工艺简图（图 5-11-1）

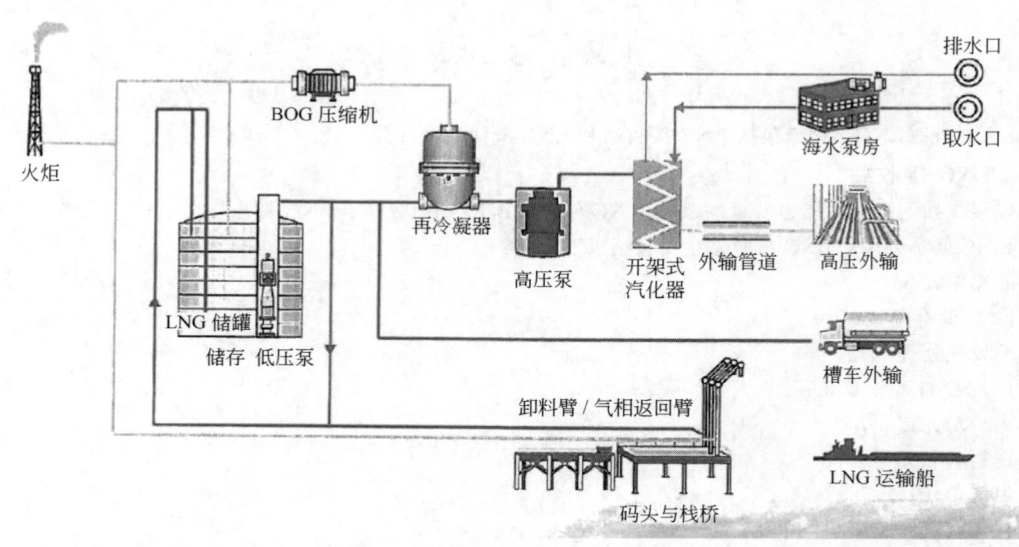

图 5-11-1 LNG 接收站工艺简图

二、卸船单元

1. 运输船停泊/连接卸船臂

LNG 船到岸时，港口操作员与领航员、拖船以及船只通过停泊监测系统控制运输船靠岸系泊。

在运输船安全系泊并和岸上建立了通信联系后，方可连接 LNG 卸料臂和气相返回臂。随后需测试紧急切断系统，并使用氮气置换卸船臂中的空气达到要求，再用船上的 LNG 冷却运输船的输送管道和 LNG 卸船臂连接后再进行卸船作业。

2. 运输船卸载

LNG 运输船到达卸料码头后，LNG 由运输船上的卸料泵，经过 LNG 卸船臂，并通过卸船总管输送到 LNG 储罐中。卸船时产生大量蒸发气，部分蒸发气直接或经回流鼓风机增压后，通过气相返回管线，经气相返回臂返回 LNG 船舱中，以保持卸船系统的压力平衡。

在无卸船操作期间，通过一根从低压输出总管来的循环管线，以小流量 LNG 经卸船管线循环，以保持 LNG 卸船管线处于冷态备用。循环的 LNG 主要部分返回到去再冷凝器的 LNG 低压输出总管，其余部分通过 LNG 卸船总管经 LNG 储罐顶部和底部进料阀的旁路回到各 LNG 储罐。

三、LNG 储存单元

LNG 接收站储罐一般为全包容式混凝土顶储罐（简称 FCCR），内罐采用 9% 镍钢，外罐是预应力混凝土材料建成。储罐的设计压力为 −0.5kPa(G)/29kPa(G)，其环隙空间以及吊顶板均设有保冷层，确保在设计环境下储罐的日最大蒸发量不超过储罐容量的 0.05%。

为防止 LNG 泄漏，罐内所有的流体进出管道以及所有仪表的接管均从罐体顶部连接。每座储罐设有 2 根进料管，既可从顶部进料，也可通过罐内插入立式进料管，实现底部进料。进料方式取决于 LNG 运输船待卸的 LNG 与储罐内已有 LNG 的密度差。若船载 LNG 比储罐内 LNG 密度大，则船载的 LNG 从储罐顶部进入，反之，船载 LNG 从储罐底部进入。这样可有效防止储罐内 LNG 出现分层、翻滚现象。

LNG 储罐通过一根气相管线与蒸发气总管相连，用于输送储罐内产生的蒸发气和卸船期间置换的气体至 BOG 压缩机、回流鼓风机、LNG 船舱及火炬单元。

四、蒸发气处理单元

1. 蒸发气压缩处理

蒸发气的产生主要是由于外界能量的输入造成，如泵运转、外界热量的传入、大气压变化、环境的影响及 LNG 送入储罐时造成罐内蒸发气体积的变化。蒸发气处理系统的作用是为了经济而有效地回收 LNG 接收站产生的蒸发气。

LNG 接收站在卸船操作时产生的蒸发气的量远远大于不卸船操作的蒸发气量。卸船时产生大量蒸发气，部分蒸发气经回流鼓风机增压后，通过气相返回管线，经气相返回臂返回 LNG 船舱中，以保持卸船系统的压力平衡。另一部分经 BOG 压缩机压缩到一定的压力，与 LNG 低压输送泵（来自 LNG 储罐）送出的过冷 LNG 在再冷凝器中混合并冷凝。BOG 压缩机采用低温往复迷宫式压缩机，可通过逐级调节（0-25%-50%-75%-100%）来实现流量控制。

接收站在无卸船、正常输出状态下，压缩机仅一台工作，足以处理产生的蒸发气；卸船时，蒸发气量是不卸船时的数倍，需要多台压缩机同时工作。

2. 再冷凝器

再冷凝器将 BOG 压缩机增压后的蒸发气与 LNG 混合，并将蒸发气冷凝为液体。

LNG 接收站的再冷凝器不考虑备用。再冷凝器检修时，蒸发气送火炬，LNG 通过再冷凝器旁路进入高压输出泵，另外设置 20in❶ 的立管（与再冷凝器的高度相等），高压泵放空气经 20in 立管排至 BOG 总管。

再冷凝器上部为不锈钢拉西环填充床。蒸发气从再冷凝器的顶部进入，LNG 从再冷凝器侧壁进入，两者在填充床中混合换热后蒸发气被冷凝。

另有一部分 LNG 通过再冷凝器旁路，和再冷凝器出口的液体混合，一起送去高压输出泵。

五、LNG/NG 外输单元

储罐内的 LNG 部分经低压输送泵进入再冷凝器，与 BOG 压缩机的压缩蒸发气混合冷凝后，与再冷凝器旁路的低压 LNG 汇合，进入高压输出泵，达到所需的流量和输送压力后，经汽化器汽化后外输至输气干线；另一部分低压 LNG 直接输送至槽车装车站，通过 LNG 槽车外运。

1. 低压输送泵

低压输送泵为立式潜液泵，安装在储罐的泵井中。

低压输送泵均为定速运行，其运行流量由天然气外输量、LNG 槽车装车量以及保冷循环量等确定。

2. 高压输出泵

高压输出泵采用立式、电动、恒定转速离心泵，安装在专用的立式泵罐内。

在高压输出泵泵罐内设有专用管线，可将产生的蒸发气放空至再冷凝器。再冷凝器检修时，放空气可通过 20in 立管，经过液位控制排至 BOG 总管。

3. 汽化器

LNG 接收站常用的汽化器有三种：海水开架式汽化器（Open Rack Vaporizer 简称 ORV），浸没燃烧式汽化器（Submerged Combustion Vaporizer 简称 SCV），中间介质管壳式汽化器（Intermediate Fluid Vaporizer 简称 IFV）。

汽化器选择要考虑下列条件：一是运行连续可靠，负荷调节方便，操作简单；二是综合成本（包括采购成本、运行成本和维修成本）低；三是如选择海水作热源的 ORV 汽化器，海水水质应符合要求。

为了降低接收站运行成本，ORV 作为 LNG 汽化的主要设备，SCV 则在天然气外输高峰时或海水温度较低时运行，作为备用汽化器。IFV 作为 LNG 汽化的主要设备，SCV 则在天然气外输高峰时运行，作为备用汽化器。

以 ORV 与 SCV 汽化器组合为例，ORV 运行能够满足接收站平均外输要求，ORV 和 SCV 同时运行时能够满足最大外输要求。

汽化器的运行台数和运行流量由下游用户用气量确定。

ORV 和 SCV 如何配置运行，需根据海水温度和外输天然气量确定。在海水温度不低于 5℃ 时，优先运行 ORV，当 ORV 全部运行仍不能满足外输天然气要求时，开启 SCV，ORV 和 SCV 同时运行；当海水温度低于 5℃ 时，ORV 的运行效率将降低，ORV 和 SCV 的运行配置需保证外输总管混合的天然气温度不低于 0℃。

---

❶ 1in=25.4mm。

4. 外输计量单元

作为贸易交接的依据，天然气外输总管上设有计量撬，计量撬上设置流量计、分析仪，可取样分析外输天然气的热值、组分等信息。

六、LNG 槽车装车单元

槽车装车单元用于 LNG 槽车的装载外运。

每个装车位设有 1 台液体装料臂和 1 台气相返回臂及其配套的就地控制系统。

在槽车装车入口设地衡，装车时的流量由流量计控制，槽车装车量的贸易计量以槽车地衡为准。

七、火炬单元

火炬单元用于收集 BOG 总管的超压放空、首台压缩机启动时进口冷却的气体排放以及回流鼓风机初次启动时进口冷却（如需要）的气体排放。另外，界区内天然气外输总管维修时的泄压也直接进入火炬单元。

在火炬的上游低点位置设有火炬分液罐和火炬分液罐加热器，其目的是使排放到分液罐的蒸发气可能携带的液体分离和汽化。

八、燃料气单元

接收站燃料气单元为浸没燃烧式汽化器、火炬点火装置及长明灯等用户提供燃料。燃料气来自 BOG 压缩机出口的压缩蒸发气以及外输天然气汇管来气。

九、氮气系统

氮气消耗主要有连续用氮气和间断吹扫用氮气两种。连续用氮气的设备主要有：

① 蒸发气压缩机密封用氮；

② 回流鼓风机密封用氮；

③ 火炬吹扫；

④ LNG 卸船臂和气相返回臂旋转接头处密封用氮。

间断用氮气的设施主要有：

① 卸船结束后，LNG 卸船臂和气相返回臂的吹扫；

② 吹扫和置换管道、容器或其他设备；

③ 吹扫 LNG 储罐的绝热空间；

④ 低压输送泵和高压输出泵密封用氮。

第三节　接收站工艺过程控制

一、LNG 卸船

1. 卸船

接收站卸船臂均配有液压驱动的自动快速接头（QC/DC）和紧急脱离系统（ERS）。

通过卸船臂就地控制盘可控制卸船臂操作，就地控制盘上设有就地/遥控开关。此外，设有一套位置监视系统（PMS），用以监视卸船臂的移动，在码头控制室和中心控制室内均能进行监视。

卸船开始时，卸船速率由船上泵出口流量调节阀和泵的操作数量控制。在卸船过程中，要仔细监控接收站和码头之间的各种操作状况。由于卸船操作始终在接收站工作人员和船员的仔细监控下进行，所以卸船操作的控制实际上是手动控制过程。

LNG 卸船臂和气相返回臂就地盘（操作界面）位于码头平台。LNG 卸船系统由两级 SIS 系统保护，第一级为码头和栈桥的切断隔离，第二级为第一级的确认和卸船臂的 Powered Emergency Release Coupler（PERC）系统的激活（船岸脱离）。

2. 压力控制

为了减少 LNG 进入储罐时的闪蒸量，卸船期间，应将 LNG 储罐内的压力升高，并将部分置换的蒸发气返回到船舱中，使储罐和船舱之间形成压差平衡。蒸发气通过回流鼓风机加压后返回船舱，其返回 LNG 船的压力通过气相返回臂入口的压力调节阀进行调节，确保回气压力不超出 LNG 运输船要求。

3. 卸船臂的吹扫和排净控制

在卸船完成后，LNG 运输船脱离前，用氮气从卸船臂顶部加压吹扫，将卸船臂内的 LNG 分别压送回船内和码头排净罐，利用安装在卸船支线旁路的温度计来判断卸船臂及卸船支线内的 LNG 是否吹扫完全。再通过氮气将码头排净罐内的 LNG 通过卸船管线压送回 LNG 储罐。

4. LNG 冷循环

在非卸船期间，将 LNG 储罐内的低压输送总管一股小流量 LNG 经冷循环管线输送至卸船码头，以保持 LNG 卸料管线处于冷态备用。由于卸船管线较长，进入管线的热量较多，回流的 LNG 全部回到 LNG 储罐会产生过多的蒸发气，为了避免此工况，大部分循环 LNG 将通过低压输送总管和高压泵进行外输，另一部分经 LNG 储罐进料阀旁路回到 LNG 储罐中。码头卸船管线的 LNG 循环量可通过流量调节阀控制。在卸船期间，循环被中断，大部分 LNG 通过卸船管线进入 LNG 储罐，一小部分 LNG 通过冷循环管线并行输送至储罐。

5. 温度测量

在卸船及冷循环管线的不同位置上设有表面温度传感器，为接收站开车阶段管线的预冷及接收站运行提供充分且准确的数据。

6. 蒸发气回气

当卸船开始时，船上的气体压力会下降，不利于卸船，同时为了避免或减少进料时发生闪蒸现象，需要从接收站内向运输船返回蒸发气来保持船内的压力平衡。蒸发气通过回流鼓风机加压后返回船舱，其返回管线的压力通过回气臂入口的压力调节阀进行调节，确保不超出 LNG 运输船的船舱设计压力。

二、LNG 储罐

1. 压力操作与控制

各 LNG 储罐的气相空间互相连通，所以每座储罐的操作压力相同。LNG 储罐的保护元件为表压元件。

为了不受大气压变化的影响，LNG 储罐压力控制采取绝压控制。因此，为了准确监测储罐的压力，LNG 储罐的表压值和绝压值都在控制室显示及监控。

用于 LNG 储罐压力报警和联锁的保护设施通过表压变送器测量。储罐压力通过绝压变送器为 BOG 压缩机提供控制信号。

（1）正常压力控制　在正常操作条件下，LNG 储罐的压力通过调节 BOG 压缩机负荷进行控制。

在非卸船期间，LNG 储罐的操作压力应维持在低压状态，以便在压力控制系统发生故障时，为储罐操作留有安全的缓冲余量。为了避免进入储罐的 LNG 发生大量闪蒸，在卸船操作期间，应升高储罐内压力。

（2）保护设施　如果蒸发气压缩机不能维持 LNG 储罐正常压力，有以下保护设施。

① 超压保护设施　排放过量的蒸发气至火炬单元是储罐的第一级超压保护；在 LNG 储罐压力达到设定压力时，压力调节阀开启，蒸发气将直接排放到火炬总管。每座 LNG 储罐还配备数个安全阀，作为 LNG 储罐的第二级超压保护，安全阀的设定压力为储罐的设计压力，超压气体通过安装在罐顶的安全阀直接排入大气。

② 真空保护设施　破真空阀是 LNG 储罐的第一级真空保护，由于大气压快速增加导致储罐表压较低时，来自外输天然气总管的破真空气体，通过进入与储罐相连的 BOG 总管来维持 LNG 储罐压力的稳定；如果补充的破真空气体不足以维持 LNG 储罐的压力在正常操作范围内，空气通过安装在储罐上的数个真空安全阀进入罐内，维持储罐压力正常。

（3）操作压力范围　操作压力范围既要考虑前面提到的因素，还要考虑以下约束因素：

① LNG 储罐的设计压力/安全阀的设定压力；

② LNG 储罐的真空设计压力/真空安全阀全启时的压力；

③ 破真空阀的设定值和压力调节阀的设定值；

④ 使蒸发气量和蒸发气压缩机能耗损失减到最小的需求；

⑤ 大气压变化的范围。

在卸船操作期间，LNG 储罐的操作压力在前面的基础上，还应考虑以下两点：

① LNG 运输船卸料时气相压力平衡范围；

② 蒸发气返回 LNG 船时 LNG 储罐与运输船之间的压力损失。

确定 LNG 储罐保护元件（PSV 和 VSV）设定点时，须考虑当地大气压可能的变化范围。

通常在大气压较低时，不进行卸船操作。

2. 液位-温度-密度（LTD）的测量

LNG 储罐的测量系统（TMS）以液位-温度-密度（LTD）测量装置为基础，能够自动进行液位测量、温度监测和密度测量。每座 LNG 储罐都装有一套液位-温度-密度（LTD）测量仪表。

液位、温度和密度测量仪表是多个感应探测器的控制单元，由电机驱动装置驱动。探测器组件含有所需的液位测量、温度监测和密度测量的传感器，通过控制单元发出相应的指令来控制悬浮于 LNG 储罐液体内的探测器，使其在储罐底部和最高液位之间垂直运动。

探测装置可自动控制，也可手动控制。手动模式：操作员可以使探测器以给定的速度上下移动。自动模式：系统会进行周期性的 LNG 液体断面扫描。

在 LTD 不使用期间，探测装置可停在 LNG 储罐的底部。

液位、温度和密度的读数都可以通过 DCS 显示，操作员可根据测量参数判断物料是否分层，及早采取措施，防止 LNG 储罐内发生翻滚。

3. 温度测量

在每座 LNG 储罐中独立设置 1 套多点温度变送器，用于测量罐内不同高度的 LNG 温度。

在 LNG 储罐的内罐外壁和底部上都装有 RTD 温度传感器，进行冷却过程和操作中的温度监测。

LNG 储罐的内罐与外罐的环隙空间内装有 RTD 温度传感器，进行 LNG 泄漏检测。

4. 液位控制

在每座 LNG 储罐上设置液位变送器和液位开关，并提供安全仪表系统（SIS）所需的报警和联锁信号。

正常操作时 LNG 储罐液位通过手动进行控制。操作员根据中心控制室的液位测量值，决定卸船操作期间哪座 LNG 储罐作为接收罐，哪座 LNG 储罐作为输出罐。

高高、低低液位联锁分别用于控制 LNG 储罐停止进料和罐内低压输送泵停车。

液位计有三种类型：两组伺服液位计，雷达型液位计，用于液位、温度和密度测量的 LTD。

三、低压输送泵

1. 流量控制

低压输送泵的流量由安装在再冷凝器入口管线上的流量调节阀和再冷凝器旁路的压力调节阀进行控制。

每个泵都设有最小流量回路，在正常操作条件下，最小流量调节阀关闭。而当输出流量降低时，它将打开，使泵能够在最小流量下正常运行。

泵的最小流量由最小流量调节阀来保证。调节每个使用中的泵在压力/流量特性曲线附近操作，打开最小流量调节阀到适当的开度以确保泵的安全运行。回流液经过每个储罐泵公用的回流总管，返回到 LNG 储罐。

2. 启动

低压输送泵在接到操作工发出的指令后才能启动。

当低压输送泵处于备用状态时，泵井通过专用的切断阀（事故开）向 LNG 储罐放空，可避免气体积聚在泵井内。

泵井放空由计时器控制。当泵的马达启动时，计时器启动。放空过程维持 3min，在 LNG 液体被输送到输出总管之前，使所有聚集在泵井内的气体全部放至 LNG 储罐内。当计时器关闭时，放空阀也关闭。

四、BOG 压缩机

1. BOG 压缩机入口缓冲罐

来自 LNG 储罐的蒸发气和压缩机的循环蒸发气进入 BOG 压缩机入口缓冲罐。

当 BOG 压缩机入口缓冲罐的液位达到高液位报警时，操作人员采用手动操作方式将罐中的 LNG 液体排至低压排净罐，再通过氮气压送回 LNG 储罐。

2. BOG 压缩机

BOG 压缩机采用低温往复式压缩机，可通过逐级（0-25％-50％-75％-100％）调节来实现流量控制。

BOG 压缩机设置了回流旁路，该回路用于第二台/第三台蒸发气压缩机启动时入口的冷却。由于在这种控制模式下能效比较低，所以正常操作时不采用。

蒸发气压缩机的流量控制可在自动或手动两种模式下运行。蒸发气压缩机处于自动模式时，LNG 储罐通过共用的绝压控制器自动选择蒸发气压缩机的负荷（0，25％，50％，75％或100％）。如果 LNG 储罐内压力高于其最大操作压力，控制器转换更高一级负荷，提高压缩机的负荷；如果 LNG 储罐内压力低于其最小操作压力，控制器转换较低一级负荷，降低压缩机的负荷。储罐的压力稳定在这两个绝压值之间。

在手动模式时，操作工可以根据 LNG 储罐压力监测的数据，手动选择蒸发气压缩机的负荷。

五、回流鼓风机

1. 回流鼓风机

回流鼓风机为离心式，可通过 IGV 调节来实现流量控制。同时，回流鼓风机设置了防喘振控制回路，该回路用于低流量运行时风机的保护。

回流鼓风机流量控制可在自动或手动两种模式下运行。在自动模式时，LNG储罐通过共用的绝压控制器自动调节IGV的开度，实现回流鼓风机的负荷调节（50%～100%）。在手动模式时，操作工可以根据LNG储罐压力监测的数据，手动选择回流鼓风机的负荷。

2. 回流鼓风机出口分液罐

当回流鼓风机吸入蒸发气温度较高时，为了防止返回船舱的蒸发气温度过高，在鼓风机吸出口设调温器，根据返回船舱的蒸发气温度，定量向蒸发气喷射低温LNG，以降低鼓风机出口蒸发气温度。喷入调温器的LNG量采用两个温度调节阀进行分程控制。通过调温器产生的少量液滴进入回流鼓风机出口缓冲罐分液，一旦出口缓冲罐中液位达到高液位报警，操作人员应采用手动操作方式将罐中的LNG液体排至低压排净罐，再通过氮气压送回LNG储罐。

六、再冷凝器

再冷凝器的主要功能是将加压后的蒸发气与低压输送泵出口的过冷LNG混合并冷凝为液体。在正常操作条件下，进入再冷凝器的蒸发气流量等于BOG压缩机的出口蒸发气量。在零外输情况下，超压的蒸发气送至火炬系统进行处理。

用于冷凝蒸发气的LNG流量，根据来自BOG压缩机的蒸发气出口缓冲罐的流量和再冷凝器的操作压力计算的流量比例进行调节。

在接收站运行初期，天然气外输量很低时，无法冷凝下来的BOG排放至火炬燃烧。再冷凝器设两级超压保护，一级为开启压力调节阀，将过量的蒸发气释放至BOG总管；二级为压力安全阀起跳，将过量蒸发气排至BOG总管。

如果难以压缩/冷凝的氮气组分在再冷凝器中积聚，那么可能发生压力升高的情况。因此，如果再冷凝器的压力持续升高，操作员应通过再冷凝器顶部的取样口取样，进行气体分析，当氮气含量超过设定值时，通过压力调节阀将不凝气排至BOG系统。

再冷凝器的液位高液位时，系统将通过从外输管线上引入降压后的天然气调节气相压力的方式，调节再冷凝器的LNG进料量，从而稳定再冷凝器的液位。

再冷凝器的液位高高时，联锁关闭再冷凝器入口LNG阀及关停压缩机。为保证不中断天然气的外输，此时低压输送泵出口的LNG通过再冷凝器旁路进行外输。

如果再冷凝器的运行工况不稳定，可通过相应回路调节压缩机负荷。再冷凝器旁路流量，再冷凝器液位和高压泵进口总管LNG的过冷度通过一个信号低选器和三个LNG储罐压力的信号高选器进行比较，选择两者较低值来调整蒸发气压缩机的负荷。

七、高压输出泵

1. 流量控制

高压输出泵的输送流量及启动的台数由接收站外输气体总需求量控制。

每个泵都设有最小流量控制回路，在正常操作条件下，最小流量调节阀关闭。而当输出流量低于最小流量时，最小流量调节阀将打开，继续维持通过泵的最小流量。

泵的最小流量由流量调节阀来保证。调节每个使用中的泵在压力/流量特性曲线附近操作，打开最小流量调节阀到适当的开度，以确保泵的安全运行。

2. 启动

高压输出泵在接到操作工发出的指令后才能启动。

只有泵罐中充满LNG液体时（即仅当安装在泵罐内的液位高于低液位时），高压输出泵才能启动。

高压输出泵处于备用或运行状态时，泵罐通过放空管线进行排气。正常操作时直接放空到再冷凝器，再冷凝器处于检修或维修等隔离状态时，通过再冷凝器旁路的立管排至BOG总管。

3. 输出流量控制

接收站输出压力由输出总管上压力控制器进行控制，控制回路通过按比例增加或减小调节汽化器入口的流量调节阀的开度，调节高压输出泵所需求的流量及外输气量。

八、开架式汽化器

1. LNG流量控制

进入每台ORV的LNG流量，通过LNG入口管线上的流量控制阀进行流量调节。流量控制器的设定值与接收站天然气输出总管的压力控制器串级控制或用手动进行设定（手动模式）。

当汽化器出口温度过低，可屏蔽其出口流量控制，此控制通过一个低选器实现。

运行的汽化器的数量由操作工根据接收站总输出气量来确定。

2. 海水流量控制

供应给每台开架式汽化器的海水流量是恒定的。该流量可通过调节海水入口管线上的手动调节阀进行控制，同时手动调节阀设机械限位，确保开度不会过大损坏汽化器液体接收盘。当海水流量过低时，可通过联锁自动关闭汽化器入口 LNG 管线上的切断阀，并联锁延时关闭 NG 出口切断阀。

汽化器开启顺序为：开启海水进口阀；检查 LNG 进口流量阀为关闭状态；检查气体出口阀为开启状态；打开 LNG 进口阀；通过旁路冷却；打开 LNG 进口流量调节阀。

为防止正在运行的 ORV 由于海水流量低低跳车，在备用 ORV 的海水入口阀开启前开启备用海水泵。

3. 出口天然气温度的超驰控制

每台汽化器出口的天然气温度由温度传感器测量，所测得的温度信号送至 LNG 出口温度控制器。正常操作时，汽化器入口调节阀由汽化器入口流量进行控制，如果出口天然气温度过低，出口天然气温度进行超驰控制，LNG 入口阀由出口温度控制器控制而减小开度，直到出口温度达到设定值，满足输出温度要求。当汽化器出口温度低低时，可通过联锁关闭汽化器入口阀门，切断 LNG 进入汽化器，保护汽化器出口管线及后续系统的安全。

九、浸没燃烧式汽化器

1. 流量控制

浸没燃烧式汽化器由操作工根据需要而下达指令启动。

进入每台 SCV 的 LNG 流量，通过流量控制器作用于 LNG 进口流量调节阀来进行控制。流量控制器的设定值与接收站天然气输出总管的压力控制器串级控制（自动模式）或用操作手动设定（手动模式）。

当汽化器出口温度过低时，可屏蔽其出口流量控制，此控制通过一个低选器实现。

运行的汽化器的数量由操作工根据接收站总输出气量来确定。

2. 出口天然气温度的控制

每台汽化器出口的天然气温度由温度传感器测量，所测得的温度信号送至温度控制器。正常操作时，汽化器入口调节阀由汽化器入口流量进行控制，如果出口天然气温度过低，出口天然气温度进行超驰控制，LNG 入口阀由出口温度控制器控制而减小开度，直到出口温度达到设定值，满足输出温度要求。在冬季极低海水温度时，ORV 的汽化能力无法达到设计流量，此时如果全部 ORV 启动时仍不满足汽化要求，需启动 SCV。当汽化器出口温度低低时，可通过联锁关闭气化器入口阀门，切断 LNG 进入汽化器，保护汽化器出口管线及后续系统的安全。

3. 汽化器控制

汽化器的控制由 SCV 就地控制盘及控制系统实现，必要的控制信号送至 DCS 系统，必要的联锁信号送至 SIS 系统。

带有 PLC 的控制盘位于中心控制室，另一个带有灯和开关的小控制盘位于现场就地操作。

浸没燃烧式气化器的水浴温度由烧嘴的负荷确定。

十、外输计量

接收站外输量主要由下游用户用气量确定，并通过控制汽化器的进口 LNG 流量来实现外输气量的控制。

天然气外输总管配有在线气相色谱分析仪。外输天然气的热值、组分、密度等信息可在中心控制室进行连续监测，并能通过安装在界区外（岸上）的计量单元，实现在控制室内对计量系统的远程数据传输。

十一、槽车装车

在装车操作时，LNG 装车流量通过调节阀来控制，该阀由专门的定量装车系统来控制。当操作员按下按钮开始 LNG 装车时，调节阀将打开到一定开度，以保证 LNG 的流量，同时自动执行装车过程。当装车量达到预先设定值时，立即停止装车，并给操作员发出信号。

装车累计流量通过装车前后汽车的重量差来计算，贸易计量采用同一台智能电子汽车衡。

十二、燃料气单元

1. 压力控制

正常操作时燃料气源为 BOG 压缩机出口的 BOG 气，同时来自输出总管的部分天然气减压后可作为燃料气的备用气源。

2. 温度控制

燃料气由两台电加热器进行直接加热，一台运行，一台备用。

燃料气系统通过温度监视、报警及联锁，压力报警及联锁等进行控制。

十三、仪表空气、工厂空气单元

当仪表空气压力低报警时，关闭工厂空气和 PSA 供应。当仪表空气压力降至低低报警值时，全厂工艺系统停车。在空气压缩机入口设置可燃气体检测器，当检测到可燃气体浓度超高时，停空气压缩机。仪表空气、工厂空气系统由就地控制盘自动控制，主要操作参数及状态信号上传至 DCS，能够在中心控制室进行监视。

十四、氮气单元

当氮气管网压力低报警时，开启液氮储存及汽化系统供给氮气。氮气管网压力达到正常值时，关闭液氮储存及汽化系统。液氮汽化系统有空气汽化器和电加热汽化器各两套，当氮气温度低于设定温度时，开启电加热汽化器；当氮气温度高于设定温度时，关闭电加热汽化器。PSA 制氮系统、液氮储存及汽化系统均采用就地控制盘自动控制，主要操作参数及状态信号能够在中心控制室进行监视。

第四节　接收站工艺过程联锁保护

LNG 接收站工艺安全仪表系统（SIS）的设计原则是能自动或手动响应接收站内非正常状况，包括接收站停车的各个阶段、区域隔离、设备隔离等措施。

SIS 联锁的启动由手动和自动两种方式组成。手动方式是通过就地控制盘、控制室内的手动按钮进行操作；自动联锁方式是按照工艺过程要求所设置的预定程序实现的。

SIS 系统功能的执行须具备高可靠性，能够对关键工艺系统实施监测和联锁报警，自动执行指定的安全动作和阀门的操作，同时给出报警信号，以最大程度降低生产过程中的危险状态，并阻止潜在危险情况的扩大。SIS 系统的基本原则是在保证气体外输运行可靠、尽量减少中断的前提下，使接收站或接收站内的工艺系统和设施处于安全状态。

一、SIS 基本设计原则

1. SIS 系统设计的被保护对象优先级别（从高到低）

① 人身健康及环境的安全。

② 设备安全。

③ 天然气的连续外输。

2. SIS 系统的基本设计原则

① SIS 系统是保护人员、环境和设备的重要系统。

② SIS 具有冗余容错功能，以满足高性能要求。

③ 功能上应独立于工艺控制系统（DCS）。

④ 硬件和软件应确保适当的全生命周期安全。

⑤ 应与 DCS 系统有通信及接口界面。

3. SIS 功能要求

① 监视保护设备和辅助设施。

② 通知操作人员所发生的事件。

③ 启动适当的设备保护。

④ 将 SIS 发出的信号送至 DCS 系统。

⑤ 显示所有已检测出参数异常的检测器清单。

⑥ 打印报表及数据存储。

二、SIS 阀门设置

1. SIS 阀门基本要求

① 当执行器失效时，阀门应自动停在安全状态。

② 阀门的限位开关信号应与 DCS 连接。

③ 阀门应耐火。

④ 根据管线等级和管径要求，阀门形式应选择球阀或蝶阀。

⑤ 阀门关闭时必须无泄漏。

⑥ 除非特殊规定，阀门不应有手轮或旁路。

⑦ 阀门尺寸小于等于 4in 的关闭时间不大于 5s；阀门尺寸每增加 1in，关闭时间的增加不大于 2s，大尺寸阀门（20in 以上）尺寸每增加 1in，时间增加可降为 1s（但计算与水锤相关的阀门的关闭时间，最终应在水锤计算的基础上确定）。

2. SIS 阀门设置位置

紧急切断阀用于隔离设施，所以切断阀应安装在能够将工艺流体的潜在危险降到最小的位置。

SIS 阀门至少应在接收站的以下位置安装：

① 卸船和循环管线；

② 气相返回管线；

③ 储罐进料管线；

④ 低压输送泵出口管线；

⑤ BOG 压缩机进出口管线；

⑥ 回流鼓风机出口管线

⑦ 再冷凝器进出口管线；

⑧ 高压输出泵出口管线；

⑨ 汽化器进出口管线；

⑩ 气体外输总管；

⑪ 槽车装车管线。

三、ESD 分级及说明

紧急切断（ESD）是在非正常情况下采取的一种保护措施，并且需要较长的时间来恢复正常的生产。ESD 可划分为以下 3 个等级（表 5-11-1），高等级的联锁自动触发低等级的联锁。

表 5-11-1　ESD 的三个等级

分级	描述	触发原因	触发方式	后果
ESD-1	全厂停车	火灾	地震工况为检测仪表信号触发，其他工况手动触发	整个接收站停车（对操作员或接收站安全至关重要的设备，如火炬等除外）
		地震		
		极端恶劣天气等		
ESD-2	工艺停车	ESD-1	由检测仪表信号触发	工艺系统停车
		仪表空气管网压力低		
ESD-3	单元或单个设备停车	ESD-1	手动或由相关检测仪表信号触发	单元或单个设备停车
		ESD-2		
		检测到工艺过程的非正常状况		

1. ESD-1（全厂停车）

ESD-1 用于整个接收站停车，包含工艺系统和公用工程等辅助系统（对操作员或接收站安全至关重要的设备，火炬除外）的关断，只有在非常危险的情况下才能启动。

（1）触发 ESD-1 的设施　ESD-1 手动操作按钮只能通过控制室触发，该按钮平时被锁定，需用钥匙才能打开，以免受到误操作而触发。

（2）ESD-1 动作　触发 ESD-1 按钮后将引发以下动作：

① ESD-2、ESD-3 触发；

② 隔离主要能源供应；

③ 除火炬外的所有系统停车；

④ 所有被触发的 SIS 阀处于故障安全状态。

2. ESD-2（工艺停车）

ESD-2 用于整个工艺系统的停车，只有在危险状况下才启动。

（1）触发 ESD-2 的设施

① 由 ESD-1 触发。

② 由仪表空气管网压力低低联锁自动触发，该压力检测仪表设置为三选二。

（2）ESD-2 动作　触发 ESD-2 按钮后将引发以下动作：

① ESD-3 触发；

② 除火炬外的所有工艺系统停车；

③ 所有被触发的 SIS 阀处于故障安全状态。

3. ESD-3（单元或单个设备停车）

ESD-3 用于工艺单元或单个设备的停车。可以手动实现，也可以由仪表检测到的非正常工况联锁触发。

（1）触发 ESD-3 的设施

① 由 ESD-1 触发。

② 由 ESD-2 触发。

③ 通过控制室或就地控制盘上的手动按钮触发或由仪表检测到的非正常工况，当满足工艺设定联锁条件时，自动触发。

（2）ESD-3 动作　触发 ESD-3 按钮后将引发以下动作：

① 相应的工艺单元或设备停车；

② 被触发的 SIS 阀处于故障安全状态。

4. 卸船系统停车

卸船中断的主要目的是停止卸船操作，LNG 船上的卸料泵和接收站回流鼓风机停车，关闭码头卸船管线气相返回管线及码头冷循环管线上的 SIS 阀以控制物料流动，关闭 ERC（Emergency Release Coupling）阀。船、岸分离的主要目的是确认关闭 ERC 阀，并快速脱开卸料臂的接头。这可由码头操作人员根据事件的严重性（如猛烈的暴风雨、LNG 泄漏）等情况来进行人工触发，也可根据卸料臂限位开关的信号触发。

四、安全完整性等级（SIL 等级）

SIL 等级分析是安全仪表系统设计的基础，LNG 接收站安全仪表系统的工程设计应满足安全完整性等级要求。

下面是某 LNG 接收站 SIL 等级分析的实例，供读者在工程设计中参考。

SIL 等级分析包括以下工艺单元：

① 码头及栈桥；　　　　　　　　　⑦ SCV；

② 储罐系统；　　　　　　　　　　⑧ 火炬单元；

③ LNG 储罐；　　　　　　　　　　⑨ 燃料单元；

④ BOG 单元；　　　　　　　　　　⑩ 槽车装车单元；

⑤ 高压泵单元；　　　　　　　　　⑪ 海水与消防水单元；

⑥ ORV；　　　　　　　　　　　　⑫ 污水单元。

在 LNG 接收站 SIL 等级分析范围中，SIL 等级分析结果如下。

SIL3 级，9 个：

① BOG 压缩机公共停车；

② 天然气输气总管压力高高；

③ ORV 出口天然气温度低低；

④ SCV 联锁；

⑤ 手动停止天然气输气；

⑥ 汽化器出口总管温度低低；

⑦ 码头消防海水压力低低，应启动电动海水消防泵，延时 10s 后，如果压力仍然低低，启动柴油海水消防泵（根据不同的泵，共分析了 3 个回路）。

SIL2 级，35 个。

SIL1 级，16 个。

第五节　LNG 液化站自动化系统设计

一、LNG 液化站工艺简介

1. 原料气净化单元

（1）原料气过滤压缩工艺　原料天然气自界区进入装置，首先经过原料气过滤器，将其中夹带的杂质进行脱除，接着进入原料气压缩机吸入罐，脱除污水后进入压缩机增压。

（2）原料气脱酸气工艺　原料天然气中含有 CO_2、H_2S 等酸性气体，采用以 MDEA 为基液的配方溶液作为吸收剂（简称胺液），在胺吸收塔内进行脱除，并达到天然气液化单元的规格要求。

（3）原料气干燥工艺　经 MDEA 处理后的天然气进入分子筛过滤/分离器，分子筛过滤/分离器用于滤除上游气体夹带的残胺（和泡沫），以防止分子筛遭到污染。经过滤后的气体开始进入干燥器进行干燥，干燥后原料气中水含量小于 1ppmV。

（4）原料气脱汞工艺　干燥后的天然气进入脱汞反应器，将其中可能携带的汞脱除到 $0.01\mu g/m^3$ 以下。最后原料气脱汞后进过滤器，脱除夹带的固体颗粒后进入液化单元。

2. 液化单元

净化后的原料气进入液化单元进行液化，产出 LNG 产品。

经净化合格后的天然气进入冷箱，在 LNG 换热器中被冷却、液化，并以过冷的液体流出，进入 LNG 储罐作为 LNG 产品。

制冷系统采用混合冷剂压缩机和冷箱之间实现闭路制冷循环，冷剂经压缩、部分冷凝、过冷、节流膨胀，然后被加热，从而提供冷量。

3. LNG 储存、BOG 压缩

（1）LNG 储存　LNG 储存单元设有 LNG 低温储罐，来自液化单元的 LNG 进入 LNG 储罐。

LNG 低温储罐的压力超压保护分为两级：第一级超压保护排火炬，当储罐压力达到一级联锁值时，控制阀打开，气体排入火炬系统；第二级超压保护排大气，当储罐压力达到二级联锁值时，储罐上安全泄放阀打开，气体直接排入大气。LNG 低温储罐的压力负压保护也分为两级：第一级负压保护通过补压气体实现，当储罐压力降至一级联锁值时，将通过脱水脱汞并过滤后的原料天然气总管上来的经减压后的气体，来维持储罐内压力稳定；第二级负压保护通过安装在储罐上的真空阀实现，如果压力继续降低至二级联锁值时，真空阀打开将空气引入罐内。

每座 LNG 储罐都设有连续的罐内液位、温度和密度监测仪表，以防止罐内 LNG 发生分层和溢流。

LNG 储罐安装罐内低压装车泵，输送 LNG 至 LNG 装车总管。每台装车泵的出口管线上均设有最小流量调节阀，以保护泵的运行安全。在装车总管上设有罐内自循环管线，以防出现罐内 LNG 分层翻滚等现象。

（2）BOG 压缩　LNG 储罐的压力通过 BOG 压缩机压缩回收储罐内产生的蒸发气进行控制。采用了 LNG 储罐内产生的蒸发气先与重冷剂进行换热，以提高 BOG 压缩机入口温度，降低压缩机材料等级。

来自 LNG 储罐的 BOG，与净化后的天然气在 BOG 换热器进行换热后，经 BOG 压缩机压缩，增压后返回冷箱进一步冷凝。BOG 压缩机采用往复式压缩机，可通过逐级调节（0-25%-50%-75%-100%）来实现流量控制，压缩机负荷（0-25%-50%-75%-100%）由 LNG 储罐的压力来控制。

4. LNG 装车单元

储罐内的 LNG 部分经装车泵直接输送至槽车装车站，通过 LNG 槽车外运。

装车单元设有装车橇，用于 LNG 槽车外运。每个装车位系统，设置支管循环管路及开关阀。无装车时，各支路循环线开关阀打开，通过各支路限流孔板控制循环流量，保持 LNG 管线的冷循环状态；有部分装车时，未使用的装车臂通过限流孔板维持一最小循环量，保持循环总管的循环量在各工况操作时恒定，以保证 LNG 及冷循环总管的低温状态。

5. 火炬系统

火炬系统用于收集和处理装置在紧急和操作条件下泄放的气体。由安全阀或控制阀泄放的介质经火炬总管汇集到火炬分液罐，经分液罐至火炬燃烧。

6. 导热油单元

热油系统提供工艺所需的热量，温度等级有两种。中温等级用于再生塔再沸器，高温等级用于加热再

生气。

导热油炉系统内的设置包括热油循环系统、燃烧系统、热油补充系统、热油调温系统。

7. 空分空压单元

（1）氮气系统　采用变压吸附制氮装置提供装置用普通氮气；液氮储槽提供纯度99.99%液氮汽化的氮气。空浴式汽化器进行液氮汽化，设置两个氮气管网，一个为普通的氮气管网，另一个为液氮汽化的氮气管网。

（2）供风系统　选用螺杆式压缩机组将净化空气压缩后送至净化压缩空气干燥器净化干燥，再经除油过滤，然后送入吸附筒脱除水分，最后经除尘过滤后达到含油、含尘和露点要求的净化压缩空气。净化压缩空气一部分主要送入全厂净化压缩空气管网及其他用气设备。另一部分净化压缩空气送至增压压缩机，经增压后达到更高压力，然后送入净化压缩空气事故备用罐中储存。这部分储量可在全厂净化压缩空气管网压力不足时经减压阀减压后向总管中补充，防止净化压缩空气压力过低，影响各装置的正常生产操作。备用储量可持续维持全厂净化压缩空气供应时间30min，提供排除故障恢复生产或实现全厂安全顺序停车的缓冲时间。

8. 公用工程单元（水工艺）

LNG全厂水系统提供生产给水、生活给水系统、循环水系统、稳高压消防给水系统、泡沫混合液系统、生产污水系统、生活污水系统、含盐污水系统、初期雨水系统、清净雨水系统等给排水系统。

另外设置消防水系统管网，供给装置区、辅助生产区、LNG储存区、厂前区等火灾时消防冷却。

二、主要检测控制方案

净化液化单元主要采用单回路控制，另有分程、串级、超驰等复杂控制，净化单元干燥器设置顺序控制；LNG储罐的液位采用液位、温度和密度综合控制；LNG装车系统采用批量控制仪系统对装车进行管理控制。

1. 工艺单元主要控制

① 工艺管线的流量压力温度的单回路控制。

② 胺洗塔的多级差压指示、塔釜液位控制。

③ 溶剂再生塔的灵敏板温度串级再沸器热油流量控制。

④ 聚结器液位控制。

⑤ 干燥器顺序控制。

⑥ 再生气加热器出口温度串级热油流量控制。

⑦ 污水罐顶去热火炬压力分程控制去热火炬和N_2进量。

⑧ 冷箱顶部冷剂换热器入口流量单回路控制。

⑨ 富氮尾气压力分程控制。

⑩ 中冷剂部分抽出，经过比例控制，通过焦耳-汤姆逊（Joule-Thomson J-T）阀返回冷箱。

⑪ 重烃分离罐出口压力温度控制。

⑫ 混合冷剂压缩机防喘、性能控制等。

⑬ 低温储罐罐顶压力低压超驰BOG压缩机入口泡点气压力控制。

⑭ BOG压缩机远程负荷控制。

⑮ 乙烯汽化器出口温度与入口流量串级控制。

2. LNG储存

① 低温储罐压力一级超压保护压力分程控制。

② 低温储罐液位、温度和密度综合控制。

③ 装车泵出口流量控制。

3. LNG装车

① LNG装车定量控制。

② 加注系统控制。

4. 空气氮气系统

① 空气站压缩机控制系统，可自行控制压缩机的状态及启停，其状态信号送至DCS显示报警。

② 变压吸附制氮装置控制盘，自行完成控制，其状态信号送至DCS显示、报警。

③ 净化风增压压缩机启动停止控制。

5. 装置污水池、初期雨水池、循环水场、消防水泵站等水系统

① 常规流量温度压力检测。

② 循环水场加药自带控制系统监测，其状态信号送至 DCS 显示、报警。

6. 火炬控制系统

自行完成控制，其状态信号送至 DCS 显示、报警。

三、安全联锁保护

LNG 液化站安全仪表系统（SIS）的设计目的是能够自动或手动响应装置内非正常状况，实现包括装置停车的各个阶段、区域隔离、设备隔离等措施。

安全联锁的启动由手动和自动两种方式组成：手动方式是通过现场紧急停车按钮、控制室内的手动按钮进行操作；自动方式是按照工艺过程要求的安全联锁方案，根据实时监测的工艺参数，由系统驱动现场自动设备进行操作。

1. SIS 基本设计原则

SIS 系统设计的被保护对象优先级别（从高到低）。

① 人及环境的安全；

② 设备安全。

2. 安全完整性等级（SIL 等级）

SIL 等级分析是安全仪表系统设计的基础，LNG 液化天然气工艺装置安全仪表系统的工程设计，应满足安全完整性等级要求。

SIL 等级分析包括前述所有工艺系统，具有 SIL 等级的安全联锁应在有 SIL 3 认证的安全仪表系统 SIS 中完成，现场仪表的设置满足 SIL 等级要求；不具有 SIL 等级的工艺联锁，可在分散控制系统 DCS 或无 SIL 认证的 PLC 中完成。

3. LNG 液化站主要联锁

（1）具有 SIL 等级的安全联锁　用于对整个液化站停车，包含工艺系统和公用工程等辅助系统（对操作员或装置安全至关重要的设备）的关断，只有在非常危险的情况下才能启动。SIS 安全联锁主要包括：

① 循环冷却水流量过低、温度过高导致全厂停车联锁；

② 停电故障全厂停车联锁；

③ 全厂紧急停车按钮；

④ 净化液化单元紧急停车按钮；

⑤ 原料气增压机联锁停车；

⑥ 原料气压力高，关断原料气入口阀门并放火炬联锁；

⑦ 主要容器液位低，关闭出口阀联锁；

⑧ 天然气干燥器出入口阀门互锁联锁；

⑨ 天然气干燥器出口温度过高，联锁关闭去冷箱天然气开关阀；

⑩ 胺液塔顶分液罐液位过高，联锁关闭净化单元装置，防止胺洗塔液泛，导致胺液污染干燥剂；

⑪ 冷箱出口混合冷剂过冷，联锁关闭进出冷箱冷剂阀门；

⑫ 混合冷剂压缩机停车安全联锁；

⑬ 烃隔离联锁：手动切断混合冷剂压缩机和 BOG 压缩机进出口阀，防止在火灾或其他事故时，因压缩机的密封故障导致烃的泄漏；

⑭ 液化天然气冷箱出口高温，安全联锁关闭液化天然气去储罐的切断阀；

⑮ 泡点气压缩机入口低温，关闭储罐泡点气进入 BOG 压缩机，同时停 BOG 压缩机；

⑯ 泡点气加热器入口高温，联锁停 BOG 压缩机和其进气管线上阀门，防止换热管破裂工况下净化天然气流入 LNG 储罐系统；

⑰ 去冷箱泡点气高温，联锁关闭泡点气压缩机出口阀，防止泡点气压缩机出口水冷器失效工况下高温泡点气进入冷箱，导致冷箱损坏；

⑱ 泡点气压缩机联锁停车；

⑲ 乙烯汽化器出口温度过低，关闭乙烯补充罐液体出料阀，防止低温乙烯气进入混合冷剂压缩机系统；

⑳ 冷剂补充系统总管压力过高，关闭冷剂补充阀门，防止冷剂压缩机系统压力高于冷剂补充系统压力时

引发混合冷剂倒流；

○21 高纯氮气补充系统压差过低，关闭高纯氮气补充管线阀，防止高纯氮气补入冷剂系统侧的压力高于氮气侧压力，引发返混，污染高纯氮气系统；

○22 燃料气系统安全联锁，防止高压原料天然气窜入低压燃料气系统；

○23 冷火炬分液罐高温，联锁停止电加热器，防止超过冷火炬罐的设计温度，造成设备损坏；

○24 全厂停车按钮、LNG 输送区域停车按钮、LNG 装车区域停车按钮、全厂失电、LNG 输送区域和火炬系统火灾气体报警停装车区域联锁；

○25 LNG 单个装车橇联锁停车；

○26 全厂停车按钮、LNG 输送区域停车按钮、全厂失电、LNG 输送区域和火炬系统火灾气体报警联锁 LNG 低温储罐区域停车；

○27 低温储罐液位过高切断入口阀门，过低停装车泵；

○28 低温储罐压力过高切断入口阀门，过低停装车泵和 BOG 压缩机；

○29 装车泵出口流量过低、装车泵振动过高、泵气体密封压力过低联锁停泵；

○30 低温储罐破真空补气线压力过高，关闭破真空管线阀门。

（2）不具有 SIL 等级的工艺联锁　用于工艺单元或单个设备的停车，可以通过手动实现，也可以由仪表检测到的非正常工况联锁触发。主要包括以下联锁：

① 混合冷剂补充系统注入阀门互锁，防止混合冷剂注入时不同混合冷剂之间互串；

② 各类罐液位过低停出口泵联锁；

③ 冷火炬分液罐液位联锁；

④ 脱盐水母管压力过低启泵联锁；

⑤ 水处理各类水池液位联锁；

⑥ 净化风事故备用罐压力低启动净化风增压压缩机，压力高停净化风增压压缩机；

⑦ 净化风增压压缩机联锁启停；

⑧ 液氮储槽 T-801 压力联锁；

⑨ 消防稳压泵联锁启停。

四、LNG 液化站现场仪表

（1）阀门　LNG 操作工况温度很低，为 -160℃ 左右，LNG 汽化比为 1∶600，阀门选择应满足低温工况要求。对于开关球阀，由于存在腔体死区，为防止紧急关闭阀门后，当阀内温度恢复到比较高的温度，发生 LNG 汽化闪蒸后气体急剧膨胀损坏阀门，用于 LNG 低温场合的开关球阀均要有自卸压模式。LNG 低温球阀采用非通道卸压方式，一般通过单活塞效应释放球腔内的高压 LNG 气体。

LNG 低温工况下阀门应具有以下特点：

① 顶装，深冷阀门工艺侧连接为焊接，顶装可便于维护；

② 固定球带上游自泄压阀座；

③ 阀座密封采用 PCTFE 软密封；

④ 阀体和阀内件材质最低为奥氏体不锈钢；

⑤ 带袖管；

⑥ 带滴盘；

⑦ 阀体带排水孔，NPT 螺纹密封；

⑧ 抽检阀门进行深冷测试。

（2）温度测量　对于低温工况测量，建议采用表面热电阻。

LNG 装车泵出口管线采用表面热电阻测量低温，铠装测量元件通过螺纹连接至焊接块，焊接口与预设在管道表面的焊接板焊接。在离测温点沿管线 1m 以内安装固定三脚架，三脚架通过 U 形管卡固定在工艺管线上。

低温储罐内和内外罐环隙底部测温，采用不带外保护套的柔性多点表面热电阻，可以在罐内垂直敷设，也可弯曲敷设到指定测量点。

（3）LTD 液位温度密度测量仪　LTD 传感器由表头电机控制中空旋转电缆放入被测介质中，传感器浮子配置两个有高度差的热电阻和密度计振动轴。

LTD 根据预设或者人工触发，可以将浮子沉入罐底，然后通过气相、液相温度差上浮到液面位置。从液面到罐底，陆续停留测量停留点的液位温度密度，最多可以记录 200 个点的温度和密度，然后根据温度和密度差检测分层。

第六节 自动控制系统

自动控制系统可连续监视并控制站内生产过程，在 LNG 装置启动、正常运行、减量运行、工艺失效以及紧急停车期间，均对整个装置进行控制及保护。自动控制系统主要包括以下系统。

（1）生产过程控制系统（PCS） 为站场提供主要的数据采集、监视、连续控制、顺序控制、与非安全相关的联锁和逻辑功能。该系统采用分散控制系统（DCS）。

（2）安全仪表系统（SIS） 提供将所有设施置于安全状态的检测和控制功能。SIS 用于人员、环境和设备的保护，SIS 必须经 SIL 分析及确定其安全仪表功能，达 SIL1 和更高的等级。

（3）火灾报警系统（FAS） 提供火灾检测及报警。FAS 向就地和控制室内的人员报警，向公共消防站提供报警信息，以便相关人员处理检测到的事件。

（4）可燃和有毒气体检测系统（GDS） 提供可燃和有毒气体检测及报警。GDS 向就地和控制室内的人员报警，以便相关人员处理检测到的事件。

（5）成套供货设备控制系统 随各设备成套提供，完成对各自设备的运行数据采集、控制和操作任务，如卸料臂监视控制系统、压缩机控制系统、汽化器控制系统、空压机控制系统等。这些成套设备控制系统将作为 DCS 的子系统，通过数据通信系统与 DCS 交换信息，并由 DCS 统一进行监视与管理。

接收站自动控制系统中还设置以下专用监测、分析及管理系统。

（1）储罐管理系统 采用专用的软件主要对 LNG 储罐内的液位、压力、温度、密度等信息进行实时监视、分析与管理，防止储罐内发生超压、负压、翻滚等危险情况。

（2）机械状态监测及分析系统 采用专用的软件对接收站内的旋转机械设备，如压缩机、BOG 回流鼓风机、低压输出泵、外输增压泵、海水泵等，进行机械振动监测及分析，防止这些设备在非正常状态下运行并造成损坏。

（3）现场仪表管理系统（IDM） 采用专用的软件监视 PCS、SIS 中的智能型现场仪表的运行状态，及时调整仪表参数，并提供维护信息。

（4）生产信息管理系统（PIMS） 主要功能是从过程控制系统（PCS）获得、收集和储存必要的实时数据和信息，用于生产管理及决策指导。

（5）操作员培训系统（OTS） 采用仿真设备和软件模拟接收站所有的控制和保护系统，对操作人员进行系统动态模拟培训。

一、分散控制系统（DCS）

在 LNG 接收站的 DCS 系统分为下列几个部分。

（1）接收站部分 该部分 DCS 安装在中心控制室，DCS 的操作员界面将对接收站、码头、海水泵房、装车的连续生产过程进行实时监视或控制。

（2）码头部分 该部分 DCS 的操作员界面将对码头装车的连续生产过程进行实时监视和控制，相关信息将送至接收站 DCS，使在中心控制室的操作人员能够实时监视码头操作情况。

（3）装车部分 该部分 DCS 的操作员界面将对装车的连续生产过程进行实时监视和控制，相关信息将送至接收站 DCS，使在中心控制室的操作人员能够实时监视装车操作情况。

DCS 作为生产过程控制系统，同时作为成套供货设备的监视系统。成套供货设备所配的 PLC 和/或就地控制盘与 DCS 之间进行通信。

DCS 可采集工艺过程变量和工艺/公用工程设备运行状态信息，完成计算、连续的过程控制、自动顺序功能、逻辑控制、工艺过程停车（非 SIS）、联锁功能。对各子控制系统的重要运行参数进行集中监视并发布控制命令。

DCS 的操作员界面将对接收站、液化站、码头、装车、公用工程的连续生产过程进行实时监视和控制，在专用显示器上显示动态工艺流程、各种运行参数、报警值和事件，并生成报告、报警和趋势记录。

DCS 可与其他系统通信，如 SIS、FAS、GDS 系统和成套供货设备的系统，操作员通过 DCS 监视这些系统。DCS 可与管道 SCADA 系统完成系统间的通信连接。

DCS 应包括主时钟,并与所有的系统进行时钟同步。

(4) LNG 液化站部分 该部分 DCS 安装在中心控制室,DCS 的操作员界面将对液化站的连续生产过程进行实时监视或控制。

(5) LNG 储罐、装车、空分空压、水处理等公用工程部分 该部分 DCS 的操作员界面将对公用工程的连续生产过程进行实时监视和控制。相关信息将送至中心控制室 DCS,使在中心控制室的操作人员能够实时监视公用工程的操作情况。

1. DCS 系统配置

① 中心控制室内设置 6 台带双屏显示的操作员工作站,1 台工程师工作站。

② 码头控制室内各设 2 台带双屏显示的操作员工作站。其中 1 台具有工程师站功能,操作员工作站配置与中心控制室中的操作站配置一致。

③ 装车控制室设置 2 台带双屏显示的操作员工作站。其中 1 台具有工程师站功能,操作员工作站配置与中心控制室中的操作站配置一致。

④ 激光打印机及附件用于记录、报告,其中 CCR 设置 1 台,码头控制室、装车控制室各设 1 台。

⑤ 针式打印机用于报警、事件,其中 CCR 设置 1 台,码头控制室、装车控制室各设 1 台。

⑥ 设置 4 台 70in 大屏幕平面 DLP 监视器,用于监视 FAS、SIS、GDS 系统和 CCTV。

2. DCS I/O 点数

(1) 接收站 DCS 输入/输出点数 (表 5-11-2)

表 5-11-2 接收站 DCS 输入/输出点数

I/O 类型	数量
模拟量输入 4~20mA,冗余	105
模拟量输入 4~20mA,非冗余	470
模拟量输出 4~20mA,冗余	95
数字量输入	400
数字量输出	340

(2) 码头 DCS 输入/输出点数 (表 5-11-3)

表 5-11-3 码头 DCS 输入/输出点数

I/O 类型	数量
模拟量输入 4~20mA,冗余	4
模拟量输入 4~20mA,非冗余	50
模拟量输出 4~20mA,冗余	4
数字量输入	80
数字量输出	50

(3) 装车 DCS 输入/输出点数 (表 5-11-4)

表 5-11-4 装车 DCS 输入/输出点数

I/O 类型	数量
模拟量输入 4~20mA,冗余	10
模拟量输入 4~20mA,非冗余	60
模拟量输出 4~20mA,冗余	10
数字量输入	45
数字量输出	45

3. 与第三方系统的通信

DCS 可与所有子系统进行通信。DCS 和其他系统间的通信方式是开放的网络体系结构，IEEE 802-3 以太网 LAN，TCP/IP 协议或者 RS485 MODBUS RTU 协议。系统间的安全重要信号及控制信号，不应采用通信连接方式，应采用硬线 I/O 连接方式进行信息交换。

对一些子系统的监控，要求与数据采集系统采用网络或串行连接的方式，由以下第三方系统（表 5-11-5）与 DCS 进行通信。

表 5-11-5　DCS 与第三方通信

序号	第三方系统	通信方式
1	SIS	MODBUS RTU 协议 RS-485 端口
2	BMS(Berth Monitoring System,停泊监视系统)	TCP/IP 协议 RJ45 端口
3	PSS(Position Supervising System,位置管理系统)	TCP/IP 协议 RJ45 端口
4	计量系统	TCP/IP 协议 RJ45 端口
5	BOG 压缩机的控制系统	MODBUS RTU 协议 RS485 端口
6	SCV 的控制系统	MODBUS RTU 协议 RS485 端口
7	回流鼓风机控制系统	MODBUS RTU 协议 RS485 端口
8	高低压输出泵监视系统	MODBUS RTU 协议 RS485 端口
9	LNG 储罐管理系统	MODBUS RTU 协议 RS485 端口
10	空气压缩机控制系统	MODBUS RTU 协议 RS485 端口
11	空气干燥系统控制系统	MODBUS RTU 协议 RS485 端口
12	PSA 制氮系统 PLC	MODBUS RTU 协议 RS485 端口
13	液氮储存及气化系统 PLC	MODBUS RTU 协议 RS485 端口
14	污水处理设施 PLC	MODBUS RTU 协议 RS485 端口
15	海水取水设施 PLC	MODBUS RTU 协议 RS485 端口
16	调度控制中心的 SCADA 系统	TCP/IP 协议 RJ45 端口
17	MCC	MODBUS RTU 协议 RS-485 端口
18	装车系统 PLC	TCP/IP 协议 RJ45 端口
19	火警系统	TCP/IP 协议 RJ45 端口
20	冷剂压缩机控制系统 ITCC	MODBUSRTU 协议 RS-485 接口
21	气体检测系统 GDS	MODBUSRTU 协议 RS-485 接口
22	过程分析系统 PAS	TCP/IP 协议 RJ45 接口
23	其他包设备自带 PLC	TCP/IP 协议 RJ45 接口

二、安全仪表系统（SIS）

1. SIS 配置原则

安全仪表系统（SIS）应与 DCS 及其他控制系统分开设置。

安全仪表系统应采用故障安全型冗余容错结构，安全等级应达到 SIL3 级，设计标准执行：IEC 61508/61511。系统应具有完备的冗余和容错技术，包括设备冗余和工作性能冗余，并在线故障诊断、报警、自动切换及维修提示。

安全仪表系统冗余配置原则如下：

① 各级网络通信设备、部件和总线；

② 控制站处理器等功能卡；

③ 所有电源设备和部件；

④ 要求冗余配置的 I/O 卡。

安全仪表系统各级负荷应满足下列要求：

① 控制站 CPU 的负荷不应高于 50%；

② 当控制站满负荷时，系统的电源、软件的负荷不应高于 50%；

③ 各级通信负荷不应高于 50%；

④ 其他各种负载应具有至少 40% 以上的工作裕量。

安全仪表系统的仪表及阀门应独立设置。SIS 的现场仪表应与 DCS 的现场仪表分开设置，同一参数测量仪表选型，SIS 仪表与 DCS 仪表应选用相同检测原理的仪表。智能仪表应带有写保护功能，防止远程误修改参数。参与安全仪表系统的仪表不接入 IDM。

为避免虚假的停车事故，双重化结构单点信号分别输入安装在两个相互隔离的卡笼中的输入卡。双重化结构数字量输出信号应来自分别安装在两个相互隔离的卡笼中的输出卡，用于控制双结构电磁阀和电机。

2. SIS 配置

SIS 系统的人-机接口采用操作站和辅助操作台。装车控制室、码头控制室和中心控制室各设置 1 台双层操作站。

DCS 操作站用作安全和 SIS 设备的监视、报警记录和历史数据的人机界面。在 DCS 上组态专用图形显示，供操作员、工程师和维修人员来监视 SIS 系统设备的状态。

SIS 系统包括辅助操作台。所有相关手动按钮、控制继电器、报警指示灯等均集成在辅助操作台上，在中心控制室（CCR）和码头控制室、装车控制室分别设置一套辅助操作台。

3. SIS 输入/输出点数

（1）接收站 SIS 输入/输出点数（表 5-11-6）

表 5-11-6　接收站 SIS 输入/输出点数

I/O 类型	总量
模拟量输入 4~20mA,冗余	130
数字量输入,冗余	170
数字量输出,冗余	160
数字量输出,非冗余	60

（2）码头 SIS 输入/输出点数（表 5-11-7）

表 5-11-7　码头 SIS 输入/输出点数

I/O 类型	总量
模拟量输入 4~20mA,冗余	0
数字量输入	20
数字量输出	30
数字量输出,非冗余	30

（3）装车 SIS 输入/输出点数（表 5-11-8）

表 5-11-8　装车 SIS 输入/输出点数

I/O 类型	总量
模拟量输入 4~20mA,冗余	5
数字量输入	40
数字量输出	20
数字量输出,非冗余	30

三、储罐管理系统

LNG 储罐管理系统（TMS）将利用 LNG 储罐现场检测仪表的测量数据，并采用专用软件对 LNG 储罐内介质的液位、温度、压力、密度等参数进行实时监测，对 LNG 翻滚可能性进行预估，并提供操作指导，避免储罐内发生液体分层、翻滚以及气体超压、负压等危险情况。此外，还可根据测量参数计算出储罐内 LNG 的体积、重量以及库存管理所需的其他信息，便于生产管理和实际运行操作。

LNG 储罐管理系统采用专用软件，运行在专用的计算机工作站上。LNG 储罐管理系统与 DCS 采用网络的形式连接，将现场传送到 DCS 中的其他储罐相关参数采集到该系统中，进行数据存储、处理和显示。

1. 储罐管理系统配置

设置 2 台工作站，用于运行 LNG 储罐管理。

网络通信设备和部件应 1:1 冗余，最大通信负荷小于 60%。

处理器等功能卡与 1:1 冗余，CPU 最大负荷小于 60%。

电源设备和部件应 1:1 冗余，最大负荷小于 60%。

冗余设备应能在线自诊断，出错报警，无差错切换，自动记录故障报警并能提示维护人员进行维护，系统的各种插卡应能在线插拔、更换。

2. 软件

LNG 储罐管理软件应具有以下功能。

① 液位、温度以及液位报警管理。

② 液位-温度-密度系统。

③ 基于使用 API、ASTM 进行 LNG 储罐容积、质量和 LNG 蒸发量计算的 LNG 储罐库存管理。

④ 软件应给操作员提供 LNG 储罐出现"翻滚现象"的预报警及处理方法。

⑤ 界面显示及功能包括：

LNG 液位显示及报警；

各点和平均温度值显示；

液位、温度、密度实时显示；

罐表面温度显示；

LTD 探头所在位置的温度和密度显示；

温度和密度的报警曲线显示；

库存量、蒸发气量显示；

液位、温度、密度、泄漏等越限报警、记录；

各类故障及报警、记录；

系统自诊断及报警、记录；

与 DCS 进行数据交换。

3. 储罐现场仪表配置

LNG 储罐一般配置两个伺服液位计（带平均温度计）提供计量数据，另外设置一台伺服液位计（不带平均温度计），与前两台伺服液位计可以提供三取二的液位联锁信号。

LNG 储罐内表面和内外罐之间均设置表面温度计，内表面温度应与介质温度接近，比较低，内外罐之间温度应远高于罐内介质温度。如果内表面和内外罐之间温度趋于接近，说明储罐有泄漏。

对于大型 LNG 低温储罐和 LNG 进料来源经常变化的工况，为防止储罐内的分层和翻滚发生，设置 LTD 液位-温度-密度计可同时测得液位、温度、密度。LTD 可周期性地从罐底到 LNG 液面测得多点液位对应的温度和密度，传送到储罐管理系统，系统软件根据 LTD 反馈数据，可预测储罐发生翻滚的风险，从而保护生产安全。

四、机械状态监测及分析系统

机械状态监测及分析系统是用于 LNG 接收站内的旋转机械设备，如 BOG 压缩机、BOG 回流鼓风机、低压输出泵、外输增压泵、海水泵等的机械振动监测及分析和诊断，通过对现场设备数据的收集和监测，形成对设备状态早期故障预测，形成最终的基于状态的检维修管理，为执行管理提供数据和决策支持。

机械状态监测及分析系统的主要功能是：

① 监视转动设备的性能和操作工况；

② 提供实时趋势和历史存档的数据显示；

③ 利用分析软件对设备长周期运行进行预测；

④ 自动增加设备事故时的数据采集密度；

⑤ 与工厂网相连，通过工厂网的终端设备读取 RDAS 系统的数据。

1. 机械状态监测及分析系统系统配置

机械状态监测及分析系统由现场的轴系监测仪表、轴系二次架装仪表、数据采集器、装置级服务器、中心服务器、显示工作站、打印机、通信模块、系统网络电缆及配套的软件等构成。

通常现场的轴系监测仪表、轴系二次架装仪表由机组供应商成套供货。

数据采集器设置在现场机柜间，用于采集实时数据上传至装置级服务器。数据采集器可通过多个数据通信接口与同一个现场机柜室的多台轴系二次架装仪表的通信卡进行通信，采集后的数据通信至装置级服务器。

服务器分为装置级服务器和中心服务器。装置级服务器安装于现场机柜间，以机柜间为单位进行设置。中心服务器安装于中心控制室。由于服务器存放着全厂大型转动设备的状态信息，因此数据的存储量非常大、非常重要，服务器应冗余配置。

显示工作站设置在中心控制室，用于显示图形、报表、报警等信息，报警信息可打印输出。

机械状态监测及分析系统应独立组网，不应与其他监制系统共用网络。

机械状态监测及分析系统应设置防火墙，以防止未经授权的访问。

机械状态监测及分析系统应通过 OPC 接口连接到 DCS。这个接口应允许状态监测及分析系统从 DCS 数据库中检索所有转动机械的相关过程变量，以便对瞬态振动数据做出显示和趋势分析。

机械状态监测及分析系统应与 DCS 内部时钟同步。

2. 输入点数

低压输出泵　　1 点/泵。

外输增压泵　　2 点/泵。

BOG 压缩机　　5 点/机组。

回流风鼓风机　　4 点/机组。

海水泵　　2 点/泵。

五、地震监视预警系统

1. 系统的作用

目前国内沿海地区建设的 LNG 接收站一般有 2～4 个 16 万立方米 LNG 储罐，LNG 接收站中储存的 LNG 总能量巨大。为了防止 LNG 储罐破裂，引发灾难性的后果，监视环境变化对储罐的影响是很有必要的。地震是常见的地质灾害。由断层运动引起的地震，对储罐破坏方式有 3 种形式：

① 波的传播效应，对储罐的影响很小；

② 永久地面变形，主要是断层错动引起的地表开裂或砂土液化引起的侧向位移，以及滑坡、崩塌等地质灾害，是造成储罐破坏最主要因素；

③ 次生灾害，地震引发的洪水、火灾等灾害，也会对储罐造成严重破坏。

建立地震监测预警系统是 LNG 储罐防震的重要技术措施之一，目的是为在第一时间采取措施提供数据，自动反应或供人为分析决策，以确保在 OBE（基准地震）期间及震后系统可以继续运行，在 SSE（安全停运地震）期间及震后不影响储罐的储存能力，减少灾害损失。

地震监测预警的目的不是地震预报（在地震发生前预测地震发生的时间和地点），而是地震预警，即紧急地震速报。未来地震的发生是不可避免的，但是如果采取适当的措施并启动快速响应，就可以减小地震造成的损失。

地震监测预警系统作用如下：

① 当监测到设定限度的地震动参数时，储罐系统或系统关键设备自动关闭；

② 地震监测系统能够在几分钟内及时地提供地震发生的时间、空间、强度三要素和地面振动强度的区域分布，根据这些信息可决定储罐是否需要关闭或保持现状；

③ 根据储罐附件的地震损坏严重程度，确定储罐受地震影响需要检修的区域或设备部位，节约维护检修时间；

④ 用于监测储罐系统日常的环境、运行、检修振动；

⑤ 根据监测系统数据，定量评价灾害，为改进储罐设计、建设服务，还可为科学研究服务。

LNG 储罐强震监测系统由强震记录仪、加速度计、数据中心服务器、数据通信及供电系统和数据采集分析软件构成。整个系统采用分布式组网，由数据中心服务器控制现场监测设备，存储监测数据，分析处理并实时显示监测成果。

2. 系统配置

（1）加速度计　加速度计是最通用的地震监测装置，用于监测地震过程中最初数十秒的地震加速度。该传感器可获得 2 个地震报警参数，即 PGA（峰值地面加速度）和 CAV（Cumulative Absolute Velocity，累积绝对速度，表述为加速度对时间的积分，量纲 $g \cdot s$）。LNG 运营公司可根据储罐抗震设计的地震加速度值、储罐应急管理水平来确定 2 个参数的触发值和报警阈值。

（2）强震动记录仪　记录仪配备专业软件，实现数据采集、数据存储、实时分析功能，具有地震事件触发功能，可以同步采集地震事件期间的特征参数，并实时上传至数据管理中心。多种通信接口、简便灵活的组网模式，可以通过有线连接和无线连接灵活组网，确保即时触发记录，以及数据传输安全快速、准确可靠。系统的精确记录能力和长期稳定性，能够通过 GPS 或 NTP 与 UTC 同步，以提供更高的时间精度。

地震记录中对于时间的要求是相当严格的，时钟差为毫秒级。为记录地震时 LNG 储罐不同点位的同震反应，就目前成熟的 GPS 授时应用技术来看，采用每一台数据采集器配套一个 GPS 天线接收卫星信号，以此保证每台采集器的时钟差最为可靠，且天线应架设于开阔地带。考虑到 LNG 储罐强震观测点均在储罐附近，因此需因地制宜，将每个测点的 GPS 天线头引至各测点附近开阔地带；如电缆较长，需采用中继信号放大单元放大 GPS 信号，使其接收端信号有足够的净增益，数据采集器应能正常接收卫星信号，正常接收时间信号与定位。目前 GPS 天线的电缆最长可以延长至 100m，如果多个测点不能实现 GPS 天线的布设，则应考虑新的授时方案，推荐采用网络授时，在强震数据汇集中心安装一套授时系统，通过光纤网路对各个测点进行反向授时。这个方案对通信系统的可靠性要求较高，并应剔除各个测点通信时延。

（3）组网　加速度计按设计要求安装，需要将这些传感器集成至数据中心服务器。这类技术有如下几种形式：

① 传感器站数据通过有线网络采用 TCP/IP 网络协议传输至数据中心服务器，有线传输方式的缺点在于地震中这些有线设备可能同时也遭受破坏；

② 无线 TCP/IP 网络协议传输方式，这种方式比有线网络传输可靠得多，但成本相对较高；

③ 加速度计的数据连接至 LNG 储罐原有的数据采集与监视控制系统，即在该系统原有通信模块中加入强震监测预警模块，与该系统集成的可靠性要比使用公共网络的高。

如果采用有线网络，为实现组网要求，主干通信网采用局域网光纤组网，采用星形结构（多点到中心）或总线式结构（一条光纤通过光纤接续盒连接强震记录仪），每台强震动记录仪的测点都设有以太网通信接口，即在各测点和中心端按要求各接一台光纤收发器。

（4）数据中心服务器　数据中心服务器应包括数据采集软件，数据采集软件可以用于仪器配置和仪器的数据采集。数据通过以太网通信通道发送。支持两种类型的数据发送。第一种类型是事件下载，这时仪器配置为地震记录仪，它探测事件并将其保存在仪器本地内存。这些事件文件通过电话线或者直接连接到服务器。第二种类型是几乎实时的数据，服务器连续地遥测连接或者通过电缆直连从现场仪器读取信息。

数据采集软件主要功能如下。

① 仪器设置。人员可以利用软件更改仪器的任意参数。

② 健康状态监控。可永久性或周期性地对仪器状态进行监测。

③ 从作为记录仪的仪器下载事件文件。

④ 线下数据查看和简单数据分析。

⑤ 支持数据流。

⑥ 记录功能。在日志文件中保存重要的信息。

⑦ 对提供数据流的仪器实时数据查看（图 5-11-2）。

六、LNG 储罐分布式光纤测温系统

1. 系统特点

LNG 泄漏检测系统分为两类，一类是热电阻，另一类是分布式光纤测温系统（DTS-Distributed Temperature Sensing）。

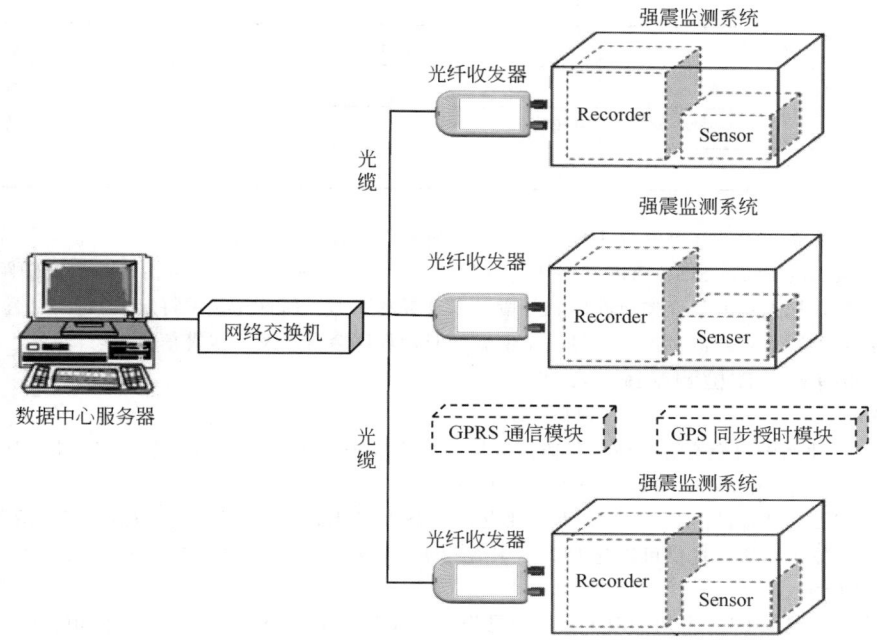

图 5-11-2　提供数据的过程

　　分布式光纤测温系统是用于实时测量空间温度场分布的技术,它能连续测量光纤沿线所在处的温度,特别适用于需要大范围多点测量的应用场合。

　　分布式光纤测温系统是集传感、数据采集、数据处理、显示于一体的智能化系统,该系统主要由光纤温度传感器、带信号解调器的测量主机及分析软件组成。由于主机和被测量对象之间用光纤相连,光纤可延伸数公里范围,实现不带电远距离监视,满足了爆炸危险场所的使用,能够实现自动温度测量、温度记录和异常温度报警等功能,能够实时发现 LNG 接收站中 LNG 泄漏位置。

　　在 LNG 接收站中分布式光纤测温系统可用在以下几个方面:

　　① 装船或卸船管道泄漏检测;

　　② 储罐泄漏检测;

　　③ 储罐基础温度检测;

　　④ 泄漏收集管道及收集池温度检测。

　　为了 LNG 接收站安全运行,尽早检测出泄漏和确定泄漏位置是非常重要的。采用传统的温度检测手段,如热电阻,由于受到设置数量的限制,无法完全覆盖整个接收站,无法做到及时发现泄漏,也没有能力准确确定泄漏位置。

　　分布式光纤测温系统基于光纤对温度变化的敏感性,可以发现很小的泄漏。该系统可以快速(小于 10s)检测到温度变化,并在 1m 范围确定泄漏点。采用该系统,可以减少接收站泄漏的检查和维修时间。

　　储罐底部环隙空间中应安装泄漏检测系统。

　　2. 系统配置 (表 5-11-9)

表 5-11-9　分布式测温系统配置

序号	设备名称	描述	数量
1	光纤测温主机	测试距离:视工程情况定 温度分辨率:0.01℃ 空间分辨率:视工程情况定	1 台
2	探测光缆	多模光纤,丙烯酸酯 两层不锈钢外护套	若干

序号	设备名称	描述	数量
3	光缆接头盒		若干
4	光纤尾纤	标准	若干
5	工业 LCD	(包括工业键盘)	1 台

分布式光纤测温系统设置光纤测温主机，安装其分析软件，并实现数据存储和显示功能，该系统采用网络或串行数据通信接口与 PCS、SIS、FGS 等系统进行数据交换。其显示功能主要包括显示温度随距离的分布曲线；根据用户需要，把光纤的长度按所在区域分段，以直观的图形界面首先显示特定被测对象的温度。该系统可以设定过冷报警温度值，当测量温度超过设定值温度时，程序会自动发出报警信号。

七、可燃和有毒气体检测系统（GDS）

1. GDS 简介

GDS 完成对液化站的可燃有毒气体进行监测、报警及生成报表等工作。GDS 系统采用带 SIL 认证的安全可编程序控制器（ProgrammablelogicController，PLC）。

GDS 核心为 TUV 认证的 SIL3 级 PLC，单独设置 GDS 报警人机界面、接入现场信号（包括有毒及可燃气体探测器）的输入输出模块，提供可以与 DCS 及其他第三方系统进行通信的 OPC 接口、工程师站。

2. GDS 系统配置

中心控制室内设置供 GDS 专用的双屏显示的操作员工作站、工程师工作站、各类机柜、网络设备、打印机等。现场气体检测器设置按照 GB 50493《石油化工可燃气体和有毒气体检测报警设计规范》规定，根据释放源位置合理布置。对于低温储罐和装车站，应根据规范要求设置气体检测器。

八、灌装控制系统

灌装控制系统可采用集中式（PLC/DCS 平台）和分布式两种（批量控制仪平台）。目前多采用分布式灌装控制系统。

LNG 每个装车鹤位可设置一台批量控制仪控制一个鹤位的定量充装，对灌装过程进行程序控制、定量控制、防溢联锁控制、防静电接地安全联锁控制，并且可对液态物料灌装过程的流量进行温度补偿和累计。

现场的多台批量控制仪只需用一根串行通信电缆送至装车站门口的控制室（或业务室），直接与监控（或业务）计算机通信连接，监控（或业务）计算机再与企业的罐储管理系统（或 ERP）联网，构成一个完整的分布式灌装控制管理系统。

定量装车系统有以下功能。

① 定量装车控制。根据预设定量自动控制阀门完成装车，并实现"低速开启、高速充装、低速关闭"的装车过程。

② 装车安全保障。防静电、防溢联锁，避免"冒、燃、爆"等事故发生，保证整个装车过程免除安全隐患。

③ 业务数据管理。现场数据监控，定量管理（权限、记录），历史业务、操作记录、趋势查询。

现场设置批量控制器、流量计、调节阀、开关阀、温度压力测量元件、静电接地夹、IC 读卡器等，装车办公室设置操作/业务站、系统网络机柜、票据打印机、报表打印机等。

灌装系统数据可通过以太网通信至 DCS 进行监控。

第十二章 海上油气生产设施自动化系统设计

第一节 海上油气生产设施自动化系统

一、海上油气生产设施种类

海上油气生产设施主要是将海底油（气）藏中的原油或天然气开采出来，经过采集、油气水初步分离与加工、短期的储存后装船运输或经海管外输。

由于水深、海况、开发年限、油藏面积、技术发展水平等不同，海上油气生产设施种类众多。基本上可分为三大类：固定式生产设施、移动式生产设施及水下生产系统。

固定式生产设施的下部由桩、扩大基脚或其他构造直接支撑并固着于海底，按支撑情况分为桩基式平台和重力式平台两种。

移动式生产设施浮于水中或支撑于海底，能从一井位移至另一井位。按支撑情况又可分为着底式和浮动式两类。着底式包括自升式平台、张力腿式平台等形式。浮动式包括 FPSO、半潜式等形式。

水下生产系统主要包括水下采油树、水下管汇、水下控制系统等设备。

二、海上油气生产设施自动化系统的构成

海上油气生产设施自动化系统是海上油气生产设施的大脑和安全卫士，一方面连续监控海上油气设施生产和公用系统设备，确保生产正常运行；另一方面对设施中的各种意外事故进行实时监测，以便及早发现问题，进行报警并采取逻辑控制措施，将意外事故控制在最小范围，从而保障海上油气设施的人员、设施和生产的安全。

海上油气生产设施的自动化系统采用集中监控、分散控制的方式，一般由以下系统组成：

① 生产过程控制系统；
② 应急关断系统；
③ 火气探测控制系统；
④ 井口控制盘；
⑤ 储油及外输计量系统；
⑥ 各类大型专用设备带的现场控制盘；
⑦ 平台辅助监控系统。

根据海上油气生产设施的用途与规模，以上各系统进行组合配置，共同构成整个生产设施的自动化系统。

1. 生产过程控制系统

生产过程控制系统主要完成海上油气生产设施的生产过程的监测和常规控制，为设施操作人员提供过程检测数据、控制参数调整、报警、生产报表等日常生产操作控制管理。其主要工作内容如下。

① 动态显示生产流程、主要工艺参数及主要设备运行状态，对生产和安全异常进行报警并打印记录，历史数据存储和分析，日常生产报表打印等。
② 对生产过程进行监控，在线设定、修改控制参数，完成各种控制功能。
③ 监视和诊断控制系统工作状态。
④ 与其他相关生产设施的控制系统实现双向通信，并为生产管理网络提供相关数据信息。

2. 应急关断系统

应急关断系统基于工艺过程中的监测数据执行应急关断逻辑，在出现异常情况下自动关断设备或生产系统，避免事故发生或者减轻事故的影响，以保障海上油气生产设施的人员、设备安全，防止环境污染。

3. 火气探测控制系统

海上油气生产设施火气探测控制系统主要功能是及时准确地探测到可燃气泄漏或火灾情况，并及时报警和采取相应措施以保护人员和设施安全。

火气探测控制系统主要工作是一旦现场的各类可燃气泄漏和火灾探测设备出现报警，或手动报警设备启

动，则按照预设的控制逻辑，启动报警和供电系统、通风系统及消防系统的相关动作，以达到控制事故范围、降低危害性，保护人员设备安全的目的。海上油气生产设施的探测设备主要包括可燃气探测器、毒气探测器、火焰探测器、烟探测器、热探测器（包括易熔塞）。

4. 井口控制盘

海上油气生产设施通常在井口区设置集中控制的井口控制盘，对井口压力、采油树井上井下安全阀及电潜泵等进行监测和控制，实现开井、关井的控制逻辑，并将井口状态信号传送至中央控制系统，同时接收中央控制系统的关井指令。

5. 储油及外输计量系统

海上油气生产设施开采出的油气，或在设施进行短期储存后外输，或直接通过海管外输。如原油储存或油气外输中涉及贸易交接，需要在储油舱设置储油计量系统，在油气外输前设置外输计量系统。

6. 各类大型专用设备带的现场控制盘

海上油气生产设施上的大型专用设备，如主电站系统、天然气压缩机系统、热介质系统、空气压缩机等，一般均配置现场就地控制盘，完成专用设备的主要控制功能，同时通过控制盘的通信接口将设备数据传送给中央控制系统，在中央控制室进行集中的监控。

7. 平台辅助监控系统

为保障设施的整体安全，除对生产系统设置监控安全保护系统外，还设置辅助监控系统，比如平台振动监测系统、平台腐蚀监测系统、水文气象系统等，监测海上设施的振动、腐蚀以及气象等辅助信息。

三、海上油气生产设施自动化系统的特点

海上油气生产设施位于远离海岸的海洋上，自动化系统有以下特点。

① 海上油气生产设施设备集中，操作人员配置少，对自动化程度要求高，大部分工艺控制均自动完成，减少操作人员干预。

② 海上油气生产设施具有高温、高压、易燃、易爆和生产连续性高等特点，空间较为紧凑，油气处理设施、电气设施、人员住房可能集中在同一平台上，人员逃生相对困难，对平台的安全保障提出了极为严格的要求。

针对这些特点，自动化安全保护系统要求安全性高，可用性高，保护动作以自动为主，手动为辅。要求最大程度及早检测到异常情况，及时采取控制措施和预警。在生产过程或设备出现故障时，要求安全控制系统正确、迅速动作，将生产损失降到最低，最大限度地保护人员与设备的安全。

③ 海上油气生产设施所处位置的原因，导致设备出现故障的情况下维修难度大，对自动化系统设备的可靠性要求高，自诊断等智能化功能要求高。对于某些浮式生产设施上的自动化设备，还要考虑设施摇摆晃动的影响。

④ 海洋石油储运设施中，易燃易爆工艺设备布置较为集中，用电自动化设备的防爆等级需满足危险区等级的要求。

⑤ 严格的海洋环境保护法律法规的要求，对平台的处理控制及排放监测有高要求。

⑥ 海上油气生产设施需经受恶劣气候和风浪袭击，处于室外的自控设备要求防海洋环境腐蚀。

⑦ 可靠的通信系统保证平台与外界、平台与平台之间以及平台内部能够有效可靠地通信联系，是海洋石油生产和安全的保证。

第二节　油气生产控制系统

一、海上油气设施生产流程简述

1. 海上油田生产处理流程

在生产过程中，井液经采油树（平台/水下）、油嘴（平台/水下）减压节流后（同时通过调节油嘴开度来调节产量），进入井口管汇（平台/水下）/多路阀进行汇集。需要进行单井计量的井液通过计量管汇（平台/水下）/多路阀导入测试分离器（平台/水下）/多相流量计（平台/水下）计量，计量后的井液再打回到主生产流程，与不需要计量的井液一起进入油气水三相分离系统，进行下一步处理。不需要计量的井液，经过生产管汇（平台/水下）/多路阀汇集，进入油气水三相分离系统，分离出的原油经过电脱水脱盐系统处理，经处理合格后的原油，通过原油外输泵增压、计量系统计量后，通过海底管道外输。

油气水三相分离系统分离出的伴生气，一般经火炬分液系统分离出其中少量的液滴（油和水）后，直接去火炬/放空系统进行燃烧或放空处理。如果平台设有燃气设备，则伴生气可经高低压燃气滤器处理后，作为平台燃气设备燃料使用。

油气水三相分离系统分离出的含油污水，经生产水处理系统（主要包括水力旋流器、斜板隔油器、气浮选器、核桃壳过滤器、双介质滤器等设备）进行处理，合格的生产水直接排海或通过注水井回注处理。

2. 海上气田生产处理流程

在生产过程中，井液经采油树（平台/水下）、油嘴（平台/水下）减压节流后（同时通过调节油嘴开度来调节产量），进入井口管汇（平台/水下）进行汇集。需要进行单井计量的井液通过计量管汇（平台/水下）导入测试分离器（平台/水下）/多相流量计（平台/水下）计量，计量后的井液再打回到主生产流程，与不需要计量的井液一起进入油气水三相分离系统进行下一步处理。不需要计量的井液，经过生产管汇（平台/水下）汇集，进入油气水三相分离系统，分离出的湿气经湿气压缩机系统增压后，进入天然气脱水系统（主要采用三甘醇作为吸收剂）处理，经处理合格后的干燥天然气，经干气压缩机增压、计量系统计量后，通过海底管道外输。

油气水三相分离系统分离出的凝析油进入凝析油处理系统，处理合格后的凝析油直接通过海底管道外输。

油气水三相分离系统分离出的含油污水处理流程与油田生产处理流程类似。

3. 海上油气设施公用系统

化学药剂注入系统是平台生产过程中的辅助系统，该系统是将化学药剂注入生产流体或海水中，有利于液体处理及保护设备和平台管线。平台使用的化学药剂主要包括破乳剂、消泡剂、降凝剂、防腐剂、杀菌剂、防垢剂和防冻剂等。

开式排放系统用来收集溢出液、设备冷却/冷凝水、冲洗甲板水和初期雨水等。闭式排放系统通常用来收集平台上带压容器、管线等排放出的带压液体。

仪表空气/公用空气系统主要用于平台各种气动控制元件的动力源和信号源，以及用于管线和设备的吹扫及各种气动工具等。

柴油系统主要是为满足生产和公用系统的需要而设置的。

热介质系统通常采用直接燃火加热炉、废热回收装置的一种或多种方式的联合来加热。

海水系统主要用于钻井、修井、冷却、甲板及设备的冲洗、海底输油管线的置换等。

注水系统的水源主要来源：处理后的生产水、水源井水、不含油的地层水或海水。

淡水系统主要用于化学药剂制备、冲洗甲板及设备、钻井及修井、生产人员生活用水等。

生活污水处理系统主要处理平台上工作人员产生的日常生活污水。主要有三种处理方法：生化法、物理法和电解法。

主发电机系统主要向平台正常生产时所有用电设备、正常照明、电伴热等提供电源。应急发电机系统主要用于当平台主电站故障时能确保向平台上的消防、救生、应急照明等设备提供应急电源，主要设备是应急柴油发电机组。UPS系统主要是在紧急情况下向中控系统、通信系统等提供不间断供电。

二、生产控制系统架构

1. 海上油气设施典型控制方案

海上油气设施的总体控制方案应保证人员和设施的安全，防止环境污染，满足开发和生产要求，方便油气田的操作和管理，安全可靠、经济实用、控制管理灵活方便为基本原则。

根据海上油气设施的规模，中心平台/FPSO或较大规模的有人井口平台控制系统优先考虑选用大中型、工作可靠的DCS/PLC控制系统，采用就地检测、集中监控的方式。在设计过程中综合考虑系统的先进性和开放性，选择合理的过程控制系统（PCS）、应急关断系统（ESD）和火气探测系统（F&G），以确保平台上人员与设施的安全，防止环境污染，维持油田生产安全正常运行。各控制系统在设计中应进行适当的集成，使整体系统的构成和功能分配合理，以方便管理，减少投资。应急关断系统的设计应遵循独立设置、故障安全、选择采用技术和中间环节最少的原则。三套系统在控制层及其以下相互独立，在管理层则共享人机界面和通信网络。一般设置多套独立的工程师站和操作员站用于海上油气生产设施的正常操作与维护。为保证系统连续可靠地运行，PCS系统要采用冗余设计，控制器、电源、通信模块、数据通信总线均采用1:1冗余。ESD和F&G系统各组件则一般都要求1:1冗余设计，采用通过权威安全机构认证的安全系统，安全完整性等级应优于或等于SIL2。平台生活楼一般设置一套独立的可寻址火气监控系统，通过冗余的RS-485与平台FGS系统进行通信。

中小规模的无人井口平台生产流程相对简单，一般不设置或仅设置较为简易的油气处理系统，未处理或仅简单处理的井口产液，直接经海底管线输送到中心平台或者FPSO进行进一步的油气处理。基于无人井口平台考虑可靠性和经济性等原则，无人井口平台一般采用过程控制系统（PCS）和安全仪表系统（SIS），应急关断系统（ESD）和火气探测系统（F&G）共用一套安全仪表系统（SIS）。PCS系统采用冗余设计，控制器、电源、通信模块、数据通信总线均采用1∶1冗余，SIS系统各组件则一般都要求1∶1冗余设计。SIS系统采用通过权威安全机构认证的安全系统，安全完整性等级应优于或等于SIL2。特殊情况下，小规模的无人井口平台的控制系统可以采用集成控制系统（ICS）的方案，将PCS、ESD和F&G三系统集成到一套控制系统中。为了保证系统的安全性，ICS系统采用的软硬件配置与安全仪表系统（SIS）相同，这样提高了PCS系统的硬件配置，但是考虑到三系统软硬件的共用性，可降低工程成本。无人井口平台一般只设置一套工程师站或仅设置触摸屏，用于平台在有人模式下对平台进行操作与维护。无人井口平台控制系统通过海底光缆、微波或卫星等方式接入中心平台/FPSO的控制系统，在中心平台/FPSO上设置独立的工程师站和操作员站，可实时对无人井口平台的生产流程进行操作与控制，并可对无人平台进行应急处理。

对于采用水下井口开发方案的有人/无人平台，一般设置一套独立的水下生产控制系统（包括主控站、电力单元、液压动力单元、水下控制模块等部分），通过控制脐带缆对水下生产设置进行远程监控与操作。水下生产控制系统还需要接入到过程控制系统（PCS）的控制网中。

对于海上油气田群，一般将周边多个有人/无人井口平台的物流经海管统一输送到中心平台/FPSO进行油气处理和计量外输。将中心平台/FPSO设置为油气田群的区域信息处理中心，其控制系统成为油气田群的主控制系统。作为油气田群区域信息中心的主控制系统可对各周边各井口平台上的生产数据进行实时监控，远程访问和操控，还可以对智能仪表进行远程组态、诊断等操作。有人/无人井口平台控制系统作为油气田群的子控制系统，除应具有独立的控制功能外，还要将井口平台的操作画面和报警信息等传送至油气田群的主控制系统，还应接收、执行主控制系统发来的操作和控制指令，并设置相应的联锁关断逻辑。井口平台子控制系统与中心平台/FPSO主控制系统间的双向通信方式一般为海底光缆、微波或卫星。

油气田群的主控制系统具有数据通信功能，通过海底光缆、微波或卫星与其他区块油气田群的主控制系统或陆地的生产管理中心进行双向通信。位于陆地的生产管理中心具备远程访问和远程操控功能，可以对海上油气设施实行全功能性的遥测和限制功能的遥控，即可实时监控平台和水下生产系统参数，可对控制参数进行修改、停机、停泵，并可以在必要时进行远程关井或平台关断。对不同作业区块的生产过程进行实时监视或控制，从而满足用户对生产处理流程的远程组态、操作、诊断、维护等要求以及对生产运营的大数据需求。

2. 海上油气设施控制系统架构

海上油气设施典型控制系统的网络架构如图5-12-1所示，根据不同的功能可将其划分为5层网络结构。

L1为现场总线层，主要采用Modbus、Profibus、Foundation Fieldbus、HART等现场总线技术，实现各类现场仪表设备与控制器之间的通信。

L2为控制总线层，主要采用Ethernet/IP、ControlNet等工业以太网技术，实现对海上油气设施的操作与控制。SIS系统和F&G系统也通过网关隔离后接入到本层。控制总线层中的逻辑隔离网段的划分，需要从组织、功能、位置、安全和维护等多个方面进行综合考虑。还可以根据系统功能的不同（如DCS系统、PLC系统、SIS系统、SCADA系统、外输计量系统、智能电网管理系统、振动监测系统、无线系统等），划分为不同的逻辑隔离网段。设置不同的逻辑隔离网段的优点及灵活性在于，能以一个单一的架构整合所有应用，在整个生产设施全面实现大型分布式系统。一个分布式的系统支持多个集中式控制单元和控制区域、多个本地的和/或分布式的工作站，以及多个数据服务器，所有对象都在一个单一的监管网络上。分布类别意味着覆盖多个区域、拥有大量I/O或许多操作员站的大型系统。L2和L3之间设置防火墙进行隔离。

L3为过程控制网络层，本层实现对海上油气设施的工厂级监控，包括历史数据处理、操作数据存储、与第三方设备的子系统进行通信等功能。对于过程控制网络层来说，其当前和未来的运行负荷应该具有可预测性，并且网络中单个组件故障或信息丢失时，不影响其可用性。在过程控制网络层中，一旦发生报警和突发事件，操作人员会立即得到报警信号，告知需要立即采取行动的情况。无论是在L2的控制总线层，还是在L3的过程控制网络层，都能检测到报警及事件，确保准确地辨识报警顺序，降低网络带宽要求，全面改善系统性能。当系统中控制器本身在处理报警状态时，即使系统PC或HMI故障失灵，该状态也不会丢失。无论报警在系统何处引发，用户都能在系统内任意操作员工作站上查看确认。同时系统采用服务器客户端的结构，冗余

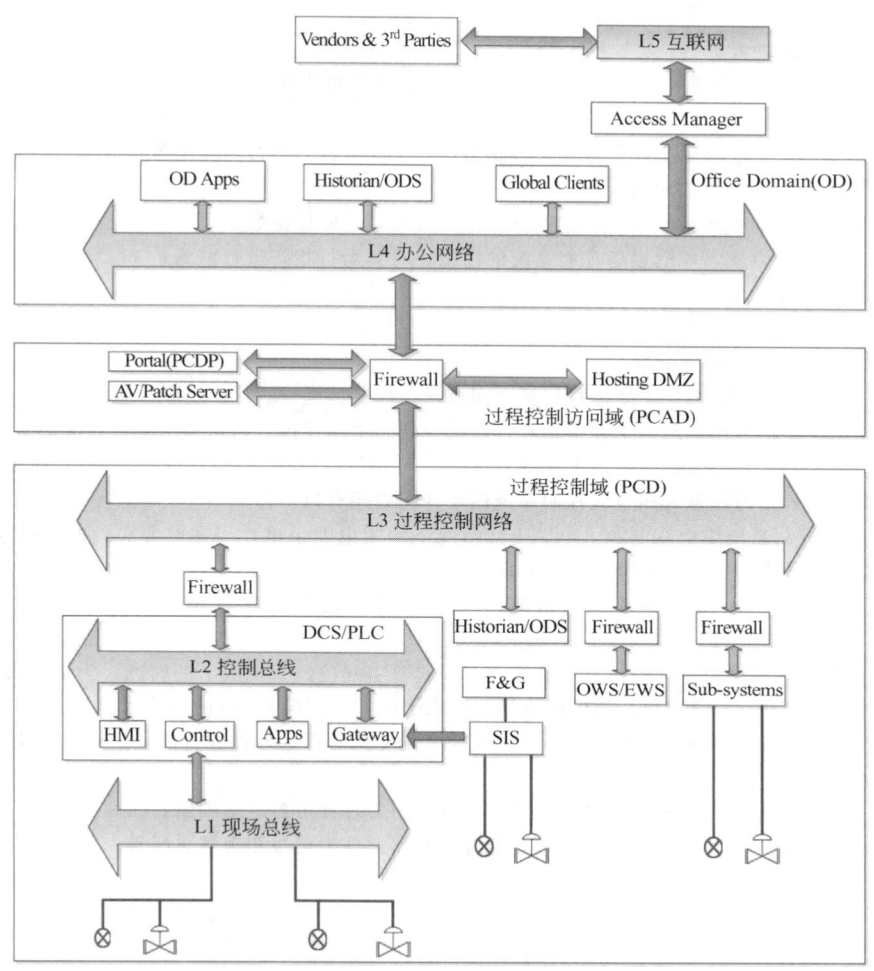

图 5-12-1　海上油气设施典型控制系统网络架构

的数据服务器用于存储系统过程控制数据，互为备份，同时系统工程师站、操作员站通过访问数据服务器对实时数据进行监控。系统数据服务器与过程控制器、系统客户端均采用冗余以太网进行连接，保证了系统数据的高速传输。

L4 为办公网络层，本层属于集团级的全球基础设施网，可以在集团层面实现对各个不同海上生产设施的实时访问，以及相关生产历史数据的存储、处理与应用。办公网络层主要是实现工厂生产管理以及企业商务信息的管理。办公网络层可以通过目录服务的方式，访问和浏览整个生产设施的公用资源，如数据标签、HMI人机接口、画面显示，以及其他生产设施的资源对象等，而不是使用单一数据库的方式来访问管理。信息资源储存在集团不同生产设施的不同地点，目录服务都提供了相关参考资料可供搜索。其好处在于，这个共有数据库不可能存在单个故障点，且不要求开发工作站联机。

L3 和 L4 之间存在一个称为过程控制访问域（PCAD）的隔离区，PCAD 独立于过程控制域，它是安全性要求较高的过程控制网络与办公网络之间的缓冲区，用来实现两者之间的物理或逻辑上的隔离。只有通过PCAD，才能完成 L3 和 L4 之间的相互访问，这样就实现了对过程控制网络访问的门户管理功能。从 L4 到 L3的访问必须要进行授权和跟踪记录。并且要求 L3 和 L4 之间网络断开或过程控制访问域故障时，过程控制网络层还可以完全独立运行，不影响其可用性。L1 和 L2 级网络要始终与 L4 之间进行物理隔离，L4 及其以上网络不允许直接访问 L1 和 L2 级网络。

L5 为互联网层，主要功能是对集团网络外部的第三方客户对于集团内部办公网的访问管理。外部的 L5 级网络不允许直接访问 L3 级网络，在特殊情况下的访问，必须要对每个 IP 通信包进行加密及密码保护。

三、过程控制系统

1. 过程控制系统的功能

过程控制系统主要负责海洋油气平台上生产流程的自动检测和控制，并通过图像、报表、报警等方式反馈给操作者。其主要功能包括：

① 监测生产流程，动态显示主要参数和运行状态，对于异常状态进行声光报警；

② 完成工艺流程中的各种控制功能；

③ 完成生产过程中的生产数据采集，定期打印生产报表，存储历史数据；

④ 完成与其他控制系统、成套设备控制系统的通信，对其运行状态进行监测；

⑤ 事件和故障记录功能；

⑥ 自诊断功能。

2. 过程控制系统硬件及软件配置

（1）硬件配置　过程控制系统主要硬件包括电源模块、控制器模块、I/O 模块、通信模块，集成于控制柜中，并配置工作站，包括操作员站、工程师站和打印机，同时根据规模、通信需求配置相应的专用服务器。

硬件的主要性能和配置要求，应考虑系统的可靠性、可用性、冗余、负荷、I/O 类型、通信接口、电源、整体余量等。除此之外，海洋油气田过程控制系统的硬件配置还有以下特点。

① 电源。过程控制系统应由双电源供电。正常情况下由主电源供电，当主电源失效时，由应急电源不间断地供电。不能将正常电源与应急不间断电源并联运行。

不间断电源的容量、电压和频率应满足在应急供电时对仪表控制系统供电要求，并应保证至少供电 30min。

② 防腐。海洋环境的特点是高温、高湿和高盐雾，容易引起控制系统板卡的腐蚀。为适合海洋盐雾环境，主电源模块、控制器模块、I/O 模块，通信模块等关键电子部件必须满足 G3 防腐要求。

（2）软件配置　过程控制系统软件应为标准的模块化的专用软件，软件配置需满足控制功能要求，至少应配置：

① 方便快捷的操作界面，显示流程图、布置图、趋势图等，并可自定义编辑；

② 组态软件，可在线设定、修改控制参数，配置控制器、外围设备和现场总线等；

③ 报警管理软件，提供分级报警、报警抑制和分类等功能；

④ 自诊断软件，生成诊断报告；

⑤ 标准的第三方通信软件，实现 OPC 等通信功能；

⑥ 数据库管理和维护软件；

⑦ 历史数据存储和管理软件；

⑧ 资产管理软件，管理 HART、Fieldbus 等智能仪表。

四、集中井口监控系统

1. 井口控制盘

（1）井口控制盘定义　井口控制盘是海上油气田生产中的重要设备，主要用于控制采油/采气树的井上安全阀、井下安全阀和电潜泵等设施，根据有关监测信号控制井口设施顺序关停，以保证海上平台或装置处于安全状态的就地控制装置。

井口控制盘常规安装在采油/采气树，以液压油或气源为依托，对井下安全阀和地面安全阀进行有序和及时的关断控制，同时，在井上或井下出现异常情况时（例如压力突然增高或出现火情等），井口控制盘会自动关闭阀门，防止事故的发生和蔓延，对生产设施起到安全保护作用。

（2）井口控制盘功能及特点　井口控制盘可以有选择地对每口单井的井上安全阀、井下安全阀、套筒放气阀等进行控制，可以在井口控制盘上实现对单井以及全部井的就地控制，也可以在中央控制室实现对上述井口采油设施的远程遥控及状态和报警监测。

井口控制盘采用模块化设计，各井口之间互不干涉，可单独工作，便于操作维护。

手动、气动或者液压泵开井，具有压力自动补偿和释放功能。当液压系统压力下降时，蓄能器和液压泵会自动补偿系统压力，维持液压系统正常压力。当液压系统压力高于设定值时，安全阀会自动释放多余压力，维持液压系统正常压力。

当井口区发生火灾时，环境温度迅速上升至易熔塞熔化温度，使之熔化并切断阀门井上安全阀及井下安全阀回路，实现井口自动完全关闭。

井口区四周配置手动关断站，在事故状态下可通过人为操作，直接实现井下安全阀和井上安全阀的自动关闭。

生产管线压力异常，压力超高或者超低自动关井保护功能。

井口控制盘保证井上安全阀及井下安全阀不具有自动开启功能。在确认故障排除后，并在中控系统和井口控制盘上进行手动复位，才能逐一打开。井下安全阀复位之前，井上安全阀不能打开。

井口控制系统井上安全阀和井下安全阀有延时系统，一般设计为 60～120s 可调，以便在关闭采油树井上安全阀之后再关闭井下安全阀。

（3）井口控制盘构成　井口控制盘是通过气动控制回路控制液压回路来实现油气井管理和应急功能的。一般包括公用模块和单井模块。公用模块对全部井进行控制，单井模块由与井口数相对应的单井控制抽屉组成，每个抽屉控制一口单井。单井模块与公用模块设有隔离阀，可将单井抽屉取出。井口控制盘框图见图 5-12-2。

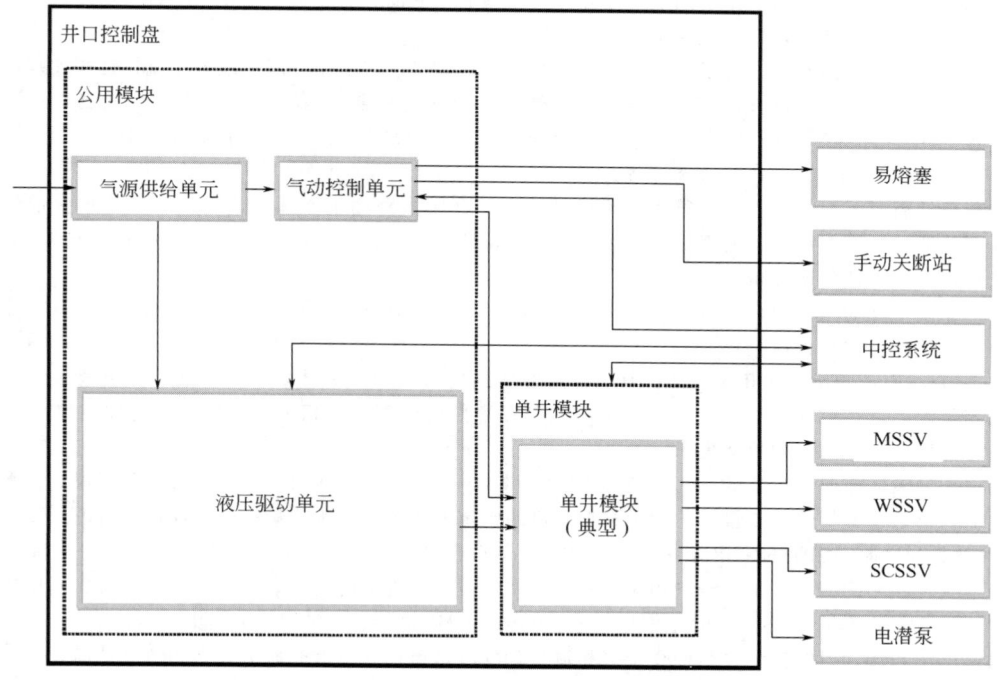

图 5-12-2　井口控制盘框图

公用模块为井下安全阀和井上安全阀控制提供液压驱动力和（或）气源驱动力，用于实现所有井下安全阀和井上安全阀的开关逻辑控制，实现对液压驱动单元和气源控制单元的监控。

供气系统：平台仪表气源经过滤减压阀处理后供给液压泵用气，再经过一组调压阀供给控制回路用气（易熔塞回路、PSD 回路以及 ESD 手动报警站回路）。

液压油系统：经过液压油泵增压后供给井上安全阀、井下安全阀以及控制各单井的液压油回路。液压回路的蓄能器作为辅助动力源，保压和补充泄漏，缓和冲击吸收压力波动。

井口控制盘应急关断系统：由易熔塞和 ESD 手动报警站组成。

单井模块为单井提供气动和（或）液压驱动控制，实现单井井上安全阀和井下安全阀的开关逻辑控制，监测和传递单井状态信息。

（4）井口控制盘计算　井口控制盘涉及的计算一般为储油罐、蓄能器以及液压泵的选型计算。

通常情况下，首先确定开关井的数量。储油罐油箱体积需要至少满足井口控制盘内外关联的所有液压用户所需液压油量，系数酌情考虑。液压用户一般包括蓄能器、所有井上安全阀、所有井下安全阀有效容积值，供油管线液压油以及液压油的压缩裕量等。

通常情况下，井下安全阀和井上安全阀的驱动压力和执行器容积差别较大，井口控制盘内宜分别为井下安全阀及井上安全阀配置独立的液压泵组提供液压源。为了节省泵的成本，有的情况下也可选择高性能的泵以满足井下安全阀以及井上安全阀的压力以及容积要求。液压泵组的计算满足输出压力至少等于井下安全阀或井上安全阀的最大工作压力，单台液压泵的工作能力能够在有效时间内使整个蓄能器系统从预充压力升到控制系统的最大工作压力。

蓄能器在最低工作压力状态和最大工作压力状态的容积变化量，单位为升（L）。蓄能器有效容积满足单井井下安全阀完成多次循环的操作。

2. 单井计量系统

在油气开采过程中，为了合理开采油气藏，确定各油气井的原油、天然气产量，了解底层油气含量及地层结构的变化，需要监控每口井的产量和动态，对油井产出液中各相的体积流量或质量流量进行连续的计量并提供实时计量数据，以优化生产参数，提高采收率。油、气、水三相数据是监测、控制油气井和油气藏动态特性的主要依据，对统计油气井的产量和分配，以及监测油气井的产量有重要意义。

海上油气设施单井计量系统用于测量单井井口产出液中的油、气、水各单相的总量，通过产出物的气液分离或者专用设备进行测量，用来记录单井产出物的产量。

（1）单井计量系统的类型　对于单井计量系统测量方式，目前多使用分离器或多相流量计来实现。分离器是依靠油、气、水的密度差，进行沉降分离。按其外形分为立式和卧式两种；按功能分为气液两相分离器和油、气、水三相分离器等；按操作压力可分为负压（小于 0.1MPa）、低压（小于 1.5MPa）、中压（1.5～6.0MPa）和高压（大于 6.0MPa）分离器等。

多相流量计就是采出井流在未进行预分离的情况下，利用多种测量原理来进行油、气、水含量计量的设备。目前多相流量计有多种方式实现三相计量，由于测量原理不同，设备的形式也各不相同。本节仅介绍采用多相流量计进行单井油气水计量的方式。

（2）多相流量计的测量原理　多相流量计的测量原理总体上有三种：基于分离原理测量类、基于非分离原理测量类、基于软件数据模拟类。

① 基于分离原理测量的多相流量计。基于分离原理测量的多相流量计多采用气液两相分离技术，井口产出物进入容器内，通过气液流旋涡初步将大量的气液在容器内分离，气相中的液体会在容器内进一步分离处理，最终将井口产出物的气相分离出来。

分离出来的液体流向分离器的底部，液相中的油和水通过安装在液相出口的油中含水分析仪数据来计算油和水的比例，再通过分析仪后流量计的测量数据，最终确定液相中的油水含量，达到计量的目的。

② 基于非分离原理测量的多相流量计。基于非分离原理进行测量三相流量的多相流量计是在油气水不分离的状态下实现各相的测量，主要测量相流量和相分率。对于相流量的测量，一般有互相关法、差压法、容积流量计法；相分率的测量一般有介电常数法（包括电容、电感/电导、微波吸收）、伽马射线法。

现以差压法和伽马射线法测量为例介绍多相流量计的测量原理。被测介质进入多相流量计后，首先使用文丘里流量计测量井流物的总流量，使用伽马放射源传感器测量多相流的截面含气率。然后流体进入容器，将混合物中的气体从容器的顶部气路排出，其余液相部分经容器底部流出，通过伽马放射源传感器测量液相的含水率。最终在多相流量计的内部再完成各相的混合，进入下游的生产工艺管线。流量计算机将各监测部分测得的数据通过计算公式计算出各相的流量。

③ 基于软件数据模拟的多相流量计。基于软件数据模拟的多相流量计，多使用软件程序和处理系统，对采集到的流体的各项参数进行对比分析，估算出流体油气水各相的比例和流量。此种方式需要大量的基础数据作为分析的基础，并配备准确度较高的各类数据采集仪表和信号处理系统。

（3）多相流量计选型考虑的因素　业主或操作方要求、介质特性（含气量、黏度等）、选型尺寸、安装空间及重控要求等。首先考虑业主及操作方对于使用放射源的需求，在考虑了业主及操作方要求的基础上，基于工况条件再进行下一步的选型。

① 对于高黏度介质，分离式多相流一般分离效果无法保证，不推荐使用。

② 非分离式多相流随着含气量的不同，其对于放射源的要求会有一定变化。而分离式对含气量的敏感性则不大。不同含气量所对应的选型推荐如下所示：

$$GVF<85\% 及 GVF>95\%$$

可选分离式和非分离式多相流（无论分离式还是非分离式多相流，若无其他特殊要求，都推荐选用无放射源多相流）。

$$85\% < \mathrm{GVF} \leqslant 95\%$$

可选分离式和非分离式多相流（对于分离式，推荐选用无放射源的多相流；对于非分离式，推荐选用有放射源的多相流）。

③ 非分离式多相流占用空间小，重量轻；分离式占用空间大，重量较重。选型时要根据项目的具体情况来选择合适的多相流量计类型。

3. 水下井口监控系统

（1）水下井口监控系统的功能与对比分类　水下井口监控系统伴随着水下油气井的开发应运而生，远距离的液压操作、远距离的电液控制、水下采油树、水下管汇、水下阀门、水下电泵、水下工艺处理，这些水下设备与控制需求都需要将水下井口监控系统作为控制中枢，实时保障并监控水下生产安全稳定地运行。

水下井口监控系统通常包括全液压控制系统、电液控制系统、全电式控制系统。其中，全液压控制系统又分为直接液压、先导液压与顺序液压控制系统。电液控制系统又分为直接电液与复合电液控制系统。

电液控制系统可以实现对水下采油树、水下管汇等设备的远程控制，水下油嘴生产调节，化学药剂分配注入，实施远程电力传输与通信，同时监测井下油藏生产及水下设施运行情况等。全液压控制系统因仅含有单一的液压控制功能与驱动方式，则不能实现大量的数据远程监控与诊断，不能实现远程通信与智能油井生产方式。

（2）水下复合电液井口监控系统与关键设备　图 5-12-3 为典型的水下复合电液控制系统控制框图。复合电液控制系统是目前较常采用的水下井口监控系统，通常由下述设备组成。

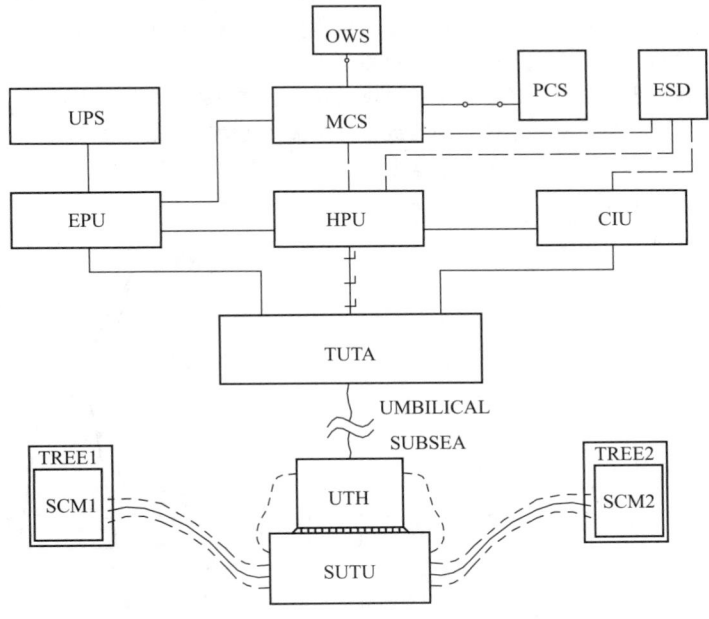

图 5-12-3　水下复合电液控制系统典型控制框图

① 布置于上部依托设施的设备包括主控站、电力单元、液压动力单元、上部脐带缆终端，以及依托的上部过程控制系统、应急关断系统、化学药剂注入系统及 UPS 电源等。

② 复合脐带缆，通过水下脐带缆向水下的井口控制模块提供电力、液压动力、监控与通信功能和化学药剂传输与注入，通过单独的海底电缆向井下电潜泵提供电力和监控功能。

③ 水下控制设备，包括水下电液分配单元、水下控制模块、水下液压执行机构及水下通信模块等。

复合电液控制系统通常采用电力载波通信或光纤通信技术实现监控数据及控制命令信号的传输与调制解调。相比于全液压控制系统而言，可以提供大量的数据遥测监控与诊断信息，有效缩短了系统响应时间，可以应用于更广的控制范围与距离，有效减小了脐带缆尺寸，更适用于大型油气田及深水开发。

复合电液控制系统的关键设备的功能与配置如下。

① MCS。主控站（Master Control Station，MCS）是水下井口监控系统监控中枢，通常设置于上部依托设

备环境中。MCS 与水下控制模块 SCM 进行双向通信与命令控制，实时监控搜集水下生产与设备信息。通常 MCS 与 HPU、EPU、上部 DCS 及 ESD 设备具备控制信号或通信接口。

② EPU。电力单元（Electrical Power Unit，EPU）作为水下井口监控系统的电源动力设备，将其上游电力输入经过电源管理监控后专门用于水下生产设备的电力供应，同时根据功能与配置需求可以实现电力载波功能。

③ HPU。液压动力单元（Hydraulic Power Unit，HPU）是上部设备中的水下液压动力总成及液压控制中心，为水下控制系统提供稳定连续的液压动力供应。

④ TUTA。上部脐带缆终端装置（Topside Umbilical Terminal Unit，TUTA）作为将上部依托设备供应的液压、化学药剂及电力或控制通信信号连接并入到海底脐带缆中的连接枢纽。

⑤ SUTU。水下脐带缆终端装置（Subsea Umbilical Terminal Unit，SUTU）作为脐带缆水下连接分配枢纽，负责将液压、化学药剂、电力及控制信息连接分配至水下采油树、水下管汇等水下设备。

⑥ SCM。水下控制模块（Subsea Control Module，SCM）是水下电液控制系统中用于生产控制与响应执行的关键设备与功能模块总成，可以完成对上部 MCS 的命令执行响应与数据采集回讯等操作，可以驱动水下采油树阀门开关、井下阀开关，对油嘴开度进行生产调节，采集井下生产数据与第三方接口设备信息等。SCM 在硬件结构上通常配置有水下电子模块 SEM、蓄能器、海水补偿器、电磁阀、安装基座 SCMMB 等关键功能模块与装配结构等。

⑦ 脐带缆。脐带缆是包含两种或者多种功能组件的结构物，包括液压管、化学药剂管、数据传输的光纤、供应电源的电缆、传输信号的电缆等，管线材质常用的有热塑软管或金属管。这些功能组件一般会通过一种螺旋技术进行组装，首先形成一个环状束，接着用一个压制热塑护层将环状束包裹起来，然后缠绕两层螺旋走向相反的钢丝进行加固，最后再用一个压制热塑护层包裹起来。

（3）水下仪表变送器 水下仪表变送器与平台组块或陆地上应用的干式仪表变送器计量原理大致相似，但由于其主要安装工作于水下环境，对其整体防护等级、材质选择及防腐、结构紧凑与模块化设计、低故障率等方面均提出了更高的要求。典型的水下仪表变送器主要有：

① 水下温度与压力变送器；

② 水下油嘴位置传感器；

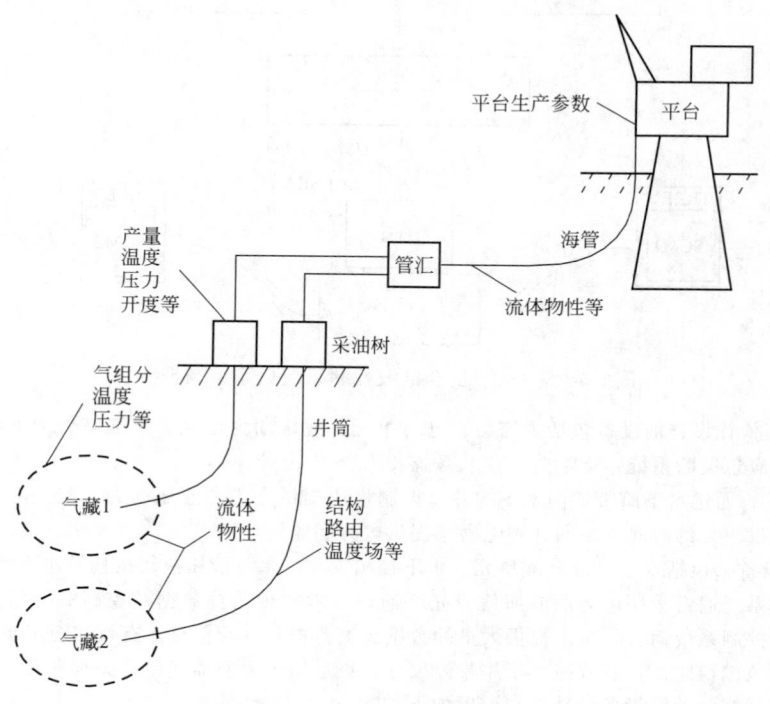

图 5-12-4　虚拟计量系统数据采集需求与监测原理示意图

③ 水下含砂探测器；

④ 水下清管球检测器；

⑤ 水下化学药剂注入计量阀；

⑥ 水下液位计；

⑦ 水下流量计等。

（4）水下计量　区别于上部组块平台应用的体积较大的测试分离器或多相流量计，水下计量系统往往采用紧凑型、模块化的水下多相流量计进行水下单井计量或总量计量，同时国内外也有部分项目采用虚拟计量系统，甚至还有将两者特点相结合配合应用的情况。

水下多相流量计量或湿气流量计量的主要功能是对生产流体中的油气的比例和产量或者油、气、水的比例和产量进行测量。可用于油藏与生产监测、指导远程操作、生产效益分配和人工举升优化，防止生产过程中的水合物阻塞管道、腐蚀速率加快等意外情况发生。

虚拟计量系统（Virtual Metering System，VMS）通常以通用计算机为平台，以油气多相流水力和热力模拟技术为核心，并结合自动化通信技术的一种虚拟仪表技术。如图 5-12-4 所示，VMS 通过平台 DCS 获取常规的过程仪表测量的实时信号，根据具体的水下生产井进行流动过程的物理建模，采用以多相流模拟应用程序为核心的处理模块完成水下井口流量的解算。

VMS 能实现普通多相流量计的主要功能，可以根据生产条件进行算法的调整和升级，可通过软件进行功能的扩充。同时可进行多口生产井的流量计算，易于扩展和部署。可部分替代实体多相流量计量或作为备用，降低投资费用。VMS 系统组成主要包括监测仪表变送器等硬件、数据通信与网络模块、多相流体计算模型及算法、软件与数据库实时处理系统、人机操作界面等。

第三节　平台安全保护系统

一、安全保护系统概述

1. 安全保护系统组成及功能

按照 IEC 61511 中的定义，通常安全保护系统是由传感器单元、逻辑控制器及终端执行元件组成，能够执行一项或多项安全仪表功能的仪表系统。

安全保护系统是通过监测生产过程中出现的或者潜在的风险，并发出声光报警信息或直接执行预定的保护程序或风险减轻程序，即刻进行操作，防止危险事件的发生，减轻事故带来的危害及其影响。

海上油气生产设施中常用的安全保护系统包括应急关断系统、火气探测保护系统及高完整性压力保护系统。

通常来说，对于应急关断系统或高完整性压力保护系统，安全保护系统的目的是减小风险，或者说是减小潜在危险发生的概率；对于火气探测保护系统，安全保护系统的目的是减弱已发生的危险事件的后果。

2. 安全保护系统设计基本原则

在进行安全保护系统设计时，应该保证所有安全仪表系统具有正确的安全功能，必须考虑安全仪表功能能够按照设计要求执行。因此，在进行安全保护系统设计过程中，必须遵从标准的设计原则：

① 安全仪表系统应完全独立于过程控制系统；

② 安全仪表系统应具有硬件和软件诊断和测试功能；

③ 安全仪表系统应使中间环节最少；

④ 安全保护系统的传感器、最终执行单元应单独设置；

⑤ 传感器及最终执行单元的冗余设计应遵从相关安全仪表回路完整性等级评估结果；

⑥ 信号报警、联锁点的设置，动作设定值及调整范围，必须符合生产工艺的要求；

⑦ 信号报警、安全联锁系统中安装在现场的检出装置和执行器，应当符合所在场所的防爆、防火要求。

3. 安全保护系统设计过程中的分析

（1）安全完整性等级分析　安全仪表完整性等级是 IEC 61508 中规定的衡量安全仪表系统可靠性的一项重要量化指标，是指在一定时间内、确定的条件下，安全相关系统执行其所规定的安全功能的可能性。安全完整性等级根据划分依据对象不同而不同，综合安全等级越高，设备安全性越高，故障发生概率越低。参照 IEC 61511 系统的安全完整性等级划分如表 5-12-1 所示。

表 5-12-1　安全完整性等级（SIL）划分

安全完整性等级（SIL）	要求操作模式	
	要求时的目标平均失效概率	目标风险减低
4	$\geqslant 10^{-5}$ 且 $<10^{-4}$	$>10000, \leqslant 100000$
3	$\geqslant 10^{-4}$ 且 $<10^{-3}$	$>1000, \leqslant 10000$
2	$\geqslant 10^{-3}$ 且 $<10^{-2}$	$>100, \leqslant 1000$
1	$\geqslant 10^{-2}$ 且 $<10^{-1}$	$>10, \leqslant 100$

在设计、制造、安装调试阶段，安全完整性等级分析通常包括安全仪表功能回路的安全完整性等级的定级分析、等级验证分析和等级确认分析。

安全完整性等级定级分析是对每一个工艺控制回路进行分析，根据具体控制回路及设备，分析控制回路中设备由于故障引起的对人员、财产、环境的影响后果，得出每一个回路所需的 SIL 等级。进行安全仪表功能回路 SIL 等级评定时，一般先假设没有设置安全仪表系统，只考虑过程控制系统、预报警和机械防护设备等对危险的降低作用，然后根据危险发生的概率及其所产生后果的危害程度，依据公认的判定方法，确定相应的 SIL 等级。目前过程工业中常用的分析方法为安全层矩阵法、风险图表法、修正风险图表法和安全保护层法。

安全完整性等级验证分析，是基于安全完整性定级结果及安全仪表回路中各组件的可靠性数据，对回路的等级进行定量的计算分析。计算需遵从 IEC 61508 和 IEC 61511 相关章节中的规定，安全完整性等级验证需基于以下执行：

① 子系统的检测间隔时间应采用 SIL 定级时确定的时间；

② 每个安全仪表功能的统一的假跳闸故障及危险失效概率；

③ 设备供应商提供的子系统失效概率第三方证书和相关数据。

安全完整性等级验证通常包括安全仪表功能建议的 PFD 值、可达到的 SIL 等级和风险降低因素（RRF）。如果在 SIL 验算过程中出现不能达到预定的 SIL 等级时，通常采取如下措施：

① 提出增加设备或更换设备（特别是传感器和最终执行单元）建议；

② 对特定的安全仪表功能的测试周期再审核，明确是否可改变测试周期；

③ 再次审核 SIL 定级过程，核实是否有额外的保护层。

安全完整性等级确认分析是在系统安装之后对安全仪表功能的确认验收，应保证安全仪表系统已经满足安全要求规范，校验 SIL 定级及验证中提出的所有建议均已在工程实施过程中得到圆满解决。SIL 确认分析应至少完成以下的安全仪表系统测试检验内容：

① 安全仪表系统组件的实地检查；

② 依据安全要求规格书核查安全仪表系统；

③ 审核安全仪表系统文件、安全手册，核查维修程序中的验证测试周期；

④ 核查安全仪表功能的响应时间要求；

⑤ 核查安全仪表系统（传感器、逻辑单元、最终执行单元等）在正常和不正常操作模式（启动、关断等）的性能；

⑥ 核查旁通、手动关断功能的性能；

⑦ 验证所有功能和安全完整性要求；

⑧ 确认其他系统接口正常工作；

⑨ 核查安全仪表系统的报警操作显示、诊断报警功能；

⑩ 核查安全仪表系统在超量程、电力或电气故障工况下的性能；

⑪ 核查操作及维修程序。

（2）火气探测覆盖分析　火气探测覆盖分析可明确指出风险并提供探测火灾及气体泄漏的预防措施，优化火气探测设备布置设计，采用最小数量的探测设备确保所需的安全水平。火气探测覆盖分析的应用提高了所设计系统的安全性，并降低了运行成本，实现最佳的安全和经济的平衡。

火气探测覆盖分析应在设施生命周期的各阶段实施。对于新建项目，火气探测覆盖分析应在 FEED 阶段进行，这样就可以尽量减少项目执行阶段的设计变化。对于已经安装了火气探测的设施，火气探测覆盖分析可对已安装火气设备的覆盖率进行验证。对于已完成火气探测覆盖分析的场所，每五年做一次审查。此审查应确保对任何有可能影响到火气探测的平台改造或操作理念的变化进行再评估，并采取有效措施保证火气探测覆盖率。

火气探测覆盖分析通常需要的输入文件包括：

① 火气探测原理；
② 火气探测设备布置图；
③ 火气因果图；
④ 火气系统原理；
⑤ 火灾保护原理；
⑥ HSE 原理；
⑦ 物料平衡表；
⑧ 工艺流程图；

⑨ P&ID；
⑩ 总体布置图；
⑪ 危险区划分；
⑫ 设备清单；
⑬ 火气探测设备数据表或规格书；
⑭ 3D 模型；
⑮ 其他相关安全分析报告。

典型火气探测覆盖分析的工作流程见图 5-12-5。

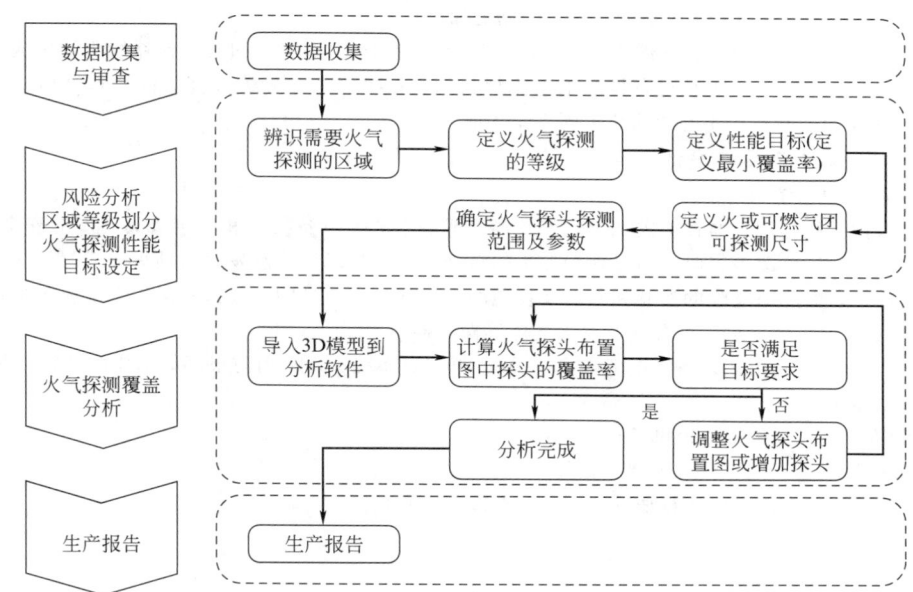

图 5-12-5　典型火气探测覆盖分析的工作流程图

二、应急关断系统

1. 应急关断系统的功能

应急关断系统的主要功能是实时监测海上油气平台的生产流程，一旦出现异常状况，将自动执行相应的应急关断逻辑，将不安全的因素控制在最小的范围内，降低可能发生事故的严重程度，从而保障海上油气田操作人员的安全，保障设施的安全，防止环境污染。

2. 关断原则及等级

（1）关断原则　ESD 关断应遵循以下原则：

① 应能保障人员和设备安全，防止环境污染；
② 在满足安全和环境保护的前提下，关断范围应适当，避免不必要的大范围关断。

（2）关断等级　ESD 关断等级一般划分为 4 个等级，分别为弃平台关断、火气关断、生产关断、单元关断。

高级别关断会引起低级别的关断，低级别的关断不引起高级别的关断。

（3）关断对象　ESD 系统关断对象主要包括生产设备、公用设备和应急设备。

（4）关断逻辑考虑因素

① 弃平台关断，一般只能由手动弃平台按钮站触发，不允许自动触发，关断对象为所有非应急设施。

② 火气关断，一般由火气探测设备探测到火灾或气体泄漏时自动触发，也可以手动按下火气按钮触发，关断生产设施和受影响的公用设施。

③ 生产关断，一般由工艺流程上的异常状态触发，也会由重要的公用系统如供电、仪表气系统故障触发，关断生产设施。

④ 单元关断，一般由工艺流程上的异常状态触发，关断相应的生产单元。

3. 应急关断系统硬件及软件配置

（1）硬件配置　应急关断系统的主要硬件包括电源模块、控制器模块、I/O 模块、通信模块，集成于控制柜中。工作站一般可以和 PCS、F&G 系统合用，也可以配置单独的工作站，同时为便于紧急情况下人员操作，配置独立的硬接线应急控制台，设置应急关断按钮和声光报警器。

硬件的主要性能和配置主要考虑因素和过程控制系统相似，同时还需要考虑：

① 应急关断系统的可靠性要满足 SIL 等级要求；

② 应急关断系统的配置应满足"失效安全"，系统失效时对应安全状态；

③ 具备 SOE 时间记录功能，用于分析产生关断的原因。

（2）软件配置　应急关断系统软件应为标准的模块化的专用软件，并与过程控制系统无缝集成，具备过程控制系统软件的相应功能，如实时动态显示工艺流程状态、在线组态、分级报警、自诊断等功能，同时实现 SOE 事件记录功能和关断逻辑组态等应急关断系统功能。

三、火气探测保护系统设计

1. 火气探测保护系统的功能

火气探测保护系统是用于监控火灾和可燃气及毒气泄漏事故并具备报警和一定灭火功能的安全控制系统。在现场发生火灾或气体泄漏报警时，通过现场探头的自动检测或现场手动触发，启动火灾或气体泄漏报警及预设危险减轻程序，以保障对危险的控制和人员及设施的安全保护。典型的火气探测保护系统应包括：

① 探测设备（火、烟、热、可燃气及有毒气体等探测器）；

② 可执行一系列关断工艺设备、电气隔离、关断 HVAC 系统、启动消防报警等动作的逻辑控制单元；

③ 人机交互接口；

④ 启动消防、声光报警等输出设备；

⑤ 火气工程师站。

火气探测保护系统应能通过执行如下三个基本功能以减轻危险：

① 探测危险；

② 警告操作人员；

③ 启动保护动作。

2. 现场探测设备选型及布置设计原则

火气探测报警设备的类型、数量、布置位置等需在设计阶段确定，相关设计输入条件包括：

① 标准规范要求；

② 危险区划分图、QRA（如果有）分析结果；

③ 设备密度极限；

④ 潜在泄漏点或可燃气易聚集的危险区域；

⑤ 探头表决逻辑；

⑥ 工艺介质的性质（组分、挥发性、介质状态、温度、压力及毒性等）；

⑦ 潜在的泄放特性；

⑧ 强制或自然通风模式、风速和风向。

为了保证探头选型合适，应考虑如下几个方面。

（1）安装探头的环境条件

① 污染物（如灰尘、污垢、沙子、硅氧烷、油或海水喷雾等）。

② 正常和紧急工况下局部环境条件（例如环境温度、振动、背景噪声、雨、雪、雾和风等的影响）。

③ 潜在干扰（如：EMI/RFI，其他气体成分对可燃气体探测器的干扰，焊弧对火焰探头的干扰，阳光对

光学探测器的干扰，NDE 或其他射线照相设备对光学探测器的辐射干扰）。

（2）操作维修方面　操作维修理念及对维修任务繁重程度的可忍耐度。

（3）技术性能方面

① 技术的稳定性和可靠性。

② 探测器类型选型合理，能有效监测危险。

③ 合适的认证。

海上油气设施典型探头布置原则如表 5-12-2 所示。

表 5-12-2　海上油气设施典型探头布置原则

危险	探头类型	典型应用区域
火灾	火焰探头	所有生产区、钻井区、井口、公用区
	热探头	透平机罩、机修间、储藏室、主机间
	易熔塞	作为生产区、井口、公用区的第二探测设备
	烟探头	控制间、电气间、机房、生活楼、临时避难所与控制站的进风口
可燃气泄漏	可燃气探头	所有的生产区、钻井区、井口、公用区、进风口
有毒气体泄漏	有毒气体探头	所有的生产区、钻井区、井口、公用区、主机间、进风口
所有危险	手动报警站	所有区域，包括逃生通道、紧急集合区、临时避难所

3. 火气探测保护系统设计原则

火气探测保护系统主要硬件包括电源模块、控制器模块、I/O 模块、通信模块，集成于控制柜中。对火气探测保护系统的 SIL 等级要求为 SIL3。工作站一般可以和 PCS、ESD 系统合用，也可以配置单独的工作站，同时为便于火灾紧急情况下人员手动操作，配置独立的硬接线应急操作台，设置火灾工况下的应急操作和声光报警器等。

火气探测保护系统设计基本原则如下：

① 火气探测保护系统执行与火灾、可燃气泄漏探测相关的减轻危害的保护动作，火气探测保护系统应与过程控制系统分开；

② 火气探测保护系统应设计成在有雪崩报警或事件发生时防止系统过载；

③ 火气探测保护系统应设计为在不禁用系统的情况可进行调试和功能测试；

④ 火气探测保护系统应设有电源故障报警，并且应设置为最高优先级报警；

⑤ 控制器应至少有 50％的预留内存，CPU 负载最大 50％；

⑥ 在紧急工况下系统的内部数据通信能力应仍有 50％的通信能力预留；

⑦ 每类 I/O 卡应有 20％的预留，预留 I/O 应接至端子接线柜的预留端子排上；

⑧ 供电单元应有 20％的余量；

⑨ 盘柜内应预留 20％的空间。

4. 火气探测保护系统关断报警逻辑设计原则

（1）火灾探测　海上平台火灾探测设备通常包括：

① 热探头；

② 烟感探头；

③ 火焰探头；

④ 易熔塞；

⑤ 吸入式烟感探头。

火灾探测保护系统应提供两级报警。火灾报警分为火灾报警（由单个火焰探头、烟探头等触发）和确认火灾报警（单个易熔塞回路、单个热探头、任意两个火焰探头表决、任意两个烟感探头表决）。

火气探测保护系统对火灾报警的动作响应包括中控室操作站显示和事件打印机记录。

火气探测保护系统对确认火灾报警的动作响应包括中控室操作站显示、事件打印机记录、触发平台声光报警、触发相关关断及电力隔离动作、启动火灾消防保护设备。

（2）可燃气/有毒气体泄漏探测　海上平台布置可燃气及有毒气体探测设备通常包括：

① 红外线点式可燃气探头；

② 开路式可燃气探头；

③ 氢气探头；

④ 硫化氢探头。

可燃气/有毒气体泄漏探测通常分为两级报警：气体泄漏报警（单个可燃气探头 20％或 50％，也可按区域可燃气泄漏概率进行调整，例如安全区 15％和 25％；氢气探头 10％；开路式气探头 1LFL.m 或 2.5LFL.m，有毒气体 10ppm）和确认气体泄漏报警（可燃气 2ooN 表决产生）。

四、高完整性压力保护系统

1. 系统功能与作用

HIPPS 系统的设置是为了"能及时切断引起工艺系统超压的压力源，从而保护下游工艺系统和流程，减少对环境财产及人员的危害，进一步保障油气生产安全及事故灾害预防"。HIPPS 系统通常能够提供在线智能诊断、设备监控、故障和动作报警功能，支持日常操作和维护。HIPPS 系统控制柜不仅支持盘面读取与操作，还支持控制柜与平台中控系统的 RS-485 串行接口通信，以方便中控的监控报警和浏览存储等。海洋石油工程项目根据整体流程的核算，综合选用 HIPPS 系统或全压系统设计。

2. 系统结构组成及流程图

HIPPS 系统主要构成部分如下。

（1）压力传感器

① 采用 3 选 2 的配置，每台变送器均通过 SIL2 认证。

② 配套相应的阀组等附件。

（2）HIPPS 控制器

① 采用固态逻辑控制器，通过 SIL4 认证。

② CPU 四重化结构（QMR）的安全控制系统，通过 SIL4 认证。

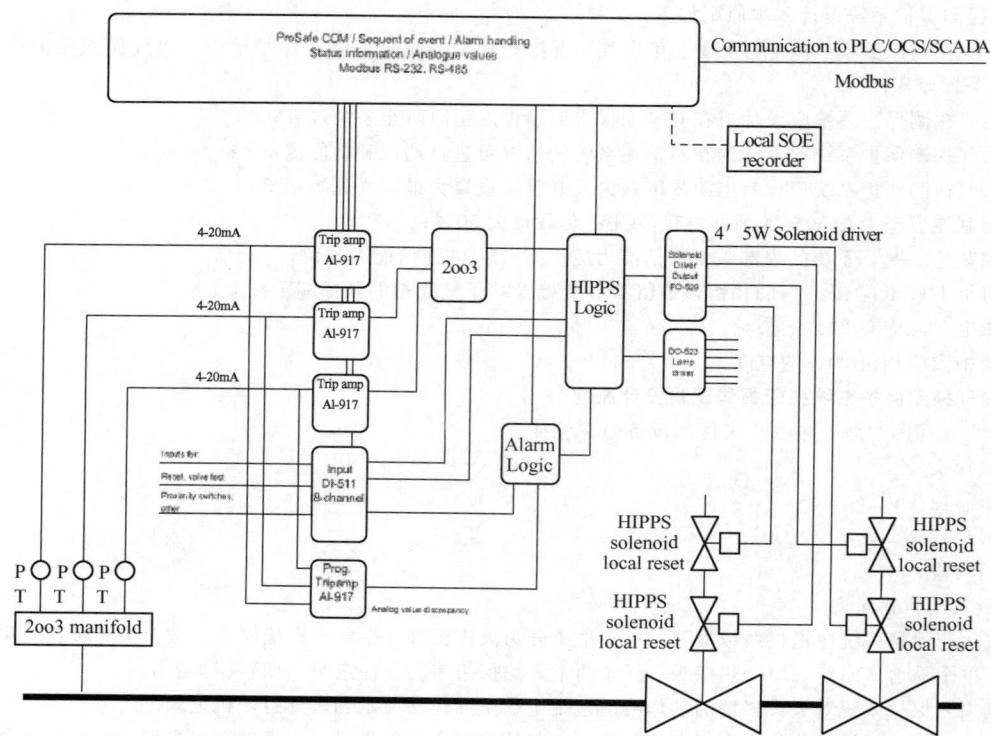

图 5-12-6　HIPPS 系统典型逻辑结构和流程图

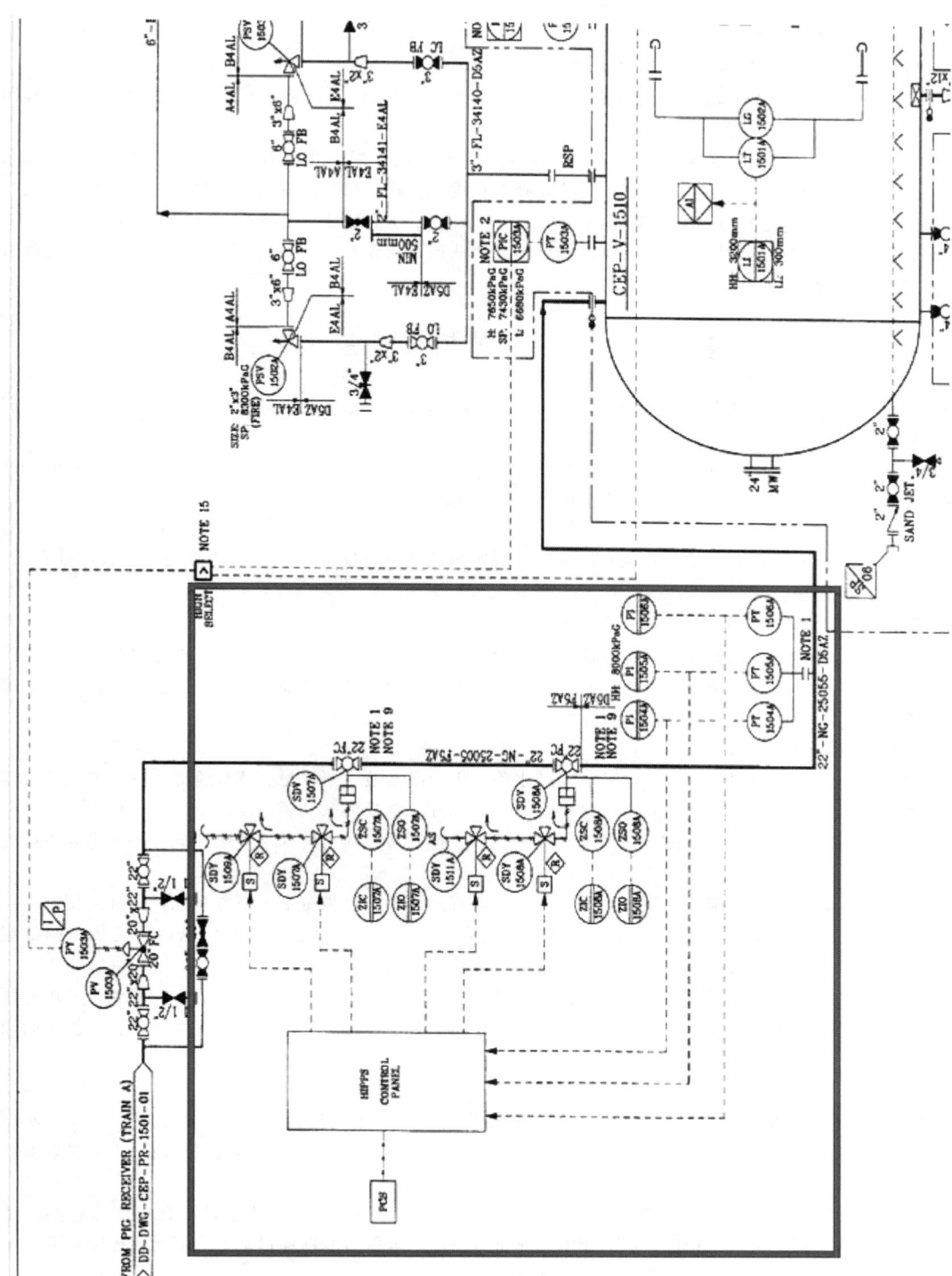

图 5-12-7　某海洋石油项目 HIPPS 系统工艺 P&ID 示意图

③ 单个控制器通过 SIL3 认证。

（3）应急关断阀

① 采用两台应急关断阀串联。

② 每台阀通过 SIL3 认证。

③ 阀门执行机构自带动力源，配冗余的控制电磁阀。

HIPPS 系统典型逻辑结构和流程图如图 5-12-6 所示，同时针对海洋石油某项目的 HIPPS 设计工艺流程图如图 5-12-7 所示。

信号输入单元采用 3 台压力变送器 2oo3（3 选 2）表决，中间信号逻辑处理单元采用智能诊断及容错冗余结构设计，终端信号逻辑执行设备单元采用 2 台关断阀在管线上串联和控制器输出信号到 2 台电磁阀在仪表气源管路上串联。该结构经过高可靠性选型配置和第三方权威机构专业计算（各子元件和系统的 λ、PFD、MTTR、MTBF 等参数和指标计算）及相关测试和整体系统认证，保证整套 HIPPS 能达到 SIL3 认证，提供智能诊断，具备高可靠性及容错性。

第四节　储油及外输计量系统

在海上油气开采、处理、储存和外输的过程中，油气存储和外输是重要的一部分。根据项目不同会有不同的存储和外输的形式。

一般来说，海上油气处理设施中典型的储油形式有浮生生产储油外输系统 FPSO（Floating Production Storage Offloading System）、浮式储油外输系统 FSO（Floating Storage Offloading）、水上/水下储罐平台、沉箱等。

海上油气处理设施对原油的外输方式大致有两种：间歇输油和连续输油。间歇输油常使用浮式储油形式，连续输油通常为海管外输方式。

一、储油监控系统

海上原油处理设施中为了更好地监测各油舱的液位及各阀门的状态，实现对油舱液位的报警处理、对阀门的远程操作，使整个处理设施处于安全运行的状态，在处理设施上配置储油监控系统，主要包括液位遥测系统和阀门遥控系统。

1. 储油舱液位遥测系统

液位遥测系统是用来实现对船舶的储油舱、生产水舱、生活净水舱、柴油舱、压载舱等舱室的液位进行远程测量与监控，能及时给出液位报警。此系统是船舶的核心部分，直接关系到船舶在海上的安全性和可靠性。

针对储油舱的液位遥测系统需遵循国内外针对测量仪表、控制系统的相关标准规范，同时需满足船级社的相关要求。

（1）储油舱液位遥测系统的组成　液位遥测的方式主要有两种：一种是舱室的测深系统，一种是使用液位测量仪表进行测量。液位测量仪表主要由信号处理单元，操作显示单元，液位、温度、密度等现场传感器组成。测量主要采用压力式传感器和雷达液位传感器来实现液位报警功能。

储油舱室测深系统是用来测量储油舱内液体高度的管系。其管子平时是用铜盖密封的，需要测量时用专用的扳手打开密封盖，然后把测深尺从测深管慢慢放到底，再摇上来，根据测深尺显示的湿润的位置计算舱内液体的深度。

（2）储油舱液位遥测系统的类型

① 雷达式液位遥测系统。雷达式液位遥测系统由雷达发射器、发射器连接组件、中央处理单元、显示单元和可供选择的储油温度传感器、固定式现场读出单元、手提式读出单元、色带指示器等组成。雷达发射器一般安装于储油舱顶部。

雷达液位计采用一体化设计，无可动部件，不存在机械磨损，使用寿命长。雷达液位计采用非接触式测量，不受槽内液体的密度、浓度等物理特性的影响，测量时发出的电磁波能够穿过真空，不需要传输媒介，不受大气、蒸气、槽内挥发雾影响，几乎能用于所有液体的液位测量。

其工作原理是由雷达发射器发出电波，到达液体表面后反射到发射器的接收器，根据电波来回所花费的时间，经过处理可以换算成液货舱内液位的高度。它能够测量货油舱液位高度，货油温度及温度极限报警，惰性气体压力及压力极限报警，船舶吃水，高低液位报警，高高、低低液位报警，货油质量、货油体积，单位换算等。

②　压力传感器式液位遥测系统。压力传感器式液位遥测系统一般在每一储油舱内设置三只压力传感器，分别装在下部、中部和顶部。对无惰性气体系统的储油舱可省却顶部传感器。

高性能压力传感器敏感元件由压电材料制成，通过该传感器把与液位深度成正比的液体静压力准确测量出，并经过专用信号调理电路转换成标准电流，建立起输出信号与液体深度的线性对应关系。压力传感器可直接投入或侧装。

压力式传感器体积小，使用方便，适用于各种液位的测量与控制，但易受被测液体密度的影响。

2. 储油舱阀门遥控系统

储油舱的阀门遥控系统是由控制台利用液、气、电作为动力对阀门的开启、关闭进行远距离集中控制，同时可以监测各个阀门的状态以及运行的情况，解决了有些场所船员不能随时进入操作阀门和远距离阀门操作工作量大的问题，减少不必要的工作危险，进一步保障船员的安全。

阀门遥控系统根据遥控阀的驱动方式可以分为电动、气动、液动、电液联动四种类型。

电动遥控阀是以交流或直流电作为动力来源，通过控制台上的开关控制电机的正反转，从而控制阀门的开、闭。

气压驱动式系统由控制台、驱动气源、电磁阀箱、阀门及应急操作单元等构成。气压驱动式阀门遥控系统的工作原理：通过控制电磁阀箱内电磁阀的换向，使驱动气源流经不同管路，驱动阀门开启或关闭。

液动阀门遥控系统主要由控制台、液压泵、蓄压器、电磁阀箱、阀门以及应急操作单元等组成。液压驱动式阀控系统的泵站作为系统的动力源，由液压泵提供高压的液压油至蓄压器，液压油在电磁阀箱中电磁阀换向和蓄压器压力作用下流经不同管路，改变液压执行元件进、排油方向，驱动阀门开启或关闭。

电液联动阀门遥控系统是一种新型的阀门遥控系统，由常规电气控制方式或计算机、电气控制台、电液控制器以及阀门组成。该系统将电机、液压泵、液压执行器、控制附件集成在一起，组成小型的独立电液控制器，装在每个液舱阀门上。操控人员可通过控制面板上的操作按钮直接控制电机正反转或电磁阀换向控制液压回路换向，使驱动器液压泵产生正向或者反向的液压动力，进而控制阀的开、闭。其核心部分是电液控制器，由动力模块、液压执行模块、安全保护模块、阀位指示模块组成。液压执行模块可产生往复运动和回转运动，用于开关截止阀和蝶阀。阀位指示模块将阀门开启、闭合和运转状态反馈至控制模块，并显示在控制面板上。

阀门遥控系统的控制单元需要满足相关规范对控制逻辑、控制元器件的相关要求。

动力源单元中的关键设备（比如液压泵、电动驱动的电源等）需要设置备用，保证系统的安全性和可靠性。

现场的遥控阀门的选材、密封等级、阀体的形式等需要根据工况条件进行合理选型。所有阀门的位置应易接近，并便于操作。所有遥控阀均应设有与遥控操纵机构无关的且能就地手动操纵的装置（包括延伸杆手动操纵装置）。使用手动装置进行开闭后，不能使阀的遥控系统的功能受到影响。对浸入液体或很难接近的阀的就地控制可用延伸杆或用永久性的手摇泵代替。在每一可以控制阀门的地方，应当安装指示阀门启闭的装置。该显示器应依靠阀杆的移动进行指示，或者其布置具有等效的可靠性。

二、外输计量系统

海上油气田的外输计量一般分为两种形式，一种是油气田内部的油气产量计量，一种是油气田与外部进行商业交易的贸易交接计量。

计量仪表在管理方面要求比较严格，特别是在商业交易中，由于关系到双方切身利益，计量仪表设备的管理必须由国家有关权威机构确认的部门来完成，这样国家工商机关才能承认计量系统的公正性。

国家对外输计量的法律法规要求主要有《中华人民共和国计量法》。国内外针对原油和天然气的外输计量的标准规范较多，请查阅有关标准规范文献。

外输计量系统内使用的流量计、分析仪、密度计等需满足国家计量法的相关要求。

外输计量系统分为原油外输计量系统和天然气外输计量系统。

1. 原油外输计量系统

（1）原油外输计量系统的组成　商品原油的体积计量采用两种方法，即静态计量和动态计量。静态计量是利用容器在原油处于静止的状态下来测原油的体积量，即通过人工检尺或各种自动化液位仪表测量出液位，再计算出容器内原油的体积。动态计量是利用流量计来计量管道输送的流动条件下原油的流量。海上原油的交接计量主要采用动态计量，储油轮和穿梭油轮的量舱结果作为参考。这里主要介绍原油动态计量。

　　海上油田常用的原油计量系统是将原油的体积、密度、含水率全部由仪表在线测量，测得的数据由流量计算机采集处理，得到原油的体积或质量。系统主要包括计量和标定系统、控制系统，计量系统主要有主表、参数测量仪表、取样、阀门。

　　(2) 原油外输计量系统的配置要求　原油外输计量系统各部分的配置要求主要有如下几点。

　　① 流量计。流量计型式通常采用涡轮流量计、容积式流量计、质量流量计、超声波流量计。流量计的精确度应优于±0.2%。

　　② 密度仪表。主要用于原油的质量计量，当原油按体积计量时，密度仪表用来检测密度变化，并可用于原油压缩系数计算。密度仪表分为在线密度计和实验室密度测量仪器。在线密度计大部分选用振动管式液体密度计，其精确度不应超过±1kg/m³。一般设置两套密度计，正常运行一台，备用一台，设计时还应考虑密度计的检定流程，还应考虑设置除蜡、除垢设备，以确保密度计的测量精度。

　　③ 含水分析仪表。在线含水分析仪表的测量精确度应不低于±0.1%。设计时可考虑一台备用。

　　④ 阀门。原油外输计量系统进口设计有截止阀，流量计后设有流量调节阀和截止阀。API MPMS 中要求流量计后截止阀具有双面密封、截止和排放功能并有检漏措施。

　　⑤ 辅助仪表和设备。其他的仪表主要包括用于计量的压力表、温度计等，规范对其精确度和分度值都做了要求。如用于计量的压力表或压力变送器的精确度应不低于 0.5 级，温度计的分度值不大于 0.2℃。

　　辅助设备是指为保证流量计计量准确、延长计量仪器寿命而配备的辅助设备，主要包括过滤器、消气器等。

　　(3) 原油外输计量系统标定系统的配置要求　原油外输计量系统中应设置在线流量计标定系统。标定设备常用标准体积管和小容积式标准体积管。标准体积管的重复性应在 0.02% 之内，理论上，标准体积管的重复性优于小容积标准体积管，但由于海上昂贵的空间限制，小容积标准体积管得到广泛的应用，但在标定时应满足 GB/T 17286—1998、ISO 标准或 API 标准对测量次数和连续测量结果的重复性的要求。

　　设计时同时应考虑体积管的检定设备。检定体积管可采用水标法和标准流量计法。水标法是将体积管连接于一个水循环系统，用水泵将水从水池泵入体积管，然后进入标准量器，由标准量器确定体积管的容积。也可用称重法，但常用前者。标准流量计法是以重复性好的优质标准流量计作为待检定体积管和计量标准器之间的传递标准，目前较少应用。

2. 天然气外输计量系统

　　(1) 天然气外输计量系统的组成　天然气计量有两种：质量计量和能量计量。我国天然气贸易计量方法是按法定要求的质量指标以体积或能量的方法进行交接计量。海上天然气计量系统中常用的流量计型式有孔板流量计、超声波流量计、涡轮流量计。

　　(2) 天然气外输计量系统的配置要求　天然气外输计量系统主要包括流量计、色谱分析仪、水露点分析仪、烃露点分析仪、温度压力变送器等仪表及控制盘。

　　孔板流量计是全世界最主要的天然气流量计，美国 AGA（美国气体协会）3 号报告（孔板流量计计量天然气及其他烃类流体）就是针对天然气计量的标准，现在设计中孔板的计算和流量计算机的运算大部分以此标准为基础。孔板流量计的主要特点为结构易于复制、简单牢固、性能稳定可靠、使用期限长、价格低廉等，整套流量计由节流装置、差压变送器和流量显示仪（或流量计算机）组成。主要缺点是：输出信号为模拟信号，重复性不高，对整套流量计的精确度影响因素多且错综复杂，因此提高精确度的难度很大，范围度窄，压损大，现场安装条件要求高等。

　　涡轮流量计的主要特点为：高精确度；输出为脉冲频率信号，适于总量计量和与计算机连接，无零点漂移，抗干扰能力强；可获得很高的频率信号（3～4kHz），信号分辨力强；范围度宽，中大口径可达 10∶1～40∶1，小口径为 6∶1 或 5∶1；结构紧凑轻巧，安装维护方便，流通能力大。涡轮流量计的特性易受介质物性和流体流动特性的影响，愈是高精确度，其影响愈敏感。例如介质脏污、结垢，使叶片及通道发生变化，流量计特性亦随之改变；轴承磨损使特性偏移；等等。

　　气体超声流量计的主要特点为：测量精确度高、范围度宽、无压损、无可动部件、安装使用费低等。它是继孔板流量计、涡轮流量计之后的第三类适用于高压、大口径、高精度的天然气流量计。

　　总之，设计中应综合考虑设计流量、自控技术水平和投资来确定流量计的型式，结合工艺条件和仪表的特性进行正确选型。

　　(3) 天然气外输计量系统辅助设备的配置要求　天然气外输计量系统中为了测量气体的性质，需配置色谱分析仪、水露点分析仪、烃露点分析仪等辅助设备。

色谱分析仪、水/烃露点分析仪的测量原理、精确度、测量范围需根据工况条件进行相关的配置要求。

第五节 平台辅助系统

一、水下管缆安防系统

海上油田水下管缆易受到过往船只抛锚、挖沙船挖沙或渔网拖挂等的影响和破坏。为了加强水面及水下目标的监控，及时报警并消除不安全因素，设计安装水下管缆安防系统，有利于保证海上油田水下管缆设施的安全，减小来自外部因素的威胁。

1. 系统功能

通过水下管缆安防系统，可实时监测水下管缆路由附近水面及水下目标的活动情况和状态，获取过往船舶与水下管缆间的相对位置及其变化趋势。当发现海面船只在管缆重要区域有停船迹象时，水下管缆安防系统发出报警信号，再由有关人员采取驱离等措施消除不安全因素。

2. 系统组成

水下管缆安防系统由红外监视仪、自动识别设备（AIS）、船用雷达、被动监测声呐、监控中心处理单元、显示设备和存储设备组成，如图 5-12-8 所示。

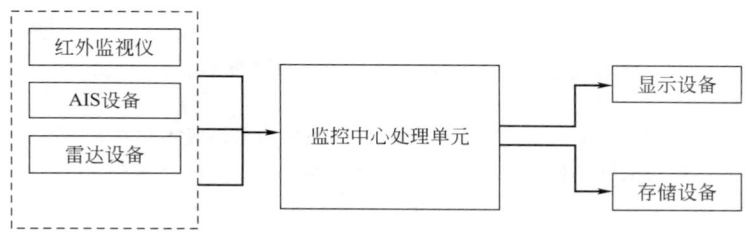

图 5-12-8 水下管缆安防系统组成

3. 系统配置

红外监视仪主要由远程红外长焦距成像仪、激光测距机、电控转动重载云台及保护罩等组成。成像仪与测距机采用共腔式设计，且成像仪光轴与测距机光轴平行，腔体内整体密封充氮，具有图像视场内入侵目标告警功能。其主要技术指标如下。

① 实时成像：入侵目标检测和告警。

② 观测角度：360°电控旋转，转动一周的时间为 2～10min。

③ 作用距离：≥10km（无雾天气，10m×10m 以上目标），≥2km（对人）。

④ 视场：多级程控。

⑤ 护罩：整体防水密封，充氮，外部防盐雾腐蚀处理。

⑥ 云台转动范围：水平 360°，垂直不小于±30°。

⑦ 通信接口：RJ45 或 RS-422。

⑧ 使用寿命：大于 10000h。

⑨ 集成长焦镜头 CCD 摄像装置和激光测距机。

船舶自动识别设备（AIS）通过 VHF 海上频段，接收设备周围 10km 范围注册船只各种信息，如船只身份、船位、艏向、船舶类型、长度、宽度、吃水、所载货物等。AIS 船舶自动识别设备将收到的信息传送到安防监控中心处理，安防监控中心综合其他安防设备探测数据，对水面船只可能对油田管线设施造成的安全威胁进行评估，并据事先确定的流程决定是否给出定向预警或报警提示信息。

① 发射/接收频率：156.025～162.025MHz。

② 阻抗：50Ω。

③ 频道带宽：25kHz/12.5kHz。

④ 接收码：1575.42MHz，C/A 码。

⑤ 精确度：至少 10m。

⑥ 跟踪速度：467m/s。

水面定位雷达系统利用水面目标的电磁波反射特性，在去除海面反射杂波等影响后，通过对目标反射的电磁波信号进行处理，得到目标的精确距离、方位、速度、反射强度等信息，跟踪目标的航行轨迹，并将有关信息数据传输至平台监控中心，进行综合集成处理。其主要技术指标如下。

① 频率：X-波段，9410MHz±30MHz/s-波段，3050MHz±30MHz。

② 目标速度：0～25m/s。

③ 目标强度：RCS＝5～1000m²。

④ 距离探测范围：50m～10km。

⑤ 方位探测范围：360°。

⑥ 距离精度：优于30m。

⑦ 方位精度：优于0.3°。

⑧ 扫描速度：不小于30r/min。

⑨ 多目标能力：不小于50批/s。

⑩ 信息存储容量：不小于100批。

被动监测声呐系统通过布放于海底的两个水声基阵，利用水中目标航行时产生的辐射噪声，实现对目标进行测向和定位跟踪，可全天候对附近海域的船只和水下航行体目标进行实时监测，跟踪其航行轨迹，并将相关数据传输至平台监控中心。其主要技术指标如下。

① 测向范围：360°。

② 作用距离：5000m（三级海况下，在1～5kHz频段内声源谱级不小于125dB时）。

③ 两套圆柱阵时，定位误差不小于8％。

④ 相邻目标角分辨率不大于10°（多目标在1～5kHz频段内声源谱级不超过3dB时）。

监控中心处理单元通过获取红外监视仪、船舶自动识别设备（AIS）、水面定位雷达、被动监测声呐等系统的数据，进行数据处理、记录、监控、取证、识别、警戒和通信指挥，整合包括水下和水上的各传感技术，构成点、线、面相结合的立体时空防御网，实现水下管缆的整体安防。

二、水文气象监测系统

根据海上油气田区域环境特征和海上油气田开发工程设计生产对水文气象环境条件的需求，设计安装水文气象监测系统，可以获取海上油气田区域长期连续的水文气象观测数据，为海上油气田开发工程设计和生产运营提供水文气象环境条件技术支持，同时可以对极端水文气象环境条件进行记录，为海上设施设计、安全防护和结构校核提供水文气象环境基础数据。

1. 系统功能

水文气象监测系统可以获取的监测数据主要包括：风速和风向、空气温度和湿度、大气压、能见度、特定水深的流速和流向、整个水体的海流剖面流速和流向、波浪（波高、波向和波周期）、水位、特定水深的海水温度和盐度以及海底泥温等。

2. 系统组成

水文气象监测系统由一系列传感器、主处理单元、显示单元、数据存储和记录设备组成。传感器可以分为水文和气象两大类，分别用于收集、监测水文和气象的初始数据。处理单元用以处理传感器传输过来的数据信号，进行输出显示和数据存储，并根据需要可以提供与其他系统的接口，如串口和网口等，用于信息共享。系统组成如图5-12-9所示。

3. 系统配置

（1）水文传感器配置　水文传感器主要包括波浪和水位传感器、海流传感器、海水温度和盐度传感器以及海底泥温传感器。

波浪传感器应选择所在海域主浪向位置安装，其选型要避免周围结构物的影响。对于水下的波浪传感器，要尽量避免声束模式受任何结构物（比如立管、桩腿和锚缆等）的阻挡影响。对于雷达类传感器，采集视角内的海面应无固定障碍物，以确保良好的数据采集质量。水位传感器安装在相对波浪较小、低潮时仪器不露出水面且安全的位置。通常选取一套波浪水位雷达设备实现，可以同时测量波浪和水位，获取波高、波向、波周期和水位等水文数据。

海流传感器选型要满足监测特定水深（即海水表面和海底）的流速和流向以及所在海域整个水深的海流剖

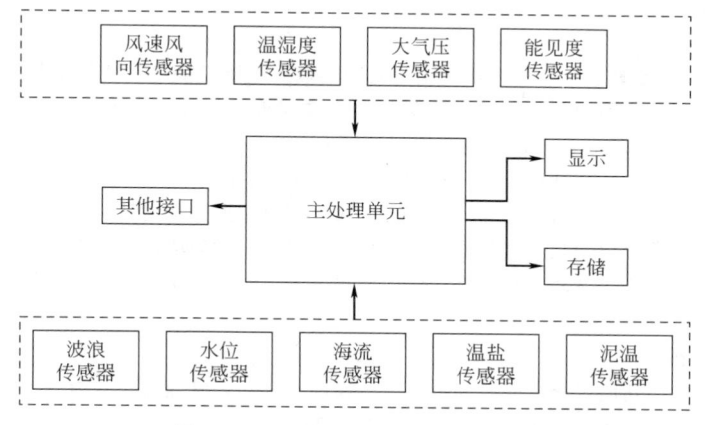

图 5-12-9 水文气象监测系统组成

面流速和流向，目前最常用的传感器类型是 ADCP（Acoustic Doppler Current Profilers）声学多普勒流速剖面仪。海流传感器选型需要考虑所在海域主流向、水深及传感器测量范围等因素，可以根据需要选择不同规格的传感器组合，以测量整个水深剖面的海流，同时应确保传感器在自由流动的环境下测量，避免多普勒声束受任何结构（比如立管、桩腿和锚缆）的阻挡。通常选取剖面海流计和单点海流计组合，前者用于测量整体水深剖面，后者用于测量海水表面和海底两个水深的数据。

海水温度和盐度测量由三台温盐传感器组成，分别安装上、中、下三个不同水深位置，安装位置应远离可能影响周围海水温度盐度的设施或作业位置，可以随着海流传感器一起下放和回收。

泥温传感器应固定插入海床测量，应选择在海底冲刷或掩埋活动较小的地方，远离可能造成周围土层变动的作业位置，以确保传感器不露出海床泥面，测量数据真实有效，通常安装于导管架桩腿入泥位置。

（2）气象传感器配置 气象传感器配置可以看作是一台小型的气象站，其包括一台风速风向二合一传感器，用于监测风速和风向；一台温度湿度二合一传感器，用于监测空气温度和湿度；以及一台气压传感器，用于监测大气压。根据实际需求，还可以选择配置能见度传感器以测量能见度。

气象站的安装位置尽量选取在相对较高处，四周无障碍物对风遮挡，周围无热源和辐射。

三、含砂监测系统

在石油天然气开采过程中，油气井出砂是油气田开发过程中常见的问题，大量出砂或持续出砂将会产生油管砂堵、设备损坏等危害，严重出砂还可能影响油气井正常的生产，给安全生产带来重大隐患，进而缩短油气井的寿命。因此在油气井采油树出口管线需要设置含砂监测系统，实现对油气井出砂状况的实时监测，从而为防砂提供准确、可靠的信息，最终达到提高产量和保护设备的目的。

1. 系统原理

含砂监测的方法有很多，但其中已有较成功的现场应用经验、可在线实时连续监测、测量精度高、可多井口同时集中监测的含砂监测技术以声波检测法为主。

声波法含砂监测传感器通过无源超声波技术测量砂粒，检测由粒子冲击管壁的内侧产生的超声波信号。同时含砂监测传感器内置了一个混合流速测量单元，利用多普勒技术通过使用有源的脉冲来实现流速测量。经过滤波电路和信号处理技术把出砂信号从噪声中提取出来，然后分析软件中建立的出砂信号与出砂量之间的关系模型，实时计算出管道中的含砂量。

2. 系统配置

含砂监测系统由含砂监测传感器、信号处理单元、上位机以及对外通信接口组成，如图 5-12-10 所示。

海上石油平台具有井口集中、采油树周围管线分布密集、空间紧凑的特点。外夹式含砂监测传感器易于安装，不改变井口采油树流程，不需要担心管道内流体介质对传感器的腐蚀，因此适

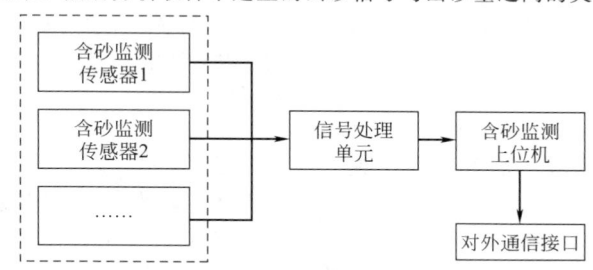

图 5-12-10 含砂监测系统组成

用于海上石油平台应用。含砂监测传感器一般安装在弯头下游，测量精度可达±5％，并将采集到的数据传输到信号处理单元集中处理。

信号处理单元由 AC/DC 转换器、安全栅、信号转换器以及电源模块等组成。信号处理单元可同时接收多个井口的含砂监测传感器采集到的信号，并将采集到的声波与流量信号进行安全隔离与数字转换，通过 RS-232 协议上传到含砂监测上位机，由上位机的专用软件做进一步分析处理。

上位机装有含砂监测系统专用分析软件，软件基于 Windows 操作系统开发。经过软件分析处理后，在软件画面上能够反映出每个井口实时出砂状况。同时还可回放历史数据，观测某段时间的出砂情况，预测出砂趋势，从而指导生产作业人员合理调配生产与适时检修维护，避免因出砂堵塞管线而造成停产损失。

上位机配有对外通信接口，含砂监测分析软件可通过 RS-485 或 TCP/IP 协议方式将含砂监测系统处理数据对外传输。

四、防腐监测系统

海洋平台防腐监测按照功能区分不同，主要分为内腐蚀监测和外腐蚀监测。内腐蚀监测指的是对所保护的物体内部受到内部流体介质的腐蚀监测，如工艺管道含油酸性气体的天然气。外腐蚀监测指的是对所保护的物体的外表面受到周围环境的腐蚀监测，如海水。内腐蚀监测主要分为海管旁路内腐蚀监测和工艺系统内腐蚀监测，外腐蚀监测主要包括牺牲阳极阴极保护监测和外加电流阴极保护监测。

1. 系统功能

（1）内腐蚀监测系统　内腐蚀监测系统主要是监测管线内管壁的腐蚀情况，包括海管和工艺管道，可以获取的监测数据主要包括氢含量、电磁场强度、电阻、电流等，从而推算管道的腐蚀速率、腐蚀余量、腐蚀趋向。

（2）外腐蚀监测系统　外腐蚀监测系统主要是监测导管架表面的腐蚀情况，可以获取的监测数据主要包括电压、电阻、电流等，从而推算导管架的腐蚀速率、腐蚀余量、腐蚀趋向以及阳极块金属块的余量。

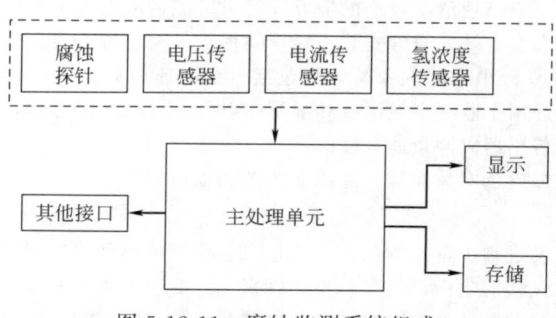

图 5-12-11　腐蚀监测系统组成

2. 系统配置

腐蚀监测系统由一系列传感器、主处理单元、显示单元、数据存储和记录设备组成。传感器主要包括腐蚀探针、电压传感器、电流传感器，分别用于监测腐蚀余量、腐蚀速率、腐蚀趋向的初始数据。系统组成如图 5-12-11 所示。

（1）牺牲阳极阴极保护监测　主要技术要求：

① 每个监测探头内部有 2 个参比电极，参比电极采用长效高纯锌电极和银/卤化银（Ag/AgX）参比电极；

② 监测系统可以对任何监测点的保护电位进行连续监测，监测时间频率可按需求设定，能够对异常电位给出报警。

（2）外加电流阴极保护监测　主要技术要求：

① 参比电极常用类型有银/氯化银电极、锌及锌合金电极/海水；

② 辅助阳极应导电性好，输出电流大，常用的材料主要有铅银合金、镀铂钛等。

（3）海管旁路内腐蚀监测　主要技术要求：

① 上位机具有高速高精度数据采集系统、数字函数发生器、IR 补偿、精密放大器和电极控制等功能；

② 上位机软件应能满足线性、数字扫描波和三角波等分析计算软件。

（4）工艺系统内腐蚀监测　主要技术要求：

① 探针和适配器材料应与管线保持一致；

② 变送器材质至少是 316LSS。

五、海管测漏系统

海底输油管道长期受介质腐蚀及意外事故等影响，容易产生缺陷和损伤，严重时会发生爆管或油气泄漏。目前，海底输油漏系统方法较多，如何快速选择最佳的适用于海洋石油平台的海管测漏方法是值得重点关注研究的大事。有效快速判断海底外输管道是否泄漏及准确定位泄漏点，能够真正避免给人类海洋环境造成污染；不能准确定位泄漏点，会降低海洋石油平台生产效率。

1. 系统关键技术参数

海底管道泄漏系统监测的关键技术参数：

① 灵敏度　当海底管道发生泄漏时是否能及时做出响应；

② 精确度　当海底管道发生泄漏时是否能准确找到泄漏源；

③ 可用性　是否会因为系统自身原因出现误报警，频率是多少；

④ 存储性　当通信信号出现中断后，测漏系统能否自身保存采集的数据。

2. 系统原理

海管泄漏监测的方法主要分为直接法与间接法，测量特点和应用场合各不相同。

直接法：巡线观察法、电缆/光纤检漏法。

间接法：分段试压法、质量/流量平衡法、声学方法（应力波法、负压波法、水声换能器法）、声波法、流量或压力突变法、实时模型法、放射物检查法、管壁参数变化检测法等。

海底管道推荐测漏方式：

① 海洋石油平台综合比选适合的方法主要为：电缆/光纤检漏法、负压波法、声波法、质量/流量平衡法；

② 在考虑新增光纤的条件下，可考虑电缆/光纤检漏法；

③ 若只粗略进行泄漏检测，可采用质量/流量平衡法；

④ 若要进行精准测量，可采用3D map 负压波法或声波法实现。

几种海管测漏方法相应的优缺点如表 5-12-3 所示。

表 5-12-3　海管测漏方法的优缺点对比

测漏系统的原理选择和方案比较（适用于海洋工况）				
检测方法	原理描述	优点	缺点	可行性分析
1. 电缆/光纤检漏法	①电缆与管道平行铺设，泄漏的物质渗入电缆后会引起电缆特性的变化；②液态天然气管道、黏油、海底等加热输送管道的泄漏，会引起周围环境温度的变化。分布式光纤温度传感器可连续测量沿管道的温度分布情况	能检出微小的泄漏	材料成本高，连续使用性差，对于已建设好的管道系统要重新铺设电缆或光纤	光纤或电缆在铺设过程中，由于台风等特殊情况存在弃铺的情况因此重铺不建议采用
2. 质量/流量平衡法	依据质量守恒定律，没有泄漏时进入管道的质量流量和流出管道的质量流量是相等的，如果进入流量大于流出流量，就可以判断出管道中间有泄漏点	系统简单	①检测精度受到流量计精度的影响；②不能对泄漏点定位；③需要配合其他方法联合使用；④响应时间慢	不能准确定位泄漏点，因此不建议单独采用。可结合采集压力、温度一起应用
3. 负压波法	当管道发生泄漏时，泄漏处由于物质损失造成压力突然下降，压降由泄漏处向上下游传播，称之为负压波。利用负压波通过上下游测量点的时间差以及负压波在管线中的传播速度，可以确定泄漏位置	①具有较高的灵敏度（约30s）；②定位准确；③目前国际上广泛重视管道泄漏检测和泄漏点定位方法	压力变送器精度要求较高	产品应用成熟，实施便捷，可操作性强；结合3D图像应用
4. 声波法	当管道发生泄漏时，流体与漏孔壁之间产生摩擦，产生声波信号。通过检测介质中声波信号传播到上下游传感器的时间差，结合声波在管内流体中的传播速度，即可定位泄漏源	①具有较高的灵敏度（约30s）；②定位准确；③可检测小泄漏	①声波变送器精度要求较高；②噪声数据库需不断完善	可综合负压波法使用

3. 系统配置要求

负压波法和声波法典型的测量方法配置方案如图 5-12-12 所示。

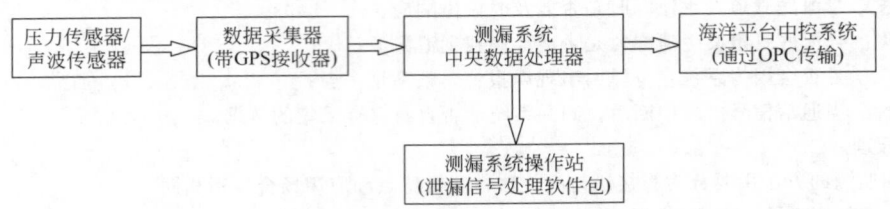

图 5-12-12　测漏系统配置

负压波法：首末安装压力变送器、GPS 时间同步软件包、数据采集处理器、操作站、泄漏信号处理软件包。系统配置方式如图 5-12-13 所示。

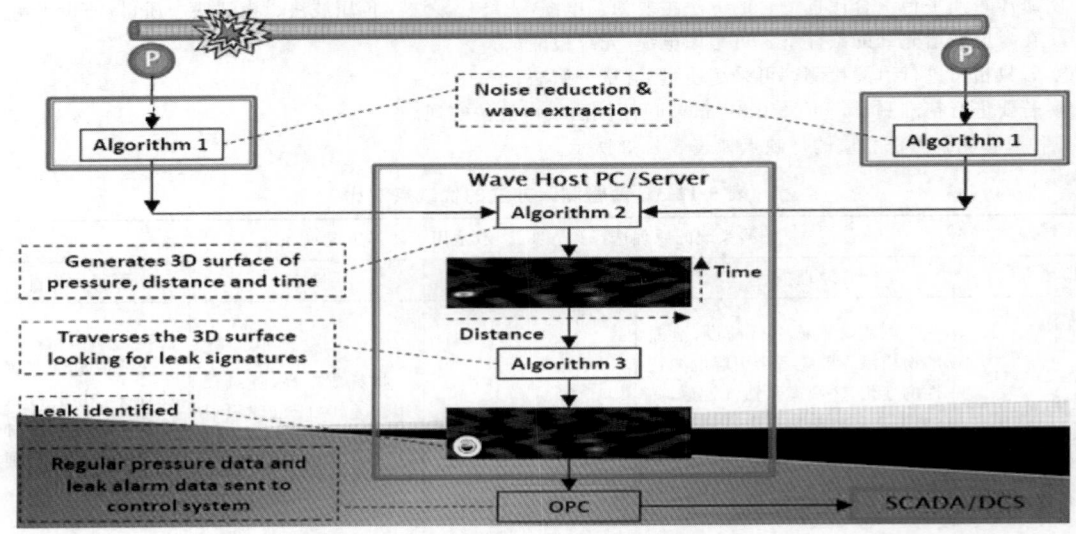

图 5-12-13　负压波法的测漏配置方式

声波法：首末安装声波变送器、GPS 时间同步软件包、数据采集处理器、操作站、泄漏信号处理软件包。系统配置方式如图 5-12-14 所示。

六、海上固定平台的振动监测与分析

海洋平台长期工作在恶劣的环境中，受到多种环境荷载的作用，包括波浪、海风、海冰以及平台上大型机械设备的振动等。这些环境荷载很可能引起海上固定平台的共振或被迫振动，导致平台结构的疲劳和破坏，降低平台的使用寿命和实用性，影响工作人员的身心健康，存在风险隐患。

1. 系统功能

平台的振动监测与分析系统通过在平台上设置振动检测点，采集结构振动状态的振动信息，获得结构的动力特性参数，借助结构分析软件，对平台结构进行计算分析。根据分析结果可鉴别结构安全方面的薄弱环节和隐患，识别结构损伤情况，对结构局部和整体的安全性做出系统的评估。

2. 系统构成

（1）振动检测传感器

① 振动检测传感器的选型原则

a. 性能参数可靠性原则。传感器正常工作时具有可靠、稳定的性能参数。

b. 工程环境适应性原则。传感器在平台结构所处的环境温度、湿度等工作环境因素变化范围内具有正常的工作性能。

c. 考虑到平台的低频振动特性及平台环境，推荐加速度传感器的主要技术参数为：测量范围±2g；频率

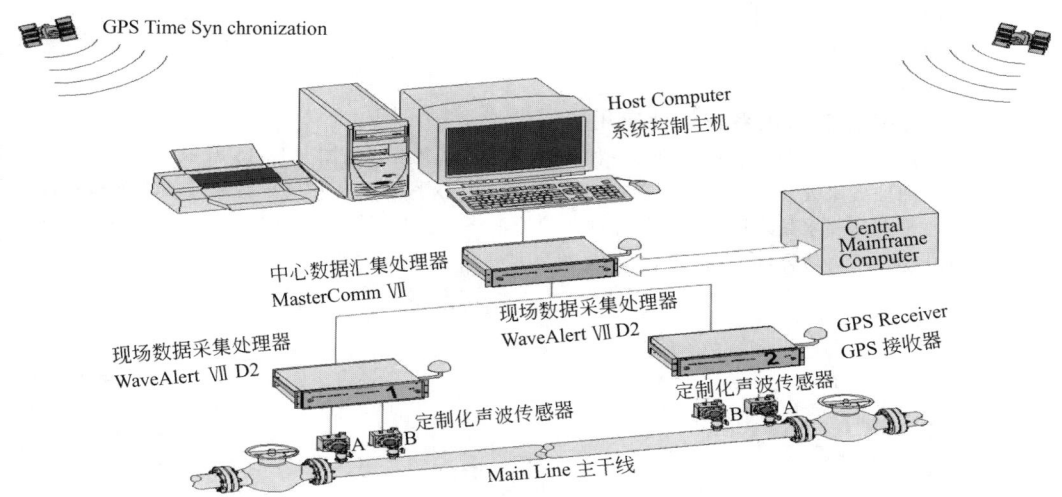

图 5-12-14　声波法的测漏配置方式

范围 0～300Hz；灵敏度 2V/g；精确度±1％；温度工作范围－55～125℃。

②　振动检测传感器的布置原则

a. 最优布设原则。传感器应布置在结构的最优位置，测得的信号应对结构模态参数的变化敏感，测试数据识别得到的结果应具有较好的可视性和鲁棒性。

b. 可操作性原则。传感器的布设易于安装和拆卸，布设过程不影响平台正常工作，具有简单、方便的可操作性。

c. 不损伤结构原则。传感器的布设不能损伤结构。

d. 重点区域检测原则。分析平台结构图纸资料，确定损伤最可能发生的位置或区域，有针对性地布置传感器。

（2）数据采集　将传感器数据接入数据采集仪，数据采集仪信号通过网线接入计算机，完成整个振动测试系统的连接。

数据采集采用等时间间隔方式，应保证多个测点的采样数据同步性，设定采样频率。为了采样的完整性，采样数据应有足够的长度、完整的记录振动的过程，单次采样长度宜不低于 300s。

（3）软件分析

①　检验采集数据，验证数据的合理性和有效性。对采集信号进行滤波，使噪声与有用信号分离，抑制和消除噪声。

②　对振动检测数据进行模态参数识别，识别其频率、振型、阻尼比等。

③　利用成熟的结构计算软件（如 SACS、ANSYS），收集平台基础数据，建立平台的三维有限元模型。通过交叉模型交叉模态修正方法（CMCM），利用模态信息对平台结构模型进行修正，使修正后的模型动力特性更能反映实际结构的特性。

④　根据模型分析结果进行损伤识别和平台结构的安全评估。

第六节　平台自动化系统设计应用

一、海上油气设施开发模式

海上油气田的生产是将海底油（气）藏中的原油或天然气开采出来，经过采集、油气水初步分离与加工、短期的储存后装船运输或经海管外输的过程。开发模式根据水深不同，基本分为浅水和深水开发模式两种。

①　海洋石油生产设施工程浅水开发模式：

井口平台＋中心平台＋海管＋陆上终端；

井口平台＋海管＋FPSO。

② 海洋石油生产设施工程深水开发模式:

水下生产系统＋CEP/FPSO＋海管＋陆上终端;

水下井口＋FLNG。

二、浅水开发模式自动化系统设计应用

以海洋石油生产设施工程开发模式中的第一种为例,一般海上工程如图 5-12-15 所示。A 井口平台油田的井口物流经过简单的油气水处理,通过海管接入中心平台;中心平台和 B 井口平台通过栈桥连接;A 和 B 井口平台物流经中心平台油气水处理后再经海管输往陆地原油终端。对于第二种开发模式,FPSO 替代了中心平台和陆地的终端功能,不再做详细描述。

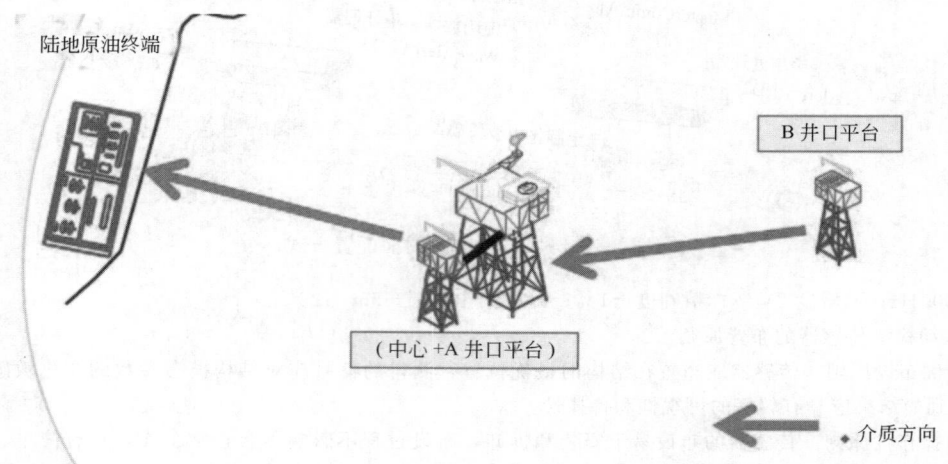

图 5-12-15　井口平台＋中心平台＋海管＋陆上终端开发模式流程简易图

一般在中心平台和 B 井口平台上分别设置 3 套独立的控制系统,分别用作过程控制系统、应急关断系统和火气探测保护系统。相关平台之间、平台与油田原油终端之间设联锁关断及报警。

中心平台与 B 井口平台的通信和中心平台与陆地终端的通信可分为有线通信和无线通信方案。如果平台间需要电力传输和通信,则考虑有线的海底复合光缆;如果平台间无电力传输,距离远,带宽需求不大,确定微波或者卫星通信。

开发工程控制系统和通信如图 5-12-16 所示。

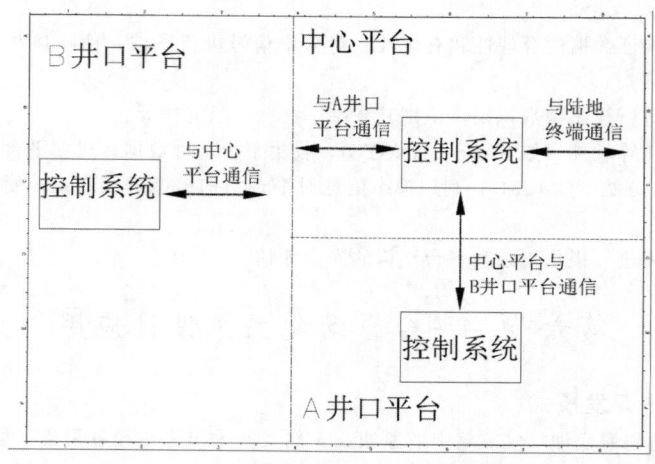

图 5-12-16　开发工程控制系统和通信

1. 中控系统设计

海洋石油生产设施通常具有高温、高压、易燃、易爆和生产连续性高等特点,且生产场所位于海上,空间

较为紧凑，人员逃生相对困难，因此安全性要求较高。

对自动控制系统要求安全性高，可用性高。要求最大程度地及早检测到异常情况，及时采取控制措施和预警。在生产过程或设备出现故障时，要求安全控制系统能够迅速动作，将生产损失降到最低，最大限度地保护人员与设备的安全。

一般设置 3 套独立的控制系统，分别用作过程控制系统、应急关断系统和火气探测保护系统。通常情况下，这三部分系统的硬件相对独立，采用独立的控制器和相关卡件完成各自相应的功能，并通过通信网络集成为集中控制系统，实现整个生产设施的生产控制和安全保护功能。

（1）过程控制系统　过程控制系统选用 DCS。

（2）应急关断系统　应急关断系统应设计为故障安全型。采用符合 IEC 61508/61511 认证的 SIS 系统，根据 SIL 分析结果确定系统 SIL 等级。冗余配置。

应急关断系统关断分为四级：弃平台/船关断、火气关断、生产关断和单元关断。

应根据平台间的物流关系和供电关系实现应急关断系统联锁功能。

（3）火气探测保护系统　火气探测保护系统由火气探测主系统、可寻址火灾探测系统、现场火气检测设备组成。主系统采用符合 IEC 和 NFPA 标准的 SIS 系统。

2. 无人平台中控系统设计

一般无人平台生产设备简易，平台规模小，此类型的中控系统设计为一套符合 IEC 61508/61511 认证的 SIS 系统，并设置 CCTV，通过光纤将平台的工艺、生产数据和平台图像传回控制平台。

3. 井口控制区

海洋石油生产设施的井口集中，采用集中控制井口盘进行控制，功能齐备，安全性高。故障安全型设计，就地控制与中控远程控制相结合，双重保障井口控制安全。

井口控制区还是生产水回注、化学药剂加注的区域。此区域是火气监控的重点区域，除设置可燃气探头和火焰探头外，一般还设置易熔塞和 CCTV。

4. 就地控制盘

撬装、成套设备及电气主电站自带就地控制盘，就地盘上要有与本平台控制系统的通信。

5. 现场仪表

海上平台设备集中，操作人员配置少，对自动化程度要求高，大部分工艺操作均自动完成，减少操作人员干预。

现场仪表及辅件应尽量选用标准系列化产品，尽可能减少仪表品种、类型，以减少备品备件的种类，方便操作与维护，选用带 HART 协议的智能仪表。处于室外的自控设备要求防海洋环境腐蚀。现场仪表的防爆、防护等级应有权威机构的认可证书。

6. 计量

计量一般包括单井计量、平台产量计量和贸易计量。选用流量计需考虑平台空间和工艺压降等要求，即要考虑直管段要求，减少体积维护，分离方案符合压降和连续性等要求。其中贸易计量的气、液流量标定更要考虑到平台的特殊性。

（1）单井计量　一般井口平台上设有计量管汇和计量分离器，单井计量通过计量分离器出口设置的油、气、水流量计完成。

（2）平台产量计量　平台产量计量一般在井口平台出口总管上设置多相流量计或者普通流量计完成。计量单位和计量精度要满足油田内部计量要求。

（3）贸易计量　平台输出的是油或者气，选用适合的流量计对外输总量进行外输计量，计量单位和计量精度要满足油田贸易计量要求。

三、深水开发模式水下生产系统自动化系统设计应用

1. 水下油气田开发模式简介

（1）水下与上部生产设施

① 上部生产设施　上部依托设施通常有独立的生产工艺流程及过程控制、应急关断和火气探测系统。上部生产设施需考虑为水下预留油气处理能力，通过海管接收水下油气。上部设有独立的水下控制系统，能通过水下脐带缆为水下生产系统提供电力、通信、控制、液压和化学药剂注入等功能。

② 水下生产设施　通常包括水下采油树、电潜泵（油田）、水下管汇、跨接管、海管、桥接管汇等。水下

控制系统通常包括水下控制模块、水下电液分配单元、水下动力分配单元、电液飞缆等设备。

（2）水下控制系统　水下控制系统是水下生产系统的控制中枢，用于水下采油树、水下管汇等设备的远程控制，调节水下油嘴，分配化学药剂注入，并进行井下压力、温度和水下设施运行监测等。

典型的水下控制系统有直接液压、先导液压、顺序液压、电液控制系统，复合电液控制系统，全电式控制系统。

水下控制系统类型与结构的选择需要考虑诸多因素，如井口数量、井位分布、控制与回接距离、油井管理与监测需求、系统响应时间需求、水深、油藏规模与生命周期、经济与成本等。

直接液压、先导液压、顺序液压控制系统水下数据上传困难，控制距离较短，已很少有工程应用。目前水下油气开发项目主要采用复合电液控制系统方式。全电式控制系统虽然已有工程应用业绩，但国际上主要深水公司仍处于进一步开发和测试阶段，尚未推广。

复合电液控制系统主要由位于依托设施（陆上终端）的上部控制系统和布置于水下的通信、控制设备和控制脐带缆等组成。上部控制系统输出的高低液压液、化学药剂、电力信号，通过复合控制脐带缆传输到水下控制单元，从而实现对远距离水下生产设施生产过程、维修作业的遥控。

高低液压液的传递路径为：液压动力源→水面控制脐带缆终端→水下液压分配单元→水下控制模块→水下执行机构。

电力传递路径：电源→水面控制脐带缆终端→水下电力分配单元→水下电子模块（SEM）。

水下遥测信号的传递路径：水下仪表→水下电子模块（SEM）→水面控制脐带缆终端→主控站。

水下气田生产系统的基本设计原则如下：

① 采用国际成熟的水下生产系统与技术；

② 充分利用周边已有和在建的基础设施；

③ 考虑后期调整井或周边小区块的开发；

④ 在安全可靠的情况下，最大限度简化水下生产设施。

2. 水下复合电液控制系统的典型配置案例

上部控制系统布置于上部依托设施，包括主控制系统（MCS）、电力单元（EPU）、液压动力单元（HPU）、上部脐带缆终端（TUTA）和变频器（用于水下泵的控制），通过水下脐带缆向水下的井口控制模块提供电力、液压动力、监控功能和化学药剂注入，通过海底电缆向井下电潜泵提供电力和监控功能。

水下控制系统包括水下电液分配单元（SDU）、水下控制模块（SCM）、水下变压器（根据泵的需求而选配）和水下通信模块（SRM，光纤回路通信时需采用）。

（1）水下控制系统方案　水下控制系统可根据水下区块的分布、井口数量、井口到依托设施的距离、未来井的预留、可靠性、可用性、可维护性、费用等情况综合考虑选型。近年来，国内外采用的水下控制系统方案主要为复合电液控制系统。

（2）通信链路方案　水下控制系统的常见的通信链路方案如下。

① 电力线载波通信链路：利用已经布好的电力线网络进行信号传输的，不需要另外架设通信链路，可以降低脐带缆成本。

② 光纤通信链路：在脐带缆中设置光纤回路，通信距离可超过100km。

（3）供电方案　水下气田的用电设备通常有SCM和SRM，为控制和通信设备用电，耗电量少。

水下油田的用电设备通常包含SCM、SRM、井下电潜泵和水下增压泵等，其中井下电潜泵和水下增压泵为大功率用电设备，需设置独立的供电回路并设置变频器驱动，如果功率大而距离又较远，则还需设置水下变压器。

（4）冗余和备用原则　水下控制系统的电力、通信、控制和液压系统均采用冗余设计。化学药剂系统采用一根公共备用管路。所有的水下传感器都采用冗余设计。

（5）脐带缆方案　脐带缆内的结构和功能单元的需求，需要根据油气田的种类、油气田的井口规模、水下控制系统的选型、化学药剂注入需求、水深条件、上部依托设施的类型、安装船舶资源、渔业和航道状况、冗余和备用原则、预留需求以及费用等方面综合考虑。

目前，国内外水下油气开发大多采用复合电液控制系统，通常使用复合电液脐带缆，如图5-12-17所示。

（6）计量方案

① 单井计量。单井计量方式分为虚拟计量和水下多相流量计计量。

虚拟计量是利用安装在井下及 Choke 阀前后温度、压力以及压差传感器获得的基本信号以及 Choke 阀开度信号，通过多相流模型计算分析，得到单井流量，实现单井油、气、水三相计量，其计量精度取决于油气比、含水率等。同时总量计量结果和阀门开度作为计算的一部分，可以对单井计算结果进行修正。

水下多相流量计计量是在井口设置多相流量计，通过差压、γ 射线、超声波等方式测量单井的油气水三相含量。

② 总量计量。水下井口的总量计量通过段塞流捕集器出口的流量计测得。

（7）电液计算分析验证　需要通过电力、通信和液压分析计算来核实水下控制系统的可行性。

① 通信计算。计算验证通信系统允许衰减，包括背景噪声、二端口衰减、信噪比、信号传输衰减，以判断通信系统能否满足应用要求。

② 电力计算。在计算分析脐带缆模型时，考虑纯

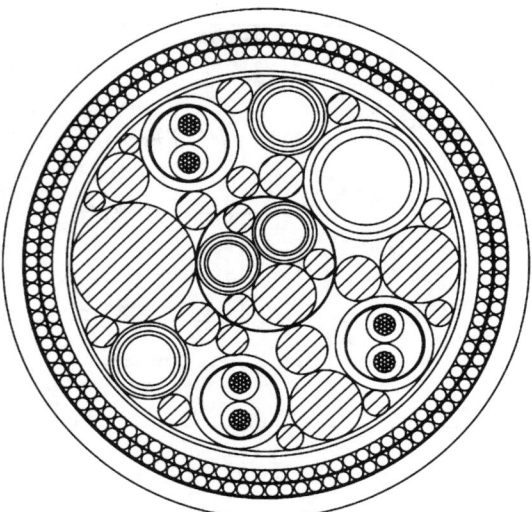

图 5-12-17　复合电液脐带缆

电阻模型、电感因素、脐带缆长度、电飞线长度、SCM 功率参数、SCM 工作电压范围、最大负荷和最小负荷工况，以确定脐带缆中电缆的截面、电缆电压等级、EPU 供电电压等级。

③ 液压计算。模拟计算液压源、沿程压损、执行机构动作时间等，以判断液压系统能否满足控制和关断要求。

（8）水下生产系统的可靠性、可用性和可维护性分析　水下生产系统需要分析其设计寿命内的可靠性、可用性和可维护性，结合可靠性框图和 Monte Carlo 仿真分析，计算出水下生产系统设计寿命期限内的可用性。其分析范围包括 MCS、EPU、HPU、TUTA、脐带缆、SUTU、UTH、水下电分配箱、电飞线、液飞线、SCM、采油树阀门和仪表、管汇。

可靠性、可用性和可维护性分析的目的是：

① 确定水下生产设备各元件的可靠性和可维护性的内在基础特性；

② 确定水下生产系统设计结果的系统和产品的可用性；

③ 重点研究潜在的系统配置问题和对系统可用性的影响；

④ 演示系统设计满足可用性的技术要求；

⑤ 为水下生产系统设计的备品备件原则提供指导。

3. 控制系统的基本组成及功能

水下生产系统的监控和管理由安装在上部依托设施上的复合电液控制系统完成，控制系统主要包括电力、通信和液压系统，如图 5-12-18 所示。

① 电力系统　不间断电源（UPS）向电力单元（EPU）提供电力，EPU 将电力分配给 MCS 和 HPU 控制模块，并通过 TUTA、脐带缆和 SUTU 向井口的 SCM 供电；主配电盘向液压系统的电泵和变频器（用于油田）供电，水下电潜泵需使用独立的供电海缆供电。

② 通信系统　主控制站（MCS）通过 EPU 中的电力载波模块沿电力缆同水下 SCM 通信。

③ 液压系统　液压动力单元（HPU）通过 TUTA 和脐带缆向井口 SCM 提供液压动力。

（1）主控制站（MCS）　主控制站（MCS）独立完成对该气田生产系统、水下控制系统的工作状况的监控和管理，独立执行或接收来自上部依托设施的应急关断命令执行水下生产系统关断。上部依托设施生产关断及以上级别关断信号经 MCS 实施相应的关断并在 MCS 报警。

在上部依托设施中控室为水下油气田主控制系统配备 1 台工作站兼工程师站，打印机 1 台。为了保证控制系统连续可靠地运行，主控制系统的 CPU 模块、电源模块、I/O 模块、通信模块、数据通信总线采用 1：1 冗余。

如果采用光纤回路通信，则在 MCS 设有光电 Modem。

（2）电力单元（EPU）　电力单元（EPU）通过脐带缆为电液控制系统的水下控制设备提供所需的电力。

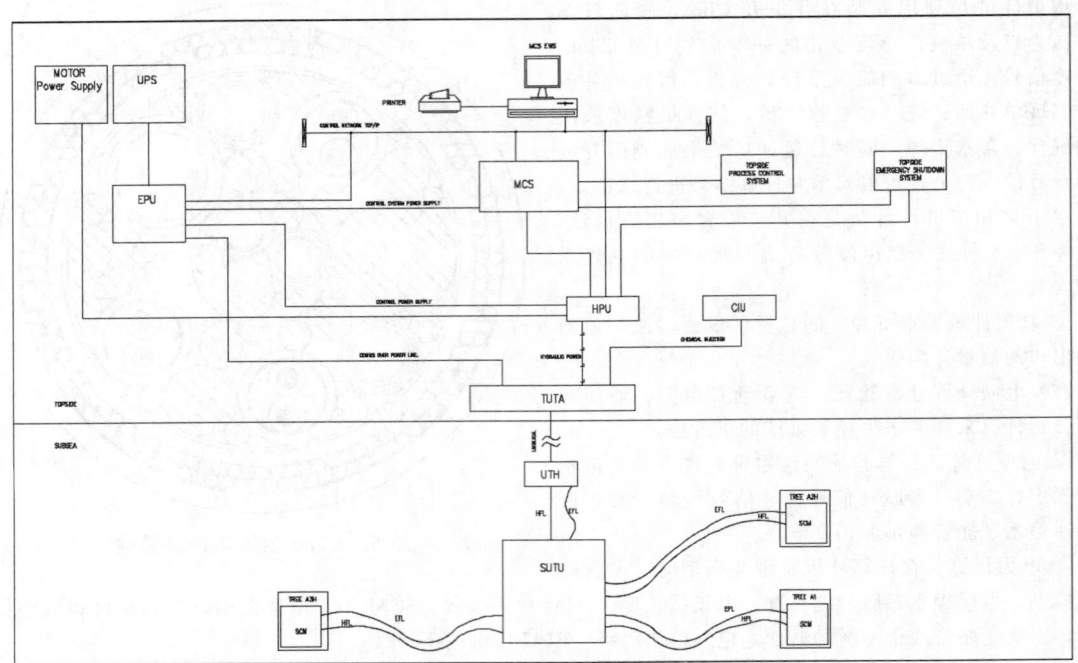

图 5-12-18　水下控制系统的架构图

电力输送通过电缆和水下电力分配系统完成。为避免电力单元（EPU）对控制设备的干扰，通常安装在应急开关间。如果是电力载波通信，则在 EPU 内部设有电力载波 Modem。

（3）液压动力单元（HPU）　液压动力单元（HPU）为水下控制系统提供液压控制流体。内部设有控制模块、电动液压泵等设备，自动控制和维持水下控制系统的液压压力。液压控制流体通过液压脐带缆输送到水下液压分配系统和水下控制模块，操作水下阀门执行机构以实现水下阀门遥控操作的开启和关闭。

上部依托设施的生产关断以上级别的应急关断控制液压动力单元，以实现对水下阀门的卸压关断。

（4）脐带缆上部终端（TUTA）　脐带缆上部终端（TUTA）是由液压液输送管线、化学药剂注入管线、放空管线、备用管线、水下控制设备供电和通信缆以及脐带缆的输出端口构成的汇入终端。

（5）水下脐带缆终端（SUTU）　水下脐带缆终端（SUTU）是水下控制动力、控制通信及化学药剂的集散单元。来自上部脐带缆的电力、液压流体、化学药剂及控制信息从水下脐带缆终端分配到水下生产控制系统的控制模块、化学药剂的注入点，来自水下生产系统的状态信息通过脐带缆水下终端传输到上部主控制系统进行监控。水下脐带缆终端（SUTU）考虑未来井的预留接口。水下脐带缆终端（SUTU）需要设置保护结构。

（6）水下控制模块（SCM）　水下控制模块内部结构通常是标准化的，每个采油树上安装 1 套 SCM。

SCM 内包含电模块和液压模块两部分，采油树上的 SCM 内的电模块根据主控站（MCS）的操作指令，通过液压模块内的先导阀对采油树上的阀门进行控制，并把阀门状态信号返回给 MCS。井口和井下的参数通过电缆收集到 SCM，然后经电力载波或光纤回路送到 MCS 上显示。

SCM 主要功能如下：水下井口各阀门的监控功能；化学药剂注入阀、Choke 的监控功能；出油管孔、环空压力、温度监测；与上部 MCS 进行通信。

（7）其他水下设备　水下设备上的温压传感器、含砂探测器、腐蚀探测器等仪表采用冗余配置，法兰安装，需确定精度、重复性等级。

化学药剂计量阀可回收，采用自调节机械式减压，带有专门的流量计量元件，通过容积原理计量。

第十三章 油气长输管线自动化系统设计

第一节 SCADA 系统

一、油气长输管道的特点

长输管道的特点是管道距离长、管径大、压力高、输量大。

长输管道主要是由站场和线路两部分组成。根据输送介质的不同，站场主要有首站、加压站、加热站、分输站、计量站、清管站和末站等，其任务是供给输送介质一定的动能和热能，将输送介质安全、经济地输送至目的地。线路上每隔一定距离设有可减少事故危害、便于抢修、可紧急关闭的若干截断阀室以及阴极保护站等。

长输管道在地理位置上跨度较大，站场及线路阀室分散；在功能上，设备操作相对简单，站场间具有相似性；安全性和可靠性较高，要求有故障检测等功能。因此，为保障油气长输管道的安全运行，控制系统的合理设置是非常必要的。目前，数据采集与监视控制（Supervisory Control and Data Acquisition，SCADA）系统多用于长输管道控制系统。

二、SCADA 系统的构成

SCADA 系统是以计算机为核心的监控与数据采集系统，它将完成对全线各工艺站场和监控阀室的监控和管理等任务。SCADA 系统由调度控制中心和位于沿线各工艺站场及远程线路截断阀室的远程监控站——SCS 或 RTU 组成，它们之间通过广域网连接，通信媒介采用光缆、卫星和电信公网的 DDN 线路。

长输管道工程 SCADA 系统可实现以下操作模式：

① 调度控制中心集中监视和控制；

② 站控系统控制；

③ 就地手动操作。

正常情况下，由调度控制中心对全线进行监视和控制。操作人员在调度控制中心通过计算机系统完成对全线的监视、操作和管理。当调度控制中心发生故障时，由后备调度控制中心接替其监视和控制任务。管道沿线各工艺站场无须人员干预，各站控系统或 RTU 在调度控制中心的统一指挥下完成各自的工作。控制权限由调度控制中心确定，经调度控制中心授权后，才允许操作人员通过站控系统或 RTU 对各站进行授权范围内的工作。当数据通信系统发生故障或系统检修时，由站控系统或 RTU 自动完成对本站的监视控制。当进行设备检修或紧急停车时，可采用就地手动控制。

第二节 输油管道站场控制方案

一、输油管道站场的主要检测及控制回路

1. 进站、出站区

① 在进站、出站管线及注入支线处设置温度就地及远传检测仪表。站场为中间（热）泵站时，设置出站温度控制回路。

② 在进站、出站管线及注入支线处设置压力就地及远传检测仪表。出站具有超压报警、联锁保护功能。

③ 进站管线（清管三通后）、出站管线（清管三通后）设置流量远传检测仪表，用于站间流量监测，根据需要设置泄漏检测仪表。

④ 原油管道设置密度计分析仪表，成品油管道设置密度计、光学界面检测仪等检测分析仪表。

⑤ 顺序输送工艺的成品油管道末站、分输站在进站管线设置密度计检测混油界面，介质密度参数接近时，还设置其他界面检测仪表，实现对成品油管道不同输送油品的批量跟踪、预测混油量等任务。

2. 清管区

① 清管器接收、发送装置设置压力就地检测仪表。

② 清管器接收装置和出站三通后的管线（清管）处设置清管器通过指示器。

3. 过滤分离器区

① 过滤分离器进出管线设置就地压力检测仪表。

② 过滤分离器设置差压检测远传仪表，并进行差压高报警。

4. 计量区

① 原油、成品油贸易交接计量站的设计符合《中华人民共和国计量法》及有关国家标准、规范和计量检定规程。

② 计量系统选型及口径根据输送介质特性及计量要求进行选择。

③ 流量计下游设置压力和温度就地及远传检测仪表。

④ 过滤器进出管段处设置就地压力表和差压检测远传仪表，并进行差压高报警。

⑤ 流量计出口设置调节阀，保证流量计后有足够背压。

⑥ 每条计量支路的流量计下游设置电动型截断阀。

⑦ 计量区设置取样系统和油品物性化验设施。

⑧ 计量区根据流量计口径和台数设置固定式在线流量检定系统，或设计在线检定接口用以连接移动式流量检定设施。

⑨ 固定式在线流量检定系统包括标准体积管、配套仪表和操作控制台，并配置水标定系统及扫线、排污、排气等辅助流程。

5. 泵区

① 输油泵（包括给油泵、外输泵）进、出管线处设置压力就地和远传检测仪表，对泵入口、出口压力进行检测，并具有泵进口压力超低、出口压力超高报警和联锁控制功能。

② 输油泵（包括给油泵、外输泵）进、出管线总管上设置压力就地和远传检测仪表，对泵入口、出口压力进行检测，并设置压力超限报警和联锁控制功能。

③ 泵进口过滤器设置就地压力和差压检测远传仪表，并进行差压高报警。

④ 输油泵具有远程状态监测及远程启停、紧急停止功能。

⑤ 输油泵状态监测包括泵机组的温度、振动、泄漏等状态参数的检测功能，当检测信号超高时停泵，并自动切换到备用泵；当高高时紧急停泵，并自动切换到备用泵。

6. 调压区

① 当站场为首站、末站、中间（热）泵站时，出站压力控制回路的控制阀设置为一用一备。当采用定转速泵时，设置两路压力控制阀；当采用一台变频调速泵时，设一路压力控制阀。

② 当站场为分输站、注入站时，设置压力/流量选择性控制回路，限制下游用户的输量和压力。控制回路的控制阀设置为一用一备，以保证支线和干线的压力平衡。

③ 当站场为减压站时，在站场的入/出口设置压力检测仪表，作为选择性控制回路的测量信号，构成选择性控制回路。

7. 加热炉区及换热区

① 在加热炉汇管的进出口设置压力、温度就地和远传检测仪表；单台加热炉设置温度就地和远传检测仪表。

② 加热炉设置燃料流量计量仪表。

③ 加热炉控制系统是独立于站控系统设置的能独立进行加热炉的启动、停车、监视、控制和保护的自动控制系统，同时包括加热炉的检测仪表和控制设备。站控系统具备对加热炉进行远程启动、停车、监视及ESD保护的功能。加热炉的紧急停车及启、停信号为硬线连接。

④ 换热器进出口设置压力、温度就地和远传检测仪表；换热器设置输送介质的温度控制回路。

8. 泄压区

① 泄压阀上游设置压力检测仪表，下游设置具有泄压监测功能的仪表。

② 泄压罐设有液位和温度检测仪表。泄压罐设高/低液位报警、高高/低低液位开关，并与回注泵联锁控制。

9. 加剂区

加剂系统中设置流量计。加剂系统中加剂罐的液位信号、加剂泵、电动阀的信号上传至站控系统。

10. 储罐区

① 储罐设置液位远传检测仪表，设置高/低液位检测开关并具有联锁控制功能。

② 储罐设置温度就地和远传检测仪表。

③ 成品油罐底设高精度压力检测仪表，用于油品密度计算。

④ 原油储罐设置油水界面检测仪。

⑤ 罐前手动阀门设置开、关阀位检测功能。

⑥ 搅拌器具有开关控制及状态信号检测功能。

11. 其他

① 在进站管线处设置分析仪表系统，提供原油物性检测。

② 工艺站场内设置地温检测仪表，检测仪表安装位置距管道不小于 15m。

③ 在清管区、计量区、泵区、加热炉区等重要工艺设备区的进出口通道处及罐区防火堤外，设置手动报警按钮及声光报警器，用于巡检人员在现场发现火灾或紧急事故时的报警。手动报警按钮启动后，启动站场 ESD 系统。

④ 原油管道在封闭或半封闭工艺设备区设置可燃气体检测仪表；成品油管道在工艺设备区设置可燃气体检测仪表。

⑤ 在储罐区、泵区和加热炉区设置火焰检测仪表。

⑥ 污油罐设有液位检测仪表以及高/低液位报警检测仪表。

二、输油泵机组的控制

输油管道上采用的输油主泵大多为离心泵。泵的原动机多数为恒速电机，也有部分调速电机。

1. 监测及报警

泵机组可对与输油泵机组安全运行相关的变量进行监测并具有报警功能。主要的监测及报警变量通常有：

① 泵入口压力低报警；

② 泵出口压力高报警；

③ 泵壳温度高报警；

④ 泵及电机轴承温度高报警；

⑤ 电机定子温度高报警；

⑥ 泵及电机轴承振动高报警；

⑦ 泵密封泄漏量高报警；

⑧ 转速高报警（调速电机、柴油机、燃气轮机等）；

⑨ 电机电流高报警；

⑩ 电机运行状态。

2. 控制系统

泵机组的控制系统包括泵机组的启、停操作，联锁保护，变频泵的转速调节等。

（1）泵机组的启、停操作　通常，泵机组上安装关闭（OFF)-手动（HAND)-自动（AUTOMATIC）现场选择开关（O/H/A）和分开设置的启、停按钮。泵机组的远程启、停操作，通过已编制的程序由站控系统（SCS）发出指令执行。

（2）联锁保护系统　输油泵机组的保护变量通常有：

① 泵入口压力低低；

② 泵出口压力高高；

③ 泵壳温度高高；

④ 泵轴承温度高高；

⑤ 电机轴承温度高高；

⑥ 电机定子温度高高；

⑦ 电机轴承振动量高高；

⑧ 泵轴机械密封泄漏量高高；

⑨ 电机电流高高；

⑩ 电源故障。

上述信号中的任何一个发出，即触发泵机组联锁保护程序动作，紧急停止泵机组。在上述测量值恢复到安全值之前，联锁保护系统禁止泵机组重新启动。

此外，每台泵机组还设置就地紧急停机装置，对单台泵机组实行手动紧急停机。在站控制室里，设置全站紧急停车按钮，可远程手动紧急停机。

三、加热炉的控制

为满足输油工艺对油品加热温度的要求，提高热效率，降低能耗，需要对加热炉运行的过程变量进行检测，对主要的过程变量进行控制。通常，每台炉设置一套单独的控制系统，独立地对该炉进行监控。

1. 监控参数

加热炉主要的过程变量及常用检测仪表如表 5-13-1 所示。

表 5-13-1　加热炉主要监控参数及检测仪表

序号	过程变量	常采用的检测仪表	适用的加热炉
1	炉出口温度	铂热电阻或热电偶温度变送器	A、B
2	燃油流量	椭圆齿轮或腰轮流量计	A、B
3	空气流量	孔板或涡街流量计	A、B
4	烟道气含氧量	氧化锆氧分析仪	A、B
5	炉管壁温度	厚膜铂热电阻	A、B
6	炉膛火焰监视	光敏电阻或紫外线检测仪	A、B
7	原油流量	靶式流量计或孔板流量计	A
8	炉膛温度	热电偶温度变送器	A
9	炉膛负压	微差压变送器	A
10	炉入口温度	铂热电阻或热电偶温度变送器	A、B
11	换热器原油入口温度	铂热电阻或热电偶温度变送器	B
12	热媒流量	靶式流量计或孔板流量计	B

注：A—原油直接加热炉。
B—原油间接加热炉。

2. 加热炉的控制功能

加热炉的主要控制功能有自动点火和停炉程序、报警与停炉联锁保护、炉出口温度控制、燃油压力控制、燃油流量控制、燃烧控制、烟道气含氧量控制等。

（1）自动点火和停炉程序　加热炉的自动点火（启动）与停炉，由加热炉控制系统按已编好的程序进行顺序控制。

（2）报警与停炉联锁保护　油品直接加热炉的报警与停炉联锁保护主要有：

① 送风机启动失败报警并联锁；

② 空气压力低报警，停炉；

③ 入炉油品流量低报警，低低停炉；

④ 若油品双管入炉，两管流量偏差高报警，高高停炉；

⑤ 入炉油品温度等于或高于设定值，自动停炉；

⑥ 出炉油品温度高报警，高高停炉；

⑦ 预点火故障报警并联锁；

⑧ 炉管壁温度高报警，高高停炉；

⑨ 燃油压力低报警，低低停炉；

⑩ 烟气温度高报警，高高停炉；

⑪ 烟气含氧量低/高报警，当连续报警时间超过预定时间停炉；

⑫ 人工停炉；

⑬ 火焰监视仪故障报警；

⑭ 无火焰信号联锁。

油品间接加热炉的报警与停炉联锁保护主要有：

① 换热器油品出口温度高报警，高高停炉；

② 换热器油品出口温度低报警，低低停炉；

③ 炉出口热媒温度高报警，高高停炉；

④ 炉入口热媒温度低报警；

⑤ 燃油温度高报警，高高停炉；

⑥ 燃油温度低报警，低低停炉；

⑦ 燃油压力低报警，低低停炉；

⑧ 烟气温度高报警，高高停炉；

⑨ 炉管壁温度高报警，高高停炉；

⑩ 风机压力低报警，低低停炉；

⑪ 雾化风压力高报警，高高停炉；

⑫ 雾化风压力低报警，低低停炉；

⑬ 热媒膨胀罐液位高报警，高高停炉；

⑭ 热媒膨胀罐液位低报警，低低停炉；

⑮ 点火故障报警并联锁；

⑯ 人工停炉报警并显示。

（3）加热炉出口油品温度控制　加热炉出口油品温度是加热炉控制中最主要的变量。简单的控制（调节）方案是通过改变燃油流量控制炉出口温度的单回路控制，调节质量较差，滞后较大。为了克服燃油压力波动和滞后较大等问题，采用炉出口温度与燃油流量或燃油阀后压力的串级控制或炉出口温度与炉膛温度的串级控制等。

炉出口温度与炉膛温度的串级控制，圆筒式加热炉用得较多。

炉出口温度的干扰因素，除燃油量外，还有加热炉进炉油品（或热媒）流量、温度，燃料油压力、温度，送风空气的压力、温度，炉膛压力及环境温度等。

（4）加热炉的燃烧控制　在加热炉燃烧过程中，空气燃料比例合适，可以实现完全燃烧，提高热效率，达到节能目的。

加热炉的燃烧控制通常有以下几种：

① 空气燃料配比控制；

② 烟气中含氧量对空燃比的调节或校正；

③ 炉膛负压控制（多用于油品直接加热炉）；

④ 燃油温度、压力等的其他控制。

四、油罐液位检测及控制

1. 液位检测

油品储罐的液位检测通常采用雷达液位计或伺服液位计，同时独立设置液位高高/低低开关；泄压罐的液位检测通常采用雷达液位计或静压式液位变送器；污油罐的液位检测通常采用磁致伸缩液位变送器或射频导呐液位计等。液位信号送入站控计算机系统，当油品储罐液位高/低时，发出报警信号并进行流程自动切换；当液位高高时，由硬报警开关发出信号，关油罐进口电动阀联锁保护；当液位低低时，由硬报警开关发出信号，通过停给油泵联锁保护，避免溢罐或抽空。

2. 油温

油品储罐设置多点温度检测，温度信号送入站控计算机系统。当出现温度低时，自动启动加热系统（电伴热）或打开油罐底部盘管的蒸汽阀。

3. 储量

根据液位和温度信号，对储罐内油品进行体积及质量的计算，打印报表。

五、油品计量及标定

输油管道的首站、分输站、注入站及末站均设置流量计量，对进、出管道的油品进行计量。根据需要，设置标定装置，定期对流量计进行检定，以保证计量的精确度及交接计量的准确性。输油站用燃料油品也应计量。

六、压力调节

1. 压力自动控制

压力自动控制，用来控制输油泵使进泵压力高于泵允许的最低入口压力，出站压力不高于管线的最高允许操作压力；以及当管道一旦发生水击时，通过提前改变出站的压力，来抑制或减小水击的作用。压力调节方式有节流调节、转速调节及回流调节等，前两种较常用。从节能角度衡量，转速调节最佳，但调速装置投资较高。

（1）节流调节　通常有出站压力控制或出站压力/泵入口压力选择性控制。

出站压力控制为单回路控制系统，通常是一个连续控制系统。在一些特殊的场合需采用非线性控制系统。

出站压力/泵入口压力选择性控制由管道出站压力变送器、泵入口压力变送器、控制器、选择器及调节阀等组成。选择性控制是一种保护性控制系统，由主调节回路和保护性（取代）调节回路组成。

（2）转速调节　通过改变泵的转速达到调节压力的目的，将驱动泵的原动机（如调速电机、柴油机、燃气轮机等）的转速作为调节参数。

图 5-13-1 所示为压力选择性控制系统示意图。

2. 压力联锁保护

压力联锁保护系统包括泵机组压力自动联锁保护和泵站压力自动联锁保护。泵机组压力自动联锁保护见本节有关泵机组的叙述。泵站压力自动联锁保护指进站压力和出站压力超限保护。

正常情况下，进站和出站压力由出站调节阀进行调节（如有转速调节，应先于节流调节）。如果调节阀发生故障，出现压力超限，则站控系统（SCS）发出指令，执行泵站压力联锁保护程序，保护泵机组、出站管道和站内管道的安全。

（1）进站压力低低　当安装在进站管线上的压力变送器或压力开关动作时，执行下列程序（串联泵运行情况）：

① 停运一台泵（优先停运扬程小的泵）；
② 启动计时器，延时；
③ 若压力超过设定值，该压力信号恢复正常，计时器复位，泵站继续运行；
④ 压力仍低于设定值，将再停运一台泵（如果是多台泵运行，将依次逐台停运每一台泵）；
⑤ 进站压力低低，采取暂时回流的保护方法；
⑥ 该压力设定值为接近泵允许的最低吸入压力。

（2）出站压力高高　当安装在出站管线上的压力变送器或压力开关动作时，执行下列程序（串联泵运行情况）：

① 停运一台泵（优先停运扬程小的泵）；
② 启动计时器，延时；
③ 若压力低于设定值，该压力信号恢复正常，计时器复位，泵站继续运行；
④ 压力仍超过设定值，将再停运一台泵（如果是多台泵运行，将依次逐台停运每一台泵）；
⑤ 该压力设定值为接近管道最高允许的操作压力。

七、水击控制

目前，在输油管道上采用的水击控制方法大多为泄放保护（泵站）、超前保护（全线）等。

1. 泄放保护

根据水击程序分析的结果，在泵站安装泄放阀门。在水击发生时，通过泄放阀门泄放部分液流，抑制水击，减少可能造成的危害。

（1）泄放阀　泄放阀安装在可能产生水击增压波的泵站和末站的入口端。泄放的液流排放到油罐中。

泄放阀开启的压力设定值根据水力计算结果确定。正常情况下，阀处于全关位置。泄放阀后的管线上通常安装流量开关。正常工况下，管线内无介质流动，流量开关不动作；一旦发生泄压，液流触发流量开关动作，输出开关信号，送站控系统（SCS）报警。

（2）安全阀　高压安全阀一般安装在出站端和泵出口汇管上，在超压或发生水击时，泄放部分高压液流排入进站汇管或油罐中，保护站内管道安全。

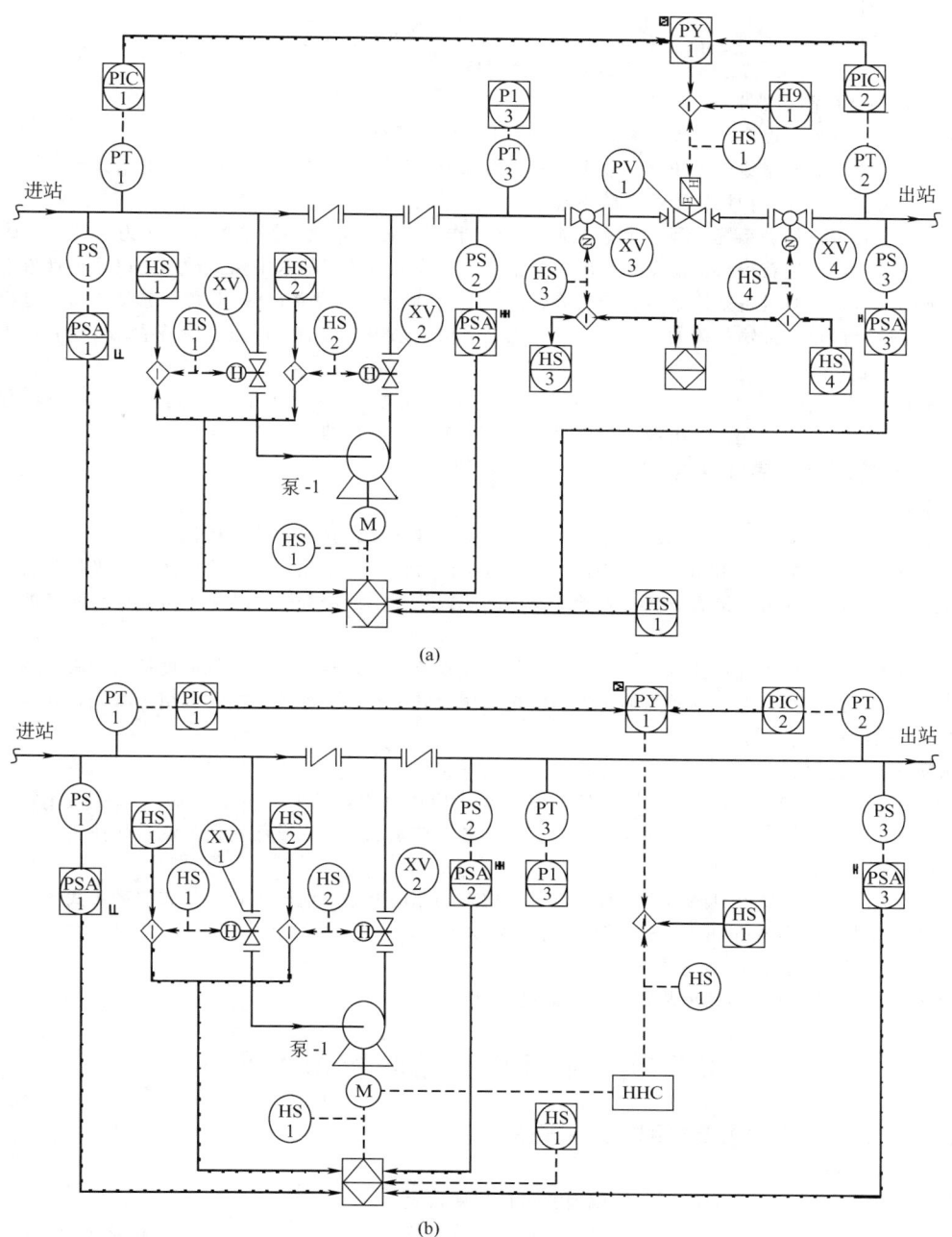

图 5-13-1 压力选择性控制系统示意图

PT—压力变送器；PIC—压力指示控制器；XV—工艺阀门；PV—电液调节阀；PY—选择器；

Ⓜ—电机；(HS̶1)—现场手动功能；(H̶S4)—站控系统手动功能；◇—未定义逻辑关系图符；

⬦—站控系统逻辑功能；[HHC]—电机控制柜

2. 水击超前保护

对下列工况产生的水击进行保护：

① 首站故障停泵；

② 中间站外输泵突然停车；

③ 中间站进、出站阀门及远传线路截断阀门突然关闭；

④ 末站进站调压阀突然关闭。

在管道的压力分界点设置超压保护系统，完成对下游的安全保护。

这种控制的实现需要全线集中协调，要求及时、准确地监测产生水击的条件信号，通信系统可靠。采用水击保护系统，为实现超前保护提供了可靠的基础。

通常设置一套水击保护系统 PLC（冗余配置），将其作为主控，其他各站站控系统作为从控，组成站间联动的超前保护系统，通过获得水击信息并发出控制指令，完成某些特定的水击保护动作，以保证管道干线和站内重要设施的安全，同时具备全线紧急关断功能。该 PLC 控制器一般设置在首/末站等重要站场，与全线各站设置独立的通信主信道，传输相关的水击信号，备用通信信道采用管道的备用通信信道系统，同时，相关数据上传调度控制中心。

水击保护 PLC 控制器用于相关数据的采集和逻辑控制，主调度控制中心和备用调度控制中心具有启动全线禁止水击保护程序投用、允许水击保护程序投用、水击触发状态反馈等功能。

八、界面检测及顺序输送控制

1. 界面检测

在油品输送时需要测量管道中不同油品的界面，为油品的顺序输送操作提供依据。

目前，国内输油管道通常采用两种方法：一是密度检测方法，二是光学界面检测法或荧光检测法。在实际混油界面检测中，常采用密度检测方法、光学界面检测法或荧光检测法等联合使用，从而提高测量准确度和控制质量。

在工艺站场进站处设置分析仪橇座，每个分析仪橇座检测点的信号全部传输到调度控制中心。调度控制中心计算机处理并保存这些信息，以便为油品界面的精确跟踪和准确掌握混油段的长度奠定基础，并为该管道可靠、经济运行提供数据。

2. 顺序输送

调度控制中心的 SCADA 系统，配置相应的专用高级应用软件，从而完成油品输送的批量计划、批量跟踪、顺序输送等功能，并将顺序输送的控制指令下达到各站控系统，实现顺序输送的流程切换。

3. 混油处理

在输油管道的末站，设置混油切换流程，将混油储存到相应储罐。混油处理一般有三种方式：

① 参混　按照油品的质量指标，进行适当比例的参混；

② 外输　将混油外输，由第三方进行处理；

③ 分离　在末站建立混油处理装置，对混油进行分离处理。

第三节　输气管道站场控制方案

一、输气管道站场的主要检测及控制回路

1. 进站、出站区

① 进站、出站管线处设置温度、压力就地及远传检测仪表。

② 设置在线硫化氢、水露点、烃露点以及气相色谱分析仪，并根据用户需要配置总硫含量分析仪表。

③ 压气站设置出站超压安全保护。在出站压力达到高设定值时，站控系统自动报警；若压力继续升高，出站压力达到高高设定值时，触发压缩机组停车。压力变送器冗余配置方案按照站场的安全完整性评估确定。

④ 压气站设置出站超温安全保护。在出站温度达到高设定值时，站控系统自动报警；若温度继续升高，出站温度达到高高设定值时，触发压缩机组停车。温度变送器冗余配置方案按照站场的安全完整性评估确定。

⑤ 根据需要设置泄漏检测仪表。

2. 清管区

① 清管器接收、发送装置上设置就地压力检测仪表。

② 清管器接收装置和出站三通后的管线上设置清管器通过指示器。

3. 过滤分离区

① 过滤分离器进出管线设置就地压力检测仪表。

② 过滤分离器设置差压检测远传仪表，并进行差压高报警。

③ 过滤分离器设置就地及远传液位检测仪表，并进行液位高低报警。

4. 压缩机区

① 压缩机组进出口管线设置温度、压力就地及远传检测仪表。

② 燃驱机组设置单机燃料气流量计量，电驱机组设置单机用电计量，以满足单机能耗计量的要求。

③ 燃气透平压缩机组机罩内的火灾检测仪表和气体灭火装置由压缩机组成套配置。

④ 压缩机房内设置可燃气体和火焰检测仪表。

⑤ 压缩机厂房设置风机联锁控制。

⑥ 压气站设置压缩机诊断系统。

5. 计量区

① 天然气交接计量系统的设计应符合 GB/T 18603 标准要求。

② 计量系统选型及口径根据输送介质特性及计量要求进行选择，并考虑阶梯供气的压力、流量计算。

③ 流量计下游设置压力和温度就地/远传检测仪表。

④ 每条计量支路流量计下游设置电动型截断阀。

6. 调压区

① 压力控制系统中压力安全装置的设计应符合 GB 50251 的要求。

② 分输支路设置电动调节阀，实现分输流量控制。

③ 安全截断阀上游、安全截断阀和调压阀之间设置就地压力检测仪表；调压阀下游 5D 后设置就地及远传压力检测仪表。

④ 安全截断阀设置开、关阀位检测仪表，自力式调压阀设置阀位反馈检测仪表。

⑤ 压力监控回路设置备用回路。

7. 燃料供应区

① 站内燃料气的过滤、加热、调压和计量采用自用气橇的方式完成，包括燃驱压缩机组的燃料气处理。

② 燃料气过滤器设置差压远传检测仪表，并进行差压高报警。

③ 设置燃料气流量远传检测仪表。

④ 燃料气橇设置压力调节和超压安全切断阀，设置两台自力式安全切断阀和一台自力式调压阀。阀门设置远传阀位反馈检测仪表。

⑤ 设置就地及远传温度、压力检测仪表。

⑥ 电加热器设置温度检测仪表，具有自动控制、负荷调节、超温保护、故障报警、远程启停、紧急关断功能。

8. 压缩空气区

① 压缩空气系统的机组控制系统由厂家成套提供，并可将信号上传至站控系统。空压机能实现就地/远程启停机切换。

② 压缩空气橇配套设置在线水露点分析设备。

③ 在空压机橇出口管线上设置温度、压力就地及远传检测仪表。

9. 加热区

① 根据工艺要求，在加热设备进、出口设置温度就地及远传检测仪表。

② 加热炉控制系统独立于站控系统设置，能独立进行加热炉的启动、停车、监视、控制和保护，同时包括加热炉所需的检测仪表和控制设备。站控系统具备对加热炉进行远程启动、停车、监视及 ESD 保护的功能。

③ 设置水套炉的燃料气流量计量及电加热器的用电计量。

④ 电加热器有自动控制、负荷调节、超温保护、故障报警、紧急关断功能。

10. 排污区

① 排污罐进口管道设压力检测仪表，并有压力高高报警、联锁关闭天然气进罐电动阀功能。

② 排污罐上设液位计。

11. 放空区

当设置爆破片时，设置压力开关将爆破片的信号送至站控系统。

12. 其他

① 站场内设置温度检测仪表，检测仪表安装位置距管道不宜小于15m。

② 具有供配电系统、阴极保护系统信号检测功能。

二、压缩机组控制

压缩机控制系统（CCS）随压缩机机组成套提供。

压缩机控制系统是独立的控制系统，它可以独立、连续地控制、监视和保护压缩机机组和相关的辅助系统。压缩机机组的启停控制和 ESD 操作，也可以由站控系统和调度控制中心进行远程控制、操作和运行。

压缩机控制系统包括负荷分配控制系统及防喘振控制系统。负荷分配控制系统通过调节防喘振阀开度及压缩机转速，从而控制出站压力。防喘振控制系统通过调节旁通阀开度控制压缩机入口流量。

1. 压缩机负荷分配控制

长输天然气管线主要采用压缩机入口及出口压力作为负荷分配控制的工艺变量，出口压力的设定值根据工艺要求确定，压缩机入口压力的设定值由压缩机供货商确定。压缩机负荷分配控制流程图如图 5-13-2 所示。

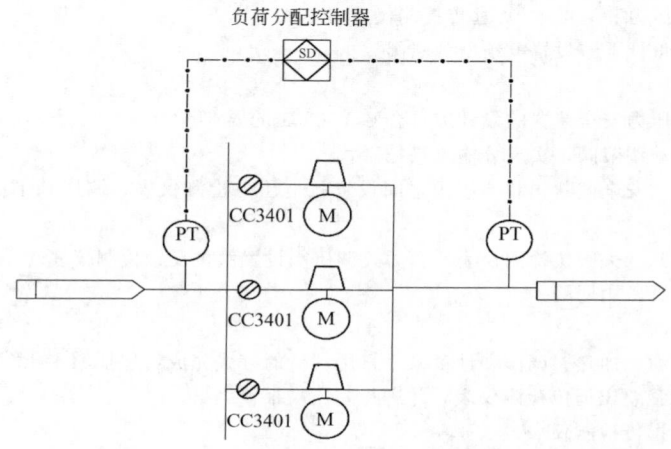

图 5-13-2　压缩机负荷分配控制流程图

压缩机的负荷分配控制分为手动和自动两种模式。在手动模式下，压缩机的负荷可通过 UCP 上的 HMI（人机界面）手动进行设定；当压缩机处于自动模式时，通过负荷分配控制模块统筹调节 n 台并联压缩机的负荷（n 大于1），使总的回流量最小甚至为零。

并联多台压缩机负荷采用闭环控制，通过调节各台压缩机的转速和防喘振阀的开度，从而使各台压缩机的总体负荷满足出口压力，使出口压力控制在设定值可接受范围内，通常的调节精度要求为 ± 0.1MPa。为避免机组可能的工艺波动，控制逻辑还包括对转速控制和防喘振控制的解耦能力。负荷分配控制方框图如图 5-13-3 所示。

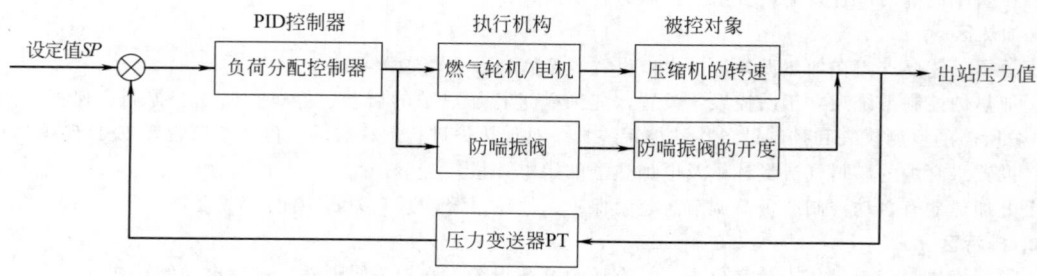

图 5-13-3　压缩机负荷分配控制方框图

上述控制由负荷分配控制器实现，将实际检测值与设定值进行比较，得到一个偏差值。根据出口压力的实际测量值，通过计算输出再经过软件加权平均送到各机的性能控制器，最后输出控制压缩机的转速。

负荷分配控制器及控制器的控制算法均由压缩机控制系统供货商统一提供。

2. 防喘振控制

当一台压缩机的打气量不能满足工艺要求时，需要两台或两台以上离心压缩机并联运行。如果并联运行的压缩机特性不一致，就会影响负荷的分配及防喘振控制系统的正常运行。并联离心压缩机选择性防喘振控制如图 5-13-4 所示。

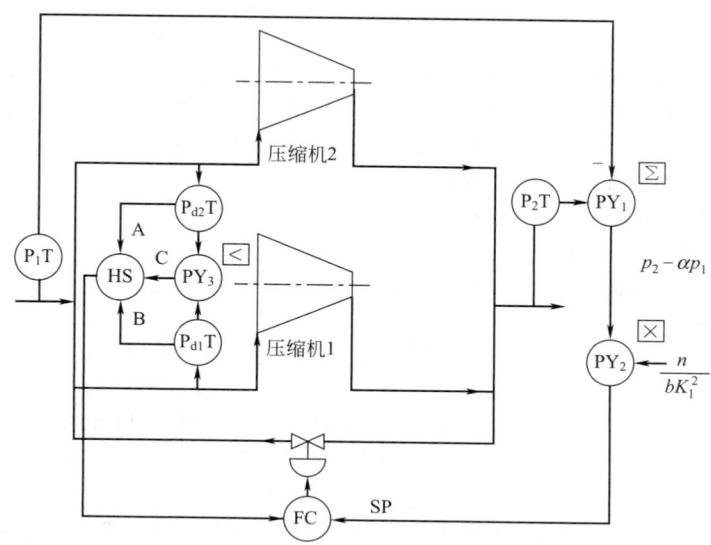

图 5-13-4　并联离心压缩机选择性防喘振控制

P_1T、P_2T 为入口和出口的压力变送器，$P_{d1}T$、$P_{d2}T$ 为压缩机入口流量测量用差压变送器，PY_1、PY_2、PY_3 分别为加法器、乘法器和低选择器，FC 为防喘振控制器，HS 为手动开关。当开关切换到 A 时，组成压缩机 2 的防喘振控制；当开关切换到 B 时，组成压缩机 1 的防喘振控制；当开关切换到 C 时，防喘振控制器的测量信号是两台压缩机入口流量的低值，即低选择器的输出，组成两台压缩机并联运行时的防喘振控制。防喘振控制的设定值采用加法器和乘法器计算值。

三、压力控制

输气管道分输流程流量和出站压力选择控制如图 5-13-5 所示，分输流程压力/流量控制系统采用分输流量和分输出站压力选择性控制，由分输流量计量系统、调压及安全切断系统、出站压力检测单元等构成。

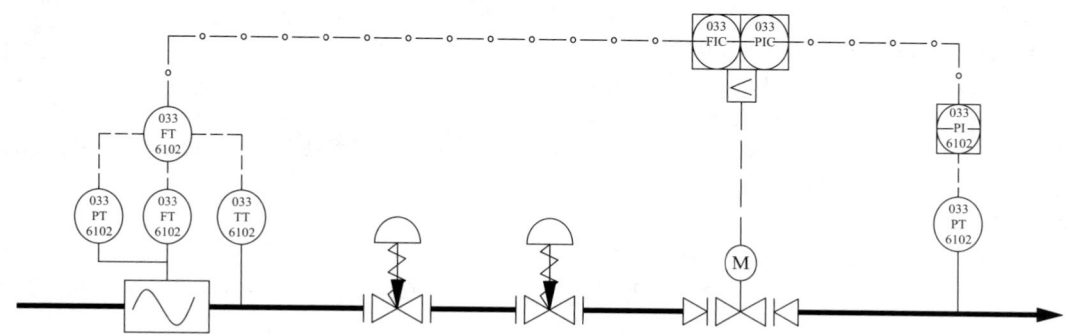

图 5-13-5　分输流程流量和出站压力选择控制

分输流程流量和出站压力选择控制由带稳压补偿流量变送器、流量控制器、出站压力变送器、压力控制器、低选择器、电动调节阀等组成。

1. 控制目标

该控制回路控制目标是"限流调压"。正常情况下，采用压力控制方式，控制下游压力稳定，保证下游压力不超过设定值，分输流量不超过调度控制中心下达的分输流量。压力控制回路在要求的设定值下工作，当供气流量超过设定值时，控制系统将自动切换为流量控制，对用户供气量进行限量控制。压力及流量设定值可由调度控制中心给定，也可由站控系统给定。正常情况下，采用压力/流量选择性控制系统，根据压力和流量控制器输出值进行选择，选中输出值小的控制回路。

除保证压力和流量不超过设定值外，分输过程还要保证下游压力不低于最低限定值，流量不超过分输流量最高限定值。

2. 控制参数选择

根据上述要求，需要设置压力/流量设定值和压力/流量限定值。流量设定值为调度控制中心下发的分输流量。压力设定值为下游气体分输的规定压力，保证下游压力不低于压力设定值，保证下游用户安全。限定值为压力最低限定值和流量最高限定值，压力最低限定值用于控制分输压力不低于下游管道的压力，流量最高限定值用于保证分输流量不超过流量计所能承受最大流量的 1.2 倍。

四、天然气计量

1. 计量方式

我国天然气行业有两种计量方式：体积计量、能量计量。

2. 贸易交接流量计选型

天然气长输管道贸易交接流量计主要采用超声流量计。涡轮流量计、科里奥利质量流量计、标准孔板流量计、旋进旋涡流量计和腰轮流量计等也有应用。

通常，在天然气贸易交接计量系统中，流量计口径在 $DN100$ 以下时采用涡轮流量计或质量流量计，口径在 $DN100$ 及以上时采用超声流量计。

3. 计量系统基本配置

计量系统由上、下游汇气管（需要时）和几条并联的流量测量管路组成。每条流量测量管路主要由上游及下游截断球阀、流量计、上游及下游直管段、流动调整器、绝对压力变送器、压力表、温度变送器、温度计以及流量计算机、压力平衡阀、置换充气阀、放空阀、排污阀等组成。计量系统还包括在线气相色谱分析仪、流量计在线检定或校准系统、计量系统的数据传输等。

五、天然气在线分析系统

在天然气贸易交接计量中，天然气组分测量数据非常重要，主要采用在线气相色谱分析仪测量天然气的组分百分含量。

1. 气相色谱分析仪的设置原则

在满足下述条件之一时，设置在线气相色谱分析仪：

① 输气管道的首站或新气源接入站；
② 在多路气源进气管线的每个入口处和汇合管线的出口处；
③ 距离在线气相色谱分析仪的站场 800km 左右的计量站；
④ 输气量接近或超过 $10\times10^4\,m^3/h$ 的计量站场；
⑤ 采用超声流量计的分输站场，且需要使用中检验时；
⑥ 供需双方在合同中要求的计量站。

在线气相色谱分析仪通常安装在站场内计量系统的入口管线或进站管线处。对于未设置在线气相色谱分析仪的站场，可使用相邻分输站的天然气组分数据。

2. 取样设备的设置原则

① 未设置在线气相色谱分析仪的计量站，预留取样口。
② 未设置在线气相色谱分析仪，输气量超过 $5\times10^4\,m^3/h$ 的计量站，在站场进站管线处设置手动取样系统。
③ 未设置在线气相色谱分析仪，输气量小于 $5\times10^4\,m^3/h$ 的计量站，在站场进站管线处设置取样预留阀门，需要时可接手动取样器。
④ 国际贸易交接计量的站场，在进站管线处设置自动取样系统。

在线气相色谱分析仪的取样口应确保取样的代表性，当样气通过取样系统后不能引起组分和含量的变化。

分析数据可应用于本站的多个计量系统。取样口设置在易于维护人员接近、便于维护维修之处。取样口设置在流体紊流段。取样口不应设在无天然气流动的死角。取样管线应配有伴热带。

在线气相色谱分析仪包括取样系统、样气处理装置、分析单元、控制及数据处理单元、输出单元、通信接口和显示器等。在线气相色谱分析仪安装在预制的不锈钢分析小屋内，并采用成套供货的方式。

取样管路应尽量短，使滞后时间最小。样品输送系统的滞后时间小于 60s。取样管材质采用不锈钢。

取样系统设置超压保护的安全措施，同时设置去除天然气中水分的装置，该装置采用一用一备并联配置。

在线气相色谱分析仪是智能型分析仪表，可快速地对气体分析过程进行自动控制、检测、数据处理和存储，以及与上位计算机系统通信。该仪表提供一个 RS-485 串行通信接口，支持 MODBUS RTU 通信协议，提供一个 Ethernet 通信接口，支持 MODBUS TCP 通信协议。

在线气相色谱分析仪采用点对点的方式向本地的流量计算机提供数据。

在线气相色谱分析仪的检测器具有较高的灵敏度，能自动检测天然气的主要组分信息。对于烃类化合物，能分别独立检测出 $C_1 \sim C_6+$ 的组分及 N_2 和 CO_2。检测器选用热导式检测器（TCD），检测结果稳定。

第四节　SCADA 系统设计

一、SCADA 系统功能

调度控制中心 SCADA 系统功能主要包括：

① 数据采集和处理；

② 工艺流程的动态显示；

③ 报警显示、报警管理以及事件的查询、打印；

④ 实时数据的采集、归档、管理以及趋势图显示；

⑤ 历史数据的采集、归档、管理以及趋势图显示；

⑥ 生产统计报表的生成和打印；

⑦ 标准组态编程软件和用户生成的应用软件的执行；

⑧ 紧急停车；

⑨ 工艺站场启停；

⑩ 远程启停压缩机组（或泵机组）；

⑪ 压力、流量值设定；

⑫ 控制和操作权限的设定；

⑬ 系统时钟同步；

⑭ SCADA 系统诊断；

⑮ 网络监视及管理；

⑯ 通信通道监视及管理；

⑰ 通信通道故障时主/备信道的自动切换；

⑱ 清管器跟踪；

⑲ 模拟计算，包括顺序输送水力模拟计算、混油计算、油品切割位置计算、管道泄漏计算等（液体管道）；

⑳ 输送计划的制定：输送各种油品的总量，各分输站各种油品分输总量、分输瞬时流量、分输时刻等（液体管道）；

㉑ 油品界面跟踪（液体管道）；

㉒ 增量或减量输送（液体管道）；

㉓ 水击控制保护（液体管道）；

㉔ 为在线仿真、能耗分析、生产管理等系统提供数据；

㉕ 管道事故处理及应急指挥。

二、调度控制中心 SCADA 系统硬件

调度控制中心 SCADA 系统硬件主要包括：

① SCADA 实时数据服务器；

② SCADA 历史数据服务器；

③ 操作员工作站；

④ 工程师工作站；

⑤ 通信接口设备（通信服务器）；

⑥ 网络设备（路由器、交换机）；

⑦ 防火墙；

⑧ 外存储设备；

⑨ 打印机；

⑩ Web 服务器；

⑪ 在线仿真服务器；

⑫ 在线仿真工作站；

⑬ 大屏幕显示系统。

三、调度控制中心 SCADA 系统软件

调度控制中心 SCADA 系统软件主要包括：

① 操作系统软件；

② SCADA 系统软件；

③ 高级应用软件。

1. 操作系统软件

操作系统软件的特点：具有实时多任务特性；符合国际、国家和行业标准；支持多种计算机硬件设备；支持众多应用软件；通用性强；网络功能强；支持客户机/服务器结构；支持冗余服务器和网络；等。通常，服务器的操作系统采用 Unix，计算机的操作系统采用 Windows。

2. SCADA 系统软件

SCADA 系统软件的特点：全开放式设计；模块化结构；支持客户机/服务器结构；支持冗余服务器和网络；支持离线组态和在线组态；提供友好的操作界面；强大的图形库和图形编辑功能；安全访问控制功能；数据库管理功能；报警和事件管理功能；报告生成及管理功能；通信管理功能；支持多种标准编程语言；支持著名 PLC 和 RTU 的通信协议；等。

3. 高级应用软件

高级应用软件包括：

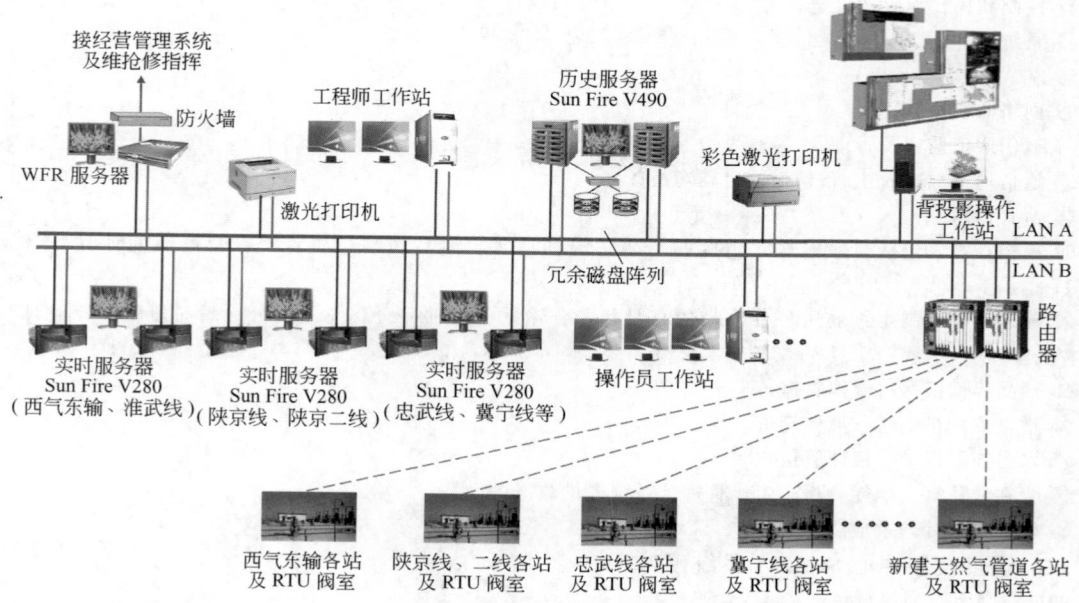

图 5-13-6　天然气管道调控中心 SCADA 系统配置图

① 管道在线仿真软件；

② 管道泄漏监测软件；

③ 网络管理软件；

④ 输油（气）过程优化软件；

⑤ 成品油批量跟踪和混油计算软件；

⑥ 油库区管理软件；

⑦ 能耗分析软件；

⑧ 计量管理软件。

图 5-13-6 所示为天然气管道调控中心 SCADA 系统配置图。

第五节　站控系统设计

一、站控系统的组成

1. 站控系统硬件设备

站控系统是 SCADA 系统的远方监控站，是保证 SCADA 系统正常运行的基础。站控系统的主要硬件包括：

① 过程控制单元；

② 安全仪表系统；

③ 操作员工作站；

④ 通信服务器。

过程控制单元采用可编程逻辑控制器（PLC），通信服务器、操作员工作站采用工业 PC 机。根据工程的实际情况确定是否设置大屏幕系统。站控系统（SCS）配置图见图 5-13-7。

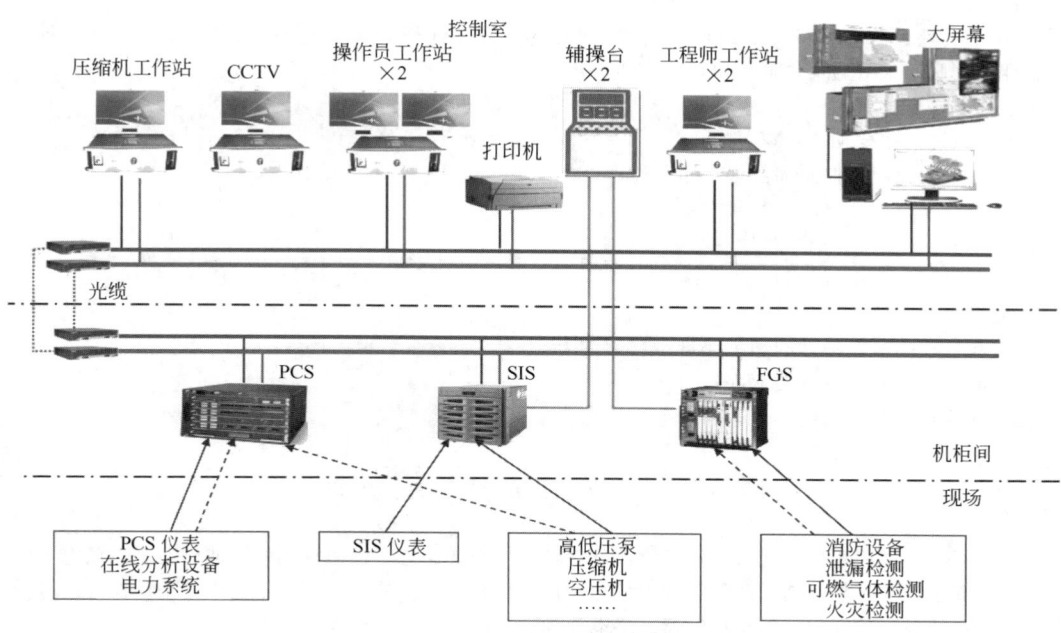

图 5-13-7　站控系统配置图

2. 站控系统软件

站控系统软件包括：

① PLC 操作系统软件；

② 操作员工作站操作系统软件；

③ PLC 编程软件；

④ MMI 组态软件。

二、站控系统的功能

站控系统（SCS）作为 SCADA 系统的现场控制单元，除完成对所处站场的监控任务外，同时负责将有关信息传送给调度控制中心或备用调度控制中心，接收和执行调度控制中心下达的命令。其主要功能包括：

① 监视本站工艺设备的运行状态；

② 向调度控制中心上传过程数据和报警信息；

③ 接收和执行调度控制中心的控制命令，进行控制和调整设定值，并独立工作；

④ 输油/输气过程压力或流量控制；

⑤ 采集和处理工艺及辅助系统过程数据，实时显示、报警、存储、打印报表；

⑥ 提供工艺站场的运行状态、工艺流程、动态数据的画面或图形显示、报警、存储、打印；

⑦ 第三方的智能仪表信息；

⑧ 站场安全联锁保护；

⑨ 对顺序输送多种油品的分输站、输入站、末站的油品切换及混油量控制；

⑩ 监视工艺站场和站场控制室火灾、可燃气体、有毒气体等状况；

⑪ 监视各站场变电和配电系统；

⑫ 数据通信管理；

⑬ 故障自诊断，并将信息传输至调度控制中心。

三、阀室控制系统组成及功能

1. 阀室控制系统的组成

阀室的控制系统通常采用 RTU。RTU 是独立的小型智能控制设备，采用开放的系统结构、标准的硬件平台、模块化的结构设计和标准的通信总线；具有编程灵活、通信能力强、维护方便、自诊断功能强、可靠性高、扩展性好、适应恶劣环境等特点；具有远程和本地编程、修改、测试的功能；带有与计算机连接的接口，可在现场通过便携式计算机读写 RTU 中的相关信息。

RTU 由中央处理器（CPU）、I/O 模块、网络通信卡件及附件等组成，采用以太网通信网络和点对点通信方式与调度控制中心进行通信，通信协议为 TCP/IP。

2. 阀室控制系统的功能

阀室控制系统的主要功能：

① 过程变量的检测、控制和数据存储及处理；

② 监控线路紧急截断阀的运行状态；

③ 逻辑控制；

④ 执行全线紧急停车（ESD）命令；

⑤ 供电系统的监控；

⑥ 采集和处理阴极保护站的相关变量；

⑦ 为调度控制中心提供有关数据；

⑧ 接收并执行调度控制中心下达的命令。

第六节　安全仪表系统设计

安全仪表系统主要用于使工艺过程从危险的状态转为安全的状态，保障输油管道能够在紧急状态下安全地停输，使系统安全地与外界截断，降低或减少故障和危险的扩散，保护人身安全、财产安全，保护环境。

安全仪表系统包括传感器、逻辑控制器、终端元件、关联软件及部件等。

一、输油管道安全仪表系统的功能

在输油管道中安全仪表系统实现的安全功能包括全线 ESD 和站场 ESD。

1. 全线 ESD

设置独立的安全仪表系统完成全线的紧急停车。紧急停车（ESD）保证管道及沿线站场安全。ESD 系统命令优先于任何操作方式。调度控制中心或站场操作人员根据危险程度大小确定是否触发全线 ESD 程序。ESD 按钮动作或 ESD 命令发出，自动紧急截断站场与管道进出口的连接。

2. 站场 ESD

输油泵站的 ESD 系统完成本站场的紧急停车，同时接收调度控制中心下达的 ESD 命令。紧急停车（ESD）系统保证沿线站场安全。ESD 系统命令优先于任何操作方式。

二、输气管道安全仪表系统的功能

1. 压气站 ESD

在输气管道中，压气站安全仪表系统实现的安全功能分为三级。

第一级：压缩机组单机 ESD 停车。当单台压缩机组运行出现故障时，关闭单体设备。

第二级：所有运行的压缩机组 ESD 停车。当压缩机厂房发生火灾、泄漏等事故时，关闭所有压缩机进出口阀门，并放空机组内天然气。

第三级：站场 ESD 停车。当站场发生火灾、泄漏等事故时，关闭站场进出站 ESD 阀门，打开放空阀放空站内天然气并打开越站旁通阀，切断非消防系统电源。同时，压缩机组执行 ESD 程序，关闭压缩机组进出口阀门后，再紧急放空机组内天然气。

2. 分输站

分输站 ESD 停车分为两级。

第一级：去用户超压保护，关断 ESD，切断 ESD 阀门。

第二级：站场 ESD。当站场发生火灾、泄漏等事故时，关闭站场进出站 ESD 阀门，打开放空阀放空站内天然气，并切断非消防系统电源。

第七节　计量系统

一、一般规定

① 贸易交接计量站的设计应符合《中华人民共和国计量法》及有关国家标准、规范和计量检定规程。

② 计量站的建设应根据交接量的规模确定计量站的类型和计量设施的配置。站库建设及计量系统配备执行 SY/T 5398，天然气计量系统配备还执行 GB/T 18603。

③ 计量系统配置的计量仪表在安装前要进行检验，投运前要检定（校准）合格，在使用过程中要进行周期检定。流量计送检时，管路应临时安装短管。

④ 计量系统的设计应考虑备用回路。流量计测量管路不设旁通支路。

⑤ 用于贸易交接时，流量计算机与流量计一对一配置；当一台流量计算机对应多台流量计时，流量计算机采用热备冗余配置。

⑥ 分析系统的样品应能真实代表分析介质的品质。分析仪表及辅助设备宜安装在金属结构分析小屋内，含有易燃、易爆介质的样品不得任意排放，排放应符合防火要求。

二、输油管道计量系统

① 油品交接计量的计量器具配备方案依据设计输油量规模和计量方式（质量或体积）确定，不同等级计量系统的配备应符合 SY/T 5398 的要求。

② 流量计量系统由流量计、流量计算机、温度变送器、压力变送器、压力表、温度计、密度计、流动调整器和流量调节阀等组成。

③ 工艺系统应由前、后汇管和并联的流量计测量管路组成，每条流量计测量管路包括截断球阀、过滤器/消气器、流量计前后直管段和排放阀等。流量计后截断阀为严密关闭，执行机构选用电动型。

④ 计量系统的上、下游汇管和各支路内整体流速小于 3m/s。

⑤ 每条计量支路设置一台流量计算机，流量计算机应采集流量、温度、压力、密度和含水量等信号，进行操作工况和标准工况条件下体积流量的瞬时流量、累计流量计算，并对数据进行存储、显示和传送。数据经计算处理后上传至站控系统，由站控系统将相关计量数据、控制数据和状态参数上传至调度控制中心。

⑥ 交接计量系统应配置准确度不低于 0.2 级的流量计。站间流量监视的流量计准确度不低于 0.5 级。

⑦ 流量计在线检定时，根据输送介质、流量计公称直径、流量计类型、流量计台数和地理位置等综合考虑后选择体积管的类型及安装形式。球式体积管采用固定式安装，DN150 以下的球式体积管采用移动式安装，体积管采用水标定系统检定。体积管在室外安装时应避免阳光直射，水标橇应安装在室内。

三、输气管道计量系统

① 天然气计量系统流量计和其他仪表设备的配置、准确度等级等应符合 GB/T 18603 的要求。根据输送量，阶梯考虑投产初期小流量及中远期达到最大流量时间的不确定性等特殊工况进行流量计口径和路数的选择。

② 计量系统仪表由流量计、流量计算机、整流器、阀门、压力/温度检测仪表等组成。

③ 工艺系统由前、后汇管和并联的流量计测量管路组成，每条流量计测量管路包括截断球阀、流量计前后直管段等。流量计后截断阀为严密关闭，执行机构选用电动型。

④ 每条计量支路设置一台流量计算机，进行操作工况和标准工况条件下体积流量和热值量的瞬时流量、累计流量计算，并对数据进行存储、显示和传送。体积流量和热值量计算处理后上传至站控系统，由站控系统将相关计量数据、控制数据和状态参数上传至调度控制中心。

⑤ 计量管路设有手动放空装置。放空装置设在流量计的下游。

⑥ 在可能发生回流时在计量系统下游安装止回阀。

⑦ 上下游汇管流速不宜大于 10m/s。

⑧ 交接计量系统应配置准确度不低于 0.5 级的流量计，站间流量监视的流量计准确度不低于 1.0 级。

⑨ 流量计应送至国家天然气计量检定机构，在高压天然气为介质的流量标准装置上进行离线实流检定。离线检定时将流量计、直管段、流动调整器一起进行离线实流检定。

⑩ 气体组分数据参与计量系统的计算。气体组分数据来自站场在线分析仪，如站场未设置在线分析仪，可由二级调度控制中心下发。分输站场未设置在线分析仪时设置手动取样接口，用于离线分析的样品采集。

四、储油罐容量计量

1. 计量罐

计量罐是储油罐容量的计量器具，用于原油和成品油的商品交接或企业内部原油和成品油交接。

计量罐一般有立式金属罐、卧式金属罐和球形罐。计量罐比一般储罐要求高，要求从设计、计算、施工建造、容积检定、验收等方面严格按国家标准进行，并具有国家授权的专设机构的检定证书。

使用中的计量罐必须按国家规定定期检修、清洗并进行容积检定。检修周期为 4 年。

一般储油罐检修周期为五年。

2. 计量罐配套的测量仪表

① 对测量仪表的要求：

a. 要满足计量准确度的要求；

b. 在全量程范围内是线性的；

c. 自动测量的仪表能够进行温度补偿；

d. 在储罐上安装的仪表必须符合防爆有关规定；

e. 技术先进，安全，耐用，安装方便，便于维修。

② 常用测量仪表种类

a. 人工测量用的仪表主要用量油尺（测深钢卷尺）。

b. 自动测液位仪表有浮子式液位计、雷达式液位计和静压式液位测量系统等。

c. 测量储罐内油温选用点式温度计和平均温度计。

d. 与测量仪表配套的监控系统可单独设置，也可以与所在站控系统一起设置。如单独设置，应配置与上位机通信的接口。

容量在 5 万立方米以上的油库，应尽量采用工业电视监视、计算机监控、信息远传等先进技术，提高油罐管理水平。

五、检定系统

1. 流量计量及检定系统控制流程

检定系统由流量计（包括消气器、过滤器）、检定装置（标准体积管和体积管控制台）及检测仪表等组成。检测仪表有温度变送器、压力变送器、差压变送器、密度计和低含水分析仪，分别对原油和成品油的温度、压力、过滤器两端的差压、密度，原油和成品油的含水量进行检测，其测量值输入流量计算机中，进行计算后显示、打印。

计量系统配置的计量仪表在安装前均要进行检定，油品计量常用强检计量器具及检定周期见表 5-13-2。

表 5-13-2　油品计量常用强检计量器具及检定周期

器具名称	检定周期	规程编号
温度计	一年	JJG 130
压力表	一年	JJG 49
温度变送器	一年	JJG 829
压力变送器	一年	JJG 882
密度计	二年	JJG 42
立式金属罐	四年	JJG 168
刮板流量计	半年	JJG 667
涡轮流量计	一年	JJG 198
质量流量计	一年	JJG 897
孔板流量计	一年	JJG 640
超声波流量计	三年(六年)	JJG 1030—2007
流量计算机	一年	JJG 1003

流量计实流检定后，采用仪表系数消除仪表偏差，使流量计的性能达到最佳。

2. 流量计检定系统

(1) 流量计检定方法　流量计检定方法有体积管法、标准流量计法、标准容器和称重法等。长输管道计量系统常用的是体积管法、标准流量计法。

体积管法是以经过严格标定的已知标准容积来计量流体流经被检定流量计的液体体积。容积是两个检测开关之间的管道内腔的容积。

标准流量计法选用准确度高、经过标定的流量计，通过标准流量计与被检定流量计示值的比较，求得被检定流量计的误差。

(2) 流量计的检定装置　计量系统的流量计检定包括在线检定和离线检定。若计量系统规模小，使用的流量计口径小，拆卸方便，且邻近有方便的检定设备，可采用离线检定。对于贸易交接计量系统，由于流量计检定周期短，且每隔一定时间需对流量计进行自检，一般设置在线检定装置。

体积管的适用范围见表 5-13-3。

表 5-13-3　体积管选择范围

计量介质	流量计类型	球式体积管		小型体积管	
		固定式	移动式	固定式	移动式
原油	速度式	√	WA1	√	WA2
	容积式	√	WA1	WA3	WA3
	质量	√	WA1	—	WA2
成品油	速度式	√	WA1	√	WA2
	容积式	√	WA1	WA3	WA3
	质量	√	WA1	—	WA2

注：√：允许使用。

WA：在限制条件下使用。

WA1：体积管口径在 DN150 以下，否则运输困难。

WA2：小型体积管在流量稳定的情况下可以使用。

WA3：当容积式流量计配直接轴输出脉冲发讯器时，可以使用。

当前原油和成品油流量计的在线检定装置主要是标准体积管。标准体积管有固定式和移动式两种。对于公称通径大于 150mm、流量计台数大于 4 台的计量系统，设置固定式标准体积管。公称通径小于 150mm 的计量系统，选用小型体积管在线检定。对于 A 级贸易动态计量站，设置固定式的标准体积管，对于 B 级贸易动态计量站，设置固定式的标准体积管，对于 C 级贸易动态计量站，推荐设置固定式的标准体积管或设置移动式的标准体积管。

检定流量计时，要在流量计的量程范围内，从小流量到大流量（或从大流量到小流量）全量程进行检定。选择的标准体积管的规格可根据被检定流量计中口径最大的流量计的最大流量来确定。

（3）标准体积管的结构形式　体积管分常规标准体积管和小型标准体积管两种，又分别具有单向和双向两种形式。

小型标准体积管用于移动检定的场合。常规标准体积管要求体积管两个检测器之间的容积允许最少分辨为自流量计发生 10000 个正向脉冲（不变的），才能保证其准确度。

3. 体积管的技术指标

① 测量温度的总不确定度小于±0.1℃。

② 测量压力的不确定度小于±20kPa。

③ 标准体积管的重复性优于±0.02%。

④ 置换器在体积管中的运行速度小于 3m/s。

⑤ 检定流量计的最小容积使流量计产生 10000 个脉冲。

4. 常规标准体积管的主要设备

常规标准体积管主要由温度测量仪表、压力测量仪表、检测器、置换器、阀、标准管段、换向阀等部分组成。

六、体积管的检定系统与设备

1. 检定系统

标准体积管的检定通常采用水标法，用标准量器对标准体积管进行检定。

标准量器一般采用国家二等容器，并按规定期限由国家一等容器进行检定。

目前，检定标准体积管广泛使用的方法是标准容积法。该检定方法的流程图如图 5-13-8 所示。这是一个水循环系统，水泵将水池内的水压入体积管，经体积管、调节阀、换向器至标准量器，在标准量器内计量后将水放入水池中。

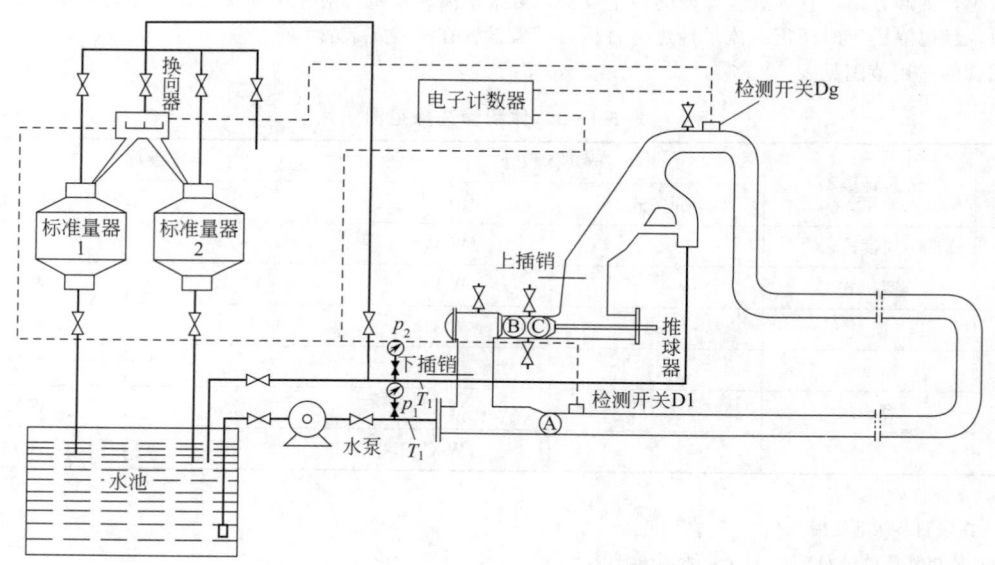

图 5-13-8　标准体积检定系统流程

2. 检定系统的设备

（1）标准量器 如基准容积设计为 5465L，配备标准量器时，选用 500L 的标准量器两台。配有 10L 和 5L 的标准量器。

通常选用的标准量器为二等，其准确度为±0.025％。

（2）换向器 它的作用是改变液流方向，倒换标准量器。换向器的能力决定排量的大小，不同排量的标准体积管选择与此相适应的换向器。

（3）温度和压力测量仪表 温度计为实验室用玻璃温度计，其分度值为 0.1℃，温度变送器的测量准确度为±0.5％。压力表为 0.2 或 0.4 级的标准压力表，压力变送器的测量准确度为±0.2％。

（4）水泵 选用的水泵排量大于标准体积管在限定的时间内使体积管充满水的最小排量，扬程大于推球使用的最大压差和管线的阻力，一般为 0.3～0.6MPa。

（5）水池（水箱） 容积为标准体积管设计容积的 2 倍以上。

第八节 火气系统设计

火灾自动报警系统应包括建筑物内、工艺装置区、罐区的火灾及可燃气体检测报警系统、消防联动系统。

油气管道站场火灾自动报警系统设计应符合 GB 50116 的要求，可燃气体检测报警系统设计应符合 GB 50493 的要求。

一、建筑物室内火灾自动报警系统设计

室内火灾自动报警系统用于站场建筑设施内的火灾检测与报警。火灾报警系统设置独立报警机柜或报警盘。

感温、感烟探测器通过报警器进行报警，并通过报警器将报警信号传至站控系统，综合报警信号上传至调度控制中心。

各站场的控制室、机柜间、变电所、低压配电间、通信机房等处设置感温、感烟探测器，在有人值守的房间设置报警盘以及声光报警装置，报警信号传至站控系统。根据工程实际情况，对需要早期发现火灾的特殊场所如仪表机柜，选择高灵敏度的吸气式感烟火灾探测器。

手动火灾报警按钮采用按压报警方式，且能够通过机械结构自锁。

二、站场火灾自动报警系统设计

站场可燃气体、火灾检测与报警系统用于站场工艺设备区可燃气体泄漏及火灾的探测与报警。

站场火气系统包括设置在现场的火焰探测器、可燃气体探测器及报警器安装控制室的报警盘。

泵区等工艺区、发电机房、压缩机房内设置火焰探测器，报警信号传至站控系统。

站场泵房、计量间、燃气发电机房、锅炉房和密闭天然气压缩机厂房及其他有可燃气体进入的密闭房间设置可燃气体探测器，在泵区、计量区等工艺区设置可燃气体探测器，同时在各站配有便携式可燃气体检测仪。

未设置火灾自动报警系统的站场，火焰探测器的报警信号和可燃气体探测器的高报警信号可接入安全仪表系统。

三、消防控制系统

储油罐单罐容量在 $5×10^4 m^3$ 以上的储罐区，需设置独立的消防控制系统。输气管道的压气站设置独立的消防控制系统。消防控制系统经人工确认后自动启动相关消防设备。

消防控制系统主要功能包括：

① 火灾、可燃气体、火焰、手动报警按钮报警和定位；

② 消防水罐液位检测，液位超限报警联锁；

③ 消防管网压力监视；

④ 消防泵、泡沫泵、消防电动阀门监控。

消防值班室和站场控制室设置消防监控终端。

消防值班室设置辅操台，显示雨淋阀、消防泵等设备状态，远程手动启动消防设备。

第九节 泄漏检测系统

一、泄漏检测技术介绍

干线管道的泄漏检测方法可分为两类：内部监测和外部监测。

外部监测方法主要有光纤法等方法。

内部监测方法主要有体积（或质量）平衡法、统计分析法、实时瞬态模型法（RTTM）、压力分析法（负压波法）、声波法（次声波法）。

输油管道的泄漏检测系统多用内部监测方法。

二、外部泄漏检测技术

光纤法

光纤法是利用埋入地下并与管道同沟敷设的通信光纤作为分布传感器，天然气管道出现泄漏后，由于焦耳-汤姆孙效应，泄漏位置会迅速发展为低温点，伴随着该位置的温度变化（1~2m长），管道表面周围的土壤将形成温度梯度。冷却效应与气体类型和压力直接相关，与土壤温度无关，无论环境土壤温度如何，冷却效应的量级保持不变。通过对沿光纤温度场进行分析，可以确定发生泄漏的部位，实现对管道泄漏事件做出检测，避免造成管道运行安全事故。

三、内部泄漏检测技术

1. 体积（或质量）平衡法

体积平衡法基于测量管道中流入和流出的流体体积（或质量）平衡的原理，主要利用流量检测仪表和相关软件进行判断。当管段实际流出量与流入量的体积（质量）出现差异时，就可以判定已经出现泄漏。

2. 实时瞬态模型法

实时瞬态模型法（Real Time Transient Modeling，RTTM）利用计算机使用先进的流体力学和水力模型来模拟实际管道运行，动态平衡、能量平衡以及流量平衡均在 RTTM 中进行计算。通过测量实际管道数据与预期的模型条件进行比较，RTTM 软件可以判断泄漏量和位置。

3. 统计分析法

统计分析法根据管道出入口的流量和压力，连续计算压力和流量之间关系的变化。当泄漏发生时，流量和压力之间的关系发生变化。它使用概率的方法和模式识别技术对实测的压力、流量值进行分析，连续计算发生泄漏的概率，并进行泄漏点定位。

4. 负压波法

基于负压波法的泄漏检测系统的工作原理：当发生泄漏时，泄漏处因流体物质损失而引起局部流体密度减小，产生瞬时压力降低和速度差，该瞬时压降以声速向泄漏点的上下游传播。当以泄漏前压力作为参考标准时，泄漏时产生的减压波就称为负压波。该波以一定速度自泄漏点向两端传播，经若干时间后分别传到上下游的压力传感器，压力传感器捕捉到特定的瞬态压降的波形，就可以进行泄漏判断。另外，根据上下游压力传感器接收的压力信号的时间差和负压波的传播速度，可反推出泄漏点的位置。

5. 声波法（次声波法）

当管道发生破裂时，管道内外的巨大压差使管内流体通过泄漏孔由内向外形成泄漏。泄漏时流体与流体、流体与漏孔壁之间产生摩擦，产生声波（次声波信号或可理解为微弱振动信号）。该信号属于连续声发射信号，并以管内介质以及管壁为载体向上下游传播。泄漏引起的声波信号具有很宽的频率范围，包括次声波段、可闻声波段和超声波段，高频部分在纵向传输过程中会快速衰减掉，只有低频部分才能进行远距离传输，该部分信号通常称为声波。通过检测介质中声波信号传播到上下游传感器的时间差，结合声波在管内流体中的传播速度，即可定位泄漏点。

四、泄漏检测解决方案

效果好的泄漏检测方案需要多种技术结合使用，这是国内外输油管道泄漏检测常用的策略。目前，输气管道工程中尚未有成熟的泄漏检测方案，众多的泄漏检测技术中，光纤法泄漏检测技术是国际上公认的有应用前景的长输管道泄漏检测解决方案。

第十节　油气长输管线自动化展望

油气长输管线自动化的发展及建设是渐进的、持续的和长期的过程，随着物联网、云计算、大数据、人工智能等技术的应用，油气长输管线自动化逐步向信息化、数字化、智能化推进，长输管线由分散向集中、数字化转变，风险管控模式由被动向主动转变，信息系统由孤立向集成转变，资源调配由局部优化向整体优化转变，运行管理由人为主导向智能转变，以数据全面统一、感知交互可视、系统融合互联、供应精准匹配、运行智能高效、预测预警可控为目标，用信息化手段大幅提升质量、进度、安全管控能力，实现数字化、自动化、模块化、可视化、网络化、智能化管理，形成具有全面感知、自动预判、智能优化、安全、环保、绿色、高效运行的智慧油气长输管线。

第六篇　自动化和信息化集成系统及工程实施

第一章　集成系统概述

一、背景

进入 21 世纪以来，世界范围内石油化工、新能源、替代能源技术不断进步，大型石油化工和新型煤化工蓬勃发展，朝着大型化、一体化、智能化和清洁化的方向迈进。随着中国经济快速发展，全厂性、基地化的炼化一体化和新型煤化工工程在石油化工行业占据主导地位，这些大型工程的建设和运行产生了显著经济效益和社会效益，产生了协同效益和拉动效应，提高了企业的抗风险能力，促进了中国石油、石化及相关行业的发展进步。

大型炼化一体化工程通常包括炼油工程、乙烯工程、热电工程、公用工程及辅助设施、厂外工程等，总投资达数百亿人民币。以某 1000 万吨/年炼油、100 万吨/年乙烯炼化一体化工程为例，实施范围包括以下内容。

（1）炼油工程　1000 万吨/年常压蒸馏装置、200 万吨/年轻烃回收装置、400 万吨/年渣油加氢装置、480 万吨/年催化裂化装置、脱硫联合装置、70 万吨/年气体分馏装置、14 万吨/年 MTBE 装置、190 万吨/年航煤加氢装置、240 万吨/年催化汽油脱硫装置、180 万吨/年催化重整装置、芳烃抽提联合装置、酸性水汽提联合装置、1250 吨/时溶剂再生装置、24 万吨/年硫黄回收装置、煤气化制氢联合装置、315 万吨/年渣油加氢裂化装置、300 万吨/年蜡油加氢装置、340 万吨/年柴油加氢装置等工艺装置以及公用工程、储运和辅助生产设施。

（2）乙烯工程　100 万吨/年乙烯装置、10/45 万吨/年环氧乙烷/乙二醇装置、40 万吨/年高密度聚乙烯装置、30 万吨/年线性低密度聚乙烯装置、30 万吨/年环管法聚丙烯装置、40 万吨/年气相法聚丙烯装置、25 万吨/年丁辛醇装置、30 万吨/年异丙苯装置、35 万吨/年苯酚丙酮装置、18 万吨/年丁二烯抽提装置、65 万吨/年裂解汽油加氢装置、10/3 万吨/年 MTBE/丁烯-1 装置、35 万吨/年芳烃抽提装置等工艺装置以及公用工程、储运和辅助生产设施。

（3）热电工程　3×420t/h CFB 锅炉＋2×100MW 抽汽冷凝式汽轮发电机组。

（4）公用工程及辅助设施。罐区、火炬、装卸设施、净化水场、循环水场、污水处理、空分空压、中心控制室、中心化验室、行政办公楼等。

（5）厂外工程　公用外管、给排水管网、供电外线、铁路系统等。

新型煤化工工程通常包括甲醇区、烯烃区、热电工程、公用工程及辅助设施、厂外工程等，总投资也达数百亿人民币。以某 360 万吨/年甲醇进料新型煤化工工程为例，实施范围包括以下内容。

（1）甲醇区　6 套 82000m³/h O₂ 的空分装置、14 套日处理原煤 15000 吨的气化装置、2 套 180 万吨/年甲醇合成装置、2 套 33 万吨/年净化装置、2 套 2.6 万吨/年硫回收装置等工艺装置以及公用工程、储运和辅助生产设施。

（2）烯烃区　2 套 180 万吨/年甲醇制烯烃装置、20 万吨/年烯烃催化裂解装置、1/3 万吨/年 MTBE/1-丁烯装置、35 万吨/年环管法聚丙烯装置、35 万吨/年气相法聚丙烯装置、30 万吨/年线性低密度聚乙烯装置、12 万吨/年釜式法高压聚乙烯装置、25 万吨/年管式法高压聚乙烯装置等工艺装置以及公用工程、储运和辅助生产设施。

（3）热电工程　（5＋1）×420t/h CFB 锅炉＋（2＋1）×100MW 抽汽冷凝式汽轮发电机组。

（4）公用工程及辅助设施　罐区、火炬、装卸设施、循环水场、污水处理、空压站、储煤系统、中心控制室、中心化验室、行政办公楼等。

（5）厂外工程　煤矿、输煤系统、公用外管、给排水管网、供电外线、铁路系统等。

大型工程对于自动化系统和信息化系统的一体化提出了更高的要求，同时也为全厂性自动化和信息化集成系统的实施提供了平台。

随着自动化技术的不断进步，信息技术特别是新信息技术的高速发展，改变了大型企业的自动化控制系统和信息管理系统模式，设计理念也随之发生改变，从工厂操作、管理、维护的角度出发，要求自动控制系统和信息管理系统的设计应具有开放性、经济性、互操作性和易维护性。从功能安全和风险控制的角度出发，要求系统的设计具有高安全性、高可靠性、高分散性和高可用性。通过生产过程自动化、经营管理信息化及两者集成，实现大型石油化工企业从原料选择、采购、生产加工过程到产品出厂全过程的管理-控制一体化，使企业利润最大化，同时满足健康、安全、环保和节能减排的企业自身及社会需求。

二、集成系统的发展与构成

自 20 世纪 70 年代分散控制系统（DCS）问世以来，DCS 系统硬件、系统软件及应用软件日趋完善，在各种生产过程控制领域占有极为重要的地位，已改变了工业控制的面貌。数字式过程控制系统经历了集中控制和智能（自 1970 年至 1985 年的第一代 DCS 系统）、分散控制和分散智能（自 1985 年至 2000 年的第二代 DCS 系统）两个阶段后，随着信息化、网络化、数字化与智能化等新技术不断取得突破，各生产领域的数字化、智能化发展和现代化工厂的精益管理需求日益提高，自 2000 年左右数字式控制系统进入第三个阶段，即分散智能、分散控制的整体协同。2010 年左右，世界范围内兴起了"工业 4.0"概念，即在离线制造业和流程工业中，以信息物理系统（CPS）为核心，通过自动化与信息化技术的融合，借助以云计算、工业物联网、移动通信、大数据、人工智能为代表的新信息技术，引领和实现了第四次工业革命。很多国家制定了相应的产业规划，如德国工业 4.0、美国工业物联网、中国制造 2025 等。

自动化和信息化集成系统是大型石油化工、煤化工、新能源工业大型化、集成化、基地化、智能化发展时代背景下的必然产物。随着市场竞争日趋激烈，在挖潜增效的目标驱动下，业内越来越认识到通过自动化和信息化的融合，能够有效降低仪表与控制系统的生命周期成本，提升大型联合工厂的过程控制和精益管理水平，实现企业综合生产指标优化控制，提高企业的经济效益和社会效益。在石油化工行业中，"两化融合""数字化工厂""智能工厂"等理念已逐渐被认可并开始深入人心，近年来大型石油化工和新型煤化工工程广泛采用全厂集成系统的模式，并提出了建设数字化工厂和智能工厂的目标。

自动化和信息化集成将为生产企业带来更大的效益。自动化技术的发展，已经打破了长期以来将工艺控制划分为电气控制、过程控制、运动控制等专业的束缚，为建立统一的过程控制平台和生产运营平台准备了产品和技术条件。在国际产业界长期共同努力下，从工控编程语言、工业以太网、现场总线、工业无线网，到企业信息管理等各种国内外标准的制定和推广，取得丰硕的成果，为自动化和信息化集成体系架构的发展和日趋成熟奠定了基础。自动化技术进一步发展必须与企业生产管理、运行管理有效结合，实现企业综合生产指标优化控制，提高企业精益管理水平，为数字化工厂、智能工厂建设打下良好基础。

根据国内外石油化工企业的实际应用状况，自动化和信息化集成系统总体架构分为三层，即生产操作控制层（PCS）、生产执行管理层（MES）和生产经营管理层（ERP），如图 6-1-1 所示。

生产操作控制层（PCS）包括分散控制系统/现场总线控制系统（DCS/FCS）、安全仪表系统（SIS）、可燃和有毒气体检测系统（GDS）、火灾报警系统（FAS）、智能设备管理系统（IDM）、操作数据管理系统（ODS）、压缩机控制系统（CCS）、转动设备监视系统（MMS）、设备包控制系统（PLC）、储运自动化系统（MAS）、数据采集与监控系统（SCADA）、先进过程控制（APC）等。其核心是 DCS/FCS。生产操作控制层能实时监控生产过程、油品储运、公用工程、原料产成品进出厂、产品质量等全过程，使生产过程安全、平稳、自动、可靠、弹性运行。

生产执行管理层（MES）主要包括生产成本控制、生产计划与调度、操作管理、储运管理、物料平衡、能耗管理、计量管理、收率管理及实验室数据管理等。其核心是生产成本控制。MES 实现生产数据和管理数据的集成。MES 以生产综合指标为指导，利用信息化手段，分解生产计划，执行优化的调度方案，对生产过程进行优化操作控制。将生产过程控制层的数据进行必要的处理，形成公司统一的生产数据平台，为准确决策提供依据。生产执行管理层承担各区域的协调管理、公司的调度管理和对内对外的协调工作等。

生产经营管理层（ERP）主要包括资金流管理、物流管理、采购管理、销售管理、经营计划管理、人力资源管理、绩效考核管理、维修管理、文档管理、办公自动化（OA）及企业互联电子商务（EC）平台等。其核心是资金流和物流管理。生产经营管理层（ERP）集成了企业的关键信息和核心数据。应用 ERP 理念、方法和技术，建立以财务为核心、一体化的经营管理平台。以成本控制为中心，实现企业资源综合经营管理。

通过集成的过程控制系统和信息管理系统来降低生命周期成本，实现健康、安全、环保、节能的现代化工厂精益管理，做到信息畅通、反应及时、数据准确，使公司管理者无论何时何地都能对企业的生产状态、经营情况、资金流动、仓储情况、市场信息、人员安排等做到一目了然、胸中有数、决策有据。

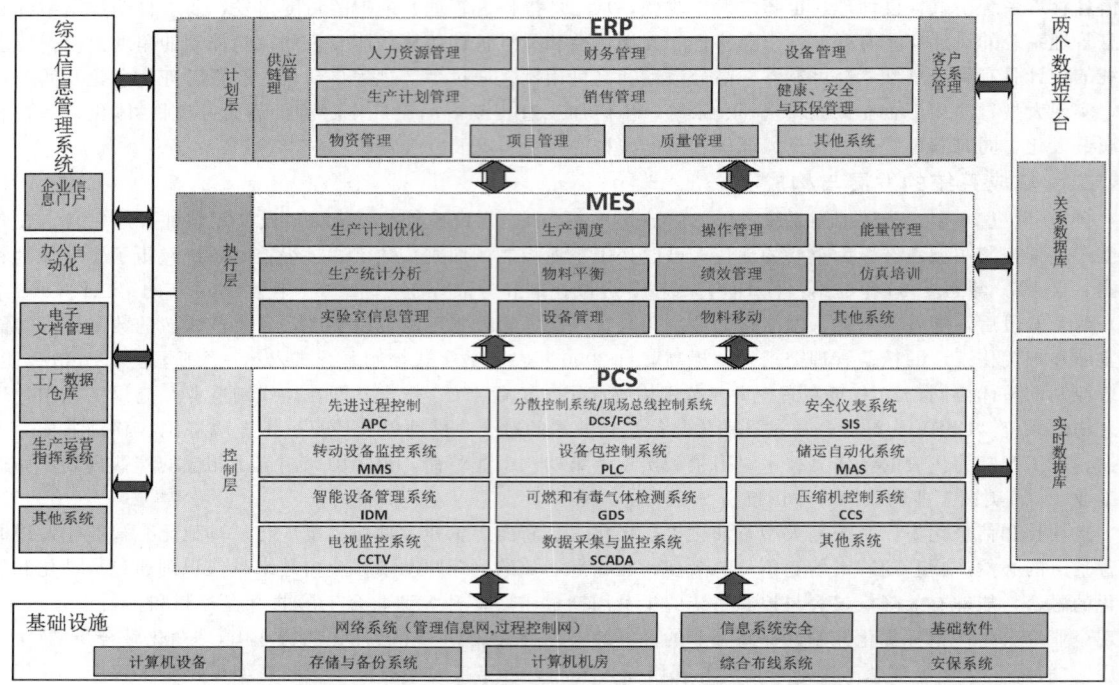

图 6-1-1　自动化系统和信息系统的集成系统架构

根据国内石油化工工程建设模式,生产执行管理层(MES)和生产经营管理层(ERP)的设计与工程实施通常属于信息技术(IT)范畴,MES 和 ERP 的实施要点将在本篇第十四章予以介绍。生产操作控制层(PCS)的自动化和信息化集成系统属于仪表自动控制的范畴,是本篇介绍重点。

三、集成系统的设计与实施

集成系统不仅是组成系统的各种技术和产品的融合,更是一个管理优化、提升的过程,要高度重视大型一体化工程的设计与实施,做到"知行合一",充分发挥集成系统的功能和作用,为企业带来实实在在的效益。

传统的"自闭"型的自动化系统采用各自独立的硬件设备和网络,而新一代集成系统是控制技术、通信技术、网络技术、信息技术等相互融合的产物,大量采用通用的计算机网络设备和软件,如服务器、工业 PC机、网络交换机、Windows 操作系统、TCP/IP 通信协议等。集成系统的设计与实施要加强对新一代自动化系统,特别是信息技术的知识和产品的熟悉与学习,在提高开放性、降低成本的同时,应高度重视集成系统的网络信息安全,深入研究安全隐患,制定合理安全策略,并在工厂整个生命周期内严格管理和执行。

对于全厂性一体化工程,由于其规模庞大,组成复杂,应统筹规划,整体布局,用全局的观念开展集成系统的设计与实施。大型集成系统网络架构应按照"纵向分层、横向分域"的基本原则构建,各生产装置应保证能够独立开停车,互不干扰,各个网络层次相对独立而又互相联系,在保证系统安全性的基础上兼顾可扩展性和开放性。安全仪表系统(SIS)的设计与实施,应按照国际功能安全标准开展安全生命周期各阶段的设计与管理活动。

对于大型全厂性一体化工程,为充分发挥集成系统的功能,须建立整个工厂的一体化数据平台,然后结合企业自身情况,开发定制专有的高级应用软件,通过对工厂海量大数据的整合、挖掘和提炼精益管理所需的有价值的信息,使集成系统真正发挥信息化的作用。近年来的工程实践证明,操作数据管理系统(ODS)、智能设备管理系统(IDM)、先进报警管理系统(AAS)、操作员培训仿真系统(OTS)等高级应用起到良好的应用效果,得到越来越多用户的认可和广泛采用。

大型炼化一体化工程和新型煤化工工程有多个工艺装置采用多个不同专利技术,多个国内外工程公司设计,多个总承包单位进行工程承包与建设。为保证设计、建设、操作和维护的协调统一,提高整个工厂的全生命周期管理水平,全厂自动化和信息化集成系统的设计与实施应从全局出发,统一自动化、信息化系统的配置方案,制定全面、完整、合理的规范性文件,如各类硬件和软件功能规格书、各类管理程序文件、各类设计与实施文件模板等，为全厂集成系统的高水平、高质量实施奠定良好基础，降低项目设计、管理、制造、施工、调试、运行、维护等费用，减少系统备品备件，降低工厂全生命周期成本。

大型一体化工程的工程实施与传统的单一装置或小型工厂建设有所不同，组建良好高效协同的工程团队与组织实施是工程成功的关键。根据国内外大型炼化一体化项目的成功工程建设经验，通常采用主自动化系统供货商（Main Automation Vendor，MAV）的模式一体化实施全厂自动化和信息化集成系统，并制定大型化、集成化、智能化，具有先进水平的仪表与过程控制系统的目标。在工程实施整个过程组建强有力的工作团队，按照一体化的工作模式和思维模式组织、管理、监督、协调，保证工程各阶段目标和整体目标的实现。

现代化企业对健康、安全、环保、节能的要求越来越高，在集成系统的设计与实施全生命周期中，必须贯彻健康、安全、环保、节能的理念，做到"本质安全"。

四、数字化工厂与智能工厂

新信息技术包括云计算、物联网、移动通信、大数据和人工智能等，其与离散制造业和流程工业的深度结合是工业4.0的理论基础，是建设数字化工厂、智能工厂的必要条件。

1. 数字化工厂

数字化工厂是以产品全生命周期的相关数据为基础，在计算机虚拟环境中，对整个生产过程进行仿真、评估和优化，并进一步扩展到整个产品生命周期的新型生产方式。数字化工厂的一个重要概念是数字孪生（Digital Twin），是指数字虚拟与现实实体之间的映射关系，对于工业过程，是指利用物理模型、传感器测量、经验数据等在计算机虚拟环境建立真实生产的仿真，反映对应的实体装备的全生命周期过程，是数字化工厂区别于传统制造业的主要特征。

离散制造业的数字化工厂，其数字孪生是现代数字制造技术与计算机仿真技术相结合的产物，在工业实践中取得了快速发展并取得良好应用效果，为传统制造业注入了新的活力。流程工业的数字化工厂已被认为是未来发展方向，但由于其特殊性和复杂性，最终用户、工程公司、控制系统厂家、信息系统厂家对于流程工业数字化工厂的概念和理解有所不同。究其原因，离散制造业产品设计的数字化工厂与产品制造的实体工厂可以构成清晰明确的数字孪生关系，而流程工业则不然。

对于以石油化工厂为代表的流程工业，一方面工程建设在交付实物工厂的同时，提供以集成数据库为基础的虚拟数字工厂，以二维和三维图形为载体，集成工艺设计、工程设计、采购、施工、项目管理、调试开车等原始数据；另一方面工厂采用数字技术的过程控制系统、通信系统和数据采集分析系统，建立企业信息网络，获取大量过程信息数据，建立过程实时/历史数据库、关系数据库，构建具备流程仿真功能的数字化工厂。流程工业存在工程设计的数字化工厂与实体工厂、生产运行的数字化工厂与实体工厂，两个数字孪生关系。需从两个维度不断创新和发力，才能形成流程工业数字化工厂建设的共识和实施方案，两者相辅相成。

工程设计领域已从最初的图板化年代、计算机辅助设计年代发展到今天的数字化集成设计年代，随着新信息技术与人工智能技术的发展，将向智能设计年代迈进。工程设计的数字化交付已成为大型一体化工程的新要求，也是工程设计进入数字化集成设计年代和建设数字化工厂的必然结果。通过数字化集成设计与数字化交付建立与实体工厂建设的数字孪生关系，让数据流动起来，实现工程设计与工程建设的数字化和精益化。

数字化的自动化和信息化集成系统的广泛应用，以及现场智能传感器、智能执行元件、无线仪表等的发展成熟，以石油化工为代表的流程工业数字化工厂建设，将建立生产操作和运营的仿真数字化工厂与实际运行工厂的数字孪生关系，通过各种高级应用，如先进过程控制、实时优化、设备诊断管理、操作培训仿真、生产调度管理等，全面提升现代化工厂的管理水平，切实提升企业的效率和效益，为智能工厂建设奠定基础。

2. 智能工厂

智能工厂是将人的智慧和能力与机器的智慧和能力互通互联的工厂，是现代工厂发展的新阶段，在数字化工厂的基础上，利用新信息技术加强信息管理和服务，掌握产销流程，提高生产过程的可控性，减少人工干预，实时采集生产数据，合理编排生产计划与进度。

智能工厂的主要特征如下。

（1）数字化　体现在数字化工厂的建设，过程控制数字化、设备运维数字化、生产管理数字化、供销分析数字化和决策支持数字化。

（2）网络化　体现在物理信息网、工业以太网、无线互联网、物联网等多种网络广泛应用。

（3）集成化　体现在系统集成、信息集成、数据集成、流程集成、供应链集成、价值链集成。

（4）智能化　体现在核心业务的智能化，包括智能检测、智能控制、智能调度、智能管理、智能决策等。

（5）HSE 健康安全环保　体现在人身健康、安全生产、节能减排、绿色制造、低碳经济。

智能工厂还没有明确的定义，各行业开始制定各自的智能工厂模型。2014 年中国石化参照国内外经验，以业务领域划分进行总体规划智能工厂建设。规划建设的六个业务领域包括：生产管控；供应链管理；HSE 管理；设备管理；能源管理；辅助决策。

前面提到的智能设备管理系统（IDM）属于设备管理业务领域，操作数据管理系统（ODS）、先进报警管理系统（AAS）等可归类为生产管控业务领域。

数字化工厂和智能工厂建设不是技术和产品的堆积，需各方脚踏实地、下苦功做好自动化、信息化、数字化到智能化每一个阶段的工作，确定适合国情和厂情的建设目标和方案，在全生命周期内持续推进，充分发挥各组成部分的功能和作用，为企业带来实实在在的效益和管理提升。

五、本篇内容简介

本篇内容共分十五章，将由浅入深地介绍集成系统的基本知识、系统构成、设计原则、工程实施、应用案例及展望等，力求理论与实践结合，更偏重于实践应用。

第一章为集成系统概述。

第二章介绍工业自动化系统网络的基础知识，包括网络拓扑结构、通信协议、网络硬件和软件、网络互联与管理等。

第三章介绍集成系统的设计原则，包括集成系统总体架构、各层网络的构成及功能、基本设计原则、工程实施与应用等。

第四章介绍集成系统网络安全，包括网络安全生命周期各阶段的活动和措施，结合工程实际应用介绍具体规划和实施。

第五～七章介绍分散控制系统（DCS）、现场总线控制系统（FCS）、安全仪表系统（SIS）的集成设计原则、网络架构、工程实施与应用等。

第八～十一章介绍智能设备管理系统（IDM）、操作数据管理系统（ODS）、先进报警管理系统（AAS）、操作员培训仿真系统（OTS）等高级应用的基本知识、网络架构、系统功能、工程应用等。

第十二章介绍无线仪表系统的设计与应用。

第十三章介绍大型集成系统的工程实施与近年来实际应用案例。

第十四章介绍企业管理信息系统的总体架构，生产执行层（MES）、经营管理层（ERP）的功能模块和实施要点。

第十五章介绍石油化工行业数字化工厂和智能工厂的构建方案和展望。

第二章 工业控制系统网络基础知识

第一节 工业网络技术概述

信息技术的高速发展，不仅改变了人们的日常生活方式，也改变了工业控制系统和信息管理系统模式，系统设计理念随之发生改变。随着市场竞争的日趋激烈，在智能工厂、精益管理、两化融合等现代化工厂目标和要求的驱使下，要求工业控制系统提供自动控制、生产管理、资产优化等信息系统的集成解决方案，形成工厂的信息高速通信网络。根据工厂操作、管理、维护的需要，过程控制系统和信息管理系统的设计应具有可靠性、实时性、开放性、互操作性和可维护性的特点。根据安全、稳定和风险控制的需要，系统的设计应具有可靠性、实时性、分散性和可用性的特点。通过生产操作自动化、经营管理信息化，实现企业从原料选择、采购、生产到产品出厂全生命周期管理，使企业利润和社会效益最大化。

工业控制系统的发展是与工厂管理模式变迁和自身技术进步结合的共同产物，经历了集中控制、分散控制和分散智能、分散智能和控制的整体协同等不同发展阶段。工业控制系统是自动控制技术、通信技术、计算机网络技术等多学科、多层面新技术结合的成果。以现代化管控一体化系统及信息系统的核心设备分散控制系统（DCS）为例，其发展呈现以下特征。

（1）大型化/集成化 随着计算机网络技术、通信技术与 DCS 相互结合，以及工厂集成解决方案理念不断得到认可和应用，自动控制系统仅作为"信息孤岛"的时代已经一去不复返，大型化、集成化、一体化是发展的必然趋势。

（2）智能化/信息化 随着智能化技术、现场总线技术及无线技术等数字技术向控制系统和现场仪表的不断延伸，自动控制系统的处理器及数据总线处理的信息量不断增加，对信息的安全传输和高效利用是自动控制系统面临的发展机遇和重要考验。

（3）成本控制/网络安全 市场竞争日趋激烈，增加产品竞争力、降低生命周期成本成为必须面对的课题；DCS 系统与信息系统的相互结合，大量商用的计算机网络设备、通信设备、Windows 操作系统等逐步代替经典自动控制系统固有的、自闭的软、硬件和网络。在新的系统架构下保证 DCS 系统软硬件及网络的安全可靠，将是控制系统和信息系统必须解决的重要课题。

综上所述，为更好地完成自动化和信息化集成系统的设计和工程实施工作，仪表自控人员应不断加强信息技术和网络技术的学习和实践。本章将重点介绍与工业控制系统息息相关的网络基本知识，如工业以太网、网络交换机、路由器、防火墙、服务器、OSI/RM 模型、TCP/IP 协议等。

一、开放系统互连参考模型（OSI/RM）

谈到计算机网络体系结构，首先需了解国际标准化组织（ISO）于 1978 年提出的开放系统互连参考模型（Open System Interconnection Reference Model，OSI/RM）。OSI/RM 采用层次型的体系结构，用严格的层次关系来表述网络功能的划分及其之间的关系，如图 6-2-1 所示。OSI 参考模型在计算机网络的发展过程中起到了重要作用，作为一种参考模型和完整的网络体系结构，时至今日仍对计算机网络技术朝着标准化、规范化方向发展具有指导意义。

（1）物理层（Physical Layer） 物理层是为建立、保持和断开物理实体之间的物理连接，主要涉及接口的机械、电气、功能和过程特性，以及连接的传输媒体等问题。物理层传送信息的基本单位是比特，又称为位。物理层还定义了传输介质与网络接口卡的连接方式以及数据发送和接收方式。常用的串行异步通信接口标准，如 RS-232C、RS-422 和 RS-485 等均属于物理层。

（2）数据链路层（Datalink Layer） 数据链路层通过物理层提供的物理连接，实现建立、保持和断开数据链路的逻辑连接，完成数据的无差错传输。为了保证数据的可靠传输，数据链路层的主要控制功能是差错控制和流量控制。在数据链路上，数据以帧格式传输。帧是包含多个数据比特（位）的逻辑数据单元，通常由控制信息和传输数据两部分组成。

（3）网络层（Network Layer） 网络层完成站点间逻辑连接的建立和维护，负责传输数据的寻址，提供网

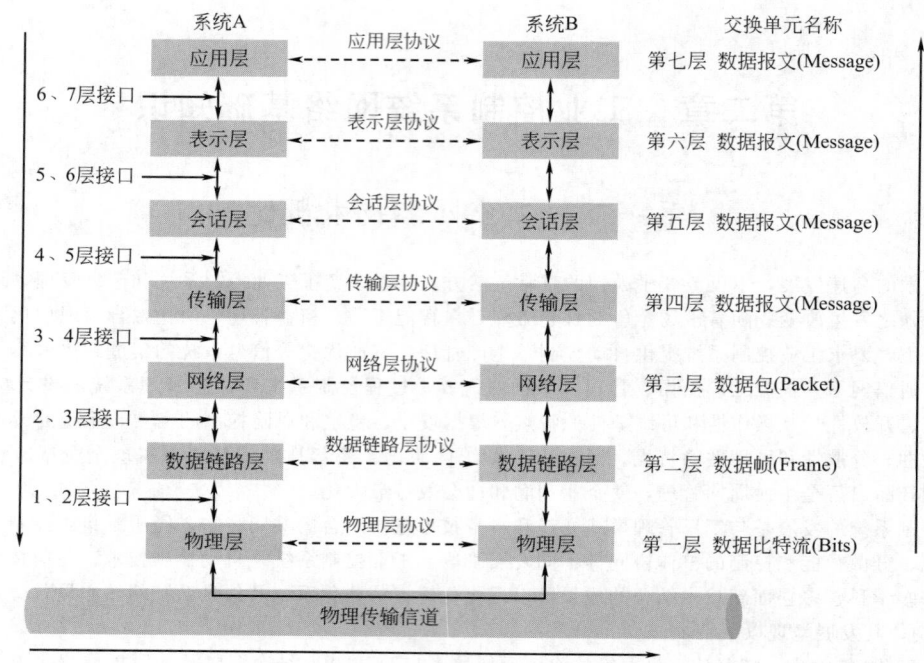

图 6-2-1　开放系统互连参考模型（OSI/RM）

络各站点间数据交换的方法，完成传输数据的路由选择和信息交换的有关操作。网络层的主要功能是报文包的分段、报文包阻塞的处理和通信子网内路径的选择。网络层传送信息的基本单位是数据包。

（4）传输层（Transport Layer）　传输层向会话层提供可靠的端到端（end-to-end）的数据传送服务。传输层的信号传送单位是报文（Message），它的主要功能包括流量控制、差错控制、连接支持。

（5）会话层（Session Layer）　两个表示层用户之间的连接称为会话，会话层的任务是提供一种有效的方法，组织和协调两个层次之间的会话，并管理和控制它们之间的数据交换。

（6）表示层（Presentation Layer）　表示层用于应用层信息内容的形式变换，如数据加密/解密、信息压缩/解压和数据兼容，把应用层提供的信息变成能够共同理解的形式。

（7）应用层（Application Layer）　应用层作为参考模型的最高层，为用户的应用服务提供信息交换，为应用接口提供操作标准。七层模型中所有其他层的目的都是为了支持应用层，它直接面向用户，为用户提供网络服务。

OSI 参考模型的 7 层中，除了物理层和物理层之间可直接传送信息外，其他各层之间实现的都是间接的传送。层次结构中的每一层都是建立在前一层的基础上的，低层为高层服务，但各层之间相互独立。当任何一层因为技术进步发生变化时，只要接口保持不变，其他各层都不会受到影响。

OSI 参考模型并不是计算机网络领域唯一的，还存在一些其他的网络体系结构模型，如因特网（Internet）广泛使用的 TCP/IP 模型等。随着因特网的快速发展和广泛应用，TCP/IP 体系结构逐渐占据了支配地位。

二、因特网（Internet）与 TCP/IP 协议

1. 因特网（Internet）

因特网（Internet）的产生背景是 20 世纪 50 年代至 70 年代的美国"星球大战"计划，及 90 年代的"信息高速公路"计划，1983 年开始逐步进入实用阶段。因特网也称为国际互联网，是由全世界的局域网、城域网、广域网等互连而成的网络的集合，是一个以 TCP/IP 通信协议连接各个国家、各个部门、各个机构计算机网络的数据通信网。

因特网提供的信息服务涵盖日常生活的方方面面，典型的服务包括全球信息网（WWW）、电子邮件（E-Mail）、文件传输（FTP）、远程登录（Telnet）、电子公告板（BBS）、网络传呼（ICQ）、网络电话（IP Phone）、网络论坛（USENET）等。

常用接入因特网的方法，包括电话拨号接入、ISDN 接入、ADSL 接入、局域网接入等。

2. TCP/IP 协议

TCP/IP 协议为因特网不同网络之间、不同类型设备之间完成信息交换和资源共享提供功能强大的网络协议支持，是因特网事实上的协议标准。TCP/IP 协议通常指的是整个 TCP/IP 协议族，是一个具有 4 层结构的协议系统：网络接口层、网络互联层、传输层和应用层，每层都由若干协议组成。TCP/IP 模型与 OSI 参考模型各层次之间存在着一定的对应关系，如表 6-2-1 所示。

表 6-2-1 TCP/IP 模型与 OSI 参考模型之间的对应关系

OSI 参考模型	TCP/IP 模型	TCP/IP 具体协议
第七层：应用层	应用层	HTTP（超文本传输协议）、FTP（文件传输协议）、Telnet（远程登录协议）、SMTP（简单邮件传输协议）、DNS（域名服务协议）等
第六层：表示层		
第五层：会话层		
第四层：传输层	传输层	TCP（传输控制协议）、UDP（用户数据报协议）等
第三层：网络层	网络互联层	IP 协议、ICMP、ARP、RARP 等
第二层：链路层	网络接口层	以太网、FDDI、ATM 等
第一层：物理层		

（1）网络接口层 网络接口层是 TCP/IP 模型的最低层，主要功能是传输经网络互联层处理过来的信息，并提供主机与实际网络的接口。主机与实际网络具体的接口关系由实际网络的类型决定，可以是局域网、广域网或点对点连接等。网络接口层与网络的物理特性无关。

（2）网络互联层 网络互联层是 TCP/IP 模型的第二层，主要功能是负责相邻节点之间的数据传送，完成网络互联层主要功能的协议是网际协议（IP）、网际控制报文协议（ICMP）、地址转换协议（ARP）、反向地址转换协议（RARP）等。

（3）传输层 传输层位于 TCP/IP 模型的第三层，主要功能是在源节点和目的节点的两个进程实体之间提供可靠的端到端的数据传输。传输层的协议主要包括传输控制协议（TCP）和用户数据报协议（UDP）。简单来讲，TCP 协议提供可靠的面向连接的服务，UDP 协议提供可靠性要求不高、无连接数据报的传输服务。

（4）应用层 应用层是 TCP/IP 模型的最高层，是 TCP/IP 系统的终端用户接口，专门为用户提供应用服务。应用层包含超文本传输协议（HTTP）、文件传输协议（FTP）、远程登录协议（Telnet）、简单邮件传输协议（SMTP）、域名服务协议（DNS）等。

TCP/IP 模型与 OSI 参考模型存在着一定的对应关系，这种对应关系是粗略的，不是严格的。OSI 参考模型是在其协议被开发之前设计出来的，这意味着 OSI 参考模型并不是基于某个特定的协议集而设计的，因此它具有通用性；但另一方面也意味着 OSI 参考模型在协议实现方面存在某些不足。而 TCP/IP 模型正好相反，先有具体协议，模型只是对已有协议族的总结和归纳，因而协议与模型吻合；但 TCP/IP 模型不适合于其他协议，不具有通用性。简而言之，OSI 参考模型可以更好地描述计算机网络，但并未流行；TCP/IP 模型有局限性，但由于因特网的流行被广泛使用。

3. MAC 地址和 IP 地址

为实现因特网上计算机之间的通信，每台计算机都须有一个地址，且该地址必须是唯一的。根据 OSI 参考模型，标识网络中的主机（计算机或其他网络设备）可使用两种地址：MAC 地址和网络地址。MAC 地址用于在数据链路层的通信，是网卡的物理地址；网络地址则是用于确定主机位置的逻辑地址，如 IP 地址。在 TCP/IP 网络中，数据报能通过 IP 地址找到目标主机。在因特网上，从源主机发出的 IP 数据报根据所携带的目标主机的 IP 地址信息寻址，并通过 ARP 完成目标 IP 地址与 MAC 地址的映射，在数据链路层找到 MAC 地址，最终完成数据通信。

（1）MAC 地址 MAC（Media Access Control）地址是固化在网卡内部用于唯一确定网卡身份的标识，是网卡在生产时被永久写入芯片的固定值，使用中不能更改。由于全球的网卡生产厂商都须按照买得的 MAC 地址范围制造网卡，因此不会有两块相同 MAC 地址的网卡。

IEEE 802 标准规定 MAC 地址为 6B（48b）或 2B（16b），实际多采用 6B。命名时通常用十六进制标识，用两个十六进制数表示 1B。如：00 00 F4 D6 C7 A2 代表某个 MAC 地址。

（2）IP 地址　网络地址又称为逻辑地址，用于在网络层（OSI 参考模型）或网络接口层（TCP/IP 模型）标识网络或该网络中的设备。采用不同的网络层协议，对网络地址的描述方式也不同。换句话说，网络地址不是一成不变的。

在 TCP/IP 协议族中，网络地址由 IP 协议规定，通常称之为 IP 地址。网络中每台主机都被分配一个 4B（32b）二进制数作为其 IP 地址，通常用十进制来表示，每字节间用"."分开，如 192.168.53.125 是某台计算机的 IP 地址。一个 IP 地址分为网络号和主机号两部分。网络号表示主机所在的网络编号，主机号则表示主机在所在网络中的地址标号。

在因特网上发送的每个 IP 数据报中含有这种 32 位的发送方 IP 地址和接收方 IP 地址。为了在使用 TCP/IP 的因特网上发送信息，一台计算机必须知道接收信息的远程计算机的 IP 地址。

① IP 地址的分类：为了便于管理和合理利用资源，适应不同大小的网络需求，通常将 IP 地址分为 A、B、C、D、E 五类，其中 A、B、C 为基本类，它们用作主机地址，如图 6-2-2 所示。D 类用于多点广播（组播），E 类用于保留研究。

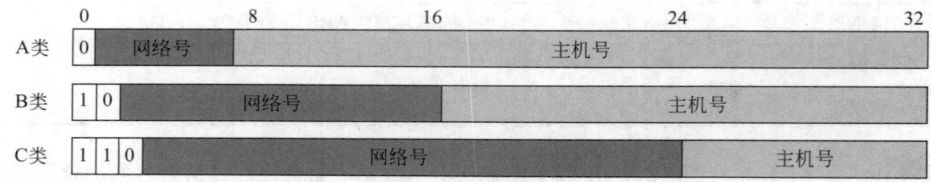

图 6-2-2　IP 地址的分类

简而言之，A 类网络为大型网络，网络号站 7 位，主机号占 24 位；B 类网络为中型网络，网络号站 14 位，主机号站 16 位；C 类网络为小型网络，网络号占 21 位，主机号占 8 位。各类 IP 地址的分类、地址范围及最大主机数见表 6-2-2 所示。

表 6-2-2　IP 地址的分类、地址范围及最大主机数表

	网络类型	地址范围	网络号位数	最大网络数	主机号位数	最大主机数
A 类	大型网络	0.0.0.0～127.255.255.255	7	128	24	16777216
B 类	中型网络	128.0.0.0～191.255.255.255	14	16384	16	65536
C 类	小型网络	192.0.0.0～223.255.255.255	21	2097152	8	256

除了给每台计算机分配一个 IP 地址外，还有一些保留 IP 地址，如本机地址（全 0）、网络地址（主机号全 0）、定向广播地址（主机号全 1）、有限广播地址（全 1）等。

② 子网与子网掩码：随着网络技术逐渐成熟和发展，以及用户对网络管理和安全的要求越来越高，往往要求在一个逻辑网络中划分不同的区域，实现相对独立的功能划分和管理职能。当然也可以通过设多个逻辑网络并分配不同的 IP 地址范围的方法，但这会造成 IP 地址的使用相当低效，而且世界范围内 IP 地址的资源也是有限的。所以较好的办法是采用分区的方法组织这些逻辑网络，也称之为子网（Subnet）。从因特网的角度看，具有多个逻辑网络的地方被看做是一个网络，它们共享一个共同的 IP 地址范围。然而，在该网络内部的每个逻辑子网都可以拥有自己唯一的子网号。

简单而言，子网是一个网络分成的若干较小的网络。任何一类 IP 地址（A、B 或 C 类）都可分为更小的子网号。一个划分子网的 IP 地址实际包含三个部分：网络号、子网号和主机号，其中子网号和主机号部分是由原先 IP 地址的主机号部分分割成两部分得到的。图 6-2-3 是某个划分了子网的 B 类 IP 地址示意图。

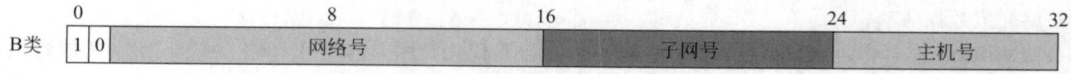

图 6-2-3　IP 地址划分子网示意图

子网掩码是指所有标识网络号和子网号的部分用"1"表示，标识主机号的部分用"0"表示，从而表征从主机号中借用于划分子网的子网号长度。如：255.255.255.0，表示在原主机号中借用了 8 位二进制数作为子

网号。子网掩码可分为固定长度子网掩码和可变长度子网掩码，本书不再赘述。

划分子网的目的和好处是用来区分不同的主机是否处在相同的子网，处于同一子网上的主机间可以直接通信，并且广播信息也被局限在子网内部；不同子网之间的主机进行通信时，必须经过路由器或带路由功能的交换机才能互相访问。

在交换机一节中将介绍交换式局域网内设置虚拟局域网（VLAN）的有关内容。

三、局域网与以太网

新一代集成的工业控制系统网络基本遵循 IEEE 802 委员会的局域网标准 IEEE 802.3：以太网（Ethernet）CSMA/CD 访问方法及物理层规定，大都采用工业以太网作为基本的网络架构。以太网是局域网的一种。

1. 局域网

局域网（LAN）是一个数据通信系统，它在一个适中的地理范围内（通常在 10km 范围内），把若干独立的设备连接起来，通过物理通信信道，以适当的数据速率实现各独立设备之间的直接通信。与之相对应的广域网通常是指将分布全国甚至全球范围内的各种局域网、计算机和终端等互连在一起的计算机网络。

局域网通常由服务器、工作站、网络接口设备、网络互连设备和传输媒体（如双绞线、同轴电缆、光缆、无线传输媒体等）构成，其中服务器是网络控制的核心。

局域网的分类通常有以下几种。

（1）按照传输速率分 传统局域网、高速局域网、FDDI 网络等。

（2）按照通信协议分 以太网（Ethernet）、令牌总线（Token Bus）、令牌环（Token Ring）、无线局域网（Wireless LAN）等。

（3）按照网络适配器分 共享式局域网、交换式局域网、虚拟式局域网（VLAN）。

美国电气电子工程师协会（Institute of Electrical and Electronic Engineer，IEEE）的 802 委员会是局域网标准的主要制定者。该委员会成立于 1980 年，专为局域网制定一系列标准，统称为 IEEE 802 标准，已被国际标准化组织（ISO）采用，成为事实上的国际标准。其主要内容包括：

- IEEE802.1 IEEE802 系列通用网络概念及网桥等
- IEEE802.2 局域网的逻辑链路控制子层（LLC）的功能与服务
- IEEE802.3 以太网（Ethernet）CSMA/CD 访问方法及物理层规定
- IEEE802.3u 高速以太网（100Mbps）标准
- IEEE802.3z 千兆以太网（1Gbps）标准
- IEEE802.4 令牌总线（Token Bus）媒体访问控制子层与物理层的规范
- IEEE802.5 令牌环（Token Ring）媒体访问控制子层与物理层的规范
- IEEE802.6 城域网媒体访问控制子层与物理层的规范
- IEEE802.7 宽带局域网媒体访问控制子层与物理层的规范
- IEEE802.8 光纤分布式数据接口（FDDI）媒体访问控制子层与物理层的规范
- IEEE802.9 语音与数据综合局域网技术（ISDN）
- IEEE802.10 局域网安全性规范
- IEEE802.11 无线局域网（WLAN）媒体访问控制子层与物理层的规范
- IEEE802.12 100VG-AnyLAN 媒体访问控制子层与物理层的规范

2. 以太网

以太网（Ethernet）是由 Xerox 公司、DEC 公司和 Intel 公司于 1980 年合作开发的基带局域网协议，是目前应用最普遍的一种局域网技术，主要遵循 IEEE 802.3 标准。

以太网访问控制方法采用载波侦听多路访问/冲突检测技术（Carrier Sense Multiple Access with Collision Detection，CSMA/CD），以太网发送的数据以"帧（Frame）"为单位。其工作方式可简单描述如下。

（1）载波侦听（CS）功能 查看或检查传输信道上有无信号正在传输。

（2）多路访问（MA）功能 允许多个站点同时侦听信道是否空闲。

（3）冲突检测（CD）功能 查看发送的数据在信道上是否发生碰撞。若检测到碰撞，立即停止数据的发送，随机延迟一段时间再发送（重复 CSMA/CD）。

从其工作方式可以看出，以太网的媒体访问控制方式具有"争用"性和发送接收的"不确定性"。CSMA/CD 发生数据冲突的概率会随着网络中站点数量的增加而增加，因此以太网在组网时对网络中站点的数目有限制，它在网络数据负荷不太大的场合下才能发挥出较好的控制性能。

这里介绍两个概念：广播和广播风暴。网络中一台设备能够将数据包转发给网络中所有其他站点的技术，称为广播。在一些较大型的网络中，当大量广播信息（如地址查询等）同时在网络中传播时，会发生数据包的碰撞，随后网络试图缓解这些碰撞并重传更多的数据包，结果导致全网的可用带宽阻塞，并最终使得网络失去连接而瘫痪，此过程称为广播风暴。不论是工业应用还是商用，广播风暴都会产生严重的后果，也是影响网络安全的重要因素，要采取措施予以缓解和避免。

以太网通常的分类如下。

（1）按传输速率　以太网（10Mbps）、快速以太网（100Mbps）、千兆以太网（1Gbps）、万兆以太网（10Gbps）等。

（2）按传输媒体　粗缆以太网（如 10Base-5）、细缆以太网（如 10Base-2）、双绞线以太网（如 10Base-T、100Base-TX）、光缆以太网（如 10Base-F、1000Base-SX）。

注：10/100—数据传输速率 10/100Mbps；Base—基带信号；5/2—每段电缆的最大长度 500/200 米；T—双绞线；F—光缆；TX—5 类 UTP 或 STP 电缆；SX—多模光纤。

3. 工业以太网

工业以太网与以太网都遵循 IEEE802.3 标准，但在工业环境中有些区别和特殊要求。

（1）工业以太网与商用以太网的区别　工业以太网从技术上与 IEEE802.3 兼容，故从逻辑上可把商用和工业网看成是一个以太网，用户可以根据现场情况，灵活配置网络。但工业环境有自己的特点，如环境恶劣（如高温、潮湿、振动等）、有抗电磁干扰和抗辐射要求等，且通常要求满足一些常用的工业标准，如表 6-2-3 所示。商用产品通常无需经过这些工业标准测试。

表 6-2-3　常用抗电磁干扰的工业标准

欧洲标准	IEC 标准	CISPR 标准	中国标准	标准名称
EN61000-4-1	IEC61000-4-1		GB/T 17626.1	抗扰度试验总论
EN61000-4-2	IEC61000-4-2		GB/T 17626.2	静电放电抗扰度试验
EN61000-4-3	IEC61000-4-3		GB/T 17626.3	射频电磁场抗扰度试验
EN61000-4-4	IEC61000-4-4		GB/T 17626.4	电快速瞬变脉冲群抗扰度试验
EN61000-4-5	IEC61000-4-5		GB/T 17626.5	雷击/浪涌抗扰度试验
EN61000-4-6	IEC61000-4-6		GB/T 17626.6	射频场感应的传导抗扰度
EN61000-4-8	IEC61000-4-8		GB/T 17626.8	工频磁场抗扰度
EN55022		CISPR22	GB 9254	信息技术设备的无线电骚扰限值和测量方法
EN55024		CISPR24	GB/T 17618	信息技术设备的抗扰度限值和测量方法

为了改善抗干扰性和降低辐射，工业以太网产品通常使用多层线路板或双面电路板，并且外壳采用金属，如铸铝来屏蔽干扰。另外是电源要求，因为交换机、路由器多为有源部件，为保证供电可靠，工业以太网产品通常采用双路的直流或交流供电。考虑方便安装，工业以太网产品多数使用 DIN 导轨或面板安装。对于通信介质的选择，在办公室环境下，多数配线多使用 UTP（非屏蔽双绞线），在工业环境下，通常使用 STP（带屏蔽双绞线）或光纤（Optical Fiber）。

（2）提高工业以太网的可靠性　毋庸置疑，安全可靠性是工业以太网区别于传统以太网的最大区别。传统的以太网多采用总线型结构或星形结构，很少谈及冗余问题。由于工业以太网对可靠性的要求，很多厂商对其进行了进一步的开发，目前已经可以满足用户的各种要求。

工业以太网通常采用双网卡或更多网卡，实现以太网接口的冗余；网络传输媒体可选用双总线、双分支线，而实现不同网段的双重冗余或四重冗余设置；网络设备如交换机等冗余或热备配置。采用上述各种安全技术，当网络发生一个或多个故障时，网络仍能正常工作，当网络出现非常严重的故障时，由于智能交换设备内置了高速的冗余算法，通常在很短时间内（如 100ms 之内）可以完成切换，使网络恢复正常，有的网络设备甚至可在网络工作时对网络进行重新配置，对网络进行维护和扩展。

（3）保证工业以太网的实时性　随着整个工厂智能化水平的不断提高，工业以太网上传输和处理的信息量很大，而工业环境中对实时性要求很高，保证工业以太网的实时性至关重要。

现代的工业以太网通常采用交换式网络，显著的特点是其端口带宽的独享。以一台背板带宽为 100Mbps 的交换机为例，在使用时每一对端口之间的数据传输速率都是 100Mbps，不会随着使用端口数的增加而减少。提高网络带宽是提高网络传输速率、降低冲突的发生、提高实时性最直接的方法，如把 10M 的以太网升级到 100M，把半双工变为全双工，都可降低可能的冲突，从而提高实时性。

当网络中发生广播风暴、广播碰撞等故障，从而导致产生冲突时，一味提高网络带宽也不能完全解决这些问题。IEEE802.1P 工作组研究出一种机制，为那些对时间敏感的数据提供更高的传送优先级，即在设计工业以太网时，遵照某些特定规则把要传送的数据进行分类，如可把它们采集速率分为快速、一般、慢速，对网段进行合理的划分，并按工艺和功能对网络进行优化，确保网络负载小于某个百分比（如 40%），这样能提高数据的实时性。

目前市场上各家主流的控制系统厂商，都根据系统自身的特点对工业以太网的网络架构及通信进行了优化和完善，采用了特有网络安全技术，力求使新一代过程控制系统安全可靠性、实时性得到保证。

① 日本横河公司（Yokogawa）的 CENTUM CS3000 系统的控制站与操作站及工程师站之间的通信采用冗余的 Vnet/IP 控制总线，兼容 V-net 和 TCP/IP 协议，最大通信率可达 1Gbps。V-net 通信与 TCP/IP 通信物理上采用同一传输总线，但占用通信总线不同的网络带宽（通常为各 500Mbps）。即使 TCP/IP 层发生广播风暴甚至堵塞的情况，V-net 层的数据通信仍能够正常进行。

② 美国霍尼韦尔（Honeywell）公司的 Experion C300 系统的控制站与操作站及工程师站之间的通信采用专利的冗余容错以太网（FTE），最大通信率可达 1Gbps。FTE 能实现网络上多站点之间的多路径寻址，且能对网络上数据区分优先级进行传输。Experion C300 系统控制器内设置控制防火墙，只允许控制信息和一些与 FTE 有关的信息通过，从而保证了基本控制和控制网络的安全。

③ 美国艾默生（Emerson）公司的 Delta V 系统的控制网络是以 10/100/1000M 以太网为基础的冗余的局域网（LAN）。系统的所有节点（操作站及控制器）均配有冗余的以太网接口，直接连接到控制网络，不需要增加额外的中间接口设备。为保证系统的可靠性，控制网络专注于 Delta V 的监控信息通信。与工厂信息网络的通信通过应用工作站的第三块网卡实现。

第二节　网络拓扑结构及网络通信协议

一、工业网络拓扑结构

"拓扑"这个名词是从几何学中借用来的。网络拓扑是指网络形状，或是它在物理上的连通性。网络的拓扑结构主要有星形拓扑、总线拓扑、环形拓扑、树形拓扑、混合形拓扑及网形拓扑，如图 6-2-4 所示。

拓扑结构的选择往往与传输媒体的选择及媒体访问控制方法的确定紧密相关。在选择网络拓扑结构时，应该考虑的主要因素有下列几点。

（1）可靠性　尽可能提高可靠性，以保证所有数据流能准确接收；还要考虑系统的可维护性，使故障检测和故障隔离较为方便。

（2）费用　建网时需考虑适合特定应用的信道费用和安装费用。

（3）灵活性　需要考虑系统在今后扩展或改动时，能容易地重新配置网络拓扑结构，能方便地处理原有站点的删除和新站点的加入。

（4）响应时间和吞吐量　要为用户提供尽可能短的响应时间和最大的吞吐量。

1. 星形拓扑

星形拓扑是由中央节点和通过点到点通信链路接到中央节点的各个站点组成，如图 6-2-4（a）所示。中央节点执行集中式通信控制策略，因此中央节点相当复杂，而各个站点的通信处理负担都很小。星形网采用的交换方式有电路交换和报文交换，尤以电路交换更为普遍。这种结构一旦建立了通道连接，就可以无延迟地在连通的两个站点之间传送数据。

星形拓扑结构的优点如下。

① 控制简单：在星形网络中，任何一站点只和中央节点相连接，因而媒体访问控制方法和协议很简单。

② 故障诊断和隔离容易：在星形网络中，中央节点对连接线路可以逐一地隔离开来进行故障检测和定位，单个连接点的故障只影响一个设备，不会影响全网。

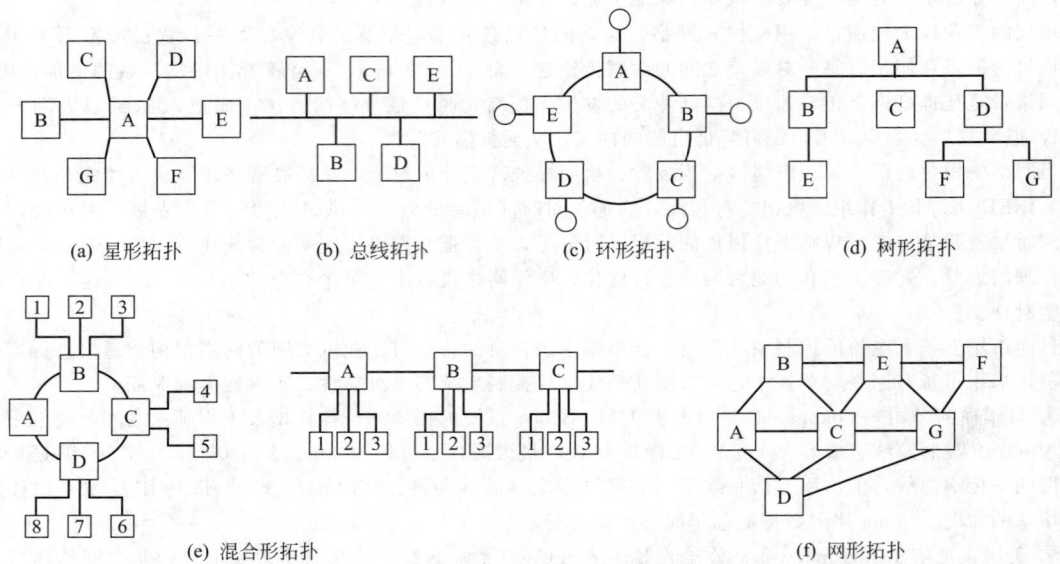

(a) 星形拓扑　　(b) 总线拓扑　　(c) 环形拓扑　　(d) 树形拓扑

(e) 混合形拓扑　　　　　　　　　(f) 网形拓扑

图 6-2-4　典型的网络拓扑结构图

③ 方便服务：中央节点可方便地对各个站点提供服务和网络重新配置。

星形拓扑结构的缺点如下。

① 电缆长度和安装工作量均较大。因为每个站点都要和中央节点直接连接，需要耗费大量的电缆，安装、维护的工作量大。

② 中央节点的负担较重，容易形成瓶颈。一旦中央节点发生故障，则全网受影响，因而对中央节点的可靠性和冗余度方面的要求高。

③ 各站点的分布处理能力较低。

星形拓扑结构广泛应用于网络的智能集中于中央节点的场合。计算机的发展已从集中的主机系统发展到大量功能强大的微型机和工作站，传统的星形拓扑的使用会有所减少。

2. 总线拓扑

总线拓扑结构采用一个信道作为传输媒体，所有站点都通过相应的硬件接口直接连到这一公共传输媒体上，该公共传输媒体即称为总线。任何一个站发送的信号都沿着传输媒体传播，而且能被所有其他站所接收。总线拓扑结构见图 6-2-4(b)。以太网的标准拓扑结构为总线型。

因为所有站点共享一条公用的传输信道，所以一次只能由一个设备传输信号。通常采用分布式控制策略来确定哪个站点可以发送。发送时，发送站将报文分成分组，然后逐个依次发送这些分组，有时还要与其他站来的分组交替地在媒体上传输。当分组经过各站时，其中的目的站会识别到分组所携带的目的地址，然后复制这些分组的内容。

总线拓扑结构的优点：

① 总线结构所需要的电缆数量少；

② 总线结构简单，有较高的可靠性；

③ 易于扩充，增加或减少用户比较方便。

总线拓扑的缺点：

① 总线的传输距离有限，通信范围受到限制；

② 故障诊断和隔离较困难；

③ 分布式协议不能保证信息的及时传送，不具有实时功能。

站点须是智能的，要有媒体访问控制功能，从而增加了站点的硬件和软件。

3. 环形拓扑

环形拓扑网络由站点和连接站点的链路组成一个闭合环，如图 6-2-4(c) 所示。每个站点能够接收从一条链路传来的数据，并以同样的速率串行地把该数据沿环送到另一端链路上。这种链路可以是单向，也可以是双向。数据以分组形式发送，例如图中的 A 站希望发送一个报文到 C 站，就先要把报文分成为若干个分组，每个分组除了数据还要加上某些控制信息，其中包括 C 站的地址。A 站依次把每个分组送到环上，开始沿环传输，C 站识别到带有它自己地址的分组时，便将其中的数据复制下来。由于多个设备连接在一个环上，因此需要用分布式控制策略来进行控制。

环形拓扑的优点如下。

① 电缆长度短：环形拓扑网络所需的电缆长度和总线拓扑网络相似，但比星形拓扑网络要短得多。

② 增加或减少工作站时，仅需简单的连接操作。

③ 可使用光纤：光纤的传输速率很高，适合于环形拓扑的单方向传输。

环形拓扑的缺点如下。

① 节点的故障会引起全网故障。环上的数据传输要通过接在环上的每一个节点，一旦环中某一节点发生故障，就会引起全网的故障。

② 故障检测困难：这与总线拓扑相似，因为不是集中控制，故障检测需在网上各个节点进行，因此故障检测较困难。

③ 环形拓扑结构的媒体访问控制协议都采用令牌传递的方式，在负载很轻时，信道利用率相对较低。

4. 树形拓扑

树形拓扑从总线拓扑演变而来，形状像一棵倒置的树，顶端是树根，树根以下带分支，每个分支还可再带子分支，如图 6-2-4(d) 所示。树根接收各站点发送的数据，然后再广播发送到全网。树形拓扑的特点大多与总线拓扑的特点相同，但也有一些特殊之处。

树形拓扑的优点如下。

(1) 易于扩展。这种结构可以延伸出很多分支和子分支，这些新节点和新分支都能容易地加入网内。

(2) 故障隔离较容易。若某一分支的节点或线路发生故障，较容易将故障分支与整个系统隔离开来。

树形拓扑的缺点是各个节点对根的依赖性较大，如果根发生故障，则全网不能正常工作。从这一点来看，树形拓扑结构的可靠性有些类似于星形拓扑结构。

5. 混合形拓扑

将以上某两种单一拓扑结构混合起来，取两者的优点构成的拓扑称为混合形拓扑结构。如图 6-2-4(e) 所示，一种是星形拓扑和环形拓扑混合成的 "星-环" 拓扑；另一种是星形拓扑和总线拓扑混合成的 "星-总" 拓扑。这两种混合形在结构上有相似之处，若将总线结构的两个端点连在一起也就成了环形结构。这种拓扑的配置是由一批接入环中或总线的集中器组成，由集中器再按星形结构连至每个用户站。

混合形拓扑的优点如下。

① 故障诊断和隔离较为方便。一旦网络发生故障，只要诊断出哪个集中器有故障，将该集中器和全网隔离即可。

② 易于扩展。要扩展用户时，可以加入新的集中器，也可在设计时，在每个集中器留出一些备用的可插入新的站点的连接口。

③ 安装方便。网络的主电缆只要连通这些集中器，这种安装和传统电话系统电缆安装相似。

混合形拓扑的缺点如下。

① 需要选用带智能的集中器。这是为了实现网络故障自动诊断和故障节点的隔离所必需的。

② 像星形拓扑结构一样，集中器到各个站点的电缆安装长度增加。

6. 网形拓扑

网形拓扑如图 6-2-4(f) 所示。这种结构在广域网中得到了广泛的应用，它的优点是不受瓶颈和失效的影响，可靠性较高。由于节点之间有许多条路径相连，可以为数据流的传输选择适当的路由，绕过失效的部件或过忙的节点。网形结构的缺点是网络结构及网络协议比较复杂，成本比较高。

以上分析了几种常用拓扑结构的优缺点。不管是局域网或广域网，其拓扑结构的选择需要考虑诸多因素：网络既要易于安装，又要易于扩展；网络的可靠性是考虑的重要因素，要易于故障诊断和隔离，以使网络的主体在局部发生故障时仍能正常运行；网络拓扑的选择还影响传输媒体的选择和媒体访问控制方法的确定，这些因素又影响各个站点在网上的运行速度和网络软、硬件接口的复杂性。

二、网络通信协议

在信息技术中以太网应用层常用的协议包括 HTTP、FTP、SNMP 等。基于工业以太网的特殊性，在工业控制时，应用层中要体现的是实时通信、工程模型以及用于系统组态的对象还没有统一的应用层协议。工业对更广泛的实际应用领域和更强的环境适应能力的要求，促进了工业以太网的发展。以下几种协议得到较为广泛应用。

1. HSE

HSE（High Speed Ethernet，高速以太网）是现场总线基金会（Fieldbus Foundation）根据新型过程自动化系统的发展需要设计的基于高速以太网的通信协议，具有通信速率高（通常可达 100Mb/s），数据量大，安全性、开放性和兼容性好等特点。现场总线基金会明确将实现因特网与实时控制网络集成。

HSE 链路设备将 H1 网段信息传送到以太网的主干上，并进一步送到企业的 ERP 和 MES 系统。链路设备是 HSE 的核心技术之一，是将 HSE 体系结构中 H1 设备连接 100Mb/s 的 HSE 主干网的关键组成部分。除此之外它还有网桥和网关的功能，网桥功能能够连接多个 H1 总线网段，在无需主机干预的情况下同 H1 网段上的 H1 设备之间能够进行对等通信。

HSE 主机允许所有的链路设备和链路设备上挂接的 H1 设备进行通信，使操作数据能传送到远程的现场设备，并接受来自现场设备的数据信息，实现监控和管理功能。

2. Modbus

Modbus 是一种串行通信协议，由施耐德电气于 1979 年为可编程逻辑控制器的通信而发表，经过多年的发展，Modbus 已经成为工业领域通信协议的标准，是目前过程控制系统之间最常用的通信连接方式。Modbus 协议的所有权和未来发展已移交给 Modbus-IDA（Interface for Distributed Automation，分布式自动化接口）组织。

Modbus 协议目前常用的有 Modbus RTU 和 Modbus TCP 两种协议版本。

Modbus RTU 是一种紧凑的、采用二进制数据的串行通信方式，采用主/从结构，通信速率为 1200～19200bps，8 位或 7 位数据位，可选有/无校验位。接口有 RS-232/485/422 多种方式，连接线缆通常为直连方式。

Modbus TCP 将 Modbus 帧嵌入到 TCP 帧中，通过将二进制数据转换为固定两位十六进制字符串，以 TCP 码形式进行数据传送，使 Modbus 与以太网和 TCP/IP 结合。这种方式面向连接时每一个呼叫都对应一个应答，这种与 Modbus 的主/从相互配合的机制，提高了交换机以太网的确定性，通过页面的形式增加用户界面的友好性。其接口形式一般采用以太网接口（如 RJ45）。Modbus TCP 具有更高的通信速率和数据容量，发展势头迅猛，但要重视其带来的网络安全问题。

3. ProfiNet

为了满足工业应用的需求，2001 年德国西门子发布了 ProfiNet 协议，结合互联网技术形成了 ProfiNet 的网络方案，目前有三个版本。

① 基于 TCP/UDP/IP 的自动化组件：采用标准 TCP/IP＋以太网作为连接介质，采用标准 TCP/IP 协议加上应用层的 RPC/DCOM 来完成节点之间的通信和网络寻址。它可以同时挂接传统 Profibus 系统和新型的智能现场设备。

② ProfiNet 在以太网上开辟了两个通道：标准的使用 TCP/IP 协议的非实时通信通道，另一个是实时通道，旁路第三层和第四层，提供精确通信能力。该协议减少了数据长度，以减小通信栈的吞吐量。为优化通信功能，ProfiNet 根据 IEEE 802.p 定义了报文的优先级。最多可用 7 级。

③ 采用硬件方案以缩小基于软件的通道，以进一步缩短通信栈软件处理时间。为连接到集成的以太网交换机，ProfiNet 还着手解决基于 IEEE 1588 同步数据传输的运动控制解决方案。

4. Ethernet/IP

Ethernet/IP（Ethernet/Industrial Protocol，以太网工业协议）由 ROCKWELL 定义，并由 ODVA 和 ControlNet International 支持，是基于 CIP（Control and Information Proto-Col）协议的网络，提高了设备间的互操作性。CIP 提供实时 I/O 通信，同时实现信息的对等传输，其控制部分用来实现实时 I/O 通信，信息部分则用来实现非实时的信息交换。

Ethernet/IP 采用以太网交换机实现设备间的点对点连接，同时支持 10Mbps 和 100Mbps 以太网。Ethernet/IP 采用标准的 Ethernet 和 TCP/IP 技术传送 CIP 通信包，这样通用且开放的应用层协议 CIP 加上已被广泛使用的 Ethernet 和 TCP/IP 协议，构成 Ethernet/IP 体系。

5. Vnet/IP

Vnet/IP 由 Yokogawa 定义，是将其传统高速控制网络 Vnet 与满足 IEEE 802.3 及 TCP/IP 协议的管理层网络结合的产物。Vnet 和 IP 层通信共用冗余的通信总线，各自占用一定的带宽（如各 500Mbps），两种网络之间通过特定的路由器或第 3 层交换机实现数据通信。这种网络通信协议虽然传统，但可提高网络安全性。

第三节　网络硬件及选用

一、网络硬件

随着自动化技术的不断发展，工业以太网在工业控制系统中扮演着越来越重要的角色。前面已提到局域网硬件构成包括服务器、工作站、网络接口设备、网络互联设备和传输媒体等，本节将介绍工业以太网典型的硬件设备及选用注意的事项，重点介绍网络交换机。

1. 服务器

在计算机网络中，分散在不同地点承担一定的数据处理能力并提供资源的计算机设备，称为服务器。服务器是网络运行、管理和提供服务的中枢，是网络系统中的重要组成部分，直接影响网络整体的性能，在处理能力、稳定性、可靠性、安全性、可扩展性、可管理性等方面要求较高。一般采用具有较强的计算能力和较大的存储能力的高档计算机作服务器，如大型机、中型机和小型机；若要求不高、信息处理量较小的网络，可选用高档 PC 机作为服务器。

根据服务器提供的服务类型不同，可分为文件服务器、数据库服务器、应用程序服务器、WEB 服务器等。工业控制网络中使用的服务器从外形区分主要有塔式和机架式，其典型外形如图 6-2-5 所示。塔式服务器的外形以及结构与平时使用的立式 PC 机差不多，由于服务器的主板扩展性较强、插槽较多，体积比普通主板大一些。塔式服务器的主机机箱也比标准的 ATX 机箱要大，一般都会预留足够的内部空间，以便日后进行硬盘和电源的冗余扩展。机架式服务器的外形看起来不像计算机，更像交换机，有 1U（1U＝1.75in＝4.445cm）、2U、4U 等规格。机架式服务器通常安装在标准的 19in IT 机柜内，适合于网络中服务数量较多、对安装环境要求较高的场所。

 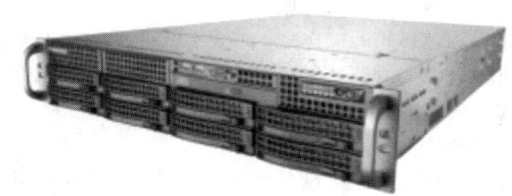

图 6-2-5　典型的塔式和机架式服务器外形

服务器的硬件配置应按照其用途及技术发展的情况，配置成熟、先进、售后服务良好的设备。服务器的操作系统通常采用 Windows 2019 Server 操作系统。

工业控制网络中的服务器通常硬盘配置 RAID 1 或 RAID 5 形式。RAID 是英文 Redundant Array of Independent Disks 的缩写，意思为"独立磁盘冗余阵列"，也简称为磁盘阵列（Disk Array）。RAID 是一种把多块独立的硬盘（物理硬盘）按不同的方式组合起来形成一个硬盘组（逻辑硬盘），从而提供比单个硬盘更高的存储性能和提供数据备份技术。组成磁盘阵列的不同方式称为 RAID 级别。数据备份的功能是在用户数据一旦发生损坏后，利用备份信息可以使损坏数据得以恢复，从而保障了用户数据的安全性。对磁盘阵列的操作与单个硬盘没有什么不同，但磁盘阵列的存储速度要比单个硬盘高很多，而且可以提供自动数据备份。综合 RAID 技术的两大特点：速度、安全。

RAID 技术经过不断的发展，现在已拥有了从 RAID 0 到 6 七种基本的 RAID 级别。另外，还有一些基本 RAID 级别的组合形式，如 RAID 10（RAID 0 与 RAID 1 的组合），RAID 50（RAID 0 与 RAID 5 的组合）等。

不同 RAID 级别代表着不同的存储性能、数据安全性和存储成本。常用 RAID 形式及参数对比如表 6-2-4 所示。

表 6-2-4　常见 RAID 形式及参数对照表

RAID 级别	RAID 0	RAID 1	RAID 3	RAID 5	RAID 10
别名	条带	镜像	专用奇偶位条带	分布奇偶位条带	镜像阵列条带
容错性	没有	有	有	有	有
冗余类型	没有	复制	奇偶校验	奇偶校验	复制
热备盘选项	没有	有	有	有	有
读性能	高	低	高	高	中间
随机写性能	高	低	最低	低	中间
连续写性能	高	低	低	低	中间
需要磁盘数	1 个或多个	2 个或 $2 \times N$ 个	三个或更多	三个或更多	4 个或 $4 \times N$ 个
可用容量	总磁盘容量	总磁盘容量的 50%	$(n-1)/n$ 的总磁盘容量，n 为磁盘数	$(n-1)/n$ 的总磁盘容量，n 为磁盘数	总磁盘容量的 50%
典型应用	无故障的迅速读写，安全性要求不高，如图形工作站等	随机数据写入，安全性要求较高，如数据库存储服务器等	连续数据传输，安全性要求较高，如视频编辑、大型数据库存储等	随机数据传输，安全性要求较高，如金融、大型数据库存储等	要求数据量大、安全性高，如银行、金融等领域

　　RAID 级别的选择有三个主要因素：安全、性能和成本。工业控制网络中的服务器若安全性要求不高，硬盘可选择 RAID 0 以获得最佳性能；若安全和性能很重要，而成本不是主要因素，则可根据硬盘数量选择 RAID 1 形式；若安全、成本和性能都同样重要，则可根据数据传输和硬盘的数量选择 RAID 5 形式。

2. 工作站/客户终端

　　在计算机网络中，仅向服务器提出请求而不为其他计算机提供服务的计算机设备，称为工作站。工作站通过网络接口设备连接到网络上，保持原有计算机的功能，作为独立的个人计算机为用户服务，同时又可以按照被授予的权限访问服务器。

　　一般采用高档计算机作工作站，它通常配有高分辨率彩色显示器及较大的内存和硬盘，且具有较强的信息处理功能和高性能的图形、图像处理功能和联网功能。

　　客户终端是另一种形式的工作站，通常自己不具备处理能力，在服务器或主机通信时共享主机的处理能力，把用户通过键盘输入的信息传送到主机，再把主机处理后的结果显示到屏幕。

　　工作站和客户终端的操作系统通常采用 Windows 10。

3. 网络接口设备

　　网络接口设备是连接计算机设备与传输媒体的设备。常用的网络接口设备有网络接口卡、调制解调器等，通常内置于服务器、工作站、交换机等设备中，用于连接不同类型的网络。

4. 网络互连设备

　　网络互连设备是计算机网络的重要组成部分，用于将主机连成网络，也用于将不同的网络互连起来。网络互连设备包括中继器、集线器、网桥、交换机、路由器、网关等。这些网络互连设备与 OSI 参考模型中不同层次的对应关系如表 6-2-5 所示。

表 6-2-5　网络互连设备与 OSI 参考模型不同层次对应表

OSI/RM 模型	对应的网络设备
第七层：应用层	应用层网关
第六层：表示层	
第五层：会话层	
第四层：传输层	第 4 层交换机

OSI/RM 模型	对应的网络设备
第三层:网络层	路由器、第3层交换机
第二层:数据链路层	网桥、第2层交换机
第一层:物理层	中继器、集线器

（1）中继器（Repeater）　中继器是局域网环境下延长网络距离的简单、廉价的互连设备，工作在 OSI 模型的物理层。其作用是接收传输媒体上传输的信号，对其进行放大和整形后再发送到传输媒体上。使用中继器扩充网络较为简单，但当负荷增加时，网络性能急剧下降，只有当网络负载很轻和网络延时要求不高的条件下才能使用。

（2）集线器（Hub）　集线器也称为多端口中继器，用于连接物理特性相同的网段，可作为共享式局域网的中心设备，工作在 OSI 模型的物理层。通常所说的集线器是指共享式集线器，与交换式网络端口独享带宽不同，共享式网络的带宽是所有端口共享的，如对于某个 16 端口的 100Mbps 的集线器，当全部端口都使用时，每一端口的带宽就只有 100Mbps 的 1/16。集线器和中继器的接口没有物理和逻辑地址。随着交换机技术成熟和成本降低，共享式集线器正逐渐淡出局域网领域。

（3）网桥（Bridge）　网桥又称桥接器，用于连接同一逻辑网络中物理层规范相同或不同的网段的存储/转发设备，接口具有物理地址，但没有逻辑地址，工作在 OSI 模型的数据链路层。目前独立存在的网桥使用并不普遍，在实际组网中大量使用的是交换机，有时也称交换机为多端口桥接器。

（4）交换机（Switch）　交换机可视为一台专用的计算机或高级的网桥，作为交换式局域网的中心设备，能实现端口带宽的独享，按其工作在 OSI 参考模型的相应层次，可分为第 2 层交换机、第 3 层交换机、第 4 层交换机，其中大量商品化的是第 2 层和第 3 层交换机。

-第 2 层交换机工作在 OSI 参考模型的第 2 层，它的每个端口拥有自己的冲突域。第 2 层交换机采用 3 种方式转发数据帧：直通（Cut Through）、存储-转发（Store and Forward）和自由分段（Fragment Free）。

-第 3 层交换机根据目的 IP 地址转发数据包，与后面介绍的路由器一样，必须创建和动态维护路由表。第 3 层交换机能做到"一次路由、多次交换"，即能够把报文转发到不同的子网，并在后续的通信中实现比路由更快的交换。

-第 4 层交换机可以解释第 4 层的传输控制协议（TCP）和用户数据报协议（UDP）信息，允许设备为不同的应用分配各自的优先级。

工业控制网络常用的第 2 层交换机、第 3 层交换机与路由器的功能对照表如表 6-2-6 所示。

表 6-2-6　第 2 层、第 3 层网络交换机与路由器基本功能对照表

	第 2 层交换机	第 3 层交换机	路由器
OSI 层次	数据链路层	网络层	V 网络层
基本功能	同一逻辑网络内的连接	不同逻辑网络的连接	不同逻辑网络的连接；通常作为局域网与广域网的连接
基本组成	CPU、RAM、ROM、Flash、接口电路	CPU、RAM、ROM、Flash、接口电路	CPU、RAM、ROM、Flash、接口电路
接口形式	10Base-T、100Base-TX、100Base-FX、AUI、FDDI、BNC、Console	10Base-T、100Base-TX、100Base-FX、AUI、FDDI、BNC、Console	广域网接口（AUI、串行接口、ISDN等）、局域网接口（AUI、BNC、RJ-45、FDDI 等）、控制接口（Console、AUX等）
传输方式	直通交换、存储/转发、自由分段	"一次路由,多次交换",比路由更快的数据传输	路由表
支持路由	不支持	支持	支持

	第 2 层交换机	第 3 层交换机	路由器
常见分类	①第 2、3、4 层交换机 ②局域网、广域网交换机 ③核心层、汇聚层、接入层交换机 ④以太网、快速以太网、千兆以太网、令牌环交换机等 ⑤网管型、非网管型交换机 ⑥固定接口、模块化交换机		①骨干级、企业级、接入级路由器 ②线速、非线速路由器 ③固定接口、模块化路由器 ④高、中、低档路由器

典型的交换机外形如图 6-2-6 所示。工业环境中通常要求选用工业级交换机及网络连接附件。

图 6-2-6　典型的交换机外形

① 交换机的分类和参数：以太网交换机种类通常有 10Base-T、10Base-F、100Base-TX、100Base-T4、100Base-FX、1000Base-T、1000Base-FX 及 1000Base-CX。其中，Base 指采用基带传输技术；10、100、1000 分别代表数据传输速率 10Mbps、100Mbps、1000Mbps，对应的技术通常称为以太网、快速以太网和千兆以太网，分别遵循 IEEE 802.3，802.3u 和 802.3z 标准；其后的字母代表传输媒体，如 T 表示双绞线，F 表示光纤。交换机各种端口的参数如表 6-2-7 所示。

表 6-2-7　交换机各种端口的参数

标准类型		传输速率/Mbps	接口标准	传输介质	传输距离/m	备注
10Base-T		10	RJ45	UTP(非屏蔽双绞线)	100	
10Base-F		10	光纤接口	62.5/125MMF(多模光纤)	2000	
100Base-TX		100	RJ45	UTP	100	
100Base-T4		100	RJ45	UTP(4 对芯线)		
100Base-FX		100	光纤接口	62.5/125MMF	412	半双工
				62.5/125MMF	2000	全双工
				9/125SMF(单模光纤)	10000	
1000Base-CX		1000	RJ45	STP(屏蔽双绞线)	25	
1000Base-T		1000	RJ45	UTP(4 对芯线)	100	
1000Base-FX	-SX(780nm 短波)	1000	光纤接口	62.5/125MMF	260	使用 1550nm 波长的单模光纤最大传输距离为 120km
	-LX (1300nm 长波)			50/125MMF	525	
				62.5/125MMF	550	
				50/125MMF	550	
				9/125SMF	3000～10000	

以太网交换机的端口是带 8 个引脚的 RJ45 接口，其外形如图 6-2-7 所示。

② 虚拟局域网（VLAN）：虚拟局域网（Virtual Local Area Network，VLAN）是一组逻辑上的设备和用户，这些设备和用户并不受物理位置的限制，可以根据功能、部门及应用等因素将它们组织起来，相互之间的通信就好像它们在同一个网段中一样，由此得名虚拟局域网。VLAN 工作在 OSI 参考模型的第 2 层和第 3 层，一个 VLAN 就是一个广播域，不同的广播域是相互隔离的，VLAN 之间的通信需通过第 3 层的路由器来完成。

VLAN 技术具有以下优点：网络设备的移动、添加和修改的管理成本减少；可以控制广播活动；可提高网络的安全性。这在工业控制网络应用也是有意义的，如某个大型的控制网络，根据其中独立的装置/单元划分不同的 VLAN，各自的广播域独立，将网络故障控制在局部网络，而不是全网受影响，从而提高网络的安全性。图 6-2-8 是同一个工业控制网络中不同装置划分 VLAN 的示意图。

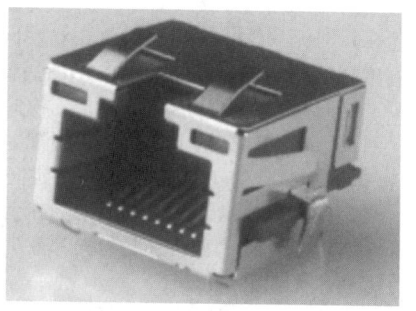

图 6-2-7　RJ45 接口形式

　　那么虚拟局域网（VLAN）与子网有什么不同吗？

　　首先，VLAN 和子网是不同的概念，两者之间并没有必然的关系。VLAN 是在物理层面，把一个实体网络分隔成多个虚拟的网络，工作在 OSI 参考模型的数据链路层；子网是在逻辑层面，把一个逻辑网络分为多个逻辑网络，主要划分的是 IP 地址，工作在 OSI 参考模型的网络层。举例来说，一个 8 端口的交换机，可以把前 4 个端口划分为 VLAN1，后 4 端口划分为 VLAN2，这时接在这同一台交换机上的前 4 台和后 4 台 PC 机就等同于接入了两台虚拟的交换机，它们之间无法通信，必须通过第三层的设备（如路由器），这两组 PC 机之间可以设置完全相同的 IP 地址而不会发生冲突。

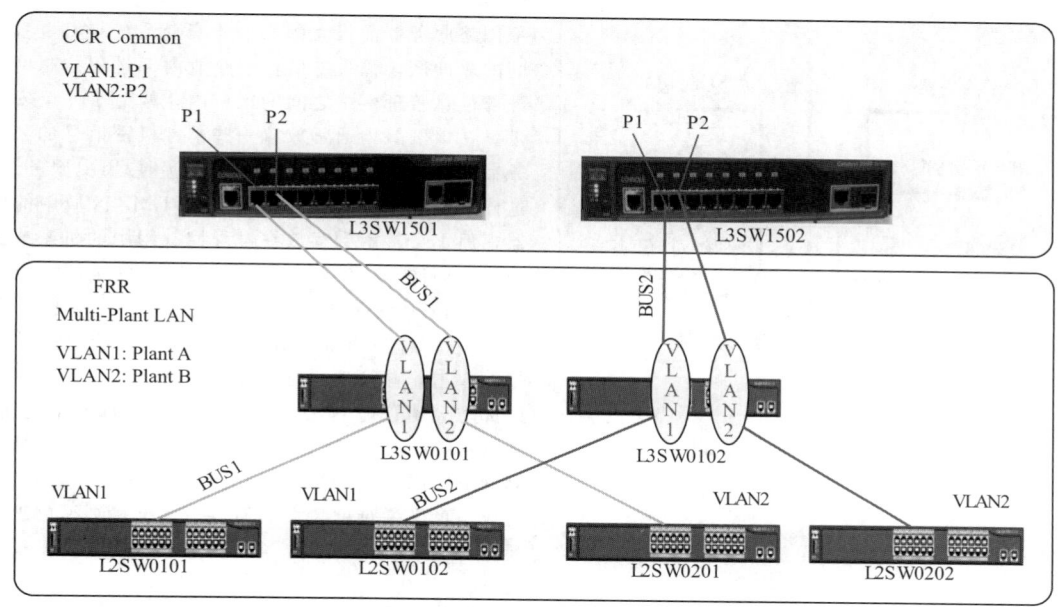

图 6-2-8　同一工业控制网络中不同装置划分 VLAN 的示意图

　　然而，通常两者结合使用，一个 VLAN 配一个 IP 子网，通过 VLAN 的划分来减小广播域，通过子网的划分来标示逻辑上的差异，再通过第三层设备（如第 3 层交换机或路由器）使不同子网可通信。往往不同 VLAN 中的计算机 IP 地址应在不同的网段，同一 VLAN 中的 IP 地址则应在同一网段。

　　划分 VLAN 和子网的优点如下。

　　a. 广播控制。通过将一个网络划分成多个 VLAN，可实现广播范围的控制，并能有效减少广播风暴、广播碰撞和网络带宽资源的浪费。

　　b. 灵活性。VLAN 和子网的划分能够在逻辑上将不同地理位置的计算机划分在同一个广播域，可灵活地添加或删除域内的主机，还可控制网络流量的均衡性。

　　c. 安全性。不同的 VLAN 之间是不能直接相互访问的，需要通过路由，使得各自内部信息得到保护，增加其安全性。

　　（5）路由器（Router）　路由器是在网络层提供多个独立的子网或逻辑网络之间连接服务的一种存储/转发设备，每一个接口均有唯一的物理地址和逻辑地址，工作在 OSI 模型的网络层。实际应用时，路由器通常作为局域网与广域网连接设备。

（6）网关（Gateway）　网关在互联网络中起到高层协议转换的作用，工作在 OSI 模型的应用层，如因特网上用简单邮件传输协议（SMTP）进行电子邮件传输时，如果与微软的 Exchange 进行互通，需要电子邮件网关；不同数据库之间的数据进行交换时需要数据库网关等。

网关大都在计算机上通过软件实现。

（7）防火墙（Firewall）　严格来讲防火墙不是网络互连设备，而是一种将内部网和外部网分开的方法，实际上是一种隔离技术。防火墙可视为在两个网络通信时执行的一种访问控制尺度，能允许"同意"的人和数据进入网络，同时将"不同意"的人和数据拒之门外，最大限度地阻止网络中的黑客来访问网络，防止被恶意更改、拷贝、毁坏重要信息。

防火墙按应用场所可分为网络层防火墙和应用层防火墙，按产品形态可以分为硬件防火墙和软件防火墙。

防火墙对网络的安全起到一定的保护作用，但并非万无一失。要建立完善的防御体系，详见本篇第四章"集成系统网络安全"的内容。

高级的防火墙还能设置 DMZ 区域。DMZ 是英文"demilitarized zone"的缩写，中文名称为"隔离区"，又称"非军事化区"。对于大型石油化工工厂来说，DMZ 是为了解决安装防火墙后外部网络不能访问内部网络服务器而设立的一个非安全系统与安全系统之间的缓冲区，该缓冲区位于企业内部过程控制网络和外部信息管理网络之间的区域内，构造了一个安全地带。在该区域内通常放置一些不含机密信息的公用服务器，如 Web、防病毒、补丁、实时/历史服务器等。这样来自外网的访问者可以访问 DMZ 区域中的服务器，但不会接触到存放在过程控制网中的机密或保密信息，即使 DMZ 区域中的服务器受到破坏，也不会对过程控制网中的机密信息造成影响。通常设置 DMZ 区域需要两个防火墙：外部防火墙抵挡外部网络的攻击，并管理所有过程控制网络对 DMZ 的访问；内部防火墙管理 DMZ 对于过程控制内部网络的访问。通过这样一个 DMZ 区域，可更加有效地保护过程控制网络，因为这种网络部署比起一般的防火墙方案，对攻击者来说难度大大加强，一个黑客必须攻破三个独立的区域（外部防火墙、内部防火墙和堡垒主机）才能够到达过程控制网。典型的 DMZ 区域设置示意图如图 6-2-9 所示。

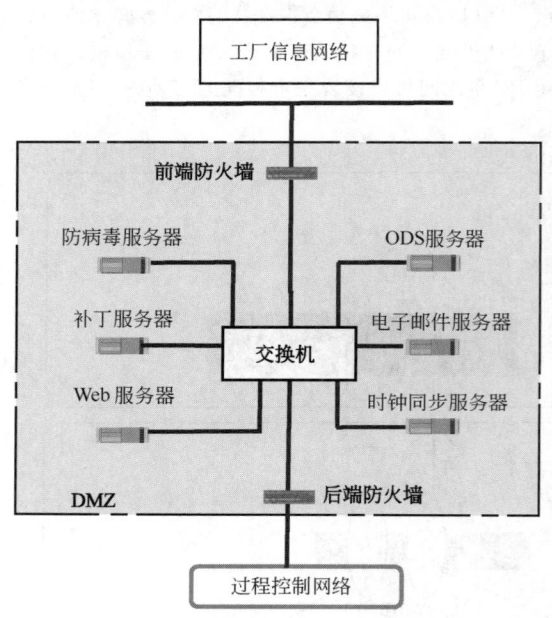

图 6-2-9　典型的 DMZ 区域设置示意图

5. 传输媒体

传输媒体又称为传输介质或传输媒介，将计算机网络中的多种设备连接起来，提供数据传输的物理通路。传输媒体可分为两类：导向传输媒体和非导向传输媒体。导向传输媒体包括双绞线、同轴电缆和光缆等；非导向传输媒体包括无线电、微波和卫星通信等。不同的传输媒体具有不同的传输速率和传输距离，可以支持不同类型的网络。

（1）双绞线　双绞线是最常用的传输媒体。把 4 对相互绝缘的铜线并排放在一起，用规则的方法两两绞合构成双绞线。双绞线分为非屏蔽双绞线（UTP）和屏蔽双绞线（STP）两种，STP 型在双绞线外面加金属编织成的屏蔽层，以提高其抗电磁干扰的能力。

双绞线按其电气性能分为三类、四类、五类、超五类等类型。类型数字越大，带宽越高，价格也越贵。双绞线两端须装上 RJ45 连接器（俗称水晶头）与网卡或交换机连接。目前工业控制网络中常用的是五类或超五类带屏蔽层的双绞线，且要求其 RJ45 接口应采用工业级产品，能在工业环境中长期可靠工作。

（2）同轴电缆　同轴电缆是一种对地不对称的同轴管构成的通信回路，具有质量稳定、寿命长、通信容量大、传输距离长、抗干扰能力强等特点，在有线传输中广泛使用。

同轴电缆按其阻抗特性分为两类：50Ω 和 75Ω 同轴电缆。50Ω 同轴电缆亦称为基带同轴电缆，适合于在数据通信中传输基带数字信号；75Ω 同轴电缆又称为宽带同轴电缆，主要用于模拟传输系统，如有线电视系统（CATV）等。

（3）光缆 光缆由一组或多组光纤外加包带层和外护套构成。光纤全名为光导纤维，采用非常细、透明度很高、可弯曲的石英玻璃纤维作为纤芯，外涂一次能低折射率的包层和保护外壳。

光纤分为多模和单模两类。多模光纤中存在着许多条不同角度入射的光线，这些光线在一条光纤中传输，光脉冲在多模光纤中传输时会逐渐展宽，造成信号失真，因此多模光纤只适合于近距离传输。单模光纤指光纤的直径小到只有一个光的波长，光波以直线方式传输，而不会产生多次反射，单模光纤的纤芯很细，其直径只有几个微米，制造起来成本较高，但单模光纤的衰耗较小，适合于远距离传输。

与双绞线和同轴电缆相比，光缆具有通信容量大、传输损耗小、传输距离长、抗雷电和电磁干扰性能好、保密性好、体积小、重量轻等优点，在计算机网络中发挥越来越重要的作用。

（4）无线传输媒体 无线传输媒体利用无线电波在自由空间的传播来实现信息的传输，不需要架设或铺设电缆或光缆。目前常用的技术有无线电波、微波、红外线和激光灯。无线技术特别是无线移动通信，带来了新信息技术的革命，得到了越来越广泛的应用。

二、选用原则

工业以太网硬件产品的品牌繁多，类型复杂，选择适合用户现场需求环境的工业以太网产品成为构建高效、可靠的自动化网络的关键。选用原则应基于可靠性、实时性、安全性、兼容性等综合考虑。

1. 可靠性

在工业现场环境中，可靠性是最重要的一点。工业自动化网络可通过提高网络设备的硬件性能以及网络结构，提供更加可靠的通信链接。从硬件角度来讲，需要考虑设备硬件对工业环境的耐受力，如工作温度范围、EMC 电磁兼容性、安装以及供电方式等。

工业以太网设备区别于商用以太网设备，通常采用适合现场机柜安装的紧凑设计与导轨安装方式。为了避免因旋转件故障造成的设备损坏，应选择无风扇设计的硬件设备。在产品的性能参数中，应有关于工作温度范围、电磁兼容性的详细描述，并附有相关准入标准的证明、相关行业组织所能提供的认证及标准。在不同行业的现场应用环境中，应当注意选择的设备应具有相应行业组织给出的认证。

选择可靠稳定的硬件后，还应注意以下两点。

① 交换机所能提供的各种冗余方式，包含环网、其他工业冗余协议以及与商用网络兼容的 RSTP 协议等。在现场层，工业以太网交换机更多用于端口扩展的连接，用户并不需要使用冗余功能，一般选用硬件可靠的非网管型交换机即可。在控制层，为了提供更加可靠的网络，通常选择能够提供诸如 HSR 冗余环网的设备。在网络和网络间交换机需要支持 Standby 方式进行冗余连接。在与 ERP 网络连接时，工业以太网交换机也需要兼容 RSTP 等冗余协议。使用网管型或增强网管型交换机，可以有效地提供此类冗余协议，并提供直观快速的管理手段。

② 快速的故障诊断与恢复，包含不同网络管理方式，以及快速配置恢复手段等。一般意义的网管型交换机均支持 SNMP 简单网络管理协议，但在工业现场的应用中，为了更加快速有效地进行诊断，工业以太网交换机还应具有与应用环境相适应的工业协议诊断手段。

为了尽量缩短故障停机时间，应当拥有对交换机各种连接状态、设备性能完整的监视手段。用户还应当可以使用各种恢复手段，对交换机的配置进行保存或重载。

2. 实时性

在传统自动化领域中，以太网得不到广泛认可是因为其实时特性不佳。随着交换式以太网的出现，全双工通信使以太网的实时性能大大提高。在提供了可靠连接的基础上，工业以太网设备良好的实时性同样重要。

在不同的应用环境中，系统可以忍受的响应时间与抖动大不相同。自动化网络中的数据帧在从一台设备转发至另一台设备的每次过程中都会产生一定延时。选择工业以太网交换机，首先需要考虑的是交换机对于数据帧转发过程中的端口时延。

在标准的工厂自动控制系统中，系统可以容忍的响应时间不超过 100ms。为了控制数据帧从系统顶端到底部的累积时延，选择交换机时，应当注意交换机端口时延数值。

3. 兼容性及安全性

工业以太网与现场总线相比，其好处在于开放透明。工业以太网交换机兼容常规的以太网通信，并可以适应各种特殊的工业以太网标准。

1229

首先，工业以太网交换机以及其他工业以太网的组件均应采用标准的 TCP/IP 协议进行通信。工业以太网设备与商用以太网设备间不应存在任何不兼容问题。

其次，对应不同的工业现场总线解决方案，工业以太网设备应当具有相应的能力与其兼容。

由于以太网的开放性，在组建自动化网络的过程中，要高度重视网络安全。在选用设备时，应选择具有 VLAN 功能的交换机，便于网络的功能划分。通过 VLAN 划分，可以基于功能对网络内的设备进行分组隔离，避免人为的恶意破坏或者误操作。用户可使用交换机中的 802.1x 功能对需要接入网络的设备进行授权许可，以此来区别合法用户与非法用户。在网络的关键部位，可选用专业的工业以太网安全模块来实现各种安全策略。

4. 其他

选择工业以太网交换机时，还需要注意其他一些常用的功能，如区别不同业务数据优先级的 QoS 优先级队列，为了便于网络故障诊断的端口镜像功能等。需要注意不是具有越多功能的交换机就一定适用于每种应用环境。如路由功能等，会破坏数据传输的优先级标签和实时性，所以在控制层甚至现场层，通常不采用带路由功能的三层交换机。

在选择交换机的过程中，应根据传输距离、传输带宽等基本要求，选择适当的传输媒体，如对于长距离传输采用光纤等。

第四节　网络互联与网络管理

一、网络互联

互联互通广义上用以描述不同网络节点间信息交换的程度，其中网络互通是信息互联的基础，信息互联是数据集成和分析优化的基础。互联互通是指工厂内外的设备、设施或系统之间信息交互。互联可以指某工厂内部的生产设备和信息化设施间的物理网络连接（厂内互联），可以是指两个（或多个）工厂生产设备、信息化设施之间的物理网络连接（厂级互联）；互通更多强调上述物理网络连接能为不同场景、不同要求的设备和应用提供不同服务质量、不同类型的信息传输通道。

互联互通主要包括两个方面：一是物理网络，二是信息网络。

物理网络由物理传输链路和网络节点组成。物理传输链路是指在物理传输介质（同轴电缆、光纤、网线）上利用一定的传输标准形成的传输规定速率和协议的数据通道（涉及现场总线、以太网、物联网等通信技术）。网络节点起到数据的汇聚作用，包括交换机和路由器等设备，物理网络的互联水平可以由工业网络情况（现场总线、工业以太网、无线局域网、广域网、物联网等）、车间设备互联互通比例、网络就绪指数、网络设备的国产化率等指标进行描述。

信息网络由信源、信道和信宿组成，其中，"信源"是信息的发布者，即上载者；"信宿"是信息的接收者，即最终用户。在智能制造中做简单对应，信源往往是智能装备，信道是物理网络，信宿是信息化设备，对制造设备本身以及制造过程中产生的数据进行集成打通，完善"信源"，通过物理网络这一"信道"汇聚数据，并在"信宿"转化为能够指导生产的信息，再利用信息产生优化的决策和个性化的服务来创造价值。信息网络的互通水平可以由智能装备数据接口开放程度、系统数据开放互通程度、关键部位数据传输指数等指标进行描述。

二、网络管理

随着计算机技术和因特网的高速发展，并伴随着网络应用的不断丰富，计算机网络的管理和维护至关重要。网络管理是计算机网络的关键技术之一，尤其在大、中型网络中更是如此。网络管理是指监督、组织和控制网络通信服务及信息处理所必需的各种活动的总称，其目标是确保计算机网络正常的运行，在网络运行出现异常时能及时响应和排除故障。

网络管理包括以下几种：

① 网络设备管理：如交换机、路由器等主干网络设备；

② 接入设备管理：如 PC 机、服务器、移动终端等设备；

③ 网络行为管理：如对用户的使用进行管理；

④ 资产管理：如统计 IT 软硬件的信息等。

根据国际标准化组织（ISO）定义，网络管理有五种功能。

（1）故障管理　需要设置故障管理系统，科学地管理网络发生的所有故障，并记录每个故障产生及相关信息，最后确定并改正这些故障，保证网络提供连续可靠的服务。

（2）配置管理　由于网络系统的配置是动态变化的，需要足够的技术手段来支持增加、减少、更新、维护、改变网络的配置，使网络能更有效地工作。

（3）性能管理　由于网络资源的有限性，通过性能管理实现在使用少的网络资源和合理通信费用的前提下，网络能提供连续、可靠的网络通信和服务，使资源使用优化。

（4）计费管理　在有偿使用的场合，需记录和统计用户利用哪条通信线路传输了多少信息等。

（5）安全管理　计算机网络系统的特点决定了网络本身安全的固有脆弱性，要确保网络资源不被非法使用，确保网络管理系统本身不被未经授权的访问，以及网络管理信息的机密性和完整性。

计算机网络，包括工业控制系统网络，均应高度重视网络管理，对网络架构、网络设备、网络地址等进行归档记录，严格规范使用者的权限，制定完备的网络管理程序和网络应急预案，按照国际国内规范和国内外先进管理经验做好网络管理工作。

第三章　集成系统设计原则

第一节　集成系统设计概述

大型石油化工和新型煤化工工程要求实施生命周期管理、生命周期安全、生命周期服务，建设健康、安全、环保、节能的现代化企业，提升企业精益管理水平等先进理念越来越受到重视。自动化和信息化集成系统能有效降低仪表与控制系统的生命周期成本。全厂统一优化仪表与过程控制系统的配置方案，避免重复配置，降低备品、备件的需求量，降低项目管理、制造、包装运输等费用。自动化和信息化集成系统及其一体化工程实施，是大型石油化工工程和新型煤化工工程全厂实现高水平的过程控制和精益管理的重要手段和保证，对提高企业经济效益，增强企业竞争力具有深远意义。

根据国内外石化企业的应用现况，大型石油化工和新型煤化工工程全厂信息集成系统通常分为三层：生产操作控制层（PCS）、生产执行管理层（MES）和生产经营管理层（ERP）。根据国内工程建设模式的特点，生产执行管理层（MES）和生产经营管理层（ERP）的设计与工程实施，通常属于信息（IT）部门范畴，生产操作控制层（PCS）的自动化和信息化集成系统则属于仪表自控专业的范畴。

大型全厂一体化的石油化工和新型煤化工工程，采用全局观念开展集成系统的设计与实施，其概述见本篇第一章第三点。

中心控制室是大型石油化工和新型煤化工工程的"标志性"建筑，是自动化和信息化集成系统的集中展现，是跨多专业多学科的复杂系统工程。除了满足相关的国家及行业标准，还须遵循人机工程学的原理，设计人性化的中心控制室。

自动化和信息化集成系统不是各种技术和产品的简单堆砌，也不是越多越好，应根据企业自身的情况和特点优化配置，在全生命周期内持续开展客户化定制开发，更好地服务于企业，真正提高管理水平，为企业带来实实在在的效益。

第二节　集成系统的总体架构

一、集成系统总体架构

1. 总体架构

现代化的石油化工自动化集成系统网络架构按照 IEC62443 标准进行设计，网络架构的基本设计原则是纵向分层、横向分域。各个层次相对独立而又互相联系，在保证系统安全性的基础上，兼具可扩展性和开放性。大型石油化工工厂典型的集成系统网络架构如图 6-3-1 所示。

从图 6-3-1 可看出，大型集成系统网络架构纵向通常分为四层：

① L1：基础控制层（也称"实时控制层"）；

② L2：监视控制层（也称"操作控制层"或"生产操作层"）；

③ L3：操作管理层（也称"生产管理层"或"高级应用层"）；

④ L3.5：数据缓冲区（也称"安全数据交换层"或"DMZ 非军事化区"）；

⑤ L4：工厂信息层（通常由工厂 IT 负责实施）。

2. 基础控制层和监视控制层

基础控制层和监视控制层可统称为生产过程控制层，是负责完成石油化工工厂正常生产运行和安全保护的基本控制系统。该层的控制系统主要包括分散控制系统/现场总线控制系统（DCS/FCS）、安全仪表系统（SIS）、有毒和可燃气体检测系统（GDS）、压缩机控制系统（CCS）、转动设备监视系统（MMS）、设备包控制系统（PLC）、分析仪管理和数据采集系统（AMADAS）、储运自动化系统（MAS）、罐区数据采集系统（TDAS）、监视及数据采集系统（SCADA）、无线仪表系统（WIS）等。其核心是 DCS/FCS 系统。

生产过程控制层实时监控生产操作、原料及产品储运、公用工程和产品质量等全过程，是大型石化工厂安

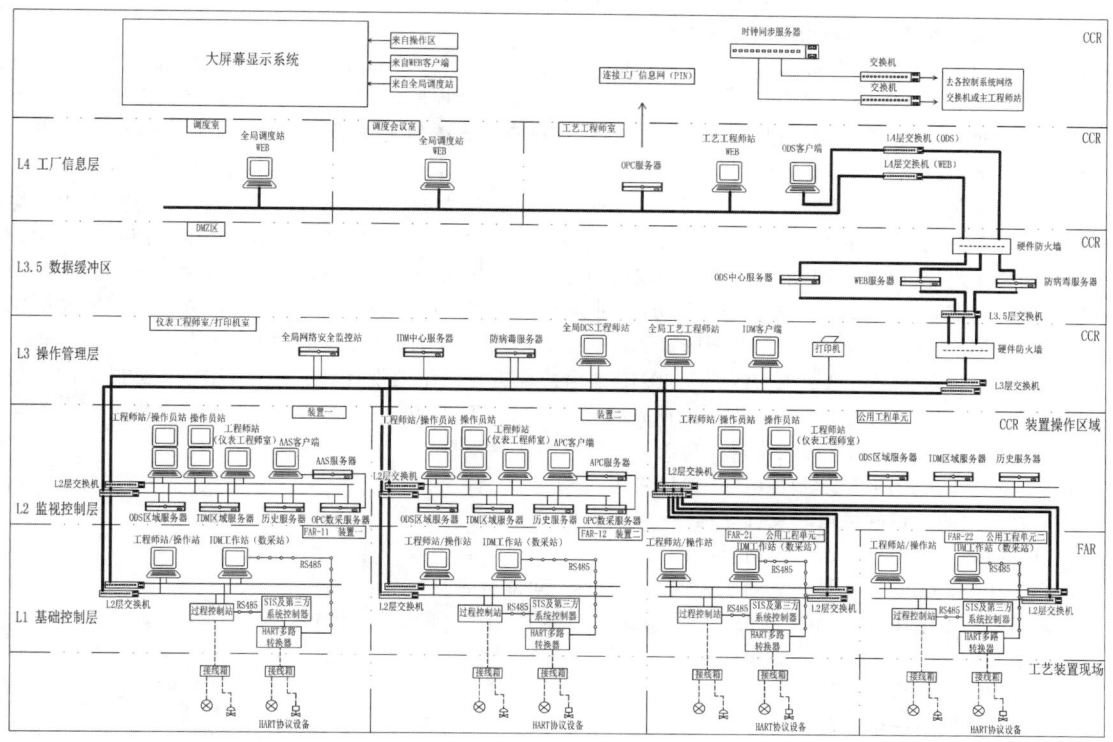

图 6-3-1　大型石油化工工厂典型的集成系统网络架构图

全、平稳、自动、可靠、弹性运行的基础，是企业通过稳定生产获得良好经济效益的根本保障。

3. 操作管理层

操作管理层是将生产过程控制层的数据进行自动采集并建立大型实时数据库和关系数据库，综合利用数据库客户化研究与开发高级应用系统。操作管理层主要包括公共管理系统、操作数据管理系统（ODS）、智能设备管理系统（IDM）、先进报警管理系统（AAS）、操作员培训仿真系统（OTS）、控制性能监控系统（CPMS）、在线腐蚀监测管理系统（CMMS）等。

操作管理层通过统一生产和管理过程的数据源，提供工厂管理级的安全可靠的信息化支撑平台，实现调度管理、生产管理、绩效考核、事故分析、优化操作等高级应用，提升工厂的过程控制和精益管理水平，提高企业综合经济效益和社会效益。

4. 工厂信息层

工厂信息层主要设备包括防火墙、交换机、生产调度站、各种客户端、办公电脑等，这些终端设备通过防火墙访问 L3.5 数据缓冲区的服务器，为不同的用户提供过程信息、画面、报表等网络访问服务，并保证网络信息安全。工厂信息层通常不属于工业控制范畴，虽然各制造商的网络架构和方案会有所不同，但总体而言更趋向于通用性的配置。

二、集成系统的网络安全

1. 集成系统的现状及发展趋势

早些时候，工业信息安全对于大部分从事石油化工自动化行业者而言还是一个陌生的概念。那时自动化系统基本是自闭网络，同一个工厂内不同装置各自选用不同的自动化系统，系统之间没有网络连接。各个独立的自动化系统一直以来作为相对安全的"信息孤岛"存在。新一代全集成大型化的自动化系统与计算机网络技术、通信技术等相互结合，大量采用通用的计算机网络设备和软件。所谓相对安全的"孤岛"已不复存在。特别是震惊世界的"震网病毒"带来的破坏，使人们愈发认识到工业控制系统信息安全的重要性。

工程实践证明，仅依靠传统自动化系统的安全措施和产品本身的网络安全措施是不够的。大型集成系统已不再是各个独立系统的简单组合，而是按照全厂性、全集成方案进行规划和设计。企业应实施全局的、完善的网络安全规划和措施，保障集成系统能够长周期安全运行。

2. 新一代自动化系统的网络架构及安全威胁

新一代自动化系统与计算机网络技术、通信技术等相互融合，大量采用计算机网络设备和软件，如工业计算机、网络交换机、Windows 操作系统等。系统不仅作为生产过程监视、控制和管理的核心设备，还要为生产管理系统（MES）、企业资源管理系统（ERP）等提供可靠、无缝的实时/历史数据。现代化工厂还要求实现远程登录、多部门信息共享等计算机网络应用。

新一代自动化系统网络基本遵循局域网标准 IEEE802.3：以太网（Ethernet）CSMA/CD 访问方法及物理层规定。主流 DCS 系统采用千兆以太网，其数据传输率为 1000Mbps。局域网由网络服务器、用户工作站、网络适配器和传输媒体（如同轴电缆、光缆、无线传输媒体等）构成，网络服务器是网络控制的核心。

以太网访问控制方法采用载波侦听多路访问/冲突检测技术（Carrier Sense Multiple Access with Collision Detection，CSMA/CD），属于"争用"型的媒体访问控制方式，具有发送接收的"不确定性"。

新一代自动化系统与信息系统均按照 TCP/IP 通信协议进行网络的设计和管理。TCP/IP 协议的产生是与国际互联网（Internet）息息相关的，是 Internet 的协议标准。TCP/IP 协议为 Internet 不同网络之间、不同类型设备之间完成信息交换和资源共享提供功能强大的网络协议支持。

目前石油化工工控网络安全存在的主要风险为：

① 缺乏有效的工控网络策略及管理程序；

② 缺乏物理安全防护、访问控制策略；

③ TCP/IP 和 OPC 广泛使用，对工控网络安全性、可靠性带来挑战；

④ 通用工作站采用 Windows 平台，大部分未安装补丁系统或不能及时更新；

⑤ 通用工作站、服务器等易遭病毒入侵、扩散，导致网络风暴；

⑥ 网络内部各层次和系统间相互干扰，攻击事件无法追踪。

3. 集成系统网络安全设置

网络安全从本质上讲就是网络上的信息安全。大型集成系统的网络安全策略要考虑自动控制本身的安全，更要综合考虑网络、通信、外部访问、病毒攻击、系统维护、管理等多方面的因素。

（1）合理的网络架构和功能划分　石油化工集成系统纵向分为 4 层：第 1 层基础控制层，第 2 层监视控制层，第 3 层操作管理层，第 3.5 层是数据缓冲区，第 4 层工厂信息层。

石油化工集成系统横向按照生产装置（单元）分为局域网 1 到局域网 N 等独立的网络。小型生产装置或公用工程单元可共用局域网。重要的设计原则是保证每个生产装置和单元能独立开停车。

① 基础控制层（L1）

a. 基础控制层（L1）是自动化系统的核心和基础，确保生产装置长期稳定可靠运行。

b. L1 层网络的控制器、I/O 总线、通信模件、电源模件及重要 I/O 模件等均为冗余配置。

c. L1 层网络封闭，数据通信协议专有化。

d. L1 层网络节点核心设备控制站传输实时数据和各种操作指令。

e. L1 层网络节点存在工控协议、TCP/IP 协议漏洞，用户越权非法访问等风险。

f. 该层实行优先级通信（控制器信息优先），确保控制信息可靠传输。

② 监视控制层（L2）

a. 监视控制层（L2）由两个独立的互为冗余的网络构成，现场机柜室（FAR）和中心控制室（CCR）两个区域采用冗余光纤连接。

b. L2 层网络包括服务器、工程师站、操作员站、交换机等节点，提供监视、管理、操作、控制功能，点对点通信，实时数据、历史数据采集等。

c. L2 层网络封闭，软件和协议专有化，监视管理和操作控制 L1 基础控制层节点。

d. L2 层网络工程师站、操作员站、服务器以及网络设备等存在主机漏洞、病毒等风险。

e. L2 层实行优先级通信，确保 L2—L1 监控信息传输冗余可靠，L2、L1 之间实行端口过滤，L2 压制广播、多点/单点大信息量传输。

f. L2 层网络边界配置防火墙/交换机，安装主机安全软件，配置专用 U 盘，配置工控安全监视系统。

③ 操作管理层（L3）

a. 操作管理层（L3）包括带路由功能核心交换机、防火墙，通过星形连接方式将 L2 层网络汇聚起来，L3

层通常位于 CCR。

b. L3 层网络节点：全局工艺工程师站、全局 DCS 工程师站、终端服务器（TS）、历史服务器、网络安全监控站。

c. L3 层网络执行全局操作管理，对 L2 层分区组态维护、采集，查看和调用各分区实时数据、画面、趋势和报警。

④ 数据缓冲区（L3.5）/工厂信息层（L4）

a. 数据缓冲区（DMZ）（L3.5）包括交换机、防火墙、中心服务器（实时数据库、关系数据库）、WEB 服务器、防病毒服务器、补丁管理服务器等。

b. L3.5 层是操作管理层（L3）与工厂信息层（L4）之间的缓冲区，加强 L3、L4 层进行信息交换的安全管控，保护 L3 层不受来自外部的攻击。

c. 来自 L4 层的外部访问只能经防火墙访问 L3.5 层，确保 L3、L2、L1 层正常安全运行。L3.5 防火墙有三个网络接口：第 1 个接 L3 层，第 2 个接 L4 层，第 3 个接 DMZ 边界网络。

d. 工厂信息层（L4）包括防火墙、交换机、生产调度站、ODS 客户端、WEB 客户端等管理节点，通过防火墙访问 L3.5 层服务器，获取过程信息、画面、报表等。

（2）自动化系统冗余容错技术　自动化系统控制网络的安全是最重要的网络安全。自动化系统特有的冗余容错等安全措施在设计中予以充分重视。

a. 控制器 CPU、系统供电、通信总线、控制回路 I/O 模件、控制层网络交换机等冗余配置。

b. 现场机柜室（FAR）至中心控制室（CCR）之间的单模光缆冗余配置，宜采用“一天（架空槽板）一地（埋地穿管）”敷设方式。

c. 系统的冗余总线电缆或接头采用不同的颜色，网络不应形成环路。

d. 系统的组态数据、历史数据、长趋势数据等应多站备用，且异地定期备份。

e. 系统应具备系统组件诊断报警功能。

（3）网络安全功能规格书　集成系统除编制常规的功能设计规格书外，还要编制完备的系统网络安全功能规格书。具体的内容应包括：系统网络架构说明；系统网络设备清单；系统网络地址汇总；使用者权限设置；网络管理程序；网络应急预案。

（4）生命周期支持和管理　在集成系统生命周期内应对网络安全给予重视和支持管理：

a. 生命周期内应有稳定的备品备件供应；

b. 网络交换机等网络设备的更换应通过集成系统制造商提供；

c. 生命周期内发生紧急情况时，应保证提供咨询及现场工程服务；

d. 生命周期内的软件升级维护，如应用软件的补丁程序、病毒库的验证等；

e. 除了常规的自动化系统工程师及维护人员外，还应设网络管理工程师。

对于大型集成控制系统，应充分重视网络安全，深入研究安全隐患，合理制定安全策略，用全局的观念进行系统的设计和管理，对集成系统进行网络安全策略的评估和审查，使集成系统真正发挥其强大功能，为现代化工厂的生产、管理、维护提供安全可靠的保证。本篇第四章还将对集成系统的网络安全做详细阐述。

第三节　基础控制层与监视控制层

生产操作控制层（PCS）的控制系统是保证工厂及装置“安、稳、长、满、优”运行，通过稳定生产使企业获得良好经济效益的根本保障。石油化工厂生产过程控制层主要的控制系统包括 DCS、FCS、SIS、GDS、PLC、CCS、MMS 等。这些控制系统是保证工厂稳定生产和安全保护的关键系统，其稳定性和可靠性为第一关键要素。另外一条重要的设计原则是保证每个生产装置（单元）能独立开停车，减少相互干扰。通常 DCS、SIS 等系统按照生产装置划分各自独立的局域网（LAN），硬件设备各 LAN 之间独立设置。对于小规模生产装置或公用工程单元，可根据具体情况合并设置局域网，但要合理规划和管理。

基础控制层与监视控制层的控制系统通常由系统制造商提供专用软硬件设备，如过程控制站、电源模件、I/O 模件、通信模件、控制网络设备等，即使采用第三方产品，如交换机、服务器、操作站、工程师站等，其软硬件设备必须经过系统制造商的测试和认证方可应用于过程控制，保证系统的安全性和稳定性。

一、分散控制系统（DCS）

1. DCS 概述

分散控制系统（DCS）为生产过程控制层的核心系统，应采用安全可靠、技术先进并具有成熟使用经验的品牌和型号。DCS 提供了生产过程的基本控制、数据采集、生产报表打印、历史数据的记录，操作人员通过操作介面对装置进行监视、操作。DCS 除完成各装置的基本过程控制、操作、监视、管理之外，同时还完成顺序控制和部分先进过程控制。

DCS 系统由控制站、操作站、工程师站、历史服务器、应用服务器、网络设备以及其他辅助设备（包括辅助操作台、打印机、I/O 机柜、安全栅柜、端子柜、继电器柜、配电柜等）组成。DCS 的网络设置应考虑安全性，避免网络设备的互相影响，各装置的网络设备宜独立设置。DCS 网络应采用分层结构，中心控制室（CCR）与各现场机柜室（FAR）的网络连接方式宜为星形连接。

各装置的 DCS 控制单元均各自独立设置，保证各生产装置在正常运行和开、停工过程中互不干扰，减少不必要的停工。

DCS 操作站、打印机、数据存储设备、工程师站、各类服务器及其他操作终端等安装在中心控制室（CCR）内；过程控制站等安装在现场机柜室（FAR）。CCR 内各工艺装置的 DCS 操作站以工艺装置为单位设置，公用工程及辅助生产设施的 DCS 可联合设置，操作站的数量根据工艺要求、装置回路规模等因素确定，一般按 40~50 个控制回路设置一个 DCS 操作站；每个装置的操作站至少设置 2 台，生产装置大、工艺流程长时按单元设操作站组，同一操作站组中的各操作站互相备用，通过操作权限进行管理。CCR 与 FAR 之间的信号物理上通过冗余的单模铠装光纤连接，宜"一天（架空槽板）一地（埋地穿管）"敷设。

中心控制室（CCR）设公共的 DCS 工程师站，用于正常的组态维护、故障诊断及管理。各现场机柜室（FAR）内设有 1~2 台具有工程师站属性的操作站，用于现场调试、开车及维护。

DCS 采用冗余技术与系统自诊断，对故障进行诊断指示，并可在线进行更换。DCS 系统的中央处理器、通信模件、控制及关键 I/O 模件、电源模件等冗余容错配置。

在工厂调试完成后，通常留有 15% 已经接好线的输入/输出（I/O）卡作为备用；在端子接线柜中，留有 15% 的余量端子作为备用；在系统机柜中，留有 15% 的余量空间用于安装 I/O 模件。

在工厂调试完成后，控制器负荷应低于 50%；数据通信网络的负载低于 50%，采用 IEEE802.3 系列协议的网络（如 L3.5 和 L4 层网络）通信负荷不超过 30%；电源单元的负载低于其能力的 50%；DCS 各局域网上的节点和 I/O 在工厂开车生产后，留有 30% 的扩展空间。

中心控制室（CCR）设公共的硬件平台及 OPC 服务器、防火墙等，用于连接工厂信息管理系统。各现场机柜室（FAR）中控制站配置冗余的通信接口连接 SIS、CCS、MMS、PAS、PLC 等系统。

目前进入 DCS/FCS 的智能仪表信号分为以下三种。

① 4~20mA 叠加 HART 智能信号。模拟加数字的混合智能信号，技术成熟，是目前国内外应用最为广泛的智能信号方式。

② 现场总线信号。现场总线技术是一种全数字化、串行、双向通信系统，目前石油化工行业已有多套基金会现场总线（FF）的应用业绩。

③ 通用型 I/O 智能信号。通用型 I/O 信号和智能接线箱（SJB）技术是近年来出现的新技术，在国内外已有少量应用业绩。通用型 I/O 技术可显著降低控制系统的设计、组态、施工和调试的工作量和难度，智能接线箱技术可将 I/O 模件放至现场，显著降低控制室（机柜室）、桥架、电缆等的工程投资。

2. 网络架构

大型全厂 DCS 须根据生产需求、系统规模和总图布置，划分为若干独立的局域网，确保每套生产装置独立开停车和正常运行，保证大型自动化网络的安全。

某大型炼化一体化工程炼油工程分为 5 个局域网（LAN），乙烯工程分为 8 个局域网（LAN）。炼油工程 LAN 分配如表 6-3-1 所示，乙烯工程 LAN 分配如表 6-3-2 所示。

3. 系统集成

中心控制室（CCR）的 DCS 系统硬件设置通常包括以下几部分。

① 服务器室：放置服务器机柜。

② 工艺工程师室：放置工艺工程师站、ODS 客户端等。

③ 控制系统工程师室：放置全局工程师站、IDM 客户端站等。

表 6-3-1　炼油工程局域网分配

中心控制室	现场机柜室	装置名称	DCS 局域网
CCR1	FAR1-01	常减压装置	CCR1-LAN1
		加氢裂化装置	
		蜡油加氢装置	
	FAR1-02	重整抽提装置	CCR1-LAN2
		柴油加氢装置	
		航煤加氢装置	
	FAR1-03	延迟焦化装置	CCR1-LAN3
		硫黄回收装置	
	FAR1-04	130 万吨/年酸性水汽提装置	CCR1-LAN4
		气体脱硫及溶剂再生装置	
	FAR1-05	循环水厂	CCR1-LAN5
		热力站	
		凝结水回收及除氧水站	

表 6-3-2　乙烯工程局域网分配

中心控制室	现场机柜室	装置名称	DCS 局域网
CCR2	FAR2-01	乙烯装置裂解部分	CCR2-LAN1
	FAR2-02	乙烯装置分离部分	
	FAR2-03	高密度聚乙烯装置	CCR2-LAN2
	FAR2-04	线性低密度聚乙烯装置	CCR2-LAN3
	FAR2-05	聚丙烯装置	CCR2-LAN4
	FAR2-06	环氧乙烷/乙二醇装置	CCR2-LAN5
	FAR2-07	丁二烯、MTBE/1-丁烯装置	CCR2-LAN6
	FAR2-08	苯酚丙酮装置	CCR2-LAN7
	FAR2-10	空压站	CCR2-LAN8
	FAR2-11	第一循环水场	
	FAR2-12	第二循环水场	
	FAR2-13	原料罐区	
	FAR2-14	产品罐区	
	FAR2-15	中间罐区	
	FAR2-16	火炬	

④ 计量数采系统室：放置计量数据采集站、管理计算机系统等。

⑤ HSE 室：放置 GDS 工作站、FAS 工作站等。

⑥ 打印机室：放置网络打印机。

⑦ 主操作室：放置操作站、辅操台及大屏幕显示系统等。

⑧ 机柜室：放置网络柜、服务器柜、控制系统远程 I/O 柜、过渡柜、电源柜等。

现场机柜室（FAR）的 DCS 硬件配置通常包括系统柜、配电柜、安全栅柜、继电器柜、端子柜等辅助机柜，并设置带工程师功能的操作站和 IDM 数据采集站，用于现场装置开车时现场调试、维护组态。

1238

该大型工程的炼油工程 DCS 网络配置图（以 LAN1 为例）如图 6-3-2 所示。

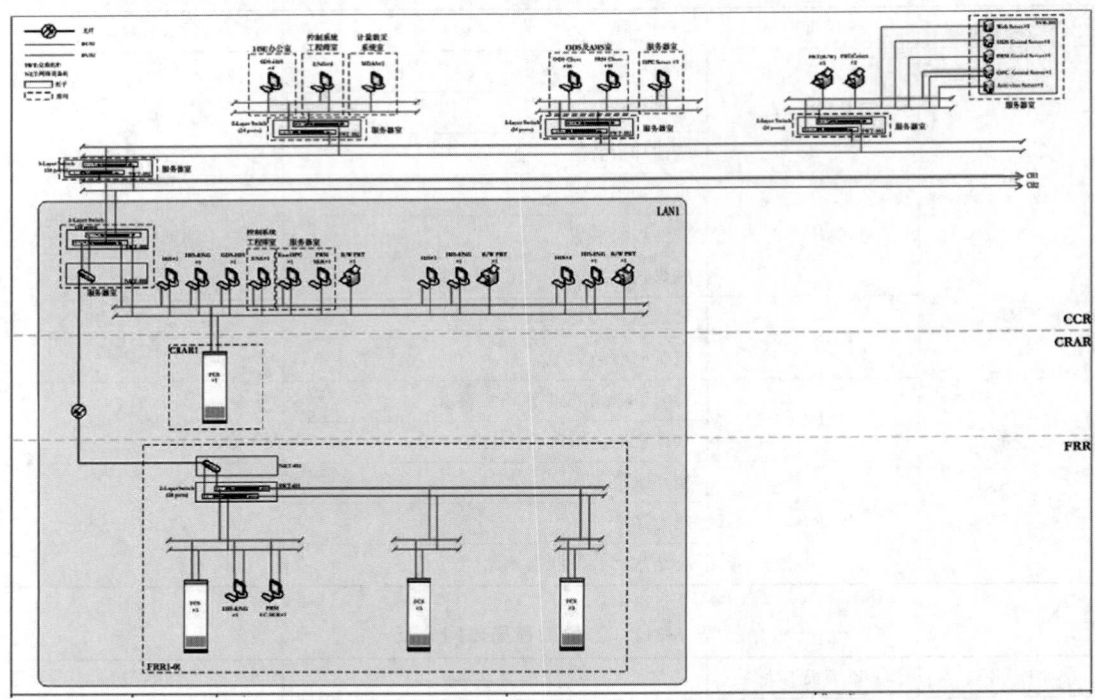

图 6-3-2　炼油工程网络配置图（以 LAN1 为例）

每个 LAN 的组态数据库存放在各自 LAN 的工程师站（EWS）。炼油工程的 LAN1～LAN5 通过 CCR1 的带路由功能的三层网络交换机连接，用于与工厂信息层的集成。

乙烯工程 DCS 网络配置图（以 LAN1 为例）如图 6-3-3 所示。

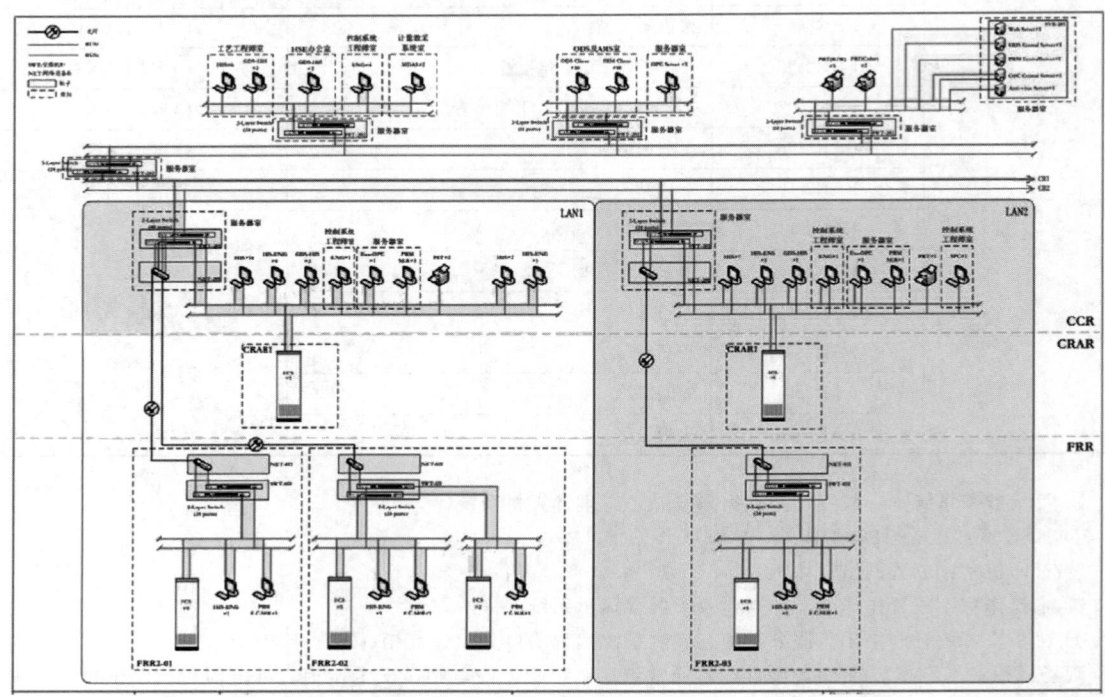

图 6-3-3　乙烯工程 DCS 网络配置图（以 LAN1 为例）

乙烯工程的 LAN1～LAN8 通过 CCR2 的带路由功能的三层网络交换机连接，用于与工厂信息层的集成。

二、现场总线控制系统（FCS）

现场总线技术是一种全数字化、串行、双向通信系统，是数字化技术向智能化现场设备的延伸，是信息技术与测量技术结合的典型成果。当今世界范围内存在着多种现场总线，如 Foundation Fieldbus（FF）、Profibus，ControlNet，P-Net，DeviceNet，HART 等，有各自的特点和适用范围。

现场总线控制系统（FCS）与传统控制系统相似但又不同。数字通信技术在过程控制系统上的应用并不是从现场总线技术开始的，目前在过程控制领域广泛采用的分散控制系统（DCS）与可编程控制器（PLC）都是伴随着数字通信技术的发展而诞生的。传统 DCS 及 PLC 系统的 I/O（输入/输出）的主体通常是模拟仪表，以 4～20mA 模拟信号进入 DCS 系统的 I/O 模件，进行 A/D（模拟/数字）或 D/A（数字/模拟）转换后进入控制级网络。控制级网络由控制器、操作站、工程师站和服务器等设备构成，以数字化通信技术进行数据处理和数据传递。在控制级网络的上层通常设置操作管理层和工厂信息层网络。

采用现场总线技术的现场仪表设备是双向全数字化系统，是现场总线网段（Segment）的一个智能化节点，可与 DCS/FCS 控制级网络实现完全的双向信息访问，不需要进行 A/D 或 D/A 转换。石油化工等以连续控制为主的流程工业，普遍采用基金会现场总线（Foundation Fieldbus）H1 总线作为现场级网络的通信协议。现场总线控制系统可通过现场总线智能设备实现 PID 控制算法，也可数字传输到 DCS/FCS 控制器实现 PID 控制算法。FCS 采用高速以太网（HSE）作为控制网络的通信协议，更容易实现与工厂信息网集成。典型的 FCS 网络架构见图 6-3-4 所示。

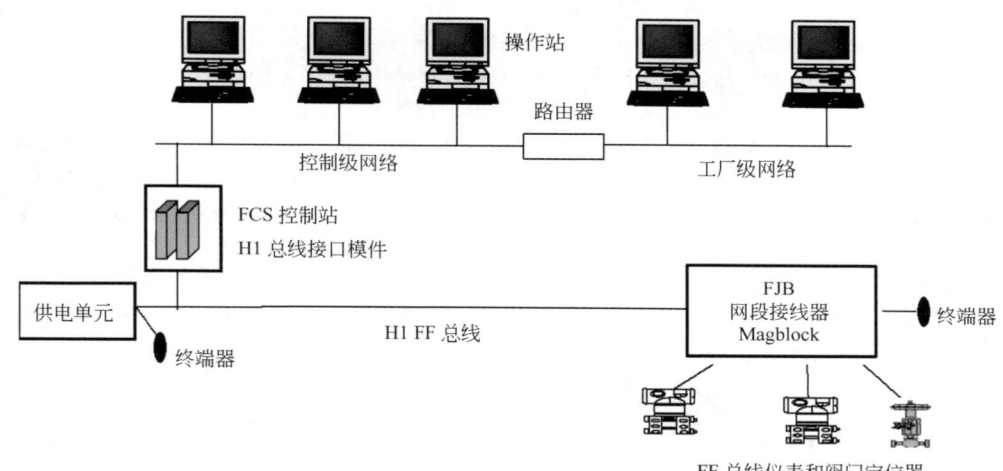

图 6-3-4　典型现场总线控制系统（FCS）网络架构

采用现场总线控制系统时，工程设计和应用带来一定的变化，但基本的工程设计周期和步骤是大体相同的。主要区别为：

① 传统的各类 I/O 点，如 AI、AO、DI、DO 等，将被新的现场总线信号代替；

② 传统的现场仪表的接线设计按照信号类型及就近原则，现场总线网段设计要考虑整个网段的功耗、电缆长度、风险分散等，以避免某个网段的故障可能对生产装置带来影响；

③ 传统的回路图编制按照控制回路为单位，而现场总线的回路图以网段为单位编制。

现场总线是数字化技术向现场的延伸和发展，使控制系统的各个层次获得范围更广、功能更强的能力。现场总线控制系统包含更加丰富的仪表设备信息，通过预测维护和远程维护等应用，可提高仪表设备的诊断和维护水平，提高整个控制系统的可靠性和可用性。现场总线控制系统在设计时应充分考虑到信息量提高后带来的通信容量、传输速率和信息整合问题，合理配置系统，保证整个现场总线控制系统的网络安全。

FCS 作为 DCS 的重要组成部分，应统筹设置和规划。

三、安全仪表系统（SIS）

1. SIS 概述

安全仪表系统（SIS）独立于 DCS 系统，用于完成工艺装置与安全相关的紧急停车和安全联锁保护功能，各工艺装置根据各安全仪表功能（SIF）的安全完整性等级（SIL）、专利商的要求、同类装置的使用经验等确定设置 SIS。原则上 SIL1 级及以上安全仪表功能（SIF）应设置安全仪表系统（SIS）。

SIS 通常以装置为单位设置。若装置规模较小，也可根据实际情况按照联合装置设置。

SIS 系统由控制站、远程 I/O 单元、操作员站、工程师站、SOE 站、打印机及辅助操作台等组成。

SIS 可在中心控制室（CCR）内设置操作员站，也可采用 DCS 操作员站。SIS 相关的报警、监视、操作（如联锁复位、旁路等）通过操作站完成。对于重要信号的报警、紧急停车等，还可在 CCR 的辅助操作台设置灯屏、硬开关按钮。

SIS 在现场机柜室（FAR）可设一台工程师站，用于系统的组态、调试、修改、测试、软件下装及维护等，该工程师站同时具有 SOE 功能。在 CCR 内设置多台工程师站和 SOE 工作站，用于整个 SIS 系统的日常维护和检查。在 CCR 内设置网络打印机等共用网络设备。

SIS 采用双重化、三重或四重冗余容错结构，符合 IEC61508、IEC61511 等功能安全标准要求。SIS 应具有高可靠性和高可用性。

SIS 按故障安全型（Fail-Safe）设计，系统内发生故障时，应能按照故障安全的方式停机。

对于重要 SIS 回路，测量仪表采用 2oo3 或 2oo2 的原则设计，确保满足工艺要求的 SIL 等级及误停车率（STR）要求。

在工厂调试完成后，通常留有 15% 已经接好线的输入/输出（I/O）点作为备用；在端子接线柜中，留有 15% 的裕量端子作为备用；在系统机柜中，留有 15% 的裕量空间用于安装 I/O 模件。

在工厂调试完成后，处理器、数据存储器和数据通信网络的负载通常低于 50%；电源单元的负载最多达到其能力的 50%；应用软件和通信系统留有 30% 的扩展能力。

SIS 操作台、显示器、鼠标、键盘应与 DCS 具有一致的外形结构及颜色，外观一致，整齐美观。在辅助操作台上设置灯屏，用于报警显示及管理，并根据需要设置开关和按钮。

SIS 系统采用 CCR 和 FAR 分离设置的方式；CCR 与 FAR 之间的信号物理上通过冗余的单模铠装光纤连接，宜"一天（架空槽板）一地（埋地穿管）"敷设。SIS 系统在 CCR 中设立远程控制器或远程 I/O 单元。来自辅助操作台的停车、复位等信号和去辅助操作台指示灯的报警信号连接到远程控制器或远程 I/O 模件，再通过光纤电缆连接到 FAR 中相应的 SIS 控制器，实现操作或者报警显示功能。

2. 网络架构

以某大型炼化一体化工程为例，炼油工程 SIS 分为 3 个局域网（LAN），乙烯工程 SIS 分为 8 个局域网（LAN）。炼油工程 LAN 分配如表 6-3-3 所示，乙烯工程 LAN 分配如表 6-3-4 所示。

表 6-3-3　炼油工程 SIS 系统局域网划分

中心控制室	现场机柜室	装置名称	SIS 局域网
CCR1	FAR1-01	加氢裂化装置	CCR1-LAN1
		蜡油加氢处理装置	
	FAR1-02	重整抽提装置	CCR1-LAN2
		柴油加氢装置	
		航煤加氢装置	
	FAR1-03	延时焦化装置	CCR1-LAN3
		硫黄回收装置	

表 6-3-4　乙烯工程 SIS 系统局域网划分

中心控制室	现场机柜室	装置名称	SIS 局域网
CCR2	FAR2-01	乙烯装置裂解部分	CCR2-LAN1
	FAR2-02	乙烯装置分离部分	
	FAR2-03	高密度聚乙烯装置	CCR2-LAN2
	FAR2-04	线性低密度聚乙烯装置	CCR2-LAN3

续表

中心控制室	现场机柜室	装置名称	SIS 局域网
CCR2	FAR2-05	聚丙烯装置	CCR2-LAN4
	FAR2-06	环氧乙烷/乙二醇装置	CCR2-LAN5
	FAR2-07	丁二烯、MTBE/1-丁烯装置	CCR2-LAN6
	FAR2-08	苯酚丙酮装置	CCR2-LAN7
	FAR2-13	原料罐区	CCR2-LAN8
	FAR2-14	产品罐区	
	FAR2-15	中间罐区	
	FAR2-16	火炬	

3. 系统集成

每个 LAN 的硬件、软件、网络设备独立设置。根据管理需求，可在 CCR 内将每个 LAN 的工程师站/SOE 站通过三层网络交换机连接形成一个 LAN，用于公共管理及多台备份用。SIS 系统在 CCR 通常配置一台时钟同步工作站，用于接收 DCS 提供的时钟源。时钟同步通常采用 SNTP 协议实现 SIS 和 DCS 之间的时钟同步。在 CCR 内还设置一台防病毒服务器，用于 SIS 所有电脑设备的病毒防护及病毒库更新。典型的 SIS 系统集成网络（以乙烯工程为例）如图 6-3-5 所示。

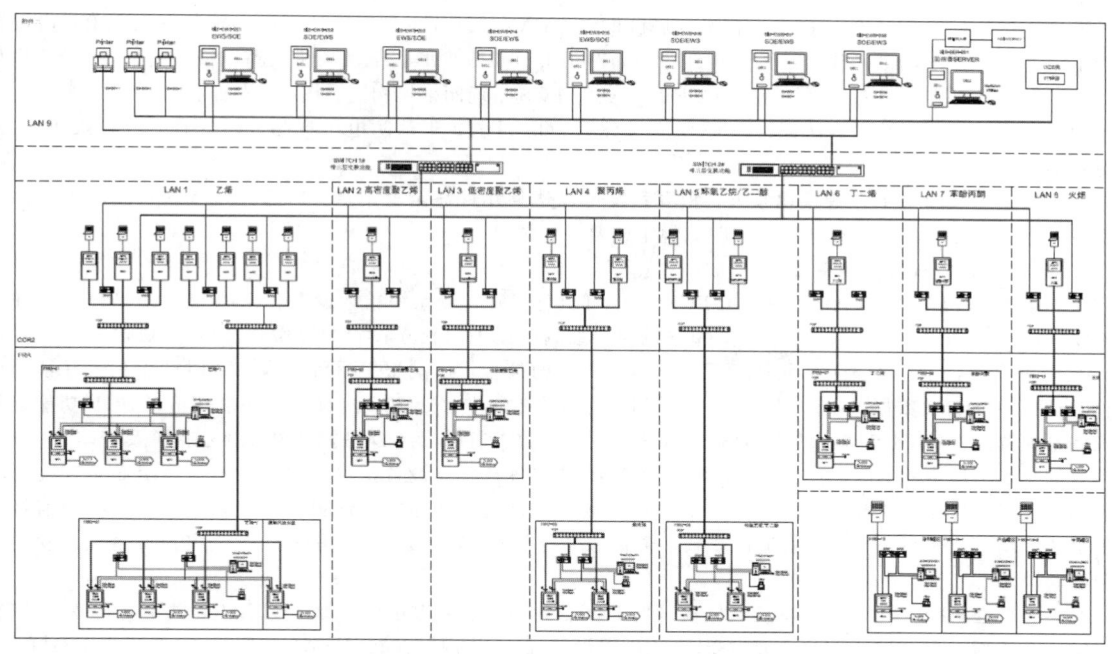

图 6-3-5　典型的 SIS 系统集成网络（以乙烯工程为例）

目前很多 SIS 的 I/O 模块不能直接接收智能 HART 信息，需采用 HART 信号采集器的方式实现模拟量输入信号的 HART 信号采集。HART 信号采集器由分离单元和接口单元组成。采集的 HART 智能化信息送至 DCS 提供的 IDM 数据采集站，并在 IDM 服务器中与 DCS 的智能设备管理信息集成。

四、可燃和有毒气体检测系统（GDS）、火灾报警和气体检测系统（FGS）

石油化工生产装置及辅助设施内有许多可燃和有毒气体释放源。为预防人身伤害以及火灾与爆炸事故的发生，保障石油化工企业的安全，在可能泄漏或聚集可燃、有毒气体的地方，分别设有可燃、有毒气体检测器，并将信号送至可燃和有毒气体检测系统（GDS）。根据国家标准 GB/T 50493—2019 的要求，报警信号应发送至现场报警器和有人值守的控制室或现场操作室的指示报警设备，且进行声光报警。GDS 作为中心控制室或现场操作室内的指示报警设备，在整个可燃和有毒气体检测报警系统中发挥着至关重要的作用，既要及时准确地向操作人员发出清晰明确的危险气体泄漏报警，又能在必要时触发联锁动作以保障人员和设备的安全。

根据 IEC 61511 定义的独立保护层（IPL）模型，工艺装置通过自动控制系统降低风险主要分为三个层面，即基本过程控制系统层、预防层和减灾层。DCS 位于基本过程控制系统层（BPCS），SIS 位于预防层（Prevention），GDS 位于减灾层（Mitigation）。考虑到不同功能的要求，GDS 应独立于 DCS 和 SIS 单独设置。中国国家安监总局《安监总管三〔2014〕116 号》及 GB/T 50493—2019 中，均提出了可燃和有毒气体检测系统应独立于过程控制系统而单独设置的要求。

根据工程特点和最终用户要求，GDS 系统配置方案可选用火灾和气体检测系统（简称 FGS）、基于 PLC 的气体检测系统、基于气体报警控制器的气体检测系统。

1. 火灾报警和气体检测系统（FGS）

火灾报警和气体检测系统（FGS）独立于 DCS 和其他过程控制系统单独设置。FGS 与 SIS 的主要区别是 FGS 不能避免火灾情况的发生，以及可燃或有害气体的泄漏，只能在这些火情或气体泄漏情况发生时尽早、及时、准确地检测，做到早期发现并报警，告知人员或采取自动风险减低措施，避免对工作区域或周边人员造成伤害，有效降低危险扩大。正是由于功能不同，SIS 设计采用故障安全型，而 FGS 设计通常采用非故障安全型。FGS 通常采用经国家权威机构安全认证（SIL 认证）的双重化、三重化（TMR）或四重化（QMR）的可编程控制器（PLC），接受来自现场工艺装置区的火灾、可燃气体、有毒气体探测器的信号及手动报警信号，启动报警系统并产生消防联动。FGS 数据可通过网络连接传送到全厂消防控制中心。FGS 具有顺序事件记录 SOE 功能，并在控制室配置独立的 FGS 监视站。FGS 与 DCS 进行数据通信，在 DCS 操作站上显示报警及打印。

对于全厂性的 FGS 系统，通常在各个现场机柜室（FAR）设置主控制系统，中心控制室（CCR）内设置远程 I/O 单元，用于辅助操作台上的硬接线报警。对于 I/O 点较少的若干现场机柜室（或装置），可设置远程 I/O 单元，共用的 FGS 主控制器设置在 CCR 内。典型 FGS 系统网络架构图见图 6-3-6 所示。

根据中国国家强制性产品认证（CCCF）的要求，FGS 系统属于消防电子产品，须具有 CCCF 认证证书，FGS 配置后备电源。

FGS 方案可提供的 I/O 规模比较大，单套系统可以达到几百甚至上千点。FGS 系统大多应用于大型中外合资及海外石油化工项目，最终用户有明确规定或要求的情况。

2. 基于 PLC 的气体检测系统

该方案采用 PLC 作为 GDS，独立于 DCS、SIS 和其他过程控制系统单独设置。GB/T 50493—2019 中并未对 GDS 的 SIL 要求做出规定，只是要求 GDS 的报警控制单元采用独立设置的以微处理器为基础的电子产品。GDS 接受来自现场工艺装置可燃气体、有毒气体探测器的信号，启动报警系统并在必要时产生相关联锁动作（非消防联动）。GDS 数据可通过网络连接传送到全厂消防控制中心。GDS 应具有顺序事件记录 SOE 功能，并在控制室配置独立的 GDS 监视站。GDS 与 DCS 进行实时数据通信，在 DCS 操作站上显示报警及打印。

石油化工工厂中的 GDS 与火灾报警系统（FAS）基本各自独立设置，主管部门也不同。GDS 负责装置的可燃和有毒气体检测报警及其相关联锁动作；FAS 接受来自装置和建筑物的火灾检测信号及手动报警信号并产生消防联动。两套系统基本没有通信联系，个别情况会有 GDS 硬接线 DO 信号送至火灾报警系统触发相关消防联动。

对于全厂性 GDS，考虑到装置的气体检测器 I/O 点数，通常采用几套装置（或 FAR）共用一套 GDS 控制器（GDS 主系统）的方案，即将一套 GDS 主控制器设置在 CCR 内，在相关 FAR 内设置 GDS 远程 I/O 单元，这种配置方案的性价比较高。对于有特殊要求的装置，也可在 FAR 内设置独立 GDS 主控制系统，根据需要在 CCR 内设置远程 I/O 单元。典型 GDS 网络架构图见图 6-3-7 所示。

GDS 可提供的 I/O 规模取决于装置或工厂气体检测器的数量以及 PLC 的选型。较大规模 GDS，单套系统 I/O 规模可以达到几百甚至上千点；较小规模 GDS，单套系统 I/O 规模可达到 100～300 点。

基于 PLC 的气体检测系统属于目前的"典型"配置，大多应用于国内大、中型石化装置和一体化项目，可以几套装置/系统单元共用一套 GDS。GDS 具体配置和 SIL 认证要求可根据不同用户的需求确定。

3. 基于气体报警控制器的气体检测系统

该方案采用专用气体报警控制器作为 GDS，报警控制器须符合 GB 16808 相关技术要求。

相比于前两种以 PLC 为基础的 GDS，多数以气体报警控制器为基础的 GDS 系统的 I/O 规模较小，小到不

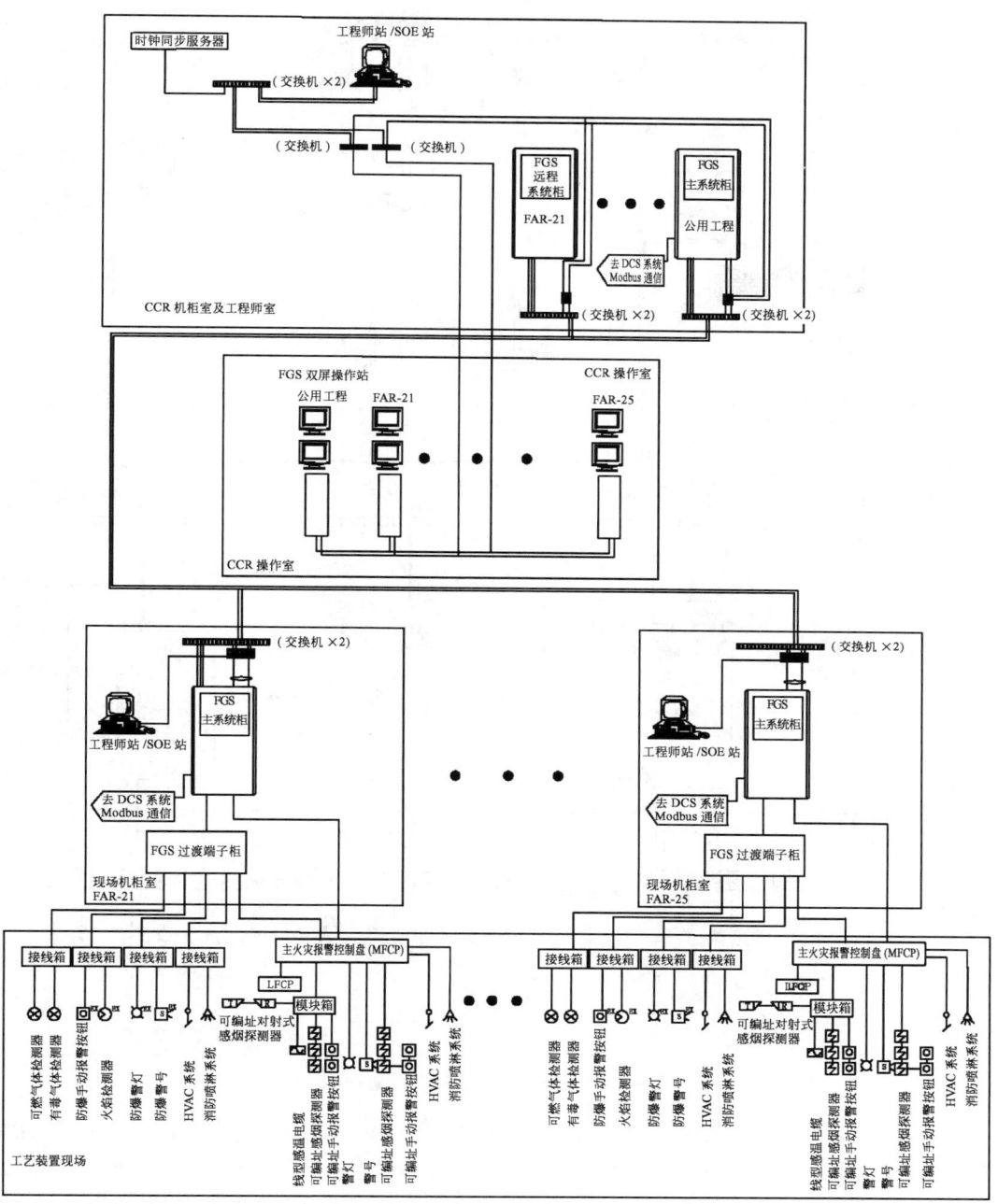

图 6-3-6　典型 FGS 系统网络架构图

足十点，大到十几点、几十点不等。

气体报警控制器通常为标准 19in 机架安装（盘装）或壁挂安装，配备 LCD 显示屏（触屏或按键屏）及报警状态指示灯，便于人员操作。

气体报警控制器可接收标准 4～20mA 两线制、三线制或四线制模拟输入信号，可输出 4～20mA 模拟信号，并可通过扩展继电器模块输出有源或无源的数字量信号。

多数气体报警控制器可提供串行通信接口，如 RS-485/232 Modbus-RTU，可与 DCS 进行通信。

基于气体报警控制器的 GDS 系统大多也支持全厂性的组网设计，通常的系统网络配置方案如下：FAR 内的多个气体报警控制器通过串行通信连接在一起，所有的数据最终由一台气体报警控制器再通过串行通信的方

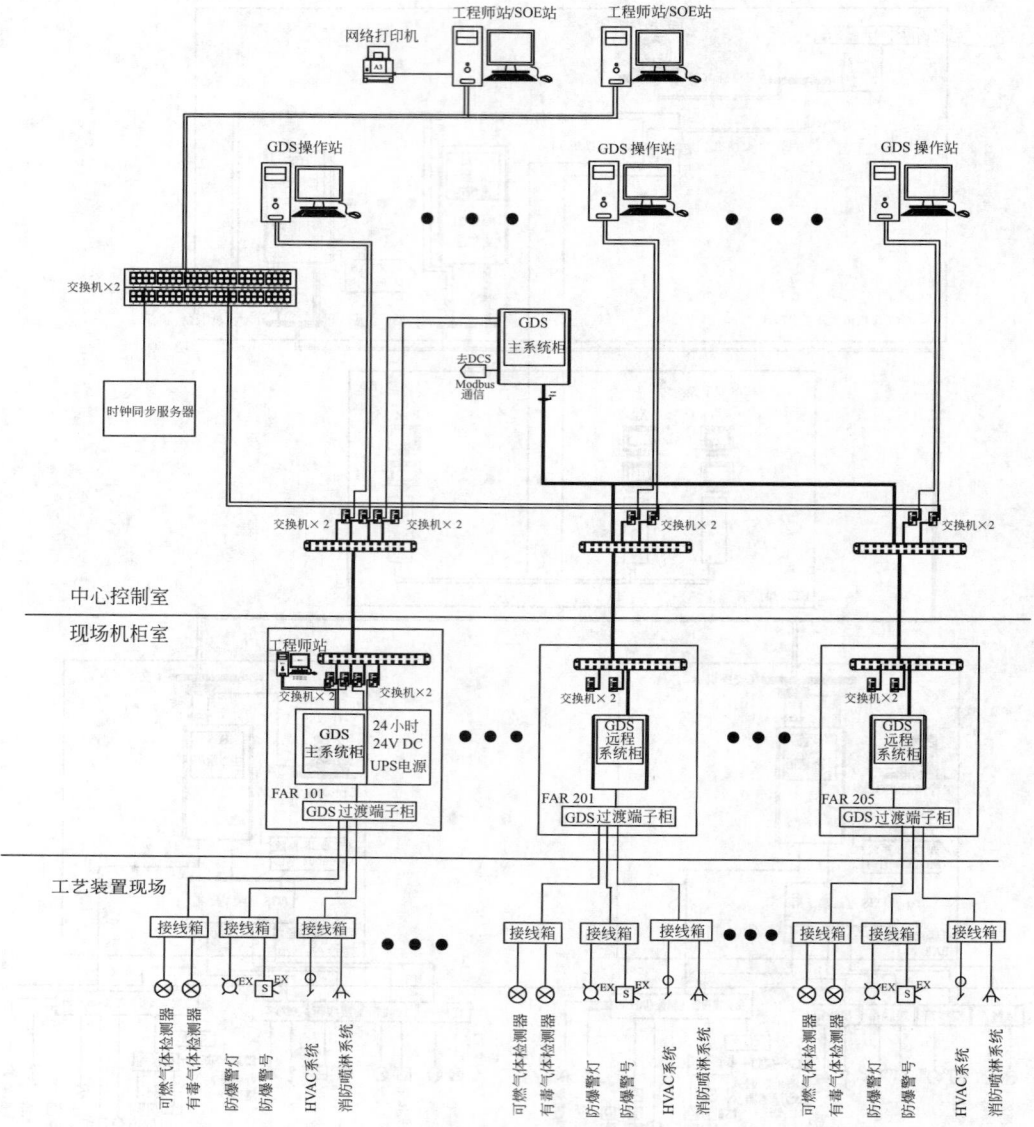

图 6-3-7　典型 GDS 系统网络架构图

式连接至 DCS。如果 FAR 和 CCR 的距离较远，不能直接采用 RS-485 通信电缆连接，则可以将串行通信信号转换为光缆传输的方式进行数据传输。CCR 内的多台上位机（操作站）可以通过工业以太网进行组网连接，并可在一台公共上位机中整合全厂的气体检测报警信息和数据，再通过以太网发送至消防控制中心。

GB/T 50493—2019 对气体报警控制单元没有 SIL 认证要求，气体报警控制器也无须采取冗余容错结构。随着对于 GDS 系统要求的不断提高，目前已有多个气体检测器生产厂家可提供带有 SIL 认证的气体报警控制器，提升了此类 GDS 的安全性和可用性。

基于气体报警控制器的 GDS 系统属于需要中国国家强制性产品认证（CCCF）的消防电子产品，须提供 CCCF 认证证书。

基于气体报警控制器的 GDS 属于"精简"配置，大多应用于中小型石化装置或公用工程单元。

五、压缩机控制系统（CCS）

1. CCS 概述

对于较复杂的机组设置专用的压缩机控制系统（CCS），完成透平/压缩机组的调速控制、防喘振控制、负荷控制、解耦控制、安全保护等功能。

　　早期透平/压缩机组的 CCS 系统由多个分散的功能单元来实现控制和保护，包括电子调速器、防喘振控制器、转动设备监视系统、PLC 等，如图 6-3-8 所示。

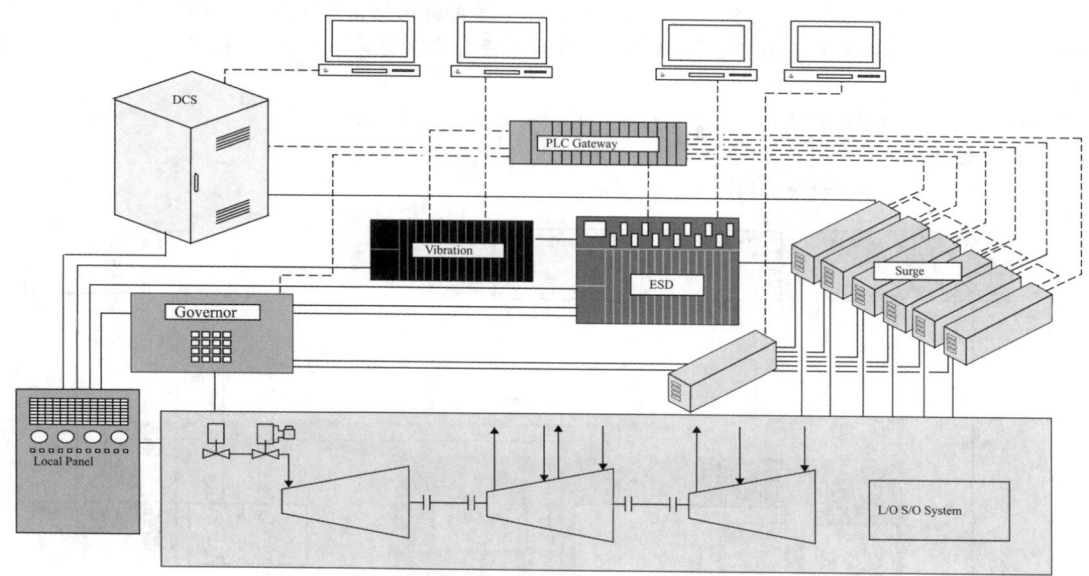

图 6-3-8　早期透平/压缩机组 CCS 示意图

　　随着技术发展，CCS 系统采用一体化的系统结构，实现集成的机组控制和安全保护，并与转动设备监视系统（MMS）一起构成集成化的透平/压缩机组综合控制系统，如图 6-3-9 所示。

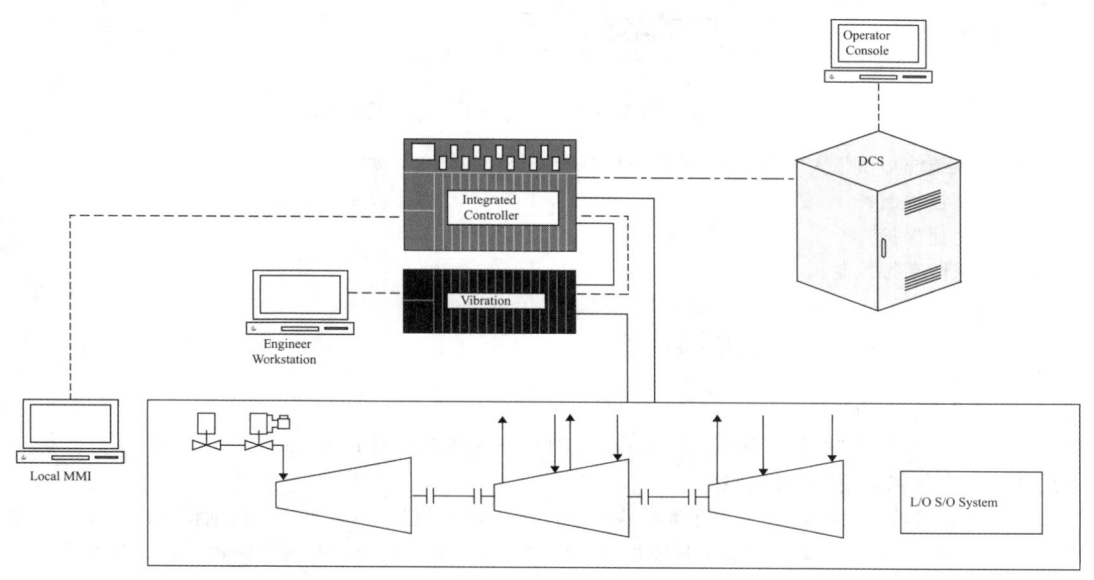

图 6-3-9　集成化透平/压缩机组控制系统 CCS 示意图

　　CCS 由控制站、远程 I/O 站、操作站、工程师站、SOE 站、打印机及辅助操作台等组成。

　　CCS 原则上以复杂机组或装置为单位独立设置，每套 CCS 系统在现场机柜室内设有一台工程师兼 SOE 站，用于现场调试、开车及维护，CCS 在中心控制室分别设有操作站和辅助操作台。CCS 可在中心控制室进行上层联网，设置全局性的 CCS 系统工程师站和 SOE 站，用于 CCS 系统的日常维护和管理。

　　CCS 通常采用三重化或双重化的冗余、容错系统，具有专用的应用软件，如转速控制、防喘振控制等，同时具有事件顺序记录功能。

控制简单的机组（如往复式压缩机或螺杆压缩机），机组的监控一般由装置的 DCS 完成，机组的安全联锁保护由 SIS 完成。

CCS 系统的操作台、显示器、鼠标、键盘具有与 DCS 一致的外形结构及颜色，以便中心控制室内人机界面设备外观一致，达到整齐、美观的效果。在辅助操作台上设置数字灯屏，用于重要信号的报警显示及管理，同时设置开关和按钮。

CCS 与装置 DCS 通过通信接口进行数据传输，对于重要参数采用硬接线连接。

2. 系统集成

典型的大型机组 CCS 系统集成如图 6-3-10 所示。

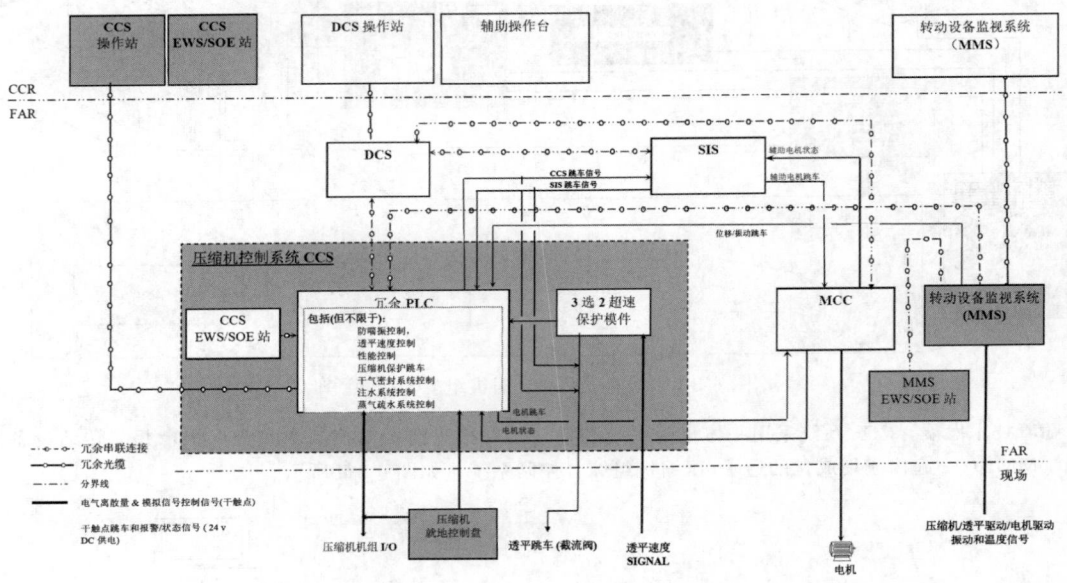

图 6-3-10 典型的大型机组 CCS 集成示意图

集成 CCS 系统能提供强大的透平/压缩机组控制和安全保护功能，如：

① 汽轮机调速控制；

② 汽轮机超速保护；

③ 压缩机组防喘振控制；

④ 机组性能控制、主机及辅机的工艺参数监控；

⑤ 机组轴承位移、温度、振动、键相监控；

⑥ 顺序控制；

⑦ 机组和装置的联锁逻辑。

图 6-3-11 是乙烯装置"心脏"设备裂解气压缩机的 CCS 流程图画面示例。

六、转动设备监视系统（MMS）

转动设备监视系统（MMS）用于对压缩机等重要转动设备的关键运行参数（包括轴振动、轴位移、转速、轴温等）进行在线监测，并对转动设备的性能进行分析和诊断，支持转动设备的故障预维护，降低维护成本，尽量减少因为上述设备引发的非计划停车造成的损失。

MMS 系统包含二次仪表机架和上位诊断分析系统两部分。二次仪表机架采集转动设备的关键运行参数数据，以通信方式传送至 CCS 和/或 DCS。用于设备联锁保护的信号，通过硬接线的方式传送至 CCS 和/或 SIS。

MMS 上位诊断系统通常全厂统一设置，大型机组和大功率高速泵的主要转动参数上传至上位诊断分析系统的服务器。服务器接收、存储、备份现场监测站上传的数据（包括实时数据、趋势数据、历史数据及启停机数据等）；管理状态监测数据库；向浏览站发布状态监测数据。历史数据和起停机数据，根据数据库的备份策略来备份。系统的正常数据与备份数据异地保存至不同硬盘。

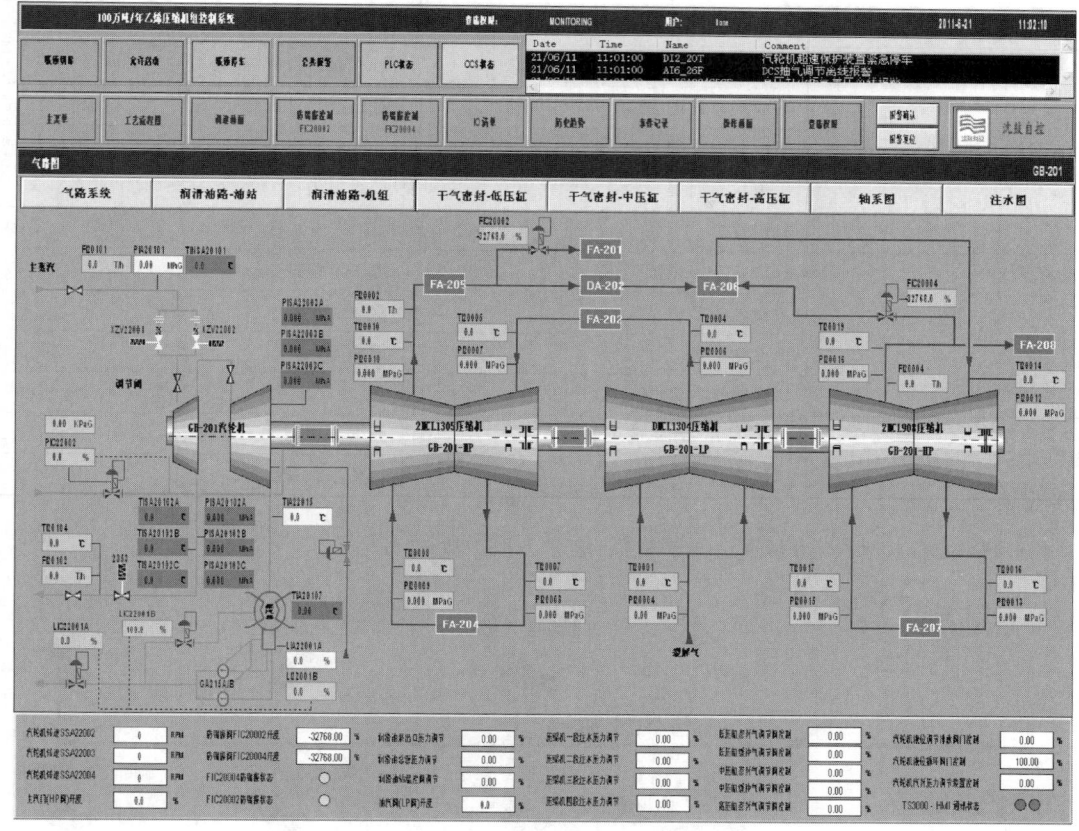

图 6-3-11　裂解气压缩机 CCS 流程图画面示例

　　MMS 二次仪表机架位于现场机柜室（FAR），上位诊断系统的服务器和工作站位于中心控制室（CCR）。上位服务器安装先进的诊断分析软件，通过图谱分析、专家系统等功能实现转动设备的在线监视与分析。MMS 主要诊断分析功能见表 6-3-5。

表 6-3-5　MMS 诊断分析功能汇总

组件名称	诊断分析功能	
常规图谱	总貌图	综合分析图
	单值棒图	多值棒图
	波形频谱图	多频谱图
	振动趋势图	过程振动趋势图
	轴心轨迹图	多轨迹图
	全息谱图	全频谱图
	轴心位置图	极坐标图
	三维全息谱图	工艺量频谱瀑布图
启停机图谱及组件	转速时间图	Nyquist 图
	波德图	频谱瀑布图
	级联图	Run-out 组件
	启停机同步图谱显示组件	

续表

组件名称	诊断分析功能	
报表日记及组件	振动参数列表	过程参数列表
	振动报警日记	过程报警日记
	系统日记	灵敏监测事件
	机组状态列表	厂级报表
	机组报表	
诊断助手组件	标准版专家系统	黑匣子组件
	灵敏监测学习	双面动平衡
	单面动平衡	键相波形
	增强谱线数组件	
数据传输组件	可接入 Internet 的组件	数据导出到第三方程序组件
	第三方数据接口组件	自动远程升级组件

典型的转动设备监视系统（MMS）的网络架构如图 6-3-12 所示。

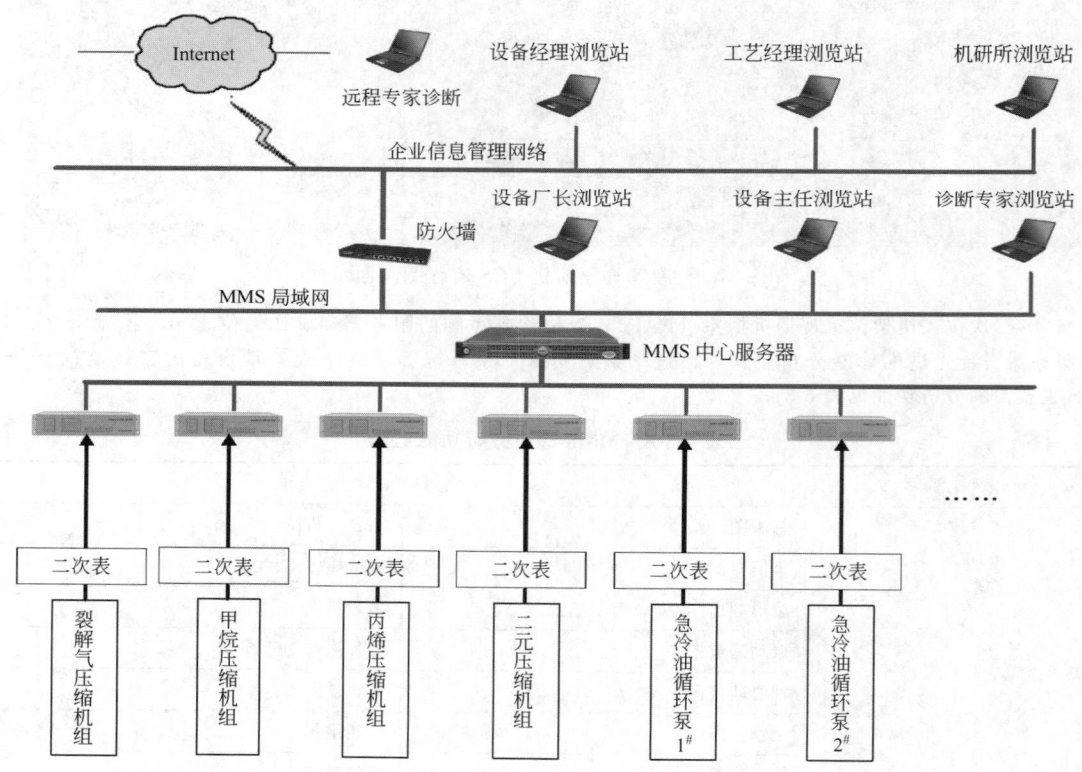

图 6-3-12　转动设备监视系统（MMS）网络架构

七、设备包控制系统（PLC）

原则上尽量避免设置独立的设备包控制系统（PLC）。当设备包的控制较复杂、特殊或专利商有特殊要求时，可采用独立的设备包控制系统。设备包控制系统与 DCS 进行数据通信，操作人员能够在 DCS 操作站上对设备包的运行进行监视。

设备包的现场仪表设计原则上与主装置一致，现场控制盘的功能要尽量少。采用独立控制系统的设备包尽量统一 PLC 系统的制造商，以降低备品备件和生产维护的费用。

八、分析仪管理及数据采集系统（AMADAS）

在线分析仪（工业色谱仪、质谱分析仪、红外线分析仪、微量水分分析仪、氧气分析仪、TOC 分析仪等）包括采样单元、采样预处理单元、分析器单元、回收或放空单元、微处理器单元、通信接口（网络与串行）、显示器单元和打印机等。

复杂的在线分析仪带有网络通信接口，能够接入工业以太网（TCP/IP 协议），构成整个工厂的分析仪管理及数据采集系统（AMADAS），实现在线分析仪的集中数据采集和管理、自动或半自动校验和校准等功能。同时 AMADAS 通过串行通信接口（Modbus-RTU）与 DCS 进行数据通信。

在线分析仪应成套安装在现场分析小屋内，现场分析小屋由分析仪系统供应商成套供货，并配齐采样单元、采样处理单元、防爆空调、正压通风设施、防爆配电盘、防爆照明、放空或排尽总管、冷却及伴热设施、载气及标准气钢瓶等。

现场分析小屋成套供应商还应提供分析间内的有毒气体、可燃气体及氧气的检测系统，在分析小屋外设置相应的声光报警设施，同时接入 GDS 系统。

九、储运自动化系统（MAS）

1. 油品调合自动化

油品调合技术是当今世界石化企业普遍重视的一项专有技术。做到质量卡边控制，可以充分发挥油品的质量效益，为企业取得可观的经济效益。如汽油辛烷值，为了保证出厂产品汽油质量，往往辛烷值富余度都比较大，流失了质量效益。油品调合配方是各企业的高级技术机密。

由于调合组分的种类增多（催化、重整汽油、MTBE、HC 石脑油等多种汽油调合组分），以及汽油调合产品需要控制指标的增多（包括 RON、MON、RVP、馏程、硫、烯烃、芳烃、苯、氧等组分的含量），特别是更加严格的产品质量控制要求，使得汽油调合过程更复杂和困难，对调合方案的准确制定及调合过程的自动控制提出了更高要求。通过对调合规律的深入研究，建立正确的调合模型，借助汽油产品质量的在线测量和自动控制系统，实现汽油调合的自动、在线运行，既能够保证调合过程的稳定性和连续性，严格控制产品质量指标，又能根据上游调合组分的实际生产情况在线调整各调合组分的比例，在满足产品质量要求的前提下，实现汽油调合过程经济效益的最大化。

汽油在线调合自动化系统安装汽油产品质量在线分析仪、在线调合控制系统，采用在线调合模型软件，实现汽油调合过程的自动化。在线调合可以在满足产品质量要求的前提下自动、在线地合理调配各调合组分的流量，严格控制质量指标。如汽油辛烷值可以控制在指标值的 +0.2，保证调合后的产品不产生质量过剩，减少调合返工。

柴油的在线自动调合情况与汽油调合类似。柴油的在线调合严格控制柴油的闪点、凝固点、硫含量等质量指标，提高调合后的产品质量一次合格率。

2. 储运过程自动化

炼油化工企业装置界区外的主要工作是油品的输送。负责油品输送的任务有：接受来自计划和调度安排的输送定单，执行多路输送和调合，协调现场装卸槽车和码头装运，出调合后的产品报告；防止环境和设备损害，防止产品掺混，防止因错开阀门，记录和报告罐区所有情况。

炼油化工企业界区外管线的复杂性和炼厂油品及化工产品储运的复杂性，手工操作的难度极大，容易出错。为了提高操作的安全性和降低操作员的劳动强度，储运系统实现自动化非常必要。

炼化企业储运系统自动化包括从调度到罐区自动控制的在线调合、定量装车/船等，功能包括数据管理、通信、顺序控制、监视和报警。

通过储运自动化系统，操作员可以自动接收由调度安排的储运任务，定义实施任务的详细步骤，优化选择路径，按照定义的顺序自动执行。在操作界面上可以操作和监视储运任务，同时监视、记录罐区的液位、温度、储量和储运状态，确保操作的正确性。并合理安排储运任务，充分利用罐区容量资源，储运自动化系统与自动调合一起进行调合优化控制和调合比例控制，提供优化在线调合，并通过自动装车/船系统将产品自动定量地装车/船，减少罐区事故带来的损失、减少库存和增加储运空间、优化人力资源、提高工厂效益等。

3. 罐区数据采集系统（TDAS）

TDAS 是工厂罐区数据采集和管理系统，提供储罐液位监视、报警，储罐各个高度的温度和液体密度信息，并通过内部计算将测量的液位值自动转换为体积值或质量值。

TDAS 根据精确、可靠的储罐测量，产生相应的报警信号，防止液体溢出，造成人身伤害、环境污染和工厂事故。

TDAS 通常由 DCS 实现。TDAS 网络系统的工程师站和服务器安装在中心控制室（CCR）。与 DCS 管理网通过 3 层交换机连接，所有信息均能向上发布。在 CCR 和各 FAR 分别设 DCS 操作站，以方便操作。

火车装卸站台和汽车装卸站台负责原料、成品的装卸，采用批量控制器及 PLC 实现，并通过 Modbus 通信接口通信至罐区 DCS，实时监控在线装车情况。

4. 电动阀控制系统（MOVS）

罐区控制阀通常采用电动控制阀。电动阀控制系统（MOVS）采用现场总线，对罐区现场电动阀进行远程控制操作和监视管理。

MOVS 主控制站设置在现场机柜室（FAR）中。每台电动阀都有独立的控制单元。主控制站与现场电动执行机构间通过数据总线传送数据与信息。MOVS 与 DCS 连接，在 DCS 操作站进行操作、监视，同时通过 MOVS 主控制站或现场电动执行机构也可直接操作现场电动阀门。MOVS 具有故障自诊断和报警功能。

参与联锁停车的电动执行机构采用硬接线方式与 SIS 连接。

十、能源控制、原料和产品进出厂计量系统

1. 原料和产品进出厂计量（CTS）

CTS 系统是进出工厂的原料和产品移动过程的独立计量系统，计量的数据是国际和国内贸易结算的依据。采用高精度的计量仪表，实现油品定量装船/车，减少油品进出厂时由于计量问题及人为因素带来的经济损失和纠纷。

CTS 系统由相关的 TAS 系统（即装车/船自动化系统）及罐区计量系统、称重系统、视频监控系统组成，实现从 ERP 系统自动下载订单，并从 MES 的调合与发运模块读取定量装船/车数据。自动将每天实时销售状况上载到 ERP 系统，有效地监控产品出厂的全过程。

2. 能源控制和计量（ECM）

能源控制和计量管理为企业提供能源效益优化，包括电站和燃料分配优化，锅炉和生产装置间的蒸汽平衡和控制、公用工程蒸汽网络优化等。电量计量也应通过实时数据库纳入计量管理软件中。

十一、数据采集与监控系统（SCADA）

数据采集与监控系统（SCADA）是以计算机为基础的自动监控系统，应用于电力、冶金、石油、化工等领域的数据采集、监视操作及过程控制，通过主机和以微处理器为基础的远程终端设备 RTU（Remote Terminal Unit）及其他输入/输出设备的通信，实现整个工业网络的监控，保证系统的安全运作及优化控制。

SCADA 适用于长距离、远程设备对象，如原油、成品油、天然气长输管网等，可对分布距离远、生产单位分散的生产系统实现数据采集、设备控制、参数调节以及各类信号报警等功能，在没有人直接参与的情况下，利用外部设备使设备或生产过程的工作状态或参数自动地按照预定的模式运行。SCADA 系统作为长输管网控制中心，还肩负着全网数据采集监控、油（气）管理、生产调度、运行维护等任务。SCADA 还可为上层应用系统提供基础数据支持，在整个输油（气）管网管理中起到重要作用。

十二、无线仪表系统（WIS）

石油化工行业采用无线仪表系统是新兴的热门技术，可节省安装费用，方便增加测点，解决一些有线无法解决或难以解决的问题，是有线技术的重要补充，目前在大型石油化工项目中已成功实施，应用效果达到预期，有助于降低企业生命周期成本，提升工厂智能化水平。

无线仪表系统须符合中华人民共和国无线电管理规定和技术标准，拥有无线电发射设备型号核准证。

无线仪表系统通过工业级的安全措施及冗余通信方式，实现无线网络系统的自我组织、自我适应、自我愈合，具有高可靠性。当通信路径被干扰时，无线网络内的无线设备能自动选择其他冗余路径进行通信。

无线仪表系统现场设备主要包括无线网关及测量温度、压力、流量、液位等各种过程参数的无线仪表。现场无线仪表在常规测量设备的基础上配置了无线发射系统，测量设备和微波发射部件无缝式集成于一体，实现过程参数的测量及通信。

随着工业无线网络技术的发展，网状拓扑结构（mesh topology）作为工业无线系统网络结构得到业界的认可。目前有两种 Mesh 结构的无线仪表协议标准。

1. Wireless HART 工业无线协议标准

Wireless HART 工业无线协议标准主要通过现场无线仪表间的相互通信实现数据传输，现场无线仪表除

本身的测量工作外，同时兼作其他无线仪表与控制室通信的路由。WirelessHART 无线仪表技术的典型网络结构如图 6-3-13 所示。

2. ISA100.11a 工业无线协议标准

ISA100.11a 工业无线协议标准主要通过无线网关及多功能节点构建 Mesh 通信网络，现场无线仪表自主选择多功能节点进行无线通信，通常只需"1"跳即可连接到无线 Mesh 骨干网络，路由选择优化机制使其能与周边多功能节点中最优的路径进行数据传输，自组织和自愈合的网络有效避免单点故障及提高恢复能力。ISA100.11a 无线仪表技术的典型网络结构如图 6-3-14 所示。

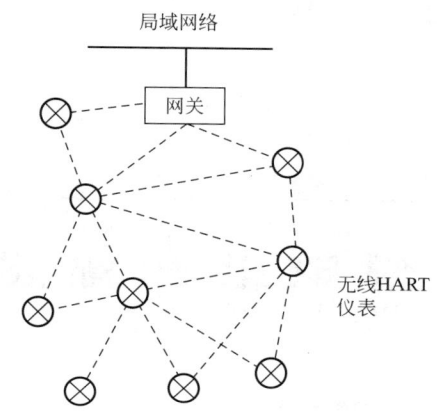

图 6-3-13　WirelessHART 无线仪表技术的典型网络结构

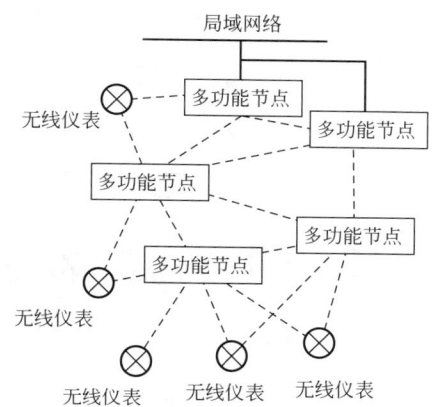

图 6-3-14　ISA100.11a 无线仪表技术的典型网络结构

采用无线仪表系统可以节省电缆、槽板、接线箱、机柜和 I/O 模件等的采购成本及安装维护费用；缩短传统仪表设备的采购、安装、调试时间；减少系统扩展及设备维护的工作量；系统布置简洁，能降低机柜设备占用空间；未来扩展扩容时，新增无线仪表经授权后即可加入无线网络，无需增加设备或卡件。

第四节　操作管理层

操作管理层亦称为"高级应用层"。操作管理层以全厂集成的自动化和信息化系统为基础，将基础控制层和监视控制层的数据进行自动采集，并建立大型实时数据库和关系数据库，综合利用数据库技术、大数据分析、专家系统、建模技术等先进手段，结合大型石油化工和新型煤化工工程生产和管理的实际情况和特点，客户化定制与开发高级应用。操作管理层主要包括公共管理系统、智能设备管理系统（IDM）、先进报警管理系统（AAS）、操作员培训仿真系统（OTS）、控制性能监控系统（CPMS）、在线腐蚀监测管理系统（CMMS）等。

操作管理层通过统一生产和管理过程的数据源，提供工厂管理级的安全可靠的信息化支撑平台，实现调度管理、生产管理、绩效考核、事故分析、优化操作等应用，提升工厂的过程控制和精益管理水平，提高企业综合经济效益和社会效益。

操作管理层通过三层网络交换机形成工厂生产管理网络，实现公共管理、IDM、AAS、OTS、CPMS、CMMS 等高级应用的硬件和软件平台及数据交换中心，为工厂生产和管理人员提供友好的人机界面，还可经 L3.5 层数据缓冲区发布相关的信息，通过 L4 工厂信息层的客户端为外部客户提供访问服务。

在网络设计时要充分考虑过程控制网络和工厂信息网络之间的隔离，优先保障过程控制系统的安全可靠运行。在工厂信息系统的设置和自动控制系统的规划上要充分考虑隔离措施，合理规划信息交互的通道，对两网间的数据交换进行严格有效的管理和监控。操作管理层与生产过程控制层的控制网络之间通常采用 OPC 接口采集数据，保证两层网络之间的隔离和信息安全。另外，操作管理层是承担过程控制网络和工厂信息网络之间连接的桥梁，设置与 MES 和 ERP 的 OPC 数据接口，所有对外部的接口都应设置硬件防火墙隔离，保证控制网络的安全。典型的操作管理层网络架构如图 6-3-15 所示。

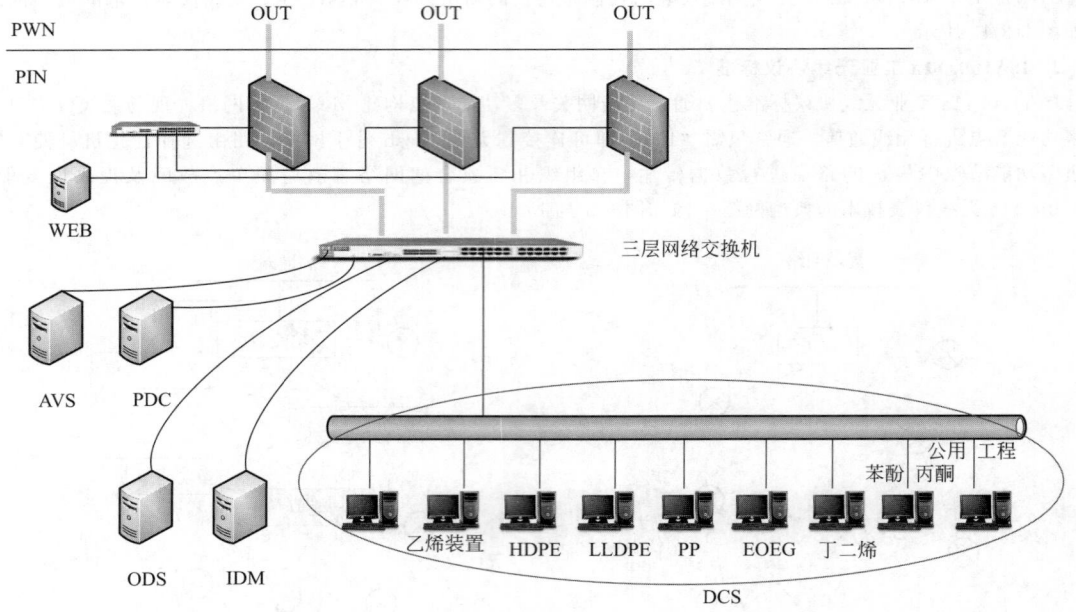

图 6-3-15　操作管理层典型网络架构

一、公共管理系统

大型石油化工和新型煤化工工程的生产装置、公用工程及辅助设施的自动化系统设置为各自独立的局域网（LAN），以保证整体网络的安全。公共管理系统通过在中心控制室（CCR）内的带路由功能的三层交换机，将各个独立局域网连接起来，自动采集每个局域网内的操作数据。该局域网可配置公共的仪表工程师站、工艺工程师站、全厂调度站，作为系统维护、操作管理、生产调度等工厂管理平台。

三层网络自成一个 LAN，并有独立的数据库。三层交换机连接各生产装置的 LAN，达到不同装置间的信息共享及管理。此 LAN 配置公共的控制系统工程师站，必要时可实现对下层各装置数据库的组态调试。通过远程桌面登录的方式访问各 LAN 的仪表工程师站（EWS）或具有组态功能的操作员站（HIS/ENG），打开系统组态软件，进行相关的组态操作与修改。典型的公共管理系统网络如图 6-3-16 所示。

根据工厂的实际需要确定公共管理系统的职能和配置，原则上只有与生产操作管理相关的人员才能访问公共管理系统的数据与应用。若人员访问情况复杂，也可将公共管理系统的客户工作站放置在工厂信息层，经 L3.5 层数据缓冲区隔离及发布，以保证外部访问的安全性。

二、智能设备管理系统（IDM）

1. IDM 概述

智能设备管理系统（IDM）是对现场智能仪表（如智能变送器、带智能定位器的调节阀等）进行维护、校验和故障诊断的管理系统，是全厂维护和故障诊断系统的重要组成部分。IDM 具有智能仪表设备组态、状态监测及诊断、校验管理、自动文档记录、嵌入高级诊断软件等功能，可自动地为检测和控制仪表建立应用及维护档案，进行预测维护管理，保证智能仪表的可靠运行，减少维护工作量，提高智能仪表的管理效率。

IDM 通常依托 DCS 设置，在 DCS 中配置 IDM 服务器、IDM 管理站、相应的软件以及所有需要的辅助设备等。

各生产装置的 IDM 服务器通常以 DCS 局域网为单位设置，负责本局域网的智能仪表设备维护管理。在中心控制室（CCR）可设置 IDM 中心服务器，用于全厂智能仪表设备的维护管理。

IDM 系统对连接的智能仪表设备具有较完善的诊断功能，对设定的重要参数具有异常状态报警功能，能识别信号线路的短路和断路，能实现自动定时、定期诊断检查或人为诊断检查。IDM 还具备第三方高级诊断软件（如控制阀和变送器）嵌入功能。

IDM 主要由 IDM 数采站、IDM 局域网服务器、IDM 中心服务器、IDM 客户端等组成。各装置的 FAR 内设置一台 IDM 数采站，安装 IDM 客户端软件以便于维护人员在现场维护时监视和维护现场仪表。在 CCR 内，

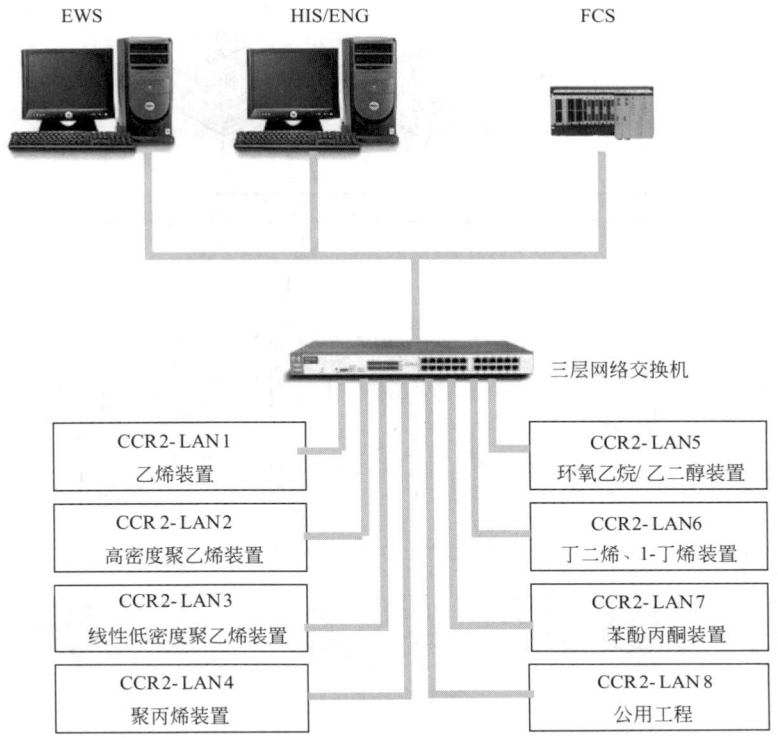

图 6-3-16　典型的公共管理系统网络

各装置设置 IDM 服务器，存储各装置的智能仪表设备数据。为了便于全厂的智能仪表设备统一管理和信息共享，在 CCR 内可设置 IDM 中心服务器和客户端，可任意访问任一个 LAN 的 IDM 局域网服务器的数据库，集中监视、维护、管理。为实现全厂 IDM 信息远程访问，还可设置 IDM TS 服务器。典型的 IDM 网络架构如图 6-3-17所示。

2. 功能

　　IDM 主要用来采集和管理现场的智能设备，如具有 HART、FF、PROFIBUS、Wireless HART 协议的仪表。进入 DCS 的智能仪表将通过 DCS 支持以上协议的 IO 卡件采集智能仪表信息，并通过 DCS 控制网络传输至 IDM 局域网服务器；而对于进入第三方系统的智能仪表（如 SIS、CCS、PLC 等），仪表智能信息将通过外置智能信号采集器（如 HART 多路转换器）收集智能仪表设备信息，并通过串行通信接口将这些信息传输至 IDM 数采站，IDM 数采站将第三方系统的智能仪表信息通过工业以太网传输并集成至 IDM 局域网服务器，从而实现对工厂所有智能仪表的管理。

　　IDM 具有以下功能：

　　① 现场智能仪表组态管理；

　　② 储存现场仪表设备的组态和校准数据；

　　③ 现场智能仪表设备诊断；

　　④ 具备第三方高级诊断软件（如控制阀和变送器）嵌入功能；

　　⑤ 校验和文档管理；

　　⑥ 向工艺操作人员报警；

　　⑦ 向仪表维护人员报告故障；

　　⑧ 生成维修工作报表。

　　近年来智能设备管理系统广泛应用，为工厂自动化、智能化、精益化管理起到一定作用，具有广阔的应用前景，但实际应用中尚存在客户化功能受限、信息利用率低、预测诊断功能不完善等有待改进之处，需要系统开发者、智能设备制造商、最终用户和工程公司协同合作，完善系统功能，提高工程实施和运行维护的水平，

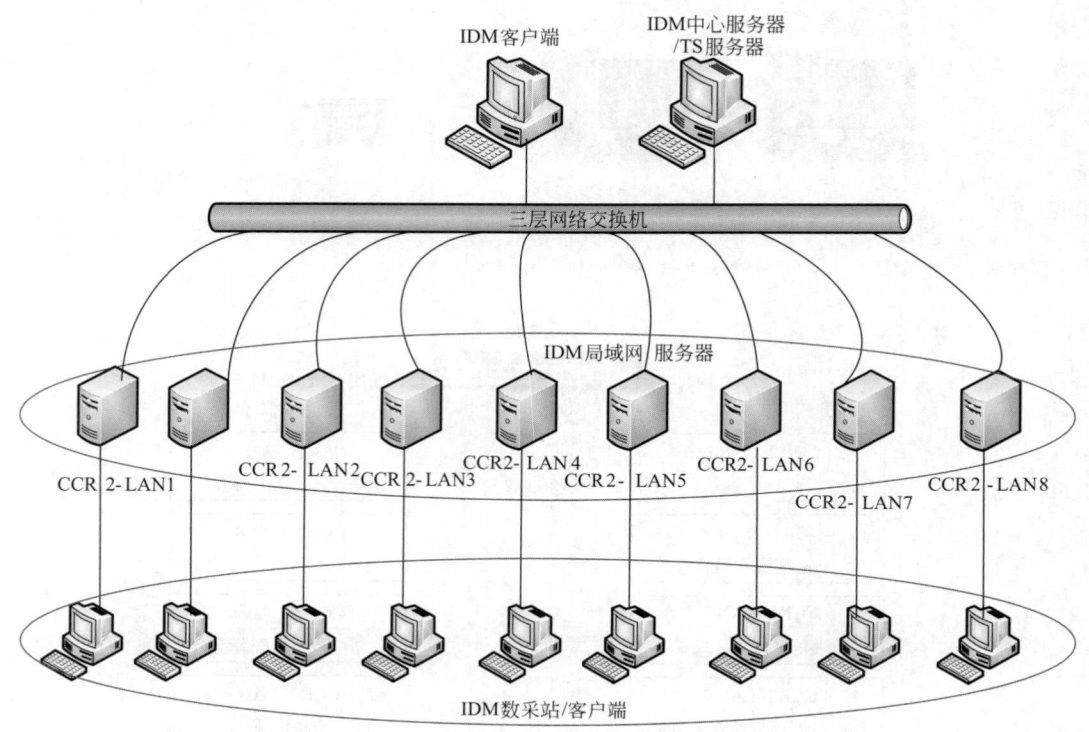

图 6-3-17　典型的 IDM 网络架构

为真正实现智能仪表设备的预测性维护和远程维护打下坚实基础。

三、先进报警管理系统（AAS）

世界范围内发生的多起工业事故与报警管理不当有关。石油化工企业普遍采用分散控制系统/现场总线控制系统（DCS/FCS），为操作人员监控工艺过程提供了有力保障。DCS/FCS有很强报警功能，增加或修改报警容易，每一个过程变量可以设置多个报警，"报警越多越好"成为误区。石油化工生产装置的报警数量从几百个增加到几千个甚至上万个。报警的过度设置不仅起不到应有的预警作用，反而干扰操作人员的正常判断和合理处置，甚至导致生产事故的发生。对国内近年来多家大型石油化工工厂的调查，都不同程度地存在报警过多，尤其开、停车及装置波动情况下，报警系统效率低，报警泛滥频发，影响操作员对真正事故原因的判断和处置等对报警进行有效管理显得尤为迫切。

近年来国内外通过对报警系统的研究及经验总结，逐步形成了先进报警管理的理念，陆续推出相关的国际标准。实践证明，实施先进报警管理系统，可提高报警系统的有效性和安全性、消除报警泛滥、减少装置波动、提升工厂精益化管理水平。

先进报警管理系统（AAS）是在报警生命周期各阶段对工艺过程、仪表及控制系统报警进行采集、分析、管理及优化的系统，协助工艺操作人员关注工艺过程及控制系统出现的真正报警，并做出及时响应。AAS通过报警分组、报警优先级、多工况报警、报警搁置、诊断分析等，实现生命周期各阶段的报警管理，提高报警系统的有效性，增强生产操作安全性。

先进报警管理系统生命周期活动包括制定报警管理规范、报警辨识、归档与合理化分析、报警系统设计、实施、投用、维护、审查、报警监测与评估、变更管理等。典型的先进报警管理生命周期活动如图6-3-18所示。

四、操作员培训仿真系统（OTS）

操作员培训仿真系统（OTS）越来越受到人们重视，国内外许多大型石油化工和新型煤化工工程的重要生产装置都配备了OTS，不但用于工程建设和生产运行各阶段的操作员培训，提高整体生产操作和应急处理水平，还应用于分析生产过程中存在的问题，不断优化生产加工方案。在未来的数字化工厂和智能工厂建设中，操作员培训仿真系统的作用和重要性将愈发显现和突出。

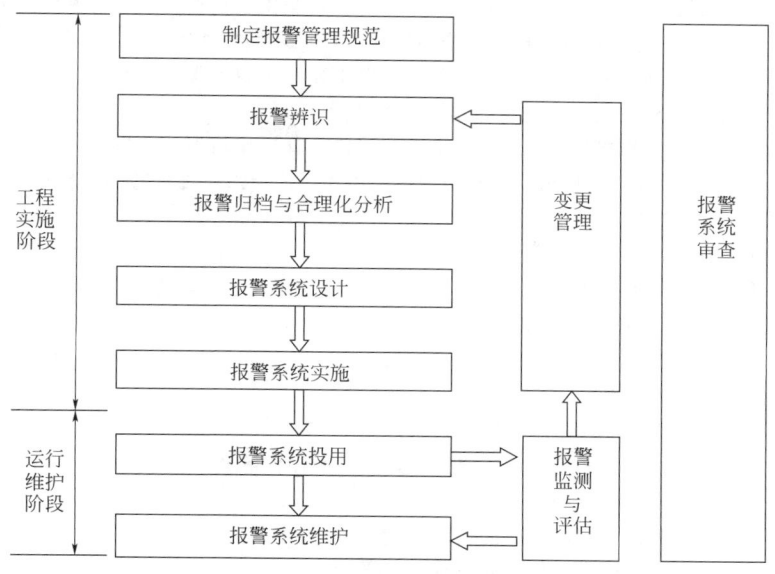

图 6-3-18　典型的先进报警管理生命周期活动

　　OTS 培训操作人员熟练使用过程控制系统对装置各种操作工况进行模拟操作和故障情况的模拟处置，并对操作人员的操作技能和表现给予评估。装置操作工况通常包括初始开车、正常生产、正常停车、紧急停车、牌号切换和负荷调整等。工艺仿真模型由定制的数学模型构建，模型须体现足够细节，准确模拟各种操作状况，仿真结果与实际生产运行的差距尽可能小。工艺模型通常基于质量守恒、能量守恒、设备性能及工程设计数据建立。

　　OTS 通常设置独立的局域网，网络节点包括模型仿真服务器、控制仿真服务器、教员站、学员站、现场站和网络设备等。根据实际需要，OTS 也可与过程控制网连接，实时读取过程数据进行在线仿真或模型修正，但须注意不会对正常生产操作与控制产生影响。典型的 OTS 系统网络架构如图 6-3-19 所示。

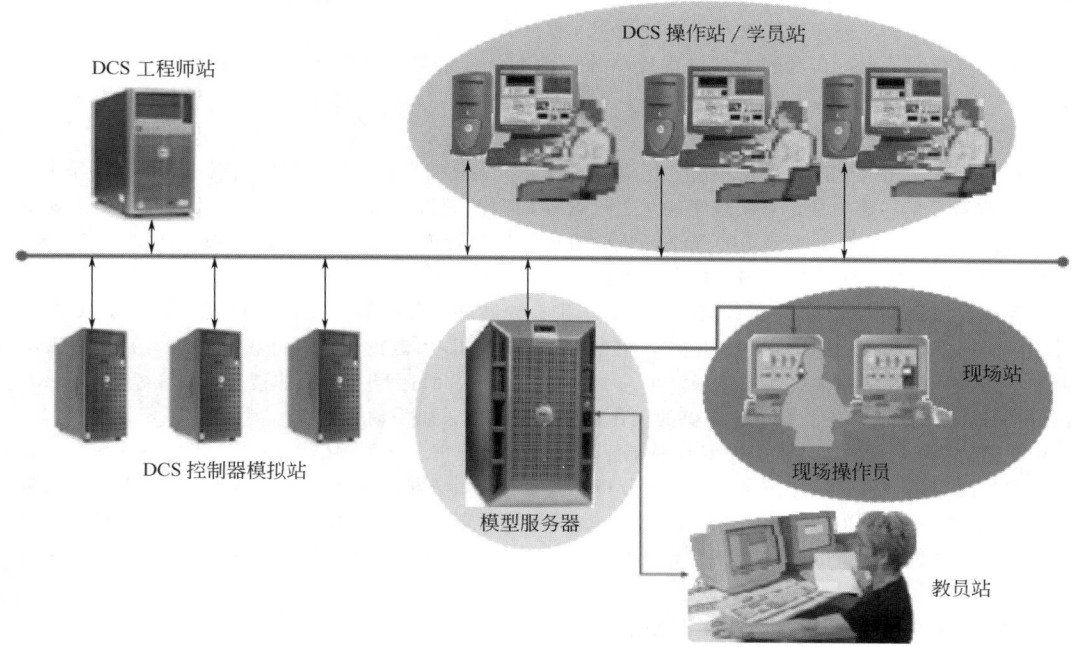

图 6-3-19　典型的 OTS 系统网络架构

OTS 开发和维护工艺仿真模型，模拟真实 DCS 软件组态，提供包括教员站软件和学员站软件在内的完整操作培训软件。教员站软件可建立表格、画面和趋势显示，并能跟随模型的仿真变量进行变化。学员站具有与 DCS 操作站相同的操作功能，OTS 仿真模型的流程图和趋势画面与 DCS 保持一致。OTS 还模拟安全仪表系统（SIS）、压缩机控制系统（CCS）、现场或辅助操作台的手动操作等。

工程实践证明，高准确度 OTS 可在各阶段提供工艺装置仿真操作培训，让操作人员提前熟悉工艺流程和操作规程，提高应急处理能力及诊断调试及维护能力，还可用于生产操作过程的问题排查和工艺方案优化，为企业带来多方面的经济和社会效益。

1. 在工厂建设阶段的作用

① 操作员用于验证工艺的可行性，检查部分关键数据的准确性。

② 完善工艺的开车线、旁路线及维护用的管线。

③ 检查过程控制系统组态的正确性，提出修改建议。

2. 在培训操作人员方面的作用

① 操作人员熟练使用 DCS 操作站的全部操作功能。

② 培训操作员在非正常操作状态的反应，修正操作人员的操作习惯。

③ 仿真工艺装置的停车或开车过程。

④ 培训操作人员在指令下进行不同工况的切换。

⑤ 仿真仪表、阀门、泵或其他设备出现故障时的情况。

⑥ 对于操作员的动作进行回放和检查。

⑦ 对异常工况的仿真。

⑧ 为操作人员的熟练度打分并做出评价。

3. 在工厂运行期间的作用

① 分析工厂事故及故障，提出或验证解决方案。

② 优化工艺过程，验证改造方案。

验证优化控制和先进控制的方案。

五、先进过程控制（APC）及实时优化（RT-OPT）

先进过程控制（APC）技术作为一项成熟技术已在国内外炼化企业广泛应用。通过软测量技术和先进过程控制，可消除生产瓶颈，改进控制品质，优化生产操作，提高装置的处理量、产品质量和产品收率，减少能耗，实现装置卡边操作，提高经济效益，取得了令人满意的结果。

根据工艺装置的情况，在实施先进过程控制的基础上，可实施实时优化（Real-Time Optimization，简称 RT-OPT）。

六、控制性能监控系统（CPMS）

随着现代化石油化工工厂自动化和信息化集成的发展，工厂拥有越来越多的控制系统。控制系统中应用最多的 PID 调节器数量不断增加，是实现智能化工厂自动控制的关键环节。由于 PID 控制器面对的工业对象多种多样，特性不尽相同，且缺乏对 PID 调节品质的量化分析和管理工具，PID 控制器很难在最佳工作点工作，调节品质不佳，甚至影响工厂的长周期稳定操作运行。

控制性能监控系统（CPMS）可以实时监视、识别、诊断并修复控制系统内 PID 调节回路及 APC 控制回路的性能，及时发现调节回路中存在的问题，根据需要进行 PID 参数的整定，并根据最终客户的要求提供反映控制器各类性能指标的报表、历史记录、汇总画面等。CPMS 的运行方式为非侵入式，不会影响 DCS 控制和 APC 控制的正常控制功能。CPMS 提供的优化解决方案通常采用手动方式实施。

CPMS 通常与 DCS 集成，通过 OPC 服务器采集控制器的数据，在管理信息网络设置 CPMS 服务器，安装控制器性能监测管理软件，进行记录、诊断、分析、参数整定、人机界面等功能。典型的控制器性能监测监控系统（CPMS）的网络架构如图 6-3-20 所示。若人员访问情况复杂，为保证网络安全，CPMS 服务器可设置为两级，用于数据采集及分析的服务器放置在 L2 层，用于管理及展示的服务器放置在 L3.5 层。CPMS 的客户端可放在 L4 层。

七、在线腐蚀监测管理系统（CMMS）

石油化工装置的工艺设备及管道存在腐蚀现象，特别在 H_2S、酸性介质、氢脆、高温高压等恶劣工况下，

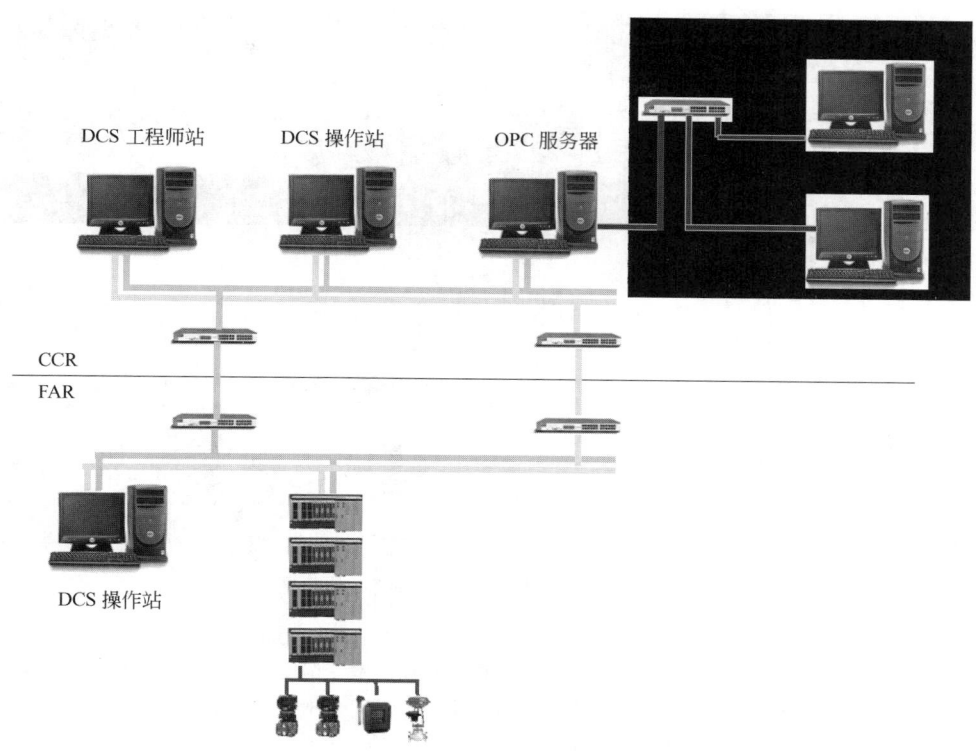

图 6-3-20　典型控制性能监控系统（CPMS）网络架构

随着时间积累，容易引起严重的后果，造成重大的事故。在线腐蚀监测管理系统，通过在线腐蚀检测等仪器仪表在线探测设备或管道的腐蚀情况，并通过内置的专家数据库软件对换热器、储罐、机泵、管道等的腐蚀情况与模型进行比对、分析、报警及指导。

在线腐蚀监测管理系统的主要功能包括：

① 监测工艺设备或管道在苛刻条件下腐蚀速率和腐蚀度的异常变化；

② 通过提前预警，减少停车或事故的风险；

③ 延长工艺设备和管道的使用寿命，增加工厂或装置的正常运行时间；

④ 定期维护转化为可靠性维护，降低维护和检修成本；

⑤ 提出建议采取的补救措施，降低工艺波动影响；

⑥ 提供建议的缓蚀剂使用量，降低缓蚀剂成本。

在线腐蚀监测管理系统（CMMS）的腐蚀预测模型可与 DCS 集成，为操作人员提供实时解决方案，及时发现关键材料的腐蚀问题，快速识别腐蚀位置，准确量化腐蚀速率，帮助最终用户做出行之有效的决策。

八、大屏幕显示系统（LDS）

随着计算机网络技术及多媒体技术在各行业中的广泛应用，对显示设备的功能和性能提出了更高的要求，大屏幕显示系统日益成为大型石油化工工厂的重要显示设备之一。大屏幕显示系统通常设置于中心控制室（CCR）内。通过大屏幕显示系统，可将不同系统平台上的各种信息集中显示，提高图像利用率，发挥集中视觉优势，提高生产管理的工作效率，特别是指挥和处理突发事件的能力。大屏幕显示系统主要用来高清显示计算机网络信号、视频信号及本地 RGB 信号，操作人员能够实时地对突发事件进行监控处理，为指挥调度人员下达指令和现场应急决策提供全面、具体的信息显示支持。CCR 每个装置需要综合考虑 DCS 操作站、GDS 监视站、CCTV 系统、火灾报警系统、摄录像、IT 系统等设备。大型石油化工工厂的典型大屏幕显示系统的结构框图见图 6-3-21 所示。

大屏幕显示系统需常年高强度工作，应具有先进、稳定、可靠、响应速度快、可扩展、可管理、操作方便和易于维护等特点，具有高效的信息显示功能。市场上主流的大屏幕显示系统包括 LED 显示屏、DLP 拼接、

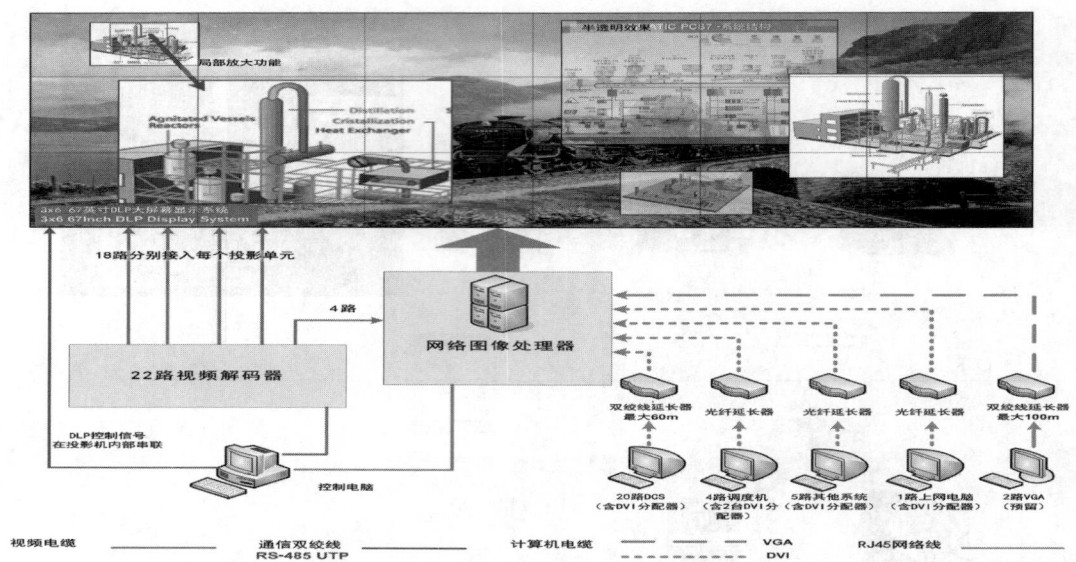

图 6-3-21 典型大屏幕显示系统结构框图

等离子（PDP）显示屏、液晶（LCD）显示、边缘融合等，目前工业场所大屏幕显示系统（LDS）主要采用多屏拼接 DLP 显示屏或 LED 自主发光显示屏，应用于各种中心控制室、调度控制室、应急指挥中心等。这两种技术各有特点，DLP 拼接在色彩的表现力和整体厚度上均比 LED 显示屏稍逊，但在信号的显示效果、可扩展性和整体的维护成本上而言具有一定优势，且显示技术成熟，市场占有率较高。另外投影机光源采用 LED 光源技术越来越广泛，使用寿命更长（可达 60000h）、光源稳定、色差小的特点得到发挥；LED 自主发光显示屏近年来随着 LED 技术的不断成熟，成本不断下降，其特有的高清晰度、高亮度、高对比度、无缝显示、不反光、寿命长、易维护、低成本运行等特点逐渐得到社会认可，应用逐渐增多，但健康环保等仍需考虑和实践验证。

第五节 工厂信息层与数据缓冲区

随着信息技术（IT）的发展，现代化石油化工工厂对智能办公、移动办公的需求不断提高。最终用户希望在公司、家、出差途中均能访问工厂的实时数据和历史数据，如 DCS、ODS、IDM 等服务器的信息。工厂信息层是提供安全访问基础控制层、监视控制层和操作管理层的平台，其主要设备包括防火墙、交换机、生产调度站、各种客户端、办公 PC 机等。为保证外部访问的安全性，避免对基础控制层、监视控制层和操作管理层的网络安全产生影响，工厂信息层的终端设备通过防火墙访问 L3.5 数据缓冲区的服务器，为不同的外部用户提供过程信息、画面、报表等网络访问服务。工厂信息层不属于工业控制范畴，总体而言更趋向于通用性信息技术（IT）的配置。

大型集成系统中通常将 ODS 中心服务器、WEB 服务器、防病毒服务器、时钟同步服务器、域服务器、网络安全审计系统等设置在 L3.5 层数据缓冲区中，在 L4 工厂信息层设置相应的客户工作站或客户端授权。来自 L4 层的外部访问只能访问 L3.5 区，确保 L3、L2、L1 层正常安全运行。L3.5 区的防火墙通常为两层：前端防火墙和后端防火墙，共有三个网络接口，第 1 个口接 L3 层（内部网络），第 2 个口接 L4 层（外部网络），第 3 个口接 DMZ 边界网络。

一、操作数据管理系统（ODS）

操作数据管理系统（ODS）为大型石油化工或新型煤化工工厂生产运行过程中的数据采集、存储和管理，建立统一、开放、集成的一体化数据库平台。实时数据库能够对来自生产过程中的各种实时数据进行统一的采集和存储；可对各种信息进行适当的整合、挖掘和提炼，为信息系统各种应用程序提供统一的数据来源，保证数据的一致性。开放型数据库系统能使基于此平台的所有应用软件协同工作；能够支持各种桌面应用程序，并能进行自动数据分析，为用户提供定制报表、趋势报告、流程图、高级分析等功能。ODS 在近年来的大型石油化工企业中得到了普遍应用，取得了良好效果，逐渐成为自动化和信息化集成系统的重要高级应用软件和数据基础平台。

ODS通常采用两级服务器结构：第一级为各个独立的局域网DCS数据，是通过ODS缓存服务器进行数据采集，数据包含了时间标签、数据值及数据品质；第二级为ODS中心服务器，设置在L3.5层，主要考虑到ODS的使用者不仅是来自内部受信任的用户，还可能是外部的访问者，须通过DMZ区加以隔离以确保其安全性，并通过Web服务器对ODS访问。

各生产装置的LAN设置一台ODS缓存服务器，缓存服务器采集的数据送至ODS中心服务器。在CCR集中设置若干ODS客户端，便于ODS维护人员监视和维护。大型石油石化工程的ODS数据采集能力可达300000点。典型的ODS系统网络架构如图6-3-22所示。

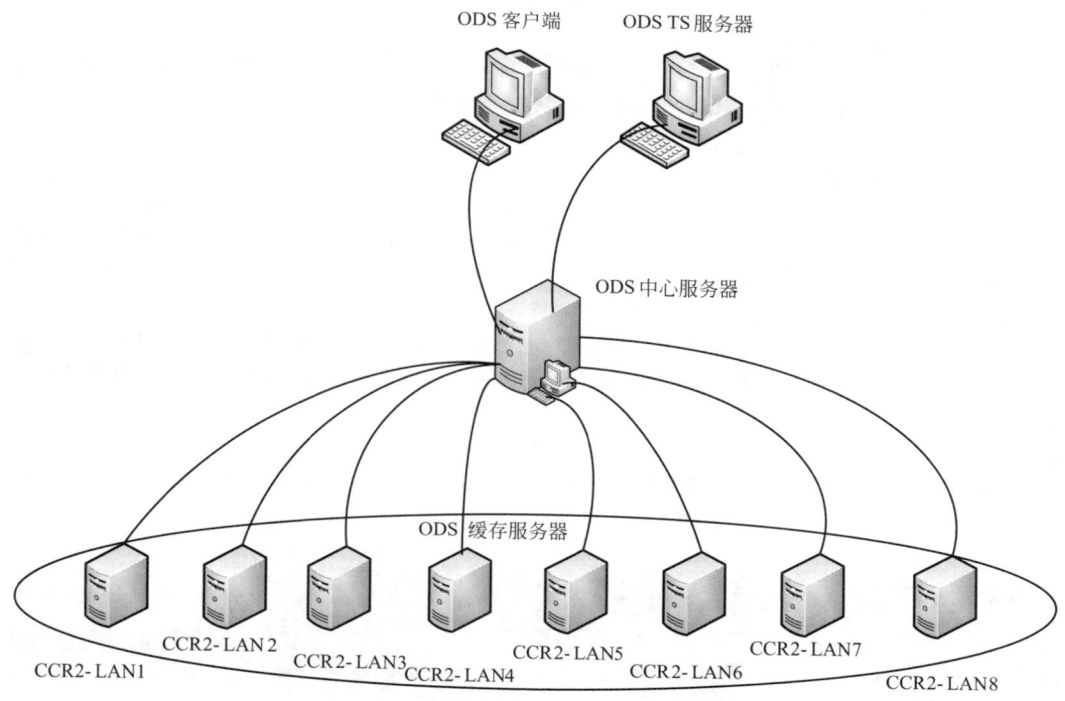

图 6-3-22　典型的 ODS 系统网络架构

ODS通常包括以下功能：
① 实时 DCS/FCS 数据采集；
② 实时及历史数据存储；
③ 有效及安全的过程数据存取方式；
④ 用于排错和监视的趋势图；
⑤ 用于操作管理的流程图画面；
⑥ 用于操作管理的报表；
⑦ 用于绩效考核的其他功能。
ODS的基本功能简介如下。

1. 数据采集

（1）实时操作数据　实时数据库能与分散控制系统（DCS）、可编程序控制器（PLC）等过程控制层的设备和数据平台进行无缝连接，实时采集生产过程的数据。

（2）实验室分析化验数据　实时数据库能与全厂分析化验室LIMS系统集成，采集非实时的分析化验数据。

（3）外操数据和设备巡查数据　根据生产操作的要求，实时数据库可实现外操数据的输入与数据显示的同步。

（4）其他数据　实时数据库支持用户将数据手工输入实时数据库，支持信息系统应用程序计算结果的输入。

2. 数据存储

实时数据库采集的数据来源，既有过程控制层（DCS、PLC）的实时过程数据，也有 LIMS 系统的分析化验数据，以及应用程序产生的优化结果；数据类型包括模拟量、开关量和字符类型等，因此实时数据库应能够将不同来源、不同类型的数据分类进行存储，以便系统能够快速、准确地查询和询问。

实时数据库不仅能够保存实时采集的实时过程数据或手工输入的分析化验数据等，且允许用户可以根据需要，对连续变量定义不同的存储周期。

实时数据库可根据用户的需求合理配置不同类型数据存储区域的大小，并采用先进的数据压缩技术等手段，实现大量数据的长期存储。

在实时数据库内的存储，对历史/实时数据、配置、事件、汇总、统计等各种数据实现内部的无缝连接，从而使生产信息和工厂数据集成在一起，形成统一的数据存储平台。

3. 数据的处理

实时数据库具有对数据的处理、加工、整合、查询等功能。

系统应对每一个数据进行出错检查，剔除跳变值和坏值，并给出相应的可信度，确保数据的可靠性。当实际操作的工程单位和生产管理的工程单位不同时，系统可实现工程单位的自动转换。客户端可方便地对数据库内的不同时间段的数据进行查询和访问。

4. 桌面应用

实时数据库能提供界面友好、便捷的桌面应用程序，如基于 Web 服务器的数据库信息浏览、基于办公软件的数据报表和分析、功能强大的趋势分析等功能，使用开发平台和商用软件可以降低培训和升级费用，方便用户操作和维护。

5. 其他功能

实时数据库系统的其他功能包括安全管理、备份和存盘、系统监视与诊断等，以确保系统运行的安全性、可靠性和稳定性。

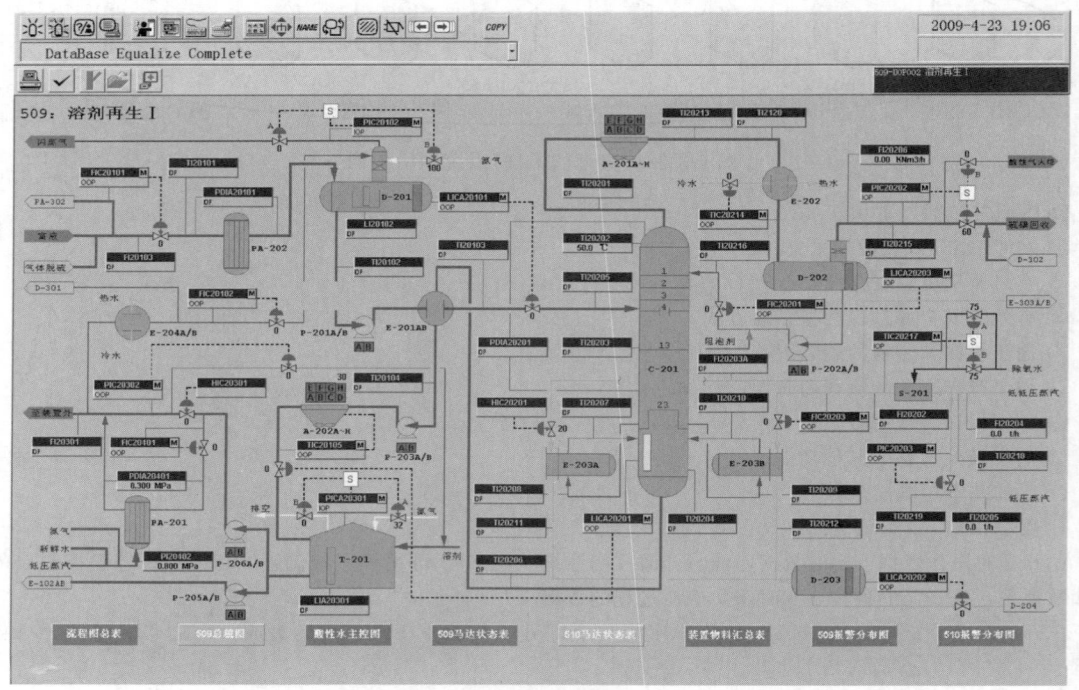

图 6-3-23　典型的 Web 服务器人机界面

二、远程网络访问（Web）

外部 Web 访问通常采用 TS 服务器的形式，其与控制网络之间无直接连接，所有对外接口通过硬件防火墙隔离，保证控制网络的独立和信息安全。此层网络将承担 DCS 控制网络和工厂广域网连接的桥梁。图 6-3-23

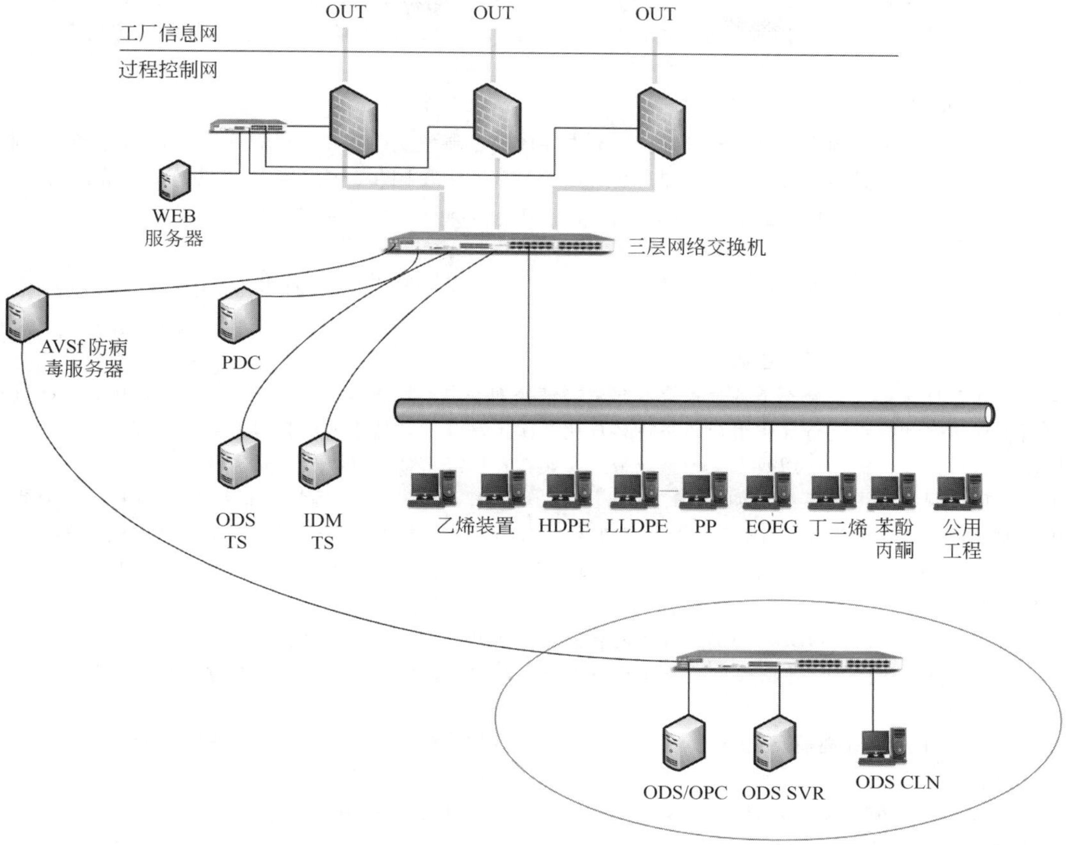

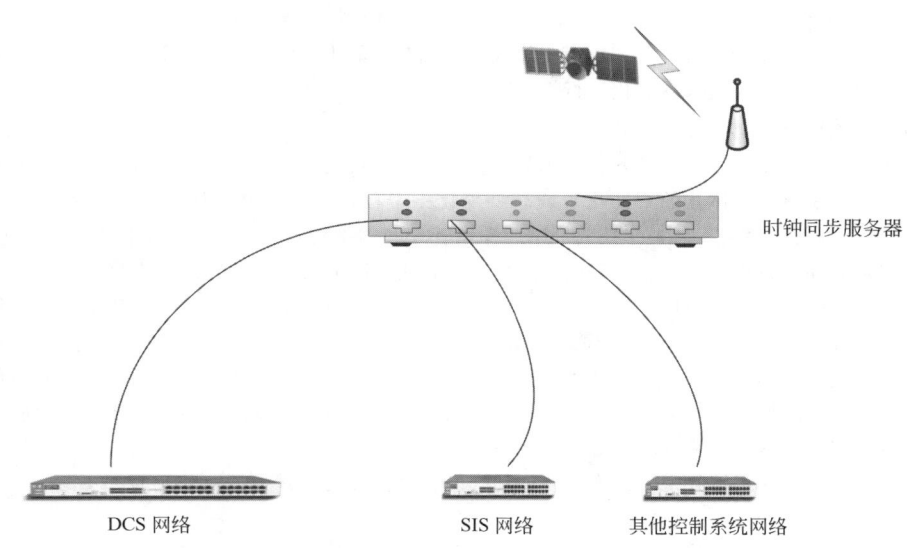

图 6-3-24　典型的防病毒系统架构

图 6-3-25　典型时钟同步系统架构

为典型的 Web 服务器人机界面。

三、防病毒服务器（AVS）

集成系统应设置独立的防病毒服务器（AVS），连接在带路由功能的三层交换机的端口，对大型控制网络的所有节点实现病毒防护和补丁管理。AVS 设置在 L3.5 层的 DMZ 区，通过硬件防火墙连接至 DCS 网络，以实现 DCS 网络内各节点的病毒防护。使用的防病毒软件需经过验证后才能更新安装。典型的防病毒系统架构如图 6-3-24 所示。

四、时钟同步服务器

集成系统应设置独立的全厂时钟同步系统。通常在中心控制室（CCR）内设置一台时钟服务器及接收器、天线等设施，服务器的时钟源通过接收器和天线可以实时与卫星同步。该服务器提供的多个端口完全独立、完全隔离，任何口出现问题均不会影响其他口的正常工作。其典型系统架构如图 6-3-25 所示。

第六节　一体化工程实施与企业精益管理

一、集成系统的客户化定制

自动化和信息化集成系统不是各个系统的简单物理叠加，也不是越多越好。在集成系统的配置与实施过程中，根据工程情况和特点进行优化组合，坚持客户化二次定制开发，使之适应自身特点，更好地服务于企业的生产操作和运行管理，提高使用效率，为企业带来实实在在的经济效益和社会效益。

生产过程控制层的控制系统，如 DCS、FCS、SIS、GDS、CCS、PLC 等均要根据专利商和工艺要求，进行应用软件设计、组态、调试、测试、投运等工作。操作管理层的高级应用软件，如 ODS、IDM、AAS、OTS、APC、CPMS、CMMS 等，需要进行大量细致的现场调研、数据采集、设计、开发、下装、调试、测试等客户化工作。

以操作数据管理系统（ODS）为例，典型的客户化二次开发工作内容包括：

① 与最终用户定制 OPC 数据采集的范围及采集频率，大型石化工厂需要采集的过程参数达几万甚至几十万条；

② 根据工厂生产装置规模及专利技术情况，客户化定制关键性能指标（KPI）、物料平衡、能量平衡、投入产出、成本核算等报表；

③ 根据工厂管理模式及人力配置，定制平稳率、能耗、物耗等考核报表及交接班报表；

④ 客户化定制各种流程图画面；

⑤ 客户化定制各种趋势图画面；

⑥ 根据不同生产装置的特点，开发助于日常管理、事故分析等的高级应用。

为促进工厂现代化精益管理，应高度重视操作数据管理系统的工程实施，保证全厂集成系统在工程实施阶段同步客户化开发、测试，并投入商业化运行。

二、集成系统的一体化工程实施

自动化和信息化集成系统不仅涉及各种技术的融合，更是现代化企业管理优化的过程，要高度重视一体化项目的工程实施。大型化、一体化的石油化工或新型煤化工工程，采用多家专利技术和由多家工程公司通过 EPC 或非 EPC 模式执行。为实现监视、控制、工厂操作管理和维护管理的协调统一，同时优化全厂控制系统的配置方案，降低备品、备件的需求量，降低制造厂执行费用，降低仪表与控制系统生命周期成本，借鉴国内外大型石油化工工程的实践经验，集成系统的一体化工程实施通常采取主自动化系统供货商（Main Automation Vendor，以下简称"MAV"）模式。在工程总体设计和基础设计阶段，各工艺装置、公用工程和辅助设施的各工作包将分别采用统一编制技术规格书、统一询价、公开招标的方式，确定各主采购合同供货商及单位硬件、软件和工程服务的框架协议；在项目详细工程设计阶段，以各主合同和框架协议为依据，根据装置各自的项目进度，与各 MAV 签订装置的采购合同。

集成系统 MAV 策略的实施分为定义阶段、定制阶段和执行阶段。

1. 定义阶段

定义阶段的主要工作内容是确定全厂自动化和信息化集成系统的实施策略，编制各工作包询价规格书，组织技术交流，完成各工作包招标、投标、评标和授标工作。

定义阶段要确定 MAV 策略实施的范围，并编制各类 MAV 询价技术规格书。定义阶段需要最终用户和设计单位参加，全局考虑，统筹安排。

定义阶段通常以召开 MAV 定制阶段总体开工会作为完成的标志。

2. 定制阶段

定制阶段也称为先期介入阶段或 FEED 阶段，其主要工作是编制执行计划和作业程序文件，编制功能设计规格书，文件审查，完成各自动化系统硬件和系统软件的设计等。定制阶段是区别于传统项目执行模式的关键阶段。

定制阶段首先组织建立一体化工程实施的工作团队，进行管理、监督与审查，并协调 MAV 与各方的界面关系。工作团队可采用 PMC 模式，也可由最终用户、工程公司和 MAV 组成联合工作团队。

定制阶段最重要的工作是编制、审查、发布功能设计规格书（FDS）。编制合理、先进、完善的各类功能设计规格书，能为项目的高品质、高标准实施提供根本保障。功能设计规格书通常包括管理文档、工程文档和所需的各种模板文件。管理文档主要包括人力资源计划、项目进度计划、项目执行计划、文档管理计划、成本控制计划、变更控制程序、文件传递和审批管理等。工程文档主要包括总体及分区网络架构图、系统硬件功能规格书、系统软件功能规格书、系统网络安全规格书、系统常用功能块规格书、人机界面功能规格书、仪表盘柜规格书、典型机柜布置方案、典型信号流图等。

定制阶段的关键控制点包括：

① 总体网络架构设计及审查；

② 项目管理文档编制及审查；

③ 硬件功能规格书编制及审查；

④ 软件功能规格书编制及审查；

⑤ 网络安全功能规格书编制及审查。

3. 执行阶段

执行阶段的主要工作是确定各生产装置（单元）采购合同，按照定制阶段各种功能设计规格书要求，完成工厂制造、应用软件组态、工厂检验、现场检验、安装和系统调试等工作。

执行阶段的关键控制点包括：

① 各装置及公用工程单元确认技术附件；

② 业主（或 EPC 承包商）与 MAV 签定各装置及公用工程合同；

③ 各装置及公用工程开工会；

④ 各装置及公用工程设计单位提交设计条件；

⑤ 各装置及公用工程设计单位确认 MAV 软硬件设计资料；

⑥ 各装置及公用工程 FAT/IFAT；

⑦ 各装置及公用工程 SAT；

⑧ 各装置及公用工程现场调试、开车、维护。

4. 实施范围

根据工程的具体情况，MAV 实施的范围有所不同。大型石油化工工程 MAV 实施范围通常包括：

① 全厂 DCS/FCS 系统：包括 DCS/FCS、IDM、ODS、AAS、OTS 等系统硬件、软件和与之相配套的辅助仪表设备，以及相应的工程服务；

② 全厂 SIS 系统：包括 SIS 系统硬件、软件和与之相配套的辅助仪表设备，以及相应的工程服务；

③ 全厂 GDS 系统：包括 GDS 系统硬件、软件和与之相配套的辅助仪表设备，以及相应的工程服务；

④ 全厂 CCS 系统：包括 CCS 系统硬件、软件和与之相配套的辅助仪表设备，以及相应的工程服务；

⑤ 全厂 MMS 系统：包括 MMS 系统硬件、软件和与之相配套的辅助仪表设备，以及相应的工程服务；

⑥ 通用型智能型压力/差压变送器：包括现场差压、压力变送器和与之相配套的仪表附件；

⑦ 通用型智能型温度变送器：包括现场温度变送器和与之相配套的仪表附件；

⑧ 通用型智能阀门定位器：包括智能阀门定位器、诊断分析软件和与之相配套的安装附件。

根据企业和工程的特点，还可包括其他适合开展 MAV 工作的通用型智能仪表及控制阀和与之相配套的安装附件。

5. 注意事项

集成系统的一体化工程实施，为大型炼化一体化工程和新型煤化工工程的顺利实施和建立现代化工厂管理模式奠定坚实的基础。通过不断的工程实践，特别是自主实施的经验不断丰富，在工程实施过程应注意以下事项：

① 全厂自动化和信息化集成系统的实施策略建立在全生命周期理念，健康、安全、环保、节能的现代化工厂理念之上，整体规划、全局考虑；

② 大型一体化工程的自动化和信息化集成系统是一项复杂的系统工程，须将参与工程的各方力量汇聚成为强有力的和谐工作团队；

③ 一体化工程实施应符合国家和企业的实际情况，因地制宜；

④ 在定制阶段制定高质量、高标准的功能设计规格书；

⑤ 重视包括网络安全在内的各种重要技术方案和技术文件的审查与检验工作；

⑥ 重视培训，提高参与工程各方技术、管理、生产、维护等人员的技术素质和应用水平；

⑦ 重视 FAT/IFAT，将技术难点和安全隐患解决消除在集成系统工厂方能送至现场。

三、大型中心控制室

为协调统一、高水平执行自动化和信息化集成系统，大型石油化工或新型煤化工工程通常采用中心控制室（Centre Control Room，CCR）和现场机柜室（Field Auxiliary Room，FAR）分离设置的方式。操作管理人员在中心控制室完成生产装置的控制、监测、报警及报表等操作。现场机柜室设置少量带工程师站属性操作站，用于开车前的系统调试和系统维护工作。

大型中心控制室是自动化和信息化集成系统的集中体现，也是大型石油化工或新型煤化工工程的新的"标志性"建筑。大型中心控制室的工程设计是一项复杂的、综合性的工程技术，它包含了建筑、结构、暖通空调、自控、电气、电信、IT、给排水、职业卫生与安全等多个专业的设计技术，首先须满足相关的国家及行业标准，还应遵循人机工程学的原理，进行人性化控制中心的设计，以满足大型石油化工或新型煤化工企业对集中操作、统一调度、信息共享、资源共享、优化管理的要求。

典型的现代化中心控制室实景图如图 6-3-26 所示。

四、集成系统与企业精益管理

企业的发展归根到底要受市场制约，如何能适应瞬息万变的市场，在保证产品质量的前提下，有效降低生产成本，避免资源浪费，是每个企业追求的目标，也是企业精益管理的目标。在全球化日益紧密、市场竞争日趋激烈的当今时代，高投入、高消耗、高污染、低效率的粗放型管理模式已无法延续。在度过"大干快上"的初级工程实施阶段后，中国的大型石油化工和新型煤化工企业实施高水平的精益管理是大势所趋，是提高企业发展后劲，全面提升经济效益和社会效益的必由之路。

自动化和信息化集成系统的应用是促进企业提高精益管理水平的重要手段。精益管理依赖于实时、无缝的"数据"，集成系统可综合管理工厂的"大数据"，为企业提供信息化平台和软件工具。海量的工厂"大数据"，需要利用自动化和信息化集成系统提供的数据整合、提炼、总结等平台，持续进行客户化定制开发，形成对现代化企业精益管理所需的有价值的信息，真正发挥信息化作用。

经过多个大型石油石化和新型煤化工工程的实践，全厂自动化和信息化集成系统的实施为顺利开车提供了可靠保障。国内某大型炼化一体化工程在顺利投产后，对集成系统的投用给予很高评价："……集成系统总体运行平稳、安全、可靠，自动化集成系统控制品质优良，信息化集成系统数据资源丰富实用，为企业创造经济效益和社会效益提供有力支撑和保证。信息化集成系统在工程开车阶段同步投入运行，系统高度集成、运行安全稳定、数据资源丰富、应用软件贴合生产实际需要，全面提升了工厂的生产操作和管理水平，保证了工厂"安、稳、长、满、优"生产。全厂自动化和信息化集成技术的研究与应用，不仅在工程建设和开车阶段取得了良好的应用效果和经济效益，在工程投入商业化运行后，大大降低了事故排放及能耗，满足了工厂对健康、安全、环保与节能减排的要求，降低了生产操作和管理人员、仪表维护人员的人力投入，显著降低了工程全生命周期的成本……"。

高度集成的自动化和信息化集成系统可提升现代化石化企业生产操作、运行管理、调度控制、绩效考核、工艺优化等精益管理水平，提高企业的综合竞争力，为企业获得更大的经济效益和社会效益打下良好的基础。在大型石油化工或新型煤化工工程自动化和信息化集成系统的设计和实施过程中，应坚持统一规划、集中管理、客户化定制、服务生产的原则，使企业获得实实在在的效益。

图 6-3-26 典型的现代化中心控制室实景图

第四章 集成系统网络安全

第一节 集成系统网络安全概述

随着计算机和网络技术的发展，特别是自动化与信息化深度融合以及物联网的快速发展，工业控制系统越来越多地采用通用协议、通用硬件和软件，以各种方式与企业信息管理系统等公共网络连接，病毒、木马、黑客攻击等 IT 领域的威胁正在向工业控制系统扩散，集成系统网络安全越来越引起各界的重视。

工业自动化系统的功能日渐复杂，网络体系日渐强大，信息化已成为发展的大趋势。工业自动化系统网络安全出现漏洞，将对工业生产和国家经济安全造成重大威胁。近年来，工业控制网络遭到入侵、破坏的事件时有发生，如发生在伊朗的"震网病毒"，其破坏性充分反映出工业控制网络的安全面临着严峻的形势。相应地，对工控系统网络安全的研究和工程实践也得到了较快发展，如 IEC62443 规范提出了"纵深防御"（defense in depth）的理念，IEC61511 对安全仪表系统的网络安全审查提出了要求，我国也颁布了多项工业网络安全的标准，如 GB/T 22239 等。

石油化工、煤化工、精细化工等企业生产的产品大多为易燃、易爆、有毒以及强腐蚀性的物质，操作流程复杂，各种高温高压设备较多，且对操作都有严格要求，一旦出现安全问题，可能产生现场的火灾、爆炸，甚至造成设备的损坏、人员的伤亡。由此产生的次生灾害，包括有毒有害物质的泄漏、扩散等问题，可能在大范围、长时间内造成空气、水源、土地等环境污染，给人民健康和环境带来严重影响。因此，严格控制生产安全事件的发生是石化企业非常重要的任务，信息安全是可能引起生产安全的一个重要因素，需要引起高度关注。

工业控制网络安全防护是刻不容缓的课题，应从标准规范、技术层面和管理层面着手，建立工业自动化系统网络安全体系，在整个网络安全命周期内探索网络管理、网络安全和网络运维的具体措施，建立健全网络安全管理制度，持之以恒地优化改进网络安全等级。

一、集成系统网络现状

传统工业控制系统基本是自闭网络，与公共网络不连；主要的软硬件设备、通信设备、系统软件等均为系统制造商特有的设备和软件；系统开发的重点是冗余容错等安全措施，经过多年的发展，应用日臻成熟。目前石化企业中不同工厂、不同生产装置（车间）之间的工业控制系统不尽相同，更没有集成及互联，传统工业控制系统一直以来作为国际互联网（Internet）大潮中相对安全的"信息孤岛"存在着，主要的安全威胁来自于系统内部的管理。

随着信息技术的高速发展和工厂管理模式的不断进步，新一代全集成的工业控制系统应运而生，大都基于 IEC802.3 工业以太网构建，是控制技术与计算机技术、通信技术相互结合的产物。系统中大量采用商用的计算机网络设备和软件，如个人计算机、网络交换机、Windows 操作系统等。控制系统的功能不仅作为生产过程监视、控制和管理的核心设备，还要为生产管理系统（MES）、企业资源管理系统（ERP）提供可靠的数据信息；另外，现代化的工厂还要求实现远程登录、多部门信息共享等计算机网络应用。新一代集成控制系统已不可避免地要与外部发生联系，所谓的"自动化孤岛"已不复存在了。计算机网络所面对的安全威胁不仅来自内部，更多来自外部。加强网络管理、提高网络安全是现代化工厂集成系统迫切关注的问题。

二、集成系统网络存在的安全风险

石油化工行业大型集成系统面临的网络安全风险可归纳为三个方面：外部风险、内部风险及管理风险。

1. 外部风险

① 基于国家安全的非法入侵。恐怖组织或个人对国家基础设施性质的石化自动化系统实施的外部非法入侵，目的是控制、破坏国家基础设施正常运营，造成能源短缺和进一步影响。

② 职业黑客的高级持续威胁（APT）。职业黑客出于特定利益或其他原因，发动针对石化行业集成系统有预谋的、入侵潜伏等持续周期较长的、在某个特定时机突然发起的高级攻击。

③ 蠕虫、病毒、木马等恶意软件的扩散和传播。蠕虫等恶意软件在生产控制网络内进行扫描、扩散和传播，造成网络拥塞，通信延时，操作命令下发和数据采集过程受影响，严重时破坏整个生产操作。

2. 内部风险

① 集成系统在规划实施过程中未进行合理的"纵向分层、横向分域"，造成整个工厂风险集中，易发生广播风暴，严重时引起大范围的网络性能下降，甚至瘫痪、停产等事故。

② 安全策略和实施存在缺陷。缺乏系统性的安全策略规划及管理程序，实施不规范，无法有效地发现和防护攻击事件。

③ 终端平台安全防护薄弱。终端平台是入侵的切入点。由于升级频率低，系统生命周期长，自动化系统中的主机系统漏洞，防病毒、打补丁系统不健全，终端接入管理不到位等较普遍，容易遭到攻击。

④ 系统配置和软件安全漏洞，使恶意软件入侵的风险增加。

⑤ 工控协议的安全问题。工业控制通信协议或规约在设计时通常强调实时性及可用性，对安全性考虑不足，缺少足够强度的认证、加密、授权等，容易遭受仿冒身份、篡改参数、数据窃取等攻击。

⑥ 隐藏后门和未知漏洞。许多自动化系统为了维护方便，保留远程运维通道。设备中存在的隐藏后门、未知漏洞或运维通道容易被别有用心的人恶意利用，成为入侵的通道。

⑦ TCP/IP 安全问题。新一代的自动化系统应用协议大都建立在 TCP/IP 协议基础上。针对 TCP/IP 协议栈的恶意攻击对这类系统影响很大，如伪造的异常畸形报文发起攻击，导致 TCP/IP 协议栈异常；发动 DDoS 攻击，导致通信链路拥塞、控制设备拒绝服务指令等。

⑧ 缺乏网络安全边界防护和管理措施。工业控制网络内的任意信息节点间不受约束地访问控制，容易导致某个节点被黑客入侵，或从内部非法接入，直接攻击网络内其他节点。

3. 管理风险

集成系统的网络管理非常重要，要制定管理制度和应急预案，并根据工厂内不同角色、岗位和职责来进行身份鉴别和用户权限的控制。不受控制的用户权限将产生越权操作、误操作或恶意操作的安全风险，导致生产事故的发生。若不规范外部人员的访问权限，存在恶意访问、入侵、窃取数据等风险。现代化工厂集成系统不仅应有控制系统工程师的岗位，还应设网络安全和管理的岗位，培养复合型的人才。

第二节 网络安全生命周期管理

一、网络安全生命周期

在工业自动化系统整个生命周期内，应为用户提供基于设备、系统、解决方案的全生命周期服务，确保系统的可靠运行并追求其性能的优化。针对用户的不同需求和特点，进行全面设计，提供多样化、客户化的服务，综合性、系统性的支持，并将其贯穿于从项目的规划、实施、调试、运行、维护，直至系统停运的每一个阶段。

网络安全具有动态变化的特点，网络安全防范也处于动态变化过程之中，确保工厂的网络安全等级是一个不断改进、螺旋上升的动态过程，需要制定合理的安全管理程序，严格实施各种网络安全防范措施，从而满足动态的网络安全目标。网络安全生命周期通常包括四个阶段：准备、评估、实施和优化。

① 准备：制定安全目标，收集分析当前网络安全状况。

② 评估：辨识网络安全风险和漏洞，编制网络安全评估报告，提出优化、整改方案。

③ 实施：提供综合解决方案，包括一系列完整的安全措施以及技术支持服务，并付诸实施。

④ 优化：制定管理章程，并按特定周期（如 1 年或半年）进行追踪、审查网络运行情况，针对发现的问题提出优化和升级方案，确保满足并不断提高集成系统网络安全等级。

二、网络安全生命周期典型活动

在集成系统网络安全生命周期中，典型的网络安全管理措施和活动包括如下几个方面。

1. 网络隔离与边界防护

在控制网络和非控制网络边界处通常需要部署工控专用防火墙，该防火墙可以实施访问控制、恶意代码防护和入侵防护，从而避免来自本层其他区域、其他层网络的恶意代码攻击及入侵行为，切断网络间的攻击路径。由于工控防火墙具备感知和理解工控应用层协议及操作行为的能力，因此除基于 IP 地址、端口、MAC 地址等主机特征进行访问控制外，还可根据具体需求设置更细致的防护策略。

基于工控网络的相对封闭性，工控防火墙常通过开启基于通信协议的"白名单"功能，对来自其他层的不符合规范的协议攻击、恶意操作和误操作行为进行拦截。这种基于"白名单"的防护思路相比传统防火墙或入侵防护系统的"黑名单"技术，不仅能防护各类未知特征的攻击和异常操作，还能保证正常的通信行为和访问行为不被拦截。

2. 主机和终端安全管理

通过部署基于"白环境"的主机安全软件，避免各类已知和未知的木马、蠕虫等恶意软件进入主机传播到整个工控网络。

由于自动化系统的主机应用环境相对固定，通过主机安全软件建立起各类正常工作环境时的操作系统和应用的可执行文件白名单，建立起主机运行的白环境，启用白名单功能，确保只有在白名单列表中的程序或软件才能运行。

主机和U盘交互信息应加强管理，控制主机USB接口的访问权限，在必要信息传输基础上通过最小化接入权限来保障接入安全。可采用"专用U盘"，避免通过普通U盘接入引入的恶意软件或病毒感染。

主机和终端的身份鉴别至关重要，通过采用单因子鉴别（如操作员口令）、双因子鉴别（如工程师、值班长、网络设备管理员等）等手段加强管理。在登录工控系统进行组态下装和重要参数修改时，必须进行身份鉴别。

3. 攻击事件的监控与审计

任何的安全措施，"看见和发现"攻击是第一步。通过在不同的安全区域边界部署工控安全监测终端，配合集中监测和审计管理，可实时发现网络中的各类攻击方式、违规操作和误操作行为，可在攻击事件发生后根据存储的记录和操作者的权限，进行查询、统计、管理、维护等，追溯攻击行为的起源，做到事前监控、事中记录、事后审计。

4. 工控设备的漏洞管理

在工控设备投用前，通过自动化系统专用的漏洞挖掘系统，对工控设备的漏洞和后门状况进行挖掘分析，确定设备的安全状况，避免设备带着安全漏洞和脆弱性上线而被攻击利用。

5. 防病毒服务及补丁管理

对于任何基于开放平台的系统，防病毒软件和操作系统打补丁管理是防范病毒侵入的重要手段。对于工业控制系统，不能简单地从市场上选择任何一种防病毒软件，或不加考虑地安装新的系统补丁，因为这些软件可能会与控制系统软件存在兼容性问题，严重的可能会导致控制系统的瘫痪。所以应使用通过认证的防病毒软件及病毒库、操作系统补丁才能确保系统正常运行。

6. 故障恢复功能

工业控制系统中的每一对控制器应建独立的备份文件，此备份可设置由工程师手动完成，或由系统周期性完成，备份执行周期可人为调整。

工业控制系统中每个基于Windows平台的节点，如工程师站、操作员站、SOE站等，应使用单独的软件备份整个操作系统及其所有应用程序到文件服务器中。备份周期可由工程师手动完成，也可周期性完成。一旦发生软件故障，即便是操作系统故障，系统均应具备数据恢复功能。

工业控制系统中每一台网络设备，如交换机、路由器、防火墙等，均采用特定机制备份其配置文件到文件服务器中，以备未来恢复。

7. 统一安全管理

大型集成系统网络中通常已设置一定数量和种类的安全设备，如工控防火墙、主机安全软件、安全监测和审计系统等，但相对独立，未形成体系，难以形成全局的风险管控。可通过部署统一的安全管理平台，实现大型复杂的网络安全管理和监控。

统一的安全管理平台通常部署在运维的专用服务器上，负责集中、统一的分析、组织、处理网络环境内的报警、设备运行信息，提升安全运维和响应的效率。

8. 功能文档及操作手册

大型集成系统除编制常规的功能设计规格书外，还应根据新一代集成系统的特点编制网络安全功能规格书及操作维护手册。典型的内容包括：集成系统网络架构；集成系统网络设备清单；集成系统网络地址汇总；使用者权限设置；网络管理程序；网络应急预案等。

9. 全生命周期支持

在集成系统全生命周期内应对网络安全给予重视和支持管理。

① 备品备件支持：集成系统制造商应在全生命周期内提供稳定的备品备件；网络交换机等网络设备的更

换应通过系统制造商提供，不能直接从市场获取。

② 工程服务支持：在全生命周期内发生网络安全紧急情况时，集成系统制造商应保证提供咨询及现场工程服务；制造商应在全生命周期内提供软件升级维护服务，如系统软件和应用软件的补丁程序、病毒库的验证更新等。

第三节 集成系统网络架构

本节介绍的全厂集成系统网络架构，不仅是指单一分散控制系统（DCS）或安全仪表系统（SIS），而是指由若干个自动化系统集合而成，通常包括：

① 分散控制系统/现场总线控制系统（DCS/FCS）；

② 安全仪表系统（SIS）；

③ 智能设备管理系统（IDM）；

④ 可编程逻辑控制器（PLC）；

⑤ 压缩机控制系统（CCS）；

⑥ 可燃和有毒气体检测系统（GDS）；

⑦ 转动设备监视系统（MMS）；

⑧ 罐区自动化系统（TAS）；

⑨ 操作数据管理系统（ODS）；

⑩ 先进报警管理系统（AAS）；

⑪ 先进过程控制（APC）；

⑫ 操作员仿真培训系统（OTS）；

⑬ 控制性能监控系统（CPMS）。

DCS、FCS、SIS、GDS、PLC、CCS、MMS、TAS 等系统是确保石油化工工厂正常生产运行的基本控制系统。IDM、ODS、AAS、APC、OTS、CPMS 等系统属于工厂生产精益管理的高级应用系统。

现代化的石油化工自动化集成系统网络架构按照 IEC62443 标准进行设计，网络架构的基本设计原则是纵向分层、横向分域。大型石油化工工厂典型的集成系统网络架构如图 6-4-1 所示。

从图 6-4-1 可看出，大型集成系统网络架构纵向通常分为四层，各个层次相对独立而又互相联系，在保证系统安全性的基础上，更具可扩展性。这四层分别为：

① 基础控制层（又称"实时控制层"）；

② 监视控制层（又称"监管控制层""操作控制层"或"生产操作层"等）；

③ 操作管理层（又称"生产管理层"或"高级应用层"）；

④ 数据缓冲区（又称"DMZ 区""安全数据交换层"或"非军事化区"等）；

⑤ 工厂信息层（又称"调度管理层"，通常由工厂 IT 负责实施）。

为保证网络安全，各层之间应加强网络隔离和边界防护，基本的原则是 L1 与 L3 或 L4 层之间应无直接通信，L4 与 L3 或 L2 层之间应无直接通信。各层所面对的安全威胁和采取的安全措施不尽相同，将在第四节对各层之内和之间的特点、潜在危险和安全方案等进行介绍。

集成系统横向分域是指按照生产装置（单元）划分独立的局域网（LAN）。小规模生产装置或公用工程单元可根据具体情况合并设置局域网。重要的设计原则是保证每个生产装置（单元）能独立开停车。

依据不同网络所在层次，其硬件选用原则有所不同。一般来讲，L1 和 L2 层的硬件，即基础控制层和监视控制层，通常由系统制造商提供，如过程控制站、冗余控制网络、交换机、服务器、操作站、工程师站等。即使采用第三方产品，所使用的硬件必须经过制造商的认证方可应用于过程控制，保证系统的安全性和稳定性。L3、L3.5 和 L4，即操作管理层、数据缓冲区和工厂信息层，各制造商的网路架构和方案会有所不同，总体而言更趋向于通用的配置。

工业控制网络不同于企业管理信息系统和因特网，其稳定性和可靠性为第一关键要素，特别是 L1 和 L2 层，网络架构须冗余配置，当某一条网络故障时，依然能够进行正常的数据传输。在此基础上，网络应具备基本路径选择功能，在高负荷的数据交换过程中，能自动选择最优路径。

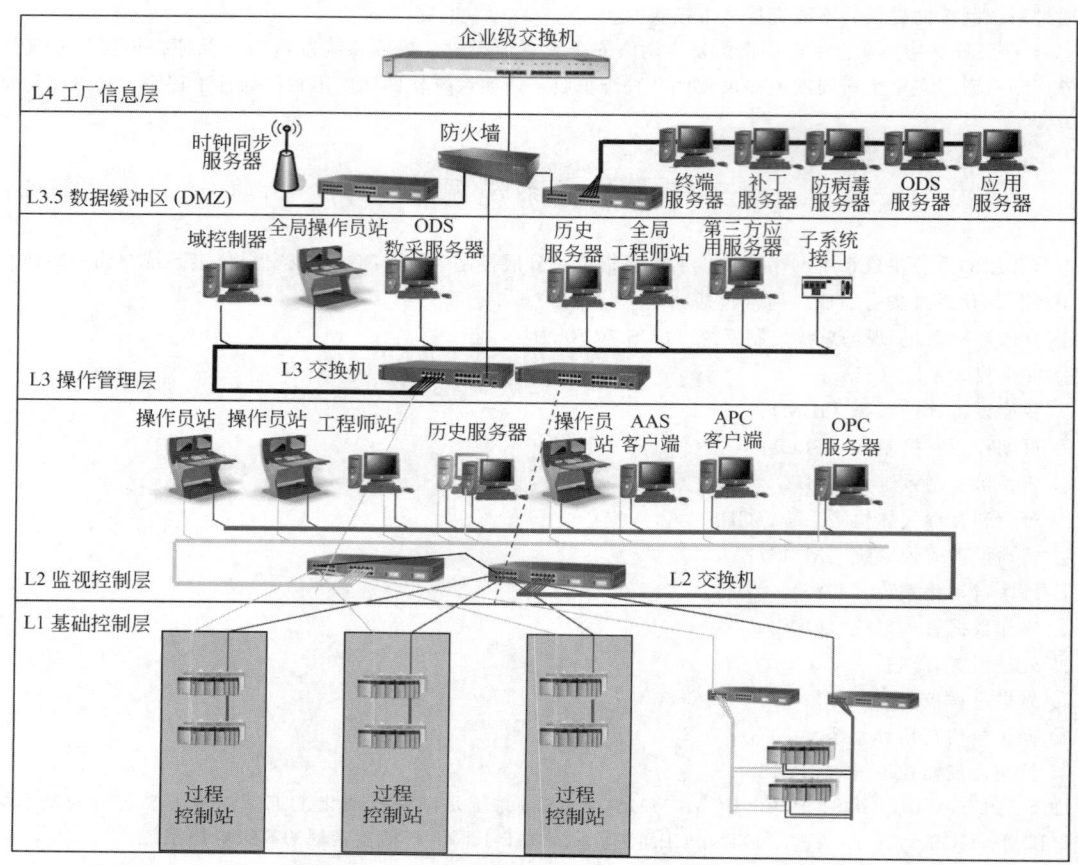

图 6-4-1 大型石油化工工厂典型集成系统网络架构图

第四节 网络隔离及边界防护

网络隔离和边界防护是重要的集成系统网络安全方案，对于集成系统中各层所采取的隔离和防护措施有不同侧重点。

一、网络隔离及边界防护的概念

1. 网络隔离

IT 系统中网络隔离的基本原理，通过专用物理硬件和安全协议在内网和外网的之间架构起安全隔离网墙，使两个网络在空间上物理隔离，同时又能过滤掉数据交换过程中的病毒、恶意代码等信息，以保证数据信息在可信的网络环境中进行交换、共享，同时通过严格的身份认证机制来确保用户获取所需数据信息或服务。

对于工业控制网络而言，网络隔离主要涉及到控制网络和非控制网络之间的隔离。一般而言，在 L3 和 L4 层之间设置硬件防火墙，使其在逻辑层完成隔离，并设置 DMZ 区，有效地保证 L3 和 L4 层网络通信时进行安全的数据交换，保证外部不能直接访问控制网络的数据资源。

2. 边界防护

边界安全防护是指网络边界处的安全防护。防止外界入侵，首先要在网络边界上建立可靠的安全防御措施。边界安全是信息安全的第一道防线。网络边界主要存在信息泄密、网络攻击、网络病毒、非法访问等安全风险，边界安全防护技术也逐渐在向"主动防御、立体防护"方向发展，形成全方位、纵深安全防御体系。

对于工业控制系统而言，L1 和 L2 层网络之间、L3 和 L4 层网络之间的边界防护尤为重要。

L1 层网络设置整个集成系统的核心控制设备，如过程控制站等；L2 层网络设置冗余控制网络、冗余交换机、服务器、操作员站、工程师站等。为保护 L1 层网络免遭攻击和非授权访问，保持安全可靠、长周期稳定运行，L1 和 L2 层网络之间建议设置专用防火墙和访问控制机制。

L4 层网络通常为企业的管理信息网络，有大量的数据交换和外部访问。L4 和 L3 层网络之间的通信必须经由防火墙隔离，并设置相关防护策略。

二、集成系统各层的网络隔离及边界防护

1. 基础控制层（L1）

L1 层节点为整个自动化系统的核心部分，要求工业控制可靠实时、稳定运行。该层 DCS、SIS、PLC 等控制系统通常运行特定专有应用软件系统，通过 Modbus、OPC、FTE、Vnet/IP 等工控专有协议与服务器、工程师站、操作员站进行通信。L1 层网络包含控制站、输入/输出模件以及连接现场总线协议设备，如 Foundation Fieldbus 或 Profibus 的接口模块等。

（1）基础控制层网络特点　L1 层网络具备如下特点：

① L1 层网络的硬件如控制器、I/O 总线、重要 I/O 模件、通信模件、电源模件等均冗余配置；

② L1 层网络相对封闭，数据通信协议专有化；

③ L1 层网络节点核心设备控制站传输实时数据和各种操作指令；

④ L1 层实行优先级通信（输入信息、控制器信息优先），确保控制信息传输可靠；

⑤ L1 层信息价值高，控制器存储的信息包含大量过程控制的实时数据、批量控制及顺序控制程序等，一旦丢失泄露对生产操作控制会造成风险和危害；

⑥ L1 层设备若被误操作、恶意操作或改变控制参数，将产生重大生产影响。

各家控制系统制造商产品的 L1 层结构有所不同，这里举例介绍 DCS 系统网络架构。

① DCS 系统网络架构——Yokogawa：横河公司的 CENTUM CS3000 系统的控制站与操作站、工程师站之间的通信，采用冗余的 Vnet/IP 控制总线，兼容 V-net 和 TCP/IP 协议，最大通信率可达 1Gbps。V-net 通信与 TCP/IP 通信物理上采用同一通信总线，但占用通信总线不同的网络带宽，通常为各 500Mbps，即使 TCP/IP 层发生广播风暴甚至堵塞，V-net 层的数据通信仍能够正常进行，这就保证了生产装置的监视、操作和控制仍能正常执行。图 6-4-2 为 CENTUM CS3000 系统的基本网络架构图。

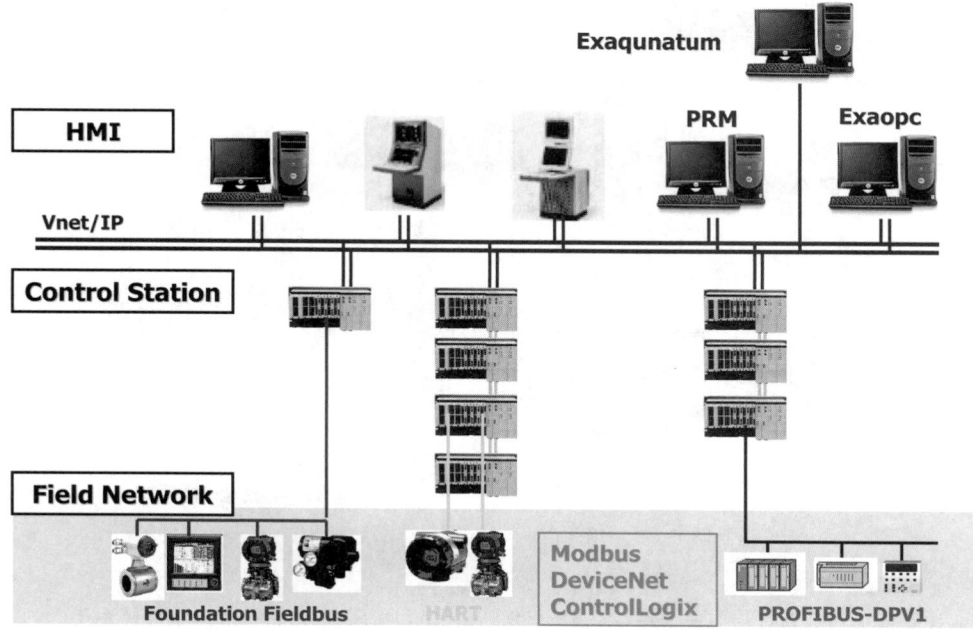

图 6-4-2　CENTUM CS3000 系统的基本网络架构图

② DCS 系统网络架构——Honeywell：霍尼韦尔公司的 Experion C300 系统的控制站与服务器、操作站和工程师站之间的通信，采用专利技术的冗余容错以太网（Fault Tolerant Ethernet，FTE），最大通信率可达 1Gbps。FTE 能实现网络上多站点之间的多路径寻址，且能对网络上数据区分优先级进行传输。Experion C300

系统控制器内设置硬件防火墙，只允许控制信息和与 FTE 有关的信息通过，从而保证了基本控制和控制网络的安全。图 6-4-3 为 Experion C300 系统的基本网络架构图。

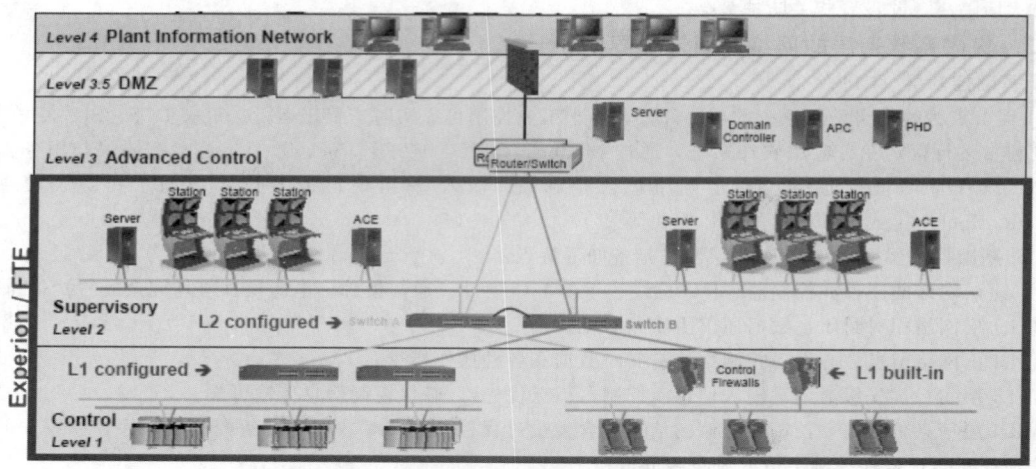

图 6-4-3　Experion C300 系统的基本网络架构图

③ DCS 系统网络架构——Emerson：艾默生公司的 Delta V 系统的控制网络是以 10/100/1000M 以太网为基础的冗余的局域网（LAN）。系统的所有节点（操作站及控制器）均配有冗余的以太网口，直接连接到控制网络，不需要增加任何额外的中间接口设备。为保证系统的可靠性，控制网络专用于 Delta V 系统。与其他工厂信息网络的通信通过应用工作站的第三块网卡实现。图 6-4-4 为 Delta V 系统的基本网络架构图。

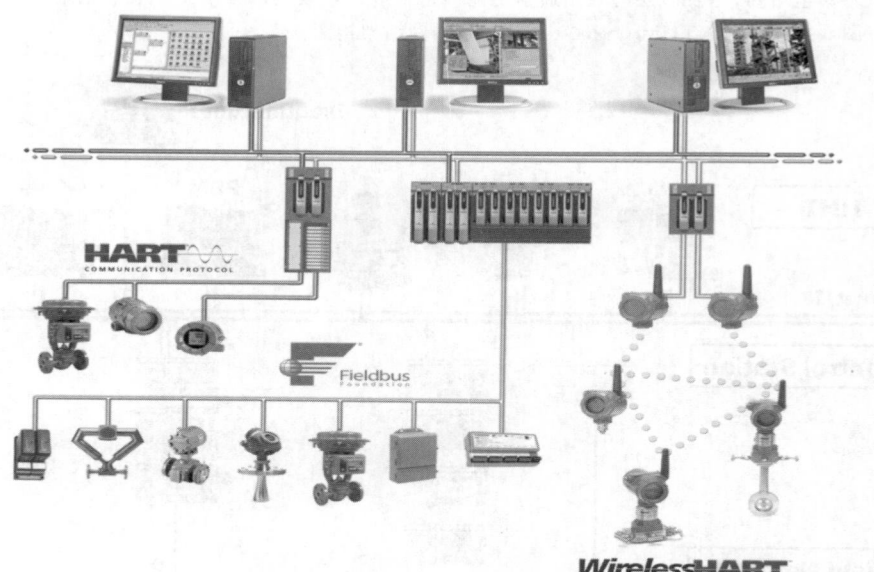

图 6-4-4　Delta V 系统的基本网络架构图

（2）基础控制层潜在安全风险　L1 层网络潜在安全风险包括：

① 工业控制系统在规划过程中若未进行合理的"纵向分层、横向分域"，造成网络风险集中，严重时引起网络性能下降甚至瘫痪、停工等事故；

② DCS、SIS 和 PLC 等工控设备漏洞、工控协议漏洞、设备隐藏的后门；

③ 自工程师站、操作站或上层网络，利用自动化系统漏洞、工控协议漏洞、设备后门、TCP/IP 协议漏洞，发起对 DCS、SIS 和 PLC 等工控设备的攻击；

④ 非法用户（如未被授权员工）对工控设备的访问；

⑤ 合法用户的越权或越级操作、误操作等。

（3）基础控制层安全方案　工业控制系统的冗余容错等安全措施在设计过程中仍要予以充分重视，基础控制网络的安全是工厂内最重要、最根本的网络安全。L1 层网络典型安全措施包括：

① 控制器按照装置及单元独立设置，保证独立开停工；

② 控制系统的中央处理单元（CPU）、系统供电、通信总线、控制回路的 I/O 模件、控制层网络交换机等冗余配置；

③ 现场机柜室（FAR）至中心控制室（CCR）之间的单模光缆冗余配置，建议采用"一天（架空槽板）一地（埋地穿管）"敷设；

④ 系统的冗余通信总线 BUS1 和 BUS2 的电缆采用不同的颜色，网络不允许形成环路；

⑤ 系统的组态数据、历史数据、长趋势数据等多站备用，且定期异地备份；

⑥ 具备系统组件诊断报警功能；

⑦ 若控制网络 L1 层基于 TCP/IP 协议或其他开放协议，L1 与 L2 层之间的网络边界处设置工控防火墙，隔离来自上层网络任何无授权设备、不合法应用、不合法端口、不合法协议、无授权的访问行为对本层的访问，避免非法入侵和攻击、恶意软件扩散等行为。工控系统自身应具有安全监测功能，实时监测工控设备网络的运行状况。

2. 监视控制层（L2）

监视控制层（L2）通常包括服务器、工程师站、操作员站、交换机等节点，提供监视、管理、操作、控制功能，实现点对点通信，实时数据、历史数据采集等。L2 层的节点对于过程控制和操作仍非常重要。

（1）监视控制层网络特点　L2 层网络具备如下特点：

① L2 层网络由两个独立互为冗余的网络构成，现场机柜室（FAR）和中心控制室（CCR）两个区域之间采用冗余光纤连接；

② L2 层网络在本局域网内相对开放，操作系统通常采用 Windows，应用软件和通信协议由系统制造商专有化开发，实时访问管理 L1 层节点；

③ L2 层实行优先级通信，确保 L2 与 L1 层之间的监控信息优先传输；

④ L2 层网络边界配置防火墙/交换机，安装主机和网络设备安全监控软件；

⑤ L2 层信息资产价值更高，工程师站、服务器等存储的信息包含大量企业的流程、工艺、运行记录等机密数据，一旦丢失泄露对企业造成的风险、危害更大。

（2）监视控制层潜在安全风险　L2 层网络潜在安全风险包括：

① L2 层网络若未按照分层分域的原则进行规划设计，容易风险集中，广播域不独立，造成全局性故障；

② L2 层的工程师站、操作员站、服务器以及网络设备等主机漏洞、病毒及其他恶意软件等；

③ 来自上层及外部的入侵行为；

④ 利用 TCP/IP 协议发起的流量型 DDoS 攻击或畸形报文攻击；

⑤ 集成系统之间使用 OPC 通信成为客户普遍的选择，其稳定性及安全性有一定缺陷；

⑥ U 盘、移动硬盘等移动设备管理不当易引起感染病毒、蠕虫等恶意软件攻击。

（3）监视控制层安全方案　L2 层网络典型的安全方案包括如下几个方面。

① 大型石油化工企业通常由多个生产装置、公用工程和辅助设施构成，集成系统规模庞大，输入输出点数多（可达数万点）。集成系统在设计时应根据生产装置、公用工程和辅助设施的生产需求、系统规模和总图布置等各种因素，合理地划分为若干独立的局域网（LAN）。每个 LAN 内的硬件、软件、网络设备和其他辅助设备等独立设置，目的是隔离不同的广播域，当某个 LAN 内发生广播风暴时，不会扩散至其他 LAN 造成更大范围的网络故障，甚至瘫痪。主要的生产装置分别设置为独立的 LAN，公用工程和辅助设置可根据实际情况进行组合，设置为规模适当、相对独立的 LAN。

② 若系统规模较小的多套生产装置或公用工程单元在同一个 LAN 内，为避免该 LAN 的通信负荷过大或形成广播风暴后对整个 LAN 的影响，可将该 LAN 进一步划分为若干虚拟局域网（VLAN），每套生产装置或公用工程单元为一个 VLAN，这样广播信息只在所处的 VLAN 内传播，不会造成整个 LAN 的网络拥堵。图 6-4-5 为同一 LAN 内的两套生产装置划分子网的示例。对于特大型的生产装置（如乙烯装置等），可以在一个 LAN 内划分若干 VLAN，实现降低网络负荷、隔离广播风暴的目的。该 LAN 的交换机选用带路由功能的网络交换机。

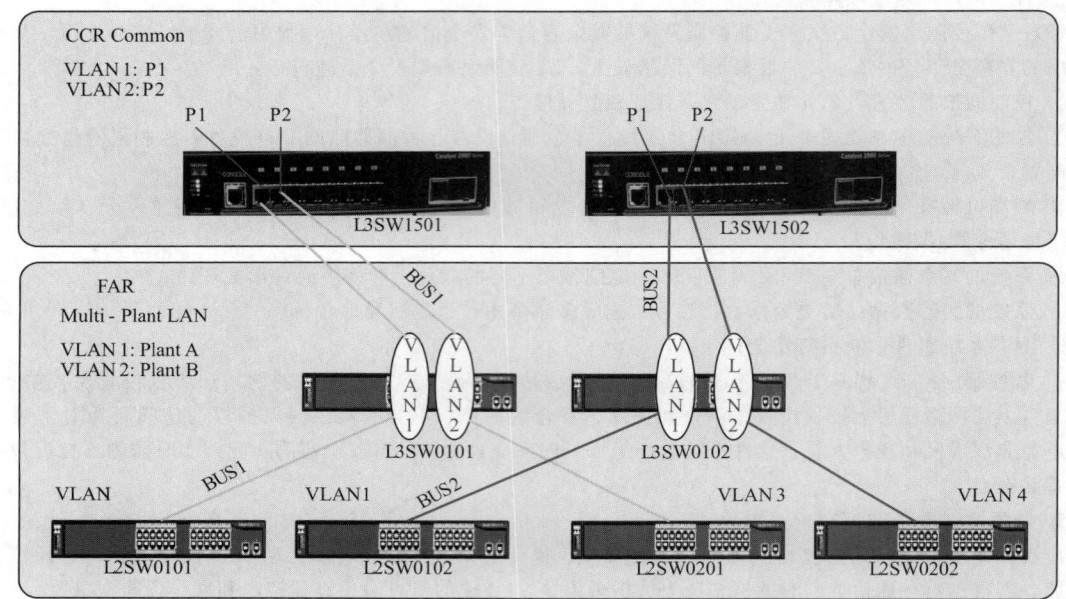

图 6-4-5　同一 LAN 内的两套生产装置划分 VLAN 的示例

③ 在 L2 与 L3 网络边界处可部署防火墙或带路由功能的交换机，防止不同网络之间的无授权访问并隔离广播域。

④ L2 层的操作员站、工程师站和各类服务器通常安装工控主机安全软件，避免各类主机遭受病毒、蠕虫、木马等攻击。

⑤ 宜配置专用 U 盘，以避免普通 U 盘、移动硬盘等移动设备引入病毒；另外，装置调试开工后最好将主机（特别是操作员站）的 U 盘接口通过 BIOS 关闭或加 USB 锁。

⑥ 在网路边界处部署工控安全监测和审计系统，实时监测和发现攻击、异常访问、异常流量，并针对攻击做事后溯源。

⑦ 通过不同的 OPC 设置实现 DA、HAD 和 A/E 访问，实现风险分散，保证数据传递的安全性。若无特殊要求，OPC 原则上设置为"只读"模式，外部访问只能读取系统的数据，而不能回写。

3. 操作管理层（L3）和数据缓冲区（L3.5）

操作管理层（L3）也称为高级应用层，L3 层网络担负工厂所有数据的存储、记录和应用，还要对全厂生产系统进一步管理提升。该层的操作员站和工程师站可管理和监控全厂各个区域生产状况，数据缓冲区（L3.5）的服务器群还为 IT 网络提供访问服务。L3 和 L3.5 层网络是全厂生产数据和监控数据的汇聚中心，也是工厂管理的核心区域。

L3 层通常包括全厂级别的操作员站、工程师站、全厂数据存储的服务器、提供外部访问的 DMZ 区域（L3.5）等。L3 层上接企业信息管理系统，下接 L2 层控制网络，储存管理整个工厂的大数据，对 L2 层分区组态维护、采集，查看和调用各分区实时数据、画面、趋势和报警。L3.5 是 L3 层与 L4 之间的缓冲隔离区，加强 L3、L4 层进行信息交换的安全策略，保护 L3 层不受来自外部的攻击。

（1）操作管理层网络特点　L3 层网络具备如下特点：

① L3 层包括带路由功能核心交换机，通过星形连接方式将 L2 层网络汇聚起来，L3 层通常位于 CCR；

② L3.5 区的 DMZ 服务器可通过 IT 网连接到企业信息管理系统；

③ L3 层设置管辖全厂的工艺工程师站和控制系统工程师站，可对全厂生产系统和控制系统进行指令下发，权限较高；

④ L3 和 L3.5 层主要为主机设备，如服务器、工作站、客户端等，且数量较多；

⑤ L3 和 L3.5 层生产数据为工厂的重要机密信息，是工厂大数据的汇聚中心，至关重要。

（2）操作管理层潜在安全风险　L3 层网络潜在的安全风险包括：

① L3.5 区的 DMZ 服务器区若隔离措施不到位，外部威胁和内部人员的误操作和恶意操作直接影响到服务器；

② 厂级工艺工程师站和控制系统工程师站权限较高，未对其使用者行为进行监控和监管，员工误操作和恶意操作直接影响生产系统；

③ 操作员站、工程师站和服务器未对 U 盘等存储介质的使用做统一管理，携带病毒的 U 盘等可能通过这些主机传输到基础控制网络；

④ L3 层主机承载工厂所有生产信息和管理信息，若管理不当，如对主机的使用没有记录，出现问题无从查起，信息泄露等，会对企业造成很大安全隐患。

（3）操作管理层安全方案　L3 和 L3.5 层网络典型的安全方案包括如下几个方面。

① 在 L3 和 L3.5 层间、L3.5 和 L4 层间部署专用防火墙，实现层间访问控制和跨层入侵和攻击的防护。通过工控防火墙设定策略，使 L4 可主动访问 L3.5 区，而 L3.5 不能相反主动访问；L3 层可主动访问 L3.5 区，相反则不能访问；L4 和 L3.5 禁止相互访问。通过这种手段切断可能来自层间的攻击路径，避免存储在该层网络的重要数据被泄露，避免厂级全局的工程师站被攻陷进而下发各类恶意控制指令、攻击下层工控设备。

② 在 L3 和 L3.5 间部署防病毒服务器，防止病毒、蠕虫、木马等侵入，部署系统补丁管理服务器，及时更新系统的漏洞。

③ 部署基于"白名单"机制的工控主机安全软件及配套的安全 U 盘等工具，防止随意的终端接入引入恶意软件，防止各类主机感染病毒、蠕虫、木马等进入主机后的执行、复制和扩散行为，有效保护主机自身的安全。

④ 在 L3 和 L3.5 间、L3.5 和 L4 间设置工控安全检测与审计系统，实时监控和审计层与层间的各类攻击流量和攻击行为、全局工程师站的重要操作及各类误操作和违规操作等行为。

⑤ 大规模集成系统可以设置单独的域控制器（或称域服务器），加强权限设置、访问管理、身份认证等管理功能。

⑥ 设置全厂时钟同步服务器，以统一各种控制系统的时间，为操作管理和事故分析提供可靠的基础。

4. 工厂信息层（L4）

工厂信息层（L4）通常不属于工业控制范畴，主要设备包括防火墙、交换机、生产调度站、各种客户端、办公 PC 机等，这些终端设备通过防火墙访问 L3.5 层服务器，获取过程信息、画面、报表等。

（1）工厂信息层特点

① L4 层网络尽可能简单、可靠、易用、开放，降低网络的使用和维护成本，提高产品的性能价格比。

② 来自 L4 层的外部访问只能访问 L3.5 层，确保 L3、L2、L1 层正常安全运行。L3.5 区的防火墙通常为前端防火墙和后端防火墙两层，共有三个网络接口：第 1 个口接 L3 层（内部网络），第 2 个口接 L4 层（外部网路），第 3 个口接 DMZ 边界网络。

（2）工厂信息层潜在安全风险

① 硬件设备风险，如交换机、路由器等设置不当造成的风险。

② 网络服务器风险，如服务器中信息的泄密、信息的完整性风险、信息的可用性风险、服务器的访问风险等。

③ 线路传输风险，如传输线路破坏、遭窃听、篡改数据或让数据严重失真等。

④ 应用平台存在风险，如操作系统、数据库系统等。

（3）工厂信息层安全方案　L4 层的安全方案遵循下列原则：

① 把握好技术先进性与应用简易性之间的平衡；

② 具有良好的升级扩展能力；

③ 具有较高的可靠性和安全性；

④ 选择成熟、标准化的技术和产品；

⑤ 确保数据和信息传输时不外泄，保护企业商业机密；

⑥ 保证数据和信息在传输过程中不被删减和修改，确保信息的完整性；

⑦ 保证企业内部授权人员具有方便、可靠、灵活的数据访问权；

⑧ 网络管理人员应对工厂信息网进行监督和控制，并进行安全审查和审计，对影响信息网安全的风险进行调查、维护。

现代化石油化工企业集成自动化系统网络安全是一个整体概念，需要各硬件、软件、工程和管理的有机组合和协同作用，单一的网络安全产品不能保证集成系统网络的安全性能，安全产品的简单堆叠也不能带来网络安全保护。以工控网络安全策略为基础，形成一个完整的安全防护体系，安全管理制度保证安全体系的实施，全生命周期内持之以恒地提高集成系统的网路安全性能。

第五节　工程实施与应用

本节将结合两个具体实施案例介绍大型集成系统的网络安全体系的工程实施与应用效果。这两个案例分别是大型乙烯项目和大型炼油项目，分别是随项目初期实施和后期整改优化。

一、工程案例一

以某大型乙烯项目集成系统网络安全体系设计为例。该乙烯项目由 21 个生产区域组成，分别由 2 个 CCR 及多个独立的 FAR 构成，采用霍尼韦尔公司的 Experion PKS C300 系统。Experion 系统采用先进的开放平台和网络技术，为最终用户提供统一的全厂过程控制系统、设备和资产管理系统直至生产管理等一体化的解决方案。全厂集成系统的网络架构如图 6-4-6 所示。

1. 网络构架

Experion PKS 的网络架构以容错以太网（FTE）高性能的网络解决方案为基础。FTE 采用单一网络架构，网络上节点自动选择最佳路径，切换时服务器、操作站不需要重新连接网络，不存在网络切换的盲点时间。FTE 提供节点间更多网络通信路径。FTE 主要用于 Experion 系统第 1 层、第 2 层控制网络，提供各节点间 100/1000Mbps 高速以太网，增强系统的可靠性、鲁棒性、可用性。

Experion PKS 采用四层网络结构。

Level 1	基础控制层
Level 2	监视控制层
Level 3	高级应用层
Level 3.5（DMZ）	数据缓冲区
Level 4	工厂信息层

Level 1 包括 C300 控制器、控制防火墙、网络交换机、现场接口模块等，在控制器上运行着工厂内最关键的应用，该层的节点是 EPKS 控制系统的核心。所有 Level 1 的控制器节点只和 Level 1 其他控制节、Level 2 的 Experion 服务器、操作站、工程师站通信。此部分通信应为所有通信中级别最高。网络边界处还部署专用的控制防火墙，隔离来自上层网络任何无授权设备、不合法应用、不合法端口、不合法协议、无授权的访问行为对本层的访问。

Level 2 包括 Experion 服务器、操作站、工程师站、网络交换机以及其他的链接到 Level 2 交换机的其他节点。Level 1 通过上连端口连接到 Level 2 交换机。Level 2 网络必须是高可靠、高可用性的网络，对生产过程实时连续监控。Level 2 网络的失效将导致对生产过程的监控丢失。Level 2 的交换机严格按照规范进行配置，如通过使用 IP 子网划分、队列优先和访问控制列表的技术，实现 Level 1 和 Level 2 的网络流量控制。

Level 1 内部的网络流量的优先级高于 Level 1 和 Level 2 之间的网络流量，如点对点通信不应被其他网络通信打断。

只有需要和 Level 1 通信的 Level 2 的节点才允许和 Level 2 节点通信。Level 3 不和 Level 1 通信。

为了避免广播风暴，对 Level 2 的节点进行带宽限制。

Level 3 包括 Experion 服务器、应用工作站、域控制器和其他连接到 Level 3 交换机的节点。通常 Level 3 网络的失效会导致一些高级控制功能的丢失。

IP 子网的划分、访问控制列表、包过滤和虚拟以太网技术通常用在三层网络上：

• Level 3 网络上只有必须访问的节点才可以访问 Level 2 网络。各个 Level 2 网络之间默认是可以互相访问，但通过在 Level 3 交换机上设定访问控制列表，可限制 Level 2 网络之间的访问；

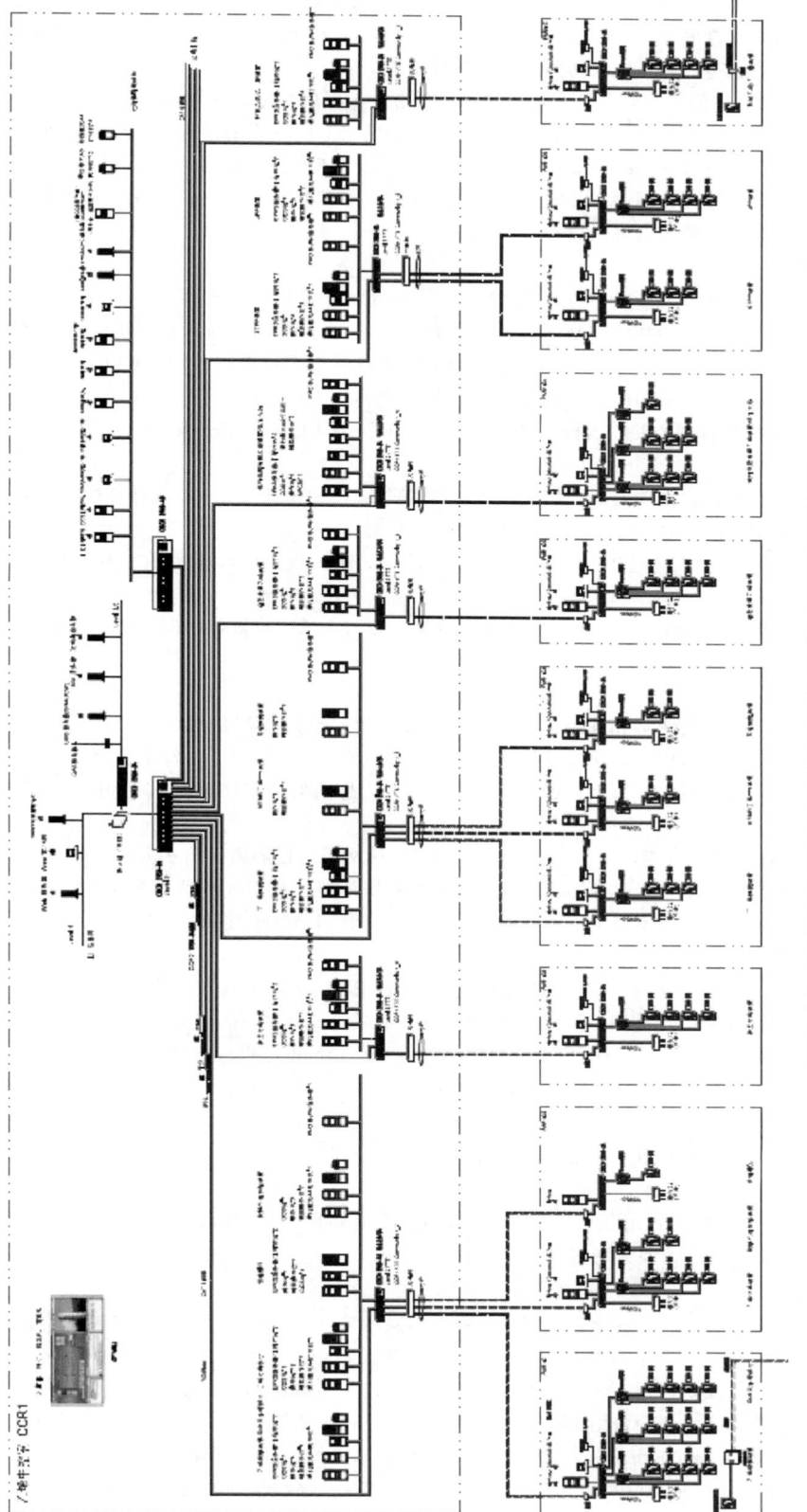

图 6-4-6 某大型乙烯工厂集成自动化和信息化系统网络架构图

- Level 3.5（缓冲区）是过程控制网和企业信息管理网络之间的一个缓冲地带，是直接与防火墙相连的一个单独子网段，部署防病毒服务器、补丁服务器、WEB 服务器、ODS 服务器等，通过定期更新服务器的数据库来满足工控网内部主机节点的系统及防病毒软件升级要求；

- Level 4 是工厂信息网络，通常是整个企业的办公网络。工厂信息网络应和过程控制网络分开，基本原则是企业管理信息网络的安全和性能问题不能影响到过程控制网络。实际应用中这两种网络之间的通信对于使用者来说是必要的，工厂信息管理系统需要从过程控制网络获取生产的实时数据，加以分析挖掘，帮助管理者做出正确的决策。但这会给过程控制网络的安全带来许多风险，通常只允许单一的链路从企业信息管理系统网络到过程控制网络，且须设置防火墙来隔离和控制。

2. 网络配置管理

每个 CCR 的 Level 2 网络与装置所在的 FAR 的 Level 1 网络冗余通信。FTE 网络是 Honeywell 使用多种商业网络技术与自身的技术相结合的高级控制网络解决方案。FTE 网络是 Experion 系统使用的控制网络。FTE 在不同的节点之间提供多条可到达的路径，可避免多种单点故障甚至多种多点故障。FTE 的优势在于保证控制网络的性能前提下，降低网络架构成本，可方便地集成第三方的网络设备，易于维护。

FTE 网络由两台交换机排列成并行的树状结构，并在树的顶端使用一根 Crossover 交叉电缆将两台交换机互联。

核心交换机采用冗余的带路由功能的三层交换机，以实现 Level 2 和 Level 3 的信息交换，避免环路产生。Level 2 网络和 Level 3 网络通过冗余的可路由的链路进行通信。

如无特殊需求，Level 3 节点通过单网接入接到冗余 Level 3 交换机，接入速率可达 1000M 全双工，通常不低于 100M。

Level 4 层节点通过防火墙访问 Level 3.5 层中的服务器。在防火墙内设置访问控制列表只能访问 Level 3.5 层中的服务器，不能访问其他节点。

3. 防火墙设计

数据缓冲层（L3.5）是与防火墙相连的一个单独的网段，提供从过程控制网络到工厂信息网络的数据缓冲区域。所有需要工厂信息网络用户访问的过程控制网节点均放在 L3.5 层中。通常不推荐在防火墙设计中有直接从过程控制网到工厂信息网的通信流。过程控制网和工厂信息网均访问位于 L3.5 层中的网络节点，避免直接通信带来的风险。

在 L3.5 中设置两台硬件防火墙，用于 Level 4 和 Level 3 层网络进行隔离。第三方的网络、设备和需要进行外部联系的设备均放在此层中，如时钟同步服务器、防病毒服务器、补丁服务器等。在 L3.5 层设置硬件防火墙，可隔离有可能造成控制网络不稳定或者不安全的因素，提高网络安全性和可控性。

4. 防病毒软件管理

基于微软 Windows 操作系统的应用不可避免地受到计算机病毒的威胁。在众多的防病毒软件中，Honeywell 对 McAfee VirusScan 产品和 Norton Anti-Virus 产品进行安装测试，且通过了验证。

Honeywell 推荐在缓冲层（L3.5）设立防病毒服务器给控制网络分发病毒定义文件。为确认新的病毒定义，不会对当前的计算机系统性能造成影响，应先对非关键应用的计算机进行更新，以确保最小化事故发生的概率。全厂 PKS 节点主机全部安装 McAfee 防病毒软件，每 3 个月对 L3.5 的 McAfee 防病毒服务器进行病毒库的更新，使得全厂的主机及时有效地防范病毒威胁。

5. 应用效果

该大型乙烯工厂商业化稳定运行证明，Experion PKS 系统总体网络架构合理、管理严格、集成系统网络安全稳定、运行良好，为企业带来良好的经济效益和社会效益。

二、工程案例二

某大型炼化公司 1000 万吨/年炼油项目是我国第一个单系列千万吨级炼油项目。该工程设计加工进口原油 1000 万吨/年，拥有 16 套工艺生产装置和相应的公用工程、辅助设施。该大炼油项目按照"大型化、系列化、集约化、信息化"理念进行规划建设，具有规模经济、技术先进、环保领先和效益显著等特征。

该工程所有的工艺装置和大部分公用工程、储运系统等采用德国西门子公司（Siemens）PCS 7 V6.1 过程控制系统，控制 I/O 点数达 23000 点左右。二期扩建部分包括苯乙烯、加氢裂化、制氢等装置，采用西门子 PCS 7 V7.0 过程控制系统，控制 I/O 点数达 5500 点左右。全厂集成系统框图如图 6-4-7 所示。

1279

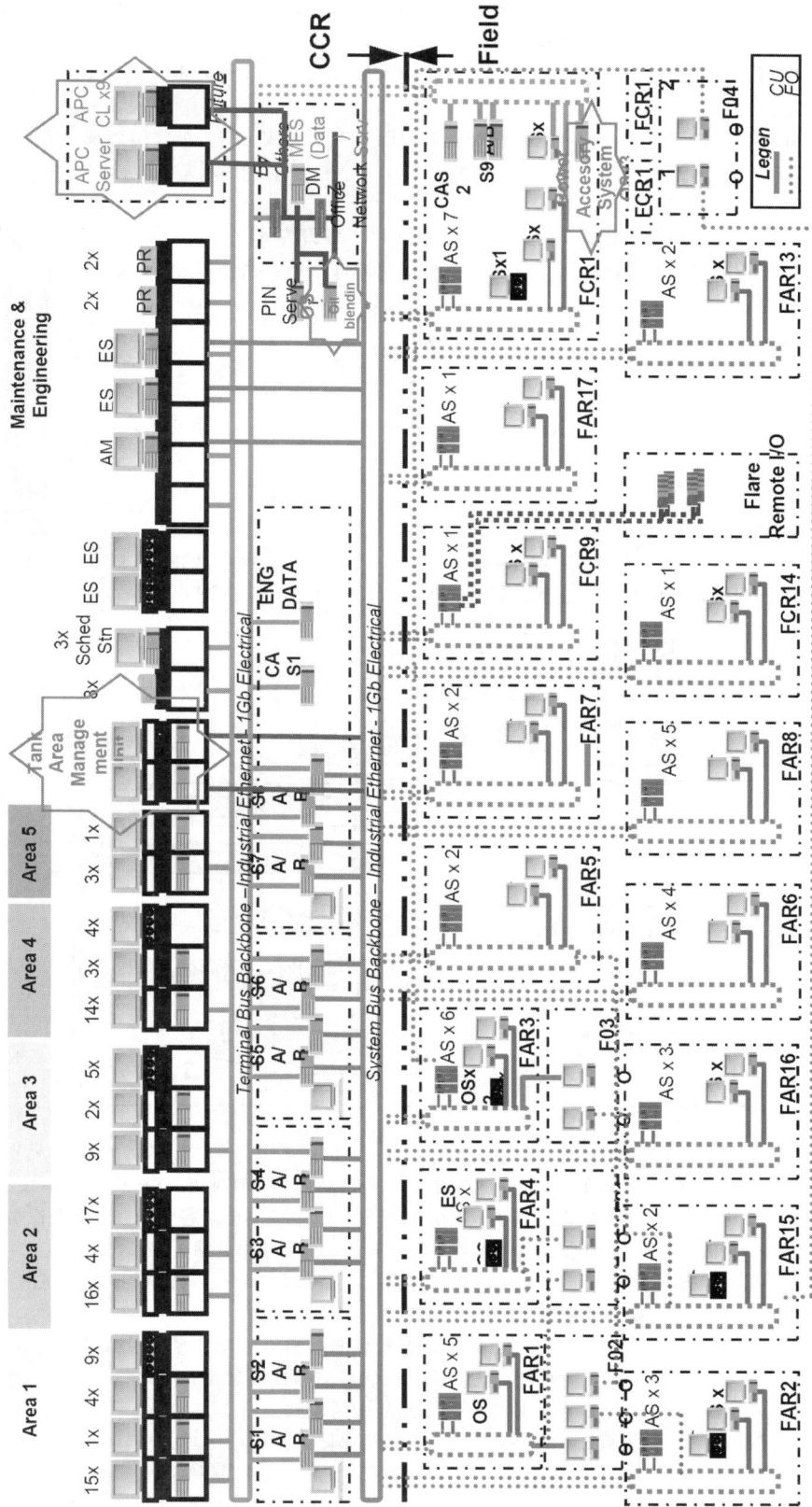

图 6-4-7　某大型炼油厂 PCS 7 系统网络结构

该工程 PCS 7 系统自 2008 年 5 月投用后运行良好。但从 2009 年 8 月开始，操作员在调用历史趋势时，有零星的操作站死机现象出现，影响正常生产操作。

为了分析故障原因，在最终用户的配合下，西门子技术人员使用《西门子工业安全基线检查系统》对系统进行了细致的信息安全检查。

经过多方分析和评估，辨识了系统存在的安全漏洞和风险，确定实施《基于纵深防御理念的过程控制系统信息安全解决方案》。

1. 网络安全评估

项目实施前需要分析和评估该工程集成系统网络安全状况。各方专家在工程所在地进行了 2 周的实地调研，深入了解系统的使用情况，对系统的信息安全状况做了全面的评估，具体内容主要包括：

① 检查信息安全策略与流程；

② 检查网络架构：网络分层分区情况、边界防护情况；

③ 检查网络通信安全状况；

④ 检查 PCS 7 系统的配置安全状况；

⑤ 检查第三方控制系统的接口安全状况；

⑥ 检查账号管理情况；

⑦ 检查安全日志情况。

2. 辨识系统存在的信息安全漏洞

参考 ISO 13335、ISA99、IEC PAS 62443-3、GB/T 30976 等国内外标准，风险评估的过程包括风险评估准备、资产识别、业务调研、脆弱性识别、威胁识别、风险分析六个阶段，如图 6-4-8 所示。

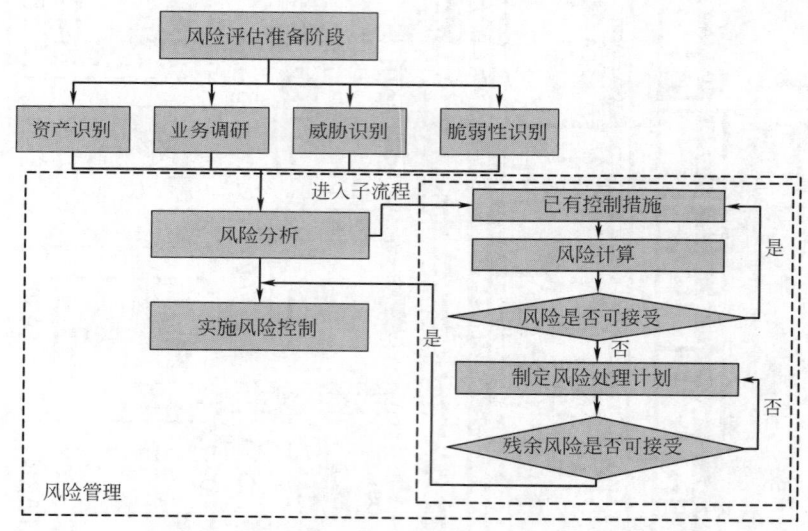

图 6-4-8　网络安全风险评估过程

本应用案例选择了某个生产单元的 15 台计算机为样本，使用《西门子工业安全基线检查系统》对系统的安全性进行了全面细致的检查，样本中覆盖了所有类型的计算机，包括：1 台工程师站；2 台操作员服务器；1 台资产管理站；1 台 OPC 服务器；1 台 WEB 服务器；1 台调度站；8 台操作员站。

《西门子工业安全基线检查系统》对于每一台计算机都给出了详细的检查结果统计报表，列出了安全漏洞的汇总数、风险级别，并给出了具体的改进建议措施。

通过收集现场计算机的诊断数据，并进行病毒扫描，在现场的电脑上发现了恶意木马以及网络病毒。其中有一种顽固的蠕虫病毒，如图 6-4-9 所示。通过对比微软对该病毒的描述，对 Windows 系统造成的危害与该炼厂操作站故障现象吻合。经过分析，该病毒就是造成操作站死机的原因。

另外，经过综合风险评估，确认系统还存在以下网络安全漏洞。

① 缺乏主动风险管理机制，缺乏全面的审计：安全管理需要建立相应机制和流程来加强企业的内部控制。要有不断改进、不断完善的安全运行流程和安全防护手段，以应对日益增长的信息安全问题和威胁。

② 网络分层分区与边界防护不合理：过程控制系统网络与办公网络通过防火墙连在一起，但防火墙的设置存在明显漏洞。集成系统与 MES 之间采用 OPC 方式通信，商用防火墙对于 OPC 通信的安全性无法有效保护。

③ 没有安全的单元间通信保护措施：过程控制系统网络有两处与第三方子系统未经防火墙保护直接连在一起。

④ 未满足系统加固的要求：每台操作员站均使用管理员账号登录，存在用户密码为弱口令等安全漏洞。

⑤ 没有补丁管理措施：Windows 系统没有安装最新的安全补丁。

⑥ 没有针对恶意软件与病毒的防护措施：系统没有安装防病毒软件，且由于使用管理员账号登录，操作员有权限使用 USB 和 DVD 接口，系统易受到病毒攻击。

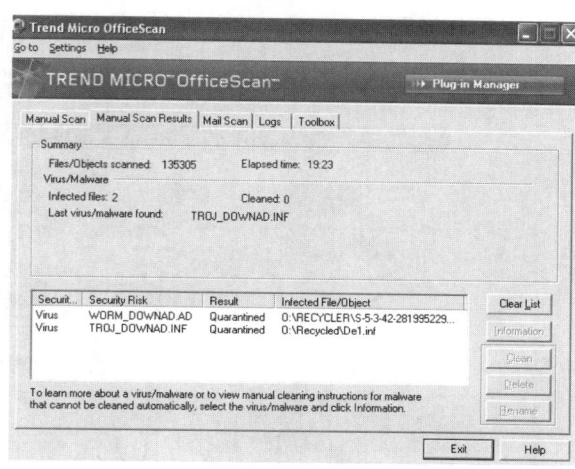

图 6-4-9 在集成系统内发现的病毒

⑦ 没有统一的访问控制和账号管理措施，存在安全漏洞。

3. 制定网络安全方案

为了清除系统内的病毒，提升系统的网络安全水平，各方制定了《基于纵深防御理念的过程控制系统信息安全解决方案》，并据此实施。

本方案在深入分析过程控制系统的网络架构、应用特点、安全现状、安全威胁以及安全需求的基础上，将纵深防御的安全理念与架构引入到过程控制系统网络安全领域。主要防护措施包括：

① 安全策略与流程；

② 网络分区与边界防护；

③ 安全的单元间通信；

④ 系统加固与补丁管理；

⑤ 恶意软件的检测与防护；

⑥ 访问控制与账号管理；

⑦ 日志与审计。

4. 实施纵深防御信息安全解决方案

针对上述信息安全漏洞，需要制定切实有效的针对性措施来封堵信息安全漏洞，清除系统内的病毒，保护系统在将来不再被病毒攻击。

由于已发现的病毒基于网络进行传播，任何干净的计算机一旦接入网络均存在被感染的危险。单纯采取杀毒的措施不能完全清除网络上传播的病毒，需要在系统停车时在网络上建立安全隔离区域，阻断病毒传播的途径，并重新安装所有的计算机才能彻底清除网络内传播的病毒。

为防止系统在清除病毒后再次被病毒感染，需要针对系统存在的安全漏洞，从技术上和管理上采取一系列严格措施，弥补安全漏洞，确保系统的网络安全。另外，网络安全方案中包含了对用户进行必须的一些培训，从信息安全的各个方面培训用户的管理人员、维护人员以及操作人员。

（1）制定详细实施步骤和进度计划 针对发现的安全漏洞，基于纵深防御的安全理念，并考虑到未来网络扩展的需求，制定了详细的实施步骤和进度计划：

① 合理划分安全单元，采用两层域服务器进行管理：主域是整个工厂，子域是各个生产装置，如各炼油装置、苯乙烯装置。每个子域都是独立的信息安全单元。未来网络的扩展能力强，可以通过增加子域来满足未来生产扩展的需要。整体网络架构如图 6-4-10 所示。

② 冗余的主域服务器，管理多个子域：主域服务器管理全局策略，可以访问所有的子域。单元子域之间不能互相访问。

③ 冗余的子域服务器，提供高可用性：子域服务器与 PCS 系统的工业以太网连在一起，实现很快的响应

1282

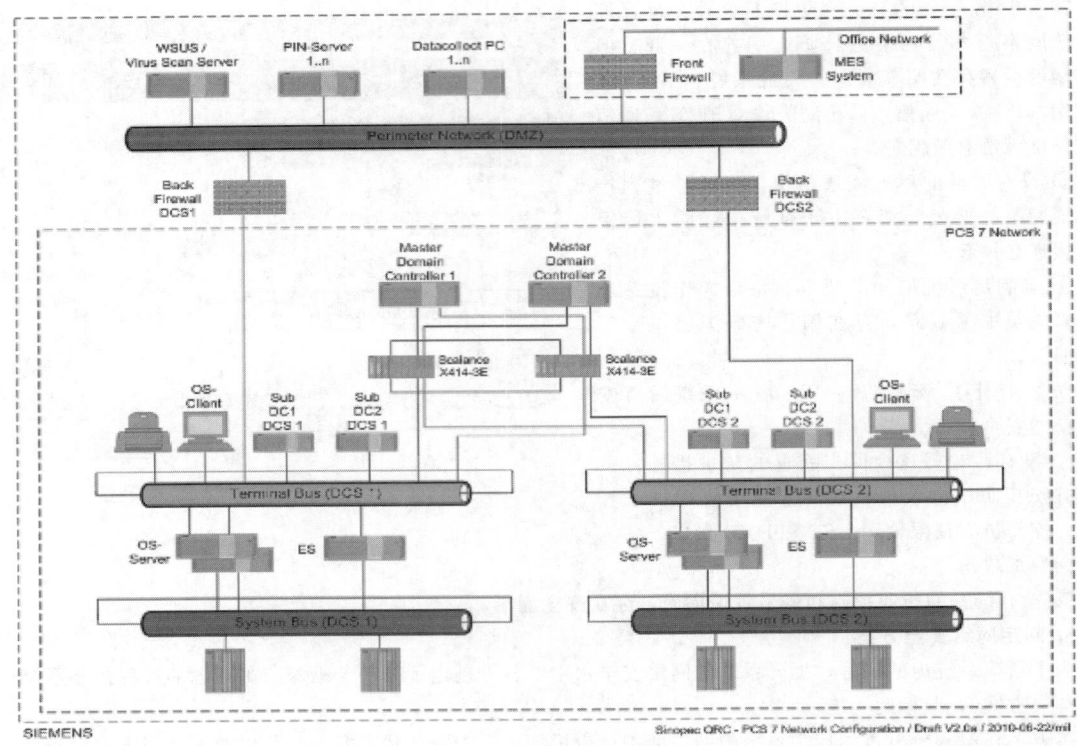

图 6-4-10　集成系统网络安全方案

速度，管理子域内的所有计算机。

④ 为每台操作站提供本地的应急登录账号和密码，在域服务器网络中断的紧急情况下，操作员站不需要连接域服务器就可以实现操作。

⑤ 域的策略同时备份在主域服务器和子域服务器中，安全可靠，易于维护。

⑥ 严格网络管理：严格管理网络子网、IP 地址和名称解析。

⑦ 用户和访问权限：基于角色的权限控制，严格的用户/访问管理是安全策略中的关键。

⑧ 补丁管理：集中维护、管理和升级安全产品，包括 Windows 和杀毒软件的补丁更新。

⑨ 病毒扫描：所有外部访问均需通过杀毒软件的扫描才能进入系统，所有外部媒介数据均需经过杀毒软件扫描才能读入系统。

⑩ 用防火墙分隔不同的安全单元：防火墙根据严格的安全规则检查和过滤数据，阻挡非法访问、限制病毒和木马的攻击。

⑪ 支持访问和远程服务：结合不同的安全技术，远程访问通过 VPN（虚拟专用网）和隔离网络接入，系统维护可以通过远程实现。工厂的运行数据可以通过安全可靠的链接送给 MES、ERP 等企业信息管理系统。

⑫ 时钟同步：实现操作过程的时钟同步、事件追溯、数据归档同步。

最终用户、工程设计单位、西门子公司三方密切配合，进行了前期准备，深入的分析和探讨，对实施过程中可能出现的风险和问题做了应急处理预案，对实施前系统的稳定运行采取了保障措施。在该工厂停车大修期间，成功地实施了该信息安全方案。执行过程包括以下步骤：

① 备份项目数据，升级项目到 PCS7 V6.1SP4；

② 检查所有计算机的硬件完好，并扩展内存，提高性能；

③ 测试系统的备用光纤，确认备用端口可用于扩展终端总线；

④ 扩展工业交换机的光纤接口模块，扩展终端总线，即从 CCR 到所有 FAR 之间建立终端总线连接；

⑤ 将网络的模式从工作组模式改为域模式；

⑥ 在网络上增加冗余域服务器，通过域服务器管理用户的账号、密码、安全策略，限制用户的管理员权限；

⑦ 在网络上建立安全隔离区域，将清除过病毒的计算机与感染病毒的计算机隔离开；

⑧ 安装和配置工业防火墙、工业控制系统联合安全网关，保护清除过病毒的计算机及其他网络设备；

⑨ 安装杀毒软件服务器，定期下载最新的防病毒补丁，来自外部的访问均需经过病毒过滤；

⑩ 安装补丁更新服务器，并定期下载最新的微软补丁、防病毒库；

⑪ 对所有计算机清除病毒，重新安装系统，并放入安全隔离区域中；

⑫ 安装登录管理软件，将操作员账号与计算机域的用户账号绑定，统一管理操作员与 Windows 的登录权限；

⑬ 安装工业控制系统安全管理平台；

⑭ 安装日志服务器；

⑮ 确认所有第三方系统的信息安全；

⑯ 配置和测试 PCS 系统与其他系统之间的 OPC 通信；

⑰ 培训企业管理人员、维护人员、操作人员。

（2）实施网络分区与边界防护　将网络模式从工作组改成域，重新划分安全的网络分区，子域之间的通信受到防火墙保护，从而解决了网络分区与边界防护不合理问题。通过在域内设置统一的安全策略，集中管理用户账号，限制用户权限，解决系统加固的问题。

实施前，所有的计算机运行在 Windows 工作组内，每台计算机的登录账户均具有管理员权限。即对账户名的管理是分散的，没有集中管理。工作组模式下，所有计算机是对等的，这种通信方式的效率不高。

实施后，从工作组模式改成了域模式，所有登录账号的管理在域服务器上完成。这种结构如图 6-4-11 所示，其优势体现在：

① 冗余的域服务器结构，账户的安全性能有保障；

② 集中管理所有的账号和域策略，阻止未经授权的数据访问，提升系统的安全性；

③ 提高了网络通信的效率。

通过在西门子工业交换机上划分 VLAN，实现主域控和子域控的网络。2 台冗余的主域控可以访问任何一个子域内的计算机。2 个子域内的计算机能访问主域控。不同子域间的计算机则不能互相访问，如图 6-4-12 所示。

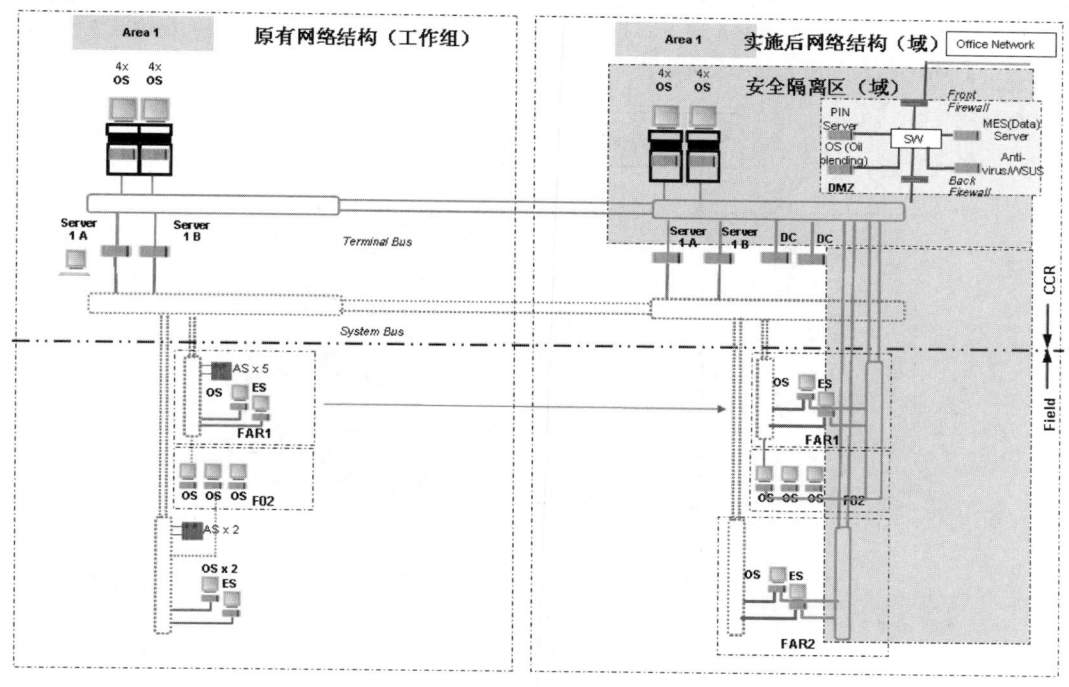

图 6-4-11　方案实施示意图

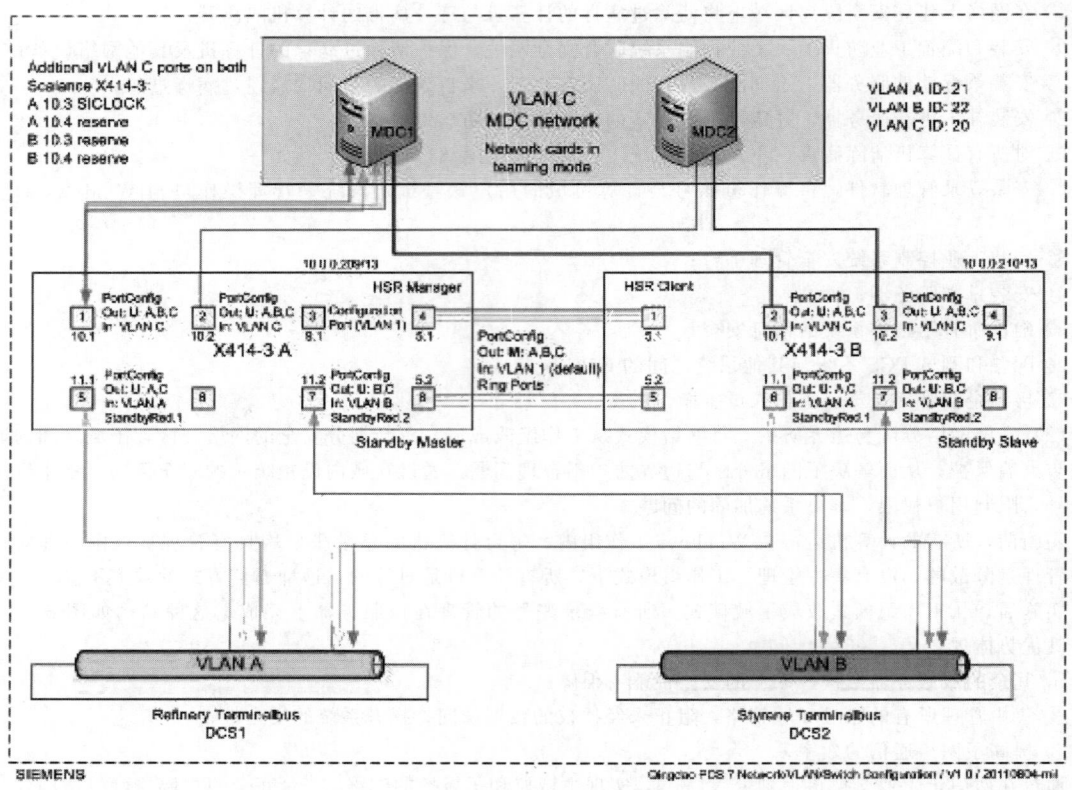

图 6-4-12　主域和子域间的 VLAN 划分

（3）设置工业防火墙和工业控制协议联合安全网关　通过部署西门子工业防火墙和工业控制协议联合安全网关，以及重新规划系统原有的安全数据交换去拓扑结构，解决安全的单元间通信问题。集成系统原有的安全数据交换区（DMZ）结构如图 6-4-13 所示。

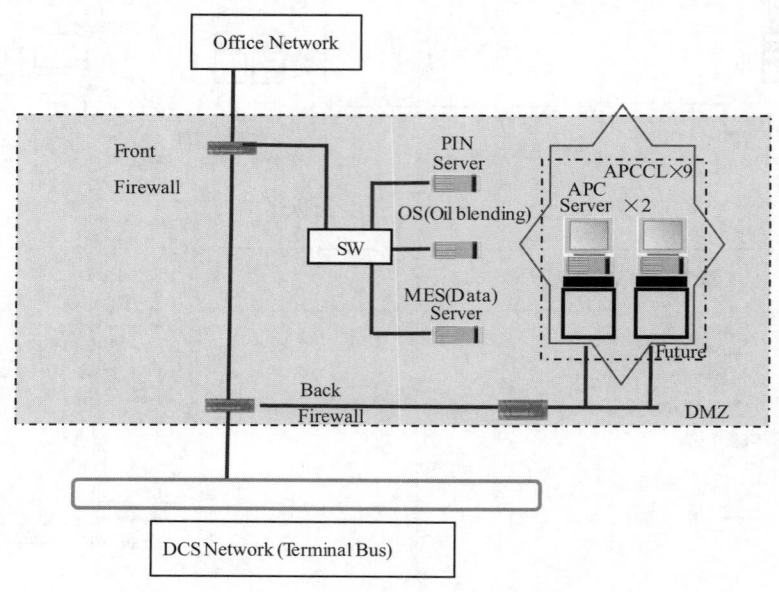

图 6-4-13　原有的防火墙结构

该结构有以下几个信息安全漏洞。

① 前端防火墙和后端防火墙直接相连，在前端防火墙内配置了后端防火墙对应端口的 IP 地址信息，后端防火墙内也同样配置了前端防火墙对应端口的 IP 地址信息。如果攻击者成功入侵其中某个防火墙，就可从配置信息中了解到另外一个防火墙的存在，进而展开攻击。因此，这样配置降低了整体的安全性能。

② OPC 服务器从控制网络读取生产数据需要通过前端防火墙和后端防火墙的双重防护，表面上看这样做有双重防火墙防护，可以增加 OPC 通信的安全性，其实并不能增加安全性，带来的副作用是降低了通信效率，增加了防火墙的通信负荷。因为 OPC 服务器从 DCS 读取生产数据后，将该生产数据送到位于办公网内的 MES 服务器，而这两次通信必须经过前端防火墙。攻击者只要成功突破前端防火墙的防护，就可同时破坏 OPC 服务器到 MES 服务器、OPC 服务器到 DCS 网络的通信。换句话说，两层防火墙只相当于一层的保护，并没有起到双重的防护作用。

③ 防火墙产品为商用产品，不能满足工业环境的要求，也不能保护 OPC 通信的安全。

从安全性考虑，本方案实施后的集成系统与办公网络的防火墙结构如图 6-4-14 所示。

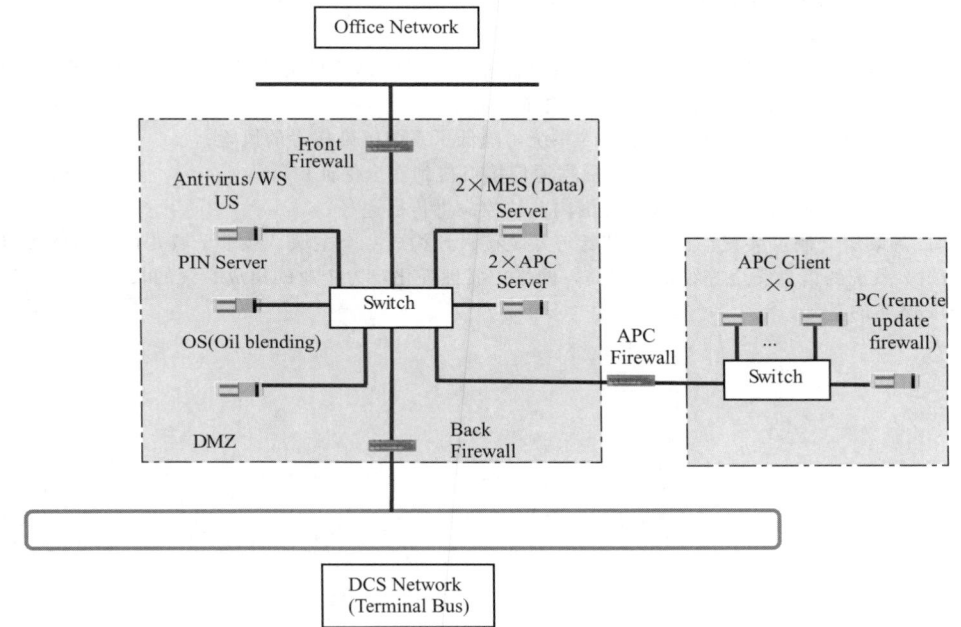

图 6-4-14　改造后的防火墙结构

该结构的优点是：

① 取消前端防火墙到后端防火墙的直接连接，增加了安全性；

② 原 DMZ 区连接在前端防火墙，现在移到在前端防火墙和后端防火墙之间，增加了 DMZ 区的安全性；

③ PIN Server 读取 DCS Network 的数据只需要通过后端防火墙，不再通过前端防火墙中转，提高了通信的效率；

④ 考虑到 APC 系统还需要调试，会有项目数据与外部计算机的数据交换，因此在 APC server 和 APC Client 之间增加一个防火墙；

⑤ 用西门子工业防火墙和工业控制系统联合网关替代原来的商用防火墙，满足了工业环境的要求，保护了 OPC 通信的安全。

（4）设置杀毒服务器和补丁更新服务器　通过在安全数据交换区 DMZ 部署杀毒服务器和补丁更新服务器，解决针对恶意软件与病毒的防护问题、补丁升级问题。为了最大限度地保护计算机不受到病毒的侵害，需要安装与 PCS 7 系统兼容的杀毒软件，并且及时更新病毒库。另外，Windows 的补丁也需要及时更新，才能保持操作系统的稳定和健康运行。西门子在德国的测试中心会将最新的 Windows 补丁与 PCS 7 系统的兼容性测试结果发布在网站上，维护人员根据这些信息可以选择安装补丁。

在 DMZ 区域内增加一台服务器作为杀毒服务器和 Windows 更新服务器（Antivirus/WSUS）。该服务器需要开通 Internet 网的访问权限，仅限访问微软和赛门铁克公司网站，定期下载 Windows 补丁和病毒库。为了增强安全性，只有在下载时开通外网，下载完毕立刻关闭与 Internet 网接口。仅在需要操作该服务器时连接显示器和鼠标键盘。只有系统管理员有权限使用该机器。

系统所有计算机和 DMZ 区域内所有计算机都安装杀毒软件客户端，并从杀毒服务器更新病毒库，得到保护。所有计算机从 Windows 更新服务器得到 Windows 补丁，增加了安全性。上述操作只有系统管理员有权操作，且需要人工操作，禁止自动更新。

5. 实施效果

基于纵深防御理念的过程控制系统信息安全方案成功实施，实现了全部既定目标，产生了一定经济效益和社会效益。

① 全厂的集成系统运行安全稳定，操作员站运行正常，在调用趋势时不再出现死机现象，经过全网络的病毒扫描，整个系统内的病毒已经被清除；

② 防范了多次病毒的攻击，如 W32. Downadup. B 病毒等；

③ 防范了 1213 次非法访问；

④ 采用了访问控制与账号管理措施，系统用户管理和密码管理简单易维护，将全厂 180 台工业计算机的账户管理集中，减轻了系统维护工作量，提高了维护效率；

⑤ 所有的外部移动存储设备不能随意接入系统，降低了系统感染病毒的风险；

⑥ DMZ 区的结构得到优化，PCS-MES 数据通信接口得到安全保证；

⑦ 将所有第三方控制系统纳入防病毒范围内，防控病毒传播途径；

⑧ 将苯乙烯装置、制氢装置、正丁烷装置等系统接入，构成一个主域、多个子域并行的网络架构。

全厂 PCS 7 系统的信息安全等级得到提高，网络扩展性强化，为企业的集成系统的长期稳定运行，未来网络扩展打下了坚实的基础。

第五章 分散控制系统设计与集成

第一节 分散控制系统概述

分散控制系统（Distributed Control System，DCS）是集计算机技术、控制技术、网络通信技术和信息技术等为一体的综合性高技术产品，是自动化和信息化集成系统的核心设备。它以计算机和微处理器为基础，控制功能分散，显示操作和管理集中，采用分级网络架构，兼顾分而自治和综合协调，主要特征是分散控制和集中管理。经过几十年不断实践，伴随着数字化、智能化、信息化与网络化等新技术不断取得突破，DCS是各生产领域的智能化发展和现代化工厂的精益管理需求的必然产物。

DCS是适用于生产过程的"动态"系统，主要用于工艺过程的连续测量、控制（连续控制、顺序控制、间歇控制、复杂控制等）、报警和联锁保护，并通过操作和管理使生产过程在正常情况下运行至最佳工况，确保产品的质量和产量。

DCS通过操作站对工艺生产过程进行集中监视、操作和管理，通过控制站对工艺过程各部分进行自动控制和联锁保护。

DCS按照可靠性原则进行设计，充分保证系统安全可靠，系统内的绝大多数部件都支持冗余，在任何单一部件故障情况下系统仍能正常工作。控制系统具备故障安全功能，输出模块在网络故障情况下进入预设的安全状态，保证人员、工艺系统或设备的安全。系统具备完善的工程管理功能，包括多工程师协同工作、组态完整性管理、在线单点组态下载、组态和操作权限管理等，并提供相关操作记录的历史追溯。作为新一代DCS，支持HART、FF、PROFIBUS、Modbus等国际标准现场总线的接入和多种异构系统的综合集成。

DCS作为主流控制系统，已广泛应用于石油化工企业的各个工艺装置、公用工程单元、储运单元和辅助

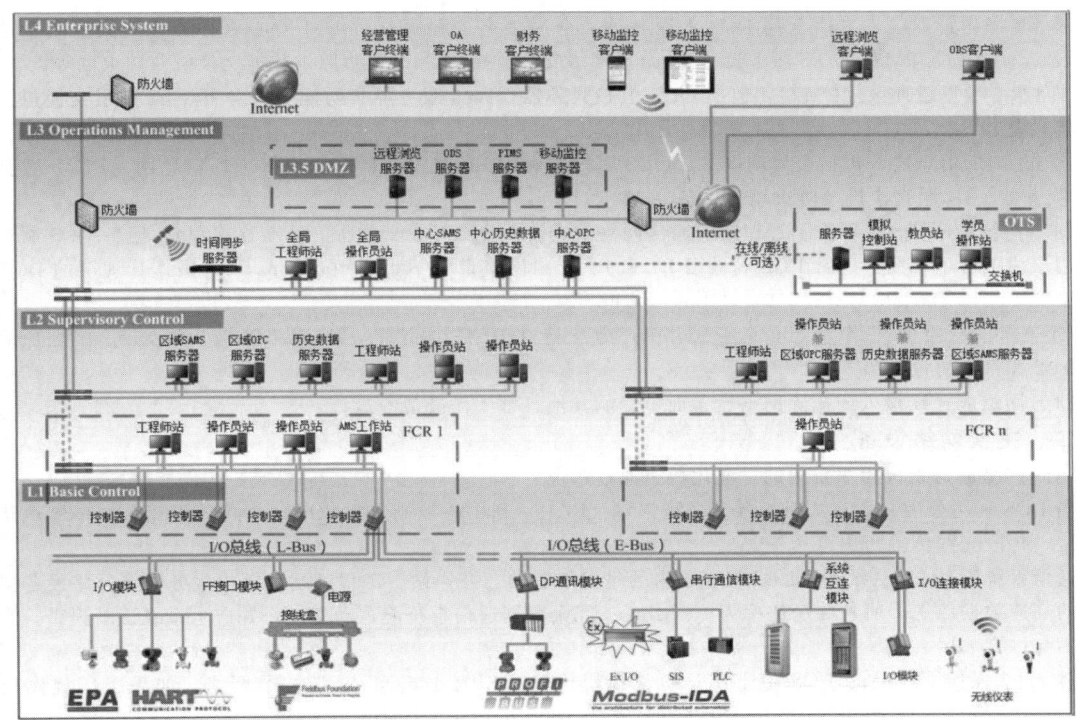

图 6-5-1 典型 DCS 集成网络架构示意图

设施。通过 DCS 内部总线及 I/O 模件，接入各类现场检测仪表信号，包括 HART 及非 HART 仪表、FF 仪表、开关量仪表及无线仪表等。此外，为建立全厂统一的过程数据库和智能设备管理系统（IDM），DCS 还能通过 Modbus、Ehternet、TCP/IP 等标准协议集成 SIS、CCS 等第三方系统的数据。

大型石油化工企业 DCS 集成网络架构，通常可分为四层：

① L1 基础控制层（又名"实时控制层"）；

② L2 监视控制层（又名"监管控制层""操作控制层"或"生产操作层"）；

③ L3 操作管理层（又名"生产管理层"或"高级应用层"）；

④ L3.5 数据缓冲区（De-Militarized Zone，DMZ，又名"安全数据交换区"或"安全数据隔离区"）；

⑤ L4 工厂信息层（又名"调度管理层"）。

DCS 网络架构中的 L1～L3 层又可合并称之为"过程控制管理层"。

典型 DCS 集成网络架构示意图如图 6-5-1 所示。

DCS 集成系统的过程控制数据通常需要传输给工厂信息层，为了确保 DCS 系统网络安全，在 DCS 过程控制管理层与工厂信息层之间宜设置数据缓冲区（DMZ 区）。DCS 的过程控制数据通过防火墙传输给 Web 服务器或者 ODS 服务器，服务器再把数据通过防火墙传输给工厂信息层。

生产执行管理层（MES）和生产经营管理层（ERP）的设计与工程实施通常属于信息（IT）部门范畴，可参考本篇第十二章的内容。

第二节　分散控制系统集成网络架构

一、典型网络架构

大型石油化工企业 DCS 系统典型集成网络架构如图 6-5-2 所示。

集成网络各层构成如下：

① L1 基础控制层，包括过程控制站、I/O 模件及通信单元等设备；

② L2 监视控制层，包括工程师站、操作站、DCS 历史服务器、IDM 区域服务器、ODS 区域服务器和 L2 层交换机等设备；

③ L3 操作管理层，包括全局 DCS 工程师站、全局工艺工程师站、IDM 中心服务器、高级应用服务器（如 APC、AAS、CPMS、OTS 服务器等）、全局网络安全监控站、L3 层带路由功能交换机及防火墙等设备；

④ L3.5 数据缓冲区（DMZ），包括 ODS 中心服务器、Web 服务器、防病毒服务器、L3.5 层交换机及防火墙等设备；

⑤ L4 工厂信息层，包括全局调度站、ODS 客户端和 WEB 客户端、用于连接工厂信息网（PIN）数据的 OPC 服务器、L4 层交换机及防火墙等设备。

DCS 系统 L1～L3 过程控制管理层的通信网络符合 ISO/IEEE 802.3 通信标准（规程），但各 DCS 制造厂的应用层协议各不相同。通常 DCS 局域网 L1 和 L2 层内网络带宽不小于 100Mbps，L3 操作管理层的 DCS 主干网带宽不小于 100Mbps，可达 1000Mbps（1Gbps）。

L4 工厂信息层的网络带宽不小于 1Gbps，为支持 TCP/IP 协议的 Ethernet 网络（以太网），通常采用 IEEE802.3 系列协议。

DCS 网络能在线接入或摘除网络设备而不影响其他正常工作设备的运行。

二、主要网络设备

DCS 网络通信系统为双重化的工业化数字通信系统。

当 DCS 采用分散布置方式时，各现场机柜室（FAR）到中心控制室（CCR）之间选用冗余的单模铠装光缆连接，每段光缆传输距离可达 10km。

通信系统为各 DCS 局域网 L1 和 L2 层内的过程控制站、操作站、工程师站和历史服务器等网络设备提供可靠的高速数据传送，通常传送速率为 100Mbps。冗余数据通信系统能自动切换，并产生系统诊断报警，在切换时不允许有数据丢失。

对于 L3 操作管理层的 DCS 主干网，通常选用传输速率为 1000Mbps 带宽的网络。如果工厂规模较小（DCS 分区网络较少），也可为 L3 层选用传送速率为 100Mbps 的主干网络。

L4 工厂信息层通常选用传输速率为 1000Mbps 带宽，支持 TCP/IP 协议的 Ethernet 网络（以太网）。

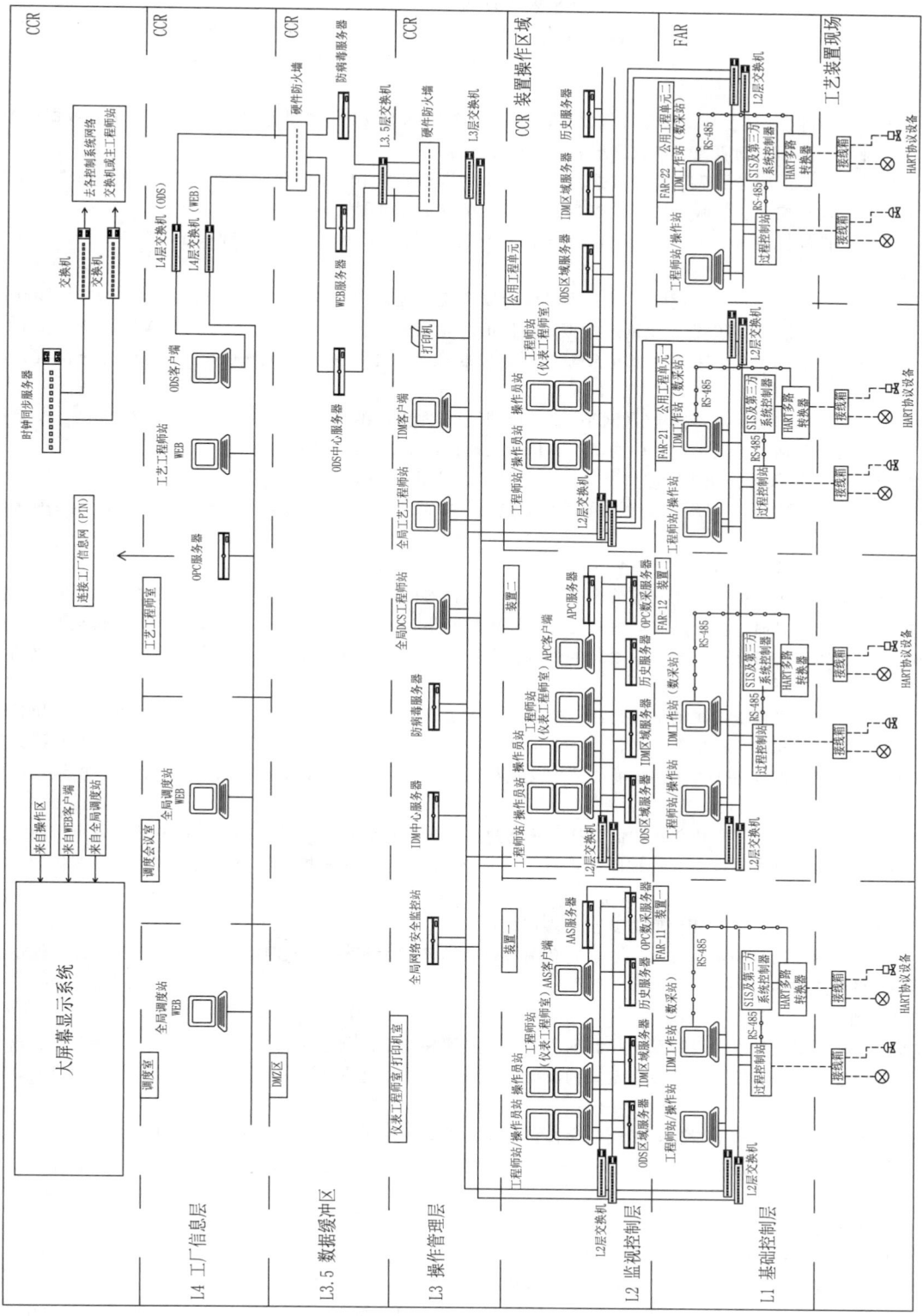

图 6-5-2 典型 DCS 集成网络架构示意图

通常石油化工行业网络设备接口采用工业级设备。

DCS 通信系统的所有部件能抵抗每米 10mV 场强的电磁及无线电干扰。

DCS 制造厂对系统内各级通信的通信结构（直链、环形、星形）、通信规程（IEEE802.3，EIA RS-232C/RS-485/RS-422 等）、通信方式（查询、广播、令牌传递）给予说明，确保 DCS 网络安全。

1. 服务器

服务器是 DCS 网络的重要设备和节点之一，各种连接在 DCS 网络上的服务器用于数据采集、数据交换、数据存储、计算和数据处理服务（如数据报表、图形显示等）。

过程控制管理层的服务器用于过程数据、历史数据、报警和事件信息的存储和处理，是 DCS 网络数据交换的核心设备。监视控制层的服务器一般按 DCS 分区网络分别冗余配置。

服务器的硬件配置能满足不同操作和管理功能以及数据访问、交换、存储和处理服务的要求。

2. 交换机

DCS 各层网络的交换机具备网络互联、错误校验以及流量控制的功能，采用模块化结构或具有堆叠功能的产品。当需要在 DCS 网络中设置子网或虚拟局域网时，相应的交换机还具备路由功能或 VLAN 功能。DCS 网络过程控制管理层的交换机按 1：1 冗余配置，并采取冗余供电方式。不同 DCS 分区网络的交换机分别设置。

交换机的端口速率能满足不同 DCS 网络层级的数据通信要求，单台交换机端口数量最多为 24 个。交换机的背板带宽不低于包括可扩展端口在内的所有端口最大通信速率总和的 2 倍。

不同 DCS 网络层级的交换机对端口通信速率的要求不尽相同。L3 层、L3.5 层和 L4 层的交换机相对 L1～L2 层的交换机通信量更大，对端口速率的要求相对更高。根据所在的 DCS 网络层级和应用需求选择交换机的端口速率。

交换机扩展端口数量和方式主要有三种。

（1）级联方式　级联就是使用网线将多个交换机连接，连接后仍然是相对独立的交换机。级联可以延长网络的距离，理论上可以通过多级的级联方式无限远地延长网络距离。但多个设备的级联会产生级联瓶颈，级联的交换机机组整体工作带宽受限于级联端口的带宽。即使采用多端口级联方式，级联带宽也远低于交换机的背板带宽。

（2）堆叠方式　多台交换机的堆叠是靠一个提供背板总线带宽的多口堆叠母模块与单口的堆叠子模块相连实现的。采用堆叠方式的交换机组可看作是一个整体，便于维护和管理。交换机组整体带宽取决于堆叠接口带宽，一般也不会产生带宽瓶颈。采用堆叠方式的交换机只能为同一型号，交换机间的距离受到堆叠电缆长度的限制，一般不能超过 1～2m。

（3）模块化结构　采用模块化结构的交换机可通过其安装底板的空余插槽扩展交换机的数量，由于同一底板上的交换机可共享总线带宽，这种扩展方式不会产生带宽瓶颈。同一底板上的交换机在逻辑上可看作为同一个设备。

DCS 网络交换机通常不采用级联方式扩展端口数量。

DCS 能对各网络交换机的工作状态、运行负荷等进行监测。大规模 DCS 网络建议单独设置具有网管功能的全局网络安全监控站。

3. 防火墙

防火墙具备数据包过滤、设置访问控制列表、入侵检测和流量控制等功能。防火墙过滤规则涵盖所有出入防火墙的数据包的处理方法，对于没有定义的数据包应有默认的处理方法。过滤规则具备一致性检测机制，防止各条规则之间互相冲突。

防火墙采用硬件型并独立设置，不应与交换机或路由器共用，不应以软件防火墙代替硬件防火墙。

防火墙吞吐量和并发连接数能满足 DCS 网络数据交换的需要。L3 层、L3.5 层和 L4 层的防火墙吞吐量不小于 1000Mbps。

4. 光电转换器及光缆

光电转换器应支持 DCS 的网络协议，可协调全/半双工传输方式并能自动检测端口状态。光缆规格应与光电转换器的光纤接口匹配，并满足信号传输距离的要求。

光纤按光的传输模式分为单模和多模。两者传输原理不同，光电转换模块和光纤不能混用。在 10M/100Mbps 的以太网中，多模光纤最长可支持 2000m 的传输距离，在 1000Mbps 以太网中，多模光纤最长可支持 550m 的传输距离。单模光纤最大可支持 50～100km 的传输距离。大型石油化工企业通常采用单模铠装光缆。

三、其他说明

过程控制管理层与工厂信息层的数据交换应通过数据缓冲区（DMZ）的网络和服务器隔离后传输。

对于相同品牌、不同型号的 DCS，如果网络不能兼容通信，则应具备相应的网络接口或数据接口服务器，进行系统间数据传送。

各级 DCS 网络通信设备采取 1:1 同步冗余或热备冗余配置。各级 DCS 网络通信设备和部件预留至少20％的端口。

采用 IEEE802.3 系列协议的网络（DCS 系统 L3.5 和 L4 层网），最大允许负荷不超过 30％。

采用其他协议的网络（DCS 系统 L1～L3 层网），最大允许负荷不超过 50％。

DCS 具备通过 Modbus-RTU、Modbus-TCP、TCP/IP 等协议与 SIS、GDS、CCS、MMS 及 PLC 等第三方控制系统进行数据通信的能力。

第三节　分散控制系统的设计

一、设计概述

分散控制系统（DCS）的工程设计和选型至关重要，决定石油化工企业（装置）基本过程控制系统的安全性、可用性和稳定性。工程设计的成功，需要设计方、用户和 DCS 制造厂的通力合作。选用的 DCS 应当是成熟可靠、经过工程实践和连续运行检验过的、具有良好口碑的产品，DCS 制造厂的整体工程技术水平和工程执行能力能满足工程项目执行的需求。

DCS 工程设计应考虑以下因素：控制对象位置分布合理、系统通信信息安全可靠、异构系统数据互联可靠等。

DCS 设备可按安装的地理位置分为集中布置方式和分散布置方式。

集中布置方式 DCS 主要硬件设备均位于同一建筑物或安装区域内。采用集中布置方式的控制室，DCS 的过程控制站、过程接口单元（如 I/O 模件、通信接口）、操作站、工程师站、各类数据服务器等主要设备，均安装在同一建筑物内。

分散布置方式 DCS 主要硬件设备分别位于不同的建筑物或安装区域内，操作与控制功能分开，以达到分散控制、集中管理的目的。中心控制室（CCR，又名"中央控制室"）结合现场机柜室（FAR）的方式，DCS 基础控制层的主要设备和少量监视控制层的设备安装在现场机柜室内，监视控制层、操作管理层和工厂信息层的主要设备安装在中心控制室内。

DCS 基本构成（见图 6-5-3）包括过程控制站、操作站、工程师站、网络设备及通信系统、第三方系统的通信设备、高级应用服务器等。随着石油化工项目对自动化和管控一体化水平要求的不断提高，DCS 高级应用已经越来越广泛，如智能设备管理系统（IDM）通常与 DCS 集成并直接由 DCS 供应商提供，先进过程控制（Advanced Process Control，APC）、先进报警管理系统（Adavanced Alarm Management System，AAS）、操作员培训仿真系统（Operator Training Simulation，OTS）、操作数据管理系统（Operation Data Management System，ODS）等高级应用软件和平台，也已经逐步与 DCS 融合。

DCS 硬件由控制节点（包括过程控制站及过程控制网上与异构系统连接的通信网关等）、操作节点（包括工程师站、操作员站、组态服务器、数据服务器、IDM 站等连接在过程信息网和过程控制网上的人机接口）及系统网络（包括 I/O 总线、过程控制网、过程信息网）等构成。

过程控制站硬件由机柜、机架、I/O 总线、供电单元、基座和各类模块（包括控制器模块和各种信号输入/输出模块等）组成，实现对生产过程的自动控制和联锁保护。

系统软件包分成两部分：一部分是系统组态软件，主要完成控制系统的组态、控制方案的编制等；另一部分是实时监控软件，主要完成控制系统的监视和控制。

系统组态软件安装在组态服务器和工程师站上，通过对象链接与嵌入技术，构成一个全面支持系统结构及功能组态的软件平台。

系统监控软件安装在各操作员站中，通过各软件的相互配合，实现控制系统的数据显示、控制操作及历史信息管理。系统监控软件可根据操作者的权限，访问与调用工艺流程图、过程参数、数据记录、报警处理、历

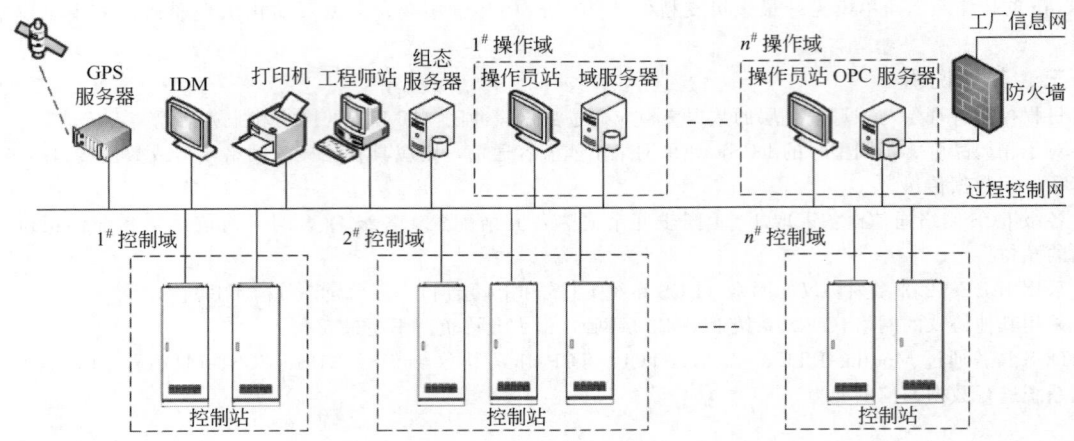

图 6-5-3　DCS 系统基本构成示意图

史趋势以及各种可用数据，并能有效地调整控制回路的输出与设定参数。

DCS 作为最主要的基本过程控制系统（Basic Process Control System，BPCS），直接关系着工艺的连续操作和稳定生产。石油化工企业（装置）本身具有较高的危险性，对 DCS 提出了很高的要求，从各个方面提升可靠性（安全性）和可用性是 DCS 设计、集成、工程实施和长期运行的核心工作。

二、设计原则

为保证石油化工生产装置"安、稳、长、满、优"运行，DCS 遵守独立、冗余、开放、备用和个性化等基本设计原则。

1. 独立原则

DCS 采用局域网（LAN）或虚拟局域网（VLAN）网络结构，将复杂的全厂性网络按照管理需要划分为各个独立的局域网络，即各个独立的 DCS 子系统，分别拥有自己独立的交换机通信网络架构、组态数据库、工程师站、操作员站、历史数据服务器、过程控制站等。

由于同一个局域网中的不同生产装置或单元的开工及运行时间各不相同，且需要进行独自检修，因此在设计 DCS 时注意控制器的独立设置原则，即不同生产装置或单元使用不同的控制器及辅助设备，如安全栅柜、继电器柜、端子柜等。

2. 冗余原则

DCS 下述关键设备采用冗余配置。

① 过程控制网络及其交换机；

② 内部总线及设备；

③ 过程控制站；

④ 控制或联锁用 I/O 模件；

⑤ 系统电源；

⑥ 各种机柜电源单元；

⑦ 网络通信设备；

⑧ 历史服务器。

3. 开放原则

DCS 在采用局域网络结构进行独立设计的同时，还要遵守开放性原则。通过设计配置 HART/FF/PROFI-BUS 等标准协议的接口模件，DCS 能自动采现场仪表设备的过程变量和智能诊断信息。同时，第三方系统（如 SIS、CCS 等）可通过 Modbus 等协议将过程数据和诊断信息传输给 DCS。在 DCS 独立局域网与工厂信息网之间，可以通过 OPC 接口协议及防火墙进行数据传输，从而建立一个全厂性的过程数据平台。

与 DCS 集成的 IDM 系统，除具备标准的 HART 协议功能外，还具备嵌入智能仪表设备诊断软件，如智能阀门定位器的控制阀诊断软件。

4. 备用原则

为保证 DCS 的可用性，采用如下备用原则：

① 每种类型的 I/O 模块在总点数的基础上，增加 15%～20% 的备用点数，包括接线端子等；

② 为新增 I/O 模块及接线端子等提供 20% 的备用安装空间；

③ 控制器的工作负荷最大不超过 50%；

④ 采用工业以太网模式的控制网络负荷最大不超过 40%；

⑤ OPC 服务器的数据规模不超过其最大规模的 50%；

⑥ 可扩展的操作站接口容量通常为 50% 以上。

5. 客户化原则

为方便 DCS 日常维护和检修，满足最终用户的客户化需求：

① 安全栅、电涌保护器、继电器、电源单元、交换机、机柜等配套设备的品牌及规格；

② 机柜、操作台的规格和要求，如风格、颜色、材质等；

③ 操作分组和数据分区规定；

④ 人机界面（HMI）的风格；

⑤ 高级应用软件的客户化定制开发。

6. 集成设计原则

① DCS 是成熟的、经过实际应用检验，有先进可靠的硬件和软件，有成熟、有效的高级应用软件包，具有开放性网络结构，支持 OPC 开放标准，支持 HART、FF 现场总线、无线仪表等通信，便于扩展，操作和工程技术环境标准化，综合过程自动化，满足石油化工企业（装置）大规模生产的过程控制、检测、操作与管理的需要。

② DCS 能实现工艺装置、公用工程单元、储运单元、辅助设施等过程的连续控制、间歇控制、批量控制、开关（离散）控制、复杂控制等功能。DCS 能实现工艺生产过程的控制、检测、操作、报警、数据和事件记录、数据存储等功能。

③ DCS 能实现与其他控制设备或系统的数据通信、显示、报警、数据记录及存储等应用功能。

④ DCS 能通过安全可靠的网络架构，实现全系统的控制、检测、操作、数据处理、数据存储、数据通信等信息集成。

⑤ DCS 所有子系统的负载最大不超过 50%；任一通信子系统或计算子系统都不超出其可用资源（如存储容量、扫描周期等）的 50%；操作站、工程师站和服务器等重要网络设备估算负荷最大不超过 50%。

⑥ DCS 的备品备件：I/O 模块、通信模块以及电源模块的备用量通常为 2%～3%，且每种规格至少备用 1 件；消耗品的备用率不低于 20%；开车备件的种类和数量由 DCS 制造厂推荐并提供。

⑦ DCS 配备全套的操作系统软件、过程控制软件、过程检测软件、系统监控软件、组态软件、高级应用软件及必要的工具软件等，软件的容量按设备的最大配置配备。DCS 配备的过程控制软件、过程检测软件和实时监控软件的容量、控制点数和检测点数包括全部配置及备用设备。

⑧ DCS 设备的力学性能、环境适应性和电磁兼容性应通过"中国国家强制性产品认证（CCC 认证）"或"欧洲统一认证（CE 认证）"。

7. 系统性能

DCS 的性能满足可靠性、可用性、分散性、版本兼容性、电磁兼容性、完整性等设计要求。

在最大限度利用 DCS 系统软硬件能力的情况下，系统内存的占用百分率在工程设计阶段经过 DCS 制造厂估算并设置在合理安全的范围内。DCS 制造厂对存入硬磁盘的格式、图形、历史趋势等数据所占用的系统存储容量百分比进行估算，并设置在合理安全的范围内。

（1）可靠性　DCS 基础控制层各元器件或部件的平均失效时间 $MTTF$ 不小于 100000h，控制器的平均失效时间 $MTTF$ 不小于 150000h，过程控制站的系统总失效率 $\lambda(h)$ 小于 10^{-6}。

DCS 监视控制层设备的平均失效时间 $MTTF$ 不小于 80000h。

平均失效时间 $MTTF$ 是对系统中每个单元的可靠度要求。相对平均失效时间，失效率更能反映系统发生故障的概率和维修成本。

如一套新的 DCS 包含 100 个 I/O 模块，每个 I/O 模块的平均失效时间为 100000h。如果所有 I/O 模块每年连续运行 8760h，那么所有 I/O 模块在 3 年连续运行期间的失效率计算如下：

$$\lambda = \frac{1}{100000} \times 100 \times 3 \times 8760 = 26.3$$

这个失效率表明了该 DCS 在连续 3 年运行期间，I/O 模件可能需要维修或更换的次数大约为 26～27 次。

系统总失效率是对采用串并联结构的系统整体可靠性要求。

DCS 过程控制站的系统总失效率 $\lambda(h)$ 小于 10^{-6} 的含义是指控制站在 1000000h 内发生整体失效的次数为 1 次。

（2）可用性　DCS 基础控制层各元器件或部件的平均修复时间 MTTR（不包括场外元器件或部件的获得时间）小于 4h。

DCS 的过程控制单元、供电单元（电源模块）和通信单元（控制器与 I/O 模件之间交换数据的通信模块）等重要元件失效，会引起系统的整体或部分失效，因此在保证单个元器件失效率满足要求的同时采取冗余配置，以提高整个系统的可用性。

DCS 基础控制层的模件采用在线插拔结构，能在系统工作情况下在线更换。

由于场外部件获得时间要高于场内部件获得时间，故障发生时，为了减少设备维修或更换时间，根据 DCS 各部件失效率的不同确定备件数量。

场内部件获得时间与石油化工企业（装置）的备件管理有关，备件管理尽量减少场内部件获得时间。

场外部件获得时间与石油化工企业（装置）、设备制造的地点，以及货物的供应链有关，石油化工企业（装置）的备件管理应考虑这些相关因素。

（3）分散性　DCS 根据风险分散的原则进行设计。控制器、模件、供电单元、网络设备等根据操作分区、工艺装置、公用工程单元、储运单元、辅助设施等独立设置。

各个独立设置的 DCS 过程控制单元（含控制器、I/O 模件、供电单元等）及其通信单元，不采用集中安装的方式。

当冗余系统中的一个部件发生失效时，由于冗余部件仍然正常工作，可以避免系统发生失效。

如果一个故障源导致工作部件和冗余部件同时发生失效，整个冗余系统出现故障，这种失效称为共因失效。共因失效是影响冗余系统可靠工作的重要原因，因此对于控制系统中重要的单元或模件，不仅从功能上分散设置，还从物理位置上分散设置。

DCS 可采取下列措施减少出现共因失效的概率。

① 物理隔离设计：控制系统的冗余设备遵循物理隔离的原则，可以减少由于环境因素和操作维护错误导致共因失效的可能性：

a. 不同机柜或不同用途的供电系统相对独立，避免集中使用电源；

b. 冗余电源的输入相对独立，如 1∶1 冗余的两个直流电源模块的交流输入分别从两个配电柜的断路器后接出；

c. 冗余的设备安装在不同的机柜或机架中，如冗余的交换机、服务器等分别安装在不同机柜或机架中，冗余的控制器、I/O 模件在条件允许的情况下安装在不同的机架中；

d. 降低元器件和部件的集成度或密度，如尽量减少 I/O 模件的通道数量和交换机的端口数量；

e. 关键设备采用分散布置的安装方式，如将多对控制器分散安装在不同系统机柜中。

② 多样性设计：设计采用不同的设备组成冗余的系统可减少由于部件或操作模式单一化引起的共因失效。采用多样性设计需要注意以下几点：

a. 多样性设计不能降低元器件的可靠性，备用元器件与主元器件的可靠性相同；

b. 在同一系统内，不建议采用不同制造厂的产品来实现多样性设计。

③ 强化设计：强化设计是指通过改变系统设计，提高系统本身对共因失效的抵抗力。

a. 提高 DCS 系统硬件的电磁兼容性以及系统在不同温度、湿度和腐蚀性气体环境下的适应性，扩大硬件适用范围和边界使用条件。

b. 减少系统设计的复杂性，如减少构成系统的元器件和部件数量或种类。

（4）版本兼容性　DCS 的硬件及软件应能做到向低版本兼容。对于版本较早的老系统，如果不能做到与新版本的系统兼容，新版本的系统能采用通信及数据连接设备将新、老系统进行连接，在基础控制层实现数据传输。相同品牌不同系列的 DCS 间也应能实现数据传输。

DCS 软件的维护版本和补充版本应兼容硬件和操作系统，并且兼容时间应与设备运行期一致。目前 DCS 通常采用通用的工业计算机作为操作设备、数据服务设备和网络设备，而工业计算机的软硬件版本更新很快，不同版本间硬件和软件的兼容性对已有 DCS 的设备维护和更新尤其重要。

DCS 硬件和软件版本维护和供应时间不少于 10 年。

DCS 应具备不同版本系统数据交换的兼容性，同一品牌 10 年以内生产的产品通过网络进行连接，并具备进行数据交换的能力。

（5）电磁兼容性　DCS 的抗扰度不低于表 6-5-1 中的要求，并具备在干扰源消失后自动恢复功能的能力。

表 6-5-1　DCS 抗扰度能力指标

干扰类型	干扰强度	强度等级	抗干扰能力	相关标准
静电抗扰度	接触放电 6kV，空气放电 8kV	3 级	B 级	GB/T 17626.2—2006
射频电磁场辐射抗扰度	10V/m，80～1000MHz 及 1.4～2GHz	3 级	B 级	GB/T 17626.3—2006
电快速瞬变脉冲群抗扰度	电源端 2kV，信号端 1kV	2 级	B 级	GB/T 17626.4—2008
工频磁场抗扰度	30A/m	3 级	B 级	GB/T 17626.8—2006

DCS 所有系统部件和辅助部件的电磁辐射限值不高于表 6-5-2 中的要求。

表 6-5-2　DCS 发射限值

端口	频率范围/MHz	限值	基本标准	适用范围	注释
外壳	30～230	30dB(μV/m)准峰值测量距离 30m	GB 4824	①	如果满足 GB 4824 的规定，可以在 10m 距离测量，但限值要增加 10dB
	230～1000	37dB(μV/m)准峰值测量距离 30m			
交流电源	0.15～0.50	79dB(μV)准峰值 66dB(μV)平均值	GB 4824		
	0.50～5	73dB(μV)准峰值 60dB(μV)平均值			
	5～30	73dB(μV)准峰值 60dB(μV)平均值			

① 本表不包括现场测量。

（6）完整性　对于接入 DCS 的信号，不应增加外接功能设备或模块取代 DCS 本身已有的控制、检测、报警、计算和管理等功能，所有相关功能均应在 DCS 内部实现。

外接功能设备是指在现场仪表和控制系统之间接入的、为实现某种特定功能（如温压补偿计算或报警设定）的设备或模块。在信号传递过程中每增加一个串联单元，都会降低整个检测或控制回路的可靠性。如不应为减少 I/O 模件品种，增加额外的信号转换设备。

8. 系统功能

（1）基本功能　DCS 过程控制站能满足石油化工企业（装置）过程控制的功能及速度要求，满足所有过程变量检测的需要。

（2）数据采集和存储　DCS 具有数据采集和存储的功能，可将各种工艺变量、系统参数、操作模式等数据按需要采集并存入存储设备，并可根据需要调用。

（3）报警和事件记录　DCS 具备对过程变量报警任意分级、分区、分组的功能，并根据工艺需要，对所有的过程变量报警设置不同的优先级别。系统能按顺序和时间标记自动记录所有的报警事件、对设定值的改变、报警确认等操作事件。DCS 对过程变量报警和系统故障报警有明显区别，并能记录和输出报警信息、记录报警顺序。DCS 能对报警和事件记录进行分类、过滤、筛选、检索，并具备防止对报警和事件记录的删除和修改功能。

DCS 的报警和事件记录功能，对于现代化石油化工企业（装置）尤其重要。石油化工工艺过程复杂，区别各类报警事件，便于操作人员及时处理异常工况，减少非计划停车。报警和事件记录可用于分析报警过程，分析工艺过程和设备状态，分析和确定事故原因。

（4）故障诊断　故障诊断是 DCS 提高可靠性和可用性的必要手段和措施之一。DCS 应具有硬件、软件故障诊断功能，自动记录故障并实时发出报警。

DCS过程控制管理层故障诊断包括以下内容：中央处理单元（控制器）；I/O模块；通信单元；供电单元；网络通信或网络设备。

（5）系统管理　DCS的系统管理包括系统数据的共享和管理、各设备的在线诊断、网络安全及数据交换的监测、软件数据的维护、组态及修改、图形管理、高级应用程序的维护和管理等。

（6）数据备份　DCS能定期或手动备份软、硬件组态数据和历史数据，并可根据实际需要提供足够的数据备份能力。当系统出现故障时，应具备数据恢复功能。

（7）时钟同步　时钟同步的目的是使DCS内部、DCS与其他第三方控制系统之间的时间标记数据一致。DCS内部应具备时间同步功能，使网络中各个节点的时间标记数据保持一致。在实际应用中，当需要具有时间标记记录数据的第三方控制系统设备或网络节点与DCS同步时，通常采用由DCS提供的时钟同步服务器发布时钟同步信号的方式。

DCS具有同其他控制系统进行时钟同步的硬件和软件，并提供时钟同步服务器和时钟源接收器（通常是卫星天线）。

DCS和第三方控制系统一般采用网络时间通信协议（Network Time Protocol，NTP）。NTP使用世界通用协调时间（Universal time coordinated-UTC），并通过一个连接到DCS网络的时钟同步服务器确保各个控制系统的时钟同步。

我国石油化工企业（装置）中DCS时钟源有北斗卫星导航系统（BeiDou Navigation Satellite System，BDS）和GPS全球定位系统。为提高DCS网络安全性，建议使用北斗卫星导航系统。

时钟同步服务器的授时精度不低于1ms，守时精度不低于$2\mu s/min$。授时精度是指时钟同步服务器向各个网络节点发出时钟同步信号的精度。守时精度是指时钟同步服务器本身在一定时期内的时间准确度。

时钟同步服务器通常设置在工厂的中心控制室。

三、网络安全

DCS网络安全已成为关系安全生产的重要因素。在网络安全的三个主要属性中，控制系统的优先顺序依次为可用性、完整性和机密性。DCS应注重内建安全、边界防护、上位机及移动设备防护、网络安全审计上的系统设计及产品应用。从技术和管理两方面建立网络安全体系，在整个网络安全生命周期内实施网络管理、网络安全和网络运维，建立健全网络安全管理制度，优化改进网络安全。本篇第四章对集成系统的网络安全已做详细阐述。

1. 内部安全

内部安全是指DCS系统厂家DCS控制器有专门的防护设计，抵御某些针对控制器的恶意攻击或过失操作，从而使控制器自身有能力保持安全运行状态。内建安全优先推荐控制器使用专有协议和操作系统，不基于通用系统的自主研发，代码接口不开放，配置内嵌安全盾技术，控制与通信分离，保证控制优先运行。

对于基于通用系统的控制器，在控制器与控制网络间设置硬件防火墙。内部安全遵循IEC 62443标准的"纵深防御"（defense in depth）理念，并通过CE或Achilles的相关认证。

2. 边界防护

边界防护是工业控制系统在数据采集过程中进行数据交换时的安全问题，基于机器智能学习、深度协议数据包解析和开放式特征匹配三大功能引擎，采用特定的安全策略对工控网络进行实时监测与分析，深度分析数据采集协议和数据包，快速剖析其结构与内容，基于安全规则精准发现并主动防御非法数据和异常行为，同时针对数据采集过程中遇到的数据泄露、病毒入侵等威胁进行全方位的监测、过滤和阻断。

边界防护的核心设备是工业防火墙。集成DCS网络的L1和L2层网络之间、L3和L4层网络之间的边界防护尤为重要。

3. 信息安全

为确保信息安全，DCS应具有身份验证和访问控制功能。身份验证是验证用户或设备的访问身份是否与系统定义的身份相符。访问控制是指访问的主体（授权的用户或设备）对被访问对象的控制能力及控制权限（如允许读取、允许写入、允许执行等）。

DCS能根据用户或设备的不同身份赋予不同的权限，防止网络信息资源被非授权的用户使用，并能根据访问权限限制用户或设备对系统的访问。DCS支持数据加密技术。

中心控制室（CCR）与现场机柜室（FAR）之间的DCS网络采用冗余单模光缆进行连接，既可保证信号的传输质量，也可减少外部电磁干扰对 DCS 通信的影响，还可防止外部人员或设备对网络信息进行窃取、干扰和破坏。

DCS 集成网络架构中的各层分级网络之间通过交换机及防火墙进行隔离。工厂信息层的外部管理数据接口不得直接接入 DCS 过程控制管理层网络，应通过数据缓冲区的服务器交换数据。

与 DCS 功能相关的第三方控制系统设备不得直接接入 DCS 的过程控制管理层网络。需要与 DCS 进行数据联系的第三方控制系统设备，如 SIS、GDS、PLC 等，通过 Modbus 串行通信与 DCS 连接，可采用 Modbus-RTU 或 Modbus-TCP 通信协议；若 DCS 和 SIS 同属一个制造厂的产品，在确保控制级网络独立的前提下，SIS 的管理网络可通过网关采用 TCP/IP 方式与 DCS 进行数据传输。

4. 病毒防护

DCS 病毒防护措施主要有硬件防火墙隔离病毒入侵、防病毒软件查杀及抑制病毒等方式。

在 DCS 网络架构中，L3 层硬件防火墙将过程控制管理层与 L3.5 数据缓冲区（DMZ）进行物理隔离，仅允许 L3.5 层的网络设备或节点单向读取 L3 操作管理层的 DCS 数据，没有写入权限，有效防止外部病毒入侵DCS 的过程控制管理层。L3.5 层硬件防火墙将数据缓冲区和 L4 工厂信息层进行物理隔离，工厂信息层的网络设备只能单向读取 L3.5 层的数据，不能直接访问 DCS 过程控制管理层。

防病毒软件应用技术通常有两种，一种是主动式病毒防御软件，也称作"白名单"技术；另一种是被动式病毒防御软件，也称作"黑名单"技术。

"白名单"技术只允许通过验证的程序运行，不允许运行其他程序。这类防病毒软件不需要更新病毒定义文件，可有效减少病毒侵入后对 DCS 的危害。

"黑名单"技术能有效清除各类进入 DCS 病毒程序，避免病毒的潜伏，但其缺点是：一方面病毒定义文件需要不断更新，升级维护比较繁琐；另一方面即便经过严格测试，仍在工程实践中不可避免地出现误杀正常DCS 数据或程序文件的情况，造成不必要的损失。

对于规模较大的 DCS 网络，建议设置专用的防病毒服务器，用于集中制定和管理病毒防护策略，更新病毒定义文件。防病毒服务器应设在 L3 操作管理层及 L3.5 数据缓冲区。对于 L1～L3 过程控制网络，建议采用"白名单"技术进行病毒防护；L3.5 层和 L4 层的人机接口设备，建议采用传统的"黑名单"技术进行病毒防护。

5. 管理制度

为确保 DCS 的安全性，安装在 DCS 设备中的所有软件必须为合法授权的正式版本，不允许安装非法或非正式软件。

DCS 生产厂家应能提供整体解决方案，通过人员资产匹配管理、可信特征库生成、主机接口管理、控制策略配置、自身完整性保护、日志报警等功能，实现对上位机与服务器的全面安全防护。

在 DCS 的过程控制管理层设备中不应安装任何与 DCS 功能和安全防护功能无关的第三方软件，以避免软件应用对 DCS 正常运行造成危害。

不得采用包括因特网在内的外部网络对 DCS 过程控制管理层设备进行软件升级和病毒定义文件更新。

所有人机界面的外部数据接口均应设置操作访问权限措施，未经授权的用户不得使用移动存储设备，包括软盘、移动硬盘、光盘、USB 闪存盘（U 盘）以及磁带机等。DCS 过程控制管理层的所有人机界面的外部数据接口应处于禁止状态，只有在设备需要安装和维护时方可由授权用户解除禁用状态。外部数据接口和移动存储设备可采用软件禁用、封闭或拆除接口硬件以及机箱设锁等方式限制使用。

四、过程控制站（PCS）

DCS 的过程控制站应完成全部的监测、调节、控制功能，包括温度、压力、流量、液位、分析及其他变量的检测、监视，连续控制和复杂控制、顺序控制、批量控制，各种设备运行状态的监视及联锁保护等功能。

1. 控制器单元

（1）功能　除常规 PID 控制外，还应具有比值控制、超驰控制、反馈控制、前馈控制、串级控制、批量控制、顺序控制、分程控制、逻辑运算、数值计算等控制功能和计算功能，还应具有抗积分饱和及 MAN/AUTO/CAS（手动/自动/串级）无扰动切换功能。控制器应具有控制周期为 0.1s 的快速回路控制功能。控制器应具备 PID 参数自整定功能。

控制器应配备标准算法表，并能使用标准算法进行回路控制和计算组态。通常应允许对过程控制站进行在线组态下载。过程控制站还可提供控制画面以及在线和离线测试回路的方法。

控制器能够执行用高级语言编写的控制程序或算法。编程语言应可以对数据库和常规控制硬件进行数据存取。控制器应具有能够执行高级语言程序的技术规格和程序空间，还应有足够的优先级分配、服务频率和时间，保证所有的控制功能的执行周期。

（2）冗余与容错　控制器采用带容错功能的同步 1∶1 冗余配置。同步冗余是为了保证控制器在切换过程中保持输出一致，减少切换过程对工艺操作造成的干扰。相互冗余的控制器均应处理输入数据，同时执行控制运算，由工作控制器控制最终执行元件。当工作控制器和冗余控制器的运算结果不一致时，各控制器的自诊断功能及切换控制模块应具备判断错误位置和选择控制器的能力。

所有冗余控制器应具有在线带电插拔的功能，备用控制器更换后应能够自动从主控制器中下载内存数据。冗余控制器的切换应平稳，不得影响操作员监控或操作，切换应在 DCS 中报警和记录。

控制器系统电源应由冗余 UPS 电源提供，以确保主电源断电时仍能正常运行。控制器应使用配备电池的永久性存储器或随机存储器（RAM），保证组态数据常驻内存至少 72h。

DCS 过程控制站的供电单元（电源模块）应冗余配置并进行均载连接，保证一块供电模件出现故障不会影响系统的控制和操作功能。供电模件故障时，模件切换应为全自动模式，切换应在 DCS 中报警和记录。

2. 过程接口单元

输入/输出（I/O）模件应具备输入信号滤波和非线性输入信号的线性化等功能，所有输入、输出点都应带有信号过载保护功能。

I/O 模件的过载保护主要有两种：一是信号超出工作范围，但仍在模件的正常承受能力内；二是信号超出模件的正常承受能力，但由于采用了过电压保护技术，模件不会发生电气损坏。建议选用具有过电压保护技术的过载保护 I/O 模件。

I/O 模件应具有信号隔离方式和通道间隔离方式，符合 IEC61000 标准的规定；抗电磁干扰（EMI）能力应符合 IEC 60801 标准的规定。

信号及通道间隔离的作用主要有三个：一是提高模件的共模抑制比和共模抑制电压；二是隔断信号的电连接，提高抗干扰能力；三是减少或避免过载电压引起的模件损坏。常用的隔离技术有光电隔离、电磁隔离、电容隔离和继电器隔离等。

（1）模拟量输入模件　模拟量输入模件（简称 AI 卡）应能接收 4～20mA DC、4～20mA DC/HART、1～5V DC 和 0～10V DC 等标准信号，并应有两线制、三线制和四线制的信号制式规格。AI 卡的接线端子尽量采用三端子式，并可通过跳线方式实现接收有源或无源信号。模拟输入的处理功能应能实现在 I/O 模件级完成输入滤波、工程单位转换及对非线性输入的线性化。

（2）模拟量输出模件　模拟量输出模件（简称 AO 卡）应能输出 4～20mA DC、4～20mA DC/HART、1～5V DC 和 0～10V DC 等标准信号。AO 卡输出 4～20mA DC 信号时，应能驱动回路电阻值不小于 750 Ω 的负载，并应具有正向（正作用）和反向（反作用）输出功能。

（3）热电偶输入模件　热电偶输入模件（简称 TC 卡）应能接收采用 IEC 标准分度号的各种热电偶信号，应具备线性化和冷端补偿功能，可设置断线上下限报警。

（4）热电阻输入模件　热电阻输入模件（简称 RTD 卡）应能接收包括铂电阻和铜电阻在内的三线制或四线制热电阻信号，可设置断线上下限报警。

（5）数字量输入模件　数字量输入模件（简称 DI 卡）应能接收开关信号，DI 卡输入信号接口电压通常为 24V DC，并应有"有源"和"无源"两种规格。由 DCS 系统供电（24V DC）检测现场触点的状态变化。

（6）数字量输出模件　数字量输出模件（简称 DO 卡）应输出开关信号，DO 卡输出信号接口电压为 24V DC、220V AC 和 220V DC（一般用于 MCC 开关柜内 6kV 以上电机回路的启动、停止或允许启动触点），并应有供电与非供电两种规格。

（7）脉冲量输入模件　脉冲量输入模件（简称 PI 卡）应能接收脉冲信号，通常脉冲信号的可用频率为 10～5000Hz，电压等级为 4～24V DC。脉冲输入的处理功能应能实现信号的检测、计数、工程单位转换、瞬时流量的计算和流量的累积。

（8）I/O 模件配置原则　I/O 模件应根据工艺装置、公用工程单元、储运单元、辅助设施或控制区域配置。不同应用类型（本安与非本安、模件供电和外供电、不同电压等级等）的 I/O 模件分开独立设置。见表 6-5-3。

表 6-5-3　典型的 I/O 模件最大通道数量要求

I/O 模件类型	AI	AO	TC	RTD	DI	DO	PI	其他
最大通道数量	16	16	32	32	32	16	8	32

注：控制用 AI/AO/DI/DO 卡应按 1：1 冗余配置。

（9）信号接口的电压等级　I/O 模件接口的交流电压等级通常为 220V AC，直流电压等级通常为 24V DC，驱动 6kV 以上 MCC 电机回路的 DO 模件接口电压通常为 220V DC。接入 I/O 模件的外部有源信号，可根据电路的具体情况、模件的耐电压特性以及信号类型采用继电器、信号隔离器或大功率继电器（带磁吹灭弧功能）进行隔离。

（10）冗余原则　用于控制功能的多通道 AO 卡应采用同步 1：1 冗余，同步冗余可保证 AO 卡在切换过程中输出保持一致，减少切换过程对工艺操作造成的干扰。其余用于控制和联锁保护功能的多通道模拟量 I/O 模件应采用热备或同步 1：1 冗余。

冗余的 I/O 模件应为相互独立的模件，不得采用在同一模件中设置冗余电路的方式，也不得采用串联接入额外的信号转换模件的方式来实现 I/O 模件的冗余配置。

3. 通信模件

通信模件（简称 COM 卡）应能接收和输出与第三方设备相关的通信信号。通信模件的通信协议至少应包括 Modbus RTU 和 Modbus TCP，通信接口至少包括 RS-485 和 RJ45。DCS 通信模件应能热备冗余配置。参阅表 6-5-4。

表 6-5-4　典型的与 DCS 通信的系统、通信协议和冗余方案

通信类型	通信协议	备注
SIS(安全仪表系统)通信	Modbus RTU 或 Modbus TCP	双重化冗余配置
GDS(可燃和有毒气体检测系统)通信	Modbus RTU 或 Modbus TCP	双重化冗余配置
CCS(压缩机控制系统)通信	Modbus RTU 或 Modbus TCP	双重化冗余配置
ODS(操作数据管理系统)通信	TCP/IP 或网络	
APC(先进过程控制)通信	TCP/IP 或网络	
AMADAS(在线分析仪管理及数据采集系统)通信	Modbus RTU 或 Modbus TCP	双重化冗余配置
IDM(智能设备管理系统)通信	Modbus RTU/TCP 或网络	双重化冗余配置
MMS(转动设备监视系统)通信	Modbus RTU 或 Modbus TCP	双重化冗余配置

4. 控制站负荷

DCS 控制站负荷通常不应超过额定负荷的 50%。负荷计算时，不同扫描周期的 I/O 点数占总点数的一般比例：0.2s 为 10%，0.5s 为 30%，1s 为 60%。PID 控制模块的数量按各控制站 AO 点数的 2 倍计算，控制周期按 1s 计算。当有快速控制（控制周期为 0.1s）功能需求时，控制器负荷应按快速控制的扫描周期和点数进行计算。

5. 配置原则

过程控制站应按工艺装置、公用工程单元、储运单元、辅助设施或控制区域配置，原则上不同工艺装置、公用工程单元、储运单元、辅助设施（即使是同一操作分区）的控制回路和检测回路配置不同的过程控制站。

DCS 运行异常，装置或单元检修、改造期间，某些装置、单元可能需要对原 DCS 过程控制站内的组态数据重新下载并重新启动，这对于共用一个过程控制站并处于正常运行状态的其他装置、单元会造成影响。由于各工艺装置、公用工程单元、储运单元、辅助设施或控制区域的开工周期、运行时间、检修频率均有所不同，将不同装置、单元（即使是同一操作分区）的控制回路和检测回路配置在不同的过程控制站中可以消除装置、单元之间的相互影响。

对于 I/O 点数较多的工艺装置、公用工程单元、储运单元和辅助设施，为避免控制功能过于集中、控制器负荷过大，可按照过程控制站的处理能力，根据控制、操作要求划分成几个控制区域。

通常控制站的各类 I/O 模件备用通道不小于总通道数量的 15%，I/O 模件插槽预留不小于 20% 的余量。

五、操作站（OPS）

操作站作为 DCS 人机接口，在正常或异常情况下对生产过程进行控制，监视操作数据和状态。操作站应具备操作控制、画面浏览、图形显示、报警、数据处理、数据存储、信息调用、报表调用等功能。操作站的硬件和软件应具有高可靠性和容错性，软件应有恢复功能。

操作站应通过冗余可靠的通信网络与过程控制站实现数据传输。

操作站不得用于软件开发、数据管理以及文档处理等用途。

DCS 从某一输入变化到画面显示该输入变化的平均和最大时间不超过 1s，从操作键入到相应输出变化的平均和最大时间不超过 1s。

1. 硬件配置

操作站的主机通常选用工作站级的工业 PC 机，每台操作站均带主机。操作站由主机、显示屏、操作键盘、跟踪球标或鼠标等组成。

操作站的硬件配置应满足操作站的功能要求。中心控制室或现场控制室内应按工艺装置、公用工程单元、储运单元、辅助设施或操作分区配置操作站。每个工艺装置、公用工程单元、储运单元、辅助设施或操作分区应至少配置两台操作站。同一工艺装置、公用工程单元、储运单元、辅助设施或操作分区的操作站软硬件配置应相同，并互为备用。

当 DCS 采用分散布置方式时，现场机柜室内配置带工程师属性的现场操作站。现场操作站在正常生产状态下设置为只读，用于操作人员在现场监测工艺过程。在网络故障等异常状态下，现场操作站可通过修改权限作为临时操作站。若对网络安全要求更高，现场操作站可采用经 L3.5 层隔离的 Web 客户端的方式设置，采用只读方式访问 Web 服务器。

现场机柜室配置的现场操作站用于装置调试、开工以及异常情况的处理，仅用于临时操作，而不用于正常操作。

鉴于长期操作习惯，很多最终用户选择专用操作员键盘，而不是普通的商用电脑键盘。专用操作员键盘通常采用带覆盖膜保护的触摸式平面键盘，并带有专用键盘、光标控制、触按回声、键锁等功能，如图 6-5-4 所示。

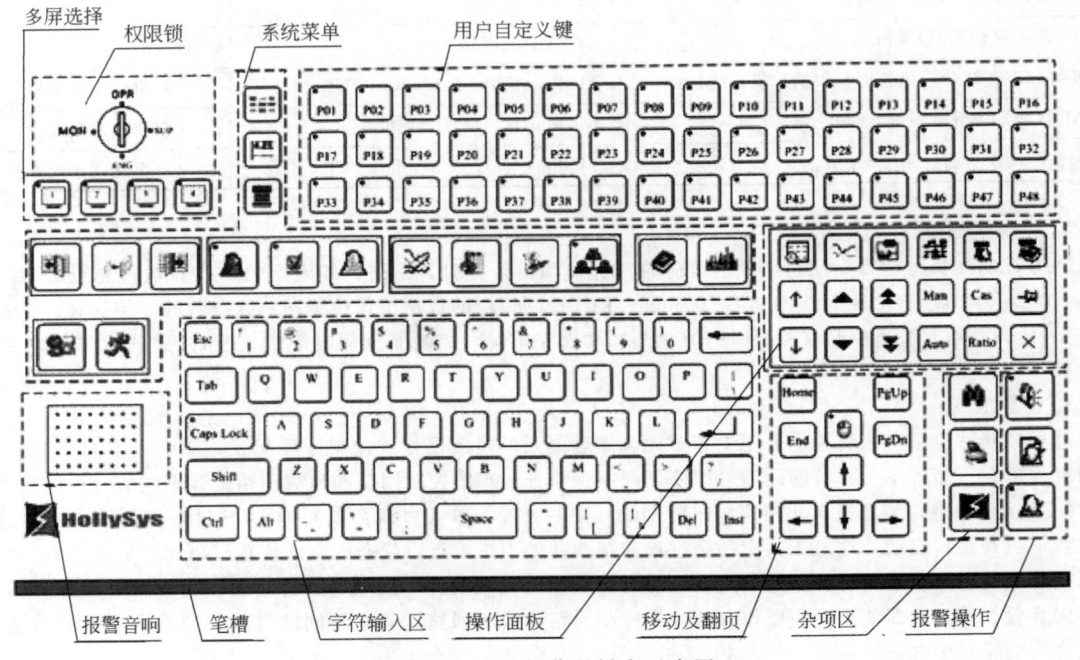

图 6-5-4　专用操作员键盘示意图

操作员键盘功能：选择画面、选择控制方式（手动 MAN/自动 AUTO/串级 CAS）、设定值/输出值的升/降（用光标或数字键）、顺序启动/停止、选择报警组、报警确认及复位、打印屏幕、选择趋势记录和报表等。

操作键盘可对常规控制的参数进行修改。

每台操作站（OPS）应至少能装入 5000 个位号、500 幅流程显示画面和 100 个报表。估算负荷不应超过系统存储、计算、传送能力的 50%。

双显示屏（或单显示屏）普遍采用 24in LCD 的高分辨率彩色监视器，分辨率可达 1920×1080 以上，能支持多窗口显示，并且配备 Ethernet（以太网，TCP/IP 协议）网络接口及相应驱动软件。

操作站打印机用于打印报警、报表等信息。要求打印机每行至少有 132 字符，配彩色（或黑白）汉字激光打印机（A3 或 A4 尺寸纸张），每秒至少打印 120 个字符以上，每分钟可打印 16 页 A4 纸。打印机可以打印报表，并且带测试功能。打印机具有拷屏功能，按操作站的拷屏键即可对该屏幕的画面进行拷贝。打印机产生的噪声应低于 60dB。

建议采用网络打印机，分组设置，组中任何一台操作站均可启动打印机。基于 HSSE 的理念，打印机宜统一配置于打印机室内，以减少对环境和人员的影响。

2. 显示画面

操作站应能显示下列标准画面。

① 菜单画面（总貌画面）：列出该菜单下所有画面的名称及代号。菜单画面（总貌画面）按工艺分区组织。

② 控制分组画面：控制分组画面显示回路和测量指示点的信息，如过程变量值、设定值、输出值、控制方式（MAN/AUTO/CAS）和高低报警（无报警时不出现）等。变量值等实时显示信息可按控制器扫描频率进行刷新。分组可任意进行，并且可以重叠。每一变量至少有 16 个字符的位号名和 32 个字符的说明。操作员可从分组画面调出任意变量（模拟量或数字量）的信息。对控制回路，可以对设定值、输出值、控制方式等进行操作。对数字回路，可发出开启/关闭或启动/停止命令，画面应可显示出命令状态和实际状态（回讯状态）。

③ 回路参数画面：回路参数画面显示任一控制点和检测点的全部信息，如过程变量值、设定值、输出值、操作方式和历史趋势以及整定参数、报警限、算法类型等可由工程师修改的参数。从参数画面也可以对控制回路和指示回路进行操作和调整。

④ 实时趋势和历史趋势画面：实时和历史趋势画面可用不同的颜色和时间间隔在一幅画面上显示至少多个变量，变量可任意选择组合，并有放大和卷动功能。趋势画面包括有一个移动光标线和数据区，显示各趋势曲线与光标线相交处的数字值。趋势画面还可显示分辨点数量、相邻分辨点的时间、最大趋势记录时间以及数据形式，如最大值、最小值、平均值等。

⑤ 报警画面及列表：包括全部的报警点，并可按时间顺序至少列出最近的 500 个报警，包括仪表报警位号、报警内容、报警优先级别（不同级别的报警颜色及符号应有区分）、报警开始和恢复正常的日期和时间等。未经确认的报警点则处于闪烁状态。操作站应具备窗口功能，可将以上几类画面任意组合。

⑥ 操作事件记录：包括操作站编号、操作员名称、操作开始和结束的日期时间，以及操作内容（事件记录）等。

⑦ DCS 系统状态、概貌和诊断信息：所有 DCS 硬件和软件诊断信息应为标准显示，系统故障诊断应自动报警。此类显示画面一般为表格/方块图形式。状态显示应列出各部件（或元器件）的状态、类型、节点号、位置、I/O 地址等。

诊断显示画面应对故障信息进行简洁清晰的描述。

系统状态的所有变化应在事件记录中予以自动记录，显示其日期、时间、状态变化和相关的诊断信息等。

⑧ 流程图：流程图画面显示过程信息，并设有操作窗口，可对任一控制回路进行操作。DCS 应配有 ISA5.5 符号库，用户可指定符号的颜色和背景颜色以及闪烁等。系统还应支持动态符号。

3. 报警功能

操作站应具有完善的独立报警功能，对过程报警和系统故障报警应有明显区别。操作站应能对过程变量报警任意分级、分区、分组，应能自动记录和打印报警信息，记录报警时间分辨率应能精确到 0.1s。操作站应具有对报警记录分类、过滤、筛选、统计和检索的功能。

无论当时操作站屏幕上是何种画面，系统对任一报警都应以音响和突出显示（闪烁、颜色改变等）的方式通知操作员，并且只要一次击键即可调出有关画面。不同优先级别的报警，其音响和突出显示都应有所区分。操作站或打印机上的所有报警都带有日期和时间标记。

操作站不应具有对报警记录的删除和修改功能。

4. 报表功能

DCS 可使用报表生成软件建立和修改报表，并可对报表的各个字段进行组态。报表功能可由程序控制、报警控制和操作员控制启动。报表可指定任一台打印机完成打印。

在工程师站上可以完成复杂运算的报表生成功能，如平稳率报表。所有的超标参数均以不同的颜色显示，并可生成各种统计图形。

系统应能生成以下报表。

① 即时报表（SNAPSHOT）：由指定数字信号触发或操作员启动，打印数据库所有变量的当前值。

② 定期报表：在每小时、每班、每天、每月结束时打印出某些选定点（包括计算变量）的数值。变量数值类型分为采样值、平均值和累计值。报表设有报表标题、列标题、变量代号、变量说明、工程单位等信息。小时报表在每小时结束时自动打印。班报表（8h）在每班操作结束时自动打印。日报表（24h）可选择在每天某个固定时间（如上午 8:00）自动打印。

③ 报警汇总报表：可打印出最近 500 个系统报警和过程报警。

④ 操作记录报表：可打印出最近一周的操作记录，包括操作站编号、操作员名称、操作开始和结束的日期时间以及操作内容（事件记录）等。

⑤ 系统维护报表：可列出全部系统报警的诊断结果，并标有故障日期及时间和恢复正常状态的日期及时间。

5. 操作安全

操作站应具备不同级别的操作权限，不同操作区域或数据集合拥有不同的操作权限。操作站操作级别通常分为操作员、管理员、工程师三级，操作级别的权限通过设置密码或钥匙的方式限定。操作员的操作密码和权限应由系统管理员设定和修改。系统还应提供操作站通用读写接口设备的屏蔽或限制措施。

DCS 应有操作员记名和口令询问措施，并能将其操作开始和结束的时间、操作动作等记录下来存档。系统设计应使画面选择和操作击键尽量简化。

DCS 应能防止切换操作对工艺生产过程的冲击，例如无扰动地进行控制方式（MAN/AUTO/CAS）切换等。系统应有设定点检查和过程变量（PV）值和输出（OP）值 5%～95% 边界检查功能。

六、工程师站（EWS）

工程师站用于 DCS 管理和组态维护及修改的人机接口，应具有如下功能：

① 系统测试与诊断；

② 硬件的组态和功能定义；

③ 控制软件的编程、组态与下载；

④ 可运行操作站软件，并可通过修改用户权限兼作操作站。

工程师站不应用于软件开发、数据管理以及文档处理等用途。

1. 硬件配置

工程师站的硬件配置和性能通常高于操作站的配置要求。

当采用分散布置方式时，现场机柜室配备现场工程师站，至少配备一台现场工程师站，该工程师站可通过修改用户权限的方式兼作操作站。

2. 组态管理

工程师站的组态应用程序应具备如下功能：

① 系统结构定义组态；

② 数据库组态；

③ 控制回路组态；

④ 程序编辑和编译；

⑤ 画面绘制和生成；

⑥ 过程变量的零点、量程及报警限设定；

⑦ 报表组态和生成；

⑧ 组态下载；

⑨ 组态在线修改；

⑩ 过程变量和实时趋势监视；

⑪ 参数修改。

组态数据库可采用中心控制室集中方式，也可采用按照操作分区独立方式。前者便于集中管理，后者便于分区管理并分散风险。

工程师站（EWS）应能实时监视过程变量和过程趋势点，采样分辨率一般设为 2s。趋势显示至少包括 5 个趋势点，每点至少包括 120 个采样点或至少有 2min 的周期时间，新数据将旧数据向左推移（polling scheme）。工程师站应能同时进行参数调整，如修改控制常数和滤波常数等。

3. 高级语言环境

工程师站通常提供高级语言开发环境和多任务执行环境。高级语言应可对各个控制站、操作站进行数据读取和发送。

七、历史服务器

DCS 历史服务器，又称历史数据服务器或历史工作站，能存储与管理生产过程数据（历史、实时）、报警记录和事件记录。历史服务器通常按照工艺装置、公用工程单元、储运单元、辅助设施或操作分区设置，一般位于 DCS 网络架构的 L2 监视控制层上，其所在分区或 DCS 局域网（LAN）内的操作站均能随时调用相应的历史趋势和数据。

历史服务器通常采用冗余 SCSI 硬盘和 ECC 校验内存，满足历史记录的功能要求。典型数据存储单元的存储能力如下：

① 存储过程变量的数量不少于所有 I/O 点数的 4 倍；

② 模拟量类型数据存储的最小间隔周期不大于 1s；

③ 每一过程变量存储的数据量不少于 200000 字节；

④ 存储时间不少于 180 天。

历史服务器硬盘上保存的图形、历史趋势及其他数据的格式和系统占用的存储能力百分比应进行估算，空余空间应大于 50%。

对于大型联合装置，原则上每个 DCS 局域网内采用两台历史数据服务器的方式存储历史数据，并采用数据库冗余方式配置。同一工艺装置、公用工程单元、储运单元、辅助设施或操作分区的历史数据，存储于同一历史服务器中。

在工艺装置、公用工程单元、储运单元、辅助设施或操作分区规模较小时，可采用 DCS 的工程师站或操作员站兼作历史工作站，每个历史工作站应存储该工艺装置、公用工程单元、储运单元、辅助设施或操作分区完整的历史数据。

历史服务器的软件应为数据库型，应具备数据库管理和操作的功能，能记录存储过程变量、报警记录和事件记录。历史服务器软件还应具有数据处理和统计运算的功能，能按需调用数据、显示曲线、显示统计、制图及制表等。

八、系统安装

DCS 设备的选择和安装应根据设备所在的环境条件，并应符合 GB/T 16895.18 表 51A 中的要求。

DCS 控制器、I/O 模件应符合 ANSI/ISA-S71.04 标准规定的 G3 等级环境的防腐要求。

安装在室内的 DCS 控制器、模件应能在环境温度 0～50℃ 和相对湿度 10%～90% 的条件下正常工作。DCS 的安装条件应满足第五篇第一章的要求。

DCS 机柜或机箱不得安装在爆炸性气体环境 0 区和 1 区内。

DCS 制造厂负责提供各设备的热负荷、是否需要强制通风冷却以及在环境条件下的最大连续工作时间和各设备连续运行的最大安全温度，推荐操作室和机柜室的照明条件（勒克斯照度）以及防止屏幕反光的措施。

DCS 应采用等电位接地方式，DCS 对接地电阻要求不应小于 4Ω。

九、系统供电与接地

DCS 采用 UPS 电源规格为单相 220V AC、50Hz 中性线接地的电源。输出电压 220V AC，输出频率 50Hz ±0.5Hz，输出波形（正弦波）失真度小于 5%，切换时间小于 5ms。

DCS 应配置双路供电系统，保证同时接收两路 UPS 电源供电，只要有一路电源能供电，过程控制站等应能持续不断地工作。

过程控制站直流供电单元（电源模块）冗余配置（电源输出电压的可变范围为 ±10%）。正常操作时每个电源的负载不超过其能力的 50%；在维护时可移去任一电源而不影响对整个系统（包括扩展的部分）负载的供电。若有一电源模块出现故障，则其冗余电源能自动接上，同时向操作员发出系统报警。任一单个电源模块故障都不会影响模件的供电。

不同控制器的直流供电单元应分别配置。

直流供电单元的冗余配置是为了保障 DCS 供电系统的可靠性和可用性。直流供电单元一般采用 $N+M$ 冗余结构，即 $N+M$ 个电源模块同时给系统供电。N 表示正常工作时电源模块的数量，M 表示冗余模块数量。采用 $N=M$ 的配置是可靠性与经济性的最佳平衡点。

电源模块应采用分散分配方式，建议 N 和 M 都取值为 1。对于需要高可靠性和高可用性的场合，也可采用 $M=N=2$。

DCS 应配有电源监视设备，对直流电源输出电压进行检查。任何直流电源故障都应有相应的报警和保护措施，并将报警信号接入到 DCS 模件中。

直流供电单元配电应采用熔断器型配电端子或低压配电器。电源模块应带有熔断丝作为短路保护，并带有过载自动断电保护（限流保护电路）和过电压保护电路。电源故障除有系统报警外，还应有就地指示（发光二极管）。

DCS 应配有自动隔离稳压器，防止电源波动对系统的干扰。

DCS 通常设置独立的 UPS 交流配电柜，为同一安装区域内的控制系统（如 DCS、SIS、GDS、CCS、MMS、PLC 等系统）供电。

各交流用电设备应分别设置断路器或熔断器，用于短路和过负载保护，严禁混用。非安全电压（大于36V）设备和器件应带有明显的警示标识和必要的防护措施。

DCS 的直流电源与其他仪表（如安全栅、信号隔离器、继电器、现场仪表等）的直流电源应分别配置。给现场仪表供电的直流电源装置应按 1∶1 冗余配置。

DCS 通常还会设置非 UPS 交流配电柜，用于为同一安装区域内的 DCS 和其他控制系统机柜的风扇、照明灯具和维修插座供电。

DCS 系统的接地设计详见第五篇第六章的要求。

十、辅助设备

1. 辅助操作台

辅助操作台安装开关、按钮、报警显示等操作设备，这些辅助操作设备根据操作需要，硬接线连接至DCS、SIS、GDS、CCS 和 PLC 等系统。辅助操作台的外形、尺寸及颜色宜与 DCS 操作台相同。辅助操作台宜按照工艺装置、公用工程单元、储运单元、辅助设施或操作分区独立配备。

2. 机柜

根据各工艺装置、公用工程单元、储运单元和辅助设施的控制范围，按 I/O 点总数配置相应的过程控制单元及机柜。

不同工艺装置、公用工程单元、储运单元和辅助设施的 I/O 模件、控制器等，应分别安装在不同机柜内。

DCS 的系统机柜应与 SIS 或其他第三方控制系统的机柜分别独立设置。

机柜应采用钢制材料，一般规格为 2100mm（含底座）×800mm×800mm（高×宽×深），最大宽度不宜超过1200mm。服务器机柜规格通常为 2100mm（含底座）×600mm×1000mm（高×宽×深）。可以根据需要采用多拼柜型式。

各类机柜应留有 20% 的备用安装空间。

室内安装机柜的防护等级不应低于 IP30。半露天厂房内安装的机柜防护等级不应低于 IP54。室外安装机柜的防护等级不应低于 IP65。

机柜内的照明、风扇等辅助设施的电磁辐射极限值应符合本章表 6-5-2 中的要求。

机柜内的风扇宜通过柜内温度控制启停。

3. 安全栅

安全栅所在机柜一侧除接线端子和 I/O 接口模块外，不宜安装隔离器、继电器等其他非本安信号接口设备。安全栅可采用底板安装或导轨安装方式。

4. 电涌防护器

电涌防护器应采用金属导轨安装型，并应以此导轨作为接地汇流条。

5. 继电器

通过继电器向外供电的电源应与 DCS 系统电源分别独立设置。

继电器的线圈侧或触点侧采用非安全电压时，继电器均应独立安装，不应与其他安全电压用电设备安装在机柜的同一侧，并应在机柜外设置明显的标识。

6. 打印机

打印机应能实现操作站、工程师站等人机接口进行屏幕打印、图形打印、报表打印和报警打印的要求。打印机采用网络打印机。

7. 辅助设备

DCS 的辅助设备包括信号分配器、信号隔离器、直流供电单元（冗余配置）、系统电缆、柜间 Plug-in 电缆、空气开关、供电断路器、接线端子等。

根据不同的用途需求选用 DCS 辅助设备，DCS 系统集成阶段进行合理的配置。

第四节　分散控制系统集成化设计

石油化工工艺生产装置、公用工程和辅助设施通常采用 DCS 进行过程控制和检测，实现集中操作。SIS、GDS、CCS、MMS、TAS 等用于安全联锁、气体检测报警、机组控制和管理、罐区自动化等控制系统，逐步得到广泛应用。目前石化工厂广义的集成系统不是单一的分散控制系统（DCS），而是由若干个控制系统集合而成，通常包括：分散控制系统（DCS）；现场总线控制系统（FCS）；安全仪表系统（SIS）；智能设备管理系统（IDM）；可编程逻辑控制器（PLC）；压缩机控制系统（CCS）；可燃和有毒气体检测系统（GDS）；转动设备监视系统（MMS）；罐区自动化系统（TAS）；操作数据管理系统（ODS）；先进报警管理系统（AAS）；先进过程控制（APC）；操作员仿真培训系统（OTS）；控制性能监控系统（CPMS）；在线分析仪管理及数据采集系统（AMADAS）。其中 DCS、FCS、SIS、GDS、PLC、CCS、MMS、TAS 等系统是涉及石油化工企业正常生产运行的基本控制系统；IDM、ODS、AAS、APC、OTS、CPMS、AMADAS 等系统属于工厂精益管理的高级应用系统。图 6-5-5 为 DCS 集成化设计示意图。

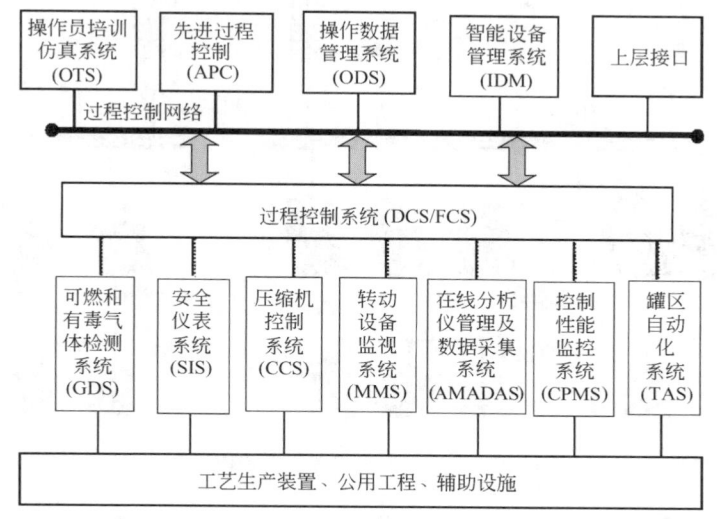

图 6-5-5　DCS 集成化设计示意图

分散控制系统在设计和实施时，不仅对 DCS 自身的过程数据和智能设备信息进行采集、处理和控制，而且要集成第三方控制系统的过程数据和设备数据，以建立全厂统一的过程数据库和智能设备诊断系统，并且通过 OPC 等通信协议为全厂信息管理系统和生产调度系统提供数据。

为保证不同控制系统之间的时间一致，须设计面对所有控制系统的时间同步方案。

一、基础控制层和监视控制层网络设计

DCS 集成网络架构中，L1 基础控制层和 L2 操作监视层应按照操作或管理进行网络分区，划分为不同的

子网（局域网，LAN）或虚拟局域网（VLAN）。

DCS 局域网通常按照不同的工艺装置、公用工程单元、储运单元、辅助设施或操作分区进行划分，除远程 I/O 或远程控制站外，局域网内的 L1 层设备尽可能位于同一个 FAR 内。

如果同一个 FAR 内有两个或以上规模较小的工艺装置或公用工程单元的 DCS 系统，在满足工艺操作和管理的前提下，有时将这两个或以上工艺装置或公用工程单元 DCS 系统的 L1 和 L2 层纳入到同一个 DCS 局域网内，共用工程师站、区域服务器、历史服务器和 L2 层交换机等 DCS 设备，在 DCS 局域网内按照工艺装置或公用工程单元划分虚拟局域网（VLAN）。VLAN 的划分通常在 L2 层交换机上实现，L2 层交换机选用支持划分 VLAN 的设备（如带路由功能的交换机）。

L1 基础控制层主要包括过程控制站（控制器）、过程接口单元（如 I/O 模件、通信接口）等设备，执行石油化工企业（装置）监测、控制和报警等功能。

L2 监视控制层主要包括工程师站、操作站、区域服务器、历史服务器及 L2 交换机等设备，执行对生产过程的操作监控。

1. DCS 内部网络基本结构

DCS 网络通常由过程信息网、过程控制网、I/O 总线构成，参阅图 6-5-6。

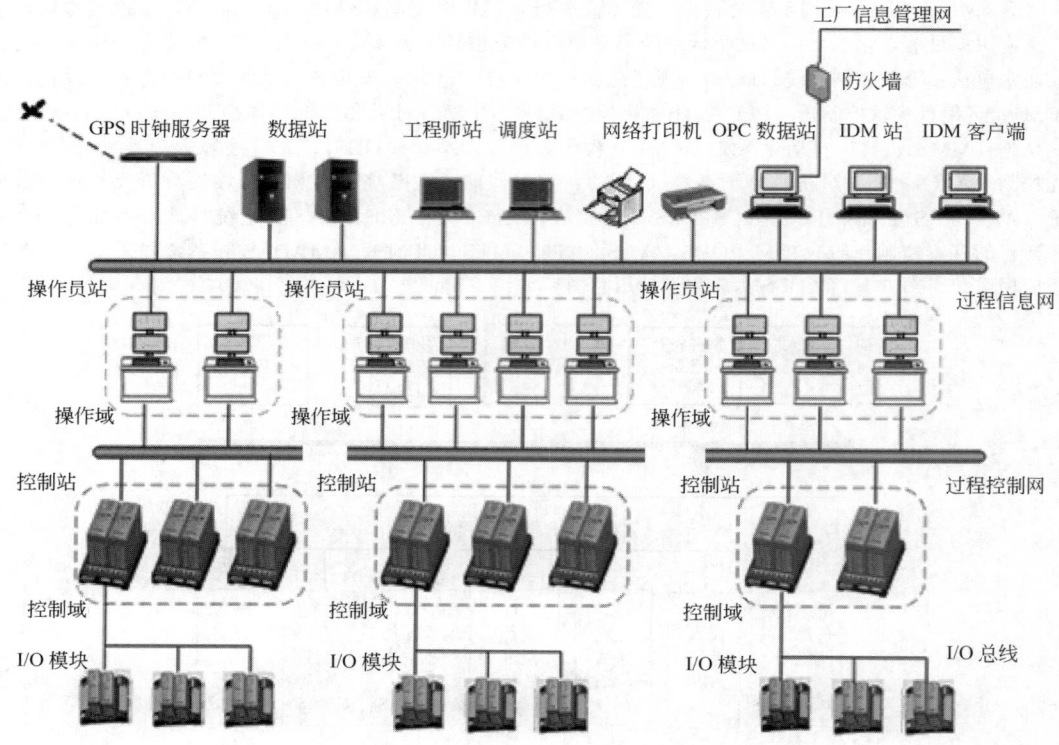

图 6-5-6　DCS 网络基本结构

过程信息网连接控制系统中操作节点，包括工程师站、操作员站、数据站等，在操作节点间传输历史数据、报警信息和操作记录等。过程信息网上各节点通过各操作域的数据站访问历史信息、报警信息等，并下发操作指令，经 OPC 接口和防火墙向上发送数据到工厂信息网。过程信息网基于 1000Mbps 工业以太网，支持总线型、星形等拓扑结构。

过程控制网连接工程师站、操作员站、数据站等操作节点和控制节点，在操作节点和控制节点间传输实时数据和各种操作指令，高速、可靠、稳定。过程控制网基于 100Mbps/1000Mbps 工业以太网，支持总线型、星形等拓扑结构，支持冗余配置。

I/O 总线用于控制器和各类 I/O 模件、通信模件、总线通信模件、串行通信模件等的连接，支持冗余配置，它基于 100Mbps 工业以太网或制造厂自身协议构建。

2. 现场层总线网络

（1）Modbus 总线网络　Modbus 设备与 DCS 通信模式有两种：Modbus 设备与 DCS 控制器连接、Modbus 设备与通信接口站连接。

现场 Modbus 设备与 DCS 控制器连接通过串口通信模件实现，控制系统通过控制器实现对现场设备的统一监控，如图 6-5-7 所示。

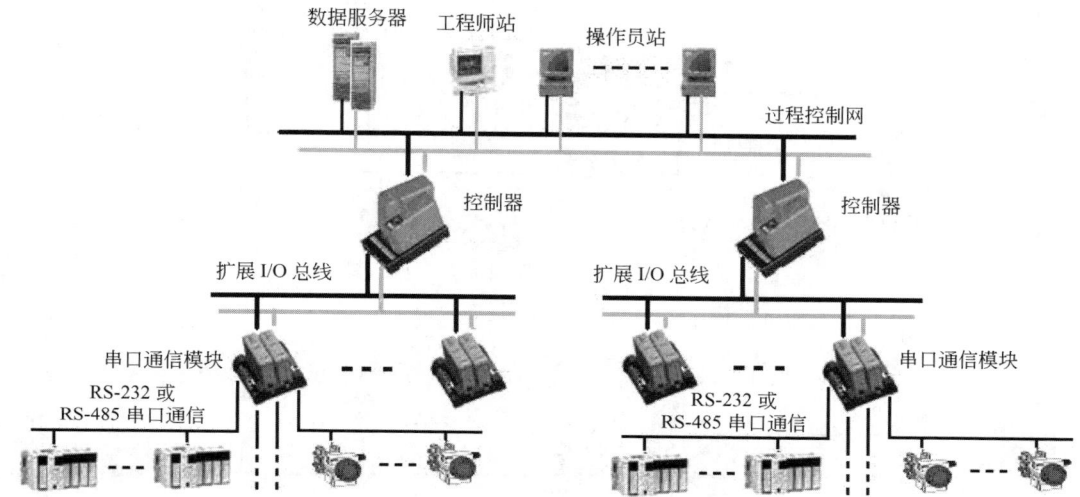

图 6-5-7　Modbus 设备与 DCS 控制器连接模式

Modbus-RTU 通信标准包括 RS-485 通信和 RS-232 通信。在选择 RS-485 通信时，默认为 RS-485 半双工通信，通信线采用＋、－两线制接线方式；RS-485 全双工通信需要转换成半双工通信接入 DCS，将全双工通信的 RX＋、TX＋两根线短接作为信号＋端，将 RX-、TX-两根线短接作为信号－端，合并成两根线后接入DCS；RS-232 通信方式采用三线制接法，接线端子包括收发端 RX、TX 和接地端 GND。

Modbus-TCP 通信标准采用标准以太网结构与现场设备连接，除与需通信设备的连接方式不同外，网络架构与 Modbus-RTU 一致。

现场 Modbus 设备与通信接口站连接模式通过串口服务器实现。设备数据通过通信接口站接入到过程控制网中，如图 6-5-8 所示。

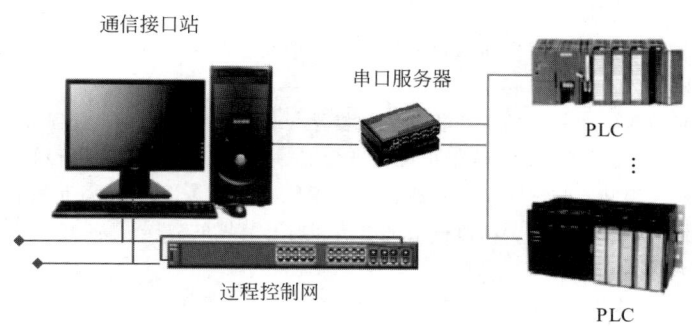

图 6-5-8　Modbus 设备与通信接口站连接模式

目前 DCS 制造厂主要采用在控制器下配置 Modbus 串口通信模件的方式。采用串口服务器模式在价格上具有一定优势，有部分 DCS 制造厂采用。

（2）FF 总线网络　FF 是双向、多节点、全数字通信的数据总线，实现现场 FF 设备之间及现场 FF 网段

（Segment）与控制系统（DCS/FCS）之间的数据通信。FF H1 是 FF 低速总线，采用总线供电方式。FF 总线接入模式如图 6-5-9 所示。

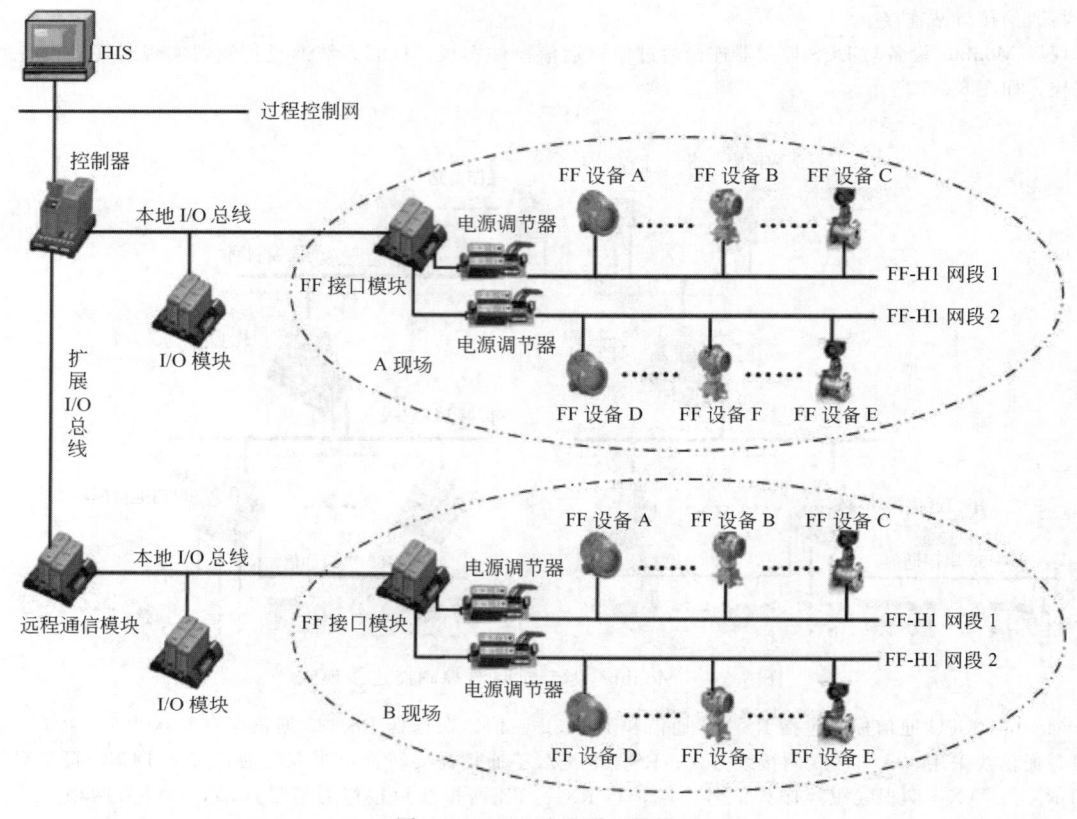

图 6-5-9　FF 总线接入模式

（3）PROFIBUS 总线网络　PROFIBUS 接口模块一方面作为 PROFIBUS-DP 系统的主站，和标准 PROFI-BUS-DP 从站通信；另一方面又是 DCS 扩展 I/O 总线节点之一，通过基于冗余工业以太网的扩展 I/O 总线与控制器通信。DCS 添加 PROFBIUS 接口模块后的总线接入模式如图 6-5-10 所示。

3. 网络分域及集成

通过网络分域（纵向分层、横向分域），划分安全边界，并采取"总分"域隔离的措施，实现全局工程师站、全局监视站对各个装置（或局域网）DCS 设备的监控，但装置间网络安全隔离，实现区域间的安全隔离，阻止外部攻击或病毒长驱直入。

网络结构具体特征是包含多个并列的生产装置，各装置（或子单元）间生产过程 I/O 相互完全独立，不存在任何形式的通信；只在 CCR 对各装置（或子单元）进行统一监控，如图 6-5-11 所示。

全局工程师站、全局监视站、时钟同步服务器和网络管理服务器等 DCS 设备布置在公共域，每个装置单独一个域，公共域内的全局工程师站、全局监视站可以访问所有装置的数据。

4. DCS 与 SIS 一体化设计

近年来一些 DCS 制造厂已开发应用 DCS 和 SIS 一体化的产品，如图 6-5-12 所示。为保证 SIS 的安全功能独立，SIS 首先通过冗余工业交换机组成安全网络，独立实现安全功能。另外，SIS 通过控制器或通信模件的控制网接口（TCP/IP 或 MODBUS TCP）与 DCS 控制系统网络连接，实现信息共享。在这种模式下，SIS 控制器或通信模件应分别设置独立隔离的控制网和安全网接口，否则，需设置网关将控制网与安全系统网络隔离。

SIS 系统内的 HART 信号可以通过 SIS 内部与其控制网相连的总线连接至 IDM。DCS 与 SIS 一体化设计

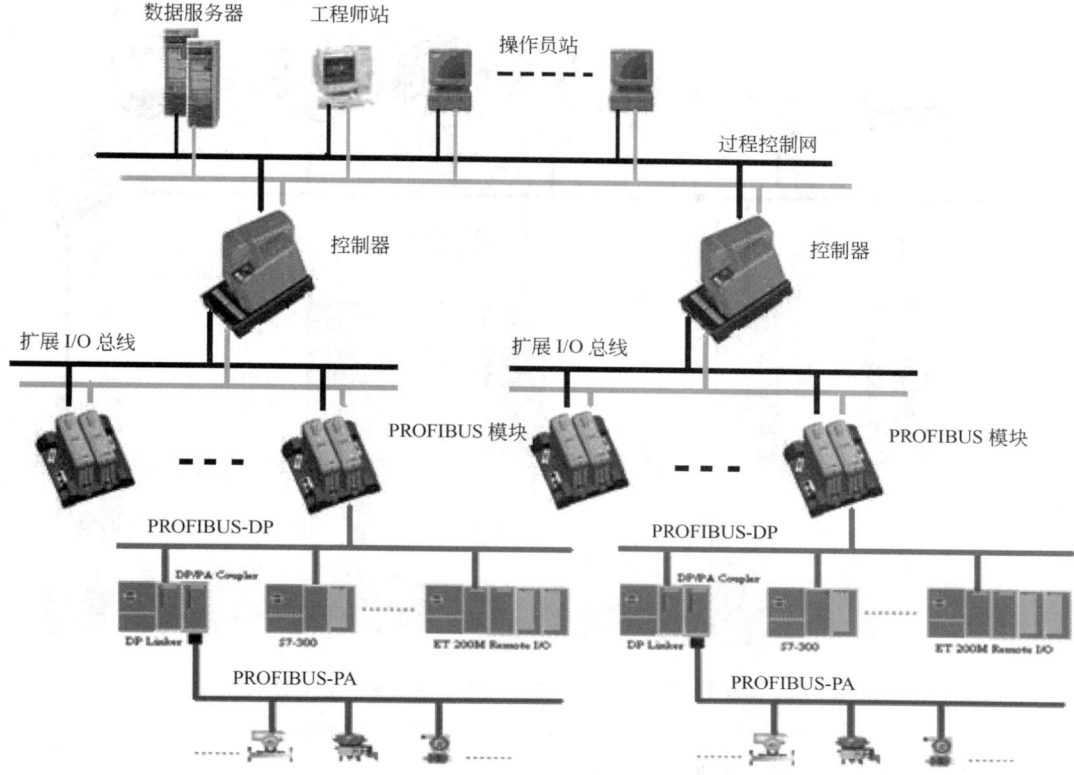

图 6-5-10　PROFIBUS 总线接入模式

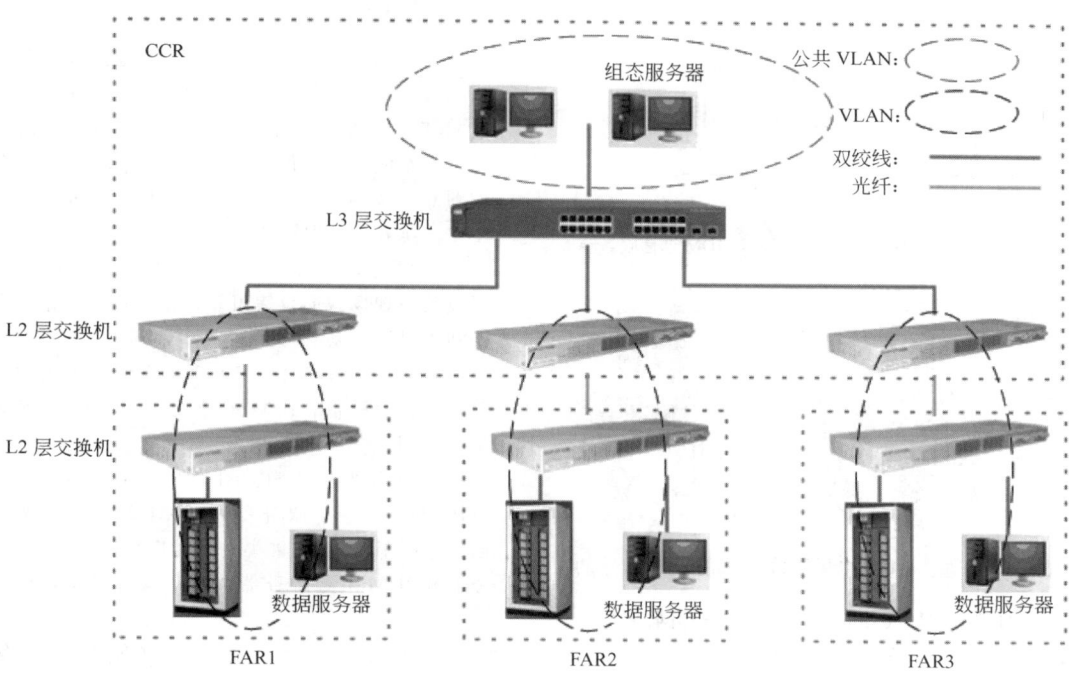

图 6-5-11　网络分域设计

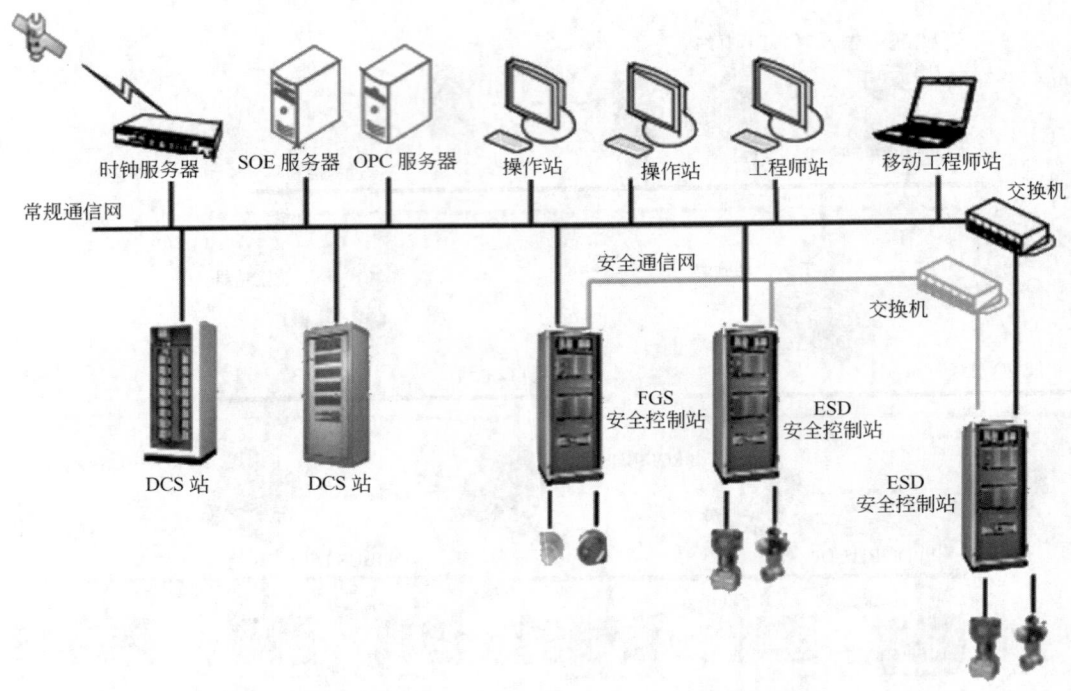

图 6-5-12　DCS 与 SIS 一体化设计方案

的方案可实现信息无缝集成、提高工程实施效率，但要高度重视网络安全问题。

5. 智能设备管理系统（IDM）集成设计

DCS 集成的 IDM 服务器连接过程控制网和过程信息网，通过 DCS 过程控制站与现场智能仪表交互信息，或通过转换器及 I/O 模件采集现场智能仪表信号。IDM 客户端通过过程信息网查询设备信息，如图 6-5-13 所示。

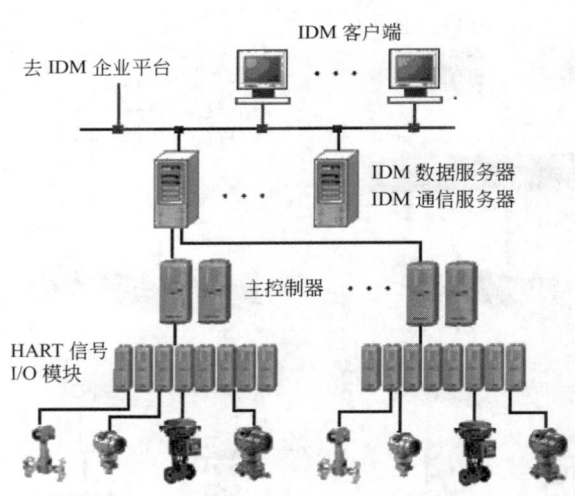

图 6-5-13　通过 DCS 控制器接入智能仪表信号的模式

第三方系统的 HART 智能仪表信号通过 HART 多路信号转换器采集后送入 IDM。目前 HART 多路信号转换器信号进入 IDM 有两种结构：一是使用串口设备服务器直接进入 DCS 网络，如图 6-5-14 所示；二是通过在 IDM 服务器上安装 RCI 转换卡来实现智能仪表数据的接入。

IDM 可以为现场智能变送器、智能阀门定位器及其他现场智能仪表设备提供维护、校准、预测诊断工具及设备管理。

IDM 支持 HART、FF 现场总线、无线 HART 等智能仪表设备。IDM 系统硬件平台与 DCS 硬件平台相同。

IDM 有两层结构：浏览客户层（客户端）和应用/数据库层（服务器）。IDM 系统网络架构中通常包括 IDM 数据采集站（客户端）、IDM 区域服务器和 IDM 中心服务器及客户端等设备，属于典型的客户端-服务器（Client-Server，C-S）网络结构。

以分散布置方式的 DCS 为例。通常各 DCS 局域网分别设置 IDM 区域服务器及 IDM 数据采集站（客户端），其中 IDM 区域服务器通常位于 CCR 内 L2 层网，IDM 数采站通常位于 FAR 内 L2 层网；在 CCR 内 L3 层网设置 IDM 中心服务器及若干客户终端。IDM 系统网络架构详见第六篇第八章。

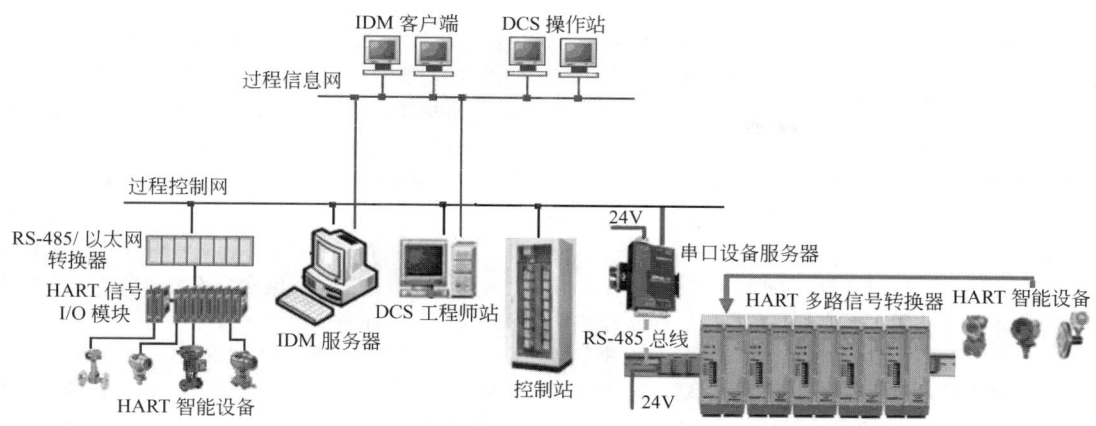

图 6-5-14　通过串口设备服务器接入第三方系统 HART 信号的模式

IDM 数采站（客户端）作为 IDM 系统及区域服务器的人机操作接口，主要用于现场智能仪表的维护，其主机通常为工作站或工业控制机，其硬件配置和性能不低于工程师站的配置要求，主要运行 IDM 设备管理软件。

IDM 区域服务器同时兼作所在 DCS 局域网内的数据服务器和通信服务器，有足够的硬盘储存所有操作 IDM 系统所需的软件，如 IDM 软件、应用软件等以及用于存储、显示和报表用的数据文件。IDM 服务器常采用硬盘冗余的配置方案。

IDM 区域服务器提供以下功能：

① 与现场智能仪表设备进行通信；

② 储存现场智能仪表设备的组态和校准数据；

③ 现场智能仪表设备诊断；

④ 与 DCS 网络集成；

⑤ 具备第三方诊断软件（如阀门定位器和变送器）嵌入功能，实现控制阀在线诊断管理功能；

⑥ 至少支持 20000 个智能仪表设备（HART、FF 现场总线等）；

⑦ 文件备份及存档。

IDM 获取任何与其进行通信的现场仪表或阀门定位器的所有信息，从数据库中读取时响应时间不超过 2s。IDM 服务器数据下载不影响 IDM 正常工作。

现场智能仪表通过带有 HART 协议或 FF 现场总线基金会协议的仪表信号与 DCS 进行通信，IDM 区域服务器接至 DCS 局域网并且通过 DCS 与现场仪表通信。

对于 SIS 和其他系统，现场智能仪表连接至带 HART 协议的多路转换器，多路转换器通过 RS-485 接口与 IDM 服务器相连。通信协议通常采用 Modbus-RTU。

IDM 中心服务器的主要作用，是将各 DCS 局域网内 IDM 区域服务器的数据库汇总，并进行各种文档处理。IDM 中心服务器的客户端便于仪表工程师管理全厂的智能仪表设备。IDM 中心服务器的硬件配置和性能不低于区域服务器的配置要求。

在工艺装置、公用工程单元、储运单元、辅助设施或操作分区规模较小时，IDM 中心服务器和区域服务器可以合并。

在工厂调试完成后，IDM 系统的备用容量不低于 50%。

二、操作管理层网络设计

L3 操作管理层通过 L3 层交换机（带路由功能）星形连接方式将 L2 层各 DCS 局域网汇聚，执行全局生产操作管理。L1 层和 L2 层网络为各 DCS 局域网，L3 层网络为 DCS 主干网。

L3 操作管理层主要包括全局 DCS 工程师站、全局工艺工程师站、IDM 中心服务器、全局网络安全监控站（或全局网络管理服务器）、防病毒服务器、L3 层交换机（带路由功能）及防火墙（隔离 L3 层和 L3.5 层）等设备，并通过星形连接方式将 L2 层各 DCS 局域网汇聚，可执行全局操作管理，可对 L2 层网络分区内的所有装置进行组态维护，查看和调用各分区装置的实时数据、监控画面、趋势和报警等。

1. 时钟同步设计

硬件时钟同步服务器背面安装有可扩展网络插槽，可以根据项目需求配置一定数量的插卡模块，每个模块提供两个完全独立的网络端口，每个端口可根据实际需求设置 IP。例如，NTP1 端口给系统 1 使用，NTP 2 端口给系统 2 使用，NTP 3 端口给系统 3 使用等。三个端口的 IP 地址应设置相同，即使用同一个时钟源，网络完全独立，可以根据各个系统的需求设置不同的静态路由。对于超大规模的网络结构，如三组独立的各自拥有不同 VLAN 的集成区域网络，三个端口还可分别连接到三台扩展交换机上，通过交换机的扩展端口连接到各个区域中需要同步的控制系统，如 DCS、SIS、GDS、CCS 等。

在 DCS 内，硬件时钟同步服务器通常连接至 L3 层网络上，作为整个网络的主时钟同步服务器。每个局域网可配置多台时钟同步服务器，但同一个时刻只有一台为主时钟同步服务器，其他作为备用。由于主时钟同步服务器域地址最小，所有操作节点和控制节点都通过控制网向其进行时钟同步。

由于硬件时钟同步服务器及其天线等附件通常安装在 CCR 内，SIS、CCS 等在 CCR 内具备网络节点的第三方系统，可以通过网线连接至硬件时钟同步服务器的端口或者其扩展交换机端口。其他由 DCS 集成的系统，如 IDM、CPMS、AAS、ODS、APC 等，DCS 应具备 OPC 授时功能。参阅图 6-5-15。

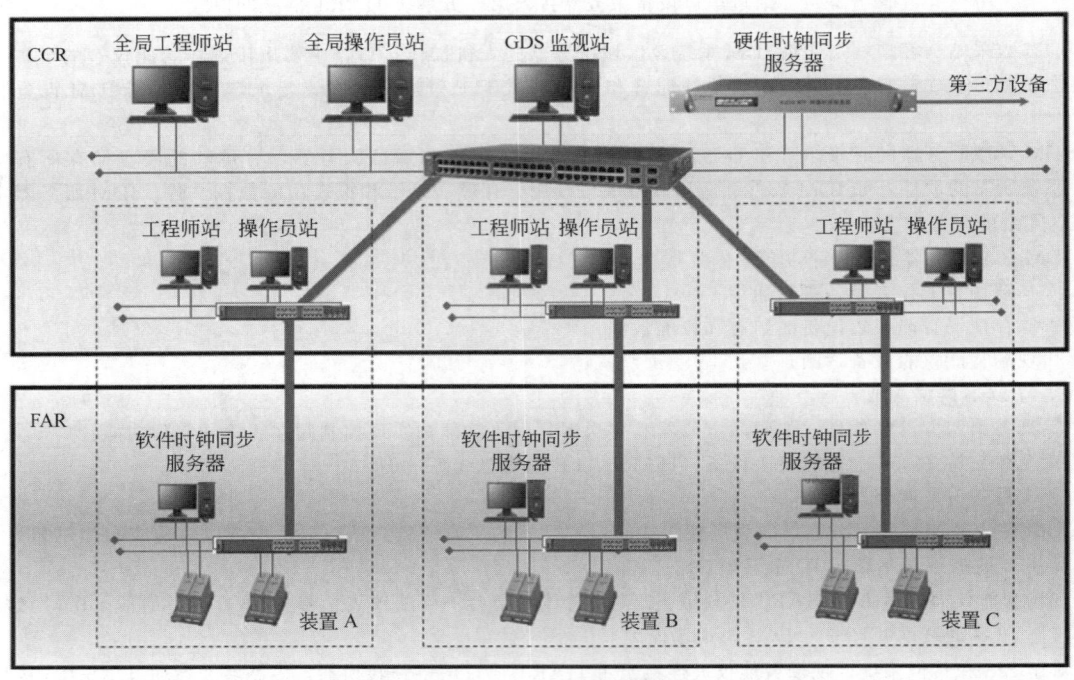

图 6-5-15　时钟同步设计方案

2. 网络管理服务器

网络管理服务器，又名"网络安全监控站"，用于 DCS 网络中过程控制管理层的设备和用户的管理，通常具备以下功能：

① 制定网络管理策略；

② 定义用户访问权限；

③ 用户身份验证；

④ 网络资源服务管理。

在 DCS 网络架构中，网络管理服务器为域服务器。

网络管理服务器一般位于 L3 操作管理层，主要用于过程控制管理层的网络管理和设备（如交换机等）安全状态及工作负荷的监控。建议单独设置具有网管功能的 DCS 全局网络管理服务器（全局网络安全监控站）。

各 DCS 局域网的网络管理服务器可由工程师站、历史服务器等监视控制层设备兼作。当 DCS 采用分散布置方式时，监视控制层设备所在的区域至少有一台设备兼作网络管理服务器，并与主网络管理服务器的管理策略同步。在监视控制层的 CCR 和 FAR 区域分别设置互为备用的网络管理服务器，可以避免通信出现故障时，网络无法识别合法用户和设备。

当网络管理服务器作为网络启动或身份验证的设备时，采用冗余配置。

3. 操作员培训仿真系统（OTS）

操作员培训仿真系统（OTS）提供培训操作软件，开发和维护仿真模型。OTS系统硬件配置应满足仿真软件运行和计算的需要。

OTS采用独立的局域网，网络节点包括仿真模型计算机（服务器）、教学工作站（教员站）、培训操作站（学员站）、DCS工程师站、DCS模拟过程控制站和外围设备（如网络交换机、打印机）等。培训操作站（学员站）应具有与DCS操作站相同的操作画面和操作功能，操作画面采用实际运行的操作画面。

OTS不应直接接入DCS过程控制管理层网络，应通过过程数据接口服务器交换数据。

OTS系统设计有两种方式，分别为全流程级别和装置级别，各装置可进行独立仿真操作培训，又能进行装置级全流程仿真操作培训。主要包括正常开车、正常运行、正常停车、紧急停车、事故处理及以上工况组合等，并能实现OTS系统中事故和干扰的任意设定与组合功能。

OTS包括以下功能：仿真教师站功能、仿真学员站功能、培训过程监控、仿真课程管理、仿真培训班管理、仿真考试管理、查询统计。OTS系统功能框图如图6-5-16所示。

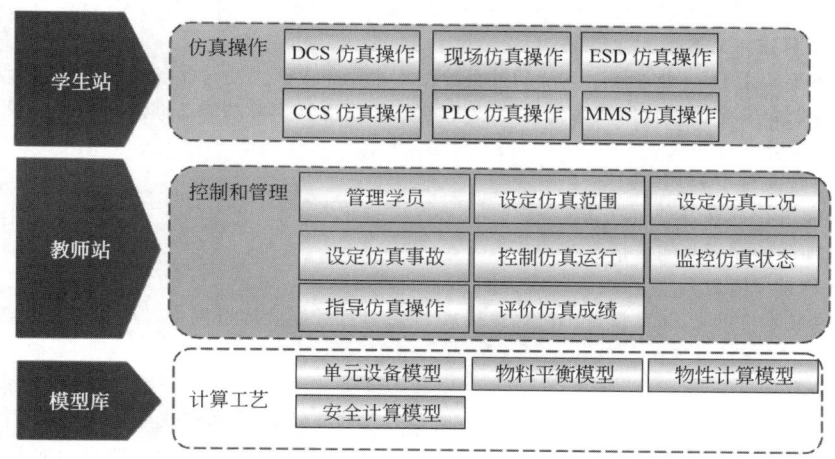

图 6-5-16　OTS系统功能框图

OTS系统基本硬件结构如图6-5-17所示。本篇第十一章将详细介绍OTS系统的设计与实施。

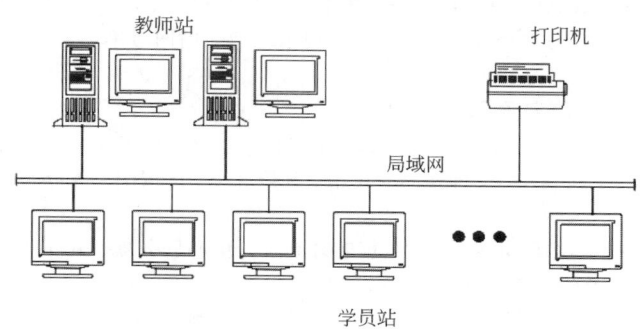

图 6-5-17　OTS系统基本硬件结构

4. 先进过程控制（APC）

先进过程控制（APC）应用站作为先进过程控制软件运行的硬件平台，能通过数据接口对DCS网络中的过程变量进行读取和写入。先进过程控制（APC）应用站的硬件配置应满足先进过程控制软件运行、计算和数据存储的需要。

先进过程控制（APC）应用站通常采用客户端-服务器（C-S）网络结构。先进过程控制（APC）服务器用于过程数据的采集、处理以及控制算法的运行，并将稳定的运算结果输出到 DCS。先进过程控制（APC）客户端用于控制器的组态、建模、整定、分析和仿真，并将制定好的控制策略和算法下载到先进过程控制服务器中。

5. 先进报警管理系统（AAS）

先进报警管理系统（AAS）是对石油化工工艺过程和控制系统的报警信息进行采集、分析、管理及优化的系统，协助工艺操作人员发现工艺过程及控制系统出现的报警并适时做出响应，采集报警信息并支持事件记录、事故分析、报警管理、优化改进等工作。

先进报警管理系统（AAS）通过报警分组、报警优先级、多工况报警、报警搁置，诊断分析等，实现生命周期的报警管理，充分发挥报警系统的功能，提高生产操作的连续性和安全性。

先进报警管理系统（AAS）生命周期活动，包括制定报警管理规范、报警辨识、归档与合理化分析、报警系统设计、实施、投用、维护、监测与评估、变更管理、审查等。

先进报警管理系统（AAS）由实时服务器、历史服务器、客户终端、防火墙等硬件组成。实时服务器经过程控制层的 OPC 数采站采集报警和事件数据。实时服务器通过防火墙与位于 L3.5 层的历史服务器相连。AAS 历史服务器客户端位于生产管理层，通过防火墙与 AAS 历史服务器相连。

AAS 硬件配置应满足 AAS 软件运行和数据处理的需要。本篇第十章将介绍 AAS 设计与实施。

6. 储运自动化系统（TAS）

储运自动化系统采用 DCS 处理储运系统的过程数据，主要完成储罐及与储罐关联的工艺过程的数据采集、信息处理、过程控制、安全报警及储罐液位、容量（质量）、密度计算等功能。储运自动化软件通常在 DCS 上运行，实现储运自动化管理。

储运自动化系统实现下列功能：

① 根据罐容表进行罐存容量和质量计算；

② 提供罐区油品的储存和输送情况；

③ 提供罐区物料平衡报表。

运行储运自动化软件的非 DCS 设备不应直接接入 DCS 过程控制管理层网络，应通过过程数据接口服务器交换数据。

7. 视频系统

视频系统主要用于电视监控系统（CCTV）的实时监控、回放及 DCS 和其他控制系统的画面显示。

当视频系统采用大屏幕组合显示系统时，应能将画面实时显示在监控屏幕上，所有画面都能够单屏显示、多屏拼接显示、整屏放大显示和窗口方式显示。

大屏幕组合显示系统硬件主要包括显示单元、网络图像处理器、视频矩阵、RGB 矩阵、视频控制计算机和网络交换机等设备。电视监控系统（CCTV）的视频信号可通过视频矩阵方式选择画面显示在监控屏幕上。

视频传输信号采用单独的信号途径或网络，视频应用系统的控制网络单独设置，不应利用 DCS 的网络资源，不应干扰 DCS 系统功能。

三、数据缓冲区及工厂信息层网络设计

L3.5 数据缓冲区（DMZ）是 L3 操作管理层与 L4 工厂信息层之间的缓冲区，加强 L3 层和 L4 层进行信息交换的安全策略，保护 L1～L3 层不受来自外部的攻击。所有来自 L4 层的外部访问只能到 L3.5 层（DMZ），确保 L1～L3 层正常运行。

L3.5 数据缓冲区（DMZ）包括 ODS（操作数据管理系统）中心服务器、Web（国际互联网）服务器、防病毒服务器、L3.5 层交换机及防火墙（隔离 L3.5 层和 L4 层）等设备。

L4 工厂信息层通过访问 L3.5 层数据服务器获取过程信息的画面数据和报表等，对生产过程进行远程监控。

L4 工厂信息层包括全局调度站、ODS 客户端和 Web 客户端等管理节点，用于连接 MES 及 ERP 等工厂信息网（PIN）的 OPC 服务器、L4 层交换机及防火墙（隔离 L4 层和 PIN 网）等设备。

1. OPC 服务器

DCS 应具有开放性网络结构并支持 OPC 开放标准。DCS 系统 OPC 服务器典型的应用是设置在 L4 工厂信息层，通过 OPC 接口与 MES 及 ERP 等工厂信息网（PIN）进行数据连接。OPC 服务器也可设置在 L2 层或 L3 层网络，作为其他子系统（如 AAS 等）与 DCS 连接的网络数据交换服务器。OPC 服务器应安装 OPC 软件，并有足够的硬盘储存 DCS 实时数据和应用 OPC 软件工具。

OPC 服务器可以将 DCS 实时数据，以 OPC 位号的形式提供给各个 OPC 客户端应用程序。通过 OPC 可以向 PIN 网传输实时数据，实现生产过程控制与工厂信息管理更加方便的交互。

OPC 服务器软件的交互性能好、通信数据量较大、通信速度快。OPC 服务器软件可同时与多个 OPC 客户端程序进行连接，每个连接可同时进行多个动态数据（位号）的实时交换。OPC 服务器软件符合 OPC 国际基金会制定的开放和互操作标准 OPC（OLE for Process Control）接口规格的 OPC Data Access V2.0 接口。支持 OPC 本地连接和远程连接。

OPC 服务器软件可为 OPC 客户端提供以下服务：

① 动态数据（位号）的数值读取、修改、刷新；

② 位号的浏览；

③ 位号数据属性查询；

④ 位号数据参数查询；

⑤ 服务器状态查询。

通过 OPC 开放的数据类型，包括 AI、AO、DI、DO、自定义模拟量、自定义开关量、自定义整形量、功能块位号（包括 PID 等）。OPC 服务器软件支持访问的实时数据通常最大为 20000 点，数据最小刷新时间为 1s。

中心 OPC 服务器通过 DCS 过程控制网连接在 L3 层核心交换机上，OPC 通信网连接到对应的客户端，用于向 ODS、PIMS、MES 等提供 DCS 实时数据。图 6-5-18 为 OPC 服务器的设计方案。

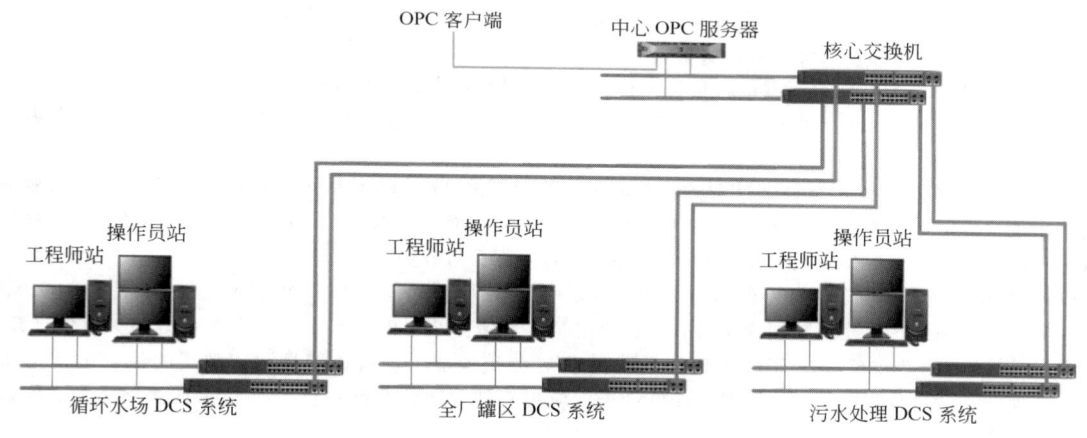

图 6-5-18　OPC 服务器的设计方案

根据工程项目的具体需求，在确保 DCS 网络安全的前提下，某些特定的服务器也可安装 OPC 软件。

2. Web 服务器

Web 服务器的主要功能是提供网上信息浏览服务。Web 服务器通常是一台在 Internet（国际互联网）上具有独立 IP 地址的计算机（服务器），可以向 Internet 上的客户机提供 www、Email 和 FTP 等各种 Internet 服务。

当 Web 浏览器（客户端）通过网络连接到服务器上并请求文件时，服务器将处理该请求并将文件反馈到该浏览器上，附带的信息会告诉浏览器如何查看该文件（即文件类型）。服务器使用 HTTP（超文本传输协议）与客户机浏览器进行信息交流。

Web 服务器不仅能够存储信息，还能为用户通过 Web 浏览器提供信息的基础上运行脚本和程序。

Web 服务器通常位于 DCS 网络的 L3.5 层或 L4 层上，用于汇总整合 DCS 提供的 ODS 数据、工艺流程画面、历史数据、转动设备监控数据等信息，并方便工厂管理者通过 Web 浏览器（客户端）远程访问，实时掌握工厂运行状态。

3. ODS 服务器

操作数据管理系统（ODS）用于采集、记录和管理 DCS 和其他系统的实时数据，存储并生成长周期历史数据库，结合其他数据库接口和管理技术，建立整个工厂的生产操作和管理平台。操作数据管理系统可独立设置，也可与全厂 MES 集成建立综合信息管理平台，满足流程行业生产管理与调度需求，为实现现代化石油化工企业的数字化、精益化管理打下良好基础。ODS 系统在近年来的大型石油化工企业中得到了普遍应用，取得了良好的使用效果，逐渐成为工厂集成系统的数据基础平台。

操作数据管理系统（ODS）通常采用客户端-服务器（C-S）网络结构，对于大型石化工厂多采用两层服务器结构。以分散布置方式的 DCS 为例，各 DCS 局域网在 L2 层分别设置 ODS 区域服务器（又名"数采服务器"或"缓存服务器"），在 L3.5 层设置 ODS 中心服务器（主服务器），在 L4 层设置若干 ODS 客户终端。ODS 中心服务器放置在 L3.5 层，主要考虑到 ODS 的使用者不仅是来自内部受信任的用户，还可能是外部的访问者，通过 DMZ 区加以隔离，并通过 Web 数据访问实现办公环境下 ODS 的访问。

ODS 服务器应有足够的硬盘储存所有操作 ODS 系统所需的软件，如 ODS 软件、应用软件等以及用于存储、显示和报表用的数据文件。ODS 服务器采用硬盘冗余的配置方案。

ODS 系统提供实时数据库（RTDB）和通信接口，从 DCS 局域网和其他系统采集实时数据，并存储长周期数据到历史数据库。ODS 系统可计算所选定的工艺变量的集合值，例如时、日及其他时段的数据库中的平均值、最小值、最大值和标准偏差值等。

ODS 区域服务器的主要作用是实时自动从 DCS 收集所有的数据，采集频率可以对每个位号在组态时指定。数据采集具有历史数据恢复功能，即当通信中断，ODS 区域服务器可以从断点恢复数据，保证数据不会丢失。ODS 区域服务器支持多种数据采集接口协议，如 OPC、Modbus-RTU 及 DCS 系统专用协议等。

ODS 区域服务器可通过 DCS 专用协议接口直接从 DCS 控制器或历史服务器中采集实时数据，并同步到 ODS 中心服务器进行数据汇总。ODS 区域服务器与 ODS 中心服务器之间具备断点历史数据恢复功能。

ODS 区域服务器与 DCS 连接的通信数据线冗余设置，并支持数据双向通信，即读入和写出（如实时数据从 ODS 数据库对 DCS 部分进行更新；最小 100 个值可进行目标值、效益值的计算等）。

ODS 区域服务器与其他第三方控制系统实时通信时，可使用 OPC OLE、TCP/IP 或 Modbus-RTU 标准通信协议。用户可通过 ODBC（开放数据库连接，Open Data Base Connectivity）和 OPC 方式连接 ODS 获取历史数据。

ODS 区域服务器能实现与 DCS 实时数据的同步，并能提供自动的通信数据缓存功能。当 ODS 中心服务器或网络出现故障时，ODS 区域服务器可将所有 DCS 实时数据进行本地缓存；待故障修复后，ODS 区域服务器将故障时间段内的历史数据恢复上传至 ODS 中心服务器，保证过程数据的完整性。

ODS 中心服务器具有足够的空间进行数据核对，计算和预组态报表。每一个控制中心具有超过 1000 个计算应用和 150 个预组态报表。数据库应具有足够的空间用于储存 2 年内所有定义的在线位号的参数值（按 IO 点表总量计算）。装置开车后，CPU 和软件系统仍有 40% 扩展能力，高速信息网加载后的最大负荷不超过 50%。处理器不会过载，也不会因扩展而降低性能。应用软件和通信系统具有 15% 以上的扩展能力。例如点数可以扩展到 20 万点以上，Web 客户端可达 100 个以上。

实时数据压缩技术的使用应充分考虑使用方法及压缩程度对于内存和硬盘的影响。保证信号的完整性，且变量的压缩是每点可组态。在无压缩情况和 30s 的扫描速率下能够处理超过 1000 个变量时仍有足够内存。数据压缩参数可以在每个位号组态时指定。ODS 系统至少有 1min 的间隔用于扫描数据的储存。

ODS 系统为 ODS 服务器和客户端提供一套完整的应用软件，便于 ODS 数据存取、应用及制作表格式的报表。

ODS 系统的典型响应时间要求如下：

① 数据更新速率（每 100 位号）　10s；
② 浏览　10s；
③ 计算　15s；
④ 软报警生成　30s；
⑤ 报表生成　30s。

L4 层设置的 ODS 客户终端可根据工厂信息管理网的需求配置软硬件并满足相应的性能指标。还可在工厂信息管理网上设置 Web 服务器用于整合全厂各 ODS 中心服务器的数据，并方便工厂管理者通过浏览器远程访问。

本篇第九章将介绍 ODS 系统的设计与实施。

第五节　分散控制系统工程实施与应用

DCS工程实施通常包括设计条件会、系统开工会、系统组态、系统集成、工厂验收测试（FAT）、工厂集成验收测试（IFAT）、现场验收测试（SAT）、工程服务等。

一、设计条件会

商务合同生效后，DCS制造厂应准备设计条件会议文件，包括初步的系统硬件设计方案，如机柜布置、电源以及环境要求等；DCS制造厂向用户和设计方提供系统设计参考资料，如系统硬件/软件使用手册、组态指南以及技术参考资料等。

设计条件会包括以下内容：

① 简介系统功能；

② 澄清系统硬件、软件的技术细节，并确认可能出现的修改；

③ 确认DCS制造厂提供的硬件设计方案，包括I/O接线端子布置、机柜布置、操作站布置，以及电源、接地和环境要求等；

④ 确认软件设计内容，包括I/O清单、回路图、计算变量表、显示画面、操作报表等；

⑤ 确认系统各个组成部分的负载和计算方法；

⑥ 确认系统组态内容；

⑦ 确认系统培训内容；

⑧ 讨论系统验收和测试程序；

⑨ 确认通信联系方式。

设计条件会的主要目的是对合同中技术附件细节的澄清和确认，为DCS系统开工会做好准备。

二、系统开工会

DCS系统开工会包括以下内容：

① 确定DCS软硬件以及备品备件的配置、规格和数量；

② 确定项目中最终用户、设计单位、制造厂以及相关的第三方设备供应商各自的工作范围和责任；

③ 确定项目执行过程中各方主要负责人员和职责；

④ 明确工程项目需要的所有文件的内容、格式、数量及交付方式，确定文档管理负责人；

⑤ 制定整个项目的工作计划，确定设备、文件资料的交付时间以及各个工作段的起始日期；

⑥ 制定项目进度的管理方案，明确进度报告的内容、提交周期以及进度延误后的相应措施。

DCS系统开工会的举行，标志着DCS设计、制造、集成等工作的正式开始。DCS的软件和硬件配置和规格、数量在开工会后不应再有大的修改，这意味着设计条件不应有本质上的变化。如果不能确定DCS的软件和硬件配置及规格、数量的设计条件，则应待条件成熟时再举行开工会或采取相应的阶段式设计、制造和集成方式。

DCS系统开工会的结束，表示软、硬件等所有设备的配置和规格及数量基本上已确定，未来如再出现影响DCS设计、制造和集成工作的重大调整，通常需要进行商务合同的变更。

三、系统组态

1. 组态准备

在DCS组态工作开始之前，应具备下列工作条件：

① 离线或在线组态所需的软件和硬件已安装完成；

② 组态工作人员和工程支持人员到位，组态技术资料和其他辅助资料配备齐全；

③ 功能设计文件的编制工作已经完成；

④ 已完成工程项目的I/O清单、DCS索引表、复杂回路框图或说明、逻辑图以及操作画面草图的编制。

2. 系统组态

系统组态是指在软件中完成组成系统各设备的定义，用软件方式配置DCS的硬件构成。

DCS系统组态工作步骤应包括以下内容。

① 结构组态：根据已制定的系统结构配置DCS网络中的各节点，包括名称、描述、地址、相互关系和功能等。

② 参数设定：根据工程需要配置 DCS 各个设备、单元和模块的硬件参数。

③ 设定安全策略：配置 DCS 网络的域和用户组群，定义各个组群及成员的访问权限和密码。定义数据库的存取限制、定义防火墙的过滤规则。

3. 功能组态

功能组态是指利用 DCS 本身的功能模块、控制算法和程序语言完成工艺过程的控制策略。

功能组态工作包括以下内容。

① 组态数据输入：根据 I/O 清单、DCS 索引表等工程设计资料完成各个模块的参数录入，包括：仪表位号、描述、变送器量程，工程单位，硬件地址，输入预处理，滤波常数，偏差和报警限等。

② 控制算法组态：根据每个回路的功能要求完成回路中各个功能模块的调用和连接，并配置功能块的参数，还可能需要利用 DCS 配备的算法语言编制程序。

③ 通信组态：按照通信协议完成 DCS 与现场仪表设备或第三方系统的通信。

4. 显示及操作组态

显示组态是指在软件中绘制生产过程的操作、监视和控制的显示画面，并完成数据链接。过程显示画面包括总貌画面、流程图画面、控制组画面、操作面板画面、趋势画面以及报警一览表等。

显示及操作组态工作应包括以下内容。

① 静态画面绘制：根据工艺流程图绘制 DCS 操作的静态画面。

② 数据链接：完成静态画面与 DCS 功能模块参数的数据链接以及画面之间的调用链接。

③ 报表编制：定义报警报表、历史数据报表、计算统计报表等各种报表的形式、相关工艺变量和参数。

5. 报警组态

报警组态按照报警的重要程度划分报警等级，按照操作和管理的需要定义报警分组，按照报警的性质和处理方式确定报警功能及形式。

相关工艺变量的报警按照需要进行分级、分组，确定报警功能和形式，并设置报警值。

报警功能是 DCS 最重要的操作和管理功能之一，报警等级划分是为了区分报警的重要程度并提示操作人员及时处理。报警分组是为了报警归类和查询管理，处理开工报警的屏蔽（抑制）和投用。报警的功能及形式有屏幕提示和声光报警等。

四、系统集成

DCS 与第三方设备的集成由 DCS 制造厂负责，并符合下列要求：

① DCS 制造厂对 DCS 与第三方设备集成的安装、调试工作负责；

② DCS 制造厂对集成后 DCS 的可靠性和稳定性负责；

③ DCS 制造厂对 DCS 与第三方设备通信负责。

第三方设备制造厂配合 DCS 设备与第三方设备的集成联调。

五、工厂验收测试（FAT）

1. DCS 工厂验收具备的条件

① DCS 已在制造厂调试完毕并有测试报告。

② DCS 制造厂根据合同技术附件、功能设计文件和有关标准等编制工厂验收程序。

③ DCS 制造厂根据验收程序已经准备了验收文件和记录文件，并获得用户和设计方的批准。

2. 工厂验收测试包括的内容

① 系统配置检查

a. DCS 各设备、部件的型号、规格和外观符合要求。

b. 软件的规格、数量和版本符合要求。

② 组态检查

a. 操作站的标准功能、流程图画面、分组画面、报警画面、趋势显示等组态符合要求。

b. 工程师站、历史服务器、智能设备管理系统数采站和服务器以及其他应用工作站或服务器等设备应完好投运，软件功能和组态功能满足设计要求。

c. 控制功能符合要求。

③ 系统性能测试

a. 系统信号处理精度测试（AI、AO、DI、DO 等 I/O 模块至少抽样 30%）。

b. 系统的冗余和容错功能测试。

3. 工厂验收报告包括的内容

① 工厂验收的步骤。

② 检查和测试的结果。

③ 最终验收结论。

④ FAT 会议纪要（含遗留整改问题、执行方和完成整改的时间要求等）。

4. FAT 测试步骤

① 对所有的输入、输出（包括硬件及软件）进行完全检测。

② 对所有的工艺功能（包括但不限于显示回路、简单控制回路、复杂控制回路、联锁、顺控等）进行完全检测。

③ 检查设备的外观、喷漆、电缆的外壳和接头。

④ 检查所有的设备是否完整，是否按照设备清单打上标记，是否按照图纸布置机柜和端子，检查出厂流水号。

⑤ 确认所有的量程、图表、铭牌等是否正确。

⑥ 检查所有的连接电缆、插头和插座、接线端子、印刷电路板等是否有清晰的标记。

⑦ 检查电源单元接线是否正确，标记是否清楚，电源输入电压是否正确。

⑧ 根据图纸检查电源和接地情况。

⑨ 断开交流电源，检查直流输出端与机柜是否为开路。

⑩ 检查机柜是否牢固接地。检查本安接地。

⑪ 接上交流电源，检查各直流电压是否正确。

⑫ 检查所有的冷却风扇，以及叶片开关或温度开关的功能。

⑬ 对所有电源系统，断开主电源时，次电源自动接上，系统操作不受任何影响，并有"主电源故障"报警。

⑭ 检查通信线端子板的端电阻。断开一条通信线，冗余的通信线自动工作，系统操作不受任何影响，并有"主通信线故障"报警。

⑮ 检查控制器的冗余，拔出主控制器检查控制的连续性以及是否有控制不再冗余报警。

⑯ 通过模拟各种故障，检查系统自诊功能。

⑰ 检查控制回路的运行情况。对简单控制回路，可将控制输出与测量输入接在一起，从回路操作显示画面上可以手动调节输入和输出。稳态时的输入与输出应相同，偏差为零。

⑱ 对 100% 的模拟输入送入 4~20mA DC 信号，检查显示结果及精度。再送入超限信号，检查系统的变送器越限报警，并检查输入开路或短路报警。

⑲ 对 100% 的报警点进行分级报警检查，并检查报警打印，同时检查不同操作区域的过程报警声响区别。

⑳ 检查趋势画面。

㉑ 根据操作手册，在所有操作站上检查所有操作功能。

㉒ 检查拷屏机的功能。

㉓ 检查键锁功能，防止误操作。

㉔ 用开关组和灯组检查顺序控制功能。

㉕ 运行系统诊断程序，检查诊断功能。

㉖ 关机 9s 再打开，检查系统组态是否有丢失。

㉗ 检查对定义的操作动作的打印记录。

㉘ 对 100% 的数字输入输出点进行功能检查。

㉙ 检查系统的组态功能，如画面生成、控制回路生成、报表生成、数据库生成等。检查系统的编程能力，如屏幕编辑、数据存取、程序编译等。

㉚ 检查系统与相关系统（SIS，GDS，PLC 等）通信组态功能。

㉛ 对于 DCS 联锁、顺控、复杂控制回路以及其他高级控制策略，DCS 制造厂宜以书面形式提出检查这些回路运行情况的方法并对其进行完全测试，由用户见证确认。

六、工厂集成验收测试（IFAT）

1. 工厂集成验收具备的条件

① DCS 与第三方设备已在 DCS 制造厂集成、调试完毕并有测试报告。

② 对于在 DCS 制造厂集成的第三方设备，配置模拟测试设备，在 DCS 制造厂完成通信和相关数据测试，并提供测试报告。

③ DCS 制造厂已具备第三方通信或性能测试设备和软件。

④ DCS 制造厂根据合同技术附件、系统硬件配置、系统软件功能、第三方技术资料和有关标准等编制工厂集成验收步骤，并获得用户和设计方的批准。

2. 工厂集成验收包括的内容

对于 DCS 与第三方设备的通信，根据设备的具体情况，将通信设备或模拟通信设备运到 DCS 集成工厂进行实际通信测试；对于不能在 DCS 制造厂测试的第三方设备，在第三方设备制造厂进行测试或在装置现场完成集成测试验收。

① 系统配置检查

a. 第三方制造厂提供的设备、部件的型号、规格和外观符合要求。

b. 第三方制造厂提供的软件规格和版本符合要求。

② 功能测试

a. 第三方设备与 DCS 集成后的标准功能满足要求。

b. 测试 DCS 与第三方设备的通信功能和实际数据交换，第三方的通信设备或模拟通信设备中带有实际应用的通信数据。

3. 工厂集成验收报告包括的内容

① 工厂集成验收的步骤。

② 检查和测试的结果。

③ 最终验收结论。

④ IFAT 会议纪要。

七、现场验收测试（SAT）

1. 现场设备验收和安装符合的要求

① 各设备和部件的规格、数量应与装箱单一致，运输过程中应无损坏。

② 设备安装符合要求。

③ DCS 设备在软件安装和组态数据装载后应正常运行。

④ 所有硬件按 DCS 制造厂提供的程序进行测试，并应 100％正常工作。

2. 现场验收测试包括的内容

① 审阅 DCS 工厂验收报告和现场调试记录。

② 组态检查（同工厂验收内容）。

③ 系统信号处理精度测试，AI、AO、DI、DO 等 I/O 模件应 100％检查。

④ 系统的冗余和容错功能测试。

⑤ 测试 DCS 与第三方设备的通信。

⑥ 关闭 FAT 和 IFAT 会议纪要中的相关整改项。

3. 现场验收测试报告包括的内容

① 现场验收的步骤。

② 检查和测试的结果。

③ 最终验收结论。

④ SAT 会议纪要（含遗留整改问题、执行方和完成整改的时间要求等）。

八、工程服务

1. 技术咨询

DCS 是由仪表、计算机、网络通信等硬件、软件多种技术结合的高技术复杂系统，DCS 制造厂在整个工程项目的设计、实施、开工调试和投产运行过程中提供技术咨询服务。

2. 技术澄清

DCS 制造厂提供其所有交付文件、资料和设备的技术澄清服务。

3. 验收服务

在工厂验收和现场验收前，由 DCS 制造厂准备验收程序，提供相关的验收资料和工作记录文件。验收过程中，DCS 制造厂需要配备专门的工程技术人员配合验收工作。

4. 培训服务

DCS 制造厂提供组态、操作、使用和维护培训，并提供相关的培训资料。

5. 现场服务

DCS 制造厂配备有实际经验的工程技术人员配合 DCS 现场安装、调试、通电等工作，并应对结果负责。

6. 开工服务

在生产装置开工期间，DCS 制造厂配备有实际经验的工程技术人员在现场值班，随时解决开工过程中 DCS 出现的故障。

7. 售后服务

DCS 出现问题后，DCS 制造厂须在 24h 内派出有实际经验的工程技术人员前往用户现场。

九、网络安全审计

网络安全审计是指按照一定的安全策略，利用记录、系统活动和用户活动等信息，检查、审查和检验操作事件的环境及活动，从而发现系统漏洞、入侵行为或改善系统性能的过程。DCS 应采用软硬件相结合的方式，提供专门针对工控系统全网诊断的实时检测平台。通过特定的安全策略，快速识别出系统中存在的非法操作、异常事件、外部攻击并实时报警。全网诊断软件应能使监控审计分布到网络的每个节点上，再进行统一的综合管理，有效提高管理效率、节约管理成本。该平台应采用旁路部署方式，在实现安全监控的同时完全不影响现有系统的生产运行。具体功能要求如下。

① 实时网络监控：对网络流量、网络数据、事件进行实时监控、实时报警，帮助用户实时掌握网络的运行状况。

② 网络安全审计：对网络中存在的所有活动提供行为审计、内容设计，生成完整记录以便于事件追溯。

③ 可视化网络拓扑：提供直观清晰的网络拓扑图并集成网络报警信息，让用户在了解网络拓扑结构的同时获知网络报警分布，轻松掌握网络状态。

④ 防御策略建议：根据监控结果，提供防御策略建议，帮助用户构建和使用专属工控网络安全防御体系。

⑤ 未知设备接入检测：对工控网络内部未知的设备接入进行实时监测、报警、记录，迅速发现工控网络中存在的非法接入，及时掌控网络安全。

十、设计资料

1. DCS 询价书

DCS 询购技术规格书通常由分散控制系统规格书和分散控制系统数据表两部分组成，作为 DCS 询价或招标文件的技术部分。

典型的 DCS 规格书内容如下。

（1）范围

（2）规范性引用文件

（3）缩略语

（4）技术要求

包括：总体要求；基本要求；过程接口；过程控制站（PCS）；操作站（OPS）；工程师站（EWS）；历史服务器；系统负荷要求；维护和可靠性要求；供电要求；接地要求；环境要求；机械要求；时钟同步；网络安全。

（5）卖方职责要求

包括：供货范围；技术服务；质量保证；文档资料；工厂验收测试；支持服务；软件许可证。

（6）附录

包括：附录 A　系统网络架构图；附录 B　系统 I/O 汇总表及硬件清单；附录 C　典型工作职责划分。

根据近年来大型石油化工工程的实践经验，为更好地优化系统设计，提供给 DCS 制造厂的分散控制系统 I/O 汇总表宜按照规划的工艺单元分配控制器，细化区分不同的 I/O 类型。典型 DCS 系统 I/O 汇总表见表 6-5-5 所示。

表 6-5-5　典型 DCS 系统 I/O 汇总表

公司标识	分散控制系统(DCS)规格书 第×部分:项目需求 附件×:DCS I/O 汇总表	编号(NO.):
		修改(REV):1.0
		第 2 页　共　页 PAGE　　OF

×××× 装置(FAR×-××)DCS LAN××

×××× 单元 Controller 1

	AI	AIR	AO	AOR	DI	DIR	DO	DOR	AI-E	AIR-E	T/C	RTD	PI	RS-485	SUBTOTAL
要求 IO 点数	118	120	15	73	13	49	0	23	19	22	0	0	0		452
含余量汇总	136	138	18	84	15	57	0	27	22	26	0	0	0	2	523

×××× 单元 Controller 2

	AI	AIR	AO	AOR	DI	DIR	DO	DOR	AI-E	AIR-E	T/C	RTD	PI	RS-485	SUBTOTAL
要求 IO 点数	112	186	14	56	5	13	0	14	19	38	0	0	0		457
含余量汇总	129	214	17	65	6	15	0	17	22	44	0	0	0	2	529

×××× 单元 Controller 3

	AI	AIR	AO	AOR	DI	DIR	DO	DOR	AI-E	AIR-E	T/C	RTD	PI	RS-485	SUBTOTAL
要求 IO 点数	135	194	14	67	9	13	0	15	19	38	0	0	0		504
含余量汇总	156	224	17	78	11	15	0	18	22	44	0	0	0	2	585

×××× 单元 Controller 4

	AI	AIR	AO	AOR	DI	DIR	DO	DOR	AI-E	AIR-E	T/C	RTD	PI	RS-485	SUBTOTAL
要求 IO 点数	143	199	14	57	5	38	0	15	19	27	0	0	0		517
含余量汇总	165	229	17	66	6	44	0	18	22	32	0	0	0	2	599

×××× 单元 Controller 5

	AI	AIR	AO	AOR	DI	DIR	DO	DOR	AI-E	AIR-E	T/C	RTD	PI	RS-485	SUBTOTAL
要求 IO 点数	167	207	19	76	13	10	0	15	19	32	0	0	0		558
含余量汇总	193	239	22	88	15	12	0	18	22	37	0	0	0	2	646

备注　AI:单模拟量输入;AIR:冗余模拟量输入;AO:单模拟量输出;AOR:冗余模拟量输出;DI:单离散量输入;DIR:冗余离散量输入;DO:单离散量输出;DOR:冗余离散量输出;AI-E:带外部供电单模拟量输入;AIR-E:带外部供电冗余模拟量输入;T/C:热电偶或 mV 温度信号输入;RTD:热电阻温度信号输入;PI:脉冲量输入;RS-485:符合 Modbus-RTU 通信协议的冗余 RS-485 接口。

对于全厂性大型石油化工工程的 DCS 询价书，除 DCS 规格书外，还根据实施范围编制包括各个高级应用系统的规格书，如 IDM、ODS、OTS、AAS、CPMS、WIS 等，以及对仪表盘柜、操作台、人机界面等的统一要求。

2. DCS 制造厂资料

DCS 制造厂应提供完整的资料，典型的厂家资料包括：系统网络配置图；操作台布置图；机柜、机架详细尺寸图；系统供电图纸；系统接地图纸；系统内部电缆接线图；输入输出模件及接线端子布置图；系统布置图；现场准备和安装说明书；操作员手册；工程师手册；系统维护手册；订货单规定的所有供货项目的详细清单；所有模件等的详细规格单；所有部件的合格证书；安全证书；出厂验收测试程序；双方签字的出厂验收测试记录；喷漆的颜色及规格说明；所有显示画面的拷贝；所有系统软件及程序的媒体和使用说明；应用软件组态文件；仪表回路接线图；功能设计规格书；I/O 通信点地址表；其他。

第六章　现场总线系统设计

第一节　现场总线概述

一、现场总线的定义

现场总线技术是一种全数字化、串行、双向通信系统，是数字化技术向智能化现场仪表设备的延伸，是信息技术与测量技术结合的典型成果，是新一代自动化和信息化集成系统的基础。国际电工委员会 IEC61158 对现场总线定义为：安装在制造或流程工业的现场设备与控制室内的自动控制系统之间的数字式、串行、多点通信的数据总线称为现场总线。现场总线的本质含义主要表现为：现场通信网络；现场设备互连；交互性；分散性；总线供电；开放性。

现场总线技术的主要优势：

① 以数字信号取代传统的 4~20mA 模拟信号；

② 对现场设备的管理和控制达到统一；

③ 现场设备能完成过程的基本控制功能；

④ 智能设备数据信息更为丰富，设备管理更为便捷。

IEC 61158 中定义了多达 20 种现场总线协议类型，每种总线都有其产生的背景和应用领域。大多数总线都成立了相应的国际组织，如 FF 基金会、PROFIBUS 国际用户组织等。大多数设备制造商生产总线产品适用于不同的现场总线网络。

二、现场总线的类型

当今世界范围内存在着多种现场总线，如 Foundation Fieldbus（FF），PROFIBUS，ControlNet，P-Net，DeviceNet，CAN，LonWorks，HART 等。这些现场总线技术都有各自的特点和适用范围，如对于以离散逻辑控制为主的工程制造过程控制，宜采用 Profibus DP 或 DeviceNet 现场总线技术；对于石油化工等以连续控制为主的流程工业过程控制，宜采用 FF 或 Profibus PA 现场总线技术；HART 是一种模拟及数字信号混合的协议，一般称为"智能（Smart）设备"，将数字通信叠加在常规的 4~20mA 的信号上，通常采用点到点的连接方式，通过手持组态终端或智能设备管理系统（IDM）进行数字化的组态和维护。以石油化工为代表的流程工业中三种常用现场总线协议的简单特征如表 6-6-1 所示。

表 6-6-1　三种常用现场总线协议的简单特征

对照内容	HART	FF H1	PROFIBUS PA
数字协议	是	是	是
4~20mA	是	否	否
两线制	是	是	是
多挂接	否	是	是
通信速度	1.2Kbps	31.25Kbps	31.25Kbps
轮询响应	是	是	是
发布方/接收方	否	是	是
报告分配	否	是	否
设备描述（DD）	是	是	否
功能块链接	否	是	否
标准参数	是	是	是
时间同步	否	是	否

续表

对照内容	HART	FF H1	PROFIBUS PA
报警	否	是	否
趋势	否	是	否
时间调度	否	是	否

三、现场总线的通信模型

现场总线是一个定义了硬件接口和通信协议的标准。国际标准组织（ISO）的开放系统互联（OSI）协议，即为计算机互联网制定的七层参考模型。当前各类现场总线的通信协议均参考 OSI 参考模型，通常采用其中的第 1 层物理层、第 2 层数据链路层和第 7 层应用层，并根据需要增设第 8 层，即用户层。用户层是现场总线标准在 OSI 模型之外新增加的一层，是现场总线控制系统具有开放性与可互操作性的关键。用户层规定了供用户组态的标准功能模块。各类现场总线设备功能块的内部程序可能完全不同，但对功能块特性描述、参数设定及相互连接的方法采用公开统一的标准。信息在功能块内经过处理后输出，用户对功能块的组态工作就是选择"设定特征"及"设定参数"，将其连接起来。

四、现场总线控制系统

现场总线技术是面向工厂底层自动化及信息集成的数字化网络技术。基于现场总线的全数字式的控制系统称为现场总线控制系统（FCS）。数字通信技术在过程控制系统上的应用并不是从现场总线技术的应用开始的，目前广泛采用的分散控制系统（DCS）与可编程控制器（PLC）都是伴随着数字通信技术的发展而诞生的。控制级网络由控制器、操作站、工程师站和服务器等设备构成，以数字化通信技术进行数据处理和数据传递。在过程控制网络的上层通常设置工厂信息管理网络，将过程控制网络的信息引入管理环境下的工厂信息网络。一个 DCS 系统体系结构通常含多个网络层次，每层都有其不同的技术，不同层次的网络之间通常需要开发专门的通信驱动软件，并配备专门的硬件和软件接口。

现场总线控制系统（FCS）与分散控制系统（DCS）主要区别如下。

（1）信号传输全数字化　DCS 控制系统采用一对一的设备连线，按控制回路分别进行连接，即采用点对点的连接方式。DCS 及 PLC 的 I/O（输入/输出）主体通常是模拟设备，通过 4～20mA 信号进入 DCS 的 I/O 模件，进行 A/D（模拟/数字）或 D/A（数字/模拟）转换，进入控制级层网络。现场总线技术采用全数字信号，采用多节点连接方式，可实现一对干线上传输多个信号，如运行参数值、多个设备状态、故障信息等，同时又为多个设备提供电源，简化系统结构，节约硬件设备，节约连接电缆与各种安装、维护费用。FCS 的信号传输实现双向全数字化，其通信可以从现场层的传感器和执行器直到最高层，为企业的 MES 和 ERP 提供强有力的支持。

（2）实现分散控制　DCS 的分散只是到控制器一级，而 FCS 结构为全分散式到现场级。FCS 采用现场总线设备，把 DCS 中处于控制室或现场机柜室的控制模件、各输入输出模件置入现场设备中，现场设备具有通信能力，现场总线变送器可与阀门定位器之间直接传送信号，常规控制功能不依赖控制室或现场机柜室的控制站，直接由现场总线设备完成，实现了彻底的分散控制，系统扩展也变得容易。

（3）更高的准确性和可靠性　FCS 全数字化，控制精度更高，可达±0.1%。DCS 信号系统是两进制或模拟式，有模拟/数字、数字/模拟转换环节，控制精度为±0.5%。FCS 可将 PID 闭环功能放到现场总线变送器或现场总线阀门定位器中，加上双向数字通信，缩短采样和控制周期，改善调节性能。

现场总线控制系统（FCS）是分散控制系统（DCS）之后的新一代控制系统，是数字化技术向现场设备的延伸。从多年现场实际应用情况来看，FCS 不会完全取代 DCS，而是与 DCS 结合为 DCS/FCS 混合结构，发挥各自的技术和成本优势。

本章将重点介绍石油化工行业广泛采用的 FF 现场总线的技术要求、工程设计、应用案例等。

第二节　FF 现场总线系统的技术要求

一、FF 现场总线技术简介

基金会现场总线（Foundation Fieldbus，简称 FF）的前身是以美国 Emerson 公司为首联合 Foxboro、Yokogawa、ABB 等多家公司制定的 ISP 协议，以及以 Honeywell 公司为首联合欧洲等地的多家公司制定的 Word FIP 协议。这两个集团于 1994 年合并，成立了现场总线基金会。

基金会现场总线的通信模型采用 ISO/OSI 参考模型的物理层、数据链路层和应用层，并在应用层之上增加了新的一层，即用户层。各层的主要功能及用途为：物理层与传输介质（电缆、光缆等）相连接规定了如何收发信号；数据链路层规定如何在设备间共享网络和调度通信；应用层划分为现场总线访问子层（FAS）和现场总线信息规范子层（FMS）两个子层，规定了设备间交换数据、命令、事件信息以及请求应答中的信息格式；用户层用于组成用户所需要的应用程序，如规定标准的功能块、设备描述、网络管理、系统管理等。物理层、数据链路层和应用层均采用 IEC/ISA/SP-50 规定的现场总线标准。FF 现场总线通信模型框架结构图参见图 6-6-1。

ISO/OSI 参考模型	现场总线模型	FF 现场总线模型
		用户层 功能块(FB)、设备描述(DD)、系统管理(SM)等
第七层:应用层	应用层	应用层 总线访问子层(FAS)、总线信息规范子层(FMS)
第六层:表示层		通信栈
第五层:会话层		
第四层:传输层		
第三层:网络层	总线访问子层	
第二层:数据链路层	数据链路层	
第一层:物理层	物理层	物理层

图 6-6-1　FF 现场总线通信模型框架结构图

二、FF 现场总线数据类型和通信方式

FF 现场总线技术定义了多种不同的数据类型：布尔量、整数、无符号、浮点、8 位字节串、日期、时间差、比特串、时间值等，这些数据类型可组合成更加复杂的数据对象。

FF 现场总线的数据通信方式有三种，统称为虚拟通信关系（VCR）。

（1）发布方/接收方（Publisher/Subscriber）　这种方式用于周期性地发布功能块的输出，这些输出被其他功能块输入所接收。发布方/接收方通信是受调度的和一对多的，一个值被同时广播给很多接收方。发布方/接收方通信能够在现场设备之间直接对等通信。FF 现场总线的回路控制采用这种形式。

（2）报告分发（Report Distribution）　这种方式用于非周期地向主站（Host）传送趋势、报警和事件报告。报告分发是按队列方式进行的。报告分发是非调度的和一对多的，即同时广播给多个目的地。

（3）客户/服务器（Client/Server）　这种方式用于主站发起的非周期性通信，如非周期性地读写设备参数、下载组态及其他活动。客户/服务器通信按队列方式进行，是非周期性和一对一的。

三、FF 现场总线系统主要技术要求

（1）基金会现场总线的通信技术　FF 是一种全数字的串行双向通信系统，支持以下两种不同的现场总线网络：

① 31.25Kbps H1 总线作为现场级网络的通信协议，用于连接两线制现场设备，如现场总线（FF）变送器、现场总线（FF）阀门定位器和 H1 模件；

② 10Mbps HSE（高速以太网总线），用于通过链接设备、数据服务器和工作站，实现网络设计的优化与控制器的集成。

（2）标准化功能块（FB）　FF 功能块采用通用结构，将各类控制功能划分为标准功能模块，规定其输入、输出、算法、控制参数和块控制图，并把它们组成为可在各自独立的现场设备中执行的应用进程，以便实现不同制造商产品的联合组态与调用。每种功能块被单独定义，并可为其他功能块所调用。

（3）功能块应用进程（FBAP）　由多个功能块相互连接集成为功能块应用。应用进程 AP 是 ISO7498 中为

参考模型所定义的名词，用以描述留驻在设备内的分布式应用，是指设备内部实现的一组相关功能的整体。功能块应用进程在模型分层结构中位于应用层和用户层，主要用于实现用户所需的各种功能。在功能块应用进程中，除了功能块对象之外，还包括对象字典（OD）和设备描述（DD）。功能块采用 OD 和 DD 来简化设备的互操作，也可把 OD 和 DD 看作支持功能块应用的标准化工具。

（4）设备描述（DD）与设备描述语言（DDL） 为实现现场总线设备的互操作性，支持标准的功能操作，基金会现场总线采用了设备描述技术。设备描述提供虚拟现场设备（VFD）中每个对象的扩展说明，它包括主控制系统或主控制系统理解 VFD 中的数据含义所需的信息。也可以将其看作控制系统对某个总线设备的驱动程序，即设备描述是设备驱动的基础。

设备描述语言是一种用以进行设备描述的标准编程语言。采用设备描述编译器，把 DDL 编写的源程序转化为机器可读的输出文件，控制系统通过这些可读的输出文件获取来自各制造商总线设备的数据信息。现场总线基金会把基金会的标准 DD 和经基金会注册过的制造商附加 DD 写成 CD-ROM，提供给用户。

（5）系统集成 系统集成是指通信系统与控制系统的集成。包括网络通信、系统组态、网络拓扑、配线、网络管理、系统组态、人机接口、系统维护等。

（6）系统测试 主要包括现场总线系统的一致性与互操作性测试。一致性与互操作性测试是为保证系统的开放性而采取的重要措施，通常经过授权的第三方认证机构做专门测试，验证其符合统一的技术规范后，将测试结果交基金会登记注册，授予 FF 标志。在实际工程实施过程中，对于已具有 FF 标志的现场设备所组成的系统，仍建议做互操作性测试和功能性测试，以保证系统功能的一致性和不同设备的互操作性，达到所要求的性能指标。

在石油化工项目的工程应用中，基于 H1 的 FF 现场总线控制系统应满足以下技术要求：

① 执行 GB/T 16657.2、IEC 61158-2 和基金会现场总线（FF）系列标准；
② 通信信号为曼彻斯特编码、位同步、双向、全数字、两线制、多节点；
③ 通信波特率为 31.25Kbps，脉冲周期为 $32\mu s/bit$；
④ 通信信号电流幅值为 $\pm 9mA$，基准电流 IB＝10mA；
⑤ 通信信号电压幅值为 $0.75\sim 1Vp\text{-}p$；
⑥ 网段驱动电压为 9～32V DC；
⑦ 网段拓扑结构首选树形；
⑧ 网段电缆选用 A 型 FF 现场总线电缆（18AWG）；
⑨ 网段电缆总长度应≤1500m，理论上不得超过 1900m；
⑩ 分支电缆长度为 1～75m，且不应超过 120m；
⑪ 网段挂接现场设备数量≤9 台，且不应超过 12 台；
⑫ 网段宏周期≤750ms，且不应超过 1000ms。

第三节　FF 现场总线系统的工程设计

一、工程设计基本原则

FF 现场总线系统的工程设计，应保证系统运行的可靠性、实时性、多任务和多回路的分布式特性。为满足生产过程的监控、调度、维护、管理和决策的需要，应具有先进可靠的系统硬件，要考虑实现上述任务的网络基础，如网络节点数、节点的位置分布、总线的速率和传输能力。

FF 现场总线系统的工程设计应保证系统设备的互联、互操作和互换性。现场总线系统的设备和网络具有可扩展性，以便网络升级和设备更换。所有现场总线系统设备应具有互换性、易维护性及易扩展性。

FF 现场总线系统的工程设计应充分考虑监控和通信软件的功能。在网络结构确定之后，系统功能的实现主要依赖于系统软件。现场总线系统须有先进、可靠的系统软件，又有成熟、有效的应用软件包，满足工艺操作、控制、维护及精益管理的需求。

FF 现场总线系统的网络设计要综合考虑生产过程的测量设备、传感器、执行机构和控制器的现状，考虑这些设备的数字通信功能及相互兼容性。根据现场物理环境确定布线方式、传输线类型、设备供电、防爆、防护、防雷、接地等环节。根据生产过程的检测、控制的需求，确定通信速率。根据上层计算机监控的要求和现场设备的分布，确定网络结构的层次。

DCS/FCS 控制系统的工程设计遵循以下基本原则:

① DCS/FCS 具有安全的网络架构和标准通信接口,支持 FF、TCP/IP、OPC、Modbus RTU、HART 等通信协议,具有标准化的工程设计、操作和维护平台;

② 智能设备管理系统(IDM)集成至 DCS/FCS 内,并具备预测诊断、预测维护及设备管理功能,充分发挥 FF 现场总线的优势;

③ DCS/FCS 具有完整性,用户只需完成现场总线设备安装及网段接线,即可进行系统上电、网段测试及回路联校;

④ 模拟量监测回路、单 PID 调节回路可在现场总线设备中实现,也可在 DCS 控制器中实现;

⑤ 无 SIL 等级要求的电动阀(MOV)控制可采用现场总线技术;

⑥ 开关阀的控制信号及阀位信号不采用现场总线技术;

⑦ SIS、GDS、CCS、MMS、PLC 及专用控制系统通常不采用现场总线技术;

⑧ 快速控制回路(如转速调节回路、防端振调节回路等)及特殊仪表(如转速、扭矩、轴振动和轴位移等仪表)不采用现场总线技术;

⑨ 与安全仪表系统相关的检测及控制回路不采用现场总线技术;

⑩ 专用的复杂控制、顺序控制及程序控制不采用现场总线技术;

⑪ 特殊仪表(如在线分析仪、脉冲输出流量计、放射性仪表、称重仪表等)不采用现场总线技术;

⑫ 同一个调节回路的 FF 现场设备应在同一个总线网段中。

二、FF 现场总线与 DCS 系统集成

FF 现场总线与 DCS 系统集成方式通常有两种:一种是 FF 现场总线和 DCS 输入输出(I/O)总线的集成。常规 DCS 控制器和输入输出模件之间通过 I/O 总线连接。输入输出模件的 I/O 总线上挂接了各类 I/O 模件,通过这些模件与现场的 I/O 信号进行通信。对于 FF 现场总线系统,在 I/O 总线上挂接现场总线通信模件 H1 卡,现场总线仪表通过 H1 通信模件与 DCS 控制器通信,从而实现现场总线和 DCS 输入输出总线的集成,即现场总线系统和 DCS 控制站的集成,其网络结构如图 6-6-2 所示。

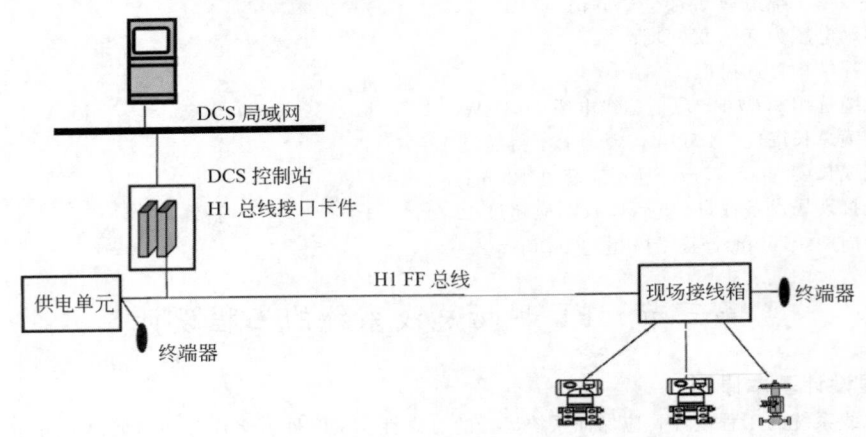

图 6-6-2　现场总线与 DCS 集成网络结构示意图(采用 I/O 总线集成)

另外一种集成方式是采用现场总线链接设备和 DCS 网络的集成。选择 FF HSE 高速以太网与控制器挂接。DCS 控制器配备 FF HSE 通信接口模件,通过 FF HSE 通信接口连接到 FF HSE 网络。与现场总线仪表相连接的低速 H1 总线子系统,通过 HSE 链接设备(即 H1 链路与 HSE 子网之间的网关)连接到 HSE 子网。通过 OPC 服务器,可将 HSE 子网与上层工厂信息网络连接,实现工厂资产管理及维护,其网络结构如图 6-6-3 所示。

DCS/FCS 硬件配置通常包括以下内容:

① DCS/FCS 控制系统;

② FF 通信模件 H1 卡(冗余);

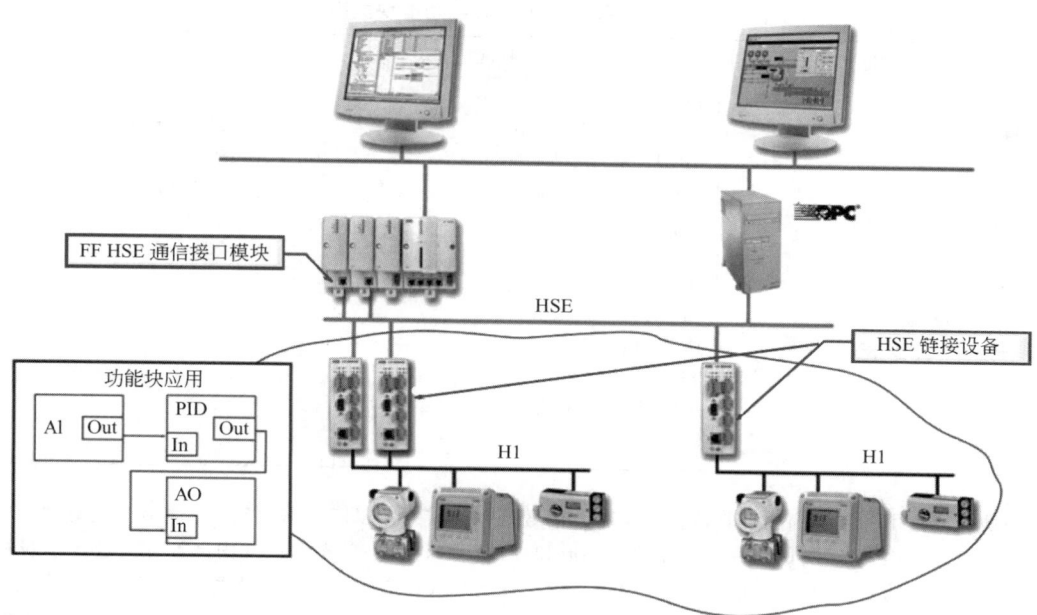

图 6-6-3　现场总线与 DCS 集成网络结构示意图（采用现场总线链接设备集成）

③ FF 现场总线设备，包括变送器、阀门定位器等；

④ FF 现场总线辅助设备，包括 FF 电源调整器、FF 总线分支模块、FF 接线箱、终端器、电涌保护器等；

⑤ FF 现场总线电缆。

FF 现场总线的控制、操作及监视功能应能够通过对 FF 功能块的组态集成到 DCS 控制器内。FF 现场总线的系统组态及生成可集成至 DCS 系统组态工具中，如 H1 网段组态、FF 现场总线设备注册、FF 操作面板组态等。

三、FF 总线设备选用

现场总线系统将双向数字通信引入到各种现场仪表，不仅传送过程变量及操纵变量，还可双向传递进出控制室的其他运行信息，如设定值、控制模式、报警及整定参数等，将诊断、组态、量程、识别以及其他信息，通过主站控制器加在变送器及定位器等现场仪表中。现场总线仪表通过数字通信，不但可以完成基本的检测或执行功能，还具有控制以及设备管理功能。

1. FF 总线设备的互操作性及自诊断功能

FF 现场总线仪表应具有互操作性，通过现场总线基金会的互操作性测试工具 ITK（互操作性测试工具）最新版本的测试认证，并在现场总线网站上已注册的现场总线设备清单内。设备经过 ITK 测试，完全符合基金会现场总线的各项标准，才能标上 FF 认证标志。

FF 现场总线仪表应具有自诊断功能，诊断能提供 FF 设备测量或控制过程的关键信息。FF 设备应能够支持设备内存中附加功能和/或软件版本的设备描述（DD）。以某控制阀为例，其诊断功能可至少包括如下内容：定位精度；响应速度；阀门总行程；填料摩擦力和滞后作用；静摩擦和滑动摩擦；死区范围。

FF 诊断信息在 DCS 的人机界面上显示且存储在 DCS 及 IDM 数据库中。

FF 现场总线仪表的全部功能应与 DCS 及 IDM 在联机情况下进行主控制系统互操作性测试（HIST），测试主控制系统与 FF 技术规范的一致性，以保证 FF 现场总线设备与主控制系统完全兼容。

2. 现场总线设备功能块

功能块是一种图形化的编程语言。FF 现场总线功能块支持国际可编程控制器编程标准 IEC61131-3。功能块是参数、算法和事件三者的完整组成。由外部事件驱动功能块的执行，通过算法把输入参数转换为输出参数，实现应用系统的控制功能。现场总线设备功能块包括标准功能块、先进功能块及附加功能块。现场总线基金会应用流程 FF-890、FF-891、FF-892 所定义的功能块类型如表 6-6-2 所示。各功能块的执行均受系统管理（SM）的调度。

表 6-6-2　基金会现场总线功能块类型

FF—891 定义标准功能块	FF—892 定义标准功能块	FF—892 定义附加功能块
AI—模拟输入	PUL—脉冲输入	MAI—多路模拟输入
AO—模拟输出	STEP—步进输出 PID	MAO—多路模拟输出
B—偏差	SPLT—输出分程功能块	MDI—多路数字输入
CS—控制选择器	ISEL—输入选择器	MDO—多路数字输出
DI—离散输入	SGCR—信号表征器	
DO—离散输出	DT—时间盲区	
ML—手操器	ARTHM—算法	
PD—比例/微分控制	LLAG—超前/滞后	
PID—比例/积分/微分控制	INT—积分器	
RA—比值	TIME—定时器	
	AALM—模拟报警	
	DALM—离散报警	

　　附加功能块是由各制造商根据具体控制策略和信号处理的需要加以定义和实现，由各制造商对功能块的内部操作进行组态。FF 组织测试只确认功能块的外形和外部接口行为，并不测试其内部性能。现场总线控制系统将控制方案中的功能块组合在现场总线仪表设备中。现场总线仪表控制策略应优先选择标准功能块。

　　为实现控制系统所需的不同功能，应定义各类 FF 现场总线仪表功能块的组合方式。FF 现场总线仪表功能块的组合应遵循现场总线上通信量最少准则：模拟输入块（AI）设在现场变送器中执行，PID 和模拟输出块（AO）设在数字阀门定位器中执行，所有控制都位于变送器和数字阀门定位器中。离散 FF 设备（采用 DI/DO 功能块）可用作同一个网段的监督控制和监视设备。

　　为保证现场总线设备的功能块与主控制系统兼容，现场总线设备的功能块应满足以下要求：

　　① 现场总线设备的功能块通过 DCS 制造厂的测试和认证；

　　② 现场总线设备的功能块具有在线下装功能；

　　③ 现场总线设备具有组态软件向导功能，通过 DCS 的 HMI 对现场总线设备进行组态及调试。

3. 链路主设备

　　现场总线控制系统的通信是由链路主设备的链路活动调度程序管理和执行。链路主设备（LM）是任何有能力成为链路活动调度器（LAS）的设备，控制 H1 现场总线链路上的通信。链路活动调度器（LAS）是一个确定、集中的总线调度程序，管理网段内总线设备调度时间表。LAS 的作用是提供给 FF 现场总线设备两种令牌：一种是按照预定的调度时间表发出通信命令，对所有的设备进行轮询，具有周期性，主要执行功能块调度，如数据转化和功能块运算等，完成调度执行及调度通信；另一种是在预定的调度时间表之外的特定时间段内，向现场设备发送令牌信息，允许现场设备发送非调度数据，如显示、报警、PID 整定参数、设定值等具有非周期性的信息，完成非调度通信。LAS 还监视着现场总线网段上的设备，将新加入网段的设备加入到活动列表中。对传递令牌没有反应的失效设备，从活动列表中删除。

　　每个现场总线网段有一个主链路活动调度器及一个备用的链路活动调度器。当主 LAS 失效时，其调度功能自动转移到备用 LAS 上。每个现场总线网段有一台工作的链路主设备（LM）和一台备用的链路主设备。每个现场总线网段须有一台 FF 总线设备装有备用的链路活动调度器（LAS）。优先选用具备 LAS 功能的 FF 现场总线设备。

4. 现场总线设备升级

　　现场总线设备的硬件不变，软件需不断更新。为了便于现场总线设备的升级，现场总线设备应内置存储器，并能实现在线升级的功能。对现场总线设备的软件版本、设备描述文件（DDF）及通用文件格式（CFF）的版本进行备份。

5. 现场总线设备极性

　　现场总线仪表按对极性（＋、－）是否敏感分为"极性仪表"和"非极性仪表"。对于极性仪表设备，若正负极安装不正确，会引起网络故障。在工程设计中，现场总线仪表应明确极性要求，确保现场总线网段和现场总线设备正常工作，便于现场总线仪表维护和扩展。

四、FF 网段设备的选用

FF 现场总线网段（Segment）设备包括 FF 通信模件 H1 卡、FF 电源调整器（FFPS）、FF 接线箱（FJB）、FF 终端器、FF 电涌保护器、FF 在线诊断设备等。

1. FF 通信模块 H1 卡

FF 总线通信模件 H1 卡是现场总线网段中通信的起始点，是与主控制系统的通信接口。H1 卡冗余配置，以保证现场总线网段与主控制系统之间通信的高可靠性。通常每对冗余的 H1 卡可连接 2 个或 4 个 FF 网段。一对 H1 卡连接的 FF 网段设在同一个控制机柜中。

H1 卡具备现场总线设备诊断信息的通信能力，能将非控制数据传送给现场总线设备资源管理应用程序。

冗余的 H1 卡配备冗余的 FF 电源调整器（FFPS），当一路电源故障时，冗余的 H1 卡均能工作。

H1 卡具备热插拔功能。

2. FF 电源调整器（FFPS）

现场总线电源调整器（FFPS）将常规电源经过调节后，提供恒定的电压为现场总线仪表供电。

每个 FF 网段应独立设置电源调整器（FFPS），且每个网段的 FFPS 冗余配置，可在线切换。FFPS 应提供 FF 信号所需的阻抗匹配特性。

FFPS 采用冗余的直流电源供电，供电电压为 28V DC，电压波动峰值小于 0.1V，与地隔离。每个直流供电回路有单独的短路保护。

FFPS 的输出电压为 24～32V DC，输出电流宜为 0～350mA/网段，不大于 500mA/网段，FFPS 带内部短路保护及限流功能。FFPS 的电源输出端对地隔离。

FFPS 带每个网段的供电状态指示（LED）及故障报警接点输出。FFPS 的失效或故障均通知主系统。FFPS 可连在一起集中安装，每组不超过 8 个。当 FFPS 集中安装时，可单个机柜集中输出报警接点实现所有 FFPS 的公共报警。

FFPS 应带集成的现场总线终端器，终端器上贴标识"T"。

FFPS 通常还配置集成的网段在线诊断设备。

3. FF 接线箱（FJB）与 FF 总线分支模块

FF 总线分支模块安装在 FF 接线箱（FJB）内。所有主干和分支在 FJB 中连接。一个 FJB 通常安装一台 FF 总线分支模块。FF 总线分支模块及 FJB 接线箱应满足如下要求：

① FF 总线分支模块的每个分支设独立的短路保护器。短路保护器保证一个支路短路时不影响其他支路的 FF 总线设备，避免分支短路引起整个 FF 网段故障。当分支采用短路保护时，通常其负载电流会增加 10mA。短路保护器分支短路电流不应超过 60mA。

② FF 总线分支模块接线外径范围：12～24AWG。

③ FF 总线分支模块适用环境温度范围：−40～70℃。

④ FF 总线分支模块宜采用 DIN 导轨安装方式。

⑤ FF 总线分支模块带主干供电 LED 指示、各分支短路及过流 LED 指示。

⑥ FF 总线分支模块应带 FF 总线终端器。

⑦ 每个 FJB 连接 1 个 H1 网段，每个网段最多连接 12 个分支，实际工程中每个网段连接不超过 9 个分支。

⑧ FJB 的端子排上注明网段号、主干（Trunk）、分支（Spur）及终端器标识"T"。

⑨ 主干电缆及分支电缆在 FJB 内均有独立的接线端子。主干电缆及分支电缆的屏蔽线亦设专门的屏蔽接线端子，屏蔽线在现场侧浮空不接地，在控制系统机柜侧单点接地。

⑩ FJB 及 FF 总线分支模块根据现场爆炸危险区域划分，选用满足防爆区域要求的产品。

⑪ FF 总线分支模块采用在现场总线基金会已注册的产品。

4. FF 终端器

FF 终端器是一种安装在传输线末端或接近末端的阻抗匹配模块，其特性阻抗与传输线相同。当信号沿电缆传输遇到开路或断路时，将产生反射。反射是一种噪声，会引起原始信号失真。信号失真将引起电流/电压转换时的数据误差，降低数据传输的可靠性。在现场总线电缆末端采用终端器，可消除反射信号，将信号失真的影响降到最低。H1 现场总线终端器还可将某个设备发送的电流信号转换成网段上所有设备都可接受的电压信号。

FF 终端器采用 100Ω 电阻及 1μF 电容串联预制，防止现场总线信号失真及衰减。每个 FF 网段的两个终端器之间的接线定义为主干。每个 FF 网段的两个 FF 终端器，一个安装在 FF 接线箱（FJB）中，另一个安装在 FF 电源调整器（FFPS）内，FF 终端器上贴有标识 "T"。

5. FF 电涌保护器

在雷暴多发生地区或大感性负载启动和停止的场合，应提供防雷/防电涌保护。

对于 FF 现场总线系统，电涌保护器的设置遵循以下原则：

① 在 FF 现场总线网段的系统侧（位于 H1 卡之前）设置电涌保护器（SPD）；

② 易于遭受雷击的 FF 现场设备（安装于储罐顶端、装置框架及设备顶部等）设置电涌保护器。若 FF 现场总线仪表设备设置电涌保护器，在现场总线分支模块的起始端以及主干线的输入端均设置电涌保护器，否则仅在现场总线分支模块主干线的输入端安装电涌保护器；

③ 常规仪表回路的电涌保护器通常不适用于 FF 现场总线系统，FF 电涌保护器的选择应确保在各网段上的 H1 端信号不产生测量信号衰减。

FF 主机控制器侧的电涌保护器应符合下列技术要求：

① 串联工作方式；

② 标称放电电流为 20kA（在 $8\mu s/20\mu s$ 电涌实验波形下）；

③ 保护电压（残压）最大为 60V；

④ 防护等级至少为 IP20，宜采用导轨安装；

⑤ 在对电涌保护器维护时，不能对总线通信造成影响。

FF 现场设备侧的电涌保护器应符合下列技术要求：

① 并联工作方式；

② 标称放电电流为 10kA（在 $8\mu s/20\mu s$ 电涌实验波形下）；

③ 保护电压（残压）最大为 60V；

④ 满足现场爆炸危险区域的防爆要求。

6. FF 在线诊断设备

FF 在线诊断设备具有固定式和便携式两种，均能监测网段电压、噪声、通信信号强度、屏蔽层与信号线间的电阻。

固定式还能监测主配电电源（BPS）供给 FFPS 的最大、最小及实时电压值，FFPS 操作状态和最大、最小及实时总线电流值。

五、FF 现场总线电缆选用

1. FF 现场总线电缆类型及技术参数

FF 现场总线电缆共有 A、B、C、D 四种类型。各类型 FF 总线电缆的导体结构、技术性能参数如表 6-6-3 及表 6-6-4 所示。

表 6-6-3　FF 现场总线电缆导体结构参数

电缆类型	主要结构	导体标称截面积 /mm²	美标线规 AWG		股数/直径/mm	最大允许长度/m
			AWG	股数/AWG		
A	绞对、屏蔽	0.80	18	7×26	7/0.40	1900
B	多对、总屏蔽	0.32	22	7×30	7/0.25	1200
C	单对或多对、不带屏蔽	0.2	26	7×34	7/0.16	400
D	多芯、总屏蔽	1.25	16	19×29	19/0.29	200

表 6-6-4　FF 现场总线电缆主要性能参数

项目	单位	电缆类型				备注
		A	B	C	D	
(1) 电气性能						
传输模式	—	电压	电压	电压	电压	

续表

项目	单位	电缆类型				备注
		A	B	C	D	
(1)电气性能						
传输速率	Kbps	31.25	31.25	31.25	31.25	
导体最大 直流电阻(25℃)	Ω/km	22	56	132	20	
导体-屏蔽间 最小绝缘电阻(20℃)	GΩ/km	16	16	20	20	
特性阻抗 (31.25kHz)	Ω±%	100±20	150±10	—	—	
最高工作电压	V RMS	300	300	300	300	
最高耐电压 芯-芯 芯-屏蔽	kV×min kV×min	1.0×1 1.0×1	1.0×1 1.0×1	1.0×1 —	1.0×1 1.0×1	不击穿 不击穿
最大工作电容(1kHz)	nF/km	78	70	60	80	
对屏蔽层最大 不平衡电容(1kHz)	nF/km	2	6	—	—	
最大分布电感	mH/km	0.5	0.5	0.5	0.5	
最大电感电阻比	mH/Ω	25	20	15	30	
最大衰减(39kHz)	dB/km	3.0	5.0	8.0	8.0	
7.8～39kHz 最大传播延时	μs/km	1.7	—	—	—	
屏蔽 最小覆盖率	%	90	90		90	
(2)机械物理性能(参考)						
绝缘老化前 抗张强度 断裂伸长率	MPa %	最小 16.0 最小 300	— —	— —	— —	
绝缘老化后(100℃,7d) 抗张强度变化率 断裂伸长率变化率	% %	最大±25 最大±25	— —	— —	— —	
护套老化前 抗张强度 断裂伸长率	MPa %	最小 15 最小 150	— —	— —	— —	
护套老化后(100℃,7d) 抗张强度变化率 断裂伸长率变化率	% %	最大±25 最大±25	— —	— —	— —	

FF 现场总线电缆应采用专用的相互隔离的双绞线对屏和全屏蔽电缆。采用双绞线可以降低由线缆进入的外部噪声，而全屏蔽可以进一步降低噪声灵敏度。

2. FF 现场总线电缆的选择

在石油化工工程应用中，FF 现场总线 H1 的干线和支线电缆优先采用 A 型 FF 现场总线电缆，且符合 GB/T 16657.2 及 IEC 61158-2 标准。FF 总线电缆的测试须符合 FF-844 规范。A 型 FF 现场总线电缆的典型结构如图 6-6-4 所示。

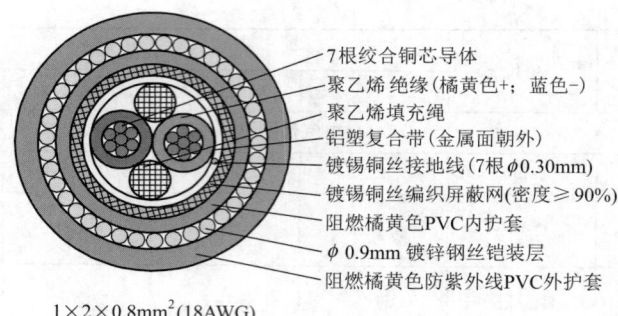

图 6-6-4　多股铜芯阻燃 PE 绝缘 PVC 护套双绞屏蔽钢丝铠装 A 型 FF 现场总线电缆

FF 现场总线电缆敷设在槽板或保护管中，与其他仪表信号电缆分开敷设。为与传统 4～20mA 信号电缆区分，FF 现场总线电缆外层颜色采用橘红色或橘黄色。

六、FF 现场总线系统设计

1. 现场总线网段拓扑结构

现场总线网段拓扑结构主要有树形、支线型或组合型拓扑结构。树形拓扑结构连接示意图如图 6-6-5 所示。树形拓扑网络是由多台现场总线设备以独立的支线电缆连接至公共的总线接线箱（FJB），然后通过主干电缆连接至 DCS/FCS 的 H1 卡。树形拓扑结构常用于现场总线仪表安装位置比较集中的场所。现场总线接线箱安装在现场总线仪表附近。这种布局方式须考虑到支线电缆的最大长度，确保同一网段上的设备相互隔离，并布置在总线网段所允许的电缆总长度范围之内（支线长度之和＋主干电缆长度不应超过 1500m）。采用树形拓扑结构时，每个分支应设有独立的短路保护器。短路保护器限制分支的短路电流不超过 60mA。短路保护器安装在现场总线接线箱中。

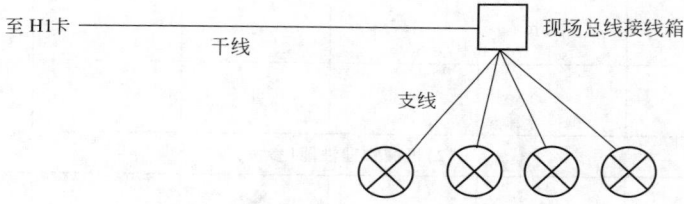

图 6-6-5　树型拓扑结构

支线型拓扑，又称为 T 形拓扑。这类拓扑结构由现场总线设备组成，且现场总线设备通过一段支线电缆与多站式总线网段连接。干线电缆从 H1 卡敷设至最远现场总线仪表，如图 6-6-6 所示。支线电缆的长度可以从 1m 到 120m，支线与总线相连接。这种拓扑结构通常只用于设备密度较低，现场总线仪表的安装位置不集中的场所。对于支线型拓扑结构亦需设置短路保护，限制分支的短路电流不超过 30mA。

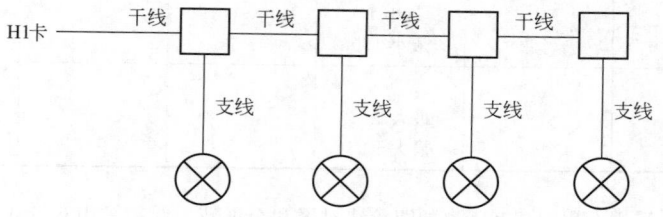

图 6-6-6　T 形拓扑结构

T 形/树形组合拓扑结构如图 6-6-7 所示。这种组合型拓扑结构主要用于上述两项仪表位置并存的场所。支线电缆只能从干线电缆引出，不允许从其他支线电缆引出。组合型拓扑结构遵循现场总线网段电缆最大长度的所有规则，包括总长度中分支长度的计算。

在实际工程设计应用中，通常优先采用树形拓扑结构。在组态和分配网络/网段设备时，树形拓扑结构具

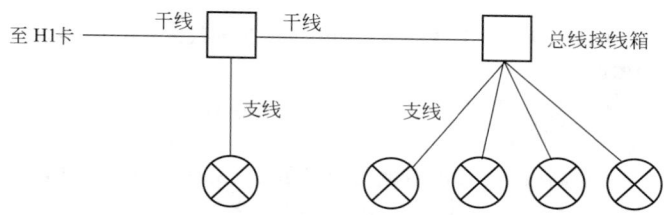

图 6-6-7　T 形/树形组合拓扑结构

有最大的灵活性，安装费用低、接线方便。

2. 网段设计基本要求

现场总线网段的设计，需要具备以下条件：

① P&ID 完成；

② 过程控制策略基本确定；

③ 现场总线设备选型确定；

④ 现场总线设备的安装位置基本确定；

⑤ 在 DCS 控制站中，现场总线设备的 H1 卡分配基本完成。

在进行 FF 现场总线网段设计时，需满足以下要求。

① H1 总线网段上可以挂的设备最大数量受到设备之间的通信量、电源容量、总线可分配的地址、每段电缆的阻抗等因素的影响。每个 FF 网段设计负载通常不超过 9 台现场总线设备，网段设计时预留 25％的备用容量，预留的容量允许添加 1 个控制回路（即 1 个变送器和 1 个执行元件）。

② 每个 FF 网段的主 LAS 设在冗余的 H1 卡中，后备的 LAS 应设置在可靠、长周期连续运行的现场总线设备中（通常选监视用变送器）。

③ 每个 FF 网段可最多处理 64 个功能块。

④ 每个 FF 网段现场总线设备端的供电电压不低于 13V DC。

⑤ 每个 FF 网段上所有现场总线设备的电流之和不超过 FFPS 的额定值。

⑥ 每个 FF 网段留有至少 25％的总线电流和功能块的裕量。

3. 现场总线网段回路分配原则

FF 现场总线网段设计应确保将人为失误和互操作性问题对工厂可靠性的影响降到最低。在对现场总线网段进行回路分配时，宜根据现场总线网段风险管理和风险评估，定义阀门和相关测量设备的关键等级，即调节回路的关键等级。通常调节回路的关键等级可划分为以下 3 个等级。

① 1 级：1 级阀门故障将导致整个系统故障，引起某一工艺单元局部停车，甚至整个装置停车，或者引起关键设备的损坏。

② 2 级：2 级阀门故障将导致整个系统故障，但 2 级阀门的过程动态时间允许由故障状态快速恢复，可快速修复故障或采取手动控制。当阀门故障发生后，可采取措施有效避免工艺装置停车，或者阀门故障引起装置停车后，可在工艺允许的时间内快速重新开车。

③ 3 级：3 级阀门故障时，短期内不会造成局部停车或整个装置停车，不会造成重大操作损失。无需操作员采取立即措施，阀门可以处于故障安全位置。

在进行 FF 现场总线网段回路分配时，遵循以下原则。

① 同一调节回路的现场总线设备分配在同一网段上。

② 每个 FF 网段内只分配 1 个 1 级关键调节回路，不再有其他调节回路；每个 FF 网段内可以分配 1 个 2 级调节回路，可同时再分配 1 个 3 级调节回路，不再有其他调节回路；每个 FF 网段可同时分配 3 个 3 级调节回路。每个 FF 网段中最多不超过 3 个调节回路，但可有监视回路。

③ 每个 FF 网段宜平均分配 6～8 台 FF 设备，或 2 台 FF 定位器，两者取最大值。

④ 对于一个有能量传递的设备（如精馏塔、反应器等），与加热设备（如再沸器）有关的现场总线设备和与换热设备（如冷凝器）有关的现场总线设备宜分配在不同的网段中。

⑤ 用于主工艺设备与备用工艺设备的现场总线设备，宜分配在不同的网段中。

⑥ 采用多点测量的设备（例如采用多点温度测量的反应器），宜将现场总线设备均匀地分配在不同的网

段中。

⑦ 现场总线调节阀应组态成当主控制系统通信故障时的阀位和气源故障时的阀位相同。

4. FF 网段功能块分配原则

① 模拟输入块（AI）分配在变送器。

② 单控制回路 PID 功能块宜分配在 FF 阀门定位器。

③ 串级控制回路，如果主、副回路的 PID 控制功能都在现场总线设备中实现，则主、副回路的现场总线检测仪表及调节阀应分配在同一网段中，主回路的 PID 功能块设置在主变量变送器内，副回路的 PID 功能块设置在执行元件的 FF 阀门定位器上。串级控制回路也可主控制回路在 DCS 控制器中实现，副控制回路在 FF 阀门定位器中实现，此时主、副控制回路的现场总线仪表可安装在不同的网段。后一种串级控制回路，主、副回路的分配方式在实际工程应用中更为常用。

④ 复杂控制回路可采用现场总线与 DCS 通信，其控制算法及 PID 功能块应在 DCS 控制器中实现。

⑤ 计算和逻辑功能块通常设在 DCS 控制器内。

⑥ 主机控制器对于虚拟通信关系（VCR）的数量有些限制，特别是设计复杂控制策略时，应注意现场设备和主机控制器支持的功能块和 VCR 数量限制。

5. FF 网段执行时间

设备完成输入信号处理、算法执行和最终输出值传送的时间之和称为一个周期。周期与非周期时间之和称为宏周期。对 FF 网段执行时间的要求即是对宏周期时间的要求。所有挂接在网段上设备的宏周期时间以执行速度最快的回路为准。

现场总线网段的宏周期时间决定了网段所连接的总线设备的数量。不同宏周期时间要求的网段，所连接的现场总线设备数量如表 6-6-5 所示。通常，对于模拟量监视回路的网段，最大现场总线设备数不超过 12 台。每个 FF 网段的宏周期时间缺省值为 750ms，最大值≤1000ms。

表 6-6-5　不同宏周期时间要求网段对应现场总线设备数

网段的宏周期时间	网段连接最大现场总线设备数量
1000ms	12 台（含 2 台阀门）
750ms	9 台（含 2 台阀门）
500ms	6 台（含 1 台阀门）
250ms	3 台（含 1 台阀门）

注：当宏周期时间为 750ms 时，网段的周期时间最大应为 450ms，非周期时间最小应为 300ms。

6. 现场总线电缆长度计算

根据 IEC 61158-2 物理层标准规定：

现场总线电缆总长度＝主干电缆长度＋所有分支电缆长度之和

式中，主干电缆长度是指从控制系统柜现场总线电源调整器到总线接线箱的主缆长度；分支电缆长度是指从总线接线箱到现场总线仪表的分支电缆长度。

网段电缆总长度理论上不应超过 1900m，实际工程设计中应≤1500m。每个网段所允许的最大分支电缆长度与网段内安装的现场总线仪表数量有关。通常，对于现场总线设备数不超过 12 台的网段，分支电缆长度宜为 1～75m，不超过 120m。

现场总线电缆长度计算举例：

设主干电缆长度＝500m，分支电缆长度平均为 40m，网段共挂接了 12 个现场总线设备，则现场总线电缆总长度＝500＋12×40＝980（m）≤1500m。

7. 现场总线电压降计算

根据 IEC 61158-2 物理层标准规定：

网段最大工作电流（A_{max}）＝所有现场总线设备的最大耗电流之和＋1 个分支短路电流

已注册的 FF 现场总线设备的最大耗电流在 13～30mA 之间，分支短路电流为 40～60mA。

网段的最大电压降（V_{max}）＝（网段最大工作电流 A_{max}×主干电缆的直流电阻 R_{trunk}）＋（分支工作电流 A_{spur}×分支电缆的直流电阻）＋FJB 电压降≤网段允许电压降

网段允许电压降即为 FFPS 输出电压与总线设备所要求的最低供电电压之差。每个 FF 网段的 FFPS 输出电压在 24～32V DC 之间。现场总线基金会注册设备的工作电压范围为 9～32V DC。在进行现场总线压降计算时，总线设备的供电电压超过设备最低工作电压 4V，这额外的 4V 电压是为将来向网段添加设备而预留的裕量。为了保证现场总线网段的有效运行，每个 FF 网段现场总线设备端的供电电压不低于 13V DC。

现场总线电压降计算举例：

设网段主干电缆长度为 500m，网段连接总线设备共 12 台，分支电缆长度平均为 40m。主干电缆及分支电缆均采用 A 型 FF 总线电缆，其直流电阻值为 22Ω/km。网段的 FFPS 输出电压为 28V DC，每台现场总线设备的最大平均耗电流为 20mA，分支短路电流为 60mA，设备端电压不应低于 13V DC，总线接线箱 FJB 电压降为 1V，则

网段的最大电压降＝$(12×0.02＋0.06)×0.5×44＋0.02×0.4×44＋1＝7.952(V)≤(28V－13V)＝15V$

符合网段供电要求。

8. 现场总线仪表设备防爆设计

目前在危险区域安装的现场总线仪表设备防爆类型主要有三种，即隔爆型（Ex d）、本安型（Ex i）和混合防爆型，三种 FF 现场总线防爆形式的简要技术对比见表 6-6-6。国内外防爆标准还允许在 2 区采用无火花型（Ex n），在实际工程中目前应用较少，本章不再介绍。

表 6-6-6　FF 现场总线不同防爆形式技术对比表

内容	隔爆型	FISCO 本安型	HPT＋FISCO 混合型
标准规范	GB/T 16657.2、GB 3836.2	GB/T 16657.2、GB 3836.19	GB/T 16657.2、GB 3836.19、P＋F 厂家标准
电源调整器最大输出电流/mA	500	380（ⅡB 类）、183（ⅡC 类）	380
总线电源是否冗余	是	否	是
主干防爆形式	隔爆型（Ex d）	本安型（Ex i）FISCO 认证	增安型（Ex e）
分支防爆形式	隔爆型（Ex d）	本安型（Ex i）FISCO 认证	本安型（Ex i）FISCO 认证
主干长度限制/m	1000（主干和分支之和不超过 1500m）	500	1000
分支长度限制/m	120（一般不超过 90）	60（一般不超过 30）	60（一般不超过 30）
分支设备数量限制/个	12	8	8
总线电缆形式	标准型 FFA	本安型 FFA	本安型 FFA
现场接线箱是否可带电开盖	否	是	否
现场设备是否可带电开盖	否	是	是
主干是否可配置浪涌保护器	可	可	可
投资对比	—	比隔爆型增加 30%～40%	比隔爆型增加 20%～30%
优缺点对比	优点：结构简单、应用成熟、经济性好，是目前应用广泛防爆形式 缺点：不能带电开盖维护	优点：主干与分支均为本安型，可带电开盖维护 缺点：结构复杂、业绩少，挂接设备及电缆长度限制较严、经济性较差	优点：主干为增安型，接线箱不可带电开盖；分支为本安型，可开盖维护 缺点：结构较复杂、业绩较少，挂接设备及电缆长度受限、经济性一般

（1）隔爆型　隔爆型仪表的优点是对现场总线网段上电流的限制比较小，可以挂接较多的现场总线设备。采用隔爆型遇到的问题是现场设备维护。从隔爆型设备的原理上讲是不允许对其进行带电开盖维护和操作的。

对于现场总线网段来讲，若对该网段上的某个现场设备进行开盖维护操作时，必须切断整个网段的电源。对于某些特别关键的装置或区域，这种操作通常是不允许的。

（2）本安防爆型　FF现场总线有两种本安系统概念，一种是传统的实体概念（Entity Concept），另一种是FISCO本安概念。

① 实体概念：在对传统的实体概念本安设备和安全栅进行认证时，要综合考虑电压、电流、功率、电容和电感等实体参数。利用这些参数，选择设备和安全栅之间的匹配。根据传统的实体概念，电缆的电容和电感也应考虑。对于Ex ia IIC防爆等级，每个安全栅只允许约60mA电流。电流限制，使每一台安全栅上可挂接的设备数量少，也限制了电缆的长度。与传统的本安概念一致，FF总线仪表设备功耗是本安网段上可挂接设备数量的主要限制因素，因此传统的实体概念本安FF总线设备在工程中设计较少采用。

② 现场总线本质安全概念：现场总线本质安全概念（FISCO）是较新的本安模型。在FISCO模型中，只要电缆的参数处在给定的限制值内，电缆的电容和电感不再考虑而仍能起保护作用。FISCO模型的安全栅没有规定电容和电感允许值。FISCO认证规定对于IIC等级总线电流不大于110mA；IIB等级电流不大于250mA。FISCO型安全栅可以比传统安全栅连接更多的设备，与隔爆型比较，挂接设备少，投资增大。

（3）混合防爆型　为克服隔爆型和本安型FF现场设备防爆形式各自的问题，有些生产商提出了混合防爆型的FF现场设备防爆技术概念，并推出了相应的产品，如P+F公司。混合防爆型的概念是主干采用增安型的高功率主干（HPT），分支采用FISCO本安型设备，这样既能挂接更多现场总线设备，又能满足现场仪表设备带电维护的需求。由于采用专用的产品，投资较隔爆型有所增加。

（4）FF现场总线防爆设计原则　从表6-6-6中可看出，这几种防爆形式在现场总线的应用中有各自的优缺点。随着电子技术、控制技术和生产技术的不断改进，现场总线仪表设备的可靠性提高，可保证长周期运行；随着智能型现场仪表的广泛采用，特别是现场总线仪表设备所具有的过程和诊断信息及远程访问和标定功能，使得在装置开车之后，需要维护人员到现场进行带电开盖维护和操作的越来越少。从目前石油化工企业应用情况来看，在爆炸危险区安装的现场总线设备通常采用隔爆型。

9. 现场总线系统供电和接地要求

现场总线系统供电与主配电电源（BPS）的设置要求：

① 现场总线设备采用总线供电方式，也可采用外部供电方式；

② 现场总线设备工作电压为13～32V DC，工作电流为10～30mA；

③ 系统的主配电电源（BPS）冗余配置；

④ BPS的输出电压为24V DC，电压波动$\leqslant 0.1V_{p-p}$，冗余配线至FF电源调整器（FFPS）的电源输入端。

FF现场总线系统的接地应满足以下要求。

① FF现场总线信号回路中的任何一点应与地完全隔离，即现场总线信号电缆的线芯应对地浮空。现场总线信号电线中的任一根线芯接地，将导致该总线网段上的所有设备通信中断。

② FF现场总线电缆的屏蔽层应在控制系统机柜侧单点接地，在现场侧与现场总线设备绝缘（浮空），不应与总线仪表地线或机壳连接。

③ 在现场总线接线箱内，主干电缆与分支电缆的屏蔽层应通过接线端子良好导通。

④ 如果主干电缆选用多对对屏/总屏电缆，在主接线箱内任何两个网段的屏蔽层均不应互相连接，因为这样会形成接地回路并引入噪声。

10. 主控制系统要求

主控制系统应支持所有FF现场总线功能，包括组态、维护和操作显示功能。主控制系统应能无缝集成各类FF总线设备，对各供应商FF总线设备产品具有很好的兼容性。通过主站完成对FF现场总线设备的组态、控制策略组态以及组态下装。

对主控制系统的配置要求如下。

① 主控制系统应采用标准的硬件和系统软件。系统制造商在设计应用软件时，不应对操作系统软件进行修改。软件设计时需考虑今后对操作系统软件进行修改或升级时，不会影响系统的正常运行。实现控制策略时，采用来自驻留在现场总线设备功能块中的FF现场总线设备的信息。

② 预留备用容量和扩展能力。为所有组件进行系统配置时，每个系统预留15%的备用组件，并预留20%的备用空间。主控制系统内部的通信网段预留25%的节点地址。当新FF现场总线设备连接到FF网段时，FF网段能利用网段自寻址技术（即插即用），自动为其分配唯一的新地址。

③ 通过主控制系统互操作性能测试（HIST）。所有主控制系统均须按照 FF-569 技术规范通过 HIST 性能测试。所有 FF HIST 支持的性能都能与现有的控制系统的工程、组态、维护和操作系统实现无缝集成。主控制系统采用基金会现场总线网址上提供的注册设备描述，并根据现场总线基金会文档 FF-940 进行定义。

④ 对基金会现场总线功能的支持。主控制系统功能与基金会现场总线的性能实现集成：自动节点寻址、互操作性，利用标准 DDL 对设备直接组态，FF 设备运行、维护和诊断数据、调整参数、模式、报警和数据质量等。无需调试和启动延迟，主控制系统就可向现有网段中添加新的现场设备，且可以进行全部组态。主控制系统须具有数据传输功能，能将第三方系统的数据库集成到现场总线设备中，实现第三方系统通过主控制系统对现场总线设备参数进行读和写操作。

⑤ 所有 FF 功能，包括工程、组态、维护和操作显示功能，集成到 DCS 控制系统中。工程、组态、维护和操作性能与传统模拟或离散 I/O、智能 HART 和专用 I/O、基于总线的 I/O 和 FF 系统实现兼容和无缝集成；组态和操作采用单个、唯一和独立的功能块和参数位号名。主控制系统 FF 组态工具能实现主控制系统组态数据库的无缝集成，FF 和传统控制策略能实现主控制系统数据库的保存、恢复和下载。离线 FF 组态，如网段或 FF 设备未连接时的 FF 策略组态，主控制系统能组态所有的 FF 功能块和参数，并支持 DD 服务和通用文件格式（CFF）的技术规范。系统组态能软件仿真和测试 FF 控制策略，在线创建或修改 FF 控制策略，提供 FF 组态错误的警示和报文。

⑥ DCS/FCS 由双路 UPS 供电，系统主电源冗余，控制器电源冗余，控制器冗余，FF H1 卡件和 FF 电源调整器冗余。为保证主控制系统具有足够的稳定性来处理失效冗余组件的无扰动切换，对于所有采用冗余的节点，主控制系统应具备在线升级软件的功能。

⑦ 主控制系统能对所有 FF 设备进行调试、设置和维护。可从主控制系统工作站中调用。支持下列功能：总线的负载报告；总线的误差计数器；H1 网段的调度报表；更换现场设备时，支持变更管理的在线协调功能；确认所有现场总线设备报警的功能；FF 设备在离线、备用、待机、调试和不匹配状态下的切换；调试 FF 变送器量程切换、调零和 FF 阀定位器设置；工程师工作站上能调用调度和维护的显示画面。

⑧ 基于 IDM 系统的先进诊断及维护。DCS/FCS 集成系统包括仪表设备管理系统（IDM），IDM 系统统一管理 FF 现场总线仪表及 HART 仪表。IDM 系统独立于主控制系统的操作员站/工程师站，可用于管理和显示实时和历史诊断及维护信息。诊断功能至少要报告设备的关键故障。诊断通过 FF 报警和警示的方式报告给主控制系统，轮询方式的诊断是不可接受的。IDM 系统可进行诊断和维护活动的自动文档记录，记录所有的维护、校准和诊断过程，并以一种开放格式的语言输出或存储记录。

七、FF 现场总线工程设计

1. 与常规工程设计的区别

FF 现场总线技术对工程设计各个阶段的设计和应用带来一定的变化，但基本的工程设计周期和步骤是大体相同的。在项目开始之初应制定标准规范，保证项目执行过程的顺利开展，有效规避采用新技术带来的设计隐患，提高应用水平，充分发挥现场总线技术的优势。

采用现场总线技术后带来的主要概念区别如下。

① I/O 点概念，如 AI、AO、DI、DO，将被新的现场总线网段代替。对于一台现场总线设备，不区分设备是模拟的还是数字的，是输入还是输出，因为现场总线信号对于它们都是相同的。

② 常规的现场仪表的接线设计是按照信号类型及就近原则进行设计；现场总线网段的接线设计要综合考虑整个网段的功耗、电缆长度、风险分散等，以避免某个网段的故障可能对生产装置带来的影响。

③ 常规的回路图按照控制回路为单位编制，而现场总线的回路图以网段为单位编制。

2. FF 现场总线工程设计相关标准规范

FF 现场总线的设计和施工遵循现场总线基金会的强制规范和 IEC 的有关标准。这些标准包括以下几个。

① IEC 61158-2，Fieldbus Standard for Use in Industrial Control Systems - Part 2：Physical Layer Specification and Service.

IEC 61158-2，应用于工业控制系统的现场总线标准 第二部分：物理层规范及服务。

② Fieldbus Foundation Physical Layer Profile Specification，FF-816，Rev. 1.

现场总线基金会物理层总规范，FF816，Rev. 1。

③ Fieldbus Foundation Function Block Application Process Part 1，FF-890，Rev. 1. 2.

现场总线基金会功能块应用过程 PART 1，FF-890，Rev. 1. 2。

④ Fieldbus Foundation Function Block Application Process Part 2，FF-891，Rev. 1. 2.

现场总线基金会功能块应用过程 Part 2，FF-890，Rev. 1. 2。

⑤ Fieldbus Foundation Device Description Language，FF-900，Rev. 1. 0.

现场总线基金会设备描述语言，FF-900，Rev. 1. 0。

⑥ Fieldbus Foundation Common File Format，FF-103，Rev. 1. 5.

现场总线基金会通用文件格式，FF-103，Rev. 1. 5。

3. FF 现场总线系统设计工作流程

FF 现场总线系统设计工作流程如图 6-6-8 所示。各设计阶段主要包括以下内容。

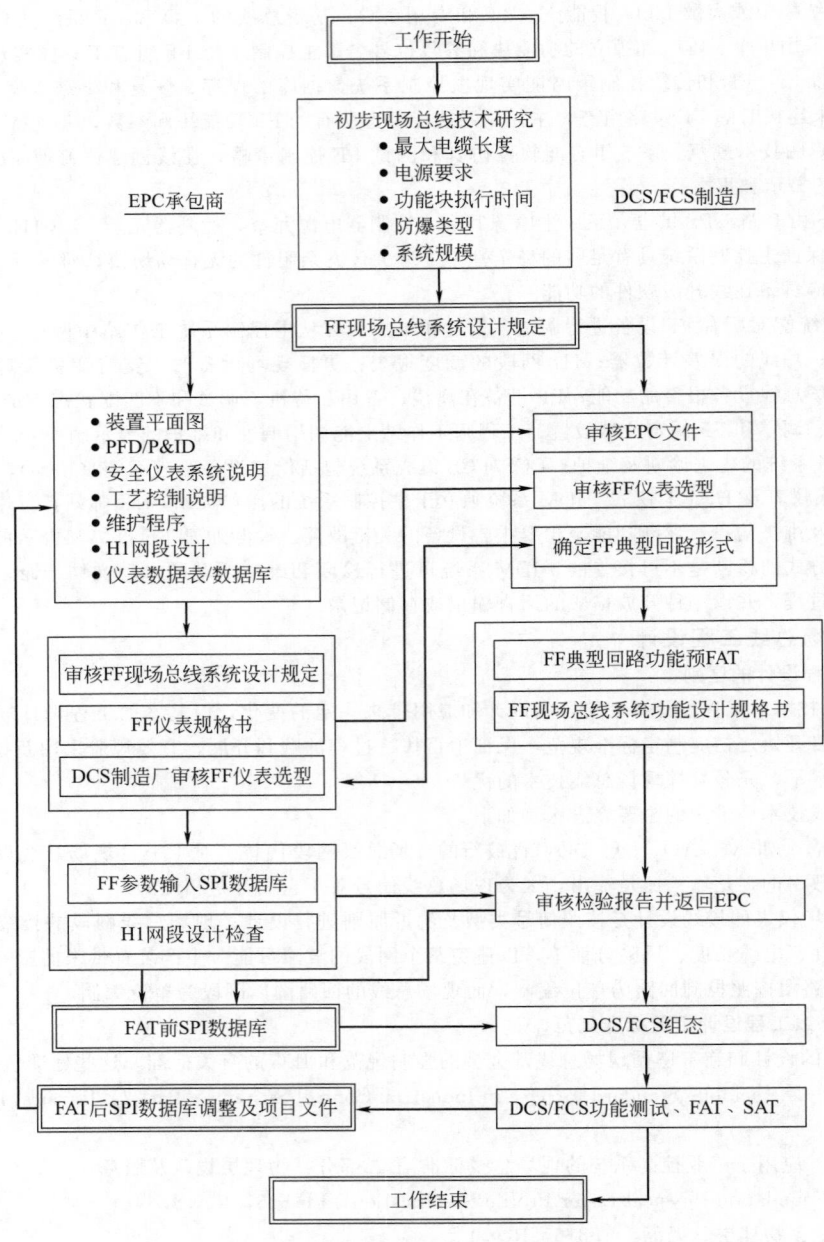

图 6-6-8　FF 现场总线系统工作流程图

（1）基础工程设计

① 工艺管道及仪表流程图（P&ID）、仪表索引表、仪表规格书、联锁逻辑图及说明、复杂控制回路图及说明等。

② 现场总线的技术方案，包括现场总线系统功能设计，网络结构，总线设备选型，网段设计，最大总线电缆长度，电源要求，执行时间，网段负载，防爆，防雷，接地设计等。

③ FF 系统工程设计导则及设计规定。

④ DCS/FCS 控制系统技术规格书，包括设计原则，供货范围，技术工作范围，系统配置，系统硬件及软件功能，冗余要求，组态要求，FAT 要求，SAT 要求，培训要求，技术服务要求，初步的 I/O 清单等。

⑤ FF 现场仪表规格书，包括现场总线仪表供电要求，功能块类型，互操作性注册，链路主设备能力，FF 现场仪表极性要求等。

（2）详细工程设计

① 工艺管道及仪表流程图（P&ID）、仪表索引表、仪表规格书、现场总线仪表平面布置图、联锁逻辑图及说明、复杂控制回路图及说明、电缆表，接线箱图、仪表回路图、仪表数据表及仪表工程数据库等。

② 完善 FF 系统工程设计导则及设计规定。

③ 选择现场总线 FF 主控制系统、FF 通信模块 H1 卡、FF 现场设备、FF 辅助设备及 FF 电缆。

④ 确认 FF 主控制系统集成商返回的资料。

⑤ 进行 FF 网段设计，在仪表数据表及仪表工程数据库中补充 FF 参数。

⑥ 用 FF 网段检查工具验证 H1 网段的设计是否符合设计规定。

⑦ 在 FAT 之前完成终版的仪表规格书、仪表工程数据库及有关设计文件。

⑧ 在 FAT 及 SAT 之后修正仪表规格书及有关设计文件并作为竣工资料。

（3）FF 主控制系统集成商工作

① 根据控制系统技术规格书，确认供货范围及技术工作范围。

② 提供详细供货清单（BOM）。

③ 提供项目执行程序及工程进度表。

④ 确认 FF 系统工程设计文件，确认现场总线仪表及设备选型。

⑤ 设计 DCS/FCS 与 FF 集成系统软件工具包，包括典型回路类型定义，FF 回路功能确定，FF 典型操作面板、实时和历史趋势画面、报警及事件记录面板等。

⑥ 完成 DCS/FCS 与 FF 集成系统网络架构图（包括全厂及分装置）。

⑦ 编制功能设计规格书 FDS（包括各子系统的硬件、软件、网络、接口等）；

⑧ 确认 FF 网段校验报告。

⑨ 完成 FF 回路功能预测试（Pre-FAT）。

⑩ 用标准的组态工具包完成总线控制系统组态。完成 DCS/FCS 系统组态。

⑪ 完成并发布 FAT、SAT 执行程序。

⑫ 完成总线控制系统的 FAT、SAT 并签署 FAT、SAT 报告。

⑬ 应对新注册的 FF 仪表设备进行互操作性测试。

八、验收测试及工程服务

DCS/FCS 系统集成商应提供完整的工程技术服务及质量保证，主要内容包括系统培训、应用软件组态、工厂验收、现场安装与检验、控制系统现场调试、配合装置开车投运等。

1. 工厂验收测试（FAT）

工厂验收试验集中对图形、数据库、电源、通信和其他的系统集成性能和功能进行确认。FF 现场总线系统的工厂验收测试（FAT）可以对部分典型的 FF 网段进行测试。

FAT 检验控制系统的所有组件都正常工作。对于 FF 总线系统，控制策略是在现场设备中执行，因而在没有连接 FF 设备或仿真应用程序的情况下，不能对 FF 总线系统控制策略进行测试。主控制系统的工厂验收试验应与现场总线的附加测试一并执行。

FAT 测试规划和执行程序应由系统集成商提供，并得到用户的认可。测试时，各类现场总线设备至少要提供一个样品测试。FF 现场总线部分的 FAT 测试主要内容如下。

① 互操作性测试。

② 控制策略和/或控制方法组态确认。

③ 备用 LAS 功能。

④ 第三方系统通信。

⑤ 将设备由一个网段移动到另一个网段。

⑥ 功能性测试，包括与主系统的互连性测试，现场总线仪表功能块的下装及访问确认，对现场总线仪表的操作测试等。

⑦ 标定及校准测试，包括各类 FF 设备的标定和设置。

⑧ 冗余性能测试，包括对 H1 卡和总线电源调整器的冗余故障保护测试程序。该测试能检验冗余设备的故障切换对系统产生影响，如信号是否波动、操作界面是否丢失、控制模式是否改变等。H1 卡和总线电源调整器进行 100％测试，所有供电电源和电源调整器故障报警都测试并对故障加以解决。

⑨ 网段接口测试。每个网段（H1 卡端口）至少连接一台现场总线仪表，接受在线操作测试，并使用选用的电缆和接线端子进行测试。对于大型工程，还须对某个网段进行满负荷测试，该网段连接 12 台现场总线仪表，其中有 3 台调节阀。

DCS/FCS 系统集成商应提前 1 个月向用户提交 FAT 执行程序。针对 FF 现场总线部分，FAT 执行程序包括三部分：网段检查、设备检查和数据校正。

DCS/FCS 系统集成商须提供所有专用工具、测试软件、测试和校准设备的设计和性能规格书。

FAT 测试完成后，系统集成商对所有设备的测试须有详细记录文件，用户对文件进行确认。

2. 现场验收测试（SAT）

在系统设备到达现场全部安装结束后，进行与工厂验收类似的测试。主要目的是检查系统硬件和软件的运行，系统各部分的功能以及速度、精度、容量等指标是否满足要求。现场 SAT 测试由系统集成商负责进行，最终得到买方的确认和检查。此部分内容包括现场总线电缆测试、网段检查、回路检测/现场集成测试。

系统集成商应提前 1 个月向用户提交 SAT 执行程序，并满足以下要求：

① 检查 FAT 遗留问题的处理是否完成；

② 检查总线电缆的连接是否正确，检查各网段的电源、接线和屏蔽接地是否正确；

③ 测试网段接线上的电压、信号电平和噪声性能是否正常，检查网段连接设备及现场设备的安装和组态是否完善；

④ 检查主控制系统的各项功能均能正常运行；

⑤ 检查网段通信及下装到总线设备的组态功能是否正常，确保所有的设备都出现在相应网段的设备列表中；

⑥ 检查所有需要实现的控制功能都能正常运行。

第四节 FF 现场总线系统的工程实施与应用

一、FF 现场总线系统工程应用实例

以某炼油化工厂一体化工程为例，介绍 FF 现场总线技术在大型石油化工装置中的应用。

该炼化一体化项目包括新建炼油工厂共 11 套装置，新建乙烯工厂共 5 套装置，以及全厂性配套的公用工程和辅助生产设施。每套生产装置均就地设置现场机柜室（FAR），这些现场机柜室均通过冗余通信光缆实现与中心控制室（CCR）的信号通信。FAR 及 CCR 典型控制系统结构图如图 6-6-9 及图 6-6-10 所示。

整个项目共计约 56000 个过程 I/O 点，180000 个通信 I/O 点，共采用了 11 套 DeltaV 系统，实现对不同生产装置的独立控制。在信息管理层面上又互相连接，确立了 PCS—MES—ERP 三层架构组成工程集成自动化系统的智能化工程模型。采用千兆级（1GB/s）工业以太网构成 PCS 主干网络，组成全厂互连的自动化结构，实现统一管理和调度。整个项目共使用 10910 台 FF 现场总线设备及 8229 台 HART 设备，其中使用 277 台 FF 现场总线多通道温度变送器，即 EMERSON 848T 8 通道温度变送器，节省约 2000 台常规 4～20mA HART 智能温度变送器。网段（Segment）的数量为 2375 个，平均每个网段所带的 FF 仪表数量为 4.6 台。在过程控制回路中最大限度地使用 FF 仪表设备，所应用的现场总线仪表类型包括变送器、质量流量计、电磁流量计、涡街流量计、阀门定位器等。简单的 PID 控制回路在阀门定位器中完成，复杂控制功能在 DCS/FCS 中实施。全部采用国产 FF 总线电缆，现场总线主干电缆长度不超过 600m。宏循环周期时间为 750ms。SIS、CCS、

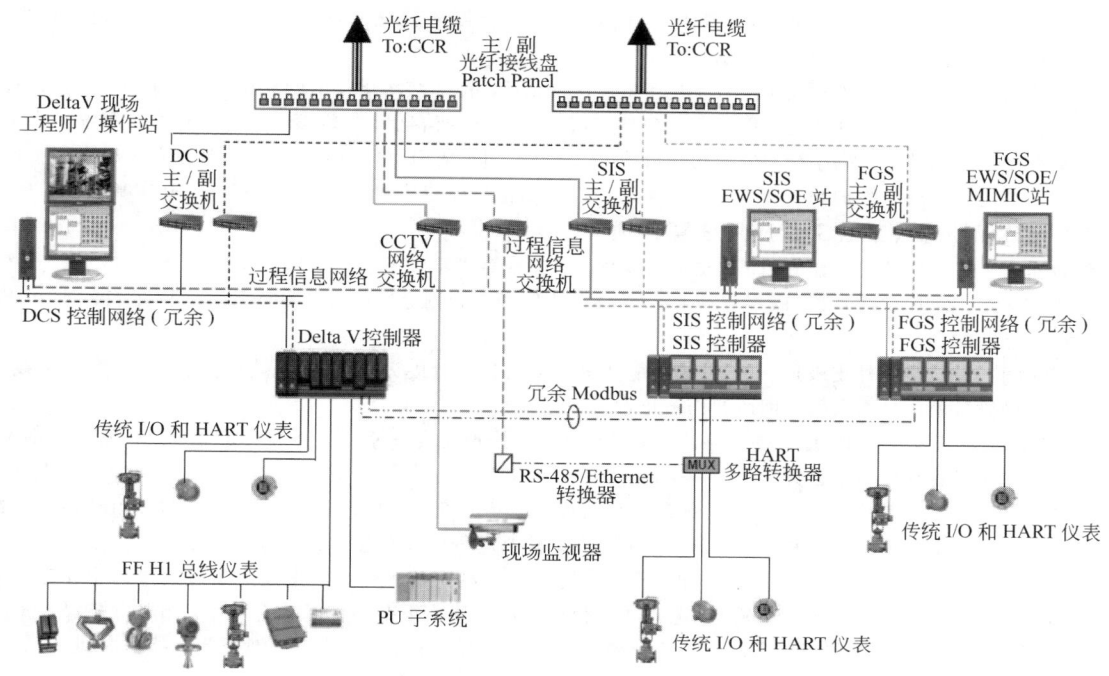

图 6-6-9　FAR 典型控制系统结构

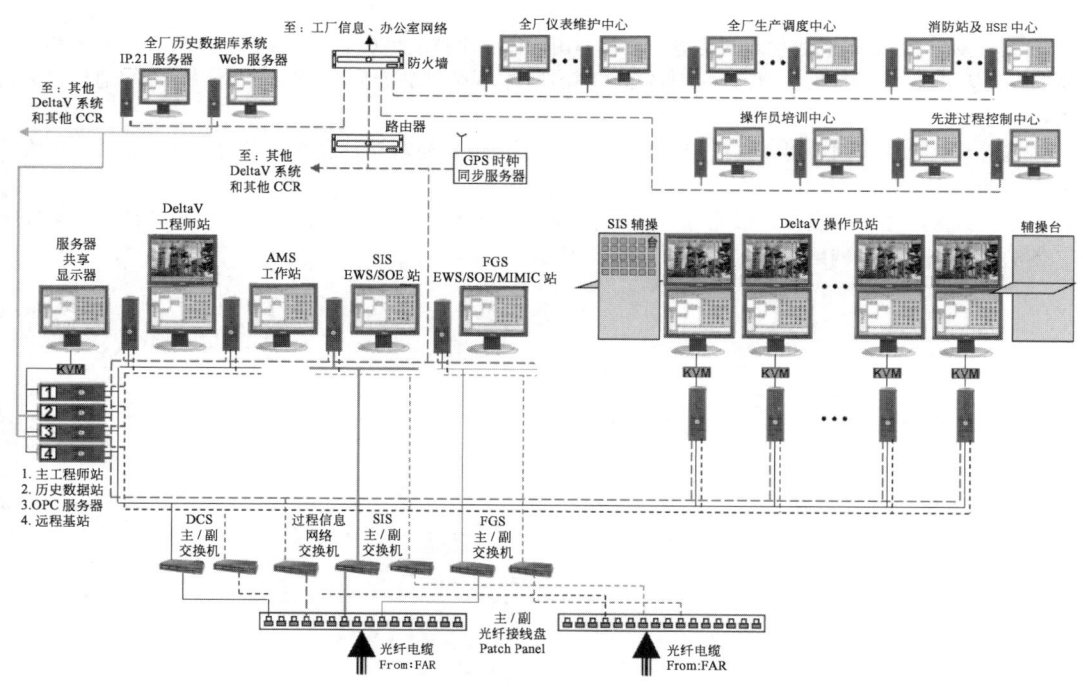

图 6-6-10　CCR 典型控制系统结构

MMS、PLC 及 FGS 等系统及 DCS 的离散信号未使用 FF 现场总线。

该项目投产后，控制系统保持连续稳定的运行，操作灵活，安全保护系统（SIS、FGS）安全、可靠，自动化系统及信息管理系统高度集成。据统计，包括 FF 现场总线及 HART 仪表在内，仪表的完好率及使用率均达到 99.8%。由于全面采用了智能化仪表技术，降低仪表的维护工作量，全厂投入的控制系统及现场仪表维护人员约为正常情况的 30%。FF 现场总线的通信速度能够满足石油化工过程控制的要求，FF 现场总线仪表正常运行的同时节省维护资源。

实践证明，现场总线技术不仅是"数字化了的 4～20mA"，由于数字化技术的应用，使贯穿于控制系统的各个层次获得了范围更广、功能更强的能力，包括丰富仪表设备的信息量、提高仪表设备的诊断和维护水平、实现分散控制、提高整个控制系统的安全可用性和可靠性等。随着 FF 总线系统在工程中的应用越来越普遍，提高工厂的智能化生产、维护和管理水平，为实现全厂自动化系统与信息系统的集成打下了坚实基础。

二、FF 现场总线系统工程应用注意事项

结合实际工程应用经验，在应用 FF 现场总线系统时，注意事项如下。

① FF 现场总线设备 DD 文件版本应与 DCS 总线版本匹配，否则会造成通信不正常，导致在 H1 网段上信息丢失或时好时坏。

② 避免 FF 总线电缆外皮破损。FF 总线电缆外皮在接线盒密封接头处被破坏，会造成总线电缆屏蔽线在现场接地，网段数字信号丢失引起网段通信不正常。

③ FF 现场设备发生供电短路（或断路）、端子松动、调换现场设备等情况后，现场总线设备需重新调试，否则会造成现场设备在网段上丢失。

④ 防止 FF 总线设备进水受潮。FF 总线现场仪表或接线箱受潮，会导致 FF 总线对地绝缘不好或短路，造成该台现场设备在 H1 网段上丢失，还影响本 H1 网段上其他现场设备，有可能在网段上丢失。

⑤ 系统组态过程中应定期统一做数据库"碎片"清理和磁盘清洁工作。组态及组态修改过程中在磁盘和数据库内会形成许多"碎片"，导致 DCS 组态或组态修改速度变慢。组态环境用完应及时关闭，以节省资源。

⑥ 系统组态过程中应及时删除在组态时搭建的临时模块，未及时删除会占用磁盘空间和扫描时间。

⑦ DCS 进行下载操作占用很多时间，组态人员须减少下载操作次数。

⑧ 系统组态时尽量简化模块功能和通信量。DCS 控制器空闲时间要求大于 50%，需严格控制进入 DCS 信息量。

⑨ 为充分发挥 FF 现场总线技术的优势，推荐采用一体化主仪表供货商（MAV）策略。MAV 策略不仅可以保证全厂仪表及控制系统的统一性，减少备品备件的储存，还能有效地规避不同制造商的现场总线仪表设备通信兼容性可能存在的风险。

⑩ 现场总线技术的应用须制定完备统一的设计与施工规范，提高现场总线技术的设计、施工、运维等应用水平，并始终如一地加强培训工作。

⑪ 现场总线控制系统在设计时须充分考虑通信容量、传输速率和信息整合，合理配置系统，保证整个 DCS/FCS 过程控制系统的网络安全。

第七章　安全仪表系统设计与集成

第一节　安全生命周期与安全完整性等级

一、安全生命周期

随着国家安全生产法律法规的逐步完善，对石油化工安全生产的重视程度越来越高，安全仪表系统的应用越来越广泛，逐渐成为石油化工生产装置安全稳定运行的基础。在石油化工安全仪表系统的设计和实施过程中，安全生命周期及其管理的理念越来越深入人心。

安全仪表系统（Safety Instrumented System，SIS）是石油化工生产装置的重要保护措施，用来监视工艺过程的状态，判断危险条件，并在危险条件出现时按预先设定的程序快速准确地动作，防止危险事件发生或者降低危险事件的后果。正常情况下，安全仪表系统是静态的、被动的，不需要人为干预。在非正常情况出现时必须能够由静变动，正确完成其功能，避免事故出现。安全仪表系统的特点决定了其两大目标——正确的功能和良好的可靠性。需对装置进行深入的危险与风险分析来辨识与定义其安全仪表功能（Safety Instrumented Function，SIF），衡量可靠性的指标是 SIF 的安全完整性等级（Safety Integrity Level，SIL），SIL 是安全仪表系统设计的基础。确定了 SIL，才能够更好地进行设计、选型以及优化配置，才知道如何合理制定预防性维护策略。

IEC61508 和 IEC61511 是两个最重要的功能安全标准，IEC61508 是母标准，用于指导各个工业领域制定相应的功能安全标准，IEC61511 属于过程工业领域的行业分支标准，主要适用于化工、炼化、油气开采与储运、造纸、电力等过程工业。从使用者角度，IEC61508 更适用于制造商和供应商，IEC61511 更适用于工程公司、集成商和用户。功能安全标准通过科学合理的技术与管理措施，把安全系统的整体风险控制在要求的目标之内。它采用安全生命周期（Safety Life Cycle，SLC）的架构，使各组织机构、部门、人员以及各阶段的工作纳入完整的、无缝衔接的统一体系。功能安全标准解决了困扰多年的对复杂安全系统功能安全保障的理论与实践问题，实现了安全技术和管理理论的一大突破。安全仪表系统的安全生命周期是指从工程方案设计开始到所有安全仪表功能停止使用的全部时间，是安全工程和安全功能存在的全过程，石油化工企业和装置安全生命周期通常为 15～20 年。安全仪表系统的安全生命周期，包括从工程方案设计阶段安全仪表系统的设计策略，到操作维护阶段，到安全仪表系统停用的全过程，涉及到工程设计和安全仪表系统制造、集成、施工、生产运行等多方面的工作。国家对功能安全管理重视程度越来越高，国家安监总局发布的安监总管三［2014］116 号文明确提出，"所有新建涉及'两重点一重大'的化工装置和危险化学品储存设施要设计符合要求的安全仪表系统。其他新建化工装置、危险化学品储存设施安全仪表系统，从 2020 年 1 月 1 日起，应执行功能安全相关标准要求，设计符合要求的安全仪表系统"。

引用安全生命周期时间和阶段的目的是为了确定实现功能安全目标所必要的管理活动，并进行策划与组织安排，以便在各阶段内有效实施，确保安全仪表系统的设计、安装、调试以及运行等满足总体功能安全的要求。石油化工企业典型"安全生命周期工作流程"如图 6-7-1 所示。

图 6-7-1 对石油化工企业或装置安全生命周期各阶段活动内容，特别是大型石油化工企业的安全仪表系统在工程设计，集成、调试与验收测试，操作维护三个阶段的工作进行了总结。这些管理活动涉及多学科、多专业（安全、工艺、仪表、设备、电气等）、多部门和多组织（如最终用户、工程公司、承包商、供应商、安装单位等）协同完成，应整体协调一致，保证安全生命周期各阶段管理活动的有效性。

① 工程方案设计是指在工程前期开展的设计工作，包括可行性研究、工艺包设计等。工程方案设计应根据工艺技术的特点和生产运行经验，对工艺过程中可能发生的危险和风险进行初步分析，提出采取的主要安全措施和保护系统。

② 过程危险是因异常事件引起过程条件变化产生的危险，包括工艺生产过程、基本过程控制系统和相关人员因素等引发的特定危险事件。风险评估是分析特定危险事件可能发生的频率和后果的严重程度，确定可承受风险。过程危险分析和风险评估宜采用危险与可操作性分析（HAZOP）方法或预危险分析（PHA）方法，

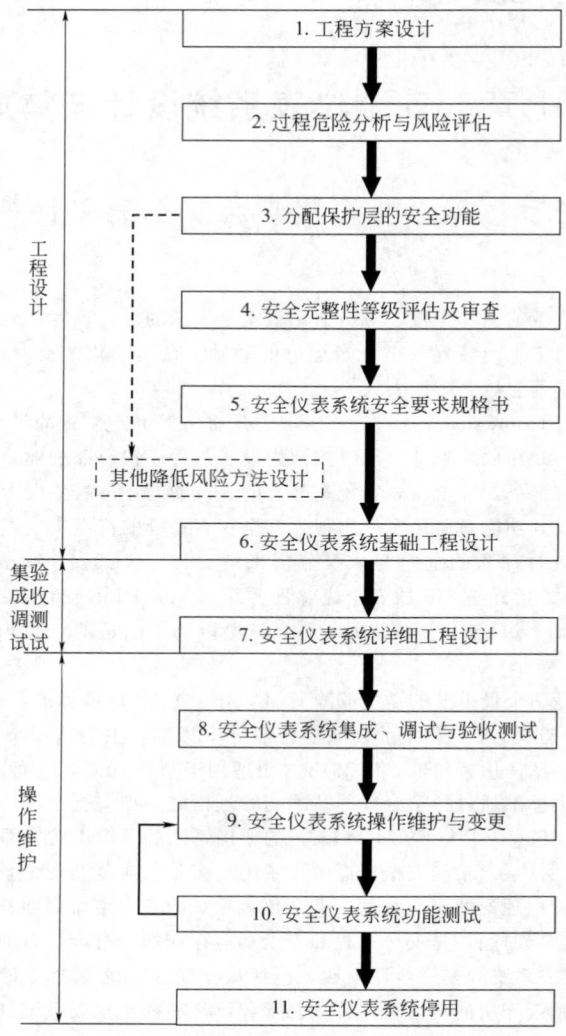

图 6-7-1　安全生命周期工程流程

也可采用检查表（Checklist）、失效模式与后果分析（FMEA）、故障树（FTA）方法等。过程危险分析和风险评估的详细内容及方法不在本设计手册中详述。

③ 安全功能是针对特定的危险事件，为达到或保持过程的安全状态，由安全仪表系统、其他安全相关系统或外部风险降低设施实现的功能。安全功能可采用安全仪表系统和其他的保护层来实现。在石油化工企业或装置中通常采用多个保护层，当某一个保护层失效时不会导致或产生严重后果。分配安全功能是给相关的各保护层进行安全功能分配，不仅包括安全仪表系统。典型的石油化工装置多保护层结构如图 6-7-2 所示。

在工程设计中，应保证保护层的独立性、功能性、完整性、可靠性、安全性、可用性。

"过程"设计应是本质安全设计，通过工艺技术、工艺流程、设备选型、控制策略、操作规程等，消除或降低风险，避免危险事件发生。

"基本过程控制系统"将石油化工过程参数控制在正常的操作设定值，确保生产过程稳定运行。

"过程报警及操作员干预、安全仪表系统"降低危险事件发生的频率，保持或达到生产过程的安全状态。

"减灾及缓解措施、物理防护"减轻和抑制危险事件的后果，如火灾和气体检测系统（FGS）、安全阀、爆破膜、抗爆墙、防护围堰等。

"应急响应"包括全厂和社区层，紧急广播、火灾消防、人员紧急撤离、医疗救助、工厂周边社区人员撤离、社会救助等。

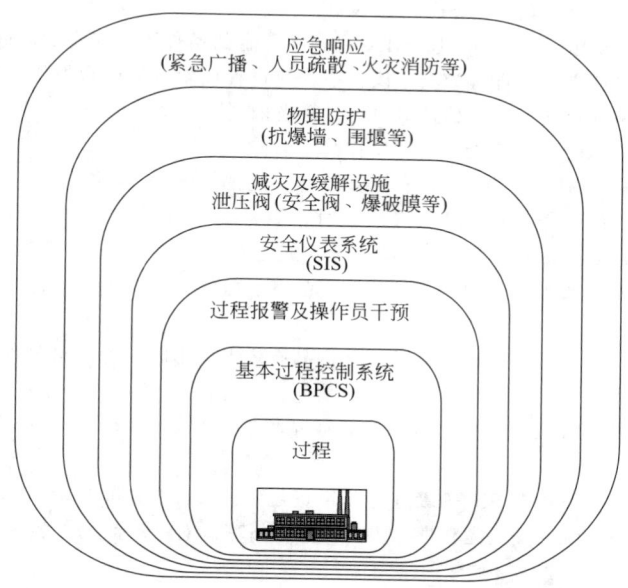

图 6-7-2 石油化工装置典型多保护层结构

④ 安全仪表功能（SIF）的安全完整性等级（SIL）应根据过程危险分析和保护层功能分配的结果评估确定。

⑤ 安全仪表系统安全要求规格书（Safety Requirement Specification，SRS）是安全仪表系统（SIS）设计的依据和基础性文件。安全要求规格书可以是单独的一个文档，也可由多个文档组成。SRS 通常包括以下内容：SIF 说明；输入输出清单；共因失效要求；过程安全状态；SIF 要求来源和要求率；检验测试间隔时间；检验测试实施要求；SIF 响应时间；SIL 等级及操作模式；测量传感器要求；最终元件及输出动作要求；逻辑功能关系；手动停车要求；得电/失电联锁要求；停车复位要求；旁路要求；允许误停车率要求；失效模式及 SIS 响应；SIS 启动及重启程序要求；SIS 与其他系统接口；装置及单元运行模式及相关要求；应用程序的安全要求；故障检测及采取措施要求；平均修复时间（MTTR）；SIS 输出状态的危险组合；极端环境条件；重大事故时 SIF 要求。

⑥ 安全仪表系统的基础工程设计包括安全仪表系统设计说明、安全仪表系统规格书、安全联锁因果表或功能说明等。

⑦ 安全仪表系统的详细工程设计包括安全仪表系统设计说明、安全仪表系统规格书、功能逻辑图、组态编程等。

⑧ 安全仪表系统集成、调试及验收测试符合安全仪表系统规格书及功能逻辑图的技术要求。安全仪表系统验收测试应包括工厂验收和现场验收。安全仪表系统硬件、系统软件和应用软件等符合安全要求规格书（SRS）要求。

⑨ 操作维护遵循操作维护作业程序，操作维护过程符合安全仪表系统技术要求的功能安全。安全仪表系统的硬件和应用软件的修改或变更符合变更修改程序，保留变更记录，并按审批程序获得授权批准，不改变设计的安全完整性等级。

⑩ 操作维护人员定期培训，培训内容包括安全仪表系统的功能、可预防的过程危险、测量仪表和最终元件、安全仪表系统的逻辑动作、安全仪表系统及过程变量的报警、安全仪表系统动作后的处理等。功能测试间隔按工艺生产过程运行周期和安全仪表系统的技术要求确定，并按测试程序进行功能测试。

⑪ 安全仪表系统的停用应进行审查并得到批准。安全仪表系统更新应制定更新程序。更新后的安全仪表系统应实现规定的安全仪表功能。

二、安全完整性等级

1. 安全完整性等级定义

安全仪表功能（SIF）和安全完整性等级（SIL）是根据过程危险分析和风险评估结果确定的。风险越高，安全仪表系统可靠性要求就越高，需要的 SIL 等级越高。

安全完整性等级（Safety Integrity Level，SIL）是指在特定的条件下、规定的时间内，安全仪表系统成功实现所要求的安全功能的可能性，或理解为安全仪表系统使过程风险减低的数量级，是安全生命周期的主线。安全系统的设计、安装、检验评估、维护都是围绕 SIL 等级来进行的，其选择应恰到好处，过高会导致投资和维护成本上升，过低会使得风险不可接受，安全没有保障。

功能安全标准中规定了四种等级用于表征安全仪表功能的安全完整性要求，分别为 SIL1、2、3 和 4。SIL4 是安全完整性的最高等级，SIL1 是最低等级。对于石油化工企业或装置，安全完整性等级为 SIL1～SIL3。SIL 等级越高，安全仪表系统完成所要求的安全功能的概率就越高。SIL 等级的定性特征如下。

SIL1 级：很少发生事故，如发生事故，对装置和产品有轻微的影响，不会立即造成环境污染和人员伤亡，经济损失不大。

SIL2 级：偶尔发生事故，如发生事故，对装置和产品有较大的影响，并有可能造成环境污染和人员伤亡，经济损失较大。

SIL3 级：经常发生事故，如发生事故，对装置和产品将造成严重的影响，并造成严重的环境污染和人员伤亡，经济损失严重。

功能安全标准对不同操作模式下 SIL 等级进行了定量规定。表 6-7-1 和表 6-7-2 分别给出了要求操作模式和连续操作模式的安全相关系统的安全完整性等级目标失效概率。对于石油化工装置，安全仪表系统主要以要求模式为主。

在低要求操作模式（IEC61511 称之为"要求操作模式"）时，安全仪表功能的安全完整性等级应采用平均失效概率衡量，如表 6-7-1 所示。低要求操作模式是指安全仪表功能被执行频率不大于每年一次，安全功能本身危险失效不会立即影响工艺过程，只有安全功能出现危险失效和要求出现，过程才会进入危险状态。通常石油化工企业（装置）的安全仪表系统工作于低要求操作模式。

表 6-7-1　安全完整性等级（低要求操作模式）

安全完整性等级（SIL）	低要求操作模式的平均失效概率（PFD_{avg}）	目标风险减低（RRF）
4	$\geqslant 10^{-5}$ 到 $< 10^{-4}$	$> 10000 \sim \leqslant 100000$
3	$\geqslant 10^{-4}$ 到 $< 10^{-3}$	$> 1000 \sim \leqslant 10000$
2	$\geqslant 10^{-3}$ 到 $< 10^{-2}$	$> 100 \sim \leqslant 1000$
1	$\geqslant 10^{-2}$ 到 $< 10^{-1}$	$> 10 \sim \leqslant 100$

RRF 与 PFD 值互为倒数，代表目标风险减低倍数：

$$RRF = 1/PFD$$

在高要求操作模式时（IEC61511 分类为"连续操作模式"），安全仪表功能的安全完整性等级应采用每小时危险失效频率衡量，如表 6-7-2 所示。高要求操作模式是指安全仪表功能的动作频率大于每年一次。对于带有连续操作或动作频繁的安全仪表功能，属于高要求操作模式。此模式下，安全功能本身危险失效会立即影响工艺过程，即当安全功能出现危险失效，过程会立即进入危险状态。

表 6-7-2　安全完整性等级（高要求操作模式）

安全完整性等级（SIL）	高要求操作模式的危险失效频率（每小时）
4	$\geqslant 10^{-9}$ 到 $< 10^{-8}$
3	$\geqslant 10^{-8}$ 到 $< 10^{-7}$
2	$\geqslant 10^{-7}$ 到 $< 10^{-6}$
1	$\geqslant 10^{-6}$ 到 $< 10^{-5}$

不同功能安全标准安全等级定义的对照见表 6-7-3。

表 6-7-3　安全等级对照表

DIN19250	ANSI/ISA84	IEC61508	ISO 13849-1
AK1	—	—	CAT. B1
AK2/AK3	SIL 1	SIL 1	CAT. 2
AK4	SIL 2	SIL 2	CAT. 3
AK5/AK6	SIL 3	SIL 3	CAT. 4
AK7	—	SIL 4	—
AK8	—	—	—

2. 安全完整性等级评估定级

根据安全生命周期工作流程，对石油化工企业或装置的安全仪表功能进行安全完整性等级评估定级。评估定级的内容包括：

① 确定每个安全仪表功能的安全完整性等级；

② 为达到安全完整性等级所进行的诊断、维护和测试要求等。

根据工艺过程复杂程度、国家或行业标准、风险特性和降低风险的方法、人员经验等确定安全完整性等级评估定级方法。主要方法有保护层分析法、风险矩阵法、风险图法、经验法及其他方法。在石油化工企业或装置通常采用保护层分析法（LOPA）。

安全完整性等级评估通常采用审查会方式。审查的主要文件包括工艺管道与仪表流程图、工艺说明书、装置及设备布置图、危险区域划分图、安全联锁因果表及有关文件。参加评估的主要人员包括工艺、控制（仪表）、安全、设备、操作及管理等。安全完整性等级评估审查会，对工艺管道及仪表流程图和安全联锁因果表等主要设计文件进行分析研究，结合过程危险分析和保护层功能分配的结果，依据特定企业的风险矩阵，评估、确定各安全仪表功能的安全完整性等级。审查结果应作为安全仪表系统的工程设计依据。

安全完整性等级评估定级的详细内容及步骤不在本设计手册中详述。

3. 安全完整性等级验证计算

IEC61511 对安全生命周期（SLC）各阶段的定义如图 6-7-3 所示。安全仪表系统的验证（Verification）是

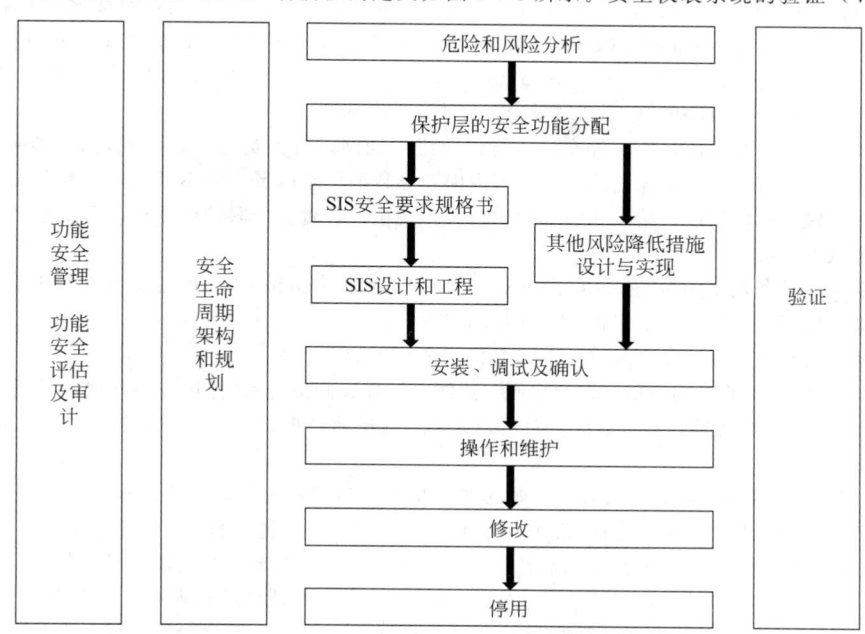

图 6-7-3　IEC61511 安全生命周期（SLC）各阶段框图

贯穿安全生命周期各阶段的一项重要管理活动，是指在安全生命周期的每个阶段，对特定的输入条件和要求，通过分析和试验，证明交付的成果满足目标和标准要求。安全仪表系统典型的验证活动包括：

① 进行危险和风险分析，确认已辨识出所有的安全仪表功能；

② 完成安全要求规格书，确认标准中所有的相关要求都已明确定义；

③ 按照安全要求规格书要求，确认正确完成了 SIF 的仪表选型和工作实施；

④ 逻辑控制器的出厂检验测试；

⑤ 各 SIF 的 SIL 等级验证计算。

根据近年来大型石油化工企业的工程实践和未来石油化工行业的发展规划，本设计手册对各 SIF 的 SIL 等级验证计算的方法进行描述。SIL 验证计算可在安全生命周期多个阶段开展，在工程实践应用中，宜在安全仪表系统工程设计阶段开展和完成，证明所设计的 SIF 满足已经确定的目标 SIL 要求，并最终确定合适的仪表设备、冗余结构以及检验测试周期。如果需要在线测试，需确定相应的在线测试解决方案，便于维护人员在线维护与测试。

SIL 验证计算的主要方法有概率计算法、故障树法、可靠性框图、马尔科夫模型法等。目前石油化工装置各 SIF 的 SIL 验证计算通常采用概率计算法，并通过成熟的经 TUV/IEC 认证的计算机软件实施，简单场合也可采用手工计算方法。验证计算所需的可靠性数据来源可以是企业多年积累的现场维护数据，制造商或供应商提供的可靠性数据（最好是经第三方认证的数据），也可来自国际范围内普遍认可的可靠性数据手册。这些可靠性数据手册包括但不限于：

① Safety Enquirement Reliability Handbook，Thrid Edition，m Exida；

② Guidelines for Process Equipment Reliability Data with Data Tables，CCPS，1989；

③ Offshore Reliability Data（OREDA），DNV Industry；

④ Reliability Data for Safety Instrumented System（PDS Data Handbook），SINTEF，2006。

本章第三节将重点介绍 SIL 验证计算的方法和步骤，并结合验证计算实例。

第二节　安全仪表系统的设计

一、设计基本原则

安全仪表系统定义为实现一个或多个安全仪表功能的仪表系统。安全仪表系统包括测量仪表（Sensor）、逻辑控制器（Logic solver）和最终元件（Final element）、关联软件及部件。目前，石油化工企业或装置实际应用中，仪表保护系统（Instrument Protection System，IPS）、安全联锁系统（Safety Interlocking System，SIS）、紧急停车系统（Emergency Shut-Down System，ESD）、高完整性压力保护系统（High Integrity Pressure Protective System，HIPPS）等都属于安全仪表系统的范畴。

安全仪表系统在生产装置的开车、停车、运行以及维护期间，对人员健康、装置设备及环境提供安全保护。无论是生产装置本身出现的故障危险，还是人为因素导致的危险以及一些不可抗拒因素引发的危险，安全仪表系统都应立即做出正确反应并给出相应的逻辑信号，使生产装置安全联锁或停车，阻止危险的发生和事故的扩散，使危害减少到最小。

安全仪表系统应具备高的可靠性（Reliability）、可用性（Availability）和可维护性（Maintainability）。当安全仪表系统本身出现故障时，仍能提供安全保护功能。

安全仪表系统与基本过程控制系统（如 DCS）的主要区别如下。

① DCS 用于生产过程的连续测量、常规控制（连续、顺序、间歇等）、操作控制管理，保证生产装置的平稳运行。SIS 用于监视生产装置的运行状况，对出现异常工况迅速处理，使危害降到最低，使人员和生产装置处于安全状态。

② DCS 是"动态"系统，始终对过程变量连续进行检测、运算和控制，对生产过程进行动态控制，确保产品的质量和产量。SIS 是"静态"系统，正常工况时，始终监视生产装置的运行，系统输出不变，对生产过程不产生影响；非正常工况时，按照预先的设计进行逻辑运算，使生产装置安全联锁或停车。

③ SIS 比 DCS 安全性、可靠性、可用性要求更严格，且必须遵循严格的管理规程。IEC61508、IEC61511、ISA S84.01、GB/T 50770 强烈推荐 SIS 与 DCS 硬件独立设置。

④ DCS 不应执行 SIL1、SIL2、SIL3 的安全仪表功能。

安全仪表系统基本设计原则如下。

① 安全仪表系统的工程设计应符合安全要求规格书（SRS）的要求，满足石油化工企业或装置的安全仪表功能、安全完整性等级要求。

② 安全仪表系统的工程设计兼顾可靠性、可用性、可维护性、可追溯性和经济性，防止设计不足或过度设计。

③ 石油化工企业或装置的安全完整性等级不高于 SIL3 级。如果在确定安全完整性等级时有可能到达 SIL4，应重新分配保护层的安全功能，或采用多个独立的安全仪表功能，使安全完整性等级不高于 SIL3。

④ 安全仪表系统的功能根据危险与可操作性分析（HAZOP）、安全完整性等级要求确定。

⑤ 安全仪表系统实现多个不同安全完整性等级的安全仪表功能时，系统内的共用部分应符合最高安全完整性等级要求。

⑥ 安全仪表系统独立于基本过程控制系统，独立完成安全保护功能。图 6-7-4 为典型的 SIS 与 BPCS 独立设置的示意图。

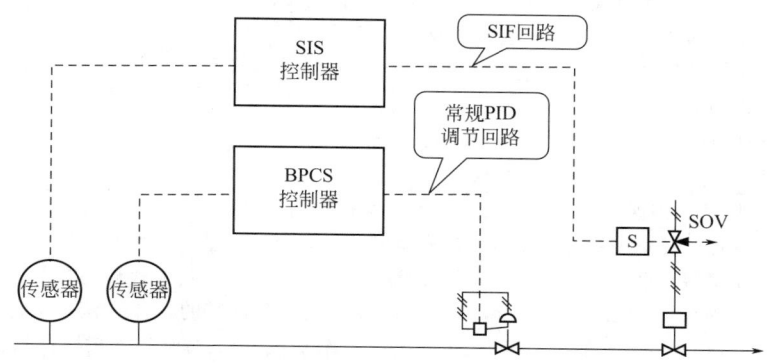

图 6-7-4　BPCS 和 SIS 独立设置典型示意图

⑦ 安全仪表系统设计成故障安全型。当安全仪表系统内部产生故障时，按设计预定方式将过程转入安全状态。

⑧ 安全仪表系统的硬件、操作系统及编程软件采用正式发布版本。

⑨ 安全仪表系统的逻辑控制器具有硬件和软件自诊断功能。

⑩ 安全仪表系统的中间环节尽可能少。例如，在爆炸危险场所，安全仪表系统的现场测量仪表和最终元件宜优先选用隔爆型，减少中间环节。

⑪ 安全仪表系统的逻辑控制器的中央处理单元、输入输出单元、通信单元及电源单元等应冗余设置。

⑫ 安全仪表系统采用双 UPS 电源供电。

⑬ 输入输出信号线路中有可能存在来自外部的干扰信号时，如与 MCC 之间的信号往来，模拟信号配置信号隔离器，开关信号配置继电器。

⑭ 安全仪表系统的逻辑控制器应获得权威机构功能安全认证，如中国国家认证、TUV 认证、IEC 认证等。

⑮ 安全仪表系统现场取压口和变送器须独立设置，安全仪表系统与基本过程控制系统的调节阀、切断阀宜分开设置，如图 6-7-4 所示。安全仪表系统与基本过程控制系统共用的变送器、信号分配器、安全栅等，安全仪表系统用变送器、电磁阀等供电，均应由安全仪表系统提供。

⑯ 安全仪表系统的逻辑控制器、工程师站、操作站等设备，可采用逻辑控制器的时钟作为时钟源，使安全仪表系统内设备的时钟一致。对于大型石油化工企业的安全仪表系统，应与基本控制系统的时钟进行同步。通常采用带北斗和 GPS 卫星接收器的时钟同步系统作为全厂控制系统的统一时钟源。

⑰ 安全仪表系统的设计要重视网络信息安全，采取必要手段避免遭受外界的恶意攻击及网络病毒感染，避免 SIS 及系统间因非必要信息的大量传输而导致网络风暴，甚至网络瘫痪。2016 版的 IEC 61511 增加了对网络信息安全的具体要求，如功能安全管理活动中增加了信息安全风险评估（Security risk assessment）的内容。

二、测量仪表

安全仪表系统的测量仪表包括模拟量和开关量测量仪表。安全仪表系统优先采用模拟量测量仪表，如压力、差压、差压流量、差压液位、温度变送器，一般不采用开关仪表。因为现场开关量仪表长期不动作，会出现触点粘合或接触不良，导致不动作或误动作，影响安全仪表系统的功能安全。

测量仪表通常采用 4～20mA 叠加 HART 传输信号的智能变送器。现场测量仪表由安全仪表系统供电。

测量仪表不推荐采用现场总线或其他通信方式作为安全仪表系统的输入信号，如 HART、FF、PROFIBUS-PA、Modbus-RTU、TCP/IP 等。

测量仪表的独立设置原则：

① SIL 1 级安全仪表功能，测量仪表可与基本过程控制系统共用；

② SIL 2 级安全仪表功能，测量仪表宜与基本过程控制系统分开；

③ SIL 3 级安全仪表功能，测量仪表应与基本过程控制系统分开。

测量仪表的冗余设置原则：

① SIL 1 级安全仪表功能，可采用单一测量仪表；

② SIL 2 级安全仪表功能，宜采用冗余测量仪表；

③ SIL 3 级安全仪表功能，应采用冗余测量仪表。

测量仪表的冗余选择原则：

① 当要求高安全性时，应采用"或"逻辑结构；

② 当要求高可用性时，应采用"与"逻辑结构；

③ 当安全性和可用性均需保障时，应宜采用三取二逻辑结构。

测量仪表的冗余设置，并不表示冗余设置对应安全完整性等级。测量仪表是安全仪表系统的组成部分，工程实践中通常与逻辑控制器、最终元件一起采用计算低要求操作模式的平均失效概率的方法设计和验证该安全仪表功能的安全完整性等级，参见本章第三节"安全仪表系统的验证"的具体方法；也可根据"先验使用"（Prior Use）（IEC 61511）或"验证使用"（Proven in Use）（IEC 61508）原则，有实际证据证明这种测量仪表有足够的安全完整性，就可确定选用该测量仪表符合相应的安全完整性等级。

三、最终元件

安全仪表系统的最终元件包括控制阀（调节阀、切断阀）、电磁阀、电机等。当安全仪表系统的最终元件为气动控制阀，执行安全仪表功能时，安全仪表系统应优先动作。气动控制阀宜采用弹簧返回式单作用气动执行机构。采用双气缸执行机构时，配备空气储罐或专用供气管路。

最终元件的独立设置原则：

① SIL 1 级安全仪表功能，控制阀可与基本过程控制系统共用，确保安全仪表系统的动作优先，实际工程设计中仍建议与基本过程控制系统控制阀分开设置；

② SIL 2 级安全仪表功能，控制阀宜与基本过程控制系统分开；

③ SIL 3 级安全仪表功能，控制阀应与基本过程控制系统分开。

最终元件的冗余设置原则：

① SIL 1 级安全仪表功能，可采用单一控制阀；

② SIL 2 级安全仪表功能，宜采用冗余控制阀；

③ SIL 3 级安全仪表功能，应采用冗余控制阀。

控制阀冗余方式可采用一个调节阀和一个切断阀，也可采用两个切断阀。不能冗余配置控制阀的场合，采用单一控制阀，配套的电磁阀冗余配置。

控制阀冗余设置，并不表示冗余设置对应安全完整性等级。最终元件是安全仪表系统的组成部分，工程实践中通常与逻辑控制器、测量仪表一起采用计算低要求操作模式的平均失效概率的方法设计和验证该安全仪表功能的安全完整性等级，参见本章第三节"安全仪表系统的验证"的具体方法。也可根据"先验使用"（Prior Use）（IEC 61511）或"验证使用"（Proven in Use）（IEC 61508）原则，有实际证据证明这种最终元件有足够的安全完整性，就可确定选用该最终元件符合相应的安全完整性等级。从近年来的发展趋势看，SIS 的最终元件，如控制阀、电磁阀等，已广泛获得权威机构颁发的功能安全认证（如 SIL2 等级），可根据工程的实际需要酌情选用。

安全仪表系统的电磁阀优先选用耐高温（H 级）绝缘线圈，长期带电型，24V DC 低功耗（＜4W）隔爆型。在工艺过程正常运行时，电磁阀励磁（带电）；在工艺过程非正常运行时，电磁阀非励磁（失电）。

调节阀带电磁阀配置示例图见图 6-7-5。切断阀带电磁阀配置示例图见图 6-7-6。

图 6-7-5 和图 6-7-6 中 SOV 为电磁阀。电磁阀励磁，A→B 通，控制阀开；电磁阀非励磁，B→C 通，控制阀关。

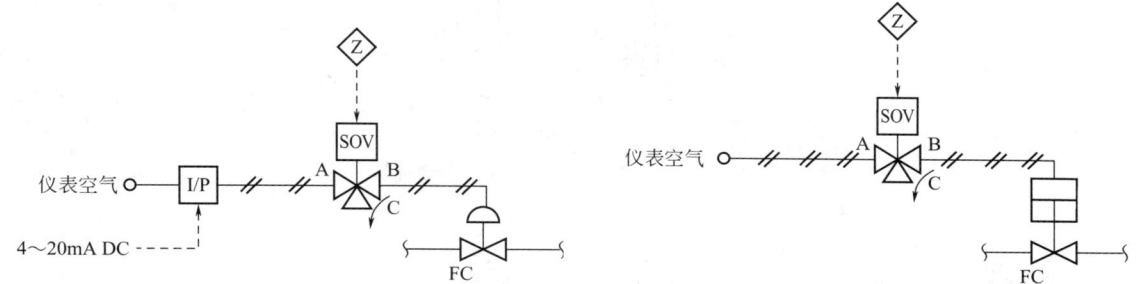

图 6-7-5　调节阀带电磁阀配置示例　　　　图 6-7-6　切断阀带电磁阀配置方式示例

当要求高安全性时，可选用图 6-7-7、图 6-7-8 所示配置方式。

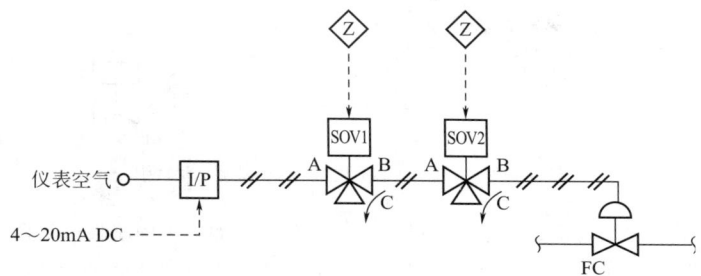

图 6-7-7　调节阀带冗余电磁阀配置示例

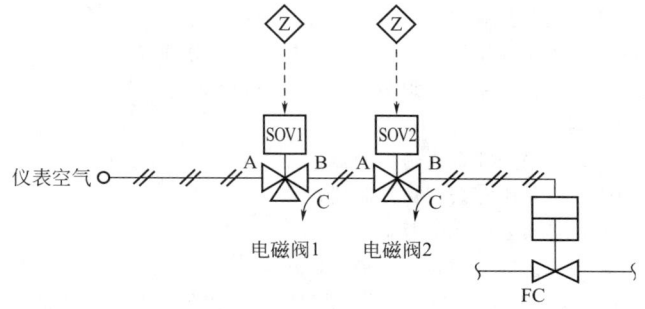

图 6-7-8　切断阀带冗余电磁阀配置示例

图 6-7-7 和图 6-7-8 中，当电磁阀 1 励磁，A→B 通；电磁阀 2 励磁，A→B 通，控制阀开。当电磁阀 1 励磁，A→B 通；电磁阀 2 非励磁，B→C 通，控制阀关。当电磁阀 1 非励磁，B→C 通；电磁阀 2 励磁，A→B 通，控制阀关。当电磁阀 1 非励磁，B→C 通；电磁阀 2 非励磁，B→C 通，控制阀关。

当要求高可用性时，可选用图 6-7-9、图 6-7-10 所示配置方式。

图 6-7-9 和图 6-7-10 中，当电磁阀 1 励磁，A→B 通；电磁阀 2 励磁，A→B 通，控制阀开。当电磁阀 1 励磁，A→B 通；电磁阀 2 非励磁，B→C 通，控制阀开。当电磁阀 1 非励磁，B→C 通；电磁阀 2 励磁，A→B 通，控制阀开。当电磁阀 1 非励磁，B→C 通；电磁阀 2 非励磁，B→C 通，控制阀关。

四、逻辑控制器

安全仪表系统的逻辑控制器通常采用可编程电子系统（PES）。对于输入输出点数较少、逻辑功能简单的场合，逻辑控制器可采用继电器系统，也可采用可编程电子系统和继电器系统混合构成。

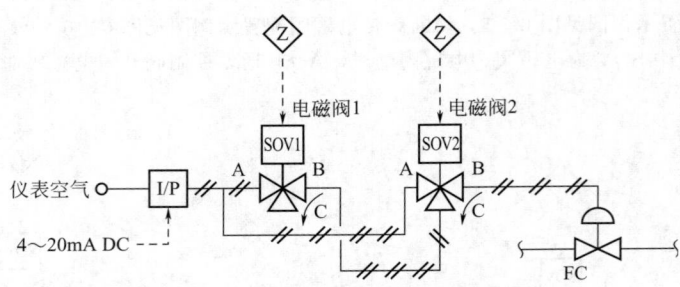

图 6-7-9 调节阀带冗余电磁阀配置示例

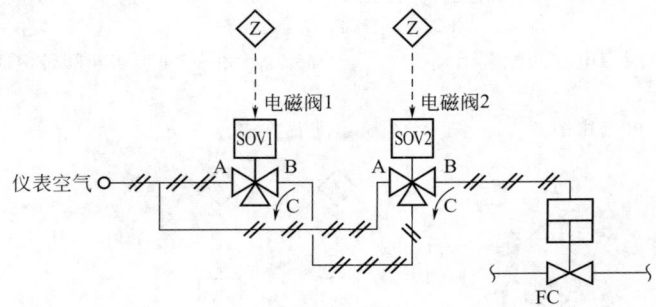

图 6-7-10 切断阀带冗余电磁阀配置示例

安全仪表系统的逻辑控制器应取得权威机构的功能安全认证，如中国国家权威认证机构、TUV、IEC 等。对于大型石油化工企业或装置的安全仪表系统的逻辑控制器，通常要求满足 SIL3 级，其硬件故障裕度（HFT）、诊断覆盖率（DC）和软件设计应满足相应 SIL 等级要求。

逻辑控制器的独立设置原则：

① SIL 1 级安全仪表功能，逻辑控制器宜与基本过程控制系统分开；

② SIL 2 级安全仪表功能，逻辑控制器应与基本过程控制系统分开；

③ SIL 3 级安全仪表功能，逻辑控制器必须与基本过程控制系统分开。

逻辑控制器的冗余设置原则：

① SIL 1 级安全仪表功能，宜采用冗余逻辑控制器；

② SIL 2 级安全仪表功能，应采用冗余逻辑控制器；

③ SIL 3 级安全仪表功能，必须采用冗余逻辑控制器。

石油化工装置的逻辑控制器响应时间通常为 100~300ms，主要包括：通信时间；输入处理时间；输入扫描时间；CPU 扫描时间；应用程序执行时间；输出扫描时间；输出处理时间；通信时间。

逻辑控制器的响应时间是安全仪表系统响应时间的一部分。安全仪表系统的响应时间通常包括：

① 变送器响应时间（0.1~5s）；

② 输入关联设备（0.1s）；

③ 逻辑控制器响应时间（0.1~1s）；

④ 输出关联设备（0.1~1s）；

⑤ 最终元件动作时间（0.2~30s）。

逻辑控制器的中央处理单元负荷不超过 50%，内部通信负荷不超过 40%，采用以太网的通信负荷不超过 20%。

目前石油化工安全仪表系统通常采用的逻辑控制器结构见表 6-7-4。

常用逻辑控制器的结构框图见图 6-7-11 [二取一带自诊断（1oo2D）]、图 6-7-12 [三取二（2oo3）] 和图 6-7-13 [四取二带自诊断（2oo4D）]。

表 6-7-4　逻辑控制器结构选择表

逻辑控制器结构	IEC 61508 SIL	TUV AK	DIN V 19250
1oo1	1	AK2、AK3	1、2
1oo1D	2	AK4	3、4
1oo2	2	AK4	3、4
1oo2D	3	AK5、AK6	5、6
2oo3	3	AK5、AK6	5、6
2oo4D	3	AK5、AK6	5、6

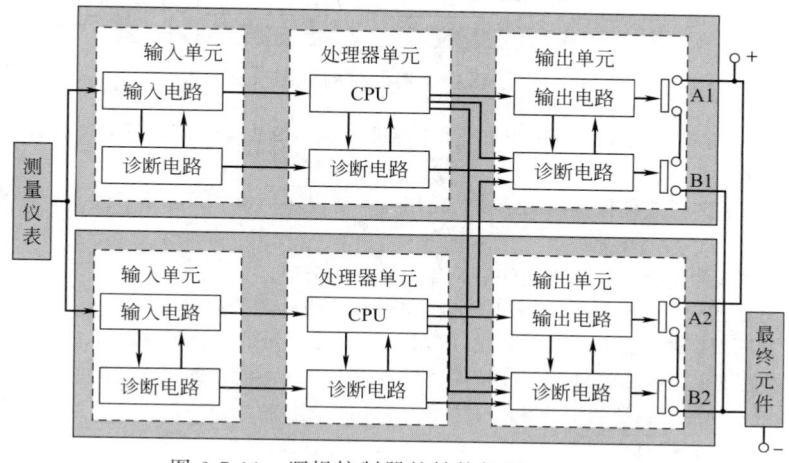

图 6-7-11　逻辑控制器的结构框图（1oo2D）

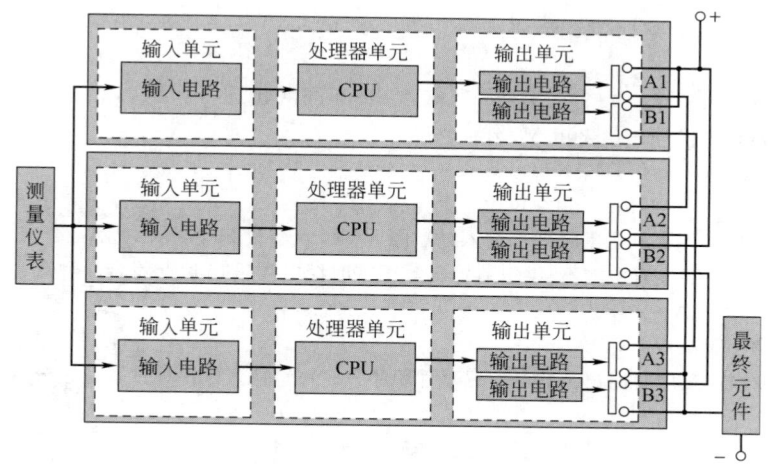

图 6-7-12　逻辑控制器的结构框图（2oo3）

五、过程接口、通信接口和人机接口

1. 过程接口

　　安全仪表系统的过程接口通常包括输入输出模件、HART 多路转换器、信号分配器、继电器、安全栅、机柜等关联设备。所有的过程接口设备满足相应安全仪表功能的安全完整性等级要求。

　　（1）输入/输出模件　安全仪表系统的输入/输出（I/O）模件一般采用双重化或三重化（TMR）结构，符合所有安全仪表功能中最高 SIL 等级要求。全部 I/O 模件输入输出电路带电磁隔离或光电隔离，每个通道间为

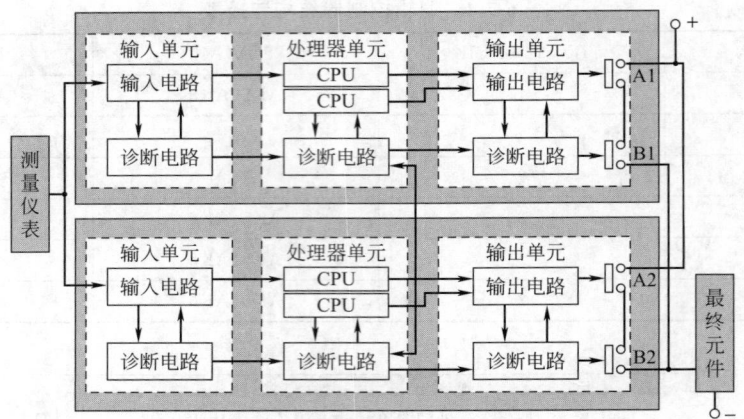

图 6-7-13　逻辑控制器的结构框图（2oo4D）

隔离型，符合 IEC61000 标准规定或 SAMA PMC33.1 标准规定，带故障诊断。所有部件都应抗每米 10mV 场强的电磁及无线电干扰。

对于有源、无源点需要更改模件接线的系统，采用三个对现场的端子，并将有源、无源信号分别接入端子以方便用户现场更改。

输入输出模件相连接的传感器和最终元件应设计为故障安全型。

所有 I/O 模件满足 ANSI/ISA-S71.04 标准所定义的 G3 等级环境的防腐要求。

① I/O 模件配置原则：逻辑控制器为三重化（TMR）的 SIS 系统的 I/O 模件，可按照装置或生产区域N＋1备用配置，即每个装置或生产区域的每类 I/O 模件至少备用 1 个，并插在备用空间的槽位上；逻辑控制器为双重化或四重化（QMR）的 SIS 系统的 I/O 模件，按照 1：1 冗余配置。

a. AI 模件：通道数不宜超过，32 点。

b. AO 模件：通道数不宜超过，16 点。

c. DI 模件：通道数不宜超过，32 点。

d. DO 模件：通道数不宜超过，32 点。

I/O 类型：

a. 高电平模拟量输入模件：4～20mA，24V DC 由 SIS 系统供电。

b. 高电平模拟量输入模件：4～20mA，外部供电。

c. 低电平模拟量输入模件：TC，RTD。

d. 模拟量输出模件：4～20mA，负载电阻不大于 750Ω。

e. 数字量输入模件：无源，正常时外部输入触点闭合。触点容量 220V AC，3A/24V DC，3A。

f. 数字量输出模件：24V 有源输出/继电器输出，正常时继电器输出触点闭合，触点容量 220V AC，3A/24V DC，5A/220V DC，3A。

g. 串行通信模件：Modbus-RTU RS-422/485。

需要进行高精度快速顺序时间记录的可配置事件顺序（SOE）输入输出模件，通道分辨率可达毫秒级（如1ms）。

所有 I/O 模件均能带电插拔。若有条件带电插拔时，须在模件上设置警示标志。

三取二、二取二表决逻辑的输入信号，宜分别接入不同的 I/O 输入模件。

数字量输出模件宜具备识别现场接线断路或短路并发出报警的功能。

SIS 的现场电磁阀为长期带电型，24V DC 低功耗，推荐由 SIS 的 DO 模件直接驱动，以减少中间环节。需要时，可采用安全认证的继电器隔离后驱动电磁阀。

② 现场终端模件：I/O 模件设置现场终端模件（FTA），通常由现场接口终端、熔断丝和隔离、信号处理电路等组成。现场终端模件电源冗余配置，由控制器电源单元供电。现场终端模件通常每点均带熔断丝（TC，RTD 信号除外）。

③ 输入处理

a. 模拟输入的处理：在 I/O 模件完成输入滤波、工程单位转换及对非线性输入的线性化。

b. 触点状态检查：由系统供电（24V DC）检查现场触点的状态变化。

④ 电气特性：制造厂说明各类输入输出模件的电气特性：输入范围；过/欠压输入范围；输入阻抗；转换精度；响应时间。

所有进出系统的输入输出信号均满足 ANSI37.90 抗冲击测试要求。

（2）HART 多路转换器、信号分配器 目前石油化工装置普遍采用智能型测量仪表和最终执行元件（HART 协议）。传统的安全仪表系统逻辑控制器的 I/O 模件不接收 HART 协议智能信息，为使智能仪表的信息充分应用，实现预测维护，将进入 SIS 系统的 HART 信息收集至智能设备管理系统（IDM）。目前广泛采用 HART 多路转换器实现，其工作原理图如图 6-7-14 所示。新一代的 SIS 系统的 I/O 模件已能直接接收 HART 智能化信息，无需采用外部配置的 HART 多路转换器。

由于 HART 多路转换器位于 SIS 信号输入通路中，应取得相应的安全认证（通常 SIL3 级），并且 HART 多路转换器的故障不得影响 SIS 的正常工作。

SIS 和 DCS 的测量仪表独立设置。若 SIS 与 DCS 控制回路共用测量仪表时，配置"一入两出"的信号分配器，两路输出信号分别硬接线至 SIS 和 DCS 系统。由于信号分配器位于 SIS 信号输入通路中，应取得相应的安全认证（通常 SIL3 级），其电源应由 SIS 系统供给，信号分配器的故障不得影响 SIS 的正常工作。

（3）过程接口机柜 SIS 系统的过程接口机柜应合理设计和排布，预留适当余量，并保持全厂统一。通常要求机柜留有 20% 的裕量空间用于安装 I/O 模件，每个卡笼至少有 1 对空槽位。工厂调试完成后，所有的输入/输出（I/O）点（包括备用点）接好线。

根据工程设计规定配置继电器、安全栅、接线端子、集束电缆等。安全仪表功能相关的继电器、安全栅等辅助设备应取得安全认证（通常 SIL2 级）。

2. 通信接口

安全仪表系统与基本过程控制系统通信，优先采用 RS-485 串行通信接口和 Modbus-RTU 通信协议，BPCS 为主站，SIS 为从站。也可采用 Modbus TCP/IP 通信协议，但要采取必要的网络安全措施。

安全仪表系统与基本过程控制系统通信接口冗余配置。冗余通信接口带自诊断功能。

安全仪表系统与基本过程控制系统通信不得通过工厂管理网络传输。

除旁路信号和复位信号外，基本过程控制系统不采用通信方式向安全仪表系统发送指令。

除基本过程控制系统外，安全仪表系统与其他系统之间不设置通信接口。

通信接口的故障不得影响安全仪表系统的功能安全，在操作站或工程师站显示报警。

SIS 冗余系统网络为全冗余的工业化数字通信系统，推荐采用不同颜色的网线及网络接口，以防接错。网络设备，如交换机、RJ45 连接件等，推荐采用工业级产品，保证长期稳定可靠连接。

大型石油化工企业中各现场机柜室（FAR）到中心控制室（CCR）之间通常采用冗余的单模铠装光纤电缆连接。每段光纤电缆可达 4km（无中继设备）。通信系统为控制站与控制站之间、控制器与工程师站/SOE 工作站之间提供可靠的高速数据传送，传送速率应不小于 100Mbps。

3. 人机接口

安全仪表系统的人机接口包括操作员站、工程师站、事件顺序记录站、辅助操作台等。

（1）操作员站 安全仪表系统通常设置操作员站。操作员站可采用安全仪表系统的操作员站，也可采用基本过程控制系统的操作员站。在操作员站失效时，安全仪表系统逻辑处理功能不受影响。操作员站不能修改安全仪表系统的应用软件。

操作站用于监控画面的显示、过程信号报警和联锁动作报警的显示和记录，也可用于报警确认、联锁复位以及软旁路开关操作等，软旁路开关应加键锁或口令保护。

操作员站能显示因果表或其他形式逻辑画面，包括：全部输入装置状态；全部输出装置状态；全部开车开关状态；全部仪表维护旁路开关状态；联锁设定值；工艺操作旁路开关状态；仪表维护旁路开关状态；停车信号；SIS 系统故障及诊断信息；24h 以上全部停车历史记录；24h 以上全部开关状态使用历史记录；24h 以上全部按钮状态使用历史记录；全部工艺操作旁路开关计时器设定；因果表或逻辑图画面。

（2）工程师站 安全仪表系统设工程师站。工程师站用于安全仪表系统组态、编程、故障诊断、状态监测、在线方案调整、系统诊断、数据库和画面的组态、编辑及修改，可以离线和在线组态、修改、设置参数、下装及系统维护。工程师站还具有离线仿真调试功能。

Hazardous area   Safe area

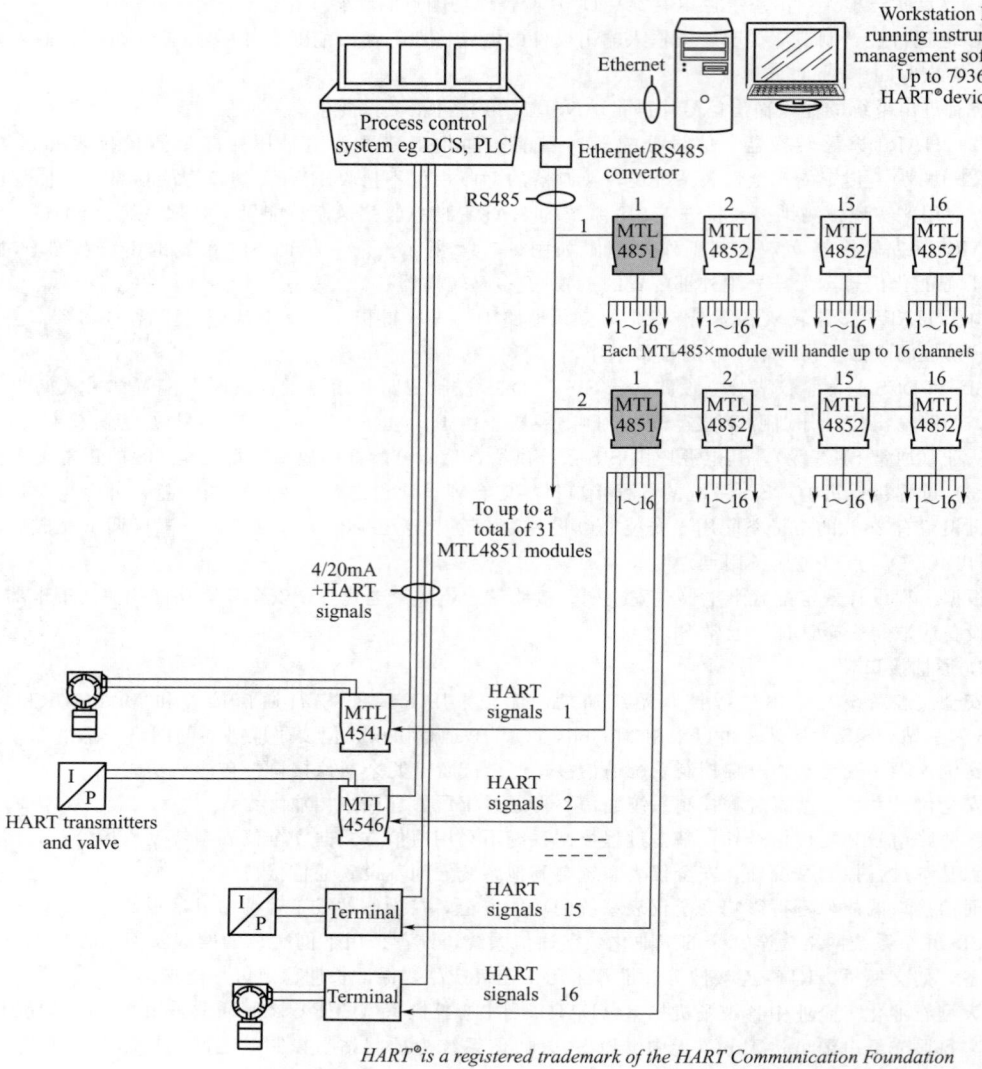

图 6-7-14   HART 多路转换器工作原理示意图

工程师站设不同级别的权限密码保护。工程师站显示安全仪表系统动作和诊断状态信息。

SIS 的工程师站和 SOE 站通常选用主流的工作站。典型配置为：至少 64 位字长的 Intel dual Xeon CPU、8GB 内存、2.4GHz、500GB 以上的 RAID1 硬盘、光驱 DVD RW-R/W、加速 32 位真彩色影像处理、三维图形功能 Geforce FX580 512M 显卡或更高、集成 10/100/1000 兆以太网卡。操作系统已普遍采用 Microsoft Win10。

工程师站和事件顺序记录站提供硬盘映像、在线备份及快速恢复功能。

（3）事件顺序记录站　安全仪表系统设事件顺序记录站。事件顺序记录站可单独设置，也可与工程师站共用。事件顺序记录站记录每个事件的时间、日期、标识、状态等，可在线查看、直接通过打印机打印或存储到磁盘上日后分析。事件记录的时间分辨率没有统一的标准，保证所有事件发生的顺序均能记录下来。

（4）辅助操作台　安全仪表系统经常设置辅助操作台。辅助操作台安装紧急停车按钮、二位式开关、带钥匙（或护罩）的二位式开关（或按钮）、测试及确认按钮、信号报警器等。辅助操作台与安全仪表系统连接采用硬接线方式。

（5）信号报警器　一般信号报警在操作员站显示，关键信号报警在辅助操作台上声光显示。

信号报警器可采用一体化的闪光报警器，或由安全仪表系统的逻辑控制器软件模拟报警处理功能，并通过 DO 模块驱动相应的报警灯。

不同优先级的报警灯颜色及报警声响不同。红色灯光表示越限报警或紧急状态；黄色灯光表示预报警；绿色灯光表示运转设备或过程变量正常。

报警发生时，辅助操作台上的报警灯（或灯屏）点亮并以特定颜色闪烁；操作员确认后灯屏平光显示；报警解除且操作员复位后灯屏熄灭。

若需要，可选择区别第一信号记忆的闪光报警器。信号报警顺序如表 6-7-5 所示。

表 6-7-5　区别第一信号的闪光报警顺序

过程状态	第一信号的灯光显示	其余灯光显示	声响	备注
正常	不亮	不亮	不响	
第一信号输入	闪光	平光	响	
按确认按钮	闪光	平光	不响	
报警信号消失	不亮	不亮	不响	运行正常
按试验按钮	亮	亮	响	试验检查

（6）旁路开关　安全仪表系统的旁路开关通常分为维护旁路开关（Maintenance Override Switch，MOS）和操作旁路开关（Operational Override Switch，OOS）。MOS 供仪表维护人员使用，OOS 供工艺操作人员使用；MOS 用于现场仪表检修或更换，OOS 用于因工艺原因要解除安全仪表功能。

维护旁路开关和操作旁路开关设置可采用下列方式：

① 在安全仪表系统的操作员站设置软开关；

② 在基本过程控制系统的操作站设置软开关；

③ 在辅助操作台设置硬开关。

旁路操作时要始终保持对工艺过程状态的检测和指示；旁路操作应有操作规程，且仅限于正常工艺过程操作范围之内，不能代替或用作安全保护层功能。

维护旁路开关（MOS）用于现场仪表和线路维护时暂时旁路信号输入，使安全仪表系统逻辑控制器的输入不受维护线路和现场仪表信号的影响。严格限制维护旁路开关的使用。维护旁路开关在非维护时间置于非旁路状态。维护旁路开关不应屏蔽报警功能。采用软开关的方式时，每个安全联锁单元或工艺区域设"允许旁路"硬旁路开关。

允许旁路开关的功能为，当仪表维护旁路开关切换到旁路位置，且"允许旁路"开关切换到允许位置时，旁路功能方可生效。旁路生效后，操作员站显示"旁路成功"。只有在旁路成功后，相关维护人员才能对仪表或线路进行维修维护工作。"允许旁路"开关由工艺操作人员操作，避免仪表、工艺人员之间的工作脱节。工作流程通常为，仪表人员向工艺操作人员提出维护旁路申请，经工艺人员批准后，将维护旁路开关切换到旁路位置，工艺"允许旁路"开关切换到允许位置，待看到"旁路成功"提示后，仪表人员对被旁路的仪表或线路进行维护。"允许旁路"开关可按操作工段或工艺分区设置。为了控制风险，还可对一次"允许旁路"操作允许的旁路的仪表数量进行限制，如只允许同时旁路两路仪表信号。"允许旁路"开关通常设置为硬开关，布置在辅助操作台上，便于工艺操作人员操作管理。典型的允许旁路开关和维护旁路开关设置方案如图 6-7-15 所示。

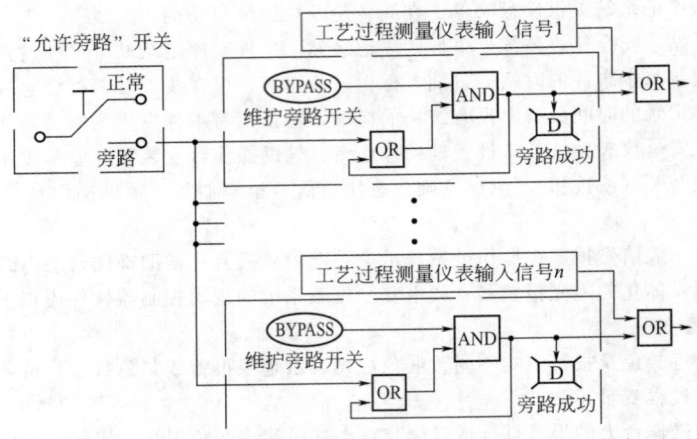

图 6-7-15　典型允许旁路开关及维护旁路开关设置方案

在仪表维护旁路时应进行报警，提醒工艺操作人员某些自动联锁处于失效状态，需要对相关工艺参数进行重点关注。另外，还宜设置旁路计时报警，即当旁路时间超过申请时（如超过 8h），应进行再次报警，督促维护工作尽快开展。旁路行为降低了安全功能的可靠性，须慎重进行，严格管理。软件旁路可设置软件密匙管理，在输入执行人姓名、密码后方可执行，并自动记录操作人、操作时间、操作内容等。

当工艺过程变量从初始值变化到工艺条件正常值，信号状态发生改变时，设置操作旁路开关。在工艺过程开车时，输入信号还未到正常值之前，将输入信号暂时旁路，使安全仪表系统逻辑控制器不受输入信号的影响。工艺过程正常后，操作旁路开关必须置于非旁路状态，保持安全仪表系统逻辑控制器正常运行。严格限制操作旁路开关的使用。

维护旁路开关、操作旁路开关均设置在输入信号通道上，维护旁路开关、操作旁路开关的动作有报警、记录和显示。

（7）紧急停车按钮　紧急停车按钮采用硬接线方式与安全仪表系统连接。紧急停车按钮不得设置旁路。紧急停车按钮通常布置于辅助操作台上，位置突出、明显，易于辨识，便于在紧急状况下操作人员操作。必要时可在现场设置紧急停车按钮，以便现场立即停车。现场按钮防爆、防护、防腐等级要满足现场环境要求。无论在室内还是室外，紧急停车按钮要加防护罩，防误触误碰。

（8）复位按钮　当安全联锁动作后，应查清故障原因并消除故障后，通过手动复位按钮恢复联锁逻辑。复位按钮可按下列方式设置：

① 在安全仪表系统的操作员站设置软件按钮；

② 在基本过程控制系统的操作员站设置软件按钮；

③ 在辅助操作台设置硬件按钮。

复位按钮的动作应设置记录和备份。

六、应用软件

1. 软件设计

安全仪表系统的软件设计贯穿安全生命周期各阶段，须保证应用软件功能安全。IEC61511 对软件安全生命周期进行了定义。软件安全生命周期是整个安全生命周期的有机组成部分，如图 6-7-16 所示。

安全仪表系统的软件分为以下三类：

① 应用软件（Application Software），供用户完成专门的应用组态，执行特定 SIF 功能；

② 工具软件（Utility Software），开发编写应用程序的软件工具；

③ 嵌入式软件（Embeded Software），由特定制造商提供的专用软件，通常用户不能修改。

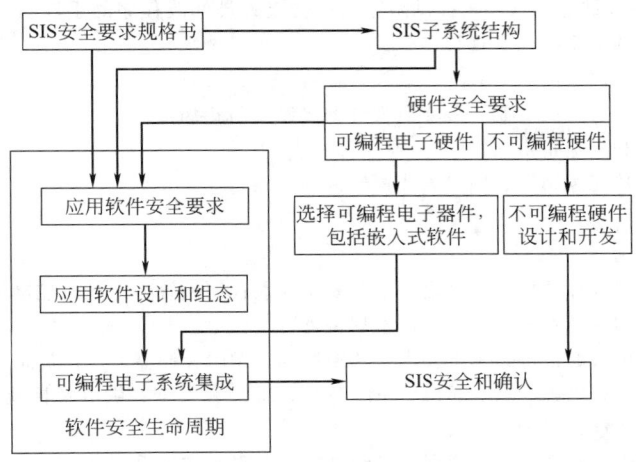

图 6-7-16　软件安全生命周期

按软件开发语言分为以下三类：

① 固定程序语言（Fixed Program Language，FPL），通常仅能对有限参数进行调整或组态，如智能变送器、分析仪等的组态语言；

② 有限可变语言（Limited Variability Language，LVL），通常为可编程电子系统内置的应用软件组态工具，对 SIS 系统而言，通常指按照 IEC 61131-3 标准设计的组态编程语言，采用功能逻辑块图等形式；

③ 完全可变语言（Full Variability Language，FVL），通常指高级语言，如 C＋＋、Pascal 等编程语言。

石油化工装置安全仪表系统的应用软件设计通常采用有限可变语言（LVL）。

2. 应用软件

应用软件的组态宜采用功能逻辑图或布尔逻辑表达式。应用软件的组态应使用制造厂的标准组态工具软件。图 6-7-17 为典型的功能逻辑图示例。

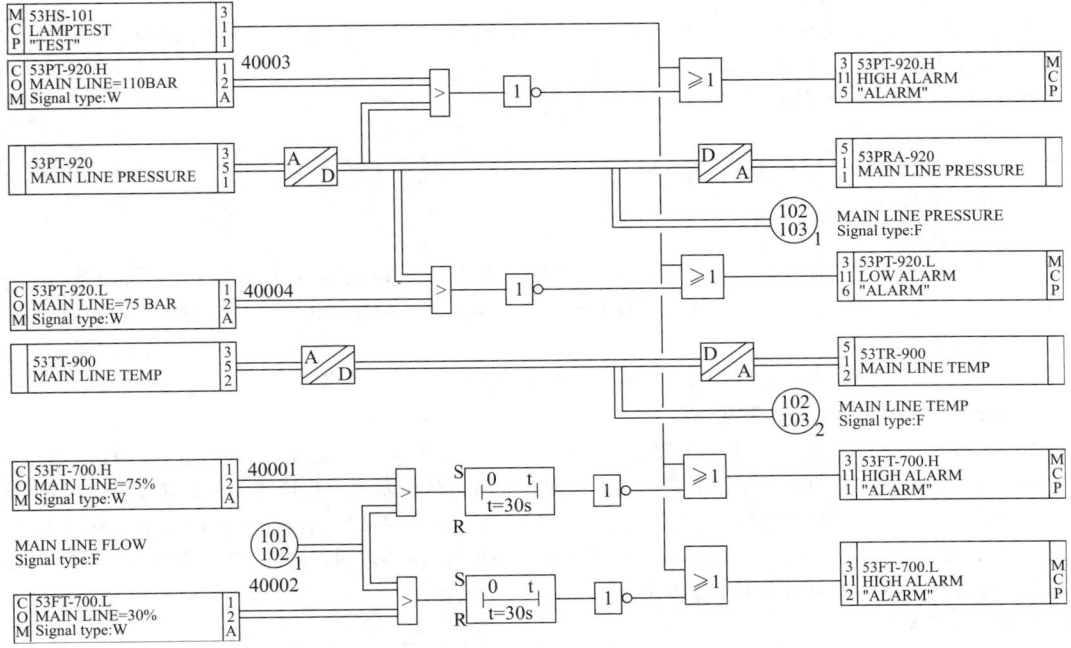

图 6-7-17　逻辑功能图组态示例图

应用软件的安全控制包括应用软件设计、组态、编程、硬件软件集成、运行、维护、管理等。采用

PROM 或 EPROM 存储器存储应用软件，提供防止未被授权人员修改程序的手段和规程。应用软件能在线修改及下装，但要制定相应的安全措施及规程。

应用软件组态编程进行离线测试后方可下载投入运行。

应用软件宜采用光盘进行数据复制。磁介质文件的复制要防止病毒。

应用软件做本地备份和异地备份。

应用软件组态编程与功能逻辑图、因果表或逻辑说明一致。

七、工程设计

1. 基础工程设计

安全仪表系统基础工程设计的主要文件之一，是安全仪表控制系统（即逻辑控制器）的技术规格书，由于多年来的习惯，行业内仍称为"安全仪表系统技术规格书"。

安全仪表系统技术规格书通常包括基本要求、选型原则、逻辑控制器、操作员站、工程师站和事件顺序记录站、辅助操作台、应用软件组态、系统通信、系统负荷、维护和安全、供电及接地、验收测试、环境条件、工程服务、质量保证及文档资料等。

根据工艺安全联锁说明、管道及仪表流程图等编制功能逻辑图或因果表。

安全仪表系统的测量仪表、最终元件的技术规格书包括技术规格、技术说明、工况条件、环境条件等技术规定、仪表数据表等。

2. 详细工程设计

根据安全仪表系统基础工程设计文件及详细工程设计阶段的要求，编制安全仪表系统详细工程设计文件应包括下列内容：

① 安全仪表系统技术规格书；

② 硬件配置图；

③ 功能逻辑图或因果表；

④ 输入输出点清单；

⑤ 联锁及报警设定值；

⑥ 应用软件组态编程需要的技术资料；

⑦ 安全仪表系统合同及技术附件；

⑧ 安全仪表系统工程文件及图纸，包括系统配置图、机柜、I/O 卡、端子图、回路接线图、供电及接地系统图、电缆连接表等。

典型石油化工装置安全仪表系统技术规格书内容包括：

（1）范围

（2）规范性引用文件

（3）术语和缩略语

（4）系统总体要求

内容包括：基本要求；过程接口；工程师站和 SOE 工作站；软件组态；通信要求；系统负荷要求；维护和安全、可靠性要求；供电要求及系统接地；环境要求；机械要求；绝缘要求；其他注意事项。

（5）供货商职责

内容包括：技术服务；质量保证；文档资料；工厂验收测试；售后服务。

八、组态、集成与调试、验收测试

安全仪表系统（SIS）的组态、集成与调试、验收测试等工程实施与 DCS 不完全相同，除遵循一般的控制系统技术规范外，还要符合功能安全标准安全生命周期相关阶段的技术要求和功能安全管理要求。随着时代的发展，SIS 的工程实施往往秉承"三认证"理念，即安全仪表系统的逻辑控制器取得相应安全完整性等级（通常为 SIL3 级）的功能安全认证；SIS 项目的工程服务流程和项目执行体系获得功能安全管理体系认证；SIS 项目执行和工程实施由认证的功能安全工程师主导。

1. 组态、集成与调试

根据安全仪表系统详细工程设计的规定，完成工程师站、操作员站、事件顺序记录站、辅助操作台、系统柜、端子柜、继电器柜、电源柜、网络柜等硬件集成。根据因果表或功能逻辑图，完成软件组态和编译。

系统硬件、系统软件及应用软件集成。

完成系统硬件和软件检查、应用软件下载及调试。

2. 验收测试

验收测试包括工厂验收测试（FAT）、工厂联合测试（IFAT）和现场验收测试（SAT）。

① 工厂验收测试：包括制造厂提供验收测试程序、内容及步骤，验收测试标准仪器，验收文件，硬件测试，冗余和容错功能检验，系统在线可维护性测试（更换模件、修改及下装软件等），逻辑功能测试，验收测试报告签字等。

② 工厂联合测试：与基本过程控制系统的联合通信测试宜在 DCS 制造厂进行，并完成 DCS 与 SIS 之间的通信、软件、画面测试。

③ 现场验收测试：包括制造商提供现场验收测试程序、内容及步骤，验收工程设计文件，系统安装、连接、通电条件检查，检查冗余和容错功能及在线更换模件功能，操作站、工程师站显示画面测试，辅助操作台紧急停车及报警功能检查，系统网络及诊断功能检查，验收测试报告签字等。

④ 安全仪表系统工程文件：包括硬件规格书、软件规格书、系统配置图、机柜布置及接线图、系统供电、接地图、负荷计算表、输入/输出卡点分配表、组态编程文件、操作维护及安全手册等。

九、操作维护、变更管理、文档管理

1. 操作维护

操作维护主要包括以下内容：

① 操作维护规程；

② 维护人员职责与管理规程；

③ 定期诊断测试计划及报告；

④ 开、停车期间的系统检查管理；

⑤ 维护旁路开关、操作旁路开关的使用管理。

2. 变更管理

变更管理主要包括以下内容：

① 变更原因及方案，包括系统的版本升级，增减或修改安全联锁逻辑等；

② 审核评估变更方案，确认变更的安全仪表功能；

③ 变更方案的详细设计与实施方案；

④ 变更软件功能的离线测试与检查要求；

⑤ 变更报告及操作维护规程更新。

3. 文档管理

文档管理主要包括以下内容：

① 安全生命周期各阶段的文档管理；

② 编制文档管理及控制规程；

③ 制定文件命名规则、文件格式、文件传递方式；

④ 编制文件审核流程及文件版本管理规定。

十、SIS 停用

SIS 停用一般遵循下面的管理原则：

① 在对 SIS 实施停用之前，按照变更管理程序对停用计划和方案进行审查和控制，并按照管理规程审批；

② 停用计划和方案包括 SIS 停用的具体实施方案以及辨识可能导致的危险；

③ 评估的结果将用来制定下一步安全计划，包括重新确认和验证等；

④ 任何停用活动的执行，必须依据管理规程得到授权批准。

第三节　安全仪表系统的验证

安全仪表系统的验证（Verification）是贯穿安全生命周期各阶段的一项重要管理活动，验证活动中重要内容的 SIL 验证计算包括以下活动：

① 确认各 SIF 设计符合安全要求规格书（SRS）要求；

② 确认各 SIF 满足安全完整性等级（SIL）要求；

③ 确认各 SIF 满足误停车率（STR）要求；

④ 确认各 SIF 满足检验测试周期要求。

本节将结合某石油化工装置的安全仪表系统某 SIF 的 SIL 验证计算实例，介绍 SIL 和 STR 验证步骤、遵循的标准规范、相关计算方法及实际应用中注意的问题。

一、SIL 验证简介

在安全仪表系统设计前，首先根据工艺操作及安全联锁说明、P&ID 图对过程对象进行危险与可操作性分析（HAZOP）。对生产中的风险和危害进行识别、评价，根据风险事故的后果和发生的概率，采用风险矩阵分析法确定过程对象风险高低。某装置典型的风险矩阵表如表 6-7-6 所示。

表 6-7-6　某装置典型风险矩阵表

风险等级			可能性			
			1	2	3	4
			基本不可能	较不可能	可能	很可能
后果严重性	1	小	低	低	一般	一般
	2	一般	低	一般	一般	较大
	3	大	一般	一般	较大	重大
	4	很大	一般	较大	重大	重大

风险矩阵表中，可能性通常采用半定量分析形式，按照事故发生频率从低到高依次分为 4 个等级。典型的可能性半定量分析见表 6-7-7。

表 6-7-7　典型的可能性分析度量

	风险等级	可能性半定量分析
1	基本不可能	10 年内不发生事故
2	较不可能	5～10 年内发生 1 次事故
3	可能	1～5 年内发生 1 次事故
4	很可能	每年发生事故多于 1 次

风险矩阵表的后果严重性分析从人员伤害、环境影响、财产损失和声誉影响四个方面分类，每类影响按照严重性从低到高依次分为 4 个等级。典型后果严重性分析如表 6-7-8 所示。

表 6-7-8　典型后果严重性分析度量

等级		人员伤害	环境影响	财产损失	声誉影响
1	小	短时间身体不适,急救处理	没有或很小影响/可以控制	事故直接经济损失在 2 万元以下	企业单装置内关注
2	一般	工作受限小于 3 天	污染水或空气,不影响生命,能够生存。或者扩散至空气中,但能够恢复	事故直接经济损失 2 万～100 万元	企业单装置附近影响
3	大	工作受限大于 3 天,或者职业相关疾病	严重影响环境,可能永久污染土壤或水,影响生命。或在空气中大量扩散,导致空气污染,虽然能够恢复,但恢复过程较难	事故直接经济损失大于 100 万元;局部停车	企业其他装置影响
4	很大	1 人死亡	对环境造成严重影响,可能永久污染土壤或水,无法生存。或者在空气中大量扩散,导致难以恢复的空气污染	事故直接经济损失大于 100 万元;装置停车	企业外影响或关注

若 HAZOP 分析确定过程对象风险等级为较大或重大时，则需进一步开展保护层分析（LOPA）法。该方法判断现有保护层安全措施是否足够，如基本过程控制系统（BPCS）、过程报警及操作员干预、安全阀、防火堤等独立保护层是否能够有效降低事故发生频率等，确定相关控制对象的功能安全需求，是否需增加安全仪表系统（SIS）独立保护层。

HAZOP 分析节点增加 SIS 独立保护层，引入安全仪表功能回路（SIF），确定 SIL 等级，将风险降低到可以容忍的范围之内。SIL 等级确定是安全仪表功能回路设计的基础，为安全仪表系统执行安全功能提供依据。

在 HAZOP 分析和 SIL 分级完成的基础上，可开展安全仪表功能（SIF）的 SIL 验证计算。

安全仪表系统 SIL 验证计算有两个关键指标：系统是否满足安全完整性等级（SIL）要求和系统误停车率（STR），分别对安全仪表系统的可靠性和可用性进行验证计算。检验测试周期对 SIL 验证计算也非常重要。

1. SIL 验证

安全仪表系统的失效分为危险失效和安全失效。危险失效影响系统可靠性，为 SIF 回路中各仪表存在危险失效概率 λ_D，需要联锁时不动作，导致安全事故发生，由是否满足安全完整性等级（SIL）要求来衡量。

SIF 回路的设计是否满足其相应 SIL 等级要求，须同时满足失效概率（PFD）、结构约束和系统能力的要求。

（1）平均失效概率 PFD_{avg} 石油化工装置的安全仪表系统通常工作在低要求模式下，安全仪表功能的安全完整性等级采用平均失效概率（PFD_{avg}）来衡量。对某 SIF 的 SIL 验证，首先验证计算其回路的平均失效概率（PFD_{avg}）满足表 6-7-1 要求。PFD 的计算通常采取概率计算法，综合考虑所有安全子系统的 PFD 值，如传感器、逻辑控制器、最终元件、电源等。

（2）结构约束   硬件安全完整性的结构约束决定了安全仪表系统所能达到的最高 SIL 等级。结构约束确定的 SIL 等级上限受 SIF 回路子系统的硬件故障裕度（HFT）和安全失效分数（SFF）两个参数影响。

硬件故障裕度（HFT）指部件或子系统在出现一个或几个硬件故障的情况下，功能单元继续执行所要求的仪表安全功能的能力。HFT 为 N 时，表示 $N+1$ 个故障将导致安全功能的丧失。

安全失效分数（SFF）指安全失效或可检测失效占总随机硬件失效率的分数，它体现了子系统固有的无法检测危险失效率的大小（比率），是有关未检测危险失效重要的参数，影响子系统的结构。

安全失效分数（SFF）定义如下：

$$\lambda_S = \lambda_{SD} + \lambda_{SU} \tag{6-7-1}$$

$$\lambda_D = \lambda_{DD} + \lambda_{DU} \tag{6-7-2}$$

$$SFF = (\lambda_S + \lambda_{DD})/(\lambda_S + \lambda_D) \tag{6-7-3}$$

式中　λ_D——子系统中通道的危险失效率；

　　　λ_{DU}——未检测到的危险失效率；

　　　λ_{DD}——检测到的危险失效率；

　　　λ_S——子系统中通道的安全失效率；

　　　λ_{SU}——未检测到的安全失效率；

　　　λ_{SD}——检测到的安全失效率。

在 IEC 61508 中，硬件可分为两类子系统：A 类子系统和 B 类子系统。A 类子系统的失效模式清晰，失效影响明确，并有足够的失效数据。A 类子系统包括继电器、安全栅、位置开关、电磁阀、阀门等。B 类子系统有一个或一个以上失效模式不清楚，失效影响不完全明确，或没有足够的失效数据。B 类子系统包括可编程逻辑控制器、阀门定位器、智能变送器等，通常内置集成电路的硬件基本视为 B 类。

表 6-7-9 和表 6-7-10 是两类子系统的结构约束。

表 6-7-9　A 类子系统的结构约束

安全失效分数（SFF）	硬件故障裕度（HFT）		
	0	1	2
＜60％	SIL1	SIL2	SIL3
60％～＜90％	SIL2	SIL3	SIL4
90％～＜99％	SIL3	SIL4	SIL4
≥99％	SIL3	SIL4	SIL4

表 6-7-10　B 类子系统的结构约束

安全失效分数（SFF）	硬件故障裕度（HFT）		
	0	1	2
＜60％	不允许	SIL1	SIL2
60％～＜90％	SIL1	SIL2	SIL3
90％～＜99％	SIL2	SIL3	SIL4
≥99％	SIL3	SIL4	SIL4

IEC 61511 对 IEC 61508 中的硬件结构约束要求进行了适当简化。表 6-7-11 和表 6-7-12 分别是 IEC 61511 对可编程逻辑控制器和传感器、最终元件的结构约束要求。

表 6-7-11　IEC 61511 可编程逻辑控制器结构约束

安全完整性等级（SIL）	最低硬件故障裕度（HFT）		
	SFF＜60％	60％～90％	SFF＞90％
1	1	0	0
2	2	1	0
3	3	2	1
4	特殊应用要求见 IEC61508		

表 6-7-12　IEC 61511 传感器、最终元件结构约束

安全完整性等级（SIL）	最低硬件故障裕度（HFT）
1	0
2	1
3	2
4	特殊应用要求见 IEC61508

IEC 61511 对硬件故障裕度（HFT）提出了在满足特定条件下可增减的规定，如若硬件设备选择依据"先验使用"原则，只能调整过程相关参数，过程参数受到保护，且 SIL 等级小于 SIL4 的前提下，HFT 可减 1；若主要失效不是安全失效，且危险失效无法检测的前提下，HFT 可加 1。

（3）系统能力　IEC61508 和 IEC 61511 还定义了安全仪表系统的系统能力，是指当仪表设备遵照其安全手册中给定的使用说明进行应用时，对该设备安全完整性满足安全仪表功能（SIF）的安全完整性等级（SIL）可信度的度量，通常采用 SC1～SC4 四个等级来表示。在 SIL 验证计算中也是考虑的因素之一。

2. 误停车率（STR）

安全失效影响系统可用性，主要为 SIF 回路中各仪表存在一定的安全失效率 λ_S，仪表在不需联锁时自身误动作，联锁导致装置停车，由系统的误停车率（STR）来衡量。

虽然 IEC 61508 和 IEC 61511 等功能安全规范并未对 STR 有硬性规定，但企业出于对连续稳定生产、尽可能减少误停车的需求，通常要求进行 STR 计算。对石油化工装置而言，往往连续生产是最大的经济效益来源。虽然没有准确的衡量指标，石油化工工程实践中通常认为通过 STR 的倒数推导出的平均误动作时间达过 2 倍装置计划停工检修周期，即可认为满足误停车率（STR）要求。

3. 检验测试时间间隔

传感器和最终元件的检验测试能有效地降低未检测到的危险失效率 λ_{DU}，如图 6-7-18 所示。由各种表决结构的 PFD_{avg} 公式可知，检验测试时间间隔 T_1 对平均失效率也有影响，检验测试时间间隔越短，PFD_{avg} 越低。

通常传感器和最终元件的检验测试时间间隔 T_1 不宜低于装置计划停工检修周期，但经过 SIL 验证无法避免时，还有其他方式可以缩小仪表的检验测试时间间隔，如进行在线测试等。在线测试可以使安全仪表回路要

求的检验测试周期短于装置计划停工检修周期。需要注意，在线测试不能影响正常操作，不能引发危险事件。典型的应用如带部分行程测试功能的阀门，可实现阀门的在线测试，防止阀门主要的失效模式卡堵的发生，降低阀门的 PFD_{FE}。阀门部分行程测试对阀门 PFD_{FE} 的影响如图 6-7-19 所示。

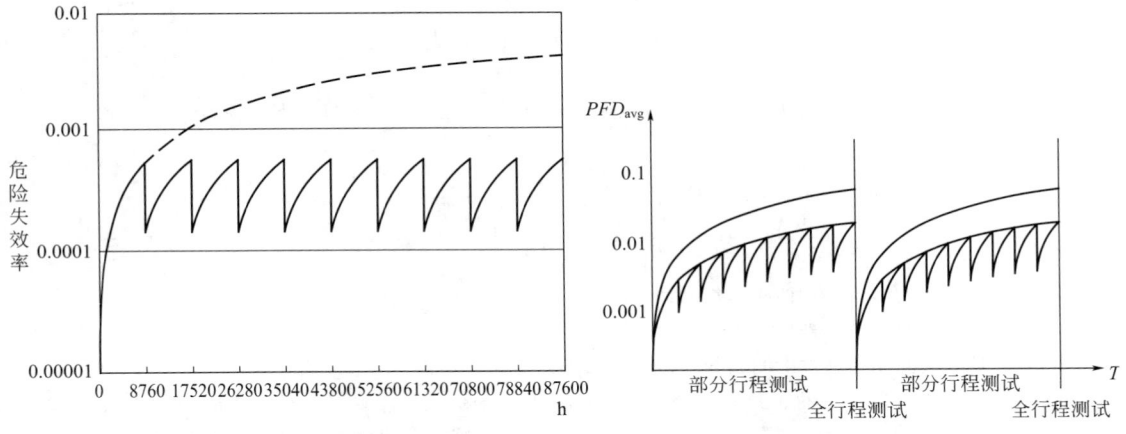

图 6-7-18　检验测试周期与危险失效率关系　　图 6-7-19　部分行程测试与平均失效概率关系

有检验测试曲线 ——　　无检验测试曲线 ----

检验测试时间间隔对仪表的误停车率（STR）无影响。

二、平均失效概率计算

1. 平均失效概率

IEC 61508 中，安全相关系统的安全功能要求时的平均失效概率 PFD_{SYS}，通过计算所有子系统，包括传感器、逻辑控制器、最终元件等的 PFD_{avg} 后确定。

$$PFD_{SYS} = \sum PFD_S + \sum PFD_L + \sum PFD_{FE} \tag{6-7-4}$$

式中　PFD_{SYS}——安全相关系统的安全功能要求时的平均失效概率；

　　　PFD_S——传感器子系统安全功能要求时的平均失效概率；

　　　PFD_L——逻辑子系统安全功能要求时的平均失效概率；

　　　PFD_{FE}——最终元件子系统安全功能要求时的平均失效概率。

ISA 84.00.02 *Safety Instrumented Function (SIF)-Safety Integrity Level (SIL) Evaluation Techniques* 中安全功能的平均失效概率公式为

$$PFD_{SIS} = \sum PFD_{Si} + \sum PFD_{Ai} + \sum PFD_{Li} + \sum PFD_{PSi} \tag{6-7-5}$$

式中　PFD_A——安全功能要求时最终元件的平均失效概率；

　　　PFD_{PS}——安全功能要求时电源的平均失效概率；

　　　i——安全功能中组成元件的数量。

安全相关系统设计为故障安全，则当电源失效时，安全相关系统仍处于安全状态，电源的平均失效概率 PFD_{PS} 不会对系统要求的平均失效概率产生影响。此时式(6-7-5)可简化等同于式(6-7-4)。

2. 主要表决结构平均失效概率的计算

石油化工装置典型的表决结构通常包括 1oo1、1oo2、2oo2、2oo3 等。它们的平均失效概率计算公式如下。

（1）"1oo1"结构　IEC 61508 中"1oo1"的计算公式：

$$PFD_{avg} = (\lambda_{DU} + \lambda_{DD})t_{CE} = (\lambda_{DU} + \lambda_{DD})\left[\frac{\lambda_{DU}}{\lambda_D}\left(\frac{T_1}{2} + MTTR\right) + \frac{\lambda_{DD}}{\lambda_D}MTTR\right] \tag{6-7-6}$$

ISA 84.00.02 中"1oo1"的计算公式：

$$PFD_{avg} = \lambda_{DU}\frac{T_1}{2} \tag{6-7-7}$$

式中　t_{CE}——通道的等效平均停止工作时间；

　　　T_1——检验测试时间间隔，h；

$MTTR$——平均修复时间，h。

（2）"1oo2"结构　IEC 61508 中 "1oo2" 公式：

$$t_{CE} = \frac{\lambda_{DU}}{\lambda_D}\left(\frac{T_1}{2} + MTTR\right) + \frac{\lambda_{DD}}{\lambda_D}MTTR \tag{6-7-8}$$

$$t_{GE} = \frac{\lambda_{DU}}{\lambda_D}\left(\frac{T_1}{3} + MTTR\right) + \frac{\lambda_{DD}}{\lambda_D}MTTR \tag{6-7-9}$$

$$PFD_{avg} = 2(1-\beta)\lambda_{DU}[(1-\beta)\lambda_{DU} + (1-\beta_D)\lambda_{DD} + \lambda_{SD}]t_{CE}t_{GE} + \beta_D\lambda_{DD}MTTR + \beta\lambda_{DU}\left(\frac{T_1}{2} + MTTR\right) \tag{6-7-10}$$

ISA 84.00.02 中 "1oo2" 的计算公式：

$$PFD_{avg} = \lambda_{DU}^2\frac{T_1^2}{3} \tag{6-7-11}$$

式中　t_{GE}——表决组的等效平均停止工作时间，h；

　　　β——有共同原因没有被检测到的失效分数；

　　　β_D——具有共同原因已被检测到的失效分数；$\beta = 2\beta_D$。

β 可根据 IEC 61508 附录中的表 D.1 评分得到。β 取 1%、2%、5%、10%，对应的 β_D 分别为 0.5%、1%、2.5%、5%。将上述数据分别代入式（6-7-8）~式（6-7-10）中计算，结果相差很小，可以忽略。为简化计算，现场仪表计算将 β 取 2%，β_D 取 1%。

（3）"2oo2"结构　IEC 61508 中 "2oo2" 的计算公式：

$$PFD_{avg} = 2\lambda_D t_{CE} = 2(\lambda_{DU} + \lambda_{DD})\left[\frac{\lambda_{DU}}{\lambda_D}\left(\frac{T_1}{2} + MTTR\right) + \frac{\lambda_{DD}}{\lambda_D}MTTR\right] \tag{6-7-12}$$

ISA 84.00.02 中 "2oo2" 的计算公式：

$$PFD_{avg} = \lambda_{DU}T_1 \tag{6-7-13}$$

（4）"2oo3"结构　IEC 61508 中 "2oo3" 的计算公式：

$$PFD_{avg} = 6[(1-\beta_D)\lambda_{DD} + (1-\beta)\lambda_{DU}]^2 t_{CE}t_{GE} + \beta_D\lambda_{DD}MTTR + \beta\lambda_{DU}\left(\frac{T_1}{2} + MTTR\right) \tag{6-7-14}$$

ISA 84.00.02 中 "2oo3" 的计算公式：

$$PFD_{avg} = \lambda_{DU}^2 T_1^2 \tag{6-7-15}$$

由上述各公式可见，IEC 61508 中的计算方法需要知道仪表 λ_{SD}、λ_{DD}、λ_{DU}、λ_D 等数据，这些数据由仪表制造厂提供。该方法适用于已取得 SIL 认证的仪表、逻辑控制器、最终元件等。

ISA 84.00.02 中的平均失效概率公式简单便捷。ISA 84.00.02 中简化公式的前提是不考虑 β 以及 $MTTR$ 小至可以忽略。这样的简化计算和实际的验证结果有些微偏差。ISA 84.00.02 明确指出该公式仅适用于 SIL1 和 SIL2 的安全仪表系统验证。SIL3 级安全仪表功能的验证计算需要按照 IEC 61508 的公式计算。

三、误停车率计算

1. 误停车率

安全相关系统的误停车率（STR）通过计算所有子系统，包括传感器、逻辑控制器、最终元件和电源等的 STR 后确定：

$$STR_{SYS} = \sum STR_S + \sum STR_L + \sum STR_{FE} + \sum STR_{PS} \tag{6-7-16}$$

式中　STR_{SYS}——安全相关系统的误停车率；

　　　STR_S——传感器子系统的误停车率；

　　　STR_L——逻辑子系统的误停车率；

　　　STR_{FE}——最终元件子系统的误停车率；

　　　STR_{PS}——电源的误停车率。

石油化工装置电源一般为不间断电源且冗余配置，因此电源的误停车率可以小至忽略不计。

2. 三种表决结构误停车率的计算

仍按照石油化工装置的几种典型表决结构进行 STR 计算。它们的误停车率计算公式如下。

（1）"1oo1"结构

$$STR = \lambda_S + \lambda_{DD} + \lambda_F^S \qquad (6\text{-}7\text{-}17)$$

简化计算公式：
$$STR = \lambda_S \qquad (6\text{-}7\text{-}18)$$

式中　λ_F^S——子系统的系统故障安全率。

（2）"1oo2"结构
$$STR = [2 \times (\lambda_S + \lambda_{DD})] + [\beta \times (\lambda_S + \lambda_{DD})] + \lambda_F^S \qquad (6\text{-}7\text{-}19)$$

简化计算公式：
$$STR = 2\lambda_S \qquad (6\text{-}7\text{-}20)$$

（3）"2oo2"结构
$$STR = [2 \times (\lambda_S + \lambda_{DD})^2 \times MTTR] + [\beta \times (\lambda_S + \lambda_{DD})] + \lambda_F^S \qquad (6\text{-}7\text{-}21)$$

简化计算公式：
$$STR = 2 \times (\lambda_S)^2 \times MTTR \qquad (6\text{-}7\text{-}22)$$

（4）"2oo3"结构
$$STR = [6 \times (\lambda_S + \lambda_{DD})^2 \times MTTR] + [\beta \times (\lambda_S + \lambda_{DD})] + \lambda_F^S \qquad (6\text{-}7\text{-}23)$$

简化计算公式：
$$STR = 6 \times (\lambda_S)^2 \times MTTR \qquad (6\text{-}7\text{-}24)$$

可根据评估 SIF 回路误动作前的时间 $MTTF_S$ 来确定 SIF 回路的可用性，判断目前 SIF 回路的设备配置是否满足要求，并进一步对 SIF 回路配置进行优化，提升装置的可用性。

3. 平均安全失效时间

平均安全失效时间 $MTTF_S$ 为安全仪表功能回路在规定的环境下，正常运行直到发生下一次故障的平均时间，是衡量系统可靠性的参数。计算公式如下：

$$MTTF_S = \frac{1}{\sum STR_{SYS}} \qquad (6\text{-}7\text{-}25)$$

四、SIL 验证计算实例

某石油化工装置的废水冲洗罐 D-101 需设置安全仪表功能（SIF）。该 SIF 采用压力变送器 PT-101 测量废水冲洗罐压力，当压力高高时关闭进料切断阀 UV-101。通过 HAZOP 和 LOPA 分析，该 SIF 安全完整性等级要求为 SIL3。

该装置 SIL 验证结构约束基于 IEC 61508，全生命周期假定为 15 年。每个安全仪表功能回路符合低要求操作模式下运行。对于传感器、逻辑控制器和最终元件的冗余设备，该装置中 β 为 0.2%。所有组件的 $MTTR$ 均为 8h。

假设该装置每个安全仪表功能检验测试时间间隔（T_1）按 5 年计算。

1. 基本回路构成

基本回路构成如图 6-7-20 所示，由压力变送器、逻辑控制器及执行机构阀门等组成。若采用未经 SIL 认证的传感器和最终元件子系统，IEC 61508 中的计算

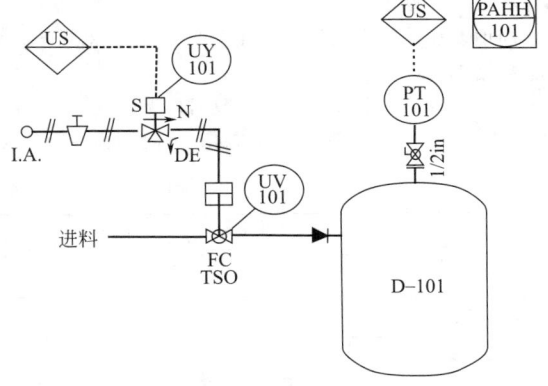

图 6-7-20　废水冲洗罐安全仪表回路示意

公式较复杂，所需参数较多，可采用 ISA 84.00.02 中的简化公式进行计算。

假设未经 SIL 认证的普通仪表诊断覆盖率 $DC = 0$，$\lambda_{DU} = \lambda_D - \lambda_{DD} = \lambda_D - \lambda_D DC = \lambda_D (1 - DC)$，则 $\lambda_{DU} = \lambda_D$。对于没有采用安全仪表的装置，仪表的参数很难得到。为解决这个难点，ISA 收集了 6 个工厂的经验数据，见表 6-7-13。

表 6-7-13　ISA 统计的 6 个工厂 $MTTF_D$ 经验数据

回路元件	工厂 A	工厂 B	工厂 C	工厂 D	工厂 E	工厂 F
	$MTTF_D$					
压力变送器	100	40～60	50	60	150	55
气动球阀	50	40～60	60	40	60	40

续表

回路元件	工厂 A	工厂 B	工厂 C	工厂 D	工厂 E	工厂 F
	$MTTF_D$					
电磁阀	100	25～35	50	100	60	125
继电器		1500～2500		70	500	
逻辑控制器	100					

若无法获得该装置的参数，可以用 ISA 84.00.02 中的工厂经验值进行计算。$\lambda_D = 1/MTTF_D$，式中 $MTTF_D$ 为平均危险失效前时间。代入式 (6-7-7)，各子系统的 PFD_{avg} 如下：

$$\sum PFD_S = 3 \times 10^{-2}$$
$$\sum PFD_L = 1.5 \times 10^{-2}$$
$$\sum PFD_{FE} = 3 \times 10^{-2} + 3 \times 10^{-2} = 6 \times 10^{-2}$$

根据式 (6-7-4)，整个系统的失效概率为

$$\sum PFD_{SYS} = 1.05 \times 10^{-1}$$

用结果查表 6-7-1 可知，安全仪表回路 SIL＝1。在传感器子系统和最终元件子系统的仪表数量较少，表决结构简单的情况下，质量可靠、工程应用广泛，但未取得 SIL 认证的传感器和最终元件（IEC 61511 称为 "先验使用 Prior Use"，IEC61508 称为 "验证使用 Proven in Use"）构成的 "1oo1" 安全仪表功能回路，基本满足整个系统 SIL1 的要求，但不满足 SIL3 的要求，需要通过降低系统的平均失效概率提升 SIL 等级。

从表 6-7-13 和计算结果可以看出，整个安全仪表系统的 PFD_{avg} 中，压力变送器约占 28%，逻辑控制器约占 14%，执行机构阀门约占 57%。传感器和最终元件的 PFD_{avg} 占大部分的比例，逻辑控制器占比例较少，三部分子系统的 PFD_{avg} 最大值决定了整个系统的 SIL 等级。为达到提升回路的安全完整性等级，可优先降低传感器和最终元件子系统的 PFD_{avg}。

同理，在计算系统的误停车率 STR 时，未经 SIL 认证的普通仪表参数也可参考 ISA TR84.00.02 中的工厂经验数据进行计算。

ISA 收集了 6 个工厂的经验数据，见表 6-7-14。$\lambda_S = 1/MTTF_S$，式 (6-7-17) 中 λ_{DD} 和 λ_F^S 的数值相对第一项 λ_S 都很小，可以忽略。式 (6-7-1) 可简化为 $STR = \lambda_S$。

表 6-7-14　ISA 统计的 6 个工厂 $MTTF_S$ 经验数据表

回路元件	工厂 A	工厂 B	工厂 C	工厂 D	工厂 E	工厂 F
	$MTTF_S$					
压力变送器	100	20～30	25	60	80	55
气动球阀	50	20～30	25	120	150	40
电磁阀	10	12～15	25	15	30	
继电器				40	400	
逻辑控制器	60					

各子系统的 STR 如下：

$$STR_S = 1.9 \times 10^{-2}$$
$$STR_L = 4.5 \times 10^{-3} + 1.67 \times 10^{-2} = 2.1 \times 10^{-2}$$
$$STR_{FE} = 5 \times 10^{-2} + 1.4 \times 10^{-2} = 6.4 \times 10^{-2}$$

将计算结果代入式 (6-7-16)，整个系统的误停车率为：

$$STR_{SYS} = 1.9 \times 10^{-2} + 2.1 \times 10^{-2} + 6.4 \times 10^{-2} = 1.04 \times 10^{-1}$$

根据式 (6-7-25) 计算整个系统的平均误动作前时间

$$MTTF_S = \frac{1}{\sum STR_{SYS}} = 9.6 (年)$$

整个安全仪表回路的 SIL 验证结果见表 6-7-15。

表 6-7-15　SIL 验证数据 1

安全仪表回路名称	子系统	PFD_{avg}		可达 SIL 等级	结构约束可达 SIL 等级	SIL 等级	$MTTF_S$（Years）	
		各子系统	回路				各子系统	回路
P-101	传感器	3×10^{-2}					52	
	逻辑控制器	1.5×10^{-2}	1.05×10^{-1}	1	1	1	47.6	9.6
	最终元件	6×10^{-2}					15.6	

2. 采用认证传感器、最终元件及逻辑控制器系统

该装置全部采用经过 SIL2 认证的传感器和最终元件子系统产品，逻辑控制器系统采用 SIL3 认证的 CPU、IO 模块等，使用的品牌型号认证参数见表 6-7-16 所列。

表 6-7-16　某装置仪表 SIL 认证参数

回路元件	仪表位号	仪表类型	子系统类型	λ_{SD}Fit	λ_{SU}Fit	λ_{DD}Fit	λ_{DU}Fit	$SFF/\%$	$\beta/\%$
传感器	PT-101	压力变送器	B	0	54	331	39	90.8	2
逻辑控制器		CPU 3008	B	3310	33.4	2210	22.3	99	2
		系统电源	B	475	0	25	0.02		
		模拟量模块	B	508	26.8	508	26.8		
		模拟量通道	B	8.96	0.04	8.96	0.04		
		数字量模块	B	250	13.2	250	13.2		
		数字量通道	B	49	2	49	2		
		AI 安全栅	B	0	0	172	45	86.8	2
		DO 安全栅	B	0	228	0	30	88	2
最终元件	UV-101	气动球阀	A	0	515	0	242	68	2
		执行机构	A	0	382	0	425	90	
		三通电磁阀	A	0	4.35	0	0.457	95	

结合表 6-7-9、表 6-7-10 和表 6-7-16 可知，通过 SIL 认证的 B 类子系统，如压力变送器等传感器元件以及逻辑控制器，SFF 大多数在 90%～99% 之间，符合 SIL2 的要求，可以通过冗余配置达到 SIL3 等级；而通过 SIL 认证的 A 类子系统，部分如电磁阀等最终元件 SFF 在 90%～99% 之间，已直接满足 SIL3 要求；另一部分如阀门、执行机构等，也可通过冗余配置达到 SIL3 等级。

将表 6-7-16 的参数代入 IEC 61508 平均失效概率计算公式（6-7-6）中，可得 $\sum PFD_S = 9.20\times10^{-3}$；$\sum PFD_L = 5.24\times10^{-3}$；$\sum PFD_{FE} = 6.67\times10^{-4}$。整个系统的失效概率 $PFD_{SYS} = 1.51\times10^{-2}$。安全仪表系统回路等级为 SIL2 级，安全完整性等级提高。

将参数代入误停车率计算式（6-7-17）中，可得 $\sum STR_S = 4.73\times10^{-4}$；$\sum STR_L = 4.4\times10^{-2}$；$\sum STR_{FE} = 8.26\times10^{-4}$；整个系统的误停车率为 $\sum STR_S = 4.53\times10^{-2}$，系统平均误动作时间 $MTTF_S = 22.1$ 年，装置误联锁停车的概率变小，系统可用性高。由结果可知，使用通过 SIL 认证的仪表误停车可能性更低。

整个安全仪表回路的 SIL 验证结果如表 6-7-17。

3. 检验测试时间间隔

前面已介绍仪表的检验测试时间间隔越短，PFD_{avg} 越小。若该装置中每个安全仪表的检验测试时间间隔 T_1 由假设的 5 年调整为 2 年，在此条件下将表 6-7-14 的参数代入式（6-7-6）中，可得 $\sum PFD_S = 3.54\times10^{-4}$；$\sum PFD_L = 2.02\times10^{-3}$；$\sum PFD_{FE} = 2.60\times10^{-4}$。整个系统的失效概率 $PFD_{SYS} = 2.63\times10^{-3}$。

表 6-7-17　SIL 验证数据 2

安全仪表回路名称	子系统	PFD_{avg}		可达 SIL 等级	结构约束		SIL 等级	$MTTF_S$(Years)	
		各子系统	回路		HFT	可达 SIL 等级		各子系统	回路
P-101	传感器	9.20×10^{-3}			2			2110	
	逻辑控制器	5.24×10^{-3}	1.51×10^{-2}	2	3	2	2	22.7	22.1
	最终元件	6.67×10^{-4}			2			1210	

检验测试时间间隔对仪表的误停车率无影响。整个 SIF 的 SIL 验证结果如表 6-7-18 所示。

表 6-7-18　SIL 验证数据 3

安全仪表回路名称	子系统	PFD_{avg}		可达 SIL 等级	结构约束		SIL 等级	$MTTF_S$(Years)	
		各子系统	回路		HFT	可达 SIL 等级		各子系统	回路
P-101	传感器	3.54×10^{-4}			2			2110	
	逻辑控制器	2.02×10^{-3}	2.63×10^{-3}	3	3	2	2	22.7	22.1
	最终元件	2.60×10^{-4}			2			1210	

4. 传感器

通过冗余配置各子系统的表决结构，可增加整个系统的安全完整性等级。该装置在冗余配置压力变送器 PT-101 时，使用几种不同的表决结构进行了对比计算，其结果分析如下。

（1）传感器 "1oo2" 配置　传感器 "1oo2" 配置如图 6-7-21 所示，传感器子系统由两个并联的压力变送器构成，无论哪个压力变送器都能处理安全功能。当两个压力变送器同时失效时，传感器子系统才被认为安全功能失效。

压力变送器参数代入式(6-7-8)~式(6-7-10) 中，可得：$PFD_{avg}=1\times10^{-7}$。

因为使用 "1oo2" 冗余配置的方法，所以传感器子系统的 PFD_{avg} 大幅降低。实际使用时，虽然系统的 SIL 等级有所提升，但 "1oo2" 的配置结构使得整个系统的安全性增加而可用性降低，不便于装置的生产运行。

（2）传感器 "2oo3" 配置　传感器 "2oo3" 配置如图 6-7-22 所示，传感器子系统由 3 个并联的压力变送器组成。当仅有 1 个压力变送器失效时，子系统仍旧可以实现安全功能；当任意 2 个或者 3 个压力变送器都失效时，传感器子系统被认为安全功能失效。

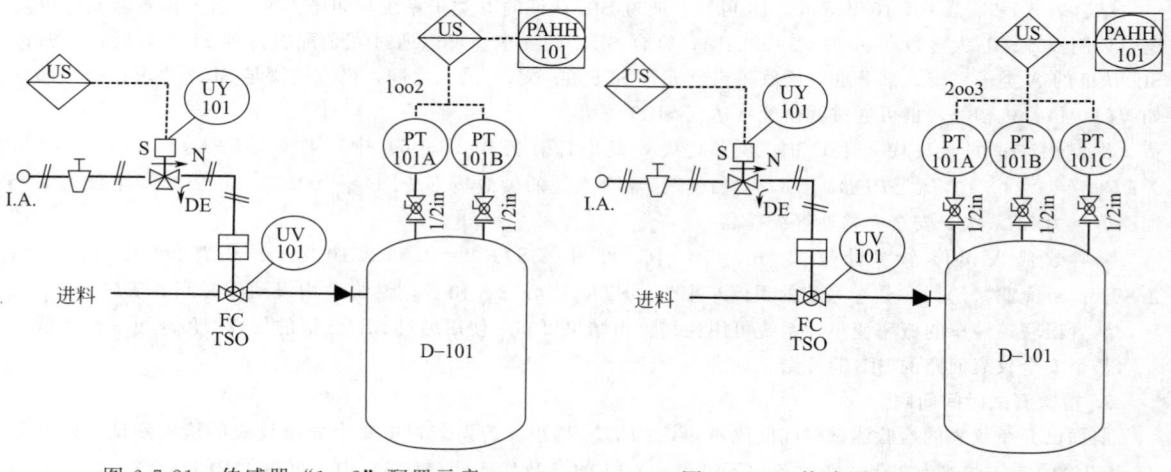

图 6-7-21　传感器 "1oo2" 配置示意　　　　　　图 6-7-22　传感器 "2oo3" 配置示意

压力变送器参数代入式(6-7-8)、式(6-7-9) 及式(6-7-14) 中，可得传感器子系统 $PFD_{avg}=4.96\times10^{-7}$。整个系统的平均失效概率为 $PFD_{avg}=2.28\times10^{-3}$。

由安全仪表回路的硬件安全完整性要求可知，传感器子系统需要冗余配置，才能在结构约束方面达到 SIL3 的要求，"1oo2" 冗余配置和 "2oo3" 冗余配置皆可选。而由以上三种结构的计算结果可见，传感器子系统采用 "2oo3" 冗余配置的方法，PFD_{avg} 降低，系统的安全完整性增加，同时还兼顾了该装置仪表系统实际生产时的可用性，是优化选择。装置安全仪表系统最终采用了压力变送器 "2oo3" 的配置方式。

传感器元件选择了 "2oo3" 配置结构后，将压力变送器参数代入式(6-7-23)，可得 $\sum STR_S=1.4\times10^{-3}$；整个系统的误停车率为 $\sum STR_S=4.63\times10^{-2}$，系统平均误动作时间 $MTTF_S=21.6$ 年。由此可见，元件子系统 2oo3 配置使得系统误停车率变高，但影响不大。

整个安全仪表回路的 SIL 验证结果如表 6-7-19 所示。

表 6-7-19　SIL 验证数据 4

安全仪表回路名称	子系统	PFD_{avg}			结构约束		SIL等级	$MTTF_S$(Years)	
		各子系统	回路	可达 SIL 等级	HFT	可达 SIL 等级		各子系统	回路
P-101	传感器	4.96×10^{-7}	2.28×10^{-3}	3	3	2	2	714	21.6
	逻辑控制器	2.02×10^{-3}			3			22.7	
	最终元件	2.60×10^{-4}			2			1210	

5. 逻辑控制器

该装置安全相关回路采用了独立的逻辑控制器。SIS 具备 SIL3 认证，系统的主处理器 CPU、输入/输出模件、电源、通信卡等硬件设备均冗余设置，并具有完善的硬件、软件在线自诊断功能。在出现故障时可进行无扰动切换，并自动记录故障报警，提示维护人员进行维护。如果装置不使用 AI/DO 安全栅，计算逻辑控制器子系统的 $PFD_{avg}=8.78\times10^{-4}$。计算对比可知，减少安全栅、继电器等附件的使用，能提升安全仪表功能回路的 SIL 等级。

整个安全仪表回路的 SIL 验证结果见表 6-7-20。

表 6-7-20　SIL 验证数据 5

安全仪表回路名称	子系统	PFD_{avg}			结构约束		SIL等级	$MTTF_S$(Years)	
		各子系统	回路	可达 SIL 等级	HFT	可达 SIL 等级		各子系统	回路
P-101	传感器	4.96×10^{-7}	1.14×10^{-3}	3	3	2	2	714	21.6
	逻辑控制器	8.78×10^{-3}			3			22.7	
	最终元件	2.60×10^{-4}			2			1210	

6. 最终元件

该装置中最终执行元件 UV-101 在危险失效率中所占的比例最大，它是最容易产生危险故障的环节。降低最终元件子系统的 PFD_{avg}，利于提高 SIS 的安全完整性等级。

最终元件开关阀主要由阀门本体、执行机构和电磁阀等组成。系统的改善，可以通过以下几种方式。

(1) 最终元件子系统冗余配置　增加 1 台阀门，将 2 台开关阀串联，使用 "1oo2" 的表决结构，阀门 "1oo2" 配置如图 6-7-23 所示。即任 1 台阀门的电磁阀失电非励磁，导致相应阀门失气关闭时，保证物料入口管线切断关闭。

该方法降低了系统的危险失效率，但需要额外增加 1 台阀门，采购成本高。

(2) 选用危险失效率低的阀门　通过 PFD_{avg} 计算看出，如果减小 λ_{DD}、λ_{DU} 的值，将使子系统 PFD_{avg} 值相应降低，选用危险失效率低的阀门可降低整个系统的 PFD_{FE}。但是阀门的采购成本有很大提高。

(3) 阀门局部附件冗余配置　增加 1 个电磁阀，2 台电磁阀串联，使用 "1oo2" 的表决结构。任一电磁阀失电非励磁时，阀门就失气关闭，阀门电磁阀 "1oo2" 配置如图 6-7-24 所示。

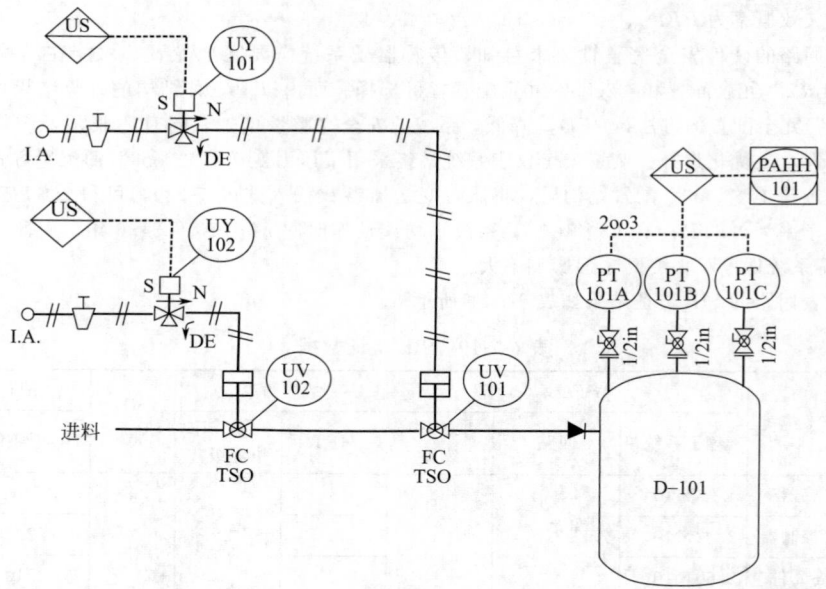

图 6-7-23　阀门"1oo2"配置示意

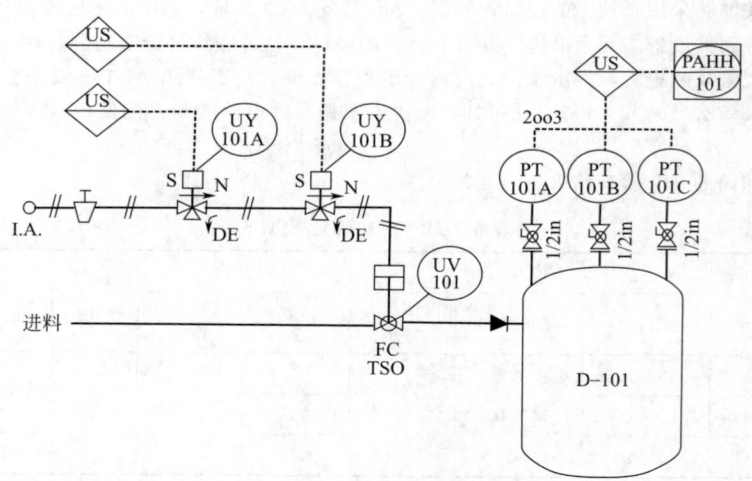

图 6-7-24　阀门电磁阀"1oo2"配置示意

　　该方法降低了整个最终元件子系统的 PFD_{avg}，提升了系统的 SIL 等级，控制了整个实际项目的成本，增加了安全性。

　　若系统回路仅要求 SIL2 等级，则第一种和第二种配置方式即可满足安全完整性等级要求。但该系统回路 SIL 等级要求为 SIL3，根据硬件的结构约束表 6-7-9 和表 6-7-10 可知，最终元件子系统需采用冗余配置方式，才可满足硬件完整性的结构约束要求达到 SIL3 级，因此最终采用阀门采用"1oo2"配置方案降低系统平均失效概率。

　　参数代入式(6-7-8)～式(6-7-10)中，可得最终元件子系统 $PFD_{avg}=9.01\times10^{-8}$。

　　最终元件子系统选择了"1oo2"配置结构后，将阀门参数代入式(6-7-19)，可得 $\sum STR_{FE}=1.63\times10^{-3}$；整个系统的误停车率为 $\sum STR_S=4.7\times10^{-2}$，系统平均误动作时间 $MTTF_S=21.2$ 年。由此可见，最终元件子系统冗余配置也会使得系统误停车率有所提高，但影响不大。

　　整个安全仪表回路的 SIL 验证结果见表 6-7-21。

表 6-7-21 SIL 验证数据 6

安全仪表回路名称	子系统	PFD_{avg}		结构约束			SIL 等级	$MTTF_S$（Years）	
		各子系统	回路	可达 SIL 等级	HFT	可达 SIL 等级		各子系统	回路
P-101	传感器	4.96×10^{-7}	8.78×10^{-4}	3	3	3	3	714	21.2
	逻辑控制器	8.78×10^{-4}			3			22.7	
	最终元件	9.01×10^{-8}			3			610	

由最终配置可知，带 SIL 认证的传感器子系统"2oo3"配置，逻辑控制器子系统尽量少使用或采用带认证的安全栅、继电器等，最终元件子系统"1oo2"配置，最终整个安全仪表回路系统的安全完整性等级可达到 SIL3 级，并且其 STR 计算结果较为理想。

五、几个值得注意的问题

对石化装置仪表安全系统设计的要求越来越高。石油化工项目后期安全方面设计的改动涉及到投资的增加，因而工程设计阶段安全仪表系统的 SIL 验证计算工作尤为重要。以下几点在设计中要特别注意。

① 对安全仪表功能回路的 PFD_{avg} 进行分析可知，最终元件的 PFD_{avg} 比例最大，传感器其次。在进行安全仪表系统回路设计时首先对最终元件分析计算，确定最终元件的选型和表决结构；其次确定传感器的选型和表决结构。

② 根据 IEC 61508 和 ISA 84.00.02，检验测试时间间隔对 PFD_{avg} 有较大影响。仪表的检验测试时间间隔短，PFD_{avg} 小。大型化、一体化的石油化工企业通常检验测试时间间隔 3~4 年，安全仪表系统 SIL 等级按此要求设计。

③ 逻辑控制器子系统中安全栅、继电器等附件越多，失效概率越高，PFD_{avg} 增加。在满足系统安全要求的前提下，回路硬件设计要减少安全栅、继电器等附件的使用。当必须选用时，应选择具有 SIL 认证的产品，降低逻辑控制器系统的 PFD_{avg}。

④ 安全仪表功能回路有 SIL3 的要求时，首先要考虑硬件的结构约束，确定该回路硬件安全完整性上限是否可以达到要求的 SIL 等级，再进行平均失效概率 PFD_{avg} 的计算。

⑤ 传感器采用"1oo2"表决结构的冗余配置时，安全仪表系统 PFD_{avg} 有所降低，这种配置结构使得整个系统的可用性降低。传感器采用"2oo3"表决结构时，安全仪表功能回路的 SIL 升高，兼顾了装置运行时的安全性和可用性。

⑥ 当最终元件子系统需要降低 PFD_{avg} 时，若整个子系统的仪表选型和表决结构的改善导致采购成本过高，且硬件结构约束可以满足时，可通过配置部分元件，如电磁阀的选型和表决结构来提高子系统的 SIL 等级。

⑦ 使用具有 SIL 认证的仪表构成安全仪表功能回路，该回路误停车率相比使用未认证的仪表有较大的降低。该情况下安全仪表系统的传感器子系统和最终元件子系统是否采取冗余配置对系统的误停车率影响不大。

⑧ 考虑到可靠性数据的来源、验证计算工作的繁复及其重要性，建议 SIL 验证计算采取经权威机构安全认证并遵循 IEC61508/IEC61511 功能安全规范的计算软件来完成。常用的软件如 exSILentia、PSMsuite、Risk-Spectrum、PHAMS 等。

第四节 安全仪表系统网络架构及系统集成

一、网络架构

安全仪表系统的控制层网络可分为两个区域：管理网络和安全网络。管理网络传输的是普通的监控数据、诊断信息、SOE 记录等数据，安全网络传输的是与安全仪表功能相关的重要数据。根据功能安全标准和实际工程的应用经验，安全网络的设计应该达到所有安全仪表功能最高安全完整性等级（通常为 SIL3）。

目前安全仪表系统主要有两种网络架构，一是管理网和安全网在同一个网络物理层，二是将两者完全独立隔离，两种网络形式均能满足标准和应用的需求。从长远发展来看，管理网与安全网独立设置的架构既满足功能安全要求，又能为与基本过程控制系统的管理信息集成提供基础，其网络架构如图 6-7-25 所示。

从数字化工厂信息化集成、管控一体化的发展趋势来看，图 6-7-26 所示网络拓扑结构可在实现安全仪表功能的功能安全基础上，实现 DCS 和 SIS 的管理信息的集成，从而能将两者的信息、报警、SOE 等数据进行统一管理，提升管理和维护的效率。由于各家控制系统的协议不尽相同，需要在常规通信网络中增加相应的网关设备，要高度重视网络信息安全。安全仪表系统的安全网络和控制器与基本过程控制系统分开独立设置，保

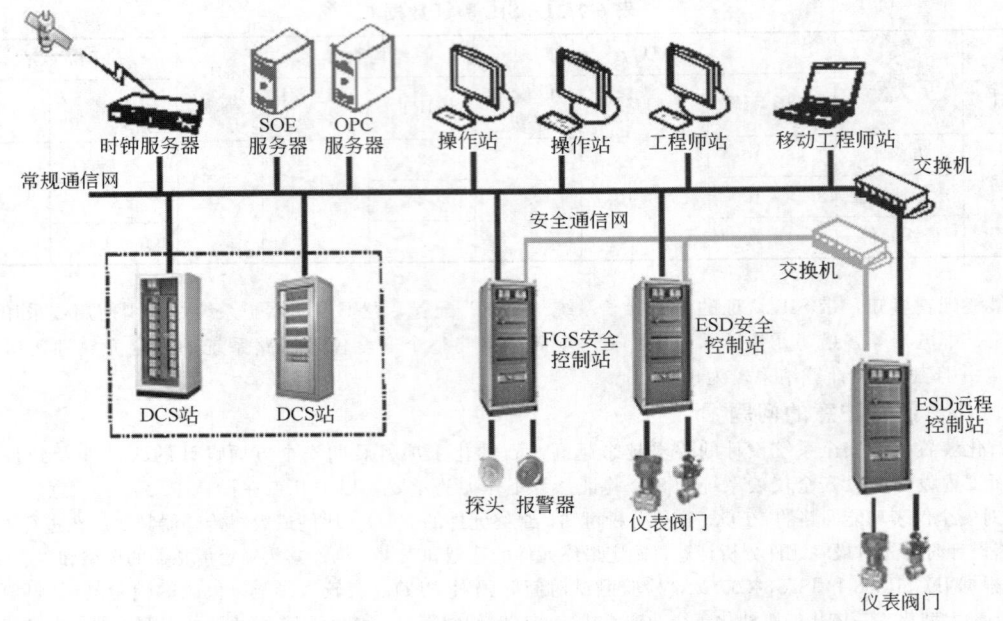

图 6-7-25 安全仪表系统网络拓扑图（管理网与安全网独立）

证安全仪表功能的数据通信安全和数据完整性。IEC61508、IEC61511、GB/T 50770 推荐采用安全仪表系统与基本过程控制系统独立设置，两者之间采用 Modbus -RTU 通信协议进行串行通信的网络架构。

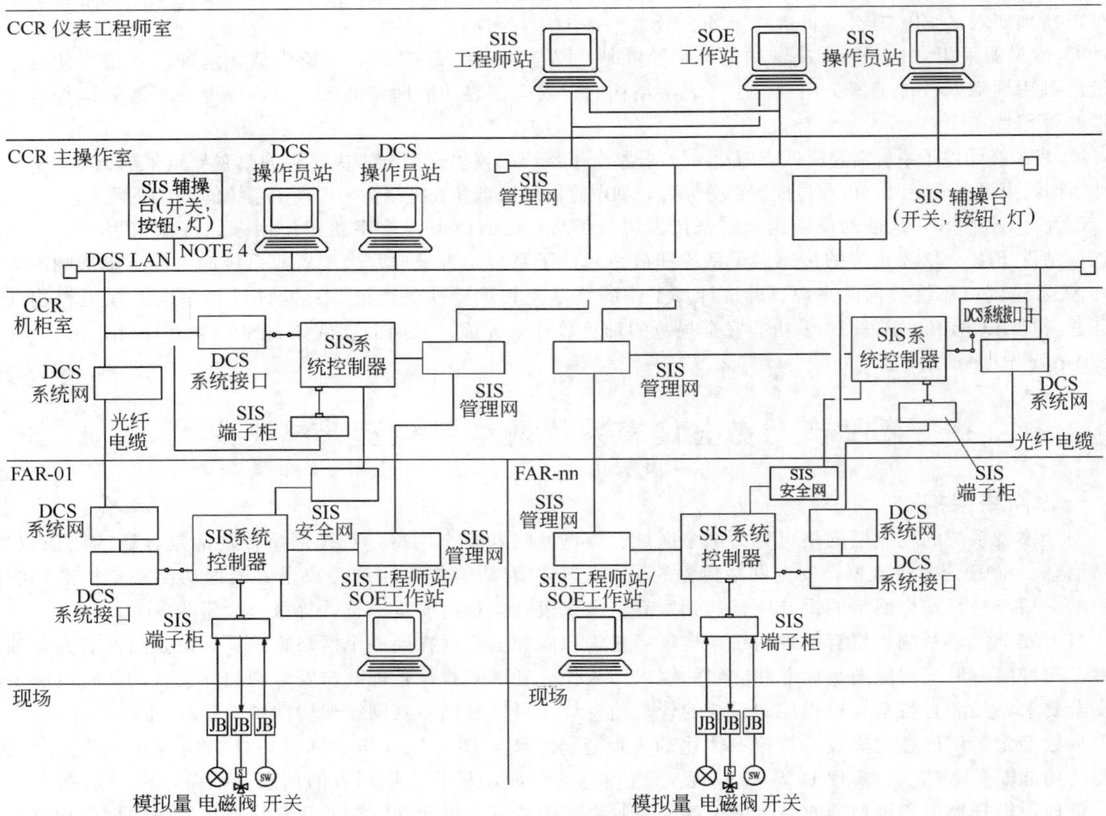

图 6-7-26 SIS 系统远程控制器的网路架构

1377

通常大型石油化工装置在 CCR 设有辅助操作台,辅助操作站上设置紧急停车按钮、开关、重要的报警信号灯,这些信号通过硬线连接到安装在 CCR 内的 SIS 控制器或远程 I/O 单元,通过冗余安全网通信到 FAR 内的 SIS 控制器,进行逻辑运算。远程控制器模式和远程 I/O 单元模式的安全仪表系统网络结构分别如图 6-7-26 和图 6-7-27 所示。

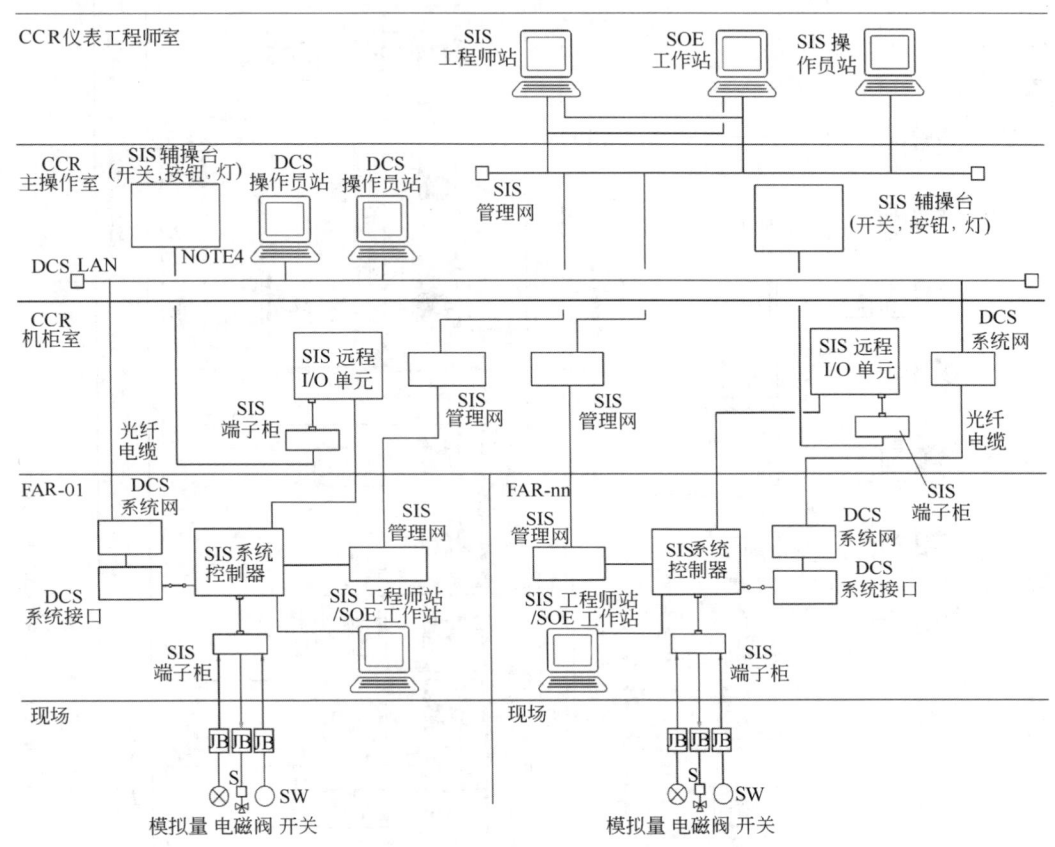

图 6-7-27　SIS 系统远程 I/O 单元网络架构

二、系统集成

随着石油化工和新型煤化工企业的大型化、一体化和智能化发展,各工业控制系统逐渐从封闭、孤立的系统走向互联,大型现代化石油化工企业的安全仪表系统的网络架构特征主要体现如下。

① 企业为更好地统一管理全厂多个生产装置、公用工程及辅助设施的各种控制系统,统一设置一个或两个中心控制室(CCR),设置多个现场机柜室(FAR)。

② 各装置检测和控制信号直接硬线连接到现场机柜室的控制系统内。各生产装置安全仪表系统的控制站及控制网络应独立设置,保证独立开停车及系统维护的要求。

③ 安全仪表系统在现场机柜室设有独立的工程师站及 SOE 站,用于系统的维护管理及开车服务。安全仪表系统除了接收来自装置的安全联锁信号外,还需将系统检测的重要信息传送到基本过程控制系统,实现信息集成,通常采用串行通信或 OPC 通信方式。

④ 其他控制系统若需将信号信息送至安全仪表系统,采用硬接线方式。

⑤ 现场机柜室通常不设操作岗位,装置监视操作集中在 CCR。安全仪表系统在 FAR 和 CCR 之间的通信连接采用冗余的单模铠装光缆。CCR 内辅助操作台的信号通过硬线连接到安装在 CCR 内的 SIS 控制器或远程 I/O 单元,通过冗余安全网通信到 FAR 内的 SIS 控制器。

⑥ 在 CCR 内通常将全厂的多套生产装置、公用工程及辅助设施的多套安全仪表系统的管理网挂接在一体化网络平台上,采用 L3 网络交换机,实现全厂安全仪表系统集成。在这个安全仪表系统的管理网上可设公用

1378

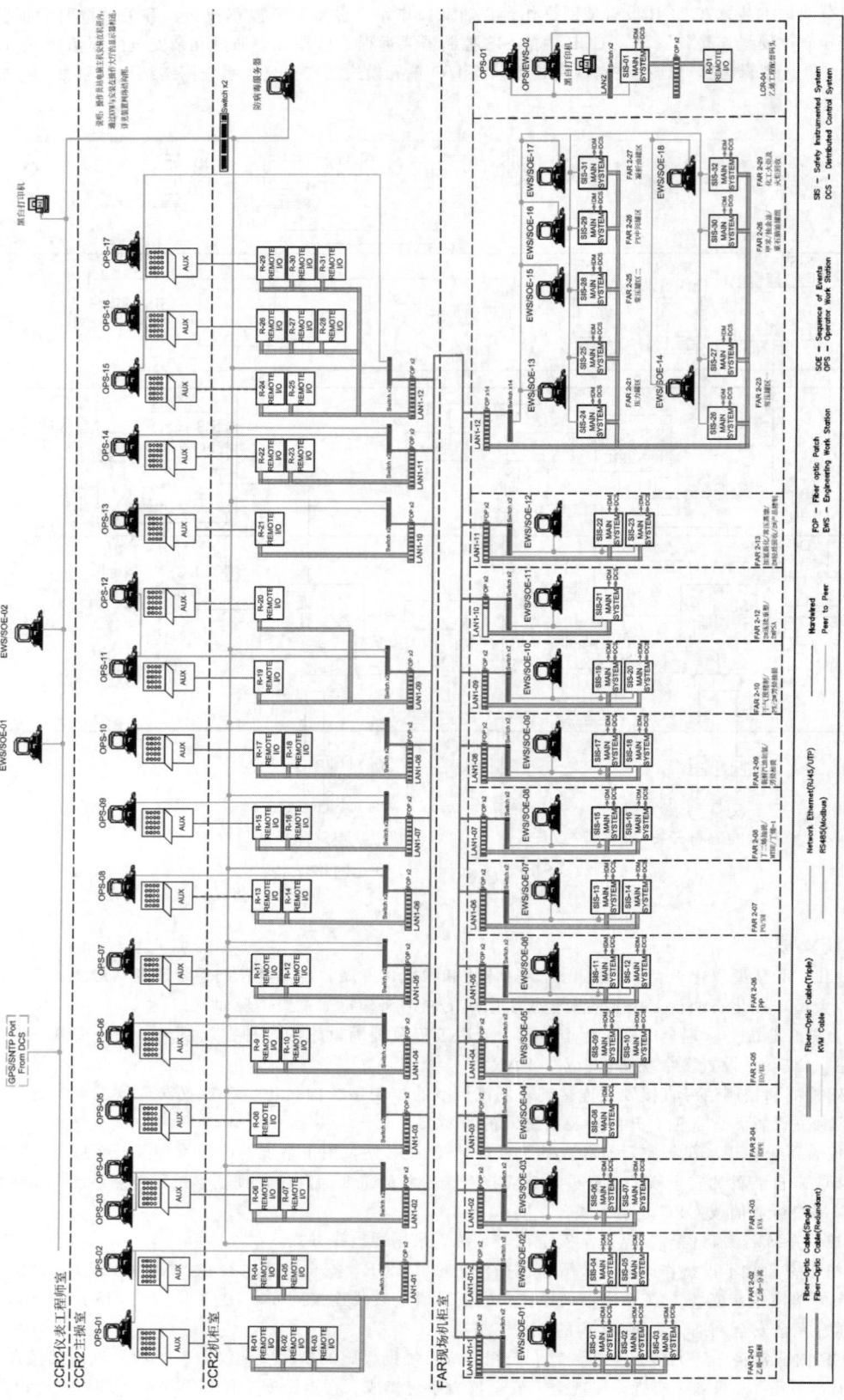

图 6-7-28 某大型项目 SIS 总体网络架构

工程师站，以便装置的安全仪表系统维护管理，通过网络连接，可对全厂生产装置的安全仪表系统维护管理，互为后备。

⑦ 采用 OPC 服务器和防火墙，将全厂安全仪表系统的信息传送到企业信息管理系统。

⑧ 安全仪表系统的时间与全厂 DCS 系统始终同步。

⑨ 安全仪表系统应整体考虑防病毒措施及网络信息安全措施，如合理划分 LAN、设置防火墙、网关等，SIS 网络应开展网络信息安全的审查。

⑩ 安全仪表系统网络结构依据安全要求规格书（SRS）要求，并符合功能安全规范。

图 6-7-28 为某大型石化工厂全厂 SIS 系统的网络架构。

根据近年来大型石油化工工程的执行经验，为更好地优化系统设计，提供给制造商的安全仪表系统 I/O 汇总表，宜按照规划的工艺单元分配控制器，细化区分不同的 I/O 类型。典型的安全仪表系统 I/O 汇总表见表 6-7-22。

表 6-7-22　典型安全仪表系统 I/O 汇总表

公司标识	安全仪表系统(SIS)规格书 第 X 部分:项目需求 附件 x:SIS I/O 汇总表	编号(NO.):
		修改(REV.):1.0
		第 2 页　共　页 PAGE　　OF

××××装置(FARx-xx)SIS LANxx

××××单元 Controller 1

	AIR	AIR-E	AOR	DIR	DIR(MCC)	DOR	DOR(SOV)	DOR(MCC)	RS-485	SUBTOTAL
要求	118	15	73	49	23	19	21	15		333
含余量汇总	136	18	84	57	27	22	25	18	1	387

××××单元 Controller 2

	AIR	AIR-E	AOR	DIR	DIR(MCC)	DOR	DOR(SOV)	DOR(MCC)	RS-485	SUBTOTAL
要求	112	14	56	13	14	17	38	21		285
含余量汇总	129	17	65	15	17	20	44	25	2	332

××××单元 Controller 3

	AIR	AIR-E	AOR	DIR	DIR(MCC)	DOR	DOR(SOV)	DOR(MCC)	RS-485	SUBTOTAL
要求	107	11	67	13	15	12	27	19		271
含余量汇总	124	13	78	15	18	14	32	22	1	316

××××单元 Controller 4

	AIR	AIR-E	AOR	DIR	DIR(MCC)	DOR	DOR(SOV)	DOR(MCC)	RS-485	SUBTOTAL
要求	143	9	57	38	15	22	34	24		342
含余量汇总	165	11	66	44	18	26	40	28	1	398

××××单元 Controller 5

	AIR	AIR-E	AOR	DIR	DIR(MCC)	DOR	DOR(SOV)	DOR(MCC)	RS-485	SUBTOTAL
要求	156	7	61	10	15	13	32	21		315
含余量汇总	180	9	71	12	18	15	37	25	2	367

备注

AIR:冗余模拟量输入;AIR-E:带外部供电冗余模拟量输入;AOR:冗余模拟量输出;DIR:冗余离散量输入;DIR(MCC):冗余离散量输入(自 MCC);DOR:冗余离散量输出;DOR(SOV):冗余离散量输出(至 SOV);DOR(MCC):冗余离散量输出(至 MCC);RS-485:符合 Modbus-RTU 通信协议的冗余 RS-485 接口。

三、供电及接地

1. 供电

安全仪表系统通常设置双路供电系统，保证同时接收两路 UPS 电源供电，只要有一路电源供电，控制站就应能持续不断地工作。双路进线切换时间＜5ms。机柜的照明、风扇、维护插座用电，采用单路非 UPS 电源。

SIS 系统电源冗余配置，满负荷负载时每个电源的负荷不超过其能力的 50％。

SIS 应配有电源监视设备，对内部直流电源输出电压进行检查。任何电源故障有相应的报警和保护。所有电源单元输出带 LED 显示，报警触点输入 SIS，在 SIS 操作站上进行报警，若无 SIS 操作站时，可将 SIS 综合故障信号引至 DCS 操作站报警、记录。

内部电源带有熔断丝作为短路保护，并带有过载自动断电保护。电源带有限流保护电路和过电压保护电路。电源故障除有系统报警外，还有就地指示（发光二极管）。

电源单元或电源模块能在线不中断维护。

所有现场仪表和 SIS 内其他辅助仪表的 24 V DC 供电由 SIS 提供，24V DC 电源单元冗余配置。

SIS 提供的 24V DC 冗余电源单元、供电母排、配电器或端子排等配电设备，根据其服务对象分别安装在相应的机柜内部。

现场电磁阀为长期带电型，选用 24V DC 低功耗电磁阀，为减少中间环节，推荐由 SIS 的 DO 模件直接驱动。若特殊场合的电磁阀不能满足低功耗的要求，则由制造厂提供有功能安全认证的继电器驱动，电源由 SIS 提供。

系统配有自动隔离稳压器，防止电源波动对系统的干扰。系统在无不间断电源时对供电电源的允许波动极限，系统对低电压和瞬间过电压的系统响应，以及系统不间断电源对射频干扰（RFI）的抗干扰能力。

SIS 通常设置自备电池，电池不能向大气排放有害气体和物质，且在放尽电能后不会损坏电池。

2. 接地和防雷

SIS 系统采用等电位接地方式，系统侧设有工作接地和保护接地两个汇流条，汇总后用两根接地电缆与电气的接地网络连接。

现场盘、分析小屋、仪表电缆桥架、仪表设备、仪表接线箱和仪表密封接头的保护接地，在现场通过框架直接与电气接地网连接；工作接地在仪表控制系统侧接至仪表工作接地汇流条上。

防雷保护区外的仪表设备，根据防雷规范在现场电子仪表侧和控制系统侧加装电涌保护器（SPD）。SIS 系统用的 SPD 应取得相应的安全完整性等级认证。

SIS 对接地电阻的要求不应小于 4Ω。

四、其他要求

1. 环境要求

通常要求控制室内的环境条件应满足：最低温度 20℃，最高温度 26℃；最小湿度 40％，最大湿度 60％。

所有设备、部件、电缆应能抗霉菌和化学品的侵蚀。

所有控制器、I/O 模块应达到 ANSI/ISA-S71.04 标准所定义的 G3 等级环境的防腐要求。

2. 热负荷

SIS 系统汇总各设备的热负荷，并与其他控制系统的热负荷汇总后，向相关专业提出强制通风散热要求，以及在上述环境条件下的最大连续工作时间和各设备连续运行的最大安全温度。

3. 机械要求

SIS 系统提供所有台、柜、外设等的最大外围尺寸和为走动留出的间距，以及机柜底座图，系统布置图，连接电缆的走线和长度。

提出各设备的重量和地板承重要求。

向用户提出装运时用的包装箱的外围尺寸，并说明所有的拆运线，在断开处设置插头和插座，并说明包装材料和包装保护方法，说明所装设备可承受的极限温度、湿度、压力、振动等。

4. 绝缘要求

提出所有台、柜及外设等与基础的绝缘要求。

5. 负荷要求

安全仪表系统的所有子系统的估算负荷不超出该子系统能力的 50％。在装置正常操作时，系统内部任一通信负荷不超出 40%，采用以太网的通信负荷不超过 20%。

对存入硬磁盘的格式、图形、历史趋势等数据和系统所占用的存储容量百分比进行估算。

6. 维护要求和安全、可靠性要求

安全仪表系统设计应使任何系统故障都可以尽快解除，且可以带电更换模件。系统的维护方针是用少量的备件更换损坏的电路板，然后尽快从制造厂商的备件库中换回新电路板。

系统能生成维护报表，该报表每周、每月都可以自动打印，列出所有超出正常限的变送器，以及系统的诊断报警。报表附有故障出现日期和时间以及返回正常日期和时间。

每一模件的电源组件均配有发光二极管或类似标记指示模件或电源组件是否有故障。SIS 系统对模件电源和系统电源进行监视、诊断，如有问题触发最高级别的报警。

7. 安全可靠性

系统制造商提供所有设备的可靠性数据，并附有平均无故障时间（MTBF）和平均故障修复时间（MTTR），说明计算的依据。

所有提供的设备都以经过考核验证合格，安全、可靠、稳定的硬件和软件为基础，不允许用正在开发中的硬件和软件。

系统硬件按模块化设计，并尽可能做到在线进行更换和调整。

所有的风扇都带有叶片开关，指示风扇故障或机柜超温，并向操作员站发出系统诊断报警。

设备和整个系统的设计、生产制造、总的可用率（Availability）达到 99.99% 以上。

SIS 系统用口令密码方式限定访问操作、编程及维护级别。SIS 系统还提供带锁开关，用于工程师级访问、修改、编程维护。每次访问操作的开始和结束时间、操作动作等均记录存档。

SIS 系统全部模件有自诊断，每个故障在诊断汇总画面显示，并故障报表打印。

SIS 系统诊断测试项目通常包括：输入、输出短路或开路；输出无负载或过负载；冗余模件的拆装；熔断器熔断指示；选择 I/O 模件硬件和软件的兼容性；软件故障；通信故障；电源故障；I/O 模件故障。

8. 信息安全

为保证网络避免遭受外界的恶意攻击及网络病毒感染，同时为避免控制系统内及系统间因非必要信息的大量传输而导致的网络风暴甚至网络瘫痪，采取恰如其分的信息安全措施。随着 SIS 应用成熟度的不断提升，信息安全在 SIS 领域成为一个重要的课题和方向。管理信息层设备在选型、安装和维护环节应该参考信息安全管理，管理不当会引入信息安全隐患。在条件许可的情况下，在工程实施期间或者系统维护期间，开展网络信息安全的评估和整改。

（1）SIS 内部的网络安全　大型安全仪表系统采用分层网络，各层之间有严格的访问控制权限，采用冗余网络交换机及冗余容错技术，使通信节点具有多路径选择能力。网络交换机具有预设置功能，使内部数据优先通信，控制器信息具有最高优先级。

SIS 划分合理的局域网网段，并具有域隔离功能。各网段间通信采用带路由功能的网络交换机。

不同建筑物之间的安全仪表系统网络采用冗余单模光缆进行连接。

SIS 系统设置防病毒措施，系统应具有备份和恢复功能。

（2）SIS 外部的网络安全　与安全仪表系统功能无关的计算机或控制设备严禁直接接入或利用系统的网络。

过程控制网络与工厂信息网络通信采用 OPC 服务器及防火墙隔离。

全厂各控制系统设置时钟同步设施。

企业制定控制系统网络安全管理规程及应急预案。

第五节　安全仪表系统的工程实施

安全仪表系统的工程实施通常包括设计条件开工会，技术培训，工程协调，应用软件组态、生成及调试，工厂验收测试（FAT），包装运输，现场开箱、安装、上电和调试，现场验收测试（SAT）、系统投运、移交及售后服务等。大型石油化工工程还会开展功能设计，详见本篇第十三章"集成系统工程实施与应用案例"。

一、设计条件开工会

在合同生效后，各方应准备设计条件开工会，确定工程组织机构，准备初步的系统硬件设计，包括机柜布置，电源以及环境要求，确定项目进度等。安全仪表系统制造商的项目经理和工程师应对安全仪表系统的设计、应用组态和集成有丰富经验，其工程负责人是取得功能安全资质证书的专业人员。

设计条件开工会的主要议题通常包括：

① 简介系统功能；

② 澄清系统硬件，软件的技术细节，确认可能出现的修改；

③ 确认厂商提供的硬件设计方案，包括 I/O 接线端子布置、机柜布置、操作站布置，以及电源、接地和环境要求等；

④ 确认系统各个组成部分的负荷和计算方法；

⑤ 讨论组态原始数据和资料的种类和交付时间；

⑥ 确认系统组态内容；

⑦ 确认系统培训时间和内容；

⑧ 讨论系统验收和测试程序；

⑨ 确认组织机构和通信联络方式；

⑩ 制定详细实施计划；

⑪ 签订设计条件开工会会议纪要。

二、技术培训

根据工程进度组织系统技术培训，通常包括工程组态培训、操作维护培训。

三、工程协调会

在项目执行阶段定期组织召开工程协调会，对工程执行过程中的关键问题进行协调，并形成会议纪要。

四、应用软件组态、生成及调试

制造商根据最终用户和工程公司提供的原始数据和资料负责完成组态、生成、调试，达到验收标准。业主和工程公司将派遣工程技术人员协助卖方进行系统组态生成及软件调试。这一阶段的典型工作流程如图 6-7-29 所示。

五、工厂验收测试（FAT）

软件组态及系统集成完成后，最终用户、工程公司及涉及到的其他方（如成套设备提供商）应派工程技术人员对组态内容进行全面测试，在测试通过后与工厂验收人员一起进行硬件、系统软件、应用软件的工厂验收。安全仪表系统 FAT 工作的典型步骤如下：

① 检查系统资料是否完整；

② 检查所有的图纸是否完整、正确和清楚；

③ 对所有的输入/输出（包括硬件和软件）进行完全检测；

④ 对所有的逻辑功能进行完全检测；

⑤ 检查设备的外观、喷漆、电缆的外壳和接头；

⑥ 检查所有的设备是否完整，是否按照设备清单打上标记，是否按照图纸布置机柜和端子，检查出厂流水号；

⑦ 确认所有的量程、图表、铭牌等是否正确；

⑧ 检查所有的连接电缆、插头和插座、接线端子、印刷电路板等是否有清晰的标记；

⑨ 检查电源单元接线是否正确，标记是否清楚，电源输入电压是否正确；

⑩ 根据图纸检查电源和接地情况；

⑪ 断开交流电源，检查直流输出端与机柜是否为开路；

⑫ 检查机柜是否牢固接地，检查本安接地；

⑬ 接上交流电源，检查各直流电压是否正确；

⑭ 检查所有的冷却风扇，以及叶片开关或温度开关的功能；

⑮ 对所有电源系统，断开主电源时，次电源自动接上，系统操作不受任何影响，并有"主电源故障"报警；

⑯ 检查通信线端子板的端电阻，断开一条通信线，冗余的通信线自动接上，系统操作不受任何影响，并有"主通信线故障"报警；

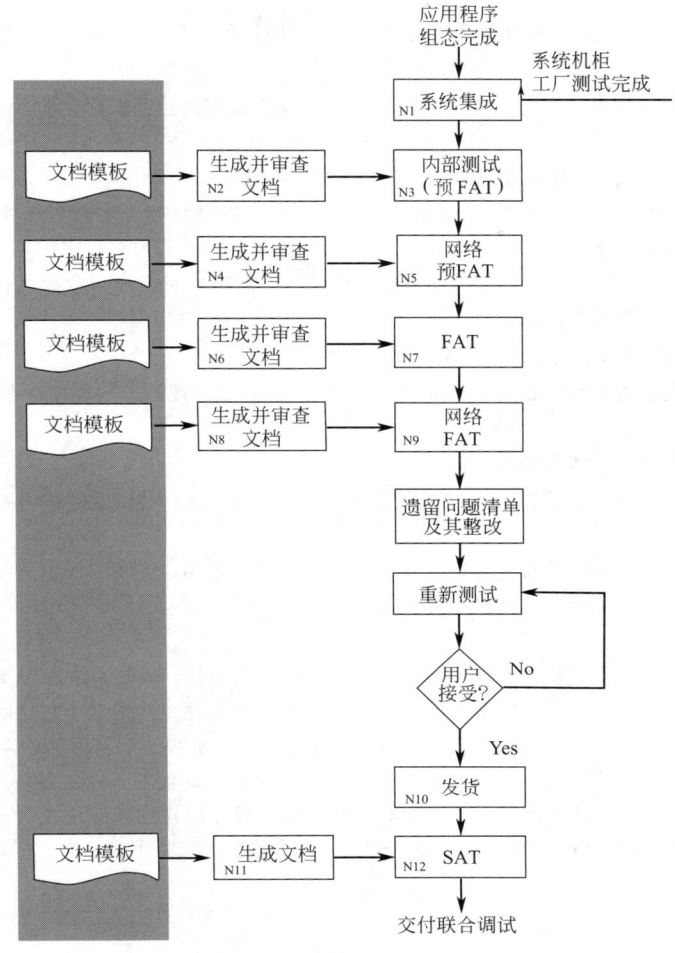

图 6-7-29　SIS 系统集成、组态与调试阶段典型工作流程

⑰ 检查控制器的冗余，拔出主控制器检查控制的连续性以及是否有控制不再冗余报警；

⑱ 通过模拟各种故障检查系统自诊功能；

⑲ 检查控制回路的运行情况，由制造厂在出厂验收之前向买方以书面形式提出检查这些回路运行情况的方法；

⑳ 对 100％的模拟输入输出点进行功能检查，输入超限信号，检查系统的变送器越限报警，并检查输入开路或短路报警；

㉑ 对 100％的报警点进行分级报警检查，并检查报警打印；

㉒ 检查编程画面；

㉓ 根据操作手册，在所有编程站上检查所有功能；

㉔ 检查键锁功能，防止误操作；

㉕ 用开关组和灯组检查顺序控制功能；

㉖ 运行系统诊断程序，检查诊断功能；

㉗ 检查系统组态编程是否有丢失；

㉘ 检查对定义的操作动作的打印记录；

㉙ 对 100％的数字输入输出点进行功能检查；

㉚ 检查系统的组态编程功能，如画面生成、回路生成、报表生成、数据库生成等；

㉛ 检查系统的编程能力，如屏幕编辑、数据存取、程序编译等；

㉜ 检查系统与 DCS 通信功能。

大型工程在 FAT 的基础上实施联合工厂验收测试（IFAT），如 SIS 与 DCS 进行联合通信测试和调试。

六、包装运输

系统设备妥善包装，运往安装现场。包装材料、箱子以及固定方法达到国际运输标准，防止运输及存库过程中出现损坏或腐蚀现象。

七、现场开箱、安装、上电和调试

在设备到现场后进行与工厂验收类似的测试，主要目的是检查系统硬件和软件的运行、系统各部分的功能，以及速度、精度、容量等指标是否满足要求。

装置开工前，SIS 供货商派有经验的应用工程师到现场，协助用户对系统与过程进行联调试运，使系统各部分处于正常工作状态，完整地投入运行。

八、现场验收测试（SAT）

在系统全部装完结束后进行联调试运，验证系统在有现场输入的实际运行环境中的工作情况。联调试运后，进行现场验收（SAT）。

九、系统投运、移交及售后服务

装置开工期间，最终用户、工程公司和 SIS 供货商的专业人员共同在装置现场配合，保证开工期间系统工作正常。

在系统连续无故障运行 72h 后，将完整的工作系统和资料移交给用户。

售后服务通常包括备品备件支持、维护维修服务、软件/硬件更新等。

十、制造商资料

安全仪表系统的制造商提供完整的文件资料，典型的文件资料包括：系统网络配置图；机柜、机架详细尺寸图；系统供电图；系统接地图；系统内部电缆接线图；输入输出模件及接线端子布置图；系统布置图；现场准备和安装说明书；操作员手册；工程师手册；系统维护手册；订货单规定的所有供货项目的详细清单；所有模件等的详细规格单；所有部件的合格证书；安全证书；出厂验收测试程序；双方签字的出厂验收测试记录；喷漆的颜色及规格说明；所有逻辑画面的拷贝；所有系统软件及程序的媒体和使用说明；组态编程文件（包括功能逻辑图，软件采用的主要参数、变量、I/O 分配表等）；功能设计规格书；I/O 通信点地址表。

第八章 智能设备管理系统

第一节 IDM 概述

智能设备管理系统（Intelligent Device Management，IDM）也称 AMS（Asset Management System），是对现代化石油化工企业智能仪表、控制阀等进行维护、校验和故障诊断的管理系统，是全厂性维护和故障诊断系统的重要组成部分。智能设备管理系统通常依托分散控制系统（DCS）设置，具有智能设备组态、状态监测及诊断、校验管理和自动文档记录管理等功能。

石油化工智能仪表设备应用广泛。严苛的现场环境和工艺状况会带来智能仪表设备的损伤或故障，如控制阀内件磨损、仪表引压管阻塞、变送器零点漂移等。这些损伤或故障若不能及时发现，可能带来生产波动，甚至造成非计划停车。提高智能仪表设备的可利用率、降低维护成本、减少非计划停车、优化工厂运行、提高效益，越来越受到关注。石油化工行业大量选用智能仪表设备，通过内置的芯片检测智能设备自身健康状况，显示相关报警。在智能设备管理系统应用之前，这些智能仪表设备报警通过手操器或巡检方式检查记录。智能设备的巡检往往有较长的时间周期，这段时间内无法掌握智能仪表设备的健康状态。智能设备管理系统通过对智能仪表、控制阀等的设备健康数据在线收集和诊断分析，实现预测性维护，减少备品备件，提升整体运营效率，降低企业生命周期成本。

经过多年的实际应用表明，智能设备管理系统能为用户带来较好收益：

① 智能设备管理系统实现智能设备组态、故障诊断和回路测试，可节省工程实施时间，提高工作效率和质量；

② 智能设备管理系统能提供在线设备诊断和设备状态信息，简化现场智能仪表和控制阀的组态和维护，提高监测控制的质量，稳定生产运行；

③ 智能设备管理系统能提高维护效率，减少非计划性停车，降低维护管理成本，自动文档功能满足安全、规范、论证等各种文档需求。

近年来智能设备管理系统广泛应用，对工厂自动化、智能化、精益化管理起到一定作用，具有广阔的应用前景，但实际应用中尚存在界面单一、客户化功能受限、信息利用率低、预测诊断功能不完善等有待改进之处，这需要智能设备管理系统开发者、智能设备制造商、最终用户和工程公司协同合作，完善系统功能，提高工程实施和运行维护的水平，加强二次开发，充分发挥智能设备管理系统的功能，为现代化石油化工企业真正实现智能仪表设备的预测性维护和远程维护打下坚实基础。

第二节 智能设备集成技术

石油化工行业智能仪表和控制阀的通信协议包括 HART、FF、PROFIBUS 以及无线通信协议。今后相当长的时间内，多种通信协议共存，在同一生产现场存在多种异构网络互连，不同产品采用不同协议的智能仪表设备之间进行互操作的问题，智能设备管理系统将不同通信协议的现场智能设备集成到统一的管理平台，实现对智能设备的调试、组态、诊断和管理。

目前广泛采用的智能设备集成技术包括 EDDL、FDT/DTM 两种。

1. EDDL

EDDL（Electronic Device Description Language）电子设备描述语言是一种基于结构化文本的智能设备集成技术。从 2000 年开始，HART 基金会、FF 基金会和 PROFIBUS 国际组织（PI）联合开发独立于各通信协议的 EDDL，新的 EDDL 是对三种协议的协调，形成一种通用的 EDDL 解决方案，同时又可兼容各自原有的DDL 技术。EDDL 技术得到包括艾默生公司、西门子等多家厂商的支持。

EDDL 技术由两部分组成：EDD 文件和 EDD 解释程序。支持 EDDL 的智能设备制造商，使用这种规范的文本语言对设备参数及参数访问方式进行描述，最终生成 EDD，上位机软件工具通过特定的 EDDL 语言解释器解释 EDD，为用户生成操作界面和相应的现场设备信息。

智能设备的 EDD 通常包含以下信息：

① 结构化的用户接口（UI）；

② 设备参数，如 TAG 名称、单元、测量范围、报警等；

③ 智能诊断信息；

④ 校准或标定方法；

⑤ 参数的访问信息及方法。

EDD 文件由智能设备的开发者编写，然后按照特定设备模型的具体要求进行剪裁。EDDL 可对上位机软件声明在设备中如何进行通信、解码和显示信息。智能设备制造商通过 EDDL 把设备的应用功能写入交互的方法之中，指导使用者完成较复杂的程序，如通过提示，一步一步完成校准或标定程序。上位机软件还可通过图形界面把智能设备的重要数据用直观的方式显示。EDDL 为用户提供对智能设备进行访问的方法，实现智能设备具有的全部功能，所有菜单和参数都可显示和访问。另外，EDDL 增强的图形功能可显示更为复杂的图形。

EDD 只是一种文本文件，设备开发者可使用任何文本编辑器来编写 EDD，不必学习复杂程序开发环境。EDDL 不依赖于操作系统，不依赖于 DCS 平台，不依赖于通信接口，支持包括 HART、FF 和 PROFIBUS 在内的主流现场总线协议。基于 EDDL 技术的智能设备组态或管理软件，对于不同厂商、不同协议或不同类型的现场设备，能提供一致的用户界面。由于 EDDL 是一种简单的结构化文本的描述语言，对复杂现场设备的描述、设备的可视化描述、高级诊断功能的实现等方面存在一定的局限性。另外，虽然 EDD 本身与操作系统无关，但 EDD 还需同设备制造商提供的现场总线驱动程序及接口，以及系统集成商提供的应用软件工具配合使用，这些是与操作系统相关的。

2. FDT/DTM

FDT（Field Device Tool）现场设备工具技术是一种软件接口描述规范，智能设备制造商提供与设备相关的 DTM（Device Type Manager）设备类型管理器软件组件，作为与主系统厂商的工程软件之间的标准接口，使主系统厂商通过一个工程工具软件，就可以集成不同厂商、不同通信协议、不同类型的现场总线设备，实现现场设备与系统之间的通信界面标准化。1999 年，ZVEI（德国电工器材公会）和 PROFIBUS 国际组织首先提出 FDT 技术规范，采用微软成熟的 COM 和 ActiveX 技术，基于 XML 标准和软件组件，将设备厂商开发的 DTM 作为一个软件组件集成到 FDT 的框架应用软件中，实现独立于现场总线协议的智能设备集成技术。FDT 技术得到 ABB、E＋H、西门子和 Rockwell 等多家国际知名厂商的支持。

FDT/DTM 技术包括以下三个部分：

① FDT 框架应用程序　可以是设备组态软件、工程工具、监控软件后资产管理软件等，FDT 框架应用程序对所有的通信技术开放，包括专用协议；

② 设备 DTM　描述现场设备的软件组件，由设备制造商随设备提供，每个 DTM 负责一个设备类型或一组设备类型，通过 DTM 提供的通信通道可与相关现场设备通信；

③ 通信 DTM/网关 DTM　通信 DTM 提供标准化的通信接口，实现设备 DTM 与主系统的具体驱动之间的连接，网关 DTM 是通信 DTM 的一种，支持不同现场总线协议的转换。

FDT/DTM 技术的优势主要包括：

① 支持全部网络级别内所有常用的通信协议和现场总线标准，选择范围宽；

② 支持复杂设备描述，包括高级诊断和预测性维护等功能，可发挥智能设备的性能；

③ 支持设备厂商的专有技术，支持设备厂商自主开发的丰富的图形化可视描述，还可嵌入设备厂商的专业指导。

FDT/DTM 也存在不足，主要包括：

① 由于 FDT 技术采用微软专有软件技术，使得 FDT 技术架构依赖微软 Windows 操作系统的支持，FDT 技术的更新和维护面临 IT 行业相同的问题；

② 在 FDT 技术架构下，不同设备厂商开发的 DTM 软件难以形成统一的风格，同时对 DTM 开发者提出了更高的要求，除了掌握智能仪表技术和现场总线技术，还需掌握更多的包括 COM 和 ActiveX 技术、XML 技术、VC＋＋等在内的 IT 技术。

3. EDDL 与 FDT/DTM 的关系及未来发展

　　EDDL 和 FDT/DTM 技术有很大不同，各有其优势和局限性，不同的客户可根据自己的需要选择不同的技术，大部分设备厂商同时支持这两种技术。这两种技术其功能性是一致的和互补的，共同组成设备集成解决方案，不存在孰优孰劣。简单的 DTM 可以由 EDD 生成，FDT 则增强设备描述（DD）技术，扩展了图形功能、设备特性、资产管理、维护与诊断能力。EDDL 和 FDT/DTM 技术的区别如图 6-8-1 所示。

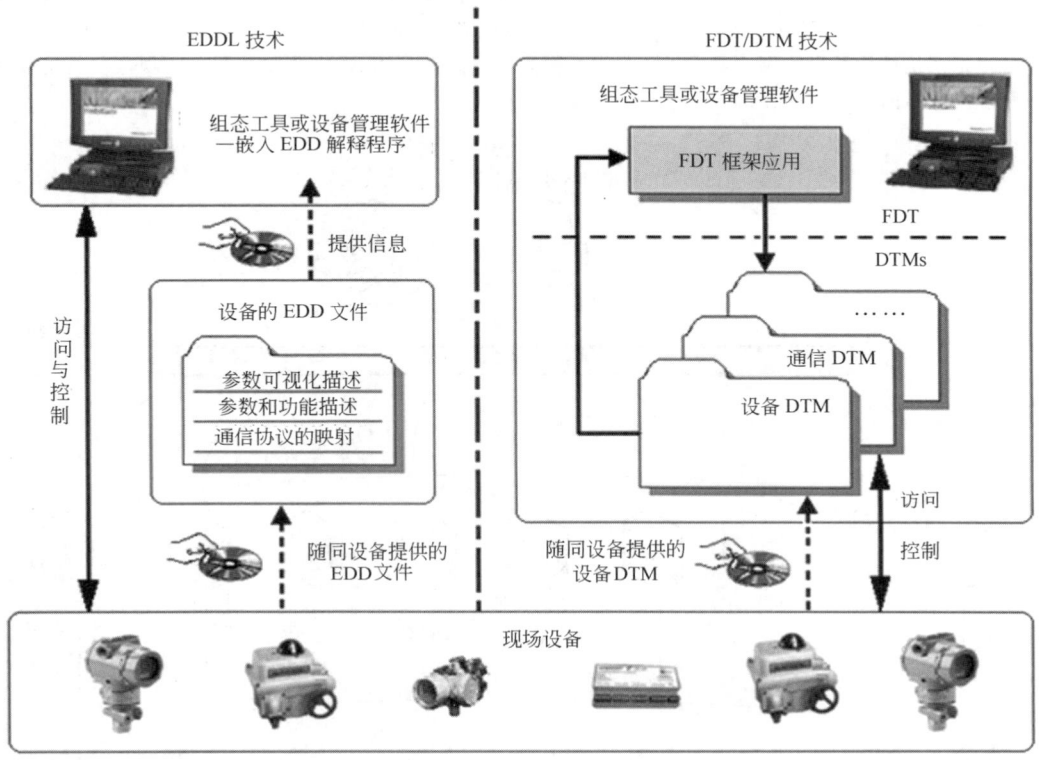

图 6-8-1　EDDL 和 FDT/DTM 技术区别简图

　　未来智能设备集成技术将逐渐实现统一。目前，EDDL 合作组织与 FDT 集团共同致力于达成设备集成的统一方案——FDI（Field Device Integration）。FDI 具有以下特点：

　　① 基于客户端/服务器架构的通用 FDI 体系结构；

　　② 独立于平台和操作系统；

　　③ 独立于上位机系统；

　　④ 与现存的 EDDL 和 FDT/DTM 的设备描述兼容；

　　⑤ 基于 OPC UA 统一架构；

　　⑥ 适用于任何现场设备通信技术；

　　⑦ 适用于分层、异构的网络拓扑；

　　⑧ 开放规范。

第三节　智能设备管理系统的构成及功能

一、系统构成

　　智能设备管理系统是对现场智能仪表（如智能变送器和智能控制阀）进行维护、校验和故障诊断的管理系统，是高级应用层的重要组成部分。现场智能设备可通过 HART、FF、PROFIBUS 和无线 HART 等协议与智能设备管理系统进行通信，各智能设备厂家使用标准的格式对各自智能设备进行描述，可使用统一的设备

EDDL 或设备 DTM。智能设备管理系统通过解析设备 EDDL 或 DTM 获得设备功能,最终实现在同一平台、同一界面对多种协议的智能设备的统一管理。

　　智能设备管理系统由智能设备管理服务器、智能设备管理客户端、智能设备管理软件以及相应的软件授权、连接设备构成。在实践应用中,智能设备管理系统通常依托 DCS 设置,在 DCS 系统中配置 IDM 服务器、IDM 管理站、相应的软件及所需的辅助设备。

　　石油化工企业通常规模庞大,由多套生产装置、公用工程和辅助生产设施组成。智能设备管理系统应合理规划,通常与 DCS 局域网划分一致,即每个 DCS 局域网设置独立的 IDM 服务器,负责本局域网的智能仪表设备管理;根据系统结构及最终用户需求,还在中心控制室设置全厂 IDM 中心服务器,实现全厂智能仪表设备的统一管理。典型的 IDM 系统网络架构如图 6-8-2 所示。

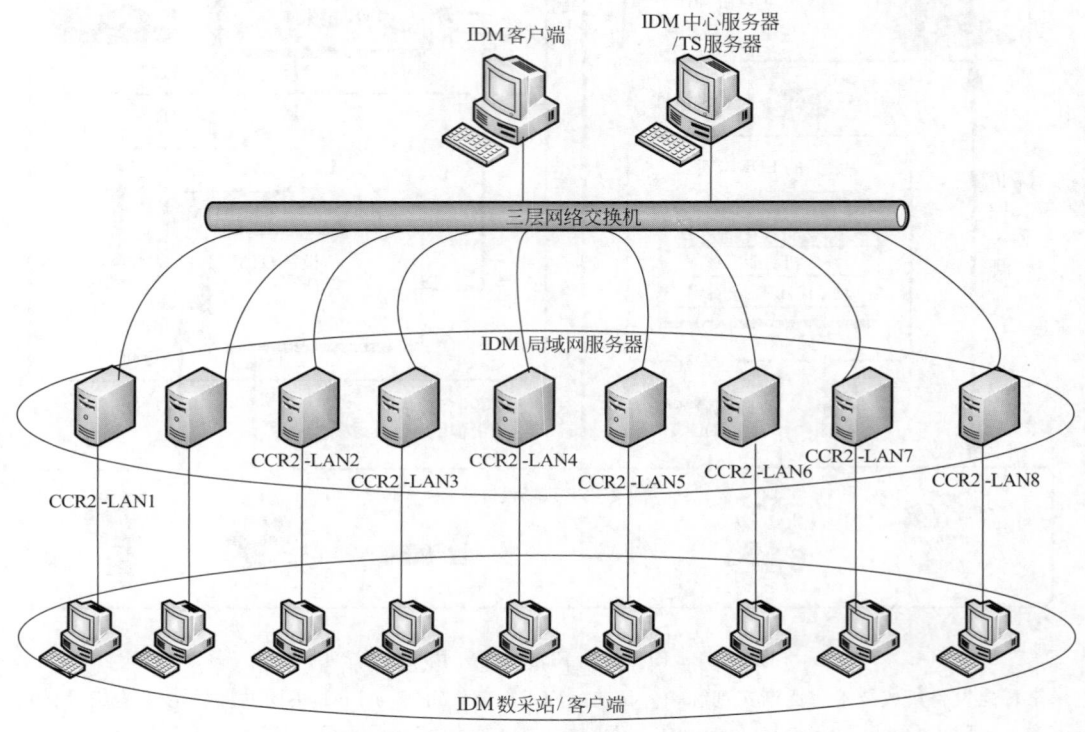

图 6-8-2　典型 IDM 系统网络架构图

二、系统配置

　　根据与智能设备管理系统所连接的控制系统和支持的智能设备通信协议,选择不同的配置方案。

1. 直接连接方案

　　智能设备管理系统直接与现场的智能设备进行在线通信。通常与 DCS、FCS 相连的现场智能仪表设备,智能设备管理系统可通过 DCS/FCS 的 I/O 模件直接与现场智能仪表设备进行通信,无需其他额外硬件。

2. 多路转换器方案

　　借助多路转换器的方式与系统相连,实现对 HART 设备的管理。SIS、CCS、PLC 等控制系统其 I/O 卡件目前往往不具有接收智能仪表信息的功能,须外配智能仪表信号采集器,通过 RS-485 接口接入 DCS 的智能设备管理系统,与 DCS/FCS 的智能仪表设备管理集成。典型的智能信号采集器(也称 HART 多路转换器)方案如图 6-8-3 所示。图 6-8-4 所示为 HART 多路转换器配置方案图(MTL、P+F)。

3. 无线连接方案

　　借助智能无线网关或其他连接方式,实现对现场无线智能设备或者其他系统智能设备的管理和维护。无线网络由一台或多台无线网关和无线设备构成,智能无线网关通过以太网或串行通信方式,将无线设备信息传送至智能设备管理系统。

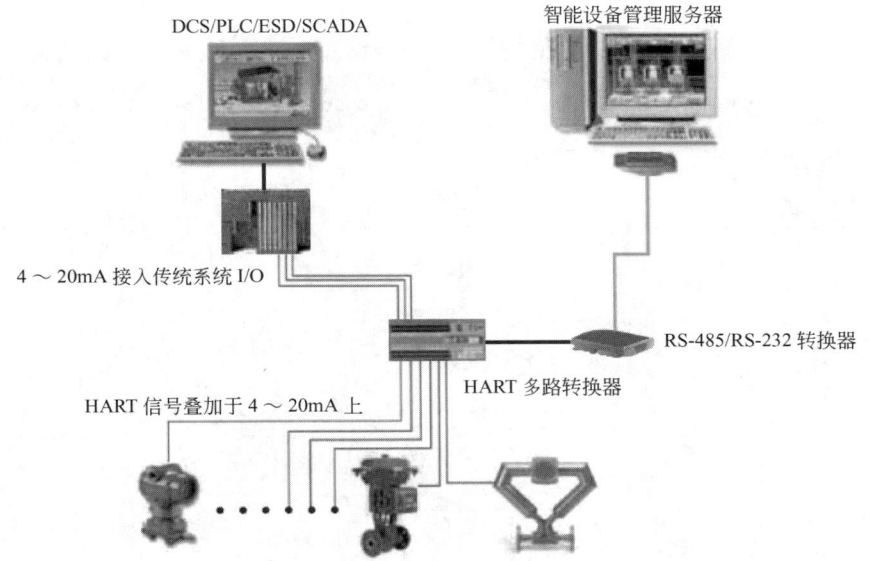

DCS/PLC/ESD/SCADA
智能设备管理服务器
4～20mA 接入传统系统 I/O
RS-485/RS-232 转换器
HART 多路转换器
HART 信号叠加于 4～20mA 上

图 6-8-3　HART 多路转换器方案示意图

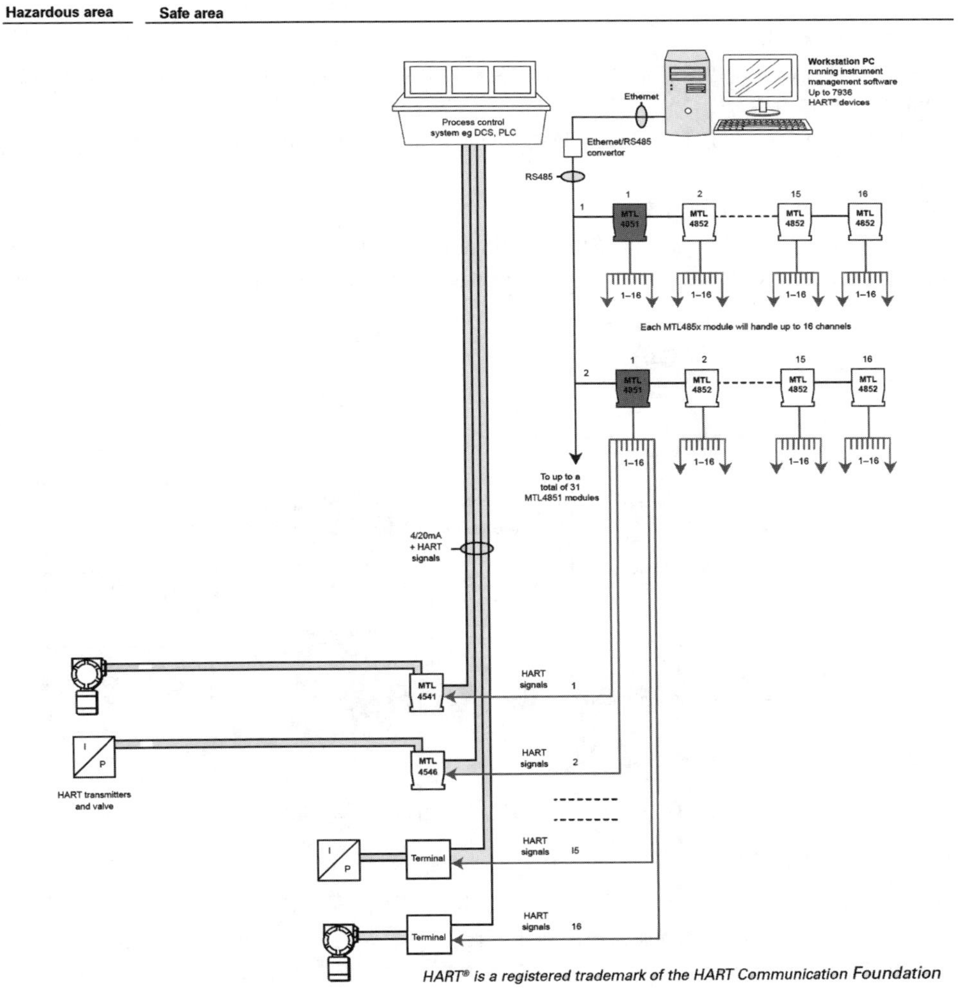

Hazardous area
Safe area
Process control system eg DCS, PLC
Ethernet
Workstation PC running instrument management software Up to 7936 HART® devices
Ethernet/RS485 convertor
RS485
MTL 4851
MTL 4852
1–16
Each MTL485x module will handle up to 16 channels
To up to a total of 31 MTL4851 modules
4/20mA + HART signals
HART signals
MTL 4541
MTL 4546
HART transmitters and valve
Terminal
HART® is a registered trademark of the HART Communication Foundation

图 6-8-4

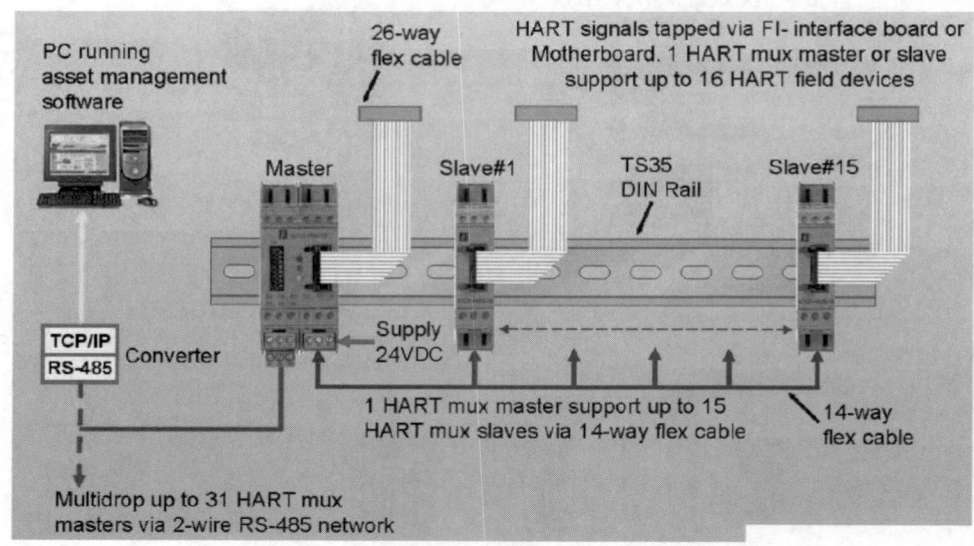

图 6-8-4　HART 多路转换器的配置方案示意图

4. 与 DCS/FCS 连接方案

借助 DCS/FCS 系统接口，智能设备管理系统实现对控制系统下所连接的智能设备的浏览和组态。

5. FF HSE 系统连接方案

借助 FF HSE 系统接口，智能设备管理系统实现对连接至 FF（Foundation Fieldbus）链路设备的总线设备报警的组态和浏览。

6. HART Over PROFIBUS 连接方案

借助 Softing Ethernet Profibus 接口（xEPI）Profibus 网关，HART Over PROFIBUS 系统接口帮助用户实现智能设备管理系统，对 PROFIBUS 远程 I/O 子系统所连 HART 设备的浏览和组态，如图 6-8-5 所示。

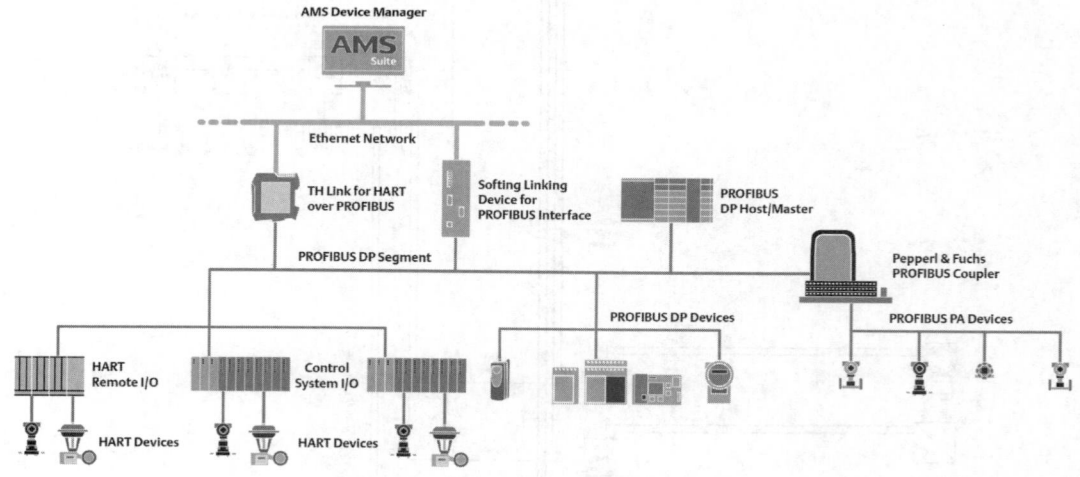

图 6-8-5　HART Over PROFIBUS 连接方案

7. PROFIBUS 系统接口

PROFIBUS 系统接口实现对 PROFIBUS DP、PROFIBUS PA 设备的浏览和组态。

8. 与 HART/FF 调制解调器及现场通信器的连接方案

与 HART 或 FF 调制解调器配合使用，智能设备管理系统可以对单台 HART 设备或单网段 FF 设备进行组态、调试和诊断。现场通信器（Filed Communicator）可调校现场设备，并存储设备的组态诊断等信息。智能设备管理系统可将现场通信器的储存信息导入智能设备管理系统，实现离线管理。连接方式可选择红外、蓝牙、WiFi 或是 USB，如图 6-8-6 所示。

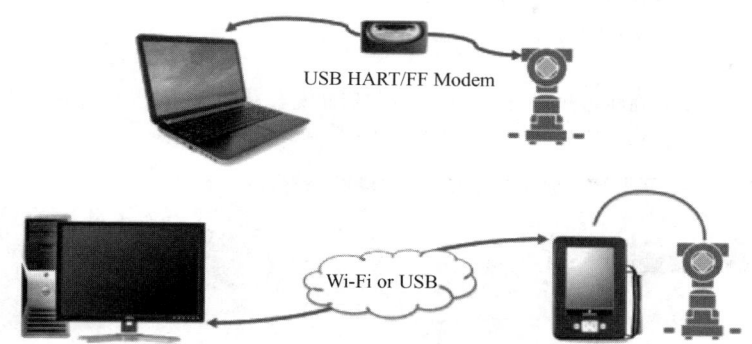

图 6-8-6　与 HART/FF 调制解调器及现场通信器的连接方案

三、系统功能

目前 DCS/FCS 系统厂家提供的智能设备管理系统可实现以下基本功能：智能设备组态调试、设备状态监测及报警、校验和文档管理、其他集成工具和扩展插件功能（Snap-On）。

1. 智能设备组态调试

① 连接并组态智能设备，自动记录修改事件　智能设备管理系统可以自动扫描现场智能设备，并进行组态设置与修改。同时系统能自动记录仪表组态修改事件，如执行组态修改的用户名、修改原因、修改之前和之后的参数以及其他操作信息，都可从事件记录中调出，且有日期时间标记，便于事件追踪。

② 设备组态比较　智能设备当前组态、离线组态、不同历史组态之间可实现比较，若不一致，可提供报警，如图 6-8-7 所示。另外，可选择将离线组态、历史组态的参数下载到当前设备中，提高组态效率，避免人工输入的错误。

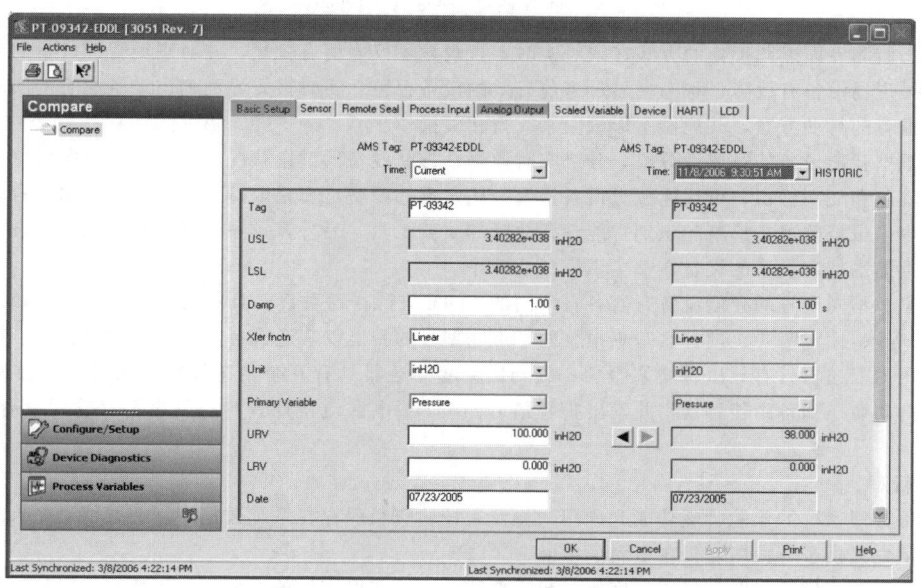

图 6-8-7　智能设备不同版本组态对比

③ 批量传输　智能设备通常会有上百个可组态参数，在装置开工或停工检修过程中，手动输入组态参数，成千上万台现场设备，不仅需要大量的时间，还容易产生错误。智能设备管理系统的批量传输功能，可使用预先设置的组态模板批量组态 HART 和 FF 设备，简化组态过程，节约组态时间，消除手动输入产生错误的风险。

④ 与手持式设备通信器同步　当使用手持式设备通信器对现场仪表进行组态修改后，使用 WiFi 网络或 USB 接口与智能设备管理系统连接，修改的仪表组态数据可自动同步到系统，确保系统数据库与在线系统的数据库一致。还可将智能设备管理系统数据库的仪表组态数据下装到手持式设备通信器，用于管理现场仪表。所有修改事件都自动记录，便于查询与管理。

2. 状态监测及报警

智能设备管理系统可实时在线监测现场智能设备的健康状况，显示当前激活的设备报警或诊断，并提供图形化帮助，如显示超量程、传感器故障等信息，如图 6-8-8 所示。

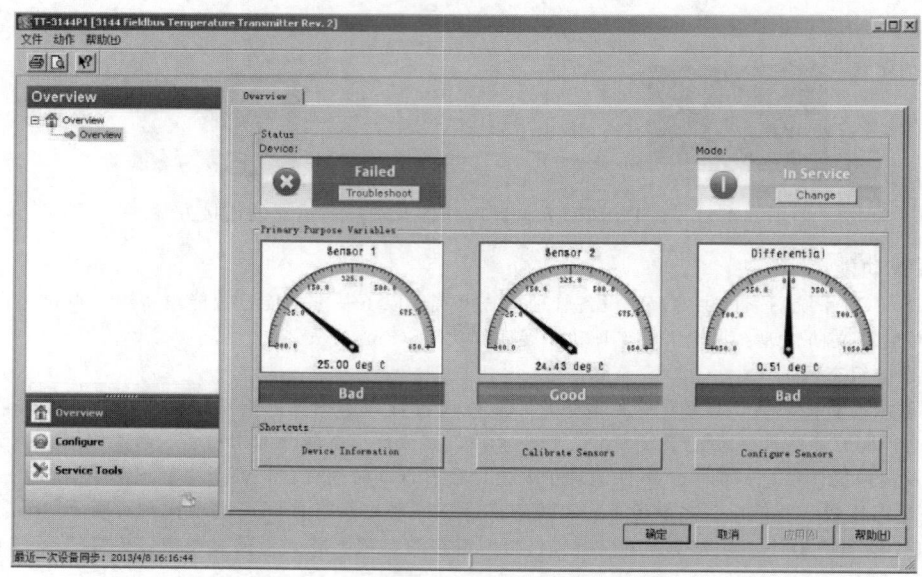

图 6-8-8　智能设备状态监测界面示意图

设备状态监测界面以图形化的方式在线、实时、直观显示仪表所有变量，并对现场智能设备的健康状态进行监测。如果现场设备有故障，状态栏显示当前有效的设备报警。实时报警界面列出设备所有的实时报警，以及处理报警推荐的行动方案，并提供图形画面来支持相关操作。

用户可根据智能设备的重要性分组，分级实时监测、诊断设备的健康状况，按需组态报警信息。报警按重要性级别用颜色和文字标识，可快速分类设备报警，确定哪些设备需要采取行动。同时，数据库自动记录该报警事件和内容。报警监视是诊断和识别智能设备故障的重要工具。另外，排序功能可提供额外的设备信息，可按制造商分类显示特定类型的设备在整个工厂的故障率。

不同厂家、不同型号的智能设备有着各自不同的 EDDL，除了每种设备具有的公共性状态，如测量值相关（故障、超限等）、标定错误、设备状态等报警外，不同型号的智能仪表还有各自特殊的报警信息。如艾默生公司的 3051S 压力变送器具有导压管堵塞报警；3144P 温度变送器具有冗余传感器热备报警（主传感器发生故障，变送器自动切换到备用传感器，并发出报警信号）；8712 电磁流量计具有空管报警（管中没有充满流体，或电极结垢）等。

3. 校验管理

智能设备管理系统的校验管理功能允许用户将仪表校验资料保存在系统数据库。在智能设备管理系统保存校验数据给用户提供了存放所有设备资料的空间。

输入校验周期、校验点数、仪表精度等参数，系统会自动获取该设备的型号、制造商、量程、输入输出信号等信息，并自动生成校验方案，当校验周期到时自动提醒。校验结束后，技术人员记录一台仪表每个测试点的数据，与预先设置的数据进行比较，如果测试数据超出要求的精度，技术人员对设备进行调整，调整后再进行一次测试，记录调整后的测试结果。最终的测试结果保存到数据库，成为设备校验历史数据的一部分。系统可以在同一校验计划中组织多台待校验设备，并提供在数据库和带自动记录功能的校验仪之间交换信息的途径。

　　智能设备管理系统可与带自动记录功能的校验仪配合使用，使用预先设置的校验方案实现测试方案的自动下载，校验结束后再进行校验数据的自动上传，从而完全替代手动记录校验结果，自动生成符合国际标准的校验报告和校验曲线，如图 6-8-9 所示。

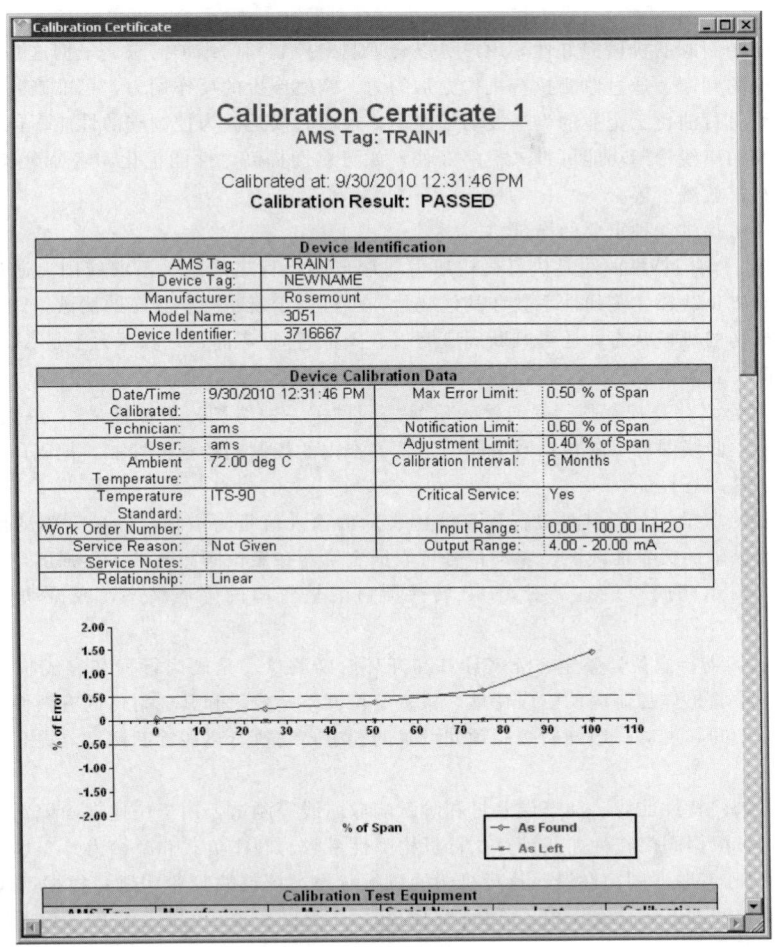

图 6-8-9　校验报告

　　系统支持保存手动或自动记录的校验记录，可随时查阅。仪表经过标定后，智能设备管理系统会自动生成设备的误差趋势图，可用于判断仪表当前的稳定性和误差，为仪表的预测性维护提供数据支持。

4. 文档管理

　　智能设备管理系统的事件记录功能自动记录所有与智能设备相关的事件和报警：登录用户名信息，组态修改记录，校验信息，诊断信息，报警信息，维修记录等，并有日期时间标记。还可手动输入事件记录。所有历史事件可随时查阅，便于事件追踪及设备全生命周期管理。

　　智能设备管理系统的图纸/注释功能用于生成与设备相关的动态链接，如用户手册、安装指导、P&IDs 图等，便于用户随时调阅与设备相关的资料。

5. 其他集成工具和扩展插件功能

　　智能设备管理系统可提供扩展的专家级应用程序嵌入功能，提供更多的设备信息和更先进的诊断工具，如智能阀门诊断软件在行业中得到了广泛应用。

　　（1）智能阀门数字定位器分析管理软件　在流程工业过程控制回路中，最常见的终端控制设备是控制阀，控制阀是控制回路中最重要的环节。智能阀门数字定位器分析管理软件，可对安装了智能阀门定位器的控制阀进行组态、校验和诊断。诊断功能可以分为离线性能诊断和在线性能诊断。

　　① 离线性能诊断：所有的离线阀门诊断测试可分别测试阀门、执行机构和定位器的机械完好性和性能，

也可测试组装好的阀门的整体机械完好性和性能。离线性能诊断的目的，是测试装配好的控制阀是否达到了性能指标或还需要进行的维修操作。所有的测试要完成 0～100％ 完整的行程。所以只要阀门在离线状态，在控制阀生命周期的任何阶段都可以执行诊断测试，得到阀门当前状态的数据，便于在大修时做阀门的维护计划。

离线诊断可检测控制阀的机械完好性，用户可以合理制定控制阀的维护需求。根据这些数据，可对控制阀的健康状况做出准确的判断。通过监测执行机构施加的力、摩擦产生的反作用力，可准确判断控制阀是否正确地组装、调试和检修。石油化工企业的生产波动或停车，很多时候是因为控制阀的性能不佳或者出现卡滞、误动作等故障。控制阀的离线诊断功能可带来很多好处，如可靠性提高，性能优化，寿命延长，维护成本降低，生产效率提高，物料排放减少等。

控制阀离线诊断可提供 4 种重要的测试。

a. 阀门特性曲线。阀门特性曲线是执行机构压力与调节阀行程之间的关系曲线图。通过该曲线图，可计算摩擦力、死区、阀座负载、弹簧弹性系数和其他变量，也可用于判断阀座状态的测试。阀门特性曲线主要用来判断阀门和执行机构的机械状态，还可判断阀座磨损、阀杆磨损/弯曲、气源压力不足、填料函摩擦力不足、阀门黏滞等异常情况。

b. 动态误差。动态误差是控制阀行程与输入信号之间的关系曲线图，可计算最小/最大/平均动态误差和动态线性度。动态误差曲线图可反映包括数字阀门定位器在内的控制阀的整体性能，把阀门/执行机构/定位器作为一个整体，分析其动态性能。

c. 驱动信号测试。驱动信号测试是以行程百分比表示的输入信号为横轴，以最大驱动信号电流百分比表示的仪表驱动信号为纵轴的关系曲线图。驱动信号可表征定位器在定位阀门时的工作强度，驱动信号越高，定位器工作强度越大，提示阀门可能有黏滞，I/P 转换器可能被气源的碎屑堵塞，或振动过大引起 I/P 工作偏移。

d. 阶跃响应测试。支持定位器整定、死区计算和开环阶跃测试，是阀门行程和完成阶跃时间之间的关系曲线图。该测试可以检验整体控制阀的响应特性，检查定位器整定效果和其他附件的有效性。

在开工及大检修期间，可对一组阀门按照预先设置的要求自动执行离线诊断测试，提高开工及大检修期间的调试、检修效率。

离线诊断可执行阀门特性曲线、动态误差带和阶跃响应曲线等测试，用于快速准确识别阀门的故障。

利用离线诊断，可根据阀门特性曲线计算执行机构弹性系数、阀座负载和摩擦力等变量，这些值可用于判断阀座磨损、阀杆磨损/弯曲、阀门黏滞、执行机构的机械状态、填料故障等问题；根据动态误差，可计算最小/最大/平均动态误差和动态线性度，用于分析阀门的滞后、死区和动态误差；阶跃响应曲线评价阀门如何对输入信号做出响应，获得阀门超调、滞后、死区、T63 和 T86 的数据分析，通过最小化死区时间、死区及超调量，提高过程控制精度。

② 在线性能诊断：在线性能诊断是在阀门使用过程中对阀门进行诊断，不会干扰或中断控制阀的操作。在线阀门诊断实际上是一组诊断测试，可检测仪表风泄漏、阀门摩擦力、死区、仪表风质量、接头松动、供气压力不足以及阀门校验等问题。

a. 供气压力。供气压力诊断用于确保提供给执行机构足够的气源压力，既可以检测低压力，也可以检测高压力。除了检测压力，还可检测和量化气源在大的行程移动中的下降，这有助于识别供气管线问题。

b. 放大器调整。放大器调整诊断用于监控双作用执行机构的交叉压力。交叉压力是指平均行程和以供气压力的百分比表示的返回压力。放大器调整设置执行机构的气动交叉压力点，该诊断可检测不正确的交叉压力，以及由于交叉压力过高，而移动到弹簧失效位置的装置。除了监控现有的交叉压力，在设置大容量执行机构的交叉压力时也特别有用。

c. 行程偏差。行程偏差诊断用来判断阀门行程偏离设定值，用来识别控制阀黏滞、供气压力偏低或行程校验偏离等。

d. I/P 和放大器的完好性。I/P 和放大器的完好性测试，用来评价数字阀门定位器的 I/P 和放大器组件的物理状况，用于检测 I/P 堵塞、I/P 喷嘴堵塞、膜片损坏、I/P 的 O 形环损坏以及 I/P 校验偏离等问题。

e. 空气流量。空气流量测试可计算气源进气总流量和数字阀门定位器用掉的流量，还可计算气源进气流速和到执行机构的流速。对于双作用执行机构，可区分活塞两侧的正流量和负流量。空气流量测试可检测来自放大器的正向（吸气）和反向（排气）空气流量，检测执行机构泄漏或通向执行机构的管路泄漏非常有用。

f. 阀门摩擦力。控制阀的摩擦力和死区是判断控制阀健康的主要因素。在阀门使用过程中，通过检测阀门摩擦力计算出阀门的平均摩擦力和平均死区，对于预测性维护非常重要。实际上，通过收集长周期的平均摩擦力和平均死区的趋势，是实现预测性诊断维护的第一步。摩擦力和死区趋势可帮助用户及早判断何时控制阀的状态已经开始影响工艺控制，从而及时、适时地安排阀门维护或更换。

智能阀门数字定位器分析管理软件还用于 SIS 开关阀的设置和测试，如在不影响正常操作的情况下，对阀门执行部分行程测试（PST），用于验证阀门可按照设计要求动作。

在智能设备管理系统中，可发出命令让阀门以特定速度进行小于 10％开度范围内动作（通常设置为 5％），称为部分行程测试。这样的动作方式对工艺产生非常小的影响，但能反映阀门的健康状态。对于蝶阀，大约 70％到 80％开度时已经接近全流量，所以阀门在小于 10％动作下下游流量不会有明显影响。

部分行程测试是在线进行的，必须获得工艺操作允许，并采取必要的保护措施，确保测试不会中断工厂的工艺操作。在测试过程中如有 SIS 安全联锁发生，系统应立即退出测试，不影响 SIS 动作。

在执行部分行程测试的时候，智能设备管理系统会收集诊断数据。利用这些数据来判断阀门性能，决定是否需要维修。

（2）无线设备专家型应用　无线设备专家型应用程序有助于设计和管理无线网络。安装无线设备前，使用该软件加载现场的图形，并标注将要安装设备的位置，可设计、规划无线网络路径，确保无线网络符合规范。利用此软件还可追踪无线仪表的电源模块状态，显示有关无线网络的详细报告。

① 无线网络规划功能：智能设备管理系统无线网络规划工具，可在项目实施前帮助用户规划、验证并优化无线网络的布置。通过无线规划工具，上传工厂的俯视图或平面布置图，支持图形化拖拉方式实现无线仪表和网关的三维布置，如图 6-8-10 所示。按照仪表实际安装位置，通过三维距离自动测算，根据相关行业实践经验检查无线网络规划的有效性，保证整个无线网络稳定可靠。

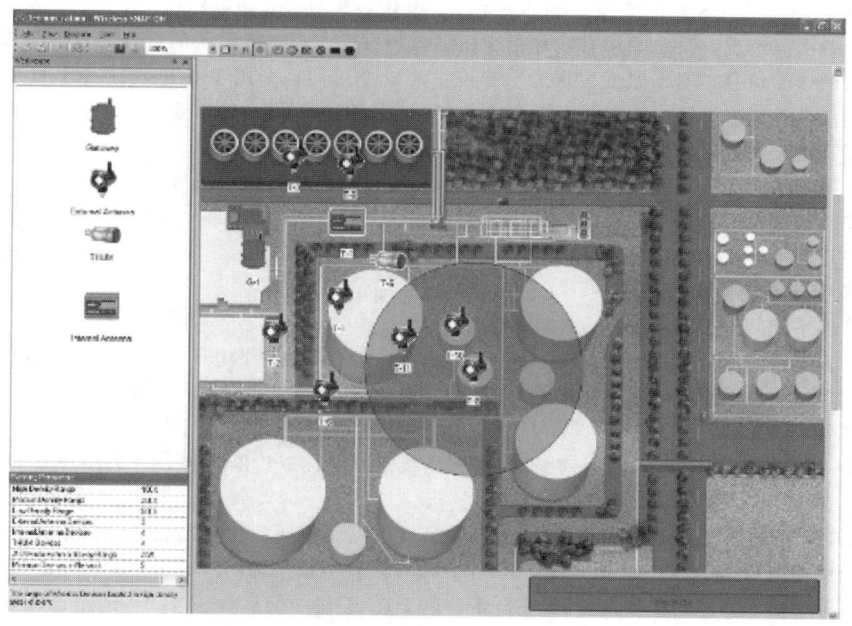

图 6-8-10　智能设备管理系统无线网络规划工具

② 无线设备及无线网络诊断维护功能：检查并自动分析无线设备间的通信链路状况，以图形化和报表方式实时显示实际运行的无线网络的状态，如无线仪表的过程参数、通信健康状态、信号强度、电池电量等，如图 6-8-11 所示。

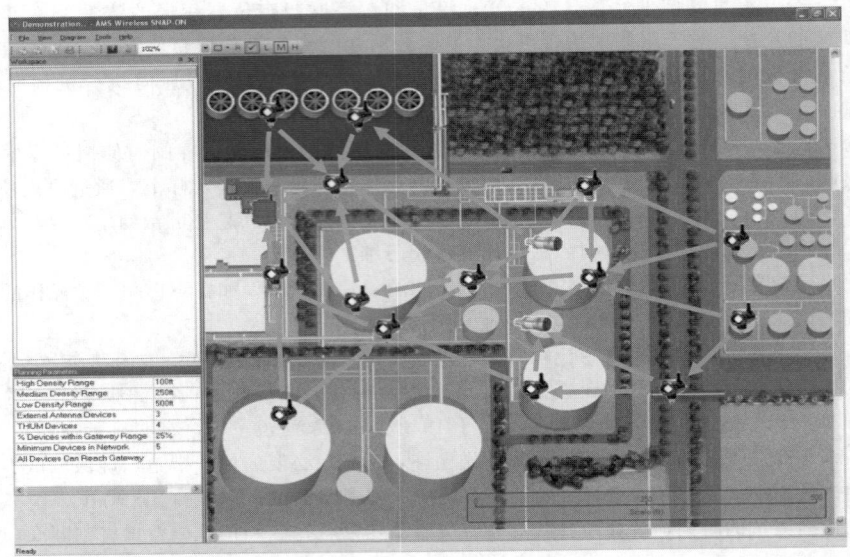

图 6-8-11　智能设备管理系统在线诊断模式

第四节　智能设备管理系统的工程应用

某石油化工企业有多套来自不同厂家的 DCS 系统，其中仅有几套系统投用智能设备管理系统。该企业多数现场智能设备采用 HART 协议，由于各种因素，工厂尚未充分利用 HART 信息，智能设备的诊断信息基本处于搁置状态，给现场智能设备维护管理带来不便，也为装置的可靠运行及设备管理带来挑战。为解决这一问题，用户决定每套 DCS 建立相应的智能设备管理系统，确保各套装置稳定可靠运行。

根据现场设备实际情况，决定采用有线和无线相结合的方式实现智能设备的管理。对于部分阀门采用有线的方式获取阀门的诊断信息；对于温度、压力、液位、流量变送器，采用 Wireless HART 智能无线技术，读取智能设备诊断信息并通过无线方式发送，并在中心控制室利用智能设备管理系统统一管理，使智能设备搁置的诊断信息得到有效利用，给智能设备维护管理带来便捷。

相比有线系统，采用无线系统无需敷设电缆和接线，无需过渡接线柜和接线盒，无需安全栅和卡件，可节约大量的设计安装调试时间和费用。非侵入式安装无需动火开孔，无需停车，在线状态即可完成无线系统的安装调试，降低了后期维护费用。

1. 智能设备管理系统架构及配置

智能设备管理系统网络架构图如图 6-8-12 所示。

根据现场仪表阀门的实际情况，智能设备管理系统将通过有线和无线相互结合的方式提取现场仪表、阀门的诊断信息，实现对装置区域智能设备的统一管理。

（1）无线部分

① 温度、压力、液位、流量变送器，均通过部署无线适配器读取诊断信息，并采用 Wireless HART 无线技术回传诊断信息。

② 非 HART 定位器阀门，通过配置 4320 无线位置变送器读取阀门位置信息，并采用 Wireless HART 无线技术回传阀门位置信息至中心控制室，预留 RS-485 接口供其他系统调用。

（2）有线部分　增加多路转换器从 DCS 安全栅分离 HART 诊断信息，并统一传送至智能设备管理系统。

（3）与阀门定位器连接方式　增加多路转换器接入智能设备管理系统。多路转换器输入端并联在 DCS 机柜安全栅输出侧，通过 RS-485/以太网转换器连接至智能设备管理系统光纤交换机。建议进行多路转换器与安全栅回路测试。

（4）现场机柜间配置

① 新增机柜 1 个，用于安装 Multiplexer 多路转换器、光纤交换机、电源转换模块等。

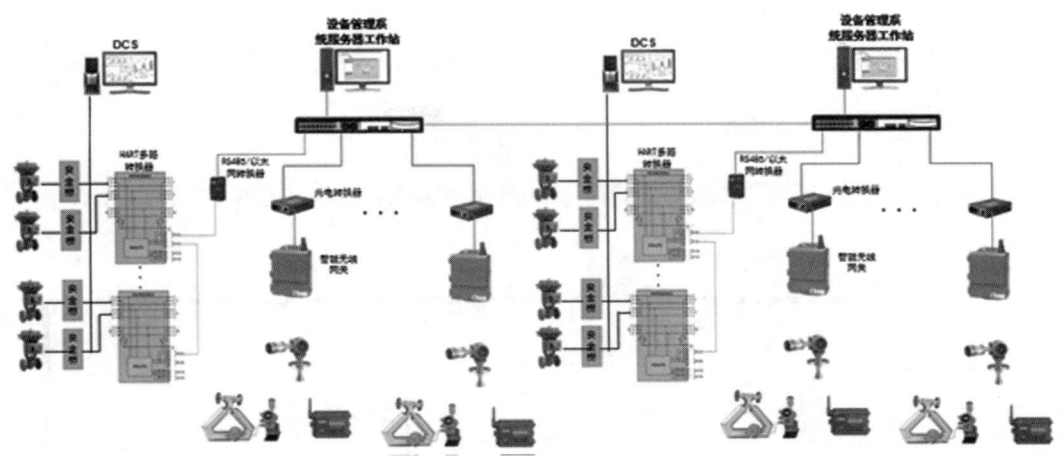

图 6-8-12　智能设备管理系统网络架构

② 智能设备管理系统客户端工作站 1 台，用作智能设备管理系统客户端。

（5）中心控制室配置

① 机柜 1 个，用于安装 Multiplexer 多路转换器、光纤交换机、电源转换模块等。

② 智能设备管理系统服务器工作站 1 台，用作系统服务器。

机柜间网络与中心控制室网络通过现有光缆连接。

2. 智能设备管理系统的整合优化

部署智能设备管理系统是为了管理现场的 HART 以及 Wireless HART 智能设备的仪表，实现诊断、组态、报警监测和日常管理功能，达到少量的仪表维护人员维护大量仪表，提高设备的可利用率，保障生产高效率运行。由于该企业有多套智能设备管理系统，这就带来了新的问题。

① 由于智能设备管理系统安装在现场机柜间，现场机柜间离中心控制室较远，现场机柜间很分散，仪表维修人员巡检不能及时发现智能设备管理系统中的智能设备报警，不方便实现对现场仪表的实时监测。

② 由于现场智能仪表阀门数量非常多，往往同时有多个智能设备同时报警，当前尚无统一报警维修重要性评判标准，不利于提高维护维修效率。

③ 该企业采用了先进的仪表阀门管理、诊断系统智能设备管理系统，由于该智能设备管理系统分散安装在各个 DCS 中，尚未配置全厂仪表阀门报警综合分析平台报告系统，不利于将先进工具与日常工作流程相结合。

④ 缺乏设备健康状况 KPI 衡量工具以及报警分析报告，不利于维护维修效率的不断提高判断依据。

该企业决定配置统一管理平台，对生产区智能设备管理系统实施整合优化：采用智能设备信息优化平台连接厂区多套智能设备管理系统，包括未来新增智能设备管理系统均可并入现成的网络，连接到统一的智能设备信息优化平台。优化平台服务器位于办公楼，通过 MES 网络或独立光缆连接每套智能设备管理系统服务器。优化平台服务器与工厂厂域网相连，中间设置防火墙隔断，相关智能设备管理人员可在办公楼使用经授权的用户名和密码访问，读取相关报告以及查询设备状态。由于现场智能仪表数量大，优化平台选用数据服务器实时储存现场仪表数据，其中一台用于储存全厂智能仪表数据库结构、常用运行数据及部分现场智能仪表数据，另一台用于储存其余现场实时数据。两台数据服务器由优化平台服务器统一管理，优化平台服务器同时负责数据对外发布、访问管理以及报告运用等。优化后的智能设备管理系统网络结构如图 6-8-13 所示。

通过上述整合方案实现下述功能。

（1）报警全局管理　实时监控当前激活报警，按照报警级别进行分组，每一个类别的报警详细列出报警设备位号、厂商/型号/版本、报警时间和事件、报警的健康等级和报警指导文件。对每种报警可显示健康指数、维修优先指数、配置指导文件、报警手册等信息，提供给维护工程师更多关于报警的指导性意见。原因统计分析的结果可逐级向下查找，从事件数量→位号事件分布→具体某一个位号的事件历史，所有的查询结果都可保存到 Excel 文件，如图 6-8-14 所示。

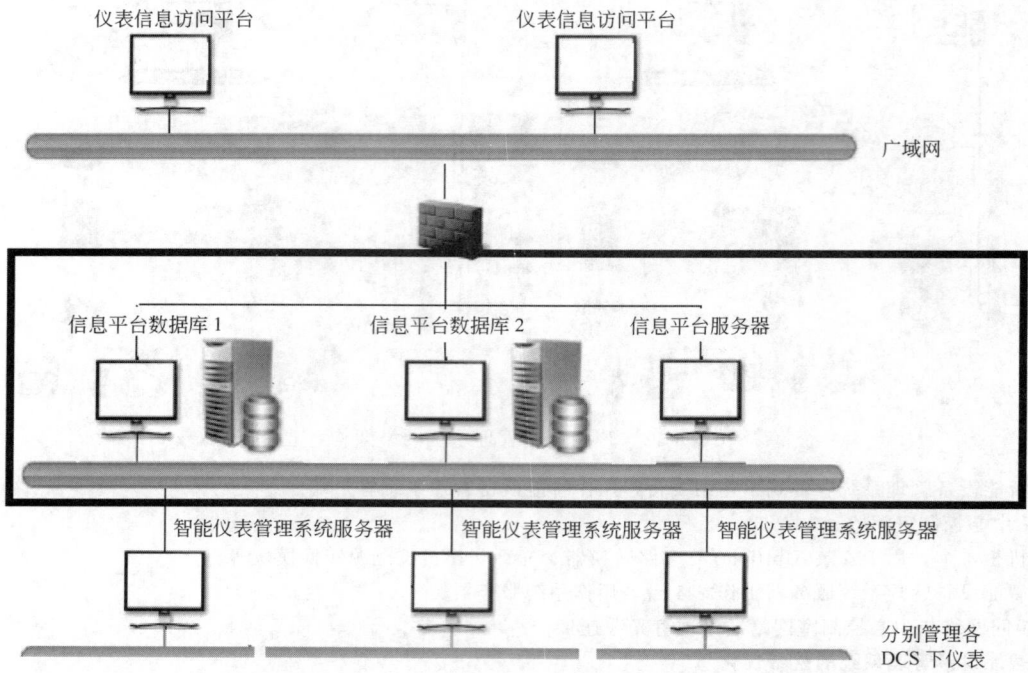

图 6-8-13　智能设备管理系统整合优化网络结构图

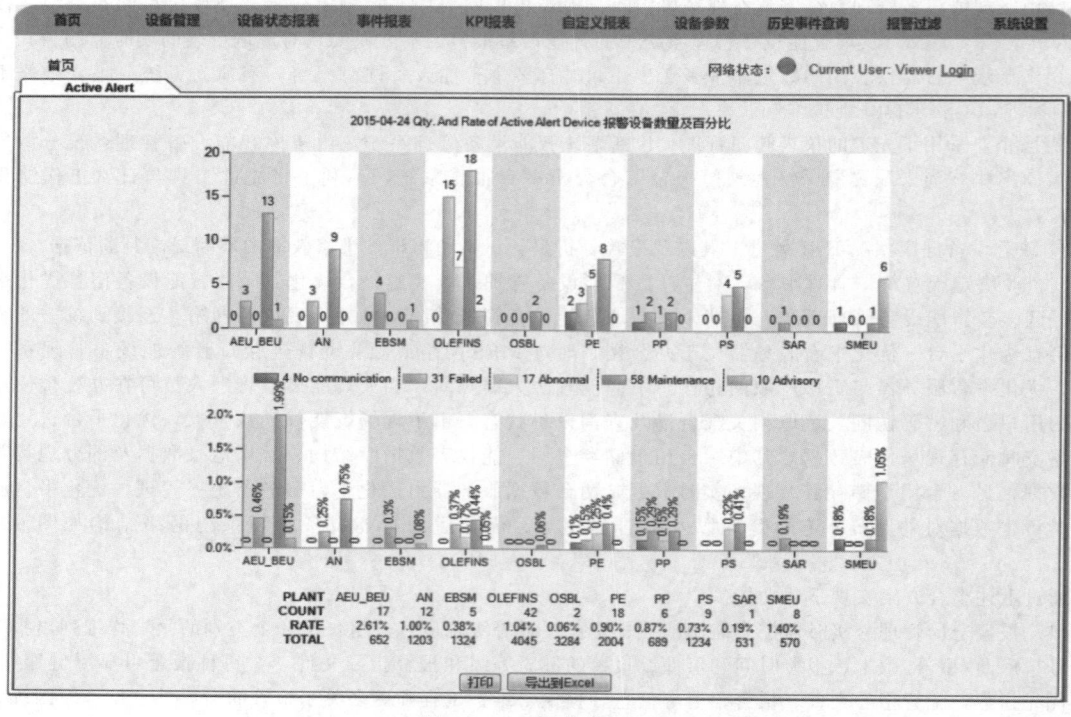

图 6-8-14　报警统计图

（2）仪表设备台账　按照工厂控制网络结构组织设备台账，支持多种通信协议，用户可以方便地获取装置内所有的仪表设备列表，并管理仪表组态参数。

（3）报警事件过滤　提供多种级别的过滤条件设置，这些条件可单独作用，也可按照时间区间、厂家、型号、版本、设备位号、设备报警事件等条件组合。

（4）报警时间间隔　系统可提供平均报警间隔时间等参数作为 KPI 考核指标，也允许自定义报表，如图6-8-15 所示。

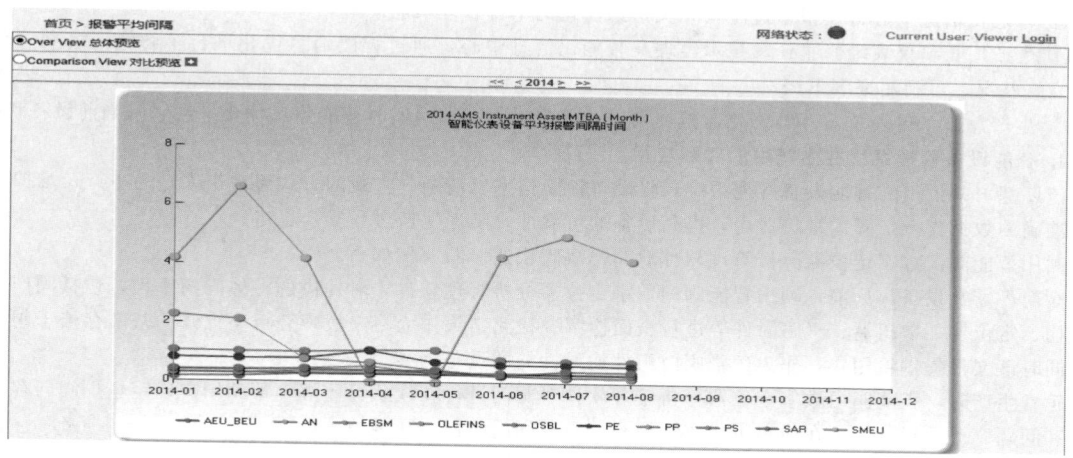

图 6-8-15　平均报警时间间隔报表

（5）可通过邮件自动发送日报、周报　系统支持将实时报警图、报警分布、报警设备、网段排行、报警事件分布、仪表型号、报警分布、报警率等信息，以邮件方式定时发送，如图 6-8-16 所示。

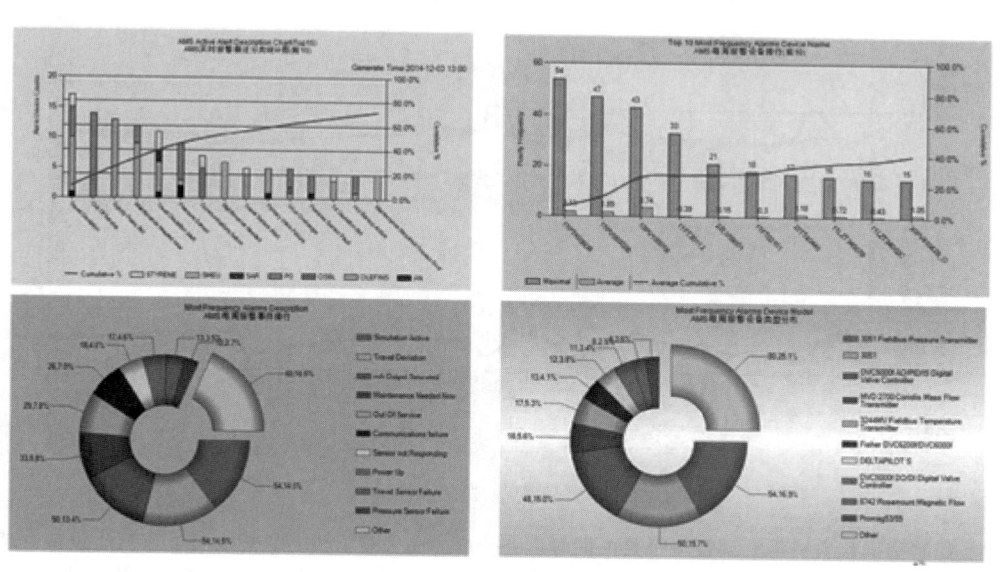

图 6-8-16　系统分析图

3. 使用说明

智能设备管理系统服务器位于各装置现场机柜间，管理该装置所有 HART 智能仪表，各客户端连接在数据网络上，分别位于该装置仪表维修值班室，以便维修班组使用。全局客户端位于维修集控中心，供主任或技术经理使用。智能设备管理系统用于检测仪表健康状况、自动巡检仪表、查看仪表报警、诊断仪表故障、修改仪表组态、自动记录与仪表相关的一切事件及报警等。不同的人员配置不同的用户名及密码，分别给予读、读写及不同的区域授权。

　　智能设备信息优化平台综合全厂所有的智能设备管理系统，并有报警过滤、分析报告功能，支持定期发送周报、月报等。

　　① 仪表维修班组人员在日常维修中使用智能设备管理系统客户端，对相应区域的仪表进行组态修改、诊断、监测等日常维修工作。

　　② 仪表维修主任、技术经理、相关专家使用智能设备管理系统全局客户端，可对各装置智能仪表的组态、报警、诊断等进行修改、监测等。

　　③ 智能化信息中心行使报警过滤及相关信息优化的平台管理功能。

　　④ 生产厂长、仪表维修主任、技术经理及智能化信息中心，通过智能信息优化平台了解全厂各装置仪表整体完好状况、可利用率等 KPI。

　　⑤ 生产总监、仪表总监、维修总监接受周报、月报，也可访问实时智能信息优化平台了解当前设备状况。

4. 智能设备管理系统在生产中的实际应用

　　该厂部署并投用的智能设备管理系统，将设备诊断信息以清晰、直观的方式展现出来，为生产及维护工作提供准确的数据支持，降低维护费用，提高设备的可靠性，确保生产过程安全稳定。

　　利用智能阀门数字定位器分析管理软件对阀门故障快速诊断实例如下。

　　阀门厂家在设备出厂前，利用智能阀门数字定位器分析管理软件，对提供的整体阀门组件，包括阀门、执行机构、定位器、增压器、气路附件等进行全面检测。检测结果作为将来故障分析与维修的基准存档于阀门厂家，同时该文件提供给用户，作为记录阀门组件初始性能的设备档案。

　　正常生产时，智能阀门数字定位器分析管理软件对阀门进行在线状况监视，帮助用户确定全厂阀门存在的隐患和问题、严重程度，可在线解决或离线检查，实现阀门的预诊断维护。

　　装置中某台阀门在开车投运 2 年后，发现 DCS 控制信号输出平缓，阀门阀位却有剧烈变化，如图 6-8-17所示。由于生产工艺的要求，现场无法停车，急需在线维护解决问题。

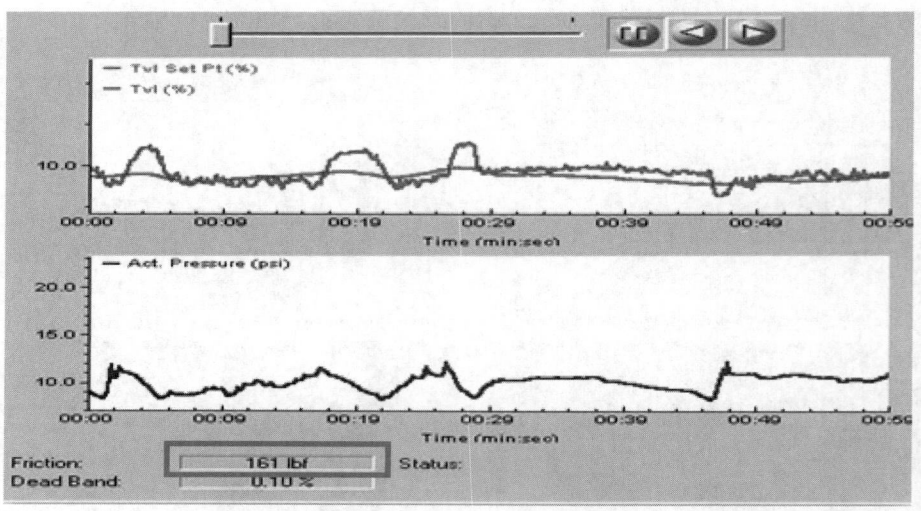

图 6-8-17　阀门实时监控曲线

　　在中心控制室操作人员观察到设备报警的同时，办公区中相关智能设备管理人员通过智能设备管理系统优化平台也观察到了该报警。工艺专家与维护主管直接在系统中调阅设备出厂诊断报表，发现该阀门出厂时摩擦力为 267lbf[●]，如图 6-8-18 所示，报警时摩擦力仅有 161lbf，判断该故障应为摩擦力减小所致。

　　由于智能设备管理系统支持在线修改阀门数据组态，在与阀门厂家及相关工艺专家协调后，通过在线修改智能阀门数字定位器的相关增益参数，使阀门控制性能恢复正常，如图 6-8-19 所示。

　　从该阀门发生故障到系统控制恢复正常，仅耗费数小时时间，由于处置及时到位，该装置生产操作很快恢

　　● 1lbf＝4.448N。

| Inputs | Configuration | Graph | Data Points | Analyzed | Notes | Valve | Trim | Actuator | Reference |

Zero Ranged Travel at:	1.10	%
Full Ranged Travel at:	98.98	%
Average Dynamic Error:	2.26	%
Maximum Dynamic Error:	4.02	%
Minimum Dynamic Error:	0.47	%
Dynamic Linearity (Ind):	1.04	%
Average Friction:	267	lbf
Maximum Friction:	509	lbf
Minimum Friction:	98	lbf
Expected Packing Friction:	750	lbf
Expected Total Friction:	750	lbf
Spring Rate:	NA	
Bench Set:	NA	
Seat Load As Tested:	5996.87	lbf
Service Seat Load:	NA	
Required Seat Load:	2764.6	lbf

图 6-8-18　阀门出厂检测报表

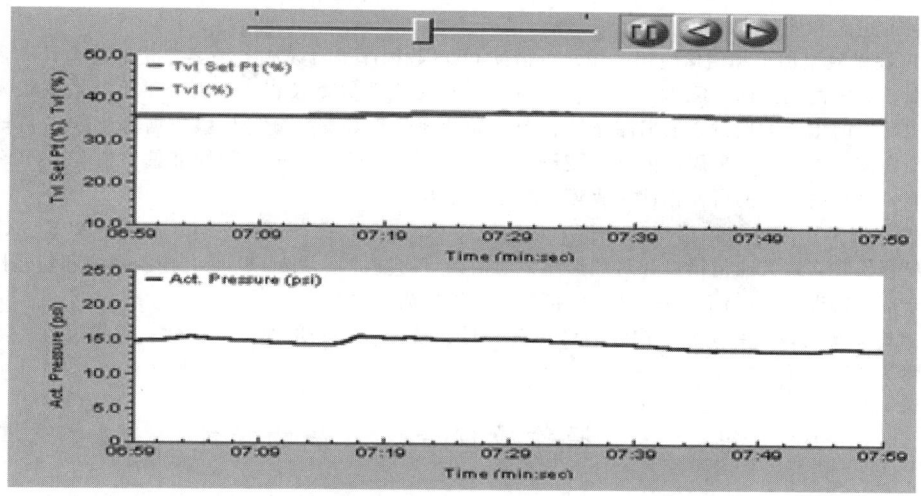

图 6-8-19　修改相关增益参数后的阀门实时监控曲线

复正常，实现安全平稳运行。在加强对此阀门监视的同时，维护人员利用智能设备管理系统排查了装置其他带智能阀门数字定位器的阀门，又发现数台阀门出现摩擦力降低的情况，只是没有此台阀门问题严重。后续所有问题阀门全部纳入大修清单，于工厂下次大修时安排拆卸式维修，同时提前发起备件采购，防止大修期间因设备到位速度慢而影响开车。

第九章 操作数据管理系统

第一节 ODS 概述

操作数据管理系统（Operation Data Management System，ODS）用于采集、记录和管理全厂 DCS 和其他子系统实时数据，存储并生成长周期历史数据库，并结合其他数据库接口和管理技术，建立整个工厂的生产操作和管理平台，成为过程控制系统（PCS）与工厂 MES 和 ERP 系统间关键的数据桥梁。操作数据管理系统可独立设置，也可与工厂 MES 集成建立综合信息管理平台，满足流程行业生产管理与调度需求，为实现现代化石油化工企业的数字化、精益化管理打下良好基础。近年来大型石油化工企业中 ODS 系统得到普遍应用，经过不断客户化定制开发的数据库应用，取得了良好的使用效果，需求日益增加，逐渐成为自动化和信息化集成系统的高级应用软件和数据基础平台。

ODS 实时数据库与各过程控制系统之间的数据传输与交换，通常采用开放的 OPC 技术，使得用户容易建立各类通信接口和对数据库、通信接口的维护。OPC 标准以微软公司的 OLE 技术为基础，为基于 Windows 的应用程序和各种不同过程控制系统之间的应用建立桥梁，不必为每种控制系统开发不同的数据接口。

ODS 可为用户提供丰富的流程图、趋势图和报表功能，用户可借助已有 Windows 环境和 IT 知识，就可开展信息管理层的组态和操作应用。

ODS 还可提供数据加工和增值应用，用户可借助 ODS 数据库平台完成各种客户化的复杂计算，如物料平衡、能量平衡、关键性能指标（KPI）、平稳率、各种统计报表和数据校正等，可提供手动数据录入功能，方便将不能实现通信的生产数据录入数据库系统管理，如就地仪表数据、分析化验数据等。ODS 可计算选择的工艺变量的集合值，包括在一定周期内工艺变量的平均值、最大值、最小值和标准偏差值等。ODS 具有历史数据重现功能，可提高装置的可操作性和故障诊断分析能力。

ODS 还能实现多种开放的数据交换功能，如通过 OPC、ActiveX、ODBC、OLEDB、API、COM/DCOM 等，使得用户容易建立各类通信接口和对数据库、通信接口的维护，方便工厂原有控制系统和新建控制系统之间无缝信息连接，实现 ODS 与 MES、ERP 的接口和应用集成。

总之，ODS 系统的设计和实施，应综合考虑完整性、统一性、先进性、开放性、可扩展性、灵活性、安全性及经济性。

第二节 操作数据管理系统的功能

ODS 应用从功能上可分为三个模块：实时/历史数据库模块、操作管理应用模块、综合信息平台模块。实时/历史数据库模块通过数据采集接口（如 OPC、CSV、XML 或其他专用接口）和工业以太网（Ethernet），将工厂内各个控制系统的生产操作数据（如实时数据、历史数据、报警和事件记录、实验室分析数据等）采集至全厂 ODS 数据库服务器统一管理，存储形成工厂长周期的历史数据库。操作管理应用模块可提供各种图形化模板和应用程序编程接口（API），通过对全厂生产操作大数据的深加工和挖掘，简单便捷地实现如流程图、报表、趋势、计算、历史数据存储、报警管理、数据权限访问管理等功能，还可在 Windows 环境下，通过嵌入 "Microsoft Excel & PowerPoint View" 插件，方便地制作报表及汇报展示。综合信息平台模块通过与 MES 系统及其他关系数据库的接口技术（如 OLEDB、ODBC 等），实现与企业生产管理、设备管理、生产计划与排产等高级应用功能的整合，实现工厂管理层对整个生产层的信息及时了解和决策。在办公环境下，可通过 Web 客户端，经防火墙访问 ODS 系统的 Web 服务。

一、实时/历史数据库模块

本模块实现对工厂各生产装置、公用工程及辅助设施的 DCS、PLC 等控制系统的生产数据进行采集、存储与处理，建立开放、集成的一体化数据平台，为企业 MES 系统提供数据基础，为各种类型的使用者、业务系统和生产应用程序提供访问和利用这些数据的便利，用户可应用这些数据提高生产力、增加利润、增强业务灵活性。

各生产装置控制系统稳定运行后，生产数据都能自动采集到 DCS、PLC 等控制系统。ODS 的基本功能是从大量分散的控制系统中获取反映整个工厂生产情况的实时数据，快速、有效、准确地把信息传输到管理部门，协助企业决策。

ODS 的数据平台通过标准的数据采集接口协议（通常采用 OPC）与各个控制系统相连，实现实时数据采集，将物理上分离的各个控制系统数据集中到一个数据平台，上层应用屏蔽了各种复杂的控制系统。在实时性上，ODS 采集频率可达毫秒级，石油化工企业过程数据的采集频率通常为秒级。在存储性能上，ODS 配置足够的存储容量，可支持存储 3~5 年的历史信息，形成历史数据库。ODS 是全厂数据采集、存储和管理的统一平台，集成生产过程数据和生产管理数据，并支持操作管理应用模块和综合信息平台模块的相关应用，保障全厂生产管理部门使用一致的数据，提高企业生产操作管理水平。

1. 系统功能

ODS 的实时/历史数据库模块可实现以下功能。

（1）数据接口功能　ODS 提供统一的数据采集基础架构和连接多种系统的实时数据库接口，可跨越不同 DCS、PLC 等控制系统的平台，实现实时数据的自动采集。在采集实时数据的同时，还能采集非连续的数据，如物料的移动数据、操作变更数据、实验室分析数据等。

ODS 除提供标准的数据采集接口，还为上层应用提供开放的数据接口。当新建装置或系统接入时，只需要在软件中添加接口即可，不受数据库系统限制。添加上层应用时，利用 ODS 提供的接口软件，如 ODBC、OPC、ActiveX、API 等，可与实时数据库进行实时数据通信。

① 支持 ODBC、OLE DB、ADO、DDE、XML 等与关系数据库的接口。

② 支持 API、ACTIVEX、EXCEL、VB、C、C++、VS. NET 等编程。

③ 支持 SQL 语句，方便用户进行查询等操作。

ODS 能提供 "Microsoft Excel & PowerPoint View" 插件，实现导入过程数据和历史趋势等功能，实现基于 MS Excel 的数据分析和报表、基于 PowerPoint 的监视和演示分析，这样就可利用 Office 软件进行各类开发，实现与其他应用系统集成的接口。

（2）接口程序编程功能　实时数据库软件应有接口软件的开发工具，便于特殊系统开发接口。系统提供的接口程序支持在线/离线编程和调试功能，提供对接口运行情况监测，以及接口机与实时数据服务器之间通信的测试功能。

（3）数据采集功能　数据采集是实时数据库运行的基础，ODS 要保证数据采集的实时性、可靠性、一致性和完整性。ODS 提供高效的数据处理和访问机制，支持不同用户、不同应用程序的数据获取速度需求；支持对每个数据点定义不同的数据采集周期（毫秒级、秒级、分钟级）。数据采集功能包括实时数据的采集以及其他数据的采集。

① 实时数据的采集：实时数据库提供与所有具备 OPC Server 功能的主流的 DCS、PLC 等过程控制层的系统和数据平台连接的接口，实时采集生产过程中的过程数据、报警和事件数据。

② 其他数据的采集：实时数据库提供与其他数据源（如 Oracle 存储的数据、SQL Server 存储的数据、ACCESS 存储的数据、Excel 存储的数据或人工录入的数据等）的标准通信模块，采集其他非实时的数据信息，支持其他信息系统应用程序计算结果的输入。

ODS 的实时数据库还可具有资产管理功能，实现方式包括周期方式和事件触发方式，周期方式的周期可任意调整，事件触发方式应能实时响应。

（4）数据存储和处理功能　ODS 作为一体化应用平台，不仅可以管理实时数据，还能实现对报警和事件信息、资产管理数据和应用数据的管理。在系统内部实现实时数据库和关系数据库的无缝连接，方便管理应用软件的开发。实时数据库可用来存放原始数据和修正后的数据。原始数据来自生产过程 DCS、先进控制系统（APC）及其他自动化设备的实时数据。实时数据库还可保存修正后的数据，包括校正数据、补偿数据及人工修正的数据。

① 实时数据库能对各种来源、各种类型（如模拟量、开关量和字符型等）的数据进行合理组织，以标准化的数据结构存储于实时数据库中，保证数据的完整性、一致性，方便数据查询和应用。

② 实时数据库可管理海量实时数据，还可管理大量的历史数据及统计信息，包括最大值、最小值、平均值、原始值等，历史数据查询快捷方便。

③ 实时数据库保存实时采集的过程数据，或手工输入的分析化验数据等，允许用户根据需要对连续变量定义不同的存储周期，保存历史数据。

④ 实时数据库软件具有数据压缩能力，在对原始数据进行存储时，对数据进行压缩，以便充分利用计算机存储资源存储更长时间的历史数据，实现快速浏览历史数据功能。

⑤ 数据标签应能反映过程数据的全部特性，能定义数据类型、数据精度、采样频率及安全等级等，压缩数据的精度和压缩比应能按照应用要求进行不同的设置。

⑥ 实时数据库应具有强大的数据处理、加工、整合和查询等功能。

⑦ 实时数据库能对每一个数据进行出错检查，剔除跳变值和坏值，并给予可信度显示，确保数据的可靠性。系统可实现工程单位的自动转换。

（5）历史数据归档　石油化工企业的历史数据是宝贵的财富，对于分析和发现问题尤为重要，应长期保存。数据的归档有不同的时间要求，ODS 能灵活应对。长期保存的数据通常采用磁盘储存，短期的数据可在内存储存。在硬件存储空间足够的条件下，历史数据能在线保存 3～5 年，以备查询分析使用。

① 实时数据的内存归档：当数据采集至 ODS 实时数据库服务器中，数据首先储存在内存驻留区，并进行数据压缩、平滑、去除噪声以及进行过失误差的检测等处理。对于特定的位号及特定的位号组，可设置不同的内存归档时间。整个系统的内存资源取决于所要保存的数据量的限制。

② 实时数据的磁盘归档：数据的储存可组态成自动方式，数据将按预先设定的时间间隔存入磁盘。数据的归档时间影响储存的效率，在确定储存时间间隔时应兼顾到数据的安全性和系统资源的可用性。

（6）数据缓存功能　为保证数据的可靠性，ODS 设置多个数据采集缓存工作站，其上运行的数据采集接口程序具有数据缓存功能，在网络故障或实时数据服务器停机时缓存一定时间的数据，当故障解除时自动把这些数据发送到实时数据库服务器，以保证数据的完整性。

（7）数据的分类管理　ODS 的数据库集成了实时数据、历史数据、报警和事件数据、资产管理数据和其他应用数据，支持不同的应用。ODS 实现丰富的数据分类管理，如实时数据库用于存放和管理过程的实时数据；报警和事件数据库用于存放过程报警和操作更改等事件记录；物料移动数据，设备和产品信息等资产性数据存放在资产管理数据库中；应用数据库用于支持一些特殊应用，如先进过程控制（APC）、先进报警管理系统（AAS）等。

2. 数据库的开放性

ODS 可提供四种方式与外界进行通信。

（1）API 接口　ODS 提供的 API 是用于开发应用程序的接口。API 接口有存取历史数据、执行计算、将数据输入 DCS 以及对历史数据进行编辑等功能。它支持 C、C++、VB、VS. NET 等多种高级语言编程读取实时数据。

（2）OPC Server　用户或第三方控制系统通过 OPC 标准接口读取数据库的实时数据。

（3）ODBC 和 SQL 读取　ODS 提供通过关系数据库的接口对数据库的数据进行读写功能，如通过 SQL 或 ODBC 应用程序进行数据的写入或读出。在数据库中把这种功能称为关系数据库和 ODS 的接口。

（4）OLE Server 和 Active X 控件　OLE Server 和 Active X 控件可嵌入 Visual Basic 和微软 Office 应用程序中。用户可使用 VB 或 C 语言直接读取数据库的实时和历史数据。

3. ODS 实时/历史数据库的安全性

由于 ODS 实时/历史数据库储存大量的工厂生产数据，这些数据是重要的信息资源，有些涉及工厂的经济秘密或技术秘密，数据不能泄露或更改，因此数据的安全性至关重要。

ODS 安全策略主要考虑系统管理的安全性和数据访问的安全性。

（1）ODS 系统管理的安全性　通过 ODS 服务器上的 Windows 本地用户组，来配置用户在 ODS 中执行系统管理功能的权限。Windows 用户和用户组可以在 Windows 用户管理器中进行配置。

（2）ODS 数据访问的安全性　ODS 数据访问的安全性是指对数据读写能力的管理和控制。在 ODS 中访问特定数据一般是基于角色定义的。ODS 允许用户对位号的安全访问设置进行组态。若把数据写入控制系统，则必须拥有对该位号的写入权限，且控制系统中该位号必须组态成允许写入。ODS 应用初期按照只读的方式实施，允许信息由 DCS 通过 OPC 接口读入 ODS，不允许信息从 ODS 写入 DCS。

当确实需要对位号进行安全配置时，通常采用基于角色（Role-Based）的安全模式对特定的位号或某一类位号分配读（read）、写（write）和组态（configuration）的权限。基于这种安全模式，每个用户都会限制其为某一种或几种角色，并严格遵守角色定义的权限级别。

二、操作管理应用模块

ODS的操作管理应用模块实现日常工厂和装置的生产操作管理，实现操作指令管理、电子日志簿、操作日志、实时监控、趋势分析、实时报表和实时报警等功能，把操作管理和工艺台账相结合纳入绩效管理，从而达到生产运行科学化、精益化管理的目的。

1. 系统功能

（1）操作指令管理　操作指令管理是用于管理操作指令、监控指令执行状况的应用模块，能帮助调度人员和计划人员将计划目标精确地下达到生产车间，安排操作员及时理解要采取的行动。操作员对操作计划更好的理解，则可以帮助流程工厂提高效率，更快更精确地实施计划。每一条指令都具有生成、审核、批准（驳回）、执行、完成等关键节点作为生命周期，同时每一个节点都具有反馈功能来描述指令的执行情况。管理人员和操作人员可据此跟踪指令状态。

（2）指令管理　ODS提供易于生产操作人员理解的操作指令管理工具。有关人员利用该工具为生产过程制定一些数值或文字性的提示和要求，实现操作员的"看单操作"。操作完成后操作员反馈结果或意见，维护指令周期的完整性，为生产流程记录完整的信息。

① 指令集维护：提供指令模板的管理和维护，一套操作指令信息可适合全厂、一个车间或单个装置。

每一条操作指令信息包括指令下达部门、下发人，阅知人，指令审批人、指令执行人以及指令内容，还可以附上相关的参考文件帮助指令执行人执行参考。指令执行人可以输入指令执行情况、指令审批状态。

② 工作流程：操作指令的工作流程，包括指令创建、指令审批、指令流程查看、指令执行。

a. 指令创建。有下达指令权限的用户，可以创建一条新的指令，新建指令以创建的系统时间命名。

b. 指令审批。指令审批者可查看需要审批的指令。对每一条待批指令，有批复权限的用户可以批准或者拒回指令。审批通过的指令，意味着指令已经发布出去，等待被执行。

c. 指令流程查看。创建指令用户、批复指令用户、阅知指令用户打开指令管理，在任务汇总栏可以实时查看指令状态。对于阅知人用户，可以在指令已批复的状态下勾选指令阅知状态。

d. 指令执行。指令执行人可查阅到已审批和阅知后的指令，并且按照指令执行操作，操作完成后反馈给系统，确认完成该操作指令。

③ 生产过程跟踪协调：提供操作指令状态查询，已完成的指令能够标记完成状态及完成时间，及时掌握操作指令的完成情况，及时跟踪发现生产过程中的问题，以便协调处理。

（3）电子日志簿　电子日志簿监控生产装置关键数据的实时采样结果，将该结果与设定的指标上下限进行比较，记录偏差，提供操作界面供授权人员为超指标数据输入偏差原因和有关操作的建议和意见，且保存历史记录，最终通过报表展现操作绩效。管理者关心生产各个环节关键性能指标（KPI），也是生产稳定运行的关键所在。生产过程的KPI波动将影响产品的产量和质量。为关键性能指标设定合理的监控指标上下限值，当数据在指标范围内波动则无需关注，当数据超过指标限制，产生偏差，需着重记录偏差发生状态下的所有相关数据，评估偏差的影响，解释偏差发生的原因，以及相应的措施和建议。电子日志簿为生产管理者和操作者提供能捕捉生产偏差的眼睛和记录所有偏差的笔，更有效地管控生产的操作和运行。

具体功能包括以下内容。

① 监视偏差，实时提醒：通过实时监视生产过程中的关键性能指标，以及该指标所设定的上下限来判断其当前状态，是超标状态还是正常状态。对处于超标状态的关键性能指标，将统计并计算超标时间、超标幅度以及超标对生产造成的影响程度，最后将计算的偏差结果及时呈报相关人员。

② 在数据库中记录发生过的偏差：关键性能指标的偏差应保存至历史记录，作为历史数据进行分析整理，发现操作规律，指导今后的发展。

③ 提供报表展示：ODS具备查看监控指标偏差的趋势功能，帮助用户追溯生产运行的历史情况，可形象地称为"历史重现"。通过相应的实时和趋势报表，分析和展现装置的运行效能和操作绩效。

（4）操作日志　操作日志可实现生产操作管理的精细化、规范化与电子化，帮助操作人员快速自动地获取各种不同信息。操作日志可记录操作人员的各种意见及建议、操作过程中发生的事件及活动、操作参数、关键绩效指标等。管理人员、工艺工程师及计划人员可及时了解生产状况。

本模块以电子操作日志的形式记录值班过程中的操作事件和操作关键指标，维护执行任务列表，实现平稳交接班。

　① 班组交接班记录电子化。操作人员在轮班期间记录当班生产情况，对所发生的事件及关键操作指标进行电子记录。

　② 记录操作人员的意见及建议、操作过程中发生的事件及活动、操作参数及关键绩效指标等，帮助操作人员顺利进行交接班。

　③ 电子交接班日志提供定制模板功能，根据用户业务岗位需求可预先定制不同的模板。

　④ 操作日志采用结构化方式，从记录建立、生产过程记录，到记录完成及签名确认，系统均以时间戳的方式予以规范，实现轮班人员之间的平稳交接和管理人员的审核。

　⑤ 操作日志在当班提交之前可修改，保证其完整性；格式化文字仅需要复制、粘贴，减少文字抄写时间；可将生产过程中的超标情况作为记录的一部分自动汇总生成报表，提高处理效率；便于工艺技术人员与操作人员沟通协作，提高装置生产稳定性。

　⑥ 装置平稳操作是工艺管理中的重中之重，无论是每两小时记录一次的操作记录，还是全时程巡检，都是为了保证生产安全、操作平稳而设立的。根据操作日志的记录，形成相应的装置或班组的操作平稳情况报表，作为平稳率考核的依据。

　（5）绩效管理　ODS帮助工厂建立绩效指标和考核体系，依据电子日志簿数据和操作数据实现绩效指标在线分析和跟踪。

　① 提供绩效指标体系管理功能：

　a. 绩效指标创建、修改功能；

　b. 绩效指标自动计算功能；

　c. 绩效指标分级管理功能；

　d. 绩效指标计算频度定义功能；

　e. 绩效指标数据历史数据分析，可视化展示功能（趋势曲线、关联分析）。

　② 提供绩效指标考核管理功能：

　a. 考核指标下达功能；

　b. 考核指标跟踪功能；

　c. 自动获取电子日志簿数据和实时数据库数据，并提供人工数据录入界面，可在综合信息平台展示。

　（6）实时监控　基于实时数据库和综合信息平台，提供生产运行数据的实时监控画面。典型的监控画面类型主要包括：

　① 全厂生产流程画面；

　② 全厂公用工程画面；

　③ 生产装置工艺流程画面；

　④ 生产单元工艺运行画面；

　⑤ 全厂生产物料及关键参数总貌图；

　⑥ 全厂能耗总貌图；

　⑦ 计量网络图；

　⑧ 关键设备运行状况检测画面。

　（7）趋势分析　基于实时数据库和综合信息平台，提供生产运行数据的历史趋势查询与比较。历史数据曲线功能可以观察某项指标任一时间、任何时间段的点值变化曲线显示。通过同时显示多条指标曲线，进行对比显示。通过鼠标，可以查看曲线在各取值点精确的数值信息。

　（8）实时报表　基于实时数据库和综合信息平台，系统提供各种来自于工业现场的统计功能，如最大值、最小值、平均值等。报表查询功能模块能够实现企业的生产实时报表查询功能，包括日报查询和班报查询功能，报表的种类和样式由报表组态软件灵活设置。

　（9）实时报警　系统提供报警信息的组态配置功能，将报警的触发条件和参数输入到报警数据库中。报警类型包括：

　① 模拟量报警，如模拟量的高限、高高限、低限、低低限报警。

　② 变化率报警、偏差报警。

2. 客户化定制

　ODS的操作管理应用模块是否能充分发挥作用，是否适合企业实际的管理需求，是否能真正实现促进数字化、精益化管理的初衷，客户化定制与开发工作至关重要。ODS 系统的工程实施中硬件成本只占很少的比例，高质量的客户化开发和工程实施是大型石油化工 ODS 系统成功的关键，要使之适应企业自身的情况和特点，充分发挥功能，真正起到应有的作用，为企业带来实实在在的效益。

操作数据管理系统典型的客户化定制开发工作内容包括：

① 定制 OPC 数据采集的范围及采集频率，大型石化企业需采集的关键参数可达几十万条；

② 定制全厂关键性能指标、物料平衡、能量平衡、投入产出、成本核算等报表；

③ 定制平稳率、能耗、物耗等考核报表及交接班报表等；

④ 定制各种流程图画面；

⑤ 定制各种趋势图画面；

⑥ 开发助于日常管理、事故分析等的高级应用。

三、综合信息平台模块

综合信息平台模块是基于实时数据集成平台进行各种数据、报表及其他应用展示的实时化、集成化的智能生产管理信息平台，通常与企业的 MES 系统集成化设置。通过这个平台，可以实现各种高级应用及实时数据平台的全方位的信息整合、实时共享和可视化。

石化企业的综合信息平台为三层结构：数据层、逻辑层和展示层。基于这种三层架构，综合信息平台为开发和配置 Web 应用提供基础框架，保证与其他基于 Web 的应用保持协调一致。

数据层：ODS 实时数据库、Oracle 关系数据库和 SQL 关系数据库。综合信息平台获取这三种数据库的数据，为前台应用提供数据支持。

逻辑层：综合信息平台的数据库、应用服务和网页服务组件（IIS）。应用服务调用获取数据库的数据，应用服务负责把 Web 页面信息发送给 IIS，IIS 负责解析综合信息平台上发布的信息。

展示层：IE 浏览器、HMI Web 图形编辑器等。用户可通过 IE 浏览器浏览流程图、趋势图等的实时数据信息。HMI Web 用于绘制用户流程图、趋势图等。

图 6-9-1 显示了综合信息平台的三层结构。

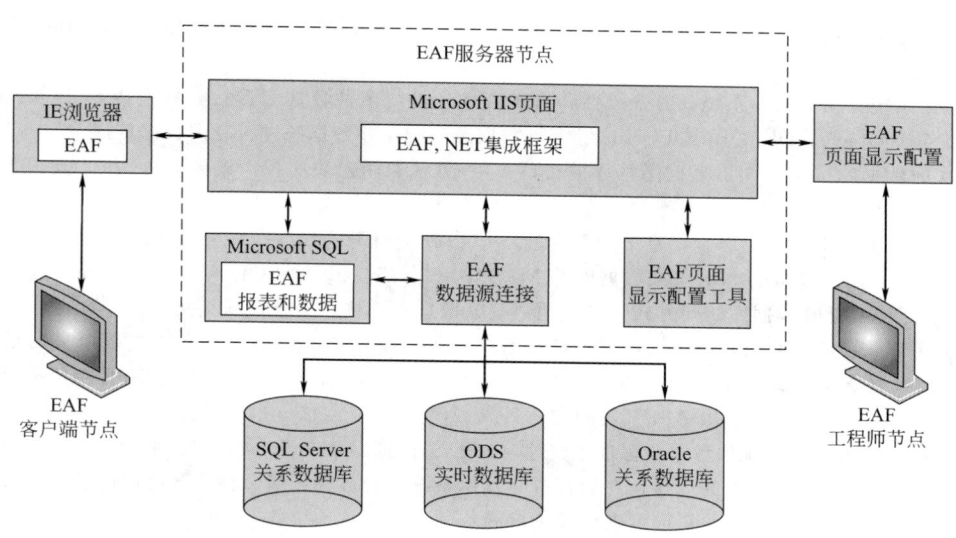

图 6-9-1　ODS 实时数据库结构图

（1）信息展示　综合信息平台基于实时数据库，可按照不同层面（如管理层、操作层）的用户需求，提供多方位的信息展示方法（如流程图、曲线图、棒图及各类表格等），全方位展示当前生产运行状况，通过自定义设定阀门、电机、泵等各过程设备的颜色，快速获知生产过程状态，利于对生产过程的监控管理。具体功能如下：

① 实时工艺流程图，展示当前生产过程数据，显示设备状态、报警状态、非实时数据（如质量数据、日报数据等），并可关联查询实时数据的历史趋势；

② 实时数据库支持分布式部署；

③ 实时数据库支持基于角色的用户权限管理，具有运行管理、审计功能和日志功能；

④ 罐区、公用工程等实时动态信息显示，实时展示全厂罐区、公用工程等资源存储状况；

⑤ 实时投入产出关系，展示当前各装置及工厂的投入与产出关系；

⑥ 动态过程历史趋势，展示实时数据的历史变化情况；

⑦ 实时或历史数据以表格的形式展示；

⑧ 流程回放功能，对于某流程画面，可按时间向前回放到任意时刻的状态，以便对生产跟踪查询；

⑨ 流程监控界面的组态及浏览，具有数据导出导入功能；

⑩ Web 服务功能，用户可通过互联网以 Web 方式浏览实时/历史数据、趋势图、流程图等；

⑪ 支持多个服务器站点，支持多个客户端同时访问。

（2）质量分析功能　提供质量分析工具，提供分析历史数据的图形化界面，也可输出到 Excel 电子表格进行数据分析和统计。

（3）报表开发功能

① 提供报表开发工具、多样的报表形式、发布机制和组态能力。

② 提供报表定义工具，支持用户进行自定义报表开发，可进行数据组合和计算并生成相关报表。

③ 可授权用户自由组态，报表支持 Excel 等格式导出功能。

④ 用户可在 Web 页面进行浏览。

⑤ 集成的权限管理实现用户对生产报表的编辑、审核、发布及浏览操作。

（4）Web 浏览功能　平台支持客户端/服务器（C/S）结构，同时也支持浏览器/服务器（B/S）结构，支持 Web 浏览功能。用户可通过 IE 浏览器，在办公室或在外出差，根据预先调协好的安全访问权限，在计算机上浏览查询生产信息、各种实时及历史数据，了解生产状况。管理人员可通过本部门的计算机，直接在浏览器上浏览、查询实时及历史数据，也可通过 Internet 远程访问。

（5）邮件短信报警　系统可支持邮件或短信报警（前提条件是 SMTP 邮件服务器或短信平台已具备）。报警方式具备定制功能。具备计划任务、审批流程驱动功能。

（6）文档导出　系统可实现文档导出文档、表格、组态、报表等，导出文件格式为通用标准文档，如 XLS、XML 文档格式。

（7）应用系统数据集成　系统具有开放性和可扩展性，可与多种数据源连接。除连接 SQL Server 数据库外，还可以连接 Oracle、OLEDB、OPCHda 等多种数据源，同这些数据源进行双向数据传递。

① 与实时数据库接口：ODS 实时数据库的接口采用 ODS 专用模块实现，该接口可实时读取 ODS 的实时数据，也可读取历史数据。

② 与关系数据库的接口：综合信息平台以 SQL Server 作为自身的数据库，可与其他 SQL Server 数据库连接，也可与普遍使用的 Oracle 作为关系数据库的 MES 应用软件连接。除 SQL Server 和 Oracle 数据库外，还可配微软标准的 OLEDB 数据库访问方式，与其他第三方数据库连接，进行数据交换。

③ 与其他系统接口：综合信息平台与其他应用系统的集成主要通过标准的开发数据接口来实现。与带有数据库的应用系统集成（如 ERP），可采用 Web Service 方式，根据接口模型创建标准 XML 接口模板完成；对于没有数据库的应用系统，可采用 API 开发的方式集成。

④ 系统的可扩展性：系统后台采用标准数据库（SQL Server 以及 Oracle），前台采用基于 IIS 的浏览器结构。且后台的数据库是完全开放的，这样在后台可与其他系统进行数据共享，在前台也可通过 Url 与其他系统链接。通过开放的数据库和 Url 的集成可进行系统扩展。

（8）权限角色管理　综合信息平台为基于框架内的各个应用程序提供基于角色的授权服务。它同微软 .Net 的基于角色的安全机制无缝集成，为 Windows 用户提供统一的安全机制，提供高效、高可靠的账户管理应用。

① 用户角色和分组管理与工厂模型匹配，结合系统逻辑架构，可实现用户权限调整和变更，相关的权限变更、流程及状态和计划任务可自定义设置邮件或提醒配置。

② 提供管理角色和用户的框架以及应用组态工具；

③ 提供对企业办公域控制器内账户和组的支持，可将办公网内域账户或组引入系统，满足未来企业实现多系统单点登录功能。

④ 可设定自动创建 Windows 账户功能，该功能可减少配置的工作量。

⑤ 提供到用户级别的个性化配置，为每个用户保存各自的设置，并提供多语言支持。

（9）系统平台监视及报警　可辅助用户对整个系统平台进行监视和报警，以便系统管理员可及时进行系统维护。系统可对系统组件、服务、空间等资源进行在线监测和报警，并对事件进行分级管理，可通过邮件发送至管理员。

（10）系统时间及客户端时间同步　ODS 系统采集及存储的数据来自全厂各个生产装置、公用工程、辅助设施，甚至厂外设施，系统时间保持一致性尤为重要。强烈建议全厂设置统一的 NTP 时间服务器，最好配置北斗/GPS 卫星接收器，保证时钟同步精度（通常要求≤1μs）和守时精度（通常要求≤3ms/年），ODS 系统的客户端/服务器时间和全厂保持同步。

（11）移动平台展示功能　系统能够支持实时数据库的各类上层应用信息在各类移动平台上（如平板、智能手机等）予以展现，以便能够让管理人员获取各类生产相关信息及图表等。

第三节　操作数据管理系统的构成

一、系统构成

ODS 系统一般以微软 SQL 数据库和 Windows Server 操作系统作为平台，采用标准的 OPC 接口，实现控制系统与信息管理信息系统数据的连接与交换，保证系统的开放性。

ODS 采用客户端、服务器结构（C/S 方式）和 Web 功能（B/S 方式）构成。用户的每台终端可分配不同的权限（可视权限和操作权限），保证不同用户对不同数据信息监视和应用。

ODS 数据库可根据用户信息量需求和系统扩展要求进行数据库和用户终端在线扩容。

二、网络架构

ODS 系统建立实时数据库，采集全厂 DCS、PLC 和其他设备的生产数据，作为操作管理应用模块和综合信息平台模块的数据基础。ODS 可与企业 MES 系统的不同业务功能模块［包括生产计划管理、生产运行管理、质量管理、计量（物料）管理、能源管理和生产统计管理］信息集成。客户端可通过 IE 浏览器访问和浏览 ODS 的各项应用功能。图 6-9-2 是典型的 ODS 系统构成框图，图 6-9-3 是典型 ODS 系统网络架构示意图。

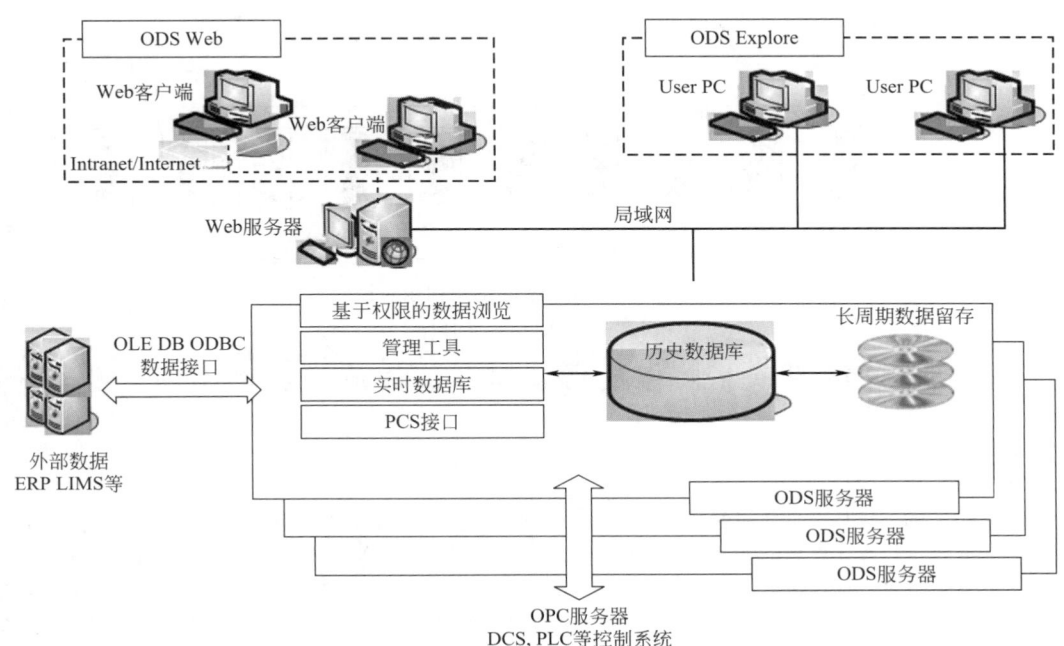

图 6-9-2　典型 ODS 系统构成框图

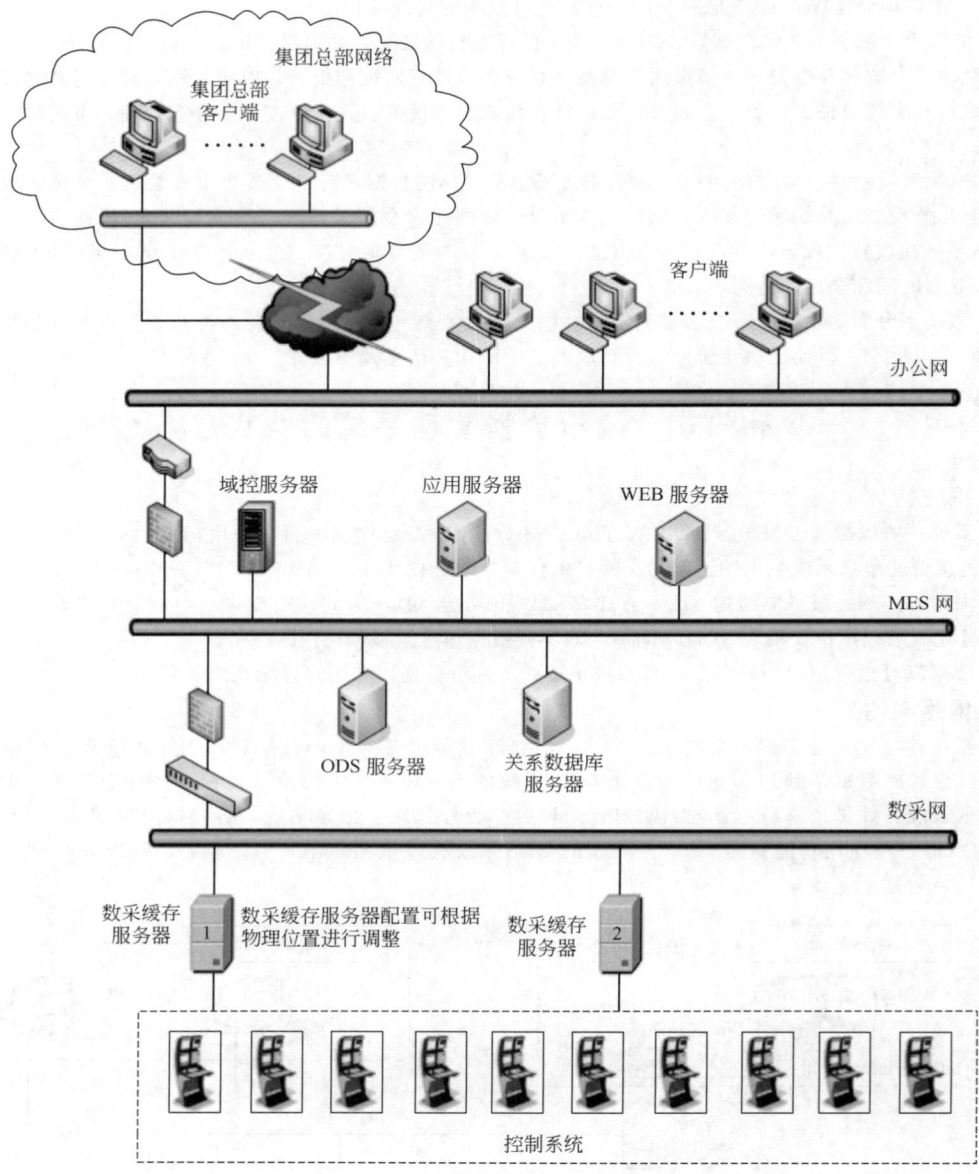

图 6-9-3　ODS 系统网络架构示意图

第四节　操作数据管理系统的应用实例

一、应用实例一

1. 工程背景

国内某大型乙烯工厂从项目之初就规划实施全厂 ODS 系统，并在客户化定制工作中付出很大努力和智慧，使之成为工厂日常生产操作管理的常规平台和得力工具。该乙烯工厂所使用的 ODS 系统通过近 10 年的运行取得良好效果，效益显著。该乙烯工程包括 100 万吨/年乙烯装置、65 万吨/年裂解汽油加氢装置、30 万吨/年线性低密度聚乙烯装置、30 万吨/年高密度聚乙烯装置、45 万吨/年聚丙烯装置、4/36 万吨/年环氧乙烷/乙二醇装置、35 万吨/年苯酚丙酮装置、20/12/年丁二烯/MTBE 等 8 套工艺装置以及公用工程、储运和辅助设施，共 75 个主项。整个工厂的 ODS 采用横河 Exaquantum 操作数据管理平台，管理整个乙烯工厂 DCS、SIS、PLC 等控制系统的所有重要操作数据，并进行数据深加工处理。ODS 系统采用两级服务器结构：ODS 中心服务器的数据处理量为 200000 点工位（TAG），其数据来源是各装置 DCS 系统独立设置的 OPC 缓存服务器。所有生产装置、公用工程和辅助设施的操作数据通过 OPC 通信接口送至各局域网（LAN）的 ODS 缓存服务器中，数据包含了时间标签、数据值及数据品质，各缓存服务器信息汇总到 ODS 中心服务器。ODS 中心服务器设置在全厂控制系统的 3 层网，对它访问必须通过 3.5 层的 DMZ 管理服务器的甄别以确保其安全性。ODS 中心服务器与外界的接口之间设置硬件防火墙。

在工厂网络设置 50 个 ODS 客户端运行定制的客户端应用程序，以及 20 个 Web 客户端用于数据发布，设置在工厂网络，实现了工厂层面的数据共享。

该工程 ODS 功能目标为：

① 提供实时 DCS 数据采集；

② 提供当前及历史数据和设备性能数据；

③ 提供有效及安全的过程数据存取方式；

④ 提供用于排错和监视的趋势图；

⑤ 提供用于操作管理的流程图；

⑥ 提供用于操作管理的报表；

⑦ 提供用于绩效考核的数据。

2. 应用实例

该乙烯工程 ODS 系统结构如图 6-9-4 所示。

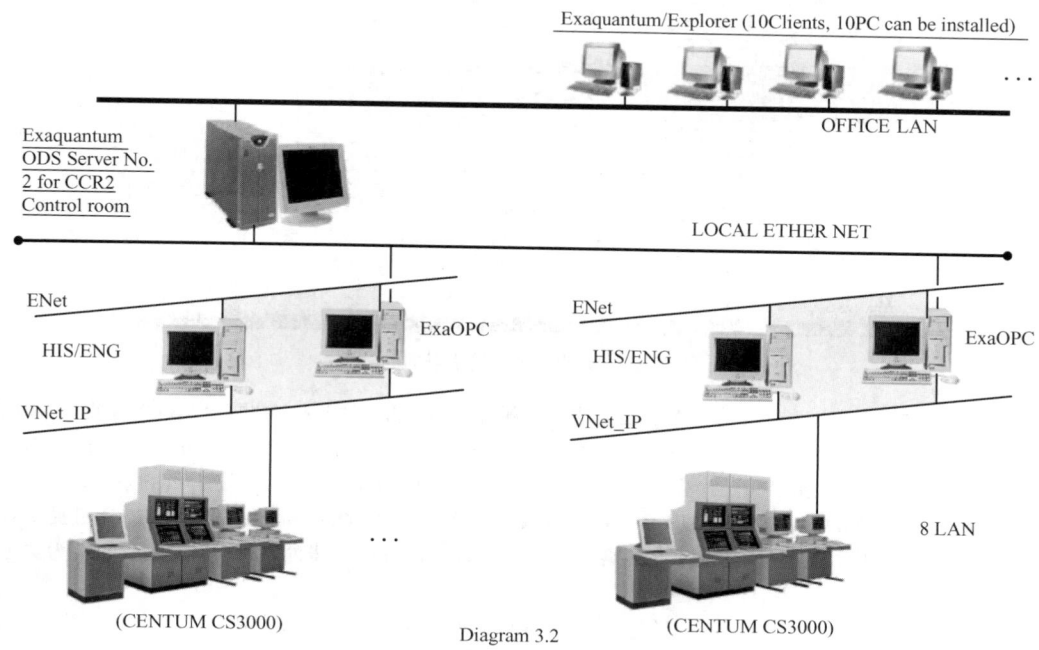

图 6-9-4　某大型乙烯工程 ODS 系统结构

ODS 中心服务器将 DCS 等采集的海量数据、LIMS 数据以及手工输入的数据进行多种客户化应用。主要的客户端功能如下。

（1）报表功能　ODS 的报表功能不同于传统 DCS 生产报表，ODS 系统整合了全厂各装置和公用工程的操作数据，可提供平稳率、能耗、关键指标 KPI 以及物料平衡等报表。还可根据时间区间不同，细分为班报表、日报表和月报表等，提供给管理人员作决策参考。

该乙烯工厂根据自身特点和管理模式，客户化定制了几百种各式操作管理报表功能，并通过 Excel 格式呈现给生产管理相关岗位。典型的报表类型包括：

① KPI 关键指标报表（班报、日报、月报）；

② 能量消耗报表（班报、日报、月报）；

③ 物料平衡报表（班报、日报、月报）；

④ 投入产出报表（班报、日报、月报）；

⑤ 平稳率报表（班报、日报、月报）；

⑥ 成本核算报表（班报、日报、月报）；

⑦ 产品质量报表（班报、日报、月报）；

⑧ 产品趋势报表（班报、日报、月报）；

⑨ 实验室分析报表（班报、日报、月报）；

⑩ 罐存量报表（日报）；

⑪ 工艺台账报表（各装置）；

⑫ 生产调度班报表（各装置）；

⑬ 交接班日志报表。

图 6-9-5 为该乙烯工厂典型 ODS 报表示例。

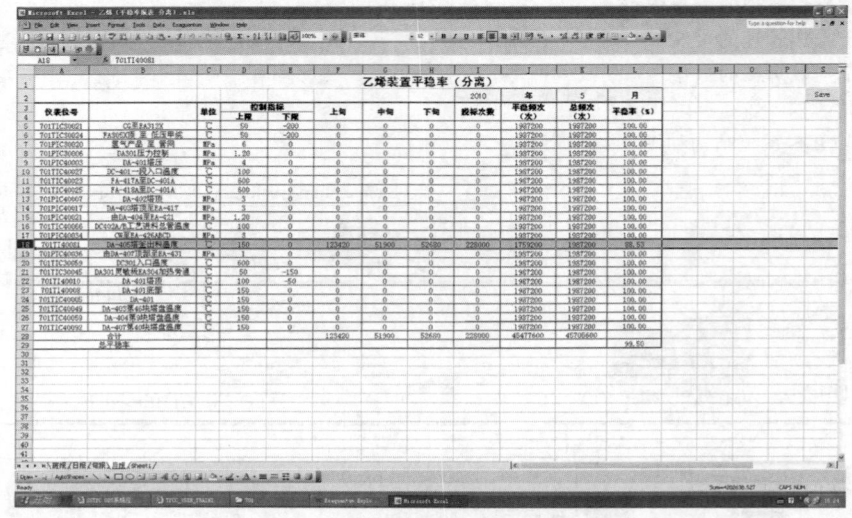

图 6-9-5 典型 ODS 报表功能示例

（2）流程图功能 ODS 系统的流程图功能是为工厂操作管理，能够实现实时展示、历史重现、KPI 报警、自定义趋势图等功能。ODS 系统的流程图不同于各生产装置操作使用的流程图，具有全厂性，用于工厂级或装置级生产管理人员监督、指导生产操作，提高管理水平。图 6-9-6 为该乙烯工厂典型 ODS 系统流程。

（3）趋势图功能 ODS 系统的趋势图可预定义设置，用于生产管理、事故分析等。趋势分组提供各种分组模板，可以把工厂内不同装置的趋势进行组合，提供管理人员进行进一步的数据分析。图 6-9-7 为典型的趋势图画面。

（4）数据库高级应用功能 ODS 系统的数据库可进行数据库高级应用，如大数据统计分析、复杂计算等，实现技术分析、操作管理等高级应用。ODS 服务器上采集到的基础数据，还可以通用的 Oracle RDBMS 数据库的形式保存，支持 SQL 语言查询，Exaquantum 数据在此基础上提供了 Excel 嵌入功能，让不熟悉 SQL 语言的管理人员可以通过 Excel 实现基础数据的自定义加工和处理。图 6-9-8 为典型 ODS 数据库高级应用，图中通过多变量的统计分析可总结归纳某精馏塔经常发生液泛的原因。

（5）其他功能 ODS 系统还具备以下功能：

① 工艺计算；

② 手动输入接口；

③ LIMS 接口；

④ 与 MES 系统接口；

⑤ 数据集合处理；

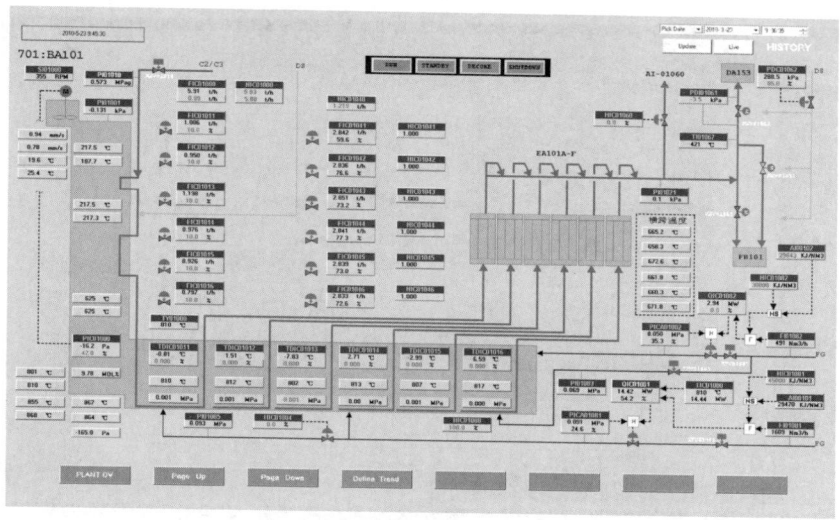

图 6-9-6　典型 ODS 工艺流程

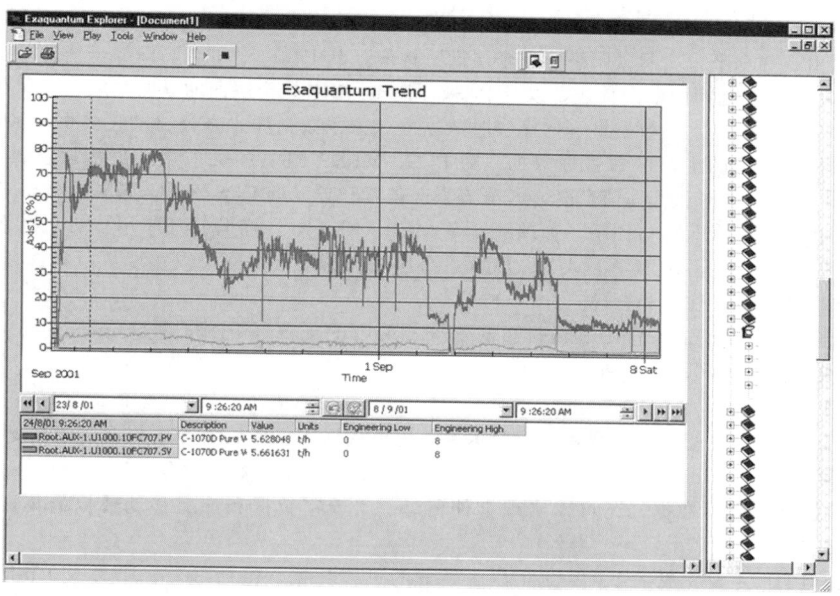

图 6-9-7　典型 ODS 趋势图

⑥ 数据时间标签；

⑦ 历史数据转存及恢复；

⑧ 报警管理；

⑨ 数据访问权限管理；

⑩ Web 数据访问。

二、应用实例二

1. 工程背景

某新建大型炼油厂提出了以"三化一高"，即"差异化、清洁化、信息化和高价值"为主要特征的精品炼油厂的建设目标。为了实现这个目标，在大量调研与反复论证基础上，在"统一规划、统一建设、统一管理、分布实施、逐步替代"原则指导下，建立了与炼油生产运行管理发展要求相适应的、先进的信息系统框架，信息化建设与炼油工程的设计、建设和运行同步，形成与炼油厂生产运行管理集成的、为炼油生产运行管理提供

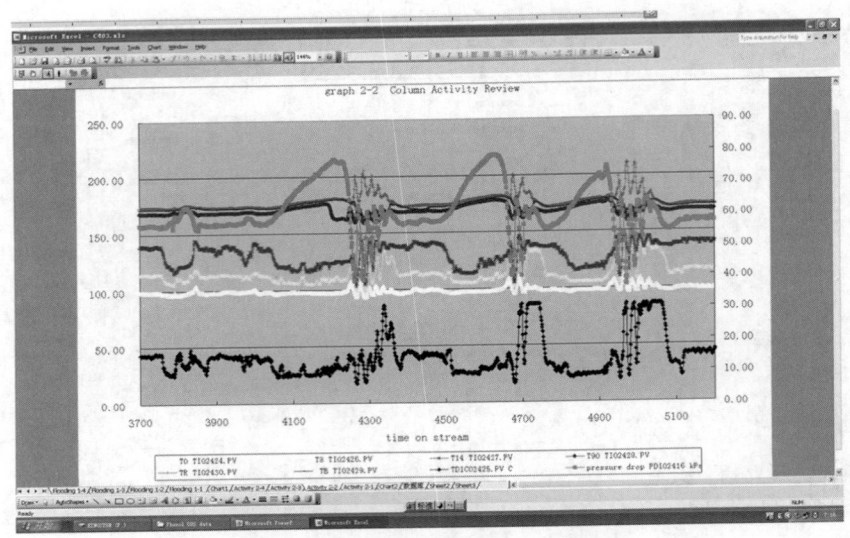

图 6-9-8　典型 ODS 数据库高级应用

有效支撑的全厂信息系统。

　　信息化建设由"一个平台、两张网络、三个层面"构成，其中"一个平台"即综合信息平台，靠这个平台实现 MES 各个功能模块之间的横向集成，以及 PCS、MES、ERP 三个层面的纵向集成，实现互联网资源与应用系统数据资源的统一集成。其数据整合依靠实时数据库、关系数据库、办公自动化数据库和集成平台软件，集成生产过程数据、有关的生产经营管理数据，为 PCS、MES、ERP 相关应用功能模块提供统一的数据源。"两张网络"是指过程控制网和管理信息网，即覆盖生产装置和单元的 DCS 网络与覆盖生产经营管理部门的管理网络。PCS 支撑生产过程运行与控制，管理网支撑 MES、ERP 生产经营管理应用。两个网络互连并采用安全隔离措施。"三个层面"是指 ERP、MES、PCS 三个层面。这三个层面可以实现从原料选择、采购、进厂、加工、调和到出厂的全过程控制和管理。

　　操作数据管理系统（ODS）是 MES 项目组成部分，采用 Honeywell 公司的 Uniformance PHD 系统实施。图 6-9-9 是信息化构架方框图。

2. 应用实例

　　Uniformance PHD 信息管理系统提供实时数据库、历史数据库、存放资产性数据的数据库和应用数据库，工厂数据模型（Plant Reference Module）实现多种数据库的关联和工厂数据的分类。Uniformance PHD 不仅可以采集来自控制系统的实时数据，还可以实现事件信息、实验室数据和油品移动数据的集成。Uniformance PHD 系统构成如图 6-9-10 所示。

　　Uniformance PHD 主要完成工作：采集工厂各装置的过程数据，包括 DCS、PLC 及 LIMS 系统；建立工厂实时数据库，存储工厂实时、历史信息，如生产装置过程参数、事件信息、实验室分析化验数据、移动数据等；建立包含全厂装置、储罐、管线、物料及移动数据、仪表等要素的工厂参考模型；通过工厂数据模型工具，建立全厂物料平衡模型；为 MES 其他模块提供所需的生产数据。

　　在授权情况下，可通过综合信息平台进行访问、查询工厂网络中实时和历史信息，以及来自 LIMS 系统的产品质量数据；Uniformance PHD 可以把各类实时生产数据以不同方式呈现在流程图上。

　　（1）物料平衡　物料平衡软件集物料平衡和数据校正功能于一身，不仅可以实现全厂的物料平衡，还可以对各生产装置进行详细的平衡。物料平衡软件具有功能：快速的平衡，一天一平衡；实现库存的平衡、装置的平衡等；采用高级的统计数据校正 SDR 实现数据校正和丢失物料移动的确认；提供 Web 方式的报表功能，可以根据要求及时提供平衡结果；基于岗位的权限管理，控制数据的录入和处理。

　　物料平衡模型示意如图 6-9-11 所示。

　　通过物料平衡实现下述目标：装置侧线质量的自动计算；通过与油品移动接口连接自动获取罐库存量、罐状态信息及油品输转作业信息；查找到可能的丢失移动和不正确的测量数据；自动为主，手动为辅，提高准确率和效率；快速、准确地实现每日全厂物料平衡和收率计算；溯源性强，确保全厂生产数据的真实性和完整

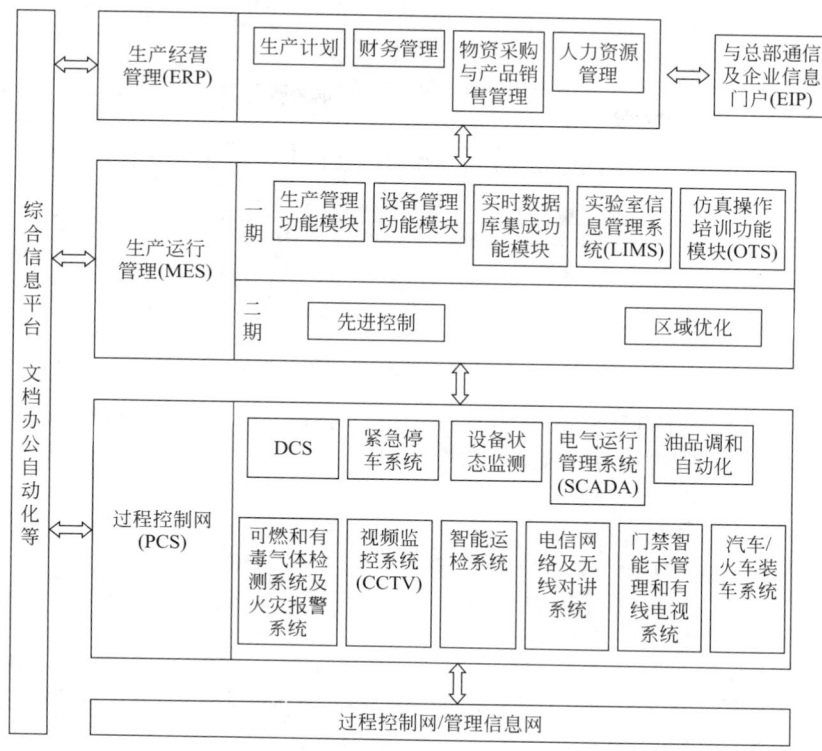

图 6-9-9 信息化构架方框图

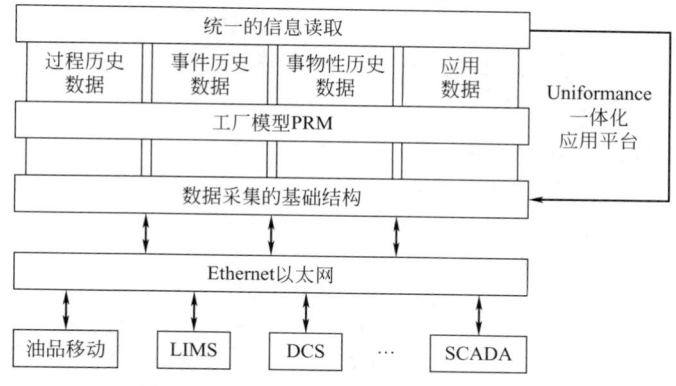

图 6-9-10 Uniformance PHD 系统构成

性；完成各种物料平衡报表。

(2) 操作管理 操作管理帮助生产人员通过对装置和生产流程的精细化管理，提高产品的产量和质量，确保装置的平稳运行。它可以实现对各操作班组的绩效考核和操作监视，还可以实现基于不同加工方案的调度指令和平稳的交班及记录的电子化，便于有关人员的共享。

① 操作指令

a. 用于管理流程工业操作计划，帮助调度人员和计划人员将计划目标下达到生产车间，使得操作员及时理解要采取的行动。

b. 把生产的调度指令下达到具体的操作班组或操作员，使生产过程中的计划、排产和操作之间建立联系，并通过操作监视软件进行目标值与实际值比较。

c. 用于管理每日生产操作目标信息，并提供给操作员反馈信息和记录的功能。

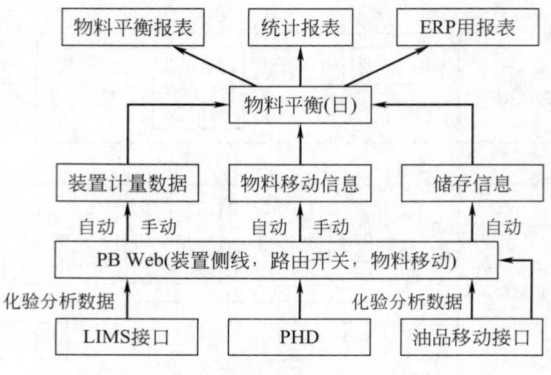

图 6-9-11　物料平衡模型示意图

　　d. 操作指令模板可定义多种操作模式。一旦模板被定义，操作方式的改变可借助于包含在操作指令子系统中的操作指令表或包含在物料平衡子系统中的模式改变表来实现。

　　操作指令解决了以下问题：

　　a. 确定有什么操作生产计划；

　　b. 确定生产计划是谁制定的、谁批准的，操作人员是否明白知道这些计划；

　　c. 有关安全生产、工艺、设计和环境的约束条件有哪些，在生产计划拟定时，这些约束条件是否满足；

　　d. 操作人员执行计划发现了什么异常情况。

　　② 操作监视　操作监视负责监视生产装置关键数据的实时结果，并把该结果与设计指标上下限进行比较，记录其超标情况，并提供操作界面供授权人员为超指标数据输入超标原因和改进建议和意见等。这样一个流程完整实现了"监控-反馈"的闭环控制。

　　操作监视主要解决了下列问题：

　　a. 操作计划是否能够满足；

　　b. 有什么安全、工艺、设计及环境约束因素，此约束是否能满足；

　　c. 操作是否超出了计划或约束条件；

　　d. 如何提高工艺性能和单元操作的可靠性。

　　操作监视带来的好处：

　　a. 减少事故的数量，降低事故带来的影响；

　　b. 提高资产的可靠性，减少操作和维护费用；

　　c. 加深对事故所发生区域的了解，使操作更安全、更符合环保要求；

　　d. 更加严格地执行操作计划，提高操作效率。

　　③ 操作日志　操作日志是操作人员和其他人员在轮班期间记录当班生产情况，对所发生的事件进行电子记录的软件工具，可以实现班组交接记录的电子化。操作日志帮助操作人员快速地获取各种不同信息。操作日志可以作为电子记事本，记录下操作人员的各种意见及建议、操作过程中发生的事件及活动、操作参数、产品汇总信息及关键绩效指标，帮助操作人员顺利进行交接班，并帮助其他操作人员更好地理解以前所进行操作的原因。

　　操作日志有助于平稳地交接班，协调操作车间的内部活动。对所发生事件的良好记录，有利于工艺设备更加有效地运行，减少故障以及提高效率。

　　操作日志主要解决了以下方面的问题：

　　a. 当天或上一个班记录了什么观测结果和原因解释；

　　b. 记录发生的某一问题的结果和原因解释；

　　c. 今天要完成什么任务，由谁负责；

　　d. 所有的任务是否都完成了，若没有，哪个任务要重新分配；

　　e. 轮班期间发生了什么事件，需要把什么信息告诉来接班的人员，才能保证下一个班的人员能安全有效地操作；

f. 安全、工艺、设计和环境的约束因素有哪些，拟定操作计划时这些约束是否都考虑在内；

g. 在执行计划时，操作人员发现了什么事件。

操作日志带来的好处：

a. 减少事件的数量和严重程度；

b. 增加资产的可靠性，降低操作和维护成本；

c. 更加符合安全和环保的要求；

d. 从过去的事故中学习经验，避免事故发生，提高生产能力。

（3）报表　报表对企业的管理、运营乃至领导层的生产决策都非常重要。典型的报表如图 6-9-12 所示。

报表类型	类型数量	应用单位
工艺技术台账	64	运行 1~6 部各装置
操作记录	99	
调度报表	7	指挥中心＞调度管理
能耗报表	3	指挥中心＞计划管理
物料平衡报表	16	
公用工程报表	5	
互供料报表	6	
ERP 用报表	6	
统计报表	31	
质量报表	2	指挥中心＞质量管理
报表配置表	6	
总计	245	

图 6-9-12　典型报表

（4）WPKS 展示平台　MES 由多个应用模块组成，每个模块之间相互独立，但业务上又彼此依赖，如何把这些模块有机地结合在一起，使得不同的模块之间信息共享、协同增效，就需要一个综合的信息平台把这些模块集成起来，MES 整体集成平台采用 Honeywell 的 WPKS 系统实现，其系统集成架构如图 6-9-13 所示。

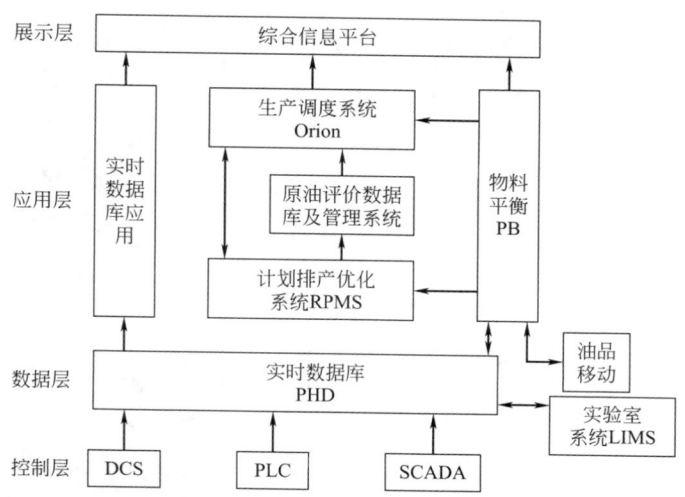

图 6-9-13　MES 综合信息平台

综合信息平台的主要任务是将上述不同业务模块集成起来，完成各个模块之间的数据、信息的实时交互，为整个 MES 提供统一的展示、使用平台、统一的报表等，提供创建操作任务和发布平台，对不同的业务人员，可以定制不同的访问权限和访问内容。主要完成任务包括：建立统一的 Web 应用平台，实现安全的权限管理，提供统一报表的展示平台，流程图与趋势图应用，提供网站链接功能，提供上传及发布的平台，提供操作日志创建与发布。

第十章　先进报警管理系统

第一节　报警生命周期管理

1. 多保护层结构

石油化工企业或装置的典型多保护层结构如图 6-10-1 所示。作为独立保护层，过程报警及操作员干预层旨在工艺操作偏离正常操作范围或发生异常情况时，操作员采取必要的响应操作措施，使工艺过程返回正常范围，避免引起安全仪表系统及其他安全保护设施动作。

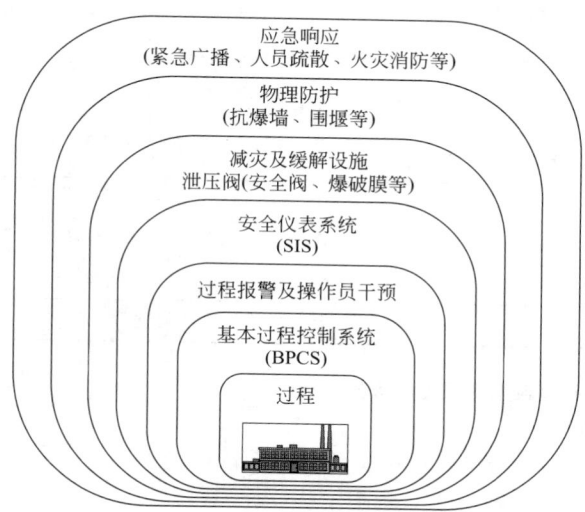

图 6-10-1　石油化工企业或装置的典型多保护层结构

近年来国内外通过对报警系统的研究及经验总结，逐步形成了先进报警管理的理念，推出相关的国际标准。工业实践证明，先进报警管理可以提高报警系统的有效性和安全性、提高精益管理水平。本章将对报警系统的定义、归档、设计、投用、管理及维护等提出要求，并对报警的选择、设置、优先级的确定、响应操作、处理方法、监测与评估、人机界面设计等提供基本的原则，力求通过总结先进报警生命周期管理各阶段应采取的典型活动，形成可行的先进报警管理工程实施策略。

2. 相关国际规范

ANSI-ISA 18.2　流程工业报警系统的管理

　　　　　　　　Management of Alarm Systems for the Process Industries

EEMUA 191　　报警系统

　　　　　　　　Alarm Systems

IEC 62682　　流程工业报警系统的管理

　　　　　　　　Management of Alarm Systems for the Process Industries

一、报警系统定义及设置原则

1. 报警定义

报警是指通过声响和/或视觉显示的方式提示操作员出现设备故障、工艺波动或其他异常情况，需要操作员在特定时间内进行响应操作。

报警的类型包括：模拟量报警；偏差报警；变化率报警；一致性报警；数字量报警；仪表诊断报警；控制系统诊断报警；手动设定报警；第一原因报警（也称首出报警）。

1420

操作员进行报警响应操作的基本步骤：
① 发现——通过操作画面和报警声响及时发现报警；
② 识别——识别报警的位号及描述，进行消音操作；
③ 核实——通过相关信息核实报警真实性和严重性；
④ 确认——对报警进行确认；
⑤ 判断——通过操作画面判断报警影响的工艺区域；
⑥ 操作——对报警进行正确的响应操作；
⑦ 复核——复核、监视工艺过程变化，直至报警消失。

报警发生后通常在基本过程控制系统中发出声响及/或视觉提醒，典型的报警声响和视觉指示如表 6-10-1 所示。

表 6-10-1　典型的报警声响和视觉指示

报警状态	声音提醒	视觉提醒		
		颜色	符号	闪烁
未确认的非锁定型的报警	有	有	有	有
已确认的非锁定型的报警	无	有	有	无
未确认的恢复正常的非锁定型报警	无	无	无	无
未确认的锁定型的报警	有	有	有	有
已确认的锁定型的报警	无	有	有	无
未确认的恢复正常的锁定型报警	有	有	有	有
搁置/抑制/停用的报警	无	可选	可选	无

操作员在接收到报警提醒后典型的报警响应操作包括：
① 调整工艺参数设定值；
② 现场采取动作，如手动启停泵、操作阀门、样品分析等；
③ 对异常情况进行诊断和分析；
④ 通知相关人员；
⑤ 对检查、维护活动进行记录。

2. 报警设置基本原则

报警设置的目的是提醒操作员关注装置出现异常情况并进行响应操作，防止可能发生严重的工艺波动、意外停车或重大事故。许多不需要人为干预的工艺过程，如阀门或设备的正常切换、设备的正常停用以及正常操作范围内的压力、温度等工艺参数的波动等，可由基本控制系统进行记录即可，不必以报警的形式提醒操作员。

不需要操作员采取行动的事件不应产生报警信息。在工程应用中，这一重要原则经常被忽视，如一台泵在正常停机的状态下产生了很多报警信息，如压力低报警、流量低报警、温度低报警、泵停机报警等。流程工业中正常操作时很多泵本就处于停止状态，这种状态下不应产生报警，当该泵需要运行却没有运行时才有必要产生报警。

控制系统组态过程中设置或修改报警很方便，常导致报警过度设置。过多的报警信息对操作员正常操作影响很大，往往降低报警的有效性，因此报警通常应用于重要的异常事件。

报警应进行合理的设置和组态，对于某个异常事件不应同时产生多个表示相同含义的报警。设置的报警应反映该异常事件发生的根本或主要原因。

报警设定值应合理定义并考虑报警之间的逻辑关系。确定报警设定值时，既要留给操作员足够的响应操作时间，又不宜设置得过于保守而造成频繁报警，干扰正常的生产操作。

报警要区分优先级别，整个工厂或装置的报警优先级设置要遵循统一的原则。报警优先级在工艺波动严重或报警泛滥时，将直接决定操作员响应操作的优先顺序，即多个报警发生时，操作员要优先响应高优先级的报警。

提示操作员的报警信息宜具有统一的格式且清晰简洁，防止引起歧义，误导操作员。

操作员对报警进行核实、评估和操作应遵循统一的步骤和规程。

基本过程控制系统中所有的报警信息要进行归档记录，便于查询或审查。归档文件包括所有报警定义的信息，为报警的合理化分析提供数据基础。

工程实践表明，良好的报警设置通常具备以下特征。

① 相关性：每个报警都与操作范围相关。

② 唯一性：没有多个相同含义的报警。

③ 及时性：操作员有充足时间采取行动。

④ 优先级：根据后果严重性及操作紧迫性确定了报警优先级。

⑤ 可读性：报警信息清晰一致，无歧义。

⑥ 诊断性：有助于诊断分析发生的问题。

⑦ 指导性：提醒操作员需要采取的行动。

以下事件通常不设置报警：

① 无需操作员采取响应操作的事件；

② 无需操作员关注的过程变量或操作参数变化；

③ 即使收到报警信息操作员也来不及响应的事件；

④ 只需要在事件记录中保存，无需操作员响应操作的事件；

⑤ 显示操作员操作成功的信息；

⑥ 重复报出的报警。

无论报警设置如何优化，报警都不能取代操作员对工厂或装置的正常操作和监控。

3. 报警与操作员提示信息

操作员提示信息是指通过声响和/或视觉显示来提示操作员检查某设备或工艺过程的状态。操作员提示信息的风险等级较低，不需经过报警归档与合理化分析，通常由操作员根据需要自行设置。

操作员在工艺操作过程中经常需要一些有用的操作提示信息。工艺过程每天都会有所不同，来自于之前操作班组的临时提示信息有时是有用的。这些由操作员临时设置的信息即为操作员提示信息。这些信息可帮助操作员进行工艺操作，但不能干扰操作员对报警的响应。

操作员提示信息不应作为报警信息，否则真正的工艺报警信息会与操作员提示信息混淆，干扰操作员的正常响应操作。报警是经过合理化分析确定的，报警发生时操作员应进行响应操作；操作员提示信息没有经过合理化分析，操作员不一定进行响应操作。

提示信息的重要性比工艺报警要低，操作员首先响应报警信息，然后再处理提示信息。

操作员提示信息可由操作员进行设置或取消，并且通常有时间限制。提示信息出现时，操作员可关闭提示声音。

操作员提示信息不能与报警信息一起显示，不出现在报警汇总画面中，建议设置独立的操作员提示信息画面。

二、报警的生命周期管理

先进报警管理系统是在报警生命周期各阶段，对工艺过程和控制系统报警进行采集、分析、管理及优化的系统，协助操作人员发现工艺过程及控制系统出现的需引起注意并做出响应的问题，采集报警信息以支持事件记录、事故分析、报警管理、优化改进等工作。先进报警管理系统通过报警分组、报警优先级、多工况报警、报警搁置、诊断分析等，实现生命周期各阶段的报警管理，提高报警系统的有效性，增强生产操作安全性。

根据相关国际规范及工程实践，提高石油化工工厂或装置报警管理水平的主要步骤为：

① 制定报警管理规范；

② 收集报警数据并评估控制系统的报警性能；

③ 发现不合理的报警设置并设法解决由此产生的报警问题；

④ 报警归档与合理化分析（D&R）；

⑤ 报警系统设计、实施、投用及维护；

⑥ 报警审查与评估；

⑦ 变更管理。

先进报警管理系统生命周期活动，包括制定报警管理规范、报警辨识、报警归档与合理化分析、报警系统设计、报警系统实施、报警系统投用、报警系统维护、报警监测与评估、变更管理、报警系统审查等，如图6-10-2所示。

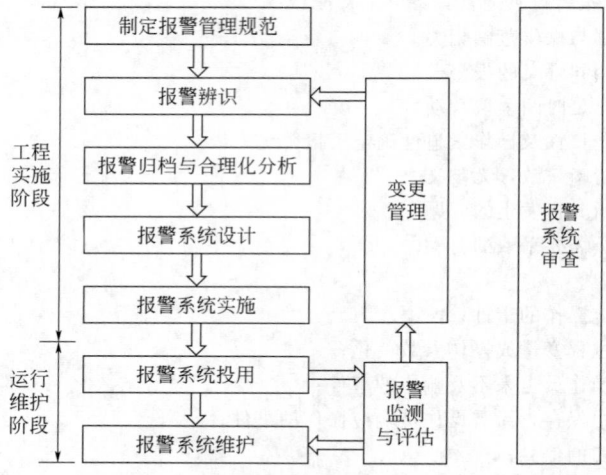

图 6-10-2　先进报警管理系统生命周期活动

对于新建大型石油化工企业或装置，先进报警管理系统的实施首先制定报警管理规范，定义报警系统的目标和设计原则，按照图6-10-2"先进报警管理系统生命周期活动"开展各阶段的工作。对于在役大型石油化工企业或装置，先进报警管理系统的实施首先进行报警监测与评估或报警系统审查，对现有报警系统的性能进行检测、分析、评估、审查，发现存在的问题，然后再按照图6-10-2开展各阶段的工作。

第二节　先进报警管理系统的构成

一、报警系统

报警系统是指由一系列硬件与软件构成的系统，用来检测报警状态并显示给操作员，同时记录报警信息、报警状态变化和响应操作情况。典型的石油化工装置报警系统的总体架构组成如图6-10-3所示。

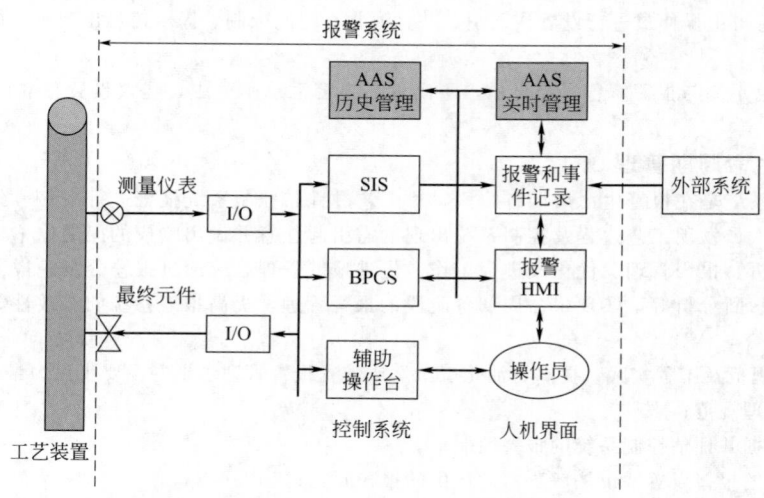

图 6-10-3　典型石油化工装置报警系统的总体架构

石油化工装置报警系统包括以下硬件和软件：

① 与报警相关的测量仪表和最终元件。

② 基本过程控制系统（BPCS，通常为 DCS）的报警功能。

③ 安全仪表系统（SIS）的报警功能。

④ 外部系统包括可燃和有毒气体检测系统（GDS）、可编程控制器（PLC）、压缩机控制系统（CCS）等的报警功能。

⑤ 辅助操作台：通常独立于基本过程控制系统和安全仪表系统。

⑥ 报警和事件记录，DCS 实现。

⑦ 报警人机界面（HMI）：DCS 画面显示报警信息。

⑧ 先进报警管理系统（AAS）实时管理，如报警搁置、报警泛滥抑制、多工况报警等。

⑨ 先进报警管理系统（AAS）历史管理，如报警 KPI 报告等。

二、先进报警管理系统

1. 先进报警管理系统网络架构

先进报警管理系统通常设置实时服务器和历史服务器。先进报警管理系统典型网络架构如图 6-10-4 所示。

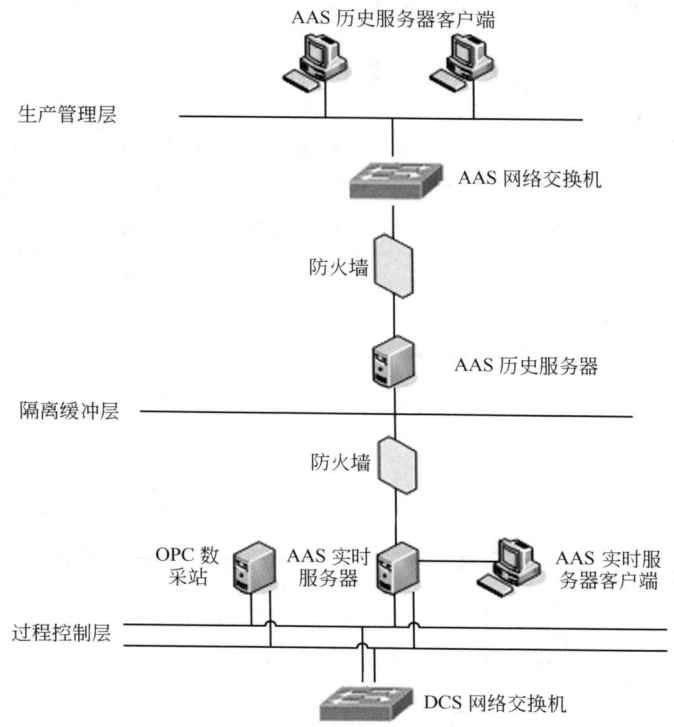

图 6-10-4　先进报警管理系统典型网络架构

先进报警管理系统按网络架构通常分为生产管理层、隔离缓冲层和过程控制层三个网络层次。AAS 实时服务器通过过程控制层的 OPC 数采站采集 DCS 系统报警和事件记录数据。AAS 实时服务器通过防火墙与位于隔离缓冲层的 AAS 历史服务器相连。AAS 历史服务器客户端位于生产管理层，通过防火墙与 AAS 历史服务器相连。

2. 先进报警管理系统软件构成

AAS 应用软件通常包括三个功能模块。

① 主报警数据库软件　主报警数据库软件用于报警主数据库组态、报警强制及报警变更管理，并提供各种维护功能。

② 报警性能评估软件　报警性能评估软件用于对报警性能进行数据采集、存储、评估和分析，以图形、表格等方式发布，并可通过 Web 服务器发布关键性能指标（KPI）报告。

③ 先进报警管理软件　先进报警管理软件具备 OPC 数据访问功能，符合 OPC 基金会发布的 DA 第 2 版和

第 3 版规范要求，实现审查与强制、报警搁置、动态报警设置等先进报警管理功能。

3. 先进报警管理系统信息安全

AAS 可设置独立的 OPC 数采站，也可与 AAS 实时服务器合并设置。

AAS 实时服务器与 AAS 历史服务器之间通常设置硬件防火墙，隔离过程控制网络和 AAS 历史服务器之间的非法访问及数据交换。

AAS 历史服务器与其客户端之间宜设置硬件防火墙，隔离非法访问及数据交换。

AAS 实时服务器可安装多块以太网网卡，分别与过程控制网络、硬件防火墙等连接。

AAS 实时服务器及其客户端安装防病毒软件。

AAS 历史服务器通常安装多块网卡，分别与过程控制层和生产管理层的硬件防火墙相连。

AAS 历史服务器及其客户端安装防病毒软件。AAS 历史服务器可具备 Web 服务功能。

硬件防火墙默认设置为数据单向传输，仅允许数据从过程控制层向生产管理层传输。

AAS 实时服务器与 DCS 系统之间根据工厂管理模式可设置回写开关，默认值为"关"。

第三节 先进报警管理系统的工程设计

一、报警系统的关键性能指标及管理水平分级

1. 报警系统的关键性能指标

报警系统的关键性能指标（KPI）通常基于每个操作岗位至少 30 天的数据记录考核。通过对标国际先进应用经验，典型的报警系统关键性能指标（KPI）如表 6-10-2 所示。

表 6-10-2 典型的报警系统关键性能指标（KPI）

报出的报警数/单位时间段	可接受的	最大可控的
每天报出的报警数	低于 150 个	低于 300 个
每小时报出的报警数	平均低于 6 个	平均低于 12 个
每 10min 报出的报警数	平均低于 1 个	平均低于 2 个
每小时超过 30 个报警的时间百分比	小于 1%	
每 10min 超过 10 个报警的时间百分比	小于 1%	
在 10min 内报警的最大数量	不大于 10	
报警泛滥的时间百分比	小于 1%	
前 10 个最常发生的报警占所有报警的百分比	1%～5%	
间歇报警和瞬闪报警的数量	0	
陈旧报警	每天出现的数量少于 5 个	
未经审批的报警抑制	0	
不合理的报警设定值修改	0	

表 6-10-2 中报警关键性能指标是根据石油化工企业经验及相关国际规范提出的目标，超出这些报警 KPI 指标，通常意味着操作员面对的报警负荷过重，报警效率降低，可能产生安全隐患，应予以改进。不同石油化工企业或装置的报警 KPI 指标，根据各自工艺特点和操作员的水平不同而各异，实际评估后确定。

2. 工厂报警系统管理水平分级

根据报警系统的性能指标，可对工厂（装置）的报警管理水平进行等级评估，报警管理水平分为以下五个等级，其等级描述、等级特征、典型报警 KPI 指标及典型改进措施见表 6-10-3。

表 6-10-3　典型的报警系统管理水平等级及改进措施（参照 EEMUA 191）

系统等级	等级描述	等级特征
第 1 等级	典型特征： 报警数量持续处于高位，容易发生报警泛滥，报警信息混乱，操作员对报警系统没有信心 典型报警 KPI 值： ①每 10min 报出的平均报警数＞100 ②在 10min 内报警的最大数量＞1000 ③每小时超过 30 个报警的时间百分比＞50％ 报警系统典型改进措施： ①制定适用于本工厂或装置的基本报警管理规范 ②采集并分析报警和事件记录中的历史数据，发现报警系统中不合理的报警设置，设法解决由此产生的报警问题 ③按照工作操作岗位实施报警分组 ④采用死区、正/负延时等基本手段减少间歇报警和瞬闪报警 ⑤重要报警应在报警系统 HMI 画面中提示操作员 ⑥建立报警历史记录存储 ⑦建立基本的报警搁置功能并记录	报警 负荷超高
第 2 等级	典型特征： 正常情况下报警数量相对稳定，异常情况下报警数量仍太多，报警优先级的划分不合理 典型报警 KPI 值： ①每 10min 报出的平均报警数 10～100 ②在 10min 内报警的最大数量＞1000 ③每小时超过 30 个报警的时间百分比 25％～50％ 报警系统典型改进措施： ①制定较完善的报警管理规范 ②自动采集、分析报警数据及性能，定期发布报警性能监测报告 ③完善工艺操作岗位的报警分组 ④开展报警归档和合理化分析工作，减少重复报警和不合理报警设置，合理划分报警优先级，合理确定报警设定值 ⑤按照人机工程学要求改善报警系统人机界面设计 ⑥建立合理管控的报警搁置功能和操作规程	报警 负荷偏高
第 3 等级	典型特征： 报警泛滥问题基本得到解决，某些异常情况下报警数量仍偏多，报警优先级的划分基本合理 典型报警 KPI 值： ①每 10min 报出的平均报警数 1～10 ②在 10min 内报警的最大数量 100～1000 ③每小时超过 30 个报警的时间百分比 5％～25％ 报警系统典型改进措施： ①实施先进报警管理系统，如基于逻辑的报警搁置、多工况报警、报警泛滥抑制等 ②在控制系统中集成报警响应动作的指导信息 ③建立并有效管理主报警数据库 ④按照高效 HMI 要求设计实施控制系统人机界面 ⑤实施先进报警管理生命周期各阶段的活动	报警 负荷稳定

系统等级	等级描述	等级特征
第 4 等级	**典型特征：** 正常或异常情况下报警数量都得到有效的控制,报警优先级划分合理,操作员信赖报警系统 **典型报警 KPI 值：** ①每 10min 报出的平均报警数 1～10 ②在 10min 内报警的最大数量 10～100 ③每小时超过 30 个报警的时间百分比 1%～5% **报警系统典型改进措施：** ①实施报警事件自动诊断分析、基于模型的报警动态设置等 ②设置报警审查和强制恢复功能 ③在控制系统中集成操作规程指导	报警 适应性强
第 5 等级	**典型特征：** 报警数量达到最优,报警系统稳定可靠,报警信息能起到可靠指导与预测作用 **典型报警 KPI 值：** ①每 10min 报出的平均报警数＜1 ②在 10min 内报警的最大数量＜10 ③每小时超过 30 个报警的时间百分比＜1% **报警系统典型改进措施：** 实施更为先进的技术,如关键设备与工况的预警、异常工况智能管理等	报警 预测性强

当对特定工厂或装置的报警系统进行报警管理水平改进时,通常按照报警系统管理水平等级逐级进行,先从实施基本的报警系统改进技术开始,因为造成报警负荷高的主要原因往往是某几个滋扰报警。如某石油化工装置的实际报警系统等级为第 2 等级 "报警负荷偏高",在实施先进报警管理活动时,先按照第 3 等级 "报警负荷稳定"的目标实施;通过采取第 2 等级的典型改进措施并达到第 3 等级的目标后,再采用更先进的报警管理技术,实施第 4 等级 "报警适应性强"的目标。大型石油化工企业或装置的报警系统管理水平等级至少达到第 3 等级。

二、报警系统设计基本原则

1. 设计目标

报警系统能持续有效地帮助操作员在正确的时间采取正确的行动。报警系统的设计目标为：

① 报警设置合理,并正确实施报警管理;

② 报警信息具有指导意义并清晰易懂;

③ 报警的设置和组态符合相关工业标准和最佳工业实践;

④ 报警发生率控制在操作员能有效处理的范围内;

⑤ 操作员能够快速确定报警位置和报警优先级;

⑥ 操作员能够在报警频发的情况下有效处理报警信息;

⑦ 报警系统得到有效的监视、管控和维护。

2. 报警分组

为减少不同操作岗位的报警的相互干扰,减轻报警负荷,报警系统须按照操作岗位进行报警分组。实践证明这也是有效降低报警数量,提高报警效率的基本要求。

报警分组应与操作岗位的职责范围一致,与本操作岗位无关的报警不予报出。与操作岗位相关的公用工程单元的报警应分配至相应操作分组,并明确报警响应责任。与操作岗位无关的公用工程报警可作为操作员提示信息。

典型的报警分组示例如表 6-10-4 所示。

3. 报警优先级

报警优先级代表工艺报警的严重程度,操作员根据优先级的顺序进行报警的响应操作。无论控制系统报出哪种优先级的报警,操作员进行响应操作。

表 6-10-4　典型的报警分组示例

操作岗位	报警响应责任	操作员提示信息
♯1 操作岗位	100 第 1 单元 200 第 2 单元 700 公用工程 1 有毒/可燃气体报警(对应♯1 岗位)	800 公用工程 2 900 公用工程 3 有毒/可燃气体报警(对应♯2 岗位) 有毒/可燃气体报警(对应♯3 岗位)
♯2 操作岗位	300 第 3 单元 400 第 4 单元 800 公用工程 2 有毒/可燃气测报警(对应♯2 岗位)	700 公用工程 1 900 公用工程 3 有毒/可燃气体报警(对应♯1 岗位) 有毒/可燃气体报警(对应♯3 岗位)
♯3 操作岗位	500 第 5 单元 600 第 6 单元 900 公用工程 3 有毒/可燃气体报警(对应♯3 岗位)	700 公用工程 1 800 公用工程 2 有毒/可燃气体报警(对应♯1 岗位) 有毒/可燃气体报警(对应♯2 岗位)

　　石油化工工厂或装置采用一致性的方法开展报警归档与合理化分析工作，合理定义报警优先级。各优先级的报警信息遵循一致的定义和分配原则。

　　工艺报警优先级通常定义为 3 个等级，大型装置或有特殊要求时也可设置以下 4 个等级。

　　① 第 4 级（紧急）工艺报警：在辅助操作台或控制系统中设置（可选）。

　　② 第 3 级（高级）工艺报警：在控制系统中设置。

　　③ 第 2 级（中级）工艺报警：在控制系统中设置。

　　④ 第 1 级（低级）工艺报警：在控制系统中设置。

　　仪表及控制系统诊断报警原则上与工艺报警分开显示汇总。重要的仪表及控制系统诊断报警可分配为低级工艺报警。

　　控制系统日志是一种特殊用途的报警，不显示给操作员，仅在控制系统中产生一个带时间标签的记录。控制系统日志通常用于顺序事件记录和事故分析。控制系统日志的定义要适度，否则会大量占用控制系统的通信负荷和磁盘空间。

　　典型的各优先级报警占报警总数的比例如表 6-10-5 所示。表中占比数据仅作为指导原则，每个工厂或装置的具体情况可有所不同，依据具体厂情确定。

表 6-10-5　典型的各优先级报警占报警总数的比例

报警优先级	占比报警总数
第 4 级(紧急)工艺报警	<1%
第 3 级(高级)工艺报警	3%~7%(通常 5%)
第 2 级(中级)工艺报警	10%~25%(通常 15%)
第 1 级(低级)工艺报警	75%~80%(通常 80%)
仪表及控制系统诊断报警	不计算占比,分开显示汇总
控制系统日志	不计算占比

　　报警优先级通常根据后果严重程度和最大允许响应时间两个指标确定。

　　后果严重程度是指若操作员对某个报警不进行任何响应操作，会发生最严重后果的危害程度。典型的用于确定后果严重程度等级的矩阵表如表 6-10-6 所示，工厂或装置可根据自身特点及容忍程度予以适当调整。

表 6-10-6 确定后果严重程度等级的典型矩阵表

影响范围	无影响	影响较小	影响较大	影响严重
人身伤害	无人身伤害或健康影响	如果操作员对某个报警的响应操作能避免人身伤害,该报警设置为最高的优先级。如可燃和有毒气体检测器报警、安全喷淋和洗眼器的动作报警以及其他避免人身伤害的报警		
环境影响	无影响	对当地环境的影响很小、影响范围仅限于工厂或装置内的局部区域。泄漏量小于国家或当地的环保法规,且易于清理和恢复。环保部门无需备案或其备案对工厂生产运行基本无影响	导致对当地环境的较大影响,但没有造成永久性的危害。对工厂或装置外围的局部区域造成了一定影响,违反了相关的环保法规。环保部门可能会对事故进行调查并对工厂进行罚款	污染物或有毒物质的泄漏一度处于失控状态,对工厂或装置区域及外围的大面积区域造成严重影响。严重违反相关环保法规,环保部门会对事故进行重点调查并进行严厉罚款
经济损失	无影响	损失较小,只需通知工艺车间级负责人	损失较大,需通知工厂级负责人	损失严重,需通知公司级或更高级别负责人

确定报警后果严重程度时不必考虑事件发生的概率,虽然某个事件发生的概率很小,也假设该事件可能会发生。报警合理化分析时只需考虑该事件发生时,若相应的报警被操作员忽视,可能产生的后果严重程度。这是因为报警归档与合理化分析不是 PHA、SIL 或 LOPA 分析,事件发生的概率及危险性分析用来确定仪表或控制系统冗余配置方案,而不用作确定报警优先级的依据。

确定报警后果严重程度不必假设多重保护同时失效的情况。假设某设备设置了压力高报警,还配置 SIS 系统自动联锁的压力排放阀,可在压力达到高高报警设定值后将容器内的物料泄放到大气中,以降低容器内压力,同时还设置机械式安全阀。在报警归档与合理化分析过程中,假设所有的保护系统都是起作用的,如 SIS 系统及其自动压力排放阀、机械式安全阀及其他独立的报警都能正常工作,如果操作员没有对容器的压力高报警进行响应操作,会导致容器中的物料泄漏至大气环境中,从而造成环境污染,并给工厂带来相应的经济损失,但不会有人员伤害问题。在确定报警优先级时,不必假设所有的压力泄放设施全部失效,导致容器爆炸并造成人员伤害。

最大允许响应时间是指为避免异常情况导致不良后果发生,容许操作员从报警发生到做出正确响应操作之间的最长时间,如图 6-10-5 所示。这一响应操作时间包括内操人员的响应操作时间和外操人员按照内操要求完成相应操作的时间。操作员对报警的及时响应操作,能够有效避免工厂或工艺装置的损失。操作员没有及时进行响应操作的报警,其随后产生的不良后果一般会随着时间的推移变得更加严重。

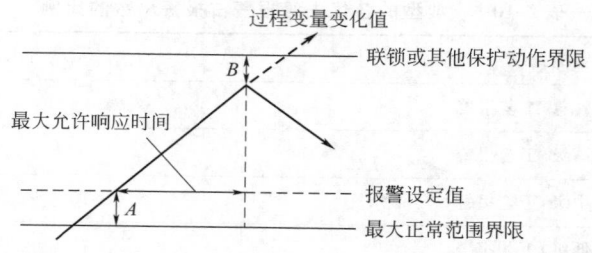

图 6-10-5 最大允许响应时间示例(其中"A"和"B"为适当的设计裕量)

在异常情况下,操作员经常需要同时面对多个报警信息。此时,操作员须按照合理顺序进行报警的响应操作。在出现相同不良后果的情况下,允许的操作响应时间越短,定义的报警优先级越高。如当两个工艺操纵变量都偏离正常值,且都可能导致重大损失时,操作员应优先对在更短时间内可能产生不良后果的报警进行响应操作。

典型的用于确定最大允许响应时间等级的定义如表 6-10-7 所示。

表 6-10-7　确定最大允许响应时间等级的典型表格

响应操作的实时性定义	最大允许响应时间等级
定义不合理,宜取消报警或重新设置报警参数	>30min
按时响应操作	15～30min
快速响应操作	5～15min
紧急响应操作	<5min

若报警的最大允许响应时间大于30min,原则上不满足报警的定义和要求。当报警发生时,操作员可超过30min不做任何响应操作显然是不合理的,所有的报警都要求操作员及时进行响应操作。发生30min却对工艺装置基本没有影响的报警可考虑取消,或者重新设置报警参数。当然该要求也不是绝对的,会有例外的情况。如缓蚀剂添加系统故障报警用于设备的长期保护,操作员对于这类报警即使几周甚至一个月不做响应操作,通常也不会发生任何不良后果。但此类报警对设备的长期保护非常重要,操作员在交接班前也最好对此类报警做出响应操作,如提出正式维护申请。

通过表6-10-6和表6-10-7确定报警优先级的后果严重程度和最大允许响应时间后,就可以按照表6-10-8的典型矩阵表确定报警的优先级别。

表 6-10-8　确定报警优先级的典型矩阵表

最大允许响应时间	后果严重程度			
	无影响	影响较小	影响较大	影响严重
>30min	不设置报警	宜取消报警或重新设置报警参数		
15～30min	不设置报警	第1级(低级)工艺报警	第1级(低级)工艺报警	第2级(中级)工艺报警
5～15min	不设置报警	第1级(低级)工艺报警	第2级(中级)工艺报警	第2级(中级)工艺报警
<5min	不设置报警	第2级(中级)工艺报警	第3级(高级)工艺报警	第3级(高级)工艺报警

第4级(紧急)工艺报警可在第3级(高级)工艺报警中按以下原则选取:
① 引起工厂或装置重要单元或设备紧急停车的关键报警;
② 引起安全、环保和人身伤害的重大报警。

第4级(紧急)工艺报警可设置在报警辅助操作台或基本过程控制系统中。国外标准建议每个操作岗位最多设置10～20个紧急报警,这些紧急报警的状态都要记录在报警历史记录中。

4. 报警系统设计基本原则

(1) 滋扰报警　石油化工企业或装置中滋扰报警往往是造成报警频繁甚至报警泛滥的主要原因,所以要正确识别、分析和处理滋扰报警。滋扰报警通常包括间歇报警、瞬闪报警和陈旧报警等。操作员不得无期限地忽略或抑制滋扰报警。在处理滋扰报警过程中,操作员宜对相关报警进行搁置直至问题解决。

(2) 间歇报警　间歇报警是指短时间内频繁出现的重复报警,通常每分钟报出3次以上。

模拟量的间歇报警通常通过报警设定值的延时滤波或设置合理的死区范围解决。典型的模拟量延时滤波和死区范围设置如表6-10-9所示。

表 6-10-9　典型的模拟量延时滤波和死区范围设置

信号类型	典型模拟量延时滤波时间	典型模拟量死区范围
流量	2s	≥5%
液位	2s	≥5%
压力	1s	≥2%
温度	无需延时	≥1%

数字量的间歇报警通常通过合理设置正延时或负延时解决。设定报警延时后要持续监控，防止危险情况发生。典型的数字量正延时和负延时设置方案见表 6-10-10。

表 6-10-10　典型的数字量正延时和负延时设置

信号类型	正延时(缺省值为零)	负延时(缺省值为零)
流量	0～15s	0～15s
液位	0～30s	0～60s
压力	0～15s	0～30s
温度	0～30s	0～60s

正延时模块的动作方式为：当接收到的报警输入信号经过指定的延迟时间后仍然存在，正延时模块才会将该报警信号输出，显示给操作员；如果报警输入信号连续存在时间小于指定的延迟时间，则正延时模块不会将该报警信号输出，该报警被自动过滤。

负延时模块的动作方式为：接收到报警输入信号立刻报出，显示给操作员。操作员进行响应操作并解除报警或报警消失后，报警状态仍会经过指定延迟时间后才能解除；报警消失后，在指定延迟时间内即使再次发生，报警状态仍会一直保持并提醒操作员。

若采取以上方法仍无法有效消除间歇报警，可考虑对工艺、设备或仪表的硬件设计加以改进。

（3）瞬闪报警　瞬闪报警是指某个报警报出后，在极短的时间内恢复正常，通常在 1s 之内。模拟量的瞬闪报警一般通过设置合理的延时滤波即可解决，数字量的瞬闪报警可通过设置合理的正延时解决。

（4）人身安全的报警　用于人身安全的报警的优先级通常定义为第 3 级（高级）工艺报警。

① 可燃和有毒气体检测报警：操作员立即给可能在受影响区域的人员发出警告，并确保受影响区域的所有人员离开直到危险情况得到确认和控制。操作画面中应显示报警，并指示出报警的具体位置。若条件允许，在画面上添加风速和风向指示。

② 安全淋浴和洗眼器动作报警：当安全淋浴和洗眼器动作激活时，说明现场有人可能发生意外伤害，操作员应立即组织相应的紧急援助，否则可能会导致伤害更加严重。操作画面中应显示报警，并指示出报警的具体位置。

③ 烟雾或火灾报警：所有烟雾或火灾报警信号均送至控制系统中显示报警。

④ 低氧报警：所有低氧报警均送至控制系统中显示报警。

⑤ 紧急停车开关：激活现场紧急停车按钮或开关宜触发报警。

⑥ 一氧化碳检测报警。

⑦ 消防报警。

⑧ 长明灯火焰和火炬火焰熄灭报警。

⑨ 输送易燃或有毒介质泵的密封故障报警。

⑩ 消防喷淋系统动作报警。

（5）建筑物相关的报警　工厂或装置内与建筑物相关的报警分配优先级的基本原则如下。

① 第 2 级（中级）工艺报警：

a. 重要设备的冗余电源故障；

b. UPS 故障。

② 第 1 级（低级）工艺报警：

a. 建筑物正压通风故障，当打开建筑物门时可设置报警延迟以避免产生滋扰报警；

b. 温度/湿度报警，如放置电脑设备的房间 HVAC 系统发生故障；

c. 检测以上故障的硬件设备健康状态报警。

（6）报警设置位置　控制系统在执行控制算法与逻辑运算之前，来自现场检测仪表的信号通常需要经过滤波、平均值或选择器等算法模块。报警通常设置在过程变量信号处理的最后一个算法模块上。报警设置的位置通常遵循以下原则：

① 如果过程变量的测量值经过一个单独的过程信号源点，然后进入到控制点中，对这个过程变量的任何报警设置通常设置在控制点上，而不是在信号源点上；

② 某些情况下，多个模拟输入 PV 值经过平均值或选择器计算后送至控制点，报警放置的位置通常在控制点上；

③ 若多个 PV 源输入到选择器模块，然后其输出送至逻辑运算模块，PV 值不再送至其他算法模块，报警设置最适当的位置为选择器上，而不是在 PV 输入点，逻辑点可基于逻辑功能需要设置单独的报警。

组态某个逻辑功能时，不要将报警是否出现作为触发动作的判据。若将报警作为逻辑动作的触发原因，任何报警激活、抑制、设定值修改等都会影响逻辑运算的结果，且不易察觉，造成安全隐患。建议的做法是在组态某个逻辑功能时，将过程变量（PV）作为输入，将其与在逻辑点上或软件中某特定数值进行比较，并将比较结果作为触发逻辑动作的判据。

(7) 仪表故障诊断报警 仪表故障时操作员画面将无法显示相关仪表读数，此时应通过报警提示操作员该仪表不再正常工作，操作员通知相关部门组织维修。仪表维修后，操作员重新激活相关点，并解除相关报警搁置。

仪表故障诊断报警（如 PV 坏值报警）的设置原则通常为：

① 通常所有的模拟输入点设置 PV 坏值报警；

② 若某个指示点作为控制点的输入，PV 坏值报警应设置在控制点上，而不是指示点上；

③ 某个 PV 坏值报警往往关联很多点，设置报警时尽量使 PV 坏值报警只产生一次，而不是产生多个 PV 坏值报警；

④ 典型的仪表诊断报警优先级分配原则如表 6-10-11 所示。

表 6-10-11 典型的仪表诊断报警优先级分配原则

仪表故障报警的响应动作	报警优先级
需立即开展维修工作的报警，如参与联锁、控制等的重要测量仪表、报警优先级为第 3 级和第 4 级的检测仪表等	第 1 级（低级）工艺报警
在班组结束前填写工作申请，以及日志记录的报警，如一般用途的检测仪表等	仪表及控制系统诊断报警

(8) 控制系统诊断报警 控制系统诊断报警原则上与工艺报警分开显示汇总。正常状况下控制系统的状态监测不该出现报警。控制系统状态显示不该存在陈旧报警。操作员须了解控制系统诊断报警的响应动作，并根据严重程度联系控制系统工程师。

随着数字技术的不断深化，采用现场总线技术的控制系统越来越普遍。总线技术可产生许多预防性维护和设备状态的报警，这些报警通常对操作员没有太大意义，可将这些报警从工艺报警中分离出去，提供给维护部门使用。按照工作流程，维护部门按时查阅此类报警后采取相应维护措施。

(9) 安全仪表系统报警 若相同的模拟量检测仪表分别输入到 DCS 和 SIS 中，如分别用于过程控制和联锁停车，通常不应为相同的多个检测仪表设置多个报警，未设置报警的点可在操作画面上显示或在操作记录中保存。

若进入 SIS 的检测仪表作为停车的预报警，通常将该报警在 DCS 画面上显示，提醒操作员采取正确的操作响应。停车的预报警可设置为第 3 级（高级）工艺报警，而停车报警反而可设置为第 2 级（中级）工艺报警或第 1 级（低级）工艺报警。这是因为发生预报警时，操作员可采取有效措施避免停车。若停车已发生，操作员采取措施已起不到作用。

当 SIS 联锁停车时，紧急切断阀的阀位开关动作一般不设置为报警。紧急切断阀未按预设模式动作时才设置报警，提醒操作员采取动作。

连接到 SIS 重要过程变量的健康诊断报警可在 DCS 中显示报警。

(10) 外部控制系统报警 石油化工装置中经常包含外部控制系统，如过程分析仪系统、防喘振控制器、设备包控制系统等。这些外部系统通常与基本过程控制系统通过硬接线信号连接，或通过串行通信的方式连接。原则上每个外部控制系统可设置"公共报警"报出给操作员，每一个单独报警点不再报出，而是作为事件记录在报警历史记录中。

外部系统也可根据实际情况设置一个或多个"公共报警"点，如压缩机上多个振动检测的报警点可整合到一个"振动公共报警"点上，当其中一个或多个振动报警发生时，触发此公共报警；每一个振动报警信号都将保存至历史记录中。可将压缩机润滑油系统相关的报警整合在一起设置"油路系统公共报警"。

针对外部系统的公共报警点，要求建立显示报警信息和设备状态的详细画面，该画面与公共报警点直接关联。

(11) 冗余传感器和表决系统的报警　石油化工装置通常根据专利商或业主的要求，在关键场所设置双重化或三重化冗余检测仪表和最终元件。在工艺波动或异常情况下，这些冗余信号的报警可能产生报警泛滥。在联锁停车情况下，可能导致激活若干报警，在报警汇总画面中增加很多报警条目。

报警合理化分析过程中，要检查和分析冗余传感器和表决系统的报警，尽可能消除由此产生的滋扰报警。设置原则为：

① 在正常开停车时，操作员不该接收到大量不必要报警；

② 可利用逻辑功能块对多个冗余检测仪表的报警进行表决和整合，如设置公共报警；

③ 报警表决结果清晰且易于操作员理解，报警表决结果宜在控制系统上报警；

④ 操作画面合理设计显示表决结果和多个触发原因的状态，帮助操作员快速评估报警；

⑤ 尽量减少偏差报警引起的多个报警；

⑥ 可设置第一原因报警，以便准确识别停车原因。

(12) 仪表维护旁路报警　仪表维护旁路的设置应遵循相关的标准和规范。维护旁路状态应进行报警，并在基本过程控制系统画面中将旁路状态显示给操作员并记录。仪表维护旁路通常设置时间限制，在时间到达时提示操作员。

仪表维护旁路的报警通常不必设置过高的优先级。旁路报警的目的是告知操作员发生了某些信号或逻辑被旁路的异常情况，提醒操作员在测试或维护完成后重新激活相关功能。旁路报警设置过高的优先级显然是不合理的，因为高优先级报警代表产生严重后果而需要快速响应操作的事件，而旁路报警并不是此类事件。

(13) 控制程序报警　石油化工装置很多操作任务通过基本过程控制系统的程序控制实现，若程序发生错误，操作员将采取其他的人工方式处理。实际生产过程中，程序运行经常产生一些不明原因或无法理解的报警或错误信息，这些信息对于程序编制人员有用，对于操作员没有多大意义，此类的报警应尽量取消。来自程序的报警要清晰、易于操作员理解。控制程序须编制指导手册，说明报警原因以及应对措施。

(14) 手动操作报警　某些工艺设备需要定期地进行手动操作，报警通常用于提示操作员去启动手动任务，如当缓存罐液位达到60%时需要人工启动出口泵。由于所需响应操作的时间紧迫性不高，此类报警的优先级可分配为第1级（低级）工艺报警，也可将此类报警设为提示信息，并在操作员提示信息系统中记录显示。

(15) 重复报警　重复报警是指同一个异常事件产生多个不同过程参数的报警，在设计报警时应尽量避免设置重复报警，并选取报警发生的根本原因或主要原因设置报警。

(16) 后续报警　石油化工工艺过程是许多相互关联系统的集成，某个单独的报警可能会引起很多其他报警，称之为后续报警。在设计报警时应尽量避免设置后续报警，选取报警发生的根本原因设置报警，或采用多工况报警技术。

(17) 组合报警　组合报警是指在设置PV高报或PV低报的同时，为达到预报警的目的，又设置PV高高报或PV低低报。组合报警大大增加了报警数量，易造成报警泛滥，所以应尽量避免。通常情况下不宜设置高高或低低报警，若设置高高或低低报警，应确认其与高或低报警所需操作员采取的响应操作的类型或程度不同，不应设置两个报警而要求操作员采取相同的动作。在第一次报警（如高报）发生后、第二次报警（如高高报）发生前，操作员须有充足的响应操作时间。

(18) 偏差报警　偏差报警用于提醒操作员过程变量偏离设定值一定范围，通常设为占满量程的百分比或某个工程单位值。由于控制器的设定值经常调整，偏差报警易产生很多报警；在控制器投手动时，也易引发不必要的报警。因此尽量不设置偏差报警。

(19) 变化率报警　变化率报警是指过程变量变化率超过设定值时产生的报警。由于在工艺波动或切换过程中变化率报警易产生很多报警，尽量不设置变化率报警。若一定使用，设置适当的报警延迟时间，确保过程变量的正常波动不会产生变化率报警。

(20) 数字量报警　数字量有两种状态"0"和"1"，通常其中一个设置为正常状态，另一个设置为非正常状态。当输入达到预先设定的非正常状态时报警就会触发。这种做法简单，但容易产生不恰当的报警。如设置某个设备停用就产生报警是不合理的，在装置正常情况下，某些设备即处于停用状态。应对数字量报警进行分析评估，合理设置报警状态。报警只在真正发生异常情况时产生，当某设备应在启用状态却被停用时，才应产生报警。

(21) 重复报出的报警　重复报出的报警是指报警报出后并未解除，经过一段时间后再次报出。重复报出的报警与报警设置的基本原则相违背，干扰操作员的注意力，增加报警负荷，通常不设置。

（22）渐变报警　渐变报警是指过程变量值超过初始报警设定值产生报警后，每增加一定的数值就额外报警。渐变报警与报警设置的基本原则违背，干扰操作员的注意力，增加报警负荷，通常不设置。

（23）报警设定值的选择　报警设定值的选择应既能保证操作员有充足的时间进行响应操作，又能保证装置的安全平稳运行。在基本过程控制系统中要选择合适的报警设定值，且一般不与 SIS 系统或其他外部系统的报警设定值重复。同一个工艺变量在工艺过程的不同操作工况下，可能需要设置不同的报警设定值。所有的报警设定值以及与之相关的操作工况应记录和归档。

报警设定值的选择应综合考虑以下相关因素：

① 仪表设计及选型；

② 环境因素；

③ 安全保护因素；

④ 工艺及设备设计条件；

⑤ 经济因素；

⑥ 装置运行状况；

⑦ 设备可靠性；

⑧ 产品质量因素；

⑨ 人员安全因素；

⑩ 与 SIS 系统报警或联锁设定值的接近程度。

三、先进报警管理系统设计原则

先进报警管理系统是指在报警系统生命周期活动中帮助改进报警管理、降低报警率的一系列硬件、软件、技术和报警管理活动，如报警搁置、多工况报警、报警泛滥抑制、报警设置的审查和强制恢复等。

1. 报警搁置

操作员有时会临时抑制个别报警或者报警组。这些被抑制的报警须得到有效的管控，以确保在适当的时候能及时解除抑制。受到合理管控的报警抑制称为报警搁置。当某些报警需要被频繁搁置或者有许多报警需要被搁置时，通过手工记录报警搁置/解除搁置往往难以跟踪和管理，报警搁置/解除搁置宜采用先进报警管理系统提供的报警搁置功能。

操作员在班组交接前应掌握报警搁置的详细信息，如被抑制或禁用的报警位号，特别是与即将启动的设备有关的报警搁置信息。报警搁置的记录应清晰明确地提供这些信息，以便操作员在交接班前或启动相关设备前进行查询。先进报警管理系统能提供合适的软件工具帮助操作员快捷方便地查询报警搁置的记录。

任何报警都不能无限期被搁置。报警搁置所持续的时间应在控制系统上进行设置和显示。当达到报警搁置的时间限制时，控制系统能自动提示操作员确认是否解除报警搁置。

报警搁置的设置须综合考虑报警优先级、搁置时间限制以及管理权限，一些基本原则如下：

① 第 4 级（紧急）工艺报警通常不搁置；

② 第 3 级（高级）和第 2 级（中级）工艺报警搁置时间一般限制在一个操作班次，可由值班长批准设置和解除；

③ 第 1 级（低级）工艺报警搁置时间限制通常为一个操作班次，可由操作员设置和解除。

手动报警搁置和自动报警搁置最好采取统一的方式，仅对特定的报警功能进行抑制。当搁置某个单独的报警时，不应抑制该仪表位号上的其他报警。

已被搁置的间歇报警可不再作为历史事件进行记录。否则短时间内报警日志就会被大量的间歇报警条目占据，易导致控制系统历史记录的负荷过重甚至饱和，降低控制系统工作效率。

报警搁置经常结合其他的先进报警管理技术使用，如多工况报警、报警泛滥的抑制、报警设定值的审查/强制恢复等。

2. 多工况报警

石油化工装置多数报警的设置针对于工艺或设备的正常操作工况。工艺或设备有时会有不止一种操作工况，然而控制系统的报警设置通常只对单一工况设置单一的报警设定值和报警优先级。石油化工装置中典型的操作工况，包括开工、停工、切换产品牌号、切换进料来源、调整操作负荷等。

某些工艺单元的正常操作可能会有几种不同的模式，因此对相关工艺参数设置单一固定的报警值也是不合适的，易产生不必要的报警。如在某些正常情况下，部分工艺单元处于正常的停工状态，这时可能产生大量不必要报警；另外，备用设备处于正常停工状态时也会产生许多不必要报警。在上述情况下，基于单一模式的报警设置不能满足要求，易产生不必要的报警，严重时可能导致报警泛滥，干扰操作员对真正报警的响应操作。

多工况报警的管理应根据工艺单元或工艺设备的各种工况条件进行动态的报警设置。针对于不同的工况，可对同一个位号的同一类报警设置多个报警设定值和/或报警优先级，且根据装置的实际运行工况激活相应的报警设定值和/或报警优先级。

工况状态的判别要使用正确的工艺操作信息，控制系统可根据工况状态的检测结果，判定工艺单元或工艺设备处于何种工况。当工况转换时，控制系统可采用如下之一的方法激活不同的报警设定值或报警优先级：

① 全自动转换，控制系统自动识别当前工况并自动修改；

② 半自动转换，通过操作员识别当前的工况并手动触发自动修改；

③ 手动转换，通过操作员识别当前的工况并手动修改。

全自动或半自动转换时，多工况报警程序应对程序的状态进行诊断，若发现故障，自动将相关报警设为故障安全设置。手动转换时，操作员应按照相关操作规程进行操作，核对操作手册，确保所有手动操作的正确性。

3. 报警泛滥抑制

报警应为操作员提供及时准确的信息，帮助操作员采取最佳的响应操作以阻止或减缓工艺装置异常波动。报警的发生频率不应超出操作员有效响应操作的能力范围。当报警频率高于操作员的有效处理能力时，可能发生报警泛滥。当报警泛滥时，操作员对报警的响应操作效率会降低，操作更加困难，因为重要的报警信息易被忽视。

报警泛滥抑制功能，可根据相关工艺或设备的工况或其他条件对预先定义好的报警或报警组进行动态管理，如采用基于多工况的报警抑制、基于逻辑判断的报警抑制、基于模型计算的报警抑制等方法。

4. 报警设置的审查和强制恢复

随着计算机技术的发展，基本过程控制系统设置和修改报警非常容易。随着时间的流逝，若大量的报警设置和修改得不到有效管理，报警系统性能降低，并可能引发工业事故。

为了保证基本过程控制系统报警设置的完整性，防止由于未授权的报警设置或修改引起事故，提高操作员的工作效率和装置的可靠性，先进报警管理系统可提供报警设置的审查和强制恢复功能，主要工程流程如下。

① 通过报警归档及合理化分析活动，对每个报警形成完整的报警设置以及报警原因的数据。在 AAS 报警管理服务器上，根据这些数据建立报警主数据库。经过审批的报警设置，保存至报警主数据库中。

② 定期或根据请求检查基本过程控制系统的报警设置，报告任何与报警主数据库不一致的信息，及时发现未授权的报警设置更改。检查内容通常包括报警设定值、报警优先级、报警种类、报警抑制状态等。

③ 发布检查报告，显示所有与主数据库不一致的报警设置更改。报告可通过电子邮件或其他形式发送至相关管理人员。

④ 相关报警管理人员根据管理规程进行分析判断与审批流程。可手动或通过先进报警管理系统自动对未授权的报警设置更改进行强制恢复。

石油化工生产装置中第 2 级（中级）及以上优先级的工艺报警，原则上不宜由操作员手动修改报警设置。

四、报警系统人机界面设计原则

1. 一般规定

报警系统人机界面遵循整个工厂或装置人机界面设计的总体原则和整体规划，提高人机界面的效率和一致性。先进报警管理系统人机界面设计基于计算机技术的控制系统及其 HMI 画面。

报警系统人机界面设计原则如下：

① SIS、CCS、MMS、GDS、PLC 等系统上的报警信息集成至 DCS 系统，操作员通过 DCS 人机界面进行报警的识别、核实、确认和评估等操作；

② 紧急报警在辅助操作台上显示与确认；

③ 大型化装置宜使用先进报警管理系统人机界面进行报警分析、诊断、管理。

2. 基本过程控制系统人机界面

基本过程控制系统的人机界面是操作员日常监视操作的直接窗口。报警人机界面对于提高报警管理水平至关重要，包括以下功能：

① 报警汇总画面；

② 报警发生后的消音、确认、复位功能；

③ 流程图画面中显示重要报警和公共报警；

④ 细目画面中显示报警状态；

⑤ 报警抑制功能；

⑥ 根据权限设置更改报警参数的功能；

⑦ 报警记录归档功能。

报警汇总画面用来显示所有报警相关的信息，如报警位号、状态、优先级、类型、文字说明、发生的日期及时间等内容。报警汇总画面通过时间发生顺序、报警优先级、报警分组等进行分类筛选显示。

传统的流程图画面设计中通常使用红色、黄色、蓝色等醒目颜色来指示各种正常工况、异常工况、设备位号以及其他功能。国内外大量工程实践证明，过多醒目的颜色将对操作员的正常操作产生视觉和心理干扰，易造成疲劳，降低操作效率和安全性，所以用于正常生产操作的流程图画面宜选用素淡的颜色。

报警显示颜色尽量选用亮红、亮黄等醒目颜色，且已选用的报警颜色在流程图画面中不再选用。高优先级应比低优先级的报警颜色更醒目，未确认的报警应比已确认或已复位的报警颜色更醒目（如闪烁）。各报警优先级的典型显示颜色及符号如表 6-10-12 所示。

表 6-10-12　各报警优先级的典型显示颜色及符号

报警优先级	报警显示颜色及符号
第 4 级(紧急)工艺报警	深红底白字 颜色格式:RGB,颜色坐标:192,0,0  4
第 3 级(高级)工艺报警	红底黑字 颜色格式:RGB,颜色坐标:255,0,0  3
第 2 级(中级)工艺报警	黄底黑字 颜色格式:RGB,颜色坐标:255,255,0 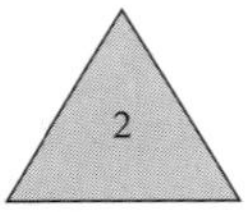 2
第 1 级(低级)工艺报警	橘黄底黑字 颜色格式:RGB,颜色坐标:255,102,0 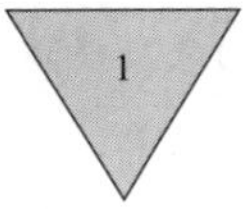 1
仪表及控制系统诊断报警	紫红底黑字 颜色格式:RGB,颜色坐标:255,0,255 

每个优先级别的报警应具有唯一的报警声响。对于大型中心控制室集中操作，报警声响能区分不同生产区域或装置。报警声响应响亮且区分度高，特别是高优先级的报警，不宜对操作员造成过度干扰。

报警 HMI 画面设计基本原则如下。

① 相同优先级别的报警使用相同的颜色、符号和声响。

② 不同优先级别的报警使用不同的报警颜色、符号和声响。

③ 操作员能在流程图画面上快速识别报警位号、报警状态及报警优先级。

④ 报警所用的颜色在流程图画面中其他部分不再使用。如红色、黄色和橙色已用于不同优先级别的报警显示，这些颜色不得再用于设备位号、工艺管线或其他非报警信息的显示。

⑤ 不仅靠颜色变化来显示报警状态。如不宜仅通过仪表读数的颜色变化来提示操作员发生报警。

⑥ 流程图画面能显示报警的抑制状态。被抑制的报警位号若发生报警，不再报出。

基本过程控制系统操作画面的设计尽量减少操作员进行报警识别、确认、核实、评估和等操作的按键次数。报警通常只需确认一次，辅助操作台上紧急级别的报警可单独确认。

发生报警时，能从流程图画面直接切换至报警汇总画面或报警细目画面。这种关联能有效帮助操作员进行正确的报警诊断分析、提高操作效率。

五、辅助操作台

随着计算机技术的发展，目前采用传统的辅助操作台报警的数量逐渐减少，通常选用控制系统内的软开关、按钮或报警指示。若需要设置独立的辅助操作台，仅设置关键的报警。辅助操作台上的报警应与基本过程控制系统最高级别（紧急级别）的报警采用一致的设计标准。辅助操作台的任何报警和响应操作应在基本过程控制系统中记录。辅助操作台放置在便于操作员操作的位置，具有清晰的标牌。辅助操作台报警设备的位置、颜色和其他特征应能有效帮助操作员进行响应操作。

在辅助操作台设置紧急级别报警：

① 引起工厂或装置重要单元或重要设备停车的关键报警；

② 引起安全、环保和人身伤害的重大报警。

操作员对辅助操作台上的开关或按钮的操作不设置报警。

辅助操作台的设计遵守以下原则：

① 报警灯的分配按照工艺装置、单元或区域合理布局，相对集中；

② 高优先级的报警排布在低优先级报警之上；

③ 辅助操作台的布置与设计全厂统一，且报警灯数量宜尽量少；

④ 辅助操作台的摆放位置易于操作员正常操作；

⑤ 辅助操作台设置静音、确认、复位、试灯按钮；

⑥ 报警发生时，灯屏点亮并闪烁，确认后灯屏平光显示，报警解除且复位后灯屏熄灭；

⑦ 不同优先级的报警灯颜色及报警声响不同；

⑧ 根据需要设置第一原因报警。

六、先进报警管理系统人机界面

先进报警管理系统的人机界面主要包括报警性能报表、报警搁置界面、报警指导信息等。

定期对报警系统性能进行检测和评估，是提高石油化工企业或装置报警管理水平的有效措施。在先进报警管理系统实施初期，宜按周报和月报形式对报警系统 KPI 指标进行分析、评估。随着报警管理水平提高，报表的频次可适当降低。

报警性能报表的类别包括：

① 报警汇总列表，主要指标包括每日平均值及最大值、每小时平均值及最大值、每 10min 平均值及最大值、报警泛滥次数及所占时间比例等；

② 最频繁出现的报警报表，如前 10 位频繁出现报警及报出次数等；

③ 已停用的报警列表，如搁置或停用的报警；

④ 滋扰报警列表；

⑤ 与主报警数据库对比报警设置更改列表。

报警性能报表发布方式可通过电子邮件、硬拷贝或其他形式。

根据报警性能报表的数据及分析，并根据关键报警指标（KPI）的要求进行对比分析，找出不合理的报警设置，并予以持续改进。

以下为报警性能报表格式示例。

① 报警汇总报表示例，如图 6-10-6 所示。

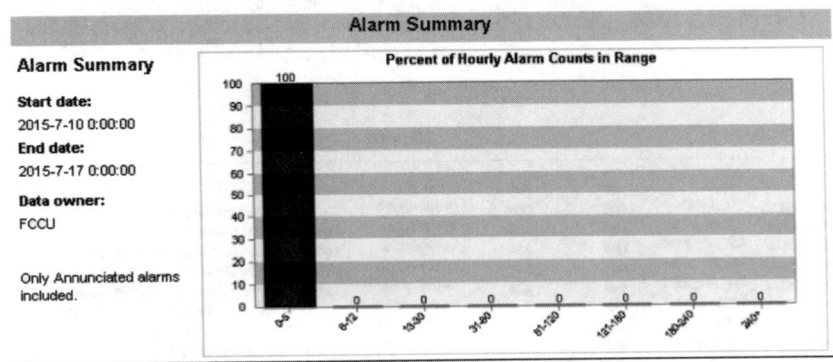

图 6-10-6　报警汇总报表示例

② 频繁报警报表示例，如图 6-10-7 所示。

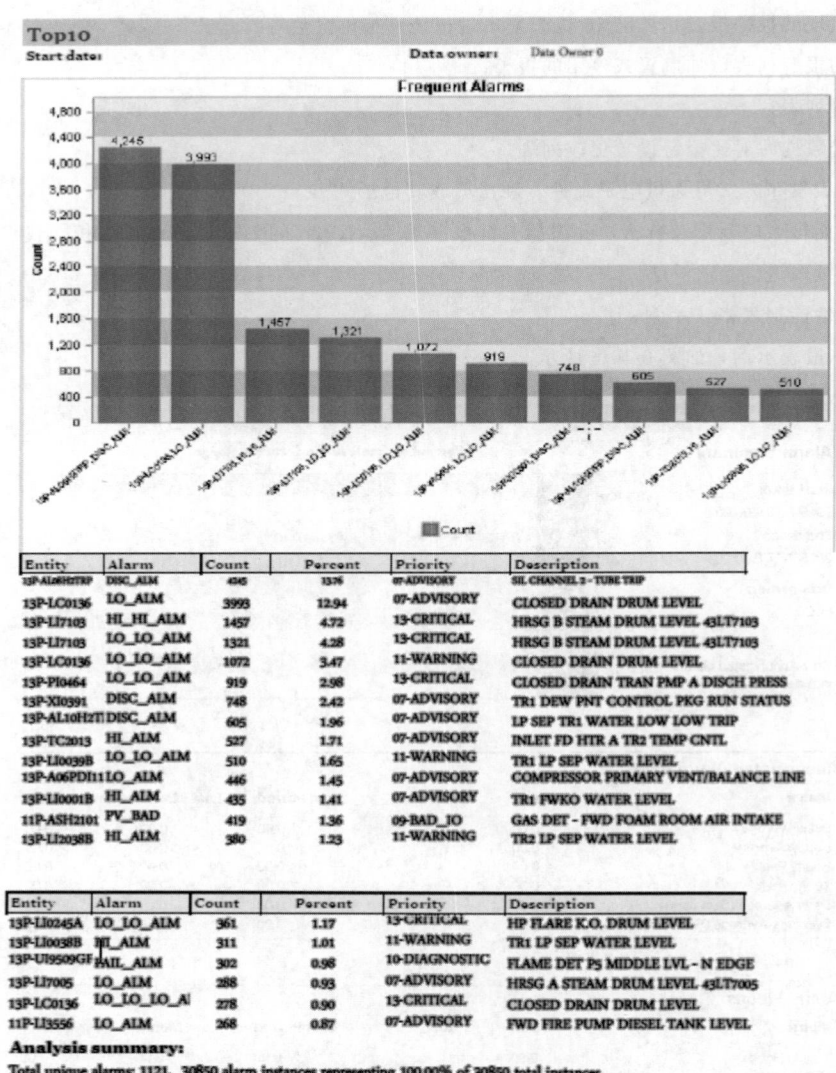

Top10

Start date:　　　　　　　　　　　　　Data owner:　　Data Owner 0

Frequent Alarms

Entity	Alarm	Count	Percent	Priority	Description
13P-AL6H2TRP	DISC_ALM	4245	13.76	07-ADVISORY	SIL CHANNEL 2 - TUBE TRIP
13P-LC0136	LO_ALM	3993	12.94	07-ADVISORY	CLOSED DRAIN DRUM LEVEL
13P-LI7103	HI_HI_ALM	1457	4.72	13-CRITICAL	HRSG B STEAM DRUM LEVEL 43LT7103
13P-LI7103	LO_LO_ALM	1321	4.28	13-CRITICAL	HRSG B STEAM DRUM LEVEL 43LT7103
13P-LC0136	LO_LO_ALM	1072	3.47	11-WARNING	CLOSED DRAIN DRUM LEVEL
13P-PI0464	LO_ALM	919	2.98	13-CRITICAL	CLOSED DRAIN TRAN PMP A DISCH PRESS
13P-XI0391	DISC_ALM	748	2.42	07-ADVISORY	TR1 DEW PNT CONTROL PKG RUN STATUS
13P-AL10H2TI	DISC_ALM	605	1.96	07-ADVISORY	LP SEP TR1 WATER LOW LOW TRIP
13P-TC2013	HI_ALM	527	1.71	07-ADVISORY	INLET FD HTR A TR2 TEMP CNTL
13P-LI0039B	LO_LO_ALM	510	1.65	11-WARNING	TR1 LP SEP WATER LEVEL
13P-A06PDI11	LO_ALM	446	1.45	07-ADVISORY	COMPRESSOR PRIMARY VENT/BALANCE LINE
13P-LI0001B	HI_ALM	435	1.41	07-ADVISORY	TR1 FWKO WATER LEVEL
11P-ASH2101	PV_BAD	419	1.36	09-BAD_IO	GAS DET - FWD FOAM ROOM AIR INTAKE
13P-LI2038B	HI_ALM	380	1.23	11-WARNING	TR2 LP SEP WATER LEVEL

Entity	Alarm	Count	Percent	Priority	Description
13P-LI0245A	LO_LO_ALM	361	1.17	13-CRITICAL	HP FLARE K.O. DRUM LEVEL
13P-LI0038B	HI_ALM	311	1.01	11-WARNING	TR1 LP SEP WATER LEVEL
13P-UI9509GF	FAIL_ALM	302	0.98	10-DIAGNOSTIC	FLAME DET PS MIDDLE LVL - N EDGE
13P-LI7005	LO_ALM	288	0.93	07-ADVISORY	HRSG A STEAM DRUM LEVEL 43LT7005
13P-LC0136	LO_LO_LO_A	278	0.90	13-CRITICAL	CLOSED DRAIN DRUM LEVEL
11P-LI3556	LO_ALM	268	0.87	07-ADVISORY	FWD FIRE PUMP DIESEL TANK LEVEL

Analysis summary:

Total unique alarms: 1121. 30850 alarm instances representing 100.00% of 30850 total instances.

图 6-10-7　频繁报警报表示例

③ 滋扰报警报表示例，如图 6-10-8 所示。

先进报警管理系统可以提供报警搁置功能及相应人机界面，并按照预定的工作流程实施报警搁置管理。

先进报警管理系统还能提供报警指导信息功能及相应人机界面，如图 6-10-9 所示。报警指导信息包括：

① 报警发生的可能原因；

② 报警发生的可能后果；

③ 报警优先级；

④ 报警处置指导；

⑤ 相关变量的趋势图；

⑥ 其他相关报警信息。

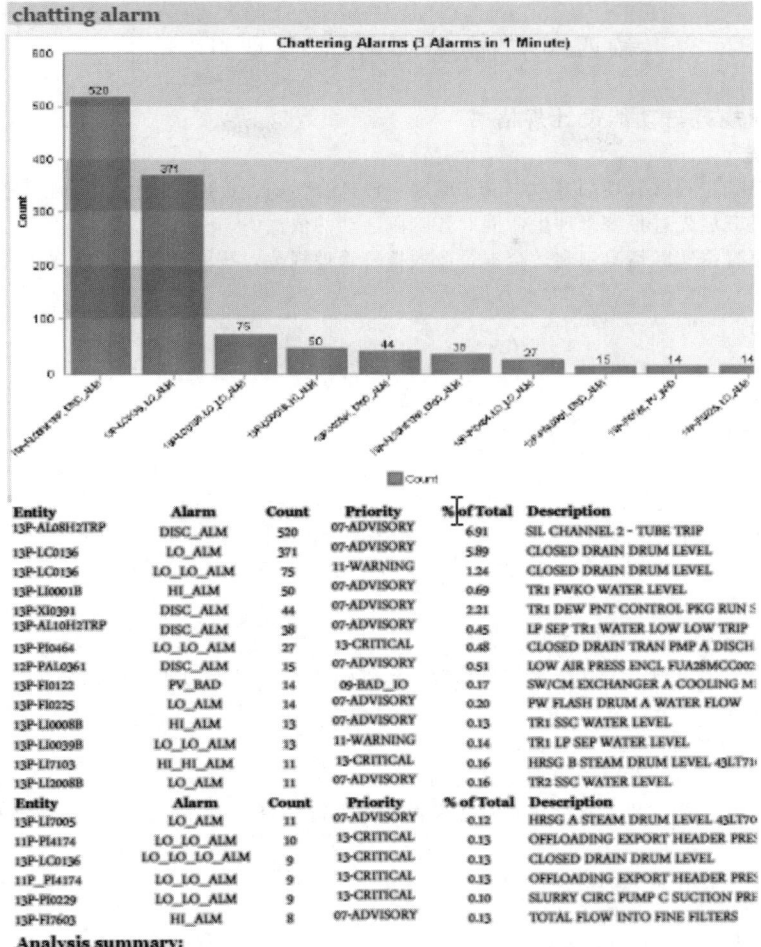

Entity	Alarm	Count	Priority	% of Total	Description
13P-AL08H2TRP	DISC_ALM	520	07-ADVISORY	6.91	SIL CHANNEL 2 - TUBE TRIP
13P-LC0136	LO_ALM	371	07-ADVISORY	5.89	CLOSED DRAIN DRUM LEVEL
13P-LC0136	LO_LO_ALM	75	11-WARNING	1.24	CLOSED DRAIN DRUM LEVEL
13P-LI0001B	HI_ALM	50	07-ADVISORY	0.69	TR1 FWKO WATER LEVEL
13P-XI0391	DISC_ALM	44	07-ADVISORY	2.21	TR1 DEW PNT CONTROL PKG RUN S
13P-AL10H2TRP	DISC_ALM	38	07-ADVISORY	0.45	LP SEP TR1 WATER LOW LOW TRIP
13P-PI0464	LO_LO_ALM	27	13-CRITICAL	0.48	CLOSED DRAIN TRAN PMP A DISCH
12P-PAL0361	DISC_ALM	15	07-ADVISORY	0.51	LOW AIR PRESS ENCL FUA28MCC002
13P-FI0122	PV_BAD	14	09-BAD_IO	0.17	SW/CM EXCHANGER A COOLING M
13P-FI0225	LO_ALM	14	07-ADVISORY	0.20	PW FLASH DRUM A WATER FLOW
13P-LI0008B	HI_ALM	13	07-ADVISORY	0.13	TR1 SSC WATER LEVEL
13P-LI0039B	LO_LO_ALM	13	11-WARNING	0.14	TR1 LP SEP WATER LEVEL
13P-LI7103	HI_HI_ALM	11	13-CRITICAL	0.16	HRSG B STEAM DRUM LEVEL 43LT71
13P-LI2008B	LO_ALM	11	13-CRITICAL	0.16	TR2 SSC WATER LEVEL
Entity	Alarm	Count	Priority	% of Total	Description
13P-LI7005	LO_ALM	11	07-ADVISORY	0.12	HRSG A STEAM DRUM LEVEL 43LT70
11P-PI4174	LO_LO_ALM	10	13-CRITICAL	0.13	OFFLOADING EXPORT HEADER PRES
13P-LC0136	LO_LO_LO_ALM	9	13-CRITICAL	0.13	CLOSED DRAIN DRUM LEVEL
11P_PI4174	LO_LO_ALM	9	13-CRITICAL	0.13	OFFLOADING EXPORT HEADER PRES
13P-PI0229	LO_LO_ALM	9	13-CRITICAL	0.10	SLURRY CIRC PUMP C SUCTION PRE
13P-FI7603	HI_ALM	8	07-ADVISORY	0.13	TOTAL FLOW INTO FINE FILTERS

Analysis summary:
Unique chattering alarms: 58, 5.17% of 1121 total unique alarms. Chattering alarm instances: 6566, 21.28% of 30850 total instances.

图 6-10-8　滋扰报警报表示例

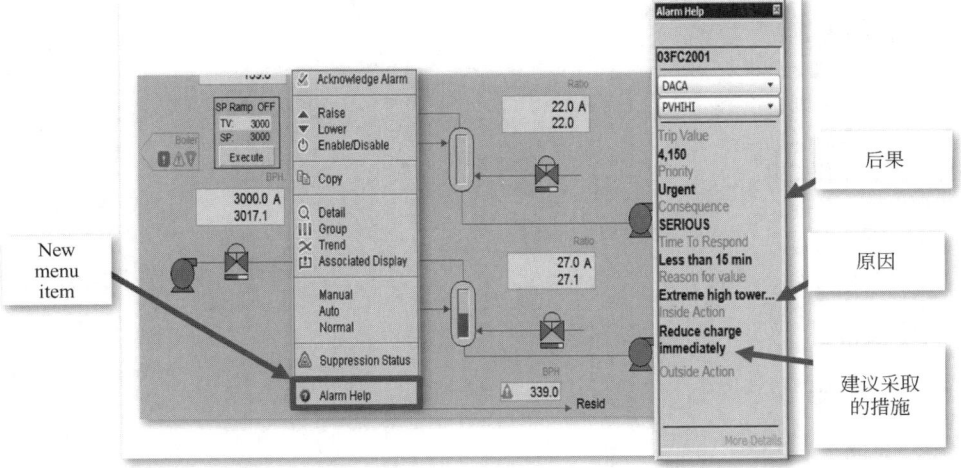

图 6-10-9　报警指导信息画面示例

第四节　报警归档与合理化分析

一、报警管理规范与功能设计规格书

1. 报警管理规范

报警管理规范是确定报警管理的基本定义、原则、设计、实施、投用、维护、监测、评估、审查及变更管理等的标准规范，是开展先进报警管理生命周期各阶段活动的依据。

石油化工企业可根据实际情况制定适合本企业的报警管理规范，统一报警设置标准和管理规程，如：

① 报警的选择；

② 报警优先级的确定；

③ 报警的设置；

④ 报警的处置；

⑤ 报警系统性能监控；

⑥ 滋扰报警的解决方案；

⑦ 报警的检出、显示及报出；

⑧ 报警人机界面的设计；

⑨ 报警响应操作规程；

⑩ 报警系统的变更管理。

在编制企业报警管理规范时遵循如下的基本原则：

① 报警管理不能替代操作员对工艺装置的监控，操作员须具备足够的能力监控整个工艺过程，不能完全依赖报警来确定异常情况发生；

② 操作员应接受报警管理规范的培训；

③ 报警管理规范可提高操作员对报警信息的判断能力；

④ 操作员应对所有优先级别的报警进行响应操作，在进行报警的设计时，须确保报警数量在操作员能有效处理的范围内；

⑤ 报警优先级决定操作员的响应操作顺序；

⑥ 报警系统应定期维护，报警文档应持续更新。

报警管理规范的主要内容包括：

① 报警管理目标；

② 报警定义及原则；

③ 报警管理组织机构及岗位责任；

④ 报警设计基本原则；

⑤ 报警归档和合理化分析；

⑥ 人机界面设计原则；

⑦ 报警分组设计原则；

⑧ 报警优先级设计原则；

⑨ 报警搁置设计原则；

⑩ 特殊报警设计原则；

⑪ 先进报警管理技术；

⑫ 报警系统设计与实施；

⑬ 报警系统投用与维护；

⑭ 报警系统性能监测与评估；

⑮ 变更管理；

⑯ 报警系统审查；

⑰ 术语定义、缩略语和参考文献。

2. 报警系统功能设计规格书

报警系统功能设计规格书在报警管理规范的基础上，更为详细地规定报警系统的各项功能要求、技术参

数、管理规程等。报警系统功能设计规格书为报警管理规范的延伸资料，作为先进报警管理生命周期各阶段活动的依据。

大型石油化工企业或装置应制定报警系统功能设计规格书。报警系统功能设计规格书主要内容包括：

① 报警系统概述；

② 报警系统范围；

③ 报警管理人员及责任；

④ 报警系统网络架构及信息安全技术；

⑤ 报警系统硬件功能设计；

⑥ 报警系统软件功能设计；

⑦ 报警系统性能指标；

⑧ 报警系统设计与实施；

⑨ 报警系统投用与维护；

⑩ 变更管理；

⑪ 培训；

⑫ 报警系统审查；

⑬ 报警管理方法及规程。

二、报警辨识

报警辨识是对可能的报警或报警变更进行定义的阶段。报警辨识可在不同阶段通过多种方法开展，如通过过程危险分析（PHA）、保护层分析（LOPA）、事故调查报告、工程经验、P&ID审查、操作手册等。通过报警辨识确定的报警设置作为报警归档和合理化分析的输入信息。在报警辨识过程中按照报警管理规范的要求定义和设置报警。

三、报警归档与合理化分析

1. 报警归档

报警归档包括报警的定义、报警设置的目的和报警合理化分析所需要的信息。

为便于访问、查询、培训和维护，报警归档资料须建立电子数据库，并作为主报警数据库的一部分。报警归档资料及主报警数据库可作为工程文件提交给最终用户。

报警归档资料包括如下内容：

① 可能导致报警的原因；

② 操作员对报警的正确响应操作指导信息；

③ 若操作员未对报警响应操作可能产生的后果；

④ 报警的最大允许响应时间；

⑤ 修改报警优先级的原因；

⑥ 未按报警合理化分析确定的优先级，须提供相应的理由；

⑦ 记录针对报警的任何修改；

⑧ 报警分类。

2. 报警合理化分析

报警合理化分析是指根据报警管理规范的要求，对报警设置的合理性和报警参数进行分析和审查，并将审查结果归档记录的工作过程，是区别于传统报警系统设计的重要和关键阶段。报警合理化分析工作包括以下内容：

① 报警合理性：分析各种报警是否应设置及设置是否合理；

② 报警原因：分析报警产生的各种原因；

③ 操作员响应操作：分析发生报警后操作员应采取的正确响应动作；

④ 报警的后果严重程度：分析未响应报警可能产生的后果严重性；

⑤ 报警最大允许响应时间：分析从报警发生到操作员做出正确响应之间的最长容许时间；

⑥ 报警优先级：根据后果严重程度和最大允许响应时间确定报警优先级。

报警合理化分析工作将组织协调相关专业人员参与，包括工艺、操作、自控、安全、设备、环保等人员。整个团队须在熟知报警管理规范的前提下开展工作。

在开展报警合理化分析之前，须准备好所需的资料和数据，包括：

① 管道及仪表流程图（P&ID图）；

② 工艺操作手册（SOP）；

③ 工艺设备数据表；

④ 所有报警点的组态数据；

⑤ 报警管理规范；

⑥ 报警系统功能设计规格书；

⑦ 危险与可操作性分析（HAZOP）、过程危险分析（PHA）、保护层分析（LOPA）等报告；

⑧ 紧急停车系统联锁逻辑图及说明；

⑨ 报警及联锁设定值表；

⑩ DCS系统HMI画面截屏；

⑪ 报警归档和合理化分析软件工具。

报警合理化分析须组织好相关人员参加，由报警合理化分析工作经验的专家主持，还包括：有经验的操作员；熟悉工艺流程和相关经济指标的工艺工程师；仪表与控制系统工程师。必要时邀请安全、环保、设备等相关人员参加。

报警合理化分析典型工作流程如图6-10-10所示。报警合理化分析工作可按以下步骤执行：

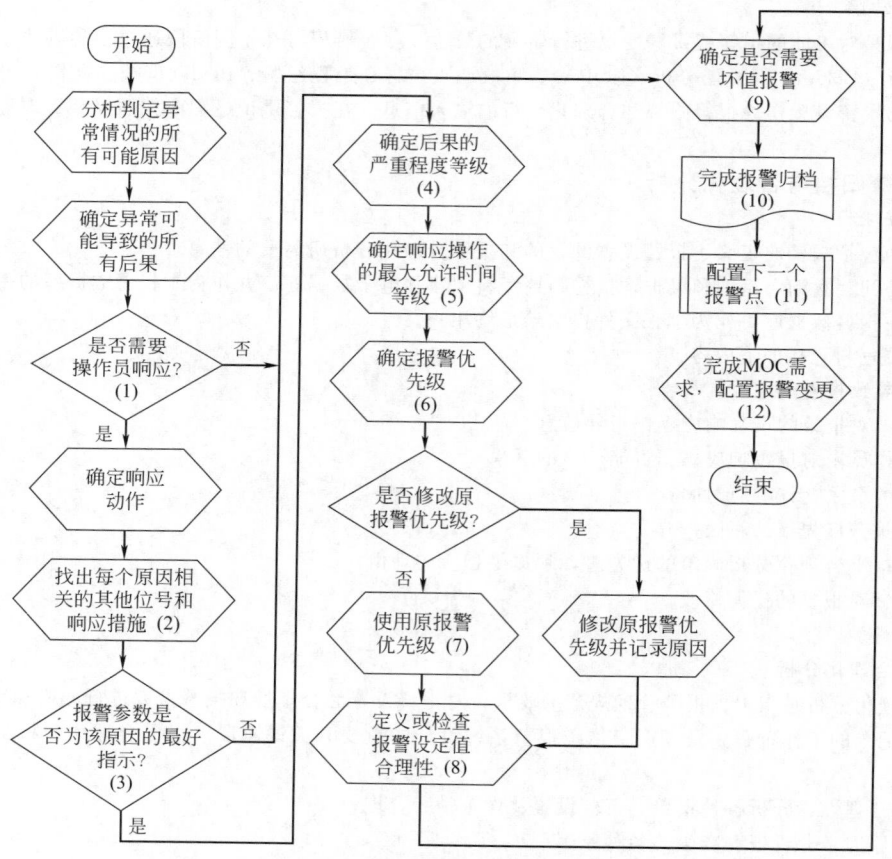

图 6-10-10　报警归档和合理化分析典型工作流程

① 该异常事件是否需要操作员进行响应操作？"是"继续下一步，"否"至步骤9；

② 找出每个原因相关的位号和响应措施；

③ 报警参数是否为该原因的最好指示？"是"继续下一步，"否"至步骤9；

④ 确定后果的严重程度等级；

⑤ 确定响应操作的最大允许时间等级；

⑥ 确定报警优先级；

⑦ 若报警合理化分析确定的优先级与原优先级不一致，如改造项目，须检查是否修改原报警优先级，"是"修改原优先级并记录原因，"否"使用原报警优先级；

⑧ 定义或检查报警设定值合理性；

⑨ 确定是否设置坏值报警；

⑩ 完成报警归档；

⑪ 重复上述步骤，对其他报警点进行报警合理化分析并记录归档；

⑫ 按照变更管理（MOC）的要求完成报警合理化分析，将变更内容在报警主数据库中记录。

第五节 工程实施与应用

一、先进报警管理系统设计与实施

1. 先进报警管理系统设计

在完成报警归档和合理化分析的基础上，进行先进报警管理系统的设计，包括报警类型、报警设定值、报警参数、报警死区、正/负延时设置功能要求、硬件、软件及集成等，在基本过程控制系统基础上实施先进报警管理系统。

2. 先进报警管理系统实施

先进报警管理系统的实施是连接设计和投用的重要阶段，主要工作包括：工程实施培训；组态、下装、调试；报警功能测试和确认；归档记录。

二、先进报警管理系统投用与维护

1. 先进报警管理系统投用

在报警归档和合理化分析、报警设计和实施的基础上投用先进报警管理系统，并按照各项报警管理规程执行、持续提升报警管理水平的阶段。为更好地实施先进报警管理系统，须设置合理的管理机构和明确的职责分工，形成一套长期发挥作用的管理体系。典型的先进报警管理系统人员职责如表 6-10-13 所示。

表 6-10-13 典型的先进报警管理系统人员职责

人员	接收和查看的内容	职责内容
报警管理负责人	• 周报、月报	• 按管理规程定期生成报警性能报表，分析报警系统存在的问题，并按问题原因分为仪表问题、工艺问题、控制系统设置问题等 • 将各类问题和原因分析发送给相应人员 • 定期或不定期召开报警管理会议，分析报警系统存在的问题和解决方法 • 定期向各部门提交报警系统评估报告
工艺工程师	• 日报、周报、月报 • 报警管理负责人反馈的工艺问题	• 评估工艺过程报警性能是否良好，根据报警管理规范要求改进报警设置
操作班长	• 相应区域报警 KPI 表 • 报警管理负责人反馈的工艺问题 • 班报	• 分析报表中工艺问题并提出解决方案 • 执行并检查工艺问题的解决方案
技术管理部门负责人	• 月报、统计类报表 • 报警管理系统负责人的评估报告	• 评估总体报警性能，发现存在问题 • 制定解决方案，不断提高报警系统性能
仪表及控制系统工程师	• 装置报警 KPI 报表 • 报警管理负责人反馈的仪表及系统问题	• 分析报表中仪表及控制系统问题，提出解决方案 • 执行并检查仪表及控制系统问题的解决方案

基本过程控制系统往往由于工艺波动、设备异常、报警设置不合理而产生大量的报警，这些报警信息，可由先进报警管理系统收集并进行统计分析后，生成能表征报警系统性能的 KPI 报表。这些 KPI 报表可分

发给相关管理人员，同时汇总至报警管理负责人。报警管理负责人对报表进行审查分析，及时发现影响报警系统性能的各种因素。这些因素分为工艺、仪表和控制系统原因。报警管理负责人将这些报警发至相关人员分析和处理。也可由报警管理负责人召集相关人员一起分析疑难问题，制定解决方案，由相关人员落实解决。

报警搁置管理流程如下：

① 报警搁置申请与批准；

② 报警搁置操作；

③ 根据报警搁置时间提示，解除报警搁置操作；

④ 报警搁置记录归档；

⑤ 交接班时对报警搁置情况进行交接。

先进报警管理系统可实现报警的审查和强制恢复功能，可自动恢复未经授权的报警设置修改。为保证安全性，由先进报警管理系统向基本过程控制系统的回写功能，应充分测试并经审查批准后方可投用。

无论是对新建装置还是在役装置的先进报警管理系统的改进，应对操作员、仪表控制系统人员和其他相关人员进行培训。培训内容包括：

① 报警管理规范的基本原则；

② 报警管理制度和规程；

③ 报警合理化分析的资料；

④ 对报警系统进行变更，包括设定值、优先级等；

⑤ 变更管理流程；

⑥ 报警处置原则；

⑦ 报警性能指标 KPI 报表；

⑧ 报警系统的交接班注意事项与规程；

⑨ 仪表和控制系统诊断报警的处置规程。

2. 先进报警管理系统维护

先进报警管理系统投用后，须工艺、仪表专人持续进行运行维护，如报警系统定期测试、报警设备维修等，以保证先进报警管理系统长期正常运行。

三、先进报警管理系统监测与评估

1. 先进报警管理系统监测

先进报警管理系统监测是指对报警系统的性能进行持续测量与监视，并以量化指标进行汇总。先进报警管理系统监测是改进提高报警系统性能的基础和重要手段。

每个操作岗位的量化报警性能监测指标基于至少 30 天的报警数据。先进报警管理系统监测包括以下指标：

① 每天的报警数；

② 每小时的报警平均数；

③ 每 10min 的报警平均数；

④ 每小时超过 30 个报警的时间百分比；

⑤ 每 10min 超过 10 个报警的时间百分比；

⑥ 10min 内报警的最大数量；

⑦ 前 10 个最常发生的报警数量及其占所有报警的百分比；

⑧ 报警泛滥的时间百分比；

⑨ 间歇报警数量；

⑩ 瞬闪报警数量；

⑪ 陈旧报警数量；

⑫ 报警抑制情况；

⑬ 报警设定值或优先级修改。

2. 先进报警管理系统评估

在先进报警管理系统评估阶段，须将报警系统的监测指标与报警管理规范制定的报警性能 KPI 指标进行定期对比。若先进报警管理系统评估后，发现有需要改进提高的报警系统问题，须提出解决方案，并按照先进报警管理系统的管理机构及职责分工进行落实解决。

四、先进报警管理系统变更管理

为保证先进报警管理系统的完整性和有效性，须建立变更管理工作流程，系统有效地管理报警系统的变更。变更管理应经过申请、评估、审查、批准、实施、培训、监督等流程。

变更管理工作流程规定以下内容：

① 创建新报警；

② 删除现有报警；

③ 更改报警优先级；

④ 更改报警设定值；

⑤ 更改报警类型；

⑥ 更改报警描述和文档信息；

⑦ 报警的暂时搁置；

⑧ 报警点的执行状态；

⑨ 操作画面中更改报警显示；

⑩ 添加或修改报警搁置、多工况报警方案。

审批过的报警变更应保存至主报警数据库中。所有的报警变更都要通知报警系统负责人。操作员的日常操作无需遵循变更管理工作流程，如多工况报警、报警泛滥抑制、报警搁置等。如需改变这些报警处置方案，仍需通过变更管理工作流程进行评估、审查、实施。

五、先进报警管理系统审查

先进报警管理系统审查是在日常监测与评估的基础上，定期综合评价先进报警管理系统的性能及管理活动的有效性。先进报警管理系统通常定期进行审查，如每年一次。审查主要工作包括：

① 验证报警在需操作员采取行动时才设置；

② 报警归档和合理化分析文档；

③ 检查主报警数据库是否为最新版本，并提供足够的操作指导信息；

④ 报警变更管理工作流程执行情况；

⑤ 报警性能监测报告；

⑥ 报警相关的维护记录和报警停用的记录；

⑦ 报警系统相关人员的角色和职责是否定义清晰；

⑧ 培训是否达到目标。

针对审查过程中发现的问题，须制定整改计划。整改计划包括整改内容、计划、责任人、整改结果、验收审查等。

六、先进报警管理系统与常规报警系统实施步骤对比

目前常规报警管理系统的简要实施步骤如图6-10-11所示。先进报警管理系统在整个报警管理生命周期中加强了各阶段的管理活动，其简要实施步骤如图6-10-12所示。

七、工程应用实例

1. 应用案例1

某新型煤化工工程的关键大型装置甲醇制烯烃装置，在项目总体设计阶段伊始规划实施先进报警管理系统，在工程设计阶段按照国际规范对该大型装置的报警系统进行了D&R分析、AAS系统设计、系统组态和调试工作，在后续的施工、开车、运行阶段，按照先进报警管理生命周期各阶段改进报警系统的各项管理活动。经过实践考验，取得了良好的应用效果，为装置安全、平稳运行，提高企业生产管理水平起到重要作用。

（1）项目实施里程碑控制点　甲醇制烯烃装置是大型煤化工装置，工艺流程复杂，物料易燃、易爆、易堵，要求对过程变量进行高精度的控制，产品的质量、产量、品种及能量消耗都依赖于仪表及控制系统，需要高水平的生产操作，保证装置的安全生产和优良运行。其中高效合理的报警管理是重要的操作环节。本先进报警管理系统的工程实施历时逾三年，主要的里程碑控制点为：

1446

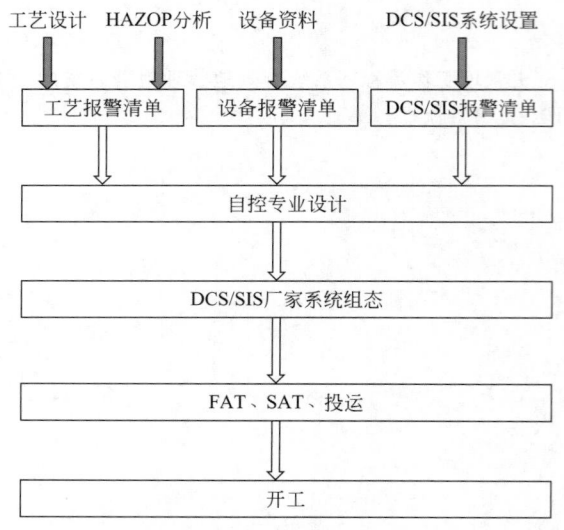

图 6-10-11　常规报警管理系统实施步骤

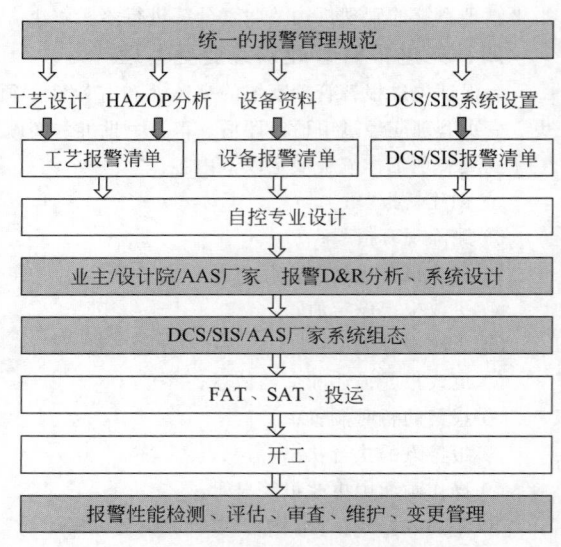

图 6-10-12　先进报警管理系统实施步骤

① 签订 AAS 合同	2014 年 10 月
② 编制先进报警管理规范	2014 年 12 月
③ 编制功能设计规格书	2014 年 12 月
④ 先进报警管理规范及功能设计规格书审查	2015 年 3 月
⑤ AAS 与 DCS 接口及集成测试	2015 年 5 月
⑥ 报警归档及合理化分析（D&R）	2015 年 8～9 月
⑦ AAS 详细设计	2015 年 10 月
⑧ D&R 设计成果在 DCS 组态实施	2015 年 12 月
⑨ FAT	2016 年 1 月
⑩ 发货至现场	2016 年 2 月
⑪ 开箱、上电、SAT	2016 年 3 月
⑫ 联调	2016 年 5 月
⑬ 投运	2016 年 10 月
⑭ 开车	2017 年 8 月
⑮ 报警性能监测、维护、评估、变更管理	2017 年 10 月

（2）报警合理化分析　甲醇制烯烃装置工艺流程复杂，控制系统规模大（DCS/SIS 的 IO 点数超过 5000 点），报警数量多（组态的报警数量约 9000 点）。在编制审查先进报警管理规范和功能设计规格书的基础上，最终用户、设计单元和先进报警管理系统供应商的专业技术人员，对装置所有已组态报警进行了报警归档与合理化分析（D&R）工作，历时 1 个月。D&R 分析需准备的资料和参加 D&R 分析工作的专业人员见本章第四节描述。

D&R 分析为 AAS 的后续工程实施打下了良好的基础。该装置开展 D&R 分析前后报警数量的对比如图 6-10-13 所示。从图中可以看出，通过删除重复的报警，将不符合报警定义的报警设置为事件记录等，D&R 分析后工艺报警数量减少 37.6%，仪表及控制系统的报警数量减少 72.3%。

该装置还通过 D&R 分析发现并实施了多工况报警管理，示例如下。

装置内的某加氢反应器有两种工况：反应工况与再生工况。反应工况下，正常操作温度为 60℃，高报警（H）设定值为 120℃，高高温度联锁设定值（HH）为 150℃；再生工况下，正常操作温度为 240℃，高报警（HHH）设定值为 270℃。若采用单一的报警设定值，由于温度报警众多，会造成在再生工况下产生大量无意义的温度高（H）和高高（HH）报警，干扰操作员的正常操作，甚至造成报警泛滥。

对该加氢反应器进行多工况报警设置：

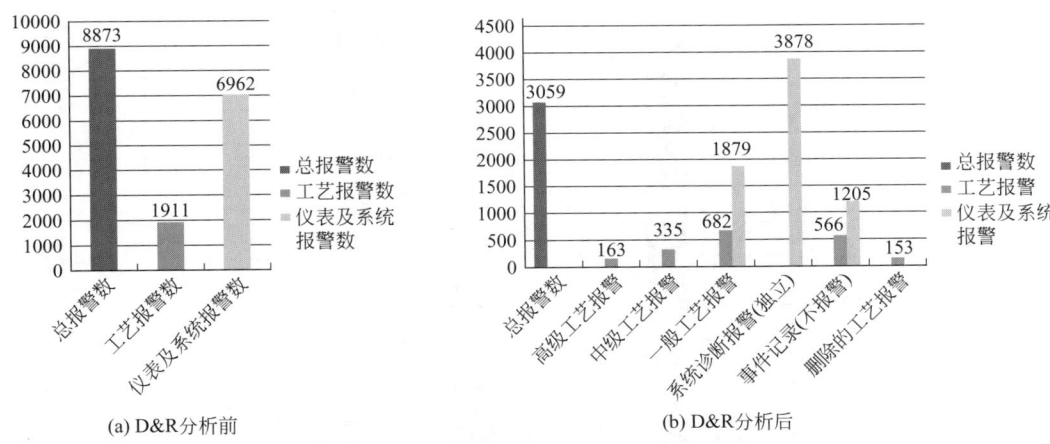

(a) D&R分析前　　　　　　　　　　　　　(b) D&R分析后

图 6-10-13　D&R 分析前后报警数量对比

① 反应工况时，反应温度高（H）、高高（HH）报警正常报出；
② 再生工况时，反应温度高（H）、高高（HH）报警搁置，只有高高高（HHH）报警报出。
工况辨识条件：
① 反应工况，工况选择按钮处于反应工况位置；
② 再生工况，工况选择按钮处于再生工况位置。
　　在报警归档和合理化分析期间，多工况报警列表及其各自的报警参数设置情况应详细记录归档，作为工程实施的依据。
　　（3）先进报警管理系统投用效果　本新型煤化工工程有两套甲醇制烯烃装置，其中 1♯MTO 装置投用了 AAS 系统，2♯MTO 装置未设置 AAS 系统。经开车阶段及正常生产阶段对比报警数量，采用先进报警管理系统的装置报警数量和报警效率明显改善，如图 6-10-14 所示。从图中可看出，设置先进报警管理系统并进行 D&R 分析可大幅减少报警数量，1♯MTO 装置报警数量仅为 2♯MTO 装置的约 1/10，每天的报警数量仍很高，待进一步优化。图 6-10-15 统计出的报出报警的优先级比例与国际规范的对比，可以看出两者是基本吻合的，由于首次实施，较为保守，关键报警（P4 级）比例略大。

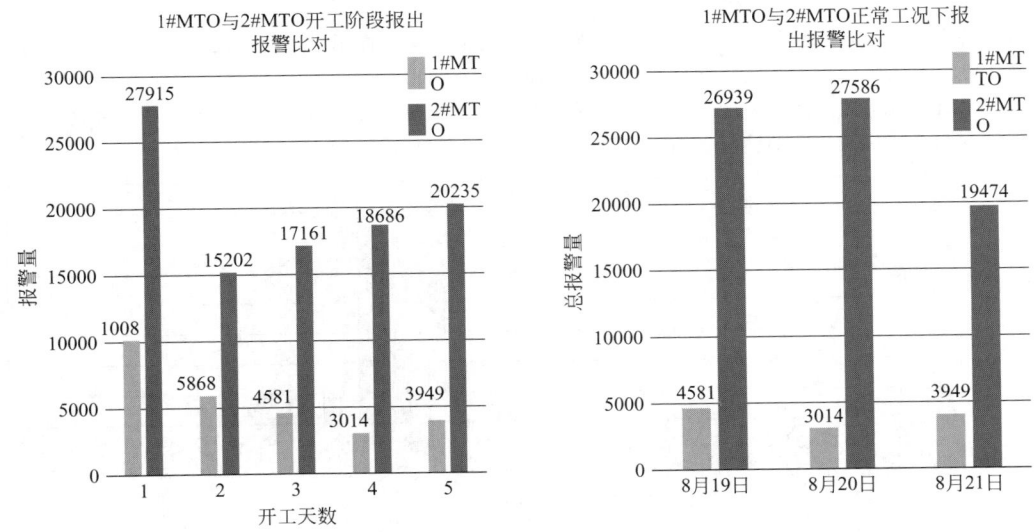

图 6-10-14　装置开车及正常生产工况下报警数量对比（单位：报出报警数量/天）

　　初步投入运行后报警数量仍偏高，通过先进报警管理系统进行汇总、记录、分析和改进，不断优化报警设置。通过持续优化工作，装置的报警数量进一步减少，如图 6-10-16 所示。从图中可看出，通过持续监视、检

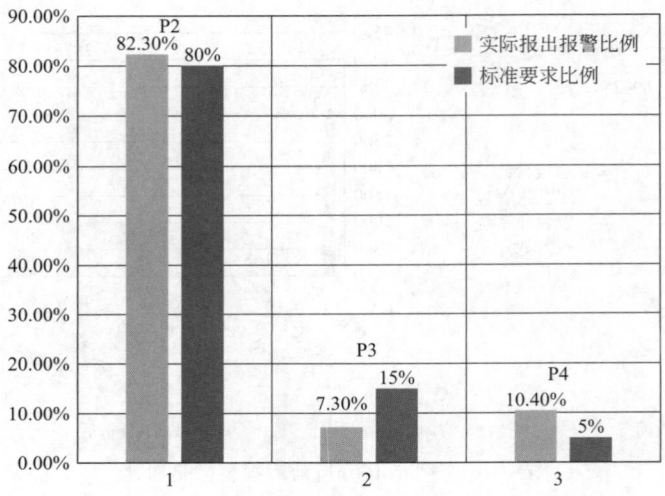

图 6-10-15　实际报出报警比例与国际标准比对

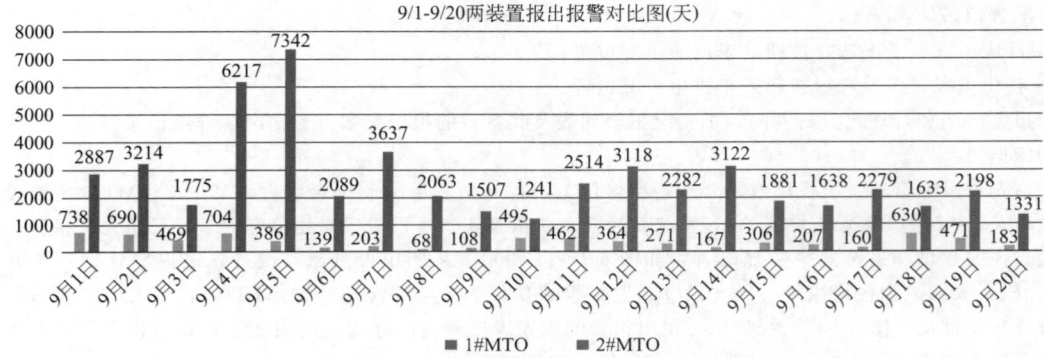

图 6-10-16　持续优化后报警数量对比

测、分析报警性能，通过优化设置不断减少滋扰报警，报警的数量由投用之初的每天数千点减少为数百点，甚至达到数十点，有效降低报警负荷，起到了指导生产操作的目的。

从数据来看，报警性能还具有优化改进的空间，需在报警管理生命周期中按照制度化、规范化的先进报警管理工程流程和考核机制持续监测、评估、改进。

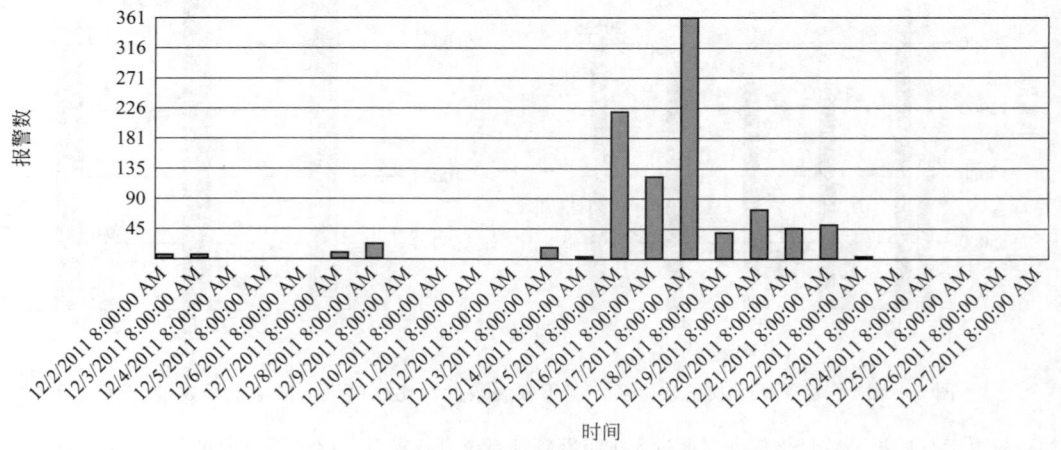

图 6-10-17　AAS实施前组态报警总数

2. 应用案例 2

某大型炼化一体化企业乙烯装置的某台裂解炉实施了先进报警管理系统，应用效果显著。

① 报警数量对比：该裂解炉 AAS 实施前组态报警总数为 994 个（不包含被屏蔽的报警），实施 AAS 后组态的报警数减至 632 个，减少 362 个，减少比例为 36.4%。AAS实施前后组态报警总数分别如图 6-10-17 和图 6-10-18 所示。

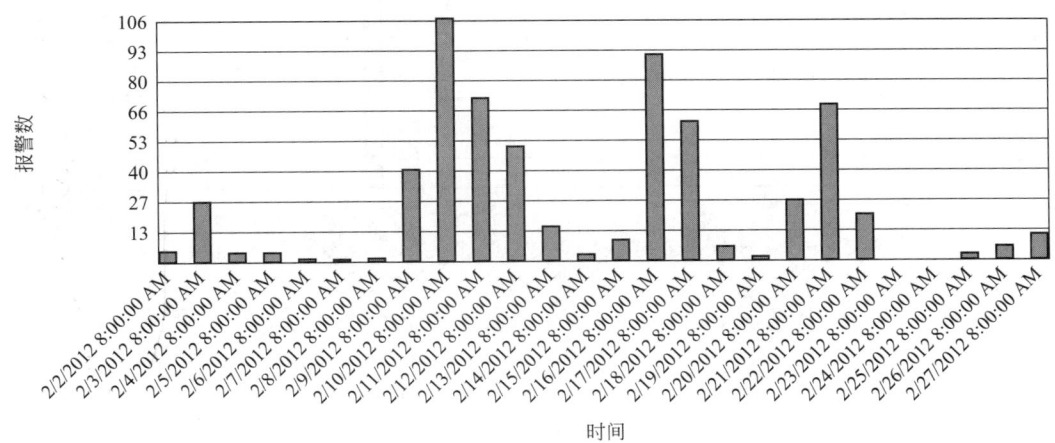

图 6-10-18　AAS 实施后组态报警总数

② 报警分布：该裂解炉实施 AAS 前报警优先级分布为：高级 16.20%，中级 42.60%，低级 41.20%。实施 AAS 后对报警优先级进行了合理化分析，优化后报警优先级分布分别为：高级 1%，中级 14%，低级 85%，与 EEMUA1 191 建议的报警优先级分配原则基本一致。总体来看优化后报警优先级分布更为合理。AAS 实施前后报警优先级分布如图 6-10-19 和图 6-10-20 所示。

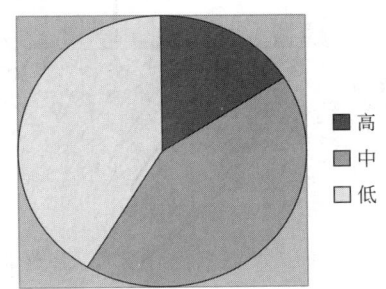

图 6-10-19　AAS 实施前报警优先级分布

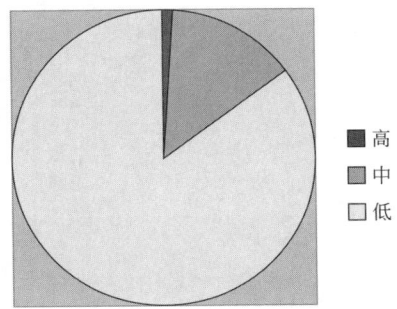

图 6-10-20　AAS 实施后报警优先级分布

③ 报出报警数量及报警干预次数：该裂解炉 AAS 实施前报出报警数量可达每天数千条，AAS 实施后报

出报警数量不断优化减少，每天报出的报警数在数十条至百余条的范围，如图 6-10-21 和图 6-10-22 所示。AAS 实施前操作员报警干预次数为 8940 次，AAS 实施后报警干预次数减至 827 次，干预报警率下降 90.7%。从以上对比数据可看出，报警优化效果明显，操作员工作负荷明显下降，工作效率更高。

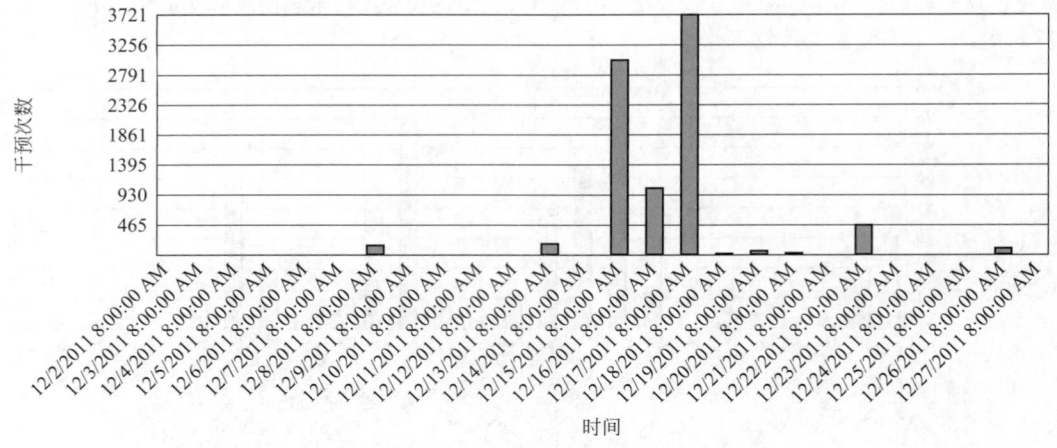

图 6-10-21　AAS 实施前报出报警数量

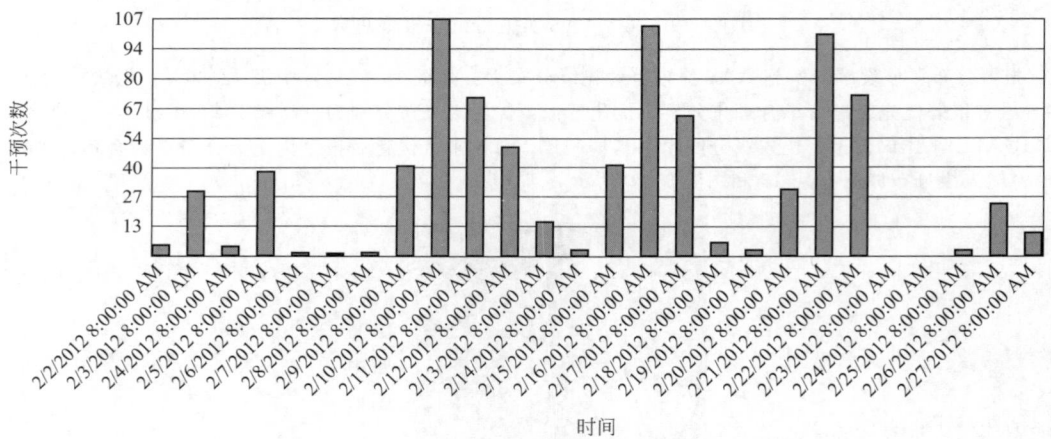

图 6-10-22　AAS 实施后报出报警数量

第十一章 操作员培训仿真系统

第一节 培训仿真系统概述

操作员培训仿真系统（Operator Training Simulator，OTS）最早产生于美国和加拿大，一些公司使用主流的工艺流程模拟软件（如 Simsci 公司的 Dynsim、ASPEN 公司的 Hysys 等）建立工厂的工艺模型，模仿过程控制系统控制工厂的过程，培训操作人员，同时确认工厂建设或改造的可行性。后来这些做流程模拟的公司通过 DCS 厂商提供的模拟器和画面，提高模拟的真实性，这就是目前普遍应用的操作员培训仿真系统。

操作员培训仿真系统越来越受到人们重视，国内外许多大型石油化工和新型煤化工工程的重要生产装置都配备了 OTS，不但用于工程建设和生产运行各阶段的操作员培训，提高整体生产操作和应急处理水平，还应用于分析生产过程中存在的问题，不断优化生产加工方案。在未来的数字化工厂和智能工厂建设中，操作员培训仿真系统的作用和重要性将愈发显现和突出。

操作员培训仿真系统培训操作人员熟练使用过程控制系统对各种生产装置操作工况，进行模拟操作和故障情况的模拟处置，并对操作人员的操作技能和表现给予评估。生产装置的操作工况，通常包括初始开车、正常生产、正常停车、紧急停车、牌号切换和负荷调整等。其仿真模型由定制的数学模型构建，模型须体现足够的细节，准确模拟各种操作状况，仿真结果与实际生产运行的差距尽可能小。工艺模型通常基于质量守恒、能量守恒、设备性能及工程设计数据建立。

OTS 通常设置独立的局域网，网络节点包括模型仿真服务器、控制仿真服务器、教员站、学员站、现场站和网络设备等。根据实际需要，OTS 也可与过程控制网连接，实时读取过程数据进行在线仿真或模型修正，但须注意不会对正常生产操作与控制产生影响。通常为防止影响正常生产与操作，OTS 采用独立网络，将历史数据定期手动导入 OTS，这样可以同样实现对仿真模型的修正。

OTS 开发和维护工艺仿真模型，模拟真实 DCS 软件组态，提供包括教员站软件和学员站软件在内的完整操作培训软件。教员站软件可建立表格、画面和趋势显示，并能跟随模型的仿真变量进行变化。学员站具有与 DCS 操作站相同的操作功能。OTS 与 DCS 软件组态相同，包括仪表位号、功能描述、量程、报警值等。OTS 仿真模型的流程图和趋势画面与 DCS 保持一致，并能提供诊断 DCS 系统故障的软件。OTS 还模拟安全仪表系统（SIS）、压缩机控制系统（CCS）、现场或辅助操作台的手动操作等。SIS、CCS 或其他第三方系统可采用与 DCS 类似的模式与 OTS 相连，也可以采用二次开发后的计算机程序模拟这些系统的操作。

工程实践证明，通过机理模型定制建立的高准确度 OTS，可在各阶段提供工艺装置仿真操作培训，让操作人员提前熟悉工艺流程和操作规程，提高应急处理能力及诊断调试及维护能力，还用于生产操作过程的问题排查和工艺方案优化，为企业带来经济和社会效益。

1. OTS 在工厂建设阶段的作用

① 操作员用于验证工艺的可行性，检查部分关键数据的准确性。

② 完善工艺的开车线、旁路线及维护用的管线。

③ 检查过程控制系统的组态的正确性，并提出修改建议。

2. OTS 在培训操作人员方面的作用

① 操作人员熟练使用 DCS 操作站的全部操作功能。

② 用于培训操作员在非正常操作状态的反应，或用于修正操作人员的操作习惯。

③ 仿真工厂的停车（正常、非正常）或开车的过程。

④ 培训操作人员在指令下进行运行、冻结或重启不同工况的切换。

⑤ 仿真仪表、阀门、泵或其他设备出现故障时的情况。

⑥ 对于操作员的动作进行回放并检查。

⑦ 非正常工况的仿真。

⑧ 训练并为操作人员的熟练度打分并做出评价。

3. OTS 在工厂运行期间的作用

① 用于分析工厂事故及故障，提出或验证解决方案。

② 优化工艺过程，验证改造方案。

③ 验证优化控制和先进控制的方案。

第二节　操作员培训仿真系统的构成

一、系统构成

操作员培训仿真系统（OTS）需要对工艺和控制进行模拟，其系统配置包含这两方面的架构及之间通信。典型的 OTS 系统网络架构如图 6-11-1 所示。

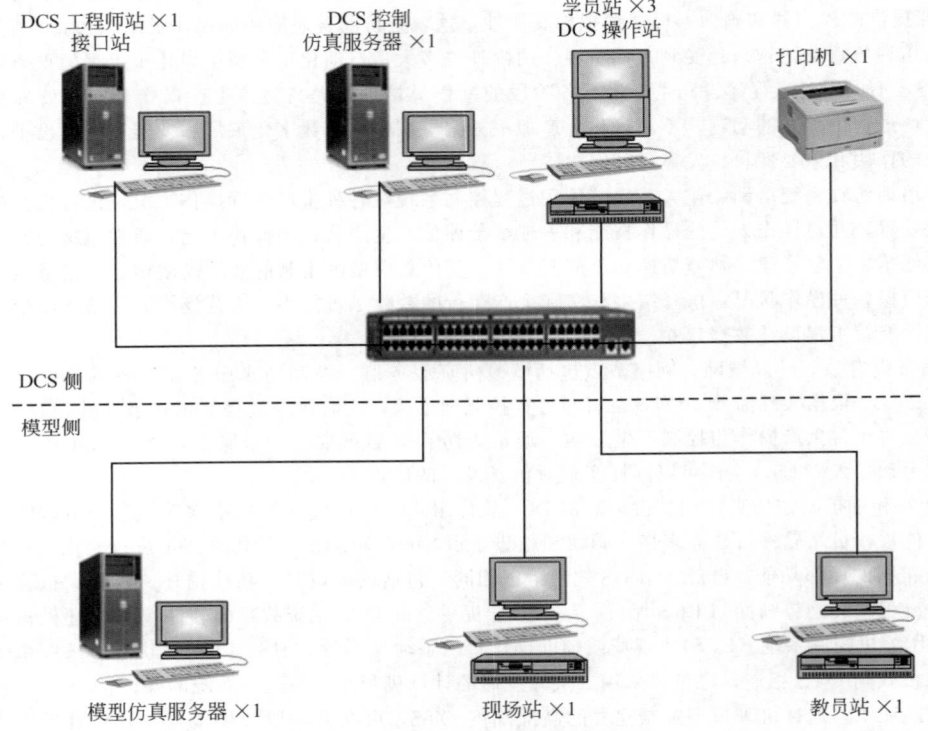

图 6-11-1　典型的 OTS 系统网络架构

图 6-11-1 中模型侧是对工艺模型的模拟，其软、硬件通常由 OTS 系统厂家提供。模型仿真服务器安装和运行工艺模型的模拟仿真软件，对工艺和设备进行高精度模拟，模型仿真服务器的数量可根据装置规模增加。现场站用于模拟现场或室内辅助操作台的手动操作功能，如操作现场阀门、紧急停车按钮等，现场站的数量也可根据客户需求增加。教员站是整个 OTS 的掌控者，通常为一台，所有培训指令管理均由教员站实现。

DCS 侧是对控制模型的模拟，DCS 控制及操作功能通过"直接连接"方式实现，即所有工艺模型与一套专用于 OTS 的独立 DCS 硬件和软件集成在一起，相当于对实际装置的"复制"。控制功能使用真实 DCS 数据库，DCS 组态数据库直接下装至 OTS 中，组态控制方案与真实工厂完全一致，操作画面直接从真实 DCS 下装到 OTS 的学员站，操作与真实工厂 DCS 操作站完全一致。DCS 侧的软、硬件通常由 DCS 系统厂家提供。DCS 控制仿真服务器可根据装置规模和 DCS 控制器的数量配置，通常每个控制仿真服务器可模拟多个真实的 DCS 控制器（数量根据控制器性能与服务器性有关）。DCS 操作站也是 OTS 的学员站，其数量也可根据客户具体需求配置。DCS 工程师站/接口站通常为一台，有些系统把接口站和 DCS 工程师站分开，分别用于与 DCS 组态数据库的下装和与 OTS 工艺模型的接口。

OTS 软件中通常将用户身份分为三级：

① 学员（Trainees）；

② 教员（Instructors）；

③ 工程师（Engineers）。

不同身份的用户在使用 OTS 时有不同的权限，允许进行相对应的操作。以上几种用户身份中，下层用户比上层用户拥有更高的权限，工程师的权限最高。

1. 教员站

教员是整个 OTS 的管理者，通过教员站可以进行学员培训管理、设置故障、设定培训课程、学员表现评定等。教员站同时具有远程操作功能，也可以兼作现场站使用，如模拟操作非 DCS 控制的现场设备、辅操台、现场盘等，操作员可通过点击鼠标来模拟阀门开关及停车按钮等。

教员站经组态后可实现自动培训、学员评估、培训过程记录等各种功能，如表 6-11-1 所示。

表 6-11-1　教员站典型功能简介

功能	描述
初始状态	定义初始条件和状态
快照和回溯	自动和按需模式进行瞬时快照和历史回溯
重新执行	教员的动作可通过快照加载自动重新执行
运行/停止	启停模式的无缝转换
操作条件	边界条件可以通过画面进行修改
现场操作	通过设备面板或客户预定义的现场操作变量实现交互
故障设置	通过设备面板或用户预定义的故障显示实现交互
操作评估	使用教员定义的标准对学员进行评估，并生成评估报告
趋势显示	教员可以定义趋势变量，可进行自动或手动的时间缩放
图形显示	通过组态的动态工厂画面对模拟装置进行监视和操作
教员操作记录	自动记录或打印教员动作，作为新教员的教材
程序	可将关联紧密的动作集中至程序，如装置的开停车等
教员场景	对预定义或在线创建的教员动作进行顺序执行
系统场景	通过离线的脚本语言编写复杂的操作场景，实现复杂培训
速度选择	依模型大小和 CPU 能力，速度可在真实工艺响应速度的 0.1～10 间调整选择
定时运行	允许模型按照预定的时间运行
流股显示	可显示流股组成等信息

2. 模型仿真服务器

模型仿真服务器是 OTS 系统的核心，用于安装和运行客户化的工艺模型仿真软件，须具有强大的数据运算能力和良好的稳定性，通常采用服务器级别的计算机。

模型仿真服务器具备如下功能：

① 具备友好的图形建模功能，易学易用，通过使用工程模型库中预定义的单元模型算法，便捷地完成建模工作，这些模型算法均应基于严格的化工原理和热力学方法；

② 提供灵活的方式来改变操作特性、边界条件和设备参数等，这些操作都在线完成，模型无须离线编译；

③ 建模软件允许分单元或工段并行开发，后期集成，以缩短建模周期。

3. 现场站

装置上某些操作功能是在现场或控制盘上完成的，如现场阀、就地开关或位于控制室的 SIS 辅操台等。这些操作并不在 DCS 完成，但在开、停车及紧急状态下却需要模拟这些操作。为了能让操作员执行这些非 DCS

1454

操作，可专门设置独立的现场站模拟现场操作。教员站也具备这些功能，所以装置规模较小时可将教员站和现场站合并。

现场站的主要功能包括：
① 开关现场或手动阀；
② 操作就地控制；
③ 操作就地开关或超驰控制；
④ 动作 SIS 辅操台上的按钮、开关；
⑤ 检查报警状态。

4. 学员站/DCS 操作站

OTS 学员站即是 DCS 操作站，可根据用户的需求配置学员站的数量，由 DCS 系统厂家提供。学员站的软、硬件要求和配置应与实际中心控制室内的 DCS 操作站完全一致，其流程图画面及所有操作功能也与实际装置的 DCS 操作站完全一致。

学员站允许学员监视和控制模型装置的运行。

5. DCS 工程师站/接口站

DCS 工程师站一般兼具 DCS 工程师站和与 OTS 接口站的功能，由 DCS 系统厂家提供，其软、硬件的要求和配置与实际中心控制室内的 DCS 工程师站一致。DCS 组态数据库在工程师站下装、修改，其功能与实际装置 DCS 工程师站完全一致，且兼具与 OTS 工艺模型侧各功能站进行通信的接口站功能。

6. DCS 控制仿真服务器

DCS 控制仿真服务器专门用于 OTS 系统仿真实际装置 DCS 控制器的所有功能。该服务器通常也由 DCS 厂家提供，但在实际生产装置的 DCS 配置中是不存在的。它的功能是将 DCS 控制器的所有功能数字化、虚拟化，将 DCS 组态文件运行在其专门的仿真控制器软件中，高精度地仿真 DCS 控制方案。

二、网络架构

OTS 系统通常设置为独立的局域网，因其数据传送量大，并考虑到网络安全问题，不建议与工厂的过程控制网和工厂信息网络直接连接。以国内某乙烯装置的 OTS 为例，典型的 OTS 系统网络架构如图 6-11-2 所示，其中各种功能站均采用独立的服务器或工业 PC 机，网络设备独立设置。

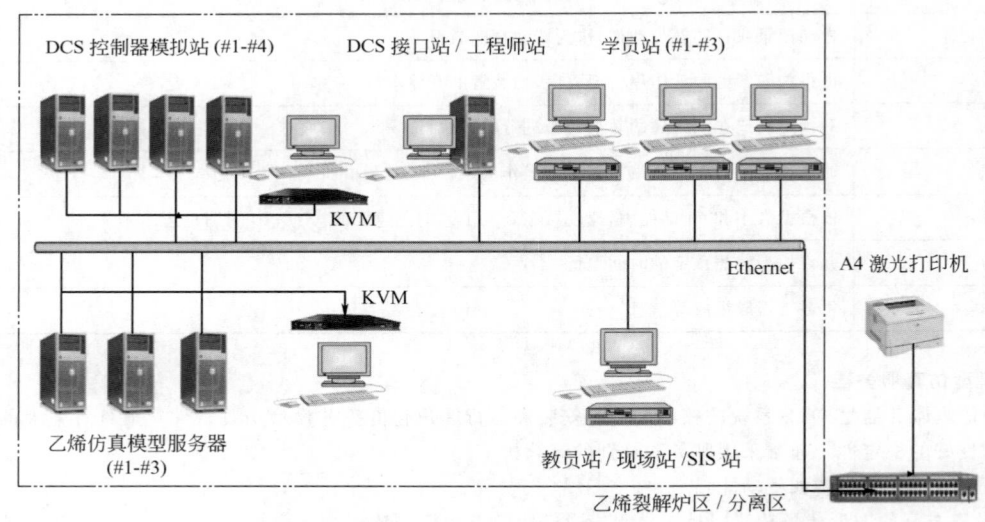

图 6-11-2　OTS 系统网络架构（以某乙烯装置 OTS 为例）

随着信息技术特别是新信息技术（New IT）的发展，OTS 也可实现虚拟化，甚至可支持云计算技术。虚拟方式的 OTS 系统结构如图 6-11-3 所示，以某气体处理装置 OTS 为例，其中模型仿真服务器、控制仿真服务器、工程师站、现场站、教员站等都采用虚拟机技术，DCS 操作员站（学员站）未采取虚拟机。

云计算技术是虚拟化技术发展的更高形式，可将操作系统、应用程序和用户数据放到数据中心实现集中管理，用户可以通过多种设备，在任何地点、任何时间访问云端网络上的属于自己的桌面系统。采用云桌面的

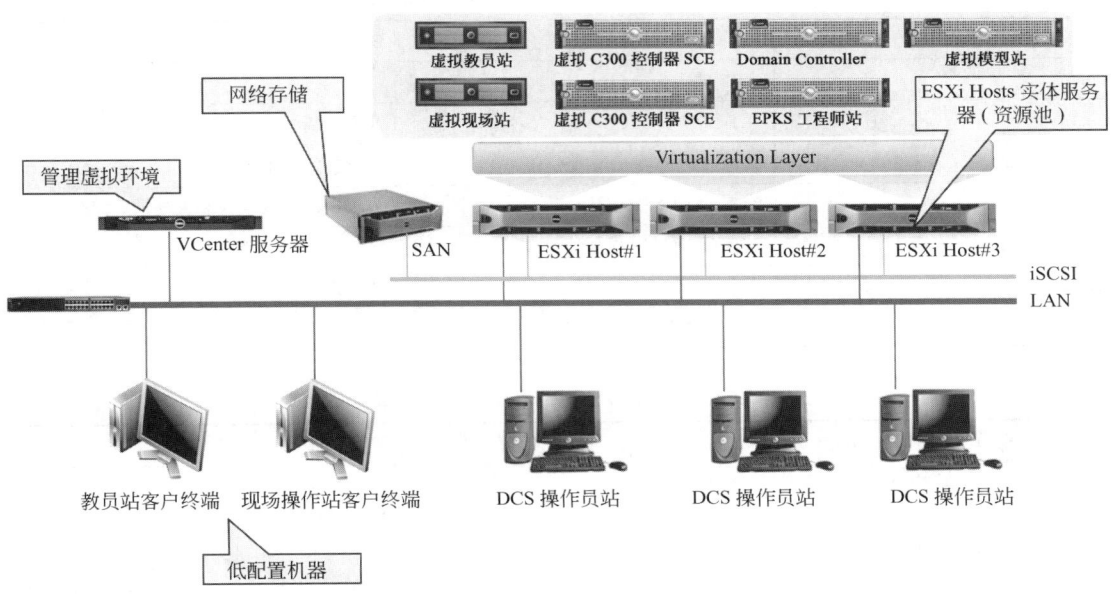

图 6-11-3　虚拟方式的 OTS 系统结构

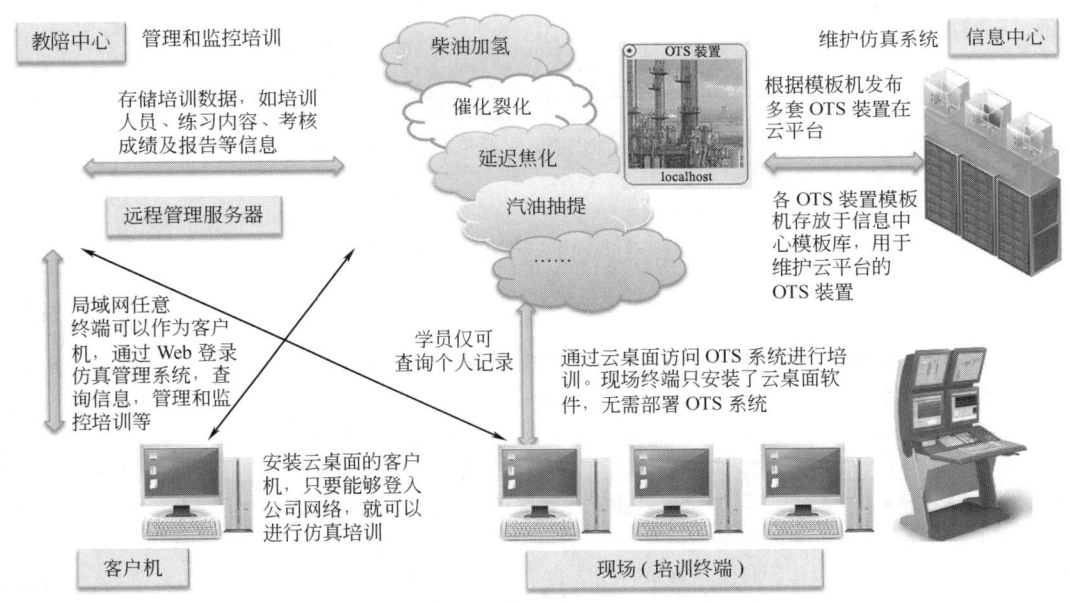

图 6-11-4　云桌面的 OTS 系统结构示意图

OTS 系统的结构示意如图 6-11-4 所示，以国内某大型炼油工程的 OTS 为例。

　　云技术使高精度的模型及计算成为可能，而且成本也大规模下降，是未来仿真系统的发展方向。但是由于仿真系统与外界网络直接相连，而且 OTS 操作站是真正的 DCS 操作站，因此网络安全策略及实施应周到、全面、深度防御，同时对于 OTS 操作组态程序导至工厂的 DCS 操作站的操作应严格控制。

三、系统硬件

构成一套完整的 OTS 系统的主要硬件及建议配置见表 6-11-2。

四、系统软件

构成一套完整 OTS 系统的软件配置见表 6-11-3。

表 6-11-2　OTS 系统硬件及建议配置

功能站	建议配置	建议数量
教员站	工作站	1
现场站	工作站	1 或根据需要增加
模型仿真服务器	高配置服务器	1 或根据需要增加
学员站	与实际 DCS 操作站一致	2 或根据用户需求与装置规模确定
DCS 工程师站	与实际 DCS 工程师站一致	1
DCS 控制仿真服务器	服务器或工作站	1 或根据需要增加
网络设备	网络交换机(千兆)、网线等	1 套

表 6-11-3　OTS 系统软件及功能描述

功能站	建议数量
OTS 软件套件	工艺模拟软件 DCS 接口软件 图形软件 教员功能模拟软件 学员功能软件
DCS 软件套件	DCS 工程师站软件 DCS 操作站软件 DCS 模拟控制器软件 OTS 接口软件

此外,除了上面提到的 OTS 提供的软件外,还需要配置第三方软件,如微软的 Office 办公软件、防病毒软件等。

第三节　工艺模型仿真

一、建模平台

工艺模型的模拟是整个仿真系统的核心和引擎,其准确度直接影响培训效果。OTS 系统普遍采用世界范围公认的工艺模拟软件,如 Aspen Plus、Hysys、PRO/II、ChemCAD、Dynsim 等。某些 OTS 系统供应商采用自已的工艺模拟软件,如霍尼韦尔采用自已的 Unisim Design 软件。这些商业化的工艺模拟软件采用严格的组分数据库、热力学模型、单元操作模型,全面建立炼化生产装置的化学工程机理模型,保证工艺模型的仿真准确度。另外,OTS 采用实际设备数据建模,并配合底层机理计算,能如实反映设备的动态特性和动态响应,从而达到高精度的设备模拟。成熟可靠的仿真模拟软件通常采用开放式模块化构建,稳态和动态基于同一软件开发环境,从而使其不仅可应用于仿真培训操作员,也可应用于前期基础和详细设计、动态研究、装置试车、操作寻优、脱瓶颈改造和节能等领域。除了工艺模拟外,仿真模拟软件还可内置先进过程控制(APC)软件平台,用于对先进控制进行离线仿真和测试。

二、建模数据

OTS 工艺模拟采用严格的组分数据库和热力学模型,采用实际设备的数据建立工艺模型,在整个建模过程中需要大量的数据和资料。

1. 工艺数据

工艺模型模拟需要完整准确的工艺数据和资料,如工艺流程图(PFD)、管道仪表流程图(P&ID)、热量和物料平衡表(Heat & Material Balance)等。

各工艺组分的物性数据包括分子量、密度、沸点、焓值、黏度、蒸馏曲线(初馏点、终馏点)等。物性方程的选择和工艺组分物性的精确性直接影响模拟的精度,须采用业内公认的数据来源,保证机理模型的准确性。

2. 设备数据

工艺流程中所有设备的数据和资料，包括塔、罐、换热器、加热炉、反应器等静设备；泵、压缩机、鼓风机、透平或膨胀机等动设备；各类阀门的数据，特别是控制阀。

3. 控制数据

主要包括控制及联锁说明、DCS/SIS 组态数据库、DCS 操作画面、因果表、联锁逻辑图、复杂控制框图及说明、联锁和报警设定值等。第三方成套设备的资料，如 P&ID 图、控制及联锁说明、因果表、联锁逻辑图、第三方操作画面、设定值等。

4. 操作数据

主要包括装置开停工、正常操作及其他工况的操作规程等。

5. 边界条件

主要包括 OTS 模拟范围内的公用工程条件，如冷却水、蒸汽、燃料气、仪表风等公用工程的压力、温度及组成。

三、工艺模型的状态

若无特殊要求，OTS 模型提供两种初始状态：冷态开车和稳定状态。

1. 冷态开车

OTS 模型处于以下初始状态，准备开车：

① 环境温度为 25℃；

② 环境压力为 101.325kPa；

③ 压力测试已完成；

④ 系统内充满氮气；

⑤ 没有进入或排出模型的物流；

⑥ 所有公用工程的阀门处于关闭位置，如冷却水、蒸汽、燃料气等；

⑦ 所有截止阀处于关闭状态；

⑧ 所有的仪表已投用并功能正常；

⑨ DCS 控制器功能正常且处于手动状态。

2. 稳定状态

稳定状态是指 OTS 模型处于开工后 100％负荷条件下的稳定状态，其各项操作条件和设计值保持一致，关键产品和性能指标的参数在设计值的误差范围内（通常关键指标的误差范围在±5％以内）。

在 OTS 动态测试中，包括开车、停车和紧急操作的所有步骤中，模型的动态须包括所有可见的相互作用、反应方向、顺序、滞后时间、逆向反应等，应与实际工艺过程响应一致，响应顺序和幅度应接近装置的实际响应。不同状态切换之前的动态过渡过程，也应遵循合理路径变化。

四、工艺模型的假设

一般来说，OTS 模型对主要工艺进行详细模拟，考虑到模型的运行速度和培训需求，对一些非重要的部分会做适当的建模假设。若用户有特殊要求，也会根据具体情况予以调整。

① 模型将包含所需止逆阀。止逆阀的止逆功能可模拟为独立的阀门或与控制阀功能合并。

② 工艺管线损耗（压力降）将集中体现在单元中所有的控制阀上，以满足稳态压力分布。

③ 若无特殊要求，动设备的机械驱动装置一般不模拟，如透平或马达等。轴承转速假定为常数，除非它是一个控制变量。

④ 默认情况下仿真模型设计为每秒运算 2 阶。

⑤ 单个 OTS 模型的工艺进料是连续无限的，所有的工艺及公用工程进料假定为边界条件，有固定的温度、压力和组成，除非作为教员变量。这些流股的流量将在模型中计算。若教员变动了某个特定公用工程的工艺条件，所有使用该公用工程的设备都将受影响，如改变冷却水温度，将会影响到所有使用冷却水的换热器的性能。

⑥ 通常假设公用工程拥有不限定的边界条件以提供设计基础的需求。

⑦ 润滑油、密封油、仪表风及其他辅助系统，除非参与物料平衡计算，否则不予模拟。这些系统的故障可模拟为定制故障。

⑧ 绝热设备的热传递变化不会受环境温度变化的影响。

⑨ 阀门泄漏量忽略不计。

⑩ 所有罐需考虑对环境的热损失，热损失率取决于罐的操作温度、环境条件和热传系数。

⑪ 流股温度在没有流量时不能被测量到，因为不考虑管道体积。当这种情况出现时，温度测量值保持上一时刻的正常状态。该温度在延时特定时间后向环境状态变化，用来模拟管道内流体的冷却效应。

五、工艺模型的定制

OTS 模型一般分为两类。一类称为标准 OTS 模型，此类 OTS 模型不是为用户专门定制开发，通常由专利商根据专利数据建立高精度模型，或根据常用的工艺设计和物料平衡建立低精度模型。高精度模型因为费用高且为"黑匣子"，一般用户选择不多；低精度模型则适用于入门培训，培训需求较低的用户。

另一类称为定制 OTS 模型，此类 OTS 根据具体用户的数据和资料专门定制工艺模型，如参照用户的工艺设计、物料平衡和设备数据等建立高精度模型。定制 OTS 模型是本章介绍的重点。

石油化工生产装置 OTS 工艺建模主要包括关键设备的模拟定制、公用工程的模拟、故障和教员变量及其他培训功能的定制。

1. 关键设备的模拟定制

关键设备主要指工艺过程的主要单元操作设备，包括塔、罐、反应器等静设备和压缩机、泵等动设备。

(1) 容器和塔 分离罐等简单容器通常模拟其几何形状、集水器、进出管口的安装高度和直径等。选用简化模式模拟罐壁的热损失。不模拟管口引起的夹带。

精馏塔的模型根据塔尺寸、塔板和堰的几何尺寸和填料高度，稳态运行或设计的压力分布等进行模拟，持液量取决于塔板直径和堰高，水力学由每块塔板的流动阻力决定。变塔径的塔会分段模拟，不同部分板间距、堰高或塔径会不同。对于填料塔，持液量基于为匹配理论板当量高度（HETP）的持液量而确定的塔径和堰高计算。

(2) 控制阀 控制阀模拟需提供的设计和厂家数据，包括阀门特性（线性、等百分比、快开等）、流通能力（C_v）、执行机构类型（气动、电动、液压等）、阀门响应时间（正常操作、能源故障）和仪表风故障时气开/气关设置。

根据不可压缩和可压缩流体的流动理论，利用阀门的 C_v 值可计算流体通过阀门时的压力-流量相互影响。控制阀还能进行气液平衡计算，以确定阀出口流体的相态。若需要，还可进行阻塞流计算。

(3) 压缩机 往复式压缩机模拟需要供货商提供的气缸活塞构造的数据，包括气缸直径、活塞行程、余隙体积和负载状态等，进行高精度模拟。振动和轴温等不做严格模拟，但可作为培训变量嵌入。

离心式压缩机是装置的"心脏"设备，通常采用离心压缩机模型进行精确模拟。离心压缩机模型根据其压差来计算压头，体积流量基于计算的压头，并根据用户提供的性能曲线求得，功率则根据用户提供的效率进行计算。

压缩机性能以三次曲线函数或线性曲线为特征，可通过从压缩机制造商的性能曲线（压头对体积流量）输入三个或更多的点来模拟，或通过输入一个设计点（压头和体积流量）采用默认的性能曲线来模拟。叶片的转动规律服从压缩机的转速曲线。转速曲线代表不同转速工况的可选择的叶片转动规律，可为不同的压缩机转速指定多条特性曲线。该曲线可根据入口导向叶片的位置变化进行修正。

压缩机组通常有三种工作状态：

① 压头总为正时的压缩机正常工作状态；

② 在低流速和高压头时发生喘振的工作状态，当压头不够而无法对抗排出压力时，甚至可能发生反向流；

③ 在提供的最后性能曲线点上将发生阻滞现象，超过该点后，吸入压力比排出压力高。

压缩机的喘振和石墙（Stone Wall）曲线应进行模拟。根据提供的防喘振资料，模拟压缩机接近喘振点时的表现，但可不做精确模拟。

压缩机模型可计算轴功率、流体流动和流体焓升等。

压缩机通过外部的电动马达、蒸汽透平或过程驱动设备（如膨胀机）驱动。压缩机驱动既可仿真为电子调速，也可为固定转速。

(4) 泵 离心泵将基于设计流量和出口压力，用同一转速下五点的泵工作曲线模拟。基于泵的能耗给出泵的惯量。泵的气蚀余量或静压头以及精确的气蚀响应，根据用户需要进行模拟。

往复泵将用流股流量定义，直接在压力-流量曲线中指定体积流量的方法模拟。

通常泵注射的消泡用的胺、防腐剂等不做模拟。

（5）传热设备　　如果不需要控制液位，对于加热器、冷却器和换热器，一般使用换热器的基本选项来模拟。基本选项的换热器包括管、壳程的传热因子（k）和参照流量，可精确模拟换热器的热交换和压降。允许设定污垢系数。

空冷器根据设计数据模拟变速马达，也模拟空冷器负荷随环境温度的变化，需指明不同季节的环境温度。

直接燃烧加热炉将模拟炉膛的辐射段、对流段和废热回收段。

（6）反应器　　反应器是石油化工装置的关键设备，可以采用两种方式模拟。

一种方式使用专利商的机理模型，这种方式花费高但保证反应器的精度，可与实际反应器的响应完全一致，可直接用于后期优化和改造。这种方式只需用户提供反应器尺寸、物料平衡等，稍做调整即可，无须调整反应动力学参数和方程。

第二种方式使用 OTS 建模软件内的反应器模型进行模拟，该方式需要用户提供较详细的资料和数据，包括：

① 反应器的几何尺寸，包括管口和温度元件位置；

② 催化剂的物理特性，如比热容（C_p）、密度和孔隙率；

③ 所有反应的动力学或平衡数据；

④ 设备内部热交换的设计数据；

⑤ 反应热；

⑥ 会引起催化剂暂时或永久中毒的组分和中毒结果的详细数据；

⑦ 设备运行初时（SOR）和设备运行末时（EOR）的特性数据。

若缺少以上数据，也可采用经验模型进行模拟，需用户提供各种工况下的反应器进、出口条件，在 OTS 软件中进行回归。此种方式的模拟虽不属于机理模型，但有时受限于反应动力学数据的保密性，在 OTS 实践中也会采用。

催化剂一般不做详细模拟，其活性在 OTS 中可作为教员变量调节。

2. 公用工程的模拟

在早期的 OTS 项目中，只专注于主要工艺的详细模拟，随着技术的提高和用户的更高要求，对公用工程的模拟也日益普遍。

公用工程包括循环冷却水、高中低压蒸汽及凝液系统、压缩空气及仪表空气系统、燃料气系统、氮气供应系统和火炬排放系统等，在 OTS 模型中根据需要进行详细模拟。为了保证主要工艺模型的运行速度和培训效果，建议将公用工程部分单独模拟和培训，可将公用工程的一些关键参数，如温度、压力等，通过教员变量的方式对主工艺产生影响，从而达到培训的目的。

3. 故障和教员变量及其他培训功能的定制

OTS 系统除了在开停工和平稳操作培训中发挥重要作用，另一个主要功能是异常工况（包括设备故障或工艺异常）时应急操作培训。OTS 一般会为用户设置故障和教员变量。故障主要分为两类：通用故障和定制故障。

通用故障主要包括以下几类。

（1）泵故障

① 由于轴承损坏、齿轮卡封、连接器或叶轮破损等导致的泵停止运转的故障。

② 由于堵塞等导致的效能下降。

③ 泵体过热。

（2）仪表变送器故障

① 变送器卡死显示于某个固定值。

② 设置仪表测量值漂移。

③ 设置测量信号扰动。

（3）控制阀故障

① 执行机构失效（故障开、故障关、故障保持）。

② 阀门定位器偏差。

③ 阀门定位器不稳。

（4）换热器故障

① 换热器失效。

② 换热器结垢。

③ 换热器泄漏。

定制故障是客户根据具体工艺，对关键操作设备设置客户化的故障，如全厂停电、反应器飞温等。

OTS 软件除了以上适用的培训的故障设定以外，也会有其他培训辅助功能，如设计场景回放、学员评估、事件监视、文档练习。OTS 用户在经过培训后，可以利用这些辅助工具进一步开发培训功能。

六、工艺模型的验收

行业内对于工艺模型的验收尚无统一的标准和规定，通常根据生产装置及 OTS 系统的实际情况及用户的要求在合同中约定。通常的验收标准分为对稳态模型和动态模型的要求。

1. 稳态模型要求

模型稳态仿真结果与参照的稳态设计数据相对比，关键工艺测量参数的标准偏差通常要求在读数的 $\pm 2\%$ 范围内。关键工艺测量参数的界定将在工程实施过程的详细功能设计阶段确定，控制回路通常属于关键工艺参数。

2. 动态模型要求

对装置动态仿真的逼真度，应使操作员在 OTS 和实际运行装置之间感觉不到差异。

模型的动态响应通常在插入故障后的适当时间内达到精确水平，使学员有充分的时间识别和诊断问题。

通常控制变量值按 10% 步进仿真过程变量的动态响应，在方向、幅度和响应顺序等方面应与实际运行装置的响应一致。近似时间常数与实际响应的时间常数的误差通常要求小于 $\pm 5\%$。稳态增益与实际装置在工艺控制稳定后的最终增益的误差小于 $\pm 2\%$。

在开车、停车和正常操作的所有操作步骤中，工艺模型的动态精确度要保持一致。

工艺模型的每次计算可按 1/2、1、2s 周期进行，保证学员站所有读数均为最新。

第四节　控制模型仿真

一、分散控制系统（DCS）的模拟

在 OTS 系统中，分散控制系统（DCS）通过"直接连接"方式实现，即使用真实的 DCS 硬件和软件实现 DCS 的控制功能。这种方式提供了最大的真实性，可为工厂生命周期更新服务提供可能。工艺模型和一套专用于 OTS 的独立 DCS 硬件和软件紧密集成在一起，DCS 控制器的组态文件在 DCS 模拟软件中运行，使用与实际工厂 DCS 完全相同的组态数据库和操作画面，学员站即为实际的 DCS 操作站，无需进行二次开发。上述功能的实现需 DCS 系统厂家提供相应的仿真控制环境和接口软件，主要功能如下：

① DCS 工程师站/操作员站软件和实际工厂一致；

② DCS 侧的仿真控制器软件能完整运行 DCS 组态数据库，且可保存当前状态；

③ 能完成与 OTS 工艺模型的工艺数据传输，主要包括四类变量的通信（AI/AO/DI/DO）；

④ 能接受并执行 OTS 侧软件的命令，如存盘、调用或删除快照文件、启动或中止模拟器运行等。

这种方式的模拟最大程度地保证控制方案的一致性，DCS 厂商为工厂进行的控制组态文件可以直接在 OTS 中运行使用，不仅避免了二次开发的失误率，且能完全保证和实际工厂操作控制完全一致，保证培训的高精度。操作员在 OTS 中进行培训时犹如"身临其境"，不仅操作画面、操作功能和实际工厂完全相同，控制方案也是完全复制。除了在培训操作员中发挥作用以外，这种方式的模拟还能帮助新建工厂提前校验设计的控制方案，在工厂实际开车以前，可以在 OTS 中进行检查和测试，对设计复杂和安全性要求高的项目能起到很好的验证作用，一方面发现设计的问题，一方面发现组态的问题，减少实际工厂开车的时间。

二、安全仪表系统（SIS）的模拟

安全仪表系统（SIS）的模拟在操作员培训中很重要。在 OTS 系统中一般有三种 SIS 模拟方法。

① OTS 提供翻译器，可将 SIS 组态数据库完整翻译。这种方式的好处是不用投资 SIS 系统的软件，也能保证安全仪表系统（SIS）培训的准确性。SIS 有关的监视和操作画面需根据客户提供的资料手动绘制。目前一些 OTS 软件已有针对 Triconex、HIMA、SM 等 SIS 系统的翻译器。

② 配置 SIS 系统厂家的软硬件，直接将 SIS 组态数据库下装运行。这种方式和 DCS 模拟类似，能高精度

仿真。但由于费用高，且有些 SIS 产品并没有开发模拟 SIS 控制器，实际采用的不多。

③ OTS 工程师根据客户提供的因果表、联锁逻辑图等资料和数据，自行将 SIS 逻辑搭建在 OTS 软件中。这种方式一般用于没有翻译器的情况，由于需要进行二次开发，工作量较大，后期维护较为复杂。

三、其他辅助系统的模拟

在 OTS 系统中，除了 DCS、SIS 的模拟外，还有一些其他控制系统的模拟，主要包括压缩机控制系统（CCS）、设备包控制系统（PLC）等。

压缩机控制系统（CCS）由于其重要性和复杂性，对操作培训提出了更高的要求。目前 OTS 对 CCS 的模拟有三种方式，与 SIS 模拟类似。

① OTS 提供翻译器，可将 CCS 组态数据库完整翻译。这种方式的好处是不用投资 CCS 软硬件，也能保证压缩机控制与联锁逻辑的准确性。CCS 有关的操作画面需根据压缩机厂家资料手工绘制。

② 配置压缩机厂家的 CCS 软硬件，直接将组态数据库下装运行。这种方式和 DCS 模拟类似，能高精度仿真。但由于费用高，且很多压缩机控制系统并没有开发模拟控制器，实际采用的不多。

③ OTS 工程师根据客户提供的操作手册和联锁逻辑图，自行将压缩机防喘振等控制和安全联锁逻辑搭建在 OTS 软件中。由于需进行二次开发，且难以获得完整的压缩机数据和资料，建模过程中会有一定程度的简化。

设备包控制系统（PLC）的仿真通常根据设备包厂家的数据和资料，在 OTS 中自行搭建控制、联锁保护逻辑与流程图画面等，并做一定程度的简化处理。

四、现场操作模拟

现场操作的模拟是 OTS 中不可缺少的内容，如现场阀、就地开关或位于控制室内的 SIS 辅操台等，这些操作不在 DCS 完成，但在开/停车及紧急状态下却需要这些操作。通常在 OTS 系统中单独配置一台独立的现场站和相应画面，执行上述非 DCS 操作。模拟操作的内容包括：

① 开关现场或手动阀；

② 操作就地控制；

③ 操作就地开关或超驰控制；

④ 动作 SIS 辅操台按钮或开关；

⑤ 检查报警状态。

上述操作功能在教员站也可执行，所以有的 OTS 现场站和教员站合为一个站。现场站的画面基于 DCS 操作站画面绘制，如图 6-11-5 所示。SIS 辅操台的模拟基于实际辅操台布局绘制，如图 6-11-6 所示。

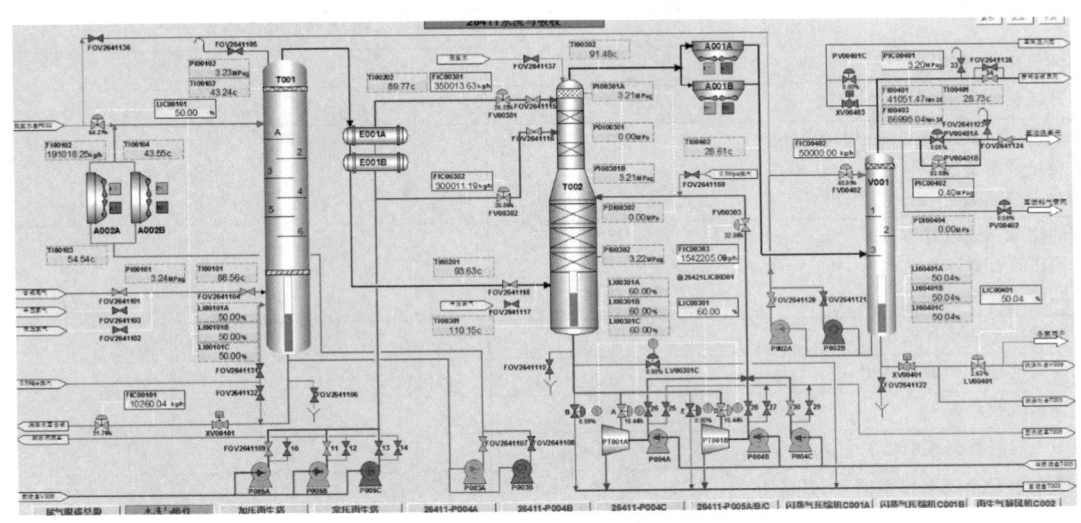

图 6-11-5　OTS 现场站画面示例

随着技术发展和外操培训的要求提高，很多 OTS 系统厂家开始研发 3D 和全景的外操培训场景，这种方式的外操画面采用 3D 动画，或 360°的全景模式，操作员犹如进入实际装置区进行外操操作。近年来随着数字

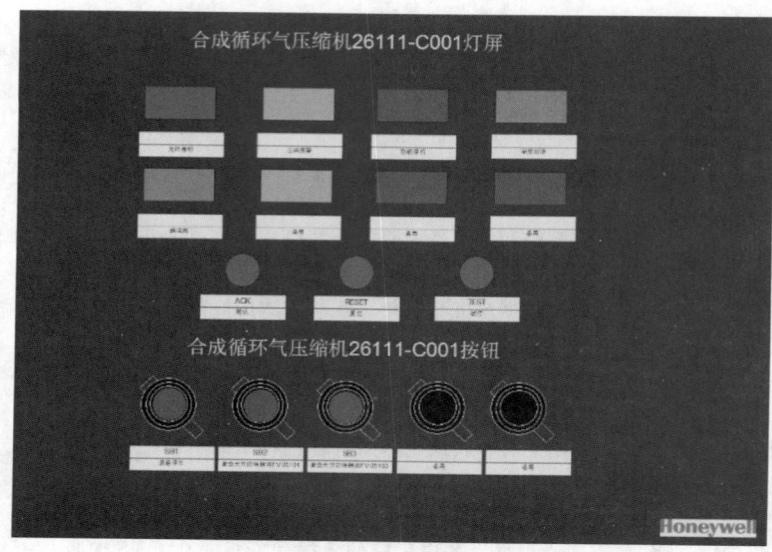

图 6-11-6　SIS 辅操台模拟画面示例

化工厂和智能工厂的理念不断发展，基于这种新信息技术的操作培训需求也日趋上升，特别是将工程集成设计的 3D 模型与工厂运维结合将是未来发展方向。

第五节　工程实施与应用

OTS 系统网络架构和软硬件组成并不复杂，主要的工作来自工程实施与应用，大型 OTS 项目典型的实施周期约为 10～12 个月。OTS 的工程实施包括编制询价文件、签订技术协议和商务合同、召开开工会、开展详细功能设计、工艺模型开发与集成、模型验收测试、现场验收测试、培训、现场服务等。OTS 工程实施过程中需获得大量工艺设备和控制组态数据，需用户、工程公司、OTS 系统厂家共同讨论确认技术方案、检验测试仿真效果，各方的分工和配合显得尤为重要。典型的 OTS 工程实施工作分工如表 6-11-4 所示。

表 6-11-4　OTS 工程实施典型工作分工

工作内容	OTS 系统厂家	用户/工程公司
编制询价文件、技术谈判	O	X
项目开工会	X	X
操作员培训仿真系统功能要求的讨论		
①现场数据要求	X	X
②对工艺和 DCS、SIS 的要求	X	O
模型的详细功能设计生成		
①提供设计数据和资料	O	X
②功能设计及功能设计文档	X	O
模型的详细功能设计的审查批准	O	X
工艺模型的建立和集成测试	X	O
工艺模型验收测试	X	X
DCS/SIS 组态数据库的提供	O	X
工艺模型和 DCS/SIS 模型的集成和测试	X	O
工厂验收测试	X	X
现场安装调试	X	O
现场验收测试	X	X

注：X：责任方；O：协助方。

由于 OTS 工程实施涉及到专利技术资料的传递，参与项目的各方通常会签署保密协议，并在整个工程实施过程中严格遵守保密协议的各项规定。

本节将结合某乙烯装置 OTS 项目的应用案例，介绍 OTS 工程实施各阶段的工作和需注意的问题。

一、询价文件

根据大型石油化工和新型煤化工工程的总体规划和要求，编制用于实施范围内生产装置的操作员培训仿真系统（OTS）询价文件，提出对 OTS 的硬件配置、系统软件、应用软件、组态、系统集成、工程实施、技术培训及现场服务等各方面的具体要求。

OTS 询价文件可以随 DCS 询价文件整体发布，作为全厂自动化和信息化集成系统的重要组成部分，也可单独发布。典型的 OTS 询价文件目录如下。

1. 总则

① 概述

② 工程及装置简介

③ 供货及工作范围

④ 术语及缩略语

⑤ 程度用词

2. 投标技术文件要求

① OTS 系统配置要求

② 文件歧义与澄清

③ 分项报价

④ 投标技术文件内容要求

⑤ 技术说明、选型样本和相关资料

⑥ 投标技术文件文字

3. OTS 系统技术要求

① 基本要求

② OTS 系统的一致性

③ 工艺模型技术要求

④ 控制模型技术要求

⑤ OTS 系统功能要求

⑥ 人机界面

⑦ 安全访问级别

⑧ 教员变量和故障

⑨ 操作条件

⑩ 系统维护

4. OTS 系统配置

① 概述

② 模型仿真服务器

③ 教员站

④ 学员站

⑤ DCS 工程师站

⑥ DCS 控制仿真服务器

⑦ 现场站

⑧ 网络设备

⑨ 系统结构图

⑩ 系统完整性

5. 备品备件及辅助工具

① 备品备件

② 消耗材料

③ 专用仪器和辅助工具

6. 文件资料

① 工程文件资料

② 中间文件资料

7. 技术服务

① 概述

② 项目管理

③ 工程会议

④ 设计开工会

⑤ 功能设计审查会

⑥ 模型审查会

⑦ 现场技术服务

⑧ 售后服务与维修

8. 技术培训

① 仿真软件培训

② 教员培训

③ 系统维护培训

9. 测试与验收

① 验收标准

② 模型验收测试

③ 工厂验收测试

④ 现场验收测试

10. 保证期

二、技术协议

OTS 系统厂家在收到 OTS 询价文件后，将提出完整的 OTS 技术方案，编制完整的技术协议文件，经与用户和工程公司充分对接后，签署技术协议，确定供货范围、主要技术方案和工程实施计划，并配合用户签订商务合同，作为项目执行的依据。

以某乙烯装置的 OTS 项目为例，技术协议确定的供货范围和软硬件配置如表 6-11-5 所示。

表 6-11-5 **OTS 供货范围及软硬件配置**（以某乙烯装置 OTS 为例）

序号	类别	描述	单位	数量	备注
OTS 软件					
1	OTS 套件（直连）	OTS 软件套件,包括: • 工艺模拟软件 • DCS 接口软件 • 图形软件 • 教员功能模拟软件	套	1	开发版（可以进行模型修改或二次开发）
OTS 硬件					
1	模型仿真服务器	DELL PowerEdge R730 Server 2 * Intel® Xeon® E5-2637 v4； 8 * 16GB RDIMM,2400MT/s； 2 * 1TB 7.2K RPM SATA 6Gbps 3.5in Hot-plug Hard Drive； Windows Server 2016 Standard Edition	台	1	
2	控制仿真服务器	DELL PowerEdge R730 Server 2 * Intel® Xeon® E5-2637 v4； 8 * 16GB RDIMM,2400MT/s； 2 * 1TB 7.2K RPM SATA 6Gbps 3.5in Hot-plug Hard Drive； Windows Server 2016 Standard Edition	台	1	

序号	类别	描述	单位	数量	备注
3	现场站	DELL OptiPlex 5050 MT Intel Core i5-7500； 8GB 1×8GB 2400MHz DDR4 Memory； 1 3.5″ 500GB 7200rpm SATA HDD； Windows 10 Pro（64bit）English	台	1	
4	DCS 工程师站	DELL PowerEdge T330 Server Intel Xeon E3-1230 v6 3.5GHz； 16GB(1×16GB)2400MT/s DDR4 ECC UDIMM； 2 * 1TB 7.2K RPM SATA 6Gbps 3.5in Hot-plug Hard Drive； Windows Server 2016 Standard Edition	台	1	
5	教员站	DELL OptiPlex 5050 MT Intel Core i5-7500； 8GB 1×8GB 2400MHz DDR4 Memory； 1 3.5in 500GB 7200rpm SATA HDD； Windows 10 Pro（64bit）English	台	1	
6	学员站	DELL OptiPlex 5050 MT Intel Core i5-7500； 8GB 1×8GB 2400MHz DDR4 Memory； 1 3.5in 500GB 7200rpm SATA HDD； Windows 10 Pro（64bit）English	台	4	
7	显示器	DELL P2417H	台	11	
8	网络交换机	CSICO 2960TC/L	台	1	
9	其他	网线、接头等	套	1	
10	打印机	Canon LBP611CN	台	1	
OTS 模型					
1	乙烯装置	• 裂解炉 • 压缩 • 分离	套	1	
2	文档	• 详细功能设计 • 模型验收文档 • 工厂验收文档 • 现场验收文档 • 用户手册 • 培训手册	套	1	
3	培训	• 教员培训 • 现场维护培训 • 建模培训	套	1	

三、项目开工会

在 OTS 商务合同签订后，确定项目经理，组建项目执行团队，与用户和工程公司建立联络渠道，举行项目开工会。

OTS 项目执行团队将对项目的质量、进度、成本、变更等进行全面管理和协调。执行团队的技术人员由 OTS 主任工程师、工艺模型工程师和系统集成工程师组成，主任工程师担任技术总负责。开工会前，应与用户和工程公司沟通协调提供第一批资料，如 PFD、P&ID 及物料能量平衡文件等，以提高开工会的质量和效率。

开工会是项目正式开始的标志，可在 OTS 系统厂家办公室或用户现场召开，会议周期通常为 3～5 天。开工会将对模拟范围、技术要求、功能目标、各阶段资料要求等做出明确要求。开工会的主要议题包括：

① 解决突出的技术和商务问题；
② 确定项目沟通计划（管理、对接、协调等）；
③ 确认项目执行计划和项目进度；
④ 通过逐张审查标注的 PFD 和 P&ID，确认模拟范围；
⑤ 确定项目资料和数据交付计划；
⑥ 确定主要技术方案和功能目标。

经各方同意并签署的开工会纪要，将作为详细功能设计的基础和依据。

四、详细功能设计

详细功能设计（DFS）是项目执行的关键阶段，将基于项目的技术协议、商务合同、各方签署的开工会纪要，以及之后提供的项目数据和资料，对 OTS 的硬件、软件、功能、范围、方法、假设等做出详细的设计和规定。详细功能设计将在 OTS 系统厂家办公室进行，周期通常为 15～30 天。

OTS 系统需要用户和工程公司提供设计数据和资料，这是保证工程实施顺利开展，提高仿真模型精度的关键，应引起各方的高度重视。以某乙烯装置 OTS 项目为例，需用户和工程公司提供的项目资料及其内容要求如表 6-11-6 所示。

表 6-11-6　OTS 所需项目资料及内容要求（以某乙烯装置 OTS 为例）

编号	资料名称		内容要求
1	PFD		最新版 PFD,能反映模拟范围中所有主要设备,每个流股应提供以下数据:质量流量、体积流量、温度、压力、密度、组成、焓值、相分率、平均分子量、热容等
2	P&ID		最新版 P&ID 图,体现详细工艺流程和配管、仪表信息
3	工艺流程描述		关于工艺流程、控制方案、火炬减排等的详细描述
4	热量和物料平衡		物料和热量平衡表(通常为 PRO/II、Aspen Plus 或 Hysys 稳态模拟报告),应体现要求模拟的稳态操作工况,同时提供一套与规定模拟工况一致的装置信息
5	界区条件表		各种进出界区的流股工艺条件
6	设备数据	控制阀	①阀门流量特性:等百分比、线性、快开等 ②工艺设计条件,如进、出口压力和温度 ③流体密度 ④正常/最小/最大流量(质量、摩尔或体积) ⑤平均分子量 ⑥故障模式,如故障关、故障开或故障保持 ⑦阀门定位器作用,如正/反作用 ⑧阀门流通能力 CVs
		切断阀	①故障模式,如故障关、故障开或故障保持 ②若非通径阀,提供阀门流通能力 CVs
		安全阀	①设定压力 ②孔口直径 ③安全阀背压
		罐类设备	①设备开口图,含标高 ②设备几何尺寸,含直径、长度、高度等 ③设计操作条件,如温度、压力等 ④接管口位置及相对尺寸 ⑤挡板位置及尺寸

编号	资料名称	内容要求
6	设备数据	
	换热器	①换热器开口图,含标高和结构尺寸,壳侧直径、长度,管侧管长、管数、管径、管分布,管程和壳程数等 ②管壳侧设计流速 ③设计流速下,管壳侧传热系数 ④管壳侧垢阻系数 ⑤管壳侧出入口温度 ⑥管壳侧出入口压力 ⑦流体密度 ⑧流体平均分子量 ⑨管壳侧相分率 ⑩结垢系数 ⑪有效传热面积 ⑫换热负荷 ⑬管壳侧流通系数 CVs ⑭换热器几何尺寸
	空冷器	详细厂家数据和资料
	冷箱	详细厂家数据和资料
	电加热器	详细厂家数据和资料
	离心泵、往复泵	①额定流量 ②额定流量时的扬程 ③额定流量时的效率 ④操作条件下的流体密度 ⑤泵的性能曲线(流量-扬程)
	压缩机	①性能曲线,多变能量头-入口体积流量,效率-入口体积流量 ②设计条件,如气体的分子量,出、入口的温度和压力,气体的压缩因子和绝热指数 ③喘振线及喘振控制线
	透平	①性能曲线,多变能量头-入口体积流量,效率-入口体积流量 ②设计条件,如气体的分子量,出、入口的温度和压力,气体的压缩因子和绝热指数 ③喘振线及喘振控制线
	加热炉	①加热炉开口图,含标高 ②烧嘴数 ③炉管排列 ④炉管辐射段和对流段传热面积 ⑤炉管设计流速、传热系数、污垢系数 ⑥对流段壳侧传热系数、污垢系数 ⑦总传热系数和污垢系数 ⑧对流段、辐射段进出口温度和压力 ⑨流体密度、流体平均分子量 ⑩烟道气组成、温度和流量 ⑪几何结构及尺寸
	精馏塔	①设备开口图,含标高 ②塔板数据,如直径、沿高、沿流方式、开孔率、孔径、板间距等 ③各段塔板数 ④降液管宽度 ⑤设计操作条件,如温度、压力、气液流量、气液密度/平均分子量和组成 ⑥压力降 ⑦接管位置及相对尺寸

编号	资料名称		内容要求
6	设备数据	反应器	①反应机理数据,如反应方程及副反应方程、反应热、动力学数据等 ②催化剂理化特性,如衰老特性、操作条件影响因素及作用关系等 ③催化剂装填特性,如孔隙率、堆密度、比表面等 ④反应器结构、特性设计的技术规定
7	仪表数据	工艺控制说明	包括工艺流程简单控制、复杂控制、顺序控制、工艺计算等的详细描述
		安全联锁说明	对安全联锁保护的详细说明
		DCS I/O 清单	设计和组态的 DCS 输入/输出清单,并包含描述、I/O 类型、量程、单位、报警值等数据
		SIS I/O 清单	设计和组态的 SIS 输入/输出清单,并包含描述、I/O 类型、量程、单位、报警值等数据
		因果表及联锁逻辑图	设计和组态的因果表和联锁逻辑图
8	操作手册		包括开停车、正常操作及其他各种工况的操作规程说明
9	DCS 组态数据库		①已经工厂验收测试(FAT)的 DCS 组态数据库 ②DCS/FCS 技术规定
	DCS 流程图画面		已经工厂验收测试(FAT)的 DCS 流程图及其他操作画面
	SIS 组态数据库		①已经工厂验收测试(FAT)的 SIS 组态数据库 ②SIS 技术规定

详细功能设计(DFS)须编制的文档通常包括:
① 对所提供的软硬件进行描述;
② OTS 系统介绍和功能描述;
③ 项目基础设计;
④ 所有需要模拟的过程设备清单;
⑤ 模型的所有工艺参数;
⑥ 关键工艺参数和设计值;
⑦ 所有的故障、教员变量和现场操作变量;
⑧ 建模假设描述;
⑨ 故障功能的描述;
⑩ 控制模型的开发。

经各方审查确认后的 DFS 文档将作为项目执行的依据,作为随后项目执行、验收测试和模型交付的基础文件。DFS 文档经用户和工程公司审查和批准后,将进入模型开发阶段。

五、工艺模型开发及集成

基于开工会确定的实施范围,并遵循详细功能设计阶段制定的标准文档,OTS 厂家将全面开展工艺模型建模工作。该活动将主要在 OTS 厂家办公室进行,大型装置周期通常为 60~90 天。

工艺模型将从子模型建模开始,多名工程师同时并行开发和调试各个子模型,由主任工程师负责将所有子模型集成为完整的装置工艺模型。这种分工合作的方式可以最大限度地缩短模型开发时间,同时确保模型质量。

子模型搭建好后,建模工程要对其进行检测和调试。在集成之前,负责总模型的主任工程师须确保每个子模型,包括 DFS 中规定的所有过程设备、工艺管线和各种应具备的功能满足功能要求。要确保子模型与设计条件的偏差在 DFS 中规定的范围之内,子模型在开停车、正常操作和紧急状况情况下的动态响应也要正确。在此基础上将所有子模型集成为最终模型。

仿真模型将不断调整优化至与所提供的设计值或能量与物料平衡一致,且与真实工厂操作数据一致。

六、模型验收测试

模型验收测试(MAT)将由用户和工程公司对 OTS 开发的工艺模型进行测试和验收。此验收仅对独立的工艺模型测试，工艺模型尚未与控制系统集成。

模型验收测试（MAT）主要内容包括：

① 模型范围检查；

② 稳态精度检测；

③ 对工艺模型进行局部开停车测试；

④ 动态响应测试。

七、控制系统集成与测试

在 OTS 供应商办公室进行。周期为 90～120 天。

完成 OTS 项目的工艺模型验收测试（MAT）后，须立即开展 DCS、SIS 等控制系统的软硬件集成模拟和测试，以保证 OTS 系统全部功能的实现。该活动也主要在 OTS 厂家办公室进行，周期通常为 60 天。

MAT 结束后，OTS 需得到 DCS、SIS 的组态数据库进行下装和集成，此数据库应为已进行 FAT 后的最终组态数据库。OTS 将把组态数据与工艺模型集成，并开展集成模型的测试和调整完善工作。

八、工厂验收测试

工厂验收测试（FAT）是指用户和工程公司在 OTS 系统出厂前，对完整 OTS 模型进行验收测试，包括工艺模型和控制模型。FAT 将在需交付的软硬件系统上进行，工艺模型已经与控制系统完全集成。

FAT 之前，OTS 供应商已经按照验收测试程序和用户提供的操作规程进行了内部测试，内容包括系统联调、控制逻辑查对、稳态、冷态条件生成、完整的开停车测试等。为了保证工厂验收测试（FAT）的顺利，也可提前邀请用户和工程公司到 OTS 厂家办公室，对 OTS 系统进行预验收（PRE FAT），减少正式验收的风险。

FAT 阶段测试的项目包括：

① OTS 系统交付软硬件检查；

② 检查 OTS 模型冷态初始条件；

③ 从冷态初始条件进行装置开车；

④ 从稳态条件进行装置的停车；

⑤ 进行故障测试；

⑥ 进行教员变量测试。

工厂验收测试 FAT 完成，标志着 OTS 系统的开发工作基本完成，OTS 厂家应把 FAT 期间发现的问题及时整改，准备发货和现场验收测试工作。

九、现场验收测试及现场服务

OTS 系统厂家在完成 FAT 问题整改后，将对整个 OTS 系统进行备份打包，发往最终用户现场，进行最终交付和现场验收测试（SAT）。现场验收测试（SAT）主要针对 FAT 发现并要求修改的问题进行测试。SAT 开始前，现场培训教室的电力供应、网络布线、直线电话和培训教室布置等需具备条件。SAT 完成后将 OTS 交付给最终用户。

SAT 阶段测试的项目包括：

① 与用户一起确认软硬件的递交；

② 确认在 FAT 阶段需要修改的内容是否已整改；

③ 对用户系统维护人员进行培训和指导；

④ 签署 SAT 验收报告。

另外，OTS 系统厂家还需根据合同要求，派遣服务工程师到用户现场进行现场服务，主要内容包括系统投运、程序调试、模型修正、故障排查等。

十、培训及工程文件

1. 培训

OTS 的培训非常重要，OTS 系统厂家将在项目不同阶段对不同用户人员进行相应的培训，主要分为以下几种。

（1）仿真软件建模培训　仿真建模培训是教会用户如何建立一些基本的工艺模型，掌握模型的使用和日常维护方法，能够修改和建立简单的工艺模型，参加者要求具备基本的化学工程知识和实际操作经验。

（2）教员培训　教员课程是通过提供的标准模型，上机实习 OTS 教员站系统，了解教员站功能，包括培训工具的使用和系统维护，学会在培训中如何使用的各种培训功能，包括故障设置、改变教员站的参数和监视操作员的操作状况。

（3）系统管理员培训　系统管理员课程主要包括启动和关闭仿真培训系统、系统连接、网络设备的维护、操作系统的管理、系统的备份和文件的保存等内容，保证 OTS 系统的平稳运行。

最终用户也可以根据自身需要，增加培训内容和时间，以提高 OTS 系统的应用效果。

2. 工程文件

OTS 系统厂家须提供完整的工程设计文件资料给用户和工程公司，包括纸质文件和电子文件。典型交付资料包括：

① 项目管理文件；

② 操作手册，描述 OTS 系统的软硬件及如何启动、关闭系统，如何排查问题等，还包括系统结构图，指出系统部件如何连接；

③ 供电、接地要求；

④ 设备清单，说明制造商、型号、规格、数量等；

⑤ 设备外形图，说明外形布置和尺寸、重量等；

⑥ 网线及电缆连接表；

⑦ 模型仿真软件；

⑧ 每个模型详细的故障消除文件；

⑨ 装箱和运输信息，包括初步数量、尺寸和重量等；

⑩ 教员手册，描述教员站的操作、日志与记录、错误信息、模型的范围、模型操作、故障和隐含的基本模型假设等；

⑪ 详细功能设计文件，描述所有的过程模型，应给出所有重要的模型方程和模型参数；

⑫ 硬件和软件手册，提供所有的硬件手册、软件手册，以便于系统维护；

⑬ 教员、学员培训手册，描述如何使用仿真器进行开工、停工、异常工况处理和常规操作等培训。

第十二章 无线仪表系统

第一节 工业无线系统概述

一、工业无线系统

随着信息技术和通信技术在自动化各个领域的广泛应用，工业现场对于无线通信的需求也越来越多。工业控制系统中广泛应用现场总线技术、工业以太网技术等，实现过程控制系统的网络化、信息化、集成化，提高集成系统的性能和开放性。基于过程控制的安全性和可靠性，这些控制网络通常采用有线网络。有线网络高速稳定，满足大部分场合工业组网的需求。但在有线传输或功能受到限制的场合，无线传输方式越来越得到重视和应用，如无线巡检、无线视频监控、无线数据采集等。

在新型工业控制网络中，许多自动化设备要求具有更高的灵活性和可移动性，当工业设备处在不能布线的环境中或安装在运输车辆等运动场合，难以使用有线网络。与此相对应，无线网络向三维空间传送数据，中间无需传输介质，只要在组网区域安装接入点设备，就可建立局域网；移动终端只要安装无线网卡，就可在接收范围内接入网络。

在网络建设的灵活性、便捷性、扩展性方面，无线网络有独特的优势，可以作为有线系统的重要补充。随着微电子技术和通信技术的不断发展及数字化工厂建设的需要，无线工业系统将在工业领域发挥越来越大的作用。

目前工业无线系统在石油化工等流程工业中应用主要基于 IEEE 802.11 系列标准的无线局域网（WLAN）。基于 WLAN 的无线技术是一种经济适用的解决方案，符合工业环境的要求，如可靠性、可用性、安全性、通信性能等。同时，WLAN 协议可以兼容办公环境的解决方案。随着 4G 和 5G 技术的快速发展，移动通信技术也将成为工业无线系统应用的重要组成，提供更多可能性。

无线仪表系统是工业无线系统的一个应用分支，是继现场总线技术之后，工业控制领域的又一个热点技术，是降低自动化成本、扩展自动化应用范围的技术，是工业自动化产品新的增长点，是数字化工厂和智能工厂的重要组成部分。在工业控制系统中引入无线通信技术，可设计新的无线工业控制网络或无线与有线结合的工业控制网络，促进传统控制网络发展。

二、无线仪表系统

分散控制系统/现场总线控制系统（DCS/FCS）已经在工业自动化领域得到广泛应用，成为重要的基本过程控制系统。近年来无线仪表系统日益发展并进入工业自动化领域，成为工业自动化控制领域的热点技术之一。

工业无线网络，特别是无线仪表系统网络直接面向连续生产过程，肩负着生产运行在线监视、报警、控制的任务，通常具有以下特点。

（1）实时性 需在确定的时间内完成设备之间的数据传送/接收。状态监测需具备实时性，用于控制、安全的无线数据传送与接收对实时性有更高的要求。

（2）可靠性 最大限度地满足工业现场的可靠性要求，保证工业生产流程的稳定运行。当部分通信路径或个别通信设备发生故障时，需启动热备设备或备用通信路径，保证数据及时发送/接收。

（3）抗干扰性 工业现场存在有线或无线设备的信号干扰，以及金属机械设备或管道等反射波的影响，可能造成通信延迟。无线仪表设备和通信设备应具备高性能的无线通信信号，有效排除各种干扰因素。工业领域无线仪表系统网络的拓扑结构通常采用网状（Mesh）拓扑结构与星形拓扑结构。网状拓扑结构可有效避开通信路径上的障碍，星形拓扑结构的通信延迟最小。

（4）兼容性 无线仪表系统中的各无线设备之间、不同制造商之间的产品也可相互连接进行通信。用户可根据自己的需要，选择适合企业特点的现场无线设备。

（5）安全性 无线仪表系统的设计和配置应有效防止数据丢失、恶意侵入等各种网络安全问题。

1. 无线仪表系统的协议标准

目前石油化工行业应用的无线仪表系统的协议标准主要包括无线 HART 协议（WirelessHART）和 ISA100.11a 两种工业无线协议标准。

HART 通信基金会（HCF）于 2007 年 6 月发布了 WirelessHART 协议的正式文本 HART 7.0 版。2007 年 9 月，HCF 和 ISA 达成一个协同计划的协议，用于评估无线 HART 协议作为 ISA100.11a 标准系列中的一个子集的可能性。

ISA100 委员会于 2007 年 12 月发布了 ISA100.11a 标准的初步草稿，于 2008 年 3 月发布第 1 版草稿，于 2008 年 10 月发布了第 1 版正式标准。

进入 2009 年后，随着 WirelessHART 和 ISA100.11a 两大工业无线技术标准的逐渐成熟，各设备制造商相继进入产品测试阶段，推出了多种成体系的无线仪表产品，标志着无线仪表系统的应用拉开了序幕。

2. 无线仪表系统的网络结构

无线仪表系统采用网状网络的拓扑结构（Mesh Topology），通过集成工业级的安全措施及冗余通信方式，实现无线网络的自我组织、自我适应、自我愈合，具有高可靠性。当通信路径被干扰时，无线网络内的无线设备能自动选择其他路径进行通信。

无线仪表系统须符合中华人民共和国无线电管理规定和技术标准，拥有无线电发射设备型号核准证，即使用 2.4GHz 公用频段。

无线仪表系统现场设备主要包括无线网关及测量温度、压力、液位等各种过程参数的无线仪表。现场无线仪表在常规测量设备的基础上配置无线发射系统，测量和微波发射部件集成于一体，实现过程参数的测量及通信。

（1）WirelessHART 工业无线协议标准　WirelessHART 工业无线协议标准主要通过现场无线仪表间的相互通信实现数据传输，现场无线仪表除本身测量外，同时兼作其他无线仪表与控制室通信的路由。WirelessHART 无线仪表系统的典型网络结构如图 6-12-1 所示。

（2）ISA100.11a 工业无线协议标准　ISA100.11a 工业无线协议标准，主要通过无线网关及多功能节点构建 Mesh 通信网络，现场无线仪表自主选择多功能节点进行无线通信，通常只需"1"跳即可连接到无线 Mesh 骨干网络，路由选择优化机制使其能与周边多功能节点中最优的路径进行数据传输，自组织和自愈合的网络有效避免单点故障，提高恢复能力。ISA100.11a 无线仪表系统的典型网络结构如图 6-12-2 所示。

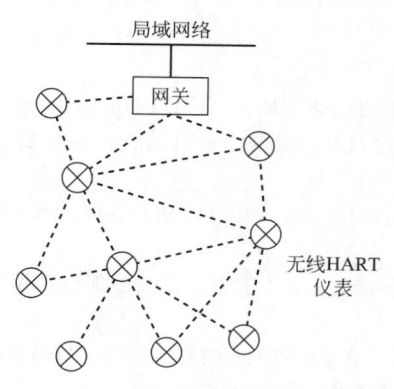

图 6-12-1　WirelessHART 无线仪表系统典型网络结构图

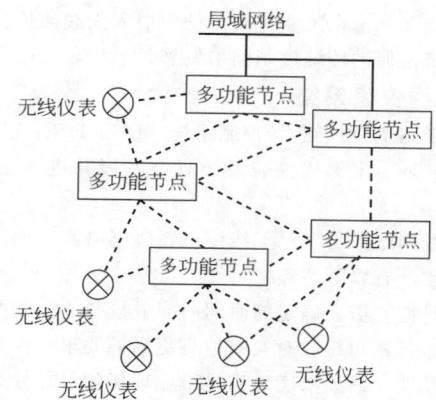

图 6-12-2　ISA100.11a 无线仪表系统典型网络结构图

3. 无线仪表系统的网络特点

① 支持全厂多种应用集成，如视频监视、移动工作站、人员定位、腐蚀监测、机械状态诊断、污染排放监测、过程参数监控等。

② 支持多种通信协议，如 TCP/IP、HART、PROFIBUS、DeviceNet、Modbus、OPC 等。

③ 可靠的通信，如采用 Mesh 主干网和冗余的现场设备通信网络。

④ 优化的扩频跳频通信（DSSS/FHSS），效率高，可靠。

⑤ 端对端、工业级的安全措施，适应复杂的工业环境。

⑥ 现场仪表、主干网及与 DCS/FCS 接口的网关可采用冗余的数据通信。

⑦ 与 DCS/FCS 标准通信接口，如 Modbus-RTU、Modbus-TCP、OPC、TCP/IP 等。

⑧ 最高达 1s 的刷新速度、网络通信延迟管理，可用于监测和控制。

⑨ 多功能节点之间最远通信距离可达 10km，现场无线仪表与多功能节点之间可达 600m。

⑩ 现场无线仪表电池采用安全设计、低功耗、可预测，寿命可达 4.5 年。

⑪ 现场无线设备采用模块化设计，可选配防雷配件、高增益天线等。

⑫ 在屏蔽区域时，多功能节点可有线延伸至屏蔽区域外的无线通信。

⑬ 施工、调试、投运和维护成本低。

4. 无线仪表系统的安全性与可靠性

① 采用 Mesh 网络达到工业级的可靠性。

② 优化的跳频扩频通信（FHSS/DSSS）。跳频扩频通信的简单原理如下：扩频通信技术是一种信息传输方式，利用传输数据无关的随机码对被传输信号扩展频谱，使之占有超过被传送信息所需的最小带宽。工业无线通信要用宽频带的信号来传送信息；是为确保通信的安全可靠，在传输速率不变的条件下，可通过增加频带宽度的方法来容忍更高的无线噪声信号，确保在一定的噪声干扰下也能正常通信。

FHSS 跳频扩频通信与 DSSS 直接序列扩频通信是两种主要抗干扰通信技术。

a. FHSS 跳频扩频是在扩展的频带中，每次每个时间段以不同的频率发射数据。FHSS 跳频带宽：2.4～2.4835GHz；跳频频率的数目：16 通道（5MHz 间隔）；频率跳转时间段：10～15ms。

b. DSSS 直接序列扩频技术是将要发送的信息用伪随机码扩展到一个很宽的频带上去，在接收端用与发扩展用的相同的伪随机码对接收到的扩频信号进行相关处理，恢复出发送的信息。

③ 从无线仪表设备到网关的冗余设计。

④ Mesh 网络冗余主干网通信：多功能节点或网关冗余。

⑤ 现场无线设备可自动选择任意多功能节点冗余通信，或自动选择带路由功能的无线变送器。

⑥ 端到端的通信，数据包回传功能。

⑦ 网络快速自组织、自愈合、自动重新组态。

5. 无线仪表系统的经济性与实用性

采用无线仪表系统可节省电缆、槽板、接线箱、机柜和 I/O 模件等的采购成本及安装维护费用；缩短采购、安装、调试时间；减少系统扩展及设备维护的工作量；系统布置简洁，能减少机柜设备占用空间；未来扩展扩容时，新增无线仪表经授权后即可加入无线网络，无需增加设备或卡件；后期维护费用低，需定期更换电池。

无线仪表设备与工作站实现无缝通信，系统结构简洁、易于维护。无线网络既支持无线变送器的无线通信，实现过程数据采集，同时支持移动工作站、移动巡检、移动视频、人员定位等。操作人员可通过智能移动设备（如移动操作站等）完成现场巡检工作，提高生产效率，提升操作可靠性。仪表维护人员通过无线授权和在线软件升级，实现远程诊断和维护现场无线仪表设备。无线便携式气体检测仪能将实时的可燃气体浓度数据传递回控制室，对现场情况三维定位。无线仪表系统可提供身处现场环境中人员的位置信息，支持快速响应，确保现场操作人员的安全。

第二节 WirelessHART 无线仪表系统

一、WirelessHART 概述

WirelessHART 是专用于流程工业的开放式无线标准，在 HART 通信基金会指导下，经各方共同协作而制定。WirelessHART 是一种向后兼容、节省成本、简单易用的无线通信技术，满足工业领域对于无线通信的简单、可靠和安全要求。WirelessHART 是对现有有线应用的补充，为新的监测、控制、安全应用带来更多可能。

WirelessHART 已成为国际电工标准委员会（IEC）的国际标准 IEC62591，同时也取得中国国家标准化委员会（SAC）批准，成为中国国家标准 GB/T 29910。

WirelessHART 标准是面向过程测量、过程控制和资产管理应用的一种可靠的无线协议。基于成熟的 HART 协议。WirelessHART 可在保持现有设备、工具和系统一致性的基础上，快速方便地获得无线技术带来的好处。

开发 WirelessHART 技术是为满足流程工业无线网络运行的独特要求，主要性能包括：

① 利用网状网络（Mesh networking）、跳频和时间同步通信等技术，保证无线网络可靠和抗干扰能力，同时可与其他无线网络共存；

② 通过加密、验证、认证、关键词管理和最佳实践，保障网络通信的安全性和私密性；

③ 通过智能数据发布（Smart Data Publishing）和其他技术提供高效设备能耗管理，无线设备可以采用电池供电、太阳能供电和其他低能耗供电。

二、WirelessHART 标准

2007 年 9 月，WirelessHART 标准作为 HART 7.0 规范中的一部分正式发布，成为过程运行无线技术快速发展的里程碑。WirelessHART 底层协议采用 IEEE 802.15.4 标准，工作频率为专用于工业、科技和医疗应用的 2.4GHz 频段信道。采用直序扩频和跳频技术来保证通信安全和可靠性，并采用时分多址（TDMA）的同步、隐式报文控制通信技术进行网络设备通信。

对照 ISO/OSI 参考模型的 WirelessHART 协议网络模型如图 6-12-3 所示。WirelessHART 协议网络模型包括五层：物理层、数据链路层、网络层、传输层和应用层。

ISO/OSI参考模型	Wireless HART网络模型
第七层：应用层	预定义数据类型和应用程序
第六层：表示层	
第五层：会话层	
第四层：传输层	大数据集的自动分区传输，可靠的数据传输
第三层：网络层	功率优化冗余路径，网状至边缘网络
第二层：数据链路层	安全通信、时间同步，频率跳变等
第一层：物理层	2.4GHz无线，基于IEEE 802.15.4的无线电，10dBm Tx功率

图 6-12-3　WirelessHART 协议网络模型框架图

三、自组织网状网络

WirelessHART 采用自组织网状（Mesh）网络，综合了有线网络的高可靠性与无线网络的灵活性和经济型两方面的优点，可以实现多通信路径和自动路径配置两种功能。

1. 多通信路径

自组织 Mesh 网络中的每一台设备均可作为附近其他设备的路由器，传送消息直至到达其目的地。这样可提供冗余的路径，其可靠性优于每一台设备与其网管之间需要可视路径的解决方案。

2. 自动路径配置

在网络和通信条件发生变化时，自组织 Mesh 网络可以自动寻找和使用最有效的路径。该路径符合数据可靠性最佳和功率消耗最低的原则。如图 6-12-4 所示，若卡车或脚手架使两台路由器之间的信号受阻，则路由器会在障碍物周围寻找其他路径。

四、无线网络的安全接入

WirelessHART 是为流程工业应用而设计，与应用于电网、制造业、建筑或家庭自动化的无线协议不同，通常采取 5 层安全措施保障无线网络的安全，如表 6-12-1 所示：

① 发送设备和接收设备的身份认证（Authentication）；

② 数据的有效性验证（Verification）；

③ 数据包的加密（Encryption）；

④ 可靠的密匙管理（Key Management）；

⑤ 应用跳频扩频（FHSS）和直接序列扩频（DSSS）技术提高抗干扰能力（Anti-jamming）。

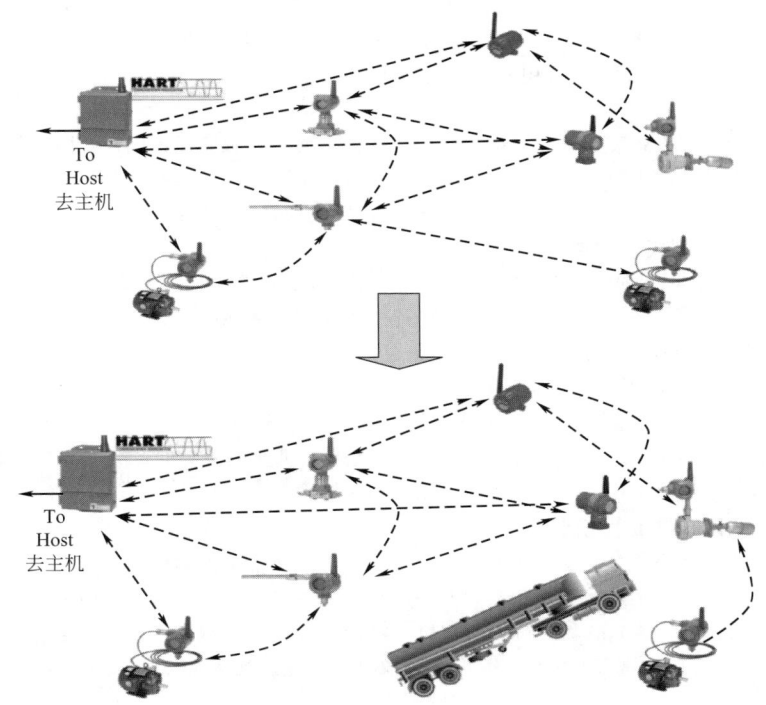

图 6-12-4　WirelessHART 自动路径寻址示意图

表 6-12-1　WirelessHART 网络安全措施

保护措施	网络设备	网关	系统
认证 Authentication	√	√	√
验证 Verification	√	√	√
加密 Encryption	√	√	√
密钥管理 Key Management		√	√
防干扰 Anti-jamming	√	√	

　　无线网络容易安装和使用，只需要为无线设备添加网络标识（network ID）和加入密钥（join key），即可启动整个网络。

　　要将 WirelessHART 设备接入网络，需通过标准 HART 有线接口，为其指定网络标识和加入密钥，不建议通过无线方式指定网络。这种方式确保其他无线网络不能窃取加入密钥。对加入网络的 WirelessHART 设备的运行调试，和对有线设备的调试一样，使用手持 HART 通信设备或 PC 机软件即可进行设备的操作。

五、电源管理

　　WirelessHART 根据要求选择最佳的供电方式，包括长寿命电池、太阳能电池、线性电源和回路电源。

　　真正"无线"设备是没有有线电源的，这样可提供大的灵活性和低的安装成本。这就需要将设备的能源消耗降到最低以延长电池寿命或利用其他非连线的电源，如太阳能。WirelessHART 协议追求低电能运行，以智能数据发布和异常通知功能为例。

　　① 智能数据发布：HART 协议一直可以通过"猝发方式（Burst mode）"发布过程数据，智能数据发布则

强化了这一功能，只有在过程条件改变或者用户要求信息提供时才发布数据，从而提高通信和电源使用效率。

② 异常通知：当设备需要维护、设备配置变更或者发生影响操作的事件时，可自动获得异常情况通知。该通知只在异常事件发生时才会推送给用户，系统不需要轮询每一台设备随时确认其正常运行，从而减少能耗。

对于低功率的无线仪表设备，通常使用电池供电。电池多使用亚硫酰氯锂电池，因其具备较高的能量密度和可靠性。对无线仪表设备的电池模块的基本要求为：

① 制造商提供的无线仪表产品应成套装配电池模块，以确保其安全性；

② 电池模块应避免使用废弃电池和可充电电池连接；

③ 电池模块应易于更换，只需用最短的时间和简单培训即可完成更换；

④ 电池模块应符合本质安全，无需拆除无线现场设备即可进行更换；

⑤ 电池模块的设计应能防止有意和无意的短路，短路可能导致发热或火花；

⑥ 电池模块的设计应满足所处工业环境的要求，如防爆、防护、振动等；

⑦ 电池模块应标准化设计，适用于多种无线现场设备，便于备件管理。

对于无线仪表系统中的无线网关，考虑到其在无线网络中的重要作用，可采用不间断电源（UPS）进行供电，重要场合还可部署备用网关，以提高网络的可靠性和实时性。

六、WirelessHART 的工程设计

选定无线设备后开始进行 WirelessHART 网络的规划设计。通常根据装置的总图布置，按照工艺单元或物理分区布置无线设备，并确定无线网关数量。可按照指导原则或其他要求添加额外的网关，确保备用 I/O 容量。网关的分配应考虑到过程单元的物理位置和逻辑关联性，将无线现场设备分配给附近的网关，或分配至相关过程单元的网关。完成后，应检查是否符合无线网络的最佳实践标准，确保该无线网络的可靠性。WirelessHART 现场网络设计指导需对设计过程和原则进行说明。

为使网络规划和管理方便，各系统厂家在其智能管理系统（IDM）或单独设置无线管理平台软件。可在实际的工厂画面中通过拖、放设备来创建无线网络，非常直观。

1. 现场无线仪表的规划设计

首先，获得计划采用无线网络的过程单元或区域的实际布置图。对于大型的无线仪表系统应用，应进行网络分割，按照工艺子单元或区域设置所需网关。如图 6-12-5 所示，某大型工艺装置划分为 16 个子单元或区域，分别标识为 L-2～L-17，每个子单元设置独立的网关，可采用冗余设置。

然后，对于每个工艺子单元或区域，根据工程设计原则，在布置图中标出所需安装的无线仪表，如图 6-12-6 所示。

通常 WirelessHART 现场设备规划布置按照以下原则设计：

① 在没有障碍的情况下，无线设备的最大有效信号传递距离为 230m；

② 在一般的建筑物内，无线设备的最大有效信号传递距离为 75m；

③ 在密闭的建筑物内，无线设备的最大有效信号传递距离为 30m；

④ 当网状网络中的无线设备能与其他相邻的 3 台设备进行通信时，网络的性能最佳；

⑤ 若有高大建筑物挡住或阻碍无线仪表的通信路径，应加装一个无线网关；

⑥ 若无线设备安装在封闭室内，则需要在室外加装一个天线或中继器。

2. 无线网关的定位、安装以及天线的选择

在布置完成无线设备的位置和连接方式以后，应布置无线网关的位置。将无线网关和无线仪表结合至一起构成自组织无线网络，为主机系统提供数据流。

无线网关应实现至少 25％ 的无线网络直连，提供可靠和高效的网状网络通信架构。换言之，WirelessHART 无线网关至少有 25％ 的设备处于网关的有效传输范围内，以确保合适的带宽并消除网络窄点。选择无线网关方位时，应方便与主机系统的物理连接，通过布置无线设备来判断网关同自组织网络的连接性。网关安装应在自组织网络的物理中心位置。对于小的自组织网络（如无线设备数小于 5 个），网关应连接所有的无线设备，便于为未来扩容提供余量。

若无线网络与主机系统距离太远，造成无线网络与网关连接设备太少，可通过如下方法解决：

① 通过无线以太网、有线以太网或光缆来扩大与主机系统的物理连接距离，达到无线网关 25％设备直连；

② 增加无线中继设备，减少网关和自组织网络之间的距离；

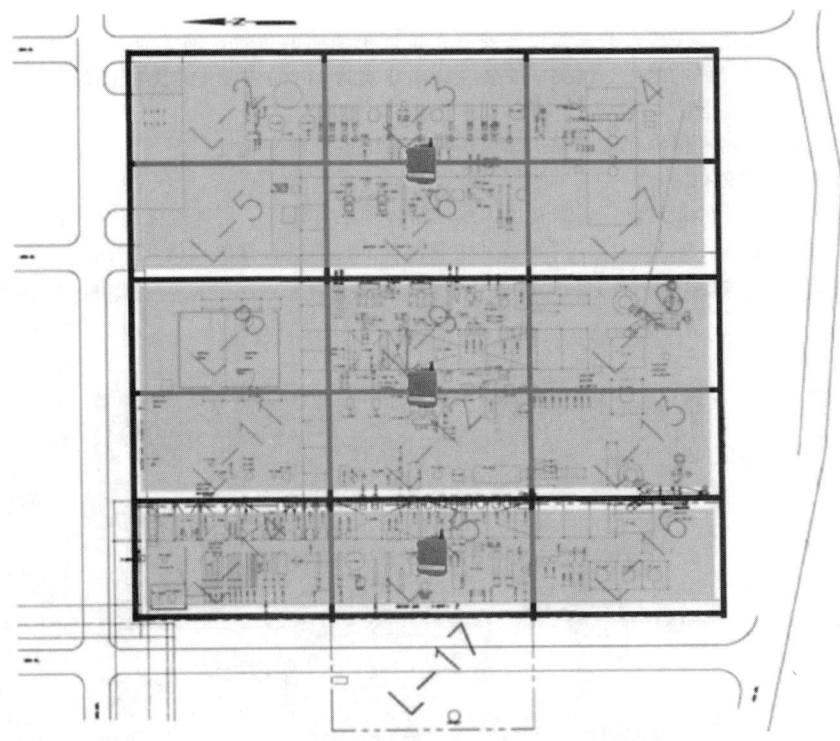

图 6-12-5　现场无线设备网络规划分割

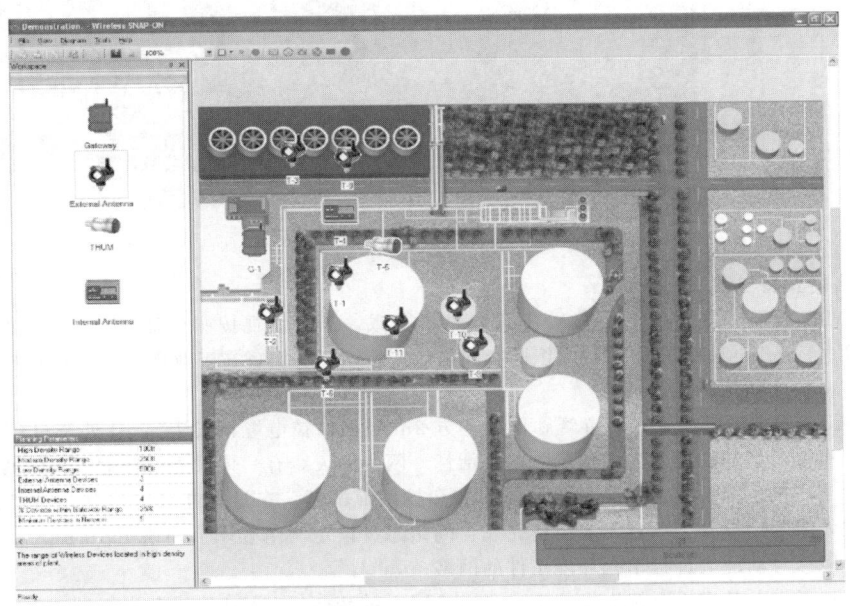

图 6-12-6　现场无线设备规划示意图

③ 可让自组织网络位于主机系统物理连接的中心。

无线网关的位置确定后，选择适合的天线类型和安装位置。由于网关是安装在户外的过程元件（包括危险区），安装时根据所选天线的不同，应注意以下几种情况：

① 有一体化天线的网关　具有一体化天线的网关应安装在自组织网络的最佳位置；

② 有远传天线的网关　具有远传天线的网关，其与天线之间的连接电缆最好是标准单位长度，若天线长

度太长，会降低从网关端传输的信号强度。

不论是一体化天线或远传天线，若无线设备安装在接近于地面的位置，网关应安装在距地面 4~8m 的位置；若无线设备安装在建筑物的侧面，网关应安装在距离建筑物 1m 的位置；若无线设备安装在屋顶，无线网关应安装在高于房顶 2m 的位置。

无线网关安装必要的物理保护和避雷保护，保护无线系统的功能完整性。

3. 无线网络规划的有效性

完成无线网关和变送器的布置以后，需验证无线网络规划的有效性。可通过无线管理软件以图形方式显示实际情况与最佳实践的差别，如图 6-12-7 所示，其中阴影部分提醒进行修改以优化网络。

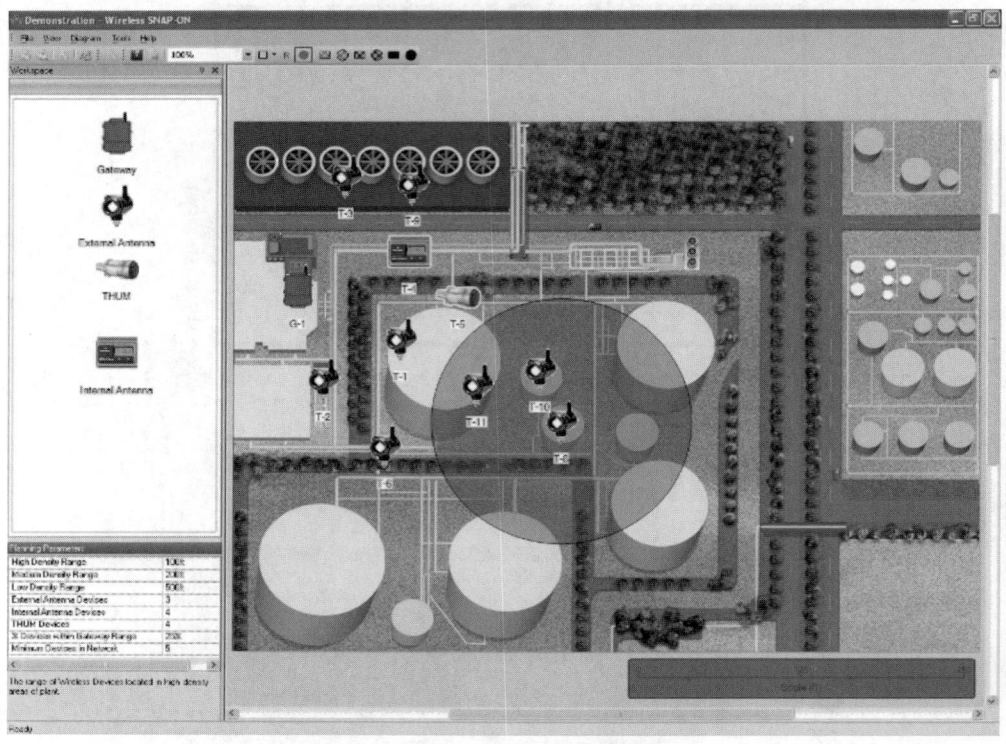

图 6-12-7　无线网路的有效性验证

4. 无线网络的安装与调试

WirelessHART 设备的安装与有线 HART 设备基本一致，务必重视按照设计规范实施最佳的过程连接，保证测量精确度。WirelessHART 中的自组织网状网络能使无线现场设备在工业环境中自行选择通信路径，并在环境变化时重新建立通信路径。

WirelessHART 网关通常布置在装置管廊框架上方 2m 处（如在电缆桥架上），并处于过程单元中可与最多无线现场设备直接通信的位置。为增加安装的灵活性，网关的天线有一体式天线和远程天线两种。首先安装网关，同时进行与主机系统集成、无线现场设备安装和投用前调试。在过程连接完成且设备已加入无线网络后，可开始调试无线现场设备。一旦无线设备完成正确组态、设定刷新频率、网络 ID 和加入密钥后设备即被激活，形成一个能够自动适应过程单元环境条件的网络。

网关将无线现场设备与主机系统连接起来，可通过网关对 WirelessHART 设备进行调试，以便在主机系统集成之前确保其正常工作。无线回路检查可以确认从无线现场设备到网关再到主机系统的连通性。主机系统与 WirelessHART 设备的互动可以确认设备是否正常工作。

七、WirelessHART 无线产品系列

WirelessHART 无线产品系列包括硬件、软件、工程服务在内的整套无线解决方案，满足客户不同应用要求。

1. 网关设备

智能网关设备主要功能包括：

① 智能无线网关能在持续变化的环境中自动管理无线通信；

② 与主机系统（如 DCS）的本地集成，实现简便快速的现场无线网络调试；

③ 通过以太网、Modbus-RTU、OPC、EtherNet/IP 和 HART 输出，与历史数据库、主机系统和其他上位系统连接。

2. WirelessHART 仪表设备

WirelessHART 智能无线仪表种类很多，如图 6-12-8 所示，主要包括：智能无线压力、流量、液位变送器；智能无线温度变送器；智能无线导波雷达液位、音叉开关；智能无线离散开关量；智能无线流量累积；智能无线声波变送器；智能无线振动监测；智能无线阀门定位器、阀位回讯；智能无线适配器；智能无线腐蚀监测；智能电源模块；智能无线温度、湿度监测。

WirelessHART 无线设备必须满足所在工业危险环境使用的防爆、防护等要求，并取得国家权威机构的认证。无线信号的频谱和加密也应取得国家权威机构的认可和管理。无线仪表设备应设定合理的数据刷新频率，达到电池使用寿命最大化并减少维修工作。

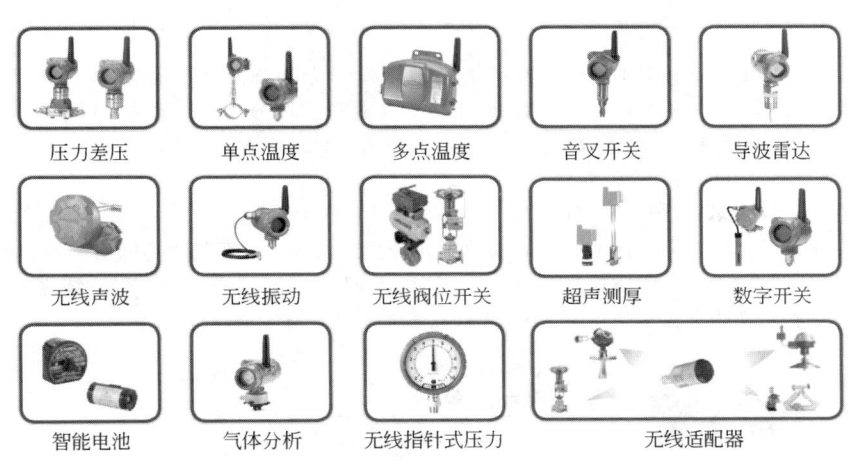

压力差压　　单点温度　　多点温度　　音叉开关　　导波雷达

无线声波　　无线振动　　无线阀位开关　　超声测厚　　数字开关

智能电池　　气体分析　　无线指针式压力　　无线适配器

图 6-12-8　WirelessHART 无线仪表设备产品

第三节　ISA 100 无线仪表系统

一、ISA100 概述

ISA100 委员会从属于国际自动化协会 ISA。ISA 的标准化部门 S&P（Standard & Practice）于 2005 年专门成立了 ISA100 委员会，负责研发制定可应用于工业自动化领域的工业无线标准。ISA100 委员会制定无线通信协议的标准及指导方针，还提供开放性标准的认证，参与各种 ISA100.11a 技术推广活动。

ISA100 委员会下设的 WG3 工作组，首先研发了 "ISA100.11a：面向工业过程自动化及相关应用的工业级无线通信协议"，于 2009 年得到 ISA 委员会的承认，ISA100.11a—2009 出版发行，2011 年再次改版为 ISA100.11a—2011。2011 年 12 月被美国标准协会（ANSI）纳为美国国家标准。2014 年通过 IEC 国际标准认证，标准号为 IEC 62734。

ISA100.11a 协议是根据工业自动化领域的各用户要求开发的工业级无线网络，主要有以下技术特点：

① 具有高可靠性、通信时间确定性、高安全性，适用于监视、控制；

② 开放性无线网络（2.4GHz/IEEE 802.15.4），确保各厂商的产品间可相互通信，并可通过骨干路由器扩展网络；

③ 在面向对象的应用软件层与上位系统进行通信，符合各种应用需要。

二、ISA100 无线仪表系统的用途及分类

ISA100 无线仪表系统有各种各样的用途，并开始越来越多地在一些可靠性要求很高的场合应用，典型应

用场景包括海上平台的监视、环境监视、现场设备诊断、泄漏监视、腐蚀监视、设备健康状态监视、气体检测、过程值监视、资产跟踪等。

ISA100 委员会从工业用途出发，对无线系统的应用进行了等级分类，如表 6-12-2 所示。

表 6-12-2　工业无线用途分类（摘自：ISA/SP100.11—2006-001R8）

分类	级别	应用	概要	
安全	0	安全监控紧急控制	始终重要（如，紧急切断阀）	数据更新速度越来越快
控制	1	闭环调节控制	通常重要	
	2	闭环监测控制	一般重要	
	3	开环控制	人工巡检	
监测	4	报警	短期操作（如，触发事件的维护操作）	
	5	报表下载/上传	不紧迫的操作（如收集履历，事件序列，定期检修）	

如表 6-12-2 所示，ISA100 针对不同用途可分为 5 级，级别 0 与传统的有线相当。在现场无线技术推出初期，通信周期只有 20s 或 30s，这个时候的级别为 4 或 5，主要以监视为目的。随着无线技术不断进步，现场实际应用越来越广泛。近年出现了用途级别为 0 的安全监控应用和级别为 1 的闭环调节控制应用，需同时满足数据更新速度与通信确定性的高可靠性要求。

三、ISA100 无线仪表系统的网络构成

ISA100 无线仪表系统是指符合 ISA100.11a 标准的工业无线仪表系统，其典型网络架构如图 6-12-9 所示。图中"无线通信区域"为 ISA100 无线仪表系统覆盖范围，它的接入不影响现有上位系统之间的通信。DCS、PLC、工业 PC 机等都可作为上位系统与 ISA100 无线仪表系统进行通信。

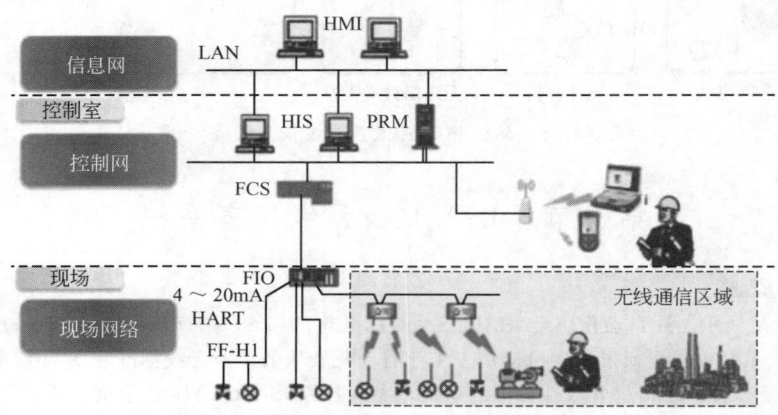

图 6-12-9　ISA100 无线仪表系统网络构成

图 6-12-10 为 ISA100 无线仪表系统的基本构成：
① 现场无线变送器，符合 ISA100.11a 标准的各种现场无线仪表；
② 网关，作为无线仪表网络与上位应用层的接口；
③ 骨干路由器（Backbone Router），同时连接现场无线仪表与网关；
④ 系统管理（System Manager）/安保管理（Security Manager），管理无线网络设计、运行和安保功能。

无线网络中几个骨干路由器可同时存在，这样控制器与现场设备之间的路径可以冗余，现场设备到骨干路由器的路径也可以冗余。

四、ISA100 无线仪表系统的技术要求

为提高通信系统的可靠性、实时性、开放性等，ISA100.11a 标准规定了各种技术要求。

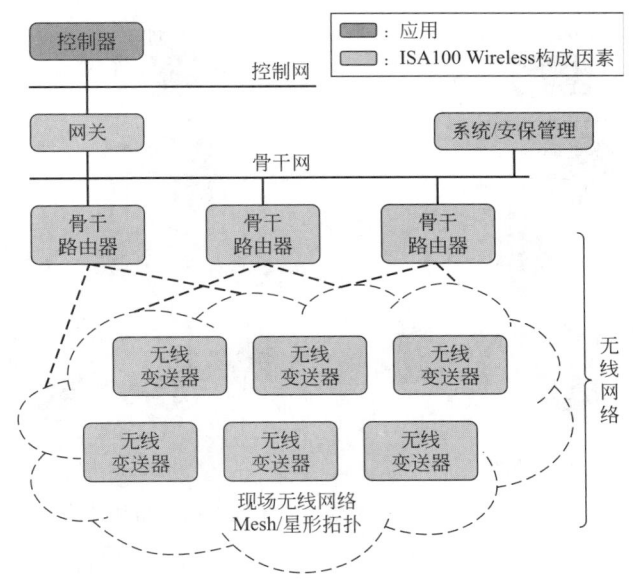

图 6-12-10　ISA100 无线仪表系统的基本构成

1. 兼容性

ISA100 无线仪表接入无线网络时首先要具备兼容性和开放性。不同厂商的无线仪表能在同一个无线网络中使用运行。另外，还需考虑无线仪表设备整个生命周期内的稳定性、设备维护的容易性、产品采购的经济型、产品系列的多样性等因素。ISA 下设的非营利组织 ASCI（Standard Compliance Institute）于 2009 年成立了产业联盟 ISA100 Wireless Compliance Institute（简称 WCI）。WCI 可提供相关技术、工具、教育、标准认证等服务，缩短无线技术的安装与导入时间、降低费用、降低风险。

2. 可靠性

对于石油化工等流程工业，用于实时监控报警，甚至闭环控制的无线仪表系统，必须具有严格的实时性与可靠性。在实际应用中存在妨碍无线通信的因素如下：

① 物理障碍物；

② 噪声干扰；

③ 其他无线仪表信号干扰；

④ 设备故障；

⑤ Wi-Fi 信号干扰。

ISA100 无线仪表系统采取各种技术和应对措施，以保障通信的实时性、可靠性。

（1）通信可靠性

① 数据自动再送：回避干扰以及偶发性数据发送错误的方法，除了跳频（channel hopping）技术，还有"数据自动再送"技术，是指数据发送失败时，设备会自动再次发送数据，提高数据的到达率。反映通信成功率的指标有数据包错误率（也称丢包率）（PER：Packet Error Rate）或误码率（BER：Bit Error Rate）。无线仪表系统一般以通信包为单位进行通信，通常采用 PER 指标。发送 100 个数据包，其中若 1 个发送错误，PER＝1％。通常在 PER＝1％ 通信环境，打开数据自动再送功能后，PER 可减少到 0.01％。自动再送的次数增加到 3 时 PER＝0.01％×1％＝0.0001％。通过启用数据自动再送功能可显著改善降低丢包率。

② 物理障碍物的应对措施：无线通信路径上存在的物理障碍物是造成通信数据丢包的重要因素，严重时会完全切断通信。通常先确认无线仪表间通信没问题后，再实施安装。物理障碍物可能是临时的或设备安装完成后出现的。ISA100 无线仪表系统网络通常采用星形拓扑和/或网状（Mesh）拓扑结构来回避这些障碍物，如图 6-12-11 所示。星形拓扑结构能实现高速通信，Mesh 拓扑结构不易受通信障碍的影响。

③ 上位通信冗余：物理障碍物与暂时通信障碍均可通过 Mesh 拓扑结构回避。不同的网络安装方式，路径

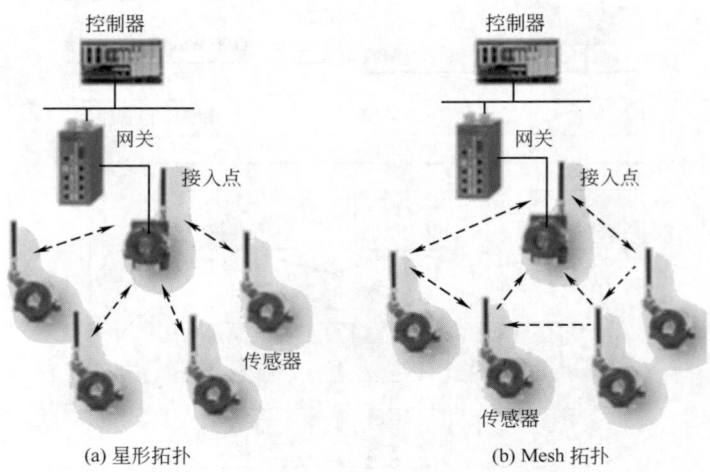

(a) 星形拓扑　　　　(b) Mesh 拓扑

图 6-12-11　ISA100 无线仪表系统的网络拓扑结构

切换时产生的通信延迟不同。通信延迟长的网络不能用于控制。DUOCAST 冗余设计是 ISA100.11a 协议里定义的一种应对通信延迟的有效措施，如图 6-12-12 所示。它通过两个接入点 AP1 与 AP2 以及通信路径 R1 与 R2 进行通信。从现场无线仪表来看，这两个接入点安装位置不同，可减少通信路径上物理障碍物的影响。采用 DUOCAST 冗余设计，不会产生因路径切换引起的通信延迟，可应用于实时性要求高的场合。

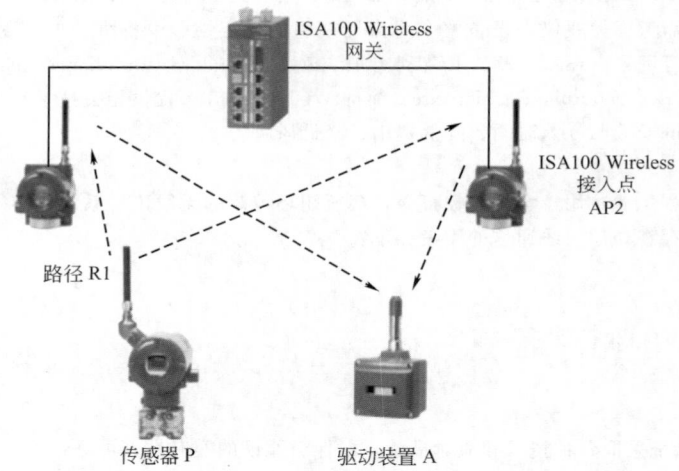

图 6-12-12　DUOCAST 冗余设计示意图

　　④ 下位通信冗余：图 6-12-13 所示无线控制系统的通信网络结构中包括下位通信（控制器向执行器下达指令）和上位通信（传感器上传数据给控制器）。DUOCAST 是向上位系统方向的通信路径冗余设计，即用于图 6-12-13（b）所示方向通信的可靠性技术。用于图 6-12-13（a）所示方向的下位通信的可靠性技术与 DOUCAST 构成类似，网关同时向两个接入点发送数据，每个接入点的通信路径独立，通过不同路径向执行器发送命令，如其中一条通路发生故障通信数据丢包时，另外一条通路的数据可安全到达执行器，当两条通路同时故障时，自动启动"双重故障"紧急措施。

　　（2）电波的可靠性　增强无线通信电力与性能可提高电波的可靠性。信号接收能力取决于信号接收回路的性能与天线增益值。信号接收能力越强，通信错误率越低，通信距离越远，如图 6-12-14 所示。信号接收回路主要有模拟回路、数字过滤及纠错技术模块构成。纠错技术模块的耗电量很大。现场无线变送器通常是电池供电，电池寿命与通信性能之间需权衡取舍。另外，增加信号发送电力，可增加接收信号的敏感度，但同时会增加电力消耗。应从设计上重视相互之间的关联性，实现长电池寿命与通信可靠性之间的平衡。

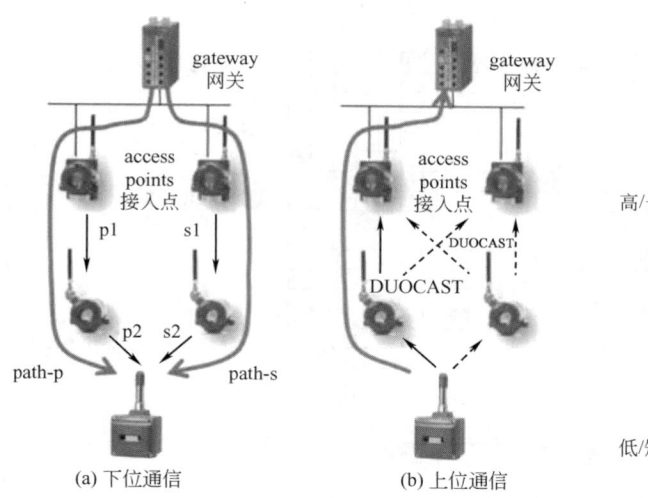

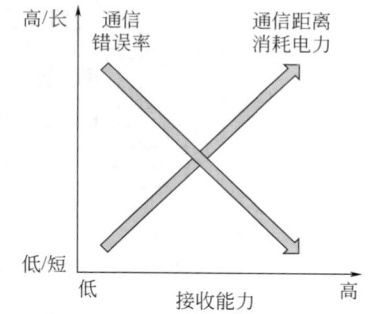

(a) 下位通信	(b) 上位通信

图 6-12-13　下位通信冗余示意图

图 6-12-14　无线仪表信号接收能力与
通信性能和通信距离的关系

（3）系统可靠性　网关、接入点、中继器等设备是构成无线网络的基础设备，若这些设备发生故障，整个无线系统就不能发挥预期功能。这些设备通常采用冗余设计，其中一台设备故障时，另外一台设备可实时投入运行。

① 网关冗余　网关冗余构成如图 6-12-15 所示，由主网关与辅网关构成。通常主网关负责与上位通信，辅网关保持热备状态，与主网关保持状态与数据的同步。当主网关发生障碍时，在 ISA100 无线的最短收发时间（如 10ms）内辅网关就切换成为主网关并接替主网关开始工作，可做到对上位系统无影响。

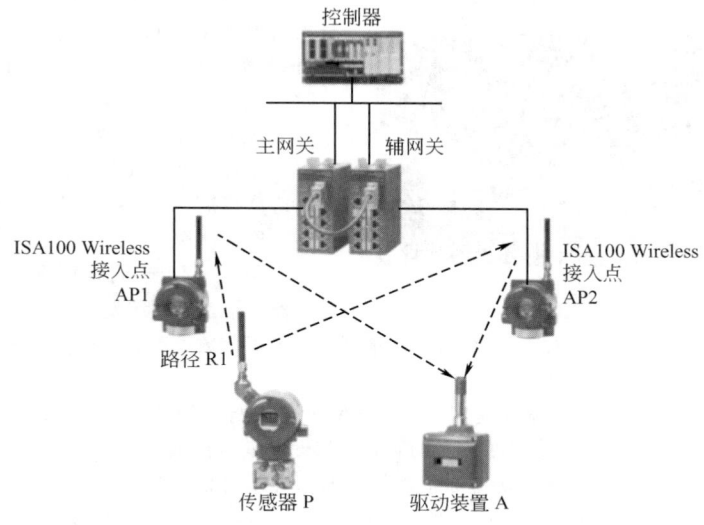

图 6-12-15　网关冗余构成

② 接入点冗余　接入点冗余主要采用 DUOCAST 冗余设计和/或 Mesh 拓扑网络结构。

③ 中继器冗余　中继器冗余是对 Mesh 拓扑网络的扩展。

（4）信号干扰对策　无线通信易受外部干扰影响。干扰源与现场无线仪表不在一个频段，不会相互影响。ISA100 应对在相同频段内的干扰信号有以下两种技术。

① 跳频技术　跳频技术是指各无线仪表每次变更通信频率（或通信信道）的方式进行通信。将无线通信 2.4GHz 频段按 5MHz 切分，共分成 16 个信道，每个信道通信一次，如图 6-12-16 所示。若受干扰的影响通信

失败时，切换至其他信道，再次发送信号，可避开突发性的干扰信号影响。

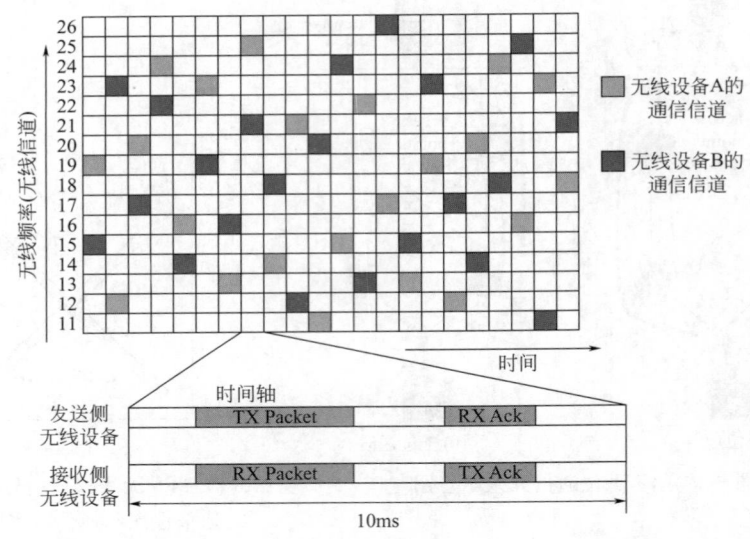

图 6-12-16　跳频技术

② 黑信道　当 ISA100 无线网络与 WiFi 共同使用 2.4GHz 频段时，会相互干扰影响通信。如图 6-12-17 所示，当信道 6 被确认为 WiFi 使用的信道后，ISA100 可避开不使用该信道，这种方式称为黑信道（Black Listing），是与 WiFi 信号共存、防止混信的有效对策。

×：黑信道

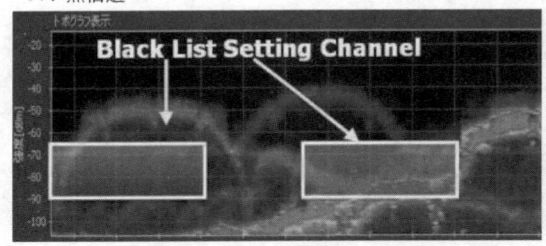

图 6-12-17　黑信道技术

3. 系统安全性

（1）无线系统面临的安全问题

① 盗听（偷看通信数据）　现场的主要数据为过程测量值、操作值、设定值等。若这些信息被盗听，制造秘密会被盗取。同时还存在攻击信息侵入的危险。

② 篡改（恶意修改通信数据）　过程测量值被篡改后，异常的监测数据不能正确送达，严重影响控制程序运算与执行。若操作值被篡改，会造成紧急切断阀等的异常动作。

③ 冒充（伪装通信源/通信对象）　冒充用户无线变送器，给上位系统发送错误的过程测量值等。

④ 重播攻击（不断重播录制下来通信数据）　将录制下来的通信数据不断发送，造成正常通信的假象。

（2）安全技术

① 设备认证　首先需要确定通信对象是正确的。ISA100.11a 标准协议要求各无线仪表之间密匙共享，并在确保密匙没有泄露的前提下，采取各种加密、防止数据篡改等安全措施。

② 加密技术　应对盗听最好的办法是对通信数据加密。即使通信数据被盗听到，因为没有相应的密匙，也没有办法正确解读数据。ISA100.11a 采用高级加密标准（AES），使用 128 位密匙，破解难度巨大。

③ 信息验证　发送侧与接收侧的密匙共享，同时密匙里带有信息验证码，信息一旦被篡改，能马上监测到。接收侧计算得到的信息验证码与实际接收到的信息验证码不一致时，能判断该信息中途被篡改，并立即销毁。

表 6-12-3 为 ISA100.11a 提供的面向各种安全问题的安全措施。

（3）运营管理　无论无线仪表系统有多安全，若运营管理不当，也会面临各种危险。

① 为简化程序，整个系统使用同样的密匙，如使用默认密码或设备出厂密码。若有一台设备的密码泄露，系统整体的安全度就会下降。

② 没有密码更新机制或者有更新机制却没有利用。同样的密码长期使用，被破解盗取的可能性大。

表 6-12-3　ISA100.11a 提供的典型安全对策

	设备认证	加密技术	信息验证
盗听	○	○	—
篡改	○	—	○
伪装（冒充）	○	—	○
重放攻击	—	—	○

五、ISA100 无线仪表系统的设计

1. 基本设计原则

ISA100 无线仪表系统设计因厂商不同会有所不同，在进行网络设计时，需根据用户的需求和资源配置进行权衡，基本设计原则：

① 先进性与成熟性；

② 安全性与可靠性；

③ 开放性与可扩展性；

④ 经济性和实用性。

ISA100 无线仪表系统的网络架构，可根据不同应用场景或用户需求分为三种类型。

（1）依靠现场仪表本身路由的无线网络架构　对于简单场景，依靠现场无线仪表本身的路由功能可构建无线网络。每个 ISA100 现场仪表都可组态为带路由功能，可与多个附近的无线仪表进行无线通信，构建一个 Mesh 冗余通信网络。现场仪表不仅可无线发送自己的数据，还可无线路由从相邻现场仪表接收的数据。这些数据可经过多个现场仪表无线路由后，到达无线网关和上位控制系统。这种无线网络架构通常用于过程监控等非关键的、不需要快速刷新速度的场合。

（2）带冗余接入点的无线主干网络架构　无线网络中设置冗余的现场仪表接入点（FDAP），通过 FDAP 构建的无线主干网络，可支持快速刷新的多达数百台无线现场仪表。采用这种无线网络架构能支持快速数据刷新、电池供电的无线现场仪表，获得与有线网络同样的可靠性，并支持在关键监测和控制场合的应用。这种无线网络架构仅支持无线变送器的数据通信，不能同时支持移动工作站、无线巡检、视频监控等无线应用。

（3）同时支持无线仪表和 WiFi 无线应用的无线主干网络架构　这种无线网络架构是指通过无线节点构建覆盖全厂的无线主干网络，同时支持 ISA100.11A 无线现场仪表和 IEEE 802.11（WiFi）无线设备等多种应用。采用这种网络架构可通过一个无线网络，同时支持移动工作站、无线巡检、人员安全系统和工厂安全系统，以及大量支持过程监测和控制的无线变送器的场合。这种应用要高度重视网络信息安全。

2. 现场无线设备的规划设计

在石油化工企业范围内，因受各种反射波、障碍物等影响，一般水平方向的通信距离较短，而垂直方向一般障碍物较少，比较容易发挥远距离通信功能。对于现场无线设备数量较多的应用场景，可将接入点或中继器安装在较高建筑物顶或设备顶，这样即使在障碍物密集区域，也可保障通信通路的畅通，利于构建稳定可靠的无线网络，如图 6-12-18 所示。

3. 通信路径的选择

通信路径的不同选择，会直接影响到网络的通信延迟时间与通信性能。从工程简便性考虑，希望采用自动 Mesh，即无线通信路径不固定，会根据环境变化而变化。无线设备安装完成后，其工作的无线电波环境是不断变化的，在安装初期无线电波环境良好，运用一段时间后可能通信性能下降，通信延迟时间与应答速度也会随之变化。对信号延迟、实时性、应答速度要求不高的监视用途的应用，可以选用工程简便的自动 Mesh 设计，但对于需要高速应答、高可靠性要求的用途，如控制、安全等，不适合这种网络设计。通过手动选择比较稳定的路径，从中选择电波稳定的通信路径，即固定 Mesh。通过该方法，可保证无线系统的整体稳定性。另外，结合 DUOCAST 冗余设计与星形拓扑结构的使用，可以确定通信延迟时间，实现高速应答，适用于实时控制或安全用途。

4. 无线网络架构的设计

无线网络架构的设计可分为两个步骤。

首先，利用现场实际平面图，确认现场无线接入点与现场无线仪表设备的安装位置。然后，根据现场环境条件确定网络架构：

图 6-12-18　现场无线设备的规划设计

① 对于障碍物稀少、可视性好、通信距离较短（如在 50～500m 范围之内）的通信环境，较易构建高品质的无线网络，I/O 设备设置容易；

② 对于可视性不佳、金属设备、机械、管道等障碍物密集、通信距离较长（如≥500m）的通信环境，根据需要安装中继器，并将接入点、中继器尽量安装在塔顶、高层建筑顶等位置，这样构建无线网络可用较少的中继器覆盖较大的区域范围，通信路径稳定可靠，减少投资，易于未来扩展。

5. 系统配置

（1）无线设备与无线网络的配置

① 现场无线设备的初始设置：给现场设备分配位号与网络 ID。网络 ID 可用来给现场设备分组，不同组的现场设备可以独立进行维护与管理。

② 无线管理平台配置：设置各现场设备的刷新周期、Modbus 通信设置等。这些设置可在无线管理平台内置的 Web 浏览工具上完成，如图 6-12-19 所示。

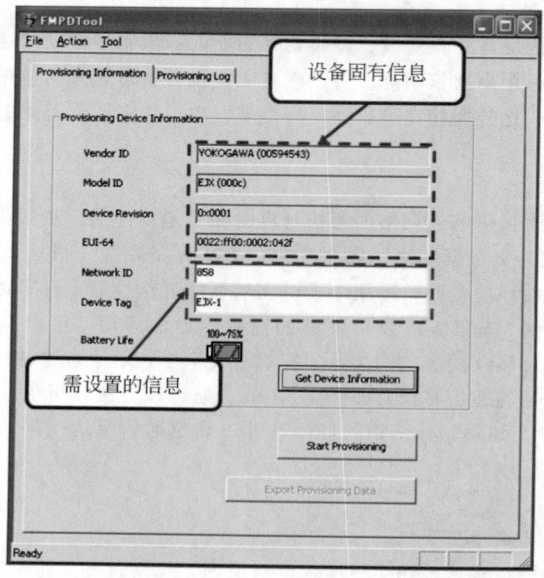

图 6-12-19　无线设备的初始设置画面

（2）与上位系统的通信　通过无线管理平台可与上位系统通信。无线管理平台可设置各现场无线设备的 Modbus 通信地址，通过该地址可从现场设备获取数据或发送信息至上位系统，如图 6-12-20 所示。

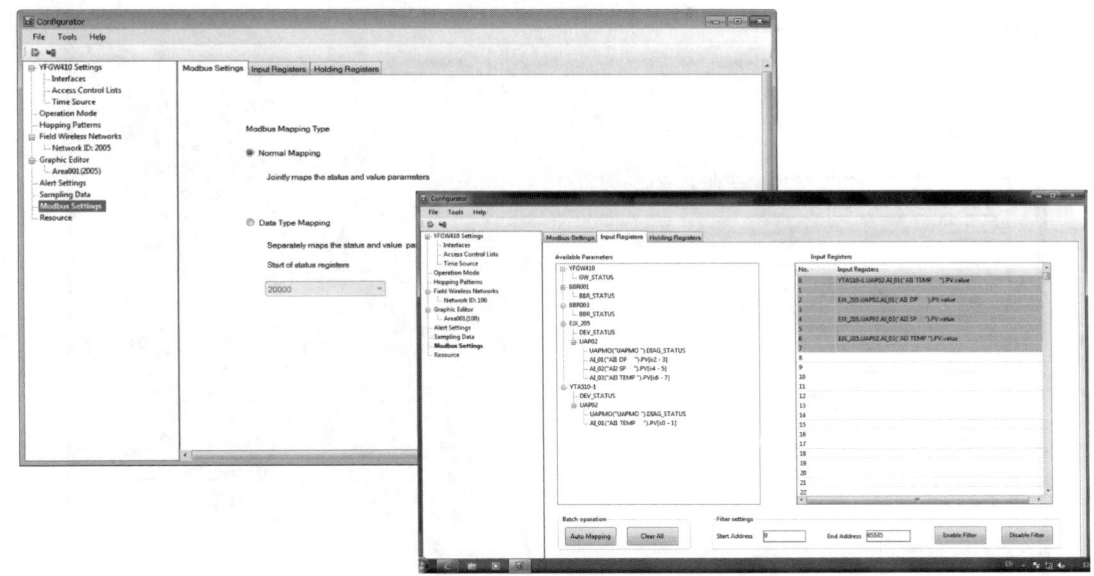

图 6-12-20　无线现场设备通信地址管理

（3）数据刷新周期　无线变送器内置电池，具有传感器功能和通信功能。在设计时要权衡电池寿命与设备性能之间的关系。无线变送器应采用低功耗设计，通过无线管理平台设置合理的现场无线设备的刷新周期，延长电池的使用寿命。

（4）电波干扰、障碍物密集环境的设置

① 抑制电波干扰：若 WiFi 等与现场无线使用同样的频段，存在相互电波干扰的问题。无线管理平台可以设置黑信道，避免与 WiFi 等的电波干扰。

② 通信路径的稳定化设置：无线管理平台可设置通信路径，采用自动 Mesh 或固定 Mesh 方式，如图 6-12-21所示。

6. 应用软件

（1）监视操作软件　无线管理平台的监视操作软件用来进行无线网络的运行与管理，监视所连接的现场设备的通信状况、电池余量、丢包率等。典型画面如图 6-12-22 所示，可分为以下几个部分。

① 监视画面：允许用户添加、配置、调试和监视无线现场设备。画面以清晰直观的方式提供大量数据，可以根据用户需要隐藏或显示相关信息（如信号强度、过程值、电池寿命等）。用户可了解每个设备的物理位置。

② 报警/事件画面：以表格形式显示无线现场设备产生的报警和事件。用户可以方便地查看活动报警以及过去发生的报警和事件。

③ 报表功能：可提供预定义的报表，用于维护和优化网络和现场设备。典型报表包括电池寿命报表、设备运行状况报表、通信性能报表、设备摘要等。这些报表可以导出进行离线检查和分析。

（2）设备管理软件　不管是有线还是无线智能设备，都可通过设备管理工具软件进行设备设置与维护。通常通过 ISA100 无线仪表设备的 FDT/DTM 技术实现，可作为全厂智能设备管理系统（IDM）的组成部分。

（3）移动操作站系统软件　有些厂商还提供移动操作站，如平板电脑，可以安全远程访问动态画面，读取和写入实时的控制数据，扩展了无线仪表系统的范围，并且可以使操作指令更快地从现场下达。

六、ISA100 无线产品系列

ISA100 无线仪表系统通常由基础设备（包括网关、接入点、中继器等）、现场无线设备及上位系统构成。主机系统（如 DCS、PLC、工业 PC 机等）与无线管理平台的连接通过以太网，采用 Modbus-TCP 或 OPC 接口。

图 6-12-21　通信路径的设置

图 6-12-22　典型监视操作画面

1. 基础设备

（1）现场无线管理站　现场无线管理站具有符合 ISA100 标准的系统管理、安全管理、网关功能。与现场无线接入点或现场无线媒体转换器组合，构成现场无线基础设施。

（2）现场接入点　现场无线接入点具有符合 ISA100 标准的主干路由器功能，与现场无线管理站和/或现场无线媒体转换器组合，构成现场无线基础设施。通过两台现场无线接入点同时接收数据，可以增强现场无线通信的可靠性。

（3）现场无线媒体转换器　现场无线媒体转换器用于现场无线管理站和现场无线接入点之间的信号转换。

（4）带网关功能的无纸记录仪　带网关功能的无纸记录仪支持 ISA100 无线通信标准，可显示各种无线现场设备的数据。

2. 无线适配器组件

（1）现场无线通信模块 现场无线通信模块用于现场无线设备与现场无线网络连接。现场无线通信模块内置高性能无线通信功能，具备出色的无线电灵敏性，功耗低，可提供稳定的无线通信平台。

（2）现场无线多协议转换模块 现场无线多协议转换模块可作为现场无线设备与现场无线网络连接。该产品从连接的传感器上获得传感器数据，并通过无线通信模块将其传送至现场无线网络。

（3）现场无线多功能转换模块 现场无线多功能转换模块可作为现场无线设备与现场无线网络连接。与现场无线多协议转换模块不同之处，在于可以由模拟输入、数字输入/输出或脉冲输入可选。

3. 现场无线仪表

（1）无线差压/压力变送器 无线差压/压力变送器具有单晶硅谐振或电容式传感器，适用于测量液体、气体或蒸气压力。它不仅能够传输过程变量，还可使用无线信号设置参数。

无线变送器通常使用大容量锂亚硫酰氯电池，低功耗设计，为无线运行提供更长的电池寿命。无线设备之间的红外通信可用于无线网络配置和参数设置。无线变送器的刷新速率可定为 0.5s～60min。

（2）无线温度变送器 高性能的无线温度变送器可接收不同分度号的热电偶（TC）、热电阻（RTD）输入信号，通过无线信号传输过程变量以及设定参数。变送器采用内置电池，无需硬接线。天线可拆卸式机型可通过延长电缆使用高增益天线。超低耗电设计为无线运行提供更长的电池寿命。

（3）多输入温度变送器 多输入温度变送器可从最多8个测量点接收输入信号，如热电偶（8 种类型：K、E、J 等）或 RTD信号（3 种类型：Pt100 等），并将相应的测量输入值转换为无线信号传输。

（4）其他无线现场设备 其他支持 ISA100.11a 标准的无线现场设备还包括无线开关量输入变送器、无线开关量输出变送器、无线雷达液位计、无线阀门定位器、无线阀门回讯等。另外，支持 IEEE 802.11 的无线现场设备还包括无线读表器、无线视频、移动工作站、无线巡检等。

第四节　无线仪表系统的工程应用

一、无线仪表系统的工程实施

在现场无线网络设置过程中，现场设备的安装位置很重要。若通信对象之间有障碍物，无线通信就可能被中断。为避免发生通信中断，构建高品质的现场无线，有必要根据现场情况实施现场走访（Sidewalk）或现场调查（Side Survey）。

① 现场走访：确认通信通路，以及周边可能影响无线通信的障碍物、现场设备的安装方法、供电路径/方法、与上位系统的通信线路的连接方式等。

② 现场调查：进行通信试验，确认周围环境等对无线通信的影响。在预定位置实际安装无线设备，测试通信特性与性能。

如果工厂实际环境非常简单，只进行现场走访既可。但如果实际环境非常复杂，就需要现场调查，实际进行通信试验，才能确定是否可以实现可靠的无线通信。

借助无线技术，可以充分扩大现场网络覆盖的范围，将其应用到之前有线网络难以到达的区域，并推出各种全新的应用。

无论从运行性能还是成本考虑，无线方案都有很大优势，而且安全可靠，可以广泛应用于传统采用有线方案的过程作业中。另外，无线还具有简化工程实施、灵活性好等特点，可应用于传统的过程监控以外的用途。其应用可分为以下几类。

1. 过程监控

与传统有线仪表一样，无线变送器的产品系列丰富。ISA100 标准无线产品之间可以相互兼容，进行通信。用户可以根据需要到 ISA100 网站进行选型。产品类别主要有气体探测器、疏水阀、控制阀、切换开关、手动阀、腐蚀传感器等。

2. 健康、安全、环保

从现场的安全、工人/周边居民等健康以及环境健康因素出发，对工厂各相关要素状态进行监测：

① 工厂设备使用年限长可能出现的有害气体或液体泄漏等因素的监测预防；

② 对潜在的火灾、爆炸等事故的危险因素进行监测预防；

③ 工厂排放监测，如炼油厂通过烟囱的排放物质、工厂排放到河流的物质等。

3. 资产管理与保护

对工厂的重要资产（如工厂关键设备等）进行保护。可以通过传感器监测预测设备故障、温度、振动等参数，分析得到设备运行状况，适时进行维修，合理安排生产，提高生产效益。

4. 无线巡检

无线巡检能实现巡检电子化、智能化，实现工厂可靠、高效运行。

二、无线仪表在 P&ID 图中的标识

无线仪表在工艺 P&ID 图中的表示方法与传统有线仪表有些区别，根据 ISA-5.1 文档要求，通常无线信号以 Z 形折线而不是直线表示，图 6-12-23 中分别为有线和无线仪表控制回路的图例。

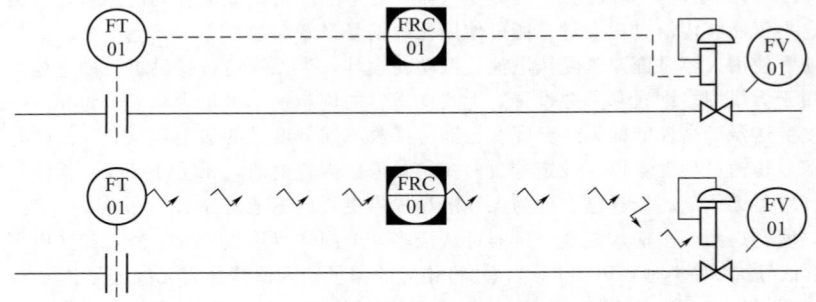

图 6-12-23 P&ID 图例中的有线与无线控制

三、无线仪表系统的应用案例

1. WirelessHART 应用案例

国内某大型石化企业向全球交通运输、工业和消费品行业的客户提供辅助产品，并提供相关的技术服务。

随着市场竞争的不断加剧，创新技术的不断涌现，最终用户希望借助工业物联网和创新技术优势，通过进一步提升工厂可靠性和 HSSE 合规性以及优化能源管理等，减少运维成本和非计划停车，降低人员、设备安全风险，减少环境污染，实现工厂运营绩效的全面提升，逐步打造智能工厂。

由于罐区分布较为分散，相互距离较远，且跨越多条厂区主干道路，采用传统有线电缆铺设困难，成本高，艾默生公司提供全厂 WirelessHART 覆盖，包括 9 个罐区和 6 个装置区，实现罐区液位、压力、温度和溢罐无线监测方案，如图 6-12-24 所示。采用的 WirelessHART 设备包括：

① 57 台 3051S 无线差压变送器监测储罐液位；

② 38 台 648 无线温度变送器测量温度；

③ 5 台 3051S 无线压力变送器监测储罐入口压力；

④ 8 台 775 无线适配器＋雷达液位计；

⑤ 25 台 775 无线适配器＋质量流量计；

⑥ 9 台 DeltaV WirelessHART 781 无线网关。

提供关键转动设备（齿轮箱、泵、电机）振动监测，疏水阀、换热器和变压器温度监测，安全阀、爆破片、呼吸阀、氮封阀监测等：

① 50 台 708 声波变送器监控安全阀、疏水阀等；

② 24 台 WPG 无线压力表监控爆破片；

③ 9 台 9420 无线振动变送器监控齿轮箱、泵等动设备；

④ 9 台 1420 智能无线网关。

2. 传统有线解决方案的无线化改造

以某炼钢厂的高炉温度无线监测解决方案为例介绍传统有线解决方案的无线化改造。

直接还原铁（Direct Reduction Iron：DRI）制铁法，是将精铁粉或氧化铁在炉内经低温还原的一种制铁过程。90％以上的 DRI 系统的加热炉使用 LNG，采用 PID 控制与联锁对炉内温度进行控制和保护。

对于传统的有线解决方案，现场的高温与系统振动会加速导线损耗，现场需频繁更换导线，不但导线更换所需的维护时间长，整个系统的运营费用极高。最终用户计划采用无需更换导线的高可靠性的无线温度监测

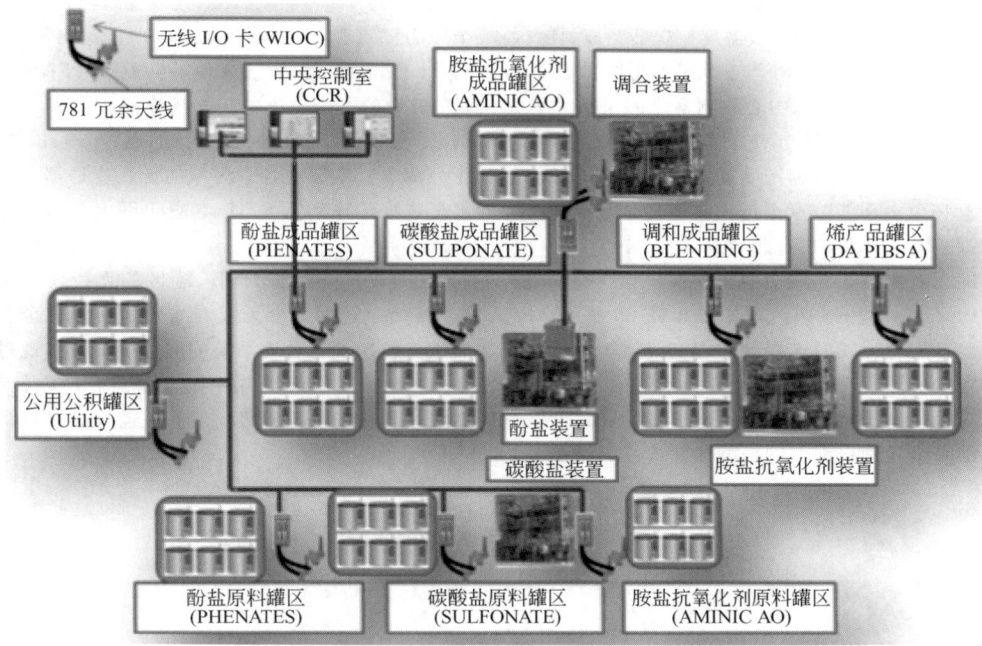

图 6-12-24 WirelessHART 应用案例

方案。

横河公司将无线温度监测作为 PID 控制和联锁的信号输入与 DRI 过程监测。现场无线系统采用固定 Mesh 路径的设计方法，可将通信延迟时间控制在最少。同时采用冗余构造（带 DUOCAST 功能）确保控制过程的稳定性与可靠性。

炉体温度的监测点达 120 个以上，采用温度变送器（2 输入）与温度变送器（8 输入）结合，如图 6-12-25 所示。

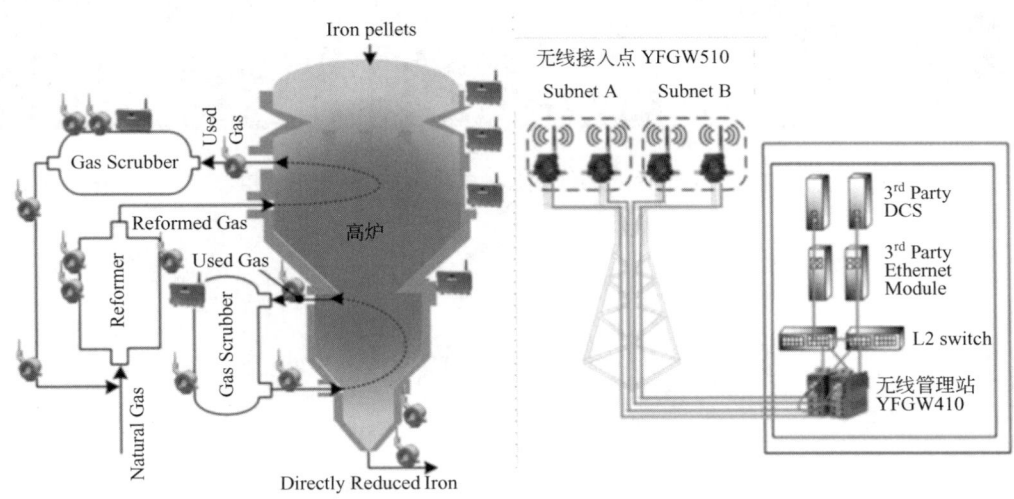

图 6-12-25 高炉温度无线解决方案

另外，无线设备在金属机械、金属管道等障碍物密集区域，50m 之内的通信失败率 PER<5%，可确保系统运行的可靠性。

3. 某罐区无线检测系统应用案例

以国内某石化罐区无线检测系统为例，介绍霍尼韦尔公司 ISA100 无线仪表系统的应用案例。

国内某大型乙烯工程的原料罐区、中间罐区和产品罐区设置了共计 276 台 ISA100 无线变送器，其中包含 175 台无线压力变送器和 101 台无线温度变送器。原料罐区 67 个压力测点和 22 个温度测点，中间罐区 33 个压力测点和 38 个温度测点，产品罐区 75 个压力测点和 41 个温度测点。三个罐区设置三个现场机柜室（FAR1-11、12、13），FAR 内的控制系统与中心控制室之间采用"一天一地"敷设的冗余单模铠装光缆连接。

现场安装 35 台多功能节点，其中包括 7 台主网关和 7 台冗余网关，构成快速通信的无线 Mesh 主干网络，覆盖原料罐区、中间罐区和产品罐区的 276 个无线温度和压力测点。安装在各个区域的无线变送器，可以自动选择同任意一个多功能节点进行无线通信，只需要 1 跳即可把数据传输到无线 Mesh 主干网上，实现冗余多路径、DSSS 跳频、自组织、自愈合。

所有的无线网关与无线交换机连接，无线交换机与 FTE 之间设置无线防火墙。罐区的无线仪表系统集成至 DCS 的 Experion PKS 系统，如图 6-12-26 所示。PKS 服务器统一管理整个无线网络的通信、安全、组态和数据集成等，支持无线变送器的远程在线组态和诊断，并提供与智能设备管理系统的通信接口，实现对智能无线仪表设备的资产管理。通过 PKS 服务器的一体化组态工具，支持方便地增减无线 I/O 点、建立控制策略；支持直接对无线变送器进行远程组态、校验和诊断；支持无线仪表在线软件升级；组态、监视无线设备；实现无线网络的安全管理；无线网络的通信诊断、维护等。

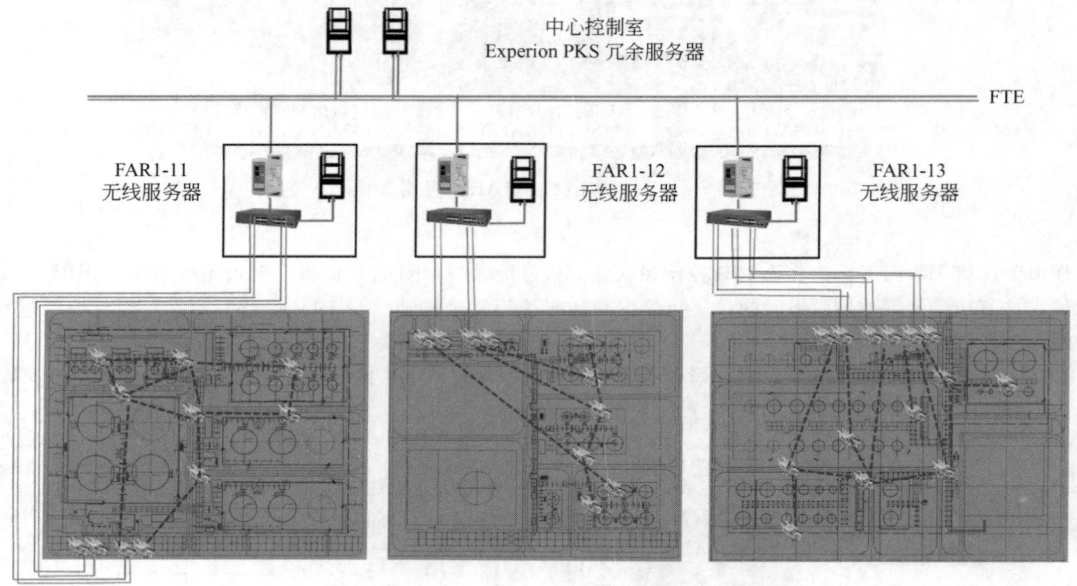

图 6-12-26　ISA100 无线仪表系统在石化罐区的应用

第十三章 集成系统工程实施与应用案例

第一节 集成系统的工程实施

一、工程实施概述

近年来很多大型炼化一体化工程和新型煤化工工程投入商业化运行,这些工程由十余套甚至几十套工艺生产装置及多套公用工程、辅助实施组成,规模庞大,投资数百亿甚至可达千亿人民币,对国民经济产生协同效益和拉动效应,提高了企业的抗风险能力,促进了行业发展进步。这些大型工程强调全生命周期管理、全生命周期安全、全生命周期服务,建设健康、安全、环保、节能的现代化企业,提升企业精益管理,建设数字化工厂和智能工厂。这些先进理念对于石油化工工厂自动化、信息化、数字化和智能化提出更高要求,同时也为集成化系统应用提供了更广阔的平台。

对于大型一体化石油化工及煤化工工厂,多套工艺装置采用多种专利技术,多家工程公司设计,多个总承包或建设单位实施工程建设。为保证设计、建设、操作和维护的协调统一,全厂集成系统的设计与实施应从全局出发,统一规划,制定完整先进的管理程序和功能规格书等规范性文件,为整个工程的顺利实施奠定良好基础,降低设计、管理、制造、施工、调试、维护等成本,减少备品备件,降低工厂全生命周期成本。目前国内外大型石化工程通常采用主自动化系统供货商(Main Automation Vendor,MAV)或主自动化承包商(Main Automation Contractor,MAC)模式。

大型工程不仅要关注技术和产品的融合,还要高度重视全过程的一体化工程实施,做到"知行合一"。本篇其他章节对各控制系统的工程实施已做介绍,本章将对集成系统的工程实施进行提纲挈领的总结归纳。

集成系统的一体化工程实施可分为定义阶段、定制阶段和执行阶段。

1. 定义阶段

定义阶段的主要工作是确定全厂集成系统的实施策略,编制各工作包询价规格书,组织技术交流,完成各工作包招标、投标、评标和授标工作。

定义阶段将确定 MAV 策略实施的范围,编制各类 MAV 询价技术规格书,确定 MAV 制造商。定义阶段需要最终用户和工程公司参加,全局考虑,统筹安排。

定义阶段通常以确定框架协议合同,并召开定制阶段总体开工会作为完成的标志。

2. 定制阶段

定制阶段也称为先期介入阶段或 FEED 阶段,主要工作是制定 MAV 执行计划和程序文件,编制各种功能设计规格书,开展文件审查,完成各自动化系统硬件和软件的标准化和客户化设计等。定制阶段是区别于传统项目执行模式的关键阶段。

定制阶段要建立一体化工程实施的工作团队,对工程执行全过程进行管理、监督与审查,协调各方界面关系,解决工程实施过程出现的问题。

定制阶段通常以完成所有功能设计文件的审查与发布作为完成的标志。定制阶段完成后,应按照工程进度要求召开各装置开工会。

3. 执行阶段

执行阶段的主要工作是召开各生产装置或公用工程单元的技术条件开工会,签署采购合同,按照合同进度计划,开展硬件制造、软件组态、系统集成、工厂检验(FAT)、安装、现场检验(SAT)、系统调试、开车投运等工作。该阶段贯穿工程实施直至顺利开车的全过程,甚至延伸至工厂生命周期支持。

集成系统典型的工程实施流程及所在各阶段的主要活动如图 6-13-1 所示。

根据不同工程的特点和实际情况,集成系统实施的范围有所不同,通常大型石化工程集成系统及现场仪表 MAV 实施范围包括:

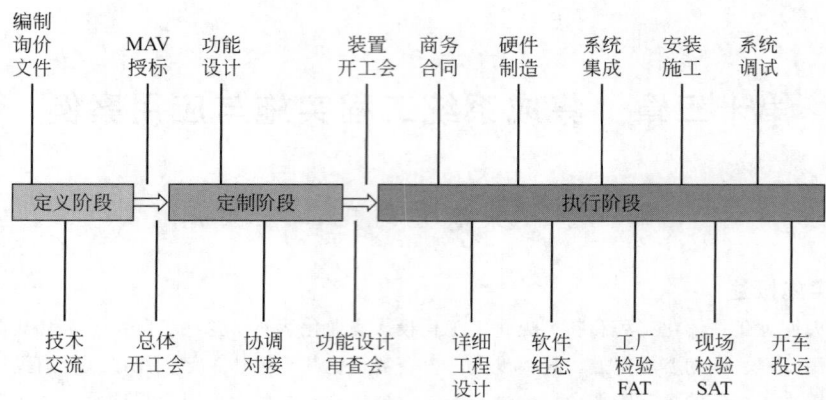

图 6-13-1　MAV 集成系统典型工程实施流程

① DCS/FCS 系统：包括 DCS/FCS、IDM、ODS、AAS、OTS 等系统硬件、软件和与之相配套的关联仪表设备，以及相应的工程服务；

② SIS 系统：包括 SIS 系统硬件、软件和与之相配套的关联仪表设备，以及相应的工程服务；

③ GDS 系统：包括 GDS 系统硬件、软件和与之相配套的关联仪表设备，以及相应的工程服务；

④ CCS 系统：包括 CCS 系统硬件、软件和与之相配套的关联仪表设备，以及相应的工程服务；

⑤ MMS 系统：包括 MMS 系统硬件、软件和与之相配套的关联仪表设备，以及相应的工程服务；

⑥ 通用型智能型压力/差压变送器：包括现场差压、压力变送器和与之相配套的仪表附件；

⑦ 通用型智能型温度变送器：包括现场温度变送器和与之相配套的仪表附件；

⑧ 通用型智能阀门定位器：包括智能阀门定位器、诊断分析软件和与之相配套的安装附件。

根据企业和工程的特点，MAV 实施范围还可包括其他适合开展并具有通用性的控制系统、仪表、控制阀、分析仪及安装材料等。

二、工程实施各阶段工作

1. 定义阶段

MAV 定义阶段参加的主体是最终用户和工程公司，共同组建工作团队，确定 MAV 实施策略，编制用于 MAV 工作的询价规格书，以规格书为依据组织技术交流，由相关部门完成 MAV（或 MAC）招标、投标、评标和授标工作。定义阶段的主要成果为与 MAV 供应商确定主采购合同和适用于全厂工程实施的框架协议合同，并与 MAV 组织召开先期介入阶段的总体设计条件开工会。

2. 定制阶段

MAV 定制阶段是集成系统实现标准化、客户化、一体化的关键阶段。首先建立一体化工程实施的工作团队，进行全过程管理、监督与审查，协调各方的界面关系。工作团队可采用项目管理承包商（PMC）模式，也可结合国内工程建设特点，由最终用户、工程公司和 MAV 组成联合工作团队。

定制阶段的执行主体是 MAV 供货商，负责完成功能设计，编制、审查、发布完整的功能设计规格书（FDS），为工程的高品质、高标准实施提供保障。功能设计规格书通常包括管理文档、工程文档和所需的各种模板文件，为工程实施各方提供标准化的设计方案和执行依据。

先期介入阶段的关键控制点通常包括：

① 总体设计条件开工会；

② 系统网络架构设计及审查；

③ 项目管理文档编制及审查；

④ 硬件功能规格书编制及审查；

⑤ 软件功能规格书编制及审查；

⑥ 网络安全功能规格书编制及审查。

（1）总体设计条件开工会　MAV 招标工作完成、确定最终 MAV 并签署框架协议合同后，应尽快组织召开总体设计条件开工会，全面启动定制阶段的各项工作。对于 MAV 供货商而言，总体开工会意味着工程实施移交至工程执行部门，开工会前应指定项目经理，组建工程实施团队，负责整个工程的管理、设计、采购、质量、变更、费控、计划、服务等项目管理工作；对于超大型工程，往往还将 MAV 高级管理人员和研发人员纳入工程实施团队。

总体开工会参加人员包括最终用户、工程公司、MAV 供货商。会议主要内容包括：

① 组建包含各方人员的 MAV 工作团队；

② 确定先期介入阶段的工作计划和安排；

③ 确定功能设计规格书（FDS）的组成和主要内容；

④ 根据工程要求确定 MAV 实施的总体进度计划；

⑤ 澄清确认定义阶段的技术协议和系统方案等；

⑥ 对接各方输入输出资料内容及深度；

⑦ 讨论各种硬件设备的基本配置原则；

⑧ 讨论与集成商及第三方设备的工作界面和接口原则；

⑨ 讨论工程实施难点、重点及创新；

⑩ 讨论工程潜在风险及应对措施；

⑪ 确定工程组织架构图及各方的通信联络人；

⑫ 各方签署并正式发布总体开工会会议纪要。

（2）功能设计　功能设计的主要工作是编制、审查、发布完整的功能设计规格书（FDS），制定网络架构、硬件集成、软件组态等基本规则，实现整个工程实施的标准化和高质量。功能设计规格书通常包括管理文档、工程文档和所需各种模板文件，为工程实施各方提供标准化的设计方案和执行依据。各种典型的 FDS 文件组成如下。

① 管理文档：包括：MAV 工作团队管理程序；人力资源计划；项目进度计划；项目执行计划；文档管理计划；项目沟通计划；成本控制计划；变更管理计划；质量及 HSE 计划；培训计划；文件传递和审批流程；工程数据交换管理办法；定制阶段文档清单；执行阶段文档清单。

② 工程文档：包括：系统硬件功能规格书；系统软件功能规格书；网络安全和病毒防护功能规格书；系统报警及权限管理；系统常用功能块规格书；系统典型信号流图；人机界面功能规格书；智能设备管理系统（IDM）功能规格书；操作数据管理系统（ODS）功能规格书；其他高级应用系统功能规格书（如 AAS、OTS、CPMS 等）；第三方通信接口功能规格书；时钟同步规格书；设备、部件及功能模块命名规格书；系统供电及接地规格书；供电消耗及散热规格书；全厂及分区系统网络架构图；各种典型机柜布置及接线图。

③ 模板文件：包括：系统柜图纸模板；安全栅柜图纸模板；继电器柜图纸模板；端子柜图纸模板；交流电源柜图纸模板；直流电源柜图纸模板；网络柜图纸模板；服务器柜图纸模板；操作台图纸模板；辅操台图纸模板；装置开工会及技术协议模板；第三方通信地址表模板；输入输出模件分配模板；网络地址及光缆分配模板；FAT 及 IFAT 模板；SAT 模板。

另外，工程设计的数字化交付与 MAV 供货商之间的数据传递是近年来各方关注的课题，需在工程中不断创新实践，不断提升集成化设计水平和工程实施效率和质量。

定制阶段将根据实际需要召开各方参加的协调会，对各种功能设计文件的审查会，开展各种培训工作，保质保量完成定制阶段的工作目标。各种功能设计规格书经 MAV 工作团队审查、批准后，正式文件发布给参与工程所有各方，作为执行阶段工程实施的依据。

3. 执行阶段

执行阶段与传统项目执行方式基本一致，各生产装置或公用工程单元分别与 MAV 召开设计条件开工会，签订采购合同，按照定制阶段各项功能设计规格书要求，开展从硬件制造、软件组态、系统集成、工厂验收（FAT）、安装施工、现场验收（SAT）、系统调试、开车投运等工作。

（1）装置设计条件开工会　在 MAV 总体合同生效，定制阶段各项工作基本完成的情况下，可根据各装置或单元的工程进度组织召开各装置设计条件开工会，确定系统的硬件、软件设计方案和软硬件清单，确定公用工程消耗以及环境要求，确定执行阶段进度计划等，保证该装置工程实施总体目标的实现。

装置设计条件开工会通常包括以下内容：

① 确定集成系统软硬件以及备品备件的配置、规格和数量；

② 确定最终用户、工程公司与 MAV 及相关第三方系统的工作界面和责任范围；

③ 确定项目执行过程中各方主要负责人员和职责；

④ 明确工程项目需要的所有文件的内容、格式、数量及交付方式；

⑤ 制定装置执行阶段的详细进度计划，包括资料传递、硬件集成、软件组态、FAT、SAT 等；

⑥ 签署装置开工会纪要及装置技术协议。

装置开工会的举行，标志着系统设计、制造、集成等工作的正式开始，软件、硬件设备的配置和规格数量基本确定。

（2）硬件制造和集成　MAV 根据装置开工会确定的技术协议和商务合同开展集成系统硬件制造和集成。该阶段将依据定制阶段各项功能规格书确定的设计原则及机柜等图纸模板开展工作，有特殊要求或规格数量与框架协议合同差别较大时，应提交 MAV 工作组协调解决，以保证全厂的统一性和有效的成本控制。

MAV 应提供完整的硬件集成图纸资料给工程公司开展集成系统的设计与安装工作。

（3）系统组态

① 组态准备：在开展系统组态工作之前，须具备下列条件：

a. 离线或在线组态所需的软件和硬件已具备；

b. 功能设计规格书已编制并发布；

c. 组态技术资料和其他辅助资料已具备；

d. 组态人员和支持人员已到位；

e. 已收到工程公司提供的装置 I/O 清单、仪表索引表、复杂回路框图或说明、联锁逻辑图及说明、操作画面草图等。

② 系统组态：系统组态是指在软件中完成组成系统的各设备的定义，用软件方式配置系统的硬件构成。系统组态包括以下内容：结构组态；参数设定；安全策略。

③ 功能组态：功能组态是指利用控制系统的功能模块、控制算法和程序语言完成工艺流程的控制或保护方案。功能组态包括以下内容：组态数据输入；控制算法组态；通信组态。

④ 显示及操作组态：显示组态是指在软件中绘制工艺流程的操作、监视和控制的显示画面，并完成数据链接。过程显示画面包括总貌画面、流程图画面、控制组画面、操作面板画面、趋势画面及报警一览表等。显示及操作组态包括以下内容：静态画面绘制；数据链接；报表编制。

⑤ 报警组态：报警组态按照报警的重要程度划分报警等级，按照操作和管理的需要定义报警分组，按照报警的性质和处理方式确定报警功能及形式。

（4）工厂验收测试（FAT）　工厂验收测试（FAT）是集成系统工程实施的重要里程碑，是最终用户、工程公司和 MAV 在系统发往用户现场前对硬件、软件和组态工作进行全面检验和测试。

① FAT 须具备的条件

a. MAV 已完成系统集成、软件组态和内部测试，并有测试记录报告。

b. MAV 根据合同技术附件、功能设计模板文件和有关标准提供 FAT 程序文件。

c. MAV 已准备验收文件和记录文件，并获得最终用户和设计方的批准。

② FAT 包括的内容

a. 系统配置检查。

b. 软件组态检查。

c. 系统性能测试。

③ 网络安全审查：集成系统网络安全的规划、设计、实施与审查非常重要。网络安全审查将按照特定的

安全策略，检查、审查和检验网络设备负荷情况及事件记录，发现系统漏洞、入侵行为或其他安全隐患，持续优化安全设置。

④ FAT 报告包括的内容：

a. 工厂验收测试的步骤；

b. 检查和测试的结果；

c. 最终验收结论；

d. 遗留整改问题清单、执行方和完成整改的时间要求；

e. 各方签署 FAT 报告及会议纪要。

（5）集成工厂验收测试（IFAT） IFAT 是指 DCS/FCS 与第三方设备（如 SIS、PLC、GDS、CCS 等）在 DCS/FCS 制造厂完成数据通信和相关功能测试，提前发现问题，保证整个集成系统的功能完整性。

开展 IFAT 前，第三方设备应将其控制系统或模拟通信设备运至 DCS/FCS 工厂，进行实际集成通信测试，以验证第三方设备与 DCS/FCS 集成后的功能符合要求。

IFAT 过程应进行记录，列出整改问题清单，并签署正式的验收测试报告。

（6）现场验收测试（SAT） SAT 是在系统运输至现场并安装、上电完成后进行的验收测试。

① SAT 须具备的要求

a. 系统各设备和部件的规格、数量与装箱单一致，运输过程中无损坏。

b. 设备安装符合要求。

c. 系统设备在软件安装和组态数据装载后正常运行。

d. 所有硬件按照 SAT 程序文件进行测试，并应 100% 正常工作。

② SAT 包括的内容

a. 检查 FAT 及 IFAT 报告问题整改情况。

b. 系统软件组态检查。

c. 信号处理精度测试，AI、AO、DI、DO 等 I/O 模件应 100% 检查。

d. 系统的冗余和容错功能测试。

e. 测试系统与第三方设备的通信。

③ SAT 报告包括的内容

a. 现场验收的步骤。

b. 检查和测试的结果。

c. 最终验收结论。

d. 遗留整改问题和时间要求（若有）。

e. 各方签署 SAT 报告及会议纪要。

（7）培训 集成系统的培训工作应为贯穿整个工程实施各阶段的重要活动，培训内容包括组态、操作、使用和维护培训。集成系统的高级应用可开展专题培训，以达到良好的应用效果。

（8）现场服务 根据合同要求和工程需要，MAV 派遣有经验的工程技术人员到现场，配合最终用户和工程公司完成安装、调试、通电等工作，快速解决工程实施和装置开工过程中发现的问题，为集成系统的顺利投用保驾护航。

（9）售后服务及生命周期支持 集成系统成功投运后，MAV 应根据合同要求保质保量提供售后服务，如备品备件供应、远程咨询、快速现场服务等。

很多用户将 MAV 视为工厂的合作伙伴，与 MAV 签订生命周期内技术支持和服务的合同，如开车 1 年内的现场技术支持、10 年内的备品备件供应、工厂生命周期内的系统软件升级和病毒库更新等。

三、工程实施注意事项

通过近年来多个大型石油化工和新型煤化工工程的实践证明，严格按照定义阶段、定制阶段和执行阶段开展一体化工程实施，高质量完成各阶段工作任务和目标，是一种行之有效的大型一体化工程实施模式，宜推广应用并不断发展，使之更加适合中国国情，更好地服务最终用户，促进自动化和信息化集成技术发展进步，培养参与工程各方更多专家型和管理型人才，提高精益化管理水平。

通过不断的工程实践，特别是自主实施的经验不断积累，在大型石化工程实施过程须注意以下事项：

① 全厂自动化和信息化集成系统的实施策略建立在生命周期理念，健康、安全、环保、节能的现代化工厂理念之上，整体规划、全局考虑；

② 大型一体化工程的集成系统是一项复杂的系统工程，须将参与工程的各方力量汇聚成强有力的和谐工作团队；

③ 一体化工程实施应符合国家和企业的实际情况，因地制宜；

④ 在工程先期介入阶段要制定高质量、高标准、完备的各类功能设计规格书；

⑤ 重视包括网络安全在内的各种重要技术方案和技术文件的审查与检验工作；

⑥ 重视培训，提高参与工程各方技术、管理、生产、维护等人员的技术素质和应用水平；

⑦ 重视 FAT/IFAT，将技术难点和安全隐患解决消除在集成系统工厂；

⑧ 重视并稳妥推进科技创新，不断丰富数字化和智能工厂建设的内涵和实际应用。

第二节　集成系统的应用案例

一、应用案例一

1. 工程简介

某大型炼化一体化工程建设范围包括 100 万吨/年乙烯工程、1000 万吨/年炼油工程、热电工程及区外工程。该工程已于 2010 年初建成投产运行。

乙烯工程包括乙烯装置、裂解汽油加氢装置、线性低密度聚乙烯装置、高密度聚乙烯装置、聚丙烯装置、环氧乙烷/乙二醇装置、苯酚丙酮装置、丁二烯/MTBE 等 8 套工艺装置及公用工程、储运和辅助设施共 75 个主项；炼油工程包括新建常减压、延迟焦化、加氢裂化、重整-抽提、柴油加氢精制、航煤精制、硫黄回收、酸性水汽提、蜡油加氢处理等 11 套生产装置，改造 8 套装置以及公用工程、储运和辅助设施，共 93 个主项；热电工程包括 3 台 CFB 锅炉＋2 台抽汽冷凝式汽轮发电机组等，共 17 个主项；区外工程包括公用外管、给排水管网、供电外线、铁路系统等。

工艺装置、公用工程及辅助生产设施的基本过程控制系统，采用安全可靠、技术先进并具有成熟使用经验的分散控制系统（DCS），并为全厂计算机信息管理和生产调度提供基础数据。为保证安全生产，安全仪表系统（SIS）独立于 DCS 设置，用于工艺装置的安全联锁保护、紧急事故处理等。可燃和有毒气体检测系统（GDS）利用 DCS 独立 I/O 模件完成，并在 CCR 设置独立的声光报警设施。

该工程生产过程控制层（PCS）主要设置分散控制系统（DCS）、安全仪表系统（SIS）、可燃和有毒气体检测系统（GDS）、压缩机控制系统（CCS）、转动设备监视系统（MMS）、设备包控制系统（PLC）、智能设备管理系统（IDM）、操作数据管理系统（ODS）等。

该工程采用中心控制室（CCR）和现场机柜室（FAR）分离设置方式，各装置及公用工程的控制系统操作站设置在中心控制室，过程控制单元设置在相应的现场机柜室。全厂设置两个中心控制室：CCR1 负责乙烯工程的工艺装置及相应的公用工程和配套设施；CCR2 负责炼油工程的工艺装置及相应的公用工程和配套设施。全厂根据总图布置和功能划分共设置 20 个现场机柜室。操作相对独立或需要单独管理、核算的辅助装置或辅助设施采用现场控制室（LCR），全厂设置两个现场控制室，分别负责装车系统、热电工程的操作与控制。

该大型乙烯工程的 DCS、SIS、GDS 等集成系统采用主自动化供货商（MAV）一体化工程实施模式。DCS/GDS 系统 MAV 为横河公司（Yokogawa），SIS 系统 MAV 为北京康吉森自动化设备技术有限责任公司（Consen/ Triconex）。参与本工程设计的国内工程公司将近 10 家。

2. 集成系统网络架构图

该工程乙烯工程 DCS 和 GDS 集成系统网络架构如图 6-13-2 所示，SIS 集成系统网络架构如图 6-13-3 所示。

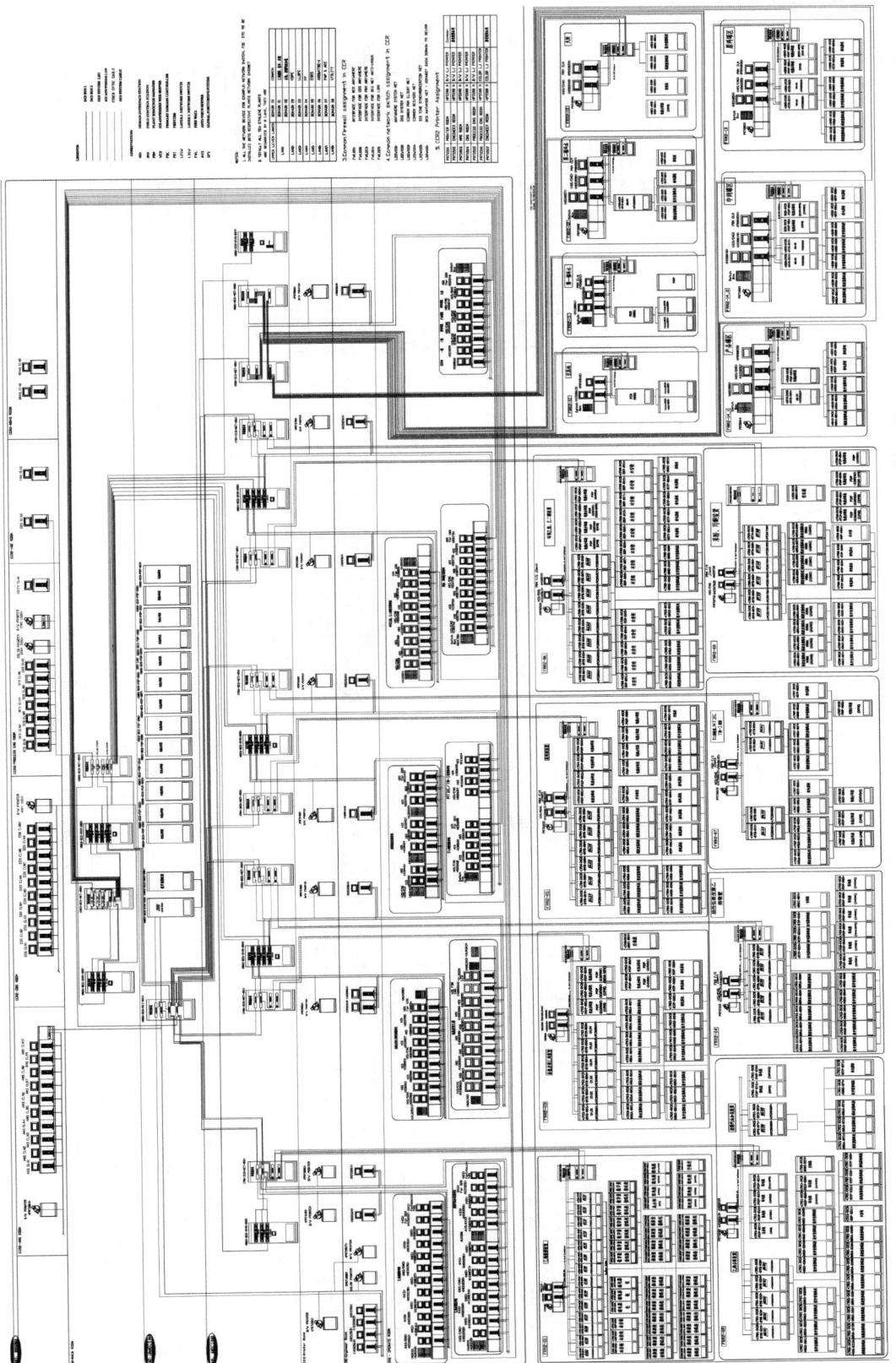

图 6-13-2　Yokogawa DCS/GDS 集成系统网络架构图（乙烯工程）

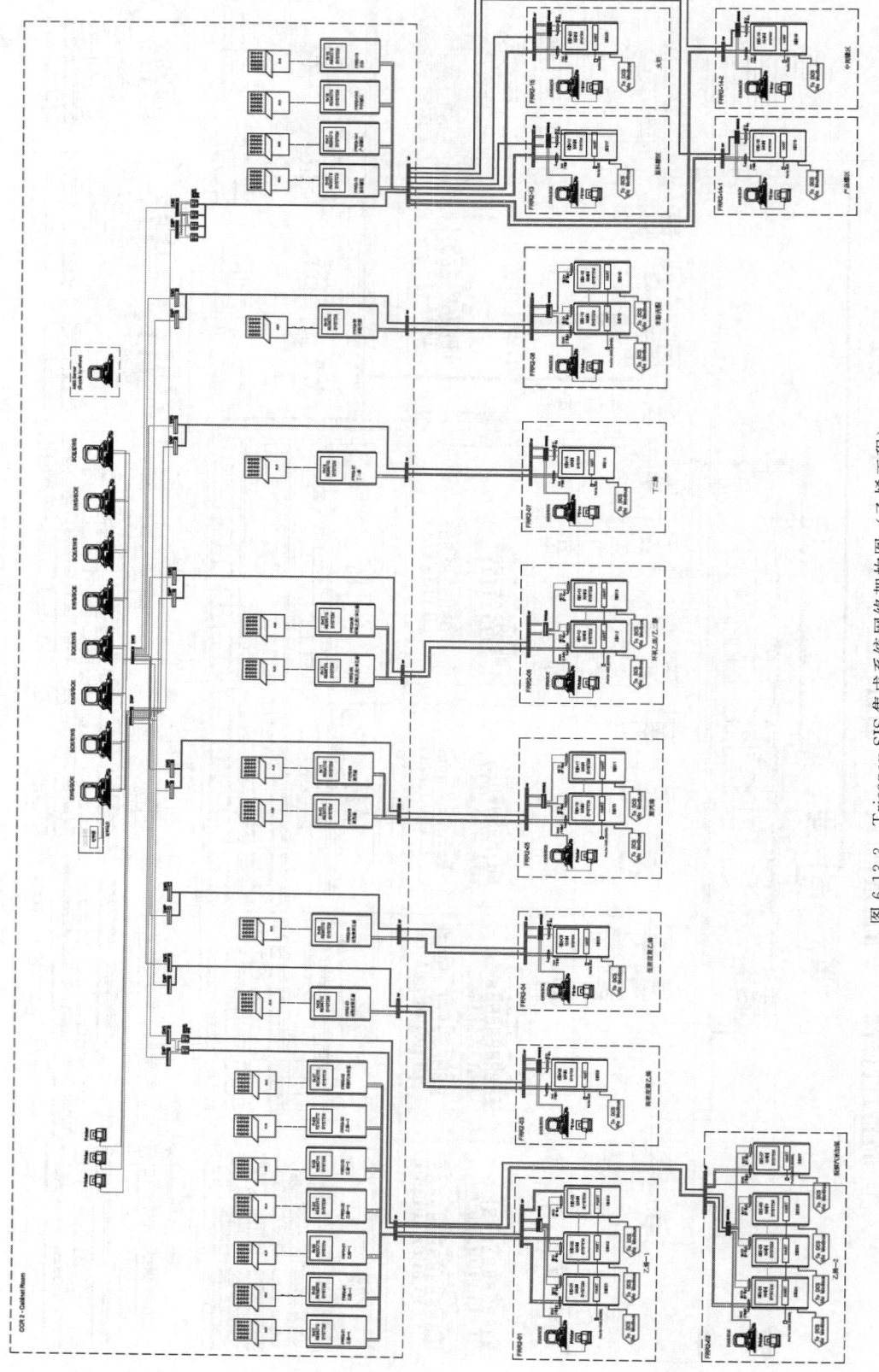

图 6-13-3　Triconex SIS 集成系统网络架构图（乙烯工程）

3. 输入/输出（I/O）点数汇总

全厂 DCS、SIS、GDS 及其他控制系统输入/输出（I/O）点数如表 6-13-1 所示。

表 6-13-1　某大型炼化一体化工程集成系统 I/O 点数汇总

	DCS	SIS	GDS	CCS	MMS	PLC	合计
1. 炼油工程							
常减压蒸馏	1650		60				1710
加氢裂化	1815	340	100				2255
蜡油加氢处理	1661	320	70				2051
重整抽提	2456	310	90				2856
柴油加氢	1177	270	60				1507
航煤加氢	691	140	50				881
延时焦化	1914	225	50				2189
硫黄回收	1485	650	120				2255
气体脱硫及溶剂再生	526		40				566
酸性水汽提	315		30				345
循环水厂、热力站	351		20				371
凝结水回收及除氧水站	803		20				823
含油污水处理厂	462		30			150	642
2. 乙烯工程							
乙烯	8152	3371	294	1600	128	1200	14745
裂解汽油加氢	808	397	38		16		1259
高密度聚乙烯	3115	630	86		40		3871
线性低密度聚乙烯	1789	590	75		36	600	3090
聚丙烯	2775	1009	112		32	600	4528
环氧乙烷/乙二醇	3339	869	98	320	32	650	5308
丁二烯、MTBE/丁烯-1	1113	208	41				1362
苯酚丙酮	2468	395	113	240	16	500	3732
空分空压	1642				48	600	2290
第一循环水	468						468
第二循环水	383						383
原料罐区	1019	175	80				1274
产品罐区	517	140	56				713
中间罐区	1015	170	50				1235
火炬	224	160	6			200	590
3. 热电工程							
热电工程及化学水站	12195				60		12255
合计：	56328	10369	1788	2160	408	4500	75553

4. 主要硬件配置

本工程集成系统主要硬件配置如表 6-13-2 所示。

表 6-13-2　某大型炼化一体化工程集成系统主要硬件配置规模汇总

	单位	DCS/GDS	IDM	ODS	SIS	CCS	MMS	PLC	合计
局域网（域）	个	17	17	2	11				47
控制站（冗余）	套	111			27			36	174
操作站	台	194				6		24	224
工程师站	台	34			44	12		24	114
辅助操作台	套	31			26	6			63
操作台（主操作室）	套	330							330
服务器	台	64	17	18			2		101
网络客户端	台	160	22	10			4		196
打印机	台	32			3				35
系统及辅助机柜	面	624			166	30	8	40	868
交换机/路由器	台	152	4	2	52	20	4	48	282
光电转换器	台	144			36				180
单模铠装光缆	m	112000			80000				192000
电源（带冗余模块）	套	832			188	15	16	40	1091
ODS 软件点授权	点			300000					300000
IDM 智能设备授权	点		30000						30000

二、应用案例二

1. 工程简介

某大型乙烯工程建设范围包括 100 万吨/年乙烯装置等共 14 套工艺生产装置及配套的公用工程、辅助生产设施、厂外工程。该工程已于 2010 年建成投产运行。

该工程包括独资部分、合资部分、动力中心、公用工程及厂外工程。独资部分工艺装置包括乙烯、裂解汽油加氢、丁二烯抽提、芳烃抽提、环氧乙烷/乙二醇、线性低密度聚乙烯、干气预精制、MTBE/丁烯-1、聚丙烯、乙苯等；合资部分工艺装置包括环氧丙烷/苯乙烯（PO/SM）等；动力中心包括汽轮机/发电机、锅炉、化学水处理等；公用工程主要包括空分、循环水场、化工西区、常压罐区、污水处理、火炬和低温罐区等；厂外工程包括铁路装车，原油码头等。

工艺装置、公用工程及辅助生产设施的基本过程控制系统，采用安全可靠、技术先进并具有成熟使用经验的分散控制系统（DCS），并为全厂计算机信息管理和生产调度提供基础数据。为保证安全生产，安全仪表系统（SIS）独立于 DCS 设置，用于工艺装置的安全联锁保护、紧急事故处理等。可燃和有毒气体检测系统（GDS）利用 DCS 独立 I/O 模件完成，并在 CCR 设置独立的声光报警设施。

该工程生产过程控制层（PCS）主要设置分散控制系统（DCS）、安全仪表系统（SIS）、可燃和有毒气体检测系统（GDS）、压缩机控制系统（CCS）、转动设备监视系统（MMS）、设备包控制系统（PLC）、智能设备管理系统（IDM）等。

该工程采用中心控制室（CCR）和现场机柜室（FAR）分离设置方式，各装置及公用工程的控制系统操作站设置在中心控制室，过程控制单元设置在相应的现场机柜。全厂设置 4 个中心控制室：CCR1 负责独资部分的工艺装置及相应的公用工程和配套设施；CCR2 负责合资部分的工艺装置及相应的公用工程和配套设施；CCR3 负责聚合物装置及相应的公用工程和配套设施；CCR4 负责动力中心的装置及相应的公用工程和配套设施。全厂根据总图布置和功能划分共设置 21 个现场机柜室。操作相对独立或需要单独管理、核算的辅助装置或辅助设施采用现场控制室（LCR），全厂设置两个现场控制室，分别负责动铁路装车、原油码头的操作与控制。

该大型乙烯工程的 DCS、SIS、GDS 等集成系统采用主自动化供货商（MAV）一体化工程实施模式。DCS/GDS 系统 MAV 为霍尼韦尔公司（Honeywell），SIS 系统 MAV 为黑马公司（HIMA）。参与本工程设计的国内工程公司有 5 家。

2. 集成系统网络架构图

该工程全厂 DCS/GDS 集成系统网络架构如图 6-13-4 所示，SIS 集成系统网络架构如图 6-13-5～图 6-13-7 所示。

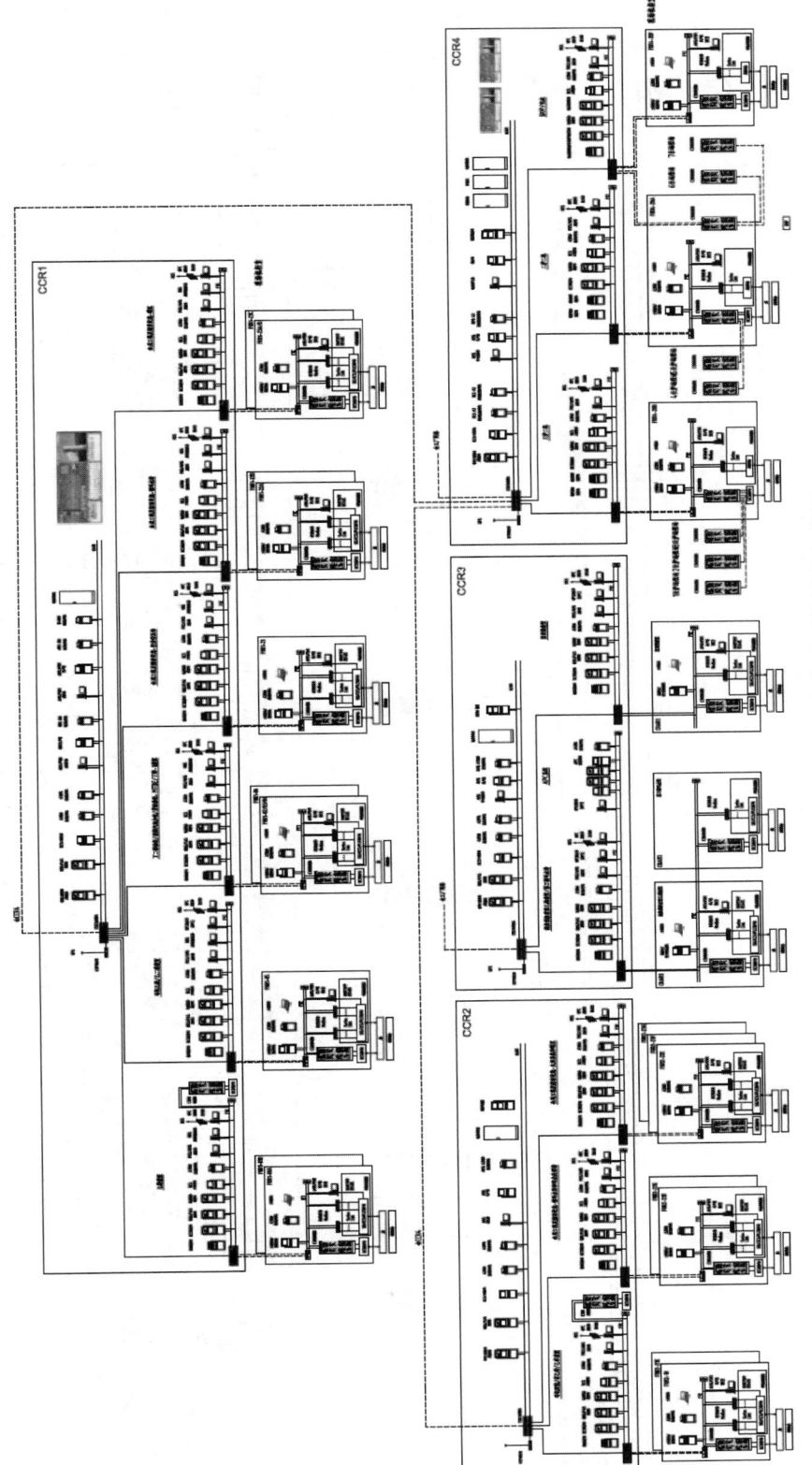

图 6-13-4 Honeywell DCS/GDS 集成系统网络架构图

1504

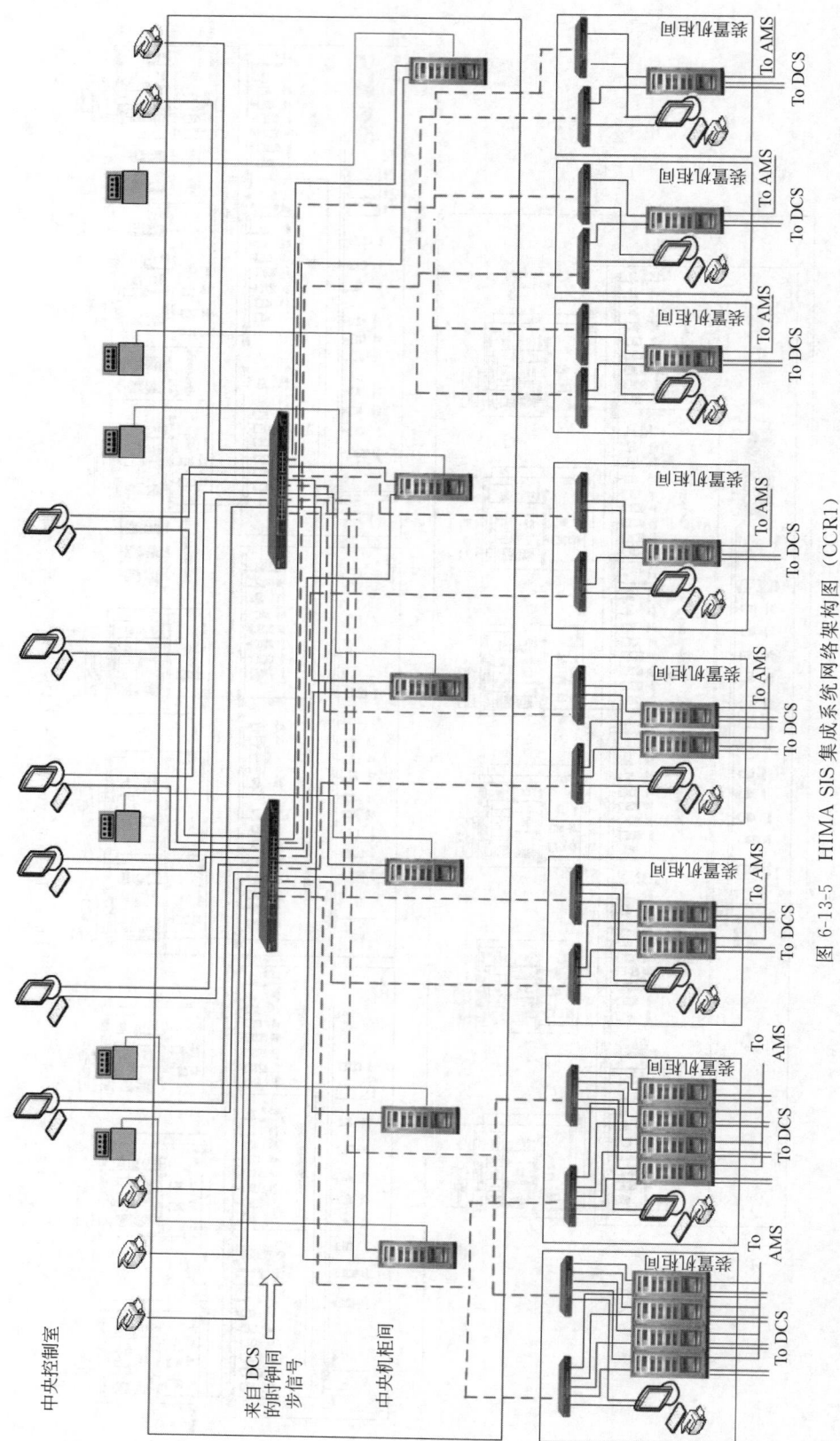

图 6-13-5　HIMA SIS 集成系统网络架构图（CCR1）

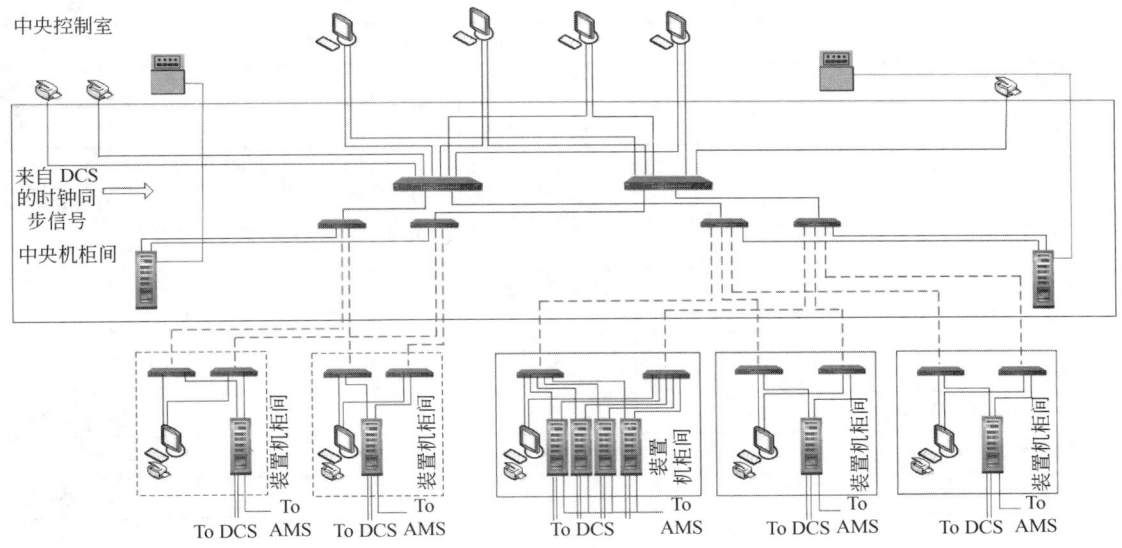

图 6-13-6 HIMA SIS 集成系统网络架构图（CCR2）

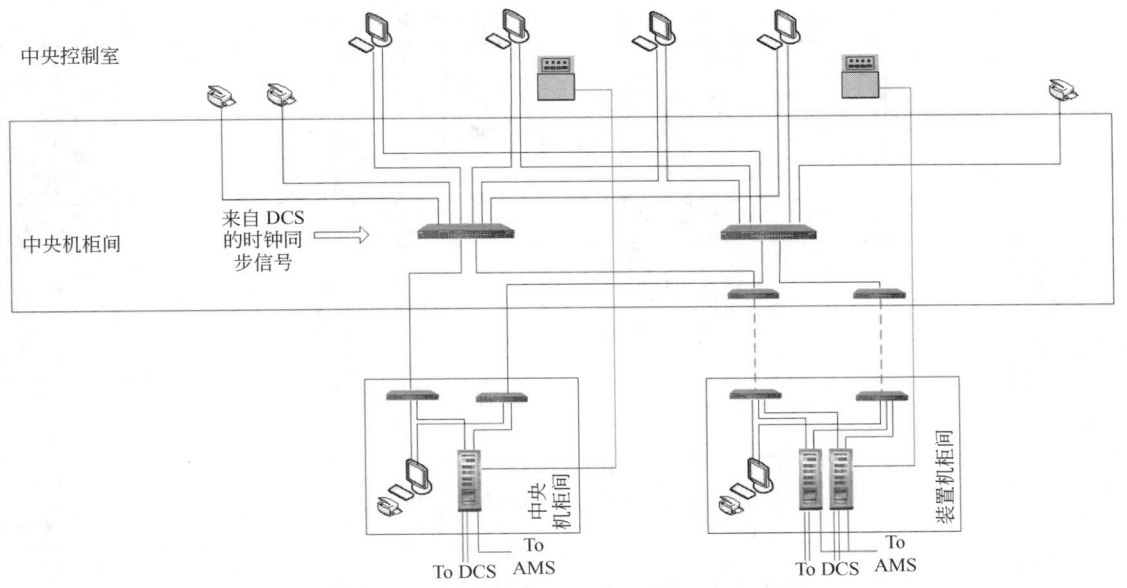

图 6-13-7 HIMA SIS 集成系统网络架构图（CCR3）

3. 输入/输出（I/O）点数汇总

DCS、SIS、GDS 及其他控制系统输入/输出（I/O）点数如表 6-13-3 所示。

表 6-13-3 某大型乙烯工程集成系统 I/O 点数汇总

项目	DCS	SIS	GDS	CCS	MMS	PLC	合计
乙烯和干气预精制装置	8010	3259	295	1200	128	800	13692
环氧乙烷乙二醇装置	2937	1205	125	240	16	500	5023
丁二烯抽提、裂解汽油加氢、芳烃抽提、丁烯-1 装置	2710	605	205	120	12		3652
环氧丙烷、苯乙烯和乙苯装置	6139	2925	235	650	72	450	10471

项目	DCS	SIS	GDS	CCS	MMS	PLC	合计
聚丙烯装置	1881	936	88		42	1500	4447
线性低密度聚乙烯、三循	2861	663	120		41	1200	4885
2 炉 2 机装置	5208				36		5244
3 炉 2 机装置	7176				36		7212
BOP 和化学水处理	6015						6015
空分空压装置	1475	429			55	120	2079
第一、第二循环水场	678						678
化工西区和常压罐区	1115		150				1265
第四循环水场、污水处理场	1819		69				1888
火炬及回收系统、低温罐区	1067	676	98			80	1921
合计:	49091	10698	1385	2210	438	4650	68472

4. 主要硬件配置

本工程集成系统主要硬件配置如表 6-13-4 所示。

表 6-13-4　某大型乙烯工程集成系统主要硬件配置汇总

项目	单位	DCS/GDS	IDM	SIS	CCS	MMS	PLC	合计
局域网(域)	个	4	4	3				12
VLAN 网段	个	14						14
控制站(冗余)	套	97		29	11		32	169
操作站	台	188	29	18	22		20	287
工程师站	台	22		21	11		12	66
辅助操作台	套	45		10				55
操作台(主操作室)	套	214						214
服务器	台	49	4			4		64
网络客户端	台		2			4		12
打印机	台	55	4	18				78
系统及辅助机柜	面	372		92	36	12	35	547
交换机/路由器	台	82	9	42	44	12	24	215
光电转换器	台	41			36	12		89
单模铠装光缆	m	62400		30000	28000			120400
电源(带冗余模块)	套	382		78	42	12	32	546
IDM 智能设备授权	点		52480					52480

三、应用案例三

1. 工程简介

某大型炼化一体化工程建设范围包括 1200 万吨/年炼油、80 万吨/年乙烯共 17 套工艺生产装置及配套的公用工程、辅助生产设施、厂外工程。该工程已于 2012 年底开车并投入商业化运行。

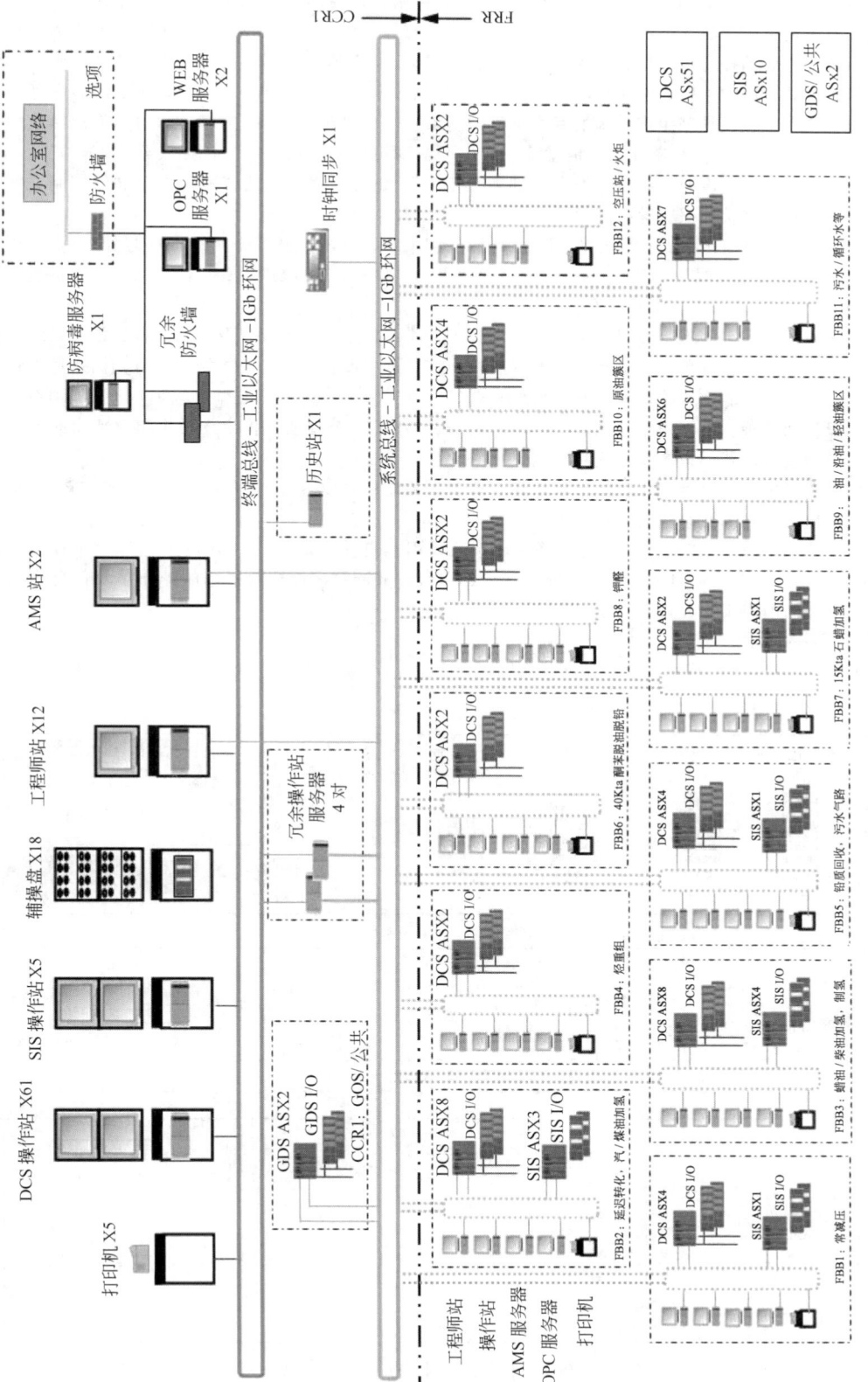

图 6-13-8 Siemens DCS/SIS/GDS 集成系统网络架构图（炼油工程）

炼油生产装置包括常减压蒸馏、延迟焦化、汽/煤油加氢精制、蜡油加氢裂化、柴油加氢精制、制氢、烃重组、污水汽提、溶剂再生、硫黄回收等；乙烯生产装置包括乙烯（含汽油加氢）、线性低密度聚乙烯、高密度聚乙烯、聚丙烯、芳烃抽提、丁二烯、丁烯-1 装置（含 MTBE）、丁苯橡胶等，公用工程和辅助设施主要包括循环水场、消防水站、压力罐区、常压罐区、空压空分、污水处理、火炬、中心控制室、中心实验室等。

各工艺装置、公用工程及辅助生产设施的基本过程控制系统，采用安全可靠、技术先进并具有成熟使用经验的分散控制系统（DCS），并为全厂计算机信息管理和生产调度提供基础数据。为保证安全生产，安全仪表系统（SIS）、可燃和有毒气体检测系统（GDS）分别独立于 DCS 设置，用于工艺装置的安全联锁控制、紧急事故处理、可燃和有毒气体检测报警等。

该工程生产过程控制层（PCS）主要设置分散控制系统（DCS）、安全仪表系统（SIS）、可燃和有毒气体检测系统（GDS）、压缩机控制系统（CCS）、转动设备监视系统（MMS）、在线分析仪系统（PAS）、设备包控制系统（PLC）、智能设备管理系统（IDM）等。

该工程采用中心控制室（CCR）和现场机柜室（FAR）分离设置方式，各装置及公用工程的控制系统操作站设置在中心控制室，过程控制单元设置在相应的现场机柜室。全厂设置两个中心控制室，分别为乙烯工程中心控制室和炼油工程中心控制室，除部分特殊单元外，全厂所有工艺装置、公用工程及辅助生产设施均在中心控制室进行集中操作和管理。全厂根据总图布置和功能划分共设置 24 个现场机柜室。操作相对独立或需要单独管理、核算的辅助装置或辅助设施采用现场控制室（LCR）。

现场仪表信号通过电缆连接到现场机柜室（FAR）或现场控制室（LCR），从 FAR 或 LCR 到 CCR 的信号传输采用"一天一地"敷设的冗余铠装单模光缆。

该大型炼化一体化工程的 DCS、SIS、GDS 等集成系统采用主自动化供货商（MAV）一体化工程实施模式，全厂 DCS、SIS 和 GDS 系统 MAV 均为德国西门子公司（Siemens），各控制系统的操作站及信息高度集成。参与本工程设计的国内工程公司有 5 家。

2. 集成系统网络架构图

炼油工程 DCS/SIS/GDS 集成系统网络架构如图 6-13-8 所示，乙烯工程 DCS/SIS/GDS 集成系统网络架构如图 6-13-9～图 6-13-13 所示。

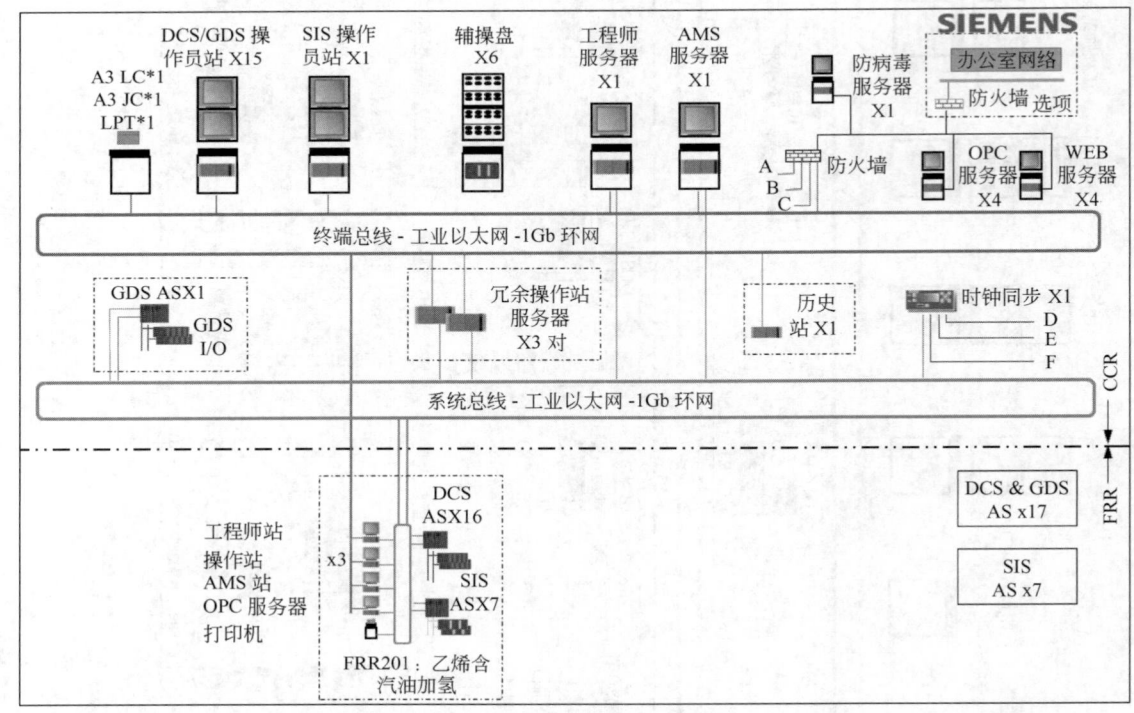

图 6-13-9　Siemens DCS/SIS/GDS 集成系统网络架构图（乙烯工程-乙烯装置）

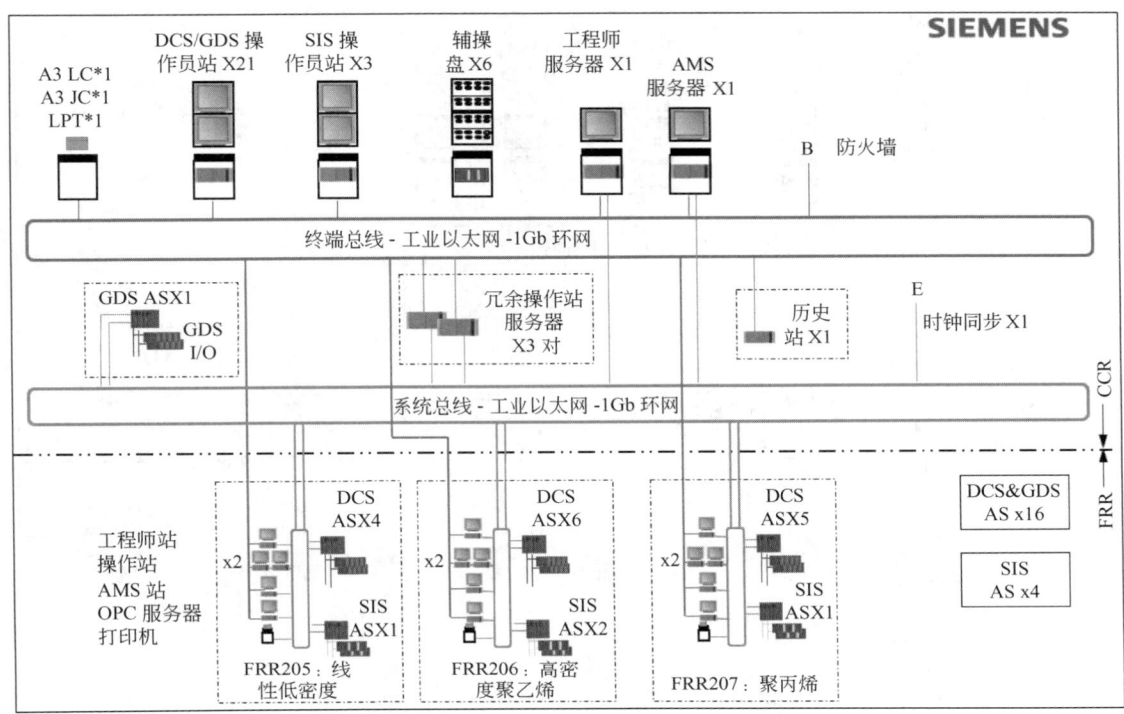

图 6-13-10　Siemens DCS/SIS/GDS 集成系统网络架构图（乙烯工程-3 聚装置）

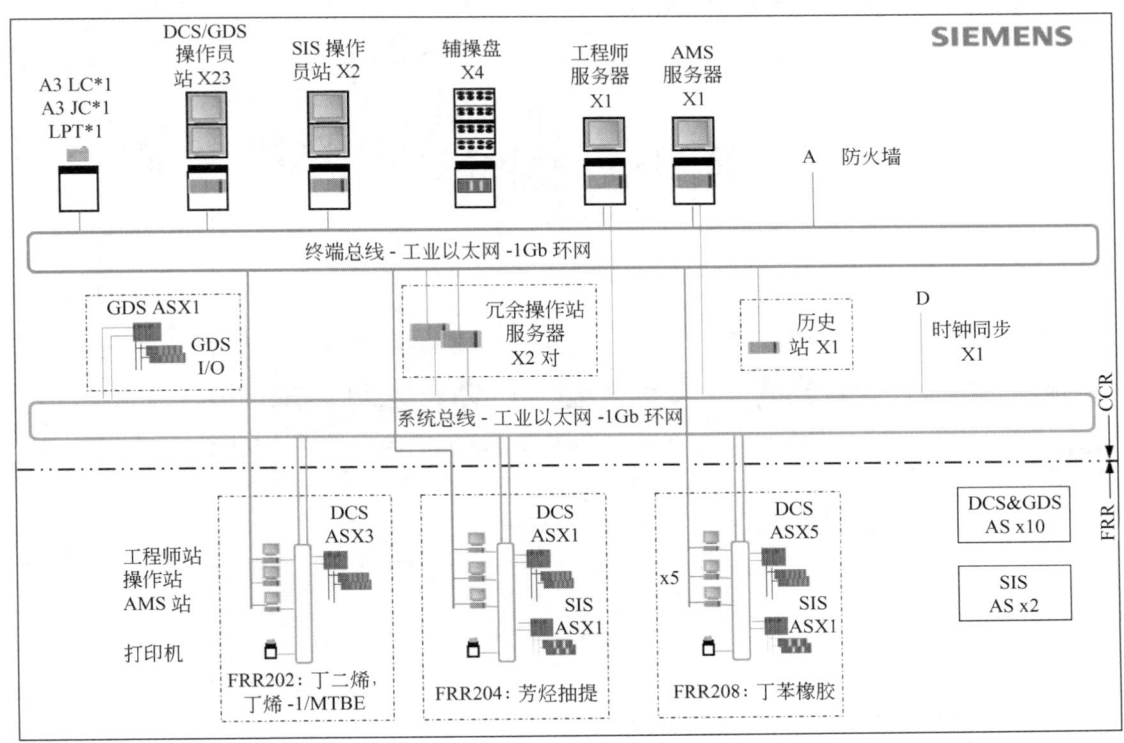

图 6-13-11　Siemens DCS/SIS/GDS 集成系统网络架构图（乙烯工程-3 丁装置）

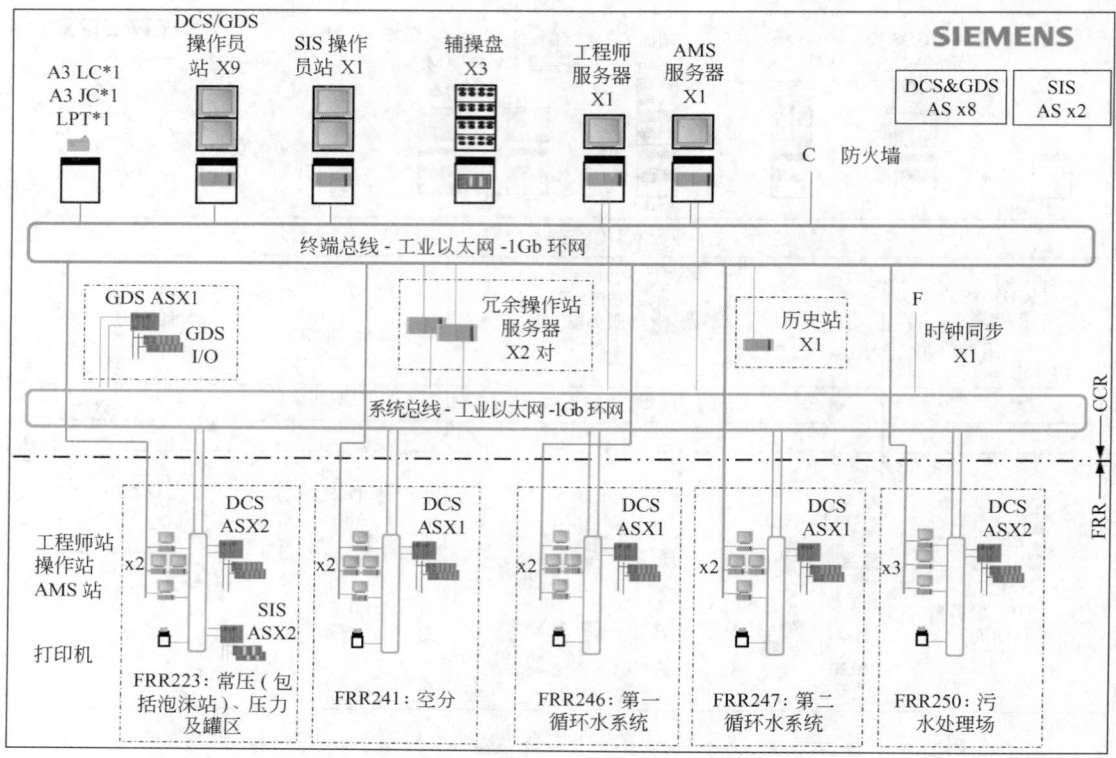

图 6-13-12　Siemens DCS/SIS/GDS 集成系统网络架构图（乙烯工程-公用工程及辅助设施）

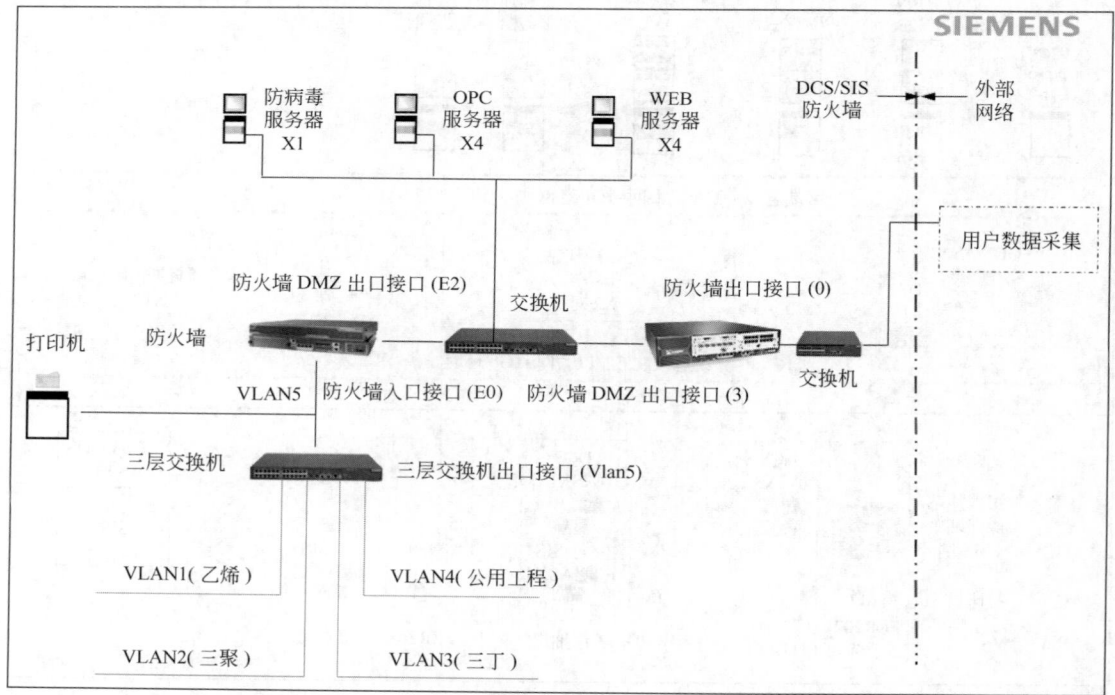

图 6-13-13　Siemens DCS/SIS/GDS 集成系统网络架构图（乙烯工程-公共部分）

3. 输入/输出 (I/O) 点数汇总

该工程 DCS、SIS、GDS 及其他控制系统输入/输出 (I/O) 点数如表 6-13-5 所示。

表 6-13-5　某大型炼化一体化工程集成系统 I/O 点数汇总

项目	DCS	SIS	GDS	CCS	MMS	PLC	合计
1. 炼油工程							
常减压蒸馏	1430	520	92				1710
延迟焦化	2007	380	121				2255
汽、煤油加氢精制	996	270	50				2051
蜡油加氢裂化	2002	450	50				2856
柴油加氢精制	1061	260	50				1507
制氢	772	210	50				881
烃重组	824	240	20				2189
污水汽提	320		30				2255
溶剂再生	265	85	30				566
硫黄回收	626	230	30				345
罐区	1127	450	133				371
火炬	283	80	20			120	823
污水处理、循环水场	1289		72			200	642
2. 乙烯工程							
乙烯装置(含裂解汽油加氢)	7512	4084	168	1200	112	600	14745
线性低密度聚乙烯装置	2406	416	112	280	40	500	1259
高密度聚乙烯装置	3648	592	56	240	32	450	3871
聚丙烯装置	2832	452	160		32	500	3090
丁烯-1/MTBE 装置、丁二烯抽提	1536	438	88				4528
芳烃抽提装置	760	154	72				5308
丁苯橡胶装置	3680	584	368			500	1362
罐区	1392	872	144				3732
化工空分空压装置	728				48	450	2290
1#、2#循环水场	1258						468
污水处理场	1808	175	80				1274
产品罐区	517	140	56				713
中间罐区	1015	170	50				1235
火炬	228	160	6			200	590
合计:	42322	11412	2108	1720	264	3520	61346

4. 主要硬件配置

该工程集成系统主要硬件配置如表 6-13-6 所示。

表 6-13-6　某大型炼化一体化工程集成系统主要硬件配置规模汇总

项目	单位	DCS	IDM	SIS	GDS	CCS	MMS	PLC	合计
局域网(域)	个	8	8	8	8				32
控制站(冗余)	套	96		30	8	8		9	151
操作站	台	82		30		8		9	129
工程师站	台	32		16	4	8		6	66
辅助操作台	套	24		15					39
操作台(主操作室)	套	136							136
服务器	台	42	8	2	2		1		55
网络客户端	台	6	2				2		10
打印机	台	16		4	2				22
系统及辅助机柜	面	290		146	20	40	3	18	517
交换机/路由器	台	220	2	40	32	32	2	18	346
光电转换器	台	72		20	20	32			144
单模铠装光缆	m	50000							50000
电源(带冗余模块)	套	265		146	26		3	18	458
IDM 智能设备授权	点		24000						24000

四、应用案例四

1. 工程简介

某大型煤化工装置以煤为原料生产甲醇，并将其转化生产乙烯、丙烯，最终制得多牌号聚丙烯及聚乙烯产品，主要建设范围包括 360 万吨/年甲醇装置区、137 万吨/年烯烃装置区、热电装置区、储运系统等及配套的公用工程、辅助生产设施、厂外工程。该工程已于 2017 年建成投入商业化运行。

甲醇装置区包括气化炉、煤气化、空分（6×82000m³/h O₂）、合成气净化、甲醇合成、硫黄等生产装置和配套公用工程及辅助生产设施；烯烃装置区包括两套甲醇制烯烃（MTO）、烯烃催化裂解（OCC）、MTBE/丁烯-1、管式低密度聚乙烯（LDPE）、釜式低密度聚乙烯（LDPE）、线性低密度聚乙烯（LLDPE）、环管法聚丙烯、气相法聚丙烯等生产装置和配套公用工程及辅助生产设施；热电装置区包括锅炉、发电及水处理、烟气处理等辅助生产设施；储运系统包括原/燃料煤储运、灰渣储运、液体储运、液体装卸系统等；公用工程包括净水场、化学水处理、循环水场、污水处理、高含盐水处理、换热站等。

各工艺装置、公用工程及辅助生产设施的基本过程控制系统，采用安全可靠、技术先进且具有成熟使用经验的分散控制系统（DCS），并为全厂计算机信息管理和生产调度提供基础数据。为保证安全生产，安全仪表系统（SIS）、可燃和有毒气体检测系统（GDS）分别独立于 DCS 设置，用于工艺装置的安全联锁保护、紧急事故处理、可燃和有毒气体检测报警等。

该工程生产过程控制层（PCS）主要设置分散控制系统（DCS）、安全仪表系统（SIS）、可燃和有毒气体检测系统（GDS）、压缩机控制系统（CCS）、转动设备监视系统（MMS）、设备包控制系统（PLC）、智能设备管理系统（IDM）、操作数据管理系统（ODS）、操作员培训仿真系统（OTS）、先进报警管理系统（AAS）等。

该工程采用中心控制室（CCR）和现场机柜室（FAR）分离设置方式，将各装置及公用工程的控制系统操作站设置在中心控制室，过程控制单元设置在相应的现场机柜室。全厂设置两个中心控制室，分别是化工区域中心控制室和热电区域中心控制室。全厂根据总图布置和功能划分共设置 39 个现场机柜室。操作相对独立或需要单独管理、核算的辅助装置或辅助设施采用现场控制室（LCR），全厂设置 3 个现场控制室，分别负责污水处理、矿井水处理、装卸设施的操作与控制。

现场仪表通过电缆连接到现场机柜室（FAR）或现场控制室（LCR），实现信号的传输。从 FAR 或 LCR 到 CCR 则敷设"一天一地"的冗余铠装单模光缆来传输信号。

该大型煤化工工程的 DCS、SIS、GDS 等集成系统采用主自动化供货商（MAV）一体化工程实施模式。DCS 系统 MAV 为浙江中控技术股份有限公司（Supcon），SIS 和 CCS 系统 MAV 为北京康吉森自动化设备技术有限责任公司（Consen），GDS 系统 MAV 为 ABB 公司。参与本工程设计的国内工程公司至少 5 家。

2. 集成系统网络架构图

该工程全厂 DCS、SIS 集成系统网络架构如图 6-13-14 和图 6-13-15 所示，GDS 集成系统网络架构如图 6-13-16、图 6-13-17 所示。

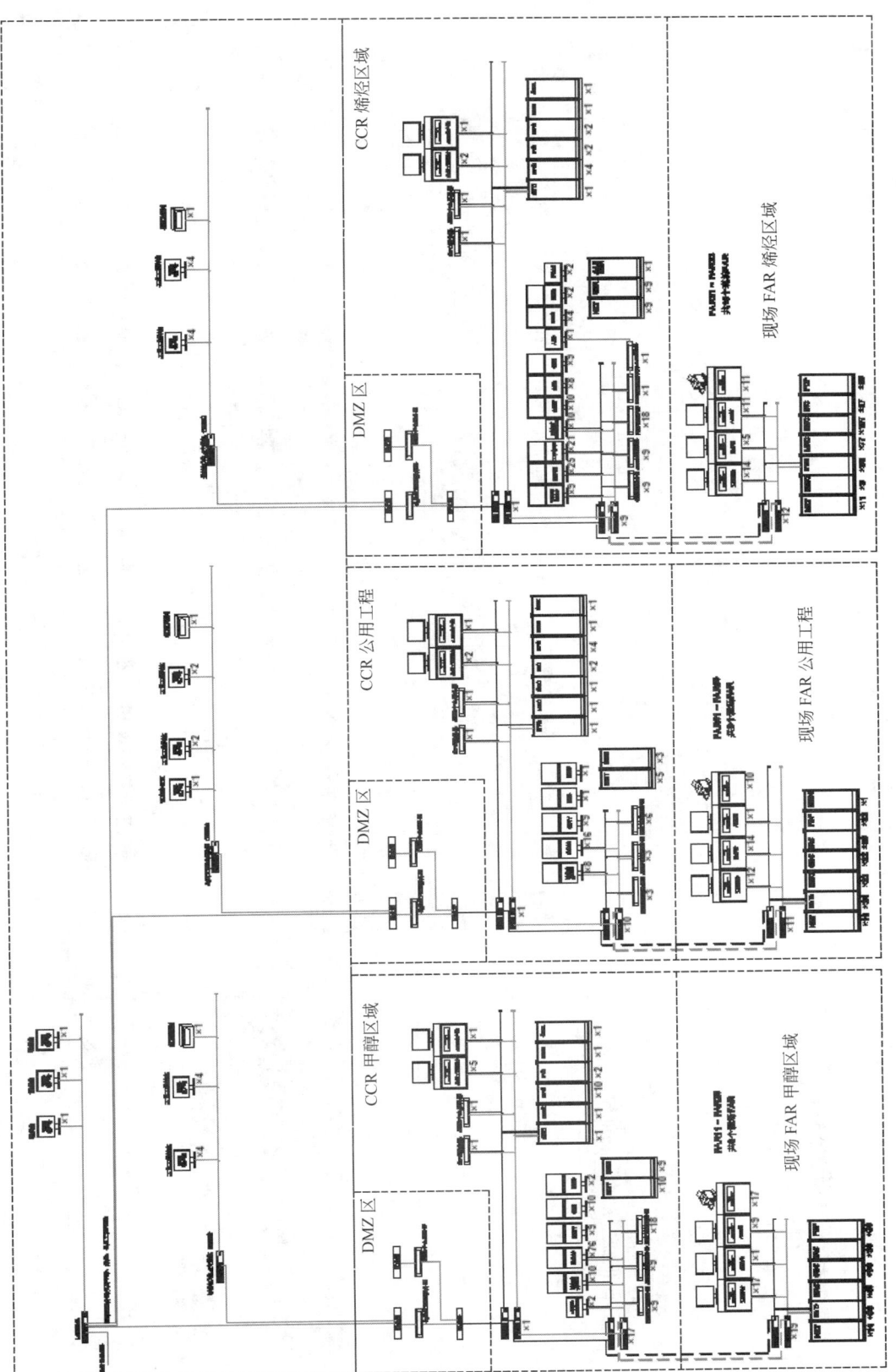

图 6-13-14　浙江中控 DCS 集成系统网络架构图

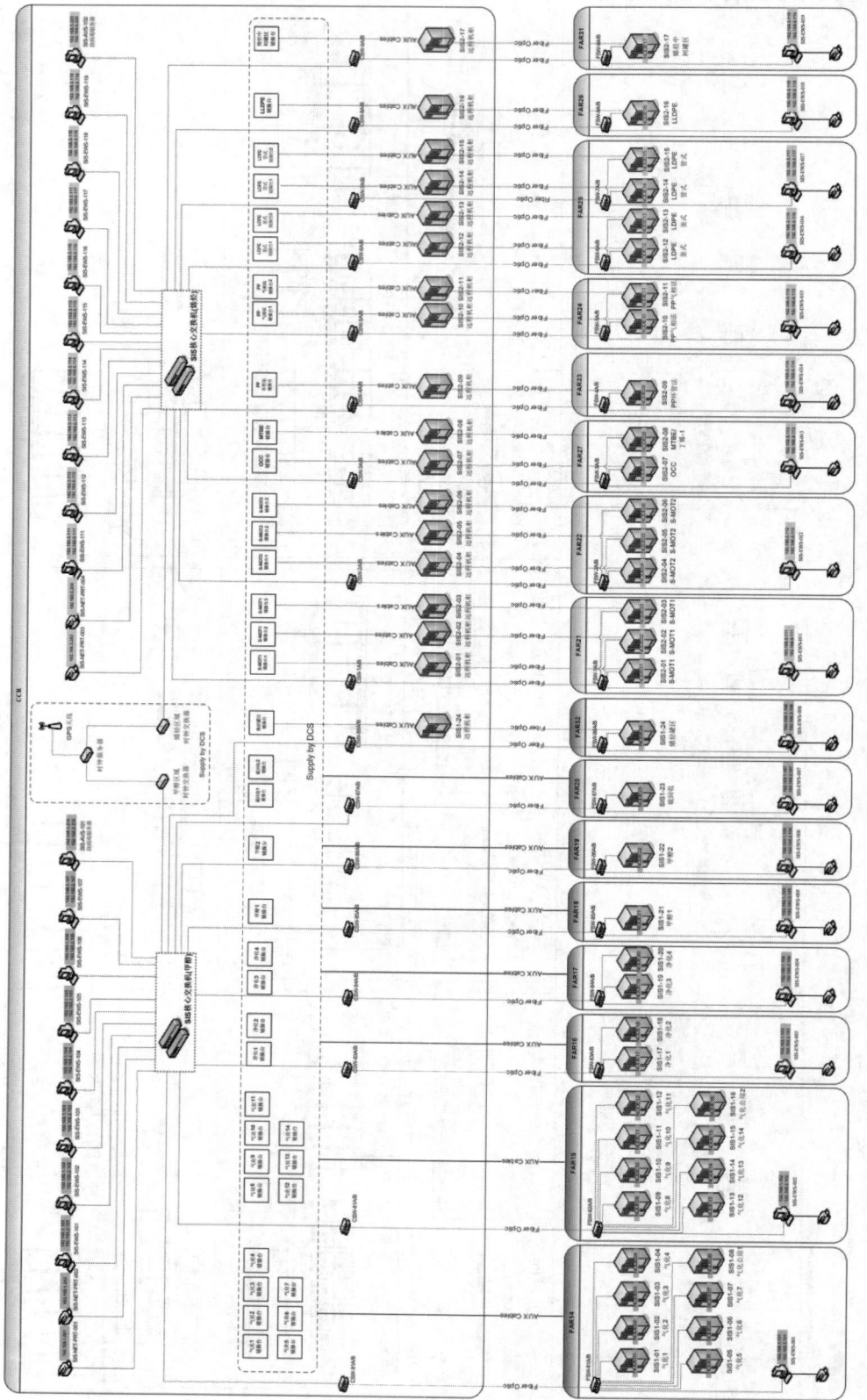

图 6-13-15　Triconex SIS 和 CCS 系统网络架构图

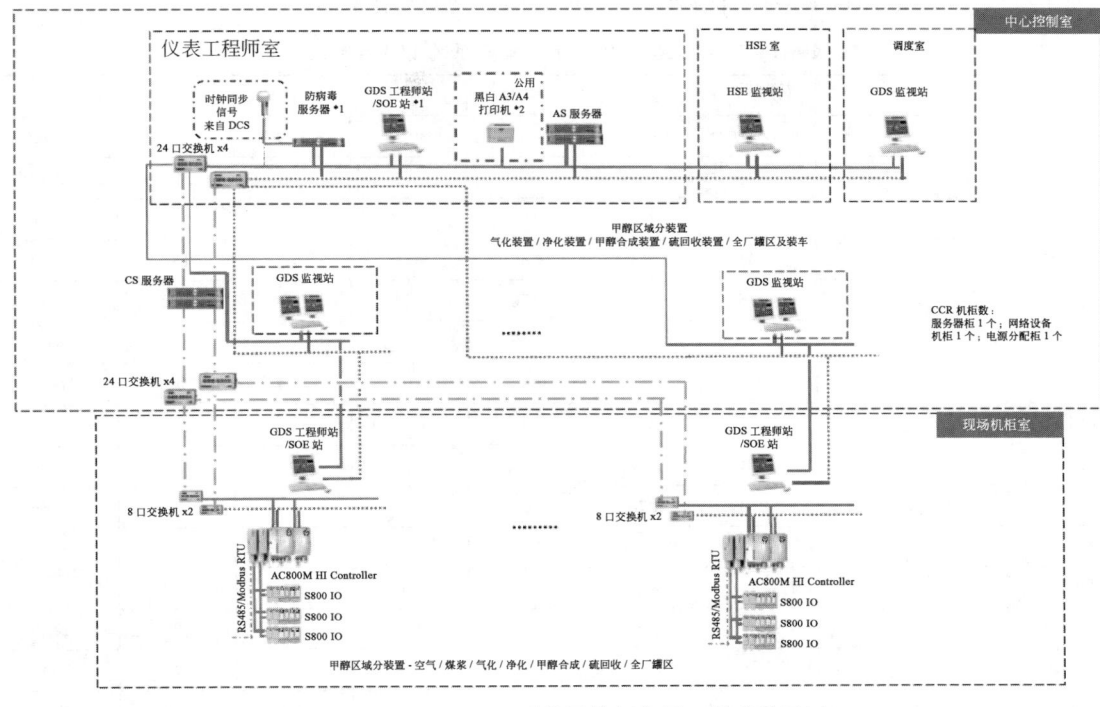

图 6-13-16　ABB GDS 系统网络架构图（甲醇装置区）

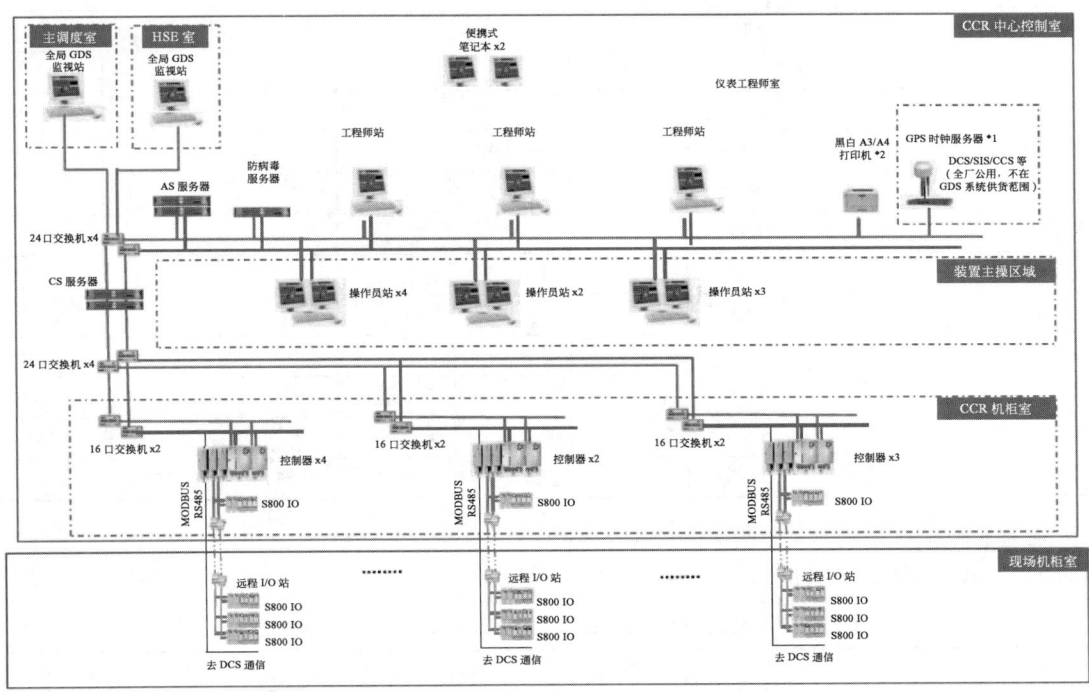

图 6-13-17　ABB GDS 系统网络架构图（烯烃装置区）

3. 输入/输出（I/O）点数汇总

该工程 DCS、SIS、GDS 及其他控制系统输入/输出（I/O）点数如表 6-13-7 所示。

表 6-13-7　某大型煤化工工程集成系统 I/O 点数汇总

项目	DCS	SIS	GDS	CCS	MMS	PLC	合计
空分	11904			3072	270	400	15646
气化	25888	6704	688			200	33480
净化	9984	768	480	1664	64		12960
甲醇合成	3904	512	285	848	32	130	5711
硫黄	1296	320	133			100	1849
甲醇精制	816						816
MTO(2套)	10688	3520	864	2016	168	1200	18456
MTBE/丁烯-1	1008	320	80				1408
OCC	1264	672	96	240	18		2290
PP1	1888	928	200			550	3566
PP2	4128	1376	312			510	6326
LLDPE	3680	800	152	320	16	400	5368
FLDPE	2880	1184	96			620	4780
GLDPE	3776	1424	128			670	5998
空压站	912					30	942
循环水	4384					100	4484
净水厂	1264					130	1394
罐区	912	448	168			110	1638
换热站	1488						1488
污水处理	1920						1920
高含盐水	3104						3104
生活水处理	1104						1104
精甲醇罐区	640		98				738
热电锅炉	14832						14832
抽凝汽机	2448						2448
背压机及公用	3184						3184
脱硫除尘	7585						7585
合计：	126881	18976	3780	8160	568	5150	163515

4. 主要硬件配置

该工程集成系统主要硬件配置如表 6-13-8 所示。

表 6-13-8　某大型煤化工工程集成系统主要硬件配置规模汇总

项目	单位	DCS	IDM	ODS	AAS	OTS	SIS	GDS	CCS	MMS	PLC	合计
局域网（域）	个	24	24	3			17	2				70
控制站（冗余）	套	212					41	19			85	357
操作站	台	393	27		1	6		21	24	4	60	536

项目	单位	DCS	IDM	ODS	AAS	OTS	SIS	GDS	CCS	MMS	PLC	合计
工程师站	台	63				1	16	12	42		85	219
辅助操作台	套	31					40					71
操作台（主操作室）	套	450										450
服务器	台	113	24	27	2	3		8		2		179
网络客户端	台			15	1							16
打印机	台	48		3			4	4				59
系统及辅助机柜	面	1163		1	1		350	75	110	15	85	1800
交换机/路由器	台	85		6	3	4	36	8	88	2	125	357
光电转换器	台	80						72			125	277
单模铠装光缆	m	180000					90000	60000				330000
电源（带冗余模块）	套	1578		1	1		380	97	98	2	85	2242
ODS 软件点授权	点			300000								300000
IDM 智能设备授权	点		60000									50000

五、应用案例五

1．工程简介

某甲醇及转化烯烃项目为大型新型煤化工工程，建设范围包括 170 万吨/年煤制甲醇装置、180 万吨/年甲醇制烯烃（MTO）装置、其他工艺装置、锅炉/发电装置（3 台抽汽凝汽发电机组）等及配套公用工程和辅助设施。该工程于 2019 年建成并投入商业运行。

主要生产装置包括煤气化装置、净化装置、甲醇合成装置、硫回收装置、甲醇制烯烃装置、烯烃催化裂解装置、线性低密度聚乙烯装置、聚丙烯装置等；公用工程包括空分装置，循环水场、总变电站、动力中心、厂内储煤及输送装置、化学水处理及冷凝水回收、雨水监控及提升泵站、事故水池等，压力罐区、甲醇罐区、酸碱罐区、汽车装卸站、机电仪修厂房、全厂性仓库、化学品库、火炬及火炬回收系统、污水处理场、灰渣场等；辅助设施包括中心控制室、消防站、中心化验室、环境监测站以及行政生活设施等；厂外工程包括净水厂、厂外给排水管道、厂外管廊、码头液体罐区、煤炭输送系统等。

各工艺装置、公用工程及辅助生产设施的基本过程控制系统采用安全可靠、技术先进并具有成熟使用经验的分散控制系统（DCS），并为全厂计算机信息管理和生产调度提供基础数据。为保证安全生产，安全仪表系统（SIS）、可燃和有毒气体检测系统（GDS）分别独立于 DCS 设置，用于工艺装置的安全联锁保护、紧急事故处理、可燃和有毒气体检测报警等。

该工程生产过程控制层（PCS）主要设置分散控制系统（DCS）、安全仪表系统（SIS）、可燃和有毒气体检测系统（GDS）、压缩机控制系统（CCS）、转动设备监视系统（MMS）、设备包控制系统（PLC）、智能设备管理系统（IDM）、操作数据管理系统（ODS）、操作员培训仿真系统（OTS）、先进报警管理系统（AAS）等。

该工程采用中心控制室（CCR）和现场机柜室（FAR）分离设置方式，各装置及公用工程的控制系统操作站设置在中心控制室，过程控制单元设置在相应的现场机柜室。全厂设置两个中心控制室：CCR1 负责主要生产装置、公用工程及辅助设施；CCR2 负责动力中心及相应的公用工程及辅助设施。全厂根据总图布置和功能划分共设置 18 个现场机柜室。操作相对独立或需要单独管理、核算的辅助装置或辅助设施采用现场控制室（LCR），全厂设置 3 个现场控制室，分别负责汽车液体装卸站、净水厂、码头液体罐区的操作与控制。

现场仪表信号通过电缆连接到现场机柜室（FAR）或现场控制室（LCR），从 FAR 或 LCR 到 CCR 的信号传输采用"一天一地"敷设的冗余铠装单模光缆。

该大型煤化工工程的 DCS、SIS、GDS 等集成系统采用主自动化供货商（MAV）一体化工程实施模式。DCS、GDS 系统 MAV 为杭州和利时自动化有限公司（HollySys），SIS 系统 MAV 为 ABB 公司。参与本工程设计的国内工程公司有 6 家。

2．集成系统网络架构图

该工程全厂 DCS、SIS、GDS 集成系统网络架构如图 6-13-18～图 6-13-20 所示。

1518

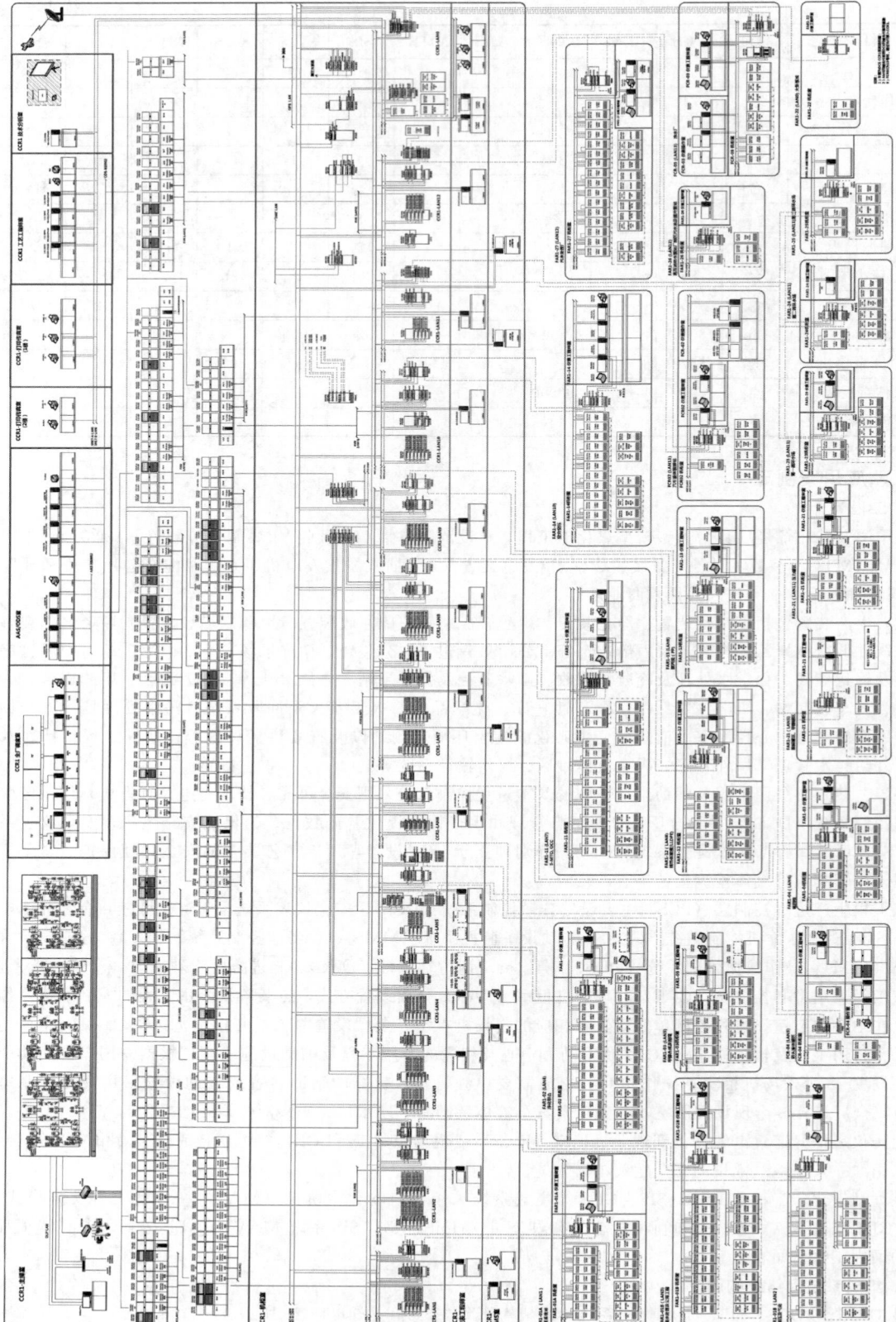

图 6-13-18　杭州和利时 DCS 集成系统网络架构图

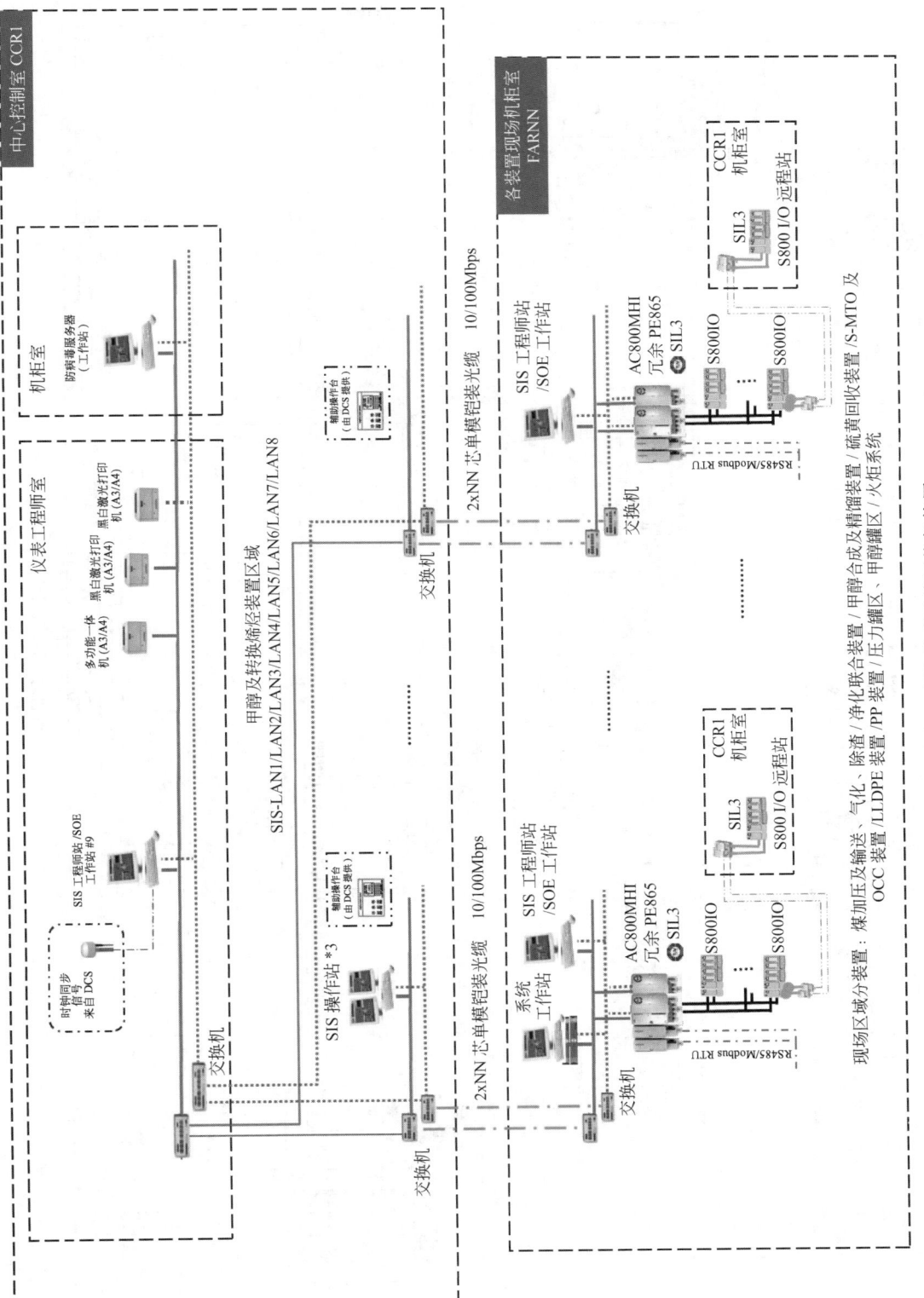

图 6-13-19　ABB SIS 集成系统网络架构图

1520

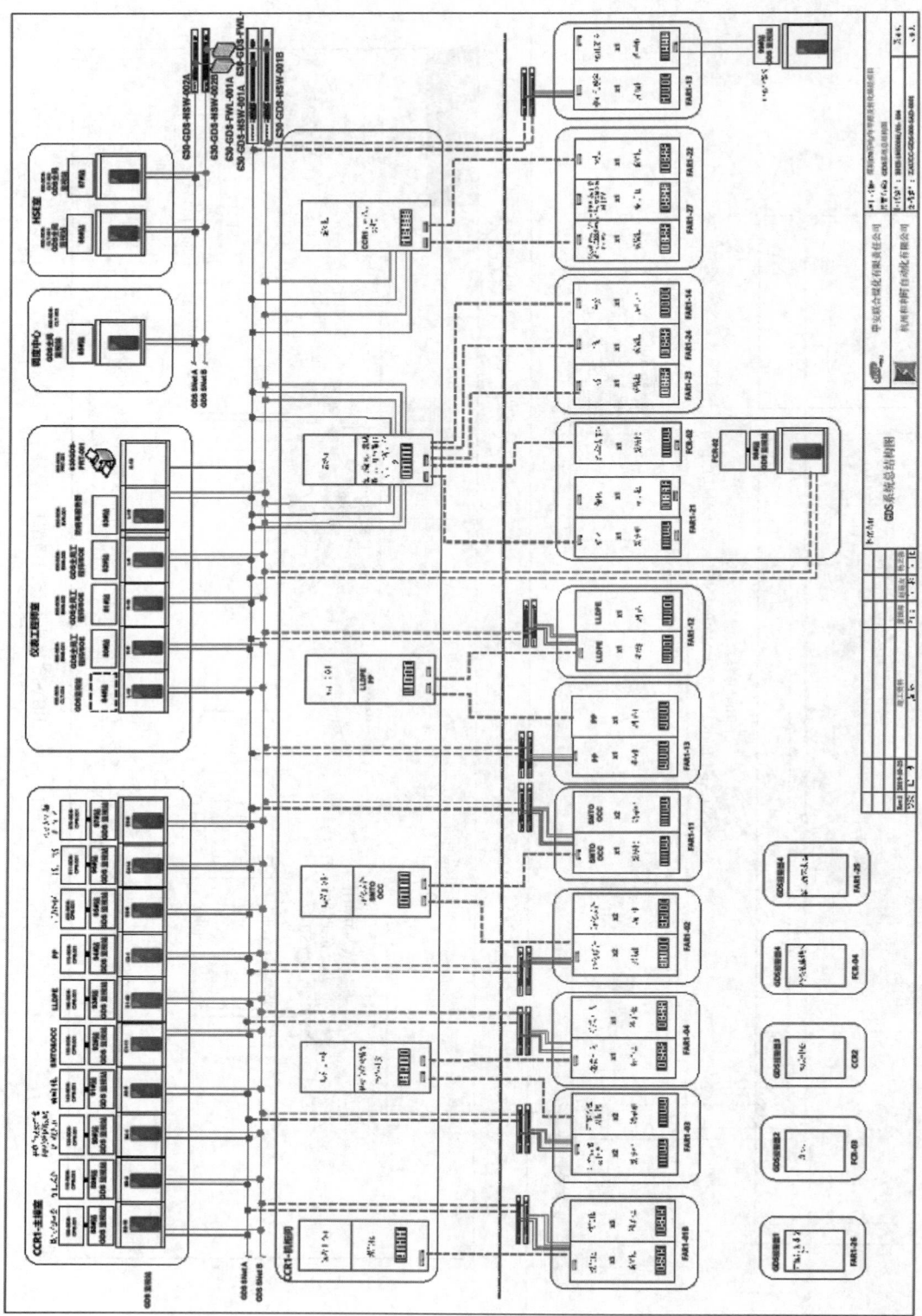

图 6-13-20 杭州和利利时 GDS 集成系统网络架构图

3. 输入/输出（I/O）点数汇总

该工程 DCS、SIS、GDS 及其他控制系统输入/输出（I/O）点数如表 6-13-9 所示。

表 6-13-9　某大型煤化工工程集成系统 I/O 点数汇总

项目	DCS	SIS	GDS	CCS	MMS	PLC	合计
煤气化	10234	4896	401			120	15651
净化联合	3094	280	275	820	122		4591
甲醇合成	1306	216	243	410	27	80	2282
硫黄回收	918	624	148				1690
MTO	2427	1336	119	850	106	600	5438
OCC	416	456	59	240	23		1194
LLDPE	1625	696	116	320	16	240	3033
PP	1067	904	83		16	350	2420
空分空压	2699		35	1600	189	200	4723
循环水	2635		45				2680
罐区	1278	648	150			110	2186
火炬系统	291		48			120	459
污水处理场	3477		134			1900	5511
汽车液体装卸站	104		25				129
码头液体罐区	48						48
净水厂	1522					80	1602
两炉两机	7968				30		7998
两炉一机	7368				15		7383
机炉公用	2216				18		2234
厂前区	120		198				318
合计：	50813	10076	2079	4240	562	3800	71570

4. 主要硬件配置

该工程集成系统主要硬件配置如表 6-13-10 所示。

表 6-13-10　某大型煤化工工程集成系统主要硬件配置规模汇总

项目	单位	DCS	IDM	ODS	AAS	OTS	SIS	GDS	CCS	MMS	PLC	合计
局域网（域）	个	18	4	1			9	1				33
控制站（冗余）	套	121					30	12	15		50	228
操作站	台	117			2	6	10	16	15	2	32	200
工程师站	台	35			1		17	3	30	1	32	119
辅助操作台	套	37					28		10			75
操作台（主操作室）	套	293					10					303
服务器	台	50	22	20	8	2	1			2		105

项目	单位	DCS	IDM	ODS	AAS	OTS	SIS	GDS	CCS	MMS	PLC	合计
网络客户端	台		5	7	4		0					16
打印机	台	55					10	1				66
系统及辅助机柜	面	809		2	2	1	132	40	75	10	50	1121
交换机/路由器	台	102	4	6	6	2	36	22		1	50	229
光电转换器	台	79	38	2			32	60				211
单模铠装光缆	m	86000					36000					122000
电源（带冗余模块）	套	852			2	1	128	56	30	10	50	1129
ODS软件点授权	点			200000								200000
IDM智能设备授权	点		30000									30000

六、应用案例六

1. 工程简介

某大型炼化一体化项目建设范围，包括炼油改扩建工程、100万吨/年乙烯工程等共13套工艺生产装置及配套的公用工程、辅助生产设施、厂外工程。该工程已于2020年建成投产。

该工程主要生产装置包括乙烯裂解、乙烯-醋酸乙烯共聚物（EVA）、高密度聚乙烯（HDPE）、环氧乙烷/乙二醇（EO/EG）、聚丙烯（PP）、环氧丙烷/苯乙烯（PO/SM）、丁二烯抽提、MTBE/丁烯-1、裂解汽油加氢、裂解汽油芳烃抽提、对二甲苯（PX）、炼厂干气预精制、常压蒸馏等；公用工程主要包括第一循环水场、第二循环水场、第三循环水场、第四循环水场、动力中心、空分、常压罐区、压力罐区、液体化工产品汽车装卸站、化工火炬设施、污水处理场等；辅助生产设施包括中心控制室、中心化验室、行政办公楼等；厂外工程包括码头、库区罐区等。

各工艺装置、公用工程及辅助生产设施的基本过程控制系统，采用安全可靠、技术先进并具有成熟使用经验的分散控制系统/现场总线控制系统（DCS/FCS），并为全厂计算机信息管理和生产调度提供基础数据。为保证安全生产，安全仪表系统（SIS）、可燃和有毒气体检测系统（GDS）分别独立于DCS/FCS设置，用于工艺装置的安全联锁保护、紧急事故处理、可燃和有毒气体检测报警等。

该工程生产过程控制层（PCS）主要设置分散控制系统/现场总线控制系统（DCS/FCS）、安全仪表系统（SIS）、可燃和有毒气体检测系统（GDS）、压缩机控制系统（CCS）、转动设备监视系统（MMS）、设备包控制系统（PLC）、智能设备管理系统（IDM）、操作数据管理系统（ODS）、控制性能监控系统（CPMS）等。

该工程采用中心控制室（CCR）和现场机柜室（FAR）分离设置方式，各装置及公用工程的控制系统操作站设置在中心控制室，过程控制单元设置在相应的现场机柜室。全厂设置1个全厂性的中心控制室，除部分特殊单元外，全厂所有工艺装置、公用工程及辅助生产设施均在中心控制室进行集中操作和管理。全厂根据总图布置和功能划分共设置29个现场机柜室。操作相对独立或需要单独管理、核算的辅助装置或辅助设施采用现场控制室（LCR），全厂设置3个现场控制室，分别负责动力中心、空分站、码头的操作与控制。

现场仪表信号通过电缆连接到现场机柜室（FAR）或现场控制室（LCR），从FAR或LCR到CCR的信号传输采用"一天一地"敷设的冗余铠装单模光缆。该工程DCS/FCS系统模拟量仪表选用基金会现场总线（FF）数字信号，SIS、GDS、CCS、PLC等模拟量信号选用4~20mADC叠加HART信号。

该大型炼化一体化工程的DCS、SIS、GDS等集成系统采用主自动化供货商（MAV）一体化工程实施模式。DCS系统MAV为横河公司（Yokogawa），SIS、GDS系统MAV为北京康吉森自动化设备技术有限责任公司（Consen）。参与本工程建设的国内工程公司达15家。

2. 集成系统网络架构图

该工程全厂DCS、SIS、GDS集成系统网络架构如图6-13-21~图6-13-23所示。

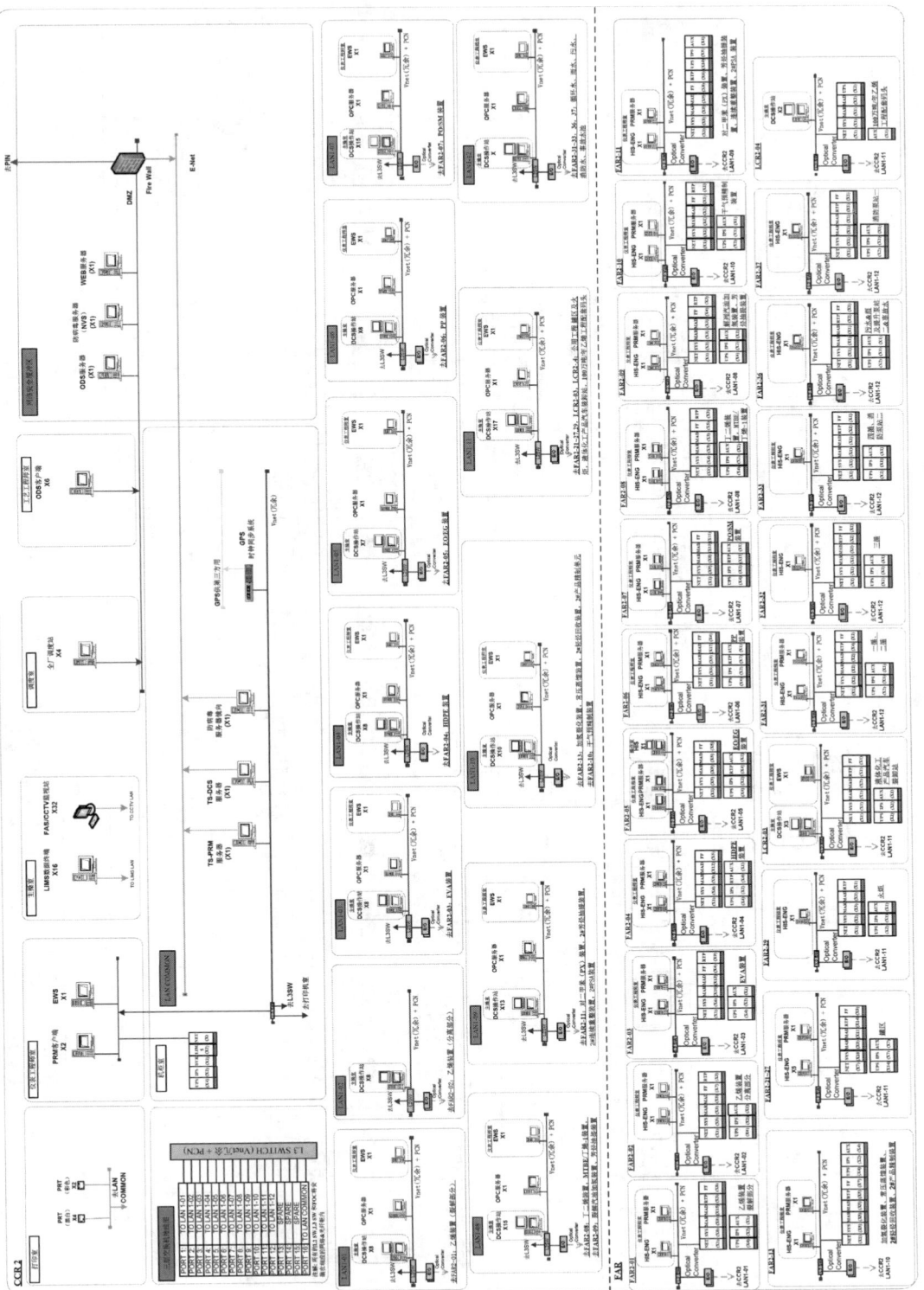

图 6-13-21　Yokogawa DCS/FCS 集成系统网络架构图

1524

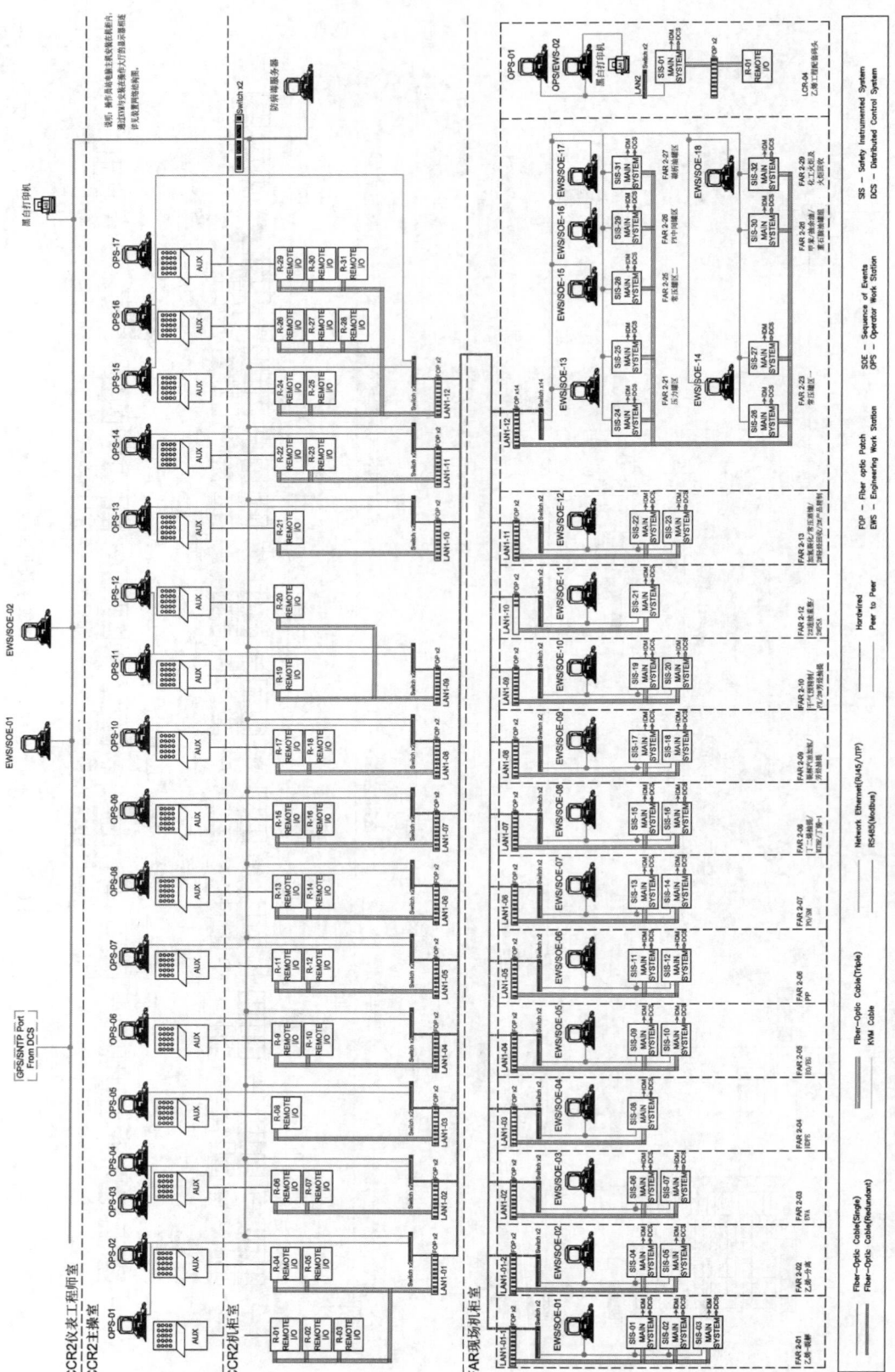

图 6-13-22　Triconex SIS 集成系统网络架构图

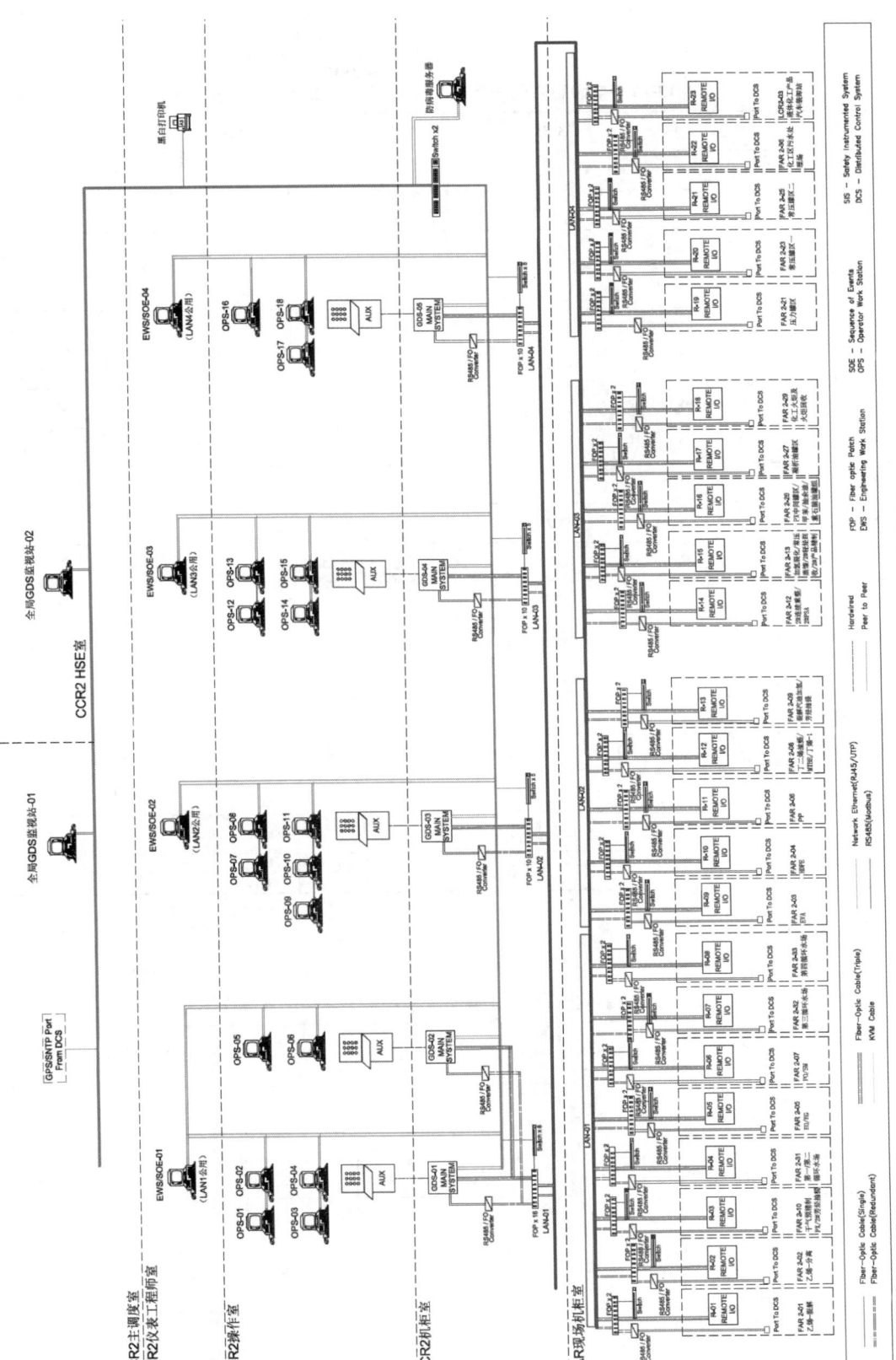

图 6-13-23 Triconex GDS 集成系统网络架构图

3. 输入/输出 (I/O) 点数汇总

该工程 DCS/FCS、SIS、GDS 及其他控制系统输入/输出 (I/O) 点数如表 6-13-11 所示。

表 6-13-11　某大型炼化一体化工程集成系统 I/O 点数汇总

项目	DCS	SIS	GDS	CCS	MMS	PLC	合计
乙烯	5466	3161	385	1800	220	800	11832
EVA	3793	1759	107	320	32	320	6331
HDPE	3654	499	205			400	4758
EOEG	2025	1076	180	320	24	320	3945
PP	2904	751	97		16	450	4218
POSM	4777	654	257	600	48	500	6836
国四套	2191	649	159	240	16		3255
干气精制	1101	105	66				1272
PX、2#芳烃抽提	1996	485	186		24	320	3011
连续重整、2#PSA	2730	435	55				3220
加氢裂化、常压蒸馏	1577	706	205				2488
化工罐区	3793	1985	797				6575
PX中间罐/凝析油罐	1140	458	74				1672
火炬及火炬气回收	297	438	28			120	883
循环水场、污水场	4215		190			600	5005
废气废液	1447					220	1667
动力中心	13178				128	600	13906
码头	335	120					455
合计:	56619	13281	2991	3280	508	4650	81329

4. 主要硬件配置

该工程集成系统主要硬件配置如表 6-13-12 所示。

表 6-13-12　某大型炼化一体化工程集成系统主要硬件配置规模汇总

项目	单位	DCS/FCS	IDM	ODS	CPMS	SIS	GDS	CCS	MMS	PLC	合计
局域网(域)	个	17	17	1		14	4				53
FF网段	个	2250.									2250
控制站(冗余)	套	126				32	5	12		65	240
操作站	台	138				18	20	15		24	215
工程师站	台	13				24	4	12	1		54
辅助操作台	套	60				16	5	6			87
操作台(主操作室)	套	260									260
服务器	台	29	18	18	2	1	1		1		70

续表

项目	单位	DCS/FCS	IDM	ODS	CPMS	SIS	GDS	CCS	MMS	PLC	合计
网络客户端	台	50	4	6	1				2		63
打印机	台	16				2	1				19
系统及辅助机柜	面	860			1	180	58	58	8	65	1230
交换机/路由器	台	155	2	2	3	70	60	24	2	36	354
光电转换器	台	198				136		24		26	384
单模铠装光缆	m	202760				130800					333560
电源(带冗余模块)	套	1650			1	160	50	28	8	65	1962
ODS 软件点授权	点			300000							300000
IDM 智能设备授权	点		33000								33000

七、应用案例七

1. 工程简介

某大型乙烯工程包括 90 万吨/年乙烯装置等十套世界级规模工艺生产装置及配套的公用工程和辅助生产设施。该工程于 2005 年 6 月建成投产，并经多次扩能改造，乙烯装置产能达 114 万吨/年。

本工程主要生产装置包括乙烯、聚乙烯、聚丙烯、苯乙烯、聚苯乙烯、丙烯腈、芳烃、丁二烯、硫黄酸回收等；公用工程包括循环水场、凝结水站、污水处理场、雨水处理系统、废物焚烧、废碱氧化、罐区、火炬设施、动力站等；辅助生产设施包括中心控制室、中心化验室、行政办公楼等。

各工艺装置、公用工程及辅助生产设施的基本过程控制系统采用安全可靠、技术先进并具有成熟使用经验的分散控制系统/现场总线控制系统 (DCS/FCS)，并为全厂计算机信息管理和生产调度提供基础数据。为保证安全生产，安全仪表系统 (SIS)、火灾和气体检测系统 (FGS) 分别独立于 DCS/FCS 设置，用于工艺装置的安全联锁保护、紧急事故处理、火灾和气体检测报警等。

本工程生产过程控制层 (PCS) 主要设置分散控制系统/现场总线控制系统 (DCS/FCS)、安全仪表系统 (SIS)、火灾和气体检测系统 (FGS)、压缩机控制系统 (CCS)、转动设备监视系统 (MMS)、设备包控制系统 (PLC)、智能设备管理系统 (IDM)、操作数据管理系统 (ODS)、操作员培训仿真系统 (OTS)、控制性能监控系统 (CPMS)、先进过程控制 (APC) 等。

本工程采用中心控制室 (CCR) 和仪表外站 (Outstation) 分离设置方式，各装置及公用工程的控制系统操作站设置在中心控制室，过程控制单元设置在相应的仪表外站。乙烯工程设置 1 个全厂中心控制室，除部分特殊单元外，全厂所有工艺装置、公用工程及辅助生产设施均在中心控制室进行集中操作和管理。全厂根据总图布置和功能划分共设置 17 个仪表外站。操作相对独立或需要单独管理、核算的辅助装置或辅助设施采用现场控制室 (LCR)，如码头工程的操作与控制。

现场总线仪表信号通过总线电缆连接到仪表外站 (Outstation)，从 Outstation 到 CCR 的信号传输采用"一天一地"敷设的冗余铠装单模光缆。本工程 DCS/FCS 系统模拟量仪表选用基金会现场总线 (FF) 数字信号，SIS、FGS、CCS、PLC 等系统的模拟量信号选用 4～20mA DC 叠加 HART 信号。

该大型乙烯工程的 DCS/FCS、SIS、CCS、FGS 等集成系统采用主自动化供货商 (MAV) 一体化工程实施模式。全厂集成系统的 MAV 为艾默生公司 (Emerson)，其中 DCS 为艾默生公司 (Emerson)，SIS 为黑马公司 (HIMA)，FGS 为泰科公司 (Tyco)。

本工程首次在百万吨级乙烯工厂生产装置及公用工程全面大规模采用 FF 现场总线技术，FF 现场总线设备约 13596 台，现场总线网段约 2793 个，单回路 PID 功能置于现场 FF 阀门定位器，为大型乙烯工厂数字化、网络化、集成化自动化系统工程设计、生产制造、运行维护积累了经验，为推广应用现场总线技术打下了基础。

2. 集成系统网络架构图

本乙烯工程 DCS、SIS、FGS 集成系统网络架构如图 6-13-24～图 6-13-26 所示。

3. 输入/输出（I/O）点数汇总

DCS、SIS、FGS 及其他控制系统输入/输出（I/O）点数如表 6-13-13 所示。

表 6-13-13　某大型乙烯工程集成系统 I/O 点数汇总

项目	FCS	DCS	SIS	FGS	CCS	MMS	PLC	合计
乙烯装置（Ethylene）	2785	4762	4200	531	1300	160	750	14488
聚乙烯装置（PE）	1510	4346	2592	364	240	16	600	9668
芳烃抽提装置（AEU）	162	1079	80	60				1381
丁二烯抽提装置（BEU）	338	980	264	96				1678
丙烯腈装置（AN）	1107	1943	296	216	240	32		3834
丙烯腈♯2装置（AN）	1105	1822	286	210	240	32		3695
苯乙烯装置（EBSM）	1201	1729	672	424		32		4058
聚丙烯装置（PP）	551	1099	624	88		32	600	2994
聚苯乙烯装置（PS）	1074	2592	1360	308	240	48		5622
硫磺酸回收装置	583	1730	172	35				2520
废酸再生装置（SAR）	200	1147	176	112				1435
甲基丙烯酸甲酯（MMA）	400	2212	416	149				2777
公用工程（OSBL）	2580	5925	3120	1256			450	13931
合计	13596	31366	14258	3849	2260	352	2400	68081

4. 主要硬件配置

本工程集成系统主要硬件配置如表 6-13-14 所示。

表 6-13-14　某大型乙烯工程集成系统主要硬件配置汇总

项目	单位	DCS/FCS	IDM	ODS	SIS	FGS	CCS	MMS	PLC	合计
局域网（域）	个	12	12	1	4	1				30
FF 网段	个	2793								2793
控制站（冗余）	套	144			42	19	8		10	223
操作站	台	117				22			16	155
工程师站	台	20			15	2	8		10	55
辅助操作台	套	44			10					54
操作台（主操作室）	套	220								220
服务器	台	42	12	13				2		69
网络客户端	台	12	4	6				4		26
打印机	台	15			12					27
系统及辅助机柜	面	399			176	58	38	6	32	709
交换机/路由器	台	74	2	2	36	12	36	2	20	184
光电转换器	台	194			93	20	36			343
单模铠装光缆	米	63000			50000					113000
电源（带冗余模块）	套	550			168	55				773
IDM 智能设备授权	点		50000							50000
ODS 软件点授权				300000						300000

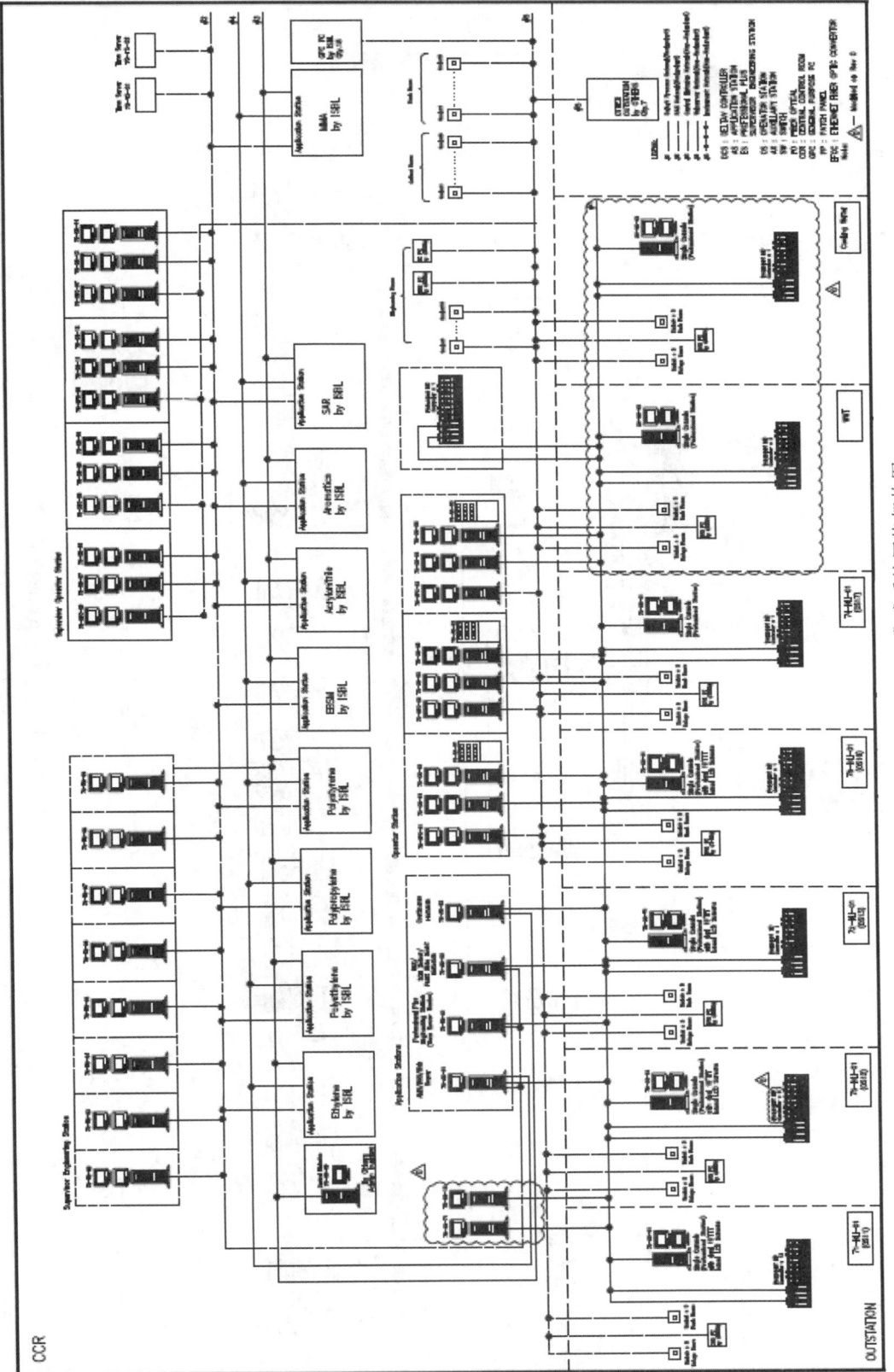

图 6-13-24 Emerson DCS/FCS 集成系统网络架构图

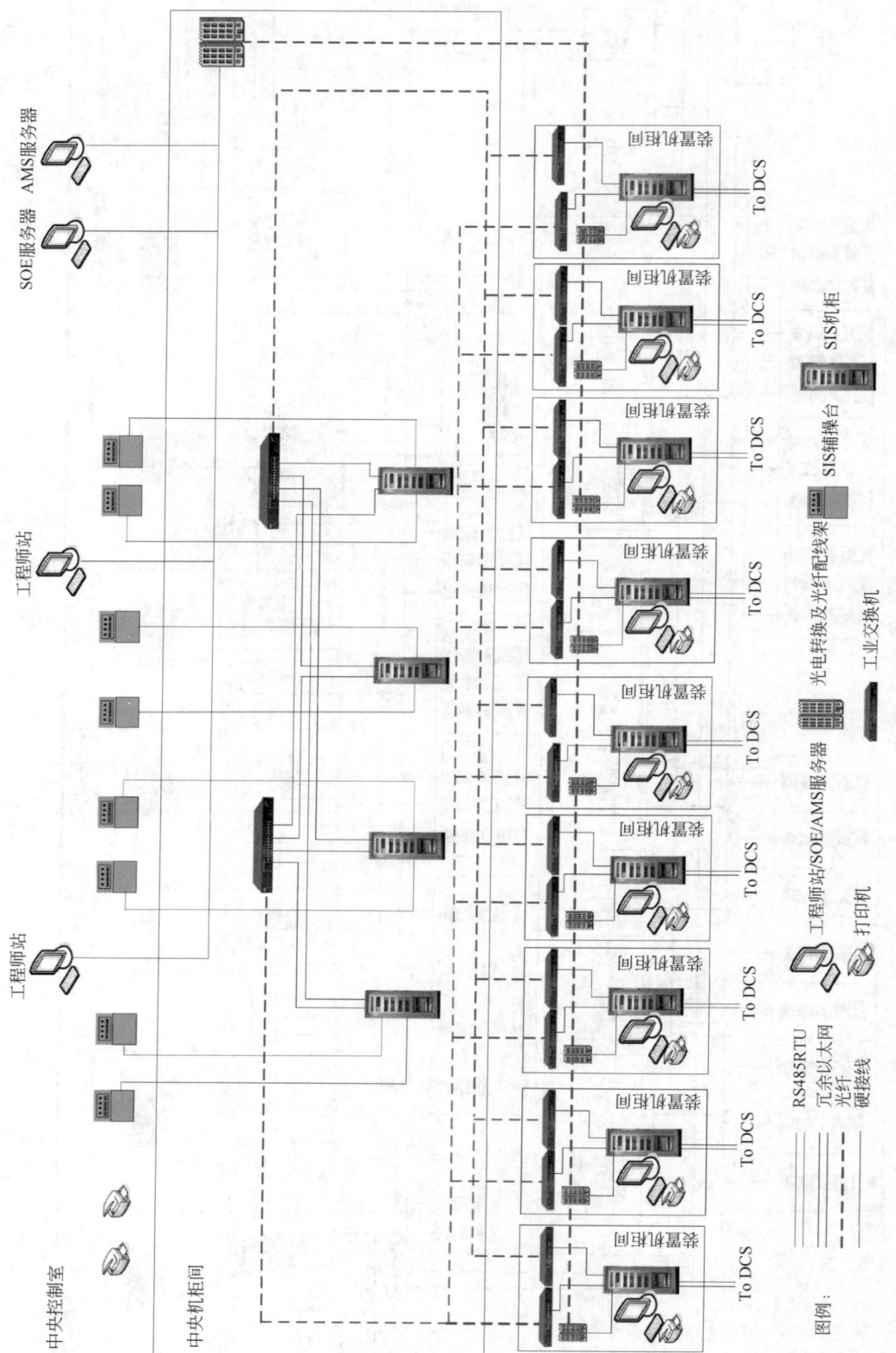

图 6-13-25　HIMA SIS 集成系统网络架构图

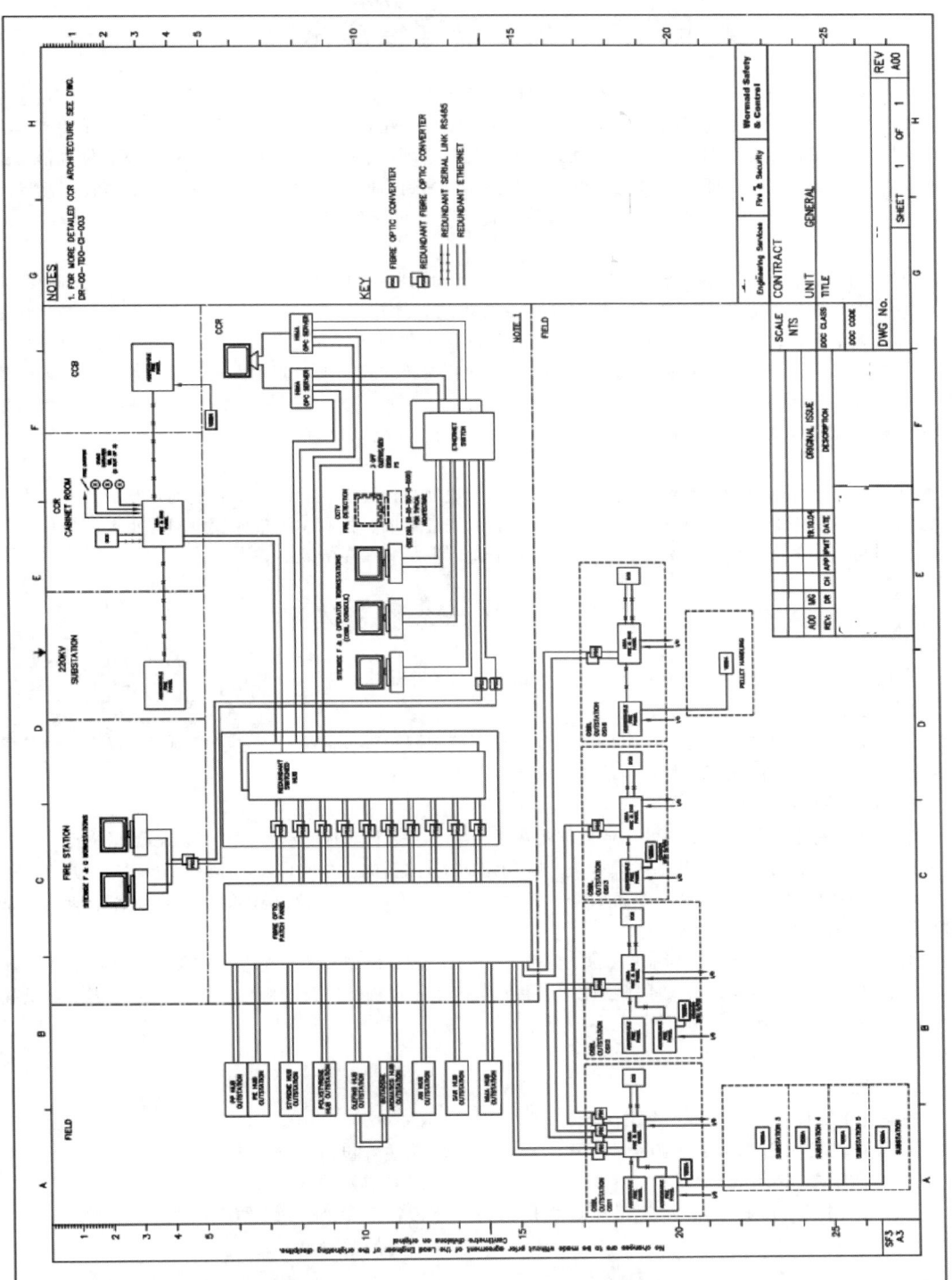

图 6-13-26　Tyco FGS 集成系统网络架构图

第十四章　企业管理信息系统

近年来石油化工和煤化工行业在技术、管理和人员设置等方面，均按国际先进水平进行了自动化和信息化集成系统规划和实施，其中，企业管理信息系统起着举足轻重的作用，成为实现企业现代化管理的重要支撑。

企业管理信息系统的规划设计是建立以信息共享为目的的管理信息系统，对企业的生产数据、管理信息进行统一管理，实现从原料选择、采购、进厂、计量、加工、调和到出厂的全过程管理，在生产装置稳定运转与优化操作的基础上，为企业的高层决策、生产经营管理提供安全可靠的信息化支撑平台，提高企业的综合竞争力。

现代石油化工的企业管理信息系统应充分利用互联网、云计算、物联网、大数据等信息技术和先进理念，构建企业持续良性发展的信息化服务能力，推动企业运营模式、管控方式转变，通过基础设施层、生产管理层、经营管理层的信息系统建设，构建开放、共享、协作的信息化应用体系，建立数字化、模型化、可视化、自动化、智能化的工厂运营新模式和集约化、一体化的经营管控新方式，推动商业模式、服务模式改变，构建以客户为中心、以互联网为载体的石油化工商业新业态，为企业转型升级、实现可持续健康发展注入强劲的新动力，建成基础设施高效化、操作控制智能化、生产管理可视化、经营管理精细化、决策指挥科学化的新型智能工厂。

按照国际惯例，企业信息管理系统一般与大型工程同步规划与建设。在石油化工企业的规划设计和建设中应及早引入信息专业的理念，把信息系统集成与物质集成、能量集成、控制系统集成置于同等重要的地位，贯穿于设计、建设和生产各个方面，充分发挥其优势，为企业带来实实在在的效益。

第一节　企业管理信息系统总体架构

企业管理信息系统一般包括"两个网络，一个数据平台，三个层次，四个系统"。

一、两个网络

基础设施主要以工厂网络系统为主，工厂网络分为过程控制网和管理信息网。过程控制网由仪表、电信等专业设计，通过有效的安全措施实现与管理信息网的无缝互连和数据传递。

二、一个数据平台

全厂信息管理系统建立在一个统一的工厂数据集成平台之上。数据集成平台按照工厂核心数据模型，建立工厂核心数据库系统，集成 DCS、SIS、PLC 等过程控制层的实时/历史数据，以及 LIMS 系统、全厂微机监控系统（电系统）、设备管理系统等生产和设备数据，并为上层应用提供统一的数据访问接口，使各个应用子系统实现对数据的透明访问。

核心数据模型包括工厂数据模型和业务数据模型。其中工厂数据模型描述了企业生产工厂所涉及的工艺流程、加工装置、管道与拓扑连接关系、原料物性、产品质量等生产过程所涉及的对象，而业务数据模型侧重描述生产管理相关的核心业务流程。

核心数据库包括实时数据库和关系数据库。

三、三个层次

企业管理信息系统集成模型分为三个层次：

① 生产经营管理层（管理层）：承担企业全面管理，以 ERP 为主，包括 CRM、SCM 等；

② 生产执行管理层（执行层）：承担工厂级协调/跟踪发现并监控趋势的 MES；

③ 生产操作控制层（控制层）：承担工厂过程控制的 PCS，包括 DCS、SIS、GDS、CCS、PLC、APC、SCADA 等。

管理层处于管控一体化的最上层，实现贯穿控制、执行、计划各个层次的信息资源的聚集、整合和分析，为企业管理层提供决策性应用和信息的综合展示，为执行层提供生产计划和产品策略、产品质量和人身健康、安全环保要求等指令。

执行层在三层结构中起到承上启下的作用。对执行层来说，它一方面接受控制层发出的生产指令，根据原料的情况、装置的生产能力，优化生产方案、控制参数、加工方法，同时为计划层提供及时、准确的生产数据，如为 ERP 系统的生产计划、物料管理、设备维护管理等模块提供物料、能耗、公用工程、物料移动等实时生产数据。

控制层将生产方案、控制参数、加工方法等传递给生产过程控制系统执行。执行层采集控制层的生产装置、公用工程、辅助生产设施等 DCS、SIS、PLC 的实时数据以及人工数据，进行加工处理。控制层处于三层结构的底层，它向执行层提供生产管理所需要的各种原始数据。这些数据经过执行层加工处理后，对指导生产、优化生产具有重要的作用。特别对具有连续的、长周期的生产过程的石油化工企业，每一个工艺环节的改变，对下一个流程都可能产生重要影响。

三层结构呈金字塔结构，互相联系、互相依赖、紧密结合，在功能和管理上可能有重叠，但各个侧重点不同，如对于设备管理，控制层更注重设备监控（如采用现场总线技术则仪表设备诊断信息更丰富），执行层更注重设备管理，计划层更注重设备维修计划、备品备件、资产管理等。管控一体化的三层结构，适应了现代企业管理的要求。

四、四个系统

三个层次的功能由生产过程控制、生产执行管理、生产经营管理和综合信息管理系统等四个系统来实现。

1. 过程控制系统（PCS）

生产过程控制系统实时监控生产过程、物料移动与储运、公用工程、原料与成品进出厂等过程，以及实时监控物理设备、仪表和产品质量。主要包括分散控制系统（DCS）、安全仪表系统（SIS）、智能设备管理系统（IDM）、先进过程控制（APC）、可燃和有毒气体检测系统（GDS）、压缩机控制系统（CCS）、转动设备监测系统（MMS）、可编程序控制器（PLC）、操作数据管理系统（ODS）、先进报警管理系统（AAS）、油品调合系统（PBS）、储运自动化系统（TMAS）、电视监控系统（CCTV）、火灾报警系统（FAS）、数据采集与监控系统（SCADA）等。

该层各系统由仪表自控、电气、电信等专业进行设计，并实现与上层信息系统的数据传递。

2. 生产执行系统（MES）

生产执行管理系统以生产综合指标为指导，优化生产计划和调度，优化生产过程操作，将生产控制层（PCS）传送的数据和生产计划层（ERP）的数据进行处理，形成工厂统一的生产数据平台，进行动态的生产统计分析与调度。在生产物流平衡信息基础上实现"日平衡、旬确认、月结算"。精细化生产管理，实现产品、装置的成本核算。为生产经营管理层上传基础信息，通过数据共享提高决策支持能力。向生产过程控制系统下达生产操作指令，实现对生产过程的管理与控制。

生产执行管理系统基于统一的生产数据集成平台和实验室信息管理系统（LIMS），在数据校正的基础上实现全厂的物料平衡、能耗管理、计量管理和收率管理。

生产执行管理系统主要包括实时数据库、实验室信息管理（LIMS）、生产计划优化、生产调度、生产统计分析、物料平衡、绩效管理、操作管理、物料移动等典型子系统，以及人身健康、安全、环保管理（HSE管理）、能量管理，设备管理等扩展系统。根据需要设置流程模拟系统，利用流程模拟技术分析生产装置运行情况，寻找和消除"瓶颈"，挖掘效益空间，降本增效。

生产执行系统将建立可视化监控平台——"操作驾驶舱系统（Dashboard）"，实现工厂可视化监控管理。主要有门户界面、关键绩效指标——平衡记分卡、警告与工作流、决策支持"命令发布中心"等功能。

3. 生产经营管理系统

生产经营管理系统集企业资源管理（ERP）、供应链管理（SCM）和客户关系管理（CRM）理念、方法和技术，建立以财务为核心的物流、资金流和信息流高度集成的一体化经营管理平台，为工厂的采购、生产、库存、销售、财务等业务人员提供统一的操作平台，为预算管理、资金运作、成本控制等提供必要手段，为企业管理人员经营决策、优化生产、绩效考核等提供信息支撑。

4. 综合信息管理系统

综合信息管理系统主要包括办公自动化（OA）、企业信息门户（EIP）、电子文档管理、工厂数据仓库等系统。

办公自动化系统实现公文管理、电子邮件、个人事务管理、办公资源管理、行政事务管理和公共信息管理等。企业信息门户整合工厂各种信息资源，将企业所有应用和数据集成到一个信息管理平台上，实现信息按角色展现，形成个性化的应用界面。电子文档管理系统实现工厂生命周期的文档管理、文档交付和协同工作。工厂数据仓库系统实现对工厂数字模型的管理。对工厂数据、文件和图形进行组织和加工，按实际工厂结构进行管理并进行有机关联，建立工厂数字模型，实现"智能化"管理，为工厂运营维护管理提供高效的信息管理查询平台。按需建立 CAD、CAE 等系统，实施综合信息管理，以提高综合利用工厂信息资源和辅助决策的能力。

企业管理信息系统典型的总体架构和功能组成如图 6-14-1 所示。

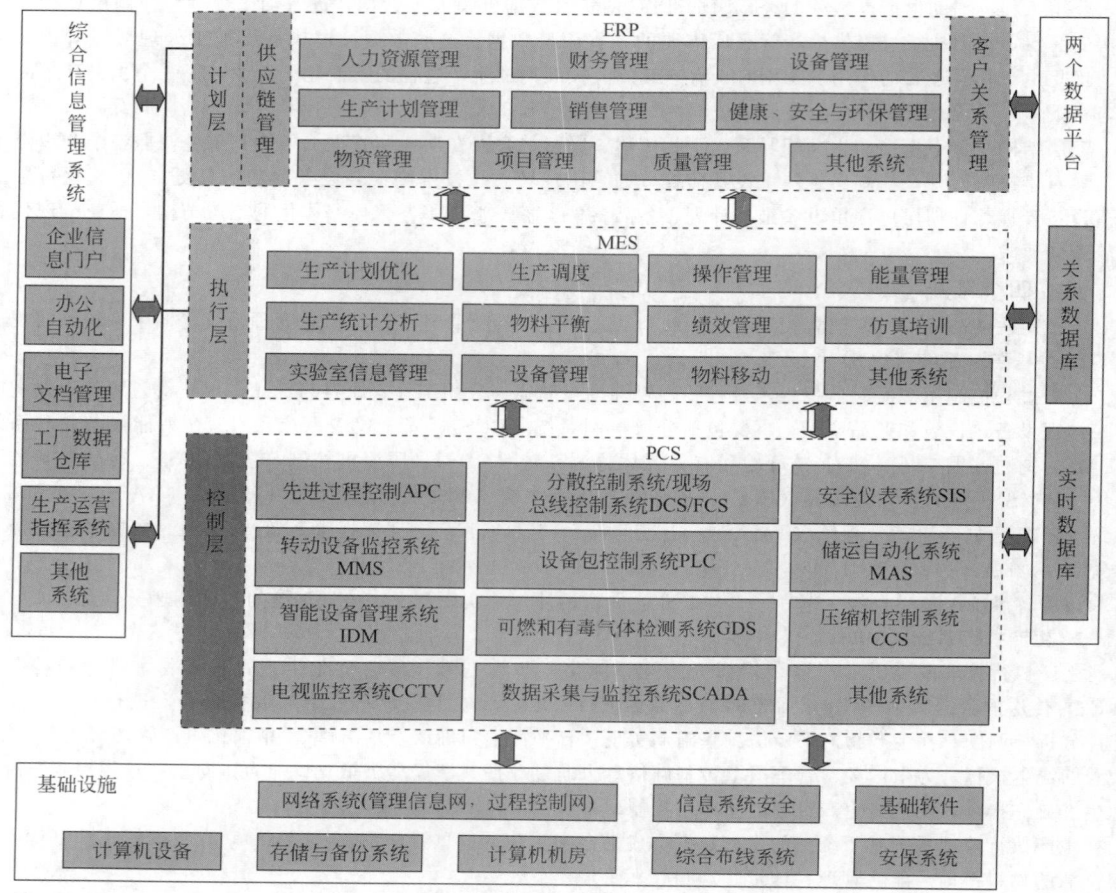

图 6-14-1　企业管理信息系统典型总体架构和功能组成

第二节　生产执行层设计

一、定义与标准

1. 定义

生产执行层即制造执行系统（Manufacturing Execution System，MES），是企业资源管理层与底层控制之间的桥梁，是实施企业智能制造战略和实现生产智能化的基本技术手段。

2. 标准及规范

MES 系统应符合以下标准：

① GB/T 50609：石油化工工厂信息管理系统设计规范；

② GB/T 26335：工业企业信息化集成系统规范；

③ ISA-95：The international standard for the integration of enterprise and control systems 企业系统与控制系统集成国际标准。

二、基础生产执行系统

基础生产执行系统用来实现对生产、能耗、计量、物料、仓储等领域的基本覆盖，实现生产管理系统与经营管理层及过程控制层充分集成，向下实现过程控制层生产、质量数据的及时、准确、全面的采集，向上实现对生产经营层的数据支撑，为企业搭建统一的生产运营管理系统。

基础生产执行系统的主要功能如下。

1. 物料管理

物料管理实时采集装置进出物料、储罐收拨存、物料进出厂以及固体产品出入库等数据，为企业搭建全厂物流模型，为生产统计、调度决策提供有效的数据支撑。主要包括以下几部分。

① 物料移动管理：实现全厂物料移动跟踪管理，实现厂级和装置级的物料日平衡。

② 进出厂管理：采集计量数据（汽车衡、轨道衡、槽车计量及管输计量表等），实现计量单的建立、关闭和维护管理。

③ 罐区管理：对物料储罐收付及各种操作事件进行记录与管理，实现统计周期内的储罐库存计量盘点。

④ 仓储管理：对全厂固体原料及产品出入库等各种操作进行记录与管理，提供统计周期内仓库库存计量盘点数据，满足统计需求。

⑤ 装置管理：提供侧线量校正功能，创建装置的移动记录，浏览装置收付记录信息，实现对生产装置原始数据的初步确认。

2. 能源管理

实现能源数据的自动采集和审核，依据全厂能源计量统计模型，自动或人工进行能耗数据的汇总及校正，实现能源数据的供接平衡，有效地提高能源数据处理的准确性。

3. 统计平衡

以物料移动与物料平衡数据、能源平衡数据为依据，以进出厂数据为基准，在工厂统计模型内，进行统计平衡计算及调整，生成生产日报、旬报、月报等各类统计报表。实现当前生产完成情况和生产计划的对比分析，图形化展示分析结果。

4. 操作管理

① 生产指令：建立规范的生产指令集，实现生产指令发布、执行、反馈、完成的流程控制。

② 偏差监控：对生产重要控制参数实时监视，记录偏差情况，并提供趋势图的显示分析方法。

③ 平稳率统计：对偏差监控的结果进行汇总和加权计算，按照指定的周期统计出装置的平稳率。

④ 交接班日志：实现电子化操作日志，实现无纸化办公。

5. 计量管理

实现计量器具的管理和计量数据的监控，主要包括计量数据管理（包括装置数据、罐区数据、进出厂数据、物料移动数据、能源数据等）、计量实时监控（历史数据查询、趋势分析等）、计量器具管理和计量人员管理等功能。

6. 集成

与实时数据库系统、LIMS 系统集成，获取生产过程数据、质量分析数据等。提供标准数据接口，与 ERP 系统等其他管理系统共享企业相关生产数据。

三、基础生产计划管理与生产调度管理生产执行系统

基础生产计划管理与生产调度管理主要功能包括以下内容。

1. 生产计划管理

① 计划编制：自动提取企业原料库存及市场价格、原料性质、产品库存及市场价格、产品销量、装置加工能力、装置负荷等数据，辅助计划人员实现企业年度、季度、月度生产计划的编制功能。包括原料需求计划及采购计划、装置及设备检修计划、装置加工计划、产品配置计划、产品出厂计划等。

② 计划审批和发布：实现生产计划的逐级上报和审批功能；实现生产计划发布到 Web 网页和 OA 的功能，发布形式包括流程图、图表等；支持审批状态的可视化跟踪；支持审批流程的灵活配置。

③ 自动排产：根据装置加工能力、装置负荷、检修计划、原料及产品库存等信息，按照合理的排产周期自动生成排产结果；把企业的生产计划分配到车间、装置、班组，明确各单位在月、旬、周、日的具体生产任务和绩效指标。

④ 计划调整：实现对排产结果进行人工调整，用户可以根据排产结果，通过对生产动态数据和排产约束条件进行调整，重新进行排产；也可以直接调整自动排产的结果。

⑤ 计划分析：实现对计划的完成情况进行实时跟踪，实时计算计划完成率。

⑥ 计划查询：实现对历史生产计划的在线查询和分析，为制定新的生产计划提供参考依据。

2. 生产调度管理

① 指令分级管理：按照指令的重要程度，对指令进行分级管理，并为不同级别的管理者分配相应的指令签发权限。

② 指令模板管理：支持指令模板的预定义功能，方便快速生成调度指令。模板内容主要包括指令编号、指令内容、指令编制人等。

③ 调度流程管理：实现调度指令的下达、接收、执行、反馈、跟踪和追溯的全流程管理；支持对流程的自定义和灵活配置；支持对指令执行进度的可视化跟踪；当指令执行完毕后，指令执行人须填报指令执行记录，并提交指令下达人。

④ 异常处置管理：实现异常处置信息的上报。当生产发生异常或事故时，各责任单位第一时间按照预设的上报流程上报调度中心；调度中心协调相关单位和人员处置完成后，由责任单位通过系统填报异常发生的原因、处置的过程和结果、处置的人员等信息。

⑤ 调度日志管理：实现调度日志的录入、审核、发布和查询；日志的主要内容包括装置工艺状况、处理量、物料平衡、原料加工量、产品产量、库存情况、动力供应情况、主要产品质量状况、关键设备运行情况、安全及环保重大隐患及处理情况、重要生产指令执行情况、当前检修装置和设备状态、上一班遗留问题处理情况以及本班遗留问题和注意事项等。

⑥ 调度报表管理：实现调度报表模板的灵活配置和报表的自动生成。

⑦ 调度资料管理：实现对调度资料的电子化管理，主要包括生产日报、调度会决议、电话记录、操作规程、生产管理制度等资料。

四、企业管控一体化生产执行系统

基于工业4.0、物联网、移动互联、三维模型、工艺模型、大数据应用等技术，构建覆盖生产全业务活动和资产全生命周期的自动化、数字化、可视化、模型化、智能化的生产运营管控系统，实现生产管理的精细化，推动企业降低成本、创造效益，提升企业核心竞争力。

企业管控一体化生产执行系统功能如下。

1. 实现管控一体化的闭环生产管理

基于工厂模型、线性规划、大数据分析等技术，实现生产业务的管控和优化。实现进出厂、储运、装置加工、计量、质量等生产过程数据的自动采集、统计、分析、预警、展示和集成共享。实现从计划优化、调度优化、调度指令、工艺操作到生产统计的生产执行层业务闭环协同管理。实现生产调度计划与原料进厂计划、销售计划的统一集成和优化管理。实现基于现场巡检、作业、内操、工艺管理的生产问题提交、分发、形成工单/问题处理记录、督办、关闭的全过程闭环管理。

2. 实现统一集成的生产应急辅助管理

基于多媒体承载网络、地理信息系统（GIS）等技术，实现具备视频、音频、数据的采集、传输和处理能力，在工厂应急状态下实现集中管控、智能处置、应急综合指挥调度功能。实现与调度电话、行政电话、无线对讲通信、智能广播、移动通信、工业视频监控、火灾报警、可燃和有毒气体报警、实时数据库等通信、生产监控系统的统一集成。实现应急预案、安全防范等应急处置过程的支持和管理。

3. 面向单/多装置、能源介质管网的生产控制优化

基于装置DCS控制系统，基于先进的建模、多变量预估控制、软仪表等技术，实现装置、装置区域控制的在线动态优化。逐步实现生产控制优化系统的优化目标和生产调度指挥指令、工艺指令的优化集成和闭环管理。实现能源管网的实时监测，实现能源管网运行评价和优化测算。逐步实现依据企业节能降耗目标进行主动控制和优化控制的能源管网运行优化系统。

4. 生产现场作业、HSE管理的智能辅助管控

结合物联网、移动终端、现场作业风险知识库等技术，初步建立现场作业、人员、环境三位一体的闭环监控模式，实现对现场巡检和现场作业的动态监控和辅助专家指导，为现场安全和管控提供支撑和保障。实现巡检计划、巡检线路、巡检记录、巡检量化评价、巡检问题等生产巡检工作的统一管理。实现作业许可证管理、风险评价、隐患管理、作业指导、承包商管理、作业问题和事故管理等生产HSE管理功能。实现设备状态监测、巡检记录和问题记录等数据与三维数字工厂和生产执行系统的统一集成。

在设计过程中，需要相关专业自控、信息、电信、化验等多专业多学科协同设计实施。

第三节　经营管理层设计

一、基础 ERP 系统

ERP 主要在系统内建立与企业业务流程对应的组织架构模型。

ERP 是一个完全集成的系统，通过各模块的集成应用来体现和完成复杂的业务流程和财务核算，即各个功能模块之间是互为关联的，业务流程中的每一个业务操作都会同时产生不同类别的信息，并提交到不同的业务功能模块进行处理。

通过建立财务-业务一体化的信息系统，固化规范、标准的业务流程；支撑企业项目建设期到生产营运期的经营管理活动，提高协同工作效率，防范业务风险，为企业管理决策提供准确、及时的业务数据。

基础 ERP 系统功能主要包括如下内容。

1. 财务会计

实现完善的财务会计功能，如总账、应收、应付、资金、成本和资产等，实现与采购、销售、库存、设备维护、生产计划等各管理模块的业务和信息集成；及时反映企业运营状况、管理状况和综合信息；有效控制企业成本，预测成本和利润的变化，为企业的经济活动分析、绩效考核等提供详实可靠的依据。以成本核算为中心，跟踪各种业务经营活动，帮助管理层准确地了解企业的成本构成情况，实现精细化管理。

2. 工程项目管理

实现项目管理人员对整个项目的过程进行管理，掌握企业所有项目的执行情况，包括时间、成本和人员等，并通过项目的各种报表对项目的状况进行汇总分析，从而发掘潜在的项目风险。此外，通过与采购管理、财务管理和成本管理的集成，对项目的采购、应付账款和项目的成本进行管理。

3. 物资供应

实现物资需求计划的综合平衡，规范采购审批、订单处理和采购收货等业务流程；实现对供应商的动态考评，控制降低采购成本；实现采购业务数据的实时记录和查询，以及采购和库存信息与设备维护管理、财务管理，达到合理降低库存，提高企业效益的目的。

4. 生产计划管理

实现包括生产作业计划的创建、下达、执行和成本归结的全过程管理；通过科学的生产组织和周密的生产计划，优化物料和产成品库存，优化投入产出比率，保证产品质量；进行生产量、物耗、能耗的平衡汇总，实现按生产装置、按品种进行成本核算；有效集成财务管理、销售管理、物料管理和物资供应管理。

5. 产品销售管理

实现客户管理、合同管理、销售全程管理、市场信息收集、销售统计与分析等销售业务功能，通过与财务管理、产品库存、物料移动等的集成，提高服务水平和面对市场的应变能力，及时制定和修正销售策略，实现全程跟踪销售订单状态（订单、发货和销售发票）；建立完善的客户档案管理和信用核查制度，以提高企业对客户的服务能力；支撑全面、详尽的经营分析报告，提高效益。

6. 库存管理

实现原料、半成品、产成品及物的库存管理，记录库存数据，跟踪库存状态，记录原料和物资的损耗情况，保持库存台账与财务账的统一。充分、有效地调动和利用资源，降低库存，压缩成本，有效集成生产计划管理、设备维护管理、财务管理、销售管理和物资供应管理，有助于实现价格透明管理，确保成本有效受控。

7. 设备管理

实现包括设备采购、安装、报修、审批、领料、检修、结算等全过程管理；执行预防性维护方案，准确出具设备维护计划报告、物资和人工成本报告、设备故障报告，追踪维修工作质量，对维修状况进行分析比较；实现与物资供应管理、财务成本管理的集成，强化维修成本费用的监控管理。

二、供应链一体化经营管理系统设计

强化供应链管理，使企业供应链运作达到最优化，以最少的成本，令供应链从采购开始、仓储、货运、物流，到满足最终客户的所有过程，包括实物流、资金流和信息流等均能高效率地操作，把合适的产品，以合理的价格，及时准确地送达消费者手上。供应链一体化功能包括如下内容。

1. 实现信息系统主数据统一管理

根据企业各应用系统需要使用到的供应商、客户、物料、产品等，创建并维护整个企业内的上述主数据，

保证数据的准确性、一致性以及完整性，从而规范数据，形成统一标准主数据，供各应用系统引用该主数据，规范流程并提高业务的响应速度。

2. 规范采购流程，打造阳光采购

项目物资采购业务实现全流程、全覆盖，横向覆盖石化行业常用大类物资采购管理需求，实现项目管理与采购交易一体化，规范采购的执行过程，强化采购数据统计，加强采购管理，降低运营成本，完善阳光采购。

3. 开展电子商务工作，提高运营效率

通过企业电子商务应用，统一采购流程，实现大类物资的统一采购，规范供应商入网管理，有效地整合全社会采购资源，提高采购工作效率，降低采购成本，保证采购过程公开透明。

4. 原料采购与生产计划协同

提高原料采购与生产计划协同优化，并提高与生产物流协同优化能力。

5. 建设智能立体仓库

充分利用物联网信息技术，建设工厂固体产品和设备材料管理的智能立体仓库。基于无线射频或条码技术，建设高效利用存储空间的自动化立体仓库，实现仓储入库、出库和盘点过程的自动化管理。

6. 提高物流运行效率，降本增效

提高产销衔接，提高发货效率；对企业自销产品进行物流管理。

实现物流计划、调度、执行、装卸计量、服务商等信息的集成，对物流工作进行事前、事中、事后的全面管理，形成完整的业务闭环；实现物流数据的集中管理，通过对物流数据的分析、挖掘，为企业物流、销售业务的经营决策提供支持。

以降本增效为核心，对运力、运价、船期、损耗等进行综合优化平衡，加强物流配送管理，加强物流服务商管理，形成高效、优化的物流业务体系，实现企业效益的最大化；实现物流业务与企业其他信息系统的数据集成，实现计划、销售、生产、储运、物流出厂环节的协同管理，实现供应链的优化。

7. 实现全过程的客户关系管理

建立完整的企业客户资料，实现客户资料的统一、集中管理，让客户成为真正的企业资源。构建以客户为中心的业务运行模式，加强市场营销管理，完成售前、售中及售后的管理，构建客户分析模型，形成客户的综合评价体系及潜在效益分析，为企业经营管理提供决策支持，实现企业的价值最大化。

三、经营管理集成设计

1. 建设信息平台

建成覆盖核心业务、突出规范化、精细化管理思路、集成化的企业资源计划信息平台，为工程建设期和生产运营期的经营管理提供全面支撑。

提高信息透明度及资源共享，强化业务协同，有效控制经营风险。

规范企业核心业务流程，整合内部资源，提升工作效率，对财务管理、生产管理、采购管理、销售管理、设备管理等核心业务进行按流程规范管理，实现业务流程的规范化和高效，支撑企业生产经营的高效管理和关键绩效的科学考核。

2. 合同管理

建立起由企业法务部门归口集中管理，各业务部门分专业执行的应用模式，业务流程涵盖从合同的准备（立项依据、合同选商、合同关键要素）、标准合同文本提供、合同起草、审核、会签、审批、合同执行、合同支付、终结、归档、查询统计等，实现全流程管控和专业化管理。规范合同业务流程，量化合同关键要素，提高合同审批和经办效率，增强合同执行的监督检查能力，严控合同变更管理，切实做到全程有效防控合同法律风险。

3. 全面预算管理

建立财务业务一体化的预算管理体系及信息平台，保障财务预算与企业业务计划的衔接，支撑各业务预算之间的协同。实现预算编制、预算上报、申请、汇总、审批均严格按流程开展，针对预算组织、制度、指标、报表等体系标准进行统一流程化管理；实现预算指标"自上而下"下达、分解及"自下而上"编审、汇总；强化预算管控：预算指标正式发布后，针对预算执行过程进行监控预警、预算变更流程化控制；分析评价：为各单位、各管理层级提供预算管理类分析及预算业务类分析。将责任、过程、痕迹均体现在线上数据中，达到事前预算、事中管控、事后分析。

4. 全员绩效管理

应用互联网信息技术，以企业的战略为核心，将企业战略自上而下进行层层分解，转化为各级员工的关键绩效目标和指标，将绩效管理流程固化在信息系统中，实现企业绩效体系搭建、全员绩效管理过程跟踪反馈、绩效流程运行、绩效结果应用的全流程管理。发挥各级员工的主动性和积极性，通过设定具有挑战性的绩效目标，提供及时有效的辅导反馈，客观公正地评价员工绩效水平，并相应地认可高绩效人才、激励普通绩效员工、识别和管理低绩效员工，最终实现企业和员工共同发展。实现对全业务的绩效考核，支持多种绩效管理模式、多评估方式、绩效各业务环节、各种特殊业务处理。根据大数据开展全面的统计分析、绩效结果的对比分析、绩效排名、历年数据的趋势分析、绩效过程数据分析、实施进度分析，通过多维度的评估关系和匿名评价，可以消除评价者的人情顾虑，保证评价结果的客观性。在对绩效全过程管理中，通过目标分解执行、时时在线沟通反馈，将绩效管理从周期性的考核任务转变为持续的落地执行和提升过程，真正实现绩效考核和日常工作的有机融合，有效提升企业的战略执行力。

5. 审计管理

实现审计的项目管理、监控预警、内控评估、财务审计管理、工程项目审计管理、工程结算审计管理、过程监督管理、综合管理等业务，为审计管理人员提供决策支持，提升审计部门管理水平，提高审计业务人员工作效率。实现从计划制定、项目管理到审计成果利用的审计业务管理，支撑各审计组的日常沟通协作。满足企业管理机制要求，实现审计业务流程规范管理及审计业务精细化管理，风险监测自动化，审计成果自动积累与统计分析，有效地整合利用现有的审计信息资源，提高审计管理水平。

6. 档案管理

建立综合档案信息管理系统平台，通过数据集成与用户的其他业务系统实现数据归档的无缝衔接，实现对利用办公软件直接形成的电子文件进行接收、整理、归档。通过平台实现各业务部门接收的纸版文件的登记、传阅、文件催办、检索、数据的转入、分发处理、检索、数据的转出、归档等功能，实现对库存纸质档案的数字化管理。在保证信息安全的前提下，以提高档案、文件资料的查全率、查准率，及时、方便、快速提供利用为目的，完成建库、接收电子文件、录入数据条目、扫描纸版文档、立卷归档各种文件、转换数据、统计档案、编研档案、鉴定销毁档案、找回丢失档案、形成年报报表以及输出报表、制作光盘、档案信息发布、查阅、借阅利用档案、网络化浏览、下载、打印档案等工作，全面提高档案的管理和利用水平，使档案资料更好地服务于生产和管理。

7. 企业办公自动化

实现企业公文管理、各类报销审批、请休假管理、人事类管理、会议管理、通知公告管理、通讯录管理、规章制度管理、出差管理等业务功能，实现采办相关业务审批和管理、各类合同支付审批及各项报表统计、各类审批流程和表单的自定义管理、个人事务待办管理，提升企业的内部管理水平，完善办公行政流程和业务运作流程，加强各部门内部的沟通协同效率，实现内部信息资源共享的极大化，减少资源的消耗，提高办公效率。业务数据要与相关信息系统实现集成。

8. 企业信息门户

结合项目工程建设、后续的生产管理、经营管理、市场销售等业务的实际情况，建设信息门户，提供用户统一认证服务，为智能化工厂提供统一的信息发布与获取的渠道，整合各业务应用数据，形成企业整体信息的展示平台，实现全体员工在移动设备上对企业信息进行发布与获取。

第四节　信息技术基础设施设计

构建智能化基础设施，基于云计算、大数据、物联网、移动应用技术，打造服务于企业各项业务的基础设施平台，形成具备多业务承载能力的网络，为用户提供随时随地的接入服务，具备提供广泛物联的能力；建成具备异地备份能力的物理机房与数据中心，为上层应用系统提供便捷快速的计算资源分配服务、大数据存储及备份服务，具备超大带宽数据传输能力；建立信息安全体系，为设备设施、网络、系统、终端、数据及运维工作提供安全保障；建成智能工厂基础设施综合管理平台，为用户提供呼叫接入服务，为运维管理人员提供统一的基础设施综合管理服务；为用户提供桌面云服务、统一融合通信服务、视频会议服务和移动应用服务，各业务应用系统在建设时均应考虑移动应用方式，实现移动化。

一、多业务承载能力的网络

建成随时可以接入的网络，各建筑物间布设主干光缆，建筑物内进行综合布线，在全企业范围内建成以有线网络为主，无线网络为辅，能够承载多种业务的统一网络。有线网络覆盖所有建筑物；无线网络作为有线网络的重要补充，采用多种技术，实现建筑物内无线全覆盖与建筑物外部无线全覆盖，实现全厂无死角的覆盖，满足随时随地的移动接入，在工程项目建设期为现场施工监控、现场通信提供服务，为所有有需要的设备提供物联网，承载多种业务，包括语音、生产数据、视频图像，并能够实现全厂生产和管理人员的无线集群语音通信。新建网络与现有网络互联互通，全企业形成统一的网络。

二、具备异地灾备能力的物理机房与数据中心

① 机房建设：建设包含中心机房、接入机房与楼层配线间。中心机房按照国家标准 GB 50174—2008，建设为等级 B 级以上的机房，并与已有机房实现灾备。机房采用模块化机房技术设计与建设。

② 数据中心：建立基础设施云平台，包括计算资源池、存储资源池、备份资源池；建立满足云平台应用的数据中心网络、存储网络和管理网络。新建数据中心为已有数据中心的灾备中心。

计算资源池，通过虚拟化技术，建立企业服务器虚拟化集群，为上层应用提供计算资源。

存储资源池，利用存储虚拟化技术，为应用提供统一的数据存储空间，并与现有存储平台形成互为异地备份存档的架构，具备海量剧增数据支撑能力；建设数据备份系统，为应用系统提供统一的备份平台，并与现有的备份系统形成异地备份架构。

基于基础设施云平台建立企业大数据平台。

三、信息安全体系

信息安全体系包括物理安全、网络安全、系统安全、终端安全、数据安全等方面。信息安全体系需提供基础设施物理安全保障能力；提供网络准入服务，提供虚拟专用网络（VPN）服务，具备边界网络防御能力，建设防火墙和入侵防御系统（IPS）、应用网关、上网行为管理系统，具备内网监测能力，建设入侵检测系统（IDS）、漏洞扫描系统；实现统一登录、统一认证、统一用户口令管理；提供运维安全管理服务（堡垒机）、补丁服务、防病毒服务、日志审计能力；统一桌面管理能力、网络流量分析与监控能力；保证数据安全，提供数据加解密服务、数据防泄密实时监控服务。

四、智能工厂基础设施综合管理

建成智能工厂基础设施综合管理平台，为运维人员提供统一的管理入口，涵盖机房环境监控与视频监控、网络管理、数据中心管理、信息安全运维管理、服务管理等方面；建立信息化及电信运维统一呼叫中心，为用户提供统一的呼叫服务；建成统一运维服务门户，为用户提供运维信息获取与服务入口。

五、桌面云系统

建设企业办公桌面云，覆盖全体办公用户，可以通过瘦客户端或者其他任何与网络相连的设备访问跨平台的应用程序。通过桌面云降低管理维护成本，提升系统分发效率，提升信息安全能力。

六、视频会议

提供视频会议服务，满足企业内部、与驻外机构、与集团总部的视频会议需求；提供应急指挥辅助决策服务，可以与现场视频监控系统连通；实现视频会议系统的统一管理。

七、统一融合通信

包括融合语音、数据和视频，通过固定电话、智能终端、电脑、平板等多种终端协作，为用户提供 IP 语音、协同应用、移动办公等全方位的应用，使用户可以在任意时间、地点，采用任意通信设备，安全便捷地接入企业业务平台，提高办公效率。

第十五章　数字化工厂和智能工厂

　　石油化工是我国实体经济的基石，是经济持续增长的重要支撑力量。经过数十年的发展，我国石油化工行业工艺技术水平得到了大幅提升，整体实力增长迅速，国际影响力显著提高，已成为世界上门类齐全、规模庞大的流程制造业，我国炼油、乙烯产能位居世界第二位。然而，与世界制造强国相比，我国石油化工行业还存在资源与能源利用率待提高、产品结构需优化、高端制造水平亟待提高、安全环保水平有待提升等问题，未来发展还面临着更加严峻的资源、市场、环保、竞争等挑战。这些问题和挑战促进我国石油化工行业转型升级、提质增效，加快向绿色化和智能化方向的发展进程。

　　目前，国内外研究较多的智能化主要是针对离散型制造业，石油化工行业的智能化不同于离散型制造业的智能化，生产过程是以在制造流程的时/空边界内发生物质能量的流动/流变的过程为特征的，既有时/空、几何形状变化，又有涉及物理化学变化的状态、成分、性质变化，工艺参数众多而又互相关联、互相作用、互相制约，而且与绿色化紧密关联，不少事物难以有确定的数学描述。石油化工智能制造仍在积极探索之中，尚缺乏公认的研究成果和成熟案例。本章从石油化工行业智能化发展的历史出发，基于其建造流程和制造流程的特征，将智能化与信息物理系统（CPS）的概念相对接，阐述石油化工行业的数字孪生与数字化工厂概念，以及智慧工程与智能工厂的发展趋势与方向。

第一节　石油化工行业数字化与智能化概念

一、石油化工行业数字化、智能化发展历史

　　作为流程工业的石油化工企业，由于行业特点，较早也较深入地全面应用了过程自动化技术，这包括基于应用传感器的测量技术、自动控制技术、逻辑程序控制技术等，应该说 20 世纪 70 年代随着基于模/数信号转换技术和中央处理器（CPU）技术的分散控制系统（DCS）、可编程逻辑控制器（PLC）在石油化工企业的出现与逐步应用，代表着以数字技术为基础的数字化工厂建设在石油化工企业已见雏形。20 世纪 80 年代，随着采用模拟叠加数字混合信号传输技术的智能传感变送器的出现与逐步应用，石油化工企业以先进过程控制、在线实时优化、设备故障诊断、操作培训仿真、生产调度管理等功能的开发与应用，说明石油化工智能工厂建设已然起步。

　　20 世纪末石油化工企业的数字化、智能化主要体现在以过程自动化技术为核心的信息技术（IT）与生产技术（PT）的融合，也是石油化工企业"两化"融合的初始阶段。进入 21 世纪，随着传感变送器采用现场总线、无线仪表等全数字信号传输技术，以及新信息技术（New IT）快速发展，必然带动石油化工企业进入数字化、智能化发展的新阶段。因此，从石油化工企业的角度而言，数字化、智能化并非新鲜事物，建设符合社会发展要求和采用时代技术特征的新型石油化工智能工厂，才是正确的主题。

二、石油化工行业的数字孪生与数字化工厂概念

　　数字孪生（Digital Twin）是数字虚拟与现实实体之间的映射关系，是充分利用物理模型、传感器测量、运行历史等数据，集成多学科、多物理量、多尺度、多概率的仿真过程，在虚拟空间中完成映射，从而反映相对应的实体装备的全生命周期过程。数字孪生是一种超越现实的概念，可以被视为一个或多个重要的、彼此依赖的装备系统的数字映射系统。

　　数字化工厂以产品全生命周期的相关数据为基础，在计算机虚拟环境中，对整个生产过程进行仿真、评估和优化，并进一步扩展到整个产品生命周期的新型生产组织方式。

　　离散制造业的数字化工厂是现代数字制造技术与计算机仿真技术相结合的产物，同时具有其鲜明的特征。它的出现给基础制造业注入了新的活力，是沟通产品设计和产品制造之间的桥梁。所以离散制造业产品设计的数字化工厂与产品制造的实体工厂构成清晰易懂的数字孪生关系，如图 6-15-1 所示。

　　石油化工行业作为典型的流程工业，一方面工程建设在交付实物工厂的同时，提供以集成数据库为基础的虚拟数字工厂，它以二维和三维图形为载体，集成了工艺设计、工程设计、采购、施工、项目管理、调试开车等原始数据；另一方面石油化工企业采用全数字技术的过程监控系统、通信系统和数据采集分析系统，建立企

业信息网络系统架构，获取大量过程信息数据，建立过程实时数据库和过程历史数据库，并以数学建模或机理建模为基础，构建具备流程仿真功能的数字化工厂。所以，石油化工行业存在工程设计的数字化工厂与实体工厂、生产运行的数字化工厂与实体工厂，两个数字孪生关系如图6-15-2所示。

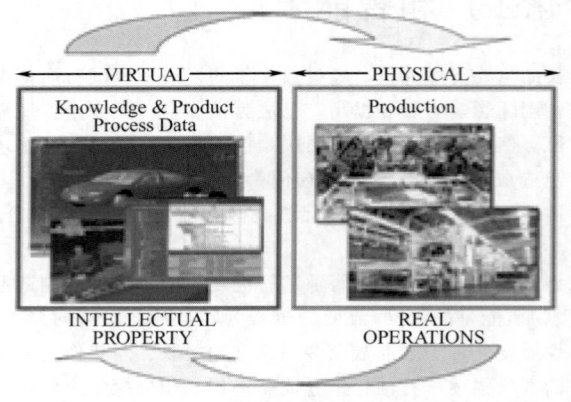

图 6-15-1　虚拟与实体映射关系　　　　图 6-15-2　工程设计数字工厂、生产运行数字工厂
　　　　　　　　　　　　　　　　　　　　　　　　　与实体工厂之间数字孪生关系

三、石油化工行业的智慧工程与智能工厂概念

由于石油化工行业存在工程设计与生产运行两个数字化工厂，以及与实体工厂构成的两个数字孪生关系，推动数字化、智能化发展，需从智慧工程和智能工厂两个方面着力，两者相辅相成。

智慧工程是石油化工行业智能化发展的一个新的概念理论，即以数字化为基础的虚拟工厂设计（Engineering），集成与物联网相连接的采购（Procurement），支持模块化施工（Construction）和集成化调试开车（Commissioning），应用新信息技术手段，构成石油化工EPCC智慧工程的整体框架，更接近离散制造业的智能工厂，工程公司通过实施智慧工程为最终用户提供工厂产品。

智能工厂是以数字化测量控制技术形成的过程数据库和历史数据库为基础，以数学模型和机理模型为手段，构成流程模拟仿真的虚拟工厂，应用传统过程自动化技术和现代新信息技术，对实体工厂的物质流、能量流、信息流实施先进过程控制和业务智能管理，实体工厂通过建设智能工厂实现核心价值目标最大化。

智慧工程和智能工厂之间的关系类似于飞机制造与航空运营之间的关系，智能制造的数字化产品可为智能化产品运营提供支持与帮助，智慧工程提供的数字化工厂可为智能工厂建设提供支持与帮助，但它不是智能工厂建设的单一基础，石油化工智能工厂建设的基础是基于过程实时数据和历史数据流程仿真模型的虚拟工厂。

石油化工行业数字化、智能化的核心价值目标是效率、效益和效应。效率和效益顾名思义，就是通过在石油化工工程和石油化工企业实施数字化、智能化策略，达到提高工作生产效率，增强企业利润效益的目标。效应则包括了安全效应、绿色效应、社会效应、人文效应等，数字化、智能化策略的实施给企业相关联的事物产生的积极影响。石油化工行业的数字化、智能化实施策略应紧紧围绕核心"三效"目标来制定。

四、石油化工工程设计数字化交付

石油化工工程设计数字化交付，是进入21世纪后世界范围内石油化工工程项目提出的新要求，可谓是方兴未艾，这也是石油化工工程设计从计算机辅助设计向数字化设计转型的必然结果。工程设计数字化交付以工厂三维模型为载体，以工厂对象位号为核心，关联智能数据、结构化数据和非结构化数据信息，采用集成平台的解决方案。完成数字化交付，满足智能工厂对可分类检索的原始数据仓库的需求；满足智能工厂对带属性可视化数字工厂与过程控制系统的结合应用；满足智能工厂数据信息与智能设备管理系统的结合应用，如图6-15-3所示。

智能工厂绝大部分的数据都来源于过程实时数据和过程历史数据，所以目前包括国内外大型石化企业在内，对于工程设计数字化交付更多的是以数字化资产来进行管理，主要用途还是工厂的技术改造和规模扩建对原始设计数据库的应用。

理清石油化工行业数字孪生关系，以及智慧工程与智能工厂之间的区别，可以建立这样一个概念，工程设

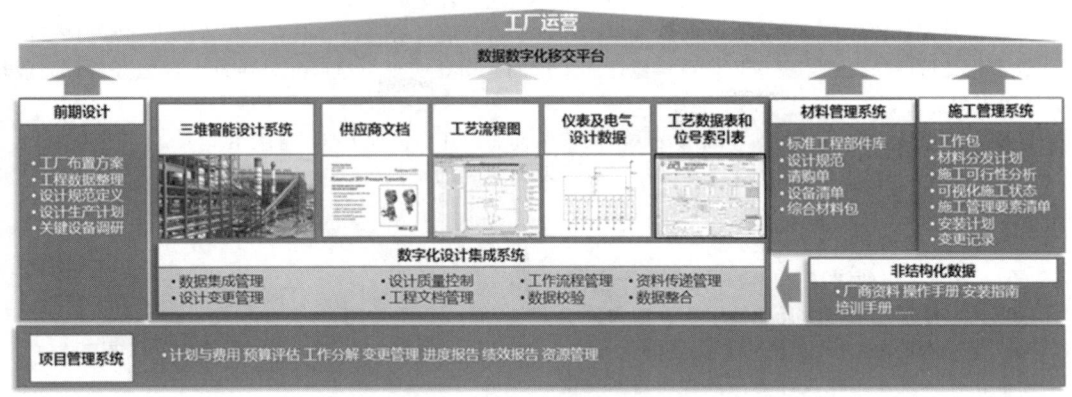

图 6-15-3　工程设计数字化交付

计数字化交付的意义在于对工程公司、设计院数字化转型的驱动，工程设计的数字化工厂和工程建设的数字化转型是实现智慧工程的基础。

第二节　数字化设计转型与智慧工程

近年来，石油化工行业的工程建设体现出三个特点：第一是工程建设从文件资料的纸版交付转向工程建设的数字化交付；第二是工程建设从关注工程文件的编制转向关注工程数据库的应用与管理；第三是工程设计从确保输入条件和输出产品的一致性转向确保单一数据信息的集成应用。这些特点预示着石油化工行业的工程建设已经步入数字化转型阶段。

一、工程建设发展的历史趋势与特征

纵观石油化工行业工程建设的发展历史和可预见的未来，可将工程设计的发展分为以下四个阶段。

第一阶段从 20 世纪 50 年代到 70 年代末，图板设计时代。这个阶段的特征就是通过人工图板设计制造产品，依靠机械、机具施工来建造实物工厂。

第二阶段从 20 世纪 80 年代到 90 年代末，计算机辅助设计时代。随着计算机信息技术的发展，迅速应用到工程设计与建设中。这个阶段体现出如下五个特征：

① 去图板化，计算机输出设计产品替代人工手绘输出设计产品；

② 设计生产效率和设计产品的复用率都大幅提高；

③ 三维设计开始应用，虚拟工厂模型出现；

④ 标准化设计和局部集成化设计开始出现；

⑤ 设计图纸仍是设计产品的主要目标和表达方式，采购、施工、试车工作采用了部分计算机辅助功能，但仍然都是相对独立。

第三阶段从 21 世纪初到 10 年代末，数字化设计时代。随着以全数字化技术为基础的新信息技术的迅速发展，促使工程设计与建设实施数字化转型。这个阶段体现出如下五个特征：

① 以数据库为基础的数据制造覆盖 90% 以上的设计工作，设计的主要任务由计算机绘制图纸转向对设计数据库的构建、管理与应用；

② 数字化交付成为设计的附属产品，设计图纸不再是设计工作的主要目标和产品，取而代之的是设计数据库；

③ 多专业三维协同设计常态化，虚拟工厂模型更接近建设完成的实物工厂；

④ 以单一数据源确保设计输入条件和输出产品的一致，集成化设计、采购、施工、试车得到广泛应用；

⑤ 设计工作效率在原有基础上进一步大幅提高，人工设计校核需求大幅降低，标准化设计常态化，高质量的快速设计或快速 EPCC 成为可能。

第四阶段从 21 世纪 20 年代初开始，精准智能设计时代。随着以人工智能为代表的智能技术发展，引领工程设计，实现智慧工程。这个阶段体现出如下五个特征：

① 以数据为基础的算法定制，替代人工经验估算，实现工程量的精准设计；

② 开始引入人工智能技术，逐步从监督学习向深度学习发展，对设计校审的工作需求进一步大幅降低；

③ 数字化交付产品得到广泛应用，在构建智能工厂的同时，实现数据回元，通过大数据分析，完成精准技改设计和流程优化；

④ 以模块化设计、施工为基础，融入物联网的快速标准设计和标准 EPCC 常态化；

⑤ 设计、采购、施工、试车的人工时大幅降低，取而代之的是设计管理、项目管理，以及服务于用户设计体验的需求大幅提升。

二、智慧工程特征

石油化工行业未来的智慧工程应体现出六个主要特征：

① 数字化，体现在工程设计的数字化转型和数字化产品的交付与应用；

② 集成化，体现在工程设计、采购、施工、试车、项目管理的信息集成、数据集成和工作链集成；

③ 标准化，体现在工程设计与项目管理的标准化；

④ 模块化，体现在模块化技术在设计、采购、施工中的应用；

⑤ 安全环保，体现在工程设计和项目实施的本质安全与绿色环保；

⑥ 精准智能，体现在设计优化、精准设计、智能设计与智能工厂的结合关联。

当今正处于工程设计与建设的数字化转型阶段，完成数字化转型是实现智慧工程的基础。集成化 EPCC（设计、采购、施工、调试）是实施智慧工程的必由之路，标准化和模块化是工程项目实施的未来方向，安全环保贯穿于智慧工程的全过程，实现精准智能设计，与智能工厂相辅相成，将不会是遥远的梦想。

三、集成化 EPCC 工作平台的构建示例

构建与应用 EPCC 集成工作平台是工程公司完成数字化转型的关键。从完整性、覆盖率、集成化等方面综合分析评估，目前对于石油化工行业的工程建设，提供最完整解决方案的是美国鹰图公司（Intergraph）。以下示例是工程公司以鹰图解决方案和其智能工厂（SP-Smart Plant）系列软件为核心，初步完成的 EPCC 集成化工作平台构建，如图 6-15-4 所示。图中"＊"为鹰图公司软件产品，其余部分是工程公司自主开发的软件产品或第三方软件产品。

集成平台的核心是 Smart Plant Foundation，它是集数据管理和文档管理于一身的工作平台，SP 系列工程设计软件、材料管理软件、施工管理软件通过 Foundation 进行数据的传递与交换，包括 SPPID（Smart Plant P&ID）、SPI（Smart Plant Instrument）、SPEL（Smart Plant Electrical）、SP3D（Smart Plant 3D）、SPM（Smart Plant Material）和 SPC（Smart Plant Construction）。

工艺专业依托 COMOS 平台，集成流程模拟软件 Pro II 或 Aspen 的流程模拟结果及相关应用计算软件，完成工艺集成设计，并将数据传递给 SPPID，以 SPPID 为工作平台，应用 PET（Process Engineer Tools）完成工程设计，并将 P&ID 及其属性数据发布至 Foundation，从 Foundation 接收 3D 模型数据，完成管路压力降核算。仪表专业依托 SPI 集成施工平面图设计软件 ANP（Auto-Notation Plus）完成工程设计，SPI 从 Foundation 接收 SPPID 属性数据，向 Foundation 发布仪表设计数据和仪表尺寸图形数据，后者供 SP3D 建模，从 Foundation 接收直接使用，同时 ANP 从 SP3D 获取仪表点坐标报告和平面图，完成仪表施工平面图。电气专业依托 SPEL 集成电气计算软件 ETAP 或 EDSA 完成工程设计，从 Foundation 接收 SPPID 用电设备属性数据。配管、应力、材料、结构、仪表、电气专业依托 SP3D 集成材料编码数据库管理软件 SPRD（Smart Plant Reference Data）、模型尺寸数据库 SDB（Size Data Base）、结构计算软件 Staad-Pro、应力计算软件 Caesar II、3D 模型可视软件 SP Review（Smart Plant Review）等软件，从 Foundation 接收 SPPID 及其属性数据，完成专业工程设计和工厂三维设计、二三维设计自动校验和三维模型审查，发布 3D 模型及其属性数据到 Foundation，供施工管理平台 SPC 直接接收使用。各工程设计软件均具备自动汇总材料功能，汇总材料数据供材料管理 SPM 平台使用。

Foundation 平台不仅可以与文档管理软件 Documentum 数据集成完成项目文档管理，同时自身也具备文档管理功能。通过客户化定制，实现项目文档管理功能、文档发布计划进度检测与预警功能，以及材料请购与审批工作流程。设计、采购、材料控制专业依托材料管理平台 SPM，数据链接 Foundation 平台和采购集成管理信息系统 IPMS（Integrated Procurement Management System），实现材料管理集成工作流程，如图 6-15-5 所示。

施工管理、项目控制专业依托施工计划管理和检测平台 SPC，数据链接项目计划控制软件 P6 获取项目控

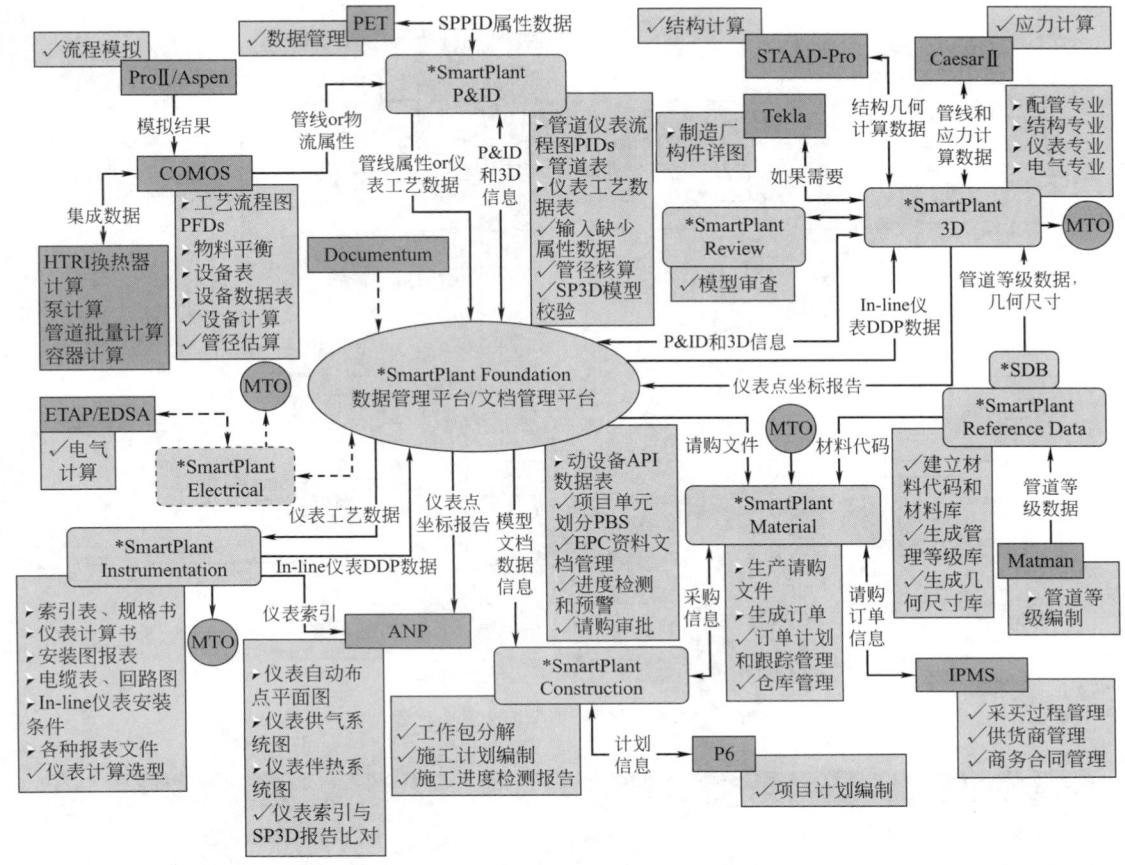

图 6-15-4　集成化 EPCC 工作平台构建图

制三级计划，在 SPC 中进行分解工作包定制，并可将 SPC 分解工作包制定的作业级和工序级计划回传给 P6，实现项目计划管理与施工计划管理的集成；数据链接 Foundation 平台，直接获取设计软件发布的 3D 模型、图形、报表、报告、属性数据和项目文档，支持 SPC 工作包的划分、计划编制、人工时计算等应用，实现设计与施工计划管理的集成；数据链接材料管理平台 SPM，直接获取工作包各组成元件的订单、物流、仓库管理、领料发料信息，支持 SPC 工作包工单的生成、计划的动态调整、计划检测报告等应用，实现材料管理与施工计划管理的集成。SPC 是以工作包为单位，细化至工序级和元件级的施工计划管理与检测的软件平台，它把数字化设计成品直接转化成施工数据，分解出施工工序，并适时向仓储、物流部门下达配送指令，向施工部门下达施工指令。实现在整个施工过程中，准确地指挥、实施和了解施工进度和过程，如某根工艺管线的安装、焊接、打压情况，管道上连接的设备、阀门、仪表等部件和器材的安装情况等。应该说，对于工程公司而言，数字化设计的最大效益体现在施工、试车的高效率组织、管理与实施。

EPCC 数字化集成工作平台为工程设计数字化转型和数字化交付提供了基础平台，为推动工程建设智能化发展提供了数据应用基础工具，但仅以此构成未来智慧工程的数据网络基础还是不够的，需要将现代新信息技术与数字化转型后的工程运行相融合，实现石油化工行业工程建设领域新 IT 与 OT 的两化融合，所以引入和应用工业大数据平台是未来构建智慧工程的发展方向。

四、工业大数据平台对智慧工程的支撑与示例

工程公司完成数字化转型后，应致力建设工业大数据平台以持续推动智慧工程发展，以工业大数据平台为基础的智慧工程初步架构如图 6-15-6 所示。

工程公司的工业大数据平台以数据驱动为主要开发应用方式，一方面数据链接各工程项目 EPCC 集成工作平台，筛选质量高、重要性强、有价值的工程项目 EPCC 数据；另一方面数据链接智能工厂的过程数据平台，获取关键的、有价值的工厂运行实时数据。通过大数据挖掘、数据可视化、智能算法定制、人工智能技术等现

1546

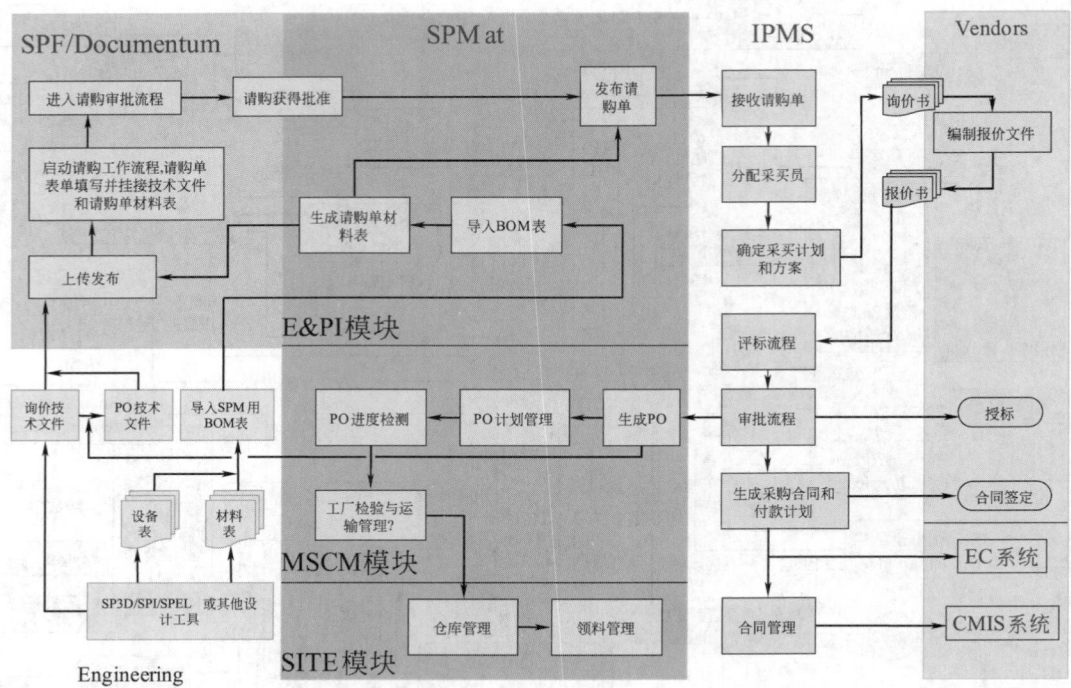

图 6-15-5　材料管理集成工作流程

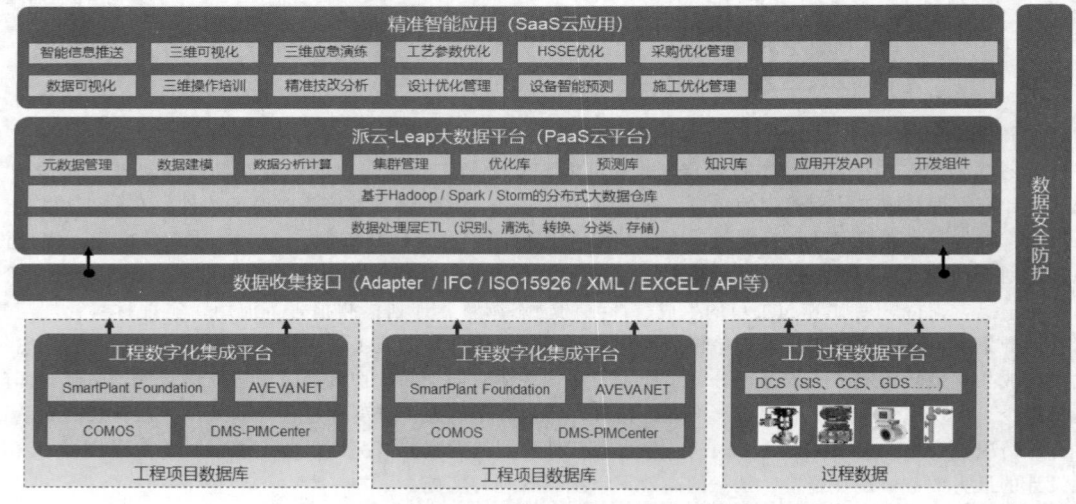

图 6-15-6　智慧工程初步架构

代新信息技术手段，不断完善与提升智慧工程水平，同时驱动工程公司向高端服务型发展。工业大数据平台的开发应用，应沿着"大数据、小应用"的思路循序渐进式地发展，逐步建立如智能信息推送、三维可视化应用、EPC优化管理、工艺流程模拟优化、精准技改分析、设备健康状态预测等智慧工程应用。

按照建立工程公司工业大数据平台实施智慧工程策略的理念，创建"工厂设备信息共享云平台"，简称"派云"。工厂设备信息共享云平台是集工程信息、制造信息、巡检信息、维护信息和工厂三维模型为一体的信息共享平台，运用了二维码技术、APP技术、无线物联网技术、云计算技术和数据轻量化技术，是对工程公司创建工业大数据平台应用的雏形探索，也是挖掘设计数字化交付和工程产品附加值的应用尝试，如图 6-15-7所示。

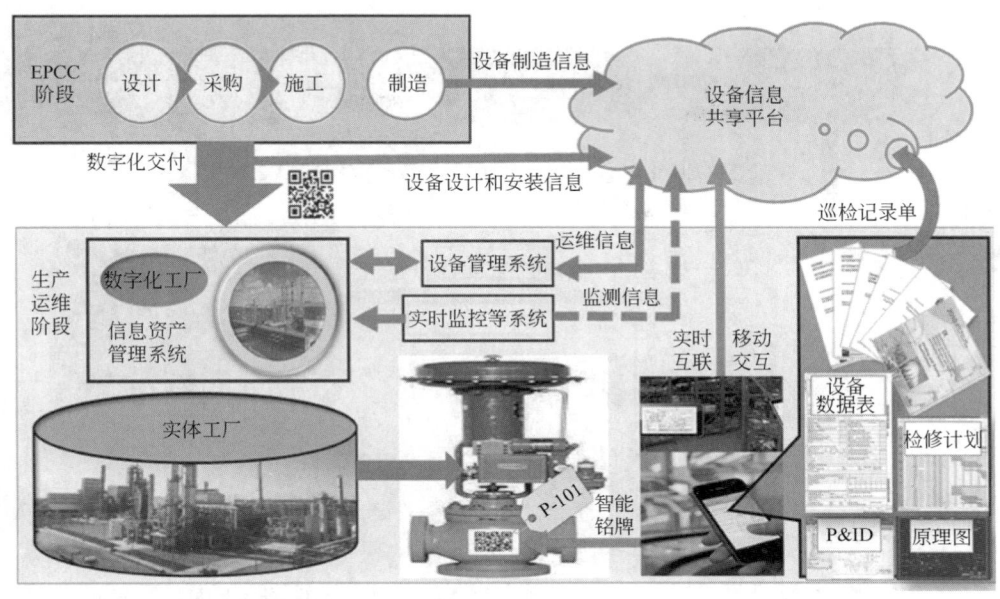

图 6-15-7　派云架构

派云从工厂对象在设计阶段"诞生"之日起，就赋予其二维码标识，通过二维码智能铭牌，将工厂对象从设计、采购、制造、施工、调试，直至运维阶段的重要、有价值的数据信息，通过手持移动终端 APP 实现信息共享，实现移动交互、实时互联，提升工程建设的数字化应用水平，搭建智慧工程与智能工厂之间的关联，如图 6-15-8 所示。

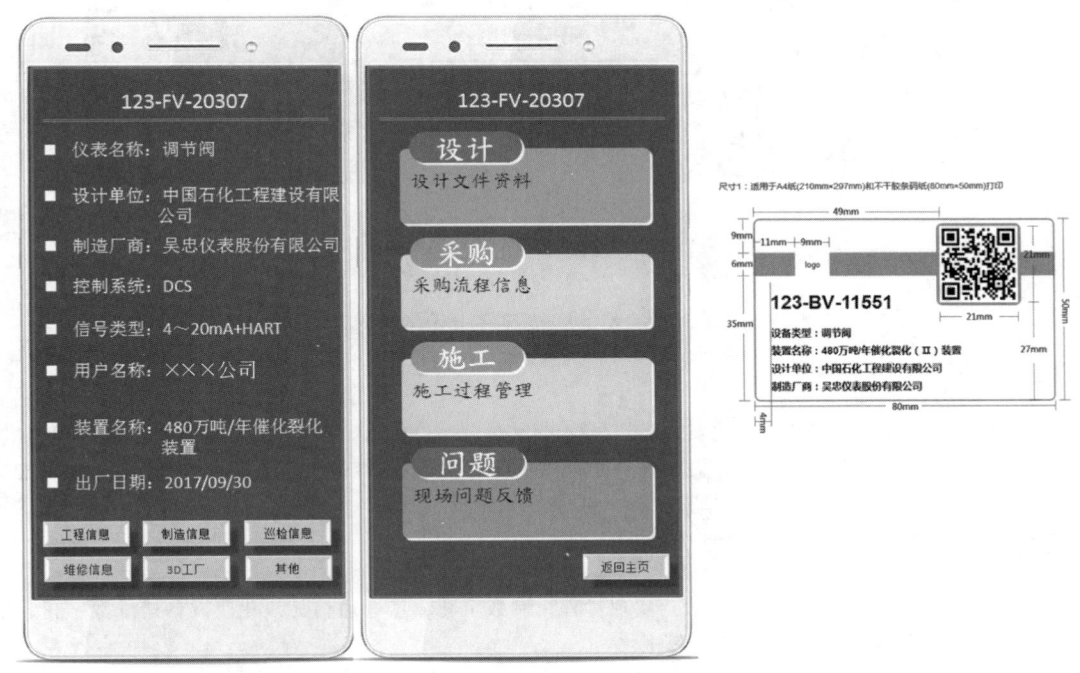

图 6-15-8　派云的二维码铭牌与 APP 示意图

未来工程公司的工业大数据平台进一步与实体工厂的智能化建设相结合，推动工程公司向高端服务型发展，在推进智慧工程建设的同时，助力智能工厂建设。如通过数据链接获取实体工厂关键工艺实时过程数据，通过与原始设计数据的智能分析对比，实现关键工艺数据回元至设计流程模拟，从而为实体工厂提供精准技改

⑤ 安全环保：体现在安全生产、节能减排、发展绿色制造、低碳经济，使产品生命周期环境污染最小化，使资源利用率最高，能源消耗最低。

二、核心与要素

智能化的核心是紧紧围绕人体、实体、虚体三者关系来展开，物理实体、意识人体、数字虚体之间的三体连接、三体融合是科技和产业走向智能的核心。一生二，二生三，三生万物。物理实体、意识人体、数字虚体，三体智能革命将引领工业社会进入智能化时代，如图 6-15-11 所示。

石油化工智能工厂建设始于 20 世纪 90 年代，以传统自动化技术与信息技术相结合，实施先进过程控制及在线实时优化、生产计划调度管理、原料和产品仓储管理、设备维护管理等，通过信息传递对整个生产过程进行优化管理，功能上实现了上层事务处理和下层实时控制系统的集成，体现出信息技术（IT）与基于工业自动化的操作技术（OT）的两化融合。

构建现代石油化工智能工厂应关注和把握以下四个要素。

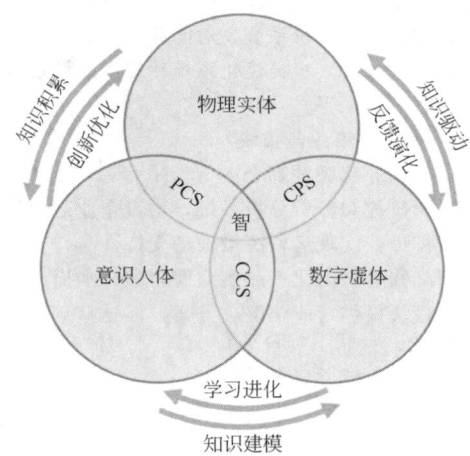

图 6-15-11 人体、实体、虚体融合示意图

（1）明确思路，整体规划 构建智能工厂必须要有清晰、明确的思路，可以按照工厂的业务领域及之间的关联进行整体规划，也可以按照工厂的业务流程如资金流、物质流、能量流、信息流及之间的关联进行整体规划，在规划方案上紧密围绕工厂管理的智能优化，突出 OT＋IT 两化融合的特征。

（2）三效为先导，分步实施 在智能工厂整体框架规划完成后，应以三效为先导，即提升效率、效益、效应明显，先行实施技术成熟的智能化解决方案，按照工厂建设、工厂开车试运行、工厂商业化运营、工厂运营管理提升等阶段的不同特点与需求，分阶段实施工厂智能化解决方案。

（3）做实基础，滚动优化 首先，数字化技术与数字化产品在工厂基础过程控制层得到全面应用，能够为工厂智能化解决方案的实施提供海量数据源基础。其次，工艺生产过程、工厂设备运行状态、过程产品和最终产品质量、原料与能源消耗、安全环保与人员健康等参数的在线检测仪表（传感器）、控制设备和控制系统应完备，自动化投用率达到 95％以上，并为自动化技术的提升留有扩展与升级空间。最后，要将现代新信息技术不断融入基础过程控制层，优化系统结构，升级自动化控制技术。

（4）系统工程，持之以恒 智能工厂建设围绕企业核心业务开展，也是企业管理发展与提升的具体表现，是综合各方因素的系统工程，应以"一把手工程"来组织对待。智能工厂的构建贯穿于工厂的全生命周期，不断在工程科学问题的研究与解决中推进，所以注定了它是循序渐进、不断完善的工作，结合各石油化工企业的实际情况持续推进。

三、面向业务模块

智能工厂建设可以以业务模块划分为思路进行总体规划。石油化工智能工厂建设可面向六个业务模块建立相应目标。

1. 生产管控业务模块

主要生产装置普及先进过程控制、实时优化，自动数据采集率提升至 95％以上；建设调度指挥系统，提升操作管理系统，建立调度预警模型、关联模型和方案推送模型，实现智能巡检；建设生产绩效系统，与现有生产管理系统集成，实现生产管理业务闭环。

2. 供应链管理业务模块

建设计划、调度、操作一体化优化模型，实现原料采购、进厂、加工、调和、库存、出厂等方案的协同优化测算，实现资源配置方案、操作方案的逐级分解，实现优化模型的相互校核。

3. HSE 管理业务模块

建设覆盖环保监测、职业危害的风险监控系统，实现风险的识别、报警、分析和闭环处置；建设施工作业监管系统，实现作业票移动签发、施工人员定位和作业现场视频监管，强化施工作业监管能力；建设基于三维的应急指挥系统，对泄漏、火灾、爆炸等事故危害进行量化模拟，实现事故三维虚拟演练。

4. 设备管理业务模块

建设设备绩效系统,开发设备维修策略模型,对机组进行故障诊断;基于三维模型对关键设备进行管理,模拟施工作业,监控设备运行。

5. 能源管理业务模块

建设水、电、汽、风等能源介质的产、存、转、输、耗全过程跟踪管理系统,实现能源产耗-班平衡、日跟踪;建设能源评价系统,对能源产耗、指标、损失、成本水平进行分析,为企业节能管理指方向;建设蒸汽动力、氢气及煤气3类优化系统,对产能设备负荷、燃料、原料、产品方案、管网进行优化,提升3类能源介质的合理利用水平。

6. 辅助决策业务模块

建设领导驾驶舱和个人工作平台,与 ERP、MES、OA、合同等系统集成,开发移动应用和大屏幕应用;提升运营监控和经营分析系统,增设企业运营报警及闭环管理功能,建立生产、库存、销售、安全、环保等专题分析模型,实现运营决策辅助支持。

国际知名自动化产品供应商,如日本横河电机公司、美国霍尼韦尔公司也针对石油化工企业特点,面向六个业务模块提供智能化解决方案,但这些解决方案仍然是单一的功能驱动,实现相对独立的功能目标,如图6-15-12所示。

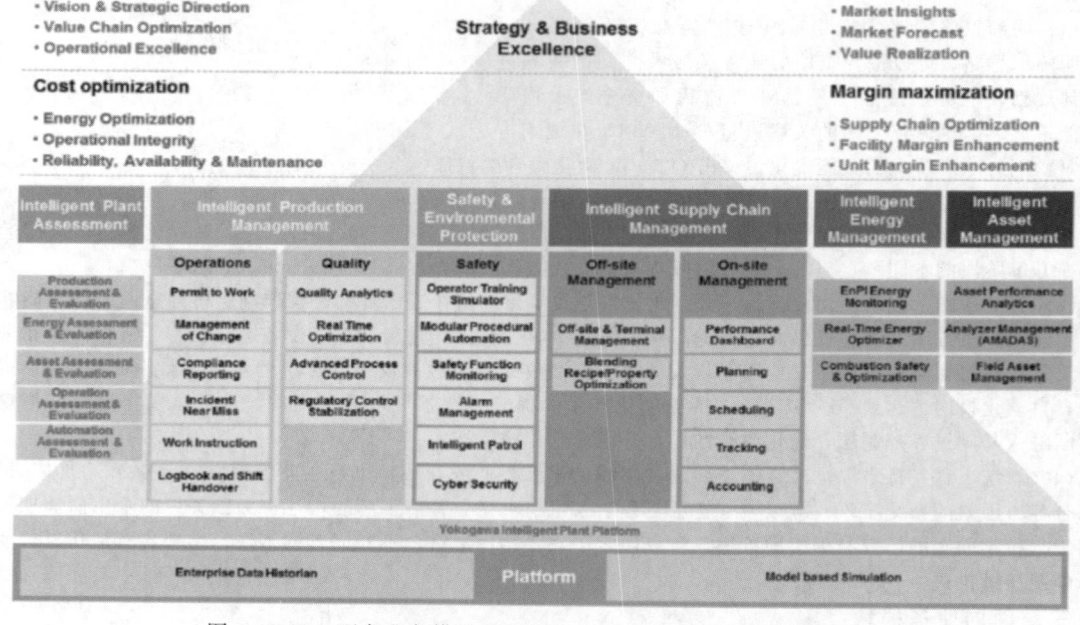

图 6-15-12　面向业务模块的智能化解决方案(某自动化供应商)

四、新信息技术解决的问题

随着现代新信息技术的迅速发展,现代石油化工智能工厂的建设应着力解决以下四个方面的问题。

① 消除各系统信息孤岛:由于前期的智能工厂建设缺乏整体规划,使得基于生产过程优化管理的各解决方案之间缺乏相互关联,形成事实上的信息孤岛,制约智能工厂建设的发展。

② 智能化解决方案从功能驱动型向数据驱动与功能驱动相结合的方向发展:由于数字化技术和芯片技术的快速发展,使得计算机获取数据、计算、算法定制能力大幅提高,机器学习爆发,以大数据分析计算为基础的数据驱动与功能驱动相结合模式,可以为工厂提供更优的智能化解决方案。

③ 智能工厂与智慧工程的相辅相成,实现原始设计数据与运行过程数据的结合:工程设计建设的数字化交付为工厂提供了原始数据资产,充分挖掘与应用数据资产为智能化解决方案提供更为广泛的数据基础。

④ 新信息技术(New IT)的应用:包括大数据分析、数据可视化、云计算、物联网、虚拟现实技术(VR)和增强虚拟现实技术(AR)、人工智能等现代新信息技术要融入智能工厂建设,进一步深化两化融合。

现代石油化工智能工厂建设与智慧工程建设类似,工业大数据平台的开发与应用将是发展的必然趋势。现代石油化工智能工厂将是传统工业自动化技术与现代新信息技术的优良结合，其主要业务模块构成如图6-15-13所示。

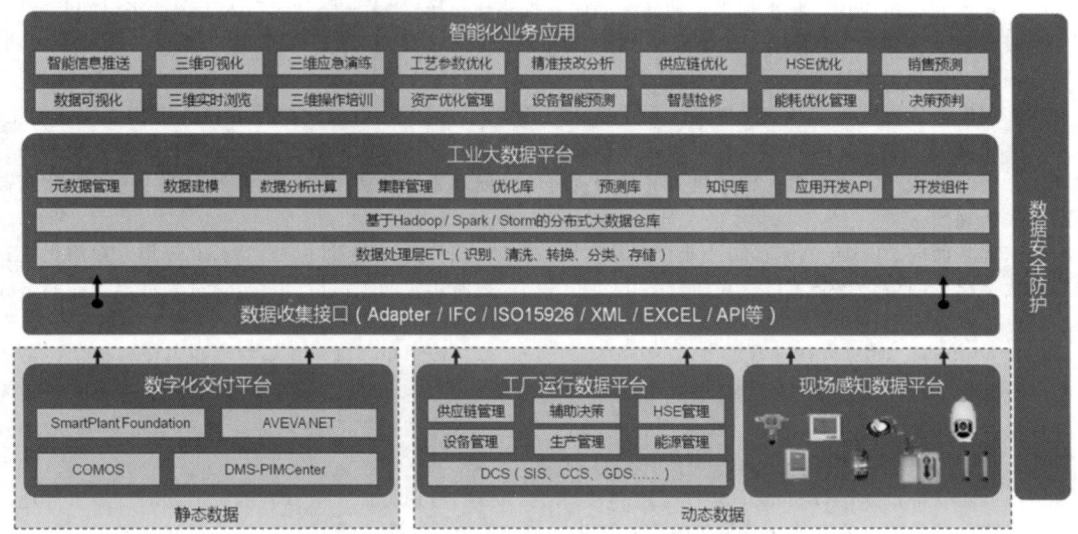

图 6-15-13　工业大数据平台为基础的智能工厂

第四节　人工智能在石油化工行业的发展前景

人工智能的基础理论发展悠久，从 20 世纪的 60 年代甚至更早期就已经开始研究，那个时候的人工智能讲的主要是决策搜索这一类的算法。而今天讲的人工智能叫做机器学习。根据高德纳咨询公司（Gartner Group）的研究分析，2020 年，30% 的企业首席信息官会把人工智能作为五大投资重点之一，目前在一个企业或政府机关，云计算、大数据、传统网络、移动、数字化营销的投资花费排在前五名，而人工智能在今天这个时段还没有排到前十名，但是预测三年以后它会排到前五名。2020 年，一个企业新开发的软件项目或者硬件项目，里面都会嵌入人工智能的元素。正是因为从人工智能看到了未来的方向，很多厂商也提供了各种各样人工智能服务。

今天的人工智能还是属于弱人工智能，它只能做某一个局部的事情，比如它只能做人脸识别，或者它只能下围棋等。再往下发展叫强人工智能，就跟人一样无所不能了，甚至比人更强大。强人工智能到底什么时候会出现呢？有很多争议。弱人工智能时代的机器学习，按照学习的模式基本上分成四种类型：监督学习、无监督学习、强化学习、深度学习。监督学习就是给机器一堆打标签的数据，机器学完以后我们再给它一个新的数据它就知道了，属于标签数据学习应用。典型应用如垃圾邮件的分类管理、人脸图像识别（刷脸）、指纹识别等，是目前在社会生活中应用越来越广泛的弱人工智能技术。无监督学习是给机器一堆没有标签的数据，机器学习以后，再给它一个新数据，它知道在一堆数据里面哪个数据与新数据最相像，属于数据学习通过简洁模型算法建立简单逻辑关联关系，典型应用如电子购物的个人喜好推荐系统。强化学习是给机器一个强化的机制，做这件事情是好的，做那件事情是不好的，通过不断的学习就知道一定要做这件事情。属于数据学习通过复杂模型算法，实现自主决策、自主执行。人工智能下围棋就是强化学习，经常下这步棋会赢，经常下那步棋会输，时间长了就知道要下这步棋。近几年弱人工智能的机器学习已发展到深度学习，或称作神经元网络学习。机器学习不是给它原始数据就学会了，而是给它原始数据，中间有很多隐藏层，最后才学会，每个隐藏层里面有一个个节点，这个节点就是神经元。属于数据学习通过神经元网络模型算法，实现自主提升、自主创造。发展到深度学习的人工智能应用代表是下围棋的 AlphaGo 和无人驾驶。思考这些机器学习的人工智能应用，可以说我们的时代已经进入人工智能高速发展的阶段，人工智能将给社会生活带来日新月异的变化。

对于传统流程工业的石油化工行业而言，在智慧工程和智能工厂的发展趋势驱动下，人工智能离我们并不遥远。

数字化转型的完成，将助力"监督学习"人工智能的发展，并在智慧工程和智能工厂中得到应用。如在工程设计领域将标准规范、标准图数据化，逐步实现设计选型智能化、设计方案选择智能化、设计校对智能化等；在智能工厂推广设备故障自诊断技术、报警管理技术等应用。

大数据挖掘和分析应用，将更加强化功能驱动向数据驱动转换，"无监督学习"人工智能将得到开发应用。如在工程设计领域实现智能自动配管、配线、路由、结构设计等；在智能工厂建设中开发设备故障预测功能，优化先进控制和优化操作管理等。

专家知识库集成机理模型和数学模型，采用主动响应和预防策略进行优化决策和自适应调整的智能生产，是基于"强化学习"和"深度学习"人工智能在石油化工行业的发展方向。通过建立"泛在感知—模型仿真—数据算法—实时分析—自主决策—精准执行—学习提升"的闭环系统，使构建高性能的 CPS 人-信息-物理高度融合系统成为现实。

中国工程院面向 2035 年的流程制造业智能化发展战略研究制定的战略目标是，到 2025 年，石油化工行业推广应用数字化、网络化智能工厂，开始数字化、网络化、智能化智能工厂试点示范，进入世界智能制造先进行列。石化企业自控率达到 90％以上，数采率达到 95％；石化智能工厂使企业生产运营成本降低 20％，劳动生产率提高 5％以上，万元产值能耗降低 5％以上。到 2035 年，数字化、网络化、智能化石化智能工厂推广普及，我国石油化工行业实现整体转型升级，智能制造总体水平达到世界先进水平，部分企业进入世界领先行列。石化企业自控率达到 95％以上，数采率达到 95％以上；石化智能工厂使企业生产运营成本降低 20％以上，劳动生产率提高 10％以上，万元产值能耗降低 10％以上。

为实现上述战略目标，石油化工行业应遵循自身流程工业的行业特征，吸取离散制造业的智能工厂理论和方法，制定符合自身特点的智能化发展策略。石油化工行业智能化发展必须推动智慧工程和智能工厂两个方面建设工作，两个方面侧重不同，相辅相成、相互关联。工业大数据平台和现代新信息技术的应用，是石油化工行业智慧工程建设和智能工厂建设的关键，将给石油化工行业带来符合时代特征的创新发展。

附　　录

附录一　常用计量单位换算

附表 1-1　SI 制基本单位

物理量名称	单位名称	单位代号	物理量名称	单位名称	单位代号
长度	米（meter）	m	热力学温度	开尔文（Kelven）	K
质量	千克（公斤）（kilogram）	kg	物质的量	摩尔（mole）	mol
时间	秒（second）	s	发光强度	坎德拉（candela）	cd
电流	安培（Ampere）	A			

附表 1-2　SI 制辅助单位

物理量名称	单位名称	单位代号
平面角	弧度	rad
立体角	球面度	sr

附表 1-3　SI 中具有专门名称的导出单位

物理量名称	单位名称	单位符号	其他表示式	物理量名称	单位名称	单位符号	其他表示式
频率	赫（兹）	Hz	s^{-1}	磁通量	韦（伯）	Wb	$V \cdot s$
力,重力	牛（顿）	N	$kg \cdot m/s^2$	磁通量密度,磁感应强度	特（斯拉）	T	Wb/m^2
压力压强应力	帕（斯卡）	Pa	N/m^2	电感	亨（利）	H	Wb/A
能量,功,热	焦（耳）	J	$N \cdot m$	摄氏温度	摄氏度	℃	
功率,辐射通量	瓦（特）	W	J/s	光通量	流（明）	lm	$cd \cdot sr$
电荷量	库（仑）	C	$A \cdot s$	光照度	勒（克斯）	lx	lm/m^2
电位,电压,电动势	伏（特）	V	W/A	放射性活度	贝可（勒尔）	Bg	s^{-1}
电容	法（拉）	F	C/V	吸收剂量	戈（瑞）	Gy	J/kg
电阻	欧（姆）	Ω	V/A	剂量当量	希（沃特）	Sv	J/kg
电导	西（门子）	S	A/V				

附表 1-4　非 SI 单位

名称	单位名称	符号	与 SI 关系	名称	单位名称	符号	与 SI 关系
时间	分	min	1min＝60s	旋转速率	转每分	r/min	$1r/min＝(1/60)s^{-1}$
	（小）时	h	1h＝60min＝3600s	长度	海里	n mile	1n mile＝1852m（只用于航程）
	日（天）	d					
平面角	度	(°)	$1°＝(\pi/180)rad$	速度	节	kn	1kn＝1n mile/h＝(1852/3600) m/s（只用于航行）
	（角）分	(′)	$1′＝(1/60)°＝(\pi/10800)rad$				
	（角）秒	(″)	$1″＝(1/60)′＝(\pi/648000)rad$				
体积,容积	升	L(l)	$1L＝1dm^3＝10^{-3}m^3$	能	电子伏	eV	$1eV≈1.6021892×10^{-19}J$
质量	吨	t	$1t＝10^3kg$	级差	分贝	dB	
	原子质量单位	u	$1u≈1.6605655×10^{-27}kg$	线密度	特克斯	tex	$1tex＝10^{-6}kg/m$

附表 1-5　SI 制单位数量级词冠

倍数	词冠名称	代号	倍数	词冠名称	代号
10^{-18}	阿(微微微)	a(atto)	10	十	da(deka)
10^{-15}	飞(毫微微)	f(femto)	10^2	百	h(hecta)
10^{-12}	皮(微微)	p(pico)	10^3	千	k(kilo)
10^{-9}	纳(毫微)	n(nano)	10^6	兆	M(mega)
10^{-6}	微	μ(micro)	10^9	吉(千兆)	G(giga)
10^{-3}	毫	m(milli)	10^{12}	太(兆兆)	T(tcra)
10^{-2}	厘	c(centi)	10^{15}	拍(千兆兆)	P(peta)
10^{-1}	分	d(deci)	10^{18}	艾(兆兆兆)	E(exa)

附表 1-6　长度单位换算

米(m)	厘米(cm)	英尺(ft)	英寸(in)	米(m)	厘米(cm)	英尺(ft)	英寸(in)
1	100	3.2808	39.37	0.3048	30.48	1	12
0.01	1	0.0328	0.3937	0.0254	2.54	0.0833	1

注：1 微米(μm)$=10^{-6}$米；1 丝$=0.1$ 毫米；1 密耳(mil)$=10^{-3}$ 英寸；1 公里$=2$ 市里；1 市里$=150$ 市丈$=1500$ 市尺；
1 码$=3$ 英尺$=0.9144$ 米；1 米$=3$ 市尺；1 英里$=1609$ 米；1 浬(国际海里 n mile)$=1852$ 米。

附表 1-7　面积单位换算

米²(m²)	厘米²(cm²)	英尺²(ft²)	英寸²(in²)	米²(m²)	厘米²(cm²)	英尺²(ft²)	英寸²(in²)
1	10^4	10.764	1550	0.0929	929	1	144
10^{-4}	1	1.0764×10^{-3}	0.155	6.4516×10^{-4}	6.4516	6.944×10^{-3}	1

注：1 公里²(km²)$=100$ 公顷(ha)$=10^4$ 公亩(a)$=10^6$ 米²；

1 公顷(ha)$=15$ 市亩；1 英亩(acre)$=4047$ 米²$=43560$ 英尺²。

附表 1-8　体积和容积单位换算

米³(m³)	升或分米³(L 或 dm³)	英加仑(UK gal)	美加仑(US gal)	英尺³(ft³)	英寸³(in³)
1	10^3	220	264.2	35.315	61024
10^{-3}	1	0.22	0.2642	0.0353	61.02
0.0045	4.546	1	1.201	0.1605	277.4
3.785×10^{-3}	3.785	0.8327	1	0.1337	231
0.0283	28.317	6.2288	7.4805	1	1728
1.64×10^{-5}	0.0164	3.605×10^{-3}	4.329×10^{-3}	5.787×10^{-4}	1

注：1 石油桶(bbl)$=35$ 英加仑$=42$ 美加仑$=158.99$ 升；1 品脱(pint)$=8$ 英仑$=36.368$ 升；1 美蒲式耳(US bushel)$=$
9.309 美加仑；1 英蒲式耳(UK bushel)$=8$ 英加仑。

附表 1-9　力单位换算

牛顿(N)	千克力(kgf)	达因(dyn)	磅(lb)	磅达(pdl)
1	0.102	10^5	0.2248	7.233
9.807	1	9.807×10^5	2.2046	70.93
10^{-5}	1.02×10^{-6}	1	2.248×10^{-6}	7.233×10^{-5}
4.448	0.4536	4.448×10^5	1	32.174
0.1383	1.41×10^{-2}	1.383×10^4	3.108×10^{-2}	1

附表 1-10　重量和质量单位换算

吨(t)	千克(公斤)(kg)	克(g)	英吨[1](ton)	美吨[1](sh ton)	磅(lb)
1	10^3	10^6	0.9842	1.1023	2204.6
10^{-3}	1	10^3	9.842×10^{-4}	1.1023×10^{-3}	2.2046
10^{-6}	10^{-3}	1	9.842×10^{-7}	1.1023×10^{-6}	2.2046×10^{-3}
1.0161	1016.1	1.0161×10^6	1	1.12	2240
0.9072	907.2	9.072×10^5	0.8929	1	2000
0.4536×10^{-3}	0.4536	453.6	4.464×10^{-4}	5×10^{-4}	1

[1] 英吨又名长吨(long ton)；美吨又名短吨(short ton)。

注：1 盎司(oz)$=1/16$ 磅$=28.35$ 克；1 克拉(carat)$=200$ 毫克。

附表 1-11　密度单位换算

克/厘米³(g/cm³)或 吨/米³(t/m³)	千克/米³(kg/m³)或 克/升(g/L)	磅/英寸³ (lb/in³)	磅/英尺³ (lb/ft³)	磅/英加仑 (lb/UK gal)	磅/美加仑 (lb/US gal)
1	10^3	3.613×10^{-2}	62.43	10.02	8.345
10^{-3}	1	3.613×10^{-5}	6.243×10^{-2}	1.002×10^{-2}	8.345×10^{-3}
27.68	2.768×10^4	1	1728	277.42	231
1.602×10^{-2}	16.02	5.787×10^{-4}	1	0.1605	0.1337
9.98×10^{-2}	99.8	3.605×10^{-3}	6.229	1	0.8327
0.1198	119.8	4.329×10^{-3}	7.48	1.201	1

附表 1-12　压力单位换算

牛顿/米² (N/m²)或 帕斯卡(Pa)	巴 (bar)	千克力/厘米² (kgf/cm²)或 工程大气压 (at)	磅/英寸² psi (lb/in²)	大气压(atm) (标准 大气压)[①]	毫米汞柱 (℃) (mmHg)	英寸汞柱 (℃) (inHg)	毫米水柱 (15℃) (mmH₂O)	英寸水柱 (15℃) (inH₂O)
1	10^{-5}	1.02×10^{-5}	1.45×10^{-4}	9.869×10^{-6}	7.501×10^{-3}	2.953×10^{-4}	0.1021	4.018×10^{-3}
10^5	1	1.020	14.5	0.9869	750.1	29.53	1.021×10^4	401.8
9.807×10^4	0.9807	1	14.22	0.9678	735.6	28.96	1.001×10^4	394.1
6.895×10^3	6.895×10^{-2}	7.031×10^{-2}	1	6.805×10^{-2}	51.71	2.036	7.037×10^2	27.7
1.013×10^5	1.013	1.033	14.7	1	760	29.92	1.034×10^4	407.2
1.333×10^2	1.333×10^{-3}	1.36×10^{-3}	1.934×10^{-2}	1.316×10^{-3}	1	3.937×10^{-2}	13.61	0.5357
3.386×10^3	3.386×10^{-2}	3.453×10^{-2}	0.4912	3.342×10^{-2}	25.4	1	3.456×10^2	13.61
9.798	9.798×10^{-5}	9.991×10^{-5}	1.421×10^{-3}	9.67×10^{-5}	7.349×10^{-2}	2.893×10^{-3}	1	3.937×10^{-2}
2.489×10^2	2.489×10^{-3}	2.538×10^{-3}	3.609×10^{-2}	2.456×10^{-3}	1.867	7.349×10^{-2}	25.4	1

① 标准大气压即物理大气压。

注：1 达因/厘米²(dyn/cm²)＝1 微巴(μbar)＝10^{-6}巴(bar)；

　　1 毫米水柱(mmH₂O)(4℃)＝1 公斤/米²(kg/m²)；

　　1 毫米汞柱(mmHg)(℃)＝1 托(Torr)；

　　1 磅达/英尺²(pdl/ft²)＝1.488 牛顿/米²(N/m²)。

附表 1-13　体积流量单位换算

米³/时 (m³/h)	米³/分 (m³/min)	米³/秒 (m³/s)	英尺³/时 (ft³/h)	英尺³/秒 (ft³/s)	英加仑/分 gpm (UK gal/min)	美加仑 gpm (US gal/min)
1	$1.667/10^{-2}$	2.778×10^{-4}	35.31	9.81×10^{-3}	3.667	4.403
60	1	1.667×10^{-2}	2.119×10^3	0.5886	2.1998×10^2	2.642×10^2
3.6×10^3	60	1	1.271×10^5	35.31	1.32×10^4	1.585×10^4
2.832×10^{-2}	4.72×10^{-4}	7.866×10^{-6}	1	2.778×10^{-4}	0.1038	0.1247
1.019×10^2	1.699	2.832×10^{-2}	3.6×10^3	1	3.737×10^2	4.488×10^2
0.2728	4.546×10^{-3}	7.577×10^{-5}	9.632	2.676×10^{-3}	1	1.201
0.2271	3.785×10^{-3}	6.309×10^{-5}	8.021	2.228×10^{-3}	0.8327	1

附表 1-14　质量和重量流量单位换算

千克/秒(kg/s)	千克/时(kg/h)	磅/秒(lb/s)	磅/时(lb/h)	吨/日(t/d)	吨/年(8000h)(t/y)
1	3.6×10^3	2.205	7.937×10^3	86.4	2.88×10^4
2.778×10^{-4}	1	6.124×10^{-4}	2.205	2.4×10^{-2}	8
0.4536	1.633×10^3	1	3.6×10^3	39.19	1.306×10^4
1.26×10^{-4}	0.4536	2.778×10^{-4}	1	1.089×10^{-2}	3.629
1.157×10^{-2}	41.67	0.02552	91.86	1	3.333×10^2
3.472×10^{-5}	0.125	7.656×10^{-5}	0.2756	3×10^{-3}	1

附表 1-15　动力黏度单位换算

千克力・秒/米^2 （kgf・s/m^2）	牛顿・秒/米^2（N・s/m^2） 或帕・秒（Pa・s）	泊（P）或克/（厘米・秒） [g/（cm・s）]	厘泊 （cP）	磅・秒/英尺^2 （lb・s/ft^2）
1	9.81	98.1	9.81×10^3	0.205
0.102	1	10	10^3	20.9×10^{-3}
1.02×10^{-2}	0.1	1	10^2	20.9×10^{-4}
1.02×10^{-4}	10^{-3}	10^{-2}	1	2.09×10^{-5}
4.88	47.88	478.8	4.788×10^4	1

注：1 达因・秒/厘米^2（dyn・s/cm^2）=1 泊；

1 牛顿・秒/米^2（N・s/m^2）=1 千克/（米・秒）[kg/（m・s）]=3600 千克/（米・时）；

厘泊＝厘沲×密度。

附表 1-16　运动黏度单位换算

厘米^2/秒（cm^2/s） 或沲（St）	米^2/秒 （m^2/s）	米^2/时 （m^2/h）	英尺^2/秒 （ft^2/s）	英尺^2/时 （ft^2/h）
1	10^{-4}	0.36	1.076×10^{-3}	3.875
10^4	1	3.6×10^3	10.76	3.875×10^4
2.778	2.778×10^{-4}	1	2.99×10^{-3}	10.76
929	9.29×10^{-2}	3.346×10^2	1	3.6×10^3
0.258	2.58×10^{-5}	9.29×10^{-2}	2.78×10^{-4}	1

注：沲是斯托克斯（stokes）习惯称呼；1 厘沲（cSt）=10^{-2}沲。

附表 1-17　功、能和热量单位换算

焦耳 （J）	千克力・米 （kgf・m）	米制马力・时 （PS・h）	英制马力・时 （HP・h）	千瓦・时 （kW・h）	千卡 （kcal）	英热单位 （Btu）	英尺・磅 （ft・lb）
1	0.102	3.777×10^{-7}	3.725×10^{-7}	2.778×10^{-7}	2.389×10^{-4}	9.478×10^{-4}	0.7376
9.807	1	3.704×10^{-7}	3.653×10^{-6}	2.724×10^{-6}	2.342×10^{-3}	9.295×10^{-3}	7.233
2.648×10^6	2.7×10^5	1	0.9863	0.7355	632.5	2510	1.953×10^6
2.685×10^6	2.738×10^5	1.014	1	0.7457	641.2	2544.4	1.98×10^6
3.6×10^6	3.671×10^6	1.36	1.341	1	859.8	3412	2.655×10^6
4187	426.9	1.581×10^{-3}	1.559×10^{-3}	1.163×10^{-3}	1	3.968	3.087×10^3
1055	107.6	3.985×10^{-4}	3.93×10^{-4}	2.93×10^{-4}	0.252	1	778.2
1.356	0.1383	5.121×10^{-7}	5.05×10^{-7}	3.768×10^{-7}	3.24×10^{-4}	1.285×10^{-3}	1

注：1 焦耳（J）=1 牛顿・米（N・m）=1 瓦・秒（W・s）=10^7 尔格（erg）；

1 尔格（erg）=1 达因・厘米（dyn・cm）=10^{-7}焦耳；1 英尺・磅达（ft・pdl）=4.214×10^{-2}焦耳=4.297×10^{-3}千克・米；

1 摄氏热单位（Chu）=1.8 英热单位（Btu）。

附表 1-18　比热容（热容）单位换算

焦耳/（千克・K） [J/（kg・K）]	焦耳/（克・℃） [J/（g・℃）]	千卡/（千克・℃） [kcal/（kg・℃）]	英热单位/（磅・°F） [Btu/（lb・°F）]	摄氏热单位/（磅・℃） [Chu/（lb・℃）]	千卡・米/（千克・℃） [kg・m/（kg・℃）]
1	10^{-3}	2.389×10^{-4}	2.389×10^{-4}	2.389×10^{-4}	1.02×10^{-1}
10^3	1	0.2389	0.2389	0.2389	1.02×10^2
4.187×10^3	4.187	1	1	1	4.269×10^2
9.807	9.807×10^{-3}	2.342×10^{-3}	2.342×10^{-3}	2.342×10^{-3}	1

附表 1-19　功率单位换算

瓦（W）	千瓦（kW）	米制马力 （FS）	英制马力 （HP）	千克力・米/秒 （kgf・m/s）	千卡/秒 （kcal/s）	英热单位/秒 （Btu/s）	英尺・磅/秒 （ft・lb/s）
1	10^{-3}	1.36×10^{-3}	1.341×10^{-3}	0.102	2.39×10^{-4}	9.478×10^{-4}	0.7376
10^3	1	1.36	1.341	102	0.239	0.9478	737.6
735.5	0.7355	1	0.9863	75	0.1757	0.6972	542.5
745.7	0.7457	1.014	1	76.04	0.1781	0.7068	550
9.807	9.807×10^{-3}	1.333×10^{-2}	1.315×10^{-2}	1	2.342×10^{-3}	9.295×10^{-3}	7.233
4187	4.187	5.692	5.614	426.9	1	3.968	3087
1055	1.055	1.434	1.415	107.6	0.252	1	778.2
1.356	1.356×10^{-3}	1.843×10^{-3}	1.82×10^{-3}	0.1383	3.24×10^{-4}	1.285×10^{-3}	1

注：1 瓦（W）=1 焦耳/秒（J/s）=1 牛顿・米/秒（N・m/s）；1 尔格/秒（erg/s）=10^{-7}瓦（W）；1 英尺・磅达/秒（ft・pdl/s）=0.04214 牛顿・米/秒（N・m/s）。

附表 1-20　热导率单位换算

千卡/(米·时·℃) [kcal/(m·h·℃)]	卡/(厘米·秒·℃) [cal/(cm·s·℃)]	瓦/(米·K) [W/(m·K)]	焦耳/(厘米·秒·℃) [J/(cm·s·℃)]	英热单位/(英尺·时·°F) [Btu/(ft·h·°F)]
1	2.78×10^{-3}	1.16	1.16×10^{-2}	0.672
360	1	418.7	4.187	242
0.8598	2.39×10^{-3}	1	10^{-2}	0.578
85.98	0.239	100	1	57.8
1.49	4.13×10^{-3}	1.73	1.73×10^{-2}	1

附表 1-21　温度换算公式

摄氏度℃	华氏度°F	兰金[①]度°R	开尔文 K
℃	$\frac{9}{5}℃+32$	$\frac{9}{5}℃+491.67$	$℃+273.15$[②]
$\frac{5}{9}(°F-32)$	°F	$°F+459.67$	$\frac{9}{5}(°F+459.67)$
$\frac{5}{9}(°R-491.67)$	$°R-459.67$	°R	$\frac{5}{9}°R$
$K-273.15$[②]	$\frac{9}{5}K-459.67$	$\frac{9}{5}K$	K

① 英文是 Rankine。

② 摄氏温度的标定是以水的冰点为一个参照点作为 0℃，相对于开尔文温度上的 273.15K。开尔文温度的标定是以水的三相点为一个参照点作为 273.16K，相对于 0.01℃，即水的三相点高于水的冰点 0.01℃。

附录二　物性数据表

附表 2-1　无机物物性数据

物质名称	化学式	分子量	密度[①]	熔点/℃	沸点/℃	临界温度/℃	临界压力[②]/atm	临界压缩系数
空气		28.97	1.29	—	−194	−140.7	37.2	0.283
氩气	Ar	39.94	1.7828	−189.2	−185.7	−122	48	0.291
三溴化硼	BBr₃	250.57		−46	96	300		—
三氯化硼	BCl₃	117.19	(1.434)°	−107	12.5	178.8	38.2	
三氟化硼	BF₃	67.82	3.065	−127	−100.4	−12.3	49.2	
溴	Br₂	159.83	(3.119)²⁰	−7.2	58.78	311	102	0.288
氰	C₂N₂	52.02	2.3348	−34.4	−20.5	128	59	
一氧化碳	CO	28.01	1.2501	−207	−192	−139	35	0.286
二氧化碳	CO₂	44.01	1.9768	−56.6 (5.2atm)	−78.5 (升华)	31.1	73	0.280
光气	COCl₂	98.92	(1.434)°	−104	8.3	182	56	0.285
碳基硫	COS	60.07	2.7149	−138.2	−50.2	105	61	0.26
二硫化碳	CS₂	76.13	(1.2927)°	−108.6	46.3	273	76	0.293
氯气	Cl₂	70.91	3.2204	−101.6	−34.6	144	76.1	0.275
重氢	D₂	4.02		−254.4	−249.6	−234.4	17.4	0.314
重水	D₂O	20.03	(1.10714)²⁵	3.82	101.42	371.5	218.6	0.225
氟	F₂	38.00	1.6354	−223	−187	−155	25	0.292
四氯化锗	GeCl₄	214.43	(1.8443)³⁰	−49.5	84.0	277	38	
氢气	H₂	2.016	0.0898	−259.1	−252.7	−239.9	12.8	0.305
溴化氢	HBr	80.92	3.6445	−88.5	−67	90	84	0.283
氰化氢	HCN	27.03	(0.6876)²⁰	−14	26	183.5	53.2	0.197
氯化氢	HCl	36.47	1.6394	−111	−85	51.4	81.6	0.266
氟化氢	HF	20.01	(0.987)¹⁵	−83	19.4	230.2		
碘化氢	HI	127.93	5.7245	−50.8	−35.4	150.9	82	0.223
水	H₂O	18.02	(0.9971)²⁵	0.0	100	374.2	218.4	0.229

物质名称	化学式	分子量	密度[1]	熔点/℃	沸点/℃	临界温度/℃	临界压力[2]/atm	临界压缩系数
过氧化氢	H_2O_2	34.02	$(1.438)^{20}$	−0.89	151.4			
硫化氢	H_2S	34.08	1.5392	−82.9	−59.6	100.4	88.9	0.319
硒化氢	H_2Se	81.22		−64	−42	138	88	
氦气	He	4	0.1769	<−272.2	−268.9	−267.9	2.26	0.3
汞	Hg	200.61	$(13.346)^{20}$	−38.87	356.9	<1550	>200	
碘	I_2	253.84	$(4.93)^{20}$	113.5	184.35	553		
氪	Kr	83.70	3.6431	−169	−151.8	−63.8	54.3	0.241
氮气	N_2	28.02	1.2507	−209.86	−195.8	−147.1	33.5	0.292
氨	NH_3	17.03	0.7708	−77.7	−33.4	132.4	111.5	0.243
肼	N_2H_4	32.05	$(1.011)^{15}$	1.4	113.5	380	145	
一氧化氮	NO	30.01	1.3401	−161	−151	−94	65	0.255
氧化亚氮	N_2O	44.02	1.9781	−102.3	−90.7	36.5	71.7	0.276
四氧化二氮	N_2O_4	92.02	$(1.448)^{20}$	−9.3	21.3	158	100	—
氖	Ne	20.18	0.8713	−248.67	−245.9	−228.7	25.9	0.296
氧气	O_2	32	1.4289	−218.4	−183	−118.8	49.7	0.292
臭氧	O_3	48	2.1415	−192.5	−111.9	−12.1	54.6	0.281
磷化氢	PH_3	34	1.5293	−132.5	−85	51	64	0.273
氟	R12	222.0	9.73	−71	−62	104	62	0.281
硫	S	32.06		120	444.6	1040	116	
二氧化硫	SO_2	64.06	2.9268	−77.5	−10	157.2	77.7	0.271
三氧化硫	SO_3	80.06	$(1.97)^{20}$	16.83	44.6	218.3	83.6	0.266
四氯化硅	$SiCl_4$	169.89	$(1.50)^{20}$	−70	57.6	233		
四氟化硅	SiF_4	104.06		−95.7	−1.5		50	
四氢化硅	SiH_4	32.09	1.44	−185	−112	−3.5	48	0.28
四氯化锡	$SnCl_4$	260.53	(2.23)	−30.2	114.1	318.7	37	
氙	Xe	131.3	5.7168	−140	−109.1	16.6	58.2	0.278

① 密度括号内为液体，未加括号为气体（0℃，1 大气压，单位 g/L）。

② 1atm≈10^5Pa。

附表 2-2　有机物物性数据

物质名称	化学式	分子量	密度[1]	熔点/℃	沸点/℃	临界温度/℃	临界压力[2]/atm	临界压缩系数
甲烷	CH_4	16.04	0.7167	−182.5	−161.5	−82.1	45.80	0.289
乙烷	C_2H_6	30.07	1.3567	−183.3	−88.6	+32.4	48.30	0.285
丙烷	C_3H_8	44.10	2.02	−187.7	−42.1	96.8	42.01	0.277
丁烷	C_4H_{10}	58.12	2.5985	−138.4	−0.5	152	37.47	0.274
异丁烷	$(CH_3)_2CHCH_3$	58.12	$(0.5983)^{-13.6}$	−159.6	−11.7	135	36	0.283
戊烷	C_5H_{12}	72.15	$(0.6262)^{20}$	−129.7	36.1	196.6	33.31	0.269
异戊烷	$(CH_3)_2CHC_2H_5$	72.15	$(0.62)^{20}$	−160	28	187	32.9	0.268
己烷	C_6H_{14}	86.18	$(0.6594)^{20}$	−95.3	68.7	234.7	29.94	0.265
庚烷	C_7H_{16}	100.21	$(0.6838)^{20}$	−90.7	98.4	267	27	0.260
辛烷	C_8H_{18}	114.23	$(0.7025)^{20}$	−56.8	125.7	296.2	24.64	0.256
壬烷	C_9H_{20}	128.25	$(0.718)^{20}$	−53.7	150.5	321.4	22.8	0.26
癸烷	$C_{10}H_{22}$	142.28	$(0.730)^{20}$	−29.7	174	330.4	21.2	0.258
乙烯	$CH_2{=}CH_2$	28.05	1.2644	−169	−103.9	9.7	50.5	0.277
1,3-丁二烯	$CH_2{=}CHCH{=}CH_2$	54.09		−108.9	−4.5	152	42.7	0.270
丙烯	$CH_2{=}CHCH_3$	42.08	$(0.647)^{-79}$	−185	−47	92.3	45	0.271
乙炔	$CH{\equiv}CH$	26.04	1.1708	−81.5 (891mm)	−84	36	62	0.276
四氟化碳	CF_4	88.01	$(3.034)^°$	−150	−128	−45.5	36.9	0.277
三氟氯甲烷-13	$CClF_3$	104.47		−182	−80	−28.8	39	0.284
二氟二氯甲烷	CCl_2F_2	120.92	$(1.331)^{20}$	−155	−29.2	111.5	39.56	0.273
三氯氟甲烷	CCl_3F	137.38	$(1.494)^{17}$	−111.2	24.9	198	43.2	0.279
四氯化碳	CCl_4	153.84	$(1.595)^{20}$	−22.6	76.8	283.1	45	0.272
三氯甲烷	$CHCl_3$	119.39	$(1.489)^{20}$	−63.5	61.2	263	54	0.284

物质名称	化学式	分子量	密度[①]	熔点/℃	沸点/℃	临界温度/℃	临界压力[②]/atm	临界压缩系数
二氯甲烷	CH_2Cl_2	84.94	$(1.336)^{20}$	−96.7	40	237	60	0.277
一氯甲烷	CH_3Cl	50.49		−97.7	−24	143.1	65.8	0.263
氟里昂-22	$CHClF_2$	86.48	2.3044	−160	−40.8	96.4	48.5	0.267
氟里昂-21	$CHCl_2F$	102.93	$(1.426)^0$	−127	14.5	178.5	51	0.272
二溴甲烷	CH_2Br_2	173.86	$(2.495)^{20}$	−52.8	97	309.8	70.6	
溴甲烷	CH_3Br	94.95	$(1.732)^0$	−93	5	194	51.6	
氟甲烷	CH_3F	34.03	$(0.8774)^{-78.6}$	−141.8	−78.4	44.9	62	0.269
碘甲烷	CH_3I	141.95	$(2.279)^{20}$	−64.4	42.4	255	54.6	0.285
氟里昂-114	$C_2Cl_2F_4$	170.94		−94.2	3.5	145.7	32.3	0.279
氟里昂-113	$C_2Cl_3F_3$	187.39	$(1.576)^{20}$	−35	47.6	214.1	33.7	0.256
甲醇	CH_3OH	32.04	$(0.7915)^{20}$	−97.4	64.6	240	78.7	0.22
乙醇	C_2H_5OH	46.07	$(0.7895)^{20}$	−114.3	78.4	243.1	63.1	0.249
1-丙醇	C_3H_7OH	60.09	$(0.8039)^{20}$	−172	97.2	263.7	49.95	0.25
丁醇	C_4H_9OH	74.12	$(0.8096)^{20}$	−89.8	117.7	287	48.4	0.259
戊醇	$C_5H_{11}OH$	88.15	$(0.817)^{20}$	−78.5	137.9	312.8	38	0.260
环氧乙烷	$H_2C\!\!\diagdown\!\!{}_O^{}\!\!\diagup\!\!H_2C$	44.05	$(0.887)^7$	−111.3	12.5	192	71	0.256
甲醛	HCHO	30.03	$(0.815)^{-20}$	−92	−21	135	65	
乙醛	CH_3CHO	44.05	$(0.7794)^{20}$	−123.5	20.2	188	55	0.257
丙酮	CH_3COCH_3	58.08	$(0.7907)^{20}$	−94.6	56.2	235	47	0.244
醋酸	CH_3COOH	60.05	$(1.0494)^{20}$	16.6	118.2	321.6	57.2	0.201
醋酐	$(CH_3CO)_2O$	102.09	$(1.082)^{20}$	−73	139.6	296	46	0.287
甲酸甲酯	HCO_2CH_3	60.05	$(0.974)^{20}$	−99.8	32	214	59.2	0.255
甲酸乙酯	$HCO_2C_2H_5$	74.08	$(0.923)^{20}$	−79	54	235.3	46.7	0.257
乙酸甲酯	$CH_3CO_2CH_3$	74.08	$(0.9338)^{20}$	−98.5	57.1	233.7	46.3	0.254
乙酸乙酯	$CH_3CO_2C_2H_5$	88.10	$(0.9007)^{20}$	−83.6	77.1	250.1	37.8	0.249
乙酸丙酯	$CH_3CO_2C_3H_7$	102.13	$(0.8887)^{20}$	−95	101.6	276.2	32.9	0.252
丙酸甲酯	$C_2H_5CO_2CH_3$	88.10	$(0.915)^{20}$	−87.5	79.7	257.4	39.3	0.255
丙酸乙酯	$C_2H_5CO_2C_2H_5$	102.13	$(0.8902)^{20}$	−73.9	99.1	272.9	33	0.253
三甲胺	$(CH_3)_3N$	59.11	$(0.662)^{-5}$	−117	3.5	161	41	0.292
二甲基胺	$(CH_3)_2NH$	45.08	$(0.680)^0$	−92	7.4	164.6	51.7	0.280
甲基胺	$(CH_3)NH_2$	31.06	$(0.699)^{-11}$	−92.5	−65	156.9	73.6	0.279
乙腈	CH_3CN	41.05	$(0.783)^{20}$	−41	81.6	274.7	47.7	0.222
甲硫醇	CH_3SH	48.10	$(0.896)^0$	−121	6	196.8	71.4	0.276
乙硫醇	C_2H_5SH	62.13	$(0.839)^{20}$	−121	36	225.5	54.2	0.273
苯	C_6H_6	78.11	$(0.879)^{20}$	5.5	80.1	288.5	47.7	0.266
甲基苯	$C_6H_5CH_3$	92.13	$(0.866)^{20}$	−95	110.8	320.6	41.6	0.269
乙苯	$C_6H_5C_2H_5$	106.16	$(0.867)^{20}$	−94.4	136.2	346.4	38	0.263
苯酚	C_6H_5OH	94.11	$(1.071)^{25}$	42	181.4	419	60.5	0.24
苯胺	$C_6H_5NH_2$	93.12	$(1.022)^{20}$	−6.2	184.4	426	52.4	0.250
磷二甲苯	$C_6H_4(CH_3)_2$	106.16	$(0.881)^{20}$	−25	144	358.4	36.9	0.263
间二甲苯	$C_6H_4(CH_3)_2$	106.16	$(0.867)^{17}$	−47.4	139.3	346	36	0.260
对二甲苯	$C_6H_4(CH_3)_2$	106.16	$(0.861)^{20}$	13.2	138.5	345	35	0.260
噻吩	C_4H_4S	84.13	$(1.070)^{15}$	−30	84	317	48	
吡啶	C_5H_5N	79.10	$(0.982)^{20}$	−42	115	344	60	

① 密度括号内为液体（g/cm³），未加括号为气体（0℃，1 大气压，单位 g/L）。

② 1atm＝10⁵Pa。

附表 2-3　固体燃料性质

名称	水分/%	灰分/%	发热量/(kcal/kg)	发火温度/℃
煤	2～30	5～30	4000～8000	300～500
煤球	3～10	10～20	6500～7500	300～400
焦炭	2～10	10～20	6000～7000	500～550
木炭	7～10	1～3	6700～7500	350～450
木材	15～40	1～3	2000～3500	250～300

附表 2-4　液体燃料性质

名称	沸点范围/℃	发热量/(kcal/kg)	用途
汽油	50～200	11000	飞机、汽车
喷气发动机油	150～250	11000	喷气机用
灯油	200～300	10000	燃料
轻油	250～350	10000	高速柴油机
重油	250～350	10000	低速柴油机
重油	300～400	9500	燃料

附表 2-5　气体燃料性质

名称	成分/%							发热量/(kcal/m³)	相对密度(空气=1.0)
	CO_2	$C_m H_n$	O_2	CO	H_2	CH_4	N_2		
煤气	3.2	3.5	0.5	9.3	48.9	27.3	7.3	5100	0.45
水煤气	4.7	0	0	39.7	50.8	0.8	4	2830	0.53
焦炉煤气	5～10	0	0	25～30	8～12	0～1	55～60	1100～1200	0.86～0.92
高炉煤气	7.3	0	0	29.2	2.5	0	61	960	0.99
天然气	1.5	0	0.9	1.0	0	92.8	3.8	注①	0.57
城市煤气	2.5	3.5	4.0	15	31	18	26	注②	0.64
液化石油气	丙烷加丁烷混合物							25000～30000	1.6～1.9
乙炔	$C_2 H_2$							14000	

① 根据气体组成不同而变，一般为 8000～11000kcal/m³。

② 根据气体组成不同而变，一般为 5000～11000kcal/m³。

附表 2-6　常用气体燃料发热量表

名称	化学式	发热量			
		kcal/kg		kcal/m³	
		H_g	H_n	H_g	H_n
氢气	H_2	3400	28600	3050	2570
一氧化碳	CO	2430	2430	3035	3035
甲烷	CH_4	13320	11970	9530	8570
乙烷	$C_2 H_6$	12410	11330	16820	15380
丙烷	$C_3 H_8$	12040	11070	24370	22350
丁烷	$C_4 H_{10}$	11840	10920	32010	29610
乙炔	$C_2 H_2$	12030	11620	14080	13600
乙烯	$C_2 H_4$	12130	11360	15280	14320
丙烯	$C_3 H_6$	11770	11000	22540	21100
丁烯	$C_4 H_8$	11670	10860	29110	27190
苯蒸气	$C_6 H_6$	10030	9620	34960	33520

注：H_g—发热量即燃烧热；H_n—总发热量（包括蒸发潜热）。

附表 2-7　各种气体磁化率

气体名称	相对磁化率	气体名称	相对磁化率	气体名称	相对磁化率
O_2	+100	CO	−0.354	CH_4	−0.512
乙炔(C_2H_2)	−0.612	乙烷	−0.789	Ne	−0.205
丙炔(C_3H_4)	−0.744	乙烯	−0.553	NO	+44.2
氨(NH_3)	−4.79	He	−0.059	NO_2	+28.7
氩(Ar)	−0.569	正庚烷	−2.508	N_2	−0.358
溴(Br_2)	−1.83	正己烷	−2.175	N_2O	−0.56
1,2-丁二烯	+1.043	环己烷	−1.915	正辛烷	−2.84
1,3-丁二烯	−0.944	H_2	−0.117	正戊烷	−1.81
正丁烷	−1.481	HBr	−0.968	异戊烷	−1.853
异丁烷	−1.485	HCl	−0.650	丙烷	−1.135
1-丁烯	−1.205	HF	−0.253	丙烯	−0.903
顺 2-丁烯	−1.252	HI	−1.403	H_2O	−3.81
反 2-丁烯	−1.201	H_2S	−0.751	Xe	−1.34
CO_2	−0.623	Kr	−0.853		

附录三　工　程　数　据

附表 3-1　美国钢管数据

公称管径 /in(mm)	外径 /in[①]	识别标记 钢管 分类[②]	识别标记 钢管 号码	不锈钢管 号码	管壁厚度 t/in	内径 /in	管子质量 /(lb/h)[①]
1/8(6)	0.405	—	—	10S	0.049	0.307	0.19
		STD	40	40S	0.068	0.269	0.24
		XS	30	80S	0.095	0.215	0.31
1/4(8)	0.540	—	—	10S	0.065	0.41	0.33
		STD	40	40S	0.088	0.364	0.43
		XS	80	80S	0.119	0.302	0.54
3/8(10)	0.675	—	—	10S	0.065	0.545	0.42
		STD	40	40S	0.091	0.493	0.57
		XS	80	80S	0.126	0.423	0.74
1/2(15)	0.840	—	—	5S	0.065	0.71	0.54
		—	—	10S	0.083	0.674	0.67
		STD	40	40S	0.109	0.622	0.85
		XS	80	80S	0.147	0.546	1.09
			160	—	0.188	0.464	1.31
		XXS	—	—	0.294	0.252	1.72
3/4(20)	1.050	—	—	5S	0.065	0.92	0.68
		—	—	10S	0.033	0.884	0.86
		STD	40	40S	0.113	0.824	1.13
		XS	80	80S	0.154	0.742	1.48
		—	160	—	0.219	0.612	1.95
		XXS	—	—	0.308	0.434	2.44
1(25)	1.315	—	—	5S	0.065	1.185	0.87
		—	—	10S	0.109	1.097	1.41
		STD	40	40S	0.133	1.049	1.68
		XS	80	80S	0.179	0.957	2.17
		—	160	—	0.25	0.815	2.85
		XXS	—	—	0.358	0.599	3.66
1 1/2(40)	1.90	—	—	5S	0.065	1.77	1.28
		—	—	10S	0.109	1.682	2.09
		STD	40	40S	0.145	1.61	2.72
		XS	80	80S	0.2	1.5	3.63
		—	160	—	0.281	1.338	4.86
		XXS	—	—	0.40	1.1	6.41

公称管径 /in(mm)	外径 /in[1]	识别标记			管壁厚度 t/in	内径 /in	管子质量 /(lb/h)[1]
		钢管		不锈钢管 号码			
		分类[2]	号码				
2(50)	2.375	—	—	5S	0.065	2.245	1.61
		—	—	10S	0.109	2.157	2.64
		STD	40	40S	0.154	2.067	3.66
		XS	80	80S	0.218	1.939	5.03
		—	160	—	0.344	1.687	7.47
		XXS	—	—	0.436	1.503	9.04
3(80)	3.50	—	—	5S	0.083	3.334	3.03
		—	—	10S	0.12	3.26	4.34
		STD	40	40S	0.216	3.068	7.58
		XS	80	80S	0.3	2.9	10.26
		—	160	—	0.438	2.624	14.34
		XXS	—	—	0.6	2.3	18.60
4(100)	4.50	—	—	5S	0.083	4.334	3.92
		—	—	10S	0.12	4.26	5.62
		STD	40	40S	0.237	4.026	10.80
		XS	80	80S	0.337	3.826	15.00
		—	120	—	0.438	3.624	19.02
		—	160	—	0.531	3.438	22.53
		XXS	—	—	0.674	3.152	27.57
5(125)	5.563	—	—	5S	0.109	5.345	6.36
		—	—	10S	0.134	5.295	7.78
		STD	40	40S	0.258	5.047	14.63
		XS	80	80S	0.375	4.813	20.80
		—	120	—	0.50	5.563	27.06
		—	160	—	0.625	4.313	32.99
		XXS	—	—	0.75	4.063	38.59
6(150)	6.625	—	—	5S	0.109	6.407	7.59
		—	—	10S	0.134	6.357	9.30
		STD	40	40S	0.280	6.065	18.99
		XS	80	80S	0.432	5.761	28.60
		—	120	—	0.562	5.501	36.43
		—	160	—	0.719	5.187	45.39
		XXS	—	—	0.864	4.897	53.21
8(200)	8.625	—	—	5S	0.109	8.407	9.92
		—	—	10S	0.148	8.329	13.41
		—	20	—	0.25	8.125	22.38
		—	30	—	0.277	8.071	24.72
		STD	40	40S	0.322	7.981	28.58
		—	60	—	0.406	7.813	35.67
		—	80	80S	0.50	7.625	43.43
		—	100	—	0.594	7.437	51.00
		—	120	—	0.719	7.187	60.77
		—	140	—	0.812	7.001	67.82
		XXS	—	—	0.875	6.875	72.49

| 公称管径
/in(mm) | 外径
/in① | 识别标记 | | 不锈钢管
号码 | 管壁厚度
t/in | 内径
/in | 管子质量
/(lb/h)① |
| | | 钢管 | | | | | |
		分类②	号码				
8(200)	8.625	—	160	—	0.906	6.813	74.76
10(250)	10.75	—	—	5S	0.134	10.482	15.21
		—	—	10S	0.165	10.42	18.67
		—	20	—	0.25	10.25	28.06
		—	30	—	0.307	10.136	34.27
		STD	40	40S	0.365	10.02	40.52
		XS	60	80S	0.50	9.75	54.79
		—	80	—	0.594	9.562	64.49
		—	100	—	0.719	9.312	77.10
		—	120	—	0.844	9.062	89.38
		XXS	140	—	1.0	8.75	104.23
		—	160	—	1.125	8.50	115.75
12(300)	12.75	—	—	5S	0.156	12.438	21.00
		—	—	10S	0.18	12.39	24.19
		—	20	—	0.25	12.25	33.41
		—	30	—	0.33	12.09	43.81
		STD	—	40S	0.375	12.0	49.61
		—	40	—	0.406	11.938	53.57
		XS	—	80S	0.50	11.75	65.48
		—	60	—	0.562	11.626	73.22
		—	80	—	0.688	11.374	88.71
		—	100	—	0.844	11.062	107.42
		XXS	120	—	1.0	10.75	125.61
		—	140	—	1.125	10.50	139.81
		—	160	—	1.312	10.126	160.42
14(350)	14.00	—	—	5S	0.156	13.688	23.09
		—	—	10S	0.188	13.624	27.76
		—	10	—	0.25	13.50	36.75
		—	20	—	0.312	13.376	45.65
		STD	30	—	0.375	13.25	54.62
		—	40	—	0.438	13.124	63.50
		XS	—	—	0.50	13.00	72.16
		—	60	—	0.594	12.812	85.13
		—	80	—	0.75	12.50	106.23
		—	100	—	0.938	12.124	130.98
		—	120	—	1.094	11.812	150.93
		—	140	—	1.25	11.50	170.37
		—	160	—	1.406	11.188	189.29

公称管径 /in(mm)	外径 /in[①]	识别标记		不锈钢管 号码	管壁厚度 t/in	内径 /in	管子质量 /(lb/h)[①]
		钢管					
		分类[②]	号码				
16(400)	16.00	—	—	5S	0.165	15.67	27.93
		—	—	10S	0.188	15.624	31.78
		—	10	—	0.250	15.50	42.09
		—	20	—	0.312	15.376	52.32
		STD	30	—	0.375	15.25	62.64
		XS	40	—	0.50	15.00	82.85
		—	60	—	0.656	14.688	107.6
		—	80	—	0.844	14.132	136.74
		—	100	—	1.031	13.938	164.98
		—	120	—	1.219	13.562	192.61
		—	140	—	1.438	13.124	223.85
		—	160	—	1.594	12.812	245.48
18(450)	18.00	—	—	5S	0.165	17.67	31.46
		—	—	10S	0.188	17.624	35.80
		—	10	—	0.25	17.50	47.44
		—	20	—	0.312	17.376	58.99
		STD	—	—	0.375	17.25	70.65
		—	30	—	0.438	17.124	82.23
		XS	—	—	0.50	17.00	93.54
		—	40	—	0.562	16.876	104.76
		—	60	—	0.75	16.50	138.30
		—	80	—	0.938	16.124	171.08
		—	100	—	1.156	15.688	208.15
		—	120	—	1.375	15.25	244.37
		—	140	—	1.562	14.876	274.48
		—	160	—	1.781	14.438	308.79
20(500)	20.00	—	—	5S	0.188	19.624	39.82
		—	—	10S	0.218	19.564	46.10
		—	10	—	0.25	19.50	52.78
		STD	20	—	0.375	19.25	78.67
		XS	30	—	0.50	19.00	104.23
		—	40	—	0.594	18.812	123.23
		—	60	—	0.812	18376	166.56
		—	80	—	1.031	17.938	209.06
		—	100	—	1.281	17438	256.34
		—	120	—	1.50	17	296.65
		—	140	—	1.75	16.5	341.41
		—	160	—	1.969	16.062	379.53

续表

公称管径 /in(mm)	外径 /in[1]	识别标记			管壁厚度 t/in	内径 /in	管子质量 /(lb/h)[1]
		钢管		不锈钢管 号码			
		分类[2]	号码				
22(550)	22.00	—	—	5S	0.188	21.624	43.84
		—	—	10S	0.218	21.564	50.76
		—	10	—	0.250	21.50	58.13
		STD	20	—	0.375	21.25	86.69
		XS	30	—	0.50	21.00	114.92
		—	60	—	0.875	20.25	197.60
		—	80	—	1.125	19.75	251.05
		—	100	—	1.375	19.25	303.16
		—	120	—	1.625	18.75	353.94
		—	140	—	1.875	18.25	403.38
		—	160	—	2.125	17.75	451.49
24(600)	24.00	—	—	5S	0.218	23.564	55.42
		—	10	10S	0.25	23.50	63.47
		STD	20	—	0.375	23.25	94.71
		XS	—	—	0.50	23.00	125.61
		—	30	—	0.562	22.876	140.81
		—	40	—	0.688	22.624	171.45
		—	60	—	0.969	22.062	238.57
		—	80	—	1.219	21.562	296.86
		—	100	—	1.531	20.938	367.74
		—	120	—	1.812	20.376	429.79
		—	140	—	2.062	19.876	483.57
		—	160	—	2.344	19.312	542.64
26(650)	26.00	—	10	—	0.312	25.376	85.68
		STD	—	—	0.375	25.25	102.72
		XS	20	—	0.50	25.00	136.30
28(700)	28.00	—	10	—	0.312	27.376	92.35
		STD	—	—	0.375	27.25	110.74
		XS	20	—	0.50	27.00	146.99
		—	30	—	0.625	26.75	182.90
30(750)	30.00	—	—	5S	0.25	29.50	79.51
		—	10	10S	0.312	29.376	99.02
		STD	—	—	0.375	29.25	118.76
		XS	20	—	0.50	29.00	157.68
		—	30	—	0.625	28.75	196.26

① 按原文数字扎录，换算成米制时：1in=25.4mm；1lb/ft=1.488kg/m。
② STD—标准管；XS—厚壁管；XXS—超厚壁管。

附表 3-2 中国线规与英国、美国、德国线规对照

中国线规			英 SWG		美 AWG		德 DIN[①]
线径/mm	实际截面/mm²	标准截面/mm²	线号	线径/mm	线号	线径/mm	线径/mm
			7/0	12.70			12.50
			6/0	11.786	4/0	11.684	
11.20	98.52	100.00	5/0	10.973	3/0	10.404	11.20
10.00	78.54	80.00	4/0	10.160			10.00
9.00	63.62	63.00	3/0	9.449	2/0	9.266	9.00
			2/0	8.839			
8.00	50.27	50.00	0	8.230	0	8.253	8.00
			1	7.620			
7.10	39.59	40.00	2	7.010	1	7.348	7.10
6.30	31.17	31.50	3	6.401	2	6.544	6.30
			4	5.893	3	5.827	
5.60	24.63	25.00	5	5.385	4	5.189	5.60
5.00	19.64	20.00	6	4.877			5.00
4.50	15.90	16.00	7	4.470	5	4.620	4.50
4.00	12.57	12.50	8	4.064	6	4.115	4.00
3.55	9.898	10.00	9	3.658	7	3.665	3.55
3.15	7.793	8.00	10	3.251	8	3.264	3.15
			11	2.946	9	2.906	
2.80	6.158	6.30	12	2.642	10	2.588	2.80
2.50	4.909	5.00	13	2.337	11	2.305	2.50
2.24	3.941	4.00					
2.00	3.142	3.15	14	2.032	12	2.053	2.00
1.80	2.545	2.50	15	1.829	13	1.829	1.80
1.60	2.011	2.00	16	1.626	14	1.628	1.60
1.40	1.539	1.60	17	1.422	15	1.450	1.40
1.25	1.227	1.25	18	1.219	16	1.291	1.25
1.12	0.985	1.00			17	1.150	1.12
1.00	0.7854	0.80	19	1.016	18	1.024	1.00
0.90	0.6362	0.63	20	0.914	19	0.912	0.90
0.80	0.5027	0.50	21	0.813	20	0.812	0.80
0.71	0.3959	0.40	22	0.711	21	0.723	0.71
0.63	0.3117	0.315	23	0.610	22	0.644	0.63
0.56	0.2463	0.250	24	0.559	23	0.573	0.56
0.50	0.1964	0.20	25	0.508	24	0.511	0.50
0.45	0.1590	0.16	26	0.457	25	0.455	0.45
0.40	0.1257	0.125	27	0.4166	26	0.405	0.40
			28	0.3759			

中国线规			英 SWG		美 AWG		德 DIN[①]
线径 /mm	实际截面 /mm²	标准截面 /mm²	线号	线径 /mm	线号	线径 /mm	线径 /mm
0.355	0.0990	0.100	29	0.3454	27	0.361	0.36
			30	0.3510			
0.315	0.0779	0.08	31	0.2946	28	0.321	0.32
0.28	0.06158	0.063	32	0.2743	29	0.286	0.28
0.25	0.04909	0.050	33	0.2540	30	0.255	0.25
0.224	0.03941	0.040	34	0.2337			0.22
0.20	0.03142	0.032	35	0.2134	31	0.227	0.20
0.18	0.02545	0.025	36	0.1930	32	0.202	0.18
			37	0.1727	33	0.180	
0.16	0.2011	0.020	38	0.1524	34	0.160	0.16
0.14	0.01539	0.016	39	0.1321	35	0.143	0.14
0.125	0.01228	0.012	40	0.1219	36	0.127	0.12
0.112	0.009849	0.010	41	0.1118	37	0.113	0.11
0.100	0.007854	0.008	42	0.1016	38	0.101	0.100
0.09	0.006362	0.0063	43	0.091	39	0.090	
					40	0.080	

① DIN 177—1971。

附表 3-3 大气压力与海拔高度关系

海拔高度/m	大气压力/mmHg	海拔高度/m	大气压力/mmHg	海拔高度/m	大气压力/mmHg
0	760	2200	581.54	4000	462.24
500	716	2300	574.32	4200	450.31
600	707.45	2400	567.17	4400	438.64
700	698.9	2500	560.09	4600	427.21
800	690.6	2600	553.09	4800	416.02
900	682.5	2700	546.16	5000	405.07
1000	674.08	2800	539.29	5500	378.71
1100	665.94	2900	532.50	6000	353.76
1200	657.88	3000	525.77	6500	330.16
1300	649.90	3100	519.12	7000	307.85
1400	642	3200	512.53	7500	286.78
1500	634.17	3300	506.01	8000	266.89
1600	624.43	3400	499.56	8500	248.13
1700	618.76	3500	493.18	9000	230.46
1800	611.17	3600	486.86	9500	213.81
1900	603.55	3700	480.61	10000	198.16
2000	596.20	3800	474.42		
2100	588.83	3900	468.30		

附录四 仪表自控常用缩略语

缩略语	英文名称	中文名称
A/D	Analog/Digital	模拟/数字
AAS	Advanced Alarm System	先进报警管理系统
AC	Alternating Current	交流电
AI	Analog Input	模拟量输入
AMADAS	Analyzer Management And Data Acquisition System	分析仪管理和数据采集系统
AMS	Asset Management System	资产管理系统
ANSI	American National Standards Institute	美国国家标准学会
AO	Analog Output	模拟量输出
APC	Advanced Process Control	先进过程控制
API	Application Programming Interface	应用程序接口
API	American Petroleum Institute	美国石油协会
ASME	American Society of Mechanical Engineers	美国机械工程师协会
ASTM	American Society for Testing and Material	美国材料试验协会
B/S	Browser/Server	浏览器/服务器
BDS	BeiDou Navigation Satellite System	北斗卫星导航系统
BER	Bit Error Rate	误码率
BMS	Burner Management System	燃烧管理系统
BOM	Bill Of Materials	供货清单
BPCS	Basic Process Control System	基本过程控制系统
BPS	Bulk Power Supply	主配电电源
BS	British Standards	英国标准
BW	Butt Welding	对焊
C/S	Client / Server	客户端/服务器
CCCF	China Certification Center for Fire products	消防产品合格评定中心
CCR	Central Control Room	中心控制室
CCS	Compressor Control System	压缩机控制系统
CCTV	Closed Circuit Television	闭路电视
CEMS	Continuous Emission Monitoring System	烟气排放连续监测系统
CFF	Common File Format	通用文件格式
COD	Chemical Oxygen Demand	化学需氧量
CPMS	Control Performance Monitoring System	控制性能监控系统
CPS	Cyber Physical System	信息物理系统
CPU	Central Processing Unit	中央处理器
CSA	Canadian standards Association，CANADA	加拿大标准协会
CSMA/CD	Carrier Sense Multiple Access with Collision Detection	载波侦听多路访问/冲突检测
D&R	Documentation & Rationalization	归档与合理化
D/A	Digital/Analog	数字/模拟
DC	Direct Current	直流电
DCS	Distributed Control System	分散控制系统
DD	Device Description	设备描述
DDF	Device Description File	设备描述文件
DDL	Device Description Language	设备描述语言
DEH	Digital Electro－Hydraulic Control System	数字电液控制系统
DI	Digital Input	数字量输入

缩略语	英文名称	中文名称
DIN	Dentsche Industric Norm，GEMANY	德国工业标准
DLP	Digital Light Processing	数字光处理
DMR	Double Modular Redundant	双重模件冗余
DMZ	Demilitarized Zone	非军事化区
DO	Digital Output	数字量输出
DSSS	Direct Sequence Spread Spectrum	直接序列扩频
DTM	Device Type Manager	设备类型管理器
DV	Disturbance Variable	扰动变量
EBV	Emergency Block Valve	紧急隔离阀
EDDL	Electronic Device Description Language	电子设备描述语言
EEMUA	Engineering Equipment and Materials Users' Association	工程设备和材料用户协会
EMC	Electromagnetic Compatibility	电磁兼容性
EN	Europe Norm	欧洲标准
ERP	Enterprise Resource Planning	企业资源计划
ESD	Emergency Shut Down system	紧急停车系统
EWS	Engineering Workstation	工程师站
FAR	Field Auxiliary Room	现场机柜室
FAS	Fire Alarm System	火灾报警系统
FAT	Factory Acceptance Test	工厂验收测试
FB	Functional Block	功能块
FBD	Functional Block Diagram	功能块图
FC	Failure Close	故障关
FCS	Fieldbus Control System	现场总线控制系统
FDDI	Fiber Distributed Data Interface	光纤分布式数据接口
FDI	Field Device Integration	现场设备集成
FDS	Functional Design Specification	功能设计规格书
FDT	Field Device Tool	现场设备工具
FF	Foundation Fieldbus	基金会现场总线
FFPS	Foundation Fieldbus Power Supply	基金会现场总线电源调整器
FGS	Fire Alarm and Gas Detector System	火灾报警和气体检测系统
FHSS	Frequency Hopping Spread Spectrum	跳频扩频
FID	Flame Ionization Detector	氢火焰检测器
FISCO	Fieldbus Intrinsically Safe Concept	现场总线本质安全概念
FJB	Fieldbus Junction Box	现场总线接线箱
FL	Failure Lock	故障保位
FLD	Functional Logic Diagram	功能逻辑图
FMEA	Failure Mode and Effects Analysis	失效模式与后果分析
FO	Failure Open	故障开
FS	Full Scale	满量程
FTA	Fault Tree Analysis	故障树分析
FTE	Fault Tolerant Ethernet	容错以太网
FTNIR	Fourier Transform Infrared Spectrometer	傅里叶变换红外光谱仪
FTP	File Transfer Protocol	文件传输协议
GDS	Gas Detection System	可燃和有毒气体检测系统
GPS	Global Positioning System	全球定位系统
HART	Highway Addressable Remote Transducer	数据总线可寻址远程变换器
HAZOP	Hazard and Operability Study	危险和可操作性研究

缩略语	英文名称	中文名称
HIPPS	High Integrity Pressure Protective System	高完整性压力保护系统
HIST	Host Interoperability Support Testing	主控制系统互操作性测试
HMI	Human Machine Interface	人机接口
HPT	High Power Trunk	高功率主干
HSE	High Speed Ethernet	高速以太网
HSE	Health, Safety and Environment	健康、安全和环保
I/O	Input / Output	输入/输出
I/P	Current to Pneumatic	电/气
ID	Inside Diameter	内径
IDM	Intelligent Device Management	智能设备管理系统
IEC	International Electrotechnical Commission	国际电工委员会
IEEE	Institute of Electrical and Electronic Engineers	电气和电子工程师学会
IFAT	Integrated Factory Acceptance Test	工厂集成验收测试
IR	InfraRed	红外线
ISA	International Society of Automation	国际自动化协会
ISO	International Organization for Standardization	国际标准化组织
IT	Information Technology	信息技术
ITCC	Integrated Turbine & Compressor Control System	透平和压缩机组综合控制系统
ITK	Interoperability Test Kit	互操作性测试工具
ITU	International Telecommunication Union	国际电信联盟
JIS	Japanese Industrial standards	日本工业标准
KPI	Key Performance Index	关键绩效指标
LAN	Local Area Network	局域网
LAS	Link Active Scheduler	链路活动调度
LCD	Liquid Crystal Display	液晶显示屏
LCR	Local Control Room	现场控制室
LDS	Large-screen Display System	大屏幕显示系统
LED	Light Emitting Diode	发光二极管
LEL	Low Explosion Level	最低爆炸下限
LIMS	Laboratory Information Management System	实验室信息管理系统
LM	Link Master	链路主设备
LOPA	Layer Of Protection Analysis	保护层分析法
MAC	Main Automation Contractor	主自动化承包商
MAR	Marshalling Cabinet	过渡接线柜
MAS	Movement Automation System	储运自动化系统
MAT	Model Acceptance Test	模型验收测试
MAV	Main Automation Vendor	主自动化系统供货商
MCB	Main Circuit Breaker	主断路器
MCC	Motor Control Center	马达控制中心
MES	Manufacturing Execution System	生产执行系统
MMS	Machinery Monitoring System	转动设备监视系统
MOC	Management of Change	变更管理
MOS	Maintenance Override Switch	维护旁路开关
MOV	Motor Operated Valve	电动阀
MTBF	Mean Time Between Failure	平均故障间隔时间
MTTR	Mean Time To Repair	平均修复时间
MV	Manipulated Variable	控制变量

缩略语	英文名称	中文名称
NEC	National Electrical Code	美国国家电气法规
NEMA	National Electrical Manufactures Association	美国电气制造商协会
NFPA	National Fire Protection Association	美国消防协会
NIR	Near Infrared	近红外
NTP	Network Time Protocol	网络时间协议
OA	Office Automation	办公自动化
OD	Outside Diameter	外径
ODBC	Open Data Base Connectivity	开放数据库连接
ODS	Operational Data Management System	操作数据管理系统
OEL	Occupational Exposure Limit	职业接触限值
OLE	Object Linking and Embedding	对象连接和嵌入
OOS	Operational Override Switch	操作旁路开关
OP	Output	输出值
OPC	OLE for Process Control	用于过程控制的 OLE
OPS	Operator Station	操作站
OSI/RM	Open System Interconnection Reference Model	开放系统互连参考模型
OTS	Operator Training Simulator	操作员培训仿真系统
P&ID	Piping & Instrument Diagram	管道及仪表流程图
P/P	Pneumatic to Pneumatic	气/气
PAS	Process Analysis System	在线分析仪系统
PC	Personal Computer	个人计算机
PCS	Process Control Station	过程控制站
PER	Packet Error Rate	丢包率
PES	Programmable Electronic System	可编程电子系统
PFD	Process Flow Diagram	工艺流程图
PFD$_{avg}$	Probability of Failure on Demand average	低要求模式的平均失效概率
PGC	Process Gas Chromatograph	工业气相色谱仪
PHA	Preliminary Hazard Analysis	预危险分析
PI	Pulse Input	脉冲量输入
PID	Proportional Integral Derivative	比例-积分-微分
PIMS	Process Information Management System	生产信息管理系统
PIN	Plant Information Network	工厂信息网
PLC	Programmable Logic Controller	可编程序控制器
PST	Partial Stroke Test	部分行程测试
PSU	Power Supply Unit	电源单元
PV	Process Variable	过程变量
QMR	Quadruple Modular Redundant	三重模件冗余
RAID	Redundant Array of Independent Disks	独立磁盘冗余阵列
RAM	Random Access Memory	随机存取存储器
RCB	Residual Circuit Breaker	漏电断路器
ROM	Read Only Memory	只读存储器
RRF	Risk Reduction Factor	风险减低系数
RTD	Resistence Temperature Detector	热电阻
RTDB	Real Time Database	实时数据库
RTU	Remote Terminal Unit	远程终端单元
SAT	Site Acceptance Test	现场验收测试
SCADA	Supervisory Control And Data Acquisition	数据采集与监控系统

缩略语	英文名称	中文名称
SCS	Station Control System	站场控制系统
SER	Sequence Event Recorder	事件顺序记录
SIF	Safety Instrument Function	安全仪表功能
SIL	Safety Integrity Level	安全完整性等级
SIS	Safety Instrumented System	安全仪表系统
SJB	Smart Junction Box	智能接线箱
SLC	Safety Life Cycle	安全生命周期
SM	System Management	系统管理
SOE	Sequence Of Event	时序事件记录
SOP	Standard Operating Procedure	标准操作规程
SP	Set point	设定值
SPD	Surge Protection Device	电涌保护器
SRS	Safety Requirement Specification	安全要求规格书
STP	Shielded Twisted Pair	屏蔽双绞线
STR	Spur Trip Rate	误跳车率
SW	Socket Welding	承插焊
TC	Thermocouple	热电偶
TCD	Thermal Conductivity Detector	热导式检测器
TCP/IP	Transmission Control Protocol/Internet Protocol	传输控制协议/网际协议
TDAS	Tank Data Acquisition System	罐区数据采集系统
TDLAS	Tunable Diode Laser Absorption Spectroscopy	可调谐半导体激光光谱仪
TMR	Triple Modular Redundant	三重模件冗余
TOC	Total Organic Carbon	总有机碳
TÜV	Vereingung der Technischen Überwachungs－Vereine	德国技术监督协会
UI	User Interface	用户接口
UPS	Uninterruptable Power Supply	不间断电源
UTP	Unshielded Twisted Pair	非屏蔽双绞线
VCR	Virtual Communication Relationship	虚拟通信关系
VLAN	Virtual Local Area Network	虚拟局域网
VOC	Volatile Organic Compounds	挥发性有机化合物
WIS	Wireless Instrument System	无线仪表系统
WLAN	Wireless Local Area Network	无线局域网

附录五　仪表及自动化系统制造厂

一、自动化系统

1	ABB（中国）有限公司
2	艾默生过程控制有限公司（Emerson）
3	施耐德电气（中国）有限公司（Schneider）
4	杭州和利时自动化有限公司
5	霍尼韦尔（中国）有限公司（Honeywell）
6	中石化-霍尼韦尔（天津）有限公司
7	罗克韦尔自动化（中国）有限公司（Rockwell）
8	西门子（中国）有限公司（Siemens）
9	浙江中控技术股份有限公司

10	横河电机（中国）有限公司（Yokogawa）
11	北京康吉森自动化设备技术有限责任公司
12	希马（上海）工业自动化有限公司（HIMA）
13	杭州优稳自动化系统有限公司
14	重庆川仪自动化股份有限公司
15	南京优倍电气有限公司
16	德国倍福自动化有限公司（Beckhoff）
17	百通赫思曼网络系统国际贸易（上海）有限公司（HIRSCHMANN）
18	北京平和创业科技发展有限公司
19	贝加莱工业自动化（上海）有限公司（B&R）
20	北京博瑞特自动计量系统股份有限公司
21	上海辰竹仪表有限公司
22	库柏电气（上海）有限公司（MTL）
23	北京瑞赛长城航空测控技术有限公司
24	北京安控科技股份有限公司
25	基玛伊贸易（上海）有限公司（GMI）
26	汉威科技集团股份有限公司
27	哈尔滨天达控制股份有限公司
28	北京东土科技股份有限公司
29	青岛海天炜业过程控制技术股份有限公司
30	梅思安（中国）安全设备有限公司（MSA）
31	铁力山（北京）控制技术有限公司
32	上海倍加福工业自动化贸易有限公司（P+F）
33	南京菲尼克斯电气有限公司（PHOENIX）
34	威图电子机械技术（上海）有限公司（Rittal）
35	赛丽电子系统（上海）有限公司
36	北京赛普泰克技术有限公司
37	天津市协力自动化工程有限公司
38	深圳市奥图威尔科技有限公司
39	图尔克（天津）传感器有限公司（Turck）
40	北京启明星辰信息安全技术有限公司
41	威创集团股份有限公司
42	魏德米勒电联接（上海）有限公司（Weidmuller）
43	无锡格林通安全装备有限公司
44	河北珠峰仪器仪表设备有限公司
45	安徽众和电仪科技有限公司

二、控制阀

1	艾默生过程控制有限公司（Emerson）
2	浙江中控流体技术有限公司
3	重庆川仪自动化股份有限公司

4	北京瑞拓江南自控设备有限公司
5	苏州安特威阀门有限公司
6	德国阿卡控制阀有限公司（ARCA）
7	日本飞鸟工业株式会社（ASKA）
8	欧玛执行器（中国）有限公司（AUMA）
9	上海阿自倍尔控制仪表有限公司（azbil）
10	Badger Meter 公司
11	浙江贝尔控制阀门有限公司
12	鞍山拜尔自控有限公司
13	伯纳德控制设备（北京）有限公司（Bernard）
14	博雷（中国）控制系统有限公司（Bray）
15	英国卡麦隆阀门集团有限公司（CAMERON）
16	上海源冠自控设备有限公司
17	重庆布莱迪仪器仪表有限公司
18	美国克瑞阀门公司（CRANE）
19	大连亨利测控仪表工程有限公司
20	英国达肯工程公司（Darchem）
21	太原太航德克森自控工程股份有限公司
22	上海阀特流体控制阀门有限公司
23	福斯流体控制（苏州）有限公司（Flowserve）
24	英国弗莱戈阀门公司（FLYGER）
25	无锡福斯拓科科技有限公司
26	盖米阀门（中国）有限公司（GEMU）
27	法国贵聪阀门公司（Guichon）
28	武汉汉德阀门股份有限公司
29	扬州恒春电子有限公司
30	北京航天石化技术装备工程有限公司
31	埃迈流体技术（上海）有限公司（IMI）
32	上海进典控制阀有限公司（JDV）
33	无锡凯尔克仪表阀门有限公司
34	肯佐控制设备（上海）有限公司
35	烟台金泰美林科技股份有限公司
36	日本 KITZ 集团公司
37	工装自控工程（无锡）有限公司（KOSO）
38	浙江力诺流体控制科技股份有限公司
39	GE 流体与过程技术（梅索尼兰阀门）有限公司（Masoneilan）
40	美国默科思阀门公司（MOGAS）
41	耐铼斯流体控制（上海）有限公司（Metso）
42	苏州纽威阀门股份有限公司
43	意大利 Nicolini Claudio S. R. L. 公司

44	南京自控仪表有限公司
45	浙江派沃自控仪表有限公司
46	上海江浪科技股份有限公司
47	上海罗普自动化控制系统有限公司（ROPO）
48	罗托克阀门控制技术（上海）有限公司（Rotork）
49	上海自动化仪表有限公司自动化仪表七厂
50	萨姆森控制设备（中国）有限公司（Samson）
51	德国舒富阀门集团（SchuF）
52	无锡斯考尔自动控制设备有限公司
53	大连精工自控仪表成套技术开发公司
54	上海大通自控设备有限公司
55	上海光辉仪器仪表有限公司
56	上海科力达自控阀门有限公司
57	斯派莎克工程（中国）有限公司（Spirax Sarco）
58	无锡市圣汉斯控制系统有限公司
59	浙江天泰控制设备有限公司
60	天津市中核科技实业有限公司
61	艾坦姆流体控制技术（北京）有限公司（Utmost）
62	四川威卡自控仪表有限公司
63	捷流阀业（苏州）有限公司（Value）
64	无锡纬途流体科技有限公司
65	英国伟尔集团（Weir）
66	无锡智能自控工程股份有限公司
67	吴忠仪表有限责任公司
68	西安汇源仪表阀门有限公司
69	无锡市亚迪流体控制技术有限公司
70	扬州电力设备修造厂有限公司
71	浙江永盛科技股份有限公司
72	浙江中德自控科技股份有限公司
73	浙江澳翔自控科技有限公司
74	浙江三方控制阀股份有限公司
75	无锡卓尔阀业有限公司

三、在线分析仪表

1	ABB（中国）有限公司
2	艾默生过程控制有限公司（Emerson）
3	恩德斯豪斯（中国）自动化有限公司（Endress＋Hauser）
4	西门子（中国）有限公司（Siemens）
5	横河电机（中国）有限公司（Yokogawa）
6	美国应用分析公司（AAI）
7	美国 Ametek Drexelbrook 公司

8	安东帕（上海）商贸有限公司（Anton Paar）
9	北京北分麦哈克分析仪器有限公司
10	北京氦普北分气体工业有限公司
11	北京雪迪龙科技股份有限公司
12	重庆川仪自动化股份有限公司
13	德菲电气（北京）有限公司
14	大连大特气体有限公司
15	北京杜克泰克科技有限公司
16	聚光科技（杭州）股份有限公司
17	加拿大盖瓦尼克公司（Galvanic）
18	哈尔滨东方报警设备开发有限公司
19	GE Sensing EMEA
20	哈希水质分析仪器（上海）有限公司（HACH）
21	汉威科技集团股份有限公司
22	北京华科仪科技股份有限公司
23	北京凯隆分析仪器有限公司
24	苏州兰炼富士仪表有限公司
25	兰州实华分析技术有限公司
26	眉山麦克在线设备股份有限公司
27	密析尔仪表（上海）有限公司（Michell）
28	梅特勒-托利多国际贸易（上海）有限公司（METTLER TOLEDO）
29	梅思安（中国）安全设备有限公司（MSA）
30	南京世舟分析仪器有限公司
31	深圳市诺安环境安全股份有限公司
32	仕富梅集团有限公司（Servomex）
33	西克麦哈克（北京）仪器有限公司（SICK）
34	苏伊士环境集团（Sievers）
35	美国泰里达因技术公司（Teledyne）
36	赛默飞世尔科技（中国）有限公司（ThermoFisher）
37	天华化工机械及自动化研究设计院有限公司
38	东亚 DKK 株式会社
39	武汉华天通力科技有限公司
40	英国德嘉斯自动化有限公司（T&C）
41	德国尤尼公司（UNION）
42	维萨拉（北京）测量技术有限公司（Vaisala）
43	上海伟创标准气体分析技术有限公司
44	无锡格林通安全装备有限公司
45	重庆昕晟环保科技有限公司
46	HAM-LET 集团
47	江苏新中信电器设备有限公司

48 派克汉尼汾公司（Parker）
49 世伟洛克（上海）流体系统科技有限公司（Swagelok）

四、现场仪表

1 ABB（中国）有限公司
2 重庆川仪自动化股份有限公司
3 艾默生过程控制有限公司（Emerson）
4 恩德斯豪斯（中国）自动化有限公司（Endress＋Hauser）
5 施耐德电气（中国）有限公司（Foxboro）
6 霍尼韦尔（中国）有限公司（Honeywell）
7 上海自动化仪表有限公司
8 西门子（中国）有限公司（Siemens）
9 浙江中控自动化仪表有限公司
10 横河电机（中国）有限公司（Yokogawa）
11 北京埃希尔控制技术有限责任公司
12 北京华深仪器仪表有限公司
13 北京瑞普三元仪表有限公司
14 美国布鲁克斯仪器公司（Brooks）
15 北京星达科技发展有限公司
16 韩国大韩仪器株式会社（DAEHAN）
17 德菲电气（北京）有限公司
18 承德菲时博特自动化设备有限公司
19 北京菲舍波特仪器仪表有限公司
20 上海光华仪表有限公司
21 上海华强仪表有限公司
22 锦州精微仪表有限公司
23 江阴市节流装置厂有限公司
24 开封仪表有限公司
25 科隆测量仪器（上海）有限公司
26 麦理丘路（上海）控制仪表有限公司（Magnetrol）
27 迈格仪表（成都）有限公司（Mega-tek）
28 西尼尔（南京）过程控制有限公司（SINIER）
29 日本 OVAL 株式会社
30 承德热河克罗尼仪表有限公司
31 大连精工自控仪表成套技术开发公司
32 日本精工仪器公司（Seiko）
33 上海肯特智能仪器有限公司
34 信东仪器仪表（苏州）股份有限公司
35 美国 Smith Meter 公司
36 太原太航流量工程有限公司
37 中环天仪股份有限公司

38	东京计装（北京）仪表有限公司（TOKYO KEISO）
39	上海同欣自动化仪表有限公司
40	伟业（美国）有限公司（Welkin）
41	上海威尔泰工业自动化股份有限公司
42	江苏伟屹电子有限公司
43	西安东风机电股份有限公司
44	上海星申仪表有限公司
45	西安航联测控设备有限公司
46	武汉波光源科技有限公司
47	丹东通博电器（集团）有限公司
48	西安定华电子股份有限公司
49	北京古大仪表有限公司
50	秦皇岛华电测控设备有限公司
51	西安华舜测量设备有限责任公司
52	深圳计为自动化技术有限公司
53	江苏杰克仪表有限公司
54	重庆兆洲科技发展有限公司
55	上海朝辉压力仪器有限公司
56	美国索尔公司（SOR）
57	上海思派电子科技有限公司
58	北京斯克维思仪表有限公司
59	天华化工机械及自动化研究设计院有限公司
60	英国德嘉斯自动化有限公司（T&C）
61	上海宏浪自动化仪表有限公司
62	威格（中国）仪表有限公司（VEGA）
63	雅斯科仪器仪表（苏州）有限公司
64	北京布莱迪仪器仪表有限公司
65	北京远东仪表有限公司
66	深圳市特安电子有限公司
67	苏州兰炼富士仪表有限公司
68	上海立格仪表有限公司
69	秦川机床集团宝鸡仪表有限公司
70	威卡自动化仪表（苏州）有限公司（WIKA）
71	西仪股份有限公司
72	杭州富阳富春江仪表厂
73	乐清市伦特电子仪表有限公司
74	浙江伦特机电有限公司
75	安徽天康（集团）股份有限公司
76	天津市中环温度仪表有限公司

参 考 文 献

[1] 陆德民. 石油化工自动控制设计手册. 3 版. 北京：化学工业出版社，2000.

[2] 王华，张志櫣. 石油和化工信息化新技术与应用. 北京：化学工业出版社，2017.

[3] 王森. 在线分析仪器手册. 北京：化学工业出版社，2008.

[4] 黄步余. 分散控制系统在工业过程中的应用. 北京：中国石化出版社，1994.

[5] 阳宪惠. 现场总线技术及其应用. 北京：清华大学出版社，1999.

[6] 王森，纪纲. 仪表常用数据手册. 2 版. 北京：化学工业出版社，2014.

[7] 李俊杰，马春雷，贺海波. 煤化工行业智能工厂理论与应用. 北京：经济科学出版社，2017.

[8] 王常力，罗安. 分布式控制系统（DCS）设计与应用实例. 北京：电子工业出版社，2004.

[9] 徐建平. 仪表本安防爆技术. 北京：机械工业出版社，2002.

[10] 赵阿群，陈少红，刘垚. 计算机网络基础. 北京：清华大学出版社，2006.

[11] 石硕. 交换机/路由器及其配置. 2 版. 北京：电子工业出版社，2007.

[12] 周春晖. 过程控制工程手册. 北京：化学工业出版社，1993.

[13] 翁维勤，周庆海. 过程控制系统及工程. 北京：化学工业出版社，1996.

[14] 朱良漪. 分析仪器手册. 北京：化学工业出版社，1997.

[15] 时钧等. 化学工程手册. 2 版. 北京：化学工业出版社，1996.

[16] 王骥程，祝和云. 化工过程控制工程. 2 版. 北京：化学工业出版社，1991.

[17] 蒋慰孙，俞金寿. 过程控制工程. 3 版. 北京：电子工业出版社，2007.

[18] 王锦标，方崇智. 过程计算机控制. 北京：清华大学出版社，1992.

[19] F. G. 欣斯基. 过程控制系统. 方崇智译. 北京：化学工业出版社，1982.

[20] 俞金寿，顾幸生. 过程控制工程. 4 版. 北京：高等教育出版社，2012.

[21] 王树青等. 先进控制技术及应用. 北京：化学工业出版社，2001.

[22] 王池，王自和，张宝珠，孙淮清. 流量测量技术全书. 北京：化学工业出版社，2012.

[23] ［英］Viktor Mayer-Schönbertger，Kenneth Cukier. 大数据时代. 盛杨燕，周涛译. 杭州：浙江人民出版社，2013.

[24] ［美］Paul Gruhn，P. E.，CFSE Harry L. Cheddie，P. Eng.，CFSE. 安全仪表系统工程设计与应用. 张建国，李玉明译. 北京：中国石化出版社，2017.

[25] Bill R. Hollifield & Eddie Habibi. The Alarm Management Handbook，second edition ［M］. Houston：PAS，2006.

[26] Bill Hollifield，Dana Oliver，Ian Nimmo & Eddie Habibi. The High Performance HMI Handbook ［M］. Houston：PAS，2008.

[27] 谢怀仁. 智能化工厂-石化行业两化深度融合的产物. 自动化博览，2013，（增刊 1）.

[28] 彭瑜. 过程控制系统技术的战略转移和自动化体系架构的发展. 石油化工自动化，2009，（2）.

[29] 黄步余，范宗海，马蕾. 国家标准 GB/T 50770—2013《石油化工安全仪表系统设计规范》解读. 石油化工自动化，2013，（6）.

[30] 李磊，黄步余. 世界级乙烯工厂集成自动化信息系统的设计探讨. 石油化工自动化，2002，（6）.

[31] 叶向东. 数字化石油炼制和石油化工工厂建设初探. 石油化工自动化，2013，（4）.

[32] 叶向东. 仪表和控制系统工程设计的几个问题. 石油化工自动化，2014，（6）.

[33] 林融. 石油化工智能化生产技术及其应用. 中国仪器仪表，2010，S1.

[34] 林洪俊. 石油化工安全仪表系统人机接口设计与研究. 石油化工自动化，2015，（5）.

[35] 张宓，刘建吉，宋志远. 温度套管强度计算方法. 石油化工自动化，2019，（1）.

[36] 王同尧，汉建德. 石油化工控制室常见设计问题探讨. 石油化工自动化，2012，（1）.

[37] 高嗣晟. 关键过程误停车率与安全仪表功能回路的设计. 石油化工自动化，2017，（1）.

[38] 范宗海，于宝全. 大型炼化一体化工程 DCS 网络安全策略. 石油化工自动化，2010，（3）.

[39] 马睿. 先进报警管理系统设计应用探讨. 石油化工自动化，2015，（4）.

[40] 贾铁虎，黄步余. 现代化乙烯工厂现场总线控制系统设计探讨. 石油化工自动化，2003，（3）.

[41] 赵霄. 石油化工装置气体检测系统配置方案的设计探讨. 石油化工自动化，2016，（5）.

[42] GB 50058—2014 爆炸危险环境电力装置设计规范.

[43] GB/T 50493—2019 石油化工可燃气体和有毒气体检测报警设计标准.

[44] GB/T 50770—2013 石油化工安全仪表系统设计规范.

[45] SH/T 3005—2016 石油化工自动化仪表选型设计规范.

[46] SH/T 3006—2012 石油化工控制室设计规范.

[47]　SH/T 3007—2014 石油化工储运系统罐区设计规范.

[48]　SH/T 3081—2019 石油化工仪表接地设计规范.

[49]　SH/T 3082—2019 石油化工仪表供电设计规范.

[50]　SH/T 3092—2013 石油化工分散控制系统设计规范.

[51]　SH/T 3164—2012 石油化工仪表系统防雷工程设计规范.

[52]　SH/T 3174—2013 石油化工在线分析仪系统设计规范.

[53]　ISO 5167 Measurement of fluid flow by means of pressure differential devices inserted in circular cross-section conduits running full.

[54]　IEC 60529 Degrees of Protection Provided by Enclosures (IP Code).

[55]　IEC 61508 Functional Safety of Electrical/Electronic/Programmable Electronic Safety-Related Systems.

[56]　IEC 61511 Functional safety-Safety instrumented systems for the process industry sector.

[57]　IEC 62443 Security for industrial automation and control system.

[58]　IEC 62682 Management of Alarm Systems for the Process Industries.

[59]　ANSI/ISA 18.2 Management of Alarm System for the Process Industries.

索 引

A

安全操作线 …………………………………… 452
安全阀 ………………………………………… 299
安全阀的定压 ………………………………… 304
安全阀的压力工况 …………………………… 306
安全防护距离 ………………………………… 824
安全防护设计 ………………………………… 822
安全防御功能 ………………………………… 591
安全风险 ……………………………………… 1266
安全继电器 …………………………………… 661
安全卡边控制 ………………………………… 584
安全控制器 …………………………………… 657
安全联锁控制 ………………………………… 482
安全生命周期 ……………… 584，656，1345
安全完整性等级 …………………… 584，1345
安全泄压阀 …………………………………… 299
安全性 ………………………………………… 1229
安全要求规格书 …………………… 584，1347
安全仪表功能 ……………………… 584，1345
安全仪表系统 ……………………… 583，1345
安全仪表系统报警 …………………………… 1431
安全原则 ……………………………………… 839
安全栅柜 ……………………………………… 343
安装材料库 …………………………………… 1029
安装图模块 ………………………… 1060，1083
安装图索引页模板 …………………………… 1068
氨氮分析仪 …………………………………… 202
氨压力表 ……………………………………… 147

B

白环境 ………………………………………… 1268
白名单机制 …………………………………… 591
白名单技术 …………………………………… 709
办公网络层 …………………………………… 1157
半导体激光气体检测器 ……………………… 213
棒式物位计 …………………………………… 137
饱和蒸汽压 …………………………………… 898
保护层的安全功能分配 ……………………… 584
保护接地 …………………………… 867，977
保冷 …………………………………………… 1042
保冷绝热 ……………………………………… 1051

保温 …………………………………………… 1042
保温（护）箱 ………………………………… 354
保温绝热 ……………………………………… 1051
报告分发 ……………………………………… 1326
报警辨识 …………………………… 1422，1441
报警定义 ……………………………………… 1419
报警泛滥抑制 ………………………………… 1434
报警分组 ……………………………………… 1426
报警搁置 ……………………………………… 1433
报警管理规范 ……………………… 1422，1440
报警归档 ……………………………………… 1441
报警合理化分析 ……………………………… 1441
报警监测与评估 ……………………………… 1422
报警设置 …………………………… 1420，1434
报警系统功能设计规格书 …………………… 1440
报警系统设计 ………………………………… 1422
报警系统审查 ………………………………… 1422
报警系统实施 ………………………………… 1422
报警系统投用 ………………………………… 1422
报警系统维护 ………………………………… 1422
报警性能评估软件 …………………………… 1423
报警优先级 …………………………………… 1426
报警组态 ……………………………………… 1318
爆破片 ………………………………………… 296
爆破温度 ……………………………………… 297
爆破压力 ……………………………………… 297
爆炸荷载 ……………………………………… 822
爆炸危险场所 ………………………………… 835
爆炸性粉尘 …………………………………… 835
爆炸性气体混合物 …………………………… 835
爆炸性物质 …………………………………… 835
备用原则 ……………………………………… 1292
背压 …………………………………………… 306
倍频程 ………………………………………… 932
被动监测声呐系统 …………………………… 1174
被控变量 ……………………………………… 367
本质安全接地 ………………………………… 867
本质安全系统接地 …………………………… 977
本质安全型 …………………………………… 836
泵区 …………………………………………… 1186
比例积分控制器 ……………………………… 370
比例积分微分控制器 ………………………… 371

比例控制器 ································ 369
比例微分控制器 ···················· 370
比值控制 ···································· 387
比值控制系统 ···················· 383，387
闭路制冷循环 ························ 1140
边界防护 ············· 709，1267，1270，1296
边界条件 ································ 1457
变频超声波外测液位开关 ·········· 142
便携式漏电检测仪 ·················· 364
便携式气泵 ···························· 361
便携液压泵 ···························· 361
标准孔板 ································ 75
标准密度 ································ 1102
标准喷嘴 ································ 75
标准型控制器 ························ 584
表格类文件处理模块 ·············· 1079
表决机制 ································ 711
表示层 ···································· 1214
丙烯腈合成反应器控制 ············ 522
病毒防护 ································ 1297
拨叉式执行机构 ···················· 269
波浪传感器 ···························· 1174
波纹管密封控制阀 ·················· 247
玻璃板液位计 ························ 115
玻璃电极 ································ 195
玻璃管液位计 ························ 115
玻璃转子流量计 ···················· 96
伯努利方程 ····················· 74，234
伯努利系数 ···························· 887
补偿导线 ································ 51
补丁管理 ································ 1268
不可压缩流体 ························ 878
不锈钢压力表 ························ 150
部分行程测试 ························ 1395

C

材料表模块 ···························· 1089
采暖系统 ································ 827
采样控制 ································ 426
采样控制系统 ···················· 383，426
采样周期 ································ 426
参比电极 ································ 195
操纵变量 ································ 367
操作管理 ····················· 1415，1535
操作管理层 ···························· 1232
操作管理应用模块 ·················· 1405
操作日志 ································ 1405

操作数据 ································ 1457
操作数据管理系统 ·················· 583
操作台 ···································· 351
操作员培训仿真系统 ·········· 583，1451
操作站主机柜 ························ 349
操作指令管理 ························ 1405
操作组态 ································ 1318
槽车地衡 ································ 1132
测量电极 ································ 195
层流 ······································ 883
差模干扰 ································ 979
差压表 ···································· 145
差压式液位计 ························ 114
产率 ······································ 507
产率控制 ································ 575
产品收率 ································ 582
产品销售管理 ························ 1537
产品质量控制 ························ 576
产品质量指标控制 ·················· 528
常规功能 ································ 816
常压储罐 ································ 1098
超驰控制系统 ························ 411
超高压锅炉 ···························· 484
超声波物位计 ···················· 115，140
超声波液位开关 ···················· 1109
超声流量计 ···························· 86
超压保护 ································ 1133
沉箱 ······································ 1170
衬里材料 ································ 1023
衬里控制阀 ···························· 248
成分控制系统 ························ 382
承插焊 ···································· 1030
程序控制 ································ 583
齿轮齿条执行机构 ·················· 269
充砂型 ···································· 836
冲突检测 ································ 1217
储罐管理系统 ························ 1144
储罐计量系统 ························ 1102
储罐区 ···································· 1187
储罐数据管理单元 ·················· 1117
储气罐 ···································· 280
储油罐容量计量 ···················· 1202
储油及外输计量系统 ·············· 1154
储油监控系统 ························ 1170
储运自动化 ···························· 1098
储运自动化系统 ···················· 583
穿线管 ···································· 1039

传导发射试验 ·················· 843
传导干扰 ·················· 845
传热过程 ·················· 444
传热设备 ·················· 444
传热速率方程式 ·················· 461
传输层 ·················· 1214，1215
传输媒体 ·················· 1228
传统解耦控制 ·················· 569
传质过程 ·················· 444
船舶自动识别设备 ·················· 1173
喘振 ·················· 452
喘振边界线 ·················· 452
喘振极限线 ·················· 763
喘振尖峰探测 ·················· 769
喘振控制线 ·················· 763
串级比值控制系统 ·················· 387
串级均匀控制系统 ·················· 394
串级控制系统 ·················· 379，383
吹扫转子流量计 ·················· 95
纯滞后时间 ·················· 366
磁场屏蔽 ·················· 979
磁浮子液（界）位计 ·················· 129
磁力机械式氧分析仪 ·················· 184
磁盘阵列 ·················· 1223
磁扇质谱分析仪 ·················· 182
磁压力式氧分析仪 ·················· 185
磁质谱分析仪 ·················· 180
磁致伸缩液位计 ·················· 131，1108
磁阻式转速发信器 ·················· 322
次高压锅炉 ·················· 484
醋酸乙烯聚合反应釜的控制 ·················· 517
催化裂化反应器的控制 ·················· 523
催化燃烧检测器 ·················· 209
催化氧化-非分散红外检测法 ·················· 217

D

大幅度阶跃测试 ·················· 287
大数据 ·················· 1207，1539
带导阀的安全阀 ·················· 299
带降噪板的阀芯 ·················· 242
带宽阻塞 ·················· 1218
单闭环比值控制系统 ·················· 387
单边解耦控制 ·················· 443
单波长 X-射线荧光光谱法总硫分析仪 ·················· 206
单冲量水位控制系统 ·················· 486
单点接地 ·················· 980
单点热电阻温度计 ·················· 1100

单回路控制系统 ·················· 379
单井计量系统 ·················· 1160
单模光纤 ·················· 594
单膜片差压表 ·················· 153
单偏心蝶阀 ·················· 239
单线式供气 ·················· 862
单元关断 ·················· 1165
单元或单个设备停车 ·················· 1139
单元组合仪表 ·················· 583
弹簧安全阀 ·················· 298
弹簧管压力表 ·················· 147
导波雷达物位计 ·················· 119
导热油 ·················· 1140
道尔管 ·················· 78
等百分比流量特性 ·················· 374，891
等电位连接 ·················· 856
低电导率 ·················· 1019
低温碳钢 ·················· 255
低温往复式压缩机 ·················· 1134
低压储罐 ·················· 1098
低压锅炉 ·················· 484
低压输送 ·················· 1129
低要求操作模式 ·················· 584
地震监视预警系统 ·················· 1149
点式物位计 ·················· 137
电伴热 ·················· 1043
电伴热带的功率 ·················· 1051
电场感应 ·················· 979
电场屏蔽 ·················· 979
电磁场感应 ·················· 979
电磁场屏蔽 ·················· 979
电磁干扰 ·················· 845
电磁感应电流 ·················· 865
电磁感应式电导率分析仪 ·················· 197
电磁兼容 ·················· 842，845
电磁流量计 ·················· 84
电磁屏蔽 ·················· 856
电导率分析仪 ·················· 196
电动执行机构 ·················· 270，1110
电感式变送器 ·················· 224
电化学腐蚀 ·················· 850
电化学检测器 ·················· 211
电化学溶解氧分析仪 ·················· 198
电化学氧分析仪 ·················· 187
电机绕组热电阻 ·················· 49
电极式电导率分析仪 ·················· 196
电接点液位计 ·················· 130

电快速瞬变脉冲群抗扰度试验 ················ 843
电缆表模板 ·································· 1069
电缆材料库 ·································· 1029
电缆沟敷设 ·································· 1041
电缆/光纤检漏法 ···························· 1177
电气阀门定位器 ······························ 273
电气设备保护级别 ···························· 840
电气设备温度组别 ···························· 835
电气式物位计 ································ 114
电容法 ···································· 189
电容式变送器 ······························ 223
电容物位计 ·································· 133
电位式变送器 ······························ 225
电涡流测速传感器 ···························· 323
电压波动和闪烁限制试验 ······················ 843
抗扰度试验 ·································· 844
电液控制系统 ······························ 1161
电液执行机构 ·························· 271，1111
电涌防护器 ·································· 856
电涌防护器接地 ······························ 867
电源分配柜 ·································· 860
电源模块 ···································· 717
电源配电柜 ·································· 346
电子布线安全仪表系统 ························ 667
电子布线系统 ································ 596
电子布线智能逻辑计算器 ······················ 667
电子汽车衡 ·························· 1123，1127
电子日志簿 ·································· 1405
电子显示屏 ·································· 1125
调节阀不平衡力（力矩） ······················ 972
调节阀输出力（力矩） ························ 972
调节阀样本维护 ···························· 1095
调节阀允许压差 ······························ 973
调频连续波雷达物位计 ························ 120
调压区 ···································· 1186
蝶形控制阀 ·································· 239
定量装车控制 ······························ 1121
定压 ······································ 304
动态、工艺建模技术 ·························· 571
动态轨道衡 ·································· 1127
动态矩阵控制 ······························ 563
动态模型 ·································· 1460
动态特性 ···································· 365
动态误差 ·································· 1394
动态误差带 ·································· 285
独立原则 ·································· 1292
端面热电阻 ·································· 49

对象属性技术 ································ 586
多变量解耦控制 ······························ 555
多变量预测控制 ······························ 563
多变量预估控制技术 ·························· 571
多变量预估控制器 ···························· 578
多侧线采出的精馏塔 ·························· 550
多弹簧薄膜执行机构 ·························· 267
多点刚性热电偶 ······························ 55
多点接地 ·································· 980
多点热电阻温度计 ·························· 1099
多点柔性热电偶 ······························ 55
多工况报警 ·································· 1433
多级多孔降噪套筒 ···························· 241
多孔降噪套筒 ······························ 241
多孔平衡孔板 ································ 79
多路访问 ·································· 1217
多模光纤 ·································· 594
多模型自适应解耦控制方法 ···················· 570
多普勒法 ···································· 87
多相流量计 ·································· 1160

E

额定行程 ·································· 891
二级负荷 ·································· 857
二氧化硅（SiO_2）分析仪 ···················· 202

F

发布方/接收方 ······························ 1326
阀门储气罐 ·································· 862
阀门定位器 ·································· 378
阀门定位器诊断功能 ·························· 274
阀门摩擦力 ·································· 1395
阀门特性曲线 ······························ 1394
阀室控制系统 ······························ 1200
阀位变送器 ·································· 279
阀阻比 ···································· 878
法拉第杯 ·································· 183
法拉第电磁感应定律 ··························· 84
反拱型爆破片 ······························ 313
反馈控制 ·································· 417
反馈校正 ·································· 561
反射式玻璃板液位计 ·························· 116
反应分离控制器 ······························ 581
反应深度控制器 ······························ 580
反作用式薄膜执行机构 ························ 266
方便维护原则 ······························ 839
防爆等级 ···································· 45

防爆电气设备 …………………………… 835
防爆热电阻 ……………………………… 49
防爆式 …………………………………… 52
防爆型式 ………………………………… 836
防病毒服务 …………………………… 1268
防尘试验 ………………………………… 846
防喘振控制 ………… 453，584，774，1195
防喘振控制阀 …………………………… 252
防喘振控制系统 ………………………… 451
防腐监测系统 ………………………… 1176
防腐蚀 …………………………………… 849
防护等级 …………………………… 45，846
防火开关阀 …………………………… 1110
防火墙 ………………………………… 1228
防火围堰 ……………………………… 1112
防溅式 …………………………………… 52
防静电接地 ………………………… 867，977
防雷接地 ………………………………… 977
防侵蚀 …………………………………… 849
防霜式玻璃板液位计 …………………… 117
防水式 …………………………………… 52
防水试验 ………………………………… 847
防烫绝热 ……………………………… 1051
防盐雾腐蚀 ……………………………… 852
防溢液位开关 ……………… 1123，1125
仿真软件建模培训 …………………… 1469
放射防护 ………………………………… 139
放射性活度 ……………………………… 139
放射性物位计 ……………………… 115，136
放射源 …………………………………… 136
非接触式测温 …………………………… 39
非紊流 …………………………………… 882
非线性控制 ……………………………… 422
非线性控制系统 ………………… 383，422
非线性自适应解耦控制方法 …………… 570
非消耗型电化学氧分析仪 ……………… 187
废热锅炉的控制 ………………………… 495
沸腾床反应器 …………………………… 503
分贝 ……………………………………… 932
分布式光纤测温系统 ………………… 1150
分程控制 ………………… 383，395，537
分程控制系统 …………………………… 395
分流式三通阀 …………………………… 466
分馏系统先进控制器 …………………… 581
分体型温度变送器 ……………………… 70
分析小屋 ………………………………… 218
分组屏蔽 ……………………………… 1036

粉尘防爆型 …………………………… 836
粉料排放系统球阀 ……………………… 253
服务器柜 ……………………………… 349
氟塑料 ………………………………… 1033
浮顶储罐 ……………………………… 1098
浮动球阀 ……………………………… 237
浮动塔压控制 …………………………… 550
浮力式液位计 …………………………… 114
浮式储油外输系统 …………………… 1170
浮式生产储油外输系统 ……………… 1170
浮筒液（界）位计 ……………………… 127
浮子流量计 ……………………………… 94
辐射发射试验 …………………………… 843
辐射干扰 ………………………………… 845
釜式反应器 ……………………………… 502
辅助操作台 ……………………………… 351
辅助工具菜单 ………………………… 1078
辅助功能 ………………………………… 816
腐蚀趋向 ……………………………… 1176
腐蚀速率 ……………………………… 1176
腐蚀探针 ……………………………… 1176
腐蚀余量 ……………………………… 1176
负荷分配控制 …………………………… 776
负荷控制系统 …………………………… 451
负荷能力控制 …………………………… 584
负压表 …………………………………… 145
负压波法 ……………………………… 1177
复合型爆破片 …………………………… 313
傅里叶变换红外分析仪 ………………… 171

G

概率计算 ……………………………… 1350
干空气密度计算式 ……………………… 990
干扰系数 ……………………………… 1026
干燥器的控制 …………………………… 474
杆式天线 ……………………………… 1108
感应雷 ………………………………… 854
感应雷电磁脉冲干扰 ………………… 854
钢带液位计 ……………………………… 125
高电导率 ……………………………… 1019
高级应用层 …………………………… 1251
高精度电子轨道衡 …………………… 1121
高完整性压力保护系统 ……………… 1168
高温玻璃板液位计 ……………………… 116
高温高压玻璃板液位计 ……………… 116
高温控制阀 ……………………………… 243
高压锅炉 ……………………………… 484

隔爆型 …………………………… 836	故障诊断 ………………………… 1385
隔离区 …………………………… 1157	关断等级 ………………………… 1165
隔膜法原理 ……………………… 198	关系数据库 ……………………… 1532
隔膜或膜片压力表 ……………… 147	管壁等效绝对粗糙度 …………… 987
工厂集成验收测试 ……………… 1319	管材数据库 ……………………… 1093
工厂信息层 ……………………… 1232	管道材料等级规定 ……………… 1029
工厂验收测试 …………………… 1318	管道内横截面面积 ……………… 1026
工程设计软件 …………………… 1029	管道外输 ………………………… 1129
工程项目管理 …………………… 1537	管道系统 ………………………… 298
工频磁场 ………………………… 844	管理风险 ………………………… 1267
工频磁场抗扰度试验 …………… 843	管理功能 ………………………… 816
工业无线系统 …………………… 1471	管理级安全 ……………………… 606
工业以太网 ……………………… 1218	管理模块 ………………………… 1055
工艺模型开发及集成 …………… 1468	管理软件 ………………………… 1053
工艺数据 ………………………… 1456	管理信息网 ……………………… 1532
工艺数据模块 …………………… 1057	管路特性 ………………………… 445
工艺条件数据库 ………………… 1092	管式反应器 ……………………… 503
工艺停车 ………………………… 1139	管式干燥器 ……………………… 474
工艺仪表条件表 ………………… 1080	灌装控制 ………………………… 1126
工作接地 ………………………… 867	罐底控制阀 ……………………… 252
工作流量特性 …………………… 375	罐区液位连续测量仪表 ………… 1107
工作站/客户终端 ……………… 1224	罐容计算 ………………………… 1117
公钥管理 ………………………… 709	光缆 ……………………………… 1229
功能安全 ………………………… 708	光谱分析仪 ……………………… 166
功能安全认证 …………… 584，1351	光致电离型检测器 ……………… 212
功能模块 ………………………… 1055	广播风暴 ………………………… 1218
功能设计规格书 ………………… 1498	广义推断控制 …………………… 560
功能组态 ………………………… 1318	广义预测控制 …………………… 563
供电回路分级 …………………… 859	规格书模板 ……………………… 1067
供电回路分组 …………………… 860	轨道球阀 ………………………… 239
共模传导抗扰度试验 …………… 844	滚动优化 ………………………… 561
共模干扰 ………………………… 979	锅炉 ……………………………… 484
钴-60 …………………………… 136	锅炉炉壁热电阻 ………………… 49
固定床反应器 …………………… 503	锅炉燃烧系统的控制 …………… 493
固定磁扇质谱分析仪 …………… 180	锅炉设备 ………………………… 444
固定顶储罐 ……………………… 1098	国际实用温标 …………………… 39
固定极限流量防喘振控制方案 … 453	过程控制层 ……………………… 583
固定球阀 ………………………… 238	过程控制流变仪 ………………… 335
固定式生产设施 ………………… 1153	过程控制网 ……………………… 1532
固态逻辑安全系统 ……………… 670	过程控制网络层 ………………… 1156
固态逻辑电路 …………………… 584	过程控制站 ……………………… 588
固体音叉开关 …………………… 134	过程危险分析和风险评估 ……… 584
固有可调比 ……………………… 892	过渡接线柜 ……………………… 344
固有流量特性 …………………… 878	过渡流 …………………………… 883
故障安全型 ……………… 584，1146	过滤分离器区 …………………… 1186
故障恢复 ………………………… 1268	过滤器减压阀 …………………… 279
故障树 …………………………… 1350	过热水蒸气密度 ………………… 989

过热蒸汽系统的控制 ························ 492

H

海管测漏系统 ························· 1176
海管旁路内腐蚀监测 ·············· 1176
海流传感器 ························· 1174
海上固定平台的振动监测与分析 ··· 1178
海上油气生产设施 ·················· 1153
海水开架式汽化器 ·················· 1131
海盐雾 ····························· 849
含尘量 ····························· 860
含砂监测传感器 ····················· 1175
含砂监测系统 ······················ 1175
含盐污水 ·························· 1141
含油量 ····························· 861
合金钢 ····························· 255
合流式三通阀 ······················ 466
核心数据库 ························· 1532
横向分域 ·························· 1210
红外分析仪 ························· 166
红外检测器 ························· 210
互操作性测试 ······················ 1327
华氏温标 ···························· 39
滑板控制阀 ························· 249
化学反应过程 ······················ 444
化学反应过程常用指标 ·············· 507
化学反应器 ···················· 444，517
化学反应器的控制 ·················· 502
化学腐蚀 ·························· 850
化学需氧量（COD）在线分析仪 ····· 201
环境参数 ·························· 834
环境参数严酷度等级 ················ 834
环境试验技术 ······················ 834
环境适应性 ························· 834
环境适应性技术 ····················· 834
环境适应原则 ······················ 839
环形供气 ·························· 863
环形拓扑 ·························· 1220
换热器 ····························· 298
挥发性有机物监测系统 ·············· 216
回归分析建模 ······················ 556
回流鼓风机 ························· 1134
回路接线图模块 ···················· 1084
回路图模板 ··················· 1060，1070
回收处理 ·························· 1129
汇线槽 ····························· 1038
会话层 ····························· 1214

混合形拓扑 ························· 1221
火车装车控制管理系统 ·············· 1121
火车装车设施 ······················ 1120
火炬系统 ·························· 1140
火气关断 ·························· 1165
火气探测保护系统 ·················· 1166
火气探测覆盖分析 ·················· 1164
火气探测控制系统 ·················· 1153
火焰光度检测器 ····················· 178
火焰离子检测器 ····················· 178
火灾探测器 ························· 787

J

机架式服务器 ······················ 1223
机械设备 ·························· 298
机械噪声 ·························· 241
机械振动噪声 ······················ 933
机械状态监测及分析系统 ············ 1144
积分饱和 ·························· 415
积聚压力 ·························· 305
基本回路整定技术 ·················· 570
基础控制层 ························· 1232
基础诊断 ·························· 274
基地式仪表 ························· 583
绩效管理 ·························· 1406
激光法 ····························· 190
激光气体分析仪 ····················· 173
极端环境控制器 ····················· 584
集线器 ····························· 1225
集中荷载 ·························· 825
集中井口监控系统 ·················· 1158
计量管理 ·························· 1535
计量级 ····························· 1098
计量交接 ·························· 1102
计量密度 ·························· 1102
计量撬 ····························· 1132
计量区 ····························· 1186
计算类文件处理模块 ················ 1081
计算模块 ·························· 1058
技术辨别法 ························· 556
继电器柜 ·························· 343
继电器逻辑电路 ····················· 584
加剂区 ····························· 1186
加热炉 ····························· 298
加热炉的控制 ··················· 479，1188
加热炉区及换热区 ·················· 1186
加速度计 ·························· 1150

加速度型测振传感器 …………………………… 332
加压气化 …………………………………… 1129
加注系统控制 ……………………………… 1141
甲醇合成反应器的控制 …………………… 520
架空敷设 …………………………………… 1038
间歇报警 …………………………………… 1429
监控数据表模板 …………………………… 1066
监控与数据采集系统 ……………………… 1185
监视控制层 ………………………………… 1232
检测器 ………………………………… 177，183
检定系统 …………………………………… 1202
检验测试 …………………………………… 1350
检验测试时间间隔 ……………… 1366，1371
减温减压器 ………………………………… 247
建模平台 …………………………………… 1456
建模数据 …………………………………… 1456
建筑物室内火灾自动报警系统 ………… 1205
浆液浓度控制 ……………………………… 576
降级策略 …………………………………… 711
降噪控制阀 ………………………………… 241
降噪球阀 …………………………………… 239
交换机 ……………………………………… 1225
交联聚乙烯 ………………………………… 1033
交流不间断电源 …………………………… 858
浇封型 ……………………………………… 836
角形控制阀 ………………………………… 236
搅拌通气流动干燥器 ……………………… 474
教员站 ……………………………………… 1453
阶梯形套管 ………………………………… 58
阶跃响应测试 ……………………………… 1394
接触式温度计 ……………………………… 39
接地网络 …………………………………… 980
接地装置 …………………………………… 855
接近开关 …………………………………… 323
接壳型 ……………………………………… 52
接口程序编程功能 ………………………… 1403
接闪器 ……………………………………… 855
接收站 ……………………………………… 1129
接线模块 …………………………………… 1059
接线箱 ……………………………………… 352
接卸 ………………………………………… 1129
结构约束 …………………………………… 1365
解模糊化 …………………………………… 568
解耦 ………………………………………… 432
解耦控制 ………… 443，548，568，584，776
解耦控制系统 ………………………… 383，442
界面检测及顺序输送控制 ………………… 1192

金属转子流量计 …………………………… 96
紧急脱离系统 ……………………………… 1132
近红外分析仪 ……………………………… 168
近红外漫反射法 …………………………… 193
浸没燃烧式汽化器 ………………………… 1131
经典文丘里管 ……………………………… 76
精馏塔 ……………………………………… 444
精馏塔的控制 ……………………………… 527
井口控制盘 ……………………… 1154，1158
径向型 ……………………………………… 43
净化 ………………………………………… 1129
静电放电抗扰度试验 ……………………… 843
静电接地夹 ……………………… 1123，1125
静态解耦 …………………………………… 550
静态前馈 …………………………………… 467
静态数学模型 ……………………………… 553
静态特性 …………………………………… 365
局域网 ……………………………………… 1217
聚丙烯反应器的控制 ……………………… 518
聚氯乙烯 …………………………………… 1033
聚全氟乙丙烯 ……………………………… 1033
聚乙烯 ……………………………………… 1033
绝热 ………………………………………… 1042
绝热层厚度设计 …………………………… 1052
绝压表 ……………………………………… 145
绝缘检测仪 ………………………………… 364
绝缘型 ……………………………………… 52
均布荷载 …………………………………… 825
均匀控制 ……………………………… 383，393
均匀控制系统 ……………………………… 393

K

卡门涡街 …………………………………… 81
开放原则 …………………………………… 1292
开关时间测试 ……………………………… 286
铠装电缆 …………………………………… 1035
铠装热电阻 ………………………………… 48
抗爆测试报告 ……………………………… 833
抗爆结构 …………………………………… 822
抗爆进线密封模块 ………………………… 831
抗爆控制室 ………………………………… 822
抗爆强度计算 ……………………………… 822
抗爆设计压力 ……………………………… 822
抗爆要求 …………………………………… 822
抗硫压力表 ………………………………… 147
抗气蚀控制阀 ……………………………… 242
抗振热电阻 ………………………………… 49

科里奥利质量流量计 ················ 90
可编程序控制器 ················ 584
可变极限流量防喘振控制方案 ········ 455
可调比 ················ 371，396
可互操作性 ················ 1325
可换孔板节流装置 ················ 79
可靠性 ················ 1229
可靠性框图 ················ 1350
可燃/有毒气体探测器 ················ 787
可熔性聚四氟乙烯 ················ 1033
可视化 ················ 1207
可压缩流体 ················ 878
克劳斯反应器的控制 ················ 521
刻槽型爆破片 ················ 313
刻度换算 ················ 1015
客户/服务器 ················ 1326
客户化原则 ················ 1293
空调系统 ················ 827
空化 ················ 883
空气动力学噪声 ················ 241
空气流量 ················ 1395
控制阀部分行程测试 ················ 289
控制阀的诊断 ················ 288
控制阀典型阶跃响应测试 ················ 286
控制阀内部泄漏 ················ 260
控制阀特性 ················ 285
控制阀外部泄漏 ················ 263
控制阀性能测试 ················ 285
控制级 ················ 1098
控制器性能监控系统 ················ 583
控制室仪表防雷接地 ················ 984
控制数据 ················ 1457
控制系统柜 ················ 342
控制系统监控数据表 ················ 1081
控制系统诊断报警 ················ 1431
控制总线层 ················ 1156
库存管理 ················ 1537
库存统计 ················ 1117
快开流量特性 ················ 374
快速性指标 ················ 367

L

拉曼光谱分析仪 ················ 175
喇叭天线 ················ 1107
浪涌（冲击）抗扰度试验 ················ 843
雷达物位计 ················ 115
雷达液位计 ················ 1107
雷电防护 ················ 865
雷诺数 ················ 995
冷剂储存 ················ 1129
冷镜法 ················ 189
冷却系统控制 ················ 577
冷态开车 ················ 1457
冷态试验压力 ················ 306
离线性能诊断 ················ 1393
离线诊断 ················ 274
离心泵的控制 ················ 445
离心式压缩机的控制 ················ 451
离子源 ················ 181
理想流量特性 ················ 373
历史数据归档 ················ 1404
连续控制 ················ 583
链路活动调度器 ················ 1330
链路主设备 ················ 1330
两位四通电磁阀 ················ 277
裂解深度 ················ 525
裂解深度软测量 ················ 574
流程图功能 ················ 1412
流化床干燥器 ················ 474
流量控制系统 ················ 380
流量系数 ················ 877
流体等熵指数计算式 ················ 992
流体动力学噪声 ················ 241
流体黏度计算式 ················ 990
流体输送过程 ················ 444
流体输送设备 ················ 444
馏程分析仪 ················ 207
漏液 ················ 544
鲁棒性 ················ 561
鲁棒自适应控制 ················ 566
路由器 ················ 1227
露点 ················ 860
露端型 ················ 52
铝/塑复合带绕包屏蔽 ················ 1036
罗洛斯管 ················ 78

M

马尔科夫模型法 ················ 1350
马赫数 ················ 932
马氏体不锈钢 ················ 256
码头控制室 ················ 1145
脉冲磁场 ················ 844
脉冲磁场抗扰度试验 ················ 844
脉冲雷达物位计 ················ 120

脉冲响应控制 …………………………… 562
毛标准体积 ……………………………… 1102
毛计量体积 ……………………………… 1102
贸易交接计量 …………………………… 1171
贸易结算 ………………………………… 1102
霉菌试验 ………………………………… 853
迷宫式套筒 ……………………………… 241
密度 ……………………………………… 111
密度修正 ………………………………… 1014
面积流量计 ……………………………… 94
明渠流量测量 …………………………… 102
模糊建模 ………………………………… 557
模糊决策 ………………………………… 430
模糊控制 …………………… 429，555，566
模糊控制系统 ………………… 383，429
模糊数学 ………………………………… 429
模糊推理 ………………………………… 568
模块化 …………………………………… 1207
模拟输出模块 …………………………… 718
模拟输入模块 …………………………… 718
模拟仪表控制系统 ……………………… 583
模型参考自适应控制 …………… 564，565
模型仿真服务器 ……………… 1452，1453
模型算法控制 …………………………… 562
模型验收测试 …………………………… 1468
模型预测控制 …………………………… 561
膜盒式差压表 …………………………… 153
膜盒压力表 ……………………………… 148
膜片压力表 ……………………………… 148
膜式蒸发器 ……………………………… 471

N

钠离子分析仪 …………………………… 202
耐火等级 ………………………………… 825
耐火极限 ………………………………… 825
耐火完整性报告 ………………………… 833
耐火型电缆 ……………………………… 1036
耐振压力表 ……………………………… 147
内部安全 ………………………………… 1296
内部风险 ………………………………… 1267
内部泄漏检测 …………………………… 1206
内藏孔板 ………………………………… 79
内层屏蔽 ………………………………… 872
内浮顶储罐 ……………………………… 1098
内浮筒液（界）位计 …………………… 128
内腐蚀监测 ……………………………… 1176
内回流控制 …………………………… 406，547

内置防火墙 ……………………………… 709
能耗计算式 ……………………………… 996
能量平衡 ………………………………… 507
能量平衡控制 …………………………… 529
能量色散 X-射线荧光光谱法总硫分析仪 … 205
能源管理 ………………………………… 1535
泥浆抗振压力表 ………………………… 148
泥温传感器 ……………………………… 1175
黏度 ……………………………………… 111
黏度修正 ………………………………… 1015
镍基合金 ………………………………… 256
牛顿流体 ………………………………… 883
浓度控制 ………………………………… 471

P

盘控制阀 ………………………………… 247
抛物面天线 ……………………………… 1107
抛物线流量特性 ………………………… 374
泡点气压缩 ……………………………… 1129
泡沫混合液 ……………………………… 1141
喷雾干燥器 ……………………………… 474
批量控制 ………………………………… 583
批量控制管理 …………………………… 588
批量控制器 ……………………………… 1123
批量控制器控制 ………………………… 1121
偏心孔板 ………………………………… 77
偏心旋转控制阀 ………………………… 240
平均安全失效时间 ……………………… 1369
平均失效概率 ……………… 584，1348，1365
平均失效概率计算 ……………………… 1367
平面敷设图模块 ………………………… 1088
平面天线 ………………………………… 1107
平台辅助监控系统 ……………………… 1154
屏蔽接地 …………………………… 867，977
普通交流电源 …………………………… 858

Q

脐带缆 …………………………………… 1162
脐带缆上部终端 ………………………… 1184
气动薄膜执行机构 ……………………… 265
气动薄膜执行机构的角行程输出 ……… 267
气动阀门定位器 ………………………… 273
气动活塞执行机构 ……………………… 267
气动活塞直行程式执行机构 …………… 267
气动角行程活塞式执行机构 …………… 269
气动信号配管 …………………………… 1037
气动增速器 ……………………………… 279

气动执行机构 ·············· 1110
气控阀 ·············· 280
气密水密性检验证书 ·············· 833
气锁阀 ·············· 280
气体报警控制器 ·············· 213，795
气体动力噪声 ·············· 933
气体混合物黏度计算式 ·············· 991
气体检测系统 ·············· 583
气体密度 ·············· 886
气体黏度 ·············· 991
气体湿度 ·············· 990
气体涡轮流量计 ·············· 101
气体压缩系数方程 ·············· 988
气相色谱分析仪 ·············· 176
气相色谱-火焰离子化检测法 ·············· 217
气象传感器 ·············· 1175
气穴现象 ·············· 1023
气-液两相流体 ·············· 885
气源分配器供气 ·············· 863
气源配管 ·············· 1037
企业资源管理层 ·············· 583
汽包水位的控制 ·············· 484
汽车装车设施 ·············· 1121
前馈-反馈控制 ·············· 420，467
前馈控制 ·············· 418
前馈控制系统 ·············· 383，417
强震动记录仪 ·············· 1150
强制循环蒸发器 ·············· 471
轻伴热 ·············· 1045
清管区 ·············· 1185
球形储罐 ·············· 1098
球形控制阀 ·············· 237
驱动信号 ·············· 286
驱动信号测试 ·············· 1394
趋势分析 ·············· 1406
趋势图功能 ·············· 1412
权限角色管理 ·············· 1408
全厂停车 ·············· 1138
全电式控制系统 ·············· 1161
全启式安全阀 ·············· 299
全生命周期 ·············· 815，1053
全液压控制系统 ·············· 1161
全自动压力检定系统 ·············· 362
全自动压力检验仪 ·············· 359，360

R

燃烧过程控制 ·············· 494

燃烧系统的控制 ·············· 481
热磁式氧分析仪 ·············· 185
热导式检测器 ·············· 178
热电偶 ·············· 40，50
热电偶补偿导线 ·············· 1031
热电偶型测温电缆 ·············· 56
热电阻 ·············· 40，45
热辐射 ·············· 40
热焓 ·············· 469
热焓控制 ·············· 409，547
热焓控制系统 ·············· 469
热交换器的控制 ·············· 461
热力学温标 ·············· 39
热量平衡方程式 ·············· 461
热膨胀 ·············· 40
热式质量流量计 ·············· 89
热水伴热 ·············· 1043
人工剔除法 ·············· 556
人工照明 ·············· 826
人工智能 ·············· 1207
人机工程学 ·············· 814，1264
人身安全的报警 ·············· 1430
冗余原则 ·············· 1292
容积式流量计 ·············· 96
容量滞后时间 ·············· 366
溶解氧分析仪 ·············· 198
软测量技术 ·············· 555
软测量模型校正 ·············· 558
软件功能规格书 ·············· 1263，1494
软件技术接口 ·············· 1091
软密封球阀 ·············· 238
软仪表技术 ·············· 570

S

三冲量控制 ·············· 420
三冲量水位控制系统 ·············· 488
三级负荷 ·············· 857
三偏心蝶阀 ·············· 239
三通电磁阀 ·············· 277
三通控制阀 ·············· 237
三重模块冗余 ·············· 764
扫描磁扇质谱分析仪 ·············· 180
扫描光栅近红外分析仪 ·············· 169
色度分析仪 ·············· 208
铯-137 ·············· 136
闪点分析仪 ·············· 208
闪蒸 ·············· 883

上部脐带缆终端装置 …………………… 1162
设备管理 …………………………………… 1537
设备级安全 ………………………………… 605
设备描述语言 ……………………………… 1327
设备数据 …………………………………… 1457
设备维护管理 ……………………………… 588
设备诊断 …………………………………… 1385
设备状态监测校验仪 ……………………… 363
设计目标 …………………………………… 1426
设计压力 ……………………………… 304，296
射频场感应的传导骚扰抗扰度试验 ……… 843
射频导纳物位计 …………………………… 134
射频电磁场抗扰度试验 …………………… 843
摄氏温标 …………………………………… 39
身份认证 …………………………………… 709
深冷控制阀 ………………………………… 245
神经网络 …………………………………… 557
生产操作控制层 ……………… 1209，1532
生产调度管理 ……………………………… 1536
生产给水 …………………………………… 1141
生产关断 …………………………………… 1165
生产过程控制系统 ………………………… 1153
生产计划管理 ………………… 1535，1537
生产经营管理层 ……………… 1209，1532
生产经营管理系统 ………………………… 1533
生产污水 …………………………………… 1141
生产信息管理 ……………………………… 588
生产运行管理层 …………………………… 583
生产执行管理层 ……………… 1209，1532
生产执行系统 ……………………………… 1533
生活给水 …………………………………… 1141
生活污水 …………………………………… 1141
生命周期理念 ……………………………… 1498
声波法 ……………………………………… 1177
声光可调谐滤波近红外分析仪 …………… 169
声呐式外测液位计 ………………………… 140
石墨爆破片 ………………………………… 313
石英晶体振荡法 …………………………… 191
时间差法 …………………………………… 86
时间常数 …………………………………… 45
时钟同步 …………………………………… 1145
实际气体状态方程 ………………………… 988
实时报表 …………………………………… 1406
实时报警 …………………………………… 1406
实时监控 …………………………………… 1406
实时/历史数据库模块 …………………… 1402
实时数据库 ………………………………… 1532

实时性 ……………………………………… 1229
实时优化 …………………………………… 583
实时在线优化技术 ………………………… 571
史密斯预估控制 …………………………… 411
输气管道计量系统 ………………………… 1202
输气管道站场 ……………………………… 1192
输油泵机组的控制 ………………………… 1187
输油管道计量系统 ………………………… 1201
输油管道站场 ……………………………… 1185
树形拓扑 …………………………………… 1221
树形拓扑结构 ……………………………… 1334
数据表定义 ………………………………… 1094
数据采集 …………………………………… 1259
数据采集功能 ……………………………… 1403
数据采集与监控系统 ……………………… 583
数据存储 …………………………………… 1260
数据存储和处理功能 ……………………… 1403
数据导入导出 ……………………………… 1096
数据导入模块 ……………………………… 1063
数据的处理 ………………………………… 1260
数据的分类管理 …………………………… 1404
数据共享 …………………………………… 1053
数据过滤 …………………………………… 709
数据缓冲区 ………………………………… 1232
数据缓存功能 ……………………………… 1404
数据集成平台 ……………………………… 1532
数据加密 …………………………………… 709
数据接口功能 ……………………………… 1403
数据库高级应用功能 ……………………… 1412
数据链路层 ………………………………… 1213
数据中心服务器 …………………………… 1150
数字化 …………………… 1207，1211，1541
数字化工厂 ………………………………… 1211
数字化交付 ………………………………… 1542
数字孪生 …………………………………… 1541
数字签名 …………………………………… 709
数字输出模块 ……………………………… 717
数字输入模块 ……………………………… 717
数字压力表 ………………………………… 361
双闭环比值控制系统 ……………………… 387
双边解耦 …………………………………… 443
双波纹管差压表 …………………………… 153
双冲量均匀控制系统 ……………………… 394
双冲量水位控制系统 ……………………… 486
双绞线 ……………………………………… 1228
双金属温度计 ……………………………… 42
双膜片差压表 ……………………………… 153

双偏心蝶阀 ···················· 239
双色玻璃板液位计 ············· 116
双温差控制 ···················· 532
双重化表决 ···················· 657
水击控制 ······················ 1190
水面定位雷达系统 ············· 1174
水面油分析仪 ·················· 203
水上/水下储罐平台 ············ 1170
水文传感器 ···················· 1174
水文气象监测系统 ············· 1174
水下复合电液井口监控系统 ···· 1161
水下管缆安防系统 ············· 1173
水下井口监控系统 ············· 1161
水下控制模块 ············ 1162，1184
水下脐带缆终端 ··············· 1184
水下脐带缆终端装置 ··········· 1162
水下生产系统 ·················· 1153
水下仪表变送器 ··············· 1162
水中油分析仪 ·················· 203
顺磁氧分析仪 ·················· 184
顺序控制 ······················ 1141
瞬闪报警 ······················ 1430
死区测试 ······················ 286
四极杆质谱分析仪 ············· 180
四重化表决 ···················· 657
伺服液位计 ·············· 126，1108
速度传感器 ···················· 322
速度分布系数 ·················· 1025
速度控制 ······················ 775
速度型振动传感器 ············· 332
索引表模板 ···················· 1066

T

塔式反应器 ···················· 503
塔式服务器 ···················· 1223
台式气压泵 ···················· 362
台式油压泵和台式水压泵 ······ 362
套管强度计算 ·················· 58
套管强度判据准则 ············· 59
套管应力 ······················ 61
套管自然频率 ·················· 60
特殊锅炉的控制 ··············· 495
特殊流路多孔降噪套筒 ········· 242
特性模块 ······················ 593
梯形套管 ······················ 46
梯形托座 ······················ 1039
锑电极 ························· 195

体积管的检定系统 ············· 1204
体积计量 ······················ 1102
体积流量 ······················ 898
体积修正系数 ·················· 1102
天然气计量 ···················· 1196
天然气外输计量系统 ··········· 1172
天然气在线分析系统 ··········· 1196
跳频扩频通信 ·················· 1473
通信模块 ······················ 717
通用输入/输出模块 ············ 721
通用型爆破片 ·················· 313
同轴电缆 ······················ 1228
铜/塑复合带或铜带绕包屏蔽 ··· 1036
铜线纺织屏蔽 ·················· 1036
统计检验法 ···················· 556
统计平衡 ······················ 1535
透光式玻璃板液位计 ··········· 115
透平速度控制 ·················· 584
图形模板定制 ·················· 1096
推断控制 ················ 551，559
退守策略 ······················ 584
拓扑结构 ······················ 1219

W

外部风险 ······················ 1266
外部控制系统报警 ············· 1431
外部泄漏检测 ·················· 1206
外层屏蔽 ······················ 872
外浮筒液（界）位计 ··········· 129
外腐蚀监测 ···················· 1176
外加电流阴极保护监测 ········· 1176
外壳防护等级 ·················· 845
外输计量系统 ·················· 1171
弯管 ·························· 79
万向型 ························· 43
网关 ·························· 1228
网络安全 ······················ 1267
网络安全功能规格书 ······ 1263，1494
网络安全评估 ·················· 1280
网络安全审计 ·················· 1321
网络层 ························· 1213
网络动态监控 ·················· 591
网络隔离 ················ 1267，1270
网络柜 ························· 348
网络互连设备 ·················· 1224
网络互联层 ···················· 1215
网络化 ················· 1207，1211

网络架构 …………………………………… 1269
网络接口层 ………………………………… 1215
网络接口设备 ……………………………… 1224
网络系统分析仪 …………………………… 364
网络型 I/O 模块 …………………………… 730
网桥 ………………………………………… 1225
网形拓扑 …………………………………… 1221
网型接地 …………………………………… 981
网型结构 …………………………………… 867
网状网络 …………………………………… 1474
往复泵与旋转泵的控制 …………………… 448
往复活塞式 ………………………………… 98
往复式压缩机的控制 ……………………… 450
微量水及露点分析仪 ……………………… 188
微启式安全阀 ……………………………… 299
微通道电子倍增器 ………………………… 183
微小流量控制阀 …………………………… 246
位式控制器 ………………………………… 368
位移型测振传感器 ………………………… 331
温度电极 …………………………………… 195
温度控制 …………………………………… 471
温度控制系统 ……………………………… 382
温度校验仪表 ……………………………… 356
温度、压力校正 …………………………… 391
温盐传感器 ………………………………… 1175
文丘里喷嘴 ………………………………… 76
紊流 ………………………………………… 882
稳定性指标 ………………………………… 366
稳定状态 …………………………………… 1457
稳高压消防给水 …………………………… 1141
稳态模型 …………………………………… 1460
涡街流量计 ………………………………… 81
涡轮流量计 ………………………………… 100
涡旋脱落频率 ……………………………… 61
卧式储罐 …………………………………… 1098
无规锅炉的控制 …………………………… 496
无金属光缆 ………………………………… 1041
无卤检验证书 ……………………………… 833
无盲区玻璃板液位计 ……………………… 117
无线传输媒体 ……………………………… 1229
无线网关 …………………………………… 1476
无线仪表系统 ……………………………… 1471
五氧化二磷电解法 ………………………… 192
物理层 ……………………………………… 1213
物理腐蚀 …………………………………… 850
物理网络 …………………………………… 1230
物联网 ………………………………… 1207，1539

物料管理 …………………………………… 1535
物料平衡 ……………………………… 507，1414
物料平衡控制 ……………………………… 529
物位开关 …………………………………… 137
物性数据 …………………………………… 1456
物资供应 …………………………………… 1537
误停车率 …………………………………… 1366

X

牺牲阳极阴极保护监测 …………………… 1176
系统安全 …………………………………… 656
系统测试 …………………………………… 1327
系统工具菜单 ……………………………… 1077
系统管理员培训 …………………………… 1470
系统级安全 ………………………………… 605
系统集成 …………………………………… 1327
系统网络架构 ……………………………… 1494
系统压力 …………………………………… 296
系统组态 …………………………………… 1317
狭义的推断控制 …………………………… 559
先进报警管理软件 ………………………… 1423
先进报警管理系统 ………………………… 583
先进过程控制 ………………………… 555，583
先进过程控制技术 ………………………… 570
纤维混合物 ………………………………… 835
现场过程校验仪表 ………………………… 361
现场机柜室 ………………………………… 815
现场控制室 ………………………………… 815
现场验收测试 ……………………………… 1320
现场仪表及电缆槽接地 …………………… 984
现场站 ……………………………………… 1453
现场总线 …………………………………… 1324
现场总线层 ………………………………… 1156
现场总线电缆 ……………………………… 1035
现场总线电涌防护器 ……………………… 874
现场总线控制系统 ………………………… 583
现场总线设备极性 ………………………… 1330
现场总线设备接线柜 ……………………… 346
限位开关 …………………………………… 278
线路电压降 ………………………………… 858
线膨胀系数 ………………………………… 987
线性可变差动变压器 ……………………… 327
线性孔板 …………………………………… 78
线性自适应解耦控制方法 ………………… 570
相对行程 …………………………………… 891
项目工具菜单 ……………………………… 1078
项目管理文档 ……………………………… 1494

项目合并模块 ························ 1062

消防控制系统 ························ 1205

消耗型电化学氧分析仪 ·············· 187

小流量切除 ·························· 94

校验报告 ··························· 1393

校验管理 ··························· 1392

楔形流量计 ·························· 77

协同过程自动化系统 ················ 586

谐波电流发射试验 ·················· 843

谐振式变送器 ······················ 226

泄放面积 ·························· 297

泄放能力 ·························· 297

泄漏检测解决方案 ················· 1206

泄漏检测系统 ····················· 1150

泄压阀 ···························· 299

泄压区 ··························· 1186

卸船系统停车 ····················· 1139

信息安全 ····················· 708，1296

信息安全漏洞 ····················· 1280

信息管理 ························· 1117

信息网络 ························· 1230

星形接地 ·························· 980

星形拓扑 ························· 1219

星形-网型复合接地 ················ 981

行程偏差 ························· 1394

性能曲线 ·························· 763

虚假水位 ·························· 491

虚拟计量系统 ····················· 1163

虚拟局域网 ······················ 1226

虚拟通信关系 ····················· 1326

旋进流量计 ························ 82

旋塞控制阀 ······················ 240

旋转活塞式 ························ 98

旋转位置传感器 ··················· 327

选择性控制系统 ··················· 411

学员站/DCS 操作站 ················ 1454

巡回检测仪表 ····················· 583

循环水 ··························· 1141

Y

压电式变送器 ····················· 225

压力表 ··························· 145

压力测量仪表 ····················· 145

压力储罐 ························· 1098

压力恢复系数 ····················· 898

压力控制系统 ····················· 381

压力容器 ·························· 297

压力式温度计 ····················· 41

压力损失计算式 ··················· 996

压力校验仪表 ····················· 359

压力泄放设施 ····················· 296

压强 ····························· 145

压缩机负荷分配控制 ··············· 1194

压缩机控制系统 ··················· 583

压缩机组控制 ····················· 1194

压阻式变送器 ····················· 224

烟气排放连续监测系统 ············· 214

严酷度等级 ······················ 850

盐雾试验 ························· 850

盐浴恒温炉 ······················ 358

氧化锆氧分析仪 ··················· 186

氧氯化反应器的控制 ··············· 524

氧压力表 ························· 147

样品处理系统 ····················· 176

液泛 ····························· 544

液化 ···························· 1129

液化天然气 ······················ 1129

液化站 ·························· 1129

液体电导率 ······················ 1019

液体动力噪声 ····················· 933

液体混合物黏度 ··················· 991

液体密度 ························· 886

液体涡轮流量计 ··················· 101

液体音叉开关 ····················· 134

液体-蒸汽混合流体 ················ 886

液位控制系统 ····················· 381

液位-温度-密度（LTD）测量装置 ···· 1133

液压动力单元 ··············· 1162，1184

一级负荷 ························· 857

一体型温度变送器 ················· 70

仪表安装材料数据库 ··············· 1092

仪表安装图标准图库 ··············· 1029

仪表安装图数据库 ················· 1092

仪表保温箱保温绝热层厚度 ········· 1052

仪表测量管线 ····················· 1029

仪表概算表 ······················ 1081

仪表供气负荷 ····················· 860

仪表故障诊断报警 ················· 1431

仪表规格书 ······················ 1080

仪表规格书模块 ··················· 1058

仪表耗气量计算 ··················· 861

仪表及控制系统数据库 ············· 1092

仪表绝热方式 ····················· 1051

仪表绝热系统设计 ················· 1052

仪表空气缓冲罐 ·················· 862
仪表配管配线设计 ·············· 1029
仪表索引表 ······················ 1079
仪表索引模块 ···················· 1055
移动式生产设施 ·················· 1153
移动应用技术 ···················· 1539
乙炔压力表 ························ 147
乙烯裂解炉的控制 ················ 525
以太网 ·························· 1217
逸散性泄漏 ························ 263
溢油及静电保护器 ········ 1123，1125
因特网 ·························· 1214
音叉物位开关 ···················· 134
音叉液位开关 ···················· 1109
引下线 ·························· 855
应急关断系统 ············ 1153，1165
应急照明 ························ 826
应用层 ···················· 1214，1215
应用系统数据集成 ················ 1408
荧光溶解氧分析仪 ················ 198
硬件安全 ························ 656
硬件功能规格书 ·········· 1263，1494
硬密封球阀 ······················ 239
邮件短信报警 ···················· 1408
油罐液位检测及控制 ·············· 1189
油品调和及优化管理系统 ·········· 1120
油品计量及标定 ·················· 1189
油品输送订单管理系统 ············ 1119
油品输送自动化系统 ·············· 1119
油气产量计量 ···················· 1171
油气长输管道 ···················· 1185
油气回收开关阀 ·················· 1125
油水界位测量仪表 ················ 1109
油雾 ···························· 849
有效密度 ························ 886
余差 ···························· 369
预测函数控制 ···················· 562
预测控制技术 ···················· 555
预测模型 ························ 561
预测性维护 ······················ 786
预测诊断 ························ 1385
原电池法原理 ···················· 198
原油外输计量系统 ················ 1171
圆缺孔板 ························ 76
远程负荷控制 ···················· 1141
远程网络访问 ···················· 1261
约束条件控制 ···················· 529

云计算 ···················· 1207，1539
允许最高表面温度 ················ 835
运动控制 ························ 583
运动黏度 ························ 900

Z

载波侦听 ························ 1217
在线分析仪表 ···················· 161
在线分析仪管理和数据采集系统 ···· 220
在线熔融指数仪 ·················· 335
在线诊断 ························ 274
噪声 ···························· 932
增安型 ·························· 836
闸板控制阀 ······················ 248
展示平台 ························ 1417
站场火灾自动报警系统 ············ 1205
站控系统 ························ 1200
真空保护 ························ 1133
真空度控制 ······················ 539
真空回转干燥器 ·················· 474
振动测量仪表 ···················· 330
振动检测传感器 ·················· 1178
振铃波抗扰度试验 ················ 844
蒸发器的控制 ···················· 471
蒸气式 ·························· 41
蒸气压分析仪 ···················· 207
蒸汽伴热 ························ 1043
正常流量 ························ 878
正位移流量计 ···················· 96
正压外壳型 ······················ 836
正作用式薄膜执行机构 ············ 265
支持向量回归机 ·················· 557
支干线式供气 ···················· 862
执行机构的防火保护 ·············· 272
执行阶段 ························ 1493
直读式液位计 ···················· 114
直击雷 ·························· 854
直击雷电流 ······················ 865
直击雷危害 ······················ 854
直流电源 ························ 858
直埋敷设 ························ 1041
直通单座控制阀 ·················· 234
直通双座控制阀 ·················· 236
直线流量特性 ············ 373，891
直形套管 ························ 46
质量分离器 ······················ 182
质量分析 ························ 1408

质量计量 …………………………………… 1102
质量流量 …………………………………… 898
质量/流量平衡法 …………………………… 1177
质谱分析仪 ………………………………… 180
智慧工程 …………………………………… 1542
智能电子汽车衡 …………………………… 1136
智能多通道测温仪 ………………………… 358
智能阀门定位器 …………………………… 273
智能干体炉 ………………………………… 357
智能工厂 ……………………………… 1211，1542
智能过程校验仪 …………………………… 361，362
智能化 …………………………………… 1211，1541
智能化管理 ………………………………… 1207
智能回路校验仪 …………………………… 362
智能建模 …………………………………… 557
智能设备管理系统 ………………………… 583
智能数字查线仪 …………………………… 363
智能数字压力校验仪 ……………………… 360
智能温度自动检定装置 …………………… 356
智能压力模块 ……………………………… 360
滞后测试 …………………………………… 286
中继器 ……………………………………… 1225
中间介质管壳式汽化器 …………………… 1131
中线蝶阀 …………………………………… 239
中心控制室 ………………………………… 814，1264
中压锅炉 …………………………………… 484
重伴热 ……………………………………… 1045
重铠装型 …………………………………… 1041
重力式安全阀 ……………………………… 298
轴承热电阻 ………………………………… 49
轴流控制阀 ………………………………… 252
轴向型 ……………………………………… 43
主报警数据库软件 ………………………… 1423
主处理器模块 ……………………………… 717
主回路 ……………………………………… 384
主机和终端安全 …………………………… 1268
主控站 ……………………………………… 1161
主控制站 …………………………………… 1183
转动设备监视系统 ………………………… 583
转化率 ……………………………………… 507
转换接头组 ………………………………… 362
转筒式 ……………………………………… 98
转子流量计 ………………………………… 94
转子式 ……………………………………… 98
装车读卡器 ………………………………… 1125
装车控制阀 ………………………………… 1124
装车控制室 ………………………………… 1145

装车流量计 ………………………………… 1124
装车流量控制 ……………………………… 1126
装车橇 …………………………………… 1121，1140
装车橇联锁停车 …………………………… 1143
装车台 ……………………………………… 1121
装车业务管理站 …………………………… 1127
装车自动控制系统 ………………………… 1127
状态监测 …………………………………… 1392
锥形入口孔板 ……………………………… 76
锥形套管 …………………………………… 46，58
浊度仪 ……………………………………… 197
滋扰报警 …………………………………… 1429
紫外分析仪 ………………………………… 172
紫外荧光法总硫分析仪 …………………… 205
自动快速接头 ……………………………… 1132
自动选择性控制系统 ……………………… 383
自控安装图册 ……………………………… 1029
自力式控制阀 ……………………………… 251
自然采光 …………………………………… 826
自然循环蒸发器 …………………………… 471
自适应解耦控制 …………………………… 569
自适应控制 ………………………………… 555，564
自适应增益 ………………………………… 769
自校正控制 ………………………………… 564
自校正控制系统 …………………………… 565
自诊断 ……………………………………… 94
自诊断功能 ………………………………… 1329
自整定控制器 ……………………………… 564
自组织网状网络 …………………………… 1474
纵深防御 …………………………………… 1281
纵向分层 …………………………………… 1210
总计量体积 ………………………………… 1102
总磷/总氮分析仪 ………………………… 203
总硫分析仪 ………………………………… 204
总屏蔽 ……………………………………… 1036
总体设计条件开工会 ……………………… 1494
总体网络架构 ……………………………… 1263
总线拓扑 …………………………………… 1220
总线网络 …………………………………… 1307
总有机碳（TOC）分析仪 ………………… 200
综合信息管理系统 ………………………… 1533
综合信息平台模块 ………………………… 1407
阻尼振荡磁场 ……………………………… 844
阻尼振荡磁场抗扰度试验 ………………… 844
阻燃型电缆 ………………………………… 1036
阻燃型光缆 ………………………………… 1041
阻塞流 ……………………………………… 879

阻塞系数 ················· 1025
阻旋物位开关 ·············· 135
组态软件 ················· 1053
最大流量 ················· 878
最小流量 ················· 879
最优控制 ················· 552

其他

1/4 圆孔板 ·············· 76
DCS 工程师站/接口站 ········· 1454
DCS 控制仿真服务器 ·········· 1454
EDE 模块 ················ 1061
FF 电涌保护器 ············· 1332
FF 电源调整器 ············· 1331

FF 接线箱 ··············· 1331
FF 通信模块 H1 卡 ·········· 1331
FF 现场总线 ·············· 1326
FF 现场总线网段 ············ 1331
FF 在线诊断设备 ············ 1332
FF 终端器 ··············· 1331
FF 总线分支模块 ············ 1331
ISA100.11a 工业无线协议标准 ······ 1251，1472
OPC 服务器 ·············· 1314
PDS 程控球阀 ············· 253
PD 流量计 ··············· 96
pH 分析仪 ··············· 195
VOCs 分析仪 ············· 217
Wireless HART 工业无线协议标准 ····· 1250，1472

成为标杆企业
意味着

彻底转变，让新建项目顺应新的形势

艾默生官方微信

Emerson.com.cn

EMERSON™

CONSIDER IT SOLVED™

![永盛科技 YSMETER]

证券代码：834824

公司简介

　　永盛科技在全球范围内为工业流体控制提供安全的解决方案，至今已有20余年的行业发展历史，是一家集工业控制阀设计、研发、制造、销售和服务于一体的大型工业控制阀新三板上市企业。公司拥有年产5万余台工业控制阀制造基地及年产5000吨树脂砂铸件、1500吨硅溶胶铸件的铸造基地，形成三大产业集群优势，保证全产业链服务能力。拥有智能型调节阀、球阀、蝶阀、自力式和专用阀五大核心品类，为不同行业、不同工况定制系统解决方案。

CONTROL VALVE
智能型调节阀

- 公称通径：DN15~500(1/2"-20")
- 公称压力：PN1.6~42.0MPa(150lb~2500lb)
- 介质温度：-196~595℃
- 连接形式：法兰式、焊接式、螺纹式
- 阀盖形式：标准型、散热型、波纹管密封型、低温型
- 阀门材质：WCB、WC6、CF8、CF8M、A105、F11、F304、或指定
- 流量特性：等百分比、线性
- 泄漏等级：IV、V、VI 级

BALL VALVE
球阀

- 公称通径：DN15~500(1/2"-20")
- 公称压力：PN1.6~42.0MPa(150lb~2500lb)
- 介质温度：-196~425℃
- 连接形式：法兰式、焊接式、对夹式、螺纹式
- 阀体材质：WCB、CF8、CF8M、CF3M、A105、F304、或指定
- 阀座材质：PTFE、PPL、304+STL、304+WC、或指定
- 流量特性：快开
- 泄漏等级：IV、V、VI 级

浙江永盛科技股份有限公司
ZHEJIANG YONGSHENG TECHNOLOGY CO.LTD

地址/ 浙江省富阳鹿山工业园区
电话/ 0571-63160666

服务热线/ 4008-959-51
传真/ 0571-63160567

www.ysmeter.com.cn

BUTTERFLY VALVE
蝶阀

- 公称通径: DN80~1600(3"-64")
- 公称压力: PN1.0~16.0MPa(150lb~1500lb)
- 介质温度: -196~450℃
- 连接形式: 法兰式、对夹式、焊接式
- 阀体材质: WCB、CF8、CF8M、CF3M、或指定
- 阀座材质: 304+STL、316+STL、316L+STL、或指定
- 流量特性: 近似等百分比
- 泄漏等级: V、VI 级

SELF-OPERATED CONTROL VALVE
自力式

- 公称通径: DN15~600(1/2"-24")
- 公称压力: PN1.0~10.0MPa(150lb~600lb)
- 介质温度: -60~350℃
- 连接形式: 法兰式、螺纹式、焊接式
- 阀体材质: WCB、CF8、CF8M、CF3M、或指定
- 阀芯材质: PTFE、PPL、304+STL、或指定
- 流量特性: 快开
- 泄漏等级: IV、V、VI 级

SPECIAL SERVICE VALVE
专用阀

- 公称通径: DN25~300(1"-12")
- 公称压力: PN1.6~4.0MPa(150lb~300lb)
- 介质温度: -60~450℃
- 连接形式: 法兰式、焊接式
- 阀体材质: WCB、CF8、CF8M、CF3M、或指定
- 阀芯材质: PTFE、PPL、304+STL、或指定
- 流量特性: 快开
- 泄漏等级: IV、V、VI 级

永盛阀门 安全无忧

江阴市节流装置厂有限公司
Jiangyin Throttling Device Manufacturer Co.,Ltd.

江阴市节流装置厂有限公司（原国营江阴节流装置厂）位于江苏省江阴市，成立于1976年，目前是全国承担大型项目节流装置生产的主要厂家，是中石化和中海油资源市场单位。公司生产的孔板、喷嘴、文丘里管、锥形流量计、楔式流量计等节流装置先后被授予"中国优质名牌产品"；高耐压大量程型文丘里管流量计，智能、防爆一体化差压式流量计等四项被认定为江苏省高新技术产品。公司拥有专业计量检测设备100余台套，下设无锡市新型节流装置工程技术中心，拥有经验丰富的设计团队，是国内节流装置的研发、技术、制造和试验中心之一，目前已拥有2项发明专利、16项专利技术产品及2项软件著作权。2002年通过ISO9001质量体系认证，先后被评为江苏省高新技术企业、江苏省明星企业等。

公司专业生产各种标准和非标准节流装置，产品有标准孔板、ISA1932喷嘴、长径喷嘴、经典文丘里管、文丘里喷嘴、ASME PTC6-1996喉部取压长径喷嘴、锥形流量计、一体化式高精度差压式流量计、楔式流量计、多孔（平衡）孔板、限流孔板、均速管流量计、机翼式测风装置、双重文丘里管、U形管差压计、冷凝器、平衡器、节流孔板等，并可配合用户设计制造特殊形式的差压式流量计。

公司质量方针"以服务求发展，以管理求效益，以质量求生存，更好地为顾客提供满意的产品"。

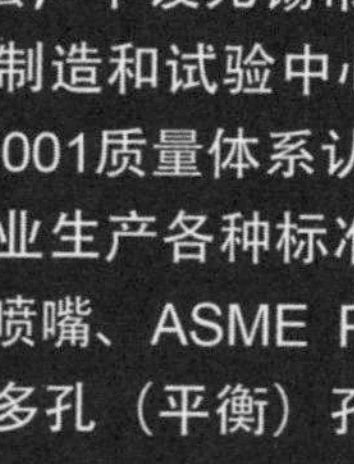

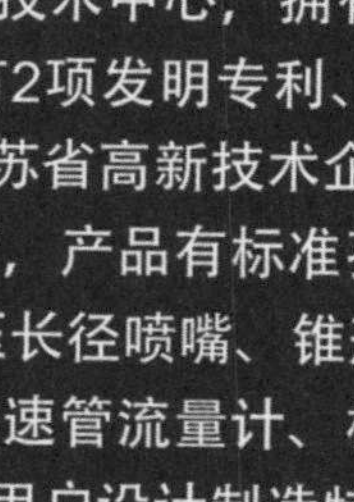

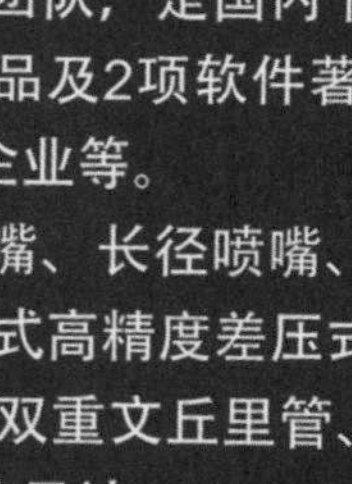

地　址：江苏省江阴市南闸街道开来路1-3号

邮　编：214400　　　　电　话：0510-86114441　　　传　真：0510-86111779

联系人：庞程　　　　　　邮　箱：business@jyjtdm.com

手　机：13915250617　　网　址：www.jyjtdm.com

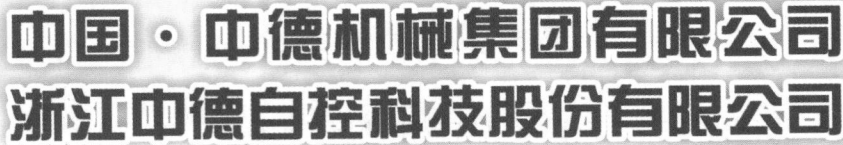

中国·中德机械集团有限公司
浙江中德自控科技股份有限公司

浙江中德自控科技股份有限公司（原中德机械集团有限公司）于1992年成立至今已有20余载，公司一直致力于发展控制阀领域切断阀专业技术，是集研发、生产、销售、服务于一体的控制阀制造商。主要产品：机.电.液一体化执行机构、气\电\液动高性能密封蝶阀、高温蝶阀、高性能密封球阀、高性能程控快速关断密封球阀、高性能程控快速关断高温耐磨球阀、快速切断闸阀、调节阀、气动执行机构等产品。中德人专业、聚焦、坚持不懈来打造切断阀品牌，产品广泛应用于石油、化工、天然气、煤化工等高端领域。尤其是高性能程控快速关断(S-zorb耐磨球阀、球罐根部防火紧急切断阀)球阀、高温烟机蝶阀、气压机入口蝶阀、放火炬蝶阀已成功替代进口产品，获得了众多用户的高度信任。使我们的产品始终处在国内控制阀领域技术领先地位，名列国产控制阀行业前茅。

公司现已拥有专业阀门技术研发中心和一流的生产平台，技术力量雄厚、设备精良、生产工艺先进、检测手段齐全，具有较强的新产品研发能力。公司采用科学的现代化管理，建立了一整套完善的质量保证体系。并先后通过ISO9001：2008质量体系认证、美国石油协会颁发的API 6D/609产品认证、API 607/6FA防火认证、中国国家质量监督检验检疫总局颁发的特种设备（压力管道元件）TS制造许可证、产品通过SIL3产品功能安全认证、欧共体安全注册CE认证、HSE健康安全与环境管理体系认证(ISO14001:2004\GBT28001:2001)。是中石化、中石油、中海油、中化工、神华、煤化工等领域的一级供应商。产品获得了2项省级新产品、46项国家实用新型专利、9项国家发明专利。参加9项国家标准的制订。2017年企业全年实现销售整机成套控制阀5800台/套，销售产值3.00366亿。

"以人为本，以德兴业"是中德企业文化的核心，是中德人做事的标准。中德人将以"以诚会友，以德待友"，再立潮头，全力打造国内高端控制阀先进制造企业，致力于加快我国控制阀的国产化应用进程，更好地实现顾客满意度最大化。中德愿与您精诚合作，我们竭诚欢迎全国广大用户与设计院、科研院所等单位和国内外朋友进行广泛多样的经济交流与技术合作，并期待着进一步的合作往来，为发展我国自动化工业携手前进。共创美好明天！

中德机械集团有限公司
地址：浙江省瑞安市塘下镇张宅工业区
电话：0577-65351151 传真：0577-65351589
网址：www.zhongdegroup.com
E-mail：vip@zhongdegroup.com

浙江中德自控科技股份有限公司
地址：（国家经济技术开发区）浙江省长兴县经三路659号
电话：0572-6022222 传真：0572-6556888
网址：www.zhongdegroup.com
E-mail：vip@zhongdegroup.com

北京永兴精佳仪器有限公司
Beijing Yongxingjingjia Instruments Co.,LTD.

公司坐落在北京市昌平区宏畜路燕旭工业园内，南邻京藏高速，东邻京新高速，交通方便，环境优美。

公司注册资本１０００万元，分别是中石油、中石化、中海油物装网络成员单位；中石油科技装备中心；中国石油商务网理事单位。

公司已通过ISO 9001:2008质量管理体系认证、ISO14001:2004环境管理体系认证、OHSAS 18001:2007职业健康安全管理体系认证，防爆产品已通过国家防爆电气产品质量监督检验中心检验合格。目前我公司已能生产从取样到化验各个环节中所需要的防爆仪器，并能根据客户特殊需求生产、研制新产品，完全具备了能满足不同用户需要的生产能力！并于2013年获得北京市高新技术企业称号。

公司生产的在线原油分析仪、在线原油计量仪均是自行开发研制、具有自主知识产权的产品。仅这两种产品已申报国家专利近10余个，现已有5个被国家专利局批准。

今后，我公司会一如既往，不断为中石油、中石化、中海油各部门化验室生产出最需要的新产品，来满足不同范围不同层次用户的需要！

YXFB 型防爆
数显恒温干燥箱

型防爆
石油产品密度测定仪

型防爆
原油专用三维摇样器

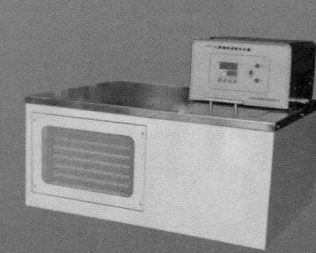
型防爆
低温循环水槽

更多产品请登陆"www.bjyx.net.cn"浏览

YXZX-ZD/QZ 型管线自动取样器

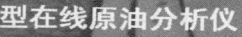
型在线原油分析仪

创新于使命　　责任于毫厘

售电话：010-87338718/87392939/2699　　传真：010-87392927/87338177
址：北京市昌平区宏畜路燕旭工业园90-7号　　邮箱：bj@bjyx.net.cn

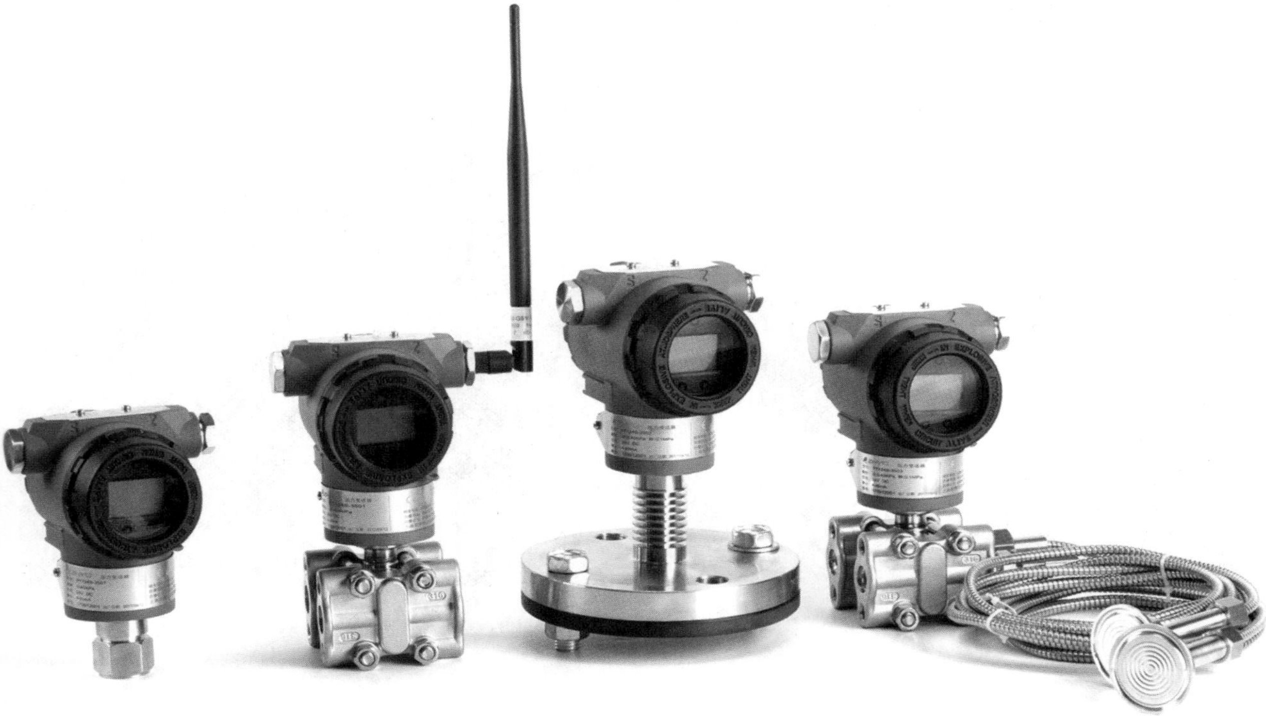

集差压、静压、流量积算、温度、无线于一体的

多参数 石化解决方案

上海朝辉压力仪器有限公司

免费热线：400-876-3876　网址:www.sinosensor.com

北京瑞普三元仪表

北京瑞普三元仪表有限公司建立了中国北方流量仪表生产基地。
公司已获得中国GB/T19001-2008质量体系认证证书
2006年9月国内首家获得CE认证

水流量标定装置DN10-DN2600

　　北京瑞普三元仪表有限公司是北京电子控股集团直属的国有独资公司,主要生产压力、差压变送器及流量仪表、液位仪表、安全仪表等现场测量仪表;拥有多套水流量标定计量装置(最大校验口径2600mm)及先进的压力、差压变送器生产线和校验设备;长期以来与E+H公司、西门子公司、日本东京计装、日本日立等国际知名企业建立起了良好的合作关系。公司本着"诚信、服务、合作、共赢"的经营理念,致力成为我国工业自动化仪表领域"国内一流、国际知名"的企业。

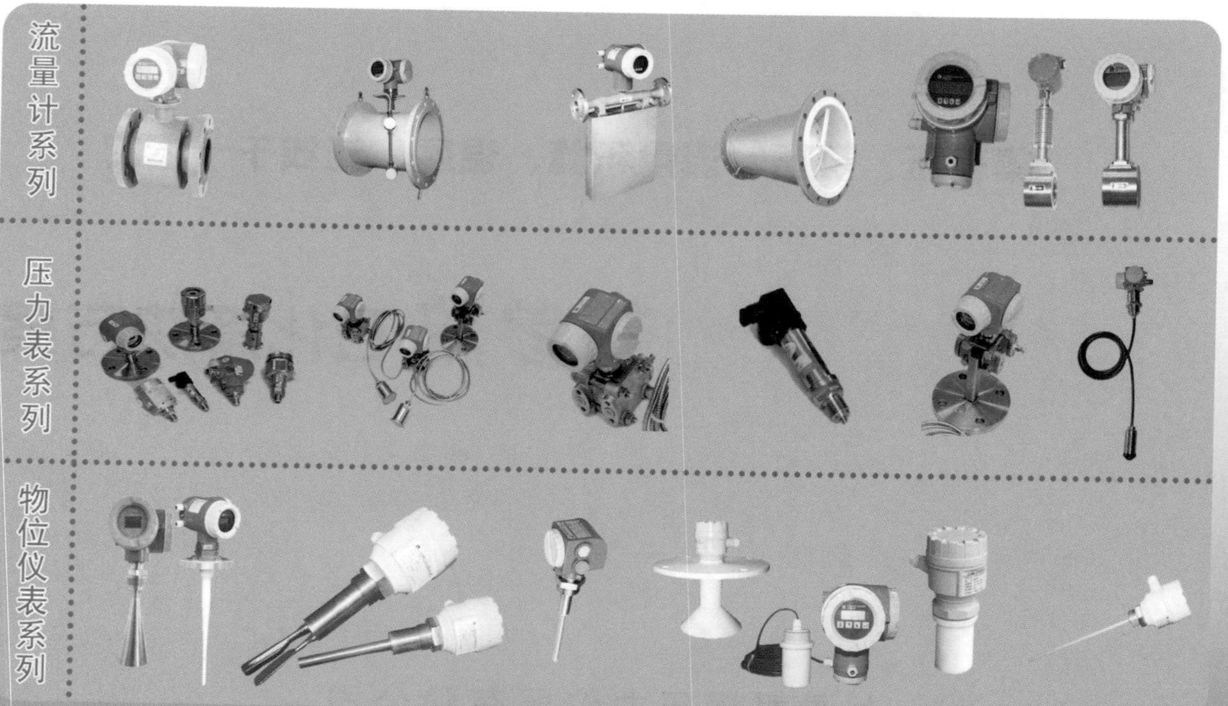

流量计系列

压力表系列

物位仪表系列

总部地址:北京市平谷区马坊工业园区西区264号
电话:010-60995530　　邮编:101200
传真:010-60992730

销售部地址:北京市朝阳区三元桥霞光里5号
电话:010-64608487/6/5/3　　邮编:100027
传真:010-64608482

故障安全型执行机构

www.tenta.cc

INTELLIGENT ELECTRO–HYDRAULIC ACTUATOR
智能型电液执行机构

扫一扫微信二维码

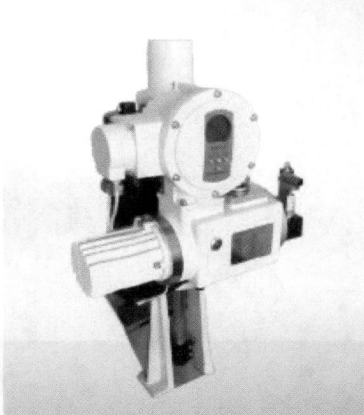

- 达到国际同类产品技术水平。

- 新一代机、电、液一体化执行机构结合了电控操作的简易性、液压控制的稳定性、固态电子的可靠性以及对用户操作配置的灵活性。

- 可选择面板、红外、无线、远程、就地操作等方式。

- 执行器适用于任何需要对控制精度进行调整和定位的工艺管道中，实现对阀门的调节或切断控制。

- 输出推力、力矩大，反应速度快，动作灵敏，安全系数高，可实现快速紧急切断（ESD）等联锁功能。

浙江天泰控制设备有限公司(生产)
地 址：浙江省瑞安市东新工业区
销 售：18074288829
电 话：0577-65106767
传 真：0577-65106550
邮 编：200333
邮 箱：sales@hoosler.cn

TENTA

浙江方顿仪表阀门有限公司
ZHEJIANG FANGDUN INSTRUMENT VALVE CO.,LTD

专业仪表阀门制造商!

卡套接头	针阀	15 系列超高压接头
螺纹接头	球阀	20 系列超高压接头
焊接接头	波纹管阀	60 系列超高压接头
37度扩口接头	比例卸荷阀	超高压球阀
O-型圈密封接头	旋塞阀	超高压针阀
金属密封接头	单向阀	锻钢阀门
真空接头	仪表阀-阀组	隔离排放阀组

地址：温州市滨海经济技术开发区二道四路312号
电话：0577-8693 8952　8692 9321　8692 0518
传真：0577-8692 6781
Http://www.fd-lok.com　E-mail: fd@fangdun.com

TJZH®

天津市中环温度仪表有限公司是专业生产各类特殊温度传感器的高新技术企业，研制各类用于苛刻工况的高可靠性热电偶，热电阻产品，具有完全替代进口同类产品的优势。尤其在各类反应器的温度计中，更是具有赶超进口产品品质的实力。如顺酐、苯酐、乙二醇、合成气制乙醇、己内酰胺、BDO、丁辛醇、甲烷化、丙烷脱氢、异丁烷脱氢、合成氨、苯加氢、催化重整、航煤/渣油/蜡油/汽柴油加氢反应器等。已服务于多个世界先进的进口工艺包，如UOP、DAVY、BASF、LUMMUS、TOPSOE等。拥有60余项专利及4项软件著作权。

公司坐落于天津市东丽开发区，占地面积20000m²，标准化厂房17600m²，注册资金5000万元。

联系方式：022-27272727　www.27272727.com　2727@27272727.com

代表产品：气化炉多点热电偶（清华炉 晋华炉）

专门针对气化炉的工况和测温要求而设计制造的专用多点热电偶，可同时测量炉膛燃烧室高温和水冷壁及环隙温度，具有高低温元件同时在高压下共同工作的特点，配合散热片结构，在高温下稳定工作。为中环公司专利产品：ZL********3569.X

代表业绩： 新疆天业、山西南耀、河南金大地等

代表产品：乙二醇反应器多点热电偶

工艺包：上海浦景 日本雨布

该产品属于单支多点热电偶系列，是乙二醇反应器常用的温度计产品，其在一个保护管内设置多个元件，同时进行温度测量。测点多，长度长，因此产品内部的绝缘和密封是关键。本产品采用高可靠的加工工艺，确保了内部的绝缘性能。并且配合可调整长度的加强套筒，使现场安装布点更加准确。为中环公司专利产品：

ZL********2774.2

应用业绩

利华益利津炼化、黔希煤化、新疆天业、新疆天盈、中盐红四方、内蒙易高、新杭能源等

南京世舟分析仪器有限公司
Nanjing Century Ark Analytical Instrument Co., LTD.

南京世舟分析仪器有限公司是致力于在线分析仪器应用及其样品系统研制的高科技专业公司，是江苏省高新技术企业。公司拥有一支长期从事在线分析仪器、在线分析系统预处理技术研究和开发且经验丰富的专业队伍，所研制开发的PAS-1000型系列产品，广泛应用于石油化工、化工、冶金、水泥、环保、热处理、科研实验室及其医疗等行业。

南京世舟厚积薄发，发展迅速，几年时间从一名不闻的小企业迅速成长为行业内名列前茅的知名公司。如今我们的客户既有中石油、中石化、中海油、延长集团、神华集团等国内大公司，也有BASF, DOW, CELANESE, Airliquid等国际公司，尤其近几年在煤制烯烃（DM-TO&MTO）行业, 取得了业界骄人的成绩。

Thermo Fisher 仪器

西门子分析仪

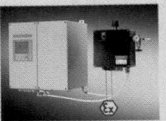

公司在工程管理和技术上努力保持国内领先水平，不断汲取先进经验努力与世界保持同步，公司秉承"诚信立足，专业进去，创新致远，追求卓越"的理念，为客户提供技术咨询、工程设计、现场服务的"一站式"服务。

公司与诸多国外著名的分析仪器制造商保持着密切的合作关系，如SIEMENS、Thermo Fisher等公司，是SIEMENS过程分析仪器解决方案全球合作伙伴（Global Solution Partner）和白金合作伙伴；同时还是Thermo Fisher在石化、化工行业和环境监测系统的系统集成商，为他们提供优质的分析仪器系统和服务。

系统集成分析小屋

地　址：南京市溧水经济开发区柘宁东路289号　　邮　编：211215
电　话：025-86180960　　　　　　　传　真：025-84496167
邮　箱：njca@njcaonline.com　　　网　址：www.njcaonline.com

 河北珠峰仪器仪表设备有限公司
HEBEI ZHUFENG APPARATUS & METER Co.,Ltd

SFM伺服液位计

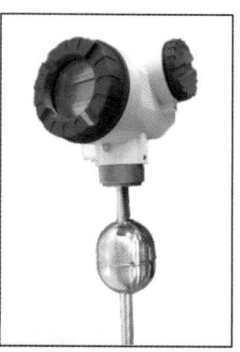

ZFCM系列
磁致伸缩液位仪

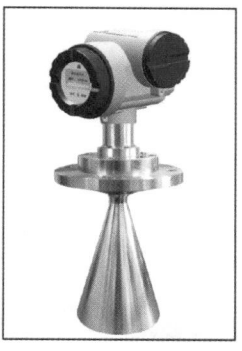

ZRL-50型
智能雷达液位仪

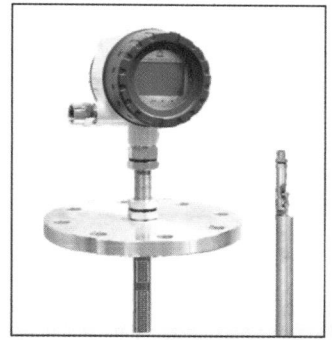

ZDW-Ⅱ多点温度计

科技珠峰

永无止境

DFY-Ⅱ定量装车控制仪

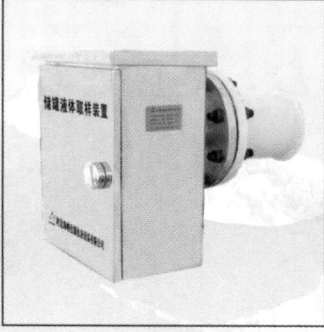

ZF-DCYQ储罐
自动取样装置

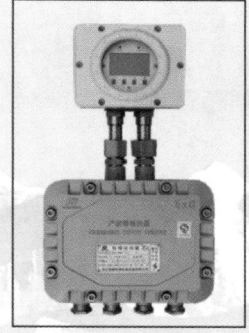

ZWCK系列智能
外贴超声液位开关

主要产品

★ ZYG系列电子智能液位仪

★ ZFCM系列磁致伸缩液位仪

★ ZFB系列深度液位仪

★ CS(E)-ZFMI伺服液位计

★ ZF-DCYQ罐区自动取样装备

★ ZSF 2000分布式定量装车控制系统

★ ZRL-50型智能雷达液位仪

★ CF系列磁翻柱液位仪

★ ZWCK系列智能外贴超声液位开关

★ ZDW-Ⅱ多点温度计

★ OIOT2010罐区计算机管理与监控系统

★ DFY-Ⅱ定量装车控制仪

★ 工业电视监控系统（安全防范）

★ 铝合金/不锈钢浮盘、网壳、一、二次密封、刮蜡机构、中央排水系统

★ 电浮筒液位计

★ 代理爱肯卓、恩拉福、艾默生、科隆公司雷达、伺服、流量、超声物位仪等产品

全国服务电话
400-006-5579

销售热线：0310-5765861 5765871   传真：0310-5765868
地址：河北省邯郸市雪驰路东段   邮编：056005   网址：www.zfyqyb.com

HONGLANG 宏浪仪表

上海宏浪自动化仪表有限公司

企业简介：

上海宏浪自动化仪表有限公司是一家生产制造各类仪器仪表的自动化仪表公司，尤其擅长各类物位仪表的研发和生产制造，各类资质齐全完备。是国内物位仪表行业技术领先企业之一。

部分企业资质

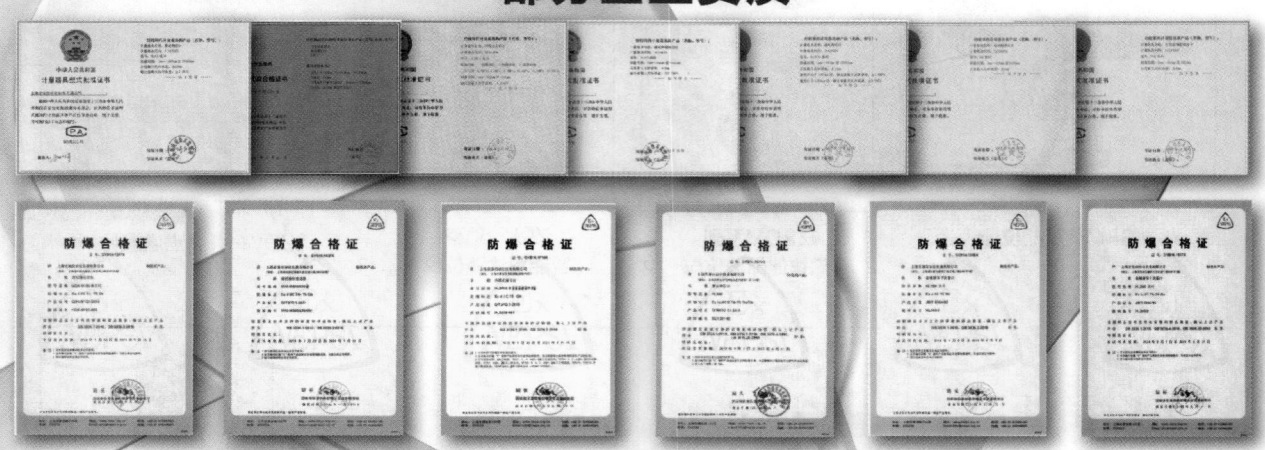

1：浮筒式液位计

HL3010G
HONGLANG表头，Inconel600材质扭力管，表头270度可调

HL3010

fisher表头，带HART通讯，Inconel600材质扭力管，表头270度可调

2：磁性液位计

- 不锈钢指示面板
- 指示器腔体抽真空
- 3M夜间反光翻板

磁性液位计

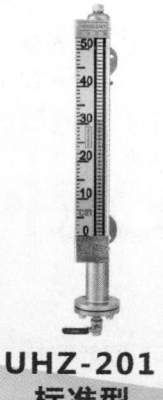

UHZ-201
标准型

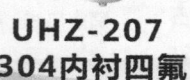

UHZ-207
304内衬四氟

UHZ-500
磁敏双色液位计

 上海宏浪自动化仪表有限公司

3：雷达液位计

HL602
棒式天线雷达

HL603
喇叭口式雷达

HL601
导波雷达

4：液位开关

浮球液位开关

UQK-01

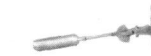

UQK-02

UDK-247
射频导纳开关

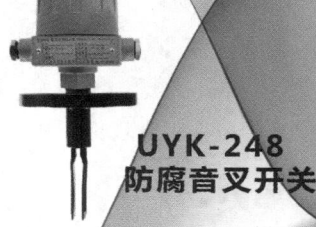

UYK-248
防腐音叉开关

5：压力变送器

YPS3051　**YPS3052**　**YPS3053**　**YPS3053W**　**YPS3051SLT**　**YPS3051LT**

6：流量计

HL250系列金属管浮子流量计是基于浮子位置测量的一种变面积流量仪表，采用全金属结构，模块化设计，因其体积小，压损小，量程比大，尤其适合小流量，低流速介质的测量。

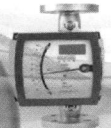

HL250A
垂直安装标准型

HL250AK
垂直安装卫生型

HL250B
水平安装

HL250D
底侧安装

上海宏浪自动化仪表有限公司
SHANGHAI HONGLANG AUTOMATIC INSTRUMENT CO.,LTD.

公司地址：上海市浦东新区航梅路818号E座1505-1509室
电话：021-68068001
传真：021-50877640
E-mail：honglang8011@163.com
网址：Http://www.UHZ200.com

rotork
Keeping the World Flowing

60 1957 2017

提高效率
减少故障
是我们的生存之力，存在之本

QUALITY
RELIABILITY
INNOVATION
KNOWLEDGE
SUPPORT

60 年来，Rotork 创新而可靠的产品始终是客户长期依赖的流量控制解决方案。

Rotork 的产品和服务遍布世界各个地区及行业，包括石油、天然气、水及水处理、电力、船舶、矿业、食品、制药及化工等领域。

➜ Rotork 创新

"客户支持计划" 可帮助您：

- 保护您的资产
- 增加工厂利用率
- 产值最大化
- 减少成本开支
- 保护环境

中国地区联系方式：　华东 - 上海办事处 TEL：021-54452910　　华北 - 北京办事处 TEL：010-59756422　　香港 TEL：00852-25202390

RST 睿向科技

辽宁睿向科技有限公司

MACHINERY
公司产品展示 Company's products show

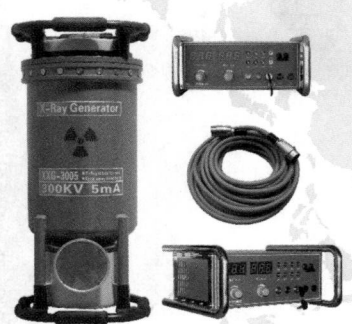

便携式X射线机
Portable x ray machine

磁浮子液位计
Magnetic Level Indicator

X射线实时成像系统
X-ray real-time imaging system

LZZ 型 金属管浮子流量计
LZZ Type Metal Tube Variable Area Flow Transmitter

LKB 型 靶式流量开关
LKB Type Target flow switch

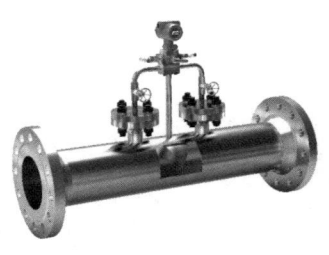

楔式流量计
Wedge Type Flowmeter

睿向科技 源自中国 服务世界

公司简介：辽宁睿向科技有限公司是专业的仪器仪表制造厂商，产品包括工业无损检测仪器、工业工程测量仪表、工业工程控制仪表等，公司拥有产品研发中心、生产基地、产品测试实验室，多渠道售后服务中心，为客户提供广泛的产品营销服务。

地址：辽宁省丹东市新城区中央大街31-17号（仪表产业园一期）

邮编：118009　　电话：+86 0415-2812771 /+86 0415-6152771　　传真：+86 0415-6152771-8626

邮箱：sales@ruixiangtech.com　　网址：www.ruixiangtech.com

中控·SUPCON

让工作与生活更轻松

中控25周年

自动化、信息化、智能制造

整体解决方案引领者

" 今日中控 " 官方微信
www.supcontech.com

1993-2018

中控·SUPCON

LN8系列GLOBE调节阀

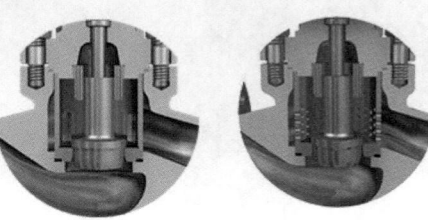
全新功能模块化设计

专业智能控制阀制造商及流体控制方案提供商

聚焦行业：石化、煤化工、精细化工、制药

浙江中控流体技术有限公司
ZHEJIANG SUPCON FLUID TECHNOLOGY CO.,LTD.

公司地址：浙江省杭州市滨江区六和路309号A3
工厂地址：浙江省杭州市富阳区高尔夫路209号
电话：0571 81118888　传真：0571 81119918
邮箱：fluid@supcon.com
网址：www.supconvalve.cn

中控流体公众号　扫码浏览更多信息

szweico
神舟微科

流体系统技术方案
解决专家

航天技术 民族品牌

2PB-00D
平流泵

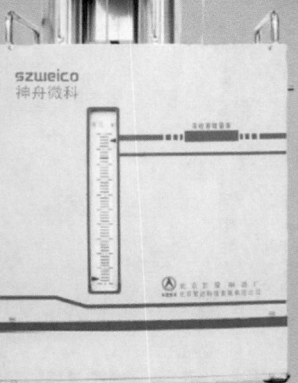

2ZB-1L10A
双柱塞微量计量泵

阀门系列产品

HBS-9702 型加氢小型试验装置

管式反应炉

航天器导热硅脂真空加热预处理设备

环氧丙烷微型反应装置

 北京星达科技发展有限公司
中国航天 Beijing Xingda Science & Technology Development Co.,Ltd

 4006-020-987　地址：北京市海淀区知春路甲63号卫星大厦1009　网址：www.shenzhouweike.com

LEEG | 单晶硅压力变送器

天生强壮稳定，久经压力考验

上海立格仪表有限公司 www.leeg.cn

地址 / 上海市闵行区都会路100号　邮编 / 201109　　A / No.100 Duhui Road,Minhang District,Shanghai China

电话 / 021-3126 1976　传真 / 021-3126 1975　　T / 021-3126 1976　F / 021-3126 1975

瑞拓流体自控

VALVE

ADQVALVE INDUSTRY GROUP
艾德威尔·瑞拓

艾德威尔·瑞拓，是Adqvalve Flow Control Industry Group Ltd.（美国艾德威尔流体控制工业集团）在亚太地区的角行程控制阀技术产品制造企业。自2002年在北京建厂以来，艾德威尔·瑞拓针对流体控制领域的恶劣工况和特殊用途使用情况，不断引进国际高新技术并进行再研究、设计、开发，为化工、石油石化、电力、化纤、氯碱、钢铁、航天、储运等行业的高端用户提供定制化的解决方案与产品。

针对不同工况，可选用的产品如下：

序号	典型工况	对应产品
1	高温烟气	金属密封切密断型高温蝶型控制阀
2	制氢、制氮、PSA	百万次高频切断蝶型控制阀
3	粉尘、聚合物、粉料等	高性能蝶型、球型控制阀
4	反应釜进出口、再生置换系统	零泄漏切断蝶型、球型控制阀
5	炼油催化装置	高端电液动精确调节系统
6	大型风机防喘震	气动、电液动执行机构
7	电厂大型循环水系统	防水锤电液动蝶型控制阀、自力式止回阀
8	易燃易爆危险品装置	自动切断蝶型、球型控制阀

联系方式：
地址：北京市大兴工业开发区广茂大街12号
电话：010-60254227/8/9
传真：010-60254607,010-60215305
邮箱：sale@adqvalve.com
网址：www.adqvalve.com.cn

企业信念：
追求严峻、专注切断、平稳调节

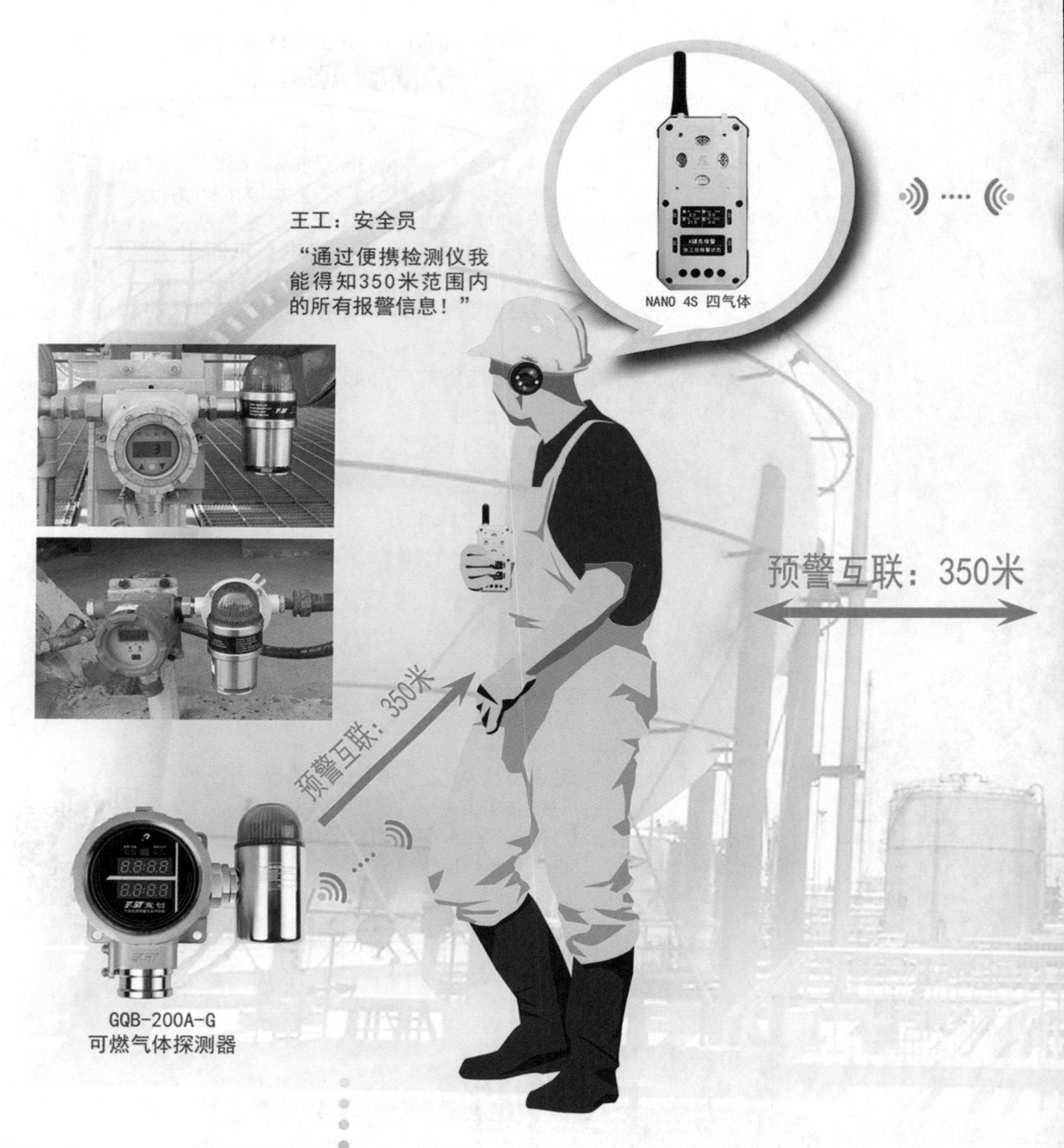

宣创气体检测预警

NANO 4S 四气体

王工：安全员

"通过便携检测仪我能得知350米范围内的所有报警信息！"

预警互联：350米

预警互联：350米

GQB-200A-G
可燃气体探测器

固定 ＋ 声光 ＋ 便携 ＋ 便携 ＋

中国区总部：哈尔滨市开发区迎宾集中区太行路5号

公司网址：www.hrbeast.com　　邮编：150078

寻求 >> 国内地区强势代理商，国外经销商，销售精英。

···互联系统

挽救更多人生命！

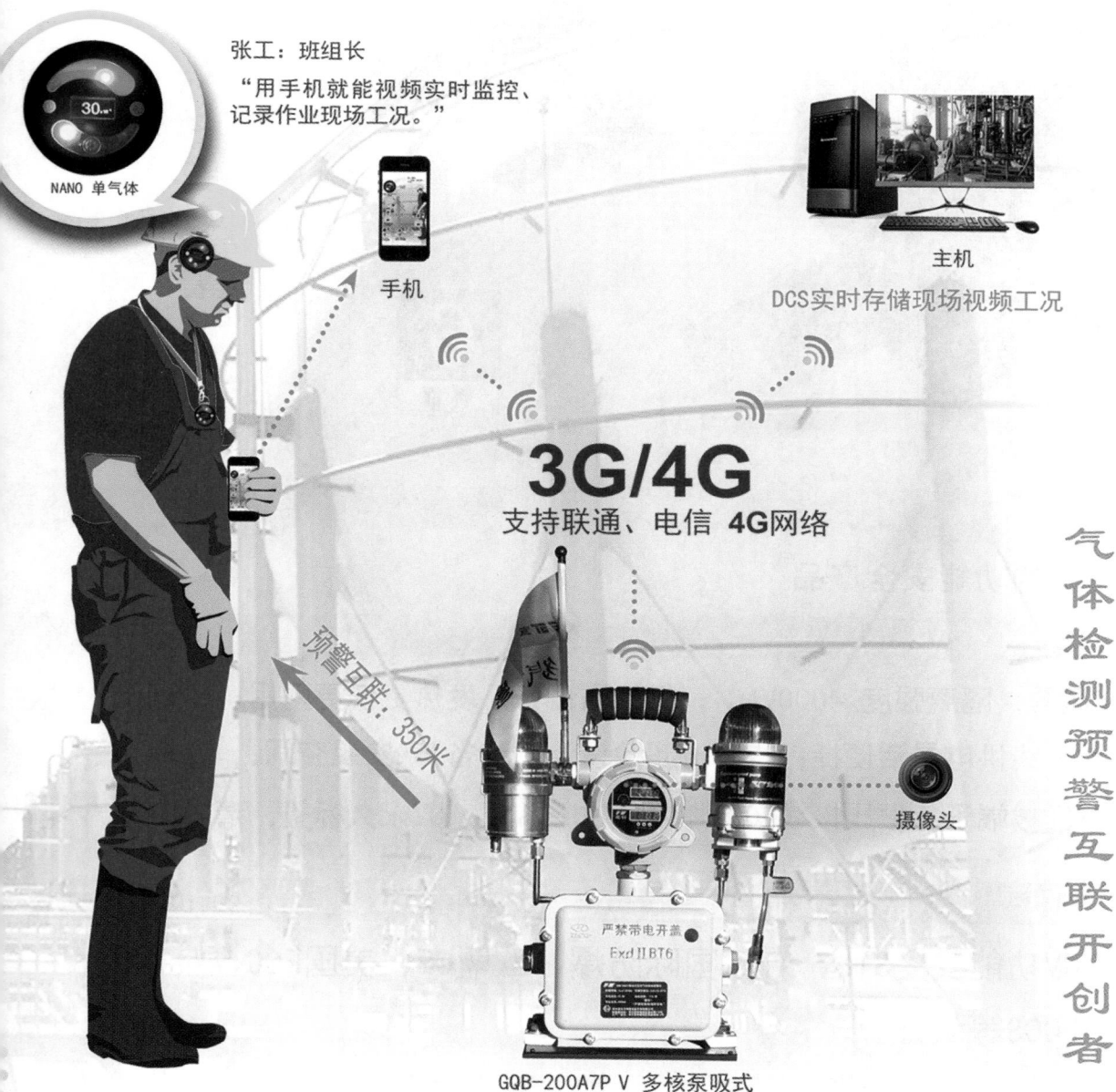

NANO 单气体

张工：班组长

"用手机就能视频实时监控、记录作业现场工况。"

手机

主机

DCS实时存储现场视频工况

3G/4G

支持联通、电信 **4G网络**

预警互联：350米

摄像头

严禁带电开盖
Exd ⅡBT6

GQB-200A7P Ⅴ 多核泵吸式

气体检测预警互联开创者

受限空间、动火现场在线监测＋视频监控＋视频录像

北京平和
BEIJING PINGHE

您身边的安全专家！

6年质保

优质售后服务：

- 6年质保的功能安全产品

成品质承载梦想：

- PCB变压器，隔离强度>4000VAC ；低热阻设计，发热更低更耐用；
- 端子和总线供电灵活便捷；12.5mm超薄设计，节省45%安装空间；
- 可带电插拔端子，框压接线V0阻燃，通过UL认证；UV永久标签，清晰耐磨。

权威资质：

- 德国TUV功能安全SIL、ATEx国际防爆、欧盟CE、美国FCC、船级社CCS等认证

北京平和创业科技发展有限公司
Beijing Pinghe Chuangye Technology Development Co Ltd.

总部地址：朝阳区北辰西路69号
生产基地：北京市中关村科技园永兴路25号
电话：010-58773561/2/3/4
传真：010-58773565
技术支持：400-711-6763
网址：www.bjpinghe.com

秦皇岛华电测控设备有限公司
——液位测量专家

秦皇岛华电测控设备有限公司始建于1999年2月，是专业从事火力发电厂测量和自动控制系统成套设备的集科、工、贸、文为一体的高新技术企业。公司通过了ISO9001：2008质量管理体系认证；获得对外贸易经营进、出口权；由国家质量监督检验检疫总局颁发了"安全附件及安全保护装置"特种设备生产许可证；加入美国锅炉制造商协会（ABMA），成为会员。

公司产品主要包括煤仓综合管理系统、汽包水位测量与保护系统、各种储罐液位的测量与保护、发电厂测量和自动控制系统成套设备等。公司参与起草的《给煤机故障诊断及煤仓自动疏松装置》（DL/T337-2010）和《火力发电厂锅炉汽包水位测量技术规程》（DL/T 1393-2014）行业标准分别于2011年1月9日、2014年10月15日由国家能源局公告发布。

产品远销土耳其、印度尼西亚、澳大利亚、印度、菲律宾、越南、美国等国家，用户超过400家，效果理想，技术成熟受到用户的一致认可与好评。

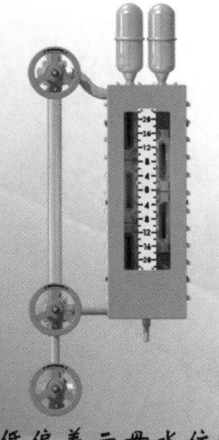

低偏差云母水位计

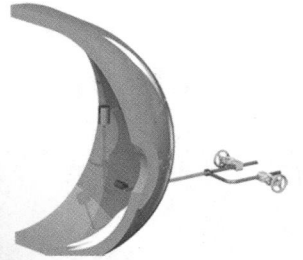

内装平衡容器

DL/T 1394-2014
《火力发电厂锅炉汽包水位测量系统技术规程》

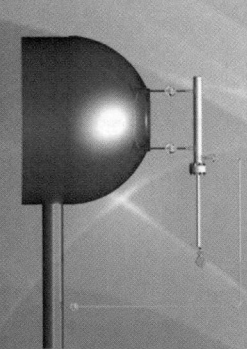

高温高压磁致液位计

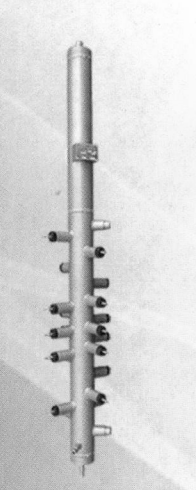

高精度取样电极传感器

◆ 各水位计全过程、全范围内偏差在30mm以内，瞬态不超过50mm。

◆ 启炉就能投入水位保护。

◆ 电极平均无故障26000小时。

◆ 云母水位计可两年更换一次云母组件，基本上免冲洗。

◆ 磁致液位计全工况、全量程范围提供准确、稳定曲线平滑的水位测量模拟量信号。

◆ 完善水位测量系统仪表配置。

◆ 基准表标定其他水位计。

全国客服电话：**400-811-8908 800-911-3000**

电话：0335-5300192 5300122　　邮编：066000

网址：http://www.hdsc.net/　　E-mail：hdsc_kfb@126.com

地址：河北省秦皇岛市海港区北环路108号

公众账号：QHDHDSC

ABMA 美国锅炉制造商协会会员单位

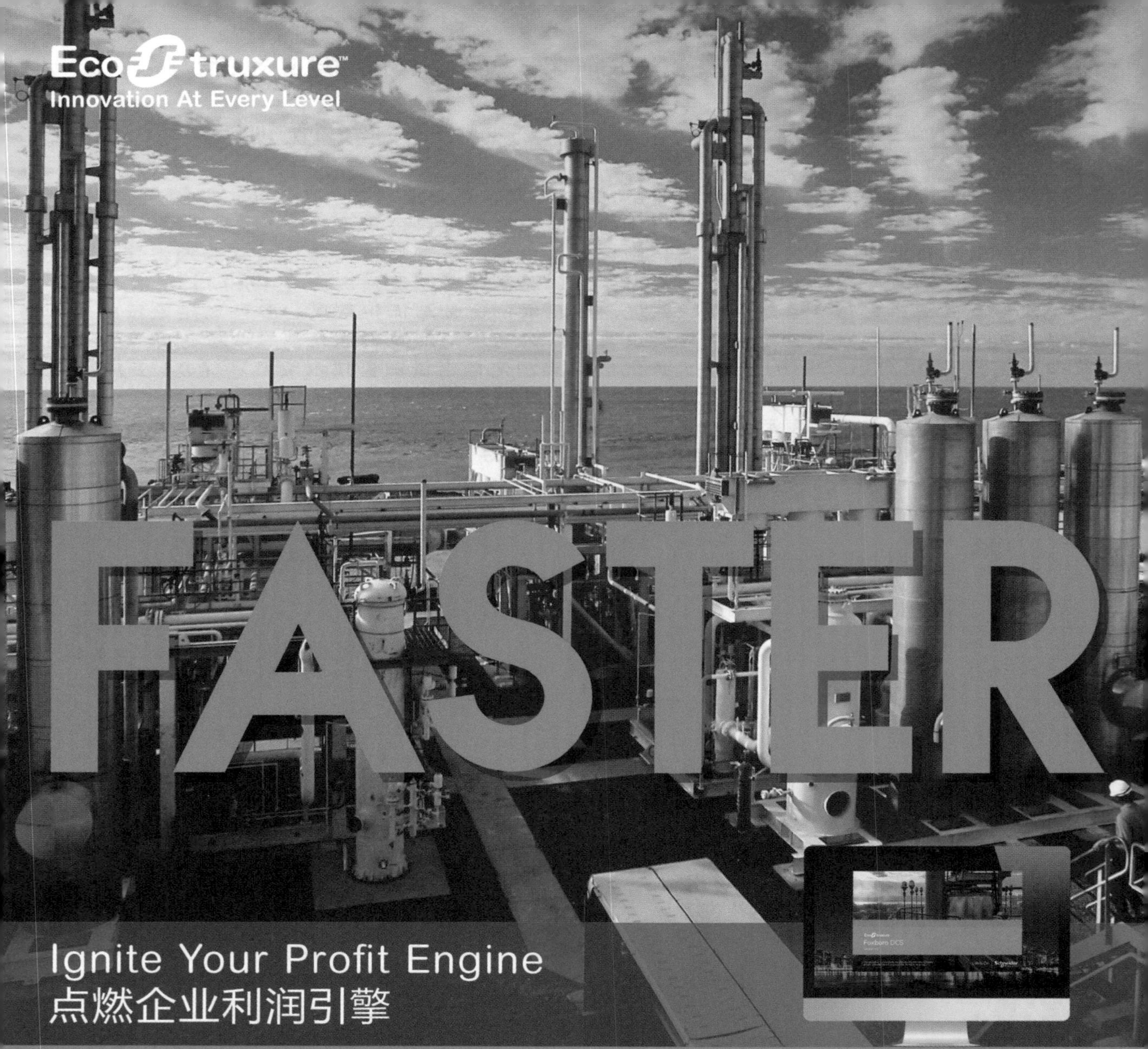

EcoStruxure™
Innovation At Every Level

FASTER

Ignite Your Profit Engine
点燃企业利润引擎

融合当代IT与OT技术，Foxboro DCS系统助力企业实现智能系统设计
与敏捷工程实施，提升设备维护与决策效率，减少资金投入与运营成本。

结合Triconex安全系统实现过程控制与安全一体化，同时可提供过程
设备与电气设备管控一体化平台，Foxboro DCS系统将企业过程自动化
平台转化为强大的利润引擎。

- 助力实现智能工厂的可靠平台，快速的投资回报率
- 着眼于未来的先进技术，保护企业投资
- 融入多个层面的、可自定义、可衡量的指标，助力企业运营效率提升

未 来 超 乎 想 象

发现EcoStruxure™更多精彩
或拨打400-810-8889

Life Is On | **Schneider Electric**
施 耐 德 电 气

梅索尼兰阀门解决方案
让一切尽在掌控

梅索尼兰阀门解决方案让你自如应对苛刻的工况，Masoneilan*控制阀为油气、石油化工、电力以及核电行业中极端恶劣的应用工况设计。凭借着领先的阀门设计理念，创新的阀门在线诊断技术专利通过全球化的销售和服务网络，我们为客户提供可靠的阀门解决方案，优化参数控制，提高工厂运行效率，保障工厂运行安全。

详细信息请访问www.bhge.com

*Baker Hughes, a GE company 注册商标

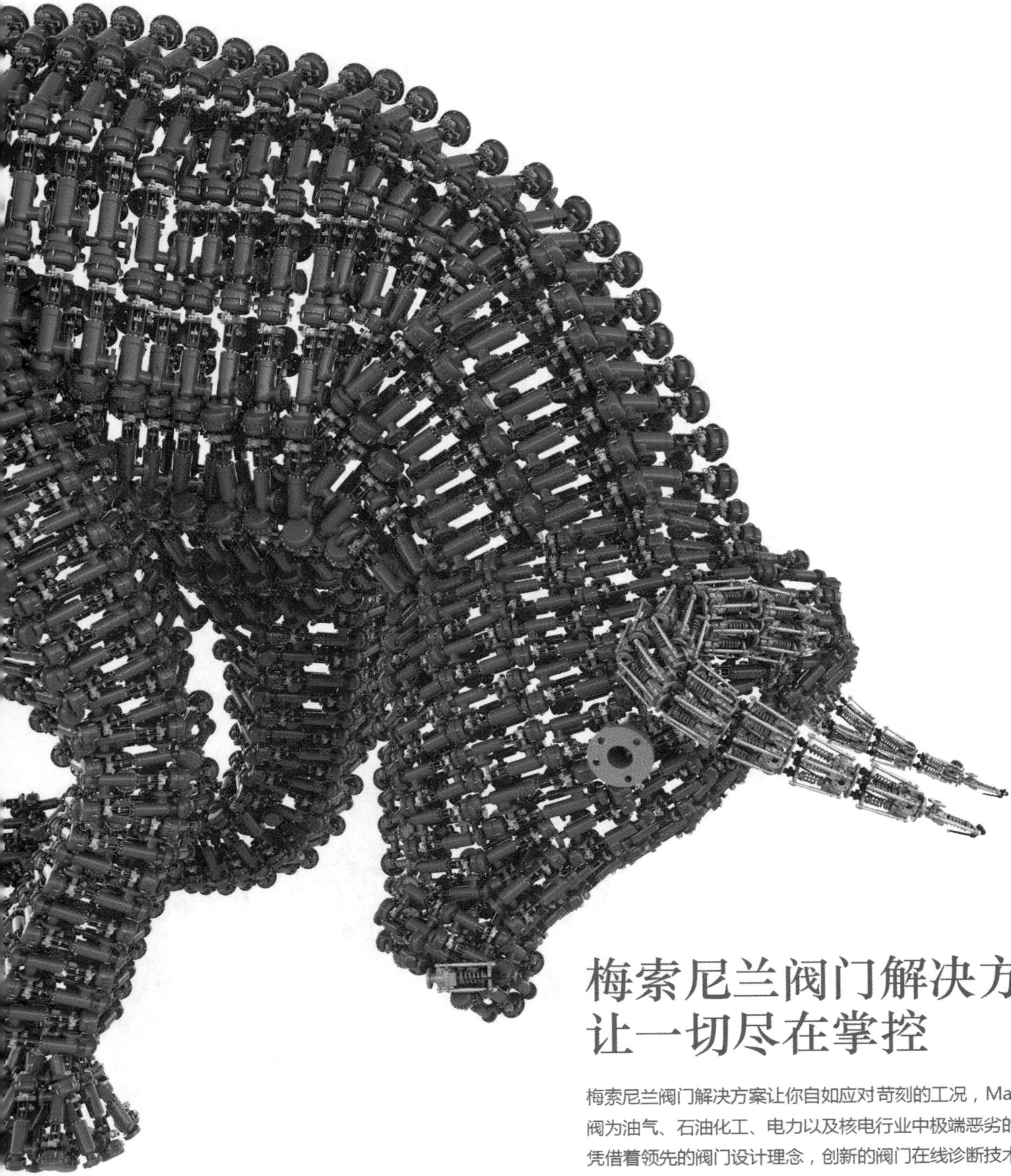

上海同欣仪表
Flowtontion®

积28年流量测量的经验
奉献于节能环保和自动化事业

导轨式

盘装式

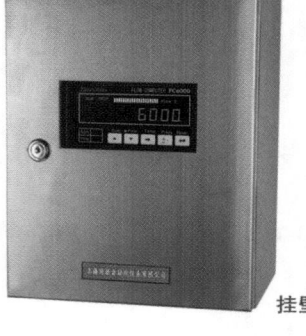
挂壁式

APM96型能源预付费计量箱

- 完成能源预付费计量与控制任务
- 带GPRS无线数据收发器
- UPS缓冲时间：96小时
- 非接触式IC卡读卡器
- 可配用位式控制阀或比例控制阀
- 费用不足时短信通知
- 主电源掉电，控制阀保持原有阀位
- 主电源掉电监视；抗电源脉冲群干扰
- 自带SPD，预防雷击损害
- 不锈钢防水型表箱，可带开箱门报警

FDId双量程一体化差压式流量计

- 符合GB/T 2624及ISO 5167标准
- 量程比：33:1（双差压变送器）
  100:1（三台差压变送器）
- 精确度：（蒸汽、气体）
  （1～3）%区间，低量程上限的±1.0%
  （3～100）%区间，示值的±1.0%
- 经标定误差校正后：
  （1～3）%区间，低量程上限的±0.5%
  （3～100）%区间，示值的±0.5%
- 卓越的稳定性，极强的抗振能力；
  温压补偿、α补偿、ε补偿

贸易结算型流量演算器

- 各项贸易结算功能，无纸记录功能
- 温压补偿、α补偿、ε补偿
- 过热蒸汽、饱和蒸汽状态自动判别
- 蒸汽质量流量显示和热量显示
- 饱和蒸汽湿度补偿、停汽判断功能
- 打印功能；可带GPRS数据远传

FC6000T（带无纸记录）
通用流量演算器

- FC6000的升级版
- 65K真彩高清TFT显示
- 故障诊断结果中文显示
- 快捷键显示断电记录
- 0.1级准确度
- 455天无纸记录（曲线和数字）
- 快捷键显示每天的抄表记录
- FC6000的其他功能

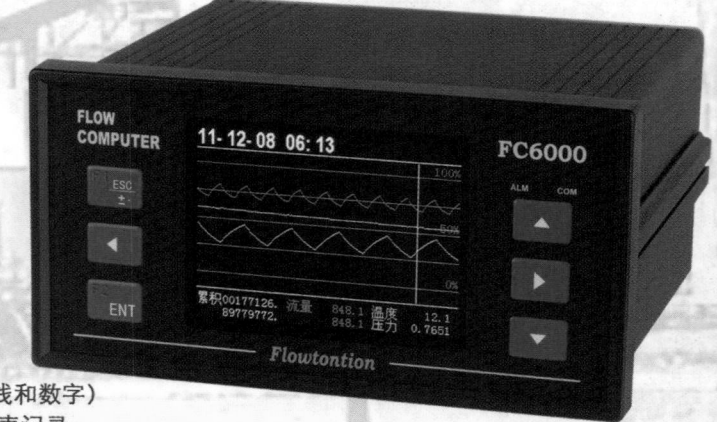

上海同欣自动化仪表有限公司
上海宝科自动化仪表研究所

地址：上海止园路621号
电话：021-66600941（总机）
网站：www.flowtontion.com
邮箱：flowtontion@163.com

邮编：200070
传真：021-66600874

02300022

ISO9001:2008

火炬气流量测量的重大突破（对标国际先进水平）

Flowtontion®

FDIpv 皮托双文丘里喷嘴火炬气流量计

- **测量范围**：(0.3~30)m/s（双量程）。<0.3m/s可稳定显示但不计误差（对标GF868），可扩展到100m/s（三量程）。
- **准确度**：±2.0%MV(V≥3m/s); ±5.0%MV(0.3m/s≤V<3m/s)
- **公称通径**：DN200~DN3000。
- **工作压力**：0.1MPa。压力等级>0.1MPa时接受特殊定货。
- **介质温度**：-30~+150℃。
- **防爆等级**：隔爆或本安。

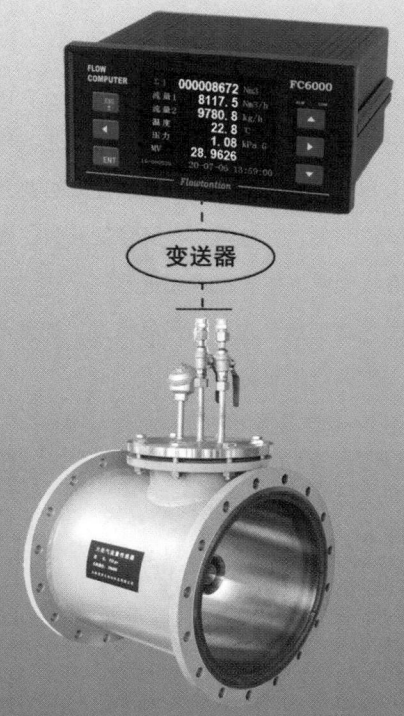

变送器

特点
- 传感器输出差压比标准皮托管大20倍左右。
- 对流体阻力可忽略。
- 在充分发展紊流空气流量标准装置上校准，充分发展紊流条件下使用，准确度有保证。
- 引入尼古拉兹模型对流场分布影响进行校正。
- 流体密度在线计算、在线修正。
- 气体密度信号输入方式：密度计法；（低流量）气体组成计算法；（高流量）气体组成计算法。
- 提供分子量显示。

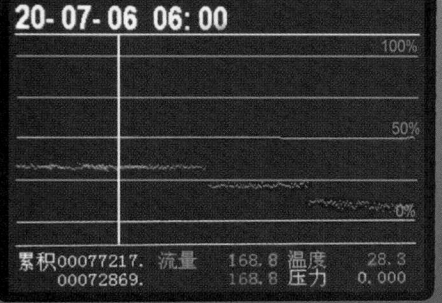

相当于V=0.3m/s流速的考机记录

相当于V=0.2m/s流速的考机记录
（可稳定显示但不计误差）

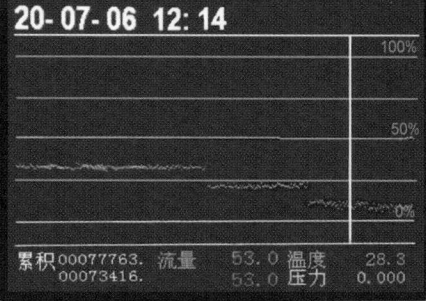

相当于V=0.1m/s流速的考机记录
（可稳定显示但不计误差）

其他产品

- FC6000C型智能冷量表
- FC6000H型智能热量表
- FDI型一体化差压式流量计
- FVC变组分气体质量流量计
- FDIt型标准孔板双向流量计
- FDIh湿气体流量计
- FDIe耐腐蚀型弯管流量计
- DT20M型可编程巡回检测仪

- APC 能源预付费控制箱
- APS 能源预付费控制系统
- FT8600 GPRS-DTU无线数据收发器
- DAS96型流量数据采集站
- SCA数据采集和监控系统
- FBC10批量控制仪
- FBC-10EX型隔爆式流量批量控制器
- FC4000 型数据同步显示器

上海同欣自动化仪表有限公司
上海宝科自动化仪表研究所

地址：上海止园路621号　　　　邮编：200070
电话：021-66600941（总机）　　传真：021-66600874
邮箱：flowtontion@163.com
网站：www.flowtontion.com

02300022　　　　ISO9001:2008

SPES 思派 上海思派电子科技有限公司
SHANGHAI SPES ELECTRONIC TECHNOLOGY CO.,LTD.

上海思派电子科技有限公司成立于2003年1月，实缴注册资本1010万元，公司现有员工160多人，公司拥有自营进出品经营权，产品远销欧美、南非、俄罗斯及东南亚、深受客户关注及好评。

公司积极保持与日本同业及上海各高校、传感器专家的技术合作，经过16年的成长，现已发展出品类齐全的阻旋料位开关、静电容、音叉物位开关、射频、雷达以及各类浮球、压力变送器、磁翻板液位计等产品，并在料位、液位领域保持着技术先进地位。

思派将继续专注于新产品研发、提升产品品质、加强国内外合作与交流，为用户提供更优质的产品，更好的价格，更满意的服务。

办公区域	车间厂房	资质证书

主要产品：

阻旋开关

静电容、射频导纳开关

音叉开关

雷达物位计

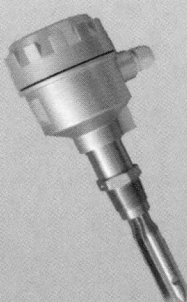
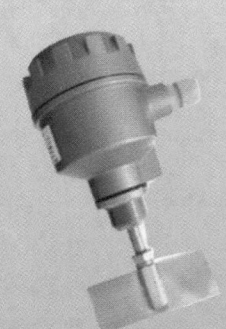
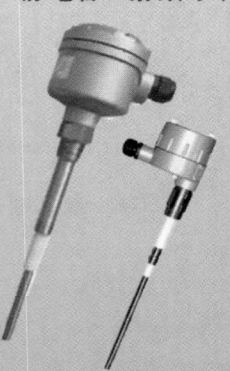

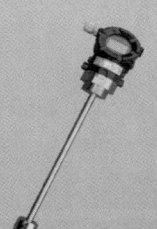
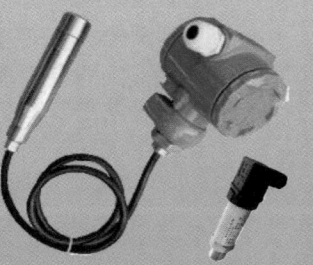

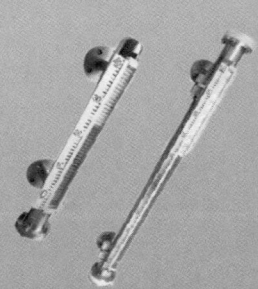

磁致伸缩液位计　　压力变送器　　　　差压变送器　　　磁翻板液位计

总部地址：上海市闵行区园文路28号金源中心8F（5A甲级办公楼）Tel：021-51087352　61278052
生产基地：上海市松江区联营路718号3幢　　Http://www.spes.com.cn　Mail：spes@spes.com.cn

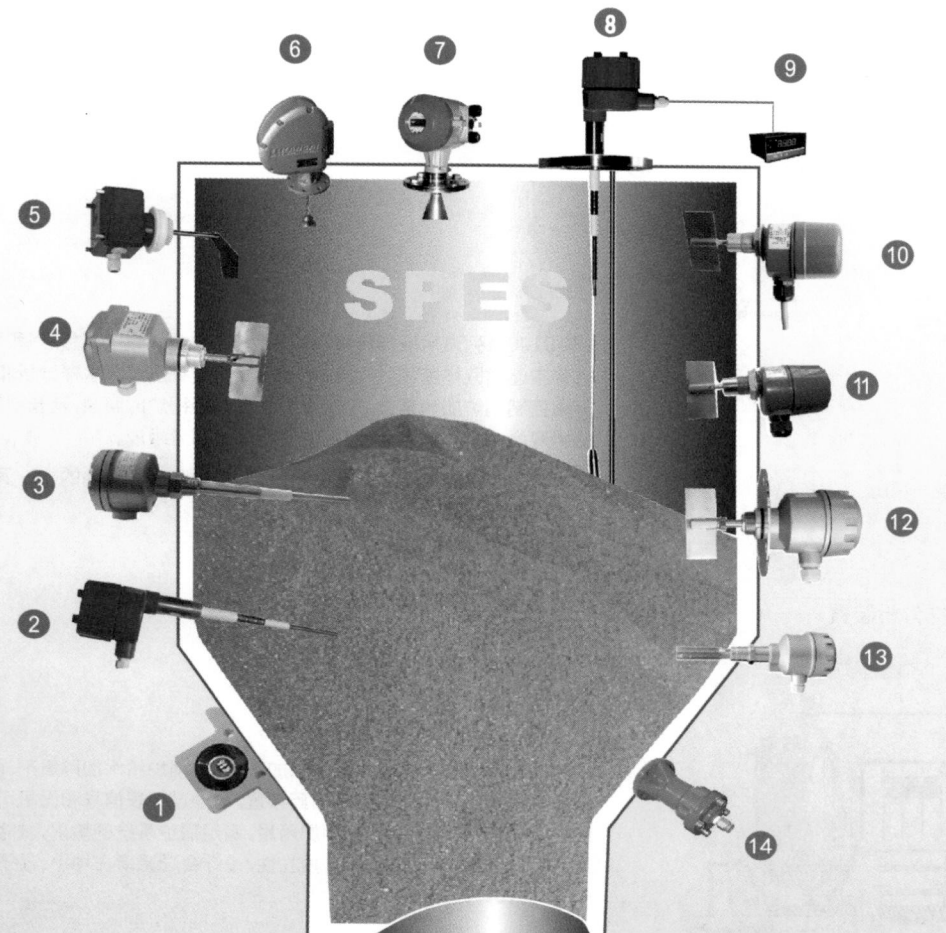

1、空气振动器
2、射频导纳物位开关
3、静电容物位开关
4、阻旋式料位开关
5、阻旋式料位开关
6、重锤连续式物位计
7、雷达波物位计
8、射频导纳物位计
9、智能数显仪表
10、阻旋式料位开关
11、小型阻旋式料位开关
12、阻旋式料位开关
13、音叉式物位开关
14、空气锤

思派公司产品种类齐全，主要检测溶剂、水、油等各种液体；粉料、块料等各种物料；适用于粘稠、导电、不导电、强酸强碱、腐蚀性、高温高压、特殊工况环境。输出开关点及连续量信号。

产品性能稳定可靠、抗干扰、质量优良、价格优惠、交期短、服务快捷

1、流量开关
2、压力变送器
3、侧装浮球液位开关
4、音叉物位开关
5、单点式浮球液位开关
6、连杆浮球液位开关
7、电缆浮球液位开关
8、超声波物位计
9、插入式磁浮子液位计
10、投入式压力变送器
11、射频导纳物位计
12、磁翻板（柱）液位计

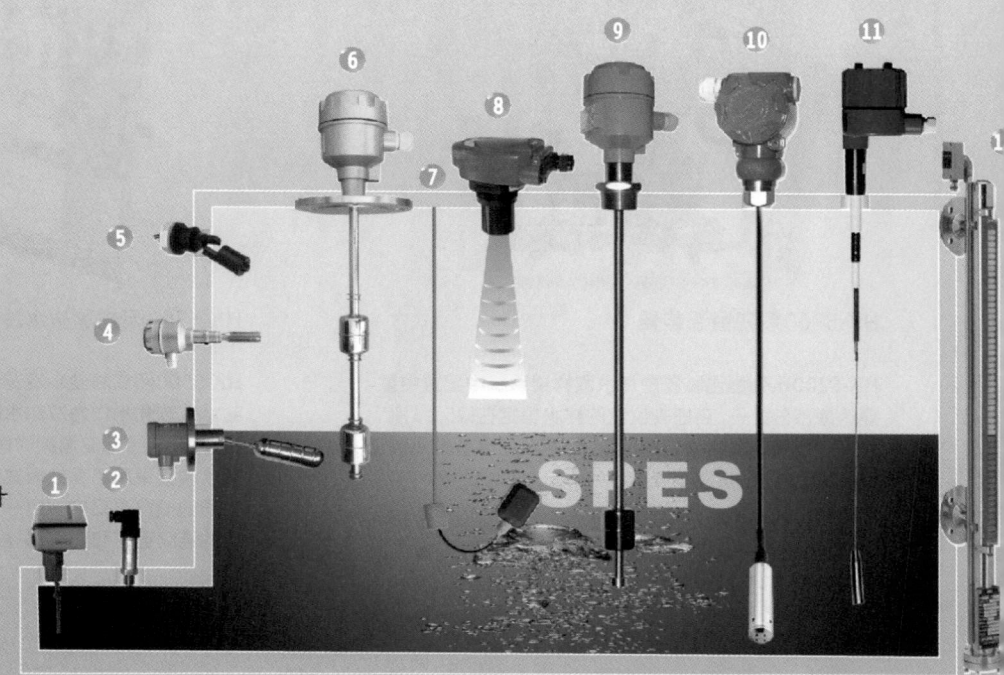

- 取样架

HK-5100系列汽水取样分析装置

HK-5100系列汽水取样分析装置是用于火力发电系统对蒸汽和水进行集中连续取样监测,并通过化学仪表和微机系统对水样分析和监测来控制锅炉加药装置,来实现最大化减轻锅炉的腐蚀,延长锅炉的使用寿命,主要由高温架和低温仪表屏两部分组成。

汽水取样装置的关键部件之一是冷却器。由我公司研制的《漩、涡高效筒式冷却器》已获国家专利。

HK-5300系列加药装置

HK-5300系列加药装置包括炉水加磷酸盐、锅炉给水加除氧剂、除盐水加氨和循环水加稳定剂等加药装置,可通过仪表信号和微机可实现自动加药,能够更好的控制加药量,满足锅炉系统的需求,减轻工人的劳动强度。每套设备具有独立性,设计合理紧凑占地小,便于操作和维修等特点。

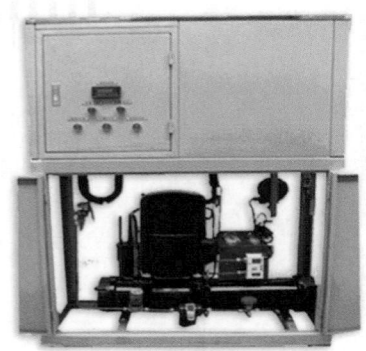

HK-5200系列恒温装置

HK-5500闭式除盐水冷却装置

HK-5200系列恒温装置是汽水取样架系统中配置中重要组成部分之一,它把去仪表的样水恒定在(25±1)℃,保证了仪表的正常稳定的测量,为锅炉发电系统提供了可靠、稳定的正常运行数据。

恒温装置选用大功率压缩机,能保证0.35吨恒温冷却水在3分钟之内迅速恒定在(25±1)℃的范围内,配备12L/h的循环泵,可使水箱冷却水的温度快速达到均匀。

HK-5500闭式除盐水冷却装置是因为高温架在没有除盐水或软化水作为冷却水的时候,用工业水冷却除盐水,除盐水冷却高温架时使用的设备,HK-5500闭式除盐水装置采用了高效板式换热器和流路为不锈钢304材质的循环泵采用一用一备的使用方式,能够满足高温架的连续运行和对高温架不产生污染和结垢等现象。

地址:北京市大兴区西红门镇金业大街10号   传真:010-80703092
邮编:10076   网址:www.huakeyi.com
电话:010-80705660   E-mail:hky@huakeyi.com

- 报警器

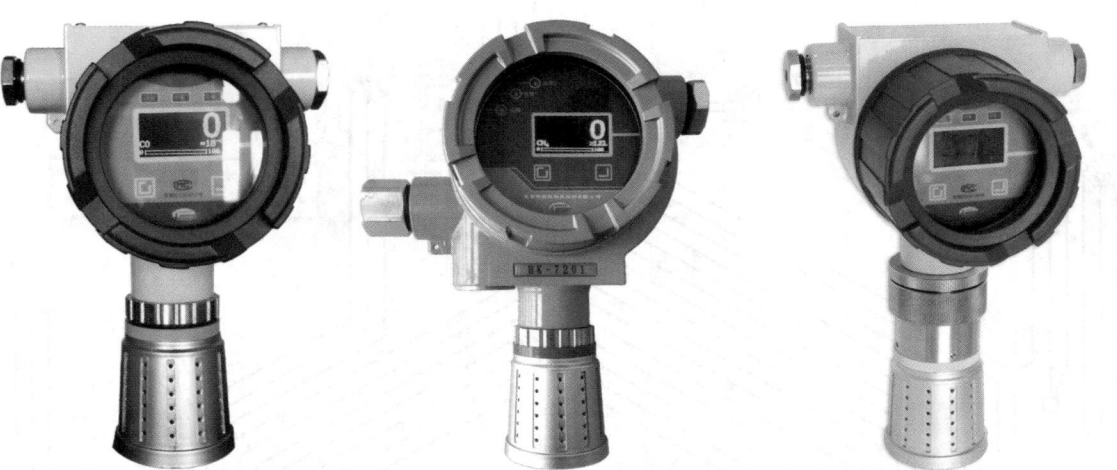

HK-7100A/7101可燃气体探测器   HK-7200A/7201有毒气体探测器   HK-7200A有毒气体报警器(低温型)

HK-7100A/7101可燃气体探测器, HK-7200A/7201有毒气体探测器, HK-7200A有毒气体报警器(低温型) 是由北京华科仪科技股份有限公司自主研发生产的一种在控制室中监测现场环境中的可燃气体浓度的仪器, 可广泛地应用在石化、油气贮运、化学工业、油库、液化气站、燃气锅炉房等存在易燃易爆危险气体的领域。

HK-7200A二线制LED显示有毒气体报警器

二线制LED显示有毒气体报警器是由北京华科仪科技股份有限公司自主研发生产的一种在控制室中监测现场环境中的有毒气体浓度的仪器, 可广泛地应用在石化、油气贮运、化学工业、油库、液化气站、燃气锅炉房等存在有毒气体的领域。

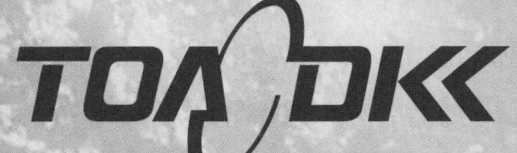

TOA DKK 东亚DKK株式会社

秉承「诚实，创造，挑战」的理
实现富裕宜人的环境而作贡

东亚DKK株式会社以「水质，大气，烟气，医疗」作
监测到 化学分析，生产现场，品质管理，过程控制等广
计测仪器生产商。通过成立70多年来积累的电化学，在
的准则，提供包括总硫，沸点等在内的多种油品在线分
器以及水质，环境空气，VOC监测等应用场合的综合解

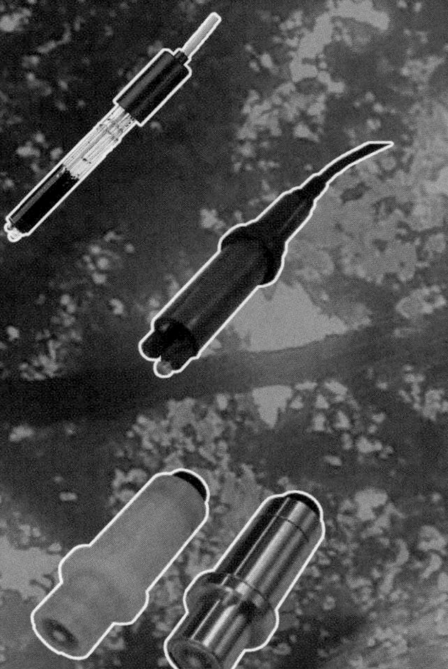

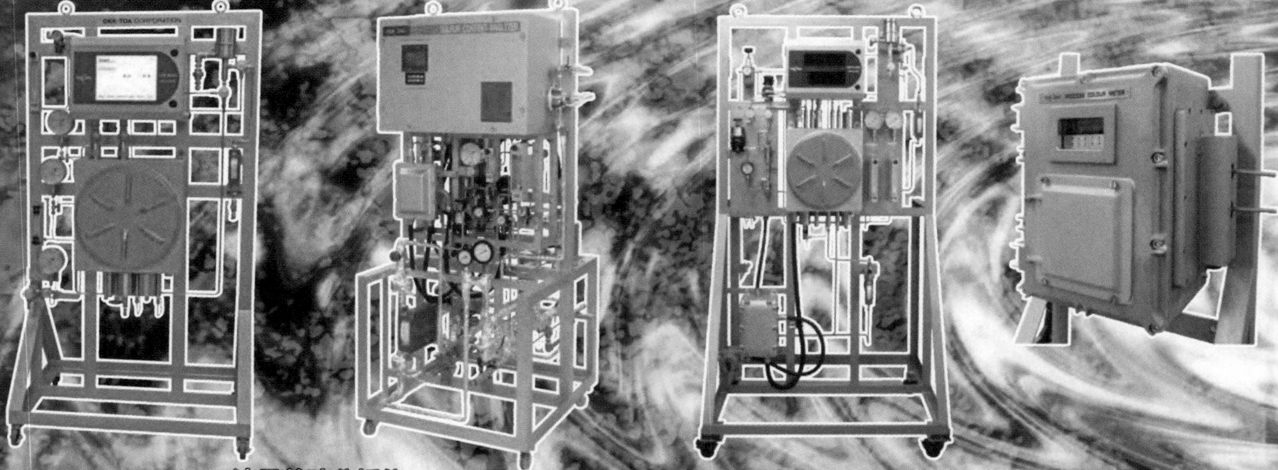

油品总硫分析仪　油品沸点分析仪　在线色度分析仪

联络方式：日本总部：东京都新宿区高田马场 1-29
TEL：+81-3-3202-0225
URL：www.toadkk.com　E-mail：boyu-guan@dkktoa.com

念, 致力于实现全球环保,
献

为计测技术的支柱。丰富的产品线，覆盖了从环境
泛领域，是立足于为人们美好生活提供支撑的综合
线分析等核心技术，以站在客户角度研发改善产品
析仪器，各种实验室分析仪器，电化学在线分析仪
决方案。

在线 / 便携 VOC 监测系统

水质总磷总氮分析仪　　水面油膜监测仪　　环境空气监测站

中国合作伙伴：重庆川仪自动化股份有限公司　重庆市北部新区黄山大道中段61号
TEL：+86-23-63633995
E-mail：13808389533@139.com

助您安心享受美好生活

锁渣阀

无"O"圈氧阀

PDS高频球阀

安特威集团　　中国总部：+86-512-82880588　　邮箱:info@antiwearvalve.

助您安心享受美好生活
HELP YOU ENJOY GOOD LIFE

一致性智能质量控制体系
流体控制行业解决方案
全球快速反应系统

双盘阀   S-Zorb高温球阀   金属硬密封球阀

om

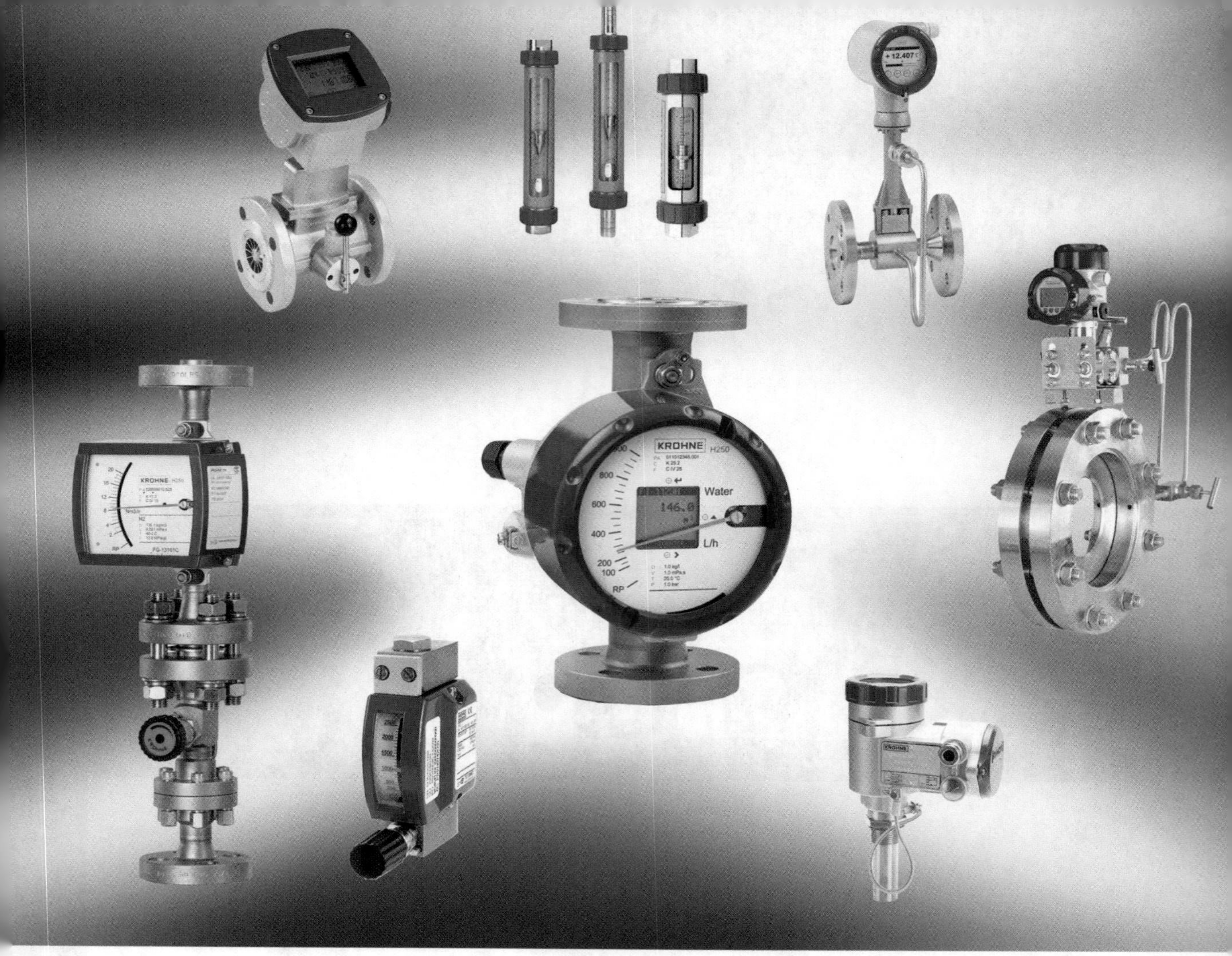

KROHNE

▶ measure the facts

▶ 您是否一直在寻找高效的测量解决方案？

承德热河克罗尼仪表有限公司成立于 1991 年 6 月，由德国 KROHNE 公司与承德林达仪表有限公司合资兴办，外方控股，是专业生产和销售流量仪表、物位仪表、温度仪表、压力仪表及其配套设备的高新技术企业。本公司是德国 KROHNE 公司设在中国的金属管浮子流量计服务及维修中心。

德国 KROHNE 公司作为世界知名的仪表制造商之一，在过去的九十年中，我们带给客户不断创新的过程控制技术，成为了行业的标杆。

浮子流量计	挡板流量计	磁翻板液位计
插入式电磁流量计	差压式流量计	钢丝液位计
吹扫装置	温度仪表	液位开关
流量开关	涡轮流量计	浮筒液位计
涡街流量计	雷达物位计	液位变送器

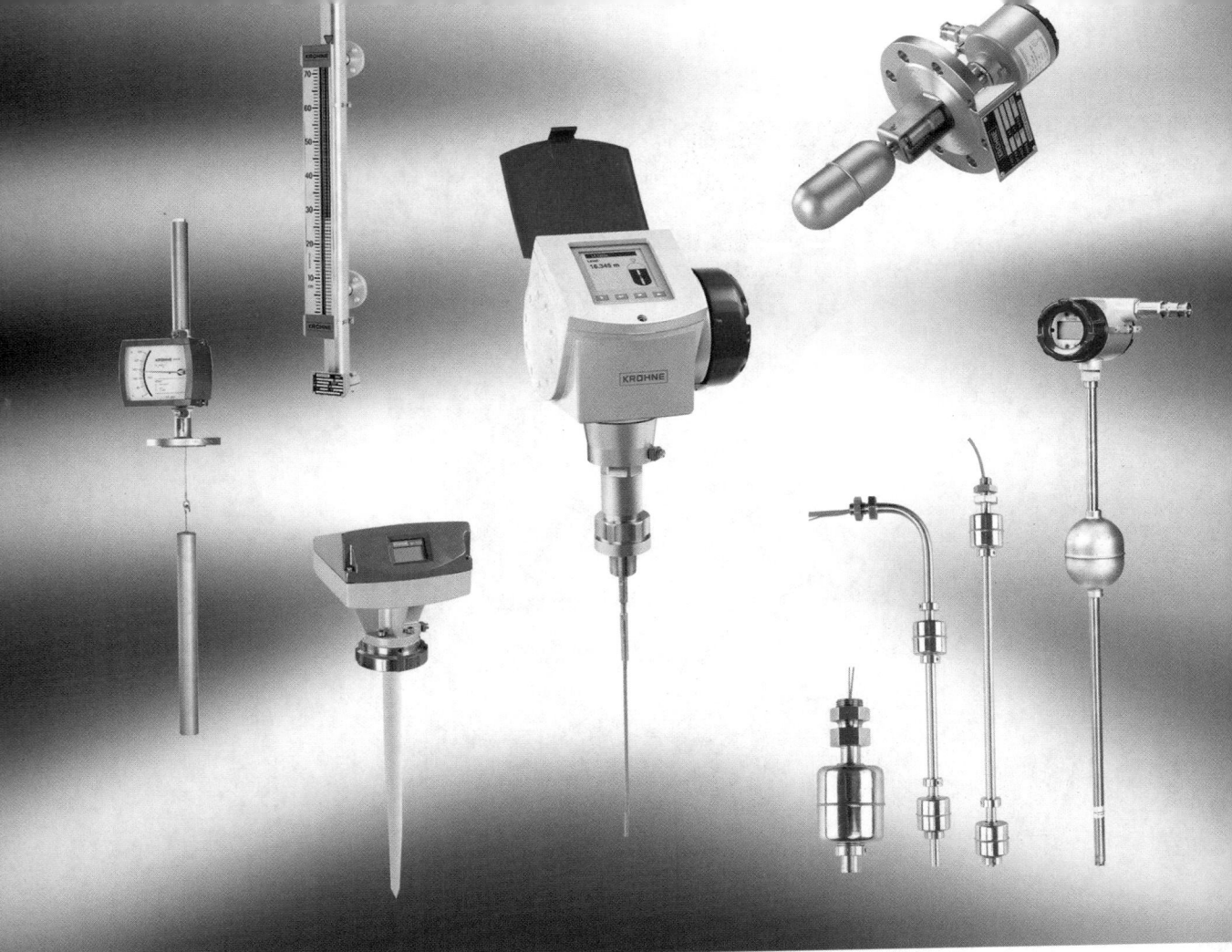

KROHNE

▶ measure the facts

▶ ## 克罗尼是您值得信赖的合作伙伴！

克罗尼在流量，液位，差压和温度测量等领域有着丰富的专业经验。产品广泛应用于石油化工、医药、冶金、钢铁、电力、核工业、食品饮料、船舶等行业，本公司为中国石化物资供应商，中石油一级供应商，中核集团合格供应商，并且一直为中船重工集团旗下院所提供高质量测控仪表。

我们的仪表几乎可以测量所有的介质，包括强腐蚀性的、高磨损性的、高温高压高粘度的、高固含量的、饱和蒸汽、以及泡沫或波动的液面。我们不但了解仪表的常见应用环境，还能为客户特殊的工况提供量身定制的解决方案。

克罗尼 --- 提供理想的测量解决方案

承德热河克罗尼仪表有限公司

电话：0314-2120930 2120940
传真：0314-2120920 2120077
网址：www.rehe-krohne.com

承德热河克罗尼仪表有限公司北京分公司

电话：010-84785576
传真：010-84785476

深圳市特安电子有限公司
Shenzhen ExSaf Electronics Co.,Ltd.

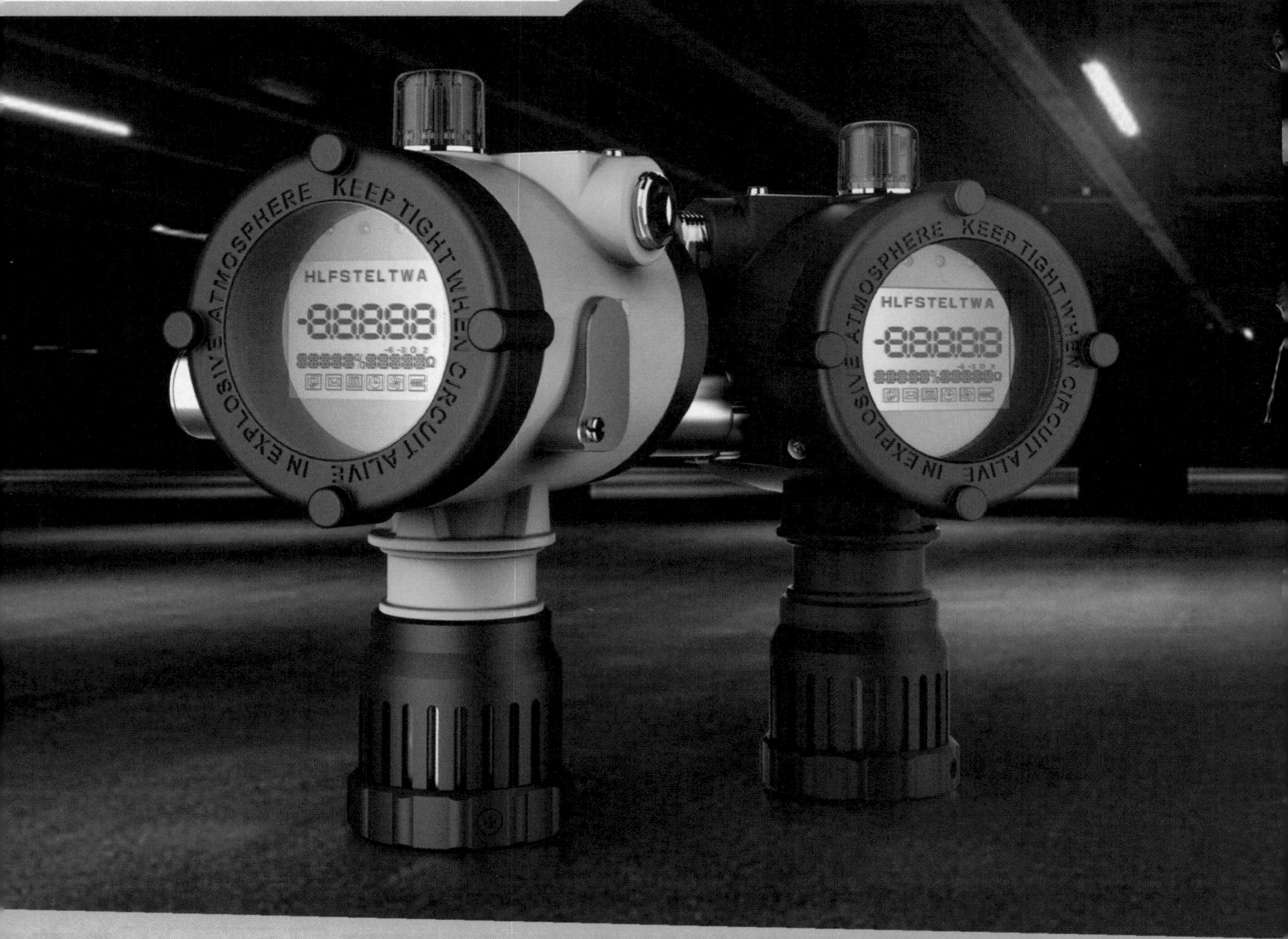

特安公司成立于1987年，位于深圳南山科技园

可燃气体、有毒气体报警设备和工业自动化控制仪器仪表的生产制造厂商

产品应用于石油、化工、燃气、冶金和制药等行业

现有员工660名，其中研发和工程技术人员165名

产品专利技术37项

全国33个售后服务中心及时快速地为客户提供优质的服务

地址：深圳市南山区科技北二路15号洁净阳光园　　　邮编：518057　　　网址：**www.exsaf.com**

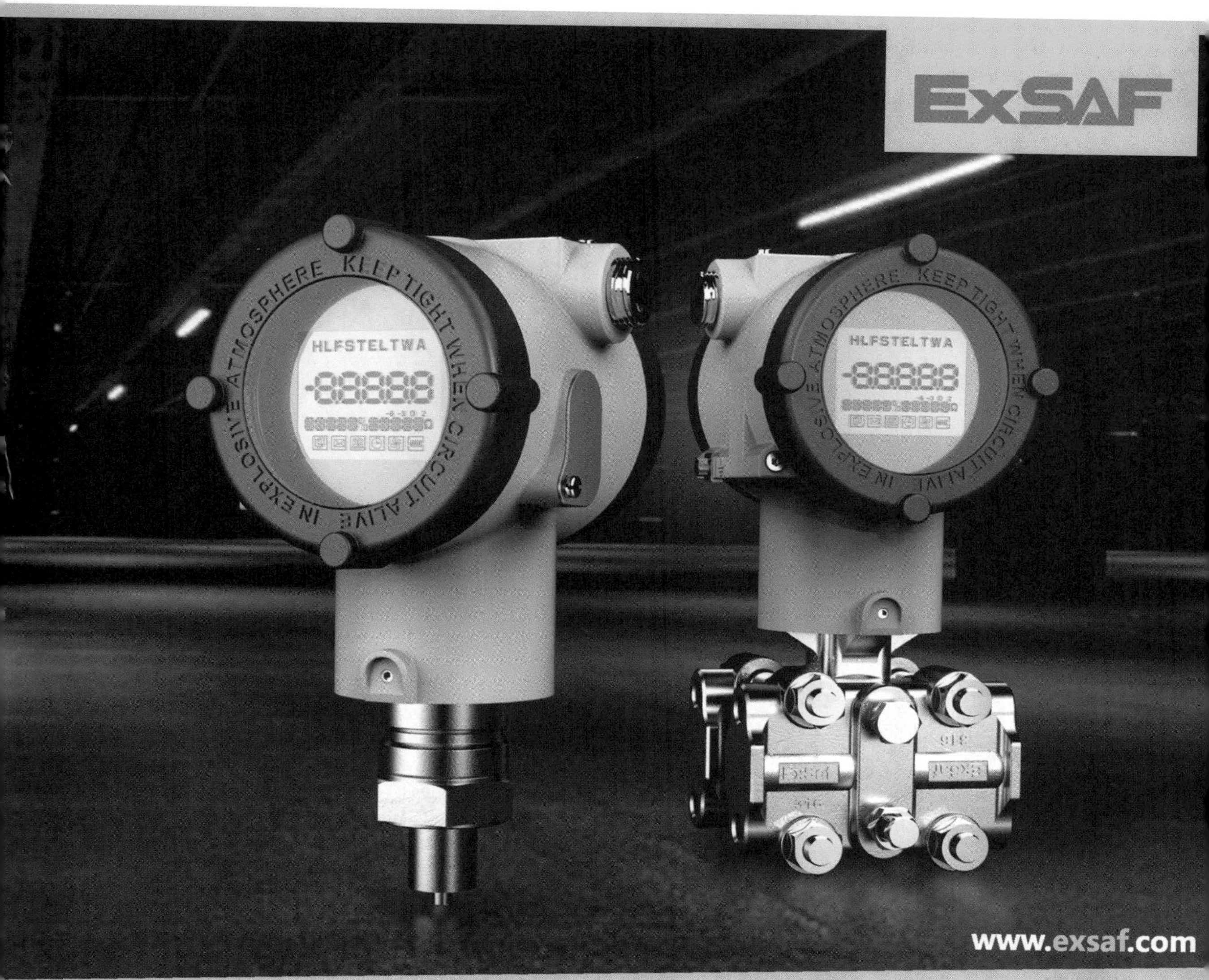

ExSAF
www.exsaf.com

主要产品

固定式气体报警器

报警控制器

便携式气体探测器

压力变送器

温度变送器

总部客服：0755-86186566　销售电话：400-850-7676（气体报警器）　400-860-7676（压力/温度变送器）

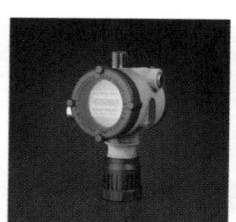

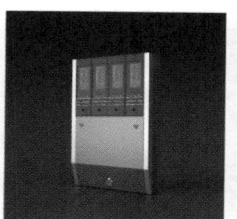

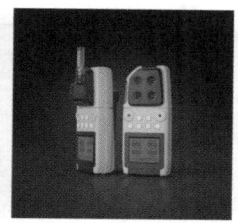

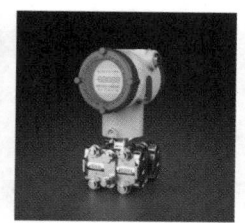

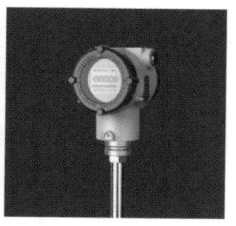

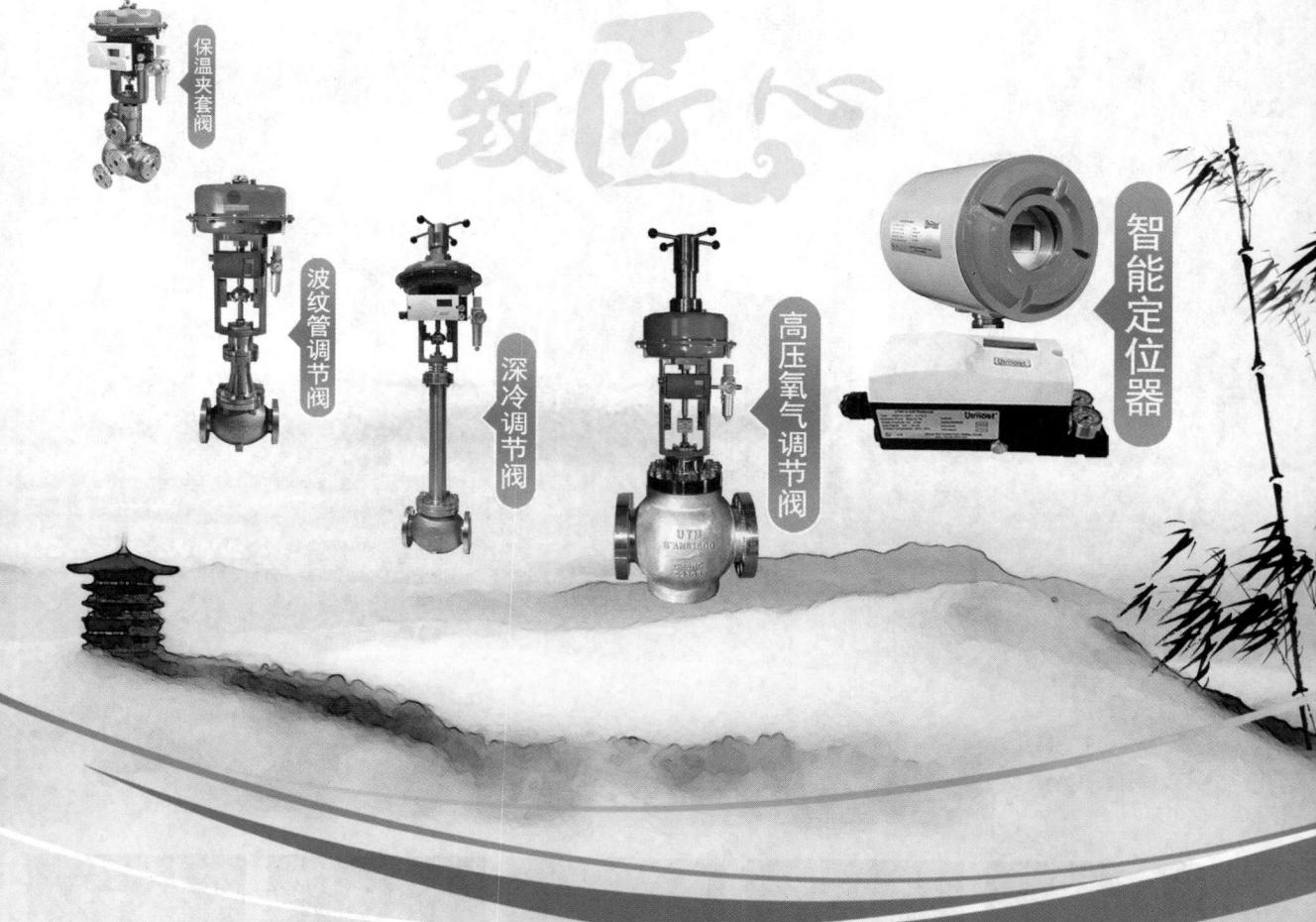

艾坦姆

做中国人自己的高端调节阀

艾坦姆人珍视每一份用户嘱托
致力为您打造高品质的调节阀以及智能定位器等相关调节阀附件产品
同时为您提供高效的售后服务保障和完美的技术解决方案

致匠心

保温夹套阀

波纹管调节阀

深冷调节阀

高压氧气调节阀

智能定位器

Utmost®

品质与艺术完美结合

艾坦姆流体控制技术（北京）有限公司
地址：北京市顺义区南法信镇宏远航城广场A座 201
电话：(010) 80490446 邮箱：sales@utmost-valve.com
德国地址：Daimlerstr. 45, 50170 Kerpen
德国电话：(+49) 178 4783678
网站：www. utmost-valve.com

艾坦姆流体控制技术（山东）有限公司
地址：山东省济宁市邹城市北宿镇恒发路1号
电话：(0537) 5305966

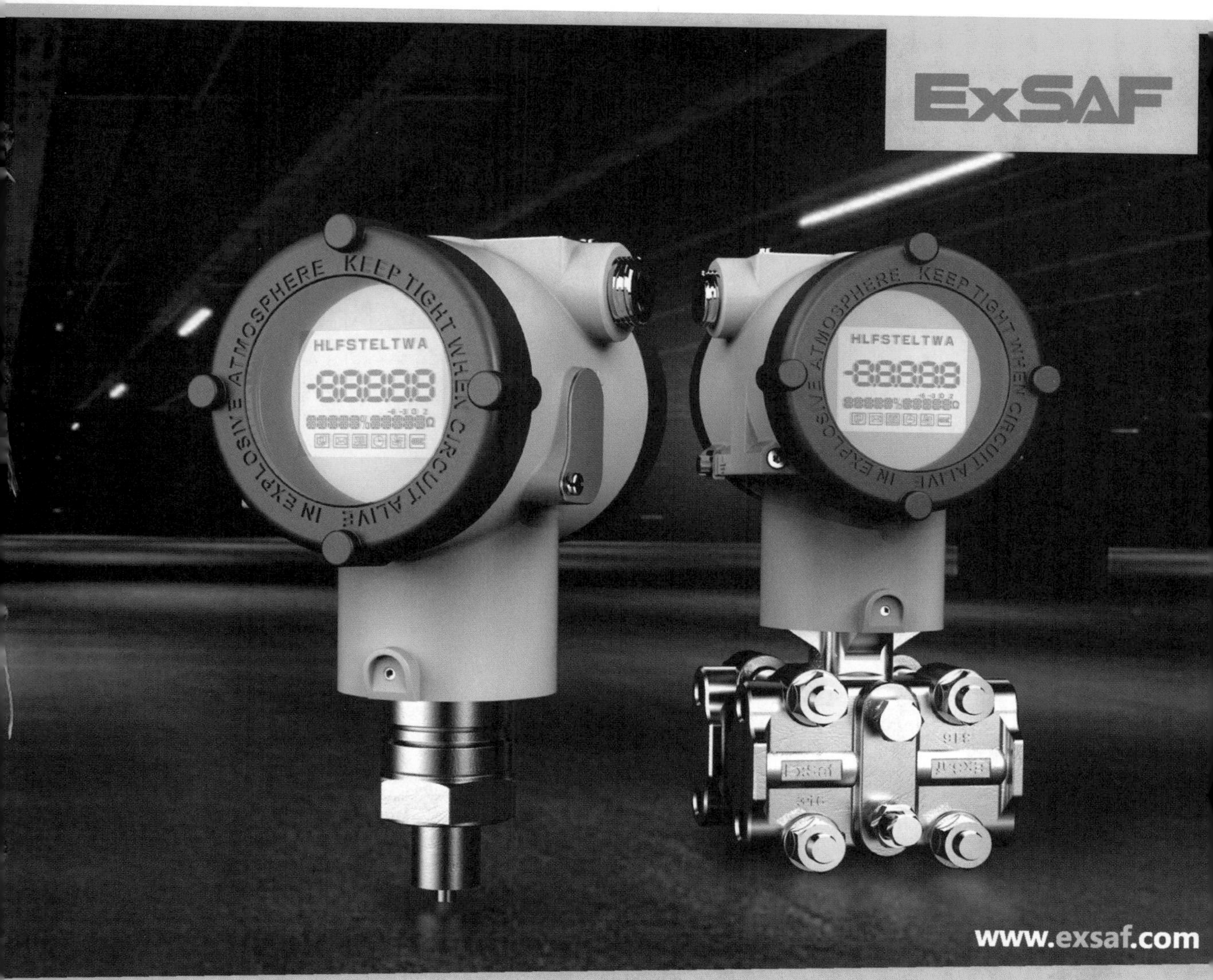

ExSAF

www.exsaf.com

主要产品

固定式气体报警器

报警控制器

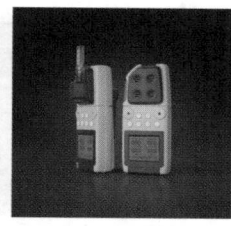

便携式气体探测器

压力变送器

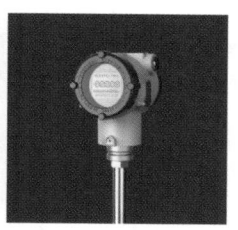

温度变送器

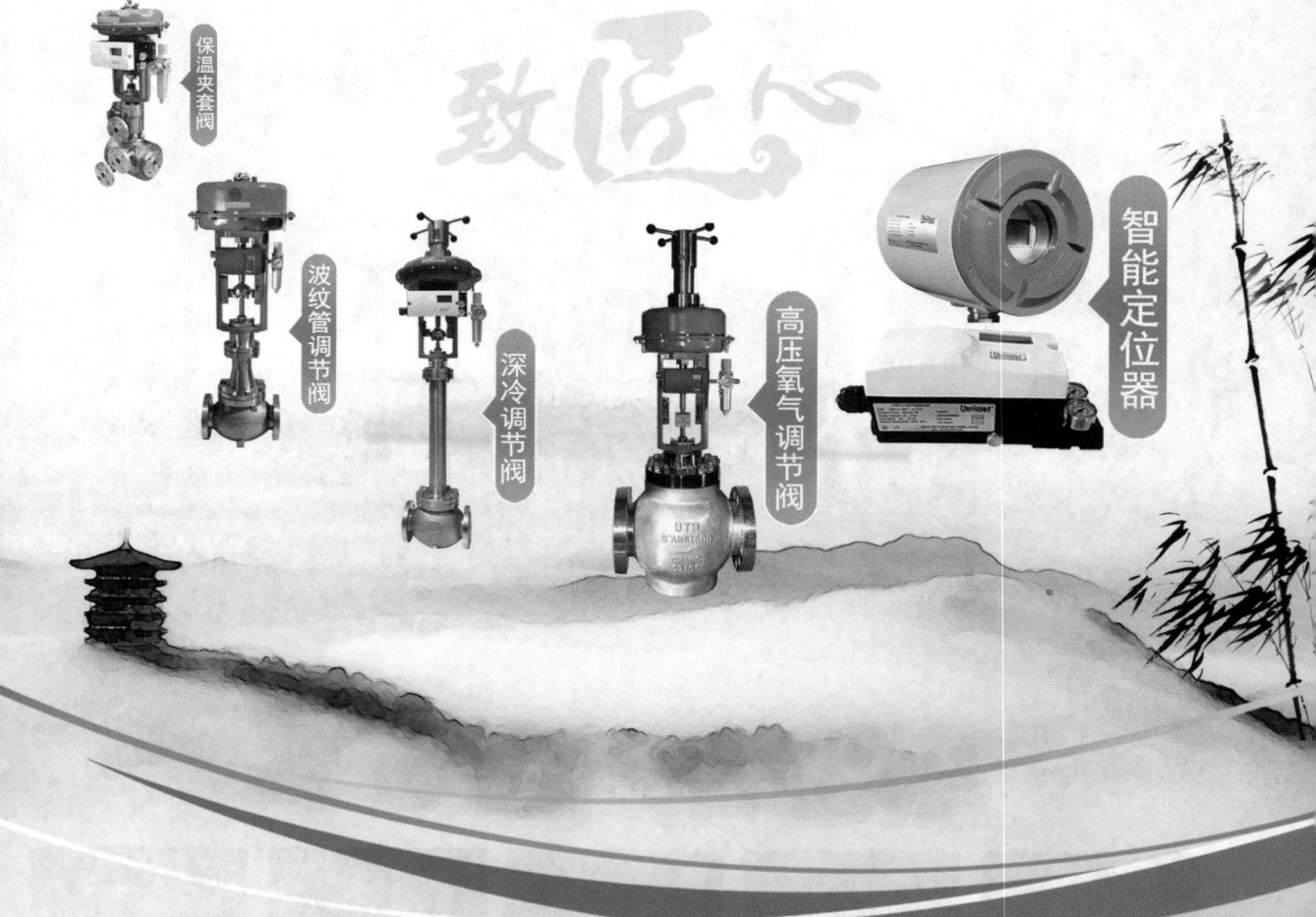

艾坦姆

做中国人自己
的高端调节阀

艾坦姆人珍视每一份用户嘱托
致力为您打造高品质的调节阀以及智能定位器等相关调节阀附件产品
同时为您提供高效的售后服务保障和完美的技术解决方案

致匠心

保温夹套阀

波纹管调节阀

深冷调节阀

高压氧气调节阀

智能定位器

Utmost®

品质与艺术完美结合

艾坦姆流体控制技术（北京）有限公司
地址：北京市顺义区南法信镇宏远航城广场A座 201
电话：(010) 80490446　邮箱：sales@utmost-valve.com
德国地址：Daimlerstr. 45, 50170 Kerpen
德国电话：(+49) 178 4783678
网站：www.utmost-valve.com

艾坦姆流体控制技术（山东）有限公司
地址：山东省济宁市邹城市北宿镇恒发路1号
电话：(0537) 5305966

艾坦姆 做中国人自己的高端调节阀

艾坦姆人珍视每一份用户嘱托
致力为您打造高品质的调节阀以及智能定位器等相关调节阀附件产品
同时为您提供高效的售后服务保障和完美的技术解决方案

致匠心

保温夹套阀

波纹管调节阀

深冷调节阀

高压氧气调节阀

智能定位器

UTM
8"ANSI600

Utmost®
品质与艺术完美结合

艾坦姆流体控制技术（北京）有限公司
地址：北京市顺义区南法信镇宏远航城广场A座 201
电话：(010) 80490446 邮箱：sales@utmost-valve.com
德国地址：Daimlerstr. 45, 50170 Kerpen
德国电话：(+49) 178 4783678
网站：www.utmost-valve.com

艾坦姆流体控制技术（山东）有限公司
地址：山东省济宁市邹城市北宿镇恒发路1号
电话：(0537) 5305966

流动工作人员

诊断

腐蚀

储罐液位

开关量

pH

压力

人员跟踪

关注艾默生自动化解决方案

温度

振动

移动通讯

摄像头监测

EMERSON

艾默生自动化解决方案

罗斯蒙特-现场仪表全球领导品牌

技术领先
在《控制》杂志用户选择奖中艾默生获得33项第1

分析

环境气体探测器
密度/浓度分析仪
pH/ORP/电导率分析仪
过程气相色谱仪
堆栈气体/排放分析仪

压力温度

压力变送器
电阻温度探测器
温度变送器
热电偶

流量

科里奥利流量计
电磁流量计
涡论流量计
超声波流量计
涡街流量计

系统与软件

先进过程控制软件
报警管理软件
设备管理软件
连续调节控制
回路整定软件
神经网络软件
无线架构

液位

浮子液位计
导波雷达液位计
贸易交接用液位计
磁致伸缩液位计
机械式液位开关
非接触式雷达液位计
超声波液位开关
电磁液位指示器

阀门及执行机构

控制阀
开关阀
电子阀门执行机构
气动阀门执行机构

联系我们　登陆网站：www.rosemount.com.cn

咨询邮箱：china.info@emerson.com

客服热线：400-820-1996

大连精工自控仪表成套技术开发公司

大连精工自控仪表成套技术开发公司是经国家技术监督局和辽宁省技术监督局及大连市技术监督局批准的流量测量装置、风量测量装置、高低压反应釜、减温减压装置、化工泵的专门生产企业，也是各大电力、化工、冶金设计院可选的产品，"大连精工"是辽宁省"著名商标"的品牌产品，是中国仪表学会的会员单位，是中国进出口总公司、东方电气、东方锅炉、哈尔滨电气国际、哈尔滨锅炉厂、上海电气、上海锅炉厂、武汉锅炉厂、杭州锅炉厂、中石油、中石化、中国核电的合格供应商。

多年来我们公司的产品广泛用于国内外石油、化工、电力、核电、冶金、低碳环保行业，国外的用户有：伊朗、马来西亚、巴基斯坦、印度、老挝、菲律宾、哈萨克斯坦、越南、哥伦比亚、缅甸、泰国、印度尼西亚、土耳其、白俄罗斯、乌兹别克斯坦、摩洛哥、迪拜、孟加拉、吉尔吉斯斯坦等国家及地区，产品质量得到了国内外广大用户的认可和高度评价！

我公司的产品有：

1）ASME-PTC6喉部取压性能试验喷嘴、ASME-PTC19.5文丘里喷嘴、ISO 5167长径组合喷嘴、ISO 5167标准喷嘴、ISO 5167文丘里管、ISO标准孔板、ASME多级减压孔板、ASME-AGA限流孔板；

2）小流量内藏孔板、高压透镜孔板、圆缺孔板、八槽孔板、环形孔板、专利结构钢圈组合孔板、双重孔板、多级限流孔板、调整型孔板、楔形流量计、内锥式流量计、喷雾喷嘴等系列产品；

3）机翼耐磨防堵"专利"测风装置、截面整流式测风装置、截面多层插入组合式测风装置、内置式文丘里测风装置、插入式文丘里测风装置、多点阵列防堵耐磨测风装置、插入式内锥风量测量装置、耦合式风量"专利"测量装置、威力巴测风装置等产品；

4）高低压反应釜、文丘里减温器、减温减压装置等各种附件；高温高压仪表阀、三阀组、五阀组、冷凝器、隔离容器、集气器、平衡容器、网笼探头、仪表关键等；

5）成套设备：仪表盘、仪表柜、保温箱、高低压开关柜、温度开关、热电阻、热电偶等；

6）进口设备：美国VALTEK电动调节阀门、美国Omega容积流量计、美国核电柱塞限流孔板A100、A300系列、美国Magnetrol导波雷达、美国AMETEK氧化锆、英国ROTORK执行器和ALCO高压仪表阀门、美国Swagelok（世伟洛克）仪表阀、德国ASD800变送器、美国Shortridge便携式风速仪、美国罗斯蒙特（Rosemount）差压变送器、压力变送器、美国霍尼韦尔差压变送器、压力变送器、SOR压力开关、SOR流量开关、SOR差压开关。

我们公司的质量方针："永远的创新、永远的完善、永远的发展、永远向顾客提供一流的产品和服务！"

我公司已被国家技术监督局和辽宁省技术监督局评为"质量信誉保证单位"、被中国商务部研究院评为"信用AAA级企业"、被辽宁省工商局评为"守合同重信誉单位"，是辽宁省"著名商标"企业，2000年就已陆续取得ISO9001质量体系认证，压力管道认证、减温减压装置认证、产品环保认证、企业安全认证，被中国企业信用管理协会评为AAA级信用单位，公司的官方网站也被国家工业和信息化部评为可信网站。

我公司拥有雄厚的技术力量、先进的加工设备及检测设备；精心设计、完善工艺，提供给客户优质的产品，永远为客户提供满意的服务。

热忱欢迎广大客户到我公司参观、考察、洽谈订货。

联系人：肖兰（总经理）　　电话：0411-84803344
传真：0411-84801863　　　手机：13904118205
邮箱：xl@sc-china.com　jg@sc-china.com.cn
QQ：1255108155
公司网站：www.sc-china.com
手机网站：m.sc-china.com　　微信公众号：dljgyb

重庆兆洲科技发展有限公司
CHONG QING ZHAO ZHOU
TECHNOLOGY DEVELOPMENT CO.,LTD.

专注超声波仪器仪表生产研发

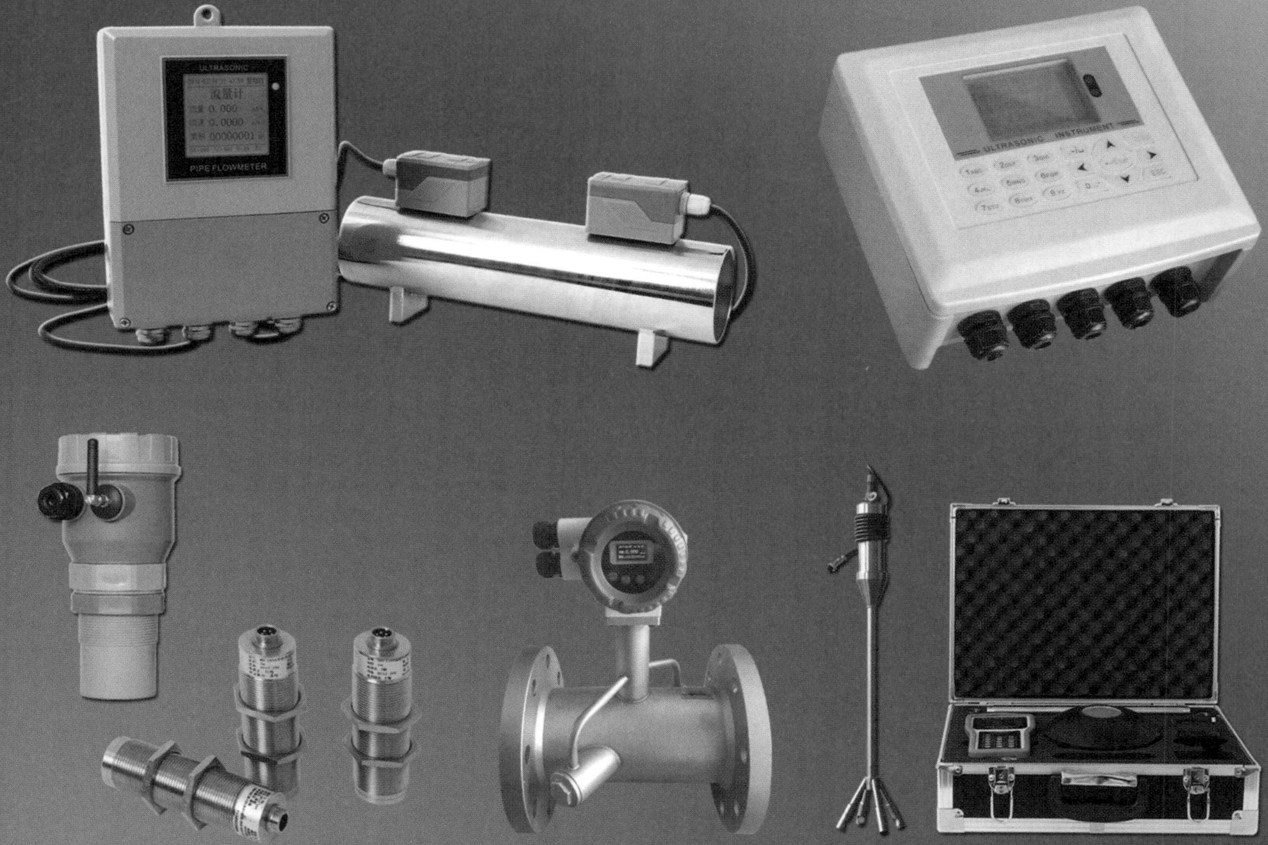

我公司专业生产研发超声波流量计、超声波热量表、超声波水表、超声波物（液）位计、外贴超声波液位计、超声波液位差计、超声波泥水界面仪、超声波测深仪、超声波浓度仪、声学井深测定仪、超声波流速流量测量仪、超声波风速仪、声学井深测定仪、超声换能器、工业管理采集系统等系列产品均可根据用户要求定制。

地址：重庆市巴南区界石镇曙光工业园C6-9　邮编：401346

电话：023-62592086　　　传真：023-62592084

公司网址：www.mhz99.com　Q Q：361427064

阿里巴巴店铺网址：https://mhz999.1688.com

昆仑富士 Kunlun Fuji

中石油内部两大优势产品：智能变送器和氧化锆氧分析仪
智能压力变送器（产品严格按照ISO9001、ISO14001及5s要求进行管理，达到世界优秀品质）

智能压力变送器

◆ 硅微电容传感器
◆ 新型先进浮动膜盒
◆ 准确度：± 0.065%
◆ 独创金属和陶瓷双镀层隔离膜片
◆ 独创处理技术的高温高真空规格

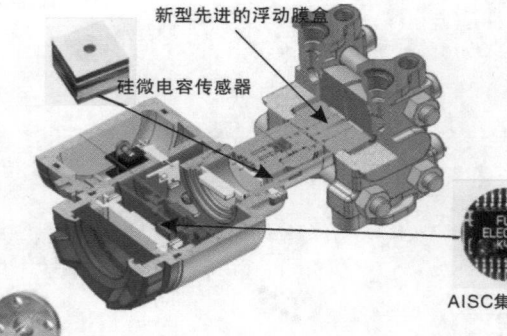

新型先进的浮动膜盒
硅微电容传感器
AISC集成电器

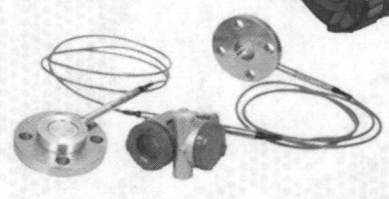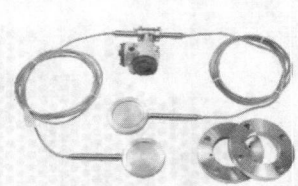

温度仪表

温度变送器LRD/LRC
分为分体式与一体式两种结构，
采用日本进口温度模块，产品具
有精度高，稳定性好等特性。

热电偶LN/热电阻LE系列

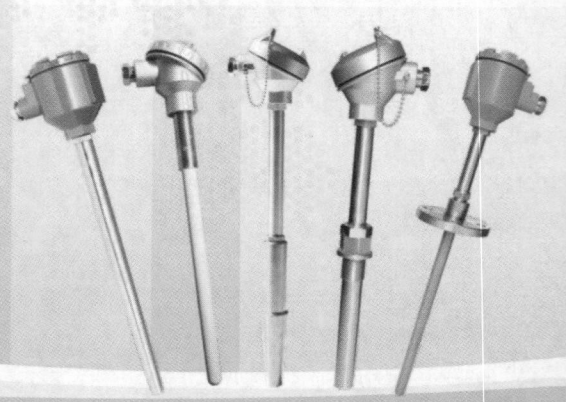

品行天下诚信为先

昆仑富士
Kunlun Fuji

氧化锆氧分析仪，被广泛应用于石油、石化、化工、电力、冶金、轻工、制药 等大型企业的生产装置中。到目前为止，氧化锆分析仪在国内外的销售已经接近20000套。

氧化锆氧分析仪

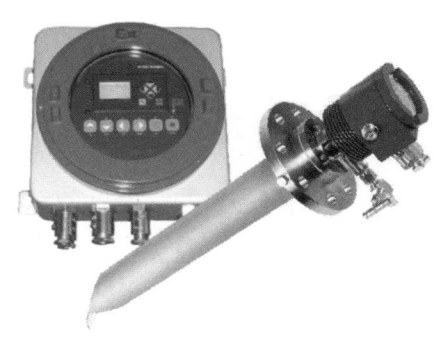

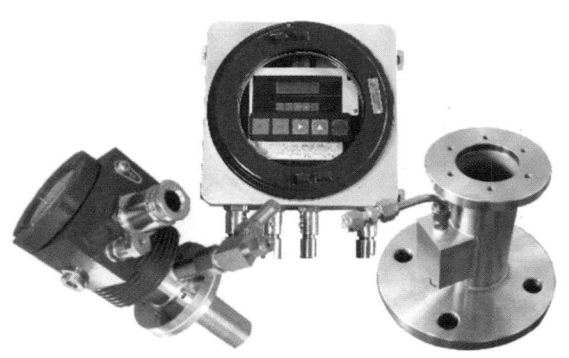

隔爆型双组份氧化锆分析仪ZRM1L/ZFKBL　　隔爆型单组份氧化锆分析仪ZRM1K/ZFKB

◆ 无需气体采样设备

◆ 检测器与导流管分开安装，维护方便

◆ 通过传感器诊断、复活功能提高可靠性

◆ 安全性高

◆ 转换器使用磁控面板，操作简便

高粉尘氧化锆分析仪ZRM3/ZFKG

普通型氧化锆分析仪ZFK8/ZKM

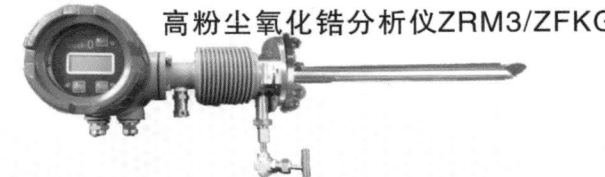

一体化氧化锆分析仪ZRMY

分析仪表

分析仪及分析仪柜　　　　　　　　　　激光气体分析仪

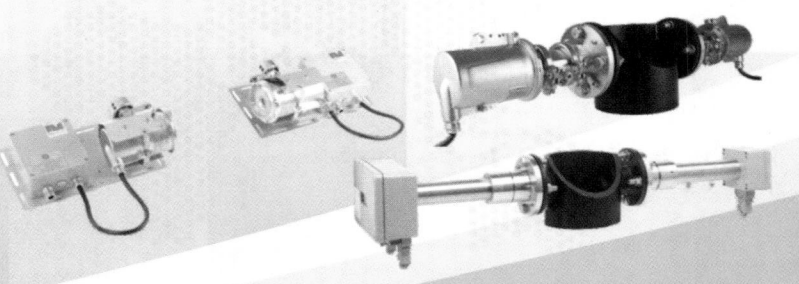

无锡昆仑富士仪表有限公司
中国无锡新畅南路9号
电话：0510-85210916
传真：0510-85210996

苏州兰炼富士仪表有限公司
江苏省苏州市吴江区江陵西路1333号
电话：0512-88812966
传真：0512-88812971

术业专攻
厚积薄发

WINI 抗振型涡街流量计 技术专家

江苏伟屹电子有限公司在"专业；专注；追求极致；构建核心竞争力"的经营理念下，毅然终止15年DCS系统工程业务积累，组建了拥有20年、超过10万台涡街流量计制造、服务经验的团队，历经8年研发，实现涡街流量计核心性能的重大突破，由此确立了核心性能优越的产品地位。

公司自2007年以来，建立了大量化工、石化、热电等领域的大批量成功业绩，尤以大量气体流量测量成功案例，突显了涡街流量计本份，直接证明了产品性能的领先程度及其必要性，加之公司"零服务，才是最好的服务"的服务理念，赢得了客户的信任和赞誉。

江苏伟屹将坚守既定经营理念，秉持"创新永无止境"的科技精神，扩大领先程度，致力于涡街流量测量技术为更多的用户创造效益。

- ◯ 抗振动干扰性能经由官方认证
- ◯ 获中国仪器仪表学会科学技术奖 一等奖
- ◯ 涡街流量计国家标准主起草单位之一
- ◯ 获国家科技部中小企业创新基金无偿资助
- ◯ 拥有国家发明专利、实用新型专利14项

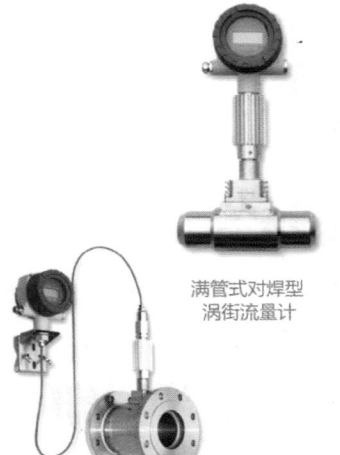

满管式法兰型分体
涡街流量计

满管式对焊型
涡街流量计

满管式法兰型夹套
涡街流量计

满管式法兰型内变径
涡街流量计

满管式快装型
涡街流量计

满管式法兰型冗余
涡街流量计

插入式
涡街流量计

江苏伟屹电子有限公司
地址：江苏省宜兴市环科园百合场路19号
电话：（86）510-87061267 87061346
传真：（86）510-87061703
邮编：214205
E-mail：Web@wini.cc
http://www.wini.cc